U0930942

“十二五”国家重点图书出版规划项目

中国非粮生物
柴油植物

Non-food Biodiesel Plants of China

主编　邢福武

中国林业出版社

图书在版编目（CIP）数据

中国非粮生物柴油植物 / 邢福武主编. -- 北京 :中国林业出版社, 2018.8
ISBN 978-7-5038-9698-9
Ⅰ. ①中… Ⅱ. ①邢… Ⅲ. ①生物能源—柴油—植物—介绍—中国 Ⅳ. ①Q949.93

中国版本图书馆CIP数据核字(2018)第182394号

中国非粮生物柴油植物

邢福武　主编

出版项目负责人：刘开运
出版发行：中国林业出版社
地　　址：北京西城区德胜门内大街刘海胡同7号　　电话：13901070021　　Email: 377406220@qq.com

策划编辑：王　斌
责任编辑：刘开运　李春艳　张　健　吴文静　李　楠　　装帧设计：广州百彤文化传播有限公司

印　　刷：北京雅昌艺术印刷有限公司
开　　本：635mm × 965mm　1/8
印　　张：131
字　　数：3600千字
版　　次：2019年3月第1版　第1次印刷
定　　价：1280.00元　（USD 256.99）

《中国非粮生物柴油植物》
编委会

董安强　董全英　凡　强　樊云川　范深厚　付　琳　干友民
葛斌杰　宫庆彬　古丽米热　谷志容　桂　萍　郭利磊　郭伦发
韩宝强　韩保强　韩孟奇　何诗阳　何祖霞　侯翼国　胡　超
胡光万　胡　亮　胡普炜　胡仁传　胡晓敏　扈　顺　黄巧琴
黄　茹　黄俞淞　黄玉滢　贾海伦　姜凤琴　蒋日红　金梦阳
景慧娟　孔凡奎　孔凡逵　李丹凤　李宏亮　李宏庆　李　康
李朋远　李晓东　李星霖　李仕裕　李许文　李玉玲　李志强
李忠荣　梁　耀　廖文波　廖云标　林春蕊　林铎清　林意漫
刘东明　刘恩乾　刘慧娟　刘　静　刘　平　刘巧霞　刘清泉
刘小波　刘旭丽　刘正宇　龙春林　罗曼曼　吕仕洪　孟　腾
孟玉芳　宁阳阳　农东新　潘　昊　潘　磊　潘　伟　潘雅书
潘云云　彭日成　钱凯歌　秦　烁　秦新生　邱明华　饶显龙
桑洪伟　宋贤利　隋学艺　孙飞达　孙　键　覃三立　谭　英
唐　波　唐贵华　陶　林　田海晨　田怀珍　童　毅　王爱华
王发国　王　欢　王继师　王　凯　王　蕾　王　琳　王美娜
王　鹏　王　茜　王　双　王喜勇　王亚平　王跃虎　王　智
危文亮　吴　磊　吴望辉　吴阳晨　武艳芳　武振江　夏　纯
肖　艳　肖智勇　谢　聪　谢光辉　谢　行　谢开骥　谢　鑫
谢彦军　邢福武　熊申展　徐基平　徐　蕾　徐　亮　徐兴友
许为斌　薛　帅　严亚玲　严亚琴　严岳鸿　杨大伟　杨　国
杨金财　杨　珺　杨林森　杨晓丽　姚文倩　叶晓霞　叶心芬
易绮斐　于海玲　昝艳燕　翟俊文　詹立军　张　兵　张代贵
张　迪　张国学　张　洁　张九兵　张荣京　张　爽　张云强
赵大克　赵富伟　赵万义　赵伟华　赵永国　郑宝江　郑希龙
周建军　周　明　周喜乐　朱明德　朱群英　朱运喜

摄　影　邢福武　秦新生　张荣京　郑希龙　严岳鸿　王发国　王　斌
李泽贤　易绮斐　刘东明　田怀珍　童　毅　卞　勇　潘　伟
韩宝强　孙飞达　徐兴友　詹立军　崔　龙　李志强　李星霖
徐　亮　何祖霞　黄玉滢　薛　帅　王继师　侯翼国　王　茜
詹立军　李　康　刘慧娟　扈　顺　程志全　刘巧霞　刘晓波
宫庆彬　王亚平　秦　烁　郭利磊　王　智　唐贵华　李忠荣
张国学　王少平　朱　强　叶华谷　周厚高　黄少华

前言

FOREWORD

能源是现代社会赖以生存和发展的基础，化石能源的日益枯竭和人类对能源需求不断增加的矛盾日渐突出，能源危机成为制约人类社会可持续发展的瓶颈和当代能源战争的根源。我国油气等矿产资源严重短缺，后备资源储备不足，资源利用效率低下，已成为国民经济健康发展的重大瓶颈。开发利用可再生资源，减少经济发展对石油的依赖，具有十分重要的战略意义。我国人口多，人均耕地面积少，粮食资源紧张，大规模利用耕地来生产能源植物不现实。因此，筛选非粮柴油能源植物，做到不与粮争地，不与民争粮，结合生态恢复，充分利用荒山荒地成为可持续开发能源植物的关键。

当前生物柴油的研究已是世界科研的焦点，世界各国纷纷根据本国国情选择合适的油脂原料生产生物柴油，大多采用植物油脂制取生物柴油。油脂微生物具有资源丰富、油脂含量高、生长周期短、碳源利用谱广、不受气候限制等特点，易于实现大规模生产。加快微生物油脂发酵技术创新和产业化进程，可为我国未来生物柴油产业化和油脂化工行业的健康发展提供保障。现代生物技术的发展使油脂微生物的研究技术不断趋向成熟。

我国可用来发展生物柴油的非粮柴油能源植物和相关微生物的种类、分布范围、贮藏量和利用价值的家底不清楚是限制我国生物质资源产业发展的关键因素之一。通过对非粮柴油能源植物和相关微生物资源的调查，掌握我国能源植物资源状况，筛选有发展前途优良高效能源植物及相关微生物进行产业化的前期研究，对于生物质能源产业发展具有极为重要的指导意义。

因此，国家非常重视能源植物的基础研究，在“十一五”期间的国家科技基础性工作专项中对“我国非粮能源植物与微生物调查、收集与保存”项目进行立项资助，项目由中国科学院华南植物园牵头，组织全国19家对能源植物具有研究基础的科研、教学单位共100多人，组成研究团队，从2009年至2014年，分赴我国31个省（自治区、直辖市）812个县市，进行共1300余次野外调查；范围涉及我国的热带、亚热带、西南高山、温带等所有气候区。采集能源植物达2250多种，标本15000份，拍摄照片30000多张，采集、分离和保存能源微生物菌种639株；同时采集化学测试能源植物6500份，其中有近1780种能源植物为国内首次测定；同时建立了4个能源植物种质资源圃和1个微生物菌种保存库，收集、迁地保存非粮柴油能源植物1359多种；建立我国“非粮柴油能源植物和相关微生物数据库”，做到资源共享；编辑出版《中国非粮生物柴油植物》一书，发表论文110篇，申请专利7个，培养学科带头人、业务骨干一批，培养研究生75人。

项目全面开展我国非粮柴油能源植物和相关微生物资源调查，摸清了我国非粮柴油能源植物和能源微生物的种类、资源量、分布，并测定其化学成分及含量，获得大量科学基础数据。研究表明，我国非粮生物柴油能源植物多样性明显，含油率20%以上的种类共有1510种，隶属于138科672属。其中含油量高且种类多的科主要有樟科、蔷薇科、大戟科、山茶科、卫矛科、葫芦科、木兰科、十字花科。从我国非粮生物柴油能源植物地理分布的特点看，物种数量较多的10个省区依次是：广西、云南、广东、四川、湖南、贵州、湖北、江西、福建和浙江。其中广西、云南、广东、四川、湖南、贵州6个省区是中国非粮生物柴油能源植物的分布中心。这与我国南方地区气候温润，热量资源丰富，降雨量充沛的气候优势有关。我国不同气候带的非粮生物柴油能源植物含油量、脂肪酸成分、十六烷值等差异不大；碘值差异相对显著，以高原高山气候带的最高。非粮生物柴油能源植物物种丰富度随经、纬度增加而减少；在海拔600～1200m丰富度最大；物种的丰富度还受气候因子，特别是相对湿度、年均温、年降雨量、1月均温、7月均温等影响较大。

本项目首次构建我国非粮生物柴油原料植物的经济可行性评价体系和非粮生物柴油原料植物的油脂适用性评价标准。筛选出具有潜在发展前景的中国非粮生物柴油能源植物193种，涵盖了蔷薇科、樟科、豆科、木兰科、山茶科、大戟科、芸香科、无患子科等。这些种类可为进一步筛选优质高效的能源植物资源、建立能源植物在我国不同地域的繁育和生产基地、开展创新种质，优化规模种植及加工生产体系、建立完善的生物质能源转化的应用理论体系和技术集成，提高生物质能源的品级，实现大规模商业化应用生物质能源奠定基础。项目研究成果还可以有利于农村产业结构的调整，增加农民和林业工人的收入，解决部分农村剩余劳动力的转移，对保障能源安全、保护生态环境、促进我国经济社会发展，将产生重要和深远的影响。

本书以本项目调查所得的标本、图片和基础数据为依据，并参考前人在我国生物柴油和油脂植物所发表的相关文献资料整理而成。共收录我国非粮生物柴油植物151科877属2406种（包括种下分类群，其中含油率达20%以上，或虽然含油率低但其具有十分重要的经济价值的种类均置于前面作详细介绍，其余的种类均置于附录中作简要介绍）。记载了每种生物柴油植物的中文名（别名）、学名（包括异名）、性状、花果期、采集人、采集地点、生境、海拔、国内外分布、栽培技术、用途、含油和测定部位、含油率及化学组分数据等。本书科的排列，裸子植物的排列按郑万钧1975年系统，被子植物按恩格勒1964年的系统，少数类群按最新研究成果稍作调整；属、种则按拉丁字母顺序排列。书中分布一栏详细记录了含油器官的采集地，在该种化学组分数据表中对应收录了该号材料的化学组分。本书所用代号：OFPC代表资料引自《中国油脂植物》一书。单位缩写：中国科学院华南植物园（SCBG）；中国科学院昆明植物所（KMIB）；中国科学院武汉植物园（WHBG）；中山大学（SYSU）；中国农科院（CAAS）；中国农科院作物科学研究所（ICS）；中国农科院油料作物研究所（OCRI）；中国农科院甜菜研究所（SBRI）；中国科学院新疆生态与地理研究所（XIEG）；中国科学院林业土壤研究所（IAE）；中国科学院成都生物研究所（CIB）；中国科学院云南热带植物研究所（XTBG）；中国科学院植物研究所（IB）；中国农业大学（CAU）；广州中医药大学(GUCM)；吉首大学（JSU）；广西植物研究所（GXIB）；华南农业大学（SCAU）；华东师范大学（ECNU）；仲恺农业工程学院（ZUAE）；东北林业大学（NEFU）；四川大学（SCU）；四川农业大学（SICAU）；西南民族大学（SWUN）；重庆市药物种植研究所（CIPP）；河南农大(HNAU)；内蒙古农业大学（IMAU）；湖南农业大学（HAU）；湖南科技大学（HUST）；河北科技师范学院（HNUST）；江西庐山植物园（LBG）；江苏省植物研究所（JSIB）；西北植物研究所（NIB）。本书所用化学符号见表1。

表1 油脂中常见脂肪酸成分

化学符号	化学名		俗名		化学式
	中文	英文	中文	英文	
8:0	辛酸	octanoic	羊脂酸	caprylic	$CH_3-(CH_2)_6-COOH$
10:0	癸酸	decanoic	羊蜡酸	capric	$CH_3-(CH_2)_8-COOH$
12:0	十二烷酸	dodecanoic	月桂酸	lauric	$CH_3-(CH_2)_{10}-COOH$
14:0	十四烷酸	tetradecanoic	肉豆蔻酸	myristic	$CH_3-(CH_2)_{12}-COOH$
16:0	十六烷酸	hexadecanoic	棕榈酸	palmitic	$CH_3-(CH_2)_{14}-COOH$
18:0	十八烷酸	octadecanoic	硬脂酸	stearic	$CH_3-(CH_2)_{16}-COOH$
20:0	二十烷酸	eicosanic	花生酸	arachidic	$CH_3-(CH_2)_{18}-COOH$
22:0	二十二烷酸	docosanoic	山嵛酸	behenic	$CH_3-(CH_2)_{20}-COOH$
24:0	二十四烷酸	tetracosanoic	木焦油酸	lignoceric	$CH_3-(CH_2)_{22}-COOH$
16:1(9c)	十六碳烯-9c-酸	hexadeca-9c-enoic	棕榈油酸	palmitoleic	$CH_3-(CH_2)_5-CH{=}CH-(CH_2)_7-COOH$
18:1(9c)	十八碳烯-9c-酸	octadeca-9c-enoic	油酸	oleic	$CH_3-(CH_2)_7-CH{=}CH-(CH_2)_7-COOH$
18:1(11c)	十八碳烯-11c-酸	octadeca-11c-enoic	异油酸	isooleic	$CH_3-(CH_2)_5-CH{=}CH-(CH_2)_9-COOH$
20:1(9c)	二十碳烯-9c-酸	eicos-9c-eanic	花生油酸	gadoleic	$CH_3-(CH_2)_9-CH{=}CH-(CH_2)_7-COOH$
22:1(13c)	二十二碳烯-13c-酸	docos-13c-enoic	芥酸	erucic	$CH_3-(CH_2)_7-CH{=}CH-(CH_2)_{11}-COOH$
24:1(15c)	二十四碳烯-15c-酸	tetracos-15c-enoic	神经酸	nervonic	$CH_3-(CH_2)_7-CH{=}CH-(CH_2)_{13}-COOH$
18:2(9c, 12c)	十八碳烯-9c, 12c-酸	octadeca-9c, 12c-dienoic	亚油酸	linoleic	$CH_3-(CH_2)_4-(CH{=}CH-CH_2)_2-(CH_2)_6-COOH$
18:3(9c, 12c, 19c)	十八碳烯-9c, 12c, 19c-酸	octadeca-9c, 12c, 19c-trienoic	亚麻脂	linolein	$CH_3-(CH_2)_4-(CH{=}CH-CH_2)_3-(CH_2)_6-COOH$

本书的出版将为我国能源植物的基础研究，以及可再生能源植物的开发利用提供翔实的基础资料，可供能源行业研究和从业人员、大专院校师生和能源植物爱好者参考使用。

本书所采用的标本资料和化学组分数据主要来自本项目各专题的野外采集和实验测试所得，在2008—2013年间，先后共有197人参加了野外考察；42人参加了化学测试工作。在编写和出版的过程中得到国家科技部、中国科学院，以及主持和参与单位的大力支持；本书的部分照片得到刘冰、陈彬、徐晔春、于胜祥、谭运洪、叶喜阳、童毅、刘军、林秦、朱仁斌等专家的补充完善。在此，谨向为本书的资料收集、编辑和出版工作做出贡献的单位和个人表示衷心的感谢！作者在编写的过程中力求资料完整，资料应用准确，但由于参加单位多，收录的种类多，时间紧迫，疏漏甚至错误之处在所难免，望各位读者谅解并提出宝贵意见。

2018年7月29日

目录

CONTENTS

苏铁（铁树）

Cycas revoluta Thunb.

苏铁科，苏铁属

特征 棕榈状常绿木本。树干高约2 m。羽状叶从茎的顶部生出，羽状叶呈倒卵状狭披针形，叶轴横切面四方状圆形，两侧有齿状刺；羽状裂片达100对以上，条形，厚革质，坚硬，向上斜展微成“V”形，边缘向下反卷，先端有刺状尖头。雄球花圆柱形，长30~70 cm，径8~15 cm，有短梗，小孢子叶窄楔形，长3.5~6 cm，顶端宽平，其两角近圆形，宽1.7~2.5 cm，有急尖头，尖头长约5 mm，直立；花药通常3个聚生；大孢子叶长14~22 cm，密生淡黄色或淡灰黄色绒毛，上部的顶片卵形至长卵形，边缘羽状分裂，裂片12~18对，胚珠2~6枚，生于大孢子叶柄的两侧，有绒毛。种子红褐色或橘红色，倒卵圆形或卵圆形，稍扁，密生灰黄色短绒毛。花期5~6月；果期9~10月。

分布 广西：桂林市广西植物研究所，25°04′58″N，110°17′58″E，159 m，2010-11-09，吴磊、吴望辉、农冬新4001101117。湖南：吉首大学，28°17′21″N，109°43′12″E，222 m，2011-09-03，徐亮、覃三立40019101170。四川：西昌川兴乡，27°52′30″N，102°19′28″E，2010-10-12，崔龙、李志强400211059。湖北：兴山县南阳镇，31°18′18″N，110°40′49″E，256 m，2012-08-29，危文亮，赵永国等400151177。生于海拔100~1000 m。产于福建、台湾、广东。日本也有分布。

栽培 喜暖热湿润，不耐寒冷，生长甚慢。可采用种子繁殖、分蘖繁殖、切干繁殖和嫁接繁殖。种子繁殖：11~12月采集成熟种子，宜现采现播，初春播种，幼苗期应搭设遮阴棚，同时要防蚂蚁、甲虫危害。分蘖：采用植株中、下部萌生的吸芽为繁殖材料。切干：剪去叶片，将茎的中部横切成两段，置于阴凉处8~12 h，再栽入砂质土中。嫁接：用3~4年生以上的实生苗作砧木，用观赏价值极高的优良苏铁芽孢作接穗，砧木与接穗的直径相近，嫁接时间5~6月，解膜时间应推迟到翌年春、夏季。

用途 种子含油，茎含丰富的淀粉，微有毒，可供食用和药用，药用有治痢疾、止咳和止血之效；茎含淀粉，可供食用。树形优美，为优美的庭园观赏树种。

含油率及化学组分数据

采集单位	测试单位	测试部位	产地	含油率(%)	碘值	酸值	皂化值	C12:0	C14:0	C16:0	C16:1	C18:0	C18:1	C18:2	C18:3	C20:0	C20:1
GXIB	SCBG	种仁	广西桂林	10.65	71.29	1.25	234.13		0.26	5.38	0.12	2.45	30.36	50.55	4.03	2.31	0.22
JSU	SCBG	种仁	湖南吉首	6.15	101.14				0.10	6.14	0.12	2.46	46.54	41.67	0.83	0.27	0.21
SCU	SCU	种仁	四川西昌	25.32	105.9	3.10	165.90			12.41		3.73	22.35	39.94	21.60		
ICS	SCBG	种仁	湖北兴山	7.12	66.68	11.38	310.83	0.39	0	5.89	2.99	2.80	21.01	55.05	1.04	28.01	0.44

银杏（白果）
Ginkgo biloba L.
银杏科，银杏属

特征 乔木。短枝密被叶痕，亦可长出长枝；冬芽黄褐色，常为卵圆形，先端钝尖。叶扇形，有长柄，无毛，有多数叉状并列细纹；叶柄长3~10 cm，幼树及萌生枝上的叶常较大而深裂，有时裂片再分裂。球花雌雄异株，单性，生于短枝顶端的鳞片状叶的腋内，呈簇生状；雄球花柔荑花序状，下垂，雄蕊排列疏松，具短梗，花药常2个，长椭圆形；雌球花具长梗，梗端常分两叉，稀3~5裂或不分叉，每叉顶生一盘状珠座，胚珠着生其上，通常仅一个叉端的胚珠发育成种子。种子具长梗，下垂，常为椭圆形、长倒卵形、卵圆形或近圆球形，外种皮肉质，熟时黄色或橙黄色，外被白粉，有臭味；中种皮白色，骨质，具2~3条纵脊；内种皮膜质；胚乳肉质。花期3~4月；种子9~10月成熟。

分布 广西：桂林市广西师范大学，25°16′02″N，110°19′26″E，168 m，2010-12-20，许为斌、吴望辉4001101159。河南：郑州惠济区，34°45′34″N，113°39′29″E，489 m，2011-10-05，王亚平、武振江、李丹凤400314052。江苏：徐州市泉山森林公园，34°13′02″N，117°09′28″E，53 m，2010-09-28，李宏庆、桂萍、熊申展4001171073。安徽：宣城市宁国县板桥自然保护区，30°31′57″N，118°38′51″E，267 m，2012-10-02，李星霖、刘巧霞、程志全4001171227；黄山猴园，30°04′18″N，118°08′27″E，540 m，2009-11-03，刘东明、戴建阅400111145。四川：峨边刘沟，29°17′183″N，103°30′446″E，2009-10-11，樊云川，王凯40021109069。湖北：房县白窝王家沟，32°07′00″N，110°47′20″E，2009-09-01，李晓东、杨林森40012131；竹山柳林，31°47′57″N，110°02′56″E，709 m，2010-11-01，李晓东、昝艳燕、罗曼曼400121118；神农架坪堑管理所，31°29′49. 9″N，110°04′3″E，1387 m，2010-10-25，丁时东，危文亮等400151087。陕西：佛坪县西岔河三教殿，33°16′50″N，107°34′57″E，776 m，2009-08-09，薛帅400321059。北京：香山，40°00′05″N，116°11′41″E，154 m，2009-11-19，邢福武40011499。生于海拔500~1000 m的天然林中，少见。产于浙江。

栽培 适应性较强，喜光，不耐盐碱土及过湿的土壤。可采用分株、扦插、嫁接3种方法繁殖。分株：在2~3月进行，从壮龄雌株母树根蘖苗中分离4~5株健壮、多细根苗，移栽它处。扦插：在夏季进行，选采当年生的短枝，剪成7~10 cm的茎段，下切口削成马耳状斜面，基部浸水2 h后，扦插在蛭石沙床上，间歇喷雾水。嫁接：以盛果期健壮枝条为接穗，嫁接在实生苗上。防治银杏苗木茎腐病，可搭棚遮阴，降低土温；防治害虫可在冬季刮除树皮除虫卵，在6~7月人工摘除虫蛹，或用敌百虫或马拉松喷杀刚孵化的幼虫。

用途 种仁可入药；亦可炒食或作甜食，但不宜多吃，以防中毒；外种皮有防治植物病虫害之效。木材可供建筑、家具、器具、雕刻等用。也是优良的庭园树和行道树。

含油率及化学组分数据

采集单位	测试单位	测试部位	产地	含油率(%)	碘值	酸值	皂化值	C12:0	C14:0	C16:0	C16:1	C18:0	C18:1	C18:2	C18:3	C20:0	C20:1
GXIB	SCBG	种仁	广西桂林	23.87						12.02		1.75	23.60	55.03	1.61	0.54	0.28
HNAU	ICS	种仁	河南郑州	4.18	160.25	13.82	132.58		0.44	8.91	3.13	15.13	21.04	39.34	1.38	0.47	0.36
ECNU	SCBG	种仁	江苏徐州	26.89	21.88	2.75	205.38		0.069	15.15	0.70	1.49	40.53	37.66	1.26	0.16	0.27
ECNU	SCBG	果实	安徽宣城	20.14	31.12	8.67	173.04		0.15	14.76	0.32	3.66	20.00	50.25	0.78	0.48	0.33
SCBG	SCBG	种仁	安徽黄山	3.7	133.35	8.11	188.26										
SCU	SCU	种仁	四川峨边	4.19													
WHBG	WHBG	种仁	湖北房县	20.4					0.26	5.38	0.12	2.45	30.36	50.55	4.03	2.31	0.22
WHBG	WHBG	种仁	湖北竹山	0.96						9.40	3.00	1.80	32.60	42.30	1.90	5.10	1.00
OCRI	SCBG	种仁	湖北神农架	20.28	22.24	7.90	156.79		0.63	1.96	2.26	3.10	31.32	13.04	0.91		0.46
CAU	ICS	种仁	陕西佛坪	2.93	122.63	84.96				5.67	2.09	0.90	13.13	38.51	1.79		
SCBG	SCBG	种仁	北京香山	35.65	95.10	11.70	197.99	0.024	0.094	15.38	0.11	6.84	30.00	47.02	0.16	0.11	0.26

云南黄果冷杉

Abies ernestii var. **salouenensis** (Bordères et Gaussen) W. C. Cheng et L.K.Fu

松科，冷杉属

特征　乔木。树皮暗灰色，纵裂成薄块状。大枝平展，树冠尖塔形；冬芽卵圆形或圆锥状卵圆形，有树脂。叶在枝条下面排成两列，上面之叶直立或斜上伸展，条形，弯镰状或直，不反曲，长1. 5~3. 5 cm，宽2~2. 5 mm；果枝之叶长达4~7 cm，上面中脉凹下，多较明显。雌球花紫褐黑色。球果圆柱形或卵状圆柱形，有短梗或近无梗；中部种鳞宽倒三角状扇形、扇状四方形或肾状四边形，上部宽圆较薄，边缘内曲，中部收缩或微收缩，两侧薄，常突出，稀楔形，边缘有缺齿，下部圆截形，基部窄成短柄状，鳞背露出部分密生短柔毛；苞鳞短，上部圆；微凹或平，边缘有细缺齿，背面中上部有纵脊。种子斜三角形，种翅褐色或紫黑色，边缘有波状细缺齿，连同种子长1. 5~2. 7 cm。花期4~5月；球果10月成熟。

分布　云南：香格里拉，27°55′5″N，99°37′34″E，3494 m，2012-11-02，李晓东、昝艳燕等400121295。生于海拔2600~3200 m的林中。产于云南、西藏。

栽培　喜冷湿气候，喜深厚、湿润、排水良好的酸性土。可采用播种繁殖。采用新鲜的种子沙藏1~3个月后播种。幼苗需遮阴。

用途　树皮可提栲胶。木材淡黄白色，质轻软、细密，纹理直，可作建筑、板材、家具、火柴杆及造纸原料等用材。

含油率及化学组分数据

采集单位	测试单位	测试部位	产地	含油率(%)	碘值	酸值	皂化值	C12:0	C14:0	C16:0	C16:1	C18:0	C18:1	C18:2	C18:3	C20:0	C20:1
WHBG	WHBG	种仁	云南香格里拉	23.15	91.98		387.20		0.70	4.68	1.03	1.43		74.23	0.45	0.23	0.38

巴山冷杉

Abies fargesii Franch.

松科，冷杉属

特征 乔木。冬芽卵圆形或近圆形，有树脂。叶在枝条下面排成两列，上面之叶斜展或直立，稀上面中央之叶向后反曲，条形，上部较下部宽，长1~3 cm，宽1.5~4 mm，直或微曲，先端钝有凹缺，稀尖，上面深绿色，有光泽，无气孔线，下面沿中脉两侧有2条粉白色气孔带；横切面上面至下面两侧边缘有1层连续排列的皮下细胞，稀两端角部2层，下面中部1层，树脂道2个中生。球果柱状矩圆形或圆柱形，成熟时淡紫色、紫黑色或红褐色；中部种鳞肾形或扇状肾形，上部宽厚，边缘内曲；苞鳞倒卵状楔形，上部圆，边缘有细缺齿，先端有急尖的短尖头，尖头露出或微露出。种子倒三角状卵圆形，种翅楔形。花期4~5月；果期9月。

分布 湖北：神农架小龙潭，31°28′51″N，110°18′09″E，2179 m，2010-02-10，李晓东、昝艳燕400121162。陕西：眉县营头乡大殿，34°01′51″N，107°25′14″E，2273 m，2009-08-07，薛帅400321031；安康市千家坪，32°00′08″N，109°12′10″E，2200 m，2012-10-12，秦烁、郭利磊400328032。生于海拔1500~3900 m的山地、河床。产湖北、河南、四川、甘肃、陕西。

栽培 喜气候温凉湿润及石英岩等母质发育的酸性棕色森林土或山地棕色森林土，耐阴性强。可采用播种方法。

用途 可为更新造林树种。

含油率及化学组分数据

采集单位	测试单位	测试部位	产地	含油率(%)	碘值	酸值	皂化值	C12:0	C14:0	C16:0	C16:1	C18:0	C18:1	C18:2	C18:3	C20:0	C20:1
WHBG	WHBG	种仁	湖北神农架	4.12						3.90		1.80	31.40	43.10	12.60		
ICS	CAU	种仁	陕西眉县	28.30	82.04	46.50	175.70	0.35	0.13	7.18	0.11	3.32	53.29	32.56	0.51	1.34	1.21
ICS	CAU	种仁	陕西安康	3.85		79.71		0.14		3.59		1.86	19.11	15.85	4.23	0.79	3.41

杉松

Abies holophylla Maxim. [*Abies yoneyamae* K. Satô]

松科，冷杉属

特征 乔木。幼树树皮淡褐色，不开裂，老则浅纵裂，灰褐色；枝条平展；冬芽卵圆形，有树脂。叶条形，直伸或成弯镰状，长2~4 cm，宽1.5~2.5 mm，先端急尖或渐尖，上面深绿色，有光泽，下面沿中脉两侧各有1条白色气孔带。球果圆柱形，近无梗，熟时淡黄褐色或淡褐色；中部种鳞近扇状四边形或倒三角状扇形，上部宽圆、微厚，鳞背露出部分被密生短毛；苞鳞短，长不及种鳞的一半，不露出，先端有急尖的刺状尖头，背部有纵脊；种子倒三角状，种翅宽大，淡褐色，长方状楔形，边缘有细波状缺刻，连同种子长约2.4 cm。花期4~5月；果期10月。

分布 生于海拔500~1200 m的土层肥厚弱灰化棕色森林土地带。产东北地区山区。朝鲜、俄罗斯也有分布。

栽培 喜冷湿气候，喜深厚、湿润、排水良好的酸性土，耐寒、耐阴。可采用播种、扦插繁殖。播种：采用新鲜的种子沙藏1~3个月后播种，幼苗需遮阴。扦插：宜冬季经生长激素处理，生根良好。宜定植于建筑物的背阴面。

用途 树皮可提栲胶。木材纹理直，耐腐力较强，可供建筑、电杆及木纤维工业原料等用材。可在建筑物北侧或其他树冠庇荫下栽植，也可在草坪上丛植成景。

含油率及化学组分数据

采集单位	测试单位	测试部位	产地	含油率(%)	碘值	酸值	皂化值	C12:0	C14:0	C16:0	C16:1	C18:0	C18:1	C18:2	C18:3	C20:0	C20:1
OFPC		种子	辽宁盖县	26.40	157.70		154.40			3.60		1.60	30.20	44.00	0.30		

怒江冷杉

Abies nukiangensis C. Y. Cheng et L. K. Fu

[*Abies delavayi* var. *nukiangensis* (W. C. Cheng et L. K. Fu) Farjon et Silba.]

松科，冷杉属

特征　乔木。冬芽圆球形，微具树脂。叶在枝条下面排成两列，枝条上面的叶斜展或两列状排列，条形，通常微弯，长1.2~4.3 cm，宽1.5~2.5 mm，边缘向下卷曲或微卷曲，先端有凹缺，基部微窄，上面深绿色，下面中脉两侧各有1条白粉气孔带。雄球花长约2.5 cm，下垂，雄蕊的药隔二叉状，先端尖。球果圆柱形，上部微窄，熟时黑色，微被白粉；中部种鳞扇状四边形，上部较厚，边缘内曲，中部楔状，下部两侧耳状，基部窄成短柄状；苞鳞不露出，顶端圆或宽圆，边缘有细缺齿。种子较种翅为长，种翅淡黑褐色或红褐色，楔形，上端截形，宽约9 mm，连同种子长1.6~1.9 cm。

分布　云南：丽江市宁蒗县，27°17′8″N，100°51′2″E，2248 m，2008-10-29，张国学400222038。生于海拔2500~3100 m的地带。产于云南。印度、缅甸及越南亦有分布。

栽培　喜冷湿气候，喜深厚、湿润、排水良好的酸性土。可采用播种、扦插繁殖。播种：采用新鲜的种子沙藏1~3个月后播种，幼苗需遮阴。扦插：宜冬季经生长激素处理，生根良好。宜定植于建筑物的背阴面。

用途　树皮可提栲胶。木材淡黄白色，质轻软、细密，纹理直，可供建筑、板材、家具、火柴杆及造纸原料等用材。

含油率及化学组分数据

采集单位	测试单位	测试部位	产地	含油率(%)	碘值	酸值	皂化值	C12:0	C14:0	C16:0	C16:1	C18:0	C18:1	C18:2	C18:3	C20:0	C20:1
KMIB	KMIB	种仁	云南丽江	26.62	148.90	37.60	104.40				2.57	0.18	1.45	22.05	35.66	1.12	

雪松

Cedrus deodara (Roxb.) G. Don

松科，雪松属

特征　乔木。树皮深灰色，裂成不规则的鳞状块片；枝平展、微斜展或微下垂。叶在长枝上辐射状伸展，长2.5~5 cm，宽1~1.5 mm，上部较宽，先端锐尖，下部渐窄，常成三棱形，稀背脊明显，叶之腹面两侧各有2~3条气孔线，背面4~6条，幼时气孔线有白粉。雄球花长卵圆形或椭圆状卵圆形；雌球花卵圆形。球果成熟前淡绿色，微有白粉，熟时红褐色，卵圆形或宽椭圆形，顶端圆钝，有短梗；中部种鳞扇状倒三角形，上部宽圆，边缘内曲，中部楔状，下部耳形，基部爪状，鳞背密生短绒毛；苞鳞短小。种子近三角状，种翅宽大，较种子为长，连同种子长2.2~3.7 cm。

分布　山东：诸城，35°59′34″N，119°24′36″E，52 m，2010-06-10，赵伟华400311221。生于海拔1300~3300 m的地带。产于西藏。北京、旅顺、大连、青岛、徐州、上海、南京、杭州、南平、庐山、武汉、长沙、昆明等地有栽培。

栽培　喜阳光充足、气候温和凉润，适宜土层深厚、排水良好的酸性土，也稍耐阴。可采用播种和扦插繁殖。播种：可于3月中下旬进行，播种量为75 kg/hm^2。扦插：在春、夏两季均可进行。春季宜在3月20日前，夏季以7月下旬为佳。可喷洒苯来特或代森锌防治灰霉病，喷洒氧化乐果、敌百虫等防治蚜类及蛾蝶类害虫。

用途　材质坚实，有树脂，具香气，耐久用，可作建筑、桥梁、造船、家具及器具等用材。树形美观，为优良的庭园观赏树种。

含油率及化学组分数据

采集单位	测试单位	测试部位	产地	含油率(%)	碘值	酸值	皂化值	C12:0	C14:0	C16:0	C16:1	C18:0	C18:1	C18:2	C18:3	C20:0	C20:1
ICS	ICS	种子	山东诸城	35.65	129.03	80.45	183.41			4.52	0.08	2.27	40.27	31.08	7.67	1.86	1.12

铁坚油杉

Keteleeria davidiana (Bertr.) Beissn.

松科，油杉属

特征 乔木。一年生枝淡黄灰色；冬芽卵圆形，先端微尖。叶条形，在侧枝上排列成两列，长2~5 cm，宽3~4 mm，先端圆钝或微凹，基部渐窄成短柄，上面光绿色，无气孔线或中上部有极少的气孔线，下面淡绿色，沿中脉两侧各有气孔线10~16条，微有白粉，横切面上面有1层不连续排列的皮下层细胞；幼树或萌生枝有密毛，叶较长。球果圆柱形；中部的种鳞卵形或近斜方状卵形，上部圆或窄长而反曲，边缘向外反曲，有微小的细齿，鳞背露出部分无毛或疏生短毛；鳞苞上部近圆形，先端3裂，中裂窄，鳞苞中部窄短，下部稍宽；种翅中下部或近中部较宽，上部渐窄。花期4月；果期10月。

分布 生于海拔600~1500 m地带。产于湖南、湖北、四川、贵州、甘肃、陕西。

栽培 喜光，喜温暖湿润。可采用播种繁殖。

用途 根皮油脂可作造纸填料。木材可作房屋建筑、桥梁及一般用具等用材。

含油率及化学组分数据

采集单位	测试单位	测试部位	产地	含油率(%)	碘值	酸值	皂化值	C12:0	C14:0	C16:0	C16:1	C18:0	C18:1	C18:2	C18:3	C20:0	C20:1
OFPC		种子	湖北恩施	47. 90	123. 70		184. 60			7. 30		1. 90	50. 90	30. 20	微量		

云南油杉

Keteleeria evelyniana Mast.

松科，油杉属

特征 乔木。一年生枝干后常呈粉红色，有毛。叶条形，在侧枝上排列成两列，长2~6. 5 cm，宽2~3 mm，先端有微凸起的钝尖头，基部楔形，渐窄成短叶柄，上面光绿色，中脉两侧每边有2~10条气孔线，下面沿中脉两侧每边有14~19条气孔线。球果圆柱形；中部的种鳞卵状斜方形或斜方状卵形，长3~4 cm，宽2. 5~3 cm，上部向外反曲，边缘有明显的细小缺齿，鳞背露出部分通常有毛；苞鳞中部窄，下部逐渐增宽，上部近圆形，先端呈不明显的3裂，中裂明显，侧裂近圆形；种翅中下部较宽，上部渐窄。花期4~5月；果期10月。

分布 生于海拔700~2600 m的地带。产于四川、贵州、云南。

栽培 喜光，喜温暖湿润，耐火烧，耐寒、耐旱能力较差，对土壤要求较高，在腐殖质含量低、土壤板结黏重、肥力低的地方生长不良。可采用播种繁殖。

用途 种子榨油可用于制皂工业。木材可作建筑、家具等用材。

含油率及化学组分数据

采集单位	测试单位	测试部位	产地	含油率(%)	碘值	酸值	皂化值	C12:0	C14:0	C16:0	C16:1	C18:0	C18:1	C18:2	C18:3	C20:0	C20:1
OFPC		种子	云南昆明	59. 70	98. 40					9. 70		1. 90	62. 0	25. 50			

油杉

Keteleeria fortunei (A. Murray bis) Carrière

松科，油杉属

特征 乔木。一年生枝干后呈橘红色或淡粉红色；二、三年生时呈淡黄灰色，常不开裂。叶条形，在侧枝上排成两列，长1. 2~3 cm，宽2~4 mm，先端圆或钝，基部渐窄，上面光绿色，无气孔线，下面淡绿色，沿中脉每边有气孔线12~17条。球果圆柱形，成熟前绿色或淡绿色，微有白粉，成熟时淡褐色或淡栗色；中部的种鳞宽圆形或上部宽圆下部宽楔形，上部宽圆或近平截，稀中央微凹，边缘向内反曲，鳞背露出部分无毛；鳞苞中部窄，下部稍宽，上部卵圆形，先端3裂，中裂窄长，侧裂稍圆，有钝尖头；种翅中上部较宽，下部渐窄。花期3~4月；果期10月。

分布 生于海拔400~1200 m的气候温暖、雨量多及酸性红壤或黄壤的地带。产于广东、广西、福建、浙江。

栽培 适应性强，喜光，耐干旱瘠薄。可采用播种繁殖。种子可随采随播，亦可用湿沙层积贮藏至翌年2月春播，苗期喜光，但在7、8月间需短期遮阴。

用途 种子油为不干性油，可制肥皂和润滑油。木材坚实耐用，供建筑、家具等用材。可作园林树种。

含油率及化学组分数据

采集单位	测试单位	测试部位	产地	含油率(%)	碘值	酸值	皂化值	C12:0	C14:0	C16:0	C16:1	C18:0	C18:1	C18:2	C18:3	C20:0	C20:1
OFPC		种子	广东广州	48. 40	154. 4		164. 30			4. 70		1. 60	51. 50	39. 20			

落叶松

Larix gmelinii (Rupr.) Kuzen.

松科，落叶松属

特征 乔木。一年生长枝较细，淡黄褐色或淡褐黄色，二、三年生枝褐色、灰褐色或灰色，短枝直径2~3 mm，顶端叶枕之间有黄白色长柔毛；冬芽近圆球形，芽鳞暗褐色，边缘具睫毛，基部芽鳞的先端具长尖头。球果幼时紫红色，成熟前卵圆形或椭圆形，成熟时上部的种鳞张开，黄褐色、褐色或紫褐色，种鳞14~30枚；中部种鳞五角状卵形，先端截形、圆截形或微凹，鳞背无毛，有光泽；苞鳞较短，近三角状长卵形或卵状披针形，先端具中肋延长的急尖头。种子斜卵圆形，灰白色，具淡褐色斑纹；种翅中下部宽，上部斜三角形，先端钝圆。花期5~6月；果期9月。

分布 黑龙江：北极村，53°28′10″N，122°24′7″E，174 m，2011-09-08，贾海伦400351107；大兴安岭塔河，52°20′07″N，124°42′31″E，410 m，2010-10-04，郑宝江、陶林40034016。生于海拔300~2800 m的山麓、沼泽、草甸、河谷。产于河南、河北、陕西、内蒙古、吉林、黑龙江。朝鲜、蒙古、俄罗斯也有分布。

栽培 适应性强，喜光，喜冷凉气候，耐寒，耐干旱瘠薄，有一定的耐水湿能力。可采用播种繁殖。

用途 树干可提取树脂；树皮可提取栲胶。木材耐久用，可供土木工程、器具、枕木、电杆、造纸等用。树干通直挺拔，树姿优美，为珍贵的园林树和庭园观赏树种。

含油率及化学组分数据

采集单位	测试单位	测试部位	产地	含油率(%)	碘值	酸值	皂化值	C12:0	C14:0	C16:0	C16:1	C18:0	C18:1	C18:2	C18:3	C20:0	C20:1
OCRI	SCBG	种仁	黑龙江北极村	46. 21	14. 19	1. 49	223. 40		71. 2	3. 87		3. 52	13. 43	20. 46	2. 68	0. 20	0
NEFU	SCBG	种仁	黑龙江大兴安岭	23. 15	20. 51	9. 2	102. 15										
OFPC		种子	黑龙江带岭	18. 3	170. 2		192. 0			3. 2		1. 4	20. 9	45. 5	25. 6		

黄花落叶松
Larix olgensis A. Henry

松科，落叶松属

特征 乔木。枝平展或斜展，树冠塔形；冬芽淡紫褐色，顶芽卵圆形或微成圆锥状，芽鳞膜质，边缘具睫毛，基部芽鳞三角状卵形，先端有长尖头。叶倒披针状条形，长1.5~2.5 cm，宽约1 mm，先端钝或微尖，上面中脉平，种鳞16~40枚，背面及上部边缘有或密或疏的细小瘤状凸起，间或在近中部杂有短毛，稀近于光滑；中部种鳞广卵形常成四方状，或近方圆形，基部稍宽，先端圆或圆截形微凹，干后边缘常反曲；苞鳞暗紫褐色，矩圆状卵形或卵状椭圆形，中部稍收缩，先端圆截形或微凹，中肋延长成尾状尖头。种子近倒卵圆形，淡黄白色或白色；种翅先端钝尖。花期5月；果期9~10月。

分布 生于海拔500~1800 m的湿润山坡及沼泽地区。产于山西、辽宁、黑龙江。

栽培 适应性强，对土壤和水、肥条件要求不高，喜光，耐严寒，喜湿润，有一定的耐旱、耐水湿能力。可采用播种繁殖。根系较浅，移植较难，易遭风害，栽植成活后，应进行培土。

用途 木材纹理直、结构细、耐久用，可作建筑、船舰、车辆、家具及木纤维工业原料等用材；树干可提树脂，树皮可提栲胶。可作庭园树、风景林树种。

含油率及化学组分数据

采集单位	测试单位	测试部位	产地	含油率(%)	碘值	酸值	皂化值	C12:0	C14:0	C16:0	C16:1	C18:0	C18:1	C18:2	C18:3	C20:0	C20:1
OFPC		种子	黑龙江伊春	28.40	164.30		192.00			2.90		1.20	22.40	46.10	23.80		

云杉（粗枝云杉）
Picea asperata Mast.

松科，云杉属

特征 乔木。一年生小枝通常淡褐黄色；冬芽圆锥形，有树脂，基部膨大。主枝之叶辐射状伸展，侧枝上面之叶向上伸展，下面及两侧之叶向上方弯伸，四棱状条形，微弯曲，先端微尖或急尖，横切面四棱形，四面有气孔线，上面每边4~8条，下面每边4~6条。球果圆柱状矩圆形或圆柱形，上端渐窄，成熟前绿色，熟时淡褐色或栗褐色；中部种鳞倒卵形，上部圆或截圆形则排列紧密，或上部钝三角形则排列较松，先端全缘，或球果基部或中下部种鳞的先端两裂或微凹；苞鳞三角状匙形，长约5 mm。种子倒卵圆形；种翅淡褐色，倒卵状矩圆形。花期4~5月；果期9~10月。

分布 湖北：神农架大九湖，31°28′50″N，109°58′18″E，1781 m，2010-10-15，李晓东、昝艳燕、罗曼曼400121131。四川：若尔盖县巴西乡林业站，33°36′22″N，103°14′12″E，2749 m，2009-07-22，干友民400241023。青海：祁连县，38°07′55″N，100°11′01″E，3156 m，2012-09-14，刘小波、曹弈璘等40021112002。生于海拔2400~3600 m的山地。产于四川、西藏、青海、甘肃、宁夏、陕西。

栽培 适应性强，喜光、耐旱、耐寒凉。可采用播种、扦插繁殖。

用途 树干可取松脂，树皮可提取栲胶，木材、枝桠、根及叶均可用来提取芳香油。木材细致，材质轻软，有弹性，为良好用材。是一种理想的庭园观赏树种。

含油率及化学组分数据

采集单位	测试单位	测试部位	产地	含油率(%)	碘值	酸值	皂化值	C12:0	C14:0	C16:0	C16:1	C18:0	C18:1	C18:2	C18:3	C20:0	C20:1
WHBG	WHBG	种仁	湖北神农架	8.27						7.50		1.60	26.70	60.90	0.70	1.20	0.90
SAU	SCBG	种仁	四川若尔盖	13.20	17.29	8.75	189.43		0.05	9.23	0.18	2.22	17.47	69.22	0.38	0.09	0.15
SCU	SCU	种仁	青海祁连	45.29	78.54	22.83	157.43	0.005	0.08	9.88	0.09	2.80	7.64	77.53	1.59	0.26	0.14
OFPC		种子	北京	43.0	163.3		196.3			2.9		1.6	18.6	49.0	25.3		

鱼鳞云杉

Picea jezoensis var. **microsperma** (Lindl.) W.C. Cheng et L. K. Fu

松科，云杉属

特征 乔木。一年生枝通常褐色，微有光泽，二、三年生枝微带灰色；冬芽圆锥形，淡褐色，几无树脂，芽鳞上部渐窄，排列较疏松，通常向外开展或微反曲，小枝基部宿存芽鳞的先端反卷或开展。小枝上面之叶覆瓦状向前伸展，下面及两侧之叶向两侧弯伸，条形，常微弯，长1~2 cm，宽1. 5~2 mm，先端常微钝，上面有2条白粉气孔带，每带有5~8条气孔线，下面光绿色，无气孔。球果矩圆状圆柱形或长卵圆形，成熟前绿色，熟时褐色或淡黄褐色；种鳞薄，排列疏松，中部种鳞卵状椭圆形或菱状椭圆形，中部较宽，先端近截形或圆，边缘有不规则细缺齿，基部宽楔形微圆；苞鳞先端凸尖或圆。种子连翅长约9 mm，种翅宽约3. 5 mm。花期5~6月；果期9~10月。

分布 生于海拔300~800 m气候寒凉、棕色森林土的丘陵或缓坡地带。产于东北大兴安岭至小兴安岭南端及松花江流域中下游。日本、俄罗斯也有分布。

栽培 喜阴，耐低温严寒，不耐干旱、瘠薄、盐碱。可采用播种繁殖。种子催芽多采取混雪埋藏、混沙埋藏催芽或温水浸种催芽，多采取春播。易受日灼和立枯病危害。

用途 种子含油率高，供工业用；树皮可提栲胶，树干可割取松脂；叶可提取芳香油；木材纹理直，结构细，不易开裂，耐久用，可供建筑、飞机、桥梁及木纤维工业等用材。

含油率及化学组分数据

采集单位	测试单位	测试部位	产地	含油率(%)	碘值	酸值	皂化值	C12:0	C14:0	C16:0	C16:1	C18:0	C18:1	C18:2	C18:3	C20:0	C20:1
OFPC		种子	吉林通化	44. 10	163. 80		192. 10			2. 80		1. 40	22. 90	50. 10	19. 10		

红皮云杉

Picea koraiensis Nakai

松科，云杉属

特征 乔木。一年生枝黄色、淡黄褐色或淡红褐色，二、三年生枝淡黄褐色、褐黄色或灰褐色；冬芽圆锥形，上部芽鳞常向外展，小枝基部宿存，芽鳞的先端向外反曲。叶四棱状条形，主枝之叶近辐射状排列。球果卵状圆柱形或长卵状圆柱形，成熟前绿色，熟时绿黄褐色至褐色；中部种鳞倒卵形或三角状倒卵形，鳞背露出部分微有光泽，平滑，无明显的条纹；苞鳞条状，长约5 mm，中下部微窄，先端钝或微尖，边缘有极细的小缺齿。种子灰黑褐色，倒卵圆形；种翅淡褐色，倒卵状矩圆形，先端圆。花期5~6月；果期9~10月。

分布 黑龙江：桦川县申家店，46°34′06″N，130°37′39″E，673 m，2010-08-13，陈连江、卞勇、贾海伦400351030。生于海拔400~1800 m的山地。产于辽宁、吉林、黑龙江。朝鲜、俄罗斯也有分布。

栽培 喜深厚、湿润土壤，较耐阴。可采用扦插、播种繁殖。扦插：在早春抽出新梢后，剪15 cm长插穗，在塑料大棚内进行扦插。播种：种子用雪藏法贮藏，春季播种前1周左右将种子取出，并混以湿沙播种。

用途 树冠塔形，树姿优美，是一种理想的园林观赏植物。

含油率及化学组分数据

采集单位	测试单位	测试部位	产地	含油率(%)	碘值	酸值	皂化值	C12:0	C14:0	C16:0	C16:1	C18:0	C18:1	C18:2	C18:3	C20:0	C20:1
SBRI	SCBG	种仁	黑龙江桦川	45. 83	62. 69	12. 16	243. 23		0. 02	3. 67	0. 03	0. 96	66. 96	26. 97	1. 15	0. 11	0. 13
OFPC		种子	黑龙江带岭	39. 30	164. 30		191. 60			3. 50		1. 90	23. 80	47. 10	18. 50		

西伯利亚云杉（新疆云杉）

Picea obovata Ledeb.

松科，云杉属

特征 乔木。一、二年生或一至三年生枝黄色或淡褐黄色，有较密的腺头短毛，老枝渐变为灰色或深灰色；冬芽圆锥形，有树脂，淡褐黄色，芽鳞排列较密。小枝上面之叶向前伸展，小枝下面及两侧的叶向上弯伸，四棱状条形，多少弯曲，先端有急尖的短尖头，横切面四棱形或扁棱形，上面每边有微具白粉的气孔线5~7条，下面每边有4~5条。球果卵状圆柱形或圆柱状矩圆形，幼时紫色或黑紫色，熟前黄绿色常带紫色，熟时褐色；中部种鳞楔状倒卵形，上部圆或截圆形，倒三角状卵圆形，连翅长1. 4~1. 6 cm；种翅褐色，倒卵状矩圆形。花期5月；果期9~10月。

分布 新疆：阿勒泰喀纳斯至哈巴河S229途中，48°35′50″N，86°41′15″E，1439 m，2011-09-19，侯翼国、王茜4003311037。生于海拔1200~1800 m的山地、山坡、河谷。产于新疆。哈萨克斯坦、蒙古、俄罗斯也有分布。

栽培 耐阴，耐寒性强，喜湿润、肥沃、排水良好的酸性灰色森林土。可采用播种繁殖。幼苗期应注意遮阴、合理施肥，应及时灌水或浇水。

用途 树皮可提栲胶。材质细，纹理直，供建筑、造纸用，亦可作家具、电线杆等。

含油率及化学组分数据

采集单位	测试单位	测试部位	产地	含油率(%)	碘值	酸值	皂化值	C12:0	C14:0	C16:0	C16:1	C18:0	C18:1	C18:2	C18:3	C20:0	C20:1
XIEG	SCBG	种子	新疆阿勒泰	24. 43	33. 82	23. 01	208. 60	0. 009	0. 40	18. 13	0. 09	4. 95	12. 09	18. 90	45. 08	0. 24	0. 11
OFPC		种子	新疆天山	36. 70	166. 90		187. 80			3. 10		0. 70	24. 90	54. 70	16. 60		

青扦

Picea wilsonii Mast.

松科，云杉属

特征 乔木。一年生枝淡黄绿色或淡黄灰色，无毛，稀有疏生短毛；冬芽卵圆形，无树脂，芽鳞排列紧密，淡黄褐色或褐色，先端钝，背部无纵脊，光滑无毛，小枝基部宿存芽鳞的先端紧贴小枝。叶排列较密，在小枝上部向前伸展，小枝下面之叶向两侧伸展，四棱状条形，直或微弯，较短，先端尖，横切面四棱形或扁棱形，四面各有气孔线4~6条，微具白粉。球果卵状圆柱形或圆柱状长卵圆形，成熟前绿色，熟时黄褐色或淡褐色；中部种鳞倒卵形，先端圆或有急尖头，或呈钝三角形，或具凸起截形之尖头，基部宽楔形；苞鳞匙状矩圆形，先端钝圆，长约4 mm。种子倒卵圆形，种翅倒宽披针形，淡褐色，先端圆。花期4月；果期10月。

分布 湖北：神农架大龙潭，31°29′37″N，110°18′03″E，2175 m，2010-11-10，李晓东、昝艳燕、罗曼曼400121127。生于海拔1400~2800 m的山地、河谷。产于湖北、四川、青海、甘肃、陕西、山西、河北、内蒙古。

栽培 适应性较强，喜气候温凉，在土壤湿、深厚、排水良好的土壤生长良好。可采用播种繁殖。

用途 木材淡黄白色、纹理直，可供建筑、电杆、家具及工业原料等用材。

含油率及化学组分数据

采集单位	测试单位	测试部位	产地	含油率(%)	碘值	酸值	皂化值	C12:0	C14:0	C16:0	C16:1	C18:0	C18:1	C18:2	C18:3	C20:0	C20:1
WHBG	WHBG	种仁	湖北神农架	23. 48					0. 20	11. 17	0. 99	2. 88	27. 83	32. 23	15. 31	0. 43	

华山松

Pinus armandii Franch.

松科，松属

特征 乔木。一年生枝绿色或灰绿色，无毛；微被白粉。冬芽近圆柱形，褐色，微具树脂，芽鳞排列疏松。针叶5针一束，稀6~7针一束，长8~15 cm，径1~1.5 mm，边缘具细锯齿，仅腹面两侧各具4~8条白色气孔线，横切面三角形，树脂道通常3个，中生或背面2个边生、腹面1个中生；叶鞘早落。雄球花黄色，卵状圆柱形，基部围有近10枚卵状匙形的鳞片。球果圆锥状长卵圆形，幼时绿色，成熟时黄色或褐黄色，种鳞张开，种子脱落；中部种鳞近斜方状倒卵形；鳞盾近斜方形或宽三角状斜方形，不具纵脊，先端钝圆或微尖，不反曲或微反曲；鳞脐不明显。种子黄褐色、暗褐色或黑色，倒卵圆形，无翅或两侧及顶端具棱脊。花期4~5月；果期翌年9~10月。

分布 湖南：桑植县芭茅溪乡天平山，29°40′35″N，110°02′10″E，2009-10-22，张兵400181062；永顺小溪，29°25′20″N，109°25′22″E，324 m，2009-11-03，张代贵、周建军400191169。山东：泰山，36°15′37″N，117°07′15″E，910 m，2009-08-20，赵伟华400311057。河南：灵宝小秦岭，34°25′51″N，110°30′32″E，2413 m，2012-08-15，王亚平400314149。湖北：神农架红坪乡大沟，31°29′38″N，110°24′34″E，1835 m，2009-09-04，危文亮、丁时东400151003；神农架林区木鱼镇老君山，31°24′15″N，110°20′27″E，2508 m，2012-09-01，危文亮，赵永国等400151198；神农架红花朵大岩屋，31°49′05″N，110°29′40″E，2009-10-28，李晓东、杨林森40012175。四川：泸定县冷碛乡，29°51′11″N，102°15′22″E，2218 m，2009-08-24，干友民400241052。云南：麻栗坡县天保乡天保村芭蕉坪，22°58′07″N，104°50′36″E，1202 m，2008-10-29，张国学400222053。西藏：波密县扎木乡岗巴村，29°52′26″N，95°36′08″E，2791 m，2011-09-04，干友民40024132。陕西：眉县营头乡大殿，34°01′51″N，107°25′14″E，2273 m，2009-08-07，薛帅400321032。生于海拔1000~3300 m的山地、河谷。产于湖南、河南、湖北、四川、贵州、云南、西藏、甘肃、陕西、山西。

栽培 喜温凉湿润气候，不耐寒及湿热，稍耐干燥、瘠薄。可采用播种繁殖。通常在播种前进行沙藏层积催芽，也可用50~60℃温水浸种催芽。幼苗出土前应保持土壤湿润并搭棚遮阴。用1:100波尔多液或50%多菌灵1000倍液喷施可防治立枯病。

用途 种子含油量高，可制硬化油和食用油等；种仁内富含蛋白质，常作干果炒食；树干可割取树脂，树皮可提取栲胶；针叶可提炼芳香油。木材可供建筑、家具及木纤维工业原料等用材。亦是较好的园林树种。

含油率及化学组分数据

采集单位	测试单位	测试部位	产地	含油率(%)	碘值	酸值	皂化值	C12:0	C14:0	C16:0	C16:1	C18:0	C18:1	C18:2	C18:3	C20:0	C20:1
HUST	HUST	种仁	湖南桑植	53.3	13.71	9.71	173.27		0.39	19.52		3.02	41.77	24.81	2.30	0.62	0.58
JSU	SCBG	种子	湖南永顺	53.54	156.77	18.26	268.15		0.11	9.85	0.09	5.35	47.40	21.55	0.31	0.50	0.39
ICS	ICS	种子	山东泰山	53.57	133.33	12.05	161.39		0.06	4.60	0.18	1.97	23.03	44.29	13.40	0.43	0.94
HNAU	ICS	种子	河南灵宝	12.01	40.39	34.46	221.58		0.26	10.76	0.13	4.45	41.30	17.78	0.22	0.92	
OCRI	SCBG	种仁	湖北神农架	54.65	35.08	34.05			0.03	6.09		1.48	8.52	75.28	7.38	0.26	0.15
OCRI	SCBG	种仁	湖北神农架	46.80	42.37	16.36	172.18				0.22	4.39	81.35	61.60	23.69	0.61	0.46
WHBG	WHBG	种仁	湖北神农架	17.60	122.53	3.88	216.94		0.051	5.94	0.06	2.65	28.77	60.39	0.34	0.52	1.38
SCU	SCBG	种仁	四川泸定	20.16	88.99			0.10	0.56	4.27	0.19	1.36	70.40	18.76	0.66	0.28	0.15
KMIB	KMIB	种仁	云南麻栗坡	49.83	157.90	5.70	182.60						4.36	0.13	1.81	47.71	19.93
SAU	SCBG	种仁	西藏波密		33.82	23.01	208.60	0.02	0.39	29.15	0.48	3.31	21.21	18.44	4.78	0.45	0.02
CAU	ICS	种子	陕西眉县	54.90	96.38	5.44	148.86		0.09	8.90	0.05	0.62	47.38	39.70	0.43	0.77	2.06
OFPC		种子	陕西华山	20.90	157.90		189.80			5.10		2.20	23.40	48.10	21.20		

白皮松

Pinus bungeana Zucc. ex Endl.

松科，松属

特征 乔木。幼树树皮光滑，灰绿色，长大后树皮成不规则的薄块片脱落，露出淡黄绿色的新皮。一年生枝灰绿色，无毛；冬芽红褐色，卵圆形，无树脂。针叶3针一束，粗硬，长5~10 cm，径1.5~2 mm，叶背及腹面两侧均有气孔线，先端尖，边缘有细锯齿；树脂道6~7个，边生；叶鞘脱落。雄球花卵圆形或椭圆形。球果通常单生，初直立，后下垂，成熟前淡绿色，熟时淡黄褐色，卵圆形或圆锥状卵圆形，有短梗或几无梗；种鳞矩圆状宽楔形，先端厚，鳞盾近菱形，有横脊，鳞脐生于鳞盾的中央，明显，三角状，顶端有刺。种子灰褐色，近倒卵圆形；种翅短，赤褐色。花期4~5月；果期翌年10~11月。

分布 生于海拔500~1800 m的地带。产于河南、四川、甘肃、陕西、山西。

栽培 喜光，耐旱，耐瘠薄，抗寒力强，能适应钙质黄土及轻度盐碱土壤。可采用播种方法。播种宜在3月下旬至4月初，幼苗较耐阴，应搭建遮阴网，以防高温日灼和立枯病的危害。

用途 种子可榨油，供食用；木材可供房屋建筑、家具、文具等用材。树姿优美，为优良的庭园树种。

含油率及化学组分数据

采集单位	测试单位	测试部位	产地	含油率(%)	碘值	酸值	皂化值	C12:0	C14:0	C16:0	C16:1	C18:0	C18:1	C18:2	C18:3	C20:0	C20:1
OFPC		种子	陕西凤县	25.60	140.20		186.80			6.70		2.00	28.20	51.70	11.40		

高山松

Pinus densata Mast.

松科，松属

特征 乔木。一年生枝粗壮，黄褐色，有光泽，无毛，二、三年生枝树皮逐渐脱落，内皮红色；冬芽卵状圆锥形或圆柱形，先端尖，微被树脂，芽鳞栗褐色。针叶2针一束，稀3针一束或2针3针并存，微扭曲，两面有气孔线，边缘锯齿锐利；叶鞘初呈淡褐色，老则暗灰褐色或黑褐色。球果卵圆形，长5~6 cm，径约4 cm，有短梗，熟时栗褐色，常向下弯垂；中部种鳞卵状矩圆形，鳞盾肥厚隆起，微反曲或不反曲，横脊显著，由鳞脐四周辐射状的纵横纹亦较明显，鳞脐凸起，多有明显的刺状尖头。种子淡灰褐色，椭圆状卵圆形，微扁；种翅淡紫色，长约2 cm。花期5月；果期翌年10月。

分布 四川：泸定定县冷碛乡二郎山，29°51′17″N，102°15′42″E，2719 m，2009-11-08，千友民400241065。云南：昆明市东郊呼马山，25°01′08″N，102°44′24″E，1946 m，2009-11-11，张国学400222079。生于海拔2600~3500 m的高山。产于四川、云南、西藏、青海。

栽培 喜光、深根性树种，能生于干旱瘠薄的环境。

用途 树干可割取树脂。木材较坚韧，质较细，富树脂，可作建筑、板材等用材。

含油率及化学组分数据

采集单位	测试单位	测试部位	产地	含油率(%)	碘值	酸值	皂化值	C12:0	C14:0	C16:0	C16:1	C18:0	C18:1	C18:2	C18:3	C20:0	C20:1
SAU	SCBG	种仁	四川泸定	9.86	15.68	6.84	192.45	0.02	0.05	1.65	0.09	1.19	61.86	31.16	0.51	0.10	0.59
KMIB	KMIB	种仁	云南昆明	24.02	153	3	178.1				2.57	0.18	1.45	22.05	35.66	1.12	

赤松
Pinus densiflora Sieb.
松科，松属

特征 乔木。一年生枝淡黄色或红黄色，微被白粉，无毛；冬芽矩圆状卵圆形，暗红褐色，微具树脂，芽鳞条状披针形，先端微反卷。针叶2针一束，先端微尖，两面有气孔线，边缘有细锯齿；横切面半圆形，皮下层细胞1层，稀角上2~3层，树脂道4~6个，边生。雄球花淡红黄色，圆筒形；雌球花淡红紫色，单生或2~3个聚生，一年生小球果的种鳞先端有短刺。球果成熟时暗黄褐色或淡褐黄色，种鳞张开，不久即脱落，卵圆形或卵状圆锥形，有短梗；种鳞薄，鳞盾扁菱形，通常扁平，稀具微隆起的横脊，鳞脐平或微凸起有短刺，稀无刺。种子倒卵状椭圆形或卵圆形，连翅长1. 5~2 cm；种翅宽5~7 mm。花期4月；果期翌年9~10月。

分布 生于海拔0~920 m的山区。产于江苏、山东及东北地区。朝鲜、日本、俄罗斯也有分布。

栽培 喜光，耐贫瘠，耐寒，耐干旱，不耐盐碱，抗风力强。可采用播种繁殖。

用途 种子榨油，可供食用及工业用；针叶提取芳香油；树干可割取树脂，提取松香及松节油。木材纹理直，质坚硬，耐腐力强，可供建筑、电杆、枕木、家具、木纤维工业原料等用。可作庭园树种。

含油率及化学组分数据

采集单位	测试单位	测试部位	产地	含油率(%)	碘值	酸值	皂化值	C12:0	C14:0	C16:0	C16:1	C18:0	C18:1	C18:2	C18:3	C20:0	C20:1
OFPC		种子	黑龙江哈尔滨	32. 70	160. 40		189. 80			4. 30		1. 60	22. 00	47. 00	18. 00		

湿地松
Pinus elliottii Engelm.
松科，松属

特征 乔木。树皮灰褐色或暗红褐色，纵裂成鳞状块片剥落；枝条每年生长3~4轮，春季生长的节间较长，夏、秋季生长的节间较短，小枝粗壮，橙褐色，后变为褐色至灰褐色，鳞叶上部披针形，淡褐色，边缘有睫毛，干枯后宿存数年不落，故小枝粗糙；冬芽圆柱形，上部渐窄，无树脂，芽鳞淡灰色。针叶2~3针一束并存，刚硬，深绿色，有气孔线，边缘有锯齿，树脂道2~9个，多内生。球果圆锥形或窄卵圆形，有梗，种鳞张开后径5~7 cm，成熟后至第二年夏季脱落；种鳞的鳞盾近斜方形，肥厚，有锐横脊，鳞脐瘤状。种子卵圆形，黑色，有灰色斑点，易脱落。花期3月；果期翌年9月。

分布 江西：石城县赣江源，26°11′36″N，116°23′16″E，547 m，2012-11-12，凡强、潘云云4001416090。原产美国。中国广东、广西、湖南、江西、福建、台湾、浙江、江苏、安徽、湖北、云南有栽培。

栽培 适应性强，喜温暖潮湿、夏季炎热多雨、春、秋季温暖干燥、冬季温和而潮湿的地区。可采用播种繁殖。播种：在10月份采收，放在干燥的地方贮藏，待翌年2月底至3月初进行播种。种子刚出苗时，使用托布津喷洒苗床预防猝倒病。

用途 种子含脂肪油可食用，亦可供药用；球果未成熟前，含挥发油，可提制松节油；蒸油后还可提炼栲胶；成熟球果制活性炭；松针含芳香油，是医药及化工、橡胶、造纸工业的原料。木材纹理直，供建筑、家具、造纸和木纤维工业原料用；林龄达20年左右的树干，适宜采割松脂，供提取松节油和松香，为工业和医药原料；树根挖取干馏，可提取松根原油；萃取可直接得松香、松节油。

含油率及化学组分数据

采集单位	测试单位	测试部位	产地	含油率(%)	碘值	酸值	皂化值	C12:0	C14:0	C16:0	C16:1	C18:0	C18:1	C18:2	C18:3	C20:0	C20:1
SYSU	SCBG	种仁	江西石城	12. 77	84. 04	3. 58	167. 12	0. 17	0. 16	7. 32		2. 33	18. 55	32. 48	9. 06	0. 79	0. 28
OFPC		种子	广东广州	22. 50	156. 10		188. 40			6. 90		2. 10	27. 40	41. 10	17. 00		

红松
Pinus koraiensis Sieb. et Zucc.

松科，松属

特征　乔木。一年生枝密被黄褐色或红褐色柔毛；冬芽淡红褐色，矩圆状卵圆形，先端尖，微被树脂，芽鳞排列较疏松。针叶5针一束，长6~12 cm，粗硬，直，深绿色，边缘具细锯齿，背面通常无气孔线；叶鞘早落。雄球花椭圆状圆柱形，红黄色；雌球花绿褐色，圆柱状卵圆形，直立。球果圆锥状卵圆形、圆锥状长卵圆形或卵状矩圆形，成熟后种鳞不张开，或稍微张开而露出种子；种鳞菱形，上部渐窄而开展，先端钝，向外反曲；鳞盾黄褐色或微带灰绿色，三角形或斜方状三角形，表面有皱纹；鳞脐不显著。种子大，着生于种鳞腹面下部的凹槽中，无翅或顶端及上部两侧微具棱脊，暗紫褐色或褐色，倒卵状三角形。花期6月；果期翌年9~10月。

分布　山西：翼城县历山，35°18′38″N，111°33′19″E，1782 m，2010-10-13，谢光辉400322011。黑龙江：伊春市嘉荫县八字山，48°16′05″N，129°31′03″E，1102 m，2010-08-18，陈连江、卞勇、贾海伦400351064。生于海拔200~1800 m的山地。产于山西、吉林、黑龙江。日本、朝鲜、俄罗斯也有分布。

栽培　喜弱光，喜冷凉湿润气候及酸性土。可采用播种繁殖。播种前一般要经过浸种、消毒、催芽3个过程。

用途　种子又名松子，既是重要的中药，又可食用，可做糖果、糕点辅料，还可代植物油食用；松子油，除可食用外，还是干漆、皮革工业的重要原料。树干高大通直，树姿优美，可作为园林树种。

含油率及化学组分数据

采集单位	测试单位	测试部位	产地	含油率(%)	碘值	酸值	皂化值	C12:0	C14:0	C16:0	C16:1	C18:0	C18:1	C18:2	C18:3	C20:0	C20:1
CAU	ICS	种子	山西翼城	45.30	77.13	2.20	196.40		0.08	9.68	0.09	4.69	30.02	51.64	0.46	1.10	2.22
SBRI	SCBG	种仁	黑龙江伊春	46.82	4.184	11.91	263.82										
OFPC		种子	辽宁本溪	69.20	144.20		184.30			6.30		2.00	29.90	51.70	10.00		

华南五针松（广东松）
Pinus kwangtungensis Chun et Tsiang

松科，松属

特征　乔木。一年生枝淡褐色，老枝淡灰褐色或淡黄褐色；冬芽茶褐色，微有树脂。针叶5针一束，长3.5~7 cm，径1~1.5 mm，先端尖，边缘有疏生细锯齿，仅腹面每侧有4~5条白色气孔线，横切面三角形，皮下层由单层细胞组成，树脂道2~3个，背面2个边生，有时腹面1个中生或无；叶鞘早落。球果柱状矩圆形或圆柱状卵形，通常单生，熟时淡红褐色，微具树脂；种鳞楔状倒卵形；鳞盾菱形，先端边缘较薄，微内曲或直伸。种子椭圆形或倒卵形，长8~12 mm，连同种翅与种鳞近等长。花期4~5月；果期翌年10月。

分布　广东：乳源广东松小黄山，113°01′08″N，24°53′48″E，639 m，2012-11-06，王发国、于海玲400119217。重庆：南川区水江镇乐村林场，29°07′12″N，107°14′40″E，1413 m，2009-09-06，刘正宇等400231056。生于海拔500~1600 m的山脊、山坡、山顶。产于海南、广东、广西、湖南、贵州。

栽培　适应性较强。可采用播种繁殖。圃地选择排水良好的缓坡山地。“清明”前后播种，播前消毒，浸种催芽，待胚根露白时播下，伏天适当遮阴。

用途　可割取树脂提炼松香与松节油。木材坚实耐用，可供房屋建筑、枕木、矿柱、家具等用。为优良的园林树，可作园林树种。

含油率及化学组分数据

采集单位	测试单位	测试部位	产地	含油率(%)	碘值	酸值	皂化值	C12:0	C14:0	C16:0	C16:1	C18:0	C18:1	C18:2	C18:3	C20:0	C20:1
SCBG	SCBG	种仁	广东乳源	28.1	88.02	10.58	277.74	0.003	0.03	3.725	0.10	2.09	35.87	56.99	0.20	0.09	0.92
CIPP	SCBG	种仁	重庆南川	46.19						5.60	0.15	1.17	21.83	27.84	39.31		0.22
OFPC		种子	湖南宜章	35.00	168.00		192.10			4.50		1.80	17.80	44.90	21.20		

马尾松

Pinus massoniana D. Don

松科，松属

特征 乔木。枝条淡黄褐色，无白粉，稀有白粉，无毛；冬芽卵状圆柱形或圆柱形，芽鳞边缘丝状，先端尖或成渐尖的长尖头，微反曲。针叶2针一束，稀3针一束，长12~20 cm，两面有气孔线，边缘有细锯齿，横切面皮下层细胞单型，第一层连续排列，第二层由个别细胞断续排列而成，树脂道4~8个，在背面边生；叶鞘初成褐色，后渐变成灰黑色，宿存。雄球花淡红褐色，圆柱形，聚生于新枝下部苞腋，穗状；雌球花单生或2~4个聚生于新枝近顶端，淡紫红色。一年生小球果圆球形或卵圆形，褐色或紫褐色，上部珠鳞的鳞脐具向上直立的短刺，下部珠鳞的鳞脐平钝无刺。球果卵圆形或圆锥状卵圆形，有短梗，下垂；中部种鳞近矩圆状倒卵形；鳞盾菱形，微隆起或平，横脊微明显；鳞脐微凹，无刺，生于干燥环境者常具极短的刺。种子长卵圆形。花期4~5月；果期翌年10~12月。

分布 广东：阳山县秤架乡太平洞，24°55′48″N，112°59′07″E，2010-10-22，王发国、陈林400113062。湖南：保靖县白云山，28°37′51″N，109°17′16″E，398 m，2012-08-05，张代贵、张洁40019101262。湖北：鹤峰县太平乡肖家坪，29°49′28″N，109°54′55″E，937 m，2009-09-07，赵永国、丁时东400151042。四川：泸定泸桥镇，29°54′4″N，102°13′44″E，2010-11-11，崔龙、李志强40021110098；雅安宝兴蜂桶寨邓池沟，30°32′7″N，102°56′26″E，1789 m，2011-09-28，李志强、刘小波等40021111015。生于海拔2000 m以下的山地、平原。产于广东、广西、湖南、江西、福建、台湾、浙江、江苏、安徽、河南、湖北、四川、贵州、云南、陕西。

栽培 喜光树种，不耐阴蔽，喜温。可采用播种繁殖。播种季节在2月上旬至3月上旬。马尾松毛虫是常见害虫，目前有白僵菌、Bt、仿生农药灭幼脲等适时施用。

用途 松籽含油率高，除食用外，可制肥皂、油漆及润滑油等；球果可提炼原油；松根可提取松焦油，也可培养贵重的中药材茯苓。松香是许多轻、重工业的重要原料，主要用于造纸、橡胶、涂料、油漆、胶黏等工业。松节油可合成松油，加工树脂，合成香料，生产杀虫剂，并为许多贵重萜烯香料的合成原料。松针含有挥发油，可提取松针油，供作清凉喷雾剂、皂用香精及配制其他合成香料，还可浸提栲胶；树皮可制胶黏剂和人造板。树干通直，可孤植或丛植作园林树，也是荒山造林先锋树种。

含油率及化学组分数据

采集单位	测试单位	测试部位	产地	含油率(%)	碘值	酸值	皂化值	C12:0	C14:0	C16:0	C16:1	C18:0	C18:1	C18:2	C18:3	C20:0	C20:1
SCBG	SCBG	种仁	广东阳山	29.40	91.74	5.62		0.05	0.02	2.79	0.05	7.33	23.09	50.90	0.27	0.45	0.61
JSU	SCBG	种仁	湖南保靖	39.45	91.85				0.11	6.66	0.12	3.43	30.96	52.11	1.79	1.04	0.50
OCRI	SCBG	种仁	湖北鹤峰	46.42	75.06	2.51	239.09		0.08	12.41		7.06	14.71	14.86	37.08	0.95	
SCU	SCU	种仁	四川泸定														
SCU	SCU	种仁	四川雅安	30.88	156.77												
OFPC		种子	广东乐昌	27.10	156.30		190.80			3.60		1.90	19.60	47.50	23.80		

台湾五针松（台湾松、黄山松）

Pinus morrisonicola Hayata [*Pinus formosana* Hayata; *Pinus taiwanensis* Hayata]

松科，松属

特征 乔木。树皮深灰褐色，裂成不规则鳞状厚块片或薄片。枝平展，老树树冠平顶，一年生枝淡黄褐色或暗红褐色，无毛，不被白粉；冬芽深褐色，卵圆形或长卵圆形，顶端尖，微有树脂，芽鳞先端尖，边缘薄，有细缺裂。针叶2针一束，边缘有细锯齿，两面有气孔线，横切面半圆形，树脂道3~7（9）个，中生；叶鞘宿存。雄球花圆柱形，淡红褐色，聚生于新枝下部成短穗状。球果卵圆形，几无梗，向下弯垂，成熟前绿色，熟时褐色或暗褐色，后渐变呈暗灰褐色，常宿存树上6~7年；中部种鳞近矩圆形，近鳞盾下部稍窄，基部楔形；鳞盾稍肥厚隆起，近扁菱形，横脊显著；鳞脐具短刺。种子倒卵状椭圆形，具不规则的红褐色斑纹。花期4~5月；果期翌年10月。

分布 江西：铅山县武夷山自然保护区，27°57′31″N，117°50′31″E，1317 m，2011-10-16，凡强、景慧娟4001411050。生于海拔600~3400 m的暖温带季雨林中。产于广西、湖南、江西、福建、台湾、浙江、江苏、安徽、河南、湖北、贵州、云南。

栽培 喜光，喜凉润、湿度较大的高山气候，耐贫瘠，在土层深厚、排水良好的酸性土及向阳山坡生长良好。可采用播种繁殖。“春分”前后播种，每667 m^2播种5~6 kg。

用途 木材纹理直，结构粗，富含树脂，耐水湿，为矿柱、枕木、码头、桥梁等用材；成年树可采割松脂，松枝、针叶为水泥袋纸和人造纤维原料；松针还可提取芳香油及医用胡萝卜素；采伐后的根桩可培养茯苓，供作中药和食用；花药可掺入糕点食用，并为痱子粉的优良配料；还可制成保健饮料和化妆品。为庭园观赏树种，亦作盆景栽培。

含油率及化学组分数据

采集单位	测试单位	测试部位	产地	含油率(%)	碘值	酸值	皂化值	C12:0	C14:0	C16:0	C16:1	C18:0	C18:1	C18:2	C18:3	C20:0	C20:1
SYSU	SCBG	种仁	江西铅山	10.61	117.62	2.48	170.72	0.04	0.13	6.27	0.85	1.43	43.12	40.21	1.58	0.17	0.12
OFPC		种子	江西庐山	22.40	151.00		158.00			4.60		1.90	18.80	47.00	微量	20.50	

新疆五针松（西伯利亚红松）

Pinus sibirica Du Tour

松科，松属

特征 乔木。树冠塔形。大枝近水平开展，小枝粗壮，淡褐色，密被淡黄色柔毛；冬芽圆锥形，淡褐或红褐色，先端尖。针叶5针一束，较粗短，长7~12 cm，粗0.8~1.2 mm，边缘疏生细齿，背面无气孔线，腹面每边具3~5条气孔线，横断面近三角形，树脂道3个，中生；叶鞘早落。雌球果圆锥状卵形，无柄，直立，长6~10 cm，径5~6 cm，不开裂。种鳞宽楔形，内弯；鳞盾紫褐色，宽菱形，密生细绒毛，上部圆，微内曲，基部近平截；鳞脐黄褐色，明显。种子倒卵圆形，黄褐色，长1 cm，径5~6 mm，微具棱脊，无翅。花期5月；果期翌年8~9月。

分布 新疆：阿勒泰白哈巴，48°39′39″N，86°43′47″E，1726 m，2010-09-08，王喜勇、段士民4003310008；阿勒泰喀纳斯自然保护区，48°45′00″N，86°56′01″E，1715 m，2011-09-18，侯翼国、王茜4003311034。生于海拔800~2400 m的山地、河谷。产于新疆、内蒙古、黑龙江。哈萨克斯坦、蒙古、俄罗斯也有分布。

栽培 喜光、抗寒、抗旱，对空气温度要求较高。可采用播种繁殖。

用途 种子可食，亦可榨油。木材轻、结构细，有香气，耐久用，可供建筑和特殊用材，亦可作家具等。树形优美，可作庭园树种。

含油率及化学组分数据

采集单位	测试单位	测试部位	产地	含油率(%)	碘值	酸值	皂化值	C12:0	C14:0	C16:0	C16:1	C18:0	C18:1	C18:2	C18:3	C20:0	C20:1
XIEG	SCBG	种仁	新疆阿勒泰	59.14	110.60	3.74	194.02	0.019	0.036	5.41		3.31	29.38	59.3	0.31	0.4	1.84
XIEG	SCBG	种子	新疆阿勒泰	35.24	4.57	9.15	232.97		0.025	6.41	0.09	2.65	17.61	8.99	63.59	0.39	0.25

樟子松

Pinus sylvestris var. **mongolica** Litv.

松科，松属

特征 乔木。一年生枝淡黄褐色，无毛，二、三年生枝呈灰褐色；冬芽褐色或淡黄褐色，长卵圆形，有树脂。针叶2针一束，硬直，常扭曲，长4~9 cm，很少达12 cm，径1. 5~2 mm，先端尖，边缘有细锯齿，两面均有气孔线，横切面半圆形，微扁，维管束鞘呈横茧状，2维管束距离较远，树脂道6~11个，边生；叶鞘基部宿存，黑褐色。雄球花圆柱状卵圆形，长5~10 mm，聚生新枝下部，长3~6 cm；雌球花有短梗，淡紫褐色。球果卵圆形或长卵圆形，长3~6 cm，径2~3 cm，成熟前绿色，熟时淡褐灰色；中部种鳞的鳞盾多呈斜方形，纵脊横脊显著，肥厚隆起，多反曲；鳞脐呈瘤状凸起，有易脱落的短刺。种子黑褐色，长卵圆形或倒卵圆形，微扁。花期5~6月；果期翌年9~10月。

分布 内蒙古：额尔古纳，51°39′39″N，120°39′10″E，2012-10，郑宝江等400341225。黑龙江：塔河，52°20′50″N，124°42′09″E，2012-10，郑宝江等400341223；桦川县申家店，46°35′36″N，130°39′13″E，650 m，2010-08-13，陈连江、卞勇、贾海伦400351023。生于海拔400~1100 m的砂质山地。产于内蒙古、黑龙江。蒙古、俄罗斯也有其分布。

栽培 适应性强、抗逆性强、耐寒性强、喜光。可采用播种繁殖。春播前用50~60℃温水浸种催芽。一般在4月中、下旬，播种前苗床表土要保持适度温润，如干燥应少量浇水，播后及时填压，以防芽干。

用途 树干可割树脂，提取松梨及松节油；树皮可提取拷胶。木材纹理直，可供建筑、家具等用材。可作庭园观赏和绿化树种，也是沙荒地带重要的固沙造林的优良树种。

含油率及化学组分数据

采集单位	测试单位	测试部位	产地	含油率(%)	碘值	酸值	皂化值	C12:0	C14:0	C16:0	C16:1	C18:0	C18:1	C18:2	C18:3	C20:0	C20:1
NEFU	SCBG	种仁	内蒙古额尔古纳	21. 03	70. 76	5. 87	186. 36										
NEFU	SCBG	种仁	黑龙江塔河	36. 70	4. 46	9. 73	132. 92		0. 058	8. 47	0. 05	1. 39	48. 49	38. 05	0. 35	0. 58	2. 57
SBRI	SCBG	种仁	黑龙江桦川	43. 50	9. 33	8. 12	90. 79										
OFPC		种子	辽宁樟武	28. 10	164. 50		164. 50			2. 80		1. 50	17. 60	49. 50	19. 80		

油松

Pinus tabuliformis Carr. [*Pinus tabuliformis* var. *tabuliformis*]

松科，松属

特征 乔木。小枝较粗，褐黄色，无毛；冬芽矩圆形，顶端尖，微具树脂，芽鳞红褐色，边缘有丝状缺裂。针叶2针一束，深绿色，粗硬，边缘有细锯齿，两面具气孔线，横切面半圆形，树脂道5~8个或更多，边生，多数生于背面，腹面有1~2个；叶鞘初呈淡褐色，后呈淡黑褐色。雄球花圆柱形，在新枝下部聚生成穗状。球果卵形或圆卵形，有短梗，向下弯垂，成熟前绿色，熟时淡黄色或淡褐黄色，常宿存树上近数年之久；中部种鳞近矩圆状倒卵形；鳞盾肥厚、隆起或微隆起，扁菱形或菱状多角形，横脊显著；鳞脐凸起有尖刺。种子卵圆形或长卵圆形，淡褐色有斑纹。花期4~5月；果期翌年10月。

分布 四川：若尔盖县巴西乡林场，33°41′17″N，103°22′17″E，2714 m，2009-07-23，干友民400241027。河北：昌黎，39°57′55″N，119°15′45″E，131 m，2010-10-03，徐兴友、韩宝强400313074。生于海拔100~2600 m的山地。产于山东、河南、四川、青海、甘肃、宁夏、陕西、山西、河北、内蒙古、辽宁、吉林。

栽培 适应性强，喜光、耐瘠薄、抗寒、抗风。可采用播种繁殖。播种前应当用福尔马林或高锰酸钾对种子进行消毒。幼苗主要要防止冻害，有覆土、覆草、冬灌及覆盖塑料薄膜防寒等方法。

用途 树干可割取松脂，提取松节油。树皮可提取栲胶，松节、针叶及花粉可入药。木材富含松脂，耐腐，供作建筑、家具、枕木、矿柱、电杆、人造纤维等用材，亦可采松脂供工业用。树形美观，茎干苍遒有力，可作园林树种。

含油率及化学组分数据

采集单位	测试单位	测试部位	产地	含油率(%)	碘值	酸值	皂化值	C12:0	C14:0	C16:0	C16:1	C18:0	C18:1	C18:2	C18:3	C20:0	C20:1
SCU	SCBG	种仁	四川若尔盖	7. 38	3. 54	12. 67	137. 66		0. 046	6. 56	0. 056	1. 93	15. 97	13. 31	56. 90	0. 32	0. 16
HNUST	ICS	种子	河北昌黎	31. 06	77. 52	6. 26	204. 64		0. 05	4. 98	0. 15	2. 07	20. 18	43. 49	17. 69	0. 25	0. 73

黑松

Pinus thunbergii Parl.

松科，松属

特征　乔木。一年生枝淡褐黄色，无毛；冬芽银白色，圆柱状椭圆形或圆柱形，顶端尖，芽鳞披针形或条状披针形，边缘白色丝状。针叶2针一束，深绿色，有光泽，粗硬，长6~12 cm，径1.5~2 mm，边缘有细锯齿，背腹面均有气孔线，横切面皮下层细胞1层或2层，连续排列，树脂道6~11个，中生。雄球花淡红褐色，圆柱形，聚生于新枝下部；雌球花单生或2~3个聚生于新枝近顶端，直立，有梗，卵圆形，淡紫红色或淡褐红色。球果成熟前绿色，熟时褐色，圆锥状卵圆形或卵圆形，长4~6 cm，径3~4 cm，有短梗，向下弯垂；中部种鳞卵状椭圆形；鳞盾微肥厚，横脊显著；鳞脐微凹，有短刺。种子倒卵状椭圆形；种翅灰褐色，有深色条纹。花期4~5月；果期翌年10月。

分布　原产于日本及朝鲜海岸地区。中国辽宁、江苏、山东、浙江有栽培。

栽培　喜光，耐寒冷，耐干旱、瘠薄及盐碱土，不耐水涝，抗病虫能力强。可采用播种繁殖。

用途　种子可榨油供工业用。木材结构较细、纹理直、耐久用，可作建筑、矿柱、器具等用材。可作园林及庭园树种。

含油率及化学组分数据

采集单位	测试单位	测试部位	产地	含油率(%)	碘值	酸值	皂化值	C12:0	C14:0	C16:0	C16:1	C18:0	C18:1	C18:2	C18:3	C20:0	C20:1
OFPC		种子	江苏南京	30.60	152.40		193.90			12.50		5.30	37.90	27.30	0.50	3.90	

云南松

Pinus yunnanensis Franch.

松科，松属

特征　乔木。一年生枝粗壮，淡红褐色，无毛，二、三年生枝上苞片状的鳞片脱落露出红褐色内皮；冬芽圆锥状卵圆形，粗大，红褐色，无树脂，芽鳞披针形。针叶通常3针一束，稀2针一束，常在枝上宿存3年，长10~30 cm，径约1.2 mm，先端尖，背腹面均有气孔线，边缘有细锯齿，横切面扇状三角形或半圆形，二型皮下层细胞，第一层细胞连续排列，其下有散生细胞，树脂道4~5个，中生与边生并存；叶鞘宿存。雄球花圆柱状，生于新枝下部的苞腋内，聚集成穗状。球果成熟前绿色，熟时褐色或栗褐色，圆锥状卵圆形，有短梗；中部种鳞矩圆状椭圆形；鳞盾通常肥厚、隆起、稀反曲，有横脊；鳞脐微凹或微隆起，有短刺。种子褐色，近卵圆形或倒卵形。花期4~5月；果期翌年10月。

分布　四川：泸定县老川藏线二郎山出洞口，29°51′10″N，102°15′21″E，2218 m，2009-08-24，干友民400241051；盐源莲花山，27°25′240″ N，101°30′291″ E，2009-10-05，樊云川、王凯40021109054。云南：昆明市东郊呼马山，25°01′38″N，102°44′03″E，1972 m，2008-10-29，张国学400222040。生于海拔600~3100 m的山地、河谷。产于广西、四川、贵州、云南、西藏。

栽培　适应性强，喜光，耐干旱、耐瘠薄。可采用播种繁殖。用2.5敌百虫粉剂，每667 m^2施3 kg喷粉可防治虫害。

用途　树根可培养茯苓，树干富含松脂，是制取松香松节油的原料；树皮可提取栲胶。针叶可提取松针油及加工成松针粉，作饲料添加剂；花粉可作药用，是美容护肤佳品。木材是优质造纸、人造板原料，并供建筑、家具等用材。可作为园林树种，同时为优良的荒山荒地造林先锋树种。

含油率及化学组分数据

采集单位	测试单位	测试部位	产地	含油率(%)	碘值	酸值	皂化值	C12:0	C14:0	C16:0	C16:1	C18:0	C18:1	C18:2	C18:3	C20:0	C20:1
SAU	SCBG	种仁	四川泸定	19.34	4.57	9.15	232.97		0.67	5.51	0.03	1.87	30.13	43.50	0.48	0.22	7.07
SCU	SCU	种仁	四川盐源	48.76	115.20	3.80	157.20			8.78		2.27	21.22	47.01	20.03	0.69	
KMIB	KMIB	种仁	云南昆明	21.69	141.40	7.50	169.80				3.68	0.24	1.55	17.92	43.56	1.23	

金钱松

Pseudolarix amabilis (J. Nelson) Rehd. [*P. kaempferi* Gordon]

松科，金钱松属

特征 乔木。一年生长枝淡红褐色或淡红黄色，无毛，有光泽，二、三年生枝淡黄灰色或淡褐灰色。叶条形，柔软，镰状或直，上部稍宽，长2~5. 5 cm，宽1. 5~4 mm，先端锐尖或尖，上面绿色，下面蓝绿色，中脉明显，每边有5~14条气孔线，气孔带较中脉带为宽或近于等宽。长枝之叶辐射状伸展，短枝之叶簇状密生。雄球花黄色，圆柱状；雌球花紫红色，直立，椭圆形，长约1. 3 cm，有短梗。球果卵圆形或倒卵圆形，成熟前绿色或淡黄绿色，熟时淡红褐色，有短梗；中部的种鳞卵状披针形，基部宽约1. 7 cm，两侧耳状，先端钝有凹缺；腹面种翅痕之间有纵脊凸起，脊上密生短柔毛，鳞背光滑无毛；苞鳞长为种鳞的1/4~1/3，卵状披针形，边缘有细齿。种子卵圆形，白色；种翅三角状披针形，淡黄色或淡褐黄色。花期4月；果期10月。

分布 江西：吉安市井冈山，26°33′26″N，114°09′17″E，160 m，2009-09-04，廖文波等400142007。生于常绿、落叶阔叶混交林中。产于湖南、江西、福建、浙江。

栽培 喜温凉湿润气候。可采用播种、扦插繁殖。播种：为菌根性树种，宜在林间播种育苗，或用菌根土覆盖苗床，圃地适宜连作。扦插：利用10年生以下细枝条扦插，成活率可达70%。主要的病害有猝倒病、茎腐病和松落叶病，可用70%敌克松700倍液喷洒防治。主要虫害有袋蛾，除及时摘去袋囊外，对幼虫可用90%敌百虫1000倍液喷杀之。

用途 种子可榨油；根皮可治顽癣和食积等症；木材纹理直，耐水湿，为建筑、桥梁、船舶、家具等的优良用材。树姿优美，为著名的庭园树种。

含油率及化学组分数据

采集单位	测试单位	测试部位	产地	含油率(%)	碘值	酸值	皂化值	C12:0	C14:0	C16:0	C16:1	C18:0	C18:1	C18:2	C18:3	C20:0	C20:1
SYSU	SCBG	种仁	江西吉安	31. 04	150. 02	2. 65	177. 87	0. 09	0. 23	21. 07	0. 80	2. 20	44. 44	16. 81	9. 90	0. 20	0. 15
OFPC		种子	湖北恩施	43. 90	163. 40		150. 20			8. 20			29. 50	33. 80	微量		

柳杉（长叶孔雀松）

Cryptomeria fortune Hooibr. ex Otto et Dietrich

杉科，柳杉属

特征 乔木，高达40 m，胸径可达2 m。大枝近轮生，平展或斜展；小枝细长，常下垂，绿色，枝条中部的叶较长，常向两端逐渐变短。叶钻形略向内弯曲，先端内曲，四边有气孔线，长1~1. 5 cm，果枝的叶通常较短，幼树及萌芽枝的叶。雄球花单生叶腋，长椭圆形，集生于小枝上部，成短穗状花序状；雌球花顶生于短枝上。球果圆球形或扁球形；种鳞20左右，鳞背中部或中下部有1个三角状分离的苞鳞尖头，基部宽3~14 mm，能育的种鳞有2粒种子。种子褐色，近椭圆形，扁平，长4~6. 5 mm，边缘有窄翅。花期4月；球果10月成熟。

分布 湖南：永顺县小溪茶园溪，28°46′15″N，110°14′50″E，333 m，2010-10-04，肖艳、徐亮400191143；古丈县高林乡各竹溪，28°39′43″N，110°04′13″E，981 m，2010-11-06，徐亮、周建军、钱凯歌400191159。四川：宜宾老君山，28°41′40″N，103°59′15″E，1863 m，2011-10-15，邓星光、吴阳晨等40021111080；雅安宝兴蜂桶寨邓池沟，30°32′07″N，102°56′27″E，1780 m，2011-09-27，李志强、刘小波等40021111014；峨眉山高桥，28°29′894″ N，103°21′947″ E，2009-10-06，樊云川、王凯40021109092。河南：信阳波尔登公园，31°51′35″N，114°5′28″E，298 m，2012-09-15，王亚平400314221。湖北：神农架坪堑管理所，31°29′44″N，110°05′1″E，1470 m，2010-10-23，丁时东、危文亮400151075。为我国特有树种，产于江西庐山、福建南平及浙江天目山，有数百年的老树。长江以南地区均有栽培，生长良好。

栽培喜光，喜温凉至温暖湿润的环境，耐寒，耐旱，喜疏松且排水良好、富含有机质的壤土。播种繁殖，于春季进行。

用途 树姿雄伟，为优良的庭园树种，可丛植或列植。

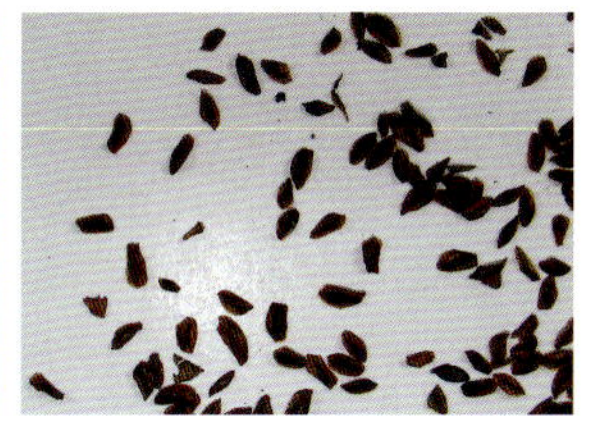

含油率及化学组分数据

采集单位	测试单位	测试部位	产地	含油率(%)	碘值	酸值	皂化值	C12:0	C14:0	C16:0	C16:1	C18:0	C18:1	C18:2	C18:3	C20:0	C20:1
JSU	SCBG	种仁	湖南永顺	42. 02	120. 98	4. 72	191. 83	0	0. 0. 28	4. 4	0. 34	76. 78	18. 16	0. 047	0. 24	0	0
SCU	SCU	种仁	四川宜宾	6. 93													
SCU	SCU	果实	四川雅安	9. 12													
SCU	SCU	种仁	四川峨眉山	16. 27						6. 95		9. 78	34. 29	48. 99			
HNAU	ICS	种仁	河南信阳	6. 43	95. 94	88. 31	68. 41	2. 07	0. 70	6. 80	1. 39	1. 64	12. 10	12. 63	3. 63	10. 78	
OCRI	SCBG	种仁	湖北神农架	12. 66	38. 36	0. 69	396. 81			7. 57	0. 06	1. 84	11. 81	53. 60	32. 54	0. 30	0. 29

杉木

Cunninghamia lanceolata (Lamb.) Hook.

杉科，杉木属

特征 乔木，高达30 m。幼树树冠尖塔形，大树树冠圆锥形，树皮灰褐色，裂成长条片脱落，内皮淡红色。大枝平展，小枝近对生或轮生，常成二列状。叶在主枝上辐射状伸展，侧枝之叶基部扭转成二列状，披针形或条状披针形，长2~6 cm，宽3~5 mm，边缘有细缺齿，先端渐尖，稀微钝，上面深绿色，有光泽，沿中脉两侧各有1条白粉气孔带；老树之叶通常较窄短、较厚，上面无气孔线。雄球花圆锥状；雌球花单生或2~3（~4）朵集生，绿色，苞鳞横椭圆形。球果卵圆形；熟时苞鳞革质，棕黄色，三角状卵形；种鳞很小，先端3裂，侧裂较大，腹面着生3粒种子。种子扁平，遮盖着种鳞，长卵形或矩圆形，暗褐色，有光泽，两侧边缘有窄翅；子叶2枚，发芽时出土。花期4月；球果10月下旬成熟。

分布 湖南：保靖县白云山，28°40′26″N，109°23′55″E，334 m，2012-11-04，张代贵、张洁40019101263。陕西：佛坪西岔河，33°16′50″N，107°34′58″E，2009-08-25，薛帅400321060。河南：信阳鸡公山，31°49′39″N，114°3′10″E，204 m，2012-09-17，王亚平400314237。湖北：神农架小当阳，31°27′22″N，110°11′15″E，2716 m，2010-10-26，丁时东、危文亮400151090。四川：西昌海南，27°50′845″ N，102°15′537″ E，2009-10-01，樊云川、王凯40021109038。广东、广西、福建、浙江、江苏、安徽、河南、四川、云南等地有栽培。

栽培 用种子繁殖或插条繁殖，或根株萌芽更新。

用途 树形挺拔，可作园林树种。

含油率及化学组分数据

采集单位	测试单位	测试部位	产地	含油率(%)	碘值	酸值	皂化值	C12:0	C14:0	C16:0	C16:1	C18:0	C18:1	C18:2	C18:3	C20:0	C20:1
SCBG	JSU	种子	湖南吉首	20.65	99.25	2.26	207.19	0.18	0.75	13.12	0.94	1.93	21.73	52.32	1.54	0.36	0.17
ICS	CAU	叶片	陕西佛坪	9.15	57.42	16.00	167.40			7.40		2.67	8.29	26.85	43.30	0.10	0.63
HNAU	ICS	种子	河南信阳	3.80	64.65	30.50	190.15			6.44		3.02	8.33	26.22	41.74	0.12	0.62
OCRI	SCBG	种仁	湖北神农架	14.58	4.46	6.1	241.83			6.31	5.46	1.34	51.36	62.00	0.82	60.25	
SCU	SCU	种仁	四川西昌	1.80													

落羽杉

Taxodium distichum (L.) Rich.

杉科，落羽杉属

特征 落叶乔木。树干尖削度大，干基通常膨大，常有屈膝状的呼吸根；树皮棕色，裂成长条片脱落。枝条水平开展，幼树树冠圆锥形，老则呈宽圆锥状；新生幼枝绿色；生叶的侧生小枝排成二列。叶条形，扁平，基部扭转在小枝上列成二列，羽状，长1~1.5 cm，宽约1 mm，先端尖，上面中脉凹下，淡绿色，下面黄绿色或灰绿色，中脉隆起，每边有4~8条气孔线，凋落前变成暗红褐色。雄球花卵圆形，有短梗，在小枝顶端排列成总状花序状或圆锥花序状。球果球形或卵圆形，有短梗，向下斜垂，熟时淡褐黄色，有白粉，径约2.5 cm；种鳞木质，盾形，顶部有明显或微明显的纵槽。种子不规则三角形，有锐棱，长1.2~1.8 cm，褐色。球果10月成熟。

分布 湖北：武汉植物园水杉区科普走廊，30°32′55″N，114°25′48″E，2009-11-06，李晓东、咎艳燕400121096。河南：信阳波尔登公园，31°51′52″N，114°5′6″E，152 m，2012-09-12，王亚平400314196。原产北美洲。中国广东、福建、浙江、上海、江苏、河南、湖北有栽培。

栽培 喜光树种，适应性强，抗污染，抗台风，且病虫害少，生长快。可采用播种和扦插方法。播种：将种子放在湿沙层里，置于5℃的冷库或冰箱中，大约80 d后种子可吸足水分，翌年春季3月中、下旬至4月初播种。扦插：于夏、秋季采集10~15 cm长的当年生浅褐色、发育充实的半木质枝条；硬枝扦插可在春季用完全木质化的枝条。

用途 木材重，纹理直，结构较粗，硬度适中，耐腐力强，可作建筑、电杆、家具、造船等用。树形优美，是良好的秋色观叶树种。

含油率及化学组分数据

采集单位	测试单位	测试部位	产地	含油率(%)	碘值	酸值	皂化值	C12:0	C14:0	C16:0	C16:1	C18:0	C18:1	C18:2	C18:3	C20:0	C20:1
WHBG	WHBG	种仁	湖北武汉	20.4					2.51	13.41		3.07	11.45	36.31	15.08	3.07	
HNAU	ICS	种子	河南信阳	7.10	110.12	72.80	80.46			10.69		3.62	15.03	10.47	1.67		0.72

池杉

Taxodium distichum var. **imbricatum** (Nutt.) Croom [*Taxodium ascendens* Brongn.]

杉科，落羽杉属

特征 乔木。树干基部膨大，通常有屈膝状的呼吸根，树皮褐色，纵裂，成长条片脱落。枝条向上伸展，树冠较窄，成尖塔形。当年生小枝绿色，细长，二年生小枝呈褐红色。叶钻形，微内曲，在枝上螺旋状伸展，上部微向外伸展或近直展，下部通常贴近小枝，基部下延，长4~10 mm，基部宽约1 mm，向上渐窄，先端有渐尖的锐尖头，下面有棱脊，上面中脉微隆起，每边有2~4条气孔线。球果圆球形或矩圆状球形，有短梗，向下斜垂，熟时褐黄色，长2~4 cm，径1.8~3 cm；种鳞木质，盾形，中部种鳞高1.5~2 cm。种子不规则三角形，微扁，红褐色，长1.3~1.8 cm，宽0.5~1.1 cm，边缘有锐脊。花期3~4月；果期10月。

分布 湖南：湘潭县响水乡，27°54′46″N，112°54′24″E，61 m，2009-11-13，严岳鸿、黄玉滢400181127。上海：上海植物园，31°09′07″N，121°26′38″E，13 m，2009-11-08，田怀珍、刘东明、戴建阅4001171017。安徽：池州市齐山，30°38′13″N，117°29′58″E，40 m，2012-10-06，李星霖、刘巧霞、程志全4001171240。湖北：武汉植物园水杉区科普走廊，30°32′55″N，114°25′48″E，2009-11-06，李晓东、咎艳燕400121097。生于沼泽地区及水湿地上。原产北美洲东南部。中国湖南、浙江、上海、江苏、安徽、河南、湖北等地都有栽培。

栽培 喜温暖、湿润环境，稍耐寒，喜光，不耐阴，耐涝，耐旱。适生于深厚疏松的酸性或微酸性土壤。可采用播种和扦插繁殖。播种：将成熟球果摊于室内阴干，当球果开裂后，轻轻敲击脱出种子。扦插：分硬枝扦插、嫩枝扦插。

用途 木材重，纹理直，结构较粗，硬度适中，耐腐力强，可作建筑、电杆、家具、造船等用材。

含油率及化学组分数据

采集单位	测试单位	测试部位	产地	含油率(%)	碘值	酸值	皂化值	C12:0	C14:0	C16:0	C16:1	C18:0	C18:1	C18:2	C18:3	C20:0	C20:1
HUST	HUST	种仁	湖南湘潭	6.75	4.88	18.39	200.39										
ECN U	SCBG	种仁	上海植物园	8.10	14.89	10.58	158.90	0.18	0.75	13.12	0.94	1.93	21.73	52.32	1.54	0.36	0.17
ECN U	SCBG	种仁	安徽池州	21.26	31.89	3.66		0.19	0.80	12.89	0.98	1.91	21.46	51.63	1.51	0.39	0.15
WHBG	WHBG	种仁	湖北武汉	9.13				0.38	0.73	4.90	1.03	2.26	34.00	18.34	0.73	35.53	

美国扁柏

Chamaecyparis lawsoniana (A. Murray) Parl.

柏科，扁柏属

特征 乔木。树皮红褐色。枝扁平，生鳞叶的小枝排成平面，扁平，下面之鳞叶微有白粉，部分近无白粉。鳞叶形小，排列紧密，有腺体，亮绿色或灰白绿色先端钝尖或微钝，背部有腺点，背面有不明显的气孔线。雄球花深红色。球果圆球形，径约8 mm，红褐色，被白粉；种鳞4对，有反曲凸起，顶部凹槽内有一小尖头，发育种鳞具2~4粒种子。种子有宽翅。花期4~5月；果期9~10月。

分布 江苏：徐州市泉山森林公园，34°13′02″N，117°09′53″E，53 m，2010-09-28，李宏庆、胡超、董全英4001171072。生于海拔5000 m以下的山地。原产于美国。中国江西、浙江、江苏有栽培。

栽培 适应性强，喜夏天温暖干燥、冬天寒冷湿润的环境。可采用播种繁殖。种子有休眠期。

用途 材质优良，可供建筑、造船、弓箭等用；树皮可作纺织之用。树形优美，可作庭园树种。

含油率及化学组分数据

采集单位	测试单位	测试部位	产地	含油率(%)	碘值	酸值	皂化值	C12:0	C14:0	C16:0	C16:1	C18:0	C18:1	C18:2	C18:3	C20:0	C20:1
ECNU	SCBG	种子	江苏徐州	31.64					0.83	13.88		2.65	34.47	33.35	1.40	0.14	0.36

干香柏
Cupressus duclouxiana Hickel

柏科，柏木属

特征 乔木。树干端直，树皮灰褐色，裂成长条片脱落；枝条密集，树冠近圆形或广圆形。小枝不排成平面，不下垂，一年生枝四棱形，径约1 mm，绿色，二年生枝上部稍弯，向上斜展，近圆形，褐紫色。鳞叶密生，近斜方形，长约1. 5 mm，先端微钝，有时稍尖，背面有纵脊及腺槽，蓝绿色，微被蜡质白粉，无明显的腺点。雄球花近球形或椭圆形，长约3 mm，雄蕊6~8对，花药黄色，药隔三角状卵形，中间绿色，周围红褐色，边缘半透明。球果圆球形；种鳞4~5对，熟时暗褐色或紫褐色，被白粉，顶部五角形或近方形，宽8~15 mm，具不规则向四周放射的皱褶，中央平或稍凹，有短尖头，能育种鳞有多数种子。种子褐色或紫褐色，两侧具窄翅。花期4~5月；果期9~10月。

分布 四川：盐源县莲花山乡，27°25′241″ N，101°30′291″ E，1000 m，2009-10-04，王凯、樊云川40021109051；云南：茨坝镇长虫山，25°08′46″N，102°43′29″E，2015 m，2009-07-14，胡光万、唐贵华、赵富伟400221006。生于海拔1400~3300 m的山坡林中。产于四川、贵州、云南、西藏。

栽培 喜生于气候温和且夏、秋季多雨、冬、春季干旱的山区，在深厚、湿润的土壤上生长迅速。可采用播种繁殖。

用途 材质坚硬，纹理直，有香气，可作建筑、桥梁、家具等用材。

含油率及化学组分数据

采集单位	测试单位	测试部位	产地	含油率(%)	碘值	酸值	皂化值	C12:0	C14:0	C16:0	C16:1	C18:0	C18:1	C18:2	C18:3	C20:0	C20:1
SCU	SCU	果实	四川盐源	14. 74	18. 14		118. 18		0. 67	5. 51	0. 03	1. 87	30. 13	43. 50	0. 48	0. 22	7. 07
KMIB	KMIB	果实	云南茨坝	21. 77				0. 02	0. 02	0. 32	0. 16	1. 46	90. 59	6. 39	0. 05	0. 53	0. 46
OFPC		种子	云南昆明	13. 00	164. 30		195. 20			5. 00		2. 00	17. 90	32. 10	33. 90		

柏木（香扁柏、黄柏、扫帚柏）
Cupressus funebris Endl.

柏科，柏木属

特征 乔木。树皮淡褐灰色，裂成窄长条片。小枝细长下垂，生鳞叶的小枝扁，排成一平面，两面同形，绿色，宽约1 mm，较老的小枝圆柱形，暗褐紫色，略有光泽。鳞叶二型，长1~1. 5 mm，先端锐尖，中央之叶的背部有条状腺点，两侧的叶对称，背部有棱脊。雄球花椭圆形或卵圆形，雄蕊常6对，药隔顶端常具短尖头，中央具纵脊；雌球花长3~6 mm，近球形。球果圆球形，径8~12 mm，熟时暗褐色；种鳞4对，顶端为不规则五角形或方形，宽5~7 mm，中央有尖头或无，能育种鳞有5~6粒种子。种子宽倒卵状菱形或近圆形，扁，熟时淡褐色，有光泽，长约2. 5 mm，边缘具窄翅。花期3~5月；果期翌年5~6月。

分布 湖南：古丈县高望界大溪，28°40′26″N，110°05′14″E，538 m，2011-06-12，徐亮、周建军40019101176。四川：西昌海南，27°50′845″ N，102°15′537″ E，2009-10-01，樊云川，王凯40021109037；西昌川兴，27°52′868″N，102°15′533″E，2009-11-09，樊云川、王凯40021109144；西昌川兴乡，27°52′30″N，102°19′28″E，2010-10-09，崔龙、李志强4002111055。湖北：宜昌莲沱，30°50′60″N，111°09′29″E，248 m，2010-10-02，李晓东、昝艳燕、罗曼曼400121165；神农架坪堑管理所，31°28′04″N，110°06′41″E，1356 m，2010-10-25，丁时东、危文亮等400151082；兴山县南阳镇龙门河，31°19′19″N，110°27′53″E，1442 m，2012-08-28，危文亮、赵永国等400151174。生于海拔2000 m以下的林中。产于广东、广西、湖南、江西、福建、浙江、安徽、湖北、四川、贵州、云南、甘肃、陕西、山西。

栽培 适应性强，喜温暖多雨的气候及钙质土，耐干旱瘠薄，稍耐水湿。可采用播种繁殖。

用途 种子可榨油，供制肥皂、油墨及作机器润滑油等；根、干、枝叶均可用来提炼柏香油；球果、根、叶均可入药。木材可作建筑、造船、车厢、器具、家具等用材。可作庭园树种。

含油率及化学组分数据

采集单位	测试单位	测试部位	产地	含油率(%)	碘值	酸值	皂化值	C12:0	C14:0	C16:0	C16:1	C18:0	C18:1	C18:2	C18:3	C20:0	C20:1
JSU	SCBG	种子	湖南古丈	16. 54	90. 09	5. 45	58. 14		0. 14	5. 30	0. 50	1. 70	39. 73	41. 72	0. 39	0. 16	0. 32
SCU	SCU	种仁	四川西昌	3. 58													
SCU	SCU	种仁	四川西昌	4. 81													
SCU	SCU	种仁	四川西昌	12. 2	125. 3	7. 2	231. 6			5. 02		3. 12	12. 98	27. 11	40. 97		
WHBG	WHBG	种仁	湖北宜昌	1. 03						8. 40		3. 90	9. 70	29. 20	33. 10		
ORIC	SCBG	种仁	湖北神农架	20. 31	70. 76	23. 01	346. 96	0. 02	0. 25	7. 48	0. 03		13. 21	8. 55	0. 29	0. 27	0. 37
ORIC	SCBG	种仁	湖北兴山	20. 4	12. 95	6. 34	189. 04		0. 79	11. 50	10. 26	2. 63	34. 07	50. 80	0. 17	0. 18	
OFPC		种子	湖北恩施	11. 00	184. 00		184. 00			5. 80		3. 10	11. 70	36. 60	35. 50		

西藏柏木

Cupressus torulosa D. Don

柏科，柏木属

特征　乔木。生鳞叶的枝不排成平面，圆柱形，末端的鳞叶枝细长，径约1.2 mm，微下垂或下垂，排列较疏，二、三年生枝灰棕色，枝皮裂成块状薄片。鳞叶排列紧密，近斜方形，长1.2~1.5 mm，先端通常微钝，背部平，中部有短腺槽。球果生于长约4 mm的短枝顶端，宽卵圆形或近球形，径1.2~1.6 cm，熟后深灰褐色；种鳞5~6对，顶部五角形，有放射状的条纹，中央具短尖头或近平；能育种鳞有多数种子。种子两侧具窄翅。

分布　云南：文山州西畴县西洒镇，23°26′29″N，104°40′18″E，2011-10-11，曾庆文、陈树钢、杨国400114220。生于海拔1800~2800 m的山地。产于云南、西藏。不丹、印度、克什米尔地区、尼泊尔也有分布。

栽培　耐干旱瘠薄，稍耐水湿。可采用播种繁殖。可用90%的敌百虫0.1溶液喷杀大袋蛾，用辛硫磷或乐斯本喷雾防治金龟子，可用敌敌畏1200~1500倍液或40乐果1500倍液喷杀红蜘蛛。

用途　木材淡褐黄色或淡褐色，结构细密，纹理直密，材质坚硬，耐久用，可作建筑、桥梁、家具等用材。

含油率及化学组分数据

采集单位	测试单位	测试部位	产地	含油率(%)	碘值	酸值	皂化值	C12:0	C14:0	C16:0	C16:1	C18:0	C18:1	C18:2	C18:3	C20:0	C20:1
SCBG	SCBG	种仁	云南西畴	22.84	72.78	5.03	153.30	0.35	0.69	8.48	0.08	1.93	5.44	34.14	48.34	0.25	0.28

福建柏

Fokienia hodginsii (Dunn) Henry et Thomas

柏科，福建柏属

特征　乔木。生鳞叶的小枝扁平，排成一平面，二、三年生枝褐色，光滑、圆柱形。鳞叶2对交叉对生，成节状，生于幼树或萌芽枝上的中央之叶呈楔状倒披针形，长4~7 mm，宽1~1.2 mm，上面之叶蓝绿色，下面之叶中脉隆起，两侧具凹陷的白色气孔带，侧面之叶对折，近长椭圆形，多少斜展，较中央之叶为长，背有棱脊，先端渐尖或微急尖，通常直而斜展，稀微向内曲，背侧面具一凹陷的白色气孔带。雄球花近球形。球果近球形，熟时褐色；种鳞顶部多角形，表面皱缩稍凹陷，中间有一小尖头凸起。种子顶端尖，上部有2个大小不等的翅，大翅近卵形。花期3~4月；果期翌年10~11月。

分布　湖南：武冈市云山途中，26°40′37″N，110°37′51″E，673 m，2010-10-07，张兵、谷志容400181183。江西：玉山县三清山，28°54′13″N，118°01′49″E，796 m，2009-09-04，廖文波等400141146。生于海拔100~1800 m的山地林中。产于广东、广西、湖南、江西、福建、浙江、四川、贵州、云南。老挝、越南也有分布。

栽培　喜生于雨量充沛、空气湿润的地方，适生于微酸性至酸性的黄壤土和黄棕壤土，耐干旱瘠薄土壤。播种或扦插繁殖。播种：在“惊蛰”前3~5日。播种前种子用0.1高锰酸钾液消毒20 min，然后用清水洗净，阴干，用钙镁磷肥拌种。出苗后可适当遮阴。夏季可用清粪水拌和少量硫酸亚铁浇于幼苗根部，防止立枯病。

用途　树根、树桩可蒸馏挥发油，为制造香皂之香料。木材可供建筑、家具等用材，又是优良的胶合板材。树干通直，枝叶浓密翠绿，树姿优美，为优良的园林树种。

含油率及化学组分数据

采集单位	测试单位	测试部位	产地	含油率(%)	碘值	酸值	皂化值	C12:0	C14:0	C16:0	C16:1	C18:0	C18:1	C18:2	C18:3	C20:0	C20:1
HUST	HUST	种仁	湖南武冈	34.15	85.00	0.98	168.32			10.67	0.32	8.48	14.89	50.56	4.71		3.35
SYSU	SCBG	种仁	江西玉山	30.48	90.09	5.45	58.14	1.69	0.23	4.39	0.09	12.10	8.82	4.82	10.36	1.16	0.21

圆柏

Juniperus chinensis L. [*Sabina chinensis* (L.) Antoine]

柏科，刺柏属

特征 乔木。叶二型，即刺叶及鳞叶，刺叶生于幼树之上，老龄树则全为鳞叶，壮龄树则具有刺叶与鳞叶。生于一年生小枝的一回分枝的鳞叶3叶轮生，直伸而紧密，近披针形，先端微渐尖，长2. 5~5 mm，背面近中部有椭圆形微凹的腺体；刺叶3叶交互轮生，斜展，疏松，披针形，先端渐尖，长6~12 mm，上面微凹，有2条白粉带。雌雄异株，稀同株，雄球花黄色，椭圆形，长2. 5~3. 5 mm，雄蕊5~7对，常有3~4个花药。球果近圆球形，径6~8 mm，两年成熟，熟时暗褐色，被白粉或白粉脱落。种子卵圆形，扁，顶端钝，有棱脊及少数树脂槽。花期4月下旬；果期翌年10~11月。

分布 江苏：南京中山植物园，32°03′30″N，118°50′28″E，46 m，2009-11-11，刘东明、戴建阅400111160；无锡市惠山公园，31°34′49″N，120°15′33″E，237 m，2009-12-12，田怀珍、熊申展4001171064。云南：昆明市东郊呼马山，25°01′38″N，102°44′24″E，2034 m，2008-10-29，400222035。甘肃：平凉县太统山，35°17′35″N，106°21′26″E，1737 m，2011-10-09，薛帅、潘昊400325033。北京：海淀区，39°35′31″N，116°07′27″E，50 m，2012-11-04，秦烁、郭利磊400328043；香山，40°00′26″N，116°12′45″E，288 m，2009-11-20，邢福武40011481。天津：蓟县，40°04′32″N，117°16′32″E，189 m，2011-10-15，徐兴友、韩宝强400313143。内蒙古：内蒙古农业大学东区，39°27′35″N，106°38′1″E，1206 m，2009-08-27，刘慧娟、扈顺400312037。生于海拔2300 m以下。产于广东、广西、湖南、江西、福建、浙江、江苏、安徽、山东、河南、湖北、四川、贵州、云南、甘肃、陕西、山西、河北、内蒙古。

栽培 喜光树种，较耐阴，喜凉爽温暖气候，忌积水，耐修剪，易整形，耐寒、耐热。可采用播种、扦插、压条3种方法。播种：采种后需堆放使其后熟，1月将洁净种子浸于5%福尔马林液中消毒25 min，用冷开水洗净，然后层积于5℃左右环境中，待种皮开裂开始萌芽，即可播种。扦插：于春末秋初用当年生的枝条进行嫩枝扦插，或于早春用去年生的枝条进行老枝扦插。压条：选取健壮的枝条。剪取一块长10~20 cm、宽5~8 cm的薄膜，上面放些淋湿的园土，把环剥的部位包扎起来，薄膜的上、下两端扎紧，中间鼓起。4~6周后生根，生根后，把枝条边根系一起剪下，就成了1棵新的植株。

用途 种子可提润滑油；树根、树干及枝叶可提取柏木脑的原料及柏木油；枝叶入药，能祛风散寒，活血消肿、利尿。木材坚韧致密、耐腐力强，可作房屋建筑、家具、文具及工艺品等用材。幼树树冠呈尖塔形，成年树则有多种形态，易于修剪成各种造型，为著名的园林树种。

含油率及化学组分数据

采集单位	测试单位	测试部位	产地	含油率(%)	碘值	酸值	皂化值	C12:0	C14:0	C16:0	C16:1	C18:0	C18:1	C18:2	C18:3	C20:0	C20:1
SCBG	SCBG	种仁	江苏南京	16. 14	64. 57	4. 30	108. 30	0. 009	0. 06	10. 61	0. 05	1. 63	6. 31	80. 52	0. 45	0. 24	0. 12
ECNU	SCBG	种仁	江苏无锡	20. 42				0. 20	0. 17	14. 40		9. 82	37. 34	15. 16	10. 10	0. 45	0. 45
KMIB	KMIB	种仁	云南昆明	19. 34				0. 02	0. 04	7. 86	0. 07	1. 62	23. 14	65. 65	0. 59	0. 69	0. 31
CAU	ICS		甘肃平凉	1. 61	121. 33	117. 17	371. 41	1. 89	0. 55	12. 08	0. 63	2. 53	13. 89	27. 55	7. 97	1. 58	0. 24
CAU	ICS	果实	北京海淀	4. 04	12. 25	80. 34	115. 37	0. 13	0. 19	5. 16	0. 17	2. 94	14. 22	26. 55	16. 44	0. 52	1. 02
SCBG	SCBG	果实	北京香山	1. 50	59. 00	5. 36	173. 95	0. 018	0. 12	5. 95	0. 57	2. 32	8. 96	33. 57	36. 90	2. 55	9. 04
HNCT	ICS	种子	天津蓟县	2. 20	73. 79	108. 42		0. 40	0. 69	29. 42		13. 78	21. 86	8. 48	2. 39		
IMAU	ICS	种子	内蒙古农业大学	7. 61	138. 56	46. 75	131. 21	0. 15	0. 27	5. 29	0. 08	2. 84	8. 57	27. 20	5. 04	1. 36	0. 63

龙柏

Juniperus chinensis (L.) Ant. 'Kaizuka'

柏科，刺柏属

特征　乔木，高达20 m，胸径达3.5 m。树冠圆柱状或柱状塔形，树皮灰褐色，纵裂，裂成不规则的薄片脱落。枝条向上直展，常有扭转上升之势，小枝密、在枝端成几相等长之密簇；鳞叶排列紧密，幼嫩时淡黄绿色，后呈翠绿色；小枝通常直或稍成弧状弯曲，生鳞叶的小枝近圆柱形或近四棱形，径1~1.2 mm。叶二型，即刺叶及鳞叶；刺叶生于幼树之上，老龄树则全为鳞叶，壮龄树兼有刺叶与鳞叶；生于一年生小枝的一回分枝的鳞叶3叶轮生，直伸而紧密，近披针形，先端微渐尖，背面近中部有椭圆形微凹的腺体；刺叶3叶交互轮生，披针形，先端渐尖，上面微凹，有2条白粉带。雌雄异株，稀同株，雄球花黄色，椭圆形，雄蕊5~7对，常有3~4花药。球果蓝色，微被白粉。种子卵圆形，扁，顶端钝，有棱脊及少数树脂槽。

分布　湖北：武汉，30°32′48″N，114°24′56″E，34 m，2012-11-15，李晓东、昝艳燕等400121291。长江流域及华北各大城市庭园有栽培。

栽培　喜光，稍耐阴，适生于干燥、肥沃、深厚的土壤，对土壤酸碱度适应性强，较耐盐碱。抗干旱，忌积水。对氧化硫和氯抗性强，但对烟尘的抗性较差。可采用扦插和嫁接繁殖。

用途　可作房屋建筑、家具、文具及工艺品等用材；树根、树干及枝叶可提取柏木脑的原料及柏木油；枝叶入药，能祛风散寒，活血消肿、利尿；种子可提润滑油。树形优美，枝叶碧绿青翠，为公园篱笆绿化首选苗木，可应用于公园、庭园、绿墙和高速公路中央隔离带，为普遍栽培的庭园树种。

含油率及化学组分数据

采集单位	测试单位	测试部位	产地	含油率(%)	碘值	酸值	皂化值	C12:0	C14:0	C16:0	C16:1	C18:0	C18:1	C18:2	C18:3	C20:0	C20:1
WHBG	WHBG	种仁	湖北武汉	30.91	76.00	11.47	174.11	0.01	0.33	5.02	0.22	3.62	45.46	68.16	2.30	0.28	0.58

滇藏方枝柏（喜马拉雅圆柏、小果方枝柏）

Juniperus indica Bertol.

柏科，刺柏属

特征　灌木，高1~2 m，常成匍匐状，稀为乔木。枝条灰褐色，裂成不规则薄片脱落；一年生枝的一回分枝径约2 mm，近圆柱形，其上的鳞叶3叶交叉轮生，宽卵形或菱状卵形，先端尖或钝，稍内弯；二回及三回分枝密，四棱形，通常微成弧状弯曲，有时直径1~1.2 mm，其上的鳞叶交叉对生，排列紧密，菱状卵形，先端钝或微尖，稍内弯，长1.2~1.8 mm，背面上部有不明显钝脊或背脊，下部或中部有窄椭圆形、矩圆状条形或卵形凹下的腺体；刺叶仅出现于幼树之上，3叶交叉轮生，斜展，长4~7 mm。雌雄异株，雄球花近圆球形或卵圆形，长1.5~2 mm，雄蕊3~5对，花药2~3，药隔近圆形。球果生于多少弯曲或直而不曲的小枝顶端，近圆球形或卵圆形，熟时黑褐色，有1粒种子。种子卵圆形或锥状球形，稍扁，顶端钝或有短钝尖头，基部圆，长5~6 mm，径约4 mm，有不明显的纵脊，侧面具浅槽纹。

分布　西藏：八宿，30°0′42.8″N，96°50′12.5″E，3746 m，2012-11-02，李晓东、昝艳燕等400121290。产于西藏南部及东部、云南西北部海拔3000~5200 m的地带。印度、尼泊尔、不丹也有分布。模式标本采自印度锡金。

栽培　播种或扦插繁殖。

用途　可作分布区高山地带的水土保持树种。

含油率及化学组分数据

采集单位	测试单位	测试部位	产地	含油率(%)	碘值	酸值	皂化值	C12:0	C14:0	C16:0	C16:1	C18:0	C18:1	C18:2	C18:3	C20:0	C20:1
WHBG	WHBG	种仁	西藏八宿	32.05	2.208	3.99	157.40		0.03	12.21	0.11		37.44	27.40	2.68	5.01	0.11

大果圆柏

Juniperus tibetica Kom. [*Sabina tibetica* Kom.]

柏科，刺柏属

特征 乔木，高达30 m，稀呈灌木状。小枝直或微成弧形，分枝不密，一回分枝圆柱形，径约2 mm，二回或三回分枝近圆柱形或四棱形，径1~2 mm。鳞叶绿色或黄绿色，稀微被蜡粉，交叉对生，先端钝或钝尖，背面拱圆或上部有钝脊，腺体明显，位于叶背中部，条状椭圆形或条形，干后微凹成槽；刺叶常生于幼树上，或在树龄不大的树上与鳞叶并存，3叶交叉轮生，条状披针形。雌雄异株或同株，雄球花近球形，雄蕊3对，花药2~3，药隔近圆形。球果卵圆形或近圆球形，内有1粒种子。种子卵圆形，微扁，基部圆，常有凸起的短钝尖，先端钝或钝尖，两侧或中上部有2~3个钝纵脊，或两侧有凸起，表面具4~8个较深的树脂槽。

分布 云南：香格里拉，27°52′0″N，98°27′54″E，3789 m，2012-11-01，李晓东、昝艳燕等400121289。生于海拔2800~4600 m的林中。产于四川、西藏、青海、甘肃。

栽培 喜光、喜温凉、温暖气候及湿润土壤。可采用播种繁殖。1月将洁净种子消毒后，用冷开水洗净，然后层积于5℃左右环境中约经100 d，则种皮开裂开始萌芽，即可播种。

用途 种子可提润滑油，树根、树干及枝叶可提取柏木脑的原料及柏木油，枝、叶入药，能祛风散寒、活血消肿、利尿。木材有香气、坚韧致密、耐腐力强，可作房屋建筑、家具及工艺品等用材。

含油率及化学组分数据

采集单位	测试单位	测试部位	产地	含油率(%)	碘值	酸值	皂化值	C12:0	C14:0	C16:0	C16:1	C18:0	C18:1	C18:2	C18:3	C20:0	C20:1
WHBG	WHBG	种仁	云南香格里拉	38. 17		30. 77	210. 96	41. 01	0. 10	12. 80	0. 34		61. 00	57. 41		0. 26	

刺柏

Juniperus formosana Hayata

柏科，刺柏属

特征 乔木。3叶轮生，条状披针形或条状刺形，长1. 2~2 cm，很少长达3. 2 cm，宽1. 2~2 mm，先端渐尖具锐尖头，上面稍凹，中脉微隆起，绿色，两侧各有1条白色，很少紫色或淡绿色的气孔带，气孔带较绿色边带较宽，在叶的先端汇合为1条，下面绿色，有光泽，具纵钝脊，横切面新月形。雄球花圆球形或椭圆形，长4~6 mm，药隔先端渐尖，背有纵脊。球果近球形或宽卵圆形，长6~10 mm，径6~9 mm，熟时淡红褐色，被白粉或白粉脱落，间或顶部微张开。种子半月圆形，具3~4棱脊，顶端尖，近基部有3~4个树脂槽。球果秋末成熟。

分布 湖南：平江县大坪乡石牛寨风景区，28°34′20″N，113°42′37″E，160 m，2010-09-05，严岳鸿、严亚玲400181163。四川：松潘县九寨乡牟龙乡，32°31′33″N，103°37′33″E，2875 m，2009-07-27，干友民400241045。西藏：工布江达县加兴乡松多村，29°53′12″N，92°20′09″E，4603 m，2011-09-09，干友民400241168；波密县波密至墨脱20~21 km处，29°47′28″N，95°41′51″E，3660 m，2011-09-05，干友民400241152。生于海拔200~3400 m的林中。产于湖南、江西、福建、台湾、浙江、江苏、安徽、湖北、四川、贵州、云南、西藏、青海、甘肃、陕西。

栽培 适应性强，喜光，耐寒，耐旱。可采用扦插、嫁接繁殖。扦插：春季用1年生枝条，夏、秋季扦插以幼龄母树中上部采1~2年生枝，长10~15 cm，叶片保留1/2。

用途 从果实中提取的油料可作日用香精修饰剂；根、树皮和果实可药用。材质致密而有芳香，可作船底、铅笔、家具、桥柱以及工艺品等用材。在长江流域各大城市多栽培作观赏树，也可作水土保持园林树。

含油率及化学组分数据

采集单位	测试单位	测试部位	产地	含油率(%)	碘值	酸值	皂化值	C12:0	C14:0	C16:0	C16:1	C18:0	C18:1	C18:2	C18:3	C20:0	C20:1
HUST	HUST	种仁	湖南平江	30. 40	85. 68	1. 17	180. 40	0. 64	0. 42	14. 01	0. 42	3. 18	19. 32	39. 07	4. 25		
SAU	SCBG	种仁	四川松潘	24. 38	90. 34	1. 76	193. 60		0. 06	8. 47	0. 046	1. 39	48. 49	38. 05	0. 35	0. 58	2. 57
SAU	SCBG	种仁	西藏工布江达	11. 69	83. 19	2. 92	190. 73										
SAU	SCBG	种子	西藏波密	34. 08	125. 08	65. 49	263. 95										
OFPC		球果	四川九龙	14. 20			182. 80			8. 10		3. 20	10. 80	26. 50	25. 30		

侧柏

Platycladus orientalis (L.) Franco

柏科，侧柏属

特征 乔木。生鳞叶的小枝细，向上直展或斜展，扁平，排成一平面。叶鳞形，长1~3 mm，先端微钝；小枝中央的叶露出部分呈倒卵状菱形或斜方形，背面中间有条状腺槽，两侧的叶船形，先端微内曲，背部有钝脊，尖头的下方有腺点。雄球花黄色，卵圆形；雌球花近球形，径约2 mm，蓝绿色，被白粉。球果近卵圆形，成熟前近肉质，蓝绿色，被白粉，成熟后木质，开裂，红褐色；中间2对种鳞倒卵形或椭圆形，鳞背顶端的下方有一向外弯曲的尖头，上部1对种鳞窄长，近柱状，顶端有向上的尖头，下部1对种鳞极小。种子卵圆形或近椭圆形，顶端微尖，灰褐色或紫褐色，长6~8 mm，稍有棱脊，无翅或有极窄之翅。花期3~4月；果期10月。

分布 河南：荥阳县邙山，34°47′9″N，113°39′27″E，294 m，2011-10-07，王亚平、武振江、李丹凤400314065；新乡，35°44′36″N，113°35′08″E，1422 m，2012-10-14，王亚平400314270。江苏：常熟市虞山，31°39′07″N，120°43′55″E，68 m，2009-12-01，田怀珍、陈纪云4001171046。安徽：黄山汤口黄山树木园，30°05′31″N，118°11′04″E，501 m，2009-11-06，刘东明、戴建阅400111155。萧县皇藏峪，34°01′24″N，117°03′45″E，188 m，2011-10-03，田怀珍、李星霖4001171150。湖南：吉首大学，28°17′27″N，109°43′22″E，239 m，2011-08-25，徐亮、陈雅40019101156。四川：盐源莲花山，27°25′240″N，101°30′291″E，2009-10-05，樊云川、王凯40021109053；西昌川兴，27°52′863″N，102°15′546″ E，2009-11-10，樊云川、王凯40021109148；西昌遥山乡，27°51′48″N，102°07′04″E，2010-10-01，崔龙、李志强40021110042；西昌大兴乡，27°50′57″N，102°22′22″E，2010-10-12，崔龙、李志强40021110058。湖北：应城市汤池温泉，30°57′32″N，113°28′57″E，64 m，2010-10-30，李晓东、咎艳燕、罗曼曼400121114。新疆：吐鲁番沙漠植物园，42°51′17″N，89°11′36″E，93 m，2009-10-12，班卫强4003309037；吐鲁番沙漠植物园，42°51′17″N，89°11′36″E，93 m，2009-10-12，班卫强4003309038。北京：香山，40°00′11″N，116°11′43″E，138 m，2009-11-20，邢福武40011484。内蒙古：鄂尔多斯市鄂托克旗乌兰镇，40°48′24″N，111°42′18″E，1071 m，2012-07-20，刘慧娟400312147。生于海拔300~3300 m的林中。产于河南、甘肃、河北、陕西、山西。

栽培 适应性强，喜光，耐干旱瘠薄，耐寒力中等，耐修剪，抗风力较差，萌芽力强。可采用播种繁殖，适于春播。播种前用温水浸种12 h，置篮筐内，放背风向阳处，每天清水淘洗1次并经常翻动，当有一半裂开即可播种，保持苗床湿润。幼苗出齐后，立即喷洒适量波尔多液，以后每隔7~10 d喷1次，连续喷洒3~4次可预防立枯病发生。

用途 种子榨油，供制皂；食用或药用，种子有安神、滋补强壮之效，叶和树皮入药可收敛止血、利尿健胃、解毒散瘀；叶、木材含挥发油，提炼芳香油，可作仪器清洁剂。木质软硬适中，细致，有香气，耐腐力强，多用于建筑、家具、细木工等。根、枝干苍劲，幼树树冠尖塔形，成年树则呈椭圆形，树姿优美，为优良的园林树种，多栽植于公园、陵园、庙宇和名胜古迹等地，给人庄严肃穆的感觉。

含油率及化学组分数据

采集单位	测试单位	测试部位	产地	含油率(%)	碘值	酸值	皂化值	C12:0	C14:0	C16:0	C16:1	C18:0	C18:1	C18:2	C18:3	C20:0	C20:1
HNAU	ICS	种子	河南荥阳	3.94	82.31	36.60	194.66	0.20	0.28	14.41		9.82	37.40	15.18	10.11	0.46	
HNAU	ICS	种仁	河南新乡	2.56	169.48	104.47	227.24		0.11	7.52		3.19	23.49	28.60	13.74	0.44	0.36
ECNU	SCBG	种仁	江苏苏州	28.16					0.08	6.31	0.13	1.67	21.38	66.77	1.19		0.12
SCBG	SCBG	种仁	安徽黄山	2.20	85.09	1.60	384.40	0.004	0.035	6.40	0.23	1.51	63.25	28.18	0.06	0.19	0.14
ECNU	SCBG	种仁	安徽萧县	18.2				0.66	4.61	6.40	0.22	1.84	25.66	43.25	1.28	0.36	0.21
JSU	SCBG	种仁	湖南吉首	20.12	91.79	5.05	185.13	0.01	0.04	7.85	0.63	1.66	10.75	75.40	0.42	0.36	0.17
SCU	SCU	种仁	四川盐源	16.54						9.89		3.52	20.40	27.61	38.58		
SCU	SCU	种仁	四川西昌	15.38						9.39		4.89	20.20	24.28	41.23		
SCU	SCU	种仁	四川西昌	7.25													
SCU	SCU	果实	四川西昌	3.68													
WHBG	WHBG	种仁	湖北应城	0.93	9.00	9.46	184.54			6.80		5.80	18.40	21.70	34.80		
XIEG	SCBG	种仁	新疆吐鲁番	25.25	91.26	0.69	186.95	38.72	0.85	7.09	2.52	0.86	16.99	3.23	0.37	0.07	0.07
XIEG	SCBG	种仁	新疆吐鲁番	26.26	3.92	1.57	538.6	0.10	0.36	13.94	0.36	3.31	32.70	28.00	9.93	1.36	0.13
SCBG	SCBG	种仁	北京香山	22.56	92.03	2.20	154.60	0.05	0.12	10.85	0.33	2.61	12.87	69.09	2.62	1.09	0.37
NMGAU	ICS	种子	内蒙古鄂尔多斯	4.13	53.93	29.36	209.01		0.06	10.88		8.80	24.23	14.13	9.40	0.56	1.59
OFPC		种子	湖北恩施	17.50	181.10		189.00			6.20		4.20	16.80	24.10	34.90		

陆均松

Dacrydium pectinatum de Laub.

罗汉松科，陆均松属

特征 乔木。树干直，树皮幼时灰白色或淡褐色，老则变为灰褐色或红褐色，稍粗糙，有纵裂纹。大枝轮生，多分枝；小枝下垂，绿色。叶二型，螺旋状排列，紧密，微具四棱，基部下延；幼树、萌生枝或营养枝上之叶较长，镰状针形，长1.5~2 cm，稍弯曲，先端渐尖；老树或果枝之叶较短，钻形或鳞片状，长3~5 mm，有显著的背脊，先端钝尖向内弯曲。雄球花穗状，长8~11 mm；雌球花单生枝顶，无梗。种子卵圆形，长4~5 mm，径约3 mm，先端钝，成熟时红色或褐红色，无梗。花期3~5月；果期10~11月。

分布 海南：陵水县本号镇吊罗山，18°44′05″N，109°50′13″E，2009-11-22，秦新生4001161109。生于海拔600~1200 m的热带常绿阔叶混交林中。产于海南。印度尼西亚、菲律宾也有分布。

栽培 喜温暖、湿润、耐阴。可采用播种繁殖。当杯状假种皮由青色转为褐红色或红色时，可采收种子，稍阴干后即可播种。高达40 cm的一年半生苗即可造林。幼林抚育时，需保留部分天然伴生植物作庇荫。

用途 木材纹理直，结构细致，强度大，耐腐力强，易加工，可供房屋建筑、土木工程、家具等用材。可作热带地区的庭园树种。

含油率及化学组分数据

采集单位	测试单位	测试部位	产地	含油率(%)	碘值	酸值	皂化值	C12:0	C14:0	C16:0	C16:1	C18:0	C18:1	C18:2	C18:3	C20:0	C20:1
SCAU	SCBG	种仁	海南陵水	26.13	13.33	16.26											
OFPC		种子	海南乐东	17.50						8.20		2.70	22.70	23.60	38.10		

长叶竹柏

Nageia fleuryi (Hickel) de Laub. [*Podocarpus fleuryi* Hickel]

罗汉松科，竹柏属

特征 常绿乔木。叶交叉对生，宽披针形，质地厚，无中脉，有多数并列的细脉，长8~18 cm，宽2.2~5 cm，上部渐窄，先端渐尖，基部呈楔形，窄成扁平的短柄。雄球花穗腋生，常3~6个簇生于总梗上，长1.5~6.5 cm，总梗长2~5 mm，药隔三角状，边缘有锯齿；雌球花单生叶腋，有梗，梗上具数枚苞片，轴端的苞腋着生1~2枚胚珠，仅1枚发育成熟，上部苞片不发育成肉质种托。种子圆球形，熟时假种皮蓝紫色，径1.5~1.8 cm，梗长约2 cm。花期3~4月；果期10~11月。

分布 广东：惠州市南昆山中坪尾竹柏凉园，23°37′34″N，113°55′24″E，682 m，2009-10-05，邢福武40011248。生于海拔600~900 m的山地雨林及常绿阔叶林中。产于海南、广东、广西、台湾、云南。柬埔寨、老挝、越南也有分布。

栽培 喜阳光充足，也耐半阴，喜高温高湿。可采用播种繁殖。当种子假种皮呈蓝紫色时即可采种，不宜暴晒和久藏，应随采随播或沙藏至翌年3月播种。幼苗出土后要遮阴。

用途 种子可榨油供燃灯或工业用。木材为高级建筑、上等家具、器具、雕刻等用材。树形美观，可为庭园树种。

含油率及化学组分数据

采集单位	测试单位	测试部位	产地	含油率(%)	碘值	酸值	皂化值	C12:0	C14:0	C16:0	C16:1	C18:0	C18:1	C18:2	C18:3	C20:0	C20:1
SCBG	SCBG	种仁	广东惠州	42.30	74.6	4.11	194.74		0.19	19.19	1.32	1.95	39.91	36.91	0.53		
OFPC		种子	广东广州	43.30	160.6		185.30			4.30		1.40	19.60	36.90			

竹柏

Nageia nagi (Thunb.) Kuntze [*Podocarpus nagi* (Thunb.) Zoll. et Mor. ex Zoll.]

罗汉松科，竹柏属

特征 乔木。叶对生，革质，长卵形或卵状披针形，有多数并列的细脉，无中脉，长3.5~9 cm，宽1.5~2.5 cm，上面深绿色，有光泽，下面浅绿色，上部渐窄，基部楔形或宽楔形，向下窄成柄状。雄球花穗状圆柱形，单生叶腋，常呈分枝状，长1.8~2.5 cm，总梗粗短，基部有少数三角状苞片；雌球花单生叶腋，稀成对腋生，基部有数枚苞片，花后苞片不肥大成肉质种托。种子圆球形，径1.2~1.5 cm，成熟时假种皮暗紫色，有白粉，梗长7~13 mm，其上有苞片脱落的痕迹；骨质外种皮黄褐色，顶端圆，基部尖，其上密被细小的凹点，内种皮膜质。花期3~5月；果期8~11月。

分布 广西：桂林市广西植物研究所，25°04′58″N，110°18′58″E，172 m，2010-12-08，吴磊4001101158。湖南：湘潭县响水乡，27°54′51″N，112°54′40″E，59 m，2009-10-18，严岳鸿、周喜乐、黄玉滢400181049。江西：吉安市井冈山，26°33′25″N，114°09′14″E，40 m，2009-09-04，廖文波等400142006。贵州：黎平县东风林场，26°20′13″N，109°10′45″E，443 m，2012-09-01，龙春林、杨珺400221384。湖北：五峰后河两河口，33°28′46″N，110°30′44″E，1156 m，2010-10-27，丁时东，危文亮等400151104。云南：西双版纳植物园，21°44′13″N，101°27′42″E，2012-01-15，邢福武、童毅、孟玉芳4001142021。生于海拔200~1200 m的常绿阔叶林。产于海南、广东、广西、湖南、江西、福建、台湾、浙江、四川。

栽培 喜温热湿润、耐阴。可采用扦插和播种繁殖。扦插：于春末秋初用当年生的粗壮枝条进行嫩枝扦插，或于早春用去年生的枝条进行老枝扦插。播种：最好随采随播。竹柏病害主要有黑斑病、锈病、白粉病、炭疽病及煤污病，可采用多菌灵、代森锌喷杀；虫害主要有蚜虫、蚧类及潜叶蛾，可采用杀螟松等来喷杀。

用途 种子可榨油供燃灯或工业用；树皮可提取染料。木材纹理直，为优良的建筑、家具等工艺用材。为优良的园林树种，也可盆栽作为室内观赏植物。

含油率及化学组分数据

采集单位	测试单位	测试部位	产地	含油率(%)	碘值	酸值	皂化值	C12:0	C14:0	C16:0	C16:1	C18:0	C18:1	C18:2	C18:3	C20:0	C20:1
GXIB	SCBG	种仁	广西桂林	46.81	110.86	3.54	204.01	0.035	0.027	7.46		2.71	30.30	56.26	0.24	0.27	2.70
HUST	HUST	种仁	湖南湘潭	42.30	129.62	1.82	196.93			1.88		21.41		25.92	49.33		1.47
SYSU	SCBG	种仁	江西吉安	13.83				0.02	0.04	11.96	0.1838	7.59	26.86	50.55	0.82	0.20	1.78
KMIB	KMIB	种仁	贵州黎平	28.00	160.6		185.3	4.30	1.40	19.60	36.90						
OCRI	SCBG	种仁	湖北五峰	27.30	32.12	4.93	396.81	0.03	0.07	8.12	0.06	1.86	53.53		4.20	2.45	6.41
SCBG	SCBG	种仁	云南西双版纳	32.95	77.81		119.74	0.026		29.70	0.30	1.39	43.21	5.41	3.39	1.41	0.14
OFPC		种子	广东广州	52.20	151.80		184.40			2.80		1.20	20.80	40.80			

鸡毛松（爪哇罗汉松、岭南罗汉松、爪哇松）

Podocarpus imbricatus Blume

罗汉松科，鸡毛松属

特征 乔木。叶异型，螺旋状排列，下延生长，两种类型之叶往往生于同一树上；老枝及果枝上之叶呈鳞形或钻形，覆瓦状排列，形小，长2~3 mm，先端向上弯曲，有急尖的长尖头；生于幼树、萌生枝或小枝顶端之叶呈钻状条形，质软，排列成两列，近扁平，长6~12 mm，宽约1.2 mm，两面有气孔线，上部微渐窄，先端向上微弯，有微急尖的长尖头。雄球花穗状，生于小枝顶端，长约1 cm；雌球花单生或成对生于小枝顶端，通常仅1朵发育。种子无梗，卵圆形，长5~6 mm，有光泽，成熟时肉质假种皮红色，着生于肉质种托上。花期3~5月；果期8~11月。

分布 海南：五指山国家级自然保护区，18°54′49″N，109°41′17″E，900 m，2009-11-07，张荣京40017136；陵水县本号乡吊罗山后山，18°44′04″N，109°50′13″E，2009-12-01，秦新生400116197。生于海拔400~1500 m的山地雨林及常绿混交林中。产于海南、广西、云南。

栽培 可采用种子繁殖。当种子肉质假种皮呈红色时即可采种。脱粒除杂后晾干，用湿沙层积催芽约1个月，然后播种，幼苗宜遮阴。

用途 材质细，易加工，耐腐力强，为制家具、器具及建筑等的优良材种。为庭院美化的优良树种。

含油率及化学组分数据

采集单位	测试单位	测试部位	产地	含油率(%)	碘值	酸值	皂化值	C12:0	C14:0	C16:0	C16:1	C18:0	C18:1	C18:2	C18:3	C20:0	C20:1
SCAU	SCBG	种仁	海南五指山	30.28	31.04	6.37	163.83										
SCAU	SCBG	种仁	海南陵水	37.11	10.61	11.65	286.72										

罗汉松

Podocarpus macrophyllus (Thunb.) Sweet

罗汉松科，罗汉松属

特征 乔木。叶螺旋状着生，条状披针形，微弯，长7~12 cm，宽7~10 mm，先端尖，基部楔形，上面深绿色，有光泽，中脉显著隆起，下面带白色、灰绿色或淡绿色，中脉微隆起。雄球花穗状，腋生，常3~5个簇生于极短的总梗上，长3~5 cm，基部有数枚三角状苞片；雌球花单生叶腋，有梗，基部有少数苞片。种子卵圆形，径约1 cm，先端圆，熟时肉质假种皮紫黑色，有白粉，种托肉质圆柱形，红色或紫红色，柄长1~1.5 cm。花期4~5月；果期8~9月。

分布 湖南：永顺小溪，28°10′12″N，109°29′13″E，771 m，2009-11-02，张代贵、周建军400191168。安徽：黄山汤口黄山树木园，30°04′50″N，118°11′37″E，470 m，2009-11-06，刘东明、戴建阅400111154。湖北：兴山南阳，31°18′57″N，110°40′30″E，350 m，2009年，丁时东400151043。云南：昆明市东郊呼马山，25°03′24″N，102°43′57″E，1978 m，2008-10-29，李忠荣400222041。生于海拔0~1000 m的林中、路边。产广东、广西、湖南、江西、福建、台湾、浙江、安徽、湖北、四川、贵州、云南。

栽培 喜温暖湿润和半阴环境，不耐严寒，忌水涝和强光直射。可采用播种、扦插两种繁殖方法。播种：8月采种后即播。扦插：春秋两季进行，春季选休眠枝，秋季选半木质化嫩枝。主要有叶斑病和炭疽病危害，用50%甲基托布津可湿性粉剂500倍液喷洒。虫害有介壳虫、红蜘蛛和大蓑蛾，可用适量吡虫啉喷杀。

用途 树皮与果均可入药。木材材质中等，含油脂，可供一般建筑、家具、器具等用材。为优良的园林园林树种，也可盆栽作为室内观赏植物。

含油率及化学组分数据

采集单位	测试单位	测试部位	产地	含油率(%)	碘值	酸值	皂化值	C12:0	C14:0	C16:0	C16:1	C18:0	C18:1	C18:2	C18:3	C20:0	C20:1
JSU	SCBG	种仁	湖南永顺	26.48				0.46	0.06	8.85	0.06	2.27	5.92	74.69	0.53	0.36	0.20
SCBG	SCBG	果实	安徽黄山	0.30				0.03	0.15	11.81	0.30	3.17	10.17	72.58	1.25	0.34	0.20
OCRI	SCBG	种子	湖北兴山	4.46	6.84	33.55	213.65	0.01	0.10	5.36	0.07	2.93	18.85	70.23	0.02	0.89	0.14
KMIB	KMIB	果实	云南昆明								2.28	3.47	12.06	0.12	1.49		

短叶罗汉松

Podocarpus macrophyllus var. **maki** Sieb. et Zucc.

罗汉松科，罗汉松属

特征 小乔木或灌木。枝条向上斜展。叶短而密生，长2.5~7 cm，宽3~7 mm，先端钝或圆，叶螺旋状着生，条状披针形，微弯，长7~12 cm，宽7~10 mm，先端尖，基部楔形，上面深绿色，有光泽，中脉显著隆起，下面带白色、灰绿色或淡绿色，中脉微隆起。雄球花穗状腋生，常3~5朵簇生于极短的总梗上，长3~5 cm，基部有数枚三角状苞片；雌球花单生叶腋，有梗，基部有少数苞片。种子卵圆形，径约1 cm，先端圆，熟时肉质假种皮紫黑色，有白粉，种托肉质圆柱形，红色或紫红色，柄长1~1.5 cm。花期4~5月；果期8~9月。

分布 江西：靖安县九岭山自然保护区，29°00′17″N，115°24′22″E，115 m，2011-09-25，邓星、景慧娟4001410005。原产于日本。中国各地均有栽培。

栽培 喜温暖湿润和半阴环境，不耐严寒，忌水涝和强光直射。可采用播种、扦插两种方法。播种：8月采种后即播。扦插：春、秋两季进行，春季选休眠枝，秋季选半木质化嫩枝。

用途 树皮能杀虫，亦能药用治癣疥、内伤咳血、跌打损伤；种托味甘，能益心气；叶能止吐血、咳血。木材纹理通直，质坚硬，能耐水湿，供建筑、家具、器具等用。树形美观，供寺庙、庭院与公园绿地观赏种植或制作盆景。

含油率及化学组分数据

采集单位	测试单位	测试部位	产地	含油率(%)	碘值	酸值	皂化值	C12:0	C14:0	C16:0	C16:1	C18:0	C18:1	C18:2	C18:3	C20:0	C20:1
SYSU	SCBG	种仁	江西靖安	28.36				0.005	0.03	6.19	0.04	3.05	8.01	22.16	60.04	0.14	0.32

三尖杉

Cephalotaxus fortunei Hook.

三尖杉科，三尖杉属

特征 乔木。叶排成两列，披针状条形，通常微弯，长4~13 cm，宽3.5~4.5 cm，上部渐窄，先端有渐尖的长尖头，基部楔形或宽楔形，上面深绿色，中脉隆起，下面气孔带白色，较绿色边带宽3~5倍，绿色中脉带明显或微明显。雄球花8~10朵聚生成头状，径约1 cm，总花梗粗，通常长6~8 mm，基部及总花梗上部有18~24枚苞片，每一雄球花有6~16枚雄蕊，花药3，花丝短；雌球花的胚珠3~8枚发育成种子，总梗长1.5~2 cm。种子椭圆状卵形会近圆球形，长约2.5 cm，假种皮成熟时紫色或红紫色，顶端有小尖头。花期4~5月；果期7~10月。

分布 湖南：江永县源口镇白俸村白沙源，24°57′28″N，111°01′44″E，522 m，2009-10-27，黄玉滢、周喜乐400181122；吉首市保靖县白云山，28°37′53″N，109°17′19″E，391 m，2012-05-05，张代贵、张洁40019101264。安徽：金寨，31°41′24.2″N，115°53′8″E，203 m，2012-08-05，李晓东、昝艳燕等400121292。贵州：黎平县东风林场，26°20′13″N，109°10′45″E，443 m，2012-09-01，杨珺、谭英400221385。生于海拔200~3700 m的常绿混交林、路边。产于广东、广西、湖南、江西、福建、浙江、安徽、河南、四川、贵州、云南、甘肃、陕西。缅甸也有分布。

栽培 适应性强。可采用播种繁殖。可采用随采随播。三尖杉抗虫性强，病虫害少，偶有蜘蛛或蚜虫发生，可用敌敌畏、乐果等农药喷杀防治。

用途 种子可榨油，出油率高，可供制皂、油漆及硬化油等工业用；亦作药用。从植物体中提取的生物碱对于癌症治疗具有较好的疗效。树冠美观，为珍贵的园林园林树种，适宜作为行道树或庭园树种。

含油率及化学组分数据

采集单位	测试单位	测试部位	产地	含油率(%)	碘值	酸值	皂化值	C12:0	C14:0	C16:0	C16:1	C18:0	C18:1	C18:2	C18:3	C20:0	C20:1
HUST	HUST	种仁	湖南江永	72.01	121.82	6.26	181.37			6.184		14.18		34.93	43.02		1.69
JSU	SCBG	种仁	湖南保靖	39.45	98.47	40.78	273.36			9.43		2.81	16.84	55.73	11.91	0.26	0.13
WHBG	WHBG	种仁	安徽金寨	41.02	91.17	4.46	412.79	0.02	0.16	13.88	0.50	3.34		54.87	0.92	0.10	0.19
KMIB	KMIB	种仁	贵州黎平	62.7			187.1		8.40	2.80		44.90	43.90				
OFPC		种仁	广西灵川	63.80													
OFPC		种仁	云南鹤庆	63.10			187.10			8.40		2.80	44.90	43.90			

篦子三尖杉

Cephalotaxus oliveri Mast.

三尖杉科，三尖杉属

特征 灌木。叶条形，质硬，平展成两列，排列紧密，通常中部以上向上方微弯，稀直伸，长1.5~3.2 cm，宽3~4.5 mm，基部楔形或微呈心形，几无柄，先端凸尖或微凸尖，上面深绿色，微拱圆，中脉微明显或中下部明显，下面气孔带白色，较绿色边带宽1~2倍。雄球花6~7朵聚生成头状花序，径约9 mm，总梗长约4 mm，基部及总梗上部有10余枚苞片；每一雄球花基部有1枚广卵形的苞片，雄蕊6~10枚，花药3~4，花丝短。雌球花的胚珠通常1~2枚发育成种子。种子倒卵形、卵圆形或近球形，长约2.7 cm，径约1.8 cm，顶端中央有小凸尖，有长梗。花期3~4月；果期8~10月。

分布 湖南：永顺县猛洞河，28°56′01″N，109°57′47″E，316 m，2009-09-20，陈功锡、徐亮400191030。湖北：鹤峰县城边乡，30°05′12″N，110°10′49″E，1098 m，2009年，丁时东、赵永国400151037。重庆：南川区文凤镇三汇红河沟，29°08′04″N，107°33′11″E，620 m，2009-08-24，刘正宇等400231039。生于海拔300~1800 m的常绿阔叶林中。产于广东、湖南、江西、湖北、四川、贵州、云南。

栽培 适应性强，喜温暖湿润的生境。可采用播种繁殖。种子采收后去掉假种皮，晾干后用湿润沙储藏1年后再播种。幼苗出土后需适当遮阴。

用途 种子可榨油，供工业用；种子、枝、叶含多种植物碱，具有杀虫、润肺、疗痔、消积等功效。为珍贵的园林树种，适宜作行道树或公园、庭园树种。

含油率及化学组分数据

采集单位	测试单位	测试部位	产地	含油率(%)	碘值	酸值	皂化值	C12:0	C14:0	C16:0	C16:1	C18:0	C18:1	C18:2	C18:3	C20:0	C20:1
JSU	SCBG	种仁	湖南永顺	42.56	154.94	92.14	214.23			6.36	0.31	1.60	20.16	67.27	0.85	0.16	0.11
OCRI	SCBG	种仁	湖北鹤峰	53.12	96.39	7.19	237.61		0.14	5.30	0.50	1.70	39.73	41.72	0.39	0.16	0.32
CIPP	SCBG	种仁	重庆南川	34.18	78.98	1.15	362.76		0.05	20.28	0.64	1.38	55.45	16.91	0.51	0.17	

粗榧

Cephalotaxus sinensis (Rehd. et Wils.) H. L. Li

三尖杉科，三尖杉属

特征 灌木或小乔木。叶条形，排列成两列，通常直，稀微弯，长2~5 cm，宽约3 mm，基部近圆形，几无柄，上部通常与中下部等宽或微窄，先端通常渐尖或微凸尖，稀凸尖，上面深绿色，中脉明显，下面有2条白色气孔带，较绿色边带宽2~4倍。雌球花6~7聚生成头状，径约6 mm，总梗长约3 mm，基部及总梗上有多数苞片；雄球花卵圆形，基部有1枚苞片，雄蕊4~11枚，花丝短，花药2~4。种子通常2~5粒着生于轴上，卵圆形、椭圆状卵形或近球形，很少成倒卵状椭圆形的，长1.8~2.5 cm，顶端中央有一小尖头。花期3~6月；果期7~11月。

分布 湖南：桑植县芭茅溪乡天平山，29°47′07″N，110°05′20″E，479 m，2009-10-29，张兵400181063。河南：灵宝小秦岭，34°26′37″N，110°27′18″E，1363 m，2012-08-18，王亚平400314162。陕西：眉县营头乡大理村，34°03′09″N，107°25′20″E，1128 m，2009-08-07，薛帅400321003。生于海拔450~3000 m的花岗岩、砂岩及石灰岩山地。产于广东、广西、湖南、江西、福建、台湾、浙江、江苏、安徽、河南、湖北、四川、贵州、云南、甘肃、陕西。

栽培 适应性强，喜阳光充足，但亦耐阴、耐寒、耐旱，耐瘠薄，忌低湿。可采用播种、扦插繁殖方法。播种：层积处理后于春季播种，小苗应置于荫棚下。扦插：于夏季进行，选主枝稍部作插穗，经100~150 mg/L吲哚乙酸处理12 h后，插于以椰糠为基质的苗床上。抗虫害能力很强，少有病虫害发生。

用途 种子含油，供制肥皂、润滑油；树皮含单宁，可提栲胶。木材坚实，可作工艺品等用材。枝叶浓密，叶色四季青翠，树形优美，为优良的园林树种，也可盆栽作为室内观赏植物。

含油率及化学组分数据

采集单位	测试单位	测试部位	产地	含油率(%)	碘值	酸值	皂化值	C12:0	C14:0	C16:0	C16:1	C18:0	C18:1	C18:2	C18:3	C20:0	C20:1
HUST	HUST	种仁	湖南桑植	43.56	99.25	2.26	207.19					14.42	7.40	16.72	39.74		1.72
HNAU	ICS	种子	河南灵宝	49.5	75.19	18.04	194.36		0.20	7.61		3.99	49.29	16.48	0.25	0.49	2.50
CAU	ICS	种子	陕西眉县	62.78	77.89	2.17	157.20	0.01	0.02	5.93	0.07	3.77	17.89	65.91	0.80	0.14	5.47
OFPC		种仁	湖北罗田	62.90	126.20		187.40			11.30		2.40	54.90	21.10			

穗花杉

Amentotaxus argotaenia (Hance) Pilger

红豆杉科，穗花杉属

特征 灌木或小乔木。树皮灰褐色或淡红褐色，裂成片状脱落。小枝斜展或向上伸展，圆或近方形，一年生枝绿色，二、三年生枝通常绿黄色。叶基部扭转成两列，条状披针形，直或微弯镰状，长3~11 cm，宽6~11 mm，先端尖或钝，基部渐窄，楔形或宽楔形，有极短的叶柄，边缘微向下弯曲，下面白色气孔带与绿色边带等宽或较窄；萌生枝的叶较长，通常镰状，稀直伸，先端有渐尖的长尖头，气孔带较绿色边带为窄。雄球花穗1~3（多为2）穗，长5~6.5 cm，雄蕊2~5枚。种子椭圆形，成熟时假种皮鲜红色，长2~2.5 cm，径约1.3 cm，顶端有小尖头露出，基部宿存苞片的背部有纵脊，梗长约1.3 cm，扁四棱形。花期4月；种子10月成熟。

分布 广东：东莞市谢岗乡银瓶山仙水道，23°3′03.48″N，113°42′48.58″E，2012-11-02，邢福武、叶心芬、宁阳阳400113145。生于海拔300~1100 m的阴湿溪谷两旁或林内。产于广东、广西、湖南、江西、福建、台湾、浙江、江苏、湖北、四川、贵州、西藏、甘肃。越南亦有分布。

栽培 喜温凉潮湿。可采用播种繁殖方法。幼苗期注意荫蔽，保持土壤湿润。本种为阴性树种，栽培地应避免直射光照。

用途 木材材质细密，可供雕刻、器具、农具及细木加工等用。可作庭院树。

含油率及化学组分数据

采集单位	测试单位	测试部位	产地	含油率(%)	碘值	酸值	皂化值	C12:0	C14:0	C16:0	C16:1	C18:0	C18:1	C18:2	C18:3	C20:0	C20:1
SCBG	SCBG	种仁	广东东莞	30.95	17.99	2.23	175.80	0.05		3.43	0.22	1.73	5.74	5.21	0.1		20.57

红豆杉

Taxus wallichiana var. **chinensis** (Pilg.) Florin [*Taxus chinensis* (Pilg.) Rehd.]

红豆杉科，红豆杉属

特征 乔木。一年生枝绿色或淡黄绿色，秋季变成绿黄色或淡红褐色，二、三年生枝黄褐色、淡红褐色或灰褐色；冬芽通常黄褐色，有光泽，芽鳞三角状卵形，背部无脊或有纵脊，脱落或少数宿存于小枝的基部。叶排列成两列，条形，微弯或较直，长1~3 cm，宽2~4 mm，上部微渐窄，先端常微急尖，上面深绿色，有光泽，下面淡黄绿色，有2条气孔带，中脉带上有密生均匀而微小的圆形角质乳头状凸起点，常与气孔带同色，稀色较浅。雄球花淡黄色，雄蕊8~14枚，花药4~8。种子生于杯状红色肉质的假种皮中，间或生于近膜质盘状的种托之上，常呈卵圆形，上部渐窄，微扁或圆，上部常具2条钝棱脊，稀上部三角状具3条钝脊，先端有凸起的短钝尖头；种脐近圆形或宽椭圆形，稀三角状圆形。花期3~6月；果期9~11月。

分布 产于广西、湖南、浙江、安徽、湖北、四川、贵州、云南、甘肃、陕西。

栽培 喜阴湿环境、温暖湿润的气候，耐旱抗寒、抗病虫害。可采用播种繁殖方法。11月种子成熟即可采收，将肉质种皮清洗干净晾干，随即用湿沙层积埋藏在背阴干燥处，上面覆盖塑料膜及草帘。夏、秋季应每月翻动种子2次，翌年3月即可播种育苗。

用途 种子可榨油供制皂、润滑油等用；从树皮和枝叶中提取的紫杉醇，可药用。木材纹理直，结构细，坚实耐用，可作建筑、车辆、家具等用材。

含油率及化学组分数据

采集单位	测试单位	测试部位	产地	含油率(%)	碘值	酸值	皂化值	C12:0	C14:0	C16:0	C16:1	C18:0	C18:1	C18:2	C18:3	C20:0	C20:1
OFPC		种子	湖北恩施	34.70	121.00		192.00			4.90			53.30	33.70	1.30		

南方红豆杉

Taxus wallichiana var. **mairei** (Lemée et H. Lév.) L. K. Fu et Nan Li

红豆杉科，红豆杉属

特征 乔木。树皮通常灰褐色，裂成条片脱落。冬芽黄褐色、淡褐色或红褐色，有光泽，芽鳞三角状卵形，背部无脊或有纵脊，脱落或少数宿存于小枝的基部。叶排列成两列，多呈弯镰状，长2~3.5（~4.5）cm，宽3~4（~5）mm，上部常渐窄，先端渐尖，下面中脉带上无角质乳头状凸起点，或局部有成片或零星分布的角质乳头状凸起点，或与气孔带相邻的中脉带两边有1至数条角质乳头状凸起点，中脉带明晰可见，其色泽与气孔带相异，呈淡黄绿色或绿色，绿色边带亦较宽而明显。种子生于杯状红色肉质的假种皮中，微扁，多呈倒卵圆形，上部较宽，稀柱状矩圆形，长7~8 mm，径5 mm，种脐常呈椭圆形。花期3~6月；果期9~11月。

分布 广东：连平县黄牛石保护区，24°30′31″N，114°27′50″E，2011-11-10，易绮斐、潘雅书、陈华平400119168。广西：灵川县海洋乡小平乐村，25°17′43″N，110°39′41″E，602 m，2011-10-26，郭伦发、林春蕊4001101233。湖南：吉首大学，28°17′22″N，109°43′13″E，285 m，2010-12-09，徐亮、周建军400191188；桑植县芭茅溪乡天平山，29°46′30″N，110°04′38″E，1339 m，2009-11-26，严岳鸿400181135。江西：龙南县九连山，24°32′28″N，114°27′31″E，574 m，2009-11-09，廖文波等400143024。福建：武夷山市星村镇桐木村挂墩，27°38′56″N，117°54′45″E，265 m，2009-11-08，王发国、翟俊文400113014；武夷山市星村镇七里桥，25°12′57″N，119°16′29″E，2012-11-20，易绮斐、宁阳阳、李玉玲400119269。浙江：宁波市鄞县天童山，29°48′32″N，121°46′40″E，412 m，2010-11-14，葛斌杰、胡超、熊申展4001171107。湖北：五峰后河六里溪，33°27′56″N，110°33′2″E，1023 m，2010-10-23，丁时东、危文亮等400151074。北京：海淀区，39°35′38″N，116°07′21″E，50 m，2012-09-21，秦烁、郭利磊400327036。生于海拔100~3500 m的密林中。产于广东、广西、湖南、江西、福建、台湾、浙江、安徽、河南、湖北、四川、贵州、云南、甘肃、陕西。印度、老挝、缅甸和越南也有分布。

栽培 喜肥沃湿润、耐阴的生境、耐干旱、瘠薄，不耐低洼积水。可采用播种、扦插繁殖。播种：种子在低温下用湿沙层积贮藏，春季播种，注意遮阴。扦插：在5~6月进行，剪取10年以下树龄的母树的当年生半木质化枝条。虫害极少，雨季幼树可能会发生根腐病、茎腐和烂根，可用70%敌克松500~800倍液防治；高温和干旱季节幼树可能会发生叶枯病和赤枯病，可喷施1%的波尔多液防治。

用途 种子可榨油。供制肥皂和润滑油用。从树皮和枝叶中提取的紫杉醇是世界上公认的抗癌药。木材可作用材。为优美的庭园树种。

含油率及化学组分数据

采集单位	测试单位	测试部位	产地	含油率(%)	碘值	酸值	皂化值	C12:0	C14:0	C16:0	C16:1	C18:0	C18:1	C18:2	C18:3	C20:0	C20:1
SCBG	SCBG	种仁	广东连平	12.54	15.17	7.15	170.72	47.90		2.42	0.15	4.51	23.30	4.71	0.32	0.69	0.58
GXIB	SCBG	种仁	广西灵川	26.12	194.38	0.43	201.38	0.01	0.06	13.70	0.17	3.34	36.47	26.55	0.04	0.15	0.49
JSU	SCBG	种仁	湖南吉首	20.60	84.90	60.23	93.57	0.27	1.38	23.14		3.03	21.01	33.20	11.16		1.38
HUST	HUST	种仁	湖南桑植	30.3	97.73	2.27	229.69			2.951		2.192		57.81	33.69		1.39
SYSU	SCBG	种仁	江西龙南	24.67	101.08	12.192	176.64	0.007	0.20	20.40	0.027	3.79	25.66	47.83	0.93	0.84	0.32
SCBG	SCBG	果实	福建武夷山	31.70	79.80	1.76	179.26	0.004	0.25	4.00	0.044	43.63	10.43	37.74	1.71	0.094	2.32
SCBG	SCBG	种仁	福建武夷山	14.25				0.01	0.10	8.42	0.10	3.63	22.17	41.18	22.93	0.73	0.74
ECNU	SCBG	果实	浙江宁波	34.52	117.80	1.28	187.10	0.027	0.03	3.90	0.06	1.69	56.73	33.22	2.25	1.93	0.17
OCRI	SCBG	种仁	湖北五峰	15.70	49.01	13.74	208.6		0.39	39.86	0.27	4.12	18.60	41.13	1.33	0.36	0.29
CAU	ICS	果实	北京海淀区	31.79	11.42	3.88	185.90			2.47	0.06	1.16	42.35	25.39	3.77	0.07	1.04
OFPC		种子	江西武宁	20.80	121.30					3.80		1.10	43.20	30.20	4.00		

榧树

Torreya grandis Fort. ex Lindl.

红豆杉科，榧树属

特征 乔木。一年生枝绿色，无毛；二、三年生枝通常黄绿色。叶条形，排成两列，通常直，长1. 1~2. 5 cm，宽2. 5~3. 5 cm，先端凸尖，上面光绿色，无隆起的中脉，下面淡绿色，气孔带常与中脉带等宽，绿色边带与气孔带等宽或稍宽。雄球花圆柱状，长约8 mm，基部的苞片有明显的背脊，雄蕊多数，各有4花药，药隔先端宽圆有缺齿。种子椭圆形、卵圆形、倒卵圆形或长椭圆形，长2~4. 5 cm，径1. 5~2. 5 cm，熟时假种皮淡紫褐色，有白粉，顶端微凹，基部具宿存的苞片，胚乳微皱。花期4月；果期翌年9~11月。

分布 江西：宜丰县官山自然保护区，28°32′42″N，114°30′49″E，542 m，2011-09-18，景慧娟、李朋远4001409027。安徽：黄山猴园，30°04′29″N，118°08′33″E，575 m，2009-11-03，刘东明、戴建阅400111146。生于海拔200~1400 m的山谷林中。产于湖南、江西、福建、浙江、江苏、安徽、贵州。

栽培 适应性较强，喜温暖湿润环境，稍耐寒，忌积水。可采用播种、扦插、压条、分根4种繁殖方法。播种：种子采后用湿沙贮藏至翌年春季播种。扦插：剪取硬枝作为插条。压条：春季选近根处新枝进行压条。分根：早春将丛生的新株分开定植。

用途 种子可食，又可榨油供食用或工业用；假种皮可提取芳香油。木材是建筑、造船、家具的优良木材。为优美的庭园树种。

含油率及化学组分数据

采集单位	测试单位	测试部位	产地	含油率(%)	碘值	酸值	皂化值	C12:0	C14:0	C16:0	C16:1	C18:0	C18:1	C18:2	C18:3	C20:0	C20:1
SYSU	SCBG	种仁	江西宜丰	36. 50	95. 91	1. 61	197. 10	0. 08	0. 23	6. 02	0. 08	1. 79	15. 22	35. 98	40. 13	0. 34	0. 13
SCBG	SCBG	果实	安徽黄山	24. 60	65. 60	1. 53	202. 64			8. 03	0. 07	8. 77	32. 67	49. 08	0. 69	0. 13	0. 57
OFPC		种仁	江苏	41. 40	131. 30		187. 30			10. 70		2. 20	23. 50	45. 20	1. 60		

香榧（圆榧、芝麻榧、米榧）

Torreya grandis Fort. ex Lindl. 'Merrillii'

红豆杉科，榧树属

特征 乔木。小枝下垂，一、二年生小枝绿色，3年生枝呈绿紫色或紫色。叶深绿色，质较软。种子连肉质假种皮宽矩圆形或倒卵圆形，长3~4 cm，径1. 5~2. 5 cm，有白粉，干后暗紫色，有光泽，顶端具短尖头。种子矩圆状倒卵形或圆柱形，长2. 7~3. 2 cm，径1~1. 6 cm，微有纵浅凹槽，基部尖，胚乳微内皱。花期4月；果期翌年9月。

分布 福建：武夷山大安源，27°52′37″N，117°52′08″E，403 m，2010-10-05，刘东明、梁耀400112159；武夷山桐木关，27°49′15″N，117°43′06″E，631 m，2010-09-28，刘东明、梁耀400112113。生于海拔600 m的山坡。浙江、福建有栽培。

栽培 喜温暖多雨。可采用播种、嫁接繁殖。播种：一般于9月上中旬果实假种皮由青绿转黄绿，大多数假种皮发生开裂、少量种子脱落时采种。嫁接：接穗在优株树冠外围的中上部采取。按照砧木的种类分为：大砧接、苗砧接、根砧接、种砧接等几种。

用途 种子经炒熟后味美香酥，含油量高，可食用，并可制润滑剂和制蜡。

含油率及化学组分数据

采集单位	测试单位	测试部位	产地	含油率(%)	碘值	酸值	皂化值	C12:0	C14:0	C16:0	C16:1	C18:0	C18:1	C18:2	C18:3	C20:0	C20:1
SCBG	SCBG	种仁	福建武夷山	33. 01	127. 77	2. 10	207. 98		0. 08	7. 57	0. 44	3. 43	8. 40		3. 93	0. 34	0. 20
SCBG	SCBG	种仁	福建武夷山	26. 84	139. 21				0. 33	3. 87	0. 05	3. 38	15. 66		0. 39	0. 28	0. 47
OFPC		种仁	江苏	41. 40	131. 30		187. 30			10. 70		2. 20	23. 50	45. 20	1. 60		

中麻黄

Ephedra intermedia Schrenk ex C. A. Mey.

麻黄科，麻黄属

特征 灌木，高20~100 cm。茎直立或匍匐斜上，粗壮，基部分枝多。绿色小枝常被白粉呈灰绿色，径1~2 mm。叶3裂或2裂，下部约2/3合生呈鞘状，上部裂片钝三角形或窄三角披针形。雄球花通常无梗，数朵密集于节上成团状，具5~7对交叉对生或5~7轮（每轮3片）苞片，雄花有5~8枚雄蕊，花丝全部合生，花药无梗；雌球花2~3朵成簇，对生或轮生于节上，无梗或有短梗，苞片3~5轮（每轮3片）或3~5对交叉对生，通常仅基部合生，边缘常有明显膜质窄边，最上一轮苞片有2~3朵雌花；雌花的珠被管长达3 mm，常成螺旋状弯曲，雌球花成熟时肉质红色，椭圆形、卵圆形或矩圆状卵圆形。种子包于肉质红色的苞片内，不外露，3粒或2粒，形状变异颇大，常呈卵圆形或长卵圆形。花期5~6月；果期7~8月。

分布 新疆：乌恰县S309途中，39°44′18″N，75°40′17″E，1945 m，2011-08-16，侯翼国、王茜4003311044；314国道疏附至塔什库尔干途中，38°45′19″N，75°11′31″E，2845 m，2010-10-10，王茜、侯翼国4003310060。生于海拔800~4600 m的干旱荒漠、沙滩地区及干旱的山坡或草地上。产于山东、西藏、新疆、青海、甘肃、宁夏、陕西、山西、河北、内蒙古、辽宁。阿富汗、哈萨克斯坦、吉尔吉斯斯坦、蒙古、巴基斯坦以及俄罗斯、塔吉克斯坦、土库曼斯坦、乌兹别克斯坦、亚洲西南部也有分布。

栽培 喜光，抗寒、抗旱，耐干旱瘠薄。可采用播种繁殖。

用途 珍贵的药用植物。为干旱地区优良的园林树种，也为防风固沙的先锋树种。

含油率及化学组分数据

采集单位	测试单位	测试部位	产地	含油率(%)	碘值	酸值	皂化值	C12:0	C14:0	C16:0	C16:1	C18:0	C18:1	C18:2	C18:3	C20:0	C20:1
XIEG		种仁	新疆乌恰	39.67	18.04	7.52	194.36	0.02	0.05	8.37	0.10	1.69	43.15	40.84	0.28	3.43	2.07
XIEG		种仁	新疆疏附	21.54	10.18	9.91	253.60	0.03	0.02	6.62	0.05	3.22	9.90	78.74	0.81	0.38	0.24

膜果麻黄

Ephedra przewalskii Stapf

麻黄科，麻黄属

特征 灌木。木质茎明显，基部径约1 cm或更粗，茎皮灰黄色或灰白色，细纤维状，纵裂成窄椭圆形网眼。叶通常3裂，少数2裂，下部1/2~2/3合生，裂片三角形或长三角形，先端急尖或具渐尖的尖头。球花通常无梗，常多数密集成团状的复穗状花序，每轮3片，黄色或淡黄绿色，中央有绿色草质肋，三角状宽卵形或宽倒卵形，仅基部合生，假花被宽扁而拱凸似蚌壳状，雄蕊7~8枚，花丝大部合生，先端分离，花药有短梗；雌球花淡绿褐色或淡红褐色，近圆球形，苞片4~5轮，每轮3片，最上一轮或一对苞片各生一雌花，胚珠窄卵圆形，珠被管伸于苞片之外，直立、弯曲或卷曲，雌球花成熟时苞片增大成干燥半透明的薄膜状，淡棕色。种子通常3粒，包于干燥、膜质苞片内，暗褐红色，长卵圆形。花期5~6月；果期7~8月。

分布 新疆：G219库地至叶城途中，37°04′23″N，76°52′52″E，2528 m，2011-07-23，侯翼国、王茜4003311001。生于海拔300~3800 m的干燥沙石地区。产于西藏、青海、甘肃、宁夏、内蒙古。

栽培 生于干燥沙漠地区及干旱山麓，多沙石的盐碱土也能生长。可采用播种繁殖。

用途 茎、枝可作燃料。可作固沙树种。

含油率及化学组分数据

采集单位	测试单位	测试部位	产地	含油率(%)	碘值	酸值	皂化值	C12:0	C14:0	C16:0	C16:1	C18:0	C18:1	C18:2	C18:3	C20:0	C20:1
XIEG		果实	新疆库地	21.39	9.57	12.09	229.66	0.02	0.10	8.23	0.10	3.36	11.47	74.01	1.05	0.55	1.12

海南买麻藤

Gnetum hainanense C. Y. Cheng

买麻藤科，买麻藤属

特征 藤本。茎、枝较细弱。叶革质，有光泽，矩圆状椭圆形或矩圆状卵形，长10~15 cm，宽3~5 cm，小脉在两面明显网状，叶柄长8~12 mm。雄球花序成三出聚伞花序或有两对分枝，雄球花穗有总苞12~20轮，每轮总苞内有雄花60~80朵，雄蕊2枚，花丝全部合生，约1/2露出假花被外，不育雌花15~30；雄球花序的每一花穗有总苞10~20轮，每轮总苞内有雌花8~9，花序轴较粗壮。成熟种子无柄或几无柄，假种皮橘红色，矩圆状广椭圆形，长1. 5~2 cm，径约1. 5 cm，干后表面无纵皱纹，先端急尖，中央常有小尖。

分布 海南：五指山市五指山，109°11′51″N，19°3′59″E，432 m，2013-03-06，邢福武、刘东明、王鹏、叶心芬、宁阳阳400114264。产于海南、广东、广西。

栽培 喜半阴，喜温暖多湿气候。可采用扦插繁殖。常于春末秋初用当年生的枝条进行嫩枝扦插，或于早春用去年生的枝条进行老枝扦插。

用途 种子可榨油，供食用或润滑油；茎皮含韧性纤维，可作麻袋、绳索和人造棉原料。

含油率及化学组分数据

采集单位	测试单位	测试部位	产地	含油率(%)	碘值	酸值	皂化值	C12:0	C14:0	C16:0	C16:1	C18:0	C18:1	C18:2	C18:3	C20:0	C20:1
SCBG	SCBG	种仁	海南五指山	34. 60	123. 70	0. 67	176. 65		3. 36		0. 26	3. 05		20. 56			0. 60

罗浮买麻藤

Gnetum lofuense C. Y. Cheng

买麻藤科，买麻藤属

特征 藤本。茎、枝圆形，皮紫棕色，皮孔浅不显著。叶片薄或稍带革质，矩圆形或矩圆状卵形，长10~18 cm，宽5~8 cm，先端短渐尖，基部近圆形或宽楔形，侧脉9~11对，明显，由中脉近平展伸出，小脉网状，在叶背较明显；叶柄长8~10 mm。雌雄花均未见。成熟种子矩圆状椭圆形，长约2. 5 cm，径约1. 5 cm，顶端微呈急尖状，基部宽圆，无柄；种脐宽扁，宽3~5 mm。

分布 海南：甘什岭自然保护区，18°24′11″N，109°40′11″E，130 m，2010-06-15，张荣京40017167；乐东县尖峰岭山脚，18°43′16″N，108°52′54″E，103 m，2011-01-12，刘东明、梁耀、王鹏400112284。产于广东、海南、江西和福建。生于林中，缠绕于树上。

栽培 喜温暖湿润的环境，稍耐阴，适应性强。播种或分株繁殖。春季至夏季施肥，每1~2个月1次，早春应修剪1次。

用途 既可以观果又可赏叶，可植于庭园作垂直绿化。

含油率及化学组分数据

采集单位	测试单位	测试部位	产地	含油率(%)	碘值	酸值	皂化值	C12:0	C14:0	C16:0	C16:1	C18:0	C18:1	C18:2	C18:3	C20:0	C20:1
SCAU	SCBG	种仁	海南甘什岭	35. 61	4. 94	5. 45	241. 83										
SCBG	SCBG	种仁	海南乐东	25. 88	16. 90	15. 07	184. 54					1. 38		28. 12	2. 16		1. 15

买麻藤

Gnetum montanum Markgr.

买麻藤科，买麻藤属

特征 大藤本，高达10 m以上。叶形大小多变，通常呈矩圆形，革质或半革质，长10~25 cm，宽4~11 cm，先端具短钝尖头，基部圆或宽楔形，侧脉8~13对；叶柄长8~15 mm。雄球花序一至二回三出分枝，排列疏松，长2.5~6 cm，总梗长6~12 mm，雄球花穗圆柱形，具13~17轮环状总苞，每轮环状总苞内有雄花25~45朵，排成两行，雄花基部有密生短毛，假花被稍肥厚成盾形筒，顶端平，成不规则的多角形或扁圆形，花丝连合，约1/3自假花被顶端伸出，花药椭圆形，花穗上端具少数不育雌花排成1轮；雌球花穗长2~3 cm，径约4 mm，每轮环状总苞内有雌花5~8朵，胚珠椭圆状卵圆形，雌球花穗成熟时长约10 cm。种子矩圆状卵圆形或矩圆形，熟时黄褐色或红褐色，光滑，有时被亮银色鳞斑，种子柄长2~5 mm。花期6~7月；果期8~9月。

分布 广西：龙州弄岗自然保护区陇瑞站往23号界碑，22°25′53″N，106°39′03″E，2009-08-03，吴望辉、黄俞淞、叶晓霞4001101037。云南：勐腊县勐仑镇翠屏峰勐醒，21°49′19″N，101°13′31″E，710 m，2010-09-26，李忠荣、李恩乾400222124。生于海拔200~2700 m的林中。产于海南、广东、广西、云南。不丹、印度、老挝、缅甸、泰国、越南也有分布。

栽培 喜半阴，喜温暖多湿气候，不耐寒，忌烈日暴晒。可采用扦插繁殖方法：常于春末秋初用当年生的枝条进行嫩枝扦插，或于早春用去年生的枝条进行老枝扦插。

用途 种子可榨油，供食用或润滑油；茎皮含韧性纤维，可作麻袋、绳索和人造棉原料。

含油率及化学组分数据

采集单位	测试单位	测试部位	产地	含油率(%)	碘值	酸值	皂化值	C12:0	C14:0	C16:0	C16:1	C18:0	C18:1	C18:2	C18:3	C20:0	C20:1
GXIB	SCBG	种子	广西龙州	31.68	132.37	1.30	176.11	0.07	0.16	18.12	0.36	2.12	29.40	20.46	0.90	0.23	0.14
KMIB	KMIB	种子	云南勐腊	6.7								7.71		6.52	18.25	18.80	2.19

小叶买麻藤

Gnetum parvifolium (Warb.) W. C. Cheng

买麻藤科，买麻藤属

特征 缠绕藤本，高4~12 m。叶椭圆形、窄长椭圆形或长倒卵形，革质，长4~10 cm，宽2.5 cm，先端急尖或渐尖而钝，基部宽楔形或微圆，侧脉细。雄球花序不分枝或1次分枝，分枝三出或成2对，总梗细弱，雄球花穗具5~10轮环状总苞，每轮总苞内具雄花40~70，雄花基部有不显著的棕色短毛，假花被略成四棱状盾形，花丝完全合生，花药2，合生，仅先端稍分离，花穗上端有不育雌花，扁宽三角形；雌球花序多生于老枝上，雌球花穗细长，每轮总苞内有雌花5~8，雌花基部有不甚明显的棕色短毛，珠被管短，先端深裂。雌球花序成熟时长10~15 cm，轴较细，径2~3 mm。成熟种子假种皮红色，长椭圆形或窄矩圆状倒卵圆形，种脐近圆形，干后种子表面常有细纵皱纹，无种柄或近无柄。花期4~7月；果期7~11月。

分布 海南：昌江县霸王岭五里桥，19°06′59″N，109°05′32″E，2009-08-03，秦新生400116147。广东：阳山县秤架，24°51′22″N，112°53′45″E，1024 m，2009-10-26，陈林、王发国、付琳、董安强40011467；蕉岭县长潭保护区，24°42′10″N，116°09′06″E，2010-10-13，易绮斐、戴建阅、翟俊文400119101。生于海拔100~1000 m的林中。产于海南、广东、广西、湖南、江西、福建、贵州。老挝、越南也有分布。

栽培 播种或分株、分根法繁殖。春至夏季施肥每1~2个月1次，早春应修剪1次。

用途 种子含油，可榨取润滑油或食用油；种子含淀粉和蛋白质，可食用；全株可药用。适合在庭园攀缘花架、花棚、篱墙作垂直绿化。

含油率及化学组分数据

采集单位	测试单位	测试部位	产地	含油率(%)	碘值	酸值	皂化值	C12:0	C14:0	C16:0	C16:1	C18:0	C18:1	C18:2	C18:3	C20:0	C20:1
SCAU	SCBG	果实	海南昌江	1.30	6.39	8.44	183.72		0.10	6.66	0.15	1.85	25.64	64.79	0.26	0.22	0.34
SCBG	SCBG	种仁	广东阳山	10.00	79.02	56.93	211.8		0.14	13.44	0.24	2.06	28.46	24.04	31.12		0.49
SCBG	SCBG	种仁	广东蕉岭	31.85			182.25			1.13	2.26		54.65	48.35	3.49	0.57	

毛杨梅

Myrica esculenta Buch.-Ham. [*Myrica sapida* Wallich.]

杨梅科，杨梅属

特征 常绿乔木或小乔木，高4~10 m。小枝及芽密被毡毛，皮孔常密生而显明。叶革质，通常长椭圆状倒卵形，顶端钝圆至急尖，全缘或有少数的圆齿，基部楔形渐狭至叶柄，有极稀疏的金黄色腺体。雌雄异株，雄花序由许多小穗状花序复合成圆锥状花序，生于叶腋，花序总轴的节间伸长，密被短柔毛及稀疏的金黄色腺体，分枝圆柱形，无柄，具密接的覆瓦状排列的苞片，苞片背面无毛亦无腺体，每苞片腋内具1雄花，无小苞片，雄花具3~7枚雄蕊，花药椭圆形，红色，每苞片腋内生1雌花；雌花具2个小苞片，子房被短柔毛，具2个细长的鲜红色柱头。核果通常椭圆状，成熟时红色，外果皮肉质，多汁液及树脂，核与果实同形，具厚而硬的木质内果皮。9~10月开花；翌年3~4月果实成熟。

分布 云南：盈江县铜壁关乡三合村，24°37′10″N，97°38′59″E，1431 m，2009-05-02，李忠荣、李恩乾400222016。生于海拔280~2500 m的稀疏杂木林内或干燥的山坡上。产于广东、广西、贵州、四川、云南。分布于中南半岛。

栽培 播种、分株、嫁接繁殖。播种：选成熟果实，剥去果肉，阴干，用湿沙层积贮藏，春播，出苗后至第二年可作实生苗用。分株繁殖：挖取老株蔸部二年生的分櫱栽种。嫁接繁殖：选二年生的实生苗作砧木，“清明”前后皮接或切接。

用途 油料可用于制造肥皂、润滑油、油漆及其他多种工业用途。

含油率及化学组分数据

采集单位	测试单位	测试部位	产地	含油率(%)	碘值	酸值	皂化值	C12:0	C14:0	C16:0	C16:1	C18:0	C18:1	C18:2	C18:3	C20:0	C20:1
KMIB	KMIB	种仁	云南盈江	68.07	112.10	1.30	181.30				11.03	0.77	4.67	29.00	53.78	0.10	

云南杨梅

Myrica nana A. Chev.

杨梅科，杨梅属

特征 常绿灌木，高0.5~2 m。小枝较粗壮。叶革质或薄革质，叶片长椭圆状倒卵形至短楔状倒卵形，长2.5~8 cm，宽1~3 cm，顶端急尖或钝圆，基部楔形，中部以上常有少数粗锯齿，成长后上面腺体脱落留下凹点，下面腺体常不脱落，无毛或有时上面中脉上有稀疏柔毛；叶柄长1~4 mm，无毛或有稀疏柔毛，叶脉在上面凹陷，下面凸起。雌雄异株，雄花序单生于叶腋，直立或向上倾斜，长1~1.5 cm，分枝极缩短而呈单一穗状，每分枝具1~3朵雄花，雄花无小苞片，有1~3枚雄蕊；雌花序基部具极短而不显著的分枝，单生于叶腋，长约1.5 cm，每分枝通常具2~4枚不孕性苞片及2朵雌花，雌花具2枚小苞片，子房无毛。核果红色，球状，直径1~1.5 cm。花期2~3月；6~7月果实成熟。

分布 云南：新平县杨武镇山苏寨，24°03′36″N，101°58′4″E，1600 m，2008-10-10，李忠荣400222077。产于云南中部，向东达贵州西部。生长在海拔1500~3500 m的山坡、林缘及灌木丛中。

栽培 播种、压条、嫁接繁殖。移栽须带土球。花雌雄异株，定植时宜适当配置雄株，以利授粉。

用途 树形美观，适合作行道树、园景树、庭荫树、诱鸟树和绿篱。

含油率及化学组分数据

采集单位	测试单位	测试部位	产地	含油率(%)	碘值	酸值	皂化值	C12:0	C14:0	C16:0	C16:1	C18:0	C18:1	C18:2	C18:3	C20:0	C20:1
KMIB	KMIB	种仁	云南新平	70.89	92.60	0.57	181.00				8.73	0.55	3.71	35.25	50.44		

杨梅（山杨梅、树莓）

Myrica rubra (Lour.) Sieb. et Zucc.[*Myrica rubra* var. *acuminata* Nakai]

杨梅科，杨梅属

特征　常绿乔木，高可达15 m以上。叶革质，无毛，生存至2年脱落，常密集于小枝上端部分，多生于萌发条上者为长椭圆状或楔状披针形，顶端渐尖或急尖，边缘中部以上具稀疏的锐锯齿，中部以下常为全缘，基部楔形；生于孕性枝上者为楔状倒卵形或长椭圆状倒卵形，全缘或偶有在中部以上具少数锐锯齿，上面深绿色，有光泽，下面浅绿色，无毛。花雌雄异株，雄花序单独或数条丛生于叶腋，圆柱状，通常不分枝呈单穗状，雄花具2~4枚卵形小苞片及4~6枚雄蕊；雌花序常单生于叶腋，较雄花序短而细瘦，雌花通常具4枚卵形小苞片。核果球状，外表面具乳头状凸起，外果皮肉质，多汁液及树脂，味酸甜，成熟时深红色或紫红色。花期4月；6~7月果实成熟。

分布　云南：红河石屏县玉龙湖边，23°42′30″N，102°29′36″E，1417 m，2010-05-11，李忠荣400222152。湖南：吉首大学，28°28′94″N，109°71′70″E，207 m，2011-05-02，徐亮、周建军40019101133。生于海拔125~1500 m的山坡或山谷林中，喜酸性土壤。产广东、广西、江西、湖南、浙江、江苏、福建、台湾、贵州、四川、云南。日本、朝鲜、菲律宾也有分布。

栽培　可采用播种、嫁接繁殖。播种：选成熟果实，剥去果肉，阴干，用湿沙层积贮藏，春播，出苗后至第二年可作实生苗用。嫁接：选二年生的实生苗作砧木，清明前后皮接或切接，再培育2年移栽，按株行距5 m×5 m开穴，每穴1株，覆土压实，浇水。

用途　油料可用于制造肥皂、润滑油、油漆及其他多种工业用途。

含油率及化学组分数据

采集单位	测试单位	测试部位	产地	含油率(%)	碘值	酸值	皂化值	C12:0	C14:0	C16:0	C16:1	C18:0	C18:1	C18:2	C18:3	C20:0	C20:1
KMIB	KMIB	种仁	云南红河	56.16	115.80	2.40	197.30				12.15	0.91	3.51	35.03	48.26	0.11	
JSU	SCBG	种仁	湖南吉首	23.40	43.06	15.52	387.64	0.01	0.03	6.19	0.04	3.06	8.01	22.16	60.04	0.14	0.32

喙核桃

Annamocarya sinensis (Dode) Leroy [*Juglandicarya integrifoliolata* (Kuang) Hu]

胡桃科，喙核桃属

特征　落叶乔木，高达20 m。小枝幼时有细毛和橙黄色皮孔，后变无毛；芽裸露，通常叠生。奇数羽状复叶，长30~40 cm，叶柄及轴幼时有短柔毛和橙黄色腺体；小叶通常7~9枚，近革质，全缘，上端小叶较大，长椭圆形至长椭圆状披针形，长12~15 cm，宽4~5 cm。雄性柔荑花序长13~15 cm，生于花序总梗上，自新技叶腋生出；雌性穗状花序顶生，直立，雌花3~5朵。坚果核果状，近球形或卵状椭圆形，顶端具渐尖头，外果皮厚，干后木质，4~9瓣裂开，裂瓣中央具1~2纵肋，顶端具鸟喙状渐尖头；果核球形或卵球形，顶端具一鸟喙状渐尖头，并有6~8条细棱，连喙长6~8 cm，基部常具一线形痕，内果皮骨质。花期4~5月；果期8~11月。

分布　广西：罗城兼爱乡，24°54′11″N，108°34′24″E，399 m，2011-11-28，黄俞淞、彭日成4001101260。云南：文山州麻栗坡下金厂云岭村杨开坪，23°67′30″N，104°74′35″E，1345 m，2011-10-16，曾庆文、陈树钢、杨国400114128。生于海拔500~1800 m的山地杂木林中。产于我国西南部。越南也有分布。

栽培　喜光，稍耐阴，喜温和湿润环境可采用播种、嫁接方法繁殖。病害有黑斑病；虫害有举肢蛾，幼虫为害果实，果实被害率高达90%以上。

用途　种子榨油，其油芳香可口，供食用；也可作配制油漆的原料。木材坚韧，为优质用材。

含油率及化学组分数据

采集单位	测试单位	测试部位	产地	含油率(%)	碘值	酸值	皂化值	C12:0	C14:0	C16:0	C16:1	C18:0	C18:1	C18:2	C18:3	C20:0	C20:1
GXIB	SCBG	种仁	广西罗城	59.14	102.37	0.88	202.17		0.03	4.11	0.10	2.68	22.69	63.43	0.72	0.49	0.65
SCBG	SCBG	种仁	云南文山	62.19	77.63	2.62	345.32										

山核桃（小核桃、核桃、野漆树）

Carya cathayensis Sarg. [*Hicoria cathayensis* (Sarg.) Chun]

胡桃科，山核桃属

特征 乔木，高达10~20 m。复叶长16~30 cm；叶柄幼时被毛及腺体，后来毛逐渐脱落，叶轴被毛较密且不易脱落，有小叶5~7枚。雄性柔荑花序3个成一束，花序轴被有柔毛及腺体，生于长1~2 cm的总柄上，总柄自当年生枝的叶腋内或苞腋内生出，雄花具短柄，雄蕊2~7枚，着生于狭长的花托上，花药具毛；雌性穗状花序直立，花序轴密被腺体，具1~3朵雌花，雌花卵形或阔椭圆形，总苞的裂片被有毛及腺体，外侧1枚（即苞片）显著较长，钻状线形。果实倒卵形，向基部渐狭，幼时具4个狭翅状的纵棱，密被橙黄色腺体；外果皮干燥后革质，沿纵棱裂开成4瓣；内果皮硬，淡灰黄褐色。花期4~5月；9月果成熟。

分布 安徽：歙县，29°49′51″N，118°25′5″E，225 m，2012-10-20，李晓东、昝艳燕400121241。云南：昆明植物所，33°28′21″N，102°44′32″E，2010-09-20，李忠荣400222173。生于海拔200~1200 m的山麓疏林中或腐殖质丰富的山谷，少见。产于浙江、安徽。

栽培 喜光，稍耐阴，喜温和湿润环境。可采用播种繁殖，果实成熟时，外果皮自行裂开，及时采种，如不能冬播，可在室内用湿沙贮藏，使内果皮开裂，待翌年春季播种。也可采用嫁接方法繁殖。

用途 种子榨油，其油芳香可口，供食用。

含油率及化学组分数据

采集单位	测试单位	测试部位	产地	含油率(%)	碘值	酸值	皂化值	C12:0	C14:0	C16:0	C16:1	C18:0	C18:1	C18:2	C18:3	C20:0	C20:1
WHBG	WHBG	种仁	安徽歙县	42.82				5.34	0.51	8.65		4.32	21.88	55.98	3.3079		
KMIB	KMIB	种仁	云南昆明	56.25	163.10	3.50	181.20				2.63		0.48	14.55	72.64	9.68	

湖南山核桃

Carya hunanensis Cheng et R. H. Chang ex Chang et Lu

胡桃科，山核桃属

特征 乔木，高12~14 m，胸径60~70 cm。树皮灰白色至灰褐色，浅纵裂。老枝灰黑色，有淡色皮孔，当年生小枝密生锈褐色腺体；芽裸露，密被锈褐色腺体。奇数羽状复叶，长20~30 cm。叶柄近无毛而叶轴密被柔毛；小叶5~7枚，长椭圆形至长椭圆状披针形，顶端渐尖，基部楔形，边缘有细锯齿，上面有稀疏毛，仅中脉常密生毛，下面被橙黄色腺体，中脉上密生毛。雌花序顶生，直立，生1~2朵花，花序轴和总苞均密被腺体，子房有4条纵棱，长约4 mm。果实倒卵形，外果皮密被黄色腺体，4条纵棱由顶端仅达果实中部，果核倒卵形，两侧略扁，两端尖，顶部有长1~2.5 mm的喙，基部偏斜，壳厚2~4 mm。花期3~4月；果期9~11月。

分布 湖南：永顺县小溪，28°45′57″N，110°14′7″E，421 m，2010-10-03，徐亮、肖艳400191190。湖北：五峰后河黄家河，33°28′21″N，110°30′28″E，1100 m，2010-10-20，丁时东、危文亮等400151049。生于平缓山谷、江河两侧土层深厚之地，亦有栽培。产于湖南、贵州、广西。

栽培 喜光，稍耐阴，喜温和湿润环境。可采用播种繁殖，苗圃地宜选择土壤肥沃、土层深厚、排水良好山坡下部，开沟条播或点播。也可采用嫁接方法繁殖。

用途 种子榨油，其油芳香可口，供食用。

含油率及化学组分数据

采集单位	测试单位	测试部位	产地	含油率(%)	碘值	酸值	皂化值	C12:0	C14:0	C16:0	C16:1	C18:0	C18:1	C18:2	C18:3	C20:0	C20:1
JSU	SCBG	种仁	湖南永顺	56.21				0.39	0.70	16.67		0.94	56.16	4.71	0.22	0.18	10.21
JSU	SCBG	种仁	湖北五峰	42.57	18.04	7.17	176.57		0.10	13.35	0.51	4.75	23.38	13.02	7.15	1.82	0.15

美国山核桃（薄壳山核桃）

Carya illinoinensis (Wangenh.) K. Koch [*Juglans illinoinensis* Wangenh.]

胡桃科，山核桃属

特征 大乔木，高可达50 m。奇数羽状复叶长25~35 cm；叶柄及叶轴初被柔毛，后来几乎无毛，具9~17枚小叶；小叶具极短的小叶柄，通常卵状披针形，或稍成镰状弯曲，基部歪斜成阔楔形或近圆形，顶端渐尖，边缘具单锯齿或重锯齿，初被腺体及柔毛，后来毛脱落而常在脉上有疏毛。雄性柔荑花序3个一束，自去年生小枝顶端或当年生小枝基部的叶痕腋内生出，雄蕊的花药有毛；雌性穗状花序直立，花序轴密被柔毛，具3~10朵雌花，雌花子房长卵形，总苞的裂片有毛。果实矩圆状或长椭圆形，长3~5 cm，直径2.2 cm左右，有4条纵棱，外果皮4瓣裂，革质；内果皮平滑，灰褐色，有暗褐色斑点，顶端有黑色条纹。花期5月；9~11月果成熟。

分布 湖北：武汉植物园树木园，29°58′21″N，113°53′29″E，2009-10-24，李晓东、昝艳燕400121054。云南：德宏瑞丽市，24°09′36″N，97°55′01″E，1000 m，2010-10-10，张国学400222181。原产北美洲。中国湖南、江西、福建、浙江、江苏、河南、四川、河北等省有栽培。

栽培 喜光，稍耐阴，喜温和湿润环境。可采用播种、嫁接方法繁殖。

用途 果仁（即种子）含油脂，油芳香可口，供食用。

含油率及化学组分数据

采集单位	测试单位	测试部位	产地	含油率(%)	碘值	酸值	皂化值	C12:0	C14:0	C16:0	C16:1	C18:0	C18:1	C18:2	C18:3	C20:0	C20:1
WHBG	WHBG	种仁	湖北武汉	21.14				0.10	0.20	11.66		7.32	16.51	41.12	12.04	1.86	0.47
KMIB	KMIB	种仁	云南德宏	50.06	106.10		194.10										

少叶黄杞

Engelhardtia fenzlii Merr.

胡桃科，黄杞属

特征 小乔木，高3~10 m，有时达18 m。偶数羽状复叶长8~16 cm；小叶1~2对，对生或近对生或者明显互生，叶片椭圆形至长椭圆形，全缘，基部歪斜，圆形或阔楔形，顶端短渐尖或急尖，两面有光泽，下面色淡，幼时被稀疏腺体，上面深绿，侧脉5~7对，稍成弧状弯曲。雌雄同株或稀异株，雌雄花序常生于枝顶端而成圆锥状或伞形状花序束，顶端1个为雌花序，下方数个为雄花序，或雌雄花序分开则雌花序单独顶生而雄花序数个形成花序束，均为柔荑状，花稀疏散生，雄花无柄，苞片3裂，花被4，兜状，雄蕊10~12枚，几乎无花丝；雌花有柄，苞片3裂，不贴于子房，花被片4，贴生于子房，柱头4枚、裂。果序长7~12 cm，俯垂，果序柄长3~4 cm。果实球形。花期7月；9~10月果成熟。

分布 江西：崇义县齐云山，26°52′31″N，114°01′25″E，1000 m，2010-09-26，李朋远、谢行400145004；铅山县武夷山自然保护区，27°59′59″N，117°53′18″E，365 m，2011-10-17，凡强、景慧娟4001411057。福建：武夷山大安源，27°59′32″N，117°53′01″E，523 m，2010-10-02，刘东明、梁耀、胡普炜400112139。生于海拔400~1000 m的林中或山谷。产于广东、广西、湖南、江西、浙江、福建。

栽培 喜光，不耐阴，适宜温暖湿润的气候，对土壤要求不严，耐干旱瘠薄，但以在深厚肥沃的酸性土壤上生长较好。播种繁殖。

用途 可提取工业用油；树皮含鞣质可提栲胶。木材可作工业用材和制造家具。

含油率及化学组分数据

采集单位	测试单位	测试部位	产地	含油率(%)	碘值	酸值	皂化值	C12:0	C14:0	C16:0	C16:1	C18:0	C18:1	C18:2	C18:3	C20:0	C20:1
SYSU	SCBG	种仁	江西崇义	31.74	96.40	1.729	228.37	8.36	8.83	21.32	0.42	4.42	24.39	21.60	8.72	1.29	0.60
SCBG	SCBG	种仁	江西铅山	18.47	55.76	1.89	235.09	0.24	0.16	5.92	0.16	2.65	25.99	63.33	0.26	0.94	0.31
SYSU	SCBG	种仁	福建武夷山	27.16	96.79	8.95	56.60	0.12	1.43		0.08	0.92			10.35		

黄杞

Engelhardtia roxburghiana Wall.

胡桃科，黄杞属

特征 乔木，高达10 m。全体无毛。偶数羽状复叶长12~25 cm；小叶3~5对，近于对生，具长0.6~1.5 cm的小叶柄，叶片革质，长椭圆状披针形至长椭圆形，全缘，顶端渐尖或短渐尖，基部歪斜，两面具光泽，侧脉10~13对。雌雄同株或稀异株，雌花序1个及雄花序数个长而俯垂，生疏散的花，常形成一顶生的圆锥状花序束，顶端为雌花序，下方为雄花序，或雌雄花序分开则雌花序单独顶生；雄花无柄或近无柄，花被片4，兜状，雄蕊10~12枚，几乎无花丝；雌花苞片3裂，花被片4枚，贴生于子房，子房近球形，无花柱，柱头4裂。果序长达15~25 cm，果实坚果状，球形，直径约4 mm，外果皮膜质，内果皮骨质，3裂的苞片托于果实基部。花期5~6月；8~9月果实成熟。

分布 贵州：雷山县响水岩，26°22′13″N，108°08′53″E，993 m，2012-10-19，陈丰林、夏纯、桑洪伟4001151251。湖南：永顺县小溪茶园溪，28°46′11″N，110°13′58″E，340 m，2010-10-03，肖艳、徐亮400191136。生于海拔200~1500 m的林中。产于广东、广西、湖南、台湾、贵州、四川、云南。印度、缅甸、泰国、越南也有分布。

栽培 喜光，不耐阴，适生于温暖湿润的气候，对土壤要求不严，耐干旱瘠薄，但以在深厚肥沃的酸性土壤上生长较好。播种繁殖。

用途 种子榨油，用于工业；树皮纤维质量好，可制人造棉，亦含鞣质可提栲胶。适宜在园林绿地中栽植。

含油率及化学组分数据

采集单位	测试单位	测试部位	产地	含油率(%)	碘值	酸值	皂化值	C12:0	C14:0	C16:0	C16:1	C18:0	C18:1	C18:2	C18:3	C20:0	C20:1
SCBG	SCBG	种仁	贵州雷山	31. 27													
JSU	SCBG	种仁	湖南永顺	16. 70	156. 70					4. 68	0. 19	1. 34	51. 17	11. 21	1. 56	5. 52	21. 61

胡桃楸(野核桃、山核桃、核桃楸)

Juglans mandshurica Maxim. [*Juglans collapsa* Dode]

胡桃科，胡桃属

特征 乔木，高达20 m。奇数羽状复叶生于萌发条上者长，小叶15~23枚；生于孕性枝上者集生于枝端短，小叶9~17枚，椭圆形或长椭圆形，边缘具细锯齿，深绿色，下面色淡，被贴伏的短柔毛及星芒状毛。雄性柔荑花序长9~20 cm，花序轴被短柔毛，雄花具短花柄，苞片顶端钝，小苞片2枚位于苞片基部，雄蕊12枚、稀13枚或14枚，雌性穗状花序具4~10雌花，花序轴被有绒毛，雌花长5~6 mm，被绒毛，下端被腺质柔毛，花被片披针形或线状披针形，被柔毛。果序长10~15 cm，俯垂，通常具5~7个果实，序轴被短柔毛，果实球状、卵状或椭圆状，顶端尖，密被腺质短柔毛。花期5月；果期8~9月。

分布 吉林：辉南县金川镇，42°41′39″N，126°41′16″E，566 m，2009-09-05，郑宝江、王洪峰、陶林400341019。新疆：昌吉州玛纳斯平原林场，44°14′28″N，86°21′30″E，485 m，2010-10-14，王喜勇、王蕾、孔凡逵4003310052。黑龙江：哈尔滨，46°48′01″N，130°22′01″E，2011-10-01，贾海伦400351099。云南：昆明植物园温室南门，25°08′39″N，102°44′32″E，1987 m，2010-09-20，刘恩乾400222172。四川：峨眉山龙池杨梅，29°30′25″N，103°24′03″E，2010-09-25，崔龙、李志强40021110037；雅安宝兴蜂桶寨邓池沟，30°33′53. 81″N，102°56′55″″E，1665 m，2011-09-27，李志强、刘小波等40021111001；宝兴县硗碛藏族，30°41′22″N，102°43′25″E，2304 m，2010-09-09，干友民40024183；越西瓦吉木，28°29′14″ N，102°34′57″ E，2009-09-21，樊云川，王凯40021109001。湖北：十堰大川大坪，32°32′48″N，110°42′51″E，2009-10-18，李晓东、陈永峰40012160；神农架下谷坪，31°24′35″N，110°33′19″E，729 m，2011年，丁时东400151161；十堰大川大坪，32°31′27″N，110°43′42″E，902 m，2009-10-14，丁时东、危文亮400152011。福建：武夷山市星村镇桐木村挂墩，27°26′45″N，117°45′12″E，271 m，2009-11-09，王发国、翟俊文400113019。江西：宜丰县官山自然保护区，28°33′05″N，114°34′12″E，300 m，2011-09-17，景慧娟、李朋远4001409015。重庆：南川区三泉镇马嘴后趟，29°37′07″N，107°13′40″E，1378 m，2009-09-13，刘正宇等400231070。河南：信阳波尔登公园，31°51′40″N，114°5′30″E，273 m，2012-09-15，王亚平400314209。生于土质肥厚、湿润、排水良好的沟谷两旁或山坡的阔叶林中。产于黑龙江、吉林、辽宁、河北、河南、北京、山西等地。

栽培 播种繁殖或嫁接繁殖。也可采用嫁接方法繁殖。

用途 种子油供食用，种仁可食，亦可制肥皂，作润滑油；树皮、叶及外果皮含鞣质，可提取栲胶；树皮纤维可作造纸等原料；枝、叶、皮可作农药。木材反张力小，不翘不裂，可作枪托、车轮、建筑等重要材料。

含油率及化学组分数据

采集单位	测试单位	测试部位	产地	含油率(%)	碘值	酸值	皂化值	C12:0	C14:0	C16:0	C16:1	C18:0	C18:1	C18:2	C18:3	C20:0	C20:1
NEFU	SCBG	种仁	吉林辉南	52. 40	72. 60	0. 98	189. 73			2. 88	0. 09	0. 73	15. 24	69. 92	10. 87		0. 27
XIEG	SCBG	种仁	新疆昌吉	35. 62	54. 61	29. 20	187. 7		0. 06	3. 42	0. 09	1. 54	21. 27	39. 61	23. 69	0. 26	0. 45
SBRI	SCBG	种仁	黑龙江哈尔滨	16. 24	29. 93	7. 44	177. 68	0. 03	0. 06	3. 20	0. 05	0. 88	12. 35	82. 25	0. 70	0. 05	0. 41
KMIB	KMIB	种仁	云南昆明	59. 12	154. 00	0. 16	183. 10				2. 67		0. 82	21. 20	66. 17	9. 14	
SCU	SCU	种仁	四川峨眉山	56. 90	89. 80	3. 20	171. 10			2. 34	0. 48		18. 47	72. 15	6. 15		
SCU	SCU	种仁	四川雅安	52. 66		4. 28	171. 65			7. 40			22. 65	67. 11	2. 83		
SICAU	SCBG	种仁	四川宝兴	70. 66	104. 17	35. 61	208. 50		0. 04	6. 38	0. 13	2. 33	15. 06	68. 16	7. 28	0. 45	0. 17
SCU	SCU	种仁	四川越西	63. 99								27. 31	56. 18	16. 51			
WHBG	WHBG	种仁	湖北十堰	44. 63				0. 03	0. 20	17. 18		2. 88	10. 34	62. 38	2. 83	0. 32	0. 20
OCRI	SCBG	种仁	湖北神农架	45. 23	105. 85	6. 57	146. 30										
OCRI	SCBG	种仁	湖北十堰	51. 77	55. 68	19. 27	205. 12										
SCBG	SCBG	种仁	福建武夷山	56. 80	80. 24	1. 95	201. 78		0. 06	10. 79	0. 11	1. 91	78. 93	7. 41	0. 28		0. 51
SYSU	SCBG	种仁	江西宜丰	45. 13	63. 86	10. 82	153. 77	0. 01	0. 09	8. 68	3. 25	3. 03	25. 76	30. 32	28. 39	0. 07	0. 41
CIPP	SCBG	种仁	重庆南川	46. 20	76. 30	0. 97	193. 29			3. 05	0. 062	0. 57	14. 55	68. 18	13. 27		0. 31
HNAU	ICS	种仁	河南信阳	13. 81	79. 04	30. 79	208. 19										

胡桃（核桃、铁核桃）

Juglans regia L. [*Juglans duclouxiana* Dode]

胡桃科，胡桃属

特征 乔木，高达20~25 m。奇数羽状复叶长25~30 cm，叶柄及叶轴幼时被有极短腺毛及腺体；小叶通常5~9枚，椭圆状卵形至长椭圆形，顶端钝圆或骤尖或短渐尖，基部歪斜近于圆形，边缘全缘或在幼树上者具稀疏细锯齿，侧脉11~15对，腋内具簇短柔毛，侧生小叶具极短的小叶柄或近无柄，生于下端者较小，顶生小叶常具长3~6 cm的小叶柄。雄性柔荑花序下垂，雄花的苞片、小苞片及花被片均被腺毛，雄蕊6~30枚，花药黄色，无毛；雌性穗状花序通常具1~3(~4)朵雌花，雌花的总苞被极短腺毛，柱头浅绿色。果序短，杞俯垂，具1~3个果实，果实近于球状，直径4~6 cm，无毛。花期5月；果期10月。

分布 西藏：林芝县达则乡达则村，29°31′57″N，94°27′53″E，2983 m，2011-09-02，干友民400241126。云南：昆明植物园车场，25°08′19″N，102°44′36″E，1923 m，2009-08-16，李忠荣、李恩乾400222063。四川：泸定县海子坪，29°54′31″N，102°12′45″E，1768 m，2009-08-24，干友民400241053；攀枝花市大黑山，26°40′13″N，101°42′54″E，1749 m，2012-10-17，刘晓波、宫庆彬40021112077。新疆：巩留县野核桃自然保护区，43°19′53″N，82°15′37″E，1014 m，2011-08-20，侯翼国、王茜4003311018。山东：泰安市岱岳区黄前水库，36°18′30″N，117°13′38″E，200 m，2009-08-18，赵伟华400311031。湖北：神农架木鱼青天坳，30°16′12″N，109°28′04″E，2009-09-15，李晓东、杨林森40012129；神农架木鱼青天坳，31°28′45″N，111°22′42″E，1253 m，2009-10-14，丁时东、赵永国400152010。湖南：古丈县高望界镇高林，28°24′48″N，110°03′16″E，804 m，2010-07-13，徐亮、张代贵400191109。生于海拔400~1800 m山坡及丘陵地带，我国平原及丘陵地区常见栽培。产于华南、华东、华中、西南、华北、西北。中亚、西亚、南亚以及欧洲也有分布。

栽培 喜肥沃湿润的砂质壤土，常见于山区河谷两旁土层深厚的地方。可采用播种繁殖。果实成熟时，外果皮自行裂开，及时采种，如不能冬播，可在室内用湿沙贮藏，使内果皮开裂，待翌年春季播种。苗圃地宜选择土壤肥沃、土层深厚、排水良好山坡下部，开沟条播或点播。由于中果皮坚硬，不易吸水发芽，需用特殊方法处理，促其萌发。也可采用嫁接方法繁殖。

用途 种仁含油量高，可生食，亦可榨油食用。木材坚实，是很好的硬木材料。

含油率及化学组分数据

采集单位	测试单位	测试部位	产地	含油率(%)	碘值	酸值	皂化值	C12:0	C14:0	C16:0	C16:1	C18:0	C18:1	C18:2	C18:3	C20:0	C20:1
SICAU	SCBG	种仁	西藏林芝	31.57	56.42	56.03	230.20										
	KMIB	种仁	云南昆明	60.51	135.10	0.60	186.20				4.79	0.07	3.43	29.73	53.76	8.00	
SICAU	SCBG	种仁	四川泸定	50.58	116.40	8.23	208.50		0.07	9.27	0.44	4.16	34.76	47.87	2.42	0.60	0.37
SCU	SCU	种仁	四川攀枝花	83.16	142.85	0.96	220.64			5.64		2.09	21.33	64.55	6.39		
XIEG	SCBG	种仁	新疆巩留	41.33	3.92	1.57	538.60	1.89	0.55	12.07	0.63	2.52	13.89	27.54	7.97	1.57	0.23
ICS	ICS	种仁	山东泰安	52.85	138.99	8.22	173.14			5.49		3.52	20.60	56.62	8.14	0.12	0.19
OCRI	SCBG	种仁	湖北神农架	43.13	66.94	1.88	177.68	0.04	0.38	9.90	0.18	2.62	50.49	33.46	1.90	0.60	0.39
WHBG	WHBG	种仁	湖北神农架	46.09	23.56	4.26	302.56	7.55	6.71	11.91		4.86	8.72	17.11	31.37		
JSU	SCBG	种仁	湖南古丈	48.56	91.85			0.06	0.63	39.85	0.11	4.94	23.25	10.87	1.38	0.28	0.11

泡核桃（漾濞核桃、茶核桃、铁核桃）

Juglans sigillata Dode

胡桃科，胡桃属

特征 乔木。树皮灰色，浅纵裂。小枝青灰色，有白色皮孔，二年生枝色稍深；冬芽卵圆形，芽鳞有短柔毛。单数羽状复叶，稀顶生小叶退化，长15~50 cm，叶轴及叶柄有黄褐色短柔毛；小叶通常9~11枚，卵状披针形或椭圆状披针形，长6~18 cm，宽3~7 cm，顶端渐尖，基部歪斜，侧脉17~23对，下面脉腋簇生柔毛。雄花序粗壮，长13.5~19 cm；雌花序具1~3雌花，花序轴密生腺毛。果倒卵圆形或近球形，长3.4~6 cm，径3~5 cm，幼时有黄褐色绒毛，成熟时变无毛；果核倒卵形，长2.5~5 cm，径2~3 cm，两侧稍扁，表面具皱曲。花期3~4月；果期9月。

分布 广西：隆林县金钟乡，24°40′50″N，105°18′12″E，2011-10-22，曾庆文、陈树钢、杨国400114148。云南：峨山县文山村，24°19′12″N，102°10′12″E，1655 m，2009-10-06，李忠荣、李恩乾400222080；昆明植物园车场，25°08′19″N，102°44′36″E，1923 m，2008-08-16，李忠荣400222063。生于海拔1300~3300 m的山坡或山谷林中。产于云南、贵州、四川、西藏。云南已长期栽培，有数品种。

栽培 可采用播种繁殖，果实成熟时，外果皮自行裂开，及时采种，如不能冬播，可在室内用湿沙贮藏，使内果皮开裂，待翌年春季播种。苗圃地宜选择土壤肥沃、土层深厚、排水良好山坡下部，开沟条播或点播。由于中果皮坚硬，不易吸水发芽，需用特殊方法处理，促其萌发。也可采用嫁接方法繁殖。

用途 种子含油率高，可供食用、工业用油。木材坚硬，可作家具。

含油率及化学组分数据

采集单位	测试单位	测试部位	产地	含油率(%)	碘值	酸值	皂化值	C12:0	C14:0	C16:0	C16:1	C18:0	C18:1	C18:2	C18:3	C20:0	C20:1
SCBG	SCBG	种仁	广西隆林	68.90	134.94	2.30	200.74	1.09	0.05	4.98	0.10	18.76	67.02	7.82	0.17		
KMIB	KMIB	种仁	云南峨山	60.51	124.6	0.40	177.9				5.17	0.08	2.97	35.56	50.43	5.46	
KMIB	KMIB	种仁	云南昆明	63.51	135.10	0.60	186.20				4.79	0.07	3.43	29.73	53.76	8.00	

化香树（花木香、还香树、山麻柳）

Platycarya strobilacea Sieb. et Zucc.[*Petrophiloides strobilacea* var. *kawakamii* (Hayata) Kaneh.]

胡桃科，化香树属

特征 落叶小乔木，高2~6 m。叶长15~30 cm，具7~23枚小叶；小叶纸质，侧生小叶无叶柄，对生或生于下端者偶尔有互生，卵状披针形至长椭圆状披针形，基部歪斜，顶端长渐尖，边缘有锯齿，顶生小叶具小叶柄，基部对称，圆形或阔楔形。两性花序和雄花序在小枝顶端排列成伞房状花序束，直立，两性花序通常1条，着生于中央顶端；雄花序通常3~8条，位子两性花序下方四周，雄花苞片阔卵形，顶端渐尖而向外弯曲，雄蕊6~8枚，花丝短；雌花苞片卵状披针形，顶端长渐尖、硬而不外曲，长2.5~3 mm，花被2。果序球果状，卵状椭圆形至长椭圆状圆柱形，宿存苞片木质，略具弹性；果实小坚果状，背腹压扁状，两侧具狭翅。种子卵形，种皮黄褐色，膜质。花期5~6月；7~8月果成熟。

分布 浙江：临安天目山，30°21′13″N，119°26′11″E，938 m，2009-10-29，刘东明、戴建阅400111130；清凉峰，30°06′16″N，118°52′25″E，2010-10-15，曾庆文、谢聪、孟玉芳40011301。湖南：永顺小溪，28°47′39″N，110°13′04″E，696 m，2009-08-07，徐亮、周建军400191092；古丈县高望界大溪，28°38′35″N，110°04′18″E，771 m，2011-10-06，徐亮、覃三立40019101196。江西：上饶三清山，28°56′45″N，118°03′57″E，532 m，2012-09-06，景慧娟、赵万义4001416040。河南：信阳鸡公山，31°52′14″N，114°5′10″E，163 m，2012-09-17，王亚平400314247。生于海拔600~1300 m、有时达2200 m的向阳山坡及杂木林中，也有栽培。产于广东、广西、湖南、江西、福建、台湾、浙江、江苏、安徽、河南、山东、湖北、四川、云南、甘肃、贵州和陕西。朝鲜、日本也有分布。

栽培 播种繁殖或嫁接繁殖。

用途 种子可榨油；树皮、根皮、叶和果序均含质，作为提制栲胶的原料，树皮亦能剥取纤维，叶可作农药，根部及老木含有芳香油。

含油率及化学组分数据

采集单位	测试单位	测试部位	产地	含油率(%)	碘值	酸值	皂化值	C12:0	C14:0	C16:0	C16:1	C18:0	C18:1	C18:2	C18:3	C20:0	C20:1
SCBG	SCBG	种仁	浙江临安	1.70	66.91	5.20	441.47										
	SCBG	种仁	浙江临安	31.27	2.75	8.82	200.64		0.08	9.45		2.05	17.46	69.22	9.25	2.22	3.41
JSU	SCBG	种仁	湖南永顺	36.12	88.21	4.00	119.92		0.82	13.88		2.65	34.47	33.35	1.39	0.14	0.35
JSU	SCBG	种仁	湖南古丈	26.45		27.61			0.08	6.31	0.13	1.67	21.38	66.76	1.18		0.11
SYSU	SCBG	种仁	江西上饶	23.39				0.02	0.45	36.73	3.54	4.94	30.02	16.34	7.47	0.05	0.40
HNAU	ICS	种仁	河南信阳	6.65	230.13	33.82	208.60			8.06	0.26	2.84	8.07	26.18	51.58	0.11	

枫杨（娱蚣柳、麻柳）

Pterocarya stenoptera C. DC. [*P. esquirollii* H. Lévl.]

胡桃科，枫杨属

特征 大乔木，高达30 m。叶多为偶数或稀奇数羽状复叶，小叶10~16枚，对生或稀近对生，长椭圆形一至长椭圆状披针形，顶端常钝圆或稀急尖，基部歪斜。雄性柔荑花序单独生于去年生枝条上叶痕腋内，花序轴常有稀疏的星芒状毛，雄花常具1枚发育的花被片，雄蕊5~12枚；雌性柔荑花序顶生，花序轴密被星芒状毛及单毛，下端不生花的部分长达3 cm，具2枚长达5 mm的不孕性苞片。雌花几乎无梗，苞片及小苞片基部常有细小的星芒状毛，并密被腺体。果序长20~45 cm，果序轴常被有宿存的毛；果实长椭圆形，基部常有宿存的星芒状毛；果翅狭，条形或阔条形，长12~20 mm，宽3~6 mm，具近于平行的脉。花期4~5月；果期8~9月。

分布 河南：郑州惠济区，34°47′09″N，113°39′25″E，378 m，2011-07-18，王亚丽、杨大伟400314003。湖南：龙山县里耶乡，28°48′01″N，109°18′26″E，263 m，2011-08-21，徐亮、覃三立40019101147。安徽：宁国县方塘，30°28′52″N，118°43′41″E，140 m，2012-10-01，李星霖、刘巧霞、程志全4001171218。山东：淄博，36°08′15″N，120°35′35″E，135 m，2009-09-18，赵伟华400311119。陕西：宁强县青木川西沟，32°51′51″N，105°32′25″E，770 m，2011-09-02，薛帅400324069。湖北：鹤峰县躲避峡，29°54′44″N，110°03′24″E，545 m，2009-11-02，危文亮、丁时东400151022。重庆：南川区三泉镇半河沟，29°43′36″N，107°07′40″E，599 m，2009-05-21，刘正宇等400231006。浙江：杭州植物园，30°15′25″N，120°07′22″E，2010-10-14，曾庆文、谢聪、孟玉芳40011915。新疆：乌鲁木齐植物园，43°53′37″N，87°33′38″E，786 m，2010-09-26，王喜勇、王蕾、孔凡逵4003310009。江西：龙南县九连山，24°34′18″N，114°25′45″E，402 m，2012-08-08，景慧娟、赵万义4001415011。四川：雅安市四川农业大学，29°58′49″N，102°59′56″E，592 m，2010-08-03，干友民400241103。生于海拔1500 m以下的沿溪涧河滩、阴湿山坡地的林中，现已广泛栽植作庭园树或行道树。产于广东、广西、湖南、江西、福建、台湾、浙江、江苏、安徽、山东、河南、湖北、四川、云南、贵州、陕西。华北和东北仅有栽培。

栽培 播种繁殖。果实成熟时，外果皮自行裂开，及时采种，如不能冬播，可在室内用湿沙贮藏，使内果皮开裂，待翌年春季播种。苗圃地宜选择土壤肥沃、土层深厚、排水良好山坡下部，开沟条播或点播。

用途 树皮和枝皮含鞣质，可提取栲胶，亦可作纤维原料；果实可作饲料和酿酒；种子还可榨油。

含油率及化学组分数据

采集单位	测试单位	测试部位	产地	含油率(%)	碘值	酸值	皂化值	C12:0	C14:0	C16:0	C16:1	C18:0	C18:1	C18:2	C18:3	C20:0	C20:1
HNAU	ICS	种子	河南郑州	1. 04	43. 36	66. 10	115. 55	0. 10	0. 20	11. 67		7. 33	16. 53	41. 14	12. 05	1. 87	0. 07
JSU	SCBG	种仁	湖南龙山	20. 42				0. 65	4. 61	6. 40	0. 21	1. 84	25. 66	43. 25	1. 27	0. 35	0. 21
	SCBG	种仁	安徽宁国	30. 45				0. 075	0. 16	18. 12	0. 36	2. 12	29. 40	20. 46	0. 90	0. 23	0. 14
OCRI	ICS	种子	山东淄博	1. 92	159. 89	15. 95	174. 37			6. 61	0. 11	3. 49	10. 55	27. 56	49. 33	0. 22	0. 59
CAU	ICS	种子	陕西宁强	7. 81	91. 05	5. 77	271. 41	0. 18		0. 94	0. 35	21. 40	51. 33		1. 48	0. 43	0. 16
OCRI	SCBG	种仁	湖北鹤峰	13. 16	113. 33	57. 93	126. 79	0. 01	0. 05	1. 65	0. 09	1. 19	61. 86	31. 16	0. 51	0. 10	0. 59
CIPP	SCBG	种仁	重庆南川	10. 65					0. 08	12. 41		7. 05	14. 70	14. 85	37. 07	0. 95	
SCBG	SCBG	种仁	浙江杭州	13. 54	352. 81		286. 01			6. 98	0. 94	1. 90	5. 63	74. 32	0. 32	0. 41	0. 23
XIEG	SCBG	种仁	新疆乌鲁木齐	22. 89	3. 54	12. 67	137. 6	0. 45	0. 26	9. 28	0. 31	2. 21	9. 64	45. 50	25. 39	1. 49	0. 11
SYSU	SCBG	种仁	江西龙南	18. 93				63. 36	3. 51	4. 06	0. 97	0. 84	15. 66	10. 15	0. 71	0. 35	0. 35
SICAU	SCBG	种仁	四川雅安	23. 18	113. 09	60. 91	254. 82										

桤木

Alnus cremastogyne Burk.

桦木科，桤木属

特征 乔木，高可达30~40 m。树皮灰色，平滑。枝条灰色或灰褐色，无毛，小枝褐色，无毛或幼时被淡褐色短柔毛；芽具柄，有2枚芽鳞。叶倒卵形、倒卵状矩圆形、倒披针形或矩圆形，长4~14 cm，宽2.5~8 cm，顶端骤尖或锐尖，基部楔形或微圆，边缘具几不明显而稀疏的钝齿，上面疏生腺点，幼时疏被长柔毛，下面密生腺点，几无毛，很少于幼时密被淡黄色短柔毛，脉腋间有时具簇生的髯毛，侧脉8~10对。雄花序单生。果序单生于叶腋，矩圆形，序梗细瘦，柔软，下垂，长4~8 cm，无毛，很少于幼时被短柔毛；果苞木质，顶端具5枚浅裂片。小坚果卵形，长约3 mm，膜质翅宽仅为果的1/2。花期5~6月；果期8~9月。

分布 湖南：龙山县里耶乡，28°48′01″N，109°18′26″E，1290 m，2010-12-10，徐亮、周建军40019101180。湖北：五峰后河老屋场，33°29′15″N，110°32′12″E，979 m，2010-10-26，丁时东、危文亮等400151091。四川：雅安宝兴蜂桶寨邓池沟，30°32′16″N，102°56′31″E，1778 m，2011-09-27，李志强、刘小波等40021111012；成都市白江区日新镇，30°48′18″N，104°18′10″E，2009-11-17，陈林400119040。生于海拔500~3000 m的山坡或岸边的林中，在海拔1500 m地带可成纯林，常见。产于湖南、湖北、四川、贵州、甘肃、陕西，江苏有栽培。

栽培 通常以种子繁殖，亦可用插条或根出条栽种。

用途 树皮、果实富含单宁，可作染料和提制栲胶；可作园林绿化树种。桤木叶片、嫩芽可药用。树姿端庄，适应性强，木材纹理细，质坚，能耐水，供家具用材。

含油率及化学组分数据

采集单位	测试单位	测试部位	产地	含油率(%)	碘值	酸值	皂化值	C12:0	C14:0	C16:0	C16:1	C18:0	C18:1	C18:2	C18:3	C20:0	C20:1
JSU	SCBG	种仁	湖南龙山	16.87					0.29	19.75	0.75	5.94	31.09	29.64	0.58	0.26	0.08
OCRI	SCBG	种仁	湖北五峰	16.02	36.1771	9.73			0.73	15.02		1.88	4.85		0.67	0.36	0.11
SCU	SCU	种仁	四川雅安	14.47	84.90	60.23	93.57			8.59		3.16	11.98	74.00	2.27		
SCBG	SCBG	种仁	四川成都	18.33		10.58	201.73		0.13	23.89	0.037		16.25	31.13	0.94		0.10
OFPC	CIB	果实	四川成都	20.80	71.50				0.20	7.20		1.50	5.90	84.20		1.00	

辽东桤木（水冬瓜、毛赤杨）

Alnus hirsuta Turcz. ex Rupr. [*Alnus hirsute* var. *sibirica* (Fisch. ex Turcz.) C. K. Schneid.]

桦木科，桤木属

特征 乔木，高6~15 m。树皮灰褐色，光滑。枝条暗灰色，具棱，无毛，小枝褐色，密被灰色短柔毛，很少近无毛；芽具柄，具2枚疏被长柔毛的芽鳞。叶近圆形，很少近卵形，长4~9 cm，宽2.5~9 cm，顶端圆，很少锐尖，基部圆形或宽楔形，很少截形或近心形，边缘具波状缺刻，缺刻间具不规则的粗锯齿，上面暗褐色，疏被长柔毛，下面淡绿色或粉绿色，密被褐色短粗毛或疏被毛至无毛，有时脉腋间具簇生的髯毛，侧脉5~10对。果序2~8枚，呈总状或圆锥状排列，近球形或矩圆形，序梗极短；果苞木质，长3~4 mm，顶端微圆，具5枚浅裂片。小坚果宽卵形；果翅厚纸质，极狭，宽及果的1/4。花期5月；果期8~11月。

分布 黑龙江：嘉荫县八字山，48°24′24″N，129°34′10″E，1076 m，2010-08-17，陈连江、卞勇、贾海伦400351058。生于海拔700~1500 m的山坡林中、岸边或潮湿地，也有栽培，常见。产于山东、辽宁、吉林、黑龙江。朝鲜、日本以及远东地区和俄罗斯也有分布。

栽培 喜光，幼时稍耐阴，适生于温凉湿润、土层深厚肥沃的立地环境，抗寒性强，不耐干旱瘠薄，也不耐积水涝洼。以种子繁育为主，也可分蘖移植。

用途 树皮、果实富含单宁，可作染料和提制栲胶。优良园林树种。

含油率及化学组分数据

采集单位	测试单位	测试部位	产地	含油率(%)	碘值	酸值	皂化值	C12:0	C14:0	C16:0	C16:1	C18:0	C18:1	C18:2	C18:3	C20:0	C20:1
SBRI	SCBG	种仁	黑龙江嘉荫	31.12	12.14	5.11	222.15	0.0026	0.022	6.09	0.06	2.71	20.98	14.61	55.39	0.12	0.02
OFPC	FSIB	果实	辽宁盖县	14.7								3.2	11.4	85.4	微量		

日本桤木

Alnus japonica (Thunb.) Steud. [*Alnus reginosa* Nakai]

桦木科，桤木属

特征 乔木，一般高6~15 m，较少高达20 m。树皮灰褐色，平滑。枝条暗灰色或灰褐色，无毛，具棱，小枝褐色，无毛或被黄色短柔毛，有时密生腺点；芽具柄，芽鳞2枚，光滑。短枝上的叶倒卵形或长倒卵形，长4~6 cm，宽2.5~3 cm，顶端骤尖、锐尖或渐尖，基部楔形，很少微圆，边缘具疏细齿；长枝上的叶披针形，较少与短枝上的叶同形，较大，上面无毛，下面于幼时疏被短柔毛或无毛，脉腋间具簇生的髯毛，有时具腺点，侧脉7~11对；叶柄长1~3 cm，疏生腺点，幼时疏被短柔毛，后渐无毛。雄花序2~5枚排成总状，下垂，春季先叶开放。果序矩圆形，2~9枚呈总状或圆锥状排列。花期4月；果期8~9月。

分布 生于山坡林中、河边、路旁，较常见。产于山东、河北、辽宁、吉林，江苏北部有栽培。俄罗斯以及日本、朝鲜也有分布。

栽培 种子繁殖或萌芽更新。

用途 树皮、果实富含单宁，可作染料和提制栲胶。为湿地、护岸固堤和改良土壤的优良树种。

含油率及化学组分数据

采集单位	测试单位	测试部位	产地	含油率(%)	碘值	酸值	皂化值	C12:0	C14:0	C16:0	C16:1	C18:0	C18:1	C18:2	C18:3	C20:0	C20:1
OFPC	FSIB	果实	辽宁凤城	22.30	145.30		171.90			4.00		0.90	17.40	77.70	微量		

白桦（粉桦、桦皮树）

Betula platyphylla Suk. [*Betula verrucosa* var. *platyphylla* (Suk.) Lindl. ex Jansen]

桦木科，桦木属

特征 乔木，高可达27 m。叶厚纸质，通常三角状卵形，长3~9 cm，宽2~7.5 cm，顶端锐尖、渐尖至尾状渐尖，基部截形，宽楔形或楔形，有时微心形或近圆形，边缘具重锯齿，有时具缺刻状重锯齿或单齿，上面于幼时疏被毛和腺点，成熟后无毛无腺点，下面无毛，密生腺点；叶柄细瘦。果序单生，圆柱形或矩圆状圆柱形，通常下垂，序梗细瘦；果苞长5~7 mm，背面密被短柔毛至成熟时毛渐脱落，基部楔形或宽楔形，中裂片三角状卵形，顶端渐尖或钝，侧裂片卵形或近圆形。小坚果狭矩圆形、矩圆形或卵形，背面疏被短柔毛，膜质翅较果长1/3，较少与之等长，与果等宽或较果稍宽。花期5~6月；果期8~10月。

分布 内蒙古：锡林郭勒盟东乌旗，50°33′33″N，123°35′19″E，449 m，2011-08-31，刘慧娟、扈顺400312079。黑龙江：哈尔滨，45°46′24″N，126°39′28″E，2011-09-23，郑宝江等400341149。生于海拔400~4100 m的山坡或林中，常见。产于河南、四川、云南、西藏、青海、甘肃、宁夏、陕西、山西、河北、内蒙古、辽宁、吉林、黑龙江。日本、朝鲜、蒙古、俄罗斯也有分布。

栽培 适应性强，分布广，尤喜湿润土壤，抗寒性极强。播种繁殖，出苗后移栽。

用途 工业用油，生产木焦油可应用于皮革业和制造肥皂。为园林绿化的优良树种。

含油率及化学组分数据

采集单位	测试单位	测试部位	产地	含油率(%)	碘值	酸值	皂化值	C12:0	C14:0	C16:0	C16:1	C18:0	C18:1	C18:2	C18:3	C20:0	C20:1
IMAU	ICS	种子	内蒙古锡林郭勒	9.26	60.71	12.20	95.73		0.39	19.56		3.02	41.87	24.87	2.31	0.62	0.58
NEFU	SCBG	种仁	黑龙江哈尔滨	22.21	25.09	6.15	136.77	0.007	0.078	10.04	0.062	4.84	6.51	76.76	0.29	0.69	0.73

昌化鹅耳枥

Carpinus tschonoskii Maxim. [*Carpinus falcatibrateata* Hu]

桦木科，鹅耳枥属

特征 乔木，高5~10 m。树皮暗灰色。小枝褐色，疏被长柔毛，后渐变无毛。叶椭圆形、矩圆形、卵状披针形，少有倒卵形或卵形，长5~12 cm，宽2. 5~5 cm，顶端渐尖至尾状，基部圆楔形或近圆形，边缘具刺毛状重锯齿，两面均疏被长柔毛，以后除背面沿脉尚具疏毛、脉腋间具稀疏的髯毛外，其余无毛，侧脉14~16对。花序梗长1~4 cm，疏被长柔毛。果序长6~10 cm，直径3~4 cm；果苞外侧基部无裂片，内侧的基部仅边缘微内折，较少具耳突，中裂片披针形，外侧边缘具疏锯齿，内侧边缘直或微呈镰状弯曲。小坚果宽卵圆形，顶端疏被长柔毛，有时具树脂腺体。花期5~6月；果期7~8月。

分布 重庆：南川区三泉镇金佛山黄草坪下方，29°19′26″N，107°07′06″E，1245 m，2009-08-20，刘正宇等400231030。生于海拔1100~2400 m的阔叶林中，常见。产于湖南、江西、浙江、湖北、四川、贵州、云南、陕西。日本、朝鲜也有分布。

栽培 播种繁殖和扦插繁殖。

用途 种子可榨油，供食用以及工业用。有些种类叶形秀丽，果穗奇特，枝叶茂密，为著名园林树种。

含油率及化学组分数据

采集单位	测试单位	测试部位	产地	含油率(%)	碘值	酸值	皂化值	C12:0	C14:0	C16:0	C16:1	C18:0	C18:1	C18:2	C18:3	C20:0	C20:1
CIPP	SCBG	种仁	重庆南川	20. 65	21. 45	9. 45	345. 00	4. 97	0. 29	18. 58	0. 75	2. 59	52. 34	5. 41	1. 43	0. 16	0. 04

雷公鹅耳枥（雷公枥）

Carpinus viminea Wall.

桦木科，鹅耳枥属

特征 大乔木，高10~20 m。树皮深灰色。小枝棕褐色，密生白色皮孔，无毛。叶厚纸质，椭圆形、矩圆形、卵状披针形，顶端渐尖、尾状渐尖至长尾状，基部圆楔形、圆形兼有微心形，有时两侧略不等，边缘具规则或不规则的重锯齿，侧脉12~15对。果序下垂，序梗疏被短柔毛，序轴纤细无毛；果苞内外侧基部均具裂片，近无毛；中裂片半卵状披针形至矩圆形，内侧边缘全缘，直或微作镰形弯曲，外侧边缘具齿牙状粗齿，较少具不明显的波状齿，内侧基部的裂片卵形，外侧基部的裂片与之近相等或较小而呈齿裂状。小坚果宽卵圆形，有时上部疏生小树脂腺体和细柔毛，具少数细肋。花期4~6月；果期7~9月。

分布 贵州：雷山县响水岩，26°22′08″N，108°09′01″E，1001 m，2012-10-19，陈丰林、夏纯、桑洪伟4001151253。生于杂木林中，常见。产于广东、广西、浙江、云南、西藏。越南、印度也有分布。

栽培 播种繁殖。

用途 可提取食用油或工业用油。

含油率及化学组分数据

采集单位	测试单位	测试部位	产地	含油率(%)	碘值	酸值	皂化值	C12:0	C14:0	C16:0	C16:1	C18:0	C18:1	C18:2	C18:3	C20:0	C20:1
SCBG	SCBG	种仁	贵州雷山	26. 07	82. 66	4. 58	378. 56										

华榛

Corylus chinensis Franch. [*Corylus chinensis* var. *macrocarpa* Hu]

桦木科，榛属

特征 乔木，高可达20 m。树皮灰褐色，纵裂。枝条灰褐色，无毛。小枝褐色，密被长柔毛和刺状腺体，基部通常密被淡黄色长柔毛。叶椭圆形、宽椭圆形或宽卵形，顶端骤尖至短尾状，基部心形，两侧显著不对称，边缘具不规则的钝锯齿，有时具刺状腺体；侧脉7~11对；叶柄长1~2. 5 cm，密被淡黄色长柔毛及刺状腺体。雄花序2~8枚排成总状；苞鳞三角形，锐尖，顶端具1枚易脱落的刺状腺体。果2~6枚簇生成头状；果苞管状，外面具纵肋，疏被长柔毛及刺状腺体，很少无毛和无腺体，上部深裂，具3~5枚镰状披针形的裂片，裂片通常又分叉成小裂片。坚果球形，无毛。花期4~5月；果期9~10月。

分布 湖南：保靖县白云山，28°37′55″N，109°17′10″E，398 m，2009-09-28，陈功锡、徐亮400191026。云南：保山，25°06′53″N，99°09′38″E，1673 m，2009年，刘恩乾400222227。生于海拔1200~3500 m的湿润山坡林中，稀少。产于湖南、湖北、四川、贵州、云南、西藏、陕西。

栽培 喜光，稍耐阴、耐旱，耐水淹能力也很强，耐寒性强。一般多用播种和分株法繁殖。

用途 种仁味美，含油率达50%，为优良用材及干果树种。部分品种可作植被恢复及园林树种。

含油率及化学组分数据

采集单位	测试单位	测试部位	产地	含油率(%)	碘值	酸值	皂化值	C12:0	C14:0	C16:0	C16:1	C18:0	C18:1	C18:2	C18:3	C20:0	C20:1
JSU	SCBG	种子	湖南保靖	46. 15				0. 17	0. 16	55. 10	0. 073	2. 29	23. 42	5. 72	2. 50	0. 17	0. 13
KMIB	KMIB	种仁	云南保山	69. 58					0. 019		5. 94	0. 25	20. 81	81. 88	8. 90		

刺榛

Corylus ferox Wall.

桦木科，榛属

特征 乔木或小乔木，高5~12 m。枝条灰褐色或暗灰色，无毛，小枝褐色，疏被长柔毛，基部密生黄色长柔毛。叶厚纸质，矩圆形或倒卵状矩圆形，很少宽倒卵形，长5~15 cm，宽3~9 cm，顶端尾状，基部近心形或近圆形，有时两侧稍不对称，边缘具刺毛状重锯齿，下面沿脉密被淡黄色长柔毛，脉腋间有时具簇生的髯毛；叶柄较细瘦。雄花序1~5枚排成总状，苞鳞背面密被长柔毛，花药紫红色。果3~6枚簇生，极少单生；果苞钟状，成熟时褐色，背面密被短柔毛，偶有刺状腺体，上部具分叉而锐利的针刺状裂片。坚果扁球形，上部裸露，顶端密被短柔毛。花期5~7月；果期7~9月。

分布 湖北：神农架红坪乡大沟，31°29′38″N，110°24′34″E，1835 m，2009-09-20，赵永国、丁时东、危文亮400151005。陕西：安康市千家坪，32°00′23″N，109°20′27″E，2200 m，2012-10-03，秦烁、郭利磊400328033。生于海拔1700~3800 m的山坡林中，常见。产于四川、贵州、云南、西藏。印度、缅甸、不丹、尼泊尔有分布。

栽培 播种或压条繁殖。

用途 种子可食用，也可榨油，供制肥皂、蜡烛及化妆品；果壳、树皮可提取鞣质。

含油率及化学组分数据

采集单位	测试单位	测试部位	产地	含油率(%)	碘值	酸值	皂化值	C12:0	C14:0	C16:0	C16:1	C18:0	C18:1	C18:2	C18:3	C20:0	C20:1
OCRI	SCBG	种子	湖北神农架	44. 22	82. 00	28. 19	389. 13		0. 05	6. 56	0. 06	1. 93	15. 97	13. 31	56. 90	0. 32	0. 16
CAU	ICS	种仁	陕西安康	59. 72	5. 05	5. 48	185. 39		0. 07	4. 85	0. 12		61. 69	29. 60		0. 14	0. 11

藏刺榛

Corylus ferox var. **tibetica** (Batal.) Franch.

桦木科，榛属

特征 乔木，高5~12 m。树皮灰黑色或灰色。小枝褐色，疏被长柔毛，基部密生黄色长柔毛，有时具或疏密的刺状腺体。叶厚纸质，叶为宽椭圆形或宽倒卵形，很少矩圆形，顶端尾状，基部近心形或近圆形，有时两侧稍不对称，边缘具刺毛状重锯齿，上面仅幼时疏被长柔毛，后变无毛，下面沿脉密被淡黄色长柔毛，脉腋间有时具簇生的髯毛，侧脉8~14对；叶柄较细瘦，长1~3. 5 cm，密被长柔毛或疏被毛至几无毛。雄花序1~5枚排成总状；苞鳞背面密被长柔毛，花药紫红色。果3~6枚簇生，极少单生；果苞背面具疏或密刺状腺体，针刺状裂片疏被毛至几无毛与原变种相区别。坚果扁球形，上部裸露，顶端密被短柔毛，长1~1. 5 cm。

分布 四川：平武县虎牙乡平坝，32°31′05″N，103°56′21″E，1940 m，2012-09-26，刘晓波、宫庆彬40021112026。生于海拔1500~3600 m的山地林中，常见。产于湖北西部、四川东部和北部以及甘肃、陕西。

栽培 播种或压条繁殖。

用途 种仁可食，也可榨油。材质坚韧、细致，为优良用材树种。

含油率及化学组分数据

采集单位	测试单位	测试部位	产地	含油率(%)	碘值	酸值	皂化值	C12:0	C14:0	C16:0	C16:1	C18:0	C18:1	C18:2	C18:3	C20:0	C20:1
SCU	SCU	种仁	四川平武	59. 18	96. 44	0. 57	195. 15			4. 01		2. 15	72. 95	20. 89			
OFPC	KMIB	果仁	云南彝良	62. 9	0. 3	87. 3	182. 7			3. 4		1. 7	80. 2	14. 7			

榛（榛子）

Corylus heterophylla Fisch. ex Trautv. [*Corylus heterophylla* var. *thunbergii* Blume]

桦木科，榛属

特征 灌木或小乔木，高1~7 m。树皮灰色。枝条暗灰色，无毛，小枝黄褐色，密被短柔毛兼被疏生的长柔毛，无或多少具刺状腺体。叶的轮廓为矩圆形或宽倒卵形，长4~13 cm，宽2. 5~10 cm，顶端凹缺或截形，中央具三角状突尖，基部心形，有时两侧不相等，边缘具不规则的重锯齿，上面无毛，下面于幼时疏被短柔毛，以后仅沿脉疏被短柔毛，其余无毛，侧脉3~5对；叶柄纤细，疏被短毛或近无毛。雄花序单生。果单生或2~6枚簇生成头状；果苞钟状，外面具细条棱，密被短柔毛兼有疏生的长柔毛，密生刺状腺体，很少无腺体，较果长但不超过1倍，边缘全缘，很少具疏锯齿；序梗长约1. 5 cm，密被短柔毛。坚果近球形，无毛或仅顶端疏被长柔毛。花期4~5月；果期9月。

分布 河北：青龙，40°13′17″N，119°39′10″E，681 m，2011-09-22，徐兴友、詹立军400313093。黑龙江：通北林业局，47°49′32″N，127°19′43″E，285 m，2010-08-10，谢鑫、刘平、黄茹，400341014；桦川县申家店，46°35′09″N，130°38′38″E，669 m，2010-08-13，陈连江、卞勇、贾海伦400351024。生于海拔400~2400 m的阔叶林中，常见。产于河南、湖北、甘肃、宁夏、陕西、山西、河北、内蒙古、辽宁、吉林、黑龙江。朝鲜、俄罗斯有分布。

栽培 喜在肥沃、通气性良好的砂壤土上生长，对土壤要求较高。繁殖育苗方法很多，主要有播种育苗、嫁接育苗、分株育苗、压条育苗和扦插育苗等方式。我国主要推广的育苗方法是压条繁殖技术。蚜虫是危害榛树最普遍的虫害之一，可以清除植株附近杂草，同时也可以在蚜虫危害期喷洒阿维菌素1200倍液。

用途 为早春蜜源树。种仁可食及榨油，为重要油料及干果树种。

含油率及化学组分数据

采集单位	测试单位	测试部位	产地	含油率(%)	碘值	酸值	皂化值	C12:0	C14:0	C16:0	C16:1	C18:0	C18:1	C18:2	C18:3	C20:0	C20:1
HNUST	ICS	种仁	河北青龙	0. 37	106. 64	38. 58	380. 98	0. 11	0. 56	4. 29	0. 19	1. 37	70. 69	18. 84	0. 66	0. 29	1. 13
NEFU	SCBG	种仁	黑龙江通北	60. 72	43. 62	5. 61											
SBRI	SCBG	种仁	黑龙江桦川	48. 09	5. 48	5. 05	185. 39	0. 0052	0. 09	10. 41	0. 04	3. 84	10. 60	57. 97	16. 54	0. 33	0. 16
OFPC	FSIB	果仁	甘肃兰州	46. 70	95. 90	2. 00	178. 50			2. 70	0. 30	1. 30	59. 80	35. 00	1. 20		
OFPC	IB	果仁	辽宁沈阳	61. 00	89. 30		177. 40			3. 50	0. 30	1. 30	82. 50	12. 70	微量		
OFPC	NIB	果仁	黑龙江	55. 40	91. 00		195. 00			3. 20	0. 30	1. 60	72. 30	21. 60	1. 00		

川榛

Corylus heterophylla var. **sutchuenensis** Franch.

桦木科，榛属

特征　落叶小乔木或灌木，高可达7 m。树皮灰褐色。小枝被灰褐色腺状长毛。单叶互生，阔卵形至倒卵形或圆形，长6~10 cm，宽4~6 cm，基部心形，先端长渐尖或骤尖，有时具浅裂，边缘有不规则重锯齿，上面近无毛，背面稀有短柔毛；侧脉7~8对，在上面下陷，背面凸起；叶柄长1~2 cm，有腺毛及短柔毛。花雌雄同株，先叶开放；雄花序柔荑状，下垂，雄蕊8枚，花药黄色；雌花序头状，花柱红色。坚果近球形，通常3个一簇；总苞钟形，叶状，2片，顶端分裂，裂片具齿，近基部有腺状刺毛。花期3~4月；果期10月。

分布　陕西：眉县营头，34°03′07″N，107°25′30″E，1205 m，2009-08-23，薛帅400321044。常生于山坡多石的沟谷两岸和阔叶林缘，在湿润土壤和阳光充足结果繁多，常见。产于广东、江西、浙江、江苏、安徽、湖北、四川、陕西等省地。

栽培　播种或压条繁殖。

用途　种子可食用，也可榨油；树皮含鞣质，可提制栲胶。

含油率及化学组分数据

采集单位	测试单位	测试部位	产地	含油率(%)	碘值	酸值	皂化值	C12:0	C14:0	C16:0	C16:1	C18:0	C18:1	C18:2	C18:3	C20:0	C20:1
CAU	ICS	种子	陕西眉县	39. 46	90. 90	2. 15	311. 10	0. 02	0. 03	3. 39	0. 05	1. 18	70. 81	23. 75	0. 39	0. 16	0. 23

毛榛（毛榛子、火榛子）

Corylus mandshurica Maxim. et Rupr. [*Corylus rostrata* var. *mandshurica* (Maxim.) Regel]

桦木科，榛属

特征　灌木，高2~4 m。树皮暗灰色或灰褐色。叶宽卵形、矩圆形或倒卵状矩圆形，顶端骤尖或尾状，基部心形，边缘具不规则的粗锯齿，中部以上具浅裂或缺刻，上面疏被毛或几无毛，下面疏被短柔毛，沿脉的毛较密；侧脉约7对；叶柄细瘦，长1~3 cm，疏被长柔毛及短柔毛。雄花序2~4枚排成总状；苞鳞密被白色短柔毛。果单生或2~6枚簇生；果苞管状，在坚果上部缢缩，较果长2~3倍，外面密被黄色刚毛兼有白色短柔毛，上部浅裂，裂片披针形；花序梗粗壮，密被黄色短柔毛。坚果几球形，顶端具小凸尖，外面密被白色绒毛。花期5月；果期9~10月。

分布　黑龙江：哈尔滨，46°48′01″N，130°22′01″E，2011-10-01，贾海伦400351096；呼玛，51°48′47″N，124°54′43″E，2011-09-09，郑宝江等400341109。生于海拔400~1500 m的山坡灌丛中或林下，常见。产于山东、四川、甘肃、陕西、山西、河北、辽宁、吉林、黑龙江。朝鲜、日本以及俄罗斯也有分布。

栽培　耐阴，喜凉爽湿润的气候。繁殖方法用播种，亦可分根移栽。

用途　种子含油丰富，油可食用并可制肥皂、蜡烛和化妆品；茎皮、叶及总苞均含鞣质，可提制栲胶；果壳又为制活性炭的原料。

含油率及化学组分数据

采集单位	测试单位	测试部位	产地	含油率(%)	碘值	酸值	皂化值	C12:0	C14:0	C16:0	C16:1	C18:0	C18:1	C18:2	C18:3	C20:0	C20:1
SBRI	SCBG	种仁	黑龙江哈尔滨	39. 92	38. 36	3. 39	349. 37	0. 02	0. 11	9. 64	0. 14	2. 02	8. 69	45. 09	33. 37	0. 64	0. 28
NEFU	SCBG	种仁	黑龙江呼玛	49. 05	119. 14	3. 041	191. 90	0. 0068	0. 018	2. 25	0. 11	79. 75	17. 37	0. 19	0. 31		
OFPC	IAE	果仁	辽宁盖县	63. 80	107. 90		192. 30			2. 60		1. 10	65. 20	31. 10	微量		

滇榛

Corylus yunnanensis A. Camus [*Corylus heterophylla* var. *yunnanensis* Franch.]

桦木科，榛属

特征　灌木或小乔木，高1~7 m。树皮暗灰色。枝条暗灰色或灰褐色，无毛；小枝褐色，密被黄色绒毛和具疏或密的刺状腺体。叶厚纸质，儿圆形或宽卵形，很少倒卵形，长4~12 cm，宽3~9 cm，顶端骤尖或尾状，基部儿心形，边缘具不规则的锯齿，上面疏被短柔毛，幼时具刺状腺体，下面密被绒毛；侧脉5~7对；叶柄粗壮，长7~12 mm，密被绒毛杞，幼时密生刺状腺体。雄花序2~3枚排成总状，苞鳞背面密被短柔毛。果单生或2~3个簇生成头状；果苞钟状，外面密被黄色绒毛和刺状腺体，通常与果等长或较果短，很少较果长，上部浅裂，裂片三角形，边缘具疏齿。坚果球形，密被绒毛。花期5~7月；果期7~9月。

分布　湖北：神农架下谷坪，31°15′22″N，110°43′36″E，170 m，2011-08-13，丁时东400151116。生于海拔2000~3700 m的山坡灌丛中，常见。产于四川、贵州、云南。中国特有。

栽培　繁殖方法用播种，亦可分根移栽。

用途　种仁可食及榨油；树皮、果苞及树叶可提取栲胶；种仁药用能补脾润肺，调和脾胃。

含油率及化学组分数据

采集单位	测试单位	测试部位	产地	含油率(%)	碘值	酸值	皂化值	C12:0	C14:0	C16:0	C16:1	C18:0	C18:1	C18:2	C18:3	C20:0	C20:1
OCRI	SCBG	种仁	湖北神农架	43. 20	76. 24	25. 25	95. 59		0. 67	5. 51	0. 03	1. 87	30. 13	43. 50	0. 48	0. 22	7. 07

锥栗（尖栗、旋栗）

Castanea henryi (Skan) Rehd. et Wils. [*Castanea vilmoriniana* Dode]

山毛榉科，栗属

特征　大乔木，高达30 m，胸径1. 5 m。小枝带紫褐色，无毛；冬芽长约5 mm。叶披针形或长披针形，长9~23 cm，宽3~7 cm，先端长渐尖或长尾尖，基部宽楔形或近圆形，细锯齿具芒尖，幼叶下面疏被毛及腺点，老叶无毛；侧脉12~16对；叶柄长1. 5~2 cm，托叶长0. 8~1. 4 cm。雄花序长5~16 cm，花簇有花1~3(~5)朵，生于小枝中下部；雌花序生于小枝上部，每总苞有雌花1(2~3)朵。壳斗近球形，连刺径2. 5~4. 5 cm，刺密或较疏，刺长0. 4~1 cm；每壳斗具1个果，果卵圆形，顶部有伏毛。花期5~7月；果期9~10月。

分布　江西：玉山县三清山，28°55′53″N，118°03′45″E，891 m，2009-10-23，廖文波等400141165。安徽：六安天堂寨，31°15′39″N，115°49′56″E，701 m，2012-11-15，李晓东、昝艳燕等400121263。湖北：神农架深沟，31°30′08″N，110°04′36″E，1308 m，2010-10-20，丁时东，危文亮等400151050。生于海拔100~2000 m的山区，常见。产于广东、广西、湖南、江西、福建、浙江、江苏、安徽、湖北、陕西。

栽培　喜光，喜温暖湿润气候，耐寒，耐旱，对土壤要求不严。播种繁殖，于春季进行。选用疏松肥沃、含有机质丰富的土壤作育苗地。管理简便。

用途　种子含有淀粉，属淀粉植物；果实可制成栗粉或罐头。木材坚实，可供枕木、建筑等用。壳斗和树皮含大量鞣质，可提制栲胶。

含油率及化学组分数据

采集单位	测试单位	测试部位	产地	含油率(%)	碘值	酸值	皂化值	C12:0	C14:0	C16:0	C16:1	C18:0	C18:1	C18:2	C18:3	C20:0	C20:1
SYSU	SCBG	种仁	江西玉山	1. 20				0. 02	0. 12	12. 22	0. 22	2. 42	25. 24	58. 24	0. 35	0. 79	0. 38
WHBG	WHBG	种仁	安徽六安	22. 10	72. 14	6. 34		0. 17	0. 05	6. 14		2. 89	7. 02	68. 99	0. 19		0. 25
OCRI	SCBG	种仁	湖北神农架	17. 91	81. 66	7. 52	172. 59	0. 084	0. 28	12. 24	0. 30	7. 44	34. 47	7. 91		1. 33	0. 17

栗（板栗）

Castanea mollissima Blume [*Castanea formosana* (Hayata) Hayata]

山毛榉科，栗属

特征 乔木，高达20 m，胸径80 cm。小枝灰褐色；冬芽长约5 mm。托叶长圆形，长10~15 mm，被疏长毛及鳞腺，叶椭圆至长圆形，长11~17 cm，宽稀达7 cm，顶部短至渐尖，基部近截平或圆，或两侧稍向内弯而呈耳垂状，常一侧偏斜而不对称，新生叶的基部常狭楔尖且两侧对称，叶背被星芒状伏贴绒毛或毛脱落变为几无毛；叶柄长1~2 cm。雄花序长10~20 cm，花序轴被毛，花3~5朵聚生成簇；雌花1~3（~5）朵发育结实，花柱下部被毛。成熟壳斗的锐刺长有或短，疏或密，密时全遮蔽壳斗外壁，疏时则外壁可见，壳斗连刺径4. 5~6. 5 cm。坚果高1. 5~3 cm，宽1. 8~3. 5 cm。花期4~6月；果期8~10月。

分布 江西：玉山县三清山，28°54′09″N，118°07′05″E，282 m，2009-10-22，廖文波等400141162。江苏：连云港市花果山，34°38′23″N，119°17′37″E，510 m，2010-09-26，李宏庆、胡超、董全英4001171069。河南：信阳波尔登公园，31°52′06″N，114°05′05″E，123 m，2012-09-16，王亚平400314233。云南：勐腊县勐仑镇勐兴村，21°55′29″N，101°20′19″E，1600 m，2009-07-24，李忠荣、李恩乾400222030。见于平地至海拔2800 m的山地，仅见栽培。除海南、新疆、青海、宁夏等少数地区外广布南北各地。韩国、越南有分布。

栽培 喜光树种，适于酸性和中性土壤，以土层深厚、湿润、排水良好、肥沃的砂质土壤为好。萌孽性强，耐修剪。繁殖以播种和嫁接法为主，分蘖法也可。春、秋两季均可移植，栽植穴要深。

用途 栗子含丰富淀粉，可酿酒、生食或炒食，是优良的绿化结合生产的园林树种。

含油率及化学组分数据

采集单位	测试单位	测试部位	产地	含油率(%)	碘值	酸值	皂化值	C12:0	C14:0	C16:0	C16:1	C18:0	C18:1	C18:2	C18:3	C20:0	C20:1
SYSU	SCBG	种仁	江西玉山	1. 50				0. 0048	0. 12	13. 01	0. 12	2. 43	16. 36	66. 89	0. 48	0. 32	0. 26
ECNU	SCBG	种仁	江苏连云港	32. 44	144. 00	0. 71	201. 18	0. 18	0. 74	12. 80	0. 95	1. 90	21. 57	51. 92	1. 53	0. 37	0. 18
HNAU	ICS	种子	河南信阳	3. 56	17. 50	77. 22	111. 22			3. 41	0. 14	0. 59	6. 00	1. 33	0. 33	0. 09	0. 16
KMIB	KMIB	种仁	云南勐腊	2. 60	107. 20	1290	192. 90										

茅栗（野栗子、毛栗、毛板栗）

Castanea seguinii Dode [*Castanea vulgaris* var. *japonica* Hance]

山毛榉科，栗属

特征 落叶小乔木，高6~15 m，常呈灌木状。幼枝有灰色绒毛；无顶芽。叶呈2列，长椭圆形或倒卵状长椭圆形，长6. 5~14 cm，宽4~5 cm，先端短渐尖或渐尖，基部圆形或略心形，边缘有锯齿，齿端尖锐或短芒状，上面无毛，下面有鳞片状腺毛；侧脉12~17对，直达齿端；叶柄长6~10 mm，托叶窄，长0. 7~1. 5 cm，花期仍未脱落。雄花序穗状，长5. 5~11 cm，雄花簇生，有花3~5朵，直立，腋生；雌花常生于雄花序基部。壳斗近球形，连刺直径3~4 cm；苞片针刺形；坚果常为3个，有时可达5~7个，扁球形，褐色，直径1~1. 5 cm。花期5~7月；果期9~11月。

分布 广西：资源县梅溪乡，26°15′46″N，110°33′35″E，1751 m，2011-10-10，黄俞淞4001101226。河南：信阳波尔登公园，31°52′00″N，114°5′16″E，205 m，2012-09-15，王亚平400314215。生于海拔400~2000 m丘陵山地，较常见于山坡灌木丛中，与阔叶常绿或落叶树混生，常见。产于广东、广西、湖南、江西、浙江、江苏、安徽、河南、湖北、四川、贵州、云南、甘肃、陕西。中国特有种。

栽培 播种繁殖。

用途 坚果含淀粉，可生、熟食和酿酒；苗可作板栗的砧木；壳斗和树皮含鞣质；木材坚硬耐用，可制作农具和家具。

含油率及化学组分数据

采集单位	测试单位	测试部位	产地	含油率(%)	碘值	酸值	皂化值	C12:0	C14:0	C16:0	C16:1	C18:0	C18:1	C18:2	C18:3	C20:0	C20:1
GXIB	SCBG	种仁	广西资源	26. 14	28. 08	13. 23	199. 54		0. 10	12. 60	0. 20	2. 82	12. 69	63. 04	0. 49	1. 08	0. 22
HNAU	SCBG	种子	河南信阳	3. 82	99. 07	140. 47	218. 25		0. 13	10. 61	0. 47	1. 91	47. 22	23. 63	2. 62	0. 38	0. 06

米槠（米锥、长尾栲、小红栲）

Castanopsis carlesii (Hemsley) Hayata

山毛榉科，锥属

特征 乔木，高达20 m，胸径80 cm。新生枝及花序轴有稀少的红褐色片状蜡鳞；芽小，两侧压扁状。叶披针形或卵形，顶部渐尖或渐狭长尖，基部有时一侧稍偏斜，叶全缘，或兼有少数浅裂齿；鲜叶的中脉在叶面平坦或微凸起，侧脉8~13条，在叶面微凸，在叶缘附近上下连结，嫩叶叶背有红褐色或棕黄色稍紧贴的细片状蜡鳞层，成长叶呈银灰色或多少带灰白色。雄圆锥花序近顶生，花序轴无毛或近无毛；雌花的花柱3或2枚；果序轴横切面径2~3 mm，无毛。壳斗近圆球形或阔卵形，顶部短狭尖或圆，基部圆或近于平坦，外壁有疣状体，被棕黄或锈褐色毡毛状微柔毛及蜡鳞。坚果近圆球形或阔圆锥形；果脐位于坚果底部。花期3~6月；果翌年9~11月成熟。

分布 广东：连平县黄牛石保护区，24°30′31″N，114°27′50″E，2011-11-10，易绮斐、潘雅书、陈华平400119164。广西：桂林市雁山，25°44′06″N，110°17′53″E，188 m，2011-12-10，林春蕊4001101266。湖南：浏阳县达浒镇金子坑，28°30′09″N，113°51′11″E，378 m，2010-11-05，张兵、谷志容400181233。江西：龙南县九连山，24°32′50″N，114°27′05″E，555 m，2009-11-06，廖文波等400143008；靖安县九岭山，29°01′33″N，115°17′14″E，530 m，2012-10-18，迟盛南、赵万义4001416064。生于海拔1500 m以下的山地林中，或成纯林，常见。产海南、广东、广西、湖南、江西、福建、台湾、浙江、江苏、安徽、湖北、四川、贵州、云南。中国特有。

栽培 播种繁殖。

用途 种仁味甜可食；树皮可提取栲胶。木材供作家具、农具。

含油率及化学组分数据

采集单位	测试单位	测试部位	产地	含油率(%)	碘值	酸值	皂化值	C12:0	C14:0	C16:0	C16:1	C18:0	C18:1	C18:2	C18:3	C20:0	C20:1
SCBG	SCBG	种仁	广东连平	10.36	31.57	1.47	200.74	0.01	0.13	7.89	0.74	7.58	18.32	45.18		0.06	0.15
GXIB	SCBG	种仁	广西桂林	20.18	130.28	4.46	151.89		0.30	20.28		3.62	29.26	38.34	1.19		
HUST	HUST	种仁	湖南浏阳	3.10	31.89	3.66		0.25	1.66	20.73	0.38	1.88	9.25	51.24	12.10	0.45	2.06
SYSU	SCBG	种仁	江西龙南	30.56				0.01	0.06	5.96	0.12	2.03	12.92	77.49	1.19	0.10	0.13
SYSU	SCBG	种仁	江西靖安	17.28				0.008	0.03	4.54	0.08	2.54	40.91	51.12	0.55	0.18	0.05

锥（中华锥、桂林锥）

Castanopsis chinensis (Spreng.) Hance [*Castanopsis remotiserrata* Hu]

山毛榉科，锥属

特征 乔木，高10~20 m。叶厚纸质或近革质，披针形，稀卵形，顶部长尖，基部近于圆或短尖，叶缘至少在中部以上有锐裂齿；中脉在叶面凸起，侧脉9~12条，直达齿端，在叶面稍凸起，网状叶脉明显，两面同色；叶柄长1.5~2 cm。雄穗状花序或圆锥花序花序轴无毛，花被裂片内面被短柔毛；雌花序生于当年生枝的顶部，每壳斗有雌花1朵，花柱3或4枚，有时2枚。果序长8~15 cm；壳斗圆球形，通常整齐的3~5瓣开裂，在下部或近中部合生成刺束，几将壳斗外壁完全遮蔽，很少因刺疏且短致壳壁明显可见。坚果圆锥形；果脐在坚果底部。花期5~7月；果翌年9~11月成熟。

分布 广东：从化市桃园镇石门国家森林公园，23°31′23″N，113°34′58″E，534 m，2009-11-05，易绮斐、林铎清、徐蕾400119021。广西：贺州市鹅塘镇华山村，24°13′28″N，111°41′52″E，2009-10-24，吴望辉、黄俞淞、农东新4001101004。生于海拔200~1500 m的山坡及山谷林中，常见。产于广东、广西、湖南、贵州、云南。越南也有分布。

栽培 播种繁殖。

用途 果实可制成栗粉或罐头；壳斗木材和树皮含大量鞣质，可提制栲胶。木材坚实，可供枕木、建筑等用。

含油率及化学组分数据

采集单位	测试单位	测试部位	产地	含油率(%)	碘值	酸值	皂化值	C12:0	C14:0	C16:0	C16:1	C18:0	C18:1	C18:2	C18:3	C20:0	C20:1
SCBG	SCBG	种仁	广东从化	26.34	75.72	2.32	376.68	0.005	0.04	6.76	0.02	2.61	56.14	30.99	1.78	0.81	0.86
GXIB	SCBG	种仁	广西贺州	16.67	102.25	0.89	167.68	0.08	0.26	13.41		2.85	28.05	18.37	0.94	9.74	3.16

黧蒴锥（黧蒴）

Castanopsis fissa (Champ. ex Benth.) Rehd. et Wils. [*Castanopsis fissoides* Chun et C. C. Huang ex Luong]

山毛榉科，锥属

特征 常绿乔木，高6~10 m，稀达20 m的乔木，胸径达60 cm。幼枝被疏柔毛，嫩枝红紫色，纵沟棱明显。叶长椭圆形至倒披针状长椭圆形，长17~25 cm，宽5~9 cm，先端钝尖，基部楔形，边缘有波状齿或钝锯齿，无毛，下面有灰黄色鳞秕；中脉粗，侧脉16~20对。雄花多为圆锥花序，花序轴无毛。壳斗被暗红褐色粉末状蜡鳞，小苞片鳞片状，三角形或四边形，幼嫩时覆瓦状排列，成熟时多退化并横向连接成脊肋状圆环，成熟壳斗圆球形或宽椭圆形，顶部稍狭尖，通常全包坚果，壳壁厚0.5~1 mm，不规则的2~3(~4)瓣裂，裂瓣常卷曲。坚果圆球形或椭圆形，顶部四周有棕红色细伏毛；果脐位于坚果底部，宽4~7 mm。花期4~6月；果期10~12月。

分布 海南：陵水县吊罗山，18°41′17″N，109°53′50″E，800 m，2011-12-02，邢福武、刘东明、王发国；陵水县本号乡吊罗山石晴林场，18°42′06″N，109°53′21″E，2009-11-21，秦新生400116171；昌江县霸王岭东二，19°13′21″N，109°00′41″E，2009-08-02，秦新生400116138。广东：乳源安溪电站，24°52′06″N，113°07′03″E，2012-11-07，王发国、于海玲400119224；广州市白云山风景区，23°10′05″N，113°16′32″E，70 m，2009-11-11，易绮斐、陈林、曾凤400119032；阳山县秤架自然保护区，24°50′20″N，112°51′46″E，633 m，2009-11-16，董安强40011259；龙门县南昆山横坑，23°38′23″N，113°50′10″E，604 m，2012-12-25，王发国、王鹏、李仕裕、于海玲400113190。广西：防城峒中，21°41′20″N，107°33′22″E，357 m，2011-11-05，黄俞淞、林春蕊4001101237；桂林市龙胜日新镇，25°36′25″N，110°43′11″E，450 m，2012-11-05，廖云标4001101309；桂林市龙胜日新镇，25°36′25″N，110°43′11″E，450 m，2012-11-05，廖云标4001101310；贺州市姑婆山自然保护区，28°45′02″N，108°53′44″E，500 m，2012-11-16，莫水松4001101327。福建：梁野山新化村，25°18′10″N，116°16′38″E，562 m，2012-11-24，易绮斐、李玉玲、宁阳阳400119293。生于海拔200~850 m的坡地、山谷林中，常见。产于海南、广东、香港、广西、江西、福建、贵州、云南。越南也有分布。

栽培 喜光，喜温暖湿润气候，抗风，不耐寒。用播种或嫁接繁殖，春季为适期。栽培土质以土层深厚、湿润而排水良好和富含有机质的壤土最佳，播种前施足基肥。适应性强，栽培管理粗放。适当修剪可使树形美观。

用途 种仁可食；树皮鞣质的含量颇高，可制作栲胶。木材易加工，供建筑、家具等用。适作园林树种和庭园树种。

含油率及化学组分数据

采集单位	测试单位	测试部位	产地	含油率(%)	碘值	酸值	皂化值	C12:0	C14:0	C16:0	C16:1	C18:0	C18:1	C18:2	C18:3	C20:0	C20:1
SCAU	SCBG	种仁	海南陵水	16.73	25.53	6.55	164.96	0.03	0.11	20.60	0.63	4.43	26.22	35.37	5.47	6.84	0.30
SCBG	SCBG	种仁	海南陵水	14.64	23.18		197.81	0.008	0.11	7.79		2.34	34.22	24.04	44.52	0.54	11.43
SCAU	SCBG	种仁	海南昌江	14.41	34.36			0.0032	0.04	8.90	0.05	5.60	12.53	70.31	1.37	0.73	0.47
SCBG	SCBG	种仁	广东乳源	13.36				0.02	0.05	8.37	0.10	1.69	43.15	40.84	0.28	3.43	2.07
SCBG	SCBG	种仁	广东广州	30.2	71.48	2.51	401.35	14.10	3.74	15.23	0.08	4.19	31.54	24.47	4.14	0.97	1.55
SCBG	SCBG	种仁	广东阳山	25.19				0.03	0.22	7.64	0.09	3.76	7.94	78.13	1.11	0.56	0.52
SCBG	SCBG	种仁	广东龙门	20.62	25.88	7.41	234.13			6.55	0.15	3.54	12.26	18.87	22.86	0.89	1.55
GXIB	SCBG	种仁	广西防城	14.36	113.64	2.32	182.09		0.08	12.41		7.06	14.71	14.86	37.08	0.95	
GXIB	SCBG	种仁	广西桂林	13.87	102.65	3.30	169.28		0.03	11.95	0.22	3.23	8.28	43.18	30.66	0.16	0.05
GXIB	SCBG	种仁	广西桂林	20.35	103.48	30.81	179.78	0.02	0.11	7.33	0.11	1.92	18.49	67.91	0.66	0.40	0.24
GXIB	SCBG	种仁	广西贺州	30.65	79.29	15.16	199.61		0.02	5.66		2.30	24.60	61.60	0.98	0.95	0.40
SCBG	SCBG	种仁	福建梁野山	28.46				0.003	0.03	6.86	0.13	0.36	28.88	10.04	4.59	2.55	46.56

鹿角锥

Castanopsis lamontii Hance [*Castanopsis lamontii* var. *shanghangensis* Q. F. Zheng]

山毛榉科，锥属

特征 乔木，高达25 m，胸径1 m。树皮粗糙，网状交互纵裂，厚达2 cm，内皮暗红褐色。小枝及叶柄的基部或全部干后黑褐色或暗褐色，枝、叶、花序轴均无毛。叶厚纸质或近革质，椭圆形或卵状长椭圆形，长12~30 cm，宽4~10 cm，先端短尖或长渐尖，基部或宽楔形稍圆，常一侧稍偏斜，全缘或近顶部疏生浅齿；侧脉8~15对。雄穗状花序生于近枝顶叶腋，与新叶同时抽出，雄花具12枚雄蕊；雌花序常生于雄花序之上的叶腋，每壳斗有雌花3朵，有时位于花序轴下部的则有雌花5朵，很少7朵，花柱3或2枚。壳斗近球形，不整齐开裂；每壳斗具2~3果。果宽圆锥形，密被短伏毛；果脐大于果底部。花期3~5月；果期翌年9~11月。

分布 广东：惠州市南昆山石河七观，23°38′26″N，113°53′19″E，423 m，2009-10-03，邢福武40011234。江西：龙南县九连山，24°33′45″N，114°22′31″E，400 m，2009-11-07，廖文波等400143018。生于海拔500~2500 m的山地林中，常见。产于广东、香港、广西、湖南、江西、福建、贵州及云南。越南也有分布。

栽培 喜光，喜温暖湿润气候，抗风。用播种或嫁接繁殖，栽培土质以土层深厚、湿润而排水良好和富含有机质的壤土最佳，需光照充足。播种前施足基肥。适应性强，栽培管理粗放。

用途 果肉可生食；树皮鞣质的含量颇高，可制作栲胶。可在庭园中可作园景树，或用作行道树。

含油率及化学组分数据

采集单位	测试单位	测试部位	产地	含油率(%)	碘值	酸值	皂化值	C12:0	C14:0	C16:0	C16:1	C18:0	C18:1	C18:2	C18:3	C20:0	C20:1
SCBG	SCBG	种仁	广东惠州	29.19				0.009	0.03	7.53	1.95	2.32	21.42	29.55	36.61	0.19	0.40
SYSU	SCBG	种仁	江西龙南	0.80				0.009	0.13	22.40	0.05	6.99	42.16	24.24	3.33	0.36	0.33

碟斗青冈

Cyclobalanopsis disciformis (Chun et Tsiang) Y. C. Hsu et H. W. Jen [*Quercus disciformis* Chun et Tsiang]

山毛榉科，青冈属

特征 常绿乔木，高10~14 m。树皮灰褐色。小枝幼时被暗黄色短绒毛，后渐脱落。叶片薄革质，长椭圆形或倒卵状长椭圆形，大小不一，小的长约6 cm，宽2.5 cm，大的长10~13 cm，宽达4 cm，顶端长渐尖或尾尖，基部宽楔形或近圆形，常偏斜，边缘具短刺状内弯锯齿；中脉在叶面凹陷，在叶背凸起，侧脉11~13条，纤细，弧形；叶柄长2 cm，初被暗黄色绒毛，后渐无毛。果序长约5 mm；壳斗碟形，成熟时边缘平展，外面密被灰黄色伏贴绒毛，内壁被棕色挺直的毡状绒毛，小苞片合生成8~10条同心环带。坚果扁球形，柱座凸起，微被柔毛，果脐微凹陷。花期3~4月；果期翌年8~12月。

分布 海南：三亚亚龙湾，18°14′19″N，109°39′46″E，800 m，2009-11-05，张荣京40017148；万宁县兴隆坝王岭，19°03′59″N，109°11′51″E，2013-03-07，陈树钢、杨国、曾庆文400114259。江西：龙南县，24°46′22″N，114°43′54″E，2009-11-05，廖文波等400143002。生于海拔200~1500 m的山地阔叶林中，常见。产于海南、广东、广西、湖南、贵州。

栽培 播种繁殖。

用途 树皮、壳斗富含鞣质，可提取栲胶。

含油率及化学组分数据

采集单位	测试单位	测试部位	产地	含油率(%)	碘值	酸值	皂化值	C12:0	C14:0	C16:0	C16:1	C18:0	C18:1	C18:2	C18:3	C20:0	C20:1
SCAU	SCBG	种仁	海南三亚	12.16	54.27	12.74		0.01	0.05	10.00	0.22	5.51	18.92	63.22	1.50	0.33	0.24
SCBG	SCBG	种仁	海南万宁	21.63	236.64	2.29		0.39	0.07			2.77	59.56		7.95	0.52	0.045
SYSU	SCBG	种仁	江西龙南	22.10													

饭甑青冈

Cyclobalanopsis fleuryi (Hickel et A. Camus) Chun ex Q. F. Zheng [*Cyclobalanopsis austroyunnanensis* Hu]

山毛榉科，青冈属

特征 常绿乔木，高达25 m，树皮灰白色，平滑。小枝粗壮，幼时被棕色长绒毛，后渐无毛，密生皮孔。叶片革质，长椭圆形或卵状长椭圆形，顶端急尖或短渐尖，基部楔形，全缘或顶端有波状锯齿，叶背粉白色；中脉在叶面微凸起，侧脉10~12条。雄花序长10~15 cm，全体被褐色绒毛；雌花序长2. 5~3. 5 cm，生于小枝上部叶腋，着生花4~5朵，花序轴粗壮，密被黄色绒毛，花柱4~8，柱头略2裂。果序轴短，比小枝粗壮。壳斗钟形或近圆筒形，包着坚果约2/3，内外壁被黄棕色毡状长绒毛；小苞片合生成10~13条同心环带，环带近全缘。坚果柱状长椭圆形，密被黄棕色绒毛；果脐凸起。花期3~4月；果期10~12月。

分布 海南：乐东县尖峰岭，18°43′15″N，108°52′54″E，2011-10-05，秦新生4001161228。广东：惠州市南昆山猫公谣斗，23°37′25″N，113°54′22″E，616 m，2009-10-03，邢福武40011236；肇庆封开黑石顶自然保护区，23°27′48″N，111°54′51″E，376 m，2013-01-31，刘东明、王鹏、叶心芬400114218；阳山县秤架，24°46′58″N，112°49′11″E，250 m，2009-10-25，陈林、王发国、付琳、董安强40011469。广西：桂林市雁山镇桂林植物园，25°05′06″N，110°18′45″E，2009-12-06，吴望辉、许为斌、黄俞淞4001101060。生于海拔500~1500 m的山地密林中，常见。产海南、广东、广西、江西、福建、贵州、云南等地。老挝、越南也有分布。

栽培 播种繁殖或萌芽更新。

用途 种仁可食，作糊料及酿酒；树皮、壳斗可提取栲胶；木材硬重，供造船、建筑、车辆、农具等用。

含油率及化学组分数据

采集单位	测试单位	测试部位	产地	含油率(%)	碘值	酸值	皂化值	C12:0	C14:0	C16:0	C16:1	C18:0	C18:1	C18:2	C18:3	C20:0	C20:1
SCAU	SCBG	种仁	海南乐东	22. 00	68. 73	8. 95	195. 96		0. 049	23. 98	26. 44	15. 08		58. 33	8. 80	0. 61	0. 091
SCBG	SCBG	种仁	广东惠州	34. 67				0. 35	0. 69	8. 48	0. 08	1. 93	5. 44	34. 14	48. 34	0. 25	0. 28
SCBG	SCBG	种仁	广东肇庆	36. 24				0. 004	0. 04	6. 40	0. 23	1. 51	63. 25	28. 18	0. 06	0. 19	0. 14
SCBG	SCBG	种仁	广东阳山	26. 14				0. 0089	0. 06	10. 61	0. 05	1. 63	6. 31	80. 52	0. 45	0. 24	0. 12
GXIB	SCBG	种仁	广西桂林	0. 70	138. 26	2. 60	185. 57		0. 25	11. 88	0. 12	2. 82	4. 27	75. 44	2. 15	0. 31	

青冈（九棕、青冈栎）

Cyclobalanopsis glauca (Thunb.) Oerst. [*Quercus longipes* Hu]

山毛榉科，青冈属

特征 常绿乔木，高达20 m，胸径可达1 m。小枝无毛。叶片革质，倒卵状椭圆形或长椭圆形，长6~13 cm，宽2~5. 5 cm，顶端渐尖或短尾状，基部圆形或宽楔形，叶缘中部以上有疏锯齿；侧脉9~13条，叶背支脉明显，叶面无毛，叶背有整齐平伏白色单毛，老时渐脱落，常有白色鳞秕。雄花序长5~6 cm，花序轴被苍色绒毛。果序长1. 5~3 cm，着生果2~3个；壳斗碗形，包着坚果1/3~1/2，直径0. 9~1. 4 cm，高0. 6~0. 8 cm，被薄毛；小苞片合生成5~6条同心环带，环带全缘或有细缺刻，排列紧密。坚果卵形、长卵形或椭圆形。花期4~5月；果期10月。

分布 广东：连平县黄牛石保护区，24°30′31″N，114°27′50″E，2011-11-10，易绮斐、潘雅书、陈华平400119165；从化大岭山，23°62′39″N，113°76′39″E，372 m，2010-11-02，刘东明、孟玉芳、付琳400112201。江西：铜鼓县大锻乡庙下双红村，28°36′43″N，114°36′01″E，339 m，2010-11-10，张兵、谷志容400181226；玉山县三清山，28°55′41″N，118°06′07″E，632 m，2010-11-25，刘东明、易绮斐、邢福武400112222。福建：南平武夷山市洋庄乡大安源，27°52′35″N，117°51′24″E，515 m，2012-11-10，刘东明、童毅4001122108。浙江：舟山市普陀山，30°00′01″N，122°23′26″E，7 m，2009-11-14，王发国、翟俊文400113024。湖北：罗田天堂寨，31°7′41″N，115°35′46″E，844 m，2012-11-05，李晓东、咎艳燕等400121271。陕西：宁强县青木川西沟，32°51′50″N，105°33′26″E，800 m，2011-09-02，薛帅400324066。生于海拔60~2600 m的山坡或沟谷，组成常绿阔叶林或常绿阔叶与落叶，阔叶混交林。本种是本属在我国分布最广的树种之一。产于广东、广西、湖南、江西、福建、台湾、浙江、江苏、安徽、河南、湖北、四川、贵州、云南、西藏、甘肃、陕西等地。阿富汗、不丹、印度、克什米尔地区、尼泊尔、越南、朝鲜、日本也有分布。

栽培 喜温暖多雨气候，幼树稍耐阴，大树喜光，为中性喜光植物。适应性强，对土壤要求不严。播种繁殖或萌芽更新。

用途 种子含淀粉60%~70%，可作饲料、酿酒；树皮含鞣质16%，壳斗含鞣质10%~15%，可制栲胶。木材坚韧，可供桩柱、车船、工具柄等用材。可作工厂绿化、防火林、防风林、绿篱、绿墙树种。

含油率及化学组分数据

采集单位	测试单位	测试部位	产地	含油率(%)	碘值	酸值	皂化值	C12:0	C14:0	C16:0	C16:1	C18:0	C18:1	C18:2	C18:3	C20:0	C20:1
SCBG	SCBG	种仁	广东连平	12. 39	13. 92	1. 26			0. 25	29. 83	0. 42	2. 29	21. 28	10. 33	2. 00	0. 30	0. 34
SCBG	SCBG	种仁	广东从化	17. 17	76. 86	3. 39				20. 28	0. 30	2. 31	31. 16		0. 93	0. 50	0. 58
HUST	HUST	种仁	江西铜鼓	4. 48	9. 77	15. 21	151. 37	0. 01	0. 13	7. 86	0. 23	2. 71	8. 37	77. 99	0. 79	1. 62	0. 29
SCBG	SCBG	种仁	江西玉山	6. 54	117. 16	0. 67	0. 24	0. 02	7. 25	0. 052	2. 54	67. 57	35. 48	0. 51	0. 068	0. 86	0. 24
SCBG	SCBG	种仁	福建武夷山	20. 38	60. 25	73. 79	387. 68	0. 05	0. 12	10. 85	0. 33	2. 61	12. 87	69. 09	2. 62	1. 09	0. 37
SCBG	SCBG	种仁	浙江舟山	4. 10	54. 79	0. 89	407	0. 02	0. 12	5. 95	0. 57	2. 32	8. 96	33. 57	36. 90	2. 55	9. 04
WHBG	WHBG	种仁	湖北罗田	20. 60	132. 83	27. 95		0. 003		11. 02	31. 80	0. 56	74. 71		1. 06	0. 048	0. 22
CAU	ICS	种子	陕西宁强	0. 94	40. 36	31. 64	58. 47	0. 10	0. 36	13. 94	0. 36	3. 31	32. 70	28. 00	9. 93	1. 36	0. 13

细叶青冈(小叶青冈栎)

Cyclobalanopsis gracilis (Rehd. et Wils.) W. C. Cheng et T. Hong [*Quercus ciliaris* Huang et Y. T. Chang]

山毛榉科，青冈属

特征 常绿乔木，高达15 m。树皮灰褐色。叶片长卵形至卵状披针形，长4. 5~9 cm，宽1. 5~3 cm，顶端渐尖至尾尖，基部楔形或近圆形，叶缘1/3以上有细尖锯齿；侧脉7~13条，纤细，不甚明显；尤其近叶缘处更不明显，叶背支脉极不明显，叶面亮绿色，叶背灰白色，有伏贴单毛；叶柄长1~1. 5 cm。雄花序长5~7 cm，花序轴被疏毛；雌花序长1~1. 5 cm，顶端着生2~3朵花，花序轴及苞片被绒毛。壳斗碗形，包着坚果1/3~1/2，直径1~1. 3 cm，高6~8 mm，外壁被伏贴灰黄色绒毛；小苞片合生成6~9条同心环带，环带边缘通常有裂齿，尤以下部2环更明显。坚果椭圆形，有短柱座，顶端被毛，果脐微凸起。花期3~4月；果期10~11月。

分布 湖南：浏阳县达浒镇金子坑，28°25′29″N，114°05′15″E，763 m，2010-11-05，张兵、谷志容400181235。江西：铜鼓县大锻乡庙下双红村，28°36′43″N，114°36′01″E，339 m，2010-11-10，张兵、谷志容400181226。生于海拔500~2600 m的山地杂木林中。产于广东、广西、湖南、江西、福建、浙江、江苏、安徽、河南、湖北、四川、贵州、甘肃、陕西等地。

栽培 播种繁殖或萌芽更新。

用途 种子含淀粉60%~70%，可作饲料、酿酒；树皮含鞣质16%，壳斗含鞣质10%~15%，可制栲胶。木材坚韧，可供桩柱、车船、工具柄等用材。

含油率及化学组分数据

采集单位	测试单位	测试部位	产地	含油率(%)	碘值	酸值	皂化值	C12:0	C14:0	C16:0	C16:1	C18:0	C18:1	C18:2	C18:3	C20:0	C20:1
HUST	HUST	种仁	湖南浏阳	20. 65	17. 99	9. 67	148. 07	0. 006	0. 04	3. 27	0. 12	1. 15	13. 64	41. 38	38. 98	0. 80	0. 61
HUST	HUST	种仁	江西铜鼓	4. 480	9. 77	15. 21	151. 37	0. 01	0. 13	7. 86	0. 23	2. 71	8. 37	77. 99	0. 79	1. 62	0. 29

小叶青冈(细叶青冈)

Cyclobalanopsis myrsinifolia (Blume) Oerst.

山毛榉科，青冈属

特征 常绿乔木，高20 m，胸径达1 m。小枝无毛，被凸起淡褐色长圆形皮孔。叶卵状披针形或椭圆状披针形，长6~11 cm，宽1. 8~4 cm，顶端长渐尖或短尾状，基部楔形或近圆形，叶缘中部以上有细锯齿；侧脉9~14条，常不达叶缘，叶背支脉不明显，叶面绿色，叶背粉白色，干后为暗灰色，无毛；叶柄长1~2. 5 cm，无毛。雄花序长4~6 cm；雌花序长1. 5~3 cm。壳斗杯形，壁薄而脆，内壁无毛，外壁被灰白色细柔毛；小苞片合生成6~9条同心环带，环带全缘。坚果卵形或椭圆形，直径1~1. 5 cm，高1. 4~2. 5 cm，无毛，顶端圆，柱座明显，有5~6条环纹；果脐平坦，直径约6 mm。花期6月；果期10月。

分布 广东：东莞市谢岗乡银瓶山仙水道，2012-11-02，邢福武、叶心芬、宁阳阳400113178。广西：昭平县文竹乡七冲自然保护区，24°13′21″N，110°44′30″E，2009-10-28，吴望辉、黄俞淞、农东新4001101009。安徽：歙县，29°49′04″N，118°28′22″E，224 m，2012-11-08，李晓东、昝艳燕等400121265；金寨县天堂寨，31°11′50″N，115°48′32″E，723 m，2012-10-20，刘东明、王鹏40011300060。生于海拔200~2500 m的山谷、阴坡杂木林中，常见。产于广东、广西、陕西、福建、台湾、河南、四川、贵州、云南。越南、老挝、日本也有分布。

栽培 喜温暖至高温，生长缓慢，耐旱、耐瘠，抗风。播种繁殖，春、秋季为适期。栽培土质以土层深厚的壤土或砂质壤土为佳，排水、日照良好。移植前应先作断根处理，并修剪整枝。

用途 树皮、壳斗富含鞣质，可提取栲胶。

含油率及化学组分数据

采集单位	测试单位	测试部位	产地	含油率(%)	碘值	酸值	皂化值	C12:0	C14:0	C16:0	C16:1	C18:0	C18:1	C18:2	C18:3	C20:0	C20:1
SCBG	SCBG	种仁	广东东莞	16. 10		6. 24	162. 27		0. 14	14. 99	6. 82	2. 98	14. 03	12. 85	0. 91		0. 38
GXIB	SCBG	种仁	广西昭平	21. 45	51. 18	2. 88	166. 93	2. 13	0. 09	10. 16		5. 08	12. 90	42. 47	26. 27	0. 31	0. 20
WHBG	WHBG	种仁	安徽歙县	12. 56	71. 03		148. 45	0. 004	0. 049	11. 17	3. 55	36. 93	27. 04	30. 15	0. 34		0. 12
SCBG	SCBG	种仁	安徽金寨	10. 24	4. 57	20. 82	120. 52		1. 66	4. 12		2. 07		37. 12	1. 52	0. 54	0. 18

托盘青冈

Cyclobalanopsis patelliformis (Chun) Y. C. Hsu et H. W. Jen
[*Quercus patelliformis* Chun]
山毛榉科，青冈属

特征 常绿乔木，高达25 m。小枝无毛，有明显棱脊，二年生小枝灰褐色，散生皮孔；冬芽卵形至卵状长椭圆形，芽鳞多数，棕色，无毛。叶片革质，椭圆形、长椭圆形或卵状披针形，长5~12 cm，宽2. 5~6 cm，顶端长渐尖，有时两侧不对称，叶缘具短尖锯齿，尖端多少内弯；中脉在叶面平坦，幼叶背面被星状毛，不久即脱落。雄花序长2. 5~3 cm；雌花序长2~3 cm，有花3~5朵，花柱3。坚果单生于果序轴上。壳斗盘形，包着坚果约1/3，外壁被灰黄色微柔毛，内壁被伏贴柔毛，小苞片合生成8~9条同心环带。坚果扁球形，被灰黄色微柔毛，柱座凸起，果脐凹陷或平坦，直径1. 5~2 cm。花期5~6月；果期翌年10~11月。

分布 海南：陵水县本号镇吊罗山南喜林场，18°40′15″N，109°55′55″E，2009-11-21，秦新生400116169。广东：阳山县秤架，24°46′58″N，112°49′11″E，258 m，2009-10-24，陈林、王发国、付琳、董安强等40011468。生于海拔400~1000 m的常绿阔叶林中，常见。产于海南、广东、广西、江西等地。

栽培 播种繁殖或萌芽更新。

用途 树皮、壳斗富含鞣质，可提取栲胶。

含油率及化学组分数据

采集单位	测试单位	测试部位	产地	含油率(%)	碘值	酸值	皂化值	C12:0	C14:0	C16:0	C16:1	C18:0	C18:1	C18:2	C18:3	C20:0	C20:1
SCAU	SCBG	种仁	海南陵水	26. 48	3. 95	13. 99	159. 43										
SCBG	SCBG	种仁	广东阳山	0. 90	75. 56	2. 27	408. 36	0. 01	0. 08	10. 97	0. 70	5. 25	27. 62	45. 29	1. 35	0. 66	8. 06

雷公青冈

Cyclobalanopsis hui (Chun) Chun ex Y. C. Hsu et H. W. Jen
山毛榉科，青冈属

特征 叶片薄革质，长椭圆形、倒披针形或椭圆状披针形，长7~13 cm，宽1. 5~4 cm，先端钝圆或稀渐尖，基部窄楔形，略偏斜，全缘或顶端有不明显浅齿，叶缘反卷；下面幼时被黄色绒毛，后渐脱落，上面中脉及侧脉平，侧脉6~10对；叶柄长1. 0~1. 4 cm，幼时被卷毛。雄花序2~4簇生，长5~9 cm，全体被黄棕色绒毛；雌花序1~2 cm，顶端有花2~5朵聚生。果序长约1 cm，具果1~2；壳斗浅碗形或深盘形，包果基部，径1. 5~3 cm，高4~8 mm，内外壁均密被黄褐色绒毛；小苞片合生成4~6环带，具小齿；果扁球形，高1. 5~2 cm，幼时密被黄褐色绒毛，后渐脱落。花期4~5月；果期10~12月。

分布 海南：昌江县霸王岭老林场，19°7′53″N，109°4′58″E，2009-08-03，秦新生400116145。生于海拔380~500 m的山谷密林中，常见。产于广东、广西、海南、福建、江西、湖南、湖北、浙江、江苏、安徽、贵州、四川、陕西、甘肃、河南等地。

栽培 喜湿润，生长迅速。播种繁殖或萌芽更新。

用途 树皮、壳斗富含鞣质，可提取栲胶。

含油率及化学组分数据

采集单位	测试单位	测试部位	产地	含油率(%)	碘值	酸值	皂化值	C12:0	C14:0	C16:0	C16:1	C18:0	C18:1	C18:2	C18:3	C20:0	C20:1
SCBG	SCAU	种仁	海南昌江	27. 34	44. 14		193. 54	0. 10	5. 82	0. 32	1. 85	12. 66	10. 56	53. 42	2. 76	12. 50	

光叶水青冈（亮叶水青冈）

Fagus lucida Rehd. et Wils. [*Fagus lucida* var. *opienica* Y. T. Chang]

山毛榉科，水青冈属

特征 乔木，高达25 m，胸径达1 m。一至二年生枝紫褐色，有长椭圆形皮孔，三年生枝苍灰色；冬芽长达15 mm。叶卵形，长6~11 cm，宽3.5~6.5 cm，稀较小，顶部短至渐尖，基部宽楔形或近于圆，两侧略不对称，叶缘有锐齿，侧脉9~12条，直达齿端，新生嫩叶的叶柄、叶背中脉及侧脉被黄棕色长柔毛，壳斗成熟时叶片的毛全或几全部脱落；叶柄长6~20 mm。总梗长5~15 mm，初时被毛，后期无毛，4(3)瓣裂，裂瓣长10~15 mm，小苞片钻尖状，伏贴，很少其顶尖部分向上斜展，长1~2 mm，与壳壁同被褐锈色微柔毛。坚果与裂瓣约等长或稍较长，有坚果2个或1个，坚果脊棱的顶部无膜质翅或几无翅。花期4~5月；果期9~10月。

分布 湖南：浏阳县大围山，28°25′30″N，114°05′13″E，958 m，2010-11-05，张兵、谷志容400181244；龙山县八面山，28°31′37″N，109°08′58″E，1308 m，2010-09-13，徐亮、廖深克400191122。生于海拔1000~2300 m的山坡上，常形成纯林，常见。产于广东、广西、湖南、江西、福建、浙江、安徽、湖北、四川、贵州。

栽培 播种繁殖或萌芽更新。

用途 种子含油量高，供食用或作油漆。

含油率及化学组分数据

采集单位	测试单位	测试部位	产地	含油率(%)	碘值	酸值	皂化值	C12:0	C14:0	C16:0	C16:1	C18:0	C18:1	C18:2	C18:3	C20:0	C20:1
HUST	HUST	种仁	湖南浏阳	31.15	89.56	3.66	206.13			8.87				50.31	34.37	2.80	3.65
JSU	SCBG	种仁	湖南龙山	20.40						4.02	0.11	2.07	21.18	37.83	2.72	0.19	8.22

短尾柯

Lithocarpus brevicaudatus (Skan) Hayata

山毛榉科，柯属

特征 高大乔木，胸径达1 m。树干挺直，树皮粗糙，灰白至灰红褐色，略光滑，纵向细缝裂。当年生枝紫褐色，有纵沟棱，小枝绿色，有5棱；芽鳞被疏毛。叶椭圆形，革质，先端渐尖或尾状，基部楔形或圆，儿近全缘，前端略呈波状缘，下表面灰白色。直立穗状花序，顶生，雌雄花常同花序，花绿白色；花单生，3朵或多朵簇生，花萼5裂，雄花位于花轴上方；雌花位于下方，总苞包被1~3朵雌花；花萼杯柱3。壳斗无柄，壳斗座碟状，鳞片三角形，外被绒毛。坚果圆锥状。花期3~6月；果期10~12月。

分布 广东：惠州市南昆山猫公谣斗，23°37′26″N，113°48′52″E，806 m，2009-10-03，邢福武40011239。安徽：歙县，29°46′58″N，118°30′30″E，306 m，2012-10-25，李晓东、昝艳燕等400121253。生于山顶或溪旁密林中，常见。产于广东、广西、湖南、江西、安徽、福建、台湾、贵州。我国特有。

栽培 播种繁殖或萌芽更新。

用途 果实含淀粉和脂肪，可酿酒；树皮、壳斗含鞣质，可提取栲胶。

含油率及化学组分数据

采集单位	测试单位	测试部位	产地	含油率(%)	碘值	酸值	皂化值	C12:0	C14:0	C16:0	C16:1	C18:0	C18:1	C18:2	C18:3	C20:0	C20:1
SCBG	SCBG	种仁	广东惠州	6.14	80.24	1.95	403.56	0.0036	0.04	3.84	0.04	0.85	26.15	35.91	32.59	0.11	0.47
WHBG	WHBG	种仁	安徽歙县	20.47	79.51		158.84	0.15	0.067	7.43		2.26	7.71	66.26	38.98	0.60	0.33

烟斗柯

Lithocarpus corneus (Lour.) Rehd. [*Pasania kodaihoensis* (Hayata) Li]

山毛榉科，柯属

特征 乔木，高通常在15 m以内，胸径15~40 cm。小枝淡黄灰色，散生微凸起的皮孔；托叶披针形或线形，较迟脱落。叶常聚生于枝顶部，纸质或革质，椭圆形，倒卵状长椭圆形或卵形，顶部渐尖或短突尖，基部楔形至近于圆，对称或一侧略短，叶缘有裂齿或浅波浪状，侧脉9~20条，直达齿端，支脉纤细，彼此近于平行。雌花通常着生于雄花序轴的下段，每3朵一簇，也常有单朵散生，花柱斜展，长约2 mm。壳斗碗状或半圆形，小苞片三角形或斜四边菱形，中央及两侧边缘脊肋状增厚且略隆起，形成规则的网纹，很少与壳壁愈合而仅留痕迹，壳壁中部以下甚增厚，木质。坚果半圆形或宽陀螺形，很少无毛。花期几乎全年；果期翌年同期。

分布 广东：惠州市南昆山石河七观，23°38′23″N，113°53′21″E，448 m，2009-10-03，邢福武40011235。生于海拔1000 m以下山地常绿阔叶林中，常见。产于海南、广东、香港、广西、湖南、福建、台湾、贵州、云南。

栽培 喜温暖至高温，生长缓慢，耐旱、耐瘠、抗风，萌芽力强。播种繁殖，秋季为适期。栽培土质以疏松、肥沃、土层深厚的壤土为佳，排水、日照需良好。移植前应先作断根处理，并修剪整枝。

用途 果实含淀粉和脂肪，可酿酒；树皮、壳斗含鞣质，可提取栲胶。适作园林树、行道树。

含油率及化学组分数据

采集单位	测试单位	测试部位	产地	含油率(%)	碘值	酸值	皂化值	C12:0	C14:0	C16:0	C16:1	C18:0	C18:1	C18:2	C18:3	C20:0	C20:1
SCBG	SCBG	种仁	广东惠州	22.6	63.39	19.47	461.77	0.007	0.08	10.04	0.06	4.84	6.51	76.76	0.29	0.69	0.73
OFPC	SCBG	种仁	海南陵水	17.0	78.0		197.4		0.2	21.5		1.4	48.1	28.8		微量	

红柯（琼崖柯、红椆）

Lithocarpus fenzelianus A. Camus[*Quercus fenzeliana* (A. Camus)Merr.]

山毛榉科，柯属

特征 乔木，高达30 m，胸径80 cm。枝、叶无毛。叶硬革质，卵形，卵状披针形或倒卵状椭圆形，长10~18 cm，宽3~6 cm，顶部尾状长尖或短渐尖，基部楔形，下延，全缘或上部叶缘明显波浪状，中脉在叶面微凸起，在叶面常裂槽状凹陷，支脉密，有时隐约可见，二年生叶的叶背干后棕灰色或灰白色，有紧实的蜡鳞层。雄穗状花序单穗腋生或多穗排成圆锥花序，花序轴被短柔毛；雌花序长达15 cm，雌花单朵散生于花序轴上。幼嫩壳斗的小鳞片细小，三角形，基部连生，成熟壳斗圆球形或扁圆形，全包坚果，小苞片与壳壁愈合，形成6~8个肋状环圈。坚果近圆球形，顶部被细伏毛。花期2~4月；果翌年8~9月成熟。

分布 海南：乐东尖锋镇尖锋岭，18°43′16″N，108°52′45″E，2009-08-05，邢福武、戴建阅、翟俊文、郑希龙40011152。生于海拔350~1000 m的常绿阔叶林中，在海拔较高的山地，常与陆均松或鸡毛松混生，为组成针叶阔叶常绿林的上层树种，少见。海南特产。

栽培 播种繁殖或萌芽更新。

用途 果实含淀粉和脂肪，可酿酒；树皮、壳斗含鞣质，可提取栲胶。

含油率及化学组分数据

采集单位	测试单位	测试部位	产地	含油率(%)	碘值	酸值	皂化值	C12:0	C14:0	C16:0	C16:1	C18:0	C18:1	C18:2	C18:3	C20:0	C20:1
SCBG	SCBG	种仁	海南乐东	23.45	80.29	1.75	476.67	0.04	0.10	16.33	0.07	3.16	43.35	29.88	6.80	0.11	0.16

柯（石栎）

Lithocarpus glaber (Thunb.) Nakai [*Pasania sieboldiana* (Blume) Nakai]

山毛榉科，柯属

特征 乔木，高15 m，胸径40 cm。一年生枝的嫩叶叶柄、叶背及花序轴均密被灰黄色短绒毛，二年生枝的毛较疏且短。叶革质或厚纸质，倒卵形、倒卵状椭圆形或长椭圆形，长6~14 cm，宽2. 5~5. 5 cm，顶部突急尖，短尾状，或长渐尖，基部楔形，中脉在叶面微凸起，侧脉很少多于10条，支脉通常不明显，成长叶背面无毛或几无毛，有较厚的蜡鳞层。雄穗状花序多排成圆锥花序或单穗腋生，长达15 cm；雌花序常着生少数雄花，雌花每3朵、很少5朵一簇。果序轴通常被短柔毛；壳斗碟状或浅碗状，通常呈上宽下窄的倒三角形，硬木质，小苞片三角形，覆瓦状排列或连生成圆环，密被灰色微柔毛。坚果椭圆形，有淡薄的白色粉霜，暗栗褐色。花期7~11月；果翌年同期成熟。

分布 广西：桂林市雁山镇桂林植物园，25°4′55″N，110°18′18″E，0 m，2009-12-06，吴望辉、许为斌、黄俞淞400110106l。福建：武夷山市星村镇桐木村武夷山保护区，27°38′45″N，117°43′13″E，265 m，2009-11-08，王发国、翟俊文400113010。浙江：舟山市普陀山，30°21′12″N，122°45′14″E，8 m，2009-11-14，王发国、翟俊文400113025。安徽：歙县，29°48′34″N，118°23′24″E，179 m，2012-11-25，李晓东、昝艳燕等400121264。生于海拔约1500 m以下的坡地杂木林中，阳坡较常见，常因被砍伐而生成灌木状。产于秦岭南坡以南各地，但北回归线以南极少见，海南和云南南部不产。日本南部也有分布。

栽培 日照宜充足，喜温暖至高温的气候，耐旱；耐瘠，抗风。播种繁殖。春、秋季为适宜期，移植前应先做断根处理，并修剪整枝。

用途 树皮褐黑色，不开裂，内皮红棕色，木材的心边材近于同色，干后淡茶褐色，材质颇坚重，结构略粗，纹理直行，不甚耐腐，适作家具，农具等材。果实含淀粉和脂肪，可酿酒；树皮、壳斗含鞣质，可提取栲胶。可作园林树种。

含油率及化学组分数据

采集单位	测试单位	测试部位	产地	含油率(%)	碘值	酸值	皂化值	C12:0	C14:0	C16:0	C16:1	C18:0	C18:1	C18:2	C18:3	C20:0	C20:1
GXIB	SCBG	种仁	广西桂林	20. 74	168. 36	3. 99	166. 62		0. 33	12. 51		3. 29	51. 36	24. 44	1. 15		
SCBG	SCBG	种仁	福建武夷山	14. 41	74. 42	4. 12	411. 05	0. 005	0. 08	9. 88	0. 09	2. 80	7. 64	77. 53	1. 59	0. 26	0. 14
SCBG	SCBG	种仁	浙江舟山	16. 73	67. 19	1. 16	402. 36	0. 0026	0. 10	8. 86	0. 71	2. 73	31. 60	35. 95	19. 39	0. 45	0. 23
WHBG	WHBG	种仁	安徽歙县	10. 80	101. 45	11. 47	182. 09	0. 006	0. 025	8. 68	0. 31	0. 83		52. 76		0. 51	0. 36

紫玉盘柯

Lithocarpus uvariifolius (Hance) Rehd. [*Pasania uvariifolia* (Hance) Schott.]

山毛榉科，柯属

特征 乔木，高10~15 m，胸径15~40 cm。枝节上的芽鳞痕大而明显，托叶较迟脱落，长可达20 cm，背面密被伏贴棕色长柔毛。叶革质或厚纸质，倒卵形，倒卵状椭圆形，顶部短突尖或短尾状，很少短渐尖，基部近于圆形，叶缘近顶部有少数浅裂齿或波浪状，很少全缘；中脉及侧脉凹陷，侧脉22~35条，在叶缘附近急弯向上，常与相邻侧脉连结，支脉密接。花序轴粗壮，雄花序穗状，单或多穗聚生于枝顶部；雌花常生于雄花序轴的基部。果序有成熟壳斗1~4个；壳斗深碗状或半圆形，包着坚果一半以上，被微柔毛。坚果半圆形，顶部圆或近平坦，很少凹陷，密被细伏毛。花期5~7月；果翌年10~12月成熟。

分布 广东：从化市桃园镇石门国家森林公园，23°30′26″N，113°34′15″E，800 m，2009-11-05，易绮斐、林锌清、徐蕾400119036；博罗象头山，23°18′27″N，114°25′36″E，2009-08-29，林锌清、戴建阅40011198。生于海拔300~800 m的山地常绿阔叶林中，不常见。产于广东、广西、福建。

栽培 播种繁殖或萌芽更新。

用途 果实含淀粉和脂肪，可酿酒；树皮、壳斗含鞣质，可提取栲胶。

含油率及化学组分数据

采集单位	测试单位	测试部位	产地	含油率(%)	碘值	酸值	皂化值	C12:0	C14:0	C16:0	C16:1	C18:0	C18:1	C18:2	C18:3	C20:0	C20:1
SCBG	SCBG	种仁	广东从化	26. 48				0. 008	0. 04	7. 76	0. 06	3. 42	23. 31	64. 62	0. 20	0. 28	0. 31
SCBG	SCBG	种仁	广东博罗	27. 34				0. 03	0. 04	7. 76	0. 07	2. 66	14. 18	71. 76	2. 88	0. 35	0. 28

麻栎

Quercus acutissima Carr.

山毛榉科，栎属

特征 落叶乔木，高达30 m，胸径达1 m。树皮深灰褐色，深纵裂。幼枝被灰黄色柔毛，后渐脱落，老时灰黄色，具淡黄色皮孔；冬芽圆锥形，被柔毛。叶片形态多样，通常为长椭圆状披针形，长8~19 cm，宽2~6 cm，顶端长渐尖，基部圆形或宽楔形，叶缘有刺芒状锯齿，叶片两面同色，幼时被柔毛，老时无毛或叶背面脉上有柔毛；侧脉13~18条。雄花序常数个集生于当年生枝下部叶腋，有花1~3朵，花柱30枚。壳斗杯形，包着坚果约1/2，小苞片钻形或扁条形，向外反曲，被灰白色绒毛。坚果卵形或椭圆形，顶端圆形；果脐凸起。花期3~4月；果期翌年9~10月。

分布 江苏：连云港市花果山，34°38′47″N，119°17′37″E，510 m，2010-09-26，李宏庆、桂萍、熊申展4001171070。河南：信阳波尔登公园，114°04′39″E，31°52′06″N，215 m，2012-09-14，王亚平400314199。湖北：应城，30°55′56″N，113°36′25″E，56 m，2012-10-10，李晓东、昝艳燕等400121267。生于海拔2200 m以下的山地林中，常见。产于海南、广东、广西、湖南、江西、福建、浙江、江苏、安徽、山东、河南、湖北、四川、贵州、云南、山西、河北、辽宁。

栽培 喜光树种，喜光照环境；耐寒，耐干旱贫瘠。在湿润肥沃的中性或微酸性砂质壤土生长良好；排水、通气需良好，否则不利其生长；深根性，萌芽力强，但不耐移植。

用途 种仁既可酿酒、做饲料，又可药用，止泻、消浮肿；叶及树皮可治痢疾。壳斗及树皮可提取栲胶。木材硬重，强度大，耐水湿及腐朽，为造船、车辆、家具、军工等优良用材。是优良的园林行道树。

含油率及化学组分数据

采集单位	测试单位	测试部位	产地	含油率(%)	碘值	酸值	皂化值	C12:0	C14:0	C16:0	C16:1	C18:0	C18:1	C18:2	C18:3	C20:0	C20:1
ECNU	SCBG	种仁	江苏连云港	20. 04	139. 21	1. 39	200. 02	0. 55	11. 77	12. 21	0. 12	3. 78	11. 78	21. 68	0. 39	1. 26	
HNAU	ICS	种子	河南信阳	4. 90	108. 56	47. 08	140. 14		0. 12	13. 83	0. 16	1. 76	54. 99	22. 24	1. 35	0. 35	0. 68
WHBG	WHBG	种仁	湖北应城	23. 54	126. 29	2. 53			0. 26	2. 89	0. 72	1. 93		33. 14	45. 85	0. 19	

小叶栎

Quercus chenii Nakai

山毛榉科，栎属

特征 常绿乔木，高达15 m，有时灌木状。小枝幼时密被灰黄色短星状绒毛。叶片椭圆形、椭圆状披针形或长倒卵形，长2~6 cm，宽1~2. 5 cm，顶端短渐尖，基部圆形或近心形，叶片中部以上有刺状疏锯齿，叶背密被灰黄色星状绒毛；侧脉7~11条，由于绒毛遮蔽叶片两面，侧脉均不明显；叶柄长3~5 mm，密被灰黄色绒毛。雄花序长2~4 cm，花序轴纤细，被疏毛，花被近无毛；雌花序生于枝顶叶腋，着生2~3朵花，花序轴被黄色绒毛。壳斗杯形，包着坚果1/2；小苞片椭圆形，长约1. 5 mm，覆瓦状排列紧密，除顶端红色无毛外被灰白色绒毛。坚果长椭圆形，顶端被灰黄色绒毛，有宿存花柱；果脐微凸起。花期3~4月；果期9~10月。

分布 安徽：天柱山，30°42′47″N，116°28′5. 8″E，435 m，2012-10-05，李晓东、昝艳燕等400121301。生于海拔300~2300 m的山谷或山坡，常见。产于河南、湖北、四川、贵州、云南、甘肃、陕西。

栽培 播种繁殖或萌芽更新。

用途 壳斗及树皮可提取栲胶。木材坚硬，为优良木制车轴和农具柄用材。

含油率及化学组分数据

采集单位	测试单位	测试部位	产地	含油率(%)	碘值	酸值	皂化值	C12:0	C14:0	C16:0	C16:1	C18:0	C18:1	C18:2	C18:3	C20:0	C20:1
WHBG	WHBG	种仁	安徽天柱山	20. 14		1. 30	405. 44		2. 51	8. 15	0. 24	3. 94		38. 05	0. 12		0. 23

槲树

Quercus dentata Thunb. [*Quercus obovata* Bunge]

山毛榉科，栎属

特征 落叶乔木，高达25 m。树皮暗灰褐色，深纵裂。小枝粗壮，有沟槽，密被灰黄色星状绒毛；芽宽卵形，密被黄褐色绒毛。叶片倒卵形或长倒卵形，长10~30 cm，宽6~20 cm，顶端短钝尖，叶上面深绿色，基部耳形，叶缘波状裂片或粗锯齿，幼时被毛，后渐脱落，叶下面密被灰褐色星状绒毛；侧脉4~10条；托叶线状披针形，长1. 5 cm；叶柄长2~5 mm，密被棕色绒毛。雄花序生于新枝叶腋，长4~10 cm，花序轴密被淡褐色绒毛，花数朵簇生于花序轴上；花被7~8裂，雄蕊通常8~10枚；雌花序生于新枝上部叶腋，长1~3 cm。壳斗杯形，包着坚果1/2~1/3，连小苞片直径2~5 cm，高0. 2~2 cm；小苞片革质，窄披针形，长约1 cm。坚果卵形至宽卵形，直径1. 2~1. 5 cm，高1. 5~2. 3 cm，无毛，有宿存花柱。花期4~5月；果期9~10月。

分布 河南：商城县大别山，31°42′42″N，115°32′54″E，3876 m，2011-10-11，杨大伟、陈明400314087。河北：昌黎，40°14′16″N，119°13′56″E，306 m，2011-10-03，徐兴友、韩宝强400313147。生于于海拔50~2700 m的杂木林或松林中，常见。产于湖南、台湾、浙江、江苏、安徽、山东、河南、湖北、四川、贵州、云南、甘肃、陕西、山西、河北、辽宁、吉林、黑龙江等省。朝鲜、日本也有分布。

栽培 播种繁殖或萌芽更新。

用途 壳斗及树皮可提取栲胶，叶可饲柞蚕；坚果脱涩后可供食用。树干挺直，叶片宽大，树冠广展，可用于园林观赏。

含油率及化学组分数据

采集单位	测试单位	测试部位	产地	含油率(%)	碘值	酸值	皂化值	C12:0	C14:0	C16:0	C16:1	C18:0	C18:1	C18:2	C18:3	C20:0	C20:1
HNAU	ICS	种仁	河南商城	30. 12	96. 15	65. 02	132. 13	0. 05	0. 16	12. 96	0. 09	1. 44	42. 98	24. 05	2. 27	1. 83	
HNST	ICS	种子	河北昌黎	6. 35	90. 09	18. 86	216. 92						33. 38	43. 59	3. 88	0. 58	0. 78

白栎

Quercus fabri Hance

山毛榉科，栎属

特征 落叶乔木，高达25 m。树皮暗灰褐色，深纵裂。小枝粗壮，有沟槽，密被灰黄色星状绒毛；芽宽卵形，密被黄褐色绒毛。叶片倒卵形或长倒卵形，长10~30 cm，宽6~20 cm，顶端短钝尖，叶面深绿色，基部耳形，叶缘波状裂片或粗锯齿，幼时被毛，后渐脱落，叶背面密被灰褐色星状绒毛，侧脉4~10条，托叶线状披针形，长1. 5 cm；叶柄长2~5 mm，密被棕色绒毛。雄花序生于新枝叶腋，长4~10 cm，花序轴密被淡褐色绒毛，花数朵簇生于花序轴上，花被7~8裂，雄蕊通常8~10枚；雌花序生于新枝上部叶腋，长1~3 cm。壳斗杯形，包着坚果1/2~1/3，连小苞片直径2~5 cm，高0. 2~2 cm；小苞片革质，窄披针形，长约1 cm。坚果卵形至宽卵形，直径1. 2~1. 5 cm，高1. 5~2. 3 cm，无毛，有宿存花柱。花期4~5月；果熟9~10月。

分布 河南：商城县大别山，31°42′42″N，115°32′54″E，3876 m，2011-10-11，杨大伟、陈明400314087。河北：昌黎，40°14′16″N，119°13′56″E，306 m，2011-10-03，徐兴友、韩宝强400313147。生于海拔50~2700 m的杂木林或松林中，常见。产于湖南、台湾、浙江、江苏、安徽、山东、河南、湖北、四川、贵州、云南、甘肃、陕西、山西、河北、辽宁、吉林、黑龙江等地。朝鲜、日本也有分布。

栽培 播种繁殖或萌芽更新。

用途 壳斗及树皮可提栲胶，叶可饲柞蚕；坚果脱涩后可供食用。树干挺直，叶片宽大，树冠广展，可用于园林观赏。

含油率及化学组分数据

采集单位	测试单位	测试部位	产地	含油率(%)	碘值	酸值	皂化值	C12:0	C14:0	C16:0	C16:1	C18:0	C18:1	C18:2	C18:3	C20:0	C20:1
HNAU	ICS	种子	河南信阳	0. 90		89. 36	208. 29	0. 92	0. 49	18. 37	0. 71	3. 35	20. 49	33. 58	6. 05	0. 76	
OCRI	SCBG	种仁	湖北神农架	10. 28	107. 08	3. 041	190. 48		0. 0651		3. 30	3. 31	35. 98	60. 42	0. 05	0. 57	0. 21

蒙古栎（青柃子、柞树）

Quercus mongolica Fisch. ex Ledeb. [*Quercus mongolica* var. *kirinensis* (Nakai) Kitag.]

山毛榉科，栎属

特征　落叶乔木，高达30 m。树皮灰褐色，纵裂。幼枝紫褐色，有棱，无毛；顶芽长卵形，微有棱，芽鳞紫褐色，有缘毛。叶片倒卵形至长倒卵形，长7~19 cm；宽3~11 cm，顶端短钝尖或短突尖，基部窄圆形或耳形，叶缘7~10对钝齿或粗齿，幼时沿脉有毛，后渐脱落，侧脉7~11条。雄花序生于新枝下部，花序轴近无毛，花被6~8裂，雄蕊通过8~10枚；雌花序生于新枝上端叶腋，有花4~5朵，通常只1~2朵发育，花被6裂，花柱短，柱头3裂。壳斗杯形，壳斗外壁小苞片三角状卵形，呈半球形瘤状凸起，密被灰白色短绒毛，伸出口部边缘呈流苏状。坚果卵形至长卵形，无毛；果脐微凸起。花期4~5月；果期9月。

分布　北京：海淀区，39°35′33″N，116°07′23″E，50 m，2012-09-21，秦烁、郭利磊400327040。黑龙江：桦川县申家店，46°34′5″N，130°37′48″E，257 m，2011-09-23，潘伟400351102。生于海拔200~2100 m的山地林中，常见。产于山东、河南、山西、河北、内蒙古、辽宁、吉林、黑龙江。朝鲜、日本、俄罗斯也有分布。

栽培　播种繁殖或萌芽更新。

用途　壳斗及树皮可提取栲胶。

含油率及化学组分数据

采集单位	测试单位	测试部位	产地	含油率(%)	碘值	酸值	皂化值	C12:0	C14:0	C16:0	C16:1	C18:0	C18:1	C18:2	C18:3	C20:0	C20:1
CAU	ICS	种子	北京海淀	2.10	7.39	22.26	140.96	0.31	0.26	13.51	0.26	2.04	32.68	34.96	4.76	0.50	0.67
SBRI	SCBG	种仁	黑龙江桦川	20.11	66.94	29.00	164.96		0.17	15.22	11.43	4.13	12.05	13.02	0.007	0.022	

夏栎（橡树、夏橡）

Quercus robur L.

山毛榉科，栎属

特征　落叶乔木，树高可达40 m。幼枝被毛，不久即脱落，小枝赭色，无毛，被灰色长圆形皮孔；冬芽卵形，芽鳞多数，紫红色，无毛。叶片长倒卵形至椭圆形，长6~20 cm，宽3~8 cm，顶端圆钝，基部为不甚平整的耳形，叶缘有4~7对深浅不等的圆钝锯齿，叶面淡绿色，叶背粉绿色，侧脉6~9条；叶柄长3~5 mm。果序纤细，长4~10 cm，径约1.5 cm，着生果实2~4个；壳斗钟形，包着坚果基部约1/5；小苞片三角形，排列紧密，被灰色细绒毛。坚果当年成熟，卵形或椭圆形，无毛；果脐内陷，径5~7 mm。花期3~4月；果期9~10月。

分布　新疆：昌吉州玛纳斯平原林场，44°14′28″N，86°21′30″E，485 m，2010-10-13，王喜勇、王蕾、孔凡逵4003310051。栽培种，在新疆生长良好。原产欧洲法国、意大利等地。中国新疆、北京、山东引栽。

栽培　极耐寒，生性强健。播种繁殖。

用途　壳斗及树皮可提取栲胶。为优良的庭院园树种，亦为良好的园林树种。

含油率及化学组分数据

采集单位	测试单位	测试部位	产地	含油率(%)	碘值	酸值	皂化值	C12:0	C14:0	C16:0	C16:1	C18:0	C18:1	C18:2	C18:3	C20:0	C20:1
XIEG	SCBG	种仁	新疆昌吉	26.44	81.66	1.11	513.04		0.10	6.14	0.12	2.46	46.54	41.67	0.83	0.27	0.21

辽东栎

Quercus wutaishanica Mayr [*Quercus undulatifolia* H. Lév. ex Nakai]

山毛榉科，栎属

特征 落叶乔木，高达15 m，树皮灰褐色，纵裂。幼枝绿色，无毛，老时灰绿色，具淡褐色圆形皮孔。叶片倒卵形至长倒卵形，长5~17 cm，宽2~10 cm，顶端圆钝或短渐尖，基部窄圆形或耳形，叶缘有5~7对圆齿，叶面绿色，背面淡绿色，幼时沿脉有毛，老时无毛；叶柄长2~5 mm，无毛。雄花序生于新枝基部，长5~7 cm，花被6~7裂，雄蕊通常8枚；雌花序生于新枝上端叶腋，花被通常6裂。壳斗浅杯形，包着坚果约1/3；小苞片长三角形，长1.5 mm，扁平微凸起，被稀疏短绒毛。坚果卵形至卵状椭圆形，顶端有短绒毛；果脐微凸起。花期4~5月；果期9~10月。

分布 四川：宝兴县硗碛藏族，30°41′05″N，102°41′26″E，2616 m，2010-09-06，于友民40024169。山西：介休市绵山，36°52′06″N，111°59′00″E，1539 m，2010-10-02，谢光辉400322030。内蒙古：内蒙古农业大学东区，111°42′18″N，40°48′36″E，1073 m，2011-05-14，刘慧娟400312159。生于海拔600~2500 m的山地林中，常见。产于山东、河南、四川、青海、甘肃、宁夏、陕西、山西、河北、内蒙古、辽宁、吉林、黑龙江。朝鲜有分布。

栽培 喜温，耐寒、耐旱、耐瘠薄。生于山地阳坡、半阳坡、山脊上。目前尚未由人工引种栽培。

用途 叶可饲柞蚕；种子可酿酒或作饲料；果实、壳斗、树皮、根皮入药。木材结构较粗，边材黄褐色，心材深褐色。

含油率及化学组分数据

采集单位	测试单位	测试部位	产地	含油率(%)	碘值	酸值	皂化值	C12:0	C14:0	C16:0	C16:1	C18:0	C18:1	C18:2	C18:3	C20:0	C20:1
SICAU	SCBG	种仁	四川宝兴	13.52	125.44	11.65	188.94		0.39	11.92		5.60	78.73		2.74		0.61
CAU	ICS	种子	山西介休	3.43	119.96	27.95	144.58	0.23		12.09		2.09	18.60	51.16	6.74		
IMAU	ICS	种子	内蒙古呼和浩特	2.13	76.30	25.24	95.57		0.25	6.35		3.23	34.22	28.16		0.77	0.40

马尾树

Rhoiptelea chiliantha Diels et Hand.-Mazz.

马尾树科，马尾树属

特征 落叶乔木，高达20 m。单数羽状复叶，互生，常具6~8对小叶，通常长15~30 cm，最长者达40 cm或更长；叶柄长3~4 cm，基部膨大，叶轴上面具窄槽；小叶互生，无柄，生于叶轴下端的叶较短小，常为偏斜的椭圆状卵形，基部近心脏形。复圆锥花序偏向一侧而俯垂，常由6~8束腋生的圆锥花序组成；团伞花序由1~7花组成，无柄，小苞片较小，花倒圆锥状球形，花被片倒卵状圆形。小坚果倒梨形，外果皮薄纸质，由两心皮的背脊凸出而成翅状，相连而形成围绕小坚果的近圆形或卵圆形的翅，顶端具宿存的柱头初为绿色，后带紫红色，干后淡黄褐色，满布稀疏的灰褐色腺体，两侧各具4条纵脉；中果皮木质，褐色，具不规则疣状凸起；内果皮白色；种子卵形，长约2 mm。花期10~12月；果实翌年7~8月成熟。

分布 贵州：雷山县雷公山自然保护区管理站至乌东村途中，26°21′28″N，108°10′03″E，124 m，2012-10-18，陈丰林、夏纯、桑洪伟4001151238。产于贵州南部及东南部、云南东南部、广西北部至西部。生于海拔700~2500 m的山坡、山谷及溪边之林中。因其复圆锥花序俯垂于枝端颇似马尾，故云南、广西称之为“马尾树”。越南也有分布。

栽培 播种繁殖。

用途 叶及树皮富含单宁，可提取栲胶。木材坚实，耐用，可作建筑、家具、器具等用材。生长快，可作造林树种。

含油率及化学组分数据

采集单位	测试单位	测试部位	产地	含油率(%)	碘值	酸值	皂化值	C12:0	C14:0	C16:0	C16:1	C18:0	C18:1	C18:2	C18:3	C20:0	C20:1
SCBG	SCBG	果实	贵州雷山	27.01				0.05	0.04	8.70	0.15	3.94	40.18	45.01	0.22	0.52	1.18

柔毛糙叶树

Aphananthe aspera var. **pubescens** C. J. Chen

榆科，糙叶树属

特征 落叶乔木，高达25 m，胸径达50 cm，稀灌木状。当年生枝黄绿色，疏生细伏毛，一年生枝红褐色，毛脱落，老枝灰褐色，皮孔明显，圆形。叶纸质，卵形或卵状椭圆形，长5~10 cm，宽3~5 cm，先端渐尖或长渐尖，基部宽楔形或浅心形，有的稍偏斜，边缘锯齿有尾状尖头；基部三出脉，侧脉6~10对，近平行地斜直伸达齿尖，叶背密被直立的柔毛；叶柄和幼枝被伸展的灰色柔毛；托叶膜质，条形，长5~8 mm。雄聚伞花序生于新枝的下部叶腋，雄花被裂片倒卵状圆形，内凹陷呈盔状，长约1. 5 mm，中央有一簇毛；雌花单生于新枝的上部叶腋，花被裂片条状披针形，长约2 mm，子房被毛。核果近球形、椭圆形或卵状球形，由绿变黑，被细伏毛，具宿存的花被和柱头，果梗长5~10 mm，疏被细伏毛。花期3~5月；果期8~10月。

分布 广西：隆林县金钟乡，24°37′10″N, 104°57′17″E，2011-10-22，曾庆文、陈树钢、杨国400114146。生于海拔300~1600 m的山坡林中或山谷地带，少见。主产云南的西南部至东南部和广西西部，在江西、浙江和台湾也有零星分布。

栽培 播种繁殖。

用途 枝皮纤维供制人造棉、绳索用；叶可作马饲料，干叶面粗糙，供铜、锡和牙角器等磨擦用。木材坚硬细密，不易拆裂，可供制家具、农具和建筑用。

含油率及化学组分数据

采集单位	测试单位	测试部位	产地	含油率(%)	碘值	酸值	皂化值	C12:0	C14:0	C16:0	C16:1	C18:0	C18:1	C18:2	C18:3	C20:0	C20:1
SCBG	SCBG	种仁	广西隆林	38. 15	50. 65	39. 71	340. 97	0. 01	0. 31	10. 95	0. 10	2. 37	19. 34	57. 95	6. 99	1. 01	0. 97

紫弹树（紫弹朴、沙楠子树、异叶紫弹、黑弹朴）

Celtis biondii Pamp. [*Celtis emuyaca* var. *cuspidatophylla* (F. P. Metcalf) C. P'ei]

榆科，朴属

特征 落叶乔木，高达18 m。幼枝密被柔毛，后渐脱落；冬芽黑褐色，芽鳞被柔毛，内层芽鳞的毛长而密。叶薄革质，宽卵形、卵形或卵状椭圆形，长2. 5~7 cm，基部楔形或近圆，先端渐尖或尾尖，中上部疏生浅齿，边稍反卷，上面脉纹多凹下，两面被微糙毛，或上面无毛，仅下面脉上被毛，或下面被糙毛并密被柔毛；叶柄长3~6 mm，托叶线状披针形，被毛，后脱落。果序单生叶腋，常具2果，总梗极短，果柄较长，梗连同果柄长1~2 cm，被糙毛，果幼时被柔毛，后渐脱落，近球形，黄色或橘红色。花期4~5月；果期9~10月。

分布 湖南：桑植县芭茅溪乡天平山，29°49′47″N，110°06′17″E，1049 m，2010-10-29，张兵、谷志容400181214；桑植县芭茅溪乡楠木坪，29°45′37″N，110°03′24″E，2011-10-09，张九兵、朱明德400181394；保靖县清水坪镇黄连树，28°41′47″N，109°18′26″E，2011-11-15，张九兵、朱明德400181346。江西：铅山县武夷山自然保护区，27°50′50″N，117°43′45″E，888 m，2011-10-14，凡强、景慧娟4001411018。河南：鲁山县鲁山，33°44′47″N，112°54′32″E，191 m，2011-07-30，王亚平、陈明400314027。云南：文山州麻栗坡县大坪乡小石洞村，23°6′22″N，104°37′22″E，2011-10-14，曾庆文、陈树钢、杨国400114249。多生于海拔50~2000 m的山地灌丛或林中。我国大部分地区都有分布。日本、朝鲜亦有分布。

栽培 喜光，适应性强，耐干旱、耐贫瘠；抗风，耐尘、抗大气污染。播种繁殖，于春季进行。栽培土以肥沃湿润而深厚的中性黏质土壤为佳。需排水良好、光照充足。培育期间应注意整形修剪。

用途 茎、叶及根皮可药用。枝条平展，适作园林树、行道树等，也可修剪造型成大型盆景。

含油率及化学组分数据

采集单位	测试单位	测试部位	产地	含油率(%)	碘值	酸值	皂化值	C12:0	C14:0	C16:0	C16:1	C18:0	C18:1	C18:2	C18:3	C20:0	C20:1
HUST	HUST	种仁	湖南桑植	26. 60	79. 71			0. 41	0. 77	7. 72	2. 02	10. 19	30. 82	0. 05	44. 52	0. 21	0. 22
HUST	HUST	种仁	湖南桑植	20. 14	5. 48	5. 05	185. 39		0. 01	3. 34	0. 52	0. 75	68. 72	24. 52	0. 12	0. 21	0. 07
HUST	HUST	种仁	湖南保靖	30. 60	7. 20	6. 22	123. 53		0. 10	13. 18	0. 19	3. 53	34. 07	37. 16	0. 02	0. 35	0. 31
SYSU	SCBG	种仁	江西铅山	16. 48	91. 74	1. 02	157. 91	0. 01	0. 04	5. 63	0. 09	2. 17	16. 26	74. 41	0. 48	0. 09	0. 10
HNAU	ICS	种仁	河南鲁山	3. 49	308. 23	83. 40	121. 31		0. 24	11. 89	0. 14	2. 82	4. 28	75. 58	2. 17	0. 29	
SCBG	SCBG	种仁	云南文山	20. 47	139. 85	13. 87	255. 66	0. 15	0. 14	9. 73	0. 13	3. 90	21. 00	28. 26	36. 08	0. 38	0. 22
OFPC	GXIB	种子	广西乐业	13. 70	142. 80					10. 70		4. 10	5. 80	79. 40			
OFPC	WHBG	种子	湖北罗田	10. 40	146. 30		189. 70			8. 60	微量	2. 40	4. 40	83. 50	1. 10		
OFPC	NIB	种子	陕西南郑	8. 60	145. 20	1. 50	189. 00			9. 80	1. 30	4. 00	8. 20	73. 20	3. 50		
OFPC	SCBG	果实	湖南长沙	5. 90	143. 70		187. 00			微量	微量	7. 20	5. 40	82. 60	1. 60	3. 20	

黑弹树（小叶朴）

Celtis bungeana Blume [*Celtis bungeana* var. *lanceolata* E. W. Ma]

榆科，朴属

特征 落叶乔木，高达10 m。树皮灰色或暗灰色。当年生小枝淡棕色，老后色较深，无毛，散生椭圆形皮孔，去年生小枝灰褐色；冬芽棕色或暗棕色，鳞片无毛。叶厚纸质，通常狭卵形或长圆形，长3~7 cm，宽2~4 cm，基部宽楔形至近圆形，稍偏斜至几乎不偏斜，先端尖至渐尖，中部以上疏具不规则浅齿，有时一侧近全缘，无毛；叶柄淡黄色；萌发枝上的叶形变异较大，先端可具尾尖且有糙毛。果单生叶腋（在极少情况下，一总梗上可具2果），果柄较细软，无毛，果成熟时蓝黑色，近球形；果核近球形，肋不明显，表面极大部分近平滑或略具网孔状凹陷。花期4~5月；果期10~11月。

分布 安徽：合肥市紫蓬山，31°45′04″N，117°01′57″E，48 m，2011-10-01，田怀珍、李星霖4001171143。山东：淄博，36°12′20″N，117°05′44″E，262 m，2010-06-10，赵伟华400311177。陕西：长安区终南山，33°59′05″N，108°57′23″E，1300 m，2011-10-15，薛帅400325037；宝鸡市陇县固关，34°58′17″N，106°35′27″E，1250 m，2011-10-10，秦烁、胡亮400326038。河北：昌黎，40°14′01″N，119°14′02″E，184 m，2010-10-03，徐兴友、韩宝强400313068。多生于海拔150~2300 m的路旁、山坡、灌丛或林边，常见。产于湖南、江西、浙江、江苏、安徽、山东、河南、湖北、四川、云南、西藏、青海、甘肃、宁夏、陕西、山西、河北、内蒙古、辽宁。朝鲜也有分布。

栽培 喜光耐阴，耐寒，耐旱，喜黏质土；深根性，萌蘖力强，生长慢，寿命长。成树一般高12 m左右。木材白色，结构中等。

用途 树干、树皮或枝条可药用；枝条韧皮纤维坚韧，可代麻用，或为纸浆及人造棉的原料；种子可榨油。

含油率及化学组分数据

采集单位	测试单位	测试部位	产地	含油率(%)	碘值	酸值	皂化值	C12:0	C14:0	C16:0	C16:1	C18:0	C18:1	C18:2	C18:3	C20:0	C20:1
ECNU	SCBG	种仁	安徽合肥	14.90	16.65	12.21	119.74	1.69	0.23	4.39	0.09	12.10	8.82	4.82	10.36	1.16	0.21
ICS	ICS	种子	山东淄博	9.65	137.55	1.89	169.57			5.73		3.62	8.46	79.11	0.92	0.47	0.30
CAU	CAU	种子	陕西长安	19.58	56.42	56.03	230.20	0.19	0.81	12.97	0.99	1.92	21.59	51.93	1.52	0.39	0.15
CAU	CAU	种子	陕西宝鸡	32.08	134.90	10.33	112.52	0.14	0.07	7.53	0.07	2.91	9.89	73.61	1.62	0.42	0.47
HNST	ICS	种子	河北昌黎	11.70	82.18	4.33	199.97			5.73		3.62	8.46	79.11	0.92	0.47	0.30
OFPC	FSIB	种子	辽宁沈阳	8.60	146.90		194.40		微量	6.30		2.90	5.90	84.30	0.60		

大叶朴

Celtis koraiensis Nakai [*Celtis koraiensis* var. *aurantiaca* (Nakai) Kitag.]

榆科，朴属

特征 落叶乔木，高达15 m。树皮灰色或暗灰色，浅微裂。当年生小枝老后褐色至深褐色，散生小而微凸、椭圆形的皮孔；冬芽深褐色，内部鳞片具棕色柔毛。叶通常椭圆形至倒卵状椭圆形，基部稍不对称，宽楔形至近圆形或微心形，先端具尾状长尖，长尖常由平截状先端伸出，边缘具粗锯齿，两面无毛；叶柄长5~15 mm，无毛或生短毛；在萌发枝上的叶较大，且具较多和较硬的毛。果单生叶腋，果梗长1.5~2.5 cm，果近球形至球状椭圆形，直径约12 mm，成熟时橙黄色至深褐色；果核球状椭圆形，直径约8 mm。花期4~5月；果期9~10月。

分布 多生于海拔100~1500 m的山坡、沟谷林中，常见。产于安徽、山东、河南、甘肃、陕西、山西、河北、辽宁。朝鲜也有分布。

栽培 喜光也稍耐阴，喜温暖湿润气候；对土壤要求不严，抗瘠薄、干旱能力特强；且抗风、抗烟、抗尘、抗轻度盐碱、抗有毒气体。根系发达，有固土保水作用。

用途 典型的遮阴兼观叶树种，常用作庭园树、行道树。

含油率及化学组分数据

采集单位	测试单位	测试部位	产地	含油率(%)	碘值	酸值	皂化值	C12:0	C14:0	C16:0	C16:1	C18:0	C18:1	C18:2	C18:3	C20:0	C20:1
OFPC	IB	种子	浙江	13.90	149.60		198.60		微量	5.50		2.90	8.70	80.30	2.50		
OFPC	FSIB	种仁	辽宁沈阳	51.20	151.10		189.80		微量	5.00		3.50	8.00	82.70	0.80		

菲律宾朴树

Celtis philippensis Blanco [*Celtis wightii* Planch.]

榆科，朴属

特征 常绿乔木，高达30 m。树皮灰白色至灰褐色。当年生小枝老后暗灰色，有散生皮孔，去年生小枝色更暗，节部比较膨大，略呈“之”字形弯曲。除顶生叶的2枚托叶包着冬芽，宿存至翌年外，其他托叶均早落，卵状披针形，长6~7 mm，先端渐尖，基部稍下延。叶革质，干时黄绿色，长圆形，先端突然渐尖，基部钝，全缘，具三出脉；叶柄长5~20 mm，粗壮，上面有沟槽。果序1~2个生于叶腋，上部作二歧分叉状，果梗和序轴均较粗壮；果卵球形，先端残存两叉状、极短的花柱基；果核卵球形，表面具网孔状凹陷。花期2~3月；果期5~10月。

分布 云南：勐腊绿石林，26°35′15″N，101°43′20″E，2012-01-16，邢福武、童毅、孟玉芳4001142003。生于海拔500~1000 m的石灰岩地带季雨林中。产于海南、台湾、云南。印度、斯里兰卡、越南（南部）及印度尼西亚有分布。

栽培 播种繁殖。

用途 果实榨油作润滑油。茎皮纤维强韧，可作绳索和人造纤维。是良好的庭园树种和庭荫树。

含油率及化学组分数据

采集单位	测试单位	测试部位	产地	含油率(%)	碘值	酸值	皂化值	C12:0	C14:0	C16:0	C16:1	C18:0	C18:1	C18:2	C18:3	C20:0	C20:1
SCBG	SCBG	种仁	云南勐腊	13.51	128.54	10.86	195.63	0.01	0.02		0.063	2.26	22.51		0.70	0.22	
OFPC	XTIB	种子	云南勐腊	68.10	98.80	1.70	186.20			3.30		27.60	23.30	45.80			

朴树（黄果朴）

Celtis sinensis Pers. [*Celtis bungeana* var. *pubipedicella* G. H. Wang]

榆科，朴属

特征 落叶乔木，高达20 m。树皮褐灰黑色，粗糙而不开裂。单叶互生，阔卵形以至卵状长椭圆形，长5~10 cm，宽2.5~5 cm，基部偏斜，先端尖，边缘在中部以上有粗锯齿，表面深绿色，初有毛，老时脱落，背面灰绿色；叶脉上有少许毛，基部三出脉，侧脉疏生，不达边缘即向上弯曲；叶柄长5~8 mm，被柔毛。花杂性，雌雄同株，生于当年生新枝的叶腋；雄花2~3聚生于枝的基部，花被4，先端边缘有软毛，雄蕊4枚，花丝淡红色，仅于基部有毛，花药椭圆形，侧方纵裂；雌花1~2朵生于新枝上部，花被4枚；雌蕊1枚，花柱2裂，向外反曲，柱头呈毛状，子房卵形，平滑，1室，1胚珠。核果球形，成熟时为红褐色，果核表面凹陷有棱脊。花期5月；果期10月。

分布 海南：乐东县万冲，18°51′40″N，109°16′29″E，2009-08-27，郑希龙、潘雅书40011450。湖南：永顺杉木河，29°11′00″N，109°49′32″E，930 m，2009-10-02，陈功锡、徐亮400191167；永顺杉木河，29°11′00″N，109°49′31″E，930 m，2009-10-02，陈功锡、徐亮400191073。浙江：舟山市普陀山，30°41′05″N，122°12′54″E，11 m，2009-11-14，王发国、翟俊文400113030。江苏：常熟市虞山，31°39′07″N，120°43′55″E，40 m，2009-12-01，田怀珍、陈纪云4001171044。安徽：滁州市皇甫山，32°22′06″N，118°02′45″E，58 m，2011-10-05，田怀珍、李星霖4001171155。山东：泰安，36°08′56″N，120°40′17″E，351 m，2009-09-19，赵伟华400311136。河南：商城县大别山，31°42′42″N，115°32′54″E，3876 m，2011-10-10，陈明、杨大伟400314031。湖北：武汉植物园大草坪，30°32′30″N，114°25′14″E，2009-07-26，李晓东、咎艳燕40012110。四川：雅安市四川农业大学，29°58′42″N，102°59′27″E，600 m，2010-08-02，干友民400241095。甘肃：天水县麦积山，34°20′55″N，106°01′36″E，1681 m，2011-10-10，薛帅400325024。生于海拔100~1500 m的路边、山坡或林缘，常见。产于山东、河南以及我国长江中下游及以南地区和台湾。越南、老挝也有分布。

栽培 喜光，喜温暖湿润气候，适应性强，耐干旱或贫瘠，抗风、抗大气污染。播种繁殖，于春季进行，定植后，生长颇迅速；对土质要求不严，栽培地全日照、半日照生长均理想。

用途 茎皮为造纸和人造棉原料；果实榨油作润滑油；木材坚硬，可供工业用材；茎皮纤维强韧，可作绳索和人造纤维。良好的庭园树和绿荫树。

含油率及化学组分数据

采集单位	测试单位	测试部位	产地	含油率(%)	碘值	酸值	皂化值	C12:0	C14:0	C16:0	C16:1	C18:0	C18:1	C18:2	C18:3	C20:0	C20:1
SCBG	SCBG	种仁	海南 乐东	13.46	113.83	1.63	250.12	0.02	0.09	13.068	0.13	3.28	11.95	70.28	0.28	0.53	0.38
JSU	SCBG	种仁	湖南永顺	45.81	119.94	1.24	194.83		0.018	4.50	0.26	78.9	16.15	0.05	0.12		
JSU	SCBG	种仁	湖南永顺	10.24	70.36	9.78	206.88		0.19	5.73	0.65	3.43	17.82		0.98	0.42	0.11
SCBG	SCBG	种仁	浙江舟山	32.45	115.33	23.25	213.52	0.01	0.02	4.49	0.05	3.08	11.25	80.20	0.43	0.30	0.17
ECNU	SCBG	种仁	江苏常熟	8.80	73.25	3.76	213.95	0.39		0.052	6.35	0.057	4.45	7.54	79.85	0.94	0.45
ECNU	SCBG	种仁	安徽滁州	11.60	54.58	7.09											
ICS	ICS	种子	山东泰安	5.34	127.39	0.89	179.35		0.21	7.20	0.11	3.55	7.88	73.74	1.65	0.53	0.49
HNAU	ICS	种子	河南商城	6.68	94.26	49.45	40.12		0.11	6.63	0.33	3.51	7.61	79.10	0.98	0.32	0.25
WHBG	WHBG	种仁	湖北武汉	20.40				0.55	11.77	12.21	0.12	3.78	11.78	21.68	0.39	1.26	
SAU	SCBG	种仁	四川雅安	12.44	4.94	5.45	241.83	0.01	0.05	6.93		3.72	55.20	29.23	1.96	0.61	0.49
CAU	ICS	种子	甘肃天水	2.29	126.87	5.49	188.72			6.01		2.92	9.88	78.79	0.81	0.52	0.15
OFPC	IB	种子	湖北恩施	17.10	146.90		192.50			7.70		2.80	7.60	79.50	2.40		
OFPC	IB	种子	浙江杭州	12.80	141.00		191.00		微量	9.50	微量	4.50	7.20	76.70	2.00		
OFPC	SCBG	种子	广东广州	11.70	129.00		194.50		微量	8.80		3.20	12.20	75.80			
OFPC	XTBG	种子	云南勐腊	11.60	141.90		191.20		微量	6.70		3.90	5.50	82.70	1.20		
OFPC	GXIB	果实	广西桂林	5.60	130.10		181.90			9.40	0.20	4.10	7.50	78.70			
OFPC	JSIB	果实	江苏南京	7.50	135.50		189.40			5.10		2.80	9.60	78.60	3.90		
OFPC	WHBG	果实	湖北罗田	4.70	134.40				微量	8.90		3.30	9.20	77.00	1.50		

白颜树（大叶白颜树）

Gironniera subaequalis Planch. [*Gironniera nervosa* var. *subaequalis* (Planch.) Kurz]

榆科，白颜树属

特征 乔木，高10~20 m，胸径25~50 cm。树皮灰或深灰色，较平滑。小枝黄绿色，疏生黄褐色长粗毛。叶革质，椭圆形或椭圆状矩圆形，先端短尾状渐尖，基部近对称，圆形至宽楔形，边缘近全缘，叶面亮绿色，平滑无毛，叶背浅绿，稍粗糙，在中脉和侧脉上疏生长糙伏毛，在细脉上疏生细糙毛，侧脉8~12对；托叶对生，鞘包着芽，披针形，外面被长糙伏毛，脱落后在枝上留有一环托叶痕。雌雄异株，聚伞花序成对腋生；雄花直径约2 mm，花被片5。核果具短梗，阔卵状或阔椭圆状，侧向压扁，被贴生的细糙毛，内果皮骨质，两侧具2钝棱，熟时橘红色，具宿存的花柱及花被。花期2~4月；果期7~11月。

分布 海南：尖峰岭国家级自然保护区天池边，18°42′25″N，108°49′46″E，2009-11-09，张荣京40017121；琼中县黎母山乡黎母山，19°10′18″N，109°46′15″E，2009-07-30，秦新生400116110；东方东河，18°54′52″N，109°02′58″E，2009-08-22，郑希龙、潘雅书40011440。生于海拔100~800 m的山谷或溪边湿润林中，常见。产于海南、广东、广西及云南。印度、斯里兰卡、缅甸和中南半岛以及马来西亚、印度尼西亚有分布。

栽培 喜光，喜温暖湿润气候，适应性强，稍耐阴，抗风，抗大气污染。播种繁殖，春季为播种适期。以肥沃、疏松、富含有机质壤土为佳。栽培期间应注意整形修剪。

用途 树冠开展而疏散，枝叶茂盛，叶色青翠，在园林中可作园林树、行道树等。

含油率及化学组分数据

采集单位	测试单位	测试部位	产地	含油率(%)	碘值	酸值	皂化值	C12:0	C14:0	C16:0	C16:1	C18:0	C18:1	C18:2	C18:3	C20:0	C20:1
SCAU	SCBG	种仁	海南尖峰岭	30.40					0.39	19.52		3.02	41.77	24.81	2.30	0.62	0.58
SCAU	SCBG	种仁	海南琼中	27.14				0.03	0.07	6.10	0.43	2.63	16.73	15.76	46.40	0.2517	0.09
SCBG	SCBG	种仁	海南东方	23.64	114.37	15.10	189.31	0.04	0.07	11.75	0.09	8.93	28.42	48.33	1.11	0.97	0.29

光叶山黄麻

Trema cannabina Lour. [*Sponia timorensis* (Blume) Kurz]

榆科，山黄麻属

特征 灌木或小乔木。小枝纤细，黄绿色，被贴生的短柔毛，后渐脱落。叶近膜质，通常卵形或卵状矩圆形，长4~9 cm，宽1. 5~4 cm，先端尾状渐尖或渐尖，基部圆或浅心形，边缘具圆齿状锯齿，叶面绿色，近光滑，稀稍粗糙，疏生的糙毛常早脱落，有时留有不明显的乳凸状的毛痕，叶背浅绿，只在脉上疏生柔毛，其他处无毛；基部有明显的三出脉，其侧生的2条长达叶的中上部。花单性，雌雄同株，雌花序常生于花枝的上部叶腋，雄花序常生于花枝的下部叶腋，或雌雄同序，聚伞花序一般长不过叶柄；雄花具梗，花被片5，倒卵形。核果近球形或阔卵圆形，微压扁，熟时橘红色，有宿存花被。花期3~6月；果期9~10月。

分布 广东：连平县黄牛石保护区，24°30′31″N，114°27′50″E，2011-11-10，易绮斐、潘雅书、陈华平400119162；始兴县罗坝乡都亨，24°46′26″N，114°17′54″E，374 m，2011-11-25，刘东明、王鹏、叶心芬、王琳400113179。江西：崇义县齐云山，25°47′50″N，114°05′20″E，331 m，2010-09-27，李朋远、谢行400145019。生于海拔100~600 m的河边、旷野、山坡疏林及灌丛中，常见。产于海南、广东、广西、湖南、江西、福建、台湾、浙江、四川、贵州。印度、东南亚、日本以及大洋洲也有分布。

栽培 播种繁殖，春季为适期，栽培土质以湿润的砂质壤土为佳，需排水良好、光照充足，栽培中适当修剪整枝。也可扦插繁殖。

用途 树皮含鞣质，可提栲胶。枝条开展，四季常青，适作园林树、行道树或庭园树；抗大气污染，为工厂绿化的好树种。

含油率及化学组分数据

采集单位	测试单位	测试部位	产地	含油率(%)	碘值	酸值	皂化值	C12:0	C14:0	C16:0	C16:1	C18:0	C18:1	C18:2	C18:3	C20:0	C20:1
SCBG	SCBG	种仁	广东连平	26. 47	14. 19	1. 02	228. 37			8. 48	0. 46	1. 91	23. 02	40. 64	2. 50	0. 11	0. 13
SCBG	SCBG	种仁	广东始兴	27. 40	50. 11	46. 92			0. 87	9. 95	0. 06	2. 20	27. 83	55. 16	1. 23	0. 40	0. 41
SYSU	SCBG	种仁	江西崇义	22. 74	112. 28	17. 25	184. 70	0. 10	0. 35	11. 54	2. 86	2. 70	18. 58	62. 33	1. 07	0. 33	0. 16
OFPC	IB	种子	广西金秀	26. 80	150. 00		190. 70	微量	微量	5. 50	0. 30	3. 30	5. 40	83. 70	1. 70		
OFPC	SCBG	种子	广东广州	22. 60	144. 00		184. 20		微量	11. 00	2. 10	14. 60	72. 30		微量		

山油麻

Trema cannabina var. **dielsiana** (Hand.-Mazz.) C. J. Chen

榆科，山黄麻属

特征 小灌木，高达1 m。小枝被灰绿色短柔毛。叶狭矩圆形或条状披针形，长3. 5~5 cm，宽1. 5~2. 5 cm，顶端钝或急尖，基部圆形，上面无毛或几无毛，下面被灰白色或淡黄色星状绒毛；叶柄长5~7 mm。聚伞花序有2至数朵花；花梗通常有锥尖状的小苞片4枚；萼管状，长6 mm，被星状短柔毛，5裂，裂片三角形；花瓣5片，不等大，淡红色或紫红色，比萼略长，基部有2个耳状附属体；雄蕊10枚，退化雄蕊5枚，线形，甚短；子房5室，被毛，较花柱略短，每室有胚珠约10个。蒴果卵状矩圆形，顶端急尖，密被星状毛及混生长绒毛。种子小，褐色，有椭圆形小斑点。花期几乎全年。

分布 湖南：新宁县莨山镇米筛寨，26°17′46″N，110°45′55″E，405 m，2010-10-05，严岳鸿、何祖霞400181179；龙山县里耶乡八面山，28°49′37″N，109°16′36″E，469 m，2011-09-21，徐亮、钱凯歌40019101193；古丈县高望界镇高林，28°24′18″N，110°03′13″E，624 m，2010-07-13，张代贵、徐亮400191107。浙江：宁波市鄞县天童山，29°48′46″N，121°47′26″E，292 m，2009-11-15，田怀珍、王双4001171035。安徽：宁国县板桥自然保护区，30°31′24″N，118°37′59″E，288 m，2012-10-02，李星霖、刘巧霞、程志全4001171225。生于海拔100~600 m的河边、旷野、山坡疏林及灌丛中，常见。产于海南、广东、广西、湖南、江西、福建、台湾、浙江、四川、贵州。印度、东南亚、日本以及大洋洲有分布。

栽培 播种繁殖，也可扦插繁殖。

用途 种子可榨油，种子油可制肥皂、润滑油用；韧皮纤维可搓绳索、造纸及人造棉，供制棉絮用。

含油率及化学组分数据

采集单位	测试单位	测试部位	产地	含油率(%)	碘值	酸值	皂化值	C12:0	C14:0	C16:0	C16:1	C18:0	C18:1	C18:2	C18:3	C20:0	C20:1
HUST	HUST	种仁	湖南新宁	38. 42	14. 70		253. 64		0. 04	4. 12	0. 10	2. 68	22. 70	63. 43	0. 72	0. 49	0. 65
JSU	SCBG	种仁	湖南龙山	24. 40	125. 19	17. 42											
JSU	SCBG	种仁	湖南古丈	20. 40	55. 64	14. 74	208. 71	0. 01	0. 10	8. 42	0. 10	3. 63	22. 17	41. 18	22. 93	0. 73	0. 74
ECNU	SCBG	种仁	浙江宁波	42. 26	34. 54	5. 62				2. 11	0. 35	0. 47	74. 59	21. 87	0. 13		0. 13
ECNU	SCBG	种仁	安徽宁国	36. 41	29. 39	10. 15	155. 25			9. 92	0. 22	4. 08	11. 35	66. 38	0. 75	0. 44	0. 20
OFPC	IB	种子	福建三明	21. 00				0. 20	0. 30	8. 70	1. 00	2. 90	10. 60	73. 10	2. 90		
OFPC	SCBG	果实	广东乳源	35. 80				微量	1. 40	20. 40	4. 70	2. 00	23. 00	47. 50			

银毛叶山黄麻

Trema nitida C. J. Chen

榆科，山黄麻属

特征 小乔木，高5~10 m。小枝紫褐色或灰褐色，被贴生灰白色柔毛。叶薄纸质，披针形至狭披针形，先端尾状渐尖至长尾状，基部对称或稍偏斜，近圆形，稀浅心形，向着叶柄突然变窄，边缘有细锯齿，叶面深绿，疏生粗毛，后脱落变光滑，稀稍粗糙，叶背贴生绢状茸毛；叶背的主、侧脉上疏生短伏毛，基出脉3，侧生的1对近直伸出达叶的中部边缘，侧脉3~4对。花单性，雌雄异株或同株，聚伞花序长不过叶柄；雄花卵形，外面被细毛，在内面的上部和边缘的先端密生细绵毛；雌花具短梗，花被片5枚，三角状卵形，外面被细毛，边缘具缘毛。核果近球状或阔卵圆形。花期4~7月；果期8~11月。

分布 云南：富宁县，23°35′06″N，105°35′41″E，948 m，2010-11-07，王智、杨珺、谭英400221230。生于海拔600~1800 m的石灰岩山坡疏林中，常见。产于广西、湖南、四川、贵州、云南。

栽培 播种繁殖，也可扦插繁殖。

用途 韧皮纤维可作人造棉、麻绳和造纸原料；树皮含鞣质，可提栲胶；木材供建筑、器具及薪炭用；叶表皮粗糙，可作砂纸用。常作次生林的先锋植物。

含油率及化学组分数据

采集单位	测试单位	测试部位	产地	含油率(%)	碘值	酸值	皂化值	C12:0	C14:0	C16:0	C16:1	C18:0	C18:1	C18:2	C18:3	C20:0	C20:1
KMIB	KMIB	种仁	云南富宁	34.00	49.10	57.10	180.40	0.07	0.37	19.78	2.07	0.71	50.27	24.26		1.48	

山黄麻（麻桐树、山麻、麻布树）

Trema tomentosa (Roxb.) Hara

榆科，山黄麻属

特征 小乔木，高达10 m，或灌木。树皮灰褐色。叶纸质或薄革质，宽卵形或卵状矩圆形，先端渐尖至尾状渐尖，基部心形，明显偏斜，边缘有细锯齿，干时常灰褐色至棕褐色，叶面极粗糙，有直立的基部膨大的硬毛，叶背有绒毛，基出脉3；叶柄毛被同幼枝。雄花序毛被同幼枝，雄花几乎无梗，花被片5，卵状矩圆形，雄蕊5枚，雌花序长1~2 cm，雌花具短梗，在果时增长，花被片5~4，三角状卵形，外面疏生细毛，在中肋上密生短粗毛，子房无毛；小苞片卵形，具缘毛，在背面中肋上有细毛。核果宽卵珠状，表面无毛，成熟时具不规则的蜂窝状皱纹，褐黑色或紫黑色，具宿存的花被。种子阔卵珠状，两侧有棱。花期3~6月；果期9~11月。

分布 广西：隆林县金钟乡，24°37′10″N, 104°57′17″E，2011-10-22，曾庆文、陈树钢、杨国400114145。生于海拔100~2000 m湿润的河谷和山坡混交林中，或空旷的山坡，常见。产于海南、广东、广西、福建、台湾、四川、贵州、云南、西藏。也分布于不丹、尼泊尔、印度、斯里兰卡、孟加拉国、缅甸、中南半岛、马来半岛、印度尼西亚、日本和南太平洋诸岛、澳大利亚、非洲东部。

栽培 喜光，喜温暖湿润气候，适应性强，稍耐阴、耐水湿，抗风、抗大气污染。播种繁殖，春季为适期；栽培土质以湿润的砂质壤土为佳，需排水良好、光照充足；栽培中适当修剪整枝。也可扦插繁殖。

用途 枝条开展，四季常青，适作园林树、行道树或庭园树；抗大气污染，为工厂绿化的好树种。

含油率及化学组分数据

采集单位	测试单位	测试部位	产地	含油率(%)	碘值	酸值	皂化值	C12:0	C14:0	C16:0	C16:1	C18:0	C18:1	C18:2	C18:3	C20:0	C20:1
SCBG	SCBG	种仁	广西隆林	26.64	117.82	16.51	186.73	0.01	0.29	20.21	0.09	5.24	51.25	20.52	1.75	0.32	0.31
OFPC	GXIB	种子	广西金秀	28.40	113.20		192.60		0.10	11.00	1.80	0.90	32.50	53.70			
OFPC	SCBG	种子	广东广州	18.50	126.00		181.40		微量	12.80		2.00	22.90	62.20		微量	

黑榆

Ulmus davidiana Planch. [*Ulmus davidiana* var. *mandshurica* Skvortsov]

榆科，榆属

特征 落叶乔木或灌木状，高达15 m，胸径30 cm。树皮浅灰色或灰色，纵裂成不规则条状。幼枝被或密或疏的柔毛，当年生枝无毛或多少被毛；冬芽卵圆形，芽鳞背面被覆部分有毛。叶通常倒卵形或倒卵状椭圆形，长4~9 cm，宽1. 5~4 cm，先端尾状渐尖或渐尖，基部歪斜，一边楔形或圆形，一边近圆形至耳状，叶面幼时有散生硬毛，后脱落无毛，常留有圆形毛迹，不粗糙，叶背幼时有密毛，后变无毛，脉腋常有簇生毛，边缘具重锯齿；侧脉12~22条；叶柄全被毛或仅上面有毛。花在去年生枝上排成簇状聚伞花序。翅果倒卵形或近倒卵形，长10~19 mm，宽7~14 mm，果翅通常无毛，稀具疏毛，果核部分常被密毛，或被疏毛，位于翅果中上部或上部，上端接近缺口，宿存花被无毛，裂片4，果梗被毛，长约2 mm。花、果期4~5月。

分布 吉林：临江，41°48′59″N，127°11′29″E，2011-09-13，郑宝江等400341110。生于石灰岩山地及谷地。分布于辽宁、河北、山西、河南、陕西等省。适应性强，耐干旱，抗碱性较强。

栽培 喜光、耐寒、耐旱。播种繁殖为主，也可以分蘖、扦插繁殖。种子成熟后随采随播。管理粗放。

用途 枝皮可代麻制绳，枝条可编筐。可选作造林树种。木材纹理直或斜行，结构粗，力学强度较高，弯挠性较好，有美丽的花纹，可作家具、器具、室内装修、车辆、造船、地板等用材。

含油率及化学组分数据

采集单位	测试单位	测试部位	产地	含油率(%)	碘值	酸值	皂化值	C12:0	C14:0	C16:0	C16:1	C18:0	C18:1	C18:2	C18:3	C20:0	C20:1
NEFU	SCBG	种仁	吉林临江	21. 64	62. 22	1. 52	396. 81	0. 35	0. 69	8. 48	0. 078	1. 93	5. 44	34. 14	48. 34	0. 25	0. 28

春榆（山榆、红榆、蜡条榆）

Ulmus davidiana var. **japonica** (Rehd.) Nakai [*Ulmus davidiana* var. *mandshurica* Skvortsov]

榆科，榆属

特征 落叶乔木，高可达30 m。树冠圆形，树皮暗灰色，不规则剥裂，粗糙。小枝褐色，密生白色短柔毛。单叶互生，卵状椭圆形，长5~9 cm，宽4~5 cm，基部阔楔形，先端渐尖，边缘具重锯齿，表面绿色，被疏毛，背面淡绿色，被短柔毛，沿叶脉较密；叶柄长1 cm左右，被毛；托叶披针形，被绒毛。花于早春先叶开放，具短花梗及苞，为束状聚伞花序；花被钟形，先端带褐色，边缘具褐色毛；雄蕊4枚，比花被长，淡红色，花药球形，紫色。翅果扁，倒卵形，顶端为心状缺口。种子位于中上部接近缺口处，翅果无毛，基部楔形。花期4~5月；果期5~6月。

分布 生于河岸、溪旁、沟谷、山麓及排水良好的冲积地和山坡，常见。分布于浙江、安徽、山东、河南、湖北、青海、甘肃、陕西、山西、河北、内蒙古、辽宁、吉林、黑龙江等省区。朝鲜、日本以及俄罗斯也有分布。

栽培 喜光，耐寒，适应性强。播种繁殖。

用途 幼枝皮柔韧，可代麻制绳用，枝条还可编筐。树皮含胶质，粉碎后可做榆面。树皮还可提取栲胶。嫩果供食用；种子可榨油，酿酒或制酱油。叶可作饲料。

含油率及化学组分数据

采集单位	测试单位	测试部位	产地	含油率(%)	碘值	酸值	皂化值	C12:0	C14:0	C16:0	C16:1	C18:0	C18:1	C18:2	C18:3	C20:0	C20:1
OFPC	IB	果实	吉林长白山	34. 00	24. 90		288. 70	4. 50	2. 10	6. 60		0. 20	8. 00	7. 10	0. 50		

旱榆（灰榆、粉榆、崖榆）

Ulmus glaucescens Franch.

榆科，榆属

特征　落叶乔木或灌木，高可达18 m。树皮浅纵裂。幼枝多少被毛；冬芽卵圆形或近球形，内部芽鳞有毛，边缘密生锈褐色或锈黑色的长柔毛。叶卵形、菱状卵形、椭圆形、长卵形或椭圆状披针形，长2.5~5 cm，宽1~2.5 cm，先端渐尖至尾状渐尖，基部偏斜，楔形或圆，两面光滑无毛，稀叶背有极短的毛，脉腋无簇生毛。花自混合芽抽出，散生于新枝基部或近基部，或自花芽抽出，3~5朵在去年生枝上呈簇生状。翅果椭圆形或宽椭圆形，除顶端缺口柱头面有毛外，余处无毛，果翅较厚，果核部分较两侧的翅内宽，位于翅果中上部，上端接近或微接近缺口，宿存花被钟形，无毛，上端4浅裂，裂片边缘有毛，果梗长2~4 mm，密被短毛。花期3~4月；果期5月。

分布　生于海拔500~2400 m的山地，常见。产于山东、河南、青海、甘肃、宁夏、陕西、山西、河北、内蒙古。

栽培　播种繁殖，春季为适期。栽培土质以湿润的砂质壤土为佳，需排水良好、光照充足；栽培中适当修剪整枝。

用途　老果含油率高，可供医药和轻、化工业用。枝条开展，四季常青，适作园林树、行道树或庭园树；抗大气污染，为工厂绿化的好树种。

含油率及化学组分数据

采集单位	测试单位	测试部位	产地	含油率(%)	碘值	酸值	皂化值	C12:0	C14:0	C16:0	C16:1	C18:0	C18:1	C18:2	C18:3	C20:0	C20:1
OFPC	NIB	种子	陕西榆林	20.20	14.10	56.90	292.40	3.60	2.80	5.50				4.80	5.00		

裂叶榆

Ulmus laciniata (Trautv.) Mayr [*Ulmus major* var. *heterophylla* Maxim. et Rupr.]

榆科，榆属

特征　落叶乔木。叶通常倒卵形，裂片三角形，渐尖或尾状，基部明显偏斜，楔形、微圆、半心脏形或耳状，较长的一边常覆盖叶柄，与柄近等长，其下端常接触枝条，边缘具较深的重锯齿，叶面密生硬毛，粗糙，叶背被柔毛，沿叶脉较密，脉腋常有簇生毛。花在去年生枝上排成簇状聚伞花序。翅果椭圆形或长圆状椭圆形，除顶端凹缺柱头面被毛外，余处无毛，果核部分位于翅果的中部或稍向下，宿存花被无毛，钟状，常5浅裂，裂片边缘有毛，果梗常较花被为短，无毛。花、果期4~5月。

分布　河北：青龙，41°21′32″N，120°30′11″E，814 m，2012-06-05，徐兴友、詹立军400313195。多生于湿润的山谷、平地或林中，常见。产于河北、山西、辽宁、吉林、黑龙江。朝鲜、日本以及俄罗斯也有分布。

栽培　能耐干旱、瘠薄。播种繁殖，及时采种，随采随播，以提高发芽率。

用途　幼嫩翅果与面粉混拌可蒸食；老果含油25%，可供医药和轻、化工业用。可供家具、车辆、器具、造船及室内装修等用材。可孤植或丛植，作庭园树。

含油率及化学组分数据

采集单位	测试单位	测试部位	产地	含油率(%)	碘值	酸值	皂化值	C12:0	C14:0	C16:0	C16:1	C18:0	C18:1	C18:2	C18:3	C20:0	C20:1
HNST	ICS	种子	河北青龙	8.00	122.19	187.88	189.57	2.21	1.00	15.04		6.22	6.52	3.39	0.82	0.30	0.36
OFPC	IB	果实	吉林长白山	20.20	27.10		284.80	3.80	2.50	7.00		0.30	7.80	7.90	0.60		

欧洲大叶榆（欧洲白榆）

Ulmus laevis Pall.

榆科，榆属

特征　落叶乔木，高达30 m。树皮淡褐灰色，幼时平滑，后成鳞状，老则不规则纵裂。当年生枝被毛或几无毛；冬芽纺锤形。叶倒卵状宽椭圆形或椭圆形，通常长8~15 cm，中上部较宽，先端凸尖，基部明显地偏斜，一边楔形，一边半心脏形，边缘具重锯齿，齿端内曲，叶上面无毛或叶脉凹陷处有疏毛，叶下面有毛或近基部的主脉及侧脉上有疏毛；叶柄长6~13 mm，全被毛或仅上面有毛。花常自花芽抽出，稀由混合芽抽出，20~30朵花排成密集的短聚伞花序，花梗纤细，花被上部6~9浅裂，裂片不等长。翅果卵形或卵状椭圆形，边缘具睫毛，两面无毛，顶端缺口常微封闭，果核部分位于翅果近中部，果梗长1~3 cm。花、果期4~5月。

分布　新疆：乌鲁木齐植物园，43°53′37″N，87°33′38″E，786 m，2009-04-15，王喜勇、侯翼国4003309019。原产欧洲。中国东北地区以及新疆、北京、山东、江苏、安徽等地引种栽培。

栽培　大叶榆繁殖主要是种子育苗。

用途　枝、叶、树皮内含单宁，味涩苦，很少危害牲畜，是牧区造林和营造防护林较理想的树种。幼嫩翅果与面粉混拌可蒸食。老果含油25%，可供医药和轻、化工业用。是世界著名的四大行道树之一。可作为行道树、庭园树。

含油率及化学组分数据

采集单位	测试单位	测试部位	产地	含油率(%)	碘值	酸值	皂化值	C12:0	C14:0	C16:0	C16:1	C18:0	C18:1	C18:2	C18:3	C20:0	C20:1
XIEG	SCBG	种仁	新疆乌鲁木齐	5.45	39.32	13.90	166.30	0.004	0.034	3.32	0.10	1.90	55.41	38.46	0.07	0.17	0.54
OFPC	IB	果实	新疆玛纳斯	27.70	22.90		277.90	7.40	3.00	7.60		0.40	8.10	4.50	0.30		

大果榆

Ulmus macrocarpa Hance [*Ulmus macrocarpa* var. *nana* Liou et Li]

榆科，榆属

特征　乔木或灌木，高达20 m。树皮暗灰色或灰黑色，纵裂，粗糙。小枝有时两侧具对生而扁平的木栓翅，间或上下亦有微凸起的木栓翅。叶宽倒卵形、倒卵状圆形、倒卵状菱形或倒卵形，厚革质，大小变异很大，先端短尾状，稀骤凸，基部渐窄至圆，偏斜或近对称，多少心脏形或一边楔形，两面粗糙，叶面密生硬毛或有凸起的毛迹，叶背常有疏毛，脉上较密，脉腋常有簇生毛，侧脉6~16条，边缘具大而浅钝的重锯齿，或兼有单锯齿。花自花芽或混合芽抽出，在前一年生枝上排成簇状聚伞花序或散生于新枝的基部。翅果宽倒卵状圆形、近圆形或宽椭圆形，基部多少偏斜或近对称。花、果期4~5月。

分布　内蒙古：大青山小井沟，41°2′36″N，111°48′12″E，1711 m，2011-06-25，刘慧娟、扈顺400312009。生于海拔700~1800 m的山坡、谷地、台地、黄土丘陵、固定沙丘及岩缝中，常见。产于江苏、安徽、山东、河南、湖北、青海、甘肃、陕西、山西、河北、内蒙古、辽宁、吉林、黑龙江。朝鲜及俄罗斯也有分布。

栽培　喜光，耐干旱、贫瘠，能适应碱性、中性及微酸性土壤。播种繁殖，春季为播种适期。也可扦插繁殖。

用途　老果含油率高，可供医药和轻、化工业用。大果榆之秋叶为橙黄、金红色，是观叶的好树种；其木质坚硬，且常扎根于石缝中，形成奇特姿态，可选为盆景或根雕素材。

含油率及化学组分数据

采集单位	测试单位	测试部位	产地	含油率(%)	碘值	酸值	皂化值	C12:0	C14:0	C16:0	C16:1	C18:0	C18:1	C18:2	C18:3	C20:0	C20:1
IMAU	ICS	种仁	内蒙古大青山	39.79	10.56	18.43	230.30	4.19	1.44	3.46		1.53	4.34	3.84	0.82	1.77	0.26
OFPC	IB	果实	北京	39.10	7.30		296.60	8.60	1.40	4.70		0.40	2.10	2.50	微量		

榔榆

Ulmus parvifolia Jacq. [*Ulmus sieboldii* f. *shirasawana* (Daveau) Nakai]

榆科，榆属

特征　落叶乔木，高达25 m。树皮灰色或灰褐色，裂成不规则鳞状薄片剥落，露出红褐色内皮。当年生枝密被短柔毛，深褐色；冬芽卵圆形，红褐色，无毛。叶质地厚，披针状卵形或窄椭圆形，中脉两侧长宽不等，基部偏斜，楔形或一边圆形，叶面深绿色，有光泽，中脉凹陷处有疏柔毛，侧脉不凹陷，叶背色较浅，幼时被短柔毛，后变无毛或沿脉有疏毛。花3~6数在叶腋簇生或排成簇状聚伞花序，花被上部杯状，下部管状，花被片4枚，深裂至杯状花被的基部或近基部。翅果椭圆形或卵状椭圆形，果翅稍厚，果核部分位于翅果的中上部，上端接近缺口，花被片脱落或残存，果梗较管状花被为短。花、果期8~10月。

分布　安徽：六安天堂寨，31°10′32″N，115°47′54″E，765 m，2012-11-15，李晓东、昝艳燕等400121261。河北：青龙，41°00′20″N，120°19′32″E，802 m，2009-09-18，徐兴友40031346。生于平原、丘陵、山坡或谷地，常见。产于海南、广东、广西、湖南、江西、福建、台湾、山东、河南、浙江、江苏、安徽、湖北、四川、贵州、陕西、山西、河北。日本、朝鲜也有分布。

栽培　播种繁殖。栽培不拘土质，但以肥沃的壤土或砂质壤土为佳，日照需良好，过分阴暗会落叶；园林树每年冬季落叶后要整枝修剪，可修剪成各种造型，必须随时留意整枝和修剪徒长枝。

用途　老果含油率高，可供医药和轻、化工业用。适作园林树、行道树或修剪造型，亦可养种高贵盆景，风格独特。

含油率及化学组分数据

采集单位	测试单位	测试部位	产地	含油率(%)	碘值	酸值	皂化值	C12:0	C14:0	C16:0	C16:1	C18:0	C18:1	C18:2	C18:3	C20:0	C20:1
WHBG	WHBG	种仁	安徽六安	16.25	115.48	1.61	160.34		3.74	10.85	0.39	3.17	10.17	66.61		0.38	
HNST	ICS	种子	河北青龙	14.05	26.83	6.77	227.80	8.37	8.83	21.32	0.43	4.42	24.39	21.61	8.72	1.30	0.61
OFPC	IB	果实	浙江杭州	23.00	31.50		268.50	5.10	2.20	7.10		0.40	8.90	10.80	0.20		

榆树（家榆、白榆）

Ulmus pumila L. [*Ulmus campestris* var. *pumila* (L.) Maxim.]

榆科，榆属

特征　落叶乔木，高达25 m。幼树树皮平滑，灰褐色或浅灰色，大树之皮暗灰色，不规则深纵裂，粗糙。小枝淡黄灰色或淡褐灰色；冬芽近球形或卵圆形，芽鳞背面无毛，内层芽鳞的边缘具白色长柔毛。叶椭圆状卵形、长卵形、椭圆状披针形或卵状披针形，先端渐尖或长渐尖，一侧楔形至圆，另一侧圆至半心脏形，叶面平滑无毛，叶背幼时有短柔毛，后变无毛或部分脉腋有簇生毛，边缘具重锯齿或单锯齿；侧脉9~16条。花先叶开放，在上一年生枝的叶腋成簇生状。翅果近圆形，果核部分位于翅果的中部，上端不接近或接近缺口，成熟前后其色与果翅相同，初淡绿色，后白黄色，宿存花被无毛，果梗较花被为短。花、果期3~6月（东北地区时间较晚）。

分布　新疆：乌鲁木齐植物园，43°53′37″N，87°33′38″E，786 m，2009-04-15，王喜勇、侯翼国4003309027。黑龙江：佳木斯市汤汪河边，46°48′01″N，130°22′01″E，2011-06-11，孟腾400351098。生于海拔2500 m以下的山坡、山谷、川地、丘陵及沙岗。长江下游各地有栽培，为华北及淮北平原农村常见树木。分布于东北、华北、西北以及西南各地区。朝鲜、蒙古、俄罗斯也有分布。

栽培　喜光，耐寒，耐旱、抗瘠薄，不耐水渍。播种繁殖为主，种子成熟后随采随播。也可分蘖、扦插繁殖。管理粗放。

用途　树皮、嫩叶、“榆钱”均可食，树皮内含淀粉及黏性物，磨成粉称榆皮面，掺合面粉中可食用，并为作醋原料；幼嫩翅果与面粉混拌可蒸食。枝皮纤维坚韧，可代麻制绳索、麻袋或作人造棉与造纸原料；老果含油25%，可供医药和轻、化工业用；叶可作饲料。防风固沙、保持水土能力强；为深受人们喜爱的园林树种。

含油率及化学组分数据

采集单位	测试单位	测试部位	产地	含油率(%)	碘值	酸值	皂化值	C12:0	C14:0	C16:0	C16:1	C18:0	C18:1	C18:2	C18:3	C20:0	C20:1
XIEG	SCBG	种仁	新疆乌鲁木齐	34.57	12.34	12.81	165.99	0.003	0.02	5.05	0.07	1.36	6.92	66.61	19.51	0.05	0.41
SBRI	SCBG	种仁	黑龙江佳木斯	27.95	9.59	10.54	166.31										
OFPC	IB	果实	山东定陶	25.50	24.50		271.00	5.80	4.30	10.80		0.70	6.70	5.70	0.80		
OFPC	JSIB	果实	江苏干于	19.50	31.40		268.70	3.80	3.30	7.40		1.30	7.90	8.00	2.50		
OFPC	FSIB	果实	辽宁沈阳	18.70	29.80		255.60	3.30	2.10	3.30		0.50	3.00	3.00	1.30		

金叶榆

Ulmus pumila L. 'Jinye'

榆科，榆属

特征 乔木。叶片金黄色，有自然光泽，色泽艳丽，叶脉清晰，质感好；叶卵圆形，平均长3~6 cm，宽2~3 cm，比普通白榆叶片稍短；叶缘具锯齿，叶尖渐尖，互生于枝条上。花期3~4月；果期4~5月。

分布 黑龙江：佳木斯水源山公园，46°48′01″N，130°22′01″E，1 m，2011-06-20，卞勇、张爽400351085。栽培品种，广泛栽培于寒冷、干旱、盐碱地地区，常见。中国江苏、湖北、新疆、青海、甘肃、宁夏、陕西、内蒙古、辽宁、吉林、黑龙江等省区有栽培。

栽培 以嫁接繁殖为主，选1年生健壮白榆苗或山榆苗做砧木，在9月中旬进行嫁接，或在春季3~4月（根据当地气候）苗木萌芽时进行为宜，春季嫁接可露牙，待苗牙长到15 cm左右摘心。定州鑫源苗木基地经引种，扩繁试验成活率达95%以上，粗放管理一年可长1. 5 m左右。

用途 老果含油率高，可供医药和轻、化工业用。为彩叶苗木，其观赏价值极高。枝条萌生力很强，一般当枝条上长出大约十几个叶片时，腋芽便萌发长出新枝，因此金叶榆的枝条比普通白榆更密集，树冠更丰满，造型更丰富。

含油率及化学组分数据

采集单位	测试单位	测试部位	产地	含油率(%)	碘值	酸值	皂化值	C12:0	C14:0	C16:0	C16:1	C18:0	C18:1	C18:2	C18:3	C20:0	C20:1
SBRI	SCBG	种仁	黑龙江佳木斯	32. 72	36. 40	14. 48	220. 81										

大叶榉（榉榆、血榉）

Zelkova schneideriana Hand.-Mazz.

榆科，榉属

特征 乔木，高达35 m，胸径达80 cm。树皮灰褐色至深灰色，呈不规则的片状剥落。当年生枝灰绿色或褐灰色，密生伸展的灰色柔毛；冬芽常2个并生，球形或卵状球形。叶厚纸质，大小形状变异很大，卵形至椭圆状披针形，先端渐尖、尾状渐尖或锐尖，基部稍偏斜，圆形、宽楔形，稀浅心形，叶面绿，干后深绿至暗褐色，被糙毛，叶背浅绿，干后变淡绿至紫红色，密被柔毛，边缘具圆齿状锯齿；叶柄粗短，长3~7 mm，被柔毛。雄花1~3朵簇生于叶腋；雌花或两性花常单生于小枝上部叶腋。花期4月；果期9~11月。

分布 常生于溪间水旁或山坡土层较厚的疏林中，海拔200~1100 m，在云南和西藏可达1800~2800 m，常见。产于广东、广西、湖南、江西、福建、浙江、江苏、安徽、河南、湖北、四川、贵州、云南、西藏、甘肃、陕西；华东和中南地区有栽培。

栽培 播种繁殖。

用途 木材黄褐色或红褐色，纹理直，结构细，质地硬，少伸缩，抗压力强，耐水湿，耐腐朽，刨面光滑，油漆光亮度好，胶粘性能好，广泛用于造船、高级建筑、高档家具、胶合板高级饰面材等。抗风抗烟尘，耐二氧化硫的性能强，有防风、净化空气的作用，是绿化、营造防风林的好树种。

含油率及化学组分数据

采集单位	测试单位	测试部位	产地	含油率(%)	碘值	酸值	皂化值	C12:0	C14:0	C16:0	C16:1	C18:0	C18:1	C18:2	C18:3	C20:0	C20:1
OFPC	IB	果实	江苏南京	27. 10	11. 10			4. 30	0. 80	1. 70	微量	0. 20	3. 10	1. 70			

榉树（光叶榉）

Zelkova serrata (Thunb.) Makino [*Zelkova tarokoensis* Hayata]

榆科，榉属

特征 乔木，高达30 m。树皮灰白色或褐灰色，呈不规则的片状剥落。当年生枝紫褐色或棕褐色，疏被短柔毛，后渐脱落；冬芽圆锥状卵形或椭圆状球形。叶薄纸质至厚纸质，卵形、椭圆形或卵状披针形，先端渐尖或尾状渐尖，基部有的稍偏斜，圆形或浅心形，稀宽楔形，叶面绿，稀暗褐色，稀带光泽，幼时疏生糙毛，后脱落变平滑，叶背浅绿，幼时被短柔毛，后脱落或仅沿主脉两侧残留有稀疏的柔毛，边缘有圆齿状锯齿，具短尖头；托叶膜质，紫褐色，披针形。雄花具极短的梗，花被裂至中部，花被裂片6~7枚，不等大，外面被细毛，退化子房缺；雌花近无梗，花被片4~5枚，外面被细毛，子房被细毛。核果几乎无梗，淡绿色，斜卵状圆锥形，上面偏斜，凹陷，具宿存的花被。花期4月；果期9~11月。

分布 湖南：保靖县白云山，28°39′24″N，109°30′15″E，490 m，2012-10-01，张代贵、张洁40019102212。山东：泰安，36°12′14″N，117°07′28″E，196 m，2010-11-10，赵伟华400311228。河南：鲁山县鲁山，33°41′55″N，112°30′34″E，1943 m，2011-07-29，王

亚平、陈明400314021。生于海拔500~1900 m的河谷、溪边疏林中。在华东地区常有栽培，在湿润肥沃土壤长势良好。产于广东、湖南、江西、福建、台湾、浙江、江苏、安徽、山东、河南、湖北、甘肃、陕西、辽宁。日本、朝鲜也有分布。

栽培 主要繁殖方法有播种繁殖、扦插繁殖和嫁接育苗。

用途 树冠广阔，树形优美，叶色季相变化丰富，病虫害少，又是重要的风景园林树种。为特种珍贵用材树种。

含油率及化学组分数据

采集单位	测试单位	测试部位	产地	含油率(%)	碘值	酸值	皂化值	C12:0	C14:0	C16:0	C16:1	C18:0	C18:1	C18:2	C18:3	C20:0	C20:1
JSU	SCBG	种仁	湖南保靖	21.26				0.11	0.23	15.56		7.58	28.16	43.21	3.39	0.92	
ICS	ICS	种子	山东泰安	6.04	29.72	3.06	272.53	3.11	0.82	3.36		2.69	7.58	5.41	0.92	0.22	0.34
HNAU	ICS	种子	河南鲁山	4.19	94.22	12.19	152.36			7.35	0.11	1.93	18.55	68.13	0.66	0.40	0.24

杜仲（玉丝皮、棉皮、菌叶榆）

Eucommia ulmoides Oliv.

杜仲科，杜仲属

特征 乔木，高达20 m，胸径约50 cm。树皮灰褐色，粗糙，内含橡胶，折断拉开有多数细丝。叶椭圆形、卵形或矩圆形，薄革质，基部圆形或阔楔形，先端渐尖，上面暗绿色，初时有褐色柔毛，不久变秃净，老叶略有皱纹，下面淡绿，初时有褐毛，以后仅在脉上有毛，侧脉6~9对，与网脉在上面下陷，在下面稍凸起，边缘有锯齿；叶柄被散生长毛。花生于当年枝基部，雄花无花被，花梗长约3 mm，无毛，苞片倒卵状匙形，顶端圆形，边缘有睫毛，早落，雄蕊无毛，花丝长约1 mm。雌花单生，苞片倒卵形，花梗长8 mm，子房无毛。翅果扁平，长椭圆形，先端2裂，基部楔形。果位于中央，稍凸起，子房柄长2~3 mm。种子扁平，线形。花期3~5月；果期6~11月。

分布 湖南：桑植县陈家河乡耳洞坪，29°28′38″N，109°55′25″E，523 m，2009-10-02，张兵400181060；古丈县高望界大洪，28°39′39″N，110°05′08″E，821 m，2011-11-05，徐亮、周建军40019101177。陕西：太白县鹦鸽，34°8′0″N，107°44′13″E，982 m，2009-08-18，谢光辉、薛帅400321019。河北：石家庄，38°11′30″N，114°38′09″E，81 m，2011-10-14，徐兴友、韩宝强40031396。湖北：麻城，31°8′3″N，115°5′24″E，151 m，2012-11-10，李晓东、明艳燕等400121268；神农架竹园坪，31°30′12.4″N，110°04′38.3″E，1309 m，2010-10-23，丁时东、危文亮等400151077。贵州：雷山县城内小山坡，26°22′27″N，108°04′35″E，850 m，2012-10-16，陈丰林、夏纯、桑洪伟4001151223。山东：泰安，36°12′14″N，117°07′27″E，190 m，2010-09-24，赵伟华400311226。云南：玉龙县鲁甸乡甸北村旁，27°09′42″N，99°28′06″E，2260 m，2009-12-29，邱明华、李忠荣400222033。江西：崇义县齐云山，25°52′22″N，114°01′48″E，914 m，2010-09-26，李朋远、谢行400145014；遂川县南风面，26°17′46″N，114°03′54″E，970 m，2010-10-31，谢行、孙键400147013；龙南县九连山国家级自然保护区，24°34′4″N，114°27′29″E，916 m，2011-11-12，易绮斐、潘雅书、陈华平400119185。重庆：南川区三泉镇三泉石门沟，29°49′02″N，107°07′12″E，593 m，2009-11-13，刘正宇等400231127。在自然状态下，生长于海拔100~2000 m的低山，谷地或低坡的疏林里。对土壤的选择并不严格，在瘠薄的红土或岩石峭壁均能生长。分布于湖南、浙江、河南、四川、贵州、云南、甘肃、陕西等地区，现各地广泛栽种。

栽培 喜阳光充足、温和湿润气候，耐寒，对土壤要求不严。一般用种子繁殖，条播。要及时消除被害树木，消灭越冬害虫。

用途 种子可榨油。

含油率及化学组分数据

采集单位	测试单位	测试部位	产地	含油率(%)	碘值	酸值	皂化值	C12:0	C14:0	C16:0	C16:1	C18:0	C18:1	C18:2	C18:3	C20:0	C20:1
HUST	HUST	种仁	湖南桑植	30.70	15.65	16.93	193.87	0.0026	0.10	8.86	0.71	2.73	31.60	35.95	19.39	0.45	0.23
JSU	SCBG	种仁	湖南古丈	36.14				0.19	0.68	22.78	1.27	3.60	14.22	39.44	5.36	0.97	0.19
CAU	ICS	果实	陕西太白	7.16	66.21	21.16	210.30		0.03	5.65	0.20	1.70	57.07	34.17	0.44	0.32	0.43
HNUST	ICS	种子	河北石家庄	20.40	136.13	4.32				6.57	0.06	1.93	16.01	13.34	57.04	0.33	0.16
WHBG	WHBG	种仁	湖北麻城	28.14	141.88	22.62			0.14	8.03	0.32	0.96	21.75	57.65	33.37	0.30	
WHBG	WHBG	种仁	湖北神农架	24.18	5.48	1.57	220.81		0.69	5.97	1.64	2.45	25.49	55.6	25.61	1.50	
SCBG	SCBG	种仁	贵州雷山	34.56					0.39	11.92		5.60	78.73		2.74		0.61
ICS	ICS	种仁	山东泰安	32.54	168.19	1.76	179.82			5.20	0.08	2.85	14.58	9.13	50.11	0.44	0.23
KMIB	KMIB	种仁	云南玉龙	10.35	174.70	3.60	181.30			5.61		2.25	17.32	12.76	60.86		
SYSU	SCBG	种仁	江西崇头	35.94	92.34	1.616	214.26	0.008	0.03	4.54	0.08	2.54	40.91	51.12	0.55	0.18	0.04
SYSU	SCBG	种仁	江西遂州	18.05	81.61	4.59	138.21	0.005	0.02	5.93	0.07	3.77	17.89	65.91	0.80	0.14	5.47
SCBG	SCBG	种仁	江西龙南	20.14	106.90		250.92	0.02		14.41	0.051	1.08	16.23	28.10	2.08		1.15
CIPP	SCBG	种仁	重庆南川	30.29					0.63	14.38		6.25	16.25	36.56	10.95	11.56	
OFPC	WHBG	种子	湖北恩施	32.30	178.30		19.20			9.40		3.30	29.50	15.90	41.90		

波罗蜜（树波罗）

Artocarpus heterophyllus Lam.

桑科，波罗蜜属

特征　常绿乔木，高10~20 m。老树常有板状根，树皮厚，黑褐色。托叶抱茎环状，遗痕明显，叶革质，螺旋状排列，椭圆形或倒卵形，先端钝或渐尖，基部楔形，成熟之叶全缘；侧脉羽状，每边6~8条，中脉在背面显著凸起。花雌雄同株，花序生老茎或短枝上，雄花序有时着生于枝端叶腋或短枝叶腋，圆柱形或棒状椭圆形，花多数，总花梗长10~50 mm；雄花花被管状，上部2裂，被微柔毛，雄蕊1枚，花丝在蕾中直立，花药椭圆形，无退化雌蕊；雌花花被管状，顶部齿裂，基部陷于肉质球形花序轴内，子房1室。聚花果椭圆形至球形，或不规则形状；核果长椭圆形。花期2~3月。

分布　海南：三亚市白鹭公园，18°18′7″N，109°28′32″E，2010-06-22，张荣京40017164；陵水县本号镇吊罗山国家级自然保护区，18°41′17″N，109°53′50″E，2010-08-04，秦新生4001161140。原产印度。中国海南、广东、广西、福建、台湾、云南有栽培。世界热带地区广泛栽培。

栽培　宜植于日照充足、排水良好、富含有机质的土壤中，畏寒。播种、高压或嫁接繁殖。

用途　果实为热带著名水果。种子富含淀粉。木材黄色坚硬，可制家具，提取桑色素，可作高级用材。为优良的庭园树和行道树。

含油率及化学组分数据

采集单位	测试单位	测试部位	产地	含油率(%)	碘值	酸值	皂化值	C12:0	C14:0	C16:0	C16:1	C18:0	C18:1	C18:2	C18:3	C20:0	C20:1
SCAU	SCBG	种仁	海南三亚	32.80	9.860	14.18	194.28		0.03	3.97	0.07	1.24	15.26	78.66	0.35	0.23	0.19
SCAU	SCBG	种仁	海南陵水	27.01			125.65										

桂木

Artocarpus nitidus subsp. **lingnanensis** (Merr.) F. M. Jarrett

桑科，波罗蜜属

特征　乔木，高可达17 m。主干通直，树皮黑褐色，纵裂。叶互生，革质，长圆状椭圆形至倒卵椭圆形，长7~15 cm，宽3~7 cm，先端短尖或具短尾，基部楔形或近圆形，全缘或具不规则浅疏锯齿，叶上面深绿色，下面淡绿色，两面均无毛，侧脉6~10对，在表面微隆起，背面明显隆起，嫩叶干时黑色；叶柄长5~15 mm；托叶披针形，早落。雄花序头状，倒卵圆形至长圆形，雄花花被片2~4裂，基部联合，雄蕊1枚；雌花序近头状，雌花花被管状，花柱伸出苞片外，总花梗长1.5~5 mm。聚花果近球形，表面粗糙被毛，成熟红色，肉质，干时褐色，苞片宿存；小核果10~15颗。花期4~5月。

分布　海南：陵水县本号镇吊罗山国家级自然保护区林业局，18°41′17″N，109°53′50″E，2010-03-10，秦新生4001161136；陵水县本号镇吊罗山，18°41′17″N，109°53′50″E，2009-12-01，秦新生4001161104。多生于土层深厚、肥沃的村边疏林、中低海拔丘陵或山谷的疏林中，常见。产于海南、广东、广西、湖南等地。柬埔寨、老挝、越南、马来西亚、印度尼西亚、泰国、菲律宾也有分布。

栽培　播种繁殖。

用途　树形优美，枝叶繁茂，适应性强，可作园林绿化的基调树种。

含油率及化学组分数据

采集单位	测试单位	测试部位	产地	含油率(%)	碘值	酸值	皂化值	C12:0	C14:0	C16:0	C16:1	C18:0	C18:1	C18:2	C18:3	C20:0	C20:1
SCAU	SCBG	种仁	海南陵水	20.61	20.16	5.62	170.98										
SCAU	SCBG	种仁	海南陵水	22.17	7.38	13.65	170.89										

楮（小构树）

Broussonetia kazinoki Sieb. et Zucc. [*Broussonetia kazinoki* var. *ruyangensis* P. H. Ling et X. W. Wei]

桑科，构属

特征　灌木，高2~4 m。小枝幼时被毛。叶卵形至斜卵形，长3~7 cm，宽3~4. 5 cm，先端渐尖至尾尖，基部近圆形或斜圆形，边缘具三角形锯齿，不裂或3裂，表面粗糙，背面近无毛；叶柄长约1 cm；托叶小，线状披针形，渐尖，长3~5 mm，宽0. 5~1 mm。花雌雄同株；雄花序球形头状，直径8~10 mm，雄花花被3~4裂，裂片三角形，外面被毛，雄蕊3~4枚，花药椭圆形；雌花序球形，被柔毛，花被管状，顶端齿裂，或近全缘，花柱单生，仅在近中部有小凸起。聚花果球形，直径8~10 mm；瘦果扁球形，外果皮壳质，表面具瘤体。花期4~5月；果期5~6月。

分布　云南：大理云龙，25°52′43″N，99°28′05″E，1665 m，2010年，昆明植物所400222226。多生于中海拔以下的低山地区山坡、林缘、沟边和住宅近旁，常见。产于华南、华中、西南地区。日本、朝鲜也有分布。

栽培　播种繁殖。

用途　茎皮纤维供制优质纸和人造棉的原料。根、叶入药清凉解毒，可治跌打损伤。

含油率及化学组分数据

采集单位	测试单位	测试部位	产地	含油率(%)	碘值	酸值	皂化值	C12:0	C14:0	C16:0	C16:1	C18:0	C18:1	C18:2	C18:3	C20:0	C20:1
KMIB	KMIB	种仁	云南大理	24. 96													

构树

Broussonetia papyrifera (L.) L'Hér. ex Vent. [*Morus papyrifera* L.]

桑科，构属

特征　落叶乔木，高10~20 m。树冠张开，卵形至广卵形；树皮平滑，浅灰色或灰褐色，不易裂。小枝密生柔毛。叶广卵形至长椭圆状卵形，长6~18 cm，宽5~9 cm，先端渐尖，基部心形，两侧常不相等，边缘具粗锯齿，不分裂或3~5裂，表面粗糙，疏生糙毛，背面密被绒毛，基生叶脉三出；托叶大，卵形，狭渐尖。花雌雄异株；雄花序为柔荑花序，粗壮，花被4裂，裂片三角状卵形，被毛，雄蕊4，花药近球形，退化雌蕊小；雌花序球形头状，苞片棍棒状，花被管状，顶端与花柱紧贴，子房卵圆形，柱头线形，被毛。聚花果直径1. 5~3 cm，成熟时橙红色，肉质；瘦果具与等长的柄，表面有小瘤，龙骨双层，外果皮壳质。花期4~5月；果期6~7月。

分布　湖南：桑植县五道水，29°44′05″N，109°53′22″E，536 m，2012-09-22，张九兵、严亚琴400181422；湘潭县响水乡，27°54′29″N，112°54′53″E，59 m，2009-10-05，严岳鸿、何祖霞、黄玉滢400181036。安徽：合肥市紫蓬山，31°45′04″N，117°01′57″E，48 m，2011-10-01，田怀珍、李星霖4001171148。山东：沂源，36°12′23″N，117°05′50″E，260 m，2010-06-10，赵伟华400311175。湖北：武汉华中科技大学喻家山后，30°31′42″N，114°25′23″E，35 m，2009-07-22，李晓东、昝艳燕400121006；神农架木鱼镇九冲，31°24′36″N，110°33′18″E，703 m，2011-07-28，丁时东400151121。重庆：巫溪县土城乡和平村，31°38′10″N，109°11′57″E，794 m，2010-10-16，刘正宇等400231149。陕西：洋县华阳镇，107°19′30″E，33°21′10″N，1118 m，薛帅400323032。常野生或栽于村庄附近的荒地、田园及沟旁，常见。我国大部分地区有分布。缅甸、泰国、越南、马来西亚、日本、朝鲜也有分布。

栽培　喜高温高湿，耐湿，抗风。播种或扦插繁殖，春季为适期。栽培土质以湿润的壤土或砂质壤土最佳，排水、日照需良好，冬季落叶后要整枝一次。主要病虫害为烟煤病和天牛。防治方法：烟煤病用石硫合剂每隔15 d喷一次，连续2~3次即可。天牛用敌敌畏和敌百虫合剂800倍液喷杀，或用脱脂棉团蘸放敌敌畏原液，塞入虫孔道，再用黄泥等将孔口封住毒杀。

用途　树枝朴拙，生长快，适作园景树。

含油率及化学组分数据

采集单位	测试单位	测试部位	产地	含油率(%)	碘值	酸值	皂化值	C12:0	C14:0	C16:0	C16:1	C18:0	C18:1	C18:2	C18:3	C20:0	C20:1
HUST	HUST	种仁	湖南桑植	28. 30	42. 89	228. 15	184. 12			8. 35						91. 02	0. 64
HUST	HUST	种仁	湖南湘潭	31. 10	5. 52	10. 57	271. 02	0. 01	0. 03	5. 75	0. 04	3. 40	7. 65	21. 98	60. 73	0. 12	0. 30
ECNU	SCBG	种仁	安徽合肥	10. 35	288. 26	9. 83	128. 29	0. 16	0. 63	10. 90	0. 61	1. 62	18. 09	43. 55	1. 29	0. 34	0. 12
ICS	ICS	种子	山东沂源	21. 80	147. 86	2. 35	172. 64		0. 07	9. 74	0. 11	2. 72	7. 91	75. 44	1. 61	0. 25	0. 14
WHBG	WHBG	种仁	湖北武汉	28. 20	128. 54	2. 69	214. 17	0. 31	0. 14	10. 52	0. 15	2. 45	23. 09	50. 80	1. 30	0. 71	
OCRI	SCBG	种仁	湖北神农架	20. 15	88. 30	1. 61	232. 39		0. 14	5. 30	0. 50	1. 70	39. 73	41. 72	0. 39	0. 16	0. 32
CIPP	SCBG	种仁	重庆巫溪	20. 37					0. 33	15. 89		2. 34	37. 29	40. 64	2. 84		0. 33
CAU	ICS	种子	陕西洋县	25. 18	81. 42	8. 36	187. 85		0. 33	11. 81	0. 20	2. 98	8. 63	71. 96	2. 58	0. 18	0. 08

大麻（火麻）

Cannabis sativa L. [*Cannabis sativa* var. *indica* (Lam.)]

桑科，大麻属

特征 一年生直立草本，高1~3 m。枝具纵沟槽，密生灰白色贴伏毛。叶掌状全裂，裂片披针形，长7~15 cm，中裂片最长，宽0. 5~2 cm，先端渐尖，基部狭楔形，表面深绿，微被糙毛，背面幼时密被灰白色贴状毛，边缘具向内弯的粗锯齿，中脉及侧脉在表面微下陷，背面隆起。雄花序长达25 cm，花黄绿色，花被5，膜质，外面被细伏贴毛，雄蕊5枚，花丝极短，花药长圆形，小花柄长2~4 mm；雌花绿色；花被1，紧包子房，略被小毛，子房近球形，外面包于苞片。瘦果为宿存黄褐色苞片所包，果皮坚脆，表面具细网纹。花期5~6月；果期7月。

分布 湖北：神农架红花朵，31°47′45″N，110°29′53″E，1694 m，2010-10-25，李晓东、昝艳燕、罗曼曼400121159。云南：勐腊县瑶区乡，21°42′43″N，101°31′43″E，1120 m，2009-11-08，李忠荣、李恩乾400222019。山东：泰安，36°12′25″N，117°6′36″E，667 m，2009-08-14，赵魏华400311005。新疆：218国道伊宁至新源途中，43°51′43″N，81°43′47″E，742 m，2010-10-04，王喜勇、王蕾、孔凡逵4003310029。甘肃：庆阳市什社乡，35°39′21″N，107°50′23″E，1250 m，2011-10-04，秦烁400326001。内蒙古：巴林左旗，44°12′12″N，119°16′51″E，2012-09-02，郑宝江等400341233。黑龙江：北安，39°46′09″N，115°52′28″E，2011-09-21，郑宝江400341136；桦川县申家店，46°32′11″N，130°36′21″E，856 m，2010-08-31，陈连江、贾海伦、张爽400351015。产于新疆，各地有栽培或已逸为野生。中亚以及印度、尼泊尔、不丹有分布。

栽培 耐寒，耐干旱。生性强健，在温暖湿润的土壤中生长尤好。

用途 茎皮纤维长而坚韧，可织麻布，制绳索；种子可榨油，供制油漆、涂料等；果实中药称“火麻仁”或“大麻仁”，药用，可治便秘；叶可制麻醉剂。花色清雅，株形优美，可丛植或片植于庭园。

含油率及化学组分数据

采集单位	测试单位	测试部位	产地	含油率(%)	碘值	酸值	皂化值	C12:0	C14:0	C16:0	C16:1	C18:0	C18:1	C18:2	C18:3	C20:0	C20:1
WHBG	WHBG	种仁	湖北神农架	48. 94	8. 49	8. 93	208. 73			8. 10		2. 50	14. 00	56. 30	16. 70	0. 70	0. 40
KMIB	KMIB	种仁	云南勐腊	8. 84	1. 80	153. 50	176. 60				6. 31		2. 77	12. 42	53. 79	17. 37	1. 72
ICS	ICS	种子	山东泰安	27. 12	164. 57	2. 17	192. 65		0. 05	7. 83	0. 14	2. 52	10. 62	53. 92	19. 69	0. 83	0. 57
XIEG	SCBG	种仁	新疆伊宁	30. 70	119. 19	2. 31	187. 03	0. 007	0. 055	6. 59	0. 14	2. 46	14. 57	54. 59	20. 04	0. 81	0. 73
CAU	ICS	种子	甘肃庆阳	17. 81	122. 23	13. 31	189. 56			8. 81	0. 14	3. 47	19. 37	51. 10	10. 77	0. 94	0. 91
NEFU	SCBG	种仁	内蒙古巴林	32. 11	74. 70	16. 18	441. 38	0. 01	0. 02	6. 09	0. 05	2. 88	31. 67	56. 76	0. 29	0. 47	1. 77
NEFU	SCBG	种仁	黑龙江北安	32. 61	12. 95	6. 34	176. 02	0. 0043	0. 10	9. 96	0. 23	2. 32	38. 81	45. 21	1. 41	0. 49	1. 47
SBRI	SCBG	种仁	黑龙江桦川	5. 75	9. 67	20. 31	190. 48		0. 03	8. 30		2. 98	9. 06	30. 15	48. 65	0. 11	0. 72
OFPC	FSIB	种子	辽宁沈阳	31. 60	157. 00		198. 10			6. 40	微量	2. 50	13. 00	56. 30	19. 20	1. 00	
OFPC	NIB	种子	宁夏盐池	17. 90	166. 80	17. 10	185. 40			7. 50	微量	3. 20	8. 90	30. 50	49. 80		
OFPC	CIB	种子	四川旺苍	33. 90			184. 00			7. 80		3. 20	11. 30	61. 30	16. 40		

构棘（葨芝、黄桑木、柘根）

Maclura cochinchinensis (Lour.) Corner [*Cudrania cochinchinensis* (Lour.) Kudô et Masam.]

桑科，柘属

特征 直立或攀缘状灌木。枝无毛，具粗壮弯曲无叶的腋生刺，刺长约1 cm。叶革质，椭圆状披针形或长圆形，长3~8 cm，宽2~2. 5 cm，全缘，先端钝或短渐尖，基部楔形，两面无毛，侧脉7~10对；叶柄长约1 cm。花雌雄异株，雌雄花序均为具苞片的球形头状花序，每花具2~4枚苞片，苞片锥形，内面具2个黄色腺体，苞片常附着于花被片上；雄花序直径6~10 mm，花被片4，不相等，雄蕊4枚，花药短，在芽时直立；退化雌蕊锥形或盾形，雌花序微被毛，花被片顶部厚，分离或基部合生，基有2黄色腺体。聚合果肉质，直径2~5 cm，表面微被毛，成熟时橙红色，核果卵圆形，成熟时褐色，光滑。花期4~5月；果期6~7月。

分布 湖南：浏阳县达浒镇金子坑，28°30′31″N，113°52′34″E，546 m，2010-11-05，张兵、谷志容400181230。江西：九江市庐山自然保护区，29°28′23″N，115°57′20″E，442 m，2010-11-05，李朋远、林意漫400148004。生于低山丘陵灌丛中，常见。产于海南、广东、广西、湖南、江西、福建、台湾、浙江、安徽、湖北、四川、贵州、云南、西藏。亚洲热带以及日本、澳大利亚有分布。

栽培 喜光，喜温暖湿润的气候，喜肥沃、疏松的土壤。以扦插繁殖为主，选用一年生枝条作为插条，夏季扦插。

用途 木材可制工艺品及黄色染料。叶饲蚕。茎皮可造纸。根药用，可清热、舒筋活络。

含油率及化学组分数据

采集单位	测试单位	测试部位	产地	含油率(%)	碘值	酸值	皂化值	C12:0	C14:0	C16:0	C16:1	C18:0	C18:1	C18:2	C18:3	C20:0	C20:1
HUST	HUST	种仁	湖南浏阳	12.11	8.41	10.22	267.89		0.05	11.082	0.10	8.02	17.94	50.69	7.95	0.43	3.73
SYSU	SCBG	种仁	江西九江	28.94				0.004	0.03	7.56	0.05	1.07	47.80	40.62	0.09	0.46	2.30

柘树

Maclura tricuspidata Carrière [*Cudrania tricuspidata* (Carrière) Bureau ex Lavallée]

桑科，柘属

特征　落叶灌木或小乔木，高1~7 m。树皮灰褐色。小枝无毛，略具棱，有棘刺，刺长5~20 mm；冬芽赤褐色。叶卵形或菱状卵形，偶为3裂，长5~14 cm，宽3~6 cm，先端渐尖，基部楔形至圆形，表面深绿色，背面绿白色；叶柄长1~2 cm，被微柔毛。雌雄异株，雌雄花序均为球形头状花序，单生或成对腋生，具短总花梗；雄花序直径0.5 cm，雄花有苞片2枚，附着于花被片上，花被片4，雄蕊4枚，与花被片对生，花丝在花芽时直立；退化雌蕊锥形，雌花序直径1~1.5 cm，花被片与雄花同数，花被片先端盾形，内卷，内面下部有2黄色腺体，子房埋于花被片下部。聚花果近球形，直径约2.5 cm，肉质，成熟时橘红色。花期5~6月；果期6~7月。

分布　安徽：合肥市紫蓬山，31°45′04″N，117°01′57″E，48 m，2011-10-01，田怀珍、李星霖4001171137。生于海拔500~1500 m的山地阳坡、石缝中或林缘，常见。产于广西、湖南、江西、福建、浙江、江苏、安徽、山东、河南、山西、湖北、四川、贵州、云南、甘肃、陕西、河北。朝鲜有分布。

栽培　喜光亦耐阴，耐寒，耐旱，耐瘠薄，喜钙质土壤。播种繁殖、扦插、分蘖等法均可。移植不用带土，适应性强，栽培管理简便，除定植时浇1次水，一般无须浇水、施肥等；少病虫害。

用途　茎皮为优良造纸原料；果可生食及酿酒。根皮药用，可清热、活血。心材黄色，坚韧细致，供制家具及细木工等用。可植于公园的边角、背阴处、街头绿地作庭园树或刺篱；是风景区绿化荒滩保持水土的先锋树种。

含油率及化学组分数据

采集单位	测试单位	测试部位	产地	含油率(%)	碘值	酸值	皂化值	C12:0	C14:0	C16:0	C16:1	C18:0	C18:1	C18:2	C18:3	C20:0	C20:1
ECNU	SCBG	种仁	安徽合肥	12.50	126.08	7.66	114.47			12.67	0.36	3.35	26.70	50.90	1.45	0.62	0.27
OFPC	JSIB	种子	江苏南京	27.50	125.40		196.50		0.10	12.50	0.20	4.20	16.80	65.80	0.40		

水同木（牛乳树）

Ficus fistulosa Reinw. ex Blume [*Ficus harlandii* Benth.]

桑科，榕属

特征　小乔木。树皮黑褐色，枝粗糙。叶互生，纸质，倒卵形至长圆形，长10~20 cm，宽4~7 cm，先端具短尖，基部斜楔形或圆形，全缘或微波状，上面无毛，下面微被柔毛或黄色小突体；基生侧脉短，侧脉6~9对；叶柄长1.5~4 cm；托叶卵状披针形，长约1.7 cm。榕果簇生于老干发出的瘤状枝上，近球形，直径1.5~2 cm，光滑，成熟橘红色，不开裂；雄花，生于其近口部，少数，具短柄，花被片3~4，雄蕊1枚，花丝短，瘿花具柄，花被片极短或不存，子房光滑，倒卵形，花柱近侧生，纤细，柱头膨大；雌花，生于另一植株榕果内，花被管状，围绕果柄下部。瘦果近斜方形，表面有小瘤体，花柱长，棒状。花期5~7月。

分布　海南：万宁县兴隆，19°03′59″N，109°11′51″E，2013-03-07，陈树钢、杨国、曾庆文400114258；昌江县霸王岭生态旅馆内，19°7′53″N，109°4′58″E，2011-12-05，秦新生4001161221。生于山地、旷野、灌丛中或林中，常见。产于海南、广东、香港、广西、云南。越南也有分布。

栽培　扦插繁殖。

用途　可作绿荫树、园林树和防风树。

含油率及化学组分数据

采集单位	测试单位	测试部位	产地	含油率(%)	碘值	酸值	皂化值	C12:0	C14:0	C16:0	C16:1	C18:0	C18:1	C18:2	C18:3	C20:0	C20:1
SCBG	SCBG	种仁	海南万宁	32.25	73.79	3.30	178.82	0.19	0.60	13.64	0.68	7.07	33.20	17.79	0.80	1.61	
SCAU	SCBG	种仁	海南昌江	15.14	3.45	11.83	286.72	0.05	0.02	8.48	0.35		7.65	63.43	1.29	0.45	5.47

青藤公（尖尾榕）

Ficus langkokensis Drake [*Ficus harmandii* Gagnep.]

桑科，榕属

特征 乔木，高达15 m。树皮红褐或灰黄色。小枝被锈色糠屑状毛。叶互生，纸质，椭圆状披针形或椭圆形，长7~19 cm，先端尾尖，基部宽楔形，全缘，两面无毛，下面红褐色；叶基三出脉，侧脉2~4对，在下面凸起，网脉在叶下面稍明显；叶柄长1~4 cm，无毛或疏被柔毛，托叶披针形。榕果成对或单生叶腋，球形，直径0.5~1.2 cm，被锈色糠屑状毛，顶端脐状，基生苞片3，宽卵形，总柄较细，雄花在榕果内壁散生，具梗，花被片3~4，卵形，雄蕊1~2枚，花丝短；雌花花被片4，倒卵形，与子房近等长，暗红色，花柱侧生。

分布 海南：昌江县霸王岭，19°7′53″N，109°4′58″E，2009-08-01，秦新生400116125。生于海拔150~2000 m的山谷林中或沟边，常见。产于海南、广西、湖南、福建、四川、云南。印度、老挝、越南也有分布。

栽培 喜温暖湿润气候。扦插或播种繁殖。

用途 适于行道树及园林树。

含油率及化学组分数据

采集单位	测试单位	测试部位	产地	含油率(%)	碘值	酸值	皂化值	C12:0	C14:0	C16:0	C16:1	C18:0	C18:1	C18:2	C18:3	C20:0	C20:1
SCAU	SCBG	种仁	海南昌江	30.08	19.34	65.02	111.94										

薜荔（广东王不留行、木馒头）

Ficus pumila L.

桑科，榕属

特征 攀缘或匍匐灌木。叶两型，不结果枝节上生不定根，叶卵状心形，长约2.5 cm，薄革质，基部稍不对称，尖端渐尖，叶柄很短；结果枝的叶革质，卵状椭圆形，长5~10 cm，宽2~3.5 cm，先端急尖至钝形，基部圆形至浅心形，全缘，上面无毛，下面被黄褐色柔毛；基生叶脉延长，网脉3~4对，在表面下陷，背面凸起，网脉甚明显，呈蜂窝状；托叶2枚，披针形，被黄褐色丝状毛。榕果单生叶腋，瘿花果梨形，雌花果近球形，顶部截平，略具短钝头或为脐状凸起，基部收窄成一短柄，基生苞片宿存，三角状卵形，密被长柔毛，榕果幼时被黄色短柔毛，成熟黄绿色或微红，总梗粗短；雄花，生榕果内壁口部，多数，排为几行，有柄，花被片2~3，线形，雄蕊2枚，花丝短，瘿花具柄，花被片3~4，线形，花柱侧生，短；雌花花柄长，花被片4~5。瘦果近球形，有黏液。花、果期5~8月。

分布 广东：惠东白盆珠，23°02′57″N，114°57′20″E，2009-08-26，林铧清、戴建阋400111113。湖北：应城，31°10′38″N，112°59′20″E，167 m，2012-11-05，李晓东、昝艳燕等400121249。垂直分布于海拔50~800 m之间，无论山区、丘陵、平原，在土壤湿润、肥沃的地块都有程度不同地零星野生分布，多攀附在村庄前后、山脚、山窝以及沿河沙洲、公路两侧的古树、大树上和断垣残壁、古石桥、庭园围墙等，常见。产于广东、广西、湖南、江西、福建、台湾、浙江、江苏、安徽、河南、湖北、四川、贵州、云南、陕西，北方偶有栽培。日本、越南有分布。

栽培 适应性强，喜光，喜温暖气候，喜肥也耐瘠薄，栽培土质以肥沃的砂质壤土为佳。扦插或播种繁殖，也可以压条繁殖。选用一年生枝条作为插条，夏季扦插。宜经常施追肥，水分须充足。

用途 瘦果水洗可作凉粉，藤叶药用。观赏价值高，良好的园林树种。

含油率及化学组分数据

采集单位	测试单位	测试部位	产地	含油率(%)	碘值	酸值	皂化值	C12:0	C14:0	C16:0	C16:1	C18:0	C18:1	C18:2	C18:3	C20:0	C20:1
SCBG	SCBG	种仁	广东惠东	28.80	68.21	3.22	210.01		0.053	18.19	21.32	6.75	23.37	20.14	9.63	0.37	0.16
WHBG	WHBG	种仁	湖北应城	13.05	102.07	2.60	166.61	0.03	0.05	10.52	0.46	1.87	34.07	45.76	0.15	7.53	0.83

葎草

Humulus scandens (Lour.) Merr.[*Humulopsis scandens* (Lour.) Grudz.]

桑科，葎草属

特征　一年生蔓性草本。茎长达数米，常缠绕于他物，有倒钩刺。单叶对生，掌状5深裂，稀为3~7裂，裂片卵形或卵状披针形，基部心形，先端锐尖或渐尖，边缘有锯齿，上面生刚毛，下面有油点，脉上有刚毛，两面粗糙。花单性，雌雄异株，花序腋生；雄花成圆锥状花序，有多数淡黄绿色小花，萼片5枚，披针形，外侧生有绒毛及细油点，雄蕊5枚，花药大，花丝甚短；雌花10余朵集成短穗，腋生，每朵雌花有1阔卵状披针形的鳞状苞，无花被，花柱2枚。果穗呈绿色，鳞状苞花后成卵圆形，先端短尾尖，外侧有暗紫斑及长白毛。瘦果卵形，两面凸，长4~5 mm，质坚硬。花期7~8月；果期8~9月。

分布　江苏：连云港市花果山，34°38′48″N，119°17′38″E，510 m，2010-09-25，李宏庆、桂萍、熊申展4001171067。四川：攀枝花市米易县二滩，26°48′49″N，101°46′13″E，1455 m，2012-10-15，刘晓波、宫庆彬40021112065。甘肃：徽县严坪镇，33°39′27″N，106°17′01″E，959 m，2011-10-07，薛帅400325015。陕西：陇县固关，34°57′58″N，106°35′34″E，1250 m，2011-10-12，秦烁400326029。黑龙江：桦川县申家店，47°43′50″N，128°52′12″E，797 m，2010-08-15，陈连江、卞勇、潘伟400351034。常生于林缘边、沟边、荒地或废墟，常见。产于除新疆、青海外各省分。日本、越南也有分布。

栽培　性喜半阴环境，耐寒，抗旱、喜肥，排水良好的肥沃土壤，生长速度迅速。管理粗放，无需特别的照顾，根据长势可略加修剪。

用途　茎纤维可作绳索。

含油率及化学组分数据

采集单位	测试单位	测试部位	产地	含油率(%)	碘值	酸值	皂化值	C12:0	C14:0	C16:0	C16:1	C18:0	C18:1	C18:2	C18:3	C20:0	C20:1
ECNU	SCBG	种仁	江苏连云港	20.71	122.51	5.93	184.82	0.048	0.06	11.56	0.14	3.32	12.74	59.63	11.28	0.68	0.58
SCU	SCU	种仁	四川攀枝花	31.04	150.71	16.05				12.11		7.87	12.17	52.04	15.81		
CAU	ICS	种子	甘肃徽县	8.72	145.85	14.38	50.52		0.09	13.43	0.14	3.08	12.06	49.13	18.25	1.25	0.45
CAU	ICS	种子	陕西陇县	18.58	136.94	7.64	187.05		0.08	10.60	0.11	3.07	13.34	53.15	16.80	0.66	0.43
SBRI	SCBG	种仁	黑龙江桦川	29.50	23.79	3.64	242.60										
OFPC	FSIB	种子	辽宁沈阳	18.20	151.80		193.60			6.90		2.80	12.20	63.30	14.80		

桑（白桑、家桑）

Morus alba L. [*Morus alba* var. *atropurpurea* (Roxb.) Bureau]

桑科，桑属

特征　乔木或为灌木，高3~10 m。小枝有细毛；冬芽红褐色，卵形，灰褐色，有细毛。叶卵形或广卵形，长5~15 cm，宽5~12 cm，先端急尖、渐尖或圆钝，基部圆形至浅心形，边缘锯齿粗钝，有时叶为各种分裂，表面鲜绿色，无毛，背面沿脉有疏毛，脉腋有簇毛。花单性，腋生或生于芽鳞腋内，与叶同时生出；雄花序下垂，密被白色柔毛，花丝在芽时内折，花药2室，球形至肾形，纵裂；雌花序长1~2 cm，被毛，总花梗长5~10 mm，被柔毛，雌花无梗，花被片倒卵形，顶端圆钝，外面和边缘被毛，两侧紧抱子房，无花柱。聚花果卵状椭圆形，长1~2.5 cm，成熟时红色或暗紫色。花期4~5月；果期5~8月。

分布　新疆：吐鲁番沙漠植物园，42°51′17″N，89°11′36″E，93 m，2009-05-17，王喜勇4003309008。黑龙江：哈尔滨，46°48′01″N，130°22′01″E，2011-09-22，郑宝江等400341146。垂直分布于海拔1200 m以下，常见。我国约有4000年栽培历史，原产我国中部和北部，现我国各省区和世界各地均有栽培。

栽培　喜高温，生长适温为20~30℃。春季至夏季用播种、扦插或高压繁殖。排水良好的砂质壤土为佳，日照需良好；幼树春、夏季追肥，冬季落叶后要整枝修剪。为害桑树的害虫主要为桑树金龟子，种类很多，成虫啮食桑芽、嫩梢及桑叶，对苗木嫩芽为害尤重。

用途　叶饲蚕，多栽培品种，有湖桑、鲁桑等。木材黄色，坚韧，供家具、雕刻、细木工等用，枝条强韧，可作造纸原料。果可食及酿酒。枝、叶、果可药用，有清肺热，祛风湿，补肝肾的功效。适合孤植、列植作园林树或大型盆栽。

含油率及化学组分数据

采集单位	测试单位	测试部位	产地	含油率(%)	碘值	酸值	皂化值	C12:0	C14:0	C16:0	C16:1	C18:0	C18:1	C18:2	C18:3	C20:0	C20:1
XIEG	SCBG	种仁	新疆吐鲁番	33.04	9.22	12.06	172.18	0.005	0.07	19.64	4.68	2.93	26.44	45.05	0.98	0.02	0.19
NEFU	SCBG	种仁	黑龙江哈尔滨	30.31	66.68	12.87	309.80	0.024	0.20	8.72	0.40	0.56	16.39	55.03	18.03	0.31	0.34
OFPC	FSIB	种子	辽宁绥中	35.20	153.60		192.80			8.10		3.40	6.50	1.00			
OFPC	IB	种子	北京	35.40	142.90		192.50	微量	微量	10.90		3.60	7.30				
OFPC	LBG	种子	江西武宁	27.60	139.30					11.90		3.50	7.80				

假鹊肾树

Streblus indicus (Bureau) Corner

桑科，鹊肾树属

特征 无刺乔木，高可达15 m，胸径15~20 cm。株体有乳状树液，树皮褐色，平滑。幼枝微被柔毛。叶革质，排为两列，椭圆状披针形，长7~15 cm，宽2. 5~4 cm，全缘；上面绿色，下面浅绿色，两面光亮，无毛，尖端钝尖或为尾状，基部楔形，侧脉羽状，多数。花雌雄同株或同序；雄花为腋生蝎尾形聚伞花序，单生或成对，花白色微红，苞片3枚，三角形，基部合生，花被片5，覆瓦状排列，雄蕊5枚，与花被片对生，花丝扁平；退化雌蕊小，圆锥柱形，雌花单生叶腋或生于雄花序上，花柱深2裂，密被深褐色短柔毛，子房球形，为花被片紧密包围。核果球形，中部以下渐狭，基部一边肉质，包围在增大的花被内。花期10~11月。

分布 海南：陵水县本号镇吊罗山五一，18°41′17″N，109°53′50″E，500 m，2010-09-20，秦新生4001161160。常生于海拔650~1400 m的山地林中或阴湿地区，常见。产于海南、广东、广西、云南。印度、泰国也有分布。

栽培 播种繁殖。

用途 树皮可药用；可提取工业用油。

含油率及化学组分数据

采集单位	测试单位	测试部位	产地	含油率(%)	碘值	酸值	皂化值	C12:0	C14:0	C16:0	C16:1	C18:0	C18:1	C18:2	C18:3	C20:0	C20:1
SCAU	SCBG	种仁	海南陵水	57. 81	90. 08	30. 65	210. 04		0. 018	13. 50	0. 19	15. 51	47. 35	22. 28	0. 19	0. 79	0. 18

序叶苎麻（合麻仁、水苎麻）

Boehmeria clidemioides var. **diffusa** (Wedd.) Hand. -Mazz.

荨麻科，苎麻属

特征 多年生草本，高约1 m。茎略带四棱形，有细伏毛。叶互生，卵形至卵状披针形，长2. 5~9 cm，宽1. 5~4 cm，顶端短至长渐尖，基部楔形，边缘密生锯齿，两面疏生平伏毛，基部三出脉；叶柄长达8 cm。花雌雄异株，有时同株，雌花成团伞花序集成穗状，主轴上有叶着生，雌花花被管状，长约0. 8 mm。瘦果卵圆形，为花被管所包；雄花花被片3~4枚，下部合生，雄蕊3~4枚。花、果期8~10月。

分布 四川：宝兴县硗碛乡神木垒，30°41′02″N，102°42′18″E，2474 m，2010-09-09，干友民400241087。生于山坡灌丛或溪边潮湿地，常见。产于广西、湖南、江西、福建、浙江、安徽、湖北、四川、贵州、云南、甘肃、陕西等省地。

栽培 播种繁殖。

用途 在四川民间全草或根供药用，治风湿、筋骨痛等症；茎、叶可饲猪。

含油率及化学组分数据

采集单位	测试单位	测试部位	产地	含油率(%)	碘值	酸值	皂化值	C12:0	C14:0	C16:0	C16:1	C18:0	C18:1	C18:2	C18:3	C20:0	C20:1
SAU	SCBG	种仁	四川宝兴	26. 50	122. 54	29. 66	170. 05										

红火麻（艾麻）

Girardinia diversifolia subsp. **triloba** (C. J. Chen) C. J. Chen et Friis

荨麻科，艾麻属

特征　多年生草本。叶二型，宽卵形，但大多倒梯形，在中部2裂，裂片三角形，中央1枚长3~7 cm，侧面的2枚长1. 5~3 cm，边缘具多数较整齐的牙齿，有时下部的为重牙齿，中下部的齿较大，基部截形或心形；茎、叶柄和下面的叶脉常带紫红色。雌花序轴密生伸展的粗毛。花期6~7月；果期8~9月。

本亚种与原亚种的区别：叶倒梯形，有时宽卵形，中部3裂，裂片三角形，中裂片长3~7 cm；雌花序轴密生伸展粗毛。

分布　湖南：吉首市矮寨乡德夯，28°21′13″N，109°34′27″E，303 m，2011-01-08，徐亮、覃三立40019101173。湖北：神农架林区阳日镇武山湖，31°42′31″N，110°46′58″E，859 m，2012-09-01，危文亮、赵永国等400151202。生于海拔800~2700 m的山坡林下或沟边，常见。产于广西、江西、湖南、安徽、河南、湖北、四川、贵州、云南、西藏、甘肃、陕西、山西、河北。日本、缅甸也有分布。

栽培　播种繁殖。

用途　茎皮纤维是很好的纺织原料，四川和湖南农村常栽培这种纤维植物。全草入药，有祛风除湿、活血、清热解表之效。

含油率及化学组分数据

采集单位	测试单位	测试部位	产地	含油率(%)	碘值	酸值	皂化值	C12:0	C14:0	C16:0	C16:1	C18:0	C18:1	C18:2	C18:3	C20:0	C20:1
JSU	SCBG	种仁	湖南吉首	20. 35					0. 09	4. 49		2. 00	23. 55	64. 89	1. 14	0. 25	0. 28
OCRI	SCBG	种仁	湖北神农架	23. 60	19. 34	23. 01	221. 58		0. 05	12. 66			21. 61	26. 96	1. 46	0. 17	

麻叶荨麻（焮麻、蝎子草）

Urtica cannabina L. [*Urtica cannabina* f. *angustiloba* Chu]

荨麻科，荨麻属

特征　多年生草本，高约1 m。茎粗约5 mm，被刺毛和短柔毛，少分枝。单叶对生；叶柄长3~8 cm，疏生或密生刺毛和短柔毛；托叶每节2枚，合生，草质，褐色，长圆形或宽卵状长圆形，长10~15 mm，先端钝，被微柔毛；叶片宽卵形，稀近心形或三角状卵形，先端短渐尖，基部心形，边缘具缺刻状的重牙齿或具多数有规则的小裂片，裂片近三角形，边缘有数枚细小牙齿。基出脉常5条，其上部1对伸达中部边缘。雌雄同株；雄花几乎无梗，雄花序生下部叶腋；雌花序生上部叶腋，花序圆锥状，展开，长过叶柄。退化雌蕊碟状，有柄，雌花近无梗。瘦果长圆状圆形，稍扁。花期7~8月；果期9~10月。

分布　新疆：乌鲁木齐水西沟，43°27′17″N，87°26′23″E，1718 m，2010-09-28，王喜勇、王蕾、孔凡达4003310017。生于海拔800~2800 m的丘陵草原、坡地、沙丘、河漫滩、河谷或溪边，常见。产于四川、新疆、青海、甘肃、陕西、山西、河北、内蒙古。蒙古、中亚、伊朗、俄罗斯以及欧洲也有分布。

栽培　喜湿喜光，较耐阴、耐旱、耐寒。播种繁殖。

用途　茎皮纤维可作纺织原料。全草药用，治风湿、糖尿病，解虫咬。可作观叶花卉，作花坛、花境材料。

含油率及化学组分数据

采集单位	测试单位	测试部位	产地	含油率(%)	碘值	酸值	皂化值	C12:0	C14:0	C16:0	C16:1	C18:0	C18:1	C18:2	C18:3	C20:0	C20:1
XIEG	SCBG	种仁	新疆乌鲁木齐	31. 31	113. 75	8. 72	189. 12		0. 62	4. 04	0. 037	2. 22	16. 11	68. 91	7. 43	0. 75	0. 44

小果山龙眼（越南山龙眼、红叶树）

Helicia cochinchinensis Lour.

山龙眼科，山龙眼属

特征　乔木或灌木，高4~20 m。树皮灰褐色或暗褐色。枝和叶均无毛。叶薄革质或纸质，通常长圆形，长5~15 cm，宽2. 5~5 cm，顶端短渐尖，尖头或钝，基部楔形，稍下延，全缘或上半部叶缘具疏生浅锯齿；侧脉6~7对，两面均明显；叶柄长0. 5~1. 5 cm。总状花序，腋生，有时花序轴和花梗初被白色短毛，后全脱落；花梗常双生；小苞片披针形，长0. 5 mm；花被管长10~12 mm，白色或淡黄色；花药长2 mm；腺体4枚，有时连生呈4深裂的花盘；子房无毛。果椭圆状，蓝黑色或黑色。花期6~10月；果期11月至翌年3月。

分布　湖南：炎陵县红星桥镇，113°45′36″E，26°08′13″N，520 m。2010-11-15，张兵、谷志容400181252。福建：梁野山云礤村，116°09′09″E，25°09′56″N，604 m，2012-11-23，易绮斐、李玉玲、宁阳阳400119279。广西：桂林市广西植物研究所，110°19′26″E，25°05′10″N，213 m，2010-12-02，吴磊、黄俞淞、林春蕊4001101169；凭祥县大青山林场，22°06′38″N，116°48′36″E，2012-01-15，刘东明、潘雅书、王美娜4001122297。广东：连平县大埠镇，24°19′31″N，114°33′33″E，2011-11-08，易绮斐、潘雅书、陈华平400119149；龙门县南昆山石河奇观，113°52′59″E，23°38′37″N，2012-12-27，王发国、王鹏、李仕裕、于海玲400113199。生于海拔20~800（~1300）m丘陵或山地湿润常绿阔叶林中。常见。产于广东、广西、江西、福建、浙江、台湾、湖南、湖北、云南、四川。越南北部以及日本也有分布。

栽培　喜光，喜温暖湿润气候。播种繁殖，种子随采随播。

用途　种子可榨油，供制肥皂等。木材坚韧，灰白色，适宜作小农具。树形优美，亦可作绿化观赏。

含油率及化学组分数据

采集单位	测试单位	测试部位	产地	含油率(%)	碘值	酸值	皂化值	C12:0	C14:0	C16:0	C16:1	C18:0	C18:1	C18:2	C18:3	C20:0	C20:1
HUST	HUST	种仁	湖南炎陵	31. 42	3. 95	13. 99	159. 43	0. 05	0. 36	20. 24	0. 20	1. 79	8. 81	67. 09	1. 07	0. 20	0. 19
SCBG	SCBG	种仁	福建梁野山	17. 35	125. 15	34. 57	147. 93										
GXIB	SCBG	种仁	广西桂林	36. 17	98. 00	0. 23	199. 61			4. 02	0. 11	2. 07	21. 18	37. 83	2. 72	0. 19	8. 22
SCBG	SCBG	种仁	广西凭祥	13. 45				0. 02	0. 11	15. 77	1. 87	3. 23	5. 79	68. 12	3. 44	0. 88	0. 78
SCBG	SCBG	种仁	广东连平	26. 12		12. 21	199. 57		0. 02	8. 15	0. 12	4. 87	21. 54	50. 69	16. 95	0. 80	10. 21
SCBG	SCBG	种仁	广东龙门	10. 56	10. 38	9. 85	194. 36	0. 01			1. 56	3. 02	40. 01	45. 09	5. 73		0. 21

山龙眼

Helicia formosana Hemsl.

山龙眼科，山龙眼属

特征　乔木，高5~10 m。树皮红褐色。嫩枝和花序均密被锈色短绒毛。叶薄革质或纸质，通常长椭圆形，长12~25 cm，宽2. 5~7 cm，顶端渐尖或急尖，基部楔形，边缘具尖锯齿，上面无毛，下面沿中脉和侧脉具毛，毛逐渐脱落；中脉在两面均隆起，侧脉8~10对，在下面凸起；叶柄长0. 3~1 cm。总状花序生于小枝已落叶腋部；花白色或淡黄色，花梗常双生，长4~5 mm，基部彼此贴生；苞片三角形，小苞片披针形，长0. 5~1 mm；花被管长15~20 mm，被疏毛；花药长1. 5~2 mm，药隔突出，腺体4枚，卵球形，稀基部合生；子房无毛。果球形，直径2~3 cm，顶端具钝尖，果皮干后树皮质，厚1~1. 5 mm，黄褐色，稍粗糙。花期4~6月；果期11月至翌年2月。

分布　广东：广东省龙门县南昆山天堂顶，113°49′48″E，23°39′08″N，王发国、王鹏、李仕裕、于海玲400113197。广西：靖西县底定保护区，105°57′57″E，25°06′59″N，883 m，2010-11-13，吴磊、黄俞淞、朱运喜4001101122。海南：万宁县兴隆五指山，109°11′51″E，19°3′59″N，379 m，2013-03-06，刘东明、王鹏、叶心芬、宁阳阳400114262。生于海拔（150~）340~1000 m的山地或沟谷湿润常绿阔叶林中。偶见。产于广东、广西、海南、台湾。越南北部也有分布。

栽培　喜光，喜温暖湿润气候。播种繁殖，种子随采随播。

用途　木材淡红色，适宜作家具或装饰用。树形优美，叶色常绿，适宜作园林树种。

含油率及化学组分数据

采集单位	测试单位	测试部位	产地	含油率(%)	碘值	酸值	皂化值	C12:0	C14:0	C16:0	C16:1	C18:0	C18:1	C18:2	C18:3	C20:0	C20:1
SCBG	SCBG	种仁	广东龙门	20. 74				0. 84	5. 74	1. 51	0. 50		21. 14	45. 01	57. 18	0. 93	0. 12
GXIB	SCBG	种仁	广西靖西	30. 95	104. 67	1. 02	202. 28			14. 29		6. 19	12. 86	3. 33			0. 05
SCBG	SCBG	种仁	海南万宁	24. 56	48. 94		176. 54	5. 34	0. 05	5. 53	2. 15	3. 63	48. 83		0. 82	2. 78	0. 39

广东山龙眼
Helicia kwangtungensis W. T. Wang

山龙眼科，山龙眼属

特征 乔木，高4~10 m。树皮褐色。幼枝和叶被锈色短毛，小枝和成长叶均无毛。叶坚纸质或革质，长圆形、倒卵形或椭圆形，长10~26 cm，宽6~12 cm，顶端短渐尖、急尖或钝尖，基部楔形，上半部叶缘具疏生浅锯齿或细齿，有时全缘；侧脉5~8对，在下面稍凸起，网脉不明显，有时在叶上面网脉稍凹下；叶柄长1~2. 5 cm。总状花序，1~2个腋生，长14~20 cm，花序轴和花梗密被褐色短毛，花梗常双生，下半部彼此贴生；苞片狭三角形，被柔毛；小苞片披针形；花被管长12~14 mm，淡黄色，具疏柔毛或近无毛，腺体4枚，卵球形；子房无毛。果近球形，直径1. 5~2. 5 cm，顶端具短尖，果皮干后革质，厚约1 mm，紫黑色或黑色。花期6~7月；果期10~12月。

分布 海南：陵水县本号乡吊罗山后山，18°44′04″N，109°50′13″E，2009-12-01，秦新生400116198。生于海拔400~800（~1200）m的山地湿润常绿阔叶林中。产于广东、广西、江西、福建、湖南。

栽培 喜温暖湿润气候。播种繁殖，种子随采随播。

用途 种子可食用。木材适作小农具。

含油率及化学组分数据

采集单位	测试单位	测试部位	产地	含油率(%)	碘值	酸值	皂化值	C12:0	C14:0	C16:0	C16:1	C18:0	C18:1	C18:2	C18:3	C20:0	C20:1
SCAU	SCBG	种仁	海南陵水	22. 65	2. 75	10. 60	200. 64		0. 04	7. 02	0. 10	3. 45	53. 60	33. 33	1. 24	0. 69	0. 54

长柄山龙眼
Helicia longipetiolata Merr. et Chun

山龙眼科，山龙眼属

特征 乔木。高6~15 m，小枝、叶和花序均无毛。叶革质，通常长椭圆形，长7~15 cm，宽2~5 cm，顶端急尖或渐尖，基部楔形，稍下延，全缘；中脉两面均隆起，侧脉6~8对，两面均稍凸起，网脉在上面明显；叶柄长2. 5~4. 5 cm。总状花序，腋生或生于小枝已落叶腋部，长15~20 cm；花梗常双生，长3~4 mm；苞片钻状，长1~1. 5 mm，小苞片长0. 5 mm；花被管长（15~）18~25 mm，白色；花药长2. 5~3. 5 mm，花盘4裂；子房无毛。果近球形，直径2~2. 5 cm，顶端具短尖，果皮干后革质，厚约1 mm，绿黑色。花期6~8月；果期11月至翌年1月。

分布 广东：韶关车八岭，24°42′53″N，114°09′49″E，523 m，2011-12-22，邢福武、刘东明、童毅、王鹏、潘雅书等4001122260。广西：靖西县南坡乡底定保护区，105°57′40″E，23°06′41″N，1157 m，2010-11-17，吴磊、黄俞淞、朱运喜4001101133。生于海拔400~950 m的山地湿润常绿阔叶林中。产于广东、海南、广西。越南也有分布。

栽培 喜温暖湿润气候。播种繁殖，种子随采随播。

用途 材用。

含油率及化学组分数据

采集单位	测试单位	测试部位	产地	含油率(%)	碘值	酸值	皂化值	C12:0	C14:0	C16:0	C16:1	C18:0	C18:1	C18:2	C18:3	C20:0	C20:1
SCBG	SCBG	种仁	广东韶关	11. 69	5. 52	11. 35	241. 05		0. 15	9. 64	0. 63	1. 19			15. 33		
SCAU	SCBG	种仁	广西靖西	28. 17	93. 92	2. 32	203. 15		0. 05	14. 65	2. 74	4. 51	18. 99	42. 92	0. 36	0. 41	0. 05

深绿山龙眼（母猪果、豆腐渣果）

Helicia nilagirica Bedd.

山龙眼科，山龙眼属

特征　乔木，高5~12 m。树皮灰色。芽密被锈色短毛。叶纸质或近革质，通常倒卵状长圆形，顶端短渐尖、近急尖或钝；中脉在上面稍凸起，侧脉6~8对，在下面凸起，网脉两面均明显。总状花序腋生或生于小枝已落叶腋部，长10~18 cm，密被锈色短毛，毛逐渐脱落，花梗常双生，基部彼此贴生；苞片披针形，被柔毛；花被管长12~18 mm，白色或浅黄色，无毛；花药长约2. 5 mm；腺体4枚，卵球形或近球形，稀1~2枚腺体延长成丝状附属物，在中部以下呈螺旋状弯曲；子房无毛。果呈稍扁的球形，直径2. 5~3. 5 cm，顶端具短尖，基部骤狭呈短柄状，果皮干后革质，厚2~4 mm，绿色。花期5~8月，果期11月至翌年7月。

分布　云南：勐海南糯山半坡老寨，2012-01，邢福武、童毅、孟玉芳4001142036；户撒农场，24°15′20″N，98°16′33″E，807 m，2009-05-03，张国学400222219。生于海拔1000~2000 m的山地和山谷常绿阔叶林中。产于云南西南部和南部。分布于印度、不丹、缅甸、泰国、老挝、越南。模式标本采自印度。

栽培　播种繁殖。

用途　种子含淀粉，云南景颇族群众常食用；树皮和果皮可提取单宁。

含油率及化学组分数据

采集单位	测试单位	测试部位	产地	含油率(%)	碘值	酸值	皂化值	C12:0	C14:0	C16:0	C16:1	C18:0	C18:1	C18:2	C18:3	C20:0	C20:1
SCBG	SCBG	种仁	云南勐海	26. 54	59. 91	13. 75	201. 59	0. 05			0. 14	5. 14	24. 85	64. 50	10. 94		

网脉山龙眼

Helicia reticulata W. T. Wang

山龙眼科，山龙眼属

特征　常绿阔叶小乔木或灌木，高3~10 m。叶互生，革质，倒卵状矩圆形或倒披针形，叶缘具疏浅锯齿；叶侧脉和网脉两面凸起成网眼。总状花序腋生或生于小枝已落叶腋部，花成对并生；花被管白色或黄色；萼片花瓣状，白色；子房无毛。坚果椭圆状球形。花期3~7月；果期10~12月。

分布　广东：从化市桃园乡石门国家森林公园113°34′32″E，23°32′22″N，180 m，2009-11-04，易绮斐、林铎清、徐蕾400119007；从化市大岭山石灶天池，23°59′45″N，117°12′50″E，451 m，2010-11-02，刘东明、梁耀、孟玉芳、付琳400112197；惠州市象头山三堆池保护站，23°18′41″N，114°24′27″E，2010-10-19，易绮斐、戴建阅、翟俊文400119115；惠东白盆珠，23°02′57″N，114°57′20″E，2009-08-27，林铎清、戴建阅40011192；乳源县五指山乡公路站，113°01′22″E，24°55′27″N，961 m，2012-01-07，王发国、杨国、宋贤利，400113097。广西：三江市

牛浪坡，109°25′37″E，25°41′17″N，300 m，2010-12-14，张兵、谷志容400181254；金秀县圣堂山山脚110°08′19″E，23°13′02″N，426 m，2011-01-07，吴磊、黄俞淞、林春蕊4001101173。江西：龙南县九连山114°25′54″E，24°34′17″N，419 m，2009-11-07，廖文波等400143016。生于海拔300~1500（~2100）m的山地湿润常绿阔叶林中。常见。产于我国东南至西南各省地。

栽培　喜温暖湿润气候，喜光，耐阴，耐贫瘠、耐旱。播种繁殖，种子随采随播。栽培土质以湿润的红壤或黄壤为佳，需排水良好、光照充足，年中施肥3~4次。

用途　木材坚韧，淡黄色，适宜做农具。种子煮熟，经漂浸1~2 d后，可食用。蜜源植物。枝繁叶茂，叶色终年常绿，荒山绿化的优良乡土树种。

含油率及化学组分数据

采集单位	测试单位	测试部位	产地	含油率(%)	碘值	酸值	皂化值	C12:0	C14:0	C16:0	C16:1	C18:0	C18:1	C18:2	C18:3	C20:0	C20:1
SCBG	SCBG	种仁	广东从化	2.50	104.33	10.34	164.09										
SCBG	SCBG	种仁	广东从化	16.25	105.25	40.43	157.37	4.97	0.07	13.08	10.01	1.88	14.83	43.42	28.27	0.54	
SCBG	SCBG	种仁	广东惠州	24.35	13.83	14.97	160.34		0.06	8.13	0.17	1.81	16.39	24.83	0.07		0.16
SCBG	SCBG	种仁	广东惠东	21.26	66.94	61.43	309.82										
SCBG	SCBG	种仁	广东乳源	26.60		11.83	193.87	5.34	0.39		0.06	2.06	21.68	49.64	0.81	0.47	0.46
HUST	HUST	种仁	广西三江	2.65	44.14		193.54	0.60	0.68	8.99	0.23	1.83	6.21	80.77	0.34	0.28	0.09
GXIB	SCBG	种仁	广西金秀	30.62	143.68	0.40	201.92		0.05	20.28	0.64	1.38	55.45	16.91	0.51	0.17	
SYSU	SCBG	种仁	江西龙南	26.47	136.73	1.36	152.47		0.05	11.08	0.10	8.0244	17.94	50.69	7.95	0.43	3.73

澳洲坚果

Macadamia ternifolia F. Muell.

山龙眼科，澳洲坚果属

特征　乔木，高5~15 m。叶革质，通常3枚轮生或近对生，长圆形至倒披针形，长5~15 cm，宽2~4 cm，顶端急尖至圆钝，有时微凹，基部渐狭，侧脉7~12对，每侧边缘具疏生牙齿约10个，成龄树的叶近全缘；叶柄长4~15 mm。总状花序，腋生或近顶生，长8~15（~20）cm，疏被短柔毛，花淡黄色或白色，花梗长3~4 mm；苞片近卵形，较小；花被管长8~11 mm，直立，被短柔毛；花丝短，花药长约1.5 mm，药隔稍突出，短、钝；子房及花柱基部被黄褐色长柔毛；花盘环状，具齿缺。果球形，直径约2.5 cm，顶端具短尖，开裂；种子通常球形。花期4~5月；果期7~8月。

分布　云南：盈江县那邦乡那邦村，97°35′32″E，24°40′15″N，690 m，2009-05-03，张国学400222020。原产澳大利亚。广东、台湾、云南有栽培。

栽培　喜温暖湿润气候，喜光，耐旱。播种繁殖。

用途　果为著名干果，种子供食用。木材红色，适宜作细木工或家具等。

含油率及化学组分数据

采集单位	测试单位	测试部位	产地	含油率(%)	碘值	酸值	皂化值	C12:0	C14:0	C16:0	C16:1	C18:0	C18:1	C18:2	C18:3	C20:0	C20:1
KMIB	KMIB	种仁	云南盈江	51.90	72.30	1.00	187.70			0.26	7.81	14.32	4.33	59.94	1.81	2.29	

铁青树(孟加拉铁青树)

Olax imbricata Roxb. [*Olax wightiana* Wall. ex Wight et Arn.]

铁青树科，铁青树属

特征 灌木，高2~6 m。小枝棕色。叶柄长5~10 mm；叶片椭圆形至卵状长圆形，长5~10 cm, 宽2. 5~3. 5 cm，革质，无毛，基部圆形，先端急尖；侧脉6~9条。花序通常不分枝，长1. 5~2. 5 cm，穗轴锯齿形；总花梗3~10 mm，花梗长1~3 mm，花萼小，截断，花瓣白色或微黄色，8~10 mm，整个22裂，柱头长达1 cm。核果球形或倒卵形，几乎由膨大的橙色宿存花萼覆盖，直径1. 5~2 cm。花、果期4~10月。

分布 海南：东方东河，18°55′46″N，109°2′35″E，2009-08-21，郑希龙、潘雅书40011434；万宁县石梅镇青梅林保护区，18°50′23″N，110°17′33″E，2009-08-02，邢福武、戴建阅、翟俊文、郑希龙40011117。生于海拔200 m以下的森林或次生林中。产于海南、台湾。印度、印度尼西亚、缅甸、斯里兰卡、马来西亚、菲律宾、泰国也有分布。

栽培 播种繁殖。

用途 观赏。

含油率及化学组分数据

采集单位	测试单位	测试部位	产地	含油率(%)	碘值	酸值	皂化值	C12:0	C14:0	C16:0	C16:1	C18:0	C18:1	C18:2	C18:3	C20:0	C20:1
SCBG	SCBG	种仁	海南东方	30. 45	76. 77	3. 16	163. 17										
SCBG	SCBG	种仁	海南万宁	47. 90	58. 52	2. 19	188. 04			3. 61	2. 13	4. 21	76. 35	1. 87	0. 40	3. 01	8. 34

青皮木

Schoepfia jasminodora Sieb. et Zucc.

铁青树科，青皮木属

特征 落叶小乔木或灌木，高3~14 m。树皮灰褐色。叶纸质，卵形或长卵形，长3. 5~7 cm，宽2~4. 5 cm，顶端近尾状或长尖，基部圆形，叶上面绿色，背面淡绿色；侧脉4~5条，略呈红色；叶柄长2~3 mm，红色。花无梗，3~9朵排成穗状花序状的螺旋状聚伞花序，花序长2~6 cm，总花梗长1~2. 5 cm，红色，果时可增长到4~5 cm；花萼筒杯状，上端有4~5枚小萼齿，无副萼，花冠钟形或宽钟形，白色或浅黄色，先端具4~5枚小裂齿，裂齿长三角形，长1~2 mm，外卷，雄蕊着生在花冠管上，花冠内面着生雄蕊处的下部各有一束短毛；子房半埋在花盘中，下部3室、上部1室，每室具1枚胚珠。果椭圆状或长圆形，长1~1. 2 cm，直径5~8 mm。花期3~5月；果期4~6月。

分布 湖南：浏阳市大围山镇大围山，28°27′54″N，114°01′14″E，2009-06-12，严岳鸿400181002。秦岭以南多有分布；西部各省分布于海拔1300~2600 m，其余各地分布于海拔500~1000 m的山谷、沟边、山坡、路旁的密林或疏林中。日本也有分布。

栽培 播种繁殖。

用途 观赏。

含油率及化学组分数据

采集单位	测试单位	测试部位	产地	含油率(%)	碘值	酸值	皂化值	C12:0	C14:0	C16:0	C16:1	C18:0	C18:1	C18:2	C18:3	C20:0	C20:1
HUST	HUST	种仁	湖南浏阳	8. 30	9. 86	14. 18	194. 28	0. 007	0. 02	2. 35	0. 19	0. 83	70. 15	25. 45	0. 19	0. 05	0. 13

台湾山柚

Champereia manillana (Blume) Merr.

山柚子科，台湾山柚属

特征 常绿小乔木，高6~7 m。树皮白色，无毛。枝条细长。叶革质，长圆形或长圆状披针形，长5~10 cm，宽2. 5~3. 5 cm，顶端急尖或渐尖，全缘，有光泽，干后苍白色；侧脉纤细；叶柄长3~5 mm。圆锥花序状聚伞花序，腋生，两性花的花序具细长的分枝，雌花序具较粗短的分枝；花小，两性花的花被片外折，长1~1. 5 mm，花梗长2~5 mm；雌花的花被片长约0. 5 mm，花梗长约0. 5 mm。核果椭圆状，长10~15 mm，顶端钝圆，无毛，橙红色；果梗短。花期2~6月；果期2~7月。

分布 广西：龙州弄岗自然保护区陇瑞站往27及28号界碑，22°25′53″N，106°39′03″E，2009-08-02，吴望辉、叶晓霞、农东新4001101041。生于干旱的灌木林或疏林中。产于台湾南部沿海地区。印度（安达曼群岛）、缅甸、泰国、马来西亚、印度尼西亚、菲律宾、越南也有分布。

栽培 播种繁殖。

用途 观赏。

含油率及化学组分数据

采集单位	测试单位	测试部位	产地	含油率(%)	碘值	酸值	皂化值	C12:0	C14:0	C16:0	C16:1	C18:0	C18:1	C18:2	C18:3	C20:0	C20:1
GXIB	SCBG	种仁	广西龙州	26. 10	32. 05	0. 49	250. 92	0. 11	0. 17	6. 99		1. 27	20. 54	64. 81	1. 38	0. 99	

茎花山柚

Champereia manillana var. **longistaminea** (W. Z. Li) H. S. Kiu

山柚子科，台湾山柚属

特征 灌木或乔木，高2~10 m。叶片披针形、长圆形或卵形，长8~13 cm×宽3~6 cm，纸质至革质；侧脉5~9条。圆锥花序长8~20 cm；苞片披针形，长约0. 5 mm；两性花花梗长1~2 mm，花瓣1. 5~1. 7 mm，雄蕊1. 5~1. 7 mm。核果橙色，2. 2~2. 5 cm×1. 5~1. 7 cm。花期4~5月；果期6~7月。

分布 广西：龙州县逐卜乡弄岗瞭望台，22°29′01″N，106°55′34″E，263 m，2011-07-04，黄俞淞、郭伦发4001101193。生于海拔300~1300 m的灌丛、石灰岩山丘、山谷、山坡。产于广西、云南。

栽培 播种繁殖。

用途 绿化。

含油率及化学组分数据

采集单位	测试单位	测试部位	产地	含油率(%)	碘值	酸值	皂化值	C12:0	C14:0	C16:0	C16:1	C18:0	C18:1	C18:2	C18:3	C20:0	C20:1
GXIB	SCBG	种仁	广西龙州	20. 70	89. 40	0. 62	201. 90	0. 28	0. 42	11. 02		3. 39	20. 48	63. 28	1. 13		

沙针

Osyris quadripartita Salzm. ex Decne. [*Osyris wightiana* Wall. ex Wight]

檀香科，沙针属

特征 灌木或小乔木，高2~5 m。枝细长，嫩时呈三棱形。叶薄革质，灰绿色，椭圆状披针形或椭圆状倒卵形，长2. 5~6 cm，宽0. 6~2 cm，顶端尖，有短尖头，基部渐狭，下延而成短柄。花小，雄花2~4朵集成小聚伞花序，花梗长4~8 mm，花被直径约4 mm，裂片3枚，花盘肉质，雄蕊3枚，花丝很短，不育子房呈微小的凸起，位于花盘中央；雌花单生，偶4或3朵聚生，苞片2枚，花梗顶部膨大，花盘、雄蕊如同雄花，但雄蕊不育；两性花外形似雌花，但具发育的雄蕊；胚珠通常3枚，柱头3裂。核果近球形，顶端有圆形花盘残痕，成熟时橙黄色至红色，干后浅黑色，直径8~10 mm。花期4~6月；果期10月。

分布 云南：昆明市东郊呼马山，25°03′36″N，102°45′57″E，1972 m，2009-08-26，张国学400222130。生长于海拔600~2700 m的灌丛中。产于广西、云南、四川、西藏。斯里兰卡、印度、尼泊尔、不丹、缅甸、越南、老挝、柬埔寨也有分布。

栽培 喜光，喜温暖湿润气候，耐干旱和贫瘠的土壤，不耐水湿。播种繁殖。

用途 根部含有类似檀香的芳香油，药用消肿止痛、驱风并治跌打刀伤。心材可作檀香的代用品。

含油率及化学组分数据

采集单位	测试单位	测试部位	产地	含油率(%)	碘值	酸值	皂化值	C12:0	C14:0	C16:0	C16:1	C18:0	C18:1	C18:2	C18:3	C20:0	C20:1
KMIB	KMIB	种仁	云南昆明	26. 14	71. 80	4. 30	174. 20		0. 30	0. 22	4. 00		5. 14	34. 88	4. 83		

檀梨

Pyrularia edulis (Wall.) A. DC.

檀香科，檀香属

特征 小乔木或灌木，高3~10 m。树皮灰色或灰黄色，皮孔长圆形，明显或不明显。小枝粗壮，圆柱状；芽被灰白色绢毛。叶纸质或带肉质，通常光滑，卵状长圆形，很少呈倒卵状长圆形；长7~15 cm（连叶柄），宽3~6 cm，顶端渐尖或短尖，基部阔楔形至近圆形，侧脉4~6对，被长柔毛；叶柄长6~8 mm。雄花集成总状花序，长1. 3 cm，花序长2. 5~5 cm，顶生或腋生，花梗长6 mm，无苞片，花被管长圆状倒卵形，花被裂片5（~6），三角形，外被长柔毛，花盘5（~6）裂；雌花或两性花单生，子房棒状，被短柔毛，花柱短。核果梨形，长3. 8~5 cm，基部骤狭与果柄相接，顶端近截形，有脐状凸起；外果皮肉质并有黏胶质。种子近球形，胚乳油质，果柄粗壮，长1. 2 cm。花期12月至翌年4月；果期8~11月。

分布 湖南：桑植县八大公山药材场，29°41′21″N，109°46′12″E，1376 m，2009-09-27，张兵400181053。生于海拔1200~2700 m的常绿阔叶林中。产于广东、广西、福建、湖北、云南、四川、西藏。印度、尼泊尔也有分布。

栽培 播种繁殖。

用途 种子含油量为56%~65%，油呈深棕色，浓稠，经加工处理后可供食用，亦可用于制皂和入药（治烧伤、烫伤等症）。茎皮入药治跌打。

含油率及化学组分数据

采集单位	测试单位	测试部位	产地	含油率(%)	碘值	酸值	皂化值	C12:0	C14:0	C16:0	C16:1	C18:0	C18:1	C18:2	C18:3	C20:0	C20:1
HUST	HUST	种仁	湖南桑植	55. 06	100. 88	9. 10	223. 74			1. 90	1. 51	12. 29	0. 90	24. 69		10. 23	30. 59

硬核

Scleropyrum wallichianum (Wight et Arn.) Arn.

檀香科，硬核属

特征 常绿乔木，高4~10 m。枝粗壮，光滑，枝刺长达8 cm。叶长圆形或椭圆形，长9~17 cm，宽5~7 cm，嫩时亮红色，干后稍起皱，顶端圆钝或急尖，基部近圆形，上面深绿色，背面浅绿色；中脉在上面凹陷，在背面隆起，侧脉3~4对，明显；叶柄粗短，基部有节，节明显或肿大。花序长2~2. 5 cm，单生，成对着生或少数簇生，被黄色绒毛；苞片狭披针形，外被长柔毛，早落；花长约3. 8 mm，直径5. 5 mm，淡黄色至红黄色，花被裂片5，卵圆形，顶端近锐尖，外被短柔毛，近基部被毛较密，在雄蕊后面有疏毛一撮；雄蕊5枚，花丝短，柱头3~4浅裂，中部凹入。核果长3~3. 5 cm，直径2. 3~2. 5 cm，成熟时橙黄色或橙红色，顶端的宿存花被呈乳凸状，呈果柄状。花期4~5月；果期8~9月。

分布 云南：景洪市基诺乡亚诺村，21°59′43″N，101°05′50″E，1172 m，2010-10-26，王智、刘洪新400221221。海南：万宁县石梅镇青梅林保护区，18°50′23″N，110°17′33″E，2009-08-02，邢福武、戴建阅、翟俊文、郑希龙40011123。生于海拔800~1200 m的潮湿山区的缓坡或山谷疏林中。产于海南、广东、广西、云南。斯里兰卡、印度、缅甸、老挝、柬埔寨、越南、马来西亚也有分布。

栽培 喜光，喜温暖湿润气候。播种繁殖。

用途 本种的种子含油量高，提取的油可作润滑油和制皂等工业原料；植株的幼嫩部分和成熟的果实可少量食用。

含油率及化学组分数据

采集单位	测试单位	测试部位	产地	含油率(%)	碘值	酸值	皂化值	C12:0	C14:0	C16:0	C16:1	C18:0	C18:1	C18:2	C18:3	C20:0	C20:1
KMIB	KMIB	种仁	云南景洪	51. 00	124. 50		195. 20			2. 90							
SCBG	SCBG	种仁	海南万宁	11. 70	86. 540	41. 32	381. 98	0. 01	0. 29	20. 21	0. 09	5. 24	51. 25	20. 52	1. 75	0. 32	0. 31

无刺硬核（野葫芦）

Scleropyrum wallichianum var. **mekongense** (Gagnep.) Lec.

檀香科，硬核属

特征 常绿乔木，本变种与原种的区别在于茎或枝无刺；叶被疏毛，基部楔形，雄花被外面具绒毛。

分布云南：普洱市景谷县，23°13′35″N，100°54′40″E，920 m，2011-10-20，杨珺、宿瑶、杨世仙400221368。生于海拔600~1650 m的密林中。产于云南（南部）。柬埔寨、老挝、越南也有分布。

栽培 播种繁殖。

用途 种子含油量高，提取的油可作润滑油和制皂等工业原料。

含油率及化学组分数据

采集单位	测试单位	测试部位	产地	含油率(%)	碘值	酸值	皂化值	C12:0	C14:0	C16:0	C16:1	C18:0	C18:1	C18:2	C18:3	C20:0	C20:1
KMIB	KMIB	种仁	云南普洱	56. 00													

何首乌

Fallopia multiflora (Thunb.) Haraldson

蓼科，何首乌属

特征 多年生草本。块根肥厚，长椭圆形，黑褐色。茎缠绕，长2~4 m，多分枝，具纵棱，无毛，微粗糙，下部木质化。叶卵形或长卵形，长3~7 cm，宽2~5 cm，顶端渐尖，基部心形或近心形，两面粗糙，边缘全缘；叶柄长1. 5~3 cm；托叶鞘膜质，偏斜。花序圆锥状，顶生或腋生，长10~20 cm，分枝开展，具细纵棱，沿棱密被小凸起；苞片三角状卵形，具小凸起，顶端尖，每苞内具2~4花；花梗细弱，下部具关节，果时延长；花被5深裂，白色或淡绿色，花被片椭圆形，外面3片较大背部具翅，果时增大，花被果时外形近圆形，直径6~7 mm；雄蕊8枚，花丝下部较宽；花柱3，极短，柱头头状。瘦果卵形，具3棱，黑褐色，有光泽，包于宿存花被内。花期6~10月；果期7~11月。

分布 湖北：应城，31°3′56″N，112°53′22″E，138 m，2012-11-07，李晓东、咎艳燕等400121260。生于海拔200~3000 m的山谷灌丛、山坡林下、沟边石隙，产于华南、华东、华中以及贵州、四川、云南、陕西、甘肃。日本也有分布。

栽培 播种繁殖。

用途 药用或观赏。

含油率及化学组分数据

采集单位	测试单位	测试部位	产地	含油率(%)	碘值	酸值	皂化值	C12:0	C14:0	C16:0	C16:1	C18:0	C18:1	C18:2	C18:3	C20:0	C20:1
WHBG	SCBG	种仁	湖北应城	20. 10	135. 15	10. 52	176. 07			8. 86	1. 27	2. 31	12. 09	77. 53		0. 50	0. 19

大箭叶蓼

Polygonum darrisii H. Lév.

蓼科，何首乌属

特征 一年生草本。茎蔓生，长1~2 m，暗红色，四棱形，沿棱具稀疏的倒生皮刺。叶长三角形或三角状箭形，长4~10 cm，宽3~5 cm，顶端渐尖，基部箭形，边缘疏生刺状缘毛，上面无毛，下面沿中脉疏生皮刺；叶柄长3~6 cm，具倒生皮刺；托叶鞘筒状，边缘具1对叶状耳，耳披针形，草质，绿色，长0. 6~1. 5 cm。总状花序头状，顶生或腋生，花序梗通常不分枝，无腺毛，具稀疏的倒生短皮刺；苞片长卵形，顶端渐尖，每苞内通常具2花；花梗短，比苞片短；花被5深裂，白色或淡红色，花被片椭圆形，雄蕊8，比花被短；花柱3枚，中下部合生，柱头头状。瘦果近球形，微具3棱，黑褐色，有光泽，长约3 mm，包于宿存花被内。花期6~8月；果期7~10月。

分布 湖南：沅陵借母溪乡，28°46′28″N，110°27′18″E，2011-10-22，张九兵、朱明德400181324。生于海拔300~1700 m的沟谷中。产于广东、广西、湖南、江西、福建、浙江、江苏、安徽、河南、湖北、贵州、四川、云南、陕西。

栽培 播种繁殖。

用途 药用。

含油率及化学组分数据

采集单位	测试单位	测试部位	产地	含油率(%)	碘值	酸值	皂化值	C12:0	C14:0	C16:0	C16:1	C18:0	C18:1	C18:2	C18:3	C20:0	C20:1
HUST	HUST	种仁	湖南沅陵	21. 68	15. 04	5. 09	186. 02		0. 02	6. 09	0. 06	2. 71	20. 98	14. 61	55. 39	0. 12	0. 02

红蓼

Polygonum orientale L.

蓼科，蓼属

特征 一年生草本。茎直立，粗壮，高1~2 m，上部多分枝，密被开展的长柔毛。叶宽卵形、宽椭圆形或卵状披针形，长10~20 cm，宽5~12 cm，顶端渐尖，基部圆形或近心形，微下延，边缘全缘，密生缘毛，两面密生短柔毛，叶脉上密生长柔毛；叶柄长2~10 cm，具开展的长柔毛；托叶鞘筒状，膜质，长1~2 cm，被长柔毛，具长缘毛。总状花序呈穗状，顶生或腋生，长3~7 cm，花紧密，微下垂，通常数个再组成圆锥状；苞片宽漏斗状，长3~5 mm，草质，绿色，被短柔毛，边缘具长缘毛，每苞内具3~5朵花，花梗比苞片长；花被5深裂，淡红色或白色，花被片椭圆形，长3~4 mm；雄蕊7枚，比花被长，花盘明显，花柱2枚，中下部合生，柱头头状。瘦果近圆形。花期6~9月；果期8~10月。

分布 湖南：保靖县白云山，28°41′32″N，109°21′32″E，600 m，2012-09-02，张代贵、张洁40019101227。重庆：南川区三泉镇三泉石门沟，29°46′45″N，107°07′06″E，592 m，2009-09-29，刘正宇等400231074。山东：泰安，35°44′17″N，119°10′57″E，145 m，2010-07-14，赵伟华400311182。山西：垣曲县新城，乡东峰山村，35°11′26″N，111°23′04″E，2009-10-05，谢光辉400322025。黑龙江：伊春市小兴安岭，47°43′51″N，128°52′11″E，807 m，2010-08-15，陈连江、卞勇、贾海伦400351037。生于海拔30~2700 m的沟边湿地、村边路旁。除西藏外，广布于全国各地，野生或栽培。朝鲜、日本、俄罗斯、菲律宾、印度以及欧洲、大洋洲也有。

栽培 喜光，喜温暖湿润。耐瘠薄，不择土壤，喜阴湿环境。播种繁殖，于春季3~4月进行。

用途 果实入药，名“水红花子”，有活血、止痛、消积、利尿功效。

含油率及化学组分数据

采集单位	测试单位	测试部位	产地	含油率(%)	碘值	酸值	皂化值	C12:0	C14:0	C16:0	C16:1	C18:0	C18:1	C18:2	C18:3	C20:0	C20:1
JSU	SCBG	种仁	湖南保靖	20. 65				0. 56	0. 56	6. 16		0. 70	5. 74	5. 74	2. 10	3. 36	4. 76
CIPP	SCBG	种仁	重庆南川	10. 20				0. 02	0. 07	7. 93		3. 86	12. 80	25. 08	48. 65	0. 28	0. 31
ICS	ICS	种子	山东泰安	3. 62	114. 70	2. 69	207. 54			5. 44	0. 81	1. 17	44. 69	41. 54	1. 31	0. 30	0. 28
CAU	ICS	种仁	山西垣曲	2. 85	108. 33	12. 07	47. 55			9. 32	1. 70	1. 20	27. 96	43. 59	3. 61		
SBRI	SCBG	种仁	黑龙江伊春	10. 67	66. 90	13. 15	246. 34	0. 004	0. 09	13. 76	0. 08	3. 62	37. 23	38. 10	6. 72	0. 22	0. 17

杠板归

Polygonum perfoliatum L.

蓼科，蓼属

特征 藤状草本。茎攀缘，多分枝，长1~2 m，具纵棱，沿棱具稀疏的倒生皮刺。叶三角形，长3~7 cm，宽2~5 cm，顶端钝或微尖，基部截形或微心形，薄纸质，上面无毛，下面沿叶脉疏生皮刺；叶柄与叶片近等长，具倒生皮刺，盾状着生于叶片的近基部；托叶鞘叶状，草质，绿色，圆形或近圆形，穿叶，直径1. 5~3 cm。总状花序呈短穗状，不分枝顶生或腋生，长1~3 cm；苞片卵圆形，每苞片内具花2~4朵；花被5深裂，白色或淡红色，花被片椭圆形，长约3 mm，果时增大，呈肉质，深蓝色；雄蕊8枚；花柱3枚，中上部合生，柱头头状。瘦果球形，黑色。花期6~8月；果期7~10月。

分布 河北：兴隆，40°38′49″N，119°01′49″E，1299 m，2011-09-23，徐兴友、韩宝强40031388。福建：南平武夷山市洋庄乡大安源，27°52′25″N，117°51′52″E，478 m，2012-11-09，刘东明、童毅4001122104。陕西：洋县华阳古镇，33°35′06″N，107°32′36″E，1152 m，2010-10-09，薛帅、王继师400323038。贵州：雷山县城内小山坡，26°22′27″N，108°04′35″E，853 m，2012-10-16，陈丰林、夏纯、桑洪伟4001151221。安徽：六安市，31°44′42″N，116°30′21″E，63 m，2011-10-06，胡超4001171165。湖南：龙山县里耶，28°31′25″N，109°08′40″E，340 m，2010-09-13，徐亮、钱凯歌400191125。湖北：兴山县南阳镇龙门河，31°19′19″N，110°27′53″E，1442 m，2012-08-23，危文亮、赵永国等400151196。江西：抚州资溪县马头山自然保护区，27°47′37″N，117°12′42″E，311 m，2011-10-20，凡强、景慧娟4001412010。生于海拔80~2300 m的田边、路旁、山谷湿地。产于全国各地。朝鲜、日本、印度尼西亚、菲律宾、印度、俄罗斯也有分布。

栽培 播种、分株或扦插繁殖。适应性强，易栽培。

用途 树形秀美，花色艳丽，可用于地被布置。

含油率及化学组分数据

采集单位	测试单位	测试部位	产地	含油率(%)	碘值	酸值	皂化值	C12:0	C14:0	C16:0	C16:1	C18:0	C18:1	C18:2	C18:3	C20:0	C20:1
HNUST	ICS	种仁	河北兴隆	4. 31	236. 64	44. 53	171. 28		0. 07	9. 68	0. 07	1. 90	33. 12	39. 81	5. 07		0. 36
SCBG	SCBG	种仁	福建南平	21. 35				0. 005	0. 07	19. 64	4. 68	2. 93	26. 44	45. 05	0. 98	0. 02	0. 19
CAU	ICS	种仁	陕西洋县	34. 12	73. 99	11. 00	255. 08		0. 24	14. 94	0. 28	3. 61	15. 27	41. 66	15. 83		
SCBG	SCBG	种仁	贵州雷山	35. 61				0. 006	0. 04	8. 53	0. 30	3. 03	14. 42	72. 33	1. 18	0. 06	0. 10
ECNU	SCBG	种仁	安徽六安	14. 20	111. 90	1. 82	199. 67			4. 95	1. 41	1. 08	55. 41	30. 99	0. 70	0. 29	0. 07
JSU	SCBG	种仁	湖南龙山	62. 76	5. 01	14. 72	290. 02	89. 46	1. 99	0. 76		0. 19	5. 40	2. 00			
SBRI	SCBG	种仁	湖北兴山	20. 17	4. 57	91. 46	192. 09	0. 009		15. 58	0. 63	1. 73	7. 76	48. 38	0. 34	0. 95	0. 74
SYSU	SCBG	种仁	江西抚州	29. 48					0. 05	11. 08	0. 10	8. 02	17. 94	50. 69	7. 95	0. 43	3. 73

虎杖

Reynoutria japonica Houtt.

蓼科，虎杖属

特征　多年生草本。根状茎粗壮，横走。茎直立，高1~2 m，粗壮，空心，具明显的纵棱，散生红色或紫红斑点。叶宽卵形或卵状椭圆形，长5~12 cm，宽4~9 cm，近革质，顶端渐尖，基部宽楔形、截形或近圆形，边缘全缘，疏生小凸起，两面无毛，沿叶脉具小凸起；叶柄长1~2 cm，具小凸起；托叶鞘膜质，褐色，具纵脉，常破裂，早落。花单性，雌雄异株，花序圆锥状，长3~8 cm，腋生；苞片漏斗状，长1.5~2 mm，顶端渐尖，无缘毛，每苞内具2~4朵花；花梗长2~4 mm，中下部具关节；花被5深裂，淡绿色，雄花花被片具绿色中脉，无翅，雄蕊8枚，比花被长；雌花花被片外面3片背部具翅，果时增大，翅扩展下延，花柱3枚，柱头流苏状。瘦果卵形，具3棱，黑褐色。花期8~9月；果期9~10月。

分布　重庆：南川区鱼泉乡庙坝三叉，29°33′07″N，107°12′59″E，1377 m，2009-09-05，刘正宇等400231053。浙江：临安市西天目山，30°24′01″N，119°28′54″E，756 m，2012-11-18，陈树钢、童毅400122175。湖北：广水大贵寺，31°49′46″N，113°56′31″E，731 m，2010-09-25，李晓东、昝艳燕、罗曼曼400121150。生于海拔140~2000 m的山坡灌丛、山谷、路旁、田边湿地。产于华南、华东、华中以及贵州、四川、云南、陕西、甘肃。朝鲜、日本也有分布。

栽培　以肥沃、湿润、排水良好的砂质壤土为佳。播种、分株或扦插繁殖，春季为适期。

用途　根状茎供药用，有活血、散瘀、通经、镇咳等功效。株形优美，花姿悦目，可盆栽观赏，或栽于溪边岩石上或者石缝中任其蔓延生长，点缀园林。

含油率及化学组分数据

采集单位	测试单位	测试部位	产地	含油率(%)	碘值	酸值	皂化值	C12:0	C14:0	C16:0	C16:1	C18:0	C18:1	C18:2	C18:3	C20:0	C20:1
CIPP	SCBG	种仁	重庆南川	27.56	53.45	9.45	216.45	0.19	0.68	22.78	1.27	3.60	14.22	39.44	5.36	0.97	0.19
SCBG	SCBG	种仁	浙江临安	20.16				0.006	0.12	6.70	0.11	3.71	18.55	69.12	1.04	0.41	0.24
WHBG	WHBG	种仁	湖北广水	2.68					13.60			39.40	43.10	3.90			

羊蹄

Rumex japonicus Houtt.

蓼科，酸模属

特征　多年生草本。茎直立，高50~100 cm，上部分枝，具沟槽。基生叶长圆形或披针状长圆形，长8~25 cm，宽3~10 cm，顶端急尖，基部圆形或心形，边缘微波状，下面沿叶脉具小凸起；茎上部叶狭长圆形；叶柄长2~12 cm；托叶鞘膜质，易破裂。花序圆锥状；花两性，多花轮生，花梗细长，中下部具关节；花被片6枚，淡绿色，外花被片椭圆形，长1.5~2 mm，内花被片果时增大，宽心形，长4~5 mm，顶端渐尖，基部心形，网脉明显，边缘具不整齐的小齿，齿长0.3~0.5 mm，全部具小瘤，小瘤长卵形，长2~2.5 mm。瘦果宽卵形，具3锐棱，两端尖，暗褐色。花5~6月；果期6~7月。

分布　重庆：南川区三泉镇龙岩江边，29°45′49″N，107°07′47″E，577 m，2009-05-21，刘正宇等400231007。生于海拔30~3400 m的田边路旁、河滩、沟边湿地。产于四川、贵州、陕西以及华南、华东、华中、华北、东北地区。朝鲜、日本、俄罗斯也有分布。

栽培　播种繁殖。

用途　绿化。

含油率及化学组分数据

采集单位	测试单位	测试部位	产地	含油率(%)	碘值	酸值	皂化值	C12:0	C14:0	C16:0	C16:1	C18:0	C18:1	C18:2	C18:3	C20:0	C20:1
CIPP	SCBG	种仁	重庆南川	26.44	83.39	2.40	314.35		0.05	7.43	0.12	4.29	17.53	45.83	1.46	0.48	5.28

疏花酸模
Rumex nepalensis var. **remotiflorus** (Sam.) A.J. Li
蓼科，酸模属

特征　多年生草本。根粗壮。茎直立，高50~100 cm，具沟槽，无毛，上部分枝。基生叶长圆状卵形，长10~15 cm，宽4~8 cm，顶端急尖，基部心形，边缘全缘，两面无毛；茎生叶卵状披针形；叶柄长3~10 cm；托叶鞘膜质，易破裂。花序圆锥状；花两性，花梗中下部具关节；花被片6枚，成2轮，外轮花被片椭圆形，长约1.5 mm，内花被片果时增大成宽卵形，长5~6 cm，顶端急尖，基部截形，边缘每侧具7~8刺状齿，齿长1.5~2 mm，顶端直，有时成钩状，一部或全部具小瘤。瘦果卵形，具3锐棱，顶端急尖，褐色。花4~5月；果期6~7月。

分布　重庆：南川区三泉镇神仙堡，29°45′47″N，107°07′55″E，583 m，2009-05-15，刘正宇等400231004。生于海拔2700~2800 m的小溪边。产于云南。

栽培　播种繁殖。

用途　绿化。

含油率及化学组分数据

采集单位	测试单位	测试部位	产地	含油率(%)	碘值	酸值	皂化值	C12:0	C14:0	C16:0	C16:1	C18:0	C18:1	C18:2	C18:3	C20:0	C20:1
CIPP	SCBG	种仁	重庆南川	22.65	66.49	32.01	423.17	0.25	0.47	11.48		2.07	11.19	46.49	1.16	0.51	

枝穗大黄（直穗大黄）
Rheum rhizostachyum Schrenk
蓼科，大黄属

特征　草本。高达30 cm。根粗壮，根状茎顶端具宽大托叶鞘，基生，革质。叶片宽卵形或卵圆形，长12~25 cm，宽10~22 cm，顶端钝或圆钝，基部常窄缩，浅心形或圆形，全缘或稍具弱波，基出脉5~7条，中脉与大侧脉非常粗壮，并于叶下面明显凸起，紫红色；叶柄粗短，扁或近圆柱状，长3~6 cm，径5~9 mm，被长乳凸状毛。花莛2~5个，自根状茎顶端抽出，高12~28 cm，中空，下部无或具1~3小枝，被长乳凸状毛或下部近光滑；花黄白色；花梗长约3 mm，关节位于中部偏下或下部；花被片窄椭圆形到线状椭圆形，外轮3片较小，长1.8~2 mm，宽0.8~1 mm；雄蕊9枚，花丝长约1.5 mm，花药宽椭圆形，花盘薄。果实卵形或椭圆状卵形，顶端钝，基部浅心形。种子卵形。花期6月；果期8~9月。

分布　新疆：新源县阿勒玛勒乡，43°25′24″N，83°24′54″E，975 m，2011-08-19，侯翼国、王茜4003311028。生于海拔1000~4200 m的高山草地或石缝中。产于新疆。哈萨克斯坦也有分布。

栽培　播种繁殖。

用途　观赏，可栽作地被。

含油率及化学组分数据

采集单位	测试单位	测试部位	产地	含油率(%)	碘值	酸值	皂化值	C12:0	C14:0	C16:0	C16:1	C18:0	C18:1	C18:2	C18:3	C20:0	C20:1
XIEG	SCBG	种仁	新疆新源	49.45	26.50	11.38	283.68	0.007	0.04	9.22	1.39	1.72	52.49	34.68	0.04	0.22	0.20

商陆（章柳、山萝卜）
Phytolacca acinosa Roxb.

商陆科，商陆属

特征 多年生草本，高0.5~1.5 m。全株无毛，根肥大，肉质。茎直立，圆柱形，有纵沟，肉质，绿色或红紫色。叶片薄纸质，通常椭圆形，长10~30 cm，宽4.5~15 cm；叶柄长1.5~3 cm，上面有槽，下面半圆形，基部稍扁宽。总状花序顶生或与叶对生，圆柱状，直立，通常比叶短，密生多花，花序梗长1~4 cm；花梗基部的苞片线形，长约1.5 mm；花梗细，长6~10 mm，基部变粗；花两性，直径约8 mm；花被片5，白色、黄绿色，椭圆形、卵形或长圆形，顶端圆钝，大小相等，花后常反折；雄蕊8~10枚，与花被片近等长，心皮通常为8枚，有时少至5枚或多至10枚，分离。果序直立；浆果扁球形，熟时黑色。种子肾形，黑色，具3棱。花期5~8月；果期6~10月。

分布 湖南：吉首市小溪，28°41′49″N，109°20′14″E，1073 m，2012-06-25，张代贵、张洁40019101243。湖北：十堰大川，32°32′53″N，110°42′53″E，2009-07-31，李晓东、陈永峰400121012。四川：峨眉山黄湾乡万年村，29°35′41″N，103°22′42″E，1000 m，2010-11-12，崔龙、李志强40021110151；攀枝花市大黑山，26°40′24″N，101°43′06″E，1692 m，2012-10-18，刘晓波、宫庆彬40021112094。云南：禄劝县则黑乡，25°59′49″N，102°41′40″E，2043 m，2009-07-26，胡光万、王跃虎、唐贵华400221008。普遍野生于海拔500~3400 m的沟谷、山坡林下、林缘路旁，也栽植于房前屋后及园地中，多生于湿润肥沃的土壤，喜生垃圾堆上。我国除青海、新疆、内蒙古以及东北外均产。朝鲜、日本、印度也有分布。

栽培 喜温暖、湿润环境，全日照、半日照均可。栽培土质不拘，但以土层深厚、富含有机质的壤土为佳。喜生于肥沃土壤。播种或分株繁殖。播种于春、秋季进行。分株繁殖在2~3月间进行，春、夏季少量施肥。早春修剪整枝。

用途 根入药，以白色肥大者为佳，红根有剧毒，仅供外用，通二便，逐水、散结，治水肿、胀满、脚气、喉痹，外敷治痈肿疮毒；也可作兽药及农药；果实含鞣质，可提制栲胶；嫩茎、叶可供蔬食。枝叶青翠，花色素雅，适合栽植于庭院空旷地上，也可用于大型盆栽。

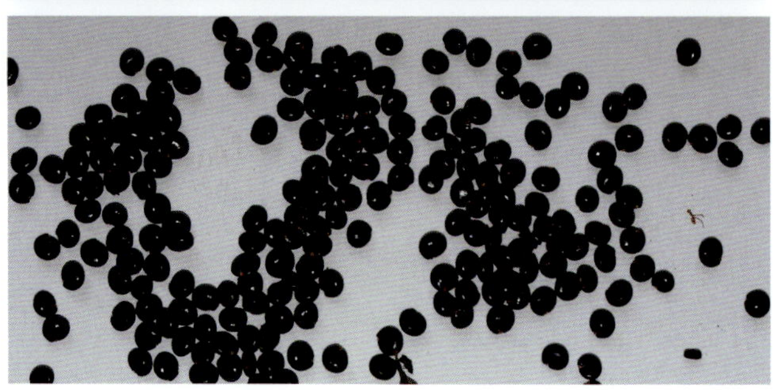

含油率及化学组分数据

采集单位	测试单位	测试部位	产地	含油率(%)	碘值	酸值	皂化值	C12:0	C14:0	C16:0	C16:1	C18:0	C18:1	C18:2	C18:3	C20:0	C20:1
JSU	JSU	种子	湖南吉首	16.46	63.32	101.84	189.67	0.190	0.80	12.89	0.98	1.91	21.46	51.63	1.51	0.39	0.15
WHBG	WHBG	种子	湖北十堰	15.10	129.01	5.64	0.02	0.05	7.58	12.48	1.18	46.07	29.52		0.57	2.53	0.02
SCU	SCU	种子	四川峨眉山	11.55	108.40	3.90	186.60			20.77			43.74	35.48			
SCU	SCU	种子	四川攀枝花	10.84	108.13	5.95	174.95			7.12		1.01	49.15	37.90			2.24
KMIB	KMIB	种子	云南禄劝	14.73	115.70	2.00	178.90	0.89	0.38	10.12		1.58	54.98	28.66	2.21		

垂序商陆（美洲商陆）
Phytolacca americana L.

商陆科，商陆属

特征 多年生草本，高1~2 m。根粗壮，肥大，倒圆锥形。茎直立，圆柱形，有时带紫红色。叶片椭圆状卵形或卵状披针形，长9~18 cm，宽5~10 cm，顶端急尖，基部楔形；叶柄长1~4 cm。总状花序顶生或侧生，长5~20 cm；花梗长6~8 mm，花白色，微带红晕，直径约6 mm；花被片5，雄蕊、心皮及花柱通常均为10枚，心皮合生。果序下垂；浆果扁球形，熟时紫黑色。种子肾圆形，直径约3 mm。花期6~8月；果期8~10月。

分布 湖南：湘潭县响水乡，27°54′48″N，112°54′39″E，60 m，2009-09-13，黄玉滢、周喜乐400181008；吉首大学，28°17′22″N，109°43′09″E，214 m，2011-08-25，徐亮、陈雅40019101158。江苏：常熟市虞山，31°39′03″N，120°43′49″E，79 m，2009-12-01，田怀珍、陈纪云4001171055。贵州：雷山县城内小山坡，26°22′27″N，108°04′35″E，844 m，2012-10-16，陈丰林、夏纯、桑洪伟4001151218。河南：商城县大别山，31°44′50″N，115°32′19″E，1362 m，2011-10-10，杨大伟、陈明400314081；信阳波尔登公园，31°52′6″N，114°5′5″E，129 m，2012-09-14，王亚平400314204。河北：昌黎，39°44′01″N，119°08′27″E，140 m，2009-09-16，徐兴友400313028。陕西：眉县营头乡蒿坪寺，34°04′60″N，107°41′58″E，1188 m，2010-5-28，薛帅、韩东倩400323073。湖北：神农架宋洛镇，

31°40′02″N，110°36′29″E，182 m，2011-08-12，丁时东400151112。江西：玉山县三清山，28°55′35″N，118°05′12″E，405 m，2009-08-31，廖文波等400141096。重庆：南川区三泉镇龙骨溪，29°47′35″N，107°07′03″E，593 m，2009-08-19，刘正宇等400231020。安徽：合肥市紫蓬山，31°45′04″N，117°01′57″E，48 m，2011-10-01，田怀珍、李星霖4001171142。原产北美洲。引入栽培，1960年以后遍及我国广东、江西、福建、江苏、浙江、湖北、四川、云南、河南、河北、山东、陕西，或逸生（云南逸生甚多）。

栽培 喜温暖、湿润气候，喜阴，忌阳光直射，不耐干旱。栽培土质不拘，但以土层深厚、富含有机质的壤土为佳。播种繁殖，于初冬进行，春、夏季少量施肥。早春修剪整枝。

用途 根供药用，全草可作农药。花序和果序有一定的观赏价值。

含油率及化学组分数据

采集单位	测试单位	测试部位	产地	含油率(%)	碘值	酸值	皂化值	C12:0	C14:0	C16:0	C16:1	C18:0	C18:1	C18:2	C18:3	C20:0	C20:1
HUST	HUST	种子	湖南湘潭	17.80	112.77		131.94										
JSU	SCBG	种子	湖南吉首大学	10.65	86.92	2.02	201.50			12.07	0.30	2.98	21.04	57.14	0.58	1.89	0.25
ECNU	SCBG	种子	江苏常熟市	6.80	24.09	14.22	145.26			12.07	0.30	2.98	21.04	57.14	0.58	1.89	0.25
SCBG	SCBG	种子	贵州雷山	37.12	100.31	41.79	104.05										
HNAU	ICS	种子	河南商城	12.85	96.06	13.82	180.10		0.11	7.85	0.16	1.34	42.78	36.59	5.32	0.59	2.11
HNAU	ICS	种子	河南信阳	10.00	118.46	18.11	176.54	0.14	0.09	8.12	0.09	1.16	43.25	39.80	0.67	0.46	2.00
HNUST	ICU	种子	河北昌黎	13.70	82.40	3.60	194.20		0.03	7.56	0.05	1.07	47.80	40.62	0.09	0.46	2.30
CAB	ICS	种子	陕西眉县	11.84	76.38	6.24	158.31		0.06	8.11	0.06	1.33	47.03	36.39	0.32	0.55	2.47
OCRI	SCBG	种仁	湖北神农架	10.65	86.92	2.02	201.50	7.55	6.71	11.91		4.87	8.72	17.11	31.38		
SYSU	SCBG	种子	江西玉山	24.27	91.17	0.98	157.05	2.43	0.40	10.94	1.46	5.34	23.40	52.96	2.17	0.60	0.32
CIPP	SCBG	种子	重庆南川	15.40	76.56	1.47	196.07			8.03		1.25	50.64	37.07		0.57	2.44
ECNU	SCBG	种子	安徽合肥	28.30	19.96	1.49	108.25			6.86	0.44	1.09	28.34	56.13	1.04		0.39

石竹

Dianthus chinensis L.

石竹科，石竹属

特征 多年生草本，高30~50 cm。全株无毛，带粉绿色。茎由根颈生出，疏丛生，直立，上部分枝。叶片线状披针形，长3~5 cm，宽2~4 mm，顶端渐尖，基部稍狭，全缘或有细小齿，中脉较显。花单生枝端或数花集成聚伞花序，花梗长1~3 cm；苞片4枚，卵形，顶端长渐尖，长达花萼1/2以上，边缘膜质，有缘毛；花萼圆筒形，长15~25 mm，直径4~5 mm，有纵条纹，萼齿披针形，长约5 mm，直伸，顶端尖，有缘毛；花瓣长16~18 mm，瓣片倒卵状三角形，长13~15 mm，紫红色或粉红色，顶缘不整齐齿裂，喉部有斑纹，疏生髯毛；雄蕊露出喉部外，花药蓝色。蒴果圆筒形，包于宿存萼内，顶端4裂。种子黑色，扁圆形。花期5~6月；果期7~9月。

分布 黑龙江：黑河市逊克县逊克农场，46°48′35″N，130°22′10″E，2011-10-20，卞勇、潘伟400351091。辽宁：丹东，2012-10-14，郑宝江等400341185。生于草原和山坡草地。原产我国北方，现在南、北普遍生长。俄罗斯西伯利亚以及朝鲜也有分布。现已广泛栽培。

栽培 播种繁殖。

用途 根和全草入药。具观赏价值。

含油率及化学组分数据

采集单位	测试单位	测试部位	产地	含油率(%)	碘值	酸值	皂化值	C12:0	C14:0	C16:0	C16:1	C18:0	C18:1	C18:2	C18:3	C20:0	C20:1
SBRI	SCBG	种仁	黑龙江黑河	22.66	22.24	13.98	66.49										
NEFU	SCBG	种仁	辽宁丹东	6.45	14.32	9.35	157.62	0.004	0.06	7.68	0.14	4.53	10.93	74.31	0.88	0.93	0.54

圆锥石头花

Gypsophila paniculata L.

石竹科，石头花属

特征 多年生草本，高30~80 cm。根粗壮。茎单生，稀数个丛生，直立，多分枝，无毛或下部被腺毛。叶片披针形或线状披针形，长2~5 cm，宽2. 5~7 mm，顶端渐尖，中脉明显。圆锥状聚伞花序多分枝，疏散，花小而多；花梗，长2~6 mm，无毛；苞片三角形，急尖；花萼宽钟形，长1. 5~2 mm，具紫色宽脉，萼齿卵形，圆钝；花瓣白色或淡红色，匙形，长约3 mm，宽约1 mm，顶端平截或圆钝；直径约1 mm，花柱细长。蒴果球形，稍长于宿存萼片，4瓣裂。种子小，圆形，直径约1 mm，红褐色，具整齐的钝疣状凸起。花期6~8月；果期8~9月。

分布 新疆：吐鲁番沙漠植物园，42°51′17″N，89°11′36″E，93 m，2010-09-05，王喜勇4003310005。生于海拔1100~1500 m的河滩、草地、固定沙丘、石质山坡及农田中。产于新疆阿尔泰山区和塔什库尔干。哈萨克斯坦、俄罗斯（西伯利亚）、蒙古（西部）、欧洲（西部以及中部和东部）、北美洲也有分布。

栽培 播种繁殖。

用途 根、茎可供药用。栽培可供观赏。

含油率及化学组分数据

采集单位	测试单位	测试部位	产地	含油率(%)	碘值	酸值	皂化值	C12:0	C14:0	C16:0	C16:1	C18:0	C18:1	C18:2	C18:3	C20:0	C20:1
XIEG	SCBG	种子	新疆吐鲁番	33. 02	15. 68	6. 84	192. 45	0. 03	0. 15	11. 81	0. 30	3. 17	10. 17	72. 58	1. 25	0. 34	0. 20

绳虫实

Corispermum declinatum Stephan ex Iljin

藜科，虫实属

特征 草本。茎直立，通常高约35 cm；分枝较多，斜展。叶条形，长2~3 cm，宽2~3 mm，先端渐尖具小尖头，基部渐狭，1脉。穗状花序顶生和侧生，细长，稀疏，长5~15 cm；苞片较狭，条状披针形或狭卵形，长0. 5~3 cm，宽2~3 mm，先端渐尖，基部圆楔形，1脉，具白膜质边缘，花被片1，稀3，近轴花被片宽椭圆形，先端全缘或齿啮状；雄蕊1~3枚。果实倒卵状矩圆形；果核狭倒卵形，平滑或具瘤状凸起；果喙长约0. 5 mm，喙尖为喙长的1/3，直立；果翅窄或几近于无翅。花、果期6~9月。

分布 新疆：吐鲁番沙漠植物园，42°51′17″N，89°11′36″E，93 m，2010-10-16，王喜勇、王蕾、孔凡逵4003310054。生于砂质荒地、田边、路旁和河滩中。产于河南、河北、山西、陕西、甘肃、内蒙古、新疆、辽宁。分布于俄罗斯、蒙古。

栽培 播种繁殖。

用途 绿化。

含油率及化学组分数据

采集单位	测试单位	测试部位	产地	含油率(%)	碘值	酸值	皂化值	C12:0	C14:0	C16:0	C16:1	C18:0	C18:1	C18:2	C18:3	C20:0	C20:1
XIEG	SCBG	种仁	新疆吐鲁番	26. 82	29. 93	7. 44	177. 68	0. 12	0. 47	8. 27	0. 45	1. 20	13. 74	33. 00	0. 96	0. 21	0. 13

土荆芥

Dysphania ambrosioides (L.) Mosyakin et Clemants [*Chenopodium ambrosioides* L.]

藜科，刺藜属

特征 一年生或多年生草本，高50~80 cm，有强烈香味。茎直立，多分枝。枝通常细瘦，有短柔毛并兼有具节的长柔毛，有时近于无毛。叶片矩圆状披针形至披针形，先端急尖或渐尖，边缘具稀疏不整齐的大锯齿，基部渐狭具短柄，下部的叶长达15 cm，宽达5 cm，上部叶逐渐狭小而近全缘。花两性及雌性，通常3~5朵团集，生于上部叶腋；花被裂片5，绿色，果时通常闭合；雄蕊5枚。胞果扁球形，完全包于花被内。种子横生或斜生，黑色或暗红色。花、果期近全年。

分布 湖南：保靖县白云山，28°42′49″N，109°34′26″E，319 m，2012-11-16，张代贵、张洁40019101247。湖北：兴山县昭君镇，31°14′20″N，110°45′14″E，244 m，2012-09-01，危文亮、赵永国等400151197。重庆：南川区三泉镇三泉村，29°48′07″N，107°07′28″E，591 m，2009-09-29，刘正宇等400231076。喜生于村旁、路边、河岸等处。原产热带美洲，现广布于世界热带及温带地区。广东、广西、江西、福建、台湾、江苏、浙江、湖南、四川等地有野生分布，北方各地区常有栽培。

栽培 播种繁殖。

用途 药用。绿化。

含油率及化学组分数据

采集单位	测试单位	测试部位	产地	含油率(%)	碘值	酸值	皂化值	C12:0	C14:0	C16:0	C16:1	C18:0	C18:1	C18:2	C18:3	C20:0	C20:1
JSU	SCBG	种仁	湖南保靖	23.40						5.80	0.10	4.24	13.21	69.46	0.47	0.37	
OCRI	SCBG	种子	湖北兴山	20.70	17.19	2.17	278.51		0.03	29.15	0.47	5.53	14.49	41.12	0.85	1.13	0.15
CIPP	SCBG	种仁	重庆南川	20.34				0.93	0.24	13.74	2.58	1.80	5.90	21.98	22.86	0.83	

白梭梭

Haloxylon persicum Bunge ex Bioss. et Buhse

藜科，梭梭属

特征 小乔木，高1~7 m。树皮灰白色，木材坚而脆。老枝灰褐色或淡黄褐色，通常具环状裂隙；当年枝弯垂，节间长5~15 mm。叶鳞片状，三角形，先端具芒尖，平伏于枝，腋间具绵毛。花着生于二年生枝条的侧生短枝上；小苞片舟状，卵形，与花被等长，边缘膜质；花被片倒卵形，先端钝或略急尖，果时背面先端之下1/4处生翅状附属物；翅状附属物扇形或近圆形，宽4~7 mm，淡黄色，脉不明显。胞果淡黄褐色，果皮不与种子贴生。种子直径约2.5 mm。花期5~6月；果期9~10月。

分布 新疆：吐鲁番沙漠植物园，42°51′17″N，89°11′36″E，93 m，2009-10-28，王喜勇、侯翼国4003309028。生于沙丘上，有固沙作用。产于新疆。伊朗、阿富汗、哈萨克斯坦也有分布。

栽培 喜高温，耐旱、耐脊薄。播种繁殖。

用途 优良固沙造林树种。木材坚而脆，发热力强，除作牲口圈棚和固定井壁用材外，是沙区人民群众生活的薪炭来源。当年枝是骆驼、驴、羊的良好饲料。

含油率及化学组分数据

采集单位	测试单位	测试部位	产地	含油率(%)	碘值	酸值	皂化值	C12:0	C14:0	C16:0	C16:1	C18:0	C18:1	C18:2	C18:3	C20:0	C20:1
XIEG	SCBG	种仁	新疆吐鲁番	39.00	9.67	20.31	190.48			6.39		4.60	15.52	71.15	0.37	0.19	0.12

地肤（扫帚菜）

Kochia scoparia (L.) Schrad.

藜科，地肤属

特征　一年生草本，高50~100 cm。茎直立，淡绿色或带紫红色，有多数条棱，稍有短柔毛或下部几无毛。叶为平面叶，披针形或条状披针形，长2~5 cm，宽3~7 mm，先端短渐尖，基部渐狭入短柄，通常有3条明显的主脉，边缘有疏生的锈色绢状缘毛；茎上部叶较小，无柄。花两性或雌性，通常1~3个生于上部叶腋，构成疏穗状圆锥状花序，花下有时有锈色长柔毛；花被近球形，淡绿色，花被裂片近三角形，无毛或先端稍有毛；翅端附属物三角形至倒卵形，有时近扇形，膜质。胞果扁球形，果皮膜质。种子卵形，黑褐色。花期6~9月；果期7~10月。

分布　河北：邯郸，36°36′27″N，114°8′38″E，227 m，2012-10-13，徐兴友、詹立军400313198。甘肃：徽县严坪镇，33°39′11″N，106°17′54″E，1100 m，2011-10-08，薛帅、潘昊400325013。重庆：涪陵区白涛镇大溪河口，29°18′17″N，107°17′48″E，202 m，2009-10-29，刘正宇等400231096。新疆：乌鲁木齐科学院，43°48′60″N，87°35′60″E，1002 m，2011-09-28，侯翼国、王茜4003311048。生于田边、路旁、荒地等处。全国各地均产。分布于亚洲、欧洲。

栽培　播种繁殖。

用途　幼苗可做蔬菜；果实称“地肤子”，为常用中药。

含油率及化学组分数据

采集单位	测试单位	测试部位	产地	含油率(%)	碘值	酸值	皂化值	C12:0	C14:0	C16:0	C16:1	C18:0	C18:1	C18:2	C18:3	C20:0	C20:1
HNUST	ICS	种仁	河北邯郸	7. 83	149. 66	27. 43	160. 40	0. 05	0. 26	8. 62	0. 22	1. 97	18. 52	50. 07	4. 85	0. 67	0. 52
CAU	ICS	种子	甘肃徽县	3. 19	149. 49	50. 38	195. 16		0. 20	8. 35	0. 19	1. 92	25. 14	52. 88	4. 09	0. 72	0. 53
CIPP	SCBG	种仁	重庆涪陵	20. 16					0. 07	15. 02	0. 79	5. 50	20. 91	28. 72	0. 18	10. 86	0. 57
XIEG	SCBG	种仁	新疆乌鲁木齐	9. 91	14. 32	9. 35	157. 62		0. 15	14. 76	0. 32	3. 66	20. 001	50. 25	0. 78	0. 48	0. 33

伊朗地肤

Kochia stellaris Moq. [*Kochia iranica* Litv. ex Bornm.]

藜科，地肤属

特征　草本或亚灌木，高达50 cm。全株有灰白色密绵毛。茎直立，下部木质化，多分枝；分枝多集中在茎的上部，较硬直，不规则伸展，黄白色或带紫红色。叶为平面叶，无柄，有半贴伏的长柔毛；茎上部叶卵形至椭圆形，通常长1. 5~3 mm，宽1~2 mm；茎下部叶条形至矩圆状条形，长可达1. 8 cm，先端急尖或短渐尖，基部渐狭。花两性，通常2~3朵团集于叶腋；花被绿色，有密柔毛；花被的翅状附属物菱形至扇形，膜质，具多条黄褐色脉纹，前部边缘啮蚀状。胞果卵形，果皮厚膜质。种子暗褐色。花、果期7~10月。

分布　新疆：伊犁新源县种羊场，43°33′13″N，82°32′20″E，792 m，2010-10-07，王喜勇、王蕾、孔凡逵4003310035。生于戈壁滩。产于新疆、甘肃（西部）。伊朗、阿富汗以及中亚地区也有分布。

栽培　播种繁殖。

用途　优良的绿化树种。

含油率及化学组分数据

采集单位	测试单位	测试部位	产地	含油率(%)	碘值	酸值	皂化值	C12:0	C14:0	C16:0	C16:1	C18:0	C18:1	C18:2	C18:3	C20:0	C20:1
XIEG	SCBG	种仁	新疆伊犁	39. 96	20. 51	9. 99	210. 66		0. 07	15. 15	0. 70	1. 49	40. 53	37. 66	1. 26	0. 17	0. 27

木碱蓬

Suaeda dendroides (C. A. Mey.) Moq.

藜科，碱蓬属

特征 半灌木，高20~60 cm。茎直立，茎皮灰褐色至灰白色，多分枝；小枝细瘦，淡黄绿色，有条棱。叶条形，略扁平，灰绿色，长0. 8~1. 5 cm，宽1~1. 5 mm，先端钝，基部缢缩成短柄。聚伞花序通常5~10朵花，着生于叶柄上；花两性，花被近球形，肉质，绿色，花被裂片矩圆形至卵形，脉明显；雄蕊5枚；柱头2枚或3枚。种子有光泽，无洼点；花期6月；果期冬季。

分布 新疆：博尔塔拉蒙古自治州阿拉山口至博乐途中，44°54′43″N，82°11′32″E，441 m，2010-10-02，王喜勇、王蕾、孔凡逵4003310027。生于戈壁、沙丘、湖边、盐碱荒漠或石质山坡。产新疆北部。分布于中亚至高加索。

栽培 播种繁殖。

用途 优良的绿化树种。

含油率及化学组分数据

采集单位	测试单位	测试部位	产地	含油率(%)	碘值	酸值	皂化值	C12:0	C14:0	C16:0	C16:1	C18:0	C18:1	C18:2	C18:3	C20:0	C20:1
XIEG	SCBG	种仁	新疆博尔塔拉	21. 34	33. 84	11. 42	195. 13	0. 02	0. 08	12. 58	0. 30	9. 59	14. 09	53. 62	4. 47	2. 12	3. 13

碱蓬

Suaeda glauca (Bunge) Bunge

藜科，碱蓬属

特征 一年生草本，高可达1 m。茎直立，浅绿色，有条棱，上部多分枝。叶丝状条形，半圆柱状，通常长1. 5~5 cm，宽约1. 5 mm，灰绿色。花两性兼有雌性，单生或2~5朵着生于叶的近基部处；两性花花被杯状，长1~1. 5 mm，黄绿色；雌花花被近球形，直径约0. 7 mm，较肥厚，灰绿色；花被裂片卵状三角形，先端钝，果时增厚，使花被略呈五角星状，干后变黑色；雄蕊5枚。胞果包在花被内，果皮膜质。种子横生或斜生，双凸镜形，黑色。花、果期7~9月。

分布 黑龙江：大庆，44°37′5″N，82°19′91″E，441 m，2010-10-02，王喜勇、王蕾、孔凡逵400341224。新疆：乌苏高泉镇G312路旁，44°22′46″N，84°06′33″E，483 m，2010-10-02，王喜勇、王蕾、孔凡逵4003310026。河北：邯郸，38°25′31″N，113°48′24″E，409 m，2009-10-23，徐兴友400313012。生于海滨、荒地、渠岸、田边等含盐碱的土壤上。产于浙江、江苏、山东、河南、新疆、青海、宁夏、甘肃、陕西、山西、河北、内蒙古、黑龙江。分布于蒙古、朝鲜、日本以及俄罗斯西伯利亚及远东。

栽培 播种繁殖。

用途 种子含油较高，可榨油供工业用。

含油率及化学组分数据

采集单位	测试单位	测试部位	产地	含油率(%)	碘值	酸值	皂化值	C12:0	C14:0	C16:0	C16:1	C18:0	C18:1	C18:2	C18:3	C20:0	C20:1
NEFU	SCBG	种子	黑龙江大庆	2. 49	36. 18	0. 72	191. 03	0. 003	0. 08	5. 53	0. 15	0. 41	39. 55	51. 26	2. 08	0. 49	0. 44
XIEG	SCBG	种仁	新疆乌苏	20. 47	38. 36	3. 39	349. 37			9. 92	0. 22	4. 08	11. 354	66. 38	0. 75	0. 44	0. 20
HNUST	ICS	种仁	河北邯郸	9. 30	92. 49	5. 75	174. 40	0. 01	0. 31	10. 95	0. 10	2. 37	19. 34	57. 95	6. 99	1. 01	0. 97

牛膝

Achyranthes bidentata Blume

苋科，牛膝属

特征 多年生草本。高约1 m。根圆柱形，直径5~10 mm。茎有棱角或四方形，绿色或带紫色，有白色贴生或开展柔毛，或近无毛；分枝对生。叶片椭圆形或椭圆状披针形，长4. 5~12 cm，宽2~7. 5 cm，顶端尾尖，尖长5~10 mm，基部楔形或宽楔形，两面有贴生或开展柔毛；叶柄长5~30 mm，有柔毛。穗状花序顶生及腋生，长3~5 cm，花期后反折；总花梗长1~2 cm，有白色柔毛；花多数，密生，长5 mm；苞片宽卵形，长2~3 mm，顶端长渐尖。胞果矩圆形，长2~2. 5 mm，黄褐色，光滑。种子矩圆形，黄褐色。花7~9月；果期9~10月。

分布 湖南：吉首市德夯，28°31′60″N，109°46′06″E，178 m，2012-08-08，张代贵、张洁40019101238。湖北：神农架林区红坪镇红举村，31°42′59″N，110°16′08″E，1153 m，2012-09-01，危文亮、赵永国等400151200。河北：昌黎，40°13′30″N，119°16′16″E，23 m，2012-08-05，徐兴友、韩宝强400313160。生于海拔200~1750 m的山坡林下。除东北地区外全国广布。朝鲜、俄罗斯、印度、越南、菲律宾、马来西亚以及非洲也有分布。

栽培 播种或分株繁殖。

用途 根入药。

含油率及化学组分数据

采集单位	测试单位	测试部位	产地	含油率(%)	碘值	酸值	皂化值	C12:0	C14:0	C16:0	C16:1	C18:0	C18:1	C18:2	C18:3	C20:0	C20:1
JSU	SCBG	种子	湖南吉首	21. 47	6. 83	20. 99	169. 66	0. 02	0. 10	4. 45	0. 09	1. 76	26. 10	66. 16	0. 22	0. 60	0. 51
OCRI	SCBG	种子	湖北神农架	15. 40	15. 63	6. 23	66. 49	72. 69	0. 87	5. 30	0. 15	2. 45	17. 58	14. 02	0. 18	0. 44	0. 04
HNUST	ICS	种子	河北昌黎	4. 77	174. 66	32. 80	188. 69	0. 01	0. 09	13. 97	0. 30	1. 08	21. 95	54. 86	1. 69	0. 36	0. 19

绿穗苋

Amaranthus hybridus L.

苋科，苋属

特征 一年生草本，高30~50 cm。茎直立，有开展柔毛。叶片卵形或菱状卵形，长3~4. 5 cm，宽1. 5~2. 5 cm，顶端急尖或微凹，具凸尖，基部楔形，边缘波状或有不明显锯齿，微粗糙，上面近无毛，下面疏生柔毛；叶柄长1~2. 5 cm，有柔毛。圆锥花序顶生，细长，上升稍弯曲，有分枝，由穗状花序形成，中间花穗最长；苞片及小苞片钻状披针形，长3. 5~4 mm，中脉坚硬，绿色，向前伸出成尖芒；花被片矩圆状披针形，长约2 mm，顶端锐尖，具凸尖，中脉绿色。胞果卵形，长2 mm，环状横裂，超出宿存花被片。种子近球形，直径约1 mm，黑色。花期7~8月；果期9~10月。

分布 湖南：保靖县野竹坪乡白云山，28°24′48″N，109°10′52″E，671 m，2010-09-11，徐亮、廖深克4001911118；保靖县白云山，28°33′18″N，109°40′34″E，432 m，2012-11-16，张代贵、张洁40019101235。湖北：五峰后河黄家河，33°29′21″N，110°31′31″E，1135 m，2010-10-22，丁时东、危文亮等400151063。产江西、安徽、江苏、浙江、湖南、湖北、四川、贵州、河南、陕西。生在海拔400~1100 m的田野、旷地或山坡。分布于欧洲、北美洲、南美洲。

栽培 播种繁殖。

用途 可作绿化树种。

含油率及化学组分数据

采集单位	测试单位	测试部位	产地	含油率(%)	碘值	酸值	皂化值	C12:0	C14:0	C16:0	C16:1	C18:0	C18:1	C18:2	C18:3	C20:0	C20:1
JSU	SCBG	种仁	湖南保靖	10. 35	32. 80	17. 47	188. 69	0. 009	0. 03	6. 04	0. 06	2. 78	14. 14	13. 77	62. 84	0. 20	0. 12
JSU	SCBG	种仁	湖南保靖	18. 45	34. 90	9. 75	195. 27	0. 03	0. 11	13. 64	0. 17	7. 52	14. 82	53. 60	4. 82	2. 22	3. 07
OCRI	SCBG	种仁	湖北五峰	21. 16	112. 51	6. 90	160. 50	0. 10	0. 24	7. 24	2. 23	3. 61	21. 57	33. 20	28. 28		0. 16

反枝苋

Amaranthus retroflexus L.

苋科，苋属

特征 一年生草本，高20~80 cm，有时达1 m或更高。茎直立，单一或分枝，淡绿色，有时具带紫色条纹，稍具钝棱，密生短柔毛。叶片菱状卵形或椭圆状卵形，长5~12 cm，宽2~5 cm，顶端锐尖或尖凹，有小凸尖，基部楔形，两面及边缘有柔毛，下面毛较密；叶柄长1.5~5.5 cm，淡绿色，有时淡紫色，有柔毛。圆锥花序顶生及腋生，直立，直径2~4 cm，由多数穗状花序形成，顶生花穗较侧生者长；苞片及小苞片钻形；花被片矩圆形或矩圆状倒卵形，薄膜质，白色。胞果扁卵形，长约1.5 mm，环状横裂，薄膜质，淡绿色，包裹在宿存花被片内。种子近球形，直径1 mm，棕色或黑色，边缘钝。花期7~8月；果期8~9月。

分布 新疆：伊犁新源县43°24′32″N，83°13′59″E，2011-08-19，侯翼国、王茜4003311017；裕民县至塔城县途中哈拉赛村，46°04′56″N，82°42′56″E，419 m，2012-09-17，姜凤琴、孔凡奎4003312013。陕西：宝鸡市陇县固关，34°57′56″N，106°35′41″E，1250 m，2011-10-13，秦烁400326039。山西：临汾市尧都区沙乔村，36°02′26″N，111°16′59″E，2009-10-07，谢光辉400322028。河北：昌黎，40°16′04″N，119°16′10″E，12 m，2010-10-01，徐兴友4003134。内蒙古：鄂尔多斯市伊金霍洛旗沿黄高速路旁，50°33′05″N，123°35′49″E，445 m，2012-09-18，刘慧娟400312090；巴林左旗，44°12′12″N，119°16′51″E，2012-10-11，郑宝江等400341232。黑龙江：佳木斯市横头山，46°34′38″N，130°37′05″E，699 m，2010-08-13，陈连江、卞勇、潘伟400351022；北安，39°46′08″N，115°52′28″E，2011-09-21，郑宝江等400341133。生在田园、农地旁和人家附近的草地上，有时生在瓦房上。产于山东、河南、新疆、甘肃、宁夏、陕西、山西、河北、内蒙古、辽宁、吉林、黑龙江。原产美洲热带，现广泛传播并归化于世界各地。

栽培 播种繁殖。

用途 药用；嫩叶可食用。

含油率及化学组分数据

采集单位	测试单位	测试部位	产地	含油率(%)	碘值	酸值	皂化值	C12:0	C14:0	C16:0	C16:1	C18:0	C18:1	C18:2	C18:3	C20:0	C20:1
XIEG	SCBG	种子	新疆伊犁	22.32	15.37	6.15		0.003	0.02	1.99	0.21	0.76	57.82	38.80	0.13	0.05	0.21
XIEG	SCBG	种子	新疆裕民	6.27	4.94	5.45	241.83	0.25	1.66	20.73	0.38	1.88	9.25	51.24	12.10	0.45	2.06
CAU	ICS	种子	陕西宝鸡	4.79	139.22	8.44	198.69	0.12	0.08	9.87	0.14	2.52	22.94	58.78	1.35	0.61	0.26
CAU	ICS	种子	山西临汾	26.38	76.98	9.58	207.96	0.65	3.01	8.09	0.13	1.80	31.14	50.29	0.85	0.20	0.13
ICS	HNUST	种子	河北昌黎	6.84	78.23	2.18	180.70	0.01	0.20	20.40	0.03	3.79	25.66	47.83	0.93	0.84	0.32
IMAU	ICS	种子	内蒙古鄂尔多斯	6.89	125.13	12.15	116.99		0.09	10.73	0.10	2.29	22.34	58.51	0.75	0.53	0.21
NEFU	SCBG	种子	内蒙古巴林	4.88	77.63	2.17	153.52	0.02	0.08	11.45	0.05	2.53	6.19	78.44	0.39	0.51	0.33
SBRI	SCBG	种子	黑龙江佳木斯	9.12	3.54	12.67	137.66										
NEFU	SCBG	种子	黑龙江北安	32.16	31.49	13.74	277.10	0.003	0.02	5.48	0.05	1.82	13.33	13.34	65.41	0.10	0.45

刺苋

Amaranthus spinosus L.

苋科，苋属

特征 一年生草本，高达1 m。茎直立，圆柱形或钝棱形，多分枝。叶片菱状卵形或卵状披针形，长3~12 cm，宽1~5.5 cm，顶端圆钝，具微凸头，基部楔形，全缘；叶柄长1~8 cm，无毛，在其旁有2枚刺。圆锥花序腋生及顶生，长3~25 cm，下部顶生花穗常全部为雄花；苞片在腋生花簇及顶生花穗的基部者变成尖锐直刺，长5~15 mm，在顶生花穗的上部者狭披针形，长1.5 mm，顶端急尖，具凸尖，中脉绿色；小苞片狭披针形；花被片绿色，顶端急尖，具凸尖，边缘透明。胞果矩圆形，包裹在宿存花被片内。种子近球形，黑色或带棕黑色。花、果期7~11月。

分布 四川：都江堰大观味江，28°58′45″N，102°28′32″E，1000 m，2010-09-12，崔龙、李志强40021110010。湖南：吉首市德夯，28°44′33″N，109°28′21″E，312 m，2012-10-12，张代贵、张洁40019102219。生在旷地或园圃的杂草中。产于广东、广西、湖南、江西、福建、台湾、安徽、江苏、浙江、湖北、四川、云南、贵州、河南、陕西。日本、印度、中南半岛、马来西亚、菲律宾以及美洲等地均有分布。

栽培 喜温暖、湿润环境，耐脊薄，耐旱。播种繁殖。

用途 药用。

含油率及化学组分数据

采集单位	测试单位	测试部位	产地	含油率(%)	碘值	酸值	皂化值	C12:0	C14:0	C16:0	C16:1	C18:0	C18:1	C18:2	C18:3	C20:0	C20:1
SCU	SCU	种仁	四川都江堰	19.60	104.33	10.34	164.09	0.08	0.69	13.23	0.74	3.32	27.04	45.46	8.80	0.50	0.14
JBU	SCBG	种仁	湖南吉首	20.96	32.55	2.85	217.40	0.03	0.02	3.97	0.06	2.13	11.24	32.71	48.89	0.57	0.38

苋
Amaranthus tricolor L.
苋科，苋属

特征 一年生草本，高80~150 cm。茎粗壮，绿色或红色，常分枝。叶片卵形、菱状卵形或披针形，长4~10 cm，宽2~7 cm，绿色或常成红色，或部分绿色加杂其他颜色，顶端圆钝或尖凹，具凸尖，基部楔形，全缘或波状缘，无毛；叶柄长2~6 cm，绿色或红色。花簇腋生，直到下部叶，或同时具顶生花簇，成下垂的穗状花序；花簇球形，直径5~15 mm，雄花和雌花混生；苞片及小苞片卵状披针形，长2.5~3 mm；花被片矩圆形，长3~4 mm，绿色或黄绿色，顶端有一长芒尖，背面具1条绿色或紫色隆起中脉。胞果卵状矩圆形，长2~2.5 mm，环状横裂，包裹在宿存花被片内。种子近圆形或倒卵形，黑色或黑棕色。花期5~8月；果期7~9月。

分布 湖南：龙山县湾塘，29°20′0″N，109°22′39″E，623 m，2011-11-09，徐亮、储昭福40019101195。全国各地均有栽培，有时逸为半野生。原产印度，分布于亚洲南部、中亚以及日本等地。

栽培 播种繁殖。

用途 茎叶作为蔬菜食用；根、果实及全草入药。叶杂有各种颜色者供观赏。

含油率及化学组分数据

采集单位	测试单位	测试部位	产地	含油率(%)	碘值	酸值	皂化值	C12:0	C14:0	C16:0	C16:1	C18:0	C18:1	C18:2	C18:3	C20:0	C20:1
JSU	SCBG	种子	湖南龙山	22.56	50.43	12.17	400.10	0.02	10.01	14.38		0.94	25.66	25.66	1.05	0.43	0.65

青葙（野鸡冠花、鸡冠花、百日红、狗尾草）
Celosia argentea L.
苋科，青葙属

特征 一年生草本，高0.3~1 m。全体无毛。茎直立，有分枝。叶片矩圆披针形、披针形或披针状条形，长5~8 cm，宽1~3 cm，绿色常带红色，顶端急尖或渐尖，具小芒尖，基部渐狭；叶柄长2~15 mm。花多数，密生，在茎端或枝端成单一、无分枝的塔状或圆柱状穗状花序，长3~10 cm；苞片及小苞片披针形，白色，光亮，顶端渐尖，延长成细芒，具一中脉，在背部隆起；花被片矩圆状披针形，长6~10 mm，初为白色顶端带红色，或全部粉红色，顶端渐尖，具一中脉，在背面凸起。胞果卵形，包裹在宿存花被片内。种子凸透镜状肾形。花期5~8月；果期6~10月。

分布 广西：东兴市江平镇巫头村，21°32′47″N，109°13′08″E，7 m，2011-11-04，林春蕊、黄俞淞4001101279。湖南：吉首小溪，28°20′41″N，109°44′07″E，197 m，2010-09-28，徐亮、周建军400191173；吉首小溪，28°20′51″N，109°44′05″E，213 m，2009-08-16，徐亮、周建军400191098。安徽：黄山，30°04′40″N，118°11′28″E，545 m，2011-09-28，李晓东、昝艳燕400121179。湖北：鹤峰县太平乡唐家村，29°49′51″N，109°55′14″E，927 m，2009-12-03，丁时东、赵永国400151039。重庆：南川区三泉镇三泉石门沟，29°49′24″N，107°07′07″E，597 m，2009-09-15，刘正宇等400231073。生于平原、田边、丘陵、山坡，海拔1100 m。分布几遍全国，野生或栽培。朝鲜、日本、俄罗斯、印度、越南、缅甸、泰国、菲律宾、马来西亚以及非洲热带均有分布。

栽培 播种繁殖。生性粗放，易栽培。

用途 药用。优良的观赏树种。

含油率及化学组分数据

采集单位	测试单位	测试部位	产地	含油率(%)	碘值	酸值	皂化值	C12:0	C14:0	C16:0	C16:1	C18:0	C18:1	C18:2	C18:3	C20:0	C20:1
GXIB	SCBG	种子	广西东兴	26.17					0.09	5.81	0.16	1.05	67.39	18.92	2.36	0.21	0.19
JSU	SCBG	种子	湖南吉首	18.38	121.21	5.32	171.80		0.37	6.59	0.10	9.71	66.71	15.73	0.44		
JSU	SCBG	种子	湖南吉首	26.45	43.47	7.22	90.07		0.05	11.08	0.10	8.02	17.94	50.69	7.95	0.43	3.73
WHBG	WHBG	种子	安徽黄山	16.47				1.63	0.61	8.86	0.41	2.87	28.81	50.01	0.62	0.82	0.33
OCRI	SCBG	种子	湖北鹤峰	9.45	77.90	69.96	18.05			7.50	0.22	2.41	19.27	67.57	0.38	1.33	0.24
CIPP	SCBG	种子	重庆南川	6.50					0.08	9.24	0.17	4.76	17.58	48.35	1.99	0.39	0.16

厚朴

Houpoea officinalis (Rehd. et Wils.) N.H. Xia et C.Y. Wu [*Magnolia officinalis* Rehd. et Wils.; *Magnolia officinalis* subsp. *biloba* (Rehd. et Wils.) Y.W. Law]

木兰科，厚朴属

特征 落叶乔木，高达15 m。幼枝淡黄色，有细毛；顶芽大，窄卵状圆锥形，密被淡黄色绢状毛。叶大，聚生于枝顶，近革质，倒卵形或倒卵状椭圆形，长22~45 cm，宽10~24 cm，先端具短急尖或圆钝，基部楔形，全缘而微波状下面有白粉；托叶痕长为叶柄的2/3。花芳香，花梗被长柔毛；花被片9~12(~17)，厚肉质，外轮3片白色带淡绿色，长圆状倒卵形，长8~10 cm，宽4~5 cm，向外反卷，内轮6~9(~14)片，乳白色，匙形。聚合果长圆状卵球形，蓇葖具长3~4 mm的喙。种子三角状倒卵形，长约1 cm。花期4~5月；果期9~10月。

分布 广西：资源县梅溪乡，26°16′34″N，110°34′51″E，172 m，2011-10-11，黄俞淞4001101232。湖南：桑植县天平山自然保护区，29°46′14″N，110°04′06″E，1321 m，2012-10-02，张九兵、唐波400181428；保靖县白云山，28°41′44″N，109°20′12″E，1056 m，2009-08-20，徐亮、周建军400191053；保靖县白云山，28°52′95″N，109°77′71″E，322 m，2012-05-05，张代贵、张洁40019101228。江西：吉安市井冈山，26°30′57″N，114°06′02″E，970 m，2010-09-18，廖文波等400144007。福建：星村乡桐木村，27°47′11″N，117°41′57″E，919 m，2012-11-12，刘东明、童毅、陈树钢4001122131。浙江：龙泉昂山，27°45′12″N，119°40′16″E，1026 m，2009-08-25，王美娜40011428；杭州，2010-10，曾庆文等40011298。湖北：房县桥上蒿坪，32°04′48″N，110°37′44″E，2009-10-15，李晓东、陈永峰40012167；房县蒿坪，30°11′29″N，110°52′23″E，1032 m，2009-11-09，丁时东、危文亮400152024；神农架林区红坪镇板仓村，31°46′39.79″N，110°46′3.86″E，632 m，2012，危文亮、赵永国等400151172。四川：雅安宝兴蜂桶寨邓池沟，30°32′09″N，102°56′36″E，1821 m，2011-09-28，李志强、刘小波等40021111016；峨眉山龙池杨梅，29°28′23″N，102°26′12″E，1000 m，2010-09-24，崔龙、李志强40021110035。陕西：佛坪西岔河，33°16′55″N，107°34′55″E，791 m，2009-08-25，薛帅400321062。生于海拔100~1500 m的山地林间，少见。产于湖南、河南、湖北、四川、贵州、甘肃、陕西；广西北部、江西庐山以及浙江有栽培。

栽培 喜温凉湿润，幼苗较耐阴，成年植株喜阳光充足，忌水涝。喜肥沃、疏松和排水良好的壤土。播种、高压繁殖，以即采即播为佳，早春适合行高压。大树移植宜在展叶前进行，并在3个月前做断根处理。春季至夏季每2~3月施肥1次，以有机肥为佳，或酌施氮、磷、钾肥。

用途 花可提取芳香油；种子榨油，含油量35%，出油率25%，供工业用，可制肥皂。

含油率及化学组分数据

采集单位	测试单位	测试部位	产地	含油率(%)	碘值	酸值	皂化值	C12:0	C14:0	C16:0	C16:1	C18:0	C18:1	C18:2	C18:3	C20:0	C20:1
GXIB	SCBG	种仁	广西资源	38.64	59.07	5.13	207.98		0.20	16.67	0	2.15	37.63	32.72	7.16		
HUST	HUST	种仁	湖南桑植	33.27	17.79	15.37	151.48			15.29					38.92	44.97	0.82
JSU	SCBG	种仁	湖南保靖	30.65				1.63	0.60	8.86	0.41	2.87	28.81	50.01	0.62	0.822	0.33
JSU	SCBG	种仁	湖南保靖	34.60					0.10	13.64	0.24	1.56	42.50	37.09	1.22	0.54	0.38
SYSU	SCBG	种仁	江西吉安	36.79	104.8	18.09	200.39	0.03	0.18	17.61	0.89	2.49	40.89	37.05	0.64	0.13	0.10
SCBG	SCBG	种仁	福建星村	38.59	131.51	29.96	213.18	0.03	0.16	19.01	1.72	33.01	45.38	0.57	0.10		
SCBG	SCBG	种仁	浙江龙泉	41.3	71.03	11.22	202.29	0	0	7.55	0	4.25	37.6	46.85	0.21	0.36	3.18
SCBG	SCBG	种仁	浙江杭州	38.35	131.64	9.25	167.24	0.02	0.13	21.21	1.75	1.91	36.53	37.65	0.65	0.07	0.07
WHBG	WHBG	种仁	湖北房县	26.80	121.92	2.47	209.15			16.74	1.80	1.96	24.27	34.21	15.07	0.06	
OCRI	SCBG	种仁	湖北房县	26.8	121.92	2.47	209.15	0.02	0.09	10.68	0.15	2.41	20.83	65.40	0.19	0.12	0.11
OCRI	SCBG	种仁	湖北神农架	30.20	59.3635	1.52	170.61		0.04	6.04	0.17	7.07	39.73	43.25	23.61		
SCU	SCU	种仁	四川雅安	32.72	91.85												
SCU	SCU	种仁	四川峨眉山	31.72	92.70	4.70	224.9			3.92		18.23	55.20	21.82	0.90		
CAU	ICS	种子	陕西佛坪	42.178	71.71	11.21	189.55		0.10	15.79	0.66	2.42	33.96	44.230	0.76		
OFPC	WHBG	种子	湖北恩施	45.80	98.3		193.30		微量	18.60		1.70	36.60	43.10	微量		

长喙厚朴（长喙木莲）

Houpoea rostrata (W.W. Sm.) N.H. Xia et C.Y. Wu [*Manglietia rostrata* W. W. Sm.]

木兰科，厚朴属

特征 落叶乔木，高达25 m。叶互生，坚纸质，7~9片集生于枝端，倒卵形或宽倒卵形，长34~50 cm，宽21~23 cm，先端宽圆，具短急尖，或有时2浅裂，基部宽楔形，圆钝或心形，上面绿色，有光泽，下面苍白色，被红褐色而弯曲的长柔毛；侧脉28~30条；叶柄长4~7 cm，托叶痕明显凸起，为叶柄长的1/3~2/3。花白色，芳香；花被片9~12，外轮3片背面绿而染粉红色，腹面粉红色，长圆状椭圆形，长8~13 cm，宽约5.6 cm，向外反卷；内2轮常8片，纯白色，直立，倒卵状匙形，长12~14 cm，基部具爪；雄蕊群紫红色；雌蕊群圆柱形。聚合果圆柱形，长10~20 cm，蓇葖弯曲，具6~8 mm的喙。种子扁，长约7 mm，宽约5 mm。花期5~7月；果期9~10月。

分布 云南：文山州麻栗坡县麻栗坡镇新坪，23°08′07″N，104°43′42″E，2011-10-13，曾庆文、陈树钢、杨国400114234。生于海拔2100~3000 m的山地阔叶林中，少见。产于云南、西藏（墨脱）。缅甸东北部也有分布。

栽培 播种可用条播、撒播或容器育苗。春播期愈早愈好，早播可以提早发芽出土，加长苗木生长期，提高苗木生长量。春播时间太迟，气温升高，种子发芽率降低，幼苗生长不旺，且生长期缩短。冬播可免去种子沙藏这道工序，提早发芽出土。

用途 花可提取芳香油，种子榨油，供工业用；树皮入药作厚朴代用品。

含油率及化学组分数据

采集单位	测试单位	测试部位	产地	含油率(%)	碘值	酸值	皂化值	C12:0	C14:0	C16:0	C16:1	C18:0	C18:1	C18:2	C18:3	C20:0	C20:1
SCBG	SCBG	种仁	云南文山	28.07	108.77	37.47	227.88	0.21	0.14	18.42	1.00	34.48	44.52	1.07	0.15		

鹅掌楸

Liriodendron chinense (Hemsl.) Sarg.

木兰科，鹅掌楸属

特征 落叶大乔木，高达40 m。树皮灰白色，纵裂小块状脱落。叶形奇特，马褂状，膜质至纸质，互生，长4~12 cm，两侧近基部各有1裂片，先端平截或微凹，下面苍白色；叶柄长4~16 cm，无托叶痕。花杯状；花被片9，外轮3片淡绿色，萼片状，向外弯垂，内2轮6片，花瓣状，倒卵形，绿色，具6~8条黄色纵条纹；花时雌蕊群超出花被之上，心皮黄绿色。聚合果纺锤形；小坚果具翅。花期5月；果期9~10月。

分布 湖北：五峰唐家坡后河自然保护区，30°10′36″N，110°53′37″E，1152 m，2009-11-09，丁时东、危文亮400152023；五峰长乐坪洞口村，30°10′57″N，110°54′01″E，2009-11-04，李晓东、陈士强400121058。陕西：西安市雁塔区，34°13′34″N，108°58′10″E，400 m，2011-07-08，薛帅400324030。生于海拔900~1000 m的山地林中，少见。产于广西、湖南、江西、福建、浙江、安徽、湖北、四川、贵州、云南、陕西。越南北部也有分布。

栽培 喜温暖、湿润，幼苗较耐阴，成年植株喜阳光充足，忌水涝。喜肥沃、疏松和排水良好的壤土。播种或嫁接繁殖。播种以即采即播为佳，春季适合嫁接法。大树移植宜在展叶前进行，并在半年前做断根处理。春季至夏季每2~3月施肥1次，以有机肥为佳，或酌施氮、磷、钾肥。

用途 花可提取芳香油，种子榨油，供工业用。

含油率及化学组分数据

采集单位	测试单位	测试部位	产地	含油率(%)	碘值	酸值	皂化值	C12:0	C14:0	C16:0	C16:1	C18:0	C18:1	C18:2	C18:3	C20:0	C20:1
OCRI	SCBG	种仁	湖北五峰	35.70	136.13	4.32		0.04	0.41	17.85	0.22	4.99	41.70	26.12	2.77	1.31	0.23
WHBG	WHBG	种仁	湖北五峰	29.54					0.33	12.51		3.29	51.36	24.44	1.15		
CAU	ICS	种子	陕西西安	0.59	100.67	14.92	1057.24	0.13	0.27	4.34	0.06	7.27	40.77		1.34	0.14	
OFPC	LBG	种子	江西武宁					微量	2.50	18.80		6.40	24.40	34.00	微量		

荷花木兰 (荷花玉兰)

Magnolia grandiflora L.

木兰科，木兰属

特征 常绿大乔木，高达30 m。小枝、芽、叶背、叶柄均被红褐色或灰褐色短绒毛。叶厚革质，宽椭圆形、长圆状椭圆形或倒卵状椭圆形，长10~20 cm，宽4~7 cm，先端钝或短钝尖，稀微凹，基部楔形，下面红褐色；叶柄具深沟，无托叶痕。花大，极芳香，单生枝顶；花被片9~12，厚肉质，外轮浅绿色，中内轮乳白色；雌蕊密被银色绢毛。聚合果卵球形，密被黄褐色或淡黄褐色绢毛。花期5~6月；果期9~10月。

分布 云南：昆明市东郊呼马山，25°02′15″N，102°37′22″E，1945 m，2009-08-25，刘恩乾400222024。贵州：雷山县雷公山国家森林公园管理局园内，26°22′52″N，108°04′31″E，800 m，2012-10-16，陈丰林、夏纯、桑洪伟4001151217。河南：郑州紫荆山公园，34°45′51″N，113°41′3″E，120 m，2012-09-12，王亚平400314187。我国长江流域以南各城市有栽培。原产美国东南部。

栽培 喜温暖、湿润至高温高湿，幼苗较耐阴，成年植株喜阳光充足，忌水涝。喜肥沃、疏松和排水良好的壤土。播种、高压或嫁接繁殖。播种以即采即播为佳，早春适合行高压和嫁接法。大树移植宜在半年前做断根处理。春季至夏季每2~3月施肥1次，以有机肥为佳，或酌施氮、磷、钾肥。

用途 花可提取芳香油，种子榨油，供工业用。

含油率及化学组分数据

采集单位	测试单位	测试部位	产地	含油率(%)	碘值	酸值	皂化值	C12:0	C14:0	C16:0	C16:1	C18:0	C18:1	C18:2	C18:3	C20:0	C20:1
KMIB	KMIB	种仁	云南昆明	16.13	177.30	19.30	160.50				15.76		2.57	48.61	23.72		
SCBG	SCBG	种仁	贵州雷山	36.45				0.01	0.04	3.27	0.12	1.15	13.64	41.38	38.98	0.80	0.61
HNAU	ICS	种子	河南郑州	43.63	86.69	31.12	173.04	0.06	0.13	19.63	3.71	2.69	39.43	27.18	0.47	0.13	0.10
OFPC	WHBG	种子	湖北武汉	45.40	118.20		169.70		微量	27.10		2.50	43.0	22.50			
OFPC	SCBG	种子	广东广州	46.70	116.4		163.8	0.2	0.7	27.40		1.80	36.90	33.00			
OFPC	JSIB	种子	江苏南京	27.30	108.1		196.6	微量	0.1	21.60		3.60	25.80	46.80	1.50		
OFPC	JSIB	种子	江苏南京	35.50	104.6		201.5	微量	0.2	22.90		2.50	57.20	7.60	0.80		

木莲 (乳源木莲)

Manglietia fordiana Oliv. [*Manglietia yuyuanensis* Y.W. Law]

木兰科，木莲属

特征 常绿大乔木，高达20 m。叶革质，狭倒卵形、狭椭圆状倒卵形或倒披针形，长8~17 cm，宽2.5~5.5 cm，先端短急尖，通常尖头钝，基部楔形，沿叶柄稍下延，边缘稍内卷，下面疏生红褐色短毛，侧脉8~12条；叶柄长1~3 cm，基部稍膨大，托叶痕半椭圆形。花梗有红棕色短毛，花被片纯白色，每轮3片，外轮3片近革质，凹入，长圆状椭圆形，长6~7 cm，宽3~4 cm，内2轮的稍小，常肉质，倒卵形，长5~6 cm，宽2~3 cm；雄蕊长约1 cm，花药长约8 mm，药隔钝；雌蕊群长约1.5 cm，具23~30枚心皮，平滑，花柱长约1 mm；胚珠8~10颗。聚合果褐色，卵球形，长2~5 cm，蓇葖露出面有粗点状凸起，先端具长约1 mm的短喙。种子红色。花期5月；果期10月。

分布 广东：增城县大岭山，23°20′48″N，113°46′04″E，2010-10-18，胡晓敏400119122；南岭，24°55′09″N，113°05′22″E，2010-10-18，曾庆文等400119122；南岭秤架，24°55′09″N，113°05′22″E，2010-10-18，曾庆文等400118102；东莞市谢岗乡银瓶山仙水道，23°02′43″N，113°45′28″E，2012-11-02，邢福武、叶心芬、宁阳阳400113172。福建：古田县双车镇下车，26°29′20″N，119°14′02″E，297 m，2010-10-28，刘东明、梁耀400112173。江西：玉山县三清山，28°54′55″N，118°01′20″E，493 m，2009-09-02，廖文波等400141128；龙南县九连山自然保护区，24°32′24″N，114°28′05″E，699 m，2012-08-08，景慧娟、赵万义4001415009。产于广东、广西、福建、贵州、云南。生于海拔1200 m以下的的花岗岩、砂质岩山地丘陵。

栽培 喜温暖、湿润至高温高湿气候，幼苗较耐阴，成年植株喜阳光充足，忌水涝。喜肥沃、疏松和排水良好的壤土。播种、高压或嫁接繁殖。

用途 花可提取芳香油，种子榨油，供工业用；果及树皮入药，治便秘和干咳。木材供板料、细工用材。

含油率及化学组分数据

采集单位	测试单位	测试部位	产地	含油率(%)	碘值	酸值	皂化值	C12:0	C14:0	C16:0	C16:1	C18:0	C18:1	C18:2	C18:3	C20:0	C20:1
SCBG	SCBG	种仁	广东增城	23.45	104.47	8.86		0.02	0	12.59	0.02	1.88	5.44	3.23	1.13		0.16
SCBG	SCBG	种仁	广东南岭	23.45	104.47	8.86		0.02	0	12.59	0.02	1.88	5.44	3.23	1.13		0.16
SCBG	SCBG	种仁	广东南岭	27.72	120.17	50.14	221.61	0.15	0.20	18.72	0.87	2.18	32.34	42.82	1.04	0.17	1.52
SCBG	SCBG	种仁	广东东莞	27.89	95.75	6.84	201.59	0.003	0.05	13.88	0.07		39.73	27.55	2.10	0.11	0.50
SCBG	SCBG	种仁	福建古田	35.26	102.37	11.85	159.94				0.08	4.76	74.69	73.68	1.69	0.35	0.78
SYSU	SCBG	种仁	江西玉山	23.12				0.01	0.10	8.42	0.10	3.63	22.17	41.18	22.93	0.73	0.74
SYSU	SCBG	种仁	江西龙南	39.75				0.01	0.04	7.07	0.10	3.75	13.55	74.36	0.53	0.50	0.11

大果木莲

Manglietia grandis Hu et W.C. Cheng

木兰科，木莲属

特征　常绿乔木，高达20 m。全株无毛。叶革质，椭圆状长圆形或倒卵状长圆形，长20~35.5 cm，宽10~13 cm，先端钝尖或短突尖，基部宽楔形，上面亮绿色，下面密被乳头状凸起的白粉点，托叶痕约为叶柄的1/4。花大，芳香；花被片12，外轮3片淡红色，倒卵状长圆形，长9~11 cm，具7~9条纵纹，内3轮9片肉质，倒卵状匙形，上部2/3淡红色，间有深红色线纹；雌蕊群卵圆形，长约4 cm。聚合果长椭球形，长10~12 cm，熟时鲜红色。花期5~6月；果期10~11月。

分布　云南：文山州麻栗坡县下金厂，23°13′31″N，104°54′09″E，2011-10-16，曾庆文、陈树钢、杨国400114126。生于海拔1200 m山谷密林中，少见。产于广西、云南。

栽培　喜温暖、湿润，幼苗较耐阴，成年植株喜阳光充足，忌干旱和水涝。喜肥沃、疏松和排水良好的壤土。播种、高压或嫁接繁殖。播种以即采即播为佳；早春适合行高压或嫁接。大树具深根性，移植困难，宜在半年前做断根处理。春季至夏季每2~3月施肥1次，以有机肥为佳，或酌施氮、磷、钾肥。

用途　花可提取芳香油；种子榨油，供工业用。

含油率及化学组分数据

采集单位	测试单位	测试部位	产地	含油率(%)	碘值	酸值	皂化值	C12:0	C14:0	C16:0	C16:1	C18:0	C18:1	C18:2	C18:3	C20:0	C20:1
SCBG	SCBG	种仁	云南文山	45.41	119.58	25.24	141.13	0.02	0.15	18.88	0.70	47.70	31.40	0.98	0.15		

海南木莲

Manglietia hainanensis Dandy

木兰科，木莲属

特征　乔木，高达20 m。叶薄革质，通常倒卵形或狭倒卵形，长10~20 cm，宽3~7 cm，边缘波状起伏，先端急尖或渐尖，基部楔形，沿叶柄稍下延，上面深绿色，下面较淡，疏生红褐色平伏微毛；侧脉12~16条，稍凸起，干后两面网脉均明显；托叶痕半圆形，长约4 mm。花梗长0.8~4 cm，径0.4~0.7 cm；佛焰苞状苞片薄革质，阔圆形，长4~5 cm，宽约6 cm，顶端开裂，两面有粒状凸起；花被片9，每轮3片，外轮的薄革质，倒卵形，外面绿色，长5~6 cm，宽3.5~4 cm，顶端有浅缺，内2轮的钝白色，带肉质，倒卵形，长4~5 cm，宽约3 cm，肉质；雄蕊群红色；雌蕊群长1.5~2 cm，具18~32枚心皮，顶端无短喙，平滑。聚合果褐色，卵圆形或椭圆状卵圆形，长5~6 cm，成熟心皮露出面有点状凸起。种子红色，稍扁，长7~8 mm，宽5~6 mm。花期4~5月；果期9~10月。

分布　生于海拔300~1200 m的溪边、密林中，少见。海南特有。

栽培　喜温暖、湿润，幼苗较耐阴，成年植株喜阳光充足，忌干旱和水涝。喜肥沃、疏松和排水良好的壤土。播种、高压或嫁接繁殖。

用途　材质坚硬，为水箱、高级家具、乐器等小巧工艺用材，列为海南一类木材。

含油率及化学组分数据

采集单位	测试单位	测试部位	产地	含油率(%)	碘值	酸值	皂化值	C12:0	C14:0	C16:0	C16:1	C18:0	C18:1	C18:2	C18:3	C20:0	C20:1
OFPC	SCBG	种子	海南陵水	41.00	144.30		243.30	0.30	0.30	22.10		1.50	29.50	45.20	0.80		

毛桃木莲

Manglietia kwangtungensis (Merr.) Dandy [*Manglietia moto* Dandy]

木兰科，木莲属

特征 乔木，高达14 m。叶革质，倒卵状椭圆形至倒披针形，长10~25 cm，宽4~8 cm，先端短钝尖或渐尖，基部楔形或宽楔形，上面无毛，下面和叶柄均被锈褐色绒毛，沿中脉较浓密；叶柄长2~4 cm，上面具狭沟；托叶披针形，被锈褐色绒毛，托叶痕狭三角形，长约为叶柄的1/3。花芳香；花被片9，乳白色，外轮3片近革质，长圆形，中轮3片厚肉质，倒卵形，内轮3片厚肉质，倒卵状匙形；雄蕊群红色；雌蕊群卵圆形，长约2 cm，宽约1. 5 cm，基部心皮狭椭圆形，每心皮具胚珠6~8粒，二列。聚合果卵球形，长5~7 cm，径3. 5~6 cm；蓇葖背面有疣状凸起，顶端具长2~3 mm的喙。花期5~6月；果期8~12月。

分布 产于广东、广西、湖南、福建。生于海拔400~1200 m的酸性山地黄壤上，常见。

栽培 喜温暖、湿润，幼苗较耐阴，成年植株喜阳光充足，忌水涝。喜肥沃、疏松和排水良好的壤土。播种、高压或嫁接繁殖。播种以即采即播为佳；早春适合高压或嫁接。大树移植宜在半年前做断根处理。春季至夏季每2~3个月施肥1次，以有机肥为佳，或酌施氮、磷、钾肥。

用途 花可提取芳香油；种子榨油，供工业用。

含油率及化学组分数据

采集单位	测试单位	测试部位	产地	含油率(%)	碘值	酸值	皂化值	C12:0	C14:0	C16:0	C16:1	C18:0	C18:1	C18:2	C18:3	C20:0	C20:1
OFPC	SCBG	种子	广东乳源	35. 10	92. 7		185. 8		0. 40	20. 70		2. 40	35. 00	41. 50	微量		

狭叶含笑

Michelia angustioblonga Y.W. Law et Y.F. Wu

木兰科，含笑属

特征 小乔木，高约4 m。毛被平伏，有光泽；小枝黑色；芽密被褐色长柔毛。叶革质，狭长圆形，长6. 5~10 cm，宽1. 5~2. 5 cm，先端钝，基部楔形或宽楔形，上面深绿色，无毛，下面灰绿色，被柔毛；中脉在叶面凹下，干时两面有密的网脉，侧脉不明显；叶柄长1~1. 5 cm；托叶与叶柄离生，无托叶痕。花梗被疏柔毛；花被2轮，每轮3片，白色，倒披针形，外轮3片长1. 8~2 cm，宽4~5 mm，内轮3片，长1. 4~1. 6 cm；雄蕊长11~15 mm，雌蕊群隐藏其中；雌蕊群狭椭圆体形，长约1 cm，雌蕊群柄长约3 mm；心皮被褐色微柔毛。花期4月；果期夏、秋季。

分布 贵州：荔波县茂兰乡石上森林，25°17′32″N，107°56′25″E，840 m，2009-08-04，曾庆文、董安强、胡晓敏4001121。生于海拔1000 m的密林中，少见。产于贵州。

栽培 喜温暖、湿润，幼苗较耐阴，成年植株喜阳光充足，不耐干旱和水涝。喜肥沃、疏松和排水良好的壤土。播种、高压或嫁接繁殖。播种以即采即播为佳；早春适合行高压或嫁接。大树移植宜在半年前做断根处理。春季至夏季每2~3个月施肥1次，以有机肥为佳，或酌施氮、磷、钾肥。

用途 花可提取芳香油；种子榨油，供工业用。

含油率及化学组分数据

采集单位	测试单位	测试部位	产地	含油率(%)	碘值	酸值	皂化值	C12:0	C14:0	C16:0	C16:1	C18:0	C18:1	C18:2	C18:3	C20:0	C20:1
SCBG	SCBG	种仁	贵州荔波	23. 10	113. 73	87. 07	180. 32	0. 13	0. 16	23. 24	0. 57	3. 49	21. 27	49. 47	1. 67		

合果含笑（合果木）

Michelia baillonii (Pierre) Finet et Gagnep. [*Paramichelia baillonii* (Pierre) Hu]

木兰科，含笑属

特征 大乔木，高可达3.5 m。叶椭圆形、卵状椭圆形或披针形，长6~25 cm，宽4~7 cm，先端渐尖，基部楔形、阔楔形，上面初被褐色平伏长毛，中脉凹入，残留有长毛，侧脉9~15条，网脉细密，干时两面凸起；叶柄长1.5~3 cm，托叶痕为叶柄长的1/3或1/2以上。花黄色；花被片18~21，芳香，6片一轮，外2轮倒披针形，长2.5~2.7 cm，宽约0.5 cm，向内渐狭小，内轮披针形，长约2 cm，宽约2 mm；雌蕊群狭卵圆形，长约5 mm，心皮完全合生，密被淡黄色柔毛，雌蕊群柄长约3 mm，密被淡黄色柔毛；花梗长1~1.5 cm。聚合果肉质，倒卵圆形，椭圆状圆柱形，长6~10 cm，宽约4 cm，成熟心皮完全合生，具圆点状凸起皮孔，干后不规则脱落；心皮中脉木质化，扁平，弯钩状，宿存于粗壮的果轴上。花期3~5月；果期8~10月。

分布 产于云南（西双版纳、元江中游、思茅地区）。生于海拔500~1500 m的山林中，少见。常与龙脑樟科树种混生。

栽培 种子繁殖。果在成熟未裂时采回，放于干燥、阴凉处自然开裂，取出种子，除去外种皮，湿沙贮藏2~4个月。苗床土壤应排水良好，发芽前要特别注意田鼠及其他啮齿类为害，苗期要遮阴。

用途 材质坚硬，美观，抗虫耐腐力强，为制造高级家具、重要建筑物的上等木材。树干通直，生长迅速，能耐短期低温（-2℃）。

含油率及化学组分数据

采集单位	测试单位	测试部位	产地	含油率(%)	碘值	酸值	皂化值	C12:0	C14:0	C16:0	C16:1	C18:0	C18:1	C18:2	C18:3	C20:0	C20:1
OFPC	XTBG	种子	云南勐腊	36.70	118.40		202.00		微量	19.40		2.50	13.40	63.10	1.60		

平伐含笑

Michelia cavaleriei Finet et Gagnep.

木兰科，含笑属

特征 常绿乔木，高达10 m。叶薄革质，狭长圆形或狭倒披针状长圆形，长10~20 cm，宽3.5~6.5 cm，先端渐尖或短急尖，基部楔形或阔楔形，上面中脉凹入，常残留有毛，下面苍白色，被银灰色柔毛；侧脉纤细，每边11~15条，网脉致密；叶柄长1.5~3 cm，无托叶痕。花蕾狭卵圆形，长约3 cm，佛焰苞状苞片密被红褐色平伏长柔毛；花梗长1.5~2.5 cm，具1~2苞片脱落痕；花被片约12，纸质，有透明腺点，外轮3片倒卵状椭圆形，长2.5~4 cm，向内渐狭小；雄蕊基部被灰黄色柔毛；雌蕊群狭卵形，雌蕊长约4 mm，心皮卵圆形，密被平伏微柔毛。聚合果长5~10 cm；蓇葖倒卵圆形或长圆体形，长1.5~2 cm，具白色皮孔，腹背2瓣开裂，顶端圆或稍有短尖。花期3月；果期9~10月。

分布 云南：昆明植物园濒危植物区，25°08′14″N，102°44′22″E，1966 m，2010-10-14，王智、杨珺、谭英400221197。生于海拔800~1500 m的密林中。产于广西西北部、四川东南部、贵州东北部及南部、云南东南部。

栽培 喜阳光充足，喜暖热、湿润，不耐寒。喜酸性土，不耐碱土，不耐干旱，忌过于潮湿，尤忌积水。宜排水良好、疏松肥沃的微酸性土壤。易结果，一般2~3年生嫁接苗开花后即可结果。播种繁殖为主，也可嫁接。

用途 花可提取芳香油；种子榨油，供工业用。

含油率及化学组分数据

采集单位	测试单位	测试部位	产地	含油率(%)	碘值	酸值	皂化值	C12:0	C14:0	C16:0	C16:1	C18:0	C18:1	C18:2	C18:3	C20:0	C20:1
KMIB	KMIB	种仁	云南昆明	39.00	73.80	13.30	188.30	0.03	0.14	25.34	0.88	2.61	22.05	47.86	0.86		

黄兰

Michelia champaca L.

木兰科，含笑属

特征 常绿乔木，高达10 m。叶薄革质，披针状卵形或披针状长椭圆形，长10~25 cm，宽4. 5~10 cm，先端长渐尖或近尾状，基部阔楔形或楔形，下面稍被微柔毛；叶柄长2~4 cm，托叶痕长达叶柄中部以上。花黄色，极香；花被片15~20，倒披针形，长3~4 cm，宽4~5 mm；雌蕊群具毛，雌蕊群柄长约3 mm。聚合果长7~15 cm；蓇葖倒卵状长圆形，长1~1. 5 cm，有疣状凸起。种子2~4粒，有皱纹。花期5~7月；果期9~10月。

分布 重庆：南川区三泉镇重庆药研所标本园，29°07′60″N，107°12′13″E，588 m，2010-09-08，刘正宇等4000231164；万州，30°46′53″N，108°24′20″E，2010-08-25，刘正宇等400231146。生于海拔500~1600 m的常绿阔叶林中，少见。产于云南、西藏。印度、尼泊尔、缅甸、越南也有分布。

栽培 喜阳光充足，喜暖热、湿润，不耐寒。喜酸性土，不耐碱土，不耐干旱，忌过于潮湿，尤忌积水。宜排水良好、疏松肥沃的微酸性土壤。易结果，一般2~3年生嫁接苗开花后即可结果。播种繁殖为主，也可嫁接。

用途 花可提取芳香油或熏茶，也可浸膏入药；种子榨油，供工业用；叶可蒸油，供调制香料用。木材轻软，材质优良，为造船，家具的珍贵用材。

含油率及化学组分数据

采集单位	测试单位	测试部位	产地	含油率(%)	碘值	酸值	皂化值	C12:0	C14:0	C16:0	C16:1	C18:0	C18:1	C18:2	C18:3	C20:0	C20:1
CIPP	SCBG	种仁	重庆南川	22. 91	81. 80	4. 40	398. 50	0. 06	0. 63	39. 86	0. 12	4. 95	23. 25	10. 88	1. 38	0. 29	0. 12
CIPP	SCBG	种仁	重庆万州	18. 53	103. 28	64. 54	200. 46	0. 03	0. 28	34. 07	2. 39	2. 17	28. 18	31. 13	1. 29	0. 31	0. 15
OFPC	XTBG	种子	云南勐腊	34. 00	101. 60		199. 30		0. 30	25. 00		2. 80	24. 30	43. 10	0. 90		
OFPC	SCBG	种子	海南海口	35. 80			194. 70	微量	0. 20	23. 60		1. 70	25. 70	35. 20	5. 20		

乐昌含笑

Michelia chapensis Dandy

木兰科，含笑属

特征 常绿大乔木，高达30 m。叶薄革质，倒卵形或狭倒卵形，先端骤狭短渐尖，或短渐尖，基部楔形或阔楔形，上面深绿色，有光泽，侧脉9~12(15)条，网脉稀疏；叶柄上面具张开的沟，无托叶痕。花芳香，花梗被平伏灰色微柔毛，长4~10 mm，被平伏灰色微柔毛，具2~5苞片脱落痕；单生叶腋；花被片6，淡黄色，外轮3片倒卵状椭圆形，内轮3片较狭小；雌蕊群柄密被银灰色平伏微柔毛。聚合果穗状，长约10 cm。种子红色，卵形或长圆状卵圆形，长约1 cm。花期3~4月；果期11月。

分布 云南：昆明市盘龙区昆明植物园，25°08′14″N，102°44′22″E，1966 m，2010-10-14，王智、杨珺、谭英400221198；昆明植物研究所木兰园，25°09′10″N，102°44′36″E，1967 m，2010-11-23，刘恩乾400222186。江西：龙南县九连山国家级自然保护区植物园，24°46′22″N，114°43′54″E，2011-11-11，易绮斐、潘雅书、陈华平400119172。湖南：吉首大学，28°17′23″N，109°43′08″E，256 m，2011-10-16，徐亮、王先花40019101199。湖北：神农架下谷坪，31°14′31″N，110°44′41″E，260 m，2011-08-14，丁时东400151131。生于海拔500~1500 m的山地林间，常见。产于广东、广西、湖南、湖北、江西、云南。越南也有分布。

栽培 喜温暖、湿润，幼苗较耐阴，成年植株喜阳光充足，忌水涝。喜肥沃、疏松和排水良好的壤土。播种、高压或嫁接繁殖。播种以即采即播为佳；早春适合行高压或嫁接。大树具深根性，移植困难，宜在半年前做断根处理。春季至夏季每2~3个月施肥1次，以有机肥为佳，或酌施氮、磷、钾肥。

用途 花可提取芳香油；种子榨油，供工业用。

含油率及化学组分数据

采集单位	测试单位	测试部位	产地	含油率(%)	碘值	酸值	皂化值	C12:0	C14:0	C16:0	C16:1	C18:0	C18:1	C18:2	C18:3	C20:0	C20:1
KMIB	KMIB	种仁	云南昆明	44. 00	58. 70	55. 00	180. 50			24. 65		2. 70	33. 49	35. 17	0. 82		
KMIB	KMIB	种仁	云南昆明	29. 18						24. 65			2. 70	33. 49	35. 17		0. 82
SCBG	SCBG	种仁	江西龙南	30. 65	126. 55	15. 21	200. 99	0. 01	0. 08	6. 19	0. 73	5. 94	47. 40	7. 94	2. 27	0. 22	0. 38
JSU	SCBG	种子	湖南吉首	32. 14	78. 19	22. 70	362. 04	0. 24	0. 36	5. 53	0. 10	3. 16	55. 45	55. 45	1. 95	0. 41	0. 16
OCRI	SCBG	种仁	湖北神农架	31. 54	128. 39	1. 55	171. 57	0. 05	0. 22	7. 87	3. 21	2. 42	29. 22	54. 22	0. 67	0. 12	0. 19

西畴含笑

Michelia coriacea Hung T. Chang et B.L. Chen

木兰科，含笑属

特征　常绿乔木，高达10 m，胸径20 cm。幼枝粗壮，黑色，被灰白色柔毛；老枝褐色，无毛，疏生圆形灰白色皮孔。叶厚革质，椭圆形、卵形或倒卵状椭圆形，长12. 5~14 cm，宽2~3. 5 cm，先端渐尖或急尖，基部楔形，上面光亮，深绿色，下面淡绿色，两面无毛；叶柄上具沟，基部膨大，无托叶痕。花芳香；花被片6~7，白色，披针形。果梗被灰白色平伏短柔毛；聚合果穗状；蓇葖卵球形，稍厚木质，外面有皮孔。花期3~4月；果期9~10月。

分布　云南：文山州麻栗坡县铁厂乡，23°22′35″N，105°02′51″E，2011-10-15，曾庆文、陈树钢、杨国400114254。生于海拔1500~1700 m的常绿阔叶林中，少见。产于云南东南部。

栽培　喜温暖、湿润，幼苗较耐阴，成年植株喜阳光充足，忌水涝。喜肥沃、疏松和排水良好的壤土。播种、高压或嫁接繁殖。播种以即采即播为佳；早春适合行高压或嫁接。大树具深根性，移植困难，宜在半年前做断根处理。

用途　花可提取芳香油；种子榨油，供工业用。

含油率及化学组分数据

采集单位	测试单位	测试部位	产地	含油率(%)	碘值	酸值	皂化值	C12:0	C14:0	C16:0	C16:1	C18:0	C18:1	C18:2	C18:3	C20:0	C20:1
SCBG	SCBG	种仁	云南文山	37. 37	116. 02	24. 56	190. 63		0. 13	23. 84	0. 94	38. 94	35. 07	0. 95	0. 12		

紫花含笑

Michelia crassipes Y. W. Law

木兰科，含笑属

特征　小乔木或灌木，高2~5 m。叶革质，狭长圆形、倒卵形或狭倒卵形，长7~13 cm，宽2. 5~4 cm，先端长尾状渐尖或急尖，基部楔形或阔楔形，上面深绿色，有光泽，无毛，下面淡绿色，脉上被长柔毛；叶柄长2~4 mm；托叶痕达叶柄顶端。花梗长3~4 mm，花极芳香；花被片6，紫红色或深紫色，长椭圆形，长18~20 mm，宽6~8 mm；雌蕊群长约8 mm，不超出雄蕊群，密被柔毛，雌蕊群柄长约2 mm，果时长3~4 mm，粗3~4 mm；心皮卵圆形，长3. 5~4 mm，密被柔毛，花柱长2 mm。聚合果长2. 5~5 cm，具蓇葖10个以上；蓇葖扁卵圆形或扁圆球形，有乳头状凸起和残留有毛，果梗粗短，长1~2 cm，粗3~5 mm。花期4~5月；果期8~9月。

分布　福建：武夷山大安源，27°52′38″N，117°52′06″E，578 m，2010-10-02，刘东明、饶显龙400112135。生于海拔300~1000 m的山谷密林中。产于广东、广西、湖南。

栽培　喜温暖、湿润，幼苗较耐阴，成年植株喜阳光充足，忌水涝。喜肥沃、疏松和排水良好的壤土。播种、高压或嫁接繁殖。

用途　花可提取芳香油；种子榨油，供工业用。

含油率及化学组分数据

采集单位	测试单位	测试部位	产地	含油率(%)	碘值	酸值	皂化值	C12:0	C14:0	C16:0	C16:1	C18:0	C18:1	C18:2	C18:3	C20:0	C20:1
SCBG	SCBG	种仁	福建武夷山	27. 81	89. 40	5. 22		0. 04	0. 10	7. 28	0. 10	36. 93	38. 02	15. 65	42. 90		0. 13

多花含笑
Michelia floribunda Finet et Gagnep.
木兰科，含笑属

特征 乔木，高达20 m。叶革质，通常狭卵状椭圆形或披针形，长7~14 cm，宽2~4 cm，先端渐尖或尾状渐尖，基部阔楔形或圆，上面深绿色，有光泽，下面苍白色，被白色长平伏毛；中脉凹入，常残留有白色毛，侧脉纤细，每边8~12条，网脉细密，两面稍凸起；叶柄长1~1.5 cm，被平伏白色毛；托叶痕长为叶柄长之半或过半。花蕾狭椭圆体形，稍弯曲，被金黄色平伏柔毛，花梗长3~7 mm，直径约3 mm，具1~2苞片脱落痕，密被银灰色平伏细毛；花被片11~13，白色，匙形或倒披针形，长2.5~3.5 cm，宽4~7 mm，先端常有小凸尖；雌蕊群长约1 cm，雌蕊群柄长约5 mm。聚合果长2~6 cm，扭曲；蓇葖扁球形或长球体形，长6~15 mm，顶端微尖，有白色皮孔。花期2~4月；果期8~9月。

分布 云南：昆明植物研究所木兰园，25°08′12″N，102°44′36″E，1967 m，2010-04-08，刘恩乾400222185。生于海拔1300~2700 m的林间。产于湖北、四川、云南。缅甸也有分布。

栽培 喜温暖、湿润，幼苗较耐阴，成年植株喜阳光充足，忌水涝。喜肥沃、疏松和排水良好的壤土。播种、高压或嫁接繁殖。

用途 花可提取芳香油；种子榨油，供工业用。

含油率及化学组分数据

采集单位	测试单位	测试部位	产地	含油率(%)	碘值	酸值	皂化值	C12:0	C14:0	C16:0	C16:1	C18:0	C18:1	C18:2	C18:3	C20:0	C20:1
KMIB	KMIB	种仁	云南昆明	31.36						0.17	23.54	0.55	3.22	28.48	43.37	0.68	

香子含笑
Michelia hypolampra Dandy [*Michelia gioi* (A. Chev.) Sima et Hong Yu]
木兰科，含笑属

特征 乔木，高达21 m。叶薄革质，倒卵形或椭圆状倒卵形，长6~13 cm，宽5~5.5 cm，先端尖，基部宽楔形，两面鲜绿色，有光泽，无毛，侧脉8~10条，网脉细密，侧脉及网脉两面均凸起；叶柄长1~2 cm，无托叶痕。花蕾长圆形，长约2 cm，花梗长约1 cm，花芳香；花被片9，3轮，外轮膜质，条形，长约1.5 cm，宽约2 mm，内2轮肉质，狭椭圆形，长1.5~2 cm，宽约6 mm；雄蕊约25枚；雌蕊群卵圆形，雌蕊群柄长4~5 mm；心皮约10枚，狭椭圆体形，长6~7 mm，背面有5条纵棱。聚合果果梗较粗，长1.5~2 cm，雌蕊群柄果时增长至2~3 cm；蓇葖灰黑色，椭圆体形，长2~4.5 cm，宽1~2.5 cm，密生皮孔，顶端具短尖，基部收缩成柄，柄长2~8 mm，果瓣质厚，熟时向外反卷，露出白色内皮。种子1~4。花期3~4月；果期9~10月。

分布 海南：昌江县霸王岭，19°06′58″N，109°05′32″E，2011-11-13，秦新生4001161192。生于海拔300~800 m的山坡、沟谷林中，少见。产于海南、广西、云南。

栽培 喜温暖、湿润，幼苗较耐阴，成年植株喜阳光充足，忌水涝。喜肥沃、疏松和排水良好的壤土。播种、高压或嫁接繁殖。

用途 花可提取芳香油；种子榨油，供工业用。

含油率及化学组分数据

采集单位	测试单位	测试部位	产地	含油率(%)	碘值	酸值	皂化值	C12:0	C14:0	C16:0	C16:1	C18:0	C18:1	C18:2	C18:3	C20:0	C20:1
SCAU	SCBG	种仁	海南昌江	31.58	123.72	0.26		0.01	0.02	8.14	17.98	1.57		46.49	0.23		17.77
OFPC	XTBG	种子	云南景洪	41.20	135.10		94.20		0.10	25.00		3.5	15.5	37.1	0.9		

长蕊含笑

Michelia longistamina Y. W. Law

木兰科，含笑属

特征 乔木，高达15 m。叶薄革质，卵状椭圆形或倒卵状椭圆形，长7~14 cm，宽2. 5~5 cm，先端短渐尖或急尖，基部楔形或阔楔形，上面深绿色，有光泽，下面浅绿色，两面均无毛，侧脉9~13条，纤细；叶柄长1. 3~2. 5 cm，无毛，上面有宽沟，无托叶痕。花梗长4~14 mm；花被片白色，2轮，外轮3片倒卵形，长6~7 cm，内轮3片倒卵形或狭倒卵形，长4. 5~6. 5 cm，宽2. 5~3 cm；雌蕊群长2. 5~3 cm，雌蕊群柄长约1 cm，无毛；心皮狭卵圆形，长约4 mm，顶端尖，向外弯，胚珠每心皮8~10颗。聚合果长8~11 cm；蓇葖宽倒卵圆形、长圆体形或近球形，长约1. 5 cm，宽约6 mm，顶端具向下弯的尖喙。花期4~5月；果期11月。

分布 生于海拔1000~1300 m的密林中，少见。产于广东北部。

栽培 要求土层深厚、排水良好而肥沃的酸性或微酸性土壤。播种、扦插或嫁接繁殖。

用途 花可提取芳香油；种子榨油，供工业用。

含油率及化学组分数据

采集单位	测试单位	测试部位	产地	含油率(%)	碘值	酸值	皂化值	C12:0	C14:0	C16:0	C16:1	C18:0	C18:1	C18:2	C18:3	C20:0	C20:1
OFPC	SCBG	种子	广东乳源	43. 80	101. 50		197. 00			19. 60		3. 050	28. 90	48. 20			

醉香含笑（火力楠）

Michelia macclurei Dandy

木兰科，含笑属

特征 常绿乔木，高达30 m。芽、嫩枝、叶柄、托叶及花梗均被紧贴而有光泽的红褐色短绒毛。叶革质，倒卵形或椭圆状倒卵形，长7~14 cm，宽5~7 cm，上面初被短柔毛，后脱落无毛，下面被灰色毛并杂有褐色平伏短绒毛，侧脉10~15条；叶柄长2. 5~4 cm，无托叶痕。花被片9，白色，匙状倒卵形或倒披针形，长3~5 cm，内面的较狭小；雌蕊群长1. 4~2 cm，雌蕊群柄长1~2 cm，密被褐色短绒毛；心皮卵圆形或狭卵圆形、长4~5 mm。聚合果长3~7 cm；蓇葖长圆体形、倒卵状长圆体形或倒卵圆形。种子1~3粒，扁卵圆形。花期2~3月；果期10~11月。

分布 广西：桂林市雁山镇桂林植物园，25°05′05″N，110°18′45″E，2009-12-06，吴望辉、许为斌、黄俞淞4001101067。湖南：永顺县杉木河，29°10′08″N，109°49′56″E，808 m，2009-10-31，徐亮、陈洁400191063。贵州：黎平县东风林场，26°20′13″N，109°10′45″E，443 m，2012-09-01，龙春林、杨珺400221389。生于海拔500~1000 m的密林中，常见。产于海南、广东、广西、贵州。越南北部也有分布。

栽培 要求土层深厚、排水良好而肥沃的酸性或微酸性土壤。播种、扦插或嫁接繁殖。

用途 花可提取芳香油；种子榨油，供工业用。

含油率及化学组分数据

采集单位	测试单位	测试部位	产地	含油率(%)	碘值	酸值	皂化值	C12:0	C14:0	C16:0	C16:1	C18:0	C18:1	C18:2	C18:3	C20:0	C20:1
GXIB	SCBG	种仁	广西桂林	23. 70	71. 49	16. 85	199. 33	0. 06	0. 17	21. 92	0. 57	2. 47	28. 74	44. 99	0. 76	0. 24	0. 10
JSU	SCBG	种仁	湖南永顺	11. 70						1. 51	0. 11	0. 66	81. 35	15. 33	0. 22	0. 07	0. 20
KMIB	KMIB	种仁	贵州黎平	37. 30	95. 80		200. 10	24. 00	2. 30	32. 20	40. 40						
OFPC		种子	广东广州	28. 00	95. 80		200. 10	0. 20	0. 20	24. 00		2. 30	32. 20	40. 40			

黄心含笑

Michelia martini (H. Lév.) Finet et Gagnep. ex H. Lév.

木兰科，含笑属

特征 乔木，高可达20 m。叶革质，倒披针形或狭倒卵状椭圆形，长12~18 cm，宽3~5 cm，先端急尖或短尾状尖，基部楔形或阔楔形，上面深绿色，有光泽，两面无毛，上面中脉凹下，侧脉11~17条；叶柄长1. 5~2 cm，无托叶痕。花梗粗短，长约7 mm，密被黄褐色绒毛，花淡黄色、芳香；花被片6~8，外轮倒卵状长圆形，长4~4. 5 cm，宽2~2. 4 cm，内轮倒披针形，长约4 cm，宽1. 1~1. 3 cm；雌蕊群长约3 cm，淡绿色，心皮椭圆状卵圆形，长约1 cm，花柱约与心皮等长。聚合果长9~15 cm，扭曲；蓇葖倒卵圆形或长圆状卵圆形，长1~2 cm，成熟后腹背两缝线同时开裂，具白色皮孔，顶端具短喙。花期2~3月（有时12月开一次花）；果期8~9月。

分布 四川：都江堰大观红梅，28°58′45″N，102°28′32″E，1000 m，2010-09-13，崔龙、李志强40021110011。生于海拔1000~2000 m的林间，少见。产于河南、湖北、四川、贵州、云南。

栽培 喜温暖、阴湿环境。要求土层深厚、排水良好而肥沃的酸性或微酸性土壤。播种、扦插或嫁接繁殖，在幼苗生长期间，每月施尿素或复合肥1~2次。浇水是苗期管理的重要措施，苗木生长期间，要特别注意抗旱。

用途 花可提取芳香油；种子榨油，供工业用。

含油率及化学组分数据

采集单位	测试单位	测试部位	产地	含油率(%)	碘值	酸值	皂化值	C12:0	C14:0	C16:0	C16:1	C18:0	C18:1	C18:2	C18:3	C20:0	C20:1
SCU	SCU	种仁	四川都江堰	34.77	84.80	0.23	194.90			29.32	3.88	3.24	35.09	28.46			

深山含笑

Michelia maudiae **Dunn**

木兰科，含笑属

特征 常绿乔木，高达20 m。各部均无毛；芽、幼枝、叶背、苞片均被白粉。叶革质，长圆状椭圆形，长7~18 cm，宽3.5~8.5 cm，先端骤狭短渐尖或短渐尖而尖头钝，基部楔形、宽楔形或近圆钝；叶柄无托叶痕。花芳香；花被片9，白色，有时基部稍带淡红色，外轮3片倒卵形，长5~7 cm，宽3.5~4 cm，顶端具短急尖，基部具长约1 cm的爪，内两轮小，近匙形，顶端尖；雄蕊长1.5~2.2 cm；雌蕊群长1.5~1.8 cm；雌蕊群柄长5~8 mm；心皮绿色，狭卵圆形。聚合果穗状，长7~15 cm；蓇葖椭球形、倒卵形或卵形。花期1~3月；果期10~11月。

分布 广东：广州从化三角山，23°40′49″N，113°41′05″E，2009-09-24，邢福武、戴建阅、翟俊文、郑希龙400111112；从化市大岭山，23°23′06″N，113°29′46″E，2009-11-04，易绮斐400119044。湖南：武冈市云山途中，26°40′33″N，110°37′57″E，669 m，2010-10-07，张兵、谷志容400181185；江永县源口镇白俸村白沙源，24°58′40″N，111°02′36″E，401 m，2009-10-29，黄玉滢、周喜乐400181124；永顺县清坪，29°03′47″N，110°22′39″E，580 m，2009-10-06，徐亮、陈洁400191059。湖北：神农架下谷坪，31°21′34″N，110°27′49″E，277 m，2011-10-08，丁时东400151150；五峰渔洋关奥陶纪石林，30°10′23″N，110°42′36″E，2009-11-05，李晓东、陈士强400121095。江西：崇义县齐云山，2012-10-16，25°49′27″N，114°02′17″E，725 m，2010-09-27，李朋远、谢行400145029；龙南县九连山国家级自然保护区植物园，24°46′22″N，114°43′54″E，2011-11-11，易绮斐、潘雅书、陈华平400119173。安徽：合肥植物园，31°52′46″N，117°12′19″E，2012-10-18，刘东明、王鹏40011300052。贵州：雷山县城内公路旁，26°22′48″N，108°04′31″E，830 m，2012-10-16，陈丰林、夏纯、桑洪伟4001151216。生于海拔600~1500 m的密林中，常见。产于广东、香港、广西、湖南、江西、安徽、福建、浙江、贵州。

栽培 喜温暖、湿润，幼苗较耐阴，成年植株喜阳光充足，忌水涝。喜肥沃、疏松和排水良好的壤土。播种、高压或嫁接繁殖。播种以即采即播为佳；早春适合行高压或嫁接。大树具深根性，移植困难，宜在半年前做断根处理。春季至夏季每2~3个月施肥1次，以有机肥为佳，或酌施氮、磷、钾肥。

用途 花可提取芳香油，也供药用；种子榨油，供工业用。木材纹理直，结构细，易加工，供家具、板料、绘图版、细木工用材。

含油率及化学组分数据

采集单位	测试单位	测试部位	产地	含油率(%)	碘值	酸值	皂化值	C12:0	C14:0	C16:0	C16:1	C18:0	C18:1	C18:2	C18:3	C20:0	C20:1
SCBG	SCBG	种仁	广东从化	38.10	65.02	11.95	171.79	0.13	0.20	23.26	1.14	3.37	29.19	41.87	0.50	0.19	0.14
SCBG	SCBG	种仁	广东从化	28.60	14.89	0.51	97.34	0.02		9.28	0.11	0.83	15.15	55.73	0.90		0.20
HUST	HUST	种仁	湖南武冈	16.61	98.47	40.78	273.36	11.40	6.65	26.26	13.00		12.74	29.96			
HUST	HUST	种仁	湖南江永	40.00	24.62	7.14	207.71	0.002	0.14	19.53	0.39	9.09	17.45	45.76	5.95	1.61	0.06
JSU	SCBG	种仁	湖南永顺	34.56					0.26	5.38	0.12	2.45	30.36	50.55	4.03	2.31	0.22
OCRI	SCBG	种仁	湖北神农架	32.08	158.65	5.30	341.10		0.87		5.73	1.26	5.33	82.66	0.45	0.37	0.15
WHBG	WHBG	种仁	湖北五峰	40.50	121.79	58.19	203.56			25.09	0.89	2.53	32.60	38.37	0.37	0.14	
SYSU	SCBG	种仁	江西崇义	20.45													
SCBG	SCBG	种仁	江西龙南	36.14	31.57	12.22		0.01			0.97	1.44	40.76	40.21		0.61	10.27
SCBG	SCBG	种仁	安徽合肥	22.45	28.36	10.58	288.63	0.25	0.34	7.53	0.08	1.88	8.20		0.41	0.50	0.14
SCBG	SCBG	种仁	贵州雷山	42.15				0.02	0.05	4.72	0.09	1.84	10.65	33.73	47.18	1.41	0.31
OFPC		种子	广东乳源	39.10	93.40		196.40	1.90	0.80	18.60		2.40	38.10	33.50			

观光木

Michelia odora (Chun) Noot. et B.L. Chen [*Tsoongiodendron odorum* Chun]

木兰科，含笑属

特征 常绿大乔木，高达30 m。小枝、芽、叶柄、叶上面中脉、叶背和花梗均密被黄棕色糙伏毛。叶厚纸质，椭圆形或倒卵状椭圆形，长8~17 cm，宽3. 5~7 cm，先端急尖或钝，基部楔形，中脉、侧脉及网脉在上面均凹陷；托叶痕达叶柄中部。花芳香；花被片9~10，象牙黄色，有红色小斑点，狭倒卵状椭圆形，外轮的最大；雄蕊30~45枚；雌蕊群柄具槽，密被糙伏毛，雌蕊密被银色平伏毛。聚合果大，长椭球形，长达13 cm。花期3~4月；果期10~11月。

分布 广西：靖西县武平乡安本村，23°17′08″N，106°31′55″E，909 m，2010-11-21，吴磊、黄俞淞、朱运喜4001101161；德保县足荣乡义备村，23°20′31″N，106°42′43″E，590 m，2011-11-15，黄俞淞、彭日成、韩孟奇4001101277。江西：龙南县九连山，24°32′26″N，114°27′40″E，591 m，2009-11-09，廖文波等400143023；龙南县九连山国家级自然保护区植物园，24°46′22″N，114°43′54″E，2011-11-11，易绮斐、潘雅书、陈华平400119171。生于海拔500~1000 m的山地常绿阔叶林中，常见。产于华南各省区。越南北部也有分布。

栽培 喜温暖、湿润，幼苗耐阴，成年植株喜阳光充足，忌水涝。喜肥沃、疏松和排水良好的壤土。播种、高压或嫁接繁殖。播种以即采即播为佳。春季至夏季每2~3个月施肥1次，以有机肥为佳，或酌施氮、磷、钾肥。

用途 花可提取芳香油；种子榨油，供工业用。

含油率及化学组分数据

采集单位	测试单位	测试部位	产地	含油率(%)	碘值	酸值	皂化值	C12:0	C14:0	C16:0	C16:1	C18:0	C18:1	C18:2	C18:3	C20:0	C20:1
GXIB	SCBG	种仁	广西靖西	47. 40	2. 86	30. 65	199. 96	0. 02	0. 14	23. 94	1. 11	2. 00	33. 14	38. 97	0. 44	0. 11	0. 13
GXIB	SCBG	种仁	广西德保	52. 47		8. 61	211. 96	0. 02	0. 07	7. 93		3. 86	12. 80	25. 08	48. 65	0. 2777	0. 31
SYSU	SCBG	种仁	江西龙南	46. 70	75. 62	29. 05	207. 20		0. 11	24. 70	0. 89	3. 00	31. 72	39. 13	0. 29	0. 09	0. 07
SCBG	SCBG	种仁	江西龙南	29. 14	140. 31		201. 73				0. 45	0. 16	10. 77	38. 63	0. 27		0. 34
OFPC	SCBG	果核	广东高要	43. 00	92. 50		196. 80	微量	0. 30	26. 60		2. 00	27. 60	43. 50			

阔瓣含笑（云山白兰、阔瓣白兰花、广东香子）

Michelia platypetala Hand.-Mazz.

木兰科，含笑属

特征 常绿乔木，高达20 m。芽、嫩枝及嫩叶被红褐色绢毛，叶柄及花梗被红褐色平伏毛。叶薄革质，长圆形或椭圆状长圆形，长11~20 cm，宽4~7 cm，先端渐尖或骤狭短渐尖，基部宽楔形或圆钝，下面被灰白色或杂有红褐色平伏微柔毛；叶柄无托叶痕。花芳香；花被片9，白色，外轮倒卵状椭圆形或椭圆形，内轮狭卵状披针形；雌蕊群被灰色及金黄色微柔毛。聚合果穗状，长5~15 cm；蓇葖长圆体形。花期3~4月；果期9~10月。

分布 湖南：武冈市云山途中，26°41′07″N，110°38′07″E，676 m，2010-10-07，张兵、谷志容400181186。生于海拔1200~1500 m的密林中，常见。产于广东东部、广西东北部、湖南西南部、湖北西部、贵州东部。

栽培 喜温暖湿润。喜肥沃、疏松和排水良好的壤土。播种、高压或嫁接繁殖。播种以即采即播为佳；早春适合行高压或嫁接。大树具深根性，移植困难。春季至夏季每2~3个月施肥1次，以有机肥为佳。

用途 花可提取芳香油；种子榨油，供工业用。

含油率及化学组分数据

采集单位	测试单位	测试部位	产地	含油率(%)	碘值	酸值	皂化值	C12:0	C14:0	C16:0	C16:1	C18:0	C18:1	C18:2	C18:3	C20:0	C20:1
HUST	HUST	种仁	湖南武冈	58. 20	73. 75	22. 62	169. 74			23. 27				37. 58	37. 84	1. 30	

野含笑
Michelia skinneriana Dunn

木兰科，含笑属

特征 常绿乔木，高可达15 m。芽、嫩枝、叶柄、叶背中脉及花梗均密被褐色长柔毛。叶革质，狭倒卵状椭圆形、倒披针形或狭椭圆形，长5~14 cm，宽1. 5~4 cm，先端长尾状渐尖，基部楔形，上面深绿色，有光泽，下面被稀疏褐色长毛；叶柄长2~4 mm，托叶痕达叶柄顶端。花淡黄色，芳香；花被片6，倒卵形，长16~20 mm，外轮3片基部被褐色毛。雄蕊长6~10 mm；雌蕊群长约6 mm，心皮密被褐色毛，雌蕊群柄长4~7 mm，密被褐色毛；蓇葖黑色，球形或长圆体形，长1~1. 5 cm，具短尖的喙。花期5~6月；果期8~9月。

分布 福建：南平武夷山市洋庄乡大安源，27°53′01″N，117°51′02″E，570 m，2012-11-10，刘东明、童毅4001122116。浙江：临安市西天目山，30°15′4″N，119°28′38″E，174 m，2012-11-18，陈树钢、童毅4001122166。江西：安福县武功山，27°22′33″N，114°04′44″E，423 m，2010-10-23，李朋远400146015。生于海拔1200 m以下的山谷、山坡、溪边密林中，常见。产于广东、广西、湖南、江西、福建、浙江。

栽培 喜温暖、湿润气候。喜肥沃、疏松和排水良好的壤土。播种、高压或嫁接繁殖。播种以即采即播为佳；早春适合行高压或嫁接。春季至夏季每2~3个月施肥1次，以有机肥为佳。

用途 花可提取芳香油，种子榨油，供工业用。

含油率及化学组分数据

采集单位	测试单位	测试部位	产地	含油率(%)	碘值	酸值	皂化值	C12:0	C14:0	C16:0	C16:1	C18:0	C18:1	C18:2	C18:3	C20:0	C20:1
SCBG	SCBG	种仁	福建南平	38. 86	133. 44	26. 48	197. 31	0. 02	0. 08	21. 71	0. 26	19. 61	57. 62	0. 51	0. 17		
SCBG	SCBG	种仁	浙江临安	20. 54	34. 16	32. 46	57. 80										
SYSU	SCBG	种仁	江西安福	42. 55	103. 72	25. 92	196. 53	0. 04	0. 14	20. 83	0. 35	2. 64	17. 23	48. 16	0. 45	0. 07	0. 10

球花含笑（毛果含笑）
Michelia sphaerantha C.Y. Wu ex Z.S. Yue

木兰科，含笑属

特征 常绿乔木，高达25 m。小枝深褐色或黄褐色，散生柔毛和皮孔；芽圆柱形，被褐色绒毛。叶革质，倒卵状长圆形或长圆形，长16~20 cm，宽8~11 cm，先端骤尖，基部圆形或钝，下面被短柔毛，中脉在上面凹陷；叶柄被柔毛，无托叶痕。花大，芳香，花梗被短硬毛，下垂；花被片12，白色，近相似，狭倒卵形，长6~7. 5 cm，宽1~2. 5 cm；雄蕊多数；雌蕊群柄长约1 cm，雌蕊群圆柱形被短柔毛。聚合果长穗状，长19~24 cm；蓇葖卵球形。花期3~5月；果期9~10月。

分布 云南：昆明植物园门口，25°08′28″N，102°43′20″E，1925 m，2010-10-14，王智、杨珺、谭英400221209；昆明植物园杜鹃园，25°08′23″N，102°44′30″E，1985 m，2010-01-05，刘恩乾400222155。生于海拔1100~2110 m的林中，少见。产于云南东南部。

栽培 喜温暖、湿润气候。喜肥沃、疏松和排水良好的壤土。播种、高压或嫁接繁殖。播种以即采即播为佳。春季至夏季每2~3个月施肥1次，以有机肥为佳。

用途 花可提取芳香油；种子榨油，供工业用。

含油率及化学组分数据

采集单位	测试单位	测试部位	产地	含油率(%)	碘值	酸值	皂化值	C12:0	C14:0	C16:0	C16:1	C18:0	C18:1	C18:2	C18:3	C20:0	C20:1
KMIB	KMIB	种仁	云南昆明	43. 00	64. 20	8. 50	178. 10	0. 03	0. 15	22. 31	0. 57	3. 16	22. 37	50. 39	0. 84		
KMIB	KMIB	种仁	云南昆明	34. 72	97. 30	6. 30	199. 10		0. 05	0. 22	26. 44	0. 80	3. 19	23. 23	44. 79	0. 86	

天女木兰（天女花）

Oyama sieboldii (K. Koch) N. H. Xia et C. Y. Wu [*Magnolia sieboldii* K. Koch]

木兰科，天女花属

特征 落叶小乔木，高达10 m。小枝初被银灰色平伏长柔毛。叶膜质，宽倒卵形，长9~15 cm，宽4~9 cm，先端骤急尖或短渐尖，基部圆形、宽楔形或平截，下面苍白色，被短柔毛，侧脉6~8条；叶柄细长，被平伏长柔毛，托叶痕约为叶柄长的1/2。花与叶同时开放，单生枝顶，芳香，花梗细长，被平伏长柔毛；花被片9，白色，近等大，外轮3片长圆状倒卵形或倒卵形，基部被白毛；雄蕊紫红色，聚合果成熟时红色，倒卵球形或长圆形；蓇葖狭椭圆体形。种子心形。花期3~4月；果期9~10月。

分布 河北：青龙，40°08′08″N，119°25′50″E，1197 m，2009-09-15，徐兴友400313008。吉林：临江，2011-09，郑宝江等400341111。产于广西、江西、福建、湖南、浙江、安徽、山东、贵州、辽宁、吉林。韩国、日本也有分布。

栽培 喜温凉、湿润，幼苗较耐阴，成年植株喜阳光充足，忌水涝。喜肥沃、疏松和排水良好的壤土。播种或嫁接繁殖，早春为适期。大树移植宜在展叶前进行，并在3个月前做断根处理。春季至夏季每2~3个月施肥1次，以有机肥为佳。

用途 种子榨油，供工业用；花入药，可提取芳香油。树形优美，花色美丽，具长花梗，随风招展，为著名中外的庭园观赏树种，适合作园林树或大型盆栽。

含油率及化学组分数据

采集单位	测试单位	测试部位	产地	含油率(%)	碘值	酸值	皂化值	C12:0	C14:0	C16:0	C16:1	C18:0	C18:1	C18:2	C18:3	C20:0	C20:1
HNUST	ICS	种子	河北青龙	39. 03	81. 30	11. 98	164. 88	0. 03	0. 14	13. 02	0. 46	2. 34	41. 45	40. 89	1. 24	0. 23	0. 20
NEFU	SCBG	种仁	吉林临江	32. 24	12. 95	6. 34	176. 02	0. 003	0. 10	9. 24	0. 15	2. 95	10. 66	75. 13	1. 45	0. 23	0. 08
OFPC	IAE	种子	辽宁桓仁	30. 20	137. 00		192. 00			6. 10		1. 90	24. 80	66. 50	0. 70		
OFPC	JSIB	种子	安徽歙县	16. 40	131. 50		195. 50	2. 30	0. 70	6. 50		2. 00	18. 70	65. 10	0. 90		

望春玉兰

Yulania biondii (Pamp.) D.L. Fu [*Magnolia biondii* Pamp.]

木兰科，玉兰属

特征 落叶乔木，高达12 m。顶芽卵圆形或宽卵圆形，长1. 7~3 cm，密被淡黄色展开长柔毛。叶通常椭圆状披针形，长10~18 cm，宽3. 5~6. 5 cm，上面暗绿色，下面浅绿色，初被平伏绵毛，后无毛，侧脉10~15条；叶柄长1~2 cm，托叶痕为叶柄长的1/5~1/3。花先叶开放，直径6~8 cm，芳香，花梗顶端膨大，长约1 cm，具3苞片脱落痕；花被9，外轮3片紫红色，近狭倒卵状条形，长约1 cm，中内2轮近匙形，白色，外面基部常紫红色，长4~5 cm，宽1. 3~2. 5 cm，内轮的较狭小；雄蕊长8~10 mm；雌蕊群长1. 5~2 cm。聚合果圆柱形，长8~14 cm，常因部分不育而扭曲。种子心形。花期3月；果期9月。

分布 河北：秦皇岛，40°36′34″N，119°55′36″E，2 m，2009-09-02，徐兴友400313050。生于海拔0~2100 m的山林间，少见。产河南、湖北、四川、甘肃、陕西。

栽培 喜温凉、湿润，忌水涝。喜肥沃、疏松和排水良好的壤土。播种、高压或嫁接繁殖。播种以即采即播为佳。春季至夏季每2~3个月施肥1次，以有机肥为佳。

用途 花可提取芳香油；种子榨油，供工业用。

含油率及化学组分数据

采集单位	测试单位	测试部位	产地	含油率(%)	碘值	酸值	皂化值	C12:0	C14:0	C16:0	C16:1	C18:0	C18:1	C18:2	C18:3	C20:0	C20:1
ICS	ICS	种子	河北秦皇岛	52. 30	93. 88	4. 10	177. 90	0. 02	0. 07	13. 75	0. 22	2. 77	17. 39	64. 77	0. 37	0. 51	0. 12

玉兰（白玉兰）

Yulania denudata (Desr.) D.L. Fu [*Magnolia denudata* Desr.]

木兰科，玉兰属

特征 落叶乔木，高达25 m，胸径达1 m。树皮粗糙开裂。冬芽及花柄密被淡灰黄色长绢毛。叶纸质，倒卵形、宽倒卵形，长10~15 cm，宽6~10 cm，先端宽圆或平截或稍凹，具短凸尖，基部楔形或近圆形，两面沿脉被柔毛；托叶痕为叶柄长的1/4~1/3。花芳香，花先叶开放；花被片9，白色，稀基部带粉红色或紫红色，近相似，长圆状倒卵形，长6~8 cm；雄蕊长7~12 mm；雌蕊群淡绿色，椭圆形，无毛。聚合果圆柱形，长12~15 cm；蓇葖厚木质，褐色，具白色皮孔。种子心形。花期2~3月；果期8~9月。

分布 湖南：永顺县清坪，29°03′37″N，110°22′34″E，620 m，2009-10-06，陈功锡、徐亮400191045。安徽：池州市齐山，30°38′14″N，117°29′55″E，34 m，2012-10-06，李星霖、刘巧霞、程志全4001171239。山东：淄博原山国家森林公园，36°26′57″N，117°50′37″E，282 m，2010-09-24，赵伟华400311193。河南：郑州市惠济区，34°45′18″N，113°37′34″E，339 m，2011-08-05，王亚平、杨大伟400314033。湖北：武汉中国科学院武汉植物园牡丹园旁，30°32′58″N，114°25′33″E，2009-08-24，李晓东、昝艳燕400121035；五峰渔洋关奥陶纪石林，30°11′46″N，110°06′31″E，256 m，2009-11-09，丁时东、危文亮400152007。贵州：雷山县雷公山国家森林公园管理局园内，26°22′52″N，108°04′31″E，800 m，2012-10-16，陈丰林、夏纯、桑洪伟4001151219。云南：昆明市东郊呼马山，21°59′38″N，101°16′14″E，1972 m，2009-11-09，刘恩乾400222102；昆明植物研究所木兰园，25°08′12″N，102°44′36″E，1967 m，2010-11-25，刘恩乾400222188。陕西：太白鹦鸽，34°03′40″N，107°24′47″E，1292 m，2009-08-24，薛帅400321054。生于海拔500~1000 m的林中，少见。产于湖南、江西、浙江、贵州等省区。全国各大城市园林广泛栽培。

栽培 喜温暖、湿润气候。喜肥沃、疏松和排水良好的壤土。播种、高压或嫁接繁殖。播种以即采即播为佳；早春适合行高压和嫁接法。春季至夏季每2~3个月施肥1次，以有机肥为佳。

用途 种子可榨油；花可提取芳香油。早春花朵满树，艳丽芳香，适合作行道树、园林树或大型盆栽。

含油率及化学组分数据

采集单位	测试单位	测试部位	产地	含油率(%)	碘值	酸值	皂化值	C12:0	C14:0	C16:0	C16:1	C18:0	C18:1	C18:2	C18:3	C20:0	C20:1
JSU	SCBG	种仁	湖南永顺	36.70					0.12	12.91	0.55	3.50	17.09	59.94	1.16	0.60	0.30
ECNU	SCBG	种仁	安徽池州	35.23	148.00	0.32	200.99		0.08	9.24	0.17	4.76	17.58	48.35	1.99	0.39	0.16
ICS	ICS	种子	山东淄博	46.09	109.21	26.06	181.14		0.15	16.10	3.74	2.90	27.10	39.07	0.81	0.21	0.10
ICS	ICS	种子	河南郑州	41.30	21.66	85.60	115.02		0.12	15.43	2.34	3.02	23.50	48.69	0.77	0.20	0.12
WHBG	WHBG	种仁	湖北武汉	30.15				0.03	0.11	15.33	2.33		23.35	48.37	0.80	0.20	0.12
OCRI	SCBG	种仁	湖北五峰	37.59	106.90	7.09	299.76	0.03	0.13	9.39	0.32	2.24	37.14	41.13	1.99	0.35	1.84
SCBG	SCBG	种仁	贵州雷山	26.14	105.85	6.57	146.30	0.03	0.06	3.20	0.06	0.88	12.36	82.25	0.70	0.06	0.41
KMIB	KMIB	种仁	云南昆明	45.16	98.60	50.00	190.90			0.11	15.96	2.82	2.52	36.0	41.49	0.81	
KMIB	KMIB	种仁	云南昆明	32.15	117.30		193.60				25.92	0.64	2.63	23.72	46.35		0.75
CAU	ICS	种子	陕西太白	43.65	96.81	18.87	138.50	0.01	0.29	20.21	0.09	5.24	51.25	20.52	1.75	0.32	0.31
OFPC	JSIB	种子	江苏南京	20.50	117.30		193.60		0.2	15.60		2.90	24.60	55.50	0.90		
OFPC	JSIB	种皮	江苏南京	53.60	85.5		207.5		0.2	30.1		2.80	46.80	15.50	1.60		

凹叶玉兰（凹叶木兰）

Yulania sargentiana (Rehd. et E.H. Wils.) D.L. Fu [*Magnolia sargentiana* Reh. et Wils.]

木兰科，玉兰属

特征 落叶乔木，高达20 m。叶近革质，倒卵形，长10~19 cm，宽6~10 cm，先端圆、凹缺或具短尖，基部狭楔形或阔楔形，上面暗绿色，无毛，有光泽，下面淡绿色，密被银灰色波曲的长柔毛，茎干上嫩枝的叶背仅中脉两侧被毛；叶柄长2~4. 5 cm；托叶痕为叶柄长的1/6~1/4。花先叶开放，稍芳香，平展或下垂，直径15~36 cm；花被片10~17，淡红色或淡紫红色，肉质，3轮，倒卵状匙形或狭倒卵形，长8~10 cm，宽3~4. 3 cm，先端圆或微凹；雄蕊长1~1. 9 cm；雌蕊群绿色，圆柱形，长1. 8~2 cm，无毛，柱头紫色。聚合果圆柱形；蓇葖黑紫色，半圆形或近圆球形。花期4~5月；果期9月。

分布 四川：雅安宝兴蜂桶寨邓池沟，30°34′47″N，102°56′50″E，1760 m，2011-09-29，李志强、刘小波等40021111038。生于海拔1400~3000 m的潮湿的阔叶林中，少见。产于四川中部、南部以及云南东北部、北部。

栽培 喜温凉、湿润，忌水涝。喜肥沃、疏松和排水良好的壤土。播种、高压或嫁接繁殖。播种以即采即播为佳；早春适合行高压或嫁接。

用途 花可提取芳香油；种子榨油，供工业用。

含油率及化学组分数据

采集单位	测试单位	测试部位	产地	含油率(%)	碘值	酸值	皂化值	C12:0	C14:0	C16:0	C16:1	C18:0	C18:1	C18:2	C18:3	C20:0	C20:1
SCU	SCU	种仁	四川雅安	37. 02	89. 17	169. 90	173. 80	1. 38		14. 24	17. 61	1. 91	38. 97	24. 75	0. 69		

武当玉兰（武当木兰、湖北木兰、迎春树）

Yulania sprengeri (Pamp.) D.L. Fu [*Magnolia sprengeri* Pamp.]

木兰科，玉兰属

特征 落叶乔木，高达21 m。小枝淡黄褐色，后变灰色，无毛。叶纸质，倒卵形，长10~18 cm，宽4. 5~10 cm，先端急尖或急短渐尖，基部楔形，上面仅沿中脉及侧脉疏被平伏柔毛，下面初被平伏细柔毛；托叶痕细小。花杯状，先叶开放，芳香，花蕾直立，被淡灰黄色绢毛；花被片12~15，近相似，外面玫瑰红色，有深紫色纵纹，倒卵状匙形或匙形，长5~13 cm；雄蕊长10~15 mm；雌蕊群圆柱形，长2~3 cm，淡绿色，花柱玫瑰红色。聚合果圆柱形；蓇葖扁圆。花期3~4月；果期8~9月。

分布 甘肃：天水县麦积山，34°21′08″N，106°01′16″E，1615 m，2011-10-10，薛帅400325025。湖北：丹江口六里坪武当山，32°25′29″N，111°01′08″E，891 m，2010-10-10，李晓东、昝艳燕、罗曼曼400121116。生于海拔1300~2400 m的山林间或灌丛中，少见。产于湖南、河南、湖北、四川、甘肃、陕西。

栽培 喜温凉、湿润。喜肥沃、疏松和排水良好的壤土。播种、高压或嫁接繁殖。播种以即采即播为佳；早春适合行高压或嫁接。

用途 花蕾代用辛夷，含挥发油0. 8%~1. 8%，树皮代用厚朴，含挥发油约0. 25%，其中含厚朴有效成分β-桉叶醇（β-eudesmol）；种子可榨油，供工业用。

含油率及化学组分数据

采集单位	测试单位	测试部位	产地	含油率(%)	碘值	酸值	皂化值	C12:0	C14:0	C16:0	C16:1	C18:0	C18:1	C18:2	C18:3	C20:0	C20:1
CAU	ICS	种子	甘肃天水	20. 84	107. 30	32. 67	189. 44	0. 20	0. 77	12. 99	1. 08	1. 87	21. 63	52. 20	1. 53	0. 37	0. 15
WHBG	WHBG	种仁	湖北丹江口	30. 54						7. 50	0. 22	2. 41	19. 27	67. 57	0. 38	1. 33	0. 24
OFPC	KMIB	种子			91. 90	3. 90	186. 10			18. 40		0. 50	45. 10	31. 0	0. 50		

圆滑番荔枝（牛心果）

Annona glabra L.

番荔枝科，番荔枝属

特征 常绿乔木，高达10 m。叶纸质，卵圆形至长圆形，或椭圆形，长6~15 cm，宽4~8 cm，顶端急尖至钝，基部圆形，无毛，叶面有光泽；侧脉7~9条，两面凸起，网脉明显。花有香气，花蕾卵圆状或近圆球状；外轮花瓣白黄色或绿黄色，长2~3. 5 cm，顶端钝，无毛，内面近基部有红斑，内轮花瓣较外轮花瓣短而狭，外面黄白色或浅绿色，顶端急尖，内面基部红色。果牛心状，长8~10 cm，直径6~7. 5 cm，平滑无毛，初时绿色，成熟时淡黄色。花期5~6月；果期8月。

分布 云南：景洪药用植物园，22°06′41″N，100°55′38″E，2012-01-14，邢福武、童毅、孟玉芳4001142051。广东、广西、台湾、浙江、云南等地有栽培。原产热带美洲，现亚洲热带地区也有栽培。

栽培 可用种子或圈枝繁殖。

用途 木材黄褐色，较轻，可作瓶塞和鱼网浮子之用；果可食。

含油率及化学组分数据

采集单位	测试单位	测试部位	产地	含油率(%)	碘值	酸值	皂化值	C12:0	C14:0	C16:0	C16:1	C18:0	C18:1	C18:2	C18:3	C20:0	C20:1
SCBG	SCBG	种仁	云南景洪	31. 54	42. 02	1. 75	111. 15	0. 01	0. 03		0. 05	4. 12	23. 44	31. 44	9. 15	0. 22	0. 34
OFPC	SCBG	种子	广东广州	20. 70	101. 70		185. 90	微量	微量	9. 70		9. 50	38. 50	31. 60			

刺果番荔枝

Annona muricata L.

番荔枝科，番荔枝属

特征 常绿乔木，高达8 m。叶纸质，倒卵状长圆形至椭圆形，长5~18 cm，宽2~7 cm，顶端急尖或钝，基部宽楔形或圆形，叶面翠绿而有光泽，叶背浅绿色，两面无毛。花蕾卵圆形，花淡黄色，长3. 8 cm，直径与长相等或稍宽；萼片卵状椭圆形，长约5 mm，宿存；外轮花瓣厚，阔三角形，长2. 5~5 cm，顶端急尖至钝，内面基部有红色小凸点，无柄，镊合状排列，内轮花瓣稍薄，卵状椭圆形，长2~3. 5 cm，顶端钝。果卵圆状，长10~35 cm，直径7~15 cm，深绿色，幼时有下弯的刺，刺随后逐渐脱落而残存有小凸体，果肉微酸多汁，白色；种子多颗，肾形，长1. 7 cm，宽约1 cm，棕黄色。花期4~7月；果期7月至翌年3月。

分布 广东、广西、台湾、云南有栽培。原产美洲热带地区。

栽培 喜温暖至高温湿润气候，喜光，稍耐阴，耐瘠薄，不耐寒，忌涝。对栽培土质要求不严，但以肥沃的砂质壤土为佳，排水、日照需良好。播种繁殖。春季应适当整枝修剪。

用途 种子可榨油；树皮纤维可造纸；果实为热带著名水果。

含油率及化学组分数据

采集单位	测试单位	测试部位	产地	含油率(%)	碘值	酸值	皂化值	C12:0	C14:0	C16:0	C16:1	C18:0	C18:1	C18:2	C18:3	C20:0	C20:1
OFPC	SCBG	种子	海南琼山	35. 50	107. 80		191. 40		微量	18. 100		2. 50	38. 50	40. 80	微量		

番荔枝

Annona squamosa L.

番荔枝科，番荔枝属

特征 落叶小乔木，高达8 m。叶薄纸质，二列，椭圆状披针形或长圆形，长6~17.5 cm，顶端急尖或钝，基部阔楔形或圆形，叶背苍白绿色，初时被微毛，后变无毛。花单生或2~4朵聚生于枝顶或与叶对生，长约2 cm，绿黄色，下垂，花蕾披针形；萼片三角形，被微毛；外轮花瓣狭而厚，肉质，长圆形，顶端急尖，被微毛，镊合状排列，内轮花瓣极小，退化成鳞片状，被微毛。果实由多数圆形或椭圆形的成熟心皮聚合而成的聚合浆果，圆球状或心状圆锥形，直径5~10 cm，无毛，黄绿色，外面被白色粉霜。花期5~7月；果期6~11月。

分布 海南：东寨港，19°59′54″N，110°36′53″E，5 m，2009-08-22，张荣京40017154。云南：元江县城边，23°41′52″N，102°00′30″E，396 m，2008-08-10，李忠荣400222058。广东、广西、福建、台湾、浙江、云南等地均有栽培，常见。原产热带美洲，现全球热带、亚热带有栽培。

栽培 喜温暖至高温湿润气候，喜光，稍耐阴，不耐寒，忌涝。耐瘠薄，对栽培土质要求不严，但以肥沃的砂质壤土为佳，排水、日照需良好。播种繁殖。

用途 种子可榨油；树皮纤维可造纸；根可药用；补脾，果实为热带著名水果。

含油率及化学组分数据

采集单位	测试单位	测试部位	产地	含油率(%)	碘值	酸值	皂化值	C12:0	C14:0	C16:0	C16:1	C18:0	C18:1	C18:2	C18:3	C20:0	C20:1
SCAU	SCBG	种仁	海南东寨港	26.17	48.94	16.65	193.85	0.02	0.08	11.45	0.05	2.53	6.19	78.44	0.39	0.51	0.33
KMIB	KMIB	种仁	云南元江	27.30	81.00		190.90				14.91	0.33	12.49	46.70	23.71	0.82	0.79
OFPC	SCBG	种仁	海南琼山	39.10	81.10		109.90			14.00		6.20	48.20	40.80	微量		

假鹰爪

Desmos chinensis Lour.

番荔枝科，假鹰爪属

特征 直立灌木或枝上部蔓延。叶薄纸质，长圆形或椭圆形，长4~13 cm，宽2~5 cm，先端钝或急尖，基部楔形或近圆形。花单朵与叶对生或互生，有时顶生，黄色，花梗无毛；萼片卵圆形，长3~5 mm，外面被微柔毛；外轮花瓣比内轮花瓣大，长圆形或长圆状披针形，长达8 cm，顶端钝，两面被微柔毛，内轮花瓣长圆状披针形，长达7 cm，两面被微毛；花托凸起，顶端平坦或略凹陷。果有柄，念珠状，内有种子1~7粒，成熟时暗紫色。种子球状。花期4~6月；果期6月至翌年3月。

分布 海南：文昌市龙楼镇铜鼓岭，19°40′32″N，111°01′44″E，2009-11-19，秦新生400116163；文昌东阁镇策雷农场边，19°39′45″N，110°51′12″E，2009-08-08，邢福武、戴建阅、翟俊文、郑希龙40011165。广西：靖西县南坡乡底定保护区，23°06′42″N，105°58′21″E，881 m，2010-11-16，吴磊、黄俞淞、朱运喜4001101128。生于低海拔的旷地、荒野及山谷等处，常见。产于海南、广东、广西、贵州、云南。东南亚各国也有分布。

栽培 喜光照充足，稍耐阴，喜温暖至高温湿润气候，耐瘠薄，不耐寒，忌涝。喜疏松、排水良好、富含腐殖质的壤土。播种或扦插繁殖，于春季进行，每季施肥1次。阴棚栽培应常修剪基部分枝。

用途 果实可榨油；花可提取芳香油，可供制造化妆品、香皂用香精等；根、叶供药用；茎皮纤维可代麻制绳索，是人造棉和造纸的原材料；海南民间有用其叶来制酒饼，故有“酒饼叶”之称。

含油率及化学组分数据

采集单位	测试单位	测试部位	产地	含油率(%)	碘值	酸值	皂化值	C12:0	C14:0	C16:0	C16:1	C18:0	C18:1	C18:2	C18:3	C20:0	C20:1
SCAU	SCBG	种仁	海南文昌	20.31	18.54	5.22	59.45	0.02	0.23	22.71	0.21	3.48	0.28	71.42	0.80	0.54	0.31
SCBG	SCBG	种仁	海南文昌	35.49	19.47	6.82	263.08										
GXIB	SCBG	种仁	广西靖西	23.54	126.02	0.40	202.54		0.87		5.73	1.26	5.33	82.66	0.45	0.37	0.15

斜脉异萼花（斜脉暗罗）

Disepalum plagioneurum (Diels) D.M. Johnson [*Polyalthia plagioneura* Diels]

番荔枝科，异萼花属

特征　乔木，高达15 m。叶纸质，通常长圆状倒披针形，长8~22 cm，宽3~7.5 cm，顶端急尖，基部宽楔形，叶面无毛，亮绿色，叶背几无毛或被极稀疏的褐色微柔毛，侧脉8~11条；叶柄长5~10 mm，初时被紧贴的丝毛，后渐无毛。花黄绿色，直径5~10 cm，单朵生于枝端并与叶对生；花梗3~5 cm，被锈色丝毛；萼片大，卵圆形，长和宽1.5~2 cm，外面被疏柔毛，内面密被小绒毛；内外轮花瓣略等大，长达4 cm，宽达3 cm，两面均被短毡毛；雄蕊楔形，药隔顶端截形。果卵状椭圆形，长1~1.5 cm，直径1~1.5 cm，初时绿色，成熟时暗红色，干后灰黑色，无毛，内有种子1粒；果柄长2~7 cm，顶端膨大，被短柔毛，后渐无毛；总果柄粗壮，长4.5~10 cm，直径2.5~5 mm。花期3~8月；果期9月至翌年春季。

分布　海南、广东、广西、贵州。越南也有分布。生于海拔500~1600 m的山坡、山地密林中或疏林中，少见。

栽培　性喜高温、耐旱，生育适温22~32℃，冬季需温暖避风越冬。采用播种法繁殖，春季为适期。

用途　种子可榨油；茎皮纤维坚韧，民间常用来编绳索等。

含油率及化学组分数据

采集单位	测试单位	测试部位	产地	含油率(%)	碘值	酸值	皂化值	C12:0	C14:0	C16:0	C16:1	C18:0	C18:1	C18:2	C18:3	C20:0	C20:1
OFPC	SCBG	种仁	广东高要	54.70					微量	13.00		3.70	23.00	60.30			

瓜馥木

Fissistigma oldhamii (Hemsl.) Merr.

番荔枝科，瓜馥木属

特征　攀缘灌木，长约8 m。叶革质，倒卵状椭圆形或长圆形，长6~12.5 cm，宽2~5 cm，顶端圆形或微凹，有时急尖，基部阔楔形或圆形，叶面无毛，叶背被短柔毛，侧脉16~20条，上面扁平，下面凸起；叶柄长约1 cm，被短柔毛。花长约1.5 cm，直径1~1.7 cm，1~3朵集成密伞花序；总花梗长约2.5 cm；萼片阔三角形，长约3 mm，顶端急尖；外轮花瓣卵状长圆形，长2.1 cm，宽1.2 cm，内轮花瓣长2 cm，宽6 mm；每心皮有胚珠约10颗，2排。果圆球状，直径约1.8 cm，密被黄棕色绒毛。种子圆形。花期4~9月；果期7月至翌年2月。

分布　海南：三亚市甘什岭，19°03′59″N，109°11′51″E，211 m，2013-03-13，刘东明、王鹏、叶心芬、宁阳阳400114280。广东：始兴县罗坝乡桃源，24°51′10″N，114°06′56″E，457 m，2012-10-11，王鹏、刘东明4001122102；阳山县秤架乡龙潭角管理站，24°46′27″N，112°53′50″E，2012-01-11，王发国、杨国、宋贤利400113128。江西：龙南县，24°46′22″N，114°43′55″E，2009-11-05，廖文波等400143001。福建：古田县双车镇下车，26°29′20″N，119°14′02″E，273 m，2010-10-29，刘东明、梁耀400112180。生于低海拔山谷水旁灌木丛中，常见。产于广东、广西、湖南、江西、福建、台湾、浙江、云南。越南也有分布。

栽培　播种繁殖，于春季进行。

用途　茎皮纤维可编麻绳、麻袋和造纸；花可提制瓜馥木花油或浸膏，用于调制化妆品、皂用香精的原料；种子油供工业用油和调制化妆品；根可药用，治跌打损伤和关节炎；果成熟时味甜，去皮可吃。

含油率及化学组分数据

采集单位	测试单位	测试部位	产地	含油率(%)	碘值	酸值	皂化值	C12:0	C14:0	C16:0	C16:1	C18:0	C18:1	C18:2	C18:3	C20:0	C20:1
SCBG	SCBG	种仁	海南三亚	6.15	76.24		198.22		0.09	12.51	1.38	2.03	15.33	48.99		12.50	0.14
SCBG	SCBG	种仁	广东始兴	10.26					0.14	18.83	0.79	2.89	23.71	52.76	0.88		
SCBG	SCBG	种仁	广东阳山	9.15	11.63	13.20	192.78	0.01	0.08	6.18	0.60	2.45	21.18	46.67	2.37	0.70	0.73
SYSU	SCBG	种仁	江西龙南	14.31	64.50	23.50	204.33	0.01	0.03	8.14	0.02	0.46	14.45	76.26	0.28	0.21	0.15
SCBG	SCBG	种仁	福建古田	26.20	120.05	15.74	154.99	0.01	0.05	10.77	0.11	6.86	35.07	45.07	0.71	0.99	0.38
OFPC	GXIB	种仁	广西兴安	36.00	137.60					11.70		8.00	37.50	39.90	微量		

小萼瓜馥木

Fissistigma polyanthoides (Aug. DC.) Merr.

番荔枝科，瓜馥木属

特征 攀缘灌木。叶长圆形或披针状长圆形，长10~23 cm，宽4~10 cm，革质，顶端急尖或短渐尖，基部圆形；叶柄1~1. 3 cm，被黄褐色绒毛。花丛生或假聚伞状生于枝上与叶对生或近对生，少数顶生，花序密被红褐色短绒毛；总花梗极短，长约3 mm或无总花梗；花梗长1~1. 5 cm，中部之上有1~2枚小苞片；小苞片卵圆形，长约1. 5 mm，外面被红褐色绒毛；花萼基部合生成杯状，萼片卵圆状三角形，外面被短绒毛，内面上部被短柔毛；外轮花瓣卵状三角形，长1. 2 cm，宽9 mm，外面被红褐色绒毛，内面上部被微毛，内轮花瓣卵状披针形，长1 cm，宽6 mm，外面被短柔毛，内面无毛。果圆球状，直径2 cm，密被红棕色绒毛；果柄长达4 cm。种子红褐色，长圆形。花期5~11月；果期8月至翌年3月。

分布 云南：勐腊县勐仑镇翠屏峰勐醒，25°01′08″N，102°44′24″E，650 m，2010-09-27，张国学400222128。生于海拔500~1600 m的林中，少见。产于贵州、云南。老挝、缅甸、泰国、越南也有分布。

栽培 喜温暖至高温湿润气候，不耐寒，忌涝。耐瘠薄。播种繁殖，于春季进行。

用途 种子油供工业用油和调制化妆品；花可提制瓜馥木花油或浸膏，用于调制化妆品、皂用香精的原料；根可药用，治跌打损伤和关节炎；果成熟时味甜，去皮可吃；茎皮纤维可编麻绳、麻袋和造纸。

含油率及化学组分数据

采集单位	测试单位	测试部位	产地	含油率(%)	碘值	酸值	皂化值	C12:0	C14:0	C16:0	C16:1	C18:0	C18:1	C18:2	C18:3	C20:0	C20:1
KMIB	KMIB	种子	云南勐腊	50. 51	84. 00	0. 56	202. 00				12. 28	0. 10	8. 24	37. 88	39. 57	0. 64	1. 05

凹叶瓜馥木

Fissistigma retusum (H. Lév.) Rehd.

番荔枝科，瓜馥木属

特征 攀缘灌木。叶革质或近革质，广卵形、倒卵形或倒卵状长圆形，长9~26 cm，宽4. 5~13 cm，顶端圆形或微凹，基部圆形至截形，有时呈浅心形，叶面仅中脉和侧脉被短绒毛，叶背被褐色绒毛。团伞花序与叶对生；总花梗长5~10 cm；几无花梗；萼片卵状披针形，长约1 cm，花蕾时与花瓣等长，顶端渐尖，外面被短绒毛，内面无毛；外轮花瓣卵状长圆形，长约1. 5 cm，外面被短绒毛，内面无毛，内轮花瓣卵状披针形，比外轮花瓣短，基部稍内弯，两面无毛；果圆球状，直径约3 cm，被金黄色短绒毛；果柄长1. 5 cm，被金黄色短绒毛。花期5~11月；果期6~12月。

分布 湖南：江永县源口镇白倖村白沙源，24°57′19″N，111°01′41″E，524 m，2009-10-27，黄玉澄、周喜乐400181119；保靖县白云山，28°36′22″N，109°24′23″E，258 m，2012-10-05，张代贵、张洁40019102213。生于山地密林中，少见。产于海南、广东、广西、贵州、云南、西藏。

栽培 喜温暖至高温湿润气候，不耐寒，忌涝。耐瘠薄。播种繁殖，于春季进行。

用途 种子油供工业用油和调制化妆品；花可提制瓜馥木花油或浸膏，用于调制化妆品、皂用香精的原料。

含油率及化学组分数据

采集单位	测试单位	测试部位	产地	含油率(%)	碘值	酸值	皂化值	C12:0	C14:0	C16:0	C16:1	C18:0	C18:1	C18:2	C18:3	C20:0	C20:1
HUST	HUST	种仁	湖南江永	36. 60	7. 91	15. 03	164. 14	0. 03	0. 04	7. 76	0. 07	2. 66	14. 18	71. 76	2. 88	0. 35	0. 28
JSU	SCBG	种子	湖南保靖	23. 16	93. 23	85. 28	139. 28		0. 05	7. 43	0. 12	4. 29	17. 53	45. 83	1. 46	0. 48	5. 28
OFPC	GXIB	种仁	广西融水	34. 10	81. 80		187. 30			10. 40		9. 10	42. 30	37. 00	0. 50		

香港瓜馥木

Fissistigma uonicum (Dunn) Merr.

番荔枝科，瓜馥木属

特征 攀缘灌木。叶纸质，长圆形，长4~20 cm，宽1~5 cm，顶端急尖，基部圆形或宽楔形，叶背淡黄色，干后呈红黄色；侧脉在叶面稍凸起，在叶背凸起。花黄色，有香气，1~2朵聚生于叶腋；花梗长约2 cm；萼片卵圆形；外轮花瓣比内轮花瓣长，无毛，卵状三角形，长2. 4 cm，宽1. 4 cm，顶端钝，内轮花瓣狭长，长1. 4 cm，宽6 mm；药隔三角形；每心皮有胚珠9颗。果圆球状，直径约4 cm，成熟时黑色，被短柔毛。花期3~6月；果期6~12月。

分布 生于丘陵山地林中，少见。产于海南、广东、广西、福建、湖南。

栽培 播种繁殖，

用途 种子可榨油；叶可制酒饼药；果味甜，可食。

含油率及化学组分数据

采集单位	测试单位	测试部位	产地	含油率(%)	碘值	酸值	皂化值	C12:0	C14:0	C16:0	C16:1	C18:0	C18:1	C18:2	C18:3	C20:0	C20:1
OFPC	SCBG	种子	广东高要	23. 50	155. 50			2. 50	微量	9. 80		4. 90	30. 40	43. 70	微量	0. 40	

海南哥纳香

Goniothalamus howii Merr. et Chun

番荔枝科，哥纳香属

特征 乔木，高5~15 m。叶纸质，长圆形，长10~25 cm，宽4~8 cm，顶端短渐尖至钝头，基部急尖至圆形，干时黄褐色；侧脉10~15条；叶柄长7~10 mm。花黄绿色，单朵腋生，花梗长1~2 cm，被不明显的短柔毛，基部有数个小苞片；萼片阔卵形，长约5 mm，急尖，外面有不明显的短柔毛；外轮花瓣革质，阔卵形，长2. 2~2. 5 cm，宽1. 6~1. 8 cm，急尖，两面被稀疏柔毛，内轮花瓣阔卵形或近菱形，厚革质，长1. 3~1. 5 cm，急尖，两面密被粗毛；每心皮有胚珠6颗。果卵状或长卵圆状，长3~6 cm，直径2~2. 5 cm，顶端短尖，基部钝形，无毛。花期几乎全年；果期5月至翌年1月。

分布 海南、云南。生于海拔300~800 m的山地林中或沟谷中。

栽培 播种繁殖。

用途 种子油供工业用油。

含油率及化学组分数据

采集单位	测试单位	测试部位	产地	含油率(%)	碘值	酸值	皂化值	C12:0	C14:0	C16:0	C16:1	C18:0	C18:1	C18:2	C18:3	C20:0	C20:1
OFPC	SCBG	种子	海南陵水	33. 00	92. 10		186. 50		微量	12. 00		1. 00	48. 50	38. 50			

野独活

Miliusa balansae Finet et Gagnep. [*Miliusa chunii* W.T. Wang]

番荔枝科，野独活属

特征 灌木，高2~5 m。小枝稍被伏贴短柔毛。叶膜质，椭圆形或椭圆状长圆形，长7~15 cm，宽2.5~4.5 cm，顶端渐尖或短渐尖，基部宽楔形或圆形，偏斜，无毛或中脉两面及叶背侧脉被疏微柔毛，后变无毛。花红色，单生于叶腋内，直径1.3~1.6 cm，花梗细长，丝状，长4~6.5 cm，无毛；萼片卵形，长约2 mm，边缘及外面稍被短柔毛；外轮花瓣比萼片略长些，内轮花瓣卵圆形，长达1.8 cm，宽8~12 mm；雄蕊倒卵形；心皮弯月形，稍被紧贴柔毛。果圆球状，直径7~8 mm，内有种子1~3粒，在种子间有时缢缩；果柄纤细，长1~2 cm；总果柄柔弱，基部细，向顶端增粗，长4~7.5 cm，无毛，有小瘤体。花期4~7月；果期7月至翌年春季。

分布 广西：永福县堡里乡清坪村，24°50′44″N，111°21′01″E，333 m，2011-12-18，林春蕊、郭伦发4001101271。产于广东、广西、云南。生于山地密林中或山谷灌木林中，少见。越南也有分布。

栽培 播种繁殖，于春季进行。

用途 种子可榨油，供工业用。

含油率及化学组分数据

采集单位	测试单位	测试部位	产地	含油率(%)	碘值	酸值	皂化值	C12:0	C14:0	C16:0	C16:1	C18:0	C18:1	C18:2	C18:3	C20:0	C20:1
GXIB	SCBG	种子	广西永福	32.45	122.83	0.37	197.54	0.09	0.21	3.86	0.21	1.07	50.94	29.53	0.15	1.05	0.39

山蕉

Mitrephora macclurei Weeras. et R.M.K. Saunders

番荔枝科，银钩花属

特征 乔木，高6~12 m。叶革质，长圆形或长圆状椭圆形，长7~16 cm，宽3~6 cm，顶端钝或短渐尖，基部钝或阔楔形，叶面除中脉外无毛，叶背无毛或几无毛；中脉上面凹陷，被疏柔毛，老渐无毛，下面凸起，被疏柔毛；叶柄长5~10 mm，被疏柔毛，老渐无毛。花大而美丽，单生或数朵生于被锈色绒毛的总花梗上，初时白色，后变黄色，有红色斑点，直径2.5 cm以上，花蕾圆球状，被锈色柔毛；萼片阔卵形，长约3 mm，急尖，外面被锈色绒毛；花瓣两面被柔毛，外轮的倒卵状长圆形，长2.5 cm，白色，后变黄色，边缘非浅波状，基部有短而阔的爪，内轮花瓣较小。果卵状或圆柱状，长2~4.5 cm，直径1.5~3 cm，被锈色短柔毛，顶端圆形。花期2~8月；果期6~12月。

分布 广西：龙州弄岗自然保护区三联站陇坦弄吉马，22°44′14″N，106°51′06″E，2009-07-15，吴望辉、黄俞淞、农东新4001101035。生于山地密林中，少见。产于海南、广西、贵州、云南。越南、老挝、马来半岛也有分布。

栽培 播种或扦插繁殖。

用途 种子可榨油。

含油率及化学组分数据

采集单位	测试单位	测试部位	产地	含油率(%)	碘值	酸值	皂化值	C12:0	C14:0	C16:0	C16:1	C18:0	C18:1	C18:2	C18:3	C20:0	C20:1
GXIB	SCBG	种仁	广西龙州	24.15	186.24	1.95	200.97		0.09	14.52	0.08	8.03	16.18	58.33	0.42	0.42	

细基丸

Polyalthia cerasoides (Roxb.) Benth. et Hook. f. ex Bedd.

番荔枝科，暗罗属

特征　乔木，高达20 m。叶纸质，长圆形至长圆状披针形，长6~19 cm，宽2.5~6 cm，顶端钝，或短渐尖，基部阔楔形至圆形，叶面除中脉被微柔毛外无毛，干时蓝绿色，叶背淡黄色，被柔毛；侧脉7~8条，纤细，上面微凸起，下面凸起，网脉明显；叶柄长2~3 mm，被疏粗毛。花单生于叶腋内，绿色，直径1~2 cm，花梗长1~2 cm，被淡黄色疏柔毛，中部以下有叶状小苞片1~2枚；萼片长圆状卵圆形，长8~9 mm，渐尖，外面被疏柔毛；花瓣内外轮近等长，或内轮的稍短，厚革质，长卵圆形，长8~9 mm，被微毛，干后黑色。果近圆球状或卵圆状，直径约6 mm，红色。花期3~5月；果期4~10月。

分布　海南：三亚甘什岭，18°23′03″N，109°40′58″E，2013-03-19，张荣京40017231；东方东河，18°56′6″N，109°2′10″E，2009-08-22，郑希龙、潘雅书40011437。生于丘陵山地或低海拔的山地疏林中，少见。产于海南、云南。越南、老挝、柬埔寨、缅甸、泰国、印度等国也有分布。

栽培　播种或扦插繁殖，于春季进行。冬天气温低时要注意防寒。

用途　果实可榨油。

含油率及化学组分数据

采集单位	测试单位	测试部位	产地	含油率(%)	碘值	酸值	皂化值	C12:0	C14:0	C16:0	C16:1	C18:0	C18:1	C18:2	C18:3	C20:0	C20:1
SCAU	SCBG	种仁	海南三亚	22.61		125.07	349.37	0.17	0.53	7.40	0.44	2.28	21.18	57.14	0.07	1.86	
SCBG	SCBG	种仁	海南东方	20.11	74.22	18.79	423.59										

海南暗罗

Polyalthia laui Merr.

番荔枝科，暗罗属

特征　乔木，高达25 m。叶近革质至革质，长圆形或长圆状椭圆形，长8~20 cm，宽3.5~8 cm，顶端渐尖，基部阔急尖或圆形，两面无毛而有光泽；叶柄长5~8 mm，被微柔毛，干时有横皱纹。花淡黄色，数朵丛生于老枝上，花梗长1.5~3 cm，被微柔毛，基部有阔卵形的小苞片；萼片阔卵形，长约5 mm，顶端钝或急尖，外面被微柔毛；花瓣长圆状卵形或卵状披针形，长2~3.5 cm，外轮花瓣稍短于内轮花瓣，外面初时被微柔毛，后渐无毛；雄蕊楔形。果卵状椭圆形，长2.5~4 cm，成熟时红色。花期4~7月；果期10~12月。

分布　海南：昌江县霸王岭东一，19°13′21″N，109°00′41″E，2009-08-05，秦新生400116157。生于低海拔至中海拔的山地常绿阔叶林中，少见。产于海南、云南。越南也有分布。

栽培　播种或扦插繁殖。

用途　果实可榨油。

含油率及化学组分数据

采集单位	测试单位	测试部位	产地	含油率(%)	碘值	酸值	皂化值	C12:0	C14:0	C16:0	C16:1	C18:0	C18:1	C18:2	C18:3	C20:0	C20:1
SCAU	SCBG	种仁	海南昌江	21.80	38.47	9.18	150.11	0.003	0.02	6.09	0.06	2.71	20.98	14.61	55.39	0.12	0.02

沙煲暗罗

Polyalthia obliqua Hook. f. et Thomson

番荔枝科，暗罗属

特征 乔木，高达12 m。小枝有皮孔。叶纸质，长圆状披针形或倒披针形，长10~16 cm，宽2. 5~5 mm，顶端钝或短渐尖，基部渐狭而稍偏斜呈浅心形，叶面无毛，叶背沿中脉被短柔毛；叶柄长约2 mm，被锈色柔毛。花白色，稍带黄色，生于矩状的短枝上；小苞片2~3枚，萼片革质，三角状卵形，长约3 mm，被疏柔毛，顶端钝；内外轮花瓣近等长，长圆形，长10~12. 5 mm，宽3~4. 5 mm，外面被柔毛，内面无毛，顶端稍钝；雄蕊卵状楔形。果近圆球状，直径1~1. 5 cm，绿色，无毛，内有种子2粒。花期1~4月；果期6~12月。

分布 海南：保亭七仙岭，19°10′50″N，109°44′02″E，2009-09-01，郑希龙、潘雅书40011456。生于中海拔的山地，少见。产于海南。马来西亚也有分布。

栽培 播种或扦插繁殖，于春季进行。冬天气温低时要注意防寒。

用途 果实可榨油；果成熟时味甜，去皮可食。

含油率及化学组分数据

采集单位	测试单位	测试部位	产地	含油率(%)	碘值	酸值	皂化值	C12:0	C14:0	C16:0	C16:1	C18:0	C18:1	C18:2	C18:3	C20:0	C20:1
SCBG	SCBG	种仁	海南保亭	20. 10													

海岛木 (陵水暗罗)

Trivalvaria costata (Hook. f. et Thoms.) I. M. Turner [*Polyalthia nemoralis* Aug. DC.]

番荔枝科，海岛木属

特征 小乔木或灌木，高达5 m。小枝疏被短柔毛。叶革质，长圆形或长圆状披针形，长9~18 cm，顶端渐尖，基部急尖或阔楔形，两面无毛，干时蓝绿色。花白色，单生，与叶对生，直径1~2 cm，花梗短，长约3 mm；萼片三角形，长约2 mm，顶端急尖，被柔毛；花瓣长圆状椭圆形，长6~8 mm，内外轮花瓣等长或内轮的略短些。果卵状椭圆形，长1~1. 5 mm，直径8~10 mm，初时绿色，成熟时红色。花期4~7月；果期7~12月。

分布 海南：东方东河，18°19′12″N，109°28′39″E，2009-08-21，郑希龙、潘雅书40011432。生于低海拔至中海拔山地林中阴湿地，少见。产于海南、广东。

栽培 播种或扦插繁殖，于春季进行。冬天气温低时要注意防寒。

用途 果实可榨油，味甜可食。树姿美观，花白果红，为优良的园林观赏树种，宜植于花坛、花径、草坪边或作绿篱。

含油率及化学组分数据

采集单位	测试单位	测试部位	产地	含油率(%)	碘值	酸值	皂化值	C12:0	C14:0	C16:0	C16:1	C18:0	C18:1	C18:2	C18:3	C20:0	C20:1
SCBG	SCBG	种仁	海南东方	35. 90				0. 01	0. 07	11. 22		4. 49	27. 80	54. 87	0. 49	0. 38	0. 66

光叶紫玉盘

Uvaria boniana Finet et Gagnep.

番荔枝科，紫玉盘属

特征　攀缘灌木，除花外全株无毛。叶纸质，长圆形至长圆状卵圆形，长4~15 cm，宽1. 8~5. 5 cm，先端渐尖或急尖，基部楔形或圆形。花紫红色，1~2朵与叶对生或腋外生；萼片卵圆形，被缘毛；花瓣革质，两面顶端被微毛，长和宽约1 cm；外轮花瓣阔卵形，长和宽约1 cm，内轮花瓣比外轮花瓣稍小，内面凹陷。果球形，成熟时紫红色，无毛。花期5~10月；果期6月至翌年4月。

分布　广东：惠东白盆珠，23°02′57″N，114°57′19″E，2009-08-27，林铎清、戴建阅40011191；东莞市谢岗乡银瓶山仙水道，23°02′53″N，113°45′42″E，2012-01-02，邢福武、叶心芬、宁阳阳400113161。生于丘陵山地疏、密林中较湿润的地方，常见。产于广东、广西、江西。越南也有分布。

栽培　喜高温多湿，冬季需温暖避风，忌寒害。栽培土质以富含有机质壤土或砂质壤土为佳，排水、日照需良好。播种繁殖，于春季进行。

用途　果实可榨油。叶色四季翠绿，枝繁叶茂，花、果形状奇特，可栽作绿篱或大型盆栽。

含油率及化学组分数据

采集单位	测试单位	测试部位	产地	含油率(%)	碘值	酸值	皂化值	C12:0	C14:0	C16:0	C16:1	C18:0	C18:1	C18:2	C18:3	C20:0	C20:1
SCBG	SCBG	种仁	广东惠东	31. 26				0. 01	0. 08	12. 16	0. 03	3. 09	18. 46	64. 78	0. 58	0. 40	0. 40
SCBG	SCBG	种仁	广东东莞	26. 47	18. 14	1. 95	200. 78		0. 22	16. 52	0. 06		17. 62	22. 95	0. 44		0. 19

风吹楠

Horsfieldia glabra (Reinw. ex Blume) Warb.

肉豆蔻科，风吹楠属

特征　乔木，高10~25 m。叶坚纸质，椭圆状披针形或长圆状椭圆形，长12~18 cm，宽3. 5~7. 5 cm，先端急尖或渐尖，基部楔形，两面无毛，侧脉8~12对；叶柄长1. 2~1. 8 cm，无毛。雄花序腋生或从落叶腋生出，圆锥状，长8~15 cm，几无毛，分叉稀疏；苞片披针形，被微绒毛，成熟时脱落；花几成簇，近平顶圆球形，与花梗近等长，无毛，长1~1. 5 mm；花被2裂，通常3裂，稀4裂，无毛；雄蕊聚合成平顶球形，花药10~15个；雌花序通常着生于老枝上，长3~6 cm，无毛，花梗粗壮，长1. 5~2 mm，雌花球形，约与花梗等长或略短；花被裂片2；柱头在子房顶端近盘状，花柱缺，果序长达10 cm；果成熟时卵圆形至椭圆形，长3~4 cm，直径1. 5~2. 5 cm，橙黄色，先端具短喙，基部有时下延成短柄；花被裂片不存在；果皮肉质，厚2~3 mm；假种皮橙红色，完全包被种子。种子卵形，干时淡红褐色，平滑。花期8~10月；果期3~5月。

分布　产于广东、广西、云南。从越南、缅甸至印度东北部和安达曼群岛均有分布。生于海拔140~1200 m的平坝疏林或山坡、沟谷的密林中。

栽培　播种繁殖。因种子富含油脂，容易酸败，不宜久藏，最好即采即播，带壳播种为好，适当荫蔽，注意保持土壤湿度。

用途　种子含固体油29%~33%，是制皂的好原料，工业上可作机械润滑油。

含油率及化学组分数据

采集单位	测试单位	测试部位	产地	含油率(%)	碘值	酸值	皂化值	C12:0	C14:0	C16:0	C16:1	C18:0	C18:1	C18:2	C18:3	C20:0	C20:1
OFPC	XTBG	种仁	云南勐腊	37. 80	11. 50	0. 10	250. 60	41. 20	49. 30	4. 90		0. 90	2. 40	0. 90			

大叶风吹楠（滇南风吹楠）

Horsfieldia kingii (Hook. f.) Warb. [*Horsfieldia tetratepala* C.Y. Wu et W.T. Wang]

肉豆蔻科，风吹楠属

特征 乔木，高12~25 m。叶薄革质，长圆形或倒卵状长圆形，先端短渐尖，基部宽楔形，长20~35 cm，宽7~13 cm，两面无毛，侧脉12~22对；叶柄扁，长2~2.5 cm。雄花序圆锥状，着生于老枝的落叶腋部，长8~15 cm，有时可达22 cm，分枝稀疏；花序轴、花梗和花蕾外面被锈色树枝状毛，老时渐脱落；雄花3~6朵在分枝顶端近簇生，球形，花蕾时直径2~4 mm，开展时直径达5 mm，裂片3或4，三角状卵形。果序通常着生老枝落叶腋部，基部具大而显著的叶痕；序轴颇粗壮，密被皮孔，长6~12 cm，着果1~2个，稀3个；果椭圆形，先端钝圆，基部偏斜，并下延长0.8~1.2 cm长的粗柄，基部具宿存、不规则的盘状花被片；果成熟时长4.5~5 cm，直径2.8~3.5 cm，橙黄色；果皮厚，达4 mm，近木质，外面光滑；假种皮近橙红色，完全包被种子。种子卵状椭圆形，种皮淡黄褐色，薄而脆质。花期4~6月；果期11月至翌年4月。

分布 云南：西双版纳傣族自治州青崖寨213国道，22°00′34″N，100°48′11″E，2012-01-15，邢福武、童毅、孟玉芳4001142008。生于海拔300~650 m的沟谷坡地密林中，少见。产于云南勐腊、金平、河口等地。

栽培 播种繁殖。

用途 种子含固体油33.6%，为重要的工业用油。树干通直，木材结构中等，可作箱板材或轻建筑的板材。

含油率及化学组分数据

采集单位	测试单位	测试部位	产地	含油率(%)	碘值	酸值	皂化值	C12:0	C14:0	C16:0	C16:1	C18:0	C18:1	C18:2	C18:3	C20:0	C20:1
SCBG	SCBG	种仁	云南西双版纳	16.48	4.62	12.47	188.69		0.03	10.56	0.09	0.71	46.99	34.21	0.25	0.30	
OFPC	XTBG	种仁	云南勐腊	34.10	8.10	8.50	249.9	41.50	39.10	5.90		0.40	3.20	1.50			

云南风吹楠（琴叶风吹楠）

Horsfieldia prainii (King) Warb. [*Horsfieldia pandurifolia* Hu]

肉豆蔻科，风吹楠属

特征 乔木，高10~24 m，胸径30~45 cm。树皮灰褐色，纵裂。小枝粗壮，无毛。叶坚纸质，倒卵状长圆形至提琴形，长10~34 cm，宽6~9.5 cm，先端短渐尖至突然细尖，基部楔形至宽楔形，稀为圆形，两面无毛，侧脉9~22对，弯曲，边缘处几不网结；叶柄稍粗壮，长2.2~3 cm，粗2~3 mm。雄花序圆锥状，分枝稀疏，腋生，长12~15 cm，有时可达30 cm，无毛；花序轴紫红色；雄花卵球形，花梗长约雄花的2倍；花被裂片通常4，较薄，基部下延；雄蕊10枚，合生成球形，微具短柄；雌花未见。果序圆锥状，长10~18 cm，通常着成熟果1~3个；果卵状椭圆形，先端锐尖，基部不偏斜，下延渐狭成长0.2~0.3 cm的短柄，成熟时长3~4.5 cm，直径2~2.5 cm，黄褐色；花被裂片早落；果皮木质状壳质，约厚1.8 mm，外面光滑，假种皮鲜红色，先端微撕裂状。种子卵球形至卵球状椭圆形，长2.5~3.2 cm，宽1.6~1.8 cm，顶端具明显的凸尖；种皮厚，硬壳质，灰白色，光滑微亮。花期5~7月；果期4~6月。

分布 云南南部至西南部。生于海拔500~800 m的沟谷密林或山坡密林中。

栽培 播种繁殖。

用途 种子含固体油57.39%，是制皂的理想原料，工业上可作机械润滑油增粘降凝添加剂。木材略轻柔致密，刨面光滑，可作箱板材，如加防腐处理后亦可作轻建筑的板材。

含油率及化学组分数据

采集单位	测试单位	测试部位	产地	含油率(%)	碘值	酸值	皂化值	C12:0	C14:0	C16:0	C16:1	C18:0	C18:1	C18:2	C18:3	C20:0	C20:1
OFPC	XTBG	种仁	云南景洪	56.20	5.90	2.80	251.20	39.60	52.20	3.20			1.30	0.50			

小叶红光树

Knema globularia (Lam.) Warb.

肉豆蔻科，红光树属

特征　小乔木，高4~15 m。叶膜质至坚纸质，长圆形或披针形，长10~20 cm，宽2~7 cm，先端锐尖至渐尖，基部宽楔形至近圆形，表面具光泽，灰绿色，背面苍白色，无毛，有时沿中肋和侧脉被微柔毛。雄花2~9朵，簇生于长3~6 mm的瘤状总梗上，成假伞形花序，腋生，花被裂片3，花药10~16枚，无柄，小苞片着生于花梗的中部以上至近花被基部；雌花序假伞形，总梗长0. 5~1 cm，花长卵珠形，长约4 mm，几与花梗等长，小苞片着生于花梗的中部以上，密被锈色短柔毛。果通常单生，卵珠形至近圆球形，长1. 8~3. 2 cm，直径1. 5~2. 5 cm，幼时被丝状绒毛，后渐无毛或被锈色星状颗粒状微柔毛，顶端有时偏斜凸起，基部具宿存的环状花被管基；假种皮深红色，完全包被种子或仅顶端微撕裂。种子卵球形至近球形。花期12月至翌年3月；果期7~9月。

分布　云南。马来半岛至中南半岛也有分布。生于海拔200~1000 m阴湿的山坡或平坝低丘的杂木林中，少见。

栽培　喜光，幼树较耐阴，喜温暖湿润，耐干旱。喜土层深厚、排水良好、肥沃的壤土。播种繁殖，于春季进行。

用途　种子含固体油26. 9%，可作工业用油。

含油率及化学组分数据

采集单位	测试单位	测试部位	产地	含油率(%)	碘值	酸值	皂化值	C12:0	C14:0	C16:0	C16:1	C18:0	C18:1	C18:2	C18:3	C20:0	C20:1
OFPC	XTBG	种仁	云南勐腊	20. 00	58. 80	48. 50	217. 3	0. 20	25. 50	10. 90		1. 00	25. 80				

红光树

Knema tenuinervia W. J. de Wilde

肉豆蔻科，红光树属

特征　乔木，高10~25 m。叶近革质，宽披针形或长圆状披针形或倒披针形，长15~70 cm，宽8~15 cm，先端渐尖或长渐尖，通常钝头，基部心脏形或圆形，除幼叶背面被毛外，老叶两面无毛；叶柄通常密被锈色微柔毛，长1. 5~2. 5 cm。雄花大，压扁状倒卵形或梨形，长6~7 mm，宽4~6 mm，瘤状总梗粗壮，长1~1. 5 cm，腋生或在落叶腋生出，花和花梗密被锈色绒毛，小苞片着生在近花被基部；花被裂片3，稀4；雄蕊盘几不下陷，边缘花药无柄，10~13枚；雌花无梗或具极短的梗，从瘤状总梗上生出，密被微绒毛；子房卵球形，被锈色绒毛。果序短，通常着果1~2个；果具短梗，果椭圆形或卵球形，两端圆，成熟时长3. 5~4. 5 cm，宽1 cm，外面密被短的锈色树枝状绒毛，果皮厚；假种皮深红色，顶端微撕裂。种子椭圆形或卵状椭圆形。花期11月至翌年2月；果期7~9月。

分布　云南。中南半岛、马来半岛、印度尼西亚等地也有分布。生于海拔500~1000 m的山坡或沟谷阴湿的密林中，少见。

栽培　喜光，幼树较耐阴，喜温暖湿润，耐干旱。喜土层深厚、排水良好、肥沃的壤土。播种繁殖，于春季进行。

用途　种子含油量约24%，可作重要的工业用油；树皮和髓心分泌红色树脂。

含油率及化学组分数据

采集单位	测试单位	测试部位	产地	含油率(%)	碘值	酸值	皂化值	C12:0	C14:0	C16:0	C16:1	C18:0	C18:1	C18:2	C18:3	C20:0	C20:1
OFPC	XTBG	种仁	云南勐腊	24. 80	59. 10	5. 70	187. 70	0. 40	56. 80	8. 30		0. 90	30. 00	1. 20	2. 40		

肉豆蔻
Myristica fragrans Houtt.
肉豆蔻科，肉豆蔻属

特征 小乔木。幼枝细长。叶近革质，椭圆形或椭圆状披针形，先端短渐尖，基部宽楔形或近圆形，两面无毛，侧脉8~10对；叶柄长7~10 mm。雄花序长1~3 cm，无毛，着花3~20朵，稀1~2朵，小花长4~5 mm；花被裂片3~4，三角状卵形，外面密被灰褐色绒毛；花药9~12枚，线形；雌花序较雄花序为长；总梗粗壮，着花1~2朵，花长6 mm，直径约4 mm，花被裂片3，外面密被微绒毛，花梗长于雌花，小苞片着生在花被基部，脱落后残存通常为环形的疤痕；子房椭圆形，外面密被锈色绒毛。果通常单生，具短柄；假种皮红色，至基部撕裂。种子卵珠形；子叶短，基部连合。

分布 海南：万宁县兴隆药植所，18°44′20″N，110°12′18″E，2009-08-04，邢福武、戴建阅、翟俊文、郑希龙40011139。海南、广东、台湾、云南等地有栽培。原产马鲁古群岛，热带地区广泛栽培。

栽培 喜光，幼树较耐阴，喜温暖湿润，耐干旱。喜土层深厚、排水良好、肥沃的壤土。播种繁殖，于春季进行。

用途 著名的香料和药用植物；种子含固体油，可供工业用油；其余部分供药用。

含油率及化学组分数据

采集单位	测试单位	测试部位	产地	含油率(%)	碘值	酸值	皂化值	C12:0	C14:0	C16:0	C16:1	C18:0	C18:1	C18:2	C18:3	C20:0	C20:1
SCBG	SCBG	种仁	海南万宁	23.56	101.72	74.92	106.35										

黑老虎（冷饭团）
Kadsura coccinea (Lem.) A.C. Sm.
五味子科，南五味子属

特征 木质藤本。叶革质，长圆形至卵状披针形，长7~18 cm，宽3~8 cm，先端钝或短渐尖，基部宽楔形或近圆形，全缘，侧脉6~7条，网脉不明显；叶柄长1~2.5 cm。花单生于叶腋，稀成对，雌雄异株；雄花花被片10~16，红色，中轮最大1片椭圆形，长2~2.5 cm，宽约14 mm，最内轮3片明显增厚，肉质；花托长圆锥形，长7~10 mm，顶端具1~20条分枝的钻状附属体；雄蕊群椭圆体形或近球形，径6~7 mm，具雄蕊14~48枚，花梗长1~4 cm；雌花花柱短钻状，顶端无盾状柱头冠，心皮长圆体形，50~80枚，花梗长5~10 mm。聚合果近球形，红色或暗紫色，径6~10 cm；小浆果倒卵形，长达4 cm，外果皮革质，不显出种子。种子心形或卵状心形，长1~1.5 cm，宽0.8~1 cm。花期4~7月；果期7~11月。

分布 广西：灵川县海洋乡小平乐村，25°18′03″N，110°41′51″E，747 m，2011-11-11，郭伦发、林春蕊4001101240。云南：镇沅县，101°06′25″E，24°0′25″N，1113 m，2011-11-20，杨珺、宿瑶、杨世仙400221415。生于海拔1500~2000 m的林中，常见。产于我国东南至西南部。越南也有分布。

栽培 喜阴，喜温暖而又耐寒，通风透光的地方种植最佳。适于疏松肥沃的壤土或腐殖质土壤的地块栽植。采取棚架式栽培，也可用篱架式栽培或盆栽。

用途 根药用，能行气活血，消肿止痛，治胃病，风湿骨痛，跌打瘀痛，并为妇科常用药；果成熟后味甜，可食；种子可榨油。

含油率及化学组分数据

采集单位	测试单位	测试部位	产地	含油率(%)	碘值	酸值	皂化值	C12:0	C14:0	C16:0	C16:1	C18:0	C18:1	C18:2	C18:3	C20:0	C20:1
GXIB	SCBG	种仁	广西灵川	16.30						3.14	0.30	0.47	77.23	15.45	0.76	0.10	0.17
KMIB	KMIB	种仁	云南镇沅	58.70	127.50		170.70	16.20	3.20	18.90	52.80						
OFPC	SCBG	种子	广东乳源	36.90	127.50		170.70	4.80	2.10	16.20		3.20	18.90	52.80			

异形南五味子（海风藤）

Kadsura heteroclita (Roxb.) Craib

五味子科，南五味子属

特征 常绿木质大藤本。叶卵状椭圆形至阔椭圆形，长6~15 cm，宽3~7 cm，先端渐尖或急尖，基部阔楔形或近圆钝，全缘或上半部边缘有疏离的小锯齿；叶柄长0.6~2.5 cm。花单生于叶腋，雌雄异株，花被片11~15，白色或浅黄色，外轮和内轮的较小，中轮的最大1片，椭圆形至倒卵形，长8~16 mm，宽5~12 mm；雄花花托椭圆体形，顶端伸长圆柱状，圆锥状凸出于雄蕊群外；雄蕊群椭圆体形，具雄蕊50~65枚，雄蕊长0.8~1.8 mm；雌花雌蕊群近球形，径6~8 mm，具雌蕊30~55枚；子房长圆状倒卵圆形，花柱顶端具盾状的柱头冠。聚合果近球形，直径2.5~4 cm，干时革质而不显出种子。种子2~3粒，少有4~5粒，长圆状肾形。花期5~8月；果期8~12月。

分布 福建：南平武夷山市洋庄乡大安源，27°52′42″N，117°51′14″E，512 m，2012-11-10，刘东明、童毅4001122110。湖北：五峰后河保护区，30°03′30″N，110°30′38″E，1810 m，2010-10-02，李晓东、昝艳燕、罗曼曼400121128。生于海拔400~900 m的山谷、溪边、密林中，少见。产于海南、广东、广西、湖北、贵州、云南。孟加拉、越南、老挝、缅甸、泰国、印度、斯里兰卡等也有分布。

栽培 播种、扦插或压条繁殖。

用途 种子可榨油，药用，行气止痛，祛风除湿，治风湿骨痛、跌打损伤。

含油率及化学组分数据

采集单位	测试单位	测试部位	产地	含油率(%)	碘值	酸值	皂化值	C12:0	C14:0	C16:0	C16:1	C18:0	C18:1	C18:2	C18:3	C20:0	C20:1
SCBG	SCBG	种仁	福建南平	38.48	131.48	8.04	194.30		0.14	11.51	0.15	17.31	70.30	0.25	0.32		
WHBG	WHBG	种仁	湖北五峰	17.38					13.40	0.10	3.20	17.80	64.20	0.20	0.40	0.10	

南五味子

Kadsura longipedunculata Finet et Gagnep.

五味子科，南五味子属

特征 常绿藤本。叶长圆状披针形、倒卵状披针形或卵状长圆形，长5~13 cm，宽2~6 cm，先端渐尖或尖，基部狭楔形或宽楔形，边有疏齿，上面具淡褐色透明腺点；叶柄长0.6~2.5 cm。花单生于叶腋，雌雄异株；雄花花被片8~17，白色或淡黄色，中轮最大1片，椭圆形，长8~13 mm，宽4~10 mm，花托椭圆体形，顶端伸长圆柱状，不凸出雄蕊群外；雄蕊群球形，直径8~9 mm，具雄蕊30~70枚；雌花花被片与雄花相似；雌蕊群椭圆体形或球形，直径约l0 mm，具雌蕊40~60枚；子房宽卵圆形。聚合果球形，径1.5~3.5 cm；小浆果倒卵圆形，长8~14 mm，外果皮薄革质，干时显出种子。种子2~3粒，稀4~5，肾形或肾状椭圆体形。花期6~9月；果期9~12月。

分布 江西：龙南县九连山，24°32′19″N，114°22′58″E，456 m，2009-11-07，廖文波等400143012；崇义县齐云山，25°52′41″N，114°00′58″E，1203 m，2010-09-26，李朋远、谢行400145010；资溪县马头山自然保护区，27°50′16″N，116°56′46″E，667 m，2011-10-21，凡强、景慧娟4001412019。浙江：宁波市鄞县天童山，29°48′45″N，121°47′25″E，264 m，2009-11-15，田怀珍、王双4001171036。湖北：兴山南阳，31°26′07″N，110°39′29″E，360 m，2009-10-08，丁时东400151045。生于海拔2000 m以下的山坡、林中，常见。产广东、广西、湖南、江西、福建、浙江、江苏、安徽、湖北、四川、云南。

栽培 播种、扦插或压条繁殖。

用途 根、茎、叶、种子均可入药；种子可榨油，药用可行气止痛，祛风除湿，治风湿骨痛、跌打损伤。还可为滋补强壮剂和镇咳药，治神经衰弱、支气管炎等症；茎、叶、果实可提取芳香油；茎皮可作绳索。

含油率及化学组分数据

采集单位	测试单位	测试部位	产地	含油率(%)	碘值	酸值	皂化值	C12:0	C14:0	C16:0	C16:1	C18:0	C18:1	C18:2	C18:3	C20:0	C20:1
SYSU	SCBG	种仁	江西龙南	7.77	102.84	2.57	181.46	0.02	0.39	29.15	0.48	3.32	21.21	18.44	4.78	0.45	0.02
SYSU	SCBG	种仁	江西崇义	16.52	168.36	3.99	166.62		0.05	6.56	0.06	1.93	15.97	13.31	56.90	0.32	0.16
SYSU	SCBG	种仁	江西资溪	12.62	75.21	3.96	416.94		0.19	13.26		3.47	16.29	46.29	17.01	0.10	
ECNU	SCBG	种仁	浙江宁波	26.48	9.82	13.47	132.89		0.10	6.14	0.12	2.46	46.54	41.67	0.83	0.27	0.21
OCRI	SCBG	种仁	湖北兴山	29.80	106.08	2.16	167.16		0.08	21.61	1.99	2.19	28.49	45.10	0.35	0.17	
OFPC	SCBG	种子	广东乳源	50.60	140.00			0.80	0.30	14.20		0.80	11.200	72.40			
OFPC	GXIB	种子	广西临桂	43.90	138.90		186.60	微量	微量	14.30		2.30	16.40	67.00			

五味子

Schisandra chinensis (Turcz.) Baill.

五味子科，五味子属

特征 落叶木质藤本，长达10 m。全株无毛，茎皮灰褐色，皮孔明显。叶膜质，互生，宽卵形或倒卵形，长5~11 cm，先端急尖，基部楔形，边缘有小齿，上面深绿色，有光泽。花雌雄同株或异株，花单性，1~3朵集生于叶腋，下垂；雄花花被片6~9，粉白色或粉红色，花冠状，长圆形或椭圆状长圆形，长6~11 mm，宽2~5. 5 mm，外面的较狭小；雄蕊仅5枚，长约2 mm；雌花花被片和雄花相似；雌蕊群近卵圆形，长2~4 mm，心皮17~40枚；子房卵圆形或卵状椭圆体形，柱头鸡冠状。花期5~6月；果期9月。

分布 河北：青龙，40°07′08″N，119°24′39″E，1331 m，2011-09-10，徐兴友、韩宝强400313055。黑龙江：伊春市小兴安岭，47°44′11″N，128°52′36″E，958 m，2010-8-15，陈连江、贾海伦、张爽400351044。吉林：辉南县金川镇，42°35′13″N，126°39′00″E，690 m，2009-09-06，郑宝江、李康、陶林400341021。陕西：眉县营头，34°03′09″N，107°25′23″E，1133 m，2009-08-22，薛帅400321039。生于海拔1200~1700 m的沟谷、溪旁、山坡。产于山东、甘肃、宁夏、陕西、山西、河北、内蒙古、辽宁、吉林、黑龙江。朝鲜、俄罗斯也有分布。

栽培 喜光，耐阴，喜温凉湿润气候，不耐高温，喜疏松、排水良好、富含有机质的壤土。播种、扦插或压条繁殖。播种前将果实放20℃水中浸泡1~2 d，选成熟种子混拌3倍量沙进行播种。

用途 叶、果实可提取芳香油；种仁含有脂肪油，榨油可作工业原料、润滑油；茎皮纤维柔韧，可供绳索。叶色翠绿，秋季藤上挂满串串红果，晶莹圆润，十分惹人喜爱，为观叶、观果的好材料，在园林中可作棚架的垂直绿化。

含油率及化学组分数据

采集单位	测试单位	测试部位	产地	含油率(%)	碘值	酸值	皂化值	C12:0	C14:0	C16:0	C16:1	C18:0	C18:1	C18:2	C18:3	C20:0	C20:1
ICS	ICS	种子	河北青龙	35. 26	85. 37	5. 37	182. 98	0. 12	0. 06	2. 49	0. 06	0. 82	16. 98	67. 23	0. 15	0. 06	0. 27
SBRI	SCBG	种仁	黑龙江伊春	21. 45		6. 90		0. 03	0. 11	20. 60	0. 63	4. 43	26. 22	35. 37	5. 47	6. 84	0. 30
NEFU	SCBG	钟仁	吉林辉南	34. 30	67. 07	2. 69	158. 96	0. 14		2. 72	0. 08	1. 71	21. 90	72. 81	0. 33		0. 31
CAU	ICS	种子	陕西眉县	38. 80	59. 91	17. 16	183. 10	0. 14	0. 68	14. 86	0. 23	5. 29	27. 11	50. 00	1. 21	0. 34	0. 15
OFPC	IAE	种子	辽宁桓仁	38. 30	151. 80			7. 00	微量	1. 40		0. 20	12. 30	77. 90	1. 20		

翼梗五味子

Schisandra henryi C.B. Clarke

五味子科，五味子属

特征 落叶木质藤本。叶宽卵形、长圆状卵形，或近圆形，长6~11 cm，宽3~8 cm，先端短渐尖或短急尖，基部阔楔形或近圆形，上部边缘具胼胝齿尖的浅锯齿或全缘，上面绿色，下面淡绿色，侧脉4~6条；叶柄红色，长2. 5~5 cm，具叶基下延的薄翅。雄花花柄长4~6 cm，花被片8~10，黄色，近圆形，最大一片直径9~12 mm，最外与最内的1~2片稍较小，雄蕊群倒卵圆形，直径约5 mm；雌花花梗长7~8 cm，花被片与雄花的相似；雌蕊群长圆状卵圆形，长约7 mm，具雌蕊约50枚；子房狭椭圆形。小浆果红色，球形，直径4~5 mm，具长约1 mm的果柄。种子褐黄色，扁球形，或扁长圆形。花期5~7月；果期8~9月。

分布 湖南：保靖县野竹坪乡白云山，28°25′35″N，109°11′18″E，977 m，2010-09-11，徐亮、廖深克400191120。重庆：武隆县共和乡鸡尾山，29°09′52″N，107°13′03″E，1210 m，2010-08-20，刘正宇等4000231150。生于海拔500~1500 m的沟谷边、山坡林下或灌丛中，少见。产于广东、广西、湖南、江西、福建、浙江、河南、湖北、四川、贵州、云南。

栽培 喜阴凉湿润气候，耐寒，不耐水浸，需适度荫蔽，幼苗期尤忌烈日照射。以选疏松、肥沃、富含腐殖质的壤土栽培为宜。用种子、压条和打插繁殖，以种子繁殖为主。

用途 种子可榨油，药用，行气止痛，祛风除湿，治风湿骨痛、跌打损伤。

含油率及化学组分数据

采集单位	测试单位	测试部位	产地	含油率(%)	碘值	酸值	皂化值	C12:0	C14:0	C16:0	C16:1	C18:0	C18:1	C18:2	C18:3	C20:0	C20:1
JSU	SCBG	种仁	湖南保靖	26. 56	13. 25	13. 20	199. 65	0. 02	0. 05	7. 89	0. 06	2. 10	33. 62	43. 38	3. 93	0. 49	8. 48
CIPP	SCBG	种仁	重庆武隆	22. 94				2. 12	0. 40	15. 20	1. 26	3. 10	21. 07	39. 88	3. 39	1. 43	0. 75

华中五味子

Schisandra sphenanthera Rehd. et Wils.

五味子科，五味子属

特征 落叶木质藤本。全株无毛，很少在叶背脉上有稀疏细柔毛。叶纸质，倒卵形、宽倒卵形，或倒卵状长椭圆形，长3~11 cm，宽1. 5~7 cm，先端短急尖或渐尖，基部楔形或阔楔形，干膜质边缘至叶柄成狭翅，上面深绿色，下面淡灰绿色，有白色点。花腋生，花梗纤细，长2~4. 5 cm，基部具长3~4 mm的膜质苞片；花被片5~9，橙黄色，近相似，椭圆形或长圆状倒卵形，中轮的长6~12 mm，宽4~8 mm，具缘毛，背面有腺点；雄花雄蕊群倒卵圆形，直径4~6 mm，花托圆柱形，顶端伸长，无盾状附属物；雄蕊11~23枚；雌花雌蕊群卵球形，直径5~5. 5 mm，雌蕊30~60枚；子房近镰刀状椭圆形，长2~2. 5 mm，柱头冠狭窄，仅花柱长0. 1~0. 2 mm，下延成不规则的附属体。聚合果直径约4 mm。种子长圆体形或肾形，种皮褐色光滑。花期4~7月；果期7~9月。

分布 湖南：桑植县五道水庄耳坪，29°42′57″N，109°40′59″E，992 m，2012-09-21，张九兵400181410；古丈县高望界镇高林，28°24′07″N，110°03′17″E，664 m，2010-07-13，张代贵、徐亮400191108。湖北：鹤峰县太平乡肖家坪，31°25′57″N，110°21′27″E，1500 m，2009-12-04，丁时东、赵永国400151044。生于海拔600~3000 m的湿润山坡边或灌丛中，常见。产于湖南、江西、福建、浙江、江苏、安徽、河南、湖北、山东、四川、贵州、云南、甘肃、陕西、山西。

栽培 喜阴凉湿润气候，耐寒，不耐水浸，需适度荫蔽，幼苗期尤忌烈日照射。以选疏松、肥沃、富含腐殖质的壤土栽培为宜。用种子、压条和打插繁殖，以种子繁殖为主。

用途 果供药用，为五味子代用品；种子榨油可制肥皂或作润滑油；药用，行气止痛，祛风除湿，治风湿骨痛、跌打损伤。

含油率及化学组分数据

采集单位	测试单位	测试部位	产地	含油率(%)	碘值	酸值	皂化值	C12:0	C14:0	C16:0	C16:1	C18:0	C18:1	C18:2	C18:3	C20:0	C20:1
HUST	HUST	种仁	湖南桑植	37. 95	48. 18	40. 58	142. 34			9. 06				21. 53		69. 42	
JSU	SCBG	种仁	湖南古丈	20. 56	75. 09	23. 34	77. 22	0. 003	0. 07	1. 55	0. 07	3. 64	18. 18	75. 90	0. 24	0. 22	0. 13
OCRI	SCBG	种仁	湖北鹤峰	23. 60	116. 74	5. 74	155. 02			9. 07		3. 60	19. 10	67. 34	0. 62		0. 27
OFPC	CIB	种子	四川洪雅	15. 30	144. 50		145. 20			9. 90		2. 80	12. 50	68. 70	6. 10		
OFPC	WHBG	种子	湖北罗田	32. 90	149. 30		149. 60	微量	微量	9. 50		2. 70	14. 80	70. 80			
OFPC	NIB	种子	陕西南郑	42. 40	145. 90		147. 70		0. 30	8. 90		1. 90	24. 70	63. 10	1. 50		

小花八角

Illicium micranthum Dunn

八角科，八角属

特征 灌木或小乔木，高可达10 m，但通常较小。芽在枝梢3~4并生，近圆球形。叶不整齐地互生或近对生或3~5片簇生在梢上，革质或薄革质，倒卵状椭圆形、狭长圆状椭圆形或披针形，长4~11 cm，宽1. 3~4 cm，先端常尾状渐尖或渐尖，基部楔形；中脉在叶上面凹陷，下延至叶柄成宽沟；叶柄纤细，长4~12 mm。花很小，芳香，在叶腋单生或几朵在近顶端成假轮生，幼花带绿白色，但花被片成红色，橘红色；花梗纤细，直径0. 8~1. 5 mm，长7~28 mm；花被片14~21，具不明显的透明腺点，最大的花被片椭圆形，长5~8 mm，宽3. 5~8 mm；雄蕊10~12枚，稀为8枚；心皮7~8枚；子房长1. 3~1. 7 mm。果梗长可达28~35 mm；蓇葖6~8个，直径1. 7~2. 1 cm，单个长9~14 mm，宽3~7 mm，厚2~3. 5 mm，尖头短，长0. 5~3 mm。种子长4. 5~5 mm，宽3~3. 5 mm，厚2 mm。花期4~6月；果期7~9月。

分布 云南：文山州麻栗坡县猛硐瑶族乡，22°53′03″N，104°43′05″E，1047 m，2011-10-17，曾庆文、陈树钢、杨国400114133；普洱梅子湖公园，22°34′55″N，106°06′27″E，1200 m，2010-08-26，张国学400222138。生于海拔500~2600 m的灌丛或混交林内、山涧、山谷疏林、密林中或峡谷溪边。产于广东、广西、湖南、四川、贵州、云南、湖北等地。

栽培 喜光，喜温暖、湿润气候，幼苗较耐阴，成年植株喜阳光充足，忌水涝。喜肥沃、疏松和排水良好的壤土。播种繁殖，随采随播或贮藏至翌春进行。

用途 果皮、种子、叶都含芳香油，可作工业用油。

含油率及化学组分数据

采集单位	测试单位	测试部位	产地	含油率(%)	碘值	酸值	皂化值	C12:0	C14:0	C16:0	C16:1	C18:0	C18:1	C18:2	C18:3	C20:0	C20:1
SCBG	SCBG	种子	云南文山	20. 14	86. 79	3. 13	173. 30	0. 02	0. 08	12. 58	0. 30	9. 59	14. 09	53. 62	4. 47	2. 12	3. 13
KMIB	KMIB	种仁	云南普洱	14. 40	103. 40	7. 40	178. 10				19. 09		7. 87	29. 44	42. 82		

假地枫皮

Illicium jiadifengpi B.N. Chang

八角科，八角属

特征 乔木，高达20 m。芽卵形，芽鳞卵形或披针形，长3~5 mm，有短缘毛。叶常3~5片聚生于小枝近顶端，狭椭圆形或长椭圆形，长7~16 cm，宽2~4. 5 cm，基部下延至叶柄形成狭翅，边缘外卷，中脉在上面明显凸起。花白色或淡黄色，腋生或近顶生；花被片34~55，薄纸质，狭舌形；雄蕊28~32；心皮12~14；子房长1. 5~2 mm，花柱长1. 5~2 mm。聚合果具蓇葖12~14枚。种子长8 mm，浅黄色。花期3~5月；果期8~10月。

分布 广西：资源县梅溪乡，26°16′37″N，110°32′50″E，1885 m，2011-10-10，黄俞淞4001101227。生于海拔1000~1950 m的山顶、山腰的密林、疏林中，常见。产于广东北部、广西东北部、湖南南部以及江西、浙江、湖北、四川。

栽培 喜光，喜温暖湿润气候，幼苗较耐阴，成年植株喜阳光充足，忌水涝。喜肥沃、疏松和排水良好的壤土。播种繁殖，随采随播或贮藏至翌春进行。栽时施足基肥，春天移栽为好。

用途 果皮、种子、叶都含芳香油，可榨油做工业用。种子有毒。树形优美，花美丽芳香，果形奇特，适合作园林树。

含油率及化学组分数据

采集单位	测试单位	测试部位	产地	含油率(%)	碘值	酸值	皂化值	C12:0	C14:0	C16:0	C16:1	C18:0	C18:1	C18:2	C18:3	C20:0	C20:1
GXIB	SCBG	种子	广西资源	30. 12	23. 00	1. 36	236. 15										

莽草（红毒茴）

Illicium lanceolatum A.C. Sm.

八角科，八角属

特征 灌木或小乔木，高3~10 m。叶革质，通常披针形或倒披针形，互生或簇生于小枝近顶端或假轮生，长5~15 cm，宽1. 5~4. 5 cm，先端尾尖或渐尖、基部窄楔形，中脉在叶面微凹陷，叶下面稍隆起，网脉不明显；叶柄纤细，长7~15 mm。花腋生或近顶生，单生或2~3朵，红色、深红色，花梗纤细，直径0. 8~2 mm，长15~50 mm；花被片10~15，肉质，椭圆形或长圆状倒卵形，长8~12. 5 mm，宽6~8 mm；雄蕊6~11枚；心皮10~14枚，长3. 9~5. 3 mm；子房长1. 5~2 mm。果梗长达8 cm，纤细；蓇葖10~14枚，轮状排列，单个蓇葖长14~21 mm，宽5~9 mm，厚3~5 mm，顶端具向后弯曲的钩状尖头。种子长7~8 mm，宽5 mm，厚2~3. 5 mm。花期4~6月；果期8~10月。

分布 湖南、江西、福建、浙江、江苏、安徽、湖北、贵州。生于海拔300~1500 m的阴湿狭谷和溪流沿岸或混交林、疏林、灌丛中，常见。

栽培 播种繁殖，随采随播或贮藏至翌春进行。

用途 果和叶有强烈香气，可提芳香油，为高级香料的原料；根和根皮有毒，入药祛风除湿、散瘀止痛，治跌打损伤，风湿性关节炎，取鲜根皮加酒捣烂敷患处。历代本草认为莽草主治风症，种子有毒，浸出液可杀虫，作农药。本种果实也有毒，不可作八角茴香使用。

含油率及化学组分数据

采集单位	测试单位	测试部位	产地	含油率(%)	碘值	酸值	皂化值	C12:0	C14:0	C16:0	C16:1	C18:0	C18:1	C18:2	C18:3	C20:0	C20:1
OFPC	LBG	种子	江西武宁	38. 30	95. 60					18. 30		5. 30	36. 20	40. 20	微量		

大八角

Illicium majus Hook. f. et Thomson

八角科，八角属

特征 乔木，高达20 m。叶假轮生，近革质，长圆状披针形或倒披针形，长10~20 cm，宽2.5~7 cm，先端渐尖，尖头长8~20 mm，基部楔形，中脉在叶上面轻微凹陷，在下面凸起；叶柄粗壮。花近顶生或腋生，单生或2~4朵簇生，花梗长18~60 mm；花被片15~21，外层花被片常具透明腺点，内层花被片肉质，最大的花被片椭圆形或倒卵状长圆形，长8~15 mm，宽4~9 mm，最内层花被片6~10，椭圆状长圆形，长6~10 mm，宽3~7 mm；雄蕊1~2轮，12~21枚，长2.3~4.3 mm，花丝舌状或近棍棒状，肉质，长1.1~2.8 mm；心皮11~14枚，极少9枚，长4~5.5 mm；子房扁卵状，花柱纤细、钻形，长2~3 mm。果径4~4.5 cm，蓇葖10~14个。花期4~6月；果期7~10月。

分布 湖南：龙山县里耶乡八面山，28°51′40″N，109°14′55″E，1284 m，2011-09-21，徐亮、钱凯歌40019101192。生于混交林、密林、灌丛或有林的石坡、溪流沿岸，少见。产于广东、广西、湖南、湖北、四川、贵州、云南。越南、缅甸也有分布。

栽培 喜冬暖夏凉的山地气候。喜土层深厚、排水良好的砂质壤土或壤土。播种繁殖，随采随播或贮藏至翌春进行。栽时施足基肥，春天移栽为好。

用途 工业用油。

含油率及化学组分数据

采集单位	测试单位	测试部位	产地	含油率(%)	碘值	酸值	皂化值	C12:0	C14:0	C16:0	C16:1	C18:0	C18:1	C18:2	C18:3	C20:0	C20:1
JSU	SCBG	种子	湖南龙山	22.15	52.39	3.81	158.84		0.10	4.72	0.19	1.88	24.58	48.83	15.48	0.35	0.69

八角（八角茴香，大茴香，唛角）

Illicium verum Hook. f.

八角科，八角属

特征 常绿乔木，高达15 m。小枝密集。叶互生，在顶端3~6片近轮生或松散簇生，厚革质，倒卵状椭圆形，长5~15 cm，先端骤尖或短渐尖，基部渐狭或楔形，密布透明油点，中脉在叶上面稍凹下，在下面隆起。花粉红至深红色，单生叶腋或近顶生；花被片7~12，具半透明腺点，花径6~10 mm，最大的花被片宽椭圆形到宽卵圆形，长9~12 mm，宽8~12 mm；雄蕊11~20枚，花丝长0.5~1.6 mm；心皮通常8枚，有时7枚或9枚。聚合果具8个蓇葖，呈八角形。花期3~5月或8~10月；果期9~10月或3~4月。

分布 湖北：五峰县后河黄家河，33°28′54.8″N，110°31′02.6″E，1100 m，2010-10-23，丁时东、危文亮等400151080。安徽：天柱山，30°42′45″N，116°28′04″E，457 m，2012-09-05，李晓东、昝艳燕等400121298。广西：金秀县圣堂山山脚，23°13′02″N，110°12′56″E，336 m，2011-01-07，吴磊、黄俞淞、林春蕊4001101175。云南：富宁县板仑乡平纳村上坡桑大山，23°28′24″N，105°38′25″E，1445 m，2009-03-27，张国学400222023。生于海拔200~1600 m的山地阔叶林中，常见。产于广西、云南。

栽培 喜冬暖夏凉的山地气候。适宜种植在土层深厚、排水良好、肥沃湿润、偏酸性的砂质壤土或壤土；在干燥瘠薄或低洼积水地段生长不良。播种繁殖，随采随播或贮藏至翌春进行。栽时施足基肥，春天移栽为好。

用途 果皮、种子、叶都含芳香油，是制造化妆品、甜香酒、啤酒和食品工业的重要原料，果实具强烈香味，有驱虫、温中理气、健胃止呕、祛寒、兴奋神经等功效，可供工业上作香水、牙膏、香皂、化妆品等的原料，也可用在医药上，作驱风剂及兴奋剂。

含油率及化学组分数据

采集单位	测试单位	测试部位	产地	含油率(%)	碘值	酸值	皂化值	C12:0	C14:0	C16:0	C16:1	C18:0	C18:1	C18:2	C18:3	C20:0	C20:1
OCRI	SCBG	种仁	湖北五峰	12.08	40.58	3.88	66.49	0.18	0.19	6.79	0.31	3.51	28.81	67.44	56.90		0.15
WHIB	WHIB	种仁	安徽天柱山	22.06	127.77	3.81	345.48	0.10		14.99	0.98	4.16	21.61	71.77	1.79	0.12	0.13
GXIB	SCBG	种仁	广西金秀	30.55	20.65	5.23	144.66										
KMIB	KMIB	种仁	云南富宁	29.55	89.30	4.70	163.00				19.77		4.42	33.84	38.33		
OFPC	KMIB	种子	云南富宁	42.30	96.80					21.00		4.30	40.30	34.30			

夏蜡梅

Calycanthus chinensis W.C. Cheng et S.Y. Chang

蜡梅科，夏蜡梅属

特征　落叶灌木，高1~3 m。叶宽卵状椭圆形或倒卵形，长11~26 cm，宽8~16 cm，基部两侧略不对称，叶缘全缘或有不规则的细齿，叶面有光泽，无毛，叶背幼时沿脉上被褐色硬毛。花直径4. 5~7 cm，花梗长2~4. 5 cm；花被片螺旋状着生于杯状或坛状的花托上，外面的花被片12~14，倒卵形或倒卵状匙形，长1. 4~3. 6 cm，宽1. 2~2. 6 cm，白色，边缘淡紫红色，有脉纹，内面的花被片9~12，向上直立，顶端内弯，椭圆形，长1. 1~1. 7 cm，宽9~13 mm，中部以上淡黄色，中部以下白色，内面基部有淡紫红色斑纹；雄蕊18~19枚，长约8 mm，花药密被短柔毛；退化雄蕊11~12枚，被微毛；心皮11~12，着生于杯状或坛状的花托之内，被绢毛，花柱丝状伸长。果托钟状或近顶口紧缩，长3~4. 5 cm，直径1. 5~3 cm，密被柔毛；瘦果长圆形，长1~1. 6 cm，直径5~8 mm，被绢毛。花期5月；果期10月。

分布　安徽：歙县，29°50′55″N，118°25′08″E，258 m，2012-10-25，李晓东、昝艳燕400121239。生于海拔600~1000 m山地沟边林荫下，少见。产于云南、浙江、安徽等地。

栽培　喜温暖、湿润和半阴的环境，较耐寒，忌强光暴晒，怕干旱，生长适温20~28℃，冬季温度不低于-5℃。土壤为肥沃、疏松和排水良好的砂质壤土。秋播或春播均可，播后10~15 d发芽。幼苗需遮阴，防止烈日暴晒。植株基部常有蘖枝、堆土压条的幼株，在春季萌芽前挖出，可带土移栽。

用途　种子可榨油，供工业用。姿态优美，枝繁叶茂，夏季开花，十分诱人，可作园林观赏植物。

含油率及化学组分数据

采集单位	测试单位	测试部位	产地	含油率(%)	碘值	酸值	皂化值	C12:0	C14:0	C16:0	C16:1	C18:0	C18:1	C18:2	C18:3	C20:0	C20:1
WHBG	WHBG	种仁	安徽歙县	35.16					0.03	11.95	0.22	3.23	8.28	43.18	30.66	0.16	0.05

西南蜡梅

Chimonanthus campanulatus R.H. Chang et C.S. Ding

蜡梅科，蜡梅属

特征　常绿灌木，高3~5 m。叶椭圆状披针形，长6~13. 5 cm，宽1. 8~4. 2 cm，先端长尖，基部楔形；叶柄长5~8 mm。花单生叶腋，有特殊气味，直径约1. 8 cm；花被片18~20，外部4~5片淡褐黄色，圆形，长3~4 mm，中部花被片长椭圆形或长椭圆状披针形，淡黄色，长7~12 mm，内部花被片卵形或斜方形，淡黄色，长3~5 mm；雄蕊5枚，长4~5 mm，花药淡黄色，外向，纵裂；退化雄蕊7~9枚，窄线形；离心皮雌蕊3~4枚，花柱长，丝状。果托中型，顶端有4~6齿；每果托内具瘦果1枚，瘦果椭圆形，栗褐色。花期8~12月；果期翌年9~10月。

分布　云南：昆明市昆明植物研究所山茶园，25°08′28″N，102°44′25″E，1913 m，2009-12-26，刘恩乾400222208。生于海拔1900~2900 m的石灰岩山坡灌丛中，少见。产于云南。

栽培　喜温暖、湿润和半阴的环境，较耐寒，忌强光暴晒，怕干旱，生长适温20~28℃，冬季温度不低于-5℃。土壤为肥沃、疏松和排水良好的砂质壤土。可萌蘖、压条繁殖。

用途　花中含有挥发油；根、茎、叶、花、果均能入药；根皮外用治刀伤出血，根主治风寒感冒、腰肌劳损、风湿关节炎、疮疖、疝气、肺脓疡诸症。

含油率及化学组分数据

采集单位	测试单位	测试部位	产地	含油率(%)	碘值	酸值	皂化值	C12:0	C14:0	C16:0	C16:1	C18:0	C18:1	C18:2	C18:3	C20:0	C20:1
KMIB	KMIB	种仁	云南昆明	46. 55													

山蜡梅

Chimonanthus nitens Oliv.

蜡梅科，蜡梅属

特征　常绿灌木，高1~3 m。叶纸质至近革质，椭圆形至卵状披针形，长2~13 cm，宽1. 5~5. 5 cm，顶端渐尖，基部钝至急尖，叶面略粗糙，有光泽，基部有不明显的腺毛，叶背无毛，或有时在叶缘、叶脉和叶柄上被短柔毛；叶脉在叶面扁平，在叶背凸起，网脉不明显。花小，直径7~10 mm，黄色或黄白色；花被片圆形、卵形至长圆形，长3~15 mm，宽2. 5~10 mm，外面被短柔毛，内面无毛；雄蕊长2 mm，花丝短，被短柔毛，花药卵形，向内弯，比花丝长，退化雄蕊长1. 5 mm；心皮长2 mm，基部及花柱基部被疏硬毛。果托坛状，长2~5 cm，直径1~2. 5 cm，被短绒毛，内藏聚合瘦果。花期10月至翌年1月；果期4~7月。

分布　浙江：杭州植物园，30°15′25″N，120°07′22″E，2010-10，曾庆文、

谢聪、孟玉芳40011905。江西：资溪县马头山自然保护区，27°42′22″N，117°03′50″E，259 m，2011-10-18，凡强、景慧娟4001412004。产于广西、湖南、江西、福建、浙江、江苏、安徽、湖北、贵州、云南、陕西等地。生于山地疏林中或石灰岩山地。本种模式标本采自湖北宜昌。

栽培 通常用压条法、分根法和种子繁殖。

用途 根可药用，治跌打损伤、风湿、劳伤咳嗽、寒性胃痛、感冒头痛、疔疮毒疮等；种子含油脂。花黄色美丽，叶常绿，是良好的园林绿化植物。

含油率及化学组分数据

采集单位	测试单位	测试部位	产地	含油率(%)	碘值	酸值	皂化值	C12:0	C14:0	C16:0	C16:1	C18:0	C18:1	C18:2	C18:3	C20:0	C20:1
SCBG	SCBG	种仁	浙江杭州	38. 14	41. 56	11. 63	136. 57	4. 11	0. 26	11. 55	1. 69	36. 93	17. 07	39. 15	2. 07	0. 16	1. 32
SYSU	SCBG	种仁	江西资溪	36. 75				0. 03	0. 11	13. 64	0. 17	7. 53	14. 82	53. 60	4. 82	2. 22	3. 07
OFPC	KMIB	种子	云南昆明	40. 10	110. 20		188. 20			21. 60		4. 00	34. 5	39. 90	微量		
OFPC	GZSB、KMIB	种子	贵州兴义	38. 20	110. 40		183. 40			24. 00		1. 20	25. 40	48. 80	0. 60		

蜡梅

Chimonanthus praecox (L.) Link

蜡梅科，蜡梅属

特征 落叶灌木，高达4 m。叶纸质至近革质，卵圆形、椭圆形、宽椭圆形至卵状椭圆形，有时长圆状披针形，长5~25 cm，顶端急尖至渐尖，有时具尾尖，基部急尖至圆形，叶背脉上被疏微毛。花着生于第二年生枝条叶腋内，先花后叶，芳香，直径2~4 cm；花被片圆形、倒卵形、椭圆形或匙形，长5~20 mm，无毛，内部花被片比外部花被片短，基部有爪；雄蕊长4 mm，退化雄蕊长3 mm；心皮基部被疏硬毛，花柱长达子房3倍，基部被毛。果托近木质化，坛状或倒卵状椭圆形，长2~5 cm，直径1~2. 5 cm，口部收缩，并具有钻状披针形的被毛附生物。花期11月至翌年3月；果期4~11月。

分布 湖南：湘潭县响水乡，27°55′37″N，112°54′13″E，50 m，2010-9-25，严岳鸿400181162；吉首矮寨，28°20′47″N，109°34′41″E，540 m，2009-07-24，陈功锡、徐亮400191007。江苏：无锡市花卉公园，31°34′12″N，120°13′02″E，23 m，2009-12-12，田怀珍、熊申展4001171062。安徽：黄山市歙县林业局后山，29°51′29″N，118°25′58″E，118 m，2011-11-11，胡超、李星霖4001171175。湖北：武汉植物园消涨带，30°32′49″N，114°25′16″E，30 m，2009-12-25，丁时东、危文亮400152034；武汉植物园消涨带，30°32′57″N，114°25′48″E，2009-06-20，李晓东、昝艳燕400121004；鹤峰县下坪乡，30°04′33″N，110°08′20″E，938 m，2009-11-06，危文亮、丁时东400151017。河南：郑州市惠济区，113°40′8″E，34°45′21″N，416 m，2011-08-05，王亚平、杨大伟400314030。四川：崇州街子，28°45′25″N，102°28′32″E，1000 m，2010-09-15，崔龙、李志强40021110023；雅安市四川农业大学，29°58′52″N，103°00′00″E，600 m，2010-08-03，干友民40024106。重庆：南川区三泉镇重庆市药研所标本园，29°07′44″N，107°12′14″E，590 m，2010-06-21，刘正宇等400231147。贵州：雷山县雷公山国家森林公园管理局园内，26°22′51″N，108°04′31″E，590 m，2012-10-16，陈丰林、夏纯、桑洪伟4001151220。云南：昆明市东郊呼马山，25°03′01″N，102°45′38″E，1945 m，2009-08-26，张国学400222015。陕西：安康市汉滨区，32°45′16″N，109°01′32″E，246 m，2012-10-8，秦烁、郭利磊400328041；杨凌县西农农场，108°01'52"E，34°09'19"N，500 m，2012-10，薛帅、潘昊400325044。生于山地林中。产于湖南、江西、福建、浙江、江苏、安徽、山东、湖北、河南、四川、贵州、云南、陕西，常见；广东、广西等地均有栽培。日本、朝鲜以及欧洲、美洲均有引种栽培。

栽培 通常用压条法、分根法和种子繁殖。

用途 根、叶可药用，理气止痛、散寒解毒，治跌打、腰痛、风湿麻木、风寒感冒，刀伤出血；花解暑生津，治心烦口渴、气郁胸闷；花蕾油治烫伤。花可提取蜡梅浸膏0. 5%~0. 6%；化学成分有苄醇、乙酸苄酯、芳樟醇、金合欢花醇、松油醇、吲哚等；种子含蜡梅碱。花芳香美丽，是园林绿化植物。

含油率及化学组分数据

采集单位	测试单位	测试部位	产地	含油率(%)	碘值	酸值	皂化值	C12:0	C14:0	C16:0	C16:1	C18:0	C18:1	C18:2	C18:3	C20:0	C20:1
HUST	HUST	种仁	湖南湘潭	26. 63	102. 84	2. 57	181. 46						13. 01	23. 73	58. 87	1. 97	2. 42
JSU	SCBG	种仁	湖南吉首	36. 00	83. 39	2. 40	157. 18	0. 05	0. 11	13. 63		3. 12	26. 16	53. 38	0. 34	0. 38	2. 84
ECNU		种子	江苏无锡	24. 80	72. 94	3. 11	264. 55	0. 014	0. 10	15. 37	0. 08	3. 23	26. 46	51. 40	0. 40	0. 57	2. 38
ECNU	SCBG	种仁	安徽黄山	49. 20	110. 77	0. 28	200. 25			5. 47	0. 72	1. 19	57. 07	34. 74	0. 17	0. 15	0. 08
OCRI	SCBG	种仁	湖北武汉	20. 04	102. 81	7. 29	401. 16		0. 03	4. 40	0. 08	2. 35	22. 47	38. 76	0. 32	2. 74	8. 04
WHBG	WHBG	种仁	湖北武汉	27. 23	125. 51	2. 36	189. 51	0. 02	0. 09	15. 30	0. 05	2. 44	26. 28	52. 33	0. 29	0. 35	2. 84
OCRI	SCBG	种仁	湖北鹤峰	27. 93	95. 78	34. 46	430. 69		0. 04	8. 29	0. 24	3. 62	10. 99	70. 50	1. 69	0. 28	0. 13
ICS	ICS	种子	河南郑州	16. 47	79. 51	13. 35	135. 03		0. 13	0. 05	0. 07	23. 71	52. 56		0. 87	2. 12	0. 19
SCU	SCU	种仁	四川崇州	76. 58	102. 90	8. 00	196. 50			12. 38			26. 58	61. 05			
SAU	SCBG	种仁	四川雅安	10. 25	94. 53	7. 33	167. 56										
CIPP	SCBG	种仁	重庆南川	38. 16	109. 69	1. 41	346. 17		0. 10	7. 25	0. 21	1. 42	51. 60	29. 01	0. 75	0. 67	
SCBG	SCBG	种仁	贵州雷山	26. 84				0. 03	0. 02	5. 77	0. 04	3. 74	21. 28	60. 13	8. 65	0. 14	0. 20
KMIB	KMIB	种仁	云南昆明	10. 60	105. 90	4. 90	157. 10			0. 07	13. 31		2. 48	27. 24	52. 26	2. 62	
CAU	ICS	种子	陕西安康	19. 05	8. 84	6. 13	182. 14		0. 08	15. 59	0. 06	2. 15	24. 42	52. 48	0. 05	0. 43	1. 89
CAU	ICS	种子	陕西杨凌	17. 61	105. 92	10. 17	148. 43		0. 09	15. 02	0. 05	2. 52	25. 76	51. 44	0. 30	0. 43	2. 32
OFPC	KMIB	种子	云南昆明	17. 10	113. 50					15. 00		1. 00	29. 50	49. 80	微量		

红果黄肉楠
Actinodaphne cupularis (Hemsl.) Gamble
棹科，黄肉楠属

特征 灌木或小乔木，高2~10 m。叶通常5~6片簇生于枝端成轮生状，长圆形至长圆状披针形，长5~15 cm，宽1. 5~3 cm，两端渐尖或急尖，革质，上面无毛，下面有灰色或灰褐色短柔毛，羽状脉；叶柄长3~8 mm，有沟槽，被灰色或灰褐色短柔毛。伞形花序单生或数个簇生于枝侧，无总梗；苞片5~6枚，外被锈色丝状短柔毛；每一雄花序有雄花6~7朵；花被裂片6~8，卵形，长约2 mm，宽约1. 5 mm，外面中肋有柔毛，内面无毛；能育雄蕊9枚；退化雌蕊细小，无毛；雌花序常有雌花5朵；子房椭圆形，无毛，花柱长1. 5 mm，外露。果卵形或卵圆形，长12~14 mm，直径约10 mm，先端有短尖，无毛，成熟时红色，着生于杯状果托上。花期10~11月；果期8~9月。

分布 湖南：吉首市德夯，28°20′54″N，109°35′11″E，392 m，2009-09-05，徐亮、周建军400191051。生于海拔360~1300 m的山坡密林、溪旁及灌丛中，少见。产于广西、湖南、湖北、四川、贵州、云南。

栽培 喜光，幼树较耐阴，喜温暖湿润，耐干旱。喜土层深厚、排水良好、肥沃的壤土。播种繁殖，于春季进行。

用途 种子含油脂，榨油可供制皂及机器润滑等用；根、叶辛凉，民间外用治脚癣、烫火伤及痔疮等。

含油率及化学组分数据

采集单位	测试单位	测试部位	产地	含油率(%)	碘值	酸值	皂化值	C12:0	C14:0	C16:0	C16:1	C18:0	C18:1	C18:2	C18:3	C20:0	C20:1
JSU	SCBG	种仁	湖南吉首	23. 35	29. 26	20. 49	164. 31	0. 006	0. 13	8. 64	0. 59	2. 65	37. 95	39. 55	9. 87	0. 36	0. 26

毛尖树
Actinodaphne forrestii (C.K. Allen) Kosterm.
樟科，黄肉楠属

特征 乔木，高8~15 m。叶轮生状，6~7片簇生枝端，椭圆状披针形，长9~27 cm，宽2~5 cm，先端渐尖或长渐尖，基部渐狭或宽楔形，革质，上面无毛，下面幼时被黄褐色短柔毛，羽状脉；叶柄长1. 5~2 cm，有贴伏黄褐色短绒毛。伞形花序数个簇生于枝侧，总梗短或无；苞片宽卵形，或近圆形，外面被淡黄色丝状短柔毛；每一花序有花5~6朵；花梗长1. 5 mm，被黄色柔毛；花被裂片6，椭圆形，长4~4. 2 mm，宽2~2. 5 mm，外面中肋有毛，内面无毛；雄花能育雄蕊9枚，花丝无毛，退化雌蕊无毛；雌花雌蕊长3. 2 mm；子房近球形无毛，均无毛，退化雄蕊棒状。果长圆形，长14~16 mm，果托杯状，深6~10 mm，全缘；果梗长11~15 mm，先端略增粗，有疏柔毛。花期11月至翌年3月；果期8~9月。

分布 广西、云南、贵州。生于海拔1000~2700 m的石灰岩灌丛或山地混交林中。少见。

栽培 播种繁殖。

用途 种子可榨油，作工业用油。

含油率及化学组分数据

采集单位	测试单位	测试部位	产地	含油率(%)	碘值	酸值	皂化值	C12:0	C14:0	C16:0	C16:1	C18:0	C18:1	C18:2	C18:3	C20:0	C20:1
OFPC	GXIB	种仁	广西隆林	26. 40	57. 50		242. 80	32. 30	7. 30	4. 40		1. 30	12. 20				

倒卵叶黄肉楠

Actinodaphne obovata (Nees) Blume

樟科，黄肉楠属

特征 乔木，高10~18 m。叶通常倒卵形，簇生，长15~50 cm，宽5.5~22 cm，先端渐尖或钝尖，基部楔形或略圆，薄革质，幼时两面有锈色短柔毛，有光泽，离基三出脉；叶柄长3~7 cm。伞形花序，总梗长1~2.5 cm，密被黄褐色短柔毛，每一伞形花序有花5朵；花被裂片6，黄色，卵圆形，两面有明显3条直脉，并有腺点，外面有黄褐色短柔毛，内面基部具柔毛；雄花梗长约3 mm，有黄褐色短柔毛，能育雄蕊9枚，花丝短，基部有长柔毛；退化雌蕊长2.5 mm，花柱短，子房有柔毛；雌花比雄花小，花梗长1.8~2 mm；子房近圆形，有长柔毛，花柱短，柱头大，2浅裂。果长圆形或椭圆形，长2.5~4.5 cm，顶端具尖头，成熟时紫红色或黑色。花期4~5月；果期至翌年3月。

分布 生于海拔1000~2700 m的山谷溪旁或润湿的混交林中，少见。产于云南南部至东南部、西藏东南部。印度也有分布。

栽培 播种繁殖。

用途 本种果大，种子含油脂，可供榨油，群众多用作点灯；树皮辛温香，民间入药，外敷治骨折。

含油率及化学组分数据

采集单位	测试单位	测试部位	产地	含油率(%)	碘值	酸值	皂化值	C12:0	C14:0	C16:0	C16:1	C18:0	C18:1	C18:2	C18:3	C20:0	C20:1
OFPC	IB	种仁	西藏墨脱	51.00	2.20		258.20	91.80	2.50	0.60			1.40	1.00			

毛黄肉楠

Actinodaphne pilosa (Lour.) Merr.

樟科，黄肉楠属

特征 乔木或灌木，高达12 m。叶互生或3~5片轮生，倒卵形或椭圆形，长12~24 cm，宽5~12 cm，先端凸尖，基部楔形，革质，幼时上面及边缘均密生锈色绒毛，下面有锈色绒毛，羽状脉；叶柄粗壮，有锈色绒毛。花序腋生或枝侧生，由伞形花序组成圆锥状；雄花序总梗较长，长达7 cm，雌花序总梗稍短，密被锈色绒毛；苞片早落，外面密被锈色绒毛；每一伞形花序有5花；花被裂片6，椭圆形，外面有长柔毛，内面基部有柔毛；雄花花被裂片长约3 mm，能育雄蕊9枚或无，退化雌蕊细小，长2.2 mm，被长柔毛；雌花较雄花略小，花被裂片长1.5~2 mm，退化雄蕊匙形，长1 mm，基部有长柔毛，雌蕊被长柔毛。果球形，直径4~6 mm；果梗长3~4 mm，被柔毛。花期8~12月；果期翌年2~3月。

分布 海南：五指山，40°31′57″N，117°10′16″E，2012-02-05，张荣京40017202。常生于海拔500 m以下的旷野丛林或混交林中。海南、广东、广西。越南、老挝也有分布。

栽培 喜光，幼树较耐阴，喜高温多湿，不耐干旱。喜土层深厚、排水良好、肥沃的壤土。播种繁殖，于春季进行。

用途 果实可榨油；木材具胶质，刨成薄片泡水后得透明黏液，可供粘布、粘鱼网、作造纸胶和发胶用；树皮与叶供药用，有祛风、消肿、散淤、解毒、止咳之效，并能治疮疖，对跌打亦有效。

含油率及化学组分数据

采集单位	测试单位	测试部位	产地	含油率(%)	碘值	酸值	皂化值	C12:0	C14:0	C16:0	C16:1	C18:0	C18:1	C18:2	C18:3	C20:0	C20:1
SCAU	SCBG	种仁	海南五指山	27.11	31.03	2.96	220.81	0.89	0.05	9.17	0.10	3.63	3.23	15.66	0.97	0.51	0.59

云南油丹

Alseodaphne yunnanensis Kosterm.

樟科，油丹属

特征 小乔木。老枝粗壮，灰白色，具光泽，皮层纵裂，有多数褐色椭圆形皮孔；幼枝纤细，具皮孔。叶聚生于枝梢，最顶端的叶常近于对生，长圆形，长11~19 cm，宽4. 5~6 cm，先端锐尖或渐尖，基部宽楔形，渐狭成柄，坚纸质，两面无毛，略光亮，有细而密的蜂巢状小窝穴，中脉在上面凹陷下面凸起，侧脉9~11条，上面不明显，下面凸起，向上斜展，有时分叉，末端弧状网结；叶柄稍纤细，长1~2 cm，腹面具浅槽，背面近圆形。圆锥花序腋生，长2~3(4) cm。少花，被褐色疏柔毛，不分枝或具短分枝；总梗长1~3. 5 cm；花梗纤细，长5~8 mm，无毛；花被裂片6，外面无毛，内面密被淡褐色疏柔毛，外轮花被片卵圆形，长3 mm，宽1. 5 mm，先端急尖，内轮花被片宽卵圆形，长3. 5 mm，宽达2 mm，先端急尖；能育雄蕊9枚；退化雄蕊明显，长1. 3 mm，箭头形，具柄；子房近球形，长2. 5 mm，无毛，花柱短小，长仅0. 5 mm。果近圆球形，直径约2 cm。花期4月；果期秋季。

分布 广西：那坡县百省乡弄苗村，23°09′48. 10″N, 105°34′13. 16″E，2009-08-19，吴望辉、许为斌、黄俞淞4001101036。产于广西、云南东南部。生于海拔约800 m的山谷阴处岩石上。

含油率及化学组分数据

采集单位	测试单位	测试部位	产地	含油率(%)	碘值	酸值	皂化值	C12:0	C14:0	C16:0	C16:1	C18:0	C18:1	C18:2	C18:3	C20:0	C20:1
GXIB	SCBG	种仁	广西那坡	49. 41	73. 88	2. 53	171. 99	1. 42		5. 92	0. 37	1. 33	55. 65	28. 97	0. 68	0. 47	0. 14

山潺

Beilschmiedia appendiculata (C.K. Allen) S.K. Lee et Y.T. Wei

樟科，琼楠属

特征 乔木，高6~30 m。叶对生或互生，通常椭圆形或长椭圆形，长5~11 cm，宽2~4. 5 cm，先端钝、钝渐尖、圆形或有时微缺，基部楔形或阔楔形，两面无毛，干时上面绿褐色至灰褐色，上面或有时下面密被腺状小凸点，中脉上面平坦或微凸，基部常微凹；叶柄长5~18 mm，纤细。圆锥花序腋生，长1~2 cm，被短柔毛；花黄色，花梗长约4 mm；花被裂片6间或8，椭圆形，长约1. 8 mm；能育雄蕊6枚或8枚；退化雄蕊3(4)枚，长约1. 2 mm。果椭圆形、卵状椭圆形，长1~1. 8 cm，直径约1 cm，常具小瘤，未成熟时绿色，成熟后黑色；果梗粗1. 5~2 mm。花期2~3月；果期5~7月。

分布 海南：昌江县霸王岭，19°06′58″N，109°05′32″E，2009-08-01，秦新生400116132。常生于山谷路边疏林中或溪边，少见。产于海南。

栽培 喜光，幼树较耐阴，喜高温多湿，不耐干旱。喜土层深厚、排水良好、肥沃的壤土。播种繁殖，于春季进行。

用途 果实可榨油。

含油率及化学组分数据

采集单位	测试单位	测试部位	产地	含油率(%)	碘值	酸值	皂化值	C12:0	C14:0	C16:0	C16:1	C18:0	C18:1	C18:2	C18:3	C20:0	C20:1
SCAU	SCBG	种仁	海南昌江	21. 56				0. 02	0. 05	1. 66	0. 09	1. 19	61. 86	31. 16	0. 51	0. 10	0. 59

美脉琼楠

Beilschmiedia delicata S.K. Lee et Y.T. Wei

樟科，琼楠属

特征 灌木或乔木，高4~20 m。叶互生或近对生，革质，长7~12 cm，宽2~4 cm，先端渐尖，稀短尖或有时钝，基部楔形或阔楔形，两面无毛或下面有微小柔毛，中脉在两面明显凸起，侧脉8~12对，小脉密网状，纤细，两面明显凸起；叶柄长8~13 mm，无毛或被微毛。聚伞状圆锥花序腋生或顶生，长3~6 cm，花序轴及各部分被短柔毛；苞片及小苞片早落；花黄带绿色，花梗长2~8 mm；花被裂片卵形至长圆形，长1.5~2.5 mm，被短柔毛；能育雄蕊9枚，花丝被短柔毛；退化雄蕊3枚，肾形。果椭圆形或倒卵状椭圆形，长2~3 cm，直径1~2 cm，先端圆形，未成熟时绿色，成熟后黑色，密被明显的瘤状小凸点；果梗长5~10 mm，粗2~3 mm。花、果期6~12月。

分布 湖南：通道县甘溪恩戈破岩林场，25°53′26″N，109°44′59″E，251 m，2010-12-16，张兵、谷志容400181258。生于山谷路旁、溪边、密林或疏林中，少见。产于广东、广西、贵州西南部。

栽培 喜光，幼树较耐阴，喜高温多湿，不耐干旱。喜土层深厚、排水良好、肥沃的壤土。播种繁殖，于春季进行。

用途 种子可榨油。

含油率及化学组分数据

采集单位	测试单位	测试部位	产地	含油率(%)	碘值	酸值	皂化值	C12:0	C14:0	C16:0	C16:1	C18:0	C18:1	C18:2	C18:3	C20:0	C20:1
HUST	HUST	种仁	湖南通道	21.40	95.75	0.55	201.44	0.03	0.20	17.18		2.88	10.34	62.38	2.83	0.32	0.20
OFPC	GXIB	种仁	广西荔浦	13.00	87.80			0.30		21.90		1.50	42.20	22.40	1.80		

李榄琼楠

Beilschmiedia linocieroides H.W. Li

樟科，琼楠属

特征 乔木，高10~24 m，胸径达45 cm。顶芽卵珠形，无毛；枝条圆柱形，无毛。叶近对生或互生，常聚生于枝梢，革质，椭圆形至长圆形，长9~21 cm，宽3.5~6 cm，先端锐尖至短渐尖，稀钝，基部楔形或阔楔形，两面无毛，边缘背卷，中脉在上面凹陷，下面凸起，侧脉9~13条，斜展，末端拱形联结，上面明显凸起，下面略凸起，小脉网状，上面明显凸起，下面略凸；叶柄长1~2 cm。花序长(3~)5.5~7.5 cm，花序轴粗壮，直径约4 mm，无毛。果序长3~7.5 cm；果椭圆形，长3.3~3.7 cm，直径1.5~2.3 cm，两端渐狭或略近圆形，未成熟时绿色，成熟时变黑褐色，平滑，无毛；果梗粗壮，长约1 cm，粗3~5 mm。果期3~4月。

分布 云南：勐海南糯山半坡老寨，21°56′30″N，100°36′42″E，2012-01-17，邢福武、童毅、孟玉芳4001142035。产于云南南部。常生于海拔680~1350 m的混交林中。

栽培 喜光，幼树较耐阴，喜高温多湿，不耐干旱。喜土层深厚、排水良好、肥沃的壤土。播种繁殖，于春季进行。

用途 种子含油脂，榨油可供工业用。

含油率及化学组分数据

采集单位	测试单位	测试部位	产地	含油率(%)	碘值	酸值	皂化值	C12:0	C14:0	C16:0	C16:1	C18:0	C18:1	C18:2	C18:3	C20:0	C20:1
SCBG	SCBG	种仁	云南勐海	20.54	25.13	20.49	477.15	0.005		8.37	0.02	0.66	3.96	39.73	9.06	0.54	

肉柄琼楠

Beilschmiedia macropoda C. K. Allen

樟科，琼楠属

特征 大乔木，高达22 m，胸径达50 cm。树皮灰白色。小枝无毛，常有窄棱或浅沟，老时黑褐色，有不规则的灰褐色皱纹；顶芽卵圆形，多少被锈褐色绒毛。叶对生或近对生，聚生于枝梢，革质，披针形或长椭圆形，长8~15 cm，宽1. 6~5 cm，先端钝或短渐尖，尖头钝，基部楔形或阔楔形，上面光亮，干后绿褐色或灰褐色，下面常淡紫色，边缘略卷，两面无毛，中脉上面微下陷，至少在中部以下下陷，下面凸起，侧脉8~10条，两面凸起，小脉密网状，两面微凸；叶柄长6~10 mm。圆锥花序腋生，长2~6 cm，花少，花梗花后增粗，两端膨大。果序粗壮，基部膨大；果椭圆形或近圆球形，或倒卵形，长4~5 cm，直径3~4 cm，干后浅锈色或黑色，有褐色鳞秕和细密皱褶，外观有锈色斑点；果梗一端或两端膨大，膨大部分直径7~15 mm。果期7~12月。

分布 海南：陵水县本号镇吊罗山石晴，18°44′04″N，109°50′13″E，500 m，2010-11-04，秦新生4001161154。山谷路旁、山坡混交林湿润处、溪边、密林或疏林中，少见。特产于海南。

栽培 喜光，幼树较耐阴，喜高温多湿，不耐干旱。喜土层深厚、排水良好、肥沃的壤土。播种繁殖，于春季进行。

用途 种子含油脂，榨油可供工业用。

含油率及化学组分数据

采集单位	测试单位	测试部位	产地	含油率(%)	碘值	酸值	皂化值	C12:0	C14:0	C16:0	C16:1	C18:0	C18:1	C18:2	C18:3	C20:0	C20:1
SCAU	SCBG	种仁	海南陵水	32. 55	10. 26	4. 36	146. 36	0. 02	0. 39	29. 15	0. 48	3. 32	21. 21	18. 44	4. 78	0. 45	0. 02

西畴琼楠

Beilschmiedia sichourensis H.W. Li

樟科，琼楠属

特征 乔木，高达8 m。当年生枝条压扁，具棱角，下部红褐色，上部淡褐色，无毛；顶芽大，卵珠形，无毛。叶厚革质，对生，卵圆形至长圆形，长10~18 cm，宽4. 5~7. 5 cm，先端锐尖至短渐尖，基部楔形，两面无毛，中脉上面下陷，下面明显凸起；侧脉约8条，斜展；叶柄长1~1. 5 cm。果序腋生，长约4 cm，序轴粗壮，粗达4 mm，红褐色，无毛。果椭圆形，长约3. 5 cm，直径1. 8 cm；果梗红褐色。果期10月。

分布 云南：西双版纳植物园，21°44′12″N，101°27′44″E，2012-01-17，邢福武、童毅、孟玉芳4001142025。生于海拔300~1500 m的混交林中。产于云南东南部。

栽培 喜光，幼树较耐阴，喜高温多湿，不耐干旱。喜土层深厚、排水良好、肥沃的壤土。播种繁殖，于春季进行。

用途 种子含油脂，榨油可供工业用。

含油率及化学组分数据

采集单位	测试单位	测试部位	产地	含油率(%)	碘值	酸值	皂化值	C12:0	C14:0	C16:0	C16:1	C18:0	C18:1	C18:2	C18:3	C20:0	C20:1
SCBG	SCBG	种仁	云南西双版纳	26. 40	111. 34	0. 32	200. 78	0. 04		8. 30		1. 98	7. 05	78. 85	1. 45		

无根藤

Cassytha filiformis L.

樟科，无根藤属

特征 藤本，借盘状吸根攀附于寄主植物上。茎线形，绿色或绿褐色，稍木质。叶退化为微小的鳞片。穗状花序长2~5 cm，密被锈色短柔毛；苞片和小苞片微小，宽卵圆形，长约1 mm，褐色，被缘毛；花小，白色，长不及2 mm，无梗；花被裂片6，排成2轮，外轮3枚小，圆形，有缘毛，内轮3枚较大，卵形，外面有短柔毛，内面几无毛；能育雄蕊9枚，第1轮雄蕊花丝近花瓣状，其余的为线状；退化雄蕊3枚，位于最内轮，三角形，具柄，子房卵珠形，几无毛，花柱短，略具棱，柱头小，头状。果小，卵球形，包藏于花后增大的肉质果托内，但彼此分离，顶端有宿存的花被片。花、果期5~12月。

分布 广西：东兴市江平镇巫头村，21°35′36″N，108°08′22″E，2009-11-23，吴望辉、叶晓霞、农东新4001101032。生于海拔980~1600 m的山坡灌木丛或疏林中，常见。产于海南、广东、广西、湖南、江西、福建、台湾、浙江、贵州、云南。热带亚洲、非洲以及澳大利亚也有分布。

栽培 喜光，幼树较耐阴，喜温暖湿润，不耐干旱。喜土层深厚、排水良好、肥沃的壤土。播种繁殖，于春季进行。大树移植宜在春初展叶前进行，并在3个月前做断根处理。

用途 药用，有清热利湿、凉血止血的功用。

含油率及化学组分数据

采集单位	测试单位	测试部位	产地	含油率(%)	碘值	酸值	皂化值	C12:0	C14:0	C16:0	C16:1	C18:0	C18:1	C18:2	C18:3	C20:0	C20:1
GXIB	SCBG	种仁	广西东兴	20. 54					0. 10	11. 74	0. 64	2. 57	29. 46	38. 17	3. 43	1. 15	0. 59

毛桂

Cinnamomum appelianum Schewe

樟科，樟属

特征 小乔木，高4~6 m。叶通常椭圆形或椭圆状披针形，互生或近对生，长4. 5~11. 5 cm，宽1. 5~4 cm，先端骤然短渐尖，基部楔形至近圆形，革质，离基三出脉。圆锥花序长4~6. 5 cm，生于当年生枝条基部叶腋内，3~11朵花，分枝，分枝长约0. 5 cm，总梗纤细，伸展，长1~3. 5 cm，被黄褐色柔毛；花白色，长3~5 mm；花梗长2~3 mm，被黄褐色微硬毛状微柔毛或柔毛；花被两面被黄褐色绢状微柔毛，花被筒倒锥形，长1~1. 5 mm，花被裂片宽倒卵形至长圆状卵形，先端锐尖；能育雄蕊9枚，稍短于花被片，退化雄蕊3枚，位于最内轮，长1. 3~1. 7 mm，三角状箭头形；子房宽卵球形，长1. 2 mm，无毛。未成熟果椭圆形，绿色；果托增大，漏斗状。花期4~6月；果期6~8月。

分布 湖南：龙山县里耶镇，28°48′10″N，109°18′39″E，2011-11-14，张九兵、朱明德400181344。生于海拔350~1400 m的山坡或谷地的灌丛和疏林中，少见。产于广东、广西、湖南、江西、湖南、江西、四川、贵州、云南。

栽培 喜光，幼树较耐阴，喜温暖湿润，不耐干旱。喜土层深厚、排水良好、肥沃的壤土。播种繁殖，于春季进行。大树移植宜在春初展叶前进行，并在3个月前做断根处理。

用途 树皮可代肉桂入药。木材作一般用材，并可作造纸糊料。

含油率及化学组分数据

采集单位	测试单位	测试部位	产地	含油率(%)	碘值	酸值	皂化值	C12:0	C14:0	C16:0	C16:1	C18:0	C18:1	C18:2	C18:3	C20:0	C20:1
HUST	HUST	种仁	湖南龙山	30. 65				7. 55	6. 71	11. 91		4. 87	8. 72	17. 11	31. 38		

猴樟

Cinnamomum bodinieri H. Lév.

樟科，樟属

特征 乔木，高达16 m。叶互生，卵圆形或椭圆状卵圆形，长8~20 cm，宽3~10 cm，先端短渐尖，基部锐尖、宽楔形至圆形，坚纸质，侧脉4~6条，最基部的一对近对生，其余的均为互生，斜升。圆锥花序长5~15 cm，花绿白色，长约2.5 mm；花梗丝状，长2~4 mm，被绢状微柔毛；花被筒倒锥形，外面近无毛，花被裂片6，卵圆形，长约1.2 mm，外面近无毛，内面被白色绢毛，反折，很快脱落；能育雄蕊9枚，花药近圆形；退化雄蕊3枚，近无柄，长约0.5 mm；子房卵珠形，长约1.2 mm，无毛，花柱长1 mm，柱头头状。果球形，绿色，无毛；果托浅杯状。花期5~6月；果期7~8月。

分布 湖南：桑植县陈家河乡三漤子，29°28′55″N，109°58′33″E，320 m，2009-10-08，张兵400181076；古丈县高望界镇高林，28°24′37″N，110°02′52″E，915 m，2010-07-11，徐亮、张代贵400191105。湖北：神农架林区阳日镇古水，31°45′18″N，110°49′60″E，877 m，2010-10-20，李晓东、昝艳燕400121112；神农架深沟，31°32′28″N，110°05′45″E，1412 m，2010-10-20，丁时东、危文亮等400151054。四川：西昌市川兴乡，27°52′09″N，102°15′53″E，1000 m，2009-09-30，王凯、樊云川40021109033；成都市彭州白鹭，31°12′11″N，103°54′28″E，943 m，2011-10-23，邓星光、吴阳晨等40021111094。重庆：南川区三泉镇三泉村槐坪，29°08′18″N，107°13′22″E，924 m，2010--08-24，刘正宇等4000231151；万州，30°46′53″N，108°24′20″E，2010-05-01，刘正宇等400231151。生于海拔700~1480 m的路旁、沟边、疏林及灌丛中，少见。产于湖南、湖北、四川、贵州、云南。

栽培 喜光，幼树较耐阴，喜温暖湿润，不耐干旱。喜土层深厚、排水良好、肥沃的壤土。播种繁殖，于春季进行。大树移植宜在春初展叶前进行，并在3个月前做断根处理。

用途 枝、叶含芳香油；果仁含脂肪，可榨油。

含油率及化学组分数据

采集单位	测试单位	测试部位	产地	含油率(%)	碘值	酸值	皂化值	C12:0	C14:0	C16:0	C16:1	C18:0	C18:1	C18:2	C18:3	C20:0	C20:1
HUST	HUST	种子	湖南桑植	40.16				0.06	0.07	7.97	0.15	4.50	53.59	8.69	0.11	0.46	0.34
JSU	SCBG	种仁	湖南古丈	52.40	16.80	7.15	255.23	0.008	0.10	8.54	0.33	2.18	41.21	28.45	18.44	0.44	0.31
WHBG	WHBG	种仁	湖北神农架	42.56						5.36	0.05	2.32	49.07	39.73	1.14	0.64	0.50
OCRI	SCBG	种仁	湖北神农架	26.73	81.46	9.35	233.63		0.14	8.43	0.10	4.81	1.33	67.27	10.10	1.20	3.73
SCU	SCU	种仁	四川西昌	66.48	126.50	3.60	144.20	87.95		2.47		1.73	6.06	1.79			
SCU	SCU	种仁	四川成都	35.70	14.42	66.40	180.63	25.17	1.27	3.40	4.40	0.51	14.10	4.02			
CIPP	SCBG	种仁	重庆南川	40.35						3.14	0.30	0.47	77.23	15.45	0.76	0.10	0.17
CIPP	SCBG	种仁	重庆万州	43.31	8.64	4.94	286.25	70.95	2.73	2.88	0.24	0.64	20.00	2.35	0.21		

阴香

Cinnamomum burmannii (Nees et T. Nees) Blume

樟科，樟属

特征 常绿乔木，高达15 m。树皮光滑，有肉桂香味；树冠近圆球形。嫩枝绿色，无毛。叶互生或近对生，卵圆形至披针形，长5.5~10.5 cm，宽2~5 cm，先端短渐尖，基部宽楔形，革质，上面亮绿，下面粉绿，两面无毛，离基三出脉，揉之有香味。花小，绿白色，长约5 mm；花被两面密被微柔毛；能育雄蕊9枚，花丝全长及花药背面被微柔毛，第1轮和第2轮雄蕊长2.5 mm，花丝稍长于花药，无腺体，花药4室，第3轮雄蕊长2.7 mm，花丝稍长于花药，中部有一对近无柄的圆形腺体，花药长圆形，4室，室外向；退化雄蕊3枚，位于最内轮，长三角形，长约1 mm，具柄；子房近球形，略被微柔毛，花柱长2 mm，柱头盘状。果卵球形，长约8 mm，熟时橙黄色；果托长4 mm。花期秋、冬季；果期春季。

分布 广东：阳山县秤架自然保护区，24°50′35″N，112°51′47″E，496 m，2009-11-15，董安强40011257；阳山县秤架乡保护站门外，24°47′09″N，112°48′53″E，2012-01-11，王发国、杨国、宋贤利400113127。广西：桂林市雁山镇桂林植物园，25°05′05″N，110°18′45″E，2009-12-06，吴望辉、许为斌、黄俞淞4001101066。江西：龙南县九连山，24°32′17″N，114°30′24″E，431 m，2012-12-16，景慧娟、赵万义4001415015。湖北：武汉，30°32′48″N，114°24′57″E，34 m，2012-03-05，李晓东、昝艳燕等400121287。云南：玉溪，24°21′18″N，102°32′43″E，1640 m，2010-12-15，王智、杨珺、谭英400221293。产于海南、广东、广西、福建、云南。亚洲热带地区有分布。华南各地广为栽培，常见。

栽培 喜光，喜温暖湿润至高温高湿气候，适应性强，耐寒。抗风和抗大气污染。喜土层深厚、肥沃、疏松和排水良好的壤土。播种繁殖，宜随采随播。大树移植宜在春初展叶前进行，并在3个月前做断根处理。

用途 树冠近圆球形，树姿优美整齐，叶色亮绿，夏、秋季萌发出淡红色的新叶，有明显的季相变化，为优良的庭园园林树、绿荫树和行道树，可孤植、丛植或列植。

含油率及化学组分数据

采集单位	测试单位	测试部位	产地	含油率(%)	碘值	酸值	皂化值	C12:0	C14:0	C16:0	C16:1	C18:0	C18:1	C18:2	C18:3	C20:0	C20:1
SCBG	SCBG	种仁	广东阳山	48.15				0.01	0.03	6.04	0.06	2.79	14.14	13.77	62.84	0.20	0.12
SCBG	SCBG	种仁	广东阳山	20.80	6.39		231.97	0.22	0.04	5.21	0.20	3.58	74.76	54.50	0.14	1.01	0.32
GXIB	SCBG	种仁	广西桂林	36.60						7.57	0.56	2.55	74.63	11.78	0.35	0.49	0.48
SYSU	SCBG	种仁	江西龙南	42.42		8.61	210.96	0.01	0.10	5.36	0.07	2.93	18.85	70.23	0.02	0.89	0.14
WHBG	WHBG	种仁	湖北武汉	34.06		2.82	174.11	0.003	0.69	11.56	0.32	7.60	12.53	54.22	21.33		0.54
KMIB	KMIB	种仁	云南玉溪	47.31	14.00		247.40			4.80			9.80	2.90			
OFPC	SCBG	果实	广东广州	49.40	14.00		247.40	64.30	1.10	4.80			9.80	2.90			
OFPC	GXIB	种子	广西西林	57.60	4.10		224.10	55.00	4.60	2.10		0.40	6.20	3.00			
OFPC	XTBG	种子	云南西双版纳	61.20	3.50	0.80	262.90	64.50		3.90		微量	3.60	2.50			

樟（樟树、香樟）

Cinnamomum camphora (L.) J. Presl

樟科，樟属

特征 常绿大乔木，高达30 m，胸径达3 m。树冠宽广。枝叶具樟脑香气；小枝无毛。叶薄革质，互生，卵状椭圆形，长6~12 cm，宽2.5~6.5 cm，先端急尖，基部宽楔形至近圆形，边缘稍波状，上面黄绿色，两面无毛；离基三出脉。聚伞花序；花黄白色或黄绿色，长约2 mm；花被外面无毛或被微柔毛，内面密被短柔毛，花被筒倒锥形，长约1 mm，花被裂片椭圆形，长约2 mm；能育雄蕊9枚，长约2 mm，花丝被短柔毛；退化雄蕊3枚；子房球形。果卵球形，直径6~8 mm，熟时紫黑色；果托浅杯状，边缘全缘。花期4~5月；果期8~11月。

分布 海南：五指山，40°31′57″N，117°10′16″E，2012-02-05，张荣京40017201。广东：惠东白盆珠，23°02′57″N，114°57′19″E，2009-08-26，林锌清、戴建阅40011184；阳山县秤架乡十八湾，24°51′35″N，112°52′28″E，2010-10-27，王发国4001130086。湖南：浏阳县达浒镇金子坑，28°30′06″N，113°52′23″E，460 m，2010-11-06，张兵、谷志容400181239；吉首市吉首大学，28°33′47″N，109°42′18″E，235 m，2009-11-21，徐亮、周建军400191064；湘潭县响水乡，27°54′36″N，112°54′50″E，62 m，2009-12-02，严岳鸿、何祖霞400181146。广西：桂林市雁山镇桂林植物园，25°05′05″N，110°18′45″E，2009-10-30，吴望辉、农东新4001101013；龙胜县乐江乡，25°32′25″N，110°40′17″E，450 m，2012-09-15，许为斌4001101316。江西：安福县武功山，27°23′29″N，114°17′37″E，170 m，2010-10-22，凡强、李朋远400146006。浙江：杭州植物园，30°14′29″N，120°08′09″E，11 m，2010-10-23，曾庆文、谢聪、孟玉芳40011877；杭州，30°15′33″N，120°13′10″E，2010-10-15，曾庆文等4001171133；临安市浙江农村小学东湖校区，30°15′44″N，119°43′07″E，4 m，2012-11-17，陈树钢、童毅4001122151；舟山市普陀山，30°55′10″N，122°42′41″E，11 m，2009-11-14，王发国、翟俊文400113034。上海：松江区东佘山，31°05′44″N，121°11′52″E，78 m，2009-11-09，田怀珍、刘东明、戴建阅4001171038。安徽：休宁县齐云山，29°49′11″N，118°02′47″E，165 m，2011-11-13，胡超、李星霖4001171187。河南：郑州紫荆山公园，34°45′45″N，113°41′2″E，121 m，2012-09-12，王亚平400314186。湖北：兴山水月寺鲁家包，31°13′45″N，111°04′48″E，2009-10-31，李晓东、陈永峰400121088；兴山水月寺鲁家包，31°09′43″N，110°10′26″E，580 m，2009-11-09，丁时东、危文亮400152006。重庆：南川区三泉镇金佛山龙骨溪，29°40′20″N，107°07′14″E，570 m，2009-11-25，刘正宇等400231113。四川：西昌市川兴乡，28°52′23″N，102°25′45″E，1000 m，2010-10-09，崔龙、李志强40021110054；雅安市四川农业大学，29°58′51″N，103°00′05″E，592 m，2010-08-03，干友民400241107。云南：昆明市东郊呼马山，25°01′08″N，102°44′24″E，1924 m，2010-10-10，张国学400222136。陕西：洋县汽车站，33°48′17″N，108°49′13″E，1115 m，2010-10-07，薛帅、王继师400323029。常生于山坡或沟谷中，常见。产于我国西南至华南及华东。越南、朝鲜、日本也有分布。

栽培 喜光、喜温暖、湿润气候，抗风和抗大气污染，并有吸收灰尘和噪音的功能，幼树稍耐阴，不耐旱和瘠瘦，忌积水。播种繁殖，宜即采即播。大树移植宜在春初展叶前进行，并在3个月前做断根处理。

用途 木材及根、枝、叶可提取樟脑和樟油，樟脑和樟油供医药及香料工业用；果核含脂肪，含油量高，油供工业用；根、果、枝和叶入药，有祛风散寒、强心镇痉和杀虫等功能。木材又为造船、橱箱和建筑等用材。树冠宽阔，树姿雄伟，叶全年茂密翠绿，绿荫效果甚佳，极具亚热带风光，为优良的庭园树、行道树和绿荫树。

含油率及化学组分数据

采集单位	测试单位	测试部位	产地	含油率(%)	碘值	酸值	皂化值	C12:0	C14:0	C16:0	C16:1	C18:0	C18:1	C18:2	C18:3	C20:0	C20:1
SCAU	SCBG	种仁	海南五指山	36.08	87.63	15.54	180.40		0.11		0.12		39.73	28.18		0.42	0.19
SCBG	SCBG	种仁	广东惠东	12.70				0.01	0.03	5.75	0.04	3.40	7.65	21.98	60.73	0.12	0.30
SCBG	SCBG	种仁	广州阳山	30.00	101.10		169.69		0.09	4.60	0.15	2.65		28.00	0.53	0.06	0.16
HUST	HUST	种子	湖南浏阳	42.87					0.04	7.57	0.20	3.31	15.74	71.22	0.79	0.38	0.15
JSU	SCBG	种仁	湖南吉首	40.44	4.93	4.66	248.57	39.38	0.99					2.53			
HUST	HUST	种子	湖南湘潭	36.18				0.09	0.19	18.74	0.10	11.33	34.32	20.11	0.19	0.87	0.07
GXIB	SCBG	种仁	广西桂林	18.20	123.62	10.64	226.55		0.05	10.11	3.11	4.71	28.87	26.77	25.61	0.33	0.46
GXIB	SCBG	种子	广西龙胜	26.47				74.58	1.89	0.77		0.26	4.48	2.84	0.16		0.15
SYSU	SCBG	种仁	江西安福	38.39	4.93	4.66	248.57	0.04	0.41	17.85	0.22	4.99	41.70	26.12	2.77	1.31	0.23
SCBG	SCBG	种仁	浙江杭州	43.15				0.03	0.11	13.64	0.17	7.53	14.82	53.60	4.82	2.22	3.07
SCBG	SCBG	种仁	浙江杭州	63.42	5.86	1.32	281.33	86.39	2.41	0.57		0.48	7.30	1.94			0.91
SCBG	SCBG	种仁	浙江临安	51.52	7.64	11.06	291.15	84.48	2.90	1.60	0.11	9.44	1.72		0.27		
SCBG	SCBG	种仁	浙江舟山	20.55					0.05	11.08	0.10	8.02	17.94	50.69	7.95	0.43	3.73
ECNU	SCBG	种仁	上海松江	37.10	30.78	29.38	252.98	49.32	1.41	8.68	4.77	1.64	27.86	5.19	0.78	0.17	0.18
ECNU	SCBG	种仁	安徽休宁	32.70	32.16	4.68		0.02	0.05	8.37	0.10	1.69	43.15	40.84	0.28	3.43	2.07
HNAU	ICS	种子	河南郑州	25.49	27.54	21.88	205.38	30.17	0.71	2.48	1.35	0.60	10.14	3.49	0.50	0.08	0.11
WHBG	WHBG	种仁	湖北兴山	17.75	11.02	4.06	273.28	84.92	2.59	1.06		0.41	8.15	1.94	0.18		0.75
OCRI	SCBG	种仁	湖北兴山	41.80	19.84	21.34	118.73		0.07	15.02	0.79	5.50	20.91	28.72	0.18	10.87	0.57
CIPP	SCBG	种仁	重庆南川	31.84					0.10	5.81	0.16	1.05	67.39	18.92	2.36	0.21	0.19
SCU	SCU	种仁	四川西昌	60.57	104.50	0.63	212.70			10.64		16.88	38.72	18.37	15.39		
SAU	SCBG	种仁	四川雅安	33.96	23.18	8.80	233.60	0.03	0.05	3.45	0.62	0.80	67.77	24.64	0.41	0.09	0.05
KMIB	KMIB	种仁	云南昆明	49.76	5.00	1.26	275.30	50.29	42.11	1.38	0.42		0.19	3.73	0.19		0.08
CAU	ICS	种子	陕西洋县	37.06	18.30	7.96	311.06	28.03	1.03	0.51			1.85	1.13	0.13	0.05	
OFPC	JSIB	种子	浙江天目山	43.90	7.0		271.8	40.50	0.90	0.30		0.40	3.60	1.00	0.20	微量	
OFPC	CIB	种子	四川成都	37.70	2.70		292.30	48.40	0.50	0.30		0.20		1.00	0.20		
OFPC	IB	种子	广西桂林	44.20	3.30			37.20	1.10	1.10		0.20		2.00	0.70		
OFPC	SCBG	全果	广东广州	31.60	37.70		266.20	39.00	4.70	4.70		微量	10.80	2.90			

云南樟

Cinnamomum glanduliferum (Wall.) Meisn.

樟科，樟属

特征 常绿乔木，高5~20 m。叶互生，椭圆形至卵状椭圆形或披针形，长6~15 cm，宽4~6.5 cm，先端通常急尖至短渐尖，基部楔形、宽楔形至近圆形，两侧有时不相等，革质，上面深绿色，有光泽，下面通常粉绿色，羽状脉或偶有近离基三出脉。圆锥花序腋生，长4~10 cm，具梗，总梗长2~4 cm，无毛；花小，长达3 mm，淡黄色；花梗短；花被外面疏被白色微柔毛，内面被短柔毛，花被筒倒锥形，长约1 mm；花被裂片6，宽卵圆形，近等大，长约2 mm，宽达1.7 mm，先端锐尖；能育雄蕊9枚，退化雄蕊3枚，位于最内轮，长三角形；子房卵珠形，长约1.2 mm，无毛，花柱纤细，长约1.2 mm，柱头盘状，具不明显的三圆裂。果球形，直径达1 cm，黑色；果托狭长倒锥形，红色，有纵长条纹。花期3~5月；果期7~9月。

分布 四川：西昌北山乡，29°28′23″N，102°26′12″E，1000 m，2010-10-02，崔龙、李志强40021110045。云南：昆明植物研究所加工厂，25°08′28″N，102°44′38″E，1925 m，2009-11-25，刘恩乾400222055-1，400222055-2；玉溪，24°21′18″N，102°32′43″E，1640 m，2010-12-15，王智、杨珺、谭英400221295。生于海拔1500~3000 m的山地常绿阔叶林中，少见。产于四川南部及西南部、贵州南部、云南中部至北部、西藏东南部。印度、尼泊尔、缅甸至马来西亚也有分布。

栽培 喜光，幼树较耐阴，喜温暖、湿润气候，不耐干旱，喜土层深厚、排水良好、肥沃的壤土，能耐短期水淹。播种繁殖，于春季进行。

用途 枝叶可提取樟油和樟脑；果核油供工业用；树皮及根可入药，有祛风、散寒之效。木材可制家具。

含油率及化学组分数据

采集单位	测试单位	测试部位	产地	含油率(%)	碘值	酸值	皂化值	C12:0	C14:0	C16:0	C16:1	C18:0	C18:1	C18:2	C18:3	C20:0	C20:1
SCU	SCU	种仁	四川西昌	53.28	107.60	4.10	214.40			2.34		10.90	37.21	49.55			
KMIB	KMIB	种仁	云南昆明	44.74	3.00	1.00	274.00	56.93	35.65	0.93	0.20		0.19	3.35	0.59		
KMIB	KMIB	外果皮	云南昆明	12.98	84.90	5.60	159.00	0.24			17.59	4.52	0.83	58.28			
KMIB	KMIB	种仁	云南玉溪	37.67	72.00	45.60	190.90			0.80			2.90	0.50			
OFPC	XTBG	种仁	云南西双版纳	59.90	2.50	5.00	286.50	44.90	2.30	0.80			2.90	0.50			

天竺桂

Cinnamomum japonicum Sieb.

樟科，樟属

特征 常绿乔木，高达15 m。枝条细弱，圆柱形，具香气，红色或红褐色。叶近对生或互生，革质，卵圆状长圆形至长圆状披针形，长7~10 cm，宽3~3. 5 cm，先端锐尖至渐尖，基部宽楔形或钝形，两面无毛，离基三出脉；叶柄粗壮，腹凹背凸，红褐色，无毛。圆锥花序腋生，长3~10 cm，总梗长1. 5~3 cm，无毛；花长约4. 5 mm；花被筒倒锥形，短小，长1. 5 mm，花被裂片6，卵圆形，长约3 mm，宽约2 mm，先端锐尖，外面无毛，内面被柔毛；能育雄蕊9枚，内藏；花药长约1 mm，卵圆状椭圆形，先端钝，4室，花丝长约2 mm，被柔毛；退化雄蕊3枚，位于最内轮；子房卵珠形，长约1 mm，略被微柔毛，花柱稍长于子房，柱头盘状。果长圆形，长7 mm，无毛；果托浅杯状。花期4~5月；果期7~9月。

分布 浙江：杭州植物园，30°14′29″N，120°08′09″E，11 m，2010-10-23，曾庆文、谢聪、孟玉芳40011894。湖北：武汉，30°32′48″N，114°24′58″E，33 m，2011-11-10，李晓东、昝艳燕400121169。重庆：南川区石莲乡孝子河，29°44′17″N，106°33′60″E，564 m，2009-08-21，刘正宇等400231035。四川：邛崃市天台山，30°18′22″N，103°10′17″E，640 m，2012-11-07，刘晓波、宫庆彬40021112098；喜德县宽山镇，28°27′19″N，102°20′47″E，1000 m，2009-11-03，王凯、樊云川40021109133。云南：玉溪市，24°21′18″N，102°32′43″E，1640 m，2010-12-15，王智、杨珺、谭英400221294。生于海拔300~1000 m的低山或近海的常绿阔叶林中，常见。产于江西、福建、台湾、浙江、江苏、安徽。朝鲜、日本也有分布。

栽培 喜光，幼树较耐阴，喜温暖、湿润气候，不耐干旱。喜土层深厚、排水良好、肥沃的壤土。播种繁殖，于春季进行。

用途 枝叶及树皮可提取芳香油，供制各种香精及香料的原料；果核含脂肪，供制肥皂及润滑油。木材坚硬而耐久，耐水湿，可供建筑、造船、桥梁、车辆及家具等用。

含油率及化学组分数据

采集单位	测试单位	测试部位	产地	含油率(%)	碘值	酸值	皂化值	C12:0	C14:0	C16:0	C16:1	C18:0	C18:1	C18:2	C18:3	C20:0	C20:1
SCBG	SCBG	种仁	浙江杭州	25. 46	122. 28	10. 15	230. 62	0. 89	0. 05	9. 17	0. 10	3. 63	3. 23	15. 66	0. 97	0. 51	0. 59
WHBG	WHBG	种仁	湖北武汉	20. 56				2. 12	0. 40	15. 20	1. 26	3. 10	21. 07	39. 88	3. 39	1. 43	0. 75
CIPP	SCBG	种仁	重庆南川	58. 30	3. 92	1. 57	269. 30	93. 42	1. 68	0. 58		0. 21	2. 97	1. 05	0. 10		
SCU	SCU	种仁	四川邛崃	43. 30	164. 78	11. 90	248. 84	71. 65	3. 23	2. 41			7. 01	6. 94			
SCU	SCU	种仁	四川喜德	16. 40													
KMIB	KMIB	种仁	云南玉溪	44. 24		6. 90		60. 40			0. 30		1. 40	1. 00	0. 20		
OFPC	JSIB	种子	浙江天目山	58. 30	6. 90		60. 4		1. 00	0. 30		微量	1. 40	1. 00	0. 20		
OFPC	IB	种子	浙江杭州	58. 20	4. 0		279. 00	60. 4	0. 80	0. 40		微量	1. 30	0. 80			

野黄桂

Cinnamomum jensenianum Hand.-Mazz.

樟科，樟属

特征 小乔木，高达6 m。叶常近对生，披针形或长圆状披针形，长5~20 cm，宽1. 5~3(~6) cm，先端尾状渐尖，基部宽楔形至近圆形，厚革质，离基三出脉，中脉与侧脉两面凸起，最基部一对侧脉自叶基2~18 mm处伸出。花序伞房状，具2~5花，通常长3~4 cm，常远离，总梗通常长1. 5~2. 5 cm，纤细，近无毛；苞片及小苞片长约2 mm，早落；花黄色或白色，长约4(8) mm；花被外面极无毛，内面被丝毛，边缘具乳凸小纤毛，花被筒极短，长1. 5(2) mm，花被裂片6，倒卵圆形，近等大，长2. 5 mm，宽约2 mm，先端锐尖；能育雄蕊9枚，退化雄蕊3枚；子房卵珠形，花柱长约为子房长一倍，柱头盘状，具不规则圆裂。果卵球形，长达1. 2 cm，直径达7 mm，先端具小凸尖，无毛；果托倒卵形，长达6 mm，宽8 mm，具齿裂，齿的顶端截平。花期4~6月；果期7~8月。

分布 湖北：中国科学院武汉植物园标本馆前，30°32′51″N，114°24′52″E，36 m，2010-10-22，李晓东、昝艳燕、罗曼曼400121113。产于广东、湖南、江西、福建、湖北、四川。生于海拔500~1600 m的山坡常绿阔叶林或竹林中，少见。

栽培 喜光，幼树较耐阴，喜温暖、湿润气候，不耐干旱。喜土层深厚、排水良好、肥沃的壤土，能耐短期水淹。播种繁殖，于春季进行。

用途 枝叶及树皮可提取芳香油；种子可榨油供工业用；树皮甘而辣，芳香，湖南黔阳一带用树皮作桂皮入药，功效同桂皮，亦有将树皮放入酒内作为酒的香料。

含油率及化学组分数据

采集单位	测试单位	测试部位	产地	含油率(%)	碘值	酸值	皂化值	C12:0	C14:0	C16:0	C16:1	C18:0	C18:1	C18:2	C18:3	C20:0	C20:1
WHBG	WHBG	种仁	湖北武汉	42. 99					74. 40	0. 50	0. 10	0. 70	19. 70	3. 40	0. 40		0. 10

沉水樟

Cinnamomum micranthum (Hayata) Hayata

樟科，樟属

特征 常绿大乔木，高达30 m，胸径达65 cm。叶纸质或近革质，互生，长圆形或卵状椭圆形，长7. 5~10 cm，宽4~6 cm，两面无毛，先端短渐尖，基部宽楔形至近圆形，两侧常稍不对称，坚纸质或近革质，侧脉4~5对；叶柄长2~3 cm。圆锥花序顶生及腋生；花白色或紫红色，具香气，长约2. 5 mm，花被外面无毛，内面密被柔毛，花被筒钟形，长约1. 2 mm，花被裂片6，长卵圆形，长约1. 3 mm，先端钝；能育雄蕊9枚，长约1 mm；退化雄蕊3枚，位于最内轮，连柄长0. 8 mm，三角状钻形。核果椭圆形，长1. 5~2. 2 cm，具斑点，光亮，成熟时黑色；果托壶形，边缘全缘或具波齿。花期7~8月；果期10月。

分布 广西：桂林市龙胜日新镇，25°40′16″N，110°47′20″E，310 m，2012-05-08，廖云标4001101293。湖南：保靖县毛烟，28°37′52″N，109°17′11″E，372 m，2010-09-12，徐亮、周建军400191184。湖北：五峰县后河黄家河，33°29′15″N，110°31′10″E，1182 m，2009-09-07，丁时东、危文亮等400151046。生于海拔300~650 m的山坡或山谷密林中或路边或河旁水边，少见。产于广东、广西、江西、福建、台湾。越南北部也有分布。

栽培 喜光，幼树较耐阴，喜温暖、湿润气候，不耐干旱。喜土层深厚、排水良好、肥沃的壤土，能耐短期水淹。播种繁殖，于春季进行。

用途 枝叶及树皮可提取芳香油；种子可榨油。四季常绿，树姿雄伟，树冠开展，适作庭园树、行道树和园林树。

含油率及化学组分数据

采集单位	测试单位	测试部位	产地	含油率(%)	碘值	酸值	皂化值	C12:0	C14:0	C16:0	C16:1	C18:0	C18:1	C18:2	C18:3	C20:0	C20:1
GXIB	SCBG	种子	广西桂林	26. 47				0. 24	0. 55	19. 51	0. 07	1. 16	52. 11	6. 16	0. 33	0. 21	8. 89
JSU	SCBG	种仁	湖南保靖	61. 64	6. 33	3. 84	286. 01		18. 32	5. 27	6. 69	53. 62	14. 02		2. 07		
OCRI	SCBG	种仁	湖北五峰	38. 30	39. 32	9. 18	157. 62	0. 41	5. 74	14. 52		5. 14	18. 61	72. 50	1. 17	0. 07	0. 95

黄樟（香樟）

Cinnamomum parthenoxylon (Jack) Meisn. [*Cinnamomum porrectum* (Roxb.) Kosterm.]

樟科，樟属

特征 常绿大乔木，高可达20 m，胸径达40 cm。树皮暗灰褐色，深纵裂，小片剥落，有樟脑气味。小枝具棱角，无毛；芽卵形，被绢状毛。叶革质，椭圆状卵形，长6~12 cm，宽3~6 cm，上面亮绿，下面粉绿色，两面无毛，羽状脉，侧脉4~5对。圆锥花序腋生或近顶生；花绿带黄色，长约3 mm。果球形，直径6~8 mm，黑色；果托狭长倒锥形，红色，有纵条纹。花期3~5月；果期4~10月。

分布 广西：灵川县海洋乡小平乐村，25°17′18″N，110°41′28″E，749 m，2011-08-13，郭伦发4001101203。湖南：永顺县小溪乡小溪，28°47′31″N，110°13′11″E，444 m，2011-08-18，徐亮、周建军40019101184。湖北：五峰县后河老屋场，33°28′50″N，110°31′47″E，987 m，2010-10-23，丁时东，危文亮等400151076。重庆：南川区隆化镇花山公园，29°09′40″N，107°06′22″E，575 m，2010-09-07，刘正宇等400231163。生于海拔1500 m以下的常绿阔叶林或灌木丛中，常见。产于海南、广东、广西、湖南、江西、福建、贵州、四川、云南。马来西亚、印度尼西亚、巴基斯坦、印度也有分布。

栽培 喜光，喜温暖、湿润气候，幼树稍耐阴，忌积水。抗风和抗大气污染。播种繁殖。种子即采即播或沙藏至翌春再播种。

用途 枝叶、根、树皮、木材可蒸樟油和提制樟脑，樟油是调配各种香精不可缺少的原料，樟脑多用于医药上；果核含脂肪也高，核仁含油率达60%，油可供制肥皂用。

含油率及化学组分数据

采集单位	测试单位	测试部位	产地	含油率(%)	碘值	酸值	皂化值	C12:0	C14:0	C16:0	C16:1	C18:0	C18:1	C18:2	C18:3	C20:0	C20:1
GXIB	SCBG	种子	广西灵川	40.27	100.62	5.12	166.32	0.09	0.26	13.40	0.90	4.23	19.86	42.16	2.60	3.91	0.22
JSU	SCBG	种仁	湖南永顺	26.70	352.81	14.31	225.44	0.01	0.21	24.13	0.23	3.90	15.26	53.22	2.28	0.53	0.22
OCRI	SCBG	种仁	湖北五峰	30.08	46.09	3.39	253.60		0.10	21.92	8.94	9.27	59.91	17.26	2.19	0.71	1.02
CIPP	SCBG	种仁	重庆南川	37.19					0.09	4.49		2.00	23.55	64.89	1.14	0.25	0.28
OFPC	XTBG	种仁	云南西双版纳	55.40	4.70		279.70	54.40	6.60	1.70		0.50	7.60	2.40			

少花桂

Cinnamomum pauciflorum Nees

樟科，樟属

特征 常绿乔木，高达15 m，胸径达30 cm。树皮黄褐色，具白色皮孔，有香气。幼枝稍呈四棱形；芽小，卵珠形，略被微柔毛。叶互生，卵圆形或卵圆状披针形，长4~10 cm，宽1.5~5 cm，先端短渐尖，基部宽楔形，边缘内卷，厚革质，上面亮绿色，下面粉绿色；三出脉或离基三出脉。圆锥花序腋生；花黄白色，长4~5 mm。果椭圆形，长约1 cm，直径约6 mm，成熟时紫黑色；果托浅杯状，边缘具截状圆齿。花期3~8月；果期9~10月。

分布 湖南：吉首大学，28°17′26″N，109°43′00″E，250 m，2009-07-20，徐亮、周建军400191018。湖北：鹤峰县下坪乡，30°03′36″N，110°08′24″E，970 m，2009-11-08，危文亮、丁时东400151020。云南：文山州麻栗坡县下金厂，23°13′31″N，104°54′09″E，2011-10-16，曾庆文、陈树钢、杨国400114123。生于石灰岩或砂岩上的山地或山谷林中，少见。产于广东、广西、湖南、湖北、四川、贵州、云南。印度也有分布。

栽培 喜光，幼树较耐阴，喜温暖、湿润气候，不耐干旱。喜土层深厚、排水良好、肥沃的壤土。播种繁殖。

用途 枝叶含芳香油，约35%，油主要成分为黄樟油素，其含量达80%~95%，在香料工业应用上价值较大；种子可榨油；树皮及根入药，树皮在四川常作官桂皮用，功能开胃健脾及散热，可治肠胃病及腹痛。

含油率及化学组分数据

采集单位	测试单位	测试部位	产地	含油率(%)	碘值	酸值	皂化值	C12:0	C14:0	C16:0	C16:1	C18:0	C18:1	C18:2	C18:3	C20:0	C20:1
JSU	SCBG	种仁	湖南吉首	47.90	3.19	0.63	272.96		51.94	0.13	0.50	4.21	1.73	36.94	2.00	0.38	2.17
OCRI	SCBG	种仁	湖北鹤峰	20.34	308.23	83.40	121.31	0.07	0.16	18.12	0.36	2.12	29.40	20.46	0.90	0.23	0.14
SCBG	SCBG	种仁	云南文山	53.54				0.01	0.03	6.19	0.04	3.05	8.01	22.16	60.04	0.14	0.32

银叶樟（阔叶樟）

Cinnamomum platyphyllum (Diels) C.K. Allen

樟科，樟属

特征　乔木，高约5.5 m。小枝具纵棱，嫩时密被灰褐或淡黄褐色短绒毛。叶互生，椭圆形，卵圆形至阔卵圆形，长5.5~13 cm，宽2~7 cm，坚纸质或近革质，先端渐尖或短渐尖，基部楔形至圆形或有时呈浅心形，上面略被短柔毛或变无毛，光亮，下面密被灰褐或淡黄褐色短柔毛，羽状脉；叶柄长1~2.5 cm，腹面具沟槽，被灰褐或淡黄褐色绒毛。果序圆锥状，腋生，长达9 cm，序轴密被灰褐或淡黄褐色绒毛；果阔倒卵形或近球形，直被灰褐或淡黄褐色柔毛；果托浅碟状，全缘，径约3.5 mm，果梗长约3 mm，向上逐渐增粗，顶端径约2 mm。果期9月。

分布　重庆：南川区隆化镇花盆山，29°09′40″N，107°06′22″E，570 m，2010-09-07，刘正宇等4000231162；万州，30°46′53″N，108°24′20″E，2010-05-03，刘正宇等400231162。生于海拔500~1050 m的山坡上，少见。产于四川东部（南川、巴中、城口）。

栽培　喜光，幼树较耐阴，喜温暖、湿润气候，不耐干旱。喜土层深厚、排水良好、肥沃的壤土。播种繁殖。

用途　枝叶含芳香油；种子可榨油，供工业用。

含油率及化学组分数据

采集单位	测试单位	测试部位	产地	含油率(%)	碘值	酸值	皂化值	C12:0	C14:0	C16:0	C16:1	C18:0	C18:1	C18:2	C18:3	C20:0	C20:1
CIPP	SCBG	种子	重庆南川	32.60				0.08	0.17	7.70	0.36	2.45	35.99	42.15	1.37	0.38	0.17
CIPP	SCBG	种子	重庆万州	57.39	7.18	1.66	319.31	84.67	3.82	1.08		0.24	5.12	1.69	3.39		

岩樟

Cinnamomum saxatile H.W. Li

樟科，樟属

特征　乔木，高达15 m。叶互生，长圆形或卵状长圆形，长5~13 cm，宽2~5 cm，先端短渐尖，尖头钝，基部楔形至近圆形，两侧常不对称，近革质，上面无毛，中脉直贯叶端；叶柄长0.5~1.5 cm，腹面具槽，幼时被黄褐色柔毛，老时变无毛。圆锥花序近顶生，长3~6 cm，6~15朵花，具分枝，分枝长约1.5 cm；总梗长1~3 cm，与各级序轴被淡褐色微柔毛；花绿色，长达5 mm；花被筒倒锥形，长约2 mm，花被裂片6，近等大，卵圆形，长约3 mm，先端锐尖；能育雄蕊9枚，花丝被柔毛，第1轮和第2轮轮雄蕊长约4 mm，花药卵圆状长圆形，与花丝近等长，第3轮雄蕊长约4.5 mm，花药长圆形，长约1.6 mm；退化雄蕊3枚，长2 mm，卵圆状箭头形，具短柄，柄被柔毛；子房卵珠形，长1.5 mm，花柱长3.5 mm，柱头棒状。果卵球形，长1.5 cm，直径9 mm；果托浅杯状，全缘。花期4~5月；果期10月。

分布　产于云南、广西。生于海拔600~1500 m的石灰岩山上的灌丛中、林下或水边，少见。

栽培　喜温暖、湿润气候，不耐干旱。喜土层深厚、排水良好、肥沃的壤土。播种繁殖。

用途　种子含油量高，可榨油供工业用。

含油率及化学组分数据

采集单位	测试单位	测试部位	产地	含油率(%)	碘值	酸值	皂化值	C12:0	C14:0	C16:0	C16:1	C18:0	C18:1	C18:2	C18:3	C20:0	C20:1
OFPC	GXIB	种子	广西凌云	54.80	4.30		230.00	73.70	3.40	1.40			2.40	0.70			

银木

Cinnamomum septentrionale Hand.-Mazz.

樟科，樟属

特征 常绿大乔木，高16~25 m。叶互生，椭圆形或椭圆状倒披针形，长10~15 cm，宽5~7 cm，先端短渐尖，基部楔形，近革质，上面被短柔毛，下面被白色绢毛；叶柄长2~3 cm。圆锥花序腋生，长达15 cm，多花密集，具分枝，分枝末端为3~7花的聚伞花序，总轴长达6 cm；花梗长1~2 mm，被绢毛；花被筒倒锥形，外面密被白色绢毛，花被裂片6，宽卵圆形，长约1. 5 mm，宽约1. 2 mm，先端锐尖，外面疏被内面密被白色绢毛，具腺点；能育雄蕊9枚，花丝被柔毛，第1轮和第2轮雄蕊长1. 2 mm，花药宽卵圆形，花丝与花药近等长，无腺体，第3轮雄蕊长约1. 5 mm，花药卵圆状长圆形，花丝基部有一对腺体；退化雄蕊3枚，位于最内轮，长三角状钻形，具短柄，被柔毛；子房卵珠形，长0. 5 mm，花柱伸长，长1. 1 cm，柱头盘状。果球形，直径不及1 cm，无毛。花期5~6月；果期7~9月。

分布 湖南：龙山县八面山，28°31′41″N，109°08′48″E，1297 m，2010-09-13，徐亮、廖深克400191124。四川：宝兴县，30°41′21″N，102°43′24″E，2280 m，2010-05-05，于友民等400241109。云南：昆明红云小区红锦路，25°06′43″N，102°43′42″E，1860 m，2009-09-25，李忠荣400222054。生于海拔600~1000 m的山谷或山坡上，少见。产于湖南、四川、云南、甘肃、陕西。

栽培 播种繁殖。

用途 叶可作纸浆黏合剂，枝叶含芳香油；种子可榨油，供工业用；根含樟脑量较高可蒸馏樟脑；根材美丽，称银木，用作美术品。木材黄褐色，纹理直结构细，可制樟木箱及作建筑用材。

含油率及化学组分数据

采集单位	测试单位	测试部位	产地	含油率(%)	碘值	酸值	皂化值	C12:0	C14:0	C16:0	C16:1	C18:0	C18:1	C18:2	C18:3	C20:0	C20:1
JSU	SCBG	种仁	湖南龙山	21. 65	23. 42	18. 51	192. 69	0. 03	0. 24	24. 11	0. 40	4. 43	23. 05	44. 26	2. 77	0. 59	0. 13
SCAU	SCBG	种仁	四川宝兴	35. 89	11. 88	14. 10	260. 84	81. 03	3. 36	3. 10	2. 28	9. 39			0. 24		0. 61
KMIB	KMIB	种仁	云南昆明	30. 76	9. 70	1. 15	276. 00	54. 91	37. 09	1. 57	0. 45		0. 22	4. 06	0. 71		
OFPC	NIB	果肉	陕西宁强	31. 80			172. 60	6. 30	0. 90	38. 40		43. 50				10. 3	
OFPC	NIB	种仁	陕西宁强	56. 30	4. 80		286. 20	29. 80	1. 40	0. 30		0. 70				67. 5	

柴桂

Cinnamomum tamala (Buch.-Ham.) T. Nees et Nees

樟科，樟属

特征 乔木，高达20 m。叶互生或在幼枝上部者有时近对生，卵圆形、长圆形或披针形，长7. 5~15 cm，宽2~5. 5 cm，先端长渐尖，基部锐尖或宽楔形，薄革质，上面绿色，光亮，下面绿白色，晦暗，两面无毛，离基三出脉；叶柄长0. 5~1. 3 cm，腹面略具沟槽，无毛。圆锥花序腋生及顶生，长5~10 cm，多花，分枝，分枝末端为3~5花的聚伞花序，总梗长1~4 cm；花白绿色，长达6 mm；花梗长4~6 mm，纤细，被灰白细小微柔毛；花被外面疏被内面密被灰白短柔毛，花被筒倒锥形，短小，长不及2 mm，花被裂片倒卵状长圆形，长约4 mm，宽约1. 5 mm，先端钝；能育雄蕊9枚；退化雄蕊3枚，位于最内轮，被柔毛，长1. 7 mm，先端三角状箭头形，具长柄；子房卵球形，长1. 2 mm，被柔毛，花柱细长，长3. 6 mm，柱头小，不明显。成熟果未见。花期4~5月。

分布 云南：勐腊县勐仑镇翠屏峰勐醒，21°55′29″N，101°15′14″E，710 m，2010-09-24，李忠荣、李恩乾400222118。生于海拔1180~1930 m山坡或谷地的常绿阔叶林中或水边，少见。产云南西部。尼泊尔、不丹、印度也有分布。

栽培 播种繁殖。

用途 枝叶含芳香油；种子可榨油，供工业用；树皮入药，功效同肉桂。

含油率及化学组分数据

采集单位	测试单位	测试部位	产地	含油率(%)	碘值	酸值	皂化值	C12:0	C14:0	C16:0	C16:1	C18:0	C18:1	C18:2	C18:3	C20:0	C20:1
KMIB	KMIB	种仁	云南勐腊	55. 94	27. 50	2. 90	250. 70	4. 88	81. 72	3. 23	0. 87		0. 33	3. 05	3. 92		

假桂皮

Cinnamomum tonkinense (Lec.) A. Chev.

樟科，樟属

特征　乔木，高达30 m。二年生枝条圆柱形，黑褐色，无毛；一年生枝条多少具棱角，红褐色，初时多少略被微柔毛，后变无毛。叶互生或近对生，卵状长圆形或卵状披针形至长圆形，长6~12 cm，宽2. 5~5. 5 cm，先端短渐尖或钝形，基部宽楔形至近圆形，革质，上面绿色，干时变褐色，光亮，无毛，下面白绿色，离基三出脉；叶柄长0. 5~1. 5 cm。圆锥花序短小，长2. 5~6 cm，腋生或近顶生，通常着生在远离枝端的叶腋内，多花密集，分枝末端为3花的聚伞花序，总梗长0. 5~2 cm，与各级序轴被灰白丝状短柔毛；花白色，被灰白丝状短柔毛；花被筒倒锥形，花被裂片卵圆形，先端锐尖；能育雄蕊9枚，花丝及花药背面被短柔毛；退化雄蕊3枚，位于最内轮，长约2 mm，箭头形，具短柄；子房卵珠形，花柱长3. 5 mm，柱头盘状。果卵球形；果托浅杯状，顶端截平而全缘。花期4~5月；果期10月。

分布　云南：文山州麻栗坡县大坪乡，23°13′30″N，104°54′09″E，2011-10-14，曾庆文、陈树钢、杨国400114237。生于海拔1000~1800 m的常绿阔叶林中的潮湿处，少见。产于云南东南部。越南北部也有。

栽培　播种繁殖。

用途　枝叶含芳香油；种子可榨油，供工业用。

含油率及化学组分数据

采集单位	测试单位	测试部位	产地	含油率(%)	碘值	酸值	皂化值	C12:0	C14:0	C16:0	C16:1	C18:0	C18:1	C18:2	C18:3	C20:0	C20:1
SCBG	SCBG	种仁	云南文山	39. 45				2. 43	0. 40	10. 94	1. 46	5. 34	23. 40	52. 96	2. 17	0. 60	0. 32

川桂

Cinnamomum wilsonii Gamble

樟科，樟属

特征　乔木，高25 m。枝条圆柱形，干时深褐色或紫褐色。叶互生或近对生，卵圆形或卵状长圆形，长8. 5~18 cm，宽3. 2~5. 3 cm，先端渐尖，尖头钝，基部渐狭下延至叶柄，但有时为近圆形，革质，边缘软骨质而内卷，上面绿色，光亮，无毛，下面灰绿色，晦暗，幼时明显被白色丝毛后变无毛，离基三出脉；叶柄长10~15 mm。圆锥花序腋生，少花，近总状或为2~5花的聚伞状，具梗，总梗纤细，长1. 5~6 cm，与序轴均无毛或疏被短柔毛；花白色，长约6. 5 mm，花梗丝状，长6~20 mm，被细微柔毛；花被内外两面被丝状微柔毛，花被筒倒锥形，长约1. 5 mm，花被裂片卵圆形，先端锐尖，近等大，长4~5 mm，宽约1 mm；能育雄蕊9枚，花丝被柔毛；退化雄蕊3枚，位于最内轮，卵圆状心形，先端锐尖，长2. 8 mm，具柄；子房卵球形。成熟果未见；果托顶端截平，边缘具极短裂片。花期4~5月；果期6月以后。

分布　湖南：吉首市德夯，28°41′28″N，109°19′16″E，944 m，2012-08-14，张代贵、张洁40019101268。湖北：兴山县南阳镇龙门河，31°19′19″N，110°27′53″E，1442 m，2012，危文亮、赵永国等400151176；神农架天生桥，31°27′36″N，110°26′17″E，1339 m，2012-09-20，李晓东、昝艳燕等400121302。生于海拔300~2400 m的山谷或山坡阳处或沟边、疏林或密林中，少见。产于广东、广西、湖南、江西、四川、湖北、陕西。

栽培　喜光，幼树较耐阴，喜温暖、湿润气候，不耐干旱。喜土层深厚、排水良好、肥沃的壤土。播种繁殖。

用途　枝叶和果均含芳香油，油供作食品或皂用香精的调合原料；树皮入药，功效补肾和散寒祛风，治风湿筋骨痛、跌打及腹痛吐泻等症。

含油率及化学组分数据

采集单位	测试单位	测试部位	产地	含油率(%)	碘值	酸值	皂化值	C12:0	C14:0	C16:0	C16:1	C18:0	C18:1	C18:2	C18:3	C20:0	C20:1
JSU	SCBG	种仁	湖南吉首	47. 15	28. 05	22. 56	78. 51	0. 005	0. 05	8. 14	0. 09	3. 31	12. 70	74. 45	0. 73	0. 49	0. 05
OCRI	SCBG	种仁	湖北兴山	30. 28	26. 50	13. 74	538. 60	0. 19	0. 07	1. 26		0. 26	68. 72	33. 45	0. 17	0. 62	0. 17
WHBG	WHBG	种仁	湖北神农架	15. 33	90. 09	6. 64	210. 81	0. 14		12. 67	0. 82	2. 35	33. 00	46. 67	24. 09	0. 28	0. 51

岩生厚壳桂

Cryptocarya calcicola H.W. Li

樟科，厚壳桂属

特征 乔木，高达15 m。叶互生，长圆形或椭圆状长圆形至卵圆形，长6. 5~19 cm，宽3. 5~8. 5 cm，先端钝形、急尖或短渐尖，有时具缺刻，基部宽楔形至近圆形，两侧多少不相等，薄革质，上面绿色，沿中脉被黄褐色短柔毛余部无毛，下面黄绿色，全面疏被但沿中脉及侧脉稍密被黄褐色短柔毛；叶柄长0. 5~1 cm。圆锥花序腋生及顶生，长5. 5~14 cm，花序各部分均密被黄褐色短柔毛，具长1. 5~4. 5 cm的总梗；苞片及小苞片线状钻形，长约2 mm，密被黄褐色短柔毛；花淡绿色，长约5 mm，花梗长1~2 mm，密被黄褐色短柔毛；花被外面极密被内面稍疏被黄褐色短柔毛，花被筒陀螺形或近壶形，长约2. 5 mm，花被裂片长圆状卵圆形，长2. 5 mm，先端急尖；能育雄蕊9枚；退化雄蕊位于最内轮；子房棍棒状，连花柱长约3. 5 mm，花柱线形，柱头不明显。果近球形，长约1. 3 cm，直径1~1. 1 cm，紫黑色。花期4~5月；果期5~10月。

分布 广西：隆林，24°36′57″N，104°52′14″E，971 m，2011-10-23，曾庆文、陈树钢、杨国400114159。生于海拔500~1000 m的常绿阔叶林中，石山上或溪旁，少见。产于广西、贵州、云南。

栽培 播种或扦插繁殖。

用途 枝叶及树皮可提取芳香油；种子可榨油供工业用。

含油率及化学组分数据

采集单位	测试单位	测试部位	产地	含油率(%)	碘值	酸值	皂化值	C12:0	C14:0	C16:0	C16:1	C18:0	C18:1	C18:2	C18:3	C20:0	C20:1
SCBG	SCBG	种仁	广西隆林	26. 74													

厚壳桂（中华厚壳桂）

Cryptocarya chinensis (Hance) Hemsl.

樟科，厚壳桂属

特征 乔木，高达20 m。叶互生或对生，长椭圆形，长7~11 cm，宽2~5. 5 cm，先端长或短渐尖，基部阔楔形，革质，两面幼时被灰棕色小绒毛，后毛被逐渐脱落，上面光亮，下面苍白色，具离基三出脉；叶柄长约1 cm。圆锥花序长1. 5~4 cm，腋生及顶生，具梗，被黄色小绒毛；花淡黄色，长约3 mm，花梗极短，长约0. 5 mm，被黄色小绒毛；花被两面被黄色小绒毛，花被筒陀螺形，短小，长1~1. 5 mm，花被裂片近倒卵形，长约2 mm，先端急尖；能育雄蕊9枚，花丝被柔毛，略长于花药，花丝基部有1对棒形腺体；子房棍棒状，长约2 mm，花柱线形，柱头不明显。果球形或扁球形，熟时紫黑色。花期4~5月；果期8~12月。

分布 广东：惠州市梅园，22°49′57″N，114°35′49″E，2011-12-16，王鹏、邢福武400114211；惠东白盆珠，23°02′57″N，114°57′19″E，2009-08-27，林铎清、戴建阅40011193；惠东白盆珠，23°02′57″N，114°57′19″E，2009-08-27，林铎清、戴建阅40011194；东莞市谢岗乡银瓶山仙水道23°02′53″N，113°45′42″E，2012-11-02，邢福武、宁阳阳、叶心芬400113132；大埔丰溪，24°20′53″N，116°39′50″E，2009-09-06，林铎清、戴建阅400111107。生于海拔300~1100 m的山谷荫蔽的常绿阔叶林中，少见。产于广东、广西、福建、台湾、四川。

栽培 播种或扦插繁殖。

用途 枝叶及树皮可提取芳香油；种子可榨油供工业用。

含油率及化学组分数据

采集单位	测试单位	测试部位	产地	含油率(%)	碘值	酸值	皂化值	C12:0	C14:0	C16:0	C16:1	C18:0	C18:1	C18:2	C18:3	C20:0	C20:1
SCBG	SCBG	种仁	广东惠州	27. 45				0. 01	0. 04	7. 07	0. 10	3. 75	13. 55	74. 36	0. 53	0. 50	0. 11
SCBG	SCBG	种仁	广东惠东	20. 60				0. 01	0. 10	8. 42	0. 10	3. 63	22. 17	41. 18	22. 93	0. 73	0. 74
SCBG	SCBG	种仁	广东惠东	9. 15	57. 80	13. 16				5. 30	0. 08	3. 08	3. 23		1. 11	0. 32	0. 14
SCBG	SCBG	种仁	广东东莞	34. 29	117. 16	16. 36	201. 79			8. 86		9. 82	20. 12	21. 55	0. 72	0. 33	0. 45
SCBG	SCBG	种仁	广东大埔	26. 98				0. 13	0. 06	4. 74	0. 19	1. 99	10. 98	62. 85	17. 91	0. 80	0. 37

硬壳桂（平阳厚壳桂）

Cryptocarya chingii W. C. Cheng

樟科，厚壳桂属

特征 小乔木，高达12 m。叶互生，通常长圆形，长6~13 cm，宽2.5~5 cm，先端骤然渐尖，基部楔形，两面有伏贴的灰黄色丝状短柔毛，但在下面叶脉上的毛稍长；叶柄长5~10 mm。圆锥花序腋生及顶生，长3~6 cm，具长2~3 cm的总梗，花序各部密被灰黄色丝状短柔毛；花被外面密被灰黄色丝状短柔毛，内面毛被较稀，花被筒陀螺状，长约1.5 mm，花被裂片卵圆形，长约1.5 mm，先端急尖；能育雄蕊9枚，长不及1.5 mm，花丝被柔毛，子房棍棒状。果椭圆球形，瘀红色，无毛，有纵棱12条。花期6~10月；果期9月至翌年3月。

分布 广东：始兴县罗坝乡都亨，24°46′26″N，114°17′53″E，2012-11-25，刘东明、王鹏、叶心芬、王琳400113180；乐昌廊田乡龙玉潭，25°13′43″N，113°26′24″E，2011-11-27，曾庆文、陈树钢、童毅4001122233。广西：武鸣县两江镇大明山汉江，23°32′27″N，108°21′49″E，468 m，2010-11-26，吴磊、朱运喜4001101155；昭平县文竹乡七冲自然保护区，23°47′52″N，111°12′19″E，2009-10-28，吴望辉、黄俞淞、农东新4001101007。生于海拔300~2400 m的常绿阔叶林中，少见。产于广东、广西、江西、福建、浙江。越南北部也有分布。

栽培 播种或扦插繁殖。

用途 枝叶及树皮可提取芳香油；种子可榨油供工业用。

含油率及化学组分数据

采集单位	测试单位	测试部位	产地	含油率(%)	碘值	酸值	皂化值	C12:0	C14:0	C16:0	C16:1	C18:0	C18:1	C18:2	C18:3	C20:0	C20:1
SCBG	SCBG	种仁	广东始兴	20.14	26.47		151.37	0.08	0.10	1.24	0.09		17.09	64.96	0.32	0.66	0.16
SCBG	SCBG	种仁	广东乐昌	21.04	126.05	3.86	220.65	0	2.49	4.83	0.49	0.71	12.63	8.26	0.25	0	0.4
GXIB	SCBG	种子	广西武鸣	26.40				1.47	1.94	14.94	0.40	3.51	7.22	55.05	1.20	0.92	
GXIB	SCBG	种仁	广西昭平	1.50						4.97		2.40	14.98	39.77	35.89	0.78	0.15

黄果厚壳桂

Cryptocarya concinna Hance

樟科，厚壳桂属

特征 乔木，高达18 m。叶互生，椭圆状长圆形或长圆形，长5~10 cm，宽1.5~3 cm，先端钝、近急尖或短渐尖，基部楔形，两侧常不相等，坚纸质，上面稍光亮，无毛，下面带绿白色，略被短柔毛；叶柄长0.4~1 cm，被黄褐色短柔毛。圆锥花序腋生及顶生，长2~8 cm，总梗被短柔毛；苞片十分细小，三角形；花长达3.5 mm，花梗长1~2 mm，被短柔毛；花被两面被短柔毛，花被筒近钟形，长约1 mm，花被裂片长圆形，长约2.5 mm，先端钝；能育雄蕊9枚，花药长圆形，长约1 mm，花丝基部被柔毛，长1.4~1.5 mm；退化雄蕊3枚，三角状披针形，长1~1.5 mm，子房包藏于花被筒中，长倒卵形，上端渐狭成花柱，柱头斜向截形。果长椭圆形，黑色或蓝黑色，长1.5~2 cm，有纵棱12条。花期3~5月；果期6~12月。

分布 广东：阳山县秤架乡横水电站，24°51′37″N，112°52′45″E，423 m，2012-01-10，王发国、杨国、宋贤利400113116。广西：上思县十万大山平龙山河谷，22°03′13″N，107°54′08″E，2009-11-19，吴望辉、叶晓霞、农东新4001101018。生于海拔600 m以下的谷地或缓坡常绿阔叶林中，常见。产于广东、广西、江西、台湾。越南北部也有分布。

栽培 播种或扦插繁殖。

用途 枝叶及树皮可提取芳香油；种子可榨油供工业用。

含油率及化学组分数据

采集单位	测试单位	测试部位	产地	含油率(%)	碘值	酸值	皂化值	C12:0	C14:0	C16:0	C16:1	C18:0	C18:1	C18:2	C18:3	C20:0	C20:1
SCBG	SCBG	种仁	广东阳山	10.25	8.87	12.63	217.50	0.07	0.29	13.35		3.61	42.82	10.04	37.08	0.15	0.31
GXIB	SCBG	种仁	广西上思	20.90						9.43		2.81	16.84	55.73	11.91	0.26	0.13

香面叶

Iteadaphne caudata (Nees) H.W. Li [*Lindera caudata* (Nees) Hook. f.]

樟科，单花山胡椒属

特征 灌木或小乔木，高2~20 m。叶互生，长卵形或椭圆状披针形，长4~13 cm，宽1~5 cm，先端尾状渐尖，基部宽楔形至圆形，薄革质，下面幼时被黄褐色短柔毛，离基三出脉；叶柄长5~13 mm。伞形花序仅具1朵花，无总梗，2~8个花序集生于腋生短枝上；雄花花被片6，狭卵形，长2. 8~3 mm，宽1. 5~2 mm，先端钝形，两面基部被短柔毛，雄蕊9枚，近等长，长4. 5~6. 5 mm，花丝下部被长柔毛；退化雌蕊长约3 mm，子房长圆形，花柱细，下部被贴伏柔毛，柱头3裂；雌花极小，具梗，花被片6，卵状长圆形，长2. 5 mm，宽约1. 5 mm，先端锐尖，两面基部被黄褐色短柔毛；退化雄蕊9枚，条形，子房卵形或近球形，长约2 mm，无毛，花柱纤细，长约2 mm，柱头盾状，具乳突。果近球形，直径5~7 mm，成熟时变黑紫色。花期10月至翌年4月；果期3~10月。

分布 生于海拔700~2300 m的灌丛、疏林、路边、林缘等处。产于广西、云南。印度、缅甸、泰国、老挝、越南也有分布。

栽培 播种或扦插繁殖。

用途 种子含油约45%~46%，供制肥皂及润滑油用；果皮、枝叶可提芳香油。

含油率及化学组分数据

采集单位	测试单位	测试部位	产地	含油率(%)	碘值	酸值	皂化值	C12:0	C14:0	C16:0	C16:1	C18:0	C18:1	C18:2	C18:3	C20:0	C20:1
OFPC	KMIB	种子	云南绿春	50. 50	23. 20	29. 80		44. 00	3. 00	11. 10		3. 31	11. 00	9. 60			
OFPC	IB	种子	云南屏边	41. 10				73. 60	1. 00	微量			1. 80	1. 00			

月桂

Laurus nobilis L.

樟科，月桂属

特征 常绿小乔木或灌木状，高达12 m。叶互生，长圆形或长圆状披针形，长5. 5~12 cm，宽1. 8~3. 2 cm，先端锐尖或渐尖，基部楔形，边缘细波状，革质，上面暗绿色，下面稍淡，两面无毛，羽状脉；叶柄长0. 7~1 cm。花为雌雄异株；伞形花序腋生；总苞片近圆形，外面无毛，内面被绢毛，总梗长达7 mm，略被微柔毛或近无毛；雄花每一伞形花序有花5朵，花小，黄绿色，花梗长约2 mm，被疏柔毛，花被筒短，外面密被疏柔毛，花被裂片4，宽倒卵圆形或近圆形，两面被贴生柔毛；能育雄蕊通常12枚，花药椭圆形，2室，子房不育；雌花有退化雄蕊4枚，与花被片互生，花丝顶端有成对无柄的腺体；子房1室，花柱短，柱头稍增大，钝三棱形。果卵珠形，熟时暗紫色。花期3~5月；果期6~9月。

分布 福建、台湾、浙江、江苏、四川、云南等地有引种栽培。原产地中海一带。

栽培 喜温暖、湿润气候，喜光，亦较耐阴，稍耐寒，可耐短时-8~-6℃低温，耐干旱，怕水涝。以扦插、播种繁殖为主。

用途 叶和果含芳香油，叶含油0. 3%~0. 5%，但亦有高达1%~3%，用于食品及皂用香精；叶片可作调味香料或作罐头矫味剂；种子含植物油约30%，油供工业用。

含油率及化学组分数据

采集单位	测试单位	测试部位	产地	含油率(%)	碘值	酸值	皂化值	C12:0	C14:0	C16:0	C16:1	C18:0	C18:1	C18:2	C18:3	C20:0	C20:1
OFPC		果实		24.00~55.00	79.00-87.00		195.00~198.00										

乌药

Lindera aggregata (Sims) Kosterm.

樟科，山胡椒属

特征 常绿灌木或小乔木，高达5 m。叶互生，卵形、椭圆形至近圆形，长2. 7~7 cm，宽1. 5~4 cm，先端长渐尖或尾尖，基部圆形，革质或有时近革质，上面无毛，下面幼时密被棕褐色柔毛，后渐脱落，三出脉；叶柄长0. 5~1 cm，有褐色柔毛。伞形花序无总梗，腋生，6~8个花序集生于短枝上，每花序有1苞片，具7朵花；花被片6，近等长，外面被白色柔毛，内面无毛，黄色或黄绿色，偶有外乳白内紫红色；雄花花被片长约4 mm，宽约2 mm，雄蕊长3~4 mm，花丝被疏柔毛；雌花花被片长约2. 5 mm，宽约2 mm；子房椭圆形，长约1. 5 mm，被褐色短柔毛，柱头头状。果卵形或有时近圆形。花期3~4月；果期5~11月。

分布 浙江：临安市西天目山，30°15′06″N，119°28′41″E，202 m，2012-11-18，陈树钢、童毅4001122172。江西：吉安市井冈山，26°30′55″N，114°06′01″E，944 m，2010-09-18，廖文波等400144006；崇义县齐云山，26°52′29″N，114°01′34″E，948 m，2010-09-26，李朋远、谢行400145003；龙南县九连山国家级自然保护区，24°46′22″N，114°43′54″E，2011-11-12，易绮斐、潘雅书、陈华平400119183。生于海拔200~1000 m的向阳坡地、山谷或疏林灌丛中，常见。产于海南、广东、广西、湖南、江西、福建、台湾、浙江、安徽、贵州。越南、菲律宾也有分布。

栽培 播种繁殖。在每年清明前后播种，选取排水良好、土壤肥沃的红壤土，播前施有机肥，采取条播或散播形式。

用途 果实、根、叶均可提芳香油制香皂；根药用，为散寒理气健胃药；根、种子磨粉可杀虫。

含油率及化学组分数据

采集单位	测试单位	测试部位	产地	含油率(%)	碘值	酸值	皂化值	C12:0	C14:0	C16:0	C16:1	C18:0	C18:1	C18:2	C18:3	C20:0	C20:1
SCBG	SCBG	种仁	浙江临安	27. 55	72. 14	2. 48	218. 02			6. 49	3. 26	2. 05	49. 56	36. 31	0. 18	0. 84	0. 29
SYSU	SCBG	种仁	江西吉安	15. 68	133. 78	79. 65	154. 23		0. 06	8. 51	0. 24	1. 97	18. 21	62. 58	1. 17	5. 01	0. 14
SYSU	SCBG	种仁	江西崇义	9. 18	37. 56	34. 84	157. 67	0. 05	0. 22	7. 87	3. 21	2. 42	29. 22	54. 22	0. 67	0. 12	0. 19
SCBG	SCBG	种仁	江西龙南	5. 61	15. 63	19. 58	201. 72	0. 01	0. 24	22. 42	0. 14	6. 19	35. 78	20. 35			
OFPC	JSIB	种子	浙江天目山	53. 10	94. 60			21. 00	6. 90		1. 90	0. 80	17. 40	9. 40	0. 50		

小叶乌药

Lindera aggregata var. playfairii (Hemsl.) H.B. Cui

樟科，山胡椒属

特征 与原变种的区别在于幼枝、叶及花等被毛较稀疏，且多为灰白色毛或近无毛；叶小，狭卵形至披针形，通常具尾尖，长4~6 cm，宽1. 3~2 cm，花也较小。

分布 广东：蕉岭长潭，23°02′57″N，114°57′19″E，2009-09-3，林铎清、戴建阅400111105。湖北：中国科学院武汉植物园标本馆侧，30°32′50″N，114°24′51″E，34 m，2010-10-13，李晓东、昝艳燕400121115。生于海拔200~1000 m的向阳坡地、山谷或疏林灌丛中，少见。产于海南、广东、广西、湖北。

栽培 播种繁殖。在每年清明前后播种，选取排水良好、土壤肥沃的红壤土，播前施有机肥，采取条播或散播形式。

用途 果实、种子可榨油；根药用，消肿止痛，可治跌打，也可代乌药，作散寒理气健胃药。

含油率及化学组分数据

采集单位	测试单位	测试部位	产地	含油率(%)	碘值	酸值	皂化值	C12:0	C14:0	C16:0	C16:1	C18:0	C18:1	C18:2	C18:3	C20:0	C20:1
SCBG	SCBG	种仁	广东蕉岭	36. 30	63. 65	21. 64	207. 49	14. 90	4. 11	5. 68	0. 48	3. 48	54. 71	14. 84	1. 31	0. 09	0. 39
WHBG	WHBG	种仁	湖北武汉	23. 05					68. 50	2. 40	0. 20	0. 70	18. 10	9. 50		0. 10	0. 30

狭叶山胡椒

Lindera angustifolia W.C. Cheng

樟科，山胡椒属

特征 落叶灌木或小乔木，高2~8 m。幼枝条黄绿色，无毛。叶互生，椭圆状披针形，长6~14 cm，宽1. 5~3. 5 cm，先端渐尖，基部楔形，近革质，上面绿色无毛，下面苍白色，沿脉上被疏柔毛，羽状脉。伞形花序生于冬芽基部，雄花序有花3~4朵，花梗长3~5 mm，花被片6，能育雄蕊9；雌花序有花2~7朵，花梗长3~6 mm，花被片6；退化雄蕊9枚；子房卵形，无毛，花柱长1 mm，柱头头状。果球形，成熟时黑色；果托直径约2 mm，果梗长0. 5~1. 5 cm，被微柔毛或无毛。花期3~4月；果期9~10月。

分布 湖南：湘潭县响水乡，27°55′34″N，112°54′07″E，75 m，2010-10-13，严亚玲400181187。江苏：盱眙市铁山寺，32°44′05″N，118°28′21″E，145 m，2010-10-01，李宏庆、桂萍、熊申展4001171080。生于山坡灌丛或疏林中，常见。产于广东、广西、江西、福建、浙江、江苏、安徽、山东、河南、湖北、陕西。朝鲜也有分布。

栽培 播种繁殖。

用途 种子油可制肥皂及润滑油；叶可提取芳香油，用于配制化妆品及皂用香精。

含油率及化学组分数据

采集单位	测试单位	测试部位	产地	含油率(%)	碘值	酸值	皂化值	C12:0	C14:0	C16:0	C16:1	C18:0	C18:1	C18:2	C18:3	C20:0	C20:1
HUST	HUST	种子	湖南湘潭	34. 79					0. 63	14. 38		6. 25	16. 25	36. 56	10. 94	11. 56	
ECNU	SCBG	种仁	江苏盱眙	53. 77	11. 43	2. 96	294. 17	67. 94	2. 62	1. 24	0. 24	0. 43	21. 62	4. 91	0. 55		0. 46
OFPC	JSIB	种子	浙江天目山	36. 90	14. 30			30. 50	1. 60	1. 40		0. 40	11. 80	1. 90	0. 60		

江浙山胡椒

Lindera chienii W. C. Cheng

樟科，山胡椒属

特征 落叶灌木或小乔木，高达5 m。叶互生，倒披针形或倒卵形，长6~15 cm，宽2. 5~5 cm，先端短渐尖，基部楔形，纸质，上面深绿色，中脉上初时被疏柔毛，后毛被脱落，下面淡绿色，脉上被白柔毛，羽状脉；叶柄长0. 2~1 cm，被白柔毛。伞形花序；花梗长5~7 mm，被白色微柔毛；总苞片4枚，内有花6~12朵；雄花花被片椭圆形，等长，外面被柔毛；退化雄蕊宽卵形，长约1 mm，无毛；雌花花被片椭圆形或卵形，外面被柔毛，内面无毛；子房卵球形，无毛，长1. 5 mm，花柱无毛，长1. 5 mm，柱头头状。果近圆球形，熟时红色；果托扩大，直径7 mm，果梗长6~12 mm。花期3~4月；果期9~10月。

分布 江苏：盱眙市铁山寺，32°44′05″N，118°28′21″E，145 m，2010-09-30，李宏庆、桂萍、熊申展4001171079。生于路旁、山坡或丛林中，少见。产于浙江、江苏、安徽、河南。

栽培 喜光，喜温暖、湿润气候，不耐寒。喜肥沃、疏松和排水良好的土壤。播种繁殖。采收成熟的种子，并随采随播。

用途种子可榨油；叶可提取芳香油。

含油率及化学组分数据

采集单位	测试单位	测试部位	产地	含油率(%)	碘值	酸值	皂化值	C12:0	C14:0	C16:0	C16:1	C18:0	C18:1	C18:2	C18:3	C20:0	C20:1
ECNU	SCBG	种仁	江苏盱眙	55. 53	75. 01	1. 47	269. 28	0. 01	0. 13	9. 95	0. 13	3. 92	10. 17	54. 42	0. 25	0. 45	20. 57
OFPC	JSIB	种仁	浙江天目山	49. 30	66. 20		232. 70	28. 20	5. 80	1. 50		1. 10	20. 20	3. 20	0. 50	0. 10	

鼎湖钓樟

Lindera chunii Merr.

樟科，山胡椒属

特征　灌木或小乔木，高6 m。叶互生，纸质，椭圆形至长椭圆形，长5~10 cm，宽1. 5~4 cm，先端尾状渐尖，基部楔形或急尖；三出脉；叶柄长5~10 mm。伞形花序生于叶腋短枝上，有花4~6朵；雄花序总梗长5~7 mm，被微柔毛，花梗长2~3 mm，密被棕褐色柔毛，花被管几平展，内外两面被浓密长柔毛，花被片长圆形，先端短渐尖或圆形，外面被柔毛，内面无毛，雄蕊长约1. 3 mm，花药宽椭圆形，花丝长1 mm，被棕黄色柔毛；雌花序总梗长3~4 mm，被微柔毛，花被管漏斗形，长约1 mm，花被片条形，先端渐尖，尖头钝，长1. 5 mm，宽约0. 3 mm，内轮较外轮略长，外面被棕褐色柔毛；子房椭圆形，连同花柱被柔毛，柱头盘状。果椭圆形，无毛。花期2~3月；果期8~9月。

分布　海南：琼中县黎母山乡黎母山，18°44′04″N，109°50′13″E，2009-07-29，秦新生40011618。产于海南、广东、广西。

栽培　喜光，喜温暖、湿润气候，不耐寒。喜肥沃、疏松和排水良好的土壤。播种繁殖。采收成熟的种子，并随采随播。

用途　根膨大部分入药，在广东鼎湖称“台乌球”，可代乌药浸制“台乌酒”，也可作香料淀粉原料。

含油率及化学组分数据

采集单位	测试单位	测试部位	产地	含油率(%)	碘值	酸值	皂化值	C12:0	C14:0	C16:0	C16:1	C18:0	C18:1	C18:2	C18:3	C20:0	C20:1
SCAU	SCBG	种仁	海南琼中	40. 16	23. 14	6. 13	214. 55		0. 05	6. 56	0. 06	1. 93	15. 97	13. 31	56. 90	0. 32	0. 16
OFPC		种子	广东高要	48. 70			242. 20	80. 50		2. 10			3. 70	3. 60			
OFPC	IB	种子	广东鼎湖山	59. 40	43. 80		252. 30	82. 80	0. 30	0. 20		微量	2. 50	1. 70			

香叶树

Lindera communis Hemsl.

樟科，山胡椒属

特征　常绿灌木或小乔木，高1~5 m。叶互生，薄革质至厚革质，通常披针形、卵形或椭圆形，长3~12. 5 cm，宽1~4. 5 cm，先端渐尖、急尖、骤尖或近尾尖，基部宽楔形或近圆形，上面无毛，下面被黄褐色柔毛，羽状脉；叶柄长5~8 mm，被黄褐色微柔毛或近无毛。伞形花序具5~8朵花，单生或腋生；总苞片4枚，早落；雄花黄色，直径达4 mm，花梗长2~2. 5 mm，花被片6，卵形，近等大，先端圆形，外面略被金黄色微柔毛或近无毛，雄蕊9枚，长2. 5~3 mm，花丝略被微柔毛或无毛，与花药等长；雌花黄色或黄白色，花梗长2~2. 5 mm，花被片6，卵形，长2 mm，外面被微柔毛；子房椭圆形，长1. 5 mm，无毛，花柱长2 mm，柱头盾形，具乳凸。果卵形，成熟时红色。花期3~4月；果期9~10月。

分布　广东：从化市桃园镇石门国家森林公园，23°30′58″N，113°34′25″E，651 m，2009-11-05，易绮斐、林铎清、徐蕾400119015。广西：龙胜县江底乡泥塘村，25°54′20″N，110°13′46″E，2009-12-10，许为斌、黄俞淞、蒋日红4001101079。湖北：鹤峰县躲避峡，31°54′46″N，110°03′41″E，524 m，2009-11-02，危文亮、丁时东400151014。湖南：桑植县五道水汪家坪，29°40′57″N，109°49′39″E，2011-10-11，张九兵400181282；桑植县五道水汪家坪，29°41′58″N，109°57′07″E，2011-10-11，张九兵400181284；龙山县里耶镇，28°52′03″N，109°20′15″E，2011-11-14，张九兵、朱明德400181336。福建：古田县双车镇下车，26°29′20″N，119°14′02″E，2010-10-28，刘东明、梁耀400112176。重庆：南川区南城茶沙后河，29°33′12″N，107°07′36″E，719 m，2009-08-18，刘正宇等400231019。云南：昆明植物园针叶林区，25°08′28″N，102°44′38″E，1967 m，2008-10-20，刘恩乾400222056-1；昆明植物园针叶林区，25°08′28″N，102°44′38″E，1967 m，2008-10-20，刘恩乾400222056-2；盈江县旧城镇，24°46′18″N，98°09′08″E，910 m，2009-11-28，王智、隋学艺、黄巧琴400221177。生于干燥砂质壤土，散生或混生于常绿阔叶林中，常见。产于广东、广西、湖南、江西、福建、台湾、浙江、湖北、四川、贵州、云南、甘肃、陕西。中南半岛也有分布。

栽培　喜光，喜温暖、湿润气候，不耐寒。喜肥沃、疏松和排水良好的土壤。播种繁殖。采收成熟的种子，并随采随播。

用途　种子可榨油。树姿优美整齐，叶色终年亮绿，为良好的园林树和庭园观赏树，宜植于花坛、花径、草坪边或作绿篱。

含油率及化学组分数据

采集单位	测试单位	测试部位	产地	含油率(%)	碘值	酸值	皂化值	C12:0	C14:0	C16:0	C16:1	C18:0	C18:1	C18:2	C18:3	C20:0	C20:1
SCBG	SCBG	种仁	广东从化	33.90	61.93	6.30	227.55	33.44	1.07	12.12	1.94	2.51	39.07	7.72	1.63	0.30	0.19
GXIB	SCBG	种仁	广西龙胜	35.17	124.57	3.62	311.55			6.36	0.31	1.60	20.16	67.27	0.85	0.16	0.11
OCRI	SCBG	种仁	湖北鹤峰	23.01	79.51	13.35	135.03	0.19	0.68	22.78	1.27	3.60	14.22	39.44	5.36	0.97	0.19
HUST	HUST	种子	湖南桑植	38.16					0.30	20.28		3.62	29.26	38.34	1.19		
HUST	HUST	种子	湖南桑植	32.15				0.17	71.27	5.53	0.17	0.91	7.01	11.93	0.74	0.35	0.78
HUST	HUST	种子	湖南龙山	18.65	46.67	31.10	214.34	41.01	0.87	8.63				23.10	4.60		
SCBG	SCBG	种仁	福建古田	20.20	17.77	7.54	251.57	81.03	2.05	2.71	0.21	0.73	8.14	4.76	0.67		0.14
CIPP	SCBG	种仁	重庆南川	61.37	10.23	2.46	230.08	86.22	2.35	0.96	0.18	0.24	5.90	2.43	0.22	1.50	
KMIB	KMIB	种仁	云南昆明	32.74	9.30	1.60	265.50	24.28	67.62	1.58	0.59		0.12	3.32	1.78	0.15	
KMIB	KMIB	种仁	云南昆明	44.55	90.90	17.40	205.00	0.53	1.52	0.12	17.83	8.16	1.28	58.32	9.18	1.11	
KMIB	KMIB	种仁	云南盈江	30.00	30.60	13.40	194.30			72.16	0.35	4.65	11.67	10.02	1.15		
OFPC	KMIB	种子	云南昆明	56.10	90.4	1.20	228.20	28.3	8.30	7.20		28.4	11.8	微量			
OFPC	KMIB	种子	云南腾冲	56.30	25.70	11.60	250.40	62.90	3.00	9.80			微量	15.20			
OFPC	GXIB	种子	广西象州	46.80	9.00		232.10	46.10	6.20	5.40		0.30	13.80	9.30			
OFPC	SCBG	果实	广东高要	45.10	38.40		238.40	35.20	7.10	9.80		1.30	23.60	9.90			
OFPC	GZBG	果实	贵州紫云	41.00	48.60		212.90	31.80	1.10	7.90		微量	28.40	6.80			
OFPC	KMIB	果实	云南腾冲	47.20	52.50	25.40	205.90	19.90	0.80	11.50		1.30	40.00	9.90			
OFPC	KMIB	果肉	云南昆明	49.80	130.50	51.20	229.00			16.50		16.50	52.70	8.40		1.00	

红果山胡椒（红果钓樟）

Lindera erythrocarpa Makino

樟科，山胡椒属

特征 落叶灌木或小乔木，高达5 m。叶互生，常为倒披针形，先端渐尖，基部狭楔形，常下延，长5~15 cm，宽1.5~6 cm，纸质，上面被柔毛或无毛，下面被伏贴柔毛，羽状脉；叶柄长0.5~1 cm。伞形花序总梗长约0.5 cm；总苞片4枚，具缘毛，内有花15~17朵；雄花花梗被疏柔毛，长约3.5 mm，花被片6，黄绿色，近相等，椭圆形，先端圆，长约2 mm，宽约1.5 mm，外面被疏柔毛，内面无毛，雄蕊9枚，各轮近等长，长约1.8 mm，花丝无毛；雌花较小，花被片6，椭圆形，先端圆，长1.2 mm，宽0.6 mm，内、外轮外面被较密柔毛，内面被贴伏疏柔毛，雌蕊长约1 mm；子房狭椭圆形，柱头盘状。果球形，直径7~8 mm，熟时红色。花期4月；果期9~10月。

分布 河南：信阳波尔登公园，31°51′54″N，114°05′08″E，149 m，2012-09-16，王亚平400314225。生于海拔1000 m以下山坡、山谷、溪边、林下等处，常见。产于广东、广西、湖南、江西、福建、台湾、浙江、江苏、安徽、山东、河南、湖北、四川、陕西等省区。

栽培 喜光，喜温暖、湿润气候，不耐寒。喜肥沃、疏松和排水良好的土壤。播种繁殖。采收成熟的种子，并随采随播。

用途 种子可榨油。树姿优美整齐，叶色终年亮绿，为良好的园林树和庭园观赏树，宜植于花坛、花径、草坪边或作绿篱。

含油率及化学组分数据

采集单位	测试单位	测试部位	产地	含油率(%)	碘值	酸值	皂化值	C12:0	C14:0	C16:0	C16:1	C18:0	C18:1	C18:2	C18:3	C20:0	C20:1
ICS	SCBG	种子	河南信阳	55.31	69.02	7.99	247.26	28.08	6.02	1.42		0.83	20.56	4.79	0.20	0.13	0.28

绒毛钓樟

Lindera floribunda (C.K. Allen) H.B. Cui

樟科，山胡椒属

特征 常绿乔木，高4~10 m。树皮灰白或灰褐色。幼枝密被灰褐色绒毛。叶互生，坚纸质，倒卵形或椭圆形，长6~11 cm，宽4. 5~6. 5 cm，先端渐尖，三出脉；叶柄长1 cm。伞形花序3~7，腋生于极短枝上；总苞片4枚，外面被有银白色柔毛，内有花5朵；雄花花被片6，椭圆形，长4 mm，宽2 mm，外面密被柔毛，内面无毛；雄蕊9枚，花丝被毛；雌花花被片仅长1 mm；退化雄蕊9枚，等长，条片形，长约1 mm，被疏柔毛，第1轮和第2轮的花药部分稍扩大，第3轮中部以上有1对圆肾形腺体；子房椭圆形，连同花柱密被银白色绢毛，柱头盘状2裂。果椭圆形，长0. 8 mm，直径0. 4 cm，幼果时被绒毛。花期3~4月；果期4~8月。

分布 湖南：保靖县白云山，28°46′23″N，109°29′33″E，258 m，2012-08-01，张代贵、张洁40019101240。四川：成都彭州白鹭，31°12′10″N，103°54′20″E，964 m，2011-10-25，邓星光、吴阳晨等40021111124。生于海拔370~1300 m的山坡、河旁混交林或杂木林中，常见。产于广东、湖南、湖北、四川、贵州、甘肃、陕西。

栽培 喜光，喜温暖、湿润气候，不耐寒。喜肥沃、疏松和排水良好的土壤。播种繁殖。采收成熟的种子，并随采随播。

用途 种子可榨油。树姿优美整齐，叶色终年亮绿，为良好的园林树和庭园观赏树。

含油率及化学组分数据

采集单位	测试单位	测试部位	产地	含油率(%)	碘值	酸值	皂化值	C12:0	C14:0	C16:0	C16:1	C18:0	C18:1	C18:2	C18:3	C20:0	C20:1
JSU	SCBG	种仁	湖南保靖	40. 35	187. 88	12. 22	189. 57	0. 05	0. 36	20. 24	0. 20	1. 79	8. 81	67. 09	1. 07	0. 20	0. 19
SCU	SCU	种仁	四川成都	55. 18	44. 88	57. 62	195. 92	53. 76		5. 82			16. 13	11. 09			

香叶子（小叶香叶树）

Lindera fragrans Oliv.

樟科，山胡椒属

特征 常绿小乔木，高可达5 m。树皮黄褐色，有纵裂及皮孔。幼枝青绿或棕黄色，纤细、光滑、有纵纹，无毛或被白色柔毛。叶互生，披针形至长狭卵形，先端渐尖，基部楔形或宽楔形；上面绿色，无毛，下面绿带苍白色，无毛或被白色微柔毛，三出脉，第一对侧脉紧沿叶缘上伸，纤细而不甚明显，但有时几与叶缘并行而近似羽状脉；叶柄长5~8 mm。伞形花序腋生；总苞片4枚，内有花2~4朵；雄花黄色，有香味，花被片6，近等长，外面密被黄褐色短柔毛，雄蕊9枚，花丝无毛，第3轮的基部有2个宽肾形几无柄的腺体；退化子房长椭圆形，柱头盘状。果长卵形，幼时青绿，成熟时紫黑色，有疏柔毛，果托膨大。花期3~4月；果期8~10月。

分布 湖南：龙山县大安乡药场，29°35′20″N，109°39′46″E，1383 m，2011-08-31，徐亮、覃三立、朱群英40019101164。湖北：神农架阳日古水，31°45′57″N，110°48′05″E，856 m，2010-10-01，李晓东、咎艳燕、罗曼曼400121126。生于海拔700~2030 m的沟边、山坡灌丛中，常见。产于广西、湖南、湖北、四川、贵州、陕西。

栽培 喜光，喜温暖、湿润气候，不耐寒。喜肥沃、疏松和排水良好的土壤。播种繁殖。采收成熟的种子，并随采随播。

用途 种子可榨油作工业用。

含油率及化学组分数据

采集单位	测试单位	测试部位	产地	含油率(%)	碘值	酸值	皂化值	C12:0	C14:0	C16:0	C16:1	C18:0	C18:1	C18:2	C18:3	C20:0	C20:1
JSU	ICS	种仁	湖南龙山	42. 10	77. 27	9. 10	576. 16	0. 60	0. 68	8. 99	0. 23	1. 83	6. 21	80. 77	0. 34	0. 28	0. 09
WHBG	WHBG	种仁	湖北神农架	32. 48				0. 39	0. 09	6. 79	0. 13	1. 98	14. 03	72. 50	0. 92	0. 12	0. 06

山胡椒（假死柴）

Lindera glauca (Sieb. et Zucc.) Blume

樟科，山胡椒属

特征 落叶小乔木，高达8 m。幼枝被褐色毛。叶宽椭圆形、椭圆形或窄倒卵形，长4~9 cm，下面被白色柔毛，侧脉5~6对，翌年发新叶时落叶。伞形花序从混合芽生出，梗长不及3 mm，每总苞具3~8花；雄花花梗长约1.2 cm，密被白柔毛，花被片黄色，椭圆形，脊部被柔毛；雄蕊9枚，花丝无毛，第3轮花丝基部具2个宽肾形腺体；退化雌蕊椭圆形，长约1 mm，上有一小凸尖；雌花花梗长3~6 mm，花被片黄色，椭圆形或倒卵形，柱头盘状；退化雄蕊线形，第3轮花丝基部具2个有柄的不规则肾形腺体；子房椭圆形，长约1.5 mm，柱头盘状。果球形，黑褐色，径约6 mm。花期3~4月；果期7~9月。

分布 广西：灵川县海洋乡小平乐村，25°18′37″N，110°38′45″E，819 m，2011-09-27，郭伦发、林春蕊4001101215；龙胜县和平乡金江村，25°44′26″N，110°46′28″E，515 m，2012-10-15，廖云标4001101299。湖南：桑植县八大公山药材场，29°32′56″N，109°58′57″E，978 m，2009-10-18，张兵400181067；永顺县回龙乡千斤塔，28°53′20″N，110°12′31″E，403 m，2010-11-26，徐亮、张代贵400191163。江西：崇义县齐云山，25°52′21″N，114°01′44″E，918 m，2010-09-26，李朋远、谢行400145013；玉山县三清山，28°55′53″N，118°03′21″E，1125 m，2009-09-01，廖文波等400141118；龙南县九连山国家级自然保护区，24°46′22″N，114°43′54″E，2011-11-12，易绮斐、潘雅书、陈华平400119180。福建：南平武夷山市洋庄乡大安源，27°52′35″N，117°52′50″E，419 m，2012-11-11，刘东明、童毅4001122128；武夷山，26°03′00″N，117°59′04″E，2010-09-26，刘东明、梁耀400112110。浙江：清凉峰，24°51′35″N，112°52′28″E，2010-10，曾庆文、谢聪、孟玉芳40011300。上海：松江区东佘山，31°05′45″N，121°11′46″E，46 m，2009-11-09，田怀珍、刘东明、戴建阅4001171018。江苏：宜兴市张渚龙池山，31°14′56″N，119°44′46″E，210 m，2009-09-09，田怀珍、李宏庆、葛斌杰等4001171009。安徽：合肥市紫蓬山，31°45′04″N，117°01′57″E，48 m，2011-10-01，田怀珍、李星霖4001171139。河南：鲁山县鲁山，33°42′12″N，112°30′34″E，1766 m，2011-07-30，王亚平、陈明400314024；内乡，111°52′31″E，33°28′58″N，636 m，王亚平400314329。湖北：神农架三十六拐，31°28′42″N，110°33′41″E，2009-11-10，李晓东、杨林森400121099；神农架坪堑管理所，31°29′53″N，110°04′50″E，1349 m，2010，丁时东，危文亮等400151084。重庆：南川区三泉镇马嘴老林，29°31′55″N，107°11′55″E，1074 m，2009-09-11，刘正宇等400231064。陕西：佛坪龙草坪，33°24′45″N，107°31′26″E，1877 m，2009-08-26，薛帅400321067；汉中喜神坝牛头山，32°45′31″N，106°54′16″E，1200 m，2012-10-01，秦烁、郭利磊400328021。生于海拔900 m左右的山坡、林缘、路旁，常见。产广西、湖南、福建、浙江、江苏、安徽、山东、河南、四川、贵州、甘肃、陕西。中南半岛以及朝鲜、日本也有分布。

栽培 喜光，幼树较耐阴，喜温暖湿润，耐干旱。喜土层深厚、排水良好、肥沃的壤土。播种繁殖。采收成熟的种子，并随采随播，或沙藏至翌春播种。

用途 叶、果皮可提芳香油；种仁油含月桂酸，油可作肥皂和润滑油；根、枝、叶、果药用；木材可作家具。枝繁叶茂，叶色翠绿，树姿优美，适合作园林树和庭园观赏树。

含油率及化学组分数据

采集单位	测试单位	测试部位	产地	含油率(%)	碘值	酸值	皂化值	C12:0	C14:0	C16:0	C16:1	C18:0	C18:1	C18:2	C18:3	C20:0	C20:1
GXIB	SCBG	种子	广西灵川	32.90	40.63	6.12	213.56	0.09	0.64	10.45	0.29	5.20	10.14	26.68	18.23	5.71	0.19
GXIB	SCBG	种子	广西龙胜	30.40				0.10	0.22	16.82	0.16	2.37	39.07	31.44	2.68	0.73	0.70
HUST	HUST	种子	湖南桑植	43.30				0.08	0.26	13.41		2.85	28.05	18.37	0.94	9.74	3.16
JSU	SCBG	种仁	湖南永顺	23.40	27.43	14.97	160.40										
SYSU	SCBG	种仁	江西崇义	26.25	33.43	10.52	160.34		0.87		5.73	1.26	5.33	82.66	0.45	0.37	0.15
SYSU	SCBG	种仁	江西玉山	15.14	140.91	5.73	167.32	0.09	0.21	3.86	0.21	1.07	50.94	29.53	0.15	1.05	0.39
SCBG	SCBG	种仁	江西龙南	46.25	127.78	9.65	187.50	0.02	0.41		0.14	2.88	13.74	39.15	0.37		0.25
SCBG	SCBG	种仁	福建武夷山	53.97	12.13	3.39	298.95		5.83	24.53	23.43	30.71	11.07	3.01	1.41		
SCBG	SCBG	种仁	福建武夷山	36.45	117.16	13.06	200.25	0.01	0.07	12.94	0.75	0.27	63.28			1.37	0.32
SCBG	SCBG	种仁	浙江清凉峰	34.29	10.61	0.40	286.72	6.52	0.12	19.45	62.36	0.89	25.07	46.49	9.25	0.35	0.14
ECNU	SCBG	种仁	上海松江	30.60	23.79	3.64	242.60	0.003	0.03	6.86	0.13	0.36	28.88	10.04	4.59	2.55	46.56
ECNU	SCBG	种仁	江苏宜兴	41.30	54.98	2.23	184.73	0.03	0.22	7.64	0.09	3.76	7.94	78.13	1.11	0.56	0.52
ECNU	SCBG	种仁	安徽合肥	22.30	30.51	7.88	248.00	14.10	3.74	15.23	0.08	4.19	31.54	24.47	4.14	0.97	1.55
ICS	ICS	种子	河南鲁山	37.86	16.67	100.47	177.74	37.86	4.99	0.29	18.66	0.76	2.60	52.55	5.44	1.43	
ICS	ICS	种子	河南内乡	29.13	85.71	26.56	184.95	4.29	0.22		7.39	33.20	8.79	11.23	1.31		0.16
WHBG	WHBG	种仁	湖北神农架	30.68				0.89	0.18	9.17	0.12	0.26	3.23	15.66	63.93	1.73	0.29
SCBG	SCBG	种仁	湖北神农架	31.06	36.4	9.91	191.03	1.42	0.09	20.15		1.75	21.64	15.33	15.17	1.89	0.14
CIPP	SCBG	种仁	重庆南川	36.94						8.46	0.39	4.88	17.75	61.48	0.91	0.78	0.27
CAU	ICS	种子	陕西佛坪	41.30	43.43	17.13	262.70	63.37	3.51	4.06	0.97	0.85	15.66	10.15	0.71	0.36	0.35
CAU	ICS	种子	陕西汉中	14.06	6.12	99.96	165.15	0.29	0.14	15.37	1.55	1.37	42.70	9.79	2.21	0.22	0.16
OFPC		种子	浙江天日山	37.80	9.70		247.60	30.40	1.00	1.10		0.20	6.50	2.00			
OFPC		种子	四川邛崃	52.90	41.10		244.30	31.20	0.70	8.40		1.20	33.60	5.00	0.40		
OFPC		种子	广西兴安	40.70			286.90	38.70	2.90	2.50		0.20	16.80	4.70			
OFPC		果实	广东乳源	49.50	56.40		228.20	14.20	微量	17.10		微量	50.10	微量			

团香果

Lindera latifolia Hook. f.

樟科，山胡椒属

特征 常绿小乔木，高3~20 m。叶互生，倒卵形或长圆形，长5~15 cm，宽3~8 cm，先端骤尖、急尖或渐尖，基部宽楔形至近圆形，边缘背卷；坚纸质，上面无毛，下面密被灰白色或灰黄色长硬毛，羽状脉；叶柄长1~1.5 cm，密被灰黄或黄褐色绒毛。伞形花序10~13朵花；总苞片4枚，外面密被黄褐色微柔毛，内面无毛；雄花淡黄色，密被黄褐色微柔毛，花被片6~7，雄蕊8~10枚，花丝被疏柔毛，内方3~5枚花丝基部有2个圆肾形近无柄腺体；退化雌蕊卵形，无毛，腹面具纵沟，先端具一小凸尖；雌花绿黄色，花被片线状披针形；退化雄蕊条形，长2.5 mm，内面3~4枚花丝近中部有2卵形近无柄腺体；雌蕊无毛，子房卵形。果球形，直径约6 mm，成熟时紫红色。花期2~4月；果期5~11月。

分布 生于海拔1500~2900 m的山坡或沟边常绿阔叶林及灌丛中或路旁、林缘等处，少见。产于云南西部、西北部至东南部以及西藏东南部。印度、孟加拉以及越南北部也有分布。

栽培 喜光，幼树较耐阴，喜温暖湿润，耐干旱。喜土层深厚、排水良好、肥沃的壤土。播种繁殖。采收成熟的种子，并随采随播，或沙藏至翌春播种。

用途 果含芳香油，可提芳香油；种子可榨油，供制肥皂及润滑油用。

含油率及化学组分数据

采集单位	测试单位	测试部位	产地	含油率(%)	碘值	酸值	皂化值	C12:0	C14:0	C16:0	C16:1	C18:0	C18:1	C18:2	C18:3	C20:0	C20:1
OFPC	KMIB	种子	云南陇川	58.80	18.40	3.00	260.5	68.00	1.40	微量		微量	微量	微量			
OFPC	KMIB	果实	云南绿春	50.20	58.00	8.50	212.70	18.00	2.40	19.20			31.90	18.90			
OFPC	IB	种子	云南景东	56.40				77.60	1.20	1.10			5.30	3.00			
OFPC	IB	果肉	云南景东	56.80						20.10		0.90	53.20	24.50	1.20		

黑壳楠（毛黑壳楠）

Lindera megaphylla Hemsl. [*Lindera megaphylla* f. *trichoclada* (Rehd.) W.C. Cheng]

樟科，山胡椒属

特征 常绿乔木，高达25 m。枝条圆柱形，粗壮，紫黑色。叶互生，革质，倒披针形至倒卵状长圆形，长10~23 cm，先端急尖或渐尖，基部渐狭，羽状脉；叶柄长1.5~3 cm。伞形花序多花，着生于具顶芽的短枝上；雄花序总梗长1~1.5 cm，雌花序总梗长6 mm，两者均密被黄褐色或有时近锈色微柔毛，内面无毛；雄花黄绿色，花被片6，椭圆形，内轮略短，花丝被疏柔毛，退化雌蕊长约2.5 mm，无毛，子房卵形，花柱纤细，柱头不明显；雌花黄绿色，密被黄褐色柔毛，花被片6，线状匙形，长2.5 mm，宽仅1 mm，退化雄蕊9枚，线形或棍棒形，基部具髯毛，子房卵形，长1.5 mm，无毛，花柱极纤细，长4.5 mm，柱头盾形，具乳凸。果椭圆形至卵形，成熟时紫黑色，宿存果托杯状。花期2~4月；果期9~12月。

分布 广东：乐昌廊田龙玉潭，25°13′43″N，113°26′24″E，441 m，2011-11-27，曾庆文、陈树钢、童毅4001122232。广西：灵川县大圩镇，25°51′05″N，110°26′52″E，225 m，2011-11-17，郭伦发、林春蕊4001101248。湖南：永定区三叉乡三望坡，29°05′28″N，110°32′36″E，2011-10-21，张九兵、朱明德400181305；桑植县芭茅溪乡楠木坪，29°44′31″N，110°02′50″E，2011-10-09，张九兵、朱明德400181391；桑植县卢潭湾煤矿，29°23′17″N，110°08′57″E，307 m，2012-09-29，张九兵、唐波400181424；吉首市小溪，28°20′40″N，109°44′07″E，198 m，2009-08-30，徐亮、周建军400191043；吉首市泰阳乡桐油坪，28°18′34″N，109°40′38″E，320 m，2011-08-01，徐亮、覃三立40019101201。浙江：杭州植物园，30°15′25″N，120°07′22″E，2010-10，曾庆文、谢聪、孟玉芳40011880。云南：禄劝县则黑乡，26°00′26″N，102°41′24″E，2127 m，2009-07-26，胡光

万、王跃虎、唐贵华400221010。湖北：五峰长乐坪月山村，30°08′35″N，110°55′36″E，956 m，2009-11-09，丁时东、危文亮400152027；五峰长乐坪月山村，30°10′57″N，110°54′00″E，2009-08-05，李晓东、陈士强400121068。生于海拔2200 m以下的山坡、谷地湿润常绿阔叶林或灌丛中，常见。产于广东、广西、湖南、江西、福建、安徽、湖北、四川、贵州、云南、甘肃、陕西。

栽培 喜光，幼树较耐阴，喜温暖、湿润，耐干旱。喜土层深厚、排水良好、肥沃的土壤。播种繁殖。种子宜随采随播，或沙藏至翌春播种。

用途 种仁含油近50%，油为不干性油，为制皂原料；果皮、叶含芳香油，油可作调香原料。木材黄褐色，纹理直，结构细，可作装饰薄木、家具及建筑用材。

含油率及化学组分数据

采集单位	测试单位	测试部位	产地	含油率(%)	碘值	酸值	皂化值	C12:0	C14:0	C16:0	C16:1	C18:0	C18:1	C18:2	C18:3	C20:0	C20:1
SCBG	SCBG	种子	广东乐昌	27.03				0.04	0.03	11.26	0	3.224		46.71	0.06	1.05	0.73
GXIB	SCBG	种子	广西灵川	31.64	146.14	11.47	163.46		0.36	8.30	0.52	2.48	9.96	65.39	2.08	0.87	
HUST	HUST	种仁	湖南永定	49.75	20.84	10.18	253.60	71.44	2.37					6.44	4.27		
HUST	HUST	种仁	湖南桑植	50.20	17.91	6.81	258.45		0.03	6.09		1.48	8.53	75.28	7.38	0.26	
HUST	HUST	种仁	湖南桑植	35.95		4.184	263.82		0.08	12.41		7.06	14.71	14.86	37.08	0.95	
JSU	SCBG	种仁	湖南吉首	40.65	288.26	9.83	128.29										
JSU	SCBG	种仁	湖南吉首	41.60	30.51	15.56	162.27										0.15
SCBG	SCBG	种仁	浙江杭州	27.54	9.77	20.99	191.29	0.01	0.04	3.70	0.82	6.01	24.63	45.18	7.38	2.74	0.17
KMIB	KMIB	种仁	云南禄劝	52.63				79.31	1.71					1.45			
OCRI	SCBG	种仁	湖北五峰	26.43	110.57	27.82	124.93		0.20	16.67		2.15	37.63	32.72	7.16		
WHBG	SCBG	种仁	湖北五峰	42.20	28.68	13.02	284.71		89.30	1.20	0.10	0.10	4.20	4.50			
OFPC		种子	广东乳源	57.50	15.50		266.0	56.40	9.80	2.30		微量	7.40	8.40			
OFPC		果实	陕西城固	46.80	33.60	49.00	236.6	48.30	微量	6.10		1.50	23.40	9.50	2.00		
OFPC		种子	福建	46.80	36.70		273.7	73.20	2.0	0.80		0.20	4.40	4.80			

滇粤山胡椒

Lindera metcalfiana C.K. Allen

樟科，山胡椒属

特征 灌木或小乔木，高2~12 m。叶互生，椭圆形或长椭圆形，长5~13 cm，宽2~4.5 cm，先端渐尖或尾尖，常呈镰刀状，基部宽楔形，革质，两面沿脉上略被黄褐色微柔毛，后渐脱落至无毛，羽状脉；叶柄长5~10 mm，被黄褐色柔毛。雄伞形花序1~3，具雄花6~8朵，总苞片4枚，总梗纤细，雄花黄色，密被黄褐色柔毛，花被片6，近等大，宽卵形，长2 mm，宽1~1.2 mm，先端钝，两面被黄褐色柔毛，具腺点；能育雄蕊9枚，花丝长2~2.5 mm；雌伞形花序有雌花4~8朵；总梗长0.6~0.8 cm，先端宽大，略被黄褐色微柔毛；雌花黄色，花梗长2~2.5 mm；花被片6，卵形，长1.5 mm，先端钝；子房卵形，无毛。果球形，直径6 mm，成熟时紫黑色。花期3~5月；果期6~10月。

分布 生于海拔1200~2000 m的山坡、林缘、路旁或常绿阔叶林中，少见。产于广东、广西、云南、福建等省区。

栽培 播种繁殖。种子宜随采随播。

用途 种子可榨油。树形优美，枝繁叶茂，为优良的园林树和庭园观赏树。

含油率及化学组分数据

采集单位	测试单位	测试部位	产地	含油率(%)	碘值	酸值	皂化值	C12:0	C14:0	C16:0	C16:1	C18:0	C18:1	C18:2	C18:3	C20:0	C20:1
OFPC	GXIB	种子	广西融水	57.30			237.20	47.10	4.70	2.70		0.90	8.10	10.30			
OFPC	SCBG	果实	广东高要	56.60	18.10		256.80	62.90	1.60	4.20			6.40	3.80			

绒毛山胡椒（绒钓樟）

Lindera nacusua (D. Don) Merr.

樟科，山胡椒属

特征 常绿小乔木，高达15 m。全株通常被黄褐色绒毛。叶革质，互生，宽卵形、椭圆形至长圆形，长6~11 cm，宽3~6 cm，基部常不对称，羽状脉，侧脉6~8对。伞形花序单生或2~4簇生叶腋；雄花序具8花，黄色，花被片6，卵形，外面在脊部被黄褐色微柔毛或无毛，内面无毛；雄蕊9枚；长4~4. 5 mm，花丝无毛，第3轮近中部有2个具角凸宽肾形腺体；退化雌蕊的子房卵形；雌花黄色，花被片6，宽卵形；退化雄蕊9枚，长约1. 5 mm，第3轮的中部有2个几达其花丝全长的圆肾形腺体；子房倒卵形，长2 mm，无毛，花柱粗壮，长约1 mm，无毛，柱头头状。果近球形，直径7~8 mm，成熟时红色。花期5~6月；果期7~10月。

分布 湖南：永顺县猛洞河，28°56′56″N，109°57′36″E，305 m，2009-09-20，周建军、徐亮400191028。广东：阳山县秤架，24°49′58″N，112°47′03″E，810 m，2009-10-25，陈林、王发国、董安强40011463。生于海拔300~2500 m的谷地或山坡的常绿阔叶林中，少见。产海南、广东、广西、江西、福建、云南、四川、西藏。尼泊尔、印度、缅甸、越南也有分布。

栽培 喜光，幼树较耐阴，喜温暖、湿润，耐干旱。喜土层深厚、排水良好、肥沃的壤土。播种繁殖。种子宜随采随播，或沙藏至翌春播种。

用途 种子可榨油。树形优美，枝繁叶茂，为优良的园林树和庭园观赏树。

含油率及化学组分数据

采集单位	测试单位	测试部位	产地	含油率(%)	碘值	酸值	皂化值	C12:0	C14:0	C16:0	C16:1	C18:0	C18:1	C18:2	C18:3	C20:0	C20:1
JSU	SCBG	种仁	湖南永顺	60. 10	126. 08	7. 66	114. 47										
SCBG	SCBG	果实	广东阳山	52. 80	48. 90	4. 48	230. 79	47. 90	1. 57	11. 04	3. 20	2. 15	26. 13	6. 73	0. 91	0. 18	0. 18
OFPC	GXIB	种仁	广西乐业	61. 60	10. 40		263. 30	54. 50	5. 70	3. 50			7. 80	3. 50			

绿叶甘橿

Lindera neesiana (Wall. ex Nees) Kurz [*Lindera fruticosa* Hemsl.]

樟科，山胡椒属

特征 落叶灌木或小乔木，高达6 m。树皮绿或绿褐色。幼枝青绿色，干后棕黄或棕褐色，光滑。叶互生，卵形至宽卵形，长5~14 cm，宽2. 5~8 cm，先端渐尖，基部圆形，有时宽楔形，纸质，上面无毛，下面初时密被柔毛，后毛被渐脱落，三出脉或离基三出脉；叶柄长10~12 mm。伞形花序，内有花7~9朵，总苞片4枚，具缘毛，内面基部被柔毛；未开放时雄花花被片绿色，宽椭圆形或近圆形，先端圆，无毛，外轮长约1 mm，花丝无毛，第3轮基部着生2个具柄阔三角状肾形腺体，有时第1轮和第2轮花丝也有1个腺体；雌蕊“凸”字形，长不及1 mm；雌花花被片黄色，宽倒卵形，先端圆，无毛，外轮长约1. 5 mm，内轮长约1. 2 mm；退化雄蕊条形，第3轮基部具2个不规则长柄腺体；子房椭圆形，无毛；花梗长2 mm，被微柔毛。果近球形，果梗长4~7 mm。花期4月；果期9月。

分布 湖南：龙山县大安乡药场，29°35′16″N，109°39′54″E，1352 m，2011-8-31，徐亮、覃三立、朱群英40019101160。重庆：南川区三泉镇马嘴，29°19′19″N，107°11′58″E，1225 m，2009-08-19，刘正宇等400231023。四川：成都彭州白鹭，31°12′11″N，103°54′29″E，933 m，2011-10-25，邓星光、吴阳晨等40021111127。生于海拔2300 m以下的山坡、路旁、林下及林缘，常见。产于湖南、江西、浙江、安徽、河南、湖北、四川、贵州、云南、西藏、陕西。

栽培 喜光，幼树较耐阴，喜温暖湿润，耐干旱。喜土层深厚、排水良好、肥沃的壤土。播种繁殖。采收成熟的种子，并随采随播，或沙藏至翌春播种。

用途 种子可榨油作工业用。

含油率及化学组分数据

采集单位	测试单位	测试部位	产地	含油率(%)	碘值	酸值	皂化值	C12:0	C14:0	C16:0	C16:1	C18:0	C18:1	C18:2	C18:3	C20:0	C20:1
JSU	SCBG	种仁	湖南龙山	43. 68	14. 67	15. 47	520. 60										
CIPP	SCBG	种仁	重庆南川	33. 16	27. 45	3. 25	245. 45	0. 19	0. 75	12. 93	0. 90	1. 91	21. 68	52. 05	1. 52	0. 37	0. 19
SCU	SCU	种仁	四川成都	1. 40					0. 04	8. 90	0. 05	5. 60	12. 53	70. 31	1. 37	0. 73	0. 47
OFPC	WHIB	果实	湖北罗田	40. 40	86. 60		213. 50	21. 30	3. 60	4. 90		微量	20. 70	10. 30			

三桠乌药

Lindera obtusiloba Blume

樟科，山胡椒属

特征 落叶乔木或灌木，高3~10 m。树冠广卵形，树皮黑棕色。小枝黄绿色而平滑。叶互生，近圆形至扁圆形，长5.5~10 cm，先端急尖，全缘或3裂，常明显3裂，基部近圆形或心形，有时宽楔形；叶柄长1.5~2.8 cm，被黄白色柔毛。雌雄异株，伞形花序聚生于总苞，无总梗，每花序有花4~5朵，先叶开花，花被黄色；雄花花被片6，长椭圆形，外被长柔毛，内面无毛；能育雄蕊9枚，退化雌蕊长椭圆形，花柱、柱头不分，成一小凸尖；雌花花被片6，长椭圆形，长2.5 mm，宽1 mm，外面背脊部被长柔毛；退化雄蕊条片形；子房椭圆形，长2.2 mm，直径1 mm，无毛，花柱短浆果状核果广椭圆形，成熟时红色，后变紫褐色。花期3~4月；果期8~9月。

分布 湖南：永顺县小溪，28°43′15″N，110°11′32″E，224 m，2011-08-16，徐亮、周建军40019101139。辽宁：庄河，39°51′32″N，122°56′03″E，2012-10，郑宝江等400341187。生于海拔20~3000 m的山谷、密林灌丛中，少见。产于湖南、江西、福建、浙江、江苏、安徽、山东、河南、湖北、四川、西藏、陕西、甘肃、辽宁。朝鲜、日本也有分布。

栽培 喜湿润，耐阴蔽，也耐干旱。要求深厚肥沃而排水通气良好砂壤土。抗寒性亦较强，为樟科耐寒树种。播种繁殖。种子宜随采随播，或沙藏至翌春播种。

用途 种子含油达40%，可用于医药及轻工业原料；木材致密，可作细木工用材。叶形奇特，开花早，秋季果熟初期红色可爱，全株有樟脑清凉香气，挥发性强，有杀菌及净化空气作用，为优良的园林树和庭园观赏树。

含油率及化学组分数据

采集单位	测试单位	测试部位	产地	含油率(%)	碘值	酸值	皂化值	C12:0	C14:0	C16:0	C16:1	C18:0	C18:1	C18:2	C18:3	C20:0	C20:1
JSU	JSU	种仁	湖南永顺	40.60	18.40	6.55	146.05										
NEFU	SCBG	种仁	辽宁庄河	54.29	7.75	2.75	176.91	0.01	0.04	3.27	0.12	1.15	13.64	41.38	38.98	0.80	0.61

大果山胡椒

Lindera praecox (Sieb. et Zucc.) Blume

樟科，山胡椒属

特征 落叶灌木，高可达4 m。叶互生，卵形或椭圆形，先端渐尖，基部宽楔形，长5~9 cm，宽2.5~4 cm，两面无毛，羽状脉；叶柄长0.5~1 cm。伞形花序生于叶芽两侧各一；总苞片4枚，外露部分无毛，红色，内有花5朵；总花梗无毛，长4~4.5 mm；雄花花被片广椭圆形，外轮长2 mm，宽约1.5 mm，内轮长1.7 mm，宽约1.3 mm，外面无毛或仅有稀疏白柔毛，内面毛较密；雄蕊近等长，第3轮雄蕊花丝基部着生2个具长柄宽肾形腺体，退化雄蕊长角锥状；雌花花被片广椭圆形，外轮长1.5 mm，宽1 mm，内轮长1.2 mm，宽不及1 mm，外面被稀疏白柔毛，内面毛较密；退化雄蕊条形，第3轮基部着生2个具长柄肾形腺体；雌蕊子房椭圆形，长约1 mm，花柱长约为子房之半，柱头稍盘状膨大，红褐色；花梗密被白色柔毛。果球形，直径可达1.5 cm，熟时黄褐色。花期3月；果期9月。

分布 生于海拔500~800 m的低山、山坡灌丛中，少见。产于浙江、安徽、湖北。

栽培 播种繁殖。

用途 种子含油率高，可用于工业原料。

含油率及化学组分数据

采集单位	测试单位	测试部位	产地	含油率(%)	碘值	酸值	皂化值	C12:0	C14:0	C16:0	C16:1	C18:0	C18:1	C18:2	C18:3	C20:0	C20:1
OFPC	WHBG	种仁	湖北罗田	42.90	37.90		270.7	21.10	3.30	微量			10.30	微量			
OFPC	JSIB	种子	浙江天目山	43.10	38.60		265.8	28.20	3.90	2.00		0.30	12.80	3.20	0.40		

川钓樟

Lindera pulcherrima var. **hemsleyana** (Diels) H.B. Cui

樟科，山胡椒属

特征　常绿乔木，高7~10 m。枝条绿色，平滑，有细纵条纹，初被白色柔毛，后渐脱落。叶互生，通常椭圆形或倒卵形，偶具长尾尖；三出脉。伞形花序无总梗或具极短总梗，3~5生于叶腋长1~3 mm的短枝先端，短枝偶有发育成正常枝。雄花花梗被白色柔毛，花被片6，近等长，椭圆形，外面背脊部被白色疏柔毛，内面无毛；能育雄蕊9枚，花丝被白色柔毛，第3轮花丝基部以上着生2具柄肾形腺体；雄花不育子房无毛。果椭圆形。果期6~8月。

分布　广西：灵川县海洋乡小平乐村，25°17′08″N，110°38′40″E，568 m，2011-10-02，郭伦发、林春蕊4001101214。湖南：永顺县杉木河，29°10′50″N，109°50′39″E，556 m，2009-10-02，徐亮、周建军400191044。湖北：神农架宋洛镇，31°40′03″N，110°36′31″E，178 m，2011-08-13，丁时东400151111。重庆：南川区鱼泉乡庙坝天山坪，29°55′52″N，107°14′45″E，1570 m，2009-09-06，刘正宇等400231057。生于海拔2000 m左右的山坡、灌丛中或林缘，少见。产于广西、湖南、湖北、四川、贵州、云南、陕西。

栽培　喜湿润，稍耐阴蔽，也耐干旱，具有一定的耐寒性。要求深厚肥沃而排水良好的砂壤土。播种繁殖。种子宜随采随播，或沙藏至翌春播种。

用途　种子可榨油；叶及果皮可提取芳香油。

含油率及化学组分数据

采集单位	测试单位	测试部位	产地	含油率(%)	碘值	酸值	皂化值	C12:0	C14:0	C16:0	C16:1	C18:0	C18:1	C18:2	C18:3	C20:0	C20:1
GXIB	SCBG	种子	广西灵川	30.49	107.36	1.75	174.11			10.01	0.24	1.90	13.73	69.94	1.95	0.20	0.11
JSU	SCBG	种仁	湖南永顺	46.15	20.99	8.34	477.15										
OCRI	SCBG	种仁	湖北神农架	4.41	94.26	49.45	40.12	0.02	0.07	7.93		3.86	12.80	25.08	48.65	0.28	0.31
CIPP	SCBG	种仁	重庆南川	33.43				0.48	0.24	18.84		7.60	26.13	29.77	8.47	2.45	0.16

山橿

Lindera reflexa Hemsl.

樟科，山胡椒属

特征　落叶小乔木或灌木状。叶纸质，卵形或倒卵状椭圆形，长5~16.5 cm，宽5.5~12.5 cm，先端渐尖，基部圆或宽楔形，有时稍心形；叶柄长0.6~3 cm，幼时被柔毛。伞形花序着生于叶芽侧各一，总梗红色，长约3 mm，密被红褐色微柔毛，后脱落；总苞片4枚，具5花；雄花花梗密被柔毛，花被片6，黄色，椭圆形；雌花花梗密被柔毛，花被片6，黄色，宽矩圆形，长约2 mm，花柱与子房等长，柱头盘状，退化雄蕊条形。果球形，红色；果柄长约1.5 cm，疏被柔毛。花期4月；果期8月。

分布　湖南：保靖毛沟，28°41′43″N，109°20′06″E，1050 m，2009-07-15，陈功锡、徐亮400191006。江西：玉山县三清山，28°55′53″N，118°03′21″E，1125 m，2009-09-01，廖文波等400141116；宜丰县官山自然保护区，28°33′18″N，114°35′31″E，475 m，2011-09-16，景慧娟、李朋远4001409004。湖北：神农架下谷坪，31°21′03″N，110°37′57″E，146 m，2011-08-13，丁时东400151148。贵州：雷山县雷公山自然保护区管理站至乌东村途中，26°21′53″N，108°09′52″E，1396 m，2012-10-18，陈丰林、夏纯、桑洪伟4001151239。生于海拔约1000 m以下的山谷、山坡林下或灌丛中，常见。产于广东、广西、湖南、江西、福建、浙江、江苏、安徽、河南、湖北、贵州、云南。

栽培　喜湿润，稍耐阴蔽，也耐干旱，具有一定的耐寒性。要求深厚肥沃而排水良好的砂壤土。播种繁殖。种子宜随采随播，或沙藏至翌春播种。

用途　种子可榨油；根药用，性温，味辛，可止血、消肿、止痛，治胃气痛、疥癣、风疹、刀伤出血。树姿优美，可作园林树和庭园观赏树。

含油率及化学组分数据

采集单位	测试单位	测试部位	产地	含油率(%)	碘值	酸值	皂化值	C12:0	C14:0	C16:0	C16:1	C18:0	C18:1	C18:2	C18:3	C20:0	C20:1
JSU	SCBG	种仁	湖南保靖	62. 80	45. 79	0. 87	202. 94		14. 50	27. 23		2. 00	31. 94	20. 65		0. 18	3. 58
SYSU	SCBG	种仁	江西玉山	12. 44	92. 34	1. 62	214. 26		0. 09	14. 52	0. 08	8. 03	16. 18	58. 33	0. 42	0. 42	
SYSU	SCBG	种仁	江西宜丰	26. 28	81. 61	4. 59	138. 21		0. 02	4. 93	0. 03	1. 81	21. 56	68. 99	0. 51	0. 57	0. 31
OCRI	SCBG	种仁	湖北神农架	38. 66	47. 44	9. 91	105. 19	0. 06	0. 44	8. 91	3. 10	1. 60	20. 97	39. 24	1. 38	0. 44	0. 39
SCBG	SCBG	种仁	贵州雷山	24. 65													
OFPC	IB	种子	浙江杭州	55. 30				23. 30	13. 50	1. 20		0. 30	9. 40	3. 30			
OFPC	JSIB	种子	浙江天目山	49. 60			232. 90	20. 80	13. 40	2. 60		1. 00	12. 0	5. 20	0. 30		

红脉钓樟

Lindera rubronervia Gamble

樟科，山胡椒属

特征　落叶灌木或小乔木。叶互生，纸质，有时近革质，通常卵形或狭卵形，长4~13 cm，宽2~5. 5 cm，先端渐尖，基部楔形，上面沿中脉疏被短柔毛，下面被柔毛，离基三出脉。伞形花序腋生，通常2个花序着生于叶芽二侧；总苞片8枚，宿存，有花5~8朵；雄花花被筒被柔毛，花被片6，黄绿色，椭圆形，先端圆，内面被白色柔毛，外轮长约2. 7 mm，内轮长约2. 2 mm；能育雄蕊9枚，等长，花丝无毛，第3轮有2个具长柄及具角凸宽肾形腺体，退化雄蕊细小，长不及1 mm，子房长椭圆形，花柱及柱头成一小凸尖；雌花花被筒密被白柔毛，花被片椭圆形，内面被白色柔毛，退化雄蕊条形，无毛，雌蕊长约2 mm，子房卵形，长约1 mm，花柱长0. 8 mm，柱头盘状。果近球形，果梗长1~1. 5 cm，熟后弯曲。花期3~4月；果期8~9月。

分布　江西：九江市庐山自然保护区，29°33′18″N，115°57′26″E，817 m，2010-11-07，李朋远、林意漫400148010。江苏：宜兴市张渚龙池山，31°12′47″N，119°41′45″E，352 m，2009-09-08，田怀珍、李宏庆、葛斌杰等4001171006。生于山坡林下、溪边或山谷中，少见。产于江西、浙江、江苏、安徽、河南。

栽培　喜光，幼树较耐阴，喜高温多湿。喜土层深厚、排水良好、肥沃的壤土。播种繁殖，常于春季播种。播种后保持土壤湿润，播后翌年移栽。

用途　叶及果皮可提取芳香油。

含油率及化学组分数据

采集单位	测试单位	测试部位	产地	含油率(%)	碘值	酸值	皂化值	C12:0	C14:0	C16:0	C16:1	C18:0	C18:1	C18:2	C18:3	C20:0	C20:1
SYSU	SCBG	种仁	江西九江	54. 07	85. 45	1. 27	241. 44	34. 56	11. 37	4. 09	0. 36	0. 92	29. 19	18. 92	0. 26		0. 34
ECNU	SCBG	种仁	江苏宜兴	53. 00	30. 79	7. 90	208. 19	0. 009	0. 03	7. 53	1. 95	2. 32	21. 42	29. 55	36. 61	0. 19	0. 40
OFPC		种子	浙江天目山	44. 90	87. 50		233. 70	16. 30		3. 10		1. 30	18. 30	12. 70	0. 60	微量	

三股筋香

Lindera thomsonii C.K. Allen

樟科，山胡椒属

特征 常绿乔木。叶互生，卵形或长卵形，长7~11 cm，宽2. 5~4. 5 cm，先端具长尾尖，基部急尖或近圆形，坚纸质，下面幼时两面密被贴伏白、黄色绢质柔毛，三出脉或离基三出脉。雄伞形花序腋生，有3~10朵花，总梗长2~3 mm，总苞早落；雄花黄色，花梗长3~4 mm，被灰色微柔毛；花被片6，卵状披针形，长3. 5~4 mm，花丝被疏柔毛，第3轮雄蕊近基部有2个圆肾形具短柄腺体；退化雌蕊长约4 mm，花柱被灰色微柔毛，雌伞形花序腋生，有花4~12朵，总苞片早落；雌花白色、黄色或黄绿色，花梗长4~5 mm，被灰色微柔毛；退化雄蕊9枚，第3轮有时花瓣状，基部具2个圆肾形近无柄腺体；子房椭圆形，与花柱近等长，均被灰色微柔毛。果椭圆形，成熟时由红色变黑色；果托直径2 mm。花期2~3月；果期6~9月。

分布 广西、贵州（西部）以及云南西部至东南部。生于海拔900~3000 m的山地疏林中，少见。印度、缅甸以及越南北部也有。

栽培 喜光，喜温暖、湿润环境。播种繁殖。种子采后即宜播种。苗期需要遮阴，保持土壤及空气湿度，幼树忌直射阳光。

用途 种子油供制皂；枝、叶、果皮可提芳香油。

含油率及化学组分数据

采集单位	测试单位	测试部位	产地	含油率(%)	碘值	酸值	皂化值	C12:0	C14:0	C16:0	C16:1	C18:0	C18:1	C18:2	C18:3	C20:0	C20:1
OFPC	KMIB	种仁	云南梁河	67. 60				73. 60	1. 90								
OFPC	IB	种子	云南龙陵	50. 50				67. 70	1. 00	0. 30		微量	2. 60	1. 60			

大萼木姜子

Litsea baviensis Lec.

樟科，木姜子属

特征 常绿乔木，高达20 m。幼枝被柔毛。叶互生，椭圆形或长椭圆形，长11~24 cm，宽3~6. 5 cm，下面被微柔毛，羽状脉，侧脉7~8条。伞形花序常数个簇生短枝叶腋，短枝长2~3 mm；苞片卵形，长4 mm，外面有黄褐色微柔毛；花被裂片6，宽卵形，外面有短柔毛，边缘有睫毛；能育雄蕊9枚，花丝有稀疏柔毛或近无毛，第3轮基部的腺体小。果椭圆形，顶端具小尖头，熟时紫黑色，果梗粗壮；果托杯状，厚木革质，状如壳斗，带灰色，外面有疣状凸起。花期5~6月；果期翌年2~3月。

分布 海南：陵水县本号镇吊罗山国家级自然保护区南喜，18°44′05″N，109°50′13″E，2010-03-10，秦新生4001161135；琼中上安罗眉，18°43′22″N，109°58′38″E，2009-07-23，秦新生40011611；五指山市五指山，19°03′59″N，109°11′51″E，2013-03-06，刘东明、王鹏、叶心芬、宁阳阳400114266。生于海拔400~2000 m的密林中或林中溪旁处，少见。产于海南以及广西西南部、云南南部。越南也有分布。

栽培 喜光，幼树较耐阴，喜温暖、湿润，耐干旱。喜土层深厚、排水良好、肥沃的壤土。播种繁殖。种子宜随采随播，或沙藏至翌春播种。

用途 种子油供制皂；枝、叶、果皮可提芳香油。树干通直，枝繁叶茂，树姿优美，适合作园林树和庭园观赏树，可孤植、丛植或列植。

含油率及化学组分数据

采集单位	测试单位	测试部位	产地	含油率(%)	碘值	酸值	皂化值	C12:0	C14:0	C16:0	C16:1	C18:0	C18:1	C18:2	C18:3	C20:0	C20:1
SCAU	SCBG	种仁	海南陵水	37. 10					0. 67	5. 51	0. 03	1. 87	30. 13	43. 50	0. 48	0. 22	7. 07
SCAU	SCBG	种仁	海南琼中	30. 16				2. 59	0. 14	15. 58	0. 14	2. 31	13. 93	60. 42	1. 02	0. 57	0. 14
SCBG	SCBG	种仁	海南五指山	25. 50	75. 06		199. 61	0. 09	1. 38	4. 74	0. 16	3. 10	64. 59		0. 35	0. 54	

高山木姜子（大叶木姜子）

Litsea chunii W.C. Cheng [*Litsea chunii* var. *latifolia* (Yen C. Yang) H.S. Kung]

樟科，木姜子属

特征　落叶灌木，高达5 m。幼枝黄绿色，无毛，小枝黄褐色或暗褐色，无毛。叶互生，通常椭圆形或椭圆状披针形，长2~5 cm，宽1~2 cm，先端急尖或钝圆，基部楔形或略圆，膜质，下面幼时在脉腋间有簇生的髯毛，羽状脉；叶柄扁平，长5~10 mm，幼时上面被柔毛，下面无毛。伞形花序单生，每一花序有8~12朵花；花梗长5~10 mm，纤细，有淡黄色柔毛；花被裂片6，卵形、卵状长圆形或长圆形，先端钝或圆，外面基部有柔毛；能育雄蕊9枚，花丝无毛，第3轮基部腺体小，黄色，无柄。果卵圆形，长6~8 mm，果梗长5~10 mm，顶端增粗，被柔毛。花期3~4月；果期7~8月。

分布　生于海拔1500~3400 m的向阳山坡、溪旁及灌丛中，少见。产于四川西部、云南西北部。

栽培　喜光，幼树较耐阴，喜温暖、湿润，耐干旱。喜土层深厚、排水良好、肥沃的壤土。播种繁殖。

用途　叶、果实均有芳香味，可提取芳香油。

含油率及化学组分数据

采集单位	测试单位	测试部位	产地	含油率(%)	碘值	酸值	皂化值	C12:0	C14:0	C16:0	C16:1	C18:0	C18:1	C18:2	C18:3	C20:0	C20:1
OFPC	CIB	种子	四川九龙	49.40	67.10			38.10	2.30	1.60		9.50	29.50	7.00			

毛豹皮樟

Litsea coreana var. **lanuginosa** (Migo) Yen C. Yang et P.H. Huang

樟科，木姜子属

特征　常绿乔木。叶互生，倒卵状椭圆形或倒卵状披针形，嫩枝密被灰黄色长柔毛，嫩叶两面均有灰黄色长柔毛；叶柄长1~2.2 cm，全面有灰黄色长柔毛，羽状脉。伞形花序腋生，无总梗或有极短的总梗；苞片4枚，交互对生，近圆形，外面被黄褐色丝状短柔毛，内面无毛，每一花序有花3~4朵，花梗粗短，密被长柔毛；花被裂片6，卵形或椭圆形，外面被柔毛；雄蕊9枚，花丝有长柔毛，腺体箭形，有柄，无退化雌蕊；雌花中子房近于球形，花柱有稀疏柔毛，柱头2裂；退化雄蕊丝状，有长柔毛。果近球形，直径7~8 mm；果托扁平，宿存有6裂花被裂片。花期8~9月；果期翌年夏季。

分布　湖南：吉首小溪，28°21′06″N，109°43′51″E，234 m，2009-07-12，陈功锡、徐亮400191002。湖北：神农架下谷坪，31°20′40″N，110°38′30″E，190 m，2011-09-07，丁时东400151139。生于海拔300~2300 m的山谷杂木林中，少见。产于广东北部以及广西、湖南、江西、福建、浙江、江苏、安徽、河南、湖北、四川、贵州、云南。

栽培　喜光，幼树较耐阴，喜温暖湿润，耐干旱。喜土层深厚、排水良好、肥沃的壤土。播种繁殖。种子宜随采随播，或沙藏至翌春播种。

用途　核仁含油率达60%，可榨油供工业用。

含油率及化学组分数据

采集单位	测试单位	测试部位	产地	含油率(%)	碘值	酸值	皂化值	C12:0	C14:0	C16:0	C16:1	C18:0	C18:1	C18:2	C18:3	C20:0	C20:1
JSU	SCBG	种仁	湖南吉首	62.60	42.37	2.15	261.03		51.64	6.04	0.14	1.84	26.58	12.64	0.24	0.14	0.75
OCRI	SCBG	种仁	湖北神农架	36.45	21.66	85.60	115.02		0.05	7.43	0.12	4.29	17.53	45.83	1.46	0.48	5.28

豹皮樟

Litsea coreana var. **sinensis** (C.K. Allen) Yen C. Yang et P.H. Huang

樟科，木姜子属

特征　常绿乔木，高8~15 m。叶片长圆形或披针形，先端多急尖，幼时基部沿中脉有柔毛，叶柄上面有柔毛；伞形花序腋生，无总梗或有极短的总梗；苞片4枚，交互对生，近圆形，外面被黄褐色丝状短柔毛，内面无毛；每一花序有花3~4朵；花梗粗短，密被长柔毛；花被裂片6，卵形或椭圆形，外面被柔毛；雄蕊9枚，花丝有长柔毛，腺体箭形，有柄；雌花中子房近于球形，花柱有稀疏柔毛，柱头2裂；退化雄蕊丝状，有长柔毛。果近球形，直径7~8 mm；果托扁平，宿存有6裂花被裂片；果梗长约5 mm，颇粗壮。花期8~9月；果期翌年夏季。

分布　生于海拔900 m以下的山地杂木林中，少见。产于江西、福建、浙江、江苏、安徽、河南、湖北。朝鲜、日本也有分布。

栽培　喜光，幼树较耐阴，喜温暖湿润，耐干旱。喜土层深厚、排水良好、肥沃的壤土。播种繁殖。

用途　民间用根治疗胃脘胀痛。木材稍坚硬，可供建筑、器具、乐器等用。

含油率及化学组分数据

采集单位	测试单位	测试部位	产地	含油率(%)	碘值	酸值	皂化值	C12:0	C14:0	C16:0	C16:1	C18:0	C18:1	C18:2	C18:3	C20:0	C20:1
OFPC		种子	浙江天目山	61.90	18.40			43.70	1.80	0.70		3.30	4.30	2.10	0.30		

山鸡椒（山苍子、木姜子）

Litsea cubeba (Lour.) Pers.

樟科，木姜子属

特征　落叶灌木或小乔木，高达10 m。叶纸质，互生，披针形或长圆形，长4~11 cm，宽1.1~2.4 cm，先端渐尖，基部楔形，纸质，两面均无毛，羽状脉；叶柄长6~20 mm，纤细，无毛。伞形花序单生或簇生，总梗细长，长6~10 mm；苞片边缘有睫毛；每一花序有花4~6朵，先叶开放或与叶同时开放，花被裂片6，淡黄色，宽卵形；能育雄蕊9枚，花丝中下部有毛，第3轮基部的腺体具短柄；退化雌蕊无毛；雌花中退化雄蕊中下部具柔毛；子房卵形，花柱短，柱头头状。果近球形，直径约5 mm，幼时绿色，成熟时黑色。花期2~3月；果期7~8月。

分布　海南：昌江县霸王岭，19°06′58″N，109°05′32″E，2009-08-01，秦新生400116126。广东：广州市萝岗区，23°15′23″N，113°31′21″E，2010-07-09，易绮斐400119089。广西：桂林市雁山镇，25°04′32″N，110°18′01″E，169.66 m，2011-08-20，郭伦发、林春蕊4001101210。湖南：古丈县高望界，28°13′12″N，109°52′51″E，232 m，2010-08-11，徐亮、张代贵400191178。江西：玉山县三清山，28°54′08″N，118°03′45″E，1241 m，2009-09-06，廖文波等400141151；玉山县三清山，28°55′57″N，

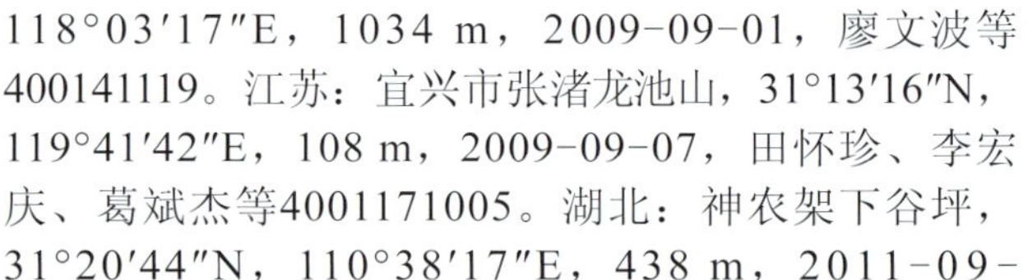

118°03′17″E，1034 m，2009-09-01，廖文波等400141119。江苏：宜兴市张渚龙池山，31°13′16″N，119°41′42″E，108 m，2009-09-07，田怀珍、李宏庆、葛斌杰等4001171005。湖北：神农架下谷坪，31°20′44″N，110°38′17″E，438 m，2011-09-

02，丁时东400151142；十堰大川，32°32′18″N，110°42′30″E，680 m，2009-07-23，李晓东、昝艳燕400121007。重庆：南川区金山镇金佛山黄泥垭，28°36′51″N，107°33′33″E，1473 m，2009-08-21，刘正宇等400231033。四川：宝兴县硗碛藏族，30°41′12″N，102°42′10″E，2498 m，2010-09-09，干友民40024188。云南：景洪市基诺乡亚诺村水库，21°59′43″N，101°05′50″E，1128 m，2010-10-18，王智、刘洪新400221215；金平分水岭自然保护区，22°52′39″N，103°13′38″E，1781 m，2010-10-20，刘恩乾400222092。生于向阳的山地、灌丛、疏林或林中路旁，常见。产于广东、广西、湖南、江西、福建、台湾、浙江、江苏、安徽、湖北、四川、贵州、云南、西藏。东南亚各国也有分布。

栽培 喜光，幼树较耐阴，喜温暖、湿润，耐干旱。喜土层深厚、排水良好、肥沃的壤土。播种繁殖。种子宜随采随播，或沙藏至翌春播种。生长期施肥2~3次。

用途 根、茎、叶和果实均可入药，有祛风散寒、消肿止痛之效；果实入药；花、叶和果皮主要提制柠檬醛的原料，供医药制品和配制香精等用；核仁含油率61.8%，油供工业上用。木材可供普通家具和建筑等用。

含油率及化学组分数据

采集单位	测试单位	测试部位	产地	含油率(%)	碘值	酸值	皂化值	C12:0	C14:0	C16:0	C16:1	C18:0	C18:1	C18:2	C18:3	C20:0	C20:1
SCAU	SCBG	种仁	海南昌江	38.70	68.21	42.78	208.40		2.46	17.03	3.01	4.62	42.66	26.38	2.83	0.34	0.69
SCBG	SCBG	种仁	广东广州	29.74	21.88	1.46	192.69			6.33	0.94		12.87	41.13	0.66	0.05	0.20
GXIB	SCBG	种子	广西桂林	40.85	52.39	3.81	158.84			9.58		1.14		45.71	4.81	0.53	0.46
JSU	SCBG	种仁	湖南古丈	21.18	4.57	9.15	232.97										
SYSU	SCBG	种仁	江西玉山	36.16	64.50	23.50	204.33	0.02	0.10	10.53	0.21	2.20	18.72	57.65	0.95	0.21	0.12
SYSU	SCBG	种仁	江西玉山	25.39	78.62	4.91	184.96	0.15	0.16	23.84	0.06	10.96	27.04	13.02	0.70	6.34	0.12
ECNU	SCBG	种仁	江苏宜兴	40.00	59.28	8.92	201.22	0.35	0.69	8.48	0.08	1.93	5.44	34.14	48.34	0.25	0.28
OCRI	SCBG	种仁	湖北神农架	48.15	76.29	39.93	156.28	0.25	0.47	11.48		2.07	11.19	46.49	1.16	0.51	
WHBG	WHBG	种仁	湖北十堰	36.71	119.11	64.56	190.83	32.61	1.97	15.17	0.84	1.03	20.12	26.04	2.23		
CIPP	SCBG	种仁	重庆南川	30.26	19.45	7.15	186.45	4.11	0.26	11.55		6.80	17.07	39.15	10.91	2.70	2.31
SAU	SCBG	种仁	四川宝兴	22.26	13.52	16.36	231.50	0.01	0.10	5.36	0.07	2.93	18.85	70.23	0.02	0.89	0.14
KMIB	KMIB	种仁	云南景洪	40.66				17.60		13.50		22.50	25.50				
KMIB	KMIB	种仁	云南金平	31.92	107.80	86.60	147.10										
OFPC		种子	浙江天目山	61.90	18.40			17.60		13.50			22.50	25.50			

毛山鸡椒

Litsea cubeba var. formosana (Nakai) Yen C. Yang et P.H. Huang

樟科，木姜子属

特征 与原变种不同在于小枝、芽、叶片下面和花序具丝状短柔毛。

分布 江西：崇义县齐云山，25°47′48″N，114°05′10″E，400 m，2010-09-27，李朋远、谢行400145021。生于向阳的山地、灌丛、疏林或林中路旁，少见。产于广东北部以及江西、福建、台湾、浙江南部。

栽培 喜光，幼树较耐阴，喜温暖、湿润，耐干旱。喜土层深厚、排水良好、肥沃的壤土。播种繁殖。种子宜随采随播，或沙藏至翌春播种。生长期施肥2~3 次。

用途 根、茎、叶和果实均可入药，有祛风散寒、消肿止痛之效；果实入药；花、叶和果皮主要提制柠檬醛的原料，供医药制品和配制香精等用；核仁含油，供工业上用。木材可供普通家具和建筑等用。

含油率及化学组分数据

采集单位	测试单位	测试部位	产地	含油率(%)	碘值	酸值	皂化值	C12:0	C14:0	C16:0	C16:1	C18:0	C18:1	C18:2	C18:3	C20:0	C20:1
SYSU	SCBG	种仁	江西崇义	33.96	73.75	22.62	169.74			8.04	0.06	2.87	42.82	25.83	5.57	0.34	1.14

五桠果木姜子

Litsea dilleniifolia P.Y. Pai et P.H. Huang

樟科，木姜子属

特征 常绿乔木，高20~26 m。叶互生，长圆形或倒卵状长圆形，长21~50 cm，宽11~14. 5 cm，侧脉15~22条，斜展较直，中脉粗壮；叶柄长2. 5~3 cm，萌发枝的叶柄长达5 cm，直径达8 mm，无毛。伞形花序6~8个，排列成总状花序生于长2 cm的短枝上，短枝粗约4 mm，密被锈色柔毛；伞形花序梗短，长2 mm，密被锈色柔毛；苞片4枚，外面密被锈色柔毛；每一花序有雄花5朵；花梗长3~4 mm，粗壮，密被锈色柔毛；花被裂片8，长卵形，长3. 5~4 mm，宽1. 5~2 mm，中脉明显，外面基部及中肋被柔毛，边缘有睫毛；能育雄蕊16~17枚，花丝中部以下具黄色柔毛；退化子房卵形，柱头2裂，均无毛。果扁球形，直径2~2. 3 cm，长约1. 5 cm，成熟时紫红色；果托杯状，紧包于果实，深3~5 mm，直径2 cm，外面有皱褶，较厚，全缘或波状；果梗粗，径5~6 mm，长4 mm，有皱褶，被稀疏柔毛；果序总梗长4 mm，常宿存有小苞片。花期4~5月；果期7月。

分布 生于海拔500 m的沟谷雨林河岸湿润处，少见。产于云南南部。

栽培 喜温暖潮湿环境，土壤肥沃，疏松，夹沙土或富含腐殖质。用种子繁殖。种子因含油质，寿命不长，采种后即宜播种。

用途 种子含脂肪油，可供制皂和工业用；果含芳香油，可作食用香精和化妆香精。

含油率及化学组分数据

采集单位	测试单位	测试部位	产地	含油率(%)	碘值	酸值	皂化值	C12:0	C14:0	C16:0	C16:1	C18:0	C18:1	C18:2	C18:3	C20:0	C20:1
OFPC	XTBG	种子	云南勐腊	34. 50	6. 20	3. 30	265. 50	92. 60	3. 10	0. 70		微量	0. 90	1. 00			

黄丹木姜子

Litsea elongata (Nees) Hook. f.

樟科，木姜子属

特征 常绿小乔木或中乔木，高达12 m。叶互生，通常长圆形或长圆状披针形，长6~22 cm，宽2~6 cm，先端钝或短渐尖，基部楔形或近圆，革质，上面无毛，下面被短柔毛，羽状脉，侧脉10~20条，中脉及侧脉在叶上面平或稍下陷，在下面凸起，横行小脉在下面明显凸起；叶柄长1~2. 5 cm，密被褐色绒毛。伞形花序单生，少簇生；总梗通常较粗短，长2~5 mm，密被褐色绒毛；每一花序有花4~5朵，花梗被丝状长柔毛；花被裂片6，卵形，外面中肋有丝状长柔毛；雄花中能育雄蕊9~12枚，花丝有长柔毛，腺体圆形，无柄，退化雌蕊细小，无毛；雌花序较雄花序略小；子房卵圆形，无毛，花柱粗壮，柱头盘状；退化雄蕊细小，基部有柔毛。果长圆形，长11~13 mm，直径7~8 mm，成熟时黑紫色。花期5~11月；果期2~6月。

分布 生于海拔500~2000 m的山坡路旁、溪旁、杂木林下，少见。产于广东、广西、湖南、湖北、四川、贵州、云南、西藏、安徽、浙江、江苏、江西、福建。尼泊尔、印度也有分布。

栽培 喜温暖潮湿环境。土壤肥沃，疏松，夹沙土或富含腐殖质。用种子繁殖。种子因含油质，寿命不长，采种后即宜播种。苗期需要遮阴。

用途 种子可榨油，供工业用。木材可作建筑及家具等用。

含油率及化学组分数据

采集单位	测试单位	测试部位	产地	含油率(%)	碘值	酸值	皂化值	C12:0	C14:0	C16:0	C16:1	C18:0	C18:1	C18:2	C18:3	C20:0	C20:1
OFPC	XTBG	种子	云南勐腊	53. 00	6. 40	0. 70	262. 2	54. 70	7. 70	0. 90			7. 10	2. 20	0. 70		

潺槁木姜子（潺槁树）

Litsea glutinosa (Lour.) C.B. Rob.

樟科，木姜子属

特征 常绿小乔木或乔木，高3~15 m。树皮灰色或灰褐色。小枝灰褐色，幼时有灰黄色绒毛；顶芽卵圆形，鳞片外面被灰黄色绒毛。叶互生，倒卵形或倒卵状长圆形，长6.5~16 cm，宽5~11 cm，先端钝或圆，基部楔形，钝或近圆，革质，幼时两面均有毛，羽状脉，侧脉8~12条，直展，中、侧脉在叶上面微凸，在下面凸起；叶柄长1~2.6 cm，有灰黄色绒毛。伞形花序生于小枝上部叶腋，单生或几个生于短枝上，短枝长达2~4 cm或更长，花序梗长1~1.5 cm，均被灰黄色绒毛；苞片4枚；每一花序有花数朵，花梗被灰黄色绒毛；花被不完全或缺；能育雄蕊通常15枚，花丝长，有灰色柔毛，腺体有长柄，柄有毛；退化雌蕊椭圆，无毛；雌花中子房近于圆形，花柱粗大，柱头漏斗形；退化雄蕊有毛。果球形，直径约7 mm。花期5~6月；果期9~10月。

分布 生于海拔500~1900 m的山地林缘、溪旁、疏林或灌丛中。产于广东、广西、福建以及云南南部。越南、菲律宾、印度也有分布。

栽培 喜温暖潮湿环境，土壤肥沃，疏松，夹沙土或富含腐殖质。用种子繁殖，种子因含油质，寿命不长，采种后即宜播种。也可分株繁殖。

用途 木材黄褐色，稍坚硬，耐腐，可作家具用材；树皮和木材含胶质，可作黏合剂；种仁含油率达50.3%，供制皂及作硬化油；根皮和叶，民间入药，清湿热、消肿毒，治腹泻，外敷治疮痈。

含油率及化学组分数据

采集单位	测试单位	测试部位	产地	含油率(%)	碘值	酸值	皂化值	C12:0	C14:0	C16:0	C16:1	C18:0	C18:1	C18:2	C18:3	C20:0	C20:1
OFPC	XTBG		云南勐腊	57.50	6.60	4.50	253.30	81.70	14.20	0.90			0.80				
OFPC	SCBG		广东广州	50.80	29.70		251.70	38.50	3.50	16.70		1.50	23.50	10.90		0.50	

华南木姜子

Litsea greenmaniana C.K. Allen

樟科，木姜子属

特征 常绿小乔木，高6~8 m。小枝红褐色，幼时被短柔毛。叶互生，椭圆形或近倒披针形，长4~13.5 cm，宽2~3.5 cm，先端渐尖或镰刀状尖，基部楔形，薄革质，两面均无毛，羽状脉，侧脉约10条，纤细，网脉明显；叶柄长0.7~1.3 cm，初时被短柔毛，后脱落至近于无毛。伞形花序1~4个生于叶腋或枝侧的短枝上，花序梗长3~4 mm，被短柔毛，有雄花3~4朵；花梗短，有短柔毛；花被裂片6，黄色，卵形或椭圆形，长2 mm，宽1 mm，外面有柔毛，内面无毛；能育雄蕊9枚，花丝有长柔毛，腺体心形，无柄；退化雌蕊细小，柱头2裂，无毛。果椭圆形，长13 mm，直径8 mm；果托杯状，深2 mm，直径4 mm；果梗长3 mm。花期7~8月；果期12月至翌年3月。

分布 生于海拔1200 m以下的山谷杂木林中，少见。产于广东、广西、福建、云南。

栽培 喜光，喜温暖、湿润，耐干旱。喜土层深厚、排水良好、肥沃的壤土。播种繁殖。

用途 果可提芳香油；种子含脂肪油，可作工业用。

含油率及化学组分数据

采集单位	测试单位	测试部位	产地	含油率(%)	碘值	酸值	皂化值	C12:0	C14:0	C16:0	C16:1	C18:0	C18:1	C18:2	C18:3	C20:0	C20:1
OFPC	SCBG	种仁	广东乳源	37.80	61.60		250.50	41.20	9.90	6.10			8.00	13.80			

毛叶木姜子（清香木姜子）

Litsea mollis Hemsl. [*Litsea mollifolia* Chun; *Litsea euosma* W.W. Sm.]

樟科，木姜子属

特征 落叶灌木或小乔木，高达4 m。小枝灰褐色，有柔毛。叶互生或聚生枝顶，长圆形或椭圆形，长4~12 cm，宽2~4.8 cm，先端凸尖，基部楔形，纸质，上面无毛，下面密被白色柔毛，羽状脉；叶柄长1~1.5 cm，被白色柔毛。伞形花序腋生，常2~3个簇生于短枝上，短枝长1~2 mm，花序梗长6 mm，有白色短柔毛，每一花序有花4~6朵，先叶开放或与叶同时开放；花被裂片6，黄色，宽倒卵形；能育雄蕊9枚，花丝有柔毛，第3轮基部腺体盾状心形，黄色；退化雌蕊无。果球形，直径约5 mm，成熟时蓝黑色；果梗长5~6 mm，有稀疏短柔毛。花期2~4月；果期9~10月。

分布 广西：全州县盐井村，25°41′32″N，110°47′22″E，530 m，2012-11-24，许为斌4001101335。湖南：永顺小溪，28°47′26″N，110°12′44″E，748 m，2009-08-07，徐亮、周建军400191091；通道自治县木脚龙底，27°52′26″N，113°02′43″E，2009-08-05，严岳鸿、何祖霞、黄玉滢400181006；桑植县上河溪刘家垭，29°43′51″N，110°12′13″E，2010-10-16，张兵、谷志容400181195。重庆：南川区三泉镇金佛山黄草坪下方，29°08′08″N，107°19′04″E，1245 m，2009-08-20，刘正宇等400231031。陕西：汉中双台区七里店，33°05′15″N，107°03′60″E，500 m，2011-09-05，薛帅、秦烁400324076。生于海拔600~2800 m的山坡灌丛中或阔叶林中，常见。产于广东、广西、湖南、湖北、四川、贵州、云南以及西藏东部。

栽培 喜光，喜温暖、湿润，耐干旱。喜土层深厚、排水良好、肥沃的壤土。播种繁殖。

用途 果可提芳香油，出油率3%~5%；种子含脂肪油25%，属不干性油，为制皂的上等原料；根和果实还可入药，果实在湖北民间代山鸡椒L.cubeba (Lour.) Pers.作“毕澄茄”使用。

含油率及化学组分数据

采集单位	测试单位	测试部位	产地	含油率(%)	碘值	酸值	皂化值	C12:0	C14:0	C16:0	C16:1	C18:0	C18:1	C18:2	C18:3	C20:0	C20:1
GXIB	SCBG	种子	广西全州	46.25			127.63		0.20	8.35	0.19	1.92	25.14	52.88	4.09	0.72	0.53
JSU	SCBG	种仁	湖南永顺	25.09	6.50	10.37	182.02										
HUST	HUST	种仁	湖南通道	27.10	83.80	41.15	157.71	28.28	1.75	13.70	14.46	1.32	13.91	36.6	2.98		
HUST	HUST	种子	湖南桑植	49.31	30.23	49.88	240.64		0.02	5.66		2.30	24.60	61.60	0.98	0.95	0.40
CIPP	SCBG	种仁	重庆南川	50.63	31.76	12.45	245.76			6.04	0.11	4.66	20.69	12.14	0.15	53.92	0.16
CAU	ICS	种子	陕西汉中	51.42	19.47	6.82	263.08	74.97	1.90	0.78		0.26	4.50	2.85	0.16		0.15
OFPC	XTBG	种子	云南勐腊	32.50	36.20	18.40	249.30	74.10	8.30	5.60			3.50	2.50			
OFPC	SCBG	种仁	西藏墨脱	56.20	6.60		261.10	85.60	2.80	0.30			2.60	1.10			

香花木姜子

Litsea panamanja (Buch.-Ham. ex Nees) Hook. f.

樟科，木姜子属

特征 常绿乔木，高约20 m。小枝褐色，初时有柔毛，后毛脱落变无毛。叶长圆形或披针形，长10~18 cm，宽3~7 cm，互生，先端渐尖或短尖，基部楔形，革质，两面均无毛，羽状脉，中脉在叶两面均凸起，侧脉7~11条；叶柄长约2 cm，无毛。伞形花序生于短枝上，组成总状花序，雄花的总状花序长3~5 cm，有柔毛；苞片外面有淡褐色短柔毛，内面无毛；每一小伞形花序梗长3~5 mm，有褐色短柔毛，有花5朵，花细小，黄色，略有香味，花梗长1.5 mm，密被黄褐色柔毛；花被裂片6，长圆形或卵形，外面基部具淡黄色丝状短柔毛，内面无毛；能育雄蕊9枚，长1.7 mm，花丝无毛，腺体有短柄；退化雌蕊无毛；雌的总状花序较雄的短，长1.5~2 cm；雌花中子房近圆形，无毛，花柱无毛，柱头膨大。果扁球形，长约6 mm，直径约10 mm；果托杯状。花期8~9月；果期3月。

分布 生于常绿阔叶混交林中，海拔500~2000 m。产于广西、云南。印度、越南北部也有分布。

栽培 喜湿润气候，喜光。适生于上层深厚、排水良好的土壤。用种子繁殖或插条繁殖。

用途 种子含油，可作工业用。

含油率及化学组分数据

采集单位	测试单位	测试部位	产地	含油率(%)	碘值	酸值	皂化值	C12:0	C14:0	C16:0	C16:1	C18:0	C18:1	C18:2	C18:3	C20:0	C20:1
OFPC	XTBG	种仁	云南勐腊	51. 20	17. 80	1. 20	255. 7	87. 00	3. 20	3. 80			4. 20	1. 30			

杨叶木姜子

Litsea populifolia (Hemsl.) Gamble

樟科，木姜子属

特征 落叶小乔木，高3~5 m。除花序有毛外，其余均无毛。小枝绿色，搓之有樟脑味。叶互生，常聚生于枝梢，圆形至宽倒卵形，长6~8 cm，宽5~7 cm，先端圆，基部圆形或楔形，纸质，嫩叶紫红绿色，羽状脉，侧脉5~6条，中脉、侧脉在叶两面均凸起；叶柄长2~3 cm。伞形花序常生于枝梢，与叶同时开放，总花梗长3~4 mm，被黄色柔毛，每一花序有雄花9~11朵；花梗细长，长1~1. 5 cm，有稀疏柔毛；花被裂片6，卵形或宽卵形，长约3 mm，黄色；能育雄蕊9枚，花丝无毛，第3轮基部的腺体大，有柄；退化雌蕊无毛。果球形，直径5~6 mm；果梗长1~1. 5 cm，先端略增粗。花期4~5月；果期8~9月。

分布 生于海拔750~2000 m的山地阳坡或河谷两岸，有时组成纯林，阴坡灌丛或干瘠土层的次生林中也有分布。产于四川以及产云南东北部、西藏东部。

栽培 喜湿润气候，喜光。适生于上层深厚、排水良好的土壤。用种子繁殖或插条繁殖。

用途 叶、果实可提芳香油，用于化妆品及皂用香精；种子含油率高，供工业及照明用。据四川省资料，鲜叶含芳香油，嫩叶提油后可作饲料。

含油率及化学组分数据

采集单位	测试单位	测试部位	产地	含油率(%)	碘值	酸值	皂化值	C12:0	C14:0	C16:0	C16:1	C18:0	C18:1	C18:2	C18:3	C20:0	C20:1
OFPC	KMIB	果实	云南昭通	49. 40	50. 00	64. 90	223. 00	28. 7	微量	21. 10			33. 60	4. 10			

木姜子

Litsea pungens Hemsl.

樟科，木姜子属

特征 落叶小乔木。叶互生，披针形或倒卵状披针形，常聚生于枝顶，长4~15 cm，宽2~5. 5 cm，先端短尖，基部楔形，膜质，幼叶下面具绢状柔毛，后脱落渐变无毛或沿中脉有稀疏毛，羽状脉。伞形花序腋生，每一花序有雄花8~12朵，先叶开放；花被裂片6，黄色，倒卵形，长2. 5 mm，外面有稀疏柔毛；能育雄蕊9枚，花丝仅基部有柔毛，第3轮基部有黄色腺体，圆形；退化雌蕊细小，无毛。果球形，直径7~10 mm，成熟时蓝黑色；果梗长1~2. 5 cm，先端略增粗。花期3~5月；果期7~9月。

分布 河南：信阳波尔登公园，31°52′7″N，114°5′7″E，136 m，2012-09-14，王亚平400314200。湖北：兴山古夫平水，31°19′10″N，110°49′28″E，2009-08-26，李晓东、杨林森40012128。四川：峨眉山龙池，29°28′23″N，102°26′12″E，1000 m，2010-09-21，崔龙、李志强40021110029。陕西：宁强县青木川西沟，32°51′49″N，105°33′34″E，800 m，2011-09-02，薛帅400324065。生于海拔800~2300 m的溪旁和山地阳坡杂木林中或林缘，常见。产于广东、广西、湖南、浙江、河南、湖北、四川、贵州、云南、西藏、陕西、山西、甘肃。

栽培 喜湿润气候，喜光。适生于上层深厚、排水良好的酸性红壤、黄壤，在低洼积水处则不宜栽种。用种子繁殖或插条繁殖。

用途 果含芳香油，据四川资料，干果含芳香油2%~6%，鲜果含3%~4%，主要成分为柠檬醛60%~90%，香叶醇5%~19%，可作食用香精和化妆香精，现已广泛利用于高级香料、紫罗兰酮和维生素甲的原料；种子含脂肪油48. 2%，可供制皂和工业用。

含油率及化学组分数据

采集单位	测试单位	测试部位	产地	含油率(%)	碘值	酸值	皂化值	C12:0	C14:0	C16:0	C16:1	C18:0	C18:1	C18:2	C18:3	C20:0	C20:1
HNAU	ICS	种子	河南信阳	38. 85	59. 35	32. 12	189. 04	6. 19	0. 27	19. 51	3. 04	39. 19	8. 83	0. 10	0. 74	0. 11	–
WHBG	WHBG	种仁	湖北兴山	43. 07	67. 19	18. 94	243. 05	69. 94	2. 49	4. 83	0. 49	0. 71	12. 63	8. 26	0. 25		0. 4
SCU	SCU	种仁	四川峨眉山	45. 74	120. 60	1. 60	177. 70			24. 18			43. 65	32. 16			
CAU	ICS	种仁	陕西宁强	39. 76	37. 73	61. 87	223. 47	38. 72	0. 85	7. 09	2. 52	0. 86	25. 51	3. 23	0. 37	0. 07	0. 07
OFPC	IB	种仁	西藏米林	55. 40	5. 30			39. 50	1. 00	0. 60		微量	1. 70	2. 90	微量		

豺皮樟

Litsea rotundifolia var. **oblongifolia** (Nees) C.K. Allen

樟科，木姜子属

特征 常绿灌木或小乔木，高达3 m。树皮灰褐色。小枝灰褐色，无毛或近无毛；顶芽卵圆形，被丝状黄色微柔毛。叶薄革质，卵状长圆形，长2. 5~5. 5 cm，宽1~2. 2 cm，先端钝或短渐尖，基部楔形或圆，两面无毛；羽状脉，侧脉3~4对，中脉、侧脉在上面凹陷，在下面凸起；叶柄粗短，初时有柔毛。伞形花序常3个簇生叶腋，几无总梗；花小，浅黄色，近无梗；花被筒杯状，被柔毛，花被裂片6，倒卵状圆形。果球形，直径约6 mm，几无果梗，成熟时蓝黑色。花期8~9月；果期9~11月。

分布 广东：广州市白云山风景区，23°09′12″N，113°16′03″E，66 m，2009-11-11，易绮斐、陈林、曾凤400119028。广西：东兴市江平镇巫头村，21°35′36″N，108°08′22″E，2009-11-22，吴望辉、叶晓霞、农东新4001101027。生于海拔800 m以下的丘陵地下部的灌木林中或疏林中或山地路旁，常见。产于海南、广东、广西、湖南、江西、福建、台湾、浙江。越南也有分布。

栽培 喜温暖、湿润至高温多湿，喜光，耐干旱。耐贫瘠。播种繁殖。种子宜随采随播。生长期施肥2~3次，早春应整枝修剪1次。

用途 种子可榨油供工业用；叶、果可提芳香油；根含生物碱、酚类、氨基酸，叶含黄酮甙、酚类、氨基酸、糖类等，可入药。枝繁叶茂，树姿优美，可作园林树和绿化树。

含油率及化学组分数据

采集单位	测试单位	测试部位	产地	含油率(%)	碘值	酸值	皂化值	C12:0	C14:0	C16:0	C16:1	C18:0	C18:1	C18:2	C18:3	C20:0	C20:1
SCBG	SCBG	种仁	广东广州	45. 60	53. 52	5. 66	230. 57	63. 07	1. 58	0. 29	5. 59	1. 02	15. 67	11. 31	0. 55		0. 63
GXIB	SCBG	种仁	广西东兴	42. 18	136. 73	1. 36	152. 47		0. 40	7. 38	0. 23	2. 17	13. 93	14. 48	59. 12	0. 29	0. 11
OFPC	SCBG	种子	广东高要	62. 50			265. 70	56. 30	3. 20	1. 30		1. 10	2. 90	5. 80			

浙江润楠

Machilus chekiangensis S. K. Lee [*Machilus longipedunculata* S. K. Lee et F. N. Wei]

樟科，润楠属

特征 乔木。枝褐色，散布纵裂的唇形皮孔。叶革质或薄革质，集生枝顶，倒披针形，长6. 5~13 cm，宽2~3. 6 cm，先端尾状渐尖，尖头常呈镰状，基部渐狭，革质或薄革质，中脉在上面稍凹陷，下面凸起，侧脉10~12对，网脉纤细，在两面构成细密的蜂巢状浅穴。圆锥花序，花黄白色，雄蕊基部有腺体，花柱被毛。果序生当年生枝基部，纤细，长7~9 cm，有灰白色小柔毛，自中部或上部分枝，总梗长3~5. 5 cm；果球形，干时带黑色；宿存花被裂片近等长，两面都有灰白色绢状小柔毛，内面的毛较疏，果梗稍纤细，长约5 mm。花期3~4月；果期6月。

分布 广东：阳山县秤架，24°46′52″N，112°49′07″E，518 m，2009-08-07，陈林、胡普炜4001146。浙江：杭州植物园，30°15′25″N，120°07′22″E，2010-10，曾庆文、谢聪、孟玉芳40011895。产于广东、浙江。

栽培 喜光，幼树较耐阴，喜温暖、湿润，耐干旱。喜土层深厚、排水良好、肥沃的壤土。播种繁殖。种子宜随采随播，或沙藏至翌春播种。成年植株移植困难，需断根处理。春季至秋季每2~3个月施肥1次。早春修剪主干下部长出的侧枝。

用途 种子含油率达高，可榨油供工业用。枝繁叶茂，四季常青，新芽及叶柄红色，红绿相衬，树姿分外美丽，为优良的园林树和绿化树。

含油率及化学组分数据

采集单位	测试单位	测试部位	产地	含油率(%)	碘值	酸值	皂化值	C12:0	C14:0	C16:0	C16:1	C18:0	C18:1	C18:2	C18:3	C20:0	C20:1
SCBG	SCBG	种仁	广东阳山	30. 10	20. 51	4. 76		0. 01	5. 74	26. 56	0. 07	1. 79	14. 48	16. 61	0. 05	0. 07	0. 30
SCBG	SCBG	种仁	浙江杭州	38. 41	110. 77	12. 47	137. 61		0. 55	5. 73		5. 08	19. 51	67. 54	44. 52	35. 53	45. 77

黔桂润楠

Machilus chienkweiensis S.K. Lee

樟科，润楠属

特征 乔木。叶椭圆形或长椭圆形，通常长6~15 cm，宽2. 2~5 cm，先端渐尖，基部楔形，薄革质，两面无毛，中脉上面凹陷，成为狭沟，下面凸起，侧脉8~12条，稍纤细，在两面稍凸起，小脉密网状，在两面构成蜂窝状或小窝状；叶柄纤细，长1. 2~2. 5 cm。花未见。果序短小，生新枝下端，长3~5 cm，无毛，总梗带红色；果球形，直径约2. 2 cm，嫩时绿色，薄被白粉；花被裂片外面无毛；果梗长约7 mm，粗约2 mm，带红色；种子的胚乳有胶质。果期6~7月。

分布 贵州：雷山县响水岩，26°22′05″N，108°09′10″E，1038 m，2012-10-19，陈丰林、夏纯、桑洪伟4001151260。生于海拔800~1100 m的山谷阔叶混交密林或疏林中，或见于沟边，少见。产于广西北部、贵州东南部。

栽培 喜光，幼树较耐阴，喜温暖、湿润，耐干旱。喜土层深厚、排水良好、肥沃的壤土。播种繁殖。种子宜随采随播，或沙藏至翌春播种。

用途 种子可榨油供工业用。

含油率及化学组分数据

采集单位	测试单位	测试部位	产地	含油率(%)	碘值	酸值	皂化值	C12:0	C14:0	C16:0	C16:1	C18:0	C18:1	C18:2	C18:3	C20:0	C20:1
SCBG	SCBG	种仁	贵州雷山	35. 12													

宜昌润楠

Machilus ichangensis Rehd. et Wils.

樟科，润楠属

特征 乔木。叶常集生当年生枝上，长圆状披针形至长圆状倒披针形，长10~24 cm，宽2~6 cm，基部楔形，坚纸质，上面无毛，下面被贴伏小绢毛或变无毛。圆锥花序长5~9 cm，有灰黄色贴伏小绢毛或变无毛，总梗纤细，长2. 2~5 cm，带紫红色，约在中部分枝，下部分枝有花2~3朵，较上部的有花1朵；花梗长5~9 mm，有贴伏小绢毛，花白色；花被裂片长5~6 mm，外面和内面上端有贴伏小绢毛，先端钝圆，外轮的稍狭；雄蕊较花被稍短，近等长，花丝长约2. 5 mm，无毛，花药长圆形，长约1. 5 mm，第3轮雄蕊腺体近球形，有柄；退化雄蕊三角形，稍尖，基部平截，连柄长约1. 8 mm；子房近球形，无毛，花柱长3 mm，柱头小，头状。果序长6~9 cm；果近球形，直径约1 cm，黑色，有小尖头；果梗不增大。花期4月；果期8月。

分布 湖北：神农架林区松柏镇八角庙，31°45′11″N，110°40′05″E，2009-08-15，李晓东、李宏亮40012118；神农架松柏八角庙沟，31°46′29″N，110°33′40″E，1365 m，2009-12-01，丁时东、危文亮400152036。生于海拔560~1400 m的山坡或山谷的疏林内，少见。产于湖北、四川以及甘肃西部、陕西南部。

栽培 喜光，喜温暖湿润气候。喜肥沃、疏松和排水良好的土壤。播种繁殖。种子宜随采随播，或沙藏至翌春播种。

用途 种子可榨油供工业用。

含油率及化学组分数据

采集单位	测试单位	测试部位	产地	含油率(%)	碘值	酸值	皂化值	C12:0	C14:0	C16:0	C16:1	C18:0	C18:1	C18:2	C18:3	C20:0	C20:1
WHBG	WHBG	种仁	湖北神农架	23. 18					0. 06	6. 07	0. 27	1. 36	59. 91	29. 92	0. 13	0. 12	0. 08
OCRI	SCBG	种仁	湖北神农架	30. 23	101. 16	39. 67	118. 14	0. 06	7. 66	0. 91	1. 98	47. 55	34. 16	3. 03	0. 12	0. 50	

薄叶润楠

Machilus leptophylla Hand.-Mazz.

樟科，润楠属

特征 高大乔木，高达28 m。叶互生或在当年生枝上轮生，倒卵状长圆形，长14~32 cm，宽3.5~8 cm，先端短渐尖，基部楔形，坚纸质，上面无毛，下面幼时被贴伏银色绢毛；叶柄稍粗，长1~3 cm，无毛。圆锥花序6~10个，聚生嫩枝的基部，长8~12 cm，柔弱，多花；花通常3朵生在一起，长7 mm，白色，干后银灰色，花梗丝状，长约5 mm；花被裂片几等长，有透明油腺，长圆状椭圆形，先端急尖，花后平展，背上有粉质柔毛，内面有很稀疏的小柔毛或无毛，边缘有微小睫毛，外轮的稍宽；能育雄蕊药室顶上有短尖，花丝近线状，基部有簇毛；退化雄蕊长1.8~2 mm，柄圆柱形，上部略增大，先端三角形，顶锐尖。果球形，直径约1 cm；果梗长5~10 mm。花期4~5月；果期8~9月。

分布 湖南：浏阳市大围山镇大围山，28°27′54″N，114°01′14″E，2009-06-12，严岳鸿400181003。湖北：武汉植物园标本馆旁，30°32′48″N，114°24′58″E，31 m，2009-07-16，李晓东、咎艳燕4001215。产于广东、广西、湖南、福建、浙江、江苏、贵州。生于海拔450~1200 m的阴坡谷地混交林中，少见。

栽培 喜光，喜温暖、湿润气候，幼树稍耐阴。喜肥沃、疏松和排水良好的土壤。播种繁殖。采收成熟的种子，并随采随播。

用途 树皮可提树脂；种子可榨油。

含油率及化学组分数据

采集单位	测试单位	测试部位	产地	含油率(%)	碘值	酸值	皂化值	C12:0	C14:0	C16:0	C16:1	C18:0	C18:1	C18:2	C18:3	C20:0	C20:1
HUST	HUST	种仁	湖南浏阳	26.14				4.97	0.29	18.58	0.75	2.59	52.34	5.41	1.43	0.16	0.04
WHBG	WHBG	种仁	湖北武汉	20.68						5.72	0.25	1.49	14.69	27.13	47.11	1.01	0.24

利川润楠

Machilus lichuanensis W.C. Cheng

樟科，润楠属

特征 高大乔木。叶椭圆形或狭倒卵形，长7.5~15 cm，宽2~5 cm，先端短渐尖至急尖，基部楔形，革质，上面仅幼时下端或下端中脉上密被淡棕色柔毛，下面幼时密被棕色柔毛，老叶下面的毛被渐薄，侧脉8~12条，上面不明显或仅稍微浮凸，下面稍明显；叶柄纤细，长1~2 cm，变无毛。聚伞状圆锥花序生当年生枝下端，长4~10 cm，自中部或上端分枝，有灰黄色小柔毛；花被裂片等长，长约4 mm，两面都密被小柔毛；花丝无毛，花梗纤细，长5~7 mm，有小柔毛。果序长5~10 cm，被微小柔毛；果扁球形，直径约7 mm。花期5月；果期9月。

分布 湖南：保靖县毛沟镇，28°37′53″N，109°17′19″E，426 m，2009-07-15，陈功锡、徐亮400191004。湖北：神农架下谷坪，31°14′18″N，110°44′56″E，239 m，2011-09-11，丁时东400151132。生于海拔约800 m的开旷山丘、山坡、阔叶混交林中或山坡崖边，少见。产于湖北西部、贵州北部。

栽培 喜光，喜温暖湿润气候，幼树稍耐阴。喜肥沃、疏松和排水良好的土壤。播种繁殖。采收成熟的种子，并随采随播。

用途 种子可榨油供工业用。

含油率及化学组分数据

采集单位	测试单位	测试部位	产地	含油率(%)	碘值	酸值	皂化值	C12:0	C14:0	C16:0	C16:1	C18:0	C18:1	C18:2	C18:3	C20:0	C20:1
JSU	SCBG	种仁	湖南保靖	1.90	6.30	9.85	159.94										
OCRI	SCBG	种仁	湖北神农架	32.48	85.32	271.39	5.19	0.21	1.38	23.14		3.03	21.01	33.02	11.16		1.38

木姜润楠

Machilus litseifolia S.K. Lee

樟科，润楠属

特征 乔木，高达13 m。叶常集生枝稍，倒披针形或倒卵状披针形，长6. 5~12 cm，宽2~4. 4 cm，先端钝，基部钝或不等侧，革质，嫩时下面密被贴伏小柔毛，老时两面无毛；侧脉6~8条，弧曲，近叶缘网结，小脉纤细，结成密网状，在两面上形成蜂巢状小窝穴，在放大镜下很明显；叶柄纤细，长1~2 cm。聚伞状圆锥花序长4. 5~8 cm，生当年生枝的近基部或兼有近顶生，疏花，在上端分枝；总梗红色稍粗壮，长约为花序的2/3；花长约5 mm；花被裂片近等长，长圆形，长约5 mm，宽约2 mm，先端圆或钝，外面无毛，内面有小柔毛；花丝无毛；雌蕊无毛。果球形，幼果粉绿色，直径约7 mm；花被裂片下部多少变厚，呈薄革质，果梗长约5 mm。花期3~5月；果期6~7月。

产地 湖南：桑植县五道水庄耳坪，29°42′57″N，109°49′15″E，99 m，2012-09-21，张九兵400181408；永顺杉木河，29°10′42″N，109°50′39″E，609 m，2009-07-19，陈功锡、徐亮400191005。生于海拔800~1600 m的山地阔叶混交疏林或密林或灌丛中，少见。产于广东、广西、湖南、浙江、贵州。

栽培 喜温暖、湿润气候，喜阳光充足，稍耐阴，耐旱。喜土层深厚、肥沃及排水良好的壤土。播种繁殖。种子宜随采随播，或沙藏至翌春播种。

用途 种子可榨油供工业用。树冠浓密优美，可作行道树及绿化树种，效果较好。

含油率及化学组分数据

采集单位	测试单位	测试部位	产地	含油率(%)	碘值	酸值	皂化值	C12:0	C14:0	C16:0	C16:1	C18:0	C18:1	C18:2	C18:3	C20:0	C20:1
HUST	HUST	种子	湖南桑植	34. 12					0. 12	6. 46		1. 33	10. 63	77. 09	2. 19	0. 18	0. 14
JSU	SCBG	种仁	湖南永顺	1. 70	17. 12	8. 90	179. 97										

龙眼楠

Machilus oculodracontis Chun

樟科，润楠属

特征 乔木，高10~18 m。叶椭圆状倒披针形或椭圆状披针形，长11~16 cm，宽2~4 cm，先端钝至短阔急尖，叶片中部以下渐狭，基部楔形，沿叶柄下延，薄革质，果时略加厚。花序3~7个，伞房式排列在小枝的顶部，有时单生，近总状，或在中部以上有少数分枝，长3~10. 5 cm，最下的分枝短或稍长，长0. 5~2. 5 cm，在总梗的上半部有花，全体有粉质微柔毛；花梗细，长约8 mm，花黄绿色，干后外面至灰色；花被裂片长圆状椭圆形，不等大，内轮的长5. 5 mm，宽2 mm，外轮的短1/3，长约3 mm，顶端略急尖，有透明油腺，两面尤其是内面有粉质微柔毛，内面基部有柔毛，第3轮雄蕊的腺体长不超过花丝的1/2；退化雄蕊柄短，略粗，先端三角状卵形，顶凸尖，基部心形；子房卵状，无毛。果球形，直径1. 8~2 cm，蓝黑色。

分布 江西：龙南县九连山，24°34′01″N，114°27′29″E，919 m，2009-10-13，陈红锋400113001。生于海拔1000 m的山地雨林中，很少见。产于海南、广东、江西。

栽培 喜光，幼树较耐阴，喜温暖、湿润，不耐干旱。喜土层深厚、排水良好、肥沃的壤土。播种繁殖，于春季进行。

用途 果实可榨油。

含油率及化学组分数据

采集单位	测试单位	测试部位	产地	含油率(%)	碘值	酸值	皂化值	C12:0	C14:0	C16:0	C16:1	C18:0	C18:1	C18:2	C18:3	C20:0	C20:1
SCBG	SCBG	种仁	江西龙南	26. 45	125. 78	101. 22	167. 16										

赛短花润楠

Machilus parabreviflora Hung T. Chang

樟科，润楠属

特征 灌木，高约2 m。叶聚生，革质，线状倒披针形，长6~12 cm，宽1~3 cm，先端尾状渐尖，基部窄楔形下延，两面无毛，中脉上面凹下成窄沟，下面明显凸起，侧脉8~10条，下面凸起，网脉在两面上均不明显。圆锥花序2~9个近顶生，长2~4 cm，无毛或有微柔毛，总梗长1~3 cm；花梗长3~5 mm；花被裂片两面有微柔毛，外轮的卵圆形，长1. 6~2 mm，内轮的卵形，长约3 mm；雄蕊长约2 mm，花丝无毛，第3轮花丝基部有毛且具2个无柄球形腺体；退化雄蕊箭头形，长1 mm，有短柄；子房无毛，花柱纤细，长1 mm。果球形，直径8 mm。

分布 广西：上思市十万大山森林公园，21°54′50″N，107°54′59″E，2010-09-07，严岳鸿、张兵400181164；上思县十万大山红旗林场，22°03′13″N，107°54′08″E，2009-09-16，吴望辉、许为斌、农东新4001101038。生于低海拔的山林中，少见。产于广西南部。

栽培 喜光，幼树较耐阴，喜温暖湿润，不耐干旱。喜土层深厚、排水良好、肥沃的壤土。播种繁殖，于春季进行。

用途 种子可榨油，作工业用。木材细致，芳香，用于作梁、柱和制家具。

含油率及化学组分数据

采集单位	测试单位	测试部位	产地	含油率(%)	碘值	酸值	皂化值	C12:0	C14:0	C16:0	C16:1	C18:0	C18:1	C18:2	C18:3	C20:0	C20:1
HUST	SCBG	种仁	广西上思	4. 12					0. 25	11. 88	0. 12	2. 82	4. 27	75. 44	2. 15	0. 31	
GXIB	SCBG	种仁	广西上思	38. 18	90. 09	5. 45	58. 14		0. 09	13. 35	0. 14	3. 06	11. 99	48. 84	18. 14	1. 24	0. 45

刨花润楠

Machilus pauhoi Kaneh.

樟科，润楠属

特征 乔木，高6. 5~20 m，直径达30 cm。树皮灰褐色，有浅裂。小枝绿带褐色，干时常带黑色，无毛或新枝基部有浅棕色小柔毛；顶芽球形至近卵形，鳞片密被棕色或黄棕色小柔毛。叶常集生小枝梢端，椭圆形或狭椭圆形，有时为倒披针形，长7~15(~17)cm，宽2~4(~5)cm，先端渐尖或尾状渐尖，尖头稍钝，基部楔形，革质，上面深绿色，无毛，下面浅绿色，嫩时除中脉和侧脉外密被灰黄色贴伏绢毛，老时仍被贴伏小绢毛，中脉上面凹下，下面明显凸起，侧脉纤细，每边12~17条，小脉很纤细，结成密网状；叶柄长1. 2~1. 6(2. 5)cm。聚伞状圆锥花序生当年生枝下部，约与叶近等长，有微小柔毛，疏花，约在中部或上端分枝；花梗纤细，长8~13 mm；花被裂片卵状披针形，长约6 mm，先端钝，两面都有小柔毛；雄蕊无毛，第3轮雄蕊的腺体有柄；退化雄蕊约和腺体等长，长约1. 5 mm；子房无毛，近球形，花柱较子房长，柱头小，头状。果球形，直径约1 cm，熟时黑色。

分布 湖北：五峰县长乐坪甘沟，30°10′46″N，110°56′57″E，957 m，2009-11-09，丁时东、危文亮400152016；五峰县长乐坪甘沟，30°10′57″N，110°54′01″E，2009-07-12，李晓东、陈士强400121062。生于海拔800~1500 m的阔叶林中，少见。产于浙江、福建、江西、湖南、广东、广西等地。

栽培 喜光，喜温暖、湿润气候。稍耐寒，喜肥沃、疏松和排水良好的土壤。用种子繁殖，果实采收后，搓去外果皮，种子有油质，寿命短，阴干后即可播种。

用途 种子可榨油。木材供建筑、家具等用。

含油率及化学组分数据

采集单位	测试单位	测试部位	产地	含油率(%)	碘值	酸值	皂化值	C12:0	C14:0	C16:0	C16:1	C18:0	C18:1	C18:2	C18:3	C20:0	C20:1
OCRI	SCBG	种子	湖北五峰	29. 60	32. 70	16. 70	282. 47			4. 69	0. 19	1. 34	51. 18	11. 21	1. 56	5. 53	21. 61
WHBG	WHBG	种仁	湖北五峰	24. 56				0. 08	0. 17	7. 70	0. 36	2. 45	35. 99	42. 15	1. 37	0. 38	0. 17

柳叶润楠

Machilus salicina Hance

樟科，润楠属

特征 常绿灌木，高达5 m。枝条褐色，有浅棕色纵列皮孔，无毛。叶革质，常生于枝条的梢端，线状披针形，长4~15 cm，宽1~3 cm，先端渐尖，基部渐狭成楔形，两面均无毛，侧脉6~11对，网脉成蜂巢状浅窝穴。聚伞状圆锥花序多数，生于新枝上端；花黄色或淡黄色；花被筒倒圆锥形，花被裂片长圆形，两面被绢状柔毛，内面的毛较密；雄蕊花丝被柔毛，基部的毛较密，雄蕊第3轮稍长，腺体圆状肾形，连柄长达花丝的1/2；退化雄蕊先端三角状箭头形，柄密被柔毛；子房近球形，花柱纤细，柱头偏头状。果球形，直径7~10 mm，熟时紫黑色；果梗红色。花期2~3月；果期4~6月。

分布 海南：陵水县本号镇吊罗山南喜，18°44′04″N，109°50′13″E，500 m，2011-01-13，秦新生4001161173。生于低海拔地区的溪畔河边，常见。产于海南、广东、广西、贵州、云南。

栽培 喜光，喜温暖、湿润气候，不耐寒。喜肥沃、疏松和排水良好的土壤。播种繁殖。采收成熟的种子，随采随播。

用途 种子可榨油，作工业用。树冠近圆球形，树姿优美整齐，可作庭园园林树、绿荫树和行道树。

含油率及化学组分数据

采集单位	测试单位	测试部位	产地	含油率(%)	碘值	酸值	皂化值	C12:0	C14:0	C16:0	C16:1	C18:0	C18:1	C18:2	C18:3	C20:0	C20:1
SCAU	SCBG	种仁	海南陵水	31.56					0.02	4.37	0.06	1.81	9.04	26.96	55.03	0.86	0.06

滇新樟

Neocinnamomum caudatum (Nees) Merr.

樟科，新樟属

特征 乔木，高5~20 m。叶互生，卵圆形或卵圆状长圆形，长4~12 cm，宽2~4.5 cm，先端渐尖，尖头钝，基部楔形、宽楔形至近圆形，坚纸质，两面无毛，三出脉；叶柄长8~12 mm。团伞花序通常5~6花，具长0.5~1 mm的总梗；圆锥花序腋生及顶生，长达10 cm，挺直，序轴上被锈色微柔毛，苞片钻形，长不及1 mm，密被锈色微柔毛；花小，黄绿色，长4~8 mm，花梗长2~6 mm；花被裂片6，近等大，三角状卵圆形，长约1.2 mm，稍厚，两面被锈色微柔毛；能育雄蕊9枚，长约1 mm，花药近四方形，花丝被柔毛，与花药近等长，第1轮和第2轮雄蕊无腺体，第3轮雄蕊基部有1对腺体，退化雄蕊小，近无柄；子房椭圆状卵珠形，长不及1 mm，花柱稍长，柱头盘状。果长椭圆形，长1.5~2 cm，直径达1 cm，成熟时红色；果托高脚杯状。花期6~10月；果期10月至翌年2月。

分布 生于海拔500~1800 m的山谷、路旁、溪边、疏林或密林中，少见。产于云南、广西。印度、尼泊尔、缅甸至越南也有分布。

栽培 喜光，喜温暖、湿润环境，幼树较耐阴。喜土层深厚、排水良好、肥沃的壤土。播种繁殖。种子宜随采随播，或沙藏至翌春播种。

用途 种子含油，可榨油作工业用。

含油率及化学组分数据

采集单位	测试单位	测试部位	产地	含油率(%)	碘值	酸值	皂化值	C12:0	C14:0	C16:0	C16:1	C18:0	C18:1	C18:2	C18:3	C20:0	C20:1
OFPC	XTBG	种仁	云南景洪	57.40		1.60	175.20			11.30		21.20	15.80	35.50	13.10		

新樟

Neocinnamomum delavayi (Lec.) H. Liu

樟科，新樟属

特征 灌木或小乔木，高1.5~10 m。叶互生，椭圆状披针形至卵圆形或宽卵圆形，长4~11 cm，宽1.5~6 cm，先端渐尖，基部锐尖至楔形，两侧常不相等，近革质，幼时两面密被锈色或白色细绢毛，老时下面有毛，三出脉；叶柄长0.5~1 cm。团伞花序腋生，具4~6花；苞片三角状钻形，密被锈色绢质短柔毛；花小，黄绿色，花梗纤细，长5~8 mm，密被锈色绢质短柔毛；花被筒极短，花被裂片6，两面密被锈色绢质短柔毛，三角状卵圆形，近等大；能育雄蕊9枚，花丝无腺体，花药长方形或卵状长方形，先端钝，稍短于花丝，第3轮雄蕊花丝基部有1对具长柄的圆状肾形腺体；退化雄蕊近匙形或卵圆形，具柄；子房椭圆状卵珠形，长约1 mm，向上渐狭，花柱短，柱头盘状。果卵球形，长1~1 cm，直径0.7~1 cm，成熟时红色。花期4~9月；果期9月至翌年1月。

分布 云南：昆明植物园东园，25°08′25″N，102°44′66″E，1920 m，2010-11-23，李忠荣400222187。生于海拔1100~2300 m的灌丛、林缘、疏林或密林中，沿河谷两岸、沟边或在排水良好的石灰岩上，少见。产于云南、四川、西藏。

栽培 喜光，喜温暖、湿润环境，幼树较耐阴。喜土层深厚、排水良好、肥沃的壤土。播种繁殖。种子宜随采随播，或沙藏至翌春播种。

用途 枝、叶含芳香油，可用于香料及医药工业；果核含脂肪，可供工业用；叶尚可入药，有祛风湿、舒筋络之效。

含油率及化学组分数据

采集单位	测试单位	测试部位	产地	含油率(%)	碘值	酸值	皂化值	C12:0	C14:0	C16:0	C16:1	C18:0	C18:1	C18:2	C18:3	C20:0	C20:1
KMIB	KMIB	种仁	云南昆明	62.80	125.20	2.70	214.00										
OFPC	KMIB	种仁	云南昆明	62.80	125.90	2.10	238.00	微量	微量	8.80		3.10	35.70	44.50		7.80	
OFPC	KMIB	果实	云南昆明		184.40	3.20	190.00	微量	微量	10.20		0.90	37.20	13.00	38.10		

新木姜子

Neolitsea aurata (Hayata) Koidz.

樟科，新木姜子属

特征 乔木。叶互生或聚生枝顶呈轮生状，长圆形、椭圆形至长圆状披针形或长圆状倒卵形，先端镰刀状渐尖或渐尖，基部楔形或近圆形，革质，上面无毛，下面密被金黄色绢毛，离基三出脉；叶柄长8~12 mm，被锈色短柔毛。伞形花序簇生于枝顶或节间，总梗短，长约1 mm；苞片圆形，外面被锈色丝状短柔毛，内面无毛；每一花序有花5朵，花梗有锈色柔毛，长2 mm；花被裂片4个，椭圆形，长约3 mm，宽约2 mm，外面中肋有锈色柔毛，内面无毛；能育雄蕊6枚，花丝基部有柔毛，第3轮基部腺体有柄；退化子房卵形，无毛。果椭圆形；果托浅盘状。花期2~3月；果期9~10月。

分布 广东：乐昌廊田龙玉潭，25°13′38″N，113°26′37″E，400 m，2011-11-27，曾庆文、陈树钢、童毅4001122228。广西：龙胜县乐江乡，25°42′04″N，110°51′06″E，395 m，2012-12-15，廖云标4001101292。江西：龙南县九连山国家级自然保护区，2011-11-12，易绮斐、潘雅书、陈华平400119181。福建：古田县双车镇下车，26°29′20″N，119°14′02″E，2010-10-28，346 m、梁耀400112175。生于海拔500~1700 m的山坡林缘或杂木林中，常见。产于广东、广西、台湾、江西、福建、湖南、江苏、湖北、四川、贵州、云南。日本也有分布。

栽培 喜光，喜温暖、湿润环境，幼树较耐阴。喜土层深厚、排水良好、肥沃的壤土。播种繁殖。种子宜随采随播，或沙藏至翌春播种。

用途 根供药用，可治气痛、水肿、胃脘胀痛。

含油率及化学组分数据

采集单位	测试单位	测试部位	产地	含油率(%)	碘值	酸值	皂化值	C12:0	C14:0	C16:0	C16:1	C18:0	C18:1	C18:2	C18:3	C20:0	C20:1
SCBG	SCBG	种仁	广东乐昌	30.17				0.027	0.197	17.18		2.88	10.34	62.38	2.83	0.32	0.20
GXIB	SCBG	种仁	广西龙胜	59.40	91.17	0.98	157.05		0.08	6.33	0.17	5.29	40.76	13.05	32.75	0.26	0.19
SCBG	SCBG	种仁	江西龙南	77.82	18.94	2.13	255.99	0.50	25.70	7.22	3.56		53.00			5.99	4.03
SCBG	SCBG	种仁	福建古田	25.09		12.19	229.63	0.14	7.66	14.76	0.76	3.02	52.05		7.48	0.85	0.14
OFPC	SCBG	种子	云南路南	54.10	55.60	19.90	240.40	39.6	2.40	8.40			15.30	11.80			

绣毛新木姜（锈叶新木姜子）

Neolitsea cambodiana Lec.

樟科，新木姜子属

特征 乔木，高8~12 m。小枝轮生或近轮生，幼时密被锈色绒毛。叶近轮生，长圆状披针形、长圆状椭圆形或披针形，长10~17 cm，宽3. 5~6 cm，先端近尾状渐尖或凸尖，基部楔形，革质，幼叶两面密被锈色绒毛，老叶上面仅基部中脉有毛，下面沿脉有柔毛，羽状脉或近似三出脉；叶柄长1~1. 5 cm，密被锈色绒毛。伞形花序簇生叶腋或枝侧；苞片4枚，外面背脊有柔毛；每一花序有花4~5朵，花梗长约2 mm，密被锈色长柔毛；雄花花被卵形，外面和边缘密被锈色长柔毛，内面基部有长柔毛；能育雄蕊6枚，花丝基部有长柔毛，第3轮基部的腺体小，具短柄；退化雌蕊无毛，花柱细长；雌花花被条形或卵状披针形，退化雄蕊基部有柔毛，子房卵圆形，花柱有柔毛，柱头2裂。果球形；果托扁平盘状，边缘常残留有花被片；果梗长约7 mm，有柔毛。花期10~12月；果期翌年7~8月。

分布 广东：乐昌廊田白云洞，24°11′21″N，113°24′07″E，2012-11-09，王发国、于海玲400119241；连平县黄牛石保护区，24°30′31″N，114°27′50″E，2011-11-10，易绮斐、潘雅书、陈华平400119166。生于海拔1000 m以下的山地混交林中，少见。产于广东、广西、湖南、江西南部、福建。柬埔寨、老挝也有分布。

栽培 喜光，幼树较耐阴，喜温暖、湿润，稍耐寒，耐干旱。喜土层深厚、排水良好、肥沃的壤土。播种繁殖。种子宜随采随播，或沙藏至翌春播种。

用途 本种树皮、枝、叶均含黏质，粉碎后作线香粉，胶合力强，尤以树皮为佳，外销称“大青石粉”，还可作钻探工程的加压剂；树叶还供药用，民间外敷治疮疥。

含油率及化学组分数据

采集单位	测试单位	测试部位	产地	含油率(%)	碘值	酸值	皂化值	C12:0	C14:0	C16:0	C16:1	C18:0	C18:1	C18:2	C18:3	C20:0	C20:1
SCBG	SCBG	种仁	广东乐昌	47. 35				0. 05	0. 05	7. 26	0. 14	4. 27	48. 90	35. 65	0. 76	1. 24	1. 68
SCBG	SCBG	种仁	广东连平	21. 23	12. 94		169. 28	0. 02	0. 03	3. 60		0. 47	74. 59	63. 28	0. 73	0. 14	

鸭公树

Neolitsea chui Merr.

樟科，新木姜子属

特征 乔木。叶互生或聚生枝顶呈轮生状，椭圆形至长圆状椭圆形或卵状椭圆形，长8~16 cm，宽2~10 cm，先端渐尖，基部尖锐，革质，两面无毛，离基三出脉，侧脉3~5条，最下一对侧脉离叶基2~5 mm处发出。伞形花序密集多个，腋生或侧生；苞片4枚，宽卵形，长约3 mm，外面有稀疏短柔毛；每一花序有花5~6朵，花梗长4~5 mm，被灰色柔毛；花被裂片4个，卵形或长圆形，外面基部及中肋被柔毛，内面基部有柔毛；雄花：能育雄蕊6枚，花丝长约3 mm，基部有柔毛，第3轮基部的腺体肾形，退化子房卵形，无毛，花柱有稀疏柔毛；雌花：退化雄蕊基部有柔毛；子房卵形，无毛，花柱有稀疏柔毛。果椭圆形或近球形，长约1 cm，直径约8 mm；果梗长约7 mm，略增粗。花期9~10月；果期12月。

分布 广东：龙门县南昆山，23°37′09″N，113°51′37″E，2011-12-16，王鹏、邢福武400114212；连平县大埠镇，24°19′31″N，114°33′33″E，2011-10-26，易绮斐、潘雅书、陈华平400119145；阳山县秤架乡十八湾，24°51′35″N，112°52′28″E，2010-10-27，王发国400113086。广西：永福县堡里乡清坪村，24°50′56″N，111°11′01″E，372 m，2011-12-18，林春蕊、郭伦发4001101274；龙胜县伟江乡，25°49′43″N，110°53′05″E，500 m，2012-09-22，廖云标4001101308。浙江：清凉峰，30°06′16″N，118°52′25″E，2010-10-15，曾庆文等400112175。生于海拔500~1400 m的山谷或丘陵地的疏林中，常见。产于海南、广东、广西、湖南、江西、福建、云南。

栽培 喜光，幼树较耐阴，喜温暖、湿润，耐干旱。喜土层深厚、排水良好、肥沃的壤土。播种繁殖。种子宜随采随播，或沙藏至翌春播种。

用途 果核含油量高，油供制肥皂和润滑等用。

含油率及化学组分数据

采集单位	测试单位	测试部位	产地	含油率(%)	碘值	酸值	皂化值	C12:0	C14:0	C16:0	C16:1	C18:0	C18:1	C18:2	C18:3	C20:0	C20:1
SCBG	SCBG	种仁	广东龙门	42. 65	73. 08	15. 88	211. 23	0. 02	38. 67	8. 67	–	1. 42	31. 39	17. 94	0. 49	1. 33	0. 07
SCBG	SCBG	种仁	广东东莞	66. 14	80. 77	2. 52	205. 04	0. 40	14. 96	7. 05	4. 31	31. 50	36. 07	1. 67	4. 04		
SCBG	SCBG	种仁	广东东莞	75. 16	71. 97	12. 55	239. 08	0. 25	14. 69	4. 94	0. 39	33. 03	44. 14	0. 57	1. 27		0. 71
SCBG	SCBG	种仁	广东阳山	62. 23	86. 62	17. 34	233. 87	61. 22	10. 69	1. 14	0. 041	12. 73	4. 73	9. 14	0. 13		
GXIB	SCBG	种仁	广西永福	46. 10	97. 55	0. 94	176. 95	0. 16	0. 63	10. 90	0. 61	1. 62	18. 09	43. 55	1. 29	0. 34	0. 12
GXIB	SCBG	种子	广西龙胜	36. 00	59. 45	2. 49				12. 67	0. 36	3. 35	26. 70	50. 90	1. 45	0. 62	0. 27
SCBG	SCBG	种仁	浙清凉峰江	46. 34	89. 38	36. 24	204. 34	55. 99	10. 68	1. 49		16. 66	4. 68	9. 81	0. 40	0. 32	
OFPC	SCBG	果实	广东乳源	50. 10	54. 80		240. 10	32. 80	2. 80	8. 90		微量	28. 20	11. 20			
OFPC	IB	种子	广西大瑶山	63. 80	30. 00		240. 40	64. 50	2. 00	0. 60		0. 20	5. 00	7. 30			

海南新木姜子

Neolitsea hainanensis Yen C. Yang et P.H. Huang

樟科，新木姜子属

特征 乔木或小乔木。叶近轮生或互生，椭圆形或圆状椭圆形，长3~7 cm，宽2~4 cm，先端凸尖，基部阔楔形或近圆，革质，两面无毛，均有明显的蜂窝状小穴，离基三出脉。伞形花序1个至多个簇生叶腋或枝侧，无总梗或有极短的总梗；苞片4枚，外面有短柔毛；每一花序有花5朵，花梗长2 mm，被长柔毛；花被裂片4，卵形，长2 mm，宽1. 5 mm，外面中肋有柔毛，内面仅基部有柔毛，边缘无睫毛；雄花能育雄蕊6枚，花丝基部有长柔毛；第3轮基部腺体圆形，具短柄，退化雌蕊细小，长1 mm，无毛；雌花：退化雄蕊基部有长柔毛，子房卵圆形或近圆形，长1 mm，花柱长1. 5 mm，弯曲，柱头浅2裂，均无毛。果球形，直径6~8 mm；果托近于扁平盘状，常宿存有花被片；果梗长4~4. 5 mm，较纤细，先端略增粗，有柔毛。花期11月；果期7~8月。

分布 广西：武鸣县两江镇大明山，23°30′56″N，108°23′34″E，1166 m，2010-10-25，吴磊、杨金财4001101114。生于海拔700~2200 m的山坡混交林中，少见。产于海南、广西。

栽培 喜光，喜温暖、湿润气候，幼树稍耐阴。喜肥沃、疏松和排水良好的土壤。播种繁殖。采收成熟的种子，并随采随播。

用途 果含芳香油；种子含脂肪油48. 2%，可供制皂和工业用。

含油率及化学组分数据

采集单位	测试单位	测试部位	产地	含油率(%)	碘值	酸值	皂化值	C12:0	C14:0	C16:0	C16:1	C18:0	C18:1	C18:2	C18:3	C20:0	C20:1
GXIB	SCBG	种仁	广西武鸣	68. 74	66. 22	1. 45	244. 09	72. 69	8. 81	1. 26	0. 10	0. 46	7. 76	8. 55	0. 09		0. 28

大叶新木姜子

Neolitsea levinei Merr.

樟科，新木姜子属

特征 乔木。叶轮生，长圆状披针形至长圆状倒披针形或椭圆形，长15~31 cm，宽4. 5~9 cm，先端短尖或凸尖，基部尖锐，革质，上面深绿色，无毛，下面幼时密被黄褐色长柔毛，老时毛渐脱落，离基三出脉。伞形花序数个生于枝侧，具总梗，总梗长约2 mm；每一花序有花5朵，花梗长3 mm，密被黄褐色柔毛；花被裂片4，卵形，黄白色，长约3 mm，外面有稀疏柔毛，边缘有睫毛，内面无毛；雄花：能育雄蕊6枚，第3轮基部的腺体椭圆形，具柄；退化子房卵形，花柱有柔毛；雌花的退化雄蕊长3~3. 2 mm，无毛，子房卵形或卵圆形，无毛，花柱短，有柔毛，柱头头状。果椭圆形或球形，长1. 2~1. 8 cm，直径0. 8~1. 5 cm，成熟时黑色；果梗长0. 7~1 cm，密被柔毛，顶部略增粗。花期3~4月；果期8~10月。

分布 海南：三亚槟榔谷，18°23′03″N，109°40′58″E，187 m，2010-12-25，刘东明、梁耀、王鹏400112252。广东：惠州市南昆山石灶，23°37′16″N，113°48′49″E，939 m，2009-10-03，邢福武40011238。生于海拔300~1300 m的山地路旁、水旁及山谷密林中，常见。产广东、广西、湖南、江西、福建、湖北、四川、贵州、云南。

栽培 喜光，喜温暖、湿润气候，幼树稍耐阴。喜肥沃、疏松和排水良好的土壤。播种繁殖。采收成熟的种子，并随采随播。

用途 本种根可入药，治妇女白带。

含油率及化学组分数据

采集单位	测试单位	测试部位	产地	含油率(%)	碘值	酸值	皂化值	C12:0	C14:0	C16:0	C16:1	C18:0	C18:1	C18:2	C18:3	C20:0	C20:1
SCBG	SCBG	种仁	海南三亚	13. 45	3. 45	8. 42	161. 60		0. 02	7. 76	1. 89	3. 40	41. 77		1. 31	3. 74	
SCBG	SCBG	种仁	广东惠州	63. 70	49. 01	1. 15	239. 60	78. 86	2. 37	1. 09		6. 37	5. 17	5. 70	0. 17		0. 28

长梗新木姜子

Neolitsea longipedicellata Yen C. Yang et P.H. Huang

樟科，新木姜子属

特征 乔木。叶互生或近轮生，卵形或长圆形，长5~8. 5 cm，宽2~4 cm，先端渐尖或短尾尖，基部圆形或近圆，革质，上面无毛，下面初时有贴伏小柔毛，后变无毛，离基三出脉。伞形花序多个生于叶腋或枝侧；苞片4枚，外面有贴伏丝状毛，内面无毛；每一花序有花5朵，花梗被丝状长柔毛；花被裂片4个，卵形，外面基部及中肋有丝状柔毛，内面仅基部有毛；能育雄蕊6枚，花丝仅基部有毛，第3轮基部的腺体盾状，有柄；退化雌蕊卵圆形，柱头大，盾状，均无毛。果圆球形，直径约8 mm，成熟时黑色；果托浅盘状，细小；果梗长1. 5~2 cm，较粗壮，初时有柔毛，后渐脱落近于无毛。花期3~4月；果期11月。

分布 广西：恭城和平乡银腚山，24°54′07″N，110°59′00″E，898 m，2011-11-15，郭伦发、林春蕊4001101246。生于海拔1500 m的山地路旁、山谷密林中，少见。产于广西北部。

栽培 喜光，喜温暖至高温多湿，幼树较耐阴，耐干旱。喜土层深厚、排水良好、肥沃的壤土。播种繁殖。种子宜随采随播，或沙藏至翌春播种。

用途 果核可榨油，供制肥皂和润滑油用；枝叶可蒸馏芳香油，作化妆品原料。

含油率及化学组分数据

采集单位	测试单位	测试部位	产地	含油率(%)	碘值	酸值	皂化值	C12:0	C14:0	C16:0	C16:1	C18:0	C18:1	C18:2	C18:3	C20:0	C20:1
GXIB	SCBG	种子	广西恭城	41. 85		4. 76	169. 97										

显脉新木姜子

Neolitsea phanerophlebia Merr.

樟科，新木姜子属

特征 小乔木，高达10 m。小枝黄褐或紫褐色，密被近锈色短柔毛。叶轮生或散生，长圆形至长圆状椭圆形，或长圆状披针形至卵形，长6~13 cm，宽2~4. 5 cm，先端渐尖，基部急尖或钝，纸质至薄革质，上面幼时仅脉上有短的近锈色柔毛，下面有密的贴伏柔毛和长柔毛，离基三出脉；叶柄长1~2 cm，密被近锈色的短柔毛。伞形花序2~4个丛生于叶腋或生于叶痕的腋内，无总梗，每一花序有花5~6朵；苞片4枚，外面有贴伏短柔毛，花梗长2~3 mm，密被锈色柔毛；花被裂片4枚，卵形或卵圆形，长3 mm，宽2 mm，外面及边缘有柔毛，内面仅基部有毛；能育雄蕊6枚，花丝长2~2. 5 mm，基部有柔毛，第3轮基部的腺体圆形；退化雌蕊无。果近球形，直径5~9 mm，无毛，成熟时紫黑色；果梗纤细，长5~7 mm，有贴伏柔毛。花期10~11月；果期7~8月。

分布 广东：惠州市梅园，22°49′57″N，114°35′49″E，2011-12-16，王鹏、邢福武400114210。生于海拔1000 m以下的山谷疏林中，常见。产于广东、广西、湖南、江西。

栽培 喜光，喜温暖至高温多湿，幼树较耐阴，耐干旱。喜土层深厚、排水良好、肥沃的壤土。播种繁殖。种子宜随采随播，成熟果实后采收，应及时放入水中浸2~3 d，搓去果肉，然后洗净晾干沙藏。

用途 种子可榨油，供工业用。树干通直，结构细致，纹理通直，富有香气，是建筑、家具、船舶等的上等用材。适宜作庭园树。

含油率及化学组分数据

采集单位	测试单位	测试部位	产地	含油率(%)	碘值	酸值	皂化值	C12:0	C14:0	C16:0	C16:1	C18:0	C18:1	C18:2	C18:3	C20:0	C20:1
SCBG	SCBG	种仁	广东惠州	70. 68	18. 14	204. 72	0. 008	43. 68	8. 89		1. 97	29. 82	14. 34		1. 29		
OFPC	SCBG	果实	广东乳源	51. 40			212. 60	42. 80	5. 90	5. 20			10. 10	12. 30			

美丽新木姜子

Neolitsea pulchella (Meisn.) Merr.

樟科，新木姜子属

特征 小乔木。树皮灰色或灰褐色。叶互生或聚生于枝端呈轮生状，椭圆形或长圆状椭圆形，长4~6 cm，宽2~3 cm，先端渐尖或短尾状渐尖，基部楔形或狭尖，革质，上面幼时仅沿中脉有短柔毛，下面幼时具灰色长柔毛，老时无毛，两面均无明显的蜂窝状小穴，离基三出脉。伞形花序，单独或2~3个簇生，无总梗或近于无梗，每1雄花序有花4~5朵；花梗长2 mm，密被长柔毛；花被裂片4枚，椭圆形，外面中肋有长柔毛，内面基部有长柔毛，边缘中部有睫毛；能育雄蕊6枚，花丝长2 mm，中下部有长柔毛，第3轮基部腺体小，圆形，有柄。果球形；果托浅盘状，直径约2 mm。花期10~11月；果期8~9月。

分布 广东：连平县大埠镇，24°19′31″N，114°33′33″E，2011-11-08，易绮斐、潘雅书、陈华平400119158。江西：吉安市井冈山，26°35′59″N，114°08′21″E，754 m，2010-10-15，廖文波等400144009。浙江：舟山市普陀山，30°41′14″N，122°45′41″E，10 m，2009-11-14，王发国、翟俊文400113032；杭州植物园，30°15′25″N，120°07′22″E，2010-10，曾庆文、谢聪、孟玉芳40011891。生于混交林中或山谷中，少见。产于广东、广西、江西、福建、浙江。

栽培 喜光，喜温暖至高温多湿，幼树较耐阴，耐干旱。喜土层深厚、排水良好、肥沃的壤土。播种繁殖。种子宜随采随播，或沙藏至翌春播种。

用途 果核可榨油，供制肥皂和润滑油用；枝叶可蒸馏芳香油，作化妆品原料。

含油率及化学组分数据

采集单位	测试单位	测试部位	产地	含油率(%)	碘值	酸值	皂化值	C12:0	C14:0	C16:0	C16:1	C18:0	C18:1	C18:2	C18:3	C20:0	C20:1
SCBG	SCBG	种仁	广东连平	66. 14	80. 77	2. 52	205. 04	0. 40	14. 96	7. 05	4. 31	31. 50	36. 07	1. 67	4. 04		
SYSU	SCBG	种仁	江西吉安	42. 26	16. 90	2. 89	277. 48	0. 02	0. 05	5. 47	0. 25	1. 20	21. 14	69. 02	0. 62	0. 05	0. 14
SCBG	SCBG	种仁	浙江舟山	55. 50	63. 39	19. 47	230. 89	37. 57	4. 46	7. 64	0. 31	1. 99	34. 25	13. 00	0. 35	0. 10	0. 33
SCBG	SCBG	种仁	浙江杭州	81. 19	126. 50	14. 65	122. 28	0. 28	0. 10	11. 02	0. 43	2. 63	20. 482	63. 28	1. 19	0. 29	

舟山新木姜子

Neolitsea sericea (Blume) Koidz.

樟科，新木姜子属

特征 小乔木，高达10 m。树皮灰白色，平滑。嫩枝、顶芽、叶柄密被金黄色丝状柔毛，老枝无毛；顶芽卵圆形。叶革质，互生，椭圆形至披针状椭圆形，长6.5~20 cm，宽3~4.5 cm，两端渐狭，先端钝，幼叶两面密被金黄色绢毛；离基三出脉，侧脉4~5对。伞形花序簇生叶腋或枝侧，无总梗，每一花序有花5朵；花被裂片4，椭圆形，外面密被长柔毛，内面基部具长柔毛；雄花有能育雄蕊6枚，花丝基部有长柔毛，第3轮基部腺体肾形，有柄；雌花退化雄蕊基部具长柔毛；子房卵圆形，花柱稍长，柱头扁平。果球形，径约1.3 cm。花期9~10月；果期1~2月。

分布 浙江：宁波市鄞县天童山，29°48′32″N，121°46′40″E，412 m，2010-11-14，葛斌杰、胡超、熊申展4001171108。生于山坡林中，少见。产于浙江、上海。朝鲜、日本也有分布。

栽培 喜光，喜温暖湿润，幼树较耐阴，耐干旱。喜土层深厚、排水良好、肥沃的壤土。播种繁殖。种子宜随采随播，或沙藏至翌春播种。

用途 果核可榨油。

含油率及化学组分数据

采集单位	测试单位	测试部位	产地	含油率(%)	碘值	酸值	皂化值	C12:0	C14:0	C16:0	C16:1	C18:0	C18:1	C18:2	C18:3	C20:0	C20:1
ECNU	SCBG	种仁	浙江宁波	66.29	82.02	3.08	255.06	57.82	8.50	2.59	0.45	1.09	15.36	13.67	0.16		0.38

绒毛新木姜子

Neolitsea tomentosa H.W. Li

樟科，新木姜子属

特征 小乔木，高3~5 m。叶互生或常3~5片轮生于枝梢，长圆形或近圆状倒披针形，长16.5~28 cm，宽5~7.5 cm，先端尾状渐尖，尖头锐尖，基部宽楔形或近圆，革质，上面仅沿中脉及侧脉略被黄褐色绒毛，下面密被黄褐色绒毛，沿脉尤密，离基三出脉；叶柄长1~2 cm，密被黄褐色绒毛。伞形花序4~6个，簇生幼枝叶腋；苞片4枚，宽卵圆形，外面密被黄褐色绒毛，内面无毛，每一花序有花5朵，花梗长1 mm，密被黄褐色小柔毛，花被裂片4枚，卵圆形，外面密被小柔毛；能育雄蕊6枚，花丝被柔毛，第3轮基部腺体圆状心形，具短柄；退化子房椭圆形，无毛，花柱纤细，无毛，柱头头状。果卵圆形。果期9月。

分布 云南：文山州麻栗坡县大坪乡小石洞村，23°13′32″N，104°54′09″E，2011-10-14，曾庆文、陈树钢、杨国400114246。生于海拔1400~1700 m的沟谷或山坡密林中，少见。产于云南东南部。

栽培 喜光，喜温暖至高温多湿，幼树较耐阴，耐干旱。喜土层深厚、排水良好、肥沃的壤土。播种繁殖。

用途 种子可榨油。

含油率及化学组分数据

采集单位	测试单位	测试部位	产地	含油率(%)	碘值	酸值	皂化值	C12:0	C14:0	C16:0	C16:1	C18:0	C18:1	C18:2	C18:3	C20:0	C20:1
SCBG	SCBG	种仁	云南文山	67.11	79.44	2.30	234.72	24.29	9.08	5.72	0.32	26.49	32.26	0.35	1.47		

鳄梨（油梨）

Persea americana Mill.

樟科，鳄梨属

特征 常绿乔木，高约10 m。树皮灰绿色，纵裂。叶革质，互生，长椭圆形、卵形或倒卵形，长8~20 cm，宽5~12 cm，先端急尖，幼时两面被短柔毛，老时仅下面疏被短柔毛；羽状脉，侧脉5~7条。聚伞状圆锥花序长8~14 cm，多数生于小枝的下部；苞片及小苞片线形，密被黄褐色短柔毛；花淡黄绿色，长5~6 mm；花被两面密被黄褐色短柔毛，花被筒倒锥形，花被片6枚，长圆形，长4~5 mm；能育雄蕊9枚，花丝丝状，扁平，密被疏柔毛，花药长圆形，先端钝，4室；退化雄蕊3枚，位于最内轮，箭头状心形；子房卵球形，长约1. 5 mm，密被疏柔毛。果大，肉质，通常梨形，长8~18 cm，黄绿色或红棕色。花期2~3月；果期8~9月。

分布 广西：桂林市雁山镇桂林植物园，25°05′05″N，110°18′45″E，2009-12-06，吴望辉、许为斌、黄俞淞4001101068。云南：普耳市曼歇坝村，22°41′31. 97″N，100°56′11. 42″E，1174 m，周琳400222175。海南、广东、福建、台湾、四川、云南等地有引种栽培。原产热带美洲。

栽培 喜光，喜温暖至高温多湿，幼树较耐阴，耐干旱。喜土层深厚、排水良好、肥沃的壤土。播种繁殖。种子宜随采随播，或沙藏至翌春播种。

用途 果实为一种营养价值很高的水果，含多种维生素、丰富的脂肪和蛋白质，钠、钾、镁、钙等含量也高，除作生果食用外也可作菜肴和罐头；果仁含脂肪油，有温和的香气，供食用、医药和化妆工业用。

含油率及化学组分数据

采集单位	测试单位	测试部位	产地	含油率(%)	碘值	酸值	皂化值	C12:0	C14:0	C16:0	C16:1	C18:0	C18:1	C18:2	C18:3	C20:0	C20:1
GXIB	SCBG	种仁	广西桂林	1. 40	98. 47	40. 78	273. 36			5. 97		2. 90	9. 82	78. 31	0. 81	0. 51	0. 15
KMIB	KMIB	种仁	云南普洱	62. 15	81. 00	1. 60	180. 10				21. 99	13. 27		49. 18	13. 02		
OFPC	SCBG	果肉	海南海口	50. 00	92. 30		193. 70		0. 10	38. 90			34. 30	26. 60			

闽楠

Phoebe bournei (Hesml.) Yen C. Yang

樟科，楠属

特征 大乔木，高达20 m。树干通直，分枝少；老树皮灰白色，新树皮带黄褐色。叶革质或厚革质，披针形或倒披针形，长7~15 cm，宽2~3 cm，先端渐尖，基部楔形，下面被短柔毛，中脉在上面凹陷，侧脉10~14条。花序生于新枝中、下部，被毛，为紧缩的圆锥花序；花被片卵形，长约4 mm，宽约3 mm，两面被短柔毛，第1轮和第2轮花丝疏被柔毛，第3轮花丝密被长柔毛，基部的腺体近无柄；退化雄蕊三角形，具柄，有长柔毛；子房近球形，与花柱无毛，或上半部与花柱疏被柔毛，柱头帽状。果椭圆形或长圆形，长1~1. 5 cm，宿存花被片被毛。花期4月；果期10~11月。

分布 广西：桂林市雁山，25°44′09″N，110°17′58″E，160 m，2011-11-10，林春蕊4001101239。江西：龙南县九连山国家级自然保护区，2011-11-12，易绮斐、潘雅书400119192；靖安县九岭山自然保护区，28°56′11″N，115°13′17″E，125 m，2011-09-25，邓星、景慧娟4001410002。贵州：印江县合水镇两河口村，27°46′05″N，108°44′37″E，2011-11-17，张九兵、朱明德400181362。产于广东、广西、湖南、江西、福建、浙江、湖北、贵州。

栽培 喜光，喜温暖、湿润气候。稍耐寒，喜肥沃、疏松和排水良好的土壤。播种繁殖。采收成熟的种子，随采随播。

用途 木材纹理直，结构细密，芳香，不易变形及虫蛀，也不易开裂，为建筑、高级家具等良好木材。树冠宽广，树姿优美，为优良的庭园园林树、绿荫树和行道树。

含油率及化学组分数据

采集单位	测试单位	测试部位	产地	含油率(%)	碘值	酸值	皂化值	C12:0	C14:0	C16:0	C16:1	C18:0	C18:1	C18:2	C18:3	C20:0	C20:1
GXIB	SCBG	种子	广西桂林	52. 00	55. 98	6. 34	182. 25	0. 19	0. 76	12. 93	1. 07	1. 87	21. 54	51. 97	1. 53	0. 36	0. 15
SCBG	SCBG	种仁	江西龙南	27. 16	34. 60	8. 54	199. 26	0. 02	7. 66		0. 06	1. 26	25. 14	29. 23	1. 16		0. 49
SYSU	SCBG	种仁	江西靖安	31. 14	22. 36	3. 07	255. 97	0. 01	0. 05	3. 70	0. 09	1. 39	24. 63	45. 18	18. 54	1. 24	1. 21
HUST	HUST	种子	贵州印江	50. 16				2. 13	0. 09	10. 16		5. 08	12. 90	42. 47	26. 27	0. 31	0. 20

浙江楠

Phoebe chekiangensis C.B. Shang

樟科，楠属

特征　大乔木，高达20 m。树干通直。小枝有棱，密被黄褐色或灰黑色柔毛或绒毛。叶革质，倒卵状椭圆形或倒卵状披针形，少为披针形，长7~17 cm，宽3~7 cm，通常长8~13 cm，宽3. 5~5 cm，先端突渐尖或长渐尖，基部楔形或近圆形，上面初时有毛，下面被灰褐色柔毛，脉上被长柔毛，中、侧脉上面下陷；叶柄长1~1. 5 cm，密被黄褐色绒毛或柔毛。圆锥花序长5~10 cm，密被黄褐色绒毛；花长约4 mm，花梗长2~3 mm；花被片卵形，两面被毛，第1轮和第2轮花丝疏被灰白色长柔毛，第3轮密被灰白色长柔毛；退化雄蕊箭头形，被毛；子房卵形，无毛，花柱细，直或弯，柱头盘状。果椭圆状卵形，长1. 2~1. 5 cm，熟时外被白粉；宿存花被片革质，紧贴。种子两侧不等，多胚性。花期4~5月；果期9~10月。

分布　江西：铅山县武夷山国家级自然保护区，28°00′58″N，117°52′29″E，435 m，2011-10-17，凡强、景慧娟4001411063。湖北：武汉中国科学院武汉植物园过度圃，30°33′01″N，114°25′46″E，2009-10-18，李晓东、张守军400121046。生于山地阔叶林中，也有栽培，少见。产于江西、福建（北部）、浙江。

栽培　喜光，喜温暖、湿润气候，稍耐寒。喜肥沃、疏松和排水良好的土壤。种子繁殖。

用途　种子可榨油。本种树干通直，材质坚硬，可作建筑、家具等用材。树身高大，枝条粗壮，斜伸，雄伟壮观，叶四季青翠，可作绿化树种。

含油率及化学组分数据

采集单位	测试单位	测试部位	产地	含油率(%)	碘值	酸值	皂化值	C12:0	C14:0	C16:0	C16:1	C18:0	C18:1	C18:2	C18:3	C20:0	C20:1
SYSU	SCBG	种仁	江西铅山	23. 45	91. 98	3. 86	148. 45	0. 12	0. 88		23. 38	7. 60	46. 10	7. 94			
WHBG	SCBG	种仁	湖北武汉	31. 68						3. 14	0. 30	0. 47	77. 23	15. 45	0. 76	0. 10	0. 17

细叶楠

Phoebe hui W.C. Cheng ex Yen C. Yang

樟科，楠属

特征　大乔木，高达25 m。叶革质，椭圆形、椭圆状倒披针形或椭圆状披针形，长5~10 cm，宽1. 5~3 cm，先端渐尖或尾状渐尖，尖头或镰状，基部狭楔形，上面无毛或沿中脉有小柔毛，下面密被贴伏小柔毛，中脉细，上面下陷，侧脉极纤细，每边10~12条，横脉及小脉在下面隐约可见；叶柄长6~16 mm，细，被柔毛。圆锥花序生新枝上部，长4~8 cm，纤弱，在顶端分枝，被柔毛；花小，长2. 5~3 mm，花梗约与花等长；花被裂片卵形，两面密被灰白色长柔毛；能育雄蕊各轮花丝被毛，第3轮花丝基部腺体无柄或近无柄；子房卵形，花柱无毛，柱头盘状。果椭圆形，长1. 1~1. 4 cm，直径6~9 mm；果梗不增粗；宿存花被片紧贴。花期4~5月；果期8~9月。

分布　湖北：神农架下谷坪，31°21′39″N，110°37′24″E，286 m，2011-09-09，丁时东400151155。野生的多见于海拔1500 m以下的密林中，也有栽培。产于四川以及云南东北部、陕西南部。

栽培　喜光，喜温暖、湿润气候，稍耐寒。喜肥沃、疏松和排水良好的土壤。用种子繁殖，果实采收后，搓去外果皮，种子有油质，寿命短，阴干后即可播种。

用途　树干通直，木材纹理细密，可作造船、建筑、家具等用材。

含油率及化学组分数据

采集单位	测试单位	测试部位	产地	含油率(%)	碘值	酸值	皂化值	C12:0	C14:0	C16:0	C16:1	C18:0	C18:1	C18:2	C18:3	C20:0	C20:1
OCRI	SCBG	种仁	湖北神农架	33. 45	15. 17	22. 12	172. 05	0. 06	0. 63	39. 86	0. 12	4. 95	23. 25	10. 88	1. 38	0. 29	0. 12

湘楠

Phoebe hunanensis Hand.-Mazz.

樟科，楠属

特征 灌木或小乔木，高达8 m。小枝干时常为红褐色或红黑色，有棱，无毛。叶革质或近革质，倒卵状披针形，长8~22 cm，宽3~6 cm，先端短渐尖，基部楔形，幼叶上面带紫红色，老叶上面无毛，下面苍白色或被白粉。花序生当年生枝上部，近于总状或分枝，很细弱，长8~14 cm，近于总状或在上部分枝，无毛；花长4~5 mm，花梗约与花等长；花被片有缘毛，外轮稍短，外面无毛，内面有毛，内轮外面无毛或上半部有微柔毛，内面密或疏被柔毛；能育雄蕊各轮花丝无毛或仅基部有毛，第3轮花丝基部的腺体无柄；子房扁球形，无毛，柱头帽状或略扩大。花期5~6月；果期8~9月。

分布 湖南：浏阳县达浒镇金子坑，28°29′34″N，113°51′58″E，216 m，2010-11-05，张兵、谷志容400181234；古丈高望界，28°39′50″N，110°05′01″E，752 m，2010-11-06，徐亮、周建军400191183。江西：宜丰县官山自然保护区，28°33′17″N，114°35′26″E，459 m，2011-09-16，景慧娟、李朋远4001409003。湖北：武汉中国科学院武汉植物园行政楼右侧，30°32′59″N，114°25′37″E，2009-10-14，李晓东、昝艳燕400121041。生于沟谷或水边，常见。产于湖南、江西、江苏、湖北、贵州、甘肃、陕西。

栽培 喜光，喜温暖、湿润气候，稍耐寒。喜肥沃、疏松和排水良好的土壤。播种繁殖。

用途 枝繁叶茂，树姿优美整齐，为优良的庭园园林树、绿荫树和行道树。

含油率及化学组分数据

采集单位	测试单位	测试部位	产地	含油率(%)	碘值	酸值	皂化值	C12:0	C14:0	C16:0	C16:1	C18:0	C18:1	C18:2	C18:3	C20:0	C20:1
HUST	HUST	种仁	湖南浏阳	31. 26					0. 13	15. 73	0. 06	2. 20	23. 67	52. 48	0. 42	0. 45	2. 12
JSU	SCBG	种仁	湖南古丈	17. 19	19. 06	7. 41	229. 16	0. 02	0. 10	4. 45	0. 09	1. 76	26. 10	66. 16	0. 22	0. 60	0. 51
SYSU	SCBG	种仁	江西宜丰	32. 75	28. 75	22. 17		0. 01	0. 10	9. 55	0. 14	3. 15	8. 02	30. 97	41. 04	0. 20	0. 13
WHBG	WHBG	种仁	湖北武汉	38. 16					0. 09	4. 49		2. 00	23. 55	64. 89	1. 14	0. 25	0. 28

白楠

Phoebe neurantha (Hemsl.) Gamble

樟科，楠属

特征 大灌木至乔木，高达14 m。叶革质，狭披针形、披针形或倒披针形，长8~16 cm，宽1. 5~5 cm，先端尾状渐尖或渐尖，基部渐狭下延，两面无毛或嫩时有毛，侧脉通常每边8~12条；叶柄长7~15 mm，被柔毛或近于无毛。圆锥花序长4~12 cm，在近顶部分枝，被柔毛，结果时近无毛或无毛；花长4~5 mm，花梗被毛，长3~5 mm；花被片卵状长圆形，外轮较短而狭，内轮较长而宽，先端钝，两面被毛，内面被毛特别密；各轮花丝被长柔毛，腺体无柄，着生在第3轮花丝基部；退化雄蕊具柄，被长柔毛；子房球形，花柱伸长，柱头盘状。果卵形，长约1 cm，直径约7 mm；宿存花被片革质，松散，有时先端外倾，具明显纵脉。花期5月；果期8~10月。

分布 浙江：杭州植物园，30°15′25″N，120°07′22″E，2010-10，曾庆文、谢聪、孟玉芳40011881。湖北：五峰唐家坡后河林场，30°04′18″N，110°43′60″E，2009-07-05，李晓东、陈士强40012174。生于山地密林中，少见。产于广西、江西、湖南、湖北、贵州、陕西、甘肃、四川、云南。

栽培 喜光，喜温暖、湿润气候，幼苗时稍耐寒。喜肥沃、疏松和排水良好的土壤。播种繁殖。

用途 果实可榨油。木材供建筑、家具等用。

含油率及化学组分数据

采集单位	测试单位	测试部位	产地	含油率(%)	碘值	酸值	皂化值	C12:0	C14:0	C16:0	C16:1	C18:0	C18:1	C18:2	C18:3	C20:0	C20:1
SCBG	SCBG	种仁	浙江杭州	36. 75	187. 88	10. 86	150. 11		0. 10	16. 82		2. 85	26. 89	10. 33	1. 43	0. 17	0. 38
WHBG	WHBG	种仁	湖北五峰	18. 00	76. 49	21. 02	265. 23			8. 23		3. 05	55. 17	30. 05	2. 02		1. 46

紫楠

Phoebe sheareri (Hemsl.) Gamble

樟科，楠属

特征 乔木，高达15 m。小枝、叶柄及花序密被黄褐色或灰黑色柔毛或绒毛。叶革质，倒卵形或椭圆状倒卵形，长8~27 cm，宽3.5~9 cm，先端骤渐尖，上面无毛或沿脉被毛，下面密被黄褐色长柔毛；中脉和侧脉在上面凹陷，侧脉8~13对。圆锥花序长7~18 cm；花长4~5 mm；花被片近等大，卵形，两面被毛；能育雄蕊各轮花丝被毛，至少在基部被毛，第3轮特别密，腺体无柄，生于第3轮花丝基部；退化雄蕊花丝全被毛；子房球形。果卵形，长约1 cm；宿存花被片卵形，两面被毛，松散。种子单胚性，两侧对称。花期4~5月；果期9~10月。

分布 广东：连平县大埠镇，24°19′31″N，114°33′33″E，2011-10-26，易绮斐、潘雅书、陈华平400119144。广西：灵川县海洋乡小平乐村，25°17′09″N，110°43′34″E，824 m，2011-11-12，郭伦发、林春蕊4001101243。江西：九江市庐山自然保护区，29°28′22″N，115°57′20″E，426 m，2010-11-05，李朋远、林意漫400148003。湖北：中国科学院武汉植物园行政楼右侧，30°32′59″N，114°25′37″E，2009-10-14，李晓东、咎艳燕400121042。浙江：杭州植物园，30°14′21″N，120°08′12″E，11 m，2010-10-23，曾庆文、谢聪、孟玉芳40011876。多生于海拔1000 m以下的山地阔叶林中，少见。产于长江流域及以南地区。

栽培 喜光，喜温暖、湿润气候，幼苗时稍耐寒。喜肥沃、疏松和排水良好的土壤。播种繁殖。采收成熟的种子，宜随采随播。

用途 木材纹理直，结构细，质坚硬，耐腐性强，作建筑、造船、家具等用材。叶色终年翠绿，树姿优美整齐，为优良的庭园园林树、绿荫树和行道树。

含油率及化学组分数据

采集单位	测试单位	测试部位	产地	含油率(%)	碘值	酸值	皂化值	C12:0	C14:0	C16:0	C16:1	C18:0	C18:1	C18:2	C18:3	C20:0	C20:1
SCBG	SCBG	种仁	广东东莞	59.40	24.38	0.50	166.61	0.03		4.72		3.15	29.38	24.45	60.04		0.13
GXIB	SCBG	种子	广西灵川	51.50	74.64	15.04	154.32		0.36	20.68	0.50	7.41	21.16	28.64	0.37	1.63	0.23
SYSU	SCBG	种仁	江西九江	17.06	76.86	9.73		0.11	5.74	0.27	1.69	36.93	43.98	2.49	0.29	0.23	0.23
WHBG	WHBG	种仁	湖北武汉	18.44	54.12	0.30	172.63	0.19	0.75	12.93	0.90	1.91	21.68	52.05	1.52	0.37	0.19
SCBG	SCBG	种仁	浙江杭州	10.35	13.00	8.67	59.45	0.06	0.08	5.88	0.22	5.00	20.58	38.63	0.15	0.37	0.19

乌心楠

Phoebe tavoyana (Meisn.) Hook. f.

樟科，楠属

特征 乔木，通常高8~12 m。叶薄革质，披针形或椭圆状披针形，长9~22 cm，宽2~5.5 cm，先端尾状渐尖，基部渐狭，通常下延，上面无毛，下面初时密被灰白色或灰褐色长柔毛，后变短柔毛，脉上仍有疏长柔毛，中脉上面凸起，侧脉细，每边10~15条；叶柄长1~2 cm，被短柔毛。圆锥花序多个，生于新枝上部叶腋内，通常长9~16 cm，少数可达25 cm，在顶端分枝，总梗及各级序轴均密被黄灰色柔毛；花长4~5 mm，花梗约与花等长；花被片卵形，先端钝，两面被黄褐色柔毛；能育雄蕊各轮花丝被毛；退化雄蕊具柄，密被长柔毛；子房近球形，无毛或上半部有疏柔毛，花柱丝状，直或略弯，柱头盘状。果椭圆状倒卵形或椭圆形，长约1.2 cm；果梗短，增粗；宿存花被片紧贴，两面被毛或外面近无毛。花期通常2~3月；果期5~8月。

分布 海南：三亚甘什岭，18°23′03″N，109°40′58″E，2012-03，张荣京40017226。生于海拔1500 m以下的阔叶林中，少见。生于混交林及灌丛中，在海南岛尤为普遍。产于海南、广东、广西、云南。印度、缅甸、老挝、泰国、柬埔寨、越南、马来西亚、印度尼西亚等也有分布。

栽培 播种繁殖，也可采取萌芽更新或分根繁殖。

用途 种子可榨油。高大乔木，树干通直，叶终年不谢，为很好的绿化树种。木材坚实，耐水浸，不易开裂及虫蛀，为船板、建筑、水桶等良好木材。

含油率及化学组分数据

采集单位	测试单位	测试部位	产地	含油率(%)	碘值	酸值	皂化值	C12:0	C14:0	C16:0	C16:1	C18:0	C18:1	C18:2	C18:3	C20:0	C20:1
OCRI	SCBG	种仁	湖北神农架	29.40	13.01	40.14	43.61		0.83	13.88		2.65	34.47	33.36	1.40	0.14	0.36

楠木（桢楠）

Phoebe zhennan S.K. Lee et F.N. Wei

樟科，楠属

特征 大乔木，高达30 m。叶革质，椭圆形，少为披针形或倒披针形，长7~13 cm，宽2. 5~4 cm，先端渐尖，尖头直或呈镰状，基部楔形，上面无毛或沿中脉下半部有柔毛，下面密被短柔毛，脉上被长柔毛；叶柄细，长1~2. 2 cm，被毛。聚伞状圆锥花序，被毛，长6~12 cm，纤细，在中部以上分枝，最下部分枝通常长2. 5~4 cm，每伞形花序有花3~6朵，一般为5朵；花中等大，长3~4 mm，花梗与花等长；花被片近等大，长3~3. 5 mm，宽2~2. 5 mm，外轮卵形，内轮卵状长圆形，先端钝，两面被灰黄色长或短柔毛，内面较密，第1轮和第2轮花丝长约2 mm，第3轮长约3 mm，均被毛，第3轮花丝基部的腺体无柄；退化雄蕊三角形，具柄，被毛；子房球形，无毛或上半部与花柱被疏柔毛，柱头盘状。果椭圆形。花期4~5月；果期9~10月。

分布 湖北：神农架下谷坪，31°22′25″N，110°35′42″E，381 m，2011-10-21，丁时东400151164。生于海拔1500 m以下的阔叶林中，少见。产于湖北、贵州、四川。

栽培 播种繁殖，也可采取萌芽更新或分根繁殖。

用途 种子可榨油。高大乔木，树干通直，叶终年不谢，为很好的绿化树种。木材有香气，纹理直而结构细密，不易变形和开裂，为建筑、高级家具等优良木材。

含油率及化学组分数据

采集单位	测试单位	测试部位	产地	含油率(%)	碘值	酸值	皂化值	C12:0	C14:0	C16:0	C16:1	C18:0	C18:1	C18:2	C18:3	C20:0	C20:1
OCRI	SCBG	种仁	湖北神农架	29. 40	13. 01	40. 14	43. 61		0. 83	13. 88		2. 65	34. 47	33. 36	1. 40	0. 14	0. 36

檫木

Sassafras tzumu (Hemsl.) Hemsl.

樟科，檫木属

特征 落叶乔木，高达35 m。叶互生，坚纸质，卵形或倒卵形，长9~18 cm，宽6~10 cm，先端渐尖，基部楔形，全缘或2~3浅裂，裂片先端略钝，两面无毛或下面尤其是沿脉网疏被短硬毛，羽状脉或离基三出脉；叶柄纤细。花序顶生，长4~5 cm，具梗，与序轴密被棕褐色柔毛，基部具总苞片；苞片线形至丝状，长1~8 mm；花黄色，长约4 mm，雌雄异株；雄花花被筒极短，花被裂片6，披针形，长约3. 5 mm；能育雄蕊9枚，长约3 mm，花丝扁平，花药均为卵圆状长圆形，4室，上方2室较小，药室均内向；退化雄蕊3，长1. 5 mm，三角状钻形，具柄；雌花具退化雄蕊12枚，排成4轮，体态上类似雄花的能育雄蕊及退化雄蕊；子房卵球形，长约1 mm，花柱长约1. 2 mm，等粗，柱头盘状。果近球形，直径达8 mm，成熟时蓝黑色而带有白蜡粉，着生于浅杯状的果托上。花期3~4月；果期5~9月。

分布 湖北：神农架下谷坪，31°23′41″N，110°33′31″E，556 m，2011-9-9，丁时东400151109。生于海拔150~1900 m的林中，少见。产于广东、广西、湖南、江西、福建、浙江、江苏、安徽、湖北、四川、贵州、云南等地。

栽培 喜光，不耐阴蔽。喜温暖、湿润气候。在土层深厚、疏松、排水良好的酸性土壤上生长良好。播种繁殖，种子有休眠特性，播种前需经催芽处理，一年生苗可出圃造林，也可采取萌芽更新或分根繁殖。

用途 根和树皮入药，功能活血散瘀，祛风去湿，治扭挫伤和腰肌劳伤素；果、叶和根含芳香油，油主要成分为黄樟油，种子油可用于制油漆及塑料工业中的增塑剂。木材浅黄色，材质优良，细致，耐久，用作造船、水车及上等家具。

含油率及化学组分数据

采集单位	测试单位	测试部位	产地	含油率(%)	碘值	酸值	皂化值	C12:0	C14:0	C16:0	C16:1	C18:0	C18:1	C18:2	C18:3	C20:0	C20:1
OCRI	SCBG	种仁	湖北神农架	20. 70	91. 46	11. 20	127. 87		0. 08	6. 31	0. 13	1. 67	21. 38	66. 77	1. 19		0. 12
OFPC		果实	云南镇雄	38. 60	61. 00	218. 70		12. 80	2. 40	24. 90		0. 50	39. 60	7. 60			
OFPC		种子	湖南	40. 40	8. 10		280. 00	32. 70	0. 70				4. 10	0. 80			

油果樟

Syndiclis chinensis C.K. Allen

樟科，油果樟属

特征　常绿乔木，高达20 m。幼枝被锈色绒毛。叶革质，卵形或椭圆形，长6~13. 5 cm，宽2. 5~8 cm，先端渐尖、急尖或钝，基部常不对称，下面苍白色，幼时被微柔毛，中脉在上面凹陷，侧脉3~5对；叶柄长不及2 cm。圆锥花序腋生，长达4 cm，被锈色绒毛，花序梗短；花梗长约1. 5 mm，被锈色绒毛；花黄绿色，长约1. 5 mm；花被片4，卵形，被锈色绒毛；能育雄蕊4枚，稍伸出花被，近无柄，外轮雄蕊基部具腺体。果陀螺形，长3. 5~4 cm，红色，无毛。花期4~5月；果期9~10月。

分布　海南：陵水县本号镇吊罗山石晴，18°44′04″N，109°50′13″E，500 m，2010-12-10，秦新生4001161153。生于海拔约480 m的山谷常绿阔叶林中，少见。海南特有。

栽培　喜光，幼树较耐阴，喜温暖、湿润，耐干旱。喜土层深厚、排水良好、肥沃的壤土。播种繁殖。种子宜随采随播，或沙藏至翌春播种。

用途　枝繁叶茂，叶色翠绿，花黄果红，树姿优美，用作园林树和庭园观赏树，可孤植、丛植或列植。

含油率及化学组分数据

采集单位	测试单位	测试部位	产地	含油率(%)	碘值	酸值	皂化值	C12:0	C14:0	C16:0	C16:1	C18:0	C18:1	C18:2	C18:3	C20:0	C20:1
SCAU	SCBG	种仁	海南陵水	36. 54	3. 52	19. 55	201. 60	0. 01	0. 04	5. 63	0. 09	2. 17	16. 26	74. 41	0. 48	0. 09	0. 10

绣毛青藤

Illigera rhodantha var. **dunniana** (H. Lév.) Kubitzki

莲叶桐科，青藤属

特征　藤本。茎具沟棱，枝被黄褐色长柔毛。小叶长达7~16 cm，宽4~9 cm，先端短渐尖，长0. 3~1 cm，纸质，两面被黄色绒毛，背面较密；叶柄及小叶柄密被金黄褐绒毛，背面较密。聚伞花序组成的圆锥花序腋生，狭长，较叶柄长，密被金黄褐色绒毛；萼片紫红色，长圆形，外面稍被短柔毛，长约8 mm；花瓣与萼片同形，稍短，玫瑰红色；雄蕊5枚，长6~9 mm，被毛；附属物花瓣状，膜质，先端齿状，背部张口状，具柄；子房下部，花柱长5 mm，被黄色绒毛，柱头波状扩大成鸡冠状；花盘上腺体5枚，小。果具4翅，翅较大的舌形或近圆形，长2. 5~3. 5 cm，小的长0. 5~1 cm。花期9~11月；果期12月至翌年4~5月。

分布　海南：三亚甘什岭，19°3′59″N，109°11′51″E，2013-03-13，刘东明、王鹏、叶心芬、宁阳阳400114274。生于河岸上杂木林中或山谷疏林中，攀缘于其他树上，常见。产于海南、广东、广西、云南、贵州等地。越南、老挝、泰国、柬埔寨也有分布。

栽培　扦插或分蘖繁殖。

用途　种子可榨油。花形独特，清雅别致，可供观赏。

含油率及化学组分数据

采集单位	测试单位	测试部位	产地	含油率(%)	碘值	酸值	皂化值	C12:0	C14:0	C16:0	C16:1	C18:0	C18:1	C18:2	C18:3	C20:0	C20:1
SCBG	SCBG	种仁	海南三亚	24. 56	206. 16	0. 69	132. 89		0. 07		0. 06	1. 48	13. 76			0. 26	0. 61

兴安乌头

Aconitum ambiguum Rchb.

毛茛科，乌头属

特征 草本。茎高50~100 cm，无毛，等距离生叶，不分枝或在花序之下有1~2条分枝；茎下部叶具长柄，中部叶柄稍短。叶片圆五角形，长4.6~7 cm，宽6~12.5 cm，三全裂，全裂片无柄，中央全裂片菱形；叶柄与叶片近等长，无毛。总状花序稀疏，有（1~）3~5花；轴和花梗无毛；下部苞片叶状，上部苞片3裂或线形；花梗长1~8.5 cm；小苞片生花梗上部，线形；萼片紫蓝色，外面无毛，上萼片盔形，高1.3~1.5 cm，下缘向斜上方展出，弧状弯曲，长约1.5 cm，喙短，侧萼片长0.9~1.1 cm；花瓣无毛，瓣片长约7 mm，唇长约5 mm，宽约1 mm，距短，长不到1 mm，半球形；雄蕊无毛，花丝有2枚小齿；心皮3~5枚。花期8月。

分布 黑龙江：伊春市新青区，48°24′18″N，129°34′07″E，1089 m，2010-08-16，陈连江、卞勇、潘伟400351055。生于海拔400~450 m间山地林下或林边。产于黑龙江大兴安岭一带。俄罗斯西伯利亚以及蒙古也有分布。

栽培 播种或分株繁殖。生长期忌移栽，早期摘心控制株高，夏季注意遮阴、降温及排涝，茎脆易断，应及时设立支架。

用途 种子可榨油。花形独特，清雅别致，总状花序由上而下逐一开放，花期较长，可供观赏。

含油率及化学组分数据

采集单位	测试单位	测试部位	产地	含油率(%)	碘值	酸值	皂化值	C12:0	C14:0	C16:0	C16:1	C18:0	C18:1	C18:2	C18:3	C20:0	C20:1
SBRI	SCBG	种仁	黑龙江伊春	34.56	15.63	12.58	181.25	0.004	0.04	8.36	3.73	1.94	5.97	29.05	50.51	0.12	0.26

草乌头

Aconitum kusnezoffii Rchb.

毛茛科，乌头属

特征 草本，高80~150 cm。通常分枝；块根圆锥形或胡萝卜形，长2.5~5 cm，粗7~10 cm。茎下部叶有长柄，中部叶柄稍短或具短柄；叶片纸质或近革质，五角形，长9~16 cm，宽10~20 cm，基部心形，三全裂，中央全裂片菱形，渐尖，近羽状分裂，小裂片披针形，侧全裂片斜扇形，不等二深裂；叶柄长约为叶片的1/3~2/3。顶生总状花序具9~22朵花，通常与其下的腋生花序形成圆锥花序；轴和花梗无毛；下部苞片3裂，其他苞片长圆形或线形；下部花梗长1.8~3.5 cm；小苞片生花梗中部或下部，线形或钻状线形，长3.5~5 mm，宽lmm；萼片紫蓝色，上萼片盔形或高盔形，高1.5~2.5 cm，侧萼片长1.4~1.6 cm，下萼片长圆形；花瓣无毛，瓣片宽3~4 mm，唇长3~5 mm，距长l~4 mm，向后弯曲或近拳卷；心皮4~5枚。蓇葖直，长1.2~2 cm。种子扁椭圆球形，沿棱具狭翅。7~9月开花。

分布 河北：兴隆，40°58′21″N，117°47′12″E，1675 m，2012-09-26，徐兴友、韩宝强400313165。在山西、河北及内蒙古南部生于海拔1000~2400 m山地草坡或疏林中，在内蒙古北部、吉林及黑龙江等地生于海拔200~450 m山坡或草甸上。产于山西、河北、内蒙古、辽宁、吉林以及黑龙江。朝鲜以及俄罗斯西伯利亚地区也有分布。

栽培 播种繁殖。

用途 块根有巨毒，经炮制后可入药，治风湿性关节炎、神经痛、牙痛、中风等症。块根可作农药，防治稻螟虫、棉蚜等虫害，以及棉花立枯病、小麦杆锈病等病害，也可消灭蝇蛆、孑孓等。

含油率及化学组分数据

采集单位	测试单位	测试部位	产地	含油率(%)	碘值	酸值	皂化值	C12:0	C14:0	C16:0	C16:1	C18:0	C18:1	C18:2	C18:3	C20:0	C20:1
HNUST	ICS	种仁	河北兴隆	31.13	124.75	10.38	169.69	0.07	3.79	3.47	0.03	1.42	37.37	48.98	1.88	0.13	0.24

草玉梅

Anemone rivularis Buch.-Ham. ex DC.

毛茛科，银莲花属

特征 多年生草本，高10~65 cm。根状茎木质。基生叶3~5枚，有长柄；叶片肾状五角形，长1. 6~7. 5 cm，宽4. 5~14 cm，三全裂，中全裂片宽菱形或宽卵形，宽2. 2~7 cm，三深裂，深裂片上部有少数小裂片和牙齿，侧全裂片不等二深裂，两面都有糙伏毛；叶柄长5~22 cm，有白色柔毛，基部有短鞘。花莛1(~3)个，直立；聚伞花序长10~30 cm，二至三回回分枝；苞片3~4，有柄，近等大，长3. 2~9 cm，似基生叶，宽菱形，3裂近基部，一回裂片多少细裂，柄扁平，膜质，长0. 7~1. 5 cm，宽4~6 mm；花直径2~3 cm；萼片7~8枚，白色，倒卵形或椭圆状倒卵形，长0. 9~1. 4 cm，宽5~10 mm，外面有疏柔毛，顶端密被短柔毛；雄蕊长约为萼片之半，花药椭圆形；心皮30~60，无毛；子房狭长圆形，有拳卷的花柱。瘦果狭卵球形，稍扁，长7~8 mm；宿存花柱钩状弯曲。花期5~8月。

分布 四川：若尔盖县达扎寺乡贝母山，33°32′20″N，103°01′30″E，3472 m，2009-07-22，孙飞达400241019。生于山地草坡、小溪边或湖边。产于广西、湖北、云南、贵州、四川、青海、甘肃、西藏。在尼泊尔、不丹、印度、斯里兰卡也有分布。

栽培 喜凉爽湿润气候，喜阳光充足，较耐寒、忌高温。喜富含腐殖质、排水良好的砂质壤土。播种或分株繁殖，于秋季进行。

用途 种子可榨油；根状茎和叶供药用，治喉炎、扁桃腺炎、肝炎、痢疾、跌打损伤等症（云南中草药）；全草可作土农药（广西西部）。具观赏价值。

含油率及化学组分数据

采集单位	测试单位	测试部位	产地	含油率(%)	碘值	酸值	皂化值	C12:0	C14:0	C16:0	C16:1	C18:0	C18:1	C18:2	C18:3	C20:0	C20:1
SCU	SCBG	种子	四川若尔盖	48. 94	104. 43	7. 32	189. 69										

华北耧斗菜

Aquilegia yabeana Kitag.

毛茛科，耧斗菜属

特征 多年生草本。茎高40~60 cm，有稀疏短柔毛和少数腺毛，上部分枝。基生叶数个，有长柄，为一回或二回三出复叶，叶片宽约10 cm；小叶菱状倒卵形或宽菱形，长2. 5~5 cm，宽2. 5~4 cm，3裂，边缘有圆齿，表面无毛，背面疏被短柔毛；叶柄长8~25 cm，茎中部叶有稍长柄，通常为二回三出复叶，宽达20 cm；上部叶小，有短柄，为一回三出复叶。花序有少数花，密被短腺毛；苞片3裂或不裂，狭长圆形；花下垂；萼片紫色，狭卵形，长2~2. 6 cm，宽7~10 mm；花瓣紫色，长1. 2~1. 5 cm，顶端圆截形，距长1. 7~2 cm，末端钩状内曲，外面有稀疏短柔毛；雄蕊长达1. 2 cm，退化雄蕊长约5. 5 mm；心皮5枚，子房密被短腺毛。蓇葖长1. 5~2 cm，隆起的网脉明显。种子黑色，狭卵球形，长约2 mm。花期5~6月。

分布 河北：青龙，40°24′10″N，118°29′15″E，410 m，2011-09-10，徐兴友、詹立军400313127。生于山地草坡或林边。产于四川、河南、山西、山东、河北、陕西、辽宁。

栽培 播种或分株繁殖。春、秋季播种，播种苗2年左右可以开花。定植苗3~4年后需更新1次。

用途 含糖类，可作饴糖或酿酒；种子含油，可供工业用。是较好的宿根花卉，常植于园林中林下，或植于花坛、花镜，亦可作切花。

含油率及化学组分数据

采集单位	测试单位	测试部位	产地	含油率(%)	碘值	酸值	皂化值	C12:0	C14:0	C16:0	C16:1	C18:0	C18:1	C18:2	C18:3	C20:0	C20:1
HNUST	ICS	种子	河北青龙	13. 64	148. 00	12. 10	182. 91	0. 06	0. 10	9. 60	0. 14	3. 17	8. 06	31. 13	41. 25	0. 20	0. 13

铁线莲

Clematis florida Thunb.

毛茛科，铁线莲属

特征 草质藤本，长1~2 m。茎棕色或紫红色，具6条纵纹，节部膨大，被稀疏短柔毛。二回三出复叶，连叶柄长达12 cm；小叶片狭卵形至披针形，长2~6 cm，宽1~2 cm，顶端钝尖，基部圆形或阔楔形，边缘全缘；小叶柄长达1 cm；叶柄长4 cm。花单生于叶腋，花梗长6~11 cm，在中下部生1对叶状苞片；苞片宽卵圆形或卵状三角形，长2~3 cm，基部无柄或具短柄，被黄色柔毛；花开展，直径约5 cm；萼片6枚，白色，倒卵圆形或匙形，长达3 cm，宽约1.5 cm，外面沿3条直的中脉形成一线状披针形的带，密被绒毛；雄蕊紫红色，花丝宽线形，花药侧生，长方矩圆形，较花丝为短；子房狭卵形，被淡黄色柔毛，花柱短，柱头膨大成头状，微2裂。瘦果倒卵形，扁平，边缘增厚；宿存花柱伸长成喙状，细瘦。花期1~2月；果期3~4月。

分布 四川：理县毕棚沟，31°15′09″N，102°53′30″E，2010-10-29，崔龙、李志强40021110072；若尔盖县巴西乡林场，33°40′19″N，103°21′4″E，2712 m，2009-07-23，干友民400241028。生于低山区的丘陵灌丛中或山谷、路旁及小溪边。产广东、广西、江西、湖南。日本有栽培。

栽培 播种繁殖。

用途 种子含油量约18%，供工业用油。

含油率及化学组分数据

采集单位	测试单位	测试部位	产地	含油率(%)	碘值	酸值	皂化值	C12:0	C14:0	C16:0	C16:1	C18:0	C18:1	C18:2	C18:3	C20:0	C20:1
SCU	SCU	种仁	四川理县	20.80	132.20	1.70	165.40			11.32			13.49	73.68	0.91		
SCAU	SCBG	种仁	四川若尔盖	31.49	72.43	47.24	253.79										

黄花铁线莲（透骨草）

Clematis intricata Bunge

毛茛科，铁线莲属

特征 草质藤本。茎纤细，多分枝，有细棱，近无毛或有疏短毛。一至二回羽状复叶；小叶有柄，2~3全裂或深裂，浅裂，中间裂片线状披针形、披针形或狭卵形，长1~4.5 cm，宽0.2~1.5 cm，顶端渐尖，基部楔形，全缘或有少数牙齿，两侧裂片较短，下部常2~3浅裂。聚伞花序腋生，通常为3花，有时单花；花序梗较粗，长1.2~3.5 cm，有时极短，疏被柔毛，中间花梗无小苞片，侧生花梗下部有2片对生的小苞片，苞片叶状，较大，全缘或2~3浅裂至全裂；萼片4枚，黄色，狭卵形或长圆形，顶端尖，长1.2~2.2 cm，宽4~6 mm，两面无毛，偶尔内面有极稀柔毛，外面边缘有短绒毛；花丝线形，有短柔毛，花药无毛。瘦果卵形至椭圆状卵形，扁，长2~3.5 mm，边缘增厚，被柔毛；宿存花柱长3.5~5 cm，被长柔毛。花期6~7月；果期8~9月。

分布 四川：若尔盖县巴西乡，33°40′34″N，103°20′15″E，2740 m，2009-07-23，干友民400241033。生于海拔1600~2600 m的山坡、路旁或灌丛中。分布于山西、河北、青海、甘肃、陕西、内蒙古、辽宁。

栽培 播种繁殖。

用途 药用。

含油率及化学组分数据

采集单位	测试单位	测试部位	产地	含油率(%)	碘值	酸值	皂化值	C12:0	C14:0	C16:0	C16:1	C18:0	C18:1	C18:2	C18:3	C20:0	C20:1
SAU	SCBG	种仁	四川若尔盖	38.47	71.77	5.41	353.84										

西南铁线莲

Clematis pseudopogonandra Finet et Gagnep.

毛茛科，铁线莲属

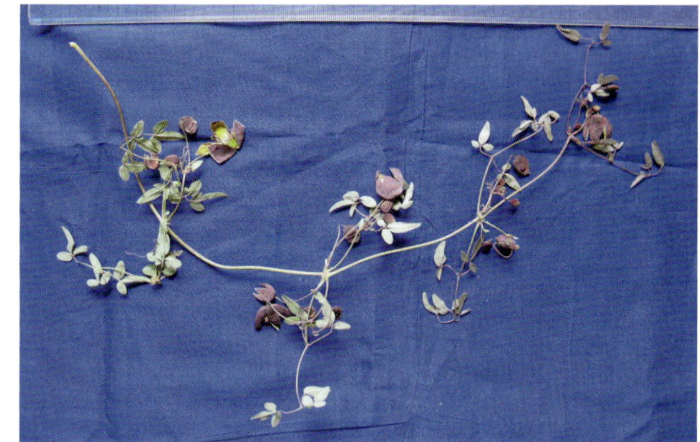

特征 木质藤本，长约1 m，幼枝被柔毛，老枝无毛，表面棕红色，有纵沟纹。二回三出复叶，连叶柄长7~9 cm；小叶片纸质，卵状披针形或窄卵形，长2~5 cm，宽1~3 cm，顶端有尾状渐尖，边缘常3裂或有1~2对牙齿，幼时两面微被柔毛，以后无毛，主脉在表面微现，在背面隆起；小叶柄长0. 3~1. 2 cm，叶柄长3~7 cm，仅幼时被毛。单花腋生，稀有2花束生，花梗细瘦，长2. 5~7 cm，顶端微被柔毛，无苞片；萼片4枚，钟状，淡紫红色至紫黑色，卵状披针形或椭圆状披针形，长2~3 cm，宽6~10 mm，顶端渐尖，外面被稀疏柔毛至近于无毛，内面上部被绒毛，下部毛较稀疏，边缘密被淡黄色绒毛；雄蕊长为曹片之半，花丝宽线形，长约1 cm，宽1. 5~2. 5 mm，上部及药隔的背面被密毛，基部无毛，花药黄色，内向着生，心皮与雄蕊等长，被淡黄色绢状毛。瘦果狭卵形，被金黄色短柔毛，宿存花柱被长柔毛；花期6~7月；果期8~9月。

分布 四川：若尔盖县巴西乡林场，33°40′19″N，103°21′04″E，2712 m，2009-07-23，干友民400241028。生于海拔2700~4300 m的溪边、山沟、疏林下及灌丛中。产于西藏东南部、云南西北部、四川西部。

栽培 播种繁殖

用途 茎供药用，有清热利尿的作用，治水肿、膀胱炎、尿道炎、口舌疮、久痢、脱肛、乳汁不通。

含油率及化学组分数据

采集单位	测试单位	测试部位	产地	含油率(%)	碘值	酸值	皂化值	C12:0	C14:0	C16:0	C16:1	C18:0	C18:1	C18:2	C18:3	C20:0	C20:1
SAU	SCBG	种仁	四川若尔盖	31. 49	72. 43	47. 23	253. 79										

拟散花唐松草

Thalictrum przewalskii Maxim.

毛茛科，唐松草属

特征 多年生草本。茎高50~120 cm，无毛。茎中部叶长约达25 cm，为4回三出复叶；小叶卵形、菱状椭圆形或倒卵形，稀近圆形，长0. 8~1. 6 cm，宽0. 8~1. 8 cm，3裂，全缘或具疏牙齿，下面生微柔毛，脉近平。花序圆锥状，常多分枝；萼片白色或稍带黄色，狭卵形，长2. 5~5 mm；无花瓣；雄蕊多数，长4. 5~10 mm，花丝上部狭倒披针形；心皮4~9枚，子房具细柄，花柱短。瘦果斜倒卵形，扁，长5~7 mm。

分布 河北：兴隆，40°54′22″N，117°47′19″E，1650 m，2012-09-25，徐兴友、詹立军400313187。生于山地林边或草地阴处。产于四川、青海、甘肃、陕西、河南、山西、河北。

栽培 播种或分株繁殖。

用途 极具观赏价值，可作绿化树种。

含油率及化学组分数据

采集单位	测试单位	测试部位	产地	含油率(%)	碘值	酸值	皂化值	C12:0	C14:0	C16:0	C16:1	C18:0	C18:1	C18:2	C18:3	C20:0	C20:1
HNUST	ICS	种仁	河北兴隆	21. 12	204. 87	29. 26	164. 31	0. 01	0. 12	5. 20	1. 19	3. 16	6. 40	23. 85	51. 05	0. 14	

黄芦木（小檗、大叶小檗）

Berberis amurensis Rupr.

小檗科，小檗属

特征 落叶灌木，高2~3.5 m。老枝淡黄色或灰色，稍具棱槽，无疣点；节间2.5~7 cm；茎刺三分叉，稀单一，长1~2 cm。叶纸质，倒卵状椭圆形、椭圆形或卵形，长5~10 cm，宽2.5~5 cm，先端急尖或圆形，基部楔形，叶缘平展，每边具40~60枚细刺齿；叶柄长5~15 mm。总状花序具10~25朵花，长4~10 cm，无毛，总梗长1~3 cm；花梗长5~10 mm，花黄色；萼片2轮，外萼片倒卵形，长约3 mm，宽约2 mm，内萼片与外萼片同形，长5.5~6 mm，宽3~3.4 mm；花瓣椭圆形，长4.5~5 mm，宽2.5~3 mm，先端浅缺裂，基部稍呈爪，具2枚分离腺体；雄蕊长约2.5 mm，药隔先端不延伸；胚珠2颗。浆果长圆形，红色。花期4~5月；果期8~9月。

分布 辽宁：本溪市老秃顶子，41°18′20″N，124°53′08″E，1590 m，2010-10-13，郑宝江、陶林400341058。生于海拔1100~2850 m的山地灌丛中、沟谷、林缘、疏林中、溪旁或岩石旁。产于山东、河南、河北、山西、陕西、甘肃、内蒙古、黑龙江、吉林、辽宁。日本、朝鲜、俄罗斯（西伯利亚）也有分布。

栽培 播种繁殖。

用途 根皮和茎皮含小檗碱，供药用，有清热燥湿，泻火解毒的功能，主治痢疾、黄疸、白带、关节肿痛、口疮、黄水疮等，可作黄连代用品。

含油率及化学组分数据

采集单位	测试单位	测试部位	产地	含油率(%)	碘值	酸值	皂化值	C12:0	C14:0	C16:0	C16:1	C18:0	C18:1	C18:2	C18:3	C20:0	C20:1
NEFU	SCBG	种仁	辽宁本溪	13.21				0.02	0.05	7.89	0.06	2.09	33.62	43.38	3.93	0.49	8.48

伊犁小檗（红果小檗）

Berberis iliensis Popov [*Berberis nummularia* var. *schrenkiana* C.K. Schneid.]

小檗科，小檗属

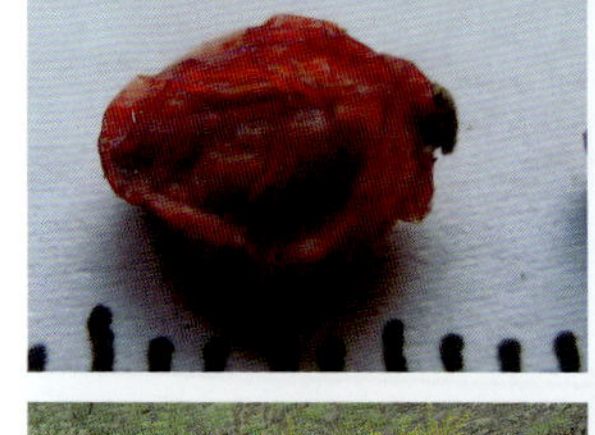

特征 落叶灌木，高1~2.5 m。枝圆柱形，无毛，老枝暗灰色或紫红色，幼枝淡紫红色，有光泽，无疣点；茎刺单生或三分叉，长1~3 cm，稍扁，腹面具槽。叶纸质，长圆状椭圆形或倒卵形，长2~5 cm，宽8~15 mm，先端圆形，基部渐狭或楔形，叶缘平展，全缘；叶柄长3~15 mm。总状花序具10~25朵花，长3~5 cm，具总梗，长约5 mm；花梗长5~10 mm，花黄色；小苞片卵形，长1.5 mm，宽约1 mm；萼片2轮，外萼片椭圆形，长约2.8 mm，内萼片倒卵形，长3.8~4 mm，花瓣倒卵形，长约3.5 mm，先端缺裂，基部缢缩呈爪状，具2枚分离腺体；胚珠2颗，珠柄长约与胚珠相等。浆果卵状椭圆形，亮红色。花期5~6月；果期7~9月。

分布 新疆：伊犁新源县种羊场，43°32′20″N，82°31′20″E，803 m，2010-10-06，王喜勇、王蕾、孔凡逵4003310034；库车县独库公路卡尔脑大桥附近，83°15′29″E，42°15′49″N，1817 m，2012-08-07，刘旭丽、侯翼国4003312006。生于海拔630~2000 m的干燥地、河滩沙地、草坡、路边或田边。产于新疆。

栽培 播种繁殖。

用途 观赏。

含油率及化学组分数据

采集单位	测试单位	测试部位	产地	含油率(%)	碘值	酸值	皂化值	C12:0	C14:0	C16:0	C16:1	C18:0	C18:1	C18:2	C18:3	C20:0	C20:1
XIEG	SCBG	种仁	新疆伊犁	22.05	48.94	16.65	193.85	0.01	0.13	7.86	0.23	2.71	8.37	77.99	0.79	1.62	0.29
XIEG	SCBG	种仁	新疆库车	1.05	23.18	8.8	233.63	0.006	0.04	3.27	0.12	1.15	13.64	41.38	38.98	0.80	0.61

昆明小檗

Berberis kunmingensis C. Y. Wu ex S. Y. Bao

小檗科，小檗属

特征　常绿灌木，高约2 m。枝圆柱形，棕黄色，具条棱和黑色疣点；茎刺细弱，三分叉，长1~1.5 cm，棕黄色。叶革质，长圆状披针形或长圆状椭圆形，长8~14 cm，宽3~5 cm，先端钝尖，基部楔形，中脉微凹陷，侧脉和网脉隆起，背面棕黄色，中脉与侧脉隆起，每边具20~25枚刺齿；叶柄长0.8~1.0 cm。花10~20朵簇生；花梗长1.5~1.8 cm，细弱，花黄色；萼片3轮，外萼片卵形，长约2.5 mm，宽约1.5 mm，先端急尖，中萼片披针形，长约1.0 cm，宽约3 mm，内萼片倒卵状长圆形，长约1.2 cm，宽4 mm；花瓣倒卵形，长约1.0 cm，宽约2.5 mm，具2枚长圆形腺体；雄蕊长约5 mm，药隔先端平截；子房含1颗具短柄的胚珠。浆果长圆形，顶端具明显的缩存花柱，被白粉。果期10~11月。

分布　浙江：杭州植物园，30°15′25″N，120°07′22″E，2009-10-28，刘东明、戴建阅400111123。生于山坡灌丛中或林缘。产于云南。

栽培　播种繁殖。

用途　观赏。

含油率及化学组分数据

采集单位	测试单位	测试部位	产地	含油率(%)	碘值	酸值	皂化值	C12:0	C14:0	C16:0	C16:1	C18:0	C18:1	C18:2	C18:3	C20:0	C20:1
SCBG	SCBG	种仁	浙江杭州	23.60	105.92	10.17	148.43										

紫叶小檗（红叶小檗）

Berberis thunbergii var. **atropurpurea** Chenault

小檗科，小檗属

特征　落叶灌木，高1~2 m。幼枝淡红带绿色，无毛，老枝暗红色具条棱，具刺；节间长1~1.5 cm。叶在短枝上簇生，全缘，菱状卵形，深紫色或红色，长5~20 mm，宽3~15 mm，先端钝，基部下延成短柄，全缘，表面黄绿色，背面带灰白色，具细乳凸，两面均无毛。花2~5朵形成具短总梗并近簇生的伞形花序，或无总梗而呈簇生状；花梗长5~15 mm，花被黄色；小苞片带红色，长约2 mm，急尖；外轮萼片卵形，长4~5 mm，宽约2.5 mm，先端近钝，内轮萼片稍大于外轮萼片；花瓣长圆状倒卵形，长5.5~6 mm，宽约3.5 mm，先端微缺，基部以上腺体靠近；雄蕊长3~3.5 mm，花药先端截形。浆果红色，宿存，椭圆体形，长约10 mm，稍具光泽。种子1~2粒。花期4~6月；果期7~10月。

分布　山东：泰安徂徕山，36°04′57″N，117°16′45″E，258 m，2010-10-30，赵伟华400311196。安徽：潜山县天柱山，30°43′31″N，116°27′43″E，600 m，2012-12-07，程志全、刘巧霞4001171267。河南：荥阳县邙山，36°04′56″N，117°16′44″E，258 m，2011-10-07，王亚平、武振江、李丹凤400314066；荥阳县邙山，34°55′38″N，113°31′26″E，494 m，2011-10-07，王亚平、武振江、李丹凤400314067。陕西：宁陕县广货街镇沙沟村牛背梁自然保护区，33°46′01″N，108°27′38″E，1345 m，2010-10-03，薛帅、王继师400323012。河北：昌黎，119°18′50″E，40°10′08″N，108°46′01″E，6 m，2011-10-24，徐兴友、韩宝强400313130。多生于海拔1000 m左右的林缘或疏林空地。原产于东北（南部）、华北以及秦岭。

栽培　适应性强，喜阳，耐半阴，但在光线稍差或密度过大时部分叶片会返绿；耐寒，但不畏炎热高温。耐修剪。播种繁殖。

用途　园林常用与常绿树种作块面色彩布置，可用来布置花坛、花镜，是中色块组合的重要树种。

含油率及化学组分数据

采集单位	测试单位	测试部位	产地	含油率(%)	碘值	酸值	皂化值	C12:0	C14:0	C16:0	C16:1	C18:0	C18:1	C18:2	C18:3	C20:0	C20:1
ICS	ICS	种子	山东泰安	10.85	162.21	2.52	160.21	0.32	0.64	7.87	0.10	1.80	10.15	31.70	44.89	0.24	0.27
ECNU	SCBG	种子	安徽潜山	30.59	24.62	7.14	207.71	0.06	0.33	33.67	0.15	6.15	26.22	17.45	1.24	0.32	0.12
HNAU	ICS	种子	河南荥阳	5.04	322.89	33.42	224.36	0.43	0.78	9.45		3.03	23.71	51.87	9.48		
HNAU	ICS	种子	河南荥阳	3.49	132.84	18.61	164.52	1.28		9.31	1.08	2.33	11.37	29.32	38.31	0.17	0.20
CAU	ICS	种子	陕西宁陕	17.52	92.92	9.60	182.76		0.16	6.47	0.12	2.05	13.68	37.54	38.45		
HNUST	ICS	种子	河北昌黎	12.96	96.39	7.19	237.61	0.41	0.77	7.77		2.03	10.25	30.99	44.77	0.21	0.22

阔叶十大功劳

Mahonia bealei (Fort.) Carr.

小檗科，十大功劳属

特征 灌木或小乔木，高0. 5~4 m。叶狭倒卵形至长圆形，长27~51 cm，宽10~20 cm，具4~10对小叶，背面被白霜，两面叶脉不显；小叶厚革质，硬直，自叶下部往上小叶渐变长而狭，最下一对小叶卵形，具1~2个粗锯齿，往上小叶近圆形至卵形或长圆形，基部阔楔形或圆形，偏斜，有时心形，边缘每边具2~6个粗锯齿，先端具硬尖，顶生小叶较大，长7~13 cm，宽3. 5~10 cm，具柄，长1~6 cm。总状花序直立，通常3~9个簇生；芽鳞卵形至卵状披针形；花梗长4~6 cm；苞片阔卵形或卵状披针形；花黄色；外萼片卵形，中萼片椭圆形，内萼片长圆状椭圆形；花瓣倒卵状椭圆形，基部腺体明显，先端微缺，药隔顶端圆形至截形；子房长圆状卵形，花柱短，胚珠3~4颗。浆果卵形，深蓝色，被白粉。花期9月至翌年1月；果期3~5月。

分布 湖南：会同县堡子镇，26°21′45″N，109°38′19″E，303 m，2010-12-10，张兵、谷志容400181274；浏阳市大围山镇大围山，28°27′54″N，114°01′15″E，2009-06-12，严岳鸿400181001。广西：兴安县华江忘忧，25°36′25″N，110°36′04″E，2009-12-23，吴望辉、农东新、吴磊4001101096。生于海拔500~2000 m的阔叶林、竹林、杉木林及混交林下、林缘、草坡、溪边、路旁或灌丛中。产于广东、广西、江西、福建、浙江、安徽、湖南、湖北、四川、河南、陕西。该种在日本、墨西哥、美国温暖地区以及欧洲等地已广为栽培。在美国东部似已成为归化植物。

栽培 扦插、分株或播种繁殖。春、秋两季均可移植，但以春季为好。苗木移栽时需带土球，栽植时要浇透水。

用途 枝叶平展，层层叠叠，嫩叶有粉红至淡绿等色彩，花序金黄色，果实深蓝色，艳丽而高雅，叶形奇特秀丽，具有较高的观赏价值，可从植于园路转角、岩石园、林缘、草地边缘及池畔，也可作绿篱。

含油率及化学组分数据

采集单位	测试单位	测试部位	产地	含油率(%)	碘值	酸值	皂化值	C12:0	C14:0	C16:0	C16:1	C18:0	C18:1	C18:2	C18:3	C20:0	C20:1
HUST	HUST	种仁	湖南会同	30. 64	99. 96	6. 12	165. 15	0. 15	0. 16	23. 84	0. 06	10. 96	27. 04	13. 02	0. 70	6. 34	0. 12
HUST	HUST	种仁	湖南浏阳	2. 40						8. 04	0. 06	2. 87	42. 82	25. 83	5. 57	0. 34	1. 14
GXIB	SCBG	种仁	广西兴安	1. 80					0. 79	17. 28	0. 13	3. 47	7. 40	16. 76	49. 42	0. 18	0. 11

十大功劳

Mahonia fortunei (Lindl.) Fedde

小檗科，十大功劳属

特征 灌木，高0. 5~2 m。叶倒卵形至倒卵状披针形，长10~28 cm，宽8~18 cm，具2~5对小叶，最下一对小叶距叶柄基部2~9 cm，上面暗绿至深绿色，叶脉不显，背面淡黄色，偶稍苍白色，叶脉隆起，叶轴粗1~2 mm，节间1. 5~4 cm，往上渐短；小叶无柄或近无柄，狭披针形至狭椭圆形，长4. 5~14 cm，宽0. 9~2. 5 cm，基部楔形，边缘每边具5~10个刺齿，先端急尖或渐尖。总状花序4~10个簇生，长3~7 cm；芽鳞披针形至三角状卵形，花黄色，花梗长2~2. 5 mm；苞片卵形，急尖；外萼片卵形或三角状卵形，中萼片长圆状椭圆形，内萼片长圆状椭圆形；花瓣长圆形，长3. 5~4 mm，宽1. 5~2 mm，基部腺体明显，先端微缺裂，裂片急尖；雄蕊长2~2. 5 mm，药隔不延伸，顶端平截；无花柱，胚珠2颗。浆果球形，紫黑色，被白粉。花期7~9月；果期9~11月。

分布 湖北：应城，30°59′01″N，113°27′08″E，65 m，2012-11-15，李晓东、昝艳燕等400121278。生于海拔350~2000 m的山坡沟谷林中、灌丛中、路边或河边。产于广西、江西、浙江、湖北、四川、贵州，全国各地有栽培。日本、印度尼西亚、美国等地也有栽培。

栽培 播种繁殖。

用途 庭园观赏植物。

含油率及化学组分数据

采集单位	测试单位	测试部位	产地	含油率(%)	碘值	酸值	皂化值	C12:0	C14:0	C16:0	C16:1	C18:0	C18:1	C18:2	C18:3	C20:0	C20:1
WHBG	WHBG	种仁	湖北应城	22. 11	84. 78	27. 95		0. 03	0. 01	20. 68	0. 10	1. 84	34. 99			0. 08	2. 06

南天竹

Nandina domestica Thunb.

小檗科，南天竹属

特征 常绿小灌木。茎常丛生而少分枝，高1~3 m，光滑无毛，幼枝常为红色，老后呈灰色。叶互生，集生于茎的上部，三回羽状复叶，长30~50 cm，二至三回羽片对生；小叶薄革质，椭圆形或椭圆状披针形，长2~10 cm，宽0. 5~2 cm，顶端渐尖，基部楔形，全缘，上面深绿色，冬季变红色，背面叶脉隆起；近无柄。圆锥花序直立，长20~35 cm；花小，白色，具芳香，直径6~7 mm；萼片多轮，外轮萼片卵状三角形，向内各轮渐大，最内轮萼片卵状长圆形；花瓣长圆形，先端圆钝；雄蕊6枚，长约3. 5 mm，花丝短，花药纵裂，药隔延伸；子房1室，具1~3颗胚珠。浆果球形，熟时鲜红色，稀橙红色。种子扁圆形。花期3~6月；果期5~11月。

分布 湖南：龙山县里耶镇，28°52′03″N，109°20′15″E，2011-11-14，张九兵、朱明德400181338；龙山县隆头乡，28°53′41″N，109°22′38″E，370 m，2011-11-16，徐亮、覃三立40019101216。河南：郑州惠济区，34°47′11″N，113°39′33″E，290. 1700134 m，2011-07-18，王亚丽、杨大伟400314004。贵州：荔波县茂兰乡石上森林，25°17′60″N，107°59′42″E，662 m，2009-08-14，曾庆文、董安强、胡晓敏4001122。浙江：宁波市鄞县天童山，29°48′32″N，121°46′40″E，412 m，2010-11-14，葛斌杰、胡超、熊申展4001171110；临安天目山，30°22′12″N，119°28′05″E，506 m，2009-10-30，刘东明、戴建阅400111140。云南：昆明植物所球场，25°08′22″N，102°44′33″E，1925 m，2009-10-24，李忠荣、李恩乾400222065；昆明，25°02′15″N，102°43′19″E，1895 m，2009-11-01，郑希龙400114112。江苏：南京市老山国家森林公园，32°05′31″N，118°35′38″E，58 m，2012-11-11，程志全、刘巧霞4001171249。安徽：滁州市皇甫山，32°22′06″N，118°02′45″E，58 m，2011-10-05，田怀珍、李星霖4001171162。湖北：神农架林区木鱼镇九冲村，31°23′44. 35″N，110°35′15. 64″E，424 m，2012-08-31，危文亮、赵永国等400151191。四川：广元利川区，32°25′26″N，105°50′55″E，1000 m，2010-12-02，崔龙、李志强40021110107。生于海拔1200 m以下的山地林下沟旁、路边或灌丛中。产于广东、广西、江西、福建、安徽、浙江、江苏、山东、湖南、湖北、四川、云南、贵州、河南、陕西。日本也有分布。北美洲东南部有栽培。

栽培 播种、扦插或分株繁殖。种子不可久放，宜随采随播。扦插以新芽萌发前或夏季新梢停止生长时进行。栽培育苗时要注意选地，不可在太阳直晒之处，干旱季节要浇水，保持土壤湿润。

用途 根、叶具有强筋活络，消炎解毒之效，果为镇咳药，但过量有中毒之虞。各地庭园常有栽培，为优良观赏植物。

含油率及化学组分数据

采集单位	测试单位	测试部位	产地	含油率(%)	碘值	酸值	皂化值	C12:0	C14:0	C16:0	C16:1	C18:0	C18:1	C18:2	C18:3	C20:0	C20:1
HUST	HUST	种仁	湖南龙山	25. 49	46. 30	3. 89	247. 04	0. 01	0. 05	3. 70	0. 09	1. 39	24. 63	45. 18	18. 54	1. 24	
JSU	SCBG	种仁	湖南龙山	21. 48	10. 38	12. 47	169. 69	0. 02	0. 04	11. 96	0. 18	7. 59	26. 86	50. 55	0. 82	0. 20	
HNAU	KMIB	种仁	河南郑州	2. 58	15. 59	181. 71			0. 20	17. 19		2. 88	10. 35	62. 43	2. 84	0. 32	
SCU		种仁	贵州松桃	12. 61	125. 70	13. 31	200. 69	0. 0062	0. 042	3. 27	0. 12	1. 15	13. 64	41. 38	38. 98	0. 80	
SCBG	SCBG	种仁	贵州荔波	16. 60	99. 02	33. 54	140. 69										
ECNU	SCBG	种仁	浙江宁波	31. 56	31. 58	7. 87	164. 26	0. 19	0. 76	12. 90	0. 97	1. 91	21. 53	51. 74	1. 52	0. 38	
SCBG	SCBG	种仁	浙江临安	39. 45	122. 23	13. 31	189. 56										
KMIB	KMIB	种仁	云南昆明	12. 34							11. 30	0. 08	3. 23	13. 17	70. 79	0. 37	
SCBG	SCBG	种仁	云南昆明	42. 56	61. 01	22. 46	225. 61										
ECNU	SCBG	种仁	江苏南京	26. 45	14. 05	8. 56		0. 12		9. 82	0. 14	2. 50	22. 82	58. 48	1. 34	0. 60	
ECNU	SCBG	种仁	安徽滁州	7. 60	18. 14		118. 18	0. 14	0. 07	7. 47	0. 07	2. 88	9. 82	73. 06	1. 61	0. 42	
OCRI	SCBG	种仁	湖北神农架	16. 80	63. 75	6. 34	232. 97	0. 21				3. 15	17. 98	16. 78	1. 41	0. 40	
SCU	SCU	种仁	四川广元	23. 56	104. 80	0. 89	194. 10			9. 44		15. 71	16. 21	42. 79	15. 85		

三叶木通

Akebia trifoliata (Thunb.) Koidz.

木通科，木通属

特征 落叶木质藤本。茎皮灰褐色，有稀疏的皮孔及小疣点。掌状复叶互生或在短枝上的簇生；叶柄直，长7~11 cm；小叶3片，卵形至阔卵形，长4~7.5 cm，宽2~6 cm，先端通常钝或略凹入，具小凸尖，基部截平或圆形，边缘具波状齿或浅裂，侧脉5~6条；中央小叶柄长2~4 cm，侧生小叶柄长6~12 mm。总状花序自短枝上簇生叶中抽出，下部有1~2朵雌花，以上有15~30朵雄花，长6~16 cm，总花梗长约5 cm；雄花花梗丝状；萼片3枚，淡紫色，阔椭圆形或椭圆形；雄蕊6枚，离生，花丝极短，药室在开花时内弯；退化心皮3，长圆状锥形；雌花花梗稍较雄花的粗，长1.5~3 cm，萼片3枚，紫褐色，近圆形；退化雄蕊6枚或更多，长圆形，无花丝；心皮3~9枚，离生，圆柱形，柱头头状，具乳凸，橙黄色。果长圆形，长6~8 cm，直径2~4 cm，成熟时灰白略带淡紫色。种子极多数，扁卵形。花期4~5月；果期7~8月。

分布 广西：灵川县海洋乡小平乐村，25°17′07″N，110°38′42″E，600 m，2011-10-02，郭伦发、林春蕊4001101223。河南：登封县嵩山，34°29′56″N，113°02′01″E，819 m，2011-08-27，王亚平、陈明400314047；信阳波尔登公园，31°51′51″N，114°5′3″E，150 m，2012-09-14，王亚平400314207。湖北：鹤峰县木林子保护区，30°04′18″N，110°10′36″E，545 m，2009-11-15，危文亮、丁时东400151023；神农架木鱼镇九冲，31°23′43″N，110°33′29″E，551 m，2011-07-30，丁时东400151147。陕西：凤县南星乡瓦房坝，34°01′50″N，107°25′19″E，1228 m，2009-08-08，薛帅400321047。重庆：南川区鱼泉乡庙坝天山坪沟，29°57′27″N，107°13′23″E，1399 m，2009-09-04，刘正宇等400231049。生于海拔300~2100 m的山坡灌丛或沟谷疏林中。产于长江流域各地，向北分布至河南、山西和陕西。

栽培 压条或播种繁殖。秋季采种后沙藏，于翌年春季播种。压条可于生长期进行，雨季较易成活。

用途 果可食和药用；茎、根用途同三叶木通。叶色浓绿，花果艳丽，茎的攀缘能力强，适作棚架、篱笆、围墙、花门等的垂直绿化，有较高的观赏价值。

含油率及化学组分数据

采集单位	测试单位	测试部位	产地	含油率(%)	碘值	酸值	皂化值	C12:0	C14:0	C16:0	C16:1	C18:0	C18:1	C18:2	C18:3	C20:0	C20:1
GXIB	SCBG	种仁	广西灵川	40.16	4.93	4.66	248.57	0.06	0.44	8.91	3.10	1.60	20.97	39.24	1.38	0.44	0.39
HNAU	ICS	种仁	河南登封	38.55	13.37	13.77	105.71	0.08	0.16	18.26	0.37	2.14	29.63	20.61	0.91	0.23	0.14
HNAU	ICS	种仁	河南信阳	37.49	36.41	23.79	242.60		0.12	30.56	0.13	4.40	37.69	7.36	0.49	0.33	0.73
OCRI	SCBG	种仁	湖北鹤峰	31.04	147.73	3.69	255.48	0.09	0.21	3.86	0.21	1.07	50.94	29.53	0.15	1.05	0.39
OCRI	SCBG	种仁	湖北神农架	33.20	222.86	38.48			0.09	14.52	0.08	8.03	16.18	58.33	0.42	0.42	
CAU	ICS	种仁	陕西凤县	26.42	41.23	4.94	271.81	0.41	0.56	30.80	0.35	3.61	44.02	13.43	0.27	0.17	0.15
CIPp	SCBG	种仁	重庆南川	31.40	3.19	0.63	545.92		0.83	13.88		2.65	34.47	33.36	1.40	0.14	0.36

白木通

Akebia trifoliata subsp. **australis** (Diels) T. Shimizu

木通科，木通属

特征 落叶木质藤本。茎皮灰褐色，有稀疏的皮孔及小疣点。掌状复叶互生或在短枝上的簇生；叶柄直，长7~11 cm；小叶革质，卵状长圆形或卵形，长4~7 cm，宽1.5~5 cm，先端狭圆，顶微凹入而具小凸尖，基部圆、阔楔形、截平或心形，边通常全缘，有时具少数浅缺刻。总状花序长7~9 cm，腋生或生于短枝上；雄花萼片长2~3 mm，紫色；雄蕊6枚，离生，长约2.5 mm，红色或紫红色，干后褐色或淡褐色；雌花直径约2 cm，萼片长9~12 mm，宽7~10 mm，暗紫色；心皮5~7枚，紫色。果长圆形，长6~8 cm，直径2~4 cm，成熟时灰白略带淡紫色。种子极多数，扁卵形。花期4~5月；果期7~8月。

分布 安徽：六安天堂寨，31°6′11″N，115°36′57″E，496 m，2012-10-

05，李晓东、昝艳燕等400121277。生于海拔250~2000 m的山地沟谷边疏林或丘陵灌丛中。产于河南、河北、山西、山东、陕西、甘肃至长江流域各地。日本有分布。

栽培 压条或播种繁殖。

用途 根、茎和果均入药，利尿、通乳，有舒筋活络之效，治风湿关节痛；果也可食及酿酒；种子可榨油。

含油率及化学组分数据

采集单位	测试单位	测试部位	产地	含油率(%)	碘值	酸值	皂化值	C12:0	C14:0	C16:0	C16:1	C18:0	C18:1	C18:2	C18:3	C20:0	C20:1
WHBG	WHBG	种仁	安徽六安	34.08	78.52		145.45	0.003	0.02	30.51	0.11	24.45				0.09	0.07

猫儿屎

Decaisnea insignis (Griff.) Hook. f. et Thomson [*Decaisnea fargesii* Franch.]

木通科，猫儿屎属

特征 直立灌木，高5 m。茎有圆形或椭圆形的皮孔；枝粗而脆，有粗大的髓部；冬芽卵形，顶端尖，鳞片外面密布小疣凸。羽状复叶长50~80 cm，有小叶13~25片，叶柄长10~20 cm；小叶膜质，卵形至卵状长圆形，长6~14 cm，宽3~7 cm。总状花序腋生，或数个再复合为疏松、下垂顶生的圆锥花序，长2.5~3 cm；花梗长1~2 cm；小苞片狭线形；萼片卵状披针形至狭披针形，先端长渐尖，具脉纹；雄花外轮萼片长约3 cm，内轮的长约2.5 cm；雄蕊长8~10 mm，花丝合生呈细长管状，花药离生；雌花退化雄蕊花丝短，合生呈盘状，花药离生；心皮3枚，圆锥形。果下垂，圆柱形，蓝色，长5~10 cm，直径约2 cm。种子倒卵形，黑色，扁平，长约1 cm。花期4~6月；果期7~8月。

分布 湖北：神农架八角庙茨坪，31°44′52″N，110°33′28″E，1456 m，2009-11-09，丁时东、危文亮400152048；神农架八角庙茨坪，31°12′34″N，112°24′38″E，2009-10-20，李晓东、杨林森40012159；兴山南阳猴子包，31°20′43″N，111°44′41″E，605 m，2009-09-21，丁时东400151002。四川：宜宾老君山，28°41′53″N，104°00′44″E，1535 m，2011-10-15，邓星光、吴阳晨等40021111090。重庆：南川区金山镇金佛山黄泥垭，28°36′44″N，107°33′27″E，1436 m，2009-08-21，刘正宇等400231037。云南：禄劝县转龙乡，26°01′01″N，102°51′39″E，2258 m，2009-10-25，王智、谭英、隋学艺400221075。湖南：桑植县八大公山斗蓬山，29°40′34″N，109°44′32″E，1547 m，2009-09-26，张兵400181050；龙山县大安乡药场，29°35′04″N，109°39′52″E，1342 m，2011-08-31，徐亮、覃三立、朱群英40019101195。陕西：汉中蒿坝，32°43′46″N，106°51′34″E，1480 m，2012-09-30，秦烁、郭利磊400328013；眉县营头，34°3′01″N，107°25′13″E，1203 m，2009-08-18，薛帅400321010。生于海拔900~3600 m的山坡灌丛或沟谷杂木林下阴湿处。产于我国西南部至中部地区。喜马拉雅山脉地区均有分布。

栽培 播种繁殖。

用途 果皮含橡胶，可制橡胶用品；果肉可食，亦可酿酒；种子含油，可榨油；根和果药用，有清热解毒之效，并可治疝气。

含油率及化学组分数据

采集单位	测试单位	测试部位	产地	含油率(%)	碘值	酸值	皂化值	C12:0	C14:0	C16:0	C16:1	C18:0	C18:1	C18:2	C18:3	C20:0	C20:1
OCRI	SCBG	种仁	湖北神农架	25.07	107.90	31.26			0.02	4.90	0.03	1.81	21.56	68.99	0.51	0.57	0.31
KMIB	KMIB	种仁	湖北神农架	22.69	131.27	3.11	195.15	0.072	0.75	18.45	0.09	3.78	19.67	24.98	31.74	0.24	0.23
OCRI	SCBG	种仁	湖北兴山	28.96	31.49	13.74	277.10		0.07	9.28	0.45	4.16	34.76	47.87	2.43	0.60	0.38
SCU	SCU	种仁	四川宜宾	21.13	80.65	14.08	164.51			14.21	40.48		28.57	16.74			
CIPP	SCBG	种仁	重庆南川	32.10	38.45	7.46	412.79		0.09	6.31	0.13	1.67	21.38	66.77	1.19		0.12
KMIB	KMIB	种仁	云南禄劝	24.00	92.30		197.30	0.04	0.17	10.31	49.72		2.32	27.20	9.52	0.07	
HUST	HUST	种仁	湖南桑植	22.05	31.58	7.87	164.26	0.11	0.05	2.82	0.05	0.89	18.52	76.45	0.73	0.07	0.31
JSU	SCBG	种仁	湖南龙山	35.19	50.43	12.17	400.10	0.18	0.73	12.66	0.96	1.87	21.48	51.70	1.51	0.41	0.18
CAU	ICS	种仁	陕西汉中	18.09	7.92	2.77	200.44		0.21	9.55	47.76	1.94	27.45	9.35	0.67		
CAU	ICS	种仁	陕西眉县	32.28	78.79	8.64	168.10	0.01	0.25	1.80	56.58	1.73	32.76	5.67	1.11	0.03	0.05

狭叶八月瓜（五加藤、野人瓜）

Holboellia angustifolia Wall. [*Holboellia fargesii* Reaub.]

木通科，八月瓜属

特征 常绿木质藤本。茎与枝圆柱形，灰褐色，具线纹。掌状复叶有小叶3~7片，叶柄长2~5 cm；小叶近革质或革质，线状长圆形至倒披针形，长5~11 cm，宽1. 2~3 cm，先端渐尖、急尖、钝或圆，有时凹入，基部钝、阔楔形或近圆形，中脉在上面凹陷，在下面凸起，小叶柄长5~25 mm。花雌雄同株，红色紫红色暗紫色绿白色或淡黄色，数朵组成伞房式的短总状花序；总花梗短，多个簇生，基部为阔卵形的芽鳞片所包；雄花花梗长10~15 mm，外轮萼片线状长圆形，顶端钝，内轮较小，花瓣极小，近圆形；雄蕊直，长约10 mm，花丝圆柱状，药室线形，退化心皮小，锥尖；雌花紫红色，花梗长3. 5~5 cm，外轮萼片倒卵状圆形或广卵形，长14~16 mm，宽7~9 mm，内轮较小，花瓣小，卵状三角形，退化雄蕊无花丝；心皮棍棒状，柱头头状。果紫色，长圆形，长5~9 cm。种子椭圆形，种皮褐黑色。花期4~5月；果期7~8月。

分布 湖北：神农架下谷坪，31°21′51″N，110°36′43″E，270 m，2011-08-25，丁时东400151152。生于海拔500~3000 m的山坡杂木林及沟谷林中。产于广东、广西、福建、安徽、湖南、湖北、云南、贵州、四川、陕西。

栽培 播种繁殖。

用途 果可食；根药用，治劳伤咳嗽，果治肾虚腰痛、疝气；种子含油40%，可榨油（云南植物志）。

含油率及化学组分数据

采集单位	测试单位	测试部位	产地	含油率(%)	碘值	酸值	皂化值	C12:0	C14:0	C16:0	C16:1	C18:0	C18:1	C18:2	C18:3	C20:0	C20:1
OCRI	SCBG	种仁	湖北神农架	52.18	219.15	12.05		0.01	0.17	14.58		5.16	25.88	20.35	16.95	1.38	0.36

牛姆瓜

Holboellia grandiflora Reaub.

木通科，八月瓜属

特征 常绿木质大藤本。枝圆柱形，具皮孔。掌状复叶具长柄，有小叶3~7片；叶革质或薄革质，倒卵状长圆形或长圆形，长6~14 cm，宽4~6 cm，通常中部以上最阔，先端渐尖或急尖，基部通常长楔形，边缘略背卷，中脉于上面凹入，侧脉7~9条；小叶柄长2~5 cm。花淡绿白色或淡紫色，雌雄同株，数朵组成伞房式的总状花序；总花梗长2. 5~5 cm，2~4个簇生于叶腋；雄花外轮萼片长倒卵形，先端钝，基部圆或截平，长20~22 mm，宽8~10 mm，内轮的线状长圆形，与外轮的近等长但较狭，花瓣极小，卵形或近圆形，直径约1 mm；雄蕊直，长约15 mm，花丝圆柱形，长约1 cm，药隔伸出花药顶端而成小凸头；雌花外轮萼片阔卵形，长20~25 mm，宽12~16 mm，内轮萼片卵状披针形，远较狭，花瓣与雄花的相似；心皮披针状柱形，长约12 mm，柱头圆锥形，偏斜。果长圆形，常孪生，长6~9 cm。种子多数，黑色。花期4~5月；果期7~9月。

分布 重庆：南川区鱼泉乡庙坝天山坪沟，29°57′17″N，107°13′46″E，1414 m，2009-09-03，刘正宇等400231044。生于海拔1100~3000 m的山地杂木林或沟边灌丛内。产于四川、贵州、云南。

栽培 播种繁殖。

用途 极具观赏价值，可作绿化树种。

含油率及化学组分数据

采集单位	测试单位	测试部位	产地	含油率(%)	碘值	酸值	皂化值	C12:0	C14:0	C16:0	C16:1	C18:0	C18:1	C18:2	C18:3	C20:0	C20:1
CIPP	SCBG	种仁	重庆南川	23. 17	66. 63	24. 65	392. 49	0. 66	4. 61	6. 40	0. 22	1. 84	25. 66	43. 25	1. 28	0. 36	0. 21

黄蜡果（山木瓜）

Stauntonia brachyanthera Hand.-Mazz.

木通科，野木瓜属

特征 木质大藤本。一年生小枝绿色，有线纹，具纺锤形的皮孔。掌状复叶有小叶5~9片，叶柄长5~11 cm；小叶纸质，匙形，长5~13. 5 cm，宽2~5 cm，先端骤然长尾尖，顶具丝状，侧脉6~10条，离边网结，小叶柄长1. 2~4 cm。总状花序长10~27 cm，1个至数个与叶同自芽鳞片中抽出，外面的鳞片阔，覆瓦状排列，内面的舌状，长可达4 cm；总轴每节具1朵或2朵花，上部的为雄花，下面有数朵雌花；苞片锥状披针形，长约1 cm；花雌雄同株，同序或异序，白绿色，干时褐色；雄花萼片稍厚，外轮的卵状披针形，长9~12 mm，先端狭圆，顶兜状，干时卷曲，内轮3片狭线形，较短，内面有乳凸状绒毛；雄蕊花丝合生为管。雌花萼片与雄花相似但更厚，稍呈肉质；心皮长约5 mm，柱头马蹄形。果椭圆状，长5~7. 5 cm，宽3~5 cm，果皮熟时黄色，平滑或稍具小疣凸。花期4月；果期8~11月。

分布 湖南：古丈县高望界大溪，28°40' 30″N，110°05′20″E，554 m，2011-10-05，徐亮、覃三立40019101198。生于海拔500~1200 m的山地杂木林中。产于广西、湖南、贵州。

栽培 播种繁殖。

用途 观赏、绿化。

含油率及化学组分数据

采集单位	测试单位	测试部位	产地	含油率(%)	碘值	酸值	皂化值	C12:0	C14:0	C16:0	C16:1	C18:0	C18:1	C18:2	C18:3	C20:0	C20:1
SSU	SCBG	种仁	湖南古丈	26.15	67.13	20.11	162.01	0.06	0.26	7.12	0.12	2.71	18.75	63.04	1.42	0.42	0.18

野木瓜（七叶莲，沙引藤）

Stauntonia chinensis DC.

木通科，野木瓜属

特征 木质藤本。茎绿色，具线纹。掌状复叶有小叶5~7片，叶柄长5~10 cm；小叶革质，长圆形、椭圆形或长圆状披针形，长6~9（11. 5）cm，宽2~4 cm，中脉在上面凹入，侧脉和网脉在两面均明显凸起，小叶柄长6~25 mm。花雌雄同株，常3~4朵组成伞房花序式总状花序；总花梗纤细，基部为大型的芽鳞片所包托；花梗长2~3 cm；雄花萼片外面淡黄色或乳白色，内面紫红色，外轮的披针形，长约18 mm，宽约6 mm，内轮的线状披针形，长约16 mm，宽约3 mm；蜜腺状花瓣6枚，舌状，花丝合生为管状，花药长约3. 5 mm，药隔突出所成之尖角状附属体与药室近等长，退化心皮小；雌花萼片与雄花的相似但稍大，外轮的长可达22~25 mm；退化雄蕊长约1 mm；心皮卵状棒形，柱头偏斜的头状。果长圆形，长7~10 cm，直径3~5 cm。种子近三角形，长约1 cm，压扁，种皮深褐色至近黑色。花期3~4月；果期6~10月。

分布 广东：平远县龙文保护区仓子下，24°46′36″N，115°46′36″E，2010-10-15，易绮斐、戴建阅、翟俊文400119109。江西：玉山县三清山，28°54′55″N，118°01′20″E，518 m，2009-09-02，廖文波等400141130；龙南县九连山，24°31′6″N，114°27′31″E，914 m，2009-11-08，廖文波等400143020。生于海拔500~1300 m的山地密林、山腰灌丛或山谷溪边疏林中。产于广东、香港、广西、江西、福建、安徽、浙江、湖南、贵州、云南。

栽培 播种繁殖。

用途 全株药用，民间记载有舒筋活络、镇痛排脓、解热利尿、通经导湿的作用，可用于治腋部生痈、膀胱炎、风湿骨痛、跌打损伤、水肿、脚气等。

含油率及化学组分数据

采集单位	测试单位	测试部位	产地	含油率(%)	碘值	酸值	皂化值	C12:0	C14:0	C16:0	C16:1	C18:0	C18:1	C18:2	C18:3	C20:0	C20:1
SCBG	SCBG	种仁	广东平远	36. 47	12. 95	7. 37	202. 22			13. 08	0. 21	2. 63	12. 36	29. 86	3. 39	0. 12	0. 15
SYSU	SCBG	种仁	江西玉山	24. 38				0. 13	0. 53	9. 28	0. 65	1. 37	15. 51	36. 82	1. 08	0. 28	0. 13
SYSU	SCBG	种仁	江西龙南	11. 69					0. 25	16. 82		7. 07	26. 89	10. 33	28. 27	0. 41	0. 48

倒卵叶野木瓜

Stauntonia obovata Hemsl.

木通科，野木瓜属

特征 木质藤本。茎和枝纤细，有线纹。掌状复叶有小叶3~6片，叶柄纤细，长2~8 cm；小叶薄革质，通常倒卵形，侧生小叶有时略偏斜，长3.5~6 cm，宽1.5~3 cm，侧脉4~7条，基部一对侧脉斜上举；小叶柄长8~30 mm。总状花序2~3个簇生于叶腋，比叶短，长4~5 cm，少花，总花梗和花梗均纤细；花雌雄同株，白带淡黄色；雄花外轮萼片卵状披针形，长9~10 mm，宽3.5~4 mm，内轮萼片线状披针形，无花瓣，雄蕊长3.5~4 mm，花丝合生几达顶部成花丝管，花药分离；退化心皮极小，藏于花丝管内；雌花萼片和雄花的相似，心皮3枚，柱头小，头状；退化雄蕊6枚，鳞片状。果椭圆形或卵形，长4~5 cm，干时褐黑色，果皮外面密布小疣点。种子通常卵形，略扁平，种皮褐黑色。花期2~4月；果期9~11月。

分布 浙江：宁波市鄞县天童山，29°48′24″N，121°47′06″E，388 m，2009-11-14，田怀珍、王双4001171031。生于海拔300~800 m的山地山谷疏林或密林中。产于广东、香港、广西、湖南、江西、福建、台湾、四川。

栽培 播种繁殖。

用途 观赏、绿化。

含油率及化学组分数据

采集单位	测试单位	测试部位	产地	含油率(%)	碘值	酸值	皂化值	C12:0	C14:0	C16:0	C16:1	C18:0	C18:1	C18:2	C18:3	C20:0	C20:1
ECNU	SCBG	种仁	浙江宁波	32.60	140.42	0.26	200.57	0.39	0.09	6.79	0.13	1.98	14.03	72.50	0.92	0.12	0.06

五指那藤

Stauntonia obovatifoliola subsp. **intermedia** (Y.C. Wu) T. Chen

木通科，野木瓜属

特征 木质藤本。枝与小枝圆柱形，有线纹。掌状复叶有小叶5~7片，叶柄长5~10 mm；小叶近革质，匙形，两侧近基部的小叶常为长圆形，长6~10 cm，宽2~3 cm，先端尾尖，基部楔形，中脉在上面凹陷，侧脉7~9条；小叶柄长1~2.5 cm。总状花序3~5个簇生，与叶同自芽鳞片中抽出，长6.5~11.5 cm，雌花序常单生于叶腋，总花梗纤细，长3~6 cm；花雌雄同株，白带淡黄色；雄花花梗纤细，长2~3 cm，外轮萼片卵状披针形，内轮的线状披针形，花瓣缺；雄蕊花丝合生，花药顶端具附属体，退化心皮丝状，极小；雌花花梗比雄花的略粗，萼片较厚，外轮的线状披针形，长约2.5 cm，内轮的近线形；心皮卵状柱形，柱头唇状；退化雄蕊锥尖。果长圆形，常孪生，长6~7.5 cm，直径3~3.5 cm，熟时黄色。花期3~4月；果期8~10月。

分布 湖南：炎陵县鹿原镇，26°31′57″N，113°39′42″E，168 m，2010-11-13，张兵、谷志容400181247。生于海拔500~850 m的山谷溪旁疏林或密林中，攀缘于树上。产于广东、广西、湖南。

栽培 播种繁殖。

用途 绿化。

含油率及化学组分数据

采集单位	测试单位	测试部位	产地	含油率(%)	碘值	酸值	皂化值	C12:0	C14:0	C16:0	C16:1	C18:0	C18:1	C18:2	C18:3	C20:0	C20:1
HUST	HUST	种仁	湖南炎陵	36.40	55.76	1.90	235.10			26.99		1.69		41.75	28.06		1.51

尾叶那藤

Stauntonia obovatifoliola subsp. **urophylla** (Hand.-Mazz.) H.N. Qin

木通科，野木瓜属

特征 木质藤本。茎、枝和叶柄具细线纹。掌状复叶有小叶5~7片，叶柄纤细，长3~8 cm；小叶革质，倒卵形或阔匙形，长4~10 cm，宽2~4. 5 cm，基部1~2片小叶较小，先端长尾尖，侧脉6~9条，与网脉同于两面略凸起或有时在上面凹入，小叶柄长1~3 cm。总状花序数个簇生于叶腋，每个花序有3~5朵淡黄绿色的花；雄花花梗长1~2 cm，外轮萼片卵状披针形，长10~12 mm，内轮萼片披针形，无花瓣；雄蕊花丝合生为管状，药室顶端具长约1 mm的附属体。果长圆形或椭圆形，长4~6 cm，直径3~3. 5 cm。种子三角形，压扁，基部稍呈心形，种皮深褐色。花期4月；果期6~7月。

分布 浙江：宁波鄞县天童山，29°48′24″N，121°47′06″E，410 m，2010-11-12，葛斌杰、胡超、熊申展4001171101。湖北：神农架下谷坪，31°21′42″N，110°37′06″E，275 m，2011-08-22，丁时东400151151。广东：阳山县秤架乡坑尾，24°53′33″N，112°49′29″E，2010-10-26，王发国400113076。产于广东、广西、湖南、江西、福建、浙江。

栽培 播种繁殖。

用途 绿化。

含油率及化学组分数据

采集单位	测试单位	测试部位	产地	含油率(%)	碘值	酸值	皂化值	C12:0	C14:0	C16:0	C16:1	C18:0	C18:1	C18:2	C18:3	C20:0	C20:1
ECNU	SCBG	种仁	浙江宁波	25. 17	93. 66	2. 76	239. 65	0. 45	0. 11	23. 89	0. 04	4. 14	48. 06	23. 21	0. 35	0. 16	
OCRI	SCBG	种仁	湖北神农架	34. 88	142. 80	5. 14	403. 02	0. 02	0. 10	10. 53	0. 21	2. 20	18. 72	57. 65	0. 95	0. 21	0. 12
SCBG	SCBG	种仁	广东阳山	16. 60	36. 40	7. 41	157. 37		0. 04	2. 83		1. 33	11. 78	71. 15	0. 20		0. 13

粉叶轮环藤（白背轮环藤）

Cyclea hypoglauca (Schauer) Diels

防己科，轮环藤属

特征 藤本。老茎木质。叶纸质，阔卵状三角形至卵形，长2. 5~7 cm，宽1. 5~4. 5 cm，顶端渐尖，基部截平至圆，边全缘而稍反卷，两面无毛或下面被稀疏而长的白毛，掌状脉5~7条，网脉不很明显；叶柄纤细，长1. 5~4 cm，盾状着生。花序腋生，雄花序为间断的穗状花序状，花序轴常不分枝或有时基部有短小分枝，纤细而无毛，苞片小，披针形；雄花萼片4枚或5枚，分离，倒卵形或倒卵状楔形，长1~1. 2 mm；花瓣4~5，通常合生成杯状，较少分离，高0. 5~1 mm；聚药雄蕊长1~1. 2 mm，稍伸出；雌花序较粗壮，总状花序状，花序轴明显曲折，长达10 cm；雌花萼片2枚，近圆形，直径约0. 8 mm，花瓣2枚，不等大，大的与萼片近等长；子房无毛。核果红色，无毛；果核长约3. 5 mm，背部中肋两侧各有3列小瘤状凸起。

分布 广东：阳山县秤架乡十八湾，24°51′35″N，112°52′28″E，2010-10-27，王发国400113087。生于林缘和山地灌丛。产于海南、广东、广西、湖南、江西、福建、云南。分布于越南北部。

栽培 播种繁殖，宜于种子成熟后即采即播。

用途 枝繁叶茂，果实艳丽夺目，茎的攀缘能力强，适合作矮篱或围篱等的垂直绿化，也可盆栽观赏。

含油率及化学组分数据

采集单位	测试单位	测试部位	产地	含油率(%)	碘值	酸值	皂化值	C12:0	C14:0	C16:0	C16:1	C18:0	C18:1	C18:2	C18:3	C20:0	C20:1
SCBG	SCBG	种仁	广东阳山	26. 41	79. 29	7. 66	233. 57	0. 41	0. 63		0. 14	2. 88	26. 13	59. 62	0. 71	0. 69	0. 17

木防己

Cocculus orbiculatus (L.) DC.

防己科，木防己属

特征　木质藤本。小枝被绒毛至疏柔毛，有时近无毛，有条纹。叶片纸质至近革质，形状变异极大，线状披针形至阔卵状近圆形，顶端短尖或钝而有小凸尖，有时微缺或2裂，边全缘或3裂，有时5裂，长3~8 cm，很少超过10 cm，宽不等，两面被柔毛，掌状脉3条，很少5条；叶柄长1~3 cm，被稍密的白色柔毛。聚伞花序少花，顶生或腋生，长可达10 cm或更长，被柔毛；雄花小苞片2枚或1枚，紧贴花萼，被柔毛，萼片6枚，外轮卵形或椭圆状卵形，内轮阔椭圆形至近圆形，有时阔倒卵形，花瓣6枚，下部边缘内折，抱着花丝，顶端2裂，裂片叉开；雄蕊6枚，比花瓣短；雌花萼片和花瓣与雄花相同；退化雄蕊6枚，微小；心皮6枚，无毛。核果近球形，红色至紫红色；果核骨质，背部有小横肋状雕纹。果期10月。

分布　辽宁：长海，39°15′36″N，122°44′54″E，2012-10-16，郑宝江等400341196。生于灌丛、村边、林缘等处。我国大部分地区都有分布，以长江流域中下游及其以南各地常见。广布于亚洲东南部和东部以及夏威夷群岛。

栽培　播种繁殖。

用途　绿化。

含油率及化学组分数据

采集单位	测试单位	测试部位	产地	含油率(%)	碘值	酸值	皂化值	C12:0	C14:0	C16:0	C16:1	C18:0	C18:1	C18:2	C18:3	C20:0	C20:1
NSFU	SCBG	种仁	辽宁长海	20. 45	73. 68	6. 31	186. 46	0. 03	0. 11	20. 60	0. 63	4. 43	26. 22	35. 37	5. 47	6. 84	0. 30

苍白秤钩风

Diploclisia glaucescens (Blume) Diels

防己科，秤钩风属

特征　木质大藤本。茎长可达20 m。叶柄基生至盾状着生，通常比叶片长很多，叶片厚革质，下面常有白霜。圆锥花序狭而长，常几个至多个簇生于老茎和老枝上，多少下垂，长10~30 cm或更长；花淡黄色，微香；雄花萼片长2~2. 5 mm，外轮椭圆形，内轮阔椭圆形或阔椭圆状倒卵形，均有黑色网状斑纹，花瓣倒卵形或菱形，长1~1. 5 mm，顶端短尖或凹头；雄蕊长约2 mm；雌花萼片和花瓣与雄花的相似，但花瓣顶端明显2裂；退化雄蕊线形；心皮长1. 5~2 mm。核果黄红色，长圆状狭倒卵圆形，下部微弯，长1. 3~2(~3) cm。花期4月；果期8月。

分布　海南：呀诺达热带雨林文化旅游区，18°27′24″N，109°40′25″E，130 m，2010-12-06，张荣京40017161。生于林中。产于海南、广东、广西、云南。广布于亚洲各热带地区，南至伊里安岛。

栽培　播种繁殖。

用途　绿化、观赏。

含油率及化学组分数据

采集单位	测试单位	测试部位	产地	含油率(%)	碘值	酸值	皂化值	C12:0	C14:0	C16:0	C16:1	C18:0	C18:1	C18:2	C18:3	C20:0	C20:1
SCAU	SCBG	种仁	海南呀诺达	25. 51	8. 41	10. 22	267. 89	0. 01	0. 12	9. 72	0. 09	1. 21	15. 21	70. 72	1. 55	0. 89	0. 47

风龙

Sinomenium acutum (Thunb.) Rehd. et Wilson

防己科，风龙属

特征　木质大藤本，长可达20 m。老茎灰色，树皮有不规则纵裂纹；枝圆柱状，有规则的条纹。叶革质至纸质，心状圆形至阔卵形，长6~15 cm或稍过之，顶端渐尖或短尖，基部常心形，边全缘或5~9裂，裂片尖或钝圆，嫩叶被绒毛，老叶常两面无毛，掌状脉5条，很少7条，连同网状小脉均在下面明显凸起；叶柄长5~15 cm，有条纹。圆锥花序长可达30 cm，通常不超过20 cm，花序轴开展、有时平叉开的分枝均纤细，被柔毛或绒毛；苞片线状披针形；雄花小苞片2枚，紧贴花萼，萼片背面被柔毛，外轮长圆形至狭长圆形，内轮近卵形，与外轮近等长，花瓣稍肉质；雌花退化雄蕊丝状；心皮无毛。核果红色至暗紫色。花期夏季；果期秋末。

分布　湖北：神农架林区莲花观，31°40′32″N，110°43′05″E，819 m，2011-09-08，丁时东400151119。生于林中。产于长江流域及其以南各地，南至广东和广西两个省区北部，以及云南东南部，北至陕西南部。日本也有分布。

栽培　播种繁殖。

用途　根、茎可治风湿关节痛；根含多种生物碱，其中辛那米宁(sinominine)为治风湿痛的有效成分之一。枝条细长，是制藤椅等藤器的原料。

含油率及化学组分数据

采集单位	测试单位	测试部位	产地	含油率(%)	碘值	酸值	皂化值	C12:0	C14:0	C16:0	C16:1	C18:0	C18:1	C18:2	C18:3	C20:0	C20:1
OCRI	SCBG	种仁	湖北神农架	27. 29	70. 66	19. 59	218. 07										

胡椒

Piper nigrum L.

胡椒科，胡椒属

特征　木质攀缘藤本。茎、枝无毛，节显著膨大，常生小根。叶近革质，阔卵形至卵状长圆形，稀有近圆形，长10~15 cm，宽5~9 cm，顶端短尖，基部圆，常稍偏斜，两面均无毛；叶脉5~7条，离基1. 5~3. 5 cm从中脉发出，余者均自基出，最外1对极柔弱，网状脉明显；叶柄长1~2 cm，无毛；叶鞘延长，长常为叶柄之半。花杂性，通常雌雄同株；花序与叶对生，短于叶或与叶等长，总花梗与叶柄近等长，无毛；苞片匙状长圆形，长3~3. 5 cm，中部宽约0. 8 mm，顶端阔而圆，与花序轴分离，呈浅杯状，狭长处与花序轴合生，仅边缘分离；雄蕊2枚，花药肾形，花丝粗短；子房球形，柱头3~4枚，稀有5枚。浆果球形，无柄，直径3~4 mm，成熟时红色，未成熟时干后变黑色。花期6~10月。

分布　海南：陵水县本号镇吊罗山，18°48′08″N，110°02′24″E，450 m，2009-12-01，秦新生4001161102。云南：勐腊县勐仑，21°56′05″N，101°14′57″E，650 m，2010-11-04，李忠荣、李恩乾400222135。生于密林或疏林中，攀缘于树上或石上。广东、广西、福建、台湾、云南等地均有栽培。原产东南亚，现广植于热带地区。

栽培　插条定植。生长慢，耐热、耐寒、耐旱、耐风、耐剪、易移植，不耐水涝。栽培土质以肥沃的砂质壤土为佳，排水、光照需良好。

用途　油料可用于制造肥皂、润滑油、油漆及其他多种工业用途；果实主要含胡椒硷和少量的胡椒挥发油，用于调味，亦作胃寒药，能温胃散寒、健胃止吐，服少量能增进食欲，过量则刺激胃黏膜引起充血性炎症。

含油率及化学组分数据

采集单位	测试单位	测试部位	产地	含油率(%)	碘值	酸值	皂化值	C12:0	C14:0	C16:0	C16:1	C18:0	C18:1	C18:2	C18:3	C20:0	C20:1
SCAU	SCBG	种仁	海南陵水	4. 90	17. 17	13. 06	170. 61	0. 01	0. 13	12. 81	0. 05	2. 57	5. 90	51. 42	25. 64	0. 96	0. 46
KMIB	KMIB	种仁	云南勐仑	4. 90							20. 65		8. 76	38. 14	26. 90	4. 91	

草珊瑚

Sarcandra glabra (Thunb.) Nakai

金粟兰科，草珊瑚属

特征 常绿半灌木，高50~120 cm。茎与枝均有膨大的节，节间有纵行较明显的脊和沟。单叶对生，具柄；叶革质，椭圆形、卵形至卵状披针形，长6~17 cm，宽2~6 cm，顶端渐尖，基部尖或楔形，边缘有粗锯齿，齿尖有1枚腺体，两面均无毛；叶柄长0. 5~1. 5 cm，基部合生成鞘状；托叶钻形，两侧有尖齿。穗状花序顶生，通常分枝，多少成圆锥花序状，连总花梗长1. 5~4 cm；苞片三角形；花黄绿色；雄蕊1枚，肉质，棒状至圆柱状，药隔膨大成卵形，花药2室，生于药隔上部之两侧；子房球形或卵形，1室，无花柱，柱头近头状。浆果核果状，球形，直径3~4 mm，熟时亮红色。花期6月；果期8~10月。

分布 广东：乐昌廊田白云洞，25°18′74″N，113°40′09″E，0 m, 2012-11-09，王发国、于海玲400119236。江西：赣州，24°29′N，114°34′E，347 m，2010-04-08，廖文波等400144014。贵州：印江县合水镇两河口村，31°2′31″N，115°3′24″E，0 m, 2011-11-18，张九兵、朱明德400181366。生于海拔420~1500 m的山坡、沟谷林下阴湿处。常见。产于广东、广西、湖南、江西、福建、台湾、浙江、安徽、四川、贵州、云南。朝鲜、日本、马来西亚、菲律宾、越南、柬埔寨、印度、斯里兰卡也有分布。

栽培 扦插、播种和分株繁殖。扦插繁殖：3~4月，从生长健壮植株上选取l~2年生枝条，剪成插穗，将其基端置于5 ABT生根粉溶液中浸泡2~3 min，扦穗30 d左右生根，并开始萌芽。成活后，应注意松土除草，适时追施稀薄人畜粪水，促进幼苗生长。播种繁殖：果实红熟时将种子沙藏，翌年2~3月取出种子播种，育苗期间，要经常松土除草，适时追肥。分株繁殖：在早春或晚秋先将植株地上部分离地面10 cm处割下，然后挖起根蔸，按茎秆分割成带根系的小株，按株行距20 cm×30 cm直接栽植大田。栽植后需连续浇水，保持土壤湿润。成活后注意除草、施肥。

用途 油料可用于制造肥皂、润滑油、油漆及其他多种工业用途。全株供药用，能清热解毒、祛风活血、消肿止痛、抗菌消炎，主治流行性感冒、流行性乙型脑炎、肺炎、阑尾炎、盆腔炎、跌打损伤、风湿关节痛、闭经、创口感染、菌痢等。近年来还用以治疗胰腺癌、胃癌、直肠癌、肝癌、食管癌等恶性肿瘤，有缓解、缩小肿块、延长寿命、改善自觉症状等功效，无副作用。

含油率及化学组分数据

采集单位	测试单位	测试部位	产地	含油率(%)	碘值	酸值	皂化值	C12:0	C14:0	C16:0	C16:1	C18:0	C18:1	C18:2	C18:3	C20:0	C20:1
SCBG	SCBG	种仁	广东乐昌	26. 46	65. 60	1. 53	405. 27	0. 12	0. 07	9. 66	0. 38	4. 56	29. 47	41. 51	6. 95	0. 59	6. 69
SYSU	SCBG	种仁	江西赣州	42. 27	112. 42	8. 05	196. 32	0. 06	0. 08	13. 77	0. 07	3. 64	16. 75	64. 65	0. 62	0. 15	0. 21
HUST	HUST	种仁	贵州印江	28. 47	42. 02	8. 88	176. 14	0. 29	0. 55	10. 75	0. 15	4. 70	14. 82	55. 16	9. 52	2. 78	1. 28

耳叶马兜铃

Aristolochia tagala Cham.

马兜铃科，马兜铃属

特征 草质藤本。叶纸质，卵状心形或长圆状卵形，长8~24 cm，宽4~24 cm，顶端短尖或短渐尖，基部深心形，两侧裂片近圆形，下垂，弯缺深1~3 cm；叶柄长2. 5~8 cm，无毛。总状花序腋生，长4~8 cm，有花2~3朵；花梗纤细，长约1 cm，基部具小苞片；小苞片卵状披针形；花被长4~6 cm，基部收狭呈柄状，直径5~8 mm，外面浅绿色，具脉纹，管口扩大呈漏斗状，一侧极短，另一侧延伸成舌片；舌片长圆形，长2~3 cm，宽5~6 mm，初绿色，后暗紫色，具纵脉纹；花药卵形，贴生于合蕊柱上；子房圆柱形，6棱。蒴果倒卵状球形至长圆状倒卵形，长3. 5~5 cm，直径2~3. 5 cm，具平行纵棱，近基部收狭，成熟时褐色；果梗长4~6 cm，下垂，常随果分裂成6条，种子近心形或钝三角形，褐色，扁平，密布疣点，边缘具浅褐色膜翅。花期5~8月；果期10~12月。

分布 海南：陵水县本号镇吊罗山白水林场，18°44′04″N，109°50′13″E，2009-11-27，秦新生4001161107；陵水县本号镇吊罗山国家级自然保护区大路，18°44′04″N，109°50′13″E，2010-08-13，秦新生4001161142。产于广东、广西、台湾、云南。印度、越南、马来西亚、印度尼西亚、菲律宾、日本也有分布。

栽培 生性强健，喜光，稍耐阴，喜温暖、湿润，耐寒。栽培基质以湿润的砂质黄壤土为佳。播种、分株繁殖，于春季进行。

用途 药用。绿化、观赏。

含油率及化学组分数据

采集单位	测试单位	测试部位	产地	含油率(%)	碘值	酸值	皂化值	C12:0	C14:0	C16:0	C16:1	C18:0	C18:1	C18:2	C18:3	C20:0	C20:1
SCAU	SCBG	种仁	海南陵水	16. 30	59. 07	2. 12	241. 05	0. 008	0. 19	9. 82	0. 09	2. 78	12. 05	40. 87	33. 05	0. 89	0. 24
SCAU	SCBG	种仁	海南陵水	24. 82	11. 65	26. 57	232. 88										

五桠果（第伦桃）

Dillenia indica L.

五桠果科，五桠果属

特征 常绿乔木，高25 m。嫩枝粗壮，有褐色柔毛，老枝秃净，有明显的叶柄痕迹。叶薄革质，矩圆形或倒卵状矩圆形，长15~40 cm，宽7~14 cm，先端近圆形，有长约1 cm的短尖头，基部广楔形，上下两面初时有柔毛，不久变秃净，仅在背脉上有毛，侧脉25~56对；叶柄长5~7 cm，有狭窄的翅，基部稍扩大，多少被毛。花单生于枝顶叶腋内，直径12~20 cm，花梗粗壮，被毛；萼片5枚，厚肉质，近于圆形，直径3~6 cm，外侧有柔毛，花瓣白色，倒卵形，长7~9 cm；雄蕊发育完全，外轮数目很多，内轮较少且比外轮长，无退化雄蕊，花药长于花丝，顶孔裂开；心皮16~20个，花柱线形，顶端向外弯；胚珠每心皮多个。果实圆球形，直径10~15 cm，不裂开，宿存萼片肥厚，稍增大；种子压扁，边缘有毛。花期7~10月；果期10~12月。

分布 云南：河口县南溪镇马格村，22°41′21″N，103°59′48″E，251 m，2010-11-11，王智、杨珺、谭英400221275。喜生山谷溪旁水湿地带。产云南省南部。也见于印度、斯里兰卡、中南半岛、马来西亚及印度尼西亚等地。

栽培 喜光，在半阴环境也可生长开花，喜温暖高温湿润，不耐干旱，稍耐寒，栽培土质须富含有机质的壤土。播种繁殖。果实成熟后，采收后取出种子，浸于温热水中1 h，随即播于砂质壤土为介质的苗床。约经过1个月便能发芽，1~2年可移植。生长迅速，约3~4年便能生长达3~5 m，7~8年可开花结实。深根性，抗强风吹袭。

用途 果食用。

含油率及化学组分数据

采集单位	测试单位	测试部位	产地	含油率(%)	碘值	酸值	皂化值	C12:0	C14:0	C16:0	C16:1	C18:0	C18:1	C18:2	C18:3	C20:0	C20:1
KMIB	KMIB	种仁	云南河口	21.00	36.90						8.00		2.80	14.40	9.90		
OFPC	GXIB	种子	广西上思	22.30	36.90			37.50	22.70	8.00		2.80	14.40	9.90			

锡叶藤

Tetracera sarmentosa (L.) Vahl

五桠果科，锡叶藤属

特征 常绿木质藤本，长达20 m或更长。多分枝，枝条粗糙，幼嫩时被毛，老枝秃净。叶革质，极粗糙，矩圆形，先端钝或圆，有时略尖，基部阔楔形或近圆形，常不等，上下两面初时有刚毛，不久脱落，全缘或上半部有小钝齿；叶柄粗糙，有毛。圆锥花序顶生或生于侧枝顶，被贴生柔毛，花序轴常为“之”字形屈曲；苞片1枚，线状披针形，被柔毛，小苞片线形；花多数；萼片5枚，离生，宿存，广卵形，先端钝，无毛或偶有疏毛，边缘有睫毛；花瓣通常3枚，白色；雄蕊多数，比萼片稍短，花丝线形，干后黑色，花药“八”字形排在膨大药隔上，干后灰色；心皮1枚，无毛，花柱突出雄蕊之外。果实成熟时黄红色，干后果皮薄革质，稍发亮，有残存花柱。种子1粒，黑色，基部有黄色流苏状的假种皮。花期4~5月；果期7~9月。

分布 海南：万宁县石梅镇青梅林保护区，18°50′24″N，110°17′33″E，2009-08-02，邢福武、戴建阅、翟俊文、郑希龙40011118。广东：东莞市谢岗乡银瓶山仙水道，23°02′54″N，113°46′42″E，2012-11-02，邢福武、叶心芬、宁阳阳400113137。产于海南、广东、广西。同时见于中南半岛以及泰国、印度、斯里兰卡、马来西亚及印度尼西亚等地。

栽培 一般采用播种或扦插法繁殖。

用途 工业用油。

含油率及化学组分数据

采集单位	测试单位	测试部位	产地	含油率(%)	碘值	酸值	皂化值	C12:0	C14:0	C16:0	C16:1	C18:0	C18:1	C18:2	C18:3	C20:0	C20:1
GXIB	SCBG	种仁	海南万宁	20.48	43.43	17.13	262.7		0.05	5.16	0.06	1.96	6.56	22.84	62.55	0.15	0.58
SCBG	SCBG	种仁	广东东莞	18.67	139.96	2.57	255.06	0.04	0.07	11.17	1.80	1.79	23.71	41.67	1.26	0.36	0.08

芍药（野芍药、野牡丹、土白芍）

Paeonia lactiflora Pall.

芍药科，芍药属

特征 多年生草本。根粗壮，分枝黑褐色；茎高40~70 cm，无毛。下部茎生叶为二回三出复叶，上部茎生叶为三出复叶；小叶狭卵形，椭圆形或披针形，顶端渐尖，基部楔形或偏斜，边缘具白色骨质细齿，两面无毛，背面沿叶脉疏生短柔毛。花数朵，生茎顶和叶腋，直径8~12 cm；苞片4~5枚，披针形，大小不等；萼片4枚，宽卵形或近圆形，长1~1. 5 cm，宽1~1. 7 cm；花瓣9~13，倒卵形，长3. 5~6 cm，宽1. 5~4. 5 cm，白色，有时基部具深紫色斑块，花丝长0. 7~1. 2 cm，黄色；花盘浅杯状，包裹心皮基部，顶端裂片钝圆；心皮4~5枚，无毛。蓇葖长2. 5~3 cm，直径1. 2~1. 5 cm，顶端具喙。花期5~6月；果期8月。

分布 山东：泰安，36°12′13″N，117°07′28″E，197 m，2010-07-18，赵伟华400311215。黑龙江：嘉荫县八字山，48°54′12″N，130°24′11″E，295 m，2010-08-17，陈连江、卞勇、潘伟400351060。生于海拔200~2300 m的山坡草地及林下。分布于甘肃、宁夏、陕西、山西、河北、内蒙古、吉林、辽宁、黑龙江；浙江、安徽、山东、四川、贵州等地及各城市公园也有栽培。朝鲜、日本、蒙古以及俄罗斯、西伯利亚地区也有分布。

栽培 分株或播种繁殖。分株应在秋季进行，种子宜随采随播。栽植时应行深耕并施足基肥。生长期保持土壤湿润，并及时疏去侧花蕾，以集中养分供主蕾，使花大色艳。

用途 根药用，称“白芍”，能镇痛、镇痉、祛瘀、通经；种子含油率约25%，供制皂和涂料用。花大艳丽，富丽堂皇，芳香四溢，为著名观赏花卉，适合与山石相配以点缀庭园，也适宜用于花镜或花坛等地，还可盆栽或切花。

含油率及化学组分数据

采集单位	测试单位	测试部位	产地	含油率(%)	碘值	酸值	皂化值	C12:0	C14:0	C16:0	C16:1	C18:0	C18:1	C18:2	C18:3	C20:0	C20:1
ICS	ICS	种子	山东泰安	28. 00	163. 04	5. 02	198. 09			3. 67	0. 06	0. 82	27. 30	34. 47	31. 79	0. 13	0. 46
SBRI	SCBG	种仁	黑龙江嘉荫	1. 32	5. 57	4. 93	173. 98										

毛叶草芍药（拟草芍药）

Paeonia obovata subsp. **willmottiae** (Stapf) D. Y. Hong et K. Y. Pan

芍药科，芍药属

特征 多年生草本。根粗壮，长圆柱形；茎高30~70 cm，无毛，基部生数枚鞘状鳞片。茎下部叶为二回三出复叶；叶片长14~28 cm；顶生小叶倒卵形或宽椭圆形，长9. 5~14 cm，宽4~10 cm，顶端短尖，基部楔形，全缘，表面深绿色，背面淡绿色，叶背面密生长柔毛或绒毛，小叶柄长1~2 cm；侧生小叶比顶生小叶小，同形，长5~10 cm，宽4. 5~7 cm，具短柄或近无柄；茎上部叶为三出复叶或单叶，叶柄长5~12 cm。单花顶生，直径7~10 cm；萼片3~5，宽卵形，长1. 2~1. 5 cm，淡绿色，花瓣6枚，白色，倒卵形，长3~5. 5 cm，宽1. 8~2. 8 cm；雄蕊长1~1. 2 cm，花丝淡红色；花盘浅杯状，包住心皮基部；心皮2~3枚，无毛。蓇葖卵圆形，长2~3 cm，成熟时果皮反卷呈红色。花期5~6月；果期9月。

分布 湖南：桑植县天平山自然保护区，29°47′10″N，110°05′45″E，1431 m，2012-10-03，张九兵、唐波400181437。生于海拔800~2600 m的山坡草地及林缘。产于安徽、湖北、河南、四川、甘肃、陕西。

栽培 播种繁殖。

用途 根药用，有养血调经、凉血止痛之效。

含油率及化学组分数据

采集单位	测试单位	测试部位	产地	含油率(%)	碘值	酸值	皂化值	C12:0	C14:0	C16:0	C16:1	C18:0	C18:1	C18:2	C18:3	C20:0	C20:1
HUST	HUST	种仁	湖南桑植	25. 68	38. 03	2. 10	164. 54			4. 77				19. 73		34. 94	40. 56

牡丹

Paeonia suffruticosa Andrews

芍药科，芍药属

特征 落叶灌木，茎高达2 m。分枝短而粗。叶通常为二回三出复叶，偶尔近枝顶的叶为3小叶；顶生小叶宽卵形，长7~8 cm，宽5.5~7 cm，3裂至中部，裂片不裂或2~3浅裂，小叶柄长1.2~3 cm；侧生小叶狭卵形或长圆状卵形，长4.5~6.5 cm，宽2.5~4 cm，不等2裂至3浅裂或不裂，近无柄，叶柄长5~11 cm。花单生枝顶，直径10~17 cm，花梗长4~6 cm；苞片5，长椭圆形；萼片5枚，绿色，宽卵形；花瓣5枚，或为重瓣，玫瑰色、红紫色、粉红色至白色，通常变异很大，倒卵形，长5~8 cm，宽4.2~6 cm，顶端呈不规则的波状；雄蕊长1~1.7 cm，花丝紫红色、粉红色，上部白色，长约1.3 cm，花药长圆形，长4 mm，花盘革质，杯状，紫红色；心皮5枚，稀更多，密生柔毛。蓇葖长圆形，密生黄褐色硬毛。花期5月；果期6月。

分布 云南：昆明市盘龙区昆明植物研究所珍稀濒危园，25°08′14″N，102°44′22″E，1945 m，2010-10-14，王智、杨珺、谭英400221200。甘肃：兰州市安宁区，36°06′17″N，103°43′23″E，1500 m，2011-07-05，薛帅400324026。河南：禹县大红寨，34°19′36″N，113°26′59″E，584 m，2011-08-18，王亚平、陈明400314035。山东：泰安，36°12′13″N，117°07′27″E，198 m，2010-07-18，赵伟华400311214。重庆：南川区三泉镇石门沟，29°49′41″N，107°08′08″E，735 m，2009-07-28，刘正宇等400231014。目前全国栽培甚广，并早已引种国外。在栽培类型中，主要根据花的颜色，可分成上百个品种。

栽培 播种、分株、扦插或嫁接繁殖。

用途 根皮供药用，称“丹皮”，为镇痉药，能凉血散瘀，治中风、腹痛等症。花冠硕大，花色艳丽，花型丰富，花姿优美，可作栽植于花坛、花带、林缘草地等处，也可切花或盆栽观赏。

含油率及化学组分数据

采集单位	测试单位	测试部位	产地	含油率(%)	碘值	酸值	皂化值	C12:0	C14:0	C16:0	C16:1	C18:0	C18:1	C18:2	C18:3	C20:0	C20:1
KMIB	KMIB	种子	云南昆明	15.12	175.30		189.30										
CAU	ICS	种子	甘肃兰州	15.82	116.92	16.10	312.11		0.09	5.60	0.15	1.17	21.83	27.84	39.31	0.12	0.22
HNAU	ICS	种子	河南禹县	6.07	101.45	101.54				7.03		3.62	12.37	24.91	50.95		0.31
ICS	ICS	种子	山东泰安	28.94	166.26	2.93	170.26		0.06	6.27	0.10	1.62	19.45	32.06	39.23	0.13	0.25
CIPP	SCBG	种子	重庆南川	22.16	66.2	6.62	261.37	1.63	0.61	8.86	0.41	2.87	28.81	50.01	0.62	0.82	0.33

紫斑牡丹

Paeonia suffruticosa var. **papaveracea** (Andr.) A. Kern.

芍药科，芍药属

特征 落叶灌木。与牡丹的区别：花瓣内面基部具深紫色斑块。叶为二至三回羽状复叶，小叶不分裂，稀不等2~4浅裂。花大，花瓣白色。花期5月；果期6月。

分布 陕西：眉县营头乡大殿，34°01′50″N，107°25′14″E，2273 m，2009-08-20，薛帅400321030。生于海拔1100~2800 m的山坡林下灌丛中。产于四川、甘肃、陕西；在青海、甘肃等地有栽培。

栽培 播种繁殖。

用途 根皮供药用，称“丹皮”，为镇痉药，能凉血散瘀，治中风、腹痛等症。

含油率及化学组分数据

采集单位	测试单位	测试部位	产地	含油率(%)	碘值	酸值	皂化值	C12:0	C14:0	C16:0	C16:1	C18:0	C18:1	C18:2	C18:3	C20:0	C20:1
SAU	ICS	种仁	陕西眉县	21.64	80.97	2.48	211.25	0.01	0.05	5.48	0.03	1.88	31.35	8.32	52.55	0.15	0.18

软枣猕猴桃

Actinidia arguta (Sieb. et Zucc.) Planch. ex Miq.

猕猴桃科，猕猴桃属

特征 大型落叶藤本。小枝无毛或幼时被柔软绒毛，皮孔长圆形至短条形。叶膜质或纸质，卵形、长圆形、阔卵形至近圆形，顶端急短尖，基部圆形至浅心形，边缘具锐锯齿，腹面深绿色，无毛，背面绿色；叶柄无毛或略被微弱的卷曲柔毛。花序腋生或腋外生，为一至二回分枝；1~7花，被淡褐色短绒毛，花绿白色或黄绿色，芳香；苞片线形；萼片4~6枚，卵圆形至长圆形，边缘较薄，有不甚显著的缘毛，两面薄被粉末状短茸毛，或外面毛较少或近无毛；花瓣4~6片，楔状倒卵形或瓢状倒阔卵形，花丝丝状，花药黑色或暗紫色，长圆形箭头状；子房瓶状，洁净无毛。果圆球形至柱状长圆形，不具宿存萼片，成熟时绿黄色或紫红色。花期4月；果期8~10月。

分布 河北：青龙，40°12′2″N，119°40′53″E，723 m，2011-09-10，徐兴友、韩宝强400313079。黑龙江至南方广西境内的五岭山地都有分布。

栽培 喜温暖湿润、背风向阳的环境。喜腐殖质丰富、排水良好的土壤。播种、扦插或嫁接繁殖。嫁接于早春萌芽前进行枝接或根接。

用途 工业用油。

含油率及化学组分数据

采集单位	测试单位	测试部位	产地	含油率(%)	碘值	酸值	皂化值	C12:0	C14:0	C16:0	C16:1	C18:0	C18:1	C18:2	C18:3	C20:0	C20:1
HNUST	ICS	种子	河北青龙	35.38	102.84	5.91	195.07			5.32	0.07	1.77	13.40	12.98	64.32	0.10	0.45

中华猕猴桃

Actinidia chinensis Planch.

猕猴桃科，猕猴桃属

特征 大型落叶藤本。幼枝被绒毛或长硬毛。叶纸质，倒阔卵形至倒卵形或阔卵形至近圆形，顶端截平形并中间凹入或具凸尖、急尖至短渐尖，基部钝圆形、截平形至浅心形，边缘具小齿，腹面深绿色，无毛或中脉和侧脉上有少量软毛，背面苍绿色，密被灰白色或淡褐色星状绒毛。聚伞花序1~3花；苞片小，卵形或钻形，均被灰白色丝状绒毛或黄褐色茸毛；花初放时白色，放后变淡黄色，有香气；萼片3~7枚，阔卵形至卵状长圆形，两面密被压紧的黄褐色绒毛；花瓣3~7片，阔倒卵形，有短距；雄蕊极多，花丝狭条形，花药黄色，长圆形；子房球形，密被糙毛，花柱狭条形。果黄褐色，近球形、圆柱形、倒卵形或椭圆形，被毛，成熟时秃净或不秃净，具小而多的淡褐色斑点。花期4~6月；果期9~10月。

分布 湖南：桑植县芭茅溪乡天平山，29°25′46″N，109°53′29″E，1007 m，2010-10-15，张兵、谷志容400181206。陕西：凤县南星镇瓦房坝乡，33°42′18″N，106°36′52″E，1300 m，2011-08-29，薛帅400324056；杨凌县西农农场，34°9′23″N，108°2′7″E，500 m，2011-07-01，薛帅、秦烁400324034。生于海拔200~1700 m的山林中，一般多出现于高草灌丛、灌木林或次生疏林中。产于广东（北部）、广西（北部）、湖南、江西、福建、浙江、江苏、安徽、河南、湖北、陕西（南端）等地。

栽培 喜温暖湿润、背风向阳的环境。喜腐殖质丰富、排水良好的土壤。分布于较北的地区者喜生于温暖湿润、背风向阳环境。播种、扦插或嫁接繁殖。嫁接于早春萌芽前进行枝接或根接。

用途 果食用。

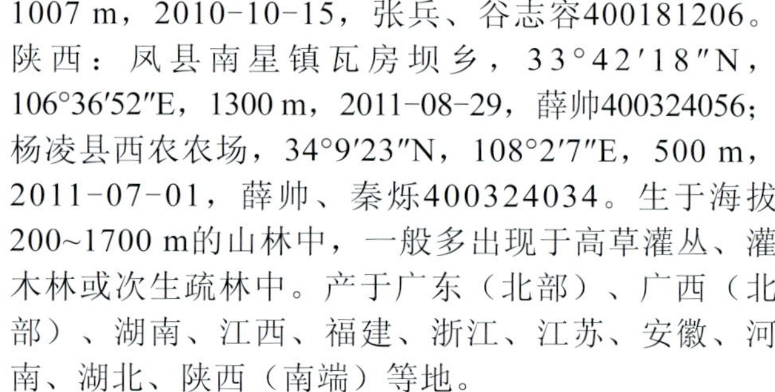

含油率及化学组分数据

采集单位	测试单位	测试部位	产地	含油率(%)	碘值	酸值	皂化值	C12:0	C14:0	C16:0	C16:1	C18:0	C18:1	C18:2	C18:3	C20:0	C20:1
HUCT	HUCT	种仁	湖南桑植	21.40	8.87	14.78	143.46	0.01	0.13	12.81	0.06	2.58	5.91	51.42	25.65	0.96	0.47
CAU	ICS	种子	陕西凤县	8.93	108.59	29.10	209.42			8.49		4.89	17.81	61.67	0.91	0.78	0.27
CAU	ICS	种子	陕西杨凌	1.88	55.72	31.57	103.01		0.10	16.92	0.09	7.12	27.05	10.40	28.45	0.41	0.48

两广杨桐

Adinandra glischroloma Hand.-Mazz.

山茶科，杨桐属

特征 灌木或小乔木，高3~8 m。树皮灰褐色。叶互生，革质，长圆状椭圆形，长8~13 cm，宽2. 5~4. 5 cm，顶端渐尖或尖，基部楔形，有时近于圆形，边全缘，上面无毛，下面密被锈褐色长刚毛，沿中脉和叶缘尤密，侧脉10~12对，两面稍明显；叶柄长8~10 mm，密被长刚毛。花通常2~3朵，稀单朵生于叶腋，花梗粗短，长6~15 mm；小苞片2枚，早落；萼片5枚，阔卵形，长5~7 mm，顶端尖，外面密被锈褐色长刚毛；花瓣5枚，白色，长圆形或卵状长圆形，长约8 mm，宽约4 mm，顶端近圆形；雄蕊约25枚；子房卵形，3室，胚珠每室多数，花柱单一，密被长刚毛或近顶端处无毛。果圆球形，熟时黑色，直径8~9 mm，密被长刚毛；宿存花柱长10~12 mm，被长刚毛，宿存萼片长7~8 mm，外面密被长刚毛。花期5~6月；果期9~10月。

分布 广东：阳山县秤架，24°46′44″N，112°48′49″E，313 m，2009-08-07，陈林、胡普炜4001143；阳山县秤架乡分水坳，24°44′59″N，112°56′21″E，2009-08-07，陈林、胡普炜4001143。生于海拔300~1750 m的山地林中阴湿地。产于广东、广西、湖南、江西等地。

栽培 播种或扦插繁殖。

用途 种子可榨油，工业用途。

含油率及化学组分数据

采集单位	测试单位	测试部位	产地	含油率(%)	碘值	酸值	皂化值	C12:0	C14:0	C16:0	C16:1	C18:0	C18:1	C18:2	C18:3	C20:0	C20:1
SCBG	SCBG	种仁	广东阳山	24. 59	85. 13	25. 12		0. 15	0. 14	9. 73	0. 13	3. 90	21. 00	28. 26	36. 08	0. 38	0. 22
SCBG	SCBG	种仁	广东阳山	30. 59	66. 43	15. 04	170. 61	0. 03	0. 05	2. 35	0. 09	2. 22	29. 63	8. 90			0. 33

短柱茶（钝叶短柱茶）

Camellia brevistyla (Hayata) Cohen-Stuart

山茶科，山茶属

特征　灌木或小乔木，高达8 m。嫩枝有柔毛，老枝灰褐色，有时红褐色。叶革质，狭椭圆形或椭圆形，长3~4.5 cm，宽1.5~2.2 cm，先端略尖，基部阔楔形，上面深绿色，稍发亮，中脉有柔毛，下面浅绿色，无毛，有小瘤状凸起，叶脉在上下两面均不明显，边缘有钝锯齿；叶柄长5~6 mm，有短粗毛。花白色，顶生或腋生，花柄极短；苞被片6~7枚，阔卵形，长2~7 mm，背面略有灰白柔毛；花瓣5枚，阔倒卵形，长1~1.6 cm，宽6~12 mm，最外1片背面略有毛，其余无毛，基部与雄蕊连生约2 mm；雄蕊长5~9 mm，下半部连合成短管，无毛；子房有长粗毛，花柱长1.5~5 mm，完全分裂为3条，有时4条，或仅先端3裂。蒴果圆球形，直径1 cm，有种子1粒。花期10月。

分布　福建：武夷山大安源，27°52′38″N，117°52′09″E，478 m，2010-10-04，刘东明、梁耀400112150；武夷山大安源，27°52′38″N，117°52′09″E，2010-09-30，刘东明、梁耀400112123；武夷山大安源，27°52′37″N，117°52′12″E，523 m，2010-10-04，刘东明、梁耀400112152。产于广东、广西、福建、江西、浙江、安徽。

栽培　播种或扦插繁殖。

用途　种子可榨油，工业用途。

含油率及化学组分数据

采集单位	测试单位	测试部位	产地	含油率(%)	碘值	酸值	皂化值	C12:0	C14:0	C16:0	C16:1	C18:0	C18:1	C18:2	C18:3	C20:0	C20:1
SCBG	SCBG	种仁	福建武夷山	36.12		8.67	155.98	4.17	0.11	11.08	0.25	0.80	24.04	35.16	0.35	0.29	0.62
SCBG	SCBG	种仁	福建武夷山	13.74		1.90	115.44	0.05	0.88	8.64	0.24	3.77	24.65		3.34	0.16	2.06
SCBG	SCBG	种仁	福建武夷山	3.45	90.92	5.74	189.36		0.05	8.14	0.64	2.08	14.86		0.48	0.21	9.04

细叶短柱油茶（细叶短柱茶）

Camellia brevistyla var. **microphylla** (Merr.) T. L. Ming [*Camellia microphylla* (Merr.) S.S Chien]

山茶科，山茶属

特征　灌木。嫩枝有柔毛。叶革质，倒卵形，长1.5~2.5 cm，宽1~1.3 cm，先端钝或圆，有时稍尖，基部阔楔形，上面干后黄绿色，多小凸起，中脉有短柔毛，下面同色，无毛，多小瘤状凸起，侧脉及网脉在两面均不明显，边缘上半部有细锯齿；叶柄长1~2 mm，有柔毛。花顶生，白色，花柄极短；苞被片6~7枚，阔倒卵形，无毛，或顶端有疏毛，长2~5 mm；花瓣5~7枚，阔倒卵形，长8~11 mm，宽5~8 mm，先端圆或2裂，基部分离，背面无毛；雄蕊长5~6 mm，下半部连生，无毛；子房有长粗毛，花柱3枚，长2~3 mm，无毛。蒴果近无柄，卵圆形，直径1.5 cm，有种子2粒，不具宿存苞片及萼片。花期10~12月；果期9月。

分布　广西：资源县梅溪乡，26°10′3″N，110°42′35″E，600 m，2010-10-06，严岳鸿、何祖霞400181182。产于广西、湖南、江西、浙江、安徽、贵州。

栽培　播种或扦插繁殖。

用途　种子可榨油，工业用途。

含油率及化学组分数据

采集单位	测试单位	测试部位	产地	含油率(%)	碘值	酸值	皂化值	C12:0	C14:0	C16:0	C16:1	C18:0	C18:1	C18:2	C18:3	C20:0	C20:1
HUNST	HUNST	种仁	广西资源	37.46	22.24	13.98	66.49	0.01	0.10	8.42	0.10	3.63	22.17	41.18	22.93	0.73	0.74

长尾毛蕊茶

Camellia caudata Wall.

山茶科，山茶属

特征 灌木至小乔木，高达7 m。叶革质或薄质，长圆形，披针形或椭圆形，长5~9 cm，有时长达12 cm，宽1~2 cm，先端尾状渐尖，尾长1~2 cm，基部楔形，上面中脉有短毛，下面多少有稀疏长丝毛，侧脉6~9对，在上下两面均能见，边缘有细锯齿；叶柄长2~4 mm，有柔毛或绒毛。花腋生及顶生，有短柔毛；苞片3~5枚，分散在花柄上，卵形，有毛，宿存；萼杯状，萼片5枚，近圆形；花瓣5枚，外侧有灰色短柔毛，基部2~3 mm彼此相连合且和雄蕊连生，最外1~2枚稍呈革质，内侧3~4片倒卵形，先端圆，花瓣状；雄蕊长10~13 mm，花丝管长6~8 mm，分离花丝有灰色长茸毛，内轮离生雄蕊的花丝有毛；子房有绒毛。蒴果圆球形，直径1. 2~1. 5 cm，果爿薄，被毛，有宿存苞片及萼片，1室。种子1粒。花期10月至翌年3月。

分布 福建：武夷山洋庄乡大安源，27°52′38″N，117°52′09″E，456 m，2010-10-04，刘东明、梁耀400112151。生于海拔300~2700 m的山坡路旁林中、林缘及山地灌丛中。产于海南、广东、广西、福建、重庆、四川、贵州、云南等地。

栽培 播种或扦插繁殖。

用途 种子可榨油，工业用途。

含油率及化学组分数据

采集单位	测试单位	测试部位	产地	含油率(%)	碘值	酸值	皂化值	C12:0	C14:0	C16:0	C16:1	C18:0	C18:1	C18:2	C18:3	C20:0	C20:1
SCBG	SCBG	种仁	福建武夷山	26. 47	113. 64	1. 02	387. 64	0. 51	4. 38	15. 77		2. 60	0. 35			0. 37	0. 19

浙江红山茶

Camellia chekiangoleosa Hu

山茶科，山茶属

特征 小乔木，高6 m。嫩枝无毛。叶革质，椭圆形或倒卵状椭圆形，长8~12 cm，宽2. 5~5. 5 cm，先端短尖或急尖，基部楔形或近于圆形，上面深绿色，发亮，下面浅绿色，无毛，侧脉约8对，在上面明显，在下面不明显；边缘3/4有锯齿；叶柄长1~1. 5 cm，无毛。花红色，顶生或腋生单花，直径8~12 cm，无柄；苞片及萼片14~16枚，宿存，近圆形，长6~23 mm，外侧有银白色绢毛；花瓣7枚，最外2枚倒卵形，长3~4 cm，宽2. 5~3. 5 cm，外侧靠先端有白绢毛，内侧5枚阔倒卵形，长5~7 cm，宽4~5 cm，先端2裂，无毛；雄蕊排成3轮，外轮花丝基部连生约7 mm，并和花瓣合生，内轮花丝离生，长3~3. 5 cm，有稀疏长毛，花药黄色；子房无毛，花柱长2 cm，先端3~5裂，无毛。蒴果卵球形，果宽5~7 cm，先端有短喙，下面有宿存萼片及苞片，果爿3~5爿，木质，厚1 cm，中轴3~5棱，长3 cm。种子每室3~8粒，长2 cm。花期4月。

分布 福建：武夷山。生于海拔500~1100 m的山地。产于福建、江西、湖南、浙江。

栽培 播种、嫁接或扦插繁殖。秋末或冬初进行移植，期间应停止施肥和浇水。

用途 种子可榨油。株形匀称，花大色艳，适于美化庭园。

含油率及化学组分数据

采集单位	测试单位	测试部位	产地	含油率(%)	碘值	酸值	皂化值	C12:0	C14:0	C16:0	C16:1	C18:0	C18:1	C18:2	C18:3	C20:0	C20:1
SCBG	SCBG	种仁	福建武夷山	67. 50	75. 71	0. 97	204. 18	0. 01	0. 06	15. 77	12. 15	0. 18			87. 37	0. 26	

贵州连蕊茶

Camellia costei H. Lév. [*Camellia dubia* Sealy]

山茶科，山茶属

特征 灌木或小乔木，高达7 m。嫩枝有短柔毛。叶革质，卵状长圆形，先端渐尖，或长尾状渐尖，基部阔楔形，长4~7 cm，宽1. 3~2. 6 cm，上面干后深绿色，中脉有残留短毛，下面浅绿色，侧脉约6对，边缘有钝锯齿，齿刻相隔1~3 mm；叶柄长2~4 mm，有短柔毛。花顶生及腋生，花柄长3~4 mm，有苞片4~5枚；苞片三角形，先端尖，最长2 mm，先端有毛；花萼杯状，长3 mm，萼片5枚，卵形，长1. 5~2 mm，先端有毛；花冠白色，长1. 3~2 cm，花瓣5枚，基部3~5 mm，与雄蕊连生，最外侧1~2枚倒卵形至圆形，长1~1. 4 cm，有睫毛，内侧3~4片倒卵形，先端圆或凹入，有睫毛；雄蕊长10~15 mm，无毛，花丝管长7~9 mm。蒴果圆球形，种子1粒，宿存萼片。花期2~3月；果期9~10月。

分布 江西：铅山县武夷山自然保护区，27°59′49″N，117°53′22″E，380 m，2011-10-17，凡强、景慧娟4001411059；吉安市井冈山，26°32′47″N，114°8′4″E，812 m，2010-09-19，廖文波等400144008。生于海拔300~1500 m的林中或灌丛中。产于广东、广西、湖南、江西、湖北、贵州。

栽培 播种或扦插繁殖。

用途 可用于园林绿化。

含油率及化学组分数据

采集单位	测试单位	测试部位	产地	含油率(%)	碘值	酸值	皂化值	C12:0	C14:0	C16:0	C16:1	C18:0	C18:1	C18:2	C18:3	C20:0	C20:1
SYSU	SCBG	种仁	江西铅山	31. 49	72. 15	2. 45	296. 45	0. 01	0. 06	6. 59	0. 19	1. 70	10. 85	20. 97	47. 31	1. 87	10. 44
SYSU	SCBG	种仁	江西吉安	48. 41				0. 01	0. 11	6. 38	0. 15	3. 42	14. 60	39. 53	20. 65	2. 77	12. 39

红皮糙果茶

Camellia crapnelliana Tutcher [*Camellia gigantocarpa* Hu et T. C. Huang]

山茶科，山茶属

特征 小乔木，高5~7 m。树皮红色。叶硬革质，倒卵状椭圆形至椭圆形，长8~12 cm，宽4~5 cm，先端短尖，基部楔形，两面无毛，侧脉约6对，在上面不明显，在下面明显凸起，边缘有细钝齿；叶柄长6~10 mm，无毛。花顶生，单花，直径7~10 cm，近无柄；苞片3枚，紧贴着萼片；萼片5枚，倒卵形，长1~1. 7 cm，宽2 cm，外侧有绒毛，脱落；花冠白色，长4~4. 5 cm，花瓣6~8枚，倒卵形，长3~4 cm，宽1~2. 2 cm，基部连生4~5 mm，最外侧1~2枚近离生，基部稍厚，革质，背面有毛；雄蕊长1. 2 cm，多轮，外轮花丝与花瓣连生约5 mm；花柱3条，长1. 5 cm，有毛，胚珠每室4~6颗。蒴果球形，直径6~10 cm，每室有种子3~5个。花期1~2月；果期11月。

分布 广东：广州市华南植物园珍稀植物培育中心，23°11′16″N，113°22′27″E，2009-11-21，林铎清400119072。广西：东兴县桃花溪，21°37′38″N，108°03′40″E，2010-09-07，严岳鸿、张兵400181165；桂林市雁山，25°42′6″N，110°17′52″E，168 m，2011-11-05，郭伦发、林春蕊4001101235。生于海拔100~800 m的林中。产于香港、广西、江西、福建、浙江。

栽培 生性强健。喜半阴，喜冬季干燥和夏季湿润的环境。喜中性至酸性土壤。播种、扦插或嫁接繁殖。

用途 种子油可食用，味清香，胜过油茶。美化庭园。

含油率及化学组分数据

采集单位	测试单位	测试部位	产地	含油率(%)	碘值	酸值	皂化值	C12:0	C14:0	C16:0	C16:1	C18:0	C18:1	C18:2	C18:3	C20:0	C20:1
SCBG	SCBG	种仁	广东广州	47. 50	41. 46		165. 34		0. 08	15. 20	0. 22		17. 75	52. 11	0. 58	0. 45	0. 53
HUNST	HUNST	种仁	广西东兴	20. 00	36. 40	14. 48	220. 81	0. 02	0. 04	11. 96	0. 18	7. 59	26. 86	50. 55	0. 82	0. 20	1. 78
GXIB	SCBG	种仁	广西桂林	58. 47	138. 36	1. 01	200. 64		0. 16	12. 95	0. 09	1. 44	42. 96	24. 04	2. 27	1. 83	0. 90
OFPC	GXIB	种仁	广西南宁	40. 50	81. 30		174. 30	0. 50	0. 10	19. 10		2. 00	65. 60	11. 90			

连蕊茶（尖连蕊茶、尖叶山茶）

Camellia cuspidata (Kochs) H. J. Veitch

山茶科，山茶属

特征　常绿灌木，高约3 m。嫩枝具细柔毛。单叶互生，厚革质，椭圆形至卵状披针形，长4~9 cm，宽1. 5~3 cm，基部稍圆或楔形，先端长渐尖，表面无毛有光泽，背面淡绿色而有微小点，边缘具细锯齿；叶柄稍有毛。花单生于叶腋内，有时顶生，白色，直径3~4 cm，具短梗；萼片5枚，内面有毛，宿存；花瓣6枚，卵形，先端圆形；雄蕊多数，基部微连合；子房3室，光滑。蒴果球形，直径约1. 5 cm，顶端微尖，含种子1枚。花期3~4月；果期8~9月。

分布　湖南：桑植县赛家坡，29°30′34″N，109°59′49″E，354 m，2009-09-24，张兵400181057；永顺县杉木河，29°10′19″N，109°50′41″E，550 m，2009-10-03，徐亮、周建军400191070；永顺县杉木河，29°12′23″N，109°49′30″E，349 m，2009-10-02，陈功锡、徐亮400191023。江西：吉安市井冈山，26°36′14″N，114°15′15″E，400 m，2010-10-20，廖文波等400144011。生于海拔（100~）500~1500（~2200）m的森林或灌丛中。产于广东、广西、湖南、江西、福建、浙江、安徽、湖北、四川、贵州、云南、陕西。

栽培　喜半阴环境。适宜中性至酸性土壤。播种、扦插或嫁接繁殖。

用途　种子油可作润滑油和印油的原料；还可用以润发、制肥皂。果实成熟时采摘，晒干，果壳自然开裂，脱出种子去掉杂质后，放干燥通风处保存备用。

含油率及化学组分数据

采集单位	测试单位	测试部位	产地	含油率(%)	碘值	酸值	皂化值	C12:0	C14:0	C16:0	C16:1	C18:0	C18:1	C18:2	C18:3	C20:0	C20:1
HUNST	HUNST	种仁	湖南桑植	42. 35	12. 34	12. 81	165. 99	0. 01	0. 03	6. 19	0. 04	3. 05	8. 01	22. 16	60. 04	0. 14	0. 32
JSU	SCBG	种仁	湖南永顺	36. 48	95. 42	2. 04	210. 59			10. 01	0. 24	1. 90	13. 73	69. 94	1. 95	0. 20	0. 11
JSU	SCBG	种仁	湖南永顺	32. 56	71. 52	5. 78	198. 57		0. 40	7. 38	0. 23	2. 17	13. 93	14. 48	59. 12	0. 29	0. 11
SYSU	SCBG	种仁	江西吉安	35. 52				0. 01	0. 04	4. 78	0. 14	3. 08	12. 95	12. 94	56. 84	1. 38	7. 85
OFPC	GXIB	种仁	广西金秀		86. 00					41. 10	1. 00	2. 00	54. 50	1. 40			
OFPC	SCBG	种仁	湖南宜章	35. 90	75. 90		193. 00	微量	微量	19. 10	0. 90	2. 60	74. 40	2. 70		微量	
OFPC	WHBG	种仁	湖北罗田	18. 40	52. 80				微量	41. 30	3. 20	2. 10	46. 90		微量	1. 60	4. 90

披针叶连蕊茶（浙江连蕊茶）

Camellia cuspidata var. **chekiangensis** Sealy [*Camellia lancilimba* H. T. Chang]

山茶科，山茶属

特征　灌木，高3 m。嫩枝纤细。叶薄革质，狭披针形，长5. 5 cm，宽1~1. 3 cm，先端尾状渐尖，尾长1~1. 5 cm，基部阔楔形或钝，上面干后绿褐色，稍发亮，中脉有短毛，侧脉5~7对，在两面均不明显，边缘密生细锯齿。花顶生及腋生，花柄极短；苞片3枚，阔卵形，长1. 5~2. 5 mm，有微毛；萼浅杯状，长5 mm，被短柔毛，上半部5裂，裂片卵形，先端钝；花瓣5枚，白色，阔倒卵形，基部略相连生，外侧2枚革质，有微毛，其余花瓣倒卵形，有微毛，雄蕊比花瓣短，外轮花丝下半部连合成短管，上半部游离，无毛；子房无毛，花柱无毛，先端3浅裂。花期12月至翌年5月；果期8~9月。

分布　广东：阳山县秤架，24°43′39″N，112°45′91″E，785 m，2009-10-24，陈林、王发国、翟俊文40011460。生于海拔300~1200 m的林中或灌丛中。产于广东、广西、湖南、江西、福建、浙江。

栽培　喜半阴环境。适宜中性至酸性土壤。播种、扦插或嫁接繁殖。

用途　种子油可做润滑油和印油的原料；还可用以润发、制肥皂。

含油率及化学组分数据

采集单位	测试单位	测试部位	产地	含油率(%)	碘值	酸值	皂化值	C12:0	C14:0	C16:0	C16:1	C18:0	C18:1	C18:2	C18:3	C20:0	C20:1
SCBG	SCBG	种仁	广东阳山	31. 40	76. 89	1. 33	196. 31		0. 14	13. 41	0. 28	2. 04	28. 40	23. 98	31. 13	0. 11	0. 51

越南油茶（高州油茶）

Camellia drupifera Lour. [*Camellia gauchowensis* Hung T. Chang]

山茶科，山茶属

特征　灌木至小乔木，高4~8 m。老枝秃净。叶革质，长圆形或椭圆形，长5~12 cm，宽2~5 cm，先端急锐尖，基部楔形或略圆，上面干后发亮，下面有疏毛，侧脉10~11对，在上面陷下，在下面不明显，两面多小瘤状凸起，边缘有细锯齿；叶柄长约1 cm，略有短毛。花顶生，近无柄；苞片及萼片9枚，阔卵形，由外向内逐渐增大，长6~23 mm，宽4~18 mm，先端凹入，背面无毛，边缘有睫毛；花瓣5~7枚，倒卵形，长4. 5~6 cm，宽3~4. 5 cm，先端2裂；雄蕊排成4~5轮，长12~17 mm，外轮花丝基部1~2 mm相连生，内轮花丝分离；花柱3~5枚，离生或先端3~5裂，有微毛。蒴果球形，扁球形或长圆形，长4~5 cm，宽4~6 cm。种子6~15粒，长2 cm。花期12月至翌年1月；果期10月。

分布　广西：桂林市雁山镇桂林植物园，25°05′06″N，110°18′45″E，2009-12-06，吴望辉、许为斌、黄俞淞4001101062。广东：高要县回龙乡广东棕榈肇庆苗圃，23°04′57″N，112°27′42″E，2009-10-01，武艳芳400119061。产于广西柳州及陆川一带，现广西推广栽培为油料植物。

栽培　适生于中性至酸性土壤。播种、扦插或嫁接繁殖。

用途　种子榨油，工业用途可以食用。

含油率及化学组分数据

采集单位	测试单位	测试部位	产地	含油率(%)	碘值	酸值	皂化值	C12:0	C14:0	C16:0	C16:1	C18:0	C18:1	C18:2	C18:3	C20:0	C20:1
GXIB	SCBG	种仁	广西桂林	38. 64	119. 99	0. 48	201. 72	0. 21	0. 087	0. 041	2. 23	11. 91	4. 85	29. 52	17. 25	6. 09	0. 6842
SCBG	SCBG	种仁	广东高要	50. 60	16. 48	9. 33	146. 67		0. 41	8. 15	0. 30	2. 76	18. 72	51. 24	1. 56	0. 53	0. 58
OFPC	SCBG	种仁	广东广州	48. 10	76. 6		198. 10		微量	15. 00		微量	77. 60	7. 40			

显脉金花茶

Camellia euphlebia Merr. ex Sealy

山茶科，山茶属

特征　灌木或小乔木。嫩枝无毛。叶革质，椭圆形，长12~20 cm，先端急短尖，基部钝或近于圆，上面干后稍发亮，下面无腺点，侧脉10~12对，在上面稍下陷，在下面显著凸起，边缘密生细锯齿；叶柄长1 cm。花单生于叶腋，花柄长4~5 mm；苞片8枚，半圆形至圆形，长2~5 mm；萼片5枚，近圆形，长5~6 mm；花瓣8~9片，金黄色，倒卵形，长3~4 cm，基部连生5~8 mm；雄蕊长3~3. 5 cm，外轮花丝基部连生约1 cm，花药长2 mm；子房无毛，3室，花柱3枚，离生，长2~2. 5 cm。蒴果直径3~4. 5 cm，果皮厚2~3 mm。花期2月。

分布　广东：广州市华南植物园珍稀植物培育中心，23°11′16″N，113°22′27″E，2009-11-23，林铎清400119085。生于非石灰岩的石山常绿林下。产于广西。

栽培　播种、扦插或嫁接繁殖。管理较为粗放。

用途　种子榨油，工业用途。

含油率及化学组分数据

采集单位	测试单位	测试部位	产地	含油率(%)	碘值	酸值	皂化值	C12:0	C14:0	C16:0	C16:1	C18:0	C18:1	C18:2	C18:3	C20:0	C20:1
SCBG	SCBG	种仁	广东广州	20. 67	24. 29	1. 22	200. 99		0. 02	7. 47	0. 25	1. 43	12. 70	64. 59	10. 94		0. 16

柃叶连蕊茶（细叶连蕊茶）

Camellia euryoides Lindl.

山茶科，山茶属

特征　灌木至小乔木，高达6 m。嫩枝纤细，有长丝毛。叶薄革质，椭圆形至卵状椭圆形，长2~4 cm，宽7~14 mm，先端略尖而有钝的尖头，基部楔形或近于圆形，有光泽，中脉有短毛，侧脉不明显，边缘有小锯齿；叶柄长1~2.5 mm，有长丝毛。花顶生及腋生，白色，花柄长7~10 mm，无毛，上部扩大，有苞片4~5枚；苞片半圆形至圆形，先端有微毛及睫毛；花萼杯状，长2~2.5 mm，萼片5枚，阔卵形，长约1.5 mm；花冠长2 cm，白色，花瓣5枚，基部与雄蕊连生3~5 mm，外侧2枚倒卵形，长1 cm，内侧3片，卵形，先端凹入或平截，游离部分长约1.5 cm；雄蕊长1.4 cm；子房无毛，花柱长1.5~1.9 cm，先端3浅裂，裂片长1 mm。蒴果圆形，直径8~10 mm，3室。花期3~5月；果期9~10月。

分布　江西：宜丰县官山自然保护区，28°32′32″N，114°33′30″E，279 m，2011-09-18，景慧娟、李朋远4001409018。江西及广东有分布。

栽培　喜半阴，喜温暖、湿润的环境，不耐干旱。喜微酸性土壤，以腐殖质丰富且排水良好的砂性黑色山土最好。播种繁殖，种子宜即采即播。

用途　种子榨油，工业用途。

含油率及化学组分数据

采集单位	测试单位	测试部位	产地	含油率(%)	碘值	酸值	皂化值	C12:0	C14:0	C16:0	C16:1	C18:0	C18:1	C18:2	C18:3	C20:0	C20:1
SYSU	SCBG	种仁	江西宜丰	36.40				0.01	0.09	10.77	0.28	5.14	21.14	32.26	12.39	2.24	15.67
OFPC	SCBG	种仁	广东高要	18.00	77.10		198.20	微量	22.60			2.90	52.50	21.90		微量	0.50

狭叶油茶（窄叶短柱茶）

Camellia fluviatilis Hand.-Mazz.

山茶科，山茶属

特征　灌木，高1~3 m。嫩枝初时有短柔毛，不久秃净。叶革质，窄披针形，长5~9 cm，宽10~15 mm，先端尾状渐尖，基部狭窄而下延，侧脉7~8对，边缘有细锯齿；叶柄长2~5 mm，有短毛。花白色，顶生及腋生，花柄极短；苞被片9~10枚，逐渐向上而扩大，卵形，长2~6 mm，下部的无毛，上部的背面有稀疏灰毛，花开后脱落；花瓣倒卵形，长1.2~1.5 cm，宽5~8 mm，先端圆或凹陷，离生；雄蕊长5~7 mm，基部略相连生，无毛；子房有长丝毛，花柱3枚，长2~5 mm。蒴果梨形，长约1.7 cm，3室，3爿裂开，先端钝，基部较窄，每室有种子1粒。花期2~4月；果期9月。

分布　广东：广州市华南植物园经济林，23°11′15″N，113°22′27″E，2009-11-03，林铎清400119067；广州市华南植物园山茶园，23°11′13″N，113°22′11″E，2009-11-22，林铎清、王美娜、徐蕾400119082；佛山南海区狮山镇佛山林科所，23°07′41″N，113°00′50″E，2009-10-19，林铎清400119058。广西：上思县红旗林场，21°54′12″N，107°54′14″E，313 m，2011-11-06，黄俞淞、林春蕊4001101238。生于海拔100~500 m以下的林中、溪边灌丛。产于海南、广东、广西。印度、缅甸也有分布。

栽培　喜温暖、湿润的环境。喜微酸性土壤，以腐殖质丰富且排水良好的砂性黑色山土最好。播种繁殖，种子宜即采即播。

用途　种子榨油，工业用途。

含油率及化学组分数据

采集单位	测试单位	测试部位	产地	含油率(%)	碘值	酸值	皂化值	C12:0	C14:0	C16:0	C16:1	C18:0	C18:1	C18:2	C18:3	C20:0	C20:1
SCBG	SCBG	种仁	广东广州	36.47	56.46	12.97	201.02	0.01	0.16	6.86	0.04	3.64	21.56	32.74	0.34		0.08
SCBG	SCBG	种仁	广东广州	30.12	20.16	6.00	91.51	0.01			0.45	3.32	34.47	16.76	1.37		0.61
SCBG	SCBG	种仁	广东佛山	19.14	11.14	0.26	151.48			6.99	1.06		22.70	45.29	0.97	0.08	0.19
GXIB	SCBG	种仁	广西上思	42.14	90.92	1.99	201.02		0.15	7.87	1.70	5.85	67.33	0.94	3.49	0.13	
OFPC	GXIB	种仁	广西昭平	34.60	89.50		182.20	1.00		11.80		微量	86.80				

糙果茶
Camellia furfuracea (Merr.) Cohen-Stuart

山茶科，山茶属

特征 灌木至小乔木，高2~6 m。嫩枝无毛。叶革质，长圆形至披针形，长8~15 cm，宽2. 5~4 cm，侧脉7~8对，与网脉在上面明显或陷下，在下面凸起，边缘有细锯齿；叶柄长5~7 mm，无毛。花1~2朵顶生及腋生，无柄，白色；苞片及萼片7~8枚，向下2枚苞片状，细小，阔卵形，长2. 5~4 mm，其余5~6枚倒卵圆形，长8~13 mm，背面略有毛；花瓣7~8枚，最外2~3枚过渡为萼片，中部革质，有毛，边缘薄，花瓣状，内侧5片，倒卵形，长1. 5~2 cm；雄蕊长1. 3~1. 5 cm，花丝管长5~6 mm，基部2~3 mm与花瓣连生，无毛；子房有长丝毛，花柱3枚，分离，有毛，长1~1. 7 cm。蒴果球形，直径2. 5~4 cm，3爿裂开，果爿厚2~3 mm，表面多糠秕，无宿存苞片或萼片。花期11~12月；果期9~10月。

分布 海南：尖峰岭国家级自然保护区，19°10′50″N，109°44′02″E，800 m，2010-06-15，张荣京40017168；文昌县龙楼铜鼓岭，19°40′32″N，111°01′44″E，2009-08-01，邢福武、翟俊文、郑希龙、戴建阅4001116。广东：从化市桃园镇石门国家森林公园，23°31′26″N，113°34′21″E，80 m，2009-11-04，易绮斐、林铎清、徐蕾400119005。从化县大岭山石灶天池，23°59′45″N，117°12′50″E，2010-11-02，刘东明、梁耀、孟玉芳、付琳400112190。生于海拔1000 m以下的林中。产于海南、广东、广西、湖南、江西、福建。越南北部有分布。

栽培 播种或嫁接繁殖。

用途 可观果，亦可盆栽或单植、片植于庭园。

含油率及化学组分数据

采集单位	测试单位	测试部位	产地	含油率(%)	碘值	酸值	皂化值	C12:0	C14:0	C16:0	C16:1	C18:0	C18:1	C18:2	C18:3	C20:0	C20:1
SCAU	SCBG	种仁	海南尖峰岭	36. 74	8. 39		195. 96										
SCBG	SCBG	种仁	海南文昌	35. 15	100. 99	6. 37	112. 86		0. 05	8. 29	0. 03	1. 97	60. 42		1. 18		0. 56
SCBG	SCBG	种仁	广东从化	44. 90	82. 31	36. 60	194. 66	0. 01	0. 29	20. 21	0. 09	5. 24	51. 25	20. 52	1. 75	0. 32	0. 31
SCBG	SCBG	种仁	广东从化	20. 15	143. 68	2. 88	247. 04		0. 11	3. 97	0. 42		25. 08			5. 01	1. 15
OFPC	SCBG	种仁	广东高要	52. 10	82. 70		194. 80		微量	17. 60		1. 60	60. 00	19. 90		0. 40	0. 50

长瓣短柱茶
Camellia grijsii Hance

山茶科，山茶属

特征 灌木或小乔木。嫩枝较纤细，有短柔毛。叶革质，长圆形，长6~9 cm，宽2. 5~3. 7 cm，先端渐尖或尾状渐尖，基部阔楔形或略圆，上面干后橄榄绿色，无毛，或中脉基部有短毛，下面同色，中脉有稀疏长毛，侧脉6~7对，在上面略陷下，在下面凸起，边缘有尖锐锯齿，齿刻相隔1. 5~2 mm；叶柄长5~8 mm，有柔毛。花顶生，白色，直径4~5 cm，花梗极短；苞被片9~10枚，半圆形至近圆形，最外侧的长2~3 mm，最内侧的长8 mm；花瓣5~6枚，倒卵形，长2~2. 5 cm，宽1. 2~2 cm，先端凹入，基部与雄蕊连生2~5 mm；雄蕊长7~8 mm，基部连合或部分离生，无毛，花药基部着生；子房有黄色长粗毛，花柱长3~4 mm，无毛，先端3浅裂。蒴果球形，直径2~2. 5 cm。花期1~3月。

分布 湖南：湘潭湖南科技大学生物园，27°54′56″N，112°54′40″E，48 m，2010-11-07，严岳鸿、何祖霞400181220。云南：昆明黑龙潭，25°8′18″N，102°44′43″E，1915 m，2009-11-13，郑希龙400114110。生于林中或灌丛中。产于广西、江西、福建、湖北、四川。

栽培 喜光，喜温暖、湿润的环境。栽培以排水良好的壤土为佳。播种或嫁接繁殖。

含油率及化学组分数据

采集单位	测试单位	测试部位	产地	含油率(%)	碘值	酸值	皂化值	C12:0	C14:0	C16:0	C16:1	C18:0	C18:1	C18:2	C18:3	C20:0	C20:1
HUNST	HUNST	种仁	湖南湘潭	40. 19	26. 50	11. 38	283. 68	2. 43	0. 40	10. 94	1. 46	5. 34	23. 40	52. 96	2. 17	0. 60	0. 32
SCBG	SCBG	种仁	云南昆明	32. 50	132. 84	18. 61	164. 52	0. 05	0. 17	29. 70	3. 60	2. 87	32. 01	29. 64	1. 28	0. 57	0. 12
OFPC	WHBG	种仁	湖北利川	28. 60	74. 40		194. 20		1. 20	23. 80		微量		65. 40	9. 60		
OFPC	SCBG	种仁	湖南长沙	36. 50	89. 70		187. 30		微量	11. 20	0. 80	1. 50	76. 20	10. 30			

山茶（茶花）

Camellia japonica L.

山茶科，山茶属

特征　灌木或小乔木，高9 m。叶革质，椭圆形，长5~10 cm，宽2. 5~5 cm，侧脉7~8对，在上、下两面均能见，边缘有细锯齿；叶柄长8~15 mm。花顶生，红色，无柄；苞片及萼片约10枚，组成长2. 5~3 cm的杯状苞被，半圆形至圆形，长4~20 mm；花瓣6~7枚，外侧2枚近圆形，几离生，长2 cm，外面有毛，内侧5枚基部连生约8 mm，倒卵圆形，长3~4. 5 cm，无毛；雄蕊3轮，长2. 5~3 cm，外轮花丝基部连生，花丝管长1. 5 cm，无毛，内轮雄蕊离生，稍短；子房无毛，花柱长2. 5 cm，先端3裂。蒴果圆球形，直径2. 5~3 cm，2~3室，每室有种子1~2粒，3爿裂开，果爿厚木质。花期1~3月；果期9~10月。

分布　湖北：武汉植物园标本馆后，30°34′52″N，114°18′58″E，2009-09-28，李晓东、咎艳燕400121049。生于海拔300~1100 m的林中。产于台湾、浙江、山东；在广东、湖南、浙江、江苏、安徽、湖北、四川、云南等省多有栽植。日本、韩国也有分布。

栽培　生于气候温暖、潮湿、土壤疏松、肥沃、排水良好的酸性土上；阳光强烈、土壤碱性、干旱地区生长不良。繁殖用播种、扦插、接木、压条诸法均可，一般采用种子繁殖。种子秋后成熟，采后即行播种；实生苗在4~5年后开花结实。园艺品种多不结实，则用无性繁殖。

用途　山茶油供食用，并可作润发、防锈、制肥皂、钟表润滑油及药用；油粕可用为洗涤头发和毒鱼之用。

含油率及化学组分数据

采集单位	测试单位	测试部位	产地	含油率(%)	碘值	酸值	皂化值	C12:0	C14:0	C16:0	C16:1	C18:0	C18:1	C18:2	C18:3	C20:0	C20:1
WHBG	WHBG	种仁	湖北武汉	60. 00	82. 20	1. 08	299. 24		0. 04	7. 16	0. 08	2. 99	86. 25	2. 95	0. 13		0. 40

落瓣油茶（落瓣短柱茶）

Camellia kissii Wall.

山茶科，山茶属

特征　灌木或乔木，高达13 m。小枝密生柔毛，有时无毛。叶革质，矩圆状披针形至窄椭圆形，长5. 5~11 cm，宽1. 7~3. 5 cm，下面无毛或初时有稀疏的长柔毛；叶柄长3~7 mm，密生柔毛。花白色，1~2朵顶生，又常生于最上部的叶腋；小苞片脱落；花瓣7~8枚，倒卵形至矩圆形，长8~12 mm；雄蕊长6~12 mm，外轮花丝下部1~3 mm处合生；子房密生丝状长绒毛，花柱3裂或3枚完全分离。蒴果近球形，长1. 4~2. 5 cm，有长柔毛。花期11~12月；果期9月~10月。

分布　广东：佛山南海区狮山镇佛山林科所，23°07′42″N，113°00′50″E，2009-10-19，林铎清400119052；佛山南海区狮山镇佛山林科所，23°07′42″N，113°00′50″E，2009-10-19，林铎清400119057。香港：新界观音山，22°25′36″N，114°7′11″E，541 m，2010-10-20，严岳鸿400181189。生于海拔600~2100 m的常绿林、灌丛中及河边。产于广东、香港、广西、云南。越南、缅甸、尼泊尔、不丹也有分布。

栽培　喜半阴，忌阳光直射，喜温暖气候。喜微酸性土壤，不耐盐碱，以肥沃、疏松、富含腐殖质和排水良好的壤土为佳。播种繁殖。种子宜即采即播。不宜多施肥，更不喜浓肥，生育期每月施1次腐熟的饼肥水，冬季要停止施肥。

用途　种子可榨油，工业用途。

含油率及化学组分数据

采集单位	测试单位	测试部位	产地	含油率(%)	碘值	酸值	皂化值	C12:0	C14:0	C16:0	C16:1	C18:0	C18:1	C18:2	C18:3	C20:0	C20:1
SCBG	SCBG	种仁	广东佛山	20. 68		6. 24	201. 90		0. 30	7. 70	0. 30	1. 81	36. 47	41. 55	0. 06	0. 11	0. 47
SCBG	SCBG	种仁	广东佛山	26. 78	32. 89	1. 09			0. 88	8. 02	0. 14		37. 82	50. 16	0. 11	0. 09	0. 07
HUNST	HUNST	种仁	香港新界	42. 68	12. 14	5. 11		0. 01	0. 04	7. 07	0. 10	3. 75	13. 55	74. 36	0. 53	0. 50	0. 11

微花连蕊茶

Camellia lutchuensis var. **minutiflora** (Hung T. Chang) T.L. Ming
[*Camellia minutiflora* Hung T. Chang]

山茶科，山茶属

特征 灌木。嫩枝有微毛，干时暗褐色。叶长圆形或披针形，长2~3.5 cm，宽6~9 mm，先端钝或略尖，基部楔形，上下两面无毛，边缘有锯齿，侧脉约6对，隐约可见；叶柄长1~2 mm。花白色或粉红色，1~2朵腋生，细小，花柄长1~2 mm；苞片4~5枚，长不及1 mm；萼片5枚，披针形，长1~1.5 mm，无毛；花瓣5~6枚，倒卵形，长6~8 mm，宽4~6 mm，先端凹入，无毛；雄蕊长5~7 mm，无毛，近离生，或基部稍连合，花药基部着生；子房无毛，花柱长5~7 mm，先端3浅裂。蒴果9~10月。

分布 广东：高要县回龙乡广东棕榈肇庆苗圃，23°04′57″N，112°27′42″E，2009-09-25，林铎清、武艳芳400119046。生于海拔300~500 m的森林中。产于香港、广西。

栽培 播种繁殖，种子宜即采即播。

用途 种子可榨油，工业用途。

含油率及化学组分数据

采集单位	测试单位	测试部位	产地	含油率(%)	碘值	酸值	皂化值	C12:0	C14:0	C16:0	C16:1	C18:0	C18:1	C18:2	C18:3	C20:0	C20:1
SCBG	SCBG	种仁	广东高要	20.70	34.90		225.44	0.01	0.14	11.62	0.32		53.59	28.96	12.05	0.11	0.43

油茶（单籽油茶）

Camellia oleifera Abel

山茶科，山茶属

特征 灌木或中乔木。嫩枝有粗毛。叶革质，椭圆形，长圆形或倒卵形，先端尖而有钝头，有时渐尖或钝，基部楔形，长5~7 cm，宽2~4 cm，侧脉在上面能见，在下面不很明显，边缘有细锯齿；叶柄长4~8 mm，有粗毛。花顶生，近于无柄；苞片与萼片约10枚，由外向内逐渐增大，阔卵形，长3~12 mm；花瓣，5~7枚，白色倒卵形，长2.5~3 cm，宽1~2 cm，先端凹入或2裂，基部狭窄，近于离生，背面有丝毛，至少在最外侧的有丝毛；雄蕊长1~1.5 cm；子房有黄长毛，3~5室，花柱长约1 cm，无毛，先端不同程度3裂。蒴果球形或卵圆形，直径2~4 cm，3室或1室，3爿或2爿裂开，每室有种子1粒或2粒，果爿厚3~5 mm。花期12月至翌年1月；果期9~10月。

分布 海南：尖峰岭国家级自然保护区天池边，18°43′15″N，108°52′54″E，1300 m，2010-02-03，张荣京40017116；陵水市吊罗山，18°43′52″N，109°53′02″E，959 m，2011-11-29，邢福武、刘东明、王发国400119199；陵水县本号镇吊罗山，18°44′04″N，109°50′13″E，2009-11-22，秦新生400116173；陵水县本号镇吊罗山国家级自然保护区南喜，18°44′05″N，109°50′13″E，2010-08-11，秦新生4001161122。广东：广州市华南植物园山茶园，23°11′13″N，113°22′11″E，2009-10-27，林铎清400119063；广州市华南植物园经济林，23°11′16″N，113°22′27″E，2009-11-22，林铎清、王美娜、徐蕾400119075、400119076、400119077、400119079、400119080；广州市华南植物园珍稀植物培育中心，23°11′16″N，113°22′27″E，2009-11-23，林铎清400119086；惠州市南昆山花竹村知青场，23°36′57″N，113°56′2″E，567 m，2009-10-05，邢福武40011244；南海县狮山镇佛山林科所，23°07′42″N，113°00′50″E，2009-10-19，林铎清400119050、400119054、400119055、400119060；始兴罗坝桃源，24°51′10″N，114°06′55″E，2011-10-11，王鹏、刘东明4001122100；阳山县秤架自然保护区，24°46′33″N，112°51′27″E，549 m，2009-11-16，董安强40011266。广西：全州县盐井村，25°42′22″N，110°43′11″E，565 m，2012-09-20，廖云标4001101301；钟山县望高镇班鱼塘，24°35′03″N，111°25′37″E，2009-10-20，吴望辉、黄俞淞、叶晓霞4001101003；隆林县金钟乡，24°40′05″N，104°52′00″E，804 m，2011-10-21，曾庆文、陈树钢、杨国4001141400。湖南：桑植县赛家坡，29°32′50″N，110°0′50″E，573 m，2009-09-30，张兵400181073；湘潭县响水乡，27°54′39″N，112°54′56″E，59 m，2009-12-02，严岳鸿、何祖霞、黄玉滢400181143；永顺县杉木河，29°10′50″N，109°50′40″E，537 m，2009-10-03，陈功锡、徐亮400191031。江西：安福县武功山，27°23′43″N，114°17′45″E，155 m，2010-10-22，凡强、李朋远400146007；玉山县三清山，28°54′9″N，118°7′5″E，287 m，2009-10-22，廖文波等400141163。福建：武夷山市洋庄乡大安源，27°52′51″N，117°51′2″E，555 m，2012-11-10，刘东明、童毅400112213；武夷山市星村镇桐木村挂墩，27°24′45″N，117°42′12″E，273 m，2009-11-12，王发国、翟俊文400113020；武夷山大安源，27°52′38″N，117°52′09″E，499 m，2010-09-30，刘东明、梁耀400112130；古田县马坊步云梨园，26°37′08″N，118°52′46″E，2010-10-27，刘东明、梁耀400112170。上海：辰山植物园，31°4′56″N，121°10′38″E，8 m，2010-11-03，胡超、董全英4001171113。安徽：滁州市皇甫山，32°22′6″N，118°2′45″E，58 m，

2011-10-05，田怀珍、李星霖4001171159；黄山猴园，30°16′40″N，118°46′32″E，2009-11-03，刘东明、戴建阅400111144。江苏：宜兴市张渚龙池山，31°13′2″N，119°41′41″E，182 m，2009-09-08，田怀珍、李宏庆、葛斌杰等4001171008。湖北：五峰县渔洋关，30°10′23″N，110°42′36″E，2009-10-22，李晓东、陈士强40012152；五峰县渔洋关，30°9′37″N，111°5′26″E，375 m，2009-10-21，丁时东、危文亮400152046；保康县五道峡风景区，31°43′18″N，111°11′23″E，548 m，2009-09-04，丁时东400151013。重庆：武陵县黄莺乡黄桷渡，29°9′47″N，107°25′21″E，347 m，2009-10-31，刘正宇等400231102。四川：峨眉山高桥，29°17′20″N，103°13′10″E，2009-10-15，樊云川、王凯400211090840。河南：商城县大别山，31°50′50″N，115°18′06″E，152 m，2011-10-12，杨大伟、陈明400314097；信阳鸡公山，31°49′30″N，114°3′7″E，224 m，2012-09-17，王亚平400314238。贵州：施秉县马溪乡，27°17′49″N，108°03′07″E，722 m，2011-11-23，孟玉芳、宋贤利、王喆旻400114189。云南：文山州麻栗坡县大坪乡小石洞村，23°13′31″N，104°54′09″E，2011-10-14，曾庆文、陈树钢、杨国400114245；富宁县木央乡，23°24′47″N，105°23′59″E，1522 m，2010-11-07，王智、杨珺、谭英400221236。400117008。生于海拔500~2000 m的林中或灌丛中。产于长江以南各地。

栽培 喜半阴，忌阳光直射；喜温暖气候，抗寒，不耐干旱。宜酸性、肥沃、疏松、富含腐殖质且排水良好地煞星黑色山土。不宜多施肥，更不喜浓肥，生育期每月施1次稀薄的矾肥水，冬季要停止施肥。栽培油茶可以和油桐间作，因油茶幼龄喜荫蔽，而油桐树龄期较短，待油桐衰老，应砍伐时，油茶已生长旺盛，不再需要庇荫。播种或扦插繁殖。

用途 供食用及作润发、制皂、润滑油用，还可作涂料。

含油率及化学组分数据

采集单位	测试单位	测试部位	产地	含油率(%)	碘值	酸值	皂化值	C12:0	C14:0	C16:0	C16:1	C18:0	C18:1	C18:2	C18:3	C20:0	C20:1
SCAU	SCBG	种仁	海南尖峰岭	42.01	104.27	6.62	178.28										
SCBG	SCBG	种仁	海南陵水	29.14	25.60	13.20	188.11	0.02	0.06	6.50	0.06	3.78	20.44	43.15	16.01	1.01	0.12
SCAU	SCBG	种仁	海南陵水	43.82	9.18	13.30	136.57										
SCAU	SCBG	种仁	海南陵水	36.12	15.68	6.84	192.45		0.04	6.38	0.13	2.33	15.06	68.16	7.28	0.45	0.17
SCBG	SCBG	种仁	广东广州	74.30	26.56	13.47	200.64		71.27	23.53	0.70		42.50	74.31	2.15	0.69	0.14
SCBG	SCBG	种仁	广东广州	59.10	102.37	15.31	173.04		0.42	4.36	0.17		28.81	41.68	9.48		0.10
SCBG	SCBG	种仁	广东广州	18.66	72.80		200.97	0.04	0.07	8.97	4.09		20.91	11.98	2.83	0.73	0.08
SCBG	SCBG	种仁	广东广州	57.75	132.37	2.32	201.98		0.02	5.92	0.11	2.31	8.28	52.24	26.27	0.23	8.22
SCBG	SCBG	种仁	广东广州	53.05	77.27		164.45		0.26	12.15	0.12		21.88	59.56	33.70	0.39	0.19
SCBG	SCBG	种仁	广东广州	39.40	22.83	12.47	186.02		0.06	10.55	0.09	1.70	52.34	74.36	0.74		
SCBG	SCBG	种仁	广东广州	47.64	11.91	6.95		78.86	0.06	4.81	0.11	2.33	46.10	39.66	3.34	0.50	0.23
SCBG	SCBG	种仁	广东惠州	12.45	60.74	14.58	143.88	0.01	0.04	6.50	0.17	3.10	18.39	60.15	5.95	0.35	5.35
SCBG	SCBG	种仁	广东南海	38.40	9.67		195.27		0.08	9.39	0.06		21.57	26.68	60.10	2.22	
SCBG	SCBG	种仁	广东南海	14.56	43.06		253.95	0.03	0.20	8.12	0.64	2.78	28.05	74.26			6.39
SCBG	SCBG	种仁	广东南海	54.65	33.05	12.43	221.58	0.25		12.93	0.14	3.72	35.16	85.18	0.17	0.20	0.13
SCBG	SCBG	种仁	广东南海	40.27	105.25	0.67	127.73		0.70	11.49	0.06	4.43	21.38	73.06	2.00	0.80	0.19
SCBG	SCBG	种仁	广东始兴	49.00	120.76	10.30	200.76		0.03	8.70	0.10	85.03	5.07	0.14	0.93		
SCBG	SCBG	种仁	广东阳山	21.65	41.32	117.73	37.99										
GXIB	SCBG	种仁	广西全州	42.14	105.43	0.43	199.57		0.13	13.42	0.57	2.26	17.03	58.72	4.27	0.60	0.37
GXIB	SCBG	种仁	广西钟山	38.15	96.18	1.37	200.99		1.45	30.34	0.82	6.01	19.97	33.12	4.30	0.63	
SCBG	SCBG	种仁	广西隆林	58.60	64.52	27.85	167.25										
HUNST	HUNST	种仁	湖南桑植	32.65	17.17	13.06	170.61	0.13	0.06	4.74	0.19	1.99	10.98	62.85	17.91	0.80	0.37
HUNST	HUNST	种仁	湖南湘潭	29.00	20.51	9.99	210.66	0.01	0.04	3.87	0.08	2.63	11.25	80.24	0.99	0.74	0.14
JSU	SCBG	种仁	湖南永顺	46.00	33.43	10.52	160.34			21.06			5.51	35.10	26.01	12.32	
SYSU	SCBG	种仁	江西安福	38.88	86.75	2.67	211.97		0.03	8.15	0.08	2.02	79.16	7.72	0.33	1.93	0.59
SYSU	SCBG	种仁	江西玉山	26.50					0.02	5.58	0.11	2.60	20.81	43.70	24.86	1.04	1.26
SCBG	SCBG	种仁	福建武夷山	34	107.92	4.69	205.88		0.03	8.08		83.37	7.77	0.29	0.45		
SCBG	SCBG	种仁	福建武夷山	32.54	49.33	31.15	188.20										
SCBG	SCBG	种仁	福建武夷山	8.45		1.76	177.90	0.39	0.14		0.25	3.62	69.94	32.16	1.08	0.35	0.10
SCBG	SCBG	种仁	福建古田	31.62	144.00	7.72	202.17		0.36	6.38	0.55	1.91	59.94		0.77	0.31	
ECNU	SCBG	种仁	上海	31.49	10.98	4.75	183.51	0.19	0.76	12.93	1.07	1.87	21.54	51.97	1.53	0.36	0.15
ECNU	SCBG	种仁	安徽滁州	35.10	20.99	8.34	477.15										
SCBG	SCBG	种仁	安徽黄山	52.10	96.06	13.82	180.10										
ECNU	SCBG	种仁	江苏宜兴	52.10	452.39	46.92	288.63			5.97		2.90	9.82	78.31	0.81	0.51	0.15
WHBG	WHBG	种仁	湖北五峰	36.10					0.29	19.75	0.75	5.94	31.09	29.64	0.58	0.26	0.08
OCRI	SCBG	种仁	湖北五峰	42.13	70.33	12.28	253.73	0.01	0.04	7.85	0.63	1.66	10.75	75.40	0.42	0.36	0.17
OCRI	SCBG	种仁	湖北保康	28.64	75.56	36.20	208.09	0.05	1.78	19.45	0.58	7.28	46.29	8.40	1.37	2.92	0.18
CIPP	SCBG	种仁	重庆武陵	41.70	73.05	8.37	411.92		0.11	8.79	0.19	2.05	21.36	43.15	2.00	0.30	6.41
SCU	SCU	种仁	四川峨眉	46.42						12.70		1.70	73.85	11.01	0.73		
HENAU	ICS	种子	河南商城	42.36	25.13	3.58	167.19			8.08	0.09	1.27	75.15	13.09	0.32		0.46
HENAU	ICS	种子	河南信阳	28.06	61.54	20.30	197.78			9.13	0.09		76.27	11.31	0.47		0.42
SCBG	SCBG	种仁	贵州施秉	36.71	79.31	11.27	122.97	0.01	0.25	1.80	56.58	1.73	32.76	5.67	1.11	0.03	0.05
SCBG	SCBG	种仁	云南文山	23.56	78.55	22.83	157.43		0.02	6.36	0.06	4.15	35.68	42.25	0.72	0.54	10.21
KMIB	KMIB	种仁	云南富宁	44.23	76.40	0.20	188.80			8.22		2.01	82.36	7.05	0.36		
		种仁		30.20	79.79	2.16	190.53			8.84	0.19		78.16	11.80	0.49		0.51
OFPC	WHBG	种仁	湖北武汉	41.50	79.10		190.60		2.40	13.80		1.40	71.00	11.40			
OFPC	NIB	种仁	陕西南郑	47.50	86.10	0.70	198.60			9.70		微量	75.80	14.40			
OFPC	GZBG	种仁	贵州盘县	48.30	85.40		196.10			7.70		0.70	79.20	12.40			
OFPC	CIB	种仁	四川洪雅	51.00	77.80		201.20			9.10		1.50	80.20	9.20			
OFPC	CIB	种仁	四川喜德	39.90	80.30		198.80			10.10		微量	84.40	5.50			
OFPC	CIB	种仁	四川九龙	54.90	83.30					8.40		1.50	82.80	7.30			
OFPC	KMIB	种仁	云南元阳	58.70	83.60	8.20	191.80			14.10		微量	71.70	11.90		2.20	
OFPC	IB	种仁	江西于都	55.90	85.30		191.20			9.60		2.20	78.60	8.80	0.80		
OFPC	SCBG	种仁	广东乳源	47.70	82.20		193.30		微量	11.30		1.70	70.70	16.30		微量	
OFPC	LBG	种仁	江西武宁	48.70	78.50					11.20		1.80	78.80	8.20		微量	

金花茶

Camellia petelotii (Merr.) Sealy

山茶科，山茶属

特征 灌木，高2~3 m。叶革质，长圆形或披针形，或倒披针形，长11~16 cm，宽2.5~4.5 cm，先端尾状渐尖，基部楔形，有黑腺点，侧脉7对，在上面陷下，在下面凸起，边缘有细锯齿；叶柄长7~11 mm。花单生，黄色，腋生，花柄长7~10 mm；苞片5枚，散生，阔卵形，长2~3 mm，宽3~5 mm，宿存；萼片5枚，卵圆形至圆形，长4~8 mm，宽7~8 mm；花瓣8~12枚，近圆形，长1.5~3 cm，宽1.2~2 cm；雄蕊排成4轮，外轮与花瓣略相连生，花丝近离生或稍连合，长1.2 cm；子房无毛，3~4室，长1.8 cm。蒴果扁三角球形，长3.5 cm，宽4.5 cm，3爿裂开；果柄长1 cm，有宿存苞片及萼片。种子6~8粒，长约2 cm。花期12月至翌年2月；果期11~12月。

分布 广东：广州市华南植物园山茶园，23°11′14″N，113°22′10″E，2009-11-23，林铎清、王美娜、徐蕾400119084。广西：桂林市雁山镇桂林植物园，25°05′06″N，110°18′45″E，2009-12-20，吴望辉、农东新、于胜祥4001101091。生于海拔100~900 m的河谷和溪边森林。产于广西。越南也有分布。

栽培 喜光，耐半阴；喜高温、多湿的气候，不耐干旱。耐瘠薄，栽培须疏松、肥沃、湿润和排水良好的土壤。播种、高压或扦插繁殖。于春、秋两季进行。

用途 种子榨油，工业用途。

含油率及化学组分数据

采集单位	测试单位	测试部位	产地	含油率(%)	碘值	酸值	皂化值	C12:0	C14:0	C16:0	C16:1	C18:0	C18:1	C18:2	C18:3	C20:0	C20:1
SCBG	SCBG	种仁	广东广州	7.85	13.09	0.49	30.32	0.35	0.51	5.80	0.98		37.29	25.31	15.48	0.43	0.18
GXIB	SCBG	种仁	广西桂林	48.67	67.02	2.29	231.49		0.35	11.17	5.46	2.58	12.70	59.56	3.99	0.41	
OFPC	KMIB	种仁	广西防城	17.60	73.70		191.10			24.00	微量	6.10	30.60	36.70	2.60		
OFPC	GXIB	种仁	广西东兴		83.50		187.40	微量		33.90	2.20	2.60	43.40	14.60			

西南山茶（西南红山茶）

Camellia pitardii Cohen-Stuart

山茶科，山茶属

特征 灌木至小乔木，高达7 m。嫩枝无毛。叶革质，披针形或长圆形，长8~12 cm，宽2.5~4 cm，有时较长，先端渐尖或长尾状，基部楔形，侧脉6~7对，边缘有尖锐粗锯齿；叶柄长1~1.5 cm，无毛。花顶生，红色，无柄；苞片及萼片10枚，组成2.5~3 cm的苞被，最下1~2枚半月形，内侧的近圆形，长约2 cm，背面有毛，脱落；花瓣5~6枚，花直径5~8 cm，基部与雄蕊合生约1.3 cm；雄蕊长2~3 cm，无毛，外轮花丝连生，花丝管长1~1.5 cm，基部与花瓣贴生；子房有长毛，花柱长2.5 cm，基部有毛，先端3浅裂。蒴果扁球形，高3.5 cm，宽3.5~5.5 cm，3室，3爿裂开，果爿厚。种子半圆形，长1.5~2 cm，褐色。花期12月至翌年3月；果期8~9月。

分布 湖南：古丈县高望界大溪，28°40′15″N，110°5′18″E，628 m，2011-10-05，徐亮、覃三立40019101197。重庆：南川区三泉镇观音、长土，29°31′40″N，107°11′5″E，1086 m，2009-09-10，刘正宇等400231058。生于海拔500~2500（~2700）m的森林、灌丛。产于广西、湖南、湖北、重庆、四川、贵州、云南。

栽培 播种、高压或扦插繁殖。于春、秋两季进行。

用途 种子榨油，工业用途。

含油率及化学组分数据

采集单位	测试单位	测试部位	产地	含油率(%)	碘值	酸值	皂化值	C12:0	C14:0	C16:0	C16:1	C18:0	C18:1	C18:2	C18:3	C20:0	C20:1
JSU	SCBG	种仁	湖南古丈	35.65	116.30	19.34	214.56		0.20	8.35	0.19	1.92	25.14	52.88	4.09	0.72	0.53
CIPP	SCBG	种仁	重庆南川	23.10				0.56	0.56	6.16		0.70	5.74	5.74	2.10	3.36	4.76
OFPC	GXIB	种仁	广西金秀	38.20	90.70		219.20			15.30	2.90	3.60	77.20	1.00			

多齿山茶(多齿红山茶、宛田红花油茶)

Camellia polyodonta F. C. How ex Hu

山茶科,山茶属

特征 小乔木,高8 m。嫩枝无毛。叶厚革质,椭圆形至卵圆形,长8~12.5 cm,宽3.5~6 cm,先端阔而急长尖,尖尾长1~2 cm,基部圆形;侧脉6~7对,边缘密生尖锐细锯齿;叶柄粗大,长8~10 mm。花顶生及腋生,红色,无柄,直径7~10 cm;苞片及萼片15枚,革质,阔倒卵形,由外向内逐渐增大,长4~28 mm,宽6~20 mm,花瓣6~7枚,最外2片倒卵形,长2 cm,宽1.5 cm,内侧5片阔倒卵形,长3~4 cm,宽2.5~3.5 cm,外侧有白毛,基部连成短管;雄蕊排成5轮,最外轮花丝下部2/3连合,内轮离生,花丝有柔毛;子房3室,被毛,花柱长2 cm,3深裂。蒴果球形,直径5~8 cm。种子9~15粒。花期1~2月;果期9~10月。

分布 广西:桂林市雁山镇桂林植物园,25°05′06″N,110°18′45″E,2009-10-30,吴望辉、黄俞淞、蒋日红4001101012。产于广西、湖南。

栽培 可用种子繁殖。

用途 种子油供制肥皂和食用,10月间摘下果实,晒干,脱出种子,供榨油用,茶麸与油茶麸有同样用途,供洗涤、肥料、杀虫及医药等用。

含油率及化学组分数据

采集单位	测试单位	测试部位	产地	含油率(%)	碘值	酸值	皂化值	C12:0	C14:0	C16:0	C16:1	C18:0	C18:1	C18:2	C18:3	C20:0	C20:1
GXIB	SCBG	种仁	广西桂林	53.14	39.08	2.30	256.30	0.19	0.06	16.52	0.28	5.03	25.31	47.35	2.19	1.44	0.32
OFPC	GXIB	种仁	广西临桂	35.30	81.10		217.00			14.10	微量	0.70	69.50	14.40	0.50	0.80	

红花三江瘤果茶(厚壳红瘤果茶)

Camellia pyxidiacea var. **rubituberculata** (Hung T. Chang ex M. T. Lin et Q. M. Ln) T. L. Ming [*Camellia rubituberculata* Hung T. Chang ex M. J. Lin et Q. M. Lu]

山茶科,山茶属

特征 小乔木。嫩枝无毛。叶革质,长圆形,长7~9 cm,宽2.5~3 cm,先端急锐尖,基部阔楔形,上面干后浅绿色,有光泽,下面无毛,有黑腺点,侧脉6~7对,边缘有疏锯齿;叶柄长7~11 mm。花单生于叶腋或枝顶,红色,无柄;苞被片10~11枚,外被灰色柔毛,最内数片阔卵形,长11~14 mm,宽14~16 mm,先端钝;花瓣7~8枚,红色,倒卵形,长2~2.8 cm,先端圆,基部稍连生;雄蕊长约2 cm,基部稍连生;子房被毛,3室,花柱3条,离生,长2~2.5 cm,被毛。蒴果球形,宽4 cm或更大。花期9~10月。

分布 贵州:荔波县茂兰乡石上森林,25°17′19″N,107°59′43″E,920 m,2009-08-15,曾庆文、董安强、胡晓敏4001125;荔波县翁昂已陇村尧桥弄坊,25°14′49″N,107°54′31″E,902 m,2009-08-16,曾庆文、董安强、胡晓敏4001128。生于海拔1000 m常绿林中。

栽培 可用种子繁殖。

用途 种子油供制肥皂和食用。

含油率及化学组分数据

采集单位	测试单位	测试部位	产地	含油率(%)	碘值	酸值	皂化值	C12:0	C14:0	C16:0	C16:1	C18:0	C18:1	C18:2	C18:3	C20:0	C20:1
SCBG	SCBG	种仁	贵州荔波	6.00	71.07	13.59	137.44										
SCBG	SCBG	种仁	贵州荔波	30.48	96.15	65.02	132.13										

柳叶毛蕊茶

Camellia salicifolia Champ. ex Benth.

山茶科，山茶属

特征　灌木至小乔木。嫩枝纤细，密生长丝毛。叶薄纸质，披针形，长6~10 cm，宽1.4~2.5 cm，先端尾状渐尖，基部圆形，沿中脉有柔毛，下面有长丝毛，侧脉6~8对，在上下两面均能见，边缘密生细锯齿；叶柄长1~3 mm，密生绒毛。花顶生及腋生，花梗长3~4 mm，被长丝毛；苞片4~5片，披针形，长4~10 mm，有长毛，宿存；萼片5枚，不等长，线状披针形，长7~15 mm，基部宽3~4 mm，宿存，密生长丝毛；花冠白色，长1.5~2 cm；花瓣5~6片，基部与雄蕊连生约2 mm，倒卵形，最外1~2枚革质，长11~13 mm，背面有长毛，内侧花瓣长1.3~2 cm，有长丝毛；雄蕊长10~15 mm，花丝管长为雄蕊的2/3，分离花丝有长毛；子房有长丝毛，花柱有毛。蒴果圆球形或卵圆形，长1.5~2.2 cm，宽1.5 cm。花期8~11月。

分布　江西：龙南县九连山国家级自然保护区，2011-11-12，易绮斐、潘雅书、陈华平400119184。产于广东、江西、湖南、台湾、福建、广西。

栽培　种子繁殖。

用途　种子供榨油。

含油率及化学组分数据

采集单位	测试单位	测试部位	产地	含油率(%)	碘值	酸值	皂化值	C12:0	C14:0	C16:0	C16:1	C18:0	C18:1	C18:2	C18:3	C20:0	C20:1
SCBG	SCBG	种仁	江西龙南	30.40	19.84	7.22	201.78	0.01	0.20	9.96		6.01	19.08	30.97	0.48	0.95	

茶梅(茶梅花)

Camellia sasanqua Thunb.

山茶科，山茶属

特征　小乔木。嫩枝有毛。叶革质，椭圆形，长3~5 cm，宽2~3 cm，先端短尖，基部楔形，有时略圆，侧脉5~6对，在上面不明显，在下面能见，网脉不显著；边缘有细锯齿；叶柄长4~6 mm。花大小不一，直径4~7 cm；苞片及萼片6~7枚，被柔毛；花瓣6~7枚，阔倒卵形，大小不一，最大的长5 cm，宽6 cm，红色；雄蕊离生，长1.5~2 cm，子房被绒毛，花柱长1~1.3 cm，3深裂几及基部。蒴果球形，宽1.5~2 cm，1~3室，果爿3裂。种子褐色。花期11月至翌年1月；果期8~9月。

分布　湖南：吉首大学，28°17′34″N，109°43′26″E，212 m，2011-09-07，徐亮、陈雅40019101185。云南：昆明植物研究所山茶园，25°8′27″N，102°44′66″E，1918 m，2010-11-23，刘恩乾400222178；昆明植物园栽培，25°8′28″N，102°44′20″E，1924 m，2009-10-28，王智、隋学艺400221084。长江流域以南有栽培。日本也有分布。

栽培　扦插、嫁接、压条和播种等方法繁殖，一般多用扦插繁殖。扦插：插穗选用5年以上母株上的健壮枝，剪去下部多余的叶片，保留2~3片叶即可；可切取单芽短穗作插穗，随剪随插。插床要遮阴，经20~30 d可生根。

用途　种子榨油，工业用途。适合庭植或盆栽；也可以群植作花篱。

含油率及化学组分数据

采集单位	测试单位	测试部位	产地	含油率(%)	碘值	酸值	皂化值	C12:0	C14:0	C16:0	C16:1	C18:0	C18:1	C18:2	C18:3	C20:0	C20:1
JSU	SCBG	种仁	湖南吉首	36.56	104.40	4.75	191.30		0.09	13.35	0.14	3.06	11.99	48.84	18.14	1.24	0.45
KMIB	KMIB	种仁	云南昆明	31.14	84.80		186.50				8.70	2.35		81.03	7.56		0.36
KMIB	KMIB	种仁	云南昆明	46.68	84.80		186.50			8.70		2.35	81.03	7.56			
OFPC	SCBG	种仁	广东广州	47.60	84.80		186.50			14.40		微量	85.60	微量			

南山茶

Camellia semiserrata C. W. Chi

山茶科，山茶属

特征 乔木，高8~12 m。树皮灰色，光滑。小枝粗壮，稍有棱，淡褐色，光亮。单叶互生，具柄，革质，长椭圆形或椭圆形，长9~15 cm，宽3~6 cm，基部宽楔形，先端长渐尖，边缘上半部具疏齿，表面绿色，背面苍绿色，中脉上面稍凸起，侧脉5~8条；叶柄粗糙，长1~1.5 cm。花艳红色，大型，直径6~7 cm，无柄；萼片、苞片共11枚，革质；花瓣6~7枚，宽圆形；雄蕊多数，5束；花柱大部分连合，子房圆柱状球形，直径6 mm，密被黄色丝质长毛，每室有胚珠6~7颗。蒴果厚木质，卵状球形，直径4.5 cm，果瓣3~5。种子黑褐色，橄榄形，长2.5 cm，宽1.8 cm。果期7月。

分布 广东：广州市华南植物园经济林，23°11′16″N，113°22′27″E，2009-11-22，林铎清、王美娜、徐蕾400119078。广西：融水县元宝山，25°26′16″N，109°10′14″E，1511 m，2011-10-15，黄俞淞4001101231。云南：昆明植物园百草园，25°08′25″N，102°44′25″E，1975 m，2009-12-15，刘恩乾400222180。生于海拔2000 m以下的山地。产于广东、广西、云南。

栽培 播种繁殖。直播造林："霜降"前二三天采果，置阴凉处，蒴果即自行开裂，取出茶子，择其饱满的于"霜降"后即可播种，株行距约4 m，穴宽15~18 cm，深12~15 cm，每穴播种子2粒，覆以约3 cm厚的细土。

用途 种子油供食用和制肥皂。

含油率及化学组分数据

采集单位	测试单位	测试部位	产地	含油率(%)	碘值	酸值	皂化值	C12:0	C14:0	C16:0	C16:1	C18:0	C18:1	C18:2	C18:3	C20:0	C20:1
SCBG	SCBG	种仁	广东广州	31.30	10.86	9.15	56.60				0.21		7.01	51.74	0.42	0.73	2.07
GXIB	SCBG	种仁	广西融水	47.64	122.28	3.79	202.53			8.03	0.09	1.26	74.76	13.02	0.32		0.46
KMIB	KMIB	种仁	云南昆明	47.27	75.70	0.76	173.40				11.87		3.91	74.57	8.75	0.50	
OFPC	SCBG	种仁	广东高要	64.40	83.00		190.40		微量	9.00		2.30	70.80	16.90		微量	1.00
OFPC	GXIB	种仁	广西南宁	61.60	80.80		192.00		0.80	15.80	0.60	3..30	77.70	0.60	0.60		

茶（大树茶）

Camellia sinensis (L.) Kuntze [*Thea sinensis* L.]

山茶科，山茶属

特征 灌木或小乔木，高1~5 m。嫩枝无毛或有微柔毛。叶革质，长圆形或椭圆形，长4~12 cm，宽2~5 cm，先端急尖或钝，基部楔形，侧脉6~9对，边缘有锯齿。花1~3朵腋生，白色，直径2~3 cm；苞片2枚，早落；萼片5枚，宿存；花瓣5~6枚，基部略连合；子房有毛，2~10室，每室有胚珠2颗至多颗，花柱3裂。蒴果三角状球形。花期10月至翌年2月；果期8~10月。

分布 海南：昌江县霸王岭东二，19°13′21″N，109°00′40″E，2009-08-02，秦新生400116134。广东：信宜县大雾岭，23°24′29″N，113°23′41″E，2010-08-31，邢福武、翟俊文、郑希龙、戴建阅400111188；高州市菜糖，22°02′08″N，110°58′32″E，2010-08-31，邢福武、翟俊文、郑希龙、戴建阅400111185；长坡县平云山冼太庙，21°59′23″N，110°58′32″E，2010-08-29，邢福武、翟俊文、郑希龙、戴建阅400111182；连州大东山，24°50′42″N，112°38′58″E，778 m，2009-11-01，陈林、付琳40011477；阳山县秤架乡新两坑，24°30′34″N，112°40′53″E，2009-08-07，陈林、胡普炜4001144；阳山县秤架，24°46′43″N，112°48′7″E，692 m，2008-08-07，陈林、胡普炜4001144。广西：钟山县城厢镇梅子桥，24°32′01″N，111°13′56″E，2009-10-18，吴望辉、黄俞淞、叶晓霞4001101001；武鸣县两江镇大明山龙母庙，23°30′56″N，108°23′34″E，1172 m，2010-10-25，吴磊、杨金财4001101115。湖南：永顺县杉木河，29°10′50″N，109°50′39″E，537 m，2009-10-03，徐亮、陈洁400191050。福建：武夷山桐木关平，27°47′11″N，117°43′57″E，2010-09-28，刘东明、梁耀400112117。江西：安福县武功山，27°18′5″N，114°14′29″E，215 m，2010-10-22，凡强、李朋远400146008。安徽：滁州市皇甫山，32°22′6″N，118°2′45″E，

58 m，2011-10-05，田怀珍、李星霖4001171154。湖北：鹤峰县木林子保护区，29°52′51″N，110°1′15″E，503 m，2009-09-05，丁时东、危文亮400151024；神农架木鱼官门山，31°12′34″N，112°24′38″E，2009-10-20，李晓东、杨林森40012150；神农架木鱼官门山，31°27′12″N，110°23′35″E，1150 m，2009-10-20，丁时东、危文亮400152043。江苏：无锡市花卉公园，31°34′0″N，120°12′55″E，19 m，2009-12-03，田怀珍、陈纪云、熊申展4001171052。河南：信阳波尔登公园，31°51′50″N，114°6′0″E，148 m，2012-09-15，王亚平400314213。陕西：平利县广佛乡广佛村，32°8′36″N，109°12′48″E，660 m，2009-08-10，薛帅400321074。重庆：南川区三泉镇金佛山独马头，29°9′37″N，107°7′40″E，970 m，2010-09-07，刘正宇等4000231161。四川：成都彭州白鹭，31°12′16″N，103°54′24″E，951 m，2011-10-23，邓星光、吴阳晨等40021111098；邛崃县天台镇，30°18′12.09″N，103°10′13.23″E，670 m，2012-11-07，刘小波、宫庆彬等40021112103。云南：昆明植物园温室东门，25°08′40″N，102°44′29″E，1968 m，2008-11-06，刘恩乾400222068；麻栗坡县下金厂乡中田坝，23°08′45″N，104°47′14″E，2109 m，2010-11-09，王智、杨珺、谭英400221257。生于海拔2000 m以下的山地常绿阔叶林中或灌丛中。产于海南、广东、广西、湖南、江西、江苏、安徽、湖北、四川、云南、甘肃、陕西。日本、印度、越南也有分布。

栽培 性喜云雾弥漫的潮湿空气，年雨量须在1000 mm以上，适温为15~20℃，冬季最低温以不低于零下5℃。土壤松软、深厚、排水良好而又富于腐殖质，并含铁、锰、镁等矿质的淡红色土壤为佳。播种繁殖。

用途 茶子油经提炼后为很好的食用油，也是精密机械很好的润滑油，次年秋季果实成熟而裂开，即时采收或扫收，避免落地日久，降低含油量，影响品质；茶子收后，晒干，放干燥处贮藏备榨。茶叶除供作饮料外，主要是提取咖啡碱的原料，咖啡碱能够兴奋中枢神经系统及心脏，可使心搏加速有力。茶叶中因含少量茶碱及可可豆碱，有利尿作用，又因含多量鞣质，故有收敛作用。

含油率及化学组分数据

采集单位	测试单位	测试部位	产地	含油率(%)	碘值	酸值	皂化值	C12:0	C14:0	C16:0	C16:1	C18:0	C18:1	C18:2	C18:3	C20:0	C20:1
SCAU	SCBG	种仁	海南昌江	42.15	15.14	7.97	213.20										
SCBG	SCBG	种仁	广东信宜	26.80	140.31	1.25	189.44	38.72		11.96		2.70	29.74			1.05	0.40
SCBG	SCBG	种仁	广东高州	20.10	15.17	27.95			0.27	7.68	6.71	4.27	57.14	72.26	1.06	0.23	
SCBG	SCBG	种仁	广东长坡	21.56	219.15	4.66	151.37	7.55	4.61	5.02	0.05	1.26			0.22	0.28	0.11
SCBG	SCBG	种仁	广东连州	36.14	72.81	6.87	123.59										
SCBG	SCBG	种仁	广东阳山	26.10	34.60	2.49	184.96	0.03		18.58	1.45	1.87	61.48		1.11	0.10	0.24
SCBG	SCBG	种仁	广东阳山	58.45	25.13	3.58	167.19										
GXIB	SCBG	种仁	广西钟山	36.15	36.67	1.32	253.95			5.29		3.26	21.94	45.02	21.59	1.08	1.08
GXIB	SCBG	种仁	广西武鸣	31.54	41.56	3.88	255.83	0.06	0.06	5.89		5.14	14.49	10.55	0.36	0.30	0.64
JSU	SCBG	种仁	湖南永顺	38.15	67.79	112.38	215.95		0.24	12.24	1.55	4.11	13.90	44.52	18.24	0.97	0.19
SCBG	SCBG	种仁	福建武夷山	27.05	117.13	2.26	165.42	0.01	0.06	16.87	0.10	2.44	56.66	22.54	0.38	0.08	0.09
SYSU	SCBG	种仁	江西安福	12.14				0.01	0.04	7.08	0.17	3.75	39.72	26.19	15.33	2.07	5.64
ECNU	SCBG	种仁	安徽滁州	36.12	6.50	10.37	182.02	1.42		5.92	0.37	1.33	55.65	28.97	0.68	0.47	0.14
OCRI	SCBG	种仁	湖北鹤峰	40.54	66.21	21.16	210.30		0.46	14.38		6.54	17.65	31.10			
WHBG	WHBG	种仁	湖北神农架	27.60	92.93	2.00	214.60		0.06	17.07	0.13	2.69	52.58	26.24	0.27		0.95
OCRI	SCBG	种仁	湖北神农架	32.54	112.01	6.05	185.52	0.02	0.06	9.30	0.13	2.65	9.71	42.62	28.28	1.07	0.09
ECNU	SCBG	种仁	江苏无锡	31.26	4.57	9.15	232.97		0.36	20.68	0.50	7.41	21.16	28.64	0.37	1.63	0.23
HENAU	ICS	种子	河南信阳	20.94	93.34	6.75	187.96		0.06	17.83	0.11		51.10	24.02	0.26	0.08	0.61
CAU	ICS	种子	陕西平利	17.41	76.36	5.03	191.26			16.79		3.53	47.78	26.30	0.77		0.69
CIPP	SCBG	种仁	重庆南川	26.70	76.04	1.29	423.01	0.40	0.55	30.51	0.34	3.58	43.61	13.30	0.27	0.17	0.14
SCU	SCU	种仁	四川成都	32.08	88.05			0.16		14.57		1.94	60.26	21.73			0.92
SCU	SCU	种仁	四川邛崃	20.04	76.49	1.56	176.69			15.57		1.54	52.78	28.69	0.47		0.96
KMIB	KMIB	种仁	云南昆明	24.55	95.40	1.70	185.10				14.47	0.23	2.49	62.08	18.51	0.63	
KMIB	KMIB	种仁	云南麻栗坡	21.00	83.10	1.40	179.20			17.79	0.42	1.91	60.65	17.51		1.02	0.70
OFPC	CIB	种仁	四川邛崃	32.80	81.80		200.90			16.90		微量	60.80	22.30			
OFPC	CIB	种仁	四川仁寿	28.40	88.50		195.00			19.30		微量	57.40	23.30			
OFPC	SCBG	种仁	广东紫金	31.80	90.50		199.10	微量	微量	19.30		3.80	62.40	11.50	1.00		
OFPC	LBG	种仁	江西庐山	31.00	84.30					16.30		1.60	61.50	20.60			
OFPC	GXIB	种仁	广西桂林	28.40	77.60		180.20			28.90	5.90	4.90	58.00	2.00			

普洱茶

Camellia sinensis var. **assamica** (J.W. Mast.) Kitam. [*Camellia assamica* (J.W. Mast.) Hung T. Chang]

山茶科，山茶属

特征 灌木或乔木，野生状态为小乔木或大乔木，高达16 m。嫩枝有微毛，顶芽有白柔毛。叶薄革质，椭圆形，长8~14 cm，宽3. 5~7. 5 cm，先端锐尖，基部楔形；侧脉8~9对，在上面明显，在下面凸起，网脉在上下两面均能见，边缘有细锯齿；叶柄5~7 mm。花腋生，直径2. 5~3 cm，花柄长6~8 mm，被柔毛；苞片2枚；萼片5枚，近圆形，长3~4 mm；花瓣6~7枚，倒卵形，长1~1. 8 cm，无毛；雄蕊长8~10 mm，离生，无毛；子房3室，被绒毛；花柱长8 mm，先端3裂。蒴果扁三角球形，直径约2 cm，3爿裂开，果爿厚1~1. 5 mm。种子每室1粒，近圆形，直径1 cm。

分布 海南：三亚市槟榔谷，18°24′14″N，109°40′05″E，2010-12-25，刘东明、梁耀、王鹏400112253；惠州市象台山三堆池保护站，23°18′41″N，114°24′26″E，2010-10-19，易绮斐、戴建阅、翟俊文400119116；华南植物园山茶园，23°11′13″N，113°22′11″E，2009-11-28，林铎清400119064、400119068、400119069、400119070；乐昌廊田，25°11′21″N，113°24′7″E，2012-11-09，王发国、于海玲400119238。云南：文山州麻栗坡县大坪乡小石洞村，23°13′31″N，104°54′09″E，2011-10-14，曾庆文、陈树钢、杨国400114248；文山州麻栗坡县猛硐瑶族乡野猪塘，22°50′59″N，104°43′37″E，1387 m，2011-10-17，曾庆文、陈树钢、杨国400114136。生于老林中。产于海南、广东、广西、云南；老挝、缅甸、泰国、越南也有分布。我国南方大部分茶场均有栽培。

栽培 喜半阴，忌阳光直射；喜温暖、湿润的环境，抗寒，不耐干旱。不耐盐碱，喜酸性土壤，栽培土以腐殖质丰富的沙性黑色山土最好。播种繁殖。春季为适期。

用途 种子榨油，工业用途。

含油率及化学组分数据

采集单位	测试单位	测试部位	产地	含油率(%)	碘值	酸值	皂化值	C12:0	C14:0	C16:0	C16:1	C18:0	C18:1	C18:2	C18:3	C20:0	C20:1
SCBG	SCBG	种仁	海南三亚	23. 20	19. 22	4. 27	199. 65	0. 01	0. 15	3. 30		0. 91			0. 05		0. 34
SCBG	SCBG	种仁	广东惠州	30. 74		1. 37	200. 57			17. 86	0. 06	2. 35	63. 25	17. 11	0. 27		0. 39
SCBG	SCBG	种仁	广东广州	39. 25	59. 07	17. 58	199. 57		0. 24	15. 23	0. 26	0. 80	56. 16	51. 33	2. 19	0. 19	0. 11
SCBG	SCBG	种仁	广东广州	34. 12	104. 27	1. 91	169. 66		2. 12	4. 39	0. 35	7. 53	50. 94	39. 15	9. 77	0. 23	0. 15
SCBG	SCBG	种仁	广东广州	38. 65	11. 70	1. 68	140. 14	0. 01	0. 10	7. 38	0. 09	4. 27	54. 82	45. 46	38. 31	0. 14	0. 13
SCBG	SCBG	种仁	广东广州	30. 49		8. 89			0. 17	12. 43	0. 47	2. 62	3. 50	39. 07	0. 02		0. 08
SCBG	SCBG	种仁	广东乐昌	36. 14	108. 33	40. 59	62. 08	0. 02	0. 09	13. 07	0. 13	3. 28	11. 95	70. 28	0. 28	0. 53	0. 38
SCBG	SCBG	种仁	云南文山	21. 32	59. 17	33. 02	158. 62										
SCBG	SCBG	种仁	云南文山	21. 00	131. 12	27. 09	155. 70										
OFPC	KMIB	种仁	云南昆明	35. 60		0. 90				18. 20		3. 40	45. 80	30. 20	2. 40		
OFPC	SCBG	种仁	广东高要	25. 80	90. 30		191. 10		微量	19. 40		2. 60	42. 50	31. 70		微量	0. 80

毛枝连蕊茶

Camellia trichoclada (Rehd.) S. S. Chien [*Thea trichoclada* Rehd.]

山茶科，山茶属

特征 灌木，高约1 m。多分枝，幼枝被长粗毛。叶革质，2列，幼叶被毛，椭圆形，长1~2. 4 cm，宽0. 6~1. 3 cm，先端稍钝尖或尾状渐尖，基部楔形、圆或微心形，上面干后深绿色，中脉疏被毛，下面黄褐色，无毛，侧脉5~6对，在上面不明显，下面明显，密生细齿；叶柄长1 mm，被粗毛。花白色，无毛，顶生及腋生，花梗长2~4 mm；苞片3~4枚，宽卵形，长约1 mm；萼片5枚，连成浅杯状，无毛，裂片长1~2 mm，先端圆。蒴果球形，径1 cm，1室1粒种子，果爿2裂，果皮薄。花期11~12月；果期9~10月。

分布 福建：南平武夷山市洋庄乡大安源，27°52′38″N，117°52′10″E，437 m，2012-11-09，刘东明、童毅4001122105。生于灌丛中。产于福建、浙江（南部）。

栽培 喜半阴，忌阳光直射；喜温暖、湿润的环境，抗寒，不耐干旱。不耐盐碱，喜酸性土壤，栽培土以腐殖质丰富的砂性黑色山土最好。播种繁殖。春季为适期。

用途 种子榨油, 工业用途。

含油率及化学组分数据

采集单位	测试单位	测试部位	产地	含油率(%)	碘值	酸值	皂化值	C12:0	C14:0	C16:0	C16:1	C18:0	C18:1	C18:2	C18:3	C20:0	C20:1
SCBG	SCBG	种仁	福建南平	36. 14	78. 99	63. 52	128. 42										

红淡比

Cleyera japonica Thunb.

山茶科，红淡比属

特征 小乔木或灌木，高2~10 m，全株无毛；顶芽无毛；叶革质，长圆形或长圆状椭圆形，长6~9 cm，宽2. 5~3. 5 cm，顶端渐尖或短渐尖，稀可近于钝形，基部楔形或阔楔形，全缘，上面深绿色，有光泽，下面淡绿色；侧脉6~8对，稀可达10对，两面稍明显，有时且隆起，或在下面不明显；叶柄长7~10 mm。花常2~4朵腋生，花梗长1~2 cm；苞片2，早落；萼片5，卵圆形或圆形，长宽各约2. 5 mm，顶端圆，边缘有纤毛；花瓣5，白色，倒卵状长圆形，长约

8 mm；雄蕊25~30枚，长4~6 mm，花药卵形或长卵形，长约1. 5 mm，有丝毛，花丝无毛；子房圆球形，无毛，2室，花柱长约6 mm，顶端2浅裂。果实圆球形，成熟时紫黑色，直径8-10 mm，果梗长1. 5~2 cm；种子每室数个至10多个，扁圆形，深褐色，有光泽，直径约2 mm。花期5~6月；果期10~11月。

分布 湖北：武汉，30°32′49″N，114°24′58″E，33 m，2012-11-02，李晓东、訾艳燕等400121274。浙江：宁波市鄞县天童山，29°48′32″N，121°46′40″E，412 m，2010-11-12，葛斌杰、胡超、熊申展4001171096。多生于海拔100-1300 m。广布于长江以南各地；日本也有分布。

栽培 播种或扦插繁殖。

用途 种子可榨油，工业用途。

含油率及化学组分数据

采集单位	测试单位	测试部位	产地	含油率(%)	碘值	酸值	皂化值	C12:0	C14:0	C16:0	C16:1	C18:0	C18:1	C18:2	C18:3	C20:0	C20:1
WHBG	WHBG	种仁	湖北武汉	20. 18	94. 26	5. 13	416. 94			15. 00		3. 02			1. 45	0. 07	
ECNU	SCBG	种仁	浙江宁波	14. 17	116. 73	3. 72	193. 93	0. 03	0. 04	12. 60	0. 31	4. 00	11. 99	68. 80	1. 50	0. 27	0. 46

米碎花

Eurya chinensis R. Br.

山茶科，柃木属

特征 灌木，高1~3 m。多分枝。叶薄革质，倒卵形或倒卵状椭圆形，长2~5. 5 cm，宽1~2 cm，顶端钝而有微凹或略尖，基部楔形，边缘密生细锯齿，侧脉6~8对，两面均不甚明显；叶柄长2~3 mm。花1~4朵簇生于叶腋，花梗长约2 mm，无毛；雄花小苞片2枚，细小，无毛，萼片5，卵圆形或卵形，长1. 5~2 mm，顶端近圆形；花瓣5枚，白色，倒卵形，长3~3. 5 mm；雄蕊约15枚，花药不具分格；雌花的小苞片和萼片与雄花同，但较小；花瓣5枚，卵形，长2~2. 5 mm；子房卵圆形，花柱长1. 5~2 mm，顶端3裂。果实圆球形，有时为卵圆形，成熟时紫黑色，直径3~4 mm；种子肾形，表面具细蜂窝状网纹。花期11~12月；果期翌年6~7月。

分布 广东：高州市菉糖，22°02′08″N，110°58′32″E，2010-08-30，邢福武、翟俊文、郑希龙、戴建阅400111184；佛山南海区狮山镇佛山林科所，23°07′42″N，113°00′50″E，2009-10-19，林铎清400119051。多生于海拔800 m以下的低山丘陵、山坡、灌丛、路边或溪河沟谷灌丛中。广泛分布于广东、广西、江西、福建、台湾等地。

栽培 播种繁殖。

用途 种子榨油，工业用途。

含油率及化学组分数据

采集单位	测试单位	测试部位	产地	含油率(%)	碘值	酸值	皂化值	C12:0	C14:0	C16:0	C16:1	C18:0	C18:1	C18:2	C18:3	C20:0	C20:1
SCBG	SCBG	种仁	广东高州	26. 14	87. 12	1. 46	111. 22	0. 02	0. 14	8. 75		3. 32	55. 03		1. 11	28. 01	
SCBG	SCBG	种仁	广东佛山	29. 35	80. 34	4. 36	286. 34			12. 90	0. 22		20. 58	41. 38	0. 18		

微毛柃

Eurya hebeclados Y. Ling [*Eurya linearis* Hu et L. K. Ling]

山茶科，柃木属

特征 灌木或小乔木，高1. 5~5 m。嫩枝圆柱形，黄绿色或淡褐色，密被灰色微毛，小枝灰褐色；顶芽卵状披针形，渐尖，长3~7 mm，密被微毛。叶革质，通常长圆状椭圆形，长4~9 cm，宽1. 5~3. 5 cm，侧脉8~10对，纤细；叶柄长2~4 mm，被微毛。花4~7朵簇生于叶腋，花梗长约1 mm，被微毛；雄花小苞片2枚，极小，圆形，萼片5枚，近圆形，膜质，长2. 5~3 mm，顶端圆，花瓣5枚，长圆状倒卵形，白色，长约3. 5 mm；雄蕊约15枚，花药不具分格；雌花的小苞片和萼片与雄花同，但较小，花瓣5枚，倒卵形或匙形，长约2. 5 mm。子房卵圆形，3室，花柱长约1 mm，顶端3深裂。果实圆球形，直径4~5 mm；种子每室10~12粒，肾形，种皮深褐色，表面具细蜂窝状网纹。花期12月至翌年1月；果期8~10月。

分布 江西：玉山县三清山，28°55′53″N，118°3′46″E，1002 m，2009-09-01，廖文波等400141110。生于海拔200~1700 m的山坡林中、林缘以及路旁灌丛中，有时也生长在干燥的阳坡草灌丛中。产广东北部、广西、湖南、江西、福建、浙江、江苏（南部）、安徽、河南、湖北（西部）、重庆、四川、贵州。

栽培 播种繁殖。

用途 种子榨油，工业用途。

含油率及化学组分数据

采集单位	测试单位	测试部位	产地	含油率(%)	碘值	酸值	皂化值	C12:0	C14:0	C16:0	C16:1	C18:0	C18:1	C18:2	C18:3	C20:0	C20:1
SYSU	SCBG	种仁	江西玉山	22. 24					0. 04	5. 48	0. 04	2. 85	45. 49	41. 39	0. 39	1. 18	3. 14

细枝柃

Eurya loquaiana Dunn

山茶科，柃木属

特征　灌木或小乔木，高2~10 m。枝纤细，嫩枝圆柱形；顶芽狭披针形。叶薄革质，窄椭圆形或长圆状窄椭圆形，长4~9 cm，宽1.5~2.5 cm，顶端长渐尖，基部楔形，侧脉约10对；叶柄长3~4 mm，被微毛。花1~4朵簇生于叶腋，花梗长2~3 mm；雄花小苞片2枚，极小，卵圆形，长约1 mm，萼片5枚，卵形或卵圆形，长约2 mm，顶端钝或近圆形，花瓣5枚，白色，倒卵形；雄蕊10~15枚；雌花的小苞片和萼片与雄花同，花瓣5枚，白色，卵形，长约3 mm；子房卵圆形，3室，花柱长2~3 mm，顶端3裂。果实圆球形，成熟时黑色，直径3~4 mm。种子肾形，表面具细蜂窝状网纹。花期10~12月；果期翌年7~9月。

分布　湖南：永顺杉木河，29°10′33″N，109°50′6″E，760 m，2009-07-18，徐亮、周建军400191085。生于海拔400~2000 m的山坡、沟谷、溪边林中、林缘及山坡阴湿灌丛中。产于海南、广东、广西、湖南、江西、福建、台湾、浙江、安徽、河南、湖北、四川、贵州、云南。

栽培　播种繁殖。

用途　种子榨油，工业用途。

含油率及化学组分数据

采集单位	测试单位	测试部位	产地	含油率(%)	碘值	酸值	皂化值	C12:0	C14:0	C16:0	C16:1	C18:0	C18:1	C18:2	C18:3	C20:0	C20:1
JSU	SCBG	种仁	湖南永顺	20.47	102.84	2.57	181.46		0.08	6.33	0.17	5.29	40.76	13.05	32.75	0.26	0.19

黑柃

Eurya macartneyi Champ.

山茶科，柃木属

特征　灌木或小乔木，高2~7 m。嫩枝粗壮，淡红褐色。叶革质，长圆状椭圆形或椭圆形，长6~14 cm，宽2~4.5 cm，顶端短渐尖，基部近钝形，侧脉12~14对；叶柄长3~4 mm。花1~4朵簇生于叶腋，花梗长1~1.5 mm；雄花小苞片2枚，近圆形，长约1 mm，无毛，萼片5枚，革质，圆形，长约3 mm，顶端圆，有腺状小凸尖或微凹，花瓣5枚，长圆状倒卵形，长4~5 mm；雄蕊17~24枚；雌花的小苞片与雄花同，萼片5枚，卵形或卵圆形，长2~2.5 mm，花瓣5枚，倒卵状披针形，长约4 mm；子房卵圆形，3室，花柱3枚，离生，长1.5~2 mm。果实圆球形，直径约5 mm，成熟时黑色。种子肾形，表面具细密蜂窝状网纹。花期11月至翌年1月；果期6~8月。

分布　广东：阳山县秤架，24°52′4″N，112°52′29″E，827 m，2009-08-11，陈林、胡普炜4001148。生于海拔240~1000 m山地或山坡沟谷密林或疏林中。产于海南、广东、广西、湖南、江西、福建等地。

栽培　播种繁殖。

用途　种子榨油，工业用途。

含油率及化学组分数据

采集单位	测试单位	测试部位	产地	含油率(%)	碘值	酸值	皂化值	C12:0	C14:0	C16:0	C16:1	C18:0	C18:1	C18:2	C18:3	C20:0	C20:1
SCBG	SCBG	种仁	广东阳山	20.60	133.21	26.72	106.68										

格药柃（刺柃）

Eurya muricata Dunn [*Eurya huiana* f. *glaberrima* Hung T. Chang]

山茶科，柃木属

特征 灌木或小乔木。嫩枝圆柱形，无毛。叶革质，长5.5~11.5 cm，宽2~4.3 cm，先端略尖，尖头钝，边缘有细齿；叶柄长4~5 mm。花1~5朵簇生叶腋，花梗长1~1.5 mm，无毛；雄花小苞片2枚，近圆形，长约1 mm，萼片5枚，革质，近圆形，长2~2.5 mm，顶端圆而有小尖头或微凹，外面无毛，边缘有时有纤毛，花瓣5枚，白色，长圆形或长圆状倒卵形，长4~5 mm；雄蕊15~22枚，花药具多分格，退化子房无毛；雌花的小苞片和萼片与雄花同，花瓣5枚，白色，卵状披针形，长约3 mm；子房圆球形，3室，无毛，花柱长约1.5 mm，顶端3裂。果实圆球形，直径4~5 mm，成熟时紫黑色。种子肾圆形，表面具密网纹。花期9~12月；果期翌年6~9月。

分布 湖南：浏阳市大围山，28°24′6″N，114°2′37″E，300 m，2009-09-16，黄玉湰、周喜乐400181014。福建：武夷山大安源，27°52′39″N，117°52′08″E，2010-09-30，刘东明、梁耀400112131。江西：玉山县三清山，28°55′10″N，118°4′33″E，748 m，2009-09-07，廖文波等400141159。生于海拔350~1300 m的山坡林中或林缘灌丛中。产于广东、香港、湖南、江西、福建、浙江、江苏、安徽、湖北、四川、贵州等地。

栽培 播种繁殖。

用途 种子榨油，工业用途；树皮含鞣质，可提取烤胶；花是优良的蜜源植物。

含油率及化学组分数据

采集单位	测试单位	测试部位	产地	含油率(%)	碘值	酸值	皂化值	C12:0	C14:0	C16:0	C16:1	C18:0	C18:1	C18:2	C18:3	C20:0	C20:1
HUNST	HUNST	种仁	湖南浏阳	9.25	83.99	16.57	x	0.02	0.04	2.57	0.46	9.63	24.97	8.16	52.78	0.84	0.52
SCBG	SCBG	种仁	福建武夷山	27.01	105.46	7.88		0.89	0.26	1.55	0.42	1.07	26.68		63.93	1.82	0.54
SYSU	SCBG	种仁	江西玉山	17.17					0.09	8.90	0.05	0.62	47.38	39.70	0.43	0.77	2.06

粗毛核果茶（粗毛石笔木、硬毛石笔木）

Pyrenaria hirta (Hand.-Mazz.) H. Keng [*Tutcheria hirta* (Hand. -Mazz.) Li]

山茶科，核果茶属

特征 小乔木。嫩枝有粗毛。叶革质，长圆形或椭圆形，长6~13 cm，宽2.5~4 cm，有时长达15 cm，宽5.5 cm，先端锐尖，基部楔形，上面发亮，下面有褐毛，侧脉8~13对，边缘有细锯齿；叶柄长6~10 mm，有毛。花直径2.5~4.5 cm，白色或淡黄色，花柄长2~7 mm；苞片卵形，长4~5 mm；萼片10枚，近圆形，长5~10 mm，外面有毛；花瓣长1.5~2 cm，外面有毛；子房3室，每室有胚珠2~3颗；花柱长6~8 mm。蒴果纺锤形，长2~2.5 cm，宽1.5~1.8 cm，两端尖。花期6~7月；果期9~11月。

分布 广东：广州市华南植物园山茶园，23°11′14″N，113°22′10″E，2009-11-22，林铎清、王美娜、徐蕾400119083。广西：灵川县海洋乡小平乐村，25°18′3″N，110°41′52″E，751 m，2011 11 11，郭伦发、林春蕊4001101241。湖南：江永县源口镇白倖村白沙源，24°58′26″N，111°2′25″E，421 m，2009-10-29，黄玉湰、周喜乐400181125。分布于海拔100~1600 m的山谷森林中。产于广东、广西、湖南、江西、湖北、贵州、云南。越南也有分布。

栽培 播种繁殖。

用途 种子榨油，工业用途。

含油率及化学组分数据

采集单位	测试单位	测试部位	产地	含油率(%)	碘值	酸值	皂化值	C12:0	C14:0	C16:0	C16:1	C18:0	C18:1	C18:2	C18:3	C20:0	C20:1
SCBG	SCBG	种仁	广东广州	6.70	14.05	14.62	229.63	0.01	0.04	15.56	0.14	3.31	18.75		1.19		8.06
GXIB	SCBG	种仁	广西灵川	46.14	124.70	0.60	202.22	0.12	0.16	6.92		2.66	53.46	28.50	3.38	0.64	0.44
HUNST	HUNST	种仁	湖南江永	27.10	9.32	10.14	191.29		0.03	5.58	0.05	1.47	42.21	34.29	15.66	0.11	0.60
OFPC	GXIB	种仁	广西临桂	64.90	70.80		188.90	0.30		13.20	0.20	5.30	55.90	22.80			

大果核果茶(六瓣石笔木、石笔木)

Pyrenaria spectabilis (Champ. ex Benth.) C.Y. Wu et S.X. Yang [*Tutcheria hexalocularia* Hu et S. Ye Liang ex Hung T. Chang]

山茶科，核果茶属

特征 乔木，高12 m。嫩枝粗大，无毛；顶芽秃净或有微毛。叶革质，椭圆形，长11~13 cm，宽4~5. 5 cm，先端略尖，尖头钝，基部钝，上面发亮，下面浅绿色，无毛，侧脉9~11对，边缘有疏锯齿；叶柄长1~1. 3 cm。蒴果扁球形，宽5~6 cm，高3~3. 7 cm，6室，6爿裂开，每室有1~3粒种子，果爿厚6~7 mm，被褐毛，果柄长5 mm；宿存萼片近圆形，宽1. 5~2. 5 cm，有残留褐色柔毛。花期5~6月；果期8~10月。

分布 广东：阳山县秤架自然保护区，24°46′59″N，112°51′0″E，578 m，2009-11-16，董安强40011268。广西：桂林市广西植物研究所，25°4′25″N，110°18′0″E，153 m，2010-10-30，吴磊、吕仕洪4001101111。江西：龙南县九连山国家级自然保护区植物园，24°46′22″N，114°43′55″E，2011-11-11，易绮斐、潘雅书、陈华平400119170。福建：古田县马坊步云梨园，26°37′09″N，118°52′47″E，2010-10-27，刘东明、梁耀400112164。生于海拔750 m的杂木林。产于广东、广西、云南。

栽培 播种繁殖。

用途 种子榨油，工业用途。

含油率及化学组分数据

采集单位	测试单位	测试部位	产地	含油率(%)	碘值	酸值	皂化值	C12:0	C14:0	C16:0	C16:1	C18:0	C18:1	C18:2	C18:3	C20:0	C20:1
SCBG	SCBG	种仁	广东阳山	20. 20	131. 42	16. 55	126. 04										
GXIB	SCBG	种仁	广西桂林	32. 70	99. 87	0. 50	201. 78		2. 51	13. 41		3. 07	11. 45	36. 31	15. 08	3. 07	
SCBG	SCBG	种仁	江西龙南	16. 14	87. 63	15. 56	176. 38	0. 01	0. 56	4. 45	0. 34	5. 85	10. 21	67. 54	0. 04	0. 29	0. 74
SCBG	SCBG	种仁	福建古田	14. 68	104. 67		179. 77		0. 14	1. 88	0. 11	2. 14	11. 93		28. 27		0. 13
OFPC	SCBG	种仁	广东广州	59. 20	98. 50		186. 30		微量	19. 10		0. 70	68. 80	11. 40		微量	
OFPC	GXIB	种仁	广西贺县	59. 00	97. 50					19. 30	1. 60	4. 90	68. 00	6. 20			

长柱核果茶(长柄石笔木、华南石笔木)

Pyrenaria spectabilis var. **greeniae** (Chun) S. X. Yang [*Tutcheria greeniae* Chun]

山茶科，核果茶属

特征 乔木。叶革质，长圆形，长6~11 cm，宽2~3. 5 cm，先端渐尖或略钝，基部楔形，侧脉7~10对，在两面均可见，边缘上半部有钝锯齿；叶柄长5~7 mm。花单生于枝顶叶腋，直径5~6 cm，花柄长5~7 mm，被毛；苞片2枚，卵形，长6~8 mm，外面有毛，内面无毛，红褐色；萼片10枚，近圆形，长1~1. 5 cm，宽1. 2~1. 7 cm，外面有灰绒毛；花瓣长2. 5~3 cm，背面有毛；雄蕊多数，离生；子房有毛，3~4室，花柱连合。蒴果椭圆形，长2. 6 cm，宽2 cm，先端圆，3~4爿裂开，有灰绒毛。种子褐色，长5~10 mm，果爿薄。花期5月；果期10月。

分布 广东：惠州市南昆山上平村竹坑，23°38′11″N，113°53′19″E，542 m，2009-10-05，邢福武40011243；阳山县秤架乡太平洞，24°54′27″，112°56′06″，1059 m，2010-10-23，王发国400113066。江西：崇义县齐云山，25°51′35″N，114°1′37″E，748 m，2010-09-26，李朋远、谢行400145018。生于海拔300~1200 m的常绿阔叶林中。产于广东、广西以及湖南南部、江西南部、福建南部。

栽培 播种繁殖。

用途 种子榨油，工业用途。

含油率及化学组分数据

采集单位	测试单位	测试部位	产地	含油率(%)	碘值	酸值	皂化值	C12:0	C14:0	C16:0	C16:1	C18:0	C18:1	C18:2	C18:3	C20:0	C20:1
SCBG	SCBG	种仁	广东惠州	20. 42	80. 60	57. 61	185. 52										
SCBG	SCBG	种仁	广东阳山	15. 90	14. 32	12. 45	201. 64		0. 02	8. 47	0. 16	5. 50	11. 78	78. 44	1. 96		0. 14
SYSU	SCBG	种仁	江西崇义	9. 32				0. 05	0. 05	7. 26	0. 14	4. 27	48. 90	35. 65	0. 76	1. 24	1. 68
OFPC	SCBG	种子	广东乳源	12. 6	98. 3		192. 0		微量	14. 1		2. 0	46. 4	37. 5			

木荷

Schima superba Gardner et Champ.

山茶科，木荷属

特征 大乔木，高25 m。嫩枝通常无毛。叶革质或薄革质，椭圆形，长7~12 cm，宽4~6. 5 cm，先端尖锐，有时略钝，基部楔形，侧脉7~9对，在两面明显，边缘有钝齿；叶柄长1~2 cm。花生于枝顶叶腋，常多朵排成总状花序，直径3 cm，白色，花柄长1~2. 5 cm，纤细，无毛；苞片2枚，贴近萼片，长4~6 mm，早落；萼片半圆形，长2~3 mm，外面无毛，内面有绢毛；花瓣长1~1. 5 cm，最外1枚风帽状，边缘多少有毛；子房有毛。蒴果直径1. 5~2 cm。花期6~8月；果期11月。

分布 海南：琼中县黎母山乡黎母山，19°10′37″N，109°46′35″E，2009-07-30，秦新生400116118。湖南：古丈县高望界，28°39′5″N，110°4′48″E，907 m，2011-10-06，徐亮、周建军40019101178。浙江：宁波市鄞县天童山，29°48′24″N，121°47′6″E，389 m，2009-11-04，田怀珍、王双4001171028。湖北：五峰后河黄家河，33°29′42″N，110°30′59″E，1203 m，2010-10-23，丁时东、危文亮等400151078。安徽：黄山风景区，30°16′51″N，118°10′10″E，174 m，2012-10-08，李晓东、昝艳燕400121247。四川：德昌县小高镇，27°21′48″N，102°16′58″E，1000 m，2009-11-05，王凯、樊云川40021109138。在亚热带常绿林里是建群种，在荒山灌丛是耐火的先锋树种；在海南海拔1000 m上下的山地雨林里，它是上层大乔木，胸径1 m以上，有突出的板根。产于海南、广东、广西、湖南、江西、福建、台湾、浙江、安徽、四川、贵州。

栽培 栽培土以富含有机质、肥沃的壤土为佳。播种繁殖，春季为适期。

用途 种子榨油，工业用途。

含油率及化学组分数据

采集单位	测试单位	测试部位	产地	含油率(%)	碘值	酸值	皂化值	C12:0	C14:0	C16:0	C16:1	C18:0	C18:1	C18:2	C18:3	C20:0	C20:1
SCAU	SCBG	种仁	海南琼中	16. 84	6. 28	38. 88	441. 54										
JSU	SCBG	种仁	湖南古丈	13. 46	84. 55	6. 50	178. 17	0. 16	0. 63	10. 90	0. 61	1. 62	18. 09	43. 55	1. 29	0. 34	0. 12
ECNU	SCBG	种仁	浙江宁波	20. 50				0. 07	0. 18	6. 18	0. 06	4. 46	17. 82	42. 02	26. 56	0. 89	0. 19
OCRI	SCBG	种仁	湖北五峰	16. 78	12. 14	5. 05	233. 63	1. 07		4. 90	0. 80	2. 22	43. 43	13. 77	2. 39	1. 37	0. 12
WHBG	WHBG	种仁	安徽黄山	20. 14					0. 35	11. 17	5. 46	2. 58	12. 70	59. 56	3. 99	0. 41	
SCU	SCU	种仁	四川德昌	10. 33						11. 22		3. 84	28. 61	54. 88	0. 79		0. 66

厚叶紫茎（圆萼折柄茶）

Stewartia crassifolia (S.Z. Yan) J. Li et T.L. Ming [*Hartia crassifolia* S. Z. Yan]

山茶科，折柄茶属

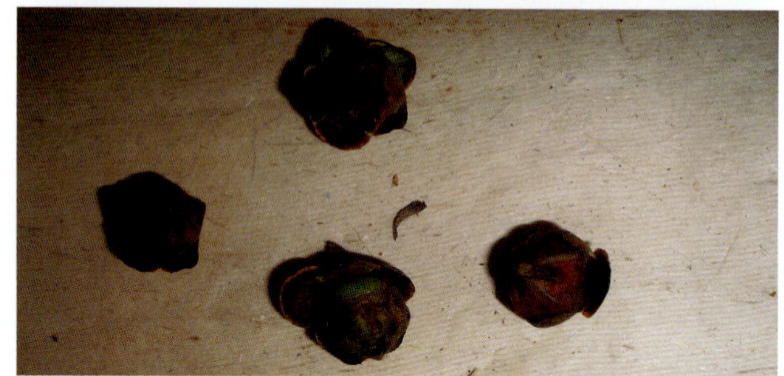

特征 乔木，高10~18 m。嫩枝被柔毛。叶厚革质，长卵形，长8~12 cm，宽3~4. 5 cm，先端短尖，基部微心形；侧脉不明显，边缘有锯齿；叶柄粗壮，长1. 4~2 cm，有翅，翅宽2~3 mm，幼时被毛，后脱落。花单生于叶腋，花柄长5~7 mm，被毛；苞片2枚，阔卵形，长2~3 mm，早落；萼片5枚，宿存，近圆形，长6~8 mm，宽5~7 mm，顶端圆，基部连合；雄蕊多数，花丝下半部连合；雌蕊圆锥形，花柱极短，柱头不裂或浅5裂。蒴果短圆锥形，直径15~16 mm，5爿裂开。花期5~6月。

分布 江西：崇义县齐云山，26°52′30″N，114°1′38″E，941 m，2010-09-26，李朋远、谢行400145002。产于广东以及湖南莽山、江西庐山等地。

栽培 播种繁殖。

用途 种子榨油，工业用途。

含油率及化学组分数据

采集单位	测试单位	测试部位	产地	含油率(%)	碘值	酸值	皂化值	C12:0	C14:0	C16:0	C16:1	C18:0	C18:1	C18:2	C18:3	C20:0	C20:1
SYSU	SCBG	种仁	江西崇义	20. 51					0. 08	9. 68	0. 09	4. 69	30. 02	51. 64	0. 46	1. 10	2. 22

厚皮香

Ternstroemia gymnanthera (Wight et Arn.) Bedd.

山茶科，厚皮香属

特征 灌木或小乔木，高1. 5~10 m，有时达15 m，胸径30~40 cm。全株无毛，树皮灰褐色，平滑。嫩枝浅红褐色，小枝灰褐色。叶革质或薄革质，聚生于枝端，呈假轮生状，通常为椭圆形，长5. 5~9 cm，宽2~3. 5 cm，顶端短渐尖或短尖，尖头钝，基部楔形，侧脉5~6对，两面均不明显。花两性或单性，开花时直径1~1. 4 cm，花梗长约1 cm，稍粗壮；两性花小苞片2枚，三角形或三角状卵形，长1. 5~2 mm，顶端尖，边缘具腺状齿突；萼片5枚，卵圆形或长圆卵形，顶端圆，边缘通常疏生线状齿突；花瓣5枚，淡黄白色，倒卵形，长6~7 mm，宽4~5 mm，顶端圆，常有微凹；雄蕊约50枚，长短不一，花药长圆形；子房圆卵形，2室，胚珠每室2颗，花柱短，顶端浅2裂。果实圆球形，长8~10 mm，直径7~10 mm，小苞片和萼片均宿存，果梗长1~1. 2 cm，宿存花柱顶端2浅裂。种子肾形，每室1粒，成熟时肉质假种皮红色。花期5~7月；果期8~10月。

分布 广东：梅县阴那山，24°23′30″N，116°25′42″E，2009-09-01，林铎清、戴建阅400111102。江西：芦溪县武功山自然保护区，27°33′54″N，114°14′23″E，1221 m，2011-10-10，廖文波、李朋远4001414010；吉安市井冈山，26°31′53″N，114°8′50″E，720 m，2010-09-15，廖文波等400144002。重庆：南川区鱼泉乡山王坪林场，29°33′7″N，107°12′59″E，1302 m，2009-09-11，刘正宇等400231062。生于海拔200~1400 m（云南可分布于2000~2800 m）的山地林中、林缘路边或近山顶疏林中。产于广东、广西、湖南、江西、福建、浙江、安徽、湖北、重庆、四川、云南、贵州等地。越南、老挝、泰国、柬埔寨、尼泊尔、不丹、印度也有分布。

栽培 喜光，喜半阴；喜温暖气候。不耐盐碱，喜酸性和微酸性土壤，以肥沃且排水良好之土壤为佳。抗风；抗大气污染。播种、扦插或嫁接繁殖。生育期每月施1次腐熟的饼肥和水，冬季要停止施肥，节制浇水。早春剪除病残叶。生育期要及时防治病虫害。

用途 种子油可制润滑油及肥皂，果熟时采收晒干，取出种子，放干燥处保存备用；树皮含鞣质，可提制栲胶，亦可制成茶褐色染料。

含油率及化学组分数据

采集单位	测试单位	测试部位	产地	含油率(%)	碘值	酸值	皂化值	C12:0	C14:0	C16:0	C16:1	C18:0	C18:1	C18:2	C18:3	C20:0	C20:1
SCBG	SCBG	种仁	广东梅县	38. 56	93. 19	134. 11	136. 06										
SYSU	SCBG	种仁	江西芦溪	14. 32	74. 2	2. 07	289. 12	0. 02	0. 36	19. 43	0. 12	3. 37	9. 64	45. 42	21. 33	0. 14	0. 17
SYSU	SCBG	种仁	江西吉安	12. 66				0. 02	0. 10	16. 81	0. 71	3. 05	54. 16	18. 73	6. 01	0. 16	0. 24
CIPP	SCBG	种仁	重庆南川	16. 70	63. 01	1. 07	397. 48	0. 46	0. 06	8. 85	0. 06	2. 27	5. 92	74. 69	0. 53	0. 36	0. 20
OFPC	LBG	种仁	江西武宁	21. 50	84. 70			微量	微量	22. 20	6. 90	1. 30	37. 10	32. 50			
OFPC	GXIB	种仁	广西昭平	11. 30	99. 80		206. 70			29. 30	8. 30	4. 30	42. 60	13. 40	2. 10		

尖萼厚皮香

Ternstroemia luteoflora L.K. Ling

山茶科，厚皮香属

特征 小乔木，高2~14 m。嫩枝淡褐色。叶互生，革质，椭圆形或椭圆状倒披针形，长7~10 cm，宽2. 5~4 cm，顶端短渐尖，基部楔形，侧脉6~8对；叶柄长1~2 cm。花单性或杂性，通常单生于叶腋，花梗长2~3 cm，常稍弯曲，粗2~2. 5 mm；小苞片2枚，卵状披针形，长约3. 5 mm，宽约2 mm，无毛，宿存；萼片5枚, 长卵形或卵状披针形，长6~8 mm，宽3. 5~4. 5 mm，顶端锐尖，有小尖头；花瓣5枚，白色或淡黄白色，阔倒卵形或卵圆形，长、宽各8~10 mm；雄蕊35~45枚，长约5 mm；雌花的子房圆球形，2室，胚珠每室2颗。果圆球形，成熟时紫红色，长1. 5~2 cm，直径1. 5~2 cm，宿存花柱长1. 2~2. 5 mm，小苞片和萼片均宿存；果梗长2~3 cm，近萼片基部最粗且下弯，直径2. 5~3 mm。种子每室1~2粒，成熟时红色。花期5~6月；果期8~10月。

分布 广东：阳山县秤架，24°46′34″N，112°48′34″E，264 m，2009-09-27，董安强、胡晓敏40011226。福建：武夷山大安源，27°52′37″N，117°52′09″E，2010-10-02，刘东明、梁耀400112137。江西：崇义县齐云山，25°50′46″N，114°1′22″E，745 m，2010-09-28，李朋远、谢行400145034。贵州：雷山县响水岩，26°22′5″N，108°9′10″E，1038 m，2012-10-19，陈丰林、夏纯、桑洪伟4001151257。生于海拔400~1500 m的沟谷疏林中、林缘路边及灌丛中。产于广东、广西、湖南、江西、福建、湖北、贵州、云南等地。

栽培 全日照、半日照均理想；喜温暖，湿润的环境，耐高温，耐旱。以排水良好且湿润的砂质土壤为佳。生长缓慢。播种或扦插繁殖。春、秋季为适期。

用途 行道树、绿篱树或园林树。

含油率及化学组分数据

采集单位	测试单位	测试部位	产地	含油率(%)	碘值	酸值	皂化值	C12:0	C14:0	C16:0	C16:1	C18:0	C18:1	C18:2	C18:3	C20:0	C20:1
SCBG	SCBG	种仁	广东阳山	20. 30	70. 20	21. 41	208. 70	0. 02	0. 05	26. 33	1. 16	3. 08	27. 34	38. 83	2. 56	0. 42	0. 21
SCBG	SCBG	种仁	福建武夷山	32. 50	4. 93	7. 14	164. 45	0. 19		3. 44	0. 88	1. 88	42. 15		62. 84	1. 24	1. 47
SYSU	SCBG	种仁	江西崇义	23. 99				0. 01	0. 09	14. 95	0. 06	0. 27	60. 14	15. 81	8. 45	0. 12	0. 11
SCBG	SCBG	种仁	贵州雷山	36. 12	78. 45	24. 70	183. 09										

小叶厚皮香

Ternstroemia microphylla Merr. [*Ternstroemia oblancilimba* Hung T. Chang]

山茶科，厚皮香属

特征 灌木或小乔木，高1~6 m。嫩枝和小枝灰褐色，圆柱形。叶聚生于枝端，呈假轮生状，长2~5 cm，宽0. 6~1. 5 cm，顶端圆或钝，基部窄楔形，侧脉3~4对；叶柄长约3 mm。花单生于叶腋或生于当年生无叶的小枝上，较小，直径5~8 mm，单性或杂性，花梗纤细，长5~10 mm；两性花：小苞片2枚，卵状三角形，顶端尖，边缘具腺状齿突，萼片5枚，卵圆形，顶端圆，边缘疏生腺状齿突，花瓣5枚，白色，阔倒卵形，长约4 mm，宽约3. 5 mm；雄蕊约40枚，长约3 mm；子房卵圆形，2室，胚珠每室1颗，花柱短，顶端2浅裂；雄花：小苞片、萼片、花瓣均与两性花同；雄蕊35~45枚。果实椭圆形，长8~10 mm，直径5~6 mm。种子每室1粒，长肾形，长5~7 mm，成熟时假种皮鲜红色。花期5~6月；果期8~10月。

分布 海南：五指山国家级自然保护区，1600 m，2009-08-07，张荣京40017171。上海：上海植物园，18°54′48″N，109°41′18″E，6 m，2009-11-08，田怀珍、刘东明、戴建阅4001171015。多生于近海各地干燥山坡灌丛或岩隙间，有时也生于山地疏林中或林缘。产于海南、广东、香港、广西、福建等地。

栽培 扦插、播种和嫁接繁殖，于春季进行。

用途 树冠近园球形，树姿优美，叶色终年亮泽。为优良的庭园园林树、绿荫树和行道树。也可用作荒山绿化树种。

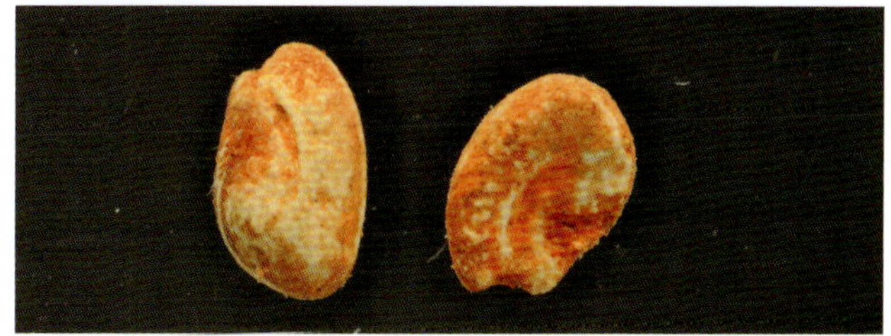

含油率及化学组分数据

采集单位	测试单位	测试部位	产地	含油率(%)	碘值	酸值	皂化值	C12:0	C14:0	C16:0	C16:1	C18:0	C18:1	C18:2	C18:3	C20:0	C20:1
SCAU	SCBG	种仁	海南五指山	30. 21	3. 88	11. 42	185. 90										
ECNU	SCBG	种仁	上海	23. 56	6. 30	9. 85	159. 94			1. 73		0. 73	50. 94	44. 99	0. 51		0. 16

亮叶厚皮香

Ternstroemia nitida Merr.

山茶科，厚皮香属

特征 灌木或小乔木，高2~8 m。小枝灰褐色。叶互生，硬纸质或薄革质，长6~10 cm，宽2. 5~4 cm，顶端渐尖，基部楔形，侧脉7~9对；叶柄长1~1. 5 cm。花杂性，通常单朵生于叶腋，花梗纤细，长1. 5~2 cm；两性花：小苞片2枚，卵状三角形，长约2 mm，宽约1. 7 mm，顶端尖，边缘疏生腺状齿突；萼片5枚，外面2枚，卵形，顶端钝或略尖，内面3枚，长圆状卵形，长3~5 mm，宽2. 5~3. 5 mm；花瓣5，白色或淡黄色，阔倒卵形或长圆状倒卵形，长5~7 mm，宽4~5 mm，顶端圆；雄蕊25~45枚，长3. 5~4. 5 mm；子房卵形，2室，胚珠每室1颗，花柱顶端2深裂。果实长卵形，长1~1. 2 cm，直径0. 8~0. 9 cm。种子每室1粒，扁卵形，长5~6 mm，直径4~5 mm，假种皮深红色或赤红色。花期6~7月；果期8~9月。

分布 广东：信宜县大雾岭，23°24′31″N，113°23′41″E，2010-08-31，邢福武、翟俊文、郑希龙、戴建阅400111187。多生于海拔200~850 m的山地林中、林下或溪边荫蔽地。产于广东、广西、湖南、江西、福建、浙江、贵州等地。

栽培 播种繁殖。

用途 可植于园林供观赏。

含油率及化学组分数据

采集单位	测试单位	测试部位	产地	含油率(%)	碘值	酸值	皂化值	C12:0	C14:0	C16:0	C16:1	C18:0	C18:1	C18:2	C18:3	C20:0	C20:1
SCBG	SCBG	种仁	广东信宜	35. 54	87. 63	23. 50	182. 02		1. 94	11. 88	0. 39	4. 27	39. 88			0. 10	0. 20

红厚壳（海棠果、胡桐）

Calophyllum inophyllum L. [*Balsamaria inophyllum* (L.) Lour.]

藤黄科，红厚壳属

特征 乔木，高5~12 m。叶片厚革质，长8~15 cm，宽4~8 cm，顶端圆或微缺，基部钝圆或宽楔形，两面具光泽，中脉在上面下陷，下面隆起；叶柄粗壮，长1~2. 5 cm。总状花序或圆锥花序近顶生，有花7~11朵；花两性，白色，微香，直径2~2. 5 cm，花梗长1. 5~4 cm；花萼裂片4枚，外方2枚较小，近圆形，顶端凹陷，长约8 mm，内方2枚较大，倒卵形，花瓣状；花瓣4枚，倒披针形，长约11 mm，顶端近平截或浑圆，内弯；雄蕊极多数，花丝基部合生成4束；子房近圆球形，花柱细长。果圆球形，直径约2. 5 cm，成熟时黄色。花期3~6月；果期9~11月。

分布 海南：文昌红树林，19°34′15″N，110°49′30″E，2009-08-08，邢福武、戴建阅、翟俊文、郑希龙40011167。云南：西双版纳植物园，21°44′10″N，101°27′44″E，2012-01-16，邢福武、童毅、孟玉芳4001142023。野生或栽培于海拔60~100(~200) m的丘陵空旷地和海滨沙荒地上。产于海南、台湾。印度、斯里兰卡、中南半岛、马来西亚、印度尼西亚、安达曼群岛、菲律宾群岛以及波利尼西亚、马达加斯加、澳大利亚等地也有分布。

栽培 喜光；喜温暖、湿润的环境，稍耐寒，不耐干旱。喜土壤疏松、肥沃且排水宜良好。播种繁殖。

用途 油可供工业用，加工去毒和精炼后可食用，也可供医药用；树皮含单宁15%，可提制栲胶。木材适宜于造船、桥梁、枕木、农具及家具等用材。

含油率及化学组分数据

采集单位	测试单位	测试部位	产地	含油率(%)	碘值	酸值	皂化值	C12:0	C14:0	C16:0	C16:1	C18:0	C18:1	C18:2	C18:3	C20:0	C20:1
SCBG	SCBG	种仁	海南文昌	26. 00	37. 73	61. 87	223. 47	0. 01	0. 04	6. 50	0. 17	3. 10	18. 39	60. 15	5. 95	0. 35	5. 35
SCBG	SCBG	种仁	云南西双版纳	21. 58	113. 73	18. 51		0. 04		2. 65		3. 84	9. 29	21. 98	0. 19		
OFPC	SCBG	种子	海南海口	42. 80	81. 60		192. 80			15. 90		8. 00	41. 60	34. 50			

薄叶红厚壳

Calophyllum membranaceum Gardner et Champ.

藤黄科，红厚壳属

特征 灌木至小乔木，高1~5 m。幼枝四棱形，具狭翅。叶薄革质，长圆形或长圆状披针形，长6~12 cm，宽1. 5~3. 5 cm，顶端渐尖、急尖或尾状渐尖，基部楔形，中脉两面隆起，侧脉纤细，密集，横行排列；叶柄长6~10 mm。聚伞花序腋生，有花1~5朵，长2. 5~3 cm，被微柔毛；花两性，白色略带浅红，花梗长5~8 mm，无毛；花萼裂片4枚，外方2枚较小，近圆形，长约4 mm，内方2枚较大，倒卵形，长约8 mm；花瓣4枚，倒卵形，等大，长约8 mm；雄蕊多数，花丝基部合生成4束；子房卵球形，花柱细长，柱头钻状。果卵状长圆球形，长1. 6~2 cm，顶端具短尖头，柄长10~14 mm，成熟时黄色。花期3~5月；果期8~12月。

分布 广东：东莞市谢岗乡银瓶山仙水道，23°2′30″N，113°45′48″E，2012-11-02，邢福武、叶心芬、宁阳阳400113139。多生于山地的疏林或密林中，海拔(200~)600~1000 m。产于海南、广东、广西。

栽培 播种繁殖。

用途 根部药用，治跌打损伤，风湿骨痛，肾虚腰痛，能祛瘀止痛，补肾强腰；叶治外伤出血。

含油率及化学组分数据

采集单位	测试单位	测试部位	产地	含油率(%)	碘值	酸值	皂化值	C12:0	C14:0	C16:0	C16:1	C18:0	C18:1	C18:2	C18:3	C20:0	C20:1
SCBG	SCBG	种仁	广东东莞	31. 54	46. 92	9. 84	164. 26		4. 61	2. 89			11. 37	56. 01	0. 60		0. 27

大苞藤黄

Garcinia bracteata C. Y. Wu ex Y. H. Li

藤黄科，藤黄属

特征 乔木，高约8 m。叶片革质，卵形，卵状椭圆形或长圆形，长8~14 cm，宽4~8 cm，顶端渐尖或短渐尖，基部宽楔形或近圆形；叶柄粗壮，长1~1. 5 cm。花杂性，异株，花2~7朵伞形排列；花序腋生，雄花序偶有顶生；总梗长2~3 cm，先端具苞叶2枚，苞叶革质，卵形；花梗长0. 6~1. 3 cm，每花梗基部具阔卵形或卵形小苞片4枚，小苞片长约1. 5 mm；萼片和花瓣开放后逐渐下垂；雄花具退化雌蕊，能育雄蕊约40枚；雌花具退化雄蕊约20枚；雌蕊圆柱状，中部膨大，柱头盾形；子房1室。果序通常着果1个；果卵球形，顶端通常偏斜，成熟时长2. 2~2. 5 cm，残留的花被宿存，果柄长1~1. 2 cm。种子1粒。花期4~5月；果期11~12月。

分布 广西：那坡县百省乡弄苗屯，23°9′31″N，105°35′9″E，1069 m，2010-11-19，吴磊、黄俞淞、朱运喜4001101142。生于海拔400~1300（~1750）m的石灰岩山杂木林中。产于广西、云南。

栽培 播种或扦插繁殖。

用途 可植于园林供观赏。

含油率及化学组分数据

采集单位	测试单位	测试部位	产地	含油率(%)	碘值	酸值	皂化值	C12:0	C14:0	C16:0	C16:1	C18:0	C18:1	C18:2	C18:3	C20:0	C20:1
GXIB	SCBG	种仁	广西那坡	26. 47	118. 50	4. 45	184. 33										

木竹子（多花山竹子、山枇杷）

Garcinia multiflora Champ. ex Benth. [*Garcinia hainanensis* Merr.]

藤黄科，藤黄属

特征 乔木，稀灌木，高5~15 m。叶片革质，卵形，长圆状卵形或长圆状倒卵形，长7~16 cm，宽3~6 cm，顶端急尖，渐尖或钝，基部楔形，侧脉纤细，每边10~15对，至近边缘处网结，网脉在表面不明显；叶柄长0. 6~1. 2 cm。花杂性，同株，雄花序排成聚伞状圆锥花序式，长5~7 cm；萼片2大2小，花瓣橙黄色，倒卵形，长为萼片的1. 5倍，花丝合生成4束，高出退化雌蕊，束柄长2~3 mm，每束约有花药50枚，聚合成头状；退化雌蕊柱状，具明显的盾状柱头，4裂；雌花序有雌花1~5朵，短于雌蕊；子房长圆形，上半部略宽，2室，无花柱，柱头大而厚，盾形。果卵圆形至倒卵圆形，长3~5 cm，直径2. 5~3 cm。种子1~2粒，椭圆形，长2~2. 5 cm。花期6~8月；果期11~12月。

分布 海南：陵水县本号镇吊罗山，18°44′04″N，109°50′14″E，2009-12-01，秦新生4001161103；陵水县本号镇吊罗山国家级自然保护区南喜，18°44′04″N，109°50′13″E，2010-08-11，秦新生4001161123。广西：临桂县南边山乡大桥边，24°58′45″N，110°20′11″E，2009-12-02，吴望辉、黄俞淞、农东新4001101054。江西：龙南县九连山，24°31′60″N，114°26′49″E，749 m，2009-11-06，廖文波等400143010。广东：乳源县南岭龙溪，24°52′08″N，113°06′59″E，305 m，2012-01-08，王发国、杨国、宋贤利400113106；韶关南岭，24°55′08″N，113°05′22″E，2010-10-19，翟俊文、戴建阅、易绮斐400119098。云南：金平分水岭自然保护区，22°53′51″N，103°13′36″E，1498 m，2010-10-24，刘恩乾400222213。生于山坡疏林或密林中。沟谷边缘或次生林或灌丛中，海拔100 m，通常为400~1200 m，有时可达1900 m。产于海南、广东、广西、湖南、江西、福建、台湾、贵州、云南等地。越南北部也有分布。

栽培 播种繁殖。种子宜随采随播，或阴干后用细沙贮藏，翌春播种育苗。苗圃地要选土质肥沃、阳光适中、排灌便利的地方。整地起畦后，用点播或条播，株距10 cm，盖土3~4 cm，稍加压实，1个月左右便可发芽。

用途 种子油供制肥皂和机械润滑油用；果皮及树皮均含有鞣质，可提制栲胶。木材暗黄褐色，材质坚重，为制造车轮、船板、家具及工艺、雕刻等用材。

含油率及化学组分数据

采集单位	测试单位	测试部位	产地	含油率(%)	碘值	酸值	皂化值	C12:0	C14:0	C16:0	C16:1	C18:0	C18:1	C18:2	C18:3	C20:0	C20:1
SCAU	SCBG	种仁	海南陵水	35. 15	79. 71												
SCAU	SCBG	种仁	海南陵水	32. 50	1. 99	7. 72	178. 82		0. 01	0. 07	11. 22		4. 49	27. 80	54. 87	0. 49	0. 38
GXIB	SCBG	种仁	广西临桂	36. 41	122. 16	40. 43	200. 78			5. 47	0. 72	1. 19	57. 07	34. 74	0. 17	0. 15	0. 08
SYSU	SCBG	种仁	江西龙南	59. 60	73. 68	11. 21	172. 71		0. 01	0. 02	3. 45			0. 30	94. 92	0. 21	0. 17
SCBG	SCBG	种仁	广东乳源	18. 60	18. 18				0. 16	9. 28	1. 27	3. 34	1. 33			0. 27	0. 24
SCBG	SCBG	种仁	广东韶关	58. 83	112. 75	6. 36	179. 17	0. 02	3. 75	0. 06	7. 38	86. 09	0. 90	0. 15		0. 36	
KMIB	KMIB	种仁	云南金平	45. 54	85. 30	14. 40	157. 90					6. 56	0. 10	10. 51	82. 03	0. 68	0. 13
OFPC	XTBG	种仁	云南勐腊	27. 80	118. 00	21. 40	190. 80			11. 60		8. 70	79. 70				
OFPC	SCBG	种仁	广东高要	65. 20	81. 70		186. 00	2. 00		4. 70		12. 40	80. 80	微量			
OFPC	GXIB	种仁	广西临桂	36. 70	105. 30					3. 60		微量	95. 70	0. 60			
OFPC	KMIB	种子	云南金平	58. 80	82. 50	24. 70		11. 70		2. 40			85. 80				

岭南山竹子（海南山竹子、竹节果）

Garcinia oblongifolia Champ. ex Benth.

藤黄科，藤黄属

特征 乔木或灌木，高5~15 m。树皮深灰色。叶片近革质，长圆形，倒卵状长圆形至倒披针形，长5~10 cm，宽2~3. 5 cm，顶端急尖或钝，基部楔形，侧脉10~18对；叶柄长约1 cm。花小，直径约3 mm，单性，异株，单生或排成伞形状聚伞花序，花梗长3~7 mm；雄花萼片等大，近圆形，花瓣橙黄色或淡黄色，倒卵状长圆形，长7~9 mm；雄蕊多数，合生成一束；雌花的萼片、花瓣与雄花相似；退化雄蕊合生成4束，短于雌蕊；子房卵球形，8~10室，上面具乳头状瘤凸。浆果卵球形或圆球形，长2~4 cm，直径2~3. 5 cm，基部萼片宿存，顶端承以隆起的柱头。花期4~5月；果期10~12月。

分布 海南：昌江县霸王岭二林场，19°06′59″N，109°05′33″E，2009-08-01，秦新生400116122；东方东河，18°54′57″N，109°02′55″E，2009-08-22，郑希龙、潘雅书40011441；万宁县兴隆热带花园，18°41′53″N，110°14′33″E，2009-08-03，邢福武、戴建阅、翟俊文、郑希龙40011129。广东：博罗象头山，23°18′42″N，114°24′28″E，2009-08-30，林铎清、戴建阅400111100；从化市桃园镇石门国家森林公园，23°31′6″N，113°34′45″E，710 m，2009-11-05，易绮斐、林铎清、徐蕾400119035；东莞市谢岗乡银瓶山仙水道，23°02′24″N，113°45′38″E，2012-11-02，邢福武、叶心芬、宁阳阳400113174；蕉岭县长潭长乐村，24°42′10″N，116°09′06″E，2010-10-12，易绮斐、戴建阅、翟俊文400119098；肇庆封开黑石顶自然保护区，23°27′47″N，111°54′52″E，2013-01-30，刘东明、王鹏、叶心芬4001142160。广西：龙胜县和平乡金江村，25°43′27″N，110°45′51″E，560 m，2012-10-29，廖云标4001101318；龙胜县和平乡金江村，25°45′51″N，110°46′6″E，530 m，2012-11-04，廖云标4001101320。生于海拔200~400（~1200）m的平地、丘陵、沟谷密林或疏林中。产于海南、广东、广西。越南北部也有分布。

栽培 喜光；喜温暖、湿润的环境，稍耐寒，不耐干旱。喜土壤疏松、肥沃和排水良好。播种繁殖。

用途 种子油供制肥皂及润滑油用；树皮含鞣质，可提制栲胶；果实可食，味略酸。木材可作家具及工艺品。

含油率及化学组分数据

采集单位	测试单位	测试部位	产地	含油率(%)	碘值	酸值	皂化值	C12:0	C14:0	C16:0	C16:1	C18:0	C18:1	C18:2	C18:3	C20:0	C20:1
SCAU	SCBG	种仁	海南昌江	29. 60	76. 91	2. 16	203. 15	0. 04	0. 03	1. 81		21. 54	74. 71	1. 13	0. 09	0. 33	0. 32
SCBG	SCBG	种仁	海南东方	4. 50	113. 82	8. 65	166. 15	0. 12	0. 07	9. 66	0. 38	4. 56	29. 47	41. 51	6. 95	0. 59	6. 69
SCBG	SCBG	种仁	海南万宁	32. 30	73. 68	2. 94	155. 42	0. 02	0. 03	1. 99		23. 98	72. 98	0. 97		0. 35	0. 29
SCBG	SCBG	种仁	广东博罗	30. 46	37. 06	95. 46	211. 13										
SCBG	SCBG	种仁	广东从化	25. 12	74. 30	24. 63	184. 81	0. 08	0. 16	10. 56	0. 08	2. 13	53. 57	17. 35	5. 57	0. 34	10. 15
SCBG	SCBG	种仁	广东东莞	34. 01	28. 75	38. 88	118. 18		0. 08	21. 59	0. 40		24. 63	31. 44	0. 73	0. 60	0. 12
SCBG	SCBG	种仁	广东蕉岭	31. 50		64. 65				9. 39	0. 20	2. 65	14. 98	10. 55	1. 51	0. 13	0. 13
SCBG	SCBG	种仁	广东肇庆	30. 15	91. 05	5. 77	271. 41		0. 02	6. 36	0. 06	4. 15	35. 68	42. 25	0. 72	0. 54	10. 21
GXIB	SCBG	种仁	广西龙胜	40. 36	117. 16	0. 67	201. 73			5. 60	0. 15	1. 17	21. 83	27. 84	39. 31		0. 22
GXIB	SCBG	种仁	广西龙胜	32. 39	148. 00	0. 32	200. 99		0. 26	1. 13	31. 80	2. 34	5. 94	16. 78	18. 07	2. 32	1. 52
		种子		42. 70	71. 18	15. 40	213. 15			8. 48	0. 25	5. 54	85. 24	0. 03	0. 10		0. 14
OFPC	SCBG	种子	广东陵水	40. 50	128. 00		194. 50			1. 80		12. 90	85. 30				

大叶藤黄（人面果、歪脖子果）

Garcinia xanthochymus Hook. f. ex T. Anderson[*Garcinia pictoria* Buch.-Ham.]

藤黄科，藤黄属

特征 乔木，高8~20 m。叶两行排列，厚革质，具光泽，椭圆形，长20~34 cm，宽6~12 cm，顶端急尖或钝，基部楔形，侧脉多达35~40对，网脉明显；叶柄粗壮，基部马蹄形。伞房状聚伞花序，有花5~10朵，腋生或从落叶叶腋生出，总梗长6~12 mm；花两性，5数，花梗长1. 8~3 cm；萼片和花瓣3大2小，边缘具睫毛；雄蕊花丝下部合生成5束；子房圆球形，通常5室。浆果圆球形或卵球形，顶端凸尖，有时偏斜，柱头宿存，基部通常有宿存的萼片和雄蕊束。种子1~4粒，外面具多汁的瓢状假种皮，长圆形或卵球形，种皮光滑，棕褐色。花期3~5月；果期8~11月。

分布 云南：景洪市勐宋村曼窝科，21°20′45″N，100°08′32″E，1495 m，2008-11-24，张国学400222002；西双版纳绿石林，26°35′15″N，101°43′20″E，2012-01-16，邢福武、童毅、孟玉芳4001142001。浙江：清凉峰，30°06′16″N，118°52′26″E，2010-10-15，曾庆文等400112232。生于海拔（100~）600~1000（~1500）m的沟谷和丘陵地潮湿的密林中。产于广西、云南，广东有引种栽培。喜马拉雅山东部、孟加拉东部经缅甸、泰国至中南半岛以及安达曼岛也有，日本有引种栽培。

栽培 播种繁殖。

用途 可作工业用油；果成熟后可食用；黄色树脂滴入鼻腔，可驱蚂蝗。

含油率及化学组分数据

采集单位	测试单位	测试部位	产地	含油率(%)	碘值	酸值	皂化值	C12:0	C14:0	C16:0	C16:1	C18:0	C18:1	C18:2	C18:3	C20:0	C20:1
KMIB	KMIB	种仁	云南景洪	20. 90	83. 60		169. 10										
SCBG	SCBG	种仁	云南西双版纳	30. 15	86. 64	1. 99	218. 25		0. 05	0. 29	0. 10	3. 61	14. 82	8. 40	1. 14		
SCBG	SCBG	种仁	浙江清凉峰	22. 20	101. 68	27. 30	175. 71	0. 03	0. 12	40. 33	5. 48	1. 78	49. 52	0. 30	0. 12	0. 22	2. 10
OFPC	XTBG	种仁	云南勐腊	17. 70	83. 60	36. 60	169. 10			43. 10	5. 90	0. 50	48. 80	1. 60			
OFPC	GXIB	种仁	广西那坡	24. 10	65. 90		116. 40			40. 80	13. 10		45. 70	0. 40			

黄海棠（红旱莲、金丝蝴蝶）

Hypericum ascyron L.

藤黄科，金丝桃属

特征 多年生草本，高0. 5~1. 3 m。茎直立或在基部上升。叶无柄，叶片披针形，长4~10 cm，宽1~3 cm，先端渐尖、锐尖或钝形，基部楔形。花序具1~35花，顶生，近伞房状至狭圆锥状；花直径3~8 cm，平展或外反；花蕾卵珠形，先端圆形或钝形，花梗长0. 5~3 cm；花瓣金黄色，倒披针形，长1. 5~4 cm，宽0. 5~2 cm，宿存；雄蕊极多数，5束；子房宽卵珠形至狭卵珠状三角形，长4~7 mm，5室；花柱5枚，长为子房的1/2至为其2倍。蒴果卵珠形或卵珠状三角形，长0. 9~2. 2 cm，宽0. 5~1. 2 cm，棕褐色。种子棕色或黄褐色，圆柱形。花期7~8月；果期8~9月。

分布 河南：灵宝小秦岭，34°26′01″N，110°30′51″E，1470 m，2012-08-15，王亚平400314146。山西：垣曲历山，35°25′27″N，111°57′52″E，2100 m，2012-08-29，秦烁、潘昊400327021。生于海拔0~2800 m的山坡林下、林缘、灌丛间、草丛或草甸中、溪旁及河岸湿地等处，也有广为庭园栽培的。除新疆及青海外，全国各地均产。朝鲜、日本、越南（北部）以及俄罗斯、美国东北部及其近邻加拿大也有分布。

栽培 喜光照，日照宜充足；喜温暖环境，耐干旱，较耐寒；忌积水。喜通风良好的砂质土壤。播种繁殖。

用途 种子油供工业用：果实成熟时采回晒干，取出种子，即可榨油；全草含鞣质，为栲胶原料；全草入药，煎水服可治头疼，止吐血，并有平肝火之效；全草炒后可代茶叶；种子泡酒服，有清火作用，也能治胃气病。全草又可作兽药，治牛斑麻症、牛膨胀病。

含油率及化学组分数据

采集单位	测试单位	测试部位	产地	含油率(%)	碘值	酸值	皂化值	C12:0	C14:0	C16:0	C16:1	C18:0	C18:1	C18:2	C18:3	C20:0	C20:1
HNAU	ICS	种子	河南灵宝	6. 10		30. 73	164. 03		0. 10	7. 60		2. 81	18. 31	12. 11	5. 49	0. 84	0. 57
CAU	ICS	种子	山西垣曲	9. 20	5. 62	20. 16	170. 98		0. 49	12. 72	0. 11	4. 54	21. 83	26. 94	9. 59	1. 11	0. 19
OFPC	IAE	种子	辽宁桓仁	26. 70	179. 00		186. 60			3. 20		1. 70	14. 30	39. 40	41. 40		

铁力木(铁棱、莫拉)

Mesua ferrea L. [*Calophyllum nagassarium* Burm. f.]

藤黄科，铁力木属

特征 常绿乔木，高20~30 m。树干端直，具板状根，树冠锥形，树皮薄。叶嫩时黄色带红，通常披针形，长6~10 cm，宽2~4 cm，顶端渐尖或长渐尖至尾尖，基部楔形，侧脉极多数，成斜向平行脉；叶柄长0. 5~0. 8 cm。花两性，1~2顶生或腋生，直径5~8. 5 cm；萼片4枚，外方2枚较内方2枚略大，圆形；花瓣4枚，白色，倒卵状楔形，长3~3. 5 cm；雄蕊极多数，长1. 5~2 cm；子房圆锥形，高约1. 5 cm，花柱长1~1. 5 cm，柱头盾形。果卵球形或扁球形。种子1~4粒，背面凸起，腹面平坦或两面平坦，种皮褐色，有光泽，坚而脆。花期3~5月；果期8~10月。

分布 云南：勐腊县勐仑镇，21°55′29″N，101°15′14″E，560 m，2010-09-25，李忠荣、李恩乾400222112。产于广东、广西、云南等地，通常零星栽培；我国只有在云南耿马县孟定，海拔540~600 m的低丘坡地，尚保存小面积的逸生林。热带亚洲南部和东南部，从印度、斯里兰卡、孟加拉、泰国经中南半岛至马来半岛等地均有分布。

栽培 栽培土质以肥沃的砂质壤土为佳，需排水良好，光照充足。每年施肥1~2次，果后进行修剪病弱枝。播种繁殖。

用途 种子油供制肥皂、润滑油及其他工业用油。木材难于加工，唯耐磨、抗腐性强，抗白蚁及其他虫害，不易变形，是一种有价值的特种工业用材。树形美观，花有香气，也适宜于庭园绿化观赏。

含油率及化学组分数据

采集单位	测试单位	测试部位	产地	含油率(%)	碘值	酸值	皂化值	C12:0	C14:0	C16:0	C16:1	C18:0	C18:1	C18:2	C18:3	C20:0	C20:1
KMIB	KMIB	种仁	云南勐腊	40. 75	85. 40	19. 00	198. 10			0. 05	17. 98	0. 12	17. 28	44. 98	17. 31	0. 54	0. 45
OFPC	XTBG	种仁	云南勐腊	79. 00	74. 30	14. 10	207. 70		微量	21. 50		8. 50	59. 00	10. 90			
OFPC	KMIB	种仁	云南瑞丽	74. 00	91. 20	13. 00	192. 00	微量		16. 80		5. 00	48. 40	29. 70			

猪油果

Pentadesma butyracea Sabine

藤黄科，猪油果属

特征 常绿乔木，高5~7 m。小枝深褐色，具纵条纹。叶片革质，倒卵状披针形或长圆状披针形，长24~28 cm，宽4~6 cm，顶端锐尖或钝，基部宽楔形；叶柄粗壮，长1~1. 5 cm。花大型，直径4~6 cm；花梗粗壮，长约2 cm；萼片3大2小，卵状披针形，长2. 5~4 cm；花瓣倒卵形或倒披针形，长4~4. 5 cm，淡黄色；子房长圆球形，约与花柱等长，1. 5~1. 8 cm。果成熟时棕褐色，斜卵球形，长10~12 cm，直径5~6 cm。种子2~4粒，不规则的卵形、半圆形或圆球形，种皮薄，外面有撕裂状纤维。花期11月至翌年6月；果期5~7月。

分布 云南：西双版纳热带植物园，21°44′11″N，101°27′43″E，2012-01-16，邢福武、童毅、孟玉芳4001142026。原产热带非洲西部塞拉勒窝内的沿海地区，热带亚洲最早于1897年引入斯里兰卡，种植成功，1959年首次引入我国在福建试种；1963年自加纳引入在云南西双版纳州试种，于1973年开花结实。

栽培 播种、扦插繁殖。

用途 产地作食用油料，供作可可油的代用品。

含油率及化学组分数据

采集单位	测试单位	测试部位	产地	含油率(%)	碘值	酸值	皂化值	C12:0	C14:0	C16:0	C16:1	C18:0	C18:1	C18:2	C18:3	C20:0	C20:1
SCBG	SCBG	种仁	云南西双版纳	54. 79	84. 07	4. 17		0. 01	0. 14	7. 89	0. 70	2. 88	9. 19	0. 05	30. 66	2. 25	1. 77

小黄紫堇

Corydalis raddeana Regel

罂粟科，紫堇属

特征 草本，全株无毛。主根粗壮，向下渐狭，具侧根和纤维状细根；茎直立，具棱，通常自下部分枝。基生叶少数，具长柄；茎生叶多数，下部者具长柄，上部者具短柄。总状花序顶生和腋生，排列稀疏；苞片狭卵形至披针形，全缘；花梗劲直，长约为苞片的1/2；萼片鳞片状，近肾形，边缘具缺刻状齿；花瓣黄色，上花瓣长1.8~2 cm，下部呈浅囊状，内花瓣长8~9 cm；雄蕊束长7~8 mm；子房狭椭圆形，长4~5 mm，具1列胚珠，花柱细，与子房近等长，柱头扁长方形，上端具4乳凸。蒴果圆柱形。种子近圆形。花果期6~10月。

分布 河北：青龙，40°13′01″N，119°37′53″E，911 m，2011-06-17，徐兴友、詹立军40031392。生于林间空地、火烧迹地、林缘、河岸或多石坡地。产于江西、福建、台湾、浙江、江苏、安徽、山东、河南、湖北、陕西、山西、河北、内蒙古、辽宁、吉林、黑龙江。朝鲜（北部）、日本以及俄罗斯远东地区有分布。

栽培 播种繁殖。

用途 种子榨油，工业用途。

含油率及化学组分数据

采集单位	测试单位	测试部位	产地	含油率(%)	碘值	酸值	皂化值	C12:0	C14:0	C16:0	C16:1	C18:0	C18:1	C18:2	C18:3	C20:0	C20:1
HNUST	ICS	种子	河北青龙	33.19	143.05	4.79	424.73		0.08	4.94	0.30	2.37	16.12	74.35	0.49	0.87	0.20

扭果紫金龙（大藤铃儿草，野落松）

Dactylicapnos torulosa (Hook. f. et Thoms.) Hutch. [*Dicentra torulosa* Hook. f. et Thoms.]

罂粟科，紫金龙属

特征 草质藤本。茎长2~4 m，绿色，具分枝。叶片二回或三回三出复叶，轮廓卵形；叶柄通常短；小叶卵形至披针形，先端急尖或钝，具小尖头，基部宽楔形。苞片线状披针形，边缘不规则的撕裂；萼片狭披针形，先端长渐尖，边缘撕裂状，早落；花瓣淡黄色，先端向两侧微叉开；子房狭圆锥形，花柱圆锥状，柱头四方形，上端2小乳凸，基部两侧角状延伸，胚珠多数。蒴果线状长圆形，念珠状，稍扭曲，绿色转红，熟时紫红色，具宿存花柱。种子近肾形，黑色，具光泽。花期6~10月；果期7月至翌年1月。

分布 四川：攀枝花市大黑山，26°40′14″N，101°41′46″E，2056 m，2012-10-18，刘晓波、宫庆彬40021112086。生于海拔1200~3000 m的林下、灌丛下或沟边、路旁。产于云南（西北部、西部、中部至东南部）、贵州西部、四川西南部和西藏东南部。孟加拉国、不丹、印度（阿萨姆邦）、缅甸也有分布。

栽培 播种繁殖。

用途 全株药用，治咳嗽。

含油率及化学组分数据

采集单位	测试单位	测试部位	产地	含油率(%)	碘值	酸值	皂化值	C12:0	C14:0	C16:0	C16:1	C18:0	C18:1	C18:2	C18:3	C20:0	C20:1
SCU	SCU	种仁	四川攀枝花	29.72	125.21	190.35	212.99			13.37		5.57	8.16	72.56			
OFPC	KMIB	种仁	云南昆明	34.20	107.10		208.20			17.20		9.50		73.30			

秃疮花（秃子花、勒马回）
Dicranostigma leptopodum (Maxim.) Fedde
罂粟科，秃疮花属

特征 通常为多年生草本，高25~80 cm。全体含淡黄色液汁，主根圆柱形。茎多，绿色，具粉，上部具多数等高的分枝。基生叶丛生，叶片狭倒披针形，长10~15 cm，宽2~4 cm，羽状深裂，裂片4~6对；叶柄条形，疏被白色短柔毛，具数条纵纹；茎生叶少数，生于茎上部，长1~7 cm；无柄。花1~5朵于茎和分枝先端排列成聚伞花序；花梗长2~2. 5 cm，具苞片；花芽宽卵形；萼片卵形；花瓣倒卵形至回形，黄色；雄蕊多数，花丝丝状；子房狭圆柱形，绿色。蒴果线形，绿色，无毛，2瓣开裂。种子卵珠形，红棕色，具网纹。花期3~5月；果期6~7月。

分布 生于海拔400~2900（~3700）m的草坡或路旁，田埂、墙头、屋顶也常见。产于四川、云南以及西藏南部、青海东部、甘肃南部至东南部、陕西秦岭北坡、山西南部、河北西南部、河南西北部。

栽培 播种繁殖。

用途 根及全草药用，有清热解毒、消肿镇痛、杀虫等功效，治风火牙痛、咽喉痛、扁桃体炎、淋巴结核、秃疮、疮疖疥癣、痈疽。

含油率及化学组分数据

采集单位	测试单位	测试部位	产地	含油率(%)	碘值	酸值	皂化值	C12:0	C14:0	C16:0	C16:1	C18:0	C18:1	C18:2	C18:3	C20:0	C20:1
OFPC	NWBI	种子	陕西武功	31. 90	123. 70	17. 00	205. 00			10. 10		3. 30	22. 60	60. 30	1. 10		

细果角茴香
Hypecoum leptocarpum Hook. f. et Thoms. [*Hypecoum chinense* Franch.]
罂粟科，角茴香属

特征 一年生草本，高可达60 cm。株体无毛，略被白粉。茎丛生，长短不一，铺散而顶端向上，多分枝。基生叶多数；叶柄长1. 5~10 cm；叶片狭倒披针形，长5~20 cm，二回羽状全裂，末回裂片披外形、卵形、狭椭圆形至倒卵形；茎生叶小，具短柄或近无柄。花茎多数，通常二歧分枝，具轮生苞片；苞片卵形或倒卵形，二回羽状全裂，向上逐渐变小，最上部者为线形；花小，排列为二歧聚伞花序，每花具数枚刚毛状小苞片；萼片小，狭卵形；花瓣4枚，淡紫色或白色，外面2枚阔倒卵形，先端全缘，里面2枚较小，3裂几达中部，中裂片匙状，圆形，侧裂片较长；雄蕊4枚，花丝丝状，基部加宽，黄褐色，花药卵形；子房圆柱形。蒴果狭线形，每节1粒种子。种子阔倒卵形。花期6~7月；果期7~9月。

分布 新疆：托克逊县库米什镇，42°15′20″N，88°05′28″E，951 m，2011-07-28，侯翼国、王茜4003311003。生于海拔1500~4500 m的山坡草地、林缘或河边砂地。产于华北、西北以及河南、四川、云南、西藏等地。

栽培 喜温暖、潮湿气候，幼树喜阴，成年树喜光，忌强光和干旱，怕强风。以土层深厚、疏松、腐殖质含量丰富、排水良好的偏酸性的壤土或砂质壤土栽培为宜。播种繁殖，主要用条播方式。9~10月采收种子随采随播，或用湿沙层积贮藏至第2年1~2月播种。

用途 种子榨油，工业用途。

含油率及化学组分数据

采集单位	测试单位	测试部位	产地	含油率(%)	碘值	酸值	皂化值	C12:0	C14:0	C16:0	C16:1	C18:0	C18:1	C18:2	C18:3	C20:0	C20:1
XIEG	SCBG	种仁	新疆托克逊	40. 09	4. 46	9. 73	132. 92	0. 02	0. 05	4. 72	0. 09	1. 84	10. 65	20. 54	47. 18	1. 41	0. 31

博落回（号筒草、三钱三、黄薄荷）

Macleaya cordata (Willd.) R. Br.

罂粟科，博落回属

特征 直立草本。基部木质化；具乳黄色浆汁。茎高1~4 m，绿色。叶片宽卵形或近圆形，边缘波状、缺刻状、粗齿或多细齿，表面绿色，无毛，背面多白粉，被易脱落的细绒毛，基出脉通常5，侧脉2对，稀3对，细脉网状，常呈淡红色；叶柄上面具浅沟槽。大型圆锥花序多花，顶生和腋生；苞片狭披针形；花芽棒状，近白色；萼片倒卵状长圆形；花瓣无；雄蕊24~30枚，花丝丝状；子房倒卵形至狭倒卵形。蒴果狭倒卵形或倒披针形，先端圆或钝，基部渐狭，无毛。种子4~6（~8）粒，卵珠形，生于缝线两侧，无柄，种皮具蜂窝状孔穴，有狭的种阜。花、果期6~11月。

分布 湖南：沅陵县借母溪乡，28°46′27″N，110°27′05″E，2011-10-22，张九兵、朱明德400181313；湘潭县法华山，27°52′25″N，113°02′43″E，2010-10-01，严岳鸿、何祖霞400181170；吉首小溪，28°20′39″N，109°43′40″E，358 m，2009-07-12，陈功锡、徐亮400191075；古丈县高林乡高望界，28°20′39″N，109°43′39″E，330 m，2010-11-05，徐亮、周建军、钱凯歌400191154。广西：桂林市花坪大珠山，25°36′55″N，109°53′26″E，2009-08-27，秦新生400116149。福建：厦门园林植物园，24°27′24″N，118°06′21″E，2009-12-03，王发国、翟俊文400113048。湖北：神农架下谷坪，31°22′54″N，110°34′49″E，502 m，2011-09-09，丁时东400151108。贵州：雷山县雷公山自然保护区，26°22′34″N，108°10′52″E，1529 m，2012-10-17，陈丰林、夏纯、桑洪伟4001151224。江西：玉山县三清山，28°55′37″N，118°05′16″E，381 m，2009-08-31，廖文波等400141095。浙江：临安天目山，30°12′28″N，119°21′01″E，2009-10-29，刘东明、戴建阅400111126；清凉峰，30°06′16″N，118°52′25″E，2010-11-02，曾庆文、孟玉芳、谢聪400112206；杭州植物园，30°15′25″N，120°07′22″E，2010-10-13，曾庆文、孟玉芳、谢聪40011892。安徽：黄山县，30°16′41″N，118°04′39″E，2009-11-02，刘东明、戴建阅400112206。河南：信阳波尔登公园，31°51′25″N，114°5′22″E，2012-09-15，王亚平400314218。生于海拔150~830 m的丘陵或低山林中、灌丛中或草丛间，常见。我国长江以南、南岭以北的大部分省区均有分布，南至广东，西至贵州，西北达甘肃南部。日本也产。

栽培 种子繁殖。9月果实成熟时，割下果枝，晒干，脱粒。春播，按行距40~60 cm条播。

用途 种子榨油，工业用途。

含油率及化学组分数据

采集单位	测试单位	测试部位	产地	含油率(%)	碘值	酸值	皂化值	C12:0	C14:0	C16:0	C16:1	C18:0	C18:1	C18:2	C18:3	C20:0	C20:1
HUST	HUST	种仁	湖南沅陵	14.90				0.11	5.74	0.27	1.69	36.93	43.98	2.49	0.29	0.23	0.23
HUST	HUST	种仁	湖南湘潭	16.01	1.99	7.72	178.82	0.06	0.10	5.88	0.15	2.83	20.58	38.63	0.01	28.01	1.02
JSU	SCBG	种仁	湖南吉首	14.56	37.38	10.19	56.60	2.43	0.40	10.94	1.46	5.34	23.40	52.96	2.17	0.60	0.32
JSU	SCBG	种仁	湖南古丈	18.15	13.00	14.35	111.15	0.01	0.04	7.07	0.10	3.75	13.55	74.36	0.53	0.50	0.11
SCAU	SCBG	种仁	广西桂林	16.78					0.39	19.52		3.02	41.77	24.81	2.30	0.62	0.58
SCBG	SCBG	种仁	福建厦门	5.4	140.90	5.02	174.75			6.10	0.14	0.67	33.62		28.39	0.18	10.27
OCRI	OCRI	种仁	湖北神农架	19.45	84.78	9.91	126.01			13.48		3.58	17.41	33.45	4.95	1.37	
SCBG	SCBG	种仁	贵州雷山	22.56	125.44	11.65	188.94		0.03	3.73	0.10	2.09	35.87	56.99	0.20	0.09	0.92
SYSU	SCBG	种仁	江西玉山	34.6	104.36	1.95	176.38		0.02	4.37	0.06	1.81	9.04	26.96	55.03	0.86	0.06
SCBG	SCBG	种仁	浙江临安	26.40	94.53	7.33	167.56	0.01	0.28	16.36	0.42	1.69	28.85	40.22	9.74	0.73	1.70
SCBG	SCBG	种仁	浙江清凉峰	36.27	130.19	49.11	185.14	0.08	0.11	6.20	0.06	2.04	16.87	73.88	0.25	0.15	0.37
SCBG	SCBG	种仁	浙江杭州	16.45	33.05	0.40	165.15	0.04	0.05	5.53	0.19	6.38	15.67	61.76	22.86	0.49	0.18
SCBG	SCBG	种仁	安徽黄山	6.40	87.68	14.78	77.22	0.16	0.05	10.85	0.21	3.37	74.23		0.62		0.34
HENAU	ICS	种仁	河南信阳	28.30	69.53	28.36	268.85		0.06	6.05		2.58	18.14	67.95	0.25	0.20	0.33
OFPC	WHBG	种仁	湖北施恩	33.30	126.60		193.20			6.50		1.20	19.70	71.90			
OFPC	SCBG	种仁	湖南衡山	33.20	121.00		210.30		0.20	9.60		2.80	23.10	64.00			

小果博落回(泡桐杆、黄婆娘、野麻子)

Macleaya microcarpa (Maxim.) Fedde

罂粟科，博落回属

特征 直立草本。基部木质化；茎高0. 8~1 m，通常淡黄绿色，光滑。叶片宽卵形或近圆形，长5~14 cm，宽5~12 cm，边缘波状、缺刻状、粗齿或多细齿；叶柄长4~11 cm，上面平坦，通常不具沟槽。大型圆锥花序多花，生于茎和分枝顶端；花梗长2~10 mm；花芽圆柱形，长约5 mm；萼片狭长圆形，舟状；花瓣无；雄蕊8~12枚，花丝丝状，极短，花药条形；子房倒卵形。蒴果近圆形。种子1粒，卵珠形，基着，直立，种皮具孔状雕纹，无种阜。花、果期6~10月。

分布 安徽：六安天堂寨，31°11′42″N，115°48′19″E，662 m，2012-09-28，李晓东、昝艳燕400121245。湖北：神农架新华，31°45′47″N，110°33′49″E，1205 m，2010-10-13，李晓东、昝艳燕、罗曼曼400121157。陕西：华阴市华山，34°31′42″N，110°06′03″E，436 m，2010-10-14，薛帅、王继师400323066。山西：垣曲历山西哄村，35°23′47″N，112°01′00″E，1100 m，2012-08-30，秦烁、潘昊400327030。生于海拔450~1600 m的山坡路边草地或灌丛中。产于江西西南部、江苏北部、河南西部和北部、湖北西部、四川东北部、甘肃东南部、陕西南部至东南部、山西东南部等地。

栽培 种子繁殖。9月果实成熟时，割下果枝，晒干，脱粒。春播，按行距40~60 cm条播。为使播种均匀，可将种子与细土混合。播种后经常保持土壤湿润，在适宜温度内约两个星期后出苗。

用途 种子榨油，工业用途。

含油率及化学组分数据

采集单位	测试单位	测试部位	产地	含油率(%)	碘值	酸值	皂化值	C12:0	C14:0	C16:0	C16:1	C18:0	C18:1	C18:2	C18:3	C20:0	C20:1
WHBG	WHBG	种仁	安徽六安	10. 04						4. 00		1. 20	16. 50	77. 80	0. 40		
WHBG	WHBG	种仁	湖北神农架	16. 45				0. 18	0. 74	12. 80	0. 95	1. 90	21. 57	51. 92	1. 53	0. 37	0. 18
CAU	ICS	种仁	陕西华阴	22. 07	85. 71	4. 87	206. 05			3. 85	0. 08	1. 20	15. 40	76. 38	0. 33	0. 23	0. 18
CAU	ICS	种仁	山西垣曲	34. 73	6. 84	15. 68	192. 45			3. 27			16. 04	75. 04		0. 09	0. 15
OFPC	NWBI	种仁	山西南五台	24. 00	137. 50		187. 40			4. 90		1. 10	20. 50	68. 80	4. 70		

刺山柑(老鼠瓜、棰果藤)

Capparis spinosa L.

白花菜科，山柑属

特征 藤本状半灌木。具长可达5 m的根；枝条平卧，呈辐射状，长0. 5~3 m。托叶2片，呈直或弯曲的刺状。单叶互生，肥厚，圆形、倒卵形或椭圆形，先端具刺尖；叶柄长4~8 mm。花大，直径2~4 cm，单生于叶腋；萼片4枚；花瓣4枚，白色或粉红色，其中两枚较大，基部相连，具白色柔毛；雄蕊多数，较花瓣长；雌蕊子房柄长3~5 cm，花盘被基部膨大的花瓣与萼片所包被。蒴果浆果状，椭圆形，长2~4 cm，宽1. 5~3 cm。种子肾形，直径约3 mm，具褐色斑点。花期5~6月。

分布 黑龙江：伊春市后山，42°51′54″N，127°42′51″E，310 m，2010-09-02，郑宝江、陶林4003310003。产于新疆和甘肃西部。中亚、高加索、阿富汗、伊朗、印度、巴基斯坦、孟加拉、土耳其以及欧洲南部、北非和澳大利亚也有。

栽培 刺山柑极端耐旱。栽培：6月下旬至早霜前为采种期。选择背风、向阳、排水良好、无盐碱的壤土。于春天解冻后，将水浸泡过的种子埋入湿沙中催芽。

用途 油可供食用和工业用。

含油率及化学组分数据

采集单位	测试单位	测试部位	产地	含油率(%)	碘值	酸值	皂化值	C12:0	C14:0	C16:0	C16:1	C18:0	C18:1	C18:2	C18:3	C20:0	C20:1
NEFU	SCBG	种仁	黑龙江伊春	26. 32	118. 24	5. 23	192. 17	0. 03	0. 09	3. 71	0. 40	2. 00	25. 79	65. 88	0. 71	0. 67	0. 73
OFPC	IBCAS	种子	新疆吐鲁番	36. 40	135. 10		190. 80		0. 30	3. 50		1. 80	26. 00	65. 40	2. 50		
OFPC	NIB	种子	新疆吐鲁番	35. 20	151. 70	11. 50			0. 10	3. 00		1. 30	27. 20	65. 50	1. 60		0. 80

屈头鸡 (保亭槌果藤、变色槌果藤)

Capparis versicolor Griff.

白花菜科，山柑属

特征 灌木或藤本植物，高2~10 m，胸径4~6 cm。刺粗壮，平展或稍外弯。叶亚革质，椭圆形或长圆状椭圆形，长3.5~8 cm，宽1.5~3.5 cm，顶端急尖或钝形，基部急尖，中脉表面狭而下凹，背面淡黄色，凸起，侧脉6~9对；叶柄长5~9 mm。亚伞形花序腋生及（或）顶生，有花2~5朵；总花梗粗壮，长1~5 cm，常有棱角，顶端常有2片败育的小型叶，有时单花腋生而有较长的花梗；花梗长1.5~3 cm，粗壮；花芳香，白色或粉红色；萼片长9~11 mm，宽8~10 mm，无毛，外轮内凹成舟形，近圆形，内轮椭圆形；花瓣近圆形至倒卵形，长12~17 mm，宽7~4 mm。果球形，直径3~5 cm，成熟时黑色，表面粗糙，有时有少数节状或疣状的凸起；果皮干后坚硬，厚2~3 mm，直径3~5 mm。种子大，近多角形，长17~24 mm，宽12~15 mm，高9~12 mm。花期4~7月；果期8月到翌年2月。

分布 海南：万宁县兴隆热带花园，18°41′53″N，110°14′33″E，2009-08-03，邢福武、戴建阅、翟俊文、郑希龙40011132。生于海拔200~2000 m稍干燥砂质土壤的疏林或灌丛中。产于广东、广西。印度东北部（阿萨姆为原产地）、缅甸以及中南半岛也有分布。

栽培 播种繁殖。

用途 种子榨油，工业用途。

含油率及化学组分数据

采集单位	测试单位	测试部位	产地	含油率(%)	碘值	酸值	皂化值	C12:0	C14:0	C16:0	C16:1	C18:0	C18:1	C18:2	C18:3	C20:0	C20:1
SCBG	SCBG	种仁	海南万宁	8.10	58.78	1.46	179.90	0.01	0.06	8.72	0.14	2.80	4.87	59.95	21.92	0.92	0.61
OFPC	SCBG	种仁	海南陵水	22.30	66.80		198.50			14.10		2.90	48.10	2.10		1.30	

白花菜 (羊角菜、白花草)

Cleome gynandra (L.) Briq.

白花菜科，白花菜属

特征 一年生直立分枝草本，高1 m。叶为3~7小叶的掌状复叶，小叶倒卵状椭圆形、倒披针形或菱形，顶端渐尖、急尖、钝形或圆形，基部楔形至渐狭延成小叶柄，边缘有细锯齿或有腺纤毛，中央小叶最大，长1~5 cm，宽8~16 mm，侧生小叶依次变小；叶柄长2~7 cm，小叶柄长2~4 mm，在汇合处彼此连生成蹼状；无托叶。总状花序长15~30 cm，花少数至多数；苞片由3枚小叶组成，有短柄，苞片中央小叶长达1.5 cm；花梗长约1.5 cm；萼片分离，披针形、椭圆形或卵形，被腺毛；花瓣白色，少有淡黄色或淡紫色，在花蕾时期不覆盖着雄蕊和雌蕊，有爪，连爪长10~17 mm，瓣片近圆形或阔倒卵形，宽2~6 mm；花盘稍肉质，微扩展，圆锥状，长2~3 mm，粗约2 mm；雄蕊6枚，伸出花冠外。种子近扁球形，黑褐色，表面有横向皱纹或更常为具疣状小凸起，爪开张，但常近似彼此连生；不具假种皮。花、果期7~10月。

分布 常见于低海拔村边、道旁、荒地或田间。广域分布种，在我国自海南岛分布到北京附近，从云南直到台湾。广布全球热带与亚热带地区。

栽培 种子繁殖。

用途 可少食用，当蔬菜和制药用。

含油率及化学组分数据

采集单位	测试单位	测试部位	产地	含油率(%)	碘值	酸值	皂化值	C12:0	C14:0	C16:0	C16:1	C18:0	C18:1	C18:2	C18:3	C20:0	C20:1
OFPC	SCBG	种子	广东琼山	24.40	109.20		197.80			16.70		5.40	27.90	50.00			

黄花草（黄花菜、臭矢菜、向天黄）

Cleome viscosa L.

白花菜科，白花菜属

特征　一年生直立草本。茎基部常木质化，全株密被黏质腺毛与淡黄色柔毛，有恶臭气味。叶为具3~5（~7）小叶的掌状复叶近无柄，倒披针状椭圆形，中央小叶最大，侧生小叶依次减小，全缘但边缘有腺纤毛，侧脉3~7对；叶柄长2~4 cm，无托叶。花单生于茎上部逐渐变小的叶腋内，但近顶端则成总状或伞房状花序；萼片分离，狭椭圆形、倒披针状椭圆形；花瓣淡黄色或橘黄色，无毛，有数条明显的纵行脉，倒卵形或匙形，基部楔形至多少有爪，顶端圆形。果直立，圆柱形，劲直或稍镰状，密被腺毛，基部宽阔无柄，顶端渐狭成喙，成熟后果瓣自顶端向下开裂，果瓣宿存，两条胎座框特别凸起，宿存的花柱长约5 mm。种子黑褐色，直径1~1. 5 mm，表面有约30条横向平行的皱纹。花期7~9月；果期10月。

分布　云南：元江县东峨镇小南玛，23°43′29″N，101°50′59″E，413 m，2009-10-05，王智、牛红梅400221051。生于干燥气候条件下的荒地、路旁及田野间。产于海南、广东、广西、湖南、江西、福建、台湾、浙江、安徽、云南等地。

栽培　播种繁殖，宜在春季进行。

用途　药用植物或是杂草。株形秀美，花色美丽高雅，可丛植或片植于园路转角、岩石旁，也可作盆栽。

含油率及化学组分数据

采集单位	测试单位	测试部位	产地	含油率(%)	碘值	酸值	皂化值	C12:0	C14:0	C16:0	C16:1	C18:0	C18:1	C18:2	C18:3	C20:0	C20:1
KMIB	KMIB	种仁	云南元江	27. 00						9. 82		4. 87	33. 38	51. 75		0. 18	
OFPC	SCBG	种仁	广东琼山	19. 30			196. 40		16. 00		2. 40	29. 50	56. 20				
OFPC	GXIB	种仁	广西龙州	17. 40	112. 50		181. 30			16. 00		7. 10	21. 90	54. 90			

树头菜

Crateva unilocularis Buch.-Ham.

白花菜科，鱼木属

特征　乔木，高5~15 m。枝灰褐色，有散生灰色皮孔。叶表面略有光泽，背面苍灰色，侧生小叶基部不对称，长7~18 cm，宽3~8 cm，顶端渐尖或急尖，中脉带红色，侧脉5~10对，网状脉明显；托叶细小，早落；叶柄长5. 5~12 cm，顶端向轴面有腺体，小叶柄长5~10 mm。总状或伞房状花序着生在下部有数叶全长10~18 cm的小枝顶部，生花的部位与生叶的部位略有重叠，序轴长3~7 cm，有花10~40朵，花后序轴无显著增长，常有花梗脱落后留下的疤痕；花梗长3~7 cm；萼片卵披针形，长3~7 mm，宽2~3 mm；花瓣白色或黄色，有4~6对脉。果球形，干后灰色至灰褐色，直径2. 5~4 cm，果皮厚约2 mm，表面粗糙，有近圆形灰黄色小斑点；果时花梗，花托与雌蕊柄均木化增粗，直径3~7 mm。种子多数。花期3~7月；果期7~8月。

分布　常生于平地或1500 m以下的湿润地区，村边道旁常有栽培。产于广东、广西、云南等地。尼泊尔、印度、缅甸、老挝、越南、柬埔寨都有分布。

栽培　播种繁殖。

用途　果可作为染料；叶为健胃剂。

含油率及化学组分数据

采集单位	测试单位	测试部位	产地	含油率(%)	碘值	酸值	皂化值	C12:0	C14:0	C16:0	C16:1	C18:0	C18:1	C18:2	C18:3	C20:0	C20:1
OFPC	SCBG	种子	海南琼山	30. 6	79. 60		191. 30		0. 30	15. 60		0. 80	78. 40	2. 50			2. 40

罗志藤（斑果藤、六萼藤）

Stixis suaveolens (Roxb.) Pierre

白花菜科，斑果藤属

特征 木质大藤本。小枝粗壮，圆柱形。叶革质，形状变异甚大，多为长圆形或长圆状披针形，长为宽的2~4倍，顶端近圆形或骤然渐尖，尖头长5~12 mm，基部急尖至近圆形，两面无毛，中脉表面近平坦，背面凸起，网状脉明显。总状花序腋生，有时分枝或成圆锥花序，长15~25 cm，初时直立，后则下垂，序轴被短柔毛至被短绒毛；苞片线形至卵形，长约3 mm，早落，被毛与序轴相同；花梗粗短，长2~4 mm；花淡黄色，芳香；花托直径约3. 5 mm，盘状；萼片6枚，少有5枚，基部连生成1短筒，筒内无毛，片直立或开展，从不反折，椭圆状长圆形，长5~6 mm，宽2~3 mm，顶端急尖至钝形，两面密被绒毛；无花瓣。核果椭圆形，长3~5 cm，直径2. 5~4 cm，成熟时橘黄色，表面有淡黄色疣状斑点，内果皮薄而木质化；果柄全长7~13 mm。直径约5 mm，种子大型，1粒，椭圆形。花期4~5月；果期8~10月。

分布 海南：昌江县霸王岭东一，19°13′21″N，109°00′41″E，2009-08-05，秦新生400116151。生于亚热带与热带海拔1500 m以下灌丛或疏林中常见的藤本植物。产于海南、广东以及云南南部与东南部。尼泊尔、不丹、印度（东北部）、孟加拉国、缅甸、泰国（北部）、老挝、越南、柬埔寨都有分布。

栽培 播种繁殖。

用途 种子榨油，工业用途。

含油率及化学组分数据

采集单位	测试单位	测试部位	产地	含油率(%)	碘值	酸值	皂化值	C12:0	C14:0	C16:0	C16:1	C18:0	C18:1	C18:2	C18:3	C20:0	C20:1
SCAU	SCBG	种子	海南昌江	34. 40	59. 00	2. 39	183. 77			10. 82		3. 04	21. 20	43. 34		1. 65	19. 95
OFPC	SCBG	种子	海南乐东	35. 30	79. 60		191. 30		0. 30	15. 60		0. 80	78. 40	2. 50		2. 40	

垂果南芥（唐芥、扁担蒿、野白菜）

Arabis pendula L.

十字花科，南芥属

特征 二年生草本，高30~150 cm。全株被硬单毛、杂有2~3叉毛，主根圆锥状，黄白色；茎直立，上部有分枝。茎下部的叶长椭圆形至倒卵形，长3~10 cm，宽1. 5~3 cm，顶端渐尖，边缘有浅锯齿，基部渐狭而成叶柄，长达1 cm；茎上部的叶狭长椭圆形至披针形，较下部的叶略小，基部呈心形或箭形，抱茎，上面黄绿色至绿色。总状花序顶生或腋生，有10余朵花。萼片椭圆形，长2~3 mm，背面被有单毛、2~3叉毛及星状毛，花蕾期更密；花瓣白色，匙形，长3. 5~4. 5 mm，宽约3 mm。长角果线形，长4~10 cm，宽1~2 mm，弧曲，下垂。种子每室1行，种子椭圆形，褐色，长1. 5~2 mm，边缘有环状的翅。花期6~9月；果期7~10月。

分布 四川：松潘县九寨乡红岩林场，33°13′49″N，103°44′39″E，2689 m，2009-07-27，干友民400241043。河北：兴隆，40°23′46″N，117°36′47″E，753 m，2009-09-18，徐兴友400313033。吉林：通化，41°43′46″N，125°51′26″E，2011-09-24，郑宝江400341159。生于海拔1500~3600 m的山坡、路旁、河边草丛中及高山灌木林下和荒漠地区。产于湖北、四川、贵州、云南、西藏、新疆、青海、甘肃、陕西、山西、河北、内蒙古、辽宁、吉林、黑龙江。亚洲北部和东部也有分布。

栽培 播种繁殖。

用途 种子榨油，工业用途。

含油率及化学组分数据

采集单位	测试单位	测试部位	产地	含油率(%)	碘值	酸值	皂化值	C12:0	C14:0	C16:0	C16:1	C18:0	C18:1	C18:2	C18:3	C20:0	C20:1
SAU	SCBG	种子	四川松潘	24. 02	0. 65	6. 38	194. 67	0. 60	0. 68	8. 99	0. 23	1. 83	6. 21	80. 77	0. 34	0. 28	0. 09
HNUST	ICS	种子	河北兴隆	41. 60	73. 21	6. 79	166. 70	0. 01	0. 11	6. 38	0. 15	3. 42	14. 60	39. 53	20. 65	2. 77	12. 39
NEFU	SCBG	种子	吉林通化	16. 78	77. 63	2. 17	153. 52	0. 41	0. 77	7. 72	2. 02	10. 19	30. 81	0. 04	44. 52	0. 21	0. 21

芥蓝

Brassica oleracea var. **albiflora** Kuntze

十字花科，芸苔属

特征　一年生草本，高0.5~1 m，常30~40 cm。株体无毛，具粉霜；茎直立，有分枝。基生叶卵形，茎生叶卵形或圆卵形。总状花序长，直立；花白色或淡黄色，直径1.5~2 cm；花梗长1~2 cm，开展或上升；萼片披针形，长4~5 mm，边缘透明；花瓣长圆形，有显著脉纹，顶端全缘或微凹，基部成窄爪。长角果线形。种子凸球形，红棕色。花期3~4月；果期5~6月。

分布　我国广东、广西常见栽培。

栽培　喜温和的气候，耐热性强，不耐阴。喜湿润的土壤环境，适应性较广。可采用播种和定植方法栽培。

用途　种子榨油，工业用途。

含油率及化学组分数据

采集单位	测试单位	测试部位	产地	含油率(%)	碘值	酸值	皂化值	C12:0	C14:0	C16:0	C16:1	C18:0	C18:1	C18:2	C18:3	C20:0	C20:1
OFPC	CNBG	种子	江苏南京	38.80	116.20		167.70			4.00		0.60	17.30	10.90	8.20	0.90	8.90

芸苔（油菜）

Brassica rapa var. **oleifera** de Candolle

十字花科，芸苔属

特征　二年生草本，高30~90 cm。茎粗壮，直立。基生叶大头羽裂，顶裂片圆形或卵形，边缘有不整齐弯缺牙齿，侧裂片1对至数对，卵形；叶柄宽，长2~6 cm，基部抱茎；下部茎生叶羽状半裂，长6~10 cm。总状花序在花期成伞房状，花鲜黄色，直径7~10 mm；萼片长圆形，长3~5 mm，直立开展，顶端圆形，边缘透明，稍有毛；花瓣倒卵形，长7~9 mm，顶端近微缺，基部有爪。长角果线形，长3~8 cm，宽2~4 mm，果瓣有中脉及网纹，萼直立，长9~24 mm。种子球形。花期3~4月；果期5月。

分布　湖南：吉首市马坳乡马坳村，28°10′22″N，109°25′51″E，281 m，2010-03-26，徐亮、周建军400191101。四川：红原县安曲乡查娘子山，32°20′21″N，102°27′11″E，3879 m，2009-07-20，干友民400241015。西藏：波密县扎木乡岗巴村，29°52′48″N，95°36′16″E，2776 m，2011-09-04，干友民400241136；波密县扎木乡岗巴村，29°52′48″N，95°36′16″E，2776 m，2011-09-04，干友民400241135。黑龙江：佳木斯市郊区，46°34′54″N，130°37′43″E，784 m，2010-08-31，陈连江、卞勇、贾海伦400351018。河北：昌黎，39°42′24″N，119°12′33″E，9 m，2012-05-30，徐兴友、韩宝强400313177。产于湖南、江西、浙江、江苏、安徽、湖北、四川、陕西。甘肃大量栽培。

栽培　适应性广、耐寒、耐旱。对土壤的要求不高。可直播，又可套种，还可育苗移栽。一般播种时间在9月到10月之间。长江中上游在9月15~20日直播，长江下游在9月25日前后直播。

用途　用油菜籽榨的油为菜籽油。

含油率及化学组分数据

采集单位	测试单位	测试部位	产地	含油率(%)	碘值	酸值	皂化值	C12:0	C14:0	C16:0	C16:1	C18:0	C18:1	C18:2	C18:3	C20:0	C20:1
JSU	SCBG	种子	湖南吉首	28.26	68.83	60.91	225.65	0.19	0.79	13.11	0.68	1.92	21.70	52.38	1.54	0.37	0.14
SAU	SCU	种子	四川红原	4.94	11.37	16.74	230.62	0.01	0.05	2.83	0.38	0.52	67.25	28.27	0.12	0.05	
SAU	SCBG	种子	西藏波密	6.93	40.58	13.39	142.34	0.17	0.16	7.32		2.33	18.55	32.48	9.06	0.79	0.28
SAU	SCBG	种子	西藏波密	9.57	2.21	7.90		0.04	0.13	6.27	0.85	1.43	43.12	40.21	1.58	0.17	0.12
SBRI	SCBG	种子	黑龙江佳木斯	25.99	19.37	5.74	221.57		0.03	5.47	0.06	3.54	19.37	44.23	25.37	0.86	1.08
HNUST	ICS	种子	河北昌黎	36.32	120.64	9.22	172.18	0.02	0.06	2.53	0.18	1.18	16.52	14.17	8.14	0.76	
OFPC	IAE	种子	辽宁盘山	33.40	112.50		180.60			3.20		0.90	14.30	13.80	8.50		10.50
OFPC	IAE	种子	辽宁盘山	29.50	110.10		180.60			2.30		1.40	26.10	15.00	10.10		12.40
OFPC	NIB	种子	陕西关中	38.10	103.00	2.20	168.30			3.70		1.00	15.60	15.50	9.50	1.30	10.50
OFPC	NIB	种子	陕西旱塬	41.20	102.90	5.30	169.8			5.10		1.10	13.00	16.70	9.80	0.50	10.40
OFPC	CIB	种子	四川成都	35.40	91.00		189.80			3.50			20.30	11.40	7.30		10.50
OFPC	IBCAS	种子	四川成都	40.40					0.10	3.70		1.10	16.30	13.60	10.70		10.40
OFPC	WHBG	种子	湖北武汉	36.80	101.40		174.50			3.70		1.00	16.60	14.20	9.40		9.90
OFPC	KMIB	种子	云南红河	41.00	102.2		170.00			3.30		1.30	10.60	18.60	20.70		
OFPC	KMIB	种子	陕西武功							3.70			19.40	15.70	21.3		
OFPC	WHBG	种子	湖北武汉	40.80	98.10		169.90			2.90			17.6	13.40	7.30		8.00

芥菜

Brassica juncea (L.) Czern.

十字花科，芸苔属

特征 一年生草本高30~150 cm。株体常无毛。有时幼茎及叶具刺毛，带粉霜，有辣味，茎直立，有分枝。基生叶宽卵形至倒卵形，边缘具不明显疏齿或全缘。总状花序顶生，花后延长；花黄色，直径7~10 mm；花梗长4~9 mm；萼片淡黄色，长圆状椭圆形，直立开展；花瓣倒卵形。长角果线形，果瓣具一突出中脉；喙长6~12 mm；果梗长5~15 mm。种子球形，直径约1 mm，紫褐色。花期3~5月；果期5~6月。

分布 黑龙江：佳木斯市郊区，46°34′21″N，130°37′18″E，780 m，2010-08-31，陈连江、卞勇、潘伟400351019。栽培植物。

栽培 喜冷凉润湿，忌炎热、干旱，稍耐霜冻。根用芥菜可以育苗移栽，也可直播。

用途 榨出的油称芥子油；本种为优良的蜜源植物。

含油率及化学组分数据

采集单位	测试单位	测试部位	产地	含油率(%)	碘值	酸值	皂化值	C12:0	C14:0	C16:0	C16:1	C18:0	C18:1	C18:2	C18:3	C20:0	C20:1
SBRI	SCBG	种子	黑龙江佳木斯	29. 09	31. 57												
OFPC	IAE	种子	辽宁建平	40. 10	118. 60		181. 80			2. 80		2. 10	2480	21. 50	10. 30	1. 40	14. 00
OFPC	NIB	种子	陕西兴平	28. 90	115. 10		181. 00			5. 20		2. 00	12. 20	8. 80	3. 30		11. 80

油芥菜（高油菜）

Brassica juncea var. **gracilis** Tsen et S. H. Lee

十字花科，芸苔属

特征 一年生草本，高30~150 cm。全株常无毛。有时幼茎及叶具刺毛，带粉霜，有辣味，茎直立，有分枝。基生叶长圆形或倒卵形，边缘有重锯齿或缺刻。总状花序顶生，花后延长；花黄色，直径7~10 mm；花梗长4~9 mm；萼片淡黄色，长圆状椭圆形，长4~5 mm，直立开展；花瓣倒卵形，长8~10 mm，宽4~5 mm。长角果线形，长3~5. 5 cm，宽2~3. 5 mm。果瓣具1突出中脉；喙长6~12 mm；果梗长5~15 mm。种子球形，直径约1 mm，紫褐色。花期3~5月；果期5~6月。

分布 内蒙古：鄂尔多斯市伊金霍洛旗沿黄高速路旁，42°30′7″N，115°50′13″E，1350 m，2012-08-16，扈顺400312183。我国南北各地有栽培。原产亚洲。

栽培 播种繁殖。

用途 种子可榨油，工业用途，供食用。

含油率及化学组分数据

采集单位	测试单位	测试部位	产地	含油率(%)	碘值	酸值	皂化值	C12:0	C14:0	C16:0	C16:1	C18:0	C18:1	C18:2	C18:3	C20:0	C20:1
IMAU	ICS	种子	内蒙古鄂尔多斯	39. 86	80. 39	7. 00	156. 79			2. 33	0. 13	1. 21	17. 93	20. 59	11. 33		10. 21
OFPC	CNBG	种子	江苏南京	37. 20	117. 80		178. 70			1. 80		0. 40	10. 70	16. 60	12. 20	0. 40	8. 10

雪里蕻(雪菜、九头狮子乌)

Brassica juncea var. **multiceps** Tsen et S. H. Lee

十字花科，芸苔属

特征 一年生草本，高30~150 cm。基生叶倒披针形或长圆状倒披针形，不裂或稍有缺刻，有不整齐锯齿或重锯齿，上部及顶部茎生叶小，长圆形，全缘，皱缩。总状花序顶生，花后延长；花黄色，直径7~10 mm；花梗长4~9 mm；萼片淡黄色，长圆状椭圆形，长4~5 mm，直立开展；花瓣倒卵形，长8~10 mm，宽4~5 mm。种子球形，直径约1 mm，紫褐色。花期3~5月；果期5~6月。

分布 我国南北各地有栽培。

栽培 播种繁殖。

用途 种子榨油，工业用途。

含油率及化学组分数据

采集单位	测试单位	测试部位	产地	含油率(%)	碘值	酸值	皂化值	C12:0	C14:0	C16:0	C16:1	C18:0	C18:1	C18:2	C18:3	C20:0	C20:1
OFPC	IAE	种子	吉林长春	33.10	105.00		168.00			3.00		1.30	9.90	19.50	12.10	9.10	

大头菜(根用芥、本大头、土大头)

Brassica juncea var. **napiformis** Kitam. [*Brassica juncea* var. *megarrhiza* Tsen et S. H. Lee]

十字花科，芸苔属

特征 一年生草本，高30~150 cm。块根肉质，粗大，坚实，长圆球形，顶部不缩小，外皮及根肉均为黄棕色，下面生多数须根。基生叶及下部茎生叶长圆状卵形，长20~30 cm，有粗齿，稍具粉霜。总状花序顶生，花后延长；花黄色，直径7~10 mm；花梗长4~9 mm；萼片淡黄色，长圆状椭圆形，长4~5 mm，直立开展；花瓣倒卵形，长8~10 mm，宽4~5 mm。花期3~5月；果期5~6月。

分布 内蒙古、江苏、云南等地有栽培。

栽培 播种繁殖。

用途 种子榨油，工业用途。

含油率及化学组分数据

采集单位	测试单位	测试部位	产地	含油率(%)	碘值	酸值	皂化值	C12:0	C14:0	C16:0	C16:1	C18:0	C18:1	C18:2	C18:3	C20:0	C20:1
OFPC	CNBG	种子	江苏南京	29.50	99.50		177.80			3.00		0.70	14.00	14.10	6.50	0.50	10.40

榨菜(菱角菜、羊角儿菜)

Brassica juncea var. **tumida** Tsen et S. H. Lee

十字花科，芸苔属

特征 一年生草本，高30~150 cm。下部叶的叶柄基部肉质，膨大，形成高低不平的拳状；基生叶倒卵形或长圆形，长40~80 cm，平坦或皱缩，基部大头羽状深裂，成为具沟的粗叶柄。总状花序顶生，花后延长；花黄色，直径7~10 mm；花梗长4~9 mm；萼片淡黄色，长圆状椭圆形，长4~5 mm，直立开展；花瓣倒卵形，长8~10 mm，宽4~5 mm。种子球形，直径约1 mm，紫褐色。花期3~5月；果期5~6月。

分布 四川各地有栽培，尤以涪陵栽培最多；云南也有栽培。

栽培 播种繁殖。

用途 种子榨油，工业用途。

含油率及化学组分数据

采集单位	测试单位	测试部位	产地	含油率(%)	碘值	酸值	皂化值	C12:0	C14:0	C16:0	C16:1	C18:0	C18:1	C18:2	C18:3	C20:0	C20:1
OFPC	CNBG	种子	江苏南京	27.10	114.30					2.90		0.40	9.00	16.30	11.40		6.5

芜菁甘蓝(布留克、洋大头菜)

Brassica napobrassica (L.) Mill.

十字花科，芸苔属

特征 二年生草本，高50~100 cm。灰蓝色，被粉霜；块根卵球形或纺锤形，肥厚，无辣味。茎直立，有分枝，无毛。基生叶倒卵形，总状花序顶生或腋生，花后延长达45 cm；花直径1.5~2 cm；花梗长5~10 mm；萼片线形，长4~5 mm；花瓣浅黄色，倒卵形，长约1 cm，爪长3~5 mm。种子卵形，长约1 mm，黑棕色。花、果期5~6月。

分布 东北、江苏等地栽培。

栽培 耐寒、耐旱、稍耐热。抗病力较强。可以育苗移栽，也可直播。

用途 种子榨油，工业用途；块根作蔬菜食用，可盐腌或酱渍供食用，又可炒食或煮食，也可生食。

含油率及化学组分数据

采集单位	测试单位	测试部位	产地	含油率(%)	碘值	酸值	皂化值	C12:0	C14:0	C16:0	C16:1	C18:0	C18:1	C18:2	C18:3	C20:0	C20:1
OFPC	NIB	种子	甘肃平凉	35.00	105.40	10.40	187.80			4.30		1.60	12.60	32.71	7.70	3.10	12.70

欧洲油菜

Brassica napus L.

十字花科，芸苔属

特征　一年或二年生草本，高30~50 cm。株体具粉霜。茎直立，有分枝。幼叶有少数散生刚毛，下部叶大头羽裂，长5~25 cm，宽2~6 cm，顶裂片卵形，长7~9 cm，顶端圆形，基部近截平，边缘具钝齿，侧裂片约2对，卵形，长1.5~2.5 cm；叶柄长2.5~6 cm，基部有裂片；中部及上部茎生叶由长圆椭圆形渐变成披针形，基部心形，抱茎。总状花序伞房状；花直径10~15 mm；花梗长6~12 mm；萼片卵形，长5~8 mm；花瓣浅黄色，倒卵形，长10~15 mm，爪长4~6 mm。长角果线形，长40~80 mm，果瓣具1中脉，喙细，长1~2 cm；果梗长约2 cm。种子球形。花期3~4月；果期4~5月。

分布　四川：若尔盖县，33°34′17″N，102°30′25″E，3450 m，2009-07-24，千友民400241036。新疆：巩乃斯草场，43°12′39″N，84°50′17″E，2855 m，2011-08-18，侯翼国、王茜4003311013。各地栽培。

栽培　播种繁殖。

用途　为主要油料植物之一。

含油率及化学组分数据

采集单位	测试单位	测试部位	产地	含油率(%)	碘值	酸值	皂化值	C12:0	C14:0	C16:0	C16:1	C18:0	C18:1	C18:2	C18:3	C20:0	C20:1
SAU	SCBG	种子	四川若尔盖	32.89	9.67	20.31	190.48	0.09	0.23	21.07	0.80	2.20	44.44	16.81	9.90	0.20	0.15
XIEG	SCBG	种子	新疆巩乃斯	32.34	4.18	11.91	263.82	0.0051	0.04	7.86	0.54	3.18	21.61	20.91	43.67	0.72	1.47
OFPC	CNBG	种子	江苏南京	34.50	104.10		183.10			3.60		1.00	33.70	18.80	7.30	0.60	7.70

塌棵菜（瓢儿菜、塌古菜、乌塌菜）

Brassica rapa var. **chinensis** (L.) Kitam.

十字花科，芸苔属

特征　二年生或栽培成一年生草本，高30~40 cm。全株无毛，顶端有短根颈。茎丛生。基生叶莲座状、圆卵形或倒卵形，长10~20 cm，墨绿色，全缘或有疏生圆齿，中脉宽，有纵条纹，侧脉扇形；叶柄白色，宽8~20 mm，稍有边缘，有时具小裂片；上部叶近圆形或长圆状卵形，长4~10 cm，全缘，抱茎。总状花序顶生；花淡黄色，直径6~8 mm；花梗长1~1.5 cm；萼片长圆形，长3~4 mm，顶端圆钝；花瓣倒卵形或近圆形，长5~7 mm，多脉纹，有短爪。长角果长圆形，长2~4 cm，宽4~5 mm，扁平，果瓣具显明中脉及网状侧脉，喙宽且粗，长4~8 mm；果梗粗壮，长1~1.5 cm，伸展或上部弯曲。种子球形，直径约1 mm，深棕色，有细网状窠穴，种脐显著。花期3~4月；果期5月。

分布　我国原产，南京、上海一带栽培最多。

栽培　播种繁殖。

用途　种子榨油，工业用途。为冬季主要蔬菜之一。

含油率及化学组分数据

采集单位	测试单位	测试部位	产地	含油率(%)	碘值	酸值	皂化值	C12:0	C14:0	C16:0	C16:1	C18:0	C18:1	C18:2	C18:3	C20:0	C20:1
OFPC	CNBG	种子	江苏南京	29.10	99.50					5.60		1.60	11.90	18.40	8.20		7.80

野甘蓝（结球甘蓝、球茎甘蓝）

Brassica oleracea L.

十字花科，芸苔属

特征 二年生或多年生草本，高60~150 cm。下部叶大，长圆状倒卵形，长达40 cm，具有色叶脉，有柄；顶裂片大，顶端圆形，基部歪心形，边缘波状，具细圆齿，顶裂片3~5对，倒卵形，上部叶长圆形，全缘，抱茎，所有叶肉质，无毛，具白粉霜。总状花序在果期长达30 cm或更长；花浅黄色，直径10~15 mm；萼片长圆形，直立，长8~11 mm；花瓣倒卵形，长15~20 mm，顶端圆形，有爪。长角果圆筒形，长5~10 cm，喙长5~10 mm，无种子；果梗长约2 cm；种子球形，直径约2 mm，灰棕色。

分布 陕西：杨凌市西农农场，34°15′12″N，108°04′01″E，489 m，2010-05-30，薛帅、韩东倩400323074。

栽培 英国及地中海地区野生。我国有栽培。

用途 种子榨油，工业用途。

含油率及化学组分数据

采集单位	测试单位	测试部位	产地	含油率(%)	碘值	酸值	皂化值	C12:0	C14:0	C16:0	C16:1	C18:0	C18:1	C18:2	C18:3	C20:0	C20:1
CAU	ICS	种子	陕西杨凌	34.86	88.95	8.28	171.39			3.44		0.95	19.34	13.25	7.66	0.50	6.42
OFPC	CNBG	种子	江苏南京	32.80	117.40		177.30			2.50		0.30	16.40	12.80	6.20	0.20	8.70

花椰菜

Brassica oleracea var. **botrytis** L.

十字花科，芸苔属

特征 二年生草本，高60~90 cm。被粉霜。茎直立，粗壮，有分枝。基生叶及下部叶长圆形至椭圆形，长2~3.5 cm，灰绿色，顶端圆形，开展，不卷心，全缘或具细牙齿，有时叶片下延，具数个小裂片，并成翅状；叶柄长2~3 cm；茎中上部叶较小且无柄，长圆形至披针形，抱茎。茎顶端有1个由总花梗、花梗和未发育的花芽密集成的乳白色肉质头状体；总状花序顶生及腋生；花淡黄色，后变成白色。长角果圆柱形，长3~4 cm，有1中脉，喙下部粗上部细，长10~12 mm。种子宽椭圆形，长近2 mm，棕色。花期4月；果期5月。

分布 各地栽培。

栽培 播种繁殖。

用途 种子榨油，工业用途；头状体作蔬菜食用。

含油率及化学组分数据

采集单位	测试单位	测试部位	产地	含油率(%)	碘值	酸值	皂化值	C12:0	C14:0	C16:0	C16:1	C18:0	C18:1	C18:2	C18:3	C20:0	C20:1
OFPC	IAE	种子	辽宁沈阳	34.2	99.70		174.30			3.50		1.10	13.80	13.40	8.70	8.80	

卷心菜（甘蓝、包菜、莲花白）

Brassica oleracea var. **capitata** L.

十字花科，芸苔属

特征 二年生草本。被粉霜，矮且粗壮。一年生茎肉质，不分枝，绿色或灰绿色。基生叶多数，质厚，层层包裹成球状体，扁球形，直径10~30 cm或更大，乳白色或淡绿色；二年生茎有分枝，具茎生叶，基生叶及下部茎生叶长圆状倒卵形至圆形，长和宽达30 cm，顶端圆形，基部骤窄成极短有宽翅的叶柄，边缘有波状不显明锯齿；上部茎生叶卵形或长圆状卵形，长8~13. 5 cm，宽3. 5~7 cm，基部抱茎；最上部叶长圆形，长约4. 5 cm，宽约1 cm，抱茎。总状花序顶生及腋生；花淡黄色，直径2~2. 5 cm，花梗长7~15 mm；萼片直立，线状长圆形，长5~7 mm；花瓣宽椭圆状倒卵形或近圆形，长13~15 mm，脉纹显明，顶端微缺，基部骤变窄成爪，爪长5~7 mm。长角果圆柱形，长6~9 cm，宽4~5 mm，两侧稍压扁，中脉突出，喙圆锥形，长6~10 mm；果梗粗，直立开展，长2. 5~3. 5 cm。种子球形，直径1. 5~2 mm，棕色。花期4月；果期5月。

分布 各地栽培。

栽培 播种繁殖。

用途 种子榨油，工业用途；作蔬菜及饲料用；叶的浓汁用于治疗胃及十二指肠溃疡。

含油率及化学组分数据

采集单位	测试单位	测试部位	产地	含油率(%)	碘值	酸值	皂化值	C12:0	C14:0	C16:0	C16:1	C18:0	C18:1	C18:2	C18:3	C20:0	C20:1
OFPC	IAE	种子	吉林长春	32. 40	100. 60		173. 70			3. 30			15. 1.	15. 60	8. 70	9. 70	
OFPC	WHBG	种子	湖北武汉	36. 70	97. 90		173. 90			5. 10			21. 30	14. 90	7. 10		16. 60
OFPC	IAE	种子	广东肇庆	31. 20	99. 00		187. 30			4. 80			16. 70	13. 10			15. 70

白菜（大白菜、黄芽白、绍菜）

Brassica rapa var. **glabra** Regel

十字花科，芸苔属

特征 二年生草本，高40~60 cm。常全株无毛，有时叶下面中脉上有少数刺毛。基生叶多数，大形，倒卵状长圆形至宽倒卵形，长30~60 cm，顶端圆钝，边缘皱缩，波状，有时具不显明牙齿，中脉白色；叶柄白色，扁平，长5~9 cm，宽2~8 cm，边缘有具缺刻的宽薄翅。花鲜黄色，直径1. 2~1. 5 cm，花梗长4~6 mm；萼片长圆形或卵状披针形，长4~5 mm，直立，淡绿色至黄色；花瓣倒卵形，长7~8 mm，基部渐窄成爪。长角果较粗短，长3~6 cm，宽约3 mm，两侧压扁，直立，喙长4~10 mm，宽约1 mm，顶端圆；果梗开展或上升，长2. 5~3 cm，较粗。种子球形，棕色。花期5月；果期6月。

分布 湖南：吉首市矮寨乡，28°20′28″N，109°36′13″E，285 m，2011-05-02，徐亮、朱群英40019101172。原产我国华北，现各地广泛栽培。

栽培 播种繁殖。7~8月份种植。大白菜一般采用直播，也可育苗移栽。

用途 种子榨油，工业用途；食用蔬菜。

含油率及化学组分数据

采集单位	测试单位	测试部位	产地	含油率(%)	碘值	酸值	皂化值	C12:0	C14:0	C16:0	C16:1	C18:0	C18:1	C18:2	C18:3	C20:0	C20:1
JSU	SCBG	种子	湖南吉首	22. 67	100. 88	9. 10	223. 74			14. 99		25. 2	25. 70	51. 34	0. 30	0. 43	2. 32
OFPC	IAE	种子	辽宁沈阳	33. 30	103. 00		176. 20			1. 60		1. 00	13. 40	13. 20	8. 60		6. 80
OFPC	NIB	种子	陕西武功	44. 50	86. 70	8. 40	169. 80			3. 30		1. 70	18. 80	15. 40	13. 30		8. 60
OFPC	WHBG	种子	湖北武汉	37. 90	97. 40		174. 50			3. 30			17. 00	15. 30	7. 10		9. 20

芜青（蔓青、变萝卜、圆根）

Brassica rapa L.

十字花科，芸苔属

特征　二年生草本，高达100 cm。块根肉质，球形、扁圆形或长圆形，外皮白色、黄色或红色，根肉质白色或黄色。茎直立，有分枝，下部稍有毛，上部无毛。基生叶大头羽裂或为复叶，长20~34 cm，顶裂片或小叶很大，边缘波状或浅裂，侧裂片或小叶约5对，向下渐变小，上面有少数散生刺毛，下面有白色尖锐刺毛；叶柄长10~16 cm，有小裂片；中部及上部茎生叶长圆披针形，长3~12 cm，无毛，带粉霜，基部宽心形，至少半抱茎，无柄。总状花序顶生；花直径4~5 mm，花梗长10~15 mm；萼片长圆形，长4~6 mm；花瓣鲜黄色，倒披针形，长4~8 mm，有短爪。长角果线形，长3. 5~8 cm，果瓣具1显明中脉；喙长10~20 mm；果梗长达3 cm。种子球形，直径约1. 8 mm，浅黄棕色，近种脐处黑色，有细网状窠穴。花期3~4月；果期5~6月。

分布　各地栽培。

栽培　播种繁殖。

用途　种子榨油，工业用途；块根熟食或用来泡酸菜，或作饲料；高寒山区用以代粮。

含油率及化学组分数据

采集单位	测试单位	测试部位	产地	含油率(%)	碘值	酸值	皂化值	C12:0	C14:0	C16:0	C16:1	C18:0	C18:1	C18:2	C18:3	C20:0	C20:1
OFPC	CNBG	种子	江苏南京	34. 0	117. 60					2. 30		0. 30	10. 80	15. 30	7. 80	0. 30	6. 10

小白菜（青菜）

Brassica rapa var. **chinensis** (L.) Kitam.[*Brassica chinensis* L.]

十字花科，芸苔属

特征　一年或二年生草本，高25~70 cm。全株无毛，带粉霜。茎直立，有分枝。基生叶倒卵形或宽倒卵形，全缘或有不显明圆齿或波状齿。花梗细，和花等长或较短；萼片长圆形，长3~4 mm，直立开展，白色或黄色；花瓣长圆形，长约5 mm，顶端圆钝，有脉纹，具宽爪。种子球形，直径1~1. 5 mm，紫褐色，有蜂窝纹。花期4月；果期5月。

分布　陕西：杨凌区西农农场，34°15′08″N，108°04′10″E，480 m，2010-05-30，薛帅、韩东倩400323083。原产亚洲。我国南北各地栽培，尤以长江流域为广。

栽培　青菜耐寒喜湿。播种方式为移栽和直播两种。

用途　种子榨油，工业用途。

含油率及化学组分数据

采集单位	测试单位	测试部位	产地	含油率(%)	碘值	酸值	皂化值	C12:0	C14:0	C16:0	C16:1	C18:0	C18:1	C18:2	C18:3	C20:0	C20:1
CAU	ICS	种子	陕西杨凌	45. 51	72. 244	7. 60	188. 44			2. 75		1. 30	13. 28	12. 82	8. 24	0. 99	6. 26
OFPC	WHBG	种子	湖北武汉	39. 60	95. 70		174. 40			2. 80			16. 60	13. 20	5. 40		9. 00

荠菜（菱角菜）
Capsella bursa-pastoris (L.) Medik.
十字花科，荠属

特征 一年或二年生草本。茎直立。基生叶丛生呈莲座状，顶裂片卵形至长圆形，长5~30 mm，宽2~20 mm，侧裂片3~8对，长圆形至卵形，长5~15 mm，顶端渐尖，浅裂、或有不规则粗锯齿或近全缘，叶柄长5~40 mm；茎生叶窄披针形或披针形基部箭形，抱茎，边缘有缺刻或锯齿。总状花序顶生及腋生，果期延长达20 cm；花梗长3~8 mm；萼片长圆形，长1. 5~2 mm；花瓣白色，卵形，长2~3 mm，有短爪。短角果倒三角形或倒心状三角形，扁平，无毛，顶端微凹，裂瓣具网脉；花柱长约0. 5 mm；果梗长5~15 mm。种子2行，长椭圆形，浅褐色。花、果期4~6月。

分布 河南：黄河大堤，34°55′45″N，113°33′58″E，95 m，2012-05-05，王亚平400314123。黑龙江：哈尔滨，45°43′34″N，126°37′31″E，120 m，2010-06-09，张云强、陶林400341050；佳木斯市郊区，46°34′54″N，130°37′54″E，851 m，2010-08-31，陈连江、贾海伦、张爽400351017。四川：红原县邛溪乡泥炭场，32°47′26″N，102°31′29″E，3250 m，2009-07-18，干友民400241003。生于山坡、田边及路旁。分布几遍全国。全世界温带地区广布。

栽培 荠菜为耐寒蔬菜，喜冷凉气候。

用途 种子含油20%~30%，属干性油，供制油漆及肥皂用。

含油率及化学组分数据

采集单位	测试单位	测试部位	产地	含油率(%)	碘值	酸值	皂化值	C12:0	C14:0	C16:0	C16:1	C18:0	C18:1	C18:2	C18:3	C20:0	C20:1
HNAU	ICS	种子	河南黄河大堤	27. 84	47. 51	10. 98	183. 51		0. 08	7. 11	0. 15	3. 94	16. 07	21. 12	31. 27	1. 90	12. 15
NEFU	SCBG	种子	黑龙江哈尔滨	18. 97													
SBRI	SCBG	种子	黑龙江佳木斯	34. 57	20. 83	19. 16	277. 07										
SAU	SCBG	种子	四川红原	9. 00	23. 79	3. 64	242. 60		0. 25	6. 34		3. 22	34. 15	28. 10	0. 77	0. 40	

香花芥
Clausia trichosepala (Turcz.) Dvořák
十字花科，香花芥属

特征 二年生草本，高10~60 cm。茎直立，多为单一，有时数个，不分枝或上部分枝，具疏生单硬毛。基生叶在花期枯萎；茎生叶长圆状椭圆形或窄卵形，长2~4 cm，宽3~18 mm，顶端急尖，基部楔形，边缘有不等尖锯齿，两面及叶柄有极少毛。总状花序顶生；花直径约1 cm；花梗长3~5 mm；萼片直立；花瓣倒卵形，长1~1. 5 mm，基部具线形长爪；花柱极短，柱头显著2裂。长角果窄线形，长3. 5~8 cm，宽0. 5~1 mm，无毛；果瓣具一显明中脉；果梗水平开展，长5~7 mm。增粗种子卵形，长约1 mm，浅褐色。花、果期5~8月。

分布 河北：兴隆，40°57′45″N，117°47′15″E，1625 m，2012-09-26，徐兴友、韩宝强400313158。生在山坡。产于山东、山西、河北、内蒙古、吉林。朝鲜有分布。

栽培 播种繁殖。

含油率及化学组分数据

采集单位	测试单位	测试部位	产地	含油率(%)	碘值	酸值	皂化值	C12:0	C14:0	C16:0	C16:1	C18:0	C18:1	C18:2	C18:3	C20:0	C20:1
ICS	ICS	种子	河北兴隆	31. 31	209. 86	6. 83	169. 66		0. 06	4. 12	0. 90	1. 42	8. 43	23. 62	49. 11	0. 09	0. 08

播娘蒿（眉毛蒿）

Descurainia sophia (L.) Webb ex Prantl

十字花科，播娘蒿属

特征　一年生草本，高20~80 cm。株体有毛或无毛，毛为叉状毛。以下部茎生叶为多，向上渐少；茎直立，分枝多，常于下部为淡紫色。叶为三回羽状深裂。花序伞房状，果期伸长；萼片直立，早落，长圆条形，背面有分叉细柔毛；花瓣黄色，长圆状倒卵形，长2~2.5 mm，或稍短于萼片，具爪；雄蕊6枚，比花瓣长1/3。长角果圆筒状，长2.5~3 cm，宽约1 mm，无毛，稍内曲，与果梗不成1条直线，果瓣中脉明显；果梗长1~2 cm。种子每室1行，种子形小，多数，长圆形，长约1 mm，稍扁，淡红褐色，表面有细网纹。花、果期4～6月。

分布　陕西：杨凌区西农农场，34°15′26″N，108°03′56″E，481 m，2010-05-29，薛帅、韩东倩400323080。生于山坡、田野及农田。除华南外全国各地均产。亚洲、欧洲、非洲、北美洲均有分布。

栽培　播种繁殖。

用途　油工业用，并可食用。

含油率及化学组分数据

采集单位	测试单位	测试部位	产地	含油率(%)	碘值	酸值	皂化值	C12:0	C14:0	C16:0	C16:1	C18:0	C18:1	C18:2	C18:3	C20:0	C20:1
CAU	ICS	种子	陕西杨凌	37.78	78.94	8.04	182.97			5.33	0.13	1.90	10.06	16.89	38.75	1.77	9.46
OFPC	NIB	种子	陕西永寿	34.80	157.10	7.20	183.60			5.60		2.30	11.20	16.40	35.50		13.10

芝麻菜（香油罐、臭菜、芸芥）

Eruca vesicaria subsp. **sativa** (Mill.) Thell.

十字花科，芝麻菜属

特征　一年生草本，高20~90 cm。茎直立，上部常分枝，疏生硬长毛或近无毛。基生叶及下部叶大头羽状分裂或不裂，长4~7 cm，宽2~3 cm，顶裂片近圆形或短卵形，有细齿，侧裂片卵形或三角状卵形，全缘，仅下面脉上疏生柔毛；叶柄长2~4 cm；上部叶无柄，具1~3对裂片。总状花序有多数疏生花；花直径1~1.5 cm；花梗长2~3 mm，具长柔毛；萼片长圆形，带棕紫色，外面有蛛丝状长柔毛；花瓣黄色，后变白色，有紫纹，短倒卵形，长1.5~2 cm，基部有窄线形长爪。长角果圆柱形，有一隆起中脉，喙剑形，扁平，长5~9 mm，顶端尖，有5纵脉；果梗长2~3 mm。种子近球形或卵形，棕色，有棱角。花期5~6月；果期7~8月。

分布　新疆：吐鲁番沙漠植物园，42°51′17″N，89°11′36″E，93 m，2009-06-12，王喜勇、侯翼国4003309021。野生或栽培，生于海拔1400~3100 m。产于四川、新疆、青海、甘肃、陕西、山西、河北、内蒙古、辽宁、黑龙江。亚洲西部及北部、欧洲北部、非洲西北部均有分布。

栽培　播种繁殖。

用途　茎叶作蔬菜食用，亦可作饲料；种子可榨油，供食用及医药用。

含油率及化学组分数据

采集单位	测试单位	测试部位	产地	含油率(%)	碘值	酸值	皂化值	C12:0	C14:0	C16:0	C16:1	C18:0	C18:1	C18:2	C18:3	C20:0	C20:1
XIEG	SCBG	种子	新疆吐鲁番	9.48	9.33	8.12	90.79	0.0057	0.12	6.70	0.11	3.71	18.55	69.12	1.04	0.41	024
OFPC	NIB	种子	甘肃平凉	31.20	107.70	15.80	191.90			4.00		0.80	24.80	9.10	4.20		11.60

欧洲菘蓝

Isatis tinctoria L.

十字花科，菘蓝属

特征 二年生草本，高30~120 cm。植株被白色柔毛，稍带白粉霜。茎直立，茎及基生叶背面带紫红色，上部多分枝。基生叶莲座状，长椭圆形至长圆状倒披针形，长5~11 cm，宽2~3 cm，灰绿色，顶端钝圆，边缘有浅齿，具柄；茎生叶长6~13 cm，宽2~3 cm，基部耳状多变化，锐尖或钝，半抱茎，叶全缘或有不明显锯齿，叶缘及背面中脉具柔毛。萼片近长圆形，长1~1. 5 mm；花瓣黄色，宽楔形至宽倒披针形，长3. 5~4 mm，顶端平截，基部渐狭，具爪。短角果宽楔形，长1~1. 5 cm，宽3~4 mm，顶端平截，基部楔形，无毛；果梗细长。种子长圆形，长3~4 mm，淡褐色。花期4~5月；果期5~6月。

分布 新疆：吐鲁番沙漠植物园，42°51′17″N，89°11′36″E，93 m，2009-06-12，王喜勇、侯翼国4003309033。

栽培 播种繁殖。

用途 本种根、叶供药用，有清热解毒、凉血消斑、利咽止痛的功效。叶还可提取蓝色染料；种子榨油，供工业用。

含油率及化学组分数据

采集单位	测试单位	测试部位	产地	含油率(%)	碘值	酸值	皂化值	C12:0	C14:0	C16:0	C16:1	C18:0	C18:1	C18:2	C18:3	C20:0	C20:1
XIEG	SCBG	种子	新疆吐鲁番	3. 58	17. 29	8. 75	189. 43	0. 01	0. 26	31. 31	6. 82	7. 28	34. 98	5. 23	12. 65	0. 33	1. 15
OFPC	CNBG	种子	江苏南京	30. 60			186. 30			7. 00		3. 50	24. 20	8. 80	24. 40	1. 10	24. 4

独行菜 (腺茎独行菜)

Lepidium apetalum Willd.

十字花科，独行菜属

特征 一年或二年生草本，高5~30 cm。茎直立，有分枝，无毛或具微小头状毛。基生叶窄匙形，一回羽状浅裂或深裂，长3~5 cm，宽1~1. 5 cm，叶柄长1~2 cm；茎上部叶线形，有疏齿或全缘。总状花序在果期可延长至5 cm；萼片早落，卵形，长约0. 8 mm，外面有柔毛；花瓣不存或退化成丝状，比萼片短；雄蕊2枚或4枚。短角果近圆形或宽椭圆形，扁平，长2~3 mm，宽约2 mm，顶端微缺，上部有短翅，隔膜宽不到1 mm；果梗弧形，长约3 mm。种子椭圆形，长约1 mm，平滑，棕红色。花、果期5~7月。

分布 四川：阿坝州红原县邛溪乡泥炭场，32°48′25″N，102°32′24″E，3240 m，2009-07-18，干友民400241001。生在海拔400~2000 m的山坡、山沟、路旁及村庄附近。产于浙江、安徽、江苏以及西南、西北、华北、东北地区。喜马拉雅地区、亚洲东部及中部、欧洲均有分布。

栽培 播种繁殖。

用途 嫩叶作野菜食用；全草及种子供药用，有利尿、止咳、化痰功效；种子作葶苈子用，亦 可榨油。

含油率及化学组分数据

采集单位	测试单位	测试部位	产地	含油率(%)	碘值	酸值	皂化值	C12:0	C14:0	C16:0	C16:1	C18:0	C18:1	C18:2	C18:3	C20:0	C20:1
SAU	SCBG	种子	四川红原	16. 52	19. 37	5. 74	221. 57	0. 01	0. 06	5. 98	0. 06	2. 37	23. 39	42. 22	2. 39	0. 23	
OFPC	IAE	种子	辽宁沈阳	22. 30	157. 70			5. 80			7. 90	29. 90	56. 40				
OFPC	CIB	种子	四川洪雅	20. 10	111. 90		184. 90			5. 00		1. 20	17. 60	9. 00	54. 20		

家独行菜(台尔台孜)

Lepidium sativum L.

十字花科，独行菜属

特征 一年生草本，高20~40 cm。茎单一，直立，有分枝，无毛，常具蓝灰色粉霜。基生叶倒卵状椭圆形，一回或二回羽状全裂或浅裂，少数仅有锯齿；茎生叶线形，羽状多裂，长2~3 cm，顶端急尖，上部叶全缘。总状花序果期伸长；萼片椭圆形，长1~1.5 mm，背部有短柔毛；花瓣白色或蔷薇色，长圆状匙形，长1.5~2 mm；雄蕊6枚。短角果圆卵形或椭圆形，长4~6 mm，顶端微缺，基部圆形，边缘有翅，花柱长不超过缺口；果梗较粗，长2~4 mm。种子卵形，长约2.5 mm，红棕色，近光滑，无边；子叶3裂。花期6~7月；果期8~9月。

分布 产于山东、西藏、新疆、吉林、黑龙江，栽培或逸为野生。亚洲西部、非洲北部有分布，传播至欧洲以及印度。

栽培 播种繁殖。

用途 种子榨油，工业用途；为新疆民族药，和蚯蚓配合治肠胃病。

含油率及化学组分数据

采集单位	测试单位	测试部位	产地	含油率(%)	碘值	酸值	皂化值	C12:0	C14:0	C16:0	C16:1	C18:0	C18:1	C18:2	C18:3	C20:0	C20:1
OFPC	CNBG	种子	江苏南京	21.00	136.90		188.60		0.10	8.70		1.30	25.80	11.00	28.50	1.40	13.10

北美独行菜

Lepidium virginicum L.

十字花科，独行菜属

特征 一年或二年生草本，高20~50 cm。茎单一，直立，上部分枝，具柱状腺毛。基生叶倒披针形，长1~5 cm，羽状分裂或大头羽裂，卵形或长圆形，边缘有锯齿，两面有短伏毛，叶柄长1~1.5 cm；茎生叶有短柄，倒披针形或线形，长1.5~5 cm，宽2~10 mm，顶端急尖，基部渐狭，边缘有尖锯齿或全缘。总状花序顶生；萼片椭圆形，长约1 mm；花瓣白色，倒卵形，和萼片等长或稍长；雄蕊2或4。短角果近圆形，长2~3 mm，宽1~2 mm，扁平，有窄翅，顶端微缺，花柱极短；果梗长2~3 mm。种子卵形，长约1 mm，光滑，红棕色，边缘有窄翅；子叶缘倚胚根。花期4~5月；果期6~7月。

分布 重庆：南川区三泉乡镇三泉龙岩江边，29°07′42″N，107°12′13″E，586 m，2010-05-06，刘正宇等400231143。生在田边或荒地，为田间杂草。产于广西、江西、福建、浙江、江苏、安徽、山东、河南、湖北。原产美洲，欧洲有分布。

栽培 播种繁殖。

用途 种子榨油,工业用途；种子入药，有利水平喘功效，也作葶苈子用；全草可作饲料。

含油率及化学组分数据

采集单位	测试单位	测试部位	产地	含油率(%)	碘值	酸值	皂化值	C12:0	C14:0	C16:0	C16:1	C18:0	C18:1	C18:2	C18:3	C20:0	C20:1
CIPP	SCBG	种子	重庆南川	27.16				0.018	0.73	12.66	0.96	1.87	21.48	51.70	1.51	0.41	0.18

诸葛菜（二月兰）

Orychophragmus violaceus (L.) O.E.Schulz

十字花科，诸葛菜属

特征 一年或二年生草本。茎单一，直立，基部或上部稍有分枝。基生叶及下部茎生叶大头羽状全裂，顶裂片近圆形或短卵形。花紫色、浅红色或褪成白色，直径2~4 cm；花梗长5~10 mm；花萼筒状，紫色，萼片长约3 mm；花瓣宽倒卵形，爪长3~6 mm。长角果线形，具4棱，裂瓣有1凸出中脊，喙长1.5~2.5 cm；果梗长8~15 mm。种子卵形至长圆形，黑棕色，有纵条纹。花期4~5月；果期5~6月。

分布 河北：张家口，40°38′07″N，115°37′30″E，1086 m，2009-06-15，徐兴友400313024。山东：泰安树木园，36°12′15″N，117°07′28″E，195 m，2010-06-10，赵伟华400311168。陕西：杨凌区西农农场，34°9′8″N，108°02′7″E，500 m，2011-07-24，薛帅、秦烁400324039。生在平原、山地、路旁或地边。产于江西、浙江、江苏、安徽、山东、河南、湖北、四川、甘肃、陕西、山西、河北、辽宁。朝鲜有分布。

栽培 播种繁殖。

用途 种子可榨油，工业用途；嫩茎叶用开水泡后，再放在冷开水中浸泡，直至无苦味时即可炒食；种子可榨油。

含油率及化学组分数据

采集单位	测试单位	测试部位	产地	含油率(%)	碘值	酸值	皂化值	C12:0	C14:0	C16:0	C16:1	C18:0	C18:1	C18:2	C18:3	C20:0	C20:1
HNUST	ICS	种子	河北张家口	33.00	86.58	5.86	205.00	0.03	0.11	13.64	0.17	7.53	14.82	53.60	4.82	2.22	3.07
ICS	ICS	种子	山东泰安	40.26	129.44	2.83	124.18		0.08	11.41	0.27	8.69	16.61	48.64	4.35	1.99	3.14
CAU	ICS	种子	陕西杨凌	24.00	99.57	6.89	142.37	0.39	0.09	6.82	0.14	1.99	14.09	72.81	0.92	0.12	0.06
OFPC	CNBG	种子	江苏南京	35.80	102.30		170.70			13.10		6.20	22.40	50.40	2.90	1.50	3.30

宽翅沙芥

Pugionium dolabratum var. **latipterum** S. L. Yang

十字花科，沙芥属

特征 一年生草本，高60~100 cm。茎直立，多数缠结成球形，直径50~100 cm。茎下部叶二回羽状全裂至深裂，长7~12 cm；茎中部叶一回羽状全裂，边缘稍内卷，下部叶及中部叶在花期枯萎；茎上部叶丝状线形，长3~5 cm，宽约1 mm，全缘，稍内卷，无叶柄。总状花序顶生，有时成圆锥花序；花梗长3~5 mm；萼片长圆形或倒披针形，长5~6 mm；花瓣浅紫色，线形或线状披针形，长12~15 mm，上部内弯。短角果连翅长3~3.5 cm，心室宽5~6 mm，长为宽的3~4倍，翅长5~15 mm，宽8~11 mm，翅比心室宽。花、果期6~8月。

分布 内蒙古：鄂尔多斯杭锦旗，39°27′24″N，106°40′24″E，1209 m，2012-08-22，刘慧娟400312023。生在半固定沙丘上。产于内蒙古。

栽培 播种繁殖。

用途 种子榨油，工业用途。

含油率及化学组分数据

采集单位	测试单位	测试部位	产地	含油率(%)	碘值	酸值	皂化值	C12:0	C14:0	C16:0	C16:1	C18:0	C18:1	C18:2	C18:3	C20:0	C20:1
IMAU	ICS	种子	内蒙古鄂尔多斯	34.55	126.71	3.54	137.66			3.17	0.25	1.19	15.69	29.82	21.30	0.95	4.36

萝卜

Raphanus sativus L.

十字花科，萝卜属

特征 二年或一年生草本，高20~100 cm。直根肉质，长圆形、球形或圆锥形。基生叶和下部茎生叶大头羽状半裂，长8~30 cm，宽3~5 cm，顶裂片卵形。总状花序顶生及腋生；花白色或粉红色，直径1.5~2 cm；花梗长5~15 mm；萼片长圆形，长5~7 mm；花瓣倒卵形，长1~1.5 cm，具紫纹，下部有长5 mm的爪。长角果圆柱形，长3~6 cm，宽10~12 mm。种子1~6个，卵形，微扁，长约3 mm，红棕色，有细网纹。花期4~5月；果期5~6月。

分布 湖南：吉首市矮寨乡德夯，28°19′52″N，109°35′53″E，258 m，2011-04-26，徐亮、朱群英40019101171。陕西：杨凌区西农农场，34°15′19″N，108°04′11″E，488 m，2010-05-30，薛帅、韩东倩400323075。辽宁：锦州，41°06′60″N，121°07′57″E，2011-09-25，郑宝江等400341160。

栽培 半耐寒蔬菜，喜温和凉爽、温差较大的气候。适宜于土层深厚，富含有机质，保水和排水良好，疏松肥沃的砂壤土为最好；土层过浅，心土紧实，易引起直根分歧；土壤过于黏重或排水不良，都会影响萝卜的品质。萝卜吸肥能力强，施肥应以迟效性有机肥为主，并注意氮、磷、钾的配合。

用途 根作蔬菜食用；种子、鲜根、枯根、叶皆入药，种子消食化痰，鲜根止渴、助消化，枯根利二便，叶治初痢，并预防痢疾；种子榨油工业用及食用。

含油率及化学组分数据

采集单位	测试单位	测试部位	产地	含油率(%)	碘值	酸值	皂化值	C12:0	C14:0	C16:0	C16:1	C18:0	C18:1	C18:2	C18:3	C20:0	C20:1
JSU	ICS	种子	湖南吉首	20.35	78.62	4.91	184.96		0.11	12.15	0.46	3.81	11.81	60.25	4.65	0.83	0.20
CAU	SCBG	种子	陕西杨凌	36.04	82.92	7.53	179.72		0.06		5.33	1.67	20.62	15.41	8.87	1.15	9.02
NEFU	SCBG	种仁	辽宁锦州	23.79	74.70	16.18	441.38	0.075	0.42	13.96	1.23	5.35	34.10	25.29	0.073	5.67	0.16
OFPC	IAE	种子	辽宁沈阳	31.60	102.40		179.60			3.70		0.70	13.1.	8.40	5.00	5.1.	
OFPC	IAE	种子	吉林长春	40.20	104.30		181.20			5.00		2.00	24.30	17.50	9.00	15.70	
OFPC	NIB	种子	陕西武功	39.70	97.80	10.20	172.00			5.90		2.00	27.80	14.90	7.60		11.60
OFPC	WHBG	种子	湖北武汉	36.90	97.50		175.00			6.20		1.70	18.40	9.20	3.10		14.30
OFPC	GXIB	种子	广西桂林	36.70	103.60		167.80	0.10	0.50	10.20		2.90	22.40	6.30	1.40	1.50	12.70

长羽裂萝卜

Raphanus sativus var. **longipinnatus** L. H. Bailey

十字花科，萝卜属

特征 二年生粗壮草本。根长大而坚实。基生叶长而窄，长30~60 cm，有裂片8~12对，无毛或有硬毛。总状花序顶生及腋生；花白色或粉红色，直径1.5~2 cm；花梗长5~15 mm；萼片长圆形，长5~7 mm；花瓣倒卵形，长1~1.5 cm，具紫纹，下部有长5 mm的爪。长角果圆柱形，长3~6 cm，宽10~12 mm，在种子间处缢缩，并形成海绵质横隔；顶端喙长1~1.5 cm；果梗长1~1.5 cm。种子1~6个，卵形，微扁，长约3 mm，红棕色，有细网纹。花期4~5月；果期5~6月。

分布 原产亚洲温带地区。我国各地有栽培。

栽培 播种繁殖。

用途 种子榨油，工业用途；肉质根可生食或作为蔬菜，又可腌渍，以便久藏；根和种子供药用。

含油率及化学组分数据

采集单位	测试单位	测试部位	产地	含油率(%)	碘值	酸值	皂化值	C12:0	C14:0	C16:0	C16:1	C18:0	C18:1	C18:2	C18:3	C20:0	C20:1
OFPC	SCBG	种子	广东肇庆	32.80	104.00		182.00			6.30		0.80	18.10	18.30			20.10

蓝花子（滨菜菔、茹菜、冬子菜）

Raphanus sativus var. **raphanistroides** (Makino) Makino

十字花科，萝卜属

特征 二年或一年生草本，茎高30~50 cm。茎有分枝，无毛，稍具粉霜。基生叶和下部茎生叶大头羽状半裂，长8~30 cm，宽3~5 cm，顶裂片卵形，侧裂片4~6对，长圆形，有钝齿，疏生粗毛，上部叶长圆形，有锯齿或近全缘。总状花序顶生及腋生；花淡红紫色，直径1. 5~2 cm；花梗长5~15 mm；萼片长圆形，长5~7 mm；花瓣倒卵形，长约2 cm，具紫纹，下部有长5 mm的爪。长角果长1~2 cm。花、果期4~6月。

分布 云南：寻甸县凤仪乡，25°53′25″N，103°04′50″E，2181 m，2009-10-25，王智、谭英、隋学艺400221077。野生或栽培。产于广西、浙江、台湾、四川、云南。朝鲜、日本也有分布。

栽培 播种繁殖。

用途 种子榨油，工业用途。

含油率及化学组分数据

采集单位	测试单位	测试部位	产地	含油率(%)	碘值	酸值	皂化值	C12:0	C14:0	C16:0	C16:1	C18:0	C18:1	C18:2	C18:3	C20:0	C20:1
KMIB	KMIB	果实	云南寻甸	44. 00	102. 40		179. 60		0. 26	6. 20	0. 69	2. 38	19. 94	16. 38		9. 93	0. 07

蔊菜（塘葛菜、江剪刀草）

Rorippa indica (L.) Hiern

十字花科，蔊菜属

特征 一年或二年生直立草本，高20~40 cm。植株较粗壮。茎单一或分枝。叶互生，基生叶及茎下部叶具长柄，叶形多变化。总状花序顶生或侧生，花小，多数，具细花梗；萼片4枚，卵状长圆形；花瓣4枚，黄色，匙形，基部渐狭成短爪，与萼片近等长；雄蕊6枚，2枚稍短。长角果线状圆柱形，短而粗，长1~2 cm，宽1~1. 5 mm，直立或稍内弯，成熟时果瓣隆起；果梗纤细。花期4~6月；果期6~8月。

分布 四川：红原县邛溪乡草原站，32°48′24″N，102°32′23″E，3240 m，2009-09-16，干友民400241064。生于路旁、田边、园圃、河边、屋边墙脚及山坡路旁等较潮湿处，海拔230~1450 m。产于广东、湖南、江西、福建、台湾、浙江、江苏、山东、河南、四川、云南、甘肃、陕西。日本、朝鲜、菲律宾、印度尼西亚、印度等也有分布。

栽培 播种季节在亚热带地区，全年均可栽培，其他地区可春、夏、秋或夏、秋栽培。

用途 全草入药，内服有解表健胃、止咳化痰、平喘、清热解毒、散热消肿等效；外用治痈肿疮毒及烫火伤。

含油率及化学组分数据

采集单位	测试单位	测试部位	产地	含油率(%)	碘值	酸值	皂化值	C12:0	C14:0	C16:0	C16:1	C18:0	C18:1	C18:2	C18:3	C20:0	C20:1
SAU	SCBG	种子	四川红原	34. 75	20. 83	19. 16	277. 07		0. 39	19. 52		3. 02	41. 77	24. 81	2. 30	0. 62	0. 58

白芥
Sinapis alba L.

十字花科，白芥属

特征 一年生草本，高达75 cm。茎直立，有分枝。下部叶大头羽裂，长5~15 cm，宽2~6 cm，有2~3对裂片，顶裂片宽卵形，长3. 5~6 cm，宽3. 5~4. 5 cm，常3裂，侧裂片长1. 5~2. 5 cm，宽5~15 mm，二者顶端皆圆钝或急尖，基部和叶轴会合，边缘有不规则粗锯齿，两面粗糙，有柔毛或近无毛；叶柄长1~1. 5 cm；上部叶卵形或长圆卵形，长2~4. 5 cm，边缘有缺刻状裂齿，叶柄长3~10 mm。总状花序有多数花，果期长达30 cm，无苞片；花淡黄色，直径约1 cm；花梗开展或稍外折，长5~14 mm；萼片长圆形或长圆状卵形，长4~5 mm，无毛或稍有毛，具白色膜质边缘；花瓣倒卵形，长8~10 mm，具短爪。长角果近圆柱形，长2~4 cm，宽3~4 mm，直立或弯曲，具糙硬毛，果瓣有3~7平行脉；喙稍扁压，剑状，长6~15 mm，常弯曲，向顶端渐细，有0~1种子，种子每室1~4粒，球形，直径约2 mm，黄棕色，有细窝穴。花、果期6~8月。

分布 重庆：南川区三泉镇三泉药研所，29°07′56″N，107°12′09″E，554 m，2010-05-06，刘正宇等4000231142。欧洲原产。我国安徽、山东、四川、新疆、山西、辽宁等地引种栽培。

栽培 播种繁殖。

用途 种子榨油，工业用途。

含油率及化学组分数据

采集单位	测试单位	测试部位	产地	含油率(%)	碘值	酸值	皂化值	C12:0	C14:0	C16:0	C16:1	C18:0	C18:1	C18:2	C18:3	C20:0	C20:1
CIPP	SCBG	种子	重庆南川	20. 16	73. 01	6. 64	430. 23	0. 06	0. 26	7. 12	0. 11	2. 71	18. 75	63. 04	1. 42	0. 42	0. 18
OFPC	CNBG	种子	江苏南京	29. 60	99. 90		174. 50			2. 70		0. 60	17. 20	6. 40	7. 50	0. 50	7. 80

遏蓝菜（菥蓂、灯盏蒿、乌蓝菜）
Thlaspi arvense L.

十字花科，菥蓂属

特征 一年生草本，高9~60 cm。株体无毛。茎直立，不分枝或分枝，具棱。基生叶倒卵状长圆形，长3~5 cm，宽1~1. 5 cm，顶端圆钝或急尖，基部抱茎，两侧箭形，边缘具疏齿；叶柄长1~3 cm。总状花序顶生；花白色，直径约2 mm；花梗细，长5~10 mm；萼片直立，卵形，长约2 mm，顶端圆钝；花瓣长圆状倒卵形，长2~4 mm，顶端圆钝或微凹。短角果倒卵形或近圆形，长13~16 mm，宽9~13 mm，扁平，顶端凹入，边缘有翅宽约3 mm。种子每室2~8粒，倒卵形，长约1. 5 mm，稍扁平，黄褐色，有同心环状条纹。花期3~4月；果期5~6月。

分布 四川：若尔盖县达扎寺多玛贝母山，33°32′15″N，103°01′35″E，2009-07-22，干友民400241017。新疆：阿勒泰喀纳斯国家级自然保护区，48°44′53″N，86°55′52″E，1668 m，2011-09-17，侯翼国、王茜4003311029。生在平地路旁、沟边或村落附近。分布几遍全国。亚洲、欧洲、非洲北部也有分布。

栽培 播种繁殖。

用途 种子油供制肥皂，也作润滑油。

含油率及化学组分数据

采集单位	测试单位	测试部位	产地	含油率(%)	碘值	酸值	皂化值	C12:0	C14:0	C16:0	C16:1	C18:0	C18:1	C18:2	C18:3	C20:0	C20:1
SAU	SCBG	种子	四川若尔盖	26. 46	22. 24	13. 98	66. 49		0. 39	19. 52		3. 02	41. 77	24. 81	2. 30	0. 62	0. 58
XIEG	SCBG	种子	新疆阿勒泰	27. 09	88. 99			0. 0034	0. 25	18. 13	0. 09	3. 65	7. 04	29. 59	40. 94	0. 17	0. 14
OFPC	NIB	种子	陕西太白	31. 70	114. 90	5. 10	173. 40			2. 30		3. 70	12. 60	17. 20	8. 60		10. 80
OFPC	KMIB	种子	云南丽江	25. 10			173. 40			7. 00			19. 80	38. 00			

腺蜡瓣花

Corylopsis glandulifera Hemsl.

金缕梅科，蜡瓣花属

特征 落叶灌木，高达3 m。嫩枝秃净无毛，老枝有皮孔，干后灰褐色；芽体长卵形，外面无毛。叶倒卵形或倒卵圆形，长5~8 cm，宽3.5~5.5 cm；先端略尖，基部不等侧微心形，或近于圆形；上面秃净无毛，下面有星状柔毛；侧脉6~8对；边缘上半部有锯齿；叶柄长6~10 mm，有短柔毛；托叶窄矩圆形，长1.5 cm，外面无毛。总状花序生于具有1~2片叶子的侧枝顶端，花序柄长8~13 mm，花序轴长3.5 cm，均秃净无毛；总苞状鳞片近圆形，长1 cm，外面无毛，内侧有丝毛；苞片卵圆形，长4 mm，外面儿无毛，或有稀疏柔毛；小苞片矩圆形，长3~4 mm，略有毛；萼筒无毛，萼齿卵形，先端略钝，无毛；花瓣匙形，长5~6 mm，宽4 mm。果序长4~6 cm；蒴果长6~8 mm，无毛。种子黑色，有光泽，长约4 mm，种脐白色。

分布 江西：玉山县三清山，28°55′53″N，118°03′51″E，1002 m，2009-09-01，廖文波等400141105。生于海拔1300 m的山坡，路旁。分布于江西、浙江、安徽。

栽培 喜温暖、湿润和有阳光的环境，也耐阴，较耐寒。播种繁殖为主，亦可行分蘖。种胚休眠期长，需经沙藏处理。分株宜在春季萌芽前进行，压条可在春季进行，于翌春剪离分栽。

用途 可用于园林绿化。

含油率及化学组分数据

采集单位	测试单位	测试部位	产地	含油率(%)	碘值	酸值	皂化值	C12:0	C14:0	C16:0	C16:1	C18:0	C18:1	C18:2	C18:3	C20:0	C20:1
SYSU	SCBG	种仁	江西玉山	54.11				0.06	0.02	3.73	0.18	1.05	50.52	42.84	0.06	0.95	0.13

瑞木（大果蜡瓣花）

Corylopsis multiflora Hance

金缕梅科，蜡瓣花属

特征 落叶或半常绿灌木，有时为小乔木。嫩枝有绒毛。叶薄革质，通常倒卵形或倒卵状椭圆形，长7~15 cm，宽4~8 cm，先端尖锐或渐尖，基部心形，上面脉上常有柔毛，下面有星毛；侧脉7~9对，边缘有锯齿，齿尖突出；叶柄长1~1.5 cm，有星毛；托叶矩圆形，长2 cm，有绒毛，早落。总状花序长2~4 cm，基部有叶1~5片；总苞状鳞片卵形，长1.5~2 cm，外面有灰白色柔毛；苞片卵形，长6~7 mm，有毛；小苞片1个，矩圆形，长5 mm，有毛；花序轴及花序柄均被毛；花梗短，长约1 mm，花后稍伸长；萼筒无毛，萼齿卵形，长1~1.5 mm；花瓣倒披针形，长4~5 mm，宽1.5~2 mm。果序长5~6 cm；蒴果硬木质，果皮厚，长1.2~2 cm，宽8~14 mm，无毛，有短柄，颇粗壮。种子黑色，长达1 cm。花期2~4月；果期5~7月。

分布 湖南：新宁县莨山镇八角寨，26°16′53″N，110°44′03″E，437 m，2010-10-04，严岳鸿、何祖霞400181172；永顺县小溪茶园溪，28°46′05″N，110°13′60″E，352 m，2010-10-03，徐亮、肖艳400191134。生于海拔1000~1500 m的沟谷林中或林缘溪边。分布于福建、台湾、广东、广西、贵州、湖南、湖北、云南等地。

栽培 播种繁殖。

用途 植于园林中供观赏。

含油率及化学组分数据

采集单位	测试单位	测试部位	产地	含油率(%)	碘值	酸值	皂化值	C12:0	C14:0	C16:0	C16:1	C18:0	C18:1	C18:2	C18:3	C20:0	C20:1
HUST	HUST	种仁	湖南新宁	21.37	150.02	2.65	177.87	8.10		19.65			26.60	45.66			
JSU	SCBG	种仁	湖南永顺	10.56					0.35	11.17	5.46	2.58	12.70	59.56	3.99	0.41	
OFPC	GXIB	种子	广西融水	51.50	164.20		188.20			14.10		6.60	18.30	33.60	26.50	0.90	

蜡瓣花

Corylopsis sinensis Hemsl.

金缕梅科，蜡瓣花属

特征 落叶灌木。嫩枝有柔毛，老枝秃净，有皮孔；芽体椭圆形，外面有柔毛。叶薄革质，倒卵圆形或倒卵形，长5~9 cm，宽3~6 cm；先端急短尖或略钝，基部不等侧心形；上面秃净无毛，下面有灰褐色星状柔毛；侧脉7~8对，最下1对侧脉靠近基部，边缘有锯齿，齿尖刺毛状；叶柄长约1 cm，有星毛；托叶窄矩形，长约2 cm，略有毛。总状花序长3~4 cm，花序柄长约1.5 cm，被毛，花序轴长1.5~2.5 cm，有长绒毛；总苞鳞片卵圆形，长约1 cm，外面有柔毛，内面有长丝毛；苞片卵形，长5 mm，外面有毛；小苞片矩圆形，长3 mm；萼筒有星状绒毛，萼齿卵形，先端略钝，无毛；花瓣匙形，长5~6 mm，宽约4 mm；雄蕊比花瓣略短，长4~5 mm；退化雄蕊2裂，先端尖，与萼齿等长或略超出；子房有星毛，花柱长6~7 mm，基部有毛。果序长4~6 cm；蒴果近圆球形，长7~9 mm，被褐色柔毛。种子黑色，长5 mm。花期3~5月；果期7~8月。

分布 湖北：武汉植物园，30°32′46″N，114°25′05″E，31 m，2010-11-10，李晓东、昝艳燕、罗曼曼400121151。江西：九江市庐山自然保护区，29°33′20″N，115°57′17″E，850 m，2010-11-07，李朋远、林意漫400148008。生于海拔1000~1500 m的山地林中、林缘或沟谷溪边。产于广东、广西、湖南、江西、福建、台湾、浙江、安徽、四川、云南、贵州、湖北、陕西等地。

栽培 喜阳光，也耐阴，较耐寒，宜温暖湿润。适宜富含腐殖质的酸性或微酸性土壤。繁殖以播种为主，亦可分株和压条。播种：种胚休眠期长，种子需经沙藏处理。分株：宜在春季萌芽前进行。压条：可在春季进行，于翌春剪离分栽。苗期消灭病种害，能减轻病虫害的发生。

用途 种子榨油可工业用。春日先叶开花，花序累累下垂，光泽如蜜蜡，色黄而具芳香，枝繁叶茂，清丽宜人。适于庭园内配植或盆栽观赏。花枝可作瓶插材料。

含油率及化学组分数据

采集单位	测试单位	测试部位	产地	含油率(%)	碘值	酸值	皂化值	C12:0	C14:0	C16:0	C16:1	C18:0	C18:1	C18:2	C18:3	C20:0	C20:1
SCU	WHBG	种仁	湖北武汉	11.45						8.40		3.40	11.50	27.80	47.80	0.10	0.70
SYSU	SCBG	种仁	江西九江	34.54				0.01	0.02	2.65	0.06	0.93	8.85	28.96	57.65	0.75	0.12

长柄双花木

Disanthus cercidifolius suobsp. **longipes** (H.T. Chang K.Y. Pan)

金缕梅科，双花木属

特征 多分枝灌木。小枝屈曲。叶片的宽度大于长度，阔卵圆形，长5~8 cm，宽6~9 cm，先端钝或为圆形，背部不具灰色。果序柄较长，长1.5~3.2 cm。花期10~12月；果期翌年9～10月。

分布 江西：吉安县井冈山，26°33′26″N，114°09′17″E，2009-09-04，廖文波等400142008。只见于海拔1600 m以上的山峰。分布于我国江西东部的军峰山及湖南的常宁及道县，以及湘粤交界的莽山。

栽培 种子繁殖。

用途 栽培供观赏。

含油率及化学组分数据

采集单位	测试单位	测试部位	产地	含油率(%)	碘值	酸值	皂化值	C12:0	C14:0	C16:0	C16:1	C18:0	C18:1	C18:2	C18:3	C20:0	C20:1
SYSU	SCBG	种仁	江西吉安	30.00				0.03	0.13	12.84	0.30	2.14	38.69	44.88	0.65	0.18	0.16

蚊母树

Distylium racemosum Siebold et Zucc.

金缕梅科，蚊母树属

特征 常绿灌木或中乔木。嫩枝有鳞垢，老枝秃净。叶革质，椭圆形或倒卵状椭圆形，长3~7 cm，宽1. 5~3. 5 cm，先端钝或略尖，基部阔楔形，侧脉5~6对，网脉在上下两面均不明显，边缘无锯齿；叶柄长5~10 mm，略有鳞垢。托叶细小，早落。总状花序长约2 cm，花序轴无毛；总苞2~3枚，卵形，有鳞垢；苞片披针形，长3 mm，花雌雄同在一个花序上，雌花位于花序的顶端；萼筒短，萼齿大小不相等，被鳞垢；雄蕊5~6枚，花丝长约2 mm，花药长3. 5 mm，红色；子房有星状绒毛，花柱长6~7 mm。蒴果卵圆形，长1~1. 3 cm，先端尖，外面有褐色星状绒毛，上半部两片裂开，每片2浅裂，不具宿存萼筒，果梗短，长不及2 mm。种子卵圆形，长4~5 mm，深褐色、发亮，种脐白色。花期4~6月；果期6~8月。

分布 河南：郑州市惠济区，34°45′15″N，113°39′50″E，2011-10-05，王亚平、武振江、李丹凤400314056。浙江：舟山市普陀山，30°21′12″N，122°13′14″E，12 m，2009-11-14，王发国、翟俊文400113035。生于海拔1000~1300 m的森林。分布于海南、广东、福建、台湾、浙江。亦见于朝鲜以及日本琉球。

栽培 喜光，能耐阴。喜温暖、湿润气候，耐寒性不强。对土壤要求不严，耐贫瘠。播种或扦插繁殖。播种：在9月采收果实，日晒脱粒，净种后干藏，至翌年2~3月播种。扦插：在3月用硬枝踵状插，也可在梅雨季用嫩枝踵状插。移植在10月中旬至11月下旬，或2月下旬至4月上旬进行，需带土球。栽后适当疏去枝叶，可保证成活。注意在未形成虫瘿和产卵之前，应及时用农药乐果喷杀防治。注意修剪。

用途 园林观赏树种。种子榨油可工业用。

含油率及化学组分数据

采集单位	测试单位	测试部位	产地	含油率(%)	碘值	酸值	皂化值	C12:0	C14:0	C16:0	C16:1	C18:0	C18:1	C18:2	C18:3	C20:0	C20:1
HNAU	ICS	种子	河南郑州	21. 90	42. 98	3. 52	180. 59			10. 39		3. 84	15. 75	45. 32	23. 48	0. 25	0. 65
SCBG	SCBG	种仁	浙江舟山	30. 14				0. 003	0. 01	12. 25	0. 06	4. 93	37. 96	43. 89	0. 46	0. 29	0. 16
OFPC	CNBG	种子	江苏南京	23. 20	146. 3.		192. 10			10. 70		3. 30	11. 30	49. 70	24. 50	0. 50	

牛鼻栓

Fortunearia sinensis Rehd. et Wils.

金缕梅科，牛鼻栓属

特征 落叶灌木或小乔木，高5 m。嫩枝有灰褐色柔毛，老枝秃净无毛，有稀疏皮孔；芽体细小，被星毛。叶膜质，倒卵形或倒卵状椭圆形，长7~16 cm，宽4~10 cm，先端锐尖，基部圆形或钝，稍偏斜，下面脉上有长毛，侧脉6~10对，边缘有锯齿，齿尖稍向下弯；叶柄长4~10 mm，有毛；托叶早落。两性花的总状花序长4~8 cm，花序柄长1~1. 5 cm，花序轴长4~7 cm，均有绒毛；苞片及小苞片披针形，长约2 mm，有星毛；萼筒长1 mm，无毛，萼齿卵形，长1. 5 mm，先端有毛；花瓣狭披针形，比萼齿为短；雄蕊近于无柄，花药卵形，长1 mm；子房略有毛，花柱长1. 5 mm，反卷；花梗长1~2 mm，有星毛。蒴果卵圆形，长1. 5 cm，外面无毛，有白色皮孔，沿室间2片裂开，每片2浅裂，果瓣先端尖，果梗长5~10 mm。种子卵圆形，长约1 cm，宽5~6 mm，褐色，有光泽，种脐马鞍形，稍带白色。花期3~4月；果期5~6月。

分布 安徽：金寨县天堂寨，31°06′37″N，115°46′59″E，812 m，2012-10-20，刘东明、王鹏40011300063。河南：鲁山县鲁山，33°42′50″N，112°30′40″E，1298 m，2011-07-31，王亚平、陈明400314029；信阳波尔登公园，31°51′38″N，114°05′31″E，272 m，2012-09-15，王亚平400314212。生于800~1000 m的密林。分布于江西、浙江、江苏、安徽、湖北、四川、河南、陕西等地。

栽培 播种繁殖。

用途 栽培供观赏。

含油率及化学组分数据

采集单位	测试单位	测试部位	产地	含油率(%)	碘值	酸值	皂化值	C12:0	C14:0	C16:0	C16:1	C18:0	C18:1	C18:2	C18:3	C20:0	C20:1
SCBG	SCBG	种仁	安徽金寨	38. 15	29. 26	0. 85	229. 16	0. 04		5. 30	0. 13	0. 57	13. 55	11. 93	8. 72	0. 39	0. 15
HNAU	ICS	种子	河南鲁山	6. 54	110. 57	27. 82	124. 93	2. 13	0. 09	10. 17		5. 09	12. 91	42. 51	26. 29	0. 32	0. 19
HNAU	ICS	种子	河南信阳	8. 61	85. 41	14. 02	191. 51		0. 06	9. 33		5. 74	14. 29	43. 02	26. 49	0. 27	
OFPC	WHBG	种子	湖北罗田	15. 50	145. 10		192. 10			12. 20		2. 60	17. 70	49. 40	18. 10		

缺萼枫香树

Liquidambar acalycina H.T. Chang

金缕梅科，枫香树属

特征 落叶乔木，高达25 m。树皮黑褐色。小枝无毛，有皮孔。叶阔卵形，掌状3裂，长8~13 cm，宽8~15 cm，中央裂片较长，先端尾状渐尖，两侧裂片三角卵形，稍平展，上下两面均无毛；掌状脉3~5条，在上面很显著，在下面凸起，网脉在上下两面均明显，边缘有锯齿，齿尖有腺状突出；叶柄长4~8 cm；托叶线形，长3~10 mm，着生于叶柄基部，有褐色绒毛。雄性短穗状花序多个排成总状花序，花序柄长约3 cm，花丝长1. 5 mm，花药卵圆形；雌性头状花序单生于短枝的叶腋内，有雌花15~26朵，花序柄长3~6 cm，略被短柔毛；萼齿不存在，或为鳞片状，有时极短，花柱长5~7 mm，被褐色短柔毛，先端卷曲。头状果序宽2. 5 cm，干后变黑褐色，疏松易碎，宿存花柱粗而短，稍弯曲，不具萼齿。种子多数，褐色，有棱。花期3~6月；果期7~9月。

分布 江西：玉山县三清山，28°55′43″N，118°03′14″E，2009-10-24，廖文波等400141176。多生于海拔600~1000 m以上的山地和常绿树混交。分布于广东、广西、江西、浙江、江苏、安徽、四川、贵州、湖北等地。

栽培 喜温暖、湿润气候，性喜光，幼树稍耐阴。耐干旱瘠薄土壤，不耐水涝。可采用条播或撒播。

用途 种子榨油可工业用。

含油率及化学组分数据

采集单位	测试单位	测试部位	产地	含油率(%)	碘值	酸值	皂化值	C12:0	C14:0	C16:0	C16:1	C18:0	C18:1	C18:2	C18:3	C20:0	C20:1
SYSU	SCBG	种仁	江西玉山	61. 53				0. 004	0. 07	10. 03	0. 16	2. 77	9. 58	76. 98	0. 21	0. 09	0. 09

檵木

Loropetalum chinense (R. Br.) Oliv.

金缕梅科，檵木属

特征 灌木，有时为小乔木。多分枝，小枝有星毛。叶革质，卵形，长2~5 cm，宽1. 5~2. 5 cm，先端尖锐，基部钝，不等侧，上面略有粗毛或秃净，下面被星毛，侧脉约5对，在上面明显，在下面凸起，全缘；叶柄长2~5 mm，有星毛；托叶膜质，三角状披针形，长3~4 mm，宽1. 5~2 mm，早落。花3~8朵簇生，有短花梗，白色，花序柄长约1 cm，被毛；苞片线形，长3 mm；萼筒杯状，被星毛，萼齿卵形，长约2 mm，花后脱落；花瓣4枚，带状，长1~2 cm，先端圆或钝；雄蕊4枚，花丝极短，药隔突出成角状；退化雄蕊4枚，鳞片状，与雄蕊互生；子房完全下位，被星毛，花柱极短，长约1 mm；胚珠1颗，垂生于心皮内上角。蒴果卵圆形，长7~8 mm，宽6~7 mm，先端圆，被褐色星状绒毛，萼筒长为蒴果的2/3。种子圆卵形，长4~5 mm，黑色，发亮。花期3~4月；果期5~7月。

分布 湖南：湘潭县法华山，27°52′26″N，113°02′43″E，2010-10-01，严岳鸿、何祖霞400181168；吉首小溪，28°20′38″N，109°43′42″E，386 m，2009-07-12，陈功锡、徐亮400191076。安徽：宣城市宁国县方塘，30°28′49″N，118°43′45″E，160 m，2012-10-01，李星霖、刘巧霞、程志全4001171215。湖北：兴山县百羊寨，31°20′42″N，110°30′31″E，855 m，2011-06-13，丁时东400151125。喜生于向阳的丘陵及山地，亦常出现在马尾松林及杉林下，是一种常见的灌木。分布于我国中部、南部以及西南各地。亦见于日本、印度。

栽培 播种繁殖。种子于10月采收，11月即可播种，或将种子密封储藏，到翌春播种。经育苗2年可出圃定植。

用途 根、叶可用于治疗跌打损伤，叶亦可止血；种子榨油可工业用。花形奇特，秀丽别致，可作优良的观赏植物。

含油率及化学组分数据

采集单位	测试单位	测试部位	产地	含油率(%)	碘值	酸值	皂化值	C12:0	C14:0	C16:0	C16:1	C18:0	C18:1	C18:2	C18:3	C20:0	C20:1
HUST	HUST	种仁	湖南湘潭	14. 41	90. 09	5. 45	58. 14			8. 69				25. 12	40. 14	26. 05	
JSU	SCBG	种仁	湖南吉首	15. 54				0. 19	0. 06	16. 52	0. 28	5. 03	25. 31	47. 35	2. 19	1. 44	0. 32
ECNU	SCBG	种仁	安徽宣城	20. 14	149. 34	0. 86	201. 96		0. 26	5. 38	0. 12	2. 45	30. 36	50. 55	4. 03	2. 31	0. 22
OCRI	SCBG	种仁	湖北兴山	9. 29	85. 23	14. 41	148. 00		0. 02	4. 37	0. 06	1. 81	9. 04	26. 96	55. 03	0. 86	0. 06
OFPC	SCBG	种子	广东乳源	14. 10	145. 60		190. 30		0. 10	10. 10		3. 80	22. 80	36. 40	26. 80		

壳菜果
Mytilaria laosensis Lec.

金缕梅科，壳菜果属

特征 常绿乔木，高达30 m。小枝粗壮，有环状托叶痕。叶革质，阔卵圆形，全缘，或幼叶先端3浅裂，长10~13 cm，宽7~10 cm，先端短尖，基部心形，两面无毛，掌状脉5条，两面明显可见，网脉不大明显；叶柄长7~10 cm，圆筒形，无毛。肉穗状花序顶生或腋生，单独，花序轴长4 cm，花序柄长2 cm，无毛；花多数，紧密排列在花序轴；萼筒藏在肉质花序轴中，与子房壁连生，萼片5~6枚，卵圆形，长1. 5 mm，先端略尖，外侧有毛；花瓣带状舌形，长8~10 mm，白色；雄蕊10~13枚，花丝极短，花药藏在稍为扩大的药隔里；子房下位，2室，每室有胚珠6颗，花柱长2~3 mm，柱头有乳状突。蒴果长1. 5~2 cm，外果皮厚，黄褐色，松脆易碎；内果皮木质或软骨质，较外果皮为薄。种子长1~1. 2 cm，宽5~6 mm，褐色，有光泽，种脐白色。花期3~6月；果期7~9月。

分布 广东：乐昌龙山，25°13′44″N，113°27′47″E，2012-11-08，王发国、于海玲4001192210。生于海拔1000 m的密林中。分布于广东的西部、广西的西部、云南的东南部。老挝以及越南的北部也有分布。

栽培 播种或分株繁殖。

用途 种子榨油可工作用。园林上常植于庭园、绿地作风景树或作行道树。

含油率及化学组分数据

采集单位	测试单位	测试部位	产地	含油率(%)	碘值	酸值	皂化值	C12:0	C14:0	C16:0	C16:1	C18:0	C18:1	C18:2	C18:3	C20:0	C20:1
SCBG	SCBG	种仁	广东乐昌	28. 17	72. 89	2. 02	532. 75	0. 05	0. 05	6. 36	0. 20	4. 30	32. 03	39. 72	8. 34	1. 01	7. 93
OFPC	GXIB	种子	广西宁明	38. 10			184. 40	0. 40		34. 50		14. 80	36. 90	10. 10	1. 30	1. 10	
OFPC	XTBG	种子	云南勐腊	36. 80	152. 10	1. 70	186. 80			13. 40		5. 40	16. 30	32. 30	31. 70	0. 90	

红花荷
Rhodoleia championii Hook. f.

金缕梅科，红花荷属

特征 常绿乔木高12 m。嫩枝颇粗壮，无毛，干后皱缩，暗褐色。叶厚革质，卵形，长7~13 cm，宽4. 5~6. 5 cm，先端钝或略尖，基部阔楔形，有三出脉，两面无毛，侧脉7~9对，在两面均明显，网脉不显著；叶柄长3~5. 5 cm。头状花序长3~4 cm，常弯垂；花序柄长2~3 cm，有鳞状小苞片5~6片，总苞片卵圆形，大小不相等，最上部的较大，被褐色短柔毛；萼筒短，先端平截；花瓣匙形，长2. 5~3. 5 cm，宽6~8 mm，红色；雄蕊与花瓣等长，花丝无毛；子房无毛，花柱略短于雄蕊。头状果序宽2. 5~3. 5 cm，有蒴果5个；蒴果卵圆形，长1. 2 cm，无宿存花柱，果皮薄木质，干后上半部4片裂开。种子扁平，黄褐色。花期3~4月；果期5~8月。

分布 广东：从化市桃园镇石门国家森林公园，23°31′14″N，113°34′55″E，92 m，2009-11-05，易绮斐、林铎清、徐蕾400119011。生于海拔1000 m的密林种。产于海南、广东（中部）、香港、贵州。印度尼西亚、缅甸、越南、马来西亚也有分布。

栽培 幼树耐阴，成年后较喜光。以播种为主。采种：种子10~11月上旬成熟，果熟时由灰青色转为黄绿色；蒴果熟后开裂，种子飞散，要及时采收，采回后晾至果壳开裂，筛取种子，进行干藏。

用途 种子榨油可工业用。优良的木本观赏花卉，早春开花，极为美丽壮观。

含油率及化学组分数据

采集单位	测试单位	测试部位	产地	含油率(%)	碘值	酸值	皂化值	C12:0	C14:0	C16:0	C16:1	C18:0	C18:1	C18:2	C18:3	C20:0	C20:1
SCBG	SCBG	种仁	广东从化	31. 6				0. 0055	0. 04	6. 50	0. 17	3. 10	18. 39	60. 15	5. 95	0. 35	5. 35

落新妇（小升麻、术活、马尾参）

Astilbe chinensis (Maxim.) Franch. et Sav.

虎耳草科，落新妇属

特征 多年生草本，高50~100 cm。根状茎暗褐色，须根多数，茎无毛。基生叶为二至三回三出羽状复叶；顶生小叶片菱状椭圆形，侧生小叶片卵形至椭圆形，长1. 8~8 cm，宽1. 1~4 cm，先端短渐尖至急尖，边缘有重锯齿，基部楔形、浅心形至圆形，腹面沿脉生硬毛，背面沿脉疏生硬毛和小腺毛；叶轴仅于叶腋部具褐色柔毛；茎生叶2~3，较小。圆锥花序长8~37 cm，宽3~4（~12）cm；下部第一回分枝长4~11. 5 cm，通常与花序轴成15°~30°角斜上；花序轴密被褐色卷曲长柔毛；苞片卵形，几无花梗；花密集；萼片5枚，卵形，长1~1. 5 mm，宽约0. 7 mm，两面无毛，边缘中部以上生微腺毛；花瓣5枚，淡紫色至紫红色，线形，长4. 5~5 mm，宽0. 5~1 mm，单脉。蓇果长约3 mm。种子褐色，长约1. 5 mm。花、果期6~9月。

分布 黑龙江：伊春市小兴安岭，47°43′51″N，128°52′10″E，797 m，2010-08-15，陈连江、卞勇、潘伟400351040。生于海拔390~3600 m的山谷、溪边、林下、林缘和草甸等处。产于湖南、江西、浙江、山东、河南、湖北、四川、云南、青海（东部）、甘肃（东部和南部）、陕西、山西、河北、辽宁、吉林、黑龙江等省。俄罗斯以及朝鲜、日本也有分布。

栽培 落新妇性耐寒，喜半阴及湿润环境。播种或分株繁殖。播种：春、秋两季均可进行，因种子较细小，播种不需盖土，可用木板将种子压入土中。分株：一般在秋季进行，将母株挖起，从根茎处用利刀切开，另行栽植即可。落新妇喜阴湿的环境，家庭种植如不注意喷雾增湿，很容易出现叶片焦边、卷曲的现象。

用途 全草含氰酸，花含槲皮素（quercetin），根和根状茎含岩白菜素（bergenin），根状茎、茎、叶含鞣质。可提制栲胶；根状茎入药，辛、苦，温，可散瘀止痛，祛风除湿，清热止咳。

含油率及化学组分数据

采集单位	测试单位	测试部位	产地	含油率(%)	碘值	酸值	皂化值	C12:0	C14:0	C16:0	C16:1	C18:0	C18:1	C18:2	C18:3	C20:0	C20:1
SBRI	SCBG	种仁	黑龙江伊春	32. 08	23. 45	4. 78	172. 59	0. 02	0. 11	15. 77	1. 87	3. 23	5. 79	68. 12	3. 44	0. 88	0. 78

宁波溲疏

Deutzia ningpoensis Rehder

虎耳草科，溲疏属

特征 灌木，高1~2. 5 m。老枝灰褐色，无毛，表皮常脱落；花枝长10~18 cm，具6叶，红褐色，被星状毛。叶厚纸质，卵状长圆形或卵状披针形，长3~9 cm，宽1. 5~3 cm，先端渐尖或急尖，基部圆形或阔楔形，边缘具疏离锯齿或近全缘，上面绿色，疏被星状毛，下面密被12~15辐线星状毛，侧脉5~6条；花枝上叶柄长5~10 mm，聚伞状圆锥花序，疏被星状毛；花蕾长圆形；花冠直径1~1. 8 cm；花梗长3~5 mm；萼筒杯状，高3~4 mm，直径约3 mm，裂片卵形或三角形，与萼筒均密被10~15辐线星状毛；花瓣白色，长圆形，先端急尖，中部以下渐狭，外面被星状毛，花蕾时内向镊合状排列；外轮雄蕊长3~4 mm，内轮雄蕊较短，两轮形状相同；花丝先端2短齿，齿平展，长不达花药，花药球形，具短柄，从花丝裂齿间伸出；花柱3~4，长约6 mm，柱头稍弯。蒴果半球形，直径4~5 mm，密被星状毛。花期5~7月；果期9~10月。

分布 江西：玉山县三清山，28°55′53″N，118°03′21″E，2009-09-01，廖文波等400141117。生于海拔500~800 m的山谷或山坡林中。产于江西、福建、浙江、安徽、湖北、陕西。

栽培 播种、分株、压条或扦插繁殖。

用途 观赏树种。种子榨油可工业用。

含油率及化学组分数据

采集单位	测试单位	测试部位	产地	含油率(%)	碘值	酸值	皂化值	C12:0	C14:0	C16:0	C16:1	C18:0	C18:1	C18:2	C18:3	C20:0	C20:1
SYSU	SCBG	种仁	江西玉山	31. 62				0. 004	0. 01	6. 13	0. 08	1. 83	85. 34	6. 46	0. 05	0. 06	0. 03

圆锥绣球

Hydrangea paniculata Sieb. et Zucc.

虎耳草科，绣球属

特征 灌木，高1~5m。叶纸质，2~3片对生或轮生，卵形或椭圆形，长5~14cm，宽2~6.5cm，先端渐尖或急尖，具短尖头，基部圆形或阔楔形，边缘有密集稍内弯的小锯齿，上面无毛或有稀疏糙伏毛，下面于叶脉和侧脉上被紧贴长柔毛;侧脉6~7对，上部微弯，小脉稠密网状，下面明显;叶柄长1~3cm。圆锥状聚伞花序尖塔形，长达26cm，序轴及分枝密被短柔毛;不育花较多，白色；萼片4，阔椭圆形或近圆形，不等大，结果时长1~1.8cm，宽0.8~1.4cm，先端圆或微凹，全缘;孕性花萼筒陀螺状，长约1.1mm，萼齿短三角形，长约1mm，花瓣白色，卵形或卵状披针形，长2.5~3mm，渐尖;雄蕊不等长，长的长达4.5mm，短的略短于花瓣，花药近圆形，长约0.5mm;子房半下位，花柱3，钻状，长约1mm，直，基部连合，柱头小，头状。蒴果椭圆形，不连花柱长4~5.5mm，宽3~3.5mm，顶端突出部分圆锥形，其长约等于萼筒;种子褐色，扁平，具纵脉纹，轮廓纺锤形，两端具翅，连翅长2.5~3.5mm，其中翅长0.8~1.2mm，先端的翅稍宽。花期7~8月，果期10~11月。

分布 福建：武夷山星村黄岗山河边，27°44′57″N，117°40′43″E，724 m，2012-11-18，易绮斐、宁阳阳、李玉玲400119261。生于山谷溪边疏林或密林，或山坡、山顶灌丛或草丛中，海拔360~2000 m。产于华东、华中、华南、西南及甘肃等地。日本也有分布。

栽培 喜温暖、湿润的半阴环境，不耐旱，不耐寒。喜肥，需水量较多，但忌水涝，适宜在排水良好的酸性土壤中生长。可用扦插法或分株法进行繁殖。扦插宜在春、夏季进行。分株繁殖宜在早春植株萌发前进行。

用途 种子榨油可工业用。叶大花美，很好的园林观赏树种。

含油率及化学组分数据

采集单位	测试单位	测试部位	产地	含油率(%)	碘值	酸值	皂化值	C12:0	C14:0	C16:0	C16:1	C18:0	C18:1	C18:2	C18:3	C20:0	C20:1
SCBG	SCBG	种仁	福建武夷山	35.42	63.65	21.64	414.98										

挂苦绣球（黄脉绣球、黄枝挂苦子树、排毛绣球）

Hydrangea xanthoneura Diels

虎耳草科，绣球属

特征 灌木至小乔木，高1~7 m。小枝常具皮孔。叶纸质至厚纸质，通常椭圆形，长8~18 cm，宽3~10 cm，先端短渐尖或急尖，基部阔楔形或近圆形，边缘有密而锐尖的锯齿，两面无毛或仅脉上被毛；侧脉7~8对，直，斜举，近边缘稍弯拱，向上延伸，彼此以上横脉相连，并有支脉直达齿端，三级脉通常明显，横出，与小脉在下面微凸，网眼小而密集。伞房状聚伞花序顶生，直径10~20 cm，顶端常弯拱；分枝3，不等粗，亦不等长，中间1枝常较粗长，被短糙伏毛；不育花萼片4枚，偶有5枚，淡黄绿色，广椭圆形至近圆形，长1~3.5 cm，宽1~2.5 cm；孕性花萼筒浅杯状，萼齿三角形，与萼筒近等长；花瓣白色或淡绿色，长卵形，长约2.5 mm，先端风帽状。蒴果卵球形，不连花柱长3~3.5 mm，宽约3 mm，顶端突出部分圆锥形。种子褐色或淡褐色，椭圆形或纺锤形。花期7月；果期9~10月。

分布 四川：宝兴县硗碛藏族乡，30°41′11″N，102°41′26″E，2600 m，2010-09-08，干友民400241070。生于山腰密林或疏林中或山顶灌丛中，海拔1600~2900 m。产于四川各地以及贵州（雷山、水城）、云南（绿春、丽江、永善）。

栽培 性喜阴湿，怕旱又怕涝。常用扦插、分株、压条和嫁接繁殖。扦插可于梅雨期间进行，成活后第二年可移植。分株则宜在早春萌芽前进行。压条可在芽萌动时进行，翌年春季与母株切断，带土移植，当年可开花。嫁接用琼花实生苗作砧木，春季切接，容易成活。雨季要注意排水，防止受涝引起烂根。

用途 种子榨油可工业用。

含油率及化学组分数据

采集单位	测试单位	测试部位	产地	含油率(%)	碘值	酸值	皂化值	C12:0	C14:0	C16:0	C16:1	C18:0	C18:1	C18:2	C18:3	C20:0	C20:1
SAU	SCBG	种子	四川宝兴	34.60	99.02	33.54	140.69	0.02	0.06	6.55	0.27	1.95	30.49	57.41	1.82	1.06	0.37

扯根菜（干黄草、水杨柳、水泽兰）

Penthorum chinense Pursh

虎耳草科，扯根菜属

特征　多年生草本，高40~65 cm。根状茎分枝；茎不分枝，稀基部分枝，具多数叶，中下部无毛，上部疏生黑褐色腺毛。叶互生，无柄或近无柄，披针形至狭披针形，长4~10 cm，宽0. 4~1. 2 cm，先端渐尖，边缘具细重锯齿，无毛。聚伞花序具多花，长1. 5~4 cm，花序分枝与花梗均被褐色腺毛；苞片小，卵形至狭卵形；花梗长1~2. 2 mm；花小型，黄白色；萼片5枚，革质，三角形，长约1. 5 mm，宽约1. 1 mm，无毛，单脉，无花瓣；雄蕊10，长约2. 5 mm；雌蕊长约3. 1 mm，心皮5（~6）枚，下部合生；子房5（~6）室，胚珠多数，花柱5（~6），较粗。蒴果红紫色，直径4~5 mm。种子多数，卵状长圆形，表面具小丘状凸起。花、果期7~10月。

分布　湖南：吉首德夯，28°32′23″N，109°35′25″E，2012-08-07，陈功锡、张洁40019102217。生于海拔90~2200 m的林下、灌丛草甸及水边。产于广东、广西、湖南、江苏、江西、浙江、安徽、河南、湖北、四川、贵州、云南、甘肃、陕西、河北、辽宁、吉林、黑龙江等省区。日本、朝鲜以及俄罗斯远东地区均有分布。

栽培　播种繁殖。

用途　全草入药；甘、温；利水除湿，祛瘀止痛，主治黄疸、水肿、跌打损伤等；嫩苗可供蔬食。

含油率及化学组分数据

采集单位	测试单位	测试部位	产地	含油率(%)	碘值	酸值	皂化值	C12:0	C14:0	C16:0	C16:1	C18:0	C18:1	C18:2	C18:3	C20:0	C20:1
JSU	SCBG	种仁	湖南吉首	20. 34					0. 12	16. 02		3. 27	39. 73	29. 85	0. 17	2. 42	0. 44

山梅花

Philadelphus incanus Koehne

虎耳草科，山梅花属

特征　灌木，高1. 5~3. 5 m。二年生小枝灰褐色，当年生小枝浅褐色或紫红色，被微柔毛或有时无毛。叶卵形或阔卵形，长6~12. 5 cm，宽8~10 cm，先端急尖，基部圆形，花枝上叶较小，卵形、椭圆形至卵状披针形，长4~8. 5 cm，宽3. 5~6 cm，先端渐尖，基部阔楔形或近圆形，边缘具疏锯齿，上面被刚毛，下面密被白色长粗毛，叶脉离基出3~5条；叶柄长5~10 mm。总状花序有花5~7（~11）朵，下部的分枝有时具叶；花序轴长5~7 cm，疏被长柔毛或无毛；花梗长5~10 mm，上部密被白色长柔毛花冠盘状，直径2. 5~3 cm；花瓣白色，卵形或近圆形，基部急收狭，长13~15 mm，宽8~13 mm。蒴果倒卵形。花期5~6月；果期7~8月。

分布　四川：宝兴县硗碛藏族乡，30°41′12″N，102°41′40″E，2571 m，2010-09-08，干友民400241080。河南：鲁山县鲁山，33°42′09″N，112°30′37″E，1805 m，2011-07-30，王亚平、陈明400314025。生于海拔1200~1700 m的林缘灌丛中。产于安徽、河南、湖北、四川、甘肃、陕西、山西。欧洲、美洲各地的一些植物园有引种栽培。

栽培　适应性强。怕水涝，喜肥沃而排水良好的酸性土壤。用播种、分株、扦插法繁殖。播种时苗床要精细整地、压平，播种后覆土以不见种子为度，上覆草；出苗后逐步揭除盖草，同搭棚遮阴，加强肥水管理翌年春可换床分栽。分株可在春季萌芽时进行。扦插多在春季进行硬枝扦插，也可在梅雨季节进行嫩枝扦插。

用途　种仁榨油可工业用。园林应用植物。

含油率及化学组分数据

采集单位	测试单位	测试部位	产地	含油率(%)	碘值	酸值	皂化值	C12:0	C14:0	C16:0	C16:1	C18:0	C18:1	C18:2	C18:3	C20:0	C20:1
SAU	SCBG	种仁	四川宝兴	66. 90	122. 23	13. 31	189. 56								–		
HNAU	ICS	种子	河南鲁山	6. 29	19. 84	21. 34	118. 73		0. 11	6. 46		1. 32	10. 66	77. 21	2. 20	0. 17	0. 15

大刺茶藨子

Ribes alpestre Wall. ex Decne.

虎耳草科，茶藨子属

特征 落叶灌木，高1~3 m。枝刺较粗壮，有时长达3 cm，稀较短小。叶宽卵圆形，长1.5~3 cm，宽2~4 cm，不育枝上的叶更宽大，基部近截形至心脏形，两面被细柔毛，沿叶脉毛较密，3~5裂，裂片先端钝，顶生裂片稍长于侧生裂片或几等长，边缘具缺刻状粗钝锯齿或重锯齿；叶柄长2~3.5 cm，被细柔毛或疏生腺毛。花两性，2~3朵组成短总状花序或花单生于叶腋，花序轴短，长5~7 mm，具腺毛；花梗长5~8 mm；苞片常成对着生于花梗的节上，宽卵圆形或卵状三角形，先端急尖或稍圆钝，边缘有稀疏腺毛，具3脉；花萼外面无毛或几无毛；萼筒钟形，萼片长圆形或舌形，长5~7 mm，宽2~3 mm，先端圆钝，花期向外反折，果期常直立；花瓣椭圆形或长圆形，稀倒卵圆形，长2.5~3.5 mm，宽1.5~2 mm，先端钝或急尖，色较浅，带白色；子房和果实无柔毛，也无腺毛。果实近球形或椭圆形，紫红色，味酸。花期4~6月；果期6~9月。

分布 西藏：波密县扎木乡，29°49′57″N，95°43′04″E，3179 m，2011-09-05，干友民40024146。生于山坡阴处阔叶林或针叶林下及林缘，海拔2500~3700 m。产于西藏、四川、青海、宁夏、甘肃、山西。

栽培 播种繁殖。

用途 种子榨油可工业用。可作园林观赏树种。

含油率及化学组分数据

采集单位	测试单位	测试部位	产地	含油率(%)	碘值	酸值	皂化值	C12:0	C14:0	C16:0	C16:1	C18:0	C18:1	C18:2	C18:3	C20:0	C20:1
SAU	SCBG	种仁	西藏波密	25.60	61.01	22.46	225.61										

羊脆木

Pittosporum kerrii Craib

海桐科，海桐花属

特征 常绿小乔木，高4~10 m。嫩枝被锈色柔毛，老枝灰褐色，皮孔明显。叶厚革质，二年生，常簇生于枝顶，通常倒披针形或长椭圆形，长6~15 cm，宽2~5 cm；先端短尖或渐尖，基部楔形，上面干后变棕褐色，下面褐绿色，无毛；侧脉7~10对，在上面隐约能见，在下面凸起，靠近边缘处互相结合，网脉在上下两面都不明显；叶全缘，干后稍反卷，或有轻微皱折；叶柄长1~2 cm。圆锥花序顶生，由多数伞房花序组成，每一伞房花序有花8~12朵，具花梗；小苞片披针形，长2~3 mm，有睫毛，早落；花黄白色，有芳香；萼片分离；花瓣分离，长6~7 mm；雄蕊比花瓣略短，花丝长3~4 mm，花药长1.5~2 mm；子房长卵形，被柔毛，胎座生于子房基底，胚珠2~4颗。蒴果短圆形，压扁，果片薄木质，内侧有多数横格。种子2~4粒，干后黑色，近肾形，长4~5 mm。花期3~5月；果期6~10月。

分布 云南：泸水县鲁掌镇，25°55′53″N，98°49′56″E，883 m，2009-11-24，王智、徐金金、黄巧琴400221146。生于海拔750~2300 m的山地。分布于云南的东南至西南部。老挝、泰国、缅甸也有分布。

栽培 播种繁殖。

用途 根皮及树皮入药，可疏风、解表、止疟。

含油率及化学组分数据

采集单位	测试单位	测试部位	产地	含油率(%)	碘值	酸值	皂化值	C12:0	C14:0	C16:0	C16:1	C18:0	C18:1	C18:2	C18:3	C20:0	C20:1
KMIB	KMIB	种仁	云南泸水	29.93	78.79	8.64	168.10										

海桐

Pittosporum tobira (Thunb.) W. T. Aiton

海桐花科，海桐花属

特征 常绿灌木，高2~3 m。嫩枝无毛，老枝有皮孔。叶聚生于枝顶，薄革质，二年生，窄矩圆形或为倒披针形，长5~10 cm，有时更长，宽2~3. 5 cm，先端尖锐，基部楔形，两面无毛；侧脉5~8对，与网脉在上面不明显，在下面隐约可见，干后稍凸起，网眼宽1~2 mm，边缘平展，有时稍皱折；叶柄长6~14 mm。花序伞形，1~4枝簇生于枝顶叶腋、多花；苞片披针形，长约3 mm；花梗长4~12 mm，有微毛或秃净；萼片卵形，长约2 mm，通常有睫毛；花瓣分离，倒披针形，长8~10 mm。蒴果椭圆形，长2~2. 5 cm，有时为长筒形，长达3. 2 cm，3片裂开，果片薄，革质，每片有种子约6粒，均匀分布于纵长的胎座上。种子大，近圆形，长5~6 mm，红色，种柄长3 mm；果梗短而粗壮，有宿存花柱。花期4~6月；果期9~12月。

分布 湖南：湘潭县响水乡，27°54′36″N，112°54′51″E，56 m，2009-12-02，严岳鸿、何祖霞400181145。江苏：扬州市刘集镇西郊森林公园，32°25′43″N，119°14′49″E，65 m，2012-11-10，程志全、刘巧霞4001171247。四川：喜德县宽山镇，28°28′19″N，102°20′47″E，1000 m，2009-11-03，王凯、樊云川40021109134。湖北：武汉植物园梅园，40°02′16″N，116°16′46″E，2009-11-02，李晓东、呇艳燕40012157。陕西：汉台七里店，33°04′48″N，107°03′55″E，504 m，2011-09-05，薛帅400324078。河南：郑州市惠济区，34°45′18″N，113°37′35″E，358 m，2011-10-06，王亚平、武振江、李丹凤400314059。浙江：临安市浙江农村小学东湖校区，30°15′44″N，119°43′03″E，46 m，2012-11-17，陈树钢、童毅4001122150；舟山市普陀山，30°41′21″N，122°17′12″E，10 m，2009-11-14，王发国、翟俊文400113031。江西：玉山县三清山，28°54′52″N，118°01′31″E，2009-09-02，廖文波等400141135；玉山县三清山，28°55′44″N，118°04′59″E，418 m，2009-08-31，廖文波等400141100；抚州市资溪县马头山自然保护区，27°46′33″N，116°54′47″E，147 m，2011-10-21，凡强、景慧娟4001412020。重庆：南川区隆化镇花山公园（栽培），29°57′52″N，107°37′33″E，563 m，2009-11-12，刘正宇等400231125。安徽：黄山市歙县鱼梁，29°51′29″N，118°25′58″E，118 m，2011-11-11，胡超、李星霖4001171177。分布于长江以南滨海各地，内地多为栽培供观赏。亦见于日本、朝鲜。

栽培 播种繁殖，于春季至夏季进行。栽培土质以富含有机质的壤土为佳。

用途 种子榨油可供工业用。适合园林绿化各种用途。

含油率及化学组分数据

采集单位	测试单位	测试部位	产地	含油率(%)	碘值	酸值	皂化值	C12:0	C14:0	C16:0	C16:1	C18:0	C18:1	C18:2	C18:3	C20:0	C20:1
HUST	HUST	种仁	湖南湘潭	6. 41	16. 80	7. 15	255. 23	0. 02	0. 15	7. 66	0. 45	1. 93	19. 22	11. 98	45. 85	3. 90	8. 85
ECNU	SCBG	种仁	江苏扬州	6. 14	139. 52	0. 64	200. 79			5. 28	0. 14	1. 65	8. 02	53. 78	22. 84	0. 88	0. 36
SCU	SCU	种仁	四川喜德	19. 2						11. 69			42. 99	8. 03			15. 44
WHBG	WHBG	种仁	湖北武汉	18. 09	117. 71	24. 67	161. 98	0. 58	0. 97	16. 47		1. 08	45. 17	11. 97			23. 76
CAU	ICS	种子	陕西汉台	13. 98	65. 71	20. 03	173. 79	0. 24	0. 55	19. 57	0. 07	1. 16	52. 26	6. 18	0. 19	0. 21	8. 92
HNAU	ICS	种子	河南郑州	7. 44	69. 34	8. 86	169. 21	0. 39	0. 70	16. 69		0. 94	56. 21	4. 72	0. 23	0. 18	10. 22
SCBG	SCBG	种仁	浙江临安	20. 15	76. 61	1. 67	379. 99	0. 02	0. 04	11. 96	0. 18	7. 59	26. 86	50. 55	0. 82	0. 20	1. 78
SCBG	SCBG	种仁	浙江舟山	23. 45	75. 92	1. 54	320. 54	0. 01	0. 03	6. 19	0. 04	3. 05	8. 01	22. 16	60. 04	0. 14	0. 32
SYSU	SCBG	种仁	江西玉山	7. 35	22. 36	3. 07	255. 97	0. 02	0. 03	5. 74	0. 06	1. 02	30. 76	11. 68	3. 99	2. 35	44. 35
SYSU	SCBG	种仁	江西玉山	9. 42	91. 98	3. 86	148. 45	0. 01	0. 10	30. 59	1. 65	0. 46	19. 65	44. 79	1. 52	0. 21	1. 02
SYSU	SCBG	种仁	江西抚州	2. 45	28. 75	22. 17		0. 02	0. 02	3. 90	0. 23	0. 79	83. 15	11. 50	0. 20	0. 05	0. 14
CIPP	SCBG	种仁	重庆南川	7. 64					0. 30	20. 28		3. 62	29. 26	38. 34	1. 19		
ECNU	SCBG	种仁	安徽黄山	6. 47	13. 00	14. 35	111. 15		7. 20	9. 39	0. 32	6. 90	46. 99	18. 40	0. 11	1. 39	0. 15

海金子（崖花海桐、崖花子）

Pittosporum truncatum E. Pritz

海桐花科，海桐花属

特征 常绿灌木，高达5 m。嫩枝无毛，老枝有皮孔。叶生于枝顶，3~8片簇生呈假轮生状，薄革质，倒卵状披针形或倒披针形，5~10 cm，宽2.5~4.5 cm，先端渐尖，基部窄楔形，常向下延，两面无毛；侧脉6~8对，在上面不明显，在下面稍凸起，网脉在下面明显，边缘平展，或略皱折；叶柄长7~15 mm。伞形花序顶生，有花2~10朵；花梗长1.5~3.5 cm，纤细，无毛，常向下弯；苞片细小，早落；萼片卵形，长2 mm，先端钝，无毛；花瓣长8~9 mm。蒴果近圆形，长9~12 mm，多少三角形，或有纵沟3条，子房柄长1.5 mm，3片裂开，果片薄木质。种子8~15粒，长约3 mm，种柄短而扁平，长1.5 mm；果梗纤细，长2~4 cm，常向下弯。花期3~5月；果期6~10月。

分布 陕西：镇坪大巴山，31°44′45″N，109°33′56″E，1200 m，2012-10-06，秦烁、郭利磊400328039。江西：玉山县三清山，28°54′45″N，118°03′56″E，1142.5 m，2009-09-07，廖文波等400141156；吉安市遂川县南风面，26°17′37″，114°02′51″，1169 m，2010-10-30，谢行、孙键400147011。湖南：桑植县五道水，29°44′20″N，105°53′02″E，528 m，2012-10-06，张九兵、唐波400181445；新宁县莨山镇八角寨，26°17′07″N，110°43′58″E，415.5 m，2010-10-04，严岳鸿、何祖霞400181174；沅陵县借母溪乡，28°46′26″N，110°27′04″E，2011-10-22，张九兵、朱明德400181315；江永县源口镇白倖村白沙源，24°56′44″N，111°01′00″E，749 m，2009-10-26，黄玉滢、周喜乐400181116；吉首小溪，28°20′55″N，109°43′59″E，251 m，2009-07-12，陈功锡、徐亮400191077。安徽：休宁县岭南自然保护区，29°26′18″N，118°09′40″E，227 m，2012-12-05，程志全、刘巧霞4001171259；黄山猴园，30°05′37″N，118°08′32″E，2009-11-03，刘东明、戴建阅400111149。重庆：南川区三泉镇金佛山龙骨溪，29°44′54″N，107°07′08″E，594 m，2009-10-14，刘正宇等400231087。分布于湖南、江西、福建、台湾、浙江、江苏、安徽、湖北、贵州等地。日本也有分布。

栽培 播种或扦插繁殖。播种时，种子湿水拌草木灰搓擦出假种皮及胶质，冲洗得出净种。忌日晒，宜混润沙贮藏。翌年3月中旬播种，用条播法，幼苗生长较慢，实生苗一般需两年生方宜上盆，3~4年生方宜带土团出圃定植。扦插于早春新叶萌动前进行，稀疏光照，喷雾保湿，约20 d发根，1个半月左右移入圃地培育，2~3年生可供上盆或出圃定植。冬季施1次基肥。海桐虫害主要有吹绵介，开花期常有蝇类群集，应注意防治。

用途 种子榨油可供工业用途。花色清雅，株形优美，有较高的观赏价值。

采集单位	测试单位	测试部位	产地	含油率(%)	碘值	酸值	皂化值	C12:0	C14:0	C16:0	C16:1	C18:0	C18:1	C18:2	C18:3	C20:0	C20:1
CAU	ICS	种子	陕西镇坪	8.50	12.63	94.87	94.43	0.33	1.35	3.97	0.27	1.05	20.17	8.60	2.10	0.30	35.44
SYSU	SCBG	种仁	江西玉山	6.45	104.36	1.95	176.38	0.0035	0.08	9.68	0.09	4.69	30.02	51.64	0.46	1.10	2.22
SYSU	SCBG	种仁	江西吉安	28.07	73.75	22.61	169.74	0.0052	0.09	14.95	0.06	0.27	60.14	15.81	8.45	0.12	0.11
HUST	HUST	种仁	湖南桑植	13.80	39.39	77.66	183.59	0.01	0.15	22.42	0.14	4.76	60.21	7.58	0.23	2.94	1.56
HUST	HUST	种仁	湖南新宁	6.78	12.84	14.62	187.39	0.0068	0.19	20.87	0.18	2.68	24.85	50.16	0.58	0.39	0.10
HUST	HUST	种仁	湖南沅陵	27.56	107.58	24.60	161.78	0.003	0.06	6.40	0.07	1.67	19.36	32.70	39.37	0.13	0.25
HUST	HUST	种仁	湖南江永	6.14	29.26	20.49	164.31	0.03	0.02	5.77	0.03	3.74	21.28	60.13	8.65	0.14	0.20
JSU	SCBG	种仁	湖南吉首	6.14	10.68	60.58	114.58	0.25	0.47	11.48		2.07	11.19	46.49	1.16	0.51	
ECNU	SCBG	种仁	安徽休宁	6.71	143.68	0.40	201.92	0.46	0.06	8.85	0.06	2.27	5.92	74.69	0.53	0.36	0.20
SCBG	SCBG	种仁	安徽黄山	11.01				0.03	0.02	3.97	0.06	2.13	11.24	32.71	48.89	0.57	0.38
CIPP	SCBG	种仁	重庆南川	6.19				0.08	0.26	13.41		2.85	28.05	18.37	0.94	9.74	3.16
OFPC		WHBG	湖北罗田	13.30	105.60			0.80	2.20	7.70			33.30	13.00	1.20		27.30
OFPC	SCBG	种子	湖南宜章	11.90	78.50		175.40	0.10	0.70	13.70		0.80	27.90	9.80			29.20

扁桃（巴旦杏）

Amygdalus communis L. [*Prunus amygdalus* Batsch]

蔷薇科，桃属

特征 中型乔木或灌木，高3~6 m。枝直立或平展，无刺；冬芽卵形，棕褐色。一年生枝上的叶互生，短枝上的叶常靠近而簇生；叶片披针形或椭圆状披针形，长3~6 cm，宽1~2. 5 cm，先端急尖至短渐尖，基部宽楔形至圆形，幼嫩时微被疏柔毛，老时无毛，叶边具浅钝锯齿；叶柄长1~2 cm、无毛，在叶片基部及叶柄上常具2~4枚腺体。花单生，先于叶开放，着生在短枝或一年生枝上；花梗长3~4 mm；萼筒圆筒形，长5~6 mm，宽3~4 mm，外面无毛；萼片宽长圆形至宽披针形，长约5 mm，先端圆钝，边缘具柔毛；花瓣长圆形，长1. 5~2 cm，先端圆钝或微凹，基部渐狭成爪，白色至粉红色；雄蕊长短不齐；花柱长于雄蕊，子房密被绒毛状毛。果实斜卵形或长圆卵形，扁平，长3~4. 3 cm，直径2~3 cm，顶端尖或稍钝，基部多数近截形，外面密被短柔毛；果梗长4~10 mm；果肉薄，成熟时开裂；果核卵形、宽椭圆形或短长圆形，核壳硬，黄白色至褐色，长2. 5~3 cm，顶端尖，表面具蜂窝状孔穴；种仁味甜或苦。花期3~4月；果期7~8。

分布 生于低至中海拔的山区，常见于多石砾的干旱坡地。新疆、陕西、甘肃等地区有少量栽培。原产于亚洲西部。

栽培 对土壤要求不严，耐贫瘠、抗旱、抗寒性强。栽植时间可在春、秋两季进行。定植株行距一般为3 m×4 m，定植后每年施基肥1次，结果树应加强肥水管理，每年在萌芽期、硬壳期和果实采收后各施肥1次。

用途 扁桃果仁含油量高，所含人体8种必需的氨基酸。可用于制作糕点、营养配餐，也可以直接食用；药用有滋阴补肾、明目健脑、健脾养胃、抗癌防癌等多种医疗功能，可用于癌症、冠心病、高血压、肺炎、支气管炎、儿童糖尿病、佝偻病、胃炎等疾病的防治；还可用于高级化妆品的生产。

含油率及化学组分数据

采集单位	测试单位	测试部位	产地	含油率(%)	碘值	酸值	皂化值	C12:0	C14:0	C16:0	C16:1	C18:0	C18:1	C18:2	C18:3	C20:0	C20:1
OFPC	NIB	种仁	新疆南部	58. 40	106. 80	0. 80	190. 90			6. 00		微量	70. 00	24. 00			

山桃

Amygdalus davidiana (Carr.) de Vos ex Henry [*Prunus davidiana* (Carr.) Franch.]

蔷薇科，桃属

特征 乔木，高可达10 m。树冠开展，树皮暗紫色，光滑。小枝细长，直立，幼时无毛，老时褐色。叶片卵状披针形，长5~13 cm，宽1. 5~4 cm，先端渐尖，基部楔形，两面无毛，叶边具细锐锯齿；叶柄长1~2 cm，无毛，常具腺体。花单生，先于叶开放，直径2~3 cm；花梗极短或几无梗；花萼无毛，萼筒钟形；萼片卵形至卵状长圆形，紫色，先端圆钝；花瓣倒卵形或近圆形，长10~15 mm，宽8~12 mm，粉红色，先端圆钝，稀微凹；雄蕊多数，几与花瓣等长或稍短；子房被柔毛，花柱长于雄蕊或近等长。果实近球形，

淡黄色，外面密被毛，果梗短而深入果洼；果肉薄而干，不可食，成熟时不开裂；核球形或近球形，两侧不压扁，顶端圆钝，基部截形，表面具纵、横沟纹和孔穴。花期3~4月；果期7~8月。

分布 湖南：龙山县大安乡药场，39°34′51″N，109°40′04″E，1270 m，2011-09-01，徐亮、覃三立、朱群英40019101167。陕西：太白鹦鸽，34°03′08″N，107°24′50″E，1288 m，2009-08-18，谢光辉、薛帅400321018。河北：张家口，40°10′16″N，117°29′38″E，604 m，2011-06-22，徐兴友、詹立军400313145。重庆：南川区三泉镇金佛山黄草坪，29°19′29″N，107°7′12″E，1270 m，2009-10-14，刘正宇等400231086。生于山坡、山谷沟底或荒野疏林及灌丛内，海拔800~3200 m。产于山东、河南、四川、云南、甘肃、陕西、山西、河北等地。

栽培 对气候、土壤要求不严，但以砂质壤土种植为佳。播种或分株繁殖。在“清明”至“谷雨”期播种，翻整土地，做畦。条播按行距30 cm划浅沟，将种子均匀播入，覆土浇水。在早春或秋末进行分株繁殖，将植株挖出，按株从大小分成若干小簇栽植。

用途 木材质硬而重，可作各种细工及手杖；果核可做玩具或念珠；种仁可榨油供食用。本种既可供观赏，也可在华北地区主要作桃、梅、李等果树的砧木。可与其他花卉植物搭配布置花坛、花境等。

含油率及化学组分数据

采集单位	测试单位	测试部位	产地	含油率(%)	碘值	酸值	皂化值	C12:0	C14:0	C16:0	C16:1	C18:0	C18:1	C18:2	C18:3	C20:0	C20:1
JSU	SCBG	种仁	湖南龙山	16.15						8.46	0.39	4.88	17.75	61.48	0.91	0.78	0.27
CAU	ICS	种子	陕西太白	49.43	89.02	1.89	315.50		0.01	6.13	0.08	1.83	85.34	6.46	0.05	0.06	0.03
HUNST	ICS	种子	河北张家口	49.79	76.76	4.16	182.66			3.88	0.23	1.14	81.37	13.00	0.07	0.08	0.07
CIPP	SCBG	种仁	重庆南川	24.87	77.63	2.17	153.52	0.11	0.23	15.56		7.58	28.16	43.21	3.39	0.92	
OFPC	NIB	种仁	甘肃平凉	50.90	109.50	1.10	199.10			7.50	1.80	1.50	71.50	17.60			

光核桃

Amygdalus mira (Koehne) Yu et Lu [*Prunus mira* Koehne]

蔷薇科，桃属

特征 乔木，高达10 m。枝条细长，开展，无毛，嫩枝绿色，老时灰褐色，具紫褐色小皮孔。叶片披针形或卵状披针形，长5~11 cm，宽1.5~4 cm，先端渐尖，基部宽楔形至近圆形，上面无毛，下面沿中脉具柔毛，叶边有圆钝浅锯齿，齿端常具小腺体；叶柄常具紫红色扁平腺体。花单生，先于叶开放，直径2.2~3 cm；花梗长1~3 mm；萼筒钟形，紫褐色，无毛；萼片卵形或长卵形，紫绿色，先端圆钝；花瓣宽倒卵形，粉红色，先端微凹，长1~1.5 cm；雄蕊多数，比花瓣短；子房密被柔毛，花柱长于或几与雄蕊等长。果实近球形，直径约3 cm，肉质，不开裂，外面密被柔毛；果梗长4~5 mm；核扁卵圆形，长约2 cm，两侧稍压扁，顶端急尖，基部近截形，表面光滑，具少数纵向浅沟纹。花期3~4月；果期8~9月。

分布 西藏：林芝县八一乡永久村，29°35′20″N，94°23′25″E，2987 m，2011-09-01，干友民400241118；八宿县，29°59′45″N，96°41′28″E，3933 m，2012-10-20，李晓东、咎艳燕等400121296。生于山坡杂木林中或山谷沟边，海拔2000~4000 m。野生或栽培。产于四川、云南、西藏。俄罗斯也有栽培。

栽培 播种繁殖。

用途 本种果实含糖量高，可供食用。此种也较耐寒，为培育抗寒桃的良好原始材料。

含油率及化学组分数据

采集单位	测试单位	测试部位	产地	含油率(%)	碘值	酸值	皂化值	C12:0	C14:0	C16:0	C16:1	C18:0	C18:1	C18:2	C18:3	C20:0	C20:1
SCAU	SCBG	种仁	西藏林芝	26.47	101.46	4.98	195.55	0.03	0.11	13.64	0.17	7.53	14.82	53.60	4.82	2.22	3.07
WHBG	WHBG	种仁	西藏八宿	43.61	4.93	2.69		0.04	0.03	12.66		3.22		46.71	0.06	1.05	0.73
OFPC	IB	种仁	西藏南部	50.60	103.90		195.90		0.10	7.40	0.30	2.80	60.70	28.70			

蒙古扁桃

Amygdalus mongolica (Maxim.) Ricker [*Prunus mongolica* Maxim.]

蔷薇科，桃属

特征　灌木。高1~2 m。枝条开展多分枝，小枝顶端转变成枝刺；嫩枝红褐色，被短柔毛，老时灰褐色。短枝上叶多簇生，长枝上叶常互生；叶片宽椭圆形、近圆形或倒卵形，长8~15 mm，宽6~10 mm，先端圆钝，有时具小尖头，基部楔形，两面无毛，叶边有浅钝锯齿；侧脉约4对，下面中脉明显凸起。花单生，稀数朵簇生于短枝上；花梗极短；萼筒钟形，长3~4 mm，无毛；萼片长圆形，与萼筒近等长；花瓣倒卵形，粉红色，长5~7 mm；雄蕊多数，长短不一致；子房被短柔毛，花柱细长，几与雄蕊等长，具短柔毛。果实宽卵球形，长12~15 mm，宽约10 mm，顶端具急尖头，外面密被柔毛；果梗短；果肉薄，成熟时开裂，离核；核卵形，长8~13 mm，顶端具小尖头，基部两侧不对称，腹缝压扁，表面光滑，具浅沟纹，无孔穴；种仁扁宽卵形，浅棕褐色。花期5月；果期8月。

分布　内蒙古：乌海市海勃湾区摩尔沟，39°14′49″N，106°47′48″E，1136 m，2009-08-27，刘慧娟、扈顺400312027。宁夏：银川苏峪口，38°42′52″N，105°59′15″E，1448 m，2012-08-15，秦烁、郭利磊400327004。生于荒漠区域和荒漠草原区域的低山丘陵坡麓、石质坡地及干河床，海拔1000~2400 m。产于甘肃、宁夏、内蒙古。蒙古也有分布。

栽培　播种繁殖。

用途　种仁榨油可供药用，入药可代郁李仁用。

含油率及化学组分数据

采集单位	测试单位	测试部位	产地	含油率(%)	碘值	酸值	皂化值	C12:0	C14:0	C16:0	C16:1	C18:0	C18:1	C18:2	C18:3	C20:0	C20:1
IMAU	ICS	种子	内蒙古乌海	50.62	45.54	4.41	19.26			2.00	0.12		43.53	26.88		25.65	
CAU	ICS	种子	宁夏银川	49.23	12.09	9.57	229.66			2.31	0.14	0.96	61.65	23.94	0.98	0.12	1.04

长梗扁桃

Amygdalus pedunculata Pall. [*Prunus pedunculata* (Pall.) Maxim.]

蔷薇科，桃属

特征　灌木，高1~2 m。枝开展，具大量短枝；小枝浅褐色至暗灰褐色，幼时被短柔毛；冬芽短小，在短枝上常3个并生，中间为叶芽，两侧为花芽。短枝上之叶密集簇生，一年生枝上的叶互生；叶片通常椭圆形，长1~4 cm，宽0. 7~2 cm，先端急尖或圆钝，基部宽楔形，两面疏生短柔毛，叶边具粗锯齿；侧脉4~6对。花单生，稍先于叶开放，直径1~1. 5 cm；花梗具短柔毛；萼筒宽钟形，长4~6 mm；萼片三角状卵形；花瓣近圆形，粉红色，直径7~10 mm；雄蕊多数；子房密被短柔毛，花柱稍长或几与雄蕊等长。果实近球形或卵球形，直径10~15 mm，顶端具小尖头，成熟时暗紫红色，密被短柔毛；果肉薄而干燥，成熟时开裂，离核；核宽卵形，直径8~12 mm，顶端具小凸尖头，基部圆形，两侧稍扁，浅褐色，表面平滑或稍有皱纹；种仁宽卵形，棕黄色。花期5月；果期7~8月。

分布　内蒙古：锡林郭勒盟苏尼特右旗，43°24′26″N，111°34′48″E，1046 m，2009-07-25，刘慧娟、扈顺400312017。生于丘陵地区向阳石砾质坡地或坡麓，也见于干旱草原或荒漠草原。产于宁夏、内蒙古。蒙古以及俄罗斯西伯利亚也有分布。

栽培　播种或扦插繁殖。

用途　种仁可代“郁李仁”入药。此种为中旱生灌木，耐寒，可供观赏用。

含油率及化学组分数据

采集单位	测试单位	测试部位	产地	含油率(%)	碘值	酸值	皂化值	C12:0	C14:0	C16:0	C16:1	C18:0	C18:1	C18:2	C18:3	C20:0	C20:1
IMAU	ICS	种子	内蒙古锡林郭勒	53.09	108.35	3.32	168.81			1.88	0.26	0.72	59.69	36.77	0.16	0.05	0.20

桃

Amygdalus persica L. [*Prunus persica* (L.) Batsch]

蔷薇科，桃属

特征　乔木。树皮暗红褐色，老时粗糙呈鳞片状。叶片通常长圆披针形，长7~15 cm，宽2~3. 5 cm，先端渐尖，边具齿，齿端具腺体或无腺体；叶柄粗壮，常具1枚至数枚腺体。花单生，先叶开放，直径2. 5~3. 5 cm；花梗极短或几无梗；萼筒钟形，被毛；萼片卵形至长圆形，外被毛；花瓣长圆状椭圆形至宽倒卵形，粉红色，罕为白色；雄蕊20~30枚，花药绯红色；花柱几与雄蕊等长或稍短；子房被毛。果实卵形、宽椭圆形或扁圆形，直径5~7 cm，长、宽几相等，色泽变化由淡绿白色至橙黄色，外面密被毛，稀无毛，腹缝明显，果梗短而深入果洼；核大，两侧扁平，顶端渐尖，表面具纵、横沟纹和孔穴；种仁味苦，稀味甜。花期3~4月；果期8~9月。

分布　广西：灵川县海洋乡小平乐村，25°17′12″N，110°41′47″E，773 m，2011-07-23，郭伦发、林春蕊4001101229。陕西：凤县南星镇瓦房坝乡，33°42′52″N，106°21′58″E，1300 m，2011-08-28，薛帅400324045。江苏：连云港市花果山，34°38′48″N，119°17′37″E，510 m，2010-09-26，李宏庆、胡超、董全英4001171068。湖南：古丈高望界，28°17′29″N，109°43′23″E，234 m，2010-07-31，徐亮、张代贵400191177。湖北：鹤峰县城边乡，29°53′13″N，110°02′23″E，740 m，2009-09-07，丁时东、赵永国400151033；利川水杉坝，30°25′57″N，108°41′26″E，2009-08-06，李晓东、范深厚40012115。原产我国，各地广泛栽培。世界各地均有栽植。

栽培　喜温暖气候，较耐寒，不耐水湿。适宜在排水良好、富含腐殖质的中性土壤中生长。繁殖以嫁接为主，也可播种。嫁接，多用切接或盾形芽接。切接在春季芽萌动时进行，芽接于8月上旬至9月上旬进行。播种，多采用秋播，也可春播。

用途　桃树干上分泌的胶质，俗称桃胶，可用作黏接剂等，为一种聚糖类物质，水解能生成阿拉伯糖、半乳糖、木糖、鼠李糖、葡糖醛酸等，可食用，也供药用，有破血、和血、益气之效。开花时节，满树桃花盛开于枝上，给人以春意盎然的感觉，为优良的园林观赏树种。

含油率及化学组分数据

采集单位	测试单位	测试部位	产地	含油率(%)	碘值	酸值	皂化值	C12:0	C14:0	C16:0	C16:1	C18:0	C18:1	C18:2	C18:3	C20:0	C20:1
GXIB	SCBG	种子	广西灵川	42. 80	28. 75	22. 17		6. 52	4. 38	11. 13		2. 59	25. 07	46. 49	0. 73	0. 28	0. 28
CAU	ICS	果实	陕西凤县	39. 88	90. 97	6. 76	154. 61		0. 06	6. 09	0. 27	1. 36	60. 08	30. 01	0. 13	0. 12	0. 08
ECNU	SCBG	种子	江苏连云港	36. 47	15. 65	16. 93	193. 87	0. 29	0. 10	7. 24	0. 49	3. 62	8. 86	48. 71	23. 61	1. 63	0. 20
JSU	SCBG	种子	湖南古丈	24. 56				0. 48	0. 24	18. 84		7. 60	26. 13	29. 77	8. 47	2. 45	0. 16
OCRI	SCBG	种子	湖北鹤峰	23. 04	59. 67	41. 33	162. 95	0. 04	0. 05	5. 53	0. 11	2. 63	15. 67	61. 76	12. 74	0. 61	0. 20
WHBG	WHBG	种仁	湖北利川	28. 60				0. 06	0. 44	8. 91	3. 10	1. 60	20. 97	39. 24	1. 38	0. 44	0. 39
OFPC		种仁	西藏米林	52. 10	99. 60		193. 70		微量	6. 90	0. 30	1. 30	68. 10	23. 30	微量	微量	
OFPC		种仁	陕西扶风	30. 50	101. 70	2. 10	189. 60			6. 00		0. 20	67. 20	26. 60			
OFPC		种仁	辽宁凤城	47. 70	94. 30		182. 40			5. 10		0. 10	67. 50	27. 30			

榆叶梅

Amygdalus triloba (Lindl.) Ricker [*Amygdalus triloba* var. *plena* (Dipp.) S.Q. Nie]

蔷薇科，桃属

特征 灌木，稀小乔木，高2~3 m。枝条幼时微被短柔毛；冬芽短小，长2~3 mm。短枝上的叶常簇生，一年生枝上的叶互生；叶片宽椭圆形至倒卵形，长2~6 cm，宽1. 5~3 cm，先端短渐尖，常3裂，基部宽楔形，上面具疏柔毛或无毛，下面被短柔毛，叶边具粗锯齿或重锯齿。花1~2朵，先叶开放，直径2~3 cm；花梗长4~8 mm；萼筒宽钟形，长3~5 mm，无毛或幼时微具毛；萼片卵形或卵状披针形，无毛，近先端疏生小锯齿；花瓣近圆形或宽倒卵形，长6~10 mm，粉红色；雄蕊25~30枚，短于花瓣；子房密被短柔毛，花柱稍长于雄蕊。果实近球形，直径1~1. 8 cm，顶端具短小尖头，红色，外被短柔毛；果肉薄，成熟时开裂；核近球形，具厚硬壳，直径1~1. 6 cm，两侧几不压扁，顶端圆钝，表面具不整齐的网纹。花期4~5月；果期5~7月。

分布 甘肃：瓜州县渊泉路，40°18′58″N，95°45′30″E，1200 m，2011-07-01，薛帅、秦烁400324004；兰州市安宁区，36°07′05″N，103°42′10″E，1500 m，2011-07-05，薛帅、秦烁400324012。黑龙江：佳木斯市沿江公园，46°28′34″N，130°22′0″E，1 m，2011-09-02，卞勇、潘伟400351077。内蒙古：内蒙古农业大学东区，50°36′50″N，123°42′3″E，434 m，2010-08-08，刘慧娟400312112。北京：海淀区，40°03′07″N，116°17′17″E，50 m，2011-11-10，秦烁、胡亮400326049。生于低至中海拔的坡地或沟旁乔、灌木林下或林缘。产于江西、浙江、江苏、山东、甘肃、陕西、山西、河北、内蒙古、辽宁、吉林、黑龙江等地；目前全国各地多数公园内均有栽植。中亚也有分布。

栽培 耐寒、抗旱能力强，在阳光充足的条件下，生长良好。对土壤要求不严格，但以中性至微碱性的肥沃疏松的砂壤土最佳。播种或嫁接繁殖。

用途 本种开花早，主要供观赏，常见栽培类型有：(1)重瓣榆叶梅 f. *multiplex*（Bunge）Rehd.（f. *plena* Dipp.）花重瓣，粉红色；萼片通常10枚。(2)鸾枝（群芳谱），俗称兰枝var. *petzoldii*（K. Koch） L. H. Bailey，花瓣与萼片各10枚，花粉红色；叶片下面无毛。春季开花时节满树粉红色的花团鲜艳夺目，甚为美观，是我国北方应用较多的园林树种。

含油率及化学组分数据

采集单位	测试单位	测试部位	产地	含油率(%)	碘值	酸值	皂化值	C12:0	C14:0	C16:0	C16:1	C18:0	C18:1	C18:2	C18:3	C20:0	C20:1
CAU	ICS	种子	甘肃瓜州	38. 23	90. 46	5. 45	205. 56			1. 99	0. 23	0. 68	80. 01	16. 18	0. 17	0. 05	0. 15
CAU	ICS	种子	甘肃兰州	39. 54	89. 64	26. 75	185. 16			1. 51	0. 11	0. 66	81. 47	15. 35	0. 22	0. 07	0. 20
SBRI	SCBG	种仁	黑龙江佳木斯	25. 43	34. 60	7. 17	34. 75	0. 01	0. 05	8. 34	0. 08	1. 20	15. 76	73. 33	0. 60	0. 26	0. 38
IMAU	ICS	种子	内蒙古呼和浩特	40. 92	44. 16	1. 27	205. 12			1. 96	0. 33		79. 85	17. 15	0. 34	0. 05	0. 13
CAU	ICS	种子	北京海淀	32. 68	101. 46	4. 98	195. 55			2. 11	0. 35	0. 47	74. 73	21. 91	0. 13		0. 13

重瓣榆叶梅

Amygdalus triloba f. **multiplex** (Bunge) Rehd.

蔷薇科，桃属

特征 灌木或小乔木。花红褐色，花朵大，重瓣，花朵多而密集，花萼10片以上，花萼和花梗均带有红晕。花期4~5月；果期5~7月。

分布 新疆：乌鲁木齐植物园，43°53′37″N，87°33′38″E，786 m，2009-09-26，王喜勇、侯翼国、徐基平4003309003。产于江西、浙江、江苏、山东、甘肃、陕西、山西、河北、内蒙古、辽宁、吉林、黑龙江等f ，目前全国各地多数公园内均有栽植。中亚也有分布。

栽培 嫁接或播种繁殖。嫁接多用一至二年生的实生苗作砧木。可在秋季落叶后至早春芽萌动前栽植。

用途 种子可榨油。主要为观赏植物。

含油率及化学组分数据

采集单位	测试单位	测试部位	产地	含油率(%)	碘值	酸值	皂化值	C12:0	C14:0	C16:0	C16:1	C18:0	C18:1	C18:2	C18:3	C20:0	C20:1
XIEG	SCBG	种仁	新疆乌鲁木齐	34.92	31.12	8.67	173.04	0.05	0.12	10.85	0.33	2.61	12.87	69.09	2.62	1.09	0.37
OFPC	IAE	种仁	黑龙江哈尔滨	43.40	99.30		191.60			1.40			79.20	19.40			

洪平杏

Armeniaca hongpingensis T.T. Yu et C.L. Li

蔷薇科，杏属

特征 乔木，高达10 m。树皮灰褐色，不规则浅裂。小枝浅褐色至红褐色，老时无毛。叶片椭圆形至椭圆状卵形，长6~10 cm，宽2.5~5 cm，先端长渐尖至尾尖，基部圆形，边缘密被小锐锯齿，上面疏生短柔毛，下面密被浅黄褐色长柔毛；叶柄长1.5~2 cm，密被柔毛。果实近圆形，长3.5~4 cm，宽约3.5 cm，密被黄褐色柔毛；果梗长7~10 mm；果肉熟时可食；核椭圆形，两侧扁，顶端急尖，基部近对称，表面具蜂窝状小孔穴，腹棱钝，腹面有纵沟。果期7月。

分布 湖南：永顺县小溪乡小溪，28°43′17″N，110°11′34″E，224 m，2011-08-17，徐亮、周建军40019101142。生于公路边，可在村旁栽培，海拔1800 m。产于湖南、湖北（洪平）。

栽培 播种或扦插繁殖。

用途 可作果树栽培。

含油率及化学组分数据

采集单位	测试单位	测试部位	产地	含油率(%)	碘值	酸值	皂化值	C12:0	C14:0	C16:0	C16:1	C18:0	C18:1	C18:2	C18:3	C20:0	C20:1
JSU	SCBG	种仁	湖南永顺	20.60				4.11	0.26	11.55		6.80	17.07	39.15	10.91	2.70	2.31

山杏（西伯利亚杏）

Armeniaca sibirica (L.) Lam.

蔷薇科，杏属

特征 灌木或小乔木，高2~5 m。树皮暗灰色。小枝无毛，稀幼时疏生短柔毛。叶片卵形或近圆形，长3~10 cm，宽（2.5）4~7 cm，先端长渐尖至尾尖，基部圆形至近心形，叶边有细钝锯齿，两面无毛，稀下面脉腋间具短柔毛；叶柄长2~3.5 cm，无毛，有或无小腺体。花单生，直径1.5~2 cm，先于叶开放；花梗长1~2 mm；花萼紫红色；萼筒钟形，基部微被短柔毛或无毛；萼片长圆状椭圆形，先端尖，花后反折；花瓣近圆形或倒卵形，白色或粉红色；雄蕊几与花瓣近等长；子房被短柔毛。果实扁球形，直径1.5~2.5 cm，黄色或橘红色，有时具红晕，被短柔毛；果肉较薄而干燥，成熟时开裂，味酸涩不可食，成熟时沿腹缝线开裂；核扁球形，易与果肉分离，两侧扁，顶端圆形，基部一侧偏斜，不对称，表面较平滑，腹面宽而锐利；种仁味苦。花期3~4月；果期6~7月。

分布 新疆：吐鲁番沙漠植物园，42°51′17″N，89°11′36″E，93 m，2009-05-15，班卫强4003309039。黑龙江：佳木斯市水源山，46°48′31″N，130°22′50″E，1 m，2011-08-16，潘伟、卞勇400351073。河北：张家口，40°36′37″N，115°37′35″E，728 m，2011-09-26，徐兴友、韩宝强400313072。内蒙古：锡林郭勒盟正蓝旗，42°40′00″N，115°58′12″E，1124 m，2011-08-01，刘慧娟400312138。新疆：伊犁新源县哈拉布拉乡，43°27′57″N，82°34′23″E，823 m，2009-10-08，王喜勇、王蕾、孔凡逵400331039。生于干燥向阳山坡上、丘陵草原或与落叶乔灌木混生，海拔700~2000 m。产于甘肃、山西、河北、内蒙古、辽宁、吉林、黑龙江等地。蒙古东部和东南部以及俄罗斯远东地区和西伯利亚也有分布。

栽培 喜光，耐干旱耐寒，尤其适应干燥空气。耐贫瘠土壤。

用途 种仁供药用，可作扁桃的代用品，并可榨油。我国东北和华北地区大量生产种仁，供内销和出口。本种耐寒抗旱，可作杏的砧木，也是选育耐寒杏品种的优良原始材料。

含油率及化学组分数据

采集单位	测试单位	测试部位	产地	含油率(%)	碘值	酸值	皂化值	C12:0	C14:0	C16:0	C16:1	C18:0	C18:1	C18:2	C18:3	C20:0	C20:1
XIEG	SCBG	种仁	新疆吐鲁番	27.66	63.01	15.07	112.83	0.02	0.12	5.95	0.57	2.32	8.96	33.57	36.90	2.55	9.04
SBRI	SCBG	种仁	黑龙江佳木斯	31.12	21.18	11.41	186.34	0.0018	0.030	6.01	0.07	3.06	11.82	78.37	0.33	0.17	0.14
HNUST	ICS	种子	河北张家口	51.70	88.30	1.61	232.39		0.01	3.34	0.52	0.75	68.72	24.52	0.12	0.21	0.07
IMAU	ICS	种子	内蒙古锡林郭勒	47.30	67.00	1.89	177.66			2.84	0.38	0.52	67.38	28.33		0.12	0.17
XIEG	SCBG	种仁	新疆伊犁	52.70	103.97	18.26	187.41			5.00	0.39	1.26	70.21	23.14			
OFPC	IAE	种仁	辽宁朝阳	49.90	104.10		182.80			2.90			67.20	29.90			

杏

Armeniaca vulgaris Lam. [*Prunus armeniaca* L.]

蔷薇科，杏属

特征 乔木，高5~12 m。多年生枝浅褐色，皮孔大而横生。叶片宽卵形或圆卵形，长5~9 cm，宽4~8 cm，先端急尖至短渐尖，基部圆形至近心形，叶边有圆钝锯齿，两面无毛或下面脉腋间具柔毛；叶柄长2~3.5 cm，无毛，基部常具1~6枚腺体。花单生，直径2~3 cm，先于叶开放；花梗长1~3 mm，被毛；花萼紫绿色；萼筒圆筒形，外面基部被毛；萼片卵形至卵状长圆形，先端急尖或圆钝，花后反折；花瓣圆形至倒卵形，白色或带红色，具短爪；雄蕊20~45枚，稍短于花瓣；子房被毛，花柱稍长或几与雄蕊等长，下部具柔毛。果实球形，稀倒卵形，白色、黄色至黄红色，具红晕，微被毛；果肉多汁，熟时不裂；核卵形或椭圆形，两侧扁平，顶端圆钝，基部对称，稀不对称，表面稍粗糙或平滑；种仁味苦或甜。花期3~4月；果期6~7月。

分布 吉林：松花湖，44°12′26″N，127°10′43″E，341 m，2009-07-22，郑宝江、李康、陶林400341032。新疆：吉木萨尔试验农场附近303省道506公里处，42°51′17″N，89°11′36″E，1553 m，2009-10-17，王喜勇、侯翼国、徐基平4003309002。湖北：神农架木鱼附近，31°12′34″N，112°24′38″E，2009-07-18，李晓东、杨林森40012176。甘肃：兰州市安宁区，36°06′10″N，103°41′05″E，1500 m，2011-07-05，薛帅400324025。黑龙江：佳木斯四丰山，46°48′33″N，130°22′1″E，1 m，2011-08-20，孟腾、卞勇400351072。山东：泰安市岱岳区黄前水库，36°18′30″N，117°13′38″E，200 m，2009-08-18，赵伟华400311030。产于我国各地，多数为栽培，尤以华北、西北、华东地区种植较多，少数地区逸为野生，在新疆伊犁一带野生成纯林或与新疆野苹果林混生，海拔可达3000 m。世界各地均有栽培。

栽培 喜光，抗旱，抗寒，适应性强。在排水良好的砂壤土及壤土均能生长良好。根系深，结果早，寿命长，一般栽植后4~6年开始结果，百年老树仍可生产。分根或嫁接繁殖。

用途 果味甜可食或加工，种仁含油约50%，入药有润肺止咳、平喘、滑肠之效。木材坚硬，适宜制作器物。

含油率及化学组分数据

采集单位	测试单位	测试部位	产地	含油率(%)	碘值	酸值	皂化值	C12:0	C14:0	C16:0	C16:1	C18:0	C18:1	C18:2	C18:3	C20:0	C20:1
NEFU	SCBG	种仁	吉林松花湖	56.80	79.55	0.98	180.88			6.00	0.63	48.74		44.64	0.17	0.11	0.10
XIEG	SCBG	种仁	新疆吉木萨尔	13.82	34.60	7.17	34.75	0.04	0.19	19.47	2.65	3.43	29.76	43.92	0.17	0.25	0.12
WHBG	WHBG	种仁	湖北神农架	19.15					0.05	7.43	0.12	4.29	17.53	45.83	1.46	0.48	5.28
CAU	ICS	种子	甘肃兰州	17.44	125.09	65.50	263.95			8.12		1.83	19.90	64.59	0.92		0.21
SBRI	SCBG	种仁	黑龙江佳木斯	21.76	38.47	9.18	150.11										
ICS	ICS	种子	山东泰安	51.18	117.29	2.50	178.76			5.36	0.94	1.04	59.75	31.84	0.10	0.13	0.12
OFPC	IAE	种仁	辽宁凤城	55.50	108.50		192.70		微量	2.80	微量	1.60	76.80	18.80	微量		
OFPC	IAE	种仁	辽宁建平	53.00	99.60		191.90			3.80			70.90	25.30			
OFPC	IAE	种仁	辽宁建平	53.50	96.90		193.90			3.60			78.90	17.50			
OFPC	IAE	种仁	辽宁建平	50.80	98.60		194.20			4.50			75.80	19.70			
OFPC	IAE	种仁	辽宁建平	51.20	99.30		190.10			3.70			72.70	23.60			
OFPC	NIB	种仁	陕西咸阳	47.10	99.30	0.5	190.90			3.00		0.40	71.60	25.00			

假升麻

Aruncus sylvester Kostel.

蔷薇科，假升麻属

特征 多年生草本，基部木质化，高达1~3 m。茎圆柱形，无毛，带暗紫色。大型羽状复叶，通常二回稀三回，总叶柄无毛；小叶片3~9枚，菱状卵形、卵状披针形或长椭圆形，长5~13 cm，宽2~8 cm，先端渐尖，稀尾尖，基部宽楔形，稀圆形，边缘有不规则的尖锐重锯齿，近于无毛或沿叶边具疏生柔毛；小叶柄长4~10 mm或近于无柄；不具托叶。大型穗状圆锥花序，长10~40 cm，直径7~17 cm，外被柔毛与稀疏星状毛，逐渐脱落，果期较少；花梗长约2 mm；苞片线状披针形，微被柔毛；花直径2~4 mm；萼筒杯状；萼片三角形，先端急尖，全缘，近于无毛；花瓣倒卵形，先端圆钝，白色；雄花具雄蕊20枚，着生在萼筒边缘，花丝比花瓣长约1倍，有退化雌蕊；花盘盘状，边缘有10个圆形凸起；雌花心皮3~4枚，稀5~8，花柱顶生，微倾斜于背部，雄蕊短于花瓣。蓇葖果并立，无毛，果梗下垂；萼片宿存，开展稀直立。花期6月；果期8~9月。

分布 黑龙江：五常，44°15′12″N，126°32′50″E，2011-09-12，郑宝江等400341103。产于广西、湖南、江西、浙江、安徽、河南、四川、云南、西藏、甘肃、陕西、辽宁、吉林、黑龙江。日本、朝鲜以及俄罗斯西伯利亚等地也有分布。生山沟、山坡杂木林下，海拔1800~3500 m。

栽培 播种繁殖。

用途 根能疏风解表，活血舒筋。

含油率及化学组分数据

采集单位	测试单位	测试部位	产地	含油率(%)	碘值	酸值	皂化值	C12:0	C14:0	C16:0	C16:1	C18:0	C18:1	C18:2	C18:3	C20:0	C20:1
NEFU	SCBG	种仁	黑龙江五常	25.87	15.37	6.15		0.01	0.06	8.72	0.14	2.80	4.87	59.95	21.92	0.92	0.61

华中樱桃

Cerasus conradinae (Koehne) T.T. Yu et C.L. Li

蔷薇科，樱属

特征　乔木，高3~10 m。树皮灰褐色。小枝无毛；冬芽卵形，无毛。叶片倒卵形、长椭圆形或倒卵状长椭圆形，长5~9 cm，宽2. 5~4 cm，先端骤渐尖，基部圆形，边有向前伸展锯齿，齿端有小腺体，上面绿色，下面淡绿色，两面均无毛，侧脉7~9对；叶柄无毛，有2腺；托叶线形，边有腺齿，花后脱落。伞形花序，花3~5朵，先叶开放，直径约1. 5 cm；总苞片褐色，倒卵椭圆形，长约8 mm，宽约4 mm，外面无毛，内面密被疏柔毛；总梗长0. 4~1. 5 cm，稀总梗不明显，无毛；苞片褐色，宽扇形，长约1. 3 mm，有腺齿，果时脱落；花梗长1~1. 5 cm，无毛；萼筒管形钟状，无毛，萼片三角卵形，长约2 mm，先端圆钝或急尖；花瓣白色或粉红色，卵形或倒卵圆形，先端二裂；雄蕊32~43枚；花柱无毛，比雄蕊短或稍长。核果卵球形，红色，纵径8~11 mm，横径5~9 mm；核表面棱纹不显著。花期3月；果期4~5月。

分布　湖北：神农架，31°26′42″N，110°08′48″E，1786 m，2010-10-25，丁时东、危文亮等400151086。生于沟边林中，海拔500~2100 m。产于广西、湖南、河南、湖北、四川、贵州、云南、陕西。

栽培　嫁接或播种繁殖。

用途　栽培供观赏。

含油率及化学组分数据

采集单位	测试单位	测试部位	产地	含油率(%)	碘值	酸值	皂化值	C12:0	C14:0	C16:0	C16:1	C18:0	C18:1	C18:2	C18:3	C20:0	C20:1
OCRI	SCBG	种仁	湖北神农架	31. 08	2. 21	8. 80	277. 07		2. 12	21. 07	0. 19	2. 00	10. 34	48. 35	6. 02	1. 43	0. 16

欧李

Cerasus humilis (Bunge) Sokoloff

蔷薇科，樱属

特征　灌木，高0. 4~1. 5 m。小枝灰褐色或棕褐色，被短毛；冬芽卵形，疏被短柔毛或几无毛。叶片通常倒卵状长椭圆形，长2. 5~5 cm，宽1~2 cm，中部以上最宽，先端急尖或短渐尖，基部楔形，边有单锯齿或重锯齿，上面深绿色，无毛，下面浅绿色，无毛或被稀疏短柔毛，侧脉6~8对；叶柄长2~4 mm，无毛或被稀疏短柔毛；托叶线形，长5~6 mm，边有腺体。花单生或2~3花簇生，花叶同开；花梗长5~10 mm，被稀疏短柔毛；萼筒长宽近相等，约3 mm，外面被稀疏柔毛；萼片三角卵圆形，先端急尖或圆钝；花瓣白色或粉红色，长圆形或倒卵形；雄蕊30~35枚；花柱与雄蕊近等长，无毛。核果成熟后近球形，红色或紫红色，直径1. 5~1. 8 cm；核表面除背部两侧外无棱纹。花期4~5月；果期6~10月。

分布　河北：昌黎，40°12′18″N，119°17′12″E，9 m，2011-07-25，徐兴友、詹立军400313110。云南：昆明植物园，25°08′25″N，102°44′25″E，1947 m，2010-12-03，李忠荣400222212。生于阳坡砂地、山地灌丛中，或庭园栽培，海拔可达2000 m。产于山东、河南、河北、内蒙古、辽宁、吉林、黑龙江。

栽培　喜较湿润环境，耐严寒。在肥沃的砂质壤土或轻黏壤土种植为宜。种子繁殖，也可分根繁殖。

用途　种仁入药，作郁李仁，有利尿、缓下作用，主治大便燥结、小便不利；果味酸可食。

含油率及化学组分数据

采集单位	测试单位	测试部位	产地	含油率(%)	碘值	酸值	皂化值	C12:0	C14:0	C16:0	C16:1	C18:0	C18:1	C18:2	C18:3	C20:0	C20:1
HNUST	ICS	种子	河北昌黎	39. 94	91. 11	2. 98	192. 60			3. 46	0. 62	0. 80	68. 03	24. 74	0. 41	0. 09	0. 06
KMIB	KMIB	种仁	云南昆明	43. 27	83. 50	7. 83	184. 10				2. 99	0. 23	0. 95	73. 85	21. 77	0. 08	0. 04

黑樱桃

Cerasus maximowiczii (Rupr.) Kom.

蔷薇科，樱属

特征 乔木，高达7 m。小枝密被毛；冬芽长卵形，具毛。叶通常倒卵形，长3~9 cm，宽1.5~4 cm，先端骤尖或短尾尖，基部楔形或圆形，边有重锯齿，上面中脉被疏柔毛，下面中脉和侧脉上被疏柔毛；叶柄密生柔毛；托叶线形，边有稀疏深紫色腺体，花后脱落。伞房花序，有花5~10朵，基部具绿色叶状苞片，花叶同开；总苞片匙状长圆形，长1~1.5 cm，边有稀疏暗红色小腺体，花后脱落；花轴密被伏生柔毛；苞片绿色，卵圆形，边有尖锯齿，无腺体或腺体不明显；花直径约1.5 cm；萼筒倒圆锥状，外面伏生短柔毛；萼片椭圆三角形，先端通常渐尖，边有疏齿，齿端有不明显的细小腺体或无；花瓣白色，椭圆形，长6~7 mm，宽5~6 mm；雄蕊约36枚；花柱与雄蕊近等长，柱头扩大，头状。核果卵球形，成熟后变黑色；核表面具显著棱纹。花期6月；果期9月。

分布 云南：昆明植物所乒乓球室前，25°08′33″N，102°44′31″E，1929 m，2009-03-26，李忠荣、李恩乾400222071。生于阳坡杂木林中或有腐殖质土石坡上，也见于山地灌丛及草丛中。产于辽宁、吉林、黑龙江。朝鲜、日本以及俄罗斯远东地区均有分布。

栽培 嫁接或播种繁殖。

用途 树皮可提取栲胶。木材可治供细木工用。可栽培观赏。

含油率及化学组分数据

采集单位	测试单位	测试部位	产地	含油率(%)	碘值	酸值	皂化值	C12:0	C14:0	C16:0	C16:1	C18:0	C18:1	C18:2	C18:3	C20:0	C20:1
KMIB	KMIB	种仁	云南昆明	38.21	91.80	0.84	174.90				3.51	0.19	2.03	26.83	29.26	0.26	0.98

樱桃

Cerasus pseudocerasus (Lindl.) Loudon [*Prunus pseudocerasus* Lindl.]

蔷薇科，樱属

特征 乔木，高2~6 m。树皮灰白色。冬芽卵形，无毛。叶片卵形或长圆状卵形，长5~12 cm，宽3~5 cm，先端渐尖或尾状渐尖，基部圆形，边有尖锐重锯齿，齿端有小腺体，上面暗绿色，近无毛，下面淡绿色，沿脉或脉间有稀疏柔毛，侧脉9~11对；叶柄长0.7~1.5 cm，被疏柔毛，先端有1或2个大腺体；托叶早落，披针形，有羽裂腺齿。花序伞房状或近伞形，有花3~6朵，先叶开放；总苞倒卵状椭圆形，褐色，长约5 mm，宽约3 mm，边有腺齿；花梗长0.8~1.9 cm，被疏柔毛；萼筒钟状，长3~6 mm，宽2~3 mm，外面被疏柔毛；萼片三角卵圆形或卵状长圆形，先端急尖或钝，边缘全缘，长为萼筒的一半或过半；花瓣白色，卵圆形，先端下凹或二裂；雄蕊30~35枚；花柱与雄蕊近等长，无毛。核果近球形，红色，直径0.9~1.3 cm。花期3~4月；果期5~6月。

分布 重庆：南川区三泉镇石门沟，29°08′24″N，107°07′16″E，599 m，2010-04-05，刘正宇等400231139；南川区三泉镇石门沟，29°8′24″N，107°07′16″E，599 m，2010-04-05，刘正宇等4000231139。陕西：杨凌区西农农场，34°15′37″N，108°03′46″E，500 m，2011-07-23，薛帅、秦烁400324032。生于山坡阳处或沟边，常栽培，海拔300~600 m。产于江西、浙江、江苏、山东、河南、四川、甘肃、陕西、河北、辽宁。

栽培 喜光。喜排水良好的砂质壤土，耐贫瘠。嫁接、分株、扦插、压条和种子繁殖。

用途 本种在我国久经栽培，品种颇多，供食用，也可酿樱桃酒，枝、叶、根、花也可供药用。

含油率及化学组分数据

采集单位	测试单位	测试部位	产地	含油率(%)	碘值	酸值	皂化值	C12:0	C14:0	C16:0	C16:1	C18:0	C18:1	C18:2	C18:3	C20:0	C20:1
CIPP	SCBG	种仁	重庆南川	31.22	107.60	4.44	387.94		0.16	12.95	0.09	1.44	42.96	24.04	2.27	1.83	0.90
CIPP	SCBG	种仁	重庆南川	33.61					0.15	7.87	1.70	5.85	67.33	0.94	3.49	0.13	
CAU	ICS	种子	陕西杨凌	2.90	61.79	39.04	194.42			5.39		2.33	49.33	39.94	1.15	0.64	0.51

毛樱桃

Cerasus tomentosa (Thunb.) Wall. ex T.T. Yu et C.L. Li

蔷薇科，樱属

特征 灌木，高可达2~3 m。小枝紫褐色，嫩枝通常密被绒毛；冬芽卵形，疏被短柔毛。叶片通常卵状椭圆形，长2~7 cm，宽1~3. 5 cm，先端急尖或渐尖，基部楔形，边有锯齿，上面被疏柔毛，下面密被灰色绒毛，侧脉4~7对；叶柄长2~8 mm，被绒毛；托叶线形，长3~6 mm，被长柔毛。花单生或2朵簇生，花叶同开，先叶开放；花梗长达2. 5 mm或近无梗；萼筒管状或杯状，长4~5 mm，外被短柔毛或无毛；萼片三角卵形，先端圆钝或急尖，长2~3 mm，内外两面内被短柔毛或无毛；花瓣白色或粉红色，倒卵形，先端圆钝；雄蕊20~25枚，短于花瓣；花柱伸出与雄蕊近等长或稍长，子房全部被毛。核果近球形，红色，直径0. 5~1. 2 cm；核表面除棱脊两侧有纵沟外，无棱纹。花期4~5月；果期6~9月。

分布 黑龙江：桦川县横头山镇，46°48′07″N，130°22′10″E，1 m，2011-07-05，张爽、潘伟400351076。河北：昌黎，39°42′23″N，119°12′35″E，11 m，2009-06-10，徐兴友400313025；昌黎，39°43′10″N，119°10′59″E，27 m，2011-06-28，徐兴友、詹立军400313090。吉林：松花湖，44°12′26″N，127°10′43″E，340 m，2009-07-22，郑宝江、李康、陶林400341026。生于山坡林中、林缘、灌丛中或草地，海拔100~3200 m。产于山东、四川、云南、西藏、青海、甘肃、宁夏、陕西、山西、河北、内蒙古、辽宁、吉林、黑龙江。

栽培 适应性强。性喜光，较抗寒耐旱。对土壤要求不严，砂壤土、石砾土及石灰岩山地风化土都能适应。根系发达，抗性强。结果早且丰产。

用途 本种果实微酸甜，可食及酿酒；种仁含油率达43%左右，可制肥皂及润滑油用；种仁又入药，商品名大李仁，有润肠利水之效。我国江苏、新疆、河北等地城市庭园常见栽培，供观赏用。

含油率及化学组分数据

采集单位	测试单位	测试部位	产地	含油率(%)	碘值	酸值	皂化值	C12:0	C14:0	C16:0	C16:1	C18:0	C18:1	C18:2	C18:3	C20:0	C20:1
SBRI	SCBG	种仁	黑龙江桦川	23. 06	66. 43	10. 47	286. 01	0. 0036	0. 02	4. 47	0. 06	2. 37	17. 73	39. 88	34. 46	0. 45	0. 56
HNUST	ICS	种子	河北昌黎	34. 05	68. 25	1. 24	202. 30	0. 06	0. 02	3. 73	0. 18	1. 50	50. 52	42. 84	0. 06	0. 95	0. 13
HNUST	ICS	种子	河北昌黎	13. 71	102. 81	7. 29	401. 16			2. 35	0. 19	0. 83	70. 24	25. 48	0. 19	0. 05	
NEFU	SCBG	种仁	吉林松花湖	43. 70	73. 22	0. 75	178. 79	0. 005	0. 078	0. 02	3. 14	0. 05	52. 41	44. 00	0. 15	0. 12	0. 10

毛叶木瓜（光皮木瓜）

Chaenomeles cathayensis (Hemsl.) C. K. Schneid.

蔷薇科，木瓜属

特征 落叶灌木至小乔木，高2~6 m。枝条具短枝刺，小枝疏生皮孔；冬芽三角卵形，先端急尖，无毛。叶片通常椭圆形，长5~11 cm，宽2~4 cm，先端急尖或渐尖，基部楔形至宽楔形，边缘有芒状细尖锯齿，上半部有时形成重锯齿，幼时下面密被褐色绒毛；托叶草质，肾形、耳形或半圆形，边缘有芒状细齿，下面被褐色绒毛。花先叶开放，2~3朵簇生于二年生枝上；花梗短粗或近无梗；花直径2~4 cm；萼筒钟状，外面无毛或稍有短柔毛；萼片直立，卵圆形至椭圆形，全缘或有浅齿及黄褐色睫毛；花瓣倒卵形或近圆形，长10~15 mm，宽8~15 mm，淡红色或白色；雄蕊45~50枚，长约花瓣之半；花柱5枚，基部合生，下半部被柔毛或绵毛，柱头头状。果实卵球形或近圆柱形，先端有凸起，长8~12 cm，宽6~7 cm，黄色有红晕，味芳香。花期3~5月；果期9~10月。

分布 云南：昆明植物园百草园，25°08′25″N，102°44′28″E，1950 m，2008-08-05，刘恩乾400222210。生山坡、林边、道旁、栽培或野生，海拔900~2500 m。产于广西、湖南、江西、四川、贵州、云南、湖北、甘肃、陕西。

栽培 各地习见栽培，耐寒力不及木瓜和皱皮木瓜。

用途 果实入药可作木瓜的代用品。

含油率及化学组分数据

采集单位	测试单位	测试部位	产地	含油率(%)	碘值	酸值	皂化值	C12:0	C14:0	C16:0	C16:1	C18:0	C18:1	C18:2	C18:3	C20:0	C20:1
KMIB	KMIB	种仁	云南昆明	23. 69	82. 80	1. 40	182. 70		0. 04		6. 01		2. 10	69. 75	18. 89	0. 15	1. 85

木瓜

Chaenomeles sinensis (Thouin) Koehne

蔷薇科，木瓜属

特征 灌木或小乔木，高达5~10 m。小枝紫红色，紫褐色；冬芽半圆形，先端圆钝，无毛，紫褐色。叶片椭圆卵形或椭圆长圆形，长5~8 cm，宽3.5~5.5 cm，先端急尖，基部宽楔形或圆形，边缘有刺芒状尖锯齿，齿尖有腺，幼时下面密被黄白色绒毛；叶柄微被毛，有腺齿；托叶膜质，卵状披针形，先端渐尖，边缘具腺齿，长约7 mm。花单生于叶腋，花梗短粗，长5~10 mm，无毛，花直径2.5~3 cm；萼筒钟状外面无毛；萼片三角披针形，长6~10 mm，先端渐尖，边缘有腺齿，外面无毛，内面密被浅褐色绒毛，反折；花瓣倒卵形，淡粉红色；雄蕊多数，长不及花瓣之半；花柱3~5枚，基部合生，被柔毛，柱头头状，有不显明分裂，约与雄蕊等长或稍长。果实长椭圆形，长10~15 cm，暗黄色，木质，味芳香，果梗短。花期4月；果期9~10月。

分布 河南：郑州市惠济区，34°45′49″N，113°39′36″E，370 m，2011-09-08，王亚平400314075。湖北：武汉植物园，30°55′12″N，114°41′32″E，33 m，2010-10-30，李晓东、咎艳燕、罗曼曼400121134。浙江：杭州植物园，30°15′25″N，120°07′22″E，2010-10-14，曾庆文、谢聪、孟玉芳40011903。山东：淄博，36°19′35″N，118°03′16″E，600 m，2010-06-12，赵伟华400311216。产于广东、广西、江西、浙江、江苏、安徽、山东、河南、湖北、四川、陕西。

栽培 喜光，喜温暖、湿润气候，耐寒性不强。适宜肥沃、深厚而排水良好的土壤。春季播种繁殖。选肥沃、土层深厚、遮阴、排水良好的壤土。

用途 果实味涩，水煮或浸渍糖液中供食用，入药有解酒、去痰、顺气、止痢之效。果皮干燥后仍光滑，不皱缩，故有光皮木瓜之称。木材坚硬可作床柱用。习见栽培供观赏。

含油率及化学组分数据

采集单位	测试单位	测试部位	产地	含油率(%)	碘值	酸值	皂化值	C12:0	C14:0	C16:0	C16:1	C18:0	C18:1	C18:2	C18:3	C20:0	C20:1
HNAU	ICS	种子	河南郑州	12.73	78.55	22.83	157.43		0.28	16.12		3.29	39.98	30.03	0.17	2.44	1.65
WHBG	WHBG	种仁	湖北武汉	14.28						9.30		2.80	39.20	45.70	0.40	1.60	0.50
SCBG	SCBG	种仁	浙江杭州	14.37	17.91	14.47	157.62	0.01		6.19		2.81	8.01	22.16	2.36	0.20	1.14
ICS	ICS	种子	山东淄博	27.24	121.74	1.63	193.06		0.06	9.40	0.07	2.01	38.21	45.54	0.71	1.24	0.66

皱皮木瓜（贴梗海棠）

Chaenomeles speciosa (Sweet) Nakai

蔷薇科，木瓜属

特征 落叶灌木，高2 m。枝条有刺，小枝紫褐色，具皮孔；冬芽三角卵形，先端急尖，紫褐色。叶片卵形至椭圆形，长3~9 cm，宽1.5~5 cm，先端急尖稀圆钝，基部楔形至宽楔形，边缘具尖锯齿，无毛或被短柔毛；叶柄长约1 cm；托叶大，草质，肾形或半圆形，边缘具重锯齿，无毛。花先叶开放，3~5朵簇生于二年生老枝上；花梗短粗或近于无柄；花直径3~5 cm；萼筒钟状，外面无毛；萼片直立，半圆形稀卵形，长约萼筒之半，先端圆钝、全缘或有波状齿或具黄褐色睫毛；花瓣倒卵形或近圆形，基部延伸成短爪，长10~15 mm，宽8~13 mm，猩红色，稀淡红色或白色；雄蕊45~50枚，长约花瓣之半；花柱5枚，基部合生，柱头头状，约与雄蕊等长。果实球形或卵球形，直径4~6 cm，黄色或带黄绿色，味芳香。花期3~5月；果期9~10月。

分布 甘肃：兰州市安宁区，36°07′06″N，103°42′17″E，1550 m，2011-10-10，秦烁、胡亮400326025。云南：维西县塔城乡巴珠村，27°31′37″N，99°26′10″E，2300 m，2009-08-05，李忠荣400222029。各地习见栽培。产于广东、四川、贵州、云南、甘肃、陕西。缅甸亦有分布。

栽培 分株、压条、扦插、嫁接繁殖，移植于秋季落叶后春季萌芽前进行。对水、肥敏感。冬季气温低于-20℃要埋土防寒。易受蚜虫、红蜘蛛、刺蛾等危害，可用1000~1200倍三硫磷药液喷洒。

用途 果实含苹果酸、酒石酸、枸橼酸及丙种维生素等，干制后入药，有驱风、舒筋、活络、镇痛、消肿、顺气之效。花色大红、粉红、乳白且有重瓣及半重瓣品种。早春先花后叶，花色艳丽，灿若红霞，秋季果色黄绿，芳香沁人心脾，是优良的园林观赏灌木。枝密多刺可作绿篱。

含油率及化学组分数据

采集单位	测试单位	测试部位	产地	含油率(%)	碘值	酸值	皂化值	C12:0	C14:0	C16:0	C16:1	C18:0	C18:1	C18:2	C18:3	C20:0	C20:1
CAU	ICS	种子	甘肃兰州	10.43	104.43	7.32	189.69			8.15	0.10	0.65	43.34	45.23	0.39	0.70	0.53
KMIB	KMIB	种仁	云南维西	18.06	99.40	1.20	189.50		0.12	0.10			8.56	0.15	0.07	36.18	2.11
OFPC	GXIB	种仁	广西凌云	35.30	113.20		183.30	1.60		11.60		微量	45.80	39.40		1.50	

木帚栒子

Cotoneaster dielsianus E. Pritz. ex Diels

蔷薇科，栒子属

特征 落叶灌木，高1~2 m。枝条下垂，小枝幼时密被长柔毛。叶片椭圆形至卵形，长1~2. 5 cm，宽0. 8~1. 5 cm，先端多数急尖，稀圆钝或缺凹，基部宽楔形或圆形，全缘，上面微具稀疏柔毛，下面密被带黄色或灰色绒毛；叶柄长1~2 mm，被绒毛；托叶线状披针形，幼时有毛。花3~7朵，成聚伞花序；总花梗和花梗具柔毛；花梗长1~3 mm；花直径6~7 mm；萼筒钟状，外面被柔毛，萼片三角形，先端急尖，外面被柔毛，内面先端有少数柔毛；花瓣直立，几圆形或宽倒卵形，长与宽各3~4 mm，先端圆钝，浅红色；雄蕊15~20枚，比花瓣短；花柱通常3枚，甚短，离生；子房顶部有柔毛。果实近球形或倒卵形，直径5~6 mm，红色，具3~5小核。花期6~7月；果期9~10月。

分布 四川：泸定县冷碛乡二郎山，29°53′14″N，110°02′24″E，2719 m，2009-11-08，干友民400241067。生在荒坡、沟谷、草地或灌木丛中，海拔1000~3600 m。产于湖北、四川、云南、西藏。

栽培 播种繁殖。

用途 栽培供观赏。

含油率及化学组分数据

采集单位	测试单位	测试部位	产地	含油率(%)	碘值	酸值	皂化值	C12:0	C14:0	C16:0	C16:1	C18:0	C18:1	C18:2	C18:3	C20:0	C20:1
SCAU	SCBG	种仁	四川泸定	22. 24	134. 90	10. 33	112. 52	0. 01	0. 08	12. 16	0. 03	3. 09	18. 46	64. 78	0. 58	0. 40	0. 40

散生栒子

Cotoneaster divaricatus Rehd. et Wils.

蔷薇科，栒子属

特征 落叶直立灌木，高1~2 m。小枝幼嫩时具糙伏毛。叶片椭圆形或宽椭圆形，稀倒卵形，长7~20 mm，宽5~10 mm，先端急尖，稀稍钝，基部宽楔形，全缘，幼时上下两面有短柔毛；叶柄长1~2 mm，具短柔毛；托叶线状披针形，早落。花2~4朵，直径5~6 mm，花梗长1~2 mm；萼筒钟状，外面有稀疏短柔毛，内面无毛；萼片三角形，先端急尖，外面有短柔毛，内面仅先端具少数柔毛；花瓣直立，卵形或长圆形，先端圆钝，长4 mm，宽3 mm，粉红色；雄蕊10~15枚，比花瓣短；花柱2枚，离生，短于雄蕊；子房顶端有短柔毛。果实椭圆形，直径5~7 mm，红色，有稀疏毛，具1~3核，通常有2小核。花期4~6月；果期9~10月。

分布 江西：铅山县黄岗山，27°50′27″N，117°46′25″E，1914 m，2012-11-12，刘东明、童毅4001122132。生于多石砾坡地及山沟灌木丛中，海拔1600~3400 m。产于江西、湖北、四川、云南、西藏、甘肃、陕西。

栽培 播种繁殖。

用途 栽培供观赏。

含油率及化学组分数据

采集单位	测试单位	测试部位	产地	含油率(%)	碘值	酸值	皂化值	C12:0	C14:0	C16:0	C16:1	C18:0	C18:1	C18:2	C18:3	C20:0	C20:1
SCBG	SCBG	种仁	江西铅山	20. 62	75. 56	36. 20	208. 09		0. 02	3. 67	0. 03	0. 96	66. 96	26. 97	1. 15	0. 11	0. 13

粉叶栒子

Cotoneaster glaucophyllus Franch.

蔷薇科，栒子属

特征 半常绿灌木，高2~5 m。小枝幼时密被黄色柔毛。叶片通常椭圆形，长3~6 cm，宽1. 5~2. 5 cm，先端急尖或圆钝，基部宽楔形至圆形，下面幼时微具短柔毛，有白霜，侧脉5~8对；叶柄粗壮，幼时具黄色柔毛；托叶披针形，微具柔毛，多数脱落。花多数而密集成复聚伞花序；总花梗和花梗具带黄色柔毛；苞片钻形，稍有柔毛，早落；花梗长2~4 mm；花直径8 mm；萼筒钟状，外面有稀疏柔毛，内面无毛；萼片三角形，先端急尖，外面有稀疏柔毛；花瓣平展，近圆形或宽倒卵形，长3~4 mm，先端多数圆钝，稀微缺，基部有极短爪，内面近基部微具柔毛，白色；雄蕊20枚，几与花瓣近等长；花柱通常2枚，离生，几与雄蕊等长或稍短；子房顶端微具柔毛。果实卵形至倒卵形，直径6~7 mm，红黄色，常具2小核。花期6~7月；果期10月。

分布 云南：文山州麻栗坡县下金厂，23°13′31″N，104°54′09″E，1493 m，2011-10-16，曾庆文、陈树钢、杨国400114125。生于山坡开旷地杂木林中，海拔1200~2800 m。产于广西、四川、贵州、云南。

栽培 播种繁殖。

用途 栽培供观赏。

含油率及化学组分数据

采集单位	测试单位	测试部位	产地	含油率(%)	碘值	酸值	皂化值	C12:0	C14:0	C16:0	C16:1	C18:0	C18:1	C18:2	C18:3	C20:0	C20:1
SCBG	SCBG	种仁	云南文山	31. 56	78. 59	0. 88	215. 38										

平枝栒子

Cotoneaster horizontalis Decne.

蔷薇科，栒子属

特征 落叶或半常绿匍匐灌木，高不超过0. 5 m。小枝圆柱形，幼时外被糙伏毛，黑褐色。叶片近圆形或宽椭圆形，稀倒卵形，长5~14 mm，宽4~9 mm，先端多数急尖，基部楔形，全缘，上面无毛，下面有稀疏平贴柔毛；叶柄长1~3 mm，被柔毛；托叶钻形，早落。花1~2朵，近无梗，直径5~7 mm；萼筒钟状，外面有稀疏短柔毛，内面无毛；萼片三角形，先端急尖，外面微具短柔毛，内面边缘有柔毛；花瓣直立，倒卵形，先端圆钝，长约4 mm，宽3 mm，粉红色；雄蕊约12枚，短于花瓣；花柱常为3枚，有时为2枚，离生，短于雄蕊；子房顶端有柔毛。果实近球形，直径4~6 mm，鲜红色，具2~3小核。花期5~6月；果期9~10月。

分布 河北：昌黎，40°12′01″N，119°16′36″E，8 m，2009-09-16，徐兴友400313048。湖北：神农架老君山顶，31°26′12″N，110°26′22″E，1009 m，2011-08-13，丁时东400151145。生于灌木丛中或岩石坡上，海拔可达3500 m。产于湖南、湖北、四川、贵州、云南、甘肃、陕西。尼泊尔也有分布。

栽培 喜光，稍耐阴，抗旱性强。耐干旱、贫瘠，在钙质土壤上生长良好，但不耐水湿。以播种繁殖为主，也可扦插繁殖。

用途 开花季节花色鲜艳，结果时红彤彤的一片，极为美观。

含油率及化学组分数据

采集单位	测试单位	测试部位	产地	含油率(%)	碘值	酸值	皂化值	C12:0	C14:0	C16:0	C16:1	C18:0	C18:1	C18:2	C18:3	C20:0	C20:1
HNUST	ICS	种子	河北昌黎	34. 20	80. 98	27. 80	163. 40	0. 03	0. 13	12. 84	0. 30	2. 14	38. 69	44. 88	0. 65	0. 18	0. 16
OCRI	SCBG	种子	湖北神农架	18. 95	112. 77	3. 00			0. 08	0. 21	22. 25	0. 28	3. 50	14. 02	33. 70	2. 22	3. 42

小叶栒子

Cotoneaster microphyllus Wall. ex Lindl.

蔷薇科，栒子属

特征 常绿矮生灌木，高达1 m。小枝红褐色，幼时具黄色柔毛。叶片厚革质，倒卵形至长圆倒卵形，长4~10 mm，宽3. 5~7 mm，先端圆钝，稀微凹或急尖，基部宽楔形，上面无毛或具稀疏柔毛，下面被带灰白色短柔毛，叶边反卷；叶柄长1~2 mm，有短柔毛；托叶细小，早落。花通常单生，稀2~3朵，直径约1 cm，花梗甚短；萼筒钟状，外面有稀疏短柔毛，内面无毛；萼片卵状三角形，先端钝，外面稍具短柔毛，内面仅先端边缘上有少数柔毛；花瓣平展，近圆形，长与宽各约4 mm，先端钝，白色；雄蕊15~20枚，短于花瓣；花柱2枚，离生，稍短于雄蕊；子房先端有短柔毛。果实球形，直径5~6 mm，红色，内常具2小核。花期5~6月；果期8~9月。

分布 西藏：林芝县布久乡仲果村，29°32′52″N，94°26′13″E，2964 m，2011-09-01，干友民400241120。普遍生长于多石山坡地、灌木丛中，海拔2500~4100 m。产于四川、云南、西藏。印度、缅甸、不丹、尼泊尔均有分布。

栽培 喜光，也稍耐阴，喜空气湿润和半阴的环境，耐干旱，亦较耐寒，但不耐涝。播种、扦插繁殖。新鲜种子可以即采即播，干燥种子宜在早春1~2月播种。扦插可在春季或梅雨季节进行，春季扦插要保温保湿，用养分较多的介质，如山泥或泥炭土。梅雨季节扦插要用透水、通气良好的介质，如黄沙。

用途 春开白花，秋结红果，甚美观，是点缀岩石园的良好植物。

含油率及化学组分数据

采集单位	测试单位	测试部位	产地	含油率(%)	碘值	酸值	皂化值	C12:0	C14:0	C16:0	C16:1	C18:0	C18:1	C18:2	C18:3	C20:0	C20:1
SAU	SCBG	种仁	西藏林芝	23. 99	131. 73	11. 78	172. 91	0. 05	0. 38	9. 90	0. 18	2. 62	50. 50	33. 47	1. 90	0. 61	0. 40

少花栒子

Cotoneaster oliganthus Pojark.

蔷薇科，栒子属

特征 落叶灌木，高1~2 m。小枝幼时密被绒毛，深褐色。叶片椭圆形或卵圆形，先端常圆钝，稀稍急尖，有时微凹，并有短尖，基部宽楔形至圆形，长8~25 mm，宽4~17 mm，上面深绿色，有稀疏平铺柔毛或无毛，下面被绿灰色绒毛；叶柄有绒毛，长2~4 mm。花序比叶片短约一半，花2~4朵成总状短花束；总花梗长2~3 mm，花梗有毛，长2~5 mm；花朵小，直径7~8 mm；萼筒外被平铺稀疏柔毛；萼片宽三角形，先端圆钝或稍急尖，有稀疏柔毛或近无毛，边缘带紫色并有绒毛状睫毛；花瓣淡红色，内面基部有曲状柔毛；雄蕊20枚；花柱2(~3)枚，离生。果实近球形至椭圆形，直径5~8 mm，红色，常具2(~3)小核。花期5~6月；果期8~9月。

分布 新疆：裕民县塔斯特保护区，45°56′42″N，82°40′38″E，1023 m，2011-09-21，侯翼国、王茜4003311042。产于新疆、内蒙古。哈萨克斯坦也有分布。

栽培 播种或扦插繁殖。

用途 栽培供观赏。

含油率及化学组分数据

采集单位	测试单位	测试部位	产地	含油率(%)	碘值	酸值	皂化值	C12:0	C14:0	C16:0	C16:1	C18:0	C18:1	C18:2	C18:3	C20:0	C20:1
XIEG	SCBG	种子	新疆裕民	34. 86	66. 43	10. 47	286. 01	0.004	0. 04	3. 84	0. 04	0. 85	26. 15	35. 91	32. 59	0. 11	0. 47

皱叶柳叶栒子（皱叶栒子）

Cotoneaster salicifolius var. **rugosus** (E. Pritz.) Rehd. et Wils [*Cotoneaster rugosus* E. Pritzel]

蔷薇科，栒子属

特征　柳叶栒子的变种。叶片较宽大，椭圆长圆形，上面暗褐色，具深皱纹；叶脉深陷，叶边反卷，下面叶脉显著凸起，密被绒毛。果实红色，直径约6 mm，具小核2~3。

分布　安徽：金寨，31°35′39″N，115°31′09″E，509 m，2012-10-17，李晓东、昝艳燕等400121300。产于湖北西部、四川东部。

栽培　播种或扦插繁殖。

用途　栽培供观赏。

含油率及化学组分数据

采集单位	测试单位	测试部位	产地	含油率(%)	碘值	酸值	皂化值	C12:0	C14:0	C16:0	C16:1	C18:0	C18:1	C18:2	C18:3	C20:0	C20:1
WHBG	WHBG	种仁	安徽金寨	20.18	74.64		358.27			11.49	7.82	2.20	0.28	31.75	0.16		0.34

康巴栒子

Cotoneaster sherriffii G. Klotz

蔷薇科，栒子属

特征　半常绿灌木，高达1.5 m。直立；枝与小枝直立开展，初时被稀疏刚伏毛，呈灰褐色，老时密被灰色皮孔。叶螺旋状排列，叶片亚革质，长圆倒卵形，稀倒披针形，先端圆或钝，有微凸，基部楔形，长6~12 mm，宽4~8 mm，上面初时被稀疏柔毛，深绿色，下面有平铺曲状柔毛，黄灰色；叶柄长1~2 mm，有曲柔毛。花序直立，长1~2.5 cm，有花3~9朵；总花梗和花梗初被稀疏曲柔毛；花直径9~10 mm；萼筒萼片被稀疏柔毛或近于无毛；心皮1~2枚。花期5~6月；果期9~10月。

分布　西藏：林芝县林芝到米林45 km处，29°21′58″N，94°24′25″E，2940 m，2011-08-31，干友民400241117。生于河谷旁，海拔4100 m。产于西藏东南部至四川西部。

栽培　播种或扦插繁殖。

用途　栽培供观赏。

含油率及化学组分数据

采集单位	测试单位	测试部位	产地	含油率(%)	碘值	酸值	皂化值	C12:0	C14:0	C16:0	C16:1	C18:0	C18:1	C18:2	C18:3	C20:0	C20:1
SAU	SCBG	种仁	西藏林芝	32.44	101.20	145.87	188.20	0.003	0.07	1.55	0.07	3.64	18.18	75.90	0.24	0.22	0.13

野山楂

Crataegus cuneata Sieb. et Zucc.

蔷薇科，山楂属

特征 落叶灌木，高达15 m。分枝具细刺，散生长圆形皮孔；冬芽三角卵形，先端圆钝，无毛，紫褐色。叶片宽倒卵形至倒卵状长圆形，长2~6 cm，宽1~4. 5 cm，先端急尖，基部楔形，下延连于叶柄，边缘有不规则重锯齿，下面具稀疏柔毛，沿叶脉较密，叶脉显著；叶柄两侧有翼；托叶大形，草质，镰刀状，边缘有齿。伞房花序，直径2~2. 5 cm，具花5~7朵；总花梗和花梗均被柔毛，花梗长约1 cm；苞片草质，披针形，条裂或有锯齿，长8~12 mm；花直径约1. 5 cm；萼筒钟状，外被长柔毛；萼片三角卵形，约与萼筒等长，先端尾渐尖，内外两面均具毛；花瓣近圆形或倒卵形，长6~7 mm，白色，基部有短爪；雄蕊20枚；花药红色；花柱4~5枚，基部被绒毛。果实近球形或扁球形，直径1~1. 2 cm，红色或黄色，常具有宿存反折萼片；小核4~5，内面两侧平滑。花期5~6月；果期9~11月。

分布 江西：玉山县三清山，28°54′55″N，118°1′20″E，515 m，2009-09-02，廖文波等400141129。河南：河南内乡，33°31′3″N，111°55′49″E，1385 m，2012-10-25，王亚平400314301。湖南：吉首市保靖县白云山，28°42′32″N，109°37′11″E，300 m，2012-11-16，张代贵、张洁40019101242。福建：武夷山大安源，27°52′38″N，17°52′09″E，2010-10-04，刘东明、梁耀400112149。生于山谷、多石湿地或山地灌木丛中，海拔250~2000 m。产于广东、广西、湖南、江西、福建、浙江、安徽、江苏、河南、湖北、贵州、云南。日本也有分布。

栽培 喜光，喜温暖、湿润气候。耐干旱、贫瘠，喜酸性土，钙质土上也能生长。种子或萌蘖繁殖。

用途 果实含糖、蛋白质、维生素等营养物质，可生食及制作果酱、酿酒；也可药用来健胃、强心、降血压；茎叶可治漆疮。可作砧木。

含油率及化学组分数据

采集单位	测试单位	测试部位	产地	含油率(%)	碘值	酸值	皂化值	C12:0	C14:0	C16:0	C16:1	C18:0	C18:1	C18:2	C18:3	C20:0	C20:1
SYSU	SCBG	种仁	江西玉山	20. 83				0. 02	0. 02	3. 89	0. 23	0. 79	83. 15	11. 50	0. 20	0. 05	0. 14
HNAU	ICS	种子	河南内乡	2. 65	99. 91	20. 51	210. 66	0. 07	0. 07	7. 98	0. 28	1. 41	26. 24	52. 12	0. 62	1. 03	0. 86
JSU	SCBG	种仁	湖南吉首	26. 45						6. 04	0. 11	4. 66	20. 69	12. 14	0. 15	53. 92	0. 16
SCBG	SCBG	种仁	福建武夷山	12. 59	138. 36	18. 13	115. 37	0. 09		5. 92	0. 10	5. 14	13. 30		0. 43	0. 44	0. 12

山里红

Crataegus pinnatifida var. **major** N.E. Br. [*Crataegus pinnatifida* var. *korolkowii* (Ascherson et Graebner)]

蔷薇科，山楂属

特征 落叶乔木，高达6 m。树皮粗糙，暗灰色或灰褐色。冬芽三角卵形，无毛，紫色。叶片叶片大，分裂较浅。伞房花序具多花，直径4~6 cm；总花梗和花梗均被柔毛，花后脱落，花梗长4~7 mm；苞片膜质，线状披针形，先端渐尖，边缘具腺齿，早落；花直径约1. 5 cm；萼筒钟状，外面密被灰白色柔毛；萼片三角卵形至披针形，先端渐尖；花瓣倒卵形或近圆形，白色，长7~8 mm，宽5~6 mm；雄蕊20枚，短于花瓣，花药粉红色；花柱3~5枚，柱头头状。果形较大，直径可达2. 5 cm，深亮红色，近球形或梨形，直径1~1. 5 cm，深红色，有浅色斑点；小核3~5，外面稍具棱，内面两侧平滑。花期5~6月；果期9~10月。

分布 黑龙江：伊春市小兴安岭，47°43′33″N，128°52′17″E，728 m，2010-08-15，陈连江、卞勇、贾海伦400351049。栽培树种，主要栽培在中国北部、西北部和东北部。

栽培 一般用山楂作为砧木嫁接繁殖。

用途 在河北山区为重要果树，果实供鲜吃、加工或作糖胡芦用。

含油率及化学组分数据

采集单位	测试单位	测试部位	产地	含油率(%)	碘值	酸值	皂化值	C12:0	C14:0	C16:0	C16:1	C18:0	C18:1	C18:2	C18:3	C20:0	C20:1
SBRI	SCBG	种仁	黑龙江伊春	38. 47	12. 66	5. 56	79. 94										

云南移木衣

Docynia delavayi (Franch.) C. K. Schneid. [*Pyrus delavayi* Franchet]

蔷薇科，移木衣属

特征　常绿乔木，高达3~10 m。枝条稀疏，小枝圆柱形，幼时密被黄白色绒毛，逐渐脱落，老枝紫褐色；冬芽卵形，外被柔毛。叶片披针形或卵状披针形，长6~8 cm，宽2~3 cm，先端急尖或渐尖，基部宽楔形或近圆形，全缘或稍有浅钝齿，上面深绿色，革质有光泽，下面密被黄白色绒毛；叶柄密被绒毛。花3~5朵，丛生于小枝顶端；花梗短粗，近于无毛，果期伸长，密被绒毛；苞片膜质，披针形，早落；花直径2. 5~3 cm；萼筒钟状，外面密被黄白色绒毛；萼片披针形或三角披针形，全缘，比萼筒稍短，内外两面均密被绒毛；花瓣宽卵形或长圆倒卵形，基部有短爪，白色；雄蕊40~45枚，花丝长短不等，比花瓣短约1/3；花柱5枚，基部合生并密被绒毛，与雄蕊近等长或稍短，柱头棒状。果实卵形或长圆形，直径2~3 cm，黄色，常有长果梗，外被绒毛；萼片宿存，直立或合拢。花期3~4月；果期5~6月。

分布　云南：昆明植物园科谱馆前，25°8′27″N，102°44′30″E，1948 m，2008-10-12，李忠荣400222070。生于山谷、溪旁、灌丛中或路旁杂木林中，海拔1000~3000 m。产于四川、贵州、云南。

栽培　嫁接或播种繁殖。

用途　果实味酸，在云南供作柿果催熟剂用。可栽培供观赏。

含油率及化学组分数据

采集单位	测试单位	测试部位	产地	含油率(%)	碘值	酸值	皂化值	C12:0	C14:0	C16:0	C16:1	C18:0	C18:1	C18:2	C18:3	C20:0	C20:1
KMIB	KMIB	种仁	云南昆明	33. 24	113. 30	0. 47	181. 40			0. 37	6. 69	0. 36	4. 95	35. 66	49. 57	0. 23	

台湾枇杷

Eriobotrya deflexa (Hemsl.) Nakai [*Photinia deflexa* Hemsley]

蔷薇科，枇杷属

特征　常绿乔木，高5~12 m。小枝幼时密生棕色绒毛。叶片集生枝顶端，长圆形或长圆披针形，长10~19 cm，宽3~7 cm，先端短尾尖或渐尖，基部楔形，边缘微向外卷，疏生不规则内弯钝锯齿，两面幼时有短绒毛，侧脉10~12对，直达齿端，在叶片下面隆起；叶柄长2~4 cm，无毛。圆锥花序顶生，长6~8 cm，直径10~12 cm；总花梗和花梗均密生棕色绒毛，花梗长6~12 mm；苞片和小苞片披针形，长4~6 mm，外面有绒毛；花直径15~18 mm；萼筒杯状，直径6~7 mm，外面密生棕色绒毛；萼片三角卵形，长约2 mm，外面有棕色绒毛，内面无毛；花瓣白色，圆形或倒卵形，直径7~9 mm，先端微缺至深裂，无毛；雄蕊20枚，长约为花瓣的一半；花柱3~5枚，中部合生，并有柔毛，子房无毛。果实近球形，直径1. 2~2 cm，黄红色，无毛。种子1~2粒，卵形或长椭圆形。花期5~6月；果期6~8月。

分布　海南：昌江县霸王岭东干线，19°13′21″N，109°00′41″E，2011-10-03，秦新生4001161203。生于山坡及山谷阔叶杂木林中，海拔1000~1800 m。产于广东、台湾。越南南部也有分布。

栽培　嫁接或播种繁殖。

用途　果实味甘美，含水分多；有治愈热病之效。

含油率及化学组分数据

采集单位	测试单位	测试部位	产地	含油率(%)	碘值	酸值	皂化值	C12:0	C14:0	C16:0	C16:1	C18:0	C18:1	C18:2	C18:3	C20:0	C20:1
SCAU	SCBG	种仁	海南昌江	30. 90	118. 37		185. 65	0. 01	0. 07	16. 02	22. 87		18. 96	69. 02	1. 63		61. 91

香花枇杷

Eriobotrya fragrans Champ. ex Benth.

蔷薇科，枇杷属

特征 常绿小乔木或灌木，高可达10 m。小枝幼时密生棕色绒毛。叶片革质，长圆椭圆形，长7~15 cm，宽2. 5~5 cm，先端急尖或短渐尖，基部楔形或渐狭，边缘在中部以上具不明显疏锯齿，中部以下全缘，幼时两面密生短绒毛，不久脱落，两面均无毛，中脉在两面皆隆起，侧脉9~11对；叶柄长1. 5~3 cm，幼时有棕色短绒毛；圆锥花序顶生，长7~9 cm，总花梗和花梗均密生棕色绒毛，花梗长2~5 mm；花直径约15 mm；萼筒杯状，长4~7 mm；萼片三角卵形，长3~4 mm，先端钝，萼筒及萼片外面有棕色绒毛，内面无毛；花瓣白色，椭圆形，长约5 mm，宽约3 mm，基部有棕色绒毛；雄蕊20，较花瓣短；花柱4~5枚，中部以下有白色长柔毛，子房有柔毛。果实球形，直径1~2. 5 cm，表面具颗粒状凸起，并有绒毛，具反折宿存萼片。花期4~5月；果期8~9月。

分布 广东：连州大东山，24°49′42″N，112°38′44″E，887 m，2009-10-06，付琳40011475；东莞市谢岗乡银瓶山仙水道，23°02′34″N，113°44′53″E，2012-11-02，邢福武、宁阳阳、叶心芬400113133。生于山坡丛林中，海拔800~850 m。产于广东、广西。

栽培 喜温暖耐高温，生长适温为15~28℃。喜肥沃、湿润、富含腐殖质的土壤，砂质壤土最佳，需排水、日照良好。播种、高压、嫁接或分蘖繁殖，春季进行。母株基部生长的萌蘖，可在春季带根掘起，短截后另栽。年中施肥2~3次，着果期偏好磷、钾肥。秋季落叶后，可结合根际翻土施以腐熟厩肥。

用途 适合作园景树。可供观赏或采食。

含油率及化学组分数据

采集单位	测试单位	测试部位	产地	含油率(%)	碘值	酸值	皂化值	C12:0	C14:0	C16:0	C16:1	C18:0	C18:1	C18:2	C18:3	C20:0	C20:1
SCBG	SCBG	种仁	广东连州	28. 16	33. 84	44. 86	304. 15										
SCBG	SCBG	种仁	广东东莞	12. 63	125. 19	2. 12	218. 25	0. 01		10. 85	0. 04	3. 39	53. 46	13. 05	1. 52	0. 45	0. 58

枇杷

Eriobotrya japonica (Thunb.) Lindl. [*Mespilus japonica* Thunberg]

蔷薇科，枇杷属

特征 常绿小乔木，高可达10 m。小枝密生锈色或灰棕色绒毛。叶片革质，通常披针形或倒卵形，长12~30 cm，宽3~9 cm，先端急尖或渐尖，基部楔形或渐狭成叶柄，上部边缘有疏锯齿，基部全缘，上面光亮，多皱，下面密生灰棕色绒毛，侧脉11~21对；叶柄短或几无柄，有灰棕色绒毛；托叶钻形，长1~1. 5 cm，先端急尖，有毛。圆锥花序顶生，长10~19 cm，具多花；总花梗和花梗密生锈色绒毛，花梗长2~8 mm；苞片钻形，密生锈色绒毛；花直径12~20 mm；萼筒浅杯状，萼片三角卵形，萼筒及萼片外面有锈色绒毛；花瓣白色，长圆形或卵形，基部具爪，有锈色绒毛；雄蕊20枚，远短于花瓣，花丝基部扩展；花柱5枚，离生，柱头头状，子房顶端有锈色柔毛，5室，每室有2颗胚珠。果实球形或长圆形，直径2~5 cm，黄色或橘黄色，外有锈色柔毛。种子1~5粒，球形或扁球形，直径1~1. 5 cm，褐色，光亮。花期10~12月；果期5~6月。

分布 湖南：桑植县陈家河蒋家垭，29°28′51″N，109°58′35″E，333 m，2011-06-09，谷志容400181276；保靖野竹坪，28°21′6″N，109°43′49″E，231 m，2010-09-11，徐亮、周建军400191182。湖北：神农架林区木鱼镇红花，31°20′15″N，110°33′19″E，1200 m，2009-05-10，李晓东、昝艳燕4001212；神农架红花，31°20′16″N，110°33′28″E，980 m，2009-10-18，丁时东、危文亮400152032。产于广东、广西、福建、台湾、湖南、江西、浙江、江苏、安徽、河南、湖北、四川、贵州、云南、甘肃、陕西；各地广泛栽培，四川、湖北有野生。日本、印度、越南、缅甸、泰国、印度尼西亚也有栽培。

栽培 喜光照，稍耐阴，喜温暖、湿润气候，不耐寒。宜排水良好、富含腐殖质的壤土，黏质壤土或砾质黏土和少风害之地生长。播种、嫁接繁殖。可于6月采收种子后立即进行播种。可在3月中旬或4~5月进行嫁接，一般以切接为主。

用途 果味甘酸，供生食、蜜饯和酿酒用；叶晒干去毛，可供药用，有化痰止咳，和胃降气之效。木材红棕色，可作木梳、手杖、农具柄等用。美丽观赏树木和果树。

含油率及化学组分数据

采集单位	测试单位	测试部位	产地	含油率(%)	碘值	酸值	皂化值	C12:0	C14:0	C16:0	C16:1	C18:0	C18:1	C18:2	C18:3	C20:0	C20:1
HUST	HUST	种仁	湖南桑植	34. 15	7. 99	6. 90	247. 26										
JSU	SCBG	种仁	湖南保靖	31. 40	115. 57	13. 06	294. 41		0. 4	19. 04	0. 19	10. 75	51	18. 49	0. 13		
WHBG	WHBG	种仁	湖北神农架	27. 56				0. 06	7. 66	0. 91	1. 98	47. 55	34. 16	3. 03	0. 12	0. 50	
OCRI	SCBG	种仁	湖北神农架	35. 18	79. 02	26. 37	348. 53		0. 10	13. 64	0. 24	1. 56	42. 50	37. 09	1. 22	0. 54	0. 38

白鹃梅

Exochorda racemosa (Lindl.) Rehder [*Amelanchier racemosa* Lindley]

蔷薇科，白鹃梅属

特征 灌木，高达3~5 m。枝条小枝幼时红褐色；冬芽三角卵形，先端钝，平滑无毛，暗紫红色。叶片椭圆形、长椭圆形至长圆倒卵形，长3.5~6.5 cm，宽1.5~3.5 cm，先端圆钝或急尖稀有凸尖，基部楔形或宽楔形，全缘，稀中部以上有钝锯齿，上下两面均无毛；叶柄短，长5~15 mm，或近于无柄；不具托叶。总状花序，有花6~10朵，无毛；花梗长3~8 mm，基部花梗较顶部稍长，无毛；苞片小，宽披针形；花直径2.5~3.5 cm；萼筒浅钟状，无毛；萼片宽三角形，长约2 mm，先端急尖或钝，边缘有尖锐细锯齿，无毛，黄绿色；花瓣倒卵形，长约1.5 cm，宽约1 cm，先端钝，基部有短爪，白色；雄蕊15~20枚，3~4枚一束着生在花盘边缘，与花瓣对生；心皮5枚，花柱分离。蒴果，倒圆锥形，无毛，有5脊，果梗长3~8 mm。花期5月；果期6~8月。

分布 河南：禹县大红寨，34°19′35″N，113°27′05″E，587 m，2011-08-19，王亚平、陈明400314037；信阳鸡公山，31°49′32″N，114°03′05″E，213 m，2012-09-17，王亚平400314240。北京：香山，39°59′51″N，116°11′58″E，96 m，2009-11-20，邢福武40011483。生于山坡阴地，海拔250~1310 m。产于江西、浙江、江苏、河南、陕西以及北京。

栽培 喜光，耐半阴，耐寒，耐旱。耐瘠薄而喜肥沃、湿润、排水良好的酸性土或中性土。播种、分株、扦插繁殖。分株易成活。管理较粗放，但在花芽分化的夏季注意浇水。

用途 树姿优美，春天花开繁盛，密而大，满树雪白，是优良的观赏树种。丛植于草地，散植于林缘，孤植于庭院具极佳效果。

含油率及化学组分数据

采集单位	测试单位	测试部位	产地	含油率(%)	碘值	酸值	皂化值	C12:0	C14:0	C16:0	C16:1	C18:0	C18:1	C18:2	C18:3	C20:0	C20:1
HNAU	ICS	种子	河南禹县	5.82	101.16	39.67	118.14			7.53	0.21	2.42	19.34	67.79	0.38	1.34	0.24
HNAU	ICS	种子	河南信阳	3.91	202.71	28.18	143.35										
SCBG	SCBG	种仁	北京香山	25.19	57.80	20.66	265.12										

路边青（水杨梅）

Geum aleppicum Jacq.

蔷薇科，路边青属

特征 多年生草本。须根簇生。茎直立，高30~100 cm，被开展粗硬毛。基生叶为大头羽状复叶，小叶2~6对，连叶柄长10~25 cm；叶柄被粗硬毛，小叶大小极不相等，顶生小叶最大，菱状广卵形或宽扁圆形，长4~8 cm，宽5~10 cm，顶端急尖或圆钝，基部宽心形至宽楔形，边缘浅裂，有不规则粗锯齿，两面绿色，疏生粗硬毛；茎生叶羽状复叶，向上小叶逐渐减少，顶生小叶披针形或倒卵披针形；茎生叶托叶大，绿色，叶状，卵形，边缘有不规则粗锯齿。花序顶生，疏散排列；花梗被短柔毛或微硬毛；花直径1~1.7 cm；花瓣黄色，几圆形，比萼片长；萼片卵状三角形，顶端渐尖，副萼片狭小，披针形，顶端渐尖稀2裂，比萼片短1半多，外面被短柔毛及长柔毛；花柱顶生。聚合果倒卵球形，瘦果被长硬毛，顶端有小钩；果托被短硬毛，长约1 mm。花、果期7~10月。

分布 内蒙古：呼伦贝尔盟鄂伦春自治旗，50°33′14″N，123°35′40″E，454 m，2010-07-29，刘慧娟400312052。河北：青龙，40°08′25″N，119°22′57″E，507m，2012-06-02，徐兴友、詹立军400313189。四川：红原县瓦切乡冬春牧场，32°47′25″N，102°31′31″E，3468 m，2009-07-19，干友民400241012。陕西：凤县南星镇瓦房坝乡，33°25′30″N，106°21′54″E，1300，2011-08-07，薛帅、秦烁400324046。生山坡草地、沟边、地边、河滩、林间隙地及林缘，海拔200~3500 m。产于山东、河南、湖北、四川、贵州、云南、西藏、新疆、甘肃、陕西、山西、内蒙古、辽宁、吉林、黑龙江。广布北半球温带及暖温带。

栽培 喜温暖湿润、阳光充足环境，较耐寒，不耐高温和干旱，耐水渍。扦插或播种繁殖。用3%~5%硫酸亚铁水溶液防治黄化病；用50%托布津可湿性粉剂500倍液喷洒防治煤污病；用50倍机油乳剂喷杀蚜虫和介壳等。

用途 全株含鞣质，可提制栲胶；全草入药，有祛风、除湿、止痛、镇痉之效；种子含干性油，可用制肥皂和油漆；鲜嫩叶可食用。适用于湖边、池畔、洼地等处布置，亦可作绿篱。

含油率及化学组分数据

采集单位	测试单位	测试部位	产地	含油率(%)	碘值	酸值	皂化值	C12:0	C14:0	C16:0	C16:1	C18:0	C18:1	C18:2	C18:3	C20:0	C20:1
IMAU	ICS	种子	内蒙古呼伦贝尔	18.28	175.32	1.73	186.06			4.56	0.15	1.77	10.72	32.63	45.50	1.43	0.31
HNUST	ICS	种子	河北青龙	3.86	208.22	33.05	189.36	0.11	0.54	7.53		2.96	15.99	6.69	9.19	2.01	0.19
SAU	SCBG	种仁	四川红原	14.33	73.35	45.93	183.51	0.02	0.10	4.45	0.09	1.76	26.10	66.16	0.22	0.60	0.51
CAU	ICS	种子	陕西凤县	11.44	72.73	4.72	39.02		0.06	5.75	0.25	1.50	14.76	27.26	47.34	1.02	0.24
OFPC	IAE	种子	辽宁桓仁	13.30	118.20		184.80			4.70		2.20	16.70	36.10	40.30		
OFPC	CIB	种子	四川九龙	21.10	112.70		195.60			5.10		1.40	10.10	29.00	54.40		

腺叶桂樱

Laurocerasus phaeosticta (Hance) C. K. Schneider [*Pygeum phaeostiatum* Hance]

蔷薇科，桂樱属

特征 常绿灌木或小乔木，高4~12 m。小枝具稀疏皮孔，无毛。叶片近革质，通常狭椭圆形，长6~12 cm，宽2~4 cm，先端长尾尖，基部楔形，叶边全缘，有时在幼苗时具锐锯齿，两面无毛，下面散生黑色小腺点，基部近叶缘常有2枚较大扁平基腺；侧脉6~10对，在上面稍凸起，下面明显突出。总状花序单生于叶腋，具花数朵至10余朵，长4~6 cm，无毛，生于小枝下部叶腋的花序，其腋外叶早落，生于小枝上部的花序，其腋外叶宿存；花梗长3~6 mm；苞片长达4 mm，无毛，早落；花直径4~6 mm；花萼外面无毛，萼筒杯形；萼片卵状三角形，先端钝，有缘毛或具小齿；花瓣近圆形，白色，直径2~3 mm，无毛；雄蕊约20~35枚，长5~6 mm；子房无毛，花柱长5 mm。果实近球形或横向椭圆形，直径8~10 mm，或横径稍大于纵径，紫黑色，无毛；核壁薄而平滑。花期4~5月；果期7~10月。

分布 贵州：荔波县永康尧古村尧兰凉再心左边的坡林，25°19′11″N，107°56′54″E，864 m，2009-08-17，曾庆文、董安强、胡晓敏40011211。湖南：永顺县小溪茶园溪，28°45′52″N，110°14′10″E，352 m，2010-10-03，徐亮、肖艳400191130。湖北：神农架，31°31′12″N，110°04′36″E，1310 m，2010-10-20，丁时东、危文亮等400151056。云南：勐海南糯山半坡老寨，21°56′30″N，100°36′42″E，2012-01-15，邢福武、童毅、孟玉芳4001142039。生于海拔300~2000 m的疏密杂木林内或混交林中，也见于山谷、溪旁或路边。产于广东、广西、湖南、江西、福建、台湾、浙江、贵州、云南。印度、缅甸（北部）、孟加拉国以及泰国北部、越南北部也有分布。

栽培 喜温暖、湿润气候，较耐阴。栽培土质以肥沃、湿润的壤土为佳。少病虫害。播种繁殖，春季为适期。生长期每1~2个月追肥1次，早春整枝修剪1次。

用途 枝叶茂盛，叶色亮绿，盛花期，满树如雪，非常壮观，是优良的庭园树、风景树和绿化树。

含油率及化学组分数据

采集单位	测试单位	测试部位	产地	含油率(%)	碘值	酸值	皂化值	C12:0	C14:0	C16:0	C16:1	C18:0	C18:1	C18:2	C18:3	C20:0	C20:1
SCBG	SCBG	种仁	贵州荔波	10.65	124.21	7.79	249.39	0.00	0.03	3.97	0.07	1.24	15.26	78.66	0.35	0.23	0.19
JSU	SCBG	种仁	湖南永顺	20.66				0.42	10.01	17.84	0.42	3.43	35.16	18.87	5.73	0.85	1.55
OCRI	SCBG	种仁	湖北神农架	15.16	11.42	2.75	193.55	0.08	0.74	6.07	0.00	1.26	18.85	43.57	0.85	40.03	
SCBG	SCBG	种仁	云南勐海	21.65	133.21	8.82	203.69	0.01	0.02	3.73	0.55	0.75	9.25	14.83	0.98	0.25	
SCBG	SCBG	种仁	云南勐海	13.54	14.02	3.06	202.53	0.01	0.05	13.07	0.05	1.18		29.64	5.16	0. 14	
OFPC	SCBG	果实	湖南宜章	27.50	215.80		192.50			7.90		1.60	16.70	13.00			

尖叶桂樱

Laurocerasus undulata (Buch. -Ham. ex D. Don) M. Roem.

蔷薇科，桂樱属

特征　常绿灌木或小乔木，高5~16 m。小枝灰褐色至紫褐色，具不明显小皮孔。叶片草质或薄革质，椭圆形至长圆状披针形，长6~15 cm，宽3~5 cm，先端渐尖，基部宽楔形至近圆形，全缘，稀在中部以上有少数锯齿，两面无毛，上面光亮，下面近基部常有1对扁平小基腺，下面沿中脉常有多数几与中脉平行的扁平小腺体，尤其在叶片下半部更为明显；侧脉6~9对，在下面稍凸起，网脉不明显；托叶早落。总状花序单生或2~4个簇生于叶腋，长5~19 cm，具花10朵至30余朵，无毛，在同一花序中发现有雄花和两性花；花梗长2~5 mm；苞片早落；花萼外面无毛，萼筒宽钟形；萼片卵状三角形，先端圆钝；花瓣椭圆形或倒卵形，浅黄白色；雄蕊10~30枚；子房具柔毛，花柱短于雄蕊。果实卵球形或椭圆形，长10~16 mm，宽7~11 mm，紫黑色，无毛；核壁较薄，光滑。花期8~10月；果期冬季至翌年春季。

分布　生于山坡混交林中或沿溪常绿林下，海拔500~3600 m。产于广东、广西、湖南、江西、四川、贵州、云南以及西藏东南部。印度（东部）、孟加拉国、尼泊尔、缅甸北部、泰国以及老挝北部、越南北部和南部、印度尼西亚也有分布。

用途　据西藏藏民说，种子榨油可供食用。

含油率及化学组分数据

采集单位	测试单位	测试部位	产地	含油率(%)	碘值	酸值	皂化值	C12:0	C14:0	C16:0	C16:1	C18:0	C18:1	C18:2	C18:3	C20:0	C20:1
OFPC	IB	种仁	西藏墨脱	55.5	78.2		194.6	微量	微量	17.1	4.3	6.0	53.4	16.5	0.4	1.6	0.4
OFPC	KMIB	种仁	西藏墨脱	52.9	76.8		182.8			20.5		5.5	45.2	20.5			

大叶桂樱

Laurocerasus zippeliana (Miq.) Browicz [*Prunus zippeliana* Miguel]

蔷薇科，桂樱属

特征　常绿乔木，高10~25 m。小枝具明显小皮孔，无毛。叶片革质，宽卵形至椭圆状长圆形，长10~19 cm，宽4~8 cm，先端急尖至短渐尖，基部宽楔形至近圆形，叶边具稀疏或稍密粗锯齿，齿顶有黑色硬腺体，两面无毛；侧脉明显，每边7~13对；叶柄长1~2 cm，粗壮，无毛，有1对扁平的基腺；托叶线形，早落。总状花序单生或2~4个簇生于叶腋，长2~6 cm，被短柔毛；花梗长1~3 mm；苞片长2~3 mm，位于花序最下面者常在先端3裂而无花；花直径5~9 mm；花萼外面被短柔毛，萼筒钟形，长约2 mm；萼片卵状三角形，长1~2 mm，先端圆钝；花瓣近圆形，长约为萼片之2倍，白色；雄蕊20~25枚，长4~6 mm；子房无毛，花柱几与雄蕊等长。果实长圆形或卵状长圆形，长18~24 mm，宽8~11 mm，顶端急尖；黑褐色，无毛。花期7~10月；果期冬季。

分布　广西：河池市木论保护区，25°55′18″N，108°46′54″E，275 m，2012-06-18，廖云标4001101291。湖北：武汉植物园，30°32′47″N，114°24′58″E，32 m，2010-05-15，李晓东、昝艳燕400121125。生于石灰岩山地阳坡杂木林中或山坡混交林下，海拔可达2400 m。产广东、广西、湖南、江西、福建、台湾、浙江、湖北、四川、贵州、云南、甘肃、陕西。日本以及越南北部也有。

栽培　喜光，喜温凉气候。适宜肥沃、湿润土壤。嫁接、压条或根插繁殖。

用途　其冠形大，树姿优美，叶翠绿，花多，色白如雪，是一种极优美的庭园树种。

含油率及化学组分数据

采集单位	测试单位	测试部位	产地	含油率(%)	碘值	酸值	皂化值	C12:0	C14:0	C16:0	C16:1	C18:0	C18:1	C18:2	C18:3	C20:0	C20:1
GXIB	SCBG	种仁	广西河池	26.14	76.86	9.73			0.55	4.34	0.08	0.71	17.62	10.90	10.19	1.80	45.77
WHBG	WHBG	种仁	湖北武汉	2.19						11.00		8.80	18.90	38.70	0.50	1.60	

山荆子

Malus baccata (L.) Borkh.

蔷薇科，苹果属

特征 乔木，高达10~14 m。树冠广圆形。幼枝细弱圆柱形，无毛，红褐色；冬芽卵形，鳞片边缘微具绒毛，红褐色。叶片椭圆形或卵形，长3~8 cm，宽2~3. 5 cm，先端渐尖，稀尾状渐尖，基部楔形或圆形，边缘有细锐锯齿；叶柄长2~5 cm，幼时有毛及少数腺体，不久全部脱落；托叶膜质，披针形，全缘或有腺齿，早落。伞形花序，具花4~6朵，无总花梗，集生在小枝顶端，直径5~7 cm；花梗细，长1. 5~4 cm，无毛；苞片膜质，线状披针形，边缘具有腺齿，无毛，早落；花直径3~3. 5 cm；萼筒外面无毛；萼片披针形，先端渐尖，全缘，外面无毛，内面被绒毛，长于萼筒；花瓣倒卵形，长2~2. 5 cm，先端圆钝，基部有短爪，白色；雄蕊15~20枚，长短不齐，约等于花瓣之半；花柱5枚或4枚，基部有长柔毛，较雄蕊长。果实近球形，红色或黄色，萼片脱落；果梗长3~4 cm。花期4~6月；果期9~10月。

分布 西藏：林芝县布久乡仲果村，29°32′52″N，94°26′14″E，2958 m，2011-09-01，干友民400241119。黑龙江：伊春市小兴安岭，47°44′1″N，128°52′2″E，869 m，2010-08-15，陈连江、卞勇、潘伟400351043。江苏：南京中山植物园，32°2′52″N，118°49′21″E，13 m，2009-11-13，刘东明、戴建阅400111167。山西：垣曲历山，35°25′27″N，111°57′52″E，2102 m，2012-08-16，秦烁、潘昊400327018。吉林：辉南县金川镇，42°41′39″N，126°41′19″E，546 m，2009-10-21，郑宝江、李康400341013。河南：内乡，33°31′10″N，111°55′54″E，1426 m，2012-10-25，王亚平400314293。内蒙古：锡林郭勒盟东乌旗，46°37′4″N，119°52′02″E，1194 m，2011-08-30，刘慧娟、扈顺400312061。生于山坡杂木林中及山谷阴处灌木丛中，海拔50~1500 m。产于山东、甘肃、陕西、山西、河北、内蒙古、吉林、辽宁、黑龙江。蒙古、朝鲜以及俄罗斯西伯利亚等地也有分布。

栽培 阳性树种，稍耐阴庇。生长茂盛，繁殖容易。

用途 可作庭园观赏树种。生长茂盛，繁殖容易，耐寒力强，我国东北、华北地区用作苹果和花红等砧木。根系深长，结果早而丰产。各种山荆子，尤其是大果型变种，可作培育耐寒苹果品种的原始材料。

含油率及化学组分数据

采集单位	测试单位	测试部位	产地	含油率(%)	碘值	酸值	皂化值	C12:0	C14:0	C16:0	C16:1	C18:0	C18:1	C18:2	C18:3	C20:0	C20:1
SAU	SCBG	种仁	西藏林芝	19. 22	109. 21	12. 83	209. 17	0. 05	0. 05	7. 26	0. 14	4. 27	48. 90	35. 65	0. 76	1. 24	1. 68
SBRI	SCBG	种仁	黑龙江伊春	21. 22	22. 24	13. 98	66. 49	0. 03	0. 34	12. 11	0. 18	3. 07	8. 44	73. 77	1. 79	0. 17	0. 09
SCBG	SCBG	种仁	江苏南京	14. 30	124. 13	9. 68	210. 29										
CAU	ICS	种子	山西垣曲	3. 50	9. 71	13. 71	173. 27	0. 07	0. 12	7. 46	0. 16	1. 60	20. 16	62. 55	1. 22	1. 15	0. 55
NEFU	SCBG	种仁	吉林辉南	18. 70	75. 21	3. 96	208. 47			6. 35		6. 35	1. 68	19. 42	70. 46	0. 99	0. 45
HNAU	ICS	种子	河南内乡	2. 76	144. 79	36. 40	220. 81	0. 30	0. 18	7. 04	0. 10	2. 07	23. 84	45. 18	2. 22	1. 41	0. 37
IMAU	ICS	种子	内蒙古锡林郭勒	5. 57	126. 65	12. 84	138. 67	0. 51	0. 61	7. 31	0. 21	1. 73	21. 84	56. 16	2. 66	0. 96	0. 70
OFPC	NIB	种子	甘肃平凉	25. 60	130. 50		195. 50			10. 50	2. 90	2. 20	34. 50	38. 60	4. 30	2. 80	

台湾林檎（台湾海棠）

Malus doumeri (Bois) A. Chev. [*Pyrus doumeri* Bois]

蔷薇科，苹果属

特征　乔木，高达15 m。小枝圆柱形，嫩枝被长柔毛，老枝暗灰褐色或紫褐色，无毛，具稀疏纵裂皮孔；冬芽卵形，先端急尖，被柔毛，红紫色。叶片长椭卵形至卵状披针形，长9~15 cm，宽4~6. 5 cm，先端渐尖，基部圆形或楔形，边缘有不整齐尖锐锯齿，嫩时两面有白色绒毛，成熟时脱落；叶柄长1. 5~3 cm，嫩时被绒毛，以后脱落无毛；托叶膜质，线状披针形，无毛，早落。花序近似伞形，有花4~5朵；花梗长1. 5~3 cm，有白色绒毛；苞片膜质，线状披针形，先端钝，全缘，无毛；花直径2. 5~3 cm；萼筒倒钟形，外面有绒毛；萼片卵状披针形，内面密被白色绒毛，与萼筒等长或稍长；花瓣卵形，基部有短爪，黄白色；雄蕊约30枚，花药黄色；花柱4~5枚，基部有长绒毛，较雄蕊长，柱头半圆形。果实球形，直径4~5. 5 cm，黄红色；宿萼有短筒，萼片反折，先端隆起，果心分离，外面有点；果梗长1~3 cm。花期5月；果期8~9月。

分布　江西：玉山县三清山，28°55′51″N，18°3′54″E，1002 m，2009-09-01，廖文波等400141104。林中习见，海拔1000~2000 m。产于台湾。越南、老挝也有分布。

栽培　种子繁殖，种子萌芽力很强。

用途　本种果实肥大，有香气，生食微带涩味，当地居民用盐渍后食用，名叫“撒两比”或“撒多”。可能作为亚热带地区栽培苹果的砧木及育种用原始材料。

含油率及化学组分数据

采集单位	测试单位	测试部位	产地	含油率(%)	碘值	酸值	皂化值	C12:0	C14:0	C16:0	C16:1	C18:0	C18:1	C18:2	C18:3	C20:0	C20:1
SYSU	SCBG	种仁	江西玉山	33. 01				0. 08	0. 23	6. 02	0. 08	1. 79	15. 22	35. 98	40. 13	0. 34	0. 13

垂丝海棠

Malus halliana Koehne [*Malus domestica* var. *halliana* (Koehne) Likhonos]

蔷薇科，苹果属

特征　乔木，高达5 m。树冠开展。小枝初有毛，不久脱落，紫色；冬芽卵形，紫色。叶片卵形或椭圆形至长椭卵形，长3. 5~8 cm，宽2. 5~4. 5 cm，先端长渐尖，基部楔形至近圆形，边缘有细钝齿，中脉有时具毛，其余部分均无毛，上面深绿色，有光泽并常带紫晕；托叶小，膜质，披针形，早落。伞房花序，具花4~6朵；花梗细弱，长2~4 cm，下垂，有稀疏柔毛，紫色；花直径3~3. 5 cm；萼筒外面无毛；萼片三角卵形，先端钝，全缘，外面无毛，内面密被绒毛，与萼筒等长或稍短；花瓣倒卵形，长约1. 5 cm，基部有短爪，粉红色，常在5枚以上；雄蕊20~25枚，花丝长短不齐，约等于花瓣之半；花柱4枚或5枚，较雄蕊为长，基部有长绒毛，顶花有时缺少雌蕊。果实梨形或倒卵形，直径6~8 mm，略带紫色，成熟很迟，萼片脱落；果梗长2~5 cm。花期3~4月；果期9~10月。

分布　江苏：南京中山植物园，32°3′8″N，118°49′4″E，17 m，2009-11-13，刘东明、戴建阅400111170；南京市老山国家森林公园，32°3′60″N，118°36′48″E，20 m，2012-11-11，程志全、刘巧霞4001171253。河北：石家庄，38°04′44″N，114°22′47″E，89 m，2011-10-14，徐兴友、韩宝强400313139；邢台，37°37′09″N，114°12′40″E，276 m，2011-10-12，徐兴友、韩宝强400313133。河南：灵宝小秦岭，34°26′8″N，110°31′37″E，1279 m，2012-08-19，王亚平400314164。北京：海淀区，39°59′17″N，116°12′32″E，50 m，2012-09-22，秦烁、郭利磊400327042。生于山坡丛林中或山溪边，海拔50~1200 m。产于浙江、江苏、安徽、四川、云南、陕西。

栽培　喜光，较耐阴，喜温暖、湿润环境，较耐旱，忌涝。宜种在背风向阳处。繁殖多用嫁接，也可用压条或根插。生性强健，不需特殊管理。

用途　落叶小乔木，嫩枝、嫩叶均带紫红色，花粉红色，下垂，早春期间甚为美丽，各地常见栽培供观赏用，有重瓣、白花等变种。

含油率及化学组分数据

采集单位	测试单位	测试部位	产地	含油率(%)	碘值	酸值	皂化值	C12:0	C14:0	C16:0	C16:1	C18:0	C18:1	C18:2	C18:3	C20:0	C20:1
SCBG	SCBG	种仁	江苏南京	6. 78	73. 79	108. 42											
ECNU	SCBG	种仁	江苏南京	20. 84	9. 22	12. 06	172. 18	0. 33	0. 33	15. 33		4. 67	9. 00	51. 00	17. 00		
HNUST	ICS	种子	河北石家庄	7. 77	57. 80	20. 66	265. 12		0. 45	18. 63	0. 16	4. 87	35. 42	14. 94	0. 12	3. 06	2. 62
HNUST	ICS	种子	河北邢台	11. 45	66. 21	21. 16	210. 30		0. 45	13. 80	0. 17	3. 36	36. 74	26. 75	0. 11	2. 73	1. 96
HNAU	ICS	种子	河南灵宝	4. 43	0. 85	14. 69	239. 86			5. 60	0. 15	1. 57	18. 89	45. 02	0. 87	1. 47	0. 52
CAU	ICS	种子	北京海淀	2. 08				0. 68	0. 66	15. 74	0. 36	4. 72	12. 89	25. 30	1. 74	2. 13	1. 77

西蜀海棠

Malus prattii (Hemsl.) C.K. Schneid. [*Pyrus prattii* Hemsley]

蔷薇科，苹果属

特征　乔木，高达10 m。小枝有稀疏黄褐色皮孔；冬芽肥大，卵形，先端较钝，鳞片边缘具柔毛，紫褐色。叶片卵形或椭圆形至长椭卵形，长6~15 cm，宽3. 5~7. 5 cm，先端渐尖，基部圆形，边缘有细密重锯齿，老时下面微具短柔毛或无毛，侧脉8~10对；叶柄长1. 5~3 cm，被微被柔毛；托叶膜质，线状披针形，先端渐尖，边缘有稀疏腺齿。伞形总状花序，具花5~12朵；花梗长1. 5~3 cm，有稀疏柔毛；苞片膜质，早落；花直径1. 5~2 cm；萼筒钟状，幼时外面密被柔毛，逐渐脱落；萼片三角卵形，先端渐尖或尾状渐尖，全缘，长4~5 mm，内面密被绒毛，比萼筒稍长或等长；花瓣近圆形，直径5~8 mm，基部有短爪，白色；雄蕊20枚，花丝长短不等，比花瓣稍短；花柱5枚，稀4枚，基部无毛，与雄蕊近等长。果实卵形或近球形，直径1~1. 5 cm，红色或黄色，有石细胞，萼片宿存；果梗长2. 5~3 cm，无毛。花期6月；果期8月。

分布　四川：德昌县小高镇，27°21′49″N，102°16′57″E，2009-11-05，王凯、樊云川40021109136。生于山坡杂木林中，海拔1000~3500 m。产于四川西部、云南西北部。

栽培　种子繁殖。

用途　种子榨油可供工业用。

含油率及化学组分数据

采集单位	测试单位	测试部位	产地	含油率(%)	碘值	酸值	皂化值	C12:0	C14:0	C16:0	C16:1	C18:0	C18:1	C18:2	C18:3	C20:0	C20:1
SCU	SCU	种仁	四川德昌	20. 99													

楸子（海棠果）

Malus prunifolia (Willd.) Borkh.

蔷薇科，苹果属

特征　小乔木，高达3~8 m。嫩枝密被短柔毛；冬芽卵形，紫褐色，有数枚外露鳞片。叶片卵形或椭圆形，长5~9 cm，宽4~5 cm，先端渐尖或急尖，基部宽楔形，边缘有细锐锯齿，在幼嫩时两面的中脉及侧脉有柔毛；叶柄长1~5 cm，嫩时密被柔毛，老时脱落。花4~10朵，近似伞形花序；花梗长2~3. 5 cm，被毛；苞片膜质，线状披针形，先端渐尖，微被柔毛，早落；花直径4~5 cm；萼筒外面被柔毛；萼片披针形或三角披针形，全缘，两面均被柔毛，萼片比萼筒长；花瓣倒卵形或椭圆形，长2. 5~3 cm，宽约1. 5 cm，基部有短爪，白色，含苞未放时粉红色；雄蕊20枚，花丝长短不齐，约等于花瓣1/3；花柱4(5)枚，基部有长绒毛，比雄蕊较长。果实卵形，直径2~2. 5 cm，红色，先端渐尖，稍具隆起，萼洼微凸，萼片宿存肥厚；果梗细长。花期4~5月；果期8~9月。

分布　生于海拔50~1300 m的山坡、平地或山谷梯田边。山东、河南、甘肃、陕西、山西、河北、内蒙古、辽宁有野生或栽培。

栽培　适应性强，抗寒抗旱，耐湿润环境。播种繁殖。

用途　是苹果的优良砧木。

含油率及化学组分数据

采集单位	测试单位	测试部位	产地	含油率(%)	碘值	酸值	皂化值	C12:0	C14:0	C16:0	C16:1	C18:0	C18:1	C18:2	C18:3	C20:0	C20:1
OFPC	IB	种子	北京	28. 1				微量	微量	8. 30	微量	2. 40	27. 50	59. 30	0. 90	1. 50	

苹果

Malus pumila Mill. [*Malus communis* Poiret]

蔷薇科，苹果属

特征 乔木，高可达15 m。小枝幼时密被绒毛，老枝紫褐色，无毛；冬芽卵形，先端钝，密被短柔毛。叶片椭圆形、卵形至宽椭圆形，长4.5~10 cm，宽3~5.5 cm，先端急尖，基部宽楔形或圆形，边缘具有圆钝锯齿，幼嫩时两面具短柔毛，长成后上面无毛；叶柄粗壮，长1.5~3 cm，被短柔毛；托叶草质，披针形，早落。伞房花序，具花3~7朵，集生于小枝顶端；花梗长1~2.5 cm，密被绒毛；苞片膜质，线状披针形，被绒毛；花直径3~4 cm；萼筒外面密被绒毛；萼片三角披针形或三角卵形，内外两面均密被绒毛，萼片比萼筒长；花瓣倒卵形，长15~18 mm，基部具短爪，白色，花蕾带粉红色；雄蕊20枚，花丝长短不齐，约等于花瓣之半；花柱5，下半部密被灰白色绒毛，较雄蕊稍长。果实扁球形，直径在2 cm以上，先端隆起，萼片永存；果梗短粗。花期5月；果期7~10月。

分布 辽宁、河北、山西、山东、陕西、甘肃、四川、云南、西藏广泛栽培。原产欧洲及亚洲中部，全世界温带地区均有栽培。

栽培 喜阳光充足且冷凉干燥的气候，耐寒性强，不耐湿热。在疏松、排水良好的砂质壤土中生长良好。嫁接繁殖。栽培地宜选择在日照充足、空气流通、东南或西南向的平坦或缓倾斜处。秋季落叶后需将根际土壤深翻。秋、冬季进行整形修剪，结果初期进行疏果。

用途 开花季节可供观赏；果熟季节，累累果实，色彩鲜艳，惹人喜爱。栽培历史悠久，现有很多栽培品种，是经济价值很高的果树之一。在大型园林或风景区宜作观赏果林布置。

含油率及化学组分数据

采集单位	测试单位	测试部位	产地	含油率(%)	碘值	酸值	皂化值	C12:0	C14:0	C16:0	C16:1	C18:0	C18:1	C18:2	C18:3	C20:0	C20:1
OFPC	IAE	种子	辽宁复县	22.50	121.80		190.20			5.80		1.50	35.50	56.60	微量	0.60	
OFPC	KMIB	种子	云南昭通	24.40	125.70		184.50			9.90		1.30	34.90	53.90			

新疆野苹果

Malus sieversii (Ledeb.) M. Roem. [*Pyrus sieversii* Ledebour]

蔷薇科，苹果属

特征 乔木，高2~14 m。树冠宽阔，常有多数主干。小枝圆柱形，嫩时具短柔毛，具疏生长圆形皮孔；冬芽卵形，外被长柔毛，暗红色。叶片卵形、宽椭圆形、稀倒卵形，长6~11 cm，宽3~5.5 cm，先端急尖，基部楔形，边缘具圆钝齿，幼叶下面密被长柔毛，浅绿色，上面沿叶脉有疏生柔毛，深绿色，侧脉4~7对，下面叶脉显著；托叶膜质，披针形，边缘有白毛，早落。近伞形花序，具花3~6朵；花梗长约1.5 cm，密被白色绒毛；花直径3~3.5 cm；萼筒钟状，外面密被绒毛；萼片宽披针形或三角披针形，两面均被绒毛，萼片比萼筒稍长；花瓣倒卵形，长1.5~2 cm，基部有短爪，粉色，花蕾带玫瑰紫色；雄蕊20枚，花丝长短不等，长约花瓣之半；花柱5枚，基部密被白色绒毛，与雄蕊约等长或稍长。果实大，球形或扁球形，直径3~4.5 cm，黄绿色有红晕，萼片宿存，反折；果梗长3.5~4 cm，微被毛。花期5月；果期8~10月。

分布 新疆：伊犁新源县野果林改良场，43°22′49″N，83°35′57″E，1341 m，2010-10-09，王喜勇、王蕾、孔凡逵4003310041；裕民县塔斯特保护区，45°56′56″N，82°40′2″E，1064 m，2011-09-21，侯翼国、王茜4003311040。山顶、山坡或河谷地带有大面积野生林，海拔1000~1500 m。产于新疆西部。分布于中亚细亚。

栽培 耐寒、耐旱。喜湿润肥沃土壤。寿命可达150年。播种繁殖。

用途 本种耐寒力中等，耐旱力强，丰产。野生类型很多，有红果子、黄果子、绿果子和白果子等，品质和成熟期很不一致。陕西、甘肃、新疆等地用作栽培苹果砧木，生长良好。

含油率及化学组分数据

采集单位	测试单位	测试部位	产地	含油率(%)	碘值	酸值	皂化值	C12:0	C14:0	C16:0	C16:1	C18:0	C18:1	C18:2	C18:3	C20:0	C20:1
XIEG	SCBG	种仁	新疆伊犁	24.39	118.56	2.80	186.50	0.02	0.03	6.73	0.09	1.77	34.45	54.50	0.28	1.49	0.63
XIEG	SCBG	种子	新疆裕民	25.12	38.47	9.18	150.11	0.003	0.02	4.37	0.72	0.93	60.88	32.74	0.11	0.12	0.12

海棠花

Malus spectabilis (Aiton) Borkh. [*Pyrus spectabilis* Aiton]

蔷薇科，苹果属

特征 乔木，高可达8 m。小枝粗壮，圆柱形，幼时具毛，逐渐脱落，老时红褐色或紫褐色；冬芽卵形，微被毛，紫褐色，有数枚外露鳞片。叶片椭圆形至长椭圆形，长5~8 cm，宽2~3 cm，先端短渐尖或圆钝，基部宽楔形或近圆形，边缘紧贴细锯齿或近于全缘，幼叶上下两面具稀疏短柔毛，后脱落；托叶膜质，窄披针形。花序近伞形，有花4~6朵；花梗长2~3 cm，具柔毛；苞片膜质，披针形，早落；花直径4~5 cm；萼筒外面无毛或有白色绒毛；萼片三角卵形，先端急尖，全缘，内面密被白色绒毛，萼片比萼筒稍短；花瓣卵形，长2~2. 5 cm，宽1. 5~2 cm，基部有短爪，白色，在芽中呈粉红色；雄蕊20~25枚，花丝长短不等，长约花瓣之半；花柱5枚，稀4枚，基部有白色绒色，比雄蕊稍长。果实近球形，直径2 cm，黄色，萼片宿存；果梗细长，先端肥厚，长3~4 cm。花期4~5月；果期8~9月。

分布 河北：昌黎，39°43′08″N，119°11′08″E，1 m，2011-10-24，徐兴友、韩宝强400313132。北京：香山，40°0′6″N，116°11′34″E，218 m，2009-11-20，邢福武40011485。安徽：池州市齐山，30°38′13″N，117°29′58″E，40 m，2012-10-04，李星霖、刘巧霞、程志全4001171237。生于平原或山地，海拔50~2000 m。产于浙江、江苏、山东、云南、陕西、河北。

栽培 喜阳光充足且冷凉干燥的气候，耐寒性强，不耐湿热。嫁接、压条、扦插、分株、播种繁殖。春季进行一次修剪，剪除枯弱枝条，保持树形疏散，通风透光。

用途 本种为我国著名观赏树种，华北、华东各地习见栽培。

含油率及化学组分数据

采集单位	测试单位	测试部位	产地	含油率(%)	碘值	酸值	皂化值	C12:0	C14:0	C16:0	C16:1	C18:0	C18:1	C18:2	C18:3	C20:0	C20:1
HNUST	ICS	种子	河北昌黎	12. 24	70. 33	12. 28	253. 73		0. 23	13. 26	0. 19	3. 55	34. 28	37. 38	0. 33	1. 94	0. 22
SCBG	SCBG	种仁	北京香山	7. 32	76. 76	4. 16	182. 66										
ECNU	SCBG	种仁	安徽池州	26. 10	22. 83	24. 82	229. 63	0. 17	0. 74	12. 93	1. 03	1. 89	21. 44	51. 55	1. 53	0. 34	0. 18

滇池海棠

Malus yunnanensis (Franch.) C.K. Schneid.

蔷薇科，苹果属

特征 乔木，高达10 m。小枝幼时密被绒毛，暗紫色；冬芽肥大，卵形，先端钝，无毛或仅在鳞片边缘微具短毛，暗紫色。叶片卵形、宽卵形至长椭卵形，长6~12 cm，宽4~7 cm，先端急尖，基部圆形至心形，边缘有尖锐重锯齿，常上半部两侧各有3~5浅裂，裂片三角卵形，下面密被绒毛；托叶膜质，线形，边缘有疏生腺齿，内面被白毛。伞形总状花序，具花8~12朵；总花梗和花梗均被绒毛，花梗长1. 5~3 cm；苞片膜质，线状披针形，先端渐尖，边缘有疏生腺齿，内面具毛；花直径约1. 5 cm；萼筒钟状，外面密被绒毛；萼片三角卵形，内外两面均被毛，约与萼筒等长；花瓣近圆形，长约8 mm，基部有短爪，上面基部具毛，白色；雄蕊20~25枚，花丝长短不等，比花瓣稍短；花柱5枚，基部无毛，约与雄蕊等长。果实球形，直径1~1. 5 cm，红色，有白点，萼片宿存；果梗长2~3 cm。花期5月；果期8~9月。

分布 四川：越西县瓦吉木乡，28°29′26″N，102°34′56″E，1000 m，2009-09-25，王凯、樊云川40021109015。云南：香格里拉县虎跳峡镇，27°20′31″N，99°53′33″E，3010 m，2009-11-07，龙春林、王智、唐贵华400221104。生于山坡杂木林中或山谷沟边，海拔1000~3800 m。产于四川、云南。缅甸也有分布。

栽培 嫁接或播种繁殖。

用途 本种叶片到秋季变为红色，并结多数红色果实，满布枝头，颇为美丽，可为观赏树种。又分布广遍，适应性强，可试作中国西部各地苹果砧木。

含油率及化学组分数据

采集单位	测试单位	测试部位	产地	含油率(%)	碘值	酸值	皂化值	C12:0	C14:0	C16:0	C16:1	C18:0	C18:1	C18:2	C18:3	C20:0	C20:1
SCU	SCU	种仁	四川越西	27. 01						14. 18		7. 02	28. 31	48. 83		0. 98	0. 68
KMIB	KMIB	种仁	云南香格里拉	20. 80	124. 90	3. 20	163. 60			12. 92			27. 87	59. 22			

稠李

Padus avium Mill.

蔷薇科，稠李属

特征 落叶乔木，高可达15 m。老枝紫褐色，有皮孔，小枝红褐色或带黄褐色，幼时被毛；冬芽卵圆形，无毛或仅边缘有睫毛。叶片椭圆形、长圆形或长圆倒卵形，长4~10 cm，宽2~4. 5 cm，先端尾尖，基部圆形或宽楔形，边缘有锐锯齿，或混有重锯齿，两面无毛；叶柄长1~1. 5 cm，顶端两侧各具1腺体；托叶膜质，线形，早落。总状花序具有多花，长7~10 cm，基部常有2~3片叶，叶形同枝生叶，较小；花梗长1~15 cm，总花梗和花梗无毛；花直径1~1. 6 cm；萼筒钟状，比萼片稍长；萼片三角状卵形，边缘带腺细锯齿；花瓣白色，长圆形，先端波状，基部楔形，有短爪，比雄蕊长近1倍；雄蕊多数，花丝长短不等，排成紧密不规则2轮；雌蕊1枚，柱头盘状，花柱比长雄蕊短近1倍。核果卵球形，红褐色至黑色，光滑，萼片脱落，核有褶皱。花期4~5月；果期5~10月。

分布 黑龙江：抚远县黑瞎子岛，46°48′35″N，130°22′8″E，1 m，2011-08-13，潘伟、卞勇400351068。吉林：临江，41°48′59″N，127°11′29″E，2011-09-13，郑宝江等400341108。内蒙古：锡林郭勒盟东乌旗，50°35′48″N，123°33′48″E，493 m，2010-08-30，刘慧娟、扈顺400312054。河北：青龙，40°13′20″N，119°41′32″E，822 m，2009-10-10，徐兴友400313020。云南：峨山岔河乡文山老村，24°19′12″N，102°10′12″E，1650 m，2010-12-03，李忠荣400222209。宁夏：银川金凤区，38°25′04″N，106°06′12″E，1110 m，2012-08-15，秦烁、郭利磊400327007。生于山坡、山谷或灌丛中，海拔可达2500 m。产于山东、河南、山西、河北、内蒙古、辽宁、吉林、黑龙江等地。朝鲜、日本以及俄罗斯也有分布。

栽培 幼树耐阴，较耐寒。喜肥沃湿润排水良好的中性砂壤土。种子或萌蘖繁殖。

用途 在欧洲和北亚长期栽培，有垂枝、花叶、大花、小花、重瓣、黄果和红果等变种，供观赏。

含油率及化学组分数据

采集单位	测试单位	测试部位	产地	含油率(%)	碘值	酸值	皂化值	C12:0	C14:0	C16:0	C16:1	C18:0	C18:1	C18:2	C18:3	C20:0	C20:1
SBRI	SCBG	种仁	黑龙江抚远	16. 39	21. 18	11. 41	186. 34										
NEFU	SCBG	种仁	吉林临江	8. 16	9. 33	8. 12	90.79	0. 39	0. 70	16. 67		0. 94	56. 16	4. 71	0. 23	0. 18	10. 21
IMAU	ICS	种子	内蒙古锡林郭勒	8. 47	124. 16	2. 49	178. 92			1. 70	0. 25	0. 62	51. 09	41. 83	0. 28	0. 06	0. 12
HNUST	ICS	种子	河北青龙	38. 85	94. 10	6. 17	131. 50	0. 13	0. 16	2. 89	0. 19	0. 79	48. 02	47. 50	0. 13	0. 11	0. 10
KMIB	KMIB	种仁	云南峨山	10. 77	73. 50	4. 00			0. 38		16. 69	0. 34	2. 02	39. 40	40. 69	0. 48	
CAU	ICS	种子	宁夏银川	8. 06	9. 47	15. 54	179. 67			2. 66	0. 21	0. 86	51. 84	30. 52	0. 52	0. 09	0. 22

橉木（两广樱桃）

Padus buergeriana (Miq.) T. T. Yu et T. C. Ku

[*Prunus adenodonta* Merr.]

蔷薇科，稠李属

特征 落叶乔木，高6~12 m。小枝红褐色或灰褐色，无毛；冬芽卵圆形，无毛或在鳞片边缘有睫毛。叶片椭圆形或长圆椭圆形，长4~10 cm，宽2. 5~5 cm，先端渐尖，基部圆形，边缘有贴生锐齿，两面无毛；叶柄无毛，无腺体或在叶片基部边缘两侧各有1枚腺体；托叶膜质，线形，边有腺齿，早落。总状花序常20~30朵，长6~9 cm，基部无叶；总花梗和花梗近无毛或被疏短柔毛；花直径5~7 mm；萼筒钟状，与萼片近等长；萼片三角状卵形，长宽几相等，边有不规则细锯齿，内面有稀疏短柔毛；花瓣白色，宽倒卵形，先端啮蚀状，基部楔形，有短爪，着生在萼筒边缘；雄蕊10枚，花丝细长，基部扁平，比花瓣长1/3~1/2，着生在花盘边缘；花盘圆盘形，紫红色；心皮1枚，子房无毛，花柱比雄蕊短近1/2，柱头圆盘状或半圆形。核果近球形或卵球形，黑褐色，无毛；果梗无毛；萼片宿存。花期4~5月；果期5~10月。

分布 生于高山密林中、山坡阳处疏林中、山谷斜坡或路旁空旷地，海拔1000~2800 m。产于广西、湖南、江西、浙江、安徽、江苏、河南、湖北、四川、贵州、甘肃、陕西等地。日本、朝鲜也有分布。

栽培 嫁接或播种繁殖。

用途 栽培供观赏。

含油率及化学组分数据

采集单位	测试单位	测试部位	产地	含油率(%)	碘值	酸值	皂化值	C12:0	C14:0	C16:0	C16:1	C18:0	C18:1	C18:2	C18:3	C20:0	C20:1
OFPC		种仁	广西荔浦	35. 20	68. 10		195. 40			22. 90	3. 60	18. 50	46. 50	8. 50			

斑叶稠李（山桃稠李）

Padus maackii (Rupr.) Kom. [*Prunus maackii* Rupr.]

蔷薇科，稠李属

特征　落叶小乔木，高4~10 m。树皮光滑成片状剥落。老枝黑褐色或黄褐色，小枝带红色，幼时被短柔毛；冬芽卵圆形。叶片椭圆形，长4~8 cm，宽2. 8~5 cm，先端尾状渐尖或短渐尖，基部圆形或宽楔形，叶边有不规则带腺锐锯齿，上面深绿色，下面淡绿色。总状花序多花密集；萼筒钟状，比萼片长近1倍；花瓣白色，长圆状倒卵形。核果近球形。花期4~5月；果期6~10月。

分布　黑龙江：东方红林业局，46°48′35″N，130°22′8″E，1 m，2011-08-23，潘伟、张爽400351066。生于阳坡疏林中、林边或阳坡潮湿地以及松林下或溪边和路旁等处，海拔可达2000 m。产于辽宁、吉林、黑龙江。朝鲜以及俄罗斯也有分布。

栽培　喜光，喜冷凉、湿润的气候环境。播种或嫁接繁殖。

用途　株形优美，花色洁白，宜单植、列植于庭园。

含油率及化学组分数据

采集单位	测试单位	测试部位	产地	含油率(%)	碘值	酸值	皂化值	C12:0	C14:0	C16:0	C16:1	C18:0	C18:1	C18:2	C18:3	C20:0	C20:1
SBRI	SCBG	种仁	黑龙江虎林	22. 05	13. 52	16. 36	231. 50										

细齿稠李

Padus obtusata (Koehne) T.T. Yu et T.C. Ku [*Prunus obtusata* Koehne]

蔷薇科，稠李属

特征　落叶乔木，高6~20 m。老枝褐色或暗褐色，无毛，有皮孔，小枝幼时红褐色；冬芽卵圆形，无毛。叶片窄长圆形、椭圆形或倒卵形，长4. 5~11 cm，宽2~4. 5 cm，先端急尖或渐尖，稀圆钝，基部近圆形或宽楔形，边缘有细密锯齿，两面无毛，上面暗绿色，下面淡绿色；中脉、侧脉以及网脉均明显凸起；叶柄常顶端两侧各具一腺体；托叶膜质，线形，边有带腺锯齿，早落。总状花序具多花，长10~15 cm，基部有2~4叶片，叶形与枝生叶同形，但较小；总花梗和花梗被短毛；苞片膜质，早落；萼筒钟状，两面均被短毛，比萼片长2~3倍；萼片三角状卵形，边有细齿，两面近无毛；花瓣白色，开展，近圆形或长圆形，顶端2/3部分啮蚀状或波状，基部楔形，有短爪；雄蕊多数，花丝长短不等；排成紧密不规则2轮，长花丝和花瓣近等长；雌蕊1枚；柱头盘状，花柱比雄蕊稍短。核果卵球形，直径6~8 mm，黑色，无毛；果梗有毛；萼片脱落。花期4~5月；果期6~10月。

分布　湖南：永顺县万萍乡杉木河，29°10′29″N，109°51′41″E，689 m，2011-07-24，徐亮、钱凯歌40019101131。湖北：神农架下谷坪，31°42′49″N，110°47′17″E，593 m，2011-09-22，丁时东400151154。生于山坡杂木林中、密林中或疏林下以及山谷、沟底和溪边等处，海拔500~3600 m。产于湖南、江西、台湾、浙江、安徽、河南、湖北、四川、贵州、云南、甘肃、陕西等地。

栽培　嫁接或播种繁殖。

用途　栽培供观赏。

含油率及化学组分数据

采集单位	测试单位	测试部位	产地	含油率(%)	碘值	酸值	皂化值	C12:0	C14:0	C16:0	C16:1	C18:0	C18:1	C18:2	C18:3	C20:0	C20:1
JSU	SCBG	种仁	湖南永顺	21. 60				1. 07	0. 14	8. 13	0. 08	4. 11	20. 80	59. 62	0. 82	0. 38	0. 16
OCRI	SCBG	种仁	湖北神农架	6. 51	87. 12	15. 63	136. 82	0. 01	0. 05	4. 12	0. 05	1. 88	7. 39	24. 45	0. 19	60. 25	0. 16

中华石楠

Photinia beauverdiana C.K. Schneid.

蔷薇科，石楠属

特征　落叶灌木或小乔木，高3~10 m。小枝无毛，紫褐色，有皮孔。叶片薄纸质，通常长圆形或倒卵状长圆形，长5~10 cm，宽2~4.5 cm，先端凸渐尖，基部圆形或楔形，边缘有疏生具腺锯齿，上面光亮无毛，下面中脉疏生柔毛，侧脉9~14对；叶柄微有柔毛。花多数，复伞房花序，直径5~7 cm；总花梗和花梗无毛，密生疣点；花直径5~7 mm；萼筒杯状，外面微有毛，萼片三角卵形，长1 mm；花瓣白色，卵形或倒卵形，长2 mm，先端圆钝，无毛；雄蕊20枚；花柱(2~)3枚，基部合生。果实卵形，长7~8 mm，直径5~6 mm，紫红色，无毛，微有疣点；萼片宿存；果梗长1~2 cm。花期5月；果期7~8月。

分布　广东：阳山县秤架乡太平洞，24°55′43″N，112°59′05″E，2010-10-22，王发国、陈林等400113060。湖南：桑植县天平山自然保护区，29°46′0″N，110°3′30″E，1308 m，2012-10-03，张九兵、唐波400181430。云南：腾冲县马站乡，25°12′34″N，98°29′00″E，1874 m，2010-12-03，张国学400222211；贵州：雷山县雷公山自然保护区，26°22′18″N，108°10′20″E，1497 m，2012-10-17，陈丰林、夏纯、桑洪伟4001151230。浙江：杭州植物园，30°15′25″N，120°07′22″E，2009-10-26，刘东明、戴建阅400111120；杭州植物园，30°15′25″N，120°07′22″E，2010-10-15，曾庆文、谢聪、孟玉芳40011901。生于山坡或山谷林下，海拔1000~1700 m。产于广东、广西、湖南、江西、福建、浙江、江苏、安徽、河南、湖北、四川、贵州、陕西、云南。

栽培　嫁接或播种繁殖。

用途　栽培供观赏。

含油率及化学组分数据

采集单位	测试单位	测试部位	产地	含油率(%)	碘值	酸值	皂化值	C12:0	C14:0	C16:0	C16:1	C18:0	C18:1	C18:2	C18:3	C20:0	C20:1
SCBG	SCBG	种仁	广东阳江	20.44	1.85	24.82	168.56		0.05	5.05		5.35	26.28	39.77	0.05		0.16
HUST	HUST	种仁	湖南桑植	15.53	51.55	13.64	198.59			11.45				49.72	38.83		
KMIB	KMIB	种仁	云南腾冲	14.02	89.00		178.90				10.05		3.72	51.78	31.12	0.65	1.67
SCBG	SCBG	种仁	贵州雷山	13.74	54.08	69.30	411.70										
SCBG	SCBG	种仁	浙江杭州	16.80	67.10	9.23	224.04		0.04	6.38	0.13	2.33	15.06	68.16	7.28	0.45	0.17
SCBG	SCBG	种仁	浙江杭州	29.47	43.47	5.09	312.40	0.09	0.06	13.40		2.65	19.86	42.16	48.65	1.39	0.31
OFPC	JSIB	种子	江苏南京	12.00	89.00		178.90			11.60	0.30	2.20	50.60	32.80	0.90	0.40	微量
OFPC	WHBG	果实	湖北武汉	5.90	112.40		183.10			11.20	微量	1.70	40.50	45.50			

贵州石楠（椤木石楠）

Photinia bodinieri H. Léveillé [*Photinia davidsoniae* Rehd. et Wils.]

蔷薇科，石楠属

特征 乔木。幼枝褐色，无毛。叶片革质，卵形、倒卵形或长圆形，长4.5~9 cm，宽1.5~4 cm，先端尾尖，基部楔形，边缘有刺状齿，两面皆无毛，或脉上微有柔毛以后脱落，侧脉约10对；叶柄长1~1.5 cm，无毛，上面有纵沟。复伞房花序顶生，直径约5 cm；总花梗和花梗有柔毛；花直径约1 cm；萼筒杯状，有柔毛；萼片三角形，长1 mm，先端急尖或钝，外面有柔毛；花瓣白色，近圆形，直径约4 mm，先端微缺，无毛；雄蕊20枚，较花瓣稍短；花柱2~3枚，合生。花期5月；果期9~10月。

分布 安徽：合肥，31°52′34″N，117°12′7″E，28 m，2011-10-21，李晓东、昝艳燕400121168。湖南：炎陵县鹿原镇金花村，26°26′32″N，113°37′7″E，340 m，2010-11-14，张兵、谷志容400181251；龙山县里耶镇，28°52′2″N，109°20′15″E，2011-11-14，张九兵、朱明德400181337；龙山县隆头乡，28°52′36″N，109°22′15″E，485 m，2011-11-16，徐亮、覃三立40019101217。江苏：南京中山植物园，32°03′28″N，118°50′27″E，2009-11-12，刘东明、戴建阅400111162；南京中山植物园，32°3′15″N，118°49′41″E，49 m，2011-12-11，田怀珍、李星霖、古丽米热4001171208。福建：武夷山市星村镇桐木村武夷山保护区，27°26′45″N，117°26′32″E，227 m，2009-10-15，王发国、翟俊文400113008。江西：靖安县九岭山自然保护区，29°2′25″N，115°9′42″E，50 m，2011-09-27，邓星、景慧娟4001410015；龙南县九连山国家自然级保护区，24°46′22″N，114°43′54″E，2011-11-12，易绮斐、潘雅书、陈华平400119179。生于林下灌木层、溪边、斜坡及路边。产于广东、广西、湖南、江西、福建、浙江、江苏、安徽、湖北、四川、贵州、云南、陕西。印度尼西亚、越南（北部）也有分布。

栽培 喜光，喜温，耐旱。对土壤肥力要求不高，在酸性土、钙质土上均能生长。

用途 木材可做农具。可栽培于庭院供观赏。

含油率及化学组分数据

采集单位	测试单位	测试部位	产地	含油率(%)	碘值	酸值	皂化值	C12:0	C14:0	C16:0	C16:1	C18:0	C18:1	C18:2	C18:3	C20:0	C20:1
WHBG	WHBG	种仁	安徽合肥	14.65				0.39	0.70	16.67		0.94	56.16	4.71	0.23	0.18	10.21
HUST	HUST	种仁	湖南炎陵	9.02	7.08	13.47	88.53										
HUST	HUST	种仁	湖南龙山	15.54	80.24	11.91	183.74										
JSU	SCBG	种仁	湖南龙山	30.56				38.72	0.85	7.09	2.52	0.86	17.00	3.23	0.37	0.07	0.07
SCBG	SCBG	种仁	江苏南京	13.10	75.72	2.32	188.34		0.05	13.44	0.13	2.25	36.79	45.13	0.50	1.29	0.42
ECNU	SCBG	种仁	江苏南京	10.32	3.97	202.35			12.39	0.13	1.38	34.52	30.15	0.58	0.61	0.25	0.25
SCBG	SCBG	种仁	福建武夷山	4.70	35.08	34.05											
SYSU	SCBG	种仁	江西靖安	7.82	60.25	11.84	179.28	8.37	8.83	21.32	0.43	4.42	24.39	21.61	8.72	1.30	0.61
SCBG	SCBG	种仁	江西龙南	39.41	66.90	14.35	199.61		0.70	7.86	0.17	3.78	12.93	24.65	2.28	0.78	0.07
OFPC	LBG	种子	江西武宁	6.20	101.50			微量	微量	19.30	微量	2.80	47.60	30.20	微量	微量	

光叶石楠

Photinia glabra (Thunb.) Franch. et Sav. [*Crataegus glabra* Thunb.]

蔷薇科，石楠属

特征 常绿乔木，高3~5 m，可达7 m。老枝灰黑色，无毛，皮孔棕黑色，近圆形，散生。叶片革质，幼时及老时皆呈红色，椭圆形、长圆形或长圆倒卵形，长5~9 cm，宽2~4 cm，先端渐尖，基部楔形，边缘有疏生浅钝细锯齿，两面无毛，侧脉10~18对；叶柄长1~1.5 cm，无毛。花多数，成顶生复伞房花序，直径5~10 cm；总花梗和花梗均无毛；花直径7~8 mm；萼筒杯状，无毛；萼片三角形，长1 mm，先端急尖，外面无毛，内面有柔毛；花瓣白色，反卷，倒卵形，长约3 mm，先端圆钝，内面近基部有白色绒毛，基部有短爪；雄蕊20枚，约与花瓣等长或较短；花柱2枚，稀为3枚，离生或下部合生，柱头头状，子房顶端有柔毛。果实卵形，长约5 mm，红色，无毛。花期4~5月；果期9~10月。

分布 广东：阳山县秤架乡黄泥坑，24°30′34″N，112°40′53″E，2010-10-24，王发国400113073。福建：南平武夷山市洋庄乡大安源，27°52′41″N，117°52′25″E，443 m，2012-11-11，刘东明、童毅4001122122。湖南：永顺县回龙乡千斤塔，28°1′21″N，109°20′10″E，666 m，2010-11-25，徐亮400191160。贵州：雷山县雷公山自然保护区管理站乌东村途中，26°21′54″N，108°10′4″E，422 m，2012-10-18，陈丰林、夏纯、桑洪伟4001151243。江西：玉山县三清山，28°54′27″N，118°1′40″E，582 m，2009-09-04，廖文波等400141141。安徽：歙县，29°47′13″N，118°31′44″E，330 m，2012-10-25，李晓东、昝艳燕等400121266。生于山坡杂木林中，海拔500~800 m。产于广东、广西、湖南、江西、福建、浙江、江苏、安徽、湖北、四川、贵州、云南。分布于日本、泰国、缅甸。

栽培 播种繁殖。

用途 叶供药用，有解热、利尿、镇痛作用；种子榨油，可制肥皂或润滑油。木材坚硬致密，可作器具、船舶、车辆等。适宜栽培作篱垣及庭园树。

含油率及化学组分数据

采集单位	测试单位	测试部位	产地	含油率(%)	碘值	酸值	皂化值	C12:0	C14:0	C16:0	C16:1	C18:0	C18:1	C18:2	C18:3	C20:0	C20:1
SCBG	SCBG	种仁	广东阳山	1.60	34.46		210.40		0.06	3.97	0.07	1.34	7.40	32.50	1.69		4.62
SCBG	SCBG	种仁	福建南平	20.89	75.06	2.51	239.09		0.03	5.65	0.20	1.70	57.07	34.17	0.44	0.32	0.43
JSU	SCBG	种仁	湖南永顺	60.75	108.51	10.95	223.05	0.09	18.68		6.44	55.60	17.75		1.44		
SCBG	SCBG	种仁	贵州雷山	13.45	59.89	19.91	257.89										
SYSU	SCBG	种仁	江西玉山	20.66				0.24	0.16	5.93	0.16	2.66	25.99	63.33	0.27	0.94	0.31
WHBG	WHBG	种仁	安徽歙县	6.87		17.25	180.40	0.05	0.21	15.02		2.32	57.07	58.33	0.05	0.02	
OFPC	LBG	果实	江西武宁	18.40	113.60				微量	14.20	微量	3.30	32.00	50.40			
OFPC	WHBG	果实	湖北武汉	5.10	110.70		180.60	0.30	0.10	16.70	微量	1.90	32.00	47.90	1.00		

小叶石楠

Photinia parvifolia (E. Pritz.) C.K. Schneid.

蔷薇科，石楠属

特征 落叶灌木，高1~3 m。小枝红褐色，无毛，散生皮孔；冬芽卵形，先端急尖。叶片草质，椭圆形、椭圆卵形或菱状卵形，长4~8 cm，宽1~3.5 cm，先端渐尖或尾尖，基部宽楔形或近圆形，边缘有具腺尖锐锯齿，上面光亮，初疏生柔毛，下面无毛，侧脉4~6对；叶柄无毛。花2~9朵，成伞形花序，生于侧枝顶端，无总花梗；苞片及小苞片钻形，早落；花梗细，长1~2.5 cm，无毛，有疣点；花直径0.5~1.5 cm；萼筒杯状，无毛；萼片卵形，先端急尖，外面无毛，内面疏生柔毛；花瓣白色，圆形，直径4~5 mm，先端钝，有极短爪，内面基部疏生长柔毛；雄蕊20枚，较花瓣短；花柱2~3枚，中部以下合生，较雄蕊稍长，子房顶端密生长柔毛。果实椭圆形或卵形，长9~12 mm，直径5~7 mm，橘红色或紫色，无毛，有直立宿存萼片，内含2~3粒卵形种子；果梗长1~2.5 cm，密布疣点。花期4~5月；果期7~8月。

分布 湖南：湘潭湖南科技大学生物园，27°53′30″N，112°51′14″E，53 m，2010-11-07，严岳鸿、何祖霞400181219。江西：龙南县九连山，24°46′22″N，114°28′3″E，745 m，2009-11-05，廖文波等400143004；吉安县井冈山，26°33′25″N，114°9′14″E，39 m，2009-09-04，廖文波等400142002。福建：武夷山大安源，27°52′38″N，117°52′09″E，2010-10-04，刘东明、绕显龙400112144。生于海拔1000 m以下低山丘陵灌丛中。产于广东、广西、湖南、江西、福建、台湾、浙江、安徽、江苏、河南、湖北、四川、贵州。

栽培 喜光，耐半阴，好温暖、湿润环境。喜肥沃而不积水土壤。播种繁殖，亦可嫩枝扦插繁殖。

用途 根、枝、叶供药用，有行血止血、止痛功效。可作建筑基础栽植，也可作绿篱和整形栽植。

含油率及化学组分数据

采集单位	测试单位	测试部位	产地	含油率(%)	碘值	酸值	皂化值	C12:0	C14:0	C16:0	C16:1	C18:0	C18:1	C18:2	C18:3	C20:0	C20:1
HUST	HUST	种仁	湖南湘潭	16.60	82.53	6.78	215.59			5.97	50.99	6.10			27.73	1.04	5.18
SYSU	SCBG	种仁	江西龙南	31.57				0.01	0.09	8.68	3.25	3.03	25.76	30.32	28.39	0.07	0.41
SYSU	SCBG	种仁	江西吉安	20.58				0.03	0.45	36.74	3.54	4.95	30.02	16.34	7.48	0.05	0.40
SCBG	SCBG	种仁	福建武夷山	31.27	138.36	7.79	158.90		0.16	8.70	0.14	1.81	46.49	17.30		0.05	0.09
OFPC	SCBG	种子	湖南宜章	24.80	81.80		200.30			6.00	0.50	1.20	77.40	14.90		微量	微量

桃叶石楠

Photinia prunifolia (Hook. et Arn.) Lindl.

蔷薇科，石楠属

特征 常绿乔木，高10~20 m。小枝无毛，具黄褐色皮孔。叶片革质，长圆形或长圆披针形，长7~13 cm，宽3~5 cm，先端渐尖，基部圆形至宽楔形，边缘有密生具腺的细锯齿，上面光亮，下面满布黑色腺点，两面均无毛，侧脉13~15对；叶柄长10~25 mm，无毛，具多数腺体，有时且有锯齿。花多数，密集成顶生复伞房花序，直径12~16 cm；总花梗和花梗微有长柔毛；花直径7~8 mm；萼筒杯状，外面有柔毛；萼片三角形，长1~2 mm，先端渐尖，内面微有绒毛；花瓣白色，倒卵形，长约4 mm，先端圆钝，基部有绒毛；雄蕊20枚，与花瓣等长或稍长；花柱2(~3)枚，离生，子房顶端有毛。果实椭圆形，长7~9 mm，直径3~4 mm，红色，内有2(~3)粒种子。花期3~4月；果期10~11月。

分布 湖南：炎陵县红星桥镇，26°8′13″N，113°45′37″E，525 m，2010-11-15，张兵、严亚琴400181250。生于海拔500~1100 m的疏林中。产于广东、广西、福建、浙江、湖南、江西、贵州、云南。日本（琉球）、越南也有分布。

栽培 耐半阴，在半日照处生长良好，喜温暖、湿润环境，忌干旱高温。栽培须为土层深厚、湿润、肥沃和排水良好的土壤。播种、扦插或高压繁殖，春、秋季为适期。

用途 枝繁叶茂，夏季开白花，秋末红果累累，为观花和观果的优良木本花卉，宜植于郊野公园的疏林中，也可作为造林树种。

含油率及化学组分数据

采集单位	测试单位	测试部位	产地	含油率(%)	碘值	酸值	皂化值	C12:0	C14:0	C16:0	C16:1	C18:0	C18:1	C18:2	C18:3	C20:0	C20:1
HUST	HUST	种仁	湖南炎陵	26.14	30.50	6.47	190.15		0.04	6.38	0.13	2.33	15.06	68.16	7.28	0.45	0.17

饶平石楠

Photinia raupingensis K.C. Kuan

蔷薇科，石楠属

特征 乔木，高4~5 m。幼枝密生长柔毛，老时无毛，紫黑色，皮孔微小。叶片革质，长圆形、倒卵形或长圆椭圆形，长4~8 cm，宽2~3 cm，先端急尖或圆钝，有短尖，基部楔形，边缘有细锯齿，近基部全缘，上面无毛，下面有黑色腺点；中脉初疏生柔毛，侧脉12~17对；叶柄长8~15 mm，无毛。花多数，密集成顶生复伞房花序，直径3~7 cm；总花梗和花梗密生白色绒毛；苞片及小苞片钻形，长3~4 mm，有白色绒毛；花直径7~8 mm；萼筒杯状，长1 mm，外面密生白色绒毛；萼片三角形，长1 mm，先端急尖，外面疏生柔毛；花瓣白色，倒卵形，长2 mm，先端圆钝，基部有柔毛；雄蕊20枚，较花瓣短；花柱2枚，基部合生，子房顶部有柔毛，2室。果实卵形，长5~6 mm，直径3~4 mm，红色，顶端有宿存萼片。种子2粒，卵形，长2 mm，棕褐色。花期4月；果期10~11月。

分布 广东：从化大岭山石灶天池，23°59′45″N，117°12′50″E，2010-11-02，刘东明、梁耀、孟玉芳、付琳400112195；东莞市谢岗乡银瓶山仙水道，23°2′36″N，113°45′49″E，2012-11-02，邢福武、叶心芬、宁阳阳400113159。安徽：黄山猴园，30°3′21″N，118°9′51″E，500 m，2009-11-03，刘东明、戴建阅400111147。生于山坡杂木林中。产于广东、广西，福建、安徽。

栽培 喜温暖、湿润及阳光充足的环境，也耐阴。要求土层深厚、排水好、湿润、肥沃的砂质壤土。繁殖以播种为主，也可扦插。可在11月采种，将果实堆放后熟，捣烂漂洗，取籽凉干，沙藏至翌年春播。扦插于6月进行。

用途 具观赏价值。

含油率及化学组分数据

采集单位	测试单位	测试部位	产地	含油率(%)	碘值	酸值	皂化值	C12:0	C14:0	C16:0	C16:1	C18:0	C18:1	C18:2	C18:3	C20:0	C20:1
SCBG	SCBG	种仁	广东从化	12.58	109.85		145.26		0.63		0.04	3.47	30.99		3.33	6.34	
SCBG	SCBG	种仁	广东东莞	20.19	33.43	9.46			0.05	13.40	0.11	1.73	19.51	59.82	0.12	0.14	0.46
SCBG	SCBG	种仁	安徽黄山	20.40	15.59	181.71											

石楠
Photinia serratifolia (Desf.) Kalkman

蔷薇科，石楠属

特征 常绿灌木或小乔木，高4~6 m，有时可达12 m。枝褐灰色，无毛；冬芽卵形，鳞片褐色，无毛。叶片革质，通常长椭圆形或长倒卵形，长9~22 cm，宽3~6. 5 cm，先端尾尖，基部圆形或宽楔形，边缘有疏生具腺细锯齿，近基部全缘，上面光亮，幼时中脉有绒毛，中脉显著，侧脉25~30对；叶柄粗壮，长2~4 cm，幼时有绒毛。复伞房花序顶生，直径10~16 cm；总花梗和花梗无毛，花梗长3~5 mm；花密生，直径6~8 mm；萼筒杯状，长约1 mm，无毛；萼片阔三角形，长约1 mm，先端急尖，无毛；花瓣白色，近圆形，直径3~4 mm，内外两面皆无毛；雄蕊20枚，花药带紫色；花柱2枚，有时为3枚，基部合生，柱头头状，子房顶端有柔毛。果实球形，直径5~6 mm，红色，后成褐紫色，有1粒种子。种子卵形，长2 mm，棕色，平滑。花期4~5月；果期10月。

分布 福建：武夷山市星村镇桐木村龙渡，27°38′52″N，117°54′6″E，261 m，2009-10-12，王发国、翟俊文400113009；南平武夷山市洋庄乡大安源，27°53′23″N，117°50′60″E，550 m，2012-11-10，刘东明、童毅4001122119。湖南：通道县万佛山风景区，26°19′44″N，109°52′5″E，434 m，2010-12-11，张兵、谷志容400181271；湘潭湖南科技大学，27°54′31″N，112°54′29″E，75 m，2010-11-30，严亚玲400181253。湖北：应城，31°27′01″N，112°57′30″E，183 m，2012-11-27，李晓东、昝艳燕等400121272。江苏：南京中山植物园，32°3′15″N，118°49′41″E，49 m，2011-12-11，田怀珍、李星霖、古丽米热4001171210。河南：郑州市惠济区，34°45′52″N，113°40′38″E，340 m，2011-10-30，王亚平、武振江、李丹凤400314071。山东：泰安，36°18′30″N，117°13′38″E，200 m，2009-10-19，赵伟华400311019。陕西：杨凌区西农农场，34°09′25″N，108°59′7″E，500 m，2011-10-10，薛帅400325039。生于杂木林中，海拔200~2500 m。产于广东、广西、湖南、江西、福建、台湾、浙江、江苏、安徽、河南、湖北、四川、贵州、云南、甘肃、陕西。日本、印度尼西亚也有分布。

栽培 耐半阴，在半日照处生长良好，喜温暖湿润环境，忌干旱高温。在肥沃、土层深厚和排水良好的壤土中生长良好。播种繁殖。

用途 种子榨油供制油漆、肥皂或润滑油用。叶和根供药用可作强壮剂、利尿剂，有镇静解热等作用；又可作土农药防治蚜虫，并对马铃薯病菌孢子发芽有抑制作用；本种圆形树冠，叶丛浓密，嫩叶红色，花白色、密生，冬季果实红色，鲜艳著目，是常见的栽培树种。木材坚密，可制车轮及器具柄。可作枇杷的砧木，用石楠嫁接的枇杷寿命长，耐瘠薄土壤，生长强壮。

含油率及化学组分数据

采集单位	测试单位	测试部位	产地	含油率(%)	碘值	酸值	皂化值	C12:0	C14:0	C16:0	C16:1	C18:0	C18:1	C18:2	C18:3	C20:0	C20:1
SCBG	SCBG	种仁	福建武夷山	4. 35	90. 09	18. 86	216. 92										
SCBG	SCBG	种仁	福建南平	13. 45	66. 54	26. 44	166. 97	0. 02	0. 06	6. 55	0. 27	1. 95	30. 49	57. 41	1. 82	1. 06	0. 37
HUST	HUST	种仁	湖南通道	16. 87	11. 69	12. 16	115. 44		0. 03	3. 97	0. 07	1. 24	15. 26	78. 66	0. 35	0. 23	0. 19
HUST	HUST	种仁	湖南湘潭	28. 95	95. 50	3. 48	201. 38			9. 57				30. 05	59. 06	1. 32	
WHBG	WHBG		湖北应城	12. 30	59. 89	5. 73	161. 28	0.003		6. 31	0. 10		14. 82	33. 33		0. 08	3. 13
ECNU	SCBG	种仁	江苏南京	16. 40	110. 21	6. 58	195. 25			10. 20	0. 14	1. 33	26. 25	60. 49	0. 89	0. 45	0. 24
HNAU	ICS	种子	河南郑州	8. 90	60. 74	14. 58	143. 88	0. 31	0. 14	10. 53	0. 14	2. 46	23. 11	50. 86	1. 30	0. 71	0. 05
ICS	ICS	种子	山东泰安	7. 50	73. 72	8. 03	152. 45	0. 10	0. 13	11. 15	0. 12	3. 36	22. 00	59. 18	2. 76	1. 03	0. 15
CAU	ICS	种子	陕西杨凌	9. 57	116. 46	8. 23	208. 51		0. 07	12. 13	0. 30	3. 00	21. 15	57. 43		0. 58	1. 90

毛叶石楠

Photinia villosa (Thunb.) DC.

蔷薇科，石楠属

特征　落叶灌木或小乔木，高2~5 m。小枝幼时有白色长柔毛，以后脱落无毛，灰褐色，有散生皮孔；冬芽卵形，鳞片褐色，无毛。叶片草质，倒卵形或长圆倒卵形，长3~8 cm，宽2~4 cm，先端尾尖，基部楔形，边缘上半部具密生尖锐锯齿，两面初有白色长柔毛，侧脉5~7对；叶柄长1~5 mm，有长柔毛。花10~20朵，成顶生伞房花序，直径3~5 cm；总花梗和花梗有长柔毛，花梗长1. 5~2. 5 cm，在果期具疣点；苞片和小苞片钻形，早落；花直径7~12 mm；萼筒杯状，外面有白色长柔毛；萼片三角卵形，先端钝，外面有长柔毛，内面有毛或无毛；花瓣白色，近圆形，直径4~5 mm，外面无毛，内面基部具柔毛，有短爪；雄蕊20枚，较花瓣短；花柱3枚，离生，子房顶端密生白色柔毛。果实椭圆形或卵形，长8~10 mm，直径6~8 mm，红色或黄红色，稍有柔毛，顶端直立萼片宿存。花期4月；果期8~9月。

分布　江西：三清山，28°55′26″N，118°3′9″E，1421 m，2009-10-24，廖文波等400141175。生于山坡灌丛中，海拔800~1200 m。产于广东、湖南、江西、福建、浙江、江苏、安徽、山东、河南、湖北、贵州、云南、甘肃。朝鲜、日本也有分布。

栽培　播种繁殖。

用途　根、果可供药用，有除湿热、止吐泻作用。

含油率及化学组分数据

采集单位	测试单位	测试部位	产地	含油率(%)	碘值	酸值	皂化值	C12:0	C14:0	C16:0	C16:1	C18:0	C18:1	C18:2	C18:3	C20:0	C20:1
SYSU	SCBG	种仁	江西三清山	56. 46					0. 25	16. 82		7. 07	26. 89	10. 33	28. 27	0. 41	0. 48

无毛毛叶石楠（庐山石楠）

Photinia villosa var. **sinica** Rehd. et Wils. [*Photinia cardotii* F. P. Metcalf]

蔷薇科，石楠属

特征　毛叶石楠变种。叶片椭圆形或长圆椭圆形，稀长圆倒卵形，长4~8. 5 cm，宽1. 8~4. 5 cm，无毛。伞房花序有花5~8朵，稀达15朵；花直径1~1. 5 cm。果实球形，长6~16 mm，直径9~11 mm，无毛。花期4月；果期8~9月。

分布　江西：三清山，28°55′55″N，118°3′17″E，1080 m，2009-10-23，廖文波等400141168；遂川县南风面，26°17′46″N，114°3′15″E，1162 m，2010-10-30，谢行、孙键400147001。生于山坡疏林中，海拔1000~1500 m。产于广东、广西、湖南、江西、福建、浙江、江苏、安徽、湖北、四川、贵州、甘肃、陕西。

栽培　播种繁殖。

用途　种子油可制肥皂、作机械润滑油、制油漆。木材可作农具。秋季叶变红色，红色果实经冬不落，常栽培供观赏。

含油率及化学组分数据

采集单位	测试单位	测试部位	产地	含油率(%)	碘值	酸值	皂化值	C12:0	C14:0	C16:0	C16:1	C18:0	C18:1	C18:2	C18:3	C20:0	C20:1
SYSU	SCBG	种仁	江西三清山	23. 18				63. 37	3. 51	4. 06	0. 97	0. 85	15. 66	10. 15	0. 71	0. 36	0. 35
SYSU	SCBG	种仁	江西遂川	20. 99				0. 13	0. 53	9. 28	0. 65	1. 37	15. 51	36. 82	1. 08	0. 28	0. 13

大萼委陵菜

Potentilla conferta Bunge

蔷薇科，委陵菜属

特征　多年生草本。根圆柱形，木质化。花茎直立或上升，高20~45 cm，被长柔毛。基生叶为羽状复叶，小叶3~6对，连叶柄长6~20 cm，叶柄被短柔毛；小叶片披针形或长椭圆形，长1~5 cm，宽0.5~2 cm，边缘羽状中裂或深裂，但不达中脉，裂片常三角状长圆形、三角状披针形或带状长圆形，顶端圆钝或呈舌形，基部扩大，边缘向下反卷或不明显，上面绿色，下面被灰白色绒毛，沿脉被开展白色绢状长柔毛；茎生叶与基生叶相似，唯小叶对数较少；基生叶托叶膜质，褐色，外面被毛或脱落，茎生叶托叶草质，绿色，常齿牙状分裂或不分裂。聚伞花序多花至少花，常密集于顶端，夏、秋季时花梗常伸长疏散；花梗长1~2.5 cm，密被短柔毛；花直径1.2~1.5 cm；萼片三角卵形或椭圆卵形，副萼片披针形或长圆披针形，比萼片稍短或近等长，在果时显著增大；花瓣黄色，倒卵形，顶端圆钝或微凹，比萼片稍长；花柱圆锥形，基部膨大。瘦果卵形或半球形，具皱纹。花期6~9月；果期秋季。

分布　河北：张家口，40°3′13″N，115°35′26″E，1663 m，2009-09-23，徐兴友40031339。生于耕地边、山坡草地、沟谷、草甸及灌丛中。产于四川、云南、西藏、新疆、甘肃、山西、河北、内蒙古、黑龙江。俄罗斯以及蒙古也有分布。

栽培　播种繁殖。

用途　根入药，有清热、凉血、止血之效。

含油率及化学组分数据

采集单位	测试单位	测试部位	产地	含油率(%)	碘值	酸值	皂化值	C12:0	C14:0	C16:0	C16:1	C18:0	C18:1	C18:2	C18:3	C20:0	C20:1
HNUST	ICS	种子	河北张家口	27.30	97.35	3.50	181.20	0.01	0.02	2.65	0.06	0.93	8.85	28.96	57.65	0.75	0.12

东北扁核木

Prinsepia sinensis (Oliv.) Oliv. ex Bean [*Plagiospermum sinense* Oliver]

蔷薇科，扁核木属

特征　小灌木，高约2 m。多分枝，枝条灰绿色或紫褐色，无毛，小枝红褐色，无毛；有枝刺；冬芽小，卵圆形，紫红色，外面有毛。叶互生，叶片卵状披针形或披针形，长3~6.5 cm，宽6~20 mm，先端急尖、渐尖或尾尖，基部近圆形或宽楔形，上面深绿色；叶脉下陷，下面淡绿色，叶脉凸起，两面无毛或有少数睫毛；叶柄无毛；托叶小，膜质，披针形，脱落。花1~4朵，簇生于叶腋；花梗长1~1.8 cm，无毛；花直径约1.5 cm；萼筒钟状；萼片短三角状卵形，萼筒和萼片外面无毛，边有睫毛；花瓣黄色，倒卵形，先端圆钝，基部有短爪，着生在萼筒口部里面花盘边缘；雄蕊10枚，花丝短，成2轮着生在花盘上近边缘处；心皮1枚，无毛，花柱侧生，柱头头状。核果近球形或长圆形，直径1~1.5 cm，红紫色或紫褐色，光滑无毛，萼片宿存；核坚硬，卵球形，微扁，直径8~10 mm，有皱纹。花期3~4月；果期8月。

分布　黑龙江：伊春市小兴安岭，47°45′8″N，128°54′15″E，883 m，2010-08-15，陈连江、卞勇、贾海伦400351010；帽儿山，45°18′50″N，127°34′43″E，2012-10-18，郑宝江等400341213。吉林：通化，41°43′45″N，125°51′26″E，2011-09-11，郑宝江等400341062。生于杂木林中或阴山坡地林间或山坡开阔处以及河岸旁。产于辽宁、吉林、黑龙江。

栽培　喜光，耐寒，深根性。耐干旱、瘠薄，忌水湿，以在深厚肥沃的土壤上生长较好。播种、扦插繁殖。

用途　果肉质，有浆汁及香味，可食。花、果均具观赏价值，适宜在园林绿地中的草坪边缘、庭院角隅种植或与山石配植。

含油率及化学组分数据

采集单位	测试单位	测试部位	产地	含油率(%)	碘值	酸值	皂化值	C12:0	C14:0	C16:0	C16:1	C18:0	C18:1	C18:2	C18:3	C20:0	C20:1
SBRI	SCBG	种仁	黑龙江伊春	37.74	20.51	9.99	210.66										
NEFU	SCBG	种仁	黑龙江帽儿山	29.45	33.82	23.01	208.60	0.0003	0.02	1.99	0.21	0.76	57.82	38.80	0.13	0.05	0.21
NEFU	SCBG	种仁	吉林通化	28.53	121.21	2.88			0.0002	4.61	0.33	0	17.98	75.13	0.45	1.08	0.42
OFPC	IAE	种仁	辽宁风城	23.90	140.20		198.40	微量	微量	5.00		2.00	19.20	73.70	微量	微量	

蕤核

Prinsepia uniflora Batal. [*Sinoplagiospermum uniflorum* (Batalin) Rauschert]

蔷薇科，扁核木属

特征 灌木，高1~2 m。枝刺钻形，长0.5~1 cm；冬芽卵圆形，有多数鳞片。叶互生或丛生，近无柄；叶片长圆披针形或狭长圆形，长2~5.5 cm，宽6~8 mm，先端圆钝或急尖，基部楔形或宽楔形，全缘或呈浅波状或有不明显锯齿，两面无毛；托叶小，早落。花单生或2~3朵簇生于叶丛内；花梗无毛；花直径8~10 mm；萼筒陀螺状；萼片短三角卵形或半圆形，萼片和萼筒内外两面均无毛；花瓣白色，有紫色脉纹，倒卵形，长5~6 mm，先端啮蚀状，基部宽楔形，有短爪，着生在萼筒口花盘边缘处；雄蕊10枚，花药黄色，圆卵形，花丝扁而短，比花药稍长，着生在花盘上；心皮1枚，无毛，花柱侧生，柱头头状。核果球形，红褐色或黑褐色，直径8~12 mm，无毛，有光泽；萼片宿存，反折；核左右压扁的卵球形，长约7 mm，有沟纹。花期4~5月；果期8~9月。

分布 生于山坡阳处或山脚下，海拔900~1100 m。产于河南、四川、甘肃、陕西、山西、内蒙古等地。

栽培 深根性，耐贫瘠。播种繁殖。

用途 果实可酿酒、制醋或食用；种子可入药。

含油率及化学组分数据

采集单位	测试单位	测试部位	产地	含油率(%)	碘值	酸值	皂化值	C12:0	C14:0	C16:0	C16:1	C18:0	C18:1	C18:2	C18:3	C20:0	C20:1
OFPC	NIB	种子	陕西吴旗	24.80	130.30		196.60		微量	7.20	1.40	2.70	33.90	52.50	2.20		

扁核木

Prinsepia utilis Royle

蔷薇科，扁核木属

特征 灌木，高1~2 m。枝具棱，灰绿色，常有白色粉霜，小枝生黄褐色短柔毛，有枝刺。叶片矩圆状卵形或矩圆形，长3~6 cm，宽2~3 cm，先端渐尖，基部宽楔形或近圆形，边缘有细锯齿或全缘，两面无毛；叶柄长约1 cm，无毛。总状花序腋生或生于侧枝顶端；花梗长约6 mm，总花梗和花梗均无毛；花直径8~10 mm；萼筒杯状，无毛，裂片三角伏卵形，全缘或有浅齿，花后反折；花瓣白色，倒卵形或矩圆状倒卵形；雄蕊多数；心皮1枚。核果椭圆形，暗紫红色，有粉霜，基部有花后膨大的萼片；核压扁，卵球形。花期4~5月；果熟期8~9月。

分布 云南：昆明市西山，24°58′43″N，102°37′1″E，2113 m，2010-06-25，王智、胡光万、赵大克400221193。北京：香山，40°0′18″N，116°12′43″E，191 m，2009-11-21，邢福武40011492。生于山坡、荒地、山谷或路旁等处，海拔1000~2560 m。产于四川、贵州、云南、西藏、北京。巴基斯坦、尼泊尔、不丹、印度北部也有分布。

栽培 播种繁殖。

用途 种子富含油脂，一般出油率30%左右，油呈暗棕黄色，澄清透明，凝固后白色如猪油，油可供食用、制皂、点灯用；嫩尖可当蔬菜食用，俗名青刺尖。在云南，茎、叶、果、根还用于治疗痈疽毒疮、风火牙痛、蛇咬伤、骨折、枪伤等。

含油率及化学组分数据

采集单位	测试单位	测试部位	产地	含油率(%)	碘值	酸值	皂化值	C12:0	C14:0	C16:0	C16:1	C18:0	C18:1	C18:2	C18:3	C20:0	C20:1
KMIB	KMIB	种仁	云南昆明	27.85		80.20				22.00		7.70	27.70	19.50	20.60		
SCBG	SCBG	种仁	北京香山	1.60	33.09	41.93	176.11										
OFPC	KMIB	种子	云南鹤庆	32.60	80.20					22.00		7.70	41.60	28.70			
OFPC	CIB	种子	四川冕宁	37.50	84.70					20.50		微量	38.50	39.70	1.20		
OFPC	CIB	种子	四川九龙	23.40	76.40					17.40		5.50	42.50	33.70	0.80	0.10	

李

Prunus salicina Lindl.

蔷薇科，李属

特征　落叶乔木，高9~12 m。小枝黄红色，无毛；冬芽卵圆形，红紫色，有数枚覆瓦状排列鳞片。叶片长圆倒卵形、长椭圆形，长6~8（~12）cm，宽3~5 cm，先端渐尖、急尖或短尾尖，基部楔形，边缘有圆钝重锯齿，侧脉6~10对，不达到叶片边缘，两面均无毛；托叶膜质，线形，早落；叶柄长1~2 cm，无毛，顶端有2枚腺体或无。花通常3朵并生；花梗1~2 cm，无毛；花直径1.5~2.2 cm；萼筒钟状；萼片长圆卵形，先端急尖或圆钝，边有疏齿，与萼筒近等长，萼筒和萼片外面均无毛，内面在萼筒基部被毛；花瓣白色，长圆倒卵形，先端啮蚀状，基部楔形，有明显带紫色脉纹，具短爪，着生在萼筒边缘，比萼筒长2~3倍；雄蕊多数，花丝长短不等，排成不规则2轮，比花瓣短；雌蕊1枚，柱头盘状，花柱比雄蕊稍长。核果球形、卵球形或近圆锥形，直径3.5~5 cm，黄色或红色，有时为绿色或紫色，外被蜡粉；核卵圆形或长圆形，有皱纹。花期4月；果期7~8月。

分布　黑龙江：佳木斯四峰山四平果园，46°48′38″N，130°22′8″E，1 m，2011-08-20，潘伟、张爽400351067。湖南：保靖县野竹坪乡白云山，28°25′45″N，109°12′54″E，885 m，2010-09-11，徐亮、廖深克400191121；龙山县里耶乡八面山，28°51′15″N，109°14′57″E，1306 m，2011-08-20，徐亮、覃三立40019101143；桑植县陈家河耳洞坪，29°24′9″N，110°9′52″E，500 m，2011-06-26，张九兵400181277。陕西：汉中蒿坝，32°43′46″N，106°51′31″E，1450 m，2012-09-23，秦烁、郭利磊400328015；眉县营头乡大理村，34°03′07″N，107°25′19″E，1139 m，2009-08-06，薛帅400321005。湖北：鹤峰县城边乡，29°53′15″N，110°2′27″E，750 m，2009-11-26，丁时东、赵永国400151034。贵州：雷山县雷公山自然保护区，26°22′33″N，108°10′53″E，1511 m，2012-10-17，陈丰林、夏纯、桑洪伟4001151236。重庆：南川区三泉镇三泉村石门沟，29°9′8″N，107°7′28″E，601 m，2010-08-07，刘正宇等4000231148。云南：峨山岔河乡文山老村，24°19′12″N，102°10′12″E，1650 m，2010-08-20，李忠荣400222162。生于山坡灌丛中、山谷疏林中或水边、沟底、路旁等处，海拔可达2600 m。产于广东、广西、湖南、江西、福建、台湾、浙江、江苏、湖北、重庆、四川、云南、贵州、甘肃、陕西、北京、黑龙江。

栽培　喜光，耐半阴，耐寒。喜肥沃、湿润之黏质土壤，在酸性土钙质土中均能生长，不耐干旱和贫瘠，也不宜长期积水处栽种。浅根性但根系水平发展较广。嫁接4~5年结果，10~25年为盛果期。多用山桃、毛桃、山杏为砧木。

用途　我国各省及世界各地均有栽培，为重要温带果树之一。

含油率及化学组分数据

采集单位	测试单位	测试部位	产地	含油率(%)	碘值	酸值	皂化值	C12:0	C14:0	C16:0	C16:1	C18:0	C18:1	C18:2	C18:3	C20:0	C20:1
SBRI	SCBG	种仁	黑龙江佳木斯	31.16	2.73	16.74	240.73										
JSU	SCBG	种仁	湖南保靖	24.80	20.40	8.42	201.64			7.36		2.88	11.60	74.26	0.23	0.19	0.27
JSU	SCBG	种仁	湖南龙山	24.56				0.19	0.85	14.88	0.24	3.44	12.93	56.01	4.26	0.90	0.34
HUST	HUST	种仁	湖南桑植	24.06	25.88				0.07	9.28	0.45	4.16	34.76	47.87	2.43	0.60	0.38
CAU	ICS	种子	陕西汉中	38.33	6.38	0.65	194.67			4.06	0.07		29.80	25.43	30.30	0.16	0.12
CAU	ICS	种子	陕西眉县	43.71	83.70	2.89	170.26	0.02	0.02	0.32	0.16	1.46	90.59	6.39	0.05	0.53	0.46
OCRI	SCBG	种仁	湖北鹤峰	31.40	77.58	42.89	192.03	0.02	0.10	18.49	0.16	4.83	35.16	14.83	0.12	3.04	0.38
SCBG	SCBG	种仁	贵州雷山	10.20	88.77	18.62	58.72										
CIPP	SCBG	种仁	重庆南川	30.73					0.35	11.17	5.46	2.58	12.70	59.56	3.99	0.41	
KMIB	KMIB	种仁	云南峨山	65.63	97.00	2.40	152.00				6.01	0.50	1.59	73.07	18.46		
OFPC	IAE	种仁	黑龙江尚志	35.40	103.80		206.90			2.50			70.90	26.50			
OFPC	IB	种仁	北京	37.90						5.20	0.50	1.30	75.50	17.40			

臀果木（臀形果）

Pygeum topengii Merr. [*Pygeum tokangpengii* Merr.]

蔷薇科，臀果木属

特征 乔木，高可达25 m。小枝暗褐色，具皮孔，幼时被褐色柔毛。叶片革质，卵状椭圆形或椭圆形，长6~12 cm，宽3~5. 5 cm，先端短渐尖而钝，基部宽楔形，全缘，上面光亮无毛，下面被平铺褐色柔毛，沿中脉及侧脉毛较密，近基部有2枚黑色腺体，侧脉5~8对，在下面凸起；叶柄短，被褐色柔毛；托叶小，早落。总状花序有花10余朵，单生或2枚至数朵簇生于叶腋，总花梗、花梗、花萼均密被褐色柔毛；花梗长1~3 mm；苞片小，卵状披针形或披针形，具毛，早落；花直径2~3 mm；花被片10~12，长1~2 mm；萼筒倒圆锥形；萼片与花瓣各5~6枚，萼片三角状卵形，先端急尖；花瓣长圆形，先端稍钝，被褐色柔毛，稍长于萼片，或与萼片不易区分；子房无毛。果实肾形，长8~10 mm，宽10~16 mm，顶端常无凸尖而凹陷，无毛，深褐色。种子外面被细短柔毛。花期6~9月；果期冬季。

分布 广西：上思县十万大山平龙山河谷，22°03′14″N，107°54′08″E，2009-11-21，吴望辉、叶晓霞、农东新4001101024。广东：阳山县秤架乡炉田，24°50′16″N，112°49′21″E，301 m，2012-01-09，王发国、杨国、宋贤利400113112。生于山野间，常见于山谷、路边、溪旁或疏密林内及林缘，海拔100~1600 m。产于广东、广西、福建、云南、贵州。

栽培 喜温暖、湿润气候，稍耐阴。耐瘠薄，适宜疏松透气、土层深厚的土壤栽培。播种繁殖。

用途 种子可供榨油。枝叶茂盛，果形奇特，可栽作庭园树、园林树。

含油率及化学组分数据

采集单位	测试单位	测试部位	产地	含油率(%)	碘值	酸值	皂化值	C12:0	C14:0	C16:0	C16:1	C18:0	C18:1	C18:2	C18:3	C20:0	C20:1
GXIB	SCBG	种仁	广西上思	20. 44	101. 08	12. 19	176. 64		0. 28	12. 43		3. 80	40. 01	29. 63	6. 02	0. 79	0. 57
SCBG	SCBG	种仁	广东阳山	24. 70	4. 94	17. 47	192. 01	0. 004	0. 01	7. 64	0. 36	5. 85	45. 17	66. 38	0. 79	0. 50	0. 62

火棘（火把果、救兵粮、救军粮）

Pyracantha fortuneana (Maxim.) H. L. Li [*Photinia fortuneana* Maximowicz]

蔷薇科，火棘属

特征 常绿灌木，高达3 m。侧枝短，先端成刺状，无毛；芽小，外被短柔毛。叶片倒卵形或倒卵状长圆形，长1. 5~6 cm，宽0. 5~2 cm，先端圆钝或微凹，有时具短尖头，基部楔形，下延连于叶柄，边缘有钝锯齿，齿尖向内弯，近基部全缘，两面无毛；叶柄短，无毛或嫩时有柔毛。花集成复伞房花序，直径3~4 cm；花梗和总花梗近于无毛，花梗长约1 cm；花直径约1 cm；萼筒钟状，无毛；萼片三角卵形，先端钝；花瓣白色，近圆形，长约4 mm，宽约3 mm；雄蕊20枚，花丝长3~4 mm，药黄色；花柱5枚，离生，与雄蕊等长，子房上部密生白色柔毛。果实近球形，直径约5 mm，橘红色或深红色。花期3~5月；果期8~11月。

分布 湖南：张家界西溪坪乡，29°5′43″N，110°32′25″E，2011-10-16，张九兵、朱明德400181288；保靖县白云山，28°39′27″N，109°24′0″E，550 m，2012-09-05，张代贵、张洁40019101271。陕西：洋县华阳古镇，33°35′15″N，107°32′53″E，1115 m，2010-10-16，薛帅400323030；汉中蒿坝，32°43′46″N，106°51′33″E，1480 m，2012-09-22，秦烁、郭利磊400328014；西安市雁塔区，34°11′12″N，108°58′14″E，400 m，2011-07-22，薛帅、秦烁400324029。河南：郑州市惠济区，34°45′6″N，113°37′32″E，381 m，2011-10-05，王亚平、武振江、李丹凤400314054。浙江：舟山市普陀山，30°42′13″N，120°12′45″E，10 m，2009-10-26，王发国、翟俊文400113033；临安天目山，30°19′41″N，119°28′18″E，185 m，2009-10-30，刘东明、戴建阅400111134。云南：文山州麻栗坡县大坪乡，23°19′17″N，104°19′17″E，2011-10-14，曾庆文、陈树钢、杨国400114241。安徽：池州市齐山，30°38′12″N，117°29′51″E，21 m，2012-10-06，李星霖、刘巧霞、程志全4001171238。湖北：广水市大贵寺，31°49′47″N，113°56′32″E，719 m，2010-

10-26，李晓东400121111。江西：玉山县三清山，28°52′33″N，118°3′59″E，498 m，2009-10-25，廖文波等400141183。上海市：辰山植物园，31°4′56″N，121°10′37″E，8 m，2010-11-03，胡超、董全英4001171116。生于山地、丘陵地阳坡灌丛草地及河沟路旁，海拔10~2800 m。产于广西、湖南、福建、浙江、江苏、河南、湖北、四川、贵州、云南、西藏、陕西。

栽培 播种或扦插繁殖。播种，可于果熟采后即播，或将种子阴干沙藏至翌年春播。扦插可在春季2~3月，选择1~2年生粗壮枝条，剪取10~15 cm长，随剪随插。

用途 果实含糖，味甜稍酸涩，可生食，或酿酒。入秋红果累累，为传统优良观果植物。

含油率及化学组分数据

采集单位	测试单位	测试部位	产地	含油率(%)	碘值	酸值	皂化值	C12:0	C14:0	C16:0	C16:1	C18:0	C18:1	C18:2	C18:3	C20:0	C20:1
HUST	HUST	种仁	湖南张家界	45.14		5.02											
JSU	SCBG	种仁	湖南保靖	12.65				0.18	0.75	12.87	0.94	1.86	21.40	51.33	1.48	0.43	0.16
CAU	ICS	种子	陕西洋县	3.56	66.57	18.63	169.57	0.17	0.43	12.96	0.20	2.28	15.50	61.03	0.88	0.83	0.17
CAU	ICS	种子	陕西汉中	2.85	2.86	32.14	229.38	0.14	0.19	10.84	0.33	1.68	14.46	54.11	2.10	0.69	0.30
CAU	ICS	种子	陕西西安	4.71	122.87	23.83	188.34			4.97	1.42	1.09	55.61	31.10	0.70	0.30	0.07
HNAU	ICS	种子	河南郑州	5.46	67.38	34.86	72.14	0.25	0.47	11.48		2.07	11.19	46.49	1.16	0.51	
SCBG	SCBG	种仁	浙江舟山	48.64	66.90	106.17	255.60		0.04	7.02	0.10	3.45	53.60	33.33	1.24	0.69	0.54
SCBG	SCBG	种仁	浙江临安	6.14	78.40	11.78	96.86		0.04	6.62	0.04	1.73	7.35	82.89	0.53	0.50	0.29
SCBG	SCBG	种仁	云南文山	3.15	53.42	41.58	48.94										
ECNU	SCBG	种仁	安徽池州	12.49	72.36	11.63	30.32	74.58	1.89	0.77		0.26	4.48	2.84	0.16		0.15
WHBG	WHBG	种仁	湖北广水	2.12						11.80		2.20	15.40	69.10	0.70	0.70	
SYSU	SCBG	种仁	江西玉山	8.49				2.12	0.40	15.20	1.26	3.10	21.07	39.88	3.39	1.43	0.75
ECNU	SCBG	种仁	上海辰山	13.10	10.32	13.89	175.80	0.43	0.08	11.49	0.17	10.17	26.80	37.68	4.24	0.46	2.19

豆梨（鹿梨、赤梨、杜梨）

Pyrus calleryana Decne.

蔷薇科，梨属

特征 乔木，高5~8 m。小枝幼时有毛，二年生枝条灰褐色；冬芽三角状卵形，先端短渐尖，微具毛。叶片宽卵形至卵形，稀长椭卵形，长4~8 cm，宽3.5~6 cm，先端渐尖，基部圆形至宽楔形，边缘有钝锯齿，两面无毛；叶柄长2~4 cm，无毛；托叶叶质，线状披针形。伞形总状花序，具花6~12朵，直径4~6 mm；总花梗和花梗均无毛，花梗长1.5~3 cm；苞片膜质，线状披针形，长8~13 mm，内面具毛；花直径2~2.5 cm；萼筒无毛；萼片披针形，先端渐尖，全缘，外面无毛，内面具绒毛，边缘较密；花瓣卵形，长约13 mm，宽约10 mm，基部具短爪，白色；雄蕊20枚，稍短于花瓣；花柱2枚，稀3枚，基部无毛。梨果球形，直径约1 cm，黑褐色，有斑点，萼片脱落，2(~3)室，有细长果梗。花期4~5月；果期9~10月。

分布 广东：阳山县秤架乡坑尾，24°52′55″N，112°50′27″E，600 m，2010-10-26，王发国400113077。湖南：张家界永定区西溪坪乡，29°6′47″N，110°32′2″E，2011-11-28，张九兵、朱明德400181379。浙江：杭州植物园，30°15′14″N，120°7′20″E，2010-10-14，曾庆文、谢聪、孟玉芳40011904。安徽：萧县皇藏峪，31°1′23″N，117°3′45″E，188 m，2011-10-03，田怀珍、李星霖4001171151。河南：内乡，33°29′33″N，111°55′47″E，1292 m，2012-10-26，王亚平400314304。北京：海淀区，39°59′10″N，116°12′35″E，50 m，2012-09-22，秦烁、郭利磊400327043。喜温暖、潮湿气候。常生于溪旁、路边及杂木林中。产于广东、江西、浙江、江苏、山东、河南、甘肃、陕西。越南、日本也有分布。

栽培 播种繁殖。

用途 果实成熟后可食，能酿酒；种子可榨油。木材致密可作器具。可用作沙梨砧木。

含油率及化学组分数据

采集单位	测试单位	测试部位	产地	含油率(%)	碘值	酸值	皂化值	C12:0	C14:0	C16:0	C16:1	C18:0	C18:1	C18:2	C18:3	C20:0	C20:1
SCBG	SCBG	种仁	广东阳山	23.54	7.77	10.86	256.30	0.17		4.40		1.43		55.03			0.12
HUCT	HUST	种仁	湖南张家界	24.81	42.99	6.97	223.40		0.03	5.65	0.20	1.70	57.07	34.17	0.44	0.32	0.43
SCBG	SCBG	种仁	浙江杭州	20.40	120.08	24.82	164.96		0.13	23.53	1.03	1.89	37.82	24.65	1.14	0.05	0.37
ECNU	SCBG	种仁	安徽萧县	10.70	1.85	18.13	143.21	0.24	0.55	19.51	0.07	1.16	52.11	6.16	0.33	0.21	8.89
HNAU	ICS	种子	河南内乡	13.73	55.59	12.66	79.94			8.53	0.12	2.27	32.22	50.33	0.35		0.37
CAU	ICS	种子	北京海淀	17.65	10.60	2.75	200.64			7.32	0.13	2.51	21.70	65.40	0.41	1.10	0.25

栽培西洋梨（洋梨）

Pyrus communis var. **sativa** (D. C.) D. C. [*Pyrus sativa* D. C.]

蔷薇科，梨属

特征 乔木，高达15 m。树冠广圆锥形。枝常无刺。叶片大形，卵形、近圆形至椭圆形，长5~10 cm，宽3~6 cm。伞形总状花序，具花6~9朵；总花梗和花梗密被绒毛，花直径2. 5~3. 5 cm；萼筒外被柔毛；萼片三角披针形；花瓣倒卵形，白色。果实倒卵形或近球形，绿色、黄色或带红晕，大小形状和颜色，因品种不同差异很多，萼片宿存；果梗粗厚，长2. 5~5 cm。花期4月；果期7~10月。

分布 华北地区及山东、辽宁均有栽培。原产欧洲及亚洲西部。

栽培 一般用杜梨为砧木进行嫁接繁殖。本变种在欧洲和亚洲西部栽培已久，中国各地栽培的洋梨，是近年自欧美引入的。

用途 果实经过后熟可食用，种子可榨油。

含油率及化学组分数据

采集单位	测试单位	测试部位	产地	含油率(%)	碘值	酸值	皂化值	C12:0	C14:0	C16:0	C16:1	C18:0	C18:1	C18:2	C18:3	C20:0	C20:1
OFPC	IAE	种子	辽宁大连	17. 00～25. 00	124. 10		189. 50			10. 10		1. 00	18. 80	70. 10			

沙梨（麻安梨）

Pyrus pyrifolia (Burm. f.) Nakai [*Ficus pyrifolia* Burm. f.]

蔷薇科，梨属

特征 乔木，高达7~15 m。叶片卵状椭圆形或卵形，长7~12 cm，宽4~6. 5 cm，先端长尖，基部圆形或近心形，稀宽楔形，边缘有刺芒锯齿。叶柄长3~4. 5 cm；托叶膜质，线状披针形，长1~1. 5 cm。伞形总状花序，具花6~9朵，直径5~7 cm；苞片膜质，线形，边缘有长柔毛；花直径2. 5~3. 5 cm；萼片三角状卵形，长约5 mm，先端渐尖，边缘有腺齿，外面无毛，内面密被褐色绒毛；花瓣卵形，长15~17 mm，先端啮齿状，基部具短爪，白色；雄蕊20枚，长约等于花瓣之半；花柱5枚，稀4枚，光滑无毛，约与雄蕊等长。果实近球形，浅褐色，有浅色斑点，先端微向下陷，萼片脱落。种子卵形，微扁，长8~10 mm，深褐色。花期4月；果期8月。

分布 湖南：古丈县高望界镇高林，28°24′56″N，110°2′41″E，865 m，2010-07-15，徐亮、周建军400191112。河南：偃师市双龙山，34°34′46″N，112°40′47″E，202 m，2011-07-23，王亚平、陈明400314073。适宜生长在温暖而多雨的地区，海拔100~1400 m。产于广东、广西、湖南、江西、福建、浙江、江苏、安徽、湖北、四川、贵州、云南。老挝、越南也有分布。

栽培 嫁接繁殖。早春末萌芽前嫁接。以一年或二年生乌梨为砧木。

用途 果实食用，并能消暑健胃、收敛止咳。可作大型盆栽。

含油率及化学组分数据

采集单位	测试单位	测试部位	产地	含油率(%)	碘值	酸值	皂化值	C12:0	C14:0	C16:0	C16:1	C18:0	C18:1	C18:2	C18:3	C20:0	C20:1
JSU	SCBG	种仁	湖南古丈	24. 65				0. 29	0. 10	7. 24	0. 49	3. 62	8. 86	48. 71	23. 61	1. 63	0. 20
HNAU	ICS	种子	河南偃师	2. 28	68. 53	43. 61	130. 70	0. 17	71. 30	5. 52	0. 17	0. 92	7. 00	11. 93	0. 74	0. 34	0. 79

秋子梨（酸梨、山梨、花盖梨）

Pyrus ussuriensis Maxim. [*Pyrus simonii* Carri.]

蔷薇科，梨属

特征 乔木，高达15 m。树冠宽广。嫩枝无毛或微具毛，二年生枝条黄灰色至紫褐色，老枝转为黄灰色或黄褐色，具稀疏皮孔；冬芽肥大，卵形，先端钝，鳞片边缘微具毛或近于无毛。叶片卵形至宽卵形，先端短渐尖，基部圆形或近心形，稀宽楔形，边缘具有带刺芒状尖锐锯齿，上下两面无毛或在幼嫩时被绒毛，不久脱落；叶柄长2~5 cm，嫩时有绒毛，不久脱落；托叶线状披针形，先端渐尖，边缘具有腺齿，长8~13 mm，早落。花序密集，有花5~7朵，花梗长2~5 cm，总花梗和花梗在幼嫩时被绒毛，不久脱落；苞片膜质，线状披针形，先端渐尖，全缘，长12~18 mm；花直径3~3. 5 cm；萼筒外面无毛或微具绒毛；萼片三角披针形，先端渐尖，边缘有腺齿，长5~8 mm，外面无毛，内面密被绒毛；花瓣倒卵形或广卵形，先端圆钝，基部具短爪，无毛，白色；雄蕊20枚，短于花瓣，花药紫色；花柱5枚，离生，近基部有稀疏柔毛。果实近球形，黄色，直径2~6 cm，萼片宿存，基部微下陷；具短果梗，长1~2 cm。花期5月；果期8~10月。

分布 黑龙江：伊春市小兴安岭，47°44′9″N，128°52′3″E，958 m，2010-08-15，陈连江、卞勇、贾海伦400351045。吉林：辉南县金川镇，44°12′26″N，127°10′43″E，340 m，2009-10-12，郑宝江、李康400341038。抗寒力很强，适于生长在寒冷而干燥的山区，海拔100~2000 m。产于山东、甘肃、陕西、山西、河北、内蒙古、辽宁、吉林、黑龙江。亚洲东北部以及朝鲜等地亦有分布。

栽培 播种繁殖。种子须层积沙藏。

用途 果可生食，或酿造果酒。花白如雪，果形优美且色泽艳丽，是良好的观花、观果植物。

含油率及化学组分数据

采集单位	测试单位	测试部位	产地	含油率(%)	碘值	酸值	皂化值	C12:0	C14:0	C16:0	C16:1	C18:0	C18:1	C18:2	C18:3	C20:0	C20:1
SBRI	SCBG	种仁	黑龙江伊春	10. 79	25. 09	6. 15	136. 77										
NEFU	SCBG	种仁	吉林辉南	23. 50	12. 92	14. 20	211. 21			7. 65		24. 96	64. 33			1. 47	

石斑木（车轮梅、春花）

Rhaphiolepis indica (L.) Lindl.

蔷薇科，石斑木属

特征 常绿灌木，稀小乔木。叶集生于枝顶，通常卵形或长圆形，长(2)4~8 cm，宽1.5~4 cm，先端圆纯、急尖、渐尖或长尾尖，基部渐窄下延叶柄，具细钝锯齿，上面无毛；网脉常明显下陷，下面无毛或被稀疏绒毛，网脉明显。顶生圆锥花序或总状花序；花序梗和花梗均被锈色绒毛；花径1~1.3 cm；被丝托筒状，长4~5 mm，边缘及内外面有褐色绒毛或无毛；萼片三角状披针形至线形，长4.5~6 mm，两面被疏绒毛或无毛；花瓣白色或淡红色，倒卵形或披针形，长5~7 mm，基部具柔毛；雄蕊15枚；花柱2~3枚，基部合生，近无毛。果球形，紫黑色，径约5 mm；果柄长0.5~1 cm。花期4月；果期7~8月。

分布 广东：从化市桃园镇石门国家森林公园，23°31′12″N，113°34′25″E，563 m，2009-11-05，易绮斐、林铎清、徐蕾400119024。广西：武鸣县两江镇大明山铜矿，23°24′50″N，108°25′38″E，405 m，2010-11-24，吴磊、朱运喜4001101152；江西：玉山县三清山，28°54′53″N，118°01′24″E，539 m，2009-09-02，廖文波等400141132；铅山县武夷山自然保护区，28°0′11″N，117°52′56″E，362 m，2011-10-17，凡强、景慧娟4001411051。浙江：宁波市鄞县天童山，29°48′24″N，121°47′5″E，387 m，2009-11-04，田怀珍、王双4001171027。云南：西双版纳植物园，21°44′11″N，101°27′43″E，2012-01-15，邢福武、童毅、孟玉芳4001142032。生于海拔150~1600 m的山坡、路边或溪边灌丛中。产于海南、广东、香港、广西、湖南、江西、福建、浙江、安徽（南部）、贵州、云南。日本、老挝、越南、柬埔寨、泰国、印度尼西亚也有分布。

栽培 播种、扦插或高压繁殖。春、秋季为适期。幼株需水较多，应注意灌水，成年株耐旱。花期过后要整枝修剪。

用途 木材坚韧，带红色，可作器物；果可食，可供观赏。

含油率及化学组分数据

采集单位	测试单位	测试部位	产地	含油率(%)	碘值	酸值	皂化值	C12:0	C14:0	C16:0	C16:1	C18:0	C18:1	C18:2	C18:3	C20:0	C20:1
SCBG	SCBG	种仁	广东从化	21.34	107.42	40.75	83.18										
GXIB	SCBG	种仁	广西武鸣	26.71	95.91	1.61	197.10	0.31	0.14	10.52	0.15	2.45	23.09	50.80	1.30	0.71	
SYSU	SCBG	种仁	江西玉山	4.62					0.11	6.99	0.53	5.53	5.64	74.33	2.80	0.95	0.61
SYSU	SCBG	种仁	江西铅山	34.60					0.08	9.24	0.17	4.76	17.58	48.35	1.99	0.39	0.16
ECNU	SCBG	种仁	浙江宁波	24.96	6.44	6.24	170.81			5.21	0.18	2.36	21.58	50.25	16.01	0.81	0.46
SCBG	SCBG	种仁	云南西双版纳	23.40		0.24		0.02		6.36	0.02	7.28	13.64	25.08	18.07		0.16

大叶石斑木

Rhaphiolepis major Card. [*Rhaphiolepis indica* var. *grandifolia* Franch.]

蔷薇科，石斑木属

特征 常绿灌木。小枝粗，近无毛。叶长椭圆形或倒卵状长圆形，长7~15 cm，宽4~6 cm，先端尖或短渐尖，基部楔形下延，边缘微下卷，有浅钝锯齿，上面无毛或幼时沿脉被疏柔毛；侧脉及网脉均下陷成皱，侧脉8~14对；叶柄具翅，长1.5~2.5 cm，近无毛。圆锥花序长约12 cm；花序梗和花梗均被锈色绒毛；苞片和小苞片被锈色绒毛；花梗长0.7~1.5 cm；花径1.3~1.5 cm；被丝托筒状，被锈色绒毛，萼片三角状披针形，外面微被毛，内面先端有锈色绒毛；花瓣卵形，长5~7 mm，基部有毛；雄蕊15枚；花柱2枚，基部合生，子房被毛。果球形，黑色，径0.7~1 cm；果柄粗，长0.8~1.5 cm。花期4月；果期8月。

分布 江西：玉山县三清山，28°55′52″N，118°3′51″E，1002 m，2009-09-01，廖文波等400141106。生于海拔250~300 m阴暗、潮湿的密林中或溪谷灌丛中。产于江西、福建、浙江。

栽培 播种、扦插或高压繁殖。春、秋季为适期。

用途 栽培供观赏。

含油率及化学组分数据

采集单位	测试单位	测试部位	产地	含油率(%)	碘值	酸值	皂化值	C12:0	C14:0	C16:0	C16:1	C18:0	C18:1	C18:2	C18:3	C20:0	C20:1
SYSU	SCBG	种仁	江西玉山	66.90				0.39	0.09	6.79	0.13	1.98	14.03	72.50	0.92	0.12	0.06

单瓣木香花

Rosa banksiae var. **normalis** Regel

蔷薇科，蔷薇属

特征 攀缘灌木，高达6 m。小枝疏生皮刺。羽状复叶；小叶3~5片，稀7片，矩圆状卵形或矩圆状披针形，长2~6 cm，宽1~2. 5 cm，先端急尖或钝，基部楔形或近圆形，边缘有锐锯齿，两面无毛或下面沿中肋微生柔毛；叶柄近无毛；托叶条形，边缘具有腺齿，与叶柄离生，早落。花多数成伞形花序；花梗细长，无毛；花白色，单瓣，芳香；萼裂片长卵形，全缘，脱落。蔷薇果球形或卵圆形，径5~7 mm，熟后红黄至黑褐色。花期4~5月；果期8~10月。

分布 湖南：张家界西溪坪乡，29°6′5″N，110°32′32″E，2011-10-16，张九兵、朱明德400181298。生于海拔500~1500 m的沟谷。产于河南、湖北、甘肃、陕西、四川、贵州、云南。

栽培 可扦插或压条繁殖。扦插在春季萌芽前后用硬枝或开花前后用半硬枝进行扦插，都很容易成活。压条多采用高空压条的方法。在生长季节选取健壮的枝条，在节处下端刻伤，用塑料薄膜围成袋装，里面填满土，浇水后将袋口扎紧，保持土壤湿润，有很高的成活率。

用途 根皮含鞣质，可提取栲胶；根皮供药用，称红根，可活血、调经、消肿。

含油率及化学组分数据

采集单位	测试单位	测试部位	产地	含油率(%)	碘值	酸值	皂化值	C12:0	C14:0	C16:0	C16:1	C18:0	C18:1	C18:2	C18:3	C20:0	C20:1
HUST	HUST	种仁	湖南张家界	22. 71		6. 15	155. 98										

山刺玫（刺玫果、刺玫蔷薇）

Rosa davurica Pall.

蔷薇科，蔷薇属

特征 直立灌木，高1~2 m。枝无毛，小枝及叶柄基部常有成对的皮刺，刺弯曲，基部大。羽状复叶，小叶5~7片，矩圆形或长椭圆形，长1. 5~3 cm，宽0. 8~1. 5 cm，先端急尖或稍钝，基部宽楔形，边缘近中部以上有锐锯齿，上面无毛，下面灰绿色，有白霜、柔毛和腺体；托叶大部附着于叶柄上，边缘、下面及叶柄均被腺毛。花单生或数朵聚生，深红色，直径约4 cm；花梗具腺毛；柱头刚伸出花托口部。蔷薇果球形或卵形，直径1~1. 5 cm，红色。花期6~7月；果期8~9月。

分布 黑龙江：通北林业局，47°49′35″N，127°19′41″E，280 m，2010-09-08，郑宝江400341044；桦川县申家店，46°34′32″N，130°37′38″E，725 m，2010-08-13，陈连江、卞勇、潘伟400351027。甘肃：兰州市安宁区，36°6′19″N，103°43′10″E，1500 m，2011-07-21，薛帅、秦烁400324019。宁夏：银川金凤区，38°15′15″N，106°6′6″E，1110 m，2012-08-15，秦烁、郭利磊400327008。内蒙古：呼伦贝尔盟鄂伦春自治旗，50°33′49″N，123°35′4″E，463 m，2010-07-31，刘慧娟400312055。生在山坡灌丛间及杂木林中。产于东北、华北地区。朝鲜以及俄罗斯远东和西伯利亚地区也有分布。

栽培 扦插、嫁接或压条繁殖。选择基肥充分、排水良好的砂质土壤。

用途 根、茎皮及叶提栲胶；果作果酱、果酒，提橘黄色染料；花制玫瑰酱或提香精；种子榨油。

含油率及化学组分数据

采集单位	测试单位	测试部位	产地	含油率(%)	碘值	酸值	皂化值	C12:0	C14:0	C16:0	C16:1	C18:0	C18:1	C18:2	C18:3	C20:0	C20:1
NEFU	SCBG	种仁	黑龙江通北	9. 64	156. 38	12. 772	184. 91	0. 18	0. 74	12. 80	0. 95	1. 905	21. 57	51. 92	1. 53	0. 37	0. 18
SBRI	SCBG	种仁	黑龙江桦川	24. 08	20. 58	7. 41	184. 86										
CAU	ICS	种子	甘肃兰州	0. 57	156. 38	12. 77	184. 91	0. 18	0. 74	12. 85	0. 95	1. 91	21. 65	52. 12	1. 54	0. 37	0. 18
CAU	ICS	种子	宁夏银川	6. 77	7. 11	7. 77	155. 93		0. 05	3. 03	0. 16	1. 26	18. 28	39. 49	34. 66	0. 56	0. 42
IMAU	ICS	种子	内蒙呼伦贝尔	6. 46	168. 87	2. 76	195. 83			3. 06	0. 17	1. 10	13. 50	38. 84	36. 90	0. 74	0. 57

金樱子（油饼果子、山石榴、刺梨子）

Rosa laevigata Michx. [*Rosa amygdalifolia* Ser.]

蔷薇科，蔷薇属

特征 常绿攀缘灌木，高约5 m。无毛，有钩状皮刺和刺毛。羽状复叶；小叶3枚，稀5枚，椭圆状卵形或披针状卵形，长2.5~7 cm，宽1.5~4.5 cm，先端急尖或渐尖，基部近圆形或宽楔形，边缘具细齿状锯齿，无毛，有光泽，下面脉纹显著；叶柄和叶轴无毛，具小皮刺和刺毛；托叶条形，与叶柄分离，早落。花单生于侧枝顶端，白色，直径5~9 cm，花梗和萼筒外面均密生刺毛。蔷薇果近球形或倒卵形，长2~4 cm，有直刺，顶端具长而扩展或外弯的宿存萼裂片。花期4~6月；果期7~11月。

分布 广东：惠东白盆珠，23°02′54″N，114°57′21″E，2009-08-26，林铎清、戴建阅40011187。湖南：浏阳市大围山，28°27′30″N，114°0′51″E，2009-09-17，黄玉滢、周喜乐400181018；张家界西溪坪乡，29°5′43″N，110°32′24″E，2011-10-16，张九兵、朱明德400181296。江西：玉山县三清山，28°54′54″N，118°1′20″E，517 m，2009-09-02，廖文波等400141131；玉山县三清山，28°55′37″N，118°1′30″E，435 m，2009-10-26，廖文波等400141184。江苏：苏州市大阳山国家森林公园，31°20′16″N，120°27′47″E，27 m，2012-11-12，程志全、刘巧霞4001171255。安徽：宁国县板桥自然保护区，30°31′23″N，118°38′6″E，300 m，2012-10-02，李星霖、刘巧霞、程志全4001171224。重庆：南川区三泉镇大汉堡，29°45′4″N，107°8′58″E，570 m，2011-10-10，刘正宇等400231134。生于海拔200~1600 m的向阳山野、田边或溪畔灌丛中。产于广东、广西、湖南、江西、福建、台湾、浙江、江苏（南部）、安徽、河南（东南部）、湖北、四川、贵州、云南、甘肃（南部）、陕西（南部）。越南等其他地方也有栽培。

栽培 用播种繁殖，秋季将果采下风干储藏，翌年早春3月将果实搓碎播种。不拘土质，栽培管理粗放。

用途 根皮含鞣质可制栲胶，果可熬糖及酿酒；根、叶、果均入药，根有活血散瘀、祛风除湿、解毒收敛及杀虫等功效；叶外用治疮疖、烧烫伤；果能止腹泻并对流感病毒有抑制作用。

含油率及化学组分数据

采集单位	测试单位	测试部位	产地	含油率(%)	碘值	酸值	皂化值	C12:0	C14:0	C16:0	C16:1	C18:0	C18:1	C18:2	C18:3	C20:0	C20:1
SCBG	SCBG	种仁	广东惠东	1.40	63.21	39.00	54.22		0.39	11.92		5.60	78.73		2.74		0.61
HUST	HUST	种仁	湖南浏阳	7.06	39.32	13.90	166.30										
HUST	HUST	种仁	湖南张家界	6.74	9.67	20.31	190.48	0.02	0.06	6.55	0.27	1.95	30.49	57.41	1.82	1.06	0.37
SYSU	SCBG	种仁	江西玉山	25.60				0.89	0.18	9.17	0.12	0.26	3.23	15.66	63.93	1.73	0.29
SYSU	SCBG	种仁	江西玉山	12.95				0.12	0.16	10.48	0.24	4.39	17.82	38.02	21.79	1.13	0.42
ECNU	SCBG	种仁	江苏苏州	12.46	29.26	20.49	164.31	1.47	1.94	14.94	0.40	3.51	7.22	55.05	1.20	0.92	
ECNU	SCBG	种仁	安徽宁国	10.62	41.46	15.02	165.34			4.97		2.40	14.98	39.77	35.89	0.78	0.15
CIPP	SCBG	种仁	重庆南川	20.19	76.27	41.1	402.36	0.19	0.06	16.52	0.28	5.03	25.31	47.35	2.19	1.44	0.32

疏花蔷薇
Rosa laxa Retz.

蔷薇科，蔷薇属

特征　灌木。小枝无毛，有成对或散生、镰刀状、浅黄色皮刺。小叶7~9片，连叶柄长4.5~10 cm；叶轴上面有散生皮刺、腺毛和短柔毛；托叶大部贴生叶柄，离生部分耳状，卵形，边缘有腺齿，无毛。花常3~6朵组成伞房状，有时单生，花径约3 cm；苞片卵形、先端渐尖，有柔毛和腺毛；花梗长1~1.8(~3) cm；花萼无毛或有腺毛，萼片卵状披针形，全缘，外面有稀疏柔毛和腺毛，内面密被柔毛；花瓣白色，倒卵形，先端凹凸不平；花柱离生，密被长柔毛，短于雄蕊。蔷薇果长圆形或卵圆形，直径1~1.8 cm；顶端有短颈，熟时红色，常有光泽；宿萼直立。花期6~8月；果期8~9月。

分布　新疆：阿勒泰拉斯特乡，47°53′05″N，88°6′52″E，935 m，2011-09-15，侯翼国、王茜4003311022；乌鲁木齐安宁渠，44°0′11″N，87°30′48″E，529 m，2010-09-27，王喜勇、王蕾、孔凡逵4003310012；阿克陶县，39°7′6″N，75°34′34″E，1571 m，2010-10-06，王茜、侯翼国4003310057；伊犁奎屯铁路附近，44°24′23″N，84°55′54″E，547 m，2010-10-01，王喜勇、王蕾、孔凡逵4003310025。生于海拔500~1500 m的灌丛中、干沟边或河谷。产于新疆，阿尔泰山区有分布。西伯利亚中部也有分布。

栽培　播种或扦插繁殖。

用途　花美丽，生长力强，在西北一些城市已开发作园林绿化用，可作观花灌木及花篱等用。

含油率及化学组分数据

采集单位	测试单位	测试部位	产地	含油率(%)	碘值	酸值	皂化值	C12:0	C14:0	C16:0	C16:1	C18:0	C18:1	C18:2	C18:3	C20:0	C20:1
XIEG	SCBG	种子	新疆阿勒泰	13.36	25.09	6.15	136.77	0.003	0.09	6.80	0.15	24.45	6.01	60.64	0.07	1.42	0.34
XIEG	SCBG	种仁	新疆乌鲁木齐	10.42	115.57	2.03	192.33	0.02	0.07	3.18	0.23	1.41	17.71	49.64	26.13	0.90	0.73
XIEG	SCBG	种仁	新疆阿克陶	16.60	20.58	7.41	184.86	0.01	0.03	4.12	0.25	1.84	35.78	57.03	0.45	0.11	0.38
XIEG	SCBG	种仁	新疆伊犁奎屯	20.59	13.52	16.36	231.50	0.01	0.04	7.76	0.06	3.42	23.31	64.62	0.20	0.28	0.31

长尖叶蔷薇
Rosa longicuspis Bertol.

蔷薇科，蔷薇属

特征　攀缘灌木。枝常有粗短钩状皮刺。小叶革质，7~9片，近花序小叶常为5片，连叶柄长7~14 cm；小叶有尖锐锯齿，两面无毛，上面有光泽；小叶柄和叶轴均无毛，有散生钩状小皮刺；托叶大部贴生叶柄，离生部分披针形，无毛，常有腺毛。花多数，排成伞房状，花径3~4 cm；花梗长1.5~3.5 cm，有稀疏柔毛和较密腺毛；花萼外被稀疏柔毛，萼片披针形，全缘或有羽裂片，内外两面均被柔毛，外面兼有腺毛；花瓣白色，宽倒卵形，先端凹凸不平，外面有平铺绢毛；花柱结合成柱，有毛，稍长于雄蕊。蔷薇果倒卵圆形，径1~1.2 cm，熟后暗红色，萼片反折，脱落，花柱宿存。花期5~7月；果期7~11月。

分布　西藏：波密县扎木乡，29°52′26″N，95°42′21″E，2714 m，2011-09-04，干友民40024140。生于海拔600~2800 m的林中。产于湖北（西南部）、四川、贵州、云南。印度北部也有分布。

栽培　种子繁殖或扦插繁殖。

用途　花朵大，色洁白，极为美丽，可作墙体美化或棚架栽培观赏。

含油率及化学组分数据

采集单位	测试单位	测试部位	产地	含油率(%)	碘值	酸值	皂化值	C12:0	C14:0	C16:0	C16:1	C18:0	C18:1	C18:2	C18:3	C20:0	C20:1
SICAU	SCBG	种仁	西藏波密	34.36	129.13	83.58	148.25	0.03	0.24	3.97	0.06	2.13	11.24	32.71	48.89	0.57	0.38

野蔷薇（多花蔷薇、刺花、蔷薇）

Rosa multiflora Thunb.

蔷薇科，蔷薇属

特征　落叶灌木，高1~2 m。枝细长，上升或蔓生，有皮刺。羽状复叶；小叶5~9片，倒卵状圆形至矩圆形，长1.5~3 cm，宽0.8~2 cm，先端急尖或稍钝，基部宽楔形或圆形，边缘具锐锯齿，有柔毛；叶柄和叶轴常有腺毛；托叶大部附着于叶柄上，先端裂片成披针形，边缘篦齿状分裂并有腺毛。伞房花序圆锥状，花多数；花梗有腺毛和柔毛；花白色，芳香，直径2~3 cm；花柱伸出花托口外，结合成柱伏，几与雄蕊等长，无毛。蔷薇果球形至卵形，直径约6 mm，褐红色。花期5~6月；果期9~11月。

分布　湖南：张家界西溪坪乡，29°5′44″N，110°32′24″E，2011-10-16，张九兵、朱明德400181295。江西：修水县五梅山，28°49′46″N，114°53′11″E，819 m，2012-10-22，迟盛南、赵万义4001416077。安徽：六安市，31°44′42″N，116°30′20″E，63 m，2011-10-06，胡超4001171164；金寨县天堂寨，31°11′56″N，115°48′32″E，2012-10-20，刘东明、王鹏40011300054。河南：信阳鸡公山，31°49′1″N，114°4′23″E，494 m，2012-09-17，王亚平400314243。湖北：神农架木鱼青天坳，31°29′31″N，110°21′38″E，1675 m，2010-10-15，李晓东、昝艳燕、罗曼曼400121164。陕西：凤县南星镇瓦房坝乡，33°25′25″N，106°22′21″E，1351 m，2011-08-09，薛帅、秦烁400324057。河北：昌黎，39°41′37″N，119°09′35″E，4 m，2011-10-01，徐兴友、韩宝强400313122；石家庄，38°06′20″N，119°09′36″E，92 m，2011-10-14，徐兴友、韩宝强400313138。分布在华南、华中、西南、华北、华东地区。朝鲜、日本也有分布。

栽培　播种、分株、扦插或压条繁殖。

用途　花、果及根入药，为泻下剂和利尿药，又能收敛活血、祛风活络；叶外用治肿毒。

含油率及化学组分数据

采集单位	测试单位	测试部位	产地	含油率(%)	碘值	酸值	皂化值	C12:0	C14:0	C16:0	C16:1	C18:0	C18:1	C18:2	C18:3	C20:0	C20:1
HUST	HUST	种仁	湖南张家界	10.40	33.82	23.01	208.60										
SYSU	SCBG	种仁	江西修水	34.47						2.89	28.15	11.26	48.33	0.35			
ECNU	SCBG	种仁	安徽六安	7.40	16.80	7.15	255.23			9.43		2.81	16.84	55.73	11.91	0.26	0.13
SCBG	SCBG	种仁	安徽金寨	13.67	76.81	121.55	260.99	0.03		8.23		1.60			47.65		0.31
HNAU	ICS	种子	河南信阳	3.16	150.83	40.76	123.66	0.51	0.22	6.44	0.16	2.31	14.99	43.21	10.94	0.59	
WHBG	WHBG	种仁	湖北神农架	2.12						6.00		2.20	13.60	52.20	24.20		
CAU	ICS	种子	陕西凤县	1.08	86.54	41.32	381.98	0.48	0.24	18.84		7.60	26.13	29.77	8.47	2.45	0.16
HNUST	ICS	种子	河北昌黎	2.50	59.67	41.33	162.95	0.15	0.16	23.91	0.06	27.12	13.06	0.53	0.71	6.36	0.12
HNUST	ICS	种子	河北石家庄	2.24	33.84	44.86	304.15		0.05	5.54	0.11	2.64	15.71	61.91	12.77	0.61	0.20

峨眉蔷薇(刺石榴、山石榴)

Rosa omeiensis Rolfe [*Rosa sericea* f. *aculeatoeglandulosa* Focke]

蔷薇科，蔷薇属

特征 常绿攀缘灌木，高约5 m。无毛，有钩状皮刺和刺毛。羽状复叶；小叶3片，稀5片，椭圆状卵形或披针状卵形，长2.5~7 cm，宽1.5~4.5 cm，先端急尖或渐尖，基部近圆形或宽楔形，边缘具细齿状锯齿，无毛，有光泽，下面脉纹显著；叶柄和叶轴无毛，具小皮刺和刺毛；托叶条形，与叶柄分离，早落。花单生于侧枝顶端，白色，直径5~9 cm，花梗和萼筒外面均密生刺毛。蔷薇果近球形或倒卵形，长2~4 cm，有直刺，顶端具长而扩展或外弯的宿存萼裂片。花期5~6月；果期7~9月。

分布 西藏：波密县波密至墨脱19~20 km处，29°48′24″N，95°41′51″E，3548 m，2011-09-05，干友民400241155。生于海拔750~4000 m的山坡、山麓或灌丛中。产于湖北（西部）、四川、云南、西藏、青海、甘肃、宁夏(南部)、陕西(南部)。

栽培 播种繁殖。

用途 果实成熟时味甜可食，又为酿酒原料；果肉晒干后磨碎，掺面粉可作食品；根皮提栲胶；果药用，有活血散淤、收敛利尿、补肾、止咳等功效。

含油率及化学组分数据

采集单位	测试单位	测试部位	产地	含油率(%)	碘值	酸值	皂化值	C12:0	C14:0	C16:0	C16:1	C18:0	C18:1	C18:2	C18:3	C20:0	C20:1
SICAU	SCBG	种仁	西藏波密	25.53		6.90		0.01	0.03	5.75	0.04	3.40	7.65	21.98	60.73	0.12	0.30

缫丝花(文光果、刺梨、送春归)

Rosa roxburghii Tratt. [*Rosa microphylla* var. *glabra* Regel]

蔷薇科，蔷薇属

特征 灌木，高约2.5 m。树皮灰色，成片剥落。小枝常有成对皮刺。羽状复叶；小叶9~15片，椭圆形或椭圆状矩圆形，长1~2 cm，宽0.5~1 cm，先端急尖或钝，基部宽楔形，边缘有细锐锯齿，两面无毛；叶柄和叶轴疏生小皮刺；托叶大部附着于叶柄上。花1~2朵，生于短枝上，淡红色或粉红色，微芳香，直径4~6 cm；萼裂片通常宽卵形，两面有绒毛，合生成管，密生皮刺。蔷薇果扁球形，直径3~4 cm，绿色，外面密生皮刺，宿存的萼裂片直立。花期3~7月；果期8~10月。

分布 湖南：桑植县两河口楠木槽，29°27′26″N，110°3′3″E，373 m，2009-08-12，徐亮、周建军400191097。重庆：南川区三泉镇马嘴丛岭，29°31′12″N，107°12′43″E，1142 m，2009-10-14，刘正宇等400231066。贵州：松桃县盘兴乡，28°5′29″N，109°10′35″E，2011-11-16，张九兵、朱明德400181350。多生于溪沟、路旁及灌丛中。产于广东、江苏、湖北、四川、贵州、云南。日本也有分布。

栽培 播种、扦插和分株繁殖。宜经常分株，可使长势更旺。

用途 果实富含维生素丙，生食或熬糖、作蜜饯、酿酒；根皮和茎皮提栲胶；叶泡茶能解热。

含油率及化学组分数据

采集单位	测试单位	测试部位	产地	含油率(%)	碘值	酸值	皂化值	C12:0	C14:0	C16:0	C16:1	C18:0	C18:1	C18:2	C18:3	C20:0	C20:1
JSU		种子	湖南桑植	5.44	0.01	0.06	8.86	0.01	0.06	8.86	3.54	14.92	14.92	36.02	35.51	0.17	0.91
CIPP	SCBG	种仁	重庆南川	32.17	75.25	23.61	419.94			8.03	0.09	1.26	74.76	13.02	0.32		0.46
HUST	HUST	种仁	贵州松桃	12.64	11.37	16.74	230.62		0.04	6.62	0.04	1.73	7.35	82.89	0.53	0.50	0.29

钝叶蔷薇

Rosa sertata Rolfe

蔷薇科，蔷薇属

特征　细小灌木，高约2 m。有直立细刺。羽状复叶；小叶7~11片，宽椭圆形或卵形，长6~20 mm，宽4~15 mm，先端钝或稍急尖，基部近圆形，边缘具锐锯齿，无毛，下面灰绿色；叶柄和叶轴均有稀疏腺毛和小皮刺；托叶宽，大部附着于叶柄上，边缘有腺毛。花单生或数朵聚生，有苞片；花梗长1. 5~3 cm，无毛或有腺毛；花红色或紫红色，直径4~6 cm；萼裂片卵状披针形，全缘，先端尾状；花瓣倒卵形。蔷薇果卵形，长1. 5~2 cm，深红色。花期6月；果期8~10月。

分布　四川：宝兴县硗碛藏族，30°41′9″N，102°41′26″E，2627 m，2010-09-08，干友民40024175。生于山坡灌丛中。产于浙江、安徽、湖北、四川、云南、甘肃、陕西、山西。

栽培　播种繁殖。

用途　根药用，能调经、消肿，治痛风。

含油率及化学组分数据

采集单位	测试单位	测试部位	产地	含油率(%)	碘值	酸值	皂化值	C12:0	C14:0	C16:0	C16:1	C18:0	C18:1	C18:2	C18:3	C20:0	C20:1
SICAU	SCBG	种仁	四川宝兴	24. 27	5. 11	13. 47			0. 05	11. 08	0. 10	8. 02	17. 94	50. 69	7. 95	0. 43	3. 73

黄刺玫（黄刺莓）

Rosa xanthina Lindl. [*Rosa xanthinoides* Nakai]

蔷薇科，蔷薇属

特征　灌木，高1~3 m。小枝褐色，幼时微生柔毛，有硬皮刺。单数羽状复叶，小叶7~13片，宽卵形或近圆形，少数椭圆形，长8~15 mm，宽约8 mm，先端钝，基部近圆形，边缘有钝锯齿，下面幼时微生柔毛；叶柄和叶轴有疏柔毛及疏生小皮刺；托叶大部分附着于叶柄上。花单生，黄色，直径约4 cm，无苞片；花梗长1~2 mm，无毛；萼裂片披针形，全缘，宿存；花瓣重瓣或单瓣，倒卵形。蔷薇果近球形，直径约1 cm，红褐色。花期4~6月；果期7~8月。

分布　新疆：塔什库尔干县，37°47′46″N，75°14′13″E，3049 m，2011-08-14，侯翼国、王茜4003311007。河北：昌黎，39°41′34″N，119°10′50″E，12 m，2012-07-13，徐兴友、詹立军400313193。黑龙江：萝北县凤翔镇，46°48′0″N，130°22′0″E，1 m，2013-08-01，卞勇、潘伟400351078。野生于山坡或庭园栽培。产于山东、甘肃、陕西、山西、河北、内蒙古、辽宁、吉林、黑龙江。

栽培　分株、压条或扦插繁殖。在干旱地区，注意灌好冬前水，夏季炎热时期每月灌1~2次水即可。栽后3~4年分墩1次，重新移栽，栽时施足基肥，春季移栽为好。管理简单。

用途　果实可酿酒或食用；茎皮纤维可造纸及纤维板的原料。东北、华北地区庭园栽培，早春繁花满枝，供观赏。

含油率及化学组分数据

采集单位	测试单位	测试部位	产地	含油率(%)	碘值	酸值	皂化值	C12:0	C14:0	C16:0	C16:1	C18:0	C18:1	C18:2	C18:3	C20:0	C20:1
XIEG	SCBG	种仁	新疆塔什	33. 42	7. 00	8. 04	156. 79	0.004	0. 06	8. 62	0. 03	2. 66	63. 45	22. 95	1. 06	0. 73	0. 44
HNUST	ICS	种子	河北昌黎	5. 84	185. 08	23. 42	192. 69	0. 02	0. 07	3. 75	0. 08	1. 51	13. 22	55. 01	22. 77	0. 70	0. 37
SBRI	SCBG	种仁	黑龙江萝北	27. 85	7. 00	8. 04	156. 79										

地榆（一串红、山枣子、玉札）

Sanguisorba officinalis L.

蔷薇科，地榆属

特征 多年生草本，高30~120 cm。根粗壮，多呈纺锤形，稀圆柱形。茎直立，有棱，无毛或基部有稀疏腺毛。基生叶为羽状复叶，有小叶4~6对；小叶基部心形至浅心形，边缘有多数粗大圆钝稀急尖的锯齿；茎生叶较少，小叶片有短柄至几无柄。穗状花序椭圆形、圆柱形或卵球形，直立，通常长1~3(4) cm，横径0. 5~1 cm；苞片膜质，比萼片短或近等长，背面及边缘有柔毛；萼片4枚，紫红色，椭圆形至宽卵形，背面被疏柔毛，中央微有纵棱脊，顶端常具短尖头；雄蕊4枚，花丝与萼片近等长或稍短；子房外面无毛或基部微被毛，柱头顶端扩大，盘形，边缘具流苏状乳头。果实包藏在宿存萼筒内，外面有斗棱。花、果期7~10月。

分布 甘肃：徽县严坪镇，33°40′5″N，106°17′21″E，1183 m，2011-10-07，薛帅、潘昊400325003。内蒙古：锡林郭勒盟东乌旗，42°29′12″N，115°50′54″E，1346 m，2010-08-30，刘慧娟、扈顺400312060。黑龙江：桦川县申家店，46°34′7″N，130°37′38″E，692 m，2010-08-13，陈连江、卞勇、贾海伦400351031。生于草原、草甸、山坡草地、灌丛中或疏林下，海拔30~3000 m。产于广西、湖南、江西、浙江、江苏、安徽、山东、河南、湖北、四川、贵州、云南、西藏、新疆、青海、甘肃、陕西、山西、河北、内蒙古、辽宁、吉林、黑龙江。亚洲北温带以及欧洲广泛分布。

栽培 适应性较强，微酸性以至微碱性的土壤均可栽培。因种子细小，盖土宜薄，并注意保持土壤湿润，每667 m^2大约可植3000株，1年以后即可收获，每667 m^2可得干原料约500 kg。

用途 根为止血要药及治疗烧伤、烫伤；有些地区用来提制栲胶；嫩叶可食，又作代茶饮。

含油率及化学组分数据

采集单位	测试单位	测试部位	产地	含油率(%)	碘值	酸值	皂化值	C12:0	C14:0	C16:0	C16:1	C18:0	C18:1	C18:2	C18:3	C20:0	C20:1
CAU	ICS	种子	甘肃徽县	18. 54	49. 92	7. 14	164. 03		0. 06	4. 99	0. 10	2. 41	15. 04	39. 92	36. 02	0. 78	0. 15
IMAU	ICS	种子	内蒙古锡林郭勒	5. 08	109. 82	26. 25	57. 55	0. 10	0. 11	5. 90		2. 28	18. 62	25. 63	32. 56	2. 13	
SBRI	SCBG	种仁	黑龙江桦川	33. 99	32. 12	5. 94	189. 04	0. 01	0. 19	9. 82	0. 09	2. 78	12. 05	40. 87	33. 05	0. 89	0. 24

北京花楸

Sorbus discolor (Maxim.) Maxim. [*Pyrus discolor* Maxim.]

蔷薇科，花楸属

特征 乔木，高达10 m。奇数羽状复叶，连叶柄共长10~20 cm，叶柄长约3 cm，有时达6 cm；小叶片5~7对，间隔1. 2~3 cm，基部一对小叶常稍小，长3~6 cm，宽1~1. 8 cm，基部或1/3以下部分全缘，上下两面均无毛，下面具白霜，侧脉12~20对；叶轴无毛，上面具浅沟；托叶宿存，草质，有粗锯齿。复伞房花序较疏松；花梗长2~3 mm；萼筒钟状，内外两面均无毛；萼片三角形，先端稍钝或急尖，内外两面无毛；花瓣卵形或长圆卵形，长3~5 mm，宽2. 5~3. 5 mm，先端圆钝，白色，无毛；雄蕊15~20枚，约短于花瓣1倍；花柱3~4枚，几与雄蕊等长，基部有稀疏柔毛。果实卵形，直径6~8 mm，白色或黄色，先端具宿存闭合萼片。花期5月；果期8~9月。

分布 陕西：佛坪县自然保护区，33°24′24″N，107°31′30″E，2149 m，2009-08-10，薛帅400321065。普遍生于山地阳坡阔叶混交林中，海拔1500~2500 m。产于山东、河南、甘肃、山西、河北、内蒙古。

栽培 播种、扦插繁殖。生长季节注意浇水，保持土壤不积水。

用途 可作庭园树和大型绿篱。

含油率及化学组分数据

采集单位	测试单位	测试部位	产地	含油率(%)	碘值	酸值	皂化值	C12:0	C14:0	C16:0	C16:1	C18:0	C18:1	C18:2	C18:3	C20:0	C20:1
CAU	ICS	种子	陕西佛坪	21. 60	93. 74	3. 45	201. 86	0. 02	0. 04	7. 86	0. 07	1. 62	23. 14	65. 65	0. 59	0. 70	0. 31

棕脉花楸

Sorbus dunnii Rehd. [*Aria dunnii* (Rehd.) H. Ohashi et H. Iketani]

蔷薇科，花楸属

特征 小乔木，高2~7 m。一年生枝被黄色绒毛，以后脱落，老枝褐色或褐灰色，具皮孔；冬芽卵形，外面无毛。叶片椭圆形或长圆形，先端急尖或短渐尖，基部宽楔形，边缘有不规则锯齿，上面无毛，下面密被黄白色绒毛；中脉和侧脉上密被棕褐色绒毛，侧脉(10) 14~18对，直达叶边锯齿。复伞房花序密具多花；总花梗和花梗被锈褐色绒毛，花梗长3~6 mm；萼筒陀螺状，外面密被锈褐色绒毛；萼片三角卵形；花瓣宽卵形，长约4 mm，白色，无毛；雄蕊20枚，长短不齐；花柱2枚，基部连合，无毛。果实圆球形，直径5~8 mm，通常无斑点或有少数斑点，先端萼片脱落后留有圆穴。花期5月；果期8~9月。

分布 江西：玉山县三清山，28°55′57″N，118°3′5″E，907 m，2009-09-01，廖文波等400141122；玉山县三清山，28°55′17″N，118°3′10″E，1511 m，2009-10-24，廖文波等400141174；玉山县三清山，28°54′21″N，118°3′45″E，1454 m，2012-09-05，景慧娟、赵万义4001416023。生于山坡疏林中，海拔600~1200 m。产于广西、福建、浙江、安徽、贵州、云南。

栽培 播种繁殖。

用途 茎、茎皮和果实入药；果实有健胃补虚功效，也可用于胃炎和维生素甲、丙缺乏症；茎、茎皮可清肺止咳，用于治疗肺结核、哮喘、咳嗽。

含油率及化学组分数据

采集单位	测试单位	测试部位	产地	含油率(%)	碘值	酸值	皂化值	C12:0	C14:0	C16:0	C16:1	C18:0	C18:1	C18:2	C18:3	C20:0	C20:1
SYSU	SCBG	种仁	江西玉山	25.09					0.15	8.43		2.06	18.60	64.69	3.34	0.74	0.15
SYSU	SCBG	种仁	江西玉山	21.18					0.17		0.31	3.16	4.73		57.18	0.47	0.10
SYSU	SCBG	种仁	江西玉山	19.37					0.06	6.07	0.27	1.36	59.91	29.92	0.13	0.12	0.08

毛序花楸（凯旋花）

Sorbus keissleri (C. K. Schneid.) Rehd. [*Micromeles keissleri* C. K. Schneid.]

蔷薇科，花楸属

特征 乔木，高达15 m。小枝嫩时具白色绒毛，具显著皮孔；冬芽卵形，外有数枚暗褐色鳞片，无毛。叶片倒卵形或长圆倒卵形，近基部全缘，上下两面均有绒毛，不久脱落，或仅在下面主脉上残存稀疏绒毛，侧脉8~10对，在叶边缘分枝成网状。复伞房花序有多数密集花朵；总花梗和花梗密被灰白色绒毛；萼筒钟状，外面微具绒毛，内面无毛；萼片三角卵形，内外两面无毛；花瓣白色；雄蕊20枚；花柱2~3枚，通常3枚，中部以下合生，稍短于雄蕊。果实卵形，直径约1 cm，外面有少数不显著的细小斑点，2~3室，先端萼片脱落后残留圆穴。花期5月；果期8~9月。

分布 湖北：通山九宫山，29°32′51″N，114°40′18″E，392 m，2012-10-25，李晓东、昝艳燕等400121258。生于山谷、山坡或多石坡地疏密林中，海拔1200~2800 m。产于广西、湖南、江西、湖北、四川、贵州、云南、西藏。

栽培 播种繁殖。

用途 栽培供观赏。

含油率及化学组分数据

采集单位	测试单位	测试部位	产地	含油率(%)	碘值	酸值	皂化值	C12:0	C14:0	C16:0	C16:1	C18:0	C18:1	C18:2	C18:3	C20:0	C20:1
WHBG	WHBG	种仁	湖北通山	26.40	105.28	1.42	170.72	0.35	0.42	5.52	1.41	3.43	10.60	60.07	2.74		

多对花楸

Sorbus multijuga Koehne [*Sorbus multijuga* var. *microdonta* Koehne]

蔷薇科，花楸属

特征 灌木或小乔木，高2.5~5 m，有时达7 m。奇数羽状复叶；小叶片通常17~21对，基部偏斜圆形，边缘每侧有6~16枚细锯齿，基部全缘，上面无毛，下面仅在中脉上具稀疏柔毛；叶轴两侧有窄翅，上面具沟，下面有稀疏柔毛，逐渐脱落；托叶草质，或近似膜质，披针形。复伞房花序多数着生在侧生短小枝上，具花10~30朵；总花梗和花梗上有稀疏柔毛，逐渐脱落近于无毛；萼筒钟状，外面无毛或有稀疏柔毛；萼片卵形，先端急尖或圆钝，外面无毛，内面具稀疏柔毛；花瓣卵形，先端圆钝，白色，内面微具柔毛；雄蕊15~20枚；花柱3~5枚。果实球形，直径6~7 mm，白色，先端具直立宿存萼片。花期5月；果期9月。

分布 西藏：波密县波密至墨脱20~21 km处，29°47′42″N，95°41′54″E，3646 m，2011-09-05，干友民400241154。生于丛林内或岩石山坡，海拔2300~3700 m。产于四川西部。

栽培 播种繁殖。

用途 种子可榨油。

含油率及化学组分数据

采集单位	测试单位	测试部位	产地	含油率(%)	碘值	酸值	皂化值	C12:0	C14:0	C16:0	C16:1	C18:0	C18:1	C18:2	C18:3	C20:0	C20:1
SICAU	SCBG	种仁	西藏波密	34.74	63.01	15.07	112.83	2.43	0.40	10.94	1.46	5.34	23.40	52.96	2.17	0.60	0.32

花楸树（花楸、楸树、马加木、山槐子）

Sorbus pohuashanensis (Hance) Hedl. [*Sorbus amurensis* Koehne]

蔷薇科，花楸属

特征 乔木，高达8 m。奇数羽状复叶，小叶片5~7对，基部和顶部的小叶片常稍小，基部偏斜，基部或中部以下近于全缘，上面具稀绒毛或近无毛，下面苍白色，有稀疏或较密集绒毛，下面中脉显著凸起；托叶草质，宿存。复伞房花序具多数密集花朵；总花梗和花梗均密被白色绒毛，成长时逐渐脱落；萼筒钟状，外面有绒毛或近无毛，内面有绒毛；萼片三角形，先端急尖，内外两面均具绒毛；花瓣白色，内面微具短柔毛；雄蕊20枚；花柱3枚，基部具短柔毛，较雄蕊短。果实近球形，直径6~8 mm，红色或橘红色，具宿存闭合萼片。花期6月；果期9~10月。

分布 湖北：神农架木鱼镇青天坳，31°29′35″N，110°21′21″E，1745 m，2009-12-118，丁时东、危文亮400152038。西藏：林芝县八一乡永久村，29°31′48″N，94°25′32″E，2987 m，2011-09-01，干友民400241124。吉林：白山市临江，41°48′59″N，127°11′30″E，2011-09-12，郑宝江等400341104。黑龙江：伊春市小兴安岭，47°43′47″N，128°52′13″E，820 m，2010-08-15，陈连江、卞勇、贾海伦400351047。常生于山坡或山谷杂木林内，海拔800~3000 m。产于山东、甘肃、山西、河北、内蒙古、辽宁、吉林、黑龙江。

栽培 于10月采集种子，经过3~4月催芽，翌年3~4月播种。进入速生期后每月浇水前施氮肥。

用途 果实可用于酿酒、制果酱、果糕、果泥、果冻、蜜饯、果汁和果醋等，也可干制成粉，再制成含有维生素的巧克力糖或糖果用的馅。

含油率及化学组分数据

采集单位	测试单位	测试部位	产地	含油率(%)	碘值	酸值	皂化值	C12:0	C14:0	C16:0	C16:1	C18:0	C18:1	C18:2	C18:3	C20:0	C20:1
OCRI	SCBG	种仁	湖北神农架	21.89	86.64	28.21		0.08	0.42	13.96	1.23	5.35	34.10	25.29	0.07	5.67	0.16
SICAU	SCBG	种仁	西藏林芝	44.14	31.12	8.67	173.04	0.01	0.03	6.19	0.04	3.05	8.01	22.16	60.04	0.14	0.32
NEFU	SCBG	种仁	吉林白山	22.32	63.75	7.69	191.96	0.13	0.16	2.89	0.19	0.79	48.02	47.50	0.13	0.11	0.10
SBRI	SCBG	种仁	黑龙江伊春	21.13	17.19	6.23	375.88										

渐尖粉花绣线菊（尖叶绣线菊）

Spiraea japonica var. **acuminata** Franch. [*Spiraea bodinieri* H. Lév.]

蔷薇科，绣线菊属

特征　直立灌木，高达1.5 m。枝条细长，开展，小枝近圆柱形，无毛或幼时被短柔毛；芽卵形，先端急尖，有数个鳞片。叶片长卵形至披针形，先端渐尖，基部楔形，长3.5~8 cm，边缘有尖锐重锯齿，下面沿叶脉有短柔毛。复伞房花序直径10~14 cm，有时达18 cm；花粉红色；花直径4~7 mm；花萼外面有稀疏短柔毛，萼筒钟状，内面有短柔毛；花瓣卵形至圆形，先端通常圆钝，长2.5~3.5 mm，宽2~3 mm，粉红色；雄蕊25~30枚，远较花瓣长。蓇葖果半开张，无毛或沿腹缝有稀疏柔毛，花柱顶生，稍倾斜开展。花期6~7月；果期8~9月。

分布　陕西：汉中蒿坝，32°26′06″N，106°30′49″E，1480 m，2012-09-22，秦烁、郭利磊400328011。重庆：武隆县共和乡鸡尾山，28°59′48″N，107°5′20″E，1240 m，2012-09-25，刘正宇等4000231188。生于海拔900~4000 m的山坡旷地、疏密杂木林中、山谷或河沟旁。产于广西、湖南、江西、浙江、安徽、河南、湖北、四川、贵州、云南、甘肃、陕西。

栽培　播种繁殖。

用途　种子榨油可工业用。为良好花篱和花境材料。

含油率及化学组分数据

采集单位	测试单位	测试部位	产地	含油率(%)	碘值	酸值	皂化值	C12:0	C14:0	C16:0	C16:1	C18:0	C18:1	C18:2	C18:3	C20:0	C20:1
CAU	ICS	种子	陕西汉中	5.16	9.07	56.03	312.40			3.61	0.13	1.08	4.34	12.55	8.11	0.34	2.15
CIPP	SCBG	种仁	重庆武隆	22.91	60.38	3.88	401.12	0.06	0.06	5.89		5.14	14.49	10.55	0.36	0.30	0.64
OFPC	IB	瘦果	北京	23.20	95.10		192.10	微量	0.10	8.70		5.70	48.50	29.00	1.60	3.90	
OFPC	IB	瘦果	黑龙江	28.80	127.50		187.70	微量	0.10	9.30		4.20	17.90	62.60	1.60	3.10	
OFPC	NIB	瘦果	陕西咸阳	29.80	125.10	12.6	191.60		0.10	11.00		8.40	4.70	69.90		4.80	
OFPC	NIB	瘦果	陕西咸阳	28.40	109.50	5.8	181.00		微量	11.40		8.50	3.70	70.30		4.50	

红果树

Stranvaesia davidiana Decne.

蔷薇科，红果树属

特征　灌木或小乔木，高1~10 m。小枝紫褐色或灰褐色，幼时密生长柔毛。叶片矩圆形、矩圆状披针形或倒卵状披针形，长5~12 cm，宽2~4.5 cm，先端急尖或凸尖，基部楔形至宽楔形，全缘，沿中脉有柔毛，侧脉8~12对；叶柄长1.2~2 cm，有柔毛。复伞房花序，直径5~9 cm，多花；总花梗和花梗均密生柔毛；花白色，直径5~10 mm；萼筒钟状，外面有稀疏柔毛，裂片三角状卵形；花瓣近圆形。果近球形，直径7~8 mm，猩红色，萼裂片直立，宿存。花期5~6月；果期9~10月。

分布　湖南：桑植县八大公山斗篷山，29°41′31″N，109°45′52″E，1448 m，2010-10-22，张兵、谷志容400181216；桑植县芭茅溪乡大坪，29°47′52″N，110°6′56″E，1408 m，2010-10-31，张兵、谷志容400181201；城步县白毛坪乡金紫山林场，26°16′53″N，110°31′48″E，1776 m，2009-11-23，张兵、黄玉滢400181130。四川：宝兴县硗碛藏族，30°41′15″N，102°42′17″E，2441 m，2010-09-09，干友民40024192；峨眉山市观音乡，29°29′13″N，103°21′0″E，1000 m，2009-10-25，王凯、樊云川40021109112。陕西：镇坪大巴山，31°44′44″N，109°33′57″E，1200 m，2012-10-13，秦烁、郭利磊400328038；汉中蒿坝，32°26′24″N，106°47′11″E，1450 m，2012-09-23，秦烁、郭利磊400328019。分布在海拔1000~3200 m的山坡、路旁及灌丛中。产于广西、江西、四川、贵州、云南、陕西。越南北部也有分布。

栽培　播种繁殖，种子采后即可播种。

用途　可作绿篱，也可盆栽观赏。

含油率及化学组分数据

采集单位	测试单位	测试部位	产地	含油率(%)	碘值	酸值	皂化值	C12:0	C14:0	C16:0	C16:1	C18:0	C18:1	C18:2	C18:3	C20:0	C20:1
HUST	HUST	种仁	湖南桑植	16. 20	20. 83	19. 16	277. 07										
HUST	HUST	种仁	湖南桑植	20. 49	38. 36	3. 39	349. 37		0. 04	7. 02	0. 10	3. 45	53. 60	33. 33	1. 24	0. 69	0. 54
HUST	HUST	种仁	湖南城步	15. 80	28. 21	10. 03	230. 31										
SICAU	SCBG	种仁	四川宝兴	4. 15	21. 18	11. 41	186. 34	0. 01	0. 10	8. 42	0. 10	3. 63	22. 17	41. 18	22. 93	0. 73	0. 74
SCU	SCU	种仁	四川峨眉山	10. 79						15. 79		3. 94	21. 96	56. 42		1. 22	0. 68
CAU	ICS	种子	陕西镇坪	6. 59	8. 11	15. 06	138. 49	0. 26	0. 22	18. 34	0. 30	4. 07	26. 90	14. 00	0. 54	2. 39	0. 33
CAU	ICS	种子	陕西汉中		7. 52	16. 76	86. 71	0. 19	0. 19	12. 17	0. 27	2. 99	18. 34	45. 13	1. 47	1. 89	0. 38

豆科LEGUMINOSAE

含羞草亚科MIMOSOIDEAE

海红豆

Adenanthera microsperma Teijsm. et Binnend. [*Adenanthera microsperma* var. *luteosemiralis* G. A. Fu et Y. K. Yang]

豆科，海红豆属

特征　落叶乔木，高5~20 m。小枝微被柔毛。二回羽状复叶，叶柄和叶轴微被柔毛，无腺体；羽片3~5对，小叶4~7对，互生，长椭圆形或卵形，长2. 5~3. 5 cm，宽1. 5~2. 5 cm，两面微被柔毛，具短柄。总状花序单生于叶腋或在枝顶排成圆锥花序，被短柔毛；花小，白色或黄色，具香气，花梗短；花萼长不足1 mm，与花梗同被金黄色柔毛；花瓣长圆形，长2. 5~3. 5 mm，无毛，基部稍合生；雄蕊10枚，与花冠等长或稍长；子房被柔毛，几无柄，花柱丝状，柱头小。荚果狭长圆形，盘旋，长10~20 cm，宽1. 2~1. 4 cm，开裂后果瓣旋卷；种子近圆形，椭圆形。花期4~7月；果期7~10月。

分布　海南：五指山番阳，18°53′08″N，109°20′27″E，2009-08-29，郑希龙、潘雅书40011454；万宁市兴隆镇铜铁岭，18°41′21″N，110°13′13″E，82 m，2011-11-28，邢福武、刘东明、王发国400119195；昌江县霸王岭南叉河，19°13′21″N，109°00′41″E，2011-11-05，秦新生4001161190。多生于海拔1000 m以下的山沟、溪边、林中或栽培于园庭。产于广东、广西、福建、台湾、贵州、云南。缅甸、柬埔寨、老挝、越南、马来西亚、印度尼西亚也有分布。

栽培　生性强健。喜光，日照充足则生机旺盛，不耐阴；喜高温、高湿的气候，生长适温为22~30℃。喜肥沃的壤土或砂质壤土。播种繁殖，春季为播种适期。幼株每季施肥1次，早春应整枝修剪1次，成株后管理可稍粗放。

用途　木材可供车辆、门窗、上等家具用材。种子可作装饰品。

含油率及化学组分数据

采集单位	测试单位	测试部位	产地	含油率(%)	碘值	酸值	皂化值	C12:0	C14:0	C16:0	C16:1	C18:0	C18:1	C18:2	C18:3	C20:0	C20:1
SCBG	SCBG	种仁	海南五指山	14. 16	75. 12	1. 29	385. 41	2. 43	0. 40	10. 94	1. 46	5. 34	23. 40	52. 96	2. 17	0. 60	0. 32
SCBG	SCBG	种子、果实	海南万宁	29. 15	67. 10	10. 60	268. 17	0. 004	0. 07			3. 15	25. 59		0. 53		0. 24
SCAU	SCBG	种子	海南昌江	24. 16	23. 18	12. 43	267. 89	0. 01		8. 27	1. 85		8. 01	11. 93	0. 29	0. 06	

合欢

Albizia julibrissin Durazz.

豆科，合欢属

特征 落叶乔木。树冠开展。小枝有棱角，嫩枝、花序和叶轴被绒毛或短柔毛。二回羽状复叶，总叶柄近基部及最顶一对羽片着生处各有1枚腺体；羽片4~12对，栽培的有时达20对；小叶10~30对，线形至长圆形，长6~12 mm，宽1~4 mm，向上偏斜，先端有小尖头，有缘毛，有时在下面或仅中脉上有短柔毛；中脉紧靠上边缘。头状花序于枝顶排成圆锥花序；花粉红色；花萼管状，长3 mm；花冠长8 mm，裂片三角形，长1. 5 mm，花萼、花冠外均被短柔毛；花丝长2. 5 cm。荚果带状，长9~15 cm，宽1. 5~2. 5 cm，嫩荚有柔毛。花期6~7月；果期8~10月。

分布 河北：昌黎，39°42′60″N，119°09′47″E，2 m，2009-09-16，徐兴友400313044。浙江：临安市浙江农村小学东湖校区，30°15′29″N，119°43′19″E，50 m，2012-11-17，陈树钢、童毅4001122156。江苏：常熟市虞山，31°33′56″N，120°13′34″E，21 m，2009-11-30，田怀珍、陈纪云4001171043。河南：郑州市碧沙岗公园，34°45′10″N，113°37′22″E，119 m，2012-09-13，王亚平400314192。湖南：保靖县白云山，28°32′38″N，109°35′37″E，350 m，2012-05-21，张代贵、张洁40019101224。山东：淄博，36°19′23″N，118°03′17″E，570 m，2010-09-23，赵伟华400311217。湖北：兴山县南阳镇龙门河，31°19′19. 27″N，110°27′53″E，1442 m，2012-08-22，危文亮、赵永国等400151175。生于海拔0~1000 m的山坡或栽培，常见。产于我国华南至西南部地区及东北地区。中亚至东亚以及非洲均有分布；北美洲亦有栽培。

栽培 喜光，较耐寒冷，耐干旱，不耐水渍。耐瘠薄，对土壤要求不严。有根瘤菌，浅根性，萌芽力不强。播种繁殖。移植宜在春季芽刚萌动时进行，大苗须带土球，并设支架。枯萎病是合欢的主要病害，在病害未出现症状前及时防治，在4月下旬开始，每月1次，连续3~5次，防治枯萎病效果好。

用途 种子油可供工业用。优良的园林观赏树和行道树。

含油率及化学组分数据

采集单位	测试单位	测试部位	产地	含油率(%)	碘值	酸值	皂化值	C12:0	C14:0	C16:0	C16:1	C18:0	C18:1	C18:2	C18:3	C20:0	C20:1
HNUST	ICS	种子	河北昌黎	11. 30	80. 07	6. 03	17. 95	0. 01	0. 04	3. 87	0. 08	2. 63	11. 25	80. 24	0. 99	0. 74	0. 14
SCBG	SCBG	种仁	浙江临安	35. 54	70. 04	2. 36	410. 72										
ECNU	SCBG	种仁	江苏常熟	7. 40	70. 96	1. 69	188. 41	0. 05	0. 03	7. 09	0. 24	2. 45	12. 98	75. 71	0. 44	0. 80	0. 21
HNAU	ICS	种子	河南郑州	4. 69	101. 46	29. 39	155. 25		0. 09	9. 25		2. 52	21. 87	52. 63	0. 51	0. 65	
JSU	SCBG	种仁	湖南保靖	27. 45	88. 21	4. 00	119. 92			8. 13	0. 10	0. 65	43. 21	45. 09	0. 39	0. 69	0. 53
ICS	ICS	种子	山东淄博	3. 87	125. 84	2. 93	236. 93		0. 11	9. 91	0. 51	2. 37	14. 73	62. 88	2. 39	1. 04	0. 34
OCRI	SCBG	种仁	湖北兴山	22. 80	31. 49	6. 34		0. 38		0. 01		0. 94	20. 44	45. 50	2. 83	1. 73	0. 15

猴耳环（围涎树）

Archidendron clypearia (Jack) I. C. Nielsen [*Pithecellobium clypearia* (Jack) Benth.]

豆科，猴耳环属

特征 乔木，高10 m。小枝具棱，密被黄色绒毛。叶柄4棱，叶轴和叶柄基部有腺体；二回羽状复叶，羽片3~8对，通常4~5对，羽片密被黄色绒毛，最下面羽片具3~6小叶，最上面羽片具10~12对小叶；小叶对生，近无柄，上部最大，向下变小，革质，两面略褐色短柔毛，基部偏斜。伞房花序数朵花，排列成顶生或腋生圆锥花序；花冠白色或淡黄色，长4~5 mm，裂片披针形；雄蕊管等于花冠筒；子房具柄，有毛。种子黑色，椭圆形或略呈椭球形，种皮干燥时皱。花期2~6月；果期4~8月。

分布 海南：五指山国家级自然保护区，18°54′49″N，109°41′17″E，758 m，2010-07-03，张荣京40017151。广西：龙州县八角乡，22°12′49″N，105°53′9″E，300 m，2011-07-15，黄俞淞、郭伦发4001101199。生于海拔500~1800 m的林中。产于广东、广西、福建、台湾、浙江、云南。热带亚洲广布。

栽培 喜温暖、湿润的环境，稍耐阴，不耐干旱。不拘土质，只要黏性不强，排水良好的土壤均能生长。播种或扦插繁殖。春季为适期。生长期每2~3个月施肥1次。若促其长高，应即时修剪主干促其长出侧枝。

用途 枝叶浓密，幼株可作绿篱，成树适合作庭园树、行道树等。

含油率及化学组分数据

采集单位	测试单位	测试部位	产地	含油率(%)	碘值	酸值	皂化值	C12:0	C14:0	C16:0	C16:1	C18:0	C18:1	C18:2	C18:3	C20:0	C20:1
SCAU	SCBG	种仁	海南五指山	28.46	26.50	11.38	283.68	0.02	0.04	4.60	0.07	2.39	28.86	61.15	1.75	0.28	0.83
GXIB	SCBG	种仁	广西龙州	14.56	137.83	0.95	200.68	0.12	0.88		23.38	7.60	46.10	7.94			

碟腺棋子豆

Archidendron kerrii (Gagnep.) I. C. Nielsen [*Pithecellobium Kerrii* Gagnep.]

豆科，猴耳环属

特征 小乔木，高3~8 m。圆柱状小枝褐色，无毛。叶柄长2~5 cm；羽片1对；羽片着生处或以下1 cm处及第一对小叶着生处，具圆形碟状腺体1枚；小叶1~3，对生或近对生，卵形，椭圆形或披针形，长6~14 cm，宽3~6 cm，纸质，两面无毛，侧脉4~6对，基部楔形或急尖，先端渐尖或急尖。顶端10~15花，直径8~10 mm，排列成腋生或顶生的圆锥花序；花冠管状或狭漏斗状，长6~8 mm，无毛，裂片狭三角形或长圆形，长2~3 mm，先端被微柔毛；雄蕊管同花冠筒一样长或略短；子房无毛。种子6粒或7粒，中部短圆筒状，高5~7 mm，直径1. 3~2 cm。花期5月；果期8月。

分布 广西：上思县十万大山平龙山河谷，22°03′13″N，107°54′08″E，2009-11-19，吴望辉、叶晓霞、农东新4001101020。生于海拔200~1000 m的山谷林中。产于广西、云南。老挝、越南也有分布。

栽培 播种或扦插繁殖。春季为适期。

含油率及化学组分数据

采集单位	测试单位	测试部位	产地	含油率(%)	碘值	酸值	皂化值	C12:0	C14:0	C16:0	C16:1	C18:0	C18:1	C18:2	C18:3	C20:0	C20:1
GXIB	SCBG	种仁	广西上思	28. 17	110. 77	0. 28	200. 25	0. 11	5. 74	0. 27	1. 69	36. 93	43. 98	2. 49	0. 29	0. 23	0. 23

亮叶猴耳环（亮叶围诞树）

Archidendron lucidum (Benth.) I. C. Nielsen [*Pithecellobium lucidum* Benth.]

豆科，猴耳环属

特征 乔木。嫩枝、叶柄和花序均被褐色短绒毛。羽片1~2对；总叶柄近基部、每对羽片下和小叶片下的叶轴上均有圆形而凹陷的腺体，下部羽片通常具2~3对小叶，上部羽片具4~5对小叶；小叶斜卵形或长圆形，长5~9(~11) cm，宽2~4. 5 cm，顶生的一对最大，对生。头状花序球形，有花10~20朵，总花梗长不超过1. 5 cm，排成腋生或顶生的圆锥花序；花萼长不及2 mm，与花冠同被褐色短茸毛；花瓣白色，长4~5 mm，中部以下合生；子房具短柄，无毛。荚果旋卷成环状，宽2~3 cm，边缘在种子间缢缩。种子黑色，长约1. 5 cm，宽约1 cm。花期4~6月；果期7~12月。

分布 广东：阳山县秤架自然保护区，24°48′44″N，112°52′0″E，349 m，2009-11-16，董安强40011261；阳山县秤架乡横水电站、王门沟，24°51′36″N，112°52′21″E，337 m，2012-01-10，王发国、杨国、宋贤利400113115；连平县大埠镇，23°02′34″N，113°45′49″E，2011-11-08，易绮斐、潘雅书、陈华平400119157；东莞市谢岗乡银瓶山仙水道，23°2′30″N，113°45′48″E，2012-11-02，邢福武、宁阳阳、叶心芬400113138；始兴县罗坝乡都亨，24°46′26″N，114°17′53″E，2012-11-25，刘东明、王鹏、叶心芬、王琳400113183。广西：永福县百寿乡，24°59′50″N，109°55′01″E，2009-12-14，许为斌、黄俞淞、蒋日红4001101088。生于疏林或密林中或林缘灌木丛中，常见。产于广东、广西、福建、台湾、浙江、四川、云南等地。印度、越南亦有分布。

栽培 喜光，稍耐阴蔽；喜高温、高湿的气候。不拘土质，只要黏性不强、排水良好的土壤均能生长。播种或扦插繁殖。春季为适期。春、夏季每2~3个月施肥1次。若要促其长高，应即时修剪主干使其长出侧枝。

用途 木材用作薪炭；枝叶入药，能消肿祛湿；果有毒。

含油率及化学组分数据

采集单位	测试单位	测试部位	产地	含油率(%)	碘值	酸值	皂化值	C12:0	C14:0	C16:0	C16:1	C18:0	C18:1	C18:2	C18:3	C20:0	C20:1
SCBG	SCBG	种仁	广东阳山	36. 14	46. 09	28. 56	448. 18		0. 10	6. 66	0. 15	1. 85	25. 64	64. 79	0. 26	0. 22	0. 34
SCBG	SCBG	种仁	广东阳山	16. 19	16. 52	6. 97	218. 51	0. 02	0. 13	1. 73	0. 21	1. 44	10. 34	54. 59	2. 50		0. 45
SCBG	SCBG	种仁	广东连平	12. 54	32. 16	8. 12		0. 003	0. 08	8. 36	0. 61	3. 34	31. 01	51. 33	21. 79		0. 45
SCBG	SCBG	种仁	广东东莞	18. 74	77. 22		195. 11	0. 09	6. 71	15. 02		8. 02	25. 66	39. 61	6. 02	0. 22	0. 36
SCBG	SCBG	种仁	广东始兴	26. 14	10. 98	12. 09	189. 36		0. 05	14. 58	0. 36	2. 28	13. 21	29. 59	0. 12		0. 15
GXIB	SCBG	种仁	广西永福	26. 47	111. 90	1. 82	199. 67		0. 01	3. 34	0. 52	0. 75	68. 72	24. 52	0. 12	0. 21	0. 07

棋子豆

Archidendron robinsonii (Gagnep.) I. C. Nielsen [*Cylindrokelupha robinsonii* (Gagnep.) Kosterm.]

豆科，猴耳环属

特征 乔木。小枝棕色或微红。二回羽状复叶，羽片1对；总叶柄长2~6 cm，顶端或上部及第1对或第2对小叶着生处具扁平、圆形腺体；羽片轴长6~11 cm；小叶3对，对生或近对生，椭圆形，披针形或倒卵形，长5~14 cm，宽3~5 cm，顶端渐尖，基部楔形或急尖，二侧对称或不对称；侧脉3~4对，显著。花4~5朵组成头状花序，头状花序的梗长1~1. 5 cm，再排成长达20 cm的腋生圆锥花序；花蕾卵状圆柱形，长8~9 mm；花萼壶形或杯状，长4. 5~7 mm，无毛，萼齿不明显；花冠漏斗状或钟状，长12~15 mm，花冠管无毛，裂片狭，卵形或椭圆形，长4~5 mm，顶端及背部被绢毛，雄蕊管较花冠管短；子房无毛，子房柄长6~8 mm。荚果劲直，圆柱形，长10~20 cm，宽3~3. 5 cm，果瓣革质，棕色。种子达7粒，两端的陀螺形，高达2. 5 cm，宽2. 5 cm，中部的棋子形，高约2 cm，宽达3. 5 cm，种皮脆壳质，棕色。花期5月；果期9月。

分布 广西：隆安县龙虎山，22°58′49″N，107°39′39″E，311 m，2011-09-14，杨金财4001101212。生于海拔350~650 m山谷密林中。产于广西、云南。越南也有分布。

栽培 播种或扦插繁殖。春季为适期。

含油率及化学组分数据

采集单位	测试单位	测试部位	产地	含油率(%)	碘值	酸值	皂化值	C12:0	C14:0	C16:0	C16:1	C18:0	C18:1	C18:2	C18:3	C20:0	C20:1
GXIB	SCBG	种仁	广西隆安	34. 12	129. 41	2. 18	201. 12	0. 01	0. 10	9. 55	0. 14	3. 15	8. 02	30. 97	41. 04	0. 20	0. 13

榼藤

Entada phaseoloides (L.) Merr. [*Lens phaseoloides* L.]

豆科，榼藤属

特征 常绿木质大藤本。二回羽状复叶，长10~25 cm；羽片通常2对，顶生1对羽片变为卷须；小叶2~4对，对生，革质，长椭圆形或长倒卵形，长3~9 cm，宽1. 5~4. 5 cm，先端钝，微凹，基部略偏斜；主脉稍弯曲，主脉两侧的叶面不等大，网脉两面明显。穗状花序长15~25 cm，单生或排成圆锥花序式，被疏柔毛；花细小，白色，密集；苞片被毛；花萼阔钟状，长2 mm，具5齿；花瓣5枚，长圆形，长4 mm，顶端尖，无毛，基部稍连合；雄蕊稍长于花冠；子房无毛，花柱丝状。荚果长达1 m，宽8~12 cm，弯曲，扁平，木质，成熟时逐节脱落，每节内有1粒种子。种子近圆形，直径4~6 cm，扁平，暗褐色，成熟后种皮木质，有光泽，具网纹。花期3~6月；果期8~11月。

分布 海南：琼中太平乡三角山，19°41′16″N，110°00′48″E，2009-07-24，秦新生40011613；陵水县本号镇吊罗山南喜林场，18°44′04″N，109°50′13″E，2009-11-21，秦新生400116166；乐东尖锋镇尖峰岭，18°15′28″N，109°31′22″E，2009-08-05，邢福武、戴建阅、翟俊文、郑希龙40011158。生于山涧或山坡混交林中，攀缘于大乔木上。产于广东、广西、福建、台湾、云南、西藏等地。东半球热带地区广布。

栽培 喜光，喜高温、多湿的气候。以肥沃、土层深厚且排水良好的壤土为佳。播种繁殖。

用途 种子可用作装饰品。可攀缘花架、花廊、假山、墙垣作垂直绿化材料或地被植物。

含油率及化学组分数据

采集单位	测试单位	测试部位	产地	含油率(%)	碘值	酸值	皂化值	C12:0	C14:0	C16:0	C16:1	C18:0	C18:1	C18:2	C18:3	C20:0	C20:1
SCAU	SCBG	种仁	海南琼中	25. 19	12. 14	5. 11				2. 42	0. 78	1. 23	15. 31	36. 84	42. 88	0. 05	0. 51
SCAU	SCBG	种仁	海南陵水	29. 19	22. 24	13. 98	66. 49	0. 003	0. 02	5. 48	0. 05	1. 82	13. 33	13. 34	65. 41	0. 10	0. 45
SCBG	SCBG	种仁	海南乐东	14. 90	123. 60	2. 01	196. 90		0. 04	11. 79	0. 10	1. 90	28. 41	56. 48		0. 64	0. 65
OFPC		种仁	海南岛	12.20	102.70		192. 70	微量	微量	11. 70	0. 60	2. 90	41. 40	40. 90	1. 30		0. 11
OFPC	SCBG	种仁	海南陵水	13. 50	106. 30		191. 10		微量	15. 30		1. 90	32. 60	45. 60			0. 45

银合欢

Leucaena leucocephala (Lam.) de Wit [*Mimosa leucocephala* Lamarcle]

豆科，银合欢属

特征 灌木或小乔木，高2~6 m。幼枝被短柔毛，老枝具褐色皮孔。羽片4~8对，长5~9(~16)cm；叶轴被柔毛，在最下一对羽片着生处有黑色腺体1枚；托叶三角形，小；小叶5~15对，线状长圆形，长7~13 mm，宽1.5~3 mm，先端急尖，基部楔形，边缘被短柔毛；中脉偏向小叶上缘，两侧不等宽。头状花序通常1~2个腋生，直径2~3 cm；苞片紧贴，被毛，早落；总花梗长2~4 cm；花白色；花萼长约3 mm，顶端具5细齿，外面被柔毛；花瓣狭倒披针形，长约5 mm，背被疏柔毛；雄蕊10枚，通常被疏柔毛，长约7 mm；子房具短柄，上部被柔毛，柱头凹下呈杯状。荚果带状，长10~18 cm，宽1.4~2 cm，顶端凸尖，基部有柄，纵裂，被微柔毛。种子6~25粒，卵形，长约7.5 mm，褐色，扁平，光亮。花期4~7月；果期8~10月。

分布 云南：昆明市东川县，26°2′42″N，103°11′39″E，1283 m，2009-10-26，王智、谭英、隋学艺400221079。广西：宁明县，22°10′38″N，107°26′55″E，173 m，2011-07-16，许为斌4001101198。常生于低海拔1900 m以下的荒地或疏林中，常见。产于广东、广西、福建、台湾、云南。原产热带美洲，现广布于各热带地区。

栽培 喜潮湿、温暖的环境，怕霜冻；耐旱又耐涝。耐贫瘠。主根深，抗风力强。萌芽性强。播种繁殖。播种前需要用热水浸种。苗高约30 cm时在雨季移栽成活率高。

用途 本种耐旱力强，适为荒山造林树种，在大面积山地，可直接造林或天然更新；亦可作咖啡或可可的荫蔽树种或植作绿篱。木质坚硬，为良好之薪炭材。

含油率及化学组分数据

采集单位	测试单位	测试部位	产地	含油率(%)	碘值	酸值	皂化值	C12:0	C14:0	C16:0	C16:1	C18:0	C18:1	C18:2	C18:3	C20:0	C20:1
KMIB	KMIB	种仁	云南昆明	7.70	94.90		191.50										
GXIB	SCBG	种仁	广西宁明	20.68	107.84	1.46	202.78	0.06	0.10	5.88	0.15	2.83	20.58	38.63	0.01	28.01	1.02

光荚含羞草

Mimosa bimucronata (DC.) Kuntze [*Acacia bimucronata* Candolle]

豆科，含羞草属

特征 落叶灌木，高3~6 m。小枝有时具刺，密被黄色绒毛。二回羽状复叶，羽片6~7对，长2~6 cm；叶轴被短柔毛；小叶12~16对，线形，长5~7 mm，宽1~1.5 mm，革质，先端具小尖头，除边缘疏具缘毛外，余无毛，中脉略偏上缘。头状花序球形；花白色；花萼杯状，极小；花瓣长圆形，长约2 mm，仅基部连合；雄蕊8枚，花丝长4~5 mm。荚果带状，劲直，长3.5~4.5 cm，宽约6 mm，无刺毛，褐色，通常有5~7个荚节，成熟时荚节脱落而残留荚缘。花期6~8月；果期12月。

分布 广西：临桂县，25°56′0″N，111°22′9″E，148 m，2011-12-17，林春蕊、郭伦发4001101270。常生于海拔150 m的疏林下，常见。产于广东南部沿海地区。原产热带美洲。

栽培 喜温暖、湿润的环境。耐瘠薄，不拘土质。播种或扦插繁殖。生长快，易栽培。

含油率及化学组分数据

采集单位	测试单位	测试部位	产地	含油率(%)	碘值	酸值	皂化值	C12:0	C14:0	C16:0	C16:1	C18:0	C18:1	C18:2	C18:3	C20:0	C20:1
GXIB	SCBG	种仁	广西临桂	33.10	71.29	1.25	234.13	0.41	0.77	7.72	2.02	10.19	30.82	0.05	44.52	0.21	0.22

含羞草
Mimosa pudica L.

豆科，含羞草属

特征　披散、亚灌木状草本，高可达1 m。茎圆柱状，具分枝，有散生、下弯的钩刺及倒生刺毛。托叶披针形，长5~10 mm，有刚毛；羽片和小叶触之即闭合而下垂；羽片通常2对，指状排列于总叶柄之顶端，长3~8 cm；小叶10~20对，线状长圆形，长8~13 mm，宽1. 5~2. 5 mm，先端急尖，边缘具刚毛。头状花序圆球形，直径约1 cm，具长总花梗，单生或2~3个生于叶腋；花小，淡红色，多数；苞片线形；花萼极小；花冠钟状，裂片4，外面被短柔毛；雄蕊4枚，伸出于花冠之外；子房有短柄，无毛；胚珠3~4颗，花柱丝状，柱头小。荚果长圆形，长1~2 cm，宽约5 mm，扁平，稍弯曲，荚缘波状，具刺毛，成熟时荚节脱落，荚缘宿存。种子卵形，长3. 5 mm。花期3~10月；果期5~11月。

分布　海南：万宁县兴隆热带花园，18°41′53″N，110°14′33″E，2010-01-24，邢福武、翟俊文、郑希龙、戴建阅400111173。生于海拔1500 m以下的旷野荒地、灌木丛中。产于广东、广西、福建、台湾、云南等地；长江流域常有栽培供观赏。原产热带美洲，现广布于世界热带地区。

栽培　喜温暖湿润、阳光充足的环境。适生于排水良好，富含有机质的砂质壤土。播种繁殖。播种常年皆可行，但以早春2月在室内盆播最好。

用途　全草供药用，有安神镇静的功能，鲜叶捣烂外敷治带状泡疹。

含油率及化学组分数据

采集单位	测试单位	测试部位	产地	含油率(%)	碘值	酸值	皂化值	C12:0	C14:0	C16:0	C16:1	C18:0	C18:1	C18:2	C18:3	C20:0	C20:1
SCBG	SCBG	种仁	海南万宁	30. 60	154. 85	8. 84	183. 72		0. 39	10. 00		2. 42	27. 55		36. 61	0. 18	

苏木亚科CAESALPINOIDEAE

缅茄
Afzelia xylocarpa (Kurz) Craib

豆科，缅茄属

特征　乔木，高15~25 m，有时可达40 m。树皮褐色。小叶3~5对，对生，卵形、阔椭圆形至近圆形，长4~14 cm，宽3. 5~6 cm，纸质，先端圆钝或微凹，基部圆而略偏斜。花序密被灰黄绿色或灰白色短柔毛；苞片和小苞片卵形或三角状卵形，大小相若，长约6 mm，宿存；花萼管长1~1. 3 cm，裂片椭圆形，长1~1. 5 cm，先端圆钝；花瓣淡紫色，倒卵形至近圆形，其柄被白色细长柔毛；能育雄蕊7枚，基部稍合生，花丝长3~3. 5 cm，突出，下部被柔毛；子房狭长形，被毛，花柱长而突出。荚果扁长圆形，长11~17 cm，宽7~8. 5 cm，黑褐色，木质，坚硬。种子2~5粒，卵形或近圆形，略扁，长约2 cm，暗褐红色，有光泽，基部有一角质、坚硬的假种皮状种柄，其长略等于种子。花期4~5月；果期11~12月。

分布　海南：乐东县尖峰镇树木园，18°41′46″N，108°47′56″E，500 m，2011-01-07，秦新生4001161166。海南、广东、广西、云南等地均有种植。缅甸、越南、老挝、泰国、柬埔寨也有分布。

栽培　中性树种。喜光、耐旱。对土壤要求较严格，喜生于湿润、肥沃、疏松、排水良好的环境，红黄壤或积地的轻黏壤性质土都能适应生长，在坡顶及瘠薄的地段生长不良。播种繁殖。苗期有白粉、灰霉病等。夜蛾类、金龟子危害嫩芽枝叶。

用途　种子供雕刻用；亦可入药，主治牙痛和眼病。

含油率及化学组分数据

采集单位	测试单位	测试部位	产地	含油率(%)	碘值	酸值	皂化值	C12:0	C14:0	C16:0	C16:1	C18:0	C18:1	C18:2	C18:3	C20:0	C20:1
SCAU	SCBG	种仁	海南乐东	32. 65	14. 19	9. 47	170. 64		0. 06	5. 53	0. 11	1. 61	18. 75	72. 03	0. 59	0. 95	0. 37

龙须藤

Bauhinia championii (Benth.) Benth. [*Phanera championii* Berth.]

豆科，羊蹄甲属

特征 藤本，有卷须。叶纸质，卵形或心形，长3~10 cm，宽2.5~6.5(~9)cm，先端锐渐尖、圆钝、微凹或2裂，裂片长度不一，基部截形、微凹或心形，上面无毛，下面被紧贴的短柔毛；基出脉5~7条。总状花序狭长，腋生，有时与叶对生或数个聚生于枝顶而成复总状花序，长7~20 cm，被灰褐色小柔毛；苞片与小苞片小，锥尖；花蕾椭圆形，长2.5~3 mm，具凸头，与萼及花梗同被灰褐色短柔毛；花直径约8 mm；花梗纤细，长10-15 mm；花托漏斗形，长约2 mm；萼片披针形，长约3 mm；花瓣白色，具瓣柄，瓣片匙形，长约4 mm，外面中部疏被丝毛；能育雄蕊3；退化雄蕊2枚；子房具短柄，仅沿两缝线被毛，花柱短，柱头小。荚果倒卵状长圆形或带状，扁平，无毛，果瓣革质；种子2~5颗，圆形，扁平，直径约12 mm。花期6~10月；果期7~12月。

分布 海南：三亚市四独落笔洞，18°15′28″N，109°31′22″E，2010-12-25，刘东明、梁耀、王鹏400112261。广东：阳山县秤架乡炉田，24°50′24″N，112°49′39″E，258 m，2012-01-09，王发国、杨国、宋贤利400113110。湖南：桑植县苦竹坪庙嘴河，29°37′17″N，110°3′53″E，2011-11-27，张九兵、朱明德400181376。生于低海拔至中海拔的丘陵灌丛或山地疏林和密林中。产广东、广西、湖南、江西、福建、台湾、浙江、湖北、贵州。越南、印度和印度尼西亚有分布。

栽培 适应性强，喜光，耐半阴，全日照、半日照生长均能适应；喜温暖至高温、湿润的气候，耐寒，耐干旱。栽培以富含有机质、肥沃的砂质壤土为佳，播种繁殖，于春季进行。

用途 适宜长江流域以南作为绿篱、墙垣、棚架、假山等处攀缘、悬垂绿化材料。该种木材茶褐色，纹理细，横断面木质部与韧皮部交错呈菊花状，称为“菊花木”，供作手杖、烟盒、茶具等用。

含油率及化学组分数据

采集单位	测试单位	测试部位	产地	含油率(%)	碘值	酸值	皂化值	C12:0	C14:0	C16:0	C16:1	C18:0	C18:1	C18:2	C18:3	C20:0	C20:1
SCBG	SCBG	种仁	海南三亚	16.30		6.47	192.69			19.47	0.11	13.64	14.14		48.89	3.01	0.59
SCBG	SCBG	种仁	广东阳山	35.17	106.07	20.99	199.26	0.13	0.46	16.82	0.20	1.70	14.64	33.43	9.06		0.46
HUST	HUST	种仁	湖南桑植	26.25	32.80	17.47	188.69	14.10	3.74	15.23	0.08	4.19	31.54	24.47	4.14	0.97	1.55

云实

Caesalpinia decapetala (Roth) Alston

豆科，云实属

特征 藤本。树皮暗红色；枝、叶轴和花序均被柔毛和钩刺。二回羽状复叶长20~30 cm；羽片3~10对，对生，具柄，基部有刺1对；小叶8~12对，膜质，长圆形，长10~25 mm，宽6~12 mm，两端近圆钝。总状花序顶生，直立，长15~30 cm，具多花；总花梗多刺；花梗长3~4 cm，被毛，在花萼下具关节，故花易脱落；萼片5，长圆形，被短柔毛；花瓣黄色，膜质，圆形或倒卵形，长10~12 mm，盛开时反卷，基部具短柄；雄蕊与花瓣近等长，花丝基部扁平，下部被绵毛；子房无毛。荚果长圆状舌形，长6~12 cm，宽2.5~3 cm，脆革质，栗褐色，无毛，有光泽，沿腹缝线膨胀成狭翅，成熟时沿腹缝线开裂，先端具尖喙；种子6~9颗，椭圆状，长约11 mm，宽约6 mm，种皮棕色。花、果期4~10月。

分布 湖南：张家界西溪坪乡，29°5′44″N，110°32′26″E，2011-10-16，张九兵、朱明德400181293；吉首市矮寨乡德夯，28°21′15″N，109°34′10″E，357 m，2011-07-17，徐亮、覃三立40019101134。湖北：兴山湘坪，31°21′1″N，110°38′6″E，312 m，2010-09-10，李晓东、昝艳燕、罗曼曼400121123；神农架下谷坪，31°41′22″N，110°43′32″E，592 m，2010-09-05，丁时东400151163。陕西：宁强县青木川西沟，32°51′50″N，105°33′24″E，800 m，2011-09-02，薛帅400324067。生于低海拔300~800 m山坡灌丛中及平原、丘陵、河旁等地。产广东、广西、湖南、江西、福建、浙江、江苏、安徽、河南、湖北、四川、贵州、云南、甘肃、陕西、河北等省区。亚洲热带和温带地区有分布。

栽培 适应性较强，喜温暖、湿润和阳光充足的环境，也能耐阴和耐热，对土壤要求不严，耐瘠薄，但也在微酸性、肥沃的土壤中生长比较旺盛。扦插和播种繁殖，扦插宜在梅雨季节用当年生成熟的嫩枝，插后20~25 d生根。主要发生枯枝病、炭疽病和锈病，溃疡病的枝条应剪除烧毁，并喷洒波尔多液防治，锈病用于50%萎锈灵可湿性粉剂2000倍液喷杀。

用途 种子含油35%，可制肥皂及润滑油。可作绿篱。

含油率及化学组分数据

采集单位	测试单位	测试部位	产地	含油率(%)	碘值	酸值	皂化值	C12:0	C14:0	C16:0	C16:1	C18:0	C18:1	C18:2	C18:3	C20:0	C20:1
HUST	HUST	种仁	湖南张家界	10.80	34.90	9.75	195.27	0.003	0.03	6.86	0.13	0.36	28.88	10.04	4.59	2.55	46.56
JSU	SCBG	种仁	湖南吉首	20.60		27.6168				7.10	0.17	1.32	17.90	67.34	1.05	1.02	0.34
WHBG	WHBG	种仁	湖北兴山	4.58						7.70	0.40	2.90	11.90	76.60			0.40
OCRI	WHBG	种仁	湖北神农架	21.60	9.00	9.46	184.54										
CAU	ICS	种子	陕西宁强	8.62	113.82	8.65	166.15			7.37	0.07	2.89	11.63	74.42	0.23	0.19	0.27
OFPC	SCBG	种子	广东广州	12.40	123.00		194.40		微量	13.40		5.20	19.50	61.80			
OFPC	GXIB	种子	广西桂林	19.10	120.60		195.00			13.10		3.50	15.00	68.40			
OFPC	WHBG	种子	湖北恩施	11.30	132.90		202.10			7.60		2.40	9.70	80.30			

金凤花

Caesalpinia pulcherrima (L.) Sw.

豆科，云实属

特征　大灌木或小乔木。枝散生疏刺。二回羽状复叶，长12~26 cm；羽片4~8对，对生，长6~12 cm；小叶7~11对，长圆形或倒卵形，长1~2 cm，宽4~8 mm，顶端凹缺，有时具短尖头，基部偏斜；小叶柄短。总状花序近伞房状，顶生或腋生，疏松，长达25 cm；花梗长短不一，长4.5~7 cm；花托凹陷成陀螺形，无毛；萼片5枚，无毛，最下一片长约14 mm，其余的长约10 mm；花瓣橙红色或黄色，圆形，长1~2.5 cm，边缘皱波状，柄与瓣片几乎等长；花丝红色，远伸出于花瓣外，长5~6 cm，基部粗，被毛；子房无毛，花柱长，橙黄色。荚果狭而薄，倒披针状长圆形，长6~10 cm，宽1.5~2 cm，无翅，先端有长喙，无毛，不开裂，成熟时黑褐色。种子6~9粒。花、果期几乎全年。

分布　海南：乐东县尖峰岭树木园，18°43′15″N，108°52′54″E，2011-12-11，秦新生4001161254。云南、广西、广东和台湾均有栽培。原产地可能是西印度群岛。

栽培　性喜阳光，怕湿，耐热不耐寒。适生于疏松、肥沃、微酸性土壤中，但也耐瘠薄。播种繁殖，采集盛期成熟的果荚，置日光下暴晒，开裂后脱出种子，可以随采随播种，幼苗防寒越冬，也可将种子储藏翌年春播。金凤花主要虫害是红天蛾，其幼虫会啃食凤仙叶片。如发现有此虫害，可人工捕捉灭除。

用途　为热带地区有价值的观赏树木之一。

含油率及化学组分数据

采集单位	测试单位	测试部位	产地	含油率(%)	碘值	酸值	皂化值	C12:0	C14:0	C16:0	C16:1	C18:0	C18:1	C18:2	C18:3	C20:0	C20:1
SCAU	SCBG	种仁	海南乐东	20.60	40.80	34.84	271.51		0.55	11.21	2.70	8.92	20.48	69.94	2.17	0.32	

苏木

Caesalpinia sappan L.

豆科，云实属

特征 小乔木，高达6 m。具疏刺。二回羽状复叶长30~45 cm；羽片7~13对，对生，长8~12 cm，小叶10~17对，紧靠，无柄，小叶片纸质，长圆形至长圆状菱形，长1~2 cm，宽5~7 mm，先端微缺，基部歪斜，以斜角着生于羽轴上；侧脉纤细，在两面明显，至边缘附近连结。圆锥花序顶生或腋生，长约与叶相等；苞片大，披针形，早落；花梗长15 mm，被细柔毛；花托浅钟形；萼片5枚，稍不等，下面一片比其他的大，呈兜状；花瓣黄色，阔倒卵形，长约9 mm，最上面一片基部带粉红色，具柄；雄蕊稍伸出，花丝下部密被柔毛；子房被灰色绒毛，具柄，花柱细长，被毛，柱头截平。荚果木质，稍压扁，近长圆形至长圆状倒卵形。花期5~10月；果期7月至翌年3月。

分布 云南：勐腊县勐仑镇勐兴村，21°55′28″N，101°20′19″E，800 m，2009-04-28，张国学400222082；景洪药用植物园，22°06′41″N，100°55′38″E，2012-01-16，邢福武、童毅、孟玉芳4001142045；西双版纳植物园，21°44′13″N，101°27′43″E，2012-01-14，邢福武、童毅、孟玉芳4001142034。广东：连平县大埠镇，23°02′36″N，113°45′49″E，2011-11-08，易绮斐、潘雅书、陈华平400119150。广东、广西、福建、台湾、四川、贵州、云南有栽培；云南金沙江河谷（元谋、巧家）和红河河谷有野生分布。原产印度、缅甸、越南以及马来半岛和斯里兰卡。

栽培 喜向阳，忌阴和积水，耐旱。耐轻霜。对土壤要求不严，适于破壤、黏壤及冲积土上种植。多分布在雨量较少的地区。一般热带和南亚热带地区都可种植。用种子繁殖。多采用育苗移栽法，也可直播。有吹绵介壳虫为害茎叶。

用途 心材入药，为清血剂。近年来云南植物研究所从苏木的心材中提取一种苏木素，可用于生物制片的染色。

含油率及化学组分数据

采集单位	测试单位	测试部位	产地	含油率(%)	碘值	酸值	皂化值	C12:0	C14:0	C16:0	C16:1	C18:0	C18:1	C18:2	C18:3	C20:0	C20:1
KMIB	KMIB	种仁	云南勐腊	12. 18	125. 60	4. 70	175. 90	0. 20	0. 18		11. 43	0. 16	3. 85	13. 64	67. 57	0. 38	
SCBG	SCBG	种仁	云南景洪	24. 95	134. 90		189. 57		0. 11		0. 08	1. 89	48. 45	13. 05	24. 09	0. 05	
SCBG	SCBG	种仁	云南西双版纳	12. 47	85. 13	0. 75	202. 28	0. 01	0. 31	5. 48		4. 81	11. 60	18. 92	0. 12	0. 12	0. 89
SCBG	SCBG	种仁	广东连平	30. 40	13. 25	9. 10		0. 03	0. 04	12. 81	1. 03		38. 66	16. 91	41. 04	1. 84	0. 42

鸡嘴簕

Caesalpinia sinensis (Hemsl.) J. E. Vidal [*Mezonevron sinensis* Hemsley]

豆科，云实属

特征 藤本。二回羽状复叶，叶轴上有刺；羽片2~3对，长30 cm；小叶2对，革质，长圆形至卵形，长6~9 cm，宽2. 5~3. 5 cm，先端渐尖、急尖或钝，基部圆形，或多或少不等侧；侧脉约20对，明显；小叶柄短。圆锥花序腋生或顶生；花梗长约5 mm；萼片5，长约4 mm，宽约3 mm；花瓣5枚，黄色，长约7 mm，瓣柄长约3 mm；雄蕊10枚，花丝长约1 cm，下部被锈色柔毛；雌蕊稍长于雄蕊，子房近无柄，被柔毛或近无毛，有胚珠1~2（~4）颗。荚果革质，压扁，近圆形或半圆形，长约4. 5 cm，宽约3. 5 cm，表面有明显网脉，栗褐色，腹缝线稍弯曲，具狭翅，翅宽约3 mm，先端有长约3 mm的喙。种子1粒，近圆形，压扁，直径约2 cm。花期4~5月；果期7~8月。

分布 广西：隆安县龙虎山新光村，22°59′22″N，107°38′58″E，193 m，2011-11-12，廖云标、杨金财4001101255。生于海拔200 m的灌木丛中。产于广东、广西、湖北、四川、贵州、云南。缅甸以及老挝北部、越南北部也有分布。

栽培 种子繁殖。

含油率及化学组分数据

采集单位	测试单位	测试部位	产地	含油率(%)	碘值	酸值	皂化值	C12:0	C14:0	C16:0	C16:1	C18:0	C18:1	C18:2	C18:3	C20:0	C20:1
GXIB	SCBG	种仁	广西隆安	20.67	129.41	2.18	201.12		0.12	12.91	0.55	3.50	17.09	59.94	1.16	0.60	0.30

紫荆

Cercis chinensis Bunge [*Cercis pauciflora* H. L. Li]

豆科，紫荆属

特征　从生或单生灌木。单叶互生，纸质，近圆形或三角状圆形，长5~10 cm，宽与长相若或略短于长，先端急尖，基部浅至深心形，两面通常无毛，嫩叶绿色，仅叶柄略带紫色。花紫红色或粉红色，2~10余朵成束，簇生于老枝和主干上，尤以主干上花束较多，越到上部幼嫩枝条则花越少，通常先于叶开放，但嫩枝或幼株上的花则与叶同时开放，花长1~1.3 cm；花梗长3~9 mm；龙骨瓣基部具深紫色斑纹；子房嫩绿色，花蕾时光亮无毛，后期则密被短柔毛，有胚珠6~7颗。荚果扁狭长形，绿色，长4~8 cm，宽1~1.2 cm，翅宽约1.5 mm，先端急尖或短渐尖，喙细而弯曲，基部长渐尖，两侧缝线对称或近对称；果颈长2~4 mm。种子2~6粒，阔长圆形，长5~6 mm，宽约4 mm，黑褐色，光亮。花期3~4月；果期8~10月。

分布　云南：昆明市东郊呼马山，25°1′37″N，102°44′1″E，1200 m，2009-11-07，李忠荣、李恩乾400222032。上海：普陀区华师大四村，31°13′51″N，121°23′39″E，4 m，2009-11-29，田怀珍、陈纪云、王双4001171039。陕西：眉县营头，34°09′21″N，107°45′13″E，749 m，2009-08-19，薛帅400321025。湖南：保靖县白云山，28°39′38″N，109°24′9″E，496 m，2012-08-06，张代贵、张洁40019101259。河北：昌黎，40°12′13″N，119°17′24″E，15 m，2010-08-09，徐兴友、韩宝强400313084。山东：诸城，35°59′30″N，119°24′35″E，50 m，2010-10-05，赵伟华400311220。湖北：兴山县峡口镇利方岩，31°06′59″N，110°47′00″E，274 m，2012-08-28，危文亮、赵永国等400151168。生于海拔200 m以下的山坡、沟边的杂木林中。为一常见的栽培植物，多植于庭园、屋旁、寺街边，少数生于密林或石灰岩地区。产于我国东南部，北至河北，南至广东、广西，西至云南、四川，西北至陕西，东至浙江、江苏和山东等地。

栽培　喜光，喜温暖、湿润的环境，耐寒，不耐高温；忌水湿。以肥沃、土层深厚且排水良好的壤土为佳。播种或分株繁殖。于春季进行。虫害有纹须同缘蝽、棉蚜、碧皑袋蛾、褐边绿刺娥、丽绿刺蛾、白眉刺蛾等。

用途　可作为园林风景树和行道树。

含油率及化学组分数据

采集单位	测试单位	测试部位	产地	含油率(%)	碘值	酸值	皂化值	C12:0	C14:0	C16:0	C16:1	C18:0	C18:1	C18:2	C18:3	C20:0	C20:1
KMIB	KMIB	种仁	云南昆明	4.33	4.60	128.70	177.60				6.91	0.20	3.42	14.76	72.31	0.16	
ECNU	SCBG	种仁	上海普陀	26.70	239.40	0.76	201.18		0.35	11.17	5.46	2.58	12.70	59.56	3.99	0.41	
CAU	ICS	种子	陕西眉县	8.33	96.57	4.24	185.78	0.01	0.04	7.07	0.10	3.75	13.55	74.36	0.53	0.50	0.11
JSU	SCBG	种仁	湖南保靖	27.55						10.55	0.11	3.06	13.28	52.89	16.72	0.66	0.43
HNUST	ICS	种子	河北昌黎	8.87	86.22	6.50	193.73			6.32	0.20	3.49	12.78	73.15	0.98	0.21	0.15
ICS	ICS	种子	山东诸城	5.90	123.18	0.97	183.46	0.05	0.31	11.56	0.87	10.70	39.28	27.06	0.37	0.36	0.15
OCRI	SCBG	种仁	湖北兴山	22.20	63.75	2.94	277.10	0.21	3.36	9.39	0.10	7.95	20.16	51.70	9.93		

黄山紫荆（浙皖紫荆）

Cercis chingii Chun

豆科，紫荆属

特征　丛生灌木，高2~4 m。主干和分枝常呈披散状；小枝初时灰白色，干后呈黑褐色，有多而密的小皮孔，嫩时被棕色短柔毛。叶近革质，卵圆形或肾形，长5~11 cm，宽5~12 cm，先端急尖而成一长5~8 mm的尖头，或圆钝而无尖头，基部心形或截平，干后下面常呈棕色，且基部脉腋间或沿主脉上常被短柔毛，主脉5条，下面凸起；叶柄长1. 5~3 cm，两端微膨大。花常先叶开放，数朵簇生于老枝上，淡紫红色，后渐变白色；花萼长约6 mm；花瓣长约1 cm。荚果厚革质，长7~8. 5 cm，宽约1. 3 cm，无翅和果颈，喙粗大，长约8 mm，粗达2 mm，坚硬，二瓣裂，果瓣常扭曲。种子3~6粒，嵌入一厚而微白（干后呈棕褐色）之海绵状组织内。花期2~3月；果期9~10月。

分布　浙江：杭州植物园，30°15′08″N，120°07′01″E，2011-11-21，童毅、陈树钢4001122198。生于低海拔山地疏林灌丛。产于广东、浙江、安徽。

栽培　播种繁殖。

用途　路旁或栽培于庭园中。

含油率及化学组分数据

采集单位	测试单位	测试部位	产地	含油率(%)	碘值	酸值	皂化值	C12:0	C14:0	C16:0	C16:1	C18:0	C18:1	C18:2	C18:3	C20:0	C20:1
SCBG	SCBG	种仁	浙江杭州	21. 81						9. 70		2. 60	25. 50	60. 00	0. 50	1. 60	

广西紫荆

Cercis chuniana F. P. Metcalf

豆科，紫荆属

特征　乔木。叶纸质，菱状卵形，长5~9 cm，宽3~5 cm，先端长渐尖，基部钝三角形，两侧不对称，两面常被白粉，尤以上面较多，下面基部脉腋间常有少数短柔毛；叶柄细小，长约1 cm或过之，两端稍膨大。总状花序长3~5 cm，有花数朵至10余朵；花梗纤细，长约1 cm；花未见。荚果紫红色，干后呈红褐色，狭长圆形，极压扁，长6~9 cm，宽1. 3~1. 7 cm，两端略尖，先端具长2~3 mm的细尖喙；翅较狭，宽不及1 mm；果颈长约5 mm；果梗长1~1. 5 cm。种子2~5粒，阔卵圆形，长约6 mm，宽约5 mm，压扁，黑褐色，表面光滑。花期不详；果期9~11月。

分布　广东：乐昌九峰十二渡水，25°21′50″N，113°24′58″E，2011-11-25，曾庆文、童毅、陈树钢4001122210。湖南：宜章莽山自然保护区，24°58′46″N，112°55′53″E，2012-11-06，王发国、于海玲、李许文、李仕裕400119215。生于山谷、溪边疏林或密林中，常见。产于广西东北部至贵州东南部以及广东北部至湖南东南部和江西西南部。

栽培　喜光照，有一定的耐寒性。喜肥沃、排水良好的土壤，不耐淹。萌蘖性强，耐修剪。播种、分株或压条繁殖。在栽培管理中常见的病害有角斑病、枯萎病、叶枯病等。秋季要清除病落叶。

用途　常见的园林花木。对氯气有一定的抵抗性，滞尘能力强，是工厂、矿区绿化的好树种。

含油率及化学组分数据

采集单位	测试单位	测试部位	产地	含油率(%)	碘值	酸值	皂化值	C12:0	C14:0	C16:0	C16:1	C18:0	C18:1	C18:2	C18:3	C20:0	C20:1
SCBG	SCBG	种仁	广东乐昌							6..00		20.20	13.60	52.20	24.20		
SCBG	SCBG	种仁	湖南宜章	31. 50	100. 50	7. 76	401. 09		0. 03	5. 47	0. 06	3. 54	19. 37	44. 23	25. 37	0. 86	1. 08

山扁豆

Chamaecrista mimosoides (L.) Greene

豆科，山扁豆属

特征 灌木状草本，高30~60 cm。多分枝。叶长4~8 cm，在叶柄的上端、最下一对小叶的下方有圆盘状腺体1枚；小叶20~50对，线状镰形，长3~4 mm，宽约1 mm，顶端短急尖，两侧不对称，中脉靠近叶的上缘，干时呈红褐色；托叶线状锥形，长4~7 mm，有明显肋条，宿存。花序腋生，1朵或数朵聚生不等；总花梗顶端有2枚小苞片，长约3 mm；萼长6~8 mm，顶端急尖，外被疏柔毛；花瓣黄色，不等大，具短柄，略长于萼片；雄蕊10枚，5长5短相间而生。荚果镰形，扁平，长2. 5~5 cm，宽约4 mm，果柄长1. 5~2 cm。种子10~16粒。花、果期通常8~10月。

分布 福建：南平武夷山市洋庄乡大安源，27°52′49″N，117°51′05″E，560 m，2012-11-10，刘东明、童毅4001122112。湖南：保靖县白云山，28°47′35″N，109°39′33″E，334 m，2012-11-04，张代贵、张洁40019102223。生于海拔300 m的坡地或空旷地的灌木丛或草丛中。产于我国东南部、南部至西南部地区。原产美洲热带地区，现广布于全世界热带、亚热带地区。

栽培 日照宜充足。耐干旱，耐贫瘠，但以肥沃、排水良好的壤土或砂质壤土为佳。播种繁殖，春、夏季最为适宜。

用途 可作地被植物。

含油率及化学组分数据

采集单位	测试单位	测试部位	产地	含油率(%)	碘值	酸值	皂化值	C12:0	C14:0	C16:0	C16:1	C18:0	C18:1	C18:2	C18:3	C20:0	C20:1
SCBG	SCBG	种仁	福建南平	20.14	90.20	9.07	484.66										
JSU	SCBG	种仁	湖南保靖	26. 98					0. 19	13. 26		3. 47	16. 29	46. 29	17. 01	0. 10	

凤凰木

Delonix regia (Bojer ex Hook.) Raf.

豆科，凤凰木属

特征 高大落叶乔木。叶为二回偶数羽状复叶，长20~60 cm，具托叶；小叶25对，密集对生，长圆形，长4~8 mm，宽3~4 mm，基部偏斜，边全缘。伞房状总状花序顶生或腋生；花大而美丽，直径7~10 cm，鲜红至橙红色，具4~10 cm长的花梗；花托盘状或短陀螺状；萼片5枚，里面红色，边缘绿黄色；花瓣5枚，匙形，红色，具黄及白色花斑，长5~7 cm，宽3. 7~4 cm，开花后向花萼反卷，瓣柄细长，长约2 cm；雄蕊10枚；红色，长短不等，长3~6 cm，向上弯，花丝粗，下半部被绵毛，花药红色，长约5 mm。荚果带形，扁平，长30~60 cm，宽3. 5~5 cm，稍弯曲，暗红褐色，成熟时黑褐色，顶端有宿存花柱。种子20~40粒，横长圆形，平滑，坚硬，黄色染有褐斑，长约15 mm，宽约7 mm。花期6~7月；果期8~10月。

分布 海南：乐东县尖峰岭，18°43′15″N，108°52′54″E，2011-10-15，秦新生4001161239。我国广东、广西、福建、台湾、云南等地有栽培。原产马达加斯加，世界热带地区常栽种。

栽培 喜高温、多湿的气候，能抗风和大气污染。播种或扦插繁殖。病害较少；主要虫害为凤凰木夜蛾，可喷洒50%杀螟松剂1000倍液或50%西维因可湿性粉剂500~800倍液防治。

用途 为优美的园林风景树和行道树。

含油率及化学组分数据

采集单位	测试单位	测试部位	产地	含油率(%)	碘值	酸值	皂化值	C12:0	C14:0	C16:0	C16:1	C18:0	C18:1	C18:2	C18:3	C20:0	C20:1
SCAU	SCBG	种仁	海南乐东	30. 08	38. 36		146. 72	0. 03	0. 10	19. 78			16. 57	43. 18	0. 43	0. 56	0. 29
OFPC	SCU	种仁	四川攀枝花	26.45													

短萼仪花
Lysidice brevicalyx C. F. Wei

豆科，仪花属

特征 乔木。小叶3~4(~5)对，近革质，通常长圆形或倒卵状长圆形，长6~12 cm，宽2~5. 5 cm，先端钝或尾状渐尖，基部楔形或钝。圆锥花序长13~20 cm，披散，苞片和小苞片白色，阔卵形、卵状长圆形或长圆形，苞片长1. 5~3. 1 cm，小苞片长0. 5~1. 5 cm；萼管较短，长5~9 mm，裂片长圆形至阔长圆形，比萼管长；花瓣倒卵形，连柄长1. 6~1. 9 cm，先端近截平而微凹，紫色；能育雄蕊的花药长3~4 mm，药室边缘紫红色；退化雄蕊8枚或5~6枚，不等长；子房沿二缝线被长柔毛，有胚珠9~14粒。荚果长圆形或倒卵状长圆形，长15~26 cm，宽3. 5~5 cm，基部圆，二缝线等长或近等长，开裂，果瓣平或稍扭转。种子7~10颗，长圆形、斜阔长圆形至近圆形，长2~2. 8 cm，宽1. 5~2. 2 cm，栗褐色或微带灰绿，光亮，边缘增厚成一圈狭边，种皮脆壳质，干后呈锈红色，胚小，基生。花期4~5月；果期8~9月。

分布 广西：隆林县金钟乡，24°39′13″N，104°52′59″E，1123 m, 2011-10-22，曾庆文、陈树钢、杨国400114155。生于海拔500~1000 m的疏林或密林中，常见于山谷、溪边。产于广东、香港、广西、贵州、云南等。

栽培 喜阳光充足，喜温暖、湿润的环境。播种繁殖。种子先用60℃热水浸泡后播种，2~3年苗即可定植，注意修剪，种子地选择避风，阳光充足之处。

用途 根、茎、叶亦可入药，性能如仪花。是优良建筑用材。可作庭园风景树和行道树。

含油率及化学组分数据

采集单位	测试单位	测试部位	产地	含油率(%)	碘值	酸值	皂化值	C12:0	C14:0	C16:0	C16:1	C18:0	C18:1	C18:2	C18:3	C20:0	C20:1
SCBG	SCBG	种仁	广西隆林	26. 70	47. 17	42. 04	216. 53	0. 01	0. 02	4. 49	0. 05	3. 08	11. 25	80. 20	0. 43	0. 30	0. 17

老虎刺
Pterolobium punctatum Hemsl.

豆科，老虎刺属

特征 木质藤本。叶柄长3~5 cm，具托叶刺；羽片9~14对，狭长；羽轴长5~8 cm，上面具槽，小叶片19~30对，对生，狭长圆形，中部的长9~10 mm，宽2~2. 5 mm，顶端圆钝具凸尖或微凹，基部微偏斜，两面被黄色毛，下面毛更密；脉不明显。总状花序被短柔毛，长8~13 cm，宽1. 5~2. 5 cm，腋上生或于枝顶排列成圆锥状；苞片刺毛状，长3~5 mm，极早落；花蕾倒卵形，长4. 5 mm，被绒毛；萼片5枚，最下面一片较长，舟形，长约4 mm，具睫毛，其余的长椭圆形，长约3 mm；花瓣相等，稍长于萼，倒卵形，顶端稍呈啮蚀状；雄蕊10枚，等长，伸出，花丝长5~6 cm；子房扁平，胚珠2颗。荚果长4~6 cm，发育部分菱形，长1. 6~2 cm，宽1~1. 3 cm，翅一边直，另一边弯曲，长约4 cm，宽1. 3~1. 5 cm，光亮，颈部具宿存的花柱。种子单一，椭圆形，扁，长约8 mm。花期6~8月；果期9月至翌年1月。

分布 湖南：永顺县抚志乡牛路河，28°57′08″N，109°51′21″E，418 m，2011-11-22，徐亮、覃三立40019101223；龙山县里耶镇，29°14′02″N，109°19′40″E，2011-11-13，张九兵、朱明德400181333。湖北：神农架下谷坪石磨，31°20′30″N，110°13′52″E，595 m，2011-09-07，丁时东400151130。生于海拔300~2000 m的山坡疏林阳处、路旁石山干旱地方以及石灰岩山上。产于广东、广西、湖南、江西、福建、湖北、四川、贵州、云南等地。老挝也有分布。

栽培 喜光，喜高温、多湿的气候。要求排水良好且肥沃的土壤。播种繁殖。苗木速生期易发生苗木猝倒病及立枯病，应及早防治，每隔15 d每公顷地用50%多菌灵1000 ml对水500 kg灌根，效果较佳。

用途 为优良的园林庭园美化树种。

含油率及化学组分数据

采集单位	测试单位	测试部位	产地	含油率(%)	碘值	酸值	皂化值	C12:0	C14:0	C16:0	C16:1	C18:0	C18:1	C18:2	C18:3	C20:0	C20:1
JSU	SCBG	种仁	湖南永顺	21. 97	73. 75	22. 62	169. 74	0. 19	2. 15	10. 94	3. 55	2. 15	54. 82	20. 02	2. 15	0. 37	
HUST	HUST	种仁	湖南龙山	20. 95	32. 21	43. 71	20. 69	0. 01	0. 04	6. 76	0. 02	2. 61	56. 14	30. 99	1. 78	0. 81	0. 86
OCRI	SCBG	种仁	湖北神农架	18. 09	5. 52	10. 57	271. 02										

双荚决明

Senna bicapsularis (L.) Roxb.

豆科，番泻决明属

特征　灌木。多分枝，无毛。叶长7~12 cm，有小叶3~4对；叶柄长2.5~4 cm；小叶倒卵形或倒卵状长圆形，膜质，长2.5~3.5 cm，宽约1.5 cm，顶端圆钝，基部渐狭，偏斜，下面粉绿色；侧脉纤细，在近边缘处呈网结；在最下方的一对小叶间有黑褐色线形而钝头的腺体1枚。总状花序生于枝条顶端的叶腋间，常集成伞房花序状，长度约与叶相等，花鲜黄色，直径约2 cm；雄蕊10枚，7枚能育，3枚退化而无花药，能育雄蕊中有3枚特大，高出于花瓣，4枚较小，短于花瓣。荚果圆柱状，膜质，直或微曲，长13~17 cm，直径1.6 cm，缝线狭窄。种子2列。花期10~11月；果期11月至翌年3月。

分布　湖北：五峰后河老屋场，33°28′50″N，110°31′47″E，987 m，2010-10-22，丁时东、危文亮等400151070。栽培于广东、广西等地。原产美洲热带地区，现广布于全世界热带地区。

栽培　喜光，根系发达，萌芽能力强，适应性较广，耐寒，耐干旱。耐瘠薄的土壤，尤其适应在肥力中等的微酸性或砖红壤中生长。有较强的抗风、抗虫害和防尘、防烟雾的能力。种子繁殖与扦插繁殖。

用途　本种可作绿肥，可作庭园绿篱及观赏植物。

含油率及化学组分数据

采集单位	测试单位	测试部位	产地	含油率(%)	碘值	酸值	皂化值	C12:0	C14:0	C16:0	C16:1	C18:0	C18:1	C18:2	C18:3	C20:0	C20:1
OCRI	SCBG	种仁	湖北五峰	26.19	78.79	8.64	185.39	0.11	0.07	12.51	1.03	0.86	13.90	64.59	1.69	0.41	0.48

望江南

Senna occidentalis (L.) Link

豆科，番泻决明属

特征　亚灌木或灌木。直立、少分枝根黑色。枝草质，有棱。叶长约20 cm；叶柄近基部有大而带褐色、圆锥形的腺体1枚；小叶4~5对，膜质，卵形至卵状披针形，长4~9 cm，宽2~3.5 cm，顶端渐尖，有小缘毛；小叶柄长1~1.5 mm，揉之有腐败气味；托叶膜质，卵状披针形，早落。花数朵组成伞房状总状花序，腋生或顶生，长约5 cm；苞片线状披针形或长卵形，长渐尖，早脱；花长约2 cm；萼片不等大，外生的近圆形，长6 mm，内生的卵形，长8~9 mm；花瓣黄色，外生的卵形，长约15 mm，宽9~10 mm，其余可长达20 mm，宽15 mm，顶端圆形，均有短狭的瓣柄；雄蕊7枚发育，3枚不育，无花药。荚果带状镰形，褐色，压扁，长10~13 cm，宽8~9 mm，稍弯曲，边较淡色，加厚，有尖头；果柄长1~1.5 cm。种子30~40粒，种子间有薄隔膜。花期4~8月；果期6~10月。

分布　湖南：保靖县白云山，28°42′31″N，109°31′30″E，312 m，2012-10-28，张代贵、张洁40019101248。浙江：杭州植物园，30°15′25″N，120°07′22″E，2010-10-14，曾庆文、谢聪、孟玉芳40011893。云南：文山州麻栗坡县八布乡，23°13′53″N，104°54′11″E，2011-10-15，曾庆文、陈树钢、杨国400114252。常生于海拔1000 m以下的河边滩地、旷野或丘陵的灌木林或疏林中，也是村边荒地习见植物。分布于我国东南部、南部以及西南各地。原产美洲热带地区，现广布于全世界热带、亚热带地区。

栽培　适应性强。喜阳光充足；适宜高温、湿润的气候。栽培土质以肥沃且排水良好的砂质壤土为佳。播种繁殖。自播繁殖力强。病虫害根腐病和红蜘蛛危害。

用途　在医药上常将本植物用作缓泻剂，种子炒后治疟疾；根有利尿功效；鲜叶捣碎治毒蛇毒虫咬伤。但有微毒，牲畜误食过量可以致死。

含油率及化学组分数据

采集单位	测试单位	测试部位	产地	含油率(%)	碘值	酸值	皂化值	C12:0	C14:0	C16:0	C16:1	C18:0	C18:1	C18:2	C18:3	C20:0	C20:1
JSU	SCBG	种仁	湖南保靖	22.49	15.49	72.74	151.33	0.14	12.80	15.22	0.34	4.84	9.50	41.68	3.71	3.06	0.18
SCBG	SCBG	种仁	浙江杭州	17.53	20.84	15.02	349.37	0.39	0.05	16.67		2.40	56.16	4.71	0.42	0.97	0.34
SCBG	SCBG	种仁	云南文山	36.40	66.03	6.49	299.24	0.004	0.10	9.96	0.23	2.32	38.81	45.21	1.41	0.49	1.47

槐叶决明

Senna sophera (L.) Roxb.

豆科，番泻决明属

特征　灌木或亚灌木。叶互生，羽状复叶，长10~15 cm；小叶5~10对，长1. 7~4. 2 cm，宽0. 7~2 cm，椭圆状披针形，顶端急尖或短渐尖。花黄色，有花瓣5枚，雌雄同花；能育雄蕊6~7，下方2枚花丝较长，稍弯曲，3~4个不育。荚果较短，长仅5~10 cm，初时扁而稍厚，成熟时近圆筒形而多少膨胀。花期7~9月；果期10~12月。

分布　河南：商城县大别山，31°46′38″N，115°20′42″E，2011-10-12，杨大伟、陈明400314093。湖北：武汉，30°32′51″N，114°24′59″E，34 m，2012-11-05，李晓东、昝艳燕等400121288。常见于山坡和路旁。我国中部、东南部、南部及西南部各地均有分布，北部部分地区有栽培。原产亚洲热带地区，现广布于世界热带、亚热带地区。

栽培　播种繁殖。

用途　嫩叶和嫩荚供食用；种子为解热药。

含油率及化学组分数据

采集单位	测试单位	测试部位	产地	含油率(%)	碘值	酸值	皂化值	C12:0	C14:0	C16:0	C16:1	C18:0	C18:1	C18:2	C18:3	C20:0	C20:1
HNAU	ICS	种子	河南商城	2. 32	150. 40	60. 42	178. 59		0. 13	13. 42	0. 57	2. 26	17. 03	58. 74	4. 27	0. 60	0. 37
WHBG	WHBG	种仁	湖北武汉	31. 04	225. 27			0. 01		7. 24	0. 55	10. 19	21. 20			1. 86	

黄槐决明

Senna surattensis (Burm. f.) H. S. Irwin et Barneby

豆科，番泻决明属

特征　灌木或小乔木，高5~7 m。嫩枝、叶轴、叶柄被微柔毛。叶长10~15 cm；叶轴及叶柄呈扁四方形，在叶轴上面最下2对或3对小叶之间和叶柄上部有棍棒状腺体2~3枚；小叶7~9对，长椭圆形或卵形，长2~5 cm，宽1~1. 5 cm，下面粉白色，被疏散、紧贴的长柔毛，边全缘；小叶柄长1~1. 5 mm，被柔毛；托叶线形，弯曲，长约1 cm，早落。总状花序生于枝条上部的叶腋内；苞片卵状长圆形，外被微柔毛，长5~8 mm；萼片卵圆形，大小不等，内生的长6~8 mm，外生的长3~4 mm，有3~5条脉；花瓣鲜黄至深黄色，卵形至倒卵形，长1. 5~2 cm；雄蕊10枚，全部能育，花药长椭圆形，2侧裂；子房线形，被毛。荚果扁平，带状，开裂，长7~10 cm，宽8~12 mm，顶端具细长的喙，果颈长约5 mm，果柄明显。种子10~12粒，有光泽。花、果期几全年。

分布　重庆：南川区隆化镇花山公园（栽培），29°57′54″N，107°37′49″E，558 m，2011-06-19，刘正宇等400231118。栽培于广东、广西、福建、台湾等地。原产印度、斯里兰卡、印度尼西亚、菲律宾、澳大利亚、波利尼西亚，目前世界各地均有栽培。

栽培　日照宜充足，喜高温，耐旱，生长适温为23~30℃。栽培土质以排水良好的壤土或砂质壤土为佳。播种繁殖。春季至夏季为适播期。每1~2个月施肥1次，冬末至早春应修剪整枝1次，老化的植株应强剪，能促使枝条更新，开花更繁盛。

用途　常作绿篱和庭园观赏植物。

含油率及化学组分数据

采集单位	测试单位	测试部位	产地	含油率(%)	碘值	酸值	皂化值	C12:0	C14:0	C16:0	C16:1	C18:0	C18:1	C18:2	C18:3	C20:0	C20:1
CIPP	SCBG	种仁	重庆南川	21. 24				0. 03	0. 20	17. 18		2. 88	10. 34	62. 38	2. 83	0. 32	0. 20

决明

Senna tora (L.) Roxb.

豆科，番泻决明属

特征 亚灌木状草本，高1~2 m。叶长4~8 cm；叶柄上无腺体；叶轴上每对小叶间有棒状的腺体1枚；小叶3对，膜质，倒卵形或倒卵状长椭圆形，长2~6 cm，宽1. 5~2. 5 cm，顶端圆钝而有小尖头，基部渐狭，偏斜，上面被稀疏柔毛，下面被柔毛；小叶柄长1. 5~2 mm；托叶线状，被柔毛，早落。花腋生，通常2朵聚生；总花梗长6~10 mm，花梗长1~1. 5 cm，丝状；萼片稍不等大，卵形或卵状长圆形，膜质，外面被柔毛，长约8 mm；花瓣黄色，下面2片略长，长12~15 mm，宽5~7 mm；能育雄蕊7枚，花药四方形，顶孔开裂，长约4 mm，花丝短于花药；子房无柄，被白色柔毛。荚果纤细，近四棱形，两端渐尖，长达15 cm，宽3~4 mm，膜质。种子约25粒，菱形，光亮。花、果期8~11月。

分布 广东：英德县石门台云溪岭站，24°13′33″N，113°19′24″E，2010-11-13，易绮斐、陈林、刘清泉400119136。广西：钟山县城厢镇梅子桥，24°32′02″N，111°13′56″E，2009-10-18，吴望辉、黄俞淞、叶晓霞4001101049。湖南：吉首市矮寨乡德夯，28°20′22″N，109°36′5″E，289 m，2011-09-17，徐亮、钱凯歌40019101191。重庆：南川区三泉镇大汉堡，29°45′26″N，107°7′12″E，579 m，2009-11-05，刘正宇等400231092。河南：商城县大别山，31°46′38″N，115°20′42″E，457 m，2011-10-12，杨大伟、陈明400314095。河北：昌黎，40°13′38″N，119°18′37″E，25 m，2012-06-28，徐兴友、韩宝强400313180。常生山坡、旷野及河滩沙地上。我国长江以南各地普遍分布。原产美洲热带地区，现全世界热带、亚热带地区广泛分布。

栽培 生命力强，生长快速，喜光，日照宜充足，喜温暖、湿润的环境，不耐干旱。不耐瘠薄，栽培土质以排水良好的砂质壤土为佳。播种繁殖。

用途 可作庭园观赏植物。

含油率及化学组分数据

采集单位	测试单位	测试部位	产地	含油率(%)	碘值	酸值	皂化值	C12:0	C14:0	C16:0	C16:1	C18:0	C18:1	C18:2	C18:3	C20:0	C20:1
SCBG	SCBG	种子	广东英德	23. 19	42. 99	0. 43	201. 18	0. 02	0. 02		0. 10	3. 47	17. 71	55. 03	0. 01		
GXIB	SCBG	种仁	广西钟山	3. 10	110. 77	0. 28	200. 25	1. 63	0. 61	8. 86	0. 41	2. 87	28. 81	50. 01	0. 62	0. 82	0. 33
JSU	SCBG	种仁	湖南吉首	16. 35	30. 23	49. 88	240. 64			7. 50	0. 22	2. 41	19. 27	67. 57	0. 38	1. 33	0. 24
CIPP	SCBG	种仁	重庆南川	20. 65				0. 10	0. 20	11. 67		7. 33	16. 52	41. 12	12. 05	1. 86	0. 48
SCBG	SCBG	种仁	河南商城	3. 53	86. 62	9. 48	173. 87	0. 19	0. 06	16. 53	0. 28	5. 03	25. 33	47. 39	2. 19	1. 44	0. 32
HNUST	ICS	种子	河北昌黎	5. 48	139. 95	25. 91	127. 73	0. 01	0. 05	14. 69	0. 26	4. 64	21. 20	49. 91	1. 94	1. 53	0. 31

酸豆

Tamarindus indica L.

豆科，酸豆属

特征 乔木。小叶小，长圆形，长1. 3~2. 8 cm，宽5~9 mm，先端圆钝或微凹，基部圆而偏斜，无毛。花黄色或杂以紫红色条纹，少数；总花梗和花梗被黄绿色短柔毛；小苞片2枚，长约1 cm，开花前紧包着花蕾；萼管长约7 mm，檐部裂片披针状长圆形，长约1. 2 cm，花后反折；花瓣倒卵形，与萼裂片近等长，边缘波状，具皱褶；雄蕊长1. 2~1. 5 cm，近基部被柔毛，花丝分离部分长约7 mm，花药椭圆形，长2. 5 mm；子房圆柱形，长约8 mm，微弯，被毛。荚果圆柱状长圆形，肿胀，棕褐色，长5~14 cm，直或弯拱，常不规则地缢缩。种子3~14粒，褐色，有光泽。花期5~8月；果期12月至翌年5月。

分布 海南：三亚路旁，18°13′02″N，109°30′04″E，2009-08-05，邢福武、戴建阅、翟俊文、郑希龙40011149；昌江县霸王岭林业局外街道，19°06′59″N，109°05′32″E，2011-12-02，秦新生4001161209。云南：峨山富良棚乡新开田村，24°18′41″N，102°05′25″E，1942 m，2010-02-06，李忠荣400222148。海南：三亚田独亚龙湾，18°15′34″N，109°36′37″E，2010-01-26，邢福武、翟俊文、郑希龙、戴建阅400111172。我国广东、广西、福建、台湾以及云南南部、中部和北部（金沙江河谷）有栽培或逸为野生。原产于非洲，现各热带地区均有栽培。

栽培 喜光，喜温暖、湿润的环境，在年均气温18~27℃、年降雨量500~1200 mm的地区都能正常生长。宜肥沃、土层深厚且排水良好的壤土。播种繁殖。于春季进行。

用途 种仁榨取的油可供食用；果肉味酸甜，可生食或熟食，或作蜜饯或制成各种调味酱及泡菜；果汁加糖水是很好的清凉饮料；果实入药，为清凉缓下剂，有驱风和抗坏血病之功效。

含油率及化学组分数据

采集单位	测试单位	测试部位	产地	含油率(%)	碘值	酸值	皂化值	C12:0	C14:0	C16:0	C16:1	C18:0	C18:1	C18:2	C18:3	C20:0	C20:1
SCBG	SCBG	种仁	海南三亚	30. 40	108. 59	29. 10	209. 42	0. 04	0. 07	11. 75	0. 09	8. 93	28. 42	48. 33	1. 11	0. 97	0. 29
SCAU	SCBG	种仁	海南昌江	23. 14	137. 83	13. 98	202. 22	1. 44	0. 07	13. 26	4. 00	3. 26	66. 96	63. 04	27. 47	0. 28	0. 24
KMIB	KMIB	种仁	云南峨山	3. 79						15. 52		5. 63	14. 30	51. 35		2. 44	1. 05
SCBG	SCBG	种仁	海南三亚	31. 56	76. 29	9. 03	277. 07	15. 97	0. 14	2. 17	0. 04	4. 69	5. 74	41. 02		40. 03	0. 65

蝶形花亚科PAPILIONOIDEAE

相思子

Abrus precatorius L.

豆科，相思子属

特征　藤本。茎细弱，枝条被锈疏白色糙伏毛。羽状复叶；小叶8~13对，膜质，对生，近长圆形，长1~2 cm，宽0. 4~0. 8 cm，先端截形，具小尖头，基部近圆形，上面无毛，下面被稀疏白色糙伏毛；小叶柄短。总状花序腋生，长3~8 cm，花序轴粗短；花小，密集成头状；花萼钟状，萼齿4浅裂，被白色糙毛；花冠紫色，旗瓣柄三角形，翼瓣与龙骨瓣较窄狭；雄蕊9枚；子房被毛。荚果长圆形，果瓣革质，长2~3. 5 cm，宽0. 5~1. 5 cm，成熟时开裂，有种子2~6粒。种子椭圆形，平滑具光泽，上部约2/3为鲜红色，下部1/3为黑色。花期3~6月；果期9~10月。

分布　海南：三亚田独亚龙湾，18°15′41″N，109°36′39″E，36 m，2009-10-03，邢福武40011229。生于海拔100 m的山地疏林中。产于广东、广西、台湾、云南。广布于热带地区。

栽培　适应性较强，喜高温、多湿的气候。播种繁殖。种子经层积或冷冻处理后发芽率较高，管理粗放。

用途　可作为藤本绿化植物。

含油率及化学组分数据

采集单位	测试单位	测试部位	产地	含油率(%)	碘值	酸值	皂化值	C12:0	C14:0	C16:0	C16:1	C18:0	C18:1	C18:2	C18:3	C20:0	C20:1
SCBG	SCBG	种仁	海南三亚	24. 60													

合萌

Aeschynomene indica L.

豆科，合萌属

特征　一年生亚灌木状草本，高0. 3~1 m。叶具20~30对小叶或更多；托叶膜质，卵形至披针形，长约1 cm，基部下延成耳状，通常有缺刻或啮蚀状；小叶近无柄，上面密布腺点，下面稍带白粉，先端钝圆或微凹，具细刺尖头，基部歪斜，全缘。总状花序比叶短，腋生，长1. 5~2 cm；总花梗长8~12 mm，花梗长约1 cm；小苞片卵状披针形，宿存；花萼膜质，具纵脉纹，长约4 mm，无毛；花冠淡黄色，具紫色的纵脉纹，易脱落，旗瓣大，近圆形，基部具极短的瓣柄，翼瓣篦状，龙骨瓣比旗瓣稍短，比翼瓣稍长或近相等；雄蕊二体；子房扁平，线形。荚果线状长圆形，直或弯曲，长3~4 cm，宽约3 mm，腹缝直，背缝多少呈波状；荚节4~8（~10），平滑或中央有小疣凸，不开裂，成熟时逐节脱落。种子黑棕色，肾形，长3~3. 5 mm，宽2. 5~3 mm。花期7~8月；果期8~10月。

分布　海南：三亚，18°15′31″N，109°30′54″E，2012-03-17，张荣京40017223。多生于海拔200~400 m，除草原、荒漠外，我国林区及其边缘均有分布。非洲、大洋洲和亚洲热带地区以及朝鲜、日本均有分布。

栽培　喜阳光充足，耐半阴，适宜高温、多湿的气候，耐干旱。播种繁殖。粗放管理。

用途　全草入药，能利尿解毒；茎髓质地轻软，耐水湿，可制遮阳帽、浮子、救生圈和瓶塞等；种子有毒，不可食用。本种为优良的绿肥植物。

含油率及化学组分数据

采集单位	测试单位	测试部位	产地	含油率(%)	碘值	酸值	皂化值	C12:0	C14:0	C16:0	C16:1	C18:0	C18:1	C18:2	C18:3	C20:0	C20:1
SCAU	SCBG	种仁	海南三亚	28. 19	14. 69		205. 53	0. 003	0. 20	56. 80	0. 38		55. 56	64. 62		0. 31	0. 40

两型豆

Amphicarpaea edgeworthii Benth.

豆科，两型豆属

特征 一年生缠绕草本。叶具羽状3小叶；小叶薄纸质或近膜质，顶生小叶菱状卵形或扁卵形，先端钝或有时短尖，常具细尖头。花二型：生在茎上部的为正常花，排成腋生的短总状花序，有花2~7朵，各部被淡褐色长柔毛；花梗纤细，花萼管状，5裂，裂片不等；花冠淡紫色或白色，长1~1.7 cm，各瓣近等长，旗瓣倒卵形，具瓣柄，两侧具内弯的耳，翼瓣长圆形亦具瓣柄和耳，龙骨瓣与翼瓣近似，先端钝，具长瓣柄；雄蕊二体，子房被毛，另生于下部为闭锁花，无花瓣；柱头弯至与花药接触，子房伸入地下结实。荚果二型，生于茎上部的完全结花的荚果为长圆形或倒卵状长圆形，长2~3.5 cm，宽约6 mm，扁平，微弯，被淡褐色柔毛，以背、腹缝线上的毛较密。种子2~3粒，肾状圆形，黑褐色，种脐小；由闭锁花伸入地下结的荚果呈椭圆形或近球形，不开裂，内含1粒种子。花、果期8~11月。

分布 陕西：宁陕广货街镇沙沟村，33°46′28″N，108°47′13″E，1302 m，2010-10-03，薛帅400323005。吉林：长白山，41°42′58″N，128°05′07″E，2012-10-11，郑宝江等400341227。生于海拔300~1800 m的山坡路旁及旷野草地上。产于东北、华北至陕西、甘肃及江南各地。俄罗斯、朝鲜、日本、越南、印度也有分布。

栽培 播种繁殖。

用途 两型豆，用途：块根可药用。主治痈肿疮毒疼痛，头痛，骨痛，咽喉肿痛，外伤疼痛，关节红肿疼痛，脘腹疼痛等症。

含油率及化学组分数据

采集单位	测试单位	测试部位	产地	含油率(%)	碘值	酸值	皂化值	C12:0	C14:0	C16:0	C16:1	C18:0	C18:1	C18:2	C18:3	C20:0	C20:1
CAU	ICS	种子	陕西宁陕	7.49	131.66	7.04	315.48			10.97	0.51	2.11	21.88	41.64	16.35		0.29
NEFU	SCBG	种仁	吉林长白山	24.60	7.00	8.04	156.79		0.05	6.61	0.16	2.35	8.20	20.95	48.08	2.18	11.43

落花生

Arachis hypogaea L.

豆科，落花生属

特征 一年生草本。根部有丰富的根瘤，茎直立或匍匐。叶通常具小叶2对；叶柄基部抱茎，长5~10 cm，被毛；小叶纸质，卵状长圆形至倒卵形，长2~4 cm，宽0.5~2 cm，先端钝圆形，有时微凹，具小刺尖头，基部近圆形，全缘，两面被毛，边缘具睫毛。花长约8 mm；苞片2枚，披针形；小苞片披针形，长约5 mm，具纵脉纹，被柔毛；萼管细，长4~6 cm；花冠黄色或金黄色，旗瓣直径1.7 cm，开展，先端凹入；翼瓣与龙骨瓣分离，翼瓣长圆形或斜卵形，细长；龙骨瓣长卵圆形，内弯，先端渐狭成喙状，较翼瓣短；花柱延伸于萼管咽部之外，柱头顶生，较小，疏被柔毛。荚果长2~5 cm，宽1~1.3 cm，膨胀，荚厚。种子横径0.5~1 cm。花、果期6~8月。

分布 广西：宁明县北江乡，22°10′35″N，107°26′57″E，152 m，2011-07-16，许为斌、蒋日红4001101276。湖南：吉首市小溪，28°20′39″N，109°44′07″E，198 m，2009-08-30，陈功锡、徐亮400191046。云南：景洪市基诺乡亚诺村，21°59′42″N，101°05′49″E，1159 m，2010-10-26，王智、刘洪新400221222。生于海拔100~1200 m的砂质土地。我国华南各地常见栽培。原产于巴西，现世界各地广泛栽培。

栽培 生长季节较长。宜气候温暖、雨量适中的生境。适宜排水良好的砂质壤土。播种繁殖。花生的主要病害在连作地特别是多年连作地发生尤为严重，主要是因为连作使病菌在土壤中逐年累积，合理轮作可有效降低病菌数量。

用途 重要油料作物之一，种子含油量约45%，可食用；是制皂和生发油等化妆品的原料；油麸为肥料和饲料；茎、叶为良好绿肥，茎可供造纸。可作地被植物观赏。

含油率及化学组分数据

采集单位	测试单位	测试部位	产地	含油率(%)	碘值	酸值	皂化值	C12:0	C14:0	C16:0	C16:1	C18:0	C18:1	C18:2	C18:3	C20:0	C20:1
GXIB	SCBG	种仁	广西宁明	30.80	239.40	0.76	201.18	0.10	0.93	6.84	0.36	2.85	16.49	15.98	42.90	0.48	1.27
JSU	SCBG	种仁	湖南吉首	58.60	33.43	10.52	160.34			7.00		3.61	12.33	24.83	50.77	0.26	0.31
KMIB	KMIB	种仁	云南景洪	56.00	106.20		191.70			11.60	4.00		38.60	42.00			

藤槐

Bowringia callicarpa Champ. ex Benth.

豆科，藤槐属

特征 攀缘灌木。单叶，近革质，长圆形或卵状长圆形，长6~13 cm，宽2~6 cm，先端渐尖或短渐尖，基部圆形，两面无毛，叶脉两面明显隆起；叶柄两端稍膨大，长1~3 cm；托叶小，卵状三角形，具脉纹。总状花序或排列成伞房状，长2~5 cm，花疏生，与花梗近等长；苞片小，早落；花梗纤细，长10~13 mm；花萼杯状，长2~3 mm，宽3~4 mm，萼齿极小，锐尖，先端近截平；花冠白色；旗瓣近圆形或长圆形，长6~8 mm，先端微凹或呈倒心形，柄长1~2 mm，翼瓣较旗瓣稍长，镰状长圆形，龙骨瓣最短，长5~7 mm，宽3~3. 5 mm，长圆形，柄长2~3 mm；雄蕊10枚，不等长，分离，花药长卵形，基部着生；子房被短柔毛。荚果卵形或卵球形，长2. 5~3 cm，径约15 mm，先端具喙，沿缝线开裂，表面具明显凸起的网纹，具种子1~2粒。种子椭圆形，稍扁，长约12 mm，宽约8 mm，厚约7 mm，深褐色至黑色。花期4~6月；果期7~9月。

分布 海南：昌江县七差乡俄贤岭，19°00′47″N，109°06′47″E，500 m，2011-01-26，秦新生4001161176。广东：英德县石门台，24°26′02″N，113°18′34″E，2009-12-03，刘东明，饶显龙40011280；英德县石门台保护区横石塘保护站，24°26′01″N，113°18′34″E，2010-11-11，易绮斐、陈林、刘清泉400119127。生于低海拔500 m的山谷林缘或河溪旁，常攀缘于其他植物上。产于海南、广东、广西、福建（南部）。越南也有分布。

栽培 喜光照充足及温暖、湿润的环境，较耐阴。栽培土质以湿润、肥沃的砂质壤土为佳。播种繁殖，春季进行。

用途 可供花架、花廊垂直绿化。

含油率及化学组分数据

采集单位	测试单位	测试部位	产地	含油率(%)	碘值	酸值	皂化值	C12:0	C14:0	C16:0	C16:1	C18:0	C18:1	C18:2	C18:3	C20:0	C20:1
SCAU	SCBG	种仁	海南昌江	22. 80	4. 62	8. 02	154. 55	0. 003	0. 02	1. 99	0. 21	0. 76	57. 82	38. 80	0. 13	0. 05	0. 21
SCBG	SCBG	种仁	广东英德	33. 40		4. 45	188. 26	1. 47	0. 05	2. 11	0. 14	8. 02		52. 40		0. 61	0. 15
SCBG	SCBG	种仁	广东英德	9. 14		2. 55	151. 89	0. 01	0. 06	26. 02	0. 14	2. 42	21. 70	43. 25	0. 36	0. 64	

木豆

Cajanus cajan (L.) Huth

豆科，木豆属

特征 直立灌木，高1~3 m。叶具羽状3小叶；托叶小，卵状披针形，长2~3 mm；小叶纸质，披针形至椭圆形，长5~10 cm，宽1. 5~3 cm，先端渐尖或急尖，常有细凸尖，上面被极短的灰白色短柔毛。总状花序长3~7 cm；总花梗长2~4 cm；花数朵生于花序顶部或近顶部；苞片卵状椭圆形；花萼钟状，长达7 mm，裂片三角形或披针形，花序、总花梗、苞片、花萼均被灰黄色短柔毛；花冠黄色，长约为花萼的3倍，旗瓣近圆形，背面有紫褐色纵线纹，基部有附属体及内弯的耳，翼瓣微倒卵形，有短耳，龙骨瓣先端钝，微内弯；雄蕊二体，对旗瓣的1枚离生，其余9枚合生；子房被毛，有胚珠数颗，花柱长，线状，无毛，柱头头状。荚果线状长圆形，长4~7 cm，宽6~11 mm，于种子间具明显凹入的斜横槽，被灰褐色短柔毛，先端渐尖，具长的尖头。种子3~6粒，近圆形，稍扁，种皮暗红色，有时有褐色斑点。花期2~11月；果期2~11月。

分布 广东：东莞市松山湖，22°55′45″N，113°54′18″E，2011-12-23，王鹏、刘东明400114214。海南：文昌文教镇，19°40′24″N，110°54′52″E，2010-01-23，邢福武、翟俊文、郑希龙、戴建阅400111175。云南：富宁县板仑乡平纳村，23°28′25″N，105°38′25″E，706 m，2008-10-29，李忠荣400222048。生于海拔900 m以下的路边或山坡上。产于海南、广东、广西、湖南、江西、福建、台湾、浙江、江苏、四川、云南。原产印度。

栽培 适应性强。喜光，喜高温、多湿的气候。耐瘠薄和干旱的土壤环境。播种繁殖，栽培容易，管理粗放。木豆病虫害一般发生较少，常见害虫有卷叶虫、荚部钻蛀性害虫（主要是豆象）。

用途 种子供食用、榨油、制豆腐。

含油率及化学组分数据

采集单位	测试单位	测试部位	产地	含油率(%)	碘值	酸值	皂化值	C12:0	C14:0	C16:0	C16:1	C18:0	C18:1	C18:2	C18:3	C20:0	C20:1
SCBG	SCBG	种仁	广东东莞	40. 89				0. 11	0. 05	2. 82	0. 05	0. 89	18. 52	76. 45	0. 73	0. 07	0. 31
SCBG	SCBG	种仁	海南文昌	26. 48	112. 77	12. 10	204. 33	0. 12				3. 64	43. 25			0. 45	0. 74
KMIB	KMIB	种仁	云南富宁	0. 52	130. 30	0. 90	186. 10			15. 81		4. 72	18. 12	56. 18	5. 17		

蔓草虫豆

Cajanus scarabaeoides (L.) Thouars

豆科，木豆属

特征　蔓生或缠绕状草质藤本。叶具羽状3小叶；小叶纸质或近革质，下面有腺状斑点，顶生小叶椭圆形至倒卵状椭圆形，长1.5~4 cm，宽0.8~1.5(~3) cm，先端钝或圆；小托叶缺。总状花序腋生，通常长不及2 cm，有花1~5朵；总花梗长2~5 mm，与总轴同被绒毛；花萼钟状，4齿裂，裂片线状披针形，总轴、花梗、花萼均被黄褐色至灰褐色绒毛；花冠黄色，长约1 cm，通常于开花后脱落，旗瓣倒卵形，有暗紫色条纹，基部有呈齿状的短耳和瓣柄，翼瓣狭椭圆状，微弯，基部具瓣柄和耳，龙骨瓣上部弯，具瓣柄；雄蕊二体，花药一式，圆形；子房密被丝质长柔毛，有胚珠数颗。荚果长圆形，长1.5~2.5 cm，宽约6 mm，密被红褐色或灰黄色长毛，果瓣革质，于种子间有横缢线。种子3~7粒，椭圆状，长约4 mm，种皮黑褐色，有凸起的种阜。花期9~10月；果期11~12月。

分布　海南：三亚甘什岭，18°23′03″N，109°40′58″E，2012-03-19，张荣京40017208。广西：贺州市步头镇平步村，24°13′28″N，111°41′52″E，2009-10-25，吴望辉、黄俞淞、蒋日红4001101050。常生于海拔150~1500 m的旷野、路旁或山坡草丛中。产于海南、广东、广西、福建、台湾、四川、贵州、云南。为本属分布最广的一种，东自太平洋上一些岛屿以及琉球群岛，经越南、泰国、缅甸、不丹、尼泊尔，孟加拉国、印度、斯里兰卡、巴基斯坦，直至马来西亚、印度尼西亚和大洋洲乃至非洲均有分布。

栽培　喜光，全日照或半日照均能生长，温暖和高温气候均能适应，耐干旱。不拘土质，耐贫瘠，但肥沃、湿润的壤土则生长旺盛，着花更多。播种繁殖。

用途　叶入药，有健胃、利尿作用。

含油率及化学组分数据

采集单位	测试单位	测试部位	产地	含油率(%)	碘值	酸值	皂化值	C12:0	C14:0	C16:0	C16:1	C18:0	C18:1	C18:2	C18:3	C20:0	C20:1
SCAU	SCBG	种仁	海南三亚	31.44		2.57	239.65		0.63		0.15	3.22	52.58	49.94	16.54	60.25	0.74
GXIB	SCBG	种仁	广西贺州	23.54	105.84	1.22	203.41		0.39	19.52		3.02	41.77	24.81	2.30	0.62	0.58

绿花崖豆藤（绿花鸡血藤）

Callerya championii (Benth.) X.Y. Zhu [*Millettia championii* Benth.]

豆科，鸡血藤属

特征　藤本。羽状复叶长10~20 cm；叶柄长3~5 cm，叶轴上面有狭沟；托叶线形，狭长，长2~3 mm。圆锥花序顶生，长15~20 cm，生花枝细长直伸，长6~8 cm，花序轴密被细柔毛，花密集，单生；苞片卵形，小苞片同形，贴萼生；花长约1.2 cm；花萼阔钟状，长约2 mm，宽约4 mm，无毛或被微毛，萼齿短，钝圆，边缘有短绒毛；花冠黄白色，花瓣近等长，旗瓣圆形，径约9 mm，无毛，无胼胝体，瓣柄长约2 mm，翼瓣直，基部具2小耳，龙骨瓣长圆形；雄蕊2体，对旗瓣的1枚离生；花盘筒状，子房线形，无毛，基部狭窄至短柄，花柱甚短，上弯，胚珠多数。荚果线形，狭长，长6~12 cm，宽0.5~1.2 cm，扁平，顶端斜尖，基部具短颈，弧状弯曲，果瓣薄，有种子2~3粒。种子凸镜形。花期6~8月；果期8~10月。

分布　广东：乳源县五指山乡公路边，24°55′24″N，113°01′23″E，928 m，2012-01-07，王发国、杨国、宋贤利400113095。生于海拔800 m以下的山谷岩石、溪边灌丛间。产于广东、广西、福建。

栽培　播种繁殖。春季为播种适期。易栽培，管理粗放。

用途　茎皮纤维可制人造棉和造纸，亦可供编制用。

含油率及化学组分数据

采集单位	测试单位	测试部位	产地	含油率(%)	碘值	酸值	皂化值	C12:0	C14:0	C16:0	C16:1	C18:0	C18:1	C18:2	C18:3	C20:0	C20:1
SCBG	SCBG	种仁	广东乳源	48.60	9.82				0.02	18.13		1.88	15.35	10.04	17.91		5.28

香花崖豆藤（香花鸡血藤）

Callerya dielsiana (Harms) P. K. Lôc ex Z. Wei et Pedley [*Millettia dielsiana* Harms]

豆科，鸡血藤属

特征 攀缘灌木。羽状复叶长15~30 cm；小叶2对，长圆形至狭长圆形，先端急尖至渐尖；小托叶锥刺状，长3~5 mm。圆锥花序顶生，宽大，长达40 cm，生花枝伸展，长6~15 cm，较短时近直生，较长时成扇状开展并下垂；花单生；苞片线形，锥尖，略短于花梗，宿存，小苞片线形，贴萼生，早落，花长1.2~2.4 cm；花萼阔钟状，长3~5 mm，宽4~6 mm，与花梗同被细柔毛，萼齿短于萼筒，上方2齿几全合生，其余为卵形至三角状披针形，下方一齿最长；花冠紫红色，旗瓣阔卵形至倒阔卵形，密被锈色或银色绢毛，基部稍呈心形，具短瓣柄，翼瓣甚短，约为旗瓣的1/2，锐尖头，下侧有耳，龙骨瓣镰形；雄蕊二体，对旗瓣的1枚离生。荚果线形至长圆形，长7~12 cm，宽1.5~2 cm，扁平，密被灰色绒毛，有种子3~5粒。种子长圆状凸镜形。花期5~9月；果期6~11月。

分布 江西：铅山县黄岗山，27°49′4″N，117°43′36″E，1181 m，2012-11-12，刘东明、童毅4001122135。湖北：兴山（百羊寨），31°22′31″N，110°29′34″E，852 m，2011-07-12，丁时东400151156。湖南：桑植县两河口楠木槽，29°26′59″N，110°3′3″E，433 m，2010-10-20，张兵、谷志容400181192。广东：连平县黄牛石保护区，24°30′31″N，114°27′50″E，2011-11-10，易绮斐、潘雅书、陈华平400119167。生于海拔40~2500 m的山坡杂木林和灌丛中，或谷地、溪沟和路旁。产于海南、广东、广西、湖南、江西、福建、浙江、安徽、湖北、四川、贵州、云南、甘肃（南部）、陕西（南部）。越南、老挝也有分布。

栽培 喜光，喜温暖，耐旱。耐瘠薄，对土质选择不严，但以排水良好的砂质壤土为佳。播种繁殖。春季为播种适期。易栽培，管理粗放。

用途 种子榨油，油供制肥皂及机器润滑剂。垂直绿化的好材料，可栽作地被植物，也可修剪成盆景。

含油率及化学组分数据

采集单位	测试单位	测试部位	产地	含油率(%)	碘值	酸值	皂化值	C12:0	C14:0	C16:0	C16:1	C18:0	C18:1	C18:2	C18:3	C20:0	C20:1
SCBG	SCBG	种仁	江西铅山	15.84	135.63	3.08	186.31		0.02	9.24	0.25	48.95	39.85	1.21	0.21		
OCRI	SCBG	种仁	湖北兴山	25.01	8.49	8.93	208.73										
HUST	HUST	种仁	湖南桑植	8.20	76.86	9.73											
SCBG	SCBG	种仁	广东连平	20.54	87.12	1.08	231.49	2.43	0.38	6.09	0.12	1.17	34.45	61.76	0.38	0.10	1.56
OFPC	KMIB	种子	云南澄江	11.50	96.10		188.70			14.00		2.80	48.70	32.60		1.90	

亮叶崖豆藤（亮叶鸡血藤）

Callerya nitida (Benth.) R. Geesink [*Millettia nitida* Benth.]

豆科，鸡血藤属

特征 攀缘灌木。茎皮锈褐色，粗糙。羽状复叶长15~20 cm；托叶线形，长约5 mm，脱落；小叶2对，间隔2~3 cm，硬纸质，卵状披针形或长圆形，长5~9 cm，宽3~4 cm，先端钝尖，基部圆形或钝。圆锥花序顶生，粗壮，长10~20 cm，密被锈褐色绒毛，生花枝通直，粗壮，长6~10 cm；花单生；苞片卵状披针形，小苞片卵形，均早落；花长1.6~2.4 cm；花梗长4~8 mm；花萼钟状，长6~8 mm，宽约5~6 mm，密被绒毛，萼短于萼筒，上方2齿几全合生，其余呈三角形，下方一齿最长；花冠青紫色，旗瓣密被绢毛，长圆形，近基部具2个胼胝体，翼瓣短而直，基部戟形，龙骨瓣镰形，瓣柄长占1/3；雄蕊二体，对旗瓣的1枚离生。荚果线状长圆形，长10~14 cm，宽1.5~2 cm，密被黄褐色绒毛，顶端具尖喙，基部具颈，瓣裂；有种子4~5粒。种子栗褐色，光亮，斜长圆形，长约10 mm，宽约12 mm。花期5~9月；果期7~11月。

分布 广东：阳山县秤架自然保护区，24°43′45″N，112°49′27″E，792 m，2009-11-16，董安强40011258。江西：上饶市铅山县武夷山自然保护区，27°49′09″N，117°43′03″E，1152 m，2011-10-13，凡强、景慧娟4001411002。生于海拔700~1200 m的海岸灌丛或山地疏林中。产于海南、广东、广西、江西、福建、台湾、贵州（东部）。

栽培 喜光，喜温暖。耐瘠薄，对土质选择不严。播种繁殖。春季为播种适期。易栽培。

用途 是优良的观叶、观花植物，在园林中可用于攀缘花廊、假山、墙壁作垂直绿化材料。

含油率及化学组分数据

采集单位	测试单位	测试部位	产地	含油率(%)	碘值	酸值	皂化值	C12:0	C14:0	C16:0	C16:1	C18:0	C18:1	C18:2	C18:3	C20:0	C20:1
SCBG	SCBG	种仁	广东阳山	34.52													
SYSU	SCBG	种仁	江西铅山	10.34	85.68	1.17	180.40	0.01	0.05	13.14	0.09	2.14	13.46	68.46	0.89	1.31	0.43

丰城崖豆藤（丰城鸡血藤）

Callerya nitida var. **hirsutissima** (Z. Wei) X. Y. Zhu [*Millettia nitida* var. *hirsutissima* Z. Wei]

豆科，鸡血藤属

特征 攀缘灌木。羽状复叶长15~20 cm；叶柄长3~6 cm，叶轴疏被短毛，渐秃净，上面有狭沟；托叶线形，长约5 mm，脱落；小叶卵形，较小，上面暗淡，下面密被红褐色硬毛。圆锥花序顶生，粗壮，长10~20 cm，密被锈褐色绒毛；花单生，花长1. 6~2. 4 cm，花梗长4~8 mm；苞片卵状披针形；花萼钟状，长6~8 mm，宽5~6 mm，密被绒毛，萼短于萼筒；花冠青紫色，旗瓣密被绢毛，长圆形；雄蕊二体；子房线形，具柄，密被绒毛，花柱旋曲，柱头下指，胚珠4~8颗。荚果线状长圆形，长10~14 cm，宽1. 5~2 cm，密被黄褐色绒毛，顶端具尖喙，基部具颈，瓣裂，有种子4~5粒。种子栗褐色，光亮，斜长圆形，长约10 mm，宽约12 mm。花期5~9月；果期7~11月。

分布 江西：龙南县九连山，24°33′38″N，114°25′33″E，469 m，2009-11-07，廖文波等400143014。生于海拔500 m的山坡旷野或灌丛中。产于广东、广西、湖南、江西、福建。

栽培 播种繁殖。春季为播种适期。易栽培，管理粗放。

用途 茎入药能行血通经。

含油率及化学组分数据

采集单位	测试单位	测试部位	产地	含油率(%)	碘值	酸值	皂化值	C12:0	C14:0	C16:0	C16:1	C18:0	C18:1	C18:2	C18:3	C20:0	C20:1
SYSU	SCBG	种仁	江西龙南	30. 70	101. 82	12. 47	184. 62	0. 02	0. 02	0. 32	0. 16	1. 46	90. 59	6. 39	0. 05	0. 53	0. 46

峨眉崖豆藤

Callerya nitida var. **minor** (Z. Wei) X. Y. Zhu [*Millettia nitida* var. *minor* Z. Wei]

豆科，鸡血藤属

特征 攀缘灌木。茎皮锈褐色，粗糙，枝初被锈色细毛，后秃净。羽状复叶长15~20 cm；叶柄长3~6 cm，叶轴细，疏被短毛，渐秃净，上面有狭沟；托叶线形，长约5 mm，脱落；小叶2对，小叶较小而窄，间隔2~3 cm，硬纸质，卵状披针形或长圆形，长5~9 cm，宽3~4 cm，先端钝尖或渐尖，基部圆形或钝，上面光亮无毛，有时中脉有毛，下面无毛或被稀疏柔毛，侧脉5~6对，达叶喙向上弧曲，细脉网状，两面均隆起。花较小。荚果线状长圆形，长10~14 cm，宽1. 3~1. 8 cm，密被黄褐色绒毛，顶端具尖喙，基部具颈，瓣裂；有种子4~5粒；种子栗褐色，光亮，斜长圆形，长约9 mm，宽约11 mm。花期5~9月；花期6~8月；果期9~10月。

分布 福建：南平市星村乡桐木村，27°43′37″N，117°42′45″E，525 m，2012-11-13，刘东明、童毅4001122141。生于海拔200~600 m山地旷野和向阳的灌丛中。产浙江（南部）、福建、台湾、江西、广东、广西、四川、贵州、云南。生于山地疏林与灌丛中。海拔达1000 m以上。

栽培 播种繁殖。春季为播种适期。易栽培，管理粗放。

用途 茎入药，可活血行经。

含油率及化学组分数据

采集单位	测试单位	测试部位	产地	含油率(%)	碘值	酸值	皂化值	C12:0	C14:0	C16:0	C16:1	C18:0	C18:1	C18:2	C18:3	C20:0	C20:1
SCBG	SCBG	种仁	福建南平	31.56													

皱果崖豆藤（皱果鸡血藤）

Callerya oosperma (Dunn) Z. Wei et Pedley [*Millettia oosperma* Dunn]

豆科，鸡血藤属

特征 攀缘灌木或藤本。羽状复叶长25~40 cm；托叶三角形，锥尖，长5~6 mm，早落；小叶2对，间隔3~5 cm，硬纸质，披针状椭圆形或卵状长圆形，长8~20 cm，宽4~8 cm，下方1对小叶通常较小，卵形或阔椭圆形，先端短钝尖，圆头或偶为凹缺，基部钝圆或楔形。圆锥花序顶生，长10~20 cm，密被褐色绒毛，生花枝伸展；花单生，花长1. 5~2 cm；花梗长3~7 mm；苞片和小苞片均卵状披针形，长4~5 mm，早落；花萼钟状，长约6 mm，宽约4 mm，萼齿短，下方1枚长三角形，其余钝圆；花冠红色带微紫，旗瓣和萼同被密绢毛，阔卵形，有2胼胝体和耳，基部具短柄，翼瓣短，卵形，基部有2耳，龙骨瓣阔镰形；雄蕊二体，对旗瓣的1枚离生；花盘杯状。荚果在单粒种子时呈卵形，数粒种子时呈圆柱形，长6~13 cm，径2~2. 5 cm，厚约2 cm，密被褐色绒毛，顶端具尖喙，迟裂，有种子2~4粒。种子卵形，径2~3 cm。花期5~7月；果期8~11月。

分布 广西：那坡县百省乡弄苗屯，23°09′12″N，105°35′14″E，961 m，2010-11-19，吴磊、黄俞淞、朱运喜4001101139。生于海拔200~1700 m的山谷疏林中。产于海南、广东、广西、湖南、贵州、云南。越南也有分布。

栽培 喜光，光照须充足，稍耐阴，喜温暖的环境。土质以肥沃、排水良好的腐叶土为佳。播种繁殖。春季为播种适期。栽培容易，管理较粗放。

用途 在园林中可用于花架、花廊、假山、墙垣作垂直绿化材料。

含油率及化学组分数据

采集单位	测试单位	测试部位	产地	含油率(%)	碘值	酸值	皂化值	C12:0	C14:0	C16:0	C16:1	C18:0	C18:1	C18:2	C18:3	C20:0	C20:1
GXIB	SCBG	种仁	广西那坡	20. 19	96. 18	1. 37	200. 99	0. 02	0. 39	29. 15	0. 48	3. 32	21. 21	18. 44	4. 78	0. 45	0. 02

网络崖豆藤（网络鸡血藤）

Callerya reticulata (Benth.) Schot [*Millettia reticulatea* Benth.]

豆科，鸡血藤属

特征 藤本。羽状复叶长10~20 cm；托叶锥刺形，长3~5 mm，基部向下凸起成1对短而硬的距；小叶3~4对，间隔1. 5~3 cm，硬纸质，卵状长椭圆形或长圆形，长5~6 cm，宽1. 5~4 cm，先端钝，渐尖，或微凹缺，基部圆形。圆锥花序顶生或着生枝梢叶腋，长10~20 cm，常下垂，基部分枝，花序轴被黄褐色柔毛；花密集，单生于分枝上，花长1. 3~1. 7 cm；花梗长3~5 mm，苞片与托叶同形，早落，小苞片卵形，贴萼生；被毛；花萼阔钟状至杯状，长3~4 mm，宽约5 mm，几无毛，萼齿短而钝圆，边缘有黄色绢毛；花冠红紫色，旗瓣无毛，卵状长圆形，基部截形，无胼胝体，瓣柄短，翼瓣和龙骨瓣均直，略长于旗瓣；雄蕊二体，对旗瓣的1枚离生；花盘筒状。荚果线形，狭长，长约15 cm，宽1~1. 5 cm，扁平，瓣裂，果瓣薄而硬，近木质，有种子3~6粒。种子长圆形。花期4~8月；果期6~11月。

分布 福建：南平市武夷山，27°44′54″N，118°00′41″E，2010-11-21，刘东明、易绮斐、邢福武400112215。江西：铅山县江西武夷山国家级自然保护区，28°00′09″N，117°52′54″E，362 m，2011-10-17，凡强、景慧娟4001411052。江苏：无锡市花卉公园，31°34′24″N，120°13′04″E，40 m，2009-12-21，田怀珍、熊申展4001171059。生于海拔1000 m以下山地灌丛及沟谷。产于海南、广东、广西、湖南、江西、福建、台湾、浙江、江苏、安徽、湖北、四川、贵州、云南。越南北部也有分布。

栽培 喜温暖、湿润的环境。播种繁殖。易成活，易栽培，管理粗放。

用途 在园林中可用于花架、花廊、假山、墙壁的垂直绿化。

含油率及化学组分数据

采集单位	测试单位	测试部位	产地	含油率(%)	碘值	酸值	皂化值	C12:0	C14:0	C16:0	C16:1	C18:0	C18:1	C18:2	C18:3	C20:0	C20:1
SCBG	SCBG	种仁	福建南平	21. 18	157. 77	7. 78	218. 07	0. 02	0. 06	6. 55		5. 34	25. 45		16. 72	0. 46	0. 17
SYSU	SCBG	种仁	江西铅山	24. 36	124. 53	1. 09	176. 07	0. 003	0. 01	6. 13	0. 08	1. 83	85. 34	6. 46	0. 05	0. 06	0. 03
ECNU	SCBG	种仁	江苏无锡	26.74	87.68	1.22	209.32	0.19	0.06	16.52	0.28	5.03	25.31	47.35	2.19	1.44	0.32

球子崖豆藤（球子鸡血藤）

Callerya sphaerosperma (Z. Wei) Z. Wei et Pedley [*Millettia sphaerosperma* Z. Wei]

豆科，鸡血藤属

特征 攀缘灌木。羽状复叶；叶柄长4~6 cm；小叶仅1对，纸质，披针形状椭圆形，顶生小叶较大，长11~18 cm，宽6~9 cm，侧生小叶长9~12 cm，宽3. 5~5 cm。圆锥花序顶生，长、宽各12~15 cm，被细柔毛，生花枝细长伸展；花多数，单生，花长约1. 5 cm；花梗长7~8 mm；苞片与小苞片均为线状披针形，长2. 5 mm，小苞片离萼生；花萼杯状，长约5 mm，宽约5 mm，与花梗、苞片同被细柔毛，萼齿短于萼筒，三角形，下方一枚齿较长；花冠红色至紫色，旗瓣长圆形，密被绢毛，无胼胝体，几无瓣柄，翼瓣镰形，长为旗瓣和龙骨瓣的2/3，龙骨瓣镰形；雄蕊二体，对旗瓣的1枚离生，花盘皿状。荚果圆球形，肿胀，长5~6. 5 cm，宽约3 cm，密被黄褐色绒毛，顶端具弯尖喙，缝线清晰，果皮革质，有种子1~2粒；种子阔卵形。花期6~8月；果期10~11月。

分布 广西：上思县十万大山平龙山河谷，21°53′41″N，107°51′05″E，103 m，2009-11-19，吴望辉、叶晓霞、农东新4001101017。生于海拔100~1000 m的山谷溪旁疏林中。产于广西、贵州。

栽培 播种繁殖。春季为播种适期。易栽培，管理粗放。

含油率及化学组分数据

采集单位	测试单位	测试部位	产地	含油率(%)	碘值	酸值	皂化值	C12:0	C14:0	C16:0	C16:1	C18:0	C18:1	C18:2	C18:3	C20:0	C20:1
GXIB	SCBG	种仁	广西上思	22. 41	39. 08	2. 30	256. 30		0. 05	6. 56	0. 06	1. 93	15. 97	13. 31	56. 90	0. 32	0. 16

毛蔓豆

Calopogonium mucunoides Desv.

豆科，毛蔓豆属

特征 缠绕或平卧草本。全株被黄褐色长硬毛。羽状复叶具3小叶；托叶三角状披针形，长4~5 mm；叶柄长4~12 cm；侧生小叶卵形，中央小叶卵状菱形，长4~10 cm，宽2~5 cm，先端急尖或钝，基部宽楔形至圆形，侧生小叶偏斜；小托叶锥状。花序长短不一，顶端有花5~6朵；苞片和小苞片线状披针形，长5 mm；花簇生于花序轴的节上；萼管近无毛，裂片长于管，线状披针形，先端长渐尖，密被长硬毛；花冠淡紫色，翼瓣倒卵状长椭圆形，龙骨瓣劲直，耳较短；花药圆形；子房密被长硬毛，有胚珠5~6颗。荚果线状长椭圆形，长2~4 cm，宽约4 mm，劲直或稍弯，被褐色长刚毛。种子5~6粒，长2. 5 mm，宽2 mm。花期10月；果期翌年2~3月。

分布 海南：万宁县兴隆热带花园，18°41′53″N，110°14′33″E，2010-01-24，邢福武、翟俊文、郑希龙、戴建阅400111176。海南、广东（南部）、广西（南部）以及云南西双版纳有栽培。原产于热带美洲。

栽培 播种繁殖。早期生长快而旺盛，覆盖层厚，建植容易。

用途 多用为胶园早期覆盖，为优良的覆盖植物和绿肥。

含油率及化学组分数据

采集单位	测试单位	测试部位	产地	含油率(%)	碘值	酸值	皂化值	C12:0	C14:0	C16:0	C16:1	C18:0	C18:1	C18:2	C18:3	C20:0	C20:1
SCBG	SCBG	种仁	海南万宁	30. 56	124. 57	7. 67	283. 68	0. 01	0. 14	29. 83	0. 36	7. 59	63. 55				3. 35

小刀豆

Canavalia cathartica Thouars

豆科，刀豆属

特征 藤本。小叶纸质，卵形，长6~10 cm，宽4~9 cm，先端急尖或圆，基部宽楔形、截平或圆，两面脉上被极疏的白色短柔毛；叶柄长3~8 cm；小叶柄长5~6 mm，被绒毛。花1~3朵生于花序轴的每一节上；花梗长1~2 cm；萼近钟状，长约12 mm，被短柔毛，上唇2裂齿阔而圆，远较萼管为短，下唇3裂齿较小；花冠粉红色或近紫色，长2~2. 5 cm，旗瓣圆形，长约2 cm，宽约2. 5 cm，顶端凹入，近基部有2枚附属体，无耳，具瓣柄，翼瓣与龙骨瓣弯曲，长约2 cm；子房被绒毛，花柱无毛。荚果长圆形，长7~9 cm，宽3. 5~4. 5 cm，膨胀，顶端具喙尖。种子椭圆形，长约18 mm，宽约12 mm，种皮褐黑色，硬而光滑，种脐长13~14 mm。花、果期3~10月。

分布 广西：东兴市江平镇交东村，25°58′10″N，108°13′18″E，2010-01-02，吴望辉4001101100。生于海拔20 m以下的海边沙滩上。产于我国华南以及台湾。热带亚洲、澳大利亚以及非洲海岸地区广布。

栽培 光照须充足，喜高温，耐碱。播种或扦插繁殖。春季至秋季为适期。

用途 果实大而奇特，适生于海边环境，可作海岸地带绿化。

含油率及化学组分数据

采集单位	测试单位	测试部位	产地	含油率(%)	碘值	酸值	皂化值	C12:0	C14:0	C16:0	C16:1	C18:0	C18:1	C18:2	C18:3	C20:0	C20:1
GXIB	SCBG	种仁	广西东兴	20. 80	169. 56	1. 91	203. 05	0. 01	0. 07	9. 64	0. 07	1. 89	33. 00	39. 66	0. 72	0. 49	0. 36

刀豆

Canavalia gladiata (Jacq.) DC.

豆科，刀豆属

特征 缠绕草本。羽状复叶具3小叶，小叶卵形，长8~15 cm，宽8~12 cm，先端渐尖或具急尖的尖头，基部宽楔形，两面薄被微柔毛，侧生小叶偏斜。总状花序具长总花梗，有花数朵生于总轴中部以上；花梗极短，生于花序轴隆起的节上；小苞片卵形，长约1 mm，早落；花萼长15~16 mm，稍被毛，上唇约为萼管长的1/3，具2枚阔而圆的裂齿，下唇3裂，齿小，长2~3 mm，急尖；花冠白色或粉红，长3~3. 5 cm，旗瓣宽椭圆形，顶端凹入，基部具不明显的耳及阔瓣柄，翼瓣和龙骨瓣均弯曲，具向下的耳；子房线形，被毛。荚果带状，略弯曲，长20~35 cm，宽4~6 cm，离缝线约5 mm处有棱。种子椭圆形或长椭圆形，长约3. 5 cm，宽约2 cm，厚约1. 5 cm，种皮红色或褐色，种脐约为种子周长的3/4。花期7~9月；果期10月。

分布 广西：贺州市莲塘镇新燕村何屋，24°25′09″N，111°35′37″E，2009-10-24，吴望辉、黄俞淞、农东新4001101005。我国长江以南各地区间有栽培。热带、亚热带以及非洲广布。

栽培 喜温暖、湿润及阳光充足的环境，喜高温，耐旱。耐碱，宜选择土层深厚、透气性好、疏松、肥沃的土壤。播种繁殖。虫害有斑蝥，咬食花果，可在早晨露水未干不能飞动时，戴手套捕捉，用开水烫死，晒干供药用。

用途 嫩荚和种子供食用。本种亦可作绿肥，覆盖作物及饲料。

含油率及化学组分数据

采集单位	测试单位	测试部位	产地	含油率(%)	碘值	酸值	皂化值	C12:0	C14:0	C16:0	C16:1	C18:0	C18:1	C18:2	C18:3	C20:0	C20:1
GXIB	SCBG	种仁	广西贺州	26. 45	87. 68	1. 22	209. 32	0. 03	0. 07	6. 10	0. 43	2. 63	16. 73	15. 76	46. 40	0. 25	0. 09

海刀豆

Canavalia rosea (Sw.) DC.

豆科，刀豆属

特征 草质藤本。茎被稀疏的微柔毛。羽状复叶具3小叶；小叶倒卵形或卵形，长5~8 cm，宽4.5~6.5 cm，先端通常圆，截平、微凹或具小凸头，稀渐尖，基部楔形至近圆形，侧生小叶基部常偏斜。总状花序腋生，连总花梗长达30 cm；花1~3朵聚生于花序轴近顶部的每一节上；小苞片2枚，卵形，长1.5 mm，着生在花梗的顶端；花萼钟状，长1~1.2 cm，被短柔毛，上唇裂齿半圆形，长3~4 mm，下唇3裂片小；花冠紫红色，旗瓣圆形，长约2.5 cm，顶端凹入，翼瓣镰状，具耳，龙骨瓣长圆形，弯曲，具线形的耳；子房被绒毛。荚果线状长圆形，长8~12 cm，宽2~2.5 cm，厚约1 cm，顶端具喙尖，离背缝线均3 mm处的两侧有纵棱。种子椭圆形，长13~15 mm，宽10 mm，种皮褐色，种脐长约1 cm。花期6~7月；果期10月至翌年2月。

分布 海南：三亚市蜈支洲岛，18°16′35″N，109°43′20″E，2012-12-01，邢福武、刘东明、王鹏400119212。香港：南丫岛，22°14′23″N，114°07′02″E，2.5 m，2010-10-20，严岳鸿400181188。生于海拔20 m以下的海边沙滩上。产于我国东南部至南部。热带海岸地区广布。

栽培 光照须充足，喜高温，耐旱，耐热。不拘土质，耐碱，但以排水良好的砂质壤土为佳。播种或扦插繁殖。春季至秋季为适期。

用途 果实大而奇特，适生于海边环境，可作海岸地带绿化。

含油率及化学组分数据

采集单位	测试单位	测试部位	产地	含油率(%)	碘值	酸值	皂化值	C12:0	C14:0	C16:0	C16:1	C18:0	C18:1	C18:2	C18:3	C20:0	C20:1
SCBG	SCBG	种仁	海南三亚	31.59	85.80	3.56	383.09		0.03	8.30		2.98	9.06	30.15	48.65	0.11	0.72
HUST	HUST	种仁	香港南丫岛	2.33	32.55	2.85	217.40	0.03	0.22	7.64	0.09	3.76	7.94	78.13	1.11	0.56	0.52

二色锦鸡儿

Caragana bicolor Kom.

豆科，锦鸡儿属

特征 灌木，高1~3 m。羽状复叶有4~8对小叶；托叶三角形，膜质；长枝上叶轴硬化成粗针刺，长1.5~5 cm，灰褐色或带白色；小叶倒卵状长圆形、长圆形或椭圆形，长3~8 mm，宽2~4 mm，先端钝或急尖，基部楔形，幼时被伏贴白柔毛，后期仅下面疏被柔毛。花萼钟状，长约1 cm，萼齿披针形，长2~4 mm，先端渐尖，密被丝质柔毛；花冠黄色，长20~22 mm，旗瓣干时紫堇色，倒卵形，先端微凹，瓣柄长不及瓣片的1/2，翼瓣的瓣柄比瓣片短，耳细长，稍短于瓣柄；龙骨瓣较旗瓣稍短，瓣柄与瓣片近等长，耳牙齿状，短小；子房密被柔毛。荚果圆筒状，长3~4 mm，宽约3 mm，先端渐尖，疏被白色柔毛。花期6~7月；果期9~10月。

分布 西藏：林芝县布久乡简切村，29°28′13″N，94°24′10″E，2944 m，2011-09-01，干友民400241122。生于海拔2400~3500 m的山坡灌丛、杂木林内。产于四川（西部）、云南、西藏（昌都地区）。

栽培 喜光，忌湿涝。抗旱，耐瘠，能在山石缝隙处生长。播种繁殖。

用途 适于庭园种植观赏，也可在草地丛植或配置在坡地、山石边；亦可作盆景。

含油率及化学组分数据

采集单位	测试单位	测试部位	产地	含油率(%)	碘值	酸值	皂化值	C12:0	C14:0	C16:0	C16:1	C18:0	C18:1	C18:2	C18:3	C20:0	C20:1
SAU	SCBG	种仁	西藏林芝	38.36	78.27	5.63	193.39										

柠条锦鸡儿

Caragana korshinskii Kom.

豆科，锦鸡儿属

特征 灌木，有时小乔状，高1~4 m。羽状复叶有6~8对小叶；托叶在长枝者硬化成针刺，长3~7 mm，宿存；叶轴长3~5 cm，脱落；小叶披针形或狭长圆形，长7~8 mm，宽2~7 mm，先端锐尖或稍钝，有刺尖，基部宽楔形，灰绿色，两面密被白色伏贴柔毛。花梗长6~15 mm，密被柔毛，关节在中上部；花萼管状钟形，长8~9 mm，宽4~6 mm，密被伏贴短柔毛，萼齿三角形或披针状三角形；花冠长20~23 mm，旗瓣宽卵形或近圆形，先端截平而稍凹，宽约16 mm，具短瓣柄，翼瓣瓣柄细窄，稍短于瓣片，耳短小，齿状，龙骨瓣具长瓣柄，耳极短；子房披针形，无毛。荚果扁，披针形，长2~2. 5 cm，宽6~7 mm，有时被疏柔毛。花期5~6月；果期6~7月。

分布 新疆：吐鲁番沙漠植物园，42°51′17″N，89°11′36″E，93 m，2009-05-20，王喜勇、侯翼国、徐基平4003309006。陕西：杨凌区西农农场，34°09′08″N，108°02′00″E，500 m，2011-07-24，薛帅、秦烁400324033。生于海拔93 m的半固定和固定沙地。产于新疆、青海、甘肃、宁夏、陕西、内蒙古。蒙古也有分布。

栽培 耐寒，耐旱。耐贫瘠。抗性强，抗风蚀。播种繁殖。栽培容易。

用途 优良固沙植物和水土保持植物。

含油率及化学组分数据

采集单位	测试单位	测试部位	产地	含油率(%)	碘值	酸值	皂化值	C12:0	C14:0	C16:0	C16:1	C18:0	C18:1	C18:2	C18:3	C20:0	C20:1
XIEG	SCBG	种仁	新疆吐鲁番	31. 26	61. 73	2. 23	173. 76			10. 01	0. 24	1. 90	13. 73	69. 94	1. 95	0. 20	0. 11
CAU	ICS	种子	陕西杨凌	9. 44	123. 52	14. 06	174. 22	0. 13	0. 53	9. 32	0. 65	1. 38	15. 56	36. 96	1. 06	0. 28	0. 13
OFPC		种子	甘肃民勤	11. 60	129. 20	9. 90	204. 00	微量	微量	6. 70		5. 80	23. 40	58. 30	2. 30		

长萼猪屎豆

Crotalaria calycina Schrank

豆科，猪屎豆属

特征 多年生直立草本，高30~80 cm。托叶丝状，长约1 mm；单叶，近无柄，长圆状线形或线状披针形，长3~12 cm，宽0. 5~1. 5 cm，先端急尖，基部渐狭，上面沿中脉有毛，下面密被褐色长柔毛。总状花序顶生，稀腋生，通常缩短或形似头状，有花3~12朵；苞片披针形，长1~2 cm，稍弯曲成镰刀状，小苞片和苞片同形，稍短，生花萼基部或花梗中部以上；花梗粗壮，长2~4 mm；花萼二唇形，长2~3 cm，深裂，几达基部，萼齿披针形，外面密被棕褐色长柔毛；花冠黄色，全部包被萼内，旗瓣倒卵圆形或圆形，长1. 5~2. 5 cm，先端或上面靠上方有微柔毛，基部具胼胝体2枚，翼瓣长椭圆形，约与旗瓣等长，龙骨瓣近直生，具长喙；子房无柄。荚果圆形，成熟后黑色，长约1. 5 cm，秃净无毛。种子20~30粒。花、果期6~12月。

分布 海南：三亚，18°15′27″N，109°31′38″E，2012-03-22，张荣京40017221。生于海拔50~2200 m的山坡疏林及荒地路旁。产于海南、广东、广西、福建、台湾、云南、西藏。亚洲热带、亚热带以及大洋洲、非洲也有分布。

栽培 播种繁殖。春季为适期。

含油率及化学组分数据

采集单位	测试单位	测试部位	产地	含油率(%)	碘值	酸值	皂化值	C12:0	C14:0	C16:0	C16:1	C18:0	C18:1	C18:2	C18:3	C20:0	C20:1
SCAU	SCBG	种仁	海南三亚	31. 08	9. 82	2. 10			0. 73	13. 90	0. 06	1. 99	12. 86	51. 97	6. 72	0. 15	

假地蓝

Crotalaria ferruginea Graham ex Benth.

豆科，猪屎豆属

特征 多年生草本。根长达60 cm以上。茎、枝直立或略上升，通常分枝甚多；茎、枝、叶各部分均有稍长而扩展的毛，毛略粗糙，稍呈丝光质。单叶互生，矩形，长卵形或长椭圆形，长2~5 cm，宽1~3 cm，两面均有毛而下面脉上最密，先端钝或微尖，基部窄或略呈楔形，侧脉不明显，几无叶柄；托叶披针形，长4~6 mm，反折。总状花序，顶生或同时腋生。有花2~6朵；萼筒很短，萼片披针形，不相等；花冠与萼片等长或长过萼片，蝶形，黄色，旗瓣有爪，圆形，翼瓣倒卵状长圆形，较旗瓣为短，龙骨瓣与翼瓣等大，向内弯曲；雄蕊10，单体，药2室；子房线形，花柱长，柱头稍斜。荚果膨胀成膀胱状，长2. 5~3 cm。种子20~30颗，肾形。花期6~10月；果期9~12月。

分布 云南：西双版纳亚诺村上山公路，22°02′21″N，101°01′08″E，2012-01-14，邢福武、童毅、孟玉芳4001142015。生于海拔50~1000 m的荒山草地。产于我国长江以南各地。东南亚及南亚等地区也有分布。

栽培 播种繁殖。春季为适期。

用途 药用敛肺气，补脾肾，利小便，消肿毒。治久咳痰血，耳鸣，耳聋，梦遗，慢性肾炎，膀胱炎，肾结石，扁桃腺炎，淋巴腺炎，疔毒，恶疮。

含油率及化学组分数据

采集单位	测试单位	测试部位	产地	含油率(%)	碘值	酸值	皂化值	C12:0	C14:0	C16:0	C16:1	C18:0	C18:1	C18:2	C18:3	C20:0	C20:1
SCBG	SCBG	种仁	云南西双版纳	20.48			114.47	0.02	0.10			2.41	21.42	74.69	0.58	0.10	0.09

猪屎豆

Crotalaria pallida Aiton

豆科，猪屎豆属

特征 多年生草本，或呈灌木状。托叶极细小，刚毛状，通常早落；叶三出，柄长2~4 cm；小叶长圆形或椭圆形，长3~6 cm，宽1. 5~3 cm，先端钝圆或微凹，基部阔楔形，上面无毛，下面略被丝光质短柔毛，两面叶脉清晰。总状花序顶生，长达25 cm，有花10~40朵；苞片线形，长约4 mm；早落，小苞片的形状与苞片相似，长约2 mm，花时极细小，长不及1 mm，生萼筒中部或基部；花梗长3~5 mm；花萼近钟形，长4~6 mm，5裂，萼齿三角形，约与萼筒等长，密被短柔毛；花冠黄色，伸出萼外，旗瓣圆形或椭圆形，直径约10 mm，基部具胼胝体2枚，冀瓣长圆形，长约8 mm，下部边缘具柔毛，龙骨瓣最长，约12 mm，弯曲几达90°，具长喙，基部边缘具柔毛；子房无柄。荚果长圆形，长3~4 cm，径5~8 mm，幼时被毛，成熟后脱落，果瓣开裂后扭转。种子20~30粒。花、果期9~12月。

分布 海南：三亚，18°15′37″N，109°30′50″E，2012-03-22，张荣京40017217。广东：东莞市松山湖，22°55′24″N，113°54′18″E，2012-09-11，王发国、王鹏400119214。生于海拔100~1000 m的荒山草地及砂质土壤之中。产于福建、台湾、广东、广西、四川、云南、山东、浙江、湖南。亚洲热带、非洲、美洲以及亚热带地区均有分布。

栽培 生性强健。日照须充足，喜温暖至高温的气候。土质以排水良好的壤土或砂质壤土为佳。播种繁殖。春季为适期。对环境的要求不甚严格，生长期应保持环境湿润。

用途 本种可供药用，全草有散结、清湿热等作用。近年来试用于抗肿瘤效果较好。

含油率及化学组分数据

采集单位	测试单位	测试部位	产地	含油率(%)	碘值	酸值	皂化值	C12:0	C14:0	C16:0	C16:1	C18:0	C18:1	C18:2	C18:3	C20:0	C20:1
SCAU	SCBG	种仁	海南三亚	23. 46	66. 90	17. 34	206. 20	4. 97	2. 12	0. 80	0. 47	1. 73	19. 67	52. 33	0. 88		
SCBG	SCBG	种仁	广东东莞	20. 14	101. 72	13. 99	203. 64	0. 05	0. 09	6. 76	0. 19	0. 41	13. 89	14. 86	47. 11	0. 80	0. 47

大金刚藤（大金钏藤黄檀）

Dalbergia dyeriana Prain ex Harms

豆科，黄檀属

特征 大藤本。羽状复叶长7~13 cm；小叶4~7对，薄革质，倒卵状长圆形或长圆形，长2. 5~4 cm，宽1~2 cm，基部楔形，有时阔楔形，先端圆或钝，有时稍凹缺。圆锥花序腋生，长3~5 cm，径约3 cm；总花梗、分枝与花梗均略被短柔毛，花梗长1. 5~3 mm；基生小苞片与副萼状小苞片长圆形或披针形，脱落；花萼钟状，略被短柔毛，萼齿三角形，先端钝，上面2枚较阔，下方1枚最长，先端近急尖；花冠黄白色，各瓣均具稍长的瓣柄，旗瓣长圆形，先端微缺，翼瓣倒卵状长圆形，无耳，龙骨瓣狭长圆形，内侧有短耳；雄蕊9枚，单体，花丝上部1/4离生；子房具短柄，被短柔毛或近无毛，有胚珠1~3颗，花柱短，无毛，柱头小，尖状。荚果长圆形或带状，扁平，长5~6 cm，宽1. 2~2 cm，顶端圆、钝或急尖，有细尖头，基部楔形，具果颈，有种子1（~2）粒。种子长圆状肾形，长约1 cm，宽约5 mm。花期5月；果期10~12月。

分布 湖南：通道县木脚龙底，26°18′36″N，110°00′11″E，487 m，2010-12-12，张兵、谷志容400181255。生于海拔400~1500 m的山坡灌丛或山谷密林中。产于湖南、浙江、湖北、四川、云南、甘肃、陕西。

栽培 播种繁殖，春季至夏季最为适期。

含油率及化学组分数据

采集单位	测试单位	测试部位	产地	含油率(%)	碘值	酸值	皂化值	C12:0	C14:0	C16:0	C16:1	C18:0	C18:1	C18:2	C18:3	C20:0	C20:1
HUST	HUST	种仁	湖南通道	23. 50	22. 36	3. 07	255. 97		0. 15	14. 76	0. 32	3. 66	20. 00	50. 25	0. 78	0. 48	0. 33

藤黄檀

Dalbergia hancei Benth.

豆科，黄檀属

特征 藤本。羽状复叶长5~8 cm；小叶3~6对，较小狭长圆或倒卵状长圆形，长10~20 mm，宽5~10 mm，先端钝或圆，微缺，基部圆或阔楔形。总状花序远较复叶短，幼时包藏于舟状、覆瓦状排列、早落的苞片内，数个总状花序常再集成腋生短圆锥花序；花梗长1~2 mm，与花萼和小苞片同被褐色短绒毛；基生小苞片卵形，副萼状小苞片披针形，均早落；花萼阔钟状，长约3 mm，萼齿短，阔三角形，除最下1枚先端急尖外，其余的均钝或圆，具缘毛；花冠绿白色，芳香，长约6 mm，各瓣均具长柄，旗瓣椭圆形，基部两侧稍呈截形，具耳，中间渐狭下延而成一瓣柄，翼瓣与龙骨瓣长圆形；雄蕊9枚，单体，有时10枚，其中1枚对着旗瓣。荚果扁平，长圆形或带状，无毛，长3~7 cm，宽8~14 mm，基部收缩为一细果颈，通常有1粒种子，稀2~4粒。种子肾形，极扁平，长约8 mm，宽约5 mm。花期4~5月。

分布 福建：武平县梁野山保护区，25°09′23″N，116°08′31″E，509 m，2012-11-23，易绮斐、李玉玲、宁阳阳400119278。生于海拔500 m的山坡灌丛中或山谷溪旁。产于海南、广东、广西、江西、福建、浙江、安徽、四川、贵州。

栽培 日照宜充足，喜高温、多湿的气候，耐旱，耐干旱。耐贫瘠，但以土层深厚且排水良好的壤土或砂质壤土为佳。播种繁殖。春季至夏季最为适期。春季至夏季为生育盛期，水分要充足，夏、秋季施肥1次，早春应整枝修剪1次。

用途 可攀缘于花棚、篱墙，作庭园垂直绿化。

含油率及化学组分数据

采集单位	测试单位	测试部位	产地	含油率(%)	碘值	酸值	皂化值	C12:0	C14:0	C16:0	C16:1	C18:0	C18:1	C18:2	C18:3	C20:0	C20:1
SCBG	SCBG	种仁	福建武平	20. 45	72. 94	1. 13	404. 71										

香港黄檀

Dalbergia millettii Benth.

豆科，黄檀属

特征 藤本。羽状复叶长4~5 cm；叶柄无毛；小叶12~17对，紧密，线形或狭长圆形，长10~15 mm，宽3~5 mm，先端截形，有时微凹缺，基部圆或钝。圆锥花序腋生，长1~1.5 cm；总花梗、花序轴和分枝被极稀疏的短柔毛；花微小，长2.5~3 mm；花梗极短；基生和副萼状小苞片卵形，宿存，具缘毛；花萼钟状，长约1 mm，近无毛，萼齿5，最下1枚三角形，先端急尖，侧方2枚卵形，上方2枚合生，圆形；花冠白色，花瓣具柄，旗瓣圆形，先端微凹缺，基部具短柄，翼瓣卵状长圆形，龙骨瓣长圆形；雄蕊9枚，单体；子房具柄，略被疏毛，有胚珠1~2颗，花柱短，柱头小，荚果长圆形至带状，扁平，无毛，长4~6 cm，宽12~16 mm，先端钝或圆，基部阔楔形，具短果颈，果瓣革质，全部有网纹，种子部分网纹较明显，有种子1(~2)粒。种子肾形，扁平，长8~12 mm，宽约6 mm。花期5月；果期8月。

分布 广东：东莞市谢岗乡银瓶山仙水道，23°02′33.39″，113°45′49.50″，2012-11-02，邢福武、宁阳阳、叶心芬400113169。生于海拔350~800 m的山谷疏林或密林中。产于广东、广西、浙江。

栽培 播种繁殖。春季至夏季最为适期。

用途 用作垂直绿化或作盆景。

含油率及化学组分数据

采集单位	测试单位	测试部位	产地	含油率(%)	碘值	酸值	皂化值	C12:0	C14:0	C16:0	C16:1	C18:0	C18:1	C18:2	C18:3	C20:0	C20:1
SCBG	SCBG	种仁	广东东莞	21.48	22.36		143.46		0.20	12.80		2.17	4.27	38.98	0.17		0.38

降香（降香黄檀）

Dalbergia odorifera T. C. Chen

豆科，黄檀属

特征 乔木。羽状复叶复叶长12~25 cm；小叶4~5(~6)对，近革质，卵形或椭圆形，长4~7 cm，宽2~3.5 cm，复叶顶端的1枚小叶最大，往下渐小，基部1对长仅为顶小叶的1/3，先端渐尖或急尖，钝头，基部圆或阔楔形。圆锥花序腋生，长8~10 cm，径6~7 cm，分枝呈伞房花序状；总花梗长3~5 cm；基生小苞片近三角形，长0.5 mm，副萼状小苞片阔卵形，长约1 mm；花长约5 mm，初时密集于花序分枝顶端，后渐疏离；花梗长约1 mm；花萼长约2 mm，下方1枚萼齿较长，披针形，其余的阔卵形，急尖；花冠乳白色或淡黄色，各瓣近等长，均具长约1 mm瓣柄，旗瓣倒心形，连柄长约5 mm，上部宽约3 mm，先端截平，微凹缺，翼瓣长圆形，龙骨瓣半月形，背弯拱；雄蕊9枚，单体；子房狭椭圆形，具长柄，柄长约2.5 mm，有胚珠1~2颗。荚果舌状长圆形，长4.5~8 cm，宽1.5~1.8 cm，基部略被毛，顶端钝或急尖，有种子1~2粒。花期5~6月；果期10月。

分布 海南：昌江县霸王岭，19°06′59″N，109°05′32″E，2011-10-05，秦新生4001161188；乐东县尖峰岭，18°43′15″N，108°52′54″E，2011-10-15，秦新生4001161240。生于中海拔山坡疏林中、林缘或标旁旷地上。产于海南。

栽培 喜光。播种繁殖。常见的病害有枝叶病斑，可用70%代森锰锌可湿性粉剂，或5%甲基托布津500倍液喷洒，每隔7 d喷1次，共喷2~3次，都有较好的防治效果。

用途 其木材经蒸馏后所得的降香油，可作香料上的定香剂。木材质优，为上等家具良材。

含油率及化学组分数据

采集单位	测试单位	测试部位	产地	含油率(%)	碘值	酸值	皂化值	C12:0	C14:0	C16:0	C16:1	C18:0	C18:1	C18:2	C18:3	C20:0	C20:1
SCAU	SCBG	种仁	海南昌江	26.15	87.56	6.24	204.69	0.02	0.35	9.43	9.57			25.29	1.59	0.31	0.16
SCAU	SCBG	种仁	海南乐东	31.61	18.74	8.11		0.17	1.38	14.91	12.99		31.29	11.93	19.69	1.37	0.45
OFPC	SCBG	种子	广东广州	16.30	111.60		190.20	微量	微量	21.20		6.40	18.70	53.70			

鱼藤

Derris trifoliata Lour.

豆科，鱼藤属

特征 攀缘状灌木。枝叶均无毛。羽状复叶长7~15 cm；小叶通常2对，有时1对或3对，厚纸质或薄革质，卵形或卵状长椭圆形，长5~10 cm，宽2~4 cm，先端渐尖，钝头，基部圆形或微心形；小叶柄短，长2~3 mm。总状花序腋生，通常长5~10 cm，无毛，有时下部的花束轴延长成一短枝；花梗聚生，长2~4 mm；花萼钟状，长约2 mm，无毛或近无毛，萼齿钝，极短；花冠白色或粉红色，各瓣长约10 mm，旗瓣近圆形，翼瓣和龙骨瓣狭长椭圆形，雄蕊单体。荚果斜卵形、圆形或阔长椭圆形，长2. 5~4 cm，宽2~3 cm，扁平，无毛，仅于腹缝有狭翅，有种子1~2粒。花期4~8月；果期8~12月。

分布 海南：三亚，18°15′41″N，109°30′52″E，2012-03-22，张荣京40017241。广东：东莞市虎门镇南面村，23°02′41″N，113°45′52″E，2011-10-26，易绮斐、付琳、宋贤利、杨晓丽400119143。生于沿海河岸灌木丛、海边灌木丛或近海岸的红树林中。产于海南、广东、广西、福建、台湾。印度、马来西亚以及澳大利亚北部也有分布。

栽培 适合于土层深厚、排水良好的地方种植。一般用扦插繁殖。四季均可，雨季容易成活。取长24~30 cm的蔓茎作插条，按1. 2 m×1. 2 m的。株行距斜插于穴内，覆土踏实，留1节在地面上。扦插后浇水，并盖树叶，防止太阳暴晒。

用途 含鱼藤酮及其衍化物，通称鱼藤酮类（Rotenoid），可用以捕鱼，或作农作物杀虫剂，还可用来毒杀蚊类幼虫。

含油率及化学组分数据

采集单位	测试单位	测试部位	产地	含油率(%)	碘值	酸值	皂化值	C12:0	C14:0	C16:0	C16:1	C18:0	C18:1	C18:2	C18:3	C20:0	C20:1
SCAU	SCBG	种仁	海南三亚	13. 05	102. 84	8. 14	157. 62			0. 04	0. 29	1. 19	25. 66	52. 26			3. 07
SCBG	SCBG	种仁	广东东莞	26. 14	59. 48	7. 66	200. 57				0. 53	3. 86	16. 11	11. 21	17. 91		0. 12

大叶千斤拔
Flemingia macrophylla (Willd.) Kuntze ex Merr.

豆科，千斤拔属

特征　直立灌木。叶具指状3小叶；小叶纸质，顶生小叶宽披针形至椭圆形，长8~15 cm，宽4~7 cm，先端渐尖，基部楔形；基出脉3。总状花序常数个聚生于叶腋，长3~8 cm，常无总梗；花多而密集；花梗极短；花萼钟状，长6~8 mm，被丝质短柔毛，裂齿线状披针形，较萼管长1倍，下部1枚最长，花序轴、苞片、花梗均密被灰色至灰褐色柔毛；花冠紫红色，稍长于萼，旗瓣长椭圆形，具短瓣柄及2耳，翼瓣狭椭圆形，一侧略具耳，瓣柄纤细，龙骨瓣长椭圆形，先端微弯，基部具长瓣柄和一侧具耳；雄蕊二体；子房椭圆形，被丝质毛，花柱纤细。荚果椭圆形，长1~1.6 cm，宽7~9 mm，褐色，略被短柔毛，先端具小尖喙。种子1~2粒，球形光亮黑色。花期6~9月；果期10~12月。

分布　海南：三亚甘什岭，18°23′03″N，109°40′58″E，2012-03-18，张荣京40017220。广东：平远县黄田象牙，24°41′44″N，115°55′58″E，2010-10-16，易绮斐、戴建阅、翟俊文400119112。常生于海拔200~1500 m的旷野草地上或灌丛中，山谷路旁和疏林阴处亦有生长。产于海南、广东、广西、江西、福建、台湾、四川、贵州、云南。印度、孟加拉国、缅甸、老挝、越南、柬埔寨、马来西亚、印度尼西亚也有分布。

栽培　播种繁殖。

用途　根供药用，能祛风活血，强腰壮骨，治风湿骨痛。

含油率及化学组分数据

采集单位	测试单位	测试部位	产地	含油率(%)	碘值	酸值	皂化值	C12:0	C14:0	C16:0	C16:1	C18:0	C18:1	C18:2	C18:3	C20:0	C20:1
SCAU	SCBG	种仁	海南三亚	21.66	15.63		235.10				0.33	3.02	35.99	50.56	0.98	0.19	2.57
SCBG	SCBG	种仁	广东平远	31.96	28.96	5.00	202.28	0.02	0.09	6.99	0.16		55.65		0.02	0.24	0.33

干花豆
Fordia cauliflora Hemsl.

豆科，干花豆属

特征　灌木。羽状复叶长达50 cm以上，其中叶柄约长10 cm；小叶达12对，长圆形至卵状长圆形，中部叶较大，最下部1~2对叶较小，长4~12 cm，宽2.5~3 cm，先端长渐尖，基部钝圆，全缘；小叶柄长约3 mm；小托叶丝状，长8~10 mm，宿存。总状花序长15~40 cm，着生侧枝基部或老茎上，劲直，有时2~3枝簇生，生花节球形，簇生3~6朵花；苞片圆形，甚小，小苞片小，圆形，贴萼生；花长10~13 mm；花梗长1~2 mm；花萼钟状，长2~3 mm，萼齿浅三角形，短萼筒；花冠粉红色至紫红色，旗瓣圆形，外被细绢毛，具瓣柄；子房窄卵形，被柔毛，无柄，上部渐狭至花柱，细长上弯，胚珠2颗。荚果棍棒状，扁平，长7~10 cm，宽2~2.5 cm，革质，顶端截形，具尖喙，基部渐狭，被平伏柔毛，后渐秃净，有种子1~2粒。种子圆形，扁平宽约1 cm，棕褐色，光滑，种阜膜质，包于珠柄。花期5~9月；果期6~11月。

分布　广西：凭祥县大青山林场，22°06′38″N，116°48′36″E，2012-01-14，刘东明、潘雅书、王美娜4001122289。生于海拔500 m的山地灌木林中。产于广东、广西。

栽培　播种繁殖。

用途　根、叶可入药，味辛，微酸，性平，有散瘀、消肿、止痛、宁神、润肺化痰斑效。

含油率及化学组分数据

采集单位	测试单位	测试部位	产地	含油率(%)	碘值	酸值	皂化值	C12:0	C14:0	C16:0	C16:1	C18:0	C18:1	C18:2	C18:3	C20:0	C20:1
SCBG	SCBG	种仁	广西凭祥	24.11	103.40	8.86	199.44		0.14	24.38	0.25	5.51	19.87	46.82	1.99	0.64	0.40

大豆（黄豆）

Glycine max (L.) Merr.

豆科，大豆属

特征 一年生草本。叶通常具3小叶；小叶纸质，宽卵形，近圆形或椭圆状披针形，顶生一枚较大，长5~12 cm，宽2. 5~8 cm，先端渐尖或近圆形，稀有钝形，具小尖凸，基部宽楔形或圆形。总状花序短的少花，长的多花；总花梗长10~35 mm或更长，通常有5~8朵无柄、紧挤的花；苞片披针形，长2~3 mm，被糙伏毛，小苞片披针形，长2~3 mm，被伏贴的刚毛；旗瓣倒卵状近圆形，先端微凹并通常外反，基部具瓣柄，翼瓣蓖状，基部狭，具瓣柄和耳，龙骨瓣斜倒卵形，具短瓣柄；雄蕊二体；子房基部有不发达的腺体，被毛。荚果肥大，长圆形，稍弯，下垂，黄绿色，长4~7. 5 cm，宽8~15 mm。种子2~5粒，椭圆形、近球形，卵圆形至长圆形，长约1 cm，宽约5~8 mm，种皮光滑，淡绿、黄、褐和黑色等多样，因品种而异，种脐明显，椭圆形。花期6~7月；果期7~9月。

分布 黑龙江：逊克县逊克农场，49°31′57″N，127°42′19″E，80 m，2012-08-23，丁广洲400351108。甘肃：徽县严坪镇，33°23′48″N，106°10′20″E，1200 m，2011-10-06，薛帅400325005。广西：龙胜县和平乡金江村，25°41′15″N，110°43′15″E，530 m，2012-09-13，廖云标4001101305。江西：安福县武功山，27°18′03″N，114°14′18″E，210 m，2010-10-22，凡强、李朋远400146010。湖北：五峰后河老屋场，33°30′20″N，110°31′39″E，1020 m，2010-10-26，丁时东、危文亮等400151095。原产我国；全国各地均有栽培，以东北地区最著名。亦广泛栽培于世界各地。

栽培 喜排水良好、富含有机质、pH值6. 2~6. 8的土壤。宜适期早播，条播为主。大豆病害的防治以抗病品种为主的综合防治措施。叶部病害如霜霉病、灰斑病，根部病害如孢囊线虫病等，均可用药剂进行有效防治。清除田间杂草，亦可减少大豆花叶病毒等病害。

用途 豆油除主要供食用外，并为润滑油、油漆、肥皂、瓷釉、人造橡胶、防腐剂等重要原料。

含油率及化学组分数据

采集单位	测试单位	测试部位	产地	含油率(%)	碘值	酸值	皂化值	C12:0	C14:0	C16:0	C16:1	C18:0	C18:1	C18:2	C18:3	C20:0	C20:1
SBRI	SCBG	种仁	黑龙江逊克	20. 16	50. 11	16. 29	159. 43		0. 24	10. 16	8. 34			41. 72	1. 08	3. 95	
CAU	ICS	种子	甘肃徽县	13. 00	90. 34	1. 76	193. 61		0. 07	9. 46	0. 07	2. 82	16. 89	55. 89	11. 95	0. 26	0. 13
GXIB	SCBG	种仁	广西龙胜	26. 41	103. 72	0. 32	200. 39	0. 01	0. 02	2. 35	0. 19	0. 83	70. 15	25. 45	0. 19	0. 05	0. 13
SYSU	SCBG	种仁	江西安福	17. 61	105. 25	0. 85	171. 53	0. 01	0. 09	14. 95	0. 06	0. 27	60. 14	15. 81	8. 45	0. 12	0. 11
OCRI	SCBG	种仁	湖北五峰	26. 40	28. 21	8. 04	192. 84	0. 01	0. 11	0. 06	0. 04	6. 83	74. 63	17. 09	0. 42	1. 43	0. 61
OFPC	KMIB	种子	云南红河	15. 60	128. 70	0. 90	181. 40			13. 50		2. 20	21. 10	54. 50	8. 70		
OFPC		种子	吉林怀德	20. 10~22. 00	118. 50~130. 10		193. 80~195. 40			12. 50		3. 60	17. 60	61. 60	4. 70		

野大豆

Glycine soja Sieb. et Zucc.

豆科，大豆属

特征 一年生缠绕草本，长1~4 m。茎、小枝纤细，全体疏被褐色长硬毛。叶具3小叶，长可达14 cm；托叶卵状披针形，急尖，被黄色柔毛；顶生小叶卵圆形或卵状披针形，长3. 5~6 cm，宽1. 5~2. 5 cm，先端锐尖至钝圆，基部近圆形，全缘，两面均被绢状的糙伏毛。总状花序通常短，稀长可达13 cm；花小，长约5 mm；花梗密生黄色长硬毛；苞片披针形；花萼钟状，密生长毛，裂片5，三角状披针形，先端锐尖；花冠淡红紫色或白色，旗瓣近圆形，先端微凹，基部具短瓣柄，翼瓣斜倒卵形，有明显的耳，龙骨瓣比旗瓣及翼瓣短小，密被长毛；花柱短而向一侧弯曲。荚果长圆形，稍弯，两侧稍扁，长17~23 mm，宽4~5 mm，密被长硬毛。种子间稍缢缩，干时易裂；种子2~3粒，椭圆形，稍扁，长2. 5~4 mm，宽1. 8~2. 5 mm，褐色至黑色。花期7~8月；果期8~10月。

分布 广西：灵川县海洋乡小平乐村，25°17′45″N，110°39′30″E，582 m，2011-10-02，郭伦发、林春蕊4001101230。湖南：张家界西溪坪乡，29°05′44″N，110°32′25″E，2011-10-16，张九兵、朱明德400181286；湘潭县响水乡，27°54′24″N，112°54′46″E，60 m，2009-10-17，严岳鸿、何祖霞、

黄玉滢400181048；保靖县白云山，28°39′01″N，109°44′03″E，357，2012-08-11，张代贵、张洁40019101254。安徽：合肥市紫蓬山，31°45′03″N，117°01′56″E，48 m，2011-10-01，田怀珍、李星霖4001171138。湖北：神龙架阳日至新华公路边，31°28′36″N，110°26′37″E，1690 m，2011-09-23，丁时东400151160；神农架阳日，31°43′53″N，110°49′14″E，554 m，2010-10-25，李晓东、昝艳燕、罗曼曼400121163。陕西：洋县华阳古镇，33°35′28″N，107°33′00″E，1153 m，2010-10-08，薛帅、王继师400323033。河北：丰宁，41°16′7″N，117°17′53″E，878 m，2010-09-24，徐兴友、韩宝强400313067。吉林：临江，41°48′60″N，127°11′30″E，2011-09-19，郑宝江等400341127。常生于海拔2650 m以下潮湿的田边、园边、沟旁、河岸、湖边、沼泽、草甸、沿海和岛屿向阳的矮灌木丛或芦苇丛中，稀见于沿河岸疏林下。除新疆、青海和海南外，遍布全国。

栽培 适应性强。喜光，喜温暖、湿润的环境，耐旱。耐贫瘠。播种繁殖。管理较粗放。野大豆的病害主要是霜霉病，防治方法是选育抗病品种；种子处理：30%多克福大豆种衣剂拌种、福美双及敌克松为拌种剂，效果很好；清除病苗和喷洒药剂。

用途 种子含油脂10%~33%，供食用、制酱、酱油和豆腐等，又可榨油，油粕是优良饲料和肥料；茎皮纤维可织麻袋；全草还可药用。全株为家畜喜食的饲料，可栽作牧草、绿肥和水土保持植物。

含油率及化学组分数据

采集单位	测试单位	测试部位	产地	含油率(%)	碘值	酸值	皂化值	C12:0	C14:0	C16:0	C16:1	C18:0	C18:1	C18:2	C18:3	C20:0	C20:1
GXIB	SCBG	种仁	广西灵川	20. 67	138. 36	1. 01	200. 64		0. 05	9. 23	0. 18	2. 22	17. 47	69. 22	0. 38	0. 09	0. 15
HUST	HUST	种仁	湖南张家界	24. 85	10. 38	12. 47	169. 69	0. 004	0. 04	6. 40	0. 23	1. 51	63. 25	28. 18	0. 06	0. 19	0. 14
HUST	HUST	种仁	湖南湘潭	10. 96	91. 98	3. 86	148. 45	1. 69	0. 23	4. 39	0. 09	12. 10	8. 82	4. 82	10. 36	1. 16	0. 21
JSU	SCBG	种仁	湖南保靖	23. 15	77. 89	6. 42	266. 18	2. 13	0. 09	10. 16		5. 08	12. 90	42. 47	26. 27	0. 31	0. 20
ECNU	SCBG	种仁	安徽合肥	20. 10	99. 87	0. 50	201. 78		0. 14	23. 53		3. 40	37. 82	24. 65	1. 84	0. 67	0. 14
OCRI	SCBG	种仁	湖北神龙架	27. 50	31. 57			0. 10	0. 04	5. 64	0. 08	1. 81	27. 00	63. 20	0. 34	1. 22	0. 58
WHBG	WHBG	种仁	湖北神农架	3. 39	25. 60	15. 39	198. 22			14. 80		4. 20	10. 20	55. 90	14. 40		
CAU	ICS	种子	陕西洋县	11. 62	79. 97	5. 28	187. 41		0. 08	9. 81		3. 04	9. 54	51. 83	17. 33	0. 23	0. 19
HNUST	ICS	种子	河北丰宁	8. 62	100. 72	7. 26	139. 86		0. 09	10. 11	0. 06	3. 73	10. 87	56. 30	16. 09	0. 32	0. 15
NEFU	SCBG	种仁	吉林临江	24. 71	3. 92	1. 57	538. 60	0. 003	0. 07	15. 93	0. 46	1. 56	48. 45	32. 74	0. 12	0. 44	0. 23

铃铛刺

Halimodendron halodendron (Pall.) Druce

豆科，铃铛刺属

特征 灌木。树皮暗灰褐色。分枝密，具短枝；长枝褐色至灰黄色，有棱，无毛；当年生小枝密被白色短柔毛。叶轴宿存，呈针刺状；小叶倒披针形，长1. 2~3 cm，宽6~10 mm，顶端圆或微凹，有凸尖，基部楔形，初时两面密被银白色绢毛，后渐无毛；小叶柄极短。总状花序生2~5花；总花梗长1. 5~3 cm，密被绢质长柔毛；花梗细，长5~7 mm；花长1~1. 6 cm；小苞片钻状，长约1 mm；花萼长5~6 mm，密被长柔毛，基部偏斜，萼齿三角形；旗瓣边缘稍反折，翼瓣与旗瓣近等长，龙骨瓣较翼瓣稍短；子房无毛，有长柄。荚果长1. 5~2. 5 cm，宽0. 5~1. 2 cm，背腹稍扁，两侧缝线稍下凹，无纵隔膜，先端有喙，基部偏斜，裂瓣通常扭曲。种子小，微呈肾形。花期7月；果期8月。

分布 新疆：哈巴河县哈布哈滩村，47°58′46″N，86°19′13″E，477 m，2012-09-18，姜凤琴、孔凡奎4003312014；阿勒泰富蕴县至北屯途中，47°16′53″N，88°07′13″E，559 m，2009-09-01，王喜勇、侯翼国4003309014。生于荒漠盐化沙土和河流沿岸的盐质土上，也常见于胡杨林下。产于新疆、甘肃（河西走廊沙地）、内蒙古（西北部）。俄罗斯以及蒙古也有分布。

栽培 喜光照充足，耐干旱和盐碱。播种繁殖。

用途 是良好的固沙树种，也可作绿化观赏。

含油率及化学组分数据

采集单位	测试单位	测试部位	产地	含油率(%)	碘值	酸值	皂化值	C12:0	C14:0	C16:0	C16:1	C18:0	C18:1	C18:2	C18:3	C20:0	C20:1
XIEG	SCBG	种子	新疆哈巴河	3. 37	70. 66	19. 59	218. 07	0. 16	0. 63	10. 90	0. 61	1. 62	18. 09	43. 55	1. 29	0. 34	0. 12
XIEG	SCBG	种仁	新疆阿勒泰	29. 10	56. 46	10. 90	233. 67			12. 67	0. 36	3. 35	26. 70	50. 90	1. 45	0. 62	0. 27

河北木蓝

Indigofera bungeana Walp. [*Indigofera pseudotinctoria* Matsum.]

豆科，木蓝属

特征 直立灌木。羽状复叶长2.5~5 cm；小叶2~4对，对生，椭圆形，稍倒阔卵形，长5~1.5 mm，宽3~10 mm，先端钝圆，基部圆形，上面疏被丁字毛，下面“丁”字形毛较粗；小叶柄长0.5 mm；小托叶与小叶柄近等长或不明显。总状花序腋生，长4~6 cm；总花梗较叶柄短；苞片线形，长约1.5 mm；花梗长约1 mm；花萼长约2 mm，外面被白色“丁”形字毛，萼齿近相等，三角状披针形，与萼筒近等长；花冠紫色或紫红色，旗瓣阔倒卵形，长达5 mm，外面被“丁”字形毛，翼瓣与龙骨瓣等长，龙骨瓣有距；花药圆球形，先端具小凸尖；子房线形，被疏毛。荚果褐色，线状圆柱形，长不超过2.5 cm，被白色“丁”字毛，种子间有横隔，内果皮有紫红色斑点。种子椭圆形。花期5~6月；果期8~10月。

分布 浙江：临安市西天目山，30°22′57″N，119°29′02″E，668 m，2012-11-18，陈树钢、童毅4001122178。安徽：安庆市潜山县天柱山，30°43′03″N，116°28′06″E，434 m，2012-12-07，程志全、刘巧霞4001171268。湖北：神农架下谷坪，31°19′05″N，110°39′51″E，294 m，2011，丁时东400151136。重庆：武陵县黄莺乡黄桷渡，29°09′07″N，107°25′21″E，283 m，2009-10-31，刘正宇等400231104。生于海拔200~1000 m的山坡、草地或河滩地。产于广西、湖南、江西、福建、浙江、江苏、安徽、山东、河南、湖北、重庆、四川、贵州、云南、西藏、青海、宁夏、陕西、山西、内蒙古、辽宁。

栽培 播种繁殖。

用途 用作绿肥。

含油率及化学组分数据

采集单位	测试单位	测试部位	产地	含油率(%)	碘值	酸值	皂化值	C12:0	C14:0	C16:0	C16:1	C18:0	C18:1	C18:2	C18:3	C20:0	C20:1
SCBG	SCBG	种仁	浙江临安	14.23	123.60	2.01	393.80										
ECNU	SCBG	种仁	安徽安庆	20.14	105.84	1.22	203.41		0.13	13.42	0.57	2.26	17.03	58.72	4.27	0.60	0.37
OCRI	SCBG	种仁	湖北神龙架	11.03	15.37	6.15											
CIPP	SCBG	种仁	重庆武陵	23.83				7.55	6.71	11.91		4.87	8.72	17.11	31.38		

扁豆

Lablab purpureus (L.) Sweet

豆科，扁豆属

特征 多年生缠绕藤本。羽状复叶具3小叶；小叶宽三角状卵形，长6~10 cm，宽约与长相等，侧生小叶两边不等大，偏斜，先端急尖或渐尖，基部近截平。总状花序直立，长15~25 cm，花序轴粗壮，总花梗长8~14 cm；小苞片2枚，近圆形，长3 mm，脱落；花2朵至多朵簇生于每一节上；花萼钟状，长约6 mm，上方2裂齿几完全合生，下方的3枚近相等；花冠白色或紫色，旗瓣圆形，基部两侧具2枚长而直立的小附属体，附属体下有2耳，翼瓣宽倒卵形，具截平的耳，龙骨瓣呈直角弯曲，基部渐狭成瓣柄；子房线形，无毛，花柱比子房长，弯曲不逾90°，一侧扁平，近顶部内缘被毛。荚果长圆状镰形，长5~7 cm，近顶端最阔，宽1.4~1.8 cm，扁平，直或稍向背弯曲，顶端有弯曲的尖喙，基部渐狭。种子3~5粒，扁平，长椭圆形，在白花品种中为白色，在紫花品种中为紫黑色。花期4~12月；果期7~12月。

分布 广西：龙胜县和平乡金江村，25°43′14″N，110°44′21″E，385 m，2012-08-19，廖云标4001101290。福建：古田县马坊步云梨园，26°37′08″N，118°52′46″E，2010-10-27，刘东明、梁耀400112169。江苏：扬州市刘集镇西郊森林公园，32°25′36″N，119°14′51″E，51 m，2012-11-10，程志全、刘巧霞4001171244。生于海拔400以下。我国各地广泛栽培。可能原产印度，现世界各热带地区均有栽培。

栽培 有较强的抗瘠薄和抗干旱能力，但以肥沃、土层深厚且排水良好的壤土为佳。播种繁殖，于春季进行。生长期须遮阴，管理粗放。扁豆的病害主要为扁豆锈病和褐斑病，虫害主要为扁豆夜蛾、小灰蝶和烟青虫。

用途 嫩荚作蔬食，白花和白色种子入药，有消暑除湿，健脾止泻之效。可作园林观赏树种。

含油率及化学组分数据

采集单位	测试单位	测试部位	产地	含油率(%)	碘值	酸值	皂化值	C12:0	C14:0	C16:0	C16:1	C18:0	C18:1	C18:2	C18:3	C20:0	C20:1
GXIB	SCBG	种仁	广西龙胜	19.45	105.43	0.43	199.57	0.02	0.05	1.65	0.09	1.19	61.86	31.16	0.51	0.10	0.59
SCBG	SCBG	种仁	福建古田	12.44	129.41	12.06	127.73		0.04		0.06	4.84	25.29		60.04	0.23	0.27
ECNU	SCBG	种仁	江苏扬州	22.66	157.77	1.16	200.74		1.45	30.34	0.82	6.01	19.97	33.12	4.30	0.63	

胡枝子

Lespedeza bicolor Turcz.

豆科，胡枝子属

特征 直立灌木。羽状复叶具3小叶；小叶质薄，通常卵形或倒卵形，长1.5~6 cm，宽1~3.5 cm，先端钝圆或微凹，稀稍尖，具短刺尖，基部近圆形或宽楔形，全缘。总状花序腋生，比叶长，常构成大型、较疏松的圆锥花序；总花梗长4~10 cm；小苞片2枚，卵形，长不到1 cm，先端钝圆或稍尖，黄褐色，被短柔毛；花梗短，长约2 mm，密被毛；花萼长约5 mm，5浅裂，裂片通常短于萼筒，上方2裂片合生成2齿，裂片卵形或三角状卵形，先端尖，外面被白毛；花冠红紫色，长约10 mm，旗瓣倒卵形，先端微凹，翼瓣较短，近长圆形，基部具耳和瓣柄，龙骨瓣与旗瓣近等长，先端钝，基部具较长的瓣柄；子房被毛。荚果斜倒卵形，稍扁，长约10 mm，宽约5 mm，表面具网纹，密被短柔毛。花期7~9月；果期9~10月。

分布 河北：昌黎，40°19′44″N，119°34′48″E，338 m，2009-09-16，徐兴友400313027。黑龙江：桦川县申家店，46°34′47″N，130°37′57″E，709 m，2010-08-13，陈连江、卞勇、贾海伦400351026。生于海拔150~1000 m的山坡、林缘、路旁、灌丛及杂木林间。产于广东、广西、湖南、福建、台湾、浙江、江苏、安徽、山东、河南、甘肃、陕西、山西、河北、内蒙古、辽宁、吉林、黑龙江等地。分布于朝鲜、日本以及俄罗斯西伯利亚地区。

栽培 适应性极广，再生性强。耐阴，耐旱，耐寒，耐瘠薄，固氮能力强。播种或扦插繁殖。荚果成熟时即采种。3~4月进行春播，多用播种育苗。

用途 种子油可供食用或作机器润滑油。是很好的园林观赏植物。

含油率及化学组分数据

采集单位	测试单位	测试部位	产地	含油率(%)	碘值	酸值	皂化值	C12:0	C14:0	C16:0	C16:1	C18:0	C18:1	C18:2	C18:3	C20:0	C20:1
HNUST	ICS	种子	河北昌黎	9.40	79.55	3.39	182.98	0.01	0.10	8.42	0.10	3.63	22.17	41.18	22.93	0.73	0.74
SBRI	SCBG	种仁	黑龙江桦川	21.81	81.66	1.11	513.04	0.01	0.04	3.60	0.07	2.55	24.95	66.26	1.63	0.50	0.39

中华胡枝子

Lespedeza chinensis G. Don

豆科，胡枝子属

特征 小灌木，高达1m。羽状复叶具3小叶；小叶通常倒卵状长圆形或长圆形，长1.5~4 cm，宽1~1.5 cm，先端截形、近截形、微凹或钝头，具小刺尖，边缘稍反卷。总状花序腋生，不超出叶，少花；总花梗极短；花梗长1~2 mm；苞片及小苞片披针形，小苞片2枚，长2 mm，被伏毛；花萼长为花冠之半，5深裂，裂片狭披针形，长约3 mm，被伏毛，边具缘毛；花冠白色或黄色，旗瓣椭圆形，长约7 mm，宽约3 mm，基部具瓣柄及2耳状物，翼瓣狭长圆形，长约6 mm，具长瓣柄，龙骨瓣长约8 mm，闭锁花簇生于茎下部叶腋。荚果卵圆形，长约4 mm，宽2.5~3 mm，先端具喙，基部稍偏斜，表面有网纹，密被白色伏毛。花期8~9月；果期10~11月。

分布 湖北：神农架林区松柏镇黄连架，31°35′27″N，110°54′43″E，1266 m，2012-09-01，危文亮、赵永国等400151199。生于海拔2500 m以下的灌木丛中、林缘、路旁、山坡、林下草丛等处。产于广东、湖南、江西、福建、台湾、浙江、江苏、安徽、湖北、四川等地。

栽培 喜阳。播种或扦插繁殖。

用途 根或全草供药用。

含油率及化学组分数据

采集单位	测试单位	测试部位	产地	含油率(%)	碘值	酸值	皂化值	C12:0	C14:0	C16:0	C16:1	C18:0	C18:1	C18:2	C18:3	C20:0	C20:1
OCRI	SCBG	种仁	湖北神农架	21.06	33.82	9.15	19.26	0.01	0.36		0.10	3.72	30.36	77.09	36.71	0.38	0.15

截叶铁扫帚

Lespedeza cuneata (Dum. Cours.) G. Don

豆科，胡枝子属

特征 小灌木。茎直立或斜升，被毛，上部分枝；分枝斜上举。叶密集，柄短；小叶楔形或线状楔形，长1~3 cm，宽2~5 mm，先端截形成近截形，具小刺尖，基部楔形，上面近无毛，下面密被伏毛。总状花序腋生，具2~4朵花；总花梗极短；小苞片卵形或狭卵形，长1~1.5 mm，先端渐尖，背面被白色伏毛，边具缘毛；花萼狭钟形，密被伏毛，5深裂，裂片披针形；花冠淡黄色或白色，旗瓣基部有紫斑，有时龙骨瓣先端带紫色，冀瓣与旗瓣近等长，龙骨瓣稍长；闭锁花簇生于叶腋。荚果宽卵形或近球形，被伏毛，长2.5~3.5 mm，宽约2.5 mm。花期7~8月；果期9~10月。

分布 湖南：张家界西溪坪乡，29°05′43″N，110°32′25″E，2011-10-16，张九兵、朱明德400181287；保靖县白云山，28°39′48″N，109°20′36″E，650 m，2012-09-07，张代贵、张洁40019101231。湖北：神农架林区松柏镇黄连架，31°35′27″N，110°54′43″E，1266 m，2012-09-02，危文亮、赵永国等400151205。甘肃：徽县严坪镇，33°23′33″N，106°10′02″E，1001 m，2011-10-08，薛帅、潘昊400325016。生于海拔2500 m以下的山坡路旁。产于广东、湖南、台湾、山东、河南、湖北、四川、云南、西藏、甘肃、陕西等地。朝鲜、日本、印度、巴基斯坦、阿富汗、澳大利亚也有分布。

栽培 喜阳。播种或扦插繁殖。

用途 叶可作饲料及绿肥。

含油率及化学组分数据

采集单位	测试单位	测试部位	产地	含油率(%)	碘值	酸值	皂化值	C12:0	C14:0	C16:0	C16:1	C18:0	C18:1	C18:2	C18:3	C20:0	C20:1
HUST	HUST	种仁	湖南张家界	28.04	37.38	10.19	56.60	0.05	0.12	10.85	0.33	2.61	12.87	69.09	2.62	1.09	0.37
JSU	SCBG	种仁	湖南保靖	2.54	110.90	2.41	286.10			13.48		3.58	17.41	33.45	4.95	1.37	
OCRI	SCBG	种仁	湖北神农架	20.40	22.24	3.29	161.77	0.06	0.05				2.59	51.00	0.12	0.30	0.22
CAU	ICS	种子	甘肃徽县	3.13	101.42	25.35	126.14	0.06	0.24	12.27	1.55	4.12	13.93	44.64	18.36	0.97	0.19

美丽胡枝子

Lespedeza thunbergii subsp. **formosa** (Vogel) H. Ohashi

豆科，胡枝子属

特征 直立灌木。小叶通常椭圆形或长圆状椭圆形，两端稍尖或稍钝，长2.5~6 cm，宽1~3 cm，上面绿色，稍被短柔毛，下面淡绿色，贴生短柔毛。总状花序单一，腋生，比叶长，或构成顶生的圆锥花序；总花梗长可达10 cm，被短柔毛；苞片卵状渐尖，长1.5~2 mm，密被绒毛；花梗短，被毛；花萼钟状，长5~7 mm，5深裂，裂片长圆状披针形，长为萼筒的2~4倍，外面密被短柔毛；花冠红紫色，长10~15 mm旗瓣近圆形或稍长，先端圆，基部具明显的耳和瓣柄，翼瓣倒卵状长圆形，短于旗瓣和龙骨瓣，长7~8 mm，基部有耳和细长瓣柄，龙骨瓣比旗瓣稍长，在花盛开时明显长于旗瓣，基部有耳和细长瓣柄。荚果倒卵形或倒卵状长圆形，长8 mm，宽4 mm，被疏柔毛。花期7~9月；果期9~10月。

分布 广东：东莞市谢岗乡银瓶山仙水道，23°02′40″，113°45′41″E，2012-11-02，邢福武、宁阳阳、叶心芬400113163。湖南：保靖县白云山，28°32′34″N，109°34′10″E，443 m，2012-11-16，张代贵、张洁40019101237。浙江：舟山市普陀山，30°21′53″N，122°54′54″E，8 m，2009-11-14，王发国、翟俊文400113027。陕西：安康市千家坪，31°59′30″N，109°17′52″E，2200 m，2012-10-04，秦烁、郭利磊400328036。生于海拔2200 m以下的山坡、路旁及林缘灌丛中。产于广东、广西、湖南、江西、福建、浙江、江苏、安徽、山东、河南、湖北、四川、云南、甘肃、陕西、河北等地。朝鲜、日本、印度也有分布。

栽培 喜光，稍耐阴，耐寒，抗旱，耐水湿，耐瘠薄，具根瘤，有固氮作用。播种繁殖。果熟后采收种子，阴干贮藏，于春季播种。秋季或翌春移植，成活后管理粗放。

用途 种子油可作润滑油。优良的观花灌木，可单植或丛植于园林中。

含油率及化学组分数据

采集单位	测试单位	测试部位	产地	含油率(%)	碘值	酸值	皂化值	C12:0	C14:0	C16:0	C16:1	C18:0	C18:1	C18:2	C18:3	C20:0	C20:1
SCBG	SCBG	种仁	广东东莞	34.50	18.92	17.58	143.21	0.04		11.55		1.99	23.25	42.18	1.40	0.53	0.05
JSU	SCBG	种仁	湖南保靖	12.45	4.93	4.66	248.57		0.13	15.73	0.05	2.20	23.67	52.48	0.42	0.45	2.12
SCBG	SCBG	种仁	浙江舟山	20.60	82.09	2.59	383.52		0.02	3.67	0.03	0.96	66.96	26.97	1.15	0.11	0.13
CAU	ICS	种子	陕西安康	6.52		14.70	253.64		0.06	6.57	0.12	1.67	9.15	43.28	21.21	0.30	0.57

朝鲜槐（山槐）

Maackia amurensis Rupr.

豆科，马鞍树属

特征 落叶小乔木或灌木。枝条被短柔毛，有显著皮孔。二回羽状复叶，羽片2~4对；小叶5~14对，长圆形或长圆状卵形，长1. 8~4. 5 cm，宽7~20 mm，先端圆钝而有细尖头，基部不等侧，两面均被短柔毛，中脉稍偏于上侧。头状花序2~7个生于叶腋，或于枝顶排成圆锥花序；花初白色，后变黄，具明显的小花梗；花萼管状，长2~3 mm，5齿裂；花冠长6~8 mm，中部以下连合呈管状，裂片披针形，花萼、花冠均密被长柔毛；雄蕊长2. 5~3. 5 cm，基部连合呈管状。荚果带状，长7~17 cm，宽1. 5~3 cm，深棕色，嫩荚密被短柔毛。老时无毛；种子4~12粒，倒卵形。花期5~6月；果期8~10月。

分布 黑龙江：帽儿山，45°18′50″N，127°34′43″E，2012-10-17，郑宝江等400341205；伊春市小兴安岭，47°45′08″N，128°54′14″E，889 m，2010-08-15，陈连江、卞勇、潘伟400351053。生于海拔900 m的山坡灌丛、疏林中。产于我国华南、华东、西南、西北至华北各地区。越南、缅甸、印度亦有分布。

栽培 喜光，阴坡也能生长。根系较发达，喜生湿润、肥沃的阔叶林内、林缘及溪流附近或山坡灌木丛。播种繁殖。病虫害防治：幼苗期嫩叶易受蚜虫危害，可用2000倍乐果液喷洒防治。

用途 花美丽，亦可植为风景树。

含油率及化学组分数据

采集单位	测试单位	测试部位	产地	含油率(%)	碘值	酸值	皂化值	C12:0	C14:0	C16:0	C16:1	C18:0	C18:1	C18:2	C18:3	C20:0	C20:1
NEFU	SCBG	种仁	黑龙江帽儿山	23. 45	31. 49	13. 74	277. 10	0. 01	0. 23	29. 83	5. 01	1. 89	3. 36	38. 63	20. 54	0. 02	0. 57
SBRI	SCBG	种仁	黑龙江伊春	20. 88	74. 70	0. 97	187. 01	0. 01	0. 23	29. 83	5. 01	1. 89	3. 36	38. 63	20. 45	0. 02	0. 57

野苜蓿

Medicago falcata L.

豆科，苜蓿属

特征 多年生草本。羽状三出复叶；小叶倒卵形至线状倒披针形，长8~15 mm，宽2~5 mm，先端近圆形，具刺尖，基部楔形，边缘上部1/4具锐锯齿，顶生小叶稍大。花序短总状，长1~2 cm，具花6~20朵，稠密，花期几不伸长；总花梗腋生，挺直，与叶等长或稍长；苞片针刺状，长约1 mm；花长6~9 mm；花梗长2~3 mm，被毛；萼钟形，被贴伏毛，萼齿线状锥形，比萼筒长；花冠黄色，旗瓣长倒卵形，翼瓣和龙骨瓣等长，均比旗瓣短；子房线形，被柔毛，花柱短，略弯，胚珠2~5颗。荚果镰形，长10~15 mm，宽2. 5~3. 5 mm，脉纹细，斜向，被贴伏毛，有种子2~4粒。种子卵状椭圆形，长2 mm，宽1. 5 mm，黄褐色，胚根处凸起。花期6~8月；果期7~9月。

分布 新疆：乌鲁木齐谢家沟，43°31′34″N，87°01′27″E，1599 m，2010-09-29，王喜勇、王蕾、孔凡逵4003310019。常生于海拔1600 m的砂质偏旱耕地、山坡、草原及河岸杂草丛中。产于我国西北、华北、东北各地。欧洲盛产，俄罗斯、哈萨克斯坦、乌兹别克斯坦、土库曼斯坦、吉尔吉斯斯坦、塔吉克斯坦、蒙古、伊朗等亚洲地区分布也很广泛，世界各地都有引种栽培。

栽培 喜光，耐寒，耐旱，也喜湿。耐贫瘠。播种繁殖。苜蓿常见的虫害有蚜虫、盲椿橡、潜叶蝇、蓟蚂等。

用途 是营养价值很高的野生牧草。

含油率及化学组分数据

采集单位	测试单位	测试部位	产地	含油率(%)	碘值	酸值	皂化值	C12:0	C14:0	C16:0	C16:1	C18:0	C18:1	C18:2	C18:3	C20:0	C20:1
XIEG	SCBG	种仁	新疆乌鲁木齐	35. 22	54. 12	0. 30	172. 63	0. 17	0. 73	12. 72	0. 86	1. 90	21. 74	52. 33	1. 53	0. 38	0. 16

紫苜蓿

Medicago sativa L.

豆科，苜蓿属

特征 多年生草本。根粗壮；茎直立、丛生以至平卧，四棱形。羽状三出复叶；小叶通常长卵形或倒长卵形，长10~25 mm，宽3~10 mm，纸质，先端钝圆，具由中脉伸出的长齿尖，基部狭窄，楔形，边缘1/3以上具锯齿。花序总状或头状，长1~2. 5 cm，具花5~30朵；总花梗挺直，比叶长；苞片线状锥形，比花梗长或等长；花长6~12 mm；花梗短，长约2 mm；萼钟形，长3~5 mm，萼齿线状锥形，比萼筒长，被贴伏柔毛；花冠各色：淡黄、深蓝至暗紫色，花瓣均具长瓣柄，旗瓣长圆形，先端微凹，明显较翼瓣和龙骨瓣长，翼瓣较龙骨瓣稍长；子房线形，具柔毛，花柱短阔，上端细尖，柱头点状，胚珠多数。荚果螺旋状紧卷2~4(~6)圈，中央无孔或近无孔，径5~9 mm，被柔毛或渐脱落，脉纹细，不清晰，熟时棕色；有种子10~20粒。种子卵形，长1~2. 5 mm，平滑，黄色或棕色。花期5~7月；果期6~8月。

分布 四川：若尔盖县巴西乡林场，33°40′19″N，103°21′04″E，2717 m，2009-07-23，干友民400241029。新疆：昌吉州呼图壁种牛场，44°18′55″N，86°57′56″E，434 m，2010-09-30，王喜勇、王蕾、孔凡逵4003310020。常生于海拔400~2800 m的田边、路旁、旷野、草原、河岸及沟谷等地。我国各地都有栽培或呈半野生状态。欧亚大陆以及世界各国广泛种植。

栽培 喜光，喜湿。耐贫瘠。抗逆性强。播种繁殖。一年四季均可播种，多用条播。

用途 可作为饲料与牧草。

含油率及化学组分数据

采集单位	测试单位	测试部位	产地	含油率(%)	碘值	酸值	皂化值	C12:0	C14:0	C16:0	C16:1	C18:0	C18:1	C18:2	C18:3	C20:0	C20:1
SAU	SCBG	种仁	四川若尔盖	28. 21	138. 53	34. 99	216. 56										
XIEG	SCBG	种仁	新疆昌吉	10. 47	23. 45	0. 61	177. 06										
OFPC		种子	辽宁凤城	18. 60	120. 60		189. 80			6. 80		2. 40	35. 00	52. 90	2. 90		

厚果崖豆藤
Millettia pachycarpa Benth.

豆科，崖豆藤属

特征 大藤本。羽状复叶长30~50 cm；小叶6~8对，间隔2~3 cm，草质，长圆状椭圆形至长圆状披针形，长10~18 cm，宽3.5~4.5 cm，先端锐尖，基部楔形或圆钝。总状圆锥花序，2~6枝生于新枝下部，长15~30 cm，密被褐色绒毛，生花节长1~3 mm，花2~5朵着生节上；苞片小，阔卵形，小苞片甚小，线形，离萼生；花长2.1~2.3 cm；花梗长6~8 mm；花萼杯状，长约6 mm，宽约7 mm，密被绒毛，萼齿甚短，几不明显，圆头，上方2齿全合生；花冠淡紫，旗瓣无毛，或先端边缘具睫毛，卵形，基部淡紫，基部具2短耳，无胼胝体，翼瓣长圆形，下侧具钩，龙骨瓣基部截形，具短钩；雄蕊单体，对旗瓣的1枚基部分离；无花盘；子房线形，密被绒毛，花柱长于子房，向上弯，胚珠5~7颗。荚果深褐黄色，单粒种子时卵形，长5~23 cm，宽约4 cm，厚约3 cm，密布浅黄色疣状斑点，有种子1~5粒。种子黑褐色，肾形。花期4~6月；果期6~11月。

分布 海南：陵水市吊罗山，19°06′59″N，109°56′49″E，2011-12-02，邢福武、刘东明、王发国400119211。广东：阳山县秤架，24°46′58″N，112°49′17″E，235 m，2009-09-21，曾庆文、董安强、胡晓敏40011216。湖南：通道县万佛山风景区，26°19′53″N，109°51′35″E，439 m，2010-12-11，张兵、谷志容400181262；吉首市德夯，28°12′24″N，109°20′04″E，258 m，2010-06-05，周建军、徐亮400191104；沅陵县借母溪乡，28°36′49″N，110°24′17″E，2011-10-22，张九兵、朱明德400181331。重庆：南川区三泉镇神仙堡，29°46′9″N，107°7′59″E，658 m，2009-04-27，刘正宇等400231001。云南：西双版纳勐腊，21°56′04″N，101°15′16″E，549 m，2009-11-10，郑希龙400114103。湖北：五峰后河老屋场，33°29′40″N，110°31′30″E，989 m，2010-10-20，丁时东、危文亮等400151047。常生于海拔2000 m以下的山坡常绿阔叶林内。产于海南、广东、广西、湖南、江西、福建、台湾、浙江（南部）、湖北、重庆、四川、贵州、云南、西藏。缅甸、泰国、越南、老挝、孟加拉国、印度、尼泊尔、不丹也有分布。

栽培 喜温暖、湿润的环境，耐寒性好。喜肥沃、疏松和排水良好的土壤。播种繁殖。易栽培，管理粗放。

用途 种子和根含鱼藤酮，磨粉可作杀虫药，能防治多种粮棉害虫；茎皮纤维可供利用。

含油率及化学组分数据

采集单位	测试单位	测试部位	产地	含油率(%)	碘值	酸值	皂化值	C12:0	C14:0	C16:0	C16:1	C18:0	C18:1	C18:2	C18:3	C20:0	C20:1
SCBG	SCBG	种仁	海南陵水	21.35	118.37	8.89	193.93	0.35		19.47	0.19	2.30	57.82	0.35	0.15		8.04
SCBG	SCBG	种仁	广东阳山	4.50					0.03	3.97	0.07	1.24	15.26	78.66	0.35	0.23	0.19
HUST	HUST	种仁	湖南通道	34.65	13.00	14.35	111.15	0.02	0.12	5.95	0.57	2.32	8.96	33.57	36.90	2.55	9.04
JSU	SCBG	种仁	湖南吉首	21.65	68.83	60.91	225.65	0.14	0.14	5.09		1.44	9.53	26.87	2.28	0.29	
HUST	HUST	种仁	湖南沅陵	4.47	55.64	23.41	208.71	0.04	0.19	19.47	2.65	3.43	29.76	43.92	0.17	0.25	0.12
CIPP	SCBG	种仁	重庆南川	26.56	76.15	6.45	152.75	0.06	0.07	7.97	0.15	4.50	53.59	8.69	0.11	0.46	0.34
SCBG	SCBG	种仁	云南西双版纳	31.90				0.004	0.09	13.76	0.08	3.62	37.23	38.10	6.72	0.22	0.17
OCRI	SCBG	种仁	湖北五峰	26.15	66.43	13.90	431.57	0.08	0.11	5.92	1.09	0.66	25.31	63.04	0.74	2.31	

海南崖豆藤

Millettia pachyloba Drake

豆科，崖豆藤属

特征 大藤本，长达20 m。羽状复叶长25~35 cm；小叶4对，间隔2~2.5 cm，厚纸质，倒卵状长圆形或长圆状椭圆形，长7~17 cm，宽3~5.5 cm，先端短渐尖或钝，有时呈浅凹缺，基部圆钝。总状圆锥花序顶生，或2~3枝近枝梢腋生，长20~30 cm，生花节长4~5 mm；花3~7朵着生节上，花长1.2~1.5 cm；花梗长2~3 mm；苞片和小苞片均小，三角状线形；花萼杯状，长约3 mm，宽4~5 mm，密被绢毛，萼齿尖三角形，短于萼筒，上方2齿几全合生；花冠淡紫色，花瓣近等长，旗瓣密被黄褐色绢毛，扁圆形，长10~12 mm，先端圆形，基部截形，无胼胝体，瓣柄短，翼瓣长圆形，具1耳，龙骨瓣阔长圆形，先端粘连，翼瓣和龙骨瓣的外露部分均密被绢毛；雄蕊二体，离生的1枚花丝上有稀疏柔毛；无花盘；子房密被绢毛，花柱成直角上弯，柱头点状，胚珠4~6颗。荚果菱状长圆形，肿胀，先端喙尖，基部圆钝，有种子1~4粒。种子黑褐色，具光泽，挤压成棋子形。花期4~6月；果期7~11月。

分布 海南：昌江县霸王岭雅加度假村，19°06′59″N，109°05′32″E，2011-11-29，秦新生4001161183；昌江县霸王岭雅加，19°06′59″N，109°05′32″E，2011-10-22，秦新生4001161214；乐东县尖峰岭，18°43′15″N，108°52′54″E，2011-10-15，秦新生4001161241。广西：龙胜县和平乡金江村，23°16′59″N，107°40′53″E，230 m，2012-09-22，杨金财4001101307。云南：文山州麻栗坡县大坪乡，23°13′31″N，104°54′09″E，2011-10-14，曾庆文、陈树钢、杨国400114243。常生于海拔2000 m以下的山坡常绿阔叶林内。产于海南、广东、广西、贵州（南部）、云南。缅甸、泰国、越南、老挝、孟加拉国、印度、尼泊尔、不丹也有分布。

栽培 喜温暖、湿润的环境，耐寒性好。喜肥沃、疏松和排水良好的土壤。播种繁殖。易栽培，管理粗放。

用途 种子和根含鱼藤酮，磨粉可作杀虫药，能防治多种粮棉害虫；茎皮纤维可供利用。

含油率及化学组分数据

采集单位	测试单位	测试部位	产地	含油率(%)	碘值	酸值	皂化值	C12:0	C14:0	C16:0	C16:1	C18:0	C18:1	C18:2	C18:3	C20:0	C20:1
SCAU	SCBG	种仁	海南昌江	21.51		1.46	232.88	0.02	0.02	10.55	15.96		18.18	33.20	0.66	0.50	0.31
SCAU	SCBG	种仁	海南昌江	30.08	129.52	11.18	171.53	86.39	18.68	10.12			37.95	20.35	0.53	0.10	0.74
SCAU	SCBG	种仁	海南乐东	33.06		8.30	200.59	1.47			0.80			55.98	0.93		
GXIB	SCBG	种仁	广西龙胜	12.54	157.77	1.16	200.74		0.39	19.52		3.02	41.77	24.81	2.30	0.62	0.58
SCBG	SCBG	种仁	云南文山	31.26	50.22	8.46	245.16	0.003	0.03	3.79	0.27	1.90	33.03	60.07	0.42	0.10	0.40

间序油麻藤

Mucuna interrupta Gagnep.

豆科，黧豆属

特征 缠绕藤本。茎通常具纵棱，无毛。羽状复叶3小叶；小叶薄纸质，顶生小叶椭圆形，长9~14 cm，宽4~8 cm，先端骤然短渐尖，有细尖头，基部圆或多少心形。花序腋生，长8~24 cm，花序下部无花；苞片常宿存，宽卵形，长2.5~3.2 cm，宽2~2.5 cm，两面密被伏贴细短毛；花梗长8~10 mm，被毛；小苞片脱落；花萼密被长毛，筒宽杯状，长约1 cm，宽约2 cm，2侧齿宽三角形，长5~6 mm，宽4~6 mm，最下齿长，宽三角形，长12~14 mm，宽约6 mm；花冠白或红色，旗瓣长3~3.5 cm，为龙骨瓣长的1/2或稍长，宽1.8~2 cm，先端微凹，基部有2耳，翼瓣长5~5.7 cm，瓣柄长约7 mm，耳长2 mm，龙骨瓣长5~5.7 cm，瓣柄长约10 mm，耳长约1 mm；雄蕊管长4.5~5 cm；子房有毛，花柱无毛；胚珠3~4颗。果革质，卵形，边缘有宽4~5 mm的翅，两面有10~20斜生、中部断裂的直立褶片。种子2~3粒，红褐色，具黑色条纹和斑点，肾形或近盘状。花期8月；果期10月。

分布 云南：西双版纳青崖寨213国道，22°00′34″N，100°48′11″E，2012-01-16，邢福武、童毅、孟玉芳4001142007。生于海拔900~1100 m的常绿阔叶林林缘处。产于云南。泰国、柬埔寨、老挝、越南、马来西亚也有分布。

栽培 播种或扦插繁殖。

用途 用作园林绿化。

含油率及化学组分数据

采集单位	测试单位	测试部位	产地	含油率(%)	碘值	酸值	皂化值	C12:0	C14:0	C16:0	C16:1	C18:0	C18:1	C18:2	C18:3	C20:0	C20:1
SCBG	SCBG	种仁	云南西双版纳	20.19	39.32	10.15	164.26		0.69	29.70	5.74	2.20	7.64	27.04	0.03	6.84	0.78

褶皮黧豆

Mucuna lamellata Wilmot-Dear

豆科，黧豆属

特征 攀缘藤本。羽状复叶具3小叶；小叶薄纸质，顶生小叶菱状卵形，长6~13 cm，宽4~9.5 cm，先端渐尖，具短尖头，长4 mm，基部圆或稍楔形；侧生小叶明显偏斜，长8~14 cm，基部截形。总状花序腋生，长7~27 cm，花生于花序上部，通常每节有3花；花萼密被绢质柔毛，萼筒杯状，长5~6 mm，宽8~10 mm；花冠深紫色或红色，旗瓣宽椭圆形，长2~2.5 cm，先端宽圆形，浅二裂，基部耳长约1 mm，瓣柄长，宽约2 mm，翼瓣长圆形，长3.2~4 cm，宽9~12 mm，瓣柄长约6 mm，耳长约2 mm，近基部边缘有睫毛，龙骨瓣较纤细，长约4 cm，先端弯曲，弯折长约1 cm，基部瓣柄长6~7 mm，耳长1~2 mm；雄蕊约与龙骨瓣相等。荚果革质，长圆形，基部和先端弯曲，外形不对称，种子间有深的横沟，背腹缝两侧具宽2~4 mm的翅。种子3~5粒，深红褐色或黑色，长约11 mm，宽约9 mm，厚约7 mm，光滑，种脐黑色，长约为种子周长的5/8，无假种皮。花、果期4~7月。

分布 湖南：新宁县莨山镇八角寨，26°12′53″N，110°44′06″E，431 m，2010-10-04，严岳鸿、何祖霞400181175。生于海拔700 m的灌丛、溪边、路旁或山谷；缠绕在灌木上。产于广东、广西、湖南、江西、福建、浙江、江苏、湖北。

栽培 播种或扦插繁殖。

用途 用作园林绿化。

含油率及化学组分数据

采集单位	测试单位	测试部位	产地	含油率(%)	碘值	酸值	皂化值	C12:0	C14:0	C16:0	C16:1	C18:0	C18:1	C18:2	C18:3	C20:0	C20:1
HUST	HUST	种仁	湖南新宁	21.44	101.08	12.19	176.64			2.11	0.35	0.47	74.59	21.87	0.13		0.13

大果油麻藤

Mucuna macrocarpa Wall.

豆科，黧豆属

特征 大型木质藤本。茎具皮孔。羽状复叶具3小叶，小叶纸质或革质，顶生小叶椭圆形、卵状椭圆形、卵形或稍倒卵形，长10~19 cm，宽5~10 cm，先端急尖或圆，具短尖头，很少微缺，基部圆或稍微楔形；侧生小叶极偏斜，长10~17 cm。花序通常生在老茎上，长5~23 cm，有5~12节；花多聚生于顶部，每节有2~3花，常有恶臭；花梗长8~10 mm，密被伏贴的细刚毛；花萼宽杯形，长8~12 mm，宽12~20 mm，2侧齿长3~4 mm，最下齿长5~6 mm；花冠暗紫色，但旗瓣带绿白色，旗瓣长3~3. 5 cm，先端圆，基部的耳很小，长约1 mm，翼瓣长4~5. 2 cm，宽1. 5~1. 7 cm，瓣柄长5~7 mm，耳长3~5 mm，龙骨瓣长5~6. 3 cm，瓣柄长8~10 mm，耳长1~3 mm；雄蕊管长4. 5~5. 5 cm。果木质，带形，近念珠状，直或稍微弯曲，密被直立红褐色细短毛，部分近于无毛，具不规则的脊和皱纹，具6~12粒种子。种子黑色，盘状，但稍不对称，两面平。花期4~5月；果期6~7月。

分布 海南：昌江县霸王岭，19°06′59″N，109°05′32″E，2011-11-03，秦新生4001161205。广西：隆林县金钟乡，24°36′57″N，104°52′14″E，971 m，2011-10-23，曾庆文、陈树钢、杨国400114158。生于海拔800~2500 m的山地或河边常绿或落叶林中，或开阔灌丛和干沙地。产于海南、广东、广西、台湾、贵州、云南。缅甸、泰国、越南、日本、印度、尼泊尔也有分布。

栽培 播种或扦插繁殖。

用途 用作垂直绿化。

含油率及化学组分数据

采集单位	测试单位	测试部位	产地	含油率(%)	碘值	酸值	皂化值	C12:0	C14:0	C16:0	C16:1	C18:0	C18:1	C18:2	C18:3	C20:0	C20:1
SCAU	SCBG	种仁	海南昌江	30. 66	117. 16	14. 22	201. 02	0. 01	0. 15	3. 97	20. 21			29. 63	0. 78	2. 92	
SCBG	SCBG	种仁	广西隆林	36. 12	113. 73	87. 07	360. 64	0. 003	0. 05	5. 10	0. 06	3. 65	7. 02	34. 14	48. 89	0. 43	0. 65

常春油麻藤

Mucuna sempervirens Hemsl.

豆科，黧豆属

特征 常绿木质藤本。羽状复叶具3小叶；小叶纸质或革质，顶生小叶椭圆形，长圆形或卵状椭圆形，长8~15 cm，宽3. 5~6 cm，先端渐尖头可达15 cm，基部稍楔形，侧生小叶极偏斜，长7~14 cm，无毛。总状花序生于老茎上，长10~36 cm，每节上有3花；花萼密被暗褐色伏贴短毛，外面被长硬毛，萼筒宽杯形，长8~12 mm，宽18~25 mm；花冠深紫色，干后黑色，长约6. 5 cm，旗瓣长3. 2~4 cm，圆形，先端凹达4 mm，基部耳长1~2 mm，翼瓣长4. 8~6 cm，宽1. 8~2 cm，龙骨瓣长6~7 cm，基部瓣柄长约7 mm，耳长约4 mm；雄蕊管长约4 cm；花柱下部和子房被毛。果木质，带形，近念珠状，边缘多数加厚，中央无沟槽，无翅，具伏贴红褐色短毛或刚毛，种子4~12粒，内部隔膜木质，带红色，褐色或黑色，扁长圆形，长2. 2~3 cm，宽2~2. 2 cm，厚1 cm，种脐黑色，包围着种子的3/4。花期4~5月；果期8~10月。

分布 湖南：永顺县吊井岩，28°46′45″N，109°57′03″E，336 m，2010-09-20，徐亮、张代贵4001911870。江西：宜春市靖安县九岭山自然保护区，28°54′25″N，115°20′16″E，128 m，2010-08-13，邓星、景慧娟4001410024。湖北：神农架谢家湾，31°27′15″N，110°05′56″E，1334 m，2010-10-23，丁时东、危文亮等400151073。云南：禄劝县则黑乡，26°00′26″N，102°41′24″E，2121 m，2009-07-26，胡光万、王跃虎、唐贵华400221011。生于海拔300~3000 m的亚热带森林、灌木丛、溪谷、河边。产于广东、广西、湖南、江西、福建、浙江、湖北、四川、贵州、云南以及陕西南部（秦岭南坡）。日本也有分布。

栽培 喜光，耐半阴，喜温凉、湿润的环境，耐寒，不耐干旱。不耐瘠薄，栽培土质以排水良好、肥沃的壤土或砂质壤土为佳。播种或扦插繁殖。

用途 种子可榨油；茎藤药用，有活血去瘀，舒筋活络之效；茎皮可织草袋及制纸；块根可提取淀粉。

含油率及化学组分数据

采集单位	测试单位	测试部位	产地	含油率(%)	碘值	酸值	皂化值	C12:0	C14:0	C16:0	C16:1	C18:0	C18:1	C18:2	C18:3	C20:0	C20:1
JSU	SCBG	种仁	湖南永顺	30. 48	100. 88	9. 10	223. 74		0. 10	7. 25	0. 21	1. 42	51. 60	29. 01	0. 75	0. 67	
SYSU	SCBG	种仁	江西宜春	32. 11	132. 37	1. 30	176. 11	0. 02	0. 04	7. 86	0. 07	1. 62	23. 14	65. 65	0. 59	0. 70	0. 31
SCBG	CORI	种仁	湖北神农架	27. 06	31. 49	1. 15	142. 34	0. 01	0. 61	9. 31	0. 12	2. 53	4. 73	15. 16	26. 27	0. 85	10. 21
KMIB	KMIB	种仁	云南禄劝	4. 44	3. 30	96. 60	183. 00				7. 84		6. 97	36. 90	37. 00		

凹叶红豆

Ormosia emarginata (Hook. et Arn.) Benth.

豆科，红豆属

特征 常绿小乔木。奇数羽状复叶；小叶2~3对，厚革质，通常倒卵形或倒卵状椭圆形，长3. 7~7 cm，宽1. 6~3. 2 cm，先端钝圆而有凹缺，基部圆或楔形，侧脉7~8对，细脉纤细，两面均隆起，下面较明显。圆锥花序顶生，长约11 cm；花疏，有香气；花梗长3~5 mm，细柔，无毛；花萼5裂达中部，萼齿等大，边缘及内面有灰色绒毛；花冠白色或粉红色，旗瓣半圆形，长约7 mm，宽约8 mm，先端圆，基部柄长2 mm，翼瓣篦形，有长柄，基部耳状，龙骨瓣为不整齐的长圆形，基部有纤细的柄，一侧微呈耳形；雄蕊10枚，不等长，3长7短；子房无毛。荚果扁平，黑褐色或黑色，菱形或长圆形，长3~5. 5 cm，宽1. 7~2. 4 cm，两端尖，果颈长2~3 mm，果瓣木质，内面有隔膜，有种子1~4粒。种子近圆形或椭圆形，微扁，长7~10 mm，宽7 mm，种皮鲜红色，种脐小，长约2 mm，有黄白色残留珠柄。花期5~6月；果期8月。

分布 海南：陵水县本号镇吊罗山国家级自然保护区白水，18°43′04″，109°58′09″，2010-08-13，秦新生4001161128。生于山坡、山谷混交林内。产于海南、广东、广西（东兴）。越南也有分布。

栽培 喜光，光照宜充足，喜温暖至高温、多湿的气候，不耐寒冷，耐干旱。耐瘠薄，但以肥沃且排水良好的土壤为佳。播种繁殖。春季进行。

用途 木材优良，可旋切单板贴面。为珍贵用材树种。

含油率及化学组分数据

采集单位	测试单位	测试部位	产地	含油率(%)	碘值	酸值	皂化值	C12:0	C14:0	C16:0	C16:1	C18:0	C18:1	C18:2	C18:3	C20:0	C20:1
SCAU	SCBG	种仁	海南陵水	33. 46	66. 90	13. 15	246. 34	0. 04	0. 31	11. 32	0. 39	4. 74	14. 78	64. 96	0. 66	1. 07	1. 72

肥荚红豆

Ormosia fordiana Oliv.

豆科，红豆属

特征 乔木。奇数羽状复叶，长19~40 cm；小叶3~4对，薄革质，倒卵状披针形或倒卵状椭圆形，顶生小叶较大，长6~20 cm，宽1. 5~7 cm，，先端急尖或尾尖，基部楔形或略圆。圆锥花序生于新枝梢，长15~26 cm；总花梗及花梗密被锈色毛；花大，长2~2. 5 mm；花萼长1. 5~2 cm，淡褐绿色，萼齿5，深裂，长椭圆状披针形，微钝头，上部2齿联合至萼的中部以上的2/3处，密被锈色短毛，萼筒短；花冠淡紫红色，长约1. 5 cm，旗瓣圆形，兜状，上部边缘强度内折，近基部中央有一黄色点，柄短厚，扁平，龙骨瓣与翼瓣相似，椭圆状倒卵形，先端钝，柄短；雄蕊10枚，不等长，全部发育，花丝基部粗扁；子房扁，密被锈褐色绢毛，常具4颗胚珠，花柱在顶端内卷，约与雄蕊等长，近光滑无毛。荚果半圆形或长圆形，长5~12 cm，宽5~6. 8 cm，先端有斜歪的喙，有种子1~4粒。种子大，长椭圆形，两端钝圆。花期6~7月；果期11月。

分布 海南：乐东县尖峰岭热林所后山，18°52′54″N，18°43′15″E，2010-12-30，刘东明、梁耀、王鹏400112277。生于海拔100~1400 m的山谷、山坡路旁、溪边杂木林中。产于海南、广东、广西、云南（南至东南部）。越南、缅甸、泰国、孟加拉国也有分布。

栽培 喜温暖、湿润的环境，不耐寒冷。播种繁殖。

用途 木材纹理略通直，可作一般建筑和家具用材料。可作行道树或园林树。

含油率及化学组分数据

采集单位	测试单位	测试部位	产地	含油率(%)	碘值	酸值	皂化值	C12:0	C14:0	C16:0	C16:1	C18:0	C18:1	C18:2	C18:3	C20:0	C20:1
SCBG	SCBG	种仁	海南乐东	31.74	59.28	990.79				0.32		3.78	27.80		0.80	0.05	

光叶红豆

Ormosia glaberrima Y. C. Wu

豆科，红豆属

特征 常绿乔木。奇数羽状复叶；小叶2~3对，革质或薄革质，卵形或椭圆状披针形，先端渐尖，钝或微凹，基部圆。圆锥花序顶生或腋生，长9~12 cm，总花梗及花梗密被锈色贴伏毛，后脱落无毛；花长约1 cm，具短梗；花萼钟形，5齿裂达中部，外面有黄色短毛贴生，内面有黄褐色柔毛；旗瓣近圆形，先端微凹，长、宽约8 mm，基部具柄；雄蕊10枚，均发育，其中3~4枚较长，其余较短，内弯；子房无毛，有胚珠5颗。荚果扁平，椭圆形，长3. 5~5 cm，宽1. 7~2 cm，两端急尖，顶端有短而略弯的喙，果瓣黑色，木质，无毛，内壁有横隔膜，有种子1~4粒。种子扁圆形或长圆形，长约11. 1 cm，宽8~9 mm，种皮鲜红色，有光泽，种脐椭圆形，凹陷，长1~3 mm，位于种子短轴一端。花期6月；果期10月。

分布 海南：昌江县霸王岭二级一电站，19°06′59″N，109°05′32″E，2011-12-03，秦新生4001161225。生于海拔200~750 m的稍湿或干燥的山地、沟谷疏林中。产于海南、广东（西部）、广西（东南部）、湖南（江华）、江西。

栽培 喜温暖、湿润的环境，不耐寒冷。播种繁殖。

用途 材质优良，为海南三类珍贵用材。

含油率及化学组分数据

采集单位	测试单位	测试部位	产地	含油率(%)	碘值	酸值	皂化值	C12:0	C14:0	C16:0	C16:1	C18:0	C18:1	C18:2	C18:3	C20:0	C20:1
SCAU	SCBG	种仁	海南昌江	30. 93		3. 72		0. 07	0. 12		12. 16		11. 25	37. 09	1. 34	0. 61	0. 21

花榈木

Ormosia henryi Prain

豆科，红豆属

特征 常绿乔木。奇数羽状复叶；小叶2~3对，革质，椭圆形或长圆状椭圆形，先端钝或短尖，基部圆或宽楔形。圆锥花序顶生，或总状花序腋生，长11~17 cm，密被淡褐色绒毛；花径2 cm，花梗长7~12 mm；花萼钟形，5齿裂，萼齿三角状卵形，内外均密被褐色绒毛；花冠中央淡绿色，边缘绿色微带淡紫，旗瓣近圆形，基部具胼胝体，半圆形，不凹或上部中央微凹，翼瓣倒卵状长圆形，淡紫绿色，长约1. 4 cm，宽约1 cm，柄长3 mm，龙骨瓣倒卵状长圆形，长约1. 6 cm，宽约7 mm，柄长3. 5 mm；雄蕊10枚，分离，长1. 3~2. 5 cm，不等长，花丝淡绿色，花药淡灰紫色；子房扁，沿缝线密被淡褐色长毛，其余无毛，胚珠9~10颗，花柱线形，柱头偏斜。荚果扁平，长椭圆形，有种子4~8粒，稀1~2粒；种子椭圆形或卵形，长8~15 mm，种皮鲜红色，有光泽，种脐长约3 mm，位于短轴一端。花期7~8月；果期10~11月。

分布 湖南：湘潭湖南科技大学生物园，27°54′54″N，112°54′40″E，52 m，2010-11-07，严岳鸿、何祖霞400181221；湘潭县响水乡，27°54′53″N，112°54′41″E，69 m，2009-10-06，严岳鸿、黄玉滢400181040。湖北：利川毛坝，30°01′37″N，109°03′19″E，2009-09-29，李晓东、范深厚40012140。生于海拔100~1300 m的山坡、溪谷两旁杂木林内，常与杉木、枫香、马尾松、合欢等混生。产于广东、湖南、江西、浙江、安徽、湖北、四川、贵州、云南（东南部）。越南、泰国也有分布。

栽培 喜温暖，但有一定的耐寒性；对光照的要求有较大的弹性，全光照或阴暗均能生长，但以明亮的散射光为宜。喜湿润土壤，忌干燥。种子发芽容易，种子播种后，要早晚淋水。保持播床适当湿润，约半个月发芽。

用途 可作精油，具有抗衰老的作用；根、枝、叶入药，能祛风散结，解毒去瘀。可作轴承及细木家具用材。又为绿化或防火树种。

含油率及化学组分数据

采集单位	测试单位	测试部位	产地	含油率(%)	碘值	酸值	皂化值	C12:0	C14:0	C16:0	C16:1	C18:0	C18:1	C18:2	C18:3	C20:0	C20:1
HUST	HUST	种仁	湖南湘潭	26. 14	95. 91	1. 61	197. 10			9. 92	0. 22	4. 08	11. 35	66. 38	0. 75	0. 44	0. 20
HUST	HUST	种仁	湖南湘潭	18. 50	96. 40	1. 73	228. 37	0. 02	0. 08	12. 58	0. 30	9. 59	14. 09	53. 62	4. 47	2. 12	3. 13
WHBG	WHBG	种仁	湖北利川	9. 40	126. 05	3. 86	220. 65	0. 02	0. 04	11. 43		2. 26	20. 15	62. 91	0. 56	1. 49	1. 15

韧荚红豆

Ormosia indurata H.Y. Chen

豆科，红豆属

特征　常绿乔木。奇数羽状复叶；小叶2~3对，革质，椭圆形或长圆状椭圆形，先端钝或短尖，基部圆或宽楔形。圆锥花序顶生，或总状花序腋生；

长11~17 cm，密被淡褐色绒毛；花长2 cm，径2 cm，花梗长7~12 mm；花萼钟形，5齿裂，萼齿三角状卵形，内外均密被褐色绒毛；花冠中央淡绿色，边缘绿色微带淡紫，旗瓣近圆形，基部具胼胝体，半圆形，不凹或上部中央微凹，翼瓣倒卵状长圆形，淡紫绿色，长约1. 4 cm，宽约1 cm，柄长3 mm，龙骨瓣倒卵状长圆形，长约1. 6 cm，宽约7 mm，柄长3. 5 mm；雄蕊10枚，分离，长1. 3~2. 5 cm，不等长，花丝淡绿色，花药淡灰紫色。荚果扁平，长椭圆形，有种子4~8粒，稀1~2粒。种子椭圆形或卵形，长8~15 mm，种皮鲜红色，有光泽，种脐长约3 mm，位于短轴一端。花期7~8月；果期10~11月。

分布　广东：阳山县秤架乡十八湾，24°51′35″N，112°52′28″E，2010-10-27，王发国400113088。生于杂木林内。产于广东、福建。

栽培　喜温暖、湿润的环境，不耐寒冷。播种繁殖。

用途　栽培供观赏。

含油率及化学组分数据

采集单位	测试单位	测试部位	产地	含油率(%)	碘值	酸值	皂化值	C12:0	C14:0	C16:0	C16:1	C18:0	C18:1	C18:2	C18:3	C20:0	C20:1
SCBG	SCBG	种仁	广东阳山	30. 68	66. 90	6. 34	187. 39	0. 08	0. 07	5. 51	0. 40	5. 08	28. 86	52. 37	0. 02	0. 25	46. 56

茸荚红豆

Ormosia pachycarpa Champ. ex Benth.

豆科，红豆属

特征　常绿乔木。奇数羽状复叶，长18~30 cm；叶柄长3~6. 2 cm；托叶宽三角形，密被白色绵毛；小叶2~3对，革质，倒卵状长椭圆形，长6. 7~11. 7 cm，宽2. 5~4. 7 cm，先端急尖，基部楔形，略圆，侧脉边12~13对；小叶柄长4~9 mm。圆锥花序顶生，长达20 cm，花近无柄；萼齿5；花冠白色，旗瓣近圆形，长约8 mm，宽约1 cm，先端凹，瓣柄长约3 mm，宽约2 mm，翼瓣长椭圆形，长约10 mm，宽约4 mm，瓣柄细，长约3 mm，龙骨瓣镰状，大小似翼瓣，基部一侧耳形；雄蕊10枚，长0. 7~1. 5 cm，子房卵形或椭圆形，密被毛，胚珠3，花柱细，无毛。荚果椭圆形或近圆形，长2. 5~5 cm，宽2. 5~3 cm，厚1. 3 cm，肿胀，两端钝圆，果瓣厚约2 mm，毡毛厚约4 mm，无隔膜，有种子1~2粒。种子斜菱状方形或圆形，肥厚，基部不对称心形，长1. 8~2. 5 cm，径约1. 4 cm，褐红色，有光泽，种脐小，长约1 mm，椭圆形，微凹。花期6~7月。

分布　广东：肇庆封开黑石顶自然保护区，23°27′48″N，111°54′52″E，2013-01-29，刘东明、王鹏、叶心芬、宁阳阳400114215。广西：河池市环江县木论保护区，25°55′18″N，108°55′54″E，410 m，2012-11-19，刘静、胡仁传4001101331。生于海拔0~1300 m的山坡、山谷、溪边的杂木林内。产于我国广东沿海地区。越南、泰国也有分布。

栽培　喜光，喜温暖至高温、多湿的气候，不耐寒冷，耐干旱。耐瘠薄，栽培土质以湿润、肥沃的壤土为佳。播种繁殖，春季为适期。

用途　材质优良。可植于庭园中或作行道树。

含油率及化学组分数据

采集单位	测试单位	测试部位	产地	含油率(%)	碘值	酸值	皂化值	C12:0	C14:0	C16:0	C16:1	C18:0	C18:1	C18:2	C18:3	C20:0	C20:1
SCBG	SCBG	种仁	广东肇庆	20. 50	111. 34	23. 80	373. 37	0. 004	0. 04	8. 36	3. 73	1. 94	5. 97	29. 05	50. 51	0. 12	0. 26
GXIB	SCBG	种仁	广西河池	21. 80	119. 99	0. 48	201. 72		0. 02	4. 37	0. 06	1. 81	9. 04	26. 96	55. 03	0. 86	0. 06

海南红豆

Ormosia pinnata (Lour.) Merr.

豆科，红豆属

特征 常绿乔木或灌木。奇数羽状复叶，长16~22.5 cm；叶柄长2~3.5 cm；小叶3（~4）对，薄革质，披针形，长12~15 cm，宽约4 cm，先端钝或渐尖，两面均无毛，侧脉5~7对。圆锥花序顶生，长20~30 cm；花长1.5~2 cm；花萼钟状，比花梗长，被柔毛，萼齿阔三角形；花冠粉红色而带黄白色，各瓣均具柄，旗瓣长13 mm，瓣片基部有角质耳状体2枚，翼瓣倒卵圆形，龙骨瓣基部耳形；子房密被褐色短柔毛，内有胚珠4颗，花柱无毛而弯曲。荚果长3~7 cm，宽约2 cm，有种子1~4粒，如具单粒种子时，其基部有明显的果颈，呈镰状，如具数粒种子时，则肿胀而微弯曲，种子间缢缩，果瓣厚木质，成熟时橙红色，干时褐色，有淡色斑点，光滑无毛。种子椭圆形，长15~20 mm，种皮红色，种脐长不足1 mm，位于短轴一端。花期7~8月；果期10月。

分布 海南：兴隆热带花园，18°41′53″N，110°14′34″E，100 m，2010-11-28，张荣京40017158；陵水县本号镇吊罗山南喜，18°43′11″，109°58′28″，500 m，2010-12-10，秦新生4001161149；万宁县兴隆坝王岭，19°03′59″N，109°11′51″E，2013-03-12，刘东明、王鹏、叶心芬、宁阳阳400114278。生于中海拔及低海拔的山谷、山坡、路旁或森林中。产于海南、广东（西南部）、广西（南部）。越南、泰国也有分布。

栽培 喜光，光照宜充足，喜温暖至高温、多湿的气候，不耐寒冷，耐干旱。耐瘠薄，但以肥沃且排水良好的土壤为佳。播种繁殖。春季进行。

用途 可作一般家具、建筑用材。树冠浓绿美观，近年用作行道树，甚受欢迎。

含油率及化学组分数据

采集单位	测试单位	测试部位	产地	含油率(%)	碘值	酸值	皂化值	C12:0	C14:0	C16:0	C16:1	C18:0	C18:1	C18:2	C18:3	C20:0	C20:1
SCAU	SCBG	种仁	海南兴隆	32.00	25.60	15.39	198.22	0.05	0.04	8.70	0.15	3.94	40.18	45.01	0.22	0.52	1.18
SCAU	SCBG	种仁	海南陵水	36.71	12.95	6.34	176.02	0.004	0.10	11.11	0.05	1.69	12.88	66.33	3.12	0.09	4.62
SCBG	SCBG	种仁	海南万宁	10.56	23.18	0.49			0.11	15.22	3.36	3.03	8.55	44.00		0.02	

软荚红豆

Ormosia semicastrata Hance

豆科，红豆属

特征 常绿乔木。奇数羽状复叶；小叶1~2对，革质，卵状长椭圆形或椭圆形，先端渐尖，钝头或微凹，基部圆形或宽楔形。圆锥花序顶生，在下部的分枝生于叶腋内，约与叶等长；总花梗、花梗均密被黄褐色柔毛；花小，长约7 mm；花萼钟状，长4~5 mm，萼齿三角形，近相等，外面密被锈褐色绒毛，内面疏被锈褐色柔毛；花冠白色，比萼约长2倍，旗瓣近圆形，连柄长约4 mm，宽4 mm，翼瓣线状倒披针形，连柄长4.5 mm，宽2 mm，龙骨瓣长圆形，长4 mm，宽2 mm，柄长2 mm；雄蕊10枚，5枚发育，5枚短小退化而无花药，交互着生于花盘边缘，花丝无毛；花盘与萼筒贴生；雄蕊花柱下部腹面及子房背腹缝密被黄褐色短柔毛，尤以腹缝最密，内有胚珠2颗。荚果小，近圆形，稍肿胀，革质，光亮，干时黑褐色，顶端具短喙，有种子1粒。种子扁圆形，鲜红色。花期4~5月；果期8~9月。

分布 海南：陵水县本号镇吊罗山国家级自然保护区五一路，18°43′22″N，109°58′38″E，2010-01-05，秦新生4001161139。广西：恭城和平乡银腚山，24°53′10″N，110°55′44″E，297 m，2011-11-15，郭伦发、林春蕊4001101247。广东：惠州市南昆山万马平村，23°38′00″N，113°53′21″E，584 m，2009-10-04，邢福武40011241；平远县龙文保护区仓子下，24°47′49″N，115°57′59″E，2010-10-15，易绮斐、戴建阅、翟俊文400119108；始兴县罗坝乡都亨，24°46′26″N，114°17′53″E，2012-11-27，刘东明、王鹏、叶心芬、王琳400113184；英德县石门台，24°26′02″N，113°18′34″E，2009-12-03，刘东明、饶显龙40011279。生于海拔240~910 m的山地、路旁、山谷杂木林中，常见。产于海南、广东、广西（东部）、江西（南部）、福建（东南部）。

栽培 喜光，喜温暖至高温，多湿的气候，不耐寒冷，耐干旱，耐瘠薄。播种繁殖，春季为适期。种子浸一夜水再播种，能提高发芽率。

用途 韧皮纤维可作人造棉和编绳原料。

含油率及化学组分数据

采集单位	测试单位	测试部位	产地	含油率(%)	碘值	酸值	皂化值	C12:0	C14:0	C16:0	C16:1	C18:0	C18:1	C18:2	C18:3	C20:0	C20:1
SCAU	SCBG	种仁	海南陵水	20.57	104.47	16.95	227.24	0.01	0.13	7.86	0.23	2.71	8.37	77.99	0.79	1.62	0.29
GXIB	SCBG	种仁	广西恭城	20.34	124.70	0.60	202.22	0.01	0.04	5.63	0.09	2.17	16.26	74.41	0.48	0.09	0.10
SCBG	SCBG	种仁	广东惠州	3.30	98.47	6.72	365.46										
SCBG	SCBG	种仁	广东平远	26.48	126.08	22.09	169.97	0.01	0.14	8.37	0.77		54.36	82.66	2.84		0.29
SCBG	SCBG	种仁	广东始兴	39.14	11.69	8.86		0.01	0.63	23.03	0.57		7.00	30.99	13.27		0.24
SCBG	SCBG	种仁	广东英德	20.54		7.44				20.87	0.04		16.91			0.10	

木荚红豆

Ormosia xylocarpa Chun ex Merr. et H.Y. Chen

豆科，红豆属

特征 常绿乔木。奇数羽状复叶；小叶2~3对，厚革质，长椭圆形或长椭圆状倒披针形。圆锥花序顶生，长8~14 cm，被短柔毛；花大，长2~2.5 cm，有芳香，花梗长约8 mm；花萼长约10 mm，5齿裂，萼齿长卵形约8 mm，外面密被褐黄色短绢毛；花冠白色或粉红色，各瓣近等长；子房密被褐黄色短绢毛，内有胚珠7~9颗。荚果倒卵形至长椭圆形或菱形，长5~7 cm，宽2~4 cm，厚1.5 cm，压扁，着种子处微隆起，果瓣厚木质，腹缝边缘向外反卷，外面密被黄褐色短绢毛，内壁有横隔膜，有种子1~5粒；种子横椭圆形或近圆形，微扁，长0.8~1.3 cm，宽6~8 mm，厚4~5 mm，种皮红色，光亮，种脐小，长1.5~2.5 mm，位于短轴稍偏。花期6~7月；果期10~11月。

分布 江西：崇义县齐云山，25°49′19″N，114°02′47″E，600 m，2010-09-27，李朋远、谢行400145028。生于海拔230~1600 m的山坡、山谷、路旁、溪边疏林或密林内。产于海南、广东、广西、湖南（南部）、江西（南部）、福建、贵州（东部）。

栽培 喜温暖、湿润的环境，不耐寒冷。播种繁殖。

用途 可用于园林绿化。

含油率及化学组分数据

采集单位	测试单位	测试部位	产地	含油率(%)	碘值	酸值	皂化值	C12:0	C14:0	C16:0	C16:1	C18:0	C18:1	C18:2	C18:3	C20:0	C20:1
SYSU	SCBG	种仁	江西崇义	23.14	59.07	5.13	207.98	0.13	0.16	2.89	0.19	0.79	48.02	47.50	0.13	0.11	0.10

豆薯

Pachyrhizus erosus (L.) Urb.

豆科，豆薯属

特征 草质藤本。稍被毛，根块状，纺锤形或扁球形，肉质。羽状复叶具3小叶；小叶菱形或卵形，长4~18 cm，宽4~20 cm，中部以上不规则浅裂，裂片小，急尖，侧生小叶的两侧极不等，仅下面微被毛。总状花序长15~30 cm，每节有花3~5朵；小苞片刚毛状，早落；萼长9~11 mm，被紧贴的长硬毛；花冠浅紫色或淡红色，旗瓣近圆形，长15~20 mm，中央近基部处有一黄绿色斑块及2枚胼胝状附属物，瓣柄以上有2枚半圆形、直立的耳，翼瓣镰刀形，基部具线形、向下的长耳，龙骨瓣近镰刀形，长1. 5~2 cm；雄蕊二体，对旗瓣的1枚离生；子房被浅黄色长硬毛，花柱弯曲，柱头位于顶端以下的腹面。荚果带形，长7. 5~13 cm，宽12~15 mm，扁平，被细长糙伏毛。种子每荚8~10粒，近方形，长和宽5~10 mm，扁平。花期8月；果期11月。

分布 广西：荔浦县修仁镇，26°10′16″N，111°57′43″E，215 m，2012-11-15，廖云标4001101289。湖南：永顺县回龙，28°18′45″N，110°14′14″E，257 m，2010-11-26，徐亮、张代贵400191185。我国海南、广东、广西、湖南、福建、台湾、四川、贵州、云南、湖北等地均有栽培。原产热带美洲，现许多热带地区均有种植。

栽培 播种繁殖。

用途 块根可食。种子含鱼藤酮(rotenone)可作杀虫剂，防治蚜虫有效。

含油率及化学组分数据

采集单位	测试单位	测试部位	产地	含油率(%)	碘值	酸值	皂化值	C12:0	C14:0	C16:0	C16:1	C18:0	C18:1	C18:2	C18:3	C20:0	C20:1
GXIB	SCBG	种仁	广西荔浦	19. 45	96. 79	0. 75	200. 41	0. 03	0. 05	3. 30	0. 07	0. 75	67. 50	27. 40	0. 25	0. 04	0. 34
JSU	SCBG	种仁	湖南永顺	31. 26	78. 62	4. 91	184. 96	0. 93	0. 24	13. 74	2. 58	1. 80	5. 90	21. 98	22. 86	0. 83	
OFPC	SCBG	种子	广东广州	22. 50			192. 00		0. 50	34. 30	微量	4. 20	24. 80	36. 10			微量

菜豆

Phaseolus vulgaris L.

豆科，菜豆属

特征 一年生、缠绕或近直立草本。茎被短柔毛或老时无毛。羽状复叶具3小叶；小叶宽卵形或卵状菱形，侧生的偏斜，长4~16 cm，宽2. 5~11 cm，先端长渐尖，有细尖，基部圆形或宽楔形，全缘，被短柔毛。总状花序比叶短，有数朵生于花序顶部；花梗长5~8 mm；小苞片卵形，有数条隆起的脉，约与花萼等长或稍较其为长，宿存；花萼杯状，长3~4 mm，上方的2枚裂片连合成一微凹的裂片；花冠白色、黄色、紫堇色或红色；旗瓣近方形，宽9~12 mm，翼瓣倒卵形，龙骨瓣长约1 cm，先端旋卷；子房被短柔毛，花柱压扁。荚果带形，稍弯曲，长10~15 cm，宽1~1. 5 cm，略肿胀，通常无毛，顶有喙。种子4~6粒，长椭圆形或肾形，长0. 9~2 cm，宽0. 3~1. 2 cm，白色、褐色、蓝色或有花斑，种脐通常白色。花期春、夏季；果期8~9月。

分布 广西：环江县木论保护区，25°44′36″N，110°49′51″E，410 m，2012-08-21，廖云标4001101332。江西：玉山县三清山，28°54′26″N，118°08′53″E，217 m，2009-10-22，廖文波等400141164。西藏：波密县扎木乡，29°50′39″N，95°46′38″E，2776 m，2011-09-06，干友民400241162。生于海拔200~2800 m，常见。我国各地均有栽培。原产美洲，现广植于热带至温带地区。

栽培 喜光，日照宜充足。喜排水良好、富含腐殖质的壤土或砂质壤土为佳。播种繁殖。菜豆的主要病害有细菌性疫病、锈病等；虫害主要有蚜虫、白粉虱、豆荚螟、美洲斑潜蝇等。

用途 本种为本属栽培最广的一种作物，嫩荚供蔬食，品种逾500个。

含油率及化学组分数据

采集单位	测试单位	测试部位	产地	含油率(%)	碘值	酸值	皂化值	C12:0	C14:0	C16:0	C16:1	C18:0	C18:1	C18:2	C18:3	C20:0	C20:1
GXIB	SCBG	种仁	广西环江	16. 43	99. 87	0. 50	201. 78	0. 32	0. 74	11. 35		4. 15	13. 36	28. 08	34. 84	0. 84	
SYSU	SCBG	种仁	江西玉山	0. 50	113. 69	30. 77	180. 37	0. 06	0. 02	3. 73	0. 18	1. 50	50. 52	42. 84	0. 06	0. 95	0. 13
SAU	SCBG	种仁	西藏波密	33. 84	121. 33	117. 17	371. 41										

黄花木

Piptanthus nepalensis (Hook.) Sweet

豆科，黄花木属

特征 灌木，高1~4 m。树皮散布不明显皮孔。枝幼时被白色短柔毛，后秃净。总状花序顶生，疏被柔毛，具花3~7轮；序轴在花期伸长，节间长可达3 cm；苞片倒卵形或卵形，长7~12 mm，先端锐尖，密被长柔毛，早落；花梗长1.5~1.8 cm，被毛；萼长1~1.4 cm，密被贴伏长柔毛，萼齿5，上方2齿合生，三角形，下方3齿披针形，与萼筒近等长；花冠黄色，旗瓣中央具暗棕色斑纹，瓣片圆形，先端凹缺，基部截形，瓣柄长4 mm，翼瓣稍短，龙骨瓣与旗瓣等长或稍长；子房柄短，密被柔毛，胚珠8~11颗。荚果线形，疏被短柔毛，先端渐尖，果颈无毛。种子肾形，暗褐色，略扁。花期4~7月；果期7~9月。

分布 西藏：波密县扎木乡岗巴村，29°52′33″N，95°36′04″E，2760 m，2011-09-04，千友民400241131。生于海拔1600~4000 m的山坡林缘和灌丛中。产于四川、云南、西藏、甘肃、陕西。

栽培 喜温暖、湿润的环境，耐阴。播种繁殖。

用途 为良好的观花灌木。

含油率及化学组分数据

采集单位	测试单位	测试部位	产地	含油率(%)	碘值	酸值	皂化值	C12:0	C14:0	C16:0	C16:1	C18:0	C18:1	C18:2	C18:3	C20:0	C20:1
SICAU	SCBG	种仁	西藏波密	39.93	101.97	20.10	277.65		0.03	3.97	0.07	1.24	15.26	78.66	0.35	0.23	0.19
OFPC	KMIB	种子	云南澄江	11.00	127.50	2.00	185.70			9.40		2.10	23.80	60.10		4.60	

豌豆

Pisum sativum L.

豆科，豌豆属

特征 一年生攀缘草本，高0.5~2 m。全株绿色，光滑无毛，被粉霜。叶具小叶4~6片，托叶比小叶大，叶状，心形，下缘具细牙齿；小叶卵圆形，长2~5 cm，宽1~2.5 cm。花于叶腋单生或数朵排列为总状花序；花萼钟状，深5裂，裂片披针形；花冠颜色多样，随品种而异，但多为白色和紫色，雄蕊(9+1)2体；子房无毛，花柱扁，内面有髯毛。荚果肿胀，长椭圆形，长2.5~10 cm，宽0.7~14 cm，顶端斜急尖，背部近于伸直，内侧有坚硬纸质的内皮。种子2~10粒，圆形，青绿色，有皱纹或无，干后变为黄色。花期6~7月；果期7~9月。

分布 广西：龙胜县和平乡金江村，25°44′14″N，110°45′24″E，420 m，2012-06-10，廖云标4001101288。生于海拔3800 m以下，常见。我国各地均有栽培。原产地中海。

栽培 适应性强，适宜较冷凉的气候和温暖、湿润的环境，耐旱。耐瘠，但喜湿润而富含石灰质的酸性壤土，宜肥沃、土层深厚且排水良好的壤土。播种繁殖。

用途 为住宅、庭园绿化观赏的优选植物。

含油率及化学组分数据

采集单位	测试单位	测试部位	产地	含油率(%)	碘值	酸值	皂化值	C12:0	C14:0	C16:0	C16:1	C18:0	C18:1	C18:2	C18:3	C20:0	C20:1
GXIB	SCBG	种仁	广西龙胜	23.01	97.98	1.26	203.84		0.05	4.85	3.17	1.81	18.06	58.77	0.03	1.82	0.18

水黄皮

Pongamia pinnata (L.) Pierre

豆科，水黄皮属

特征 乔木，高8~15 m。嫩枝通常无毛，有时稍被微柔毛，老枝密生灰白色小皮孔。羽状复叶长20~25 cm；小叶2~3对，近革质，卵形，阔椭圆形至长椭圆形，长5~10 cm，宽4~8 cm，先端短渐尖或圆形，基部宽楔形、圆形或近截形。总状花序腋生，长15~20 cm，通常2朵花簇生于花序总轴的节上；花梗长5~8 mm，在花萼下有卵形的小苞片2枚；花萼长约3 mm，萼齿不明显，外面略被锈色短柔毛，边缘尤密；花冠白色或粉红色，长12~14 mm，各瓣均具柄，旗瓣背面被丝毛，边缘内卷，龙骨瓣略弯曲。荚果长4~5 cm，宽1. 5~2. 5 cm，表面有不甚明显的小疣凸，顶端有微弯曲的短喙，不开裂，沿缝线处无隆起的边或翅，有种子1粒。种子肾形。花期5~6月；果期8~10月。

分布 海南：三亚田独亚龙湾，18°15′41″N，109°36′32″E，68 m，2009-10-03，邢福武40011228；文昌红树林，19°34′15″N，110°49′29″E，2009-08-08，邢福武、戴建阅、翟俊文、郑希龙40011166。福建：福州市福州植物园，26°09′09″N，119°17′19″E，54 m，2012-11-15，刘东明、童毅4001122144。生于溪边、塘边及海边潮汐能到达的地方。产于海南、广东（东南部沿海地区）、福建。印度、斯里兰卡、马来西亚、澳大利亚、波利尼西亚也有分布。

栽培 生性强健，生长迅速。耐寒，喜阴。宜肥沃、土层深厚且排水良好的土壤。播种繁殖。

用途 种子油可作燃料；全株入药，可作催吐剂和杀虫剂。木材可制作各种器具。沿海地区可作堤岸护林和行道树。

含油率及化学组分数据

采集单位	测试单位	测试部位	产地	含油率(%)	碘值	酸值	皂化值	C12:0	C14:0	C16:0	C16:1	C18:0	C18:1	C18:2	C18:3	C20:0	C20:1
SCBG	SCBG	种仁	海南三亚	20. 20	70. 05	2. 09	160. 01	0. 04	0. 05	11. 88	0. 04	9. 05	54. 59	20. 66	0. 46	1. 30	1. 94
SCBG	SCBG	种仁	海南文昌	7. 60	74. 93	1. 32	182. 79		0. 07	4. 53	0. 07	3. 31	48. 31	42. 55	0. 54	0. 27	0. 36
SCBG	SCBG	种仁	福建福州	21. 59	117. 28	3. 43	179. 33	0. 01	0. 06	12. 54	0. 07	51. 44	34. 32	0. 37	1. 18		

四棱豆

Psophocarpus tetragonolobus (L.) DC.

豆科，四棱豆属

特征 一年生或多年生攀缘草本。茎长2~3 m。叶为具3小叶的羽状复叶。总状花序腋生，长1~10 cm，有花2~10朵；总花梗长5~15 cm；小苞片近圆形，直径2. 5~4. 5 mm；花萼绿色，钟状，长约1. 5 cm；旗瓣圆形，直径约3. 5 cm，外淡绿，内浅蓝，顶端内凹，基部具附属体，翼瓣倒卵形，长约3 cm，浅蓝色，瓣柄中部具"丁"字形着生的耳，龙骨瓣稍内弯，基部具圆形的耳，白色而略染浅蓝，对旗瓣的1枚雄蕊基部离生，中部以上和其他雄蕊合生成管，花药同形；子房具短柄，无毛，胚珠多颗，花柱长，弯曲，柱头顶生，柱头周围及下面被毛。荚果四棱状，长10~25（~40）cm，宽2~3. 5 cm，黄绿色或绿色，有时具红色斑点，翅宽0. 3~1 cm，边缘具锯齿。种子8~17粒，白色、黄色、棕色、黑色或杂以各种颜色，近球形，直径0. 6~1 cm，光亮，边缘具假种皮。花期8~10月；果期10~11月。

分布 我国海南、广东、广西、台湾、云南有栽培。原产地可能是亚洲热带地区，现亚洲南部以及大洋洲、非洲等地均有栽培。

栽培 喜高温、多湿的气候。播种繁殖。四棱豆在北方栽培时间较短，病害较少。常发生的病害有：病毒病，发病后叶面出现黄绿相间的斑驳，扭曲畸形。防治方法是选用无病植株留种；增施有机肥；及时防治蚜虫；发病初期喷抗毒剂1号300倍液，10 d1次，连喷3~4次。常见的虫害有蚜虫和豆荚螟。发生初可用40%乐果的1000倍液，70%灭蚜松2500倍液喷雾。

用途 嫩荚和嫩叶主要用作蔬菜；种子和地下块根主要作粮食；茎叶亦是优良的饲料和绿肥；叶片、豆荚、种子及块根均可入药。为良好的观花、观果植物。

含油率及化学组分数据

采集单位	测试单位	测试部位	产地	含油率(%)	碘值	酸值	皂化值	C12:0	C14:0	C16:0	C16:1	C18:0	C18:1	C18:2	C18:3	C20:0	C20:1
OFPC	SCBG	种子	广东广州	25. 20	88. 30		185. 70	0. 30		14. 60		7. 40	38. 20	38. 90		0. 60	

紫檀

Pterocarpus indicus Willd.

豆科，紫檀属

特征 乔木，高15~25 m，胸径达40 cm。树皮灰色。羽状复叶长15~30 cm；托叶早落；小叶3~5对，卵形，长6~11 cm，宽4~5 cm，先端渐尖，基部圆形，两面无毛，叶脉纤细。圆锥花序顶生或腋生，多花，被褐色短柔毛；花梗长7~10 mm，顶端有2枚线形、易脱落的小苞片；花萼钟状，微弯，长约5 mm，萼齿阔三角形，长约1 mm，先端圆，被褐色丝毛；花冠黄色，花瓣有长柄，边缘皱波状，旗瓣宽10~13 mm；雄蕊10枚，单体，最后分为5+5的二体；子房具短柄，密被柔毛。荚果圆形，扁平，偏斜，宽约5 cm，种子部分略被毛且有网纹，周围具宽翅，翅宽可达2 cm，有种子1~2粒。花期3~4月；果期4~5月。

分布 海南：昌江县霸王岭，19°06′58″N，109°05′34″E，2012-01-02，张荣京40017182；昌江县霸王岭生态旅馆内，19°06′59″N，109°05′32″E，2011-12-03，秦新生4001161210。生于坡地疏林中或栽培于庭园。产于广东、台湾、云南等地。印度、菲律宾、印度尼西亚、缅甸也有分布。

栽培 喜光、喜高温、湿润的气候，生育适温23~32℃，耐热、耐旱。耐瘠薄。耐风、抗污染。适应性强，很适合在海岛城市栽培。植株枝条生根能力极强，可直接截取大树粗壮侧枝扦插培育大苗。一般采用种子繁殖。

用途 树脂和木材药用。木材坚硬致密，心材红色，为优良的建筑、乐器及家具用材。

含油率及化学组分数据

采集单位	测试单位	测试部位	产地	含油率(%)	碘值	酸值	皂化值	C12:0	C14:0	C16:0	C16:1	C18:0	C18:1	C18:2	C18:3	C20:0	C20:1
SCAU	SCBG	种仁	海南昌江	31.61	10.96	2.49	187.96		4.61		12.93	1.54	59.91	67.34	2.23		
SCAU	SCBG	种仁	海南昌江	28.91	83.55	14.04	201.72	0.03	0.11	5.44				50.08	18.24	1.08	2.26
OFPC		种子		6.00	5.52	10.57	271.02			22.00		6.00	13.00	49.00			

葛（野葛）

Pueraria montana (Lour.) Merr. [*Pueraria lobata* (Willd.) Ohwi]

豆科，葛属

特征 粗壮藤本。羽状复叶具3小叶；小叶三裂，顶生小叶宽卵形或斜卵形，长7~15 cm，宽5~12 cm，先端长渐尖，侧生小叶斜卵形，稍小，上面被淡黄色、平伏的疏柔毛，下面较密；小叶柄被黄褐色绒毛。总状花序长15~30 cm，中部以上有颇密集的花；苞片线状披针形至线形，远比小苞片长，早落，小苞片卵形，长不及2 mm；花2~3朵聚生于花序轴的节上；花萼钟形，长8~10 mm，被黄褐色柔毛，裂片披针形，渐尖，比萼管略长；花冠长10~12 mm，紫色，旗瓣倒卵形，基部有2耳及一黄色附属体，具短瓣柄，翼瓣镰状，较龙骨瓣为狭，基部有线形、向下的耳，龙骨瓣镰状长圆形，基部有极小、急尖的耳；对旗瓣的1枚雄蕊仅上部离生；子房线形，被毛。荚果长椭圆形，长5~9 cm，宽8~11 mm，扁平，被褐色长硬毛。花期9~10月；果期11~12月。

分布 广东：乐昌九峰十二渡水，25°21′29″N，113°27′41″E，2011-11-26，曾庆文、童毅、陈树钢4001122219；英德县石门台，24°26′01″N，113°18′34″E，2009-12-04，刘东明、饶显龙40011285。陕西：宁陕县广货街镇沙沟村牛背梁自然保护区，33°47′09″N，108°47′16″E，1321 m，2010-10-03，薛帅、王继师400323011。生于海拔500~1400 m的山地疏或密林中，常见。产于我国南北各地，除新疆、青海及西藏外，分布几遍全国。东南亚至澳大利亚亦有分布。

栽培 播种或扦插繁殖。

用途 种子可榨油。

含油率及化学组分数据

采集单位	测试单位	测试部位	产地	含油率(%)	碘值	酸值	皂化值	C12:0	C14:0	C16:0	C16:1	C18:0	C18:1	C18:2	C18:3	C20:0	C20:1
SCBG	SCBG	种仁	广东乐昌	20.11					0	8.40		3.90	9.70	29.20	33.10		
SCBG	SCBG	种仁	广东英德	27.55		16.93	118.18		0.05	14.68			51.87	24.28		1.06	
CAU	ICS	种子	陕西宁陕	4.77	199.86	20.64	204.59	1.80	0.49	11.82	0.15	2.77	30.66	47.06	1.51	0.29	0.44

葛麻姆

Pueraria montana var. **lobata** (Willd.) Maesen et S. M. Almeida ex Sanjappa et Predeep [*Pueraria lobata* var. *montana* (Lour.) Maesen]

豆科，葛属

特征 本变种与原变种之区别在于顶生小叶宽卵形，长大于宽，长9~18 cm，宽6~12 cm，先端渐尖，基部近圆形，通常全缘，侧生小叶略小而偏斜，两面均被长柔毛，下面毛较密；花冠长12~15 mm，旗瓣圆形。花期7~9月；果期10~12月。

分布 福建：南平武夷山市洋庄乡大安源，27°53′12″N，117°51′00″E，558 m，2012-11-10，刘东明、童毅4001122118。生于旷野灌丛中或山地疏林下，常见。产于海南、广东、广西、湖南、江西、福建、台湾、浙江、湖北、四川、贵州、云南。日本、越南、老挝、泰国、菲律宾有分布。

栽培 种子或扦插繁殖。

用途 可作垂直绿化。

含油率及化学组分数据

采集单位	测试单位	测试部位	产地	含油率(%)	碘值	酸值	皂化值	C12:0	C14:0	C16:0	C16:1	C18:0	C18:1	C18:2	C18:3	C20:0	C20:1
SCBG	SCBG	种仁	福建南平	24.26				0.01	0.05	10.00	0.22	5.51	18.92	63.22	1.50	0.33	0.24

中华鹿藿

Rhynchosia chinensis H. T. Chang ex Y. T. Wei et S. K. Lee

豆科，鹿藿属

特征 缠绕或攀缘状草本。茎密被灰色短柔毛或有时混生疏长柔毛。叶具羽状3小叶；小叶薄革质，顶生小叶披针形至卵状披针形，先端长尾状渐尖，基部阔楔形或圆形；苞片卵形，长约4 mm，早落；花稍小，长约1.1 cm，稀疏；花梗纤细，长4~7 mm，被短柔毛；花萼钟状，长约5 mm，5齿裂，裂片三角形，较萼管为短，微被毛或近无毛；花冠黄色，各瓣近等长，明显具瓣柄，无毛，旗瓣卵状圆形或近圆形，长约1 cm，基部具2细耳和具附属体，翼瓣极狭，先端尖，基部具2耳，龙骨瓣微弯，具长喙；雄蕊二体；子房微被毛，花柱线形，无毛，柱头头状，胚珠2颗。荚果长圆形，长约1.5 cm，宽约1 cm，扁平，红紫色，无毛或近无毛，种子间略缢缩。种子近圆形，直径约4 mm，黑紫色。花、果期夏、秋季。

分布 湖南：江永县源口镇白俸村白沙源，24°56′39″N，111°00′46″E，773 m，2009-10-25，黄玉滢、周喜乐400181110。常生于海拔600 m的山坡路旁草丛中。产于广东、广西、江西、贵州。

栽培 播种或扦插繁殖。管理粗放。

用途 可作垂直绿化。

含油率及化学组分数据

采集单位	测试单位	测试部位	产地	含油率(%)	碘值	酸值	皂化值	C12:0	C14:0	C16:0	C16:1	C18:0	C18:1	C18:2	C18:3	C20:0	C20:1
HUST	HUST	种仁	湖南江永	24.21	55.76	1.90	235.10	0.01	0.09	8.15	0.20	2.56	9.10	21.58	46.14	2.25	9.93

菱叶鹿藿

Rhynchosia dielsii Harms

豆科，鹿藿属

特征 缠绕草本。叶具羽状3小叶；顶生小叶卵形、卵状披针形、宽椭圆形或菱状卵形，长5~9 cm，宽2.5~5 cm，先端渐尖或尾状渐尖，基部圆形，两面密被短柔毛，基出脉3，侧生小叶稍小，斜卵形；小托叶刚毛状，长约2 mm；小叶柄长1~2 mm，均被短柔毛。总状花序腋生，长7~13 cm，被短柔毛；苞片披针形，长5~10 mm，脱落；花疏生，黄色，长8~10 mm；花梗长4~6 mm；花萼5裂，裂片三角形，下面一裂片较长，密被短柔毛；花冠各瓣均具瓣柄，旗瓣倒卵状圆形，基部两侧具内弯的耳，翼瓣狭长椭圆形，具耳，其中1个耳较长而弯，另1耳短小，龙骨瓣具长喙，基部一侧具钝耳。荚果长圆形或倒卵形，长1.2~2.2 cm，宽0.8~1 cm，扁平，成熟时红紫色，被短柔毛。种子2粒，近圆形，长、宽约4 mm。花期6~7月；果期8~11月。

分布 湖南：桑植县五道水，29°43′02″N，109°49′31″E，910 m，2013-09-22，张九兵、严亚琴400181421。湖北：神农架下谷坪，31°26′43″N，110°23′18″E，1236 m，2011-09-07，丁时东400151133。常生于海拔600~2100 m的山坡、路旁灌丛中。产于广东、广西、湖南、河南、湖北、四川、贵州、陕西等地。

栽培 适应性强。对土壤要求不要，耐瘠薄。播种或扦插繁殖。管理粗放。

用途 茎叶或根供药用，祛风解热。

含油率及化学组分数据

采集单位	测试单位	测试部位	产地	含油率(%)	碘值	酸值	皂化值	C12:0	C14:0	C16:0	C16:1	C18:0	C18:1	C18:2	C18:3	C20:0	C20:1
HUST	HUST	种仁	湖南桑植	18.12	11.82	13.99	545.47	0.01	0.08	10.97	0.70	5.25	27.62	45.29	1.35	0.66	8.06
OCRI	SCBG	种仁	湖北神农架	37.76	33.84	11.42	195.13										

鹿藿

Rhynchosia volubilis Lour.

豆科，鹿藿属

特征 缠绕草质藤本。全株各部多少被灰色至淡黄色柔毛；茎略具棱。叶为羽状或有时近指状3小叶；小叶纸质，顶生小叶菱形或倒卵状菱形，先端钝，或为急尖，常有小凸尖，基部圆形或阔楔形，两面均被柔毛，下面尤密，并被黄褐色腺点。总状花序长1.5~4 cm，1~3个腋生；花长约1 cm，排列稍密集，花梗长约2 mm；花萼钟状，长约5 mm，裂片披针形，外面被短柔毛及腺点；花冠黄色，旗瓣近圆形，有宽而内弯的耳，冀瓣倒卵状长圆形，基部一侧具长耳，龙骨瓣具喙；雄蕊二体；子房被毛及密集的小腺点，胚珠2颗。荚果长圆形，红紫色，长1~1.5 cm，宽约8 mm，极扁平，在种子间略收缩，稍被毛或近无毛，先端有小喙。种子通常2粒，椭圆形或近肾形，黑色，光亮。花期5~8月；果期9~12月。

分布 福建：德化县唐寨山，25°30′32″N，118°13′55″E，2010-10-29，刘东明、梁耀400112185。常生于海拔200~1000 m的山坡路旁草丛中，常见。产于江南各省。朝鲜、日本、越南亦有分布。

栽培 适应性强，对土壤要求不严，耐瘠薄。播种或扦插繁殖。管理粗放。

用途 根祛风和血、镇咳祛痰，治风湿骨痛、气管炎；叶外用治疮疖。可作花篱。

含油率及化学组分数据

采集单位	测试单位	测试部位	产地	含油率(%)	碘值	酸值	皂化值	C12:0	C14:0	C16:0	C16:1	C18:0	C18:1	C18:2	C18:3	C20:0	C20:1
SCBG	SCBG	种仁	福建德化	32.17		13.47	20.69		0.03		71.27	6.58	29.53		1.19	0.25	0.37

刺槐

Robinia pseudoacacia L.

豆科，刺槐属

特征 落叶乔木，高10~25 m。羽状复叶长10~25（~40）cm；小叶2~12对，常对生，椭圆形、长椭圆形或卵形，长2~5 cm，宽1.5~2.2 cm，先端圆，微凹，具小尖头，基部圆至阔楔形，全缘。总状花序腋生，长10~20 cm，下垂，花多数，芳香；花冠白色，各瓣均具瓣柄，旗瓣近圆形，长16 mm，宽约19 mm，先端凹缺，基部圆，反折，内有黄斑，翼瓣斜倒卵形，与旗瓣几等长，长约16 mm，基部一侧具圆耳，龙骨瓣镰状，三角形，与翼瓣等长或稍短，前缘合生，先端钝尖；雄蕊二体，对旗瓣的1枚分离。荚果褐色，或具红褐色斑纹，线状长圆形，长5~12 cm，宽1~1.3(~1.7)cm，扁平，先端上弯，具尖头，果颈短，沿腹缝线具狭翅；花萼宿存，有种子2~15粒。种子褐色至黑褐色，微具光泽，有时具斑纹，近肾形，长5~6 mm，宽约3 mm，种脐圆形，偏于一端。花期4~6月；果期8~9月。

分布 湖南：龙山县里耶乡八面山，28°51′18″N，109°14′55″E，1286 m，2011-08-20，徐亮、覃三立40019101181。河南：荥阳县邙山，34°56′41″N，113°31′21″E，2011-07-19，王亚平、杨大伟400314007。湖北：神农架坪堑管理所，31°30′01″N，110°04′48″E，1340 m，2010-10-26，丁时东、危文亮等400151096。陕西：眉县营头乡蒿坪寺，34°05′22″N，107°42′18″E，1204 m，2010-05-28，薛帅、韩东倩400323084。河北：昌黎，39°56′08″N，119°26′27″E，8 m，2009-09-16，徐兴友400313043。北京：香山，39°59′41″N，116°12′19″E，79 m，2009-11-23，邢福武400114117。我国各地广泛栽植。原产美国东部。

栽培 喜光，不耐阴，耐寒，不耐水渍。对土壤要求不严，抗瘠薄，抗盐碱。浅根性植物，不耐风。播种、扦插或嫁接繁殖。移植在秋季落叶后至春季萌芽前，无须带土。管理粗放。刺槐小苗的病虫害有地蛆、象鼻虫、蚜虫、立枯病、根蛆等。

用途 花含芳香油，可配制各种花香型香精；种子含油，可供制肥皂和油漆的原料。材质硬重，抗腐耐磨，宜作枕木、车辆、建筑、矿柱等多种用材。生长快，萌芽力强，是速生薪炭林树种；又是优良的蜜源植物。

含油率及化学组分数据

采集单位	测试单位	测试部位	产地	含油率(%)	碘值	酸值	皂化值	C12:0	C14:0	C16:0	C16:1	C18:0	C18:1	C18:2	C18:3	C20:0	C20:1
JSU	SCBG	种仁	湖南龙山	20.10	129.62	1.82	196.93		0.11	6.61	0.32	3.50	7.59	78.85	0.97	0.32	0.25
HNAU	ICS	种子	河南荥阳	4.02	88.77	18.62	58.72		0.06	5.27		2.02	14.88	54.71	17.32	1.09	
OCRI	SCBG	种仁	湖北神农架	27.22	91.26	10.03	173.98	0.10	0.16	3.34		8.02	28.74	46.49	0.68	0.17	0.42
CAU	ICS	种子	陕西眉县	12.76	92.44	9.68	168.79		0.09	4.46		1.71	9.66	57.98	22.29	0.63	0.32
HNUST	ICS	种子	河北昌黎	12.50	69.88	5.30	28.70	0.13	0.06	4.74	0.19	1.99	10.98	62.85	17.91	0.80	0.37
SCBG	SCBG	种仁	北京香山	13.10	82.10	2.68	187.98	0.06	0.05	4.98		1.70	9.43	56.11	26.86	0.83	
OFPC		种子	辽宁本溪	10.70～13.90	162.10		199.70			14.50		3.90	15.80	51.30	7.50		
OFPC		种子	北京	11.50	160.30		190.50		微量	5.60	0.40	2.20	10.90	60.10	20.50		
OFPC		种子	陕西永寿	7.20	153.80	11.40	187.90			6.20		1.80	14.00	59.70	18.30		
OFPC	WHBG	种子	湖北恩施	12.20			195.80			5.60		2.00	12.40	61.60	18.40		
OFPC		种子	江西庐山	10.00					微量	5.70	微量	1.70	15.00	63.10	14.50		

苦豆子
Sophora alopecuroides L.

豆科，槐属

特征 草本。羽状复叶；小叶7~13对，对生或近互生，纸质，披针状长圆形或椭圆状长圆形，长15~30 mm，宽约10 mm，先端钝圆或急尖，常具小尖头，基部宽楔形或圆形。总状花序顶生；花多数，密生，花梗长3~5 mm；花萼斜钟状，5萼齿明显，不等大，三角状卵形；花冠白色或淡黄色，旗瓣形状多变，通常为长圆状倒披针形，长15~20 mm，宽3~4 mm，先端圆或微缺，或明显呈倒心形，基部渐狭或骤狭成柄，翼瓣常单侧生，稀近双侧生，长约16 mm，卵状长圆形，具三角形耳，皱褶明显，龙骨瓣与翼瓣相似，先端明显具凸尖，背部明显呈龙骨状盖叠，柄纤细，长约为瓣片的1/2，具1三角形耳，下垂；雄蕊10枚，花丝不同程度连合，有时近二体雄蕊，连合部分疏被极短毛；子房密被白色近贴伏柔毛，柱头圆点状，被稀少柔毛。荚果串珠状，长8~13 cm，直，具多数种子。种子卵球形，稍扁，褐色或黄褐色。花期5~6月；果期8~10月。

分布 新疆：阿克苏地区温宿县神木园，38°01′55″N，79°03′26″E，1296 m，2011-08-17，侯翼国、王茜4003311011；昌吉州呼图壁种牛场，44°14′30″N，86°56′58″E，462 m，2010-09-30，王喜勇、王蕾、孔凡逵4003310023。内蒙古：五原县天籁湖，41°12′00″N，108°28′00″E，1102 m，2010-08-01，薛帅400323082。常生于海拔400~1300 m的干旱沙漠和草原边缘地带。产于河南、西藏、新疆、青海、甘肃、宁夏、陕西、山西、内蒙古。俄罗斯以及阿富汗、伊朗、土耳其、巴基斯坦、印度（北部）也有分布。

栽培 喜阳光充足，耐旱。喜排水良好的石灰质土壤，耐碱性强。生长快。播种繁殖。

用途 甘肃一些地区有作为药用。在黄河两岸常栽培以固定土沙。

含油率及化学组分数据

采集单位	测试单位	测试部位	产地	含油率(%)	碘值	酸值	皂化值	C12:0	C14:0	C16:0	C16:1	C18:0	C18:1	C18:2	C18:3	C20:0	C20:1
XIEG	SCBG	种子	新疆阿克苏	10.11	45.79	0.87	405.88		0.36	20.68	0.50	7.41	21.16	28.64	0.37	1.63	0.23
XIEG	SCBG	种仁	新疆昌吉	22.76	49.01	1.15	479.20	0.19	0.76	12.93	1.07	1.87	21.54	51.97	1.53	0.36	0.15
CAU	ICS	种子	内蒙古五原	6.70	99.30	7.47	176.44		0.23	6.86	0.23	3.00	17.56	56.66	1.30	0.34	

槐
Sophora japonica L.

豆科，槐属

特征 乔木。羽状复叶长达25 cm；小叶4~7对，对生或近互生，纸质，卵状披针形或卵状长圆形，长2.5~6 cm，宽1.5~3 cm，先端渐尖，具小尖头，基部宽楔形或近圆形，稍偏斜。圆锥花序顶生，常呈金字塔形，长达30 cm；花梗比花萼短；小苞片2枚，形似小托叶；花萼浅钟状，长约4 mm，萼齿5，近等大，圆形或钝三角形，被灰白色短柔毛，萼管近无毛；花冠白色或淡黄色，旗瓣近圆形，长和宽约11 mm，具短柄，有紫色脉纹，先端微缺，基部浅心形，翼瓣卵状长圆形，长10 mm，宽4 mm，先端浑圆，基部斜戟形，无皱褶，龙骨瓣阔卵状长圆形，与翼瓣等长，宽达6 mm；雄蕊近分离，宿存；子房近无毛。荚果串珠状，长2.5~5 cm或稍长，径约10 mm，种子间缢缩不明显，种子排列较紧密，具肉质果皮，成熟后不开裂，具种子1~6粒。种子卵球形，淡黄绿色，干后黑褐色。花期7~8月；果期8~10月。

分布 江苏：南京中山植物园，32°03′02″N，118°49′39″E，23 m，2009-11-13，刘东明、戴建阅400111168；常熟市虞山，31°37′53″N，120°43′48″E，9 m，2009-11-30，田怀珍、陈纪云4001171042。湖南：湘潭县响水乡，27°54′45″N，112°54′37″E，104 m，2009-12-08，严岳鸿、黄玉滢、陈畅400181148；吉首大学，28°17′24″N，109°43′08″E，273 m，2011-11-27，徐亮、覃三立40019101200。常生于海拔0~1000 m的山坡、路旁、庭院或宅边，常见。原产中国，现南、北各地广泛栽培，华北和黄土高原地区尤为多见。日本、越南也有分布，朝鲜并见有野生，欧洲、美洲各国均有引种。

栽培 适应性强。喜光，稍耐阴，耐寒，喜干冷气候。对土壤要求不严，但以湿润、深厚、肥沃且排水良好的砂质壤土为佳。播种繁殖。主要病虫害有蚜虫等。蚜虫的防治方法：秋、冬季喷石硫合剂，消灭越冬卵。

用途 花和荚果入药，有清凉收敛、止血降压作用；叶和根皮有清热解毒作用，可治疗疮毒。木材供建筑用。是行道树和优良的蜜源植物。

含油率及化学组分数据

采集单位	测试单位	测试部位	产地	含油率(%)	碘值	酸值	皂化值	C12:0	C14:0	C16:0	C16:1	C18:0	C18:1	C18:2	C18:3	C20:0	C20:1
SCBG	SCBG	种仁	江苏南京	5.80				0.10	5.82	0.32	1.85	12.66	10.56	53.42	2.76	12.50	
ECNU	SCBG	种仁	江苏常熟	28.64	169.56	1.91	203.05			8.03	0.09	1.26	74.76	13.02	0.32		0.46
HUST	HUST	种仁	湖南湘潭	10.25	63.86	10.82	153.77	0.08	0.47	17.86	1.03	4.86	32.82	41.55	0.53	0.56	0.23
JSU	SCBG	种子	湖南吉首	30.60	30.75	20.60	314.67	0.10	0.13	0.21	0.05	11.33	34.00	34.00	2.08	0.07	
OFPC		种子		13.60	131.80		183.00										

砂生槐

Sophora moorcroftiana (Benth.) Benth. ex Baker

豆科，槐属

特征 小灌木，高约1 m。羽状复叶；小叶5~7对，倒卵形，长约10 mm，宽约6 mm，先端钝或微缺，常具芒尖。总状花序生于小枝顶端，长3~5 cm；花较大；花萼蓝色，浅钟状，萼齿5，不等大，上方2齿近连合，其余3齿呈锐三角形，长约7 mm，宽3~5 mm，被长柔毛；花冠蓝紫色，旗瓣卵状长圆形，先端微凹，基部骤狭成柄，瓣片长9 mm，宽5 mm，柄与瓣片等长，纤细，反折，翼瓣倒卵状椭圆形，长16 mm，基部具圆钝单耳，柄长6 mm，龙骨瓣卵状镰形，具钝三角形单耳，长约18 mm，柄纤细，与瓣片近等长；雄蕊10枚，不等长，基部不同程度连合，可达1/4~1/3；子房较雄蕊短，被黄褐色柔毛，胚珠多数。荚果呈不明显串珠状，稍压扁，长约6 cm，宽约7 mm，沿缝线开裂，在果瓣两面另出现2条不规则撕裂缝，最终开裂成2瓣，有种子1~4（~5）粒。种子淡黄褐色，椭圆状球形，长4. 5 mm，径3. 5 mm。花期5~7月；果期7~10月。

分布 西藏：林芝县林芝到米林45 km处，29°21′56″N，94°24′22″E，2950 m，2011-08-31，干友民400241116。常生于海拔3000~4500 m。产于我国西藏（雅鲁藏布江流域）。印度、不丹、尼泊尔也有分布。

栽培 生长缓慢，耐旱，耐寒，耐贫瘠。抗风沙。播种繁殖。

用途 良好的固沙植物。

含油率及化学组分数据

采集单位	测试单位	测试部位	产地	含油率(%)	碘值	酸值	皂化值	C12:0	C14:0	C16:0	C16:1	C18:0	C18:1	C18:2	C18:3	C20:0	C20:1
SAU	SCBG	种仁	西藏林芝	33. 01	106. 62	51. 15	88. 75										

绒毛槐

Sophora tomentosa L.

豆科，槐属

特征 灌木或小乔木，高2~4 m。羽状复叶长12~18 cm；小叶5~7对，近革质，宽椭圆形或近圆形，长2. 5~5 cm，宽2~3. 5 cm，先端圆形或微缺，基部圆形，稍偏斜。通常为总状花序，有时分枝成圆锥状，顶生，长10~20 cm，被灰白色短绒毛；花较密，花梗长15~17 mm；苞片线形；花萼钟状，长5~6 mm，被灰白色短绒毛，幼时具5萼齿，甚小，成熟时檐部偏斜，近截平，萼下有一关节；花冠淡黄色或近白色，旗瓣阔卵形，长17 mm，宽10 mm，边缘反卷，柄长约3 mm，翼瓣长椭圆形，与旗瓣等长，具钝圆形单耳，柄纤细，长约5 mm，龙骨瓣与翼瓣相似，稍短，背部明显呈龙骨状互相盖叠；雄蕊10枚，分离；子房密被灰白色短柔毛，花柱短，长不到2 mm。荚果为典型串珠状，长7~10 cm，径约10 mm，表面被短绒毛，成熟时近无毛，有多数种子。种子球形，褐色，具光泽。花期8~10月；果期9~12月。

分布 云南：西双版纳植物园，21°44′11″N，101°27′44″E，2012-01-14，邢福武、童毅、孟玉芳4001142019。常生于海滨沙丘及附近小灌木林中。产于海南、广东、台湾。广泛分布于全世界热带海岸地带及岛屿上。

栽培 播种繁殖。

用途 栽植于热带海岸供观赏。

含油率及化学组分数据

采集单位	测试单位	测试部位	产地	含油率(%)	碘值	酸值	皂化值	C12:0	C14:0	C16:0	C16:1	C18:0	C18:1	C18:2	C18:3	C20:0	C20:1
SCBG	SCBG	种仁	云南西双版纳	36. 15	136. 94	0. 32	199. 61		0. 09		0. 08	1. 70	40. 18	50. 25	4. 27	0. 08	0. 65

黑龙江野豌豆
Vicia amurensis Oett.

豆科，野豌豆属

特征 多年生草本，高50~100 cm。植株近无毛，根粗壮，木质化，直径可达4 cm。茎斜升攀缘，具棱。偶数羽状复叶，长5~15 cm，近无柄；顶端卷须有2~3分支；托叶半箭头形，2深裂，有3~5齿；小叶3~6对，椭圆形或长圆卵形，长1. 6~3 cm，宽0. 9~1. 6 cm，先端微凹，基部宽楔形，全缘，微被柔毛，后渐脱落；侧脉较密与中脉联接，直达边缘波形相连。总状花序与叶近等长；花15~30朵密集着生于总花序轴上部，小花梗长约0. 25 cm；花冠蓝紫色，稀紫色，花萼斜钟状，萼齿三角形或披针状三角形，下面2齿较长；旗瓣长圆形或近倒卵形，长约1 cm，宽约0. 6 cm，先端微凹，翼瓣与旗瓣近等长，龙骨瓣较短；子房无毛，胚珠1~6颗，子房柄短。荚果菱形或近长圆形，长1. 5~2. 5 cm。种子1~5粒，扁圆形，种皮黑褐色，种脐细长。花期6~8月；果期8~9月。

分布 黑龙江：塔河，52°42′59″N，124°38′25″E，2011-09-19，郑宝江等400341126。生于海拔450 m的湖滨、林缘、山坡、草地、灌丛。产于山西、内蒙古以及东北等地。俄罗斯西伯利亚及远东地区以及朝鲜、日本、蒙古亦有分布。

栽培 播种繁殖。

用途 可作饲料。并可代透骨草(*Viciaa moena* Fisch. exDC.)入药。

含油率及化学组分数据

采集单位	测试单位	测试部位	产地	含油率(%)	碘值	酸值	皂化值	C12:0	C14:0	C16:0	C16:1	C18:0	C18:1	C18:2	C18:3	C20:0	C20:1
NEFU	SCBG	种仁	黑龙江塔河	22. 26	9. 67	20. 31	190. 48	0. 02	0. 11	15. 77	1. 87	3. 23	5. 79	68. 12	3. 44	0. 88	0. 78

大叶野豌豆(大叶草藤)
Vicia pseudo-orobus Fisch. et C. A. Mey.

豆科，野豌豆属

特征 多年生草本。根状茎须根发达。茎直立或攀缘，有棱，绿色或黄色，具黑褐斑，被微柔毛。偶数羽状复叶，长2~17 cm；顶端卷须发达，有2~3分支，托叶戟形，长0. 8~1. 5 cm，边缘齿裂；小叶2~5对，卵形，椭圆形或长圆披针形，长(2)3~6(~10)cm，宽1. 2~2. 5 cm，纸质或革质。先端圆或渐尖，有短尖头，基部圆或宽楔形，叶脉清晰，侧脉与中脉为60°夹角，直达叶缘呈波形或齿状相联合，下面被疏柔毛。总状花序长于叶，长4. 5~1. 5 cm，花序轴单一，长于叶；花萼斜钟状，萼齿短，短三角形，长1 mm；花多，通常15~30朵，花长1~2 cm，紫色或蓝紫色，冀瓣、龙骨瓣与旗瓣近等长；子房无毛，胚珠2~6颗，子房柄长，花柱上部四周被毛，柱头头状。荚果长圆形，扁平，棕黄色。种子2~6颗，扁圆形，直径约0. 3 cm，棕黄色、棕红褐色至褐黄色，种脐灰白色，长相当于种子圆周1/3。花期6~9月；果期8~10月。

分布 黑龙江：桦川县申家店，46°34′35″N，130°37′10″E，797 m，2010-08-13，陈连江、卞勇、潘伟400351032。常生于海拔700~2000 m的山地、灌丛或林中。产于我国西南、西北、华北、东北地区。朝鲜、日本、俄罗斯、蒙古也有分布。

栽培 播种繁殖。

用途 为清热解毒药，外用洗风湿、毒疮。

含油率及化学组分数据

采集单位	测试单位	测试部位	产地	含油率(%)	碘值	酸值	皂化值	C12:0	C14:0	C16:0	C16:1	C18:0	C18:1	C18:2	C18:3	C20:0	C20:1
SBRI	SCBG	种仁	黑龙江桦川	23. 18	73. 68	6. 31	186. 46	0. 02	0. 05	4. 72	0. 09	1. 84	10. 65	33. 73	47. 18	1. 41	0. 31

救荒野豌豆

Vicia sativa L.

豆科，野豌豆属

特征 一年生或二年生草本，高15~90 cm。茎斜升或攀缘，单一或多分枝，具棱，被微柔毛。偶数羽状复叶长2~10 cm，叶轴顶端卷须有2~3分支；托叶戟形，通常2~4裂齿；小叶2~7对，长椭圆形或近心形，长0. 9~2. 5 cm，宽0. 3~1 cm，先端圆或平截有凹，具短尖头，基部楔形，侧脉不甚明显，两面被贴伏黄柔毛。花1~2(~4)腋生，近无梗；萼钟形，外面被柔毛，萼齿披针形或锥形；花冠紫红色或红色，旗瓣长倒卵圆形，先端圆，微凹，中部缢缩，翼瓣短于旗瓣，长于龙骨瓣；子房线形，微被柔毛，胚珠4~8粒，子房具柄短，花柱上部被淡黄白色髯毛。荚果线长圆形，长4~6 cm，宽0. 5~0. 8 cm，表皮土黄色种间缢缩，有毛，成熟时背腹开裂，果瓣扭曲。种子4~8粒，圆球形，棕色或黑褐色，种脐长相当于种子圆周1/5。花期4~7月；果期7~9月。

分布 湖北：兴山县龙门河，31°19′17″N，110°29′01″E，1342 m，2011-05-13，丁时东40015112。重庆：南川区三泉镇石门沟，29°46′28″N，107°07′43″E，671 m，2009-04-27，刘正宇等400231002。常生于海拔30~3000 m的荒山、田边草丛及林中，常见。我国各地均产。原产亚洲西部、欧洲南部，现已广为栽培。

栽培 播种繁殖。

用途 为绿肥及优良牧草。全草药用。

含油率及化学组分数据

采集单位	测试单位	测试部位	产地	含油率(%)	碘值	酸值	皂化值	C12:0	C14:0	C16:0	C16:1	C18:0	C18:1	C18:2	C18:3	C20:0	C20:1
OCRI	SCBG	种仁	湖北兴山	21. 19	6. 83	20. 99	169. 66										
CIPP	SCCBG	种仁	重庆南川	24. 60	63. 45	5. 45	145. 54		0. 04	7. 57	0. 20	3. 31	15. 74	71. 22	0. 79	0. 38	0. 15

赤小豆

Vigna umbellata (Thunb.) Ohwi et H. Ohashi

豆科，豇豆属

特征 一年生草本。茎纤细，长达1 m或过之，幼时被黄色长柔毛，老时无毛。羽状复叶具3小叶；托叶盾状着生，披针形或卵状披针形，长10~15 mm，两端渐尖；小托叶钻形，小叶纸质，卵形或披针形，长10~13 cm，宽5~7. 5 cm，先端急尖，基部宽楔形或钝，全缘或微3裂，沿两面脉上薄被疏毛，有基出脉3条。总状花序腋生，短，有花2~3朵；苞片披针形；花梗短，着生处有腺体；花黄色，长约1. 8 cm，宽约1. 2 cm；龙骨瓣右侧具长角状附属体。荚果线状圆柱形，下垂，长6~10 cm，宽约5 mm，无毛。种子6~10粒，长椭圆形，通常暗红色，有时为褐色、黑色或草黄色，直径3~3. 5 mm，种脐凹陷。花期5~8月；果期9~10月。

分布 湖南：湘潭县响水乡，27°54′50″N，112°54′39″E，68 m，2009-10-07，严岳鸿、黄玉滢400181046。江苏：苏州市大阳山国家森林公园，31°20′26″N，120°28′53″E，32 m，2012-11-12，程志全、刘巧霞4001171254。我国各地均有栽培。原产亚洲热带地区，朝鲜、日本、菲律宾及其他东南亚国家亦有栽培。

栽培 有较强的适应能力。对土壤要求不高，耐瘠薄，黏土、砂土都能生长，川道、山地均可种植。既耐涝，又耐旱，晚种早熟，生育期短。播种繁殖。病害主要为褐斑病和萎缩病。

用途 种子供食用；入药，有行血补血、健脾去湿、利水消肿之效。

含油率及化学组分数据

采集单位	测试单位	测试部位	产地	含油率(%)	碘值	酸值	皂化值	C12:0	C14:0	C16:0	C16:1	C18:0	C18:1	C18:2	C18:3	C20:0	C20:1
HUST	HUST	种仁	湖南湘潭	1. 11	17. 27		70. 72	0. 01	0. 11	12. 76	0. 13	30. 66	0. 93	52. 08	2. 39	0. 47	0. 45
ECNU	SCBG	种仁	江苏苏州	30. 44	96. 79	0. 75	200. 41	0. 06	0. 06	5. 89		5. 14	14. 49	10. 55	0. 36	0. 30	0. 64

豇豆
Vigna unguiculata (L.) Walp.

豆科，豇豆属

特征 一年生缠绕、草质藤本。茎近无毛。羽状复叶具3小叶；托叶披针形，长约1 cm，着生处下延成一短距，有线纹；小叶卵状菱形，长5~15 cm，宽4~6 cm，先端急尖，边全缘或近全缘，有时淡紫色，无毛。总状花序腋生，具长梗；花2~6朵聚生于花序的顶端，花梗间常有肉质密腺；花萼浅绿色，钟状，长6~10 mm，裂齿披针形；花冠黄白色而略带青紫，长约2 cm，各瓣均具瓣柄，旗瓣扁圆形，宽约2 cm，顶端微凹，基部稍有耳，翼瓣略呈三角形，龙骨瓣稍弯；子房线形，被毛。荚果下垂，直立或斜展，线形，长7. 5~70 cm，宽6~10 mm，稍肉质而膨胀或坚实，有种子多颗。种子长椭圆形或圆柱形或稍肾形，长6~12 mm，黄白色、暗红色或其他颜色。花期5~8月；果期6~9月。

分布 江西：贵溪县龙虎山自然保护区，28°03′44″N，117°03′20″E，89 m，2011-11-09，景慧娟、何诗阳4001413009。我国各地广泛栽培。原产亚热带地区，现广植于温带和热带地区。

栽培 耐热性强而不耐低温，植株生长的适宜温度为15~30℃。播种繁殖。3~8月均可播种种植。豇豆的病害主要有锈病、菌核病、枯萎病、煤霉病；虫害主要有豆荚螟、螨类及美洲潜蝇。

用途 春、夏、秋季的重要蔬菜之一。

含油率及化学组分数据

采集单位	测试单位	测试部位	产地	含油率(%)	碘值	酸值	皂化值	C12:0	C14:0	C16:0	C16:1	C18:0	C18:1	C18:2	C18:3	C20:0	C20:1
SYSU	SCBG	种仁	江西贵溪	33. 63	65. 45	8. 61	210. 96	0. 01	0. 02	2. 65	0. 06	0. 93	8. 85	28. 96	57. 65	0. 75	0. 12

野豇豆
Vigna vexillata (L.) A. Rich.

豆科，豇豆属

特征 多年生攀缘或蔓生草本。根纺锤形，木质；茎被开展的棕色刚毛。羽状复叶具3小叶；小叶膜质，卵形至披针形，长4~9 cm，宽2~2. 5 cm，先端急尖或渐尖，基部圆形或楔形，通常全缘，少数微具3裂片。花序腋生，有2~4朵生于花序轴顶部的花，花序近伞形；总花梗长5~20 cm；小苞片钻状，长约3 mm，早落；花萼被棕色或白色刚毛，稀变无毛，萼管长5~7 mm，裂片线形或线状披针形，长2~5 mm，上方的2枚基部合生；旗瓣黄色、粉红或紫色，有时在基部内面具黄色或紫红斑点，长2~3. 5 cm，宽2~4 cm，顶端凹缺，无毛，翼瓣紫色，基部稍淡，龙骨瓣白色或淡紫，镰状，喙部呈180°弯曲，左侧具明显的袋状附属物。荚果直立，线状圆柱形，长4~14 cm，宽2. 5~4 mm，被刚毛。种子10~18粒，浅黄至黑色，无斑点或棕色至深红而有黑色之溅点，长圆形或长圆状肾形。花期7~9月；果期9~11月。

分布 福建：南平武夷山市洋庄乡大安源，27°52′31″N，117°52′43″E，419 m，2012-11-11，刘东明、童毅4001122127。安徽：滁州市皇甫山，32°22′05″N，118°02′45″E，58 m，2011-10-05，田怀珍、李星霖4001171161。江苏：扬州市刘集镇西郊森林公园，32°25′35″N，119°14′50″E，51 m，2012-11-10，程志全、刘巧霞4001171245。常生于海拔1700 m以下的旷野、灌丛或疏林中。产于我国华南、华东至西南各地。全球热带、亚热带地区广布。

栽培 播种繁殖。

用途 根或全株作草药，有清热解毒、消肿止痛、利咽喉的功效。

含油率及化学组分数据

采集单位	测试单位	测试部位	产地	含油率(%)	碘值	酸值	皂化值	C12:0	C14:0	C16:0	C16:1	C18:0	C18:1	C18:2	C18:3	C20:0	C20:1
SCBG	SCBG	种仁	福建南平	16. 00	69. 26	4. 72	330. 50		0. 04	6. 38	0. 13	2. 33	15. 06	68. 16	7. 28	0. 45	0. 17
ECNU	SCBG	种仁	安徽滁州	12. 60	97. 98	1. 26	203. 84			5. 80	0. 10	4. 24	13. 21	69. 46	0. 47	0. 37	
ECNU	SCBG	种仁	江苏扬州	26. 47	103. 72	0. 32	200. 39			5. 29		3. 26	21. 94	45. 02	21. 59	1. 08	1. 08

紫藤

Wisteria sinensis (Sims) Sweet

豆科，紫藤属

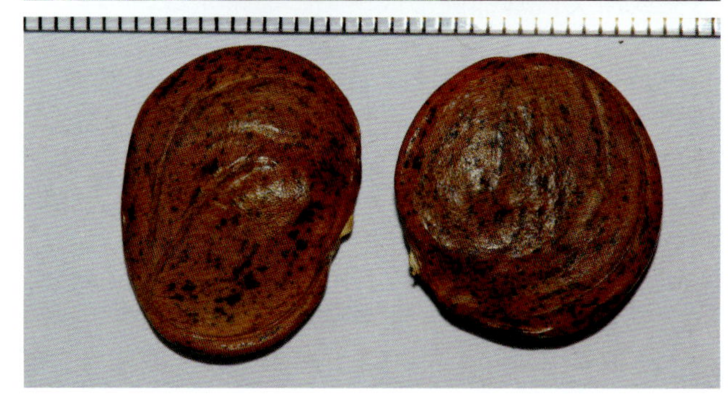

特征 落叶藤本。奇数羽状复叶长15~25 cm；小叶3~6对，纸质，卵状椭圆形至卵状披针形，上部小叶较大，基部1对最小，长5~8 cm，宽2~4 cm，先端渐尖至尾尖，基部钝圆或楔形，或歪斜，嫩叶两面被平伏毛。总状花序发自短枝的腋芽或顶芽，长15~30 cm，径8~10 cm，花序轴被白色柔毛；苞片披针形，早落；花长2~2. 5 cm，芳香；花梗细，长2~3 cm；花萼杯状，长5~6 mm，宽7~8 mm，密被细绢毛，上方2齿甚钝，下方3齿卵状三角形；花冠具细绢毛，上方2齿甚钝，下方3齿卵状三角形；花冠紫色，旗瓣圆形，先端略凹陷，花开后反折，基部有2胼胝体，翼瓣长圆形，基部圆，龙骨瓣较翼瓣短，阔镰形；子房线形，密被绒毛，花柱无毛，上弯，胚珠6~8颗。荚果倒披针形，长10~15 cm，宽1. 5~2 cm，密被绒毛，悬垂枝上不脱落，有种子1~3粒。种子褐色，具光泽，圆形，宽1. 5 cm，扁平。花期4月中旬至5月上旬；果期5~8月。

分布 浙江：临安市天目山天目村，30°18′45″N，119°26′31″E，309 m，2012-11-18，陈树钢、童毅4001122180。江苏：南京中山植物园，32°3′14″N，118°49′41″E，49 m，2011-12-11，田怀珍、李星霖、古丽米热4001171211。安徽：宁国县方塘，30°35′3″N，118°36′54″E，190 m，2012-10-01，李星霖、刘巧霞、程志全4001171219。湖南：保靖县白云山，28°54′23″N，109°27′30″E，411 m，2012-10-05，张代贵、张洁40019101261。北京：香山，40°0′13″N，116°12′38″E，146 m，2009-11-20，邢福武40011480；海淀区，39°35′33″N，116°7′23″E，50 m，2009-11-13，薛帅400321076。云南：昆明黑龙潭，25°8′17″N，102°44′43″E，1916 m，2009-11-13，郑希龙400114111。山东：泰安市岱岳区黄前水库，36°18′30″N，117°13′37″E，201 m，2009-08-18，赵伟华400311032。湖北：竹溪县丰溪镇，31°52′09″N，109°42′56″E，872 m，2012-08-22，危文亮、赵永国等400151166。上海：上海植物园，31°9′4″N，121°26′39″E，7 m，2009-11-08，田怀珍、刘东明、戴建阅4001171014。常生于500~1800 m的阴坡土壤水分条件较好的地方。产于河北以南黄河长江流域以及广西、河南、贵州、云南、陕西。

栽培 喜光也稍耐阴，喜温暖、湿润的环境，稍耐寒，耐水渍。耐瘠薄，对土壤适应性强。对二氧化硫等有毒气体抗性强。播种繁殖为主，也可扦插、压条、嫁接繁殖。紫藤常见虫害有蜗牛、介壳虫、白粉虱等。

用途 我国自古即栽培紫藤作庭园棚架的植物，先叶开花，紫穗满垂缀以稀疏嫩叶，十分优美。

含油率及化学组分数据

采集单位	测试单位	测试部位	产地	含油率(%)	碘值	酸值	皂化值	C12:0	C14:0	C16:0	C16:1	C18:0	C18:1	C18:2	C18:3	C20:0	C20:1
SCBG	SCBG	种仁	浙江临安	10. 94	132. 83	2. 47	192. 71	0. 01	0. 06	9. 66	0. 76	44. 09	43. 92	1. 01	0. 48		
ECNU	SCBG	种仁	江苏南京	14. 30	138. 36	1. 01	200. 64	0. 21	0. 09	0. 04	2. 23	11. 91	4. 85	29. 52	17. 25	6. 09	0. 68
ECNU	SCBG	种仁	安徽宁国	22. 28	90. 92	1. 99	201. 02	0. 12	0. 16	6. 92		2. 66	53. 46	28. 50	3. 38	0. 64	0. 44
JSU	SCBG	种仁	湖南保靖	26. 45	99. 25	2. 26	207. 19		0. 33	12. 51		3. 29	51. 36	24. 44	1. 15		
SCBG	SCBG	种仁	北京香山	10. 10	84. 93	3. 26	196. 76		0. 06	9. 90	0. 68	3. 02	23. 85	60. 69	1. 08	0. 51	0. 21
CAU	ICS	种子	北京海淀	12. 41	77. 19	7. 99	165. 66		0. 07	8. 64	0. 44	3. 88	33. 86	44. 58	2. 27	0. 55	0. 37
SCBG	SCBG	种仁	云南昆明	9. 10				0. 004	0. 07	26. 02	1. 84	0. 69	12. 20	57. 15	1. 82	0. 20	0. 01
ICS	ICS	种子	山东泰安	10. 08	116. 85	2. 31	188. 01		0. 10	10. 61	1. 12	1. 86	37. 26	45. 13	1. 15	0. 39	0. 37
OCRI	SCBG	种仁	湖北竹溪	21. 54	3. 92	6. 15	176. 02		0. 05	5. 53	0. 92	3. 32	44. 44	41. 72	50. 96	0. 28	0. 15
ECNU	SCBG	种仁	上海	14. 30	67. 02	2. 29	231. 49		2. 51	13. 41		3. 07	11. 45	36. 31	15. 08	3. 07	
OFPC		种子	江苏南京	12. 00	145. 90		196. 90			8. 70	3. 30	1. 40	21. 90	49. 80	14. 90		

藤萝

Wisteria villosa Rehd.

豆科，紫藤属

特征　落叶藤本。羽状复叶长15~32 cm；小叶4~5对，纸质，卵状长圆形或椭圆状长圆形，自下而上逐渐缩小，但最下1对并非最大，长5~10 cm，宽2. 3~3. 5 cm，先端短渐尖至尾尖，基部阔楔形或圆形。总状花序生于枝端，下垂，盛花时叶半展开，花序长30~35 cm，径8~10 cm，自下而上逐次开放；苞片卵状椭圆形，长约10 mm，宽5 mm；花长2. 2~2. 5 cm，芳香，花梗直，长1. 5~2. 5 cm，和苞片均被灰白色长柔毛；花萼浅杯状，长约8 mm，宽约10 mm，堇青色，内外均被绒毛，上方2齿几全连合成阔三角形，两侧萼齿三角形，下方一齿最长，三角形，尖头；花冠堇青色，旗瓣圆形，先端圆钝，基部心形，具瓣柄，翼瓣和龙骨瓣阔长圆形，龙骨瓣先端具1齿状缺刻；子房密被绒毛，花柱短，直角上指，胚珠5颗。荚果倒披针形，长18~24 cm，宽2. 5 cm，密被褐色绒毛，有种子3粒。种子褐色，圆形，宽约1. 5 cm，扁平。花期5月上旬；果期6~7月。

分布　江苏：镇江市宝华山，32°8′50″N，119°5′24″E，105 m，2011-12-12，田怀珍、李星霖、古丽米热4001171213。常生于海拔100 m的山坡灌木丛及路旁。产于江苏、安徽、山东、河南、河北。

栽培　适应性强。较耐寒，喜光，较耐阴。能耐水湿及瘠薄土壤。繁殖容易，可用播种、扦插、压条、分株、嫁接等方法，主要用播种、扦插。因实生苗培养所需时间长，所以应用最多的是扦插。常见虫害有蜗牛、介壳虫、白粉虱等。

用途　具有较高的园艺装饰价值和药用价值。

含油率及化学组分数据

采集单位	测试单位	测试部位	产地	含油率(%)	碘值	酸值	皂化值	C12:0	C14:0	C16:0	C16:1	C18:0	C18:1	C18:2	C18:3	C20:0	C20:1
ECNU	SCBG	种仁	江苏镇江	23. 64	105. 43	0. 43	199. 57	0. 38	0. 73	4. 90	1. 03	2. 26	34. 00	18. 34	0. 73	35. 53	

小果白刺（西伯利亚白刺、白刺、酸胖）

Nitraria sibirica Pall.

蒺藜科，白刺属

特征　灌木，高0. 5~1. 5 m。茎弯，多分枝；枝铺散，少直立，小枝灰白色，不孕枝先端刺针状。叶近无柄，在嫩枝上4~6片簇生，倒披针形，长6~15 mm，宽2~5 mm，先端锐尖或钝，基部渐窄成楔形，无毛或幼时被柔毛。聚伞花序长1~3 cm，被疏柔毛；萼片5枚，绿色，花瓣黄绿色或近白色，矩圆形，长2~3 mm。果椭圆形或近球形，两端钝圆，长6~8 mm，熟时暗红色，果汁暗蓝色，带紫色，味甜而微咸；果核卵形，先端尖，长4~5 mm。花期5~6月；果期7~8月。

分布　新疆：吐鲁番沙漠植物园，42°51′17″N，89°11′36″E，93 m，2010-09-05，王喜勇4003310006。甘肃：瓜州县渊泉路，40°20′40″N，95°26′43″E，1200 m，2011-07-01，薛帅400324005。生于湖盆边缘沙地、盐渍化沙地、沿海盐化沙地。分布于我国各沙漠地区；华北地区及东北沿海沙区也有分布。蒙古和中亚以及俄罗斯西伯利亚也有分布。

栽培　播种繁殖。

用途　其果味酸甜可食；果入药健脾胃、助消化；枝、叶、果可作饲料；种子油可制肥皂。本种为重要的防风固沙植物。

含油率及化学组分数据

采集单位	测试单位	测试部位	产地	含油率(%)	碘值	酸值	皂化值	C12:0	C14:0	C16:0	C16:1	C18:0	C18:1	C18:2	C18:3	C20:0	C20:1
XIEG	SCBG	种仁	新疆吐鲁番	21. 16	54. 12	2. 43	201. 26		0. 11	12. 15	0. 46	3. 81	11. 81	60. 25	4. 65	0. 83	0. 20
CAU	ICS	种子	甘肃瓜州	13. 07	125. 15	34. 57	147. 93		0. 09	4. 83	0. 42	1. 44	15. 19	22. 30	32. 41	0. 93	6. 41
OFPC	NIB	种子	甘肃民勤	14. 50	124. 10	6. 30	185. 80			6. 10		1. 90	23. 10	66. 70	2. 20		

骆驼蓬（臭古朵）

Peganum harmala L.

蒺藜科，骆驼蓬属

特征 多年生草本，高30~70 cm。全株无毛，根多数，粗达2 cm。茎直立或开展，由基部多分枝。叶互生，卵形，全裂为3~5条形或披针状条形裂片，裂片长1~3.5 cm，宽1.5~3 mm。花单生枝端，与叶对生；萼片5枚，裂片条形，长1.5~2 cm，有时仅顶端分裂；花瓣黄白色，倒卵状矩圆形，长1.5~2 cm，宽6~9 mm；雄蕊15枚，花丝近基部宽展；子房3室，花柱3枚。蒴果近球形。种子三棱形，稍弯，黑褐色、表面被小瘤状凸起。花期5~6月；果期7~9月。

分布 新疆：314国道疏附至塔什库尔干途中，38°46′16″N，75°12′11″E，2746 m，2010-10-10，王茜、王喜勇4003310004；新疆：阿克苏温宿县神木园，41°28′50″N，79°53′52″E，1296 m，2011-08-17，侯翼国、王茜4003311012。内蒙古：乌海市，39°49′16″N，106°55′12″E，1059 m，2009-08-24，刘慧娟、扈顺400312025。生于荒漠地带干旱草地、绿洲边缘轻盐渍化沙地、壤质低山坡或河谷沙丘（达3600 m）。分布于西藏（贡噶、泽当）、新疆、甘肃（河西走廊）、宁夏以及内蒙古巴彦淖尔盟、阿拉善盟。蒙古、中亚、西亚、伊朗、印度（西北部）、地中海地区以及非洲北部也有分布。

栽培 生性强健。喜光，耐干旱和贫瘠的土壤，耐盐渍。播种繁殖，易栽培。

用途 种子可作红色染料；榨油可供轻工业用；全草入药治关节炎，又可杀虫剂；叶子揉碎能洗涤泥垢，代肥皂用；种子油可供制肥皂和油漆，种子含生物碱不宜食用。

含油率及化学组分数据

采集单位	测试单位	测试部位	产地	含油率(%)	碘值	酸值	皂化值	C12:0	C14:0	C16:0	C16:1	C18:0	C18:1	C18:2	C18:3	C20:0	C20:1
XIEG	SCBG	种仁	新疆塔什库尔干	36.20	74.70	16.18	441.38	0.19	0.75	12.94	0.66	1.86	21.51	51.78	1.52	0.37	0.17
XIEG	SCBG	种子	新疆阿克苏	26.88	66.68	12.87	309.80	10.17	0.15	8.14	0.22	2.84	26.60	36.36	8.01	1.72	0.39
IMAU	ICS	种子	内蒙古乌海	13.73	144.05	1.27	173.81		0.05	5.09	0.08	3.02	16.48	67.24	0.98	1.10	0.53
OFPC	NIB	种子	宁夏盐池	19.50	138.20		180.40		0.10	4.80		1.90	23.30	66.60	3.30		

驼蹄瓣（豆型霸王、骆驼蹄瓣）

Zygophyllum fabago L.

蒺藜科，霸王属

特征 多年生草本，高30~80 cm。根粗壮。茎多分枝，枝条开展或铺散，光滑，基部木质化。托叶革质，卵形或椭圆形，长4~10 mm，绿色，茎中部以下托叶合生，上部托叶较小，披针形，分离；叶柄显著短于小叶；小叶1对，倒卵形、矩圆状倒卵形，长15~33 mm，宽6~20 cm，质厚，先端圆形。花腋生，花梗长4~10 mm；萼片卵形或椭圆形，长6~8 mm，宽3~4 mm，先端钝，边缘为白色膜质；花瓣倒卵形，与萼片近等长，先端近白色，下部橘红色；雄蕊长于花瓣，长11~12 mm，鳞片矩圆形，长为雄蕊之半。蒴果矩圆形或圆柱形，长2~3.5 cm，宽4~5 mm，5棱，下垂。种子多数，长约3 mm，宽约2 mm，表面有斑点。花期5~6月；果期6~9月。

分布 新疆：伊犁地区伊宁县，43°37′11″N，82°8′19″E，750 m，2011-08-20，侯翼国、王茜4003311019。分布于内蒙古西部、甘肃河西走廊以及青海、新疆。生于冲积平原、绿洲、湿润沙地和荒地。中亚以及伊朗、伊拉克、叙利亚也有分布。

栽培 喜阳光充足，耐寒性强。喜疏松、肥沃且排水良好的壤土。播种繁殖。生性强健易栽培。

用途 可用于我国西北地区荒地绿化。

含油率及化学组分数据

采集单位	测试单位	测试部位	产地	含油率(%)	碘值	酸值	皂化值	C12:0	C14:0	C16:0	C16:1	C18:0	C18:1	C18:2	C18:3	C20:0	C20:1
XIEG	SCBG	种子	新疆伊犁	44.86	73.68	2.94	310.83	0.05	0.06	4.36	0.08	2.61	16.33	67.63	0.77	0.46	0.10

霸王

Zygophyllum xanthoxylon (Bunge) Maxim. [*Sarcozygium xanthoxylon* Bunge]

蒺藜科，霸王属

特征 灌木，高50~100 cm。枝弯曲，开展，皮淡灰色，木质部黄色，先端具刺尖，坚硬。叶在老枝上簇生，幼枝上对生；叶柄长8~25 mm；小叶1对，长匙形，狭矩圆形或条形，长8~24 mm，宽2~5 mm，先端圆钝，基部渐狭，肉质。花生于老枝叶腋；萼片4枚，倒卵形，绿色，长4~7 mm；花瓣4枚，倒卵形或近圆形，淡黄色，长8~11 mm；雄蕊8枚，长于花瓣。蒴果近球形，长18~40 mm，翅宽5~9 mm，常3室，每室有1粒种子。种子肾形，长6~7 mm，宽约2. 5 mm。花期4~5月；果期7~8月。

分布 新疆：和静县巴轮台镇，42°45′22″N，86°18′53″E，1806 m，2011-08-08，侯翼国、王茜4003311005。内蒙古：乌海市碱柜镇，40°15′40″N，107°3′5″E，1106 m，2009-08-20，刘慧娟、扈顺400312002。生于荒漠和半荒漠的砂砾质河流阶地、低山山坡、碎石低丘和山前平原。分布于新疆、青海以及宁夏西部、甘肃西部、内蒙古西部。蒙古也有分布。

栽培 播种繁殖。

用途 用于荒漠绿化。

含油率及化学组分数据

采集单位	测试单位	测试部位	产地	含油率(%)	碘值	酸值	皂化值	C12:0	C14:0	C16:0	C16:1	C18:0	C18:1	C18:2	C18:3	C20:0	C20:1
XIEG	SCBG	种仁	新疆和静	21. 56	70. 76	5. 87	186. 36			6. 99	0. 32	2. 16	25. 59	59. 82	1. 11	1. 12	0. 49
IMAU	ICS	种子	内蒙古乌海	9. 09	143. 68	1. 65	202. 61		0. 12	7. 07	0. 31	2. 42	12. 54	69. 73	0. 77	1. 45	0. 26

亚麻（鸦麻、壁虱胡麻）

Linum usitatissimum L.

亚麻科，亚麻属

特征 一年生草本。茎直立，高30~120 cm。叶互生，叶片线形，线状披针形或披针形，2~4×0. 1~0. 5 cm，先端锐尖，基部渐狭，无柄，内卷，有3（5）出脉。花单生于枝顶或枝的上部叶腋，组成疏散的聚伞花序；花萼5，卵形或卵状披针形，先端凸尖或长尖；中央一脉明显凸起，边缘膜质，无腺点，全缘，有时上部有锯齿，宿存；花瓣5，倒卵形，蓝色或紫蓝色，稀白色或红色，先端啮蚀状；雄蕊5枚，花丝基部合生；退化雄蕊5枚，钻状。蒴果球形，干后棕黄色；种子10粒，长圆形，扁平，棕褐色。花期6~8月；果期7~10月。

分布 重庆：南川区三泉镇药材村，29°7′56″N，107°12′9″E，567 m，2010-04-21，刘正宇4000231141。云南：昆明，24°52′ 59″N，102°49′ 53. 16″E，1930 m，2010-11-25，李忠荣400222194。甘肃：徽县严坪镇，33°39′25″N，106°17′11″E，1000 m，2011-10-07，薛帅400325018。陕西：杨凌区西农农场，34°9′ 30″N，108°2′ 3″E，500 m，2011-07-24，400324040。黑龙江：兰西，46°21′30″N，126°12′49″E，2011-09-23，郑宝江400341148。我国各地皆有栽培，但以北方和西南地区较为普遍；有时逸为野生。原产地中海地区，现欧洲、亚洲温带多有栽培。

栽培 适宜温和凉爽、湿润的气候。播种繁殖。纤维用亚麻要求生育期间气温变化不剧烈，昼夜温差小。出苗到开花雨量多，且分布均匀，日照较弱；开花到成熟阶段雨量较少光照充足，有利于麻茎的营养生长和纤维发育。油用亚麻要求生育期间光照强有利分枝，增加蒴果和促进早熟，提高种子产量。

用途 重要的纤维、油料和药用植物，亚麻油是极好的干性油，是油漆、涂料和印刷油墨等的重要原料。油易氧化变质，作食用油受到一定的限制。

含油率及化学组分数据

采集单位	测试单位	测试部位	产地	含油率(%)	碘值	酸值	皂化值	C12:0	C14:0	C16:0	C16:1	C18:0	C18:1	C18:2	C18:3	C20:0	C20:1
CIPP	SCBG	种仁	重庆南川	33. 60				0. 89	0. 18	9. 17	0. 12	0. 26	3. 23	15. 66	63. 93	1. 73	0. 29
KMIB	KMIB	种仁	云南昆明	36. 62													
CAU	ICS	种子	甘肃徽县	27. 12	145. 72	8. 66	190. 38		0. 08	6. 35	0. 17	5. 31	40. 88	13. 09	32. 85	0. 26	0. 19
CAU	ICS	种子	陕西杨凌	36. 30	91. 75	1. 83	164. 93	0. 89	0. 18	9. 19	0. 26	3. 24	15. 70	64. 07	1. 74	0. 29	0. 08
NEFU	SCBG	种仁	黑龙江兰西	33. 86	25. 09	6. 15	136. 77	0. 0062	0. 04	3. 27	0. 12	1. 15	13. 64	41. 38	38. 98	0. 80	0. 61
OFPC	NIB	种子	甘肃平凉	43. 50	182. 40	6. 30	194. 00		微量	7. 90	1. 70	2. 90	28. 30	14. 70	41. 80	0. 80	0. 80
OFPC	IAE	种子	辽宁沈阳	29. 60	164. 30		191. 10			3. 70		3. 70	28. 10	16. 80	47. 70		
OFPC	CIB	商品油	四川成都		176. 10		191. 10			6. 00		2. 90	17. 40	13. 00	60. 70		

青篱柴

Tirpitzia sinensis (Hemsl.) Hallier f.

亚麻科，青篱柴属

特征 灌木或小乔木，高1~5 m。树皮灰褐色，无毛，有灰白色椭圆形的皮孔。小枝干后褐色或灰褐色，有纵沟纹。叶纸质或厚纸质，椭圆形、倒卵状椭圆形或卵形，长3~8.5 cm，宽2.8~4.5 cm，先端钝圆或急尖，有小凸尖或微凹，基部宽楔形或近圆形，全缘，表面绿色，背面淡绿色，干后表面灰绿色或暗绿色，背面灰绿色、墨绿色，表面中脉平坦，背面凸起，两面侧脉微凸；叶柄长7~16 mm。聚伞花序在茎和分枝上部腋生，长约4 cm；苞片小，宽卵形；花梗长2~3 mm；萼片5枚，披针形，先端钝圆，有纵棱多条，外面2枚尤明显，宿存；花瓣5枚，白色，爪细，长2~3.8 cm，旋转排列成管状，瓣片阔倒卵形，开展，先端圆形；雄蕊5枚，花丝基部合生成筒状，筒长2~4.8 mm；退化雄蕊5，锥尖状，与雄蕊互生；子房4室，每室有胚珠2颗，花柱4枚，柱头头状。蒴果长椭圆形或卵形，枯褐色，长1~1.9 cm，室间开裂成4瓣，每室有种子2粒，有时1粒，褐色。种子具膜质翅，翅倒披针形，稍短于蒴果。花期5~8月；果期8~12月或至翌年3月。

分布 云南：文山州麻栗坡县大坪乡，23°13′30″N，104°54′09″E，2011-10-14，曾庆文、陈树钢、杨国400114239。生于海拔340~2000 m的路旁、山坡、山地沃土和石灰岩山顶阳处。分布于广西、湖北、贵州、云南（东南部）。越南北方有分布。

栽培 喜光，耐干旱和贫瘠的土壤。于春、秋季进行播种或分株繁殖。

用途 茎、叶能消肿止痛、接骨。

含油率及化学组分数据

采集单位	测试单位	测试部位	产地	含油率(%)	碘值	酸值	皂化值	C12:0	C14:0	C16:0	C16:1	C18:0	C18:1	C18:2	C18:3	C20:0	C20:1
SCBG	SCBG	种仁	云南文山	36.48	100.37	28.75	206.06										

喜光花

Actephila merrilliana Chun

大戟科，喜光花属

特征 灌木，高1~2 m。小枝上部幼时被疏短柔毛，老时脱落，有皮孔。叶片近革质，长椭圆形、倒卵状披针形或倒披针形，顶端钝或短渐尖，基部楔形或宽楔形，叶背淡绿色，两面均无毛；中脉在叶的两面均凸起，侧脉在叶缘前连结；托叶三角状披针形，黄褐色。雄花单生或几朵簇生于叶腋；花瓣5枚，匙形或线形，全缘；雄蕊5枚，离生；退化雌蕊顶端3裂，稀2裂；雌花：单朵腋生；萼片5枚，倒卵形或长倒卵形，黄绿色，膜质；花瓣5枚；花盘环状，肥厚，不分裂；子房卵圆形，光滑无毛，花柱3枚，顶端2裂。蒴果扁圆球形，直径约2 cm，无毛，有宿存的萼片，外果皮渴色，薄壳质，内面黄白色。种子三棱形。花、果期几乎全年。

分布 海南：万宁县石梅镇青梅林保护区，18°50′23″N，110°17′33″E，2009-08-02，邢福武、戴建阅、翟俊文、郑希龙40011122。散生于海拔300~800 m的山坡、山谷阴湿的林下或溪旁灌木丛中。产于海南、广东。

栽培 播种繁殖。

用途 种子含亚麻酸为主的油脂。

含油率及化学组分数据

采集单位	测试单位	测试部位	产地	含油率(%)	碘值	酸值	皂化值	C12:0	C14:0	C16:0	C16:1	C18:0	C18:1	C18:2	C18:3	C20:0	C20:1
SCBG	SCBG	种仁	海南万宁	24.80	94.16	5.70	172.10	0.004	0.06	8.62	0.03	2.66	63.45	22.95	1.06	0.73	0.44
OFPC	SCBG	种子	海南陵水	24.30	165.20		194.00			5.20		12.20	14.20	11.60	56.80		

山麻杆

Alchornea davidii Franch.

大戟科，山麻杆属

特征 落叶灌木。嫩枝被灰白色短绒毛，一年生小枝具微柔毛。叶薄纸质，阔卵形或近圆形，顶端渐尖，边缘具粗锯齿或具细齿，齿端具腺体，基部具斑状腺体2枚或4枚；基出脉3条；小托叶线状，具短毛；叶柄具短柔毛，托叶披针形。雌雄异株，雄花序穗状，1~3个生于一年生枝已落叶腋部，花序梗几无，呈柔荑花序状；苞片卵形，顶端近急尖，具柔毛，未开花时覆瓦状密生；雄花5~6朵簇生于苞腋，花梗长约2 mm，无毛，基部具关节，小苞片长约2 mm；雌花序总状，顶生，长4~8 cm，具花4~7朵，各部均被短柔毛，苞片三角形，长3. 5 mm，小苞片披针形，长3. 5 mm；雄花花萼花蕾时球形，无毛，直径约2 mm，萼片3（~4）枚；雄蕊6~8枚；雌花萼片5枚，长三角形，长2. 5~3 mm，具短柔毛；子房球形，被绒毛，花柱3枚，线状，长10~12 mm，合生部分长1. 5~2 mm。蒴果近球形，具3圆棱，直径1~1. 2 cm，密生柔毛。种子卵状三角形，种皮淡褐色或灰色，具小瘤体。花期3~5月；果期6~7月。

分布 湖南：吉首市德夯，28°41′28″N，109°18′58″E，908 m，2012-08-14，张代贵、张洁40019101241；吉首市寨龙乡寨龙村，28°10′5″N，109°26′24″E，208 m，2010-04-22，徐亮、肖艳400191103。湖北：兴山县，31°14′20″N，110°45′14 E，244 m，2012-09-02，危文亮、赵永国等400151203。生于海拔300~700（~1000）m的沟谷或溪畔、河边的坡地灌丛中，或栽种于坡地。产于广西（北部）、湖南、江西、福建（西部）、江苏、河南、湖北、四川（东部和中部）、贵州、云南（东北部）、陕西（南部）。

栽培 播种繁殖。

用途 种子可榨油，可供制肥皂；茎皮纤维为制纸原料；叶可作饲料。秋末冬初，叶子由绿转红，色美丽可观，亦为观赏植物。

含油率及化学组分数据

采集单位	测试单位	测试部位	产地	含油率(%)	碘值	酸值	皂化值	C12:0	C14:0	C16:0	C16:1	C18:0	C18:1	C18:2	C18:3	C20:0	C20:1
JSU	SCBG	种仁	湖南吉首	23. 56	95. 42	2. 04	210. 59	7. 55	6. 71	11. 91		4. 87	8. 72	17. 11	31. 38		
JSU	SCBG	种仁	湖南吉首	14. 57	131. 45	31. 96	204. 86	0. 03	0. 20	17. 18		2. 88	10. 34	62. 38	2. 83	0. 32	0. 20
OCRI	SCBG	种仁	湖北兴山	25. 14	9. 22	12. 58	194. 67		0. 47	6. 16	0. 40	2. 29	12. 86	28. 08	0. 02	1. 08	2. 12

羽脉山麻杆（三稔蒟）

Alchornea rugosa (Lour.) Müll. Arg.

大戟科，山麻杆属

特征 灌木或小乔木。嫩枝被短柔毛。叶纸质，狭长倒卵形至阔披针形，顶端渐尖，基部略钝或浅心形，边缘具细腺齿，基部具斑状腺体2枚；侧脉8~12对；托叶钻状。雌雄异株，雄花序圆锥状，顶生，苞片三角形，被微柔毛，有时基部具2枚腺体；雄花5~11朵簇生于苞腋，花梗长约0. 5 mm，具柔毛；雌花序总状或圆锥状，顶生，花序轴被微柔毛或无毛；雌花单生，具柔毛；果梗长2 mm，无毛；雄花花萼花蕾时球形，具疏柔毛，萼片2枚或4枚；雄蕊4~8枚；雌花萼片5枚；子房被微柔毛，花柱3枚，线状，近基部合生。蒴果近球形，具3圆棱，近无毛。种子卵球形，种皮浅褐色，具小凸起。花、果期几全年。

分布 海南：东方县东河镇，19°03′12″N，108°56′50″E，2009-08-06，邢福武、戴建阅、翟俊文、郑希龙40011156。生于海拔（15~）100~600（~1700）m的沿海平原或山地溪畔常绿阔叶林或次生林中。产于海南以及广东西部和中部、广西南部和西南部、云南金平。亚洲东南部各国以及澳大利亚（昆士兰）也有分布。

栽培 播种繁殖。

含油率及化学组分数据

采集单位	测试单位	测试部位	产地	含油率(%)	碘值	酸值	皂化值	C12:0	C14:0	C16:0	C16:1	C18:0	C18:1	C18:2	C18:3	C20:0	C20:1
SCBG	SCBG	种仁	海南东方	29. 14	92. 45	3. 30	179. 80	0. 0099	0. 08	2. 17	0. 77	34. 75	34. 22	26. 83	0. 77	0. 14	0. 25

石栗

Aleurites moluccana (L.) Willd.

大戟科，石栗属

特征 常绿乔木，高达18 m。树皮暗灰色，浅纵裂至近光滑。嫩枝密被灰褐色星状微柔毛，成长枝近无毛。叶纸质，卵形至椭圆状披针形，顶端短尖至渐尖，基部阔楔形或钝圆，稀浅心形，全缘或(1~)3(~5)浅裂，嫩叶两面被星状微柔毛，成长叶上面无毛，下面疏生星状微柔毛或几无毛；基出脉3~5条；叶柄长6~12 cm，密被星状微柔毛，顶端有2枚扁圆形腺体。花雌雄同株，同序或异序，花序长15~20 cm；花萼在开花时整齐或不整齐地2~3裂，密被微柔毛；花瓣长圆形，乳白色至乳黄色；雄蕊15~20枚，排成3~4轮，生于凸起的花托上，被毛；子房密被星状微柔毛，2(~3)室，花柱2枚，短、2深裂。核果近球形或稍偏斜的圆球状，直径5~6 cm，具1~2粒种子；种子圆球状，侧扁，种皮坚硬，有疣状凸棱。花期4~10月；果期10~12月。

分布 云南：文山州麻栗坡县八布乡，23°13′53″N，104°54′11″E，2011-10-15，曾庆文、陈树钢、杨国400114251；勐腊县勐仑镇翠屏峰勐醒河，21°29′38″N，101°16′14″E，580 m，2009-10-18，邱明华400222103。广西：马山县古零乡新杨村，23°34′35″N，108°15′38″E，2009-04-13，郭伦发4001101097。生于海拔100~1000 m的混合常绿林中。产于海南、广东、广西、福建、台湾、云南等地。分布于亚洲热带、亚热带地区。

栽培 土质以砂质土壤为佳，排水须良好。播种繁殖，于春季进行。光照充足，根深，生长很快。

用途 种子榨油供点灯及工业用，为油漆、肥皂、涂料及水中用材防腐剂的原料；树皮可提制栲胶。在华南地区多作行道树及风景树。

含油率及化学组分数据

采集单位	测试单位	测试部位	产地	含油率(%)	碘值	酸值	皂化值	C12:0	C14:0	C16:0	C16:1	C18:0	C18:1	C18:2	C18:3	C20:0	C20:1
SCBG	SCBG	种仁	云南文山	65.83	121.79	1.46	186.56	0.02	0.04	6.53	0.06	29.09	40.71	23.44	0.10		
KMIB	KMIB	种仁	云南勐腊	47.88	126.90	0.70	190.90			0.04		5.79	2.59	21.67	38.27	31.45	0.16
GXIB	SCBG	种仁	广西马山	59.81	44.68	3.01	154.66										
OFPC	SCBG	种仁	广东广州	61.50	136.10		190.30		微量	6.10		2.40	43.20	27.60	20.70	微量	
OFPC	XTBG	种仁	云南西双版纳	64.20	161.10	0.40	191.50		微量	6.50		1.90	20.80	41.90	28.90	微量	
OFPC	KMIB	种仁	云南元阳	72.40	141.40	0.30	186.30		微量	6.70		2.10	39.20	32.00	20.00	微量	
OFPC	KMIB	种仁	云南下关	63.50	145.00	0.20	193.60		微量	7.20		3.60	24.20	40.60	24.30	微量	

山地五月茶

Antidesma montanum Blume

大戟科，五月茶属

特征 乔木，高达15 m。幼枝、叶脉、叶柄、花序和花萼的外面及内面基部被短柔毛或疏柔毛外，其余无毛。叶片纸质，椭圆形、长圆形、倒卵状长圆形、披针形或长圆状披针形，长7~25 cm，宽2~10 cm，顶端具长或短的尾状尖，或渐尖有小尖头，基部急尖或钝；侧脉7~9条，在叶面扁平，在叶背凸起；叶柄长达1 cm；托叶线形，长4~10 mm。总状花序顶生或腋生，长5~16 cm，分枝或不分枝；雄花花梗长1 mm或近无梗；花萼浅杯状，3~5裂，裂片宽卵形，顶端钝，边缘具有不规则的牙齿；雄蕊3~5枚，着生于花盘裂片之间；花盘肉质，3~5裂；退化雌蕊倒锥状至近圆球状，顶端钝，有时不明显的分裂；雌花花萼杯状，3~5裂，裂片长圆状三角形；花盘小，分离；子房卵圆形，花柱顶生。核果卵圆形，长5~8 mm；果梗长3~4 mm。花期4~7月；果期7~11月。

分布 广西：那坡县百省乡弄苗屯，23°9′31″N，105°35′4″E，1006 m，2010-11-19，吴磊、黄俞淞、朱运喜4001101140。生于海拔700~1500 m山地密林中。产于海南、广东、广西、贵州、云南、西藏等地。分布于缅甸、越南、老挝、柬埔寨、马来西亚、印度尼西亚等。

栽培 喜光，喜温暖、湿润环境，不耐寒。不拘土质。播种繁殖。易栽培。

用途 可作园林树种。

含油率及化学组分数据

采集单位	测试单位	测试部位	产地	含油率(%)	碘值	酸值	皂化值	C12:0	C14:0	C16:0	C16:1	C18:0	C18:1	C18:2	C18:3	C20:0	C20:1
GXIB	SCBG	种仁	广西那坡	43.65													

银柴（大沙叶）

Aporosa dioica (Roxb.) Müll. Arg.

大戟科，银柴属

特征 乔木。小枝被稀疏粗毛，老渐无毛。叶片革质，顶端圆至急尖，基部圆或楔形，全缘或具有稀疏的浅锯齿，上面无毛而有光泽，下面初时仅叶脉上被稀疏短柔毛，老渐无毛；侧脉未达叶缘而弯拱联结；叶柄长5~12 mm，被稀疏短柔毛，顶端两侧各具1个小腺体；托叶卵状披针形。雄穗状花序；苞片卵状三角形，顶端钝，外面被短柔毛；雌穗状花序长4~12 mm；雄花萼片通常4枚，长卵形；雄蕊2~4枚，长过萼片；雌花萼片4~6枚，三角形，顶端急尖，边缘有睫毛；子房卵圆形，密被短柔毛，2室，每室有胚珠2颗。蒴果椭圆状，长1~1.3 cm，被短柔毛，内有种子2粒。种子近卵圆形。花、果期几乎全年。

分布 海南：东方东河，18°56′11″N，109°2′1″E，2009-08-21，郑希龙、潘雅书40011438；文昌山洪北村，19°45′03″N，110°46′51″E，2009-08-08，邢福武、戴建阅、翟俊文、郑希龙40011170；万宁县兴隆热带花园，18°41′53″N，110°14′33″E，2009-08-03，邢福武、戴建阅、翟俊文、郑希龙40011126。生于海拔1000 m以下的山地疏林中和林缘或山坡灌木丛中。产于海南、广东、广西、云南等地。分布于印度、缅甸、越南、马来西亚等。

栽培 播种繁殖。

用途 可作园林绿化。

含油率及化学组分数据

采集单位	测试单位	测试部位	产地	含油率(%)	碘值	酸值	皂化值	C12:0	C14:0	C16:0	C16:1	C18:0	C18:1	C18:2	C18:3	C20:0	C20:1
SCBG	SCBG	种仁	海南东方	6.15	81.30	11.98	164.88	0.03	0.02	5.77	0.04	3.74	21.28	60.13	8.65	0.14	0.20
SCBG	SCBG	种仁	海南文昌	20.80	78.79	8.64	168.10	0.0043	0.04	4.91	0.05	2.71	42.88	44.34	0.48	1.01	3.58
SCBG	SCBG	种仁	海南万宁	16.26	75.16	21.20	181.20	0.02	0.15	7.66	0.45	1.93	19.22	11.98	45.85	3.90	8.85

浆果乌桕

Balakata baccata (Roxb.) Esser [*Sapium baccatum* Roxb.]

大戟科，浆果乌桕属

特征　乔木，高可达30 m，各部均无毛。小枝带苍白色，具细纵棱，棱上常有皮孔。叶互生，纸质，叶片卵形或长卵形，顶端短尖至短渐尖，基部钝圆或近短狭，全缘，背面近基部之边缘上有不规则的腺状小点；中脉粗壮，在背面显著凸起，侧脉10~13对，互生，网脉两面均明显；叶柄纤细，长3~5 cm，顶端无腺体；托叶很小，早落。花单性，雌雄同株，雌花生于花序轴最下部，雄花生于花序轴上部或有时整个花序全为雄花。雄花，花梗纤细，每一苞内约有6朵花聚生；小苞片狭，线形；花萼不规则2裂，裂片具不整齐的细齿；雄蕊2，伸出于花萼之外，花药球形，雌花：花梗粗壮，长1. 5~2 mm；苞片与雄花的相似，每一苞片内仅有1朵花；花萼2深裂，裂片卵形；子房球形，平滑，2室，花柱近离生。蒴果浆果状，具1~2种子；种子近球形，直径约5 mm。花期4~5月；果期6~11月。

分布　云南：勐腊县勐仑镇翠屏峰勐醒村，21°46′21″N，101°17′13″E，790 m，2010-11-10，邱明华、李忠荣400222107。生于疏林中，海拔约650 m。分布于云南南部（思茅至西双版纳）。还分布于印度、缅甸、老挝、越南、柬埔寨、马来西亚和印度尼西亚。

栽培　播种繁殖。

用途　可作园林绿化。

含油率及化学组分数据

采集单位	测试单位	测试部位	产地	含油率(%)	碘值	酸值	皂化值	C12:0	C14:0	C16:0	C16:1	C18:0	C18:1	C18:2	C18:3	C20:0	C20:1
KMIB	KMIB	种仁	云南勐腊	31. 55	152. 30	11. 10	217. 40	0. 04	3. 68	0. 05	8. 06		2. 35	11. 90	56. 50	13. 73	
OFPC	XTBG	种子	云南勐腊	43. 20	135. 30	3. 00	224. 10		1. 30	4. 70		0. 40	7. 20	69. 60	8. 50		

秋枫

Bischofia javanica Blume

大戟科，秋枫属

特征　常绿或半常绿大乔木，高达40 m。树干圆满通直，分枝低，主干较短；树皮灰褐色至棕褐色。小枝无毛。三出复叶，稀5小叶，总叶柄长8~20 cm；小叶片纸质，卵形、椭圆形、倒卵形或椭圆状卵形，长7~15 cm，宽4~8 cm；托叶膜质，披针形，早落。花小，雌雄异株，多朵组成腋生的圆锥花序；萼片膜质，半圆形，内面凹成勺状，外面被疏微柔毛，花丝短；退化雌蕊小，盾状，被短柔毛；子房光滑无毛，3~4室，花柱3~4枚，线形，顶端不分裂。果实浆果状，圆球形或近圆球形，直径6~13 mm，淡褐色。种子长圆形，长约5 mm。花期4~5月；果期8~10月。

分布　四川：峨边县刘沟乡，29°17′29″N，103°30′32″E，1000 m，2009-10-13，王凯、樊云川40021109076。云南：河口县南溪镇南溪河边，22°45′12″N，103°54′2″E，172 m，2010-11-12，王智、杨珺、谭英400221277。海南：陵水县本号镇吊罗山白水林场，18°43′20″N109°58′8″E，2009-11-28，秦新生400116193；三亚，18°15′13″N，109°31′31″E，2012-03-22，张荣京40017187。福建：武夷山，26°3′3″N，117°59′0″E，2010-09-26，刘东明、饶显龙400112108。广东：阳山县秤架自然保护区，24°44′25″N，112°48′45″E，935 m，2009-11-15，董安强40011256。常生于海拔800 m以下的山地潮湿沟谷林中或平原栽培，尤以河边堤岸或行道树为多。产于海南、广东、广西、湖南、江西、福建、台湾、浙江、江苏、安徽、河南、湖北、四川、贵州、云南、陕西等地，为热带、亚热带常绿季雨林中的主要树种。分布于印度、缅甸、泰国、老挝、柬寨埔、越南、马来西亚、印度尼西亚、菲律宾、日本、澳大利亚、波利尼西亚等。

栽培　幼树稍耐阴，喜水湿。在土层深厚、湿润肥沃的砂质壤土生长特别良好。播种繁殖。

用途　种子含油，可供食用，也可作润滑油；果肉可酿酒；树皮可提取红色染料；叶可作绿肥，也可治无名肿毒；根有祛风消肿作用，主治风湿骨痛、痢疾等。木材可供建筑、桥梁、车辆、造船、矿柱、枕木等用。

含油率及化学组分数据

采集单位	测试单位	测试部位	产地	含油率(%)	碘值	酸值	皂化值	C12:0	C14:0	C16:0	C16:1	C18:0	C18:1	C18:2	C18:3	C20:0	C20:1
SCU	SCU	种仁	四川峨边	27.70						14.88		5.65	20.26	20.56	38.47	0.18	
KMIB	KMIB	种仁	云南河口	11.00	162.70	3.40	155.10	0.01	0.03	4.54	0.08	2.54	40.91	51.12	0.55	0.18	0.04
SCAU	SCBG	种仁	海南陵水	23.16	39.32	13.90	166.30	0.01	0.05	7.79	0.10	4.20	10.77	33.14	42.98	0.27	0.71
SCAU	SCBG	种仁	海南三亚	30.22	23.18	15.47	173.04	0.39		13.23	13.82		33.36	78.31	0.42		0.27
SCBG	SCBG	种仁	福建武夷山	8.80		16.26	255.97		0.75	7.64		3.75	45.18		0.06		0.26
SCBG	SCBG	种仁	广东阳山	10.36	88.77	4.60	173.46	0.07	0.08	14.41	0.07	4.17	4.07	75.54	1.08	0.23	0.28
OFPC	SCBG	种子	广东高要	25.50	159.00		194.50		0.30	10.50	0.20	5.00	23.90	23.40	36.70		
OFPC	XTBG	种子	云南勐腊	26.20	152.30	3.80	192.30			8.00		3.20	18.40	15.40	54.90		

重阳木

Bischofia polycarpa (H. Lév.) Airy Shaw

大戟科，秋枫属

特征 落叶乔木，高达15 m，胸径50 cm，有时达1 m。全株均无毛，树皮褐色，纵裂；树冠伞形状。大枝斜展，小枝无毛，当年生枝绿色，皮孔明显，灰白色，老枝变褐色，皮孔变锈褐色；芽小，顶端稍尖或钝，具有少数芽鳞。三出复叶；叶柄长9~13.5 cm；顶生小叶通常较两侧的大，小叶片纸质，卵形或椭圆状卵形，有时长圆状卵形，顶端凸尖或短渐尖，基部圆或浅心形，边缘具钝、细锯齿，每1 cm长4~5个；顶生小叶柄长1.5~4（~6）cm，侧生小叶柄长3~14 mm；托叶小，早落。花雌雄异株，春季与叶同时开放，组成总状花序；花序通常着生于新枝的下部，花序轴纤细而下垂；雄花序长8~13 cm；雌花序长3~12 cm；雄花萼片半圆形，膜质，向外张开，花丝短，有明显的退化雌蕊；雌花萼片与雄花的相同，有白色膜质的边缘；子房3~4室，每室2颗胚珠，花柱2~3枚，顶端不分裂。果实浆果状，圆球形，直径5~7 mm，成熟时褐红色。花期4~5月；果期10~11月。

分布 福建：武夷山市星村镇桐木村龙渡，27°42′56″N，117°52′45″E，261 m，2009-11-07，王发国、翟俊文400113007；武夷山星村桐木村，27°44′3″N，117°42′3″E，2012-11-17，易绮斐、李玉玲、宁阳阳400119246。安徽：黄山汤口，30°4′39″N，118°46′31″E，2009-11-05，刘东明、戴建阅400111151；休宁县齐云山，29°49′11″N，118°2′47″E，165 m，2011-11-13，胡超、李星霖4001171183；合肥市合肥植物园，31°52′45″N，117°12′8″E，2010-10-18，刘东明、王鹏40011300053。湖南：永顺县清坪，29°3′26″N，110°22′14″E，512 m，2009-11-07，徐亮、周建军400191065。河南：郑州市惠济区，34°46′28″N，113°38′58″E，312 m，2011-07-18，王亚平、杨大伟400314005。广西：灵山县长江岭，22°18′57″N，109°08′52″E，2009-10-23，郭伦发4001101098。湖北：神农架九冲乡猴子坨，31°21′51″N，110°36′15″E，369 m，2009-12-01，丁时东、危文亮400152041。江西：龙南县九连山国家级自然保护区，24°46′22″N，114°43′55″E，2011-11-12，易绮斐400119190。重庆：南川区隆化镇花山公园（栽培），29°57′16″N，107°37′20″E，545 m，2009-11-12，刘正宇等400231126。生于海拔1000 m以下的山地林中或平原栽培，在长江中下游平原或农村“四旁”常见，常栽培为行道树。产于广东的北部、秦岭、淮河流域以南至福建。

栽培 喜光和温暖、湿润气候。播种或扦插繁殖。

用途 果肉可酿酒；种子含油，可供食用，也可作润滑油和肥皂油。木材适于建筑、造船、车辆、家具等用材。普遍用于行道树和园林绿化树。

含油率及化学组分数据

采集单位	测试单位	测试部位	产地	含油率(%)	碘值	酸值	皂化值	C12:0	C14:0	C16:0	C16:1	C18:0	C18:1	C18:2	C18:3	C20:0	C20:1
SCBG	SCBG	种仁	福建武夷山	35.23	85.12	3.04	201.30	0.06	0.32	17.77	0.47	6.94	23.30	46.67	3.87	0.30	0.30
SCBG	SCBG	种仁	福建武夷山	16.10	75.33	2.92	191.76	0.02	0.04	9.74	0.09	2.51	36.13	49.94	0.77	0.15	0.61
SCBG	SCBG	种仁	安徽黄山	32.60	79.80	8.18	172.40	0.02	0.04	5.61	0.05	3.42	3.96	85.18	1.06	0.34	0.32
ECNU	SCBG	种仁	安徽休宁	7.60				6.52	4.38	11.13		2.59	25.07	46.49	0.73	0.28	0.28
SCBG	SCBG	种仁	安徽合肥	21.20	88.31	9.75		0.02	0.11	11.88	0.07	2.59	66.96		24.86		0.41
JSU	SCBG	种仁	湖南永顺	20.90	150.02	2.65	177.87	0.06	0.07	7.97	0.15	4.50	53.59	8.69	0.11	0.46	0.34
HNAU	ICS	种子	河南郑州	4.92	66.54	26.44	166.97	7.58	6.67	12.02		4.80	8.75	17.21	31.40		
GXIB	SCBG	种仁	广西灵山	21.20	71.56	14.44	195.63	0.03	0.07	9.64	0.04	7.00	16.06	25.31	40.91	0.31	0.62
OCRI	SCBG	种仁	湖北神农架	15.34	13.52	16.36	231.50										
SCBG	SCBG	种仁	江西龙南	16.41	29.93	9.91	269.28	0.01	0.03		0.29	3.23	43.35	74.32	0.12	0.14	1.21
CIPP	SCBG	种仁	重庆南川	22.60					0.10	4.72	0.19	1.88	24.58	48.83	15.48	0.35	0.69
OFPC	GXB	果实	广西桂林	33.60	158.00		198.20			8.50		5.30	18.30	35.50	32.30		
OFPC	WHBG	种子	湖北恩施	30.10	149.40		214.50	微量		10.20	微量	6.40	19.60	25.90	37.90		

黑面神（鬼画符）

Breynia fruticosa (L.) Müll. Arg.

大戟科，黑面神属

特征　灌木，高1~3 m。全株均无毛。茎皮灰褐色；枝条上部常呈扁压状，紫红色，小枝绿色。叶片革质，两端钝或急尖，上面深绿色，下面粉绿色，干后变黑色，具有小斑点；侧脉3~5条；叶柄长3~4 mm；托叶三角状披针形。花小，单生或2~4朵簇生于叶腋内，雌花位于小枝上部，雄花则位于小枝的下部，有时生于不同的小枝上；雄花花梗长2~3 mm；花萼陀螺状，长约2 mm，厚，顶端6齿裂；雄蕊3枚，合生呈柱状；雌花花梗长约2 mm；花萼钟状，6浅裂，直径约4 mm，萼片近相等，顶端近截形，中间有凸尖，结果时约增大1倍，上部辐射状张开呈盘状；子房卵状，花柱3枚，顶端2裂，裂片外弯。蒴果圆球状，有宿存的花萼。花期4~9月；果期5~12月。

分布　海南：昌江县霸王岭老林场，19°06′59″N，109°05′32″E，2009-08-03，秦新生400116148。散生于海拔100~1000 m的山坡、平地旷野灌木丛中或林缘。产于海南、广东、广西、福建、浙江、四川、贵州、云南等地。越南也有分布。

栽培　播种或扦插繁殖。

用途　种子含脂肪油；枝叶含鞣质，可提制栲胶；根入药，治肠胃炎、咽喉炎等；叶外敷治湿疹、皮炎。

含油率及化学组分数据

采集单位	测试单位	测试部位	产地	含油率(%)	碘值	酸值	皂化值	C12:0	C14:0	C16:0	C16:1	C18:0	C18:1	C18:2	C18:3	C20:0	C20:1
SCAU	SCBG	种仁	海南昌江	14.25	9.67	20.31	190.48	1.07	0.08	46.20	0.19	1.76	10.53	20.30	19.33	0.28	0.27
OFPC	SCBG	种子	广东广州	29.10	103.00		193.50	微量	0.20	30.50	微量	1.90	28.20	18.80	20.40		

禾串树

Bridelia insulana Hance

大戟科，土蜜树属

特征　乔木，高达17 m。树干通直，胸径达30 cm，树皮黄褐色，近平滑，内皮褐红色。小枝具有凸起的皮孔，无毛。叶片近革质，椭圆形或长椭圆形，顶端渐尖或尾状渐尖，基部钝，无毛或仅在背面被疏微柔毛，边缘反卷，侧脉5~11条；叶柄长4~14 mm；托叶线状披针形，被黄色柔毛。花雌雄同序，密集成腋生的团伞花序，除萼片及花瓣被黄色柔毛外，其余无毛；雄花直径3~4 mm，花梗极短；萼片三角形；花瓣匙形，长约为萼片的1/3，花丝基部合生，上部平展；花盘浅杯状；退化雌蕊卵状锥形；雌花直径4~5 mm，花梗长约1 mm；片与雄花的相同；花瓣菱状圆形，长约为萼片之半；花盘坛状，全包子房，后期由于子房膨大而撕裂；子房卵圆形，花柱2枚，分离，顶端2裂，裂片线形。核果长卵形，直径约1 cm，成熟时紫黑色，1室。花期3~8月；果期9~11月。

分布　广东：从化市桃园镇石门国家森林公园，23°31′25″N，113°34′17″E，124 m，2009-11-05，易绮斐、林铎清、徐蕾400119018。海南：陵水市吊罗山，18°36′21″N，109°57′48″E，2011-11-30，邢福武、刘东明、王发国400119204；陵水县本号镇吊罗山南喜林场，18°43′15″N，109°58′58″E，2009-11-21，秦新生400116167。生于海拔300~800 m的山地疏林或山谷密林中。产于海南、广东、广西、福建、台湾、四川、贵州、云南等地，分布于印度、泰国、越南、印度尼西亚、菲律宾、马来西亚等。

栽培　喜高温高湿，生长适温为22~32℃，生性强健，极耐阴。栽培土质不拘，但以石灰质壤土或砂质壤土为佳，排水需良好。半日照为佳，播种或高压繁殖，春季至夏季为适期。春季至夏季为幼株生长盛期。

用途　树皮含鞣质，可提取栲胶。散孔材，边材淡黄棕色，心材黄棕色，纹理稍通直，结构细致，材质稍硬，较轻，气干比重0.6，干燥后不开裂，不变形，耐腐，加工容易，可作建筑、家具、车辆、农具、器具等用材。

含油率及化学组分数据

采集单位	测试单位	测试部位	产地	含油率(%)	碘值	酸值	皂化值	C12:0	C14:0	C16:0	C16:1	C18:0	C18:1	C18:2	C18:3	C20:0	C20:1
SCBG	SCBG	种仁	广东从化	1.00	62.76	2.40	179.00	0.007	0.05	7.79	0.10	4.20	10.77	33.14	42.98	0.27	0.71
SCBG	SCBG	种仁	海南陵水	20.14	94.22	1.32	201.72			10.17		2.33	0.93	26.55	0.42	0.38	0.15
SCAU	SCBG	种仁	海南陵水	8.46	33.82	23.01	208.60	0.0049	0.07	19.64	4.68	2.93	26.44	45.05	0.98	0.02	0.19

棒柄花（短柄棒柄花）

Cleidion brevipetiolatum Pax et K. Hoffm.

大戟科，棒柄花属

特征 小乔木。小枝无毛。叶薄革质，互生或近对生，常有3~5枚密生于小枝顶部，基部钝，具斑状腺体数个，叶下面的侧脉腋具髯毛，上半部边缘具疏锯齿；托叶披针形，早落。雌雄同株，雄花序腋生，花序轴被微柔毛；雄花3~7朵簇生于苞腋，稀疏排列在花序轴上，苞片阔三角形，小苞片三角形；雌花单朵腋生，花梗长2~3.5（~7）cm，基部具苞片2~3枚，三角形；果梗棒状；雄花萼片3枚，基部具疏柔毛；雄蕊多，花丝长约1 mm，花药4室，药隔突出呈钻状；花梗长1~1.5 mm，具关节，被微柔毛；雌花萼片5枚，不等大，其中3枚披针形，2枚三角形，花后增大，其中3枚或4枚长圆形；子房球形，密生黄色毛，花柱3枚，长约1 cm，基部合生，各2深裂至近基部，线状，柱头具小凸起。蒴果扁球形具3个分果爿，果皮具疏毛。种子近球形，具褐色斑纹。花、果期3~10月。

分布 生于海拔200~800（~1500）m的山地湿润常绿林中。产于海南、广东、广西以及贵州西南部、云南东南部和南部。越南北部也有分布。

栽培 播种繁殖。

用途 可用于林下绿化。

含油率及化学组分数据

采集单位	测试单位	测试部位	产地	含油率(%)	碘值	酸值	皂化值	C12:0	C14:0	C16:0	C16:1	C18:0	C18:1	C18:2	C18:3	C20:0	C20:1
OFPC	XTBG	种子	云南勐腊	20.70	109.50	6.40	194.70			7.20		19.80	21.30	49.00	2.70		

蝴蝶果

Cleidiocarpon cavaleriei (H. Lév.) Airy Shaw

大戟科，蝴蝶果属

特征 乔木，高达25 m。幼嫩枝、叶疏生微星状毛，后变无毛。叶纸质，椭圆形、长圆状椭圆形或披针形，顶端渐尖，稀急尖，基部楔形；小托叶2枚，钻状，上部凋萎，基部稍膨大，干后黑色；叶柄长1~4 cm，顶端枕状，基部具叶枕；托叶钻状，有时基部外侧有1个腺体。圆锥状花序，长10~15 cm，各部均密生灰黄色微星状毛；雄花7~13朵密集成团伞花序，疏生于花序轴；雌花1~6朵，生于花序的基部或中部；苞片披针形，小苞片钻状；雄花花萼裂片(3~)4~5枚，长1.5~2 mm；雄蕊(3~)4~5枚，花丝长3~5 mm，花药长约0.5 mm；不育雌蕊柱状，长约1 mm；花梗短或几无；雌花萼片5~8枚，卵状椭圆形或阔披针形；被短绒毛；副萼5~8枚，披针形或鳞片状，长1~4 mm，早落；子房被短绒毛，2室，通常1室发育，1室仅具痕迹，花柱长约7 mm，上部3~5裂，裂片叉裂为2~3枚短裂片，密生小乳头。果呈偏斜的卵球形或双球形，具微毛，直径约3 cm或5 cm，基部骤狭呈柄状，花柱基喙状，外果皮革质，中果皮薄革质，不开裂。种子近球形，直径约2.5 cm，种皮骨质，厚约1 mm。花、果期5~11月。

分布 云南：勐腊县勐仑镇翠屏峰勐醒河，21°55′29″N，101°20′19″E，650 m，2009-11-15，邱明华、李恩乾400222104。生于海拔100~1000 m的山地或石灰岩山的山坡或沟谷常绿林中。产于广西西北部、西部和西南部以及贵州南部、云南东南部。越南北部也有分布。

栽培 播种繁殖。

用途 种子含丰富的淀粉和油，煮熟并除去胚后可食用。木材适作家具等。树形美观，常绿，抗病力强，现广东广州、海南屯昌等地栽培作行道树或庭园绿化树。

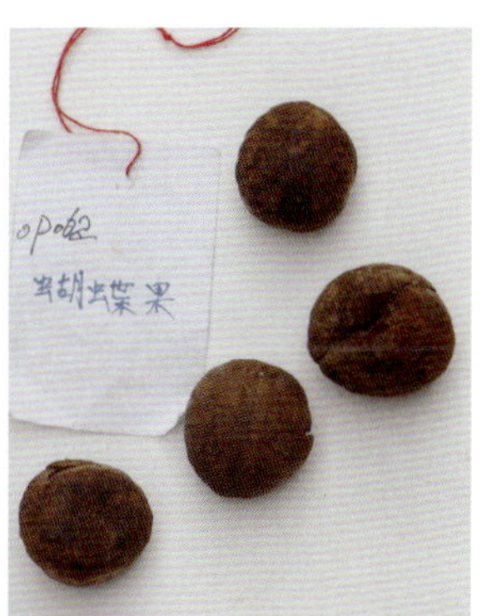

含油率及化学组分数据

采集单位	测试单位	测试部位	产地	含油率(%)	碘值	酸值	皂化值	C12:0	C14:0	C16:0	C16:1	C18:0	C18:1	C18:2	C18:3	C20:0	C20:1
KMIB	KMIB	种仁	云南勐腊	25.51	98.90	3.00	181.50			0.10	6.36	0.22	4.23	31.89	21.53	0.37	
OFPC	GXIB	种仁	广西宁明	38.30	95.50		211.2	0.40	0.50	14.50	0.40	7.40	54.70	18.70			
OFPC	XTBG	种仁	云南西双版纳	38.90	96.70	18.30	191.70		0.80	11.70		5.50	47.50	32.20			
OFPC	KMIB	种仁	广西凭祥	35.00		6.60	192.30			16.40		4.70	53.30	25.60			

假肥牛

Cleistanthus petelotii Merr. ex Croizat

大戟科，闭花木属

特征 乔木，高7~18 m。全株均无毛。叶片革质，卵形、椭圆形或长圆形，顶端短渐尖，基部钝或圆，边缘略反卷；侧脉6~7条，弯拱上升，未达叶缘而联结，网脉明显；叶柄干后有横纹。花雌雄同株，数朵组成腋生团伞花序；萼片5枚，卵状三角形；花瓣5枚，倒卵形；雄蕊5枚，花丝中部以下合生为圆筒状，包藏着退化雌蕊，花药卵状三角形，药隔三角状凸起；花盘腺体倒卵形；退化雌蕊顶端3裂；雌花萼片和花瓣与雄花的相同；花盘坛状或筒状，包围着子房，顶端具微小的舌状裂片；子房圆球形，平滑，花柱3枚。蒴果近圆球状，外果皮具网状皱纹；果梗长3~5 mm。种子卵形。花期4~6月；果期5~11月。

分布 广西：龙州弄岗自然保护区三联站陇坦，22°44′14″N，106°51′06″E，2009-07-15，吴望辉、蒋日红、农东新4001101046。生于海拔200~400 m石灰岩山地林中。产于广西西部。越南北部也有分布。

栽培 播种繁殖。

用途 可用于园林绿化。

含油率及化学组分数据

采集单位	测试单位	测试部位	产地	含油率(%)	碘值	酸值	皂化值	C12:0	C14:0	C16:0	C16:1	C18:0	C18:1	C18:2	C18:3	C20:0	C20:1
GXIB	SCBG	种仁	广西龙州	23.60	72.43	2.08	198.96	0.03	0.07	7.03	0.51	8.98	25.49	6.26	50.96	0.31	0.36

石山巴豆（宽叶巴豆）

Croton euryphyllus W. W. Sm.

大戟科，巴豆属

特征 灌木，高3~5 m。嫩枝、叶和花序均被很快脱落的星状柔毛，枝条淡黄褐色。叶纸质，近圆形至阔卵形，长6.5~8.5 cm，宽6~8 cm，顶端短尖或钝，有时尾状，基部心形，稀阔楔形，边缘具粗钝锯齿，齿间有时有具柄腺体；基出脉3~5(~7)条，侧脉3~5对，在近叶缘处弯拱连结；叶柄长(1.5)3~7 cm，顶端有2枚具柄腺体；托叶线形，长7~8 mm，早落。花序总状，长达15 cm，有时基部有分枝；苞片线状三角形，长2~3 mm，几无毛，早落；花梗长1~3 mm；花蕾的顶端被毛；雄花萼片披针形，长约2.5 mm；花瓣比萼片小，边缘被绵毛；雄蕊约15枚，无毛；雌花萼片披针形，长约3 mm；花瓣细小，钻状；子房密被星状毛，花柱2裂，几无毛。蒴果近圆球状，长1.2~1.5 cm，直径约1.2 cm，密被短星状毛。种子椭圆状，暗灰褐色。花期4~5月；果期6~9月。

分布 生于海拔200~2400 m的疏林中。产于广西、四川西南部、贵州南部、云南等地。

栽培 播种繁殖。

用途 可用于石景绿化。

含油率及化学组分数据

采集单位	测试单位	测试部位	产地	含油率(%)	碘值	酸值	皂化值	C12:0	C14:0	C16:0	C16:1	C18:0	C18:1	C18:2	C18:3	C20:0	C20:1
OFPC	GXIB	种子	广西桂林	39.40	132.10		188.10	0.40		11.00	0.70	4.10	21.60	44.10	2.10	0.90	9.80

巴豆
Croton tiglium L.

大戟科，巴豆属

特征 灌木或小乔木，高3~6 m。嫩枝被稀疏星状柔毛，枝条无毛。叶纸质，卵形，稀椭圆形，长7~12 cm，宽3~7 cm，顶端短尖，稀渐尖，有时长渐尖，基部阔楔形至近圆形，稀微心形，边缘有细锯齿，有时近全缘，成长叶无毛或近无毛，干后淡黄色至淡褐色；基出脉3（~5）条，侧脉3~4对；基部两侧叶缘上各有1枚盘状腺体；叶柄长2. 5~5 cm，近无毛；托叶线形，长2~4 mm，早落。总状花序，顶生，长8~20 cm；苞片钻状，长约2 mm；雄花花蕾近球形，疏生星状毛或几无毛；雌花萼片长圆状披针形，长约2. 5 mm，几无毛；子房密被星状柔毛，花柱2深裂。蒴果椭圆状，长约2 cm，直径1. 4~2 cm，被疏生短星状毛或近无毛。种子椭圆状，长约1 cm，直径6~7 mm。花期4~6月；果期5~9月。

分布 四川：雅安市四川农业大学，29°58′52″N，102°59′56″E，589 m，2008-08-03，干友民400241102。贵州：荔波县茂兰乡石上森林，25°17′31″N，107°58′18″E，848 m，2009-08-14，曾庆文、董安强、胡晓敏4001124。重庆：南川区三泉镇三泉大汉堡，29°7′58″N，107°12′12″E，594 m，2010-09-06，刘正宇等400231159。广东：阳山县秤架，24°53′5″N，112°52′24″E，812 m，2009-08-17，陈林4001149；英德县石门台老屋场，2010-11-12，易绮斐、陈林、刘清泉400119132。生于村旁或山地疏林中，或仅见栽培。产于海南、广东、广西、湖南、江西、福建、浙江（南部）、四川、贵州、云南等地。分布于亚洲南部和东南部各国以及菲律宾、日本南部。

栽培 喜高温，生性粗放，耐旱、耐瘠。不拘土质，但以壤土或砂质壤土为最佳，排水、日照良好。播种繁殖，春至秋季均可进行。幼株需春季至秋季施肥2~3次。植株老化应施以重剪。

用途 种子供药用，种子的油称巴豆油，其性味：辛、热；有大毒；作峻泻药，外用于恶疮、疥癣等；根、叶入药，治风湿骨痛等；民间用枝、叶作杀虫药或毒鱼。

含油率及化学组分数据

采集单位	测试单位	测试部位	产地	含油率(%)	碘值	酸值	皂化值	C12:0	C14:0	C16:0	C16:1	C18:0	C18:1	C18:2	C18:3	C20:0	C20:1
SAU	SCBG	种仁	四川雅安	35. 70	112. 60	3. 88	212. 38	1. 25	4. 63	5. 94	0. 08	2. 76	13. 43	57. 76	2. 08	2. 89	9. 19
SCBG	SCBG	种仁	贵州荔波	38. 80	84. 07	2. 34	173. 95	0. 18	0. 47	5. 75	0. 08	1. 04	1. 33	66. 28	1. 73	3. 72	19. 44
CIPP	SCBG	种仁	重庆南川	24. 65					0. 02	3. 87	0. 23	1. 14	81. 24	12. 98	0. 07	0. 08	0. 07
SCBG	SCBG	种仁	广东阳山	11. 56	63. 01	1. 90	169. 70	100. 62	3. 40	416. 29	0. 22	0. 55	5. 02	0. 31	1. 09	7. 53	61. 91
SCBG	SCBG	种仁	广东英德	26. 17	32. 12	3. 08	197. 54		0. 02	12. 29	0. 72	3. 39	29. 38	55. 05	12. 74		0. 26
OFPC	SCBG	种子	广东高要	37. 00	104. 00		205. 30	2. 00	6. 50	7. 20		1. 20	21. 90	50. 90	微量	8. 00	
OFPC	GXIB	种子	广西乐业	39. 80	111. 20		219. 10	0. 80	1. 50	4. 90	0. 90	2. 50	8. 80	50. 90	4. 40	17. 30	3. 00

东京桐
Deutzianthus tonkinensis Gagnep.

大戟科，东京桐属

特征 乔木，高达12 m，胸径达30 cm。嫩枝密被星状毛，很快变无毛，枝条有明显叶痕。叶椭圆状卵形至椭圆状菱形，长10~15 cm，宽6~11 cm，顶端短尖至渐尖，基部楔形、阔楔形至近圆形，全缘，上面无毛，下面苍灰色，仅脉腋具簇生柔毛；侧脉5~7条，在近叶缘处弯拱消失；叶柄长5~15(~20) cm，无毛，顶端有2枚腺体。雌雄异株，花序顶生，密被灰色柔毛，雌花序长约10 cm，宽6~12 cm；苞片近丝状，宿存；雄花序长约15 cm，宽约20 cm；雄花花萼钟状，具短裂片，萼裂片三角形，长约1 mm，花瓣长圆形，舌状，两面被毛；花盘5深裂；雄蕊7枚，花药伸出，花丝被毛；雌花：花萼、花瓣与雄花同，花萼长2~5 mm；花盘杯状，5裂；子房被绢毛，花柱顶端2次分叉。果稍扁球形，直径约4 cm，被灰色短毛，外果皮厚壳质，内果皮木质种子椭圆状，长约2. 5 cm，宽约1. 8 cm，种皮硬壳质，平滑、有光泽。花期4~6月；果期7~9月。

分布 广西：龙州县，22°30′48″N，106°50′56″E，260 m，2011-09-20，黄俞淞4001101216。生于海拔900 m以下的密林中。产于广西西南部、云南南部。越南北部也有。

栽培 生性粗放，喜高温多湿，生育适温为20~30℃。不拘土质，但以排水良好土层深厚的砂质壤土生育最旺盛，日照需良好。播种繁殖，以即采即播为佳，播种时宜将硬种壳打破。幼株需在春季至秋季施肥2~3次。植株老化应施以强剪。

用途 可作园林树，可保持水土。

含油率及化学组分数据

采集单位	测试单位	测试部位	产地	含油率(%)	碘值	酸值	皂化值	C12:0	C14:0	C16:0	C16:1	C18:0	C18:1	C18:2	C18:3	C20:0	C20:1
GXIB	SCBG	种仁	广西龙州	58. 12	105. 46	0. 51	204. 69	4. 17	1. 43	3. 44	0. 03	1. 53	4. 33	3. 83	0. 81	1. 76	0. 26
OFPC	GXIB	种仁	广西龙州	49. 70	105. 00			1. 30	2. 80	28. 10	0. 80	13. 80	27. 40	24. 80			

毛丹麻杆（假奓包叶）

Discocleidion rufescens (Franch.) Pax et K. Hoffm.

大戟科，假奓包叶属

特征 灌木或小乔木，高1.5~5 m。小枝、叶柄、花序均密被白色或淡黄色长柔毛。叶纸质，卵形或卵状椭圆形，顶端渐尖，基部圆形或近截平，边缘具锯齿，上面被糙伏毛，下面被绒毛，叶脉上被白色长柔毛；基出脉3~5条，侧脉4~6对；近基部两侧常具褐色斑状腺体2~4枚；叶柄顶端具2枚线形小托叶，被毛，边缘具黄色小腺体。总状花序或下部多分枝呈圆锥花序，苞片卵形；雄花3~5朵簇生于苞腋；花萼裂片3~5，卵形，顶端渐尖；雄蕊35~60枚，花丝纤细，腺体小，棒状圆锥形；雌花1~2朵生于苞腋，苞片披针形，疏生长柔毛；花梗长约3 mm；花萼裂片卵形，长约3 mm；花盘具圆齿，被毛；子房被黄色糙伏毛，花柱外反，二深裂至近基部，密生羽毛状凸起。蒴果扁球形。花期4~8月；果期8~10月。

分布 湖南：吉首市德夯，28°1′22″N，109°20′21″E，242 m，2010-10-08，徐亮、周建军400191153；吉首小溪，28°20′57″N，109°43′58″E，212 m，2009-07-12，陈功锡、徐亮400191073；吉首市保靖，28°37′51″N，109°17′17″E，400 m，2012-05-05，张代贵、张洁40019101230；沅陵县借母溪乡，28°46′26″N，110°27′12″E，2011-10-22，张九兵、朱明德400181320。湖北：宜昌市五峰县，110°31′47.1″E，33°29′39.6″N，912 m，2010-10-23，丁时东，危文亮等400151072。生于海拔250~1000 m的林中或山坡灌丛中。产于广东、广西、湖南、湖北、四川、贵州、甘肃、陕西。

栽培 播种繁殖。

用途 茎皮纤维可作编织物。

含油率及化学组分数据

采集单位	测试单位	测试部位	产地	含油率(%)	碘值	酸值	皂化值	C12:0	C14:0	C16:0	C16:1	C18:0	C18:1	C18:2	C18:3	C20:0	C20:1
JSU	SCBG	种仁	湖南吉首	16.25	71.52	5.78	198.57		0.04	7.57	0.20	3.31	15.74	71.21	0.79	0.38	0.15
JSU	SCBG	种仁	湖南吉首	10.56	116.30	19.34	214.56		0.06	5.26		2.02	14.86	54.64	17.30	1.08	0.31
JSU	SCBG	种仁	湖南吉首	6.15	104.40	4.75	191.30	0.09	0.19	18.74	0.10	11.33	34.32	20.11	0.19	0.87	0.07
HUST	HUST	种仁	湖南沅陵	33.78	60.02	7.75	176.91			7.89				42.84		28.82	20.45
OCRI	SCBG	种仁	湖北宜昌	10.10	49.01	5.56	164.15	0	0.36	4.40	0.13	0.70	20.54	11.93	22.93	1.58	0.20

黄桐

Endospermum chinense Benth.

大戟科，黄桐属

特征 乔木，高6~20 m。树皮灰褐色。嫩枝、花序和果均密被灰黄色星状微柔毛；小枝的毛渐脱落，叶痕明显，灰白色。叶薄革质，椭圆形至卵圆形，长8~20 cm，宽4~14 cm，顶端短尖至钝圆形，基部阔楔形、钝圆、截平至浅心形，全缘，两面近无毛或下面被疏生微星状毛，基部有2枚球形腺体；侧脉5~7对；叶柄长4~9 cm；托叶三角状卵形，长3~4 mm，具毛。花序生于枝条近顶部叶腋，雄花序长10~20 cm，雌花序长6~10 cm；苞片卵形，长1~2 mm；雄花花萼杯状，有4~5枚浅圆齿；雄蕊5~12枚，2~3轮，生于长约4 mm凸起的花托上，花丝长约1 mm；雌花花萼杯状，长约2 mm，具3~5枚波状浅裂，被毛，宿存；花盘环状，2~4齿裂；子房近球形，被微绒毛，2~3室，花柱短，柱头盘状。果近球形，直径约10 mm，果皮稍肉质。种子椭圆形，长约7 mm。花期5~8月；果期8~11月。

分布 海南：昌江县霸王岭东二林场，19°13′21″N，109°00′41″E，2009-08-02，秦新生400116133。生于海拔600 m以下的山地常绿林中。产于海南、广东、广西以及福建南部、云南南部。印度东北部以及缅甸、泰国、越南也有分布。

栽培 播种繁殖。

用途 可用于园林绿化。

含油率及化学组分数据

采集单位	测试单位	测试部位	产地	含油率(%)	碘值	酸值	皂化值	C12:0	C14:0	C16:0	C16:1	C18:0	C18:1	C18:2	C18:3	C20:0	C20:1
SCAU	SCBG	种仁	海南昌江	14.50	69.60	98.35	180.47			5.96	0.80	2.02	15.04	6.55	68.71	0.25	0.66
OFPC	SCBG	种子	海南乐东	32.5	186.80		191.80%			7.80		2.70	19.80	20.80	48.90		

猩猩草（草一品红）

Euphorbia cyathophora Murray

大戟科，大戟属

特征 一年生或多年生草本。根圆柱状，基部有时木质化。茎直立，上部多分枝，高可达1 m，光滑无毛。叶互生，边缘波状分裂或具波状齿或全缘，无毛；总苞叶与茎生叶同形，较小，淡红色或仅基部红色。花序单生，数枚聚伞状排列于分枝顶端，总苞钟状，绿色，边缘5裂，裂片三角形，常呈齿状分裂；腺体常1枚，偶2枚，扁杯状，近二唇形，黄色；雄花多枚，常伸出总苞之外；雌花1枚，子房柄明显伸出总苞处；子房三棱状球形，光滑无毛，花柱3枚，分离，柱头2浅裂。蒴果三棱状球形，无毛，成熟时分裂为3个分果瓣。种子卵状椭圆形，褐色至黑色，具不规则的小凸起，无种阜。花、果期5~11月。

分布 山东：济南莲台山，36°26′19″N，116°55′10″E，137 m，2010-11-01，赵伟华400311197。原产中南美洲，归化于旧大陆。广泛栽培于我国大部分地区。

栽培 播种繁殖。

用途 常栽培于公园、植物园及温室中用于观赏。

含油率及化学组分数据

采集单位	测试单位	测试部位	产地	含油率(%)	碘值	酸值	皂化值	C12:0	C14:0	C16:0	C16:1	C18:0	C18:1	C18:2	C18:3	C20:0	C20:1
ICS	ICS	种子	山东济南	37.20	164.41	3.07	190.43			5.84		2.30	7.29	25.94	57.26	0.08	0.31

海南大戟

Euphorbia hainanensis Croizat

大戟科，大戟属

特征 灌木，高达1 m，无毛。幼枝草质，中空。叶互生，椭圆形，先端圆或近下凹，基部常楔形，少钝圆形，全缘，两面光滑，无毛，薄纸质；叶柄长2~4 cm；托叶腺点状。花序单生于枝顶或叶腋，具短柄，长约3 mm；总苞阔钟状，高与直径均约3.5 mm，光滑无毛；腺体3枚，宽约2 mm，长约1.5 mm，淡黄色，肉质，横椭圆形，全缘；总苞边缘4裂，裂片边缘具毛；子房直径约2.5 mm，光滑，花柱3枚，基部2/3合生，柱头不分裂。蒴果卵状三棱形，直径约6 mm。种子未成熟，球状，直径约3 mm，无凸起，无种阜。花、果期6月。

分布 海南：昌江县俄贤岭，19°00′47″N，109°06′47″E，2009-08-04，秦新生400116161。生于海拔900 m的密林下。特产于海南（乐东）。

栽培 播种繁殖。

用途 可用于石山绿化。

含油率及化学组分数据

采集单位	测试单位	测试部位	产地	含油率(%)	碘值	酸值	皂化值	C12:0	C14:0	C16:0	C16:1	C18:0	C18:1	C18:2	C18:3	C20:0	C20:1
SCAU	SCBG	种仁	海南昌江	23.64	11.37	16.74	230.62	0.01	0.04	7.86	0.54	3.18	21.61	20.91	43.67	0.72	1.47

大地锦
Euphorbia hypericifolia L.

大戟科，大戟属

特征 一年生草本。根纤细，常不分枝，少数由末端分枝。茎直立，自基部分枝或不分枝，无毛或被少许短柔毛。叶对生，狭长圆形或倒卵形，先端钝或圆，基部圆形，通常偏斜，不对称，边缘全缘或基部以上具细锯齿，上面深绿色，下面淡绿色，有时略带紫红色，两面被稀疏的柔毛，或上面的毛早脱落；叶柄极短；托叶三角形，分离或合生；苞叶2枚，与茎生叶同形。花序数个簇生于叶腋或枝顶，每个花序基部具纤细的柄；总苞陀螺状，边缘5裂，裂片卵状三角形；腺体4枚，边缘具白色或淡粉色附属物；雄花数枚，微伸出总苞外；雌花1枚，子房柄长于总苞；子房三棱状，无毛，花柱3枚，分离，柱头2浅裂。蒴果三棱状，无毛，成熟时分裂为3个分果爿。种子卵棱状，每个棱面具数个皱纹，无种阜。花、果期8~12月。

分布 河北：遵化，40°13′15″N，118°44′08″E，154 m，2011-09-24，徐兴友、韩宝强40031365。生于旷野荒地、路旁、灌丛及田间。产于长江以南的海南、广东、广西、湖南、江西、台湾、四川、贵州、云南；近年在我国北京发现逸为野生的现象。广布于世界热带和亚热带。

栽培 播种繁殖。

用途 全草入药。

含油率及化学组分数据

采集单位	测试单位	测试部位	产地	含油率(%)	碘值	酸值	皂化值	C12:0	C14:0	C16:0	C16:1	C18:0	C18:1	C18:2	C18:3	C20:0	C20:1
ICS	ICS	种子	河北遵化	30.67	82.10	18.38	218.73		0.08	9.24	0.17	4.76	17.58	48.35	1.99	0.39	0.16

续随子
Euphorbia lathyris L.

大戟科，大戟属

特征 二年生草本。全株无毛，根柱状，长20 cm以上，直径3~7 mm，侧根多而细。茎直立，基部单一，略带紫红色，顶部二歧分枝，灰绿色，高可达1 m。叶交互对生，于茎下部密集，于茎上部稀疏，线状披针形，长6~10 cm，宽4~7 mm，先端渐尖或尖，基部半抱茎，全缘；侧脉不明显；无叶柄；总苞叶和茎叶均为2枚，卵状长三角形，长3~8 cm，宽2~4 cm，先端渐尖或急尖，基部近平截或半抱茎，全缘，无柄。花序单生，近钟状，高约4 mm，直径3~5 mm，边缘5裂，裂片三角状长圆形，边缘浅波状；腺体4枚，新月形，两端具短角，暗褐色；雄花多数，伸出总苞边缘；雌花1枚，子房柄几与总苞近等长；子房光滑无毛，直径3~6 mm，花柱细长，3枚，分离，柱头2裂。蒴果三棱状球形，长与直径各约1 cm，光滑无毛，花柱早落，成熟时不开裂。种子柱状至卵球状，长6~8 mm，直径4. 5~6. 0 mm，褐色或灰褐色，无皱纹，具黑褐色斑点，种阜无柄，极易脱落。花期4~7月；果期6~9月。

分布 重庆：南川区三泉镇金佛山黄草坪，29°7′56″N，107°12′9″E，578 m，2010-05-23，刘正宇等400231144。产于广西、湖南、江西、福建、浙江、安徽、山东、河南、湖北、江苏、四川、贵州、云南、西藏、新疆、甘肃、陕西、河北、内蒙古、辽宁、吉林等地，栽培或逸为野生。广泛分布或栽培于中亚、东亚、欧洲、北非以及南北美洲。

栽培 用种子繁殖。直播法，7~8月采收深褐色果实，晒干备用。南方秋播9月中旬至9月下旬；北方春播3月下旬至4月上旬。穴播，按行株距30 cm×30 cm开穴，穴深5~7 cm，每穴播5~6粒种子。条播，按行距40 cm开沟，沟深5~7 cm，将种子均匀播下。播后施人粪尿，覆土2~3 cm。

用途 种子含油量，可制肥皂、软皂和润滑油；近年国外已将该种的油作为汽油的代用品研究并取得进展。种子亦可入药，具利尿、泻下和通经作用，外用治癣疮类；全草有毒。

含油率及化学组分数据

采集单位	测试单位	测试部位	产地	含油率(%)	碘值	酸值	皂化值	C12:0	C14:0	C16:0	C16:1	C18:0	C18:1	C18:2	C18:3	C20:0	C20:1
CIPP	SCBG	种仁	重庆南川	34. 65					0. 14	5. 30	0. 50	1. 70	39. 73	41. 72	0. 39	0. 16	0. 32
OFPC	JSIB	种子	江苏南京	43. 30	88. 30		200. 30	微量		4. 40	2. 20	1. 90	59. 20	27. 10	1. 20	0. 60	1. 50
OFPC	IAE	种子	辽宁沈阳	47. 00	85. 20		195. 80			7. 20		1. 90	81. 30	5. 30	2. 80		1. 50

一叶萩（叶底珠）

Flueggea suffruticosa (Pall.) Baill.

大戟科，白饭树属

特征　灌木。全株无毛，多分枝。小枝浅绿色，近圆柱形，有棱槽，有不明显的皮孔。叶片纸质，全缘或间中有不整齐的波状齿或细锯齿，下面浅绿色；侧脉5~8条，两面凸起，网脉略明显；托叶卵状披针形，宿存。花小，雌雄异株，簇生于叶腋；雄花3~18朵簇生；萼片通常5枚，全缘或具不明显的细齿；雄蕊5枚，花药卵圆形；花盘腺体究退化雌蕊圆柱形；雌花：萼片5枚，椭圆形至卵形，近全缘，背部呈龙骨状凸起；花盘盘状，全缘或近全缘；子房卵圆形，3（~2）室，花柱3枚，分离或基部合生，直立或外弯。蒴果三棱状扁球形，成熟时淡红褐色，有网纹，3爿裂；果梗基部常有宿存的萼片。种子卵形而侧扁压状，褐色而有小疣状凸起。花期3~8月；果期6~11月。

分布　河南：商城县大别山，31°45′09″N，115°32′10″E，530 m，2011-10-13，杨大伟、陈明400314120。江苏：南京市老山国家森林公园，32°5′35″N，118°35′36″E，71 m，2012-11-11，程志全、刘巧霞4001171250。湖北：武汉中国科学院武汉植物园消涨带，30°32′57″N，114°25′48″E，2009-08-22，李晓东、昝艳燕40012124。陕西：宁强县青木川西沟，32°51′55″N，105°33′21″E，760 m，2011-09-02，薛帅400324068。河北：青龙，40°08′25″N，119°23′13″E，459 m，2009-09-18，徐兴友400313001。生于海拔800~2500 m的山坡灌丛中或山沟、路边。除西北尚未发现外，我国各地均有分布。蒙古、俄罗斯、日本、朝鲜等也有分布。

栽培　播种繁殖。

用途　茎皮纤维坚韧，可供纺织原料；枝条可编制用具；花和叶供药用。

含油率及化学组分数据

采集单位	测试单位	测试部位	产地	含油率(%)	碘值	酸值	皂化值	C12:0	C14:0	C16:0	C16:1	C18:0	C18:1	C18:2	C18:3	C20:0	C20:1
HNAU	ICS	种子	河南商城	2.86	116.29	21.71	275.90		0.11	8.78	0.19	2.05	21.38	43.15	1.91	0.31	6.42
ECNU	SCBG	种仁	江苏南京	3.40					0.55	4.34	0.08	0.71	17.62	10.90	10.19	1.80	45.77
WHBG	WHBG	种仁	湖北武汉	22.90	124.89	1.23	210.57	0	0.04	9.66	0.05	4.69	8.27	16.67	61.2	0.16	0.27
CAU	ICS	种子	陕西宁强	4.70	74.30	24.63	184.81	0.19	0.85	14.97	0.24	3.46	13.01	56.34	4.29	0.90	0.34
ICS	ICS	种子	河北青龙	23.45	87.17	1.55	190.89	0.01	0.03	6.19	0.04	3.05	8.01	22.16	60.04	0.14	0.32
OFPC	SCBG	种子	广东乳源	22.90	185.30		192.50		0.30	9.60		3.80	11.30	21.60	53.40		
OFPC	IAE	种子	辽宁沈阳	7.10	190.50		187.70		微量	6.00		2.60	8.30	25.50	57.60		

厚叶算盘子

Glochidion hirsutum (Roxb.) Voigt

大戟科，算盘子属

特征　灌木或小乔木。小枝密被长柔毛。叶片革质，顶端钝或急尖，基部浅心形、截形或圆形，两侧偏斜，上面疏被短柔毛，脉上毛较密，老渐近无毛，下面密被柔毛；侧脉6~10条；叶柄被柔毛；托叶披针形。聚伞花序通常腋上生；雄花花梗长6~10 mm；萼片6枚，长圆形或倒卵形，其中3片较宽，外面被柔毛；雄蕊5~8枚；雌花花梗长2~3 mm；萼片6，卵形或阔卵形，其中3片较宽，外面被柔毛；子房圆球状，被柔毛，5~6室，花柱合生呈近圆锥状，顶端截平。蒴果扁球状，被柔毛，具5~6条纵沟。花、果期几乎全年。

分布　生于海拔120~1800 m的山地林下或河边、沼地灌木丛中。产于海南、广东、广西、福建、台湾、云南、西藏等地区。印度也有分布。

栽培　播种繁殖。

用途　用于湿地绿化。

含油率及化学组分数据

采集单位	测试单位	测试部位	产地	含油率(%)	碘值	酸值	皂化值	C12:0	C14:0	C16:0	C16:1	C18:0	C18:1	C18:2	C18:3	C20:0	C20:1
OFPC	SCBG	种子	广东高要	24.70	117.60		201.60		0.30	22.70	微量	1.80	30.40	23.80	21.00		

算盘子

Glochidion puberum (L.) Hutch.

大戟科，算盘子属

特征 直立灌木。多分枝；小枝灰褐色，小枝、叶片下面、萼片外面、子房和果实均密被短柔毛。叶片纸质或近革质，长圆形、长卵形或倒卵状长圆形，稀披针形，顶端钝、急尖、短渐尖或圆，基部楔形至钝，上面灰绿色，仅中脉被疏短柔毛或几无毛，下面粉绿色；侧脉5~7条，下面凸起，网脉明显；叶柄长1~3 mm；托叶三角形。花小，雌雄同株或异株，2~5朵簇生于叶腋内，雄花束常着生于小枝下部，雌花束则在上部，或有时雌花和雄花同生于一叶腋内；雄花花梗长4~15 mm；萼片6枚，狭长圆形或长圆状倒卵形；雄蕊3枚，合生呈圆柱状；雌花：花梗长约1 mm；萼片6枚，与雄花的相似，但较短而厚；子房圆球状，5~10室，每室有2颗胚珠，花柱合生呈环状，长宽与子房几相等，与子房接连处缢缩。蒴果扁球状，边缘有8~10条纵沟，成熟时带红色，顶端具有环状而稍伸长的宿存花柱。种子近肾形，具三棱，砖红色。花期4~8月；果期7~11月。

分布 重庆：南川区鱼泉乡庙坝草坝场，29°7′9″N，107°14′2″E，1432 m，2009-09-05，刘正宇等400231054。云南：文山州麻栗坡县大坪乡小石洞村，23°13′31″N，104°54′09″E，2011-10-14，曾庆文、陈树钢、杨国400114247。福建：武夷山大安源，27°52′37″N，117°52′08″E，2010-10-02，刘东明、饶显龙400112140。湖北：鹤峰县太平乡肖家坪，29°49′27″N，109°54′49″E，938 m，2011-10-21，丁时东、赵永国400151041；江西：崇义县齐云山，25°51′58″N，114°1′53″E，855 m，2010-09-26，李朋远、谢行400145016；玉山县三清山，28°54′21″N，118°1′45″E，608.1 m，2009-09-04，廖文波等400141142。安徽：合肥市紫蓬山，31°45′4″N，117°1′57″E，48 m，2011-10-01，田怀珍、李星霖4001171146；歙县，29°50′18.80″N，118°24′15″E，228 m，2012-11-06，李晓东、昝艳燕等400121262。湖南：保靖白云山，28°37′56″N，109°17′15″E，375 m，2009-08-11，徐亮、周建军400191096；保靖县野竹坪乡白云山，28°25′28″N，109°12′14″E，954 m，2010-09-11，徐亮、廖深克400191119；张家界永定区三岔乡三望坡，29°4′15.57″N，110°33′29.07″E，2009-12-05，张九兵、朱明德400181307。海南：三亚甘什岭，18°23′03″N，109°40′58″E，2012-03-18，张荣京40017224。广东：阳山县秤架乡坑尾，24°53′02″N，112°49′48″E，2010-10-26，王发国400113082；阳山县秤架乡分水坳，24°44′59″N，112°56′21″E，2009-08-07，陈林、胡普炜4001142；平远县龙文保护区仓子下，24°47′49″N，115°57′58″E，2010-10-15，易绮斐、戴建阅、翟俊文400119107。生于海拔300~2200 m的山坡、溪旁灌木丛中或林缘。产于海南、广东、广西、湖南、江西、福建、台湾、浙江、江苏、安徽、河南、湖北、四川、贵州、云南、西藏、甘肃、陕西等地。

栽培 粗生，喜光，耐半阴，喜温暖湿润环境，耐寒。喜微酸性土壤。播种繁殖。

用途 种子可榨油，供制肥皂或作润滑油；根、茎、叶和果实均可药用，有活血散瘀、消肿解毒之效，治痢疾、腹泻、感冒发热、咳嗽、食滞腹痛、湿热腰痛、跌打损伤、疝气（果）等；全株可提制栲胶，叶可作绿肥，置于粪池可杀蛆。也可作农药。

含油率及化学组分数据

采集单位	测试单位	测试部位	产地	含油率(%)	碘值	酸值	皂化值	C12:0	C14:0	C16:0	C16:1	C18:0	C18:1	C18:2	C18:3	C20:0	C20:1
CIPP	SCBG	种仁	重庆南川	22.30	114.84	16.89	203.60		0.04	17.19	0.37	2.79	20.98	31.50	27.01	0.11	
SCBG	SCBG	种仁	云南文山	16.44	73.72	8.03	152.45	0.01	0.04	7.86	0.54	3.18	21.61	20.91	43.67	0.72	1.47
SCBG	SCBG	种仁	福建武夷山	38.21	28.08	18.39		0.005	0.61	10.94	0.80	1.98	5.72		48.94	0.48	0.17
OCRI	SCBG	种仁	湖北鹤峰	19.80	18.54	5.22	59.45		0.04	6.62	0.04	1.73	7.35	82.89	0.53	0.50	0.29
SYSU	SCBG	种仁	江西崇义	19.08	55.98	6.34	182.25	0.05	0.05	7.26	0.14	4.27	48.90	35.65	0.76	1.24	1.68
SYSU	SCBG	种仁	江西玉山	23.85	74.64	15.04	154.32	0.009	0.03	6.04	0.06	2.78	14.14	13.77	62.84	0.20	0.12
ECNU	SCBG	种仁	安徽合肥	26.90	60.59	11.28	182.45		0.28	12.43		3.80	40.01	29.63	6.02	0.79	0.57
WHBG	WHBG	种仁	安徽歙县	31.54	77.35	3.30	235.10			2.11	0.19	1.23	10.93	44.34	38.98	0.56	0.12
JSU	SCBG	种仁	湖南保靖	26.48	102.84	2.57	181.46	0.17	71.27	5.53	0.17	0.91	7.01	11.93	0.74	0.35	0.78
JSU	SCBG	种仁	湖南保靖	51.05	85.25	1.83	189.13	0.02	0.06	7.75		6.42	20.64	4.35	0.13	0.19	0.44
HUST	HUST	种仁	湖南张家界	17.61	79.94	125.09	181.93			7.10	0.17	1.32	17.90	67.34	1.05	1.02	0.34
SCAU	SCBG	种仁	海南三亚	32.31	119.99	3.79	201.18		0.26	19.60		4.64	67.39	66.38	3.44		0.40
SCBG	SCBG	种仁	广东阳山	29.40	34.36	8.89		1.28	0.11		0.12	3.69	43.09	42.02	57.65		0.15
SCBG	SCBG	种仁	广东阳山	30.26	10.18	11.47	187.91	0.08	0.83	8.04		5.34	70.23	33.41	1.24	0.34	0.31
SCBG	SCBG	种仁	广东平远	30.68	11.37	39.63	193.59	0.03	0.12	4.02	0.04	9.63	18.55	63.05	3.99	0.19	0.16
OFPC	SCBG	种子	广东广州	25.30	123.10		190.60			29.10		0.90	23.20	32.70	14.10		

里白算盘子

Glochidion triandrum (Blanco) C. B. Rob.

大戟科，算盘子属

特征 灌木或小乔木，高3~7 m。小枝具棱，被褐色短柔毛。叶片纸质或膜质，长椭圆形或披针形，长4~13 cm，宽2~4.5 cm，顶端渐尖、急尖或钝，基部宽楔形或钝，两侧略不对称，上面绿色，幼时仅中脉上被疏短柔毛，后变无毛，下面带苍白色，被白色短柔毛；中脉和侧脉上面稍凸起，下面凸起，侧脉5~7条；叶柄长2~4 mm，被疏短柔毛；托叶卵状三角形，长1~1.5 mm，被褐色短柔毛。花5~6朵簇生于叶腋内，雌花生于小枝上部，雄花生在下部；雄花花梗长6~7 mm，纤细，基部具有小苞片；小苞片卵状三角形，长约1 mm；萼片6枚，2轮，倒卵形，长2 mm，外面被短柔毛；雄蕊3枚，合生；雌花几无花梗；萼片与雄花的相似，长约1.5 mm，内凹；子房卵状，4~5室，被短柔毛，花柱合生呈圆柱状，顶端膨大。蒴果扁球状，直径5~7 mm，高约4 mm，有8~10条纵沟，被疏柔毛，顶端常有宿存的花柱，基部萼片宿存；果梗长5~6 mm。种子三角形，长约3 mm，褐红色，有光泽。花期3~7月；果期7~12月。

分布 海南：昌江县霸王岭二林场，19°06′59″N，109°05′32″E，2009-08-03，秦新生400116160。广东：始兴县罗坝乡都亨，24°46′26″N，114°17′53″E，2012-11-25，刘东明、王鹏、叶心芬、王琳400113182。福建：南平武夷山市洋庄乡大安源，27°52′37″N，117°52′32″E，438 m，2012-11-11，刘东明、童毅4001122126。生于海拔500~2600 m的山地疏林中或山谷、溪旁灌木丛中。产于广东、广西、湖南、福建、台湾、四川、贵州、云南等省区。分布于印度、尼泊尔、柬埔寨、日本、菲律宾等。

栽培 喜光，喜温暖、湿润环境。播种繁殖。苗木可全年移栽，易成活，耐病虫害能力强。

用途 可造型、单植、列植作绿篱、防风、蜜源和绿化带，全年供观赏。

含油率及化学组分数据

采集单位	测试单位	测试部位	产地	含油率(%)	碘值	酸值	皂化值	C12:0	C14:0	C16:0	C16:1	C18:0	C18:1	C18:2	C18:3	C20:0	C20:1
SCAU	SCBG	种仁	海南昌江	31.27	38.36	3.39	349.37	0.01	0.26	31.31	6.82	7.28	34.98	5.23	12.65	0.33	1.15
SCBG	SCBG	种仁	广东始兴	23.68		7.41	199.78	23.68		7.41	199.78	23.68		7.41	199.78	23.68	
SCBG	SCBG	种仁	福建南平	15.15	83.70	2.89	170.26	0.01	0.26	31.31	6.82	7.28	34.98	5.23	12.65	0.33	1.15

白背算盘子

Glochidion wrightii Benth.

大戟科，算盘子属

特征 灌木或乔木。全株无毛。叶片纸质，长圆形或长圆状披针形，常呈镰刀状弯斜，顶端渐尖，基部急尖，两侧不相等，上面绿色，下面粉绿色，干后灰白色；侧脉5~6条；叶柄长3~5 mm。雌花或雌雄花同簇生于叶腋内；雄花：花梗长2~4 mm；萼片6枚，长圆形，黄色；雄蕊3枚，合生；雌花：几无花梗；萼片6枚，其中3片较宽而厚，卵形、椭圆形或长圆形；子房圆球状，3~4室，花柱合生呈圆柱状，长不及1 mm。蒴果扁球状，红色，顶端有宿存的花柱。花期5~9月；果期7~11月。

分布 海南：昌江县霸王岭，19°06′59″N，109°05′32″E，2009-08-01，秦新生400116127。生于海拔240~1000 m的山地疏林中或灌木丛中。产于海南、广东、广西、福建、贵州、云南等地。

栽培 播种繁殖。

用途 用于山坡绿化。

含油率及化学组分数据

采集单位	测试单位	测试部位	产地	含油率(%)	碘值	酸值	皂化值	C12:0	C14:0	C16:0	C16:1	C18:0	C18:1	C18:2	C18:3	C20:0	C20:1
SCAU	SCBG	种仁	海南昌江	28.61	20.83	19.16	277.07	0.01	0.03	8.29	0.22	3.15	10.21	77.63	0.12	0.18	0.16
OFPC	SCBG	种子	广东高要	11.00	109.00		203.50		微量	22.10		2.30	29.60	24.90	21.10		

橡胶树

Hevea brasiliensis (Willd. ex A. Juss.) Müll. Arg.

大戟科，橡胶树属

特征 大乔木，高可达30 m。有丰富的乳汁。指状复叶具小叶3片；叶柄长达15 cm，顶端有2或3~4枚腺体；小叶椭圆形，长10~25 cm，宽4~10 cm，顶端短尖至渐尖，基部楔形，全缘，两面无毛；侧脉10~16对，网脉明显；小叶柄长1~2 cm。花序腋生，圆锥状，长达16 cm，被灰白色短柔毛；雄花花萼裂片卵状披针形，长约2 mm；雄蕊10枚，排成2轮，花药2室，纵裂；雌花花萼与雄花同，但较大；子房(2~)3(~6)室，花柱短，柱头3枚。蒴果椭圆状，直径5~6 cm，有3纵沟，顶端有喙尖，基部略凹，外果皮薄，干后有网状脉纹，内果皮厚、木质。种子椭圆状，淡灰褐色，有斑纹。花期5~6月；果期8~9月。

分布 海南：陵水县本号镇吊罗山石睛林场，18°44′04″N，109°50′13″E，2009-11-23，秦新生400116181；东方县东河镇，19°03′12″N，108°56′50″E，2009-08-06，邢福武、戴建阅、翟俊文、郑希龙40011157。云南：景洪市基诺山乡巴卡村白石崖银厂，21°52′19″N，101°11′48″E，980 m，2009-11-28，李恩乾400222005。我国海南、广东、广西、福建南部、台湾以及云南南部均有栽培，以海南和云南种植较多。原产巴西，现广泛栽培于亚洲热带地区。

栽培 喜高温高湿的热带气候，忌冷，冬天温度不宜低于5℃，喜微风，忌强风。苗期耐阴，随着树龄的增加，对光照强度要求越高。喜深厚的土壤，要求土层深度100 cm以上，土壤酸碱度接近中性或含钙质。播种繁殖。生长季节加强肥水管理。

用途 种子油可制肥皂，一般不作食用油，但近来亦有研究将油处理后供食用。本种是最主要的天然橡胶植物。

含油率及化学组分数据

采集单位	测试单位	测试部位	产地	含油率(%)	碘值	酸值	皂化值	C12:0	C14:0	C16:0	C16:1	C18:0	C18:1	C18:2	C18:3	C20:0	C20:1
SCAU	SCBG	种仁	海南陵水	37.42	28.21	10.03	230.31	0.0034	0.25	18.13	0.09	3.65	7.04	29.59	40.94	0.17	0.14
SCBG	SCBG	种仁	海南东方	41.70	90.20	9.07	242.33		0.11	9.86	0.28	8.57	20.70	42.55	17.38	0.36	0.20
SCBG	SCBG	种仁	云南景洪	32.54	139.22	7.14	162.27		0.34			2.98	21.40	27.40	1.22	0.02	0.31
OFPC	SCBG	种仁	海南保亭	37.80	133.00		196.10		0.40	8.90		6.50	26.70	36.30	21.20		
OFPC	XTBG	种仁	云南西双版纳	45.00	138.80	46.80	195.40			10.60		9.60	21.40	41.70	16.70		
OFPC	KMIB	种仁	云南河口	40.00			186.10			9.80		8.70	23.30	33.30	24.90		

水柳

Homonoia riparia Lour.

大戟科，水柳属

特征 灌木，高1~3 m。小枝具棱，被柔毛。叶纸质，互生，线状长圆形或狭披针形，长6~20 cm，宽1.2~2.5 cm，顶端渐尖，具尖头，基部急狭或钝，全缘或具疏生腺齿，上面疏生柔毛或无毛，下面密生鳞片和柔毛，侧脉9~16对，网脉略明显；叶柄长5~15 mm；托叶钻状，长5~8 mm，脱落。雌雄异株，花序腋生，长5~10 cm；苞片近卵形，长1.5~2 mm，小苞片2枚，三角形，长约1 mm，花单生于苞腋；雄花花萼裂片3枚，长3~4 mm，被短柔毛，雄蕊众多，花丝合生成约10个雄蕊束，花药小，药室几分离；花梗长0.2 mm；雌花萼片5枚，长圆形，顶端渐尖，长1~2 mm，被短柔毛；子房球形，密被紧贴的柔毛，花柱3枚，长4~7 mm，基部合生，柱头密生羽毛状凸起。蒴果近球形。直径3~4 mm，被灰色短柔毛。种子近卵状，长约2 mm，外种皮肉质，干后淡黄色，具皱纹。花期3~5月；果期4~7月。

分布 海南：琼中县黎母山乡黎母山，18°43′26″N，109°58′8″E，2009-07-30，秦新生400116112；东方东河，18°55′39″N，109°2′54″E，2009-08-21，郑希龙、潘雅书40011436。生于海拔20~1000 m的河流两岸冲积地或沙砾滩或河岸灌木林中或溪流两岸石隙中。产于海南、广西（南部和西部）、台湾、四川雅砻江下游和金沙江沿岸、贵州南盘江沿岸、云南东南部至西南部。印度、缅甸、泰国、老挝、越南、马来西亚、印度尼西亚、菲律宾等国也有分布。

栽培 喜阳光充足，有流水的环境。播种繁殖。

用途 可孤植于庭院阳光充足、有水流的地方。

含油率及化学组分数据

采集单位	测试单位	测试部位	产地	含油率(%)	碘值	酸值	皂化值	C12:0	C14:0	C16:0	C16:1	C18:0	C18:1	C18:2	C18:3	C20:0	C20:1
SCAU	SCBG	种仁	海南琼中	16.94	33.84	11.42	195.13	0.03	0.15	11.81	0.30	3.17	10.17	72.58	1.25	0.34	0.20
SCBG	SCBG	种仁	海南东方	11.40	79.02	56.93	346.87										
OFPC	SCBG	种子	海南陵水	23.40	131.60		202.00	微量	0.20	10.40	6.70	3.70	23.10	26.60	29.20		
OFPC	XTBG	种子	云南勐腊	21.10	143.00	17.30	187.50	0.10	0.20	17.30	9.00	2.40	34.50	25.50	11.00		

麻疯树（小桐子）

Jatropha curcas L.

大戟科，麻疯树属

特征　灌木或小乔木，高2~5 m。株体具水状液汁，树皮平滑。枝条苍灰色，无毛，疏生凸起皮孔，髓部大。叶纸质，近圆形至卵圆形，长7~18 cm，宽6~16 cm，顶端短尖，基部心形，全缘或3~5浅裂，上面亮绿色，无毛，下面灰绿色，初沿脉被微柔毛，后变无毛；掌状脉5~7；叶柄长6~18 cm；托叶小。花序腋生，长6~10 cm；苞片披针形，长4~8 mm；雄花萼片5枚，长约4 mm，基部合生；花瓣长圆形，黄绿色，长约6 mm，合生至中部，内面被毛；腺体5枚，近圆柱状；雄蕊10枚，外轮5枚离生，内轮花丝下部合生；雌花花梗花后伸长；萼片离生，花后长约6 mm；花瓣和腺体与雄花同；子房3室，无毛，花柱顶端2裂。蒴果椭圆状或球形，长2. 5~3 cm，黄色；种子椭圆状，长1. 5~2 cm，黑色。花期9~10月；果期10~12月。

分布　福建：厦门植物园，24°27′23″N，118°06′21″E，2010-11-05，刘东明、梁耀400112228。海南：乐东尖峰镇路旁，109°03′46″N，109°03′46″E，2009-08-05，邢福武、戴建阅、翟俊文、郑希龙40011145。原产美洲热带；现广布于全球热带地区。我国海南、广东、广西、福建、台湾、四川、贵州、云南等地有栽培或少量逸为野生。

栽培　播种繁殖。

用途　种子含油量高，油供工业或医药用。

含油率及化学组分数据

采集单位	测试单位	测试部位	产地	含油率(%)	碘值	酸值	皂化值	C12:0	C14:0	C16:0	C16:1	C18:0	C18:1	C18:2	C18:3	C20:0	C20:1
SCBG	SCBG	种仁	福建厦门	13. 83	76. 81	1. 75	188. 69		1. 89	24. 06	0. 29	11. 26	36. 56		5. 57	3. 72	0. 34
SCBG	SCBG	种仁	海南乐东	55. 50	70. 04	2. 36	205. 36			12. 28	0. 74	5. 87	46. 59	34. 10	0. 23	0. 18	
OFPC	SCBG	种仁	广东广州	56. 50	103. 70		185. 00			18. 10		2. 70	37. 50	41. 70			
OFPC	XTBG	种仁	云南西双版纳	59. 70	99. 80	3. 50	195. 60		微量	17. 50		6. 70	43. 10	32. 20		0. 50	
OFPC	KMIB	种仁	云南梁河	61. 50	101. 50	3. 90	189. 50			23. 60		5. 40	50. 10	20. 60	微量		
OFPC	CIB	种仁	四川仁寿	54. 80			180. 40			18. 20		1. 80	47. 30	32. 70	微量		
OFPC	GZBG	种仁	贵州兴义	50. 20			181. 00		微量	14. 30		2. 30	38. 80	44. 50			
OFPC	GXIB	种仁	广西来宾	56. 80	132. 70		189. 40	微量	微量	18. 00	1. 30	6. 10	50. 10	23. 10			
OFPC	IB	种子	广西桂林	39. 80	101. 80					15. 50	1. 70	7. 00	39. 30	35. 50	0. 80		

轮叶戟

Lasiococca comberi var. **pseudoverticillata** (Merr.) H.S. Kiu

大戟科，轮叶戟属

特征　小乔木或灌木，高3~10 m。嫩枝被灰黄色短柔毛，小枝灰白色，变无毛。叶革质，互生或在枝的顶部近轮生或对生，长圆状倒披针形或长椭圆形，顶端渐尖、钝头，中部以下渐狭，基部心状耳形，全缘，两面无毛；侧脉8~15对，在叶两面均微凸起；叶柄长2~8 mm，被柔毛，后变无毛；托叶长卵形，具缘毛，早落。花雌雄同株，雄花序长2~4. 5 cm，腋生或生于已落叶腋部；雄花梗长0. 5 mm，具关节；苞片卵圆形，内凹，小苞片2枚；雌花单生于叶腋，有时在无叶的短枝上3~6朵排成近伞房花序；花梗长2~3 cm，被短柔毛，具苞片1~3枚，阔披针形，具疏缘毛；雄花萼片3枚，长圆形，无毛；雄蕊众多，花丝合生成多个雄蕊束，药室球形，较小，稍叉开，药隔突出呈弓形；雌花萼片5枚，不等大，卵形或狭卵形，顶端骤急尖或渐尖，花后稍增大，反折，具脉；子房直径约2 mm，密生圆锥状小瘤，顶端有1条刚毛，花柱线状，基部合生部分长约1 mm，柱头密生乳头状凸起。蒴果近球形，直径约1. 2 cm，果皮具小瘤。种子近球形，直径约6 mm，淡褐色，平滑。花期4~6月；果期6~7月。

分布　生于海拔350~950 m的沟谷热带雨林或山地湿润常绿林或石灰岩山季雨林中。产于海南南部、云南（景洪、勐腊和绿春）。越南北部（谅山省）也有分布。

栽培　播种繁殖。

含油率及化学组分数据

采集单位	测试单位	测试部位	产地	含油率(%)	碘值	酸值	皂化值	C12:0	C14:0	C16:0	C16:1	C18:0	C18:1	C18:2	C18:3	C20:0	C20:1
OFPC	XTBG	种子	云南勐腊	59. 30	197. 20	52. 10	195. 60			9. 30		4. 50	14. 20	7. 30	64. 70		

盾叶木

Macaranga adenantha Gagnep.

大戟科，血桐属

特征 乔木，高3~10 m。嫩枝粗壮，平滑，被白霜。嫩叶被黄褐色绒毛，成长叶纸质，阔卵形，盾状着生，顶端骤短渐尖，基部通常截平，具斑状腺体2~4枚，边全缘，两面无毛，叶下面具颗粒状腺体，有时沿脉序被疏毛；掌状脉9条，侧脉6对；叶柄长10~14 cm；托叶三角状卵形，无毛或仅顶端被疏毛，脱落。雄花序圆锥状，小花序轴呈“之”字形，被微柔毛；苞片线形，近顶部具1个盘状腺体，或呈鳞片状，无腺体，苞腋具多朵花集成的团伞花序；雄花萼片3枚，卵形，无毛；雄蕊5~7枚，花药4室；花梗长1 mm，被疏柔毛；雌花序圆锥状；苞片线形，具盘状腺体1~3枚，小花序轴上的苞片小，无腺体；雌花萼片4枚，三角形，被疏毛，宿存；子房2室，花柱2枚，扁平，具乳头状凸起。蒴果双球形，具颗粒状腺体；果梗长约8 mm。花期5~7月；果期7~10月。本种与印度血桐近似，但小枝和成长叶下面呈粉绿色，无毛，子房2室，花柱2枚，扁平。

分布 生于海拔300~1300 m的山谷常绿阔叶林或疏林中。产于广东中部和西部、广西、贵州西南部、云南东南部。分布于越南北部。

栽培 播种繁殖。

用途 可用于园林绿化。

含油率及化学组分数据

采集单位	测试单位	测试部位	产地	含油率(%)	碘值	酸值	皂化值	C12:0	C14:0	C16:0	C16:1	C18:0	C18:1	C18:2	C18:3	C20:0	C20:1
OFPC	GXIB	种仁	广西金秀	60.30	111.70			0.60	0.70	1.10			2.90	0.90	0.70	2.30	0.80

山中平树（海南血桐）

Macaranga hemsleyana Pax et K. Hoffm.

大戟科，血桐属

特征 乔木，高4~12 m。幼嫩枝、花序、苞片和花均被锈色或灰黄色绒毛；小枝无毛，有时被白霜。叶纸质，卵形或长卵形，长15~28 cm，宽8~17 cm，顶端钝或骤窄短渐尖或尾状，基部截平或钝圆，浅的盾状着生，具斑状腺体2枚，叶缘浅波状，具疏腺齿，下面被灰色柔毛和具颗粒状腺体；基出脉3条，侧脉8对；叶柄长6~15 cm，被疏柔毛；托叶披针形，长6~7 mm，早落。雄花序圆锥状，长6~15 cm；苞片卵形，长3~4 mm，宽2~4 mm，边缘具齿，苞腋具花多朵；雄花萼片3(~4)枚；雄蕊2~3枚，花丝扁平，花药4室；花梗长0.5 mm；雌花序圆锥状，苞片叶状，边缘具长锯齿；雌花花萼4裂；子房2室，花柱2枚，具乳头状凸起；花梗长1~2 mm，花后长2~3(~6）mm。蒴果双球形，具颗粒状腺体。花期6~7月；果期7~8月。

分布 海南：琼中县黎母山乡黎母山，19°10′37″N，109°46′35″E，2009-07-30，秦新生400116111。生于海拔100~650 m的低山或山地密林或疏林中。产于海南、广西（龙州）、云南（河口）。

栽培 播种繁殖。

用途 可用于园林绿化。

含油率及化学组分数据

采集单位	测试单位	测试部位	产地	含油率(%)	碘值	酸值	皂化值	C12:0	C14:0	C16:0	C16:1	C18:0	C18:1	C18:2	C18:3	C20:0	C20:1
SCAU	SCBG	种仁	海南琼中	30.48	63.01	15.07	112.83	0.009	0.40	18.13	0.09	4.95	12.09	18.90	45.08	0.24	0.11

锈毛野桐
Mallotus anomalus Merr. et Chun

大戟科，野桐属

特征 灌木。小枝、叶和花序均密被锈色星状短柔毛。叶纸质，对生，同对的叶形状和大小稍不同，羽状脉，侧脉7~9对，近基部有斑状腺体2~4枚；托叶卵状披针形，顶端长渐尖，被星状毛或无毛。花雌雄异株，雄花序总状，腋生；苞片披针形，苞腋有雄花3~5朵；雄花花梗长1~3 mm；花萼裂片3，长圆状卵形，被星状毛；雄蕊约25枚，花药2室，药隔稍宽，花丝长约4 mm；雌花序总状，顶生或腋生，有雌花3~8朵，苞片长圆状卵形或卵状披针形，顶端渐尖或急尖；雌花花梗长2~4 mm，果梗长达2 cm；花萼裂片3枚，披针形；子房卵形，花柱基部合生，密生羽毛状凸起。蒴果球形，钝三棱，密生细长软刺和锈色星状柔毛。种子卵形，稍三棱，褐色，平滑。花期5~10月；果期11~12月。

分布 海南：呀诺达热带雨林文化旅游区，18°27′24″N，109°40′25″E，130 m，2010-12-09，张荣京40017174；万宁县兴隆药植所，18°44′18″N，110°12′18″E，2009-08-04，邢福武、戴建阅、翟俊文、郑希龙40011138；东方东河，18°55′42″N，109°2′28″E，2009-08-21，郑希龙、潘雅书40011435。生于海拔100~600 m的山地灌丛或密林中。产于海南（东方、崖县、保亭、陵水和万宁）、广西（金秀）。

栽培 播种繁殖。

用途 本种地上茎乙醇提取物，以及体中分离出来的锈毛野桐素和异锈毛野桐均具有高抗癌活性成分，用于抗肿瘤药物的研究与应用。

含油率及化学组分数据

采集单位	测试单位	测试部位	产地	含油率(%)	碘值	酸值	皂化值	C12:0	C14:0	C16:0	C16:1	C18:0	C18:1	C18:2	C18:3	C20:0	C20:1
SCAU	SCBG	种仁	海南呀诺达	27.81	7.82	26.96	191.08	0.02	0.11	15.77	1.87	3.23	5.79	68.12	3.44	0.88	0.78
SCBG	SCBG	种仁	海南万宁	9.80	97.35	3.50	181.20	0.02	0.11	15.77	1.87	3.23	5.79	68.12	3.44	0.88	0.78
SCBG	SCBG	种仁	海南东方	6.48	68.25	1.24	202.30	0.01	0.40	18.13	0.09	4.95	12.09	18.90	45.08	0.24	0.11

白背叶
Mallotus apelta (Lour.) Müll. Arg.

大戟科，野桐属

特征 灌木或小乔木，高1~3(~4) m。小枝、叶柄和花序均密被淡黄色星状柔毛和散生橙黄色颗粒状腺体。叶互生，卵形或阔卵形，稀心形，长和宽均6~16(~25) cm，顶端急尖或渐尖，基部截平或稍心形，边缘具疏齿，上面干后黄绿色或暗绿色，无毛或被疏毛，下面被灰白色星状绒毛，散生橙黄色颗粒状腺体；基出脉5条，最下一对常不明显，侧脉6~7对；基部近叶柄处有褐色斑状腺体2枚；叶柄长5~15 cm。花雌雄异株，雄花序为开展的圆锥花序或穗状，长15~30 cm，苞片卵形，长约1.5 mm，雄花多朵簇生于苞腋；雄花花梗长1~2.5 mm；花蕾卵形或球形，长约2.5 mm，花萼裂片4枚，卵形或卵状三角形，长约3 mm；外面密生淡黄色星状毛，内面散生颗粒状腺体；雄蕊50~75枚，长约3 mm；雌花序穗状，长15~30 cm，稀有分枝，花序梗长5~15 cm，苞片近三角形，长约2 mm；雌花花梗极短；花萼裂片3~5枚，卵形或近三角形，长2.5~3 mm，外面密生灰白色星状毛和颗粒状腺体；花柱3~4枚，长约3 mm，基部合生，柱头密生羽毛状凸起。蒴果近球形，密生被灰白色星状毛的软刺，软刺线形，黄褐色或浅黄色，长5~10 mm。种子近球形，直径约3.5 mm，褐色或黑色，具皱纹。花期6~9月；果期8~11月。

分布 广西：资源县梅溪乡，26°10′2″N，110°45′12″E，668 m，2010-10-06，严岳鸿、何祖霞400181180；龙胜县泗水乡，25°51′47″N，110°06′01″E，2009-12-10，许为斌、黄俞淞、蒋日红4001101078。福建：南平市武夷山，27°44′54″N，118°00′41″E，2010-11-24，刘东明、易绮斐、邢福武400112220；武夷山大安源，27°52′37″N，117°52′05″E，2010-09-30，刘东明、饶显龙400112127。湖北：十堰牛头山，32°36′18″N，110°44′21″E，650 m，2009-11-09，丁时东、危文亮400152005；十堰牛头山，32°37′02″N，110°44′28″E，2009-10-10，李晓东、陈永峰40012138。江西：赣州市崇义县齐云山，25°47′49″N，114°5′17″E，330 m，2010-09-27，李朋远、谢行400145020。湖南：保靖县白云山，28°37′56″N，109°17′14″E，370 m，2009-08-11，徐亮、周建军400191068；江永县源口镇白倖村白沙源，24°56′40″N，111°0′47″E，775 m，2009-10-25，黄玉滢、周喜乐400181109。海南：万宁市兴隆，18°50′24″N，110°17′33″E，2012-01-02，刘东明、梁耀、王鹏4001122271。广东：阳山县秤架自然保护区，24°47′17″N，112°51′26″E，854 m，2009-11-14，董安强40011253。陕西：平利大贵，2009-08-28，薛帅400321075。重庆：南川区三泉镇金佛山大河坝独马头，29°25′43″N，107°7′19″E，1126 m，2009-10-10，刘正宇等400231120。浙江：宁波市鄞县天童山，29°48′19″N，121°47′11″E，304 m，2009-11-14，田怀珍、王双4001171030。安徽：黄山市祁门县牯牛降自然保护区，30°5′13″N，117°29′25″E，416 m，2011-11-16，胡超、李星霖4001171200。江苏：苏州市常熟市虞山，31°39′5″N，120°43′42″E，58 m，2009-12-02，田怀珍、陈纪云4001171048。上海：松江区东佘山，31°5′45″N，121°11′46″E，42 m，2009-11-09，田怀珍、刘东明、戴建阅4001171021。河南：信阳波尔登公园，31°52′6″N，114°5′17″E，183 m，2012-09-14，王亚平400314208；信阳波尔登公园，31°52′6″N，114°5′5″E，126 m，2012-09-14，王亚平400314206。生于海拔30~1000 m的山坡或山谷灌丛中。产于海南、广东、广西、湖南、江西、福建、云南。分布于越南。

栽培 喜光，喜高温湿润环境，耐干旱，耐贫瘠。播种或扦插繁殖。管理粗放。

用途 种子油含a-粗糠柴酸，可供制油漆，或合成大环香料、杀菌剂、润滑剂等原料；茎皮可供编织。

含油率及化学组分数据

采集单位	测试单位	测试部位	产地	含油率(%)	碘值	酸值	皂化值	C12:0	C14:0	C16:0	C16:1	C18:0	C18:1	C18:2	C18:3	C20:0	C20:1
HUST	HUST	种仁	广西资源	40.00	72.67	25.74	218.16			14.68							
GXIB	SCBG	种仁	广西龙胜	6.54	122.92	0.35	205.22		0.02	1.96	0.33		79.71	17.12	0.34	0.05	0.13
SCBG	SCBG	种仁	福建南平	24.36		11.38			0.23	27.49	0.05	11.26	20.11		0.45		0.12
SCBG	SCBG	种仁	福建武夷山	30.90	129.41	8.75	174.82		0.26		0.33	3.42	20.35		0.22	0.86	
OCRI	SCBG	种仁	湖北十堰	30.48	15.63	12.58	181.25										
WHBG	WHBG	种仁	湖北十堰	25.44	93.02	12.57	183.20	0.06	0.17	15.48	0.26	5.10	30.11	47.05	0.14	0.13	1.50
SYSU	SCBG	种仁	江西崇义	43.50	73.88	2.53	171.99	0.03	0.11	13.64	0.17	7.53	14.82	53.60	4.82	2.22	3.07
JSU	SCBG	种仁	湖南保靖	21.15	84.55	6.50	178.17		0.10	12.60	0.20	2.82	12.69	63.04	0.49	1.08	0.22
HUST	HUST	种仁	湖南江永	23.14		8.61	210.96	0.14	12.80	15.22	0.34	4.84	9.50	41.68	3.71	3.06	0.18
SCBG	SCBG	种仁	海南万宁	42.26	71.29	0.55		0.02		8.72	0.09	2.45		61.84	0.76	0.45	0.51
SCBG	SCBG	种仁	广东阳山	22.47	80.98	27.80	163.40		0.02	6.41	0.09	2.65	17.61	8.99	63.59	0.39	0.25
CAU	ICS	种子	陕西平利	6.54	66.22	9.70	363.40	0.02	0.04	11.96	0.18	7.59	26.86	50.55	0.82	0.20	1.78
CIPP	SCBG	种仁	重庆南川	21.54				0.01	0.04	7.85	0.63	1.66	10.75	75.40	0.42	0.36	0.17
ECNU	SCBG	种仁	浙江宁波	26.15	120.36	1.09	201.52	0.17	71.27	5.52	0.17	0.92	7.00	11.93	0.74	0.34	0.79
ECNU	SCBG	种仁	安徽祁门	15.10	7.61	0.54	286.34		0.07	6.97	0.09	3.32	23.98	42.77	14.84	1.46	0.09
ECNU	SCBG	种仁	江苏常熟	20.60	122.92	0.35	205.22		0.05	15.00	0.34	0.49	12.26	25.37	0.06	0.14	0.31
ECNU	SCBG	种仁	上海松江	18.15	105.46	0.51	204.69	0.31	0.14	10.52	0.15	2.45	23.09	50.80	1.30	0.71	
HNAU	ICS	种子	河南信阳	1.57	22.30	54.98	184.73		0.36	22.58	0.26	3.88	23.70	11.45	1.26	0.33	0.39
HNAU	ICS	种子	河南信阳	2.78	78.80	30.51	248.00		0.17	13.76	0.21	4.48	25.76	41.42	0.34	3.26	0.89
OFPC	SCBG	种子	广东肇庆	36.50	158.30	14.20	196.50			3.30		2.10	13.80	10.70			
OFPC	GXIB	种子	广西兴安	32.80	142.20		198.20			3.30		2.10	13.80	10.20			

毛桐

Mallotus barbatus Müll. Arg.

大戟科，野桐属

特征 小乔木，高3~4 m。嫩枝、叶柄和花序均被黄棕色星状长绒毛。叶互生、纸质，卵状三角形或卵状菱形，长13~35 cm，宽12~28 cm，顶端渐尖，基部圆形或截形，边缘具锯齿或波状，上部有时具2裂片或粗齿，上面除叶脉外无毛，下面密被黄棕色星状长绒毛，散生黄色颗粒状腺体；掌状脉5~7条，侧脉4~6对，近叶柄着生处有时具黑色斑状腺体数个；叶柄离叶基部0.5~5 cm处盾状着生，长5~22 cm。花雌雄异株，总状花序顶生，雄花序长11~36 cm，下部常多分枝；苞片线形，长5~7 mm，苞腋具雄花4~6朵；雄花花蕾球形或卵形；花梗长约4 mm；花萼裂片4~5枚，卵形，长2~3.5 mm，外面密被星状毛；雄蕊75~85枚；雌花序长10~25 cm；苞片线形，长4~5 mm，苞腋有雌花1（~2）朵；雌花花梗长约2.5 mm，果时长达6 mm；花萼裂片3~5枚，卵形，长4~5 mm，顶端急尖；花柱3~5枚，基部稍合生，柱头长约3 mm，密生羽毛状凸起。蒴果排列较稀疏，球形，直径1.3~2 cm，密被淡黄色星状毛和紫红色、长约6 mm的软刺，形成连续厚6~7 mm的厚毛层。种子卵形，长约5 mm，直径约4 mm，黑色，光滑。花期4~5月；果期9~10月。

分布 湖南：永顺县小溪，28°46′26″N，110°15′23″E，395 m，2009-10-02，徐亮、周建军400191057。湖北：武汉植物园，30°32′38″N，114°25′16″E，24 m，2010-09-10，李晓东、昝艳燕、罗曼曼400121158。云南：勐腊县勐仑镇城子后山，21°46′29″N，101°35′8″E，650 m，2010-11-09，邱明华、李忠荣400222108。生于海拔400~1300 m的林缘或灌丛中。产于广东、广西、湖南、四川、贵州、云南等地。分布于亚洲东部和南部各国。

栽培 喜高温多湿环境，喜光，喜肥沃及排水良好的砂质壤土。播种繁殖。

用途 茎皮纤维可作制纸原料；木材质地轻软，可制器具；种子油可作工业用油。

含油率及化学组分数据

采集单位	测试单位	测试部位	产地	含油率(%)	碘值	酸值	皂化值	C12:0	C14:0	C16:0	C16:1	C18:0	C18:1	C18:2	C18:3	C20:0	C20:1
JSU	SCBG	种仁	湖南永顺	11.50	95.50	3.48	201.38		0.30	20.28		3.62	29.26	38.34	1.19		
WHBG	WHBG	种仁	湖北武汉	6.72	6.83	20.99	169.66	0.06	0.10	5.88	0.15	2.83	20.58	38.63	0.01	28.01	1.02
KMIB	KMIB	种仁	云南勐腊	15.02	117.50	15.80	200.30			0.18	9.57	3.94	10.09	21.69	42.74	1.60	
OFPC	XTBG	种子	云南勐腊	14.70	111.50	11.90	205.30		2.00	17.60	54.90	2.20	10.20	12.20			
OFPC	GXIB	种仁	广西融水	27.00				1.30	0.90	10.60	3.50	7.20	24.40	48.30		0.40	

海南野桐

Mallotus hainanensis S. M. Hwang

大戟科，野桐属

特征 小乔木或灌木。小枝纤细，被星状柔毛，老枝无毛。叶纸质，对生，同对的叶形状和大小稍不等，倒披针形或倒卵状椭圆形，顶端渐尖或急尖，中部以下渐狭，基部稍心形，边缘波状或近全缘，上面无毛，下面疏被淡黄色颗粒状腺体，沿叶脉被长柔毛；羽状脉或稍具掌状脉，但其向下伸的脉短且细，侧脉5~7对，基部的1对较长；大型叶的叶柄长1~3 cm，小型叶的叶柄短一半，被褐色星状毛和柔毛；托叶卵状披针形或钻形，渐尖，稍被毛，红褐色或棕色。花雌雄异株，雄花序总状，腋生；苞片卵状披针形或钻形，稍被毛，苞腋有雄花3~6朵；雄花花蕾球形，顶端急尖，被白色长柔毛；花梗长约1 mm；花萼裂片3~5，卵形，外面被淡黄色柔毛，两面均有颗粒状腺体；雄蕊35~40枚，药隔宽；雌花序长6~8 cm，苞片卵状披针形；雌花花梗长1~2 mm；花萼裂片5枚，长圆形或长圆状披针形，顶端渐尖，外面被淡黄色长柔毛；子房球形，花柱基部稍合生，密生羽毛状凸起。蒴果近球形，钝三棱状，由3个分果爿组成；被淡黄色长柔毛和刺，具稀疏黄色颗粒状腺体。种子球形，褐棕色，平滑，具斑纹。花、果期4~10月。

分布 海南：东方东河，18°19′12″N，109°28′39″E，2009-08-21，郑希龙、潘雅书40011431。生于海拔50~100 m的灌丛中。产于海南东部和南部。

栽培 播种繁殖。

用途 可用于园林绿化。

含油率及化学组分数据

采集单位	测试单位	测试部位	产地	含油率(%)	碘值	酸值	皂化值	C12:0	C14:0	C16:0	C16:1	C18:0	C18:1	C18:2	C18:3	C20:0	C20:1
SCBG	SCBG	种仁	海南东方	23.70	80.65	5.10	370.00	0.02	0.20	8.72	0.40	0.56	16.39	55.03	18.03	0.31	0.34

野梧桐

Mallotus japonicus (Spreng.) Müll. Arg.

大戟科，野桐属

特征 小乔木或灌木，高2~4 m。树皮褐色。嫩枝具纵棱，枝、叶柄和花序轴均密被褐色星状毛。叶互生，稀小枝上部有时近对生，纸质，形状多变，卵形、卵圆形、卵状三角形、肾形或横长圆形，长5~17 cm，宽3~11 cm，顶端急尖、凸尖或急渐尖，基部圆形、楔形，稀心形，边全缘，不分裂或上部每侧具一裂片或粗齿，上面无毛，下面仅叶脉稀疏被星状毛或无毛，疏散橙红色腺点；基出脉3条，侧脉5~7对，近叶柄具黑色圆形腺体2枚；叶柄长5~17 mm。花雌雄异株，花序总状或下部常具3~5分枝，长8~20 cm；苞片钻形，长3~4 mm；雄花在每苞片内3~5朵，花蕾球形，顶端急尖，花梗长3~5 mm；花萼裂片3~4枚，卵形，长约3 mm，外面密被星状毛和腺点；雄蕊25~75枚，药隔稍宽；雌花序长8~15 cm，开展；苞片披针形，长约4 mm；雌花在每苞片内1朵；花梗长约1 mm，密被星状毛；花萼裂片4~5枚，披针形，长2. 5~3 mm，顶端急尖，外面密被星状绒毛；子房近球形，三棱状；花柱3~4枚，中部以下合生，柱头长约4 mm，具疣状凸起和密被星状毛。蒴果近扁球形，钝三棱形，直径8~10 mm，密被有星状毛的软刺和红色腺点；种子近球形，直径约5 mm，褐色或暗褐色，具皱纹。花期4~6月；果期7~8月。

分布 湖南：永顺杉木河，29°11′11″N，109°49′43″E，570 m，2009-10-02，徐亮、周建军400191099；湘潭县响水乡，27°54′57″N，112°54′39″E，65 m，2009-10-06，严岳鸿、黄玉滢400181039；龙山县大安乡药场，29°35′33″N，109°39′52″E，1356 m，2011-08-31，徐亮、覃三立、朱群英40019101165。重庆：南川区三泉镇茅坡，29°21′20″N，107°8′20″E，959 m，2009-07-10，刘正宇等400231011。多生于海拔320~600 m的林中。产于广西、湖南、湖北、重庆、台湾、浙江、江苏。分布于日本。

栽培 种子繁殖或插条繁殖。

用途 种子油可供制油漆、肥皂、润滑油；茎皮纤维可供制纺织麻袋或作蜡纸及人造棉原料。

含油率及化学组分数据

采集单位	测试单位	测试部位	产地	含油率(%)	碘值	酸值	皂化值	C12:0	C14:0	C16:0	C16:1	C18:0	C18:1	C18:2	C18:3	C20:0	C20:1
JSU	SCBG	种仁	湖南永顺	21. 65	83. 55	2. 10	174. 06	0. 08	0. 26	13. 41		2. 85	28. 05	18. 37	0. 94	9. 74	3. 16
HUST	HUST	种仁	湖南湘潭	17. 89	154. 94	92. 14	214. 32			25. 03				36. 80	38. 17		
JSU	SCBG	种仁	湖南龙山	24. 59	103. 98	5. 57	216. 87	0. 14	0. 56	0. 09	9. 08	0. 32	1. 28	15. 33	37. 45	1. 09	0. 18
CIPP	SCBG	种仁	重庆南川	31. 30	62. 23	4. 61	205. 39		1. 30	18. 35	48. 39	2. 51	11. 25	17. 32	0. 28		0. 59

东南野桐

Mallotus lianus Croizat

大戟科，野桐属

特征 小乔木或灌木，高2~10 m。树皮红褐色。小枝圆柱形，有棱，被红棕色星状短绒毛。叶互生，纸质，卵形或心形，有时阔卵形，长10~18 cm，宽9~14 cm，顶端隐尖或渐尖，基部圆形或截平，稀心形，近全缘，嫩叶两面均被红棕色紧贴星状短绒毛，成长叶上面无毛，下面被毛和疏生紫红色颗粒状腺体；基出脉5条，近基部的两条常不明显，侧脉5~6对，近叶柄着生处有褐色斑状腺体2~4枚；叶柄离叶基部2~10 mm处盾状着生或基生，长5~13 cm。花雌雄异株，总状花序或圆锥花序；雄花序长10~18 cm，被红棕色星状短绒毛；苞片卵形，长约3 mm，外面密被星状毛，苞腋有雄花3~8朵；雄花花梗长3~5 mm；花萼裂片4~5，卵形，长约2 mm，外面密被黄色星状柔毛；雄蕊50~80枚，药隔宽；雌花序长10~25 cm；苞片卵形，长1. 5 mm，外面密被毛；雌花花梗长约2 mm；花萼裂片卵状披针形，长约4 mm，外面密被星状毛；花柱3枚，基部稍合生，柱头宽扁，长5~8 mm，密生羽毛状凸起和被黄色星状毛。蒴果球形，直径8~10 mm，密被黄色星状毛和橙黄色颗粒状腺体，具长约6 mm线形的软刺。种子球形，黑色或深褐色，直径约5 mm，常有皱纹。花期8~9月；果期11~12月。

分布 江西：宜丰县官山自然保护区，28°32′32″N，114°33′51″E，285 m，2011-09-17，景慧娟、李朋远4001409017。湖南：湘潭县响水乡，27°54′53″N，112°54′40″E，68 m，2009-10-06，严岳鸿、黄玉滢400181042。生于海拔200~1100 m阴湿林中或林缘。产于广东、广西、湖南、江西、福建、浙江、四川、贵州、云南。

栽培 播种繁殖。

用途 可用于园林绿化。

含油率及化学组分数据

采集单位	测试单位	测试部位	产地	含油率(%)	碘值	酸值	皂化值	C12:0	C14:0	C16:0	C16:1	C18:0	C18:1	C18:2	C18:3	C20:0	C20:1
SYSU	SCBG	种仁	江西宜丰	45. 20		2. 82	157. 40	0. 03	0. 02	3. 97	0. 06	2. 13	11. 24	32. 71	48. 89	0. 57	0. 38
HUST	HUST	种仁	湖南湘潭	4. 30	167. 47	27. 95	173. 21		0. 06	11. 36	0. 14	3. 38	32. 36	10. 04	0. 10	0. 44	0. 18

罗定野桐

Mallotus lotingensis F. P. Metcalf [*Mallotus barbatus* var. *congestus* F. P. Metcalf]

大戟科，野桐属

特征 小乔木。嫩枝、叶柄和花序均被黄棕色星状长绒毛。叶互生、纸质，边缘具锯齿或波状，上部有时具2裂片或粗齿，上面除叶脉外无毛，下面密被黄棕色星状长绒毛，散生黄色颗粒状腺体；掌状脉5~7条，侧脉4~6对，近叶柄着生处有时具黑色斑状腺体数个。花雌雄异株，总状花序顶生；雄花序长11~36 cm，下部常多分枝；苞片线形，苞腋具雄花4~6朵；雄花花蕾球形或卵形；花萼裂片4~5枚，卵形，外面密被星状毛；雄蕊75~85枚；雌花序长5~10 cm，花序梗较花序轴长，密被叠生星状柔毛；苞片线形，苞腋有雌花1（~2）朵；雌花花萼裂片3~5枚，卵形，顶端急尖；花柱3~5，基部稍合生，柱头长约3 mm，密生羽毛状凸起。蒴果排列较较密，球形，密被淡黄色星状毛和紫红色、长约6 mm的软刺，形成连续厚6~7 mm的厚毛层；种子卵形，黑色，光滑。花期6月；果期11月。

分布 广西：隆林县金钟乡，24°39′38″N，104°52′40″E，997 m，2011-10-22，曾庆文、陈树钢、杨国400114144。生于海拔260~800 m的林缘或灌丛中。产于广东（罗定）、广西（藤县和博白）。

栽培 播种繁殖。

用途 可用于园林绿化。

含油率及化学组分数据

采集单位	测试单位	测试部位	产地	含油率(%)	碘值	酸值	皂化值	C12:0	C14:0	C16:0	C16:1	C18:0	C18:1	C18:2	C18:3	C20:0	C20:1
SCBG	SCBG	种仁	广西隆林	23.40	96.07	4.27	179.80	0.0042	0.06	5.44	0.05	3.06	16.92	71.77	0.98	1.15	0.56

尼泊尔野桐（野桐）

Mallotus nepalensis Müll. Arg.

大戟科，野桐属

特征 灌木或小乔木，高3~6 m。小枝和花序被棕黄色绒毛。叶柄长5~15 cm，被微绒毛；叶片呈球状卵圆形或三角状卵圆形，长10~23 cm，宽8~24 cm，纸质，背面有褐色或灰色星状柔毛，基部截形或稍心形，有时稍盾形，2斑点腺体，全缘，先端渐尖，基出脉3。雄花序分枝长10~15 cm；苞片披针形至钻形，长约1 mm；雄花2~3朵簇生，花梗长1~1.5 mm，萼片4枚，长圆形，长约3 mm，被微绒毛；雌花序分枝，长10~20 cm，总花梗长2~5 cm，厚约3 mm；苞片近披针形，长约1.5 mm。雌花：花梗长约1.5 mm；萼片5枚或6枚，披针形，长2.5~3 mm，被绒毛；子房密被软刺，星状柔毛，花柱3枚，长约3 mm，羽状。果序直立，果梗长约1.5 mm；囊直径约1.5 cm，密被软刺，褐色，长约5 mm，被星状柔毛。种子近球形，黑色的，直径约5 mm。花、果期6~7月。

分布 云南、西藏。生于海拔1700~2500 m的山谷或山坡灌丛。不丹、印度（东北部）、缅甸、尼泊尔也有分布。

栽培 播种繁殖。

用途 种子油可制肥皂、油漆、蜡烛等。

含油率及化学组分数据

采集单位	测试单位	测试部位	产地	含油率(%)	碘值	酸值	皂化值	C12:0	C14:0	C16:0	C16:1	C18:0	C18:1	C18:2	C18:3	C20:0	C20:1
OFPC	KMIB	种子	云南昭通	34.00	124.80	14.00	194.00	微量	3.40	19.90	40.90	2.60	17.50	15.770			

山苦茶（鹧鸪茶、椭圆叶野桐）

Mallotus oblongifolius (Miq.) Müll. Arg.

大戟科，野桐属

特征 灌木或小乔木，高2~10 m。植物体干后有零星香味。小枝被星状短柔毛或变无毛，具颗粒状腺体。叶互生或有时近对生，长圆状倒卵形，顶端急尖或尾状渐尖，下部渐狭，其部圆形或微心形，全缘或上部边缘微波状，上面无毛，下面中脉被星状毛或柔毛，侧脉腋有簇生柔毛，散生橙色颗粒状腺体；羽状脉，侧脉8~10对，基部有褐色斑状腺体4~6枚；叶柄长0.5~3.5 cm；托叶卵状披针形，被星状毛，早落。花雌雄异株；雄花序总状，顶生；苞片卵状披针形，雄花(1~)2~5朵簇生于苞腋，花梗长约3 mm；雄花花蕾卵形，花萼裂片3枚，阔卵形，不等大，无毛；雄蕊25~45枚，药隔宽；雌花序总状，顶生，苞片钻形，被毛，花梗长约2.5 mm；雌花花萼佛焰苞状，一侧开裂，顶端3齿裂，外面被星状毛和疏生黄色颗粒状腺体；子房球形，密生软刺和微柔毛，花柱中部以下合生，柱头长4~5 mm，密生羽毛状凸起。蒴果扁球形。直径约1.4 cm，具3个分果爿，具3纵槽，被微柔毛和橙黄色颗粒状腺体，疏生稍弯的软刺。种子球形，直径约5 mm，具斑纹。花期2~4月；果期6~11月。

分布 海南：陵水县本号镇吊罗山国家级自然保护区白水，18°43′26″N，109°58′8″E，2010-08-13，秦新生4001161129。生于海拔200~1000 m的山坡灌丛或山谷疏林中或林缘。产于海南、广东。分布于亚洲东南部各国。

栽培 喜光，喜高温、湿润环境。播种或扦插繁殖。

用途 植物体含有零陵香油，可作为提取香精的原料。庭园观赏或作行道树。

含油率及化学组分数据

采集单位	测试单位	测试部位	产地	含油率(%)	碘值	酸值	皂化值	C12:0	C14:0	C16:0	C16:1	C18:0	C18:1	C18:2	C18:3	C20:0	C20:1
SCAU	SCBG	种仁	海南陵水	35.42	31.57			0.004	0.06	5.44	0.05	3.06	16.92	71.77	0.98	1.15	0.56

白楸

Mallotus paniculatus (Lam.) Müll. Arg.

大戟科，野桐属

特征 乔木或灌木。树皮灰褐色，近平滑。小枝被褐色星状绒毛。叶互生，生于花序下部的叶常密生，边缘波状或近全缘，上部有时具2裂片或粗齿；嫩叶两面均被灰黄色或灰白色星状绒毛，成长叶上面无毛，基出脉5条，基部近叶柄处具斑状腺体2枚；叶柄稍盾状着生。花雌雄异株，总状花序或圆锥花序，分枝广展，顶生，雄花序长10~20 cm；苞片卵状披针形，渐尖，苞腋有雄花2~6朵；雄花花梗长约2 mm，花蕾卵形或球形；花萼裂片4~5枚，卵形，外面密被星状毛；雄蕊50~60枚；雌花序长5~25 cm；苞片卵形，苞腋有雌花1~2朵；雌花花梗长约2 mm；花萼裂片4~5枚，长卵形，常不等大，外面密生星状毛；花柱3枚，基部稍合生，密生羽毛状凸起。蒴果扁球形，具3个分果爿，被褐色星状绒毛和疏生钻形软刺，具毛。种子近球形，深褐色，常具皱纹。花期7~10月；果期11~12月。

分布 浙江：临安市西天目山，30°15′6″N，119°28′41″E，202 m，2012-11-18，陈树钢、童毅4001122171；杭州植物园，30°15′25″N，120°07′22″E，2010-10-14，曾庆文、谢聪、孟玉芳40011899。海南：五指山国家级自然保护区，18°54′49″N，109°41′17″E，800 m，2009-11-07，张荣京40017133。广东：从化市桃园镇石门国家森林公园，23°31′54″N，113°34′14″E，470 m，2009-11-05，易绮斐、林铎清、徐蕾400119017。安徽：黄山猴园，30°4′30″N，118°8′36″E，500 m，2009-11-03，刘东明、戴建阅400111148。云南：屏边县哈尼伍乡，23°4′22″N，103°35′57″E，1203 m，2010-11-13，王智、杨珺、谭英400221284。生于海拔50~1300 m的林缘或灌丛中。产于海南、广东、广西、福建、台湾、贵州、云南。分布于亚洲东南部各国。

栽培 播种或扦插繁殖。

用途 种子油可作工业用油。木材质地轻软，

含油率及化学组分数据

采集单位	测试单位	测试部位	产地	含油率(%)	碘值	酸值	皂化值	C12:0	C14:0	C16:0	C16:1	C18:0	C18:1	C18:2	C18:3	C20:0	C20:1
SCBG	SCBG	种仁	浙江临安	27.50	77.35	13.70	180.57	0.29	0.55	10.75	0.15	4.70	14.82	55.16	9.52	2.78	1.28
SCBG	SCBG	种仁	浙江杭州	21.39	71.29	10.19	66.49		0.08	6.31	0.17	10.17	21.38	66.77	1.29		0.20
SCAU	SCBG	种仁	海南五指山	23.64	70.66	19.59	218.07		0.02	6.41	0.09	2.65	17.61	8.99	63.59	0.39	0.25
SCBG	SCBG	种仁	广东从化	23.18	81.61	28.90	143.70	0.009	0.06	1.76	0.07	0.97	7.71	88.11	1.13	0.02	0.17
SCBG	SCBG	种仁	安徽黄山	24.90	84.88	2.20	190.70	0.0042	0.06	8.90	0.14	1.81	54.36	18.54	4.57	3.95	7.68
KMBG	KMBG	种仁	云南屏边	11.56	119.50		206.40			0.26	11.63	30.23	3.96	20.08	28.81	0.65	
OFPC	XTBG	种子	云南勐腊	10. 70	119.50	5.90	206.40		0.50	15.80	34.80	2.70	21.40	20.40	2.70		
OFPC	GXIB	种子	广西金秀	2.60	80.90		203.60		0.70	19.10	33.30	5.00	15.30	25.50	微量		

粗糠柴

Mallotus philippensis (Lam.) Müll. Arg.

大戟科，野桐属

特征　小乔木或灌木。小枝、嫩叶和花序均密被黄褐色短星状柔毛。叶互生或有时小枝顶部的对生，近革质，卵形、长圆形或卵状披针形，边近全缘，下面被灰黄色星状短绒毛，叶脉上具长柔毛，散生红色颗粒状腺体，基出脉3条，侧脉4~6对，近基部有褐色斑状腺体2~4枚；叶柄长2~5(~9) cm，两端稍增粗，被星状毛。花雌雄异株，花序总状，顶生或腋生，单生或数个簇生；雄花序长5~10 cm；苞片卵形；雄花1~5朵簇生于苞腋；雄花花萼裂片3~4枚，长圆形，密被星状毛，具红色颗粒状腺体；雄蕊15~30枚，药隔稍宽；雌花序长3~8 cm，果序长达16 cm；苞片卵形，长约1 mm；雌花花萼裂片3~5枚，卵状披针形，外面密被星状毛；子房被毛，花柱2~3枚，柱头密生羽毛状凸起。蒴果扁球形，密被红色颗粒状腺体和粉末状毛。种子卵形或球形，黑色，具光泽。花期4~5月；果期5~8月。

分布　四川：都江堰青城山味江，29°28′23″N，102°26′12″E，1000 m，2010-09-10，崔龙、李志强40021110001。湖南：永顺小溪，28°47′54″N，110°13′9″E，670 m，2009-08-07，徐亮、周建军400191093。生于海拔300~1600 m的山地林中或林缘。产于海南、广东、广西、湖南、江西、福建、台湾、浙江、江苏、安徽、湖北、四川、贵州、云南。分布于亚洲南部和东南部以及大洋洲热带地区。

栽培　播种或扦插繁殖。

用途　树皮可提取栲胶；种子的油可作工业用油；果实的红色颗粒状腺体有时可作染粒，但有毒，不能食用。木材淡黄色，可作家具等用材。

含油率及化学组分数据

采集单位	测试单位	测试部位	产地	含油率(%)	碘值	酸值	皂化值	C12:0	C14:0	C16:0	C16:1	C18:0	C18:1	C18:2	C18:3	C20:0	C20:1
SCU	SCU	种仁	四川都江堰	13.03	97.20	2.40	204.20			44.04		4.79	46.34	4.82			
JSU	SCBG	种仁	湖南永顺	20.05	118.88	3.49	183.78		0.05	7.16	0.11	3.09	26.48	61.69	0.33	0.54	0.55

石岩枫（倒挂金钩）

Mallotus repandus (Rottler) Müll. Arg.

大戟科，野桐属

特征　攀缘状灌木。嫩枝、叶柄、花序和花梗均密生黄色星状柔毛；老枝无毛，常有皮孔。叶互生，纸质或膜质，卵形或椭圆状卵形，顶端急尖或渐尖，基部楔形或圆形，边全缘或波状，嫩叶两面均被星状柔毛，成长叶仅下面叶脉腋部被毛和散生黄色颗粒状腺体；基出脉3条，有时稍离基，侧脉4~5对。花雌雄异株，总状花序或下部有分枝；雄花序顶生，稀腋生；苞片钻状，密生星状毛，苞腋有花2~5朵；花梗长约4 mm；雄花花萼裂片3~4枚，卵状长圆形，外面被绒毛；雄蕊40~75枚，花药长圆形，药隔狭；雌花序顶生，苞片长三角形；雌花花梗长约3 mm；花萼裂片5枚，卵状披针形，外面被绒毛，具颗粒状腺体；花柱2(~3)枚，柱头长约3 mm，被星状毛，密生羽毛状凸起。蒴果具2(~3)个分果爿，密生黄色粉末状毛和具颗粒状腺体。种子卵形，黑色，有光泽。花期3~5月；果期8~9月。

分布　海南：呀诺达热带雨林文化旅游区，18°27′24″N，109°40′25″E，300 m，2010-12-15，张荣京40017176。生于海拔250~300 m的山地疏林中或林缘。产于海南、广东（南部）、广西、台湾。分布于亚洲东南部和南部各国。

栽培　播种或扦插繁殖。

用途　茎皮纤维可编绳用。

含油率及化学组分数据

采集单位	测试单位	测试部位	产地	含油率(%)	碘值	酸值	皂化值	C12:0	C14:0	C16:0	C16:1	C18:0	C18:1	C18:2	C18:3	C20:0	C20:1
SCAU	SCBG	种仁	海南呀诺达	26.07	20.58	7.41	184.86	0.009	0.06	1.76	0.07	0.97	7.71	88.11	1.13	0.02	0.17

木薯

Manihot esculenta Crantz

大戟科，木薯属

特征 直立灌木。块根圆柱状。叶纸质，轮廓近圆形，掌状深裂几达基部，裂片3~7枚，倒披针形至狭椭圆形，顶端渐尖，全缘，侧脉(5~)7~15条；叶柄稍盾状着生，具不明显细棱；托叶三角状披针形，全缘或具1~2条刚毛状细裂。圆锥花序顶生或腋生；苞片条状披针形；花萼带紫红色且有白粉霜；雄花花萼长约7 mm，裂片长卵形，近等大，内面被毛；雄蕊长6~7 mm，花药顶部被白色短毛；雌花花萼长约10 mm，裂片长圆状披针形；子房卵形，具6条纵棱，柱头外弯，褶扇状。蒴果椭圆状，表面粗糙，具6条狭而波状纵翅。种子长约1 cm，多少具3棱，种皮硬壳质，具斑纹，光滑。花期9~11月。

分布 海南、广东、广西、福建、台湾、贵州、云南等地有栽培，偶有逸为野生。原产巴西，现全世界热带地区广泛栽培。

栽培 播种或扦插繁殖。

用途 木薯的块根富含淀粉，是工业淀粉原料之一。

含油率及化学组分数据

采集单位	测试单位	测试部位	产地	含油率(%)	碘值	酸值	皂化值	C12:0	C14:0	C16:0	C16:1	C18:0	C18:1	C18:2	C18:3	C20:0	C20:1
OFPC	SCBG	种子	广东广州	28.0	130.60		189.10			10.40		2.30	14.80	68.30		4.20	

白木乌桕

Neoshirakia japonica (Sieb. et Zucc.) Esser [*Sapium japonicum* (Sieb. et Zucc.) Pax et K. Hoffm.]

大戟科，白木乌桕属

特征 灌木或乔木，高1~8 m。各部均无毛。枝纤细，平滑。叶互生，纸质，叶卵形、卵状长方形或椭圆形，顶端短尖或凸尖，基部钝、截平或有时呈微心形，两侧常不等，背面中上部常于近边缘的脉上有散生的腺体，基部靠近中脉之两侧亦具2个腺体；中脉在背面显著凸起，网状脉明显，网眼小。花单性，雌雄同株常同序，聚集成顶生纤细总状花序；边缘有不规则的小齿，基部两侧各具1枚近长圆形的腺体，每一苞片内有3~4朵花；花萼杯状，3裂，裂片有不规则的小齿；雄蕊3枚，稀2枚，常伸出于花萼之外，花药球形，略短于花丝；雌花花梗粗壮；苞片3深裂几达基部，裂片披针形，通常中间的裂片较大，两侧之裂片其边缘各具1枚腺体；萼片3枚，三角形，顶端短尖或有时钝；子房卵球形，平滑，外卷。蒴果三棱状球形，直径10~15 mm。花期5~6月；果期7~9月。

分布 湖南：浏阳县大围山，28°25′30″N，114°5′14″E，980 m，2010-11-07，张兵、谷志容400181243；浏阳市大围山，28°25′26″N，114°5′33″E，1100 m，2009-09-20，黄玉滢、周喜乐400181025。江西：玉山县三清山，28°55′54″N，118°3′41″E，1002.5 m，2009-09-01，廖文波等400141111；崇义县齐云山，25°52′48″N，114°0′58″E，1240 m，2010-09-26，李朋远、谢行400145011。生于林中湿润处或溪涧边。广布于广东、广西、湖南、江西、福建、浙江、江苏、安徽、山东、湖北、四川、贵州。日本、朝鲜也有。

栽培 喜光，喜温暖湿润气候，适应性强。不拘土质。播种繁殖。

用途 种子油可作润滑油及制漆、硬化油、肥皂、蜡烛等用油；也可入药作缓泻剂。可作山沟、溪谷两岸低湿地的保土树种。

含油率及化学组分数据

采集单位	测试单位	测试部位	产地	含油率(%)	碘值	酸值	皂化值	C12:0	C14:0	C16:0	C16:1	C18:0	C18:1	C18:2	C18:3	C20:0	C20:1
HUST	HUST	种仁	湖南浏阳	36.40	92.34	1.62	214.26	0.14	0.07	7.47	0.07	2.88	9.82	73.06	1.61	0.42	0.47
HUST	HUST	种仁	湖南浏阳	43.41	81.61	4.59	138.21	0.12		9.82	0.14	2.50	22.82	58.48	1.34	0.60	0.26
SYSU	SCBG	种仁	江西玉山	32.07	150.02	2.65	177.87	0.02	0.04	11.96	0.18	7.59	26.86	50.55	0.82	0.20	1.78
SYSU	SCBG	种仁	江西崇义	39.89	79.05	1.42	178.80	0.01	0.03	6.19	0.04	3.05	8.01	22.16	60.04	0.14	0.32
OFPC	LBG	种仁	江西庐山	71.0	169.50		184.10	8.40		6.70		2.00	11.10	40.50	31.30		
OFPC	SCBG	种子	湖南衡山	54.70	179.20		196.60	3.30		5.30	0.60	1.60	12.20	45.60	29.20	1.80	

叶轮木

Ostodes paniculata Blume

大戟科，叶轮木属

特征 乔木。枝、叶无毛，叶常聚生枝条顶端。叶薄革质，卵状披针形至长圆状披针形，基部圆形或阔楔形，干后下面苍灰色或灰褐色，侧脉7~8对；叶柄长4~12 cm；托叶早落。花雌雄异株，雄花序聚伞圆锥状，雌花序较雄花序短；雄花萼片5枚，3枚较宽，2枚较狭，长3~3. 5 mm；花瓣5枚，卵状椭圆形，长约5 mm，白色，腺体离生；雄蕊25枚或更多；雌花：花梗长约12 mm，花后呈棒状增粗；萼片、花瓣与雄花同；花盘环状；子房被长硬毛，花柱3枚，2深裂至中部以下，顶端再分叉。蒴果扁球状，具深3纵沟，被微绒毛且密生疣突，中果皮硬、木质。种子椭圆状，栗褐色，有淡黄色斑纹。花期3~5月；果期8~9月。

分布 海南：昌江县霸王岭二林场，19°06′59″N，109°05′33″E，2009-08-01，秦新生400116123。生于海拔400~900 m的密林中。产于海南。南亚次大陆、中南半岛、马来半岛各国以及印度尼西亚（爪哇）有分布。

栽培 播种繁殖。

用途 可用于园林绿化。

含油率及化学组分数据

采集单位	测试单位	测试部位	产地	含油率(%)	碘值	酸值	皂化值	C12:0	C14:0	C16:0	C16:1	C18:0	C18:1	C18:2	C18:3	C20:0	C20:1
SCAU	SCBG	种仁	海南昌江	20. 06	23. 18	8. 80	233. 63	0. 29	0. 55	10. 75	0. 15	4. 70	14. 82	55. 16	9. 52	2. 78	1. 28
OFPC	SCBG	种子	海南陵水	39. 60	172. 70		191. 90	0. 60	微量	6. 60	微量	2. 30	18. 80	18. 10			0. 60
OFPC	XTBG	种仁	云南勐腊	53. 90	165. 40	9. 50	200. 90			6. 90		5. 50	13. 40	16. 00			
OFPC	KMIB	种仁	云南潞西	56. 00	171. 40	1. 20	194. 50			6. 10	微量	1. 70	7. 70	11. 50	7. 30		

余甘子

Phyllanthus emblica L.

大戟科，叶下珠属

特征 乔木，高达23 m，胸径50 cm。树皮浅褐色。枝条具纵细条纹，被黄褐色短柔毛。叶片纸质至革质，二列，线状长圆形，顶端截平或钝圆，有锐尖头或微凹，基部浅心形而稍偏斜，上面绿色，下面浅绿色，干后带红色或淡褐色，边缘略背卷，侧脉4~7条；叶柄长0. 3~0. 7 mm；托叶三角形，褐红色，边缘有睫毛。多朵雄花和1朵雌花或全为雄花组成腋生的聚伞花序；萼片6枚；雄花花梗长1~2. 5 mm；萼片膜质，黄色，长倒卵形或匙形，近相等，顶端钝或圆，边缘全缘或有浅齿；雄蕊3枚，花丝合生成长0. 3~0. 7 mm的柱，花药直立，长圆形，长0. 5~0. 9 mm，顶端具短尖头，药室平行，纵裂；花粉近球形，具4~6个孔沟，内孔多长椭圆形；花盘腺体6个，近三角形；雌花花梗长约0. 5 mm；萼片长圆形或匙形，顶端钝或圆，较厚，边缘膜质，多少具浅齿；花盘杯状，包藏子房达一半以上，边缘撕裂；子房卵圆形，3室，花柱3枚，基部合生，顶端2裂，裂片顶端再2裂。蒴果呈核果状，圆球形，直径1~1. 3 cm，外果皮肉质，绿白色或淡黄白色，内果皮硬壳质。种子略带红色。花期4~6月；果期7~9月。

分布 云南：永仁县莲池乡，25°59′26″N，101°43′37″E，1625 m，2009-11-12，龙春林、王智、唐贵华400221119。海南：昌江县霸王岭东一林场，19°13′21″N，109°00′41″E，2009-08-05，秦新生400116150。生于海拔200~2300 m的山地疏林、灌丛、荒地或山沟向阳处。产于海南、广东、广西、江西、福建、台湾、四川、贵州、云南等地。分布于印度、斯里兰卡和中南半岛，印度尼西亚、马来西亚、菲律宾等，南美洲有栽培。

栽培 极喜光，喜高温，生长适温为20~30℃。栽培土质以排水良好的砂质壤土为佳，光照要充足。播种、扦插或高压繁殖，于春季进行。幼树春季至夏季水分要充足，施肥每1~2个月1次，多施磷、钾肥，有利开花结果。冬季落叶后要整枝修剪。

用途 种子含油，供制肥皂；树根和叶供药用，能解热清毒，治皮炎、湿疹、风湿痛等；叶晒干供枕芯用料。树皮、叶、幼果可提制栲胶。木材棕红褐色，坚硬，结构细致，有弹性，耐水湿，可作农具和家具用材，又为优良的薪炭柴。树姿优美，可作庭园风景树，亦可栽培为果树。

含油率及化学组分数据

采集单位	测试单位	测试部位	产地	含油率(%)	碘值	酸值	皂化值	C12:0	C14:0	C16:0	C16:1	C18:0	C18:1	C18:2	C18:3	C20:0	C20:1
KMIB	KMIB	种仁	云南永仁	12. 90	155. 10	5. 90	185. 00				10. 43		7. 93	12. 82	13. 38	0. 37	
SCAU	SCBG	种仁	海南昌江	20. 67	88. 99			0. 004	0. 06	8. 90	0. 14	1. 81	54. 36	18. 54	4. 57	3. 95	7. 68

叶下珠

Phyllanthus urinaria L.

大戟科，叶下珠属

特征 一年生草本，高10~60 cm。茎通常直立，基部多分枝，枝倾卧而后上升；枝具翅状纵棱，上部被一纵列疏短柔毛。叶片纸质，因叶柄扭转而呈羽状排列，长圆形或倒卵形，长4~10 mm，宽2~5 mm，顶端圆、钝或急尖而有小尖头，下面灰绿色，近边缘或边缘有1~3列短粗毛；侧脉4~5条，明显；叶柄极短；托叶卵状披针形，长约1.5 mm。花雌雄同株，直径约4 mm；雄花：2~4朵簇生于叶腋，通常仅上面1朵开花，下面的很小；花梗长约0.5 mm，基部有苞片1~2枚；萼片6，倒卵形，长约0.6 mm，顶端钝；雄蕊3，花丝全部合生成柱状；花粉粒长球形，通常具5孔沟，少数3、4、6孔沟，内孔横长椭圆形；花盘腺体6，分离，与萼片互生；雌花：单生于小枝中下部的叶腋内；花梗长约0.5 mm；萼片6，近相等，卵状披针形，长约1 mm，边缘膜质，黄白色；花盘圆盘状，边全缘；子房卵状，有鳞片状凸起，花柱分离，顶端2裂，裂片弯卷。蒴果圆球状，直径1~2 mm，红色，表面具一小凸刺，有宿存的花柱和萼片，开裂后轴柱宿存；种子长1.2 mm，橙黄色。花期4~6月；果期7~11月。

分布 重庆：南川区三泉镇三泉白杨坪，29°45′35″N，107°8′48″E，591 m，2009-11-09，刘正宇等400231116。安徽：黄山县，30°16′40″N，118°04′40″E，2009-11-02，刘东明、戴建阅400112209。通常生于海拔500 m以下旷野平地、旱田、山地路旁或林缘，在云南海拔1100 m的湿润山坡草地亦见有生长。产于河北、山西、陕西及华南、华中、华东、西南等地区，分布于印度、斯里兰卡、中南半岛、日本、马来西亚、印度尼西亚至南美洲。

栽培 播种繁殖。喜阳光充足、高温、湿润的气候环境，耐干旱，不拘土质。

用途 药用，全草有解毒、消炎、清热止泻、利尿之效，可治赤目肿痛、肠炎腹泻、痢疾、肝炎、小儿疳积、肾炎水肿、尿路感染等。

含油率及化学组分数据

采集单位	测试单位	测试部位	产地	含油率(%)	碘值	酸值	皂化值	C12:0	C14:0	C16:0	C16:1	C18:0	C18:1	C18:2	C18:3	C20:0	C20:1
CIPP	SCBG	种仁	重庆南川	30.80	123.85	1.15	187.41		0.03	6.31	0.05	5.08	8.21	18.93	61.20	0.19	
SCBG	SCBG	种仁	安徽黄山	23.18	158.73	12.74	137.61	0.03	0.55		0.63	0.85	31.44		0.49		0.53

蓖麻

Ricinus communis L.

大戟科，蓖麻属

特征 一年生粗壮草本或草质灌木，高达5 m。小枝、叶和花序通常被白霜，茎多液汁。叶轮廓近圆形，长和宽达40 cm或更大，掌状7~11裂，裂缺几达中部，裂片卵状长圆形或披针形，顶端急尖或渐尖，边缘具锯齿；掌状脉7~11条。网脉明显；叶柄粗壮，中空，长可达40 cm，顶端具2枚盘状腺体，基部具盘状腺体；托叶长三角形，长2~3 cm，早落。总状花序或圆锥花序，长15~30 cm或更长；苞片阔三角形，膜质，早落；雄花：花萼裂片卵状三角形，长7~10 mm；雄蕊束众多；雌花：萼片卵状披针形，长5~8 mm，凋落；子房卵状，直径约5 mm，密生软刺或无刺，花柱红色，长约4 mm，顶部2裂，密生乳头状凸起。蒴果卵球形或近球形，长1.5~2.5 cm，果皮具软刺或平滑；种子椭圆形，微扁平，长8~18 mm，平滑，斑纹淡褐色或灰白色；种阜大。花期几全年或6~9月（栽培）。

分布 广西：龙州县逐卜乡，22°13′3″N，106°53′23″E，303 m，2011-07-15，黄俞淞、郭伦发4001101200；龙胜县泗水乡，25°51′46″N，110°06′01″E，2009-12-10，许为斌、黄俞淞、蒋日红4001101077。山东：淄博市，35°33′54″N，116°50′09″E，48 m，2009-10-23，赵伟华400311160；兖州市，35°33′55″N，116°50′10″E，30 m，2009-10-23，赵伟华400311160。福建：梁野山新化村，25°10′23″N，116°12′02″E，2012-11-23，易绮斐、李玉玲、宁阳阳400119288。四川：西昌市安哈乡，29°28′23″N，102°26′12″E，1000 m，2010-10-03，崔龙、李志强40021110046；攀枝花市大黑山，26°40′8″N，101°42′40″E，1797 m，2012-10-17，刘晓波、宫庆彬40021112074；西昌市海南乡，27°51′27″N，

102°15′54″E，1000 m，2009-10-01，王凯、樊云川40021109036；德昌县小高镇，27°21′49″N，102°16′55″E，1000 m，2009-11-05，王凯、樊云川40021109139。辽宁：锦州，41°07′33″N，121°09′50″E，2011-09-25，郑宝江等400341168。黑龙江：桦川县申家店，46°48′35″N，130°22′8″E，1 m，2011-09-23，潘伟400351065。上海：华东师范大学闵行校区，31°2′9″N，121°26′56″E，13 m，2013-01-18，程志全、刘巧霞4001171275。湖南：桑植县陈家河乡耳洞坪，29°28′37″N，109°55′23″E，507 m，2009-10-02，张兵400181059；保靖县，28°38′16″N，109°33′51″E，223 m，2011-11-19，徐亮、覃三立40019101220。陕西：汉台七里店，33°5′16″N，107°4′8″E，500 m，2011-09-05，薛帅400324077。新疆：伊犁新源县哈拉布拉乡，43°27′57″N，82°34′23″E，823 m，2010-10-08，王喜勇、王蕾、孔凡逵4003310037；吐鲁番沙漠植物园，42°51′17″N，89°11′36″E，93 m，2009-10-12，王喜勇、侯翼国4003309017。湖北：兴山县白羊寨，31°20′52″N，110°32′0″E，801 m，2011-05-09，丁时东400151106。重庆：南川区三泉镇金佛山龙骨溪，29°47′57″N，107°7′56″E，587 m，2009-08-19，刘正宇等400231021。广东：阳山县秤架自然保护区，24°50′5″N，112°51′53″E，606 m，2009-11-16，董安强40011265；惠州市象台山三堆池，23°18′41″N，114°24′26″E，2010-10-20，易绮斐、戴建阅、翟俊文400119118。海南：三亚市田独甘什岭，18°15′28″N，109°31′22″E，2010-11-05，刘东明、梁耀、王鹏400112241。云南：峨山县文山村，24°19′12″N，102°10′12″E，1652 m，2009-12-18，邱明华、李恩乾400222095。河南：郑州黄河风景名盛区，34°56′52″N，113°31′21″E，96 m，2012-09-21，王亚平400314265。我国作油脂作物栽培的为一年生草本；华南和西南地区，海拔20~500 m（云南海拔2300 m）村旁疏林或河流两岸冲积地常有逸为野生，呈多年生灌木。本种的栽培品种多，依茎、叶呈红色或绿色，果具软刺或无，种子的大小和斑纹颜色等区分。原产地可能在非洲东北部的肯尼亚或索马里；现广布于全世界热带地区或栽培于热带至温暖带各国。

栽培 播种繁殖，春、夏、秋季均播。不拘土质，排水、日照需良好。喜高温，性极粗放，耐旱、耐贫瘠、抗污染。

用途 蓖麻油在工业上用途广，可制高速度飞机的润滑油，也适用于海轮、汽车、车床等机械上；纺织用助染剂和皮革保护油；又是化工原料；在医药上作缓泻剂；亦可用于制化妆香油、印泥、印油、颜料等；种子含蓖麻毒蛋白(ricin)及蓖麻碱(ricinine)，若误食种子过量（小孩2~7粒，成人约20粒）后，将导致中毒死亡。

含油率及化学组分数据

采集单位	测试单位	测试部位	产地	含油率(%)	碘值	酸值	皂化值	C12:0	C14:0	C16:0	C16:1	C18:0	C18:1	C18:2	C18:3	C20:0	C20:1
GXIB	SCBG	种仁	广西龙州	54.65	120.08	1.38	201.43	0.04	0.13	6.27	0.85	1.43	43.12	40.21	1.58	0.17	0.12
GXIB	SCBG	种仁	广西龙胜	46.42	86.20	5.69	230.58	0.09	0.23	21.07	0.80	2.20	44.44	16.81	9.90	0.20	0.15
ICS	ICS	种子	山东淄博	23.50	57.16	9.19	164.60		0.05	11.08	0.10	8.02	17.94	50.69	7.95	0.43	3.73
ICS	ICS	种子	山东兖州	52.47	34.16	32.46	57.80			2.89	28.15	11.26	48.33	0.35			
SCBG	SCBG	种仁	福建梁野山	46.47	77.89	2.17	157.20	0.0025	0.02	1.99	0.21	0.76	57.82	38.80	0.13	0.05	0.21
SCU	SCU	种仁	四川西昌	30.70	110.70	0.13	159.90			17.84			2.14	30.00			
SCU	SCU	种仁	四川攀枝花	34.12	89.57	3.54				8.36		6.53	40.61	39.09	5.41		
SCU	SCU	种仁	四川西昌	10.92						10.68		2.49	59.21	23.96	3.18	0.49	
SCU	SCU	种仁	四川德昌	42.35						8.20		9.29	33.80	40.86	4.68		3.17
ENFU	SCBG	种仁	辽宁锦州	50.36	32.12	5.94	189.04	0.39	0.68	29.12		13.60	21.37	8.37	2.92	0.36	
SBRI	SCBG	种仁	黑龙江桦川	41.67	77.63	2.17	153.52	0.29	0.55	10.75	0.15	4.70	14.82	55.16	9.52	2.78	1.28
ECNU	SCBG	种仁	上海华东师大	56.17	116.23	3.06	212.98		0.12	16.02		3.27	39.73	29.85	0.17	2.42	0.44
HUST	HUST	种仁	湖南桑植	0.25	71.52	5.78	198.57			1.32		85.43		6.27	6.38	0.56	
JSU	SCBG	种仁	湖南保靖	46.15	97.73	2.27	229.69		0.03	11.95	0.22	3.23	8.28	43.18	30.66	0.16	0.05
CAU	ICS	种子	陕西汉台	39.69	76.77	3.16	163.17	0.43	0.08	11.52	0.17	10.21	26.88	37.79	4.25	0.46	2.20
XIEG	SCBG	种仁	新疆伊犁	38.58	62.34	1.68	386.71	0.24	0.55	19.51	0.07	1.16	52.11	6.16	0.33	0.21	8.89
XIEG	SCBG	种仁	新疆吐鲁番	16.93	81.25	1.12	121.57			5.21	0.18	2.36	21.58	50.25	16.01	0.81	0.46
OCRI	SCBG	种仁	湖北兴山	50.87	4.46	9.73	132.92		0.62	6.62	6.16	9.13	20.46	41.95	6.60	0.86	0.65
CIPP	SCBG	种仁	重庆南川	48.65	50.75	20.46	204.45	0.05	1.78	19.45	0.58	7.28	46.29	8.40	1.37	2.92	0.18
SCBG	SCBG	种仁	广东阳山	31.58	74.92	10.23	204.85	0.25	1.66	20.73	0.38	1.88	9.25	51.24	12.10	0.45	2.06
SCBG	SCBG	种仁	广东惠州	18.46	12.42	18.37	201.18	0.03	0.14	5.72	0.39		20.16	18.44	1.14		0.90
SCBG	SCBG	种仁	海南三亚	22.10	118.50	3.66	214.45	0.007	0.05	12.29		4.50	14.02		15.33	1.24	
KIB	KMIB	种仁	云南峨山	20.60	77.10	2.20	174.2				8.34		10.81	36.68	35.18	4.40	
HNAU	ICS	种子	河南郑州	31.85	80.21	4.62	154.55			8.26	0.08	9.55	27.09	41.26	3.70	0.45	3.07
OFPC	CDIBI	种仁	四川泸定	50.50	79.00		164.70			0.90		0.80	4.00	4.80	0.80		
OFPC	WHBG	种仁	湖北武汉	47.50	87.80		181.40			2.40		1.40	7.40	9.70	1.00	1.00	
OFPC	GXIB	种仁	广西凌云	62.00						1.80		0.20	10.80	9.60	1.10	1.60	
OFPC	CDIBI	种子	四川泸定	48.40	82.30		170.90			2.00		2.20	8.10	8.60	0.90		
OFPC	KMIB	种子	云南大理	51.60	82.50	12.00	174.00			3.40		1.60	9.40	8.50			
OFPC	FSI	种子	吉林长春	58.00	85.80		185.10			0.80		1.10	4.70	5.10	0.90		
OFPC	SCBG	种子	广东广州	45.00	85.40		187.30			1.20		0.60	5.60	6.00	微量	微量	

山乌桕

Triadica cochinchinensis Lour. [*Sapium discolor* (Champ. ex Benth.) Müll. Arg.]

大戟科，乌桕属

特征 乔大或灌木，高3~12 m，罕有达20 m者，各部均无毛。小枝灰褐色，有皮孔。叶互生，纸质，叶片椭圆形或长卵形，顶端钝或短渐尖，基部短狭或楔形，背面近缘常有数个圆形的腺体；中脉在两面均凸起，侧脉纤细，8~12对，互生或有时近对生，通常明显；叶柄纤细，顶端具2毗连的腺体；托叶小，近卵形，易脱落。花单性，雌雄同株，密集成顶生总状花序，雌花生于花序轴下部，雄花生于花序轴上部或有时整个花序全为雄花。雄花：花梗丝状，长1~3 mm；苞片卵形，长约1. 5 mm，宽近1 mm，顶端锐尖，基部两侧各具一长圆形或肾形，每一苞片内有5~7朵花；小苞片小，狭，长1~1. 2 mm；花萼杯状，具不整齐的裂齿；雄蕊2枚，少有3枚，花丝短，花药球形。雌花：花梗粗壮，圆柱形，长约5 mm；苞片几与雄花的相似，每一苞片内仅有1朵花；花萼3深裂几达基部，裂片三角形，顶端短尖，边缘有疏细齿；子房卵形，3室，花柱粗壮，柱头3，外反。蒴果黑色，球形，种子近球形，外薄被蜡质的假种皮。花期4~6月；果期7~10月。

分布 湖南：永顺县杉木河，29°10′24″N，109°49′54″E，814 m，2009-10-30，徐亮、陈洁400191058；湘潭县响水乡，27°54′55″N，112°54′38″E，64 m，2009-10-21，黄玉滢、周喜乐400181100；桑植县五道水，29°43′50″N，109°54′22″E，470 m，2012-09-22，张九兵、严亚琴400181420。广西：灵川县海洋乡小平乐村，25°17′14″N，110°41′45″E，774 m，2011-09-27，郭伦发、林春蕊4001101213；隆林县金钟乡，24°40′50″N，105°18′12″E，1734 m，2011-10-22，曾庆文、陈树钢、杨国400114147。海南：陵水吊罗山，109°52′56″N，18°43′39″E，959 m，2012-11-29，邢福武、刘东明、王鹏400119196；尖峰岭国家级自然保护区天池边，18°43′15″N，108°52′54″E，1300 m，2009-11-05，张荣京40017118；万宁县兴隆热带花园，18°41′53″N，110°14′33″E，2009-08-03，邢福武、戴建阅、翟俊文、郑希龙40011130；琼中县黎母山乡黎母山，19°10′37″N，109°46′35″E，2009-07-30，秦新生400116116。江西：铜鼓县大沩山林场，28°29′14″N，114°15′6″E，364 m，2010-11-09，张兵、谷志容400181245；崇义县齐云山，25°49′30″N，114°2′12″E，638 m，2010-09-27，李朋远、谢行400145031；龙南县九连山，24°31′60″N，114°26′43″E，686 m，2009-11-06，廖文波等400143011。福建：武夷山市星村镇桐木村挂墩，27°25′14″N，117°45′14″E，275 m，2009-11-08，王发国、翟俊文400113018。广东：从化市桃园镇石门国家森林公园，23°32′54″N，113°35′10″E，305 m，2010-11-04，易绮斐、林铎清、徐蕾400119001；阳山县秤架自然保护区，24°50′3″N，112°51′39″E，644 m，2009-11-16，董安强40011260；龙门县南昆山横坑，23°38′45″N，113°50′33″E，559 m，2012-12-25，王发国、王鹏、李仕裕、于海玲400113194。云南：文山州麻栗坡县八布，23°13′31″N，104°54′09″E，2011-10-15，曾庆文、陈树钢、杨国400114120；景洪市基诺乡亚诺村水库，21°59′43″N，101°5′50″E，1129 m，2010-11-18，王智、刘洪新400221216。生于山谷或山坡棍交林中。广布于广东、广西、湖南、江西、福建、台湾、浙江、安徽、四川、贵州、云南等地。印度、缅甸、老挝、越南、马来西亚及印度尼西亚也有。

栽培 播种或扦插繁殖，春、秋季为适期。每年追肥2~3次。冬季落叶后修剪整枝。喜高温多湿，耐瘠、抗旱。生长迅速。生性强健，对环境的适应力强，不需特别照顾。栽培土质不拘。日照需良好。

用途 种子油可制肥皂。木材可制火柴枝和茶箱。根皮及叶药用，治跌打扭伤、痈疮、毒蛇咬伤及便秘等。

含油率及化学组分数据

采集单位	测试单位	测试部位	产地	含油率(%)	碘值	酸值	皂化值	C12:0	C14:0	C16:0	C16:1	C18:0	C18:1	C18:2	C18:3	C20:0	C20:1
JSU	SCBG	种仁	湖南永顺	58.06	78.62	4.91	184.96			22.33	25.17	2.71		26.95	19.06	1.51	2.27
HUST	HUST	种仁	湖南湘潭	30.21	140.91	5.73	167.32	0.19	0.76	12.90	0.97	1.90	21.53	51.74	1.52	0.38	0.16
HUST	HUST	种仁	湖南桑植	26.74	19.25	23.33	198.81	2.28		19.61				34.25		31.94	11.93
GXIB	SCBG	种仁	广西灵川	38.65	123.48	0.56	203.37		0.25	6.34		3.22	34.15	28.10	0.77	0.40	
SCBG	SCBG	种仁	广西隆林	68.90	134.94	2.30	200.74	1.09	0.05	4.98	0.10	18.76	67.02	7.82	0.17		
SCBG	SCBG	种仁	海南陵水	34.16	82.40	3.60	194.20	0.01	0.04	3.27	0.12	1.15	13.64	41.38	38.98	0.80	0.61
SCAU	SCBG	种仁	海南尖峰岭	32.64	33.84	13.99	218.14	0.05	0.02		0.03	4.29	9.10	5.72	0.72	0.23	0.54
SCBG	SCBG	种仁	海南万宁	33.40	74.70	16.18	220.69	1.16	0.16	19.81	0.03	2.93	21.92	26.34	27.12		0.50
SCAU	SCBG	种仁	海南琼中	30.19	8.49	8.93	208.73	0.08	0.69	13.23	0.74	3.32	27.04	45.46	8.80	0.50	0.14
HUST	SCBG	种仁	江西铜鼓	35.10	33.43	10.52	160.34	0.07	0.13	9.68	1.12	2.50	26.34	32.50	16.56	0.43	0.13
SYSU	SCBG	种仁	江西崇义	36.24	117.63	2.48	170.72		0.05	11.08	0.10	8.02	17.94	50.69	7.95	0.43	3.73
SYSU	SCBG	种仁	江西龙南	35.60	84.04	3.58	167.12	0.01	0.03	5.75	0.04	3.40	7.65	21.98	60.73	0.12	0.30
SCBG	SCBG	种仁	福建武夷山	36.47	80.97	2.48	211.25	0.01	0.03	1.88	0.19	0.67	50.45	46.29	0.29	0.07	0.13
SCBG	SCBG	种仁	广东从化	26.87	73.24	8.76	184.10	0.04	0.31	11.32	0.39	4.74	14.78	64.96	0.66	1.07	1.72
SCBG	SCBG	种仁	广东阳山	20.84	77.01	2.85	184.40	0.006	0.04	3.60	0.07	2.55	24.95	66.26	1.63	0.50	0.39
SCBG	SCBG	种仁	广东龙门	20.40	12.02	4.45	108.93	0.02		6.39	0.09	1.36	12.90	32.74	1.32		0.21
SCBG	SCBG	种仁	云南文山	21.80	86.30	2.80	190.66	0.0042	0.10	11.11	0.05	1.69	12.88	66.33	3.12	0.09	4.62
KMIB	KMIB	种仁	云南景洪	38.00	81.70	2.10	188.60			24.90		2.00	27.70	19.50	20.60		
OFPC	XTBG	种子	云南勐腊	40.80	112.70	1.90	209.20		0.20	24.90		2.00	27.70	19.50	20.60		
OFPC	LBG	种子	江西武宁	44.10	56.40			微量	微量	42.40		1.20	49.50	4.70	2.10		
OFPC	GXIB	种子	广西兴安	44.20			211.20	1.30	1.10	33.20	1.30	3.00	47.30	8.60	1.70		
OFPC	SCBG	种子	广东罗定	46.70	114.00		196.60		6.00	30.70		0.80	22.40	20.30	19.80		

圆叶乌桕

Triadica rotundifolia (Hemsl.) Esser [*Sapium rotundifolium* Hemsl.]

大戟科，乌桕属

特征 灌木或乔木，高3~12 m，全部无毛。小枝粗壮而节间甚短。叶互生，厚，近革质，叶片近圆形，顶端圆，稀凸尖，亦偶有不同深浅的凹缺者，基部圆、截平至微心形，全缘，腹面绿色，背面苍白色；中脉在背面显著凸起，侧脉网脉明显；叶柄圆柱形，纤细，顶端具2腺体；托叶小，腺体状。花单性，雌雄同株，密集成顶生的总状花序。雄花：花梗圆柱形；苞片卵形，顶端锐尖，边缘流苏状，基部两侧各具一腺体，每一苞片内有3~6朵花；小苞片狭卵形，顶端撕裂状；花萼杯状，3浅裂，裂片圆，有细齿；雄蕊2枚，花药圆形，花丝极短。雌花：花梗比雄花的粗壮，长约2 mm，苞片与雄花的相似，每一苞片内仅有1朵花；花萼3深裂几达基部，裂片阔卵形，顶端短尖，边缘具细齿；子房卵形，花柱3，基部合生，柱头外卷。蒴果近球形；分果爿木质，自宿存的三角柱状的中轴上脱落；种子久悬于中轴上，扁球形，外面薄被蜡质的假种皮。花期4~6月；果期7~10月。

分布 湖南：永州市，29°27′5″N，109°28′42″E，2011-08-05，张九兵400181278。重庆：武陵县黄莺乡双河村长沟，29°7′2″N，107°25′58″E，425 m，2009-10-30，刘正宇等400231098。云南：文山州西畴县西洒镇，23°26′29″N，104°40′18″E，2011-10-11，曾庆文、陈树钢、杨国400114233；文山市西畴县西洒镇，23°25′43.15″N，104°39′56.22″E，2011-10-11，陈树钢，杨国，曾庆文400114223；麻栗坡县董浪乡，23°24′30″N，105°4′23″E，1445 m，2010-11-08，王智、杨珺、谭英400221242。喜生于阳光充足的石灰岩山地，为钙质土的指示植物。分布于云南、贵州、广西、广东和湖南。越南北部也有。

栽培 播种繁殖。喜阳光充足，耐干旱和瘠薄，喜石灰质土壤，为钙质土的指示植物。

用途 叶片光滑翠绿，秋冬季叶色变红，株形优美，是优良的园林观赏植物。

含油率及化学组分数据

采集单位	测试单位	测试部位	产地	含油率(%)	碘值	酸值	皂化值	C12:0	C14:0	C16:0	C16:1	C18:0	C18:1	C18:2	C18:3	C20:0	C20:1
HUST	HUST	种仁	湖南永州	25.38	40.80	125.07	177.90			24.19				57.41	14.74	3.66	
CIPP	SCBG	种仁	重庆武陵	40.65				15.97		18.17	2.99	4.81	2.59			0.10	0.20
SCBG	SCBG	种仁	云南文山	26.10	75.54	11.30	334.60	0.01	0.23	29.83	5.01	1.89	3.36	38.63	20.45	0.02	0.57
SCBG	SCBG	种仁	云南文山	22.06	24.36	1.76	248.00		0.14	8.51	0.28		68.99				
KMIB	KMIB	种仁	云南麻栗坡	36.00	146.30		202.40			13.00		2.20	10.60	55.70	22.30		
OFPC	SCBG	种子	广东高要	32.40	146.30		202.40	3.80		13.00		2.20	22.80	28.50	29.70		

乌桕

Triadica sebifera (L.) Small [*Sapium sebiferum* (L.) Roxb.]

大戟科，乌桕属

特征 乔木，高可达15 m许，各部均无毛而具乳状汁液。树皮暗灰色，有纵裂纹；枝广展，具皮孔。叶互生，纸质，叶片菱形、菱状卵形或稀有菱状倒卵形，长3~8 cm，宽3~9 cm，顶端骤然紧缩具长短不等的尖头，基部阔楔形或钝，全缘；中脉两面微凸起，侧脉6~10对，纤细，斜上升，离缘2~5 mm弯拱网结，网状脉明显；叶柄纤细，长2.5~6 cm，顶端具2腺体；托叶顶端钝，长约1 mm。花单性，雌雄同株，聚集成顶生、长6~12 cm的总状花序，雌花通常生于花序轴最下部或罕有在雌花下部亦有少数雄花着生，雄花生于花序轴上部或有时整个花序全为雄花。雄花：花梗纤细，长1~3 mm，向上渐粗；苞片阔卵形，长和宽近相等约2 mm，顶端略尖，基部两侧各具一近肾形的腺体，每一苞片内具10~15朵花；小苞片3，不等大，边缘撕裂状；花萼杯状，3浅裂，裂片钝，具不规则的细齿；雄蕊2枚，罕有3枚，伸出于花萼之外，花丝分离，与球状花药近等长。雌花：花梗粗壮，长3~3.5 mm；苞片深3裂，裂片渐尖，基部两侧的腺体与雄花的相同，每一苞片内仅1朵雌花，间有1朵雌花和数雄花同聚生于苞腋内；花萼3深裂，裂片卵形至卵头披针形，顶端短尖至渐尖；子房卵球形，平滑，3室，花柱3枚，基部合生，柱头外卷。蒴果梨状球形，成熟时黑色，直径1~1.5 cm。具3种子，分果爿脱落后而中轴宿存；种子扁球形，黑色，长约8 mm，宽6~7 mm，外被白色、蜡质的假种皮。花期4~8月；果期8~12月。

分布 河南：商城县大别山，2011-10-10，杨大伟、陈明400314083。山东：泰安，36°12′17″N，117°07′28″E，200 m，2010-11-10，赵伟华400311229。湖南：保靖县白云山，28°37′54″N，109°17′9″E，372 m，2009-11-03，徐亮、周建军400191060；湘潭县响水乡，27°54′53″N，112°54′41″E，64 m，2009-10-07，严岳鸿、黄玉滢400181044；桑植县赛家坡，29°33′3″N，110°0′40″E，628 m，2009-09-30，张兵400181074。安徽：休宁县齐云山，29°49′11″N，118°2′47″E，165 m，2012-02-13，胡超、李星霖4001171185。湖北：保康县五道峡风景区，31°43′30″N，111°11′21″E，1290 m，2009-10-13，丁时东400151011；五峰长乐坪月山村黄土沟，30°10′57″N，110°54′01″E，2009-10-23，李晓东、陈士强40012185；五峰长乐坪月山村黄土沟，30°11′16″N，110°52′32″E，1125 m，2009-11-09，丁时东、危文亮400152044。四川：米易县二滩，26°48′60″N，101°46′25″E，1318 m，2012-10-15，刘晓波、宫庆彬40021112069；乐山市沙湾乡，29°19′59″N，103°33′48″E，1000 m，2009-10-23，王凯、樊云川40021109103；西昌市泸山乡，27°52′17″N，102°15′54″E，1000 m，2009-09-29，王凯、樊云川40021109028。广西：桂林市雁山镇桂林植物园，25°05′05″N，110°18′45″E，2009-10-30，吴望辉、黄俞淞、蒋日红4001101011；隆林县金钟乡，24°40′50″N，105°18′12″E，2011-10-21，曾庆文、陈树钢、杨国400114141。贵州：施秉县马溪乡，27°17′21″N，108°03′09″E，722 m，2011-11-23，孟玉芳、宋贤利、王喆旻400114188。江西：上饶三清山，28°56′46″N，118°4′2″E，525 m，2012-09-06，景慧娟、赵万义4001416041。浙江：舟山市普陀山，30°24′12″N，122°4′21″E，11.5 m，2009-11-14，王发国、翟俊文400113029；临安天目山，30°12′28″N，119°21′01″E，2009-10-30，刘东明、戴建阅400111137。广东：阳山县秤架，24°51′5″N，112°53′25″E，933 m，2009-08-23，陈林40011410；阳山县秤架自然保护区，24°46′7″N，112°46′41″E，850 m，2009-11-14，董安强40011252；惠东白盆珠，23°02′57″N，114°57′19″E，2009-08-25，林铎清、戴建阅40011180。江苏：扬州市刘集镇西郊森林公园，32°25′9″N，119°14′56″E，56 m，2012-11-10，程志全、刘巧霞4001171242。云南：西双版纳州景洪市勐宋村曼窝科，21°33′10″N，100°38′8″E，1690 m，2009-08-27，李恩乾400222042。生于旷野、塘边或疏林中。在我国主要分布于黄河以南各地，北达陕西、甘肃。日本、越南、印度也有；欧洲、非洲和美洲亦有栽培。

栽培 播种、扦插或高压繁殖，春、秋季为播种适期。栽培土质不拘，但以排水良好的腐殖质壤土或砂质壤土为最佳，日照需良好。幼株生育期间，注意灌水。每年追肥2~3次。冬季落叶后修剪整枝。喜高温多湿，耐瘠、抗旱、耐盐。

用途 木材白色，坚硬，纹理细致，用途广。叶为黑色染料，可染衣物。根皮治毒蛇咬伤。白色之蜡质层（假种皮）溶解后可制肥皂、蜡烛；种子油适于涂料，可涂油纸、油伞等。叶片秋季变红，是南方有名的红叶树，适作园林树、行道树，也可盆栽雕景成名贵盆景。

含油率及化学组分数据

采集单位	测试单位	测试部位	产地	含油率(%)	碘值	酸值	皂化值	C12:0	C14:0	C16:0	C16:1	C18:0	C18:1	C18:2	C18:3	C20:0	C20:1
HNAU	ICS	种子	河南商城	19. 14	49. 33	31. 15	188. 20	0. 17	0. 18	55. 55	0. 07	2. 30	23. 61	5. 77	2. 52	0. 07	0. 27
ICS	ICS	种子	山东泰安	42. 24	115. 54	2. 43	168. 56	0. 93	0. 06	40. 24	0. 19	1. 53	20. 36	17. 68	16. 84	0. 24	0. 24
JSU	SCBG	种仁	湖南保靖	31. 46	66. 05	11. 47	161. 60	6. 98			16. 35		55. 55		8. 65	18. 49	
HUST	HUST	种仁	湖南湘潭	40. 12	64. 50	23. 50	204. 33		0. 21	7. 37	0. 26	2. 08	9. 29	31. 13	47. 65	0. 24	0. 11
HUST	HUST	种仁	湖南桑植	31. 60	78. 62	4. 91	184. 96	0. 12	0. 47	8. 27	0. 45	1. 20	13. 74	33. 00	0. 96	0. 21	0. 13
ECNU	SCBG	种仁	安徽休宁	29. 40	120. 08	1. 38	201. 43		0. 29	19. 75	0. 75	5. 94	31. 09	29. 64	0. 58	0. 26	0. 08
OCRI	SCBG	种仁	湖北保康	38. 40	12. 34	12. 81	165. 99		0. 39	11. 92		5. 60	78. 73		2. 74		0. 61
WHBG	WHBG	种仁	湖北五峰	32. 91	125. 48	21. 55	189. 99	1. 05	0. 13	40. 81	0. 15	1. 92	23. 78	13. 63	8. 27		0. 26
OCRI	SCBG	种仁	湖北五峰	28. 10	39. 32	13. 90	166. 30										
SCU	SCU	种仁	四川米易	43. 76	23. 79	3. 64	242. 60			8. 04	0. 06	2. 87	42. 82	25. 83	5. 57	0. 34	1. 14
SCU	SCU	种仁	四川乐山	32. 88	78. 80	0. 80	218. 20			46. 37		2. 25	21. 47	12. 63	17. 29		
SCU	SCU	种仁	四川西昌	42. 23	113. 80	4. 20	198. 30			39. 09		3. 49	22. 42	14. 52	20. 48		
GXIB	SCBG	种仁	广西桂林	40. 13	133. 36	1. 47	201. 59	0. 10	0. 20	5. 90		2. 28	18. 61	25. 61	32. 54	2. 13	
SCBG	SCBG	种仁	广西隆林	16. 47	73. 21	6. 79	166. 70	0. 01	0. 04	3. 27	0. 12	1. 15	13. 64	41. 38	38. 98	0. 80	0. 61
SCBG	SCBG	种仁	贵州施秉	40. 52	117. 71	3. 77	198. 35	0. 02	0. 05	4. 72	0. 09	1. 84	10. 65	33. 73	47. 18	1. 41	0. 31
SYSU	SCBG	种仁	江西上饶	27. 16	28. 08	13. 23	199. 54	2. 43	0. 40	10. 94	1. 46	5. 34	23. 40	52. 96	2. 17	0. 60	0. 32
SCBG	SCBG	种仁	浙江舟山	26. 70	65. 57	2. 40	367. 00	0. 03	0. 06	3. 20	0. 06	0. 88	12. 36	82. 25	0. 70	0. 06	0. 41
SCBG	SCBG	种仁	浙江临安	22. 98	76. 75	9. 18	146. 95	0. 003	0. 02	5. 05	0. 07	1. 36	6. 92	66. 61	19. 51	0. 05	0. 41
SCBG	SCBG	种仁	广东阳山	40. 80	76. 64	47. 21	212. 74			41. 19		15. 21	22. 28	8. 34	12. 62	0. 04	0. 31
SCBG	SCBG	种仁	广东阳山	10. 62	96. 38	5. 44	148. 86	0. 01	0. 02	6. 09	0. 05	2. 88	31. 67	56. 76	0. 29	0. 47	1. 77
SCBG	SCBG	种仁	广东惠东	13. 10	86. 26	3. 47	176. 40	0. 0041	0. 03	3. 32	0. 10	1. 90	55. 41	38. 46	0. 07	0. 17	0. 54
ECNU	SCBG	种仁	江苏扬州	41. 94	86. 20	5. 69	230. 58	0. 02	0. 11	0. 02	7. 82	0. 16	1. 33	42. 58	36. 46	5. 30	2. 10
KMIB	KMIB	种仁	云南西双版纳	31. 48	96. 80	26. 00	181. 40		0. 13		18. 93		17. 12	39. 45	17. 29	2. 06	0. 68
OFPC	SCBG	种皮	广东罗定	70. 30	26. 10		203. 40		微量	68. 90		微量	31. 10	微量			
OFPC	WHBG	种皮	湖北恩施	26. 00	22. 10					76. 50		微量	23. 50				
OFPC	SCBG	种子	广东罗定	31. 70	170. 30		205. 00			6. 60	微量	1. 30	11. 80	24. 70	39. 50		
OFPC	WHBG	种子	湖北恩施	22. 80	163. 40		208. 30	3. 10	微量	12. 00	微量	1. 90	16. 60	26. 70	39. 70		
OFPC	LBG	种子	江西武宁	29. 60	90. 60			6. 20		36. 00		1. 10	25. 60	14. 90	16. 20		
OFPC	KMIB	种子	云南宾川	41. 00	125. 50	4. 10	194. 10	3. 20		27. 70		微量	22. 00	15. 50	31. 60		
OFPC	CIB	种子	四川洪雅	40. 60	100. 80		211. 80			34. 50		微量	23. 30	19. 20	19. 90		

苍叶守宫木

Sauropus garrettii Craib

大戟科，守宫木属

特征 灌木，高达4 m。小枝长而细，幼时具不明显的棱，老渐圆柱状；除幼枝和叶脉被微柔毛外，全株均无毛。叶片膜质或薄纸质，卵状披针形，稀长圆形或卵形，长2~13 cm，宽1~3. 5 cm，顶端通常渐尖，稀急尖，基部宽楔形、圆形或截形，干时上面绿色，下面苍绿色；侧脉5~6条；叶柄长约2 mm；托叶长披针形，长2. 5~4 mm。花雌雄同株，1~2朵腋生，或雌花和雄花同簇生于叶腋；雄花：花梗纤细，长3~10 mm，基部密被小苞片；花萼黄绿色，盘状，直径3~5 mm，6浅裂，裂片卵形或近椭圆形，顶端急尖或渐尖，膜质；雄蕊3枚，花丝合生呈短柱状；雌花：花梗长6~15 mm，纤细；花萼6深裂，裂片卵形或近菱形，长约5 mm，果时增大呈倒卵形，顶端急尖；子房倒卵形或陀螺状，顶端截形，花柱3枚。蒴果倒卵状或近卵状，直径1~2. 5 cm；种子黑色，三棱状。花期4~8月；果期8~11月。

分布 湖南：花垣古苗河，28°33′54″N，109°30′28″E，254 m，2009-07-14，徐亮、周建军400191082。生于海拔500~2000 m山地常绿林木或山谷阴湿灌木丛中。产于海南、广东、广西、湖北、四川、贵州和云南等地，分布于缅甸、泰国、新加坡和马来西亚等国。

栽培 播种繁殖。

用途 可作园林绿化。

含油率及化学组分数据

采集单位	测试单位	测试部位	产地	含油率(%)	碘值	酸值	皂化值	C12:0	C14:0	C16:0	C16:1	C18:0	C18:1	C18:2	C18:3	C20:0	C20:1
JSU	SCBG	种仁	湖南花垣	32. 50	124. 53	1. 09	176. 07	4. 97	0. 29	18. 58	0. 75	2. 59	52. 34	5. 41	1. 43	0. 16	0. 04

白叶桐（缅桐、巴巴叶）

Sumbaviopsis albicans (Blume) J. J. Sm.

大戟科，缅桐属

特征 乔木，高4~5 m。小枝被灰褐色星状柔毛。叶纸质，卵形、长圆形或卵状长圆形，长10~30 cm，宽5~20 cm，顶端钝渐尖或骤尖，基部钝圆或急狭，上面近无毛，下面密被黄褐色或浅灰色星状绒毛；具掌状脉，但向下的脉常短且不明显，侧脉10~12对；叶柄稍盾状着生，长3~8 cm。总状花序，有时下部有分枝，长6~30 cm，密被褐色星状毛，苞片长圆状三角形，长2. 5~3 mm，外面密被星状毛；雄花：花梗长4~5 mm；花蕾扁球形，花萼裂片卵状长圆形，长5~5. 5 mm，密被星状毛；花瓣膜质，阔倒卵形，顶端圆形，长2. 5~3 mm；雄蕊50~70枚；花托被短柔毛；雌花：花梗长约1 cm；花萼裂片卵状长圆形或披针形，长约3 mm，顶端急尖或钝，密被褐色星状毛；花柱长2~3 mm，柱头具乳头状凸起。蒴果扁球形，钝三棱形，长1. 5~1. 8 cm，具3纵槽。花期4~7月；果期10~12月。

分布 云南南部。生于海拔600~800 m山沟湿润常绿林中。分布于印度东北部、缅甸和亚洲东南部各国。

栽培 播种繁殖。

用途 可作园林绿化。

含油率及化学组分数据

采集单位	测试单位	测试部位	产地	含油率(%)	碘值	酸值	皂化值	C12:0	C14:0	C16:0	C16:1	C18:0	C18:1	C18:2	C18:3	C20:0	C20:1
OFPC	XTBG	种仁	云南勐腊	58. 20	121. 20	50. 80	185. 40			7. 00		22. 80	12. 30	32. 50	24. 60		

滑桃树

Trewia nudiflora L.

大戟科，滑桃树属

特征 乔木。嫩枝被灰黄色绒毛或长柔毛。叶纸质，卵形或长圆形，顶端渐尖，基部心形或截平，稀钝圆，边近全缘，嫩叶两面均密生灰黄色长柔毛，成长叶上面沿叶脉被毛，下面被长柔毛；基出脉3~5条，侧脉4~5对，近基部有斑状腺体2~4个；叶柄长3~12 cm，被毛；托叶线形，长约5 mm，密被毛，早落。雄花序长6~18 cm，密被浅黄色长柔毛；苞片卵状披针形，长约3 mm，每苞腋内有雄花2~3朵；雄花：花蕾球形，直径约4 mm；花梗长3~6 mm，通常中部具关节，稍被柔毛；花萼裂片椭圆形，长约5 mm，外面稍被毛；花丝长约3 mm，花药长圆形，长约1. 2 mm；雌花常单生或2~4朵排成总状花序；花序梗长2~3 cm，稍被毛；花梗长2~30 mm；花萼长约5 mm，柱头长约2 cm。果近球形，直径2. 5~3 cm，被绒毛或无毛；种子近球形。花期12月至翌年3月；果期6~12月。

分布 云南：勐腊县勐仑镇勐兴村，21°56′29″N，101°17′14″E，780 m，2010-09-25，张国学400222105；西双版纳勐海勐混镇，21°50′36″N，100°23′05″E，1198 m，2010-11-18，顾玮、杨珺400221251。生于海拔100~800 m山谷、溪边疏林中。我国分布于海南、广西和云南。亚洲南部和东南部热带地区均有分布。

栽培 播种繁殖。

用途 种子油含有特里维新（Trewiasine）等成分，具有抗肿瘤活性的新美登素类化合物；为木材优良的速生树种。

含油率及化学组分数据

采集单位	测试单位	测试部位	产地	含油率(%)	碘值	酸值	皂化值	C12:0	C14:0	C16:0	C16:1	C18:0	C18:1	C18:2	C18:3	C20:0	C20:1
KMIB	KMIB	种仁	云南勐腊	23. 31	135. 60	4. 50	184. 90						11. 82	29. 91	34. 60	0. 66	1. 89
KMIB	KMIB	种仁	云南西双版纳	15. 00	135. 60	4. 50	184. 90			12. 40		13. 50					
OFPC	XTBG	种仁	云南勐腊	57. 90	154. 90		199. 50			12. 40		13. 50	34. 00	38. 20	1. 90		

油桐（三年桐）

Vernicia fordii (Hemsl.) Airy Shaw

大戟科，油桐属

特征 落叶乔木，高达10 m。树皮灰色，近光滑；枝条粗壮，无毛，具明显皮孔。叶卵圆、形，长8~18 cm，宽6~15 cm，顶端短尖，基部截平至浅心形，全缘，稀1~3浅裂，嫩叶上面被很快脱落微柔毛，下面被渐脱落棕褐色微柔毛，成长叶上面深绿色，无毛，下面灰绿色，被贴伏微柔毛；掌状脉5(~7)条；叶柄与叶片近等长，几无毛，顶端有2枚扁平、无柄腺体。花雌雄同株，先叶或与叶同时开放；花萼长约1 cm，2(~3)裂，外面密被棕褐色微柔毛；花瓣白色，有淡红色脉纹，倒卵形，长2~3 cm，宽1~1.5 cm，顶端圆形，基部爪状；雄花：雄蕊8~12枚，2轮；外轮离生，内轮花丝中部以下合生；雌花：子房密被柔毛，3~5(~8)室，每室有1颗胚珠，花柱与子房室同数，2裂。核果近球状，直径4~6(~8)cm，果皮光滑；种子3~4(~8)颗，种皮木质。花期3~4月；果期8~9月。

分布 广西：灵川县海洋乡小平乐村，25°17′31″N，110°40′36″E，638 m，2011-10-03，郭伦发、林春蕊4001101217；隆林县金钟乡，24°37′14″N，104°56′38″E，1595 m，2011-10-22，曾庆文、陈树钢、杨国400114153。贵州：施秉县马溪乡，27°17′28″N，108°03′10″E，1153 m，2011-11-23，孟玉芳、宋贤利、王喆旻400114192。湖南：吉首市小溪，28°20′51″N，109°44′8″E，320 m，2009-11-21，徐亮、周建军400191062；江永县源口镇白倖村白沙源，24°56′36″N，111°0′41″E，809 m，2009-10-25，黄玉滢、周喜乐400181102。江苏：宜兴市张渚龙池山，31°13′5″N，119°41′40″E，163 m，2009-09-07，田怀珍、李宏庆、葛斌杰等4001171002。安徽：滁州市皇甫山，32°22′6″N，118°2′45″E，58 m，2011-10-05，田怀珍、李星霖4001171160。四川：成都彭州白鹭，31°12′38″N，103°54′56″E，982 m，2011-10-26，邓星光、吴阳晨等40021111134；峨边县黑竹沟，29°14′23″N，103°14′43″E，742 m，2011-10-17，李志强、刘小波40021111057；峨边县刘沟乡，29°17′18″N，103°30′43″E，1000 m，2009-10-11，王凯、樊云川40021109067；泸定泸桥镇，29°54′21″N，102°13′58″E，1000 m，2010-11-11，崔龙、李志强40021110096；邛崃市天台山，30°17′51″N，103°9′40″E，677 m，2012-11-07，刘晓波、宫庆彬40021112105。湖北：兴山南阳，31°18′53″N，110°41′02″E，2009-09-12，李晓东、杨林森40012126；保康县五道峡风景区，31°43′19″N，111°11′31″E，548 m，2009-09-23，丁时东400151012；神农架阳日，31°43′53″N，110°49′16″E，583 m，2010-10-20，李晓东、咎艳燕、罗曼曼400121140；兴山南阳，31°18′56″N，110°40′42″E，355 m，2009-11-09，丁时东、危文亮400152045。重庆：南川区三泉镇大河坝，29°27′37″N，107°7′56″E，643 m，2009-07-06，刘正宇等400231008。江西：崇义县齐云山，25°47′35″N，114°4′44″E，447 m，2010-09-27，李朋远、谢行400145023；玉山县三清山，28°55′17″N，118°1′26″E，563 m，2009-09-02，廖文波等400141126。云南：文山州麻栗坡县猛硐瑶族乡，22°52′53″N，104°43′28″E，1052 m，2011-10-17，曾庆文、陈树钢、杨国400114134；文山州麻栗坡县猛硐瑶族乡，23°26′01″N，104°40′08″E，2011-10-15，曾庆文、陈树钢、杨国400114121；昆明植物园杜鹃园，25°8′23″N，102°44′30″E，1932 m，2009-10-20，李忠荣400222061。福建：武夷山星村桐木村，27°43′54″N，117°42′12″E，2012-11-17，易绮斐、李玉玲、宁阳阳400119244；武夷山市星村镇桐木村武夷山保护区，27°25′32″N，117°45′54″E，253 m，2009-11-08，王发国、翟俊文400113013。浙江：临安市西天目山，30°19′26″N，119°27′2″E，416 m，2012-11-18，陈树钢、童毅4001122163；龙泉昂山，27°45′14″N，119°40′2″E，985 m，2009-08-24，王美娜40011426。河南：商城县大别山，33°42′47″N，112°30′35″E，1512 m，2011-10-12，杨大伟、陈明400314098；信阳波尔登公园，31°51′52″N，114°5′21″E，270 m，2012-09-14，王亚平400314197。陕西：镇坪白家，31°58′38″N，109°31′41″E，870 m，2009-08-28，薛帅400321073。广东：阳山县秤架，24°46′54″N，112°49′17″E，393 m，2008-08-07，陈林、胡普炜4001145；广东：阳山龙潭角泥坑，24°46′27″N，112°53′49″E，2010-08-29，邢福武、翟俊文、郑希龙、戴建阅400111179；广东：阳山县秤架乡新两坑，24°30′34″N，112°40′53″E，2009-08-07，陈胡4001145；平远县龙文保护区溪唇，2010-10-14，易绮斐、戴建阅、翟俊文400119105；南岭，24°55′09″N，113°05′22″E，m，2010-10-19，曾庆文等400119105。通常栽培于海拔1000 m以下丘陵山地。产于海南、广东、广西、湖南、江西、福建、浙江、江苏、安徽、河南、湖北、陕西、四川、贵州、云南等地。越南也有分布。

栽培 播种繁殖，以现采即播即可，播种时将硬种壳打破。土质以排水良好、土层深厚的砂质土壤为佳。日照须充足。幼株需水较多，水分补给要充足。春、夏季为生长期，施肥2~3次。喜高温多湿，耐旱耐瘠薄。生长适温为20~30℃。

用途 本种是我国重要的工业油料植物；桐油是我国的外贸商品；此外，其果皮可制活性炭或提取碳酸钾。可作园林树、行道树。

含油率及化学组分数据

采集单位	测试单位	测试部位	产地	含油率(%)	碘值	酸值	皂化值	C12:0	C14:0	C16:0	C16:1	C18:0	C18:1	C18:2	C18:3	C20:0	C20:1
GXIB	SCBG	种仁	广西灵川	48.92	112.28	1.26	204.24	0.51	0.61	7.28	0.21	1.73	21.75	55.93	2.65	0.96	0.70
SCBG	SCBG	种仁	广西隆林	23.15	80.42	12.76	207.65	0.005	0.09	10.41	0.04	3.84	10.60	57.97	16.54	0.33	0.16
SCBG	SCBG	种仁	贵州施秉	41.98	77.41	6.20	198.40	0.02	0.11	9.64	0.14	2.02	8.69	45.09	33.37	0.64	0.28
JSU	SCBG	种仁	湖南吉首	33.78	124.53	1.09	176.07			2.48		71.36		11.01	10.30		0.48
HUST	HUST	种仁	湖南江永	46.12	73.75	22.62	169.74			6.39		4.60	15.52	71.15	0.37	0.19	0.12
ECNU	SCBG	种仁	江苏宜兴	58.28	123.48	0.56	203.37	0.17	0.16	55.10	0.07	2.29	23.42	5.72	2.50	0.17	0.13
ECNU	SCBG	种仁	安徽滁州	39.80	133.36	1.47	201.59	0.11	0.23	15.56		7.58	28.16	43.21	3.39	0.92	
SCU	SCU	种仁	四川成都	37.64	40.58	2.51	155.79	7.81		17.11	1.65	5.54	19.35	49.88	2.05		
SCU	SCU	种仁	四川峨边	57.29	121.34	54.06	165.95			14.94	0.86	10.17	26.84	42.85			3.77
SCU	SCU	种仁	四川峨边	43.07	108.20	4.50	165.40			13.03		12.23	27.98	43.19			3.57
SCU	SCU	种仁	四川泸定	58.28	107.40	2.60	212.20			18.76		6.18	20.43	44.42	11.61		
SCU	SCU	种仁	四川邛崃	47.22	155.82	4.95	202.74			12.70		11.35	25.50	47.57			2.89
WHBG	WHBG	种仁	湖北兴山	11.86	128.12	44.51	153.21			3.50	0.30	5.10	12.30	14.10	0.10	0.30	2.00
OCRI	SCBG	种仁	湖北保康	37.02	3.88	11.42	185.90										
WHBG	WHBG	种仁	湖北神农架	17.52	10.38	12.47	169.69		0.01	3.34	0.52	0.75	68.72	24.52	0.12	0.21	0.07
OCRI	SCBG	种仁	湖北兴山	27.71	4.62	8.02	154.55										
CIPP	SCBG	种仁	重庆南川	36.87	63.79	6.42	215.45	5.34	0.51	8.65		4.33	21.88	55.98	3.31		
SYSU	SCBG	种仁	江西崇义	45.85	77.68	1.27	226.21		0.18	14.32		13.58	23.17	42.43	0.38	0.73	5.23
SYSU	SCBG	种仁	江西玉山	32.78	102.25	0.89	167.68	0.01	0.10	8.42	0.10	3.63	22.17	41.18	22.93	0.73	0.74
SCBG	SCBG	种仁	云南文山	51.79	88.93	2.09	193.29		0.13	14.55		35.05	49.11		1.16		
SCBG	SCBG	种仁	云南文山	65.20	88.83	3.62	203.26		0.16	15.04		35.29	47.65		1.85		
KMIB	KMIB	种仁	云南昆明	52.28	159.90	2.30	187.30				2.80	0.06	1.80	5.30	7.69	0.16	
SCBG	SCBG	种仁	福建武夷山	53.40	74.31	10.57	427.79	0.003	0.08	5.53	0.15	0.41	39.55	51.26	2.08	0.49	0.44
SCBG	SCBG	种仁	福建武夷山	20.56	69.46	9.02	248.75	0.003	0.02	6.09	0.06	2.71	20.98	14.61	55.39	0.12	0.02
SCBG	SCBG	种仁	浙江临安	17.20	82.46	13.50	159.20	0.01	0.12	9.72	0.09	1.21	15.21	70.72	1.55	0.89	0.47
SCBG	SCBG	种仁	浙江龙泉	20.50	80.97	3.64	461.60										
HNAU	ICS	种子	河南商城	8.82	72.81	6.87	123.59	0.06	0.14	5.91		5.15	14.54	10.59	0.36	0.30	0.64
HNAU	ICS	种子	河南信阳	0.94	82.97	106.07	20.77	0.06	0.16	7.39		9.39	17.18	17.64	0.44	0.79	2.19
CAU	ICS	种子	陕西镇坪	39.73	54.85	8.80	206.73	0.09		2.79		2.09	4.84	9.63	0.74	0.14	0.98
SCBG	SCBG	种仁	广东阳山	28.40	59.91	17.16	183.10	0.02	0.04	4.60	0.07	2.39	28.86	61.15	1.75	0.28	0.83
SCBG	SCBG	种仁	广东阳山	41.15	7.00	1.50	241.81		0.74	11.84	0.26	0.46	62.58		0.39	0.89	0.20
SCBG	SCBG	种仁	广东阳山	16.14	225.27	10.57			0.56	7.66	0.05	1.93	33.45		62.84	0.97	0.58
SCBG	SCBG	种仁	广东平远	25.19	28.05	8.09	154.32	0.009	0.05		0.54	3.40	55.41	62.00	50.77	1.22	0.19
SCBG	SCBG	种仁	广东南岭	51.56	81.33	2.40	160.32		0.11	9.71		12.45	32.93	38.17		0.78	
OFPC	SCBG	种仁	广东乳源	57.80	188.10		194.30		微量	4.30		2.50	14.7	18.10			2.40
OFPC	JSIB	种仁	江苏南京	56.80	167.50		193.80	0.30	0.30	9.60	0.60	9.30	20.0	16.10	1.70		
OFPC	KMIB	种仁	云南云龙	71.50	160.00	0.20	194.20			8.00		5.50	14.80	13.80		3.00	
OFPC	LBG	种仁	江西庐山	48.30	235.20		172.60			6.50	微量	3.50	17.30	26.20	0.90		
OFPC	WHBG	种仁	湖北恩施	50.20	163.90		192.40	0.50		6.40		1.70	17.20	21.90			
OFPC	CIB	种仁	四川九龙	33.20	205.50		180.60			3.90		3.70	11.30	12.10			

木油桐（千年桐）

Vernicia montana Lour.

大戟科，油桐属

特征 落叶乔木，高达20 m。枝条无毛，散生凸起皮孔。叶阔卵形，长8~20 cm，宽6~18 cm，顶端短尖至渐尖，基部心形至截平，全缘或2~5裂。裂缺常有杯状腺体，两面初被短柔毛，成长叶仅下面基部沿脉被短柔毛，掌状脉5条；叶柄长7~17 cm，无毛，顶端有2枚具柄的杯状腺体。花序生于当年生已发叶的枝条上，雌雄异株或有时同株异序；花萼无毛，长约1 cm，2~3裂；花瓣白色或基部紫红色且有紫红色脉纹，倒卵形，长2~3 cm，基部爪状，雄花：雄蕊8~10枚，外轮离生，内轮花丝下半部合生，花丝被毛；雌花：子房密被棕褐色柔毛，3室，花柱3枚，2深裂。核果卵球状，直径3~5 cm，具3条纵棱，棱间有粗疏网状皱纹，有种子3颗，种子扁球状，种皮厚，有疣突。花期4~5月；果期7~10月。

分布 湖南：桑植县赛家坡，29°32′49″N，110°0′49″E，582 m，2009-09-30，张兵400181058；永顺县杉木河，29°10′50″N，109°50′40″E，556 m，

2009-10-04，徐亮、周建军400191042。广西：南宁江南区峙林水库往上思五公里处，22°24′12″N，108°03′43″E，2009-11-17，吴望辉、叶晓霞、农东新4001101015；隆林县金钟乡，24°40′50″N，105°18′11″E，2011-10-21，曾庆文、陈树钢、杨国400114142。广东：乐昌龙山，25°15′42″N，113°30′42″E，2012-11-08，王发国、于海玲、李许文、李仕裕400119223；惠东白盆珠，23°02′57″N，114°57′20″E，2009-08-26，林铎清、戴建阂40011185；从化市桃园镇石门国家森林公园，23°31′21″N，113°34′47″E，700 m，2009-11-05，易绮斐、林铎清、徐蕾400119022。江西：安福县武功山，27°23′24″N，114°17′60″E，180 m，2010-10-22，凡强、李朋远400146004。福建：武夷山市星村镇桐木村武夷山保护区，27°28′12″N，117°56′23″E，260 m，2009-11-08，王发国、翟俊文400113012。浙江：龙泉昂山，27°45′15″N，119°39′43″E，931 m，2009-08-24，王美娜40011425。生于海拔1300 m以下的疏林中。分布于海南、广东、广西、湖南、江西、福建、台湾、浙江、贵州、云南等地。在华南亚热带丘陵山地较多栽培。越南、泰国、缅甸也有分布。

栽培 播种繁殖，以现采即播即可，播种时将硬种壳打破。土质以排水良好、土层深厚的砂质土壤为佳。日照须充足。幼株需水较多，水分补给要充足。春、夏季为生长期，施肥2~3次。喜高温多湿，耐旱耐瘠薄。生长适温为20~30℃。

用途 用途同油桐，是我国重要的工业油料植物。为园林树、行道树的优良树种。

含油率及化学组分数据

采集单位	测试单位	测试部位	产地	含油率(%)	碘值	酸值	皂化值	C12:0	C14:0	C16:0	C16:1	C18:0	C18:1	C18:2	C18:3	C20:0	C20:1
HUST	HUST	种仁	湖南桑植	45.04	86.92	2.02	201.50			5.21	7.77	60.26		2.44	15.94		
JSU	SCBG	种仁	湖南永顺	33.83	132.37	1.30	176.11			3.11			15.80	9.35	13.82		57.93
GXIB	SCBG	种仁	广西南宁	50.64	127.56	1.68	204.24	0.01	0.06	5.98	0.06	2.37	23.39	42.22	2.39	0.23	
SCBG	SCBG	种仁	广西隆林	21.40	26.83	6.77	227.80	0.01	0.13	12.81	0.06	2.58	5.91	51.42	25.65	0.96	0.47
SCBG	SCBG	种仁	广东乐昌	16.10	90.88	4.54	180.65	0.003	0.02	5.48	0.05	1.82	13.33	13.34	65.41	0.10	0.45
SCBG	SCBG	种仁	广东惠东	10.35	81.87	81.50	149.50	0.003	0.10	9.24	0.15	2.95	10.66	75.13	1.45	0.23	0.08
SCBG	SCBG	种仁	广东从化	38.50	81.72	4.11	175.50	0.01	0.19	20.87	0.18	2.68	24.85	50.16	0.58	0.39	0.10
SYSU	SCBG	种仁	江西安福	45.63	78.39	1.38	190.94		0.10	10.76		7.93	27.66	49.74	0.22	0.48	3.11
SCBG	SCBG	种仁	福建武夷山	50.30	54.79	0.89	203.50			11.84		8.09	31.65	45.04	0.23	0.38	2.78
SCBG	SCBG	种仁	浙江龙泉	18.00	63.27	38.40	222.80	0.002	0.14	19.53	0.39	9.09	17.45	45.76	5.95	1.61	0.06
OFPC	XTBG	种仁	云南西双版纳	49.40	164.70	1.10	196.70	0.40		6.00		5.40	12.40	21.70			
OFPC	SCBG	种仁	广东广州	58.60	185.90		193.80		微量	4.90		2.40	15.80	18.90			3.00
OFPC	LBG	种仁	江西武宁	49.60						5.70		3.20	16.20	22.20	1.10		

牛耳枫

Daphniphyllum calycinum Benth.

交让木科，虎皮楠属

特征 灌木，高1.5~4 m。小枝灰褐色，径3~5 mm，具稀疏皮孔。叶纸质，阔椭圆形或倒卵形，先端钝或圆形，具短尖头，基部阔楔形，全缘，略反卷，干后两面绿色，叶面具光泽，叶背被白粉，具细小乳凸体，侧脉8~11对，在叶面清晰，叶背凸起；叶柄上面平或略具槽，径约2 mm。总状花序腋生，长2~3 cm，雄花花梗长8~10 mm；花萼盘状，3~4浅裂，裂片阔三角形；雄蕊9~10枚，花药长圆形，侧向压扁，药隔发达伸长，先端内弯，花丝极短；雌花花梗长5~6 mm；苞片卵形；萼片3~4，阔三角形；子房椭圆形，长1.5~2 mm，花柱短，柱头2枚，直立，先端外弯。果序长4~5 cm，密集排列；果卵圆形，较小，长约7 mm，被白粉，具小疣状凸起，先端具宿存柱头，基部具宿萼。花期4~6月；果期8~11月。

分布 广西：阳朔县金宝乡玖大水库，24°47′47″N，110°20′30″E，2009-12-08，吴望辉、许为斌、黄俞淞4001101073。湖北：武汉植物园，30°32′50″N，114°25′08″E，32 m，2010-10-20，李晓东、咎艳燕、罗曼曼400121149。广东：蕉岭县长潭省级自然保护区，24°42′10″N，116°09′06″E，2010-10-12，易绮斐、戴建阅、翟俊文400119096；东莞市大岭山镇，23°02′34″N，113°45′49″E，2011-10-26，易绮斐、付琳、宋贤利、杨晓丽400119141。云南：文山西畴，23°26′29″N，104°40′18″E，2011-10-11，曾庆文、陈树刚、杨国400114119。生于海拔60~700 m的疏林或灌丛中。产于广东、广西、江西、福建等地。分布于越南、日本。

栽培 播种繁殖。

用途 种子榨油可制肥皂或作润滑油；根和叶入药，有清热解毒、活血散瘀之效。

含油率及化学组分数据

采集单位	测试单位	测试部位	产地	含油率(%)	碘值	酸值	皂化值	C12:0	C14:0	C16:0	C16:1	C18:0	C18:1	C18:2	C18:3	C20:0	C20:1
GXIB	SCBG	种仁	广西阳朔	23.40	71.64	1.25	215.46	0.05	0.11	7.48	0.27	2.04	35.98	52.40	4.41	0.11	0.15
WHBG	WHBG	种仁	湖北武汉	7.36						7.60	0.30	2.40	37.40	51.60		0.70	
SCBG	SCBG	种仁	广东蕉岭	46.14	19.06		200.97		0.28	7.92			10.53	40.76	0.11		0.18
SCBG	SCBG	种仁	广东东莞	19.45	16.16	8.67	151.89		0.11	5.92	0.03	1.19	12.88	32.23	2.60	0.30	0.20
SCBG	SCBG	种仁	云南文山	21.56	122.87	23.83	188.34										
OFPC				23.00			180.90	0.30	0.50	13.30		1.30	41.00	37.20			0.30

长序虎皮楠

Daphniphyllum longeracemosum K. Rosenthal

交让木科，虎皮楠属

特征 乔木，高12~20 m，稀更高。小枝粗壮，具明显凸起皮孔，径约5 mm；叶纸质，长圆状椭圆形，长16~26 cm，宽6~9 cm，先端急尖，基部阔楔形，全缘，叶面多少具光泽，叶背无乳凸体，无粉或多少被白粉；中脉在叶面平或微凹，在叶背隆起，侧脉10~12对，在叶背明显凸起；叶柄长3~6.5 cm。雄花序长约4 cm；雄花花梗长约5 mm，无花萼；雄蕊10~16枚，花丝长约1 mm，花药卵形，长约1.2 mm，宽约1 mm；雌花序长6~7 cm；花梗长约5 mm，先端略膨大；花萼早落；子房椭圆形，长约2 mm，柱头2裂，叉开，外卷。果序长10~16 cm，直立，果梗长1.5~3 cm，粗壮；果椭圆形，长1.5~2 cm，径约0.8 cm，先端多少偏斜，具宿存外弯柱头，有明显疣状凸起，无白粉。花期4~5月；果期8~11月。

分布 广西：龙胜县平等乡，27°36′21″N，107°23′13″E，580 m，2012-11-24，廖云标4001101326。生于海拔1000~1800 m的密林中。产于广西以及云南东南部。越南北部也有分布。

栽培 播种繁殖。

用途 可栽植于园林供观赏。

含油率及化学组分数据

采集单位	测试单位	测试部位	产地	含油率(%)	碘值	酸值	皂化值	C12:0	C14:0	C16:0	C16:1	C18:0	C18:1	C18:2	C18:3	C20:0	C20:1
GXIB	SCBG	种仁	广西龙胜	29.14	98.47	40.78	273.36	0.10	0.20	11.67		7.33	16.52	41.12	12.05	1.86	0.48

交让木

Daphniphyllum macropodum Miq.

交让木科，虎皮楠属

特征 灌木或小乔木。叶革质，长圆形至倒披针形，长14~25 cm，宽3~6.5 cm，先端渐尖，顶端具细尖头，基部楔形至阔楔形，叶面具光泽，干后叶面绿色，叶背淡绿色，无乳凸体，有时略被白粉，侧脉纤细而密，12~18对，两面清晰；叶柄紫红色，粗壮，长3~6 cm。雄花序长5~7 cm，雄花花梗长约0.5 cm；花萼不育；雄蕊8~10枚，花药长为宽的2倍，约2 mm，花丝短，长约1 mm，背部压扁，具短尖头；雌花序长4.5~8 cm；花梗长3~5 mm；花萼不育；子房基部具不育雄蕊10枚；子房卵形，长约2 mm，多少被白粉，花柱极短，柱头2外弯，扩展。果椭圆形，长约10 mm，径5~6 mm，先端具宿存柱头，基部圆形，暗褐色，有时被白粉，具疣状皱褶，果梗长10~15 cm，纤细。花期3~5月；果期8~10月。

分布 广西：靖西县南坡乡底定保护区，23°06′05″N，105°57′55″E，1267 m，2010-11-17，吴磊、黄俞淞、朱运喜4001101136；灵川县大境七分山，25°05′25″N，110°36′31″E，2009-12-03，吴望辉、黄俞淞、农东新4001101056。湖南：通道县甘溪恩戈破岩林场，25°53′45″N，109°44′48″E，264 m，2010-12-16，张兵、谷志容400181270；江永县源口镇白俸村白沙源，24°56′43″N，111°00′57″E，753 m，2009-10-26，黄玉滢、周喜乐400181113；永顺县杉木河，29°10′28″N，109°49′47″E，712 m，2009-10-02，徐亮、周建军400191055。江西：吉安市井冈山，26°35′08″N，114°04′54″E，1300 m，2009-10-16，廖文波等400144010。浙江：临安天目山，30°20′36″N，119°26′18″E，1141 m，2011-11-19，陈树钢、童毅、饶显龙4001122188；宁波市鄞县天童山，29°48′32″N，121°46′40″E，410 m，2010-11-12，葛斌杰、胡超、熊申展4001171097。安徽：歙县，29°50′20″N，118°25′59″E，370 m，2012-11-01，李晓东、昝艳燕400121240。湖北：兴山县龙门河，31°19′18″N，110°29′01″E，1342 m，2011-09-22，丁时东400151126。四川：越西县瓦吉木乡，28°29′15″N，102°34′57″E，1000 m，2009-09-24，王凯、樊云川40021109010；西昌川兴乡，28°52′23″N，102°25′45″E，1000 m，2010-10-13，崔龙、李志强40021110062。贵州：雷山县雷公山自然保护区，26°22′32″N，108°10′48″E，1509 m，2012-10-17，陈丰林、夏纯、桑洪伟4001151226。云南：麻栗坡县下金厂乡平坝子，23°07′37″N，104°49′15″E，1894 m，2010-11-09，王智、杨珺、谭英400221261。福建：武夷山星村黄岗山保护站，27°44′28″N，117°40′17″E，767 m，2012-11-20，易绮斐、宁阳阳、李玉玲400119267。生于海拔600~1900 m的阔叶林中。产于广东、广西、湖南、江西、台湾、浙江、安徽、湖北、四川、贵州、云南等地。日本、朝鲜亦有分布。

栽培 播种繁殖。

用途 炼油，药用。可栽植于园林观赏。

含油率及化学组分数据

采集单位	测试单位	测试部位	产地	含油率(%)	碘值	酸值	皂化值	C12:0	C14:0	C16:0	C16:1	C18:0	C18:1	C18:2	C18:3	C20:0	C20:1
GXIB	SCBG	种仁	广西靖西	32.64	74.64	15.04	154.32	7.55	6.71	11.91		4.87	8.72	17.11	31.38		
GXIB	SCBG	种仁	广西灵川	30.68	55.98	6.34	182.24	0.03	0.20	17.18		2.88	10.34	62.38	2.83	0.32	0.20
HUST	HUCT	种仁	湖南通道	8.87	10.98	4.75	183.51	0.03	0.15	11.81	0.30	3.17	10.17	72.58	1.25	0.34	0.20
HUST	HUCT	种子	湖南江永	17.20	4.57	9.15	232.97	0.01	0.40	18.13	0.09	4.95	12.09	18.90	45.08	0.24	0.11
JSU	SCBG	种仁	湖南永顺	26.45					0.16	12.95	0.09	1.44	42.96	24.04	2.27	1.83	0.90
SYSU	SCBG	种仁	江西吉安	16.66				0.02	0.04	7.86	0.07	1.62	23.14	65.65	0.59	0.70	0.31
SCBG	SCBG	种仁	浙江临安	22.17						8.90		4.50	31.60	50.60	1.10	0.50	1.80
ECNU	SCBG	种仁	浙江宁波	30.59	87.56	4.70	203.64			1.51	0.11	0.66	81.35	15.33	0.22	0.07	0.20
WHBG	WHBG	种仁	安徽歙县	34.07				0.17	71.27	5.53	0.17	0.91	7.01	11.93	0.74	0.35	0.78
OCRI	SCBG	种仁	湖北兴山	26.82	9.67	20.31	190.48										
SCU	SCU	种仁	四川越西	30.39						12.51	0.76	3.13	49.56	33.41	0.63		
SCU	SCU	种仁	四川西昌	46.47	115.30	1.40	149.70			17.31	4.12	5.78	43.17	29.12	0.50		
SCBG	SCBG	种仁	贵州雷山	10.31	77.41	1.89	563.85	0.04	0.07	11.75	0.09	8.93	28.42	48.33	1.11	0.97	0.29
KMIB	KMIB	种仁	云南麻栗坡	31.38	101.50	1.40	172.20	0.07	0.04	11.48	0.77	2.31	48.77	35.75	0.74		
SCBG	SCBG	种仁	福建武夷山	22.16	67.01	8.13	413.17	0.01	0.02	4.49	0.05	3.08	11.25	80.20	0.43	0.30	0.17
OFPC				16.70	103.50		187.90				微量	1.00	58.90	30.00			
OFPC				36.20	105.00		188.05			12.50	0.80	1.90	52.80	32.00			
OFPC				15.20	98.60		189.00		0.20	8.20	0.70	2.80	58.20	29.90			

虎皮楠

Daphniphyllum oldhamii (Hemsl.) K. Rosenthal

交让木科，虎皮楠属

特征 乔木或小乔木，也有灌木。叶纸质，通常披针形或倒卵状披针形，最宽处常在叶的上部，先端急尖或渐尖或短尾尖，基部楔形或钝，边缘反卷，干后叶面暗绿色，具光泽，叶背通常显著被白粉，具细小乳凸体；侧脉纤细，8~15对，两面凸起，网脉在叶面明显凸起；叶柄长2~3.5 cm，纤细，上面具槽。雄花序长2~4 cm，较短；花梗长约5 mm，纤细；花萼小，不整齐4~6裂，三角状卵形，具细齿；雄蕊7~10枚，花药卵形，长约2 mm，花丝极短；雌花序长4~6 cm，序轴及总梗纤细；花梗长4~7 mm，纤细；萼片4~6枚，披针形，具齿；子房长卵形，被白粉，柱头2枚，叉开，外弯或拳卷。果椭圆或倒卵圆形，长约8 mm，径约6 mm，暗褐至黑色，具不明显疣状凸起，先端具宿存柱头，基部无宿存萼片或多少残存。花期3~5月；果期8~11月。

分布 福建：梁野山云礤村，25°09′60″N，116°09′16″E，591 m，2012-11-23，易绮斐、宁阳阳、李玉玲400119282；武夷山大安源，27°52′37″N，117°52′08″E，2010-10-02，刘东明、梁耀400112136；武夷山市星村镇桐木村挂墩，27°38′12″N，117°23′45″E，272 m，2009-11-08，王发国、翟俊文400113017；武夷山星村桐木村，27°44′06″N，117°42′04″E，2012-11-17，易绮斐、宁阳阳、李玉玲400119247。广东：乐昌县龙山，25°15′42″N，113°30′42″E，2012-11-08，400119222；乳源县五指山乡公路沾，24°55′52″N，113°00′43″E，981 m，2012-01-07，王发国、杨国、宋贤利400113098；英德县石门台老屋场，23°30′56″N，113°34′21″E，630 m，2010-11-12，易绮斐、陈林、刘清泉400119133。广西：武鸣县两江镇大明山，23°30′14″N，108°25′34″E，885 m，2010-10-24，吴磊、杨金财4001101113。贵州：雷山县雷公山自然保护区管理站至乌东村途中，26°22′46″N，108°04′42″E，801 m，2012-10-18，陈丰林、夏纯、桑洪伟4001151240。湖北：鹤峰县下坪乡，30°04′03″N，110°08′44″E，1142 m，2009-11-06，危文亮、丁时东400151016。湖南：江永县源口镇白俸村白沙源，24°56′28″N，111°00′27″E，870 m，2009-10-25，黄玉滢、周喜乐400181108；浏阳县达浒镇金子坑，28°30′06″N，113°51′11″E，368 m，2010-11-05，张兵、谷志容400181231；永顺县杉木河，29°12′24″N，109°49′32″E，440 m，2009-10-02，周建军、徐亮400191041。四川：西昌市长安乡，27°53′27″N，102°15′52″E，1000 m，2009-10-07，王凯、樊云川40021109062。生于海拔150~1400 m的阔叶林中。产于长江以南各地。朝鲜、日本也有分布。

栽培 播种繁殖。

用途 种子榨油供制皂。树形美观，常绿，可作绿化和观赏树种。

含油率及化学组分数据

采集单位	测试单位	测试部位	产地	含油率(%)	碘值	酸值	皂化值	C12:0	C14:0	C16:0	C16:1	C18:0	C18:1	C18:2	C18:3	C20:0	C20:1
SCBG	SCBG	种仁	福建梁野山	10.23	66.68	12.87	309.80	0.03	0.14	13.02	0.46	2.34	41.45	40.89	1.24	0.23	0.20
SCBG	SCBG	种仁	福建武夷山	13.45		12.47			0.25		0.10	1.07	29.23	21.82	0.27	0.49	0.48
SCBG	SCBG	种仁	福建武夷山	30.00	75.56	2.27	204.18		0.08	10.60	0.31	2.88	40.62	44.77	0.47	0.12	0.16
SCBG	SCBG	种仁	福建武夷山	12.06				0.01	0.29	20.21	0.09	5.24	51.25	20.52	1.75	0.32	0.31
SCBG	SCBG	种仁	广东乐昌	29.15	79.02	12.67		0.01	0.13	20.87		11.33	16.33	0.94	0.17	0.96	0.57
SCBG	SCBG	种仁	广东乳源	23.70	32.55		201.18					5.53	39.73	60.25		2.18	0.19
SCBG	SCBG	种仁	广东英德	12.20	129.52	2.40	174.19	0.02	0.08	11.99	0.29	3.23	34.82	49.03	0.41	0.13	
GXIB	SCBG	种仁	广西武鸣	18.67	118.11	2.06	185.78	0.01	0.03	0.01	11.89	0.32	45.52	40.76	1.12	0.15	0.20
SCBG	SCBG	种仁	贵州雷山	32.64	76.86	28.21	372.42	0.02	0.03	3.02	0.35	0.94	29.44	64.44	1.11	0.23	0.41
OCRI	SCBG	种仁	湖北鹤峰	24.79	109.73	26.26	57.56	2.59	0.14	15.58	0.14	2.31	13.93	60.42	1.02	0.57	0.14
HUST	HUST	种仁	湖南江永	26.14					0.02	6.41	0.09	2.65	17.61	8.99	63.59	0.39	0.25
HUST	HUST	种仁	湖南浏阳	16.54	6.50	10.37	182.02	0.02	0.11	15.77	1.87	3.23	5.79	68.12	3.44	0.88	0.78
JSU	SCBG	种仁	湖南永顺	31.70	105.25	0.85	171.53			12.34	49.73				37.94		
SCU	SCU	种仁	四川西昌	49.06	99.60	2.30	233.20			20.21	4.10	6.00	41.95	27.05	0.47	0.23	
OFPC				21.50	108.00		191.60			15.50	3. 20		35.00	46.30			
OFPC				21.90	91.00		191.90			13.30	2.00	微量	61.50	23.00			
OFPC				35.70	118.80		180.20			17.30	2.10	微量	44.70	32.50			

脉叶虎皮楠
Daphniphyllum paxianum K. Rosenthal
交让木科，虎皮楠属

特征 小乔木或灌木。叶薄革质或纸质，长圆形或长圆状披针形或披针形，先端镰状渐尖或短渐尖，基部楔形至阔楔形，边缘略成皱波状，干后变褐色，叶面具光泽，叶背有时具白粉，无乳凸体；侧脉11~13对，侧脉和细脉两面凸起；叶柄长1.5~3.5 cm，上面具槽。雄花序长2~3 cm；苞片卵形，长约1.5 mm；花梗长5~7 mm；花萼盘状，径约2 mm，边缘4~5裂；雄蕊8~10，花药长圆形，长约2 mm，花丝与花药近等长或稍短；雌花序长3~5 cm；花梗长5~8 mm；萼片4~5，卵形，急尖，长0.5~1 mm；子房卵状椭圆形，长约2 mm，花柱极短，柱头2枚，叉开，外卷。果椭圆形，长8~10 mm，径5~6 mm，略具疣状皱纹，多少被白粉，先端具鸡冠状叉开的宿存柱头，基部具宿萼。花期3~5月；果期8~11月。

分布 海南：陵水县本号镇吊罗山新安林场，18°44′05″N，109°50′13″E，2009-11-25，秦新生400116183；陵水市吊罗山，18°43′52″N，109°53′02″E，959 m，2011-11-29，邢福武、刘东明、王发国400119198。云南：麻栗坡县下金厂乡茶排林场，23°07′03″N，104°50′03″E，1793 m，2010-11-09，王智、杨珺、谭英400221258。生于海拔475~2300 m的山坡或沟谷林中。产于广东、广西、四川、贵州、云南。

栽培 播种繁殖。

用途 可栽植于园林供观赏。

含油率及化学组分数据

采集单位	测试单位	测试部位	产地	含油率(%)	碘值	酸值	皂化值	C12:0	C14:0	C16:0	C16:1	C18:0	C18:1	C18:2	C18:3	C20:0	C20:1
SCAU	SCBG	种仁	海南陵水	22.60	19.22	17.23	154.80	0.003	0.03	3.79	0.27	1.90	33.026	60.07	0.42	0.10	0.40
SCBG	SCBG	种仁	海南陵水	20.14	91.11	14.31	217.50		0.026		0.02	2.66	31.54		5.73		0.83
KMIB	KMIB	种仁	云南麻栗坡	34.32	106.3	1.20	189.10			13.23	0.54	2.79	48.60	34.30	0.41		

贡甲（白山柑）
Acronychia oligophlebia Merr.
芸香科，山油柑属

特征 乔木，高达14 m。叶对生，单小叶，全缘，有透明油点，倒卵状长圆形或长椭圆形，长7~18 cm，宽3.5~7 cm，纸质，全缘；叶柄长1~2 cm，基部略增大呈枕状。聚伞圆锥花序；略芳香，花蕾近圆球形，花瓣阔卵形或三角状卵形，质地薄，内面无毛，很少被稀疏短伏毛；花通常单性，有小苞片，萼片及花瓣均4枚；萼片基部合生；花瓣覆瓦状排列；雄花的不育雌蕊近扁圆形，无毛，花柱甚短，柱头不增粗；雌花的退化雄蕊8枚，有箭头状的花药，花丝甚短，发育子房圆球形，无毛，花柱伸长，柱头略增大。果序下垂，果淡黄色，半透明，近圆球形而略有棱角，径1~1.5 cm，顶部平坦，中央微凹陷，有4条浅沟纹，富含水分，味清甜，有小核4个，每核有1粒种子。种子倒卵形，长4~5 mm，厚2~3 mm，种皮褐黑色、骨质，胚乳小。花期4~8月；果期8~12月。

分布 海南：陵水吊罗山，18°40′60″N，109°52′46″E，559 m，2012-11-30，邢福武、刘东明、王鹏、叶心芬、宁阳阳400119205。为低丘陵坡地次生林常见树种。产于海南。越南东北部也有分布。

栽培 播种繁殖。

用途 可栽植于园林供观赏。

含油率及化学组分数据

采集单位	测试单位	测试部位	产地	含油率(%)	碘值	酸值	皂化值	C12:0	C14:0	C16:0	C16:1	C18:0	C18:1	C18:2	C18:3	C20:0	C20:1
SCBG	SCBG	种仁	海南陵水	21.20	119.87	5.43	255.49	0.05	0.17	29.70	3.60	2.87	32.01	29.64	1.28	0.57	0.12

山油柑（降真香、石苓舅、山柑）

Acronychia pedunculata (L.) Miq.

芸香科，山油柑属

特征 乔木，树高5~15 m。树皮灰白色至灰黄色，平滑，不开裂，内皮淡黄色，剥开时有柑橘叶香气。当年生枝通常中空。叶有时呈略不整齐对生，单小叶，叶片椭圆形至长圆形，长7~18 cm，宽3.5~7 cm，或有较小的，全缘；叶柄长1~2 cm，基部略增大呈叶枕状。花两性，黄白色，径1.2~1.6 cm；花瓣狭长椭圆形，花开放初期，花瓣的两侧边缘及顶端略向内卷，盛花时则向背面反卷且略下垂，内面被毛；子房被疏或密毛，极少无毛。果序下垂，果淡黄色，半透明，近圆球形而略有棱角，径1~1.5 cm，顶部平坦，中央微凹陷，有4条浅沟纹，富含水分，味清甜，有小核4个，每核有1粒种子。种子倒卵形，长4~5 mm，厚2~3 mm，种皮褐黑色、骨质，胚乳小。花期4~8月；果期8~12月。

分布 广东：广州白云山风景区，23°9′14″N，113°16′10″E，63 m，2009-11-11，易绮斐、陈林、曾凤400119029。广西：东兴市江平镇巫头村，21°35′36″N，108°08′22″E，2009-11-22，吴望辉、叶晓霞、农东新4001101025。生于较低丘陵坡地杂木林中，为次生林常见树种之一。产于海南、广东、广西、福建、台湾、云南6省区南部。菲律宾、越南、老挝、泰国、柬埔寨、缅甸、印度、斯里兰卡、马来西亚、印度尼西亚、巴布亚新几内亚也有分布。

栽培 栽培土壤以排水良好、湿润的砂质壤土最佳。播种繁殖。

用途 根、叶、果用作中草药，有柑橘叶香气；茎干的下部树皮含鞣质16.72%。

含油率及化学组分数据

采集单位	测试单位	测试部位	产地	含油率(%)	碘值	酸值	皂化值	C12:0	C14:0	C16:0	C16:1	C18:0	C18:1	C18:2	C18:3	C20:0	C20:1
SCBG	SCBG	种仁	广东广州	7.25	71.77	5.41	353.84	0.01	0.25	1.80	56.58	1.73	32.76	5.67	1.11	0.03	0.05
GXIB	SCBG	种仁	广西东兴	23.54						8.46	0.39	4.88	17.75	61.48	0.91	0.78	0.27

酒饼簕（山柑仔、乌柑、东风橘）

Atalantia buxifolia (Poir.) Oliv.

芸香科，酒饼簕属

特征 灌木，高达2.5 m。叶硬革质，有柑橘叶香气，叶面暗绿，叶背线绿色，卵形、倒卵形、椭圆形或近圆形，长2~6 cm、很少达10 cm，宽1~5 cm，顶端圆或钝，微或明显凹入；中脉在叶面稍凸起，侧脉多，彼此近于平行，叶缘有弧形边脉，油点多。花多朵簇生，稀单朵腋生，几无花梗；萼片及花瓣均5枚；花瓣白色，长3~4 mm有油点；雄蕊10枚，花丝白色，分离，有时有少数在基部合生；花柱约与子房等长，绿色。果圆球形、略扁圆形或近椭圆形，径8~12 mm，果皮平滑，有稍凸起油点，熟时蓝黑色，果萼宿存于果梗上，有少数无柄的汁胞，汁胞扁圆、多棱、半透明，紧贴室壁。有种子2粒或1粒；种皮薄膜质，子叶厚，肉质，绿色，多油点，通常单胚，偶有2胚，胚根甚短，无毛。花期5~12月；果期9~12月。

分布 海南：文昌市龙楼镇铜鼓岭，19°40′32″N，111°01′44″E，2009-11-19，秦新生400116165。通常见于离海岸不远的平地、缓坡及低丘陵的灌木丛中，在稍内陆、海拔较高（300 m）的山地林中，成为林下灌木。产于海南、广东、广西、福建、台湾南部。菲律宾、越南也有分布。

栽培 播种繁殖。

用途 叶含精油，根含黄酮类化合物及生物碱。木材淡黄白色，坚密结实，为细工雕刻材料。

含油率及化学组分数据

采集单位	测试单位	测试部位	产地	含油率(%)	碘值	酸值	皂化值	C12:0	C14:0	C16:0	C16:1	C18:0	C18:1	C18:2	C18:3	C20:0	C20:1
SCAU	SCBG	种仁	海南文昌	15.23				0.01	0.07	9.64	0.07	1.89	33.00	39.66	0.72	0.49	0.36

石椒草（石胡椒、蛇皮草、苦黄草）
Boenninghausenia sessilicarpa H. Lév.
芸香科，石椒草属

特征 常绿草本。分枝甚多，枝、叶灰绿色，嫩枝的髓部大而空心，小枝多。叶互生，二至三回三出复叶，薄纸质，小裂片倒卵形、菱形或椭圆形，长3~8 mm，宽2~6 mm，背面灰绿色，老叶常变褐红色；小叶片全缘，各部有油点。顶生聚伞圆锥花序，花甚多，花枝纤细，基部有小叶；萼片及花瓣均4枚，萼片长约1 mm；花瓣覆瓦状排列，白色，有时顶部桃红色，长圆形或倒卵状长圆形，长6~9 mm，有透明油点；8枚雄蕊长短相间，着生于花盘基部四周，花丝白色，线状，分离，花药红褐色；子房绿色，子房无柄。蓇葖果开裂为4分果瓣，内果皮与外果皮分离，每分果瓣有种子数粒，分果瓣长约5 mm，子房柄在结果时长4~8 mm，每分果瓣有种子4粒，稀3粒或5粒。种子肾形，长约1 mm，褐黑色，表面有细瘤状凸体。花、果期7~11月。

分布 四川西南部、云南东北部。生于海拔较高的山地。

栽培 播种繁殖。

用途 本种亦作草药。据兰茂《滇南本草》载：味苦寒，有小毒，走经络，治腹胀痛、寒冷胃气疼痛。（物种信息库）

含油率及化学组分数据

采集单位	测试单位	测试部位	产地	含油率(%)	碘值	酸值	皂化值	C12:0	C14:0	C16:0	C16:1	C18:0	C18:1	C18:2	C18:3	C20:0	C20:1
OFPC	CIB	种子	四川洪雅	28.90	170.60		207.80			7.00		微量	11.60	34.80	45.60		

宜昌橙（野柑子、酸柑子）
Citrus ichangensis Swingle
芸香科，柑橘属

特征 小乔木或灌木，高2~4 m。叶身卵状披针形，大小差异很大，顶部渐狭尖，全缘或叶缘有甚细小的钝裂齿；翼叶比叶身略短小至稍较长。花通常单生于叶腋；花蕾阔椭圆形；萼5浅裂；花瓣淡紫红色或白色；雄蕊20~30枚，花丝合生成多束，偶有个别离生；花柱比花瓣短，早落，柱头约与子房等宽。果扁圆形、圆球形或梨形，顶部短乳头状凸起或圆浑，梨形的纵径9~10 cm，横径7~8 cm，淡黄色，粗糙，油胞大，明显凸起，果皮厚3~6 mm，果心实，瓢囊7~10瓣，果肉淡黄白色，甚酸，兼有苦及麻舌味；种子30粒以上，近圆形而稍长，或不规则的四面体，2面或3面近于平坦，一面浑圆，种皮乳黄白色，合点大，几占种皮面积的一半，深茶褐色，子叶乳白色，单或多胚。花期5~6月；果期10~11月。

分布 湖南：吉首市德夯，28°21′32″N，109°33′55″E，357 m，2010-10-08，徐亮、周建军400191150。生于高山陡崖、岩石旁、山脊或沿河谷坡地，自然分布的最高限约为海拔2500 m山地，也有栽培。产于广西（北部）、湖南（西部及西北部）、湖北（西部）、四川、贵州、云南、甘肃、陕西（南部）。

栽培 耐寒，于-11.5℃仍能正常生长而不受冻害，耐阴。耐土壤瘦瘠。抗病力强。是嫁接柑橘属植物的优良砧木之一。

用途 果及种子所含化学物质大致与枳和酸橙相同，含多种黄酮类化合物和生物碱，但宜昌橙尚含宜昌橙素（ichangin）。

含油率及化学组分数据

采集单位	测试单位	测试部位	产地	含油率(%)	碘值	酸值	皂化值	C12:0	C14:0	C16:0	C16:1	C18:0	C18:1	C18:2	C18:3	C20:0	C20:1
JSU	SCBG	种仁	湖南吉首	58.74	20.64	2.98	290.64		13.40	14.16	1.38	56.44	13.36	0.88	0.38		

柠檬（洋柠檬、西柠檬）

Citrus limon (L.) Osbeck

芸香科，柑橘属

特征 乔木。枝少刺或近于无刺，嫩叶及花芽暗紫红色。翼叶宽或狭，或仅具痕迹，叶片厚纸质，卵形或椭圆形，长8~14 cm，宽4~6 cm，顶部通常短尖，边缘有明显钝裂齿。单花腋生或少花簇生；花萼杯状，4~5浅齿裂；花瓣长1.5~2 cm，外面淡紫红色，内面白色；常有单性花，即雄蕊发育，雌蕊退化；雄蕊20~25枚或更多；子房近筒状或桶状，顶部略狭，柱头头状。果椭圆形或卵形，两端狭，顶部通常较狭长并有乳头状突尖，果皮厚，通常粗糙，柠檬黄色，难剥离，富含柠檬香气的油点，瓢囊8~11瓣，汁胞淡黄色，果汁酸至甚酸。种子小，卵形，端尖，种皮平滑，子叶乳白色，通常单或兼有多胚。花期4~5月；果期9~11月。

分布 云南：景洪市基诺乡亚诺村，21°59′5″N，101°5′60″E，1175 m，2010-10-18，王智、刘洪新400221214。长江以南地区栽培。原产印度。

栽培 栽培土质以土层深厚富含有机质之壤土或砂质壤土为佳，排水、日照需良好。嫁接繁殖。

用途 果皮含有芳香油，主要用作食用香精，也用于化妆品和皂用香精。

含油率及化学组分数据

采集单位	测试单位	测试部位	产地	含油率(%)	碘值	酸值	皂化值	C12:0	C14:0	C16:0	C16:1	C18:0	C18:1	C18:2	C18:3	C20:0	C20:1
KMIB	KMIB	种仁	云南景洪	47.34	108.3	16.60	177.00			23.98	0.34	5.59	22.43	42.89	4.76		

柚（文旦）

Citrus maxima (Burm.) Merr.

芸香科，柑橘属

特征 乔木。嫩枝、叶背、花梗、花萼及子房均被柔毛，嫩叶通常暗紫红色，嫩枝扁且有棱。叶质厚，色浓绿，阔卵形或椭圆形，连翼叶长9~16 cm，宽4~8 cm，或更大，顶端钝或圆，有时短尖，基部圆，翼叶长2~4 cm，宽0.5~3 cm。总状花序，有时兼有腋生单花；花蕾淡紫红色，稀乳白色；花萼不规则5~3浅裂；花瓣长1.5~2 cm；雄蕊25~35枚，有时部分雄蕊不育；花柱粗长，柱头略较子房大。果圆球形，扁圆形，梨形或阔圆锥状，横径通常10 cm以上，淡黄或黄绿色，果皮甚厚，海绵质，油胞大，凸起，果心实但松软，瓢囊10~15瓣或多至19瓣，汁胞白色、粉红或鲜红色，少有带乳黄色。种子多达200余粒，亦有无子的，形状不规则，通常近似长方形，上部质薄且常截平，下部饱满，多兼有发育不全的，有明显纵肋棱，子叶乳白色，单胚。花期4~5月；果期9~12月。

分布 江西：安福县武功山，27°23′23″N，114°17′60″E，185 m，2010-10-22，凡强、李朋远400146003。湖北：神农架坪堑管理所，31°29′54″N，110°04′48″E，1324 m，2010-10-26，丁时东、危文亮400151098。云南：西双版纳植物园，21°55′37″N，101°15′21″E，558 m，2009-02-16，董丽荣、邱明华400222059。我国秦岭以南各地均有栽培。原产亚洲东南部亚热带、热带地区。

栽培 嫁接或种子繁殖。

用途 花、叶、果均可提取芳香油；油主要用作食品香精，也可用于化妆品香精和皂用香精；果肉含维生素C较高，有消食、解酒毒功效。

含油率及化学组分数据

采集单位	测试单位	测试部位	产地	含油率(%)	碘值	酸值	皂化值	C12:0	C14:0	C16:0	C16:1	C18:0	C18:1	C18:2	C18:3	C20:0	C20:1
SYSU	SCBG	种仁	江西安福	13.71	105.25	0.85	171.53		0.05	4.85	3.17	1.81	18.06	58.77	0.03	1.82	
OCRI	SCBG	种仁	湖北神农架	26.14	15.37	5.45			0.28	11.17	0.17		34.00	42.92	18.14		
KMIB	KMIB	种仁	云南西双版纳	38.73	94.20	0.73	190.60				27.68	0.16	2.73	21.62	40.26	5.89	
OFPC	GXIB	种仁	广西桂林	50.30	96.90		186.40			30.20		2.10	28.20	38.00	1.50		
OFPC	SCBG	种仁	广东广州	42.20	95.60		195.40		微量	28.20		1.70	34.00	35.10	1.00		

沙田柚
Citrus maxima 'Shatian You'

芸香科，柑橘属

特征 乔木。嫩枝、叶背、花梗、花萼及子房均被柔毛，嫩叶通常暗紫红色，嫩枝扁且有棱。叶质颇厚，色浓绿，阔卵形或椭圆形，连翼叶，顶端钝或圆，有时短尖，基部圆。总状花序，有时兼有腋生单花；花蕾淡紫红色，稀乳白色；花萼不规则3~5浅裂；花瓣长1.5~2 cm；雄蕊25~35枚，有时部分雄蕊不育；花柱粗长，柱头略较子房大。果梨形或葫芦形，果顶略平坦，有明显环圈及放射沟，蒂部狭窄而延长呈颈状，果肉爽脆，味浓甜，但水分较少。种子颇多。果期10月下旬以后成熟。

分布 广西：临桂县南边山乡下马岭山，24°12′1″N，110°15′37″E，189 m，2011-01-08，吴磊、黄俞淞、林春蕊4001101184。主产广西（容县、桂林、柳州等地）。

栽培 有自花不实倾向，故种植园中应间种酸柚，使之行异花授粉，提高结果率。播种繁殖。

用途 富含可溶性固形物及维生素C，是柚类中之优者。

含油率及化学组分数据

采集单位	测试单位	测试部位	产地	含油率(%)	碘值	酸值	皂化值	C12:0	C14:0	C16:0	C16:1	C18:0	C18:1	C18:2	C18:3	C20:0	C20:1
GXIB	SCBG	种仁	广西临桂	16.70				0.48	0.24	18.84		7.60	26.13	29.77	8.47	2.45	0.16
OFPC		种仁	广东乐昌	56.00	92.40		209.10		微量	24.50		4.10	30.30	39.40	1.70		

柑橘
Citrus reticulata Blanco

芸香科，柑橘属

特征 小乔木。分枝多，枝扩展或略下垂，刺较少。单身复叶，翼叶通常狭窄，叶片披针形，椭圆形或阔卵形，顶端常有凹口，中脉由基部至凹口附近成叉状分枝，叶缘至少上半段通常有钝或圆裂齿，很少全缘。花单生或2~3朵簇生；花萼不规则3~5浅裂；花瓣通常长1.5 cm以内；雄蕊20~25枚，花柱细长，柱头头状。果形种种，通常扁圆形至近圆球形，果皮甚薄而光滑，或厚而粗糙，淡黄色，朱红色或深红色，甚易或稍易剥离，橘络甚多或较少，呈网状，通常柔嫩，中心柱大而常空，稀充实，瓢囊7~14瓣，稀较多，果肉酸或甜，或有苦味，或另有特异气味。种子或多或少数，稀无籽，通常卵形，顶部狭尖，基部浑圆，子叶深绿、淡绿或间有近于乳白色，合点紫色，多胚，少有单胚。花期4~5月；果期10~12月。

分布 秦岭南坡以南、伏牛山南坡诸水系及大别山区南部，向东南至台湾，南至海南，西南至西藏东南部海拔较低地区。广泛栽培，很少半野生。

栽培 柑橘一般春季2月下旬至3月中旬春梢萌动前栽植。柑橘在轻质土壤中生长良好，但如果采用了适宜的砧木并有良好的排水条件，柑橘也可在重壤土中生长。pH值超过8.0的土壤对柑橘生长不利。

用途 种子榨油可综合利用。

含油率及化学组分数据

采集单位	测试单位	测试部位	产地	含油率(%)	碘值	酸值	皂化值	C12:0	C14:0	C16:0	C16:1	C18:0	C18:1	C18:2	C18:3	C20:0	C20:1
OFPC	SCBG			46.80	89.20		198.50	微量	0.40	26.50		5.10	31.50	31.10	5.10		
OFPC	KMIB			38.60	106.00	2.20	195.70			9.00	微量	3.00	17.50	67.40			

细叶黄皮

Clausena anisumolens (Blanco) Merr.

芸香科，黄皮属

特征 小乔木，高3~6 m。当年生枝、叶柄及叶轴均被纤细而弯钩的短柔毛，各部密生半透明油点。叶有小叶5~11片，小叶镰刀状披针形或斜卵形，长5~12 cm，宽2~4 cm，顶部渐狭尖，略钝头，有时微凹，两侧明显不对称，叶缘波浪状或上半段有浅钝裂齿，嫩叶背面中脉常被短柔毛；小叶柄长2~4 mm。花序顶生，花白色，略芳香；花蕾圆球形；萼裂片卵形，长约1 mm；花瓣长圆形，长约3 mm；雄蕊10枚，有时兼有8枚，略不等长，花丝中部以下增宽且呈曲膝状；花柱比子房稍短，柱头不增大。果圆球形，偶有阔卵形，径1~2 cm，淡黄色，偶有淡朱红色，半透明，果皮有多数肉眼可见的半透明油点，果肉味甜或偏酸。有种子1~2粒，稀更多；种皮膜质，基部褐色。花期4~5月；果期7~8月。

分布 广西：宁明县亭亮叫集，22°15′56″N，107°6′4″E，139 m，2011-07-27，黄俞淞、郭伦发4001101208。台湾（兰屿）有野生；广东（新会、鹤山）、广西（百色、龙州）及云南（蒙自、河口）均有栽种。原产菲律宾。

栽培 播种繁殖。

用途 果仁具挥发油，引自《细叶黄皮果仁挥发油成分及抑菌作用》。鲜果可食，味酸甜，多吃引致轻度麻舌感；民间将熟果晒干，用酒泡浸，谓有化痰止咳功效；枝、叶作草药，祛风除湿。

含油率及化学组分数据

采集单位	测试单位	测试部位	产地	含油率(%)	碘值	酸值	皂化值	C12:0	C14:0	C16:0	C16:1	C18:0	C18:1	C18:2	C18:3	C20:0	C20:1
GXIB	SCBG	种仁	广西宁明	27.40				4.11	0.26	11.55		6.80	17.07	39.15	10.91	2.70	2.31

毛齿叶黄皮

Clausena dunniana var. **robusta** (Tanaka) C.C. Huang

芸香科，黄皮属

特征 冬季落叶小乔木，高2~5 m。小枝、叶轴、小叶背面中脉及花序轴均有凸起的油点。叶有小叶5~15片；小叶卵形至披针形，顶部急尖或渐尖，常钝头，有时微凹，基部两侧不对称，叶边缘有圆或钝裂齿，稀波浪状，两面均被长柔毛，叶背被毛较密，但结果时的小叶有时仅在叶面中脉被毛或至少在叶缘处仍有疏毛；小叶柄长4~8 mm。花序顶生或生于小枝的近顶部叶腋间；花蕾圆球形；花梗无毛；花萼裂片及花瓣均4枚，稀兼有5枚；萼裂片宽卵形，长不超过1 mm；花瓣长圆形，长3~4 mm；雄蕊8枚，稀兼有10枚，花丝顶部针尖，中部曲膝状，花柱比子房短；子房近圆球形，柱头与花柱约等粗，略呈4棱，花盘细小。果近圆球形，初时暗黄色，后变红色，透熟时蓝黑色。有种子1~2粒，稀更多。花期6~7月；果期10~11月。

分布 湖南：沅陵县借母溪乡，28°44′22″N，110°25′19″E，2011-10-22，张九兵、朱明德400181327。见于海拔300~1300 m山地湿润地方。产于广西、湖南、湖北（西部）、四川（东部）、贵州、云南（南部）。

栽培 播种繁殖。

用途 叶含有近40种精油。

含油率及化学组分数据

采集单位	测试单位	测试部位	产地	含油率(%)	碘值	酸值	皂化值	C12:0	C14:0	C16:0	C16:1	C18:0	C18:1	C18:2	C18:3	C20:0	C20:1
HUST	HUST	种仁	湖南沅陵	32.14	13.09				0.08	0.21	22.25	0.28	3.50	14.02	33.70	2.22	3.42

黄皮（黄弹）

Clausena lansium (Lour.) Skeels

芸香科，黄皮属

特征 小乔木，高达12 m。小枝、叶轴、花序轴、小叶背脉上散生甚多明显凸起的细油点且密被短直毛。叶有小叶5~11片，小叶卵形或卵状椭圆形，常一侧偏斜，长6~14 cm，宽3~6 cm，基部近圆形或宽楔形，两侧不对称，边缘波浪状或具浅的圆裂齿，叶面中脉常被短细毛；小叶柄长4~8 mm。圆锥花序顶生；花蕾圆球形，有5条稍凸起的纵脊棱；花萼裂片阔卵形，长约1 mm，外面被短柔毛；花瓣长圆形，长约5 mm，两面被短毛或内面无毛；雄蕊10枚，长短相间，长的与花瓣等长，花丝线状，下部稍增宽，不呈曲膝状；子房密被直长毛，花盘细小，子房柄短。果圆形、椭圆形或阔卵形，长1.5~3 cm，宽1~2 cm，淡黄至暗黄色，被细毛，果肉乳白色，半透明，有种子1~4粒；子叶深绿色。花期4~5月；果期7~8月。产于海南的其花、果期均提早1~2个月。

分布 广西：桂林市雁山镇，25°45′02″N，110°18′07″E，174 m，2011-08-20，郭伦发4001101209。产于海南、广东、广西、台湾、四川、贵州、云南。

栽培 一年四季都可以进行嫁接，接穗要求品种纯正、生长充实健壮、无病虫害、芽眼饱满、枝干粗度与砧木大小相近。黄皮嫁接常用劈接和切接。一般嫁接后10-15天，接芽开始萌发，此时要加强检查，未成活的要及时补接，以提高成苗率。此外，要及时抹除砧木萌芽，以促进接穗生长。

用途 种子含油约53%，可综合利用；叶和根含黄酮甙、生物碱、香豆素及酚类化合物。

含油率及化学组分数据

采集单位	测试单位	测试部位	产地	含油率(%)	碘值	酸值	皂化值	C12:0	C14:0	C16:0	C16:1	C18:0	C18:1	C18:2	C18:3	C20:0	C20:1
GXIB	SCBG	种仁	广西桂林	14.35						6.04	0.11	4.66	20.69	12.14	0.15	53.92	0.16
OFPC	WHBG	种子	湖北罗田	24.60	168.00	194.40				5.50	1.30	1.20	16.90	32.00	42.60	0.50	

山橘树（乱桃）

Glycosmis cochinchinensis (Lour.) Pierre

芸香科，山小橘属

特征 小乔木或灌木。叶为单叶，纸质或近革质，形状及大小差异甚大，近圆形，阔椭圆形，卵形，长圆形或披针形，长4~26 cm，宽2~8 cm，最小的长2~3 cm，宽1~2 cm，全缘，无毛，干后颜色苍暗或淡黄绿色而略光亮，中脉在叶面平坦或微凸起。花序腋生或腋生兼顶生，通常多花密集成簇，很少单花或3~5花着生于甚短的总花梗上，或长达5 cm的圆锥花序，花序轴初时被褐锈色微柔毛，花梗甚短；萼裂片卵形，长不及1 mm；花瓣白色，长约3 mm，外面很少被毛；雄蕊10枚，近等长，药隔顶端有凸起的油点，花丝由上向下逐渐增宽；子房初时圆柱状或长卵形，稍后横向生长加速，故呈阔卵形或圆球形，花柱甚短且狭窄，柱头稍增大，子房柄明显。果径8~14 mm，淡红色，果皮有半透明油点。花、果期几乎全年。

分布 海南：文昌县龙楼镇铜鼓岭，19°40′32″N，111°01′44″E，2009-08-01，邢福武、戴建阅、翟俊文、郑希龙40011114。生于海拔约1000 m以下的山地或旷野杂木林下或灌木丛中。产于海南以及广西西南部、云南南部。越南、老挝、柬埔寨、泰国、马来西亚、印度尼西亚也有分布。

栽培 播种繁殖。

用途 可栽植于沿海地区供观赏。

含油率及化学组分数据

采集单位	测试单位	测试部位	产地	含油率(%)	碘值	酸值	皂化值	C12:0	C14:0	C16:0	C16:1	C18:0	C18:1	C18:2	C18:3	C20:0	C20:1
SCBG	SCBG	种仁	海南文昌	23.65	134.90	10.33	112.52										

三椏苦（三脚鳖、三支枪、白芸香）

Melicope pteleifolia (Champ. ex Benth.) T. G. Hartley [*Euodia lepta* (Spreng.) Merr.; *Euodia lepta* var. *chunii* (Merr.) C. C. Huang]

芸香科，密茱萸属

特征　乔木。树皮灰白或灰绿色，光滑，纵向浅裂。嫩枝的节部常呈压扁状，小枝的髓部大，枝叶无毛。3枚小叶，有时偶有2小叶或单小叶同时存在，叶柄基部稍增粗，小叶长椭圆形，两端尖，有时倒卵状椭圆形，长6~20 cm，宽2~8 cm，全缘，油点多；小叶柄甚短。花序腋生，很少同时有顶生，长4~12 cm，花甚多；萼片及花瓣均4枚；萼片细小，长约0.5 mm；花瓣淡黄或白色，长1.5~2 mm，常有透明油点，干后油点变暗褐至褐黑色；雄花的退化雌蕊细垫状凸起，密被白色短毛；雌花的不育雄蕊有花药而无花粉，花柱与子房等长或略短，柱头头状。分果瓣淡黄或茶褐色，散生透明油点，每分果瓣有1粒种子。种子蓝黑色，有光泽。花期4~6月；果期7~10月。

分布　海南：琼中县黎母山乡黎母山，19°10′37″N，109°46′35″E，2009-07-29，秦新生40011615。云南：屏边县玉屏镇大围山，22°57′18″N，103°41′58″E，1647 m，2010-11-13，王智、杨珺、谭英400221282。产于海南、广东、广西、江西、福建、台湾、贵州、云南。

栽培　播种繁殖。

用途　叶含挥发油：以ocimene为主，占70%以上，次为α-pinene、limonene及少量倍半萜类。根皮含hydroxyevodiamine生物碱。

含油率及化学组分数据

采集单位	测试单位	测试部位	产地	含油率(%)	碘值	酸值	皂化值	C12:0	C14:0	C16:0	C16:1	C18:0	C18:1	C18:2	C18:3	C20:0	C20:1
SCAU	SCBG	种仁	海南琼中	26.14	49.58	6.854	141.85	0.01	0.02	2.35	0.19	0.83	70.15	25.45	0.19	0.05	0.13
KMIB	KMIB	种仁	云南屏边	13.00	112.40	43.30	180.70			16.46	3.38	4.40	18.87	55.45	0.89		
OFPC	SCBG	种子	海南陵水	30.50	105.90		196.60			8.90	22.30	1.90	23.70	43.20			
OFPC	SCBG	种子	广东广州	19.70	95.70		210.80	微量	0.20	22.50	6.80	2.60	24.00	43.20			0.30

大管（白木、鸡卵黄、山黄皮）

Micromelum falcatum (Lour.) Tanaka

芸香科，小芸木属

特征　小乔木。树高1~3 m。小枝、叶柄及花序轴均被长直毛，小叶背面被毛较密，成长叶仅叶脉被毛。羽状复叶，有小叶5~11片，小叶片互生，小叶片镰刀状披针形，位于叶轴下部的有时为卵形，顶部弯斜的长渐尖，基部一侧圆，另一侧偏斜，两侧甚不对称，叶缘锯齿状或波浪状；侧脉每边5~7条，与中脉夹成锐角斜向上伸展至几达叶缘，干后常微凹陷。花序顶生，多花，花白色，花蕾圆或椭圆形；花萼浅杯状，萼裂片阔三角形，长不及1 mm；花瓣长圆形，长约4 mm，外面被直毛，盛花时反卷；雄蕊10枚，长短相间，长的约与花瓣等长，另5枚约与子房等高；花柱圆柱状，比子房长，子房密被长直毛，柱头头状，花盘细小。浆果椭圆形或倒卵形，成熟过程中由绿色转橙黄、最后朱红色，果皮散生透明油点，有种子1粒或2粒。花蕾期10~12月、盛花期1~4月；果期6~8月。

分布　海南：陵水县本号镇吊罗山国家级自然保护区南喜林场，18°44′04″N，109°50′13″E，2010-08-11，秦新生4001161126；文昌县龙楼镇铜鼓岭，19°40′32″N，111°01′44″E，2009-08-01，邢福武、戴建阅、翟俊文、郑希龙40011111；乐东尖锋镇尖锋岭，28°44′51″N，107°18′05″E，2009-08-05，邢福武、戴建阅、翟俊文、郑希龙40011151。生于平地至海拔500 m的山地，常见于阳光充足的灌木丛中或阴生林中，树边及路旁也有。产于海南以及广东西南部、广西合浦至东兴一带、云南东南部。越南、老挝、柬埔寨、泰国也有分布。

栽培　播种繁殖。

用途　幼嫩时为牲畜采食。

含油率及化学组分数据

采集单位	测试单位	测试部位	产地	含油率(%)	碘值	酸值	皂化值	C12:0	C14:0	C16:0	C16:1	C18:0	C18:1	C18:2	C18:3	C20:0	C20:1
SCAU	SCBG	种仁	海南陵水	21.65					0.08	4.93	0.30	2.37	16.10	74.23	0.49	0.87	0.20
SCBG	SCBG	种仁	海南文昌	20.65	139.22	8.44	198.69										
SCBG	SCBG	种仁	海南乐东	16.46	143.47	9.67	130.97										

小芸木

Micromelum integerrimum (Buch.-Ham. ex DC.) Wight et Arn. ex M. Roem.

芸香科，小芸木属

特征　小乔木，高达8 m。树皮灰色，平滑。当年生枝、叶轴、花序轴均绿色，密被短伏毛，花萼、花瓣背面及嫩叶两面亦被毛，成长叶无毛。叶有小叶7~15片，小叶互生或近对生，两面同色，深绿，叶片平展，斜卵状椭圆形，斜披针形，有时斜卵形，位于叶轴基部的较小，位于叶轴上部的边全缘，但波浪状起伏，两侧不对称，侧脉稍凹陷，不分枝；叶柄基部增粗，小叶柄长2~5 mm。花蕾淡绿色，长椭圆形，花开放时花瓣淡黄白色；花萼浅杯状，裂片长1 mm；花瓣长5~10 mm，盛开时反折；雄蕊10枚，长短相间，长的约与花瓣等长；子房初时被直立的柔毛，花后毛脱落，基部有明显凸起的花盘，花柱几与子房等长或稍长，柱头头状，子房柄伸长，结果时尤明显。果椭圆形或倒卵形，熟时由橙黄色转朱红色，有种子1~2粒。种皮薄膜质，子叶绿色，有油点。花期2~4月；果期7~9月。

分布　海南：昌江县霸王岭雅加瀑布，19°06′59″N，109°05′33″E，2011-11-29，秦新生4001161182。在海南见于离海岸不远的沙地灌木丛中，在较内陆的省区，见于海拔400~2000 m的山地杂木林中较湿润地方。产于海南南部、广东西南部、广西西部、贵州南部及西南部、云南南部、西藏东南部。越南、老挝、柬埔寨、泰国、缅甸、印度、尼泊尔等也有分布。

栽培　播种繁殖。

用途　全株用作草药，多用其根，味辛，苦。性湿。行气、祛痰、祛风除湿、散瘀、消肿，治感冒、咳嗽、风湿骨痛、胃痛、跌打肿痛。叶含香豆素：scopoletin、micropubescin、micromelin等，据报道，后者有抗癌作用。

含油率及化学组分数据

采集单位	测试单位	测试部位	产地	含油率(%)	碘值	酸值	皂化值	C12:0	C14:0	C16:0	C16:1	C18:0	C18:1	C18:2	C18:3	C20:0	C20:1
SCAU	SCBG	种仁	海南昌江	20.17	130.28	4.28	229.66	0.01		12.21		9.78		45.28	9.52		0.16

九里香(石桂树)

Murraya exotica L.

芸香科，九里香属

特征　小乔木，高可达8 m。枝白灰或淡黄灰色，但当年生枝绿色。叶有小叶3~7片，小叶倒卵形或倒卵状椭圆形，两侧常不对称，顶端圆或钝，有时微凹，基部短尖，一侧略偏斜，边全缘，平展；小叶柄甚短。花序通常顶生，或顶生兼腋生，花多朵聚成伞状，为短缩的圆锥状聚伞花序；花白色，芳香；萼片卵形；花瓣5枚，长椭圆形，盛花时反折；雄蕊10枚，长短不等，比花瓣略短，花丝白色，花药背部有细油点2颗；花柱稍较子房纤细，与子房之间无明显界限，均为淡绿色，柱头黄色，粗大。果橙黄至朱红色，阔卵形或椭圆形，顶部短尖，略歪斜，有时圆球形，长8~12 mm，横径6~10 mm，果肉有粘胶质液。种子有短的棉质毛。花期4~8月，也有秋后开花；果期9~12月。

分布　广西：靖西县南坡乡底定省级保护区，23°6′56″N，105°58′27″E，811 m，2010-11-12，吴磊、黄俞淞、朱运喜4001101120。常见于离海岸不远的平地、缓坡、小丘的灌木丛中。产于广东、广西、福建、台湾，我国南方广泛栽培。

栽培　喜生于砂质土、向阳地方。播种繁殖。

用途　南部地区多用作围篱材料，或作花圃及宾馆的点缀品，亦作盆景材料。

含油率及化学组分数据

采集单位	测试单位	测试部位	产地	含油率(%)	碘值	酸值	皂化值	C12:0	C14:0	C16:0	C16:1	C18:0	C18:1	C18:2	C18:3	C20:0	C20:1
GXIB	SCBG	种仁	广西靖西	42.89	94.50	2.34	201.40	0.02	0.04	18.60	10.26	12.49	21.61	32.16	3.48	1.33	

黄檗（檗木、黄檗木、黄波椤树）

Phellodendron amurense Rupr.

芸香科，黄檗属

特征 小乔木，树高10~20 m，大树高达30 m，胸径1 m。枝扩展，成年树的树皮有厚木栓层，浅灰或灰褐色，深沟状或不规则网状开裂，内皮薄，鲜黄色，味苦，黏质。小枝暗紫红色，无毛。叶轴及叶柄均纤细，有小叶5~13片，小叶纸质，卵状披针形或卵形，顶部长渐尖，基部阔楔形，一侧斜尖，或为圆形，叶缘有细钝齿和缘毛，叶面无毛或中脉有疏短毛，叶背仅基部中脉两侧密被长柔毛，秋季落叶前叶色由绿转黄而明亮，毛被大多脱落。花序顶生；萼片细小，阔卵形，长约1 mm；花瓣紫绿色，长3~4 mm；雄花的雄蕊比花瓣长，退化雌蕊短小。果圆球形，径约1 cm，蓝黑色，通常有5~8(~10)浅纵沟，干后较明显。种子通常5粒。花期5~6月；果期9~10月。

分布 湖南：龙山县八面山，28°31′52″N，109°8′50″E，1206 m，2010-09-24，徐亮、钱凯歌400191128。湖北：五峰长乐坪附近，30°10′57″N，110°54′01″E，2009-10-28，李晓东、陈士强40012186；五峰长乐坪，30°10′19″N，110°53′19″E，1245 m，2009-11-09，丁时东、危文亮400152026。重庆：南川区三泉镇大河坝上方，29°19′46″N，107°7′2″E，1273 m，2009-10-13，刘正宇等400231083。河北：青龙，40°25′50″N，118°48′16″E，1010 m，2011-09-12，徐兴友、韩宝强40031362。辽宁：丹东，40°07′45″N，124°20′18″E，2012-10-14，郑宝江等400341178。黑龙江：虎林东方红林业局五林洞林区，46°48′1″N，130°22′1″E，2011-08-30，卞勇、潘伟400351088。生于平原或低丘 陵坡地、路旁、住宅旁及溪河附近水土较好的地方种植。主产于东北和华北地区，河南、安徽(北部)、宁夏也有分布，内蒙古有少量栽种。朝 鲜、日本、俄罗斯(远东地区)也有，也见于中亚和欧洲东部。

栽培 适应性强，喜阳光，耐严寒。播种繁殖。

用途 种子含油，可制肥皂和润滑油。

含油率及化学组分数据

采集单位	测试单位	测试部位	产地	含油率(%)	碘值	酸值	皂化值	C12:0	C14:0	C16:0	C16:1	C18:0	C18:1	C18:2	C18:3	C20:0	C20:1
JSU	SCBG	种仁	湖南龙山	10.65	15.65	16.93	193.87										
WHBG	WHBG	种仁	湖北五峰	4.66					0.26	1.13	31.80	2.34	5.94	16.78	18.07	2.32	1.52
OCRI	SCBG	种仁	湖北五峰	18.67	94.22	12.19	152.36	0.93	0.24	13.74	2.58	1.80	5.90	21.98	22.86	0.83	
CIPP	SCBG	种仁	重庆南川	20.17	4.41	4.55	19.26		0.17		0.31	3.16	4.73		57.18	0.47	0.10
ICS	ICS	种子	河北青龙	23.07	77.45	11.53	205.92			2.21	0.72	1.12	21.62	33.65	39.28	0.06	0.46
NEFU	SCBG	种仁	辽宁丹东	26.94	39.32	13.90	166.30	0.01	0.04	3.60	0.07	2.55	24.95	66.26	1.63	0.50	0.39
SBRI	SCBG	种仁	黑龙江虎林	23.50	5.39	7.79	154.36		0.04	6.38	0.13	2.33	15.06	68.16	7.28	0.45	0.17
OFPC	IB	种子	广西金秀	29.40	187.90		188.50	微量		3.80	1.10		14.50	35.50	43.60		
OFPC	IAE	种子	吉林通化	6.80	184.90		193.30			1.00			17.50	37.20	44.30		

秃叶黄檗

Phellodendron chinense var. **glabriusculum** C.K. Schneid.

芸香科，黄檗属

特征 乔木，树高达15 m。叶轴、叶柄及小叶柄无毛或被疏毛，小叶叶面仅中脉有短毛，有时嫩叶叶面有疏短毛，叶背沿中脉两侧被疏少柔毛，有时几为无毛但有棕色甚细小的鳞片状体；有小叶7~15片，小叶纸质，长圆状披针形或卵状椭圆形，长8~15 cm，宽3.5~6 cm，顶部短尖至渐尖，基部阔楔形至圆形，两侧通常略不对称，边全缘或浅波状，叶背密被长柔毛或至少在叶脉上被毛，叶面中脉有短毛或嫩叶被疏短毛；小叶柄长1~3 mm，被毛。花序顶生，花通常密集，花序轴粗壮，密被短柔毛。果序上的果通常较疏散，果的顶部略狭窄的椭圆形或近圆球形，径约1 cm或大的达1.5 cm，蓝黑色，有分核5~8(~10)个。种子5~8粒，很少10粒，长6~7 mm，厚5~4 mm，一端微尖，有细网纹。花期5~6月；果期9~11月。

分布 广西：金秀县忠良乡石牌村，23°13′2″N，110°22′20″E，276 m，2011-01-08，吴磊、黄俞淞、林春蕊4001101181。湖南：桑植县八大公山，29°40′31″N，109°44′38″E，1536 m，2009-09-26，张兵400181052。江西：遂川县南风面，26°17′45″N，114°3′54″E，970 m，2010-10-31，谢

行、孙键400147014。重庆：南川区三泉镇神仙堡，29°45′17″N，107°7′34″E，576 m，2009-11-13，刘正宇等400231128。云南：马关县八寨乡，22°57′41″N，104°2′33″E，1600 m，2010-11-11，王智、杨珺、谭英400221271。浙江：天目山，30°20′21″N，

119°24′60″E，1020 m，2010-11-05，李宏庆、桂萍、董全英4001171089。四川：平武县虎牙乡，32°30′7″N，103°56′6″E，1894 m，2012-09-28，刘晓波、宫庆彬4002111 2039。多生于海拔800~1500 m的山地疏林或密林中，也有生于2000~3000 m高山地区，栽种于丘陵坡地或屋旁。产于陕西（南部）、甘肃（南部），湖北、湖南、江苏、浙江、台湾、广东、广西、贵州、四川、云南。湖北利川、广东阳山、连山等县及广西沿融江两岸都有栽种，生长良好。

栽培　播种繁殖。

用途　树皮药用。

含油率及化学组分数据

采集单位	测试单位	测试部位	产地	含油率(%)	碘值	酸值	皂化值	C12:0	C14:0	C16:0	C16:1	C18:0	C18:1	C18:2	C18:3	C20:0	C20:1
GXIB	SCBG	种仁	广西金秀	20.74				0.18	0.75	12.87	0.94	1.86	21.40	51.33	1.48	0.43	0.16
HUST	HUST	种仁	湖南桑植	19.03	131.45	31.96	204.86			4.39	21.17		1.44		36.70	36.30	
SYSU	SCBG	种仁	江西遂川	13.20	85.00	0.98	168.32	0.05	0.15	8.59	0.60	4.64	25.29	31.75	24.09	0.61	0.37
CIPP	SCBG	种仁	重庆市南川	26.16					0.15	8.43		2.06	18.60	64.69	3.34	0.74	0.15
KMIB	KMIB	种仁	云南马关	0.22	81.90	1.90	247.30			4.07	1.16	1.00	13.66	28.48	35.51		
ECNU	SCBG	种仁	浙江天目山	10.42	111.03	4.49	130.58			4.94	1.29	1.47	12.57	36.63	42.50	0.14	0.46
SCU	SCU	种仁	四川平武	14.12	204.91	4.19	168.63			4.06	0.89		18.27	33.40	43.38		

华南吴萸（大树椒）

Tetradium austrosinense (Hand.-Mazz.) T. G. Hartley [*Euodia austrosinensis* Hand.-Mazz.]

芸香科，四数花属

特征　乔木，高6~20 m。小枝的髓部大，嫩枝及芽密被灰或红褐色短绒毛。叶有小叶5~13片，小叶卵状椭圆形或长椭圆形，长7~15 cm，宽3~7 cm，生于叶轴基部的通常为卵形，对称或一侧略偏斜，叶缘有细钝裂齿或近全缘，叶面常有疏短毛，中脉毛较密，叶背灰绿色，被短柔毛，有干后褐或黑色细油点。花序顶生，多花；萼片及花瓣均5片；花瓣淡黄白色，长2.5~3 mm；雄花的退化雌蕊短棒状，5浅裂；雌花的退化雄蕊甚短。分果瓣淡紫红至深红色，径4~5.5 mm，油点微凸起，内果皮薄壳质，蜡黄色，有成熟种子1粒；种子长约3 mm或稍大，厚约2.5~2.8 mm。花期6~7月；果期9~11月。

分布　广东：阳山县秤架乡炉田，24°50′04″N，112°47′52″E，344 m，2012-01-11，王发国、杨国、宋贤利400113124；深圳市梧桐山，22°35′44″N，114°12′08″E，2011-12-16，王鹏、邢福武400114213。广西：临桂县宛田，25°18′22″N，110°04′17″E，2009-12-09，许为斌、黄俞淞、蒋日红4001101075；凌云县百陇村拉号屯猛儿，24°33′3″N，106°39′24″E，465 m，2011-11-14，黄俞淞、彭日成、韩孟奇4001101262。福建：南平武夷山市洋庄乡大安源，27°52′42″N，117°52′26″E，444 m，2012-11-11，刘东明、童毅4001122123；福州植物园，26°9′34″N，119°16′58″E，90 m，2012-11-15，刘东明、童毅4001122145。云南：屏边县玉屏镇大围山，22°57′48″N，103°42′27″E，1562 m，2010-11-13，王智、杨珺、谭英400221280。见于海拔90~1800 m的山地疏林或沟谷中。产于广东北江以西及西南部、广西、云南南部。

栽培　播种繁殖。春季为适期。移栽定植时施足基肥，并连续浇水3~4次，早出应修剪整枝。

用途　果可入药，云南屏边民间有用本种的果治疟疾。

含油率及化学组分数据

采集单位	测试单位	测试部位	产地	含油率(%)	碘值	酸值	皂化值	C12:0	C14:0	C16:0	C16:1	C18:0	C18:1	C18:2	C18:3	C20:0	C20:1
SCBG	SCBG	种仁	广东阳山	39.81	79.71	7.97	197.81		0.06	13.03	2.99	3.23	19.77	16.16	0.62		0.27
SCBG	SCBG	种仁	广东深圳	28.26	123.37	2.85	195.17			13.99	3.29	0.85	36.36	15.56	29.29	0.01	0.63
GXIB	SCBG	种仁	广西临桂	18.60	64.89	30.06	219.19	0.01	0.74	20.15	8.94	3.31	53.53	7.91	5.49		0.58
GXIB	SCBG	种仁	广西凌云	30.74	98.01	20.32	188.78			9.89	10.22	2.77	30.01	25.15	21.18	0.62	0.15
SCBG	SCBG	种仁	福建南平	36.21	70.20	24.76	87.43										
SCBG	SCBG	种仁	福建福州	23.27	125.24	24.64	221.83	0.10	0.03	10.98	6.03	56.97	9.53	15.54	0.24	0.66	
KMIB	KMBG	种仁	云南屏边	35.73	70.10	11.20	178.30			8.59	4.60	2.45	43.75	14.50	24.57	0.09	
OFPC	XTBG	种仁	云南勐腊	24.10	87.60	33.40	202.80			17.40	11.10	1.90	54.80	7.20	7.60		
OFPC	GXIB	种仁	广西兴安	26.00	85.80		208.10	0.90	2.30	28.80	4.90	4.20	45.10	4.80			

臭檀吴萸（臭檀）

Tetradium daniellii (Benn.) T. G. Hartley [*Euodia daniellii* (Benn.) Hemsl.]

芸香科，四数花属

特征 落叶乔木，高可达20 m，胸径约1 m。叶有小叶5~11片，小叶纸质，阔卵形，卵状椭圆形，顶部长渐尖或短尖，基部圆或阔楔形，有时一侧略偏斜，散生少数油点或油点不显，叶缘有细钝裂齿，有时且有缘毛。伞房状聚伞花序，花序轴及分枝被灰白色或棕黄色柔毛；花蕾近圆球形；萼片及花瓣均5枚；萼片卵形，长不及1 mm；花瓣长约3 mm；雄花的退化雌蕊圆锥状，顶部5~4裂，裂片约与不育子房等长，被毛；雌花的退化雄蕊约为子房长的1/4，鳞片状。分果瓣紫红色，干后变淡黄或淡棕色，长5~6 mm，背部无毛，两侧面被疏短毛，顶端有长1~2.5(~3) mm的芒尖，内、外果皮均较薄，内果皮干后软骨质，蜡黄色，每分果瓣有2粒种子。种子卵形，一端稍尖，褐黑色，有光泽，种脐线状纵贯种子的腹面。花期6~8月；果期9~11月。

分布 河南：登封县嵩山，34°29′25″N，113°01′51″E，603 m，2011-08-27，王亚平、陈明400314042。山东：新泰，36°15′46″N，117°07′31″E，740 m，2009-08-02，赵伟华400311047。河北：青龙，40°07′18″N，119°22′31″E，662 m，2011-10-04，徐兴友、韩宝强400313061。辽宁：长海，39°15′37″N，122°44′53″E，2012-10-16，郑宝江400341193。生于山坡疏林中和沟边。产于河南、湖北、甘肃、陕西、山西、河北、辽宁。朝鲜、日本也有分布。

栽培 播种繁殖。

用途 种子含少量rutaevin，含油39.7%。(物种信息库)

含油率及化学组分数据

采集单位	测试单位	测试部位	产地	含油率(%)	碘值	酸值	皂化值	C12:0	C14:0	C16:0	C16:1	C18:0	C18:1	C18:2	C18:3	C20:0	C20:1
HENAU	ICS	种子	河南登封	3.52	15.17	22.12	172.05	1.26	0.24	13.69	2.57	1.80	11.55	21.89	22.77	0.83	
ICS	ICS	种子	山东新泰	17.00	159.30	2.28	181.28			6.60	2.20	2.04	28.17	25.94	32.21	0.16	0.35
HNUST	ICS	种子	河北青龙	24.18	77.81	6.74	203.53			6.85	3.87	1.67	19.61	23.87	42.10	0.12	0.22
NEFU	SCBG	种仁	辽宁长海	36.05	23.18	8.80	233.63		0.05	5.10	0.06	3.65	7.02	34.14	48.89	0.43	0.65
OFPC	NIB	种子	陕西武功	32.00	131.60	2.90	185.10			8.60	5.40	1.60	22.40	41.10	20.40		
OFPC	KMIB	种子	云南奕良	24.00	108.40		188.00			11.50	26.70	1.90	34.50	18.70			
OFPC	IAE	种子	辽宁大连	41.00	150.40		194.60			6.90	4.10	1.60	20.90	67.40			

楝叶吴萸

Tetradium glabrifolium (Champ. ex Benth.) T.G. Hartley [*Euodia glabrifolia* (Champ. ex Benth.) C.C. Huang]

芸香科，四数花属

特征 灌木或乔木，树高达20 m。叶有小叶11~14片，小叶斜卵状披针形，少有更大的，两则明显不对称，油点不显或甚稀少且细小，叶背灰绿色，干后略呈苍灰色，叶缘有细钝齿或全缘，无毛；小叶柄长1~1.5 cm，很少短至6 mm或长达2 cm。花序顶生，花甚多；萼片及花瓣均5枚，很少同时有4枚的；花瓣白色，长约3 mm；雄花的退化雌蕊短棒状，顶部4~5浅裂，花丝中部以下被长柔毛；雌花的退化雄蕊鳞片状或仅具痕迹。分果瓣淡紫红色，干后暗灰带紫色，油点疏少但较明显，外果皮的两侧面被短伏毛，内果皮肉质，白色，干后暗蜡黄色，壳质，每分果瓣径约5 mm，有成熟种子1粒。种子长约4 mm，宽约3.5 mm，褐黑色。花期6~9月；果期9~12月。

分布 海南：五指山国家级自然保护区，18°54′49″N，109°41′18″E，800 m，2009-11-10，张

荣京40017117；陵水县本号镇吊罗山国家级自然保护区新安，18°44′04″N，109°50′13″E，2010-08-09，秦新生4001161121。广东：从化市桃园镇石门国家森林公园，23°32′13″N，113°34′21″E，254 m，2009-11-04，易绮斐、林铎清、徐蕾400119008；东莞市谢岗乡银瓶山仙水道，23°3′00″N，113°44′58″E，2012-11-02，邢福武、叶心芬、宁阳阳400113135。广西：东兴市江平镇巫头村，21°35′36″N，108°08′22″E，2009-11-23，吴望辉、叶晓霞、农东新4001101028。湖南：浏阳市大围山，28°25′22″N，114°4′10″E，797 m，2009-09-18，黄玉滢、周喜乐400181022。安徽：黄山县，30°16′40″N，118°04′39″E，2009-11-02，刘东明、戴建阅400112207；黄山市祁门县牯牛降自然保护区，30°5′13″N，117°29′25″E，416 m，2011-11-16，胡超、李星霖4001171195。四川：都江堰大观，30°51′15″N，103°34′57″E，2010-09-16，崔龙、李志强40021110025。多生于溪涧两旁丛林中、村镇附近及路边潮湿处，分布海拔高度一般在300 m以下。产于海南、广东、广西、湖南、江西、福建、台湾、浙江、安徽、河南、四川、贵州、云南、陕西、河北。不丹、印度、日本、马来西亚、菲律宾、泰国也有分布。

栽培　播种繁殖。

用途　根及果用作草药。

含油率及化学组分数据

采集单位	测试单位	测试部位	产地	含油率(%)	碘值	酸值	皂化值	C12:0	C14:0	C16:0	C16:1	C18:0	C18:1	C18:2	C18:3	C20:0	C20:1
SCAU	SCBG	种仁	海南五指山	32.21					0.05	9.23	0.18	2.22	17.47	69.22	0.38	0.09	0.15
SCAU	SCBG	种仁	海南陵水	34.45				0.03	0.05	3.30	0.07	0.75	67.50	27.40	0.25	0.04	0.34
SCBG	SCBG	种仁	广东从化	10.85	131.73	11.78	172.91										
SCBG	SCBG	种仁	广东东莞	32.70	9.03	4.68	195.63		0.08	6.14	0.07	1.08	14.86	52.89	17.25		0.18
GXIB	SCBG	种仁	广西东兴	18.20	123.62	10.64	226.55	1.07	0.14	8.13	0.08	4.11	20.80	59.62	0.82	0.38	0.16
HUST	HUST	种仁	湖南浏阳	26.35	15.06	8.11	138.49		0.10	13.64	0.24	1.56	42.50	37.09	1.22	0.54	0.38
SCBG	SCBG	种仁	安徽黄山	23.54			283.03	0.10	0.05			3.75	29.64	52.36	0.59	9.74	0.17
ECNU	SCBG	种仁	安徽黄山	21.50	161.95	9.53	97.34	0.08	0.47	17.86	1.03	4.86	32.82	41.55	0.53	0.56	0.23
SCU	SCU	种仁	四川都江堰	8.64													
OFPC	SCBG	种子	广东广州	24.40	72.80		214.00		微量	10.10	21.20	1.00	28.50	24.20	15.00		
OFPC	GXIB	种子	广西兴安	37.80	112.60		203.50			11.10	8.90	1.20	34.10	25.30	19.40		
OFPC	WHBG	种子	湖北罗田	35.30	109.20		199.70			11.40	22.60	1.20	32.80	20.20	11.80		
OFPC	LBG	种子	江西武宁	33.50	73.20			微量		16.10	35.10	1.70	40.40	5.40	1.30		
OFPC	SCBG	种子	湖南宜章	36.20	120.40		209.60			10.70	20.70	1.90	31.70	17.50	14.90	0.70	0.60

吴茱萸（石虎、密果吴萸）

Tetradium ruticarpum (A. Juss.) T. G. Hartley [*Euodia ruticarpa* (A. Juss.) Benth.]

芸香科，四数花属

特征　小乔木或灌木，高达9 m。叶有小叶5~11片，小叶薄至厚纸质，卵形、椭圆形或披针形，叶轴下部的较小，两侧对称或一侧的基部稍偏斜，边全缘或浅波状，小叶两面及叶轴被长柔毛，毛密如毡状，或仅中脉两侧被短毛，油点大且多。花序顶生；雄花序的花彼此疏离，雌花序的花密集或疏离；萼片及花瓣均5枚，偶有4枚，镊合排列；雄花花瓣腹面被疏长毛，退化雌蕊4~5深裂，下部及花丝均被白色长柔毛，雄蕊伸出花瓣之上；雌花花瓣长4~5 mm，腹面被毛，退化雄蕊鳞片状或短线状或兼有细小的不育花药，子房及花柱下部被疏长毛。果序宽（3~）12 cm，果密集或疏离，暗紫红色，有大油点，每分果瓣有1粒种子。种子近圆球形，一端钝尖，腹面略平坦，褐黑色，有光泽。花期4~6月；果期8~11月。

分布　广东：阳山县秤架，24°46′47″N，112°48′58″E，593 m，2009-09-22，董安强、胡晓敏40011219；乐昌到小洞路上，25°6′45″N，113°17′17″E，2012-11-10，王发国、于海玲、李仕裕、李许文400119230；乐昌九峰十二渡水，25°21′30″N，113°27′43″E，2011-11-16，曾庆文、陈树钢、童毅4001122221。湖南：吉首矮寨，28°21′30″N，109°33′55″E，350 m，2009-08-04，徐亮、周建军400191020；桑植县利福塔乡峰峦溪，29°18′38″N，110°06′52″E，377 m，2010-10-19，张兵、谷志容400181194；吉首市小溪，28°43′12″N，109°38′24″E，201 m，2012-08-01，张代贵、张洁40019101244；浏阳市大围山，28°25′22″N，114°7′37″E，1422 m，2009-09-22，周喜乐、黄玉滢400181029；龙山县八面山，28°32′2″N，109°9′4″E，1232 m，2010-08-12，徐亮、周建军400191114；张家界市永定区西溪坪乡，29°3′12″N，110°34′24″E，2011-11-28，张九兵、朱明德400181380。重庆：南川区三泉镇金佛山黄草坪，

29°19′20″N，107°7′1″E，1400 m，2009-09-02，刘正宇等400231041。浙江：清凉峰，30°06′16″N，118°52′25″E，2010-10-15，曾庆文、谢聪、孟玉芳40011307。湖北：鹤峰县木林子保护区，30°3′43″N，110°10′36″E，1054 m，2009-11-18，危文亮、丁时东400151027。四川：成都彭州白鹭，31°12′16″N，103°54′25″E，960 m，2011-10-23，邓星光、吴阳晨等40021111097；雅安宝兴蜂桶寨邓池沟，30°32′33″N，102°56′37″E，1756 m，2011-09-28，李志强、刘小波等40021111011。贵州：荔波县茂兰自然保护区，25°18′17″N，107°57′19″E，779 m，2012-11-23，龙春林、杨珺400221401。广西：钟山县城厢镇马路头大耀村，24°32′01″N，111°13′56″E，2009-10-18，吴望辉、黄俞淞、叶晓霞4001101048。生于平地至海拔1756 m的山地疏林或灌木丛中，多见于向阳坡地。产于秦岭以南各地，但海南未见有自然分布，曾引进栽培，均生长不良，各地有小或大量栽种。日本也有分布。

栽培 对土壤要求不严，一般山坡地、平原、房前屋后、路旁均可种植。中性，微碱性或微酸性的土壤都能生长，但作苗床时尤以土层深厚、较肥沃、排水良好的壤土或砂壤土为佳。低洼积水地不宜种植。用根插、枝插和分蘖繁殖。

用途 嫩果经泡制凉干后即是传统中药吴茱萸，简称吴萸，是苦味健胃剂和镇痛剂，又作驱蛔虫药。

含油率及化学组分数据

采集单位	测试单位	测试部位	产地	含油率(%)	碘值	酸值	皂化值	C12:0	C14:0	C16:0	C16:1	C18:0	C18:1	C18:2	C18:3	C20:0	C20:1
SCBG	SCBG	种仁	广东阳山	28.80	59.60	15.53	203.28	0.01	0.08	15.87	4.66	3.28	34.49	25.02	15.73	0.27	0.50
SCBG	SCBG	种仁	广东乐昌	21.45	35.41	32.05	231.87	0.12	0.07	9.66	0.38	4.56	29.47	41.51	6.95	0.59	6.69
SCBG	SCBG	种仁	广东乐昌	23.55						6.80		5.80	18.40	21.70	34.80		
JSU	SCBG	种仁	湖南吉首	19.40	66.63	24.65	196.25			17.45	10.21	2.27	22.87	24.46	22.03	0.19	0.53
HUST	HUST	种仁	湖南桑植	31.66	11.83			0.04	0.05	5.53	0.11	2.63	15.67	61.76	12.74	0.61	0.20
JSU	SCBG	种仁	湖南吉首	12.42	14.67	12.43	162.53										
HUST	HUST	种仁	湖南浏阳	38.45	6.13	8.84	182.14	0.02	0.10	18.49	0.16	4.83	35.16	14.83	0.12	3.04	0.38
JSU	SCBG	种仁	湖南龙山	32.14	54.14	6.00	233.57										
HUST	HUST	种仁	湖南张家界	36.15	94.87	12.63	94.43	0.01	0.05	4.12	0.05	1.88	7.39	24.45	0.19	60.25	0.16
CIPP	SCBG	种仁	重庆南川	31.19	36.45			0.12	0.16	10.48	0.24	4.39	17.82	38.02	21.79	1.13	0.42
SCBG	SCBG	种仁	浙江清凉峰	20.38	7.38	14.91	34.75		0.20	16.08	0.41	2.87	36.80	13.48	13.25	0.13	0.37
OCRI	SCBG	种仁	湖北鹤峰	22.41	64.14	29.72	123.89		0.10	7.25	0.21	1.42	51.60	29.01	0.75	0.67	
SCU	SCU	种仁	四川成都	31.54	78.71	35.53	177.20	0.10	0.05	11.32	6.11	3.07	33.92	32.78	11.86		0.43
SCU	SCU	种仁	四川雅安	14.77	93.37	6.57	177.33			4.87	1.86	1.36	23.22	34.39	35.41		
KMIB	KMIB	种仁	贵州荔波	31.00	113.90		189.30	13.20	2.90	33.30	30.50	12.30					
GXIB	SCBG	种仁	广西钟山	29.40				0.10	0.36	13.94	0.36	3.31	32.70	28.00	9.93	1.36	0.13
OFPC	JSIB	种子	江苏南京	31.20	113.90		189.30	微量	微量	13.20	7.60	2.90	33.30	30.50	12.30		
OFPC	LBG	种子	江西武宁	22.50	113.90					10.10	5.40	1.50	37.80	29.10	16.10		
OFPC	WHBG	种子	湖北罗田	35.50	124.00		192.20			10.90	6.10	1.30	36.50	28.80	16.40	微量	
OFPC	SCBG	种子	广东乐昌	24.00					微量	8.10	5.30	2.60	32.60	31.80	15.10	3.80	

牛纠吴萸（茶辣树、大牛七）

Tetradium trichotomum Lour. [*Euodia trichotoma* (Lour.) Pierre]

芸香科，四数花属

特征 稀小乔木。叶有小叶5~11片，稀3片，小叶椭圆形、长圆形或披针形，叶轴基部的常为卵形，长6~15 cm，宽2.5~6 cm，顶部渐尖，基部短尖，两侧常不对称，全缘，无毛或嫩枝及小叶被毛，散生干后变褐黑色，在扩大镜下可见油点。花序顶生，花多；萼片及花瓣均4枚；萼片阔卵形，端尖，长不及1 mm；花瓣镊合状，白色，长3~4 mm；雄花的雄蕊4枚，比花瓣稍长，花丝被少数白色长毛．退化雌蕊棒状，比花瓣略短，不分裂；雌花的退化雄蕊鳞片状，花柱及子房均淡绿色，花瓣比雄花的大。果鲜红至暗紫红色，干后暗褐色，散生微凸起、色泽较暗的油点，有横皱纹，基部常有1~2枚暗褐黑色、细小的不育心皮，每分果片有1粒种子。种子暗褐色，近圆球形而腹面略平坦，顶部稍急尖，基部浑圆，背部细脊肋状，长6~7 mm，宽5~6 mm。花期6~7月；果期9~11月。

分布 广西：蒙山县黄村乡西欧村，24°2′33″N，110°35′37″E，115 m，2011-01-05，吴磊、黄俞淞、林春蕊4001101170；那坡县平孟乡念井，22°57′54″N，105°56′2″E，860 m，2010-11-20，吴磊、黄俞淞、朱运喜4001101144。四川：龙池县，29°21′29″N，104°23′27″E，2009-10-14，王凯、樊云川40021109081。云南：马关县八寨乡大吉厂，22°55′50″N，104°01′08″E，1702 m，2010-11-11，王智、杨珺、谭英400221274；腾冲县大蒿坪，24°56′19″N，98°44′56"E，2353 m，2009-11-26，王智、隋学艺、黄巧琴400221169。生于海拔115~1702 m的山地灌木

丛或杂木林中较湿润地方。产于海南以及广东西南部、广西西部及西南部、贵州南部、云南南部。越南、老挝以及泰国北部也有分布。

栽培 播种繁殖。

用途 根及果作草药，据载治多类痛症。

含油率及化学组分数据

采集单位	测试单位	测试部位	产地	含油率(%)	碘值	酸值	皂化值	C12:0	C14:0	C16:0	C16:1	C18:0	C18:1	C18:2	C18:3	C20:0	C20:1
GXIB	SCBG	种仁	广西蒙山	24.52						7.36		2.88	11.60	74.26	0.23	0.19	0.27
GXIB	SCBG	种仁	广西那坡	34.50				38.72	0.85	7.09	2.52	0.86	17.00	3.23	0.37	0.07	0.07
SCU	SCU	种仁	四川龙池	22.95						14.42	7.48	1.89	48.84	17.04	10.33		
KMIB	KMIB	种仁	云南马关	33.00	79.10	7.70	187.40			8.69	19.14	3.66	26.18	19.67	16.88		
KMIB	KMIB	种仁	云南腾冲	17.00	98.30	2.70	186.00		0.18	10.63	2.77	4.06	36.08	21.91		23.93	
OFPC	XTBG	种子	云南勐腊	29.80	111.10	21.10	201.50	0.20	12.90	20.30	4.60	25.50	24.90	7.80	0.40	0.20	
OFPC	GXIB	种子	广西桂林	32.90	121.50		183.50			12.40	17.70	1.90	34.60	20.40	11.20	微量	

飞龙掌血（黄肉树、三百棒、大救驾）

Toddalia asiatica (L.) Lam.

芸香科，飞龙掌血属

特征 藤本。老茎干有较厚的木栓层及黄灰色、纵向细裂且凸起的皮孔，茎枝及叶轴有甚多向下弯钩的锐刺；当年生嫩枝的顶部有褐或红锈色甚短的细毛，或密被灰白色短毛。小叶无柄，对光透视可见密生的透明油点，揉之有类似柑橘叶的香气，卵形、倒卵形、椭圆形或倒卵状椭圆形。长5~9 cm，宽2~4 cm，顶部尾状长尖或急尖而钝头，有时微凹缺，叶缘有细裂齿，侧脉甚多而纤细。花梗甚短，基部有极小的鳞片状苞片，花淡黄白色；萼片长不及1 mm，边缘被短毛；花瓣长2~3.5 mm；雄花序为伞房状圆锥花序；雌花序呈聚伞圆锥花序。果橙红或朱红色，径8~10 mm或稍较大，有4~8条纵向浅沟纹，干后甚明显。种皮褐黑色，有极细小的窝点。花期几乎全年，在五岭以南各地，多于春季开花，沿长江两岸各地，多于夏季开花；果期多在秋、冬季。

分布 广西：钟山县花山瑶族乡保安村大江边组，24°32′37″N，111°05′54″E，2009-10-19，吴望辉、黄俞淞、叶晓霞4001101052。湖南：通道县甘溪恩戈破岩林场，25°53′39″N，109°45′6″E，256 m，2010-12-16，张兵、谷志容400181257；龙山县大安乡大安村，29°16′4″N，109°23′37″E，890 m，2010-08-14，徐亮、周建军400191115。江西：安福县武功山，27°23′32″N，114°5′44″E，453 m，2010-10-23，凡强、李朋远400146017。福建：梁野山新化村，25°17′42″N，116°16′50″E，451 m，2012-11-24，易绮斐、李玉玲、宁阳阳400119295。从平地至海拔2000 m山地，较常见于灌木、小乔木的次生林中，攀缘于它树上，石灰岩山地也常见。产于秦岭南坡以南各地，最北限见于陕西西乡县，南至海南，东南至台湾，西南至西藏东南部。

栽培 对土壤适应性强，在中性土壤中生产良好。播种繁殖。

用途 全株用作草药，多用其根，治感冒风寒、胃痛、肋间神经痛、风湿骨痛、跌打损伤、咯血等。

含油率及化学组分数据

采集单位	测试单位	测试部位	产地	含油率(%)	碘值	酸值	皂化值	C12:0	C14:0	C16:0	C16:1	C18:0	C18:1	C18:2	C18:3	C20:0	C20:1
GXIB	SCBG	种仁	广西钟山	10.00				0.29	0.10	7.24	0.49	3.62	8.86	48.71	23.61	1.63	0.20
HUST	HUST	种仁	湖南通道	1.31	110.77	0.28	200.25	0.12	0.29	6.57	0.15	3.69	15.35	29.86	0.02	40.03	0.12
JSU	SCBG	种仁	湖南龙山	10.52	22.83	24.82	229.63										
SYSU	SCBG	种仁	江西安福	20.16	101.82	12.47	184.62		0.03	4.40	0.08	2.35	22.47	38.76	0.32	2.74	8.04
SCBG	SCBG	种仁	福建梁野山	32.50	99.72	39.81	167.08										

刺花椒（岩花椒）

Zanthoxylum acanthopodium DC.

芸香科，花椒属

特征　小乔木，高达4 m。树皮灰黑色。枝有锐刺，刺基部扁而宽，当年生枝被微柔毛或褐锈色短柔毛。叶有小叶3~9片，偶有单小叶，翼叶明显，少有，仅具痕迹；小叶对生，无柄，纸质，卵状椭圆形或披针形，长6~10 cm，宽2~4 cm，叶缘有疏离细裂齿，齿缝处有1油点，其余油点不明显，稀全缘，两面无毛或被褐锈色短柔毛。花序自去年生或老枝的叶腋间抽出，雄花序稀长达3 cm，雌花序更短；花被片6~8，淡黄绿色，狭披针形，长约1.5 mm；雄蕊5枚，花丝紫红色，长达3 mm；退化雌蕊半圆形垫状；雌花有心皮2~3枚，心皮背面顶侧有一油点，花柱约与子房等长，分离，外弯。果序围生于枝干上，果紫红色，油点大，凸起，单个分果片径约4 mm。种子径约3 mm。花期4~5月；果期9~10月。也有花、果同挂于枝上的。

分布　云南：文山麻栗坡，23°21′38″N，105°02′42″E，1468 m，2010-11-08，王智、杨珺、谭英400221059。产广东、广西、湖南、四川、贵州、云南。生境与竹叶花椒相同。

栽培　播种繁殖。

用途　根与果皮含属于三萜类挥发油β-amyrin、β-amyrinone、l-lupeol及lignans类之podotoxin、acanthoxin、l-sesamin、syringeresinol、fargesin、pluviatilol等。

含油率及化学组分数据

采集单位	测试单位	测试部位	产地	含油率(%)	碘值	酸值	皂化值	C12:0	C14:0	C16:0	C16:1	C18:0	C18:1	C18:2	C18:3	C20:0	C20:1
KMIB	KMIB	种子	云南文山	26.00	135.70	22.60	212.10	0.11	0.22	19.09	0.33	5.23	24.85	23.92		25.37	

毛刺花椒

Zanthoxylum acanthopodium var. **timbor** Hook. f.

芸香科，花椒属

特征　乔木。与原变种的区别在于：枝、叶均密被锈色的短柔毛，分果瓣亦被毛。花期4~5月；果期9~10月。

分布　云南：昆明市东郊呼马山，22°44′37″N，100°59′4″E，1980 m，2010-11-04，张国学400222137。生于杂木林或灌丛中，分布海拔达2800 m。产于广西西部、四川西南部、云南南部、西藏东南部。缅甸、印度、尼泊尔也有分布。

栽培　生于多类生境：在密林下水沟边湿润地方的其小叶较大，翼叶有时甚窄以至仅有痕迹；生于较干燥坡地灌木丛中的其小叶甚小，长1~1.5 cm，宽0.4~0.6 cm。播种繁殖。

用途　果皮含精油0.57%~2.0%。根作草药，味辛，麻舌，性温；果作花椒代品，为食品调味剂及香料。昆明市郊集市上的鲜花椒即是本种。

含油率及化学组分数据

采集单位	测试单位	测试部位	产地	含油率(%)	碘值	酸值	皂化值	C12:0	C14:0	C16:0	C16:1	C18:0	C18:1	C18:2	C18:3	C20:0	C20:1
KMIB	KMIB	种仁	云南昆明	21.21	127.80	20.00	197.30				28.68	0.42	10.54	44.36			
OFPC	KMIB	种子	云南昆明	18.60	125.00		206.30			17.30	微量	5.50	47.20	22.80	7.20		

椿叶花椒(樗叶花椒、满天星、刺椒)

Zanthoxylum ailanthoides Sieb. et Zucc.

芸香科，花椒属

特征 落叶乔木，高稀达15 m，胸径30 cm。茎干有鼓钉状、基部宽达3 cm、长2~5 mm的锐刺，当年生枝的髓部甚大，常空心，花序轴及小枝顶部常散生短直刺，各部无毛。叶有小叶11~27片或稍多；小叶整齐对生，狭长披针形或位于叶轴基部的近卵形，顶部渐狭长尖，基部圆，对称或一侧稍偏斜，叶缘有明显裂齿，油点多，肉眼可见，叶背灰绿色或有灰白色粉霜；中脉在叶面凹陷，侧脉每边11~16条。花序顶生，多花，几无花梗；萼片及花瓣均5枚；花瓣淡黄白色，长约2.5 mm；雄花的雄蕊5枚；退化雌蕊极短，2~3浅裂；雌花有心皮3枚，稀4枚，果梗长1~3 mm；分果瓣淡红褐色，干后淡灰或棕灰色，顶端无芒尖，径约4.5 mm，油点多，干后凹陷。种子径约4 mm。花期8~9月；果期10~12月。

分布 湖南：湘潭县响水乡，27°54′57″N，112°54′39″E，58 m，2009-10-06，严岳鸿、黄玉滢400181041。浙江：舟山市普陀山，30°14′12″N，122°42′21″E，11 m，2009-11-14，王发国、翟俊文400113028。贵州：册亨县，25°10′52″N，106°08′21″E，928 m，2012-11-12，杨珺400221395。见于海拔11~1500 m的山地杂木林中。除江苏、安徽未见记录，云南仅产于富宁外，长江以南各地均有。在四川西部，本种常生于以山茶属及栎属植物为主的常绿阔叶林中。

栽培 扦插或分株繁殖。

用途 果可入药。

含油率及化学组分数据

采集单位	测试单位	测试部位	产地	含油率(%)	碘值	酸值	皂化值	C12:0	C14:0	C16:0	C16:1	C18:0	C18:1	C18:2	C18:3	C20:0	C20:1
HUST	HUST	种仁	湖南湘潭	29.94	103.98	5.57	216.87			10.72	38.57		3.53		21.65	25.53	
SCBG	SCBG	种仁	浙江舟山	22.67	73.35	45.93	183.51										
KMIB	KMIB	种仁	贵州册亨	42.70	120.20			20.10	1.10	51.30	12.40	5.70					
OFPC	GXIB	种子	广西兴安	33.70	120.20					20.10	7.10	1.10	51.30	12.40	5.70		

竹叶花椒

Zanthoxylum armatum DC.

芸香科，花椒属

特征 落叶小乔木，高3~5 m的。茎枝多锐刺，小叶背面中脉上常有小刺，仅叶背基部中脉两侧有丛状柔毛，或嫩枝梢及花序轴均被褐锈色短柔毛。叶有小叶3~9片、稀11片；小叶对生，通常披针形，两端尖，有时基部宽楔形，干后叶缘略向背卷，叶面稍粗皱，或为椭圆形，顶端中央一片最大，基部一对最小；有时为卵形，叶缘有甚小且疏离的裂齿，或近于全缘，仅在齿缝处或沿小叶边缘有油点。花序近腋生或同时生于侧枝之顶，有花约30朵以内；花被片6~8，形状与大小几相同；雄花的雄蕊5~6枚，药隔顶端有1干后变褐黑色油点；不育雌蕊垫状凸起，顶端2~3浅裂；雌花有心皮3~2枚，背部近顶侧各有一油点，花柱斜向背弯，不育雄蕊短线状。果紫红色，有微凸起少数油点，单个分果瓣径4~5 mm。种子径3~4 mm，褐黑色。花期4~5月；果期8~10月。

分布 广西：龙胜县和平乡金江村，25°53′37″N，111°4′46″E，420 m，2012-10-13，许为斌4001101334。湖南：永顺万坪，29°10′32″N，109°50′43″E，631 m，2009-07-19，陈功锡、徐亮400191009；湘潭县响水乡，27°54′56″N，112°54′39″E，57 m，2009-10-07，严岳鸿、黄玉滢400181045；吉首小溪，28°21′16″N，109°43′49″E，240 m，2009-07-12，陈功锡、徐亮400191012。江苏：盱眙市铁山寺，32°44′5″N，118°28′21″E，145 m，2010-10-01，李宏庆、胡超、董全英4001171083。湖北：神农架林区松柏镇八角庙路边，31°42′59″N，110°16′08″E，1153 m，2009-08-16，李晓东、任明迅40012121；神农架林区红坪镇红举村，31°42′59″N，110°16′08″E，1153 m，2012-09-03，危文亮、赵永国等400151209。重庆：南川区三泉镇三泉石门沟，29°45′38″N，107°7′34″E，584 m，2009-09-29，刘正宇等400231077。四川：越西县乃托乡，28°43′15″N，102°36′23″E，2009-10-21，王凯、樊云川40021109102。云南：麻栗坡县麻栗乡茨竹坝，23°4′56″N，104°45′55″E，1689 m，2010-11-09，王智、杨珺、谭英400221254。产于山东以南，南至海南，东南至台湾，西南至西藏东南部。日本、朝鲜以及东南一些国家也有分布。

栽培 对土壤适应性较强，在中性至酸性土壤上均能生长，尤其适宜石灰性山地和深厚肥沃、湿润的沙地上，过于干旱与低洼易涝处不宜栽植。播种繁殖。可以秋、冬季或春插。

用途 果用作食物的调味料及防腐剂。

含油率及化学组分数据

采集单位	测试单位	测试部位	产地	含油率(%)	碘值	酸值	皂化值	C12:0	C14:0	C16:0	C16:1	C18:0	C18:1	C18:2	C18:3	C20:0	C20:1
GXIB	SCBG	种仁	广西龙胜	39.41				0.33	0.33	15.33		4.67	9.00	51.00	17.00		
JSU	SCBG	种仁	湖南永顺	11.2	71.20	39.08	225.32			16.58	18.44	2.26	17.62	19.48	24.86	0.23	0.51
HUST	HUST	种仁	湖南湘潭	22.61	116.30	19.34	214.56			9.20			3.69	18.06	26.38	42.67	
JSU	SCBG	种仁	湖南吉首	4.70	7.91	15.03	164.14										
ECNU	SCBG	种仁	江苏盱眙	14.05	116.25	39.63	192.01		0.056	14.58	16.78	2.06	11.50	20.65	34.23		0.15
WHBG	WHBG	种仁	湖北神农架	9.10	130.78	67.28	172.65			22.20	33.00	0.80	24.00	8.80	6.50		3.90
OCRI	SCBG	种仁	湖北神农架	35.21	56.46	0.45	166.30		0.14		1.11		59.85		15.48		0.12
CIPP	SCBG	种仁	重庆南川	32.15					0.06	6.07	0.27	1.36	59.91	29.92	0.13	0.12	0.08
SCU	SCU	种仁	四川越西	29.24	95.40	2.30	148.50			16.52	29.25	1.57	21.51	13.60	17.55		
KMIB	KMIB	种仁	云南麻栗坡	22.60	120.00	26.30	197.10			11.66	27.81	1.82	21.84	14.76	21.22		
OFPC	GXIB	种子	广西龙州	31.00	131.90					14.80	34.80	1.60	24.00	11.20	11.50		
OFPC	WHBG	种子	湖北武汉	28.70			219.50		0.60	16.70	20.20	0.90	26.80	17.30	17.50	0.60	
OFPC	NIB	种子	陕西南郑	11.90	135.00		193.60			16.2	29.90	1.80	20.90	13.70	16.50		
OFPC	CIB	种子	四川金阳	24.00	79.40		227.00			29.20		微量	35.00	15.80	13.30		
OFPC	SCBG	种子	湖南宜章	29.20	14.70		195.50		微量	18.00	17.30	3.00	32.20	16.60	11.20		

毛竹叶花椒

Zanthoxylum armatum var. **ferrugineum** (Rehd. et Wils.) C.C. Huang

芸香科，花椒属

特征　嫩枝梢及花序轴、有时叶轴均有褐锈色短柔毛。花、果期与竹叶花椒相同。

分布　湖南：桑植县利福塔乡峰峦溪，29°18′30″N，110°6′52″E，400 m，2010-10-19，张兵、谷志容400181193。湖北：神农架林区下谷乡石柱河31°31′32″N，110°29′58″E，1577 m，2012-08-29，危文亮、赵永国等400151178。生境与竹叶花椒相同。产于广东、广西、湖南、四川、贵州、云南。

栽培　播种繁殖。

用途　果用作食物的调味料及防腐剂。

含油率及化学组分数据

采集单位	测试单位	测试部位	产地	含油率(%)	碘值	酸值	皂化值	C12:0	C14:0	C16:0	C16:1	C18:0	C18:1	C18:2	C18:3	C20:0	C20:1
HUST	HUST	种仁	湖南桑植	18.96	80.75	136.60	200.09			10.23			14.35	23.98	27.27	24.16	
OCRI	SCBG	种仁	湖北神农架	32.68	4.18	12.87	191.96	0.06	0.07	1.51	0.46	2.83	12.70		2.15		

簕欓花椒（花椒簕、鸡咀簕、画眉簕）

Zanthoxylum avicennae (Lam.) DC.

芸香科，花椒属

特征　落叶乔木。树干有鸡爪状刺，刺基部扁圆而增厚，形似鼓钉，并有环纹，幼龄树的枝及叶密生刺，各部无毛。叶有小叶11~21片，稀较少；小叶通常对生或偶有不整齐对生，斜卵形、斜长方形或呈镰刀状，有时倒卵形，长2.5~7 cm，宽1~3 cm，顶部短尖或钝，两侧甚不对称，全缘，或中部以上有疏裂齿，鲜叶的油点肉眼可见，也有油点不显的，叶轴腹面有狭窄、绿色的叶质边缘，常呈狭翼状。花序顶生，花多；花序轴及花硬有时紫红色；雄花梗长1~3 mm；萼片及花瓣均5枚；萼片宽卵形，绿色；花瓣黄白色，雌花的花瓣比雄花的稍长，长约2.5 mm；雄花的雄蕊5枚；退化雌蕊2浅裂；雌花有心皮2枚很少3枚；退化雄蕊极小。果梗长3~6 mm，总梗比果梗长1~3倍。种子径3.5~4.5 mm。花期6~8月；果期10~12月，也有10月开花的。

分布　海南：陵水县本号镇吊罗山新安林场，18°44′05″N，109°50′13″E，2009-11-26，秦新生400116184。广东：25°21′45″N，113°24′51″E，乐昌九峰乡十二渡水，曾庆文、陈树钢、童毅4001122208；东莞市谢岗乡银瓶山仙水道，23°2′34″N，113°46′59″E，2012-11-02，邢福武、叶心芬、宁阳阳400113134；从化市桃园镇石门国家森林公园，23°31′28″N，113°34′39″E，581 m，2009-11-04，易绮斐、林铎清、徐蕾400119002。生于低海拔平地、坡地或谷地，多见于次生林中。产于海南、广东、广西、台湾、云南。见于北纬约25°以南地区。菲律宾以及越南北部也有。

栽培　全日照、半日照均可。栽培土质以腐叶土或砂质壤土为佳。播种或扦插繁殖。春、秋季为适期。每1~2个月施肥1次，氮肥略多。春、秋季应施以强剪。

用途　鲜叶、根皮及果皮均有花椒气味，民间用作草药。

含油率及化学组分数据

采集单位	测试单位	测试部位	产地	含油率(%)	碘值	酸值	皂化值	C12:0	C14:0	C16:0	C16:1	C18:0	C18:1	C18:2	C18:3	C20:0	C20:1
SCAU	SCBG	种仁	海南陵水	29.40	74.66	7.65	218.55	0.08		20.26	3.88	1.40	60.9	6.74	6.40	0.07	0.29
SCBG	SCBG	种仁	广东乐昌	17.24	114.17	3.85	210.81			11.8		2.2	15.4	69.1	0.7	0.7	
SCBG	SCBG	种仁	广东东莞	22.11	19.96	18.51	200.59			2.11		1.96	28.82	31.66	0.22	1.61	0.20
SCBG	SCBG	种仁	广东从化	20.35	109.21	12.83	209.17										
OFPC	SCBG	种子	广东高要	34.80	122.30		191.60		微量	14.80	微量	1.10	36.00	24.00	24.10		

花椒（椒、檓、大椒）

Zanthoxylum bungeanum Maxim.

芸香科，花椒属

特征 落叶小乔木，高3~7 m。茎干上的刺常早落，枝有短刺，小枝上的刺基部宽而扁，呈劲直的长三角形。叶有小叶5~13片，叶轴常有甚狭窄的叶翼；小叶对生，无柄，卵形，椭圆形，稀披针形，位于叶轴顶部的较大，近基部的有时圆形，长2~7 cm，宽1~3.5 cm，叶缘有细裂齿，齿缝有油点，其余无或散生肉眼可见的油点，中脉在叶面微凹陷，叶背干后常有红褐色斑纹。花序顶生或生于侧枝之顶，花序轴及花梗密被短柔毛或无毛；花被片6~8，黄绿色，形状及大小大致相同；雄花的雄蕊5枚或多至8枚；退化雌蕊顶端叉状浅裂；雌花很少有发育雄蕊，有心皮3枚或2枚，间有4个，花柱斜向背弯。果紫红色，单个分果瓣径4~5 mm，散生微凸起的油点，顶端有甚短的芒尖或无。种子长3.5~4.5 mm。花期4~5月；果期8~9月或10月。

分布 广东：阳山县秤架东坑，24°48′40″N，112°46′01″E，462 m，2010-10-28，王发国400113094。湖南：永顺小溪，28°47′44″N，110°12′54″E，780 m，2009-08-07，徐亮、周建军400191008。江西：资溪县马头山自然保护区，27°47′34″N，117°14′36″E，358 m，2011-10-21，凡强、景慧娟4001412017。江苏：盱眙市铁山寺，32°44′5″N，118°28′21″E，145 m，2010-10-01，李宏庆、桂萍、熊申展4001171084。山东：淄博，36°18′30″N，117°13′38″E，200 m，2009-08-18，赵伟华400311023。湖北：神农架松柏，31°45′2″N，110°39′50″E，1021 m，2010-07-30，李晓东、昝艳燕、罗曼曼400121143。四川：泸定县冷碛乡海子坪，29°54′30″N，101°12′45″E，2009-08-24，干有民400241054。贵州：施秉县马溪乡，27°17′27″N，108°03′27″E，1038 m，2011-11-23，孟玉芳、宋贤利、王喆旻400114187。云南：峨山县文山村，24°19′12″N，102°10′12″E，1652 m，2009-07-15，李忠荣、李恩乾400222057。西藏：波密县古乡索通村，29°59′45″N，95°18′36″E，2425 m，2011-09-07，干友民400241166；波密县扎木乡，29°50′41″N，95°46′40″E，2770 m，2011-09-06，干友民400241164。见于平原至海拔较高的山地，在青海见于海拔2500 m的坡地，也有栽种。产地北起东北南部，南至五岭北坡，东南至江苏、浙江沿海地带，西南至西藏东南部；台湾、海南以及广东不产。

栽培 耐旱，喜阳光。适肥沃之砂质壤土。播种繁殖。

用途 果实常作为食品调味用。

含油率及化学组分数据

采集单位	测试单位	测试部位	产地	含油率(%)	碘值	酸值	皂化值	C12:0	C14:0	C16:0	C16:1	C18:0	C18:1	C18:2	C18:3	C20:0	C20:1
SCBG	SCBG	种仁	广东阳山	36.45	23.45	12.47	202.78		0.12	22.42	0.45	3.62	5.64	45.50	62.84	0.11	0.45
JSU	SCBG	种仁	湖南永顺	23.90	66.49	32.01	211.59			15.97	0.72	3.66	30.03	27.30	13.68	0.35	0.63
SYSU	SCBG	种仁	江西资溪	9.86	124.53	1.09	176.07		0.04	8.29	0.24	3.62	10.99	70.50	1.69	0.28	0.13
ECNU	SCBG	种仁	江苏盱眙	19.32	117.62	22.09	268.17	0.02	0.10	23.03	0.47	4.25	27.11	25.75	17.77	0.28	1.22
ICS	ICS	种子	山东淄博	14.02	83.99	10.68	241.34		0.14	16.80	3.72	3.86	41.86	14.18	7.16	0.32	0.68
WHBG	WHBG	种仁	湖北神农架	21.65				0.12	0.27	4.33		1.98	7.25	40.71	0.95	0.40	0.14
SCU	SCBG	种仁	四川泸定	16.16	25.60	15.39	198.22	0.04	0.09	14.37	0.17	5.56	31.91	27.04	3.19	1.24	0.74
SCBG	SCBG	种仁	贵州施秉	33.15	94.78	5.71	192.20										
KMIB	KMIB	种仁	云南峨山	23.98	49.60	46.30	0.20				15.27	6.31	2.76	31.44	28.89	21.81	
SICAU	SCBG	种仁	西藏波密	6.28	65.99	35.81	192.71			22.66	8.83	2.75	32.91	12.89	13.94	1.49	4.51
SICAU	SCBG	种仁	西藏波密	23.88	34.60	7.17	34.75		0.04	8.29	0.24	3.62	10.99	70.50	1.69	0.28	0.13
OFPC	NIB	种子	陕西蒲城	24.40	104.50	65.20	206.00			24.80	6.70	0.50	30.50	19.40	18.10		微量
OFPC	KMIB	种子	云南富民	26.70	132.50	12.50	190.40			12.90	22.30	2.40	17.90	18.70	25.80		

石山花椒
Zanthoxylum calcicola C.C. Huang
芸香科，花椒属

特征 直立或攀附性灌木，高2~3 m。一年生枝被微柔毛及有灰白色薄片状蜡鳞层，嫩枝及叶轴有少数短钩刺。叶有小叶9~31片，叶轴腹面、小叶柄及小叶腹面中脉至少下半段均密被微柔毛或短柔毛；小叶披针形或斜长圆形，稀卵形，长2~5 cm，宽0.7~2.5 cm，稀位于顶部的1~2片稍较长，叶缘近顶部有少数浅裂齿，顶端有浅凹缺，缺口上有一油点，基部近于圆或宽楔形，常一侧略偏斜，油点不明显或甚少数，仅对光透视时可见；中脉在叶面平坦或下半段微凹陷，侧脉每边9~12条；小叶柄长1~3 mm。花序腋生，萼片及花瓣均为4枚。果序圆锥状，长3~6 cm，果梗长稀超过5 mm；单个分果瓣长5~6 mm，有干后凹陷的油点。种子径3.5~4.5 mm。花期3~4月；果期9~11月。

分布 云南：文山州麻栗坡县大坪乡，23°13′30″N，104°54′09″E，2011-10-14，曾庆文、陈树钢、杨国400114238。见于海拔500~1200 m的山地疏林中。产广西西部、贵州西南部、云南东南部。

栽培 播种繁殖。

用途 可用于石山绿化。

含油率及化学组分数据

采集单位	测试单位	测试部位	产地	含油率(%)	碘值	酸值	皂化值	C12:0	C14:0	C16:0	C16:1	C18:0	C18:1	C18:2	C18:3	C20:0	C20:1
SCBG	SCBG	种仁	云南文山	33.21				0.02	0.10	4.45	0.09	1.76	26.10	66.16	0.22	0.60	0.51

砚壳花椒
Zanthoxylum dissitum Hemsl.
芸香科，花椒属

特征 攀缘藤本。老茎的皮灰白色；枝干上的刺多劲直，叶轴及小叶中脉上的刺向下弯钩，刺褐红色。叶有小叶5~9片，稀3片；小叶互生或近对生，形状多样，长达20 cm，宽1~8 cm或更宽，全缘或叶边缘有裂齿（针边蚬壳花椒），两侧对称，稀一侧稍偏斜，顶部渐尖至长尾状，厚纸质或近革质，无毛；中脉在叶面凹陷，油点甚小。花序腋生，通常长不超过10 cm，花序轴有短细毛；萼片及花瓣均4枚，油点不显；萼片紫绿色，宽卵形，长不及1 mm；花瓣淡黄绿色，宽卵形，长4~5 mm；雄花的花梗长1~3 mm；雄蕊4枚，花丝长5~6 mm；退化雌蕊顶端4浅裂；雌花无退化雄蕊。果密集于果序上，果梗短；果棕色，外果皮比内果皮宽大，外果皮平滑，长10~15 mm，残存花柱位于一侧，长不超过1/3 mm。种子径8~10 mm。花期4~5月；果期9~10月。

分布 海南：陵水吊罗山，18°41′55″N，109°52′51″E，665 m，2012-11-30，邢福武、刘东明、王鹏、叶心芬、宁阳阳400119201。湖南：城步县丹口镇桃林村，26°14′1″N，110°14′58″E，614 m，2009-11-26，黄玉滢、张兵400181134；张家界永定区西溪坪乡，29°2′45″N，110°36′10″E，2011-11-28，张九兵、朱明德400181383；吉首市小溪，28°20′41″N，109°44′7″E，197 m，2009-08-30，陈功锡、徐亮400191036。贵州：荔波县茂兰自然保护区，25°18′17″N，107°57′19″E，779 m，2012-11-23，龙春林、杨珺400221403。生于海拔197~1500 m的坡地杂木林或灌木丛中，石灰岩山地及土山均有生长。产于陕西及甘肃二省南部，东界止于长江三峡地区，南界止于五岭北坡。在广西、贵州，多生于石灰岩山地；在四川西部，它见于以刺竹、柯树、丝栗为主的阔叶混交林内。

栽培 播种繁殖。

用途 根、茎用作草药，味辛、苦，有小毒；或味甘、辛，无毒，有祛风止痛，理气化痰，活血散瘀的功效，治多类痛症及跌打扭伤。

含油率及化学组分数据

采集单位	测试单位	测试部位	产地	含油率(%)	碘值	酸值	皂化值	C12:0	C14:0	C16:0	C16:1	C18:0	C18:1	C18:2	C18:3	C20:0	C20:1
SCBG	SCBG	种仁	海南陵水	37.20	101.46	4.98	195.55										
HUST	HUST	种仁	湖南城步	29.25	126.50	0.71	199.78		0.14	5.30	0.50	1.70	39.73	41.72	0.39	0.16	0.32
HUST	HUST	种仁	湖南张家界	24.36	45.58	101.95	121.29		0.14	5.30	0.50	1.70	39.73	41.72	0.39	0.16	0.32
JSU	SCBG	种仁	湖南吉首	35.20	10.32	13.89	175.80	0.01	0.04	3.87	0.08	2.63	11.25	80.24	0.99	0.74	0.14
KMIB	KMIB	种仁	贵州荔波	17.60	142.60		210.60	26.80	4.40	39.60	16.80	7.60					
OFPC	GXIB	种子	广西贺县	18.40	142.60		210.60	0.30	0.20	26.80	2.70	4.40	39.60	16.80	7.50	0.30	0.60

刺壳花椒

Zanthoxylum echinocarpum Hemsl.

芸香科，花椒属

特征 攀缘藤本。嫩枝的髓部大；枝、叶有刺，叶轴上的刺较多，花序轴上的刺长短不均但劲直，嫩枝、叶轴、小叶柄及小叶叶面中脉均密被短柔毛。叶有小叶5~11片，稀3片；小叶厚纸质，互生，或有部分为对生，卵形，卵状椭圆形或长椭圆形，长7~13 cm，宽2.5~5 cm，基部圆，有时略呈心脏形，全缘或近全缘，在叶缘附近有干后变褐黑色细油点，在扩大镜下可见，有时在叶背沿中脉被短柔毛；小叶柄长2~5 mm。花序腋生，有时兼有顶生；萼片及花瓣均4枚，萼片淡紫绿色；花瓣长2~3 mm；雄花的雄蕊4枚；雌花有心皮4枚，稀3枚或5枚，花后不久长出短小的芒刺；果梗长1~3 mm，通常几无果梗；分果瓣密生长短不等且有分枝的刺，刺长可达1 cm。种子径6~8 mm。花期4~5月；果期10~12月。

分布 湖南：沅陵县借母溪乡，28°46′26″N，110°27′11″E，2011-10-22，张九兵、朱明德400181318；永顺县小溪茶园溪，28°46′14″N，110°13′59″E，355 m，2010-10-03，肖艳、徐亮400191138；吉首德夯，28°20′32″N，109°36′13″E，521 m，2011-11-06，徐亮、周建军40019101187。生于山坡灌木丛中。产于广东、广西、湖南、湖北、四川、贵州、云南。

栽培 播种繁殖。

用途 可作荒山绿化。

含油率及化学组分数据

采集单位	测试单位	测试部位	产地	含油率(%)	碘值	酸值	皂化值	C12:0	C14:0	C16:0	C16:1	C18:0	C18:1	C18:2	C18:3	C20:0	C20:1
HUST	HUST	种仁	湖南沅陵	35.18	102.37	0.88	202.17	0.01	0.04	7.85	0.63	1.66	10.75	75.40	0.42	0.36	0.17
JSU	SCBG	种仁	湖南永顺	38.45	1.85	18.13	143.21		0.02	6.57	0.04	0.19	18.96	10.32	63.10	0.56	0.23
JSU	SCBG	种子	湖南吉首	23.47	62.11	20.14	200.36	0.02		7.85	0.46	2.32	21.38	21.38	17.01	1.02	0.28
OFPC	SCBG	种子	广东乳源	28.70	127.30		203.20		0.70	14.80		1.80	28.30	29.70	24.10		0.40

小花花椒

Zanthoxylum micranthum Hemsl.

芸香科，花椒属

特征 落叶乔木，高达15 m。茎、枝有稀疏短锐刺；花序轴及上部小枝均无刺或少刺。叶有小叶9~17片；小叶对生，或位于叶轴下部的不为整齐对生，披针形，长5~8 cm，宽1~3 cm，顶部渐狭长尖，基部圆或宽楔形，两侧对称，或一侧的基部圆，另一侧基部略楔尖，干后叶背色较淡，两面无毛，油点多，对光透视清晰可见，叶缘有钝或圆裂齿；中脉凹陷，侧脉每边8~12条；小叶柄长1.5~5 mm。花序顶生，花多；萼片及花瓣均5枚；萼片宽卵形，宽约1~3 mm；花瓣淡黄白色，长1.5~21 mm；雄花的雄蕊5枚，花盛开时长约3 mm；退化雌蕊极短，3浅裂或不裂；雌花的心皮3枚，稀4枚。分果瓣淡紫红色，干后淡灰黄或灰褐色，径约5 mm，顶端无或几无芒尖，油点小。种子长不超过4 mm。花期7~8月；果期10~11月。

分布 湖南：桑植县五道水镇江西坪，29°39′45″N，109°54′51″E，794 m，2009-09-27，张兵400181055；永顺县抚志乡牛路河，28°56′38″N，109°51′51″E，447 m，2011-11-22，徐亮、钱凯歌40019101222。湖北：宜昌市兴山（百羊寨），31°25′28″N，110°33′5″E，766 m，2011-07-13，丁时东400151157。四川：峨眉山市观音乡，29°29′25″N，103°21′4″E，1000 m，2009-10-24，王凯、樊云川40021109108。云南：云龙县志本山，25°43′18″N，99°08′05″E，2408 m，2009-11-19，王智、隋学艺、黄巧琴400221127。生于海拔300~1000 m的坡地疏林中。产于湖南、湖北、四川、贵州、云南。

栽培 播种繁殖。

用途 可栽植于园林供观赏。

含油率及化学组分数据

采集单位	测试单位	测试部位	产地	含油率(%)	碘值	酸值	皂化值	C12:0	C14:0	C16:0	C16:1	C18:0	C18:1	C18:2	C18:3	C20:0	C20:1
HUST	HUST	种仁	湖南桑植	26.50	118.50	4.45	184.33	0.02	0.06	9.30	0.13	2.65	9.71	42.62	28.28	1.07	0.09
JSU	SCBG	种仁	湖南永顺	35.18	6.44	6.24	170.81		0.06	8.24	0.04	3.15	17.33	69.97	0.71	0.19	0.31
OCRI	SCBG	种仁	湖北宜昌	23.40	87.63	6.43	138.92	0.19	2.15	10.94	3.55	2.15	54.82	20.02	2.15	0.37	
SCU	SCU	种仁	四川峨眉山	21.80	114.80	1.80	198.40										
KMIB	KMIB	种仁	云南云龙	18.33													
OFPC	SCBG	种子	广东乳源	33.50			194.90	微量	微量	15.10	15.10	1.30	31.50	18.50	17.00		

朵花椒（鼓钉皮、朵椒、刺风树）

Zanthoxylum molle Rehd.

芸香科，花椒属

特征 落叶乔木，高达10 m。树皮褐黑色。茎干有鼓钉状锐刺；嫩枝暗紫红色，嫩枝的髓部大且中空；花序轴及枝顶部散生较多的短直刺。叶轴浑圆，常被短毛；叶有小叶13~19片，生于顶部小枝上的通常5~11片；小叶对生，几无柄，厚纸质，阔卵形或椭圆形，稀近圆形，顶部急尖，基部圆或略呈心脏形，两侧对称，稀一侧偏斜，全缘或有细裂齿；中脉在叶面凹陷，侧脉每边11~17条；叶背密被白灰色或黄灰色毡状绒毛，油点不显或稀少，在扩大镜下可见。花序顶生，多花；总花梗常有锐刺；花梗淡紫红色，密被短毛；萼片及花瓣均5枚；花瓣白色；雄花的退化雌蕊约与花瓣等长，顶端3浅裂；雌花的退化雄蕊极短；心皮3枚。果柄及分果瓣淡紫红色，干后淡黄灰至灰棕色，顶端无芒尖，径4~5 mm，油点多，干后凹陷。种子径3.5~4 mm。花期6~8月；果期10~11月。

分布 湖南：桑植县八大公山斗篷山，29°41′21″N，109°46′12″E，1531 m，2010-10-22，张兵、谷志容400181197。江西：铜鼓县大沩山林场，28°29′13″N，114°15′19″E，319 m，2010-11-09，张兵、严亚琴400181222；安福县武功山，27°23′14″N，114°5′39″E，421 m，2010-10-23，凡强、李朋远400146019。生于海拔100~1531 m丘陵地较干燥的疏林或灌木丛中。产于湖南、江西、浙江、安徽、贵州。

栽培 播种繁殖。

用途 可栽植于园林供观赏。

含油率及化学组分数据

采集单位	测试单位	测试部位	产地	含油率(%)	碘值	酸值	皂化值	C12:0	C14:0	C16:0	C16:1	C18:0	C18:1	C18:2	C18:3	C20:0	C20:1
HUST	HUST	种仁	湖南桑植山	38.15	122.16	40.43	200.78	0.05	1.78	19.45	0.58	7.28	46.29	8.40	1.37	2.92	0.18
HUST	HUST	种仁	江西铜鼓	30.15	117.16	0.67	201.73	15.97		18.17	2.99	4.81	2.59			0.10	0.20
SYSU	SCBG	种仁	江西安福	21.10	65.39	22.63	199.78	0.04	0.39	32.42	1.92	3.38	45.70	9.61	5.72	0.10	0.72
OFPC	SCBG	种子	湖南衡山	35.10	125.90		192.60	0.50		15.20	1.60	1.60	39.60	19.80	21.30		0.40

大叶臭椒

Zanthoxylum myriacanthum Wall. ex Hook. f.

芸香科，花椒属

特征 落叶乔木，高稀达15 m，胸径约25 cm。茎干有鼓钉状锐刺，花序轴及小枝顶部有较多劲直锐刺，嫩枝的髓部大而中空，叶轴及小叶无刺。叶有小叶7~17片；小叶对生，宽卵形，卵状椭圆形，或长圆形，位于叶轴基部的有时近圆形，基部圆或宽楔形，两侧对称或一侧稍短且楔尖，两面无毛，油点多且大，干后微凸起，变红或黑褐色，叶缘有浅而明显的圆裂齿，齿缝有一大油点；中脉在叶面凹陷，侧脉明显。花序顶生，长达35 cm，宽30 cm，多花，花枝被短柔毛；萼片及花瓣均5枚；花瓣白色，长约2.5 mm；雄花的雄蕊5枚，花丝比花瓣长；萼片宽卵形，长约1~3 mm；退化雌蕊顶部3浅裂；雌花的花瓣长约3 mm；退化雄蕊极短；心皮3枚、稀2枚或4枚。分果瓣红褐色，径约4.5 mm，顶端无芒尖，油点多。种子径约4 mm。花期6~8月；果期9~11月。

分布 广东：从化市桃园乡石门国家森林公园，23°32′28″N，113°33′26″E，400 m，2009-11-04，易绮斐、林铎清、徐蕾400119004。生于海拔200~1500 m坡地疏或密林中。产于海南、广东、广西以及福建西南部、贵州南部、云南南部。越南、缅甸、印度也有分布。

栽培 对土壤适应性强，尤喜深厚肥沃的紫色页岩（石谷子）风化土；在中性土壤中生产良好，在山地钙质土坡上生长更好。播种繁殖。栽培管理简便，适应性强，根系发达，能保持水土等优点。

用途 可栽植于园林供观赏。

含油率及化学组分数据

采集单位	测试单位	测试部位	产地	含油率(%)	碘值	酸值	皂化值	C12:0	C14:0	C16:0	C16:1	C18:0	C18:1	C18:2	C18:3	C20:0	C20:1
SCBG	SCBG	种仁	广东从化	33.21	129.13	83.58	148.25										
OFPC	SCBG	种子	广东高要	31.70	72.20		220.50	微量	0.40	23.90		2.10	44.60	16.70	11.10		

花椒簕(藤花椒、花椒藤、乌口簕)

Zanthoxylum scandens Blume

芸香科，花椒属

特征 幼龄植株呈直立灌木状。小枝细长而披垂，成龄植株攀缘于它树上，枝干有短沟刺；叶轴上的刺较多。叶有小叶5~25片，小叶互生或位于叶轴上部的对生，卵形，卵状椭圆形或斜长圆形，稀较小，顶部短尖至长尾状尖，或凸急尖至长渐尖，顶端常钝头且微凹缺，凹口处有一油点，基部短尖或宽楔形，或一侧近于圆形，另一侧楔尖，两侧明显不对称或近于对称，全缘或叶缘的上半段有细裂齿。花序腋生或兼有顶生；萼片及花瓣均4枚；萼片淡紫绿色，宽卵形；花瓣淡黄绿色；雄花的雄蕊4枚，药隔顶部有1油点；退化雌蕊半圆形垫状凸起，花柱2~4裂；雌花有心皮4枚或3枚；退化雄蕊鳞片状。分果瓣紫红色，干后灰褐色或乌黑色，顶端有短芒尖，油点通常不甚明显，平或稍凸起，有时凹陷。种子近圆球形，两端微尖，径4~5 mm。花期3~5月；果期7~8月。

分布 广东：连州大东山，24°49′30″N，112°38′51″E，897 m，2009-11-01，陈林、付琳40011476；乳源县五指山乡公路沾24°56′17″N，113°00′04″E，1049 m，2012-01-07，王发国、杨国、宋贤利400113102。广西：隆林县金钟乡，24°37′13″N，105°56′38″E，1610m，2011-10-22，曾庆文、陈树钢、杨国400114150。湖南：江永县源口镇白俸村白沙源，24°56′34″N，111°0′37″E，837 m，2009-10-25，黄玉滢、周喜乐400181103；永顺杉木河，29°10′27″N，109°50′12″E，905 m，2009-07-18，徐亮、周建军400191087。江西：遂川县南风面，26°16′38″N，114°4′37″E，785 m，2010-11-02，谢行、孙键400147026；宜丰县官山自然保护区，28°32′34″N，114°33′32″E，280 m，2011-09-18，景慧娟、李朋远4001409019。湖北：利川兴国，30°10′10″N，108°39′25″E，1189 m，2009-12-01，丁时东、危文亮400152035。生于沿海低地至海拔1610 m的山坡灌木丛或疏林下。产于长江以南。东南亚各地也有分布。

栽培 播种繁殖。

用途 种子油可作润滑油和制肥皂。

含油率及化学组分数据

采集单位	测试单位	测试部位	产地	含油率(%)	碘值	酸值	皂化值	C12:0	C14:0	C16:0	C16:1	C18:0	C18:1	C18:2	C18:3	C20:0	C20:1
SCBG	SCBG	种仁	广东连州	25.80				0.02	0.05	7.89	0.06	2.09	33.62	43.38	3.93	0.49	8.48
SCBG	SCBG	种仁	广东乳源	30.87	76.86	8.88	205.38		0.14	11.11	0.48	3.15	21.83	66.33	0.53	0.27	0.33
SCBG	SCBG	种仁	广西隆林	30.23	63.18	10.44	192.45		0.07	1.55	0.07	3.64	18.18	75.90	0.24	0.22	0.13
HUST	HUST	种仁	湖南江永	18.90	148.00	0.32	200.99	5.34	0.51	8.65		4.33	21.88	55.98	3.31		
JSU	SCBG	种仁	湖南永顺	30.12	12.84	14.62	187.39	0.02	0.04	2.57	0.46	9.63	24.97	8.16	52.78	0.84	0.52
SYSU	SCBG	种仁	江西遂川	7.38	59.07	5.13	207.98	0.20	0.03	7.34	0.47	4.12	24.88	15.49	40.56	0.85	1.81
SYSU	SCBG	种仁	江西宜丰	19.34	113.69	30.77	180.37	0.03	0.05	3.45	0.62	0.80	67.77	24.64	0.41	0.09	0.05
OCRI	SCBG	种仁	湖北利川	26.41	16.67	100.47	177.74		0.08	6.43		3.34	4.93	83.06	0.85	0.18	0.16
OFPC	SCBG	种子	湖南宜章	25.20			181.30	0.20	0.20	14.90	1.50	2.10	17.40	21.50	37.60	4.50	

青花椒(山花椒、小花椒、王椒)

Zanthoxylum schinifolium Sieb. et Zucc.

芸香科，花椒属

特征 灌木，通常高1~2 m。茎枝有短刺，刺基部两侧压扁状，嫩枝暗紫红色。叶有小叶7~19片；小叶纸质，对生，几无柄，位于叶轴基部的常互生，其小叶柄长1~3 mm，宽卵形至披针形，或阔卵状菱形，长5~10 mm，宽4~6 mm，稀长达70 mm，宽25 mm，顶部短至渐尖，基部圆或宽楔形，两侧对称，有时一侧偏斜，油点多或不明显，叶面有在放大镜下可见的细短毛或毛状凸体，叶缘有细裂齿或近于全缘；中脉至少中段以下凹陷。花序顶生，花或多或少；萼片及花瓣均5枚；花瓣淡黄白色，长约2 mm；雄花的退化雌蕊甚短，2~3浅裂；雌花有心皮3枚，很少4枚或5枚。分果瓣红褐色，干后变暗苍绿或褐黑色，径4~5 mm，顶端几无芒尖，油点小。种子径3~4 mm。花期7~9月；果期9~12月。

分布 湖南：张家界西溪坪乡，29°05′43″N，110°32′24″E，2011-10-16，张九兵、朱明德400181297。江苏：盱眙市铁山寺，32°44′5″N，118°28′21″E，145 m，2010-10-01，李宏庆、胡超、董全英4001171082。重庆：南川区三泉镇三泉后头坡，29°7′60″N，107°12′16″E，573 m，2010-09-10，刘正宇等4000231165。云南：峨山岔河乡文山老村，24°19′12″N，102°10′12″E，1660 m，2010-10-15，李忠荣400222156。生于平原至海拔800 m的山地疏林或灌木丛中或岩石旁等多类生境。产于五岭以北、辽宁以南大多数省区，但不见于云南；也有栽种。朝鲜、日本也有分布。

栽培 本种用插条、分根、种子均可繁殖。据载，大小年结果现象较明显。

用途 果可提芳香油；种子可榨油；根、叶及果入药，能散寒解毒、消食健胃。

含油率及化学组分数据

采集单位	测试单位	测试部位	产地	含油率(%)	碘值	酸值	皂化值	C12:0	C14:0	C16:0	C16:1	C18:0	C18:1	C18:2	C18:3	C20:0	C20:1
HUST	HUST	种仁	湖南张家界	30.65	80.34	12.25	115.37	0.02	0.14	7.13	0.77	3.23	12.74	49.24	18.94	0.51	0.09
ECNU	SCBG	种仁	江苏盱眙	19.09	136.17	33.44	178.61	0.02	0.09	14.47	2.51	1.56	34.68	24.64	21.7		0.32
CIPP	SCBG	种仁	重庆南川	30.61						5.72	0.25	1.49	14.69	27.13	47.11	1.01	0.24
KMIB	KMIB	种仁	云南峨山	24.51	65.10	11.90	118.70			0.12	29.41	0.95	35.36	20.73	11.16		
OFPC	SCBG	种子	广东乳源	37.90	113.10		218.50	2.50	0.20	11.50		1.50	28.30	31.00	24.90		
OFPC	IAE	种子	辽宁盖县	30.30	107.90		169.60			11.60		1.50	49.70	22.50	10.00		
OFPC	IB	种子	辽宁丹东	28.30			195.00	0.10	0.30	11.30	2.60	2.20	25.60	28.80	27.50		

野花椒(刺椒、黄椒、大花椒)

Zanthoxylum simulans Hance

芸香科，花椒属

特征 灌木或小乔木。枝干散生基部宽而扁的锐刺。叶有小叶5~15片；叶轴有狭窄的叶质边缘，腹面呈沟状凹陷；小叶对生，卵形，卵状椭圆形或披针形，两侧略不对称，顶部急尖或短尖，常有凹口，油点多，干后半透明且常微凸起，间有窝状凹陷，叶面常有刚毛状细刺，中脉凹陷，叶缘有疏离而浅的钝裂齿。花序顶生，长1~5 cm；花被片5~8，狭披针形、宽卵形或近于三角形，大小及形状有时不相同，长约2 mm，淡黄绿色；雄花的雄蕊5~8(~10)枚，花丝及半圆形凸起的退化雌蕊均淡绿色，药隔顶端有一干后暗褐黑色的油点；雌花的花被片为狭长披针形；心皮2~3枚，花柱斜向背弯。果红褐色，分果瓣基部变狭窄且略延长1~2 mm，呈柄状，油点多，微凸起，单个分果瓣径约5 mm。种子长4~4.5 mm。花期3~5月；果期7~9月。

分布 湖南：吉首花垣古苗河，28°34′15″N，109°30′12″E，360 m，2009-07-14，徐亮、周建军400191080。安徽：宁国县板桥自然保护区，30°31′31″N，118°38′11″E，287 m，2012-10-02，李星霖、刘巧霞、程志全4001171221。河南：灵宝小秦岭34°26′07″N，110°28′34″E，1739 m，2012-08-22，王亚平400314178；信阳波尔登公园，31°51′38″N，114°5′31″E，288 m，2012-09-15，王亚平400314214。四川：松潘县进安乡洗车场，32°30′21″N，103°36′1″E，2875 m，2009-07-27，干友民400241044。陕西：眉县营头，34°3′8″N，107°25′19″E，1132 m，2009-08-18，谢光辉、薛帅400321004。辽宁：长海，39°15′37″N，122°44′53″E，2012-10-15，郑宝江等400341188。生于平地、低丘陵或略高的山地疏或密林下。产于湖南、江西、福建、台湾、浙江、江苏、安徽、山东、河南、湖北、贵州(东北部)、青海、甘肃。

栽培 喜阳光，耐干旱。花椒植株较小，根系分布浅，适应性强，可充分利用荒山、荒地、路旁、地边、房前屋后等空闲土地栽植花椒。山顶、地势低洼、风口、土层薄、岩石裸露处或重粘土上不宜栽植。花椒的繁殖可采用播种、嫁接、扦插和分株4种方法。生产中以播种繁殖为主。

用途 可作石山绿化。

含油率及化学组分数据

采集单位	测试单位	测试部位	产地	含油率(%)	碘值	酸值	皂化值	C12:0	C14:0	C16:0	C16:1	C18:0	C18:1	C18:2	C18:3	C20:0	C20:1
JSU	SCBG	种仁	湖南吉首	37.66	41.46	15.02	165.34		0.03	5.58	0.05	1.47	42.21	34.29	15.66	0.11	0.60
ECNU	SCBG	种仁	安徽宁国	36.12	47.08	10.86	140.14		0.04	5.92	0.03	2.33	7.05	26.26	57.97	0.08	0.32
HENAU	ICS	种子	河南灵宝	5.50	78.67	31.58	164.26		0.32	18.60	1.28	2.42	35.33	7.86	1.67	0.52	0.66
HENAU	ICS	种子	河南信阳	9.28	63.23	31.58	197.81		0.27	20.48	0.21	3.24	36.90	6.11	2.52	0.94	0.82
SICAU	SCBG	种仁	四川松潘	25.39	48.94	16.65	193.85	0.20	0.03	7.34	0.47	4.12	24.88	15.49	40.56	0.85	1.81
CAU	ICS	种子	陕西眉县	25.10	81.87	81.50	149.50	0.01	0.09	8.68	3.25	3.03	25.76	30.32	28.39	0.07	0.41
NEFU	SCBG	种仁	辽宁长海	29.45	11.42	1.11	176.58		0.06	5.44	0.05	3.06	16.92	71.77	0.98	1.15	0.56
OFPC	JSIB	种子	江苏南京	23.10			213.10	0.40		13.60	0.10	2.30	34.40	25.70	22.90		微量
OFPC	IB	种子	辽宁丹东	23.20	163.20		189.10	0.10	9.30	1.00	3.00	30.30	30.90	23.90			

臭椿

Ailanthus altissima (Mill.) Swingle

苦木科，臭椿属

特征 落叶乔木，高可达20余m。叶为奇数羽状复叶，长40~60 cm，叶柄长7~13 cm，有小叶13~27；小叶对生或近对生，纸质，卵状披针形，长7~13 cm，宽2.5~4 cm，先端长渐尖，基部偏斜，截形或稍圆，两侧各具1或2个粗锯齿，齿背有腺体1枚，叶面深绿色，背面灰绿色，柔碎后具臭味。圆锥花序长10~30 cm；花淡绿色，花梗长1~2.5 mm；萼片5枚，覆瓦状排列，裂片长0.5~1 mm；花瓣5枚，长2~2.5 mm，基部两侧被硬粗毛；雄蕊10枚，花丝基部密被硬粗毛，雄花中的花丝长于花瓣，雌花中的花丝短于花瓣；花药长圆形，长约1 mm；心皮5枚，花柱粘合，柱头5裂。翅果长椭圆形，长3~4.5 cm，宽1~1.2 cm。种子位于翅的中间，扁圆形。花期4~5月；果期8~10月。

分布 江西：上饶三清山，28°56′44″N，118°4′6″E，517 m，2012-09-06，景慧娟、赵万义4001416042。江苏：徐州市泉山森林公园，34°13′2″N，117°9′53″E，53 m，2010-09-28，李宏庆、胡超、董全英4001171075。山东：淄博，36°12′52″N，117°5′51″E，254 m，2010-06-12，李建400311180。河南：荥阳县邙山，34°45′48″N，113°39′20″E，331 m，2011-07-19，王亚平、杨大伟400314006。新疆：阿克苏至阿拉尔公路途中，40°27′0″N，80°45′0″E，1028 m，2010-09-05，王喜勇、王蕾、孔凡逵4003310007；吐鲁番沙漠植物园，42°51′17″N，89°11′36″E，93 m，2009-09-04，王喜勇、侯翼国4003309025。宁夏：银川苏峪口，38°42′20″N，105°59′42″E，1350 m，2012-08-21，秦烁、潘昊400327002。陕西：眉县营头乡大理村，34°6′7″N，107°25′18″E，1147 m，2009-08-19，薛帅400321028。河北：秦皇岛，39°56′17″N，119°33′30″E，2 m，2011-11-04，徐兴友、詹立军400313146；石家庄，37°37′13″N，114°14′06″E，289 m，2010-10-03，徐兴友、韩宝强400313070。我国除黑龙江、吉林、新疆、青海、宁夏、甘肃和海南外，各地均有分布。世界各地广为栽培。

栽培 播种繁殖。可自行繁殖。少病虫害。

用途 种子油可作钟表等精密仪器的润滑油，并可掺合干性油使用。

含油率及化学组分数据

采集单位	测试单位	测试部位	产地	含油率(%)	碘值	酸值	皂化值	C12:0	C14:0	C16:0	C16:1	C18:0	C18:1	C18:2	C18:3	C20:0	C20:1
SYSU	SCBG	种仁	江西上饶	14.48				0.01	0.03	6.04	0.06	2.78	14.14	13.77	62.84	0.20	0.12
ECNU	SCBG	种仁	江苏徐州	16.08	117.00	68.82	185.63	0.04	0.04	4.68	0.45	1.70	35.27	56.90	0.33	0.15	0.44
ICS	ICS	种子	山东淄博	61.75	158.49	35.30	161.94			3.75	0.33	1.71	40.29	51.89	0.47	0.10	0.34
HENAU	ICS	种子	河南荥阳	14.69	33.09	41.93	176.11	0.06	1.04	8.03	0.15	4.53	53.95	8.75	0.19	0.84	0.34
XIEG	SCBG	种仁	新疆阿克苏	11.93	74.70	0.97	187.01	0.06	0.33	33.67	0.15	6.15	26.22	17.45	1.24	0.32	0.12
XIEG	SCBG	种仁	新疆吐鲁番	18.62	66.68	2.25	401.12	0.07	0.13	9.68	1.12	2.50	26.34	32.50	16.56	0.43	0.13
CAU	ICS	种子	宁夏银川	33.17	5.45	4.94	241.83			3.03	0.22		40.32	52.05		0.08	0.32
CAU	ICS	种子	陕西眉县	38.94	92.79	6.97	193.85		0.03	3.73	0.10	2.09	35.87	56.99	0.20	0.09	0.92
HNUST	ICS	种子	河北秦皇岛	30.25	84.38	15.17	218.23			5.33	0.51	1.71	40.01	42.01	0.39	0.19	0.89
HNUST	ICS	种子	河北石家庄	38.63	93.85	4.90	173.80			3.51	0.28	1.76	32.67	55.30	0.46	0.09	0.37
OFPC	IB	种子	河北保定	24.90	125.30		192.10		微量	3.70	0.60	1.50	42.80	46.50	1.80		
OFPC	NIB	种子	陕西华县	32.90	122.60		186.50			4.80	1.00	2.30	46.80	45.10			
OFPC	IAE	种子	辽宁沈阳	29.60	129.60		189.10			2.70		0.40	40.70	56.20			
OFPC	SCBG	种子	湖南宜章	33.40	111.60		181.30			3.30	0.50	2.10	56.00	33.80			

鸦胆子（鸦蛋子、苦参子、老鸦胆）

Brucea javanica (L.) Merr.

苦木科，鸦胆子属

特征 灌木或小乔木。叶长20~40 cm，有小叶3~15片；小叶卵形或卵状披针形，长5~10（~13）cm，宽2.5~5（~6.5）cm，先端渐尖，基部宽楔形至近圆形，通常略偏斜，边缘有粗齿，两面均被柔毛，背面较密。圆锥花序，雄花序长15~25（~40）cm，雌花序长约为雄花序的一半；花细小，暗紫色，直径1.5~2 mm；萼片被微柔毛，长0.5~1 mm，宽0.3~0.5 mm；花瓣长1~2 mm，宽0.5~1 mm；花丝钻状，长0.6 mm，花药长0.4 mm；雌花的花梗长约2.5 mm，萼片与花瓣与雄花同，雄蕊退化或仅有痕迹。核果1~4个，分离，长卵形，长6~8 mm，直径4~6 mm，成熟时灰黑色，干后有不规则多角形网纹，外壳硬骨质而脆。种仁黄白色，卵形，有薄膜，含油丰富，味极苦。花期夏季；果期8~10月。

分布 海南：三亚市亚龙湾，18°14′19″N，109°39′46″E，20 m，2009-08-03，张荣京40017147；文昌市龙楼镇铜鼓岭，19°40′33″N，111°01′44″E，2009-11-19，秦新生400116162；昌江县霸王岭雅加，19°06′59″N，109°05′32″E，2011-11-29，秦新生4001161184。广东：广州白云山风景区，23°7′28″N，113°16′56″E，70 m，2009-11-11，易绮斐、陈林、曾凤400119031。福建：厦门市厦门园林植物园，24°27′23″N，118°06′20″E，2009-12-03，王发国、翟俊文400113041。云南：勐腊县勐仑镇勐兴村，21°55′29″N，101°20′19″E，545 m，2009-09-15，杨立新400222217。生于海拔20~1000 m的旷野或山麓灌丛中或疏林中。产于海南、广东、广西、福建、台湾、云南等地。亚洲东南部至大洋洲北部也有分布。

栽培 嫁接、扦插或播种繁殖。管理粗放。

用途 本种子油可供制肥皂、润滑油、印油以及医药、农药用（油脂）。

含油率及化学组分数据

采集单位	测试单位	测试部位	产地	含油率(%)	碘值	酸值	皂化值	C12:0	C14:0	C16:0	C16:1	C18:0	C18:1	C18:2	C18:3	C20:0	C20:1
SCAU	SCBG	种仁	海南三亚	30.14	5.30	12.74	112.86	0.01	0.05	8.34	0.08	1.20	15.76	73.33	0.60	0.26	0.38
SCAU	SCBG	种仁	海南文昌	27.61	4.15	10.39	137.61		0.03	6.01	0.07	3.06	11.82	78.37	0.33	0.17	0.14
SCAU	SCBG	种仁	海南昌江	20.08	75.09		176.14	55.99	10.01	9.30		3.13	14.82	72.50	5.23	0.49	0.27
SCBG	SCBG	种仁	广东广州	22.38				0.01	0.15	22.42	0.14	4.76	60.21	7.58	0.23	2.94	1.56
SCBG	SCBG	种仁	福建厦门	9.54		27.68	164.96		0.05	1.65	0.07	0.71	15.26	42.85	57.65		0.15
KMIB	KMIB	种仁	云南勐腊	24.53	92.10	0.50	182.70			0.15	10.02	0.17	5.68	60.78	21.03		
OFPC	XTBG	种子	云南勐腊	22.00	88.20	0.90	191.10		0.20	10.50		7.70	58.60	20.90	0.70	1.40	
OFPC	SCBG	种子	广东广州	24.40	79.40		188.40	微量	微量	9.30		4.00	63.90	22.70			
OFPC	GXIB	种仁	广西南宁	59.40	88.80		184.40			9.90		6.40	70.50	13.20			

牛筋果

Harrisonia perforata (Blanco) Merr.

苦木科，牛筋果属

特征 近直立或稍攀缘的灌木，高1~2 m。枝条上叶柄的基部有一对锐利的钩刺。叶长8~14 cm，有小叶5~13片，叶轴在小叶间有狭翅；小叶纸质，菱状卵形，长2~4.5 cm，宽1.5~2 cm，先端钝急尖，基部渐狭而成短柄，叶面沿中脉被短柔毛，背面无毛或中脉上有少许短柔毛，边缘有钝齿，有时全缘。花两性，数朵至10余朵组成顶生的总状花序，被毛；萼细小，4~5裂，萼片卵状三角形，长约1 mm，被短柔毛；花瓣白色，披针形，长5~6 mm；雄蕊为花瓣数的2倍，稍长于花瓣，花丝基部的鳞片被白色柔毛；花盘杯状；子房4~5室，4~5浅裂，每室有倒生胚珠1颗，花柱4~5枚，合生，或有时仅于基部分离，柱头头状，有4~5浅槽纹。果肉质，球形或不规则球形，有小核2~5个，直径1~1.5 cm，无毛，成熟时淡紫红色。种子球形，单生，有少量胚乳。花期4~5月；果期5~8月。

分布 海南：三亚田独落笔洞，18°17′15″N，109°36′16″E，2009-08-04，邢福武、戴建阅、翟俊文、郑希龙40011142；东方县东河镇白茶树，19°03′12″N，108°56′50″E，2009-08-05，邢福武、戴建阅、翟俊文、郑希龙40011155。产于海南、广东、福建。中南半岛、马来群岛以及菲律宾、印度尼西亚有分布。

栽培 播种繁殖。

用途 根味苦，性凉，有清热解毒作用，对防治疟疾有一定效果。

含油率及化学组分数据

采集单位	测试单位	测试部位	产地	含油率(%)	碘值	酸值	皂化值	C12:0	C14:0	C16:0	C16:1	C18:0	C18:1	C18:2	C18:3	C20:0	C20:1
SCBG	SCBG	种仁	海南三亚	20.55				0.01	0.19	20.87	0.18	2.68	24.85	50.16	0.58	0.39	0.10
SCBG	SCBG	种仁	海南东方	23.49					0.06	6.40	0.07	1.65	19.36	32.70	39.37	0.13	0.25

苦树（苦木、苦楝树、苦檀木）

Picrasma quassioides (D. Don) Benn.

苦木科，苦树属

特征 落叶乔木，高达10余米。树皮紫褐色，平滑，有灰色斑纹，全株有苦味。叶互生，奇数羽状复叶，长15~30 cm；小叶9~15片，卵状披针形或广卵形，边缘具不整齐的粗锯齿，先端渐尖，基部楔形，除顶生叶外，其余小叶基部均不对称，叶面无毛，背面仅幼时沿中脉和侧脉有柔毛，后变无毛，落叶后留有明显的半圆形或圆形叶痕；托叶披针形，早落。花雌雄异株，组成腋生复聚伞花序，花序轴密被黄褐色微柔毛；萼片小，通常5枚，偶4枚，卵形或长卵形，外面被黄褐色微柔毛，覆瓦状排列；花瓣与萼片同数，卵形或阔卵形，两面中脉附近有微柔毛；雄花中雄蕊长为花瓣的2倍，与萼片对生，雌花中雄蕊短于花瓣；花盘4~5裂；心皮2~5，分离，每心皮有1颗胚珠。核果成熟后蓝绿色，长6~8 mm，宽5~7 mm，种皮薄，萼宿存。花期4~5月；果期6~9月。

分布 广东：东莞市谢岗乡银瓶山仙水道，23°3′13N″，113°44′08″E，2012-11-02，邢福武、叶心芬、宁阳阳400113144。湖南：保靖毛沟，28°37′51″N，109°17′11″E，383 m，2009-07-15，陈功锡、徐亮400191003。生于海拔(1400~)1650~2400 m的山地杂木林中。产于黄河流域及其以南各地。印度北部以及不丹、尼泊尔、朝鲜、日本也有分布。

栽培 喜土层深厚、排水良好的土壤作栽植地。播种繁殖。

用途 可栽植于园林供观赏。

含油率及化学组分数据

采集单位	测试单位	测试部位	产地	含油率(%)	碘值	酸值	皂化值	C12:0	C14:0	C16:0	C16:1	C18:0	C18:1	C18:2	C18:3	C20:0	C20:1
SCBG	SCBG	种仁	广东东莞	12.89		4.36	248.84	0.02		6.31		2.37	34.32	64.50	0.71	0.24	2.32
JSU	SCBG	种仁	湖南保靖	50.90	62.22	1.52	198.41	0.02	0.02	3.1	0.64	2.78	83.68	5.94	2.91	0.32	0.58
OFPC	JSIB	果实	安徽滁县	30.50	90.30		195.50			2.80	1.00	1.70	62.00	30.60	1.90		
OFPC	SCBG	种子	广东乳源	24.30	118.90		185.20		0.10	9.30	微量	微量	23.10	14.10	22.60	4.30	15.80

橄榄（黄榄、青果、山榄）

Canarium album (Lour.) Raeusch.

橄榄科，橄榄属

特征 乔木。小叶3~6对，纸质至革质，披针形或椭圆形（至卵形），无毛或在背面叶脉上散生刚毛，背面有极细小疣状凸起；先端渐尖至骤狭渐尖，基部楔形至圆形，偏斜，全缘。花序腋生，微被绒毛至无毛；雄花序为聚伞圆锥花序，多花；雌花序为总状，具花12朵以下，花疏被绒毛至无毛，在雄花上具3浅齿，在雌花上近截平；雄蕊6枚，无毛，花丝合生1/2以上（在雌花中几全长合生）；花盘在雄花中球形至圆柱形，微6裂，中央有穴或无，上部有少许刚毛；雌花中环状，略具3波状齿，高1 mm，厚肉质，内面有疏柔毛；雌蕊密被短柔毛；在雄花中细小或缺。果序具1~6果，果萼扁平，直径0.5 cm，萼齿外弯，果卵圆形至纺锤形，成熟时黄绿色。花期4~5月；果10~12月成熟。

分布 海南：昌江县霸王岭雅加哨所，19°06′59″N，109°05′33″E，2011-11-29，秦新生4001161180；昌江县霸王岭雅加哨所，19°06′59″N，109°05′33″E，2011-12-04，秦新生4001161220；乐东县尖峰岭，18°43′16″N，108°52′54″E，2011-10-15，秦新生4001161238；文昌县龙楼镇铜鼓岭，19°40′32″N，111°01′45″E，2009-08-01，邢福武、戴建阅、翟俊文、郑希龙4001114。广西：桂林市雁山镇，25°4′49″N，110°17′59″E，161 m，2011-08-20，郭伦发、林春蕊4001101211。野生于海拔1300 m以下的沟谷和山坡杂木林中，或栽培于庭园、村旁。产于广东、广西、福建、台湾、云南。越南北部至中部也有分布；日本（长崎、冲绳）以及马来半岛有栽培。

栽培 栽培土质以土层、富含有机质、肥沃的壤土为佳。播种繁殖，采收成熟的种子经沙藏到来年春季播种。

用途 果可生食或渍制。

含油率及化学组分数据

采集单位	测试单位	测试部位	产地	含油率（%）	碘值	酸值	皂化值	C12:0	C14:0	C16:0	C16:1	C18:0	C18:1	C18:2	C18:3	C20:0	C20:1
SCAU	SCBG	种仁	海南昌江	17.84	6.30	2.34	115.37	0.02	0.19	11.36	0.69	2.20	67.77	45.18	4.24		
SCAU	SCBG	种仁	海南昌江	11.03	18.40	2.75	233.67		0.33	24.65		10.43	23.40	24.65	12.10	0.16	8.85
SCAU	SCBG	种仁	海南乐东	6.17	70.66	16.06	189.36		0.05		15.88		25.04	28.72	62.84	0.86	0.47
SCBG	SCBG	种仁	海南文昌	30.59	78.32	1.12	386.78										
GXIB	SCBG	种仁	广西桂林	36.47	87.56	4.70	203.64	0.01	0.17	14.58		5.16	25.88	20.35	16.95	1.38	0.36
OFPC	SCBG	种仁	广东广州	58.10	100.90		195.80		微量	20.60		3.80	31.50	44.10			

方榄（三角榄）

Canarium bengalense Roxb.

橄榄科，橄榄属

特征 乔木。小叶5~6（~10）对，长圆形至倒卵状披针形，坚纸质，叶面无毛，背面被柔毛，脉上被平展的硬毛及柔毛，有时几无毛；顶端骤狭渐尖；基部圆形，偏斜，常一侧下延；边缘波状或全缘；侧脉18~20（~25）对，弯拱，在背面凹起。花序腋上生，雌花序不详；雄花序为狭的聚伞圆锥花序，分枝长3~4 cm，稀疏的二歧分叉，具花约7朵；花近无毛；萼长2 mm；雄蕊6枚，无毛，花丝合生一半以上；花盘在雄花中为管状，边缘和外侧密被直立的毛；雌花中环状，3浅裂，流苏状；雌蕊在雄花中小，密被绒毛。果序腋上生（距叶柄基部2~3 cm）或腋生，总状，具果1~3个；果绿色，纺锤形具3凸肋，或倒卵形具3~4凸肋，顶端急尖或截平至下凹，遗有宿存柱头，无毛。种子1~2粒，不育室轻度或强度退化以至消失。花期6月；果期7~10月。

分布 广西（龙州）、云南（西畴、屏边）。生于海拔400~1300 m的杂木林中。分布于孟加拉国、印度东北部（阿萨姆）、缅甸、泰国、老挝。

栽培 播种繁殖。

用途 种子油可制肥皂或作润滑油。

含油率及化学组分数据

采集单位	测试单位	测试部位	产地	含油率（%）	碘值	酸值	皂化值	C12:0	C14:0	C16:0	C16:1	C18:0	C18:1	C18:2	C18:3	C20:0	C20:1
OFPC	SCBG	种子	广东广州	57.0				微量	微量	29.9		2.5	21.2	46.4			

乌榄

Canarium pimela K. D. Koening

橄榄科，橄榄属

特征 乔木。小叶4~6对，纸质至革质，无毛，宽椭圆形、卵形或圆形，稀长圆形，顶端急渐尖，尖头短而钝，基部圆形或阔楔形，偏斜，全缘；侧脉（8~）11（~15）对，网脉明显。花序腋生，为疏散的聚伞圆锥花序（稀近总状花序），无毛；雄花序多花，雌花序少花，花几无毛，雄花长约7 mm，雌花长约6 mm；萼在雄花中长2.5 mm，明显浅裂，在雌花中长3.5~4 mm，浅裂或近截平；花瓣在雌花中长约8 mm；雄蕊6枚，无毛（仅雄花花药有两排刚毛），在雄花中近1/2、在雌花中1/2以上合生；花盘杯状，高0.5~1 mm，流苏状，边缘及内侧有刚毛，雄花中的肉质，中央有一凹穴；雌花中的薄，边缘有6个波状浅齿；雌蕊无毛，在雄花中不存在。果序长8~35 cm，有果1~4个，果成熟时紫黑色，狭卵圆形。种子1~2粒；不育室适度退化。花期4~5月；果期5~11月。

分布 海南：昌江县霸王岭雅加，19°06′59″N，109°05′32″E，2010-10-18，秦新生4001161206。广西：平南县大城乡两党村，23°13′3″N，110°29′13″E，122 m，2011-01-06，吴磊、黄俞淞、林春蕊4001101171。云南：勐腊县勐仑镇翠屏峰勐醒村，21°55′29″N，101°15′14″E，800 m，2010-10-13，张国学400222122；西双版纳勐仑，21°56′10″N，101°15′14″E，554 m，2009-11-07，郑希龙400114100。生长于海拔1280 m以下的杂木林内。产于海南、广东、广西、云南。分布于越南、老挝、柬埔寨；各地常栽培。

栽培 栽培土质以土层、富含有机质、肥沃的壤土为佳。播种繁殖。采收成熟果实，剥去果肉，种子经沙藏到来年春季播种。

用途 种子油供食用、制肥皂或作其他工业用油。

含油率及化学组分数据

采集单位	测试单位	测试部位	产地	含油率(%)	碘值	酸值	皂化值	C12:0	C14:0	C16:0	C16:1	C18:0	C18:1	C18:2	C18:3	C20:0	C20:1
SCAU	SCBG	种仁	海南昌江	24.59		6.00			0.03	0.91	3.33		11.24	46.49	57.97	0.97	0.12
GXIB	SCBG	种仁	广西平南	63.47	90.25	1.80	179.71	0.01	0.05	24.84	0.34	6.83	34.74	32.50	0.37	0.31	
KMIB	KMIB	种仁	云南勐腊	53.93	96.40	0.81	193.40	0.04	0.06	0.06	22.74	0.20	6.86	21.71	47.60	0.32	
SCBG	SCBG	种仁	云南西双版纳	32.70				0.05	0.38	9.90	0.18	2.62	50.50	33.47	1.90	0.61	0.40
OFPC	SCBG	种仁	广东罗定	59.30	82.70		198.60			26.50		4.90	35.60	33.00			
OFPC	XTBG	种仁	云南景洪	59.50	97.70	2.20	190.30			24.90	1.00	6.20	21.50	45.90	0.50		

滇榄

Canarium strictum Roxb.

橄榄科，橄榄属

特征 大乔木。叶有小叶5~6对，被疏柔毛或无毛；小叶卵状披针形至椭圆形，坚纸质至革质，基部阔楔形，偏斜，先端渐尖至骤狭渐尖，尖头锐或钝，边缘具细圆齿或呈微波状。花序腋生，有时集为假顶生，狭聚伞圆锥花序，雌花序常为总状，密被锈色绵毛至略被黄色绒毛，后渐无毛，雄花序长15~40 cm，为多花的团伞花序；雌花序长7~20 cm，少花；雄花长7 mm，雌花长9 mm；花萼近无毛至外被锈色绵毛，在雄花中长4 mm，在雌花中长5.5 mm，均有短而钝的裂片；花瓣外面近无毛至密被伏柔毛；雄蕊6枚，无毛，花丝合生1/4至3/4；雌蕊无毛或被星散的伏毛；在雄花中几乎不存在。果序总状，有果1~3个，果具柄，果萼盘状，微3裂；果倒卵圆形或椭圆形。果4~5月成熟。

分布 云南：勐腊县勐仑镇，22°25′06″N，101°57′08″E，560 m，2010-10-20，张国学400222123。产于云南西双版纳。印度（南部及东北部）、缅甸（北部）也有分布。

栽培 播种繁殖。

用途 种子可榨油。果可生食。树脂棕褐色，状如松脂，可用人工方法采割，当地居民用以点灯照明。

含油率及化学组分数据

采集单位	测试单位	测试部位	产地	含油率(%)	碘值	酸值	皂化值	C12:0	C14:0	C16:0	C16:1	C18:0	C18:1	C18:2	C18:3	C20:0	C20:1
KMIB	KMIB	种仁	云南勐腊	53.01	96.80	15.20	198.90	0.11	0.09	0.06	22.87	0.22	6.99	21.75	46.94	0.36	

山楝（洛氏米仔兰、洛罗）

Aglaia roxburghiana (Wight et Arn.) Miq.

楝科，米仔兰属

特征 乔木。幼枝被锈色、鳞片状星状毛。叶互生，叶柄和叶轴幼时被锈色鳞片状柔毛，后变无毛；小叶5~9片，对生或近对生，薄纸质，椭圆形至长椭圆形，先端渐尖而钝，基部楔形或宽楔形，稍偏斜，两面均无毛，叶面有光泽，背面干时苍黄色；侧脉9~13对，纤细，背面稍凸起，全缘；小叶柄长5~8 mm。圆锥花序腋生，约与叶等长或略短，疏散，被锈色或淡黄色鳞片状星状毛，由基部1~3 cm处分枝；花梗约与花等长，与花萼同被锈色鳞片状星状毛；花萼长约0.6 mm，5裂，裂片圆形；花瓣5枚，长圆形，无毛，先端圆形；雄蕊管近球形，稍短于花瓣，顶端全缘或呈浅波状，花药5枚，内藏；花盘缺；子房密被鳞片状星状毛。浆果近球形或梨形，密被黄褐色短绒毛。花期6~10月；果期7月至翌年4月。

分布 海南：昌江县王下乡，19°3′59″N，109°11′51″E，2013-03-06，邢福武、刘东明、王鹏、叶心芬、宁阳阳400114263。生于低海拔至中海拔的山地沟谷密林或疏林中，目前已引为栽培。产于广东、广西、云南等地。中南半岛、马来半岛以及印度尼西亚等也有分布。

栽培 播种繁殖，易于栽培管理。

用途 种仁含油率为54%~60%，出油率25%~30%，油可供制肥皂及润滑油。

含油率及化学组分数据

采集单位	测试单位	测试部位	产地	含油率(%)	碘值	酸值	皂化值	C12:0	C14:0	C16:0	C16:1	C18:0	C18:1	C18:2	C18:3	C20:0	C20:1
SCBG	SCBG	种仁	海南昌江	32.50	77.90	1.95	187.39	0.15	0.10	13.41	0.09	1.99	16.76		48.89		0.06
OFPC	SCBG	种子	广东广州	42.40	112.00		189.00	微量		24.70		11.10	20.40	38.10	5.70		
OFPC	XTBG	种子	云南勐腊	46.20	109.60	4.10	187.10			25.30		9.10	21.30	31.20	13.00		

山楝（大叶山楝、沙罗、红罗、山罗）

Aphanamixis polystachya (Wall.) R. Parker [*Aphanamixis grandifolia* Blume]

楝科，山楝属

特征 乔木，高20~30 m。叶为奇数羽状复叶，有小叶9~11（~15）片；小叶对生，初时膜质，后变亚革质，在强光下可见很小的透明斑点，长椭圆形，最下部的一对较小，先端渐尖，基部楔形或宽楔形，有时一侧稍带圆形，偏斜，两面均无毛；侧脉每边11~12条，纤细，边全缘；小叶柄长6~12 mm。花序腋上生，短于叶，长不及30 cm，雄花组成穗状花序复排列成广展的圆锥花序，雌花组成穗状花序；花球形，无花梗，花蕾时直径2~3 mm，下有小苞片3枚；萼片4~5枚，圆形，直径1~1.5 mm，有时有小睫毛；花瓣3枚，圆形，直径约3 mm，凹陷；雄蕊管球形，无毛，花药5~6枚，长圆形；子房被粗毛，3室，几无花柱。蒴果近卵形，长2~2.5 cm，直径约3 cm，熟后橙黄色，开裂为3果瓣。种子有假种皮。花期5~9月；果期10月至翌年4月。

分布 海南：乐东县尖峰岭热带林所后山，18°43′15″N，108°52′54″E，2010-12-30，刘东明、梁耀、王鹏400112278。海南：陵水县本号镇吊罗山林业局旁河边，18°44′05″N，109°50′13″E，2009-11-29，秦新生400116195。云南：西双版纳植物园，21°44′13″N，101°27′42″E，2012-01-15，邢福武、童毅、孟玉芳4001142017；金平县牛场乡，22°46′11″N，103°8′16″E，455 m，2010-11-15，王智、杨珺、谭英400221291；金平县荞菜坪，22°41'6"N，102°58'7"E，416 m，2010-11-25，刘恩乾400222191。生于低海拔地区的杂木林中，目前已广为栽培。产于广东、广西、云南等地的南部地区。印度和中南半岛、马来半岛以及印度尼西亚等也有分布。

栽培 播种繁殖。易于栽培管理。

用途 种仁的含油量44%~60%，出油率25%~30%，油可供制肥皂及润滑油。

含油率及化学组分数据

采集单位	测试单位	测试部位	产地	含油率(%)	碘值	酸值	皂化值	C12:0	C14:0	C16:0	C16:1	C18:0	C18:1	C18:2	C18:3	C20:0	C20:1
SCBG	SCBG	种仁	海南乐东	18.45	40.46	9.80	111.94	0.32		13.18	0.39	6.80			24.09	0.92	1.55
SCAU	SCBG	种仁	海南陵水	46.00	67.09	7.77	187.63			17.13		14.09	16.65	44.00	8.13		
SCBG	SCBG	种仁	云南西双版纳	20.98		24.82	248.00		0.03	3.27	0.56	1.87	18.84	52.05	2.68	0.17	0.20
KMIB	KMIB	种仁	云南金平	30.66	106.60	15.00	190.20	0.03	0.53	28.78	0.29	11.58	15.70	37.55		5.18	
KMIB	KMIB	种仁	云南金平	35.38	98.30	30.60	184.80	0.56			17.81	0.32	19.25	24.98	33.00	3.27	
OFPC	SCBG	种子	广东广州	45.00	116.00		190.00			19.80		14.50	20.60	38.90	6.20		
OFPC	SCBG	种子	广东广州	42.40	112.00		189.00	微量		24.70		11.10	20.40	38.10	5.70		
OFPC	KMIB	种子	云南金平	41.60		6.90			微量	19.40		13.60	24.40	36.00	6.60		
OFPC	XTBG	种子	云南勐腊	46.60	105.00	4.70	188.00			22.80	0.6	9.30	25.00	35.90	6.20		
OFPC	XTBG	种子	云南勐腊	46.20	109.60	4.10	187.10			25.30		9.10	21.30	31.20	13.00		

印楝（印度楝树、印度蒜楝、印度假苦楝）

Azadirachta indica A. Juss.

楝科，印楝属

特征 常绿乔木，高达到15~20 m，少数甚至可以达到高35~40 m。

分布 云南：元谋县城边，25°43′1″N，101°51′6″E，1078 m，2010-11-25，张国学400222190。分布于印度、缅甸、孟加拉国、斯里兰卡、马来西亚、巴基斯坦等亚洲亚热带、热带地区。

栽培 播种繁殖。

用途 可用于园林绿化。

含油率及化学组分数据

采集单位	测试单位	测试部位	产地	含油率(%)	碘值	酸值	皂化值	C12:0	C14:0	C16:0	C16:1	C18:0	C18:1	C18:2	C18:3	C20:0	C20:1
KMIB	KMIB	种仁	云南元谋	42.15	67.80	1.16	181.8	0.16	0.13		18.93		17.12	39.45	17.29	2.06	0.68

麻楝（毛麻楝）

Chukrasia tabularis A. Juss. [*Chukrasia tabularis* var. *velutina* King]

楝科，麻楝属

特征 乔木，高达25 m。叶通常为偶数羽状复叶，无毛，小叶10~16片；小叶互生，纸质，卵形至长圆状披针形，先端渐尖，基部圆形，偏形，偏斜，下侧常短于上侧，两面均无毛或被毛。圆锥花序顶生，长约为叶的1/2，疏散，具短的总花梗，分枝无毛或近无毛；苞片线形，早落；花长1.2~1.5 cm，有香味；萼浅杯状，高约2 mm，裂齿短而钝，外面被极短的微柔毛；花瓣黄色或略带紫色，长圆形，外面中部以上被稀疏的短柔毛；雄蕊管圆筒形，无毛，顶端近截平，花药10，椭圆形，着生于管的近顶部；子房具柄，略被紧贴的短硬毛，花柱圆柱形，被毛，柱头头状，约与花药等高。蒴果灰黄色或褐色，近球形或椭圆形，顶端有小凸尖，无毛，表面粗糙而有淡褐色的小疣点。种子扁平，椭圆形，直径5 mm，有膜质的翅，连翅长1.2~2 cm。花期4~5月；果期7月至翌年1月。

分布 海南：琼中县鹦哥岭，19°02′24″N，109°33′13″E，2011-12-01，秦新生4001161212。福建：厦门市厦门园林植物园，24°27′24″N，118°06′21″E，2009-12-03，王发国、翟俊文400113040。广东：蕉岭县长潭省级自然保护区，24°42′10″N，116°09′06″E，2010-10-12，易绮斐、戴建阅、翟俊文400119095。广西：隆林县金钟乡，24°37′48″N，104°50′53″E，870m，2011-10-23，曾庆文、陈树钢、杨国400114156。生于海拔380~1530 m的山地杂木林或疏林中。产于广东、广西、贵州、云南、西藏。尼泊尔、印度、斯里兰卡以及中南半岛、马来半岛等也有分布。

栽培 播种繁殖。

用途 木材黄褐色或赤褐色，芳香，坚硬，有光泽，易加工，耐腐，可作建筑、造船、家具等良好用材。

含油率及化学组分数据

采集单位	测试单位	测试部位	产地	含油率(%)	碘值	酸值	皂化值	C12:0	C14:0	C16:0	C16:1	C18:0	C18:1	C18:2	C18:3	C20:0	C20:1
SCAU	SCBG	种仁	海南琼中	26.74		9.65			0.05		15.89	3.84		8.69	18.23	0.23	0.58
SCBG	SCBG	种仁	福建厦门	33.70	14.69	15.47	189.57		0.19	5.09	0.06	2.37	57.07		0.10	0.38	0.12
SCBG	SCBG	种仁	广东蕉岭	16.30	46.30	3.14	201.38		0.08	10.94	0.09	2.70	4.87	67.44	0.04	0.11	0.12
SCBG	SCBG	种仁	广西隆林	30.28	46.28	4.29	284.15	0.004	0.04	4.91	0.05	2.71	42.88	44.34	0.48	1.01	3.58
OFPC	XTBG	种子	云南勐腊	35.90	154.20	1.50	192.10		0.20	8.10		4.50	9.70	43.50	34.00		

浆果楝

Cipadessa baccifera (Roth) Miq.

楝科，浆果楝属

特征 灌木或小乔木，通常高1~4 m，很少达8~10 m。树皮粗糙。嫩枝灰褐色，有棱，被黄色柔毛，并散生有灰白色皮孔。叶连柄长20~30 cm，叶轴和叶柄圆柱形，被黄色柔毛；小叶通常4~6对，对生，纸质，卵形至卵状长圆形，长5~10 cm，宽3~5 cm，下部的远较顶端的为小，先端渐尖或急尖，基部圆形或宽楔形，偏斜，两面均被紧贴的灰黄色柔毛，背面尤密；侧脉每边8~10条，斜举。圆锥花序腋生，分枝伞房花序式，与总轴均被黄色柔毛；花直径3~4 mm，具短梗；萼短，外被稀疏的黄色柔毛，裂齿阔三角形；花瓣白色至黄色，线状长椭圆形，外被紧贴的疏柔毛，雄蕊管和花丝外面无毛，里面被疏毛，花药10枚，卵形，无毛，着生于花丝顶端的2齿裂间。核果小，球形，直径约5 mm，熟后紫黑色。花期4~10月；果期8~12月。

分布 云南：麻栗坡县铁厂乡，23°21′33″N，105°2′42″E，1468 m，2010-11-08，王智、杨珺、谭英 400221239；麻栗坡县董干镇，23°24′23"N，105°13′29"E，1309 m，2010-11-7，王智、杨珺、谭英400221239。

多生长在山地疏林或灌木林中。产于广西、四川、贵州、云南等地。分布于越南。

栽培 播种繁殖。

用途 根、叶入药，有祛风化湿、行气止痛之功能；种子油可制肥皂。

含油率及化学组分数据

采集单位	测试单位	测试部位	产地	含油率(%)	碘值	酸值	皂化值	C12:0	C14:0	C16:0	C16:1	C18:0	C18:1	C18:2	C18:3	C20:0	C20:1
KMIB	KMIB	种仁	云南麻栗坡	26.00	135.70	22.60	212.10	0.11	0.22	19.09	0.33	5.23	24.85	23.92		25.37	
KMIB	KMIB	种仁	云南麻栗坡	12.00	127.70		197.20			14.70		7.50					
OFPC	KMIB	种子	云南元阳	18.20	77.50				0.20	17.40		5.80	23.30	28.90		24.30	

灰毛浆果楝

Cipadessa cinerascens (Pellegr.) Hand.-Mazz.

楝科，浆果楝属

特征 灌木或小乔木，通常高1~4 m，很少达8~10 m。树皮粗糙；嫩枝灰褐色，有棱，被黄色柔毛，并散生有灰白色皮孔。叶连柄长20~30 cm，叶轴和叶柄圆柱形，被黄色柔毛；小叶通常4~6对，对生，纸质，卵形至卵状长圆形，长5~10 cm，宽3~5 cm，下部的远较顶端的为小，先端渐尖或急尖，基部圆形或宽楔形，偏斜，两面均被紧贴的灰黄色柔毛，背面尤密；侧脉每边8~10条，斜举。圆锥花序腋生，长10~15 cm，分枝伞房花序式，与总轴均被黄色柔毛；花直径3~4 mm，具短梗，长1.5~2 mm；萼短，外被稀疏的黄色柔毛，裂齿阔三角形；花瓣白色至黄色，线状长椭圆形，外被紧贴的疏柔毛，长2~3 mm，雄蕊管和花丝外面无毛，里面被疏毛，花药10枚，卵形，无毛，着生于花丝顶端的2齿裂间。核果小，球形，直径约5 mm，熟后紫黑色。花期4~10月；果期8~12月。

分布 广东：始兴县罗坝乡桃源，24°48′9″N，114°18′43″E，849 m，2012-10-11，王鹏、刘东明400112292。多生长在山地疏林或灌木林中。产广西、四川、贵州、云南等地。分布于越南。

栽培 播种繁殖。

用途 根、叶入药，有祛风化湿、行气止痛之功能；种子油可制肥皂。

含油率及化学组分数据

采集单位	测试单位	测试部位	产地	含油率(%)	碘值	酸值	皂化值	C12:0	C14:0	C16:0	C16:1	C18:0	C18:1	C18:2	C18:3	C20:0	C20:1
SCBG	SCBG	种仁	广东始兴	26.45	68.53	43.61	130.70	0.12	0.07	9.66	0.38	4.56	29.46	41.51	6.95	0.59	6.69

红果樫木
Dysoxylum gotadhora (Buch. -Ham.) Mabb.
楝科，樫木属

特征 乔木。叶互生，奇数或偶数羽状复叶，有小叶20~23枚，叶柄和叶轴被广展的长柔毛；小叶对生或近对生，膜质，长圆形至长圆状披针形，先端稍渐尖，基部偏斜，一侧圆形，另一侧楔形，叶面除中脉被毛外，其余无毛，背面被疏长毛，中脉和侧脉上尤密，侧脉每边12~15条，广展；小叶柄长3~5 mm，被柔毛。圆锥花序腋生，狭尖塔形，疏散，少花；被疏柔毛，分枝少数，疏离，花4基数，花梗被柔毛；花萼碟状，宽约2 mm，裂片圆形，被短柔毛；花瓣黄色，线状匙形，先端钝，无毛；雄蕊管圆筒形，两面均有白色纤毛，顶端有钝齿，花药8枚；花盘圆筒形，略有缘毛，具钝齿；子房密被长柔毛，花柱长7~8 mm。蒴果球形，熟后黄色，直径16~20 mm，果皮薄，坚韧。花期5~9月（华南）地区或1~2月（云南）；果期10~11月（华南）或3~4月（云南）。

分布 海南：昌江县俄贤岭，19°00′47″N，109°06′48″E，2009-08-04，秦新生400116158。生于低海拔或中海拔山地的密林或疏林中。产海南、云南等地。斯里兰卡、印度以及中南半岛也有分布。

栽培 播种繁殖。

用途 材用，亦可栽植于园林供观赏。

含油率及化学组分数据

采集单位	测试单位	测试部位	产地	含油率(%)	碘值	酸值	皂化值	C12:0	C14:0	C16:0	C16:1	C18:0	C18:1	C18:2	C18:3	C20:0	C20:1
SCAU	SCBG	种仁	海南昌江	20.55	3.45	9.03	122.28										

多脉樫木（陆氏樫木、多脉葱臭木、赤木）
Dysoxylum grande Hiern [*Dysoxylum lukii* Merr.]
楝科，樫木属

特征 乔木。叶互生，疏离，叶柄和叶轴密被柔毛；小叶9~15片，通常互生，纸质，披针形或长圆状披针形，先端渐尖，基部常偏斜，一侧圆形，另一侧楔形；侧脉每边25~30条，平展，近叶缘处弯拱连结；叶面叶脉微凹，背面明显凸起。圆锥花序腋生，远短于叶，分枝，被淡黄色短柔毛；花4基数，花梗长约4 mm或过之；花萼近盘状，直径2.5 mm，顶端不明显的浅裂，外被短柔毛；花瓣线状长圆形，长6~7 mm，宽约2 mm或不及，外面被柔毛；雄蕊管圆筒形，无毛，管口有细钝齿；花药8，长圆形，内藏；花盘环状，无毛，顶端有小钝齿；子房密被淡黄色长柔毛，花柱纤细，长3~4 mm，下部被长柔毛。蒴果倒卵状球形至梨形，长约4 cm，直径3 cm或过之，无毛，干时有皱纹。种子倒卵形，无假种皮。花期5~7月和9~11月；果期10~11月和翌年3~4月。

分布 海南：琼中县太平乡三角山，18°44′57″N，109°49′28″E，2009-07-24，秦新生40011614。生于中海拔山地的密林或疏林中。产于海南、广东、广西、云南等地。

栽培 播种繁殖。

用途 可栽植于园林供观赏。

含油率及化学组分数据

采集单位	测试单位	测试部位	产地	含油率(%)	碘值	酸值	皂化值	C12:0	C14:0	C16:0	C16:1	C18:0	C18:1	C18:2	C18:3	C20:0	C20:1
SCAU	SCBG	种仁	海南琼中	22.38	69.60		182.01	1.87	0.50	12.29	0.13	2.89	31.11	48.91	1.55	0.31	0.45

鹧鸪花（小果鹧鸪花）

Heynea trijuga Roxb. [*Trichilia connaroides* (Wight et Arn.) Bentv.]

楝科，鹧鸪花属

特征 乔木。叶为奇数羽状复叶，有小叶3~4对，叶轴圆柱形或具棱角，无毛；小叶对生，膜质，披针形或卵状长椭圆形，先端渐尖，基部下侧楔形，上侧宽楔形或圆形，偏斜。圆锥花序略短于叶，腋生，由多个聚伞花序组成，被微柔毛，具很长的总花梗；花小，花梗约与花等长，纤细，被微柔毛或无毛，花萼5裂，有时4裂，裂齿圆形或钝三角形，外被微柔毛或无毛；花瓣5枚，有时4枚，白色或淡黄色，长椭圆形，外被微柔毛或无毛；雄蕊管被微柔毛或无毛，10裂至中部以下，裂片内面被硬毛，花药10枚，有时8枚，着生于裂片顶端的齿裂间；子房无柄，近球形，无毛，花柱约与雄蕊管等长，柱头近球形，顶端2裂。蒴果椭圆形，有柄，无毛。种子1粒，具假种皮，干后黑色。花期4~6月；果期5~6月和11~12月。

分布 广西：隆林县金钟乡，24°39′44″N，104°52′40″E，997m，2011-10-22，曾庆文、陈树钢、杨国400114143。云南：金平分水岭自然保护区勐拉乡，22°43'21"N，102°50'44"E，670 m，2010-11-25，刘恩乾400222189。海南：尖峰岭天池，18°52′54″N，108°43′15″E，1800 m，2010-02-03，张荣京40017120；昌江县霸王岭东二，19°13′21″N，109°00′41″E，2009-08-02，秦新生400116140；乐东县尖峰岭天池桃源酒店，18°43′15″N，108°52′54″E，2011-12-10，秦新生4001161252。生于中海拔以下山地密林或疏林中。产于海南、广东、广西、四川、贵州和云南等地。印度、越南以及中南半岛和印度尼西亚也有分布。

栽培 播种繁殖。

用途 可栽植于园林供观赏。

含油率及化学组分数据

采集单位	测试单位	测试部位	产地	含油率(%)	碘值	酸值	皂化值	C12:0	C14:0	C16:0	C16:1	C18:0	C18:1	C18:2	C18:3	C20:0	C20:1
SCBG	SCBG	种仁	广西隆林	24.60	44.62	10.80	202.85	0.01	0.05	7.79	0.10	4.20	10.77	33.14	42.98	0.27	0.71
KMIB	KMIB	种仁	云南金平	26.75	75.30	3.90	172.90			0.10	12.93	0.99	6.12	70.95	7.40	1.45	
SCAU	SCBG	种仁	海南尖峰岭	36.45				0.01	0.15	22.42	0.14	4.76	60.21	7.58	0.23	2.94	1.56
SCAU	SCBG	种仁	海南昌江	26.84	112.77		131.94										
SCAU	SCBG	种仁	海南乐东	20.17	26.08	12.25	162.27			14.44			51.18	46.29	1.15		0.14

楝（川楝、苦楝、楝树、紫花树）

Melia azedarach L. [*Melia toosendan* Sieb. et Zucc.]

楝科，楝属

特征 落叶乔木。叶为2~3回奇数羽状复叶；小叶对生，卵形、椭圆形至披针形，顶生一片通常略大，先端短渐尖，基部楔形或宽楔形，多少偏斜，边缘有钝锯齿。圆锥花序约与叶等长，无毛或幼时被鳞片状短柔毛；花芳香；花萼5深裂，裂片卵形或长圆状卵形，先端急尖，外面被微柔毛；花瓣淡紫色，倒卵状匙形，两面均被微柔毛，通常外面较密；雄蕊管紫色，无毛或近无毛，有纵细脉，管口有钻形、2~3齿裂的狭裂片10枚，花药10枚，着生于裂片内侧，且与裂片互生，长椭圆形，顶端微凸尖；子房近球形，5~6室，无毛，每室有胚珠2颗，花柱细长，柱头头状，顶端具5齿，不伸出雄蕊管。核果球形至椭圆形，内果皮木质，4~5室，每室有种子1粒。种子椭圆形。花期4~5月；果期10~12月。

分布 海南：昌江县霸王岭，19°06′58″N，109°05′33″E，2011-11-10，秦新生4001161191；万宁县万宁汽车站附近，18°50′24″N，110°17′33″E，刘东明、梁耀、王鹏400112267。广东：阳山县秤架，24°46′42″N，112°48′47″E，310 m，2009-08-06，陈林、胡普炜4001141；阳山县秤架自然保护区，24°45′7″N，112°51′48″E，440 m，2009-11-16，董安强40011264；东莞市大岭镇林科所，23°02′35″N，113°45′48″E，2011-11-09，易绮斐、潘雅书、陈华平400119161。广西：隆林县金钟乡，24°39′59″N，104°52′13″E，785m，2011-10-21，曾庆文、陈树钢、杨国400114139；桂林市雁山镇雁山中学附近，25°05′05″N，110°18′45″E，2009-12-07，吴望辉、许为斌、黄俞淞4001101070。湖南：吉首市乾州，28°32′34″N，109°42′14″E，235 m，2009-11-21，徐亮、周建军400191069；湘潭县响水乡，27°54′27″N，112°54′37″E，97 m，2009-10-05，严岳鸿、何祖霞、黄玉滢400181032；桑植县赛家坡，29°34′33″N，109°57′20″E，735 m，2009-09-30，张兵400181075。江西：安福县武功山，27°18′3″N，114°14′37″E，200 m，2010-10-22，凡强、李朋远400146009。浙江：杭州植物园，30°15′25″N，120°07′22″E，2010-10-14，曾庆文、谢聪、孟玉芳40011913；清凉峰，30°06′16″N，118°52′25″E，2010-10-15，曾庆文等400112267；杭州植物园，30°15′25″N，120°07′22″E，2010-10-14，曾庆文、谢聪、孟玉芳40011912。江苏：无锡市花卉公园，31°33′60″N，120°12′47″E，13 m，2009-12-12，田怀珍、熊申展4001171063。安徽：黄山市仙人洞，29°43′1″N，118°19′18″E，131 m，2011-11-12，胡超、李星霖4001171180。山东：济南，36°12′24″N，117°6′7″E，213 m，2010-06-12，赵伟华400311181。河南：荥阳县邙山，34°57′8″N，113°28′58″E，121 m，2011-10-07，王亚平、武振江、李丹凤400314105；信阳波尔登公园，31°52′14″N，114°5′21″E，146 m，2012-09-16，王亚平400314231；信阳波尔登公园，31°51′58″N，114°5′16″E，213 m，2012-09-15，王亚平400314217。湖北：兴山水月寺鲁家包，31°13′45″N，111°04′48″E，2009-10-30，李晓东、陈永峰40012187；兴山水月寺鲁家包，31°9′38″N，111°10′10″E，630 m，2009-10-14，丁时东、危文亮400152009。重庆：南川区三泉镇金佛山龙骨溪，29°44′6″N，107°7′27″E，595 m，2009-

10-14，刘正宇等400231091；南川区三泉镇金佛山龙骨溪，29°39′27″N，107°7′33″E，590 m，2009-11-05，刘正宇等400231115。四川：乐山峨边沙坪镇蔬菜村，29°14′12″N，103°15′19″E，615 m，2011-10-17，李志强、刘小波等40021111053；成都市白江区日新镇，30°48′19″N，104°18′10″E，2009-11-17，陈林400119041。云南：金平分水岭自然保护区勐拉乡，22°43′21″N，102°50′44″E，670 m，2009-09-15，李忠荣400222096；文山州麻栗坡县八布乡，23°13′53″N，104°54′11″E，2011-10-15，曾庆文、陈树钢、杨国400114253；勐海老国道213宾房电站处，21°57′39″N，100°20′15″E，2012-01-15，邢福武、童毅、孟玉芳4001142052。陕西：眉县营头乡营头村，34°5′37″N，107°27′7″E，740 m，2009-08-06，薛帅400321022。河北：邯郸，36°21′42″N，113°54′52″E，319 m，2011-08-01，徐兴友、韩宝强400313059。

生于低海拔旷野、路旁或疏林中，目前已广泛引为栽培。产于我国黄河以南各地，较常见。广布于亚洲热带、亚热带地区，温带地区也有栽培。

栽培　本植物在湿润的沃土上生长迅速，对土壤要求不严，在酸性土、中性土与石灰岩地区均能生长。播种繁殖。

用途　果核仁油可供制油漆、润滑油和肥皂；种仁油可用于提制亚硫酸；茎皮药用，木材为优良家具用材。是平原及低海拔丘陵区的良好造林树种，在村边路旁种植更为适宜。

含油率及化学组分数据

采集单位	测试单位	测试部位	产地	含油率(%)	碘值	酸值	皂化值	C12:0	C14:0	C16:0	C16:1	C18:0	C18:1	C18:2	C18:3	C20:0	C20:1
SCAU	SCBG	种仁	海南昌江	20.59	91.11	1.09	177.90	0.08	0.29	5.89	17.78	1.90		8.40	63.59	0.27	0.51
SCBG	SCBG	种仁	海南万宁	12.66	107.84			0.32	0.02	10.04	0.08	2.68	9.04		5.72		
SCBG	SCBG	种仁	广东阳山	22.43				0.01	0.12	12.09	1.06	2.11	31.01	51.44	1.31	0.45	0.41
SCBG	SCBG	种仁	广东阳山	12.01				0.02	0.04	9.74	0.09	2.51	36.13	49.94	0.77	0.15	0.61
SCBG	SCBG	种仁	广东东莞	26.48	33.41	14.78	200.39		0.09	3.02	0.14	2.00	40.53	39.85		0.28	0.16
SCBG	SCBG	种仁	广西隆林	22.64	88.01	16.45	192.74	0.01	0.03	6.30	0.04	4.60	39.22	38.98	0.01	0.54	10.27
GXIB	SCBG	种仁	广西桂林	50.47	85.68	1.17	180.40	0.19	2.15	10.94	3.55	2.15	54.82	20.02	2.15	0.37	
JSU	SCBG	种仁	湖南吉首	12.24	52.39	3.81	158.84			8.27				21.91	69.82		
HUST	HUST	种仁	湖南湘潭	20.67	69.60	7.67	190.31	0.02	0.08	11.45	0.05	2.53	6.19	78.44	0.39	0.51	0.33
HUST	HUST	种仁	湖南桑植	24.89	10.87	8.82	241.81	0.02	0.23	22.71	0.21	3.48	0.28	71.42	0.80	0.54	0.31
SYSU	SCBG	种仁	江西安福	31.28				0.03	0.02	3.97	0.06	2.13	11.24	32.71	48.89	0.57	0.38
SCBG	SCBG	种仁	浙江杭州	31.06	11.82	4.17	420.16	4.17	0.19	3.44	0.08	4.11	4.33	3.83	10.19	0.21	0.07
SCBG	SCBG	种仁	浙江清凉峰	33.96	113.70	5.03	185.88	0.01	0.03	5.62		4.28	14.86	74.40	0.24	0.18	0.38
SCBG	SCBG	种仁	浙江杭州	38.46	13.20	0.32	154.80	0.09	0.56	10.45	0.23	2.17	10.14	26.68	0.51		0.15
ECNU	SCBG	种仁	江苏无锡	41.26	107.84	1.46	202.78			5.60	0.15	1.17	21.83	27.84	39.31		0.22
ECNU	SCBG	种仁	安徽黄山	26.70	71.29	1.25	234.13		0.26	1.13	31.80	2.34	5.94	16.78	18.07	2.32	1.52
ICS	ICS	种子	山东济南	43.15	131.28	2.40	207.28			7.50	0.07	3.47	23.18	62.55	0.31	0.27	0.30
HENAU	ICS	种子	河南荥阳	8.49	133.21	26.72	106.68	0.28	0.42	11.00		3.39	20.45	63.19	1.13		
HENAU	ICS	种子	河南信阳	5.71	134.67	7.08	88.53	0.18	0.20	7.87		3.55	23.52	59.22	1.01	0.25	
HENAU	ICS	种子	河南信阳	4.73	124.75	13.83	188.22	0.61	0.32	8.60	0.13	3.42	21.22	61.89	0.80	0.27	
WHBG	WHBG	种仁	湖北兴山	12.74					0.02	5.66		2.30	24.60	61.60	0.98	0.95	0.40
OCRI	SCBG	种仁	湖北兴山	21.13	106.64	38.58	380.98	0.20	0.03	7.34	0.47	4.12	24.88	15.49	40.56	0.85	1.81
CIPP	SCBG	种仁	重庆南川	23.18	42.37	2.15	522.05	0.07	0.16	18.12	0.36	2.12	29.40	20.46	0.90	0.23	0.14
CIPP	SCBG	种仁	重庆南川	34.16	62.22	1.52	396.81		0.20	16.67		2.15	37.63	32.72	7.16		
SCU	SCU	种仁	四川乐山	33.46	33.87	3.72	162.42			9.21		30.81		59.98			
SCBG	SCBG	种仁	四川成都	10.65	0.65	3.64	251.95		0.25	5.36		3.09	10.63	50.25	0.23		0.21
KMIB	KMIB	种仁	云南金平	38.45	125.60	3.30	184.30				7.26		4.19	22.84	63.08		
SCBG	SCBG	种仁	云南文山	26.13	70.22	10.66	222.54	0.07	0.08	14.41	0.07	4.17	4.07	75.54	1.08	0.23	0.28
SCBG	SCBG	种仁	云南勐海	32.65	17.06	5.11	139.02	0.39		7.26		1.39	8.82	25.83	16.45	0.10	0.27
CAU	ICS	种子	陕西眉县	6.08	78.72	12.32	171.20		0.06	8.18	0.09	3.29	27.68	57.90	0.45	0.30	0.36
HNUST	ICS	种子	河北邯郸	9.02	105.01	6.08	137.94		0.05	7.91	0.10	3.14	15.51	69.60	1.00	0.25	0.37
OFPC	SCBG	种子	广东广州	16.30	128.90		193.40	微量	微量	8.70		2.80	15.60	72.80		微量	
OFPC	SCBG	种仁	广东东莞	46.80	132.10		189.10			7.70		3.70	15.40	73.20			
OFPC	WHBG	种仁	湖北武汉	42.30	133.10		189.20			8.30		4.40	16.00	71.30			
OFPC	JSIB	种仁	江苏南京	38.80	137.00		192.00			6.70		3.50	17.70	72.10			
OFPC		种仁		42.17	146.90	0.80	201.00		0.10	8.10	1.50	1.20	20.80	67.70		0.60	
OFPC	XTBG	种仁	云南勐腊	33.60	126.60	3.30	188.70			7.70		5.20	28.00	57.90	0.60	0.60	
OFPC	KMIB	种仁	云南昆明	40.90	142.20		198.90			10.50		2.90	31.40	55.20			
OFPC	CIB	种仁	四川眉山	25.00	115.40		197.70			7.90		3.80	25.10	63.20			

红椿

Toona ciliata M. Roem.[*Toona ciliata* var. *pubescens* (Franch.) Hand.-Mazz.]

楝科，香椿属

特征 大乔木。叶为偶数或奇数羽状复叶，长25~40 cm，通常有小叶7~8对；小叶对生或近对生，纸质，长圆状卵形或披针形，长8~15 cm，宽2.5~6 cm，先端尾状渐尖，基部一侧圆形，另一侧楔形，不等边，边全缘，两面均无毛或仅于背面脉腋内有毛。圆锥花序顶生，约与叶等长或稍短，被短硬毛或近无毛；花长约5 mm，具短花梗，长1~2 mm；花萼短，5裂，裂片钝，被微柔毛及睫毛；花瓣5枚，白色，长圆形，长4~5 mm，先端钝或具短尖，无毛或被微柔毛，边缘具睫毛；雄蕊5枚，约与花瓣等长，花丝被疏柔毛，花药椭圆形；花盘与子房等长，被粗毛；子房密被长硬毛，每室有胚珠8~10颗，花柱无毛，柱头盘状，有5条细纹。蒴果长椭圆形，木质，干后紫褐色，有苍白色皮孔，长2~3.5 cm。种子两端具翅，翅扁平，膜质。花期4~6月；果期10~12月。

分布 海南：琼中县鹦哥岭，19°02′24″N，109°33′13″E，600 m，2011-01-15，秦新生4001161178。浙江：杭州植物园，30°15′25″N，120°07′22″E，2009-10-26，刘东明、戴建阅400111114。湖北：竹溪县丰溪镇，31°52′09″N，109°42′56″E，872 m，2012-08-31，危文亮、赵永国等400151194。云南：元谋县黄瓜园至江边，25°49'38″N，101°51'43"E，1079 m，2010-10-15，李忠荣400222146。生于海拔850~2200 m的常绿阔叶林中或山坡疏林中。产于广东、湖南、江西、湖北、四川、贵州、云南等地。印度、缅甸以及中南半岛等也有分布。

栽培 播种繁殖。

用途 有一定的药用价值。多用于观赏类和景观类植物。

含油率及化学组分数据

采集单位	测试单位	测试部位	产地	含油率(%)	碘值	酸值	皂化值	C12:0	C14:0	C16:0	C16:1	C18:0	C18:1	C18:2	C18:3	C20:0	C20:1
SCAU	SCBG	种仁	海南琼中	23.49	4.88	18.39	200.39	0.03	0.34	12.11	0.18	3.07	8.44	73.77	1.79	0.17	0.09
SCBG	SCBG	种仁	浙江杭州	24.82				0.06	0.32	17.77	0.47	6.94	23.30	46.67	3.87	0.30	0.30
OCRI	SCBG	种仁	湖北竹溪	21.50	77.89	10.77	208.60		0.26	7.00	0.96	5.20	14.64	32.48	17.54	1.76	0.20
KMIB	KMIB	种仁	云南元谋	7.73	157.60	21.10	183.10		0.05	8.37	0.35	3.76	9.17	39.73	32.73	0.41	

香椿

Toona sinensis (A. Juss.) M. Roem.

楝科，香椿属

特征 乔木。叶具长柄，偶数羽状复叶，长30~50 cm或更长；小叶16~20片，对生或互生，纸质，卵状披针形或卵状长椭圆形，先端尾尖，基部一侧圆形，另一侧楔形，不对称，边全缘或有疏离的小锯齿，两面均无毛，无斑点，背面常呈粉绿色。圆锥花序与叶等长或更长，被稀疏的锈色短柔毛或有时近无毛，小聚伞花序生于短的小枝上，多花；花长4~5 mm，具短花梗；花萼5齿裂或浅波状，外面被柔毛，且有睫毛；花瓣5枚，白色，长圆形，先端钝，无毛；雄蕊10枚，其中5枚能育，5枚退化；花盘无毛，近念珠状；子房圆锥形，有5条细沟纹，无毛，每室有胚珠8颗，花柱比子房长，柱头盘状。蒴果狭椭圆形，长2~3.5 cm，深褐色。种子基部通常钝，上端有膜质的长翅，下端无翅。花期6~8月；果期10~12月。

分布 湖南：永顺县万坪乡杉木河，29°41′56″N，109°57′48″E，528 m，2011-11-20，徐亮、周建军40019101175。江西：修水县五梅山，28°49′59″N，114°53′17″E，911 m，2012-10-23，迟盛南、赵万义4001416079；龙南县九连山国家级自然保护区，24°46′23″N，114°43′55″E，2011-11-12，易绮斐、潘雅书、陈华平400119178。河南：郑州紫荆山公园，34°46′37″N，113°40′18″E，110 m，2012-09-12，王亚平400314189。湖北：神农架深沟，31°29′26″N，110°04′58″E，1362 m，2010-10-26，丁时东、危文

亮等400151092。四川：峨边县刘沟乡，29°17′29″N，103°30′32″E，2009-10-13，王凯、樊云川40021109075。贵州：雷山县雷公山自然保护区管理站至乌东村途中，26°22′46″N，108°4′42″E，801 m，2012-10-18，陈丰林、夏纯、桑洪伟4001151241。云南：西畴县法斗乡，23°25′9″N，104°43′50″E，1485 m，2010-11-10，王智、杨珺、谭英400221265。陕西：眉县营头乡大理村，34°3′18″N，107°24′57″E，1282 m，2009-08-24，薛帅400321056。生于山地杂木林或疏林中，各地有广泛栽培。产于我国华北、华东、中部、南部和西南部各地区。朝鲜也有分布。

栽培 分播种育苗和分株繁殖(也称根蘖繁殖)。

用途 食用，椿芽营养丰富，并具有食疗作用，主治外感风寒、风湿痹痛、胃痛、痢疾等。

含油率及化学组分数据

采集单位	测试单位	测试部位	产地	含油率(%)	碘值	酸值	皂化值	C12:0	C14:0	C16:0	C16:1	C18:0	C18:1	C18:2	C18:3	C20:0	C20:1
JSU	SCBG	种仁	湖南永顺	4.56					0.09	12.59	0.58	3.15	37.39	43.50	1.04	0.51	0.15
SYSU	SCBG	种仁	江西修水	20.47				0.01	0.03	5.75	0.04	3.40	7.65	21.98	60.73	0.12	0.30
SCBG	SCBG	种仁	江西龙南	16.41	10.38	0.28	273.36					3.29	21.28	22.16	3.38	0.10	0.44
HENAU	ICS	种子	河南郑州	18.00	88.94	11.94	157.37	0.05	0.11	9.89	0.13	4.50	11.89	51.50	13.40	0.19	0.22
OCRI	SCBG	种仁	湖北神农架	10.69	70.76	0.72	153.52	0.19	2.15	16.02	0.19	1.93	22.47	63.05	1.53	0.19	0.19
SCU	SCU	种仁	四川峨边	17.40													
SCBG	SCBG	种仁	贵州雷山	16.30				0.02	0.04	5.61	0.05	3.42	3.96	85.18	1.06	0.34	0.32
KMIB	KMIB	种仁	云南西畴	28.20	149.70		174.40			7.70		3.60	2.90	0.50			
CAU	ICS	种子	陕西眉县	37.90	94.16	5.70	172.10	0.15	0.14	9.73	0.13	3.90	21.00	28.26	36.08	0.38	0.22
OFPC	WHBG	种子	湖北恩施	32.20	149.70		174.40	微量	微量	7.70	微量	3.60	10.60	55.70	22.30		
OFPC	NIB	种子	陕西南郑	30.10	167.50	3.6	173.30			7.70	微量	3.00	12.50	54.80	21.50		

木果楝
Xylocarpus granatum J. Koenig
楝科，木果楝属

特征 乔木或灌木。叶长15 cm，总轴与叶柄无毛，圆柱状，叶柄长3~5 cm；小叶通常4片，对生，近革质，椭圆形至倒卵状长圆形，先端圆形，基部楔形至宽楔形，边全缘，两面均无毛，常呈苍白色；侧脉每边8~10条，向上斜举，离边缘弯拱网结，网脉疏散，稍明显；小叶柄极短，长约4 mm，基部膨大。花组成疏散的聚伞花序，复组成圆锥花序，无毛，聚伞花序有花1~3朵；花梗长达1 cm或过之；花萼裂片圆形；花瓣白色，倒卵状长圆形，革质，长6 mm；雄蕊管卵状壶形，顶端的裂片近圆形，微2裂，花药椭圆形，基部心形，无毛；花盘约与子房等长，基部收缩，顶端肉质，有条纹；子房每室有胚珠4颗，花柱近四角形，无毛，柱头盘状，约与雄蕊管等高。蒴果球形，具柄，直径10~12 cm，有种子8~12粒。种子有棱。花、果期4~11月。

分布 海南：文昌文教镇，19°40′24″N，110°54′52″E，2009-08-10，邢福武、戴建阅、翟俊文、郑希龙40011177。混生于浅水海滩的红树林中。产于海南。印度、越南、马来西亚也有分布。

栽培 播种繁殖。

用途 树皮含单宁30.255%。木材可作车辆、家具、农具、建筑等用材。

含油率及化学组分数据

采集单位	测试单位	测试部位	产地	含油率(%)	碘值	酸值	皂化值	C12:0	C14:0	C16:0	C16:1	C18:0	C18:1	C18:2	C18:3	C20:0	C20:1
SCBG	SCBG	种仁	海南文昌	22.04				1.07	0.08	46.20	0.19	1.76	10.53	20.30	19.33	0.28	0.27

马桑（千年红、马鞍子、水马桑）

Coriaria nepalensis Wall.

马桑科，马桑属

特征　灌木。叶对生，纸质至薄革质，椭圆形或阔椭圆形，先端急尖，基部圆形，全缘，两面无毛或沿脉上疏被毛，基出脉3，弧形伸端，在叶面微凹，叶背凸起；叶短柄，紫色，基部具垫状凸起物。花序生于二年生的枝条上，雄花序先叶开放，多花密集，序轴被腺柔毛；苞片和小苞片卵圆形，膜质，半透明，内凹，上部边流苏状细齿；萼片卵形，边缘半透明，上部具流苏状细齿；花瓣极小，卵形，里面龙骨状；雄蕊10枚；不育雌蕊存在；雌花序与叶同出，序轴被腺状微柔毛；苞片稍大，长约4 mm，带紫色；萼片与雄花同；花瓣肉质，较小，龙骨状；雄蕊较短，心皮5枚，耳形，侧向压扁，花柱长约1 mm，具小疣体，柱头上部外弯，紫红色，具多数小疣体。果球形，果期花瓣肉质增大包于果外，成熟时由红色变紫黑色，径4~6 mm。种子卵状长圆形。花期2~5月；果期5~8月。

分布　湖南：吉首市马坳乡马坳村，28°10′24″N，109°25′7″E，276 m，2010-03-26，徐亮、周建军400191102。四川：泸定县老川藏线二郎山出洞口，29°51′10″N，102°15′26″E，2218 m，2009-08-24，干友民400241050。云南：维西县塔城巴珠村，27°44′5″N，99°21′45″E，2700 m，2009-11-26，邱明华、李恩乾400222050。西藏：波密县波密至墨脱19~20 km处，29°48′24″N，95°41′51″E，3548 m，2011-09-05，干友民400241156。生于海拔300~3548 m的灌丛中。产于湖北、四川、贵州、云南、西藏、甘肃、陕西。印度、尼泊尔也有分布。

栽培　喜光，耐干旱、瘠薄。播种繁殖。

用途　种子榨油可作油漆和油墨；全株含马桑碱，有毒，可作土农药；可作山地水土保持树种。

含油率及化学组分数据

采集单位	测试单位	测试部位	产地	含油率(%)	碘值	酸值	皂化值	C12:0	C14:0	C16:0	C16:1	C18:0	C18:1	C18:2	C18:3	C20:0	C20:1
JSU	SCBG	种仁	湖南吉首	24.56				0.19	0.55	11.03	1.09	3.39	11.81	50.08	4.20	1.34	0.30
SICAU	SCBG	种仁	四川泸定	28.78	115.33	23.25	213.52		0.06	5.53	0.11	1.61	18.75	72.03	0.59	0.95	0.37
KMIB	KMIB	种仁	云南维西	4.50							4.35	0.13	1.80	19.86	47.57	1.81	
SICAU	SCBG	种仁	西藏波密	26.43	113.83	1.63	250.12										
OFPC		种子	四川西昌	20.40	156.90		201.50			4.00		2.70	7.60	18.40	4.60		
OFPC		种子	四川仁寿	22.70	150.80		185.00			3.10		2.20	5.80	18.40	0.30		
OFPC		种子	四川仁寿	19.60	147.40		184.70			4.40		0.70	9.10	25.80	3.00		

腰果（鸡腰果、槚如树）

Anacardium occidentale L.

漆树科，腰果属

特征　灌木或小乔木，高4~10 m。叶革质，倒卵形，先端圆形，平截或微凹，基部阔楔形，全缘，两面无毛；侧脉约12对，侧脉和网脉两面凸起；叶柄长1~1.5 cm。圆锥花序宽大，多分枝，排成伞房状，多花密集，密被锈色微柔毛；苞片卵状披针形，长5~10 mm，背面被锈色微柔毛；花黄色，杂性，无花梗或具短梗；花萼外面密被锈色微柔毛，裂片卵状披针形，先端急尖；花瓣线状披针形，外面被锈色微柔毛，里面疏被毛或近无毛，开花时外卷；雄蕊7~10枚，通常仅1枚发育，长8~9 mm，在两性花中长5~6 mm；不育雄蕊较短，长3~4 mm，花丝基部多少合生，花药小，卵圆形；子房倒卵圆形，长约2 mm，无毛，花柱钻形，长4~5 mm。核果肾形，两侧压扁，果基部为肉质梨形或陀螺形的假果所托，假果长3~7 cm，最宽处4~5 cm，成熟时紫红色。种子肾形。花期3~4月；果期6~8月。

分布　广东、广西、福建、台湾、云南均有引种，适于低海拔的干热地区栽培。原产热带美洲，现全球热带广为栽培。

栽培　喜温，耐干旱和瘠薄，但抗寒性差。忌地下水位过高或雨季积水的地区，不拘土壤。有一定抗风力。

用途　假果可生食或制果汁、果酱、蜜饯、罐头和酿酒。种子炒食，味如花生，可甜制或咸制，亦可加工糕点或糖果，含油量较高，为上等食用油，多用于硬化巧克力糖的原料；果壳油是优良的防腐剂或防水剂，又可入药，治牛皮癣、铜钱癣及香港脚，还可提制栲胶；树皮用于杀虫、治白蚁和制不退色墨水。木材耐腐，可供造船。

含油率及化学组分数据

采集单位	测试单位	测试部位	产地	含油率(%)	碘值	酸值	皂化值	C12:0	C14:0	C16:0	C16:1	C18:0	C18:1	C18:2	C18:3	C20:0	C20:1
OFPC		种子	海南陵水	50.10	92.80		187.30			10.50		3.40	53.40	32.70			

人面子（人面树、银莲果）

Dracontomelon duperreanum Pierre

漆树科，人面子属

特征　常绿大乔木，高达20 m。幼枝具条纹，被灰色绒毛。奇数羽状复叶长30~45 cm，有小叶5~7对，叶轴和叶柄具条纹，疏披毛；小叶互生，近革质，长圆形，自下而上逐渐增大，先端渐尖，基部常偏斜，阔楔形至近圆形，全缘，两面沿中脉疏被微柔毛，叶背脉腋具灰白色髯毛；侧脉8~9对，近边缘处弧形上升，侧脉和细脉两面凸起；小叶柄短。圆锥花序顶生或腋生，比叶短，长10~23 cm，疏被灰色微柔毛；花白色，花梗长2~3 mm，被微柔毛；萼片阔卵形或椭圆状卵形，先端钝，两面被灰黄色微柔毛；花瓣披针形或狭长圆形，无毛，芽中先端彼此粘合，开花时外卷，具3~5条暗褐色纵脉；花丝线形，无毛，花药长圆形；花盘无毛，边缘浅波状；子房无毛，花柱短。核果扁球形，成熟时黄色，果核压扁，上面盾状凹入，5室，通常1~2室不育。种子3~4粒。花期4~5月；果期6~11月。

分布　广东、广西、云南，广西、广东亦有引种栽培。生于海拔120~350 m的林中。分布于越南。

栽培　播种繁殖。春、秋季为适期。土壤常保持湿润则生长旺盛。春季至夏季施肥2~3次。

用途　果肉可食或盐渍作菜或制其他食品，入药能醒酒解毒，又可治风毒痒痛、喉痛等；种子油可制皂或作润滑油。木材致密而有光泽，耐腐力强，适作建筑和家具用材。

含油率及化学组分数据

采集单位	测试单位	测试部位	产地	含油率(%)	碘值	酸值	皂化值	C12:0	C14:0	C16:0	C16:1	C18:0	C18:1	C18:2	C18:3	C20:0	C20:1
OFPC		种仁	广东广州	64.00	85.90		201.40		0.50	12.10		6.40	42.90	38.10			

大果人面子（马个）

Dracontomelon macrocarpum H. L. Li

漆树科，人面子属

特征　乔木，高约18 m。小枝灰褐色，具条纹和白色小皮孔，幼枝被极细微柔毛，后变无毛。奇数羽状复叶长达50 cm，叶轴和叶柄圆柱形，被灰黄色极细微柔毛；小叶互生，革质，斜长圆形，极不对称，长9~13 cm，宽2.5~4 cm，先端渐尖，基部极偏斜，一侧急尖，另一侧圆形，全缘，叶面无毛，叶背脉腋具髯毛；侧脉8~10对，两面凸起，网脉两面清晰；小叶柄长4~6 mm，被灰色极细微柔毛，上面具槽。花未见。核果近球形，径3.5~4 cm，稀达5 cm，形如胡桃状，但略压扁，无毛，果核木质坚硬，径约3.5 cm，表面不规则凹陷，通常5室，稀2~4室，室周具薄壁组织腔。种子椭圆状三棱形，长约12 mm，宽约6 mm，棕色，富含油分。花期3~4月；果期10~11月。

分布　云南南部。为中国特有植物。生于海拔1200 m的混交林。

栽培　目前尚未由人工引种栽培。播种繁殖。

用途　种子富含油，可食。

含油率及化学组分数据

采集单位	测试单位	测试部位	产地	含油率(%)	碘值	酸值	皂化值	C12:0	C14:0	C16:0	C16:1	C18:0	C18:1	C18:2	C18:3	C20:0	C20:1
OFPC		种仁	云南勐腊	69.50	83.50	0.30	193.30			14.40		12.80	49.40	23.40			

杧果
Mangifera indica L.
漆树科，杧果属

特征 常绿大乔木，高10~20 m。树皮灰褐色。小枝褐色，无毛。叶薄革质，常集生枝顶，叶通常为长圆形或长圆状披针形，先端渐尖、长渐尖或急尖，基部楔形或近圆形，边缘皱波状，无毛，叶面略具光泽；侧脉20~25对，斜升，两面凸起，网脉不显；叶柄上面具槽，基部膨大。圆锥花序长20~35 cm，多花密集，被灰黄色微柔毛，分枝开展，最基部分枝长6~15 cm；苞片披针形，被微柔毛；花小，杂性，黄色或淡黄色；花梗长1.5~3 mm，具节；萼片卵状披针形，渐尖，外面被微柔毛，边缘具细睫毛；花瓣长圆形或长圆状披针形，无毛，里面具3~5条棕褐色凸起的脉纹，开花时外卷；花盘膨大，肉质，5浅裂；雄蕊仅1枚发育，花药卵圆形；不育雄蕊3~4枚，具极短的花丝和疣状花药原基或缺；子房斜卵形，无毛，花柱近顶生。核果大，肾形，压扁，成熟时黄色，中果皮肉质，肥厚，鲜黄色，味甜，果核坚硬。花期3~4月；果期5~7月。

分布 海南：五指山，40°31′57″N，117°10′16″E，2012-02-05，张荣京40017207。云南：元江县高庄，23°41′52″N，102°00′30″E，394 m，2010-05-16，李忠荣400222160。生于海拔200~1350 m的山坡、河谷或旷野的林中。产于云南、广西、广东、福建、台湾。分布于印度、孟加拉国以及中南半岛和马来西亚。

栽培 播种或芽接法繁殖。夏、秋季之间可用高秆覆盖。幼龄树可每年施5~6次粪肥，每次每株施粪肥10~15 kg，并加50g化肥。结果树可每年施肥3次。本种国内外已广为栽培，并培育出百余个品种，仅我国目前栽培的已达40余个品种之多。

用途 素有“热带果王”之称，与香蕉、菠萝并称世界三大名果。其树形美观，叶色常绿，抗污力强，适合作园林绿化及行道树。

含油率及化学组分数据

采集单位	测试单位	测试部位	产地	含油率(%)	碘值	酸值	皂化值	C12:0	C14:0	C16:0	C16:1	C18:0	C18:1	C18:2	C18:3	C20:0	C20:1
SCAU	SCBG	种仁	海南五指山	22.63	106.07	2.26	208.71		0.68	0.26	0.10	1.73	86.25	10.04		1.24	
KMIB	KMIB	种仁	云南元江	10.51	5.20	10.51	38.00				7.30	0.20	6.48	43.46	42.11		

黄连木
Pistacia chinensis Bunge
漆树科，黄连木属

特征 落叶乔木，高达20 m。幼枝灰棕色，具细小皮孔，疏被微柔毛或近无毛。奇数羽状复叶互生，有小叶5~6对，叶轴具条纹，被微柔毛，叶柄被微柔毛；小叶对生或近对生，纸质，披针形或卵状披针形，先端渐尖或长渐尖，基部偏斜，全缘，两面沿中脉和侧脉被卷曲微柔毛或近无毛；侧脉和细脉两面凸起；小叶柄长1~2 mm。花单性异株，先花后叶，圆锥花序腋生，雄花序排列紧密，雌花序排列疏松，均被微柔毛；花小，花梗被微柔毛；苞片披针形或狭披针形，内凹，外面被微柔毛，边缘具睫毛；雄花花被片2~4，披针形或线状披针形，边缘具睫毛；雄蕊3~5枚，花丝极短，花药长圆形；雌蕊缺；雌花花被片7~9，大小不等，外面2~4片远较狭，披针形或线状披针形，外面被柔毛，边缘具睫毛，里面5片卵形或长圆形，外面无毛，边缘具睫毛；不育雄蕊缺；子房球形，无毛，花柱极短，柱头3枚，厚，肉质，红色。核果倒卵状球形，略压扁，成熟时紫红色，干后具纵向细条纹，先端细尖。花期3~5月；果期8~11月。

分布 广西：隆林县金钟乡，24°37′48″N，104°50′53″E，869 m，2011-10-23，曾庆文、陈树钢、杨国400114157。河南：信阳波尔登公园，31°51′36″N，114°5′25″E，289 m，2012-09-15，王亚平400314216。湖北：神农架新华，31°36′32″N，110°53′41″E，846 m，2010-10-18，李晓东、昝艳燕、罗曼曼400121119。湖南：花垣古苗河，28°37′52″N，109°17′15″E，406 m，

2009-07-15，徐亮、周建军400191083；永顺县小溪茶园溪，28°46′14″N，110°14′48″E，326 m，2010-10-04，肖艳、徐亮400191142。江苏：南京市老山国家森林公园，32°5′10″N，118°35′28″E，89 m，2012-11-11，程志全、刘巧霞4001171251。江西：贵溪县龙虎山自然保护区，28°6′47″N，116°57′14″E，37 m，2011-11-07，景慧娟、何诗阳4001413002。山东：淄博，36°12′22″N，117°05'49″E，239 m，2009-08-15，赵伟华400311012。陕西：眉县营头乡营头村，34°5′35″N，107°27′6″E，749 m，2009-08-06，薛帅400321020。四川：西昌经久，27°50′46″ N，102°15′53″E，2009-10-02，樊云川，王凯40021109041。云南：楚雄紫溪山，25°03′37″N，102°34′44″E，2208 m，2009-09-25，张国学400222101。浙江：杭州植物园，24°46′22″N，114°43′54″E，2010-10-14，曾庆文、谢聪、孟玉芳40011916；临安天目山，30°12′28″N，119°21′01″E，2009-11-01，刘东明、戴建阅400111141。生于海拔35~3550 m的石山林中。产于长江以南各地以及华北、西北地区。菲律宾亦有分布。

栽培 喜光，不耐阴，但幼时较耐阴，较耐寒。较耐瘠薄，对土壤要求不严；深根性，萌芽力强，生长缓慢，寿命长。播种繁殖、扦插、分蘖法均可，以播种为主。移植在秋季落叶后春季萌芽前，可不带土。管理较粗放。病虫害主要有黄连木尺蠖。

用途 种子榨油可作润滑油或制皂；幼叶可充蔬菜，并可代茶。木材鲜黄色，可提黄色染料，材质坚硬致密，可供家具和细工用材。

含油率及化学组分数据

采集单位	测试单位	测试部位	产地	含油率(%)	碘值	酸值	皂化值	C12:0	C14:0	C16:0	C16:1	C18:0	C18:1	C18:2	C18:3	C20:0	C20:1
SCBG	SCBG	种仁	广西隆林	20.15	154.85	25.61		1.87	0.50	12.29	0.13	2.89	31.11	48.91	1.55	0.31	0.45
HNAU	ICS	种子	河南信阳	4.21	107.42	59.48	251.95	0.26	0.21	16.39	0.68	2.54	40.15	28.27	3.09	0.38	0.28
WHBG	WHBG	种仁	湖北神农架	5.96						15.30	0.80	1.80	45.60	35.70	0.80		
JSU	SCBG	种仁	湖南花垣	30.25	98.25	10.27	200.52		0.06	6.07	0.27	1.36	59.91	29.92	0.13	0.12	0.08
JSU	SCBG	种仁	湖南永顺	42.28	122.20	1.53	189.28		0.02	5.73	0.85	64.66	28.37	0.11	0.24		
ECNU	SCBG	种仁	江苏南京	23.40	14.22	15.99	146.72	0.19	0.75	12.93	0.90	1.91	21.68	52.05	1.52	0.37	0.19
SYSU	SCBG	种仁	江西贵溪	30.45	65.45	20.45	145.45										
ICS	ICS	种子	山东淄博	13.89	121.66	2.36	175.80			6.11	0.57	0.70	40.62	17.89	0.93	0.12	0.14
CAU	ICS	种子	陕西眉县	9.82	81.79	14.38	247.00	0.01	0.04	7.70	0.33	1.46	52.09	36.40	1.37	0.27	0.32
SCU	SCU	种仁	四川西昌	24.50													
KMIB	KMIB	假种皮	云南楚雄	50.07	101.40	4.10	191.30		0.02	0.04	15.50	1.70	1.32	44.87	35.67	0.53	
KMIB	KMIB	种仁	云南楚雄	22.87	53.60	5.50	195.40										
SCBG	SCBG	种仁	浙江杭州	20.09	13.25	8.56	190.15	0.12		10.48	0.64	2.57	17.82	38.02	0.48	0.50	0.22
SCBG	SCBG	种仁	浙江临安	31.96	193.09	11.17	162.12										
OFPC	IB	果实	河北保定	37.80	95.80		192.00			23.30	1.90	1.70	41.60	29.90	1.50		
OFPC	NIB	果实	陕西长安	17.50	111.00		193.00		0.30	15.60	1.20	0.90	51.60	28.30	2.10		
OFPC	WHBG	果实	湖北罗田	29.00	92.20		184.70			22.20	1.30	2.30	51.00	23.20			
OFPC	GXIB	果实	广西隆林	13.30	98.60		181.40			24.30	1.00	0.90	49.50	24.10			
OFPC	JSIB	种子	江苏南京	52.60	108.90				0.10	12.10	1.30	1.60	39.80	43.70	0.90		
OFPC	SCBG	种子	广东乳源	25.60	103.40		192.80			17.20		0.80	37.80	27.30	16.90		
OFPC	KMIB	种子	云南富民	42.50	107.00		183.70			16.10	1.30	1.30	38.70	40.80		1.70	

盐肤木

Rhus chinensis Mill.

漆树科，盐肤木属

特征 落叶小乔木或灌木。小枝棕褐色，被锈色柔毛，具圆形小皮孔。奇数羽状复叶有小叶3~6对，叶轴具宽的叶状翅，小叶自下而上逐渐增大，叶轴和叶柄密被锈色柔毛；小叶多形，卵形或椭圆状卵形或长圆形，先端急尖，基部圆形，顶生小叶基部楔形，边缘具粗锯齿或圆齿，叶背被白粉，叶面沿中脉疏被柔毛或近无毛，叶背被锈色柔毛，脉上较密；侧脉和细脉在叶面凹陷，在叶背凸起；小叶无柄。圆锥花序宽大，多分枝，雄花序长30~40 cm，雌花序较短，密被锈色柔毛；苞片披针形，被微柔毛，小苞片极小，花白色，花梗被微柔毛；雄花：花萼外面被微柔毛，裂片长卵形，边缘具细睫毛；花瓣倒卵状长圆形，开花时外卷；雄蕊伸出，花丝线形，无毛，花药卵形；子房不育；雌花：花萼裂片较短，外面被微柔毛，边缘具细睫毛；花瓣椭圆状卵形，边缘具细睫毛；雄蕊极短；花盘无毛；子房卵形，密被白色微柔毛，花柱3枚，柱头头状。核果球形，略压扁，被具节柔毛和腺毛，成熟时红色，果核径3~4 mm。花期8~9月；果期10月。

分布 广东：从化市桃园乡石门国家森林公园，23°31′26″N，113°34′21″E，94 m，2009-11-04，易绮斐、林铎清、徐蕾400119009；乳源县五指山南岭龙溪，24°52′07″N，113°07′24″E，257 m，2012-01-08，王发国、杨国、宋贤利400113108；阳山县秤架，24°46′29″N，112°48′46″E，695 m，2009-09-22，董安强、胡晓敏40011220。广西：上思县那琴乡那岩村，22°15′17″N，108°05′24″E，2009-11-17，吴望辉、叶晓霞、农东新4001101016。贵州：施秉县马溪乡，27°18′26″N，108°03′24″E，1029m，2011-11-23，孟玉芳、宋贤利、王喆昊400114184。河南：内乡，33°29′44″N，111°54′39″E，887 m，2012-10-26，王亚平400314308。湖北：鹤峰县下坪乡，30°3′24″N，110°8′15″E，845 m，2009-09-05，危文亮、丁时东400151019；五峰渔洋关奥陶纪石林，30°10′23″N，110°42′36″E，2009-11-03，李晓东、陈士强40012192；五峰渔洋关奥陶纪石林，30°11′46″N，110°6′33″E，373 m，2009-10-13，丁时东、赵永国400152003。湖南：保靖县白云山，28°32′34″N，109°42′15″E，260 m，2009-11-21，徐亮、周建军400191061；桑植县芭茅溪乡小庄坪，29°40′34″N，109°44′31″E，1628 m，2009-09-26，张兵400181064。吉林：临江，41°48′59″N，127°11′29″E，2011-09-21，郑宝江等400341134。江苏：苏州市常熟市虞山，31°39′3″N，120°43′54″E，77 m，2009-12-01，田怀珍、陈纪云4001171054。山东：烟台昆嵛山，36°16′33″N，117°03′45″E，536 m，2009-08-21，赵伟华400311092。陕西：汉中市蒿坝，32°26′6″N，106°30′49″E，1480 m，2012-09-22，秦烁、郭利磊

400328012。四川：峨边刘沟，29°17′18″N，103°30′43″E，2009-10-12，樊云川、王凯40021109071。云南：麻栗坡县大保乡大保村芭蕉坪，22°58′07″N，104°50′35″E，1201 m，2008-10-29，李忠荣400222039。浙江：临安天目山，30°17′41″N，119°29′9″E，261m，2009-10-30，刘东明、戴建阅400111136。重庆：涪陵区白涛镇大溪河口，29°18′35″N，107°17′42″E，209 m，2009-10-29，刘正宇等400231097。生于海拔70~2700 m的向阳山坡、沟谷、溪边的疏林或灌丛中。我国除东北地区、内蒙古和新疆外，其余地区均有分布。印度、中南半岛以及马来西亚、印度尼西亚、日本、朝鲜也有分布。

栽培 生性强健，喜温暖气候，能耐一定寒冷和干旱。管理粗放。繁殖用分蘖、播种、扦插、压条均可，特别是扦插繁殖效果很好。

用途 本种为五倍子蚜虫寄主植物，在幼枝和叶上形成虫瘿，即五倍子，可供鞣革、医药、塑料和墨水等工业上用。幼枝和叶可作土农药；果泡水代醋用，生食酸咸止渴；种子可榨油，种子油可制皂；根、叶、花及果均可供药用。

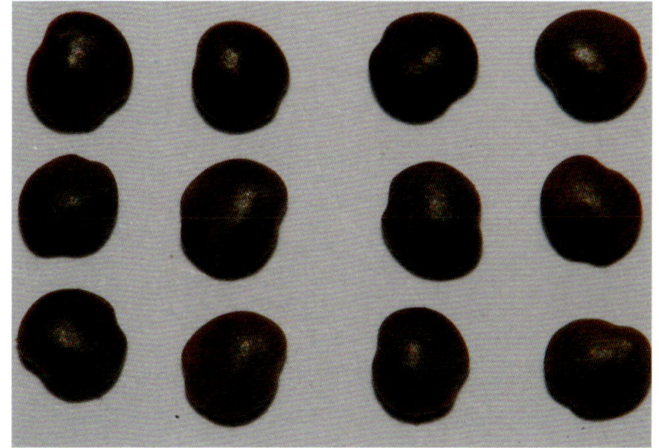

含油率及化学组分数据

采集单位	测试单位	测试部位	产地	含油率(%)	碘值	酸值	皂化值	C12:0	C14:0	C16:0	C16:1	C18:0	C18:1	C18:2	C18:3	C20:0	C20:1
SCBG	SCBG	种仁	广东从化	21.50	78.59	16.45	181.58	0.01	0.14	31.25	0.24	3.05	13.95	48.84	2.03	0.50	
SCBG	SCBG	种仁	广东乳源	26.42	140.47	15.99	269.28	1.07	0.05	8.48	0.14	1.44	42.96	50.56	60.73	0.23	0.57
SCBG	SCBG	种仁	广东阳山	20.40	120.23	9.10	173.94										
GXIB	SCBG	种仁	广西上思	20.30	64.50	23.50	204.33		0.83	13.88		2.65	34.47	33.36	1.40	0.14	0.36
SCBG	SCBG	种仁	贵州施秉	32.45	198.36	10.47	228.27										
HNAU	ICS	种子	河南内乡	13.04	77.71	32.44	135.15	0.22	0.18	24.34	0.16	4.13	11.45	47.88	2.76	0.65	0.13
OCRI	SCBG	种仁	湖北鹤峰	9.03	198.36	10.47	228.27	0.06	0.10	5.88	0.15	2.83	20.58	38.63	0.01	28.01	1.02
WHBG	WHBG	种仁	湖北五峰	10.07	137.63	14.05	153.41	0.13	0.12	10.55	0.33	2.15	12.84	72.00	1.36	0.31	0.20
OCRI	SCBG	种仁	湖北五峰	9.10	148.19	35.22	66.64	0.11	5.74	0.27	1.69	36.93	43.98	2.49	0.29	0.23	0.23
JSU	SCBG	种仁	湖南保靖	16.15						3.14	0.30	0.47	77.23	15.45	0.76	0.10	0.17
HUST	HUST	种仁	湖南桑植	26.14	23.79	3.64	242.60										
NEFU	SCBG	种仁	吉林临江	17.83	42.37	2.15	522.05	0.02	0.06	7.47	0.19	3.03	14.90	72.53	1.31	0.45	0.06
ECNU	SCBG	种仁	江苏苏州	27.57	10.38	12.47	169.69	0.48	0.24	18.84		7.60	26.13	29.77	8.47	2.45	0.16
ICS	ICS	种子	山东烟台	9.00	77.81	5.48	260.47	0.02	0.11	10.02	0.26	3.33	11.77	72.60	1.34	0.40	0.16
CAU	ICS	种子	陕西汉中	6.77	11.53	18.18	212.04			8.31	0.15	1.83	10.94	72.97	1.49	0.24	0.17
SCU	SCU	种仁	四川峨边	13.94						8.10		2.66	68.24	17.79	3.20		
KMIB	KMIB	种仁	云南麻栗坡	3.84	3.50	137.00	178.60			8.30		2.57	14.61	71.52	1.56		
SCBG	SCBG	种仁	浙江临安	11.20	76.86	28.21	186.21		0.14	21.45	0.22	9.23	25.27	38.80	4.31	0.55	
CIPP	SCBG	种仁	重庆涪陵	22.70	70.48	8.04	373.27		0.05	15.00	0.34	0.49	12.26	25.37	0.06	0.14	0.31
OFPC	NIB	果实	陕西南郑	19.70	82.30		190.70		1.20	33.70	2.10	3.50	17.40	39.80	2.30		
OFPC	WHBG	果实	湖北利川	17.90	86.60		189.60	微量	微量	32.40	微量	3.80	14.70	46.80	2.20		
OFPC	LBG	果实	江西庐山	15.90	80.50					35.00		2.50	18.60	42.20	1.70		
OFPC	CIB	果实	四川彭县	20.80	83.20		212.00			48.20		2.80	23.50	25.50			
OFPC	SCBG	果实	广东封开	12.00			196.50		0.50	37.00		2.40	12.50	47.40			0.20
OFPC	FSIB	种子	辽宁凤城	14.50						8.50	微量	1.90	14.30	75.30	微量		
OFPC	IAE	种子	江苏南京	16.10	138.90		195.20	1.50	0.30	7.60	0.30	2.60	12.60	71.60	1.00		
OFPC	GXIB	种子	广西天峨	7.40	136.00		206.10			10.80		1.90	16.90	70.40			

红麸杨（旱倍子、漆倍子、倍子树）

Rhus punjabensis var. **sinica** (Diels) Rehd. et Wils.

漆树科，盐肤木属

特征 落叶乔木或小乔木，高4~15 m。小枝被微柔毛。奇数羽状复叶有小叶3~6对，叶轴上部具狭翅，极稀不明显；叶卵状长圆形或长圆形，长5~12 cm，宽2~4.5 cm，先端渐尖或长渐尖，基部圆形或近心形，全缘，叶背疏被微柔毛或仅脉上被毛；侧脉较密，约20对，不达边缘，在叶背明显凸起；叶无柄或近无柄。圆锥花序长15~20 cm，密被微绒毛；苞片钻形，长1~2 cm，被微绒毛；花小，径约3 mm，白色；花梗短，长约1 mm；花萼外面疏被微柔毛，裂片狭三角形，边缘具细睫毛；花瓣长圆形，两面被微柔毛，边缘具细睫毛，开花时先端外卷；花丝线形，长约2 mm，中下部被微柔毛，在雌花中较短，长约1 mm，花药卵形；花盘厚，紫红色，无毛；子房球形，密被白色柔毛，径约1 mm，雄花中有不育子房。核果近球形，略压扁，径约4 mm，成熟时暗紫红色，被具节柔毛和腺毛。种子小。花期5月；果期9～10月 。

分布 湖北：神农架小当阳冷热洞，31°27′18″N，110°05′44″E，2009-08-13，李晓东、任明迅40012120；神农架小当阳林业管理站，31°26′49″N，110°26′48″E，1262 m，2009-10-19，丁时东、危文亮400152037。湖南：保靖县白云山，28°39′42″N，109°24′12″E，476 m，2012-08-06，张代贵、张洁40019101226。陕西：陇县八渡，34°26′28″N，106°29′42″E，1020 m，2011-10-13，秦烁、胡亮400326044。四川：成都彭州白鹭，31°11′15″N，103°55′19″E，1145 m，2011-10-24，邓星光、吴阳晨等40021111109。重庆：南川区三泉镇金佛山龙骨溪，29°39′37″N，107°7′43″E，583 m，2009-08-19，刘正宇等400231027。生于海拔460~3000 m的石灰山灌丛或密林中。产于湖南、湖北、四川、贵州、云南（东北至西北部）、西藏、甘肃、陕西。

栽培 生性强健，喜温暖气候，能耐一定寒冷和干旱。管理粗放。繁殖用分蘖、播种、扦插、压条均可，特别是扦插繁殖效果很好。（同盐肤木）

用途 枝、叶寄生的五倍子（虫瘿）含鞣质，供工业及药用；叶和树皮可提制栲胶；种子油供工业用，油饼可作猪饲料；树皮可作土农药。

含油率及化学组分数据

采集单位	测试单位	测试部位	产地	含油率(%)	碘值	酸值	皂化值	C12:0	C14:0	C16:0	C16:1	C18:0	C18:1	C18:2	C18:3	C20:0	C20:1
WHBG	WHBG	种仁	湖北神农架	12.28	121.17	36.10	174.37	0.03	0.06	14.86	0.47	2.68	11.78	69.06	0.17	0.78	0.11
OCRI	SCBG	种仁	湖北神农架	24.61	146.23	5.73	175.93	0.41	0.77	7.72	2.02	10.19	30.82	0.05	44.52	0.21	0.22
JSU	SCBG	种仁	湖南保靖	13.45					0.10	5.81	0.16	1.05	67.39	18.92	2.36	0.21	0.19
CAU	ICS	种子	陕西陇县	14.35	99.72	39.81	167.08		0.07	15.22	0.70	1.50	40.70	37.82	1.27	0.16	0.27
SCU	SCU	种仁	四川成都	13.40	72.19	18.19	180.61	0.35		17.68	0.24	2.57	50.25	27.18	0.97	0.32	
CIPP	SCBG	种仁	重庆南川	15.50	75.52	18.68	187.66			23.67	0.51	2.17	40.60	30.38	1.26	1.17	0.23
OFPC		果实	湖北恩施	19.70	86.30		185.10			21.90	0.50	2.00	44.30	31.30			

火炬树（鹿角漆）

Rhus typhina L.

漆树科，盐肤木属

特征 落叶小乔木，高达12 m。柄下芽。小枝密生灰色绒毛。奇数羽状复叶，小叶11~31片，长椭圆状至披针形，长5~13 cm，缘有锯齿，先端长渐尖，基部圆形或宽楔形，上面深绿色，下面苍白色，两面有绒毛，老时脱落，叶轴无翅。圆锥花序顶生、密生绒毛；花淡绿色，雌花花柱有红色刺毛。核果深红色，密生绒毛，花柱宿存、密集成火炬形。花期6~7月；果期8~9月。

分布 甘肃：兰州市安宁区，36°4′16″N，103°25′18″E，1568 m，2011-07-21，薛帅、秦烁400324013。河北：邢台，37°37′01″N，114°12′37″E，267 m，2011-10-12，徐兴友、韩宝强400313136。山东：淄博，36°19′30″N，

118°03′18″E，653 m，2010-09-23，赵伟华400311218。新疆：吐鲁番沙漠植物园，42°51′17″N，89°11′36″E，93 m，2009-10-26，王喜勇、侯翼国4003309030。主要分布在我国东北南部以及华北、西北北部暖温带落叶阔叶林区。

栽培 喜光，喜湿，耐寒，耐旱，抗盐碱。适应性极强，抗干旱力特强大，在干旱贫瘠的石质山地上，无水栽植也可成活。根系发达，萌蘖力强，生长快速。播种、埋根、分株均易繁殖。种子坚硬，播前先除去红色绒毛，再用开水浸种，连浸2日后催芽播种。作为风景树种，需及时修剪整枝。耐修剪。

用途 作防火树种。经长期驯化对土壤适应强，是良好的护坡、固堤、固沙的水土保持和薪炭林树种。

含油率及化学组分数据

采集单位	测试单位	测试部位	产地	含油率(%)	碘值	酸值	皂化值	C12:0	C14:0	C16:0	C16:1	C18:0	C18:1	C18:2	C18:3	C20:0	C20:1
CAU	ICS	种子	甘肃兰州	3.49	78.52	58.35	191.62		0.26	5.39	0.12	2.45	30.42	50.65	4.04	2.31	0.22
HNUST	ICS	种子	河北邢台	12.03	78.59	0.88	215.38						42.64	37.21	1.23	0.54	0.38
ICS	ICS	种子	山东淄博	20.02	92.89	0.94	163.92		0.06	14.01	0.49	2.05	52.17	28.71	0.87	0.38	0.34
XIEG	SCBG	种仁	新疆吐鲁番	13.77	5.11	13.47			0.04	6.40	0.23	1.51	63.25	28.18	0.06	0.19	0.14

川麸杨

Rhus wilsonii Hemsl.

漆树科，盐肤木属

特征 灌木，高1~4 m。幼枝密被灰黄色柔毛。奇数羽状复叶长10~20 cm，有小叶5~13对，叶轴具叶状翅，宽2~4 mm，每对小叶间距2~4 cm，叶轴和叶柄被微硬毛和柔毛；叶柄短，长1~2 cm；小叶卵形或长圆形，长2~6 cm，宽0.8~2 cm，先端圆形，具小尖头，稀急尖或微凹，基部不对称，楔形或略成圆形，全缘或极稀具稀疏锯齿，叶面被糙伏毛，叶背粉绿色，被微硬毛，无点，具细小乳凸体；中脉和侧脉在叶面微凹，在叶背明显凸起；小叶无柄或近无柄。圆锥花序顶生或近顶生，长3~10 cm，密被灰白色柔毛；苞片披针形，长1~3 mm，小苞片小，被毛；花淡黄色，径约3 mm；花梗长1~3 mm，被柔毛；花萼裂片三角状卵形，先端圆形，长约1 mm，无毛或被稀疏腺毛，边缘具稀疏细睫毛；花瓣卵状长圆形，长约2 mm，先端圆形，具褐色羽状脉，里面中下部具白色髯毛；在雌花中雄蕊长约1 mm，花丝与花药等长，无毛，花药卵形；花盘波状5浅裂，无毛；子房被柔毛，花柱3枚，无毛。果近球形，略压扁，径约4 mm，被具节柔毛和腺毛，成熟时红色。花期4~6月；果期9~10月。

分布 云南：富宁县里达乡，23°34′56″N，105°34′47″E，1077 m，2010-11-07，王智、杨珺、谭英400221231。生于海拔350~1300(~2300) m的石灰山灌丛中。产于云南（东北部）、四川（西南部）。

栽培 播种繁殖。

用途 可栽植于园林供观赏。

含油率及化学组分数据

采集单位	测试单位	测试部位	产地	含油率(%)	碘值	酸值	皂化值	C12:0	C14:0	C16:0	C16:1	C18:0	C18:1	C18:2	C18:3	C20:0	C20:1
KMIB	KMIB	种仁	云南富宁	21.00	106.60	15.80	190.20			14.91	12.82	4.68	31.31	17.66	16.58		

小漆树（山漆树）

Toxicodendron delavayi (Franch.) F. A. Barkley

漆树科，漆属

特征　小灌木，高0.5~2 m。幼枝紫色，常被白粉，无毛。奇数羽状复叶长达13 cm，有小叶2~4对，无毛；叶柄长3.5~5 cm；小叶对生，纸质，卵状披针形或披针形，较小，长3.5~5.5 cm，宽1.2~2.5 cm，先端急尖或渐尖，基部略偏斜，阔楔形或圆形，全缘或上半部具疏锯齿，两面无毛，叶背被白粉；侧脉12~16对，两面凸起；小叶具短柄，长1~2 mm或近无柄。花序总状，比叶短，长6~8.5 cm，无毛；总梗纤细，长4~5 cm；苞片披针形，长约1 mm；花小，淡黄色，径约2 mm；花梗长约1 mm；花萼无毛，裂片三角形，先端钝，长约0.8 mm，具1~3条褐色脉纹；花瓣长圆形，先端钝，长约2 mm，其褐色羽状脉；雄蕊长约1.5 mm，花丝钻形，与花药等长，花药长圆形，花盘10裂；子房卵圆形，径约1 mm，无毛。核果斜卵形，略压扁，径约6 mm，无毛，具光泽，果核淡黄色，坚硬。花期5~8月；果期6~9月。

分布　云南：富宁县木央乡，23°26′16″N，105°24′12″E，1418 m，2010-11-09，王智、杨珺、谭英400221235；昆明市东郊呼马山，25°01′21″N，102°24′08″E，1980 m，2009-10-16，张国学400222143。生于海拔1100~2500 m的阳坡林下或灌丛中。产于四川（西南部）、云南。

栽培　喜温暖气候，也耐寒。管理粗放。播种繁殖。

用途　可用于荒山绿化。

含油率及化学组分数据

采集单位	测试单位	测试部位	产地	含油率(%)	碘值	酸值	皂化值	C12:0	C14:0	C16:0	C16:1	C18:0	C18:1	C18:2	C18:3	C20:0	C20:1
KMIB	KMIB	种仁	云南富宁	26.70	35.40	6.00	184.80			25.40	1.78	1.03	32.16	33.58			
KMIB	KMIB	种仁	云南昆明	37.40	29.50	20.10	206.60				23.76	0.32	5.59	19.59	48.84	0.64	0.83
OFPC	KMIB	种子	云南昆明	17.10		7.90	191.00			25.40		5.50	20.10	49.00			

大花漆

Toxicodendron grandiflorum C. Y. Wu et T. L. Ming

漆树科，漆属

特征　落叶乔木或灌木，高3~8 m。幼枝紫褐色，无毛，被白粉。奇数羽状复叶互生，常集生于枝顶，长20~30 cm，有小叶3~7对，叶轴和叶柄纤细，紫色，无毛，常被白粉；叶柄长4~6.5 cm；小叶对生或近对生，纸质，倒卵状椭圆形或倒卵状长圆形或披针形，长5.5~10 cm，宽1.5~3.5 cm，先端渐尖或急尖，基部阔楔形或楔形下延，全缘，两面无毛，叶背常被白粉；侧脉约20对，两面凸起；小叶柄长约5 mm。圆锥花序长15~25 cm，稀达30 cm，与叶近等长，无毛；花大，淡黄色，径约4 mm；花梗长2~3 mm，无毛；花萼裂片阔卵形，长约1 mm，先端钝；花瓣椭圆形，长约3 mm，宽约1.5 mm，先端钝，具显著的褐色羽状脉，开花时不外卷；雄蕊5枚，花丝钻形，长约1.5 mm，花药卵状长圆形，长约2 mm；花盘无毛；子房近球形，径约0.5 mm。果偏斜，压扁，长6~7 mm，宽7~8 mm，外果皮淡黄色，无毛，具光泽。花期4~6月；果期7~10月。

分布　云南：文山州麻栗坡县下金厂，23°13′31″N，104°54′09″E，1493m，2011-10-16，曾庆文、陈树钢、杨国400114124。生于海拔700~2700 m的山坡疏林或石山灌丛中。产于云南、四川。

栽培　播种繁殖。

用途　可作荒山绿化。

含油率及化学组分数据

采集单位	测试单位	测试部位	产地	含油率(%)	碘值	酸值	皂化值	C12:0	C14:0	C16:0	C16:1	C18:0	C18:1	C18:2	C18:3	C20:0	C20:1
SCBG	SCBG	种仁	云南文山	26.14	127.78	16.42	272.20										

小果绒毛漆

Toxicodendron wallichii var. **microcarpum** C. C. Huang ex T. L. Ming

漆树科，漆属

特征 乔木，高5~7 m或更高；小枝圆柱形，粗壮，径约8 mm，密被锈色绒毛，绒毛漆 具皮孔。奇数羽状复叶互生，长达30 cm，叶轴和叶柄圆柱形，密被锈色绒毛，有小叶3~5对；小叶对生，革质，下部小叶卵形，上部小叶椭圆形或长圆形，长10~13 cm，宽5~7 cm，先端渐尖，基部圆形或近心形，全缘，叶面微被毛或仅中脉上被毛，叶背被锈色绒毛，侧脉20~25对，平行，侧脉和细脉在叶背突起；小叶柄短，长1~3 mm，密被绒毛。圆锥花序腋生，长12~15 cm，不超过叶长之半，密被锈色绒毛，总梗具小皮孔，花较小，淡黄白色，无梗或近无梗；花萼小，无毛，裂片长约0. 7 mm；花瓣长圆形，长约mm，雄蕊与花瓣等长；花盘5浅裂；子房圆球形，被锈色绒毛。果较小，球形，径5 mm，外果皮薄，被微柔毛，略具光泽，成熟时不规则开裂，中果皮厚，白色蜡质，具纵向褐色树脂道条纹，果核骨质，压扁，先端微凹。

分布 云南：麻栗坡县董干镇，23°24′23″N，105°12′41″E，1358 m，2010-11-08，王智、杨珺、谭英400221240。生于海拔700~2400 m的常绿阔叶林中。产于云南、广西、西藏。

栽培 播种繁殖。

用途 可作荒山绿化。

含油率及化学组分数据

采集单位	测试单位	测试部位	产地	含油率(%)	碘值	酸值	皂化值	C12:0	C14:0	C16:0	C16:1	C18:0	C18:1	C18:2	C18:3	C20:0	C20:1
KMIB	KMIB	种仁	云南麻栗坡	22.80	39.20	7.90	75.10		1.32	66.48	0.38	5.14	12.98	11.50	0.05	0.33	

野漆（野漆树、大木漆、山漆树）

Toxicodendron succedaneum (L.) Kuntze

漆树科，漆属

特征 落叶乔木或小乔木，高达10 m。小枝粗壮，无毛；顶芽大，紫褐色，外面近无毛。奇数羽状复叶互生，常集生小枝顶端，无毛，长25~35 cm，有小叶4~7对，叶轴和叶柄圆柱形；叶柄长6~9 cm；小叶对生或近对生，长圆状椭圆形、阔披针形或卵状披针形，长5~16 cm，宽2~5.5 cm，先端渐尖或长渐尖，基部多少偏斜，圆形或阔楔形，全缘，两面无毛，叶背常具白粉；侧脉15~22对，两面略凸；小叶柄长2~5 mm。圆锥花序长7~15 cm，多分枝，无毛；花黄绿色，径约2 mm；花梗长约2 mm；花萼无毛，裂片阔卵形，先端钝，长约1 mm；花瓣长圆形，先端钝，长约2 mm，中部具不明显的羽状脉或近无脉，开花时外卷；雄蕊伸出，花丝线形，长约2 mm，花药卵形，长约1 mm；花盘5裂；子房球形，径约0.8 mm，无毛，花柱1枚，短，柱头3裂，褐色。核果大，偏斜，径7~10 mm，压扁，先端偏离中心，外果皮薄，淡黄色，无毛，中果皮厚，蜡质，白色，果核坚硬，压扁。花期5~6月；果期10月。

分布 广东：广州市白云山风景区，23°9′40″N，113°19′31″E，50 m，2009-11-11，易绮斐、陈林、曾凤400119025；惠东白盆珠，23°02′57″N，114°57′21″E，2009-08-25，林铎清、戴建阅40011181。河南：商城县大别山，31°45′08″N，115°32′06″E，516 m，2011-10-11，杨大伟、陈明400314113。湖北：鹤峰县木林子保护区，30°3′42″N，110°10′30″E，1038 m，2009-09-05，危文亮、丁时东400151026。湖南：桑植县五道水，29°43′32″N，109°49′53″E，807 m，2012-09-22，张九兵、严亚琴400181415；永顺县杉木河，29°12′24″N，109°49′32″E，431 m，2009-10-02，徐亮、周建军400191035。江苏：无锡市花卉公园，31°34′12″N，120°18′20″E，2009-12-12，田怀珍、熊申展4001171061。四川：越西瓦吉木，28°29′15″N，102°34′57″E，2009-09-21，樊云川、王凯40021109003。生于海拔50~1500(~2500)m的林中。华北地区至长江以南各地均产。分布于印度、中南半岛、朝鲜、日本。

栽培 喜温暖气候。播种繁殖。管理粗放。

用途 根、叶及果入药，有清热解毒、散瘀生肌、止血、杀虫之效，治跌打骨折、湿疹疮毒、毒蛇咬伤，又可治尿血、血崩、白带、外伤出血、子宫下垂等症；种子油可制皂或掺合干性油作油漆；中果皮之漆蜡可制蜡烛，膏药和发蜡等；树皮可提栲胶；树干乳液可代生漆用。木材坚硬致密，可作细工用材。

含油率及化学组分数据

采集单位	测试单位	测试部位	产地	含油率(%)	碘值	酸值	皂化值	C12:0	C14:0	C16:0	C16:1	C18:0	C18:1	C18:2	C18:3	C20:0	C20:1
SCBG	SCBG	种仁	广东广州	6.30	95.21	22.76	274.97										
SCBG	SCBG	种仁	广东惠东	23.15	127.23	10.11	226.28										
HNAU	ICS	种子	河南商城	25.80	63.41	72.32	164.51		0.08	20.37	0.64	1.38	55.69	16.98	0.51	0.18	1.48
OCRI	SCBG	种仁	湖北鹤峰	20.02	95.21	22.76	274.97		0.01	3.34	0.52	0.75	68.72	24.52	0.12	0.21	0.07
HUST	HUST	种仁	湖南桑植	6.95	54.98	10.97	184.73		0.06	8.47	0.05	1.39	48.49	38.05	0.35	0.58	2.57
JSU	SCBG	种仁	湖南永顺	20.55				0.08	0.16	7.70	0.36	2.45	35.99	42.15	1.37	0.38	0.16
ECNU	SCBG	种仁	江苏无锡	26.41	43.06	15.52	387.64	4.11	0.26	11.55		6.80	17.07	39.15	10.91	2.70	2.31
SCU	SCU	种仁	四川越西	12.83	121.70	3.40	203.60			12.56		3.23	18.71	64.00	1.50		
OFPC	SCBG	果实	广东封开	18.50			204.60	微量		50.40		1.70	12.70	35.20			
OFPC	CIB	种子	四川灌县	9.30	84.80		195.00			30.50		1.70	22.00	44.10	1.70		

木蜡树（七月倍、山漆树、野毛漆）

Toxicodendron sylvestre (Sieb. et Zucc.) Kuntze

漆树科，漆属

特征 落叶乔木或小乔木，高达10 m。幼枝和芽被黄褐色绒毛。奇数羽状复叶互生，有小叶3~6对，稀7对，叶轴和叶柄圆柱形，密被黄褐色绒毛；叶柄长4~8 cm；小叶对生，纸质，卵形或卵状椭圆形或长圆形，长4~10 cm，宽2~4 cm，先端渐尖或急尖，基部不对称，圆形或阔楔形，全缘，叶面中脉密被卷曲微柔毛，其余被平伏微柔毛，叶背密被柔毛或仅脉上较密，侧脉15~25对，两面凸起，细脉在叶背略突；小叶无柄或具短柄。圆锥花序长8~15 cm，密被锈色绒毛，总梗长1.5~3 cm；花黄色，花梗长1.5 mm，被卷曲微柔毛；花萼无毛，裂片卵形，先端钝；花瓣长圆形，长约1.6 mm，具暗褐色脉纹，无毛；雄蕊伸出，花丝线形，花药卵形，无毛，在雌花中雄蕊较短，花丝钻形；花盘无毛；子房球形，径约1 mm，无毛。核果极偏斜，压扁，长约8 mm，宽6~7 mm，外果皮薄，具光泽，无毛，成熟时不裂，中果皮蜡质，果核坚硬。花期4~5月；果期6~10月。

分布 安徽：歙县，30°1′18″N，118°42′19″E，337 m，2012-11-01，李晓东、昝艳燕等400121275。湖北：鹤峰县躲避峡，29°54′50″N，110°3′44″E，531 m，2009-09-05，赵永国、丁时东400151015。湖南：浏阳市大围山，28°24′5″N，114°2′49″E，299 m，2009-09-17，黄玉滢、周喜乐400181019；炎陵县鹿原镇，26°31′59″N，113°39′39″E，155 m，2010-11-13，张兵、谷志容400181249；永顺小溪，28°48′4″N，110°12′6″E，620 m，2009-08-07，徐亮、周建军400191019。生于海拔140~800(~2300)m的林中。长江以南各地均产。

栽培 喜温暖气候，也耐寒。管理粗放。播种繁殖。

用途 为优良观叶植物，可用于园林布景。

含油率及化学组分数据

采集单位	测试单位	测试部位	产地	含油率(%)	碘值	酸值	皂化值	C12:0	C14:0	C16:0	C16:1	C18:0	C18:1	C18:2	C18:3	C20:0	C20:1
WHBG	WHBG	种仁	安徽歙县	22.97	94.09			0.01	0.27	8.43	0.31	3.42	42.66	25.83	25.37	0.60	1.15
OCRI	SCBG	种仁	湖北鹤峰	7.65	127.23	10.11	226.28		0.10	13.18	0.19	3.53	34.07	37.16	0.02	0.35	0.31
HUST	HUST	种仁	湖南浏阳	44.80	30.79	7.90	208.19										
HUST	HUST	种仁	湖南炎陵	30.98	18.92	11.35	186.28										
JSU	SCBG	种仁	湖南永顺	2.70	3.19	0.63	272.96		0.15	8.43		2.06	18.60	64.69	3.34	0.74	0.15
OFPC	WHBG	果肉	湖北罗田	41.90	18.60		207.70	微量		78.60		6.70	14.70				
OFPC	WHBG	种子	湖北罗田	7.90	79.30		191.80										
OFPC	SCBG	果实	广东高要	24.90			199.40		0.30	42.70		8.70	22.40	25.70		微量	

毛漆树
Toxicodendron trichocarpum (Miq.) Kuntze
漆树科，漆属

特征 落叶乔木和灌木。幼枝被黄褐色微硬毛；顶芽大，密被黄色绒毛。奇数羽伏复叶互生，有小叶4~7对，叶轴圆柱形，上面具槽，稀最上部具不明显狭翅，叶轴和叶柄被黄褐色微硬毛；叶柄长5~7 cm，基部膨大，上面平；小叶纸质，卵形或倒卵状长圆形，自下而上逐渐增大，先端渐尖，具钝头，基部略偏斜，圆形至截形，全缘，稀边缘具粗齿，叶面沿脉上被卷曲微柔毛，其余疏被平伏柔毛或近无毛，叶背沿中侧脉密被黄色柔毛，其余疏被毛，边缘具缘毛；侧脉在叶背凸起；小叶无柄或近无柄。圆锥花序长10~20 cm，密被黄褐色微硬毛，为叶长之半，分枝总状花序式；苞片狭线形，长约1 mm；花黄绿色；花梗长约1.5 mm，被毛；花萼无毛，裂片狭三角形，无毛，先端钝；花瓣倒卵状长圆形，长约2 mm，无毛，先端开花时外卷，花丝线形，花药卵形，大；花盘5浅裂，无毛。核果扁圆形，外果皮薄，黄色，疏被短刺毛；中果皮蜡质，具纵向褐色树脂道条纹，果核坚硬。花期6月；果期7~9月。

分布 安徽：泾县汀溪原始森林，30°34′27″N，118°37′27″E，173 m，2012-10-04，李星霖、刘巧霞、程志全4001171230。生于海拔150~2500 m的山坡密林或灌从中。产于湖南、江西、福建、浙江、湖北、安徽、贵州。日本和朝鲜也有分布。

栽培 播种繁殖。

用途 可作荒山绿化。

含油率及化学组分数据

采集单位	测试单位	测试部位	产地	含油率(%)	碘值	酸值	皂化值	C12:0	C14:0	C16:0	C16:1	C18:0	C18:1	C18:2	C18:3	C20:0	C20:1
ECNU	SCBG	种仁	安徽泾县	23.70	37.38	10.19	56.60			6.04	0.11	4.66	20.69	12.14	0.15	53.92	0.16

漆（干漆、大木漆、山漆）
Toxicodendron vernicifluum (Stokes) F. A. Barkley
漆树科，漆属

特征 落叶乔木。小枝粗壮，被棕黄色柔毛，后变无毛，具皮孔；顶芽大而显著，被棕黄色绒毛。奇数羽状复叶互生，叶轴圆柱形，被微柔毛；叶柄被微柔毛，近基部膨大；小叶膜质至薄纸质，卵形或卵状椭圆形或长圆形，基部偏斜，圆形或阔楔形，全缘，叶面通常无毛或仅沿中脉疏被微柔毛，叶背沿脉上被平展黄色柔毛，稀近无毛；侧脉10~15对，两面略凸；小叶柄上面具槽，被柔毛。圆锥花序与叶近等长，被灰黄色微柔毛，序轴及分枝纤细，疏花；花黄绿色，雄花花梗纤细，雌花花梗短粗；花萼无毛，裂片卵形，先端钝；花瓣长圆形，具细密的褐色羽状脉纹，先端钝，开花时外卷；雄蕊长约2.5 mm，花丝线形，在雌花中较短，花药长圆形，无毛；子房球形，花柱3枚。核果肾形或椭圆形，外果皮黄色，无毛，具光泽，成熟后不裂，中果皮蜡质，具树脂道条纹，果核棕色，坚硬。花期5~6月；果期7~10月。

分布 广西：灵川县海洋乡小平乐村，25°17′20″N，110°41′19″E，720 m，2011-07-23，郭伦发4001101201。海南：昌江县霸王岭东六，19°13′21″N，109°00′41″E，2011-11-02，秦新生4001161204。河南：灵宝小秦岭，34°26′9″N，110°28′23″E，1370 m，2012-08-18，王亚平400314157。湖北：神农架木鱼官门山，31°12′34″N，112°24′38″E，2009-10-10，李晓东、杨林森40012156。神农架木鱼乡官门山，31°25′49″N，110°21′48″E，1530 m，2009-10-13，丁时东、赵永国400152002；神农架深沟，31°29′52″N，110°04′43″E，1353 m，2010-10-23，丁时东、危文亮等400151079。湖南：桑植县八大公山斗蓬山，29°40′38″N，109°44′12″E，1677 m，2009-09-26，张兵400181051；永顺县小溪乡小溪，28°46′36″N，110°15′15″E，224 m，2011-08-15，徐亮、周建军40019101136。江西：南丰县军峰山，21°13′51″N，116°22′35″E，752 m，2012-09-20，赵万义、迟盛南4001416044；玉山县三清山，28°55′54″N，118°3′34″E，1004 m，2009-09-01，廖文波等400141113。陕西：眉县营头乡大理村，34°3′9″N，107°25′21″E，1127 m，2009-08-06，薛帅400321001。云南：维西县塔城乡巴珠村，27°31'37"N，99°26'11"E，2301 m，2009-08-05，张国学400222043。重庆：南川区金山镇金佛山黄泥垭，28°36′22″N，107°33′47″E，1504 m，2009-09-14，刘正宇等400231071。生于海拔720~2800(~380)m的向阳山坡林内，也有栽培。除新疆、内蒙古、吉林和黑龙江外，其余各地均产。印度、朝鲜、日本也有分布。

栽培 繁殖主要用播种法，根插也可。

用途 漆油可制油墨，果皮提取的蜡可做蜡烛、蜡纸。生漆是优良的涂料，有耐酸、耐碱、耐高温的性能。

含油率及化学组分数据

采集单位	测试单位	测试部位	产地	含油率(%)	碘值	酸值	皂化值	C12:0	C14:0	C16:0	C16:1	C18:0	C18:1	C18:2	C18:3	C20:0	C20:1
GXIB	SCBG	种仁	广西灵川	26.78	78.62	4.91	184.96		0.08	6.31	0.13	1.67	21.38	66.77	1.19		0.12
SCAU	SCBG	种仁	海南昌江	25.61	57.80	12.47	200.57	0.03	13.40	8.91	7.71		33.62	38.34	47.65		0.17
HNAU	ICS	种子	河南灵宝	26.71	43.56	12.94	168.56		0.15	39.28	16.89	5.61	18.31	16.64	0.34		0.08
WHBG	WHBG	种仁	湖北神农架	20.46				0.02	0.07	7.93		3.86	12.80	25.08	48.65	0.28	0.31
OCRI	SCBG	种仁	湖北神农架	23.73	127.78	16.42	272.20	0.01	0.06	13.70	0.17	3.34	36.47	26.55	0.04	0.15	0.49
OCRI	SCBG	种仁	湖北神农架	21.03	75.16	5.11		0.05	0.20	10.94	0.33	3.58	32.70	36.31	1.40	0.92	0.12
HUST	HUST	种仁	湖南桑植	12.74	110.07	2.07	216.20			11.20				22.48	66.32		
JSU	SCBG	种仁	湖南永顺	20.15					0.79	17.28	0.13	3.47	7.40	16.76	49.42	0.18	0.11
SYSU	SCBG	种仁	江西南丰	23.82				0.02	0.36	19.43	0.12	3.37	9.64	45.42	21.33	0.14	0.17
SYSU	SCBG	种仁	江西玉山	14.90	30.36	9.83	210.01	0.10	0.10	66.64	5.00	7.93	14.33	8.72	0.14	1.56	0.38
CAU	ICS	种子	陕西眉县	15.41	98.86	8.24	151.55	0.02	0.13	53.52	0.38	7.34	18.07	19.61	0.40	0.43	0.10
KMIB	KMIB	种仁	云南维西	12.04	98.10	8.90	173.90				10.64		2.53	17.73	66.31	1.31	
CIPP	SCBG	种仁	重庆南川	27.68	75.52	18.68	375.32		0.07	6.97	0.09	3.32	23.98	42.77	14.84	1.46	0.09
OFPC	NIB	果实	陕西南郑	29.40	105.40		194.90		0.60	27.10	微量	3.00	16.70	51.20	1.40		
OFPC	AIE	种子	辽宁抚顺	9.80	124.90		191.80			15.00		3.50	13.80	67.70	微量		
OFPC	WHBG	种子	湖北恩施	10.50	118.40		190.00		微量	16.70	0.80	3.50	17.40	61.60			
OFPC	WHBG	种子	湖北恩施	11.60	121.60		190.50		微量	16.70	1.30	3.30	26.10	52.60	微量		
OFPC	CIB	种子	四川蒲江	16.70	115.60		192.60			17.60			22.60	57.70	2.10		
OFPC	GZBG	种子	贵州大方	11.40	100.80		183.00		0.30	16.70		2.30	21.20	58.70	0.80		
OFPC	KMIB	种子	云南云龙	12.50	14.40		193.70		0.30	19.00		2.40	22.30	55.00		1.00	
OFPC	WHBG	果肉	湖北恩施	24.80	13.50		208.60		微量	83.50		4.20	10.50	1.80			
OFPC	WHBG	果肉	湖北恩施	45.70			207.00		微量	81.90	微量	5.30	12.80				

樟叶槭(桂叶槭)

Acer coriaceifolium **H. Lév.** [*Acer cinnamomifolium* Hayata]

槭树科，槭属

特征 常绿乔木，常高10 m，稀达20 m。小枝细瘦，当年生枝淡紫褐色，被浓密的绒毛；多年生枝淡红褐色或褐黑色，近于无毛，皮孔小，卵形或圆形。叶革质，长圆椭圆形或长圆披针形，长8~12 cm，宽4~5 cm，基部圆形、钝形或阔楔形，先端钝形，具有短尖头，全缘或近于全缘；上面绿色，无毛，下面淡绿色或淡黄绿色，被白粉和淡褐色绒毛，长成时毛渐减少；主脉在上面凹下，在下面凸起，侧脉3~4对，在上面微凹下，在下面显著，最下一对侧脉由叶的基部生出，与中肋在基部共成3脉；叶柄长1.5~3~5 cm，淡紫色，被绒毛。花的特性未详。翅果淡黄褐色，常成被绒毛的伞房果序；小坚果凸起，长7 mm，宽4 mm；翅和小坚果长2.8~3.2 cm，张开成锐角或近于直角；果梗长2~2.5 cm，细瘦，被绒毛。花期不明；果期7~9月。

分布 广东：始兴县罗坝乡都亨，24°46′26″N，114°17′53″E，2012-11-25，刘东明、王鹏、叶心芬、王琳400113181。广西：桂林市广西植物研究所，25°4′47″N，110°17′55″E，209 m，2010-12-08，吴磊、谢彦军4001101165。湖南：吉首市小溪，28°41′49″N，109°20′14″E，1073 m，2012-06-03，张代贵、张洁40019101257。安徽：歙县，30°6′23″N，118°43′35″E，299 m，2012-11-10，李晓东、咎艳燕等400121276。生于海拔209~1200 m比较潮湿的阔叶林中。产于广东(北部)、广西(东北部)、湖南、江西、福建、浙江(南部)、湖北(西南部)、贵州。

栽培 生性强健，性喜充足日照及温暖多湿环境。以种子繁殖，春播。中小苗出圃带少量土，中大苗带土球。

用途 树形优美，可作为园林树种。

含油率及化学组分数据

采集单位	测试单位	测试部位	产地	含油率(%)	碘值	酸值	皂化值	C12:0	C14:0	C16:0	C16:1	C18:0	C18:1	C18:2	C18:3	C20:0	C20:1
SCBG	SCBG	种仁	广东始兴	14.69	161.95	13.86	189.57		0.17	12.74	0.08	1.89	8.02	45.08	2.72	0.24	0.16
GXIB	SCBG	种仁	广西桂林	26.14	81.61	4.59	138.21			4.69	0.19	1.34	51.18	11.21	1.56	5.53	21.61
JSU	SCBG	种仁	湖南吉首	30.45				2.12	0.40	15.20	1.26	3.10	21.07	39.88	3.39	1.43	0.75
WHBG	WHBG	种仁	安徽歙县	36.06		2.48	226.82	0.01	0.03	4.69	0.75	5.56	10.21	51.42	55.03	0.41	

青榨槭（大卫槭）

Acer davidii Franch.

槭树科，槭属

特征 落叶乔木。叶纸质，长圆卵形或近于长圆形，长6~14 cm，宽4~9 cm，基部近于心脏形或圆形，边缘具不整齐的钝圆齿，先端锐尖或渐尖，常有尖尾。花黄绿色，杂性，雄花与两性花同株，呈下垂的总状花序，顶生于叶的嫩枝，雄花的花梗长3~5 mm，通常9~12朵常成长4~7 cm的总状花序；两性花的花梗长1~1.5 cm，通常15~30朵，常长成7~12 cm的总状花序；萼片5枚，椭圆形，先端微钝，长约4 mm；花瓣5枚，倒卵形，先端圆形，与萼片等长；雄蕊8，无毛，在雄花中略长于花瓣，在两性花中不发育，花药黄色，球形，花盘无毛，现裂纹，位于雄蕊内侧。花柱无毛，细瘦，柱头反卷。翅果嫩时淡绿色，成熟后黄褐色；翅宽1~1.5 cm，连同小坚果共长2.5~3 cm，展开成钝角或几成水平。花期4月；果期9月。

分布 广东：英德县石门台，24°26′02″N，113°18′35″E，2010-9-25，刘东明、饶显龙400112101。湖南：桑植县五道水庄耳坪，29°43′19″N，109°49′19″E，928 m，2012-09-21，张九兵400181405；古丈县高林乡大溪，28°39′51″N，110°5′12″E，741 m，2010-11-06，徐亮、周建军、钱凯歌400191156。江西：龙南县九连山国家级自然保护区，24°46′22″N，114°43′54″E，2011-11-11，易绮斐、潘雅书、陈华平400119176；遂川县南风面，26°18′11″N，114°3′47″E，1311 m，2010-10-31，谢行、孙键400147015；玉山县三清山，28°55′55″N，118°3′14″E，1000 m，2009-09-01，廖文波等400141121。浙江：龙泉昂山，27°45′16″N，119°39′8″E，932 m，2009-08-22，王美娜40011421。山东：临朐沂山，36°12′12″N，118°36′38″E，903 m，2010-11-04，赵伟华400311203。重庆：南川区鱼泉乡庙坝天山坪，29°7′18″N，107°14′43″E，1451 m，2009-09-03，刘正宇等400231048。贵州：雷山县雷公山自然保护区，26°21′38″N，108°9′37″E，1156 m，2012-10-17，陈丰林、夏纯、桑洪伟4001151228。湖北：神农架深沟，31°29′10″N，110°05′14″E，1480 m，2010-10-27，丁时东、危文亮等400151103。河北：兴隆，40°58′3″N，117°46′18″E，1310 m，2012-09-27，徐兴友、詹立军400313200。常生于海拔500~1500 m的疏林中。产于我国华东、西南、中南、华北各地区。

栽培 喜光，夏季耐半阴；耐寒也耐潮湿。适于中性黏土、沙土或肥土。抗风。可用播种繁殖。夏季需适当遮阴，栽培较难。

用途 树皮纤维较长，又含单宁，可作工业原料。本种生长迅速，树冠整齐，可用作绿化和造林树种。

含油率及化学组分数据

采集单位	测试单位	测试部位	产地	含油率(%)	碘值	酸值	皂化值	C12:0	C14:0	C16:0	C16:1	C18:0	C18:1	C18:2	C18:3	C20:0	C20:1
SCBG	SCBG	种仁	广东英德	8.15		5.51		0.02	0.05	8.34	0.03	3.03	51.33	1.17		1.33	0.13
HUST	HUST	种仁	湖南桑植	8.11	32.16	74.80	233.84										
JSU	SCBG	种仁	湖南古丈	28.15					0.11	6.99	0.53	5.53	5.64	74.33	2.80	0.95	0.61
SCBG	SCBG	种仁	江西龙南	21.80	9.00		177.87				0.55	3.86	0.28	42.16	1.53	0.22	
SYSU	SCBG	种仁	江西遂川	28.18					0.06	6.07	0.27	1.36	59.91	29.92	0.13	0.12	0.08
SYSU	SCBG	种仁	江西玉山	22.98						5.72	0.25	1.49	14.69	27.13	47.11	1.01	0.24
SCBG	SCBG	种仁	浙江龙泉	35.50	147.73	3.69	255.48	0.01	0.05	10.00	0.22	5.51	18.92	63.22	1.50	0.33	0.24
ICS	ICS	种子	山东临朐	14.91	9.42	1.54	184.57			4.42	0.06	3.23	30.35	27.43	7.16	0.40	7.57
CIPP	SCBG	种仁	重庆南川	10.64	62.23	4.61	410.77		0.55	4.34	0.08	0.71	17.62	10.90	10.19	1.80	45.77
SCBG	SCBG	种仁	贵州雷山	36.40	222.86	38.48											
OCRI	SCBG	种仁	湖北神农架	6.71	5.57	3.47	136.77	0.03	0.02	9.64	0.52	3.02	27.04	18.44	3.34	0.43	
HNUST	ICS	种子	河北兴隆	4.91	98.33	288.26	128.29	0.03	0.12	6.28	0.32	2.43	28.42	24.82	4.08	0.53	6.54

秀丽槭
Acer elegantulum W. P. Fang et P. L. Chiu
槭树科，槭属

特征 落叶乔木，高9~15 m。叶薄纸质或纸质，基部心脏形，宽7~10 cm，长5.5~8 cm，通常5裂，中央裂片与侧裂片卵形或三角状卵形，长2.5~3.5 cm，近基部宽2.5~3 cm，先端短急锐尖，尖尾长~达1 cm，基部的裂片较小，边缘具紧贴的细圆齿，裂片上面绿色，干后淡紫绿色，无毛，下面淡绿色，脉腋被黄色丛毛；初生脉5条，在两面均显著；次生脉10~11对；叶柄长2~4 cm，淡紫绿色。花序圆锥状，初系淡绿色，无毛，连同总花梗共长7~8 cm，花梗长1~1.2 cm；花杂性，雄花与两性花同株；萼片5枚，绿色，长圆卵形或长椭圆形，长3 mm，无毛；花瓣5枚，深绿色，倒卵形或长圆倒卵形，和萼片近等长。翅果嫩时淡紫色，成熟后淡黄色，小坚果近球形，直径6 mm，翅张开近于水平，中段最宽。花期5月；果期9月。

分布 江西：玉山县三清山，28°54′13″N，118°1′49″E，668 m，2009-09-04，廖文波等400141145。生于海拔668~1000 m的疏林中。产于江西、浙江西北部、安徽南部。

栽培 种子繁殖。

用途 为较好的防火树种。

含油率及化学组分数据

采集单位	测试单位	测试部位	产地	含油率(%)	碘值	酸值	皂化值	C12:0	C14:0	C16:0	C16:1	C18:0	C18:1	C18:2	C18:3	C20:0	C20:1
SYSU	SCBG	种仁	江西玉山	20.15													

罗浮槭（红翅槭）
Acer fabri Hance
槭树科，槭属

特征 常绿乔木。当年生枝紫绿色或绿色，多年生枝绿色或绿褐色。叶柄长1~1.5 cm，细瘦，无毛；叶革质，披针形，长圆披针形或长圆倒披针形，长7~11 cm，宽2~3 cm，全缘，基部楔形或钝形，先端锐尖或短锐尖；上面深绿色，无毛，下面淡绿色，无毛或脉腋稀被丛毛。花杂性，雄花与两性花同株，常成无毛或嫩时被绒毛的紫色伞房花序；萼片5枚，紫色，微被短柔毛，长圆形，长3 mm；花瓣5枚，白色，倒卵形，略短于萼片；雄蕊8枚，无毛，长5 mm；子房无毛，花柱短，柱头平展翅果嫩时紫色，成熟时黄褐色或淡褐色。小坚果凸起，直径约5 mm；翅与小坚果长3~3.4 cm，宽8~10 mm，张开成钝角；果梗长1~1.5 cm，细瘦，无毛。花期3~4月；果期9月。

分布 广东：东莞市谢岗乡银瓶山仙水道，23°3′01″N，113°44′59″E，2012-11-02，邢福武、叶心芬、宁阳阳400113146。湖南：永顺县小溪茶园溪，28°45′52″N，110°14′10″E，352 m，2010-10-03，徐亮、肖艳400191131；保靖县白云山，28°44′26″N，109°22′34″E，258 m，2012-10-05，张代贵、张洁40019101225。生于海拔500~1800 m的疏林中。产于广东、广西、湖南、江西、湖北、四川。

栽培 种子繁殖。

用途 罗浮槭果实入药，有清热解毒功效，用于肝炎、跌打损伤等。

含油率及化学组分数据

采集单位	测试单位	测试部位	产地	含油率(%)	碘值	酸值	皂化值	C12:0	C14:0	C16:0	C16:1	C18:0	C18:1	C18:2	C18:3	C20:0	C20:1
SCBG	SCBG	种仁	广东东莞	19.27	14.67	11.42	130.83			15.00		3.22	36.42	78.74	37.45		0.46
JSU	SCBG	种仁	湖南永顺	27.30	118.84	76.52	205.47		0.04	14.64	20.45	42.45	21.82	0.10	0.49		
JSU	SCBG	种仁	湖南保靖	30.26				0.39	0.09	6.79	0.13	1.98	14.03	72.50	0.92	0.12	0.06

桂林槭
Acer kweilinense W.P. Fang et M.Y. Fang

槭树科，槭属

特征　落叶乔木，高6~8 m。叶纸质，椭圆形，长5~8 cm，宽7~11 cm，基部截形或近于心脏形，5裂稀于基部具小的裂片，裂片三角状卵形或长圆卵形，先端尾状锐尖，边缘具紧贴的锐尖锯齿，裂片间凹缺锐尖，上面深绿色，无毛，下面绿色，沿主脉被淡黄色长柔毛，其余部分无毛；主脉在上面显著，下面凸起，侧脉在上面显著，在下面微显著。花杂性，雄花与两性花同株，排列成长4~5 cm的直立的圆锥花序，总花梗长3 cm；萼片5枚，紫绿色，长圆卵形，长1.5 mm；花瓣5枚，淡绿白色，长圆形，与萼片等长；雄蕊8枚；花盘位于雄蕊的外侧，无毛，微裂；子房密被淡黄色长柔毛，花柱无毛，长1.5 mm，2裂，柱头反卷。翅果嫩时淡紫红色，成熟时淡黄褐色；小坚果凸起，近于球形，直径4 mm，翅镰刀形，宽6~8 mm，连同小坚果长2.3~2.5 cm，张开成钝角。花期4月；果期9月。

分布　广西：隆林县金钟乡，24°37′14″N，104°56′38″E，2011-10-22，1615m，曾庆文、陈树钢、杨国400114152。生于海拔1000~1615 m的疏林中。产于广西东北部、贵州东南部、云南东南部。

栽培　种子繁殖。

用途　可作园林绿化。

含油率及化学组分数据

采集单位	测试单位	测试部位	产地	含油率(%)	碘值	酸值	皂化值	C12:0	C14:0	C16:0	C16:1	C18:0	C18:1	C18:2	C18:3	C20:0	C20:1
SCBG	SCBG	种仁	广西隆林	20.15	219.15	12.05			0.07	26.02	1.84	0.69	12.20	57.15	1.82	0.20	0.01

梣叶槭（糖槭、复叶槭）
Acer negundo L.

槭树科，槭属

特征　落叶乔木，高达20 m。小枝圆柱形，无毛，当年生枝绿色，多年生枝黄褐色。叶柄长5~7 cm，嫩时有稀疏的短柔毛淇后无毛；羽状复叶，长10~25 cm，有3~7(稀9)片小叶；小叶纸质，卵形或椭圆状披针形，长8~10 cm，宽2~4 cm，基部钝一形或阔楔形，边缘常有3~5个粗锯齿，稀全缘，先端渐尖；主脉和5~7对侧脉均在下面显著。雄花的花序聚伞状，雌花的花序总状，均由无叶的小枝旁边生出，常下垂，花梗长1.5~3 cm；花小，黄绿色，开于叶前，雌雄异株，无花瓣及花盘；雄蕊4~6枚，花丝很长，子房无毛。小坚果凸起，近于长圆形或长圆卵形，无毛；翅宽8~10 mm，稍向内弯，连同小坚果长3~3.5 cm，张开成锐角或近于直角。花期4~5月；果期9月。

分布　河南：郑州市惠济区，34°44′58″N，113°46′31″E，278 m，2011-07-27，王亚平、陈明400314015。黑龙江：佳木斯柳树岛林地，46°48′01″N，130°22′01″E，1 m，2011-10-03，张爽、潘伟400351086。近百年内始引种于我国，在江西、浙江、江苏、山东、河南、湖北、新疆、甘肃、陕西、河北、内蒙古、辽宁等地的各主要城市都有栽培；在华北和东北地区生长较好。原产北美洲。

栽培　种子繁殖。

用途　本种早春开花，花蜜很丰富，是很好的蜜源植物。本种生长迅速，树冠广阔，夏季遮阴条件良好，可作行道树或庭园树，用以绿化城市或厂矿。

含油率及化学组分数据

采集单位	测试单位	测试部位	产地	含油率(%)	碘值	酸值	皂化值	C12:0	C14:0	C16:0	C16:1	C18:0	C18:1	C18:2	C18:3	C20:0	C20:1
HNAU	ICS	种子	河南郑州	3.19	63.21	39.00	54.22	0.08	0.26	13.41		2.85	28.05	18.37	10.68		3.16
SBRI	SCBG	种仁	黑龙江佳木斯	1.03	63.01	15.07	112.83	0.004	0.07	26.02	1.84	0.69	12.20	57.15	1.82	0.20	0.01
OFPC			辽宁抚顺	12.20	125.10		171.60		微量	4.30		微量	24.10	40.10	0.80		7.20
OFPC			陕西凤县	22.00	145.20		185.90			5.70		1.50	39.60	51.40	1.80		

飞蛾槭（飞蛾树）

Acer oblongum Wall. ex DC.

槭树科，槭属

特征 常绿乔木。小枝细瘦，近于圆柱形，当年生嫩枝紫色或紫绿色，近于无毛，多年生老枝褐色或深褐色；冬芽小，褐色，近于无毛。叶革质，长圆卵形，全缘，基部钝形或近于圆形，先端渐尖或钝尖；下面有白粉；主脉在上面显著，在下面凸起，基部的一对侧脉较长，小叶脉显著，成网状；叶柄黄绿色，无毛。花杂性，绿色或黄绿色，雄花与两性花同株，常成被短毛的伞房花序，顶生于具叶的小枝；萼片5枚，长圆形，先端钝尖，长2 mm；花瓣5，倒卵形，长3 mm；雄蕊8枚，细瘦，无毛，花药圆形；花盘微裂，位于雄蕊外侧；子房被短柔毛，在雄花中不发育，花柱短，无毛，2裂，柱头反卷；花梗长1~2 cm，细瘦。翅果嫩时绿色，成熟时淡黄褐色；小坚果凸起成四棱形，长7 mm，宽5 mm；翅与小坚果长1.8~2.5 cm，宽8 mm，张开近于直角；果梗长1~2 cm，细瘦，无毛。花期4月；果期9月。

分布 湖南：永顺县小溪，28°47′4″N，110°12′21″E，789 m，2010-10-03，徐亮、周建军400191172。重庆：南川区三泉镇金佛山龙骨溪，29°39′31″N，107°7′45″E，583 m，2010-06-20，刘正宇等400231028。生于海拔1000~1800 m的阔叶林中。产于湖北（西部）、四川、贵州、云南、甘肃（南部）、陕西（南部）、西藏（南部）。尼泊尔、印度北部也有分布。

栽培 喜光，喜湿，喜排水良好、潮湿而有光照的环境。适于肥沃、黏湿厚重的酸性或中性砂质土壤。播种或压条繁殖，也可嫁接。栽培容易。

用途 常绿树种，多用园林绿化树种。

含油率及化学组分数据

采集单位	测试单位	测试部位	产地	含油率(%)	碘值	酸值	皂化值	C12:0	C14:0	C16:0	C16:1	C18:0	C18:1	C18:2	C18:3	C20:0	C20:1
JSU	SCBG	种仁	湖南永顺	35.44	121.82	3.29	157.36		0.10	5.16	0.44	37.56	32.45	22.63	1.64		
CIPP	SCBG	种仁	重庆南川		69.30	10.09	240.92		0.28	12.43		3.80	40.01	29.63	6.02	0.79	0.57

五裂槭

Acer oliverianum Pax

槭树科，槭属

特征 落叶小乔木，高4~7 m。叶纸质，长4~8 cm，宽5~9 cm，基部近于心脏形或截形，5裂；裂片三角状卵形或长圆卵形，先端锐尖，边缘有紧密的细锯齿；裂片间的凹缺锐尖，深达叶片的1/3或1/2。花杂性，雄花与两性花同株，常生成无毛的伞房花序，开花与叶的生长同时；萼片5枚，紫绿色，卵形或椭圆卵形，先端钝圆，长3~4 mm；花瓣5枚，淡白色，卵形，先端钝圆，长3~4 mm；雄蕊8枚，生于雄花者比花瓣稍长，花丝无毛，花药黄色；雌花的雄蕊很短；花盘微裂，位于雄蕊的外侧；子房微有长柔毛，花柱无毛，长2 mm，2裂，柱头反卷。翅果常生于下垂的主皇墨墪小坚果凸起，长6 mm，宽4 mm，脉纹显著；翅嫩时淡紫色，成熟时黄褐色，镰刀形，连同小坚果共长3~3.5 cm，宽1 cm，张开近水平。花期5月；果期9月。

分布 湖南：永顺县小溪乡小溪，28°46′26″N，110°15′22″E，370 m，2011-08-15，徐亮、周建军40019101179。湖北：神农架国公坪，31°26′32″N，110°08′46″E，1683 m，2010-10-26，丁时东、危文亮等400151097。生于海拔1500~2000 m的林边或疏林中。产于广西、湖南、河南（南部）、湖北（西部）、四川、贵州、云南、甘肃、陕西（南部）。

栽培 播种繁殖。

用途 可药用。

含油率及化学组分数据

采集单位	测试单位	测试部位	产地	含油率(%)	碘值	酸值	皂化值	C12:0	C14:0	C16:0	C16:1	C18:0	C18:1	C18:2	C18:3	C20:0	C20:1
JSU	SCBG	种仁	湖南永顺	27.16				0.12	0.16	10.48	0.24	4.39	17.82	38.02	21.79	1.13	0.42
OCRI	SCBG	种仁	湖北神农架	14.06	4.94	0.69	189.04	1.63	0.74	23.14	0.07	1.38	9.82		0.90		0.49

色木槭（五角枫、水色树、地锦槭）

Acer pictum subsp. **mono** (Maxim.) H. Ohashi [*Acer mono* Maxim.]

槭树科，槭属

特征 落叶乔木，高达15~20 m。小枝无毛，具圆形皮孔。叶纸质，基部截形或近于心脏形，叶片近椭圆形，长6~8 cm，宽9~11 cm，常5裂，有时3裂及7裂的叶生于同一树上；裂片卵形，裂片间的凹缺常锐尖，深达叶片的中段；主脉5条。花多数，杂性，雄花与两性花同株，生于有叶的枝上，花序的总花梗长1~2 cm，花的开放与叶的生长同时；萼片5枚，黄绿色，长圆形，长2~3 mm；花瓣5枚，淡白色，椭圆形或椭圆倒卵形，长约3 mm；雄蕊8枚，无毛，比花瓣短，位于花盘内侧的边缘，花药黄色，椭圆形；子房在雄花中不发育，柱头2裂，反卷；花梗长1 cm，无毛。翅果嫩时紫绿色，成熟时淡黄色；小坚果压扁状，长1~1.3 cm，宽5~8 mm；翅长圆形，张开成锐角或近于钝角。花期5月；果期9月。

分布 河北：昌黎，39°59′40″N，119°13′52″E，225 m，2011-10-05，徐兴友、韩宝强400313106。吉林：临江，41°48′59″N，127°11′29″E，2011-09-25，郑宝江等400341171。生于海拔800~1500 m的山坡或山谷疏林中。产于华北、东北地区以及长江流域各地。俄罗斯西伯利亚东部以及蒙古、朝鲜、日本也有分布。

栽培 适应性强，喜光。喜肥沃、湿润的微酸性土壤。种子繁育为主。

用途 本种分布很广，用途很多。树皮纤维良好，可作人造棉及造纸的原料；叶含鞣质；种子榨油，可供工业方面的用途，也可作食用；木材细密，可供建筑、车辆、乐器和胶合板等制造之用。

含油率及化学组分数据

采集单位	测试单位	测试部位	产地	含油率(%)	碘值	酸值	皂化值	C12:0	C14:0	C16:0	C16:1	C18:0	C18:1	C18:2	C18:3	C20:0	C20:1
HNUST	ICS	种子	河北昌黎	26.72	118.37	2.75	238.91			4.40	0.08	2.35	22.49	38.80	2.75	0.22	8.05
NEFU	SCBG	种仁	吉林临江	21.03	12.95	6.34	176.02	78.86	2.37	1.09		6.37	5.17	5.70	0.17		0.28
OFPC		果	辽宁沈阳	22.20	113.80		181.20			4.10		2.80	30.40	37.90	4.10	7.80	
OFPC		果	江苏南京	29.30	101.90		185.60			4.90	0.10	2.10	23.50	36.00	1.20	0.10	7.80
OFPC		果	北京	24.00						5.40	0.10	2.50	25.40	34.10			10.50
OFPC		种仁	北京	36.30	110.80		176.50										

茶条槭（华北茶条槭、茶条）

Acer tataricum subsp. **ginnala** (Maxim.) Wesm. [*Acer qinnala* Maxim.]

槭树科，槭属

特征 落叶灌木或小乔木，高达6 m。叶纸质，长圆卵形或长圆椭圆形，基部圆形，截形或近于心形，长6~10 cm，宽4~6 cm，常较深的3~5裂；中央裂片锐尖或狭长锐尖，侧裂片通常钝尖，向前伸展，各裂片的边缘均具不整齐的钝尖锯齿；上面深绿色，无毛，下面淡绿色，脉腋被柔毛；叶柄长4~5 cm，细瘦，无毛。伞房花序长6 cm，无毛，具多数的花；花梗细瘦，长3~5 cm；花杂性，雄花与两性花同株；萼片5枚，卵形，黄绿色；花瓣5枚，长圆卵形，白色，较长于萼片。果实黄绿色或黄褐色；小坚果嫩时被长柔毛，脉纹显著，长8 mm；翅连同小坚果长2.5~3 cm，宽8~10 mm，两翅成锐角，或近直立。花期5月；果期10月。

分布 河南：信阳波尔登公园，31°51′45″N，114°5′26″E，265 m，2012-09-15，王亚平400314219。陕西：宁陕县广货街镇沙沟村牛背梁自然保护区，33°47′5″N，108°50′4″E，2021 m，2010-10-05，薛帅400323026。吉林：辉南县金川镇，42°41′40″N，126°41′12″E，743 m，2009-10-22，郑宝江、李康400341018。黑龙江：虎林县东方红林业局，46°48′1″N，130°22′1″E，1 m，2011-08-23，卞勇、孟腾400351083；尚志市帽儿山，45°18′50″N，127°34′43″E，2012-10-18，郑宝江等400341216。生于海拔800 m以下的丛林中。产于河南、甘肃、陕西、山西、河北、内蒙古、辽宁、吉林、黑龙江。俄罗斯西伯利亚东部以及蒙古、朝鲜、日本也有分布。

栽培 种子繁殖。

用途 可作园林绿化。

含油率及化学组分数据

采集单位	测试单位	测试部位	产地	含油率(%)	碘值	酸值	皂化值	C12:0	C14:0	C16:0	C16:1	C18:0	C18:1	C18:2	C18:3	C20:0	C20:1
HNAU	ICS	种子	河南信阳	6.63	133.89	25.39	133.52		0.06	4.64	0.06	2.11	19.86	41.45	2.19	0.27	4.71
CAU	ICS	种子	陕西宁陕	14.25	81.52	7.40	225.85		0.08	5.67	0.23	3.07	21.80	33.49	0.96	0.34	6.63
NEFU	SCBG	种仁	吉林辉南	5.60	65.45	5.30	177.50			5.89	0.12	2.63	28.15	52.81	2.30	0.48	7.62
SBRI	SCBG	种仁	黑龙江虎林	23.31	31.12	8.67	173.04	0.10	5.82	0.32	1.85	12.66	10.56	53.42	2.76	12.50	
NEFU	SCBG	种仁	黑龙江尚志	4.89	10.18	9.91	253.60	0.05	0.04	8.70	0.15	3.94	40.18	45.01	0.22	0.52	1.18
OFPC			辽宁凤城	11.60	119.20		167.80		微量	5.40	微量	2.90	22.10	34.00	24.90	6.10	

青楷槭（青楷子、辽东槭）

Acer tegmentosum Maxim.

槭树科，槭属

特征 落叶乔木，高10~15 m。叶纸质，近于圆形或卵形，长10~12 cm，宽7~9 cm，边缘有钝尖的重锯齿。基部圆形或近于心脏形，3~7裂，通常5裂；裂片三角形或钝尖形，先端常具短锐尖头；裂片间的凹缺通常钝尖，上面深绿色，无毛，下面淡绿色，脉腋有淡黄色的丛毛；主脉5条，由基部生出，侧脉7~8对，均在上面微现，在下面显著。花黄绿色，杂性，雄花与两性花同株，赏成无毛的总状花序；萼片5枚，长圆形，先端钝形，长3 mm，宽1.5 mm；花瓣5枚，倒卵形，长3 mm，宽2 mm；雄蕊8枚；无毛，在两性花中不发育；花盘无毛，位于雄蕊的内侧；子房无毛，在雄花中不发育，花柱短，柱头微被短柔毛，略弯曲。翅果无毛，黄褐色；小坚果微扁平；翅连同小坚果长2.5~3 cm，宽1~1.3 cm，张开成钝角或近于水平；果梗细瘦，长约5 mm。花期4月；果期9月。

分布 吉林：通化，41°43′45″N，125°51′26″E，2011-09-18，郑宝江等400341119。生于海拔500~1000 m的疏林中。产于吉林、辽宁、黑龙江等省。俄罗斯西伯利亚东部以及朝鲜北部也有分布。

栽培 播种繁殖。

用途 可作园林绿化。

含油率及化学组分数据

采集单位	测试单位	测试部位	产地	含油率(%)	碘值	酸值	皂化值	C12:0	C14:0	C16:0	C16:1	C18:0	C18:1	C18:2	C18:3	C20:0	C20:1
NEFU	SCBG	种仁	吉林通化	33.55	19.34	3.29	278.51	0.25	0.47	11.48		2.07	11.19	46.49	1.16	0.51	

元宝槭（平基槭、槭、元宝树）

Acer truncatum Bunge

槭树科，槭属

特征 落叶乔木，高8~10 m。叶柄长3~5 cm，稀达9 cm，无毛，稀嫩时顶端被短柔毛；叶纸质，长5~10 cm，宽8~12 cm，常5裂，稀7裂，基部截形稀近于心脏形；主脉5条。花黄绿色，杂性，雄花与两性花同株，常成无毛的伞房花序；总花梗长1~2 cm；萼片5枚，黄绿色，长圆形，先端钝形；花瓣5枚，淡黄色或淡白色，长圆倒卵形；雄蕊8枚，生于雄花者长2~3 mm，生于两性花者较短，着生于花盘的内缘，花药黄色，花丝无毛；花盘微裂；子房嫩时有粘性，无毛，花柱短，仅长1 mm，无毛，2裂，柱头反卷，微弯曲。翅果嫩时淡绿色，成熟时淡黄色或淡褐色，常成下垂的伞房果序；小坚果压扁状，长1.3~1.8 cm，宽1~1.2 cm；翅长圆形，两侧平行，宽8 mm，常与小坚果等长，稀稍长，张开成锐角或钝角。花期4月；果期8月。

分布 河南：荥阳县邙山，34°56′46″N，113°28′04″E，185 m，2011-10-07，王亚平、武振江、李丹凤400314107；焦作修武，35°26′8″N，113°22′12″E，1023 m，2012-10-21，王亚平400314284。山东：泰安树木园，36°12′16″N，117°7′27″E，664 m，2009-10-19，赵伟华400311014；泰安树木园，36°12'15"N，117°7′28″E，190 m，2009-10-19，赵伟华400311018。北京：海淀区，39°42′0″N，116°46′0″E，40 m，2010-11-06，薛帅400323086；海淀区，40°0′1″N，116°12′11″E，50 m，2012-09-21，秦烁、郭利磊400327038。内蒙古：赤峰市，40°48′7″N，111°42′12″E，1066 m，2011-05-11，刘慧娟400312163。生于海拔400~1000 m的疏林中。产于江苏（北部）、山东、河南、甘肃、陕西、山西、北京、河北、内蒙古、辽宁、吉林等省区。

栽培 喜阳光充足、温良的气候，耐寒、耐旱。耐贫瘠，在肥沃、湿润和排水良好的砂质土壤上生长良好，抗逆性很强。多用播种繁殖。

用途 本种在北京周边已多栽培，是一种良好的庭园树和行道树；在华北各地大量推广繁殖，作为行道树，不仅引种容易，而且树冠很大，具备良好蔽荫条件，不亚于近数十年中由外国引种的法国梧桐、刺槐等树。种子含油丰富，可作工业原料。木材细密可制造各种特殊用具，并可作建筑材料。本种在黄河流域的下游分布很广。著者认为，我国古代叫作槭树，利用很广的就是本种。

含油率及化学组分数据

采集单位	测试单位	测试部位	产地	含油率(%)	碘值	酸值	皂化值	C12:0	C14:0	C16:0	C16:1	C18:0	C18:1	C18:2	C18:3	C20:0	C20:1
HNAU	ICS	种子	河南荥阳	26.21	101.11	28.67	151.81			4.03	0.11	2.08	21.21	37.89	2.38	0.19	8.23
HNAU	ICS	种子	河南焦作	34.42	105.44	9.59	166.31			4.21	0.12	2.39	25.46	32.73	1.79	0.24	
ICS	ICS	种子	山东泰安	9.70	88.64	2.92	190.65	0.01	0.04	6.50	0.17	3.10	18.39	60.15	5.95	0.35	5.35
ICS	ICS	种子	山东泰安	15.10	85.12	3.04	201.30	0.12	0.07	9.66	0.38	4.56	29.47	41.51	6.95	0.59	6.69
CAU	ICS	种子	北京海淀	29.33	65.97	2.04	144.38			5.81	0.20	2.32	22.76	34.78	1.96	0.23	7.94
CAU	ICS	种子	北京海淀	34.17	7.79	5.39	154.36			4.69	0.08	2.07	24.12	38.45	1.93	0.21	7.69
IMAU	ICS	种子	内蒙古赤峰	32.31	97.34	4.46	132.92			4.34	0.07	2.27	25.31	38.55	1.79	0.19	7.82
OFPC		果	辽宁盖县	16.00	106.60		175.90			5.10			27.20	41.20	2.80		7.50
OFPC		种子	陕西武功	31.30	105.30	0.50	180.60			5.30	微量		32.90	35.50	2.80		8.40
OFPC		果	北京	21.40					0.10	5.90	0.40		24.60	36.60			9.90

伯乐树（钟萼木、南华木）

Bretschneidera sinensis Hemsl.

伯乐树科，伯乐树属

特征 乔木，高10~20 m。羽状复叶通常长25~45 cm，纸质或革质，狭椭圆形、菱状长圆形、长圆状披针形或卵状披针形，多少偏斜，长6~26 cm，宽3~9 cm，全缘，顶端渐尖或急短渐尖，基部钝圆或短尖、楔形，叶面绿色，无毛，叶背粉绿色或灰白色，有短柔毛，常在中脉和侧脉两侧较密。花序长20~36 cm；花淡红色；花萼直径约2 cm，长1.2~1.7 cm，顶端具短的5齿，内面有疏柔毛或无毛；花瓣阔匙形或倒卵楔形，顶端浑圆，长1.8~2 cm，宽1~1.5 cm，无毛，内面有红色纵条纹。果椭圆球形，近球形或阔卵形，长3~5.5 cm，直径2~3.5 cm，被极短的棕褐色毛和常混生疏白色小柔毛，有或无明显的黄褐色小瘤体。种子椭圆球形，平滑，成熟时长约1.8 cm，直径约1.3 cm。花期3~9月；果期5月至翌年4月。

分布 湖北：五峰县长乐坪甘沟村，30°10′57″N，110°54′00″E，2009-10-15，李晓东、陈士强40012161；五峰县长乐坪甘沟村，30°10′34″N，110°51′17″E，1189 m，2009-11-09，丁时东、危文亮400152014。生于低海拔至中海拔的山地林中。产于广东、广西、湖南、江西、福建、浙江、湖北、四川、云南、贵州等地。越南北部也有分布。

栽培 播种繁殖。

用途 具有观赏价值和科研价值。

含油率及化学组分数据

采集单位	测试单位	测试部位	产地	含油率(%)	碘值	酸值	皂化值	C12:0	C14:0	C16:0	C16:1	C18:0	C18:1	C18:2	C18:3	C20:0	C20:1
WHBG	WHBG	种仁	湖北五峰	14.19	25.6	15.39	198.22			8.04	0.06	2.87	42.82	25.83	5.57	0.34	1.14
OCRI	SCBG	种仁	湖北五峰	27.92	34.60	7.17	34.75										
OFPC		种子	广西龙胜	18.90	84.20		173.50			10.70		0.50	77.20	11.10	0.10		
OFPC		种子	湖北利川	20.40	89.90		187.90			11.00			75.70	11.90	1.40		

异木患

Allophylus viridis Radlk.

无患子科，异木患属

特征 灌木，高1~3 m。小枝灰白色，被微柔毛。三出复叶，叶柄长2~4.5 cm或更长，被柔毛；叶纸质，顶生的长椭圆形或披针状长椭圆形，很少卵形或阔卵形，长5~15 cm，宽2.5~4.5 cm，顶端渐尖，基部楔形，侧生的较小，披针状卵形或卵形，两侧稍不对称，基部钝，外侧阔楔形，边缘有小锯齿，干时腹面黑褐色，仅背面侧脉的腋内有簇毛；小叶柄长5~8 mm。花序总状，主轴不分枝，密花，近直立或斜升，与叶柄近等长或稍长，被柔毛，总花梗长1~1.5 cm；花较小，宽1~1.5 mm；苞片钻形，比花梗短；萼片无毛；花瓣阔楔形，长约1.5 mm，鳞片深2裂，被须毛；花盘、花丝基部和子房均被柔毛。果近球形，直径6~7 mm，红色。花期8~9月；果期11月。

分布 海南、广西西南部。生于低海拔至中海拔地区的林下或灌丛中。越南北部也有分布。

栽培 种子繁殖。

用途 根药用，可治痢疾。

含油率及化学组分数据

采集单位	测试单位	测试部位	产地	含油率(%)	碘值	酸值	皂化值	C12:0	C14:0	C16:0	C16:1	C18:0	C18:1	C18:2	C18:3	C20:0	C20:1
OFPC		种子	广东广州	37.10	61.80		208.60		微量	14.50		2.40	19.10	62.80	1.20		

细子龙（莺歌木、坡露）

Amesiodendron chinense (Merr.) Hu

无患子科，细子龙属

特征 乔木，高5~25 m。树皮暗灰色，近平滑，内皮褐色。小枝粗壮，有浅沟纹，暗红褐色，被短柔毛。叶连柄长15~30 cm；小叶3~7对，通常4~6对，薄革质，第一对近卵形，其余的长圆形或长圆状披针形，两侧稍不对称，基部阔楔形，边缘皱波状，有深割的锯齿，顶端短渐尖或有时骤尖，钝头。花序常几个丛生于小枝的顶端，间有单个腋生，密被短绒毛；花单性，花梗长2~3 mm；萼裂片长约1 mm；花瓣白色，卵形，长约2 mm，鳞片全缘，顶端反折，背面和边缘密被皱曲长毛；雄蕊8枚或有时9枚，花丝长3~4 mm，密被长柔毛，花药被疏柔毛；子房和花柱被绒毛。蒴果的发育果爿近球状，直径2~2.5 cm，黑色或茶褐色，外面有瘤状凸起和密集的淡褐色皮孔。种子宽约2 cm。花期5月；果期8~9月。

分布 海南：万宁茄新保护区，18°50′24″N，110°17′33″E，2011-9-17，张荣京40017197；万宁市兴隆，18°41′21″N，110°13′13″E，2011-11-28，邢福武、刘东明、王发国400119194；陵水县本号镇吊罗山林业局河边，18°40′12″N，109°56′40″E，500 m，2010-09-20，秦新生4001161157。生于海拔300~1000 m的密林中，为海南常见树种之一。产于海南、广东、广西、云南南部。据记载也产越南北部。

栽培 种子繁殖。

用途 种子有毒。种仁含油量43%，可作工业用油。木材坚硬，很重，耐腐蚀，不受虫蛀，为一级硬木，缺点是加工较难。适用于造船、水工、桩柱、桥梁等，尤为家具优质材。

含油率及化学组分数据

采集单位	测试单位	测试部位	产地	含油率(%)	碘值	酸值	皂化值	C12:0	C14:0	C16:0	C16:1	C18:0	C18:1	C18:2	C18:3	C20:0	C20:1
SCAU	SCBG	种仁	海南万宁	33.67	32.16		187.50			4.07	0.16		56.54	28.97	0.26	0.05	0.61
SCBG	SCBG	种仁	海南万宁	30.45	32.70	10.74	192.01		0.42	3.97	0.02	1.75	50.94	39.24	2.97	0.40	0.38
SCAU	SCBG	种仁	海南陵水	40.15	9.33	8.12	90.79										
OFPC		种子	海南陵水	37.4	64.3		204.5			9.7	8.8	2.7	47.9	1.1		14.9	14.9
OFPC		种仁	广西凌云	50.9	69.3		215.2			10.5		2.5	48.5	8.2		8.8	21.5

滨木患
Arytera littoralis Blume
无患子科，滨木患属

特征 常绿小乔木或灌木，高3~15 m。小枝圆柱状，幼时被绣色短柔毛，皮孔多而密，黄白色。叶连柄长15~35 cm；小叶2对或3对，近对生，薄革质，长圆状披针形至卵状披针形，长8~18 cm，宽2.5~7.5 cm，顶端骤尖，基部阔楔形至近圆钝，两面无毛或背面侧脉腋内的腺孔上被毛；侧脉7~10对，斜升，在背面凸起；小叶柄长不及1 cm。圆锥花序腋生或顶生，长4~14 cm，具花多朵，被锈色短绒毛；花芳香，梗长1~2 mm；萼裂片长约1 mm，被柔毛；花瓣5枚，与萼近等长，鳞片被长柔毛。蒴果通常2个对生，具短柄，椭圆形至长椭圆形，长1~1.5 cm，宽约9 mm，红色或橙黄色。种子暗枣红色，假种皮透明，有光泽。花期夏初；果期秋季。

分布 海南：昌江霸王岭雅加，19°06′59″N，109°05′32″E，2011-11-29，秦新生4001161185。广西：防城港市东兴市万尾，21°28′38″N，108°25′21″E，5 m，2011-01-16，黄俞淞、农东新、林春蕊4001101192。生于低海拔地区的林中或灌丛中。海南各地常见，还产于广东、广西、云南的南部。广布于亚洲东南部，向南至伊里安岛。

栽培 播种繁殖。

用途 嫩芽可作蔬菜食用；种子可作油料。木材坚韧。适作农具。

含油率及化学组分数据

采集单位	测试单位	测试部位	产地	含油率(%)	碘值	酸值	皂化值	C12:0	C14:0	C16:0	C16:1	C18:0	C18:1	C18:2	C18:3	C20:0	C20:1
SCAU	SCBG	种仁	海南昌江	24.33	107.47	7.67	119.74	0.03	0.04	12.51	6.36	10.02	48.90	32.23	0.04	0.23	
GXIB	SCBG	种仁	广西防城	28.60					0.25	16.82		7.07	26.89	10.33	28.27	0.41	0.48

黄梨木（米琼、采木树、黄达木）
Boniodendron minus (Hemsl.) T. C. Chen
无患子科，黄梨木属

特征 灌木或小乔木，高2~15 m。小枝被短柔毛。叶聚生于小枝先端，一回偶数羽状复叶；叶柄纤细，长1~2 cm，和叶轴均被短柔毛；小叶10~20片，纸质，椭圆形或披针形，基部偏斜，边缘有钝锯齿，顶端钝；小叶柄长约1 mm。聚伞圆锥花序常顶生，约与叶等长，被短柔毛；分枝广展；花淡黄色至近白色；花蕾球形，直径1.5 mm；花梗长2~3 mm，被短柔毛；萼片5枚，上面4枚长圆形，长约2.2 mm，下面1片近圆形，长约1.6 mm，外面均被白色短柔毛，边具缘毛；花瓣长圆形，长约2.4 mm，有羽状脉纹，外面被白色疏柔毛，内面无毛。蒴果轮廓近球形，具3翅，直径1.8~2.3 cm，顶端凹入并具宿存花柱。种子直径约4 mm。花期5~6月；果期7~8月。

分布 广东、广西、湖南、贵州、云南等地。多生于石灰岩山地的疏林或密林中。

栽培 播种繁殖。

用途 种子油工业用。木材供建筑用。

含油率及化学组分数据

采集单位	测试单位	测试部位	产地	含油率(%)	碘值	酸值	皂化值	C12:0	C14:0	C16:0	C16:1	C18:0	C18:1	C18:2	C18:3	C20:0	C20:1
OFPC		种仁	广西桂林	26.60	92.70					9.40	5.50	0.20	43.30	17.70			15.00
OFPC		种子	广东高要	16.00	97.60		194.00	0.20	0.10	10.20		0.70	33.10	38.70			13.60

倒地铃（野苦瓜、风船葛、包袱草）

Cardiospermum halicacabum L.

无患子科，倒地铃属

特征 草质攀缘藤本。2回三出复叶，轮廓为三角形；小叶薄纸质，顶生的斜披针形或近菱形，长3~8 cm，宽1.5~2.5 cm，顶端渐尖，侧生的稍小，卵形或长椭圆形，边缘有疏锯齿或羽状分裂，腹面近无毛或有稀疏微柔毛，背面中脉和侧脉上被疏柔毛。圆锥花序少花，与叶近等长或稍长；总花梗直，长4~8 cm，卷须螺旋状；萼片4，被缘毛，外面2枚圆卵形，长8~10 mm，内面2枚长椭圆形，比外面2枚约长1倍；花瓣乳白色，倒卵形；雄蕊（雄花）与花瓣近等长或稍长，花丝被疏而长的柔毛；子房（雌花）倒卵形或有时近球形，被短柔毛。蒴果梨形、陀螺状倒三角形或有时近长球形，高1.5~3 cm，宽2~4 cm，褐色，被短柔毛。种子黑色，有光泽，直径约5 mm，种脐心形，鲜时绿色，干时白色。花期夏、秋季；果期秋季至初冬。

分布 上海：华东师范大学闵行校区，31°2′12″N，121°26′55″E，13 m，2012-12-26，程志全、刘巧霞4001171274。生长于田野、灌丛、路边和林缘；也有栽培。我国南部、东部和西南部很常见，北部较少。广布于全世界热带、亚热带地区。

栽培 种子或扦插繁殖。

用途 全株可药用，味苦性凉，有清热利水、凉血解毒和消肿等功效。种子榨油可供工业用。

含油率及化学组分数据

采集单位	测试单位	测试部位	产地	含油率(%)	碘值	酸值	皂化值	C12:0	C14:0	C16:0	C16:1	C18:0	C18:1	C18:2	C18:3	C20:0	C20:1
ECNU	SCBG	种仁	上海	23.65	14.69	0.09	239.86		0.11	6.66	0.12	3.43	30.96	52.11	1.79	1.04	0.50
OFPC		种子	广东广州	29.30	86.00		204.50			2.90		0.50	20.20	6.40		16.70	49.50

茶条木（滇木瓜、米香树）

Delavaya toxocarpa Franch.

无患子科，茶条木属

特征 灌木或小乔木，高3~8 m。树皮褐红色。小枝略有沟纹，无毛。小叶薄革质，中间一片椭圆形或卵状椭圆形，有时披针状卵形，长8~15 cm，宽1.5~4.5 cm，顶端长渐尖，基部楔形，具长约1 cm的柄，侧生的较小，卵形或披针状卵形，近无柄，全部小叶边缘均有稍粗的锯齿，很少全缘，两面无毛；侧脉纤细，两面略凸起；叶柄长3~4.5 cm。花序狭窄，柔弱而疏花；花梗长5~10 mm；萼片近圆形，凹陷，大的长4~5 mm，无毛；花瓣白色或粉红色，长椭圆形或倒卵形，长约8 mm，鳞片阔倒卵形、楔形或正方形上部边缘流苏状；花丝无毛；子房无毛或被稀疏腺毛。蒴果深紫色，裂片长1.5~2.5 cm或稍过之。种子直径10~15 mm。花期4月；果期8月。

分布 广西：龙州县弄岗自然保护区，22°26′57″N，106°56′55″E，306 m，2011-01-28，黄俞淞4001101162。云南：文山县古木镇石坎角村，23°15′39″N，104°15′37″E，1411 m，2009-09-29，王智、肖智勇400221047。生于海拔500~2000 m的密林中，有时亦见于灌丛。产于广西西部和西南部、云南大部分地区。越南北部也有分布。

栽培 种子繁殖。

用途 种子含油率很高，种仁约69.9%~71.5%，油的折光率1.4673，皂化值283.8，碘值150.7。因含有毒素，不能食，可供制肥皂等用。

含油率及化学组分数据

采集单位	测试单位	测试部位	产地	含油率(%)	碘值	酸值	皂化值	C12:0	C14:0	C16:0	C16:1	C18:0	C18:1	C18:2	C18:3	C20:0	C20:1
GXIB	SCBG	种仁	广西龙州	20.14				2.12	0.40	15.20	1.26	3.10	21.07	39.88	3.39	1.43	0.75
KMIB	KMIB	种仁	云南文山	56.00	109.60		189.10			4.41		2.51	44.37	3.26	0.77	9.79	34.89
OFPC			广西桂林	68.40	109.60		189.10	微量	微量	5.70		2.50	40.70	5.10	0.30	8.30	37.20
OFPC		种仁	云南江川	71.50	79.70		218.00	0.20	0.20	5.30	8.40	0.50	29.10	5.30	5.20		39.00

伞花木

Eurycorymbus cavaleriei (H. Lév.) Rehd. et Hand.-Mazz.

无患子科，伞花木属

特征 落叶乔木，高可达20 m。小枝圆柱状，被短绒毛。叶连柄长15~45 cm，叶轴被皱曲柔毛；小叶4~10对，近对生，薄纸质，长圆状披针形或长圆状卵形，长7~11 cm，宽2.5~3.5 cm，顶端渐尖，基部阔楔形，腹面仅中脉上被毛，背面近无毛或沿中脉两侧被微柔毛；侧脉纤细而密，约16对，末端网结；小叶柄长约1 cm或不及。花序半球状，稠密而极多花，主轴和呈伞房状排列的分枝均被短绒毛；花芳香，梗长2~5 mm；萼片卵形，长1~1.5 mm，外面被短绒毛；花瓣长约2 mm，外面被长柔毛；花丝长约4 mm，无毛；子房被绒毛。蒴果的发育果爿长约8 mm，宽约7 mm，被绒毛。种子黑色，种脐朱红色。花期5~6月；果期10月。

分布 湖南：桑植县小潭湾煤矿，29°21′49″N，110°9′11″E，348 m，2012-09-29，张九兵、唐波400181426；吉首市德夯，28°20′46″N，109°34′41″E，523 m，2009-07-30，陈功锡、徐亮400191022；浏阳县达浒镇金子坑，28°32′17″N，113°40′31″E，500 m，2010-11-04，张兵、谷志容400181227。湖北：兴山高岚，31°11′10″N，110°57′32″E，596 m，2010-09-25，李晓东、昝艳燕、罗曼曼400121129；鹤峰县木林子保护区，30°4′1″N，110°11′42″E，1197 m，2009-11-20，丁时东、危文亮400151029。生于海拔300~1400 m的阔叶林中。产于广东、广西、湖南、江西、福建、台湾、贵州、云南；据记载湖北神农架亦有。

栽培 偏喜光树种，喜湿润的环境。对土壤要求不太严。播种繁殖。

用途 树形优美，花序大而突出，香气宜人，是很好的行道树和园林绿化树种。

含油率及化学组分数据

采集单位	测试单位	测试部位	产地	含油率(%)	碘值	酸值	皂化值	C12:0	C14:0	C16:0	C16:1	C18:0	C18:1	C18:2	C18:3	C20:0	C20:1
HUST	HUST	种仁	湖南桑植	20.46	32.20	2.39	194.61			8.15					33.06	17.74	22.10
JSU	SCBG	种仁	湖南吉首	18.20	95.93	1.74	147.94	0.01	0.03	7.38	0.85	0.83	28.98	21.72	25.29	3.39	11.52
HUST	HUST	种仁	湖南浏阳	31.65	139.96	0.69	200.59		0.46	14.38		6.54	17.65	31.10			
WHBG	WHBG	种仁	湖北兴山	10.23						7.60	1.30	0.90	34.40	16.70	18.50	3.80	8.90
OCRI	SCBG	种仁	湖北鹤峰	26.45	53.42	41.58	48.94		0.13	15.73	0.05	2.20	23.67	52.48	0.42	0.45	2.12
OFPC			广西兴安	39.20	110.10		181.50		微量	19.80		2.00	50.90	4.20	微量	8.10	14.30

掌叶木

Handeliodendron bodinieri (Lévl.) Rehd.

无患子科，掌叶木属

特征 落叶乔木或灌木，高1~8 m。树皮灰色。小枝圆柱形，褐色，无毛，散生圆形皮孔。叶柄长4~11 cm；小叶4片或5片，薄纸质，椭圆形至倒卵形，长3~12 cm，宽1.5~6.5 cm，顶端常尾状骤尖，基部阔楔形，两面无毛，背面散生黑色腺点；侧脉10~12对，拱形，在背面略凸起；小叶柄长1~15 mm。花序长约10 cm，疏散，多花；花梗长2~5 mm，无毛，散生圆形小鳞粃；萼片长椭圆形或略带卵形，长2~3 mm，略钝头，两面被微毛，边缘有缘毛；花瓣长约9 mm，宽约2 mm，外面被伏贴柔毛；花丝长5~9 mm，除顶部外被疏柔毛。蒴果全长2.2~3.2 cm，其中柄状部分长1~1.5 cm。种子长8~10 mm。花期5月；果期7月。

分布 贵州：荔波县玉屏镇时来村林场，25°25′24″N，107°53′43″E，449 m，2009-08-16，曾庆文、董安强、胡晓敏4001127。生于石灰岩山地和丘陵地的杂木林中。我国特有，分布于广西、贵州。

栽培 播种繁殖。

用途 种子供榨油用。树根部发达，为绿化石山的优良树种。

含油率及化学组分数据

采集单位	测试单位	测试部位	产地	含油率(%)	碘值	酸值	皂化值	C12:0	C14:0	C16:0	C16:1	C18:0	C18:1	C18:2	C18:3	C20:0	C20:1
SCBG	SCBG	种仁	贵州荔波	23.80	73.49	9.26	150.75	0.07	0.15	21.57	0.34	2.92	2.84	13.80	1.72	0.87	17.77
OFPC		种仁	广西凌云	52.60	107.60		171.60	0.10	0.10	5.10		0.90	26.90	6.10	0.10		15.50

复羽叶栾树

Koelreuteria bipinnata Franch.

无患子科，栾树属

特征 乔木。叶平展，二回羽状复叶，长45~70 cm；小叶9~17片，互生，很少对生，纸质或近革质，斜卵形，长3.5~7 cm，宽2~3.5 cm，顶端短尖至短渐尖，基部阔楔形或圆形，略偏斜，边缘有内弯的小锯齿。圆锥花序大型，长35~70 cm，分枝广展，与花梗同被短柔毛；萼5裂达中部，裂片阔卵状三角形或长圆形，有短而硬的缘毛及流苏状腺体，边缘呈啮蚀状；花瓣4枚，长圆状披针形，瓣片长6~9 mm，宽1.5~3 mm，顶端钝或短尖，瓣爪长1.5~3 mm，被长柔毛，鳞片深2裂；雄蕊8枚，长4~7 mm；子房三棱状长圆形，被柔毛。蒴果椭圆形或近球形，具3棱，淡紫红色，老熟时褐色，长4~7 cm，宽3.5~5 cm，顶端钝或圆，有小凸尖。种子近球形，直径5~6 mm。花期7~9月；果期8~10月。

分布 广西：桂林市雁山，25°42′2″N，110°17′58″E，141 m，2011-10-07，郭伦发、林春蕊4001101219。四川：西昌大兴乡，28°52′23″N，102°25′45″E，1000 m，2010-10-10，崔龙、李志强40021110057。湖南：吉首市乾州，28°53′26″N，109°43′59″E，251 m，2009-11-04，周建军、徐亮400191029。云南：麻栗坡县天保乡天保村芭蕉坪，22°58′7″N，104°50′34″E，1200 m，2009-08-27，李忠荣、李恩乾400222025。福建：厦门植物园，24°27′23″N，118°06′21″E，2010-11-5，刘东明、梁耀400112227。湖北：神农架林区阳日镇两河口，31°46′32″N，110°46′12″E，595 m，2012-08-28，危文亮、赵永国等400151167。山东：泰安，35°33'41"N，117°58′26″E，290 m，2009-08-24，赵伟华400311099。浙江：清凉峰，30°06′16″N，118°52′25″E，2010-10-15，曾庆文等400112227。生于海拔400~2500 m的山地疏林中。产于广东、广西、湖南、湖北、四川、贵州、云南等地。

栽培 生性强健。日照宜充足，耐旱，喜温暖至高温的气候。栽培土质以排水良好的砂质壤土为佳。抗风，生长快。播种或扦插繁殖。春季为适期。幼树春、夏、秋季各施肥1次。冬季落叶后要整枝修剪。

用途 种子油工业用；根入药，有消肿、止痛、活血、驱蛔之功，亦治风热咳嗽，花能清肝明目，清热止咳，又为黄色染料。木材可制家具。速生树种，常栽培于庭园供观赏。

含油率及化学组分数据

采集单位	测试单位	测试部位	产地	含油率(%)	碘值	酸值	皂化值	C12:0	C14:0	C16:0	C16:1	C18:0	C18:1	C18:2	C18:3	C20:0	C20:1
GXIB	SCBG	种仁	广西桂林	26.10					0.11	6.99	0.53	5.53	5.64	74.33	2.80	0.95	0.61
SCU	SCU	种仁	四川西昌	37.35	93.70	6.20	145.10			8.07			35.64	13.07	3.55		
JSU	SCBG	种仁	湖南吉首	42.65	17.27		70.72	1.69	0.23	4.39	0.09	12.10	8.82	4.82	10.36	1.16	0.21
KMIB	KMIB	种仁	云南麻栗坡	21.05	80.10	1.10	179.20	5.18	0.73	20.57	6.03	3.27	48.06	0.76	4.96	0.68	
SCBG	SCBG	种仁	福建厦门	20.58	150.02	0.69	189.04	0.10	0.19	14.52	0.08	3.05	32.48		4.82	0.28	1.21
OCRI	SCBG	种仁	湖北神龙架	26.71	73.68	1.57	176.02		0.10	14.40	11.89	3.62	79.71	3.23	0.81	2.75	0.46
OCRI	OCRI	种子	山东泰安	24.45	77.12	1.24	189.53			6.18	0.13	0.89	28.43	9.05	4.16	2.36	42.97
SCBG	SCBG	种仁	浙江清凉峰	33.12	112.32	2.68	185.51		0.01	5.96	0.08	1.08	23.17	8.80	2.56	3.42	54.92
OFPC		种子	江苏南京	42.10	86.30		212.20			7.10	0.20	0.80	28.60	10.10	2.80	2.30	43.50
OFPC		种子	广东广州	38.80	65.90					7.10		0.40	30.10	5.80		2.30	52.90
OFPC		种子	湖北恩施	42.20	83.50		183.30			6.40		0.70	26.10	8.80		0.90	50.40
OFPC		种仁	广西桂林	48.10	81.10		189.30	0.50	0.30	9.10		3.20	34.00	4.30		2.00	45.60

全缘叶栾树

Koelreuteria bipinnata var. **integrifoliola** (Merr.) T. C. Chen

无患子科，栾树属

特征 与复羽叶栾树的区别点是：小叶通常全缘，有时一侧近顶部边缘有锯齿。花期7~9月；果期8~10月。

分布 湖南：湘潭县响水乡，27°54′50″N，112°54′41″E，70 m，2009-11-13，严岳鸿、黄玉滢400181129；张家界永定区三岔乡三望坡，29°5′30″N，110°32′34″E，2011-10-21，张九兵、朱明德400181302。湖北：武汉森林公园，30°30′40″N，114°26′33″E，2009-10-24，李晓东、昝艳燕40012155。安徽：黄山市仙人洞，29°43′29″N，118°19′18″E，131 m，2011-11-12，胡超、李星霖4001171181。重庆：云阳县沙市镇公路旁，31°22′23″N，108°52′58″E，347 m，2010-10-19，刘正宇等4000231182。河北：石家庄，36°44′25″N，114°40′35″E，61 m，2009-09-29，徐兴友、韩宝强400313071。河南：郑州市惠济区，113°37′42″N，34°52′10″E，2011-10-28，王亚平、武振江、李丹凤400314069。生于海拔100~300 m的丘陵地、村旁或600~900 m的山地疏林中。产于广东、广西、湖南、江西、浙江、江苏、安徽、湖北、贵州等地。

栽培 播种繁殖和扦插育苗。

用途 花又为黄色染料；种子可制成佛珠，故寺院中尤为常见。木材可作家具。

含油率及化学组分数据

采集单位	测试单位	测试部位	产地	含油率(%)	碘值	酸值	皂化值	C12:0	C14:0	C16:0	C16:1	C18:0	C18:1	C18:2	C18:3	C20:0	C20:1
HUST	HUST	种仁	湖南湘潭	36.50	22.26	7.39	140.96		0.04	8.29	0.24	3.62	10.99	70.50	1.69	0.28	0.13
HUST	HUST	种仁	湖南张家界	32.19	11.14	11.18	209.72	0.04	0.09	14.37	0.17	5.56	31.91	27.04	3.19	1.24	0.74
WHBG	WHBG	种仁	湖北武汉	39.70	86.19	1.24	208.16			6.28	0.06	0.94	26.43	9.69	3.54	3.56	49.50
ECNU	SCBG	种仁	安徽黄山	26.40	12.61	19.58	206.20			8.13	0.10	0.65	43.21	45.09	0.39	0.69	0.53
CIPP	SCBG	种仁	重庆云阳	29.40						4.95	1.41	1.08	55.41	30.99	0.70	0.29	0.07
HNUST	ICS	种子	河北石家庄	15.58	7.81	7.36	165.53		0.02	5.67	0.17	0.65	20.28	0.76	8.11	2.29	42.24
HNAU	ICS	种子	河南郑州	26.73	56.98	10.21	157.57		0.55	4.34	0.08	0.71	17.64	10.91	9.11	1.80	45.80

栾树（木栾、栾华）

Koelreuteria paniculata Laxm.

无患子科，栾树属

特征 落叶乔木或灌木。叶丛生于当年生枝上；小叶7~18片，无柄或具极短的柄，对生或互生，纸质，卵形、阔卵形至卵状披针形，长3~10 cm，宽3~6 cm，基部钝至近截形，边缘有不规则的钝锯齿，齿端具小尖头，顶端短尖或短渐尖。聚伞圆锥花序长25~40 cm，密被微柔毛，分枝长而广展，在末次分枝上的聚伞花序具花3~6朵，密集呈头状；苞片狭披针形，被小粗毛；花淡黄色，稍芬芳，花梗长2.5~5 mm；萼裂片卵形，边缘具腺状缘毛，呈啮蚀状；花瓣4枚，线状长圆形，被长柔毛，瓣片基部的鳞片初时黄色，开花时橙红色；雄蕊8枚，在雄花中的长7~9 mm，雌花中的长4~5 mm；花盘偏斜，有圆钝小裂片；子房三棱形。蒴果圆锥形，具3棱，果瓣卵形。种子近球形，直径6~8 mm。花期6~8月；果期9~10月。

分布 新疆：吐鲁番沙漠植物园，42°51′17″N，89°11′36″E，93 m，2009-10-26，王喜勇、侯翼国4003309022。北京：香山，40°0′7″N，116°11′33″E，233 m，2009-11-21，邢福武40011486。内蒙古：乌海市，39°41′29″N，106°49′23″E，1087 m，2009-08-28，刘慧娟、扈顺400312024。山西：翼城县西闫乡曹公村，35°22′25″N，111°30′55″E，1148 m，2010-10-13，谢光辉400322019。产于我国大部分省区，东北地区自辽宁起经中部至西南部的云南。世界各地有栽培。

栽培 喜光，稍耐阴，耐寒耐旱。耐瘠薄，喜生于石灰质土壤；也耐盐碱及短期水涝。深根性，生长速度中等，幼树生长较慢，以后渐快。可用播种、分蘖等方法繁殖，播种繁殖为主。

用途 叶可作蓝色染料；花供药用，亦可作黄色染料。木材黄白色，易加工，可制家具。耐寒耐旱，常栽培作庭园观赏树。

含油率及化学组分数据

采集单位	测试单位	测试部位	产地	含油率(%)	碘值	酸值	皂化值	C12:0	C14:0	C16:0	C16:1	C18:0	C18:1	C18:2	C18:3	C20:0	C20:1
XIEG	SCBG	种仁	新疆吐鲁番	28.67	5.39	7.79	154.36	0.004	0.06	8.90	0.14	1.81	54.36	18.54	4.57	3.95	7.68
SCBG	SCBG	种仁	北京香山	9.40	78.32	1.12	193.39			4.50	0.17	6.30	6.45	65.93	13.46	0.93	0.27
IMAU	ICS	种子	内蒙古乌海	29.08	84.13	2.28	177.81			5.03	0.10	1.04	33.02	10.48	2.59	2.29	41.86
CAU	ICS	种子	山西翼城	25.50	82.46	13.50	159.20	0.02	0.03	5.74	0.06	1.02	30.76	11.68	3.99	2.35	44.35
OFPC		种子	陕西	25.10	84.30		189.10			5.80	微量	1.00	33.80	12.10	6.50	1.70	39.10
OFPC		种子	北京	25.90	86.40		190.20			7.10	0.20	1.00	32.90	11.00		2.20	43.70
OFPC		种子	辽宁沈阳	26.60	86.20		187.10			7.50		微量	33.80	12.50	4.10	微量	42.10
OFPC		种子	江苏南京	22.50	85.00		190.10			5.80	微量	0.80	31.60	11.30	2.40	1.70	43.00
OFPC		种子	湖北	37.10	88.30		188.60			6.30		微量	26.30	10.40		3.90	48.10
OFPC		种子	重庆	40.20	78.30		189.40			5.60		0.40	24.90	9.00	1.80	2.30	54.90

荔枝（离枝）

Litchi chinensis Sonn.

无患子科，荔枝属

特征 常绿乔木，高通常不超过10 m，有时可达15 m或更高。树皮灰黑色。小枝圆柱状，密生白色皮孔。叶连柄长10~25 cm或过之；小叶2对或3对，较少4对，薄革质或革质，披针形或卵状披针形，有时长椭圆状披针形，长6~15 cm，宽2~4 cm，顶端骤尖或尾状短渐尖，全缘，腹面深绿色，有光泽，背面粉绿色，两面无毛；侧脉常纤细，在腹面不很明显，在背面明显或稍凸起；小叶柄长7~8 mm。花序顶生，阔大，多分枝；花梗纤细，长2~4 mm，有时粗而短；萼被金黄色短绒毛；雄蕊6~7枚，有时8枚，花丝长约4 mm；子房密覆小瘤体和硬毛。果卵圆形至近球形，长2~3.5 cm，成熟时通常暗红色至鲜红色。种子全部被肉质假种皮包裹。花期春季；果期夏季。

分布 重庆：涪陵区江东乡荔枝坝，29°27′11″N，107°42′15″E，185 m，2010-08-10，刘正宇等4000231153。广西：宁明县驮龙镇花山，22°14′15″N，107°3′15″E，132 m，2010-08-15，许为斌、吴望辉4001101118。产于我国西南部、南部和东南部，尤以广东和福建南部栽培最盛。亚洲东南部也有栽培，非洲、美洲以及大洋洲都有引种的记录。

栽培 密植矮化，荔枝多植于山坡地，其理想株高为1.5~2 m，密度为3 m×3 m，强行采收后控制株高在1.5 m，第二年开花时株高则达2 m左右。防治荔枝椿象、瘿蚊、叶瘿蚊，用4.5%绿福乳油1500倍加24%万灵水剂1000倍混合喷施，或选择20%灭虫螨乳油1500~2000倍、480 g/L稻诺乳油500~800倍交替使用。

用途 水果食用，假种皮食用；根及果核供药用，治疝气、胃痛。木材优良，为名贵用材。

含油率及化学组分数据

采集单位	测试单位	测试部位	产地	含油率(%)	碘值	酸值	皂化值	C12:0	C14:0	C16:0	C16:1	C18:0	C18:1	C18:2	C18:3	C20:0	C20:1
CIPP	SCBG	种仁	重庆涪陵	29.31				0.12	0.27	4.33		1.98	7.25	40.71	0.95	0.40	0.14
GXIB	SCBG	种仁	广西宁明	16.70					0.08	9.24	0.17	4.76	17.58	48.35	1.99	0.39	0.16

韶子

Nephelium chryseum Bl.

无患子科，韶子属

特征 常绿乔木，高10~20 m或更高。小枝幼时被锈色短柔毛。偶数羽状复叶，有柄，互生，叶连柄长20~40 cm；小叶常4对，很少2对或3对，薄革质，长圆形，长6~18 cm，宽2.5~7.5 cm，两端近短尖，全缘，背面粉绿色，被柔毛；侧脉9~14对或更多，在腹面近平坦或微凹陷，在背面凸起且发亮；小叶柄长5~8 mm。聚伞圆锥花序顶生或腋生，花序多分枝，雄花序与叶近等长，雌花序较短；萼长1.5 mm，密被柔毛；花盘被柔毛；雄蕊7~8枚，花丝长3 mm，被长柔毛；子房2裂，2室，被柔毛。果椭圆形，红色，连刺长4~5 cm，宽3~4 cm；刺长1 cm或过之，两侧扁，基部阔，顶端尖，弯钩状。花期春季；果期夏季。

分布 广东西部、广西南部、云南南部。生于海拔500~1500 m的密林中。菲律宾、越南也有分布。

栽培 播种繁殖。

用途 本种果实的肉质假种皮味微酸，可食用，云南南部的乡镇集市偶有出售。无论从植物形态和产地判断，本种即古籍《本草拾遗》等书中所记载的韶子，但目前很少被应用。

含油率及化学组分数据

采集单位	测试单位	测试部位	产地	含油率(%)	碘值	酸值	皂化值	C12:0	C14:0	C16:0	C16:1	C18:0	C18:1	C18:2	C18:3	C20:0	C20:1
OFPC		种仁	云南景洪	29.40	48.00		209.30			6.60	1.40	7.70	34.80	5.00	0.40	32.60	

红毛丹

Nephelium lappaceum L.

无患子科，韶子属

特征 常绿乔木，高10 m余。小枝幼时被锈色微柔毛。叶连柄长15~45 cm，叶轴稍粗壮，干时有皱纹；小叶2对或3对，很少1对或4对，薄革质，椭圆形或倒卵形，长6~18 cm，宽4~7.5 cm，顶端钝或微圆，有时近短尖，基部楔形，全缘，两面无毛；侧脉7~9对，干时褐红色，仅在背面凸起，网状小脉略呈蜂巢状，干时两面可见；小叶柄长约5 mm。花序常多分枝，与叶近等长或更长，被锈色短绒毛；花梗短；萼革质，长约2 mm，裂片卵形，被绒毛；无花瓣；雄蕊长约3 mm。果阔椭圆形，红黄色，连刺长约5 cm，宽约4.5 cm，刺长约1 cm。花期夏初；果期秋初。

分布 海南：陵水县本号镇吊罗山五一，18°44′05″N，109°50′13″E，500 m，2010-09-01，秦新生4001161161。海南、广东（湛江）、台湾有少量栽培。

栽培 可用实生繁殖和无性繁殖。红毛丹小苗期主要有毒蛾危害叶片。如果虫量少，采用人工杀灭最好。如危害面积较大，可以选用38%的甲维盐.辛乳油800~1500倍液，作为杀虫剂，喷洒一次就可见效。

用途 本种为热带果树，原产地在亚洲热带。马来群岛一带种植较多，通称 Rambutan。

含油率及化学组分数据

采集单位	测试单位	测试部位	产地	含油率(%)	碘值	酸值	皂化值	C12:0	C14:0	C16:0	C16:1	C18:0	C18:1	C18:2	C18:3	C20:0	C20:1
SCAU	SCBG	种仁	海南陵水	21.50	14.70		253.64										

海南韶子（酸古蚁）

Nephelium topengii (Merr.) H. S. Lo

无患子科，韶子属

特征 常绿乔木，高5~20 m。小枝常被微柔毛。偶数羽状复叶，有柄，互生；小叶全缘；小叶2~4对，薄革质，长圆形或长圆状披针形，长6~18 cm，宽2.5~7.5 cm，顶端短尖，基部稍钝至阔楔形，全缘，背面粉绿色，被柔毛；侧脉10~15对，直而近平行；小叶柄长5~8 mm。聚伞圆锥花序顶生或腋生，花序多分枝，雄花序与叶近等长，雌花序较短；萼长1.5 mm，密被柔毛；花盘被柔毛；雄蕊7~8枚，花丝长3 mm，被长柔毛；子房2裂，2室，被柔毛。果椭圆形，红黄色，连刺长约3 cm，宽不超过2 cm，刺长3.5~5 mm；深裂为2或3果爿，通常仅1个发育，椭圆形，果皮革质，有软刺。种子与果爿近同形，假种皮肉质，与种皮粘连，包裹种子的全部；胚弯拱或稍直，子叶肥厚，并生或近叠生。花期春季；果期秋初。

分布 海南：东方县东河镇，19°03′12″N，108°56′50″E，2009-08-06，邢福武、戴建阅、郑希龙40011161。我国特产，是海南低海拔至中海拔地区森林中常见树种之一。

栽培 播种繁殖。

用途 果皮和树皮均含单宁。木材硬而重，但在薄壁组织中常有某种变色菌菌丝，故抗腐性不强，适作门、窗、家具、农具等用材。

含油率及化学组分数据

采集单位	测试单位	测试部位	产地	含油率(%)	碘值	酸值	皂化值	C12:0	C14:0	C16:0	C16:1	C18:0	C18:1	C18:2	C18:3	C20:0	C20:1
SCBG	SCBG	种仁	海南东方	21.60	45.05	28.48	181.35										

番龙眼（绒毛番龙眼）
Pometia pinnata J. R. Forst. et G. Forst.
无患子科，番龙眼属

特征　常绿大乔木，高20 m，最高达50 m。小枝有直槽，有时被短硬毛。叶甚大，连柄长可至1.5 m，叶轴和小叶近无毛至被绒毛；小叶密集，5~9对，有时达15对，近对生，第一对小，圆形，基部心形，托叶状，其余的长圆形或上部的近楔形，长15~40 cm，宽5~10 cm，顶端短尖或渐尖，边缘有整齐的锯齿；小叶柄短，肿胀。花序顶生或腋生，主轴和分枝均粗壮而坚挺，长30~50 cm，被微柔毛；花梗长6 mm，基部有关节；萼片长约1 mm，被微柔毛；花瓣倒卵状三角形，长、宽均约2 mm；雄蕊长5 mm。果椭圆形或有时近球形，长3 cm，宽2 cm，无毛，有光泽。花期早春；果期夏季。

分布　云南南部。斯里兰卡以及中南半岛、印度尼西亚的苏门答腊和爪哇等地也有分布。为热带林上层主要树种之一。

栽培　播种繁殖。

用途　树干高大，木材红色至红褐色，质坚实而重，纹理直，结构细而均匀；加工容易，抗腐抗虫，为滇南最重要的工业和建筑用材之一。

含油率及化学组分数据

采集单位	测试单位	测试部位	产地	含油率(%)	碘值	酸值	皂化值	C12:0	C14:0	C16:0	C16:1	C18:0	C18:1	C18:2	C18:3	C20:0	C20:1
OFPC		种仁	云南	30.00	47.50		214.60			4.10	4.70	4.40	29.40	4.10		31.00	10.70

川滇无患子（皮哨子、苦提子）
Sapindus delavayi (Franch.) Radlk.
无患子科，无患子属

特征　落叶乔木，高10 m余。树皮黑褐色。小枝被短柔毛。叶连柄长25~35 cm或更长，叶轴有疏柔毛；小叶4~6对，很少7对，对生或有时近互生，纸质，卵形或卵状长圆形，两侧常不对称，长6~14 cm，宽2.5~5 cm，顶端短尖，基部钝，腹面稍光亮，仅中脉和侧脉上有柔毛，背面被疏柔毛或近无毛，很少无毛；侧脉纤细，多达18对；小叶柄通常短于1 cm。花序顶生，直立，常三回分枝，主轴和分枝均较粗壮，被柔毛；花两侧对称，花蕾球形，花梗长约2 mm；萼片5枚，小的阔卵形，长2~2.5 mm，大的长圆形，长约3.5 mm，外面基部和边缘被柔毛；花瓣4枚（极少5枚或6枚），狭披针形，长约5.5 mm，鳞片和上种相似；花盘半月状，肥厚；雄蕊8枚，稍伸出。果的发育果爿近球形，直径约2.2 cm，黄色。花期夏初；果期秋末。

分布　四川：甘洛县阿寨镇，29°9′0″N，102°52′54″E，1000 m，2009-10-19，王凯、樊云川40021109096；西昌川兴乡，28°52′23″N，102°25′45″E，1000 m，2010-10-08，崔龙、李志强40021110053；米易县二滩，26°49′4″N，101°46′37″E，1173 m，2012-10-14，刘晓波、宫庆彬40021112059。云南：昆明植物园车场，25°08′19″N，102°44′36″E，1923 m，李忠荣400222062。生于海拔1200~2600 m的密林中。我国特产，分布于湖北（西部）、四川、贵州、云南；在云南中部和西北部以及四川西南部较常见，也是我国西南地区各地较常见的栽培植物，陕西和甘肃也偶有种植。

栽培　播种繁殖。

用途　根和果入药，味苦微甘，有小毒，功能清热解毒、化痰止咳；果皮含有皂素，可代肥皂，尤宜于丝质品之洗濯。木材质软，边材黄白色，心材黄褐色，可做箱板和木梳等。

含油率及化学组分数据

采集单位	测试单位	测试部位	产地	含油率(%)	碘值	酸值	皂化值	C12:0	C14:0	C16:0	C16:1	C18:0	C18:1	C18:2	C18:3	C20:0	C20:1
SCU	SCU	种仁	四川甘洛	40.40	92.10	4.60	187.30			8.21		2.59	72.23	9.64	1.42	5.91	
SCU	SCU	种仁	四川西昌	4.32													
SCU	SCU	种仁	四川米易	36.74	80.41	4.14	214.12			4.96		1.31		74.88	11.85	6.49	
KMIB	KMIB	种仁	云南昆明	42.31	85.10	0.90	188.20				3.65	0.21	1.21	50.79	8.91	1.86	
OFPC		种仁	云南江川	40.10	82.60		180.00			4.10		1.10	53.60	9.40	4.30	5.00	22.50

毛瓣无患子（买马萨）

Sapindus rarak DC.

无患子科，无患子属

特征 落叶大乔木，高达20 m。幼枝被灰黄色短柔毛。叶连柄25~40 cm或更长，叶轴杆状，干时常赤色；小叶7~12对，近对生，通常薄纸质，长圆形或卵状披针形，有时稍呈镰形，长7~13 cm，宽1.5~4 cm，顶端短尖或有时近渐尖，基部钝，上面稍有光泽，两面无毛；侧脉很密，纤细，两面稍凸起；小叶柄长5~8 mm。花序顶生，尖塔形，直立，主轴有深槽纹，被金黄色短绒毛；花稍大，两侧对称，花蕾阔卵形，花梗长1.5 mm；萼片5枚，近革质，长圆形或阔卵圆形，大的长约3 mm，外面被金黄色绢质绒毛；花瓣4枚，倒披针形，长约3.8 mm，亦被绒毛，鳞片大型，长约为花瓣的2/3，边缘密被长柔毛；花盘肥厚，半月形；花丝密被短硬毛。果的发育果爿球形，直径约2.5 cm，暗红色或橙红色。花期夏季；果期秋初。

分布 台湾、云南。生于海拔500~1700 m的疏林中，亦有栽培。斯里兰卡、印度以及中南半岛、印度尼西亚（爪哇）等地也常栽培。

栽培 播种繁殖。

用途 根和果入药，味苦微甘，有小毒，功能清热解毒、化痰止咳；果皮含有皂素，可代肥皂，尤宜于丝质品之洗濯。木材质软，边材黄白色，心材黄褐色，可做箱板和木梳等。

含油率及化学组分数据

采集单位	测试单位	测试部位	产地	含油率（%）	碘值	酸值	皂化值	C12:0	C14:0	C16:0	C16:1	C18:0	C18:1	C18:2	C18:3	C20:0	C20:1
OFPC			云南	27.50	76.40		205.60			8.80	0.70	2.30	49.10	6.10		11.40	19.70

无患子（油患子、苦患树）

Sapindus saponaria L. [*Sapindus mukorossi* Gaertn.]

无患子科，无患子属

特征 落叶大乔木，高可达20 m。嫩枝绿色，无毛。叶轴稍扁，上面两侧有直槽，无毛或被微柔毛；小叶5~8对，通常近对生，叶片薄纸质，长椭圆状披针形或稍呈镰形，长7~15 cm，宽2~5 cm，顶端短尖或短渐尖，基部楔形，稍不对称，腹面有光泽，两面无毛或背面被微柔毛；侧脉纤细而密，15~17对，近平行；小叶柄长约5 mm。花序顶生，圆锥形；花小，辐射状对称，花梗常很短；萼片卵形或长圆状卵形，大的长约2 mm，外面基部被疏柔毛；花瓣5枚，披针形，有长爪，长约2.5 mm，外面基部被长柔毛或近无毛，鳞片2个，小耳状；花盘碟状，无毛；雄蕊8枚，伸出，花丝长约3.5 mm，中部以下密被长柔毛；子房无毛。果的发育分果爿近球形，直径2~2.5 cm，橙黄色，干时变黑。花期春季；果期夏秋。

分布 广东：大埔丰溪，24°20′52″N，116°39′52″E，2009-09-08，林铎清、戴建阅400111109；南岭：24°41′44″N，115°55′57″E，2010-10，曾庆文等400119104。河南：郑州市惠济区，34°45′18″N，113°37′35″E，388 m，2011-10-06，王亚平、武振江、李丹凤400314060。浙江：临安市浙江农村小学东湖校区，30°15′42″N，119°43′8″E，48 m，2012-11-17，陈树钢、童毅4001122152；杭州植物园，30°14′38″N，120°8′46″E，10 m，2010-10-23，曾庆文、谢聪、孟玉芳40011874；杭州植物园，30°14′38″N，120°8′46″E，2010-10-14，曾庆文、谢聪、孟玉芳40011914。湖南：湘潭县响水乡，27°54′41″N，112°54′39″E，74 m，2009-10-06，严岳鸿、黄玉滢400181037；龙山县洛塔，29°10′17″N，109°28′14″E，780 m，2009-10-05，张代贵400191052。上海：松江区天马山，31°5′44″N，121°11′52″E，78 m，2009-11-09，田怀珍、刘东明、戴建阅4001171022。重庆：南川区三泉镇三泉苏家坝，29°48′51″N，107°8′29″E，601 m，2009-09-12，刘正宇等400231068。四川省：成都市白江区日新镇，30°48′20″N，104°18′10″E，2009-11-17，陈林400119042。安徽：黄山，30°16′41″N，118°04′38″E，2009-11-02，刘东明、戴建阅400112212。广西：桂林市雁山镇桂林植物园，25°05′06″N，110°18′45″E，2009-12-07，吴望辉、许为斌、黄俞淞4001101071。湖北：武汉植物园树木园，39°59′25″N，116°20′37″E，2009-10-08，李晓东、昝艳燕40012179；神农架深沟，31°29′40″N，110°04′49″E，1344 m，2010-10-25，丁时东、危文亮等400151088。海南：昌江县霸王岭东二，19°13′21″N，109°00′40″E，2009-08-02，秦新生400116139。江西：龙南县九连山国家级自然保护区植物园，24°46′22″N，114°43′54″E，2011-11-11，易绮斐、潘雅书、陈华平400119175。云南：盈江县那邦乡，24°50'15"N，97°55'40"E，1201 m，张国学400222045。产于我国南部、东部至西南部；各地寺庙、庭园和村边常见栽培。日本、朝鲜以及中南半岛和印度等地也常栽培。

栽培 喜光，耐半阴，喜温暖、湿润的环境，耐寒不耐旱。对土壤要求不严，抗风。播种繁殖。于春末夏初进行。

用途 根和果入药，味苦微甘，有小毒，功能清热解毒、化痰止咳；果皮含有皂素，可代肥皂，尤宜于丝质品之洗濯。木材质软，边材黄白色，心材黄褐色，可作箱板和木梳等。

含油率及化学组分数据

采集单位	测试单位	测试部位	产地	含油率(%)	碘值	酸值	皂化值	C12:0	C14:0	C16:0	C16:1	C18:0	C18.1	C18.2	C18.3	C20.0	C20.1
SCBG	SCBG	种仁	广东大埔	35.00	84.33	1.38	220.79	0.04	0.04	5.16	0.21	1.83	54.36	7.77	1.67	7.60	21.32
SCBG	SCBG	种子	广东南岭	17.92	128.44	4.15	142.41	0.01	0.06	8.60	1.64	1.01	27.35	18.97	27.20	4.45	10.70
HNAU	ICS	种子	河南郑州	28.78	78.98	6.88	391.80			4.70		1.34	51.26	11.23	1.57		21.64
SCBG	SCBG	种仁	浙江临安	30.56	113.09	35.42											
SCBG	SCBG	种仁	浙江杭州	26.45	101.97	20.10	277.65										
SCBG	SCBG	种仁	浙江杭州	24.60	161.95	0.64	68.41	0.51	1.89	7.28	3.21	2.42	21.75	55.93	32.75		0.15
HUST	HUST	种仁	湖南湘潭	33.65				0.20	0.03	7.34	0.47	4.12	24.88	15.49	40.56	0.85	1.81
JSU	SCBG	种仁	湖南龙山	36.18	5.59	12.97	210.40	0.39	0.43	5.91	0.15	1.91	23.44	62.00		0.58	0.62
ECNU	SCBG	种仁	上海松江	40.90	28.70					7.10	0.17	1.32	17.90	67.34	1.05	1.02	0.34
CIPP	SCBG	种仁	重庆南川	32.56						8.12		1.83	19.90	64.59	0.92		0.21
SCBG	SCBG	种仁	四川成都	16.41	39.75	15.54	139.13		0.03	6.84	0.86	1.95	12.69	26.26	4.95	0.35	0.14
SCBG	SCBG	种仁	安徽黄山	14.35	103.72	9.47			0.67	6.86	0.05	7.53			8.72		0.31
GXIB	SCBG	种仁	广西桂林	30.87	43.06	7.26	122.61	0.39	0.09	6.79	0.13	1.98	14.03	72.50	0.92	0.12	0.06
WHBG	WHBG	种仁	湖北武汉	32.45				1.44	0.60	12.14	0.34	3.78	28.82	42.65	1.23	0.96	0.34
OCRI	SCBG	种仁	湖北神农架	20.14	9.57	13.98	230.31			6.36	0.52	4.13	28.34	32.16	1.17	0.43	0.36
SCAU	SCBG	种仁	海南昌江	35.10	13.09												
SCBG	SCBG	种仁	江西龙南	35.17	9.59	20.82	212.98	0.01	0.20	3.79		2.41	13.28	51.63	3.49		
KMIB	KMIB	种仁	云南盈江	30.19	76.60	1.88	196.60				4.37	0.18	1.39	53.13	7.69	5.95	
OFPC		种仁	四川丹陵	36.20	75.70		196.60			5.30		微量	54.20	10.70	1.30		28.50
OFPC		种仁	江西武宁	37.50	78.70					5.20		1.20	54.70	9.90	微量	7.00	21.90
OFPC		种仁	广西	39.10	73.30		202.60			4.70		2.10	60.40	6.70	微量	7.30	18.80
OFPC		种仁	广东广州	41.20	73.80		187.00			6.40		微量	71.20	3.30		1.90	17.20
OFPC		种仁	江苏南京	38.10	75.50		209.30			4.50		1.30	53.40	8.60	1.10	6.10	22.60

文冠果（文冠树、文冠花）

Xanthoceras sorbifolium Bunge

无患子科，文冠果属

特征 落叶灌木或小乔木。小叶4~8对，膜质或纸质，披针形或近卵形，两侧稍不对称，长2.5~6 cm，宽1.2~2 cm，基部楔形，边缘有锐利锯齿，顶端渐尖，顶生小叶通常3深裂，腹面深绿色，无毛或中脉上有疏毛，背面鲜绿色，嫩时被绒毛和成束的星状毛。花序先叶抽出或与叶同时抽出，两性花的花序顶生，雄花序腋生，长12~20 cm，直立，总花梗短，基部常有残存芽鳞；花梗长1.2~2 cm；苞片长0.5~1 cm；萼片长6~7 mm，两面被灰色绒毛；花瓣白色，基部紫红色或黄色，有清晰的脉纹，长约2 cm，宽7~10 mm，爪之两侧有须毛；花盘的角状附属体橙黄色；雄蕊长约1.5 cm，花丝无毛；子房被灰色绒毛。蒴果长达6 cm。种子长达1.8 cm，黑色而有光泽。花期春季；果期秋初。

分布 黑龙江：佳木斯市水源山，46°36′32″N，130°37′21″E，810 m，2010-08-31，陈连江、卞勇、潘伟400351014。新疆：吐鲁番沙漠植物园，42°51′17″N，89°11′36″E，93 m，2009-06-20，王喜勇、侯翼国4003309029。河北：青龙，40°22′22″N，118°58′26″E，248 m，2011-11-06，徐兴友、韩宝强40031375。山西：介休市龙凤乡张壁村，36°57′7″N，111°57′7″E，1024 m，2010-10-06，谢光辉400322043。内蒙古：赤峰，42°17′49″N，118°55′52″E，2011-09-21，郑宝江等400341135。云南：昆明植物园，25°08'19"N，102°44'36"E，1923 m，2010-11-25，李忠荣400222193。野生于丘陵山坡等处，各地也常栽培。产于我国北部和东北部，西至宁夏、甘肃，东北至辽宁，北至内蒙古，南至河南。

栽培 喜光树种，适应性强。耐寒冷，不耐涝。在丘陵、山坡石砾地、黏土地及黄土地均能生长，耐轻盐碱。播种繁殖为主，也可分株、插根育苗。秋季果熟后采种即播；也可以用湿沙层贮藏过冬，翌年早春播种。

用途 种子可食，风味似板栗；种仁含脂肪57.18%、蛋白质29.69%、淀粉9.04%、灰分2.65%，营养价值很高，是我国北方很有发展前途的木本油料植物，近年来已大量栽培。

含油率及化学组分数据

采集单位	测试单位	测试部位	产地	含油率(%)	碘值	酸值	皂化值	C12:0	C14:0	C16:0	C16:1	C18:0	C18:1	C18:2	C18:3	C20:0	C20:1
SBRI	SCBG	种仁	黑龙江佳木斯	51.89	5.27	9.53	158.09										
XIEG	SCBG	种仁	新疆吐鲁番	54.11	7.75	2.75	176.91	0.02	0.20	8.72	0.40	0.56	16.39	55.03	18.03	0.31	0.34
HNUST	ICS	种子	河北青龙	12.92	7.09	106.90	299.76		0.67	5.52		1.87	30.18	43.58	0.48	0.22	7.09
CAU	ICS	种子	山西介休	49.90	113.16	2.85	196.53	3.19		5.40		1.60	14.46	21.41	1.31		
NEFU	SCBG	种仁	内蒙古赤峰	57.26	107.08	3.47	192.84	0.01	0.01	2.79	0.24	0.57	61.00	34.53	0.46	0.39	0.02
KMIB	KMIB	种仁	云南昆明	59.61	125.00	0.80	178.80				5.70		1.99	32.85	39.71	7.40	
OFPC		种仁	内蒙古赤峰	59.90	114.90		187.70		微量	5.00		2.00	30.40	42.90	0.30	微量	7.20
OFPC		种子	甘肃平凉	21.20	113.90		196.10		微量	10.00		1.60	34.30	34.50	7.90	8.70	7.20

干果木

Xerospermum bonii (Lec.) Radlk.

无患子科，干果木属

特征 小乔木，高达6 m，胸高直径28 cm。小枝圆柱状，无毛，略具条纹。偶数羽状复叶，叶柄长2.5~4 cm，和叶轴均为红褐色；小叶常2对，很少3对，纸质，生于叶轴下部的卵形，上部的椭圆状披针形或近卵形，基部楔形，全缘，顶端短渐尖，两面无毛，可见略凸的网状小脉；小叶柄长约4 mm。聚伞圆锥花序顶生，长约10 cm；萼片4枚，覆瓦状排列，均卵圆形，外面2枚较小，两面无毛，边缘有睫毛；花瓣4枚，匙形，长约1 mm，外面无毛，里面和边缘被褐色长柔毛；花盘浅4裂，无毛；雄蕊8枚，花丝长约1.5 mm，除顶部外密被褐色长柔毛；子房圆球形，径约1.8 mm，覆有小瘤体和白色绒毛。果(未成熟)卵圆形，覆有圆锥状小凸体。花期春季；果期6~8月。

分布 广西：龙州县八角乡，22°14′29″N，106°54′56″E，249 m，2011-07-15，黄俞淞、郭伦发4001101196。生于海拔450 m的疏林中。我国仅见于广西南部和云南南部、东南部。越南也有分布。

栽培 播种繁殖。

用途 材质优良，为产区群众喜爱的用材树种。

含油率及化学组分数据

采集单位	测试单位	测试部位	产地	含油率(%)	碘值	酸值	皂化值	C12:0	C14:0	C16:0	C16:1	C18:0	C18:1	C18:2	C18:3	C20:0	C20:1
GXIB	SCBG	种仁	广西龙州	38.40				0.89	0.18	9.17	0.12	0.26	3.23	15.66	63.93	1.73	0.29

七叶树
Aesculus chinensis Bunge
七叶树科，七叶树属

特征 落叶乔木。小叶纸质，基部楔形或阔楔形，边缘有钝尖形的细锯齿；中央小叶的小叶柄长1~1.8 cm，两侧的小叶柄长5~10 mm，有灰色微柔毛。花序圆筒形，花序总轴有微柔毛，小花序常由5~10朵花组成；花杂性，雄花与两性花同株；花萼管状钟形，不等地5裂，裂片钝形，边缘有短纤毛；花瓣4枚，白色，长圆倒卵形至长圆倒披针形，边缘有纤毛，基部爪状；雄蕊6枚，花丝线状，无毛，花药长圆形，淡黄色，长1~1.5 mm；子房在雄花中不发育，在两性花中发育良好，卵圆形，花柱无毛。果实球形或倒卵圆形，顶部短尖或钝圆而中部略凹下，黄褐色，无刺，具很密的斑点，果壳干后厚5~6 mm。种子常1~2 粒发育，近于球形，直径2~3.5 cm，栗褐色；种脐白色，约占种子体积的1/2。花期4~5月；果期10月。

分布 山东：泰安，36°12′17″N，117°07′28″E，200 m，2010-11-10，赵伟华400311233。湖北：房县三座庵汽车加水处，31°52′27″N，110°23′11″E，1120 m，2009-09-28，李晓东、陈永峰40012137；房县三座庵汽车加水处，31°52′27″N，110°23′11″E，1120 m，2009-12-09，丁时东、赵永国400152004。湖北以及河南北部、陕西南部、山西南部、河北南部均有栽培，仅秦岭有野生。

栽培 喜光，稍耐阴，喜冬暖夏凉的气候和湿润的环境，较耐寒。宜深厚及排水良好的土壤。深根性，寿命长，抗逆性较差。以播种繁殖为主，也可压条和扦插繁殖。移植宜在春季转暖时进行，生长期要经常松土施肥，注意防止天牛等害虫。

用途 木材细密可制造各种器具。种子可作药用，榨油可制造肥皂。在黄河流域本种系优良的行道树和庭园树。

含油率及化学组分数据

采集单位	测试单位	测试部位	产地	含油率(%)	碘值	酸值	皂化值	C12:0	C14:0	C16:0	C16:1	C18:0	C18:1	C18:2	C18:3	C20:0	C20:1
ICS	ICS	种子	山东泰安	1.10	110.35	8.51	164.78	0.23	1.49	18.58	0.47	1.69	9.54	46.30	11.20	0.46	1.93
WHBG	WHBG	种仁	湖北房县	20.65					0.08	6.43		3.34	4.93	83.06	0.85	0.18	0.16
OCRI	SCBG	种仁	湖北房县	12.54	78.40	11.78	96.86	2.13	0.09	10.16		5.08	12.90	42.47	26.27	0.31	0.20

小果七叶树（菊川七叶树）
Aesculus tsiangii Hu et Fang
七叶树科，七叶树属

特征 落叶乔木，高达约30 m。树皮淡灰色。枝圆柱形，具纵条纹，无毛，具皮孔。掌状复叶，叶柄长12~18 cm；小叶5~8片，近革质，倒披针形或长椭圆形，长12~20 cm，宽4~8 cm，基部楔形，边缘有紧贴内弯的锐尖锯齿，先端锐尖；小叶柄紫绿色，无毛，长3~7 mm。花序顶生，基部直径10 cm，连同总花梗共长35 cm；小花序长4~5 cm，有9~11朵花；花梗长5~7 mm，有微柔毛；花杂性；花萼管状，长4~6 mm，外面有淡黄色微柔毛，近顶端5裂；花瓣4枚，白色，前面的2枚匙形，长2 cm。蒴果卵圆形，黄褐色，有小斑点，无刺，直径3.5 cm，壳很薄，成熟后3裂。种子1粒，近于球形，栗褐色，直径3 cm；种脐白色，约占种子的1/2。花期4月；果期7~9月。

分布 广西：龙州县逐卜乡弄岗瞭望台，22°29′39″N，106°56′12″E，198 m，2011-07-08，黄俞淞、郭伦发4001101195。常生于海拔350~400 m的林中。产于广西南部、贵州西南部。

栽培 播种繁殖。

用途 可作园林绿化。

含油率及化学组分数据

采集单位	测试单位	测试部位	产地	含油率(%)	碘值	酸值	皂化值	C12:0	C14:0	C16:0	C16:1	C18:0	C18:1	C18:2	C18:3	C20:0	C20:1
GXIB	SCBG	种仁	广西龙州	20.24	92.34	1.62	214.26	0.39	0.70	16.67		0.94	56.16	4.71	0.23	0.18	10.21

云南七叶树
Aesculus wangii Hu
七叶树科，七叶树属

特征 落叶乔木。掌状复叶，小叶5~7片，厚纸质，长圆状椭圆形至倒披针形，长12~18 cm，宽5~7 cm，先端锐尖，基部钝形或阔楔形，边缘有钝尖向上内弯的细锯齿。花序顶生，圆筒形，基部直径12~14 cm，连同长7~12 cm的总花梗共长27~40 cm，总花梗有淡黄色微柔毛，小花序长5~7 cm，有4~9朵花；花杂性，雄花与两性花同株；花萼管状，长6~8 mm，外面有灰色细绒毛，裂片5枚，三角形或三角状卵形，长1~2 mm；花瓣4枚，基部爪状，长1.3~1.6 cm，宽3 mm，旁边的2枚花瓣长圆倒卵形。蒴果扁球形或倒卵形，长4.5~6 cm，直径5.5~7 cm，先端有短尖头，无刺，黄褐色，有黄色斑点，常3裂。种子常仅1粒发育，近于球形。花期4~5月；果期10月。

分布 云南：麻栗坡县下金厂乡云岭，23°10′11″N，104°50′1″E，1536 m，2010-11-09，王智、杨珺、谭英400221262。生于海拔900~1700 m的林中。产于云南东南部。

栽培 播种繁殖。

用途 可作园林绿化。

含油率及化学组分数据

采集单位	测试单位	测试部位	产地	含油率(%)	碘值	酸值	皂化值	C12:0	C14:0	C16:0	C16:1	C18:0	C18:1	C18:2	C18:3	C20:0	C20:1
KMIB	KMIB	种仁	云南麻栗坡	20.00	82.50		191.8			9.90		3.30	9.80	2.90		0.18	10.21
OFPC		种仁	广西隆林	28.40	82.50		191.80			9.90		3.30	69.30	17.50			

泡花树（黑黑木、山漆稿）
Meliosma cuneifolia Franch.
清风藤科，泡花树属

特征 落叶灌木或乔木。叶为单叶，纸质，倒卵状楔形或狭倒卵状楔形，长8~12 cm，宽2.5~4 cm，先端短渐尖，中部以下渐狭，约3/4以上具从侧脉伸出的锐尖齿，叶面初被短粗毛，叶背被白色平伏毛。圆锥花序顶生，直立，长和宽15~20 cm，被短柔毛，具三至四回分枝；花梗长1~2 mm；萼片5枚，宽卵形，长约1 mm，外面2枚较狭小，具缘毛；外面3枚花瓣近圆形，宽2.2~2.5 mm，有缘毛，内面2枚花瓣长1~1.2 mm，2裂达中部，裂片狭卵形，锐尖，外边缘具缘毛；雄蕊长1.5~1.8 mm；花盘具5细尖齿；雌蕊长约1.2 mm；子房高约0.8 mm。核果扁球形，直径6~7 mm，核三角状卵形，顶基扁，腹部近三角形，具不规则的纵条凸起或近平滑，中肋在腹孔一边显著隆起延至另一边，腹孔稍下陷。花期6~7月；果期9~11月。

分布 重庆：南川区鱼泉乡庙坝天山坪，29°51′11″N，107°14′51″E，1575 m，2009-09-04，刘正宇等400231050。生于海拔650~3300 m的落叶阔叶树种或针叶树种的疏林或密林中。产于河南、湖北、四川、贵州、云南、西藏、甘肃、陕西（西南部）。

栽培 喜温暖、湿润气候。适生肥沃、湿润而排水良好的砂质壤土。

用途 叶可提单宁；树皮可剥取纤维；根皮药用，治无名肿毒、毒蛇咬伤、腹胀水肿。木材红褐色，纹理略斜，结构细，质轻，为良材之一。

含油率及化学组分数据

采集单位	测试单位	测试部位	产地	含油率(%)	碘值	酸值	皂化值	C12:0	C14:0	C16:0	C16:1	C18:0	C18:1	C18:2	C18:3	C20:0	C20:1
CIPP	SCBG	种仁	重庆南川	21.97	8.15	12.75	108.45	0.12	0.16	6.92		2.66	53.46	28.50	3.38	0.64	0.44

垂枝泡花树
Meliosma flexuosa Pamp.
清风藤科，泡花树属

特征 小乔木，高可达5 m。芽、嫩枝、嫩叶中脉、花序轴均被淡褐色长柔毛，腋芽通常两枚并生。单叶，膜质，倒卵形或倒卵状椭圆形，长6~12 cm，宽3~3.5 cm，先端渐尖或骤狭渐尖，中部以下渐狭而下延，边缘具疏离、侧脉伸出成凸尖的粗锯齿，叶两面疏被短柔毛；叶柄长0.5~2 cm，上面具宽沟，基部稍膨大包裹腋芽。圆锥花序顶生，向下弯垂主轴及侧枝在果序时呈"之"形曲折；花梗长1~3 mm；花白色，直径3~4 mm；萼片5枚，卵形或广卵形，具缘毛；花瓣5枚，外面3枚花瓣近圆形，内面2枚花瓣2.裂，裂片广叉开，裂片顶端有缘毛，有时3裂则中裂齿微小；发育雄蕊长1.5~2 mm；雌蕊长约1 mm，子房无毛。果近卵形，长约5 mm，具明显凸起的细网纹，中肋锐凸起，从腹孔一边至另一边。花期5~6月；果期7~9月。

分布 湖南：桑植县天平山自然保护区，29°45′60″N，110°3′37″E，1312 m，2012-10-07，张九兵、唐波400181449。四川：平武县虎牙乡涮涮水沟，32°31′30″N，103°56′15″E，1871 m，2012-09-27，刘晓波、宫庆彬40021112030。生于海拔600~2750 m的山地林间。产于广东、湖南、浙江、江苏、安徽、湖北西部、四川、陕西（南部）。

栽培 播种繁殖。

用途 用作园林绿化。

含油率及化学组分数据

采集单位	测试单位	测试部位	产地	含油率(%)	碘值	酸值	皂化值	C12:0	C14:0	C16:0	C16:1	C18:0	C18:1	C18:2	C18:3	C20:0	C20:1
HUST	HUST	种仁	湖南桑植	30.63	20.58	7.41	184.86										
SCU	SCU	种仁	四川平武	11.30		15.53											

红柴枝(南京珂楠树)

Meliosma oldhamii Miq. ex Maxim.

清风藤科，泡花树属

特征　落叶乔木。羽状复叶连柄长15~30 cm；有小叶7~15片，叶总轴、小叶柄及叶两面均被褐色柔毛；小叶薄纸质，下部的卵形，长3~5 cm，中部的长圆状卵形、狭卵形，顶端，片倒卵形或长圆状倒卵形，长5.5~8 cm；宽2~3.5 cm，先端急尖或锐渐尖，具中脉伸出尖头，基部圆、阔楔形或狭楔形，边缘具疏离的锐尖锯齿。圆锥花序顶生，直立，具三 回分枝，长和宽15~30 cm，被褐色短柔毛；花白色，花梗长1~1.5 mm；萼片5枚，椭圆状卵形，长约1 mm，外1枚较狭小，具缘毛；外面3枚花瓣近圆形，直径约2 mm，内面2枚花瓣稍短于花丝，2裂达中部，有时3裂而中间裂片微小，侧裂片狭倒卵形，先端有缘毛；发育雄蕊长约1.5 mm；子房被黄色柔毛，花柱约与子房等长。核果球形。花期5~6月；果期8~9月。

分布　湖南：桑植县五道水庄耳坪，29°43′19″N，109°49′11″E，918 m，2012-09-21，张九兵400181406；永顺县清坪，28°37′55″N，109°17′10″E，369 m，2009-09-28，徐亮、周建军400191049。浙江：鄞县天童山，29°48′28″N，121°47′33″E，420 m，2010-11-13，葛斌杰、胡超、熊申展4001171103。生于海拔300~1300 m的湿润山坡、山谷林间。产于广东、广西、江西、浙江、江苏、安徽、河南、湖北、贵州、陕西(南部)。也分布于朝鲜、日本。

栽培　播种繁殖。

用途　种子油可制润滑油。木材坚硬，可作车辆用材。

含油率及化学组分数据

采集单位	测试单位	测试部位	产地	含油率(%)	碘值	酸值	皂化值	C12:0	C14:0	C16:0	C16:1	C18:0	C18:1	C18:2	C18:3	C20:0	C20:1
HUST	HUST	种仁	湖南桑植	15.09	132.72	2.84	179.04		0.06	5.53	0.11	1.61	18.75	72.03	0.59	0.95	0.37
JSU	SCBG	种仁	湖南永顺	27.05					0.10	11.74	0.64	2.57	29.46	38.17	3.43	1.15	0.59
ECNU	SCBG	种仁	浙江鄞县	17.79	124.30	2.55	201.79		0.05	6.84	0.16	2.59	25.49	26.70	36.40	0.35	1.43

山様叶泡花树(罗壳木)

Meliosma thorelii Lec.

清风藤科，泡花树属

特征　乔木。单叶，革质，倒披针状椭圆形或倒披针形，先端渐尖，约3/4以下渐狭至基部成狭楔形，下延至柄，全缘或中上部有锐尖的小锯齿，脉腋有髯毛；侧脉每边15~22条，稍劲直达近末端弯拱环结，中脉与网脉干时两面均凸起；叶柄长1.5~2 cm。圆锥花序顶生或生于上部叶腋，直立，长15~18 cm，侧枝平展，被褐色短柔毛。花芳香，直径2~25 mm，具短梗；萼片卵形，长0.6~0.8 mm，先端钝，有缘毛；外面3枚花瓣白色，近圆形，宽约2 mm，内面2枚花瓣狭披针形，不分裂，比外面的稍短；发育雄蕊长约1.3 mm；雌蕊长约1.6 mm；子房被柔毛，花柱长约1 mm。核果球形，顶基稍扁而稍偏斜，直径6~9 mm，核近球形，壁厚，有稍凸起的网纹，中肋钝凸起，腹孔小，不张开。花期夏季；果期10~11月。

分布　海南：昌江县霸王岭，19°06′58″N，109°05′33″E，2011-11-04，秦新生4001161202。生于海拔200~1000 m的林间。产于广东、广西以及福建南部和东部、贵州南部、云南东南部至西南部。越南以及老挝北部也有分布。

栽培　播种繁殖。

用途　种子油可作油漆和肥皂原料。

含油率及化学组分数据

采集单位	测试单位	测试部位	产地	含油率(%)	碘值	酸值	皂化值	C12:0	C14:0	C16:0	C16:1	C18:0	C18:1	C18:2	C18:3	C20:0	C20:1
SCAU	SCBG	种仁	海南昌江	20.16	116.49	9.15	194.36	0.02	0.11	8.79	22.74	3.94	18.55	75.40	0.39	0.45	

凤仙花（指甲花）

Impatiens balsamina L.

凤仙花科，凤仙花属

特征 一年生草本。茎粗壮，肉质，直立，具多数纤维状根，下部节常膨大。叶互生，最下部叶有时对生；叶片披针形、狭椭圆形或倒披针形，基部楔形，边缘有锐锯齿，先端尖或渐尖，向基部常有数对无柄的黑色腺体；叶柄长1~3 cm，上面有浅沟，两侧具数对具柄的腺体。花单生或2~3朵簇生于叶腋，无总花梗，白色、粉红色或紫色；花梗长2~2.5 cm，密被柔毛；苞片线形，位于花梗的基部；侧生萼片2枚，卵形或卵状披针形，长2~3 mm，唇瓣深舟状，长13~19 mm，宽4~8 mm，被柔毛，基部急尖成长1~2.5 cm内弯的距；旗瓣圆形，兜状，顶端具小尖，翼瓣具短柄，长23~35 mm，2裂，下部裂片小，倒卵状长圆形，上部裂片近圆形，先端2浅裂，外缘近基部具小耳；雄蕊5枚，花丝线形，花药卵球形，顶端钝。蒴果。种子多数，圆球形，黑褐色。花、果期7~10月。

分布 湖南：桑植县陈家河架矢河，29°28′44″N，109°55′54″E，384 m，2012-09-16，张九兵、严亚琴400181401。四川：都江堰大观红梅，28°45′25″N，102°28′32″E，1000 m，2010-09-14，崔龙、李志强40021110019。陕西：眉县营头，34°3′9″N，107°25′23″E，2009-08-24，薛帅400321057。江西：铅山县武夷山自然保护区，27°50′50″N，117°43′45″E，888 m，2011-10-14，凡强、景慧娟4001411017。常生于池塘、水沟旁、田边或沼泽地，海拔100~1200 m。产于广东、广西、江西、福建、浙江、安徽、云南等地。印度、缅甸、越南、泰国、马来西亚也有分布。

栽培 性喜阳，怕湿，耐热不耐寒。喜向阳的地势和疏松肥沃的土壤，在较贫瘠的土壤中也可生长。播种繁殖。凤仙花褐斑病又称凤仙花叶斑病，在中国南北各地均有发生。发病初期用25%多菌灵可湿性粉剂300～600倍液，或50%甲基托布津100倍液，或75%百菌清1000倍液防治。

用途 民间常用其花及叶染指甲；茎及种子入药，茎称“凤仙透骨草”，有祛风湿、活血、止痛之效，用于治风湿性关节痛、屈伸不利；种子称“急性子”，有软坚、消积之效，用于治噎膈、骨鲠咽喉、腹部肿块、闭经。

含油率及化学组分数据

采集单位	测试单位	测试部位	产地	含油率(%)	碘值	酸值	皂化值	C12:0	C14:0	C16:0	C16:1	C18:0	C18:1	C18:2	C18:3	C20:0	C20:1
HUST	HUST	种仁	湖南桑植	4.02	72.36	11.63	30.32	0.005	0.03	4.12	0.25	1.84	35.78	57.03	0.45	0.11	0.38
SCU	SCU	种仁	四川都江堰	36.76	93.70	1.80	177.90			12.52		6.65	17.25	19.79	43.79		
CAU	ICS	种子	陕西眉县	17.50	64.57	4.30	108.30	0.02	0.04	2.57	0.46	9.63	24.97	8.16	52.78	0.84	0.52
SYSU	SCBG	种仁	江西铅山	12.37	78.62	4.91	184.96	0.02	0.36	19.43	0.12	3.37	9.64	45.42	21.33	0.14	0.17

冬青
Ilex chinensis Sims

冬青科，冬青属

特征　常绿乔木，高达13 m。叶片薄革质至革质，椭圆形或披针形，或有时在幼叶为锯齿，叶面绿色，有光泽，干时深褐色，背面淡绿色；主脉在叶面平，背面隆起，侧脉6~9对，在叶面不明显，叶背明显，无毛，或有时在雄株幼枝顶芽、幼叶叶柄及主脉上有长柔毛；叶柄上面平或有时具窄沟。雄花花序具三至四回分枝，总花梗长7~14 mm，二级轴长2~5 mm，花梗无毛；花淡紫色或紫红色，4~5基数；花萼浅杯状，裂片阔卵状三角形，具缘毛；花冠辐射状，花瓣卵形，开放时反折，基部稍合生；雄蕊短于花瓣，花药椭圆形；退化子房圆锥状；雌花花序具一至二回分枝，总花梗扁，二级轴发育不好；花萼和花瓣同雄花，退化雄蕊长约为花瓣的1/2，败育花药心形；子房卵球形，柱头具不明显的4~5裂，厚盘形。果长球形，成熟时红色；分核4~5，狭披针形，背面平滑，凹形，断面呈三棱形，内果皮厚革质。花期4~6月；果期7~12月。

分布　安徽：歙县鱼梁，29°51′29″N，118°25′58″E，118 m，2011-11-11，胡超、李星霖4001171174；黄山市，30°16′40″N，118°04′40″E，2009-11-02，刘东明、戴建阅400112204。福建：古田县双车镇下车，26°29′20″N，119°14′01″E，2010-10-28，刘东明、梁耀400112172；武夷山大安源，27°52′37″N，117°52′08″E，2010-10-02，刘东明、梁耀400112141；武夷山市星村镇桐木村挂墩，28°31′36″N，117°21′45″E，271 m，2009-11-12，王发国、翟俊文400113021。广西：桂林市雁山镇桂林植物园，25°05′06″N，110°18′45″E，2009-12-06，吴望辉、许为斌、黄俞淞4001101063。湖北：武汉，30°31′50″N，114°25′23″E，45 m，2012-11-15，李晓东、昝艳燕等400121273。湖南：湘潭华中科技大学生物园，27°54′54″N，112°54′42″E，43 m，2010-11-11，严岳鸿400181229。江苏：常熟市虞山，31°39′5″N，120°43′55″E，64 m，2009-12-01，田怀珍、陈纪云4001171045。四川：峨眉山高桥，29°17′20″N，103°54′26″E，2009-10-16，樊云川、王凯40021109087。浙江：临安市浙江农村小学东湖校区，30°15′26″N，119°43′34″E，41 m，2012-11-17，陈树钢、童毅4001122154；临安天目山，30°18′01″N，119°29′21″E，267 m，2009-10-30，刘东明、戴建阅400111131。生于海拔50~1200 m的山坡常绿阔叶林中和林缘。产于广东、广西、湖南、江西、福建、台湾、浙江、江苏、安徽、河南、湖北、云南等地区。

栽培　播种或扦插繁殖。

用途　树皮及种子供药用，为强壮剂，且有较强的抑菌和杀菌作用；叶有清热利湿、消肿镇痛之功效，用于肺炎、急性咽喉炎症、痢疾、胆道感染、外治烧伤、下肢溃疡、皮炎、湿疹、脚手皮裂等；根亦可入药，味苦，性凉，有抗菌、清热解毒消炎的功能，用于上呼吸道感染、慢性支气管炎、痢疾，外治烧伤烫伤、冻疮、乳腺炎；树皮含鞣质，可提制栲胶。木材坚韧，供细工原料，用于制玩具、雕刻品、工具柄、刷背和木梳等。本种为我国常见的庭园观赏树种。

含油率及化学组分数据

采集单位	测试单位	测试部位	产地	含油率(%)	碘值	酸值	皂化值	C12:0	C14:0	C16:0	C16:1	C18:0	C18:1	C18:2	C18:3	C20:0	C20:1
ECNU	SCBG	种仁	安徽歙县	17.59	122.28	3.79	202.53		0.15	7.92		1.75	30.39	43.26	2.97		1.83
SCBG	SCBG	种仁	安徽黄山	1.50	122.28	16.88	176.02		0.10	3.27	0.11	2.88	6.16	58.52	0.64	0.38	0.25
SCBG	SCBG	种仁	福建古田	25.39	113.19	9.85	176.11	0.19	0.09	20.24		6.99	43.26		21.79	10.86	
SCBG	SCBG	种仁	福建武夷山	12.65		15.56	194.67		0.11	9.92	0.26	0.92	63.04		0.95	0.32	
SCBG	SCBG	种仁	福建武夷山	10.26	58.99	2.80	365.45	1.87	0.50	12.29	0.13	2.89	31.11	48.91	1.55	0.31	0.45
GXIB	SCBG	种仁	广西桂林	6.45	138.32	0.40	200.25		0.03	4.40	0.08	2.35	22.47	38.76	0.32	2.74	8.04
WHBG	WHBG	种仁	湖北武汉	13.67	74.60	9.04	176.07	0.07	0.02	3.43	0.39	4.76	37.14	69.02	12.10	0.51	
HUST	HUST	种仁	湖南湘潭	5.52	46.92	15.31			0.04	5.92	0.03	2.33	7.05	26.26	57.97	0.08	0.32
ECNU	SCBG	种仁	江苏常熟	5.40	39.08	2.30	256.30	0.28	0.42	11.02		3.39	20.48	63.28	1.13		
SCU	SCU	种仁	四川峨眉山	14.10						6.16		3.52	31.35	58.23	0.73		
SCBG	SCBG	种仁	浙江临安	20.10					0.06	8.47	0.05	1.39	48.49	38.05	0.35	0.58	2.57
SCBG	SCBG	种仁	浙江临安	20.40													
OFPC	WHBG	种子	湖北利川	26.70	117.30		190.30			8.90		3.20	37.60	49.30	1.00		
OFPC	JSIB	种子	江苏南京	18.10	113.40				0.10	8.90	0.10	4.60	30.40		0.20	0.10	46.60

枸骨（枸骨冬青、鸟不落、鸟不宿）
Ilex cornuta Lindl. et Paxton

冬青科，冬青属

特征　常绿灌木或小乔木，高1~3 m。叶片厚革质，叶面深绿色，具光泽，背淡绿色，无光泽；叶柄上面具狭沟，被微柔毛；托叶胼胝质，宽三角形。花序簇生于二年生枝的叶腋内，基部宿存鳞片近圆形，被柔毛，具缘毛；苞片卵形，先端钝或具短尖头，被短柔毛和缘毛；花淡黄色，4基数；雄花花梗无毛，基部具1~2枚阔三角形的小苞片；花萼盘状，裂片膜质，具缘毛；花冠辐射状；花瓣长圆状卵形，基部合生；雄蕊与花瓣近等长或稍长，花药长圆状卵形；

退化子房近球形，先端钝或圆形，不明显的4裂；雌花花梗无毛，基部具2枚小的阔三角形苞片；花萼与花瓣同雄花；退化雄蕊长为花瓣的4/5，略长于子房，败育花药卵状箭头形；子房长圆状卵球形，柱头盘状，4浅裂。果球形，成熟时鲜红色，基部具四角形宿存花萼，顶端宿存柱头盘状，明显4裂；果梗长8~14 mm，分核4，轮廓倒卵形或椭圆形，遍布皱纹和皱纹状纹孔，背部中央具1纵沟，内果皮骨质。花期4~5月；果期10~12月。

分布 安徽：休宁县齐云山，29°49′11″N，118°2′47″E，165 m，2011-11-13，胡超、李星霖4001171186。广西：桂林市雁山镇广西植物研究所，25°4′55″N，110°37′58″E，172 m，2011-01-10，吴磊4001101186。河南：商城县大别山，31°45′7″N，115°32′31″E，1171 m，2011-10-13，杨大伟、陈明400314100。江苏：南京中山植物园，32°2′34″N，118°49′40″E，17 m，2009-11-11，刘东明、戴建阅400111157。江西：资溪县马头山自然保护区，27°46′9″N，116°51′29″E，97 m，2011-10-21，凡强、景慧娟4001412021。浙江：杭州植物园，30°15′25″N，120°07′22″E，m，2010-10-14，曾庆文、谢聪、孟玉芳40011907。生于海拔100~2000 m的山坡、丘陵等灌丛中、疏林中以及路边、溪旁和村舍附近。产于湖南、江西、浙江、上海、江苏、安徽、湖北等地区，云南昆明等城市庭园有栽培。欧美一些国家植物园等也有栽培。朝鲜也有分布。

栽培 播种或扦插繁殖。

用途 其根、枝、叶和果入药，根有滋补强壮、活络、清风热、祛风湿之功效；枝、叶用于肺痨咳嗽、劳伤失血、腰膝痿弱、风湿痹痛；果实用于阴虚身热、淋浊、崩带、筋骨疼痛等症；种子含油，可作肥皂原料；树皮可作染料和提取栲胶，木材软韧，可用作牛鼻栓。树形美丽，果实秋、冬季红色，供庭园观赏。

含油率及化学组分数据

采集单位	测试单位	测试部位	产地	含油率(%)	碘值	酸值	皂化值	C12:0	C14:0	C16:0	C16:1	C18:0	C18:1	C18:2	C18:3	C20:0	C20:1
ECNU	SCBG	种仁	安徽休宁	9.20	41.56	3.88	255.83			4.02	0.11	2.07	21.18	37.83	2.72	0.19	8.22
GXIB	SCBG	种仁	广西桂林	8.15	98.00	0.23	199.61		0.04	8.29	0.24	3.62	10.99	70.50	1.69	0.28	0.13
HNAU	ICS	种子	河南商城	4.78	59.17	33.02	158.62	0.21	0.09	11.99		4.88	29.73	16.89	0.48	6.14	0.69
SCBG	SCBG	种仁	江苏南京	11.30	65.21	2.56	195.61			6.74	0.04	2.68	31.38	57.91	0.73	0.12	0.40
SYSU	SCBG	种仁	江西资溪	21.78	62.18	37.76	226.82	0.01	0.01	7.66	0.02	1.88	17.80	72.02	0.24	0.14	0.22
SCBG	SCBG	种仁	浙江杭州	13.40	23.64	3.66	221.57		0.05	9.58	1.46	5.34		45.71	0.42	0.96	0.31

显脉冬青（凸脉冬青）

Ilex editicostata Hu et Tang

冬青科，冬青属

特征 常绿灌木至小乔木，高6 m。顶芽圆锥形，长约5 mm，被黄白色缘毛。叶仅生于当年生至二年生枝上，叶片厚革质，披针形或长圆形，先端渐尖，尖头长5~15 mm，基部楔形，全缘，反卷，叶面绿色，背面淡绿色，两面无毛；主脉在叶面明显隆起，侧脉10~12对，通常在两面模糊，网状脉有时明显；叶柄粗壮。聚伞花序或二歧聚伞花序单生于当年生枝的叶腋内；花白色，4或5基数；雄花序：总花梗长12~18 mm，无毛，花梗长3~8 mm，无毛，基部具卵状三角形小苞片1~2枚或早落；花萼浅杯状，4枚或5枚浅裂，裂片阔三角形，具缘毛；花冠辐射状；花瓣阔卵形，开放时反折，基部稍合生；雄蕊短于花瓣，花药卵状长圆形，纵裂；退化子房垫状；雌花序未见。果近球形或长球形，成熟时红色，宿存花萼平展，浅裂片阔三角形，具缘毛；宿存柱头薄盘状，5浅裂；分核4~6，长圆形，长7~8 mm，背部宽约2.5 mm，具一浅沟，内果皮近木质。花期5~6月；果期8~11月。

分布 广西：灵川县海洋乡小平乐村，25°17′26″N，110°41′15″E，703 m，2011-11-12，郭伦发、林春蕊4001101250。福建：武夷山大安源，27°52′37″N，117°52′08″E，487m，2010-10-04，刘东明，梁耀400112147。生于海拔600~1700 m的山坡常绿阔叶林中和林缘。产于广东、广西、浙江、江西、湖北、四川、贵州等地区。

栽培 播种繁殖。

用途 种子油工业用。

含油率及化学组分数据

采集单位	测试单位	测试部位	产地	含油率(%)	碘值	酸值	皂化值	C12:0	C14:0	C16:0	C16:1	C18:0	C18:1	C18:2	C18:3	C20:0	C20:1
GXIB	SCBG	种仁	广西灵川	5.19	104.67	1.02	202.28	0.04	0.09	14.37	0.17	5.56	31.91	27.04	3.19	1.24	0.74
SCBG	SCBG	种仁	福建武夷山	27.15	194.38	0.71	208.60		0.16	14.38		0.47	32.72	30.00		0.09	0.12

榕叶冬青（台湾糊樗、仿腊树、野香雪）

Ilex ficoidea Hemsl.

冬青科，冬青属

特征 常绿乔木。叶片革质，长圆状椭圆形、卵状或稀倒卵状椭圆形，基部钝，楔形或近圆形，边缘具不规则的细圆齿状锯齿，齿尖变黑色，干后稍反卷，叶面深绿色，具光泽，背面淡绿色，两面均无毛；主脉在叶面狭凹陷，背面隆起。聚伞花序或单花簇生于当年生枝的叶腋内，花4基数，白色或淡黄绿色，芳香；雄花序的聚伞花序具1~3朵花，总花梗长约2 mm；苞片卵形，背面中央具龙骨凸起，基部具附属物；花梗基部或近基部具2枚小苞片；花萼盘状，裂片三角形，急尖，具缘毛；花瓣卵状长圆形，上部具缘毛，基部稍合生；雄蕊长于花瓣，伸出花冠外，花药长圆状卵球形；退化子房圆锥状卵球形，顶端微4裂；雌花单花簇生于当年生枝的叶腋内，花梗长2~3 mm，基生小苞片2枚，具缘毛；花萼被微柔毛或变无毛，裂片常龙骨状；花冠直立，花瓣卵形，分离，具缘毛；退化雄蕊与花瓣等长，不育花药卵形；子房卵球形，柱头盘状。果球形或近球形，成熟后红色，在扩大镜下可见小瘤，宿存花萼平展，四边形，宿存柱头薄盘状或脐状；分核4，卵形或近圆形，两端钝，背部具掌状条纹，沿中央具1稍凹的纵槽，两侧面具皱条纹及洼点，内果皮石质。花期3~4月；果期8~11月。

分布 福建：武夷山大安源，27°52′37″N，117°52′08″E，521m，2010-10-05，刘东明、梁耀400112157。广东：东莞市谢岗乡银瓶山仙水道，23°2′35″N，113°43′48″E，m，2012-11-02，邢福武、宁阳阳、叶心芬400113170。湖北：黄梅五祖寺，30°11′17″N，115°56′6″E，285 m，2011-10-17，李晓东、昝艳燕400121167。江西：玉山县三清山，28°54′37″N，118°3′54″E，1195 m，2009-09-07，廖文波等400141155。生于海拔（100~）300~1880 m的山地常绿阔叶林、杂木林和疏林内或林缘。产于海南、广东、香港、广西、湖南、江西、福建、台湾、浙江、安徽、湖北、重庆、四川、贵州、云南。分布于琉球群岛。

栽培 播种繁殖。

用途 根可用于治疗肝炎、跌打损伤。

含油率及化学组分数据

采集单位	测试单位	测试部位	产地	含油率(%)	碘值	酸值	皂化值	C12:0	C14:0	C16:0	C16:1	C18:0	C18:1	C18:2	C18:3	C20:0	C20:1
SCBG	SCBG	种仁	福建武夷山	17.29	74.64				0.16		0.05	2.50	26.87		0.71		
SCBG	SCBG	种仁	广东东莞	26.71	352.81	29.00	202.28	0.04		12.21	0.10	1.93	21.48	26.83	39.31	0.46	1.55
WHBG	WHBG	种仁	湖北黄梅	7.20	56.46	10.90	233.67		0.10	13.64	0.24	1.56	42.50	37.09	1.22	0.54	0.38
SYSU	SCBG	种仁	江西玉山	16.25	79.29	15.16	199.61	0.01	0.05	5.48	0.03	1.88	31.35	8.32	52.55	0.15	0.18

黑叶冬青

Ilex melanophylla H. T. Chang

冬青科，冬青属

特征 常绿灌木。小枝栗紫色，无毛；顶芽无毛或具细缘毛。叶坚革质，椭圆形或长圆状椭圆形，长6.5~8 cm，宽3~4 cm，先端短渐尖，基部钝或楔形下延，全缘，略反卷，干时叶面紫褐色，光亮，两面无毛；主脉两面凸起，侧脉10~14对，和网状脉在叶面凹入，在背面略凸起；叶柄长1~1.5 cm，宽3 mm，上面平，具宽翅，无毛。花未见。具3果的聚伞状果序单生于叶腋，总梗长1~1.2 mm，无毛，果柄长4~5 mm，压扁，无毛。成熟果红色，球形，直径约6 mm，宿存花萼直径约3 mm，无毛，6裂，裂片近圆形，无缘毛，宿存柱头厚盘状或乳头状；分核6，长圆形，长约6 mm，背部宽2.5 mm，扁平或略具宽沟，内果皮近石质。花期不详；果期11月。

分布 福建：武夷山星村桐木村，27°43′36″N，117°42′39″E，583 m，2012-11-17，易绮斐、宁阳阳、李玉玲400119250；武夷山，27°44′09″N，117°41′43″E，488m，2010-09-26，刘东明、梁耀400112111。江西：崇义县齐云山，25°50′44″N，114°1′6″E，754 m，2010-09-28，李朋远、谢行400145035。云南：基诺山亚诺村龙怕水库路上，21°59′42″N，101°05′40″E，m，2012-01-14，邢福武、童毅、孟玉芳4001142011。产于广西（平南、鹏化）；

栽培 目前已由人工引种栽培。

用途 可作园林绿化。

含油率及化学组分数据

采集单位	测试单位	测试部位	产地	含油率(%)	碘值	酸值	皂化值	C12:0	C14:0	C16:0	C16:1	C18:0	C18:1	C18:2	C18:3	C20:0	C20:1
SCBG	SCBG	种仁	福建武夷山	21.26	64.67	15.02	278.09	0.002	0.03	6.01	0.07	3.06	11.82	78.37	0.33	0.17	0.14
SCBG	SCBG	种仁	福建武夷山	22.56	125.68	18.30	178.46	0.10	0.04	12.16	0.06	3.46	38.26	37.56	7.69	0.46	0.20
SYSU	SCBG	种仁	江西崇义	27.12	138.26	2.60	185.57	0.01	0.04	4.78	0.14	3.08	12.95	12.94	56.84	1.38	7.85
SCBG	SCBG	种仁	云南基诺山	16.74	107.90	1.05	200.30	0.01	0.04	5.53	0.13	2.32	60.21	25.29	32.75	0.43	0.17

毛冬青（茶叶冬青、密毛假黄杨、密毛冬青）

Ilex pubescens Hook. et Arn.

冬青科，冬青属

特征 灌木或小乔木。小枝密被长硬毛。叶生于1~2年生枝上，叶片纸质或膜质，椭圆形或长卵形，在近叶缘附近网结，网状脉两面不明显；叶柄密被长硬毛。花序簇生于1~2年生枝的叶腋内，密被长硬毛；雄花序聚伞花序，花梗基部具2枚小苞片，若3朵花时，总花梗长1~1.5 mm；花4或5基数，粉红色；花萼盘状，被长柔毛，裂片卵状三角形，具缘毛；花冠辐射状，卵状长圆形或倒卵形，先端圆形，基部稍合生；雄蕊长为花瓣的3/4，花药长圆形；退化雌蕊垫状，顶端具短喙；雌花序簇生，被长硬毛，单个分枝具单花，花梗基部具小苞片；花萼盘状，被长硬毛，急尖；花冠辐射状；花瓣长圆形，先端圆形；子房卵球形，无毛，花柱明显，柱头头状或厚盘状。果球形，成熟后红色，干时具纵棱沟，果梗密被长硬毛；宿存花萼平展，裂片卵形，外面被毛；宿存柱头厚盘状或头状，花柱明显；分核6，轮廓椭圆形，两端尖，背面具纵宽的单沟及3条纹，两侧面平滑，内果皮革质或近木质。花期4~5月；果期8~11月。

分布 广东：连平县大埠镇，23°02′35″N，113°45′49″E，m，2011-11-08，易绮斐、潘雅书、陈华平400119152；英德县石门台，24°26′02″N，113°18′35″E，321m，2009-12-04，刘东明、饶显龙40011282。生于海拔（60~）100~1000 m的山坡常绿阔叶林中或林缘、灌木丛中及溪旁、路边。产于海南、广东、香港、广西、湖南、江西、福建、台湾、浙江、安徽、贵州。

栽培 播种繁殖。

用途 根（毛冬青）：甘、苦，凉，清热凉血，通脉止痛，消肿解毒，用于风热感冒，肺热喘咳，喉头肿，乳蛾，痢疾，胸痹，中心性视网膜炎，疮疡；叶（毛冬青叶）苦、涩，平，清热解毒，止痛消炎，用于牙龈肿痛，疖痈，缠腰火丹，脓疱疮、烧、烫伤。

含油率及化学组分数据

采集单位	测试单位	测试部位	产地	含油率(%)	碘值	酸值	皂化值	C12:0	C14:0	C16:0	C16:1	C18:0	C18:1	C18:2	C18:3	C20:0	C20:1
SCBG	SCBG	种仁	广东连平	22.14	31.03	9.83		0.01			0.05	7.60	11.35		1.95	0.12	0.50
SCBG	SCBG	种仁	广东英德	20.34	84.04	12.81	209.11			13.11		2.24	64.89			0.38	

铁冬青（熊胆木、白银香、白银木）

Ilex rotunda Thunb.

冬青科，冬青属

特征 常绿灌木或乔木，高可达20 m。叶仅见于当年生枝上，叶片薄革质或纸质，卵形、倒卵形或椭圆形，叶面绿色，背面淡绿色，两面无毛；主脉在叶面凹陷，背面隆起；叶柄无毛，上面具狭沟，顶端具叶片下延的狭翅；托叶钻状线形，早落。聚伞花序或伞形状花序，单生于当年生枝的叶腋内；雄花序的总花梗无毛，基部卵状三角形；花白色，4基数；花萼盘状，被微柔毛，裂片阔卵状三角形，无毛，亦无缘毛；花冠辐射状，花瓣长圆形；雄蕊长于花瓣，花药卵状椭圆形，纵裂；退化子房垫状；雌花序总花梗无毛，花梗无毛或被微柔毛；花白色；花萼浅杯状，无毛；花冠辐射状，花瓣倒卵状长圆形，基部稍合生；子房卵形，柱头头状。果近球形或稀椭圆形，成熟时红色，宿存花萼平展，浅裂片三角形，无缘毛，宿存柱头厚盘状，凸起，5~6浅裂；分核5~7，椭圆形，两侧面平滑，内果皮近木质。花期4月；果期8~12月。

分布 福建：武夷山星村七里桥梁野山保护区，25°8′43″N，116°8′33″E，408 m，2012-10-01，易绮斐、宁阳阳、李玉玲400119273。广东：惠东白盆珠，23°02′57″N，114°57′19″E，2009-08-26，林铎清、戴建阅40011188。广西：荔蒲县杜莫镇田尾，24°24′28″N，110°24′15″E，2009-10-29，吴望辉、黄俞淞、农东新4001101010。海南：琼中县黎母山乡黎母山，18°44′05″N，109°50′13″E，2009-07-30，秦新生400116113；保亭呀诺达热带雨林文化旅游区，18°27′24″N，109°40′25″E，130 m，2010-11-10，张荣京40017162。江西：龙南县九连山国家级自然保护区，24°46′22″N，114°43′55″E，2011-11-12，易绮斐、潘雅书、陈华平400119186。湖北：五峰渔洋关奥陶纪石林，30°10′23″N，110°42′36″E，2009-11-04，李晓东、陈士强40012193。生于海拔400~1100 m的山坡常绿阔叶林中和林缘。产于海南、广东、香港、广西、湖南、江西、福建、台湾、浙江、江苏、安徽、湖北、贵州、云南等地区。分布于朝鲜、日本以及越南北部。

栽培 播种或扦插繁殖。春季至秋季为佳。栽培土质以富含有机质的壤土最佳；小苗较耐阴。成株于初夏及夏末各少量施肥1次。

用途 树形洁净优雅，适作园景树、行道树或观果盆景。

含油率及化学组分数据

采集单位	测试单位	测试部位	产地	含油率(%)	碘值	酸值	皂化值	C12:0	C14:0	C16:0	C16:1	C18:0	C18:1	C18:2	C18:3	C20:0	C20:1
SCBG	SCBG	种仁	福建武夷山	23.56	74.31	1.52	379.82	0.01	0.19	9.82	0.09	2.78	12.05	40.87	33.05	0.89	0.24
SCBG	SCBG	种仁	广东惠东	4.00	18.30	0.45	513.04										
GXIB	SCBG	种仁	广西荔蒲	9.60	68.69	1.57	216.10	0.01	7.25	5.29	0.08	3.63	18.31	63.25	1.33	0.19	0.66
SCAU	SCBG	种仁	海南琼中	10.23	13.52	16.36	231.50	0.004	0.06	7.68	0.14	4.53	10.93	74.31	0.88	0.93	0.54
SCAU	SCBG	种仁	海南保亭	12.06	19.11	9.07	228.72	0.01	0.23	29.83	5.01	1.89	3.36	38.63	20.45	0.02	0.57
SCBG	SCBG	种仁	江西龙南	12.65	88.77	15.47			0.16	3.27	0.31	1.05	9.89	69.94	0.74		0.49
WHBG	WHBG	种子	湖北五峰	9.33				0.01	0.05	4.12	0.05	1.88	7.39	24.45	0.19	60.25	0.16
OFPC	LBG	种子	江西武宁	13.20	129.30					7.00		2.40	28.10	62.30	微量		
OFPC	SCBG	种子	广东广州	7.00	133.20			微量	0.30	6.70		2.80	22.20	67.20		微量	0.80

香冬青

Ilex suaveolens (Lévl.) Loes.

冬青科，冬青属

特征 常绿乔木，高达15 m。当年生小枝具棱角，无毛，二年生枝近圆柱形，皮孔椭圆形，隆起。叶片革质，卵形或椭圆形，长5~6.5 cm，宽2~2.5 cm，先端渐尖，具三角状的尖头，基部宽楔形，下延，叶缘疏生小圆齿，略内卷，干后叶面橄榄绿色，叶背褐色，两面无毛；主脉在两面隆起，侧脉8~10对，在两面略隆起，网状脉在叶两面或多或少明显；叶柄长1.5~2 cm，具翅。花未见。具3个果的聚伞状果序单生于叶腋，果序梗长(1~)1.5~2 cm，具棱，无毛，果梗长5~8 mm，无毛；成熟果红色，长球形，长约9 mm，直径约6 mm，宿存花萼直径约2 mm，5裂，裂片阔三角形，无缘毛，宿存柱头乳头状；分核4，长圆形，长约8 mm，背部宽3 mm，内果皮石质。花期6月。

分布 福建：武夷山大安源，27°52′37″N，117°52′08″E，491m，2010-09-30，刘东明、梁耀400112125。湖南：古丈县高林乡大溪，28°1′1″N，

109°20′10″E，242 m，2010-11-06，徐亮、周建军、钱凯歌400191157。江西：遂川县南风面，26°18′32″N，114°3′49″E，1736 m，2010-10-31，谢行、孙键400147016；遂川县南风面，26°16′55″N，114°4′8″E，772 m，2010-11-02，谢行、孙键400147025；玉山县三清山，28°55′46″N，118°3′17″E，1225 m，2009-10-24，廖文波等400141177。生于海拔600~1600 m的常绿阔叶林中。产于广东、广西、湖南、江西、福建、浙江、安徽、湖北、四川、贵州、云南等地区。

栽培 播种繁殖。

用途 可作园林绿化。

含油率及化学组分数据

采集单位	测试单位	测试部位	产地	含油率(%)	碘值	酸值	皂化值	C12:0	C14:0	C16:0	C16:1	C18:0	C18:1	C18:2	C18:3	C20:0	C20:1
SCBG	SCBG	种仁	福建武夷山	6.45	52.39		160.40		0.08	21.07	0.04	1.36	12.14	48.00		0.95	0.61
JSU	SCBG	种仁	湖南古丈	20.09	119.31	2.31	190.44	0.04	0.08	12.42	0.05	15.09	47.60	24.30	0.42		
SYSU	SCBG	种仁	江西遂川	11.86	97.24	3.54	189.44	0.01	0.09	10.77	0.28	5.14	21.14	32.26	12.39	2.24	15.67
SYSU	SCBG	种仁	江西遂川	14.77	103.48	30.81	179.78		0.03	7.56	0.05	1.07	47.80	40.62	0.09	0.46	2.30
SYSU	SCBG	种仁	江西玉山	12.06	102.84	2.57	181.46	0.02	0.05	7.64	0.07	1.78	16.56	72.65	0.50	0.48	0.25

三花冬青

Ilex triflora Blume

冬青科，冬青属

特征 常绿灌木或乔木，高2~10 m。叶生于1~3年生的枝上，叶片近革质，椭圆形、长圆形或卵状椭圆形；叶柄密被短柔毛，具叶片下延而成的狭翅。雄花1~3朵排成聚伞花序，1~5聚伞花序簇生于叶腋内，花序梗、花梗均被短柔毛，基部或近中部具小苞片1~2枚；花4基数，白色或淡红色；花萼盘状，被微柔毛，4深裂，裂片近圆形，具缘毛；花瓣阔卵形，基部稍合生；雄蕊短于花瓣，花药椭圆形，黄色；退化子房金字塔形，顶端具短喙，分裂；雌花1~5朵簇生于叶腋内，总花梗几无，花梗粗壮，被微柔毛，中部或近中部具2枚卵形小苞片；花萼同雄花；花瓣阔卵形至近圆形，基部稍合生；退化雄蕊长约为花瓣的1/3，不育花药心状箭形；子房卵球形，柱头厚盘状，4浅裂。果球形，成熟后黑色；果梗被微柔毛或近无毛；宿存花萼伸展，具疏缘毛；宿存柱头厚盘状；分核4，卵状椭圆形，平滑，背部具3条纹，无沟，内果皮革质。花期5~7月；果期8~11月。

分布 福建：古田县双车镇下车，26°29′20″N，119°14′02″E，2010-10-28，刘东明、梁耀400112171；武夷山星村黄岗山河边，25°08′47″N，116°08′30″E，2012-11-18，易绮斐、宁阳阳、李玉玲400119274；武夷山市星村镇桃源峪，27°38′23″N，117°55′55″E，224 m，2009-11-06，王发国、翟俊文400113004；武夷山星村桐木村，27°43′42″N，117°42′49″E，2012-11-17，易绮斐、宁阳阳、李玉玲400119252。广东：乐昌廊田龙玉潭，25°13′38″N，113°26′37″E，陈树钢、童毅4001122229；从化县大岭山石灶天池，23°31′26″N，113°34′21″E，601 m，2010-11-02，刘东明、梁耀、孟玉芳、付琳400112192；蕉岭县长潭，24°55′09″N，113°05′22″E，2010-10-12，易绮斐、翟俊文400119099。江西：崇义县齐云山，25°48′48″N，114°3′35″E，527 m，2010-09-27，李朋远、谢行400145027；宜丰县黄岗乡官山保护区，28°32′35″N，114°33′34″E，268 m，2011-09-18，李朋远、景慧娟4001409020。生于海拔(130~)250~1800(~2200) m的山地阔叶林、杂木林或灌木丛中。产于海南、广东、广西、湖南、江西、福建、浙江、安徽、湖北、四川、贵州、云南等地区。分布于印度、孟加拉国、越南北方经马来半岛至印度尼西亚(爪哇、北加里曼丹)。

栽培 播种或扦插繁殖。在排水良好、酸性肥沃土壤生长良好。

用途 枝叶稠密，良好的观叶及观果植物。

含油率及化学组分数据

采集单位	测试单位	测试部位	产地	含油率(%)	碘值	酸值	皂化值	C12:0	C14:0	C16:0	C16:1	C18:0	C18:1	C18:2	C18:3	C20:0	C20:1
SCBG	SCBG	种仁	福建古田	15.14	138.32		80.46		71.27		0.16		22.24		3.39		
SCBG	SCBG	种仁	福建武夷山	9.47	101.16	0.86	202.17					1.88	26.80	26.87	0.41	1.01	0.36
SCBG	SCBG	种仁	福建武夷山	24.00	79.54	3.17	173.26	0.01	0.03	8.05	0.12	36.20		54.41	0.72	0.13	0.33
SCBG	SCBG	种仁	福建武夷山	6.80					0.02	4.47	0.06	2.37	17.73	39.88	34.46	0.45	0.56
SCBG	SCBG	种仁	广东乐昌	10.27	90.91	38.2	240.69		0.06	5.26		2.0153	14.86	54.64	17.30	1.08	0.30
SCBG	SCBG	种仁	广东从化	19.70	108.41	5.64	191.44	0.03	0.03	7.34	0.07	3.43	45.53	42.91	0.41		0.26
SCBG	SCBG	种仁	广东蕉岭	16.48	15.63	68.82	182.09	0.03	0.09	8.27	0.03	3.15	19.36	15.33	0.39		0.59
SYSU	SCBG	种仁	江西崇义	13.89	76.81	9.04	189.29	0.01	0.04	7.08	0.17	3.75	39.72	26.19	15.33	2.07	5.64
SYSU	SCBG	种仁	江西宜丰	12.71	168.36	3.99	166.62		0.02	5.58	0.11	2.60	20.81	43.70	24.86	1.04	1.26
OFPC	SCBG	果实	广东高要	21.80	116.40		188.00	10.20				1.80	40.00	48.00			

尾叶冬青（威氏冬青、江南冬青）

Ilex wilsonii Loes.

冬青科，冬青属

特征 常绿灌木或乔木，高2~10 m。叶生于1~3年生枝上，叶片厚革质，卵形或倒卵状长圆形，两面微凸起，明显或不明显，网状脉不见；叶柄无毛，上面具纵槽，背面具皱纹；托叶三角形，微小，急尖。花序簇生于二年生枝的叶腋内；苞片三角形，常具三尖头；花4基数，白色；雄花聚伞花序或伞形花序，无毛；花萼盘状，4深裂，裂片三角形，具缘毛；花冠辐射状，花瓣长圆形，基部稍合生；雄蕊略短于花瓣，花药长圆形；退化子房近球形，顶端具不明显的分裂；雌花序簇由具单花的分枝组成，花梗无毛，具近中部着生的小苞片2枚；花萼及花冠同雄花；子房卵球形，柱头厚盘形，疏被微柔毛。果球形，成熟后红色，平滑，果梗长3~4 mm；宿存花萼平展，4裂，裂片具缘毛，宿存柱头厚盘状；分核4，卵状三棱形，背面具稍凸起的纵棱3条，无沟，侧面平滑，内果皮革质。花期5~6月；果期8~10月。

分布 广西：凭祥县大青山林场，22°06′38″N，116°48′36″E，2012-01-15，刘东明、潘雅书、王美娜4001122298。江西：铅山县武夷山自然保护山，27°56′25″N，117°50′19″E，797 m，凡强、景慧娟4001411046。生于海拔420~1900 m的山地、沟谷阔叶林、杂木林中。产于广东、广西、江西、福建、台湾、湖南、浙江、安徽、湖北、四川、贵州、云南等地区。

栽培 播种繁殖或扦插繁殖。当年栽植的小苗一次浇透水后可任其自然生长，视墒情每15 d灌水1次，结合中耕除草每年春、秋两季适当追肥1~2次，一般施以氮为主的稀薄液肥。

用途 根、叶：清热解毒，消肿止痛。

含油率及化学组分数据

采集单位	测试单位	测试部位	产地	含油率(%)	碘值	酸值	皂化值	C12:0	C14:0	C16:0	C16:1	C18:0	C18:1	C18:2	C18:3	C20:0	C20:1
SCBG	SCBG	种仁	广西凭祥	30.22				0.01	0.04	7.86	0.54	3.18	21.61	20.91	43.67	0.72	1.47
SYSU	SCBG	种仁	江西铅山	14.09	83.55	2.10	174.06	0.005	0.09	8.90	0.05	0.62	47.38	39.70	0.43	0.77	2.06

云南冬青

Ilex yunnanensis Franch.

冬青科，冬青属

特征 常绿灌木或乔木，高1~12 m。叶片长圆状披针形，椭圆形或长圆形；叶柄密被短柔毛。雄花为聚伞花序，生于当年生枝的叶腋内或基部的鳞片腋内，被短柔毛或近无毛；花4基数，白色，生于高海拔地区者花粉红色或红色；花萼盘状，小，4深裂，裂片三角形，钝或急尖，具缘毛或无；花瓣卵形，先端钝，基部稍合生；雄蕊短于花瓣，花药卵状球形；退化子房圆锥形，顶端钝。雌花单花生于当年生枝的叶腋内，罕为2或3花组成腋生聚伞花序，花梗中部以上具1~2枚小苞片；花被同雄花；子房球形，具4条纵沟，花柱明显，柱头盘状，4裂。果球形，成熟后红色；果梗无毛；宿存花萼平展，四角形，具缘毛或无；宿存柱头隆起，盘状。分核4，长椭圆形，横切面近三角形，平滑，无条纹及沟槽，内果皮革质。花期6月；果期11月。

分布 安徽：黄山，30°8′31″N，118°7′21″E，904 m，2012-11-07，李晓东、昝艳燕等400121269。生于海拔1000~3300 m的山地林中。产于陕西、甘肃、湖北、广西、四川、贵州、云南、西藏。缅甸北部也有。

栽培 播种繁殖。

用途 可作园林绿化。

含油率及化学组分数据

采集单位	测试单位	测试部位	产地	含油率(%)	碘值	酸值	皂化值	C12:0	C14:0	C16:0	C16:1	C18:0	C18:1	C18:2	C18:3	C20:0	C20:1
WHBG	WHBG	种仁	安徽黄山	22.91	123.60		154.32		0.15	7.09	0.45		18.61	44.00	0.59	0.07	

膝柄木

Bhesa robusta (Roxb.) Ding Hou

卫矛科，膝柄木属

特征 乔木，高达10 m以上。叶互生，在小枝上有时近对生，近革质，有光泽，长方状窄椭圆形或窄卵形，先端急尖或短渐尖，基部圆形或阔楔形，全缘；中脉和侧脉均在叶背强度凸起，侧脉每侧14~18对，平行较密排列，三生脉细而多，与中脉略作垂直角度伸出，平行密集成格状网纹；叶柄圆柱状，长2~3 cm，两端增粗，在近叶片的一端背部微凸呈膝状弯曲。花小，黄绿色；聚伞圆锥花序多侧生于小枝上部，常呈假顶生状；花序梗短或近无，花序轴有3~5分枝，枝上着生多数短梗小花，如穗状；花5数，直径约5 mm；萼片线状披针形，先端窄尖；花瓣窄倒卵形或长圆披针形，长约2 mm，先端圆钝；花盘浅盘状，雄蕊插生其环状外缘上，花药内向；子房近扁球状，基部着生花盘上，子房具2心皮，2室，2胚珠，上部近花柱处有疏毛丛，花柱2枚，粗壮，柱头小。蒴果窄长卵状，上部窄，顶端常稍呈喙状，无小果梗或有粗梗；种子1粒，基生，椭圆卵状，长约1.5 cm，棕红色或棕褐色，有光泽，假种皮淡棕色，包围种子大部，由基部上达种子2/3处，先端开口，并有长条状或丝状延伸部分上达种子4/5处。

分布 广西：东兴市江平镇巫头村，21°32′43″N，108°8′5″E，5 m，2011-11-02，刘演、黄俞淞4001101284。生长于海拔50 m近海岸的坡地杂木林中。产于广西合浦。分布于印度、越南、马来西亚。

栽培 尚未引种栽培。播种繁殖或扦插繁殖。

用途 可作户外使用的木材，如景观、园艺用材。

含油率及化学组分数据

采集单位	测试单位	测试部位	产地	含油率(%)	碘值	酸值	皂化值	C12:0	C14:0	C16:0	C16:1	C18:0	C18:1	C18:2	C18:3	C20:0	C20:1
GXIB	SCBG	种仁	广西东兴	20.41	140.42	0.26	200.57			4.95	1.41	1.08	55.41	30.99	0.70	0.29	0.07

过山枫

Celastrus aculeatus Merr.

卫矛科，南蛇藤属

特征 缠绕藤本。冬芽基部芽鳞宿存，有时坚硬成刺状。叶多椭圆形或长方形，长5~10 cm，宽3~6 cm，先端渐尖或窄急尖，基部阔楔稀近圆形，边缘上部具疏浅细锯齿，下部多为全缘；侧脉多为5对，干时叶背常呈淡棕色，两面光滑无毛，或脉上被有棕色短毛；叶柄长10~18 mm。聚伞花序短，腋生或侧生，通常3花；花序梗长2~5 mm，小花梗长2~3 mm，均被棕色短毛，关节在上部；萼片三角状卵形，长达2.5 mm；花瓣长方披针形，长约4 mm，花盘稍肉质，全缘，雄蕊具细长花丝，长3~4 mm，具乳凸，在雌花中退化长仅1.5 mm；子房球状，在雄花中退化，长2 mm以下。蒴果近球状，直径7~8 mm，宿萼明显增大。种子新月状或弯成半环状，长约5 mm，表面密布小疣点。花期3~4月；果期8~9月。

分布 广西：龙胜县和平乡，25°44′17″N，110°04′42″E，2009-12-09，许为斌、黄俞淞、蒋日红4001101076；三江市独侗乡，25°58′1″N，109°29′58″E，306 m，2010-12-13，张兵、谷志容400181269。江西：铅山县黄岗山，27°50′45″N，117°45′13″E，1709 m，2012-11-12，刘东明、童毅400122134；宜丰县官山自然保护区，28°32′43″N，114°33′36″E，284 m，2011-09-18，景慧娟、李朋远4001409025。浙江：鄞县天童山，29°48′24″N，121°47′6″E，391 m，2009-11-04，田怀珍、王双4001171024。生长于海拔100~1000 m的山地灌丛或路边疏林中。产于浙江、福建、江西、广东、广西、云南。

栽培 播种繁殖。

用途 治风寒湿痹引起的关节疼痛，胆经湿热引起的口苦、两胁不舒、一身黄疸、小便不利、色黄，肝阳上亢所致头晕、颜面潮红、目赤肿痛等。

含油率及化学组分数据

采集单位	测试单位	测试部位	产地	含油率(%)	碘值	酸值	皂化值	C12:0	C14:0	C16:0	C16:1	C18:0	C18:1	C18:2	C18:3	C20:0	C20:1
GXIB	SCBG	种仁	广西龙胜	39.20	71.55	3.04	202.04	0.10	0.28	21.69	1.64	3.54	49.99	4.79	17.54	0.24	0.19
HUST	HUST	种仁	广西三江	29.14			125.65		0.05	9.23	0.18	2.22	17.47	69.22	0.38	0.09	0.15
SCBG	SCBG	种仁	江西铅山	35.15	49.92	7.14	164.03										
SYSU	SCBG	种仁	江西宜丰	27.90	130.28	4.46	151.89	0.51	0.61	7.28	0.21	1.73	21.75	55.93	2.65	0.96	0.70
ECNU	SCBG	种仁	浙江鄞县	35.54	69.60	7.67	190.31		0.06	13.03	0.06	7.31	24.03	12.85	34.51	0.41	0.45
OFPC	SCBG	种子	广东乳源	35.90			208.70	3.20	0.90	18.20			29.10	17.00	28.80		

苦皮藤（苦树皮、马断肠、老虎麻）

Celastrus angulatus Maxim.

卫矛科，南蛇藤属

特征　藤状灌木。小枝皮孔密生。叶大，近革质，长方状阔椭圆形、阔卵形、圆形，长7~17 cm，宽5~13 cm，先端圆阔，中央具尖头，侧脉5~7对，在叶面明显凸起，两面光滑或稀于叶背的主侧脉上具短柔毛；叶柄长1.5~3 cm；托叶丝状，早落。聚伞圆锥花序顶生，下部分枝长于上部分枝，略呈塔锥形，长10~20 cm，花序轴及小花轴光滑或被锈色短毛；小花梗较短，关节在顶部；花萼镊合状排列，三角形至卵形，长约1.2 mm，近全缘；花瓣长方形，长约2 mm，宽约1.2 mm，边缘不整齐；花盘肉质，浅盘状或盘状，5浅裂；雄蕊着生花盘之下，长约3 mm，在雌花中退化雄蕊长约1 mm；雌蕊长3~4 mm；子房球状，柱头反曲，在雄花中退化雌蕊长约1.2 mm。蒴果近球状，直径8~10 mm。种子椭圆状，长3.5~5.5 mm，直径1.5~3 mm。花期5~6月；果期8~10月。

分布　河南：灵宝小秦岭，34°26′1″N，110°30′34″E，1523 m，2012-08-18，王亚平400314159。湖北：兴山市南阳乡猴子包，31°21′4″N，110°44′37″E，605 m，2009-09-04，丁时东、危文亮400151004。湖南：花垣古苗河，28°34′2″N，109°30′28″E，370 m，2009-07-14，徐亮、周建军400191081；花垣县花垣乡古苗河，28°20′24″N，109°18′16″E，385 m，2011-09-09，徐亮、覃三立40019101182。陕西：眉县营头乡大理村，34°4′50″N，107°26′43″E，812 m，2009-08-07，薛帅400321027；宝鸡市陇县固关，34°34′33″N，106°21′11″E，1250 m，2011-10-12，秦烁、胡亮400326027。四川：喜德冕山镇，28°16′39″N，102°12′17″E，2009-11-03，樊云川，王凯40021109135。重庆：南川区鱼泉乡庙坝三叉，29°58′49″N，107°13′39″E，1390 m，2009-09-03，刘正宇等400231043。产于广东、广西、湖南、江西、江苏、安徽、山东、河南、湖北、四川、贵州、云南、甘肃、陕西、河北。

栽培　扦插繁殖为主。

用途　可作垂直绿化材料，也可修剪成灌木状，密植作绿篱。树皮纤维可供造纸及人造棉原料，果皮及种子含油脂可供工业用；根皮及茎皮为杀虫剂和灭菌剂。

含油率及化学组分数据

采集单位	测试单位	测试部位	产地	含油率(%)	碘值	酸值	皂化值	C12:0	C14:0	C16:0	C16:1	C18:0	C18:1	C18:2	C18:3	C20:0	C20:1
HNAU	ICS	种子	河南灵宝	14.31	88.19	10.87	241.81	0.14	0.34	13.65	0.08	3.33	12.60	29.76	31.18	0.21	
OCRI	SCBG	种仁	湖北兴山	40.13	43.36	66.10	115.55	0.02	0.11	7.33	0.11	1.92	18.49	67.91	0.66	0.40	0.24
JSU	SCBG	种仁	湖南花垣	12.64	55.64	3.09	165.48	0.07	0.13	9.68	1.12	2.50	26.34	32.50	16.56	0.43	0.13
JSU	SCBG	种仁	湖南花垣	24.56				0.19	0.76	12.90	0.97	1.90	21.53	51.74	1.52	0.38	0.16
CAU	ICS	种子	陕西眉县	27.60	69.46	9.02	248.75	0.02	0.36	19.43	0.12	3.37	9.64	45.42	21.33	0.14	0.17
CAU	ICS	种子	陕西宝鸡	28.61	71.77	5.41	353.84		0.19	13.32	0.09	3.48	16.37	46.51	17.09	0.10	0.07
SCU	SCU	种仁	四川喜德	46.23						13.59		3.26	14.17	48.56	20.42		
CIPP	SCBG	种仁	重庆南川	26.74	14.86	19.45	345.48		0.26	1.13	31.80	2.34	5.94	16.78	18.07	2.32	1.52
OFPC	JSIB	种子	江苏南京	44.00	104.20		241.90	1.70	0.30	18.80	微量	4.60	12.10	43.60	18.70		0.10

大芽南蛇藤（哥兰叶、米汤叶、绵条子）

Celastrus gemmatus Loes.

卫矛科，南蛇藤属

特征 缠绕灌木。小枝具多数皮孔。叶长方形、卵状椭圆形或椭圆形，先端渐尖，基部圆阔，近叶柄处变窄，边缘具浅锯齿；侧脉5~7对，小脉成较密网状，两面均凸起；叶面光滑但手触有粗糙感，叶背光滑或稀于脉上具棕色短柔毛；叶柄长10~23 mm。聚伞花序顶生及腋生，顶生花序长约3 cm，侧生花序短而少花；花序梗长5~10 mm；小花梗长2.5~5 mm，关节在中部以下；萼片卵圆形，长约1.5 mm，边缘啮蚀状；花瓣长方倒卵形；雄蕊约与花冠等长，花药顶端有时具小凸尖，花丝有时具乳突状毛，在雌花中退化，长约1.5 mm；花盘浅杯状，裂片近三角形，在雌花中裂片常较钝；雌蕊瓶状，子房球状，花柱长1.5 mm，雄花中的退化雌蕊长1~2 mm。蒴果球状，直径10~13 mm，小果梗具明显凸起皮孔。种子阔椭圆状到长方椭圆状，两端钝，红棕色，有光泽。花期4~9月；果期8~10月。

分布 安徽：休宁县岭南自然保护区，29°26′23″N，118°9′25″E，231 m，2012-12-05，程志全、刘巧霞4001171260。贵州：雷山县雷公山自然保护区管理站至乌东村途中，26°21′53″N，108°9′52″E，1396 m，2012-10-18，陈丰林、夏纯、桑洪伟4001151246。湖南：古丈县高望界镇高林，28°24′56″N，110°2′42″E，865 m，2010-07-15，徐亮、张代贵400191113；龙山县大安乡药场，29°34′12″N，109°39′55″E，1401 m，2011-08-22，徐亮、覃三立40019101151。江西：遂川县南风面，26°18′21″N，114°4′24″E，1516 m，2010-11-01，谢行、孙键400147022。四川：平武县虎牙乡平坝，32°30′666″N，103°55′982″E，1952 m，2012-09-26，刘小波、宫庆彬等40021112027；雅安宝兴蜂桶寨邓池沟，30°35′10″N，102°57′3″E，1796 m，2011-09-29，李志强、刘小波等40021111035；越西瓦吉木，28°29′15″N，102°34′57″E，2009-09-22，樊云川、工凯40021109004。产于广东、广西、湖南、江西、福建、台湾、浙江、安徽、河南、湖北、四川、贵州、云南、甘肃、陕西，是我国分布最广泛的南蛇藤之一。

栽培 播种繁殖。

用途 枝条的内皮含有丰富纤维，可搓绳索，亦可作人造棉及造纸的原料；种子油供制肥皂及其他工业用。主治风湿痹痛，跌打损伤，月经不调，经闭，产后腹痛，胃痛，疝痛，疮痈肿痛，骨折，风疹，湿疹，带状疱疹，毒蛇咬伤。

含油率及化学组分数据

采集单位	测试单位	测试部位	产地	含油率(%)	碘值	酸值	皂化值	C12:0	C14:0	C16:0	C16:1	C18:0	C18:1	C18:2	C18:3	C20:0	C20:1
ECNU	SCBG	种仁	安徽休宁	36.14	10.87	8.82	241.81		0.27	12.04	0.78	1.87	9.72	55.16	2.39	0.39	0.12
SCBG	SCBG	种仁	贵州雷山	27.16	94.09	52.10	145.20										
JSU	SCBG	种仁	湖南古丈	35.45	80.25	10.63	200.11	0.14	0.07	7.47	0.07	2.88	9.82	73.06	1.61	0.42	0.47
JSU	SCBG	种仁	湖南龙山	22.45	138.09	61.63	128.62	0.12		9.82	0.14	2.50	22.82	58.48	1.34	0.60	0.26
SYSU	SCBG	种仁	江西遂川	26.08	102.25	0.89	167.68	0.01	0.06	5.98	0.06	2.37	23.39	42.22	2.39	0.23	
SCU	SCU	种仁	四川平武	14.02	62.25				0.14	14.14	0.19	3.35	13.90	44.79	23.38		
SCU	SCU	种仁	四川雅安	28.10	90.73	75.45		0.38		15.38	0.49	2.91	15.08	61.84	3.40	0.35	0.16
SCU	SCU	种仁	四川越西	39.97						19.86		3.72	9.39	32.08	34.94		
OFPC	SCBG	种子	广东乳源	19.70	97.30		210.20	3.20	1.00	18.70		2.80	32.0	17.60	24.70		
OFPC	KMIB	果实	云南镇雄	10.40		4.00		2.20	0.20	17.30		2.20	15.60	29.60	32.90		

灰叶南蛇藤（过山枫藤、麻麻藤、藤木）

Celastrus glaucophyllus Rehd. et Wils.

卫矛科，南蛇藤属

特征　缠绕藤本。小枝具疏散皮孔。叶长方状椭圆形、近倒卵椭圆形或椭圆形，稀窄椭圆形，长5~10 cm，宽2.5~6.5 cm，先端短渐尖，基部圆或阔楔形，边缘具稀疏细锯齿，齿端具内曲的腺状小凸头；侧脉4~5对，稀为6对，叶面绿色，叶背灰白色或苍白色；叶柄长8~12 mm。花序顶生及腋生，顶生成总状圆锥花序，长3~6 cm，腋生者多，仅3~5花；花序梗通常很短，长仅1~2 mm，小花梗长2.5~3.5 mm，关节在中部或偏上；花萼裂片椭圆形或卵形，长1.5~2 mm，边缘具稀疏不整齐小齿；花瓣倒卵长方形或窄倒卵形，长4~5 mm，宽2.2 mm，在雌花中稍小；花盘浅杯状，稍肉质，裂片近半圆形；雄蕊稍短于花冠，花药阔椭圆形到近圆形，在雄花中退化雌蕊长1.5~2 mm。果实近球状，长8~10 mm，果梗长5~9 mm，近黑色。花期3~6月；果期9~10月。

分布　湖南：桑植县蹇家坡乡，29°33′30″N，109°58′01″E，780 m，2010-10-23，张兵、谷志容400181199。湖北：兴山县南阳镇，110°40′49″N，31°18′18″E，256 m，2012-08-29，危文亮、赵永国等400151183。生长于海拔700~3700 m的混交林中。产于湖南、湖北、四川、贵州、云南以及陕西南部等地。

栽培　播种繁殖。

用途　主治跌打损伤，刀伤出血，肠风便血。

含油率及化学组分数据

采集单位	测试单位	测试部位	产地	含油率(%)	碘值	酸值	皂化值	C12:0	C14:0	C16:0	C16:1	C18:0	C18:1	C18:2	C18:3	C20:0	C20:1
HUST	HUST	种仁	湖南桑植	54.59	110.90	2.41	286.10		0.08	4.93	0.30	2.37	16.10	74.23	0.49	0.87	0.20
OCRI	SCBG	种仁	湖北兴山	22.50	3.92	6.15	176.02	0.09	0.34	14.29		4.23	16.06	24.81	1.38	0.80	0.10

青江藤（夜茶藤、黄果藤）

Celastrus hindsii Benth.

卫矛科，南蛇藤属

特征　常绿藤本。叶纸质或革质，干后常灰绿色，长方状窄椭圆形或卵状窄椭圆形至椭圆状倒披针形，先端渐尖或急尖，基部楔形或圆形，边缘具疏锯齿；侧脉5~7对，侧脉间小脉密而平行成横格状，两面均凸起。顶生聚伞圆锥花序，腋生花序近具1~3花，稀成短小聚伞圆锥状；花淡绿色，小花梗关节在中部偏上；花萼裂片近半圆形，覆瓦状排列；花瓣长方形，长约2.5 mm，边缘具细短缘毛；花盘杯状，厚膜质，浅裂，裂片三角形；雄蕊着生花盘边缘，花丝锥状，花药卵圆状，在雌花中退化，花药箭形卵状；雌蕊瓶状；子房近球状，花柱长约1 mm，柱头不明显3裂，在雄花中退化。果实近球状或稍窄，幼果顶端具明显宿存花柱，裂瓣略皱缩。种子1粒，阔椭圆状至近球状，假种皮橙红色。花期5~7月；果期7~10月。

分布　贵州：江口县太平镇，27°45′45″N，108°46′27″E，2011-11-17，张九兵、朱明德400181361。湖南：保靖县白云山，28°46′50″N，109°39′27″E，296 m，2012-08-13，张代贵、张洁40019101239。广西：桂林市七星公园后山，25°16′41″N，110°19′09″E，2009-12-19，吴磊4001101099。生长于海拔300~2500 m以下的灌丛或山地林中。产于海南、广东、广西、湖南、江西、福建、台湾、湖北、四川、贵州、云南以及西藏东部。越南、缅甸、印度东北部、马来西亚也有分布。

栽培　藤本植物，攀缘于其他乔木的树干上，以得到更多的阳光进行光合作用，却不会吸取树的营养。播种繁殖。

用途　可作垂直绿化，也可密植作绿篱。

含油率及化学组分数据

采集单位	测试单位	测试部位	产地	含油率(%)	碘值	酸值	皂化值	C12:0	C14:0	C16:0	C16:1	C18:0	C18:1	C18:2	C18:3	C20:0	C20:1
HUST	HUST	种仁	贵州江口	30.50	12.42	11.83	155.72	0.02	0.05	1.65	0.09	1.19	61.86	31.16	0.51	0.10	0.59
JSU	SCBG	种仁	湖南保靖	24.65				0.17	0.77	13.08	0.73	1.90	21.67	52.24	1.55	0.36	0.19
GXIB	SCBG	种仁	广西桂林	20.36						8.12		1.83	19.90	64.59	0.92		0.21
OFPC	SCBG	种子	广东乳源	58.40	88.20		289.30	6.10	1.40	18.80		2.10	20.10	22.70	28.80		

粉背南蛇藤(博根藤、落霜红、绵藤)

Celastrus hypoleucus (Oliv.) Warb. ex Loes.

卫矛科，南蛇藤属

特征 缠绕藤本。叶椭圆形或长方椭圆形，长6~9.5 cm，先端短渐尖，基部钝楔形，边缘具锯齿；侧脉5~7对，主脉及侧脉被短毛或光滑无毛；叶面绿色，光滑，叶背粉灰色；叶柄长12~20 mm。顶生聚伞圆锥花序，长7~10 cm，多花，腋生者短小，具3~7花；花序梗较短，小花梗长3~8 mm，花后明显伸长，关节在中部以上；花萼近三角形，顶端钝；花瓣长方形或椭圆形，长约4.3 mm，花盘杯状，顶端平截；雄蕊长约4 mm，在雌花中退化雄蕊长约1.5 mm，雌蕊长约3 mm；子房椭圆状，柱头扁平，在雄花中退化雌蕊长约2 mm。果序顶生，长而下垂，腋生花多不结实；蒴果疏生，球状，有细长小果梗，长10~25 mm，果瓣内侧有棕红色细点。种子平凸或稍新月状，长4~5 mm，直径1.4~2 mm，两端较尖，黑色到黑褐色。花期6~8月；果期10月。

分布 四川：峨眉山观音，29°17′18″N，103°12′23″E，2009-10-24，樊云川、王凯40021109109。湖南：桑植县五道水，29°44′8″N，109°53′32″E，531 m，2012-09-22，张九兵、严亚琴400181419。多生长于海拔400~2500 m的丛林中。产于河南、陕西、甘肃(东部)、湖北、四川、贵州。

栽培 播种繁殖。

用途 分布广泛，含有丰富的萜类、生物碱、黄酮类化合物。研究证明其具有抗肿瘤、消炎、镇痛、抗菌等广泛的药理活性。

含油率及化学组分数据

采集单位	测试单位	测试部位	产地	含油率(%)	碘值	酸值	皂化值	C12:0	C14:0	C16:0	C16:1	C18:0	C18:1	C18:2	C18:3	C20:0	C20:1
SCU	SCU	种仁	四川峨眉山	30.79						21.96	1.61	4.17	22.86	18.25	31.15		
HUST	HUST	种仁	湖南桑植	36.07	32.74	62.69	243.23	0.11	0.56	4.27	0.19	1.36	70.40	18.76	0.66	0.28	0.15

圆叶南蛇藤
Celastrus kusanoi Hong
卫矛科，南蛇藤属

特征 落叶藤状小灌木。小枝开展，在幼嫩部分常被棕色极短硬毛，老时常近光滑，皮孔稀疏较小，阔椭圆形到近圆形。叶纸质，幼时近膜质，果期厚纸质，阔椭圆形至圆形，长6~10 cm，宽4~9 cm，先端圆阔，具短小凸尖或小骤尖，基部圆形，很少呈极宽楔形或近心形，边缘上部具稀疏浅锯齿，下部近全缘；侧脉3~4对，较疏离，弯弓状，小脉连成疏网；叶面光滑无毛，叶背在叶脉基部通常被有棕白色短毛；叶柄长1.5~2.8 cm，稀达3.5 cm。花序腋生或侧生，雄花序偶有顶生者，小聚伞有花3~7朵；花序梗长约1 cm，被棕色极短硬毛；小花梗长2~3mm，关节位于基部，亦被极短硬毛；萼片长方三角形，先端平钝，长约1 mm；花瓣长方窄倒卵形，长约4 mm，边缘稍啮蚀状；花盘薄而平，无明显裂片；雄蕊长约3 mm，花丝下部具乳凸状毛；子房近球状，柱头3裂外弯。蒴果近球状，直径7~10 mm，其下宿萼常窄缩或近平截，果皮具横皱纹；果序梗及果梗长约2 cm，被极短硬毛。种子圆球状或稍弯近新月状，长3.5~5 mm，成熟后黑褐色。花期2~4月；果期7~11月。

分布 广东：阳山县秤架自然保护区，24°49′19″N，112°51′26″E，419 m，2009-11-14，董安强40011250。生于海拔300~2500 m的山地林缘。产于台湾、海南。

栽培 播种或扦插繁殖。适宜于排水良好、肥沃的砂质壤土中生长。

用途 枝叶兼美，果实美丽，可作为绿篱或孤植观赏。

含油率及化学组分数据

采集单位	测试单位	测试部位	产地	含油率(%)	碘值	酸值	皂化值	C12:0	C14:0	C16:0	C16:1	C18:0	C18:1	C18:2	C18:3	C20:0	C20:1
SCBG	SCBG	种仁	广东阳山	37.50	73.44	5.53	248.21		0.20	19.04	0.45	5.95	13.15	16.45	44.42	0.27	0.07

南蛇藤（蔓性落霜红、南蛇风、大南蛇）
Celastrus orbiculatus Thunb.
卫矛科，南蛇藤属

特征 落叶缠绕藤本。小枝光滑无毛，灰棕色或棕褐色，具稀而不明显的皮孔；腋芽小，卵状到卵圆状，长1~3 mm。叶通常阔倒卵形，近圆形或长方状椭圆形，长5~13 cm，宽3~9 cm，先端圆阔，具有小尖头或短渐尖，基部阔楔形到近钝圆形，边缘具锯齿，两面光滑无毛或叶背脉上具稀疏短柔毛，侧脉3~5对；叶柄细长1~2 cm。聚伞花序腋生，间有顶生，花序长1~3 cm；小花1~3朵，偶仅1~2朵，小花梗关节在中部以下或近基部；雄花萼片钝三角形；花瓣倒卵椭圆形或长方形，长3~4 cm，宽2~2.5 mm；花盘浅杯状，裂片浅，顶端圆钝；雄蕊长2~3 mm，退化雌蕊不发达；雌花花冠较雄花窄小；花盘稍深厚，肉质，退化雄蕊极短小；子房近球状，花柱长约1.5 mm，柱头3深裂，裂端再2浅裂。蒴果近球状，直径8~10 mm。种子椭圆状稍扁，长4~5 mm，直径2.5~3 mm，赤褐色。花期5~6月；果期7~10月。

分布 安徽：黄山，30°06′16″N，118°52′25″E，2009-11-02，刘东明、戴建阅400112203。福建：南平武夷山市洋庄乡大安源，27°52′36″N，117°53′10″E，410 m，2012-11-11，刘东明、童毅4001122129。广东：南岭，24°41′44″N，115°55′57″E，2010-10-19，曾庆文等400119110；平远县黄田象牙，24°55′08″N，113°05′22″E，2010-10-16，易绮斐、戴建阅、翟俊文400119110。广西：灵川县海洋乡小平乐村，25°17′0″N，110°42′42″E，768 m，2011-11-12，林春蕊、郭伦发4001101281。河南：信阳鸡公山，31°48 ′1″N，114°4′25″E，729 m，2012-09-18，王亚平400314249。湖北：保康县张家沟，31°43′20″N，111°27′34″E，1290 m，2009-09-04，丁时东、危文亮400151009。江西：玉山县三清山，28°55′41″N，118°06′07″E，2010-11-25，刘东明、易绮斐、邢福武400112221。辽宁：丹东，40°07′45″N，124°20′19″E，2012-10-14，郑宝江等400341183。山东：淄博，36°15′45″N，117°06′45″E，1105 m，2009-08-20，赵伟华400311063。陕西：陇县八渡，34°27′10″N，106°30′50″E，1020 m，2010-10-14，秦烁、胡亮400326042。四川：雅安宝兴蜂桶寨邓池沟，30°32′3″N，102°57′4″E，2043 m，2011-09-28，李志强、刘小波等40021111022；宜宾老君山，28°41′58″N，104°1′56″E，1538 m，2011-10-14，邓星光、吴阳晨等40021111076。浙江：清凉峰，30°06′16″N，118°52′25″E，2010-10-15，曾庆文等400112221；清凉峰，30°06′16″N，118°52′25″E，2010-10-15，曾庆文等400112203。400115135。生长于海拔450~2200 m的山坡灌丛。产于浙江、江苏、安徽、山东、河南、湖北、四川、甘肃、陕西、山西、江西、河北、内蒙古、辽宁、吉林、黑龙江；为我国分布最广泛的种之一。分布达朝鲜、日本。

栽培 喜阳也稍耐阴，喜温暖也耐寒。对土壤要求不严，在气候湿润，土壤肥沃而排水良好的地方生长良好。生长极快，以茎蔓缠绕它物上。繁殖多用播种、扦插法。栽培地选择基肥充分，排水良好的砂质土为好。管理简单。在干旱地区，注意灌好冬前水，夏天炎热时期每月灌1~2次水即可，栽时施足基肥，春天移栽为好。

用途 秋季叶片经霜变红或黄，蒴果开裂后露出红色的假种皮，是观赏价值很高的垂直绿化树种。

含油率及化学组分数据

采集单位	测试单位	测试部位	产地	含油率(%)	碘值	酸值	皂化值	C12:0	C14:0	C16:0	C16:1	C18:0	C18:1	C18:2	C18:3	C20:0	C20:1
SCBG	SCBG	种仁	安徽黄山	28.21	122.15	2.57	207.35	0.21	0.22	17.01	0.85	2.41	34.72	24.41	19.72	0.19	0.24
SCBG	SCBG	种仁	福建南平	13.56	83.19	2.92	190.73										
SCBG	SCBG	种仁	广东南岭	36.78	116.90	11.00	182.39	0.05	0.22	13.50		3.55	10.84	33.68	38.17		
SCBG	SCBG	种仁	广东平远	20.67	17.19	10.17	163.46		0.04	14.01	0.63	6.38	13.93	17.09	0.76		0.20
GXIB	SCBG	种仁	广西灵川	36.10						5.36	0.05	2.32	49.07	39.73	1.14	0.64	0.50
HNAU	ICS	种子	河南信阳	28.05	167.39	11.37	230.62		0.23	15.82	0.15	3.48	8.48	14.83	50.88	0.19	
OCRI	SCBG	种仁	湖北保康	48.92	15.59	181.71	x		0.02	5.66		2.30	24.60	61.60	0.98	0.95	0.40
SCBG	SCBG	种仁	江西玉山	26.00	104.36	1.61	218.51		0.05	14.37	0.05	0.27	2.84		0.55	0.29	0.30
NEFU	SCBG	种仁	辽宁丹东	42.56	18.54	5.22	59.45	0.01	0.19	9.82	0.09	2.78	12.05	40.87	33.05	0.89	0.24
ICS	ICS	种子	山东淄博	51.33	115.88	10.88	232.25		0.35	15.87	0.10	4.37	11.08	23.43	39.53	0.21	0.10
CAU	ICS	种子	陕西陇县	41.67	111.08	10.57	247.71	0.12	0.48	8.30	0.45	1.21	13.78	33.10	0.96	0.21	0.13
SCU	SCU	种仁	四川雅安	11.03	39.34	70.07				23.78		13.90	27.15	29.81	5.36		
SCU	SCU	种仁	四川宜宾	14.10		34.79		0.20	0.27	15.60	0.39	2.96	12.74	37.12	29.87		
SCBG	SCBG	种仁	浙江清凉峰	46.16	122.70	2.33	272.57	0.01	0.20	16.50	0.10	4.44	9.89	30.06	38.24	0.21	0.35
SCBG	SCBG	种仁	浙江清凉峰	28.21	122.15	2.57	207.35	0.21	0.22	17.01	0.85	2.41	34.72	24.41	19.72	0.19	0.24
OFCP	IAE	种子	辽宁沈阳	51.20	118.40		246.10	7.20	0.40	17.10	3.00	微量	9.30	23.90	38.20		

灯油藤（滇南蛇藤、打油果、红果藤）

Celastrus paniculatus Willd.

卫矛科，南蛇藤属

特征 常绿藤本灌木，高达10 m。小枝被毛或光滑，皮孔椭圆形，通常密生，稀不显著；腋芽小，三角形，长1~1.5 mm。叶椭圆形、长方状椭圆形、长方形、阔卵形、倒卵形至近圆形，长5~10 cm，宽2.5~5 cm，先端短尖至渐尖，基部楔形较圆，边缘锯齿状，叶两面光滑，稀在叶背脉腋处有微毛，侧脉5~7对；叶柄长6~16 mm；托叶线形，早落。聚伞圆锥花序顶生，长5~10 cm，上部分枝与下部分枝近等长，稍平展，花序梗及小花梗偶被短绒毛，小花梗长3~6 mm，关节位于基部；花淡绿色；花萼5裂，覆瓦状排列，半圆形，具缘毛；花瓣长方形至倒卵长方形，长2~3 mm，宽1.2~1.8 mm；花盘厚膜质杯状，不明显5裂；雄蕊长约3 mm，着生花盘边缘，在雌花中雄蕊退化，长约1 mm；子房近球状，在雄花中退化成短棒状。蒴果球状，直径达1 cm，具3~6粒种子。种子椭圆状，两端稍尖，长3.5~5.5 mm，直径2~5 mm。花期4~6月；果期6~9月。

分布 云南：金平分水岭自然保护区，22°50′23″N，103°13′13″E，1910 m，2010-10-20，刘恩乾400222220。生长于海拔200~2000 m的丛林地带。产于海南、广东、广西、台湾、贵州、云南。印度也有分布。

栽培 播种繁殖。

用途 治食积便秘或毒物中毒后的排泄药，用于食毒后的催吐药。

含油率及化学组分数据

采集单位	测试单位	测试部位	产地	含油率(%)	碘值	酸值	皂化值	C12:0	C14:0	C16:0	C16:1	C18:0	C18:1	C18:2	C18:3	C20:0	C20:1
KMIB	KMIB	种仁	云南金平	44.55	90.90	17.40	205.00	0.23	0.17	0.38	27.81	0.26	3.20	38.59	17.34		
OFPC	KMIB	种子	云南龙陵	58.30	86.80	17.00		2.10	1.80	34.00		3.40	30.10	16.20	11.30		
OFPC	XTBG	种子	云南勐腊	48.70	106.50	7.50	264.80	0.30	0.90	26.50		6.80	18.00	19.00	28.50		

短梗南蛇藤（黄绳儿、丛花南蛇藤）

Celastrus rosthornianus Loes.

卫矛科，南蛇藤属

特征 藤状灌木。小枝具较稀皮孔。叶纸质，叶片长方状椭圆形、长方状窄椭圆形，稀倒卵椭圆形，长3.5~9 cm，宽1.5~4.5 cm，先端急尖或短渐尖，基部楔形或阔楔形，边缘是疏浅锯齿，或基部近全缘，侧脉4~6对；叶柄长5~8 mm，稀稍长。花序顶生及腋生，顶生者为总状聚伞花序，长2~4 cm，腋生者短小，具1朵至数花；花序梗短，小花梗长2~6 mm，关节在中部或稍下；萼片长圆形，长约1 mm，边缘啮蚀状；花瓣近长方形，长3~3.5 mm，宽1 mm或稍多；花盘浅裂，裂片顶端近平截；雄蕊较花冠稍短，在雌花中退化雄蕊长1~1.5 mm；雌蕊长3~3.5 mm；子房球状，柱头3裂，每裂再2深裂，近丝状。蒴果近球状，直径5.5~8 mm，小果梗长4~8 mm，近果处较粗。种子阔椭圆状，长3~4 mm，直径2~3 mm。花期4~5月；果期8~10月。

分布 四川：宜宾老君山，28°41′59″N，104°2′18″E，1519 m，2011-10-14，邓星光、吴阳晨等40021111074。陕西：凤县南星镇瓦房坝乡，33°25′29″N，106°21′54″E，1300 m，2011-08-08，薛帅、秦烁400324050。生长于海拔500~1800 m的山坡林缘和丛林下，有时生于海拔高达3100 m处。

栽培 扦插繁殖，200～400 mg/L的IBA处理插穗后进行扦插效果较好。

用途 茎皮纤维质量较好；根皮入药，治蛇咬伤及肿毒；树皮及叶做农药。

含油率及化学组分数据

采集单位	测试单位	测试部位	产地	含油率(%)	碘值	酸值	皂化值	C12:0	C14:0	C16:0	C16:1	C18:0	C18:1	C18:2	C18:3	C20:0	C20:1
SCU	SCU	种仁	四川宜宾	21.62	87.80												
CAU	ICS	种子	陕西凤县	43.55	105.12	11.72	246.30		0.79	17.44	0.13	3.50	7.47	16.91	49.87	0.18	0.11

显柱南蛇藤

Celastrus stylosus Wall.

卫矛科，南蛇藤属

特征 藤本。小枝通常光滑稀具短硬毛；冬芽小，卵球状，直径约2 mm。叶在花期常为膜质，至果期常为近革质，叶片长方状椭圆形，稀近长方状倒卵形，长6.5~12.5 cm，宽3~6.5 cm，先端短渐尖或急尖，基部楔形、阔楔形或近钝圆，边缘具钝齿；侧脉5~7对，两面光滑无毛，叶背脉上在幼时被短毛，干后叶背浅绿或淡棕色；叶柄长10~18 mm。聚伞花序腋生或侧生，花3~7朵，花序梗长7~20 mm，小花梗长5~7 mm，被极短黄白色短硬毛，关节位于中部之下；萼片近卵形或近椭圆形，长1~2 mm，边缘稍啮蚀状；花瓣长方倒卵形，长3.5~4 mm，宽约2 mm，边缘啮蚀状；花盘浅杯状，裂片浅，半圆形或近钝三角形；雄蕊稍短于花冠，花丝的下部光滑或具乳凸，在雌花中退化雄蕊长约1 mm；雌蕊瓶状，长约3 mm，柱头反曲，在雄花中退化。蒴果近球状，直径6.5~8 mm，果序梗及小果梗变光滑，并常具椭圆形皮孔。种子一侧凸起，或稍新月状，长4.5~5.5 mm，直径1.5~2 mm。花期3~5月；果期8~10月。

分布 安徽：六安天堂寨，31°36′22″N，115°31′36″E，276 m，2012-11-10，李晓东、昝艳燕400121246。福建：南平武夷山市洋庄乡大安源，27°52′44″N，117°51′13″E，521 m，2012-11-10，刘东明、童毅4001122111。湖北：鹤峰县木林子保护区，30°4′11″N，110°11′25″E，1158 m，2009-09-06，危文亮、丁时东400151030。湖南：保靖县白云山，28°39′21″N，109°17′29″E，550 m，2009-09-10，徐亮、周建军400191054；江永县源口镇白倖村白沙源，

24°56′41″N，111°0′56″E，756 m，2009-10-26，黄玉滢、周喜乐400181112；桑植物县天平山自然保护区，29°46′42″N，110°4′52″E，1364 m，2012-10-02，张九兵、唐波400181438；张家界永定区三岔乡三望坡，29°3′47″N，110°33′8″E，2011-10-21，张九兵、朱明德400181311。云南：勐海南糯山半坡老寨，21°56′30″N，100°36′42″E，2012-01-16，邢福武、童毅、孟玉芳4001142037。浙江：临安市天目山，30°22′57″N，119°29′2″E，668 m，2012-11-18，陈树钢、童毅4001122177；临安天目山，30°12′28″N，119°21′01″E，2009-10-29，刘东明、戴建阅400111125。生长于海拔1000~2500 m的山坡林地。产于广东、广西、湖南、江西、安徽、湖北、四川、贵州、云南。

栽培 播种繁殖。

用途 种子榨油工业用。

含油率及化学组分数据

采集单位	测试单位	测试部位	产地	含油率(%)	碘值	酸值	皂化值	C12:0	C14:0	C16:0	C16:1	C18:0	C18:1	C18:2	C18:3	C20:0	C20:1
WHBG	WHBG	种仁	安徽六安	31.40					0.33	15.89		2.34	37.29	40.64	2.84		0.33
SCBG	SCBG	种仁	福建南平	30.25	116.64	47.82	244.09										
OCRI	SCBG	种仁	湖北鹤峰	50.64	66.54	26.44	166.97	4.97	0.29	18.58	0.75	2.59	52.34	5.41	1.43	0.16	0.04
JSU	SCBG	种仁	湖南保靖	21.85					0.21	7.37	0.26	2.08	9.29	31.13	47.65	0.24	0.11
HUST	HUST	种仁	湖南江永	39.00	77.89	6.42	266.18	0.02	0.39	29.15	0.48	3.32	21.21	18.44	4.78	0.45	0.02
HUST	HUST	种仁	湖南桑植	41.05	29.17	2.73	240.73			19.43				17.35		20.54	42.68
HUST	HUST	种仁	湖南张家界	36.14	104.27	6.62	178.28		0.05	6.56	0.06	1.93	15.97	13.31	56.90	0.32	0.16
SCBG	SCBG	种仁	云南勐海	27.50		15.63	203.84				0.04	0.49	27.62	30.99	0.80	0.19	0.59
SCBG	SCBG	种仁	浙江临安	27.56	141.88	21.20	168.91										
SCBG	SCBG	种仁	浙江临安	33.30	66.68	12.87	154.90	0.32	0.42	16.32	1.23	58.00	57.72	10.39	11.44	0.23	0.35

刺果卫矛

Euonymus acanthocarpus Franch.

卫矛科，卫矛属

特征 灌木，直立或藤本，高2~3 m。小枝密被黄色细疣凸。叶革质，长方状椭圆形、长方状卵形或窄卵形，少为阔披针形，长7~12 cm，宽3~5.5 cm，先端急尖或短渐尖，基部楔形、阔楔形或稍近圆形，边缘疏浅齿不明显；侧脉5~8对，在叶缘边缘处结网，小脉网通常不显；叶柄长1~2 cm。聚伞花序较疏大，多为二至三回分枝；花序梗扁宽或4棱，长2~6(~8) cm，第一次分枝较长，通常1~2 cm，第二次稍短；小花梗长4~6 mm；花黄绿色，直径6~8 mm；萼片近圆形；花瓣近倒卵形，基部窄缩成短爪；花盘近圆形；雄蕊具明显花丝，花丝长2~3 mm，基部稍宽；子房有柱状花柱，柱头不膨大。蒴果成熟时棕褐带红，近球状，直径连刺1~1.2 cm，刺密集，针刺状，基部稍宽，长约1.5 mm。种子外被橙黄色假种皮。花期5~8月；果期8~11月。

分布 湖南：桑植县天平山自然保护区，29°46′3″N，110°3′43″E，1321 m，2012-10-03，张九兵、唐波400181444；保靖县白云山，28°39′28″N，109°24′0″E，558 m，2012-08-05，张代贵、张洁40019101266。福建：武夷山市星村乡桐木村，27°43′22″N，117°41′50″E，766 m，2012-11-13，刘东明、童毅4001122137。生于海拔700~2000 m的林下。产于广东、广西、湖南、湖北、贵州、四川、云南、西藏。

栽培 目前尚未由人工引种栽培。(维基百科)

用途 可药用，治疗风湿痹痛，劳伤，水肿。

含油率及化学组分数据

采集单位	测试单位	测试部位	产地	含油率(%)	碘值	酸值	皂化值	C12:0	C14:0	C16:0	C16:1	C18:0	C18:1	C18:2	C18:3	C20:0	C20:1
HUST	HUST	种仁	湖南桑植	22.20	9.18	13.30	136.57	2.59	0.14	15.58	0.14	2.31	13.93	60.42	1.02	0.57	0.14
JSU	SCBG	种仁	湖南保靖	50.15				0.12	0.47	8.27	0.45	1.20	13.74	33.00	0.96	0.21	0.13
SCBG	SCBG	种仁	福建武夷山	44.46	115.94	13.54	253.47	0.01	0.08	18.57	0.82	34.71	41.23	4.41	0.16		
OFPC	LBG	种子	江西庐山	47.00	93.20			微量	1.50	18.60	1.10	2.60	25.30	50.90	微量		

卫矛（鬼箭羽）

Euonymus alatus (Thunb.) Sieb.

卫矛科，卫矛属

特征 灌木，高1~3 m。小枝常具2~4列宽阔木栓翅；冬芽圆形，长2 mm左右，芽鳞边缘具不整齐细坚齿。叶卵状椭圆形、窄长椭圆形，偶为倒卵形，长2~8 cm，宽1~3 cm，边缘具细锯齿，两面光滑无毛；叶柄长1~3 mm。聚伞花序1~3花；花序梗长约1 cm，小花梗长5 mm；花白绿色，直径约8 mm，4数；萼片半圆形；花瓣近圆形；雄蕊着生花盘边缘处，花丝极短，开花后稍增长，花药宽阔长方形，2室顶裂。蒴果1~4深裂，裂瓣椭圆状，长7~8 mm；种子椭圆状或阔椭圆状，长5~6 mm，种皮褐色或浅棕色，假种皮橙红色，全包种子。花期5~6月；果期7~10月。

分布 安徽：泾县汀溪原始森林，30°34′7″N，118°37′33″E，209 m，2012-10-04，李星霖、刘巧霞、程志全4001171233。贵州：施秉县马溪乡，27°18′29″N，108°03′15″E，1153m，2011-11-23，孟玉芳、宋贤利、王喆旻400114191。黑龙江：帽儿山，45°18′50″N，127°34′44″E，2012-10-17，郑宝江等2400341210。湖北：神农架红花女儿沟南旗，32°34′46″N，110°00′50″E，2009-10-28，李晓东、杨林森40012177；兴山市南阳乡猴子包，31°21′3″N，110°21′13″E，1160 m，2009-09-04，丁时东、危文亮400151008。辽宁：庄河，39°51′32″N，122°56′03″E，2012-10-15，郑宝江等400341190。山东：临朐，36°15′44″N，117°06′33″E，1229 m，2009-08-28，赵伟华400311034。陕西：陇县固关，34°34′51″N，106°21′14″E，1250 m，2011-10-12，秦烁、胡亮400326035；宁陕县广货街牛保区，33°28′14″N，108°30′2″E，1871 m，2010-10-15，薛帅400323025。浙江：杭州植物园，30°15′25″N，120°07′22″E，2010-10-14，曾庆文、谢聪、孟玉芳40011908；临安天目山，30°14′60″N，119°27′59″E，167 m，2009-11-01，刘东明、戴建阅400111143。吉林：吉林市松花湖，44°13′32″N，127°09′17″E，312 m，2009-10-06，郑宝江、张云强、陶林400341015。生长于山坡、沟地边沿。除东北、新疆、青海、西藏、广东及海南以外，我国各地均产。分布达日本、朝鲜。

栽培 播种繁殖，也可扦插、压条和分株。大苗移植要带土球；生长季节易遭天幕毛虫为害，可喷50%氧化乐果乳剂500倍液防治。

用途 卫矛枝翅奇特，果裂红艳，秋叶变色，堪称观果、观叶之佳木，在园林中作为绿篱，非常别致；卫矛对二氧化硫有较强抗性，可用于厂矿绿化；枝干柔韧容易扎型，可作盆景赏玩。

含油率及化学组分数据

采集单位	测试单位	测试部位	产地	含油率(%)	碘值	酸值	皂化值	C12:0	C14:0	C16:0	C16:1	C18:0	C18:1	C18:2	C18:3	C20:0	C20:1
ECNU	SCBG	种仁	安徽泾县	21.63	15.04	5.09	186.02		0.10	7.25	0.50	1.69	11.72	62.83	0.70		11.57
SCBG	SCBG	种仁	贵州施秉	20.15	149.49	50.38	195.16										
NEFU	SCBG	种仁	黑龙江帽儿山	40.93	12.14	5.11	222.15		0.02	6.09	0.06	2.71	20.98	14.61	55.39	0.12	0.02
WHBG	WHBG	种仁	湖北神农架	33.89	127.91	19.80	263.01	32.61	1.97	15.17	0.84	1.03	20.12	26.04	2.23		
OCRI	SCBG	种仁	湖北兴山	30.80	33.09	41.93	176.11		0.12	6.46		1.33	10.63	77.09	2.19	0.18	0.14
NEFU	SCBG	种仁	辽宁庄河	43.62	96.81	18.87	138.50	0.02	0.04	4.60	0.07	2.39	28.86	61.15	1.75	0.28	0.83
ICS	ICS	种子	山东临朐	47.30	111.99	1.45	240.65		0.23	16.87	0.11	3.40	11.52	27.62	38.18	0.15	0.13
CAU	ICS	种子	陕西陇县	17.08	35.41	32.05	231.87	0.06	0.33	33.94	0.15	6.20	26.43	17.59	1.25	0.32	0.12
CAU	ICS	种子	陕西宁陕	43.04	77.51	6.89	269.60		0.15	16.49	0.17	3.71	24.94	48.73	2.75	0.13	
SCBG	SCBG	种仁	浙江杭州	32.46	18.04		155.93	0.01	0.02	14.58	0.07	2.93	25.88	20.35	0.12	10.86	0.13
SCBG	SCBG	种仁	浙江临安	42.60	72.89	2.02	266.38		0.26	20.80	0.36	2.47	21.83	52.22	1.95	0.11	
NEFU	SCBG	种仁	吉林	42.70	65.54	9.50	259.39			18.34	0.27	2.68	31.17	45.09	2.32		0.14
OFPC	IB	假种皮	北京	41.90	119.60		200.30	0.10	0.20	18.90	14.00	4.90	19.40	38.90	3.40		
OFPC	IB	种子	北京	42.00	91.70		247.20	0.60	0.30	16.70	0.70	3.90	39.00	31.30	7.30		
OFPC	NIB	种子	陕西宁陕	36.70	90.80	15.40	252.40	0.80	微量	19.80	4.00	1.80	41.70	25.80	6.10		
OFPC	JSIB	种子	江苏南京	46.70	96.30		266.60	1.70	0.40	23.60	0.30	4.40	44.80	24.80	微量		

毛脉卫矛
Euonymus alatus var. **pubescens** Maxim.

卫矛科，卫矛属

特征 灌木。与原变种主要区别在于：本变种叶片多为倒卵椭圆形，叶背脉上被短毛。花期5月；果期9月。

分布 吉林：松花湖，44°13′32″N，127°9′17″E，312 m，2009-10-06，郑宝江、张云强、陶林400341015。生长于山坡、林缘较干燥地带。产于吉林、辽宁、河北、内蒙古、黑龙江。朝鲜也有分布。

栽培 播种繁殖。

用途 可作园林绿化。

含油率及化学组分数据

采集单位	测试单位	测试部位	产地	含油率(%)	碘值	酸值	皂化值	C12:0	C14:0	C16:0	C16:1	C18:0	C18:1	C18:2	C18:3	C20:0	C20:1
NEFU	SCBG	种仁	吉林松花湖	42.70	65.54	9.50	259.39			18.34	0.27	2.68	31.17	45.09	2.32		0.14
OFPC	IAE	种子	辽宁沈阳	42.10	96.60		231.90	2.50	微量	15.50	微量	1.70	30.90	47.50	1.90		

肉花卫矛
Euonymus carnosus Hemsl.

卫矛科，卫矛属

特征 落叶灌木或小乔木。树枝灰绿色至灰褐色，圆柱状。叶片厚纸质至革质，长方状椭圆形、阔椭圆形、窄长方形或长方状倒卵形，长6~13 cm，宽1.5~7 cm，先端钝或短尖，基部楔形，叶缘细圆齿状；侧脉8~12对，前端弯曲并再细分支，在叶缘处连接；叶柄长5~20 mm。疏松聚伞花序3~9花；花序梗长2~6 cm，小花梗长0.5~1 cm；花黄色或棕绿色，4数，较大，直径达1~1.2 cm；萼片半圆状，宿存；花瓣近圆形。蒴果未成熟时呈四棱形，棕色、黄棕色或红棕色，长1.2~1.5(~2) cm，宽1~1.2(~1.5) cm，成熟时4裂。种子每室4~6粒，椭圆形，深棕色，具假种皮。花期5~8月；果期8~11月。

分布 浙江：杭州植物园，30°15′25″N，120°07′22″E，2010-10-14，曾庆文、谢聪、孟玉芳40011911。江西：玉山县三清山，28°54′56″N，118°1′42″E，591 m，2009-09-02，廖文波等400141136；铅山县武夷山自然保护区，27°51′16″N，117°44′8″E，840 m，2011-10-15，凡强、景慧娟4001411038。生于海拔200~900(~1000 m)的林地、草地。产于湖南、江西、福建、台湾、浙江、江苏、安徽、湖北。日本也有分布。

栽培 播种繁殖。

用途 树姿形态优美，具有较高的观赏价值，且具较强的耐盐能力，在海岛、海滨轻盐碱地、山区均有分布，是优良的园林景观树种和极好的盐碱地造林树种。秋季叶色深红并伴以下垂的果实，点缀于灌木丛中，堪称观赏之佳品。可作绿篱，可孤植、群植，也可作盆景观赏。

含油率及化学组分数据

采集单位	测试单位	测试部位	产地	含油率(%)	碘值	酸值	皂化值	C12:0	C14:0	C16:0	C16:1	C18:0	C18:1	C18:2	C18:3	C20:0	C20:1
SCBG	SCBG	种仁	浙江杭州	23.06	59.48	1.16	236.12		0.03	10.01	0.24	1.97	13.73	69.94	0.25	0.35	0.05
SYSU	SCBG	种仁	江西玉山	11.65	127.77	1.50	193.59	0.10	0.93	6.84	0.36	2.85	16.49	15.98	42.90	0.48	1.27
SYSU	SCBG	种仁	江西铅山	39.07	62.18	37.76	226.82		0.39	19.52		3.02	41.77	24.81	2.30	0.62	0.58
OFPC	WHBG	种子	湖北罗田	47.80	81.10		238.40	1.50	微量	27.80	微量	4.70	50.10	10.80	5.00		

百齿卫矛（窄翅卫矛）

Euonymus centidens Lévl.

卫矛科，卫矛属

特征 灌木，高达6 m。小枝方棱状，常有窄翅棱。叶纸质或近革质，窄长椭圆形或近长倒卵形，长3~10 cm，宽1.5~4 cm，先端长渐尖，叶缘具密而深的尖锯齿，齿端常具黑色腺点，有时齿较浅而钝；近无柄或有短柄。聚伞花序1~3花，稀较多；花序梗四棱状形，长达1 cm；小花梗常稍短；花4数，直径约6 mm，淡黄色；萼片齿端常具黑色腺点；花瓣长圆形，长约3 mm，宽约2 mm；花盘近方形；雄蕊无花丝，花药顶裂；子房方锥状四棱形，无花柱，柱头细小头状。蒴果4深裂，成熟裂瓣1~4，每裂内常只有1粒种子。种子长圆状，长约5 mm，直径约4 mm，假种皮黄红色，覆盖于种子向轴面的一半，末端窄缩成脊状。花期6月；果期9~10月。

分布 广东、广西、湖南、云南、江西、安徽、四川。生于山坡或密林中。

栽培 播种繁殖。

用途 治肾虚作喘、肾气虚、遗精。

含油率及化学组分数据

采集单位	测试单位	测试部位	产地	含油率(%)	碘值	酸值	皂化值	C12:0	C14:0	C16:0	C16:1	C18:0	C18:1	C18:2	C18:3	C20:0	C20:1
OFPC	IB	种子	广东乳源	47.40	80.60		258.30	1.60	0.30	18.60		1.50	33.60	43.90	0.50		

扶芳藤

Euonymus fortunei (Turcz.) Hand.-Mazz.

卫矛科，卫矛属

特征 常绿藤本灌木，高1 m至数米。小枝方梭不明显。叶薄革质，椭圆形、长方状椭圆形或长倒卵形，宽窄变异较大，可窄至近披针形，长3.5~8 cm，宽1.5~4 cm，先端钝或急尖，基部楔形，边缘齿浅不明显；侧脉细微和小脉全不明显；叶柄长3~6 mm。聚伞花序三至四回分枝；花序梗长1.5~3 cm，第一次分枝长5~10 mm，第二次分枝5 mm以下，最终小聚伞花密集，有花4~7朵，分枝中央有单花，小花梗长约5 mm；花白绿色，4数，直径约6 mm；花盘方形，直径约2.5 mm；花丝细长，长2~3 mm，花药圆心形；子房三角状锥形，四棱，粗壮明显，花柱长约1 mm。蒴果粉红色，果皮光滑，近球状，直径6~12 mm；果序梗长2~3.5 cm；小果梗长5~8 mm。种子长方状椭圆形，棕褐色，假种皮鲜红色，全包种子。花期6月；果期10月。

分布 河北：昌黎，39°29′46″N，119°16′22″E，234 m，2011-09-07，徐兴友詹立军400313137。湖北：恩施郊区，30°18′32″N，109°31′02″E，2009-11-17，李晓东、范深厚40012190。江西：靖安县九岭山，29°0′56″N，115°13′1″E，287 m，2012-10-19，迟盛南、赵万义4001416065。河南：郑州惠济区，34°45′47″N，113°40′48″E，368 m，2011-10-06，王亚平、武振江、李丹凤400314061。生于海拔3800 m以下的山坡丛林中。多栽培；分布于湖南、江西、浙江、江苏、安徽、湖北、四川、陕西等地。

栽培 播种繁殖或扦插繁殖。

用途 散瘀止血，舒筋活络，用于治疗咯血，月经不调，功能性子宫出血，风湿性关节痛；外用治跌打损伤、骨折，创伤出血。

含油率及化学组分数据

采集单位	测试单位	测试部位	产地	含油率(%)	碘值	酸值	皂化值	C12:0	C14:0	C16:0	C16:1	C18:0	C18:1	C18:2	C18:3	C20:0	C20:1
HNUST	ICS	种子	河北昌黎	30.47	33.31	21.56	300.11			4.13	0.05	1.88	7.42	24.55	60.48	0.17	0.16
WHBG	WHBG	种仁	湖北恩施	36.24				0.56	0.56	6.16		0.70	5.74	5.74	2.10	3.36	4.76
SYSU	SCBG	种仁	江西靖安	25.57	113.64	2.32	182.09		0.39	19.52		3.02	41.77	24.81	2.30	0.62	0.58
HNAU	ICS	种子	河南郑州	13.19	85.13	25.12		0.06	0.63	39.86	0.12	4.95	23.25	10.88	1.38	0.29	1.44
OFPC	JSIB	种子	江苏南京	41.5	75.8		244.7	0.3	0.3	41.3	0.1	5.6	37.9	11.1	0.3	微量	微量
OFPC	SCBG	种子	湖南宜章	45.4	79.0		266.0	微量	微量	18.7	3.2	2.4	31.2	35.5	5.5		

大花卫矛（黑杜仲、金丝杜仲、火鸡果）

Euonymus grandiflorus Wall.

卫矛科，卫矛属

特征 灌木或乔木，半常绿，高达8 m。叶近革质，窄长椭圆形或窄倒卵形，长4~10 cm，宽1~5 cm，先端圆形或急尖，基部常渐窄成楔形，边缘具细密极浅锯齿，侧脉细密；叶柄长达1 cm。疏松聚伞花序3~9花；花序梗长3~6 cm，小花梗长约1 cm；小苞片窄线形，长5~8 mm；花黄白色，4数，较大，直径达1.5 cm；花萼大部合生，萼片极短；花瓣近圆形，中央有嚼蚀状皱纹；雄蕊着生在花盘四角的圆盘形凸起上，花丝长达2 mm，花药近顶裂；子房锥状四棱形，花柱长1~3 mm，每室有胚珠6~12颗。蒴果近球状，常具窄翅棱，宿存花萼圆盘状，直径达7 mm。种子长圆形，长约5 mm，黑红色，有光泽，假种皮红色，盔状，覆盖种子的上半部。花期6~7月；果期9~10月。

分布 云南：昆明市东郊呼马山，25°03′08″N，102°44′23″E，1950 m，2009-08-25，张国学400222028。湖北：利川，30°7′28″N，115°46′59″E，875 m，2011-10-01，李晓东、昝艳燕400121177。生长于山地丛林、溪边、河谷等处。产于湖南、湖北、四川、贵州、云南、甘肃、陕西等地。向南分布至印度。

栽培 扦插、压条、播种繁殖，常扦插繁殖。

用途 可作为绿篱植物和造形植物。

含油率及化学组分数据

采集单位	测试单位	测试部位	产地	含油率(%)	碘值	酸值	皂化值	C12:0	C14:0	C16:0	C16:1	C18:0	C18:1	C18:2	C18:3	C20:0	C20:1
KMIB	KMIB	种仁	云南昆明	50.54	26.20	34.40	183.60			0.32	16.74	0.39	3.11	38.39	36.23	0.40	
WHBG	WHBG	种仁	湖北利川	41.56				0.46	0.06	8.85	0.06	2.27	5.92	74.69	0.53	0.36	0.20
OFPC	LBG	种子	江西庐山	51.2	104.5			微量		21.1	微量	1.5	25.1	50.4	1.9		

西南卫矛

Euonymus hamiltonianus Wall. ex Roxb.

卫矛科，卫矛属

特征 乔木，高5~10m。枝条无栓翅，但小枝的棱上有时有4条极窄木栓棱。叶对生；叶柄长1. 5~5cm；叶片长圆状椭圆形、长圆状卵形或长圆状披针形，长7~12cm，宽3~7cm，先端急尖或短渐尖，叶背脉上常有短毛；叶柄较粗长，长可达5 cm。聚伞花序有5朵至多花；总花梗长1~2. 5cm；花白绿色，直径约1cm，4数，花丝细长，花药紫色。蒴果粉红带黄，倒三角形，上部4浅裂，直径1~1.5 cm。种子每室1~2粒，红棕色，有橙红色假种皮。花期5~6月；果期9~10月。

分布 湖南：龙山县里耶乡八面山，28°51′16″N，109°14′58″E，1296 m，2011-08-20，徐亮、覃三立40019101144；陕西：安康市千家坪，31°35′33″N，109°10′31″E，2200 m，2012-10-13，秦烁、郭利磊400328035。一般生长于海拔2000 m以下的山地林中。产于广东、广西、湖南、江西、福建、浙江、安徽、四川、湖北、甘肃、陕西。印度也有分布。

栽培 非人工引种栽培。

用途 祛风湿，强筋骨，活血解毒，主治风寒湿痹，腰痛，跌打损伤，血栓闭塞性脉管炎，痔疮，漆疮。园林栽培，用于观赏及绿化。

含油率及化学组分数据

采集单位	测试单位	测试部位	产地	含油率(%)	碘值	酸值	皂化值	C12:0	C14:0	C16:0	C16:1	C18:0	C18:1	C18:2	C18:3	C20:0	C20:1
JSU	SCBG	种仁	湖南龙山	35.12						6.39		4.60	15.52	71.15	0.37	0.19	0.12
CAU	ICS	种子	陕西安康	35.62	8.12	9.33	90.79		0.15	15.08	1.34	0.13	34.87	28.59	8.43	0.17	0.09
OFPC	CIB	种子	四川彭县	52.60	79.30		247.80	0.70		11.30		2.50	57.30	21.70	4.60		

常春卫矛

Euonymus hederaceus Champ. ex Benth.

卫矛科，卫矛属

特征 藤本灌木，高1~2 m。小枝常有随生根。叶革质或薄革质，卵形、阔卵形或窄卵形，有时为椭圆形，长3~7 cm，宽2~4.5 cm，先端钝或极短渐尖，基部近圆形或阔楔形；侧脉4~5对，细而明显，小脉通常不显；叶柄多细长，长6~12 mm。聚伞花序通常少花而较短，一至二回分枝；花序梗长1~2 cm，细圆，小花梗长约5 mm；苞片及小苞片脱落；花淡白带绿，直径8~10 mm；花盘近方形；雄蕊着生花盘边缘，花丝长约2 mm；子房稍扁。蒴果熟时紫红色，圆球状，直径8~10 mm；果序梗细，长1~2 cm，小果梗长达10 mm。种子具红色全包假种皮。

分布 湖南：浏阳县达浒镇金子坑，28°30′32″N，113°52′34″E，558 m，2010-11-06，张兵、谷志容400181240；张家界永定区西溪坪乡，29°1′44″N，110°42′5″E，2011-11-28，张九兵、朱明德400181384。生长于山坡丛林及林边。产于海南、广东、香港以及沿海诸岛、广西、福建。

栽培 播种繁殖。

用途 叶色浓绿而光亮，果实红色，耐修剪，是极好的绿篱植物和造形植物。

含油率及化学组分数据

采集单位	测试单位	测试部位	产地	含油率(%)	碘值	酸值	皂化值	C12:0	C14:0	C16:0	C16:1	C18:0	C18:1	C18:2	C18:3	C20:0	C20:1
HUST	HUST	种仁	湖南浏阳	43.17	12.44	11.14	132.76	0.01	0.04	5.63	0.09	2.17	16.26	74.41	0.48	0.09	0.10
HUST	HUST	种仁	湖南张家界	9.99	16.16	10.63	216.12	0.05	0.15	8.59	0.60	4.64	25.29	31.75	24.09	0.61	0.37

冬青卫矛(正木、大叶黄杨)

Euonymus japonicus Thunb.

卫矛科，卫矛属

特征 灌木，小枝四棱形，具细微皱凸。叶革质，有光泽，倒卵形或椭圆形，长3~5 cm，宽2~3 cm，先端圆阔或急尖，基部楔形，边缘具有浅细钝齿；叶柄长约1 cm。聚伞花序5~12花；花序梗长2~5 cm，二至三回分枝，分枝及花序梗均扁壮，第三次分枝常与小花梗等长或较短；小花梗长3~5 mm；花白绿色，直径5~7 mm；花瓣近卵圆形，长宽各约2 mm；雄蕊花药长圆状，内向，花丝长2~4 mm；子房每室2颗胚珠，着生中轴顶部。蒴果近球状，直径约8 mm，淡红色。种子每室1粒，顶生，椭圆状，长约6 mm，直径约4 mm，假种皮橘红色，全包种子。花期6~7月；果熟期9~10月。

分布 安徽：安庆市菱湖公园，30°31′2″N，117°2′48″E，22 m，2012-12-08，程志全、刘巧霞4001171269。河北：昌黎，39°40′23″N，119°12′30″E，11 m，2009-09-16，徐兴友400313041。河南：信阳鸡公山，31°48′14″N，114°4′28″E，730 m，2012-09-18，王亚平400314248。云南：昆明世博园，25°02′57″N，100°55′38″E，201201-14，邢福武、童毅、孟玉芳4001142047。四川：都江堰大观红梅，30°51′16″N，103°34′56″E，2010-09-14，崔龙、李志强40021110017；乐山沙湾，29°11′45″N，103°20′5″E，2009-10-23，樊云川，王凯40021109105；邛崃县天台镇，30°17′2″N，103°08′10″E，831 m，2012-11-08，刘小波、宫庆彬等40021112106；成都彭州白鹭，30°51′16″N，103°34′56″E，1112 m，2011-10-24，邓星光、吴阳晨等40021111114。产于日本，柬埔寨、印度、印度尼西亚、韩国、老挝、缅甸、巴基斯坦、菲律宾、泰国，越南有栽培。非洲、欧洲、北美洲、大洋洲、南美洲也有栽培。

栽培 扦插、压条、播种繁殖，常扦插繁殖。栽培管理粗放。

用途 四季常绿，多用于庭园绿化，亦可植于假山旁作配景。此外，因其对二氧化硫有较强的抗性，是优良的环境保护植物。

含油率及化学组分数据

采集单位	测试单位	测试部位	产地	含油率(%)	碘值	酸值	皂化值	C12:0	C14:0	C16:0	C16:1	C18:0	C18:1	C18:2	C18:3	C20:0	C20:1
ECNU	SCBG	种仁	安徽安庆	31.59	55.05	4.28	181.94			10.67	0.32	8.48	14.89	50.56	4.71		3.35
HNUST	ICS	种子	河北昌黎	51.50	198.40	6.20	77.41			8.49	0.27	1.82	18.99	14.57	2.26	0.24	0.12
HNAU	ICS	种子	河南信阳	9.54	138.55	43.76	260.99		0.14	16.82	1.20	2.25	33.56	29.88	7.89	0.15	0.15
SCBG	SCBG	种仁	云南昆明	16.31	102.07	9.86	189.36	0.11	2.34	9.66	0.03	2.28	27.04	43.50	4.09	0.60	0.29
SCU	SCU	种仁	四川都江堰	10.25	88.70	1.40	198.60			15.52			41.16	31.84	11.49		
SCU	SCU	种仁	四川乐山	48.77	104.20	1.40	198.40			7.39			33.38	15.46	4.43		
SCU	SCU	种仁	四川邛崃	13.46	76.24	39.57	239.04			11.71	1.98	1.95	54.30	25.17	4.90		
SCU	SCU		四川成都	9.10													
OFPC	KMIB	种子	云南昆明	42.70	72.10					19.10		2.20	48.40	15.50		3.80	

疏花卫矛

Euonymus laxiflorus Champ. ex Benth.

卫矛科，卫矛属

特征 灌木，高达4 m。叶纸质或近革质，卵状椭圆形、长方状椭圆形或窄椭圆形，长5~12 cm，宽2~6 cm，先端钝渐尖，基部阔楔形或稍圆，全缘或具不明显的锯齿；侧脉多不明显；叶柄长3~5 mm。聚伞花序分枝疏松，5~9花；花序梗长约1 cm；花紫色，5数，直径约8 mm；萼片边缘常具紫色短睫毛；花瓣长圆形，基部窄；花盘5浅裂，裂片钝；雄蕊无花丝，花药顶裂；子房无花柱，柱头圆。蒴果紫红色，倒圆锥状，长7~9 mm，直径约9 mm，先端稍平截。种子长圆状，长5~9 mm，直径3~5 mm，种皮枣红色，假种皮橙红色，高仅3 mm左右，成浅杯状包围种子基部。花期3~6月；果期7~11月。

分布 广东：从化县大岭山石灶天池，23°31′26″N，113°34′22″E，623 m，2010-11-02，刘东明、梁耀、孟玉芳、付琳400112200；从化市桃园镇石门国家森林公园，23°30′26″N，113°34′21″E，580 m，2009-11-05，易绮斐、林铎清、徐蕾400119033。浙江：清凉峰，30°06′16″N，118°52′26″E，2010-10-15，曾庆文等400112200。生长于山上、山腰及路旁密林中。产于广东及沿海岛屿、香港、广西、湖南、江西、浙江、福建、台湾、贵州、云南。

栽培 播种繁殖。

用途 可用于庭园绿化，亦可植于假山旁作配景。

含油率及化学组分数据

采集单位	测试单位	测试部位	产地	含油率(%)	碘值	酸值	皂化值	C12:0	C14:0	C16:0	C16:1	C18:0	C18:1	C18:2	C18:3	C20:0	C20:1
SCBG	SCBG	种仁	广东从化	11.90	105.43	8.30	78.51				0.29	2.14	27.40		0.29	0.18	0.16
SCBG	SCBG	种仁	广东从化	16.15	120.81	10.02	207.89										
SCBG	SCBG	种仁	浙江清凉峰	49.78	111.97	5.47	272.32	0.02	0.11	21.39	0.11	6.52	31.89	35.77	3.51	0.25	0.45
OFPC	SCBG	种子	广东高要	46.30	94.80		231.60	2.60	0.20	21.60		5.30	30.10	33.70	6.50		

白杜（明开夜合、丝棉木）

Euonymus maackii Rupr.

卫矛科，卫矛属

特征 小乔木。叶卵状椭圆形、卵圆形或窄椭圆形，长4~8 cm，宽2~5 cm，先端长渐尖，基部阔楔形或近圆形，边缘具细锯齿，有时极深而锐利；叶柄通常细长，常为叶片的1/4~1/3，但有时较短。聚伞花序3朵至多花，花序梗略扁，长1~2 cm；花4数，淡白绿色或黄绿色，直径约8 mm；小花梗长2.5~4 mm；雄蕊花药紫红色，花丝细长，长1~2 mm。蒴果倒圆心状，4浅裂，长6~8 mm，直径9~10 mm，成熟后果皮粉红色。种子长椭圆状，长5~6 mm，直径约4 mm，种皮棕黄色，假种皮橙红色，全包种子，成熟后顶端常有小口。花期5~6月；果期9月。

分布 安徽：休宁县齐云山，29°49′11″N，118°2′47″E，165 m，2011-11-15，胡超、李星霖4001171189。河北：石家庄，38°06′13″N，114°22′22″E，90 m，2010-09-29，徐兴友、韩宝强400313073。黑龙江：桦川县老平岗林场，46°48′1″N，130°22′1″E，1 m，2011-10-26，卞勇、孟腾400351089。湖北：利川小河水杉谷钟岭，30°05′38″N，108°36′48″E，2009-11-18，李晓东、范深厚40012191；利川小河水杉谷钟岭，30°12′32″N，108°37′49″E，1280 m，2009-10-14，丁时东、危文亮400152008；神农架国公坪，31°26′24″N，110°08′52″E，1740 m，2010-10-25，丁时东、危文亮等400151089。江苏：盱眙市铁山寺，32°44′5″N，118°28′21″E，145 m，2010-10-01，李宏庆、桂萍、熊申展4001171085。内蒙古：呼和浩特内蒙古农业大学东区，39°41′49″N，106°49′20″E，1092 m，2011-09-19，刘慧娟400312029。山东：济南，35°41′12"N，119°15′36"E，297 m，2010-07-16，赵伟华400311187。山西：翼城县西闫乡曹公村，35°22′25″N，111°30′55″E，1139 m，2010-10-14，谢光辉400322021。新疆：阿勒泰市红墩路，47°48′38″N，88°7′56″E，810 m，2011-09-15，侯翼国、王茜4003311025；昌吉州玛纳斯平原林场，44°14′46″N，86°21′23″E，278 m，2010-10-01，王喜勇、王蕾、孔凡逵4003310024。河南：信阳鸡公山，31°49′21″N，114°3′7″E，196 m，2012-09-17，王亚平400314242。浙江：杭州植物园，24°55′09″N，113°05′22″E，2010-10-13，曾庆文、谢聪、孟玉芳40011909；杭州植物园，30°15′25″N，120°07′22″E，2009-10-28，刘东明、戴建阅400111122。生于海拔1000 m的林地边缘。产地广阔，北起黑龙江包括华北地区以及内蒙古各地，南到长地区江南岸各地，西至甘肃，除陕西、西南地区和广东、广西未见野生外，其他各地均有，但长江以南常以栽培为主。分布至乌苏里地区、西伯利亚南部以及朝鲜半岛。

栽培 播种繁殖或扦插繁殖。

用途 树皮含硬橡胶，种字含油率达40%以上，可用作工业用油。植物木材可供器具及细工雕刻用。枝叶秀丽，秋果红色；作庭园树或水边绿化。

含油率及化学组分数据

采集单位	测试单位	测试部位	产地	含油率(%)	碘值	酸值	皂化值	C12:0	C14:0	C16:0	C16:1	C18:0	C18:1	C18:2	C18:3	C20:0	C20:1
ECNU	SCBG	种仁	安徽休宁	17.20	18.04	7.52	194.36	0.64	0.42	14.01	0.42	3.18	19.32	39.07	4.25		
HNUST	ICS	种子	河北石家庄	39.21	80.42	7.79	277.08		0.09	13.24	0.11	3.48	36.64	36.64	6.67	0.22	0.17
SBRI	SCBG	种仁	黑龙江桦川	22.08	17.29	8.75	189.43										
WHBG	WHBG	种仁	湖北利川	46.01	125.61	23.22	267.35	0.06	0.14	16.26	2.66	3.01	36.42	33.96	7.27	0.22	
OCRI	SCBG	种仁	湖北利川	43.20	99.53	20.91	257.30	0.02	15.44	14.12	4.36	2.37	29.16	19.17	5.11	0.25	
OCRI	SCBG	种仁	湖北神农架	30.91	68.78	12.09	186.95	0.11	0.17	3.43		2.88	4.27	3.33	59.12	5.53	0.13
ECNU	SCBG	种仁	江苏盱眙	60.71	115.80	7.37	218.14	0.02	0.12	16.42	4.22	3.23	33.15	35.55	6.69	0.28	0.32
IMAU	ICS	种子	内蒙古呼和浩特	13.99	55.72	19.27	205.08		0.34	27.55	3.30	3.63	35.10	17.30	2.16	0.39	1.15
ICS	ICS	种子	山东济南	68.47	94.58	9.63	222.47		0.09	14.86	0.17	2.88	40.30	27.26	8.93	0.11	0.14
CAU	ICS	种子	山西翼城	41.89	80.42	12.76	207.65	0.01	0.09	14.95	0.06	0.27	60.14	15.81	8.45	0.12	0.11
XIEG	SCBG	种子	新疆阿勒泰	24.76	12.95	6.34	176.02	0.29	0.55	10.75	0.15	4.70	14.82	55.16	9.52	2.78	1.28
XIEG	SCBG	种仁	新疆昌吉	46.49	115.64	18.14	227.11	0.01	0.11	15.54	3.38	2.65	38.66	33.43	5.32	0.23	0.67
HNAU	ICS	种子	河南信阳	15.68	69.74	42.99	223.40	0.24	0.26	23.39	4.02	3.59	34.76	15.51	1.80	0.61	0.14
SCBG	SCBG	种仁	浙江杭州	43.41	14.02	5.69	129.16	0.01	0.39	9.55		3.80	8.02	30.97	0.75	2.42	0.58
SCBG	SCBG	种仁	浙江杭州	50.00	77.41	1.89	281.93		0.10	12.64	0.32	2.81	49.70	27.42	6.67	0.15	0.18
OFPC	WHBG	种子	湖北武汉	44.30	92.90		256.0	4.00	微量	15.70	2.00	1.10	40.40	30.60	6.20		
OFPC	IAE	种子	辽宁沈阳	41.60	97.10		236.4	1.90	微量	14.50	微量	2.20	29.80	49.30	2.30		
OFPC	JSIB	种子	江苏南京	48.10	99.80		238.2	1.40	微量	9.70	7.20	1.60	28.40	36.70	10.30		
OFPC	KMIB	种子	云南昆明	33.30				1.90	0.80	15.90		1.40	40.50	33.60	5.90		
OFPC	SCBG	种子	湖南长沙	46.10	89.10		245.5	微量	0.20	20.30	6.50	2.40	42.40	24.90	3.30		
OFPC	JSIB	假种皮	江苏南京	55.50					微量	21.90	15.10	1.80	23.80	25.40	7.40		

黄心卫矛(黄瓤子、黄心子)

Euonymus macropterus Rupr.

卫矛科，卫矛属

特征 灌木，高达5 m。冬芽长卵状，长达12 mm。叶纸质，倒卵形、长方状倒卵形或近椭圆形，长5~9 cm，宽3~6 cm，先端宽短渐尖，基部多为窄楔形，边缘具极稀浅细密锯齿；叶柄长2~8 mm。聚伞花序3~13花，常具1~2对分枝，2对分枝时常紧密总状排列或聚生在花序梗顶端；花序梗长3~4.5 cm，分枝稍短，小花梗细弱，长达5 mm；花黄色，直径约5 mm，4数；花瓣近圆形；雄蕊无花丝。蒴果类球状，直径8~12 mm，翅较长，6~11 mm，平展，基部宽，末端渐窄；果序梗长2~6 cm，小果梗5~6 mm。种子近卵状，黑褐色，有光泽，假种皮橙红色。花期5~6月；果期8~9月。

分布 河北、辽宁、吉林、黑龙江。生长于山地林中。西伯利亚地区以及朝鲜、日本亦有分布。

栽培 播种繁殖。

用途 可作园林绿化。

含油率及化学组分数据

采集单位	测试单位	测试部位	产地	含油率(%)	碘值	酸值	皂化值	C12:0	C14:0	C16:0	C16:1	C18:0	C18:1	C18:2	C18:3	C20:0	C20:1
OFPC	IAE	种子	辽宁凤城	47.50	93.40		262.10	0.90	0.20	16.70	微量	2.70	36.20	41.30	2.00		

小果卫矛

Euonymus microcarpus (Oliv.) Sprague

卫矛科，卫矛属

特征 灌木，高2~6 m。叶薄革质，椭圆形、阔倒卵形或卵形，长4~7 cm，宽2.5~4 cm，先端急尖或短渐尖，基部楔形或阔楔形，边缘有微齿或近全缘；侧脉6~10对，细而密集；叶柄长8~20 mm。聚伞花序一至四回分枝；花序梗长2~4 cm，分枝稍短，小花梗长2~5 mm；花黄绿色，直径6~9 mm；萼片扁圆，常有短缘毛；花瓣近圆形；花盘方圆；雄蕊着生花盘边缘处，花丝长约1.5 mm；子房具极短花柱，柱头小，有时功能性退化不育。蒴果近长圆状，4浅裂，裂片向外平展，长5~10 mm。种子棕红色，长圆状，长约5 mm，外被橘黄色假种皮。花期4~9月；果期6~10月。

分布 四川：乐山峨边黑竹沟六一二林场，28°43′54″N，103°3′16″E，2429 m，2011-10-14，李志强、刘小波等40021111049。生长于海拔350~1000 m的山地中，多在山坡、河边的杂木林中。产于湖北、四川、云南、陕西。

栽培 播种繁殖。

用途 主治风湿痹痛，筋骨痿软。

含油率及化学组分数据

采集单位	测试单位	测试部位	产地	含油率(%)	碘值	酸值	皂化值	C12:0	C14:0	C16:0	C16:1	C18:0	C18:1	C18:2	C18:3	C20:0	C20:1
SCU	SCU	种仁	四川乐山	37.76	17.58	62.99	204.41			17.85	2.87	4.59	28.35	39.50	6.85		

大果卫矛(黄褚、梅风)

Euonymus myrianthus Hemsl.

卫矛科，卫矛属

特征 常绿灌木，高1~6 m。叶革质，倒卵形、窄倒卵形或窄椭圆形，有时窄至阔披针形，长5~13 cm，宽3~4.5 cm，先端渐尖，基部楔形，边缘常呈波状或具明显钝锯齿；侧脉5~7对，与3出脉成明显网状；叶柄长5~10 mm。聚伞花序多聚生小枝上部，常数序着生新枝顶端，二至四回分枝；花序梗长2~4 cm，分枝渐短，小花梗长约7 mm，均具4棱；苞片及小苞片卵状披针形，早落；花黄色，直径达10 mm；萼片近圆形；花瓣近倒卵形；花盘四角有圆形裂片；雄蕊着生裂片中央小凸起上，花丝极短或无；子房锥状，有短壮花柱。蒴果黄色，多呈倒卵状，长1.5 cm，直径约1 cm；果序梗及小果梗等较花时稍增长。种子4~2粒成熟，假种皮桔黄色。花期4~7月；果期8~11月。

分布 广东：乳源县五指山乡公路边，24°56′28″N，113°00′13″E，1023 m，2012-01-07，王发国、杨国、宋贤利400113101。广西：灵川县大境七分山，25°05′25″N，110°36′31″E，2009-12-04，吴望辉、黄俞淞、农东新4001101058。湖南：桑植县天平山自然保护区，29°46′17″N，110°4′6″E，1340 m，2012-10-02，张九兵、唐波400181440；永顺县小溪茶园溪，28°46′28″N，110°15′28″E，343 m，2010-10-04，肖艳、徐亮400191145。江西：龙南县九连山，24°31′12″N，114°27′30″E，880 m，2009-11-08，廖文波等400143019；玉山县三清山，28°55′55″N，118°3′14″E，1049 m，2009-09-01，廖文波等400141120。生长于海拔1000 m左右的山坡溪边沟谷较湿润处。分布于广东、广西、湖南、江西、浙江、福建、安徽、湖北、四川、贵州、云南、陕西。产于长江流域以南各地，分布广阔。

栽培 播种繁殖。

用途 在建筑物前、花坛中栽植或作为观果树木点缀，也宜作绿篱种植。

含油率及化学组分数据

采集单位	测试单位	测试部位	产地	含油率(%)	碘值	酸值	皂化值	C12:0	C14:0	C16:0	C16:1	C18:0	C18:1	C18:2	C18:3	C20:0	C20:1
SCBG	SCBG	种仁	广东乳源	50.47	25.60	16.95		0.09	0.10	4.45		3.27	77.23	65.42	2.30		0.06
GXIB	SCBG	种仁	广西灵川	26.30	39.44	30.86	313.63	0.03	0.19	41.86	0.59	7.24	31.32	18.12	0.17	0.25	0.23
HUST	HUST	种仁	湖南桑植	15.86	35.13	26.42	278.13			41.12				38.11	20.74		
JSU	SCBG	种仁	湖南永顺	34.46	20.15	7.25	211.36		0.07	15.15	0.70	1.49	40.53	37.66	1.26	0.16	0.27
SYSU	SCBG	种仁	江西龙南	46.70	73.02	10.99	253.55	1.78	1.21	18.45	1.70	4.01	31.92	25.46	15.42		
SYSU	SCBG	种仁	江西玉山	35.26	102.65	3.30	169.28	0.03	0.07	6.10	0.43	2.63	16.73	15.76	46.40	0.25	0.09
OFPC	GXIB	种子	广西临桂	51.30	91.60		251.00	2.70	2.80	15.40		3.40	24.20	51.50			
OFPC	WHBG	种子	湖北利川	38.20	82.80		254.30	3.70	微量	23.10	微量	4.40	25.20	42.20			
OFPC	SCBG	种子	广东乳源	58.30	94.20		256.40	3.30	1.60	22.30		3.70	21.70	47.40	微量		

中华卫矛
Euonymus nitidus Benth.
卫矛科，卫矛属

特征　常绿灌木或小乔木，高1~5 m。叶革质，质地坚实，常略有光泽，倒卵形、长方状椭圆形或长方状阔披针形，长4~13 cm，宽2~5.5 cm，先端有长8 mm渐尖头，近全缘；叶柄较粗壮，长6~10 mm，偶有更长者。聚伞花序一至三回分枝，3~15花；花序梗及分枝均较细长，小花梗长8~10 mm；花白色或黄绿色，4数，直径5~8 mm；花瓣基部窄缩成短爪；花盘较小，4浅裂；雄蕊无花丝。蒴果三角状卵圆状，4裂较浅成圆阔4棱，长8~14 mm，直径8~17 mm；果序梗长1~3 cm；小果梗长约1 cm。种子阔椭圆状，长6~8 mm，棕红色，假种皮橙黄色，全包种子，上部两侧开裂。花期3~5月；果期6~10月。

分布　福建：梁野山云礤村，26°10′23″N，116°12′02″E，2012-11-23，易绮斐、李玉玲400119287；武夷山大安源，27°52′37″N，117°52′08″E，2010-09-30，刘东明、梁耀400112134。广东：广州市南沙区板头村，22°47′42″N，113°33′19″E，2011-01-17，易绮斐400119139；阳山县秤架自然保护区，24°46′45″N，112°51′52″E，741 m，2009-11-16，董安强40011263。广西：武鸣县两江镇大明山橄榄河，23°29′60″N，108°25′45″E，933 m，2010-10-21，吴磊、杨金财4001101108。浙江：清凉峰，30°06′16″N，118°52′25″E，2010-10-13，曾庆文、谢聪、孟玉芳40011308。生长于林内、山坡、路旁等较湿润处为多，但也有在山顶高燥之处生长。产于广东、广西、福建以及江西南部。

栽培　播种繁殖。

用途　在建筑物前、花坛中栽植或作为观果树木点缀，也宜作绿篱种植。

含油率及化学组分数据

采集单位	测试单位	测试部位	产地	含油率(%)	碘值	酸值	皂化值	C12:0	C14:0	C16:0	C16:1	C18:0	C18:1	C18:2	C18:3	C20:0	C20:1
SCBG	SCBG	种仁	福建梁野山	24.56	85.68	21.65	170.32										
SCBG	SCBG	种仁	福建武夷山	16.30				0.12	0.17	7.72	0.18	5.29	74.33		3.99		0.13
SCBG	SCBG	种仁	广东广州	23.01	18.40	4.99			0.07	6.01	0.26	2.68	4.48	39.88	1.19	0.06	0.11
SCBG	SCBG	种仁	广东阳山	20.60	132.35	16.42	283.67										
GXIB	SCBG	种仁	广西武鸣	52.63	115.80	7.31	275	42	0.02	0.09	21.17	0.52	3.02	17.98	55.60	0.92	0.60
SCBG	SCBG	种仁	浙江清凉峰	31.41	11.83	9.14	79.94		0.11	12.76		3.02	26.18	64.76	17.03	0.22	0.27
OFPC	SCBG	种子	广东广州	44.40	101.90		263.30	2.20	1.00	19.30		2.50	13.70	61.30			

矩叶卫矛（黄心卫矛）
Euonymus oblongifolius Loes. et Rehd.
卫矛科，卫矛属

特征　灌木或小乔木，高2~7 m，可达10 m以上。叶薄革质，坚实，稍有光亮，长方状椭圆形、窄椭圆形或长方状倒卵形，偶为长方状披针形，长5~16 cm，宽2~4.5 cm，先端渐尖，边缘有细浅锯齿；侧脉及小脉均明显呈细网状；叶柄长5~8 mm。聚伞花序多回分枝；花序梗较长，多为2~5 cm，分枝稍平展，两分枝间的中央花小梗较两侧花小梗为短；小聚伞的3花则小花梗等长；花淡绿色，4数，直径约5 mm；雄蕊近无花丝；子房每室2~6颗胚珠，花柱不明显。蒴果倒锥状，长约1 cm，上部较宽，直径约8 mm，基部窄缩至2~3 mm．有明显4棱或4浅裂，顶部平；果序梗长3~7 cm，4棱明显。种子每室1~2粒，稀3粒，近球状，直径约3 mm。花期5~6月；果期8~10月。

分布　湖南：桑植县五道水，29°44′19″N，109°54′1″E，477 m，2012-09-22，张九兵、严亚琴400181416。生长于中海拔山谷及近水阴湿处。产于广东、广西、湖南、江西、福建、浙江、安徽、湖北、四川、贵州、云南。

栽培　播种繁殖。

用途　可作园林绿化。

含油率及化学组分数据

采集单位	测试单位	测试部位	产地	含油率(%)	碘值	酸值	皂化值	C12:0	C14:0	C16:0	C16:1	C18:0	C18:1	C18:2	C18:3	C20:0	C20:1
HUST	HUST	种仁	湖南桑植	46.13	3.88	11.42	185.90		0.05	4.85	3.17	1.81	18.06	58.77	0.03	1.82	0.18

八宝茶

Euonymus semenovii Regel et Herder [*Euonymus przewalskii* Maxim.]

卫矛科，卫矛属

特征 小灌木，高1~5 m。茎枝常具4棱栓翅，小枝具4窄棱。叶窄卵形、窄倒卵形或长方状披针形，长1~4 cm，宽5~15 mm，先端急尖，基部楔形或近圆形，边缘有细密浅锯齿；侧脉3~5对；叶柄短，长1~3 mm。聚伞花序多为一回分枝，3花或达7花；花序梗细长；丝状，长1.5~2.5 cm；小花梗长5~6 mm，中央花小花梗与两侧小花梗等长；苞片与小苞片披针形，多脱落；花深紫色，偶带绿色，直径5~8 mm；萼片近圆形；花瓣卵圆形；花盘微4裂；雄蕊着生花盘四角的凸起上，无花丝；子房无花柱，柱头稍圆，胚珠通常每室2~6颗。蒴果紫色，扁圆倒锥状或近球状，顶端4浅裂，长5~7 mm，最宽直径5~7 mm；果序梗及小果梗均细长。种子黑紫色，橙色假种皮包围种子基部，可达中部。花期5~7月；果期8~10月。

分布 湖南：永定区三叉乡三望坡29°3′49″N，110°33′7″E，2011-10-21，张九兵、朱明德400181309。产于四川、云南、西藏、新疆、甘肃、山西、河北、青海。

栽培 播种繁殖。

用途 用于蓄血及瘀血证，如瘀积肿痛，外伤瘀肿，瘀阻经脉之半身不遂，瘀血内停之胸腹诸痛等证。

含油率及化学组分数据

采集单位	测试单位	测试部位	产地	含油率(%)	碘值	酸值	皂化值	C12:0	C14:0	C16:0	C16:1	C18:0	C18:1	C18:2	C18:3	C20:0	C20:1
HUST	HUST	种仁	湖南张家界	50.84	44.50	81.46	431.57			33.78				40.63	21.46	4.14	

石枣子(云木、细梗卫矛)

Euonymus sanguineus Loes.

卫矛科，卫矛属

特征 灌木，高达8 m。叶厚纸质至近革质，卵形、卵状椭圆形或长方状椭圆形，长4~9 cm，宽2.5~4.5 cm，先端短渐尖或渐尖，基部阔楔形或近圆形，常稍平截，叶缘具细密锯齿；叶柄长5~10 mm。聚伞花序具长梗，梗长4~6 cm，顶端有3~5细长分枝，除中央枝单生花，其余常具一对3花小聚伞；小花梗长8~10 mm；花白绿色，4数，直径6~7 mm。蒴果扁球状，直径约1 cm，4翅略呈三角形，长4 mm，先端略窄而钝。花期4~6月；果期7~10月。

分布 湖北：利川，30°07′28″N，115°46′59″E，875 m，2011-10-01，李晓东、昝艳400121177。河南：灵宝小秦岭，34°25′38″N，110°28′47″E，2018 m，2012-08-13，王亚平400314132。生长于山地林缘或灌丛中。产于河南、湖北、四川、贵州、云南、甘肃、陕西、山西。

栽培 播种繁殖。

用途 可作园林绿化。

含油率及化学组分数据

采集单位	测试单位	测试部位	产地	含油率(%)	碘值	酸值	皂化值	C12:0	C14:0	C16:0	C16:1	C18:0	C18:1	C18:2	C18:3	C20:0	C20:1
WHBG	WHBG	种仁	湖北利川	41.56				0.46	0.06	8.85	0.06	2.27	5.92	74.69	0.53	0.36	0.20
HNAU	ICS	种子	河南灵宝	24.86	74.11	19.06	229.16			12.98		3.33	43.40	16.68	5.38		

染用卫矛（阿于好、有色卫矛、脉瓣卫矛）

Euonymus tingens Wall.

卫矛科，卫矛属

特征 乔木，高5~8 m。树干直径约达40 cm。小枝紫黑色，近圆形。叶厚革质，长方状窄椭圆形，偶为窄倒卵形，长2~7 cm，宽1~3 cm，先端急尖或渐尖，基部阔楔形，边缘有极浅疏齿；中脉明显，侧脉细弱，小脉结成下凹细网，使叶面常呈细皱状；叶柄长5~8 mm。聚伞花序1~5花，集生小枝顶端；花序梗长1~2 cm，小花梗较花序梗长；花5数；花萼长圆形；花瓣白绿色带紫色脉纹；花盘极肥厚；雄蕊具细长花丝；子房长锥状，花柱细长，子房每室有胚珠3~6对。蒴果倒锥状或近球状，直径约1.5 cm，5棱，上部宽圆平截，有线状宿存柱头，基部狭窄，有5深裂宿存花萼及5条线状花丝；果梗细长。种子每室1~4粒，棕色或深棕色，长圆卵状，长5~10 mm，直径3~4 mm，基部种脐不甚明显，假种皮橘黄色，厚而多皱纹，冠状覆盖种子的1/2。花期5~8月；果期7~11月。

分布 云南：香格里拉县虎跳峡镇，27°20′31″N，99°53′33″E，3010 m，2009-11-07，龙春林、王智、唐贵华400221102。生长于海拔2600~3600 m的山间林中及沟边。产于广西、四川、贵州、云南、西藏。分布不丹、印度、缅甸、尼泊尔。

栽培 播种繁殖。

用途 花瓣厚肉质，花形玲珑可爱，果实奇特美丽，是一种优良的园林观赏树种。

含油率及化学组分数据

采集单位	测试单位	测试部位	产地	含油率(%)	碘值	酸值	皂化值	C12:0	C14:0	C16:0	C16:1	C18:0	C18:1	C18:2	C18:3	C20:0	C20:1
KMIB	KMIB	种仁	云南香格里拉	40.07	100.80	4.00	292.10	0.80	0.14	12.48	0.27	3.91	38.30	42.53	1.54		

滇南美登木

Maytenus austroyunnanensis S. J. Pei et Y. H. Li

卫矛科，美登木属

特征 灌木，高1~3 m。小枝常无刺，二年生以上枝常有刺，刺针状或稍粗壮，直或微下弯。叶近革质或革质，倒卵椭圆形、椭圆形或长方状椭圆形，长7~12 cm，宽4~5.5 cm，先端急尖或钝，或有小短尖，基部窄缩或下延成窄长楔形，或稍下延成楔形，边缘具锯齿；侧脉7~9对，小脉不甚明显；叶柄长5~7 mm。聚伞花序多二至三回二歧分枝；花序梗较粗壮，长1 cm以上，分枝稍短，小花梗细长，长4~6 mm；花白色，直径6~8 mm；萼片阔卵形，花瓣长方卵形；花盘微5裂；雄蕊着生花盘外部，长1.2~1.5 mm。果皮薄革质或革质，成熟时常增厚变硬；果序梗长多在1~2 cm，小果梗增长粗壮，长达1 cm。种子棕红色，假种皮浅杯状或2~3裂，白色，干后淡黄色。花期5~9月；果期9~12月。

分布 云南。生长于海拔550~900 m的路边、江边灌丛中。

栽培 播种繁殖。

用途 化瘀止痛，凉血解毒，主治胃溃疡，十二指肠溃疡，多发性骨髓瘤，淋巴肉瘤，腹膜间皮肉瘤。

含油率及化学组分数据

采集单位	测试单位	测试部位	产地	含油率(%)	碘值	酸值	皂化值	C12:0	C14:0	C16:0	C16:1	C18:0	C18:1	C18:2	C18:3	C20:0	C20:1
OFPC	XTBG	种子	云南景洪	57.40	107.40	4.80	239.00	0.50	0.10	23.90		8.90	18.50	30.10	16.90	0.40	

美登木（云南美登木）

Maytenus hookeri Loes.

卫矛科，美登木属

特征　灌木，高1~4 m。植株体高时小枝柔细稍呈藤本状，小枝通常少刺，老枝有明显疏刺。叶薄纸质或纸质，椭圆形或长方状卵形，长8~20 cm，宽3.5~8 cm，先端渐尖或长渐尖，基部楔形或阔楔形，边缘有浅锯齿；侧脉5~8对，较细，小脉网不甚明显；叶柄长5~12 mm。聚伞花序1~6丛生短枝上，花序多二至四回单歧分枝或第一次二歧分枝；花序梗细线状，长2~5 mm，有时无梗，或梗长至10 mm，小花梗细线状，长3~5 mm；花白绿色，直径3~5 mm；花盘扁圆；雄蕊着生花盘外侧下面，花丝长达2 mm；子房2室，花柱顶端有2裂柱头。蒴果扁，倒心状或倒卵状，长6~12 mm；果序梗短，小果梗长1~1.2 cm。种子长卵状，棕色，假种皮浅杯状，白色干后黄色。花期12月翌年6月；果期6~11月。

分布　云南西南部的西双版纳、双江等地。生长于山地或山谷的丛林中。缅甸、印度亦有分布。

栽培　播种繁殖。

用途　药用活血化瘀。

含油率及化学组分数据

采集单位	测试单位	测试部位	产地	含油率(%)	碘值	酸值	皂化值	C12:0	C14:0	C16:0	C16:1	C18:0	C18:1	C18:2	C18:3	C20:0	C20:1
OFPC	XTBG	种子	云南西双版纳	56.60	114.80	2.20	249.70	1.70		30.90		6.80	14.90	13.00	32.70		

斜脉假卫矛

Microtropis obliquinervia Merr. et F. L. Freeman

卫矛科，假卫矛属

特征　灌木或小乔木，高1~5 m。小枝上部有时略成扁圆柱状。叶片稍革质，长方状披针形、长椭圆形或长方状窄椭圆形，长5~19 cm，宽2~5.5 cm，先端渐尖或窄渐尖，基部渐窄下延，呈窄楔形或阔楔形，边缘略反卷；主脉较粗，侧脉7~11对，小脉直出不弯，纤细凸起，脉网清晰，叶背干后成棕褐色；叶柄长5~15 mm。密伞花序腋生、侧生，稀顶生，小花3~7朵，稀7朵以上；花序梗长2~5 (~8) mm，分枝短或极短，小花梗不明显或无；花5数；萼片圆阔，近半圆形；花瓣长方状椭圆形或稍倒卵椭状圆形，长约3 mm，宽约达2 mm；花盘稍肉质，环状，裂片不甚明显或稍呈圆弧状凸起；雄蕊花丝极短，约达1 mm，花药长方卵形；子房三角状锥形，柱头2~4浅裂。蒴果阔椭圆状，长12~14 mm，直径7~8.5 mm。花期全年。

分布　湖南：城步县白毛坪乡金紫山林场，26°17′15″N，110°30′48″E，1270 m，2009-11-24，黄玉澄、张兵400181131。生长于海拔700~1300 m的山地林中或近水缘处。产于广东、广西(北部)、云南(东部)、湖南、贵州。

栽培　播种繁殖。

用途　可作园林绿化。

含油率及化学组分数据

采集单位	测试单位	测试部位	产地	含油率(%)	碘值	酸值	皂化值	C12:0	C14:0	C16:0	C16:1	C18:0	C18:1	C18:2	C18:3	C20:0	C20:1
HUST	HUST	种仁	湖南城步	40.90	5.39	7.79	154.36	0.01	0.05	6.93		3.72	55.20	29.23	1.96	0.61	0.49

昆明山海棠
Tripterygium hypoglaucum (H. Lév.) Hutch.
卫矛科，雷公藤属

特征 藤木灌木，高1~4 m。叶薄革质，长方状卵形、阔椭圆形或窄卵形，大小变化较大，先端长渐尖，短渐尖，偶为急尖而钝，基部圆形、平截或微心形，边缘具极浅疏锯齿，稀具密齿；侧脉5~7对，疏离，在近叶缘处结网，小脉网状；叶面绿色偶被厚粉，叶背常被白粉呈灰白色，偶为绿色；叶柄长1~1.5 cm，常被棕红色密生短毛。圆锥聚伞花序生于小枝上部，呈蝎尾状多回分枝，顶生者最大，有花50朵以上，侧生者较小，花序梗、分枝及小花梗均密被锈色毛；苞片及小苞片细小，被锈色毛；花绿色，直径4~5 mm；萼片近卵圆形；花瓣长圆形或窄卵形；花盘微4裂，雄蕊着生近边缘处，花丝细长，长2~3 mm，花药侧裂；子房具3棱，花柱圆柱状，柱头膨大，椭圆状。翅果多为长方形或近圆形，果翅宽大，先端平截，内凹或近圆形，基部心形，果体长仅为总长的1/2，宽近占翅的1/4或1/6，窄椭圆形，线状，直径3~4 mm，中脉明显，侧脉稍短，与中脉密接。花期5~6月；果期9~10月。

分布 广西、湖南、浙江、安徽、贵州、云南、四川。生长于低海拔的山坡灌木丛中或山谷林下湿润地。

栽培 播种繁殖。

用途 祛风除湿，活血止血，舒筋接骨，解毒杀虫。主风湿痹痛，半身不遂，疝气痛，痛经，月经过多，产后腹痛，出血不止，急性传染性肝炎，慢性肾炎，红斑狼疮，癌肿，跌打骨折，骨髓炎，骨结核，副睾结核，疮毒，银屑病，神经性皮炎。

含油率及化学组分数据

采集单位	测试单位	测试部位	产地	含油率(%)	碘值	酸值	皂化值	C12:0	C14:0	C16:0	C16:1	C18:0	C18:1	C18:2	C18:3	C20:0	C20:1
OFPC	KMIB	种子	云南昆明	36.70	110.90		256.00	微量	微量	28.60	3.70	6.20	41.30	17.90	2.20		

东北雷公藤
Tripterygium regelii Sprague et Takeda
卫矛科，雷公藤属

特征 藤本灌木，高达2 m。叶纸质，仅脉上被短毛，椭圆形或长方状卵形，长7~15 cm，宽5~9 cm，先端长渐尖，少为急尖，基部阔楔形或稍近圆形，边缘有明显圆齿或锯齿；侧脉6~9对，直达叶缘，三生脉细，与侧脉多呈垂直排列；叶柄长1~1.5 cm，被短毛。聚伞圆锥花序顶生者7~9回单歧分枝，长10~20 cm，宽5~8 cm，侧生者小，通常二至四回分枝，花序梗、分枝及小花梗均密被短毛；花白绿色或白色，直径5~7.5 mm；萼片近三角卵形，边缘膜质；花瓣长方形或长方椭圆形，长2~3 mm，边缘有细缺蚀；雄蕊花丝长2~3 mm；子房3棱，明显，花柱在果时伸长，柱头3浅裂。蒴果翅较薄，近方形，长1.5~2 cm，宽1.2~1.8 cm，果体窄卵形或线形，长达果翅2/3，宽占果翅1/4或1/6，侧脉1~2对与主脉平行。花期6~7月；果期7~8月。

分布 吉林：集安，41°15′05″N，125°59′56″E，2011-09-20，郑宝江等400341131。生长于1100~2100 m的山地，多在路旁林缘。产于吉林、辽宁。分布于朝鲜半岛以及日本。

栽培 播种繁殖。

用途 花色美丽，适作庭园观赏树种。

含油率及化学组分数据

采集单位	测试单位	测试部位	产地	含油率(%)	碘值	酸值	皂化值	C12:0	C14:0	C16:0	C16:1	C18:0	C18:1	C18:2	C18:3	C20:0	C20:1
NEFU	SCBG	种仁	吉林集安	30.15	4.18	11.91	263.82	0.01	0.19	20.87	0.18	2.68	24.85	50.16	0.58	0.39	0.10

野鸦椿(鸡肾果、鸡眼睛)
Euscaphis japonica (Thunb. ex Roem. et Schult.) Kanitz
省沽油科，野鸦椿属

特征　落叶小乔木或灌木。小枝及芽红紫色，枝叶揉碎后发出恶臭气味。叶对生，奇数羽状复叶，长12~32 cm，叶轴淡绿色；小叶5~9片，稀3~11片，厚，纸质，长卵形或椭圆形，稀为圆形，长4~6 cm，宽2~3 cm，先端渐尖，基部钝圆，边缘具疏短锯齿，齿尖有腺体，两面除背面沿脉有白色小柔毛外余无毛；主脉在上面明显，在背面突出，侧脉8~11条，在两面可见，小托叶线形，基部较宽，先端尖，有微柔毛。圆锥花序顶生；花梗长达21 cm；花多，较密集，黄白色，径4~5 mm；萼片与花瓣均5枚，椭圆形，萼片宿存；花盘盘状，心皮3，分离。蓇葖果长1~2 cm，每一花发育为1~3个蓇葖，果皮软革质，紫红色，有纵脉纹。种子近圆形，径约5 mm，假种皮肉质，黑色，有光泽。花期5~6月；果期8~9月。

分布　广东：平远县龙文保护区溪唇24°41′44″N，115°55′58″E，2010-10-14，易绮斐、戴建阅、翟俊文400119106；始兴县罗坝乡桃源，24°51′10″N，114°06′56″E，2012-10-11，王鹏、刘东明400112295。广西：钟山县花山瑶族乡鹿洞村，24°32′56″N，111°08′06″E，2009-10-19，吴望辉、黄俞淞、叶晓霞4001101002。湖南：浏阳市大围山，28°25′22″N，114°04′16″E，795 m，2009-09-18，黄玉滢、周喜乐400181021；桑植县八大公山斗蓬山，29°40′37″N，109°44′19″E，1683 m，2009-09-26，张兵400181071；张家界永定区三岔乡三望坡，29°04′15″N，110°33′26″E，2011-10-21，张九兵、朱明德400181306；吉首小溪，28°20′36″N，109°43′43″E，375 m，2009-08-04，陈功锡、徐亮400191015。浙江：临安天目山，30°22′48″N，119°25′32″E，918 m，2009-10-29，刘东明、戴建阅400111129；清凉峰，30°06′16″N，118°52′25″E，2010-10-15，曾庆文、谢聪、孟玉芳40011306。江苏：宜兴市张渚龙池山，31°13′12″N，119°41′45″E，144 m，2009-09-07，田怀珍、李宏庆、葛斌杰等4001171004。安徽：金寨县天堂寨，31°06′37″N，115°46′59″E，2012-10-20，刘东明、王鹏40011300056；歙县林业局后山，29°51′06″N，118°25′26″E，276 m，2011-11-11，胡超、李星霖4001171169；黄山县，30°16′41″N，118°04′38″E，2009-11-02，刘东明、戴建阅400112208。河南：信阳波尔登公园，31°51′56″N，114°05′18″E，204 m，2012-09-14，王亚平400314203。湖北：五峰长乐坪洞口村，30°10′33″N，110°52′35″E，1125 m，2009-11-09，丁时东、危文亮400152049；鹤峰县城边乡，29°52′54″N，110°01′57″E，665 m，2009-11-26，丁时东、赵永国400151035；五峰长乐坪洞口村，30°10′33″N，110°52′35″E，1125 m，2009-08-02，李晓东、陈士强40012113。重庆：南川区三泉镇马嘴，29°19′55″N，107°11′57″E，1184 m，2009-08-19，刘正宇等400231024。四川：西昌市川兴乡，27°53′27″N，102°15′54″E，1000 m，2009-11-10，樊云川、王凯40021109149；都江堰青城山味江，28°58′45″N，102°28′32″E，1000 m，2010-09-11，崔龙、李志强40021110005。贵州：铜仁市梵净山保护区，27°53′52″N，106°43′29″E，2011-11-16，孟玉芳、宋贤利、王喆旻400114166。生长于山谷和开阔林地。除西北地区外，我国均产，主产于江南各地，西至云南东北部。日本、朝鲜也有分布。

栽培　播种繁殖。

用途　种子油可制皂；树皮提栲胶；根及干果入药，用于祛风湿。木材可为器具用材。

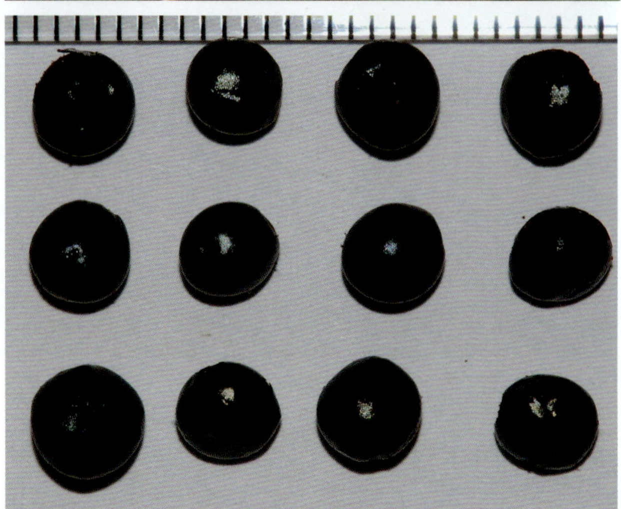

含油率及化学组分数据

采集单位	测试单位	测试部位	产地	含油率(%)	碘值	酸值	皂化值	C12:0	C14:0	C16:0	C16:1	C18:0	C18:1	C18:2	C18:3	C20:0	C20:1
SCBG	SCBG	种仁	广东平远	14.68		33.44			0.12	19.75	0.13		7.22		0.75	0.34	0.32
SCBG	SCBG	种仁	广东始兴	23.15	116.92	16.10	312.11										
GXIB	SCBG	种仁	广西钟山	19.18	132.09	4.17	208.38		0.09	12.59	0.58	3.15	37.39	43.50	1.04	0.51	0.15
HUST	HUST	种仁	湖南浏阳	7.20	31.04	6.37	163.83										
HUST	HUST	种仁	湖南桑植	10.32	13.33	16.26											
HUST	HUST	种仁	湖南张家界	15.32	26.56	8.57	184.95										
JSU	SCBG	种仁	湖南吉首	3.30	33.43	10.52	160.34			6.86	0.44	1.09	28.34	56.13	1.04		0.39
SCBG	SCBG	种仁	浙江临安	21.56	107.51	5.30	185.84										
SCBG	SCBG	种仁	浙江清凉峰	21.34	79.71	4.28	173.98		0.33	20.47	0.36	3.31	10.48	23.11	0.66	0.62	
ECNU	SCBG	种仁	江苏宜兴	15.83	13.97	16.06			0.14	11.29	0.53	2.40	9.19	45.69	24.24	0.79	0.35
SCBG	SCBG	种仁	安徽金寨	21.35		20.31	229.66	0.01		15.23	0.06	1.65			40.13	0.35	
SCBG	SCBG	种仁	安徽歙县	9.59		19.58	232.88	0.02	0.05			1.20	54.64	42.79	56.84	1.07	0.09
ECNU	SCBG	种仁	安徽黄山	25.10	22.13	15.21	151.37	0.41	1.67	13.27	0.39	2.45	22.51	45.08	5.23	0.68	0.58
HNAU	ICS	种子	河南信阳	1.14	46.82	32.16			0.17	13.55		8.63	19.87	15.00	1.35	0.76	0.31
WHBG	WHBG	种仁	湖北五峰	5.83				0.28	0.42	11.02		3.39	20.48	63.28	1.13		
OCRI	SCBG	种仁	湖北鹤峰	21.20	73.79	108.42			0.04	7.57	0.20	3.31	15.74	71.22	0.79	0.38	0.15
OCRI	SCBG	种仁	湖北五峰	13.65	124.13	9.68	210.29		0.06	5.26		2.02	14.86	54.64	17.30	1.08	0.31
CIPP	SCBG	种仁	重庆南川	13.43	67.07	2.69	319.91			1.51	0.11	0.66	81.35	15.33	0.22	0.07	0.20
SCU	SCU	种仁	四川西昌	67.27	102.90	5.30	163.80	89.14	3.12	1.72		1.00	3.84	1.17			
SCU	SCU	种仁	四川都江堰	34.93	114.30	3.20	156.90			12.22		15.08	31.44	31.02	10.71		
SCBG	SCBG	种仁	贵州铜仁	20.15	100.97	76.83	116.44			1.51	0.11	0.66	81.35	15.33	0.22	0.07	0.20
OFPC			四川彭县	10.50	121.20		191.50			7.20		微量	25.60	64.80	2.40		
OFPC			广东乳源	13.20	133.50		196.50			17.10	8.60	5.60	47.20	21.50			
OFPC			江西武宁	8.00	110.00					8.30		3.90	20.50	67.30	微量		
OFPC			湖北罗田	8.30	126.70		193.60			8.50		2.20	18.80	67.30	1.80	1.40	
OFPC			江苏南京	6.90					0.30	21.70	微量	11.70	36.70	22.00	1.90	微量	
OFPC			广西临桂	9.80	149.10		179.10		0.40	11.10	0.60	5.50	35.90	44.30	微量	0.40	

膀胱果(大果省沽油)

Staphylea holocarpa Hemsl.

省沽油科，省沽油属

特征 落叶灌木或小乔木，高3~10 m。幼枝平滑。叶对生，有托叶，3小叶；小叶近革质，无毛，长圆状披针形至狭卵形，长5~10 cm，基部钝，先端凸渐尖，上面淡白色，边缘有硬细锯齿；侧脉10条，有网脉；侧生小叶无柄，顶生小叶具长柄，柄长2~4 cm。广展的伞房花序，长5 cm，或更长，花白色或粉红色，在叶后开放；花整齐，两性；花萼5枚，等大，脱落，覆瓦状排列，花瓣5枚，直立，与花萼近等大，覆瓦状排列，花盘平截，花萼被毛，边缘具不相连的裂齿；雄蕊5枚，等大，直立；子房基部2~3裂，裂片全裂，或稀叉齿状，连合为一室，花柱多数，分离或连合，柱头头状，胚珠多数，侧生于复缝线上，成二列。果为3裂、梨形膨大的蒴果，长4~5 cm，宽2.5~3 cm，基部狭，顶平截，种子近椭圆形，灰色，有光泽。花期4~5月；果期9月。

分布 陕西：佛坪龙草坪，33°24′45″N，107°31′27″E，1877 m，2009-08-26，薛帅400321066。湖北：兴山市南阳乡猴子包，31°21′17″N，110°45′18″E，605 m，2009-09-15，危文亮、丁时东400151001。重庆：南川区鱼泉乡庙坝天山坪沟，29°57′11″N，107°13′08″E，1395 m，2009-09-04，刘正宇等400231052。生长于海拔1200~2200 m的山坡上的开阔林地。产于广东、广西、湖南、浙江、安徽、湖北、四川、云南、西藏(东部)、甘肃、陕西。

栽培 播种繁殖。

用途 种子淡灰褐色，可榨油；果实、根入药，可以润肺止咳，祛风除湿。

含油率及化学组分数据

采集单位	测试单位	测试部位	产地	含油率(%)	碘值	酸值	皂化值	C12:0	C14:0	C16:0	C16:1	C18:0	C18:1	C18:2	C18:3	C20:0	C20:1
CAU	ICS	种子	陕西佛坪	12.75	77.01	2.85	184.40	0.25	0.06	3.92	0.04	3.88	47.86	26.08	17.56	0.26	0.11
OCRI	SCBG	种仁	湖北兴山	23.60	76.76	4.16	182.66		0.63	14.38		6.25	16.25	36.56	10.94	11.56	
CIPP	SCBG	种仁	重庆南川	15.65	77.84	5.24	397.94		0.26	5.38	0.12	2.45	30.36	50.55	4.03	2.31	0.22

瘿椒树（泡花、皮巴风）

Tapiscia sinensis Oliv.

省沽油科，瘿椒树属

特征 落叶乔木，高8~15 m。树皮灰黑色或灰白色。小枝无毛；芽卵形。奇数羽状复叶，长达30 cm；小叶5~9片，狭卵形或卵形，长6~14 cm，宽3.5~6 cm，基部心形或近心形，边缘具锯齿，两面无毛或仅背面脉腋被毛，上面绿色，背面带灰白色，密被近乳头状白粉点；侧生小叶柄短，顶生小叶柄长达12 cm。圆锥花序腋生，雄花与两性花异株，雄花序长达25 cm，两性花的花序长约10 cm；花小，长约2 mm，黄色，有香气；两性花：花萼钟状，长约1 mm，5浅裂；花瓣5枚，狭倒卵形，比萼稍长；雄蕊5枚，与花瓣互生，伸出花外；子房1室，有1颗胚珠，花柱长过雄蕊；雄花有退化雌蕊。果序长达10 cm，核果近球形或椭圆形，长仅达7 mm。花期6~7月；果期9~10月。

分布 湖南：永顺县清坪，29°03′35″N，110°22′28″E，535 m，2009-10-06，徐亮、周建军400191040。湖北：五峰唐家坡后河自然保护区，30°04′19″N，110°37′28″E，1325 m，2009-11-09，丁时东、危文亮400152025；五峰唐家坡后河自然保护区，30°04′19″N，110°37′28″E，2009-07-05，李晓东、陈士强40012198。生于海拔400 m以上山地林中。产于广东、广西、湖南、浙江、安徽、湖北、四川、贵州、云南。

栽培 播种繁殖。

用途 可作园林绿化。

含油率及化学组分数据

采集单位	测试单位	测试部位	产地	含油率(%)	碘值	酸值	皂化值	C12:0	C14:0	C16:0	C16:1	C18:0	C18:1	C18:2	C18:3	C20:0	C20:1
JSU	SCBG	种仁	湖南永顺	10.85	30.23	49.88	240.64		0.14	11.29	0.53	2.40	9.19	45.69	24.24	0.79	0.35
OCRI	SCBG	种仁	湖北五峰	28.12	84.38	15.17	218.23	0.17	71.27	5.53	0.17	0.91	7.01	11.93	0.74	0.35	0.78
WHBG	WHBG	种仁	湖北五峰	9.50	90.91	38.20	240.69			18.00	3.12	11.11	48.64	17.26	0.19	1.04	0.65

硬毛山香圆

Turpinia affinis Merr. et L. M. Perry

省沽油科，山香圆属

特征 乔木。树皮深褐色。羽状复叶，小叶2~4片，稀为5片，革质，椭圆状长圆形，基部楔形或钝，先端渐尖，尖尾长1~1.25 cm，边缘大部分密被钝齿，侧脉7~10，弯拱上升，网脉不明显；小叶柄长1~1.5 cm。圆锥花序长30 cm，分枝开展，被短柔毛，花在花轴上成假总状花序或伞形花序；小花梗长约1.5 mm；花瓣倒卵状椭圆形具缘毛，内面有绒毛；花丝长约3 mm，基部宽约1 mm，向上渐狭，常有短缘毛，花药卵状长圆形，长1(~1.2) mm；花盘有齿裂，长为子房的1/2；子房长约1 mm，花柱长2 mm，子房和花柱具长硬毛，胚珠6~8。浆果近圆形，径1~1.5 cm，有疤痕，花柱宿存，多数有硬毛，果皮厚0.5~1 mm。花期3~4月；果期8~11月。

分布 湖南：桑植县芭茅溪乡黄连台，29°42′38″N，110°02′05″E，31 m，2010-10-24，张兵、谷志容400181204；永顺县小溪茶园溪，28°45′53″N，110°14′09″E，355 m，2010-10-03，徐亮、肖艳400191132。湖北：五峰后河两河口，33°28′16″N，110°30′12″E，1140 m，2010-10-20，丁时东，危文亮等400151051。常生于海拔（500~）1000~2000 m的沟边或箐林中。产于广东、广西、四川、贵州、云南。

栽培 播种和扦插繁殖。播种时间一般为春播，最迟不能超过清明节。通常采用条播也可采用撒播。种子混合干净河沙播于沟中，在苗床上筛盖一层黄土，厚度为1~2 cm，然后覆盖芒萁。采集插穗：一般采用硬枝扦插，即选用2~4 年生，生长健壮、节间较短的枝条，粗一般不小于0.7 cm。试验表明，采用一年、二年或三年生穗条，发芽率分别为58%、81%、85%；枝条直径0.7 cm 以下发芽率为56%，比粗0.7 cm以上枝条低33%。

用途 树干用于培养香菇、木耳。

含油率及化学组分数据

采集单位	测试单位	测试部位	产地	含油率(%)	碘值	酸值	皂化值	C12:0	C14:0	C16:0	C16:1	C18:0	C18:1	C18:2	C18:3	C20:0	C20:1
HUST	HUST	种仁	湖南桑植	26.17	57.90	16.88	81.96										
JSU	SCBG	种仁	湖南永顺	21.51	118.26	3.17	202.59		0.02	11.08	0.12	49.41	38.17	0.75	0.43		
OCRI	SCBG	种仁	湖北五峰	20.16	18.54	3.24	138.50	0.02		12.69	0.36	12.49	15.97	4.79	0.70		8.22

锐尖山香圆（尖树、黄柿）
Turpinia arguta (Lindl.) Seem.
省沽油科，山香圆属

特征 落叶灌木，高1~3 m。老枝灰褐色，幼枝具灰褐色斑点。单叶，对生，厚纸质，椭圆形或长椭圆形，长7~22 cm，宽2~6 cm，先端渐尖，具尖尾，尖尾长1.5~2 mm，基部钝圆或宽楔形，边缘具疏锯齿，齿尖具硬腺体；侧脉10~13对，平行，至边缘网结，连同网脉在背面隆起，在上面可见，无毛；叶柄长1.2~1.8 cm，托叶生于叶柄内侧。顶生圆锥花序较叶短，长(4~)5~8(~17) cm，密集或较疏松；花长8~10(~12) mm，白色，花梗中部具2枚苞片；萼片5枚，三角形，绿色，边缘具睫毛，或无毛；花瓣白色，无毛；花丝长约6 mm，疏被短柔毛，子房及花柱均被柔毛。果近球形，幼时绿色，转红色，干后黑色，径(7~)10(~12) mm，表面粗糙，先端具小尖头，花盘宿存，有种子2~3粒。花期3~4月；果期9~10月。

分布 广东：乐昌九峰十二渡水，25°21′29″N，113°27′41″E，1176 m，2011-11-26，曾庆文、童毅、陈树钢4001122220；连平县大埠镇，23°02′36″N，113°45′49″E，2011-10-26，易绮斐、潘雅书、陈华平400119148。湖南：江永县源口镇白俸村白沙源，24°57′19″N，111°01′41″E，524 m，2009-10-27，黄玉滢、周喜乐400181120。贵州：江口县太平镇，27°44′19″N，108°53′06″E，2011-11-17，张九兵、朱明德400181356。生于森林、灌木地区以及干旱地区和公路旁，海拔400~700 m。产于广东、广西、湖南、江西、福建、浙江、安徽、湖北、重庆、贵州。

栽培 播种繁殖。

用途 叶可作家畜饲料。

含油率及化学组分数据

采集单位	测试单位	测试部位	产地	含油率(%)	碘值	酸值	皂化值	C12:0	C14:0	C16:0	C16:1	C18:0	C18:1	C18:2	C18:3	C20:0	C20:1
SCBG	SCBG	种仁	广东乐昌	24.05	99.23	1.64	374.11			9.40	3.00	1.80	32.60	42.30	1.90	5.10	1.00
SCBG	SCBG	种仁	广东连平	23.14	66.05	1.49	200.41				0.29	0.71	14.89	32.50	4.81	0.49	3.35
HUST	HUST	种仁	湖南江永	21.70	26.08	15.60											
HUST	HUST	种仁	贵州江口	34.16	11.65	26.57	232.88										

云南翅子藤
Loeseneriella yunnanensis (Hu) A. C. Sm.
翅子藤科，翅子藤属

特征 藤本。小枝棕褐色，近方形，无毛，具粗糙皮孔。叶纸质，卵形或卵状长圆形，基部圆形或阔楔形，全缘或具不显著锯齿，顶端渐尖或急尖；侧脉7~9对，网脉显著；叶柄长达1 cm，具沟槽。聚伞花序腋生或顶生，长和宽约3 cm；苞片和小苞片三角形，边缘纤毛状；总花梗短，长1~1.2 cm，花柄长0.8~1 cm；花淡黄色；萼片三角状卵形，长达2 mm；花瓣卵状长圆形，长约5 mm，顶端钝尖，边缘纤毛状；花盘肉质，高约1.5 mm，基部略呈五角形；雄蕊3枚，花丝扁平，舌状，长2~2.5 mm，花药近球形；子房近三角形，大部藏于花盘内，3室，花柱圆锥状，顶端截形。蒴果卵状长圆形，基部楔形，顶端圆形；果托不膨大，有4粒种子。种翅较窄，长2 cm，宽1.2 cm。花期3~7月；果期10~11月。

分布 云南南部及东南部。生于海拔700~1100 m的石灰岩疏林中。

栽培 播种繁殖。

用途 可作垂直绿化。

含油率及化学组分数据

采集单位	测试单位	测试部位	产地	含油率(%)	碘值	酸值	皂化值	C12:0	C14:0	C16:0	C16:1	C18:0	C18:1	C18:2	C18:3	C20:0	C20:1
OFPC			云南景谷	53.90	157.90	11.40	260.80			5.50	1.70	5.30	4.00	24.20	57.90		

黄杨（锦熟黄杨、瓜子黄杨）

Buxus sinica (Rehd. et Wils.) M. Cheng

黄杨科，黄杨属

特征 灌木或小乔木。高1~6 m。枝圆柱形，有纵棱，灰白色，小枝四棱形。叶革质，阔椭圆形、阔倒卵形、卵状椭圆形或长圆形，基部圆或急尖或楔形，先端圆或钝，常有小凹口，不尖锐，叶面光亮；叶背中脉平坦或稍凸出，中脉上常密被白色短线状钟乳体。花序腋生，头状，花密集，花序轴长3~4 mm，被毛；苞片阔卵形；雄花约10朵，无花梗，外萼片卵状椭圆形，内萼片近圆形，长2.5~3 mm，无毛，雄蕊连花药长4 mm，不育雌蕊有棒状柄，末端膨大，高2 mm左右；雌花萼片长3 mm，子房较花柱稍长，无毛，花柱粗扁，柱头倒心形，下延达花柱中部。蒴果近球形，长6~8(~10) mm，宿存花柱长2~3 mm。花期3月；果期5~6月。

分布 四川：西昌安哈乡，27°51′48″N，102°07′05″E，2010-10-04，崔龙、李志强40021110047。生于海拔1000~2600 m的山谷、溪边、林下。产于广东、广西、江西、浙江、江苏、安徽、山东、湖北、四川、贵州、甘肃、陕西各地，有部分属于栽培。

栽培 耐阴喜光，在一般室内外条件下均可保持生长良好。长期荫蔽环境中，叶片虽可保持翠绿，但易导致枝条徒长或变弱。喜湿润，可耐连续1个月左右的阴雨天气，但忌长时间积水。耐旱，只要地表土壤或盆土不至完全干透，无异常表现。耐热、耐寒，可经受夏日暴晒和耐-20℃左右的严寒，但夏季高温潮湿时应多通风透光。对土壤要求不严，以轻松肥沃的砂质壤土为佳，盆栽亦可以蛭石、泥炭或土壤配合使用，耐碱性较强。

用途 可栽培观赏。

含油率及化学组分数据

采集单位	测试单位	测试部位	产地	含油率(%)	碘值	酸值	皂化值	C12:0	C14:0	C16:0	C16:1	C18:0	C18:1	C18:2	C18:3	C20:0	C20:1
SCU	SCU	种仁	四川西昌	34.90	114.20	3.70	147.90			16.54	9.31	10.75	31.76	27.94	3.37		
OFPC			陕西南郑	26.00	108.90	23.60	189.90			9.80		2.50	24.10	62.00	1.50		
OFPC			江苏南京	34.70	120.50				0.10	11.10	0.90	3.20	32.90	50.20	1.10		

野扇花（清香桂）

Sarcococca ruscifolia Stapf

黄杨科，野扇花属

特征 常绿灌木。叶变化很大，但常见的为卵形或椭圆状披针形，长3.5~5.5 cm，宽1~2.5 cm，先端急尖或渐尖，一般中部或中部以下较宽，叶面亮绿，叶背淡绿；叶面中脉突出，无毛，稀被微细毛，大多数中脉近基部有一对互生或对生的侧脉，多少成离基3出脉。花序短总状，长1~2 cm，花序轴被微细毛；苞片披针形或卵状披针形；花白色，芳香；雄花2~7个，雌花2~5个，生花序轴下部，通常下方雄花有长约2 mm的花梗，具2枚小苞片，小苞片卵形，长为萼片的1/3~2/3，上方雄花近无梗，有的无小苞片；雄花萼片通常4枚，亦有3枚或5枚，内方的阔椭圆形或阔卵形，外方的卵形，渐尖头，雄蕊连花药长约7 mm；雌花连柄长6~8 mm，柄上小苞多片，狭卵形，覆瓦状排列。果实球形，熟时猩红至暗红色，宿存花柱3枚或2枚，长2 mm。花、果期10月至翌年2月。

分布 广西：桂林市全州县百宝乡东山村，25°45′44″N，111°31′27″E，460 m，2012-09-21，廖云标40011013011。贵州：松桃县盘兴镇，28°02′60″N，109°12′44″E，2011-11-16，张九兵、朱明德400181351。云南：禄劝县转龙乡下则老村，26°01′01″N，102°51′39″E，2312 m，2009-10-25，王智400221072。四川：成都彭州白鹭，31°11′30″N，103°55′52″E，1212 m，2011-10-24，邓星光、吴阳晨等40021111103。生于海拔400~2500 m的杂木林下，喜生于石灰岩上。产于西南（滇中）、西北以及东南等地区。我国湖北西部、四川、贵州亦有分布。

栽培 播种或扦插繁殖。

用途 可作为优良的园林耐阴植物。

含油率及化学组分数据

采集单位	测试单位	测试部位	产地	含油率(%)	碘值	酸值	皂化值	C12:0	C14:0	C16:0	C16:1	C18:0	C18:1	C18:2	C18:3	C20:0	C20:1
GXIB	SCBG	种仁	广西桂林	16.58	91.17	0.98	157.05		0.46	14.38		6.54	17.65	31.10			
HUST	HUST	种仁	贵州松桃	5.56	126.08	7.66	114.47	0.01	0.12	6.70	0.11	3.71	18.55	69.12	1.04	0.41	0.24
KMIB	KMIB	种仁	云南禄劝	36.20	122.00	3.50	186.30				10.12		3.66	28.80	54.10	0.21	0.11
SCU	SCU	种仁	四川成都	25.07	223.92	63.97		1.64		8.55		4.18	25.39	59.04	0.57	0.27	

柴龙树

Apodytes dimidiata E. Mey. ex Arn.

茶茱萸科，柴龙树属

特征 灌木或乔木。叶纸质，椭圆形或长椭圆形，基部楔形，先端急尖或短渐尖；侧脉5~8对，背面较明显，网脉细；叶柄长1~2.5 cm，疏被微柔毛，嫩时较密。圆锥花序顶生，密被黄色微柔毛；花两性，淡黄色或白色，具短花梗，长不到1 mm，密被黄色微柔毛；花萼杯状，黄绿色，长约0.5 mm，5齿裂，外面疏被微柔毛；花瓣5枚，黄绿色，长圆形，长约4 mm，宽约1 mm；雄蕊5枚，花丝紫绿色，长约1.5 mm，花药黄绿色，长约1.5 mm，药室基部张开，上部着生于花丝上；子房密被黄色短柔毛，长约1.5 mm，花柱偏生，长2.5 mm，无毛，柱头小。核果长圆形，长约1 cm，宽约0.7 cm，生时青，熟时红至黑红色，基部有一盘状附属物，其一侧为宿存花柱。种子1粒。花、果期全年。

分布 海南：昌江县霸王岭，19°06′59″N，109°05′32″E，2009-08-01，秦新生400116129。生于海拔470~1540(~1900) m的各种疏、密林中，石山及村寨旁的灌丛中也常见。产于海南、广东(南部)、广西以及云南(南部)。非洲南部以及安哥拉及热带、亚热带地区和东北非洲至斯里兰卡、印度至热带东南亚(直至菲律宾、印度尼西亚)也有分布。

栽培 播种繁殖。

用途 本种具有褐灰色、硬而十分坚韧的木材，非洲叫“白梨木”，易于施工，宜作镟制品。

含油率及化学组分数据

采集单位	测试单位	测试部位	产地	含油率(%)	碘值	酸值	皂化值	C12:0	C14:0	C16:0	C16:1	C18:0	C18:1	C18:2	C18:3	C20:0	C20:1
CSAU	SCBG	种仁	海南昌江	32.60	63.94	6.17	193.16			11.26		7.86	34.99	42.59	1.50	0.91	0.89

琼榄(金蒂、黄柄木)

Gonocaryum lobbianum (Miers) Kurz

茶茱萸科，琼榄属

特征 灌木或小乔木。叶革质，长椭圆形至阔椭圆形，先端骤尖，基部阔楔形或近圆形而一侧偏斜。花杂性异株，雄花排列成腋生、密集、间断的短穗状花序，雌花和两性花少数，于短花序柄上排列成总状花序；雄花具短梗，长7~8 mm，阔椭圆形，仅近基部连合，裂片镊合状排列，具缘毛；花冠管状，长约6 mm，白色，无毛，稍肉质，5裂片呈三角形，边缘内弯；雄蕊5枚，着生于花冠管上；退化子房长约2.5 mm，被短柔毛；花盘环状；雌花较小；萼片5枚，卵形，长约2.5 mm，镊合状排列；花冠管状，长约6 mm，5裂，裂片三角形；花丝长约4 mm，退化花药长约0.5 mm；子房阔卵形，无毛，花柱被毛，柱头小，3裂；花盘环状。核果椭圆形至长椭圆形，由绿色转紫黑色，干时有纵肋，顶端具短喙。花期1~4月；果期3~10月。

分布 海南：琼中太平乡三角山，19°41′16″N，110°00′48″E，2009-07-24，秦新生40011612；三亚市田独镇落笔洞，18°20′28″N，109°33′27″E，36 m，2009-08-04，邢福武、戴建阅、郑希龙40011144；三亚市田独甘什岭，18°15′28″N，109°31′22″E，刘东明、梁耀、王鹏400112244；乐东尖峰岭，18°43′15″N，108°52′54″E，2011-10-13，秦新生4001161233。生于海拔500~1800 m的山谷密林中，少见。产于海南、广东、云南。缅甸、泰国、越南、柬埔寨、老挝和马来半岛以及印度尼西亚也有分布。

栽培 播种繁殖。

用途 种子油可供制皂及润滑油。

含油率及化学组分数据

采集单位	测试单位	测试部位	产地	含油率(%)	碘值	酸值	皂化值	C12:0	C14:0	C16:0	C16:1	C18:0	C18:1	C18:2	C18:3	C20:0	C20:1
SCAU	SCBG	种仁	海南琼中	14.00	81.43	1.75	220.27	0.01		14.66	0.05	3.17	77.33	3.80	0.35	0.29	0.33
SCBG	SCBG	种仁	海南三亚	32.58	87.48	3.88	196.20	0.04	0.19	19.47	2.65	3.43	29.76	43.92	0.17	0.25	0.12
SCBG	SCBG	种仁	海南三亚	4.15	32.05	12.43	354.28		0.1144	6.8314	0.0201	2.0705	28.0826		7.9516	0.3786	
SCAU	SCBG	种仁	海南乐东	23.50	95.26		203.05		1.78		7.30			14.86	10.36	0.50	
OFPC			海南陵水	33.60	67.70		196.50			19.30	1.90	78.80	微量				

微花藤（麻雀筋藤、花心藤）

Iodes cirrhosa Turcz.

茶茱萸科，微花藤属

特征 木质藤本。具腋生或腋外生卷须，有时与叶对生。叶卵形或宽椭圆形，厚纸质，长5~15 cm，宽2~10 cm，先端锐尖或短渐尖，基部近圆形至极浅心形，偏斜。花序具短柄，密被黄褐色绒毛，雌花序花少，雄花序为密伞房花序，有时复合成腋生或顶生的大型圆锥花序；雄花小，芽时近球形；花萼极短，长约0.5 mm，5深裂，裂片三角形，外面密被锈色柔毛；花瓣黄色，5裂片，近基部连合，裂片长圆形，长2.5~3.5 mm，外面密被锈色柔毛，先端具一长约1 mm的尾，密被白色短纤毛，向内反曲；雄蕊5枚；不发育雌蕊被刺状长柔毛；雌花花萼较大；子房近有柄，卵形，两侧压扁，密被长柔毛，花柱短，柱头上面微凹。核果卵球形，熟时红色，果肉较厚，两侧压扁，被柔毛，长2~2.6 cm，宽1.2~2 cm，干时表面具多角形陷穴。花期1~4月；果期5~10月。

分布 广西：龙州县弄岗自然保护区弄岗站观猴区，22°25′54″N，106°51′31″E，2009-07-18，吴望辉、蒋日红、吴磊4001101042。生于密林中。产于海南、广西、云南等地。

栽培 喜高温、多湿的气候，不耐干旱。播种或扦插繁殖。

用途 广西用根治风湿痛。可作为优良的木本花卉和观叶植物。

含油率及化学组分数据

采集单位	测试单位	测试部位	产地	含油率(%)	碘值	酸值	皂化值	C12:0	C14:0	C16:0	C16:1	C18:0	C18:1	C18:2	C18:3	C20:0	C20:1
GXIB	SCBG	种仁	广西龙州	46.60	70.72	0.75	147.50		0.10	25.41	62.36	0.89	4.73	6.16	0.05	0.29	

小果微花藤

Iodes vitiginea (Hance) Hemsl.

茶茱萸科，微花藤属

特征 木质藤本。小枝压扁，被淡黄色硬伏毛。叶薄纸质，长卵形至卵形，基部圆形或微心形，先端通常长渐尖或有时急尖。伞房圆锥花序腋生，雄花序长8~20 cm，多花密集；雄花黄绿色；萼片5枚，披针形，近基部连合，外面被锈色柔毛；花瓣5（稀6）裂片，于中部以下连合，长为花瓣的1/2，先端有一小尖凸；雄蕊5枚，浅黄色，长约1 mm，花丝极短，花药长圆形；子房不发育，被淡黄色刺状长柔毛；雌花序较短；雌花绿色，萼片5枚，近基部连合，外面密被锈色柔毛；花瓣5(~6)枚，披针形至阔卵形，长1~2 mm，近基部连合，外面被黄褐色柔毛；无退化雄蕊；子房卵状圆球形或近圆柱形，长1~1.5 mm，密被黄色刺状柔毛，柱头近圆盘形，浅3裂。核果卵形或阔卵形，长1.3~2.2 cm，宽1.2~1.6 cm，幼时绿色，椭圆形，熟时红色，干时略压扁，密被黄色绒毛，具宿存增大的花瓣、花萼。花期12月至翌年6月；果期5~8月。

分布 广东、海南、广西、贵州、云南（东南部）。常见于海拔120~1300 m的沟谷季雨林至次生灌丛中。越南北部、老挝北部、泰国北部也有分布。

栽培 播种繁殖。

用途 可作园林绿化。

含油率及化学组分数据

采集单位	测试单位	测试部位	产地	含油率(%)	碘值	酸值	皂化值	C12:0	C14:0	C16:0	C16:1	C18:0	C18:1	C18:2	C18:3	C20:0	C20:1
OFPC			广东高要	39.30	97.60		209.00		微量		67.20		12.10	9.50			
OFPC			广西龙州	50.50	65.20		190.00		微量	36.70	54.30	0.60	4.00	4.40			

定心藤（甜果藤、黄九牛、黄马胎）

Mappianthus iodoides Hand.-Mazz.

茶茱萸科，定心藤属

特征 木质藤本。叶长椭圆形至长圆形，稀披针形，基部圆形或楔形，先端渐尖至尾状；叶柄长6~14 mm，上面具窄槽，疏被或密被黄褐色糙伏毛。雄花序交替腋生，被黄褐色糙伏毛；小苞片极小；雄花芳香；花芽淡绿色，球形至开花前为长圆形；花梗长1~2 mm；花萼杯状，微5裂，裂齿尖且微小；花冠黄色，长4~6 mm，5裂片，裂片卵形，先端内弯；雄蕊5枚，花药黄色，卵形；雌蕊不发育；子房圆锥形，先端平截；雌花：花梗长2~10 mm，粗1~2 mm；花萼浅杯状，5裂片；花瓣5枚；退化雄蕊5枚，长约2 mm，花丝扁线形，花药卵状三角形；子房近球形，密被黄褐色硬伏毛，花柱极短或无，柱头盘状，5圆裂。核果椭圆形，疏被淡黄色硬伏毛，干时具下陷网纹及纵槽，基部具宿存、略增大的萼片。种子1枚。花期4~8月，雌花较晚；果期6~12月。

分布 广东：惠州市南昆山猫公谣斗，23°37′29″N，113°48′37″E，807 m，2009-10-04，邢福武40011240；惠州市南昆山万马平村，23°37′46″N，113°53′20″E，667 m，2009-10-05，邢福武40011242。生于海拔800~1800 m的疏林、灌丛及沟谷林内。产于广东、广西、湖南、福建、贵州、云南（南部及东南部）。越南也有分布。

栽培 喜温暖、湿润的环境，耐寒，耐干旱。播种或扦插繁殖，于春季进行，栽培容易，易管理。

用途 果肉味甜可食；根或老藤药用。

含油率及化学组分数据

采集单位	测试单位	测试部位	产地	含油率(%)	碘值	酸值	皂化值	C12:0	C14:0	C16:0	C16:1	C18:0	C18:1	C18:2	C18:3	C20:0	C20:1
SCBG	SCBG	种仁	广东惠州	37.50	70.76	5.87	186.36	0.01	0.08	10.97	0.70	5.25	27.62	45.29	1.35	0.66	8.06
SCBG	SCBG	种仁	广东惠州	41.59	90.90	2.15	311.10		0.04	3.84	0.04	0.85	26.15	35.91	32.59	0.11	0.47
OFPC			广西贺县	13.90			195.90		1.00	34.00	7.20	5.40	46.50	0.50	0.60	1.90	

光枝勾儿茶

Berchemia polyphylla var. **leioclada** (Hand.-Mazz.) Hand.-Mazz.

鼠李科，勾儿茶属

特征 藤状灌木。小枝及花序轴、果梗均无毛。叶柄仅上面有疏短柔毛。本变种的叶较小，叶柄被毛。夏、秋季开花，当年结实。

分布 湖南：桑植县两河口，29°24′19″N，110°09′22″E，2011-10-18，张九兵、朱明400181301。重庆：南川区三泉镇火炬马尾溪，29°51′40″N，107°06′37″E，548 m，2009-11-10，刘正宇等400231123。云南：文山州西畴县西洒镇，23°26′30″N，104°40′17″E，2011-10-11，曾庆文、陈树钢、杨国400114221。常见于山坡、沟边灌丛或林缘，海拔100~2100 m。产于陕西、四川、云南、贵州、广西、广东、福建、湖南、湖北。越南也有分布。

栽培 播种或扦插繁殖。

用途 根和叶药用，有调经活血之功效；种子油工业用。

含油率及化学组分数据

采集单位	测试单位	测试部位	产地	含油率(%)	碘值	酸值	皂化值	C12:0	C14:0	C16:0	C16:1	C18:0	C18:1	C18:2	C18:3	C20:0	C20:1
HUST	HUST	种仁	湖南桑植	18.49	42.41	137.91	163.44		0.34	27.49	3.30	3.62	35.03	17.26	2.16	0.38	1.15
CIPP	SCBG	种仁	重庆南川	43.16	70.21	1.10	406.27	0.18	0.74	12.80	0.95	1.90	21.57	51.92	1.53	0.37	0.18
SCBG	SCBG	种仁	云南文山	24.56	99.57	6.89	142.37	0.01	0.03	5.75	0.04	3.40	7.65	21.98	60.73	0.12	0.30

枳椇(拐枣、鸡爪子)

Hovenia acerba Lindl.

鼠李科，枳椇属

特征 高大乔木，高10~25 m。小枝褐色或黑紫色，被棕褐色短柔毛或无毛，有明显白色的皮孔。叶互生，厚纸质至纸质，宽卵形、椭圆状卵形或心形，长8~17 cm，宽6~12 cm，基部截形或心形，稀近圆形或宽楔形，边缘常具整齐、浅而钝的细锯齿，上部或近顶端的叶有不明显的齿，稀近全缘，顶端长渐尖或短渐尖，上面无毛，下面沿脉或脉腋常被短柔毛或无毛；叶柄长2~5 cm，无毛。二歧式聚伞圆锥花序，顶生和腋生，被棕色短柔毛；花两性，直径5~6.5 mm；萼片具网状脉或纵条纹，无毛，长1.9~2.2 mm，宽1.3~2 mm；花瓣椭圆状匙形，长2~2.2 mm，宽1.6~2 mm，具短爪。浆果状核果近球形，直径5~6.5 mm，无毛，成熟时黄褐色或棕褐色；果序轴明显膨大。种子暗褐色，直径3.2~4.5 mm。花期5~7月，果期8~10月。

分布 广东：阳山龙潭角六华里，24°46′27″N，112°53′50″E，2010-08-29，邢福武、翟俊文、郑希龙、戴建阅400111180；蕉岭县长潭保护站，24°55′09″N，113°05′22″E，2010-10-12，易绮斐、戴建阅、翟俊文400119100。山东：泰安，36°12′17″N，117°07′28″E，198 m，2010-11-10，赵伟华400311230。河南：信阳鸡公山，31°48′19″N，114°04′33″E，702 m，2012-09-18，王亚平400314257。湖南：桑植县卢潭湾煤矿，29°23′18″N，110°08′57″E，312 m，2012-09-29，张九兵、唐波400181425；古丈县高望界镇高林，28°24′25″N，110°02′54″E，669 m，2010-07-15，徐亮、张代贵400191111。广西：桂林市广西植物研究所，25°4′27″N，110°18′01″E，170 m，2010-11-09，吴磊、农冬新4001101112。上海：辰山植物园，31°04′56″N，121°10′38″E，8 m，2010-11-03，胡超、董全英4001171115。湖北：房县野人谷，31°53′23″N，110°42′19″E，980 m，2009-11-09，丁时东、危文亮400152013；房县野人谷，31°53′09″N，110°42′28″E，2009-10-19，李晓东、陈永峰40012148。河北：青龙，40°05′45″N，119°36′59″E，620 m，2011-09-22，徐兴友、韩宝强400313109。云南：昆明植物园杜鹃园，25°08′26″N，102°44′31″E，1941 m，2010-09-20，李忠荣400222171。江西：靖安县九岭山，29°02′43″N，115°24′06″E，154 m，2012-10-17，迟盛南、赵万义4001416054。生于海拔2100 m以下的开旷地、山坡林缘或疏林中。产于广东、广西、湖南、江西、福建、浙江、江苏、安徽、河南、湖北、四川、贵州、甘肃、陕西、云南。印度、尼泊尔、不丹以及缅甸北部也有分布。

栽培 播种繁殖。适应性强。

用途 果、种子油药用。

含油率及化学组分数据

采集单位	测试单位	测试部位	产地	含油率(%)	碘值	酸值	皂化值	C12:0	C14:0	C16:0	C16:1	C18:0	C18:1	C18:2	C18:3	C20:0	C20:1
SCBG	SCBG	种仁	广东阳山	11.26	158.65		108.25	0.07	0.55	18.74	0.47	3.05	55.05			0.35	
SCBG	SCBG	种仁	广东蕉岭	11.57	123.85	2.40	178.74	0.01	0.03	7.73	0.33	5.11	27.57	16.38	37.10	1.99	3.74
ICS	ICS	种子	山东泰安	5.88	161.10	1.21	206.05			7.20	0.66	2.93	24.06	19.21	40.68	0.68	1.43
HNAU	ICS	种子	河南信阳	2.74	195.87	70.66	218.07	0.08	0.07	7.95	0.85	2.94	32.79	18.72	28.65	0.65	1.95
HUST	HUST	种仁	湖南桑植	3.81	9.00	5.67	184.54	0.01	0.05	2.83	0.38	0.52	67.25	28.27	0.12	0.05	
JSU	SCBG	种仁	湖南古丈	7.35					0.06	5.02	0.41	1.43	54.65	30.96	0.62	0.70	0.08
GXIB	SCBG	种仁	广西桂林	10.26	149.34	0.86	201.96		0.07	11.50	0.92	2.41	14.64	67.44	0.60	0.63	0.13
ECNU	SCBG	种仁	上海辰山	9.15	23.45	4.99	248.84			6.99	0.32	2.16	25.59	59.82	1.11	1.12	0.49
OCRI	SCBG	种仁	湖北房县	12.54	147.09	7.28	222.74	0.14	0.56	0.09	9.08	0.32	1.28	15.33	37.45	1.09	0.18
WHBG	WHBG	种仁	湖北房县	9.88					0.05	14.65	2.74	4.51	18.99	42.92	0.36	0.41	0.05
ICS	ICS	种子	河北青龙	7.27	193.09	11.17	162.12	0.20		7.37	0.47	4.13	24.98	15.56	40.73	0.86	1.82
KMIB	KMIB	种仁	云南昆明	8.00	170.70	0.90	178.90		0.03	7.06		3.73	22.90	13.30	45.56	0.71	
SYSU	SCBG	种仁	江西靖安	25.08	55.98	6.34	182.25	4.17	1.43	3.44	0.03	1.53	4.33	3.83	0.81	1.76	0.26
OFPC		种子	江苏南京	12.10	141.60		184.60	微量	微量	8.50	0.30	4.30	28.70	13.50	43.50	0.50	
OFPC		种子	江西武宁	6.50				微量	微量	11.30	微量	8.90	48.60	16.90	13.10	微量	

长叶冻绿（山黄、水冻绿）

Rhamnus crenata Sieb. et Zucc.

鼠李科，鼠李属

特征 灌木，高2~3 m。幼枝红褐色，有锈色短柔毛或后脱毛。叶柄长达1 cm，有密或稀疏的锈色尘状短柔毛；叶互生，长椭圆状披针形或椭圆状倒卵形，长5~10 cm，宽2.5~3.5 cm，基部楔形或钝圆，边有小锯齿，顶端短尾状渐尖或短急尖，上面无毛，下面沿脉有锈色短毛；侧脉7~12对。聚伞花序腋生，总花梗短；花单性，淡绿色；花萼5裂；花瓣5枚，小；雄蕊5枚。核果近球形，成熟后黑色，有2~3核。种子倒卵形，背面基部有小沟。花期5~8月；果期8~10月。

分布 湖南：湘潭县响水乡，27°55′36″N，112°54′13″E，75 m，2010-08-20，严岳鸿400181166；永顺小溪，28°47′34″N，110°12′50″E，758 m，2009-08-07，徐亮、周建军400191090；龙山县大安乡药场，29°35′48″N，109°39′57″E，1386 m，2011-08-22，徐亮、覃三立40019101148。重庆：南川区金山镇金佛山黄泥垭，28°36′28″N，107°33′51″E，1429 m，2009-08-21，刘正宇等400231032。安徽：金寨，31°10′07″N，115°46′15″E，550 m，2012-11-04，李晓东、呇艳燕等400121294。常生于海拔2000 m以下的山地林下或灌丛中。产于广东、广西、湖南、江西、福建、台湾、浙江、江苏、安徽、河南、湖北、四川、贵州、陕西、云南。朝鲜、日本、越南、老挝、柬埔寨也有分布。

栽培 播种繁殖。

用途 根药用；种子油工业用。

含油率及化学组分数据

采集单位	测试单位	测试部位	产地	含油率(%)	碘值	酸值	皂化值	C12:0	C14:0	C16:0	C16:1	C18:0	C18:1	C18:2	C18:3	C20:0	C20:1
HUST	HUST	种仁	湖南湘潭	23.47	7.77	7.11	155.93	0.04	0.13	6.27	0.85	1.43	43.12	40.21	1.58	0.17	0.12
JSU	SCBG	种仁	湖南永顺	27.01	85.34	10.48	194.45	0.07	0.10	10.00	0.08	8.02	20.76	59.78	0.24	0.39	0.56
JSU	SCBG	种仁	湖南龙山	22.26	93.37	6.57	177.33		0.10	7.25	0.50	1.69	11.72	62.83	0.70		11.57
CIPP	SCBG	种仁	重庆南川	21.80	20.45	9.45	148.30	0.55	11.77	12.21	0.12	3.78	11.78	21.68	0.39	1.26	
WHBG	WHBG	种仁	安徽金寨	10.08	76.81	3.07	362.76		0.14	21.59	0.16	2.39	20.98	17.12	1.45	0.28	0.15

圆叶鼠李（冻绿树、山绿柴）

Rhamnus globosa Bunge

鼠李科，鼠李属

特征 灌木，稀小乔木，高2~4 m。托叶线状披针形，宿存，有微毛；叶柄长6~10 mm，被密柔毛；叶纸质或薄纸质，对生或近对生，稀兼互生，或在短枝上簇生，基部宽楔形或近圆形，边缘具圆齿状锯齿，顶端凸尖或短渐尖，稀圆钝。花单性，雌雄异株，通常数个至20个簇生于短枝端或长枝下部叶腋，稀2~3个生于当年生枝下部叶腋，4基数；花萼和花梗均有疏微毛；花柱2~3浅裂或半裂；花梗长4~8 mm。核果球形或倒卵状球形，长4~6 mm，直径4~5 mm，基部有宿存的萼筒，具2、稀3分核，成熟时黑色；果梗长5~8 mm，有疏柔毛。种子黑褐色，有光泽，背面或背侧有长为种子3/5的纵沟。花期4~5月；果期6~10月。

分布 浙江：临安天目山，30°21′40″N，119°28′9″E，327 m，2009-10-30，刘东明、戴建阅400111132。山东：枣庄抱犊崮，36°15′37″N，117°07′17″E，900 m，2009-08-20，赵伟华400311051。生于海拔1600 m以下的山坡、林下或灌丛中。产于湖南、江西、浙江、江苏、安徽、山东、河南、甘肃、陕西、山西、河北、北京、辽宁。

栽培 播种繁殖。

用途 种子油可作润滑油用。

含油率及化学组分数据

采集单位	测试单位	测试部位	产地	含油率(%)	碘值	酸值	皂化值	C12:0	C14:0	C16:0	C16:1	C18:0	C18:1	C18:2	C18:3	C20:0	C20:1
SCBG	SCBG	种仁	浙江临安	4.56	91.75	1.83	164.93		0.05	11.08	0.10	8.02	17.94	50.69	7.95	0.43	3.73
ICS	ICS	种子	山东枣庄	26.60	76.75	9.18	146.95		0.02	5.58	0.11	2.60	20.81	43.70	24.86	1.04	1.26

海南鼠李
Rhamnus hainanensis Merr. et Chun
鼠李科，鼠李属

特征 藤状灌木，稀直立。枝无刺，小枝具多数瘤状皮孔，幼时被疏短柔毛。叶纸质，大小异形，交替互生，小叶卵形，长不超过3 cm；大叶椭圆形或矩圆状卵形，长5~11 cm，宽2.5~4.5 cm，顶端渐尖或急尖，基部圆形，边缘具细锯齿或钝锯齿，两面干时呈绿黄色；侧脉每边5~7条，上面稍下陷或平，无毛，下面凸起，沿脉被金黄色短柔毛，稀近无毛；叶柄长7~15 mm，被短柔毛。花杂性，单生或2~4朵排成腋生聚伞总状花序，5基数；花梗长2~3 mm，有疏短微毛；萼片长圆状披针形，顶端尖，内面有不明显的中肋，早落；花瓣宽椭圆形，全缘，近截形；雄蕊约与花瓣等长，稍短于萼片；子房球形，3室，每室有1胚珠，花柱3枚，稀2浅裂，长约为子房的1.5倍。核果倒卵状球形或近球形，长6~7 mm，直径约5 mm，基部有宿存的萼筒，成熟时深红色或紫红色，具3分核；果梗长5~7 mm。种子3~2粒，背面有长为种子1/2的短沟。花期8~11月；果期11月至翌年3月。

分布 海南：昌江县霸王岭老林场，19°06′59″N，109°05′33″E，2009-08-03，秦新生400116146。生于沿海沙地上的林中或灌丛中。海南特有种。

栽培 播种或扦插繁殖。

用途 种子油工业用。

含油率及化学组分数据

采集单位	测试单位	测试部位	产地	含油率(%)	碘值	酸值	皂化值	C12:0	C14:0	C16:0	C16:1	C18:0	C18:1	C18:2	C18:3	C20:0	C20:1
SCAU	SCBG	种仁	海南昌江	21.47	0.65	6.38	194.67										

薄叶鼠李（白赤木、细叶鼠李）
Rhamnus leptophylla C. K. Schneid. [*Rhamnus chlorophora* Decne.]
鼠李科，鼠李属

特征 灌木或稀小乔木，高达5 m。托叶线形，早落；叶柄长0.8~2 cm，上面有小沟，无毛或被疏短毛；叶纸质，对生或近对生，或在短枝上簇生，倒卵形至倒卵状椭圆形，稀椭圆形或矩圆形，长3~8 cm，宽2~5 cm，顶端短凸尖或锐尖，稀近圆形，基部楔形，边缘具圆齿或钝锯齿。花单性，雌雄异株，4基数，有花瓣；花梗长4~5 mm，无毛；雄花10~20朵簇生于短枝端；雌花数朵至10余朵簇生于短枝端或长枝下部叶腋，退化雄蕊极小，花柱2半裂。核果球形，直径4~6 mm，长5~6 mm，基部有宿存的萼筒，成熟时黑色；果梗长6~7 mm。种子宽倒卵圆形，背面具长为种子2/3~3/4的纵沟。花期3~5月；果期5~10月。

分布 湖南：桑植县塞家坡乡，29°41′32″N，109°45′53″E，449 m，2010-10-23，张兵、谷志容400181205；龙山县大安乡药场，29°35′16″N，109°39′51″E，1345 m，2011-08-31，徐亮、覃三立、朱群英40019101166；张家界永定区三岔乡三望坡，29°05′30″N，110°32′34″E，2011-10-21，张九兵、朱明德400181304。山东：沂源织女洞森林公园，36°06′07″N，118°15′10″E，331 m，2010-11-06，赵伟华400311206。重庆：南川区三泉镇金佛山彪水岩，29°09′34″N，107°07′47″E，979 m，2009-10-12，刘正宇等400231080。生于山坡、山谷、路旁灌丛中或林缘，海拔1700~2600 m。广布于广东、广西、湖南、江西、福建、浙江、安徽、山东、河南、湖北、四川、贵州、陕西、云南等地。

栽培 喜光亦较耐阴，喜湿润而肥沃的土壤。播种繁殖。

用途 根、果药用；种子油工业用。

含油率及化学组分数据

采集单位	测试单位	测试部位	产地	含油率(%)	碘值	酸值	皂化值	C12:0	C14:0	C16:0	C16:1	C18:0	C18:1	C18:2	C18:3	C20:0	C20:1
HUST	HUST	种仁	湖南桑植	12.07	16.52	26.91	173.63	0.09	0.23	21.07	0.80	2.20	44.44	16.81	9.90	0.20	0.15
JSU	SCBG	种仁	湖南龙山	20.55	84.90	60.23	93.57			10.67	0.32	8.48	14.89	50.56	4.71		3.35
HUST	HUST	种仁	湖南张家界	26.14	16.48	20.92	162.24	0.10	0.93	6.84	0.36	2.85	16.49	15.98	42.90	0.48	1.27
ICS	ICS	种子	山东沂源	27.40	154.51	2.12	208.29		0.06	4.97	0.08	2.03	18.09	47.51	18.39	0.34	0.70
CIPP	SCBG	种仁	重庆南川	20.37	15.68	6.84	192.45		0.36	9.20	0.46	1.87	14.41	63.05	1.32	1.20	0.45

长柄鼠李
Rhamnus longipes Merr. et Chun
鼠李科，鼠李属

特征　直立灌木或小乔木，高达8 m。株体无刺。幼枝和小枝紫褐色，无毛或被疏毛。叶近革质，椭圆形或长圆状披针形，长6~11 cm，宽2~4 cm，顶端渐尖，基部楔形或近圆形，边缘稍背卷，具疏细钝齿，两面无毛，稀下面沿脉被疏硬毛，有光泽，干时黄绿色；中脉粗壮，上面下陷，下面凸起，侧脉每边7~10条；叶柄长1.2~2.2c m，被毛，后脱毛；托叶线状披针形，长4~5 mm，早落。花两性，2至数朵聚生于长1.5~4 cm的总花梗上，排成腋生聚伞花序，无毛或被疏柔毛；花梗长3~4 mm，被微柔毛；萼片三角形，约与萼管等长，稍锐尖；花瓣倒心形，长约1.5 mm，顶端圆形；雄蕊长于花瓣；子房球形，无毛，2~3室，每室具1胚珠，花柱长1.2 mm，2~3半裂。核果球形或倒卵状球形，长6~8 mm，直径7~8 mm，成熟时红紫色或黑色，果梗长6~8mm，被疏柔毛。种子2粒，稀3粒，长约4 mm，背面无沟。花期6~8月。

分布　海南：陵水县本号镇吊罗山国家级自然保护区新安，18°36′53″N，109°58′08″E，2010-08-09，秦新生4001161119。常生于山地林下或灌丛中。产于华南以及云南。

栽培　播种繁殖。

用途　可用作绿化。

含油率及化学组分数据

采集单位	测试单位	测试部位	产地	含油率(%)	碘值	酸值	皂化值	C12:0	C14:0	C16:0	C16:1	C18:0	C18:1	C18:2	C18:3	C20:0	C20:1
SCAU	SCBG	种仁	海南陵水	20.65	5.98	6.54	214.45										

尼泊尔鼠李（纤细鼠李、染布叶）
Rhamnus napalensis (Wall.) M. A. Lawson [*Rhamnus paniculiflora* C. K. Schneid.]
鼠李科，鼠李属

特征　直立或藤状灌木。枝无刺。小枝具明显皮孔。叶柄长1.3~2 cm，无毛；叶厚纸质或近革质，变异大，交替互生，小叶近圆形或卵圆形，大叶宽椭圆形或椭圆状矩圆形，顶端圆形，短渐尖或渐尖，基部圆形，边缘具圆齿或钝锯齿。腋生聚伞总状花序或下部有短分枝的聚伞圆锥花序，长可达12 cm，花序轴被短柔毛；花单性，雌雄异株，5基数；萼片长三角形，长1.5 mm，顶端尖，外面被微毛；花瓣匙形，顶端钝或微凹，基部具爪，与雄蕊等长或稍短；雌花的花瓣早落，有5枚退化雄蕊；子房球形，3室，每室有1胚珠，花柱3浅裂至半裂。核果倒卵状球形，长约6 mm，直径5~6 mm，基部有宿存的萼筒，具3分核。种子3粒，背面具与种子等长、上窄下宽的纵沟。花期5~9月；果期8~11月。

分布　广东：阳山县秤架乡炉田，24°50′18″N，112°47′20″E，389 m，2012-01-11，王发国、杨国、宋贤利400113122。湖南：沅陵县借母溪，28°40′27″N，110°27′07″E，2011-10-22，张九兵、朱明德400181312；桑植县芭茅溪乡天平山，29°41′57″N，110°03′58″E，535 m，2010-10-27，张兵、谷志容400181213；桑植县芭茅溪乡天平山，29°37′10″N，110°07′45″E，600 m，2010-10-29，张兵、谷志容400181215。江西：资溪县马头山自然保护区，27°45′29″N，117°10′34″E，331 m，2011-10-19，凡强、景慧娟4001412005。生于海拔1800 m以下的疏或密林中，或灌丛中。产于广东、广西、湖南、江西、福建、浙江、湖北、贵州、云南、西藏。印度、尼泊尔、孟加拉国、缅甸也有分布。

栽培　播种繁殖。

用途　叶作工业染料用；种子油工业用。

含油率及化学组分数据

采集单位	测试单位	测试部位	产地	含油率(%)	碘值	酸值	皂化值	C12:0	C14:0	C16:0	C16:1	C18:0	C18:1	C18:2	C18:3	C20:0	C20:1
SCBG	SCBG	种仁	广东阳山	23.48	15.54	10.90	201.72		0.15	7.10	0.75	1.98	24.27	56.99	12.81	2.22	0.16
HUST	HUST	种仁	湖南沅陵	20.97	11.70	12.65	179.77		0.39	19.52		3.02	41.77	24.81	2.30	0.62	0.58
HUST	HUST	种仁	湖南桑植	26.43	34.75	10.80	163.15	0.10	0.20	5.90		2.28	18.61	25.61	32.54	2.13	
HUST	HUST	种仁	湖南桑植	21.63	46.46	7.78	185.87	0.51	0.61	7.28	0.21	1.73	21.75	55.93	2.65	0.96	0.70
SYSU	SCBG	种仁	江西资溪	29.60	74.64	15.04	154.32		0.02	1.96	0.33		79.71	17.12	0.34	0.05	0.13

小叶鼠李（大绿、黑格铃）

Rhamnus parvifolia Bunge

鼠李科，鼠李属

特征　灌木，高1.5~2 m。小枝对生或近对生，枝端及分叉处有针刺。托叶钻状，有微毛；叶柄长4~15 mm，上面沟内有细柔毛；叶纸质，对生或近对生，稀兼互生，或在短枝上簇生，菱状倒卵形或菱状椭圆形，稀倒卵状圆形或近圆形，长1.2~4 cm，宽0.8~3 cm，基部楔形或近圆形，边缘具圆齿状细锯齿，顶端钝尖或近圆形，稀凸尖。花单性，雌雄异株，黄绿色，4基数，有花瓣，通常数个簇生于短枝上；花梗长4~6 mm，无毛；雌花花柱2半裂。核果倒卵状球形，直径4~5 mm，成熟时黑色，具2分核，基部有宿存的萼筒。种子矩圆状倒卵圆形，褐色，背侧有长为种子4/5的纵沟。花期4~5月；果期6~9月。

分布　山东：济南，36°15′32″N，117°05′58″E，1460 m，2009-08-21，赵伟华400311073。河北：青龙，40°55′27″N，118°48′30″E，829 m，2011-10-09，徐兴友、韩宝强400313129。山西：介休市龙凤乡张壁村，36°55′07″N，111°58′09″E，1457 m，2010-10-03，谢光辉400322036。吉林：通化，41°43′47″N，125°51′25″E，2011-09-18，郑宝江等400341122。常生于向阳山坡、草丛或灌丛中，海拔400~2300 m。产于山东、河南、陕西、山西、湖北、河北、内蒙古、辽宁、吉林、黑龙江。蒙古、朝鲜以及俄罗斯西伯利亚地区也有分布。

栽培　播种繁殖。

用途　种子油工业用。

含油率及化学组分数据

采集单位	测试单位	测试部位	产地	含油率(%)	碘值	酸值	皂化值	C12:0	C14:0	C16:0	C16:1	C18:0	C18:1	C18:2	C18:3	C20:0	C20:1
ICS	ICS	种子	山东济南	1.97	107.96	15.15	170.87	0.07	0.59	11.16	0.83	2.82	29.89	38.38	8.30	0.53	0.33
ICS	ICS	种子	河北青龙	24.72	128.54	11.72	232.35	0.06	0.10	5.89	0.15	2.84	20.65	38.76	28.08	1.20	1.03
CAU	ICS	种子	山西介休	31.23	87.60	23.36	189.37			6.99	0.29	3.04	23.15	38.68	21.86	1.04	1.25
NEFU	SCBG	种仁	吉林通化	11.25	61.24	4.78	175.94	0.02	0.10	10.53	0.21	2.20	18.72	57.65	0.95	0.21	0.12

皱叶鼠李

Rhamnus rugulosa Hemsl.

鼠李科，鼠李属

特征　乔木或灌木，高约2 m。幼枝红褐色，互生或稀近对生，有白色短柔毛，顶端有针刺。叶柄长0.5~1 cm，密生白色短柔毛；叶互生或束生于短枝顶端，纸质，卵形、倒卵形、椭圆形或长倒卵形，顶端圆钝或急尖，基部圆形或宽楔形，边缘有小圆齿，上面幼时有柔毛后变无毛，粗涩，下面密生白色短柔毛；侧脉5~6对，上面下凹，下面凸起。花单性，单生于叶腋或2~3朵排成聚伞花序；花萼4裂；花瓣4枚；雄蕊4枚。核果球形，熟后黑色，直径约8 mm。种子倒卵形，背面有纵沟。花期4~5月；果期6~9月。

分布　陕西：洋县华阳古镇，33°26′07″N，107°32′39″E，1096 m，2010-10-08，薛帅400323036。河南：信阳鸡公山，31°49′00″N，114°04′45″E，593 m，2012-09-18，王亚平400314254。常生于山坡、路旁或沟边灌丛中，海拔500~2300 m。广泛分布于广东、湖南、江西、安徽、河南、湖北、四川、甘肃以及陕西南部、山西南部。

栽培　播种繁殖。

用途　种子油工业用。

含油率及化学组分数据

采集单位	测试单位	测试部位	产地	含油率(%)	碘值	酸值	皂化值	C12:0	C14:0	C16:0	C16:1	C18:0	C18:1	C18:2	C18:3	C20:0	C20:1
CAU	ICS	种子	陕西洋县	24.36	97.80	5.94	192.09			5.35	0.06	3.46	19.52	43.21	24.81	0.84	1.06
HNAU	ICS	种子	河南信阳	11.86	114.19	33.84	195.13			6.83	0.18	3.23	19.84	34.46	30.53	0.65	0.14

乌苏里鼠李

Rhamnus ussuriensis J. J. Vassil.

鼠李科，鼠李属

特征 灌木，高达5 m。小枝对生，灰褐色，顶端有刺。叶对生或束生于枝端，矩圆状椭圆形、披针形或倒卵形，长2~10 cm，宽1.5~3.5 cm，顶端急尖或短渐尖，基部楔形或稍偏斜，边缘有钝锯齿，齿端有腺点，下面脉腋有白色短柔毛；侧脉5~6对；叶柄长2~3 cm。聚伞花序腋生；花单性；花萼4裂；花瓣4枚；雄蕊4枚。核果球形，熟后黑紫色，直径6 mm。种子2粒，卵圆形，背面有狭沟。花期4~6月；果期6~10月。

分布 黑龙江：伊春市后山，47°44′04″N，128°52′07″E，928 m，2010-08-15，陈连江、卞勇、贾海伦400351007。内蒙古：呼和浩特树木园，40°48′25″N，110°42′34″E，442 m，2011-09-19，刘慧娟、孟晋阳400312122。吉林：松花湖，44°13′30″N，127°09′14″E，283 m，2009-09-06，郑宝江、李康400341022。辽宁：丹东，40°07′45″N，124°20′19″E，2012-10-14，郑宝江等400341184。常生于河边、山地林中或山坡灌丛，海拔1600 m以下。产于山东（昆嵛山）、河北（北部）、内蒙古、辽宁、吉林、黑龙江。俄罗斯西伯利亚和远东地区以及朝鲜、日本也有分布。

栽培 播种繁殖。

用途 种子油可作润滑油。

含油率及化学组分数据

采集单位	测试单位	测试部位	产地	含油率(%)	碘值	酸值	皂化值	C12:0	C14:0	C16:0	C16:1	C18:0	C18:1	C18:2	C18:3	C20:0	C20:1
SBRI	SCBG	种仁	黑龙江伊春	6.59	9.22	12.06	172.18										
ICS	ICS	种子	内蒙古呼和浩特	22.80	105.94	6.56	146.28		0.07	6.13	0.44	2.64	16.81	15.83	47.17	0.25	0.09
NEFU	SCBG	种仁	吉林松花湖	28.80	80.43	5.14	187.08		0.02	4.09		2.35	16.99	43.67	30.95	0.83	1.11
NEFU	SCBG	种仁	辽宁丹东	16.75	63.01	15.07	112.83	0.02	0.05	4.72	0.09	1.84	10.65	33.73	47.18	1.41	0.31
OFPC		种子	黑龙江哈尔滨	38.60	170.00		178.30			4.10		2.30	16.30	40.60	36.00	0.70	

冻绿（鼠李、臭李子、大绿）

Rhamnus utilis Decne. [*Rhamnus davurica* Pall.]

鼠李科，鼠李属

特征 灌木或小乔木，高4 m。幼枝无毛，枝端常具针刺。托叶披针形，常具疏毛，宿存叶柄长0.5~1.5 cm，上面具小沟，有疏微毛或无毛；叶纸质，对生或近对生，或在短枝上簇生，椭圆形、矩圆形或倒卵状椭圆形，长4~15 cm，宽2~6.5 cm，基部楔形或稀圆形，边缘具细锯齿或圆齿状锯齿，顶端凸尖或锐尖，上面无毛或仅中脉具疏柔毛，下面干后常变黄色，沿脉或脉腋有金黄色柔毛。花单性，雌雄异株，4基数，具花瓣；花梗长5~7 mm，无毛；雄花数朵簇生于叶腋，或10至30余朵聚生于小枝下部，有退化的雌蕊；雌花2~6朵簇生于叶腋或小枝下部；退化雄蕊小，花柱较长，2浅裂或半裂。核果圆球形或近球形，成熟时黑色，具2分核，基部有宿存的萼筒；梗长5~12 mm，无毛。种子背侧基部有短沟。花期4~6月；果期5~8月。

分布 广东：阳山县秤架东坑，24°47′37″N，112°46′05″E，685 m，2010-10-28，王发国400113092。安徽：歙县，29°46′14″N，118°28′20″E，248 m，2012-10-20，李晓东、昝艳燕等400121254。云南：昆明植物园，25°08′28″N，102°44′30″E，1957 m，2009-10-15，李忠荣400222064。四川：泸定泸桥镇，29°54′24″N，102°13′58″E，1000 m，2010-11-11。崔龙、李志强40021110094；雅安宝兴蜂桶寨邓池沟，30°34′13″N，102°57′1″E，1735 m，2011-09-27，李志强、刘小波等40021111006；越西县瓦吉木乡，28°29′51″N，102°34′27″E，1000 m，2009-09-26，王凯、樊云川40021109022；峨边县黑竹沟，28°43′43″N，103°02′52″E，2146 m，2011-10-14，李志强、刘小波40021111044。湖南：保靖县清水坪镇黄连树村，28°40′03″N，109°17′49″E，2011-11-15，张九兵、朱明德400181347；永顺县杉木河，29°10′16″N，109°51′16″E，690 m，2010-12-03，徐亮、周建军400191171。江西：遂川县南风面，26°16′60″N，114°03′48″E，615 m，2010-11-02，谢行、孙键400147024。广西：龙胜县两水乡，25°58′11″N，110°26′48″E，226 m，2008-12-11，许为斌、黄俞淞、蒋日红4001101081。浙江：天目山，30°20′21″N，119°24′60″E，850 m，2010-11-05，李宏庆、桂萍、董全英4001171090。湖北：五峰长乐坪月山村，30°10′58″N，110°54′00″E，2009-11-08，李晓东、陈士强40012169。山西：垣曲历山西哄村，35°24′01″N，112°01′09″E，1170 m，2012-08-30，秦烁、郭利磊400327034。重庆：武陵县黄莺乡双河村长沟，29°07′52″N，107°25′09″E，430 m，2009-10-30，刘正宇等400231099。安徽：萧县皇藏峪，34°01′24″N，117°03′45″E，188 m，2011-10-03，田怀珍、李星霖4001171152。河南：内乡，33°28′56″N，111°52′27″E，644 m，2012-10-27，王亚平400314326。福建：武夷山星村黄岗山保护站房子旁边，27°44′48″N，117°40′30″E，669 m，2012-11-20，易绮斐、宁阳阳、李玉玲400119268。400115110。常生于海拔1500 m以下的山地、丘陵、山坡草丛、灌丛或疏林下。产于广东、广西、湖南、江西、福建、浙江、江苏、安徽、河南、湖北、四川、贵州、甘肃、陕西、山西、河北。朝鲜、日本也有分布。

栽培 播种繁殖。

用途 种子油作润滑油；果实、树皮及叶混合作黄色染料。

含油率及化学组分数据

采集单位	测试单位	测试部位	产地	含油率(%)	碘值	酸值	皂化值	C12:0	C14:0	C16:0	C16:1	C18:0	C18:1	C18:2	C18:3	C20:0	C20:1
SCBG	SCBG	种仁	广东阳山	20.74	22.24	26.57	387.64	0.08	0.69	17.85		1.90	4.93	17.45	7.48	0.66	0.34
WHBG	WHBG	种仁	安徽歙县	19.25	82.46	5.45	226.82			6.42	0.10	8.48		68.05			
KMIB	KMIB	种仁	云南昆明	21.31	159.00		185.00		1.48	0.42	6.35	0.14	3.80	22.56	28.23	32.38	
SCU	SCU	种仁	四川泸定	9.46									1	69.09	2.62	1.09	0.37
SCU	SCU	种仁	四川雅安	16.82	107.58	15.43	139.55			5.97	0.14	2.76	24.27	34.04	30.63	1.02	1.17
SCU			四川越西	29.80		2.10	213.80			9.06		2.54	28.95	33.87	25.09	0.49	
SCU	SCU	种仁	四川峨边	17.02	132.21	25.52	173.14			10.54		5.75	25.65	38.24	19.82		
HUST	HUST	种仁	湖南保靖	34.72	54.47	5.27	158.09			7.84				24.46	43.45		24.25
JSU	SCBG	种仁	湖南永顺	44.31	121.24	2.02	151.11		0.12	10.37	0.37	39.59	25.07	22.14	2.35		
SYSU	SCBG	种仁	江西遂川	3.45	73.88	2.53	171.99		0.34	27.49	3.30	3.62	35.03	17.26	2.16	0.38	1.15
GXIB	SCBG	种仁	广西龙胜	24.70	72.51	3.02	198.00		0.02	6.31	0.03	3.42	20.88	43.57	36.71	0.91	1.16
ECNU	SCBG	种仁	浙江天目山	15.90	115.53	3.60	204.31		0.03	6.55	0.06	3.54	18.78	44.76	24.15	1.03	1.10
WHBG	WHBG	种仁	湖北五峰	36.78	130.62	3.37	195.98	0.02		6.35		3.76	19.77	43.33	24.75	0.70	1.31
CAU	ICS	种子	山西垣曲	14.98	11.14	12.44	132.76			4.80	0.12	5.83	19.40	38.36	29.29	0.75	0.69
CIPP	SCBG	种仁	重庆武陵	22.19						5.47	0.72	1.19	57.07	34.74	0.17	0.15	0.08
ECNU	SCBG	种仁	安徽萧县	18.50	30.10			0.05	0.06	4.36	0.08	2.61	16.33	67.63	0.77	0.46	0.10
HNAU	ICS	种子	河南内乡	6.26	116.54	10.61	286.72		0.10	6.63	0.22	2.67	13.19	44.56	28.87	0.68	0.62
SCBG	SCBG	种仁	福建武夷山	13.45	183.37	47.77	161.89	0.02	0.04	11.96	0.18	7.59	26.86	50.55	0.82	0.20	1.78
OFPC		种子	湖北利川	30.90	151.50		196.40			6.60		3.30	20.00	43.40	26.70		
OFPC		种子	广西兴安	28.50	146.00		187.10		1.20	12.10	0.60	3.60	24.20	35.60	13.30		0.60
OFPC		果	陕西扶风	16.00	159.20	1.40	185.80			7.30	微量	3.70	21.40	39.00	28.50		
OFPC		果	广东乳源	16.70	152.60		195.80			2.20		2.20	24.20	35.10	29.90		

山鼠李（庐山鼠李）

Rhamnus wilsonii C. K. Schneid.

鼠李科，鼠李属

特征 灌木。小枝互生或兼近对生，枝端有时具刺；顶芽具鳞片。叶柄长2~4 mm；叶多数互生，椭圆形或宽椭圆形，稀倒卵状披针形或倒卵状椭圆形，长5~15 cm，宽2~6 cm，基部楔形，具钩状圆齿，先端渐尖或长渐尖，两面无毛；侧脉5~7对，上面稍凹下，网脉较明显。花单性异株，4基数，数朵至20余朵簇生小枝基部或1朵至数朵腋生；花梗长0.6~1 cm；雄花有花瓣；子房3室，花柱3(2)裂。核果倒卵状球形，长约9 mm，熟时紫黑或黑色，萼筒宿存；果柄长0.6~1.5 cm，无毛。种子背面基部至中部有长为种子1/2的短沟，无沟缝。花期4~5月；果期6~10月。

分布 湖南：江永县源口镇白倖村白沙源，24°56′43″N，111°00′58″E，730 m，2009-10-26，黄玉滢、周喜乐400181114。生于海拔300~1500 m的山坡路旁、沟边灌丛或林下。产于广东、广西、湖南、江西、福建、浙江、安徽、贵州。

栽培 播种繁殖。

用途 可作园林绿化。

含油率及化学组分数据

采集单位	测试单位	测试部位	产地	含油率(%)	碘值	酸值	皂化值	C12:0	C14:0	C16:0	C16:1	C18:0	C18:1	C18:2	C18:3	C20:0	C20:1
HUST	HUST	种仁	湖南江永	42.00	17.29	8.75	189.43		0.25	6.34		3.22	34.15	28.10	0.77	0.40	

钩枝雀梅藤（钩雀梅藤、猴栗）

Sageretia hamosa (Wall.) Brongn.

鼠李科，雀梅藤属

特征 常绿藤状灌木。小枝常具钩状下弯的粗刺。叶柄长8~15（~17）mm，叶革质，互生或近对生，矩圆形或长椭圆形，稀卵状椭圆形，长为9~15（~20）cm，宽4~6（~7）cm，基部圆形或近圆形，边缘具细锯齿，顶端尾状渐尖，渐尖或短渐尖，上面有光泽，无毛，下面仅脉腋具髯毛，或初时被疏柔毛，后脱落；侧脉每边7~10条，上面下陷，下面凸起。花无梗，无毛，通常2~3朵簇生疏散排列成顶生或腋生穗状或穗状圆锥花序；花序轴长可达15 cm，被棕色或灰白色绒毛或密短柔毛；苞片小，卵形，被疏短柔毛；子房2室，每室具一胚珠，花柱短，柱头头状。核果近球形，近无梗，长7~10 mm，直径5~7 mm，成熟时深红色或紫黑色，有2分核，常被白粉。种子2粒，扁平，棕色，两端凹入，不对称，长约6 mm。花期7~8月；果期8~10月。

分布 海南：保亭呀诺达热带雨林文化旅游区，18°27′24″N，109°40′25″E，300 m，2010-12-15，张荣京40017177。生于海拔1600 m以下的山坡灌丛或林中。产于广东、广西、湖南、江西、福建、浙江、湖北、四川、贵州、云南以及西藏东南部（察隅）。斯里兰卡、印度、尼泊尔、越南、菲律宾也有分布。

栽培 播种繁殖。

用途 种子油工业用。

含油率及化学组分数据

采集单位	测试单位	测试部位	产地	含油率(%)	碘值	酸值	皂化值	C12:0	C14:0	C16:0	C16:1	C18:0	C18:1	C18:2	C18:3	C20:0	C20:1
SCAU	SCBG	种仁	海南保亭	31.56	10.52	7.55	369.33										

少脉雀梅藤（对节木、对结子）

Sageretia paucicostata Maxim. [*Sageretia tibetica* Pax et K. Hoffm.]

鼠李科，雀梅藤属

特征 直立灌木。叶纸质，互生或近对生，椭圆形或倒卵状椭圆形，稀近圆形或卵状椭圆形，长2.5~4.5 cm，宽1.4~2.5 cm，基部楔形或近圆形，边缘具钩状细锯齿，顶端钝或圆形，稀锐尖或微凹，上面深绿色，下面黄绿色，无毛；侧脉每边2~3条；叶柄长4~6 mm，被短细柔毛。花无梗，黄绿色，无毛，单生或2~3朵簇生，排成疏散穗状或穗状圆锥花序，常生于侧枝顶端或小枝上部叶腋；花序轴无毛；萼片三角形，顶端尖；花瓣匙形，短于萼片，顶端微凹；雄蕊稍长于花瓣，花药圆形；子房扁球形，藏于花盘内，3室，每室具1胚珠，花柱粗短，柱头头状，3浅裂。核果倒卵状球形或圆球形，长5~8 mm，直径4~6 mm，成熟时黑色或黑紫色，具3分核。种子扁平，两端微凹。花期5~9月；果期7~10月。

分布 山西：翼城县西阎乡曹公村，35°22′24″N，111°30′54″E，1148 m，2009-10-04，谢光辉400322018。生于山坡或山谷灌丛或疏林中。产于河南、四川、甘肃、陕西、山西、云南、河北以及西藏东部（波密）。

栽培 播种繁殖。

用途 种子油工业用。

含油率及化学组分数据

采集单位	测试单位	测试部位	产地	含油率(%)	碘值	酸值	皂化值	C12:0	C14:0	C16:0	C16:1	C18:0	C18:1	C18:2	C18:3	C20:0	C20:1
CAU	ICS	种子	山西翼城	28.40	90.27	12.60	185.50	0.01	0.04	7.08	0.17	3.75	39.72	26.19	15.33	2.07	5.64

雀梅藤（碎米子、酸味）

Sageretia thea (Osbeck) M. C. Johnst.

鼠李科，雀梅藤属

特征　落叶攀缘灌木。小枝灰色或灰褐色，密生短柔毛，有刺状短枝。单叶近对生，卵状椭圆形，长1~3 cm，缘有细锯齿；侧脉4~5对，表面有光泽。花小，绿白色，成穗状圆锥花序。核果近球形，熟时紫黑色。花期7~9月；果期翌年3~5月。

分布　山西：介休市龙凤乡张壁村，36°55′07″N，111°58′09″E，1458 m，2010-10-03，谢光辉400322033。常栽培于海拔2100 m以下的丘陵、山地林下或灌丛中。产于广东、广西、湖南、江西、福建、台湾、浙江、江苏、安徽、湖北、四川、云南。印度、越南、朝鲜、日本也有分布。

栽培　喜光，稍耐阴，喜温暖气候，不耐寒。耐修剪。

用途　根、叶药用；种子油工业用。

含油率及化学组分数据

采集单位	测试单位	测试部位	产地	含油率(%)	碘值	酸值	皂化值	C12:0	C14:0	C16:0	C16:1	C18:0	C18:1	C18:2	C18:3	C20:0	C20:1
CAU	ICS	种子	山西介休	22.23	91.42	9.37	209.06			7.37		3.35	30.49	30.99	17.42		2.85

枣（枣子、大枣）

Ziziphus jujuba Mill.

鼠李科，枣属

特征　落叶乔木或小乔木，高达10 m。枝常有托叶刺，一枚长而直伸，另一枚短而向后勾曲，当年生枝常簇生于矩状短枝上，冬季脱落。单叶互生，卵形至卵状长椭圆形，长3~6 cm，缘有细钝齿，基部3出脉。花小，两性，黄绿色，5基数；2~3朵簇生叶腋。核果椭球形，长2~4 cm，熟后暗红色，味甜，核两端尖。5~6月开花；8~9月果熟。

分布　宁夏：银川苏峪口，38°42′53″N，106°00′1″E，1388 m，2012-08-21，秦烁、郭利磊400327003。广东：阳山县秤架，24°49′39″N，112°46′06″E，487 m，2009-10-25，陈林、王发国、付琳、董安强40011462。陕西：华阴市华山，34°31′36″N，110°05′41″E，366 m，2010-10-13，薛帅400323062。江苏：连云港市花果山，34°38′29″N，119°17′38″E，510 m，2010-09-27，李宏庆、胡超、董全英4001171071。生长于海拔1700 m以下的山区、丘陵或平原。产于广东、广西、湖南、江西、福建、浙江、江苏、安徽、山东、河南、湖北、四川、贵州、云南、甘肃、新疆、陕西、山西、河北、辽宁、吉林。

栽培　喜光，适应性强。扦插或嫁接繁殖。

用途　果食用或药用；种子油工业用。

含油率及化学组分数据

采集单位	测试单位	测试部位	产地	含油率(%)	碘值	酸值	皂化值	C12:0	C14:0	C16:0	C16:1	C18:0	C18:1	C18:2	C18:3	C20:0	C20:1
CAU	ICS	种子	宁夏银川	26.88	8.44	6.39	183.72			4.26	0.10	2.34	42.16	45.86		0.81	2.61
SCBG	SCBG	种仁	广东阳山	1.3	104.31	9.93	194.91	2.43	0.40	10.94	1.46	5.34	23.40	52.96	2.17	0.60	0.32
CAU	ICS	种子	陕西华阴	4.22	108.53	14.37	181.04	0.11	0.16	5.38	0.27	2.33	40.42	43.77	0.85	0.71	2.61
ECNU	SCBG	种仁	江苏连云港	20.10	13.92	3.14	448.57		0.06	5.02	0.41	1.43	54.65	30.96	0.62	0.70	0.08

无刺枣

Ziziphus jujuba var. **inermis** (Bunge) Rehd.

鼠李科，枣属

特征 落叶小乔木，高达10 m。长枝无皮刺，幼枝无托叶刺；托叶刺纤细，后期常脱落。叶柄长1~6 mm，或在长枝上的可达1 cm，无毛或有疏微毛；叶纸质，卵形、卵状椭圆形或卵状矩圆形；长3~7 cm，宽1.5~4 cm，基部稍不对称，近圆形，边缘具圆齿状锯齿，顶端钝或圆形，稀锐尖，具小尖头。花黄绿色，两性，5基数，无毛，具短总花梗，单生或2~8朵密集成腋生聚伞花序；花梗长2~3 mm；萼片卵状三角形；花瓣倒卵圆形，基部有爪，与雄蕊等长；花盘厚，5裂；子房下部藏于花盘内，与花盘合生，2室，每室有1胚珠，花柱2半裂。核果矩圆形或长卵圆形，成熟时红色，中果皮肉质，2室，具1粒或2粒种子，果梗长2~5 mm。种子扁椭圆形，长约1 cm，宽8 mm。花期5~7月；果期8~10月。

分布 云南：澄江县，24°40'36"N，102°54'24"E，2005 m，2008-10-29，张国学400222037。在海拔1600 m以下地区有广泛的栽培。产于吉林、辽宁、河北、山东、山西、陕西、河南、甘肃、新疆、安徽、江苏、浙江、江西、福建、广东、广西、湖南、湖北、四川、云南、贵州。

栽培 扦插或嫁接繁殖。

用途 果药、食两用；种子油工业用。

含油率及化学组分数据

采集单位	测试单位	测试部位	产地	含油率(%)	碘值	酸值	皂化值	C12:0	C14:0	C16:0	C16:1	C18:0	C18:1	C18:2	C18:3	C20:0	C20:1
KMIB	KMIB	种仁	云南澄江	27.42	116.10	12.10	191.10				5.00		2.46	41.78	45.97	2.94	

酸枣

Ziziphus jujuba var. **spinosa** (Bunge) Hu ex H. F. Chow

鼠李科，枣属

特征 灌木或小乔木，高1~3 m。小枝有两种刺：一为针状直形的，另一为向下反曲。叶椭圆形至卵状披针形，长2~3.5 cm，宽6~12 mm，有细锯齿，基出脉3。花黄绿色，2~3朵簇生叶腋。核果小，近球形，红褐色，核两端常钝头。花期6~7月；果期8~9月。

分布 海南：琼中县鹦哥岭，19°02′24″N，109°33′13″E，2011-12-01，秦新生4001161224。安徽：萧县皇藏峪，34°1′24″N，117°3′45″E，188 m，2011-10-03，田怀珍、李星霖4001171153。山西：翼城县西阎乡曹公村，35°22′25″N，111°30′55″E，1139 m，2009-10-04，谢光辉400322020。山东：淄博，36°12′25″N，117°6′36″E，273 m，2010-06-10，赵伟华400311161。云南：昆明植物园温室南门，25°08'39"N，102°44'32"E，1987 m，2010-09-20，刘恩乾400222195。分布于江苏、安徽、山东、河南、新疆、甘肃、宁夏、陕西、山西、云南、河北、内蒙古、辽宁。朝鲜以及俄罗斯也有分布。

栽培 喜光，喜干燥环境。扦插或嫁接繁殖。

用途 果药、食两用；种仁药用；种子油工业用。

含油率及化学组分数据

采集单位	测试单位	测试部位	产地	含油率(%)	碘值	酸值	皂化值	C12:0	C14:0	C16:0	C16:1	C18:0	C18:1	C18:2	C18:3	C20:0	C20:1
SCBG	SCBG	种仁	海南琼中	14.67	147.09		170.81	170.81	0.22		2.57	4.79		75.28	1.30	0.10	0.50
ECNU	SCBG	种仁	安徽萧县	5.60	52.87	8.12	144.84		0.12	8.97	0.49	2.46	25.75	28.96	27.47	0.51	0.21
CAU	ICS	种子	山西翼城	31.20	65.57	2.40	367.00		0.04	5.48	0.04	2.85	45.49	41.39	0.39	1.18	3.14
ICS	ICS	种子	山东淄博	33.71	108.85	2.24	183.94			4.66	0.07	2.64	43.71	42.21	0.64	0.97	3.46
KMIB	KMIB	种仁	云南昆明	22.86	90.00	16.30	184.80										

毛脉枣
Ziziphus pubinervis Rehd.
鼠李科，枣属

特征 乔木或灌木。小枝纤细，无毛，无刺。叶柄长4~6 mm，被疏短柔毛或无毛；叶纸质，矩圆状披针形或卵状椭圆形，长5~11 cm，宽3~5 cm，基部近圆形或宽楔形，偏斜，不等侧，边缘具细锯齿，顶端尾状渐尖或长渐尖，上面绿色，无毛，下面浅绿色，沿脉或脉下部被疏短柔毛，基出脉3，具明显的网脉；叶脉上面下陷，下面凸起。花绿色，单生或2~4朵排成具短总花梗或近无总花梗的腋生聚伞花序；花梗长3~4 mm，被疏短柔毛。核果近卵球形，单生于叶腋，长10~15 mm，直径9~12 mm，顶端有小尖头，基部有宿存的萼筒，干时外果皮具皱纹；果梗长4~5 mm，被疏短柔毛，2室，具1粒或2粒种子。果期8~9月。

分布 云南：西畴县西洒乡，23°25′38″N，104°41′27″E，1468 m，2010-11-10，王智、杨珺、谭英400221264。生于山坡林中。产于广西（西部）、贵州。

栽培 播种繁殖。

用途 可作园林绿化。

含油率及化学组分数据

采集单位	测试单位	测试部位	产地	含油率(%)	碘值	酸值	皂化值	C12:0	C14:0	C16:0	C16:1	C18:0	C18:1	C18:2	C18:3	C20:0	C20:1
KMIB	KMIB	种仁	云南西畴	33.26	71.60	1.60	130.00			8.57		6.75	52.68	23.84			

广东蛇葡萄（粤蛇葡萄）
Ampelopsis cantoniensis (Hook. et Arn.) K. Koch
葡萄科，蛇葡萄属

特征 木质藤本。全体无毛，卷须粗壮。1回羽状复叶，有小叶3~5片，或为近2回羽状复叶；小叶近革质，卵形或矩圆形，大小不一，长2~8 cm，顶端短尖，基部圆钝，有时阔楔形，边缘有不明显的钝齿，干时上面褐色，下面苍白色。三至四回二歧聚伞花序；花长约2 mm；花柄与花等长；萼边缘不分裂；花瓣5枚，顶端钝；花柱锥尖。果倒卵状扁球形，直径5~6 mm，熟时紫黑色。花期4~7月；果期8~11月。

分布 广东：平远县黄田象牙，24°41′44″N，115°55′57″E，2010-10-16，易绮斐、戴建阅、翟俊文400119111。广西：资源县梅溪乡，26°13′05″N，110°46′28″E，680 m，2010-10-06，严岳鸿、何祖霞400181181。湖南：浏阳市大围山，28°24′6″N，114°02′50″E，305 m，2009-09-17，黄玉滢、周喜乐400181020。江西：崇义县齐云山，25°47′48″N，114°05′07″E，430 m，2010-09-27，李朋远、谢行400145022；靖安县九岭山，29°0′07″N，115°27′13″E，162 m，2012-10-17，迟盛南、赵万义4001416056。浙江：鄞县天童山，29°48′32″N，121°46′40″E，410 m，2010-11-12，葛斌杰、胡超、熊申展4001171099。生于海拔100~850 m的山谷林中或山坡灌丛。产于海南、广东、广西、福建、台湾、浙江、安徽、河南、湖北、贵州、云南、西藏。

栽培 播种或扦插繁殖。

用途 茎、叶药用；种子油工业用。

含油率及化学组分数据

采集单位	测试单位	测试部位	产地	含油率(%)	碘值	酸值	皂化值	C12:0	C14:0	C16:0	C16:1	C18:0	C18:1	C18:2	C18:3	C20:0	C20:1
SCBG	SCBG	种仁	广东平远	12.11	75.09	1.22	235.10			10.61	0.08	3.90	26.34	46.49	0.95		0.47
HUST	HUST	种仁	广西资源	6.30	34.54	5.62		0.01	0.05	8.34	0.08	1.20	15.76	73.33	0.60	0.26	0.38
HUST	HUST	种仁	湖南浏阳	16.50	29.39	10.15	155.25		0.03	6.01	0.07	3.06	11.82	78.37	0.33	0.17	0.14
SYSU	SCBG	种仁	江西崇义	18.62				0.12	0.16	10.48	0.24	4.39	17.82	38.02	21.79	1.13	0.42
SYSU	SCBG	种仁	江西靖安	20.50						2.89	28.15	11.26	48.33	0.35			
ECNU	SCBG	种仁	浙江鄞县	12.08	115.50	1.83	192.78		0.04		9.73	5.11	10.78	72.29	1.08	0.59	0.38

三裂蛇葡萄（三裂叶蛇葡萄、赤木通）

Ampelopsis delavayana Planch. ex Franch.

葡萄科，蛇葡萄属

特征 木质藤本。茎疏生短柔毛，后脱落。卷须2~3叉分枝，相隔2节间断与叶对生。叶为3小叶，中央小叶披针形或椭圆披针形，侧生小叶卵椭圆形或卵披针形，上面绿色，嫩时被稀疏柔毛，后无毛，下面浅绿色；侧脉5~7对，网脉两面均不明显；叶柄长3~10 cm，中央小叶有柄或无柄，侧生小叶无柄，被稀疏柔毛。多歧聚伞花序与叶对生；花序梗长2~4 cm，被短柔毛，花梗长1~2.5 mm，伏生短柔毛；花蕾卵形，高1.5~2.5 mm，顶端圆形；萼碟形，边缘呈波状浅裂，无毛；花瓣5枚，卵椭圆形，高1.3~2.3 mm，外面无毛，雄蕊5枚，花药卵圆形，长、宽近相等；花盘明显，5浅裂；子房下部与花盘合生，花柱明显。果实近球形，有种子2~3粒。种子倒卵圆形，基部有短喙，顶端种脊突出，腹部中棱脊突出。花期6~8月；果期9~11月。

分布 四川：邛崃市天台山，30°18′16″N，103°10′10″E，647 m，2012-11-07，刘晓波、宫庆彬40021112100。生于海拔50~2200 m的山谷林中或山坡灌丛或林中。产于海南、广东、广西、福建、四川、贵州、云南。

栽培 播种或扦插繁殖。

用途 茎、叶药用；种子油工业用。

含油率及化学组分数据

采集单位	测试单位	测试部位	产地	含油率(%)	碘值	酸值	皂化值	C12:0	C14:0	C16:0	C16:1	C18:0	C18:1	C18:2	C18:3	C20:0	C20:1
SCU	SCU	种仁	四川邛崃	20.30		22.00		0.29	0.10	7.24	0.49	3.62	8.86	48.71	23.61	1.63	0.20

显齿蛇葡萄

Ampelopsis grossedentata (Hand.-Mazz.) W. T. Wang

葡萄科，蛇葡萄属

特征 木质藤本。小枝无毛，有显著纵棱纹。卷须2叉分枝，相隔2节间断与叶对生。叶为一至二回羽状复叶；小叶卵圆形、卵椭圆形或长椭圆形，长2~5 cm，宽1~2.5 cm，顶端急尖或渐尖，基部阔楔形或近圆形，边缘每侧有2~5个锯齿，上面绿色，下面浅绿色，两面均无毛；侧脉3~5对，网脉微突出；叶柄长1~2 cm，无毛；托叶早落。花序为伞房状多歧聚伞花序，与叶对生；花序梗长1.5~3.5 cm，无毛，花梗长1.5~2 mm，无毛；花蕾卵圆形，高1.5~2 mm，顶端圆形，无毛；萼碟形，边缘波状浅裂，无毛；花瓣5枚，卵椭圆形，无毛，雄蕊5枚，花药卵圆形；花盘发达，波状浅裂。果近球形，直径0.6~1 cm，有种子2~4粒。种子倒卵圆形，顶端圆形，基部有短喙。花期5~8月；果期8~12月。

分布 广东：大埔县丰溪林场，24°39′01″N，116°47′41″E，2010-10-10，易绮斐、戴建阅、翟俊文400119093。湖南：桑植县五道水，29°44′15″N，109°53′41″E，477 m，2012-09-22，张九兵、严亚琴400181417；永顺县清坪，29°03′33″N，110°22′34″E，560 m，2009-10-06，徐亮、陈洁400191038。江西：崇义县齐云山，25°50′44″N，114°01′31″E，765 m，2010-09-28，李朋远、谢行400145032。生于沟谷林中或山坡灌丛，海拔200~1500 m。产于广东、广西、湖南、江西、福建、湖北、贵州、云南。

栽培 播种或扦插繁殖。

用途 叶药用；种子油工业用。

含油率及化学组分数据

采集单位	测试单位	测试部位	产地	含油率(%)	碘值	酸值	皂化值	C12:0	C14:0	C16:0	C16:1	C18:0	C18:1	C18:2	C18:3	C20:0	C20:1
SCBG	SCBG	种仁	广东大埔	12.14		0.71	200.79	0.01	0.01	4.33	0.10	0.96		13.77	1.22		0.05
HUST	HUST	种仁	湖南桑植	17.15	110.44	3.08	122.76		0.02	4.47	0.06	2.37	17.73	39.88	34.46	0.45	0.56
JSU	SCBG	种仁	湖南永顺	18.90						8.12		1.83	19.90	64.59	0.92		0.21
SYSU	SCBG	种仁	江西崇义	20.30					0.17		0.31	3.16	4.73		57.18	0.47	0.10

乌蔹莓(五爪龙、虎葛)

Cayratia japonica (Thunb.) Gagnep.

葡萄科，乌蔹莓属

特征 草质藤本。茎具卷须；幼枝有柔毛，后脱落。复叶鸟足状，小叶5片，椭圆形至狭卵形，长2.5~7 cm，顶端急尖或短渐尖，边缘有疏锯齿，两面中脉具毛，中间小叶较大，侧生小叶较小。聚伞花序腋生或假腋生，具长柄，直径6~15 cm；花小，黄绿色，具短柄，外生粉状微毛或近无毛；花瓣4枚，顶端无小角或有极轻微小角；雄蕊4枚与花瓣对生。浆果卵形，长约7 mm。成熟时黑色。花期3~8月；果期7月至翌年1月。

分布 湖南：沅陵县借母溪乡，28°46′26″N，110°27′11″E，2011-10-22，张九兵、朱明德400181319。安徽：宁国县板桥自然保护区，30°31′37″N，118°38′22″E，271 m，2012-10-02，李星霖、刘巧霞、程志全4001171220。河南：商城县大别山，31°45′09″N，115°32′08″E，533 m，2011-10-12，杨大伟、陈明400314117。四川：平武县虎牙乡刷刷水沟，32°31′28″N，103°56′20″E，1884 m，2012-09-27，刘晓波、宫庆彬40021112031。生于山谷林中或山坡灌丛，海拔300~2500 m。产于海南、广东、广西、湖南、福建、台湾、浙江、江苏、安徽、山东、河南、湖北、四川、贵州、陕西、云南。日本、菲律宾、越南、缅甸、印度、印度尼西亚、澳大利亚也有分布。

栽培 播种繁殖。

用途 全草入药，有凉血解毒、利尿消肿之功效。

含油率及化学组分数据

采集单位	测试单位	测试部位	产地	含油率(%)	碘值	酸值	皂化值	C12:0	C14:0	C16:0	C16:1	C18:0	C18:1	C18:2	C18:3	C20:0	C20:1
HUST	HUST	种仁	湖南沅陵	10.32	72.80	11.01	80.46	0.03	0.34	12.11	0.18	3.07	8.44	73.77	1.79	0.17	0.09
ECNU	SCBG	种仁	安徽宁国	12.95	6.83	20.99	169.66		0.10	5.81	0.16	1.05	67.39	18.92	2.36	0.21	0.19
ICS	ICS	种子	河南商城	24.49	92.08	65.34	153.33		0.09	12.60	0.58	3.16	37.42	43.53	1.04	0.51	0.15
SCU	SCU	种仁	四川平武	23.94	134.34	2.71	228.59			6.03		7.10	39.00	44.39	3.48		
OFPC		种子	江苏南京	16.40					0.40	6.60	0.30	3.90	20.20	65.50	1.30		

异叶地锦(异叶爬山虎)

Parthenocissus dalzielii Gagnep.

葡萄科，地锦属

特征 木质藤本。植株全体无毛。营养枝上的叶为单叶，心状卵形，宽2~4 cm，缘有粗齿；花、果、枝上的叶为具长柄的三出复叶，中间小叶倒长卵形，长5~10 cm，侧生小叶斜卵形，基部极偏斜，叶缘有不明显的小齿或近全缘。聚伞花序常生于短枝端叶腋。果熟时紫黑色。花期5~7；果期7~11月。

分布 湖南：吉首大学，28°17′17″N，109°43′10″E，268 m，2011-08-28，徐亮、陈雅40019101155；桑植县上河溪刘家垭，29°43′50″N，110°12′13″E，2010-10-16，张兵、谷志容400181200。江西：崇义县齐云山，25°52′27″N，114°1′44″E，920 m，2010-09-26，李朋远、谢行400145012。广东：阳山县秤架乡坑尾，24°52′58″N，112°50′07″E，670 m，2010-10-26，王发国400113079。生于海拔200~3800 m的山崖陡壁、山坡或山谷林中或灌丛岩石缝中。产于广东、广西、湖南、江西、福建、台湾、浙江、河南、湖北、四川、贵州。

栽培 适应性强。扦插或播种繁殖。

用途 种子油工业用。可用作园林绿化。

含油率及化学组分数据

采集单位	测试单位	测试部位	产地	含油率(%)	碘值	酸值	皂化值	C12:0	C14:0	C16:0	C16:1	C18:0	C18:1	C18:2	C18:3	C20:0	C20:1
JSU	SCBG	种仁	湖南吉首	21.56						5.36	0.05	2.32	49.07	39.73	1.14	0.64	0.50
HUST	HUST	种仁	湖南桑植	30.91	120.88	2.24	204.24			7.20	14.95				77.05	0.81	
SYSU	SCBG	种仁	江西崇义	25.88					0.15	8.43		2.06	18.60	64.69	3.34	0.74	0.15
SCBG	SCBG	种仁	广东阳山	27.14	17.12	12.58	176.14		0.10	16.95	0.14	1.68	33.36	50.74	0.89	0.48	0.28

绿叶地锦（绿叶爬山虎、青叶爬山虎）

Parthenocissus laetevirens Rehd.

葡萄科，地锦属

特征 木质藤本。卷须总状，5~10分枝，相隔2节间断与叶对生，卷须顶端嫩时膨大呈块状，后遇附着物扩大成吸盘。叶为掌状5小叶，小叶倒卵长椭圆形或倒卵披针形，最宽处在近中部或中部以上边缘上半部有5~12个锯齿，上面深绿色，无毛，显著呈泡状隆起，下面浅绿色，在脉上被短柔毛；叶柄长2~6 cm，被短柔毛，小叶有短柄或几无柄。多歧聚伞花序圆锥状，长6~15 cm，中轴明显，假顶生，花序中常有退化小叶，被短柔毛；花梗长2~3 mm，无毛；花蕾椭圆形或微呈倒卵椭圆形；萼碟形，全缘无毛；花瓣5枚，椭圆形；雄蕊5枚。果实球形，有种子1~4粒。种子倒卵形。花期7~8月；果期9~11月。

分布 广西：桂林市雁山，25°43′05″N，110°18′36″E，153 m，2011-11-25，郭伦发、林春蕊4001101252。湖南：新宁县莨山镇八角寨，26°16′53″N，110°44′27″E，468 m，2010-10-04，严岳鸿、何祖霞400181176；龙山县里耶镇，28°51′58″N，109°20′18″E，218 m，2011-01-04，张九兵、朱明德400181340；保靖县复兴，28°45′35″N，109°37′45″E，298 m，2011-11-19，徐亮、覃三立40019101219。湖北：神农架下谷坪，31°18′56″N，110°39′40″E，362 m，2011-09-09，丁时东400151135。生于海拔140~1100 m的山谷林中或山坡灌丛，攀缘树上或崖石壁上。产于广东、广西、湖南、江西、福建、浙江、江苏、安徽、河南、湖北。

栽培 播种或扦插繁殖。

用途 种子油工业用。可作观赏树种。

含油率及化学组分数据

采集单位	测试单位	测试部位	产地	含油率(%)	碘值	酸值	皂化值	C12:0	C14:0	C16:0	C16:1	C18:0	C18:1	C18:2	C18:3	C20:0	C20:1
GXIB	SCBG	种仁	广西桂林	30.68	130.59	6.36	188.47			9.75	0.19	4.14	14.30	70.11	0.83	0.66	0.02
HUST	HUST	种仁	湖南新宁	20.65	17.05	10.13											
HUST	HUST	种仁	湖南龙山	21.65	47.08	10.86	140.14										
JSU	SCBG	种仁	湖南保靖	31.26				0.13	0.53	9.28	0.65	1.37	15.51	36.82	1.08	0.28	0.13
OCRI	SCBG	种仁	湖北神农架	21.98	193.09	11.17	162.12	0.01	0.05	3.70	0.09	1.39	24.63	45.18	18.54	1.24	1.21

五叶地锦（五叶爬山虎）

Parthenocissus quinquefolia (L.) Planch.

葡萄科，地锦属

特征 落叶木质藤本。老枝灰褐色，幼枝带紫红色，髓白色。卷须与叶对生，顶端吸盘大。掌状复叶，具5小叶；小叶长椭圆形至倒长卵形，先端尖，基部楔形，缘具大齿牙，叶面暗绿色，叶背稍具白粉并有毛。聚伞花序集成圆锥状。浆果球形，蓝黑色，被白粉。花期6~8月；果期10月。

分布 江苏：徐州市泉山森林公园，34°13′02″N，117°09′53″E，53 m，2010-09-28，李宏庆、桂萍、熊申展4001171074。河南：荥阳县邙山，34°55′48″N，113°31′13″E，521 m，2011-09-02，王亚平、武振江、李丹凤400314072。河北：青龙，40°29′47″N，118°32′44″E，394 m，2009-09-18，徐兴友、韩宝强400313091。湖北：神农架小当阳神农祭坛，31°27′18″N，110°05′44″E，2009-10-14，李晓东、杨林森40012181。我国东北、华北各地有栽培。原产北美洲。

栽培 播种或扦插繁殖。

用途 种子油工业用。优良的城市垂直绿化植物。

含油率及化学组分数据

采集单位	测试单位	测试部位	产地	含油率(%)	碘值	酸值	皂化值	C12:0	C14:0	C16:0	C16:1	C18:0	C18:1	C18:2	C18:3	C20:0	C20:1
ECNU	SCBG	种仁	江苏徐州	28.35	120.55	64.65	201.54	0.04	0.06	21.59	0.69	3.05	27.47	46.28	0.65	0.18	
ICS	ICS	种子	河南荥阳	24.44	62.70	39.55	199.80		0.05	15.14	0.35	1.65	26.91	43.78	0.14	0.31	0.33
HNUST	ICS	种子	河北青龙	7.20	95.78	34.46	430.69			9.27	0.18	2.23	17.54	69.50	0.39	0.09	0.15
WHBG	WHBG	种仁	湖北神农架	21.50	124.77	5.92	219.34	0.03	0.09	7.74	0.11	3.64	17.86	69.45	0.54	0.11	0.33

三叶地锦（三叶爬山虎）

Parthenocissus semicordata (Wall.) Planch.

葡萄科，地锦属

特征 木质藤本。卷须总状，4~6分枝，相隔2节间断与叶对生，顶端嫩时尖细卷曲，后遇附着物扩大成吸盘。叶为3小叶，着生在短枝上，中央小叶倒卵椭圆形或倒卵圆形，最宽处在上部，边缘中部以上每侧有6~11个锯齿，侧生小叶卵椭圆形或长椭圆形，基部不对称，外侧边缘有7~15个锯齿，内侧边缘上半部有4~6个锯齿，上面绿色，下面浅绿色；叶柄长3.5~15 cm，疏生短柔毛，小叶几无柄。多歧聚伞花序着生在短枝上，花序基部分枝；花序梗长1.5~3.5 cm，无毛或被疏柔毛；花蕾椭圆形，高2~3 mm，顶端圆形；萼碟形，边缘全缘，无毛；花瓣5枚，椭圆形，无毛；雄蕊5枚；花盘不明显；子房扁球形，花柱短。果实近球形，有种子1~2粒；种子倒卵形。花期5~7月；果期9~10月。

分布 重庆：南川区鱼泉乡山王坪白果林场，29°39′14″N，107°12′44″E，1370 m，2010-05-11，刘正宇等400231060。四川：攀枝花市米易县二滩，26°49′14″N，101°46′34″E，1207 m，2012-10-13，刘晓波、宫庆彬40021112057；峨边县黑竹沟，28°43′57″N，103°3′12″E，2345 m，2011-10-14，李志强、刘小波40021111047。生于海拔500~3800 m的山坡林中或灌丛。产于湖北、四川、贵州、甘肃、陕西、云南、西藏。缅甸、泰国、印度也有分布。

栽培 播种或扦插繁殖。

用途 种子油工业用。可作观赏树种。

含油率及化学组分数据

采集单位	测试单位	测试部位	产地	含油率(%)	碘值	酸值	皂化值	C12:0	C14:0	C16:0	C16:1	C18:0	C18:1	C18:2	C18:3	C20:0	C20:1
CIPP	SCBG	种仁	重庆南川	31.68				6.52	4.38	11.13		2.59	25.07	46.49	0.73	0.28	0.28
SCU	SCU	种仁	四川攀枝花	17.50	158.76	2.03	200.16			8.98		5.12	12.09	72.31	0.08		
SCU	SCU	种仁	四川峨边	25.01	82.34	188.55	171.43			13.68	0.61	3.95	39.01	40.56	2.20		

地锦（爬山虎、爬墙虎）

Parthenocissus tricuspidata (Sieb. et Zucc.) Planch.

葡萄科，地锦属

特征 落叶大藤本。枝条粗壮；卷须短，多分枝，枝端有吸盘。叶宽卵形，长10~20 cm，宽8~17 cm，通常三裂，基部心形，叶缘有粗锯齿，表面无毛，下面脉上有柔毛；幼苗或下部枝上的叶较小，常分成3小叶，或为三全裂；叶柄长8~20 cm。聚伞花序通常生于短枝顶端的两叶之间；花5数；萼全缘；花瓣顶端反折；雄蕊与花瓣对生；花盘贴生于子房，不明显；子房2室，每室有2胚珠。浆果蓝色，直径6~8 mm。花期5~8月；果期9~10月。

分布 山东：淄博，36°15′46″N，117°07′45″E，653 m，2009-08-20，赵伟华400311046。湖北：黄梅，30°07′04″N，115°47′41″E，209 m，2011-11-13，李晓东、昝艳燕400121173。河南：内乡，33°29′57″N，111°59′09″E，1054 m，2012-10-26，王亚平400314314。北京：海淀区，40°01′57″N，116°17′11″E，50 m，2011-11-10，秦烁、胡亮400326050。生于海拔150~1200 m的山坡崖石壁或灌丛。产于福建、台湾、浙江、江苏、安徽、山东、河南、河北、辽宁、吉林。朝鲜、日本也有分布。

栽培 播种或扦插繁殖。

用途 种子油药用。绿化观赏。

含油率及化学组分数据

采集单位	测试单位	测试部位	产地	含油率(%)	碘值	酸值	皂化值	C12:0	C14:0	C16:0	C16:1	C18:0	C18:1	C18:2	C18:3	C20:0	C20:1
ICS	ICS	种子	山东淄博	27.64	137.28	2.53	169.45			8.04	0.25	3.08	12.14	75.30	0.42	0.20	0.18
WHBG	WHBG	种仁	湖北黄梅	14.32				0.19	2.15	10.94	3.55	2.15	54.82	20.02	2.15	0.37	
HNAU	ICS	种子	河南内乡	8.01	65.54	25.53	164.96	0.34	0.07	11.73	3.75	3.14	12.86	40.72	2.61	0.30	
CAU	ICS	种子	北京海淀	5.70	129.13	83.58	148.25		0.09	10.00	0.23	4.12	11.44	66.89	0.76	0.44	0.20
OFPC		种子	江西庐山	18.90	126.20					9.50		3.40	15.10	72.00	微量		

茎花崖爬藤
Tetrastigma cauliflorum Merr.
葡萄科，崖爬藤属

特征 木质大藤本。茎扁压，灰褐色；卷须不分枝，相隔2节间断与叶对生。叶为掌状5小叶，小叶长椭圆形、椭圆披针形或倒卵长椭圆形，长8~18 cm，宽3.5~9 cm，顶端短尾尖，基部阔楔形或近圆形，边缘每侧有5~9个锯齿，通常齿粗大，叶两面均无毛；侧脉6~8对，网脉上面不明显，下面突出，无毛；叶柄长10~15 cm，小叶柄长1~4 cm，中央小叶柄比侧生小叶柄长2~3倍，无毛。花序长9~11 cm，着生在老茎上，基部有节，节上有苞片，第二级分枝4，集生成伞形，第三级分枝4，集生成伞形或二歧状多分枝，花数朵呈小伞形集生于末级分枝顶端；花序梗长2.5~8 cm，无毛或被短柔毛；花梗长2~8 mm，被短柔毛；花蕾长圆形或卵圆形，高1~3 mm，顶端钝或圆形；萼碟形，齿不明显，被短柔毛；花瓣4枚，卵圆形，高0.8~2.5 mm，顶端呈头盔状，外面被乳凸状毛；雄蕊4枚，花丝丝状，花药黄色，卵圆形，长、宽近相等，在雌花内雄蕊短小，花药扁平呈龟头形，败育；花盘在雄花内发达，浅4裂，在雌花内不明显；雌蕊在雄花内完全退化，在雌花内子房卵圆形，花柱不明显，柱头浅4裂。果实椭圆形或卵球形，长1.5~2 cm，宽1.2~2 cm，干时皱缩，种子1~4粒。种子椭圆形，两端近圆形，背腹侧扁，种脐在种子背面基部向上呈狭带形，达种子顶端，腹面中棱脊狭窄，两侧洼穴呈沟状从基部向上达种子顶端，于上部向外伸展。花期4月；果期6~12月。

分布 海南：昌江县霸王岭东二，19°13′21″N，109°00′40″E，2009-08-02，秦新生400116155。生于海拔100~1100 m的山谷林中或山坡岩石缝中。产于华南地区以及云南。老挝、越南也有分布。

栽培 播种或扦插繁殖。

用途 藤茎药用；种子油工业用。

含油率及化学组分数据

采集单位	测试单位	测试部位	产地	含油率(%)	碘值	酸值	皂化值	C12:0	C14:0	C16:0	C16:1	C18:0	C18:1	C18:2	C18:3	C20:0	C20:1
SCAU	SCBG	种仁	海南昌江	23.16	15.54	9.47	179.67										

角花崖爬藤
Tetrastigma ceratopetalum C. Y. Wu
葡萄科，崖爬藤属

特征 木质藤本。卷须不分枝，相隔2节间断与叶对生。叶为鸟足状5小叶，小叶倒卵椭圆形或倒卵披针形，侧小叶基部不对称，边缘每侧有4~9个锯齿，齿尖锐，上面绿色，下面浅绿色，两面均无毛；叶柄长3~7.5 cm，中央小叶柄长0.5~1.5 cm。花序着生于侧枝顶端、腋生或假顶生，腋生者下部有节，节上有苞片，呈复二歧聚伞状花序；花序梗长1~6 cm，无毛；花梗长2~4 mm，无毛；花蕾瓶状，高1.5~2 mm，顶端近截形；萼杯状，边缘呈波形，无毛；花瓣4枚，椭圆形顶端有小角，外展，无毛；雄蕊4枚，花丝丝状，花药黄色，椭圆形，在雌花内雄蕊较短而败育；花盘明显，4浅裂，在雌花内不显著，呈环状。果成熟时紫黑色，有种子2~3粒。花期4~5月；果期9~12月。

分布 云南：保山市百花岭，25°18′06″N，98°47′26″E，1961 m，2009-11-25，王智、隋学艺、黄巧琴400221153。生于海拔1200~1800 m的山坡岩石灌丛或混交林中。产于广西、贵州、云南。

栽培 播种或扦插繁殖。

用途 种子油工业用。

含油率及化学组分数据

采集单位	测试单位	测试部位	产地	含油率(%)	碘值	酸值	皂化值	C12:0	C14:0	C16:0	C16:1	C18:0	C18:1	C18:2	C18:3	C20:0	C20:1
KMIB	KMIB	种仁	云南保山	20.60	143.60	9.40	90.90			9.30		2.38	9.38	77.02	0.18		

扁担藤

Tetrastigma planicaule (Hook. f.) Gagnep. [*Vitis planicaulis* Hook. f.]

葡萄科，崖爬藤属

特征 大木质藤本。全部无毛。茎扁，基部宽达40 cm；分枝圆柱形；卷须粗壮，不分枝。叶为掌状复叶；小叶5片，具柄，革质，矩圆状披针形，长9~15 cm，顶端渐尖，边缘有稀疏的钝锯齿，无毛或近无毛；叶柄长8~10 cm，粗壮。复伞形聚伞花序腋生；花小，绿色，4数；花萼全缘；花瓣宽卵状三角形，早落；雄蕊比子房短；花盘不显著；子房宽圆锥形，柱头4裂，辐射状。浆果较大，直径约1.5 cm，球形，具2粒种子。花期4~6月；果期8~12月。

分布 海南：陵水县本号镇吊罗山，18°44′05″N，109°50′12″E，2009-11-23，秦新生400116177。广东：英德县石门台，24°26′02″N，113°18′36″E，2009-12-03，刘东明、饶显龙40011277；从化市桃园镇石门国家森林公园，23°31′12″N，113°34′45″E，145 m，2009-11-05，易绮斐、林铎清、徐蕾400119016。广西：防城峒中，21°40′32″N，107°35′44″E，278 m，2011-11-05，黄俞淞、林春蕊4001101253。云南：西双版纳勐腊，21°56′08″N，101°15′14″E，553 m，2009-11-10，郑希龙400114104。生于海拔100~2100 m的山谷林中或山坡岩石缝中。产于广东、广西、福建、贵州、云南以及西藏东南部。老挝、越南、印度、斯里兰卡也有分布。

栽培 播种或扦插繁殖。

用途 藤茎药用；种子油工业用。

含油率及化学组分数据

采集单位	测试单位	测试部位	产地	含油率(%)	碘值	酸值	皂化值	C12:0	C14:0	C16:0	C16:1	C18:0	C18:1	C18:2	C18:3	C20:0	C20:1
SCAU	SCBG	种仁	海南陵水	29.50	72.88	1.45	192.41	0.02	0.06	10.83	0.12	3.38	16.35	68.05	0.15	0.79	0.24
SCBG	SCBG	种仁	广东英德	14.56	10.38	13.48		0.31	0.14	5.44	0.03	3.75	32.50			0.16	
SCBG	SCBG	种仁	广东从化	20.70	76.37	2.18	195.86			10.17	0.11	4.72	12.19	71.44	0.27	0.87	0.22
GXIB	SCBG	种仁	广西防城	26.48	132.24	2.86	215.83		0.43	12.19		5.72	13.18	67.28		0.87	0.32
SCBG	SCBG	种仁	云南西双版纳	22.70	77.07	2.99	191.86	0.01	0.05	13.19	0.19	5.39	9.00	70.71	0.44	0.89	0.11

毛葡萄（绒毛葡萄、野葡萄）

Vitis heyneana Roem. et Schult.

葡萄科，葡萄属

特征 木质藤本。小枝被灰或褐色蛛丝状绒毛；卷须二叉分枝，密被绒毛。叶卵圆形、长卵状椭圆形或五角状卵形，长4~12 cm，先端急尖或渐尖，基部浅心形，每边有9~19个尖锐锯齿，上面初疏被蛛丝状绒毛，下面密被灰或褐色绒毛，基出脉3~5；叶柄长2.5~6 cm，密被蛛丝状绒毛。圆锥花序疏散，分枝发达，长4~14 cm；花序梗长1~2 cm，被灰或褐色蛛丝状绒毛；花萼碟形，边缘近全缘；花瓣呈帽状粘合脱落；花盘5裂；子房卵圆形。果球形，径1~1.3 cm，成熟时紫黑色。种子倒卵圆形，两侧洼穴向上达种子1/4处。花期4~6月；果期6~10月。

分布 贵州：石阡县板桥镇，27°38′24″N，108°13′59″E，2011-11-20，张九兵、朱明德400181375。四川：乐山峨边沙坪镇蔬菜村，32°30′40″N，103°56′07″E，2174 m，2011-10-23，李志强、刘小波40021111063。陕西：陇县八渡，34°44′13″N，106°49′57″E，1020 m，2011-10-15，秦烁、胡亮400326043。生于海拔100~3200 m的山坡、沟谷灌丛、林缘或林中。产于广东、广西、湖南、江西、福建、浙江、安徽、山东、河南、湖北、四川、贵州、甘肃、陕西、山西、云南、西藏。尼泊尔、不丹、印度也有分布。

栽培 播种或扦插繁殖。

用途 种子油药用。

含油率及化学组分数据

采集单位	测试单位	测试部位	产地	含油率(%)	碘值	酸值	皂化值	C12:0	C14:0	C16:0	C16:1	C18:0	C18:1	C18:2	C18:3	C20:0	C20:1
HUST	HUST	种仁	贵州石阡	20.60	32.12	5.94	189.04										
SCU	SCU	种仁	四川乐山	13.13	107.02	146.09	131.34			7.06		4.24	17.20	70.49	1.00		
CAU	ICS	种子	陕西陇县	10.49	131.73	11.78	172.91			6.43	0.07	4.62	15.60	71.52	0.38	0.19	0.12

网脉葡萄（威氏葡萄）

Vitis wilsoniae H. J. Veitch

葡萄科，葡萄属

特征 木质藤本。幼枝近圆柱形，有白色蛛丝状柔毛，后变无毛。叶心形或心状卵形，长8~15 cm，宽5~10 cm，通常不裂，有时不明显三浅裂，边缘有小牙齿，下面沿脉有锈色蛛丝状毛；叶脉下面隆起，脉网显明，两面常有白粉；叶柄长4~7 cm。圆锥花序长8~15 cm；花小，淡绿色；花萼盘形，全缘，花瓣5枚；雄蕊5枚。浆果球形，直径7~12(~18)mm，蓝黑色，有白粉。花期3~7月；果期6月至翌年1月。

分布 湖南：龙山县大安乡药场，29°35′24″N，109°39′40″E，1486 m，2011-09-01，徐亮、覃三立、朱群英40019101174。生于山坡灌丛中。分布于四川、贵州、湖南、湖北、安徽、浙江。

栽培 播种或扦插繁殖。

用途 可食用；种子油工业用。可作观赏树种。

含油率及化学组分数据

采集单位	测试单位	测试部位	产地	含油率(%)	碘值	酸值	皂化值	C12:0	C14:0	C16:0	C16:1	C18:0	C18:1	C18:2	C18:3	C20:0	C20:1
JSU	SCBG	种仁	湖南龙山	35.49					0.25	16.82		7.07	26.89	10.33	28.27	0.41	0.48

俞藤

Yua thomsonii (Laws.) C. L. Li

葡萄科，俞藤属

特征 大型木质藤本。小枝褐色，无毛；芽红或淡红色；卷须2叉分枝。掌状复叶，5小叶，草质；小叶卵形或披针卵形，长2.5~7 cm，先端渐尖或尾状渐尖，基部楔形，下面被白粉；中脉及侧脉淡红色，无毛或脉上被稀疏短柔毛；中央小叶较大，长4~7 cm，侧生小叶小；叶柄长2.5~6 cm，无毛，小叶柄长2~10 cm，有时侧生小叶近无柄。复二歧聚伞花序与叶对生；花萼碟形；花瓣5枚，稀4枚；雄蕊5枚，稀4枚；花柱细，柱头不明显扩大。果近球形，径1~1.3 cm，成熟时紫黑色。种子梨形，背部种脐和腹面洼穴周围无肋纹。花期5~6月；果期7~9月。

分布 四川：峨眉山罗白，28°29'40"N，103°21'94"E，2009-10-17，樊云川、王凯40021109094。生于海拔250~1300 m的山坡林中。产于江苏、安徽、浙江、福建、江西、湖北、湖南、贵州、四川、广西、云南。印度、尼泊尔有分布。

栽培 播种或扦插繁殖。

用途 种子油工业用。可作观赏树种。

含油率及化学组分数据

采集单位	测试单位	测试部位	产地	含油率(%)	碘值	酸值	皂化值	C12:0	C14:0	C16:0	C16:1	C18:0	C18:1	C18:2	C18:3	C20:0	C20:1
SCU	SCU	种仁	四川峨眉山	25.14	84.70	0.60	162.30			14.08		3.13	14.78	68.01			

中华杜英（华杜英、桃榅、羊屎乌）

Elaeocarpus chinensis (Gardn. et Champ.) Hook. f. ex Benth.

杜英科，杜英属

特征 常绿小乔木。嫩枝有柔毛，老枝无。叶薄革质，卵状披针形或披针形，长5~8 cm，宽2~3 cm，先端渐尖，基部圆形，上面绿色有光泽，下面有细小黑腺点；侧脉4~6对，网脉不明显，边缘具波状小钝齿；叶柄纤细，长1.5~2 cm，幼嫩时略被毛。总状花序生于无叶的去年枝条上，长3~4 cm，花序轴有微毛；花柄长3 mm；花两性或单性；两性花萼片5枚，披针形，长3 mm，内、外两面有微毛；花瓣5枚，长圆形，长3 mm，不分裂，内面有稀疏微毛；雄蕊8~10枚，长2 mm，花丝极短；子房2室；雄蕊的萼片与花瓣和两性花的相同，雄蕊8~10枚。核果椭圆形，长不到1 cm。花期5~6月；果期7~11月。

分布 湖南：湘潭县响水乡，27°54′53″N，112°54′40″E，69 m，2009-09-13，严岳鸿、黄玉滢、周喜乐400181011。江西：铜鼓县大锻乡庙下双红村，28°37′08″N，114°36′03″E，282 m，2010-11-10，张兵、谷志容400181223；崇义县齐云山，25°48′14″N，114°4′20″E，273 m，2010-09-27，李朋远、谢行400145025。福建：武夷山大安源，2010-09-30，刘东明、梁耀400112124。生于海拔250~2200 m的常绿林中，常见。产于广东、广西、江西、福建、浙江、贵州、云南。老挝以及越南北部有分布。

栽培 喜温暖至高温，喜光，稍耐寒、耐阴。播种繁殖。春季为适期。

用途 种子油可用于制造肥皂、润滑油、油漆及其他多种工业用途。

含油率及化学组分数据

采集单位	测试单位	测试部位	产地	含油率(%)	碘值	酸值	皂化值	C12:0	C14:0	C16:0	C16:1	C18:0	C18:1	C18:2	C18:3	C20:0	C20:1
HUST	HUST	种仁	湖南湘潭	27.10	16.45	15.54	193.17	0.04	0.10	16.33	0.07	3.16	43.35	29.88	6.80	0.11	0.16
HUST	HUST	种仁	江西铜鼓	15.03	79.08	3.09	228.44	0.004	0.04	3.84	0.04	0.85	26.15	35.91	32.59	0.11	0.47
SYSU	SCBG	种仁	江西崇义	13.90	167.47	27.95	173.21	0.004	0.07	10.03	0.16	2.77	9.58	76.98	0.21	0.09	0.09
SCBG	SCBG	种仁	福建武夷山	26.15			112.83		0.13		0.07	4.64	39.15	61.05	0.75	0.32	2.121

显脉杜英（拟杜英）

Elaeocarpus dubius A. DC.

杜英科，杜英属

特征 常绿乔木，高达25 m。嫩枝纤细，被银灰色短柔毛，后无。叶聚生于枝顶，薄革质，长圆形或披针形，长5~7 cm，宽2~2.5 cm，先端急短尖或渐尖，尖头钝，基部阔楔形或钝，稍不等侧，上面深绿色，发亮，下面浅绿色，无毛；侧脉8~10对，与网脉干后在上、下两面都明显凸起，边缘有钝齿；叶柄纤细，无毛。总状花序生于枝顶的叶腋内，被灰白色短柔毛；花柄长7~9 mm，被毛；萼片5枚，狭窄披针形，先端尖，内、外两面都有灰白色微毛；花瓣5枚，与萼片等长，长圆形，内、外两面均有灰白色毛；雄蕊20~23枚，顶端有芒刺；花盘10裂，被毛；子房3室，被毛。核果椭圆形，无毛，内果皮坚骨质。花期3~4月；果期8~12月。

分布 海南：陵水吊罗山，18°41′54″N，109°52′41″E，650 m，2012-11-30，邢福武、刘东明、王鹏400119202；昌江县霸王岭东二，19°13′21″N，109°00′41″E，2009-08-02，秦新生400116137。生长于低海拔的常绿林中。产于海南、广东、广西、云南。越南也有分布。

栽培 喜温暖、湿润气候。播种繁殖。

用途 油料可用于制造肥皂、润滑油、油漆及其他多种工业用途。

含油率及化学组分数据

采集单位	测试单位	测试部位	产地	含油率(%)	碘值	酸值	皂化值	C12:0	C14:0	C16:0	C16:1	C18:0	C18:1	C18:2	C18:3	C20:0	C20:1
SCBG	SCBG	种仁	海南陵水	24.60	49.01	1.15	479.20	0.02	0.06	6.55	0.27	1.95	30.49	57.41	1.82	1.06	0.37
SCAU	SCBG	种仁	海南昌江	35.76	15.63	12.58	181.25	0.02	0.05	4.72	0.09	1.84	10.65	33.73	47.18	1.41	0.31

褐毛杜英（冬桃）

Elaeocarpus duclouxii Gagnep.

杜英科，杜英属

常绿乔木，高10~20 m。树皮灰褐色。小枝有较明显的皮孔。羽状复叶长25~45 cm，总轴有疏短柔毛；叶柄长10~18 cm；小叶7~15片，纸质或革质，狭椭圆形、长圆状披针形或卵状披针形，多少偏斜，全缘，顶端渐尖或急短渐尖，基部钝圆或短尖，楔形，叶面绿色，无毛，叶背粉绿色或灰白色，有短柔毛，常在中脉和侧脉两侧较密；叶脉在叶背明显，侧脉8~15对；小叶柄长2~10 mm，无毛。花序长20~36 cm；总花梗、花梗、花萼外面有棕色短绒毛；花淡红色，直径约4 cm；花萼顶端具短5齿，内面有疏柔毛或无毛，花瓣阔匙形或倒卵楔形，顶端浑圆，无毛。果椭圆球形，近球形或阔卵形，有或无明显的黄褐色小瘤体，果瓣厚1.2~5 mm；果柄长2.5~3.5 cm，有或无毛。种子椭圆球形，平滑。花期3~9月；果期5月至翌年4月。

湖南：永顺县万萍乡杉木河，29°10′42″N，109°49′41″E，602 m，2009-10-13，徐亮、覃三立40019101130；龙山县里耶镇，28°53′33″N，109°19′43″E，2011-11-14，张九兵、朱明德400181335。湖北：神农架下谷坪，31°22′21″N，110°35′57″E，385 m，2009-08-02，丁时东400151165。重庆：南川区三泉镇大河坝上方，29°21′23″N，107°07′59″E，1304 m，2009-10-13，刘正宇等400231082。。生于低海拔至中海拔的山地林中。越南北部也有分布。产于广东、广西、湖南、江西、福建、湖北、浙江、四川、贵州、云南等地。

喜光稍耐寒。播种或扦插繁殖。

油料有工业用途。

含油率及化学组分数据

采集单位	测试单位	测试部位	产地	含油率(%)	碘值	酸值	皂化值	C12:0	C14:0	C16:0	C16:1	C18:0	C18:1	C18:2	C18:3	C20:0	C20:1
JSU	SCBG	种仁	湖南永顺	20.49	121.82	6.26	181.37		0.08	6.43		3.34	4.93	83.06	0.85	0.18	0.16
HUST	HUST	种仁	湖南龙山	1.70	24.37	14.04	185.86	0.01	0.08	10.04	0.06	4.84	6.51	76.76	0.29	0.69	0.73
OCRI	SCBG	种仁	湖北神农架	33.46	10.38	12.47	169.69										
CIPP	SCBG	种仁	重庆南川	31.17				0.09	0.19	18.74	0.10	11.33	34.32	20.11	0.19	0.87	0.07

秃瓣杜英

Elaeocarpus glabripetalus Merr.

杜英科，杜英属

特征 乔木。嫩枝秃净无毛，多少有棱，干后红褐色，老枝圆柱形，暗褐色。叶纸质或膜质，倒披针形，先端尖锐，尖头钝，基部变窄而下延，上面干后黄绿色，发亮，下面浅绿色，多少发亮；侧脉7~8对，在下面凸起，网脉疏，在上面不明显，在下面略凸起，边缘有小钝齿；叶柄长4~7 mm，无毛。总状花序常生于无叶的去年枝上，长5~10 cm，纤细，花序轴有微毛；花柄长5~6 mm；萼片5枚，披针形，外面有微毛；花瓣5枚，白色，先端较宽，撕裂为14~18条，基部窄，外面无毛；雄蕊20~30枚，花丝极短。核果椭圆形，内果皮薄骨质，表面有浅沟纹。花期7月；果期秋、冬季。

分布 湖南：湘潭县响水乡，27°54′56″N，112°54′38″E，64 m，2009-10-22，黄玉滢、周喜乐400181101；吉首德夯，28°20′51″N，109°35′13″E，381 m，2011-11-14，徐亮、周建军400191067。江西：玉山县三清山，28°53′20″N，118°03′49″E，748 m，2009-11-15，廖文波等400141153；玉山县三清山，28°54′08″N，118°07′07″E，277 m，2009-09-06，廖文波等400141160。浙江：临安市浙江农村小学东湖校区，30°15′48″N，119°43′02″E，47 m，2009-10-21，陈树钢、童毅4001122149。湖北：五峰后河两河口，33°28′45″N，110°32′22″E，1227 m，2010-10-26，丁时东、危文亮等400151094；利川毛坝星斗山，30°01′50″N，109°06′43″E，1102 m，2009-10-14，丁时东、危文亮400152012。生长于海拔400~750 m的常绿林里。产于广东、广西、湖南、江西、福建、浙江、贵州、云南。

栽培 喜温暖湿润气候，耐寒性不强。播种或扦插繁殖。

用途 油料可用于制造肥皂、润滑油、油漆及其他多种工业用途。

含油率及化学组分数据

采集单位	测试单位	测试部位	产地	含油率(%)	碘值	酸值	皂化值	C12:0	C14:0	C16:0	C16:1	C18:0	C18:1	C18:2	C18:3	C20:0	C20:1
HUST	HUST	种仁	湖南湘潭	31.51	54.14	6.00	233.57	0.003	0.07	15.93	0.46	1.56	48.45	32.74	0.12	0.44	0.23
JSU	SCBG	种仁	湖南吉首	22.65	55.76	1.90	235.10		0.07	15.02	0.79	5.50	20.91	28.72	0.18	10.86	0.57
SYSU	SCBG	种仁	江西玉山	12.58	133.78	79.65	154.23	0.02	0.06	7.47	0.19	3.03	14.90	72.53	1.31	0.45	0.06
SYSU	SCBG	种仁	江西玉山	19.39	37.56	34.84	157.67	0.02	0.12	12.22	0.22	2.42	25.24	58.24	0.35	0.79	0.38
SCBG	SCBG	种仁	浙江临安	38.54	114.27	1.78	200.54	0.79	1.84	16.71	4.14	51.17	24.81	0.30	0.14		
OCRI	SCBG	种仁	湖北五峰	20.10	7.00	19.16	191.85	0.03	0.26	13.18		2.88	23.25	29.86	0.62	0.31	0.70
OCRI	SCBG	种仁	湖北利川	31.18	29.93	7.44	177.68		0.14	18.83	0.79	2.89	23.71	52.76	0.89		

水石榕
Elaeocarpus hainanensis Oliv.
杜英科，杜英属

特征 小乔木。具假单轴分枝，树冠宽广。嫩枝无毛。叶革质，狭窄倒披针形，长7~15 cm，宽1.5~3 cm，先端尖，基部楔形，老叶上面深绿色，下面浅绿色；侧脉14~16对，在上面明显，在下面凸起，网脉在下面稍凸起，边缘密生小钝齿。总状花序生当年枝的叶腋内，花2~6朵；花较大；苞片叶状，无柄，边缘有齿凸，基部圆形或耳形，有网状脉及侧脉，宿存；花柄长约4 cm，有微毛；萼片5枚，披针形，被柔毛；花瓣白色，与萼片等长，倒卵形，外侧有柔毛，先端撕裂，裂片30枚；雄蕊多数，约和花瓣等长，有微毛，药隔突出成芒刺状。核果纺锤形，两端尖；内果皮坚骨质，表面有浅沟，腹缝线2条，1室。种子长2 cm。花期6~7月；果期秋、冬季。

分布 云南：勐腊县勐仑镇，21°29′30″N，101°26′31″E，560 m，2012-11-17，李忠荣、李恩乾400222115。喜生于低湿处及山谷水边。产于海南以及广西南部云南东南部。在越南、泰国也有分布。

栽培 喜高温、多湿气候。播种繁殖，采后即播。也可扦插繁殖。

用途 油料可用于制造肥皂、润滑油、油漆及其他多种工业用途。

含油率及化学组分数据

采集单位	测试单位	测试部位	产地	含油率(%)	碘值	酸值	皂化值	C12:0	C14:0	C16:0	C16:1	C18:0	C18:1	C18:2	C18:3	C20:0	C20:1
KMIB	KMIB	种仁	云南勐腊	31.14	75.60	2.20	197.70	0.02	0.45	1.37	29.29	1.82	8.18	35.35	23.09	0.28	
OFPC	XTBG	种仁	云南西双版纳	40.00	79.00	0.50	195.20	0.50	1.20	25.50	4.10		42.30	21.00			

日本杜英（薯豆）
Elaeocarpus japonicus Sieb. et Zucc. [*Elaeocarpus yunnanensis* E. Brandis ex Tutcher]
杜英科，杜英属

特征 乔木。嫩枝秃净无毛；叶芽有发亮绢毛。叶革质，通常卵形，长6~12 cm，宽3~6 cm，先端锐尖，基部圆形或钝，初时两面密被银灰色绢毛，后秃净，老叶上面深绿色，发亮，下面无毛，有多数细小黑腺点；侧脉5~6对，在下面凸起，网脉在上下两面均明显；边缘有疏锯齿；叶柄长2~6 cm。总状花序生于当年枝的叶腋内，花序轴有短柔毛；花柄长3~4 mm，被微毛；花两性或单性；两性花萼片5枚，长圆形，两面有毛；花瓣长圆形，两面有毛，与萼片等长；雄蕊15枚，花丝极短，花药有微毛，顶端无附属物；花盘10裂，连合成环；子房有毛，3室；雄花萼片5~6枚，花瓣5~6枚，均两面被毛；雄蕊9~14枚。核果椭圆形，1室。种子1粒，长8 mm。花期4~5月；果期8~10月。

分布 湖南：永顺小溪，28°48′04″N，110°12′56″E，620 m，2010-09-25，徐亮、周建军400191011。江西：铅山县武夷山国家级自然保护区，27°59′59″N，117°53′18″E，365 m，2009-08-07，凡强、景慧娟4001411056。云南：昆明市洛龙公园，24°53'23"N，102°49'08"E，1913 m，2011-11-20，杨珺4221369。贵州：雷山县雷公山自然保护区管理站至乌东村途中，26°21′57″N，108°9′49″E，114 m，2009-09-13，陈丰林、夏纯、桑洪伟4001151244。生于海拔400~1300 m的常绿林中。产于我国长江以南各地。越南、日本也有分布。

栽培 喜高温、多湿气候，较耐寒。播种或扦插繁殖。

用途 油料可用于制造肥皂、润滑油、油漆及其他多种工业用途。

含油率及化学组分数据

采集单位	测试单位	测试部位	产地	含油率(%)	碘值	酸值	皂化值	C12:0	C14:0	C16:0	C16:1	C18:0	C18:1	C18:2	C18:3	C20:0	C20:1
JSU	SCBG	种仁	湖南永顺	30.40		4.28	171.65	0.07	0.16	18.12	0.36	2.12	29.40	20.46	0.90	0.23	0.14
SYSU	SCBG	种仁	江西铅山	10.84	33.43	10.52	160.34		0.12	13.01	0.12	2.43	16.36	66.89	0.48	0.32	0.26
KMIB	KMIB	种仁	云南昆明	51.20	91.90	195.20	24.20	6.30	56.80	3.80							
SCBG	SCBG	种仁	贵州雷山	32.50	74.60	4.11	389.47										
OFPC	SCBG	种子	湖南长沙	22.00	91.90		195.20		0.30	24.20	6.20	6.30	56.80	3.80			

灰毛杜英

Elaeocarpus limitaneus Hand.-Mazz.[*Elaeocarpus maclurei* Merr.]

杜英科，杜英属

特征 常绿小乔木。嫩枝被灰褐色绒毛。叶革质，椭圆形或倒卵形，长7~16 cm，宽5~7 cm，先端凸尖，基部阔楔形，上面深绿色，干后仍发亮，下面被灰褐色紧贴绒毛；侧脉6~8对，在下面凸起，边缘有稀疏小钝齿；叶柄粗壮，近于秃净，长2~3 cm。总状花序生于枝顶及无叶的去年枝条上，长5~7 cm，花序轴被灰色毛；花柄被毛；花瓣白色，长6~7 mm；雄蕊30枚，长4 mm，有柔毛，花药无附属物；花盘5裂，被毛；子房3室，被毛，花柱长3 mm。核果椭圆状卵形，外果皮秃净无毛，内果皮坚骨质，表面有沟纹。花期7月；果期9~10月。

分布 广西：东兴市江平镇巫头村，21°32′56″N，108°08′24″E，2012-10-18，吴望辉、叶晓霞、农东新4001101026。生长于海拔1050~1650 m的森林中。产于海南以及广西东南部、云南东南部。越南有分布。

栽培 喜温暖、湿润气候。播种繁殖。

用途 油料可用于制造肥皂、润滑油、油漆及其他多种工业用途。

含油率及化学组分数据

采集单位	测试单位	测试部位	产地	含油率(%)	碘值	酸值	皂化值	C12:0	C14:0	C16:0	C16:1	C18:0	C18:1	C18:2	C18:3	C20:0	C20:1
GXIB	SCBG	种仁	广西东兴	29.40	132.09	4.17	208.38		0.06	8.51	0.24	1.97	18.21	62.58	1.17	5.01	0.14

长柄杜英

Elaeocarpus petiolatus (Jack) Wall.

杜英科，杜英属

特征 乔木。嫩枝无毛，常有红色树脂渗出树皮及枝条表面。叶革质，长卵形或椭圆形，长9~18 cm，宽4~7 cm，先端急短尖，尖头钝，基部圆形或钝，上面深绿色，略有光泽，下面无毛；侧脉5~7对，网脉明显，边缘有浅波状小钝齿，或为全缘。总状花序腋生，花序轴被柔毛；花柄长10~15 mm，略被短柔毛；萼片5枚，披针形，外侧被柔毛；花瓣与萼片等长，长圆形，外侧被褐色毛，上半部撕裂，裂片9~14枚；雄蕊约30枚，被短柔毛。核果椭圆形，内果皮骨质，表面有浅沟纹，1室。种子长约1 cm。花期8~9月；果期冬季。

分布 海南：五指山国家级自然保护区，18°54′49″N，109°41′17″E，1800 m，2009-11-22，张荣京40017149。生于低海拔的热带森林。产于海南、广东、广西、云南。中南半岛以及马来西亚也有分布。

栽培 喜温暖、湿润气候，耐寒性不强。播种或扦插繁殖。

用途 油料有多种工业用途。

含油率及化学组分数据

采集单位	测试单位	测试部位	产地	含油率(%)	碘值	酸值	皂化值	C12:0	C14:0	C16:0	C16:1	C18:0	C18:1	C18:2	C18:3	C20:0	C20:1
SCAU	SCBG	种仁	海南五指山	32.64	17.19	6.23	375.88		0.03	3.32	0.10	1.90	55.41	38.46	0.07	0.17	0.54

滇越杜英（大果山杜英）

Elaeocarpus poilanei Gagnep.

杜英科，杜英属

特征 乔木，高25 m。嫩枝纤细，仅在枝顶有稀疏微毛. 叶薄革质，披针形，秃净无毛，长7~10 cm，宽2~3 cm，先端尖锐，基部楔形，下延，上面深绿色，干后仍发亮，下面浅绿色；侧脉7~9对，网脉在上下两面均明显，全缘或有不明显小齿突；叶柄短。总状花序生于当年枝的叶腋内，长2.5~4 cm，纤细，花序轴秃净无毛；花柄长3 mm，无毛；萼片长卵形，两面均无毛；花瓣5枚，上半部6~8裂，背面无毛，基部两侧有睫毛；雄蕊16枚，比萼片短，花药有微毛，顶端无芒刺，花丝极短；花盘5裂，被灰白色柔毛；子房3室，每室有2颗胚珠，外面被毛，花柱长3 mm，突出花瓣之外。核果长椭圆形，1室。种子1粒，卵形，长1 cm。花期5~6月；果期秋季。

分布 海南：陵水县本号镇吊罗山，18°44′05″N，109°50′13″E，2009-08-02，秦新生400116187。生长于海拔540~1300 m的常绿林里。产于海南、广西、云南等地。越南有分布。

栽培 稍耐阴，喜温暖、湿润气候，耐寒性不强。播种或扦插繁殖。

用途 油料可用于制造肥皂、润滑油、油漆及其他多种工业用途。

含油率及化学组分数据

采集单位	测试单位	测试部位	产地	含油率(%)	碘值	酸值	皂化值	C12:0	C14:0	C16:0	C16:1	C18:0	C18:1	C18:2	C18:3	C20:0	C20:1
SCAU	SCBG	种仁	海南陵水	30.14	66.43	10.47	286.01	0.003	0.02	5.05	0.07	1.36	6.92	66.61	19.51	0.05	0.41

樱叶杜英（桃叶杜英）

Elaeocarpus prunifolioides Hu

杜英科，杜英属

特征 乔木，高15 m。嫩枝及顶芽均秃净无毛，干后变黑褐色。叶薄革质或纸质，长圆形或卵状长圆形，长8~13 cm，宽3~6 cm，先端尖，基部阔楔，多少歪斜，上面深绿色，发亮，下面浅绿色；侧脉8~9对，网脉在上下两面均明显，边缘有小钝齿；叶柄长2~4 cm。总状花序生于当年枝的叶腋内，有花8~14朵；花柄被短柔毛；花蕾长卵形，先端略尖；萼片5枚，披针形，长7 mm，外面有短柔毛，内侧有微毛，中肋凸起；花瓣5枚，矩圆形，先端撕裂，裂片约10枚，背面被灰白色毛，内侧有灰色毛；雄蕊22枚，花丝极短。核果椭圆形，内果皮骨质，表面近于平滑。种子1粒。花期1~2月；果期9~11月。

分布 云南：勐腊县勐仑镇，21°55′29″N，101°15′14″E，560 m，2009-11-27，李忠荣、李恩乾400222113。生长于低海拔的常绿林中。产于云南西南部。

栽培 喜温暖至高温，喜光，不耐寒，耐阴。播种繁殖。

用途 油料可用于制造肥皂、润滑油、油漆及其他多种工业用途。

含油率及化学组分数据

采集单位	测试单位	测试部位	产地	含油率(%)	碘值	酸值	皂化值	C12:0	C14:0	C16:0	C16:1	C18:0	C18:1	C18:2	C18:3	C20:0	C20:1
KMIB	KMIB	种仁	云南勐腊	38.49	80.50	35.80	191.70	0.06	0.28	1.03	21.06	0.49	6.92	39.63	27.29	3.06	0.06

毛果杜英（尖叶杜英）
Elaeocarpus rugosus Roxb.
杜英科，杜英属

特征 乔木，高达30 m。树皮灰色。小枝粗壮，被灰褐色柔毛。叶柄有环痕；叶聚生于枝顶，革质，倒卵状披针形，先端钝，上面深绿色而发亮，干后淡绿色，下面初时有短柔毛，不久变秃净，仅在中脉有微毛，全缘，或上半部有小钝齿；侧脉12~14对，与网脉在上面明显，在下面凸起。总状花序生于枝顶叶腋内，有花5~14朵，花序轴被褐色柔毛；花芽披针形，长为1.2 cm；萼片6枚，狭窄披针形，外面被褐色柔毛；花瓣倒披针形，内外两面被银灰色长毛，先端7~8裂；雄蕊45~50枚，顶端有长达3~4 mm的芒刺；花盘5浅裂；子房被毛，3室，花柱长9 mm，有毛。核果椭圆形，有褐色绒毛。花期8~9月；果实冬季成熟。

分布 海南：昌江县霸王岭，19°06′59″N，109°05′32″E，2011-11-20，秦新生4001161196。广东：阳山县秤架，112°56′26″E，24°51′57″N，1033 m，2009-08-23，陈林40011411。生于低海拔的山谷林中。产于广东、海南以及云南南部。中南半岛经及马来西亚也有分布。

栽培 喜温暖至高温，喜光，不耐寒，耐阴。播种繁殖。

用途 种子油工业用。

含油率及化学组分数据

采集单位	测试单位	测试部位	产地	含油率(%)	碘值	酸值	皂化值	C12:0	C14:0	C16:0	C16:1	C18:0	C18:1	C18:2	C18:3	C20:0	C20:1
SCAU	SCBG	种仁	海南昌江	27.61	30.51	8.89	200.76	0.02	0.02	5.30			57.07	25.37	36.61	0.40	0.24
SCBG	SCBG	种仁	广东阳山	21.56													

山杜英（杜英、羊屎树、羊仔树）
Elaeocarpus sylvestris (Lour.) Poir.
杜英科，杜英属

特征 小乔木，高约10 m。小枝纤细，通常秃净无毛，老枝干后暗褐色。叶纸质，倒卵形或倒披针形，长4~8 cm，宽2~4 cm，幼叶长达15 cm，宽达6 cm，上下两面均无毛，干后黑褐色，不发亮，先端钝，或略尖，基部窄楔形，下延；侧脉5~6对，在上面隐约可见，在下面稍凸起，网脉不大明显，边缘有钝锯齿或波状钝齿。总状花序生于枝顶叶腋内，花序轴纤细，无毛，有时被灰白色短柔毛；花柄长3~4 mm，纤细，通常秃净；萼片5枚，披针形，无毛；花瓣倒卵形，上半部撕裂，裂片10~12枚，外侧基部有毛；雄蕊13~15枚。核果细小，椭圆形，内果皮薄骨质，有腹缝沟3条。花期4~5月；果期秋季。

分布 海南：昌江县霸王岭东一，19°13′21″N，109°00′41″E，2009-08-05，秦新生400116152；昌江县霸王岭南叉河一级站，19°13′21″N，109°00′41″E，2011-11-25，秦新生4001161195；陵水市吊罗山，18°42′25″N，109°53′00″E，2011-11-30，邢福武、刘东明、王发国400119200。广东：肇庆封开黑石顶自然保护区，23°27′48″N，111°54′52″E，2013-01-31，刘东明、王鹏、叶心芬、宁阳阳400114217；连州大东山，24°53′32″N，112°54′24″E，893 m，2009-10-29，陈林、王发国、翟俊文40011472。福建：武夷山星村桐木村，27°43′36″N，117°42′24″E，573 m，2012-11-17，易绮斐、李玉玲、宁阳阳400119253；武夷山桐木村，2010-09-26，刘东明、梁耀400112106。湖北：利川毛坝星斗山，30°01′50″N，109°06′43″E，1102 m，2009-11-09，丁时东、危文亮400152012；利川毛坝星斗山，30°02′14″N，109°08′26″E，2009-10-20，李晓东、范深厚40012143。生于海拔350~2000 m的常绿林里。产于海南、广东、广西、湖南、江西、福建、浙江，四川、贵州、云南。越南、老挝、泰国有分布。

栽培 喜温暖、湿润气候。播种或扦插繁殖。

用途 油料可用于制造肥皂、润滑油、油漆及其他多种工业用途。

含油率及化学组分数据

采集单位	测试单位	测试部位	产地	含油率(%)	碘值	酸值	皂化值	C12:0	C14:0	C16:0	C16:1	C18:0	C18:1	C18:2	C18:3	C20:0	C20:1
SCAU	SCBG	种仁	海南昌江	31.60	28.78	11.48	187.91	0.01	0.01	2.79	0.24	0.57	61.00	34.53	0.46	0.39	0.02
SCAU	SCBG	种仁	海南昌江	20.64	79.29	1.68		0.03	0.12	12.87	29.29			10.55	20.45	0.26	0.41
SCBG	SCBG	种仁	海南陵水	23.14	180.90		130.58			9.64	0.07	2.02	25.70	46.49	7.38	2.12	
SCBG	SCBG	种仁	广东肇庆	15.10	78.98	1.34	367.39										
SCBG	SCBG	种仁	广东连州	16.23													
SCBG	SCBG	种仁	福建武夷山	36.12					0.04	6.62	0.04	1.73	7.35	82.89	0.53	0.50	0.29
SCBG	SCBG	种仁	福建武夷山	14.23	87.56	0.09	197.78	0.01	0.04	5.16	0.14	4.99	40.64	31.02	1.52	0.26	
OCRI	SCBG	种子	湖北利川	31.18	29.93	7.44	177.68		0.14	18.83	0.79	2.89	23.70	52.76	0.88		
WHBG	WHBG	种仁	湖北利川	15.33					0.14	5.30	0.50	1.70	39.73	41.72	0.39	0.16	0.32

猴欢喜

Sloanea sinensis (Hance) Hemsl. [*Sloanea hongkongensis* Hemsl.]

杜英科，猴欢喜属

特征 乔木，高20 m。嫩枝无毛。叶薄革质，形状及大小多变，通常为长圆形或狭窄倒卵形，长6~9 cm，宽3~5 cm，先端短急尖，基部楔形，通常全缘，有时上半部有数个疏齿，上面干后暗晦无光泽，下面秃净无毛；侧脉5~7对；叶柄长1~4 cm，无毛。花多朵簇生于枝顶叶腋；花柄长3~6 cm，被灰色毛；萼片4枚，阔卵形，两侧被柔毛；花瓣4枚，白色，先端撕裂，有齿刻；雄蕊与花瓣等长，花药长为花丝的3倍。蒴果大小不一，3~7枚裂开；果爿长短不一；针刺长1~1.5 cm；内果皮紫红色。种子黑色，有光泽，假种皮黄色。花期9~11月；果期翌年夏、秋季成熟。

分布 广东：阳山县秤架，24°47′21″N，112°48′29″E，110 m，2009-10-27，董安强、胡晓敏40011225；广州从化大岭山，23°23′06″N，113°29′46″E，2009-09-23，邢福武、戴建阅、翟俊文、郑希龙400111110。湖南：浏阳县大围山，28°23′36″N，114°02′49″E，237 m，2010-11-08，张兵、谷志容400181236；永顺县小溪，28°47′06″N，110°13′4″E，425 m，2010-11-08，徐亮、陈洁400191072。江西：崇义县齐云山，25°48′26″N，114°03′50″E，518 m，2010-09-27，李朋远、谢行400145026。福建：武夷山桐木村，26°03′05″N，117°59′03″E，2010-09-26，刘东明、梁耀400112107。浙江：龙泉昂山，27°45′14″N，119°40′12″E，1024 m，2009-09-24，曾庆文等400112107。生长于海拔400~1000 m的常绿林里。产于广东、海南、广西、贵州、湖南、江西、福建、台湾、浙江。越南有分布。

栽培 喜光，喜温暖、湿润气候。播种繁殖。

用途 油料可用于制造肥皂、润滑油、油漆及其他多种工业用途。

含油率及化学组分数据

采集单位	测试单位	测试部位	产地	含油率(%)	碘值	酸值	皂化值	C12:0	C14:0	C16:0	C16:1	C18:0	C18:1	C18:2	C18:3	C20:0	C20:1
SCBG	SCBG	种仁	广东阳山	48.20	69.26	4.72	165.25	0.16	3.26	22.95	1.71	3.99	41.51	25.58	0.29	0.23	0.3
SCBG	SCBG	种仁	广东广州	46.10	63.93	1.62	203.50	0	0.42	29.46	0.88	4.63	46.99	17.11	0.19	0.087	0.23
HUST	HUST	种仁	湖南浏阳	56.78	14.67	12.43	162.53	0.0047	0.08	9.88	0.09	2.80	7.64	77.53	1.59	0.26	0.14
JSU	SCBG	种仁	湖南永顺	58.45					0.20	16.67		2.15	37.63	32.72	7.16		
SYSU	SCBG	种仁	江西崇义	15.11	140.91	5.73	167.32	0.01	0.06	5.96	0.12	2.03	12.92	77.49	1.19	0.10	0.13
SCBG	SCBG	种仁	福建武夷山	43.12	116.49	3.13	168.03	0.27	4.84	18.45	2.19	5.13	33.01	35.01	0.27	0.27	0
SCBG	SCBG	种仁	浙江龙泉	42.10													
OFPC	SCBG	假种皮	广东乳源	73.80	65.80		197.60		0.4	29.00		4.50	42.00	24.10			
OFPC	SCBG	种子	广东乳源	49.50	79.20		196.60	0.80	7.10	15.00	4.40	3.70	44.00	25.00			
OFPC	GXIB	种仁	广西兴安	66.70	83.90		190.20	1.20	8.60	16.70	1.90	5.30	41.40	24.90			

咖啡黄葵（越南芝麻、羊角豆、糊麻）

Abelmoschus esculentus (L.) Moench

锦葵科，秋葵属

特征 一年生草本，高1~2 m。茎圆柱形，疏生散刺。叶掌状3~7裂，边缘具粗齿及凹缺，两面均被疏硬毛；叶柄被长硬毛；托叶线形，长7~10 mm，被疏硬毛。花单生于叶腋间，花梗长，疏被糙硬毛；小苞片线形，疏被硬毛；花萼钟形，密被星状短绒毛；花黄色，内面基部紫色，花瓣倒卵形，长4~5 cm。蒴果筒状尖塔形，顶端具长喙，疏被糙硬毛。种子球形，多数，具毛脉纹。花期5~9月；果期秋、冬季。

分布 湖北：武汉，30°32′55″N，114°24′55″E，32 m，2011-09-26，李晓东、昝艳燕400121166。重庆：南川区三泉镇石梁河，29°58′51″N，107°36′43″E，835 m，2009-11-10，刘正宇等400231119。广东、湖南、浙江、江苏、山东、湖北、重庆、云南、河北等地引入栽培。原产于印度。现热带、亚热带地区广泛栽培。

栽培 喜阳光，较耐寒，耐干热。播种繁殖。

用途 油脂微有毒，经高温处理后可食用或供工业用。

含油率及化学组分数据

采集单位	测试单位	测试部位	产地	含油率(%)	碘值	酸值	皂化值	C12:0	C14:0	C16:0	C16:1	C18:0	C18:1	C18:2	C18:3	C20:0	C20:1
WHBG	WHBG	种仁	湖北武汉	7.39					0.03	6.09		1.48	8.53	75.28	7.38	0.26	0.15
CIPP	SCBG	种仁	重庆南川	3.65				2.13	0.09	10.16		5.08	12.90	42.47	26.27	0.31	0.20
OFPC	XTBG	种子	云南版纳	20.00	88.20	4.20	198.20			32.60		2.50	20.30	44.60			
OFPC	KMIB	种子	云南元江	20.90	90.10		197.60			33.30		3.40	24.80	38.50			
OFPC	JSIB	种子	江苏句容	21.60	95.70		197.60			31.90		2.40	26.00	39.70			
OFPC	GXIB	种子	广西临桂	16.70	100.80		184.90			32.00	1.5	1.60	16.40	48.50			

黄葵

Abelmoschus moschatus Medik.

锦葵科，秋葵属

特征 一年生或二年生草本。叶掌状5~7深裂，裂片披针形至三角形，边缘具不规则锯齿，偶有浅裂似械叶状，基部心形，两面疏被硬毛；叶柄疏被硬毛；托叶线形。花单生于叶腋间，花梗被倒硬毛；小苞片8~10枚；花萼佛焰苞状，5裂，常早落；花黄色，内基部暗紫色；雄蕊柱平滑无毛；花柱分枝5，柱头盘状。蒴果长圆形，被黄长硬毛。种子肾形，具腺状脉纹。花期6~10月；果期秋、冬季。

分布 广东：平远县黄田象牙，24°41′44″N，115°55′57″E，2010-10-16，易绮斐、戴建阅、翟俊文400119113。云南：文山州麻栗坡县铁厂乡，23°22′36″N，105°02′51″E，2011-10-15，曾庆文、陈树钢、杨国400114256；保山市百花岭，25°16′09″N，98°49′14″E，971 m，2009-11-26，王智、徐金金、黄巧琴400221159。常生于平原、山谷、溪涧旁或山坡灌丛中。广东、广西、江西、湖南、台湾、湖北、云南等地栽培或野生。分布于越南、老挝、柬埔寨、泰国、印度。

栽培 喜阳光，不耐寒，耐干热。播种繁殖。

用途 种子油可作芳香油，是名贵的高级调香料。

含油率及化学组分数据

采集单位	测试单位	测试部位	产地	含油率(%)	碘值	酸值	皂化值	C12:0	C14:0	C16:0	C16:1	C18:0	C18:1	C18:2	C18:3	C20:0	C20:1
SCBG	SCBG	种仁	广东平远	6.14	11.65	4.49	194.43	0.25		10.97	0.07		6.92	42.92	30.66	0.23	0.30
SCBG	SCBG	种仁	云南文山	26.17	63.44	9.78	221.54	0.08	0.16	10.56	0.08	2.13	53.57	17.35	5.57	0.34	10.15
KMIB	KMIB	种仁	云南保山	14.53	28.70	94.05	2.70		0.03	4.40	0.08	2.35	22.47	38.76	0.32	2.74	8.04
OFPC		种子	海南琼山	16.80	96.50		195.20		0.20	19.30		1.40	31.90	47.10			
OFPC		种子	广西西林	12.90	113.70		200.50		0.40	22.50	1.50	2.60	26.50	44.60	1.10		

磨盘草

Abutilon indicum (L.) Sweet

锦葵科，苘麻属

特征 一年生或多年生亚灌木状草本。分枝多，全株均被灰色短柔毛。叶卵圆形或近圆形，先端短尖或渐尖，基部心形，边缘具不规则锯齿，两面均密被灰色星状柔毛；叶柄被灰色短柔毛和疏丝状长毛；托叶钻形，外弯。花单生于叶腋，花梗近顶端具节，被灰色星状柔毛；花萼盘状，绿色，密被灰色柔毛，裂片5枚，宽卵形，先端短尖；花黄色，花瓣5枚；雄蕊柱被星状硬毛；心皮15~20枚，成轮状，花柱枝5，柱头头状。果形似磨盘，具短芒，被星状长硬毛。种子肾形，被星状疏柔毛。花期7~9月；果期10~11月。

分布 海南：万宁县兴隆热带花园，18°41′53″N，110°14′33″E，2010-01-24，邢福武、翟俊文、郑希龙、戴建阅400111174。常生于海拔800 m以下的平原、海边、砂地、旷野、山坡、河谷及路旁等处。产于广东、广西、福建、台湾、贵州、云南等地。越南、老挝、柬埔寨、泰国、斯里兰卡、缅甸、印度、印度尼西亚等热带地区也有分布。

栽培 喜温暖、湿润和阳光充足的气候。种子繁殖。适宜春季播种。

用途 药用；工业用油。

含油率及化学组分数据

采集单位	测试单位	测试部位	产地	含油率(%)	碘值	酸值	皂化值	C12:0	C14:0	C16:0	C16:1	C18:0	C18:1	C18:2	C18:3	C20:0	C20:1
SCBG	SCBG	种仁	海南万宁	30.44	41.29	17.23	139.02			13.03	0.03	4.42	15.49			0.95	0.38
OFPC	GXIB	种子	广西西林	12.90	113.70		200.50		0.40	22.50	1.50	2.60	26.50	44.60	1.10		
OFPC	SCBG	种子	海南琼山	16.80	96.50		195.20		0.20	19.30		1.40	31.90	47.10			

苘麻

Abutilon theophrasti Medik. [*Abutilon avicennae* Gaertn.]

锦葵科，苘麻属

特征 一年生亚灌木状草本。茎、枝被柔毛。叶互生，圆心形，长5~10 cm，先端长渐尖，基部心形，边缘具细圆锯齿，两面均密被星状柔毛；叶柄长3~12 cm，被星状细柔毛；托叶早落。花单生于叶腋，花梗长1~13 cm，被柔毛，近顶端具节；花萼杯状，密被短绒毛，裂片5枚，卵形；花黄色，花瓣倒卵形，长约1 cm；雄蕊柱平滑无毛，顶端平截，具扩展、被毛的长芒2，排列成轮状，密被软毛。蒴果半球形，分果爿15~20，被粗毛，顶端具长芒2。种子肾形，褐色，被星状柔毛。花期7~8月；果期秋季。

分布 湖南：吉首市沙子坳桃子坪，28°17′20″N，109°42′52″E，214 m，2011-08-19，徐亮、周建军40019101153。湖北：神农架松柏镇，31°28′36″N，110°26′36″E，1691 m，2011-09-04，丁时东400151146。重庆：南川区三泉镇大汉堡，29°45′26″N，107°07′19″E，579 m，2009-10-19，刘正宇等400231094。山西：垣曲县新城乡东峰山村，35°11′26″N，111°23′05″E，640 m，2009-10-05，谢光辉400322023。河南：郑州惠济区，34°55′11″N，113°32′15″E，332 m，2011-07-26，王亚平、陈明400314013。陕西：咸阳市杨凌乡西北农林科技大学，34°16′04″N，108°04′42″E，2009-10-08，童毅400119087。吉林：辉南县金川镇，44°12′26″N，127°10′43″E，340 m，2009-10-12，郑宝江、李康400341033。黑龙江：佳木斯市松花江湿地，46°35′37″N，130°39′15″E，140 m，2010-08-14，陈连江、卞勇、贾海伦400351004。常见于路旁、荒地和田野间。我国除青藏高原外，其他各地均产。分布于越南、印度、日本以及欧洲、北美洲等地区。

栽培 喜温，短日照作物，苗期较耐寒。播种繁殖。

用途 种子油供制皂、油漆和工业用润滑油。

含油率及化学组分数据

采集单位	测试单位	测试部位	产地	含油率(%)	碘值	酸值	皂化值	C12:0	C14:0	C16:0	C16:1	C18:0	C18:1	C18:2	C18:3	C20:0	C20:1
JSU	SCBG	种仁	湖南吉首	24.56						8.03	0.09	1.26	74.76	13.02	0.32		0.46
OCRI	SCBG	种仁	湖北神农架	21.62	124.57	18.40	106.69	0.01	0.04	5.63	0.09	2.17	16.26	74.41	0.48	0.09	0.10
CIPP	SCBG	种仁	重庆南川	20.65					0.13	15.73	0.05	2.20	23.67	52.48	0.42	0.45	2.12
CAU	SCBG	种子	山西垣曲	25.43	87.63	6.43	138.92			8.04	0.06	2.87	42.82	25.83	5.57	0.34	1.14
HNUST	ICS	种子	河南郑州	21.60	41.29	15.54	69.81		0.10	12.64	0.20	2.64	12.73	63.26	1.09	0.22	0.05
SCBG	SCBG	种仁	陕西咸阳	38.64	18.04	15.52		0.0036	0.07	9.43	38.69	0.19	61.00	11.93	2.80		
NEFU	SCBG	种仁	吉林辉南	14.50	70.21	1.10	203.13			13.93	0.21	6.89	9.45	68.59	0.71	0.22	
SBRI	SCBG	种仁	黑龙江佳木斯	17.16	12.66	5.56	79.94	0.01	0.12	9.72	0.09	1.21	15.21	70.72	1.55	0.89	0.47
OFPC	IB	种子	北京	17.50	126.40				0.10	15.30	0.60	4.10	12.60	66.00	1.30		
OFPC	CIB	种子	四川泸定	21.70						18.70		2.20	29.30	49.80			
OFPC	JSIB	种子	安徽滁县	11.50	130.20				0.50	35.50	0.40	1.10	6.80	31.40	22.80		

陆地棉

Gossypium hirsutum L.

锦葵科，棉属

特征 一年生草本，高0.6~1.5 m。小枝疏被长毛。叶阔卵形，直径5~12 m，长、宽近相等或较宽，基部心形或心状截头形，常3浅裂，有时5裂，裂片宽三角状卵形，先端凸渐尖，基部宽，上面近无毛，沿脉被粗毛，下面疏被长柔毛；托叶卵状镰形，长5~8 mm，早落。花单生于叶腋，花梗通常较叶柄略短；小苞片3枚，分离，基部心形，具腺体1枚，边缘具7~9齿，被长硬毛和纤毛；花萼杯状，裂片5枚，三角形，具缘毛；花白色或淡黄色，后变淡红色或紫色；雄蕊柱长1.2 m。蒴果卵圆形，具喙，3~4室。种子分离，卵圆形，具白色长绵毛和灰白色不易剥离的短绵毛。花、果期夏、秋季。

分布 江苏：宿迁市嶂山森林公园，33°57′46″N，118°16′41″E，238 m，2010-09-29，李宏庆、胡超、董全英4001171076。19世纪末开始传入我国栽培，已广泛栽培于我国各产棉区，且已取代树棉和草棉。原产美洲墨西哥。

栽培 喜温、好光、较耐旱但怕渍。播种繁殖。

用途 种子油食用或工业用。

含油率及化学组分数据

采集单位	测试单位	测试部位	产地	含油率(%)	碘值	酸值	皂化值	C12:0	C14:0	C16:0	C16:1	C18:0	C18:1	C18:2	C18:3	C20:0	C20:1
ECNU	SCBG	种仁	江苏宿迁	16.90	137.24	2.37	200.26	0.18	0.73	12.66	0.96	1.87	21.48	51.70	1.51	0.41	0.18
OFPC	SCBG	种仁	湖南郴州	34.70	102.00		195.00		0.90	28.90		1.70	21.40	47.00			
OFPC	IAE	种仁	辽宁沈阳						0.40	31.60		1.80	13.70	48.50	3.80		

木芙蓉(芙蓉花、酒醉芙蓉)

Hibiscus mutabilis L.

锦葵科，木槿属

特征 落叶灌木或小乔木，高2~5 m。小枝、叶柄、花梗和花萼均密被星状毛；叶宽卵形至圆卵形或心形，裂片三角形，先端渐尖，具钝圆锯齿，托叶披针形；花单生于枝端叶腋间，花初开时白色或淡红色，后变深红色，花瓣近圆形，外面被毛，基部具髯毛；雄蕊柱长2.5~3 cm，无毛。蒴果扁球形，被淡黄色刚毛和绵毛。种子肾形，背面被长柔毛。花期8~10月；果期秋、冬季。

分布 广西：临桂县南边山乡下马岭山，23°13′02″N，110°15′34″E，194 m，2011-01-08，吴磊、黄俞淞、林春蕊4001101179。湖南：龙山县里耶镇，28°52′00″N，109°20′15″E，2011-11-14，张九兵、朱明德400181339。云南：峨山化念镇，24°04'55.05"N，102°12'04″E，1088 m，2009-12-15，刘恩乾400222165。广东、广西、湖南、江西、福建、台湾、浙江、江苏、安徽、山东、湖北、四川、贵州、云南、陕西、河北、辽宁地区有栽培。日本以及东南亚各国也有栽培。

栽培 喜温暖、湿润和阳光充足的环境。播种或扦插繁殖。

用途 种子油工业用油。

含油率及化学组分数据

采集单位	测试单位	测试部位	产地	含油率(%)	碘值	酸值	皂化值	C12:0	C14:0	C16:0	C16:1	C18:0	C18:1	C18:2	C18:3	C20:0	C20:1
GXIB	SCBG	种仁	广西临桂	20.14	84.04	3.58	167.12		0.04	7.57	0.20	3.31	15.74	71.22	0.79	0.38	0.15
HUCT	HUCT	种仁	湖南龙山	20.60	19.06	7.41	229.16	0.02	0.20	8.72	0.40	0.56	16.39	55.03	18.03	0.31	0.34
KMIB	KMIB	种仁	云南峨山	10.86	114.90	11.20	185.10		0.03	0.12	15.88	0.29	3.02	17.20	59.66	0.42	
OFPC	WHBG	种子	湖北武汉	11.40	120.50		200.50			19.60	1.10	1.80	11.80	64.40	1.30		
OFPC	GXIB	种子	广西隆林	13.20	111.30					25.40	1.10	6.30	26.20	39.40	1.60		
OFPC	SCBG	种子	广东广州	7.90	116.70					22.60		0.80	10.40	66.20			

木槿（木棉、荆条、朝开暮落花）
Hibiscus syriacus L.
锦葵科，木槿属

特征 落叶灌木，高3~4 m。小枝密被黄色星状绒毛。叶菱形至三角状卵形，长3~10 cm，宽2~4 cm，具深浅不同的3裂或不裂，先端钝，基部楔形，边缘具不整齐齿缺，下面沿叶脉微被毛或近无毛；叶柄长5~25 mm，上面被星状柔毛；托叶线形，疏被柔毛。花单生于枝端叶腋间，花梗长4~14 mm，被星状短绒毛；小苞片6~8枚，线形，密被星状疏绒毛；花萼钟形，长14~20 mm，密被星状短绒毛，裂片5枚，三角形；花钟形，淡紫色，直径5~6 cm；花瓣倒卵形，外面疏被纤毛和星状长柔毛；雄蕊柱长约3 cm，花柱枝无毛。蒴果卵圆形，直径约12 mm，密被黄色星状绒毛。种子肾形，背部被黄白色长柔毛。花期7~10月；果期秋后。

分布 江苏：南京市老山国家森林公园，32°4′7″N，118°36′46″E，36 m，2012-11-11，程志全、刘巧霞4001171252。陕西：华阴市华山，34°32′07″N，110°04′55″E，413 m，2010-10-14，薛帅、王继师400323071。河北：昌黎，40°11′57″N，119°18′21″E，9 m，2011-10-01，徐兴友、韩宝强40031395。北京：海淀区，39°35′32″N，116°7′24″E，50 m，2010-10-18，薛帅400323072。新疆：吐鲁番沙漠植物园，42°51′17″N，89°11′37″E，93 m，2009-08-26，王喜勇、侯翼国4003309015。广东、广西、湖南、江西、福建、台湾、浙江、江苏、安徽、山东、河南、湖北、四川、贵州、云南、陕西、河北等地均有栽培。

栽培 喜阳光也能耐半阴，适应性强。扦插繁殖。

用途 叶或种子油入药治疗皮肤癣疮。

含油率及化学组分数据

采集单位	测试单位	测试部位	产地	含油率(%)	碘值	酸值	皂化值	C12:0	C14:0	C16:0	C16:1	C18:0	C18:1	C18:2	C18:3	C20:0	C20:1
ECNU	SCBG	种仁	江苏南京	12.69	158.73	0.24	199.96	0.06	0.26	7.12	0.12	2.71	18.75	63.04	1.42	0.42	0.18
CAU	ICS	种子	陕西华阴	21.52	102.11	4.56	168.81	0.01	0.05	3.70	0.09	1.39	24.63	45.18	18.54	1.24	1.21
HNUST	ICS	种子	河北昌黎	6.89	6.84	33.55	213.65		1.36	29.37	0.49	3.34	21.37	18.58	4.82	0.45	0.14
CAU	ICS	种子	北京海淀	24.96	84.03	6.53	196.31		0.21	14.33	0.45	14.19	10.33	42.13	2.00	0.17	
XIEG	SCBG	种仁	新疆吐鲁番	7.79	56.22	7.31	161.77		0.06	5.02	0.41	1.43	54.65	30.96	0.62	0.70	0.08

野西瓜苗
Hibiscus trionum L.
锦葵科，木槿属

特征 一年生直立或平卧草本。茎柔软，被白色星状粗毛。叶二型，下部的叶圆形，不分裂，上部的叶掌状3~5深裂；叶柄长被星状粗硬毛和星状柔毛；托叶线形，被星状粗硬毛。花单生于叶腋，被星状粗硬毛；小苞片12枚，线形，被粗长硬毛，基部合生；花萼钟形，淡绿色，被硬毛，裂片5枚，膜质，三角形，具纵向紫色条纹，中部以上合生；花淡黄色，内面基部紫色，花瓣5枚，外面疏被极细柔毛；雄蕊柱长约5 mm，花丝纤细，花药黄色；花柱枝5，无毛。蒴果长圆状球形，被粗硬毛，果爿5，果皮薄，黑色。种子肾形，黑色，具腺状凸起。花、果期7~10月。

分布 甘肃：徽县严坪镇，33°40′21″N，106°17′22″E，1151 m，2010-10-06，薛帅400325009。黑龙江：佳木斯郊区，46°48′35″N，130°22′08″E，1 m，2011-10-15，孟腾、卞勇400351071。河北：昌黎，39°19′40″N，118°04′51″E，2 m，2010-10-06，徐兴友、韩宝强400313086。新疆：乌鲁木齐安宁渠，43°56′23″N，87°28′24″E，593 m，2010-09-27，王喜勇、王蕾、孔凡逵4003310013。辽宁：长海，39°18′05″N，122°35′02″E，2012-10-01，郑宝江400341200。生于田间杂草中。产于我国各地。原产非洲中部，分布欧洲至亚洲各地。

栽培 耐旱，耐高温，耐风蚀，耐瘠薄。种子繁殖。

用途 全草和果实、种子作药用；工业用油。

含油率及化学组分数据

采集单位	测试单位	测试部位	产地	含油率(%)	碘值	酸值	皂化值	C12:0	C14:0	C16:0	C16:1	C18:0	C18:1	C18:2	C18:3	C20:0	C20:1
CAU	OCRI	种子	甘肃徽县	5.23	141.88	21.20	168.91		0.37	8.35	0.52	2.50	10.02	65.80	2.09	0.87	0.05
SBRI	SCBG	种仁	黑龙江佳木斯	24.34	38.36	3.39	349.37		0.08	5.53	0.15	0.41	39.55	51.26	2.08	0.49	0.44
HNUST	OCRI	种子	河北昌黎	13.30					0.12	14.10	0.14	2.80	8.98	62.84	3.77	0.45	0.22
XIEG	SCBG	种仁	新疆乌鲁木齐	9.68	10.26	1.15	345.32		0.12	6.42	0.50	1.57		44.55	2.07	0.42	0.37
SCBG	SCBG	种子	辽宁长海	19.45	72.15	2.68	85.33	1.87	0.50	12.29	0.13	2.89	31.11	48.91	1.55	0.31	0.45
OFPC	NIB	种子	辽宁桓仁	16.10	127.60		198.60			13.90		3.70	10.80	68.80	2.80		

新疆花葵

Lavatera cachemiriana Cambess.

锦葵科，花葵属

特征 多年生草本。叶二型，基生叶近圆形，顶生叶常3~5裂，边缘具圆锯齿，基部心形，先端钝，上面被疏柔毛，下面被星状柔毛；叶柄被星状疏柔毛；托叶线形，被星状柔毛。花排列成近总状花序，顶生或簇生于叶腋间，花梗被柔毛；小苞片3枚，阔卵形，密被星状柔毛；萼钟形；花冠淡紫红色，花瓣倒卵形，先端深2裂，基部楔形，密被星状长髯毛；雄蕊柱疏被硬毛，花丝纤细，多数，花药黄色。分果爿20~25，肾形，平滑无毛。花期6~8月；果期9~10月。

分布 新疆：阿勒泰拉斯特乡，47°55′09″N，88°07′54″E，1007 m，2011-09-15，侯翼国、王茜4003311024。常见于海拔540~2200 m的湿生草地或阳坡。产于新疆西北部的清河、塔城等地。分布于克什米尔（模式产地）和阿尔泰山。

栽培 喜向阳、排水良好的环境，冬季温度不能低于10℃。播种繁殖。

用途 种子油工业用。

含油率及化学组分数据

采集单位	测试单位	测试部位	产地	含油率(%)	碘值	酸值	皂化值	C12:0	C14:0	C16:0	C16:1	C18:0	C18:1	C18:2	C18:3	C20:0	C20:1
XIEG	SCBG	种子	新疆阿勒泰	28.42	59.36	0.87	175.94		0.06	13.03	0.06	7.31	24.03	12.85	34.51	0.41	0.45

黄花稔

Sida acuta Burm.f.

锦葵科，黄花稔属

特征 直立亚灌木状草本，高1~2 m。分枝多，小枝被柔毛至近无毛。叶披针形，长2~5 cm，宽4~10 mm，先端短尖或渐尖，基部圆或钝，具锯齿，两面均无毛或疏被星状柔毛；叶柄长4~6 mm，疏被柔毛；托叶线形，与叶柄近等长，常宿存。花单朵或成对生于叶腋，花梗长4~12 mm，被柔毛，中部具节；萼浅杯状，无毛，下半部合生，裂片5枚，尾状渐尖；花黄色，直径8~10 mm，花瓣倒卵形，先端圆，基部狭长6~7 mm，被纤毛。蒴果近圆球形，分果爿4~9，但通常为5~6，长约3.5 mm，顶端具2短芒，果皮具网状皱纹。花、果期冬、春季。

分布 海南：保亭呀诺达热带雨林文化旅游区，18°27′24″N，109°40′25″E，130 m，2010-12-09，张荣京40017173。常生于山坡灌丛间、路旁或荒坡。产于台湾、福建、广东、广西、云南。原产印度，分布于越南、老挝。

栽培 喜光、耐旱。耐贫瘠。种子繁殖。

用途 其茎皮纤维供绳索料；根、叶药用；工业用油。

含油率及化学组分数据

采集单位	测试单位	测试部位	产地	含油率(%)	碘值	酸值	皂化值	C12:0	C14:0	C16:0	C16:1	C18:0	C18:1	C18:2	C18:3	C20:0	C20:1
SCAU	SCGB	种仁	海南保亭	23.45	26.47	3.90	61.86		0.04	8.36	3.73	1.94	5.97	29.05	50.51	0.12	0.26

湖南黄花稔

Sida cordifolioides K. M. Feng

锦葵科，黄花稔属

特征 直立、多枝亚灌木状草本，高40 cm。茎和小枝疏被星状柔毛或近于无毛。叶卵形，长1.5~4 cm，宽6~22 mm，先端钝，基部心形，偶有圆形，具圆锯齿，上面近无毛或疏被星状柔毛，下面被星状柔毛；叶柄长6~20 mm，疏被星状柔毛；托叶线形，长约6 mm，被星状柔毛。花单生于叶腋或近簇生，花梗长4~7 mm，疏被星状柔毛，近端具节；萼钟形，5齿裂，被星状柔毛；花冠黄色，直径约8 mm，花瓣倒卵楔形；雄蕊柱疏被长硬毛。分果爿5，密被星状柔毛，端具2芒尖，连芒尖长约4 mm。花、果期在夏、秋季。

分布 湖南：保靖县白云山，28°40′29″N，109°24′06″E，509 m，2012-10-03，张代贵、张洁40019101267。产于湖南。

栽培 喜光、耐旱。耐贫瘠。种子繁殖。

用途 工业用油。

含油率及化学组分数据

采集单位	测试单位	测试部位	产地	含油率(%)	碘值	酸值	皂化值	C12:0	C14:0	C16:0	C16:1	C18:0	C18:1	C18:2	C18:3	C20:0	C20:1
JSU	SCGB	种仁	湖南保靖	23.54				0.06	0.06	5.89		5.14	14.49	10.55	0.36	0.30	0.64

地桃花（肖梵天花、野棉花、田芙蓉）

Urena lobata L.

锦葵科，梵天花属

特征 直立亚灌木状草本，高达1 m。小枝被星状绒毛。茎下部的叶近圆形，先端浅3裂，基部圆形或近心形，边缘具锯齿；叶上面被柔毛，下面被灰白色星状绒毛；叶柄被灰白色星状毛；托叶线形，早落。花腋生，单生或稍丛生，淡红色；小苞片5枚，基部1/3合生；花萼杯状，裂片5枚，较小苞片略短，两者均被星状柔毛；花瓣5枚，倒卵形，外面被星状柔毛；雄蕊柱长约15 mm，无毛；花柱枝10，微被长硬毛。果扁球形，分果爿被星状短柔毛和锚状刺。花、果期7~10月。

分布 海南：三亚甘什岭，18°23′03″N，109°40′58″E，2012-03-01，张荣京40017219。广东：阳山县秤架东坑，24°48′40″N，112°46′01″E，2010-10-28，王发国400113090；英德县石门台保护区横石塘，24°26′01″N，113°18′34″E，2010-11-11，易绮斐、陈林、刘清泉400119131。重庆：武陵县黄莺乡双河村长沟，29°07′56″N，107°25′40″E，415 m，2009-10-30，刘正宇等400231101。产于长江以南各地。分布于越南、柬埔寨、老挝、泰国、缅甸、印度、日本等地。

栽培 喜温暖湿润气候。种子繁殖。

用途 根药用；种子油为工业用油。

含油率及化学组分数据

采集单位	测试单位	测试部位	产地	含油率(%)	碘值	酸值	皂化值	C12:0	C14:0	C16:0	C16:1	C18:0	C18:1	C18:2	C18:3	C20:0	C20:1
SCAU	SCBG	种仁	海南三亚	17.16		0.28	68.41		0.10	6.20	0.10		42.82	12.14	38.98		
SCBG	SCBG	种仁	广东阳山	10.64	72.67	23.34	209.32		0.11	11.35	0.06	0.28	23.35	51.78	4.82		
SCBG	SCBG	种仁	广东英德	12.48	6.83	1.28	234.13		0.15	4.91	1.95	1.18	26.22	33.45	1.13		1.38
CIPP	SCBG	种仁	重庆武陵	11.68					0.11	6.61	0.32	3.50	7.59	78.85	0.97	0.32	0.25
OFPC	CIB	全果	四川天全	14.80	112.60		202.30			12.60		3.70	12.70	71.00			
OFPC	CIB	种子	四川洪雅	20.80	120.60		201.40			15.40			14.80	69.80			

梵天花

Urena procumbens L.

锦葵科，梵天花属

特征 小灌木。小枝被星状绒毛。叶掌状3~5深裂，裂口深达中部以下，圆形而狭，长1.5~6 cm，宽1~4 cm，裂片菱形或倒卵形，呈葫芦状，先端钝，基部圆形至近心形，具锯齿，两面均被星状短硬毛；叶柄长4~15 mm，被绒毛；托叶钻形，长约1.5 mm，早落。花单生或近簇生，花梗长2~3 mm；小苞片长约7 mm，基部1/3处合生，疏被星状毛；萼短于小苞片或近等长，卵形，尖头，被星状毛；花冠淡红色，花瓣长10~15 mm；雄蕊柱无毛，与花瓣等长。果球形，直径约6 mm，具刺和长硬毛，刺端有倒钩。种子平滑无毛。花期6~9月；果期9~12月。

分布 广西：龙胜县和平乡金江村，25°41′13″N，110°46′11″E，560 m，2012-09-25，廖建政4001101315。产于广东、广西、湖南、江西、福建、台湾、浙江等地。

栽培 喜温暖、湿润气候。种子繁殖。于春季3~4月播种育苗。

用途 工业用油。

含油率及化学组分数据

采集单位	测试单位	测试部位	产地	含油率(%)	碘值	酸值	皂化值	C12:0	C14:0	C16:0	C16:1	C18:0	C18:1	C18:2	C18:3	C20:0	C20:1
GXIB	SCBG	种仁	广西龙胜	16.49	117.63	2.48	170.72	0.09	0.19	18.74	0.10	11.33	34.32	20.11	0.19	0.87	0.07
OFPC	SCBG	种子	广东广州	30.80	114.20		194.40		0.30	17.80		2.90	24.70	54.00		0.30	

田麻

Corchoropsis crenata Sieb. et Zucc.[*Corchoropsis tomentosa* (Thunb.) Makino]

椴树科，田麻属

特征 一年生草本，高达1 m。分枝有星状短柔毛。叶卵形或狭卵形，长2.5~6 cm，宽1~3 cm，边缘有钝牙齿，两面均密生星状短柔毛，基出脉3；叶柄长0.2~2.3 cm；托叶钻形，长2~4 mm，脱落。花有细柄，单生于叶腋，直径1.5~2 cm；萼片5枚，狭窄披针形，长约5 mm；花瓣5枚，黄色，倒卵形；发育雄蕊15枚，每3枚成一束，退化雄蕊5枚，与萼片对生，匙状条形，长约1 cm；子房被短绒毛。蒴果角状圆筒形，长1.7~3 cm，有星状柔毛。花期夏、秋季；果期秋、冬季。

分布 福建：武夷山星村乡桐木村，27°43′46″N，117°42′50″E，577 m，2012-11-13，刘东明、童毅4001122142；福州植物园，26°09′06″N，119°17′17″E，57 m，2012-11-15，刘东明、童毅4001122147。浙江：临安市西天目山，30°14′59″N，119°28′40″E，181 m，2012-11-18，陈树钢、童毅4001122174。安徽：祁门县牯牛降自然保护区，30°05′13″N，117°29′25″E，416 m，2011-11-16，胡超、李星霖4001171201。河南：商城县大别山，31°45′08″N，115°32′08″E，532 m，2011-10-12，杨大伟、陈明400314116。产于我国华南、西南、华东、华中、华北、东北等地区。朝鲜、日本有分布。

栽培 喜阳光充足，喜温暖、湿润气候环境。播种繁殖。

用途 茎皮纤维可代黄麻制作绳索及麻袋；工业用油。

含油率及化学组分数据

采集单位	测试单位	测试部位	产地	含油率(%)	碘值	酸值	皂化值	C12:0	C14:0	C16:0	C16:1	C18:0	C18:1	C18:2	C18:3	C20:0	C20:1
SCBG	SCBG	种仁	福建武夷山	30.60	77.00	1.36	404.71										
SCBG	SCBG	种仁	福建福州	22.40				0.02	0.043	11.96	0.18	7.59	26.86	50.55	0.82	0.20	1.78
SCBG	SCBG	种仁	浙江临安	24.23	71.03	11.22	404.58										
ECNU	ECNU	种仁	安徽祁门	12.50	89.40	0.62	201.90		0.09	12.59	0.58	3.15	37.39	43.50	1.04	0.51	0.15
ICS	HNAN	种仁	河南商城	3.96	108.46	9.94	124.62		0.21	11.19	1.00	2.88	27.86	32.24	15.31	0.44	

扁担杆

Grewia biloba G. Don

椴树科，扁担杆属

特征 灌木或小乔木，高1~4 m。茎多分枝，嫩枝被粗毛。叶薄革质，椭圆形或倒卵状椭圆形，长4~9 cm，宽2.5~4 cm，先端锐尖，基部楔形或钝，两面有稀疏星状粗毛，基出脉3；两侧脉上行过半，中脉有侧脉3~5对，边缘有细锯齿；叶柄长4~8 mm，被粗毛；托叶钻形，长3~4 mm。聚伞花序腋生，多花，花序柄短；苞片钻形，长3~5 mm；萼片狭长圆形，长4~7 mm，外面被毛，内面无毛；花瓣长1~1.5 mm；雌雄蕊柄长0.5 mm，有毛；花柱与萼片平齐，柱头扩大，盘状，有浅裂。核果红色，有2~4分核。花期5~7月；果期5~11月。

分布 湖南：湘潭县法华山，27°52′25″N，113°02′43″E，2010-10-01，严岳鸿、何祖霞400181169。江西：铅山县武夷山自然保护区，27°51′21″N，117°44′06″E，850 m，2011-10-14，凡强、景慧娟4001411025。福建：武夷山大安源，27°52′37″N，117°52′08″E，2010-10-04，刘东明、梁耀400112153。浙江：临安天目山，30°19′02″N，119°29′23″E，226 m，2009-11-01，刘东明、戴建阅400111142。江苏：宜兴市张渚龙池山，31°13′05″N，119°41′39″E，151 m，2009-09-06，田怀珍、李宏庆、葛斌杰等4001171001。安徽：合肥市紫蓬山，31°45′4″N，117°1′57″E，48 m，2011-10-01，田怀珍、李星霖4001171141。湖北：神农架宋洛镇，31°20′52″N，110°32′00″E，801 m，2011-05-12，危文亮400151107；神农架宋洛镇，31°40′3″N，110°36′33″E，178 m，2011-08-12，丁时东40011107。河南：焦作沁阳，35°14′12″N，112°49′30″E，931 m，2012-10-20，王亚平400314275。辽宁：长海，39°15′36″N，122°44′54″E，2012-10-01，郑宝江等400341192。产于广东、湖南、江西、台湾、浙江、安徽、四川等地。

栽培 喜光，生性强健。耐干旱和瘠薄，不拘土质。播种繁殖。

用途 茎皮纤维质软，可作人造棉原料；工业用油。

含油率及化学组分数据

采集单位	测试单位	测试部位	产地	含油率(%)	碘值	酸值	皂化值	C12:0	C14:0	C16:0	C16:1	C18:0	C18:1	C18:2	C18:3	C20:0	C20:1
HUCT	HUCT	种仁	湖南湘潭	26.10	9.22	12.06	172.18	0.003	0.02	4.37	0.72	0.93	60.88	32.74	0.11	0.12	0.12
SYSU	SCBG	种仁	江西铅山	24.12	120.93	38.31	190.74	0.01	0.13	22.40	0.05	6.99	42.16	24.24	3.33	0.36	0.33
SCBG	SCBG	种仁	福建武夷山	35.12	55.98		31.54	0.12		20.73	1.43	1.73	0.94		24.86	1.38	
SCBG	SCBG	种仁	浙江临安	2.30	101.93	2.41	379.86										
ECNU	SCBG	种仁	江苏宜兴	30.10	138.32	0.40	200.25		0.33	15.89		2.34	37.29	40.64	2.84		0.33
ECNU	SCBG	种仁	安徽合肥	21.26	98.00	0.23	199.61		0.11	8.79	0.19	2.05	21.36	43.15	2.00	0.30	6.41
OCRI	SCBG	种仁	湖北神农架	25.90	88.99												
OCRI	SCBG	种仁	湖北神农架	6.57	25.60	15.39	198.22										
ICS	ICS	种子	河南焦作	3.96	163.64	13.52	231.50			7.80	0.17	3.09	14.57	68.70	0.54	0.26	0.22
NEFU	SCBG	种仁	辽宁长海	16.45	76.67	2.25	393.04	0.02	0.11	15.77	1.87	3.23	5.79	68.12	3.44	0.88	0.78

小花扁担杆(孩儿拳头)

Grewia biloba var. **parviflora** (Bunge) Hand.-Mazz.

椴树科，扁担杆属

特征 灌木或小乔木，高1~4 m。多分枝；嫩枝被粗毛。叶薄革质，椭圆形或倒卵状椭圆形，长4~9 cm，宽2.5~4 cm，先端锐尖，基部楔形或钝，叶下面密被黄褐色软绒毛，基出脉3；两侧脉上行过半，中脉有侧脉3~5对，边缘有细锯齿；叶柄长4~8 mm，被粗毛；托叶钻形。聚伞花序腋生，多花，花序柄长不到1 cm；花朵较短小，花柄长2~3 mm；苞片钻形；萼片狭长圆形，外面被毛，内面无毛；花瓣长1 mm；雌雄蕊柄长0.5 mm，有毛；雄蕊长2 mm；子房有毛，花柱与萼片平齐，柱头扩大，盘状，有浅裂。核果红色，有2~4分核。花期5~7月；果期8~10月。

分布 河南：登封县嵩山，34°46′20″N，113°38′34″E，324 m，2011-08-27，王亚平、陈明400314049；信阳波尔登公园，31°51′52″N，114°05′05″E，151 m，2012-09-16，王亚平400314224；内乡，33°29′21″N，111°52′32″E，636 m，2012-10-27，王亚平400314321。陕西：陇县八渡，34°44′10″N，106°49′48″E，1020 m，2011-10-15，秦烁400326045。河北：昌黎，40°15′38″N，119°16′16″E，181 m，2009-10-20，徐兴友40031323。产于广东、广西、湖南、江西、浙江、江苏、安徽、山东、河南、湖北、四川、贵州、云南、山西、河北、陕西等地。

栽培 喜光也稍耐阴，抗旱力强。播种或扦插繁殖。

用途 工业用油。

含油率及化学组分数据

采集单位	测试单位	测试部位	产地	含油率(%)	碘值	酸值	皂化值	C12:0	C14:0	C16:0	C16:1	C18:0	C18:1	C18:2	C18:3	C20:0	C20:1
ICS	ICS	种子	河南登封	6.14	141.88	21.20	168.91	0.07	0.18	6.18	0.06	4.46	17.82	42.02	26.56	0.89	0.19
HNAU	ICS	种子	河南信阳	4.83	124.52	11.91	108.57	0.97	0.27	7.28	0.13	3.03	17.43	59.19	0.21	0.17	
ICS	ICS	种子	河南内乡	2.41	81.42	25.08	173.00		0.08	6.29	0.15	2.27	13.96	38.74	0.56	0.24	0.36
CAU	ICS	种子	陕西陇县	5.49	112.01	6.05	185.52										
HNUST	ICS	种子	河北昌黎	23.90	85.09	1.60	384.40		0.06	8.24	0.04	3.15	17.33	69.97	0.71	0.19	0.31

海南破布叶

Microcos chungii (Merr.) Chun

椴树科，破布叶属

特征 乔木，高5~15 m。幼嫩枝条被棕黄色柔毛。叶近革质，长圆形或有时披针形，长11~20 cm，宽3.5~6 cm，顶端长渐尖，基部圆钝，全缘或上部有稀疏的小锯齿，上面无毛，下面初时有极稀疏的星状柔毛，后变秃净；叶柄长1~1.5 cm，被星状柔毛。花序顶生或腋生，花序柄及苞片均被棕黄色或灰黄色柔毛；花淡黄色；萼片5枚，狭倒披针形，长8~10 mm，两面均被星状柔毛，外面更密；花瓣狭长圆形，长3~4 mm，外面被稀疏短柔毛，内面基部有被毛的厚腺体，长约为花瓣的1/3；雄蕊多数。核果梨形，长12~22 mm，宽9~12 mm，密被灰黄色星状短柔毛；果柄粗壮，被毛。花期5~9月；果期8~12月。

分布 海南：兴隆热带花园，18°41′53″N，110°14′34″E，100 m，2009-11-07，张荣京40017144；昌江县霸王岭二林场，19°06′59″N，109°05′33″E，2009-08-01，秦新生400116121。生长于山地疏林或密林中。产于海南。

栽培 喜温暖至高温。播种繁殖。春季为适期。

用途 工业用油。

含油率及化学组分数据

采集单位	测试单位	测试部位	产地	含油率(%)	碘值	酸值	皂化值	C12:0	C14:0	C16:0	C16:1	C18:0	C18:1	C18:2	C18:3	C20:0	C20:1
SCAU	SCBG	种仁	海南兴隆	28.17	14.25	13.99	214.15	0.03	0.06	3.20	0.06	0.88	12.36	82.25	0.70	0.06	0.41
SCAU	SCBG	种仁	海南昌江	26.46	9.59	10.54	166.31	0.01	0.02	6.09	0.05	2.88	31.67	56.76	0.29	0.47	1.77

破布叶（布渣叶）

Microcos paniculata L.[*Microcos nervosa* (Lour.) S. Y. Hu]

椴树科，破布叶属

特征 灌木或小乔木，高3~12 m。树皮粗糙。嫩枝有毛。叶薄革质，卵状长圆形，长8~18 cm，宽4~8 cm，先端渐尖，基部圆形，两面初时有极稀疏星状柔毛，以后变秃净；3出脉的两侧脉从基部发出，向上行超过叶片中部，边缘有细钝齿；叶柄长1~1.5 cm，被毛；托叶线状披针形，长5~7 mm。顶生圆锥花序长4~10 cm，被星状柔毛；苞片披针形；花柄短小；萼片长圆形，长5~8 mm，外面有毛；花瓣长圆形，长3~4 mm，下半部有毛；腺体长约2 mm；雄蕊多数，比萼片短；子房球形，无毛，柱头锥形。核果近球形或倒卵形，长约1 cm；果柄短。花期6~7月；果期秋、冬季。

分布 云南：景洪市琼中县鹦哥岭，19°02′24″N，190°33′13″E，2011-12-04，秦新生4001161216；乐东县尖峰岭，18°43′16″N，108°52′54″E，2011-10-05，秦新生4001161229。广东：阳山县秤架，24°51′24″N，112°54′45″E，987 m，2009-08-23，陈林400114012；阳山县秤架乡东坑，24°49′01″N，112°45′28″E，2009-08-17，陈林40011412；广州市白云山风景区，23°09′28″N，113°16′23″E，66 m，2009-11-11，易绮斐、陈林、曾凤400119026。广西：东兴市江平镇京岛，21°35′36″N，108°08′22″E，2009-11-23，吴望辉、叶晓霞、农东新4001101029。产于广东、广西、云南。中南半岛以及印度、印度尼西亚有分布。

栽培 喜阳光充足，喜温暖、湿润的气候环境。播种繁殖。

用途 种子油工业用。

含油率及化学组分数据

采集单位	测试单位	测试部位	产地	含油率(%)	碘值	酸值	皂化值	C12:0	C14:0	C16:0	C16:1	C18:0	C18:1	C18:2	C18:3	C20:0	C20:1
SCAU	SCBG	种仁	云南景洪	26.95	79.02	10.54				4.26	28.68			38.63	1.06		0.44
SCAU	SCBG	种仁	海南乐东	21.06	64.50	0.51	232.97		0.24	13.50	29.41			68.99	4.25	0.16	0.10
SCBG	SCBG	种仁	广东阳山	30.32	56.61	2.11	381.32		0.06	5.53	0.11	1.61	18.75	72.03	0.59	0.95	0.37
SCBG	SCBG	种仁	广东阳山	16.54	31.12	1.02	200.99	0.19	0.28		0.09	1.70	38.17	83.83	4.14		3.13
SCBG	SCBG	种仁	广东广州	6.15	76.89	1.33	392.61										
GXIB	SCBG	种仁	广西东兴	20.70	113.33	1.08	203.69	0.05	0.22	7.87	3.21	2.42	29.22	54.22	0.67	0.12	0.19

紫椴

Tilia amurensis Rupr.

椴树科，椴树属

特征 乔木，高25 m，直径达1 m。树皮暗灰色，片状脱落。嫩枝初时有白丝毛，很快变秃净；顶芽无毛，有鳞苞3枚。叶阔卵形或卵圆形，长4.5~6 cm，宽4~5.5 cm，先端急尖或渐尖，基部心形，稍整正，有时斜截形，上面无毛，下面浅绿色，脉腋内有毛丛；侧脉4~5对，边缘有锯齿，齿尖突出1 mm；叶柄长2~3.5 cm，纤细，无毛。聚伞花序长3~5 cm，纤细，无毛，有花3~20朵；花柄长7~10 mm；苞片狭带形，两面均无毛，下半部或下部1/3与花序柄合生，基部柄长1~1.5 cm；萼片阔披针形，外面有星状柔毛；花瓣长6~7 mm；退化雄蕊不存在；雄蕊较少，约20枚，长5~6 mm；子房有毛，花柱长5 mm。果实卵圆形，被星状绒毛，有棱或有不明显的棱。花期7月。

分布 吉林：安图县二道白河，42°24′20″N，128°06′43″E，730 m，2010-09-22，郑宝江、陶林400341086。产于黑龙江、吉林、辽宁。朝鲜有分布。

栽培 喜阳光，较耐寒。播种繁殖。

用途 种子油工业用。优良的蜜源植物。

含油率及化学组分数据

采集单位	测试单位	测试部位	产地	含油率(%)	碘值	酸值	皂化值	C12:0	C14:0	C16:0	C16:1	C18:0	C18:1	C18:2	C18:3	C20:0	C20:1
JSU	SCBG	种仁	吉林安图	23.86													

鄂椴（粉椴）

Tilia oliveri Szyszyl.

椴树科，椴树属

特征 乔木。叶卵形或阔卵形，长9~12 cm，宽6~10 cm，先端急锐尖，基部斜心形或截形，上面无毛，下面被白色星状绒毛；侧脉7~8对，边缘密生细锯齿；叶柄长3~5 cm，近秃净。聚伞花序长6~9 cm，有花6~15朵，花序柄有灰白色星状绒毛，下部与苞片合生；苞片窄倒披针形，先端圆，基部钝，有短柄，上面中脉有毛，下面被灰白色星状柔毛；萼片卵状披针形，被白色毛；花瓣长6~7 mm；退化雄蕊比花瓣短；雄蕊约与萼片等长；子房有星状绒毛，花柱比花瓣短。果实椭圆形，被毛，有棱。花期7~8月；果期9月。

分布 湖南：保靖县白云山，28°41′29″N，109°19′26″E，500 m，2012-09-19，张代贵、张洁40019102222。湖北：神农架林区红坪镇阴峪河，31°29′27″N，110°14′32″E，1419 m，2012-09-02，危文亮、赵永国等400151207。产于湖南、江西、浙江、湖北、四川、甘肃、陕西。

栽培 喜阳光，较耐寒。播种繁殖。

用途 药用；工业用油。

含油率及化学组分数据

采集单位	测试单位	测试部位	产地	含油率(%)	碘值	酸值	皂化值	C12:0	C14:0	C16:0	C16:1	C18:0	C18:1	C18:2	C18:3	C20:0	C20:1
JSU	SCBG	种仁	湖南保靖	21.00	107.58	15.43	139.55	0.02	0.07	7.93		3.86	12.80	25.08	48.65	0.28	0.31
OCRI	SCBG	种仁	湖北神农架	12.44	118.22	4.55	121.57					2.59	5.33	67.91	3.99	0.09	0.24

单毛刺蒴麻

Triumfetta annua L.

椴树科，刺蒴麻属

特征 木质草本，高1.5 m。嫩枝被黄褐色星状绒毛。叶卵形或卵状披针形，长4~8 cm，宽2~4 cm，先端渐尖，基部圆形，上面有稀疏星状毛，下面密被星状厚绒毛，基出脉3~5；侧脉向上行超过叶片中部，边缘有不整齐锯齿；叶柄长1~3 cm。聚伞花序1至数枝腋生，花序柄长约3 mm；花柄长1.5 mm；萼片狭长圆形，长7 mm，被绒毛；花瓣比萼片略短，长圆形，基部有短柄，柄有睫毛；雄蕊8~10枚或稍多。蒴果球形，有刺长5~7 mm，刺弯曲，被柔毛，4片裂开，每室有种子2粒。花、果期夏、秋季间。

分布 湖南：沅陵县借母溪乡，28°46′29″N，110°27′19″E，2011-10-22，张九兵、朱明德400181323。安徽：黄山汤口，30°04′20″N，118°47′32″E，2009-11-05，刘东明、戴建阅400111153。生长于次生林及灌丛中。产于西藏、云南、贵州、广西、广东、福建。印度尼西亚、马来西亚及中南半岛以及缅甸、印度有分布。

栽培 播种繁殖。

用途 种子油工业用。

含油率及化学组分数据

采集单位	测试单位	测试部位	产地	含油率(%)	碘值	酸值	皂化值	C12:0	C14:0	C16:0	C16:1	C18:0	C18:1	C18:2	C18:3	C20:0	C20:1
HUST	HUST	种仁	湖南沅陵	34.1255	22.83	24.82	229.63	0.008	0.037	7.76	0.06	3.42	23.31	64.62	0.20	0.28	0.31
SCBG	SCBG	种仁	安徽黄山	9.60				0.10	0.04	5.64	0.08	1.81	27.00	63.20	0.34	1.22	0.58

毛刺蒴麻

Triumfetta cana Blume

椴树科，刺蒴麻属

特征　木质草本，高1.5m。嫩枝被黄褐色星状绒毛。叶卵形或卵状披针形，长4~8cm，宽2~4cm，先端渐尖，基部圆形，上面有稀疏星状毛，下面密被星状厚绒毛，基出脉3~5；侧脉向上行超过叶片中部，边缘有不整齐锯齿；叶柄长1~3cm。聚伞花序1个至数个腋生；花序柄长约3mm，花柄长1.5mm；萼片狭长圆形，长7mm，被绒毛；花瓣比萼片略短，长圆形，基部有短柄，柄有睫毛；雄蕊8~10枚或稍多；子房有刺毛，4室，柱头3~5裂。蒴果球形，有刺长5~7mm，刺弯曲，被柔毛，4爿裂开，每室有种子2粒。花期夏、秋季间。

分布　云南：景洪市亚诺村上山公路，22°02′21″N，101°01′08″E，2012-01-14，邢福武、童毅、孟玉芳4001142013。广东：英德县石门台保护区横石塘，24°26′01″N，113°18′34″E，2010-11-11，易绮斐、陈林、刘清泉400119129。生长于次生林及灌丛中。产于福建、台湾、海南、广东、广西、贵州、云南、西藏。印度尼西亚、马来西亚及中南半岛以及缅甸、印度有分布。

栽培　播种繁殖。

用途　种子油工业用。

含油率及化学组分数据

采集单位	测试单位	测试部位	产地	含油率(%)	碘值	酸值	皂化值	C12:0	C14:0	C16:0	C16:1	C18:0	C18:1	C18:2	C18:3	C20:0	C20:1
SCBG	SCBG	种仁	云南景洪	14.00	124.21	8.13	175.80	0.016	0	6.30	0.034	10.96	12.09	22.24	0.48	0.26	
SCBG	SCBG	种仁	广东英德	30.8	14.22	0.69	189.44	0.004	0.067	20.60	0.09	3.80	21.51	50.80	18.54	0.59	0.15

刺蒴麻

Triumfetta rhomboidea Jacq. [*Triumfetta bartramia* L.]

椴树科，刺蒴麻属

特征　亚灌木。嫩枝被灰褐色短绒毛。叶纸质，茎下部叶阔卵圆形，长3~8 cm，宽2~6 cm，先端常3裂，基部圆形；上部叶长圆形，上面有疏毛，下面有星状柔毛，基出脉3~5；两侧脉直达裂片尖端，边缘有不规则的粗锯齿；叶柄长1~5 cm。聚伞花序数枝腋生，花序柄及花柄均极短；萼片狭长圆形，长5 mm，顶端有角，被长毛；花瓣比萼片略短，黄色，边缘有毛；雄蕊10枚；子房有刺毛。果球形，不开裂，被灰黄色柔毛，具勾针刺长2 mm，有种子2~6粒。花期夏、秋季；果期秋、冬季。

分布　广东：英德县石门台保护区横石塘，24°26′01″N，113°18′34″E，2010-11-11，易绮斐、陈林、刘清泉400119130。湖南：保靖县白云山，28°39′32″N，109°30′32″E，490 m，2012-10-01，张代贵、张洁40019102218。产于广东、广西、福建、台湾、云南。热带亚洲以及非洲有分布。

栽培　喜阳光充足，喜高温，耐干旱。耐瘠薄，不拘土质。播种繁殖。

用途　种子油药用。

含油率及化学组分数据

采集单位	测试单位	测试部位	产地	含油率(%)	碘值	酸值	皂化值	C12:0	C14:0	C16:0	C16:1	C18:0	C18:1	C18:2	C18:3	C20:0	C20:1
SCBG	SCBG	种仁	广东英德	52.47	17.91	5.71	181.46		0.06	4.49	5.01	1.34	10.17	45.50	28.27	0.09	0.36
JSU	SCBG	种仁	湖南保靖	21.32				0.055	0.44	8.91	3.10	1.60	20.97	39.24	1.38	0.44	0.39

刺果藤

Byttneria grandifolia D.C. [*Byttneria aspera* Colebr. ex Wall.]

梧桐科，刺果藤属

特征　木质大藤本。小枝的幼嫩部分略被短柔毛。叶广卵形、心形或近圆形，长7~23 cm，宽5.5~16 cm，顶端钝或急尖，基部心形，上面几无毛，下面被白色星状短柔毛，基出脉5；叶柄长2~8 cm，被毛。花小，淡黄白色，内面略带紫红色；萼片卵形，长2 mm，被短柔毛，顶端急尖；花瓣与萼片互生，顶端2裂并有长条形的附属体，约与萼片等长；具药的雄蕊5枚，与退化雄蕊互生；子房5室，每室有胚珠2颗。萼圆球形或卵状圆球形，直径3~4 cm，具短而粗的刺，被短柔毛。种子长圆形，长约12 mm，成熟时黑色。花期春、夏季。

分布　海南：昌江县霸王岭东干线，19°13′21″N，109°00′41″E，2011-11-29，秦新生4001161227。生于疏林中或山谷溪旁。产于广东、广西、云南3省区的中部和南部。印度、越南、柬埔寨、老挝、泰国等地也有分布。

栽培　播种繁殖。以春、秋季为适宜期。

用途　茎皮纤维可以制绳索；种子油工业用。

含油率及化学组分数据

采集单位	测试单位	测试部位	产地	含油率(%)	碘值	酸值	皂化值	C12:0	C14:0	C16:0	C16:1	C18:0	C18:1	C18:2	C18:3	C20:0	C20:1
SCAU	SCBG	种仁	海南昌江	31.44	158.73	13.15			0.37	22.31	21.228	2.47	15.26	39.88	10.91	0.38	0.23

云南梧桐

Firmiana major (W. W. Sm.) Hand.-Mazz.

梧桐科，梧桐属

特征　落叶乔木，高达15 m。树干直，树皮青带灰黑色，略粗糙。小枝粗壮，被短柔毛。叶掌状3裂，长17~30 cm，宽19~40 cm，顶端急尖或渐尖，基部心形，上面几无毛，下面密被黄褐色短绒毛，后脱落，基出脉5~7；叶柄粗壮，初被短柔毛，后无毛。圆锥花序顶生或腋生，花紫红色；萼5深裂几至基部，萼片条形或矩圆状条形，被毛；雄花的雌雄蕊柄长管状，花药集生在雌雄蕊柄顶端成头状；雌花的子房具长柄，子房5室，外被绒毛，胚珠多数，有不发育的雄蕊。蓇葖果膜质，几无毛。种子圆球形，直径约8 mm，黄褐色，表面有绉纹，着生在心皮边缘的近基部。花期3~4月；果期6~7月。

分布　云南：昆明市西南林学院，25°04′01″N，102°45′11″E，1936 m，2009-07-31，李忠荣400222012。生于海拔1600~3000 m的山地或坡地、村边、路边。产于云南中部、南部和西部以及四川西昌地区。

栽培　喜光树种。常用播种法繁殖，扦插、分根也可。

用途　种子油工业用。优良的庭园树和行道树。

含油率及化学组分数据

采集单位	测试单位	测试部位	产地	含油率(%)	碘值	酸值	皂化值	C12:0	C14:0	C16:0	C16:1	C18:0	C18:1	C18:2	C18:3	C20:0	C20:1
KMIB	KMIB	种子	云南昆明	8.62	98.60	16.50	164.90			12.81		2.67	18.34	46.16	2.58		
OFPC	KMIB	种子	云南昆明	22.20	84.10		195.10			46.30	4.50	3.00	35.60	9.00			
OFPC	KMIB	种仁	云南昆明	43.10						37.80	4.50	5.70	38.20	11.40			

梧桐

Firmiana simplex L. W. Wight

梧桐科，梧桐属

特征 落叶乔木，高达16 m。树皮青绿色，平滑。叶心形，掌状3~5裂，直径15~30 cm，裂片三角形，顶端渐尖，基部心形，两面均无毛或略被短柔毛，基出脉7；叶柄与叶片等长。圆锥花序顶生，长20~50 cm，下部分枝长达12 cm，花淡黄绿色；萼5深裂几至基部，萼片条形，向外卷曲，外面被淡黄色短柔毛，内面仅在基部被柔毛；花梗与花几等长；雄花的雌雄蕊柄与萼等长，下半部较粗，无毛，花药15个不规则地聚集在雌雄蕊柄的顶端；退化子房梨形且甚小，雌花的子房圆球形，被毛。蓇葖果膜质，有柄，成熟前开裂成叶状，长6 ~11 cm，宽1.5~2.5 cm，外面被短绒毛或几无毛，每蓇葖果有种子2~4粒。种子圆球形，表面有绉纹，直径约7 mm。花期6月；果期8~10月。

分布 广西：灵川县海洋乡小平乐村，25°18′22″N，110°39′52″E，581 m，2011-10-02，郭伦发、林春蕊4001101220。湖南：保靖县白云山，28°37′53″N，109°17′10″E，418 m，2012-08-04，张代贵、张洁40019101250；湘潭县响水乡，27°54′53″N，112°54′43″E，63 m，2009-10-06，严岳鸿、黄玉滢400181038。江西：安福县武功山，27°18′40″N，114°14′08″E，190 m，2010-10-24，凡强、李朋远400146021。江苏：盱眙市铁山寺，32°44′05″N，118°28′21″E，145 m，2010-10-01，李宏庆、胡超、董全英4001171086。河南：郑州惠济区，34°45′52″N，113°39′19″E，314 m，2011-08-05，王亚平、杨大伟400314034；信阳鸡公山，31°48′19″N，114°04′46″E，738 m，2012-09-18，王亚平400314259。湖北：兴山水月寺，31°14′18″N，110°01′08″E，890 m，2009-08-20，李晓东、杨林森40012133。四川：西昌市长安乡，27°53′16″N，102°15′54″E，1000 m，2009-10-07，王凯、樊云川40021109061。贵州：印江县郎溪镇，27°59′35″N，108°27′50″E，2011-11-19，张九兵、朱明德400181367。陕西：眉县营头乡营头村，34°5′38″N，107°27′08″E，737 m，2009-08-07，薛帅400321023。河北：昌黎，40°26′24″N，120°20′26″E，12 m，2010-10-14，徐兴友、韩宝强40031377。产于我国南北各地区。日本也有分布。

栽培 播种繁殖，宜秋播；扦插、分根也可。

用途 药用；种子油食用或药用。绿化观赏。

含油率及化学组分数据

采集单位	测试单位	测试部位	产地	含油率(%)	碘值	酸值	皂化值	C12:0	C14:0	C16:0	C16:1	C18:0	C18:1	C18:2	C18:3	C20:0	C20:1
GXIB	SCBG	种仁	广西灵川	26.10	46.81	7.13	261.04	0.12	0.16	10.48	0.24	4.39	17.82	38.02	21.79	1.13	0.42
JSU	SCBG	种仁	湖南保靖	23.10	17.91	15.47	108.93										
HUCT	HUCT	种仁	湖南湘潭	27.37	2.75	10.60	200.64	0.03	0.05	3.45	0.62	0.80	67.77	24.64	0.41	0.09	0.05
SYSU	SCBG	种仁	江西安福	26.39	86.49	1.76	161.28	0.01	0.02	2.35	0.19	0.83	70.15	25.45	0.19	0.05	0.13
ECNU	SCBG	种仁	江苏盱眙	20.45	19.06	10.17	218.51		0.19	13.26		3.47	16.29	46.29	17.01	0.10	
HNAU	ICS	种子	河南郑州	23.68	76.29	39.93	156.28			16.79	1.80	1.97	24.33	34.30	1.10	0.06	
HNAU	ICS	种子	河南信阳	24.93	74.13	20.58	184.86				1.36	1.91	17.35	46.83	0.82	0.14	
WHBG	WHBG	种仁	湖北兴山	14.93	124.81	2.69	213.4	0.17	0.085	21.57	1.83	4.57	28.86	42.05	0.7	0.17	0
SCU	SCU	种仁	四川西昌	38.97	118.90	1.80	157.90			26.36	1.57	4.09	22.15	45.83			
HUCT	HUCT	种仁	贵州印江	20.15	17.06	14.23	184.52	0.01	0.10	5.36	0.07	2.93	18.85	70.23	0.02	0.89	0.14
CAU	ICS	种仁	陕西眉县	32.40	74.31	10.57	427.79	0.01	0.10	30.59	1.65	0.46	19.65	44.79	1.52	0.21	1.02
ICS	ICS	种仁	河北昌黎	23.60	75.62	7.20	209.64		0.05	18.39	1.30	2.15	17.48	40.37	16.06	0.14	0.06
OFPC	CIB	种子	四川乐山	20.70	66.20		198.80			21.10		2.50	23.90	47.70			
OFPC	WHBG	种子	湖北恩施	24.20	96.90		189.30			22.70	1.40	2.40	16.10	34.10			
OFPC	GXIB	种仁	广西桂林	25.80	95.00		188.90	0.40		32.90	5.70	5.70	41.00	8.30		1.00	

山芝麻

Helicteres angustifolia L.

梧桐科，山芝麻属

特征 小灌木，高达1 m。小枝被灰绿色短柔毛。叶狭矩圆形或条状披针形，长3.5~5 cm，宽1.51~2.5 cm，顶端钝或急尖，基部圆形，上面几无毛，下面被灰白色或淡黄色星状绒毛；叶柄长5~7 mm。聚伞花序有2朵至数朵花；花梗通常有锥尖状的小苞片4枚；萼管状，长6 mm，被星状短柔毛，5裂，裂片三角形；花瓣5枚，不等大，淡红色或紫红色，比萼略长，基部有2个耳状附属体；雄蕊10枚，退化雄蕊5枚，线形，甚短；子房5室，被毛，较花柱略短，每室有胚珠约10颗。蒴果卵状矩圆形，长12~20 mm，宽7~8 mm，顶端急尖，密被星状毛及混生长绒毛。种子小，褐色，有椭圆形小斑点。花、果期几乎全年。

分布 海南：三亚甘什岭，18°23′03″N，109°40′58″E，2012-03-20，张荣京40017212。广东：惠州市罗浮山，114°04′19″N，23°15′56″E，2010-10-22，易绮斐、戴建阅、翟俊文400119120。常生于草坡上。产于湖南、江西（南部）、广东、广西（中部和南部）、云南（南部）、福建（南部）、台湾。印度、缅甸、马来西亚、泰国、越南、老挝、柬埔寨、印度尼西亚、菲律宾等地有分布。

栽培 播种繁殖。管理粗放。

用途 种子油药用；工业用均可。

含油率及化学组分数据

采集单位	测试单位	测试部位	产地	含油率（%）	碘值	酸值	皂化值	C12:0	C14:0	C16:0	C16:1	C18:0	C18:1	C18:2	C18:3	C20:0	C20:1
SCAU	SCBG	种仁	海南三亚	26.14	46.46	10.14	135.15	0.25	0.76		3.33		16.52	2.84	1.36	0.34	0.56
SCBG	SCBG	种仁	广东惠州	20.18	70.66	3.72	201.64		0.19	4.49	1.39	1.42	17.82		47.11	3.43	0.18

雁婆麻

Helicteres hirsuta Lour.

梧桐科，山芝麻属

特征 灌木，高1~3 m。小枝被星状柔毛。叶卵形或卵状矩圆形，顶端渐尖或急尖，基部斜心形或截形，边缘有不规则的锯齿，两面均密被星状柔毛，基出脉5；叶柄密被柔毛。聚伞花序腋生，伸长如穗状，通常仅有花数朵；花梗比花短，有关节；小苞片早落，萼管状，4~5裂，被短柔毛；花瓣5枚，红色或红紫色；雌雄蕊柄无毛，雄蕊10枚，假雄蕊5枚，与花丝等长；子房5室，具乳头状小凸起，花柱与子房等长，子房每室有胚珠20~30颗。成熟的蒴果圆柱状，顶端具喙，密被长绒毛和具乳头状凸起。种子多数，表面多皱纹。花期4~9月；果期9月至翌年2月。

分布 海南：五指山市林科所旁，18°49′53″N，109°31′04″E，500 m，2010-10-14，张荣京40017169；文昌市龙楼镇，19°45′03″N，110°46′51″E，2009-11-19，秦新生4001161112；东方东河，18°19′12″N，109°28′39″E，2009-08-21，郑希龙、潘雅书40011430。生于旷野疏林中和灌丛中。产于广东（南部）、广西（南部）。印度、马来西亚、柬埔寨、老挝、越南、泰国、菲律宾等地也有分布。

栽培 种子繁殖。

用途 工业用油；茎皮纤维可织麻袋和绳索。

含油率及化学组分数据

采集单位	测试单位	测试部位	产地	含油率（%）	碘值	酸值	皂化值	C12:0	C14:0	C16:0	C16:1	C18:0	C18:1	C18:2	C18:3	C20:0	C20:1
SCAU	SCBG	种仁	海南五指山	20.15	94.87	12.63	94.43	0.05	0.38	9.90	0.18	2.62	50.50	33.47	1.90	0.61	0.40
SCAU	SCBG	种仁	海南文昌	20.10	10.96	10.95	174.82		0.10	8.86	0.71	2.73	31.60	35.95	19.39	0.45	0.23
SCBG	SCBG	种仁	海南东方	24.56	130.33	15.18	180.77										

银叶树
Heritiera littoralis Aiton
梧桐科，银叶树属

特征 常绿乔木，高约10 m。树皮灰黑色。小枝幼时被白色鳞秕。叶革质，矩圆状披针形、椭圆形或卵形，顶端锐尖或钝，基部钝，下面密被银白色鳞秕；托叶披针形，早落。圆锥花序腋生，长约8 cm，密被星状毛和鳞秕；花红褐色；萼钟状，两面均被星状毛，5浅裂；雄花的花盘较薄，有乳头状凸起，雌雄蕊柄短而无毛，花药4~5枚在雌雄蕊柄顶端排成一环；雌花的心皮4~5枚，柱头与心皮同数且短而向下弯。果木质，坚果状，近椭圆形，光滑，干时黄褐色，背部有龙骨状凸起；种子卵形，长2 cm。花期夏季；果期9月至翌年4月。

分布 海南：文昌红树林，19°34′15″N，110°49′30″E，2009-08-08，邢福武、戴建阅、郑希龙40011162。广西：防城黄竹村21°38′48″N，108°11′34″E，7 m，2011-11-03，黄俞淞、林春蕊4001101236。产于海南、广东、广西、台湾。印度、越南、柬埔寨、斯里兰卡、菲律宾和东南亚各地以及非洲（东部）、大洋洲均有分布。

栽培 喜温暖、湿润，喜光。种子繁殖。

用途 工业用油。

含油率及化学组分数据

采集单位	测试单位	测试部位	产地	含油率(%)	碘值	酸值	皂化值	C12:0	C14:0	C16:0	C16:1	C18:0	C18:1	C18:2	C18:3	C20:0	C20:1
SCBG	SCBG	种仁	海南文昌	12.65	138.53	34.99	216.56										
GXIB	SCBG	种仁	广西防城	23.41	60.25	17.24	176.25			2.89	28.15	11.26	48.33	0.35			

蝴蝶树
Heritiera parvifolia Merr.
梧桐科，银叶树属

特征 常绿乔木，高达30 m。树皮灰褐色。小枝密被鳞秕。叶椭圆状披针形，顶端渐尖，基部短尖或近圆形，上面无毛，下面密被银白色或褐色鳞秕。圆锥花序腋生，密被锈色星状短柔毛；花小，白色，萼5~6裂，两面均有星状短柔毛，裂片矩圆状卵形，长1.5~2 mm；花盘厚，围绕在雌雄蕊柄的基部，花药8~10个，排成1环，有不发育的雌蕊；雌花的子房被毛，不育花药位于子房基部。果有鱼尾状长翅，长4~6 cm，含种子的部分仅长1~2 cm，顶端钝，密被鳞秕，果皮革质。种子椭圆形。花期5~6月；果期9~11月。

分布 海南：陵水县本号镇吊罗山白水林场，18°44′04″N，109°50′13″E，2011-09-11，秦新生4001161105。海南特产。

栽培 日照需充足，喜湿润。不拘土质。播种繁殖。春、夏季为适期。

用途 工业用油。优良的庭园树种和防风带树种。

含油率及化学组分数据

采集单位	测试单位	测试部位	产地	含油率(%)	碘值	酸值	皂化值	C12:0	C14:0	C16:0	C16:1	C18:0	C18:1	C18:2	C18:3	C20:0	C20:1
SCAU	SCBG	种仁	海南陵水	31.96	11.83			4.17	1.43	3.44	0.03	1.53	4.33	3.83	0.81	1.76	0.26

两广梭罗

Reevesia thyrsoidea Lindl.

梧桐科，梭罗树属

特征 常绿乔木。树皮灰褐色。幼枝干时棕黑色，略被稀疏的星状短柔毛。叶革质，矩圆状椭圆形，顶端急尖或渐尖，基部圆形或钝，两面均无毛；叶柄两端膨大。聚伞状伞房花序顶生，被毛，花密集；萼钟状，长约6 mm，5裂，外面被星状短柔毛，内面只在裂片的上端被毛；花瓣5枚，白色，匙形，略向外扩展；雌雄蕊柄长约2 cm，顶端约有花药15个；子房圆球形，5室，被毛。蒴果矩圆状梨形，有5棱，被短柔毛。种子连翅长约2 cm。花期3~4月；果期5~9月。

分布 海南：陵水县本号镇吊罗山国家级自然保护区南喜，18°44′04″N，109°50′13″E，2010-08-11，秦新生4001161125。广东：博罗象头山，23°18′42″N，114°24′25″E，2009-08-29，林铎清、戴建阅40011197。产于海南、广东、广西、云南。越南、柬埔寨也有分布。

栽培 喜光树种，不耐寒。种子繁殖。

用途 工业用油。可作行道树、园林树。

含油率及化学组分数据

采集单位	测试单位	测试部位	产地	含油率(%)	碘值	酸值	皂化值	C12:0	C14:0	C16:0	C16:1	C18:0	C18:1	C18:2	C18:3	C20:0	C20:1
SCAU	SCBG	种仁	海南陵水	26.14	6.13	8.84	182.14		0.02	1.96	0.33		79.71	17.12	0.34	0.05	0.13
SCBG	SCBG	种仁	广东博罗	24.65	121.33	117.17	371.41										
OFPC	SCBG	种子	广东广州	33.1	129.0		186.0			18.1		1.0	19.3	61.5			

粉苹婆

Sterculia euosma W. W. Sm.

梧桐科，苹婆属

特征 乔木。嫩枝密被淡黄褐色绒毛，后脱落。叶革质，卵状椭圆形，顶端短渐尖，基部圆形或略为斜心形，基出脉5；上面几无毛，下面密被淡黄褐色星状绒毛。总状花序聚生于小枝上部，与幼叶同时抽出，略被淡黄褐色绒毛；花梗花暗红色，萼5裂几至基部，裂片条状披针形，外面被短柔毛，内面几无毛；雌雄蕊柄长约2 mm；子房卵圆形，密被毛，花柱弯曲，有长柔毛。蓇葖果熟时红色，矩圆形或矩圆状卵形，顶端渐尖成喙状，外面密被星状短绒毛。种子卵形，长约2 cm，黑色。花期4~6月；果期6~8月。

分布 广西：靖西县三合乡个禄村23°11′57″N，106°06′52″E，918 m，2010-06-18，许为斌、吴望辉4001101119。产于广西、云南。

栽培 喜温暖、湿润气候。播种繁殖。

用途 工业用油。

含油率及化学组分数据

采集单位	测试单位	测试部位	产地	含油率(%)	碘值	酸值	皂化值	C12:0	C14:0	C16:0	C16:1	C18:0	C18:1	C18:2	C18:3	C20:0	C20:1
GXIB	SCBG	种仁	广西靖西	21.00	100.93	19.00	200.39	0.06	0.26	30.38	1.36	7.44	29.93	13.04	13.09	1.82	1.32

海南苹婆

Sterculia hainanensis Merr. et Chun

梧桐科，苹婆属

特征 小乔木或灌木。小枝无毛或仅在幼嫩部分略被星状短柔毛。叶长矩圆形或条状披针形，长15~23 cm，宽2.5~6 cm，顶端钝或近渐尖，基部急尖或钝，两面均无毛，侧脉13~18对，远离叶缘明显地弯拱连结；叶柄长1.5~2.5 cm。花红色，排成总状花序；雄花长约8 mm，萼5裂几至基部，萼片矩圆形或矩圆状椭圆形，长约6 mm，外面被稀疏的星状毛；雌雄蕊柄弯曲，花药约8个排成一环；雌花略大，长约10 mm；子房圆球形，花柱弯曲。蓇葖果长椭圆形，红色，长约4 cm，顶端有长约6 mm的喙，外面密被短绒毛。种子椭圆形，直径约1 cm，黑褐色。花期1~4月；果期5~6月。

分布 海南：乐东县尖峰岭树木园，18°43′15″N，108°52′54″E，2011-12-08，秦新生4001161245。产于海南以及广西南部。常生于山谷密林中。

栽培 播种繁殖。

用途 种子油工业用。

含油率及化学组分数据

采集单位	测试单位	测试部位	产地	含油率(%)	碘值	酸值	皂化值	C12:0	C14:0	C16:0	C16:1	C18:0	C18:1	C18:2	C18:3	C20:0	C20:1
SCAU	SCBG	种仁	海南乐东	22.81	13.01	9.18	169.58		0.14	58.05	21.99		26.28	63.03	1.19	0.36	0.25

假苹婆

Sterculia lanceolata Cav.

梧桐科，苹婆属

特征 乔木。小枝幼时被毛。叶椭圆形、披针形或椭圆状披针形，长9~20 cm，宽3.5~8 cm，顶端急尖，基部钝形或近圆形，上面无毛，下面几无毛；侧脉每边7~9条，弯拱，在近叶缘不明显连结；叶柄两端膨大，长2.5~3.5 cm。圆锥花序腋生，长4~10 cm，密集且多分枝；花淡红色；萼片5枚，仅于基部连合，向外开展如星状，矩圆状披针形或矩圆状椭圆形，顶端钝或略有小短凸尖，外面被短柔毛，边缘有缘毛；雄花的雌、雄蕊柄长2~3 mm，弯曲，花药约10个；雌花的子房圆球形，被毛，花柱弯曲，柱头不明显5裂。蓇葖果鲜红色，长卵形或长椭圆形，顶端有喙，基部渐狭，密被短柔毛。种子黑褐色，椭圆状卵形，直径约1 cm。每果有种子2~4粒。花期4~6月；果期6~8月。

分布 海南：兴隆热带花园，18°41′53″N，110°14′33″E，100 m，2009-11-07，张荣京40017138。广东：惠东白盆珠，23°02′57″N，114°57′21″E，2009-08-25，林铎清、戴建阅40011178。广西：龙州县武德乡三联村，22°34′44″N，106°44′16″E，2009-07-14，吴望辉、蒋日红、农东新4001101043。产于广东、广西、四川、贵州、云南。缅甸、泰国、越南、老挝也有分布。

栽培 喜光，喜温暖多湿气侯，不耐干旱，也不耐寒。种子繁殖。

用途 工业用油。

含油率及化学组分数据

采集单位	测试单位	测试部位	产地	含油率(%)	碘值	酸值	皂化值	C12:0	C14:0	C16:0	C16:1	C18:0	C18:1	C18:2	C18:3	C20:0	C20:1
SCAU	SCBG	种仁	海南兴隆	20.40	40.46	13.48	126.03		0.34	27.49	3.30	3.62	35.03	17.26	2.16	0.38	1.15
SCBG	SCBG	种仁	广东惠东	15.2	67.11	8.25	183.89	0.08	0.32	42.07	0.53	17.09	8.7	27.33	3.27	0.46	0.15
GXIB	SCBG	种仁	广西龙州	23.54	70.62	10.56	151.48		0.15	8.43		2.06	18.60	64.69	3.34	0.74	0.15
OFPC	SCBG	种子	广东高要	18.10	82.00		193.50			13.20		3.20	24.30	45.50			
OFPC	GXIB	种仁	广西昭平	33.00	83.00		181.50			25.80	0.80		20.60	3.70	3.60	2.10	

苹婆

Sterculia monosperma Vent.

梧桐科，苹婆属

特征 乔木。树皮褐黑色。小枝幼时略有星状毛。叶薄革质，矩圆形或椭圆形，顶端急尖或钝，基部浑圆或钝，两面均无毛；托叶早落。圆锥花序顶生或腋生，柔弱且披散，有短柔毛；花梗远比花长；萼初时乳白色，后转为淡红色，钟状，外面有短柔毛，5裂，裂片条状披针形，先端渐尖且向内曲，在顶端互相粘合，与钟状萼筒等长；雄花较多，雌、雄蕊柄弯曲，无毛，花药黄色；雌花较少，略大，子房圆球形，有5条沟纹，密被毛，花柱弯曲，柱头5浅裂。蓇葖果鲜红色，厚革质，矩圆状卵形，顶端有喙，每果内有种子1~4粒。种子椭圆形或矩圆形，黑褐色。花期4~5月；果期7~12月。

分布 广西：龙州弄岗自然保护区陇瑞站往27及28号界碑，22°25′53″N，106°39′04″E，2009-08-02，吴望辉、叶晓霞、农东新4001101045。产于广东、广西、福建、台湾、云南。印度、越南、印度尼西亚也有分布。

栽培 喜光，喜温暖、多湿气侯，不耐干旱，不耐寒。种子繁殖。

用途 工业用油。

含油率及化学组分数据

采集单位	测试单位	测试部位	产地	含油率(%)	碘值	酸值	皂化值	C12:0	C14:0	C16:0	C16:1	C18:0	C18:1	C18:2	C18:3	C20:0	C20:1
GXIB	SCBG	种仁	广西龙州	27.14	56.18	6.15	210.52		0.06	6.07	0.27	1.36	59.91	29.92	0.13	0.12	

土沉香

Aquilaria sinensis (Lour.) Spreng.

瑞香科，沉香属

特征 常绿乔木，高达15 m。小枝具皱纹。叶近革质，椭圆形、长圆形或倒卵形，长5~9 cm，先端骤尖而具短尖头，基部宽楔形，上面光亮，下面淡绿色，两面均无毛；侧脉每边15~20条；叶柄长5~7 mm，被毛。花芳香，黄绿色，多朵，组成伞形花序；花梗长5~6 mm，密被黄灰色短柔毛；萼筒浅钟状，长5~6 mm，两面均密被短柔毛，5裂，裂片卵形，长4~5 mm；花瓣10枚，鳞片状，着生于花萼筒喉部，密被毛；雄蕊10枚，排成1轮。蒴果卵球形，长2~3 cm，幼时绿色，顶端具短尖头，基部渐狭，密被黄色柔毛，2瓣裂。种子褐色，卵球形，疏被柔毛，基部附属体长约1.5 cm。花期春、夏季；果期夏、秋季。

分布 广东、海南、广西、福建等地。喜生于低海拔的山地、丘陵以及路边阳处疏林中。

栽培 播种繁殖。

用途 种子油药用和工业用。

含油率及化学组分数据

采集单位	测试单位	测试部位	产地	含油率(%)	碘值	酸值	皂化值	C12:0	C14:0	C16:0	C16:1	C18:0	C18:1	C18:2	C18:3	C20:0	C20:1
OFPC	SCBG	种子	广东广州	44.50	82.60		191.50	微量	微量	15.40	微量	5.20	65.80	13.50	微量	微量	

黄瑞香

Daphne giraldii Nitsche

瑞香科，瑞香属

特征 落叶直立灌木，高45~70 cm。枝圆柱形，无毛，幼时橙黄色，有时上段紫褐色，老时灰褐色，叶迹明显，近圆形，稍隆起。叶互生，常密生于小枝上部，膜质，倒披针形，长3~6 cm，稀更长，宽0.7~1.2 cm，先端钝形或微凸尖，基部狭楔形，边缘全缘，上面绿色，下面带白霜，干燥后灰绿色，两面无毛；中脉在上面微凹下，下面隆起，侧脉8~10对；叶柄极短或无。花黄色，微芳香，常3~8朵组成顶生的头状花序；花序梗极短或无，花梗短，长不到1 mm；无苞片；花萼筒圆筒状，长6~8 mm，直径2 mm，无毛，裂片4枚，卵状三角形，覆瓦状排列，相对的2枚较大或另一对较小，长3~4 mm，顶端开展，急尖或渐尖，无毛；雄蕊8枚，2轮；花盘不发达。果实卵形或近圆形，成熟时红色，长5~6 mm，直径3~4 mm。花期6月；果期7~8月。

分布 山西：吕梁交城庞泉沟，37°51′24″N，111°27′29″E，2012 m，2012-08-24，秦烁、潘昊400327012。生于海拔1600~2600 m的山地林缘或疏林中。产于四川、新疆、青海、甘肃、陕西、山西、辽宁、黑龙江等地。

栽培 播种或扦插繁殖。

用途 茎皮、根皮及种子油可入药。

含油率及化学组分数据

采集单位	测试单位	测试部位	产地	含油率(%)	碘值	酸值	皂化值	C12:0	C14:0	C16:0	C16:1	C18:0	C18:1	C18:2	C18:3	C20:0	C20:1
CAU	ICS	种子	山西吕梁	33.20	7.78	46.46	185.87			5.84	0.11	1.03	22.50	66.71	1.21		0.81

凹叶瑞香

Daphne retusa Hemsl.

瑞香科，瑞香属

特征 常绿灌木，高达1.5 m。叶互生，常簇生于小枝顶部，革质或纸质，长圆形至长圆状披针形或倒卵状椭圆形，长1.4~6 cm，宽0.6~1.5 cm，先端钝圆，常凹下，基部楔形，边缘全缘，微反卷；叶柄极短或无。花外面紫红色，内面粉红色，无毛，芳香，数花组成头状花序，顶生；花序梗短，密被褐色糙伏毛，花梗极短或无，密被褐色糙伏毛；苞片早落，长圆形或倒卵形，长约8 mm，宽3~5 mm，顶端圆形，两面无毛，边缘具纤毛；花萼筒圆筒形，长6~8 mm，直径2~3 mm，裂片4枚，宽卵形至近圆形或卵状椭圆形，几与花萼筒等长或更长，顶端圆形至钝形，甚开展，脉纹显著；雄蕊8枚，2轮，花丝短，花药长圆形；花盘环状，无毛；子房瓶状或柱状，无毛。果实浆果状，卵形或近圆球形，直径7 mm，无毛，幼时绿色，成熟后红色。花期4~5月；果期6~7月。

分布 陕西、甘肃、青海、湖北、四川、云南、西藏等地。生于海拔3000~3900 m的高山草坡或灌木林下。

栽培 喜冷凉气候。播种或扦插繁殖。

用途 茎皮纤维为优良的造纸原料；种子油工业用。

含油率及化学组分数据

采集单位	测试单位	测试部位	产地	含油率(%)	碘值	酸值	皂化值	C12:0	C14:0	C16:0	C16:1	C18:0	C18:1	C18:2	C18:3	C20:0	C20:1
OFPC	CIB	种子	四川康定	41.10	116.40		184.70			6.20		1.10	33.90	57.50	0.60		

海南荛花
Wikstroemia hainanensis Merr.
瑞香科，荛花属

特征 灌木，高约1~2.5 m。小枝圆柱形，棕褐色，幼枝被紧贴的微柔毛，老枝无毛。叶对生，纸质，卵形、长圆形至长圆状披针形，长2~10 cm，宽1~2.5 cm，先端渐尖，基部楔形或近圆形，上面深绿色，下面淡绿色，无毛；侧脉每边8~12条，纤细，明显；叶柄长1~2 mm。总状花序紧缩近头状，由3~7花组成，顶生或生于侧枝顶端；花序梗通常长3~4 mm，被短柔毛；花黄色，无毛，花萼筒长1.3~1.5 mm，直径约1 mm，裂片4枚，椭圆状卵形，先端钝，长3~4 mm，宽2~3 mm；雄蕊8枚，2列，花丝极短；子房椭圆形，花柱短，柱头头状。果椭圆形，长约7 mm，成熟时红色，基部为残存的花萼所包被。花期5~9月。

分布 海南：陵水县本号镇吊罗山国家级自然保护区白水，18°44′05″N，109°50′13″E，2010-08-12，秦新生4001161127。喜生于低海拔的疏林中及干燥山坡向阳处。海南特产。

栽培 播种或扦插繁殖。

用途 种子油药用。

含油率及化学组分数据

采集单位	测试单位	测试部位	产地	含油率(%)	碘值	酸值	皂化值	C12:0	C14:0	C16:0	C16:1	C18:0	C18:1	C18:2	C18:3	C20:0	C20:1
SCAU	SCBG	种仁	海南陵水	51.25	104.24	7.22	191.34	0.04	0.09	8.26	0.15	2.19	36.26	46.71	5.17	1.02	0.10

了哥王
Wikstroemia indica (L.) C. A. Mey.
瑞香科，荛花属

特征 高达2 m。枝红褐色，无毛。叶对生，膜质至近革质，倒卵形、椭圆状长圆形或披针形，长2~5 cm，宽0.5~1.5 cm，先端钝或急尖，基部阔楔形或窄楔形，干时棕红色，无毛；侧脉细密，极倾斜；叶柄长约1 mm。花黄绿色，数朵组成顶生头状总状花序；花序梗长5~10 mm，无毛，花梗长1~2 mm；花萼长7~12 mm，近无毛，裂片4枚，宽卵形至长圆形，长约3 mm，顶端尖或钝；雄蕊8枚，2列；子房倒卵形或椭圆形，花柱极短或近于无，柱头头状。果椭圆形，长约7~8 mm，成熟时红色至暗紫色。花、果期夏、秋季间。

分布 广东、海南、广西、福建、台湾、湖南、四川、贵州、云南、浙江等地。喜生于海拔1500 m以下地区的开旷林下或石山上。越南、印度、菲律宾也有分布。

栽培 播种繁殖。

用途 可作园林绿化。

含油率及化学组分数据

采集单位	测试单位	测试部位	产地	含油率(%)	碘值	酸值	皂化值	C12:0	C14:0	C16:0	C16:1	C18:0	C18:1	C18:2	C18:3	C20:0	C20:1
OFPC	SCBG	种子	广东广州	39.00	101.50		190.30		0.20	13.40		6.90	41.20	38.30			

东方沙枣

Elaeagnus angustifolia var. **orientalis** (L.) Kuntze

胡颓子科，胡颓子属

特征 落叶乔木或小乔木，高5~10m。茎和枝条通常具刺。叶薄纸质，全缘，上面幼时具银白色圆形鳞片，成熟后部分脱落，带绿色，下面灰白色，密被白色鳞片，有光泽；侧脉不甚明显；叶柄纤细，银白色，长5~10mm；花枝下部叶片阔椭圆形，宽18~32mm，两端钝形或顶端圆形，上部的叶片披针形或椭圆形。花银白色，直立或近直立，密被银白色鳞片，芳香，常1~3花簇生新枝基部最初5~6片叶的叶腋；花梗长2~3mm；萼筒钟形，长4~5mm，在裂片下面不收缩或微收缩，在子房上骤收缩，裂片宽卵形或卵状矩圆形，长3~4mm，顶端钝渐尖，内面被白色星状柔毛；雄蕊几无花丝，花药淡黄色，矩圆形；花柱直立，无毛，上端甚弯曲；花盘明显，圆锥形，包围花柱的基部，无毛或有时微被小柔毛。果实阔椭圆形，长15~25mm，栗红色或黄色，密被银白色鳞片；果肉乳白色，粉质；果梗短，粗壮，长3~6mm。花期5~6月；果期9月。

分布 新疆：喀什地区疏附县乌帕尔乡，39°20′19″N，75°30′59″E，1456 m，2010-10-05，王茜、侯翼国4003310056；阿克苏至阿拉尔公路途中，40°27′00″N，80°45′00″E，1028 m，2010-10-15，王茜、侯翼国4003310058。生于海拔400~660 m左右的戈壁沙滩或沙丘的低洼潮湿地区和田边、路旁。产于新疆、甘肃。

栽培 播种繁殖。

用途 鲜花含有芳香油，可作调香原料，用于化妆品、皂用香精中。

含油率及化学组分数据

采集单位	测试单位	测试部位	产地	含油率(%)	碘值	酸值	皂化值	C12:0	C14:0	C16:0	C16:1	C18:0	C18:1	C18:2	C18:3	C20:0	C20:1
XIEG	SCBG	种仁	新疆喀什	17.44	9.59	10.54	166.31	0.19	0.80	12.89	0.98	1.91	21.46	51.63	1.51	0.39	0.15
XIEG	SCBG	种仁	新疆阿克苏	28.21	4.57	9.15	232.97			9.17	0.11	2.57	19.08	64.50	2.07	0.33	0.23

胡颓子(半春子、羊奶子)

Elaeagnus pungens Thunb.

胡颓子科，胡颓子属

特征 常绿直立灌木，高达4 m。茎具顶生或腋生的刺，长2~4 cm，深褐色；幼枝微扁棱形，密被锈色鳞片，老枝无鳞片，黑色。叶革质，椭圆形或阔椭圆形，稀矩圆形，长5~10 cm，两端钝或基部圆，上面幼时具银白色和少数褐色鳞片，成熟后脱落，具光泽，干燥后褐绿色或褐色，下面密被银白色和少数褐色鳞片；侧脉7~8对，近边缘分叉而互相连接，网状脉在上面明显，下面不清晰；叶柄深褐色，长5~8 mm。花白色或淡白色，下垂，密被鳞片，1~3花生于叶腋锈色短小枝上；花梗长3~5 mm；萼筒圆筒形或漏斗状圆筒形，长5~7 mm。果椭圆形，长12~14 mm，幼时被褐色鳞片，成熟时红色，果核内面具白色丝状绵毛；果梗长4~6 mm。花期9~12月；果期翌年4~6月。

分布 西藏：波密县扎木乡岗巴村，29°52′35″N，95°36′03″E，2753 m，2011-09-04，干友民400241130。生于向阳山坡或路旁。产于广东、广西、湖南、江西、福建、浙江、江苏、安徽、湖北、贵州、西藏。日本也有分布。

栽培 播种繁殖。

用途 鲜花含芳香油，可作调香原料，用于化妆品、皂用香精中。

含油率及化学组分数据

采集单位	测试单位	测试部位	产地	含油率(%)	碘值	酸值	皂化值	C12:0	C14:0	C16:0	C16:1	C18:0	C18:1	C18:2	C18:3	C20:0	C20:1
SICAU	SCBG	种仁	西藏波密	20.99	131.40	9.88	238.34		0.025	5.65	0.20	1.70	57.07	34.17	0.4353	0.32	0.43

牛奶子（甜枣、麦粒子）

Elaeagnus umbellata Thunb.[*Elaeagnus convexolepidota* Hayata]

胡颓子科，胡颓子属

特征 落叶直立灌木，高1~4 m。茎具长1~4 cm的刺；小枝多分枝，幼枝密被银白色和少数黄褐色鳞片，老枝鳞片脱落，灰黑色；芽银白色或褐色至锈色。叶纸质或膜质，椭圆形至卵状椭圆形或倒卵状披针形，长3~8 cm，宽1~3.2 cm，顶端钝形或渐尖，基部圆形至楔形，边缘全缘或皱卷至波状，上面幼时具白色星状短柔毛或鳞片，成熟后全部或部分脱落，下面密被银白色和散生少数褐色鳞片；侧脉5~7对，两面均略明显；叶柄白色，长5~7 mm。花较叶先开放，黄白色，芳香，密被银白色盾形鳞片，1~7花簇生新枝基部，单生或成对生于幼叶腋；花梗白色，长3~6 mm；萼筒圆筒状漏斗形，稀圆筒形，长5~7 mm，裂片卵状三角形，长2~4 mm，顶端钝尖。果实几球形或卵圆形，长5~7 mm，幼时绿色，被银白色或有时全被褐色鳞片，成熟时红色；果梗直立，粗壮，长4~10 mm。花期4~5月；果期7~8月。

分布 河南：登封县嵩山，34°29′47″N，113°01′57″E，722 m，2011-08-27，王亚平、陈明400314046；信阳鸡公山，31°49′35N，114°03′03″E，206 m，2012-09-17，王亚平400314246。陕西：宁陕县广货街镇沙沟村牛背梁自然保护区，33°47′18″N，108°50′28″E，1891 m，2010-10-05，薛帅、王继师400323028。河北：昌黎，39°45′22″N，119°08′19″E，105 m，2009-10-26，徐兴友400313009。山东：临朐，36°11′56"N，118°37′14"E，966 m，2010-11-04，赵伟华400311204。生于海拔20~3000 m的向阳的林缘、灌丛中，荒坡上和沟边。产于华东、西南、华北各地区以及湖北、青海、甘肃、宁夏、陕西、辽宁。日本、朝鲜、中南半岛以及印度、尼泊尔、不丹、阿富汗、意大利等均有分布。

栽培 喜光，耐旱，耐寒。播种繁殖。

用途 果实含糖，可酿酒，也能作蜜饯及果酱；花还可提芳香油。

含油率及化学组分数据

采集单位	测试单位	测试部位	产地	含油率(%)	碘值	酸值	皂化值	C12:0	C14:0	C16:0	C16:1	C18:0	C18:1	C18:2	C18:3	C20:0	C20:1
HNAU	ICS	种子	河南登封	8.97	7.77	17.25	219.07		0.61	15.08	0.80	3.20	21.00	28.84	10.92	0.58	0.06
HNAU	ICS	种子	河南信阳	8.35	203.14	9.67	190.48		0.12	9.39	0.74	2.36	34.97	29.52	9.31	0.32	0.16
CAU	ICS	种子	陕西宁陕	6.32	111.67	14.80	192.46		0.23	14.70	0.41	3.63	13.51	49.99	3.08	0.60	0.15
河北科技	ICS	种子	河北昌黎	20.70	59.00	5.36	173.95	0.01	0.13	8.64	0.59	2.65	37.95	39.55	9.87	0.36	0.26
ICS	ICS	种子	山东临朐	11.85	135.57	1.53	188.43		0.08	7.02	0.69	2.17	35.11	28.52	15.49	0.36	0.18

沙棘

Hippophae rhamnoides L.

胡颓子科，沙棘属

特征 落叶小乔木或灌木，高5~8 m。茎具棘刺；枝灰色或灰褐色，无毛，幼枝褐色，具鳞斑；冬芽锈色，卵形或近圆形，生于叶腋。单叶互生或近对生，线形至线状披针形，长2~6 cm，宽0.4~1.2 cm，两端钝，全缘，表面幼时具银白色鳞斑，后脱落，背面密生银白色鳞斑，杂有少数锈色鳞斑；叶柄短，长1~1.5 mm。短总状花序着生于去年生枝上；花小，淡黄色，先叶开放；萼筒极短，2裂；雄花无梗，具雄蕊4枚；雌花具短梗。浆果核果状，近球形或卵球形，橙黄色或橘红色，长5~8 mm。种子褐色，有光泽，长约4 mm。花期3~4月；果期8~9月。

分布 内蒙古：赤峰，42°17′50″N，118°55′51″E，2011-09-23，郑宝江等400341147；鄂尔多斯市伊金霍洛旗沿黄高速路旁，39°41′52″N，106°38′53″E，1083 m，2012-08-16，田海晨400312042。甘肃：甘南卓尼县卡车乡，34°34′15″N，103°20′38″E，2600 m，2011-10-07，秦烁400326013。河北：张家口，40°01′20″N，115°20′49″E，1525 m，2009-09-23，徐兴友400313016。西藏：波密县扎木乡岗巴村，29°53′33″N，95°40′20″E，2682 m，2011-09-04，干友民400241139。新疆：喀什314国道塔什库尔干至红其拉甫途中，37°36′28″N，75°21′25″E，3262 m，2010-10-08，王茜、侯翼国

4003310059；伊犁新源县种羊场，43°32′20″N，82°31′20″E，803 m，2010-10-06，王喜勇、王蕾、孔凡逵4003310033。生于高山河流两岸冲积滩地、草原或沟谷内。产于河南、四川、贵州、云南、西藏、新疆、青海、甘肃、陕西、山西、河北、内蒙古等地。

栽培　干旱或潮湿向阳处均能生长，对环境条件要求不严。播种繁殖。

用途　种子油工业用。

含油率及化学组分数据

采集单位	测试单位	测试部位	产地	含油率(%)	碘值	酸值	皂化值	C12:0	C14:0	C16:0	C16:1	C18:0	C18:1	C18:2	C18:3	C20:0	C20:1
NEFU	SCBG	种仁	内蒙古赤峰	10.62	81.25	1.12	121.57	0.015	0.17	14.58		5.16	25.88	20.35	16.95	1.38	0.36
IMAU	ICS	种子	内蒙古鄂尔多斯	2.86		20.89		0.17	0.62	12.81	2.26	3.64	24.75	17.81	5.66	1.60	0.31
CAU	ICS	种子	甘肃甘南	8.57	133.35	8.11	188.26		0.12	9.00	0.49	2.47	25.84	29.07	27.57	0.51	0.21
HNUST	ICS	种子	河北张家口	10.60	87.48	3.88	196.20	0.01	0.10	8.54	0.33	2.18	41.21	28.45	18.44	0.44	0.31
SICAU	SCBG	种仁	西藏波密	8.49	60.61	53.45	204.44										
XIEG	SCBG	种仁	新疆喀什	12.30	108.32	4.43	193.06	0.03	0.29	34.77	38.69	1.33	16.23	5.21	2.96	0.36	0.12
XIEG	SCBG	种仁	新疆伊犁	12.10	12.95	6.34	176.02			12.07	0.30	2.98	21.04	57.14	0.58	1.89	0.26

中国沙棘

Hippophae rhamnoides subsp. **sinensis** Rousi [*Hippophae rhamnoides* var. *procera* Rehd.]

胡颓子科，沙棘属

特征　落叶灌木或小乔木，高达5(~18)m。棘刺多，粗壮，顶生或侧生；幼枝密被银白色及褐色鳞片，或有时具白色星状毛，老枝粗，灰黑色，粗糙；芽大，金黄色或锈色。叶近对生，纸质，披针形或长圆状披针形，长3~8 cm，宽0.4~1(~1.3)cm，两端钝或基部近圆，上面绿色，初时被白色盾形毛或星状柔毛，下面银白色，被鳞片，无星状柔毛；叶柄无或长1~1.5 mm。果球形，径4~6 mm，熟时橙黄或橘红色；果柄长1~2.5 mm。种子宽椭圆形或卵圆形，有时稍扁，长3~4.2 mm，黑或紫黑色，具光泽。花期4~5月；果期9~10月。

分布　四川：若尔盖县镰刀，33°06′02″N，103°20′14″E，3691 m，2009-07-25，于友民400241037。生于海拔800~3600 m向阳山脊、谷地、干涸河床。产于河南、四川、西藏、青海、甘肃、陕西、山西、河北、内蒙古、辽宁。

栽培　播种繁殖。

用途　叶可榨油，食用或药用。

含油率及化学组分数据

采集单位	测试单位	测试部位	产地	含油率(%)	碘值	酸值	皂化值	C12:0	C14:0	C16:0	C16:1	C18:0	C18:1	C18:2	C18:3	C20:0	C20:1
SICAU	SCBG	种子	四川若尔盖	56.46	94.06	29.58											

大叶龙角

Hydnocarpus annamensis (Gagnep.) Lescot et Sleumer [*Hydnocarpus merrillianus* H. L. Li]

大风子科，大风子属

特征 常绿乔木，高8~25 m。叶薄革质，椭圆状长圆形，长10~29 cm，宽4~10 cm，先端钝尖，基部宽楔形，全缘，上面深绿色，下面淡绿色；中脉两面凸起，侧脉5~10对，网脉明显；叶柄长1~2 cm，被棕色绒毛。花单生或2~3朵组成聚伞状，腋生，长1~2 cm；花梗长3~5 mm，密被棕色短绒毛；雄花深绿色；萼片4~5枚，圆形，长约5 mm，外面有淡黄色绒毛；花瓣4~5枚，与萼片同形，并近等长，边缘有睫毛；雄蕊多数；雌花淡绿色，直径约1.4 cm，萼片4枚，长圆形，长6~7 mm，内面无毛，外面密被铁锈色绒毛，边缘有睫毛；花瓣8枚，近圆形，内面较小，外面较大，边缘或多或少呈流苏状，无毛；鳞片肉质，圆形，直径3~3.5 cm，顶端被毛，退化雄蕊8枚。浆果近球形，直径4~6 cm，具棕色短柔毛，宿存柱头4~5枚。种子多数。花期4~6月；果期全年。

分布 云南、广西。生于潮湿的山坡、溪边灌丛中。

栽培 播种繁殖。

用途 种子油工业用。

含油率及化学组分数据

采集单位	测试单位	测试部位	产地	含油率(%)	碘值	酸值	皂化值	C12:0	C14:0	C16:0	C16:1	C18:0	C18:1	C18:2	C18:3	C20:0	C20:1
OFPC	XTBG	种仁	云南勐腊	45.50	97.40	17.50	206.00			10.90	3.00	3.30	3.30	0.80			

泰国大风子

Hydnocarpus anthelminthicus Pierre ex Laness.

大风子科，大风子属

特征 常绿大乔木，高7~25 m。树干通直，树皮灰褐色。小枝节部稍膨大。叶薄革质，卵状披针形或卵状长圆形，长10~30 cm，宽3~8 cm，先端长渐尖，基部通常圆形，稀宽楔形，偏斜，边全缘，无毛，上面绿色，下面淡绿色，干后赤褐色；侧脉8~10对，网脉细密，明显；叶柄长1.2~1.5 cm，无毛。萼片5枚，基部合生，卵形，先端钝，两面被毛；花瓣5枚，基部近离生，卵状长圆形，长1.2~1.5 cm；鳞片离生，线形，几与花瓣等长，外面近无毛，边缘具睫毛；雄花2~3朵，呈假聚伞花序或总状花序，长3~4 cm；雄蕊5枚，花丝基部加粗；雌花单生或2朵簇生，黄绿色或红色，有芳香；花梗无毛；退化雄蕊5枚，无花药。浆果球形，直径8~12 cm；果梗初期密被黑色毛，逐渐脱落近无毛，外果皮木质。种子多数。花期9月；果期11月至翌年6月。

分布 云南：勐腊县勐仑镇，22°24′45″N，101°59′11″E，560 m，2010-09-26，李忠荣、李恩乾400222126；景洪药用植物园，22°06′41″N，100°55′38″E，2012-01-12，邢福武、童毅、孟玉芳4001142046。海南：尖峰岭树木园，19°10′50″N，109°44′02″E，300 m，2009-11-05，张荣京40017126。广西、云南(西双版纳)、海南、台湾有栽培。原产印度、泰国、越南。

栽培 播种繁殖。

用途 油药用。木材供建筑、家具等用。

含油率及化学组分数据

采集单位	测试单位	测试部位	产地	含油率(%)	碘值	酸值	皂化值	C12:0	C14:0	C16:0	C16:1	C18:0	C18:1	C18:2	C18:3	C20:0	C20:1
KMIB	KMIB	种仁	云南勐腊	44.61	97.10	0.90	195.10			0.08	3.33	3.35	0.53	62.44	1.08	0.291	
SCBG	SCBG	种仁	云南景洪	21.54	112.77		199.78	0.14	0.10	7.70		0.75	17.07	6.17	17.0	0.60	
SCAU	SCBG	种仁	海南尖峰岭	20.15	42.99	6.97	223.40	0.006	0.028	6.30	0.0385	4.60	39.22	38.98	0.007	0.54	10.27

海南大风子（龙角、乌壳子）

Hydnocarpus hainanensis (Merr.) Sleumer

大风子科，大风子属

特征 常绿乔木，高6~9 m。树皮灰褐色。小枝圆柱形，无毛。叶薄革质，长圆形，长9~13 cm，宽3~5 cm，先端短渐尖，有钝头，基部楔形，边缘有不规则浅波状锯齿，两面无毛，近同色；侧脉7~8对；叶柄长约1.5 cm，无毛。花15~20朵，呈总状花序（雄花排列较密集），长1.5~2.5 cm，腋生或顶生；花序梗短，花梗长8~15 mm，无毛；萼片4枚，椭圆形，直径约4 mm；花瓣4枚，肾状卵形，长2~2.5 mm，宽3~3.5 mm，边缘有睫毛，内面基部有肥厚鳞片；鳞片不规则4~6齿裂，被长柔毛；雄蕊约12枚，花丝基部粗壮，有疏短毛；退化雄蕊约15枚；子房卵状椭圆形，密生黄棕色绒毛，花柱缺，柱头3裂。浆果球形，直径4~5 cm，密生棕褐色绒毛，果皮革质；果梗粗壮，长6~7 mm。种子约20粒，长约1.5 cm。花期春末至夏季；果期夏季至秋季。

分布 海南：乐东县尖峰镇树木园，18°41′46″N，108°47′56″E，500 m，2011-01-07，秦新生4001161177；陵水县本号镇吊罗山国家级自然保护区南喜，18°36′51″N，109°58′28.18″E，2010-08-14，秦新生4001161133；五指山番阳，18°53′28″N，109°20′33″E，2009-08-29，郑希龙、潘雅书40011453。生于海拔100~1600 m的常绿阔叶林或雨林中。产于海南、广西、云南。越南也有分布。

栽培 喜光，光照宜充足，能耐半阴。播种繁殖。以春季为适期。

用途 种子油入药，外搽治麻疯、牛皮癣、风湿痛等症。

含油率及化学组分数据

采集单位	测试单位	测试部位	产地	含油率(%)	碘值	酸值	皂化值	C12:0	C14:0	C16:0	C16:1	C18:0	C18:1	C18:2	C18:3	C20:0	C20:1
SCAU	SCBG	种仁	海南乐东	14.16	89.36		208.29	0.02	0.04	5.61	0.05	3.42	3.96	85.18	1.06	0.34	0.32
SCAU	SCBG	种仁	海南陵水	23.45	40.76	15.08	123.66	0.06	0.32	17.77	0.47	6.94	23.30	46.67	3.87	0.30	0.30
SCBG	SCBG	种仁	海南五指山	51.60	101.93	2.41	189.93		0.05	4.74	2.68	68.27	1.52	1.05	0.24	18.72	2.73
OFPC	SCBG	种仁	海南陵水	54.30	95.00		207.10		微量	2.70		微量	微量	0.10		0.20	
OFPC	XTBG	种仁	云南勐腊	26.90	92.80		20.8.10			4.00	3.60	4.40	4.40	1.90			

印度大风子

Hydnocarpus kurzii (King) Warb.

大风子科，大风子属

特征 乔木，高5~20 m。叶薄革质，披针形至长圆状披针形，长12~25 cm，宽4~8 (~10)cm，先端渐尖或急尖，基部宽楔形，边缘有波状钝齿，幼时两面有灰色柔毛，老时无毛；中脉两面凸起，侧脉6~7对；叶柄长0.5~2 cm，有沟槽。雄花较小；花丝长约4 mm，有毛，花药长圆形，基部呈心形，无退化雌蕊；雌花通常5~9朵，呈聚伞状，长约2 cm，腋生或顶生；花梗长0.5~1 cm，被褐色绒毛；苞片8枚，肉质，外面有绒毛；萼片4枚，长圆形，长约5 mm，外面有褐色绒毛，内面无毛，边缘有睫毛；花瓣8枚；有退化雄蕊。浆果圆球形，直径5~6 cm；果梗粗壮。种子多数。果期10~12月。

分布 云南南部。生于海拔800 m的密林中。越南、老挝、缅甸、印度也有。

栽培 播种繁殖。

用途 种子油工业用。

含油率及化学组分数据

采集单位	测试单位	测试部位	产地	含油率(%)	碘值	酸值	皂化值	C12:0	C14:0	C16:0	C16:1	C18:0	C18:1	C18:2	C18:3	C20:0	C20:1
OFPC	XTBG	种仁	云南勐腊	51.2	87.6	0.4	203.7			9.0	2.0	7.4	7.4	0.6			

山桐子（椅树、斗霜红）

Idesia polycarpa Maxim.

大风子科，山桐子属

特征 落叶乔木，高约20 m。树皮灰白色，久而不开裂。小枝红褐色，有棱角。单叶互生，厚纸质或革质，卵形或卵圆形，长10~20 cm，宽7~14 cm，基部心形或近心形，先端短渐尖，边缘有疏生锯齿，齿端有腺体，表面深绿色，无毛，背面灰白色，有时有毛，具掌状叶脉；叶柄长6~15 cm，近基部有2枚腺体。花单性，雌雄异株，黄绿色，芳香，成顶生、下垂的圆锥花序；雄花序长15~18 cm，花直径约1.5 cm，萼片3~5枚，无花瓣；雄蕊多数，花丝丝状，有细毛，其中央有一退化雌蕊；雌花序较雄花序为长，较疏散，花直径约8 mm；子房球形，基部有退化雄蕊，花柱5枚。浆果圆球形，红色，直径7~8 mm。种子多数，近圆形，先端尖，黑色，直径1~1.5 mm。花期5~6月；果期9~10月。

分布 安徽：祁门县牯牛降自然保护区，30°05′13″N，117°29′25″E，416 m，2011-11-16，胡超、李星霖4001171198；黄山，30°16′40″N，118°04′39″E，2010-11-02，刘东明、梁耀、孟玉芳、付琳400112205。北京：海淀区，39°59′54″N，116°12′14″E，50 m，2012-09-21，谢光辉400327037；香山，40°00′09″N，116°12′14″E，105 m，2009-11-21，邢福武40011495。福建：梁野山云礤村，25°09′60″N，116°09′16″E，591 m，2012-11-23，易绮斐、宁阳阳、李玉玲400119281；南平武夷山市洋庄乡大安源，27°53′11″N，117°51′1″E，560 m，2012-11-10，刘东明、童毅4001122117；武夷山桐木关，27°49′06″N，117°43′28″E，2010-09-28，刘东明、梁耀400112119。广东：连平县大埠镇，23°02′35″N，113°45′48″E，2011-11-08，易绮斐、潘雅书、陈华平400119153；乳源南岭自然保护区，24°55′01″N，113°02′04″E，2012-11-07，王发国、于海玲、李许文、李仕裕400119218；阳山县秤架，24°51′12″N，112°51′24″E，465 m，2009-08-08，陈林、胡普炜4001147；阳山县秤架，24°49′26″N，112°56′17″E，1232 m，2009-08-10，董安强40011416。湖北：鹤峰县太平乡唐家村，29°49′52″N，109°55′16″E，927 m，2009-09-07，丁时东、赵永国400151038。江西：龙南县九连山国家级自然保护区植物园，24°46′22″N，114°43′55″E，2011-11-11，易绮斐、潘雅书、陈华平400119174；宜丰县黄岗乡官山保护区，28°33′04″N，114°34′11″E，303 m，2011-09-18，李朋远、景慧娟4001409016；玉山县三清山，28°56′06″N，118°02′55″E，851 m，2009-09-01，廖文波等400141123；玉山县三清山，28°56′2″N，118°02′57″E，812 m，2009-10-23，廖文波等400141170。浙江：临安天目山，30°22′42″N，119°28′38″E，536 m，2009-10-30，刘东明、戴建阅400111138；清凉峰，30°06′16″N，118°52′25″E，2010-10-15，曾庆文等400112205。重庆：南川区南城茶沙后河，29°33′06″N，107°7′24″E，746 m，2009-08-18，刘正宇等400231018。生于海拔300~3000 m的落叶阔叶林和针阔叶混交林中。产于广东、广西、湖南、江西、福建、台湾、浙江、江苏、安徽、山东、湖北、四川、贵州、云南、陕西。日本、朝鲜也有分布。

栽培 适应性强，为速生树种。播种繁殖。

用途 种子油可制肥皂或作润滑油，亦可作桐油代用品，制油漆。

含油率及化学组分数据

采集单位	测试单位	测试部位	产地	含油率(%)	碘值	酸值	皂化值	C12:0	C14:0	C16:0	C16:1	C18:0	C18:1	C18:2	C18:3	C20:0	C20:1
ECNU	SCBG	种仁	安徽祁门	16.90				1.28	2.12	9.31	1.08	2.33	11.37	29.32	38.31	0.17	0.20
SCBG	SCBG	种仁	安徽黄山	26.50	90.92	26.91	375.88		0.10	6.40	0.77	3.79	43.50	45.64	20.65	0.08	
CAU	ICS	种子	北京海淀	21.53	10.62	16.16	354.28			7.27	0.46	2.03	5.34	71.09	0.96	0.11	0.12
SCBG	SCBG	种仁	北京香山	32.44	92.79	6.97	193.85	0.03	0.04	7.76	0.07	2.66	14.18	71.76	2.88	0.35	0.28
SCBG	SCBG	种仁	福建梁野山	16.90	66.76	9.99	413.60		0.02	4.37	0.72	0.93	60.88	32.74	0.11	0.12	0.12
SCBG	SCBG	种仁	福建南平	26.00	131.41	19.16	199.95	0.02	0.10	21.80	10.69	5.92	58.94	1.40	0.11	0.43	
SCBG	SCBG	种仁	福建武夷山	10.31		9.59	61.86	0.18	0.70	4.93			51.63	43.72	0.15	0.51	0.32
SCBG	SCBG	种仁	广东连平	13.65	72.36	40.43	202.53			7.07	0.18	4.57	14.09	64.89	18.23	0.07	0.43
SCBG	SCBG	种仁	广东乳源	30.59	83.07	22.90	150.00		0.08	9.88	0.09	2.80	7.64	77.53	1.59	0.26	0.14
SCBG	SCBG	种仁	广东阳山	21.45	9.67	0.60	167.32	2.13	0.11	13.70	0.12	1.50	59.62	48.83		0.05	1.81
SCBG	SCBG	种仁	广东阳山	11.70	82.25	6.20	191.00	0.01	0.04	7.76	0.06	3.42	23.31	64.62	0.20	0.28	0.31
OCRI	SCBG	种仁	湖北鹤峰	22.91	48.94	16.65	193.85	0.02	0.06	6.55	0.27	1.95	30.49	57.41	1.82	1.06	0.37
SCBG	SCBG	种仁	江西龙南	23.50	105.85	0.71	286.34	0.0089	0.30	13.76	0.092	7.33	39.45	66.77	37.06	0.60	
SYSU	SCBG	种仁	江西宜丰	28.91	97.55	0.94	176.95			2.11	0.35	0.47	74.59	21.87	0.13		0.13
SYSU	SCBG	种仁	江西玉山	39.88	59.45	2.49				9.92	0.22	4.08	11.35	66.38	0.75	0.44	0.20
SYSU	SCBG	种仁	江西玉山	24.15	92.57	3.95	196.25	0.02	0.05	7.89	0.06	2.09	33.62	43.38	3.93	0.49	8.48
SCBG	SCBG	种仁	浙江临安	6.13	84.35	4.63	191.87	0.04	0.10	16.33	0.07	3.16	43.35	29.88	6.80	0.11	0.163
SCBG	SCBG	种仁	浙江清凉峰	10.96	131.15	22.47	182.17	0.01	0.08	16.38	2.28	3.43	8.28 1.378.28	68.00	1.37	0.18	0.26
CIPP	SCBG	种仁	重庆南川	20.25	20.75	12.75	278.45	0.40	0.69	29.12		13.64	21.64	8.39	2.37		

毛叶山桐子
Idesia polycarpa var. **vestita** Diels
大风子科，山桐子属

特征 本变种和原变种的区别是：叶下面有密的柔毛，无白粉而为棕灰色，脉腋无丛毛；叶柄有短毛。花序梗及花梗有密毛。成熟果实长圆球形至圆球状，血红色，高过于宽。垂直分布比原变种高，通常生于海拔900~2000 m，900 m以下难见到。花期4~5月；果期10~11月。

分布 安徽：六安天堂寨风景区，31°35′20″N，115°30′46″E，497 m，2012-11-12，李晓东、昝艳燕400121248。贵州：平塘县克度镇，25°42′01″N，106°54′11″E，1049 m，2012-11-22，龙春林、杨珺400221397。湖南：古丈县高林乡大溪，28°45′48″N，109°57′14″E，332 m，2010-11-06，徐亮、周建军、钱凯歌400191158。四川：越西县瓦吉木乡，28°29′15″N，102°34′56″E，1000 m，2009-09-26，王凯、樊云川40021109018。生于海拔3000 m以下的山区落叶阔叶林中。产于广西、湖南、江西、福建、浙江、江苏、山东、湖北、四川、贵州、云南、陕西。

栽培 繁殖。

用途 种子油工业用。木材可作建筑、家具、器具等用材。

含油率及化学组分数据

采集单位	测试单位	测试部位	产地	含油率(%)	碘值	酸值	皂化值	C12:0	C14:0	C16:0	C16:1	C18:0	C18:1	C18:2	C18:3	C20:0	C20:1
WHBG	WHBG	种仁	安徽六安	39.96	8.49	8.93	208.73	0.12	0.88		23.38	7.60	46.10	7.94			
KMIB	KMIB	种仁	贵州平塘	22.00	132.80		195.70	14.00	2.10	7.40	71.80	1.50					
JSU	SCBG	种仁	湖南古丈	13.00	119.27	3.49	182.85		0.05	8.53	0.14	55.77	34.57	0.18	0.75		
SCU	SCU	种仁	四川越西	21.24						5.55		3.30	6.18	83.83	1.14		
OFPC	NIB	果实	陕西宁强	33.70	132.80	4.10	195.70			14.00	3.20	2.10	7.40	71.80	1.50		
OFPC	IB	果实	四川	42.30	133.70	3.40	196.00		微量	14.60	7.60	1.40	7.30	67.70	0.90		
OFPC	IB	果实	四川	53.60	129.90	2.20	198.30	微量	微量	18.00	10.30	1.00	6.60	62.90	1.10		
OFPC	IB	种子	四川	26.10	146.50	1.00	193.60			7.10	微量	3.50	6.50	81.80	1.00		
OFPC	WHBG	种子	湖北罗田	20.10	138.20		190.50	微量		7.10	微量	1.80	10.30	80.20	0.60		

栀子皮（伊桐、盐巴菜）
Itoa orientalis Hemsl.
大风子科，栀子皮属

特征 落叶乔木，高8~20 m。树皮灰色或浅灰色，光滑。幼枝淡灰色，皮孔明显，当年生枝有疏毛，老枝无毛。叶大型，薄革质，椭圆形或卵状长圆形或长圆状倒卵形，长13~40 cm，宽6~14 cm，先端锐尖或渐尖，基部钝或近圆形，边缘有钝齿，上面深绿色；脉上有疏毛，下面淡绿色，密生短柔毛，羽脉10~26对；叶柄长3~6 cm，上面扁平。花单性，雌雄异株，稀杂性；花瓣缺；萼片4枚，三角状卵形，长0.6~1.5 cm，外面有毡状毛；雄花比雌花小，圆锥花序顶生，长4~8 cm，有柔毛；雄蕊多数，花丝短，无毛；雌花单生枝顶或叶腋；子房上位，圆球形。蒴果大，椭圆形，长达9 cm，密被橙黄色绒毛，后变无毛，外果皮革质，内果皮为木质，从顶端向下及从基部向上6~8裂，稀4裂，中部联合，各裂片沿胎座从基部向上至中部又分裂为2瓣。种子多数，长2~3 cm，宽约1 cm，周围有膜质翅。花期5~6月；果期9~10月。

分布 云南：昆明植物研究所，25°08′51″N，102°44′41″E，1971 m，2010-11-23，李忠荣400222183。生于海拔500~1400 m的阔叶林中。产于广西、四川、贵州、云南等地。越南也有分布。

栽培 播种繁殖。

用途 种子油工业用。

含油率及化学组分数据

采集单位	测试单位	测试部位	产地	含油率(%)	碘值	酸值	皂化值	C12:0	C14:0	C16:0	C16:1	C18:0	C18:1	C18:2	C18:3	C20:0	C20:1
KMIB	KMIB	种仁	云南昆明	31.72	141.80	1.20	188.10										
OFPC	XTBG	种子	广西融水	22.40			180.00			14.90	1.90	5.80	11.40	62.90		微量	

柞木（凿子树、红心刺）

Xylosma congesta (Lour.) Merr.

大风子科，柞木属

特征 常绿大灌木或小乔木，高4~15 m。树皮棕灰色，不规则从下面向上反卷呈小片，裂片向上反卷；幼时有枝刺，结果株无刺。枝条近无毛或有疏短毛。叶薄革质，雌雄异株，通常雌株的叶有变化，菱状椭圆形至卵状椭圆形，长4~8 cm，宽2.5~3.5 cm，先端渐尖，基部楔形或圆形，边缘有锯齿；叶柄短，长约2 mm，有短毛。花小，总状花序腋生，长1~2 cm；花梗极短，长约3 mm；花萼4~6枚，卵形，长2.5~3.5 mm，外面有短毛；花瓣缺；雄花有多数雄蕊，花丝长约4.5 mm，花药椭圆形，底着药；花盘由多数腺体组成，包围着雄蕊；雌花的萼片与雄花同。浆果黑色，球形，顶端有宿存花柱，直径4~5 mm。种子2~3粒，卵形，长2~3 mm，鲜时绿色，干后褐色，有黑色条纹。花期春季；果期冬季。

分布 江西：贵溪县龙虎山自然保护区，28°01′12″N，117°01′02″E，99 m，2011-11-09，景慧娟、何诗阳4001413007。生于海拔800 m以下的林边，产于秦岭以南和长江以南各地区。朝鲜、日本也有分布。

栽培 播种或扦插繁殖。

用途 种子油工业用。

含油率及化学组分数据

采集单位	测试单位	测试部位	产地	含油率(%)	碘值	酸值	皂化值	C12:0	C14:0	C16:0	C16:1	C18:0	C18:1	C18:2	C18:3	C20:0	C20:1
SYSU	SCBG	种仁	江西贵溪	28.16	36.45	4.76	169.97	0.0032	0.0668	1.55	0.07	3.64	18.18	28.16		4.76	169.97

西域旌节花（喜马山旌节花、通条树）

Stachyurus himalaicus Hook. f. et Thoms. [*Stachyurus brachystachyus* (C. Y. Wu et S. K. Chen) Y. C. Tang et Y. L. Cao]

旌节花科，旌节花属

特征 落叶灌木或小乔木，高3~5 m。树皮平滑，棕色或深棕色。小枝褐色，具浅色皮孔。叶片坚纸质至薄革质，披针形至长圆状披针形，长8~13 cm，宽3.5~5.5 cm，先端渐尖至长渐尖，基部钝圆，边缘具细而密的锐锯齿，齿尖骨质并加粗；侧脉5~7对，两面均凸起，细脉网状；叶柄紫红色，长0.5~1.5 cm。穗状花序腋生，长5~13 cm，无总梗，通常下垂，基部无叶；花黄色，长约6 mm，几无梗；苞片1枚，三角形，长约2 mm；小苞片2枚，宽卵形，顶端急尖，基部连合；萼片4枚，宽卵形，长约3 mm，顶端钝；花瓣4枚，倒卵形，长约5 mm，宽约3.5 mm；雄蕊8枚，长4~5 cm。果实近球形，直径7~8 cm，无梗或近无梗，具宿存花柱。花期3~4月；果期5~8月。

分布 湖南：吉首小溪，28°21′07″N，109°43′50″E，231 m，2009-07-12，陈功锡、徐亮400191078。四川：峨眉山市高桥镇，29°29′30″N，103°22′34″E，1000 m，2009-10-16，王凯、樊云川40021109091；越西县瓦吉木乡，28°29′16″N，102°34′57″E，1000 m，2009-09-25，王凯、樊云川40021109014。生于海拔3000 m以下的山坡阔叶林下或灌丛中。产于广东、台湾、广西、湖南、浙江、湖北、四川、贵州、云南、西藏、陕西等地。印度（北部）、尼泊尔、不丹、缅甸（北部）也有分布。

栽培 播种繁殖。

用途 茎髓供药用，为中药“通草”。

含油率及化学组分数据

采集单位	测试单位	测试部位	产地	含油率(%)	碘值	酸值	皂化值	C12:0	C14:0	C16:0	C16:1	C18:0	C18:1	C18:2	C18:3	C20:0	C20:1
JSU	SCBG	种仁	湖南吉首	37.12	64.23	5.41	153.65			5.29		3.26	21.94	45.02	21.59	1.08	1.08
SCU	SCU	种仁	四川峨眉山	18.42						3.40		1.46	12.89	66.69	6.26		9.30
SCU	SCU	种仁	四川越西	19.10						9.79	2.57	3.37	17.58	16.61	35.28		

三开瓢

Adenia cardiophylla (Mast.) Engl.

西番莲科，蒴莲属

特征　木质大藤本，长8~12 m。茎圆柱形，无毛，具线条纹。叶纸质，宽卵形或卵圆形，长10~23 cm，宽7~18 cm，先端急尖，基部心形，老枝叶2~3裂，叶脉4~5对；叶柄长5~15 cm，顶端有2个大的杯状腺体。聚伞花序腋生，成对着生于长梗顶端，具极长的卷曲花梗或形成卷须；花两性者，花萼管坛状，长9~10 mm，外面被有红色斑纹，裂片5枚，反折，卵状三角形；花瓣5枚，长圆匙形，长6 mm，有红色斑纹，着生萼管喉部；雄蕊5枚；子房椭圆球形，柱头3枚，花为单性者；雄花花瓣长圆形；子房无柄，极退化；雌花花瓣着生萼管中部以下，柱头皆有短花柱。蒴果纺锤形，长6~8 cm，直径2~3 cm，室背三瓣开裂，熟时深红黄色带紫，外果皮木质，中果皮海绵质白色，果瓤黄白色；果梗长2~3 cm。种子多数，长7~9 mm，黑褐色。花期5月；果期8~10月。

分布　云南：景洪亚诺村上山公路，22°02′21″N，101°01′09″E，2012-01-16，邢福武、童毅、孟玉芳4001142012。生于海拔500~1800 m的山坡密林中。产于云南。不丹、印度、缅甸、泰国、老挝、柬埔寨、越南、印度尼西亚、菲律宾均有分布。

栽培　播种繁殖。

用途　种子可榨油；藤茎及根药用，清热解毒、活血散瘀。

含油率及化学组分数据

采集单位	测试单位	测试部位	产地	含油率(%)	碘值	酸值	皂化值	C12:0	C14:0	C16:0	C16:1	C18:0	C18:1	C18:2	C18:3	C20:0	C20:1
SCBG	SCBG	种仁	云南景洪	20.70	124.13	10.19	248.84		0.02		0.25	7.07	35.16	59.94	0.33		0.28

鸡蛋果（洋石榴、紫果西番莲）

Passiflora edulis Sims [*Passiflora minima* L.]

西番莲科，西番莲属

特征　草质藤本，长约6 m。茎具细条纹，无毛。叶纸质，长6~13 cm，宽8~13 cm，基部楔形或心形，掌状3深裂，无毛。聚伞花序退化仅存1花，与卷须对生；花芳香，直径约4 cm；花梗长4~4.5 cm；苞片绿色，宽卵形或菱形，长1~1.2 cm，边缘有不规则细锯齿；萼片5枚，外面绿色，内面绿白色，长2.5~3 cm；花瓣5枚，与萼片等长；外副花冠裂片4~5轮，外2轮裂片丝状，约与花瓣近等长，基部淡绿色，中部紫色，顶部白色，内3轮裂片窄三角形，长约2 mm；内副花冠非褶状，顶端全缘或为不规则撕裂状，高1~1.2 mm；子房倒卵球形，长约8 mm，被短柔毛，花柱3枚。浆果卵球形，直径3~4 cm，无毛，熟时紫色。种子多数，卵形，长5~6 mm。花期6月；果期11月。

分布　海南：三亚市，24°4′43″N，109°31′22″E，700 m，2011-01-14，张荣京40017179。栽培于海南、广东、福建、台湾、云南，有时逸生于海拔180~1900 m的山谷丛林中。原产大、小安的列斯群岛，现广植于热带、亚热带地区。

栽培　日照宜充足，喜高温，生长适温22~30℃。以肥沃且排水良好的砂质土壤为佳。播种、扦插或压条繁殖。每年冬季修剪枝，忌重剪或强剪。

用途　种子榨油，可供食用和制皂、制油漆等；果可生食或作蔬菜、饲料，入药具有兴奋、强壮之效；果瓤多汁液，可制成饮料。花大而美丽可作庭园观赏植物。

含油率及化学组分数据

采集单位	测试单位	测试部位	产地	含油率(%)	碘值	酸值	皂化值	C12:0	C14:0	C16:0	C16:1	C18:0	C18:1	C18:2	C18:3	C20:0	C20:1
SCAU	SCBG	种仁	海南三亚	32.45				0.17	0.16	7.32		2.33	18.55	32.48	9.06	0.79	0.28

番木瓜（木瓜、万寿果）

Carica papaya L.

番木瓜科，番木瓜属

特征 常绿木质小乔木，高达8~10 m。株体具乳汁，植株有雄株、雌株和两性株。茎具螺旋状排列的托叶痕。叶大，聚生于茎顶端，近盾形，直径可达60 cm，通常5~9深裂，每裂片再羽状分裂；叶柄中空。雄花排列成圆锥花序，长达1 m，下垂；花无梗；花冠乳黄色，冠管细管状，长1.6~2.5 cm，花冠裂片5枚，披针形；雄蕊10枚，5长5短，短的几无花丝，长的花丝白色，被白色绒毛；子房退化；雌花单生或数朵组成伞房花序，着生叶腋内，具短梗或无，萼片5枚，中部以下合生；花冠裂片5枚，分离，乳黄色或黄白色，长圆形或披针形，长5~6.2 cm，宽1.2~2 cm；子房上位，卵球形，无柄；两性花雄蕊5枚，着生近子房基部极短的花冠管上，或为10枚着生于较长的花冠管上，冠管长1.9~2.5 cm。浆果肉质，成熟时橙黄色或黄色，长圆球形、梨形或近圆球形，长10~30 cm或更长。种子多数，卵球形，成熟时黑色。花、果期全年。

分布 海南：陵水县本号镇吊罗山林业局，18°44′05″N，109°50′13″E，500 m，2010-09-20，秦新生4001161165；三亚鹿回头公园，18°13′54″N，109°30′29″E，50 m，2011-01-14，张荣京40017181。云南：德宏州瑞丽市畹町，24°04′43″N，98°03′52″E，822 m，2010-12-04，邱明华400222224。我国南方有栽培。原产于美洲热带地区，现广植于世界热带地区。

栽培 喜光，喜温暖、湿润的环境，不耐寒。喜土壤深厚、肥沃和排水良好的土壤。播种繁殖。适宜秋播春植或春播夏植。这两种方法于霜冻地区较少使用，或必须有保暖措施。为了避免病毒，亦用组织培养的方法繁殖幼苗。定植前施足基肥，生长期每半月施肥1次。发现蚜虫及时防治，以预防病毒的传播。

用途 种子可榨油。除食用外，还可制作果酱和果汁罐头。果实含有丰富的木瓜蛋白酶，在医药、食品、制革、纺织及美容上广泛应用，是木瓜酶工业的主要原料。

含油率及化学组分数据

采集单位	测试单位	测试部位	产地	含油率(%)	碘值	酸值	皂化值	C12:0	C14:0	C16:0	C16:1	C18:0	C18:1	C18:2	C18:3	C20:0	C20:1
SCAU	SCBG	种仁	海南陵水	13.36	5.52	10.57	271.02	0.02	0.11	9.64	0.14	2.02	8.69	45.09	33.37	0.64	0.28
SCAU	SCBG	种仁	海南三亚	14.34	31.49	13.74	277.10	0.01	0.09	10.41	0.04	3.84	10.60	57.97	16.54	0.33	0.16
KMIB	KMIB	种仁	云南德宏	35.15	64.10	82.60	164.90			0.13	15.16	0.33	5.12	74.94	3.82	0.11	0.22

冬瓜

Benincasa hispida (Thunb.) Cogn.

葫芦科，冬瓜属

特征 一年生蔓生草本。茎被黄褐色毛，有棱沟。叶柄粗壮，被黄褐色的硬毛和长柔毛；叶片肾状近圆形，5~7浅裂或有时中裂，裂片宽三角形或卵形，卷须二至三歧，被粗硬毛和长柔毛。雌雄同株，花单生；雄花梗长5~15 cm，密被黄褐色毛，常在花梗的基部具1苞片；苞片卵形或宽长圆形，长6~10 mm，先端急尖，有短柔毛；花萼筒宽钟形，宽12~15 mm，密生刚毛状长柔毛，裂片披针形，有锯齿，反折；花冠黄色，辐射状，裂片宽倒卵形，长3~6 cm，宽2.5~3.5 cm，两面具稀疏柔毛，先端钝圆，具5脉；雄蕊3枚，离生，花丝长2~3 mm，花药长5 mm，宽7~10 mm，药室三回折曲；雌花梗长不及5 cm，密生黄褐色毛；子房卵形或圆筒形，密生黄褐色绒毛状硬毛，长2~4 cm，花柱长2~3 mm，柱头3枚，2裂。果实长圆柱状或近球状，大型，有硬毛和白霜。种子卵形，压扁，有边缘，白色或淡黄色。花期6~9月；果期7~11月。

分布 湖南：保靖县野竹坪乡白云山，28°24′46″N，109°10′50″E，674 m，2010-09-11，徐亮、廖深克400191117。湖北：神农架坪堑管理所，31°29′46″N，110°04′59″E，1461 m，2010-10-26，丁时东、危文亮等400151093。我国各地有栽培，云南南部有野生。主要分布于亚洲热带、亚热带地区以及澳大利亚东部及马达加斯加。

栽培 播种繁殖。

用途 本种果实除作蔬菜外，也可浸渍为各种糖果；果皮和种子药用，有消炎、利尿、消肿的功效。

含油率及化学组分数据

采集单位	测试单位	测试部位	产地	含油率(%)	碘值	酸值	皂化值	C12:0	C14:0	C16:0	C16:1	C18:0	C18:1	C18:2	C18:3	C20:0	C20:1
JSU	SCBG	种仁	湖南保靖	20.20	15.49	72.74	151.33	0.21	0.17	14.40		9.82	37.34	15.16	10.10	0.45	0.45
OCRI	SCBG	种仁	湖北神农架	29.11	20.83	5.87	441.38		0.09	7.43	0.13	2.07	11.37	82.66	3.43	0.19	0.26
OFPC	WHBG	种仁	湖北武汉	49.50	121.90		193.40			21.20	0.90	8.50	16.30	53.10			
OFPC	IAE	种子	辽宁沈阳	28.00	137.30		194.90			8.80		0.80	2.70	87.70			
OFPC	SCBG	种子	广东广州	28.00	119.10		188.00			18.00		6.00	13.90	62.10		微量	

西瓜

Citrullus lanatus (Thunb.) Matsum. et Nakai

葫芦科，西瓜属

特征 一年生蔓生藤本。茎、枝粗壮，被长柔毛；卷须较粗壮，二歧。叶柄长3~12 cm，密被长柔毛；叶片纸质，三角状卵形，长8~20 cm，宽5~15 cm，两面具短硬毛，深3裂，裂片又羽状或二回羽状浅裂或深裂，边缘波状或有疏齿，末次裂片通常有少数浅锯齿，叶片基部心形，有时形成半圆形的弯缺。雌雄同株，均单生；雄花花梗长3~4 cm，密被黄褐色长柔毛；花萼筒宽钟形，密被长柔毛；花冠淡黄色，径2.5~3 cm，外面带绿色，裂片卵状长圆形，长1~1.5 cm；雄蕊3枚，近离生；雌花花萼和花冠与雄花同；子房卵形，密被长柔毛。果实大型，球状或椭圆状，多汁，果皮表面光滑，色泽及纹饰各式。种子多数，卵形，黑色、红色，有时为白色、黄色、淡绿色或有斑纹，两面平滑，长1~1.5 cm。花、果期夏季。

分布 广西：龙胜县三门镇，26°41′32″N，109°44′36″E，358 m，2012-09-18，蒋日红4001101329。湖北：神农架林区下谷乡石柱河，31°31′32″N，110°29′57″E，1576 m，2012-08-29，危文亮、赵永国等400151181。陕西：杨凌县西农农场，34°09′27″N，108°01′57″E，500 m，2011-07-24，薛帅、秦烁400324038。辽宁：锦州，41°06′44″N，121°08′46″E，2011-09-01，郑宝江等400341153。黑龙江：虎林东方红林业局北山林场，46°48′01″N，130°22′01″E，1 m，2011-08-22，卞勇、孟腾400351080。我国各地有栽培。其原种可能来自非洲。

栽培 播种繁殖。

用途 果实为夏季之水果，果肉味甜，能降温去暑；种子含油，可作食品。

含油率及化学组分数据

采集单位	测试单位	测试部位	产地	含油率(%)	碘值	酸值	皂化值	C12:0	C14:0	C16:0	C16:1	C18:0	C18:1	C18:2	C18:3	C20:0	C20:1
GXIB	SCBG	种仁	广西龙胜	23.48	139.96	0.69	200.59		0.08	0.21	22.25	0.28	3.50	14.02	33.70	2.22	3.42
OCRI	SCBG	种仁	湖北神农架	24.30	32.12	2.88	396.81	0.01	0.13	30.38	0.22	1.67	7.40	55.03	0.32	0.39	0.18
CAU	ICS	种子	陕西杨凌	20.12	100.87	10.17	203.69		0.08	9.31	0.17	4.79	17.72	48.72	2.00	0.40	0.16
ECNU	SCBG	种仁	辽宁锦州	21.39	59.36	0.87	175.94		0.02	4.37	0.72	0.93	60.88	32.74	0.11	0.12	0.12
SBRI	SCBG	种仁	黑龙江虎林	24.35	9.67	20.31	190.48	0.01	0.02	6.09	0.05	2.88	31.67	56.76	0.29	0.47	1.77
OFPC	IAE	种子	辽宁沈阳	22.10	130.20		194.00			7.70		微量	13.40	78.90			
OFPC	WHBG	种子	湖北武汉	19.00			196.90	微量	微量	15.20	0.30	7.90	27.20	49.40			
OFPC	KMIB	种子	陕西	24.80	128.00		193.00			16.00		5.30	14.20	64.50			
OFPC	NIB	种子	陕西武功	23.80	131.50	11.20	195.20			11.20		3.10	13.10	72.60			
OFPC	SCBG	种子	广东广州	25.40	123.70		190.20			14.20		7.40	22.40	56.00			

红瓜（老鸦菜）

Coccinia grandis (L.) Voigt

葫芦科，红瓜属

特征　攀缘草本。根粗壮；茎纤细，有棱角，多分枝，光滑无毛。叶柄细，有纵条纹；叶片阔心形，常有5个角或稀近5中裂，两面布有颗粒状小凸点；卷须纤细，不分歧，无毛。雌雄异株，雌花、雄花均单生；雄花花梗细弱，光滑无毛长2~4 cm；花萼筒宽钟形，长、宽均4~5 mm，裂片线状披针形；花冠白色或稍带黄色，5中裂，裂片卵形，外面无毛，内面有柔毛；雄蕊3枚，花丝及花药合生，花药近球形，药室折曲；雌花梗纤细，退化雄蕊3枚，长1~3 mm，近钻形，基部有短的长柔毛；子房纺锤形，花柱纤细，无毛，柱头3枚。果实纺锤形，熟时深红色。种子黄色，长圆形，两面密布小疣点，顶端圆。花、果期夏季。

分布　广东、广西、云南。常生于海拔100~1100 m的山坡灌丛及林中。非洲热带、亚洲以及马来西亚也有。

栽培　播种繁殖。

用途　种子可榨油；可作蔬菜食用。

含油率及化学组分数据

采集单位	测试单位	测试部位	产地	含油率(%)	碘值	酸值	皂化值	C12:0	C14:0	C16:0	C16:1	C18:0	C18:1	C18:2	C18:3	C20:0	C20:1
OFPC	SCBG	种子	海南保亭	26.20	84.40		212.30			24.90		12.10	23.20	39.80			

甜瓜（香瓜）

Cucumis melo L.

葫芦科，黄瓜属

特征　一年生匍匐或攀缘草本。茎和枝有棱；卷须纤细，单一，被微柔毛。叶柄长，具槽沟及短刚毛；叶片厚纸质，近圆形或肾形，边缘不分裂或3~7浅裂。花单性，雌雄同株。雄花数朵簇生叶腋；花梗纤细，长0.5~2 cm，被柔毛；花萼筒狭钟形，密被白色长柔毛，长6~8 mm，裂片钻形，直立或开展；花冠黄色，长2 cm，裂片卵状长圆形，急尖；雄蕊3枚，花丝短，药室折曲，药隔顶端引长；退化雌蕊长约1 mm；雌花单生，花梗粗糙，被柔毛；子房长椭圆形，密被长柔毛和长糙硬毛，花柱长1~2 mm，柱头靠合。果实长椭圆形或球形，有纵沟纹或斑纹，果肉黄色、白色或绿色，有香甜味。种子黄白色，卵形或长圆形，表面光滑。花、果期夏季。

分布　广西：龙胜县和平乡金江村，25°44′36″N，110°46′40″E，510 m，2012-11-19，廖云标4001101330。辽宁：锦州，41°07′31″N，121°09′50″E，2011-09-01，郑宝江等400341156。黑龙江：佳木斯市市郊大来镇，46°48′01″N，130°22′01″E，1 m，2011-08-25，卞勇、潘伟400351079。我国各地广泛栽培。世界温带至热带地区也广泛栽培。

栽培　播种繁殖。

用途　本种果实为盛夏的重要水果；全草药用，有祛炎败毒、催吐、除湿、退黄疸等功效。

含油率及化学组分数据

采集单位	测试单位	测试部位	产地	含油率(%)	碘值	酸值	皂化值	C12:0	C14:0	C16:0	C16:1	C18:0	C18:1	C18:2	C18:3	C20:0	C20:1
GXIB	SCBG	种仁	广西龙胜	35.17	118.50	4.45	184.33		0.10	13.64	0.24	1.56	42.50	37.09	1.22	0.54	0.38
ECNU	SCBG	种仁	辽宁锦州	19.46	15.37	6.15	264.95	0.06	7.66	0.91	1.98	47.55	34.16	3.03	0.12	0.50	
SBRI	SCBG	种仁	黑龙江佳木斯	11.04	20.51	9.99	210.66	0.02	0.08	11.45	0.05	2.53	6.19	78.44	0.39	0.51	0.33
OFPC	WHBG	种子	湖北襄阳	31.60	127.70		194.30		微量	11.30			23.10	65.60			
OFPC	NIB	种子	甘肃靖边	37.20	110.10		182.40		微量	8.10		5.40	23.40	58.90	4.10		
OFPC	NIB	种子	陕西武功	42.70	130.50		188.20		微量	12.10	1.10	10.50	21.30	52.40	0.80		
OFPC	IAE	种子	辽宁沈阳	31.30	131.60		189.50			12.20		4.50	14.90	68.40			

黄瓜
Cucumis sativus L.
葫芦科，黄瓜属

特征 一年生蔓生或攀缘草本。茎、枝有棱沟，被白色糙毛；卷须细，不分歧，具白色柔毛。叶柄有糙硬毛；叶片宽卵状心形，长、宽均7~20 cm，膜质，两面被糙硬毛，3~5个角或浅裂，裂片三角形，有齿，有时边缘有缘毛，先端急尖或渐尖，基部弯缺半圆形，宽2~3 cm，深2~3 cm。雌雄同株；雄花常数朵在叶腋簇生；花萼筒狭钟状或近圆筒状，密被白色长柔毛，花萼裂片钻形，与花萼筒近等长；花冠黄白色，花冠裂片长圆状披针形，急尖；雄蕊3枚，花丝近无，药隔伸出；雌花单生或稀簇生；子房纺锤形，有小刺状凸起。果实长圆形或圆柱形，熟时黄绿色。种子小，白色，狭卵形。花、果期夏季。

分布 湖南：保靖县水田河，28°30′50″N，109°38′28″E，378 m，2011-08-02，徐亮、陈雅40019101189。我国各地普遍栽培，且许多地区均有温室或塑料大棚栽培。现广泛种植于世界温带和热带地区。

栽培 播种繁殖。

用途 食用，可清热利水，解毒消肿，生津止渴，主治身热烦渴，咽喉肿痛，风热眼疾，湿热黄疸，小便不利等病症。

含油率及化学组分数据

采集单位	测试单位	测试部位	产地	含油率(%)	碘值	酸值	皂化值	C12:0	C14:0	C16:0	C16:1	C18:0	C18:1	C18:2	C18:3	C20:0	C20:1
JSU	SCBG	种仁	湖南保靖	24.21				0.43	0.72	9.48		3.02	23.71	51.87	9.48	0.57	
OFPC	IAE	种子	辽宁沈阳	34.10	120.80		195.10			12.50			10.30	7.040	微量		
OFPC	WHBG	种子	湖北武汉	34.60	122.20		192.40			15.30	1.30		17.30	58.20	微量		
OFPC	SCBG	种子	广东广州	31.00	120.20		193.00			14.00			18.50	63.00		微量	

南瓜
Cucurbita moschata Duchesne
葫芦科，黄瓜属

特征 一年生蔓生草本。茎常节部生根，密被白色短刚毛。叶柄长且粗，被短刚毛；叶片质稍柔软，宽卵形或卵圆形，有5角或5浅裂，侧裂片较小，中间裂片较大，三角形，上面密被黄白色刚毛和绒毛，常有白斑；卷须稍粗壮，被短刚毛，三至五歧。雌雄同株；雄花单生；花萼筒钟形，裂片条形，被柔毛；花冠黄色，钟状，5中裂，裂片边缘反卷，具皱折，先端急尖；雄蕊3枚，花丝腺体状，花药靠合，药室折曲；雌花单生；花柱短，柱头3枚，膨大，顶端2裂，子房1室。瓠果常有数条纵沟或无。种子多数，长卵形或长圆形，边缘薄，灰白色。花、果期4~11月。

分布 海南：五指山国家级自然保护区，18°54′49″N，109°41′17″E，700 m，2010-12-02，张荣京40017156。黑龙江：虎林团结大岭，46°48′55″N，130°22′08″E，1 m，2011-08-12，卞勇400351069。广西：临桂县四塘乡老骆家，23°58′18″N，110°19′25″E，178 m，2010-12-09，朱运喜4001101167。湖南：保靖县水田河乡中心村，28°30′49″N，109°38′29″E，389 m，2011-10-02，徐亮、钱凯歌40019101190。江西：资溪县马头山自然保护区，27°46′25″N，117°09′17″E，178 m，2011-10-19，凡强、景慧娟4001412008。安徽：泾县汀溪原始森林，30°34′27″N，118°37′27″E，173 m，2012-10-04，李星霖、刘巧霞、程志全4001171229。云南：禄劝县乌蒙乡，26°01′03″N，102°51′39″E，2311 m，2009-10-24，王智、谭英、隋学艺400221066。我国南北各地广泛种植。原产墨西哥至中美洲一带，世界各地普遍栽培。

栽培 播种繁殖。

用途 本种的果实作肴馔，亦可代粮食；种子含油可食用；全株各部可供药用。

含油率及化学组分数据

采集单位	测试单位	测试部位	产地	含油率(%)	碘值	酸值	皂化值	C12:0	C14:0	C16:0	C16:1	C18:0	C18:1	C18:2	C18:3	C20:0	C20:1
SCAU	SCBG	种仁	海南五指山	36.24	20.51	9.99	210.66	0.03	0.09	16.95	0.07	2.51	38.36	38.58	2.54	0.27	0.60
SBRI	SCBG	种仁	黑龙江虎林	34.01	14.32	9.35	157.62	0.02	0.23	22.71	0.21	3.48	0.28	71.42	0.80	0.54	0.31
GXIB	SCBG	种仁	广西临桂	39.14	122.16	40.43	200.78	0.01	0.05	4.12	0.05	1.88	7.39	24.45	0.19	60.25	0.16
JSU	SCBG	种仁	湖南保靖	26.10	39.34	70.07		1.28	2.12	9.31	1.08	2.33	11.37	29.32	38.31	0.17	0.20
SYSU	SCBG	种仁	江西资溪	11.82	41.82	16.24	177.56										
ZUAE	SCBG	种仁	安徽泾县	26.40	107.10	1.05	201.98	1.44	0.60	12.14	0.34	3.78	28.82	42.65	1.23	0.96	0.34
KMIB	KMIB	种仁	云南禄劝	42.30	116.50	0.27	192.00			27.52		7.66	16.36	47.71			
OFPC	IAE	种仁	辽宁凤城	39.40	116.50		195.20		0.30	16.60		5.70	13.40	64.00			
OFPC	WHBG	种子	湖北武汉	40.40	103.10		186.10		微量	13.70			36.70	41.20	1.70	1.20	
OFPC	SCBG	种子	广东广州	38.00	99.80		190.10		0.20	22.50		9.70	34.20	33.40			
OFPC	CIB	种子	四川泸定	23.50	109.90		199.60			11.20		5.10	13.20	70.50			

西葫芦
Cucurbita pepo L.
葫芦科，黄瓜属

特征　一年生蔓生草本。茎有棱沟，有短刚毛和半透明的糙毛。叶柄粗壮，被短刚毛，长6~9 cm；叶片质硬，挺立，三角形或卵状三角形，先端锐尖，边缘有不规则的锐齿，基部心形，弯缺半圆形，长0.5~1 cm，宽3~4 cm，上面深绿色，下面颜色较浅；卷须稍粗壮，具柔毛，分多歧。雌雄同株；雄花单生，花梗粗壮，有棱角，长3~6 cm，被黄褐色短刚毛；花萼筒有明显5角，花萼裂片线状披针形；花冠黄色，常向基部渐狭呈钟状，分裂至近中部，裂片直立或稍扩展，顶端锐尖，雄蕊3枚；花单生，子房卵形，1室。果梗粗壮，有明显的棱沟，果蒂变粗或稍扩大，但不成喇叭状；果实形状因品种而异。种子多数，卵形，白色，长约20 mm，边缘拱起而钝。花、果期5~11月。

分布　辽宁：锦州，41°07′31″N，121°09′50″E，2011-09-01，郑宝江等400341154。我国清代开始从欧洲引入，现各地均有栽培。世界各国普遍栽培。

栽培　播种繁殖。于春季进行。生长期保证水、肥充足，则生长旺盛。

用途　果实作蔬菜；种子可榨油，食用药用，具有清热利尿、除烦止渴、润肺止咳、消肿散结的功能。可用于辅助治疗水肿腹胀、烦渴、疮毒以及肾炎、肝硬化腹水等症。

含油率及化学组分数据

采集单位	测试单位	测试部位	产地	含油率(%)	碘值	酸值	皂化值	C12:0	C14:0	C16:0	C16:1	C18:0	C18:1	C18:2	C18:3	C20:0	C20:1
ECNU	SCBG	种仁	辽宁锦州	19.73	54.16	63.45	312.45	0.01	0.12	12.09	1.06	2.11	31.01	51.44	1.31	0.45	0.41
OFPC	CIB	种子	四川泸定	21.20			201.40			13.30		5.71	8.10	62.90			
OFPC	WHBG	种子	湖北武汉	38.90	90.70		187.40			14.30		3.60	57.40	24.70			

绞股蓝
Gynostemma pentaphyllum (Thunb.) Makino
葫芦科，绞股蓝属

特征　草质攀缘植物。茎细弱且分枝，具槽或纵棱。叶膜质或纸质，鸟足状，通常5~7小叶；小叶片卵状长圆形或披针形，中央小叶长3~12 cm，宽1.5~4 cm，侧生小叶小，先端急尖或短渐尖，基部渐狭，边缘具波状齿或圆齿状牙齿，上面深绿色，背面淡绿色；卷须纤细，二歧，稀单一，无毛或基部被短柔毛。花雌雄异株；雄花圆锥花序，花序轴纤细，多分枝；花萼筒极短，5裂，裂片三角形；花冠淡绿色或白色，5深裂，裂片卵状披针形；雄蕊5枚，花丝短，联合成柱；雌花圆锥花序远较雄花之短小，花萼及花冠似雄花；子房球形。果实球形，光滑，成熟后黑色，内含倒垂形种子2粒。种子卵状心形，灰褐色或深褐色。花期3~11月；果期4~12月。

分布　湖南：保靖县清水坪镇黄连树村，28°40′04″N，109°17′49″E，2011-11-15，张九兵、朱明德400181348。河南：郑州市碧沙岗公园，34°45′6″N，113°37′24″E，126 m，2012-09-13，王亚平400314193。云南：金平分水岭自然保护区，22°52′37″N，103°13′38″E，1795 m，2010-11-30，刘恩乾400222199。生于海拔300~3200 m的山谷密林中、山坡疏林、灌丛中或路旁草丛中。产于广东、广西、海南、湖南、江西、福建、台湾、浙江、江苏、安徽、山东、河南、四川、贵州、云南、陕西。分布于印度、尼泊尔、孟加拉国、斯里兰卡、缅甸、老挝、越南、马来西亚、印度尼西亚、新几内亚，北达朝鲜和日本。

栽培　播种繁殖。于春季进行。生长期保证水、肥充足，则生长旺盛。

用途　本种入药，有消炎解毒、止咳祛痰的功效。

含油率及化学组分数据

采集单位	测试单位	测试部位	产地	含油率(%)	碘值	酸值	皂化值	C12:0	C14:0	C16:0	C16:1	C18:0	C18:1	C18:2	C18:3	C20:0	C20:1
HUST	HUST	种仁	湖南保靖	24.15	28.05	22.56	78.51	0.06	0.32	17.77	0.47	6.94	23.30	46.67	3.87	0.30	0.30
HNAU	ICS	种子	河南郑州	9.81	98.59	61.76	170.38		0.07	6.12		2.56	16.16	67.75	2.58	0.30	0.29
KMIB	KMIB	种仁	云南金平	20.73	77.2	6.3	180.6										

马铜铃（雪胆）

Hemsleya graciliflora (rlarms) Cogn.

葫芦科，雪胆属

特征 多年生攀缘草本。茎和小枝纤细，疏被短柔毛，老枝平滑近无毛；卷须线形，疏被短柔毛，先端二歧。趾状复叶由5~9小叶组成，复叶柄长4~8 cm；小叶片卵状披针形，膜质。花雌雄异株；雄花疏散成聚伞总状花序或圆锥花序，花萼裂片5枚；花冠橙红色，裂片矩圆形；雄蕊5枚，花丝短，花药卵形，1室；雌花稀疏成总状花序；花序梗纤细；花萼、花冠同雄花，但花较大；子房筒状，疏被短柔毛，果时近无毛，花柱3枚，柱头2裂。果矩圆状椭圆形，单生，具纵棱9~10条。种子黑褐色，近圆形，稍扁平，具1.5~2 mm宽的木栓质翅，外有乳白色膜质边，上端宽3~4 mm，顶端浑圆或微凹，两侧较狭，基部中央微缺。花期7~9月；果期9~11月。

分布 湖南：桑植县天平山自然保护区，29°47′10″N，110°05′42″E，1405 m，2012-10-03，张九兵、唐波400181433。生于海拔1200~2100 m的杂木林下或林缘沟边。产于江西、湖北、四川。越南也有分布。

栽培 种子繁殖或块根繁殖。

用途 清热解毒，健胃止痛。

含油率及化学组分数据

采集单位	测试单位	测试部位	产地	含油率(%)	碘值	酸值	皂化值	C12:0	C14:0	C16:0	C16:1	C18:0	C18:1	C18:2	C18:3	C20:0	C20:1
HUST	HUST	种仁	湖南桑植	41.80	35.17	17.81	188.08			13.42				23.97	11.12		

油渣果（马瓞儿、油瓜）

Hodgsonia macrocarpa (Blume) Cogn.

葫芦科，油渣果属

特征 木质藤本。茎、枝粗壮，具纵棱及槽，无毛。叶片厚革质，3~5深裂、中裂、浅裂或有时不分裂，裂片卵状长圆形；叶柄粗壮，具纵条纹，无毛；卷须颇粗壮，二至五歧，光滑无毛。雌雄异株，雄花总状花序；苞片长圆状披针形，肉质；花萼筒狭管状，淡黄色，5裂，裂片三角状披针形；花冠辐射状，外面黄色，里面白色，5裂；雄蕊3枚，花药靠合，药室折曲；雌花单生，花梗粗壮，短；子房近球形，花柱长，柱头3枚，顶端2裂。果实扁球形，淡红褐色，有12条槽沟，具绒毛，有6粒大型种子。种子长圆形。花期、果期6~10月。

分布 广西：龙州县上降乡，22°01′10″N，106°49′24″E，317 m，2011-07-13，郭伦发、廖云标4001101194。云南：勐海南糯山上山公路，21°56′30″N，100°36′41″E，2012-01-01，邢福武、童毅、孟玉芳4001142050；勐腊县勐仑镇城子，21°55'29"N，101°15'14"E，650 m，2010-01-15，张国学400222114。常生于海拔300~1500 m的灌丛中及山坡路旁。产于广西、云南、西藏。

栽培 用播种、扦插或压蔓繁殖。

用途 本种种子富含油脂，可榨油食用。

含油率及化学组分数据

采集单位	测试单位	测试部位	产地	含油率(%)	碘值	酸值	皂化值	C12:0	C14:0	C16:0	C16:1	C18:0	C18:1	C18:2	C18:3	C20:0	C20:1
GXIB	SCBG	种仁	广西龙州	56.12	117.16	0.67	201.73	0.04	0.05	5.53	0.11	2.63	15.67	61.76	12.74	0.61	0.20
SCBG	SCBG	种仁	云南勐海	60.19	78.69	16.01	203.47	0.01	0.01	24.97	0.05	3.61	23.36	47.64	0.12	0.19	0.37
KMIB	KMIB	种仁	云南勐腊	25.12	85.00	1.10	196.20			0.10	33.90	0.10	6.44	11.44	47.19	0.08	0.51
OFPC	IB	种仁	西藏	60.60	91.80		198.60			33.00	0.40	6.90	15.10	43.90		0.60	
OFPC	SCBG	种仁	广东广州	60.10	92.40		196.70		微量	33.50		7.10	21.10	38.30		微量	
OFPC	KMIB	种仁	云南西双版纳	71.30	74.40		190.90			34.90		8.80	19.20	37.10			
OFPC	XTBG	种仁	云南西双版纳	64.60	91.80		196.40		0.30	44.40		11.10	16.10	28.10			

葫芦

Lagenaria siceraria (Molina) Standl.

葫芦科，葫芦属

特征　一年生攀缘草本。茎、枝具沟纹，被黏质长柔毛。叶柄纤细，被毛，顶端有2枚腺体；叶片卵状心形或肾状卵形，不分裂或3~5裂，具5~7掌状脉，先端锐尖，边缘有不规则的齿，基部心形，弯缺开张，半圆形或近圆形，两面均被微柔毛，叶背及脉上较密。雌雄同株，雌、雄花均单生；雄花花梗细，比叶柄稍长，花梗、花萼、花冠均被微柔毛；花萼筒漏斗状，长约2 cm，裂片披针形，长5 mm；花冠黄色，裂片皱波状，长3~4 cm，宽2~3 cm，先端微缺而顶端有小尖头，5脉，雄蕊3枚；雌花花梗比叶柄稍短或近等长，花萼和花冠似雄花，花萼筒长2~3 mm；子房中间缢细，密生粘质长柔毛，柱头3枚，膨大，2裂。果实初为绿色，后变白色至带黄色，由于长期栽培，果形变异很大，因不同品种或变种而异。种子白色，倒卵形或三角形，顶端截形或2齿裂，稀圆，长约20 mm。花期夏季；果期秋季。

分布　辽宁：锦州，41°07′32″N，121°09′50″E，2011-09-01，郑宝江等400341158。我国各地栽培。亦广泛栽培于世界热带至温带地区。

栽培　播种繁殖。

用途　幼嫩时可供菜食，成熟后外壳木质化，中空，可作各种容器、水瓢或儿童玩具；也可药用。

含油率及化学组分数据

采集单位	测试单位	测试部位	产地	含油率(%)	碘值	酸值	皂化值	C12:0	C14:0	C16:0	C16:1	C18:0	C18:1	C18:2	C18:3	C20:0	C20:1
ECNU	SCBG	种仁	辽宁锦州	17.21	114.93	8.45	192.09	0.02		7.97		2.22	4.01	85.56	0.20		
OFPC	SCBG	种子	广东广州	18.50	129.50		187.10		微量	19.40		5.10	8.40	67.10		微量	
OFPC	WHBG	种子	湖北武汉	25.40	127.70		191.10			17.40		4.20	10.00	68.40			

丝瓜

Luffa aegyptiaca Mill. [*Luffa cylindrica* (L.) M. Roem.]

葫芦科，丝瓜属

特征　一年生攀缘藤本。茎、枝粗糙，有棱沟，被微柔毛；卷须被短柔毛，通常二至四歧。叶柄粗糙，具不明显的沟；叶片三角形或近圆形，通常掌状5~7裂，裂片三角形。雌雄同株；雄花通常15~20朵花，生于总状花序上部；花萼筒宽钟形；花冠黄色，辐射状，裂片长圆形，里面基部密被黄白色长柔毛，外面具3~5条凸起的脉，脉上密被短柔毛；雄蕊通常5枚，稀3枚，基部有白色短柔毛；雌花单生；子房长圆柱状，有柔毛，柱头3枚，膨大。果实圆柱状，通常有深色纵条纹。种子多数，黑色，卵形，平滑，边缘狭翼状。花、果期夏、秋季。

分布　广西：龙胜县和平乡，25°44′14″N，110°45′25″E，450 m，2012-04-25，廖云标4001101286。湖南：保靖县水田河中心村，28°30′50″N，109°38′29″E，359 m，2011-09-23，徐亮、周建军40019101187。江西：鹰潭市贵溪县龙虎山自然保护区，28°06′10″N，117°01′23″E，58 m，2011-11-08，景慧娟、何诗4001413004。江苏：扬州市刘集镇西郊森林公园，32°25′39″N，119°14′29″E，69 m，2012-11-10，程志全、刘巧霞4001171246。安徽：滁州市皇甫山，32°22′06″N，118°02′45″E，58 m，2011-10-05，田怀珍、李星霖4001171163。云南：峨山县柏锦村后山，24°10′18″N，102°24′15″E，1552 m，2010-10-12，李忠荣400222111。河北：昌黎，39°12′17″N，119°09′37″E，9 m，2012-10-29，徐兴友、韩宝强400313118。辽宁：锦州，41°06′43″N，121°08′45″E，2011-09-01，郑宝江等400341157。我国各地普遍栽培，云南南部有野生。也广泛栽培于世界温带、热带

地区。

栽培 播种繁殖。

用途 果为夏季蔬菜，成熟时里面的网状纤维称丝瓜络，可代替海绵用作洗刷灶具及家具，还可供药用，有清凉、利尿、活血、通经、解毒之效。

含油率及化学组分数据

采集单位	测试单位	测试部位	产地	含油率(%)	碘值	酸值	皂化值	C12:0	C14:0	C16:0	C16:1	C18:0	C18:1	C18:2	C18:3	C20:0	C20:1
GXIB	SCBG	种仁	广西龙胜	34.12	148.00	0.32	200.99	0.02	0.10	18.49	0.16	4.83	35.16	14.83	0.12	3.04	0.38
JSU	SCBG	种仁	湖南保靖	23.47	62.11	20.14	200.36	6.52	4.38	11.13		2.59	25.07	46.49	0.73	0.28	0.28
SYSU	SCBG	种仁	江西鹰潭	29.47	81.65	3.25	241.85	0.01	0.05	13.14	0.09	2.14	13.46	68.46	0.89	1.31	0.43
ZUAE	SCBG	种仁	江苏扬州	32.58	132.09	4.17	208.38			1.98	0.23	0.67	79.73	16.12	0.17	0.05	0.15
ZUAE	SCBG	种仁	安徽滁州	16.40	113.33	1.08	203.69		0.09	4.81	0.41	1.43	15.15	22.24	32.32	0.93	6.39
KMIB	KMIB	种仁	云南峨山	24.14	109.20	1.80	176.50				17.78		9.65	20.73	51.84		
HNUST	ICS	种子	河北昌黎	20.56	100.99	11.68	215.16		0.18	14.59	0.08	8.07	16.26	58.63	0.42	0.42	
NEFU	SCBG	种子	辽宁锦州	20.14	102.99	3.39	187.99			18.03	0.23	9.58	71.74	0.41			
OFPC	IAE	种子	吉林长春	21.40	95.50		188.10			13.60		6.40	40.90	39.10			
OFPC	KMIB	种子	云南景洪	20.50			180.30			17.90		6.90	12.50	62.60			
OFPC	SCBG	种子	广东广州	21.70	97.60		193.40	微量	0.10	15.80		5.40	22.30	56.30			
OFPC	JSIB	种子	江苏南京	21.40	116.50		169.20	0.20		13.60		5.00	16.20	64.70			
OFPC	GXIB	种仁	广西桂林	45.40	95.10		193.00			15.30		8.20	15.80	60.70			
OFPC	WHBG	种仁	湖北武汉	47.20	91.80		197.50	微量	微量	17.60		8.20	35.50	38.70			

苦瓜（凉瓜）

Momordica charantia L.

葫芦科，苦瓜属

特征 一年生攀缘草本。茎、枝被柔毛，多分枝；卷须细且长，具微柔毛，不分歧。叶片轮廓卵状肾形或近圆形，膜质，5~7深裂，裂片卵状长圆形。雌雄同株；雄花单生叶腋；花梗纤细，被微柔毛，中部或下部具1苞片；苞片绿色，肾形或圆形，全缘，稍有缘毛，两面被疏柔毛；花萼裂片卵状披针形，被白色柔毛；花冠黄色，裂片倒卵形；雄蕊3枚，离生，药室2回折曲；雌花单生，花梗被微柔毛，基部常具1苞片；子房纺锤形，柱头3枚，膨大，2裂。果实纺锤形或圆柱形，多瘤皱，成熟后橙黄色。种子多数，长圆形，具红色假种皮，两端各具3小齿，两面有刻纹。花、果期5~10月。

分布 辽宁：锦州，41°06′44″N，121°08′45″E，2011-09-01，郑宝江等400341155。我国南北各地均普遍栽培。广泛栽培于世界热带至温带地区。

栽培 播种繁殖。

用途 本种果味甘苦，主作蔬菜，也可糖渍；成熟果肉和假种皮也可食用；根、藤及果实入药，有清热解毒的功效。

含油率及化学组分数据

采集单位	测试单位	测试部位	产地	含油率(%)	碘值	酸值	皂化值	C12:0	C14:0	C16:0	C16:1	C18:0	C18:1	C18:2	C18:3	C20:0	C20:1
ECNU	SCBG	种仁	辽宁锦州	20.73	36.18	0.72	191.03		0.08	6.43		3.34	4.93	83.06	0.85	0.18	0.16
OFPC	SCBG	种子	广东肇庆	35.40	192.60		192.80			1.60		34.90	3.00	5.70			

木鳖子

Momordica cochinchinensis (Lour.) Spreng.

葫芦科，苦瓜属

特征 粗壮藤本。具块状根。叶柄粗壮，长5~10 cm，在基部或中部有2~4个腺体；叶片卵状心形或宽卵状圆形，长、宽均10~20 cm，3~5中裂至深裂或不分裂，倒卵形或长圆状披针形，中间的裂片最大，倒卵形或长圆状披针形，长6~15 cm，宽3~9 cm，先端急尖或渐尖，边缘有波状小齿或稀近全缘，侧裂片较小，卵形或长圆状披针形，长3~11 cm，宽2~7 cm，基部心形，基部弯缺半圆形，深1.5~2 cm，宽2.5~3 cm；卷须颇粗壮，光滑，不分歧。雌雄异株；雄花单生于叶腋或3~4朵着生在极短的总状花序轴上，雄蕊3枚；雌花单生于叶腋，花梗近中部生苞片1枚；苞片兜状；子房卵状长圆形，密生刺状毛。果实卵球形，成熟时红色，具刺尖的凸起。种子卵形或方形，黑褐色。花期6~8月；果期8~10月。

分布 广西：隆安县灵芝洞，22°57′49″N，107°39′16″E，159 m，2011-11-21，廖云标、杨金财4001101254。湖南：龙山县他砂乡高桥，29°05′36″N，109°35′47″E，471 m，2011-11-18，徐亮、覃三立40019101218。安徽：霍山县佛子岭，31°12′54″N，116°26′45″E，2010-10-25，刘东明、王鹏40011300069。河南：信阳波尔登公园，31°52′21″N，114°5′10″E，145 m，2012-09-16，王亚平400314229。重庆：南川区三泉乡镇马咀小河场，29°10′29″N，107°56′06″E，760 m，2010-09-05，刘正宇等4000231156。云南：勐腊县勐仑镇城子，101°45′29″E，21°36′21″N，600 m，2010-10-12，张国学400222110。常生于海拔450~1100 m的山沟、林缘及路旁。产于广东、广西、湖南、江西、福建、台湾、江苏、安徽、四川、贵州、云南、西藏。中南半岛、印度半岛也有分布。

栽培 用种子和根头繁殖。

用途 种子、根和叶入药，有消肿、解毒、止痛之效。

含油率及化学组分数据

采集单位	测试单位	测试部位	产地	含油率(%)	碘值	酸值	皂化值	C12:0	C14:0	C16:0	C16:1	C18:0	C18:1	C18:2	C18:3	C20:0	C20:1
GXIB	SCBG	种仁	广西隆安	36.47	140.42	0.26	200.57	0.08	0.42	13.96	1.23	5.35	34.10	25.29	0.07	5.67	0.16
JSU	SCBG	种仁	湖南龙山	24.61					0.55	4.34	0.08	0.71	17.62	10.90	10.19	1.80	45.77
SCBG	SCBG	种仁	安徽霍山	21.45	18.54	13.87	184.73	0.03				1.80	11.25	40.64	21.33		
HNAU	ICS	种子	河南信阳	4.67		34.08	223.01	0.14	0.21	8.75		24.65	22.90	7.44		0.56	0.32
SWUN	SCBG	种仁	重庆南川	13.65					0.03	11.95	0.22	3.23	8.28	43.18	30.66	0.16	0.05
KMIB	KMIB	种仁	云南勐腊	38.87	117.10	2.10	190.60				1.85		32.74	4.83	8.65		
OFPC	IB	种仁	广西	22.50	164.60		193.40			3.20	0.30	21.70	14.10	13.60			
OFPC	SCBG	种子	广东高要	51.50	193.70		193.40			4.10		25.40	22.60	18.90			

裂瓜

Schizopepon bryoniifolius Maxim.

葫芦科，裂瓜属

特征 一年生攀缘草本。卷须丝状，中部以上二歧，无毛。叶柄细，有时被短柔毛，长4~13 cm；叶片卵状圆形或阔卵状心形，膜质，长6~10 cm，宽5~9 cm，边缘有3~7个角或不规则波状浅裂，具稀疏的不等大的小锯齿，叶片先端渐尖，基部弯缺半圆形，掌状5~7脉，两面光滑或具疣状凸起，有稀疏的短柔毛。花极小，两性，单生或3~5朵聚生于短缩的花序轴上端，形成总状花序；花萼裂片披针形，全缘，有稀疏的缘毛，1脉，亮绿色，长1.5 mm；花冠辐射状，白色，裂片长椭圆形，全缘，膜质，3脉，被微柔毛，长约2 mm，宽0.8~1 mm；雄蕊3枚，花丝线形，花药长圆状椭圆形，长约0.5 mm，外向；子房卵形，3室，花柱短，柱头3枚。果实阔卵形，顶端锐尖，长10~15 mm，成熟后由顶端向基部3瓣裂，有1~3粒种子。种子卵形，压扁状，顶端截形，边缘有不规则的齿。花、果期夏秋季。

分布 黑龙江：帽儿山，45°24′34″N，127°39′42″E，380 m，2010-10-02，张迪、刘平400341069。生于海拔500~1500 m的山沟林下或水沟旁。产于河北、吉林、辽宁、黑龙江。朝鲜、日本以及俄罗斯远东地区也有分布。

栽培 播种繁殖。

用途 种子可榨油。

含油率及化学组分数据

采集单位	测试单位	测试部位	产地	含油率(%)	碘值	酸值	皂化值	C12:0	C14:0	C16:0	C16:1	C18:0	C18:1	C18:2	C18:3	C20:0	C20:1
ECNU	SCBG	种仁	黑龙江帽儿山	36.67	55.03	6.97	136.05										

刺果瓜

Sicyos angulatus L.

葫芦科，野胡瓜属

特征　一年生藤本。茎上具有棱槽，并散生硬毛。叶片下面沿叶柄具柔毛，叶柄长约5 cm；叶为单叶，互生，近圆形，具掌状脉，边缘具锯齿和3~5浅裂片，裂片顶端急尖，长和宽约8 cm。雌雄同株，雄花和雌花通常生于同一具毛的花梗上；萼片绿色，具5牙齿，被毛；花冠白色，具绿条纹；雄花组成圆锥花序或总状花序；雌花生于紧凑的聚伞花序，球形，具8~20朵花。果实长卵圆形，具有白色的尖刺，长1.1~1.7 cm，每果具1粒种子。种子棕色，扁平。花、果期6~10月。

分布　辽宁：丹东，40°07′44″N，124°20′19″E，2012-10-01，郑宝江等400341177。分布于东亚以及美国、加拿大、墨西哥和加勒比海。

栽培　播种繁殖。

用途　种子可榨油。

含油率及化学组分数据

采集单位	测试单位	测试部位	产地	含油率(%)	碘值	酸值	皂化值	C12:0	C14:0	C16:0	C16:1	C18:0	C18:1	C18:2	C18:3	C20:0	C20:1
ECNU	SCBG	种仁	辽宁丹东	20.43	38.47	9.18	150.11	0.01	0.13	12.81	0.06	2.58	5.91	51.42	25.65	0.96	0.47

老鼠拉冬瓜（茅瓜）

Solena heterophylla Lour.

葫芦科，茅瓜属

特征　攀缘草本。叶柄纤细，长0.5~1 cm，初时被淡黄色短柔毛，后渐脱落；叶片薄革质，变异极大，卵形、长圆形、卵状三角形或戟形等，不分裂或3~5浅裂至深裂，裂片长圆状披针形、披针形或三角形，长8~12 cm，宽1~5 cm，先端钝或渐尖，上面深绿色，稍粗糙；脉上有微柔毛，背面灰绿色，叶脉凸起。雌雄异株；雄花呈伞房状花序状，10~20朵生于花序梗顶端，花极小；花梗纤细，长2~8 mm；花萼筒钟状，基部圆，长5 mm，径3 mm，外面无毛，裂片近钻形，长0.2~0.3 mm；花冠黄色，外面被短柔毛；雄蕊3枚，分离，着生在花萼筒基部，花丝纤细，长约3 mm，花药近圆形，长1.3 mm，药室弧状弓曲，具毛；雌花单生于叶腋，花梗长5~10 mm，被微柔毛；子房卵形，长2.5~3.5 mm，径2~3 mm，无毛或疏被黄褐色柔毛，柱头3枚。果实红褐色，长圆状或近球形，长2~6 cm，表面近平滑。种子数粒，灰白色，近圆球形或倒卵形，长5~7 mm。花期5~8月；果期8~11月。

分布　广西：凭祥县大青山林场，22°06′38″N，116°48′36″E，2012-01-14，刘东明、潘雅书、王美娜4001122290。常生于海拔600~2600 m的山坡路旁、林下、杂木林中或灌丛中。产于广东、广西、江西、福建、台湾、四川、贵州、云南、西藏。越南、印度、印度尼西亚（爪哇）也有分布。

栽培　喜光、喜温暖、湿润环境。喜肥沃深厚土壤。

用途　块根药用，能清热解毒、消肿散结。

含油率及化学组分数据

采集单位	测试单位	测试部位	产地	含油率(%)	碘值	酸值	皂化值	C12:0	C14:0	C16:0	C16:1	C18:0	C18:1	C18:2	C18:3	C20:0	C20:1
SCBG	SCBG	种仁	广西凭祥	51.86	111.13	9.00	208.01	0.03	0.02	5.20		2.83	32.88	55.49		0.26	3.30

川赤爮
Thladiantha davidii Franch.

葫芦科，赤爮属

特征 攀缘草本。茎、枝光滑无毛，有纵向的深棱沟。叶柄无毛；叶片卵状心形，膜质，先端渐尖，边缘有胼胝质的细齿，基部弯缺圆形，上面深绿色，密生白色短刚毛，刚毛断落后成疣状凸起，粗糙，下面淡绿色，光滑无毛，基部的1对叶脉沿弯缺向外展开；卷须稍粗壮，二歧，光滑无毛。雌雄异株；雄花10~20朵花密集生于花序轴的顶端成伞形总状花序或头状总状花序；花冠黄色，裂片卵形，内面和边缘被腺质微柔毛，5脉，雄蕊5枚；雌花单生或2~3朵生于总梗顶端；花萼筒锥状，裂片披针状长圆形；花冠黄色，裂片长圆形，5脉；子房狭长圆形，花柱联合部分粗壮，长约3 mm，上端3裂，分裂部分长约1 mm，柱头2裂，膨大成肾形。果梗无棱沟，平滑，圆柱形；果实长圆形，基部和顶端钝圆。种子黄白色，卵形，扁平，表面光滑。花、果期夏、秋季。

分布 四川：雅安宝兴蜂桶寨邓池沟，30°32′08″N，102°57′05″E，2018 m，2011-09-27，李志强、刘小波等40021111020。生于海拔1100~2100 m的路旁、沟边及灌丛中。产于四川、贵州。

栽培 喜光、喜温暖湿润环境。喜肥沃、深厚的土壤。播种繁殖。

用途 果实和根可入药。

含油率及化学组分数据

采集单位	测试单位	测试部位	产地	含油率(%)	碘值	酸值	皂化值	C12:0	C14:0	C16:0	C16:1	C18:0	C18:1	C18:2	C18:3	C20:0	C20:1
SICAU	SICAU	种仁	四川雅安	26.70	15.49	72.74	151.33			12.70		8.74	18.09	60.47			

赤爮
Thladiantha dubia Bunge

葫芦科，赤爮属

特征 草质藤本。根块状；茎稍粗且有棱沟。叶片宽卵状心形，边缘浅波状；卷须纤细，被长柔毛。雌雄异株；雄花单生或聚生于短枝呈假总状花序；花萼筒极短，近辐射状；花冠黄色，裂片长圆形，上部向外反折，具5条明显的脉，外面被短柔毛，内面有极短的疣状腺点；雄蕊5枚，着生于花萼筒簷部，其中1枚分离，其余4枚两两稍靠合，花丝极短，有短柔毛，花药卵形；退化子房半球形；雌花单生，花梗细；花萼和花冠雌雄花；退化雌蕊5枚，棒状；子房长圆形。果实卵状长圆形，表面橙黄色或红棕色，具10条明显的纵纹。种子卵形，黑色，光滑。花期6~8月；果期8~10月。

分布 河南：商城县大别山，34°45′09″N，115°32′05″E，507 m，2011-10-10，杨大伟、陈明400314077；内乡，33°29′1″N，111°53′15″E，665 m，2012-10-27，王亚平400314327。陕西：眉县营头，34°03′08″N，107°25′20″E，1128 m，2009-08-23，薛帅400321043。常生于海拔300~1800 m的山坡、河谷及林缘湿处。产于山东、甘肃、宁夏、陕西、山西、河北、辽宁、吉林、黑龙江。朝鲜、日本以及欧洲有栽培。

栽培 播种繁殖。

用途 果实和根可入药。

含油率及化学组分数据

采集单位	测试单位	测试部位	产地	含油率(%)	碘值	酸值	皂化值	C12:0	C14:0	C16:0	C16:1	C18:0	C18:1	C18:2	C18:3	C20:0	C20:1
HNAU	ICS	种子	河南商城	16.94	64.52	27.85	167.25		0.08	19.83	0.76	5.96	31.21	29.75	0.58	0.27	0.16
HNAU	ICS	种子	河南内乡	4.76	63.66	31.04	163.83	0.08	0.34	21.00	0.31	7.31	31.38	15.63	0.80	0.55	0.19
CAU	ICS	种子	陕西眉县	32.50	70.76	5.87	186.36	0.03	0.25	20.64	0.19	13.89	50.25	13.14	0.30	1.20	0.12

球果赤瓟

Thladiantha globicarpa A. M. Lu et Zhi Y. Zhang

葫芦科，赤瓟属

特征 攀缘草质藤本。茎、枝细弱，有浅沟纹。叶柄纤细，叶片膜质，卵状心形；卷须纤细，单一，近无毛。雌雄异株；雄花在叶腋内单生或3~5朵聚生于总花序梗顶端，呈总状花序，每朵花基部具1枚宽卵形或近折扇形的苞片；苞片边缘锐裂，长和宽均1~2 cm；花萼筒钟形，裂片线形；花冠黄色，裂片卵形；雄蕊5枚，生于萼筒的檐部，两两成对，1枚分离，花丝丝状，花药椭圆形；退化雌蕊半球形；雌花单生于叶腋；花梗丝状有微柔毛，花萼裂片线形；花冠黄色，裂片长1.8 cm，宽0.6~0.8 cm，3脉，退化雄蕊5枚，丝状；子房近球形或卵球形，外密被淡黄色毛。果梗细，无毛；果实卵球形或球形，外被淡黄色毛。种子宽三角状卵形，淡黄白色，两面有网纹。花、果期夏、秋季。

分布 湖南：吉首市德夯，28°20′22″N，109°36′07″E，274 m，2010-10-08，徐亮、周建军400191152。生于海拔200~1200 m的山坡林下、沟谷灌丛及水沟旁。产于广东、广西、湖南、贵州。

栽培 播种繁殖。

用途 果实和根可入药。

含油率及化学组分数据

采集单位	测试单位	测试部位	产地	含油率(%)	碘值	酸值	皂化值	C12:0	C14:0	C16:0	C16:1	C18:0	C18:1	C18:2	C18:3	C20:0	C20:1
JSU	SCBG	种仁	湖南吉首	26.51	118.28	61.04	209.76		0.03	10.22	0.20	62.06	26.73	0.18	0.58		

南赤瓟

Thladiantha nudiflora Hemsl.

葫芦科，赤瓟属

特征 攀缘藤本。根块状；全体密生柔毛状硬毛。茎有较深的棱沟。叶柄长且粗，叶片质稍硬，卵状心形或近圆心形；卷须稍粗壮，密被硬毛，下部有明显的沟纹，上部二歧。雌雄异株；雄花为总状花序，多数花集生于花序轴上部；花序轴纤细，密生短柔毛；花萼密生淡黄色长柔毛，筒部宽钟形，裂片卵状披针形；花冠黄色，裂片卵状长圆形；雄蕊5枚，着生在花萼筒的檐部；雌花单生，花梗细，有长柔毛；花萼和花冠同雄花，但较之大；子房狭长圆形；退化雄蕊5枚，棒状。果实长圆形。种子卵形或宽卵形，表面有明显的网纹，两面稍拱起。春、夏季开花；秋季果成熟。

分布 海南：三亚田独甘什岭，18°15′29″N，109°31′23″E，2010-11-5，刘东明、梁光兄、王鹏400112246。湖南：沅陵县借母溪乡，28°46′31″N，110°27′23″E，2011-10-22，张九兵、朱明德400181322；龙山县八面山，28°31′34″N，109°08′45″E，890 m，2010-09-23，徐亮、钱凯歌400191127。安徽：宁国县板桥自然保护区，30°31′24″N，118°38′07″E，300 m，2012-10-02，李星霖、刘巧霞、程志全400171223。河南：信阳鸡公山，31°51′20″N，114°05′26″E，408 m，2012-09-18，王亚平400314253。常生于海拔900~1700 m的沟边、林缘或山坡灌丛中。产于秦岭及长江中下游以南各地区。越南也有分布。

栽培 播种繁殖。

用途 作观果、观叶地被，或作垂直绿化材料；药用清热解毒，消食化滞。

含油率及化学组分数据

采集单位	测试单位	测试部位	产地	含油率(%)	碘值	酸值	皂化值	C12:0	C14:0	C16:0	C16:1	C18:0	C18:1	C18:2	C18:3	C20:0	C20:1
SCBG	SCBG	种仁	海南三亚	20.54		13.39	174.29	0.09	0.02	12.11		7.06	51.00		1.99	0.28	0.14
HUST	HUST	种仁	湖南沅陵	39.47	77.27	9.10	576.16	0.01	0.05	7.79	0.10	4.20	10.77	33.14	42.98	0.27	0.71
JSU	SCBG	种仁	湖南龙山	38.17					0.05	15.00	0.34	0.49	12.26	25.37	0.06	0.14	0.31
ZUAE	SCBG	种仁	安徽宁国	41.59	126.02	0.40	202.54		0.10	5.73	0.27	2.80	19.51	67.54	1.37	0.62	0.29
HNAU	ICS	种子	河南信阳	5.90	100.27	28.21	230.31	0.08	0.33	14.82	0.24	6.75	42.42	18.13	0.69	0.66	0.25
OFPC	SCBG	种子	广东乳源	24.70	143.90		192.90		微量	9.80		5.10	22.10	63.00			

王瓜

Trichosanthes cucumeroides (Ser.) Maxim.

葫芦科，栝楼属

特征 多年生攀缘藤本。茎多分枝，具纵棱及槽，被短柔毛。叶片纸质，阔卵形或圆形，常3~5浅裂至深裂，或有时不分裂；叶柄具纵条纹，密被短绒毛；卷须二歧，被短柔毛。花雌雄异株；雄花组成总状花序，或1单花与之并生；总花梗具纵条纹，被短绒毛；小苞片线状披针形，被短柔毛；花萼筒喇叭形，长6~7 cm，基部径约2 mm，顶端径约7 mm，被短绒毛，裂片线状披针形，渐尖，全缘，花冠白色，裂片长圆状卵形，具极长的丝状流苏；退化雌蕊刚毛状；雌花单生，花萼及花冠与雄花相同，子房长圆形，密被短柔毛。果实卵圆形、卵状椭圆形或球形，成熟时橙红色，平滑。种子横长圆形，深褐色，表面具瘤状凸起。花期5~8月；果期8~11月。

分布 湖南：桑植县五道水汪家坪，29°41′06″N，109°49′35″E，2011-10-11，张九兵400181280；龙山县八面山，28°31′41″N，109°08′48″E，1297 m，2010-09-13，徐亮、廖深克400191123。湖北：神农架六尺沟，31°27′03″N，110°07′18″E，1543 m，2010-10-22，丁时东、危文亮等400151068。四川：成都彭州白鹭，31°11′27″N，103°55′34″E，1193 m，2011-10-24，邓星光、吴阳晨等40021111107；邛崃市天台镇，30°15′52″N，103°08′47″E，849 m，2012-11-08，刘晓波、宫庆彬等40021112112。云南：文山州麻栗坡县麻栗坡镇，23°07′52″N，104°42′46″E，2011-10-14，曾庆文、陈树钢、杨国400114250。生于海拔600~1700 m的山谷密林中或山坡疏林中或灌丛中。产于海南、广东、广西、湖南，江西、台湾、浙江、四川、西藏。日本也有分布。

栽培 播种繁殖。

用途 具有清热、生津、化瘀、通乳之功效。

含油率及化学组分数据

采集单位	测试单位	测试部位	产地	含油率(%)	碘值	酸值	皂化值	C12:0	C14:0	C16:0	C16:1	C18:0	C18:1	C18:2	C18:3	C20:0	C20:1
HUST	HUST	种仁	湖南桑植	46.14	14.67	15.47	520.60	1.07	0.08	46.20	0.19	1.76	10.53	20.30	19.33	0.28	0.27
JSU	SCBG	种仁	湖南龙山	40.16	138.09	61.63	128.62	0.17	71.27	5.52	0.17	0.92	7.00	11.93	0.74	0.34	0.79
OCRI	SCBG	种仁	湖北神农架	46.12	72.15	10.54	349.37		0.55	6.86	0.57		29.40		0.94	0.16	0.36
SICAU	SICAU	种仁	四川成都	28.18	83.71	35.51	163.50			7.34		8.17	17.40	67.09			
SICAU	SICAU	种仁	四川邛崃	34.20	124.82	24.92	211.54			37.17		4.13	6.23	44.67			
SCBG	SCBG	种仁	云南文山	23.64	36.48	12.58	200.14										

海南栝楼

Trichosanthes cucumeroides var. **hainanensis** (Hayata) S. K. Chen

葫芦科，栝楼属

特征 多年生攀缘藤本。茎细弱，多分枝，具纵棱及槽。叶片纸质，轮廓阔卵形或圆形，常3~5浅裂至深裂，或有时不分裂，裂片三角形、卵形至倒卵状椭圆形；叶柄具纵条纹，密被短绒毛及稀疏短刚毛状硬毛；卷须二歧，被短柔毛。花雌雄异株；雄花组成总状花序，或一单花与之并生；小苞片线状披针形，全缘，被短柔毛，稀无小苞片；花萼筒喇叭形；花冠白色，裂片长圆状卵形，具极长的丝状流苏；雌花单生，花萼及花冠与雄花相同。果实卵圆形、卵状椭圆形或球形，成熟时橙红色，平滑，两端圆钝，具喙。种子为三角状卵形，两侧室狭小，径约2.5 mm，中央环带宽而下延。花期5~8月；果期8~11月。

分布 海南：陵水县本号镇吊罗山南喜林场，18°44′04″N，109°50′13″E，2009-11-21，秦新生400116170；昌江县霸王岭东干线，19°13′21″N，109°00′41″E，2011-12-01，秦新生4001161226。产于广东、广西。

栽培 播种繁殖。

用途 具有清热、生津、化瘀功效。

含油率及化学组分数据

采集单位	测试单位	测试部位	产地	含油率(%)	碘值	酸值	皂化值	C12:0	C14:0	C16:0	C16:1	C18:0	C18:1	C18:2	C18:3	C20:0	C20:1
SCAU	SCBG	种仁	海南陵水	40.38	14.32	9.35	157.62		0.14	19.53	0.39	9.09	17.45	45.76	5.95	1.61	0.06
SCAU	SCBG	种仁	海南昌江	40.22	222.86	15.64	201.78		0.10	2.81	5.03		43.97	4.71	0.12	3.04	0.61

裂苞栝楼(长方子栝楼)

Trichosanthes fissibracteata C. Y. Wu ex C. Y. Cheng et C. H. Yueh

葫芦科，栝楼属

特征 攀缘草本。茎仅节上被短柔毛，具纵棱沟。叶片膜质至薄叶纸，圆心形或阔卵状心形，不裂或不规则的2~3浅至中裂，稀5中裂，裂片阔三角状卵形，先端渐尖，边缘近全缘或具疏离的小尖头状细齿，叶基深心形，上面绿色，干时黑褐色，幼时被短硬毛，后为小糙点，背面淡绿色，具小颗粒状凸起，近基部具大而圆盘状腺体；叶柄无毛，具纵条纹；卷须无毛，二至三歧。雌雄异株；雄花总状花序长9~20 cm；总梗无毛或仅上部被极短的短绒毛，具纵条纹，顶端具花2~5朵；苞片卵状兜形，外面被短绒毛；萼筒长约3.5 cm，被短绒毛，萼齿披针形，全缘或具齿；花冠绿白色；雌花未见。果实近球形，绿色，具瘤状凸起。种子长方形，褐色，种脐端平截或钝圆，另端凹入，边缘平直。花期8~9月；果期11月。

分布 广西：靖西县南坡乡底定保护区，23°06′39″N，105°58′02″E，812 m，2010-11-13，吴磊、黄俞淞、朱运喜4001101124。生于海拔1100~1500 m的山谷密林中或山坡灌丛中。产于广西、云南。

栽培 播种繁殖。

用途 种子可榨油。

含油率及化学组分数据

采集单位	测试单位	测试部位	产地	含油率(%)	碘值	酸值	皂化值	C12:0	C14:0	C16:0	C16:1	C18:0	C18:1	C18:2	C18:3	C20:0	C20:1
GXIB	SCBG	种仁	广西靖西	29.27	80.11	34.48	195.84	0.01	0.03	9.64		8.17	16.82	62.00	0.12	2.57	0.64
OFPC	GXIB	种仁	广西金秀	61.30			186.40	1.40	微量	11.80		8.70	20.30	55.80			

栝楼

Trichosanthes kirilowii Maxim.

葫芦科，栝楼属

特征 攀缘藤本。茎粗且分枝多，具纵棱槽，被白色柔毛。叶片纸质，轮廓近圆形；叶柄具纵条纹，被长柔毛；卷须三至七歧，被柔毛。花雌雄异株；雄总状花序单生，或与一单花并生，或在枝条上部者单生，总状花序长10~20 cm，粗壮，具纵棱与槽，顶端有5~8花，单花花梗长约15 cm；小苞片倒卵形或阔卵形，被短柔毛；花萼筒筒状，被短柔毛，裂片披针形；花冠白色，裂片倒卵形，顶端中部有1绿色尖头，两侧具丝状流苏，被柔毛；雌花单生；花萼筒圆筒形，裂片和花冠同雄花。果实椭圆形或圆形，成熟时黄褐色或橙黄色；种子卵状椭圆形，淡黄褐色。花期5~8月；果期8~10月。

分布 广东：始兴县罗坝乡车八岭松树坑，24°43′27″N，114°17′03″E，2012-11-27，刘东明、王鹏、叶心芬、王琳400113188。江西：安福县武功山，27°23′05″N，114°17′34″E，215 m，2010-10-22，凡强、李朋远400146002。湖南：湘潭县响水乡，27°54′51″N，112°54′38″E，76 m，2009-11-13，严岳鸿、黄玉滢400181128；古丈县高林乡高望界，28°51′46″N，109°15′18″E，1184 m，2010-11-05，徐亮、周建军、钱凯歌400191155。浙江：古田山，29°15′01″N，118°06′45″E，850 m，2010-10-18，马炜梁、李宏庆、桂萍4001171087。安徽：霍山县城关乡，31°17′13″N，116°14′49″E，2010-10-25，刘东明、王鹏40011300070；泾县汀溪原始森林，30°34′27″N，118°37′27″E，173 m，2012-10-04，李星霖、刘巧霞、程志全4001171228。湖北：神农架林区阳日水库，31°35′45″N，110°29′14″E，2009-09-28，李晓东、陈永峰40012180；神农架阳日水库，31°43′59″N，110°50′33″E，668 m，2009-09-28，李晓东400121103；保康县宫山林场麻坑分场，31°42′53″N，111°11′24″E，1164 m，2009-09-04，丁时东、危文亮400151010。四川：崇州街子，30°43′11″N，103°31′46″E，2010-09-15，崔龙、李志强40021110021；邛崃市天台镇，30°16′46″N，103°08′50″E，846 m，2012-11-08，刘晓波、宫庆彬40021112111。贵州：铜仁市梵净山保护区，27°25′52″N，106°45′29″E，2011-11-17，孟玉芳、宋贤利、王喆旻400114169。云南：金平分水岭自然保护区，22°51′42″N，103°13′25″E，1932 m，2010-10-20，刘恩乾400221408。生于海拔200~1800 m的山坡林下、灌丛中、草地和村旁田边。产于江西、浙江、江苏、山东、河南、四川、贵州、云南、甘肃、陕西、山西、河北、辽宁。朝鲜、日本、越南、老挝也有分布。

栽培 播种繁殖或分根繁殖。

用途 根有清热生津、解毒消肿的功效，其根中蛋白称天花粉蛋白，有引产作用，是良好的避孕药；果实、种子和果皮有清热化痰、润肺止咳、滑肠的功效。

含油率及化学组分数据

采集单位	测试单位	测试部位	产地	含油率(%)	碘值	酸值	皂化值	C12:0	C14:0	C16:0	C16:1	C18:0	C18:1	C18:2	C18:3	C20:0	C20:1
SCBG	SCBG	种仁	广东始兴	63.47	10.96	0.40	139.02	0.02	0.12	7.28	0.66	1.39	81.35	8.99	48.65		0.27
SYSU	SCBG	种仁	江西安福	21.85				0.02	0.02	0.32	0.16	1.46	90.59	6.39	0.05	0.53	0.46
HUST	HUST	种仁	湖南湘潭	13.10	30.51	15.56	162.27	0.01	0.04	8.53	0.30	3.03	14.42	72.33	1.18	0.06	0.10
JSU	SCBG	种仁	湖南古丈	48.21	32.01	18.25	202.37		0.07	6.97	0.09	3.32	23.98	42.77	14.84	1.46	0.09
ZUAE	SCBG	种仁	浙江古田山	57.98	99.10	1.22	217.50	0.01	0.02	9.75	0.08	4.10	37.98	46.68		0.87	0.51
SCBG	SCBG	种仁	安徽霍山	39.60	101.82	10.90		0.10	0.02	12.04	3.73	1.36	43.97	59.56	0.48	0.49	8.04
ZUAE	SCBG	种仁	安徽泾县	42.23	186.24	1.95	200.97		0.12	12.91	0.55	3.50	17.09	59.94	1.16	0.60	0.30
WHBG	WHBG	种仁	湖北神农架	43.98					0.06	5.26		2.02	14.86	54.64	17.30	1.08	0.31
WHBG	WHBG	种仁	湖北神农架	20.58					0.04	7.57	0.20	3.31	15.74	71.22	0.79	0.38	0.15
OCRI	SCBG	种仁	湖北保康	34.63	117.30	22.49	120.09	0.02	0.39	29.15	0.48	3.32	21.21	18.44	4.78	0.45	0.02
SICAU	SICAU	种仁	四川崇州	29.44	78.30	6.30	162.90			9.41		7.15	16.29	66.56			
SICAU	SICAU	种仁	四川邛崃	56.14	89.24	1.05	195.26			7.07		23.52	33.96	35.45			
SCBG	SCBG	种仁	贵州铜仁	0.55	108.57	1.61	197.93	0.03	0.06	7.12	0.05	25.99	66.23	0.09	0.43		
KMIB	KMIB	种仁	云南金平	16.12	144.30		189.50				4.70	3.40		21.25	29.45	6.14	9.15
OFPC	WHBG	种仁	湖北武汉	51.00	144.30		189.50			5.80		5.00	17.60	71.60			

长萼栝楼

Trichosanthes laceribractea Hayata

葫芦科，栝楼属

特征 攀缘草本。茎具纵棱及槽。单叶互生，叶片纸质，轮廓近圆形或阔卵形，常3~7浅至深裂，裂片三角形、卵形或菱状倒卵形，先端渐尖，基部收缩，边缘具波状齿或再浅裂，最外侧裂片耳状，上表面深绿色，密被短刚毛状刺毛，后变为鳞片状白色糙点，背面淡绿色；叶柄具纵条纹；卷须二至三歧。花雌雄异株；雄花总状花序腋生；总梗长且粗，被毛或疏被短刚毛，具纵棱及槽；小苞片阔卵形；花萼筒狭线形，顶端扩大，裂片卵形；花冠白色，裂片倒卵形，边缘具纤细长流苏；雌花单生，花梗基部具一线状披针形的苞片，边缘具齿裂；花萼筒圆柱状，萼齿线形；花冠同雄花。果实球形至卵状球形，成熟时橙黄色至橙红色，平滑。种子长方形或长方状椭圆形，灰褐色。花期7~8月；果期9~10月。

分布 重庆：南川区三泉镇三泉木关岩，29°50′08″N，107°07′37″E，545 m，2009-11-23，刘正宇等400231131。生于海拔200~1020 m的山谷密林中或山坡路旁。产于广东、广西、江西、台湾、湖北、四川。

栽培 播种繁殖。

用途 根、果实和种子供药用。

含油率及化学组分数据

采集单位	测试单位	测试部位	产地	含油率(%)	碘值	酸值	皂化值	C12:0	C14:0	C16:0	C16:1	C18:0	C18:1	C18:2	C18:3	C20:0	C20:1
SWUN	SCBG	种仁	重庆南川	46.15	78.60	2.42	387.53	0.02	0.11	7.33	0.11	1.92	18.49	67.91	0.66	0.40	0.24

全缘栝楼

Trichosanthes pilosa Lour.

葫芦科，栝楼属

特征 草本。茎细，被短柔毛，具纵棱及槽。叶纸质，卵状心形至近圆心形，不分裂或具3齿裂或3~5中裂至深裂，先端渐尖，基部深心形，凹入2~3 cm，边缘具疏细齿或波状齿，中间裂片卵形、长圆形或倒卵状长圆形，长10~13 cm，宽4~7 cm，侧裂片较小，两侧不等，上面深绿色，被短柔毛及疏短硬毛，背面淡绿色，密被短绒毛；叶柄具纵条纹，密被短柔毛；卷须二至三歧，被短柔毛。花雌雄异株；雄花组成总状花序，或有单花与之并生，花梗直立，密被短柔毛；小苞片披针形或倒披针形；萼筒狭长，顶端扩大，被短柔毛，萼齿三角状卵形；花冠白色，裂片狭长圆形，具长的丝状流苏；雌花单生，花梗具纵条纹，密被短柔毛；萼筒圆柱形，萼齿及花冠同雄花。果实卵圆形或纺锤状椭圆形。种子轮廓三角形，淡黄褐色或深褐色。花期5~9月；果期9~12月。

分布 广西：靖西县南坡乡底定保护区，23°06′45″N，105°58′26″E，884 m，2010-11-16，吴磊、黄俞淞、朱运喜4001101129；临桂县南边山乡大桥边，24°58′45″N，110°20′11″E，2009-12-02，吴望辉、黄俞淞、农东新4001101053。云南：金平县金河乡，22°53′49"N，103°13′35"E，1626 m，2010-11-14，王智、杨珺、谭英400221286。生于海拔700~2500 m的山谷丛林中、山坡疏林或灌丛中或林缘。产于广东、广西、贵州、云南等地。越南、泰国至印度尼西亚、苏门答腊，日本也有分布。

栽培 喜光，喜温暖环境。喜腐殖质丰富的土壤。

用途 根、果实供药用。

含油率及化学组分数据

采集单位	测试单位	测试部位	产地	含油率(%)	碘值	酸值	皂化值	C12:0	C14:0	C16:0	C16:1	C18:0	C18:1	C18:2	C18:3	C20:0	C20:1
GXIB	SCBG	种仁	广西靖西	40.87	146.14	11.47	163.46	0.12	0.29	6.57	0.15	3.69	15.35	29.86	0.02	40.03	0.12
GXIB	SCBG	种仁	广西临桂	24.60	107.36	1.75	174.11	0.40	0.69	29.12		13.64	21.64	8.40	2.37		
KMIB	KMIB	种仁	云南金平	20.00	123.10	4.60	183.10		0.06	4.32	3.52	4.35	37.68		0.29		
OFPC	SCBG	种子	广东高要	27.20	194.70		192.00	微量	微量	6.30		4.80	10.00	41.80			
OFPC	GXIB	种仁	广西兴安	60.20				微量	微量	10.70		10.10	16.30	37.20			

趾叶栝楼

Trichosanthes pedata Merr. et Chun

葫芦科，栝楼属

特征 草质藤本。茎细且具纵棱及槽。指状复叶具小叶3~5片；叶柄长具纵条纹；小叶片膜质或近纸质，中央小叶常为披针形或长圆状倒披针形，长9~12 cm，宽2.5~3.5 cm，两端渐尖，边缘具疏离细齿，外侧2片近于菱形或不等侧的卵形，上面幼时被短硬毛，后变为白色圆糙点，背面淡绿色；卷须长而细弱，具条纹，二歧。雄总状花序长；总花梗及花梗被褐色短柔毛，具纵槽纹，中部以上有花8~20朵；苞片倒卵形或菱状卵形，被短柔毛；花萼筒狭漏斗形，裂片披针形；花冠白色，裂片倒卵形，先端具流苏；雌花单生；萼筒圆柱形，萼齿和花冠同雄花。果实球形，橙黄色，光滑无毛。种子卵形，灰褐色。花期6~8月；果期7~12月。

分布 海南：昌江县霸王岭东干线，19°13′21″N，109°00′41″E，2011-12-01，秦新生4001161258。生于海拔200~1500 m的山谷疏林中、灌丛或路旁草地中。产于广东、广西、湖南、江西、云南。越南也有分布。

栽培 播种繁殖。春季为适期。

用途 根、果实供药用。

含油率及化学组分数据

采集单位	测试单位	测试部位	产地	含油率(%)	碘值	酸值	皂化值	C12:0	C14:0	C16:0	C16:1	C18:0	C18:1	C18:2	C18:3	C20:0	C20:1
SCAU	SCBG	种仁	海南昌江	34.06	157.77	10.86	179.15		0.26	11.32	25.92	18.23	7.40	20.30	24.86		0.43
OFPC	GXIB	种仁	广西兴安	56.20				微量	微量	18.10		9.90	12.40	58.60			

五角栝楼

Trichosanthes quinquangulata A. Gray

葫芦科，栝楼属

特征 攀缘草本。茎具纵槽及棱，有浅色斑点。单叶互生，叶片膜质，轮廓五角形或宽卵形，5浅裂至中裂，裂片阔三角形或卵状三角形，先端尾状渐尖，边缘具疏离的骨质小齿，叶基心形，两侧耳垂重叠，弯缺深2~4 cm，上面深绿色，粗糙，密具糙点，仅沿脉被短柔毛，背面淡绿色，无毛，乳凸状凸起，基出掌状脉5条；叶柄长5~11 cm，具纵条纹及浅色糙点；卷须四至五歧，无毛，具纵条纹。花雌雄异株；雄总状花序稍粗壮，具纵棱及槽，上部有8~10花；花萼筒狭漏斗形，裂片线状披针；花冠白色，裂片倒卵状三角形，顶端凹入并突然收缩成一短尖头，具长而细的流苏；雌花未见。果实球形，成熟时红色；果柄具纵槽及棱。种子多数，三角状卵形，褐色，种脐端三角形。花期7~10月；果期10~12月。

分布 云南：盈江县昔马乡勐来河电站，24°47′02″N，97°40′28″E，1500 m，2011-10-27，杨珺、赵大克、谭英400221315。生于海拔580~850 m的山坡林中或路旁。产于台湾、云南。

栽培 播种繁殖。

用途 种子可榨油；果实药用。

含油率及化学组分数据

采集单位	测试单位	测试部位	产地	含油率(%)	碘值	酸值	皂化值	C12:0	C14:0	C16:0	C16:1	C18:0	C18:1	C18:2	C18:3	C20:0	C20:1
KMIB	KMIB	种仁	云南盈江	30.10	81.80		30.10			13.90		5.20	15.70	65.20			

中华栝楼
Trichosanthes rosthornii Harms
葫芦科，栝楼属

特征 攀缘藤本。块根条状，具横瘤状凸起。茎具纵棱及槽，疏被短柔毛，有时具鳞片状白色斑点。叶片纸质，轮廓阔卵形至近圆形，通常5深裂，几达基部，裂片线状披针形、披针形至倒披针形，先端渐尖，边缘具短尖头状细齿，或偶尔具1~2粗齿，叶基心形，弯缺深1~2 cm；叶柄具纵条纹，疏被微柔毛；卷须二至三歧。花雌雄异株；雄花或单生，或总状花序，或两者并生；总花梗顶端具5~10花；小苞片菱状倒卵形；花萼筒狭喇叭形，被短柔毛，裂片线形；花冠白色，裂片倒卵形，被短柔毛，顶端具丝状长流苏；花药长圆形；雌花单生；花萼筒圆筒形，被微柔毛，裂片和花冠同雄花；子房椭圆形。果实球形或椭圆形，光滑无毛，成熟时橙黄色。种子卵状椭圆形，褐色。花期6~8月；果期8~10月。

分布 广西：兴安县猫儿山，25°18′12″N，110°19′27″E，2009-12-22，吴望辉、农东新、吴磊4001101095。湖南：会同县堡子镇，26°17′40″N，109°38′20″E，300 m，2010-12-10，张兵、谷志容400181273。重庆：南川区鱼泉乡山王坪白果林场，29°39′17″N，107°12′27″E，1354 m，2009-11-04，刘正宇等400231110。生于海拔400~1850 m的山谷密林中、山坡灌丛中及草丛中。产于江西、湖北、四川、贵州、云南、甘肃、陕西。

栽培 播种繁殖。

用途 清热生津，润肺化痰，消肿排浓。

含油率及化学组分数据

采集单位	测试单位	测试部位	产地	含油率(%)	碘值	酸值	皂化值	C12:0	C14:0	C16:0	C16:1	C18:0	C18:1	C18:2	C18:3	C20:0	C20:1
GXIB	SCBG	种仁	广西兴安	43.48	52.39	3.81	158.84		0.10	4.72	0.19	1.88	24.58	48.83	15.48	0.35	0.69
HUST	HUST	种仁	湖南会同	46.12	27.43	14.97	160.40		0.07	19.64	4.68	2.93	26.44	45.05	0.98	0.02	0.19
SWUN	SCBG	种仁	重庆南川	51.70	60.38	3.88	200.56		0.07	14.85	9.15	3.23	35.35	26.86	9.77	0.22	0.47

红花栝楼
Trichosanthes rubriflos Thorel ex Cayla
葫芦科，栝楼属

特征 草质攀缘藤本。茎粗，分枝多，被柔毛，具纵棱及槽。叶片纸质，阔卵形或近圆形，3~7掌状深裂，裂片阔卵形、长圆形或披针形，中央裂片长10~16 cm，宽3~6 cm，侧生裂片稍短，先端渐尖，叶基阔心形，弯缺深2~3 cm，宽3~4 cm，上表面深绿色，被短刚毛，后渐无毛，而具圆糙点，背面淡绿色，被短柔毛，基出掌状脉5~7条，；叶柄粗且长，具纵棱槽，被短柔毛及刚毛；卷须三至五歧，疏被微柔毛。花雌雄异株；雄总状花序粗且长，具纵棱及槽，被微柔毛；苞片阔卵形或倒卵状菱形，深红色；花梗直立，花萼筒红色，顶端扩大，被短柔毛，裂片线状披针形；花冠粉红色至红色，裂片倒卵形，边缘具流苏；雌花单生，花萼筒筒状，裂片和花冠同雄花。果实阔卵形或球形，成熟时红色。种子长圆状椭圆形，黄褐色。花期5~11月；果期8~12月。

分布 广西：武鸣县两江镇大明山铜矿，22°29′13″N，106°56′22″E，173 m，2010-11-24，吴磊、朱运喜4001101151。云南：富宁县里达乡，23°26′38"N，105°24′24"E，1408 m，2010-11-07，王智、杨珺、谭英400221234。生于海拔150~1540 m的山谷密林中、山坡疏林及灌丛中。产于广东、广西、贵州、云南、西藏等地。印度、缅甸、泰国和中南半岛以及印度尼西亚也有分布。

栽培 播种繁殖。

用途 清肺化痰，解毒散结。

含油率及化学组分数据

采集单位	测试单位	测试部位	产地	含油率(%)	碘值	酸值	皂化值	C12:0	C14:0	C16:0	C16:1	C18:0	C18:1	C18:2	C18:3	C20:0	C20:1
GXIB	SCBG	种仁	广西武鸣	31.48	82.67	6.47	197.85	0.03	0.04	13.28	0.10	9.27	12.76	63.55	0.12	0.30	0.55
KMIB	KMIB	种仁	云南富宁	33.00	88.10	7.20	183.00			7.35		3.92	12.70	34.68	0.14		

三尖栝楼

Trichosanthes tricuspidata Lour.

葫芦科，栝楼属

特征 攀缘藤本。茎粗壮，具纵棱及槽，多分枝，无毛。叶片薄革质，阔卵状心形，3浅裂，裂片卵状三角形，凹入2~2.5 cm，上面深绿色，幼时被短硬毛，后变为圆形糙点，背面淡绿色，具颗粒状凸起，基出掌状脉5~7条；叶柄具纵条纹，具浅色圆点；卷须三歧，具纵条纹，无毛。花雌雄异株；雄花总状花序长12~15 cm；总花梗粗壮，具纵棱及槽；总苞片长圆状披针形；花梗短，小苞片倒卵状椭圆形；花萼筒狭漏斗形，外面被短柔毛，内面密被长柔毛状硬毛，裂片狭披针形，边缘具几个短齿；花冠淡黄白色，裂片扇形，被短柔毛，先端具短尖头，尖头两侧具条状流苏。果实椭圆形或圆形，长7~10.5 cm。种子压扁。花期5月；果期8月。

分布 广西：靖西县邦亮自然保护区，23°08′59″N，106°19′16″E，2009-08-14，吴望辉、许为斌、黄俞淞4001101040。四川：攀枝花市大黑山，26°40′01″N，101°42′36″E，1840 m，2012-10-18，刘晓波、宫庆彬40021112087。云南：孟连县勐马镇腊福村，22°08'42"N，99°24'58"E，1549 m，2009-01-18，张国学400222011。生于海拔900 m的山坡灌丛中。产于我国西南。斯里兰卡、印度、尼泊尔、孟加拉国、缅甸、泰国和中南半岛以及马来西亚、印度尼西亚也有分布。

栽培 播种繁殖。

用途 种子可榨油。

含油率及化学组分数据

采集单位	测试单位	测试部位	产地	含油率(%)	碘值	酸值	皂化值	C12:0	C14:0	C16:0	C16:1	C18:0	C18:1	C18:2	C18:3	C20:0	C20:1
GXIB	SCBG	种仁	广西靖西	31.90	54.85	48.44	194.46		0.33	12.69		8.70	11.89	65.95	0.12	0.31	0.31
SICAU	SICAU	种仁	四川攀枝花	17.68	141.35	62.37		3.37		4.08			12.25	80.30			
KMIB	KMIB	种子	云南孟连	22.28	128.60	112.70	179.60				6.18		4.36	9.66	41.48		
OFPC	XTBG	种子	云南勐腊	19.30						11.90		6.50	9.70	47.50	0.90		

截叶栝楼(截叶瓜蒌)

Trichosanthes truncata C. B. Clarke

葫芦科，栝楼属

特征 攀缘草质藤本。块根大，纺锤形或长条形。茎具纵棱及槽，有淡黄褐色皮孔。叶片革质，卵形、狭卵形或宽卵形，不分裂或3浅裂至深裂，先端渐尖，边缘具波状齿或短尖头状细齿，叶基截形，若分裂，裂片三角形、卵形或倒卵状披针形，上面深绿色，背面淡绿色；叶柄具纵棱及槽；卷须二至三歧，具纵条纹。花雌雄异株；雄花组成总状花序；总花梗长，具纵条纹，中部以上有15~20花；苞片革质，近圆形或长圆形；萼筒狭漏斗状裂片线状披针形；花冠白色，裂片扇形，先端具长达1 cm的流苏；雌花单生，萼筒圆筒状，被短柔毛，裂片较雄花短；花冠同雄花。果实椭圆形，光滑，橙黄色。种子多数，卵形或长圆状椭圆形，浅棕色或黄褐色。花期4~5月；果期7~8月。

分布 广西：那坡县百省乡弄苗屯，23°13′16″N，106°03′52″E，973 m，2010-11-20，吴磊、黄俞淞、朱运喜4001101143；隆安县龙虎山自然保护区，22°57′54″N，107°38′19″E，170 m，2011-08-29，杨金财、吴磊4001101285。云南：文山州富宁县，23°35′06″N，105°35′41″E，1205 m，2010-10-08，王智、杨珺、谭英400221195。生于海拔300~1600 m的山地密林中或山坡灌丛中。产于广东、广西、云南。印度、孟加拉国也有分布。

栽培 播种繁殖。

用途 种子可榨油。

含油率及化学组分数据

采集单位	测试单位	测试部位	产地	含油率(%)	碘值	酸值	皂化值	C12:0	C14:0	C16:0	C16:1	C18:0	C18:1	C18:2	C18:3	C20:0	C20:1
GXIB	SCBG	种仁	广西那坡	56.17	90.09	5.45	58.14		0.14	5.30	0.50	1.70	39.73	41.72	0.39	0.16	0.32
GXIB	SCBG	种仁	广西隆安	43.19	109.85	5.45	166.61	0.01	0.04	7.85	0.63	1.66	10.75	75.40	0.42	0.36	0.17
KMIB	KMIB	种仁	云南文山	57.57	135.30	1.30	172.40			5.67		3.99	10.43	35.77			

紫薇（痒痒树、紫金花）

Lagerstroemia indica L.

千屈菜科，紫薇属

特征 落叶灌木或小乔木，高可达7 m。树皮平滑，灰色或灰褐色。小枝纤细，具4棱，略成翅状。叶互生，少对生，纸质，椭圆形、阔矩圆形或倒卵形，长2.5~7 cm，宽1.5~4 cm，顶端短尖或钝形，有时微凹，基部阔楔形或近圆形，无毛或下面沿中脉有微柔毛；侧脉3~7对；近无柄。花淡红色或紫色、白色，直径3~4 cm，常组成7~20 cm的顶生圆锥花序；花梗长3~15 mm；花萼长7~10 mm，两面无毛，外面平滑无棱，鲜时萼筒有微凸起短棱，裂片6枚，三角形，直立，无附属体；花瓣6枚，皱缩，长12~20 mm，具长爪。蒴果椭圆状球形或阔椭圆形，长1~1.3 cm，幼时绿色至黄色，成熟时或干燥时呈紫黑色。种子有翅，长约8 mm。花期6~9月；果期9~12月。

分布 河北：石家庄，38°10′20″N，114°40′20″E，33 m，2011-10-14，徐兴友、韩宝强400313116。湖北：神农架林区松柏镇八角庙，31°45′12″N，110°36′44″E，1071 m，2012-08-31，危文亮、赵永国等400151195。陕西：华阴市华山，34°31′53″N，110°5′35″E，413 m，2010-10-14，薛帅、王继师400323069。四川：西昌市西效乡，27°51′24″N，102°15′55″E，1000 m，2009-09-30，王凯、樊云川40021109032。河南：郑州人民公园，34°45′40″N，113°39′29″E，109 m，2012-09-07，王亚平400314185。产于广东、广西、湖南、江西、福建、浙江、上海、江苏、安徽、山东、河南、湖北、四川、贵州、云南、陕西、河北、吉林均有生长或栽培。原产亚洲，现广植于热带地区。

栽培 半阴生，喜生于肥沃湿润的土壤，也耐旱，不论钙质土或酸性土都生长良好。播种繁殖。

用途 种子可榨油。是观花、观干、观根的盆景良材；根、皮、叶、花皆可入药。

含油率及化学组分数据

采集单位	测试单位	测试部位	产地	含油率(%)	碘值	酸值	皂化值	C12:0	C14:0	C16:0	C16:1	C18:0	C18:1	C18:2	C18:3	C20:0	C20:1
HNUST	ICS	种子	河北石家庄	11.06	127.23	10.11	226.28		0.87	5.74		1.26	5.35	82.91	0.45	0.37	0.15
OCRI	SCBG	种仁	湖北神农架	19.36	13.52	63.45	181.25	0.02	0.04	11.91		1.53	45.52	36.56	9.90	0.96	0.65
CAU	ICS	种子	陕西华阴	25.42	81.74	6.76	195.99			6.47		1.69	7.53	81.06	0.52	0.49	0.28
SCU	SCU	种仁	四川西昌	3.98													
HNAU	ICS	种子	河南郑州	9.69	183.74	9.03	78.29			6.47	0.06	1.37	6.16	78.76	0.38	0.40	

子楝树

Decaspermum gracilentum (Hance) Merr. et L. M. Perry

桃金娘科，子楝树属

特征 灌木至小乔木。嫩枝被灰褐色或灰色柔毛，纤细，有钝棱。叶片纸质或薄革质，椭圆形，有时为长圆形或披针形，长4~9cm，宽2~3.5 cm，先端急锐尖或渐尖，基部楔形，初时两面有柔毛，以后变无毛，上面干后变黑色，有光泽，下面黄绿色，有细小腺点；侧脉10~13对，不很明显，有时隐约可见；叶柄长4~6mm。聚伞花序腋生，长约2 cm，有时为短小的圆锥状花序；总梗有紧贴柔毛；小苞片细小，锥状；花梗长3~8mm，被毛；花白，3数；萼管被灰毛，萼片卵形，长1mm，先端圆，有睫毛；花瓣倒卵形，长2~2.5mm，外面有微毛；雄蕊比花瓣略短。浆果直径约4mm，有柔毛，有种子3~5粒。花期3~5月；果期6~8月。

分布 海南：琼中县黎母山乡黎母山，19°06′59″N，109°05′32″E，2009-07-30，秦新生400116119。生于海拔160~1540 m的密林下，常见于低海拔至中海拔的森林中。产于台湾、海南、广东、广西等地。分布于越南。

栽培 播种繁殖。

用途 药用具祛风除湿、杀虫止痒、清热止痢之功效。

含油率及化学组分数据

采集单位	测试单位	测试部位	产地	含油率(%)	碘值	酸值	皂化值	C12:0	C14:0	C16:0	C16:1	C18:0	C18:1	C18:2	C18:3	C20:0	C20:1
SCAU	SCBG	种仁	海南琼中	20.60	32.18	6.48	172.64	0.51	0.61	7.28	0.21	1.73	21.75	55.93	2.65	0.96	0.70

直杆蓝桉

Eucalyptus globulus subsp. **maidenii** (F. Muell.) J. B. Kirkp. [*Eucalyptus maidenii* F. Muell.]

桃金娘科，桉属

特征 大乔木。树皮光滑，灰蓝色，逐年脱落，基部有宿存树皮。嫩枝圆形有棱。幼态叶多对，对生，叶片卵形至圆形，长4~12 cm，宽4~12 cm，基部心形，无柄或抱茎，灰色；成熟叶片披针形，长20 cm，宽2.5 cm，革质，稍弯曲，两面多黑腺点；叶柄长1~1.5 cm。伞形花序有花3~7朵；总梗压扁或有棱，长1~1.5 cm，花梗长约2 mm；花蕾椭圆形，长1.2 cm，宽8 mm，两端尖；萼管倒圆锥形，长6 mm，有棱。蒴果钟形或倒圆锥形，长8~10 mm，宽10~12 mm，果瓣3~5，先端突出萼管外。花期4~5月；果期7~8月。

分布 云南：昆明植物研究所老加工厂，25°08'03"N，102°44'40"E，1940 m，2011-08-04，刘恩乾400222229。云南、四川栽种。原产地在澳大利亚东南部沿海的山地。

栽培 不适于低海拔及高温地区，能耐零下低温，生长迅速。

用途 叶含油量0.92%，制作白树油，供药用，有健胃、止神经痛、治风湿、扭伤等效；也作杀虫剂及消毒剂，有杀菌作用。木材用途广泛，但略扭曲，抗腐力强，尤适于造船及码头用材。花是蜜源植物。

含油率及化学组分数据

采集单位	测试单位	测试部位	产地	含油率(%)	碘值	酸值	皂化值	C12:0	C14:0	C16:0	C16:1	C18:0	C18:1	C18:2	C18:3	C20:0	C20:1
KMIB	KMIB	种仁	云南昆明	24.52													

黑嘴蒲桃

Syzygium bullockii (Hance) Merr. et L. M. Perry

桃金娘科，蒲桃属

特征 灌木至小乔木，高达5 m。嫩枝稍压扁，干后灰白色。叶片革质，椭圆形至卵状长圆形，长4~12 cm，宽2.5~5.5 cm，先端渐尖，尖头钝，基部圆形或微心形，干后上面暗褐色，发亮，下面稍浅；侧脉多数，离边缘1~2 mm处相结合成边脉，脉间相隔1~2 mm；叶柄极，近无柄。圆锥花序顶生，长2~4 cm，多分枝，多花；总梗长不及1 cm；花梗长1~2 mm，花小；萼管倒圆锥形，长约4 mm，萼齿波状；花瓣连成帽状体；花丝分离，长4~6 mm；花柱与雄蕊等长。果实椭圆形，长约1 cm，宽8 mm。花期3~8月；果期5~10月。

分布 海南：文昌县龙楼镇铜鼓岭，19°40′32″N，111°01′44″E，2009-08-01，邢福武、戴建阅、翟俊文、郑希龙40011112；三亚甘什岭，18°23′03″N，109°40′58″E，2012-03-21，张荣京40017225。喜生于平地次生林中。产于广东西部以及海南、广西西部。分布于越南。

栽培 播种繁殖。

用途 株形美观，枝繁叶茂，可植于道路两旁或作绿篱。

含油率及化学组分数据

采集单位	测试单位	测试部位	产地	含油率(%)	碘值	酸值	皂化值	C12:0	C14:0	C16:0	C16:1	C18:0	C18:1	C18:2	C18:3	C20:0	C20:1
SCBG	SCBG	种仁	海南文昌	25.19	132.02	20.78	240.63	0.05	0.17	29.70	3.60	2.87	32.01	29.64	1.28	0.57	0.12
SCBG	SCBG	种仁	海南三亚	26.72	9.04	3.91	210.96	0.07		2.80		2.22	20.83	53.62	48.89	10.86	0.73

赤楠（假黄杨）

Syzygium buxifolium Hook. et Arn.

桃金娘科，蒲桃属

特征 灌木或小乔木。嫩枝有棱，干后黑褐色。叶片革质，阔椭圆形至椭圆形，有时阔倒卵形，长1.5~3 cm，宽1~2 cm，先端圆或钝，有时有钝尖头，基部阔楔形或钝，上面干后暗褐色，无光泽，下面稍浅色，有腺点；侧脉多而密，脉间相隔1~1.5 mm，斜行向上，离边缘1~1.5 mm处结合成边脉，在上面不明显，在下面稍凸起；叶柄长2 mm。聚伞花序顶生，长约1 cm，有花数朵；花梗长1~2 mm；花蕾长3 mm；萼管倒圆锥形，长约2 mm，萼齿浅波状；花瓣4枚，分离，长2 mm；雄蕊长2.5 mm；花柱与雄蕊等长。果实球形，直径5~7 mm。花期6~8月；果期10~12月。

分布 广西：靖西县武平乡安本村，23°17′00″N，106°31′59″E，885 m，2010-11-21，吴磊、黄俞淞、朱运喜4001101145；桂林市雁山镇桂林植物园，25°05′06″N，110°18′45″E，2009-12-07，吴望辉、许为斌、黄俞淞4001101072。湖南：沅陵县溪乡，28°46′28″N，110°27′12″E，2011-10-22，张九兵、朱明德400181325；永顺县回龙，28°53'45″N，110°14'27″E，414 m，2010-11-26，徐亮、张代贵，400191166。江西：玉山县三清山，28°53'31″N，118°03'41″E，764 m，2009-10-25，廖文波等400141182。福建：南平武夷山市洋庄乡大安源，27°52'37″N，117°52'10″E，430 m，2012-11-10，刘东明、童毅4001122106。浙江：鄞县天童山，29°48'21″N，121°47'07″E，337 m，2009-11-04，田怀珍、王双4001171026。生于低山疏林或灌丛。产于广东、广西、湖南、江西、福建、台湾、浙江、安徽、贵州等地。

栽培 喜肥沃、湿润、排水良好之壤土。播种繁殖。于春季进行。主根深，须根少，不易移栽。每年早春适当修剪整形。

用途 枝叶浓密，终年不凋，适于大型盆栽、花槽、绿篱、地被，庭园、校园或公园列植、群植美化皆佳。

含油率及化学组分数据

采集单位	测试单位	测试部位	产地	含油率(%)	碘值	酸值	皂化值	C12:0	C14:0	C16:0	C16:1	C18:0	C18:1	C18:2	C18:3	C20:0	C20:1
GXIB	GXIB	种仁	广西靖西	16.47	111.90	1.82	199.67	0.18	0.73	12.66	0.96	1.87	21.48	51.70	1.51	0.41	0.18
GXIB	SCBG	种仁	广西桂林	20.00	126.50	0.71	199.78	0.06	0.26	7.12	0.12	2.71	18.75	63.04	1.42	0.42	0.18
HUST	HUST	种仁	湖南沅陵	4.50	20.16	5.62	170.98	0.03	0.05	3.30	0.07	0.75	67.50	27.40	0.25	0.04	0.34
JSU	JSU	种仁	湖南永顺	13.41				0.06	0.33	33.67	0.15	6.15	26.22	17.45	1.24	0.32	0.12
SYSU	SYSU	种仁	江西玉山	0.70	79.05	1.42	178.80		0.25	6.34		3.22	34.15	28.10	0.77	0.40	
SCBG	SCBG	种仁	福建南平	26.15	122.82	7.42	169.18	0.01	0.25	1.80	56.58	1.73	32.76	5.67	1.11	0.03	0.05
ECNU	ECNU	种仁	浙江鄞县	40.00	12.94	4.36	168.56		0.12	6.42	0.50	1.57		44.55	2.07	0.42	0.37

子凌蒲桃

Syzygium championii (Benth.) Merr. et L. M. Perry

桃金娘科，蒲桃属

特征 灌木至乔木。嫩枝有4棱，干后灰白色。叶片革质，狭长圆形至椭圆形，长3~6 cm，宽1~2 cm，偶有长9 cm，宽3 cm，先端急尖，有尖头，基部阔楔形，上面干后灰绿色，下面同色；侧脉多而密，近于水平斜出，脉间相隔1 mm，边脉贴近边缘；叶柄长2~3 mm。聚伞花序顶生，有时腋生，有花6~10朵，长约2 cm；花蕾棒状，长1 cm，下部狭窄；花梗极短；萼管棒状，长8~10 mm，萼齿4，浅波形；花瓣合生成帽状；雄蕊长3~4 mm；花柱与雄蕊同长。果实长椭圆形，长12 mm，红色，干后有浅直沟。种子1~2粒。花期8~11月；果期9~12月。

分布 广东：惠东白盆珠，23°02′57″N，114°57′20″E，2009-08-26，林铎清、戴建阅40011190。生于中海拔的常绿林里。产于广东及其沿海岛屿以及广西等地。分布于越南。

栽培 播种繁殖。

用途 枝叶茂密，树形美观，为优良的乡土树种和园林绿化树种之一。

含油率及化学组分数据

采集单位	测试单位	测试部位	产地	含油率(%)	碘值	酸值	皂化值	C12:0	C14:0	C16:0	C16:1	C18:0	C18:1	C18:2	C18:3	C20:0	C20:1
SCBG	SCBG	果实	广东惠东	20.41	90.22	121.67	350.53	0.02	0.03	3.02	0.35	0.94	29.44	64.44	1.11	0.23	0.41

乌墨（乌楣、海南蒲桃）

Syzygium cumini (L.) Skeels

桃金娘科，蒲桃属

特征 乔木，高15 m。嫩枝圆形，干后灰白色。叶片革质，阔椭圆形至狭椭圆形，长6~12 cm，宽3.5~7 cm，先端圆或钝，有短尖头，基部阔楔形，稀为圆形，上面干后褐绿色或为黑褐色，略发亮，下面稍浅色，两面多细小腺点；侧脉多而密；叶柄长1~2 cm。圆锥花序腋生或生于花枝上，偶有顶生，长可达11 cm；有短花梗，花白色，3~5朵簇生；萼管倒圆锥形，长4 mm，萼齿很不明显；花瓣4枚，卵形略圆，长2.5 mm。果实卵圆形或壶形，长1~2 cm，上部有长1~1.5 mm的宿存萼筒。种子1粒。花期2~3月；果期6~9月。

分布 海南：陵水县本号镇吊罗山南喜，18°44′04″N，109°50′13″E，500 m，2010-09-26，秦新生4001161158。常见于平地次生林及荒地上。产于台湾、福建、广东、广西、云南等地。分布于中南半岛以及马来西亚、印度、印度尼西亚、澳大利亚等地。

栽培 易于繁殖、栽培。播种繁殖。

用途 果皮多汁味甜可食。树干通直，枝叶茂密，树形美观，为优良的乡土树种。树质优良，园林绿化树种之一。

含油率及化学组分数据

采集单位	测试单位	测试部位	产地	含油率(%)	碘值	酸值	皂化值	C12:0	C14:0	C16:0	C16:1	C18:0	C18:1	C18:2	C18:3	C20:0	C20:1
SCAU	SCBG	种仁	海南陵水	24.23													

柏拉木（黄金梢、山甜娘、崩疮药）

Blastus cochinchinensis Lour.

野牡丹科，柏拉木属

特征 灌木，高0.6~3 m。茎圆柱形；枝近无毛，幼枝有腺盾状黄褐色小鳞片。叶片纸质或近坚纸质，对生，披针形至狭椭圆状披针形，顶端渐尖，基部楔形，长6~15 cm，宽2~4 cm，边缘有时呈不明显的浅波状，基出脉3(~5)，叶面被疏小腺点，以后脱落，基出脉下凹；侧脉微凸，背面密被小腺点；叶柄长1~2 cm，被小腺点。花两性，1~4朵簇生于叶腋，排成聚伞花序；总梗近无，花梗长约3 mm，密被小腺点；花萼钟状漏斗形，长约4 mm，密被小腺点，钝四棱形，裂片4(~5)，广卵形，长约1 mm，具小尖头；花瓣4枚，白色至粉红色，卵形，顶端渐尖或近急尖，长约4 mm。蒴果椭圆形，4裂，为宿存萼所包；宿存萼与果等长。种子多数，斜楔形。花期6~8月；果期10~12月。

分布 海南：昌江县霸王岭二林场，19°06′59″N，109°05′32″E，2009-08-01，秦新生400116120。生于海拔200~1300 m的阔叶林内。产于广东、广西、福建、台湾、云南。印度至越南均有分布。

栽培 栽培土质不限，但以排水良好的砂质壤土或腐叶土生长最佳，全日照或半日照均可。播种或扦插繁殖。春季进行。每年施2~3次无机复合肥或有机肥。早春应整枝修剪1次，老化植株应施以强剪，促其发新枝。

用途 茎根含鞣质，可提制栲胶。枝繁叶茂，叶色终年青翠，可栽作带状绿篱，也可配植于花基、假山或路缘。

含油率及化学组分数据

采集单位	测试单位	测试部位	产地	含油率(%)	碘值	酸值	皂化值	C12:0	C14:0	C16:0	C16:1	C18:0	C18:1	C18:2	C18:3	C20:0	C20:1
SCAU	SCBG	种仁	海南昌江	26.14	42.08	12.85	168.48	0.10	0.20	5.90		2.28	18.61	25.61	32.54	2.13	

谷木

Memecylon ligustrifolium Champ. ex Benth.

野牡丹科，谷木属

特征 大灌木或小乔木，高达7 m。茎无毛，节稍膨大；小枝圆柱形或不明显的四棱形。叶对生，革质，椭圆形至倒卵形，顶端急尖、渐尖或尾状渐尖，基部楔形，长5.5~8 cm，宽2.5~3.5 cm，全缘，两面粗糙；叶面中脉下凹，侧脉不明显，背面中脉隆起，侧脉与细脉均不明显；叶柄长3~5 mm。聚伞花序腋生，长约1 cm；总梗长约3 mm；花梗长1~2 mm，基部及节上具髯毛；花萼半球形，长1.5~3 mm，边缘浅波状4齿；花瓣白色或淡黄绿色，或紫色，半圆形，顶端圆形，长约3 mm，宽约4 mm；雄蕊蓝色，长约4.5 mm。浆果状核果球形，直径约1 cm，密布小瘤状凸起。花期5~8月；果期12月至翌年2月。广东1月或7月均有，海南约10月。

分布 海南：昌江县霸王岭老林场，19°06′59″N，109°05′33″E，2009-08-03，秦新生400116143。广东：英德县石门台保护区阿飞潭，24°26′01″N，113°18′34″E，2010-11-11，易绮斐、陈林、刘清泉400119123。广西：平南县罗香乡大新村，23°13′02″N，110°15′27″E，465 m，2011-01-07，吴磊、黄俞淞、林春蕊4001101176。生于海拔160~1540 m的密林下。产于广东、广西、福建、云南。

栽培 作药用植物栽培。播种繁殖。

用途 药用，活血止痛，主治腰背疼痛、跌打肿痛。

含油率及化学组分数据

采集单位	测试单位	测试部位	产地	含油率(%)	碘值	酸值	皂化值	C12:0	C14:0	C16:0	C16:1	C18:0	C18:1	C18:2	C18:3	C20:0	C20:1
SCAU	SCBG	种仁	海南昌江	26.40	39.18	9.07	193.07	0.01	0.06	5.98	0.06	2.37	23.39	42.22	2.39	0.23	
SCBG	SCBG	种仁	广东英德	14.69	42.02	1.83		0.01	0.05	14.29	0.09	2.44	17.00	51.70	15.07		0.15
GXIB	SCBG	种仁	广西平南	16.50					0.09	4.49		2.00	23.55	64.89	1.14	0.25	0.28

细叶谷木（羊角、羊角扭、螺丝木）

Memecylon scutellatum (Lour.) Hook. et Arn.

野牡丹科，谷木属

特征 灌木，稀为小乔木，高1~4 m。树皮灰色。茎无毛，节膨大；小枝四棱形，后呈圆柱形。叶片对生，厚革质，椭圆形至卵状披针形，顶端钝，圆形或微凹，基部渐狭成柄，长2~5 cm，宽1~3 cm，两面密布小凸起，粗糙，无毛，全缘，边缘反卷；侧脉不明显，中脉于叶面下凹，背面隆起；叶柄长3~5 mm。聚伞花序腋生，长约1 cm，有时为单朵花，花梗基部常具刺毛；花梗长1~2 mm，无毛；花萼浅杯形，长约2 mm，直径约3 mm，具4尖头；花瓣紫色或蓝色，广卵形，长约2.5 mm；雄蕊长约3 mm。浆果状核果球形，直径6~7 mm，密布小疣状凸起，顶端具环状宿存萼檐。花期3~8月；果期11月至翌年1~3月。

分布 海南：五指山国家级自然保护区，18°54′49″N，109°41′18″E，780 m，2010-09-23，张荣京40017165。生于海拔约3000 m的山坡、平地或缓坡的疏、密林中或灌木丛中阳处及水边。产于广东、广西。缅甸、越南至马来西亚也有。

栽培 播种繁殖。

用途 常用来制作解毒消肿类药物。

含油率及化学组分数据

采集单位	测试单位	测试部位	产地	含油率(%)	碘值	酸值	皂化值	C12:0	C14:0	C16:0	C16:1	C18:0	C18:1	C18:2	C18:3	C20:0	C20:1
SCAU	SCBG	种仁	海南五指山	20.15				0.10	0.93	6.84	0.36	2.85	16.49	15.98	42.90	0.48	1.27

使君子（留求子、史君子、四君子）

Quisqualis indica L.

使君子科，使君子属

特征 攀缘状灌木，高2~8 m。小枝被棕黄色短柔毛。叶对生或近对生，叶片膜质，卵形或椭圆形，长5~11 cm，宽2.5~5.5 cm，先端短渐尖，基部钝圆，表面无毛，背面有时疏被棕色柔毛；侧脉7对或8对；叶柄长5~8 mm，无关节，幼时密生锈色柔毛。顶生穗状花序，组成伞房花序式；苞片卵形至线状披针形，被毛；萼管长5~9 cm，被黄色柔毛，先端具广展、外弯、小形的萼齿5枚；花瓣5枚，长1.8~2.4 cm，宽4~10 mm，先端钝圆，初为白色，后转淡红色；雄蕊10枚，外轮着生于花冠基部，内轮着生于萼管中部；子房下位，胚珠3颗。果卵形，短尖，长2.7~4 cm，径1.2~2.3 cm，无毛，具明显的锐棱5条，成熟时外果皮呈青黑色或栗色。种子1粒，白色，长2.5 cm，径约1 cm，圆柱状纺锤形。花期初夏；果期秋末。

分布 云南：西双版纳，22°0′37″N，100°47′48″E，555 m，2010-12-04，张国学400222215。产于福建、江西（南部）、湖南（南部）、广东、香港、海南、广西、贵州（北部）、云南（南部）、四川。印度、缅甸至菲律宾也有分布。

栽培 播种繁殖。

用途 种子为中药中最有效的驱蛔药之一，对小儿寄生蛔虫症疗效尤著。

含油率及化学组分数据

采集单位	测试单位	测试部位	产地	含油率(%)	碘值	酸值	皂化值	C12:0	C14:0	C16:0	C16:1	C18:0	C18:1	C18:2	C18:3	C20:0	C20:1
KMIB	KMIB	种仁	云南西双版纳	24.75	66.30		192.90										

毗黎勒（油榄仁）

Terminalia bellirica (Gaertn.) Roxb. [*Terminalia attenuata* Edgew.]

使君子科，诃子属

特征 落叶乔木，高18~35 m，胸径可达1 m。枝灰色，具纵纹及明显的螺旋状上升的叶痕，小枝、幼叶及叶柄基部常具锈色绒毛。叶螺旋状聚生枝顶，阔卵形或倒卵形，纸质，长18~26 cm，宽6~12 cm，全缘，先端钝或短尖，基部渐狭或钝圆，两面无毛，疏生白色小瘤点；侧脉5~8对，背面网脉细密，瘤点较少；叶柄长3~9 cm，无毛，常于中上部有2枚腺体。穗状花序腋生，在茎上部常聚成伞房状，长5~12 cm，密被红褐色的丝状毛，上部为雄花，基部为两性花；花5数，淡黄色，不连雄蕊的突出部分长4.5 mm，无柄；萼管杯状，长3.5 mm，5裂，裂片三角形，长约3 mm，被绒毛；花瓣缺；雄蕊10枚，生着被毛的花盘外；子房上位，1室，花柱棒状。假核果卵形，密被锈色绒毛，长2~3 cm，径1.8~2.5 cm，具明显的5棱。种子1粒。花期3~4月；果期5~7月。

分布 云南：西双版纳勐仑，21°56′07″N，101°15′14″E，553 m，2009-11-07，郑希龙400114108。生于海拔800~1840 m的疏林中，常成片分布。产于云南南部。分布于越南、老挝、泰国、柬埔寨、缅甸、印度（除西部以外）、马来西亚至印度尼西亚。

栽培 播种繁殖。

用途 果皮富含单宁，用于鞣革，供制黑色染料，也供药用；未成熟果实用以通便，成熟果实为收敛剂；核仁可食，但多食有麻醉作用；此树也产大量树脂。木材浸水后更坚韧。

含油率及化学组分数据

采集单位	测试单位	测试部位	产地	含油率(%)	碘值	酸值	皂化值	C12:0	C14:0	C16:0	C16:1	C18:0	C18:1	C18:2	C18:3	C20:0	C20:1
SCBG	SCBG	种仁	云南西双版纳	38.50	74.46	1.47	190.47	0.01	0.03	27.05	0.32	11.39	40.05	20.21	0.05	0.78	0.21

榄仁（榄仁树、山枇杷树）

Terminalia catappa L.

使君子科，诃子属

特征 落叶大乔木。枝平展，近顶部密被棕黄色绒毛。叶互生，常密集枝顶，倒卵形，长12~22 cm，先端钝圆或短尖，中下部渐窄，基部截形或狭心形，两面无毛或幼时背面疏被软毛；主脉粗壮，上面下陷而成一浅槽，背面凸起，基部近叶柄被绒毛；侧脉10~12对；叶柄短而粗壮，长10~15 mm，被毛。穗状花序纤细，腋生，长15~20 cm；雄花生于上部，两性花生于下部；花多数，绿色或白色，长约10 mm，无花瓣；萼筒杯状，长8 mm，外面无毛，内面被白色柔毛，萼齿5，三角形，与萼筒几等长；雄蕊10枚，长约2.5 mm。果椭圆形，常稍压扁，具2棱，棱上具翅状的狭边，长3~4.5 cm，宽2.5~3.1 cm，果皮木质，坚硬，无毛，成熟时青黑色。种子1粒，矩圆形。花期3~6月；果期7~9月。

分布 海南：尖峰岭树木园，19°10′50″N，109°44′02″E，300 m，2009-11-05，张荣京40017129；三亚市蜈支洲岛，18°16'20″N，109°43'05″E，2012-12-01，邢福武、刘东明、王鹏400119213；文昌县文教镇文教河边，19°40′23″N，110°54′51″E，2009-08-01，邢福武、戴建阅、翟俊文、郑希龙40011124。云南：永德县永康镇，24°06'45"N，99°23'04"E，960 m，2010-07-22，张国学400222154。常生于气候湿热的海边沙滩上。产于广东（徐闻）、海南、台湾、云南（东南部）。马来西亚、越南、印度以及大洋洲均有分布，南美洲热带海岸也很常见。

栽培 播种繁殖，于春季进行。

用途 树皮含单宁，能生产黑色染料；种子油可食，也供药用。木材可为舟船、家具等用材。多栽培作行道树。

含油率及化学组分数据

采集单位	测试单位	测试部位	产地	含油率(%)	碘值	酸值	皂化值	C12:0	C14:0	C16:0	C16:1	C18:0	C18:1	C18:2	C18:3	C20:0	C20:1
SCAU	SCAU	种仁	海南尖峰岭	36.78	17.06	14.23	184.52										
SCBG	SCBG	种仁	海南三亚	52.9	106.56	3.17	199.85		0.08	31.78	0.41	32.36	34.64	0.07	0.66		
SCBG	SCBG	种仁	海南文昌	20.40	61.79	39.04	194.42	0.003	0.07	1.55	0.07	3.64	18.18	75.90	0.24	0.22	0.13
KMIB	KMIB	种仁	云南永德	54.34	78		198.40	0.11	1.13	2.27	21.23	3.83	6.02	38.47	26.56		0.30
OFPC		种仁	海南海口	59.40	78.00		198.40	0.20	28.90		3.10	32.50	34.80			0.50	

诃子（诃黎勒）

Terminalia chebula Retz.

使君子科，诃子属

特征　落叶乔木。叶互生或近对生，叶片卵形或椭圆形至长椭圆形，长7~14 cm，宽4.5~8.5 cm，先端短尖，基部钝圆或楔形，偏斜，边全缘或微波状，两面无毛，密被细瘤点；侧脉6~10对；叶柄粗壮，长1.8~2.3 cm，稀达3 cm，距顶端1~5 mm处有2(~4)枚腺体。穗状花序腋生或顶生，有时又组成圆锥花序，长5.5~10 cm；花多数，两性，长约8 mm；花萼杯状，淡绿而带黄色，干时变淡黄色，长约3.5 mm，5齿裂，长约1 mm，三角形，先端短尖，外面无毛，内面被黄棕色的柔毛；雄蕊10枚，高出花萼之上，花药小，椭圆形；子房圆柱形，长约1 mm，被毛，干时变黑褐色，花柱长而粗，锥尖；胚珠2颗，长椭圆形。核果坚硬，卵形或椭圆形，长2.4~4.5 cm，径1.9~2.3 cm，粗糙，青色，无毛，成熟时变黑褐色，通常有5条钝棱。花期5月；果期7~9月。

分布　云南：西双版纳勐仑，21°56′10″N，101°15′13″E，553 m，2009-11-07，郑希龙400114101。生于海拔800~1800 m的疏林中，常成片分布。产于云南中西部及西南部，广东、广西（南宁）有栽培。越南（南部）、老挝、柬埔寨、泰国、缅甸、马来西亚、尼泊尔、印度也有分布。

栽培　播种繁殖。

用途　种子可榨油。皮和树皮富含单宁（35%~40%），为有价值的鞣料植物，是制革工业重要原料之一。果实供药用，能敛肺涩肠、为治疗慢性痢疾的有效良药。幼果干燥后通称“藏青果”，治慢性咽喉炎，咽喉干燥等。木材供建筑、车辆、农具、家具等用。

含油率及化学组分数据

采集单位	测试单位	测试部位	产地	含油率(%)	碘值	酸值	皂化值	C12:0	C14:0	C16:0	C16:1	C18:0	C18:1	C18:2	C18:3	C20:0	C20:1
SCBG	SCBG	种仁	云南西双版纳	13.20	123.52	14.06	174.22	0.02	0.10	4.45	0.09	1.76	26.10	66.16	0.22	0.60	0.51
OFPC		种子	广东广州	33.00	112.40		190.90		微量	18.10	4.40	28.50	49.00				

海南榄仁

Terminalia nigrovenulosa Pierre [*Terminalia hainanensis* Exell]

使君子科，诃子属

特征　乔木，高达18 m。树皮灰白色或褐色。小枝柔弱，皮孔圆形，黄色。叶互生或枝端近对生，革质，卵形、倒卵形至长椭圆形，偶近圆形，顶端渐尖或急尖，稀有微凹，基部楔尖或圆形，长4~11 cm，宽2.5~6 cm，全缘，近叶基边缘有2枚腺体，无毛或沿中脉上面被小柔毛；侧脉8~10对，两面均微凸起，网脉显著；叶柄长1~2.4 cm。花序顶生或腋生，由多数穗状花序组成圆锥花序式，长6~8 cm，密被深黄而带红色的柔毛；苞片卵形，长约4.5 mm，两端均渐尖，先端外弯，密被深黄色的柔毛，早落；花细小，4~5数，白色，有香气；萼筒杯状，长1.5 mm，裂齿三角形，外面无毛，内面密被短柔毛。果椭圆形或倒卵形，有3翅，连翅长2~3.5 cm，宽1.5~2 cm，翅有横条纹，无毛，高出果核约5 mm，绿而微红，成熟时变黑而带紫或青紫色。花期7~9月；果期秋、冬季。

分布　海南：昌江县霸王岭雅加瀑布，19°06′59″N，109°05′33″E，2011-11-29，秦新生4001161187。中海拔森林中常见。产于广东以及海南。

栽培　播种繁殖。

用途　为当地著名的优良用材树种之一。

含油率及化学组分数据

采集单位	测试单位	测试部位	产地	含油率(%)	碘值	酸值	皂化值	C12:0	C14:0	C16:0	C16:1	C18:0	C18:1	C18:2	C18:3	C20:0	C20:1
SCAU	SCBG	种仁	海南昌江	32.55	17.52	4.36	157.67		0.03	13.12	8.06		42.21	53.78	1.78	0.64	

月见草(待宵草、夜来香、山芝麻)

Oenothera biennis L.

柳叶菜科，月见草属

特征 二年生直立草本。基生叶倒披针形，长10~25 cm，先端锐尖，基部楔形，边缘疏生不整齐的浅钝齿；侧脉每侧12~15条，两面被曲柔毛与长毛；叶柄长1.5~3 cm；茎生叶椭圆形至倒披针形，长7~20 cm，先端锐尖至短渐尖，基部楔形，边缘生稀疏钝齿；侧脉6~12对，两面被曲柔毛与长毛，茎上部的叶下面与叶缘常混生有腺毛；叶柄长0~15 mm。穗状花序，不分枝，或在主序下面具次级侧生花序；苞片叶状，长1.5~9 cm，宽0.5~2 cm，果时宿存；花蕾锥状长圆形，长1.5~2 cm，顶端具长约3 mm的喙；花管长2.5~3.5 cm，黄绿色或开花时带红色，被混生的柔毛、伸展的长毛和短腺毛；萼片绿色，有时带红色，长圆状披针形，长1.8~2.2 cm；花瓣黄色，宽倒卵形，长2.5~3 cm，宽2~2.8 cm，先端微凹缺。蒴果锥状圆柱形，向上变狭，长2~3.5 cm，直立，绿色，具明显的棱。种子暗褐色，棱形，长1~1.5 mm，径0.5~1 mm，具棱角和具不整齐洼点。花期7~10月；果期7~11月。

分布 山东：烟台龙口，36°08′02″N，120°34′52″E，12 m，2009-09-18，赵伟华400311114；鲁山县鲁山，18°13′54″N，109°30′25″E，2011-07-28，王亚平、陈明400314017。河南：信阳波尔登公园，31°49′45″N，114°03′04″E，250 m，2012-09-16，王亚平400314236。新疆：吐鲁番沙漠植物园，42°51′17″N，89°11′36″E，93 m，2009-10-12，王喜勇、侯翼国、徐基平4003309009；乌鲁木齐植物园，43°53′37″N，87°33′38″E，786 m，2011-09-26，侯翼国、王茜4003311049。河北：昌黎，39°54′42″N，119°10′25″E，6 m，2009-10-20，徐兴友4003136。吉林：辉南县金川镇，42°32′40″N，126°47′16″E，789 m，2009-09-05，郑宝江、李康400341007。黑龙江：佳木斯市松花江湿地，46°35′37″N，130°39′14″E，140 m，2010-08-14，陈连江、卞勇、潘伟400351003。常生于开旷荒坡、路旁。我国东北、华北、华东（含台湾）以及西南（四川、贵州）地区有栽培，并早已沦为逸生。原产北美洲（尤加拿大与美国东部），早期引入欧洲，后迅速传播世界温带与亚热带地区。

栽培 以排水量好的砂质壤土为佳。播种或分株繁殖。春季为适期。

用途 花色黄艳，甚为美观，适于花坛、花镜、山坡、路旁等处美化，列植、群植效果均佳。种子含油量达25.1%，其中含x-亚麻酸达8.1%，具有较高开发前景。

含油率及化学组分数据

采集单位	测试单位	测试部位	产地	含油率(%)	碘值	酸值	皂化值	C12:0	C14:0	C16:0	C16:1	C18:0	C18:1	C18:2	C18:3	C20:0	C20:1
ICS	ICS	种子	山东烟台	22.40	179.80	3.30	92.45			7.04		1.56	4.25	73.79	10.79	0.31	0.21
HNAU	ICS	种子	山东鲁山	9.51	84.78	9.91	126.01			6.09		1.48	8.53	75.33	7.38		
HNAU	ICS	种子	河南信阳	11.18	172.90	18.62	204.33			6.65	0.07	2.21	12.45	67.56	4.67	0.40	
XIEG	SCBG	种子	新疆吐鲁番	19.93	4.41	4.55	19.26	0.007	0.06	8.72	0.14	2.80	4.87	59.95	21.92	0.92	0.61
XIEG	SCBG	种子	新疆乌鲁木齐	15.60	81.46	9.65	431.57	0.002	0.04	5.92	0.03	2.33	7.05	26.26	57.97	0.08	0.32
HNUST	ICS	种子	河北昌黎	12.50	80.54												
NEFU	SCBG	种子	吉林辉南	22.60	76.04	1.29	211.51			7.58		2.45	8.54	80.62	0.17	0.36	0.19
SBRI	SCBG	种仁	黑龙江佳木斯	15.24	28.21	10.03	230.31	0.003	0.03	3.79	0.27	1.90	33.03	60.07	0.42	0.10	0.40
OFPC		种子	辽宁凤城	22.60~30.10	139.70	26.80	188.20	微量	0.40	6.10							

八角枫（华瓜木、枢木）

Alangium chinense (Lour.) Harms

八角枫科，八角枫属

特征　落叶乔木或灌木，高3~6 m。小枝略呈“之”字形，枝有黄色疏柔毛。叶互生，纸质，近圆形或椭圆形、卵形，长10~20 cm，宽8~16 cm，顶端短锐尖或钝尖，基部两侧偏斜，近于心脏形，不分裂或3~7(~9)裂，裂片短锐尖或钝尖，叶上面深绿色，无毛，下面淡绿色，除脉腋有丛状毛外，其余部分近无毛；基出脉3~5(~7)，成掌状；侧脉3~5对；叶柄长2.5~3.5 cm。聚伞花序腋生，长3~4 cm，被稀疏微柔毛，有8~30朵花，花梗长5~15 mm；小苞片线形或披针形，长3 mm，常早落；总花梗长1~1.5 cm，常分节；花冠圆筒形，长1~1.5 cm；花萼长2~3 mm，顶端分裂为5~8枚齿状萼片，长0.5~1 mm，宽2.5~3.5 mm；花瓣6~8枚，线形，长1~1.5 cm，宽1 mm，基部粘合，上部开花后反卷，外面有微柔毛，初为白色，后变黄色；子房2室，柱头头状，常2~4裂。核果卵圆形，长约5~7 mm，直径5~8 mm，幼时绿色，熟时黑色。种子1粒。花期5~7月和9~10月；果期7~11月。

分布　海南：昌江县霸王岭东一，19°13′21″N，109°00′41″E，2009-08-05，秦新生400116153。广西：灵川县海洋乡小平乐村，25°17′08″N，110°43′29″E，648 m，2011-08-13，郭伦发4001101205。湖南：吉首市小溪，28°21′16″N，109°43′49″E，240 m，2009-08-15，徐亮、周建军400191016。江西：龙南县九连山自然保护区，24°33′09″N，114°26′04″E，498 m，2012-08-08，景慧娟、赵万义4001415010。重庆：万州，30°46′53″N，108°24′20″E，2010-05-02，刘正宇等400231155；南川区三泉镇金佛山龙骨溪三级站，29°44′16″N，107°07′16″E，600 m，2010-08-28，刘正宇等4000231155。四川：都江堰大观，28°45′25″N，102°28′32″E，1000 m，2010-09-16，崔龙、李志强40021110024；雅安市四川农业大学，29°58′46″N，102°59′23″E，610 m，2010-08-02，干友民400241094。贵州：荔波县茂兰乡石上森林，25°19′10″N，108°00′32″E，727 m，2009-08-14，曾庆文、董安强、胡晓敏4001123。湖北：神农架红坪犀牛洞景区，30°02′14″N，109°08′26″E，2009-07-24，李晓东、任明迅4001218。陕西：眉县营头，34°03′09″N，107°25′20″E，2009-08-19，薛帅400321029。生于海拔1800 m以下的山地或疏林中。产于广东、广西、湖南、江西、福建、台湾、浙江、江苏、安徽、河南、湖北、四川、贵州、云南、西藏（南部）、甘肃、陕西。东南亚以及非洲东部各国也有分布。

栽培　适宜湿润、肥沃、疏松、排水良好的土壤。播种繁殖。

用途　根名白龙须，茎名白龙条，治风湿、跌打损伤、外伤止血等；树皮纤维可编绳索。木材可作家具及大花板。

含油率及化学组分数据

采集单位	测试单位	测试部位	产地	含油率(%)	碘值	酸值	皂化值	C12:0	C14:0	C16:0	C16:1	C18:0	C18:1	C18:2	C18:3	C20:0	C20:1
SCAU	SCBG	种仁	海南昌江	50.60	70.50	46.75	207.98	0.23	0.15	19.87	0.57	6.40	37.44	34.26	0.50	0.47	0.11
GXIB	SCBG	种仁	广西灵川	50.60	61.25	3.27	200.54	0.13	0.06	4.74	0.19	1.99	10.98	62.85	17.91	0.80	0.37
JSU	SCBG	种仁	湖南吉首	22.30	81.80	4.40	199.25			10.82		5.21	20.73	63.25			
SYSU	SCBG	种仁	江西龙南	6.71	107.36	1.75	174.11	0.12	0.47	8.27	0.45	1.20	13.74	33.00	0.96	0.21	0.13
CIPP	SCBG	种仁	重庆万州	53.69	115.16	3.03	196.13		0.03	9.87	0.10	4.47	19.82	64.18	1.06	0.25	0.22
CIPP	SCBG	种仁	重庆南川	30.54	55.76	1.90	235.10		0.10	13.18	0.19	3.53	34.07	37.16	0.02	0.35	0.31
SCU	SCU	种仁	四川都江堰	31.48	114.30	6.40	188.40			14.10		2.97	34.14	48.00	7.91		
SICAU	SCBG	种仁	四川雅安	7.99	49.92	7.14	164.03	0.008	0.19	9.82	0.09	2.78	12.05	40.87	33.05	0.89	0.24
SCBG	SCBG	种仁	贵州荔波	33.00	111.34	23.80	186.69	0.004	0.09	17.09	0.35	4.28	40.47	36.14	1.14	0.28	0.16
WHBG	WHBG	种仁	湖北神农架	22.40	20.58	7.41	184.86			27.30	0.50	5.80	26.90	37.30	1.20	0.50	0.10
CAU	ICS	种仁	陕西眉县	24.60	91.17	13.03	172.20		0.07	1.55	0.07	3.64	18.18	75.90	0.24	0.22	0.13
OFPC		种子	江苏南京	14.30	121.60	3.10	185.40			13.20	0.10	3.80	18.20	1.10		微量	63.50
OFPC		种子	云南勐腊	18.20	122.50	3.10	191.00			14.60	0.10	5.20	21.90	1.10		微量	56.80
OFPC		种仁	辽宁鞍山	51.80	118.90	3.10	199.40			8.10	0.10	2.40	23.70	微量		微量	65.70

瓜木(篠悬叶瓜木、八角枫)

Alangium platanifolium (Sieb. et Zucc.) Harms

八角枫科，八角枫属

特征 落叶小乔木或灌木。树皮光滑，浅灰色。小枝纤细，绿色，近圆柱形，常稍弯曲，略呈“之”字形，有短柔毛。叶纸质，近圆形，稀阔卵形或倒卵形，顶端钝尖，基部近于心脏形或圆形，长10~17 cm，宽6~14 cm，常3~5裂，稀7裂，先端渐尖，基部近心形或宽楔形，边缘呈波状或钝锯齿状，两面除沿叶脉或脉腋幼时有长柔毛或疏柔毛外，其余部分近无毛；主脉3~5条，由基部生出，常呈掌状，侧脉5~7对。聚伞花序生叶腋，长3~3.5 cm，通常有3~7花；总花梗长1.2~2 cm，花梗长1.5~2 cm，几无毛，花梗上有线形小苞片1枚，长5 mm，早落；花萼6~7裂；花瓣6~7枚，线形，紫红色，外面有短柔毛，近基部较密，长2.5~3.5 cm；雄蕊6~7枚；子房1室，花柱粗壮。核果长卵圆形或长椭圆形，长8~12 mm，直径4~8 mm。有种子1粒。花期3~7月；果期7~9月。

分布 江苏：盱眙市铁山寺，32°44'N，118°28'E，145 m，2010-10-01，李宏庆、胡超、董全英4001171081。湖北：十堰大川，32°32′53″N，110°42′53″E，2009-08-25，李晓东、杨林森40012127。河南：灵宝小秦岭，34°26′39″N，110°27′16″E，1356 m，2012-08-21，王亚平400314176；信阳波尔登公园，31°51′47″N，114°5′26″E，260 m，2012-09-15，王亚平400314210。四川：成都彭州白鹭，31°11'14″N，103°55'15″E，1117 m，2011-10-24，邓星光、吴阳晨等40021111112。生于海拔2000 m以下土质比较疏松而肥沃的向阳山坡或疏林中。产于吉林、辽宁、河北、山西、河南、陕西、甘肃、山东、浙江、台湾、江西、湖北、四川、贵州以及云南东北部。朝鲜、日本也有分布。

栽培 对土壤要求不严。耐修剪。播种繁殖。平时管理较粗放。

用途 是良好的观赏树种；根系发达，适应性强，又可作为交通干道两边的绿荫树或防护林树种。

含油率及化学组分数据

采集单位	测试单位	测试部位	产地	含油率(%)	碘值	酸值	皂化值	C12:0	C14:0	C16:0	C16:1	C18:0	C18:1	C18:2	C18:3	C20:0	C20:1
ECNU	SCBG	种仁	江苏盱眙	19.57	113.90	8.09	199.26	0.01	0.04	12.74	0.07	4.10	24.23	57.29	0.72	0.26	0.53
WHBG	WHBG	种仁	湖北十堰	21.80	129.00	6.12	211.56	0.01	0.04	11.00	0.07	3.41	21.42	63.16	0.47	0.23	0.20
ICS	HNAU	种子	河南灵宝	22.65	71.38	24.62	207.71		0.06	13.62	0.23	3.72	27.43	51.72	0.87	0.23	0.11
ICS	HNAU	种子	河南信阳	25.38	89.22	59.28	201.22		0.06	20.94	0.68	3.09	41.10	28.75	1.38	0.19	
SAC	SAC	种仁	四川成都	25.34	93.74	130.31	149.51	1.19	0.11	11.25	0.28	3.58	39.57	41.26	2.56	0.21	

喜树(旱莲木、千丈树)

Camptotheca acuminata Decne. [*Camptotheca acuminata* var. *rotundifolia* B. M. Yang et L. D. Duan; *C. acuminata* var. *tenuifolia* W. P. Fang et Soong; *C. yunnanensis* Dode]

珙桐科，喜树属

特征 落叶乔木，高达25 m。树皮灰色，纵裂成浅沟状。叶互生，纸质，长卵形，长12~28 cm，宽6~12 cm，顶端短锐尖，基部阔宽楔形，全缘或微呈波状，上面亮绿色下面淡绿色，疏生短柔毛，叶脉上更密；中脉在上面微下凹，在下面凸起，侧脉11~15对，在上面显著，在下面略凸起；叶柄长1.5~3 cm，幼时有微柔毛，其后几无毛。头状花序近球形，直径1.5~2 cm，常由2~9个头状花序组成圆锥花序，顶生或腋生；雌花顶生，雄花腋生；总花梗圆柱形，长4~6 cm，幼时有微柔毛，其后无毛；花杂性，同株；苞片3枚，三角状卵形，长2.5~3 mm，内外两面均有短柔毛；花萼杯状，5浅裂，裂片齿状，边缘睫毛状；花瓣5枚，淡绿色，矩圆形或矩圆状卵形，顶端锐尖，外面密被短柔毛，早落；雄蕊10枚，外轮5枚较长，常长于花瓣，内轮5枚较短。翅果矩圆形，长2~2.5 cm，顶端具宿存的花盘，两侧具窄翅。花期5~7月；果期9月。

分布 福建：武夷山大安源，27°52′38″N，117°52′10″E，2010-10-05，刘东明、梁耀400112158。河南：郑州惠济区，34°47′09″N，113°39′27″E，271 m，2011-10-05，王亚平、武振江、李丹凤400314051。湖北：神农架下谷坪，31°20′07″N，110°13′19″E，593 m，2011-09-22，丁时东400151153。湖南：张家界西溪坪乡，29°05′43″N，110°32′20″E，2011-10-16，张九兵、朱明德400181285；吉首新桥村，28°18′42″N，109°45′02″E，270 m，2011-10-17，徐亮、覃三立40019101188。上海：华东师大中北校区，31°13′52″N，121°23′53″E，7 m，2009-11-29，田怀珍、陈纪云、王双4001171051。四川：西昌泸山乡，27°51′48″N，102°07′04″E，2010-10-14，崔龙、李志强40021110064。浙江：临安市浙江农村小学东湖校区，30°15′28″N，119°43′20″E，50 m，2012-11-17，陈树钢、童毅4001122155。生于海拔1700 m以下的林边或溪边。产于广东、广西、湖南、江西、福建、浙江、江苏、湖北、四川、贵州、云南等地，在四川西部成都平原以及江西东南部均较常见。

栽培 播种繁殖。

用途 树根可作药用。树干挺直，生长迅速，可种为庭园树或行道树。

含油率及化学组分数据

采集单位	测试单位	测试部位	产地	含油率(%)	碘值	酸值	皂化值	C12:0	C14:0	C16:0	C16:1	C18:0	C18:1	C18:2	C18:3	C20:0	C20:1
SCBG	SCBG	种仁	福建武夷山	9.42	59.45	10.82	184.95	0.17			0.16	1.90	28.64	13.07	5.11	0.37	0.15
HANU	ICS	种子	河南郑州	19.90	80.37	7.66	145.92		0.08	7.96		3.88	12.85	25.18	48.83	0.28	0.31
OCRI	SCBG	种仁	湖北神农架	16.15	143.05	4.79	424.73	0.04	0.09	14.37	0.17	5.56	31.91	27.04	3.19	1.24	0.74
HUNST	HUNST	种仁	湖南张家界	32.47	32.17	8.13	164.45	0.006	0.04	3.27	0.12	1.15	13.64	41.38	38.98	0.80	0.61
JSU	SCBG	种子	湖南吉首	13.60	20.66	8.44	423.18	0.03	0.53	4.72		2.85	5.94	5.94	19.33	0.89	0.54
ECNU	SCBG	种仁	上海	13.20	93.92	2.32	203.15	0.40	0.55	30.51	0.34	3.58	43.61	13.30	0.27	0.17	0.14
SCU	SCU	种仁	四川西昌	17.05	96.80	0.78	134.40			8.60		9.45	37.24	36.31	8.40		
SCBG	SCBG	种仁	浙江临安	27.11				0.02	0.15	7.66	0.45	1.93	19.22	11.98	45.85	3.90	8.85

珙桐
Davidia involucrata Baill.
珙桐科，珙桐属

特征 落叶乔木，高达20 m或更高。树皮常裂成不规则的薄片而脱落。幼枝圆柱形，当年生枝紫绿色，无毛，多年生枝深褐色或深灰色。叶纸质，互生，阔卵形或近圆形，长7~15 cm，宽7~12 cm，顶端突尖，具微弯曲的尖头，基部心形，边缘有粗尖齿，上面亮绿色，初被很稀疏的长柔毛，渐老时无毛，下面密被淡黄色或淡白色丝状粗毛；叶柄圆柱形，长4~5 cm，稀达7 cm，幼时被稀疏的短柔毛。花杂性；头状花序，1朵为两性花，其余为雄花，两性花位于花序的顶端，雄花环绕于其周围，基部具矩圆状卵形或矩圆状倒卵形、花瓣状的苞片2~3枚，长7~15 cm，宽3~5 cm，稀达10 cm，初淡绿色，继变为乳白色，后变为棕黄色而脱落；雄花无花萼及花瓣，有雄蕊1~7枚；雌花或两性花具下位子房，6~10室。果实为长卵圆形核果，长3~4 cm，直径15~20 mm，紫绿色具黄色斑点。种子3~5粒。花期4月；果期10月。

分布 湖北：竹溪向坝十八里长峡，31°41′10″N，109°51′49″E，1398 m，2009-09-22，丁时东、危文亮400152015；竹溪向坝十八里长峡，32°02′16″N，109°47′28″E，2009-10-12，李晓东、陈永峰40012171。湖南：桑植县芭茅溪乡天平山，29°45′32″N，110°03′33″E，1202 m，2009-10-29，张兵400181065。生于海拔1500~2200 m润湿的常绿阔叶林和落叶阔叶混交林中。产于湖南、湖北、四川以及贵州和云南两省的北部。

栽培 喜温、凉湿润气候及肥沃土壤，不耐寒。可用播种、扦插及压条繁殖。播种于10月采收新鲜果实，层积处理后，于春季将种子用清水洗净拌上草木灰或石灰，随即播在3~5 cm深的沟内。

用途 种子可榨油。为著名的观赏树种。

含油率及化学组分数据

采集单位	测试单位	测试部位	产地	含油率(%)	碘值	酸值	皂化值	C12:0	C14:0	C16:0	C16:1	C18:0	C18:1	C18:2	C18:3	C20:0	C20:1
OCRI	SCBG	种仁	湖北竹溪	22.43	56.46	10.90	233.67	0.01	0.08	12.16	0.03	3.09	18.46	64.78	0.58	0.40	0.40
KMIB	KMIB	种仁	湖北竹溪	21.56					0.46	14.38		6.54	17.65	31.10			
HUNST	HUNST	种仁	湖南桑植	19.50	10.32	13.89	175.80		0.06	8.62	0.03	2.66	63.45	22.95	1.06	0.73	0.44

桃叶珊瑚
Aucuba chinensis Benth.
山茱萸科，桃叶珊瑚属

特征 常绿小乔木或灌木，高3~6 m。小枝二歧分枝，皮孔白色，叶痕大；冬芽球状，鳞片4对，交互对生。叶革质，椭圆形或阔椭圆形，先端锐尖或钝尖，基部阔楔形或楔形，边缘常具5~8对锯齿或腺状齿，有时为粗锯齿；叶柄长2~4 cm。圆锥花序顶生，雄花序长5 cm以上；花萼先端4齿裂，花瓣4枚，长圆形或卵形，长3~4 mm，宽2~2.5 mm，先端具短尖头；雄蕊4枚，长约3 mm；花梗长约3 mm，被柔毛；苞片1枚，披针形；雌花序较雄花序短，长4~5 cm，花萼及花瓣近于雄花；子房圆柱形，花柱粗壮，柱头头状，微偏斜，花盘肉质，微4裂。幼果绿色，成熟为鲜红色，圆柱状或卵状，萼片、花柱及柱头均宿存于核果上端。花期1~2月；果熟期达翌年2月。

分布 广东：东莞市谢岗乡银瓶山仙水道，23°02′44″N，113°46′38″E，2012-11-02，邢福武、宁阳阳、叶心芬400113141。福建：古田县双车镇下车，26°29′21″N，119°14′02″E，2010-10-29，刘东明、梁耀400112178。常生于海拔1000~2000 m的常绿阔叶林中。产于海南、广东、广西、福建、台湾、四川等地。据文献记载越南也有分布。

栽培 喜湿润、半阴，不甚耐寒。喜排水良好而肥沃土壤播种或扦插繁殖，也可嫁接。播种易随采随播。扦插在秋季进行。

用途 本种为观果观叶植物。华南可作观赏绿篱，或配山石，庭前、院中点缀数株，或与乔木配栽，四季均可观赏。

含油率及化学组分数据

采集单位	测试单位	测试部位	产地	含油率(%)	碘值	酸值	皂化值	C12:0	C14:0	C16:0	C16:1	C18:0	C18:1	C18:2	C18:3	C20:0	C20:1
SCBG	SCBG	种仁	广东东莞	10.65	6.50	8.12	201.38	0.01	0.74	7.87	0.13	2.33	5.94	21.32	0.15	0.38	0.44
SCBG	SCBG	种仁	福建古田	32.78	86.49	13.15		0.14	0.09	17.18	0.14	3.10	75.28		0.65		0.15

红瑞木（凉子木、红瑞山茱萸）

Cornus alba L. [*Swida alba* (L.) Opiz]

山茱萸科，山茱萸属

特征 灌木，高3~12 m。树皮紫红色，皮孔白色，长椭圆形或椭圆形；叶对生，纸质，椭圆形，稀卵圆形，先端凸尖，基部楔形或阔楔形。伞房状聚伞花序顶生，较密，被白色短柔毛；总花梗圆柱形；花小，白色或淡黄白色，花萼裂片4枚，尖三角形；花瓣4枚，卵状椭圆形；雄蕊4枚，着生于花盘外侧，花丝线形，微扁，无毛，花药淡黄色，2室，卵状椭圆形，丁字形着生；花盘垫状；花柱圆柱形，近于无毛，子房下位；花梗纤细，被淡白色短柔毛，与子房交接处有关节。核果长圆形，微扁，成熟时乳白色或蓝白色，花柱宿存；果梗细圆柱形，有疏生短柔毛。花期6~7月；果期7~11月。

分布 甘肃：兰州市安宁区，36°07′06″N，103°42′14″E，1500 m，2011-07-05，薛帅400324014。河北：兴隆，41°01′01″N，117°45′29″E，1552 m，2012-09-27，徐兴友、韩宝强400313161。北京：香山，40°00′01″N，116°11′35″E，199 m，2009-11-21，邢福武40011487。内蒙古：呼伦贝尔盟鄂伦春自治旗，50°32′48″N，123°35′60″E，437 m，2010-08-04，刘慧娟400312056。黑龙江：伊春市小兴安岭，47°44′04″N，128°52′07″E，928 m，2010-08-15，陈连江、卞勇、潘伟400351046。生于海拔199~1700 m（在甘肃可高达2700 m）的杂木林或针、阔叶混交林中，常见。产于江西、江苏、山东、青海、甘肃、陕西、河北、北京、内蒙古、辽宁、吉林、黑龙江等地。朝鲜、俄罗斯以及欧洲其他地区也有分布。

栽培 性耐寒，喜湿润、半阴及肥沃土壤，生活力强，适应性广。播种、扦插或压条法繁殖。播种时，种仁应沙藏后春播。扦插可选一年生枝，秋、冬季沙藏后于翌年3~4月扦插。压条可在5月将枝条环割后埋入土中，生根后在翌年春季与母株割离分栽。

用途 种仁含油量约为30%，可供工业用。常引种栽培作庭园观赏植物。

含油率及化学组分数据

采集单位	测试单位	测试部位	产地	含油率(%)	碘值	酸值	皂化值	C12:0	C14:0	C16:0	C16:1	C18:0	C18:1	C18:2	C18:3	C20:0	C20:1
CAU	ICS	种子	甘肃兰州	14.25	93.80	44.52	219.03	0.18	0.73	12.66	0.96	1.87	21.48	51.70	1.51	0.41	0.18
ICS	ICS	种子	河北兴隆	15.77	97.45	34.90	195.27	0.01	0.06	23.58	2.34	1.62	26.93	38.14	1.90	0.22	0.16
SCBG	SCBG	种仁	北京香山	13.40	144.87	6.53	184.44		0.02	3.49	0.08	0.81	24.77	69.32	1.00		0.50
ICS	ICS	种子	内蒙古呼伦贝尔	29.24	107.17	27.99	172.82		0.14	21.70	3.33	1.16	15.42	44.15	11.93	0.18	0.41
SBRI	SCBG	种仁	黑龙江伊春	1.23	28.78	11.48	187.91										
OFPC	IB	种仁	内蒙古	26.80	118.60		199.00			28.20	5.10	0.90	14.00	41.10	10.10		
OFPC	IAE	种子	辽宁		136.90		190.00			1.80		0.50	26.80	70.00	0.80		

灯台树（六角树、瑞木）

Cornus controversa Hemsl. [*Cornus controversa* var. *angustifolia* Wanger.]

山茱萸科，山茱萸属

特征 落叶乔木，高6~15 m或更高。树皮光滑，暗灰色或带黄灰色。枝开展；冬芽顶生或腋生，长3~8 mm。叶互生，纸质，阔卵形、阔椭圆状卵形或披针状椭圆形，长6~13 cm，宽3.5~9 cm，先端凸尖，基部圆形或急尖，全缘；叶柄紫红绿色，长2~6.5 cm，无毛。伞房状聚伞花序，顶生；总花梗淡黄绿色，长1.5~3 cm；花小，白色，直径8 mm，花萼裂片4枚，三角形，长约0.5 mm，长于花盘，外侧被短柔毛；花瓣4枚；雄蕊4枚；花柱圆柱形，长2~3 mm，无毛，柱头小，头状，淡黄绿色；花梗淡绿色，长3~6 mm，疏被贴生短柔毛。核果球形，直径6~7 mm，成熟时紫红色至蓝黑色；核骨质，球形，直径5~6 mm，略有8条肋纹，顶端有一个方形孔穴；果梗长2.5~4.5 mm。花期5~6月；果期7~11月。

分布 广西：龙胜县建新林场，25°05′44″N，110°14′08″E，495 m，2011-08-07，廖云标4001101207。湖南：保靖毛沟，28°41′19″N，109°18′14″E，730 m，2009-08-15，徐亮、周建军400191017；桑植县芭茅溪乡天平山，29°49′53″N，110°06′18″E，1010 m，2010-10-29，张兵、谷志容400181209；通道县万佛山风景区三十六湾，26°15′01″N，109°51′20″E，450 m，2009-08-03，严岳鸿、何祖霞、黄玉滢400181005。山东：泰安，36°12′17″N，117°07′16″E，199 m，2010-06-09，赵

伟华400311174。湖北：神农架大九湖乡平堑，31°28′47″N，110°01′44″E，2009-08-12，李晓东、李宏亮40012119；神农架大九湖乡平堑，31°25′39″N，110°02′29″E，1659 m，2009-10-21，丁时东、危文亮400152047；鹤峰县木林子保护区，30°04′10″N，110°11′15″E，1150 m，2009-09-07，危文亮、丁时东400151032。重庆：南川区三泉镇马嘴丛岭，29°31′24″N，107°12′50″E，1197 m，2009-09-11，刘正宇等400231065。四川：成都彭州白鹭，31°12′17″N，103°54′24″E，965 m，2011-10-25，邓星光、吴阳晨等40021111129；雅安市四川农业大学，29°58′48″N，102°59′31″E，596 m，2010-08-03，干友民400241100；雅安宝兴蜂桶寨邓池沟，30°34′47″N，102°56′50″E，1772 m，2011-09-29，李志强、刘小波等4002110028。贵州：江口县太平镇，27°44′20″N，108°53′06″E，2011-11-17，张九兵、朱明德400181357。西藏：波密县扎木乡岗巴村，29°52′25″N，95°36′09″E，2805 m，2011-09-04，干友民400241133。吉林：集安，41°15′05″N，125°59′56″E，2011-09-20，郑宝江等400341129。生于海拔2900 m以下的常绿阔叶林或针、阔叶混交林中，常见。产于广东、广西、台湾、安徽、河南、山东、甘肃、陕西、河北、辽宁以及长江以南各地。朝鲜、日本、印度(北部)、尼泊尔、不丹也有分布。

栽培 喜光，也稍耐阴。喜肥沃且排水良好的微酸性或中性土壤。扦插或播种繁殖。若作冬季观枝栽培，则宜植于全光下，且于早春行重修剪。条件适宜时易于栽培，否则无法开花。易受霉病、叶斑病和溃疡病危害。

用途 种仁可以榨工业用油；果核油供制皂及润滑油；树皮含鞣质。木材供建筑用。树冠形状美观，夏季花序明显，可以作为行道树种。

含油率及化学组分数据

采集单位	测试单位	测试部位	产地	含油率(%)	碘值	酸值	皂化值	C12:0	C14:0	C16:0	C16:1	C18:0	C18:1	C18:2	C18:3	C20:0	C20:1
GXIB	SCBG	种仁	广西龙胜	16.70	139.52	0.64	200.79		0.14	23.53		3.40	37.82	24.65	1.84	0.67	0.14
JSU	SCBG	种仁	湖南保靖	21.32	89.56	3.66	206.13	0.19	0.76	12.93	1.07	1.87	21.54	51.97	1.53	0.36	0.15
HUST	HUST	种仁	湖南桑植	10.67	5.30	12.74	112.86										
HUST	HUST	种仁	湖南通道	12.20	92.58	24.65	176.59	0.10	0.26	26.56	0.94	2.13	33.25	32.38	4.19	0.19	
ICS	ICS	种子	山东泰安	8.47	132.42	1.18	174.85			7.49	0.09	2.32	29.32	57.60	0.64	0.11	0.46
WHBG	WHBG	种仁	湖北神农架	3.84	124.35	8.60	214.56			9.70		2.60	25.50	60.00	0.50	1.60	
OCRI	SCBG	种仁	湖北神农架	20.99	33.31	21.56	300.11	5.34	0.51	8.65		4.33	21.88	55.98	3.31		
OCRI	SCBG	种仁	湖北鹤峰	10.23	78.59	0.88	215.38	15.97		18.17	2.99	4.81	2.59			0.10	0.20
CIPP	SCBG	种仁	重庆南川	20.74	67.86	3.92	398.85	1.44	0.60	12.14	0.34	3.78	28.82	42.65	1.23	0.96	0.34
SCU	SCU	种仁	四川成都	21.89	95.39	52.58	139.91	2.44		16.09	0.75	1.99	22.98	55.40	2.79		
SICAU	SCBG	种仁	四川雅安	39.07	32.12	5.94	189.04	0.03	0.24	24.11	0.40	4.43	23.05	44.26	2.77	0.59	0.13
SCU	SCU	种仁	四川雅安	11.58	138.09	61.63	128.62			17.89			42.50	38.34			
HUST	HUST	种仁	贵州江口	15.26	84.31	6.69	134.95										
SICAU	SCBG	种仁	西藏波密	5.57	17.19	6.23	375.88		0.05	8.14	0.09	3.31	12.70	74.45	0.73	0.49	0.05
NEFU	SCBG	种仁	吉林集安	27.83	32.12	5.94	189.04		0.02	1.99	0.21	0.76	57.82	38.80	0.13	0.05	0.21
OFPC	IB	种仁	湖北神农架	28.30	90.90		196.90			24.70	0.40	2.00	41.30	29.70	1.80		
OFPC	CIB	种仁	四川乐山	16.60	87.50		167.00			17.00	8.20	0.60	48.90	24.00	1.20		
OFPC	JSIB	种仁	安徽歙县	13.00	54.30					29.10		11.00	35.30	0.80	0.70		

尖叶四照花（狭叶四照花）

Cornus elliptica (Pojark.) Q.Y. Xiang et Boufford [*Dendrobenthamia angustata* (Chun) W. P. Fang]

山茱萸科，山茱萸属

特征　常绿乔木或灌木。树皮平滑。冬芽小，圆锥形，密被白色细毛。叶对生，革质，长圆状椭圆形，稀卵状椭圆形或披针形，长7~10 cm，宽2.5~5 cm，先端渐尖形，具尖尾，基部楔形或宽楔形，稀钝圆形；叶柄细圆柱形，长8~12 mm。头状花序球形，由55~95朵花聚集而成，直径8 mm；总苞片4枚，长卵形至倒卵形，长2.5~5 cm，宽9~22 mm，先端渐尖或微突尖形，基部狭窄；总花梗纤细，长5.5~8 cm，密被白色细伏毛；花萼管状，长0.7 mm，上部4裂，裂片钝圆或钝尖形，有时截形；花瓣4枚，卵圆形，长2.8 mm，宽1.5 mm，先端渐尖，基部狭窄；雄蕊4枚，较花瓣短。果序球形，直径2.5 cm，成熟时红色，被白色细伏毛；总果梗长6~10.5 cm，紫绿色，微被毛。花期6~7月；果期9~11月。

分布　湖南：桑植县天平山自然保护区，29°47′01″N，110°05′27″E，1412 m，2012-10-03，张九兵、唐波400181431。江西：崇义县齐云山，26°52′30″N，114°01′10″E，1043 m，2010-09-26，李朋远、谢行400145006；玉山县三清山，28°53′08″N，118°03′42″E，763 m，2009-10-25，廖文波等400141181。湖北：五峰县长乐坪洞口村，30°11′17″N，110°52′42″E，1215 m，2009-10-15，丁时东、危文亮400152018；五峰县长乐坪教庙村，30°10′57″N，110°54′00″E，2009-10-26，李晓东、陈士强40012164。重庆：南川区鱼泉乡庙坝三叉，29°06′19″N，107°13′17″E，1456 m，2009-09-29，刘正宇等400231055。生于海拔340~1500 m的密林内或混交林中。产于广东、广西、湖南、江西、福建、浙江、安徽、重庆、湖北、四川、贵州、云南以及甘肃南部、陕西南部等地。

栽培　播种繁殖。

用途　果味甜可食。木材坚硬。可栽作园林绿化及观赏树种。

含油率及化学组分数据

采集单位	测试单位	测试部位	产地	含油率(%)	碘值	酸值	皂化值	C12:0	C14:0	C16:0	C16:1	C18:0	C18:1	C18:2	C18:3	C20:0	C20:1
HUST	HUST	种仁	湖南桑植	11.86	25.08	3.76	173.40										
SYSU	SCBG	种仁	江西崇义	34.36	90.09	5.45	58.14	0.02	0.04	11.96	0.18	7.59	26.86	50.55	0.82	0.20	1.78
SYSU	SCBG	种仁	江西玉山	6.00	109.85	5.45	166.61	0.005	0.03	6.19	0.04	3.05	8.01	22.16	60.04	0.14	0.32
OCRI	SCBG	种仁	湖北五峰	10.36	33.84	44.86	304.15	0.10	0.20	11.67		7.33	16.52	41.12	12.05	1.86	0.48
WHBG	WHBG	种仁	湖北五峰	11.90	114.17	3.85	210.81	0.01	0.04	7.57		2.51	14.70	73.16	1.64	0.12	0.25
CIPP	SCBG	种仁	重庆南川	16.70	75.21	3.96	416.94			1.98	0.23	0.67	79.73	16.12	0.17	0.05	0.15
OFPC	SCBG	种子	广东乳源	13.50	132.20		187.30			9.50		1.30	15.10	74.10			

大型四照花

Cornus hongkongensis subsp. **gigantea** (Hand.-Mazz.) Q. Y. Xiang [*Dendrobenthamia gigantea* (Hand.-Mazz.) W. P. Fang]

山茱萸科，山茱萸属

特征　常绿小乔木，高4~5 m。树皮灰褐色。冬芽尖圆锥形，长约2.6 mm，密被淡黄白色细伏毛。叶对生，亚革质至厚革质，倒卵形，稀阔椭圆形，长8.5~16 cm，宽3.8~7.5 cm，先端尾状急尖，基部楔形，全缘，上面鲜绿色，有光泽，下面淡绿色，嫩时两面均有白色贴生短柔毛；中脉在上面显著，下面凸起，侧脉通常4对；叶柄长1~1.5 cm，初被贴生短柔毛，后脱落。头状花序球形，约为60余朵花聚集而成，直径1.3~1.6 cm；总苞片4枚；花萼管状，长1.3 mm，上部4裂，稀5裂，裂片钝圆形，先端有时凹缺，外侧被白色贴生短柔毛，内侧无毛；花瓣4枚，卵状披针形，长4.2 mm；雄蕊4；花盘褥状，厚约0.6 mm，略有4浅裂；总花梗长2~9.5 cm，无毛。果序球形，直径2.4 cm，成熟时黄红色；总果梗长8~9 cm。花期4~5月；果期7~10月。

分布　云南：文山州麻栗坡县下金厂，23°09′45″N，104°49′34″E，1667 m，2011-10-16，曾庆文、陈树钢、杨国400114131。生于海拔750~1700 m的常绿阔叶林下或灌丛中。产于湖南、四川、贵州、云南等地。

栽培　播种繁殖。

用途　木材材质致密坚硬，可作杆头、木槌、木耙、工具的把手、珠宝盒及砧板材料。

含油率及化学组分数据

采集单位	测试单位	测试部位	产地	含油率(%)	碘值	酸值	皂化值	C12:0	C14:0	C16:0	C16:1	C18:0	C18:1	C18:2	C18:3	C20:0	C20:1
SCBG	SCBG	种仁	云南文山	24.56	156.38	12.77	184.91										

梾木

Cornus macrophylla Wall. [*Swida macrophylla* (Wall.) Soják]

山茱萸科，山茱萸属

特征 乔木。树皮灰褐色或灰黑色。幼枝有棱角，老枝疏生灰白色椭圆形皮孔及半环形叶痕。叶对生，纸质，阔卵形或卵状长圆形，稀近于椭圆形，长9~16 cm，宽3.5~8.8 cm，先端锐尖或短渐尖，基部圆形，稀宽楔形；叶柄长1.5~3 cm。伞房状聚伞花序顶生，宽8~12 cm，疏被短柔毛；总花梗红色，长2.4~4 cm；花白色，有香味，直径8~10 mm；花萼裂片4枚，宽三角形，稍长于花盘；花瓣4枚，质地稍厚，舌状长圆形或卵状长圆形，长3~5 mm，宽0.9~1.8 mm；雄蕊4枚，与花瓣等长或稍伸出花外；花梗圆柱形，长0.3~4(~5)mm，疏被灰褐色短柔毛。核果近于球形，直径4.5~6 mm，成熟时黑色。花期6~7月；果期8~11月。

分布 安徽：黄山，30°6′1″N，118°06′03″E，1158 m，2012-10-20，李晓东、昝艳燕等400121250。贵州：雷山县雷公山自然保护区管理站至乌东村途中，26°21′41″N，108°09′41″E，161 m，2012-10-18，陈丰林、夏纯、桑洪伟4001151248。湖北：竹溪向坝十八里长狭保护区，31°40′52″N，109°50′34″E，1564 m，2010-08-12，李晓东、昝艳燕、罗曼曼400121137。湖南：桑植县利福塔乡峰峦溪，29°20′23″N，110°06′03″E，412 m，2010-10-19，张兵、谷志容400181207；永顺县回龙乡千斤塔，28°01′21″N，109°21′21″E，668 m，2010-11-25，徐亮400191165；永顺小溪，28°46′20″N，110°15′15″E，356 m，2009-08-06，徐亮、周建军400191089。陕西：眉县营头乡大理村，34°05′41″N，107°42′56″E，1073 m，2009-08-08，薛帅400321049。河南：灵宝小秦岭，34°25′28″N，110°28′50″E，2157 m，2012-08-12，王亚平400314129。生于海拔72~3000 m的山谷森林中。产于台湾、山东(南部)、西藏、甘肃(南部)、陕西、山西以及长江以南各地。缅甸、巴基斯坦、印度、不丹、尼泊尔、阿富汗也有分布。

栽培 播种繁殖。

用途 果实榨油，供制肥皂、润滑油及食用(须将油熬透、除去异味)；叶和树皮可提栲胶，可作紫色染料。木材供建筑及制家具用。

含油率及化学组分数据

采集单位	测试单位	测试部位	产地	含油率(%)	碘值	酸值	皂化值	C12:0	C14:0	C16:0	C16:1	C18:0	C18:1	C18:2	C18:3	C20:0	C20:1
WHBG	WHBG	种仁	安徽黄山	24.13	135.59		157.05			7.10	0.11	3.31	5.97	35.37	0.41		0.53
SCBG	SCBG	种仁	贵州雷山	12.65	78.52	58.35	191.62										
WHBG	WHBG	种仁	湖北竹溪	23.54				0.06	0.06	5.89		5.14	14.49	10.55	0.36	0.30	0.64
HUST	HUST	种仁	湖南桑植	27.65	69.60		182.01										
JSU	SCBG	种仁	湖南永顺	45.98	90.80	30.68	191.17	0.05	1.29	16.14	42.21	17.32	22.20	0.20	0.60		
JSU	SCBG	种仁	湖南永顺	30.56	124.53	1.09	176.07			1.73		0.73	50.94	44.99	0.51		0.16
CAU	ICS	种子	陕西眉县	12.91	81.05	12.67	210.23			8.46	0.24	2.22	18.32	63.93	0.67	0.08	0.24
HNAU	ICS	种子	河南灵宝	17.80	88.78	42.02	176.14		0.06	18.43	1.28	2.39	26.42	43.10	3.33	0.24	0.26
OFPC	JSIB	种子	江苏南京	10.00	124.70					10.20	微量	0.60	24.00	65.20	微量		

长圆叶梾木

Cornus oblonga Wall. [*Swida oblonga* (Wall.) Soják]

山茱萸科，山茱萸属

特征 常绿灌木或小乔木，高2~10 m。树皮平滑，灰褐色。枝褐色，有稀疏的圆形皮孔及半月形叶痕。叶对生，革质，长圆形或长圆椭圆形，长6~13 cm，宽1.6~4 cm，先端渐尖或尾状，基部楔形，边缘微反卷；中脉在上面显著，下面凸起，侧脉4~5对，在上面凹下，下面隆起；叶柄近于圆柱形，长6~19 mm，被灰色或黄灰色短柔毛，上面平坦或有浅沟，下面圆形。圆锥状聚伞花序顶生，长6~6.5 cm，宽6~8 cm；总花梗长1~1.5 cm；花小，白色，直径8 mm；花萼裂片4枚，三角状卵形，长约5 mm；花瓣4枚，长椭圆形，长4 mm，宽1.3 mm；雄蕊4枚；花盘垫状。核果尖椭圆形，长7 mm，直径4~6 mm，成熟时黑色；核骨质、尖椭圆形，长6 mm。花期9~10月；果期翌年5~6月。

分布 四川：宝兴县硗碛藏族，30°41′11″N，102°41′26″E，2627 m，2010-09-08，干友民40024174。生于海拔850~2400 m的山坡或森林中。产于湖北、四川、贵州、云南等地。不丹、印度也有分布。

栽培 播种繁殖。

用途 果实可以榨油，并可代枣皮作药用；树皮含芳香油和丹宁可以提取供工业用。

含油率及化学组分数据

采集单位	测试单位	测试部位	产地	含油率(%)	碘值	酸值	皂化值	C12:0	C14:0	C16:0	C16:1	C18:0	C18:1	C18:2	C18:3	C20:0	C20:1
SICAU	SCBG	种仁	四川宝兴	35.26	19.11	9.07	228.72	0.05	0.36	20.24	0.20	1.79	8.81	67.09	1.07	0.20	0.19

山茱萸(萸肉、枣皮)

Cornus officinalis Siebold et Zucc.

山茱萸科，山茱萸属

特征 落叶乔木或灌木，高4~10 m。小枝无毛或稀被贴生短柔毛。叶对生，纸质，卵状披针形或卵状椭圆形，长5.5~10 cm，宽2.5~4.5 cm，先端渐尖，基部宽楔形或近于圆形，全缘，上面绿色，下面浅绿色，稀被白色贴生短柔毛，脉腋密生淡褐色丛毛；中脉在上面明显，下面凸起，侧脉6~7对，弓形内弯；叶柄长0.6~1.2 cm。伞形花序生于枝侧，有总苞片4枚，卵形，厚纸质至革质，长约8 mm，带紫色，两侧略被短柔毛，开花后脱落；总花梗长约2 mm，微被灰色短柔毛；花小，两性，先叶开放；花萼裂片4枚，阔三角形；花瓣4枚，舌状披针形，长3.3 mm，黄色，向外反卷；雄蕊4枚，与花瓣互生，长1.8 mm。核果长椭圆形，长1.2~1.7 cm，直径5~7 mm，红色至紫红色；核骨质，狭椭圆形，长约12 mm，有几条不整齐的肋纹。花期3~4月；果期8~11月。

分布 安徽：黄山风景区，30°03′06″N，118°11′23″E，699 m，2012-10-30，李晓东、咎艳燕400121243。河南：内乡，33°29′53″N，111°54′43″E，658 m，2012-10-26，王亚平400314319；灵宝小秦岭，34°26′59″N，110°26′27″E，1192 m，2012-08-21，王亚平400314175。江苏：南京中山植物园，32°03′26″N，118°50′26″E，2009-11-12，刘东明、戴建阅400111161。陕西：眉县营头乡大理村，34°05′49″N，107°41′55″E，1316 m，2009-08-24，薛帅400321055。浙江：杭州植物园，24°46′22″N，114°43′55″E，2010-10-14，曾庆文、谢聪、孟玉芳40011918。重庆：南川区三泉镇三泉栀子山栽培，29°45′16″N，107°07′17″E，546 m，2009-10-18，刘正宇等400231107。生于海拔400~1500 m、稀达2100 m的林缘或森林中，常见。产于湖南、江西、浙

江、江苏、安徽、山东、河南、甘肃、陕西、山西等省区，在四川有引种栽培。朝鲜、日本也有分布。

栽培 性强健，喜光，耐寒，喜肥沃而湿度适中的土壤，也能耐旱。播种繁殖。秋季采用低温层积催芽法或沙藏催芽和覆盖薄膜保温、保湿播种。

用途 种仁（称萸肉）供药用，为收敛药，健胃补肾，治腰痛等症。是优良的蜜源植物和观果植物。

含油率及化学组分数据

采集单位	测试单位	测试部位	产地	含油率(%)	碘值	酸值	皂化值	C12:0	C14:0	C16:0	C16:1	C18:0	C18:1	C18:2	C18:3	C20:0	C20:1
WHBG	WHBG	种仁	安徽黄山	33.54						5.29		3.26	21.94	45.02	21.59	1.08	1.08
HNAU	ICS	种子	河南内乡	7.53	127.36	5.30	112.86			5.37		1.80	18.16	71.37	0.86	0.22	0.39
HNAU	ICS	种子	河南灵宝	5.98	134.73	9.82	132.89			6.78	0.39	2.13	20.54	65.42	1.02	0.28	
SCBG	SCBG	种仁	江苏南京	7.40	77.98	1.64	197.62			5.86	0.05	2.14	23.79	66.49	0.97	0.23	0.47
CAU	ICS	种子	陕西眉县	8.37	86.30	2.80	190.66	0.02	0.08	19.60	0.18	6.58	45.22	21.66	4.12	0.94	1.60
SCBG	SCBG	种仁	浙江杭州	30.37	34.90	15.99	301.55	0.08	0.75	7.70	0.08	8.03	35.99	42.15	0.58	0.18	1.55
CIPP	SCBG	种仁	重庆南川	32.19	65.54	9.50	518.78		0.09	4.81	0.41	1.43	15.15	22.24	32.32	0.93	6.39

小梾木（乌金草、酸皮条、火烫药）

Cornus quinquenervis Franch. [*Swida paucinervis* (Hance) Soják]

山茱萸科，山茱萸属

特征 落叶灌木，高1~4 m。幼枝对生，绿色或带紫红色，略具4棱，被灰色短柔毛，老枝褐色，无毛。叶对生，纸质，椭圆状披针形、披针形，长4~10 cm，宽1~3.5 cm，先端钝尖或渐尖，基部楔形，全缘；叶柄长5~15 mm，被贴生灰色短柔毛。伞房状聚伞花序顶生，被灰白色贴生短柔毛，宽3.5~8 cm；总花梗圆柱形，长1.5~4 cm；花小，白色至淡黄白色，直径9~10 mm；花萼裂片4枚，披针状三角形至尖三角形，长1 mm；花瓣4枚，狭卵形至披针形，长6 mm，宽1.8 mm，先端急尖，质地稍厚，上面无毛，下面有贴生短柔毛；雄蕊4枚，长5 mm。核果圆球形，直径5 mm，成熟时黑色；核近于球形，骨质，有6条不明显的肋纹。花期6~7月；果期7~11月。

分布 湖南：永顺吊井岩，29°03′58″N，109°56′11″E，450 m，2009-07-31，徐亮、周建军400191010。湖北：利川兴国，26°25′31″N，115°26′47″E，2009-08-08，李晓东、范深厚40012116。重庆：南川区三泉镇三泉木关岩，29°50′38″N，107°07′51″E，556 m，2011-08-05，刘正宇等400231124。生于海拔50~2500 m的河岸旁或溪边灌丛中。产于广东、广西、湖南、福建、江苏、湖北、四川、贵州、云南等地以及陕西和甘肃南部。

栽培 播种或扦插繁殖。

用途 种仁含油，可以榨取供工业用。

含油率及化学组分数据

采集单位	测试单位	测试部位	产地	含油率(%)	碘值	酸值	皂化值	C12:0	C14:0	C16:0	C16:1	C18:0	C18:1	C18:2	C18:3	C20:0	C20:1
JSU	SCBG	种仁	湖南永顺	18.80	127.88	0.81	179.14			7.14		2.99	19.32	69.37	0.53	0.18	0.47
WHBG	WHBG	种仁	湖北利川	30.14				0.21	0.09	0.04	2.23	11.91	4.85	29.52	17.25	6.09	0.68
CIPP	SCBG	种仁	重庆南川	29.18	71.27	3.21	526.63		0.10	5.73	0.27	2.80	19.51	67.54	1.37	0.62	0.29

毛梾（小六谷、车梁木）

Cornus walteri Wanger. [*Swida walteri* (Wanger.) Soják]

山茱萸科，山茱萸属

特征 落叶乔木，高6~15 m。树皮厚，黑褐色，常纵裂成长条。幼枝对生，略有棱角；冬芽腋生，被灰白色短柔毛。叶对生，纸质，椭圆形、长圆状椭圆形或阔卵形，长4~15 cm，宽1.7~7 cm，先端渐尖，基部楔形；叶柄长1~3.5 cm，幼时被有短柔毛，后渐无毛，上面平坦，下面圆形。伞房状聚伞花序顶生，花密，白色，有香味，直径9.5 mm，被灰白色短柔毛；总花梗长1.2~2 cm；花萼裂片4枚，绿色，齿状三角形，长约0.4 mm，与花盘近于等长；花瓣4枚，长圆披针形，长4.5~5 mm，宽1.2~1.5 mm，上面无毛，下面有贴生短柔毛；雄蕊4枚，无毛；花梗细圆柱形，长0.8~2.7 mm，有稀疏短柔毛。核果球形，直径6~8 mm，成熟时黑色。花期5月；果期6~10月。

分布 安徽：六安天堂寨，31°7′60″N，115°46′22″E，1095 m，2012-10-15，李晓东、昝艳燕等400121303。湖北：木鱼镇马回堑，31°23′40″N，110°12′04″E，868 m，2011-07-28，丁时东400151140。湖南：永顺县小溪，28°45′46″N，110°14′18″E，273 m，2011-08-17，徐亮、周建军40019101141。山东：淄博，36°12′13"N，117°07′28"E，187 m，2010-06-09，赵伟华400311164。陕西：眉县营头乡上白云，34°03′34"N，107°41′41"E，1917 m，2009-08-24，薛帅400321036。河南：内乡，33°29′37″N，111°55′53″E，1332 m，2012-10-26，王亚平400314305；灵宝小秦岭，34°27′04″N，110°26′02″E，1118 m，2012-08-21，王亚平400314177。生于海拔180~1800 m、稀达2600~3300 m的杂木林或密林下。产于山西（南部）、河北、辽宁以及华东、华中、华南、西南各地区。

栽培 适应性强。喜光，喜湿润，稍耐寒。喜排水良好、疏松的土壤。根系发达，萌芽力强。播种、扦插或压条繁殖。抗病虫害。

用途 种仁含油可达26%~40%，供食用或作高级润滑油，油渣可作饲料和肥料；叶和树皮可提制拷胶。可作为行道树、园林绿化树和水土保持树种。

含油率及化学组分数据

采集单位	测试单位	测试部位	产地	含油率(%)	碘值	酸值	皂化值	C12:0	C14:0	C16:0	C16:1	C18:0	C18:1	C18:2	C18:3	C20:0	C20:1
WHBG	WHBG	种仁	安徽六安	20.14	52.39	1.17	410.77	0.02	0.09	23.53		2.35	13.33	32.74	0.19	0.09	0.21
OCRI	SCBG	种仁	湖北木鱼	33.65	57.80	20.66	265.12	0.03	0.20	17.18		2.88	10.34	62.38	2.83	0.32	0.20
JSU	SCBG	种仁	湖南永顺	26.65	77.89	6.42	266.18	1.89	0.55	12.08	0.63	2.53	13.89	27.55	7.97	1.58	0.24
ICS	ICS	种子	山东淄博	29.64	102.79	38.44	191.62		0.06	14.53	8.02	2.37	35.86	33.37	1.16	0.13	0.14
CAU	ICS	种子	陕西眉县	9.47	73.24	8.76	184.10	0.01	0.03	8.14	0.02	0.46	14.45	76.26	0.28	0.21	0.15
HNAU	ICS	种子	河南内乡	25.13	93.54	14.32	157.62						31.97	33.20	1.17	0.13	0.10
HNAU	ICS	种子	河南灵宝	12.74	126.73	36.52	146.67			12.52	8.58	1.41	18.87	36.40	1.58	0.15	
OFPC	IAE	种子	辽宁本溪	35.70	122.70			微量	微量	8.10		2.20	21.40	67.90	0.40		
OFPC	JSIB	种子	江苏南京	12.40	126.90		200.20			6.10		1.80	23.80	68.30			
OFPC	IB	种仁	山西阳城	33.00	104.20		198.10	微量	微量	21.70	3.2	1.60	33.60	38.00	1.80		
OFPC	WHBG	种仁	湖北罗田	24.00	105.50		193.00		微量	15.80	16.3	2.70	33.00	29.80	2.40		

光皮梾木（光皮树）

Cornus wilsoniana Wanger. [*Swida wilsoniana* (Wangerrin) Soják]

山茱萸科，山茱萸属

特征 落叶乔木，高5~18 m，稀达40 m。树皮灰色至青灰色，块状剥落，剥落后形成明显斑纹。幼枝灰绿色，略具4棱，被灰色平贴短柔毛，小枝圆柱形，深绿色，老时棕褐色，无毛，具黄褐色长圆形皮孔；冬芽长圆锥形，长3~6 mm，密被灰白色平贴短柔毛。叶对生，纸质，椭圆形或卵状椭圆形，全缘，长6~12 cm，宽2~5.5 cm，先端渐尖或凸尖，基部楔形，背面密被小凸起及平贴的灰白色短柔毛；叶柄细圆柱形，长0.8~2 cm，上面有浅沟，下面圆形。顶生圆锥状聚伞花序，宽6~10 cm，被灰白色疏柔毛；总花梗细圆柱形，长2~3 cm，被平贴短柔毛；花小，白色，直径约7 mm；花萼裂片4枚；花瓣4枚，长披针形，长约5 mm，上面无毛，下面密被灰白色平贴短柔毛；雄蕊4枚，长6.2~6.8 mm；子房下位。核果球形，直径6~7 mm，成熟时紫黑色至黑色。花期5月；果期9~11月。

分布 广西：环江县木论自然保护区，25°07′07″N，107°58′26″E，568 m，2010-09-22，吕仕洪4001101164。江西：龙南县九连山国家级自然保护区，24°46′23″N，114°43′54″E，2011-11-12，易绮斐、潘雅书、陈华平400119189；龙南县九连山国家级自然保护区，24°46′22″N，114°43′54″E，2011-11-12，易绮斐、潘雅书、陈华平400119188。湖北：神农架林区木鱼镇官门山，110°20′08″E，31°25′41″N，1193 m，2012-08-28，危文亮、赵永国等400151173。湖南：永顺县清坪，29°03′26″N，110°22′14″E，530 m，2009-11-07，徐亮、周建军400191066。生于海拔130~1130 m的森林中。产于广东、广西、湖南、江西、福建、浙江、河南、湖北、四川、贵州、甘肃、陕西等地。

栽培 喜光，喜湿润。喜排水良好、疏松的土壤。根系发达，萌芽力强。播种、扦插或压条繁殖。

用途 果肉和种仁均含有较多的油脂，其油的脂肪酸组成以亚油酸及油酸为主，食用价值较高；叶作饲料。木材为家具及农具的良好用材。为良好的绿化树种。

含油率及化学组分数据

采集单位	测试单位	测试部位	产地	含油率(%)	碘值	酸值	皂化值	C12:0	C14:0	C16:0	C16:1	C18:0	C18:1	C18:2	C18:3	C20:0	C20:1
GXIB	SCBG	种仁	广西环江	23.68	107.10	1.05	201.98		0.20	11.17	0.99	2.88	27.83	32.23	15.31	0.43	
SCBG	SCBG	种仁	江西龙南	16.34	55.68	4.68	209.11	0.03	0.17	11.32	0.06	3.76	42.88	55.93	23.46		0.23
SCBG	SCBG	种仁	江西龙南	10.65	66.94	3.88	179.78	0.05	0.10	10.56		4.39	31.67	3.83	15.07	0.05	0.15
OCRI	SCBG	种仁	湖北神农架	32.15	12.95	0.87	198.26	0.06	0.10	13.41	1.36	3.39	17.53	63.55	2.37	0.61	
JSU	SCBG	种仁	湖南永顺	7.25	97.73	2.27	229.69		0.36	20.68	0.50	7.41	21.16	28.64	0.37	1.63	0.23
OFPC	IB	种仁	江西于都	32.60	116.80		195.80	微量	0.10	23.90	2.90	1.90	29.10	39.70	2.30		
OFPC	SCBG	种仁	广东乳源	30.40	103.80		192.70			17.10		1.30	37.10	43.90	0.60		
OFPC	GXIB	种仁	广西桂林	32.40	114.60		191.10			24.70	2.90	2.30	25.80	42.60	1.60		
OFPC	JSIB	种子	江苏南京	13.40	117.50		199.90	微量	微量	11.30	0.50	2.50	24.20	57.60	1.40		

黄毛楤木（鸟不企）

Aralia chinensis L.

五加科，楤木属

特征 灌木，高1~5 m。茎皮灰色，有纵纹；小枝密生黄棕色绒毛，有细刺。二回羽状复叶，长达1.2 m；叶柄粗壮，长20~40 cm，疏生细刺和黄棕色绒毛；托叶和叶柄基部合生；叶轴和羽片轴密生黄棕色绒毛，叶轴各节有1对小叶；小叶7~13片，革质，卵形至长圆状卵形，长7~14 cm，宽4~10 cm，先端渐尖或尾尖，基部圆形至近心形，上面密生黄棕色绒毛，边缘有小锯齿；侧脉6~8对，两面明显，网脉不明显；小叶无柄指5 mm的柄。花序为许多伞形花序组成的大型顶生圆锥花序，圆锥花序长达60 cm，伞形花序直径约2.5 cm，有花30~50朵；总花梗长2~4 cm，花梗长0.8~1.5 cm，密生细毛；花淡绿白色；萼无毛，长约2 mm，边缘有5小齿；花瓣卵状三角形，长约2 mm；雄蕊5枚；子房5室，花柱5枚，基部合生，上部离生。果实球形，黑色，有5棱。花期10月至翌年1月；果期12月至翌年2月。

分布 湖南：桑植县八大公山斗篷山，29°41′56″N，109°46′00″E，1435 m，2010-10-22，张兵、谷志容400181196。福建：武夷山星村桐木村，27°43′56″N，117°41′25″E，2012-11-18，易绮斐、宁阳阳、李玉玲400119255。安徽：祁门县牯牛降自然保护区，30°05'13"N，117°29'25"E，416 m，2011-11-16，胡超、李星霖4001171193。江西：龙南县九连山国家级保护区，24°46′23″N，114°43′55″E，2011-11-12，易绮斐、潘雅书、陈华平400119191。生于阳坡或疏林中，海拔数十米至1000 m。产于广东及东南沿海岛屿以及广西、江西、台湾、安徽、福建、云南、贵州。

栽培 播种繁殖。

用途 根皮可药用。

含油率及化学组分数据

采集单位	测试单位	测试部位	产地	含油率(%)	碘值	酸值	皂化值	C12:0	C14:0	C16:0	C16:1	C18:0	C18:1	C18:2	C18:3	C20:0	C20:1
HUST	HUST	种仁	湖南桑植	34.57	86.26	7.46	205.83			3.93		0.85		67.30	26.74		1.19
SCBG	SCBG	种仁	福建武夷山	27.05	104.17	35.61	208.50										
NEFU	SCBG	种仁	安徽祁门	4.50	13.20	10.60	139.13	0.14	12.80	15.22	0.34	4.84	9.50	41.68	3.71	3.06	0.18
SCBG	SCBG	种仁	江西龙南	10.64	147.09	7.52	294.17	0.02	0.08		0.07	6.54	11.47	38.02	0.07		0.41

棘茎楤木

Aralia echinocaulis Hand.-Mazz.

五加科，楤木属

特征 小乔木，高达7 m。小枝密生细直的刺，刺长7~14 mm。2回羽状复叶，长35~50 cm或更长；叶柄长25~40 cm，疏生短刺；小叶5~9片，基部有小叶1对，膜质至薄纸质，长圆状卵形至披针形，长4~11.5 cm，宽2.5~5 cm，先端长渐尖，基部圆形至阔楔形，歪斜，两面均无毛，上面深绿色，下面灰白色，边缘疏生细锯齿；侧脉6~9对，网脉不明显；小叶无柄或几无柄。花序为由许多伞形花序组成的圆锥花序；圆锥花序大，长30~50 cm，顶生，伞形花序直径约1.5 cm，有花12~20朵；总花梗长1~5 cm，花梗长8~30 mm；花白色；萼无毛，边缘有5个卵状三角形小齿；花瓣5枚，卵状三角形，长约2 mm；雄蕊5枚；子房5室，花柱5枚，离生。果实球形，直径2~3 mm，五棱；有5个反折的宿存花柱。花期6~8月；果期9~11月。

分布 湖南：浏阳市大围山，28°25′22″N，114°04′11″E，809 m，2009-09-18，黄玉滢、周喜乐400181023；永顺县小溪，28°48′05″N，110°13′00″E，623 m，2009-08-07，徐亮、周建军400191094。江西：玉山县三清山，28°55′41″N，118°05′08″E，418 m，2009-08-31，廖文波等400141097。重庆：南川区三泉镇金佛山黄草坪，29°19′18″N，107°07′18″E，1272 m，2009-11-02，刘正宇等400231084。生于森林中，垂直分布海拔可达2600 m。产于广东、广西、湖南、江西、福建、浙江、安徽、湖北、四川、贵州、云南。

栽培 栽培土质以肥沃的腐殖质砂质壤土为佳，土壤保持湿润则生长旺盛。播种繁殖。春、夏季每季施入堆肥或粪肥1次。

用途 可作园林绿化植物。

含油率及化学组分数据

采集单位	测试单位	测试部位	产地	含油率(%)	碘值	酸值	皂化值	C12:0	C14:0	C16:0	C16:1	C18:0	C18:1	C18:2	C18:3	C20:0	C20:1
HUST	HUST	种仁	湖南浏阳	26.15	2.77	7.92	200.44		0.06	8.51	0.24	1.97	18.21	62.58	1.17	5.01	0.14
JSU	SCBG	种仁	湖南永顺	52.81	118.45	5.07	184.24		0.02	12.57	0.19	5.40	52.13	27.76	0.47	0.82	0.65
SYSU	SCBG	种仁	江西玉山	9.57	99.97	2.34	187.50		0.05	9.23	0.18	2.22	17.47	69.22	0.38	0.09	0.15
CIPP	SCBG	种仁	重庆南川	20.31	46.09	0.45	538.60	0.13	0.53	9.28	0.65	1.37	15.51	36.82	1.08	0.28	0.13

楤木（海桐皮、通刺、刺龙柏）

Aralia elata (Miq.) Seem.

五加科，楤木属

特征 小乔木或灌木，高2~8 m。树皮灰色，疏生粗壮直刺。小枝被黄棕色绒毛，疏生短刺。二至三回羽状复叶，长60~110 cm；叶柄粗壮，长达50 cm；小叶5~11片，基部有小叶1对，纸质至薄革质，卵形，先端渐尖，基部圆形，上面粗糙，下面被淡黄色或灰色短柔毛，叶缘具锯齿；侧脉7~10对，两面均明显，网脉上面不显，下面明显；小叶无柄或有长3 mm的柄。伞形花序聚生为顶生大型圆锥花序，圆锥花序大，长30~60 cm，伞形花序直径1~1.5 cm，有花多数；总花梗长1~4 cm，密生短柔毛；花梗长4~6 mm，密生短柔毛；花白色，芳香；萼无毛，长约1.5 mm，边缘有5个三角形小齿；花瓣5枚，卵状三角形，长1.5~2 mm；雄蕊5枚；花柱5枚，离生或基部合生，开展。果实球形，黑色，具5棱。花期7~9月；果期8~10月。

分布 安徽：滁州市皇甫山，32°22′06″N，118°02′45″E，58 m，2011-10-05，田怀珍、李星霖4001171157。河南：商城县大别山，31°43′55″N，115°32′50″E，2011-10-13，杨大伟、陈明400314099。湖北：木鱼小当阳冷热洞，31°27′18″N，110°05′44″E，2009-10-25，李晓东、杨林森400121100。四川：宜宾老君山，28°41′59″N，104°02′18″E，1505 m，2011-10-14，邓星光、吴阳晨等40021111073；峨边县黑竹沟，28°43′55″N，103°03′12″E，2360 m，2011-10-14，李志强、刘小波40021111048。陕西：眉县营头，34°01′59″N，107°24′50″E，2009-08-20，薛帅400321035；陇县固关，34°58′14″N，106°35′29″E，1250 m，2011-10-13，秦烁400326037。产于广东、广西、福建、云南、甘肃、陕西、山西、河北。

栽培 以根系分生繁殖为主，种子繁殖为辅。

用途 可药用。

含油率及化学组分数据

采集单位	测试单位	测试部位	产地	含油率(%)	碘值	酸值	皂化值	C12:0	C14:0	C16:0	C16:1	C18:0	C18:1	C18:2	C18:3	C20:0	C20:1
SCBG	ECNU	种仁	安徽滁州	16.84	8.87	14.78	143.46			10.55	0.11	3.06	13.28	52.89	16.72	0.66	0.43
ICS	ICS	种子	河南商城	11.94	131.12	27.09	155.70			5.29		3.26	21.96	45.07	21.61		
WHBG	WHBG	种仁	湖北木鱼	5.13						3.90		1.00	73.90	21.30			
SCU	SCU	种仁	四川宜宾	9.29				2.42		3.11	0.37	0.97	77.90	14.60	0.63		
SCU	SCU	种仁	四川峨边	18.09	94.18	48.68	131.96						51.70	28.12			
CAU	ICS	种子	陕西眉县	18.90	80.97	3.64	461.60	0.02	0.02	3.89	0.23	0.79	83.15	11.50	0.20	0.05	0.14
CAU	ICS	种子	陕西陇县	16.22	94.12	16.86	191.73	0.19	0.76	12.90	0.97	1.90	21.53	51.74	1.52	0.38	0.16
OFPC		种子	江苏南京	22.10	112.40		190.60			2.70	微量	微量	53.70	35.80	6.30		
OFPC		种子	陕西南郑	32.60	97.10		187.10			3.40		0.80	81.30	81.30	14.50		

虎刺楤木（广东楤木）

Aralia finlaysoniana (Wall. ex G. Don) Seem.

五加科，楤木属

特征　多刺灌木，高达4 m。多扁平弯曲的短刺。三回羽状复叶，长60~100 cm，叶轴各节有1对小叶；叶柄长25~50 cm，总叶轴、羽片轴及叶脉都有刺；小叶5~9片，基部有小叶1对，第三回羽片有5~9片小叶，叶片纸质，长圆状卵形，长4~11 cm，宽2~5 cm，先端渐尖，基部圆形或心形，歪斜；两面脉上疏生小刺，下面密生短柔毛，后脱落，边缘有齿，侧脉约6对，两面明显，网脉不明显。花序为由许多伞形花序组成的大型圆锥花序，圆锥花序大，长达50 cm，主轴和分枝有短柔毛或无毛，疏生钩曲短刺；伞形花序直径2~4 cm，有花多数；总花梗长1~5 cm，有刺和短柔毛；花梗长1~1.5 cm，有细刺和粗毛；萼无毛，长约2 mm，边缘有5个齿；花瓣5枚，卵状三角形，长约2 mm；雄蕊5枚；子房5室；花柱5枚，离生。果实球形，直径4 mm，有5棱。花期8~10月；果期9~11月。

分布　湖北：神农架阳日苗峰，31°42′23″N，110°51′34″E，768 m，2010-10-15，李晓东、呇艳燕、罗曼曼400121153。生于林中和林缘，垂直分布海拔可达1400 m。产于广东、广西、江西、云南、贵州。印度、缅甸、马来西亚、越南也有分布。

栽培　播种或根插繁殖。

用途　根皮为民间草药。可作园林绿化植物。

含油率及化学组分数据

采集单位	测试单位	测试部位	产地	含油率(%)	碘值	酸值	皂化值	C12:0	C14:0	C16:0	C16:1	C18:0	C18:1	C18:2	C18:3	C20:0	C20:1
WHBG	WHBG	种仁	湖北神农架	22.48					0.09	4.81	0.41	1.43	15.15	22.24	32.32	0.93	6.39

罗伞（柏那参、掌叶树、华丽柏那参）

Brassaiopsis glomerulata (Blume) Regel

五加科，罗伞属

特征　灌木或乔木，高3~20 m。树皮灰棕色。上部的枝有刺，新枝有红锈色绒毛。掌状复叶；叶柄长至70 cm，无毛或上端有红锈色绒毛；小叶5~9片，纸质或薄革质，椭圆形至阔披针形，长15~35 cm，宽6~15 cm，先端渐尖，基部通常楔形，边缘全缘或疏生细锯齿；侧脉7~12对，明显，连结成不明显的边脉，网脉不甚明显；小叶柄长3~9 cm。伞形花序聚生为圆锥花序；圆锥花序大，长至40 cm以上，侧生或腋生，下垂；伞形花序直径2~3 cm，有花20~40朵；花白色，长3~4 mm，芳香；萼筒短，长约1 mm，有红锈色绒毛，边缘有5尖齿；花瓣5枚，长圆形，有腺点，长3 mm；雄蕊5枚，长约2 mm，长于花瓣；子房2室，花盘隆起，花柱合生成柱状。果实阔扁球形或球形，紫黑色，直径7~9 mm，果梗长1.2~1.5 cm。花期6~8月；果期翌年1~2月。

分布　广西：三江市牛浪坡，25°40′31″N，109°34′57″E，300 m，2010-12-14，张兵、谷志容400181261；永福县堡里乡清坪村，24°50′45″N，111°20′01″E，328 m，2011-12-18，林春蕊、郭伦发4001101272。广东：乳源县五指山乡公路边，24°55′10″N，113°01′45″E，866 m，2012-01-07，王发国、杨国、宋贤利400113096。生于森林中，海拔数百米至2400 m。分布于广东、广西、四川、贵州、云南。尼泊尔、印度、越南、老挝、柬埔寨、印度尼西亚也有分布。

栽培　播种繁殖。

用途　种子可榨油。

含油率及化学组分数据

采集单位	测试单位	测试部位	产地	含油率(%)	碘值	酸值	皂化值	C12:0	C14:0	C16:0	C16:1	C18:0	C18:1	C18:2	C18:3	C20:0	C20:1
HUST	HUST	种子	广西三江	20.60	32.14	2.86	229.38	0.05	0.22	7.87	3.21	2.42	29.22	54.22	0.67	0.12	0.19
GXIB	SCBG	种子	广西永福	10.35						5.72	0.25	1.49	14.69	27.13	47.11	1.01	0.24
SCBG	SCBG	种仁	广东乳源	9.14	36.52		184.82	0.01	0.39		0.11	6.25	23.55	49.94	21.33	0.35	0.37

树参（枫荷桂、半枫荷、木五加）

Dendropanax dentiger (Harms) Merr.

五加科，树参属

特征　乔木或灌木，高2~8 m。叶片厚纸质或革质，密生粗大、半透明、红棕色腺点，两面均无毛，边缘全缘，叶形变异很大，不分裂叶片通常为椭圆形，长7~10 cm，宽1.5~4.5 cm，先端渐尖，基部钝形或楔形，生于枝下部；分裂叶片倒三角形，掌状2~3深裂或浅裂，边缘全缘，基出脉3，生于枝顶；侧脉4~6对，网脉两面显著且隆起；叶柄长0.5~5 cm，无毛。伞形花序或2~5个组成复伞形花序；伞形花序顶生，单生，有花20朵以上；总花梗粗壮，长1~3.5 cm；花梗长5~7 mm；萼长2 mm，边缘近全缘或有5小齿；花瓣5枚，淡绿白色，三角形或卵状三角形，长2~2.5 mm；雄蕊5枚；子房5室；花柱5枚，基部合生，顶端离生。果实通常为长圆球形，长5~6 mm，红色，有5棱，每棱各有纵脊3条。花期8~9月；果期10~12月。

分布　江西：崇义县齐云山，26°52′29″N，114°01′43″E，939 m，2010-09-26，李朋远、谢行400145001；玉山县三清山，28°55′55″N，118°03′40″E，1002 m，2009-09-01，廖文波等400141112。福建：武夷山市星村镇桐木村挂墩，27°38′21″N，117°54′23″E，270 m，2009-10-22，王发国、翟俊文400113015。贵州：荔波县翁昂乡已陇村洞多组六月潭，25°14′54″N，107°54′27″E，926 m，2009-08-18，曾庆文、董安强、胡晓敏40011213。常生于常绿阔叶林中。产于广东、广西、湖南（南部）、江西、福建、台湾、浙江（东南部）、安徽（南部）、湖北、四川（东南部）、贵州（西南部）、云南（东南部），为本属分布最广的种。越南、老挝、柬埔寨也有分布。

栽培　喜阴湿环境。播种繁殖。幼苗期注意遮阴及保持湿润。

用途　根、茎、叶可药用。可作园林绿化树种。

含油率及化学组分数据

采集单位	测试单位	测试部位	产地	含油率(%)	碘值	酸值	皂化值	C12:0	C14:0	C16:0	C16:1	C18:0	C18:1	C18:2	C18:3	C20:0	C20:1
SYSU	SCBG	种仁	江西崇义	32.89	138.26	2.60	185.57		0.08	4.93	0.30	2.37	16.10	74.23	0.49	0.87	0.20
SYSU	SCBG	种仁	江西玉山	9.00	51.18	2.88	166.93	0.11	0.56	4.27	0.19	1.36	70.40	18.76	0.66	0.28	0.15
SCBG	SCBG	种仁	福建武夷山	33.20	78.64	5.43	194.02	0.03	0.11	18.31	1.18	2.60	44.37	30.31	0.86	1.84	0.39
SCBG	SCBG	种仁	贵州荔波	6.48	56.42	56.03	230.20										

白簕（鹅掌簕、三加皮、三叶五加）

Eleutherococcus trifoliatus (L.) S. Y. Hu [*Acanthopanax trifoliatus* (L.) Merr.]

五加科，五加属

特征　攀缘状灌木，高1~7 m。老枝灰白色，新枝黄棕色，疏生扁平的先端钩状的下向刺。掌状复叶；小叶3片，稀4~5片，纸质，椭圆状卵形至椭圆状长椭圆形，先端尖至渐尖，基部楔形，长4~10 cm，宽3~6.5 cm，中央1片最大，两侧小叶片基部歪斜，边缘有细锯齿或钝齿；侧脉5~6对，网脉不明显；叶柄长2~6 cm，无毛；小叶柄长2~8 mm。伞形花序3~10个组成顶生复伞形花序或圆锥花序，直径1.5~3.5 cm；花黄绿色；萼长约1.5 mm，无毛，边缘有5齿；花瓣5枚，长约2 mm，开花时反曲；雄蕊5枚；子房2室；花柱2枚，基部或中部以下合生，中部以上分离，开展。果实扁球形，直径约5 mm，黑色。花期8~11月；果期9~12月。

分布　湖南：张家界西溪坪乡，29°05′44″N，110°32′26″E，2011-10-16，张九兵、朱明德400181289；永顺县回龙乡千斤塔，28°53′31″N，110°12′20″E，344 m，2010-11-25，徐亮、周建军400191164。陕西：宁陕县广货街牛保区，33°28'15"N，108°30'01"E，2000 m，2010-10-15，薛帅400323027。四川：平武县虎牙乡涮涮水沟，32°31′24″N，103°56′26″E，1876 m，2012-09-27，刘晓波、宫庆彬40021112034。西藏：波密县扎木乡，29°50′28″N，95°46′49″E，2746 m，2011-09-06，干友民400241160。生于村落、山坡路旁、林缘和灌丛中，垂直分布自海拔3200 m以下。广布于我国中部和南部，西至云南西部国境线，东至台湾，北起秦岭南坡，在长江中下游北界大致为北纬31°，南至海南的广大地区内均有分布。

栽培　播种或根插繁殖。

用途　根、茎、叶均可入药。可观赏。

含油率及化学组分数据

采集单位	测试单位	测试部位	产地	含油率(%)	碘值	酸值	皂化值	C12:0	C14:0	C16:0	C16:1	C18:0	C18:1	C18:2	C18:3	C20:0	C20:1
HUST	HUST	种仁	湖南张家界	13.40	0.65	6.38	194.67		0.87		5.73	1.26	5.33	82.66	0.45	0.37	0.15
JSU	SCBG	种子	湖南永顺	59.87	31.56	4.47	192.96		13.20	11.60	3.65	36.00	39.00	26.00	1.00	7.77	
CAU	ICS	种子	陕西宁陕	1.07	92.59	10.14	163.27			12.81	0.33	3.38	16.82	48.76	11.17	0.34	0.35
SCU	SCU	种仁	四川平武	9.52													
SICAU	SCBG	种仁	西藏波密	8.39	9.59	10.54	166.31	0.03	0.12	24.06	0.19	6.38	43.97	7.60	1.69	0.19	0.06

吴茱萸五加（吴茱叶五加、萸叶五加）

Gamblea ciliata var. **evodiifolia** (Franch.) C. B. Shang, Lowry et Frodin [*Acanthopanax evodiifolius* Franch.]

五加科，五加属

特征 灌木或乔木，高2~12 m。枝无刺。掌状复叶在长枝上互生，在短枝上簇生。叶有3小叶，纸质至革质，长6~12 cm，宽3~6 cm，中央小叶椭圆形，侧生小叶较小，长椭圆状卵形，基部歪斜，先端渐尖，基部楔形，边缘有钻状锐尖小锯齿，稀几全缘；侧脉6~8对，网脉明显，上面无毛，下面脉腋有簇毛；叶柄长5~10 cm，密生淡棕色短柔毛，不久毛即脱落，仅叶柄先端和小叶柄相连处有锈色簇毛；通常几个伞形花序组成顶生复伞形花序；总花梗长2~8 cm，无毛；花梗长0.8~1.5 cm，花后延长，无毛；萼长1~1.5 mm，无毛，边缘全缘；花瓣5枚，长卵形，长约2 mm，开花时反曲；雄蕊5枚；子房4~2室，花盘略扁平。果实球形或略长，直径5~7 mm，黑色，有4~2浅棱。花期5~7月；果期8~10月。

分布 云南：玉溪市，24°21′18″N，102°32′43″E，1079 m，2010-12-20，王智、杨珺、谭英400221296。生于海拔1000~3300 m的森林中。产于广西、江西、浙江、安徽、四川、云南、陕西。

栽培 播种繁殖。

用途 根皮供药用。

含油率及化学组分数据

采集单位	测试单位	测试部位	产地	含油率(%)	碘值	酸值	皂化值	C12:0	C14:0	C16:0	C16:1	C18:0	C18:1	C18:2	C18:3	C20:0	C20:1
KMBG	KMBG	种仁	云南玉溪	32.42	26.90	9.30	234.10	69.42	1.15	6.19	0.32	0.35	12.65	4.08		0.23	

常春藤（洋常春藤、长春藤）

Hedera nepalensis var. **sinensis** (Tobl.) Rehd.

五加科，常春藤属

特征 常绿攀缘大藤本，茎长3~20 m，灰棕色或黑棕色，茎上具有气生根。叶革质，在不育枝上通常为三角状卵形，长5~12 cm，宽3~10 cm，先端短渐尖，基部截形，边缘全缘或3裂，花枝上的叶卵形至菱形，略歪斜，长5~16 cm，宽1.5~10.5 cm，先端渐尖，基部楔形，全缘或有1~3浅裂，上面深绿色，下面淡绿色；侧脉和网脉两面均明显；叶柄细长，长2~9 cm，有鳞片，无托叶。伞房花序单生或2~7个聚生为总状花序，直径1.5~2.5 cm，有花5~40朵；总花梗长1~3.5 cm，花梗长0.4~1.2 cm；花小，淡绿色，有香味；萼密生棕色鳞片，边缘近全缘；花瓣5枚，三角状卵形，长3~3.5 mm，外面有鳞片；雄蕊5枚；子房5室，花柱全部合生成柱状。果实球形，红色或黄色，直径7~13 mm。花期9~11月；果期翌年3~5月。

分布 四川：峨边县刘沟乡，29°17′29″N，103°30′32″E，1000 m，2009-10-13，王凯、樊云川40021109074；峨眉山黄湾乡万年村，29°35′42″N，103°22′37″E，1000 m，2010-11-12，崔龙、李志强40021110152。产于我国秦岭以南各地区。

栽培 极耐阴，也能生于全光照环境中，耐低温。适生于石灰岩地区。扦插或压条繁殖，也可播种。

用途 种子可榨油。

含油率及化学组分数据

采集单位	测试单位	测试部位	产地	含油率(%)	碘值	酸值	皂化值	C12:0	C14:0	C16:0	C16:1	C18:0	C18:1	C18:2	C18:3	C20:0	C20:1
SCU	SCU	种仁	四川峨边	20.48													
SCU	SCU	种仁	四川峨眉山	3.74													

刺楸（棘楸、刺桐、刺枫树）

Kalopanax septemlobus (Thunb.) Koidz.

五加科，刺楸属

特征 落叶乔木，高10~30 m，胸径达70 cm以上。树皮灰褐色，深纵裂。小枝淡黄棕色或灰棕色，密生宽大皮刺，大树之枝疏生小皮刺，或无刺。单叶，在长枝上互生，短枝上簇生，圆形或近圆形，直径9~25 cm，掌状5~7裂，裂片阔三角状卵形至长圆状卵形，长不及全叶片的1/2，先端渐尖，基部心形，边缘具细齿，叶面无毛，叶背幼时有短柔毛；辐射状主脉5~7条，两面均明显；叶柄细长，长8~50 cm，无毛。伞形花序聚生为顶生圆锥花序，长15~25 cm；花白色或淡黄绿色；萼边缘有5齿；花瓣5枚，雄蕊5枚，花丝较花瓣长1倍以上；子房下位，2室；花柱2枚，合生成柱状，柱头离生。核果近球形，直径约5 mm，蓝黑色。花期7~8月；果期9~10月。

分布 四川：成都彭州白鹭，31°11′15″N，103°55′20″E，1150 m，2011-10-24，邓星光、吴阳晨等40021111111。生于山地疏林中，除野生外，也有栽培。垂直分布海拔自数十米起至千余米，在云南可达2500 m，通常数百米的低丘陵较多。产于广西、湖南、安徽、湖北。朝鲜、俄罗斯和日本也有分布。

栽培 喜光，适应性强。喜肥沃湿润的酸性至中性土。播种或分根繁殖。

用途 种子含油，供制肥皂等用。可作观赏植物。

含油率及化学组分数据

采集单位	测试单位	测试部位	产地	含油率(%)	碘值	酸值	皂化值	C12:0	C14:0	C16:0	C16:1	C18:0	C18:1	C18:2	C18:3	C20:0	C20:1
SCU	SCU	种仁	四川成都	21.98	87.97	63.54	154.99			11.65	12.27	1.68	59.46	13.97	0.57		
OFPC		种子	江苏南京	31.10	107.60		206.10			2.00	微量	微量	59.10	34.10	4.60		

短梗大参（节梗大蔆、七叶风、卢氏梁王茶）

Macropanax rosthornii (Harms) C. Y. Wu ex C. Ho

五加科，大参属

特征 常绿灌木或小乔木，高2~9 m，胸径20 cm。全株无毛。枝暗棕色，小枝淡黄棕色。掌状复叶，小叶3~5片；叶柄长2~20 cm或更长；小叶片纸质，倒卵状披针形，长6~18 cm，宽1.2~3.5 cm，先端短渐尖或长渐尖，基部楔形，上面深绿色，下面淡绿白色，边缘疏生钝齿或锯齿；侧脉8~10对，两面明显，网脉不明显；小叶柄长0.3~1 cm，稀长至1.5 cm。多个伞形花序聚生成为圆锥花序顶生，圆锥花序长15~20 cm，伞形花序直径约1.5 cm，有花5~10朵；总花梗长0.8~1.5 cm，花梗长3~5 mm，稀长7~8 mm；花白色；萼长约1.5 mm，边缘近全缘；花瓣5枚，三角状卵形，长1.5 mm；雄蕊5枚；子房2室；花盘隆起，半球形；花柱合生成柱状，先端2浅裂。果实卵球形，长约5 mm；宿存花柱长1.5~2 mm，顶端2裂。花期7~9月；果期10~12月。

分布 湖南：张家界永定区西溪坪乡，29°03′09″N，110°35′29″E，2011-11-28，张九兵、朱明德400181381。生于森林、灌丛和林缘路旁，海拔500~1300 m。产于广东、广西、湖南、江西、福建、湖北、贵州、四川、甘肃。

栽培 适宜在郁闭度较低(0.3左右)的林下生长，喜阴湿环境，忌阳光直射。播种繁殖。

用途 种子可榨油。

含油率及化学组分数据

采集单位	测试单位	测试部位	产地	含油率(%)	碘值	酸值	皂化值	C12:0	C14:0	C16:0	C16:1	C18:0	C18:1	C18:2	C18:3	C20:0	C20:1
HUST	HUST	种仁	湖南张家界	24.14	5.98	6.54	214.45	0.09	0.21	3.86	0.21	1.07	50.94	29.53	0.15	1.05	0.39

人参（棒槌）

Panax ginseng C. A. Mey.

五加科，人参属

特征 多年生草本，高达60 cm。根状茎（芦头）短，直立或斜上；地上茎单生，高30~60 cm，有纵纹，无毛，基部有宿存鳞片。掌状复叶，小叶3~6片轮生茎顶；叶柄长3~8 cm，有纵纹，无毛，基部无托叶；小叶3~5片，薄膜质，中央小叶片椭圆形至长圆状椭圆形，长8~12 cm，宽3~5 cm，最外一对侧生小叶片卵形或菱状卵形，长2~4 cm，宽1.5~3 cm，先端长渐尖，基部阔楔形，下延，边缘有锯齿，上面疏被长约1 mm的刚毛，下面无毛；侧脉5~6对，两面明显，网脉不明显；小叶柄长0.5~2.5 cm，侧生者较短。伞形花序单个顶生，直径约1.5 cm，有花30~50朵；花淡黄绿色；萼无毛，边缘有5个三角形小齿；花瓣5枚，卵状三角形；雄蕊5枚，花丝短；子房2室；花柱2枚，离生。果实扁球形，鲜红色，长4~5 mm，宽6~7 mm。种子肾形，乳白色。花期5~6月；果期6~9月。

分布 吉林：通化，41°43′47″N，125°51′25″E，2011-09-17，郑宝江等400341117。产于辽宁东部、吉林（东部）、黑龙江（东部），现吉林、辽宁栽培甚多，河北、山西有引种。

栽培 喜寒冷、湿润气候，忌强光直射，抗寒力强。对土壤要求严格，宜在富含有机质，通透性良好的砂质壤土、腐殖质壤土栽培，忌连作。种子繁殖为主。

用途 根茎为著名强壮滋补药。

含油率及化学组分数据

采集单位	测试单位	测试部位	产地	含油率(%)	碘值	酸值	皂化值	C12:0	C14:0	C16:0	C16:1	C18:0	C18:1	C18:2	C18:3	C20:0	C20:1
NEFU	SCBG	种仁	吉林通化	23.62	73.68	2.94	310.83	0.004	0.07	10.03	0.16	2.77	9.58	76.98	0.21	0.09	0.09

鹅掌藤（七加皮）

Schefflera arboricola (Hayata) Merr.

五加科，鹅掌柴属

特征 常绿藤状灌木，高2~3 m。小枝有不规则纵皱纹，无毛，具5~6棱。掌状复叶互生，小叶7~9片；叶柄纤细，长12~18 cm，无毛；小叶革质，倒卵状长圆形或长圆形，长6~10 cm，宽1~4 cm，先端急尖，基部渐狭或钝形，上面深绿色，有光泽，下面灰绿色，两面无毛，全缘；侧脉4~6对，网脉明显；小叶柄有狭沟，长1.5~3 cm，无毛。十几个至几十个伞形花序聚生成顶生圆锥花序；圆锥花序长20 cm以下；伞形花序有花3~10朵；总花梗长不及5 mm，花梗长1.5~2.5 mm，均疏生星状绒毛；花白色，长约3 mm；萼长约1 mm，边缘全缘，无毛；花瓣5~6枚，有3脉，无毛；雄蕊和花瓣同数而等长；子房5~6室，无花柱，柱头5~6枚。果实卵形，有5棱，直径4 mm。花期7月；果期8月。

分布 海南：文昌椰子大观园，19°45′03″N，110°46′51″E，2009-10-25，张荣京40017195。产海南、台湾、广西。生于谷地密林下或溪边较湿润处，常附生于树上，在海南生于海拔400~900 m处。

栽培 喜温暖湿润气候，生命力强，耐修剪。对阳光适应范围广，在全日照、半日照、半阴下均可生长良好，日照充足时叶片亮绿，日照不足时叶色浓绿。对水分的适应性强，耐旱又耐湿。对土壤要求不严。常用扦插或播种繁殖，也可压条繁殖。

用途 可观赏和药用。

含油率及化学组分数据

采集单位	测试单位	测试部位	产地	含油率(%)	碘值	酸值	皂化值	C12:0	C14:0	C16:0	C16:1	C18:0	C18:1	C18:2	C18:3	C20:0	C20:1
SCAU	SCBG	种仁	海南文昌	20.09	66.43	40.43	153.77	6.98	0.68				4.93	14.48	0.66		0.08

通脱木（通草、木通树、天麻子）

Tetrapanax papyrifer (Hook.) K. Koch

五加科，通脱木属

特征　常绿灌木或小乔木，高1~3.5 m。树皮深棕色，略有皱裂。茎髓大，白色，纸质。新枝淡棕色或淡黄棕色，有明显的叶痕和大形皮孔。叶大，聚生茎顶，纸质或薄革质，长50~75 cm，宽50~70 cm，掌状5~11裂，裂片通常为叶片全长的1/3或1/2，倒卵状或卵状长圆形，通常再分裂为2~3小裂片，先端渐尖，上面无毛，下面密生白色厚绒毛，全缘或有粗齿；侧脉和网脉不明显；叶柄粗壮，长30~50 cm，无毛。伞形花序聚生成大型复圆锥花序，圆锥花序长50 cm或更长，顶生或近顶生；伞形花序直径1~1.5 cm，有花多数；总花梗长1~1.5 cm，花梗长3~5 mm，均密生白色星状绒毛；花淡黄白色；萼长1 mm，密生白色星状绒毛；花瓣4枚，三角状卵形，长2 mm，外面密生星状厚绒毛；雄蕊和花瓣同数；子房2室；花柱2枚，离生，先端反曲。果实球形，直径约4 mm，紫黑色。花期10~12月；果期次年1~2月。

分布　江苏：南京中山植物园，32°03′15″N，118°49′41″E，49 m，2011-12-11，田怀珍、李星霖、古丽米热4001171207。通常生于向阳、肥厚的土壤上，有时栽培于庭园中，海拔自数十米至2800 m。产于广东、广西、湖南、江西、福建、台湾、湖北、四川、贵州、云南、陕西。

栽培　栽培土质以肥沃的腐殖质砂质壤土为佳，全日照、半日照均理想，土质常保持湿润则生长旺盛。播种或扦插繁殖。春季为适期。

用途　茎髓供精制纸花和小工艺品原料，还可药用。

含油率及化学组分数据

采集单位	测试单位	测试部位	产地	含油率(%)	碘值	酸值	皂化值	C12:0	C14:0	C16:0	C16:1	C18:0	C18:1	C18:2	C18:3	C20:0	C20:1
NEFU	SCBG	种仁	江苏南京	20.60	17.79	8.89	151.48		0.06	11.36	0.14	3.38	32.36	10.04	0.10	0.44	0.18

下延叶古当归

Archangelica decurrens Ledeb.

伞形科，古当归属

特征　多年生草本，高达2 m。根粗壮，圆柱形，棕褐色。茎高1~2 m，基部粗2~6 cm，中空，无毛。叶三出式二至三回羽状分裂，基生叶有长柄；茎生叶叶柄长8~17 cm，下部膨大成兜状鞘，宽至6 cm，两面光滑无毛；叶片轮廓为宽三角状卵形，顶生末回裂片常3裂，侧生裂片长圆形至卵状披针形，顶端渐尖，基部楔形下延，无柄或有短柄，具不规则锯齿，齿端有钝尖头，叶片两面无毛；茎顶叶成囊状鞘。复伞形花序近圆球形，宽7~15 cm；伞辐20~50，长2.5~5 cm，有短糙毛；有总苞片和小总苞片；小伞花序密集成球形，有花30~50朵；花白色，花瓣边缘波状；萼齿不明显。果实椭圆形，长5~10 mm，宽3~5 mm，背棱凸起，厚翅状，侧棱翅状，比果体狭，油管极多，连成环状。花期7~8月；果期8~9月。

分布　新疆：伊宁县巩乃斯达坂，43°13′13″N，84°49′43″E，2910 m，2012-08-10，刘旭丽、侯翼国4003312009；伊犁新源县野果林改良场，43°23′07″N，83°35′41″E，1274 m，2010-10-09，王喜勇、王蕾、孔凡逵4003310042。生长于山谷、林下、沟边的灌丛或草丛中。产于新疆（阿尔泰、塔城地区）、内蒙古。分布于俄罗斯以及蒙古。

栽培　播种繁殖。

用途　种子可榨油。

含油率及化学组分数据

采集单位	测试单位	测试部位	产地	含油率(%)	碘值	酸值	皂化值	C12:0	C14:0	C16:0	C16:1	C18:0	C18:1	C18:2	C18:3	C20:0	C20:1
XIEG	SCEG	种子	新疆伊宁	8.89	31.57			0.02	0.04	5.61	0.05	3.42	3.96	85.18	1.06	0.34	0.32
XIEG	SCBG	种仁	新疆伊犁	31.15	19.37	5.74	221.57	0.06	0.32	17.77	0.47	6.94	23.30	46.67	3.87	0.30	0.30

葛缕子
Carum carvi L.
伞形科，葛缕子属

特征 多年生草本，高30~70 cm。根圆柱形，长4~25 cm，径5~10 mm，表皮棕褐色。茎通常单生，稀2~8，基部无叶鞘残留纤维。叶二至三回羽裂，长圆状披针形，长5~10 cm，宽2~3 cm；基生叶及茎下部叶的叶柄与叶片近等长；末回裂片线形或线状披针形，长3~5 mm，宽约1 mm；茎中、上部叶与基生叶同形，较小，无柄或有短柄。复伞形花序径3~6 cm；无总苞片，稀1~3枚，线形；伞辐5~10，极不等长，长1~4 cm；无小总苞或偶有1~3枚，线形；小伞形花序有花5~15朵；花杂性，无萼齿；花瓣白色，或带淡红色，花柄不等长；花柱长约为花柱基的2倍。果实长卵形，长4~5 mm，宽约2 mm，成熟后黄褐色，果棱明显，每棱槽内油管1，合生面油管2。花、果期5~8月。

分布 新疆：伊犁新源县至尼勒克79团途中，43°37′51″N，83°18′52″E，1281 m，2010-10-10，王喜勇、王蕾、孔凡逵4003310045。生于河滩草丛中、林下或高山草甸。产四川西部、西藏、西北、华北及东北。分布于亚洲、欧洲、北非和北美洲。

栽培 播种繁殖。

用途 欧洲从葛缕子的果实中提取挥发油，并分离出香芹酮、苧烯、糠醛等成分，提取挥发油后剩下的残渣又可作为家畜饲料；全草药用。

含油率及化学组分数据

采集单位	测试单位	测试部位	产地	含油率(%)	碘值	酸值	皂化值	C12:0	C14:0	C16:0	C16:1	C18:0	C18:1	C18:2	C18:3	C20:0	C20:1
XIEG	SCBG	种仁	新疆伊犁	25.02	20.83	19.16	277.07	0.01	0.05	7.79	0.10	4.20	10.77	33.14	42.98	0.27	0.71

芫荽（香荽、胡荽）
Coriandrum sativum L.
伞形科，芫荽属

特征 一年生或二年生草本，高30~100 cm。全株无毛，具强烈香气；根细长，具多数纤细的支根。茎直立，圆柱形，多分枝，有条纹，通常光滑。叶片一至三回羽状全裂，裂片宽卵形或楔形，长1~2 cm，宽1~1.5 cm，边缘有钝锯齿、深裂或具缺刻；根生叶有柄，柄长3~15 cm；上部的茎生叶二至三回羽状深裂，末回裂片狭条形，长5~10 mm，宽0.5~1 mm，全缘。伞形花序顶生或与叶对生；伞辐3~7，长1~2.5 cm；小总苞片2~5枚，线形，全缘；小伞形花序有花3~9朵，花白色或带淡紫色；萼齿通常大小不等；花瓣倒卵形，长1~1.2 mm，宽约1 mm，顶端内曲，外缘的花瓣扩大呈辐射状，长2~3.5 mm，宽1~2 mm，通常全缘，有3~5脉。果实圆球形，直径1.5 mm，光滑，棱明显；油管不明显，或有1个位于次棱的下方。花、果期4~11月。

分布 陕西：杨凌区西农农场，34°15′08″N，108°04′10″E，486 m，2010-05-30，薛帅、韩东倩400323077。我国西汉时（公元前一世纪）张骞从西域带回，现我国广东、广西、湖南、江西、浙江、江苏、安徽、山东、四川、贵州、云南、西藏、陕西、河北以及东北等地均有栽培。辽宁：锦州，41°06′45″N，121°08′05″E，2011-09-01，郑宝江等400341165。原产欧洲地中海地区。

栽培 田园栽培，宜生长在肥沃而保肥力强的砂质壤土。播种繁殖。

用途 果实可提取芳香油，可用于制作香精；可再萃取脂肪油，用以制造油酸和肥皂；原油中所含的芳香醇能生成柠檬醛；茎叶可作蔬菜；果实供药用。

含油率及化学组分数据

采集单位	测试单位	测试部位	产地	含油率(%)	碘值	酸值	皂化值	C12:0	C14:0	C16:0	C16:1	C18:0	C18:1	C18:2	C18:3	C20:0	C20:1
CAU	CAU	种子	陕西杨凌	27.47	74.19	8.05	194.59		0.33	14.01	0.53	18.85	11.88	41.74	2.10	0.33	

野胡萝卜（鹤虱草、救荒本草）

Daucus carota L.

伞形科，胡萝卜属

特征 二年生草本，高15~120 cm。茎单生，全株有白色粗硬毛；根肉质，小圆锥形，近白色。基生叶薄膜质，长圆形，二至三回羽状全裂，末回裂片线形或披针形，长2~15 mm，宽0.5~2 mm，顶端尖锐，有小尖头；叶柄长3~12 cm；茎生叶近无柄，有叶鞘。复伞形花序顶生；花序梗长10~55 cm，有糙硬毛；总苞片多数，叶状，羽状分裂，裂片条形，反折；伞辐多数，长2~7.5 cm，结果时外缘的伞辐向内弯曲；花通常白色，有时带淡红色；花梗多数；花柄不等长，长3~10 mm。双悬果圆卵形，长3~4 mm，棱上有白色翅，翅上具短钩刺。花期5~7月。

分布 湖南：吉首市花垣古苗河，28°33′25″N，109°28′38″E，300 m，2009-07-14，徐亮、周建军400191079。河南：郑州市惠济区，34°54′58″N，113°33′50″E，94 m，2011-07-26，王亚平、陈明400314103。重庆：南川区三泉镇槐坪，29°45′24″N，107°07′27″E，570 m，2009-05-06，刘正宇等400231012。四川：松潘县九寨乡，33°13′55″N，103°44′40″E，2696 m，2009-07-27，干友民400241042。陕西：凤县南星镇瓦房坝乡，33°42′50″N，106°37′19″E，1300 m，2011-08-29，薛帅400324051。生长于山坡路旁、旷野或田间。产于江西、湖南、浙江、江苏、安徽、河南、湖北、四川、贵州等地。东南亚及欧洲也有分布。

栽培 播种繁殖。

用途 果实含芳香油及油脂，可提取芳香油根作蔬菜，也可药用。可绿化观赏。

含油率及化学组分数据

采集单位	测试单位	测试部位	产地	含油率(%)	碘值	酸值	皂化值	C12:0	C14:0	C16:0	C16:1	C18:0	C18:1	C18:2	C18:3	C20:0	C20:1
JSU	SCBG	种仁	湖南吉首	31.65	84.04	3.58	167.12	0.09	0.64	10.45	0.29	5.20	10.14	26.68	18.23	5.71	0.19
HNAU	ICS	种子	河南郑州	5.87	128.64	35.24	157.33	0.38	0.72	4.90		2.26	34.03	18.35	0.74	35.57	
CIPP	SCBG	种仁	重庆南川	13.20	69.30	10.09	120.46	2.75	4.51	4.47	0.31	0.91	71.25	2.13	12.81	0.53	0.33
SICAU	SCBG	种仁	四川松潘	27.90	25.09	6.15	136.77	0.02	0.03	3.39	0.05	1.18	70.81	23.75	0.39	0.16	0.23
CAU	ICS	果实	陕西凤县	2.15	90.54	39.83	529.00	0.08	0.16	7.70	0.36	2.45	35.99	42.15	1.37	0.38	0.16
OFPC		种子	陕西武功	17.80	109.40	6.80	149.40	微量	微量	4.50	0.90	0.40	79.90	14.20			

白亮独活

Heracleum candicans Wall. ex DC.

伞形科，独活属

特征 多年生草本，高达1 m。全株被白色柔毛或绒毛；根圆柱形，下部分枝。茎直立，圆筒形，中空，有棱槽，上部多分枝。叶二型，宽卵形或长椭圆形，长12~30 cm，一至二回羽状分裂，裂片卵形，长4~7 cm，宽2~4.5 cm，羽状浅裂，边缘有不整齐锯齿，下面密生灰白色绒毛；茎下部叶叶柄长10~15 cm，末回裂片长卵形，长5~7 cm，呈不规则羽状浅裂，裂片先端钝圆，下表面密被灰白色软毛或绒毛；茎上部叶有宽展的叶鞘。复伞形花序顶生或侧生；花序梗长15~30 cm，有柔毛；伞形花序有花约25朵；花梗约25，长5~10 mm；花瓣白色，二型；萼齿线形细小；花柱基短圆锥形。果实倒卵形，背部极扁平，长5~6 mm；分生果的棱槽中各具1条油管，合生面油管2条。花期5~6月；果期9~10月。

分布 西藏：波密县扎木乡，29°50′39″N，95°43′23″E，3102 m，2011-09-05，干友民400241145。生于海拔2000~4200 m的山坡林下及路旁。产于四川、云南、西藏等省区。分布于尼泊尔、巴基斯坦等地。

栽培 播种繁殖。

用途 根入药。

含油率及化学组分数据

采集单位	测试单位	测试部位	产地	含油率(%)	碘值	酸值	皂化值	C12:0	C14:0	C16:0	C16:1	C18:0	C18:1	C18:2	C18:3	C20:0	C20:1
SICAU	SCBG	种子	西藏波密	26.08	20.58	7.41	184.46	0.04	0.21	11.59	0.78	2.70	22.52	60.70	0.94	0.26	0.27

短毛独活（东北牛防风、大叶芹、毛羌）

Heracleum moellendorffii Hance

伞形科，独活属

特征　多年生草本，高1~2 m。全体有柔毛；根圆锥形、粗大，多分枝，灰棕色。茎直立，有棱槽，上部开展分枝。叶片轮廓广卵形，薄膜质，三出式分裂，裂片广卵形至圆形、心形，不规则的3~5裂，长10~20 cm，宽7~18 cm，裂片边缘具粗大的锯齿，尖锐至长尖，茎上部叶有宽展的叶鞘；叶有柄，长10~30 cm；小叶柄长3~8 cm。复伞形花序顶生和侧生；花序梗20余条，长4~15 cm，伞辐12~30 cm，不等长；总苞片5枚，小总苞片5~10枚，均为条状披针形；花柄细长，长4~20 mm；萼齿不显著；花瓣白色，二型。分生果圆状倒卵形，顶端凹陷，背部扁平，长6~8 mm，宽5~6 mm，有短刺毛，背棱和中棱线状凸起，侧棱宽阔；每棱槽内有油管1条，合生面油管2条，棒形，其长度为分生果的一半。胚乳腹面平直。花期7月；果期8~10月。

分布　湖南：吉首市永顺小溪，28°10′12″N，109°14′11″E，524 m，2009-11-04，张代贵、周建军400191170。河南：登封县嵩山，34°29′16″N，113°01′53″E，587 m，2011-08-27，王亚平、陈明400314041。黑龙江：帽儿山，45°18′50″N，127°34′43″E，2012-10-18，郑宝江等400341219。甘肃：甘南卓尼县大峪沟，34°20′08″N，103°35′34″E，3400 m，2011-10-08，秦烁400326016；天水县麦积山，34°21′52″N，106°39′53″E，1600 m，2011-10-10，薛帅、潘昊400325027。生于阴坡山沟旁、林缘或草甸子。产于湖南、江西、浙江、江苏、安徽、山东、湖北、云南、陕西、河北、内蒙古、辽宁、吉林、黑龙江等地。

栽培　种植宜选择高海拔地区、半阴坡处。喜土层深厚疏松、排水良好、富含腐殖质的沙壤土。播种繁殖。

用途　根入药。观赏价值高。

含油率及化学组分数据

采集单位	测试单位	测试部位	产地	含油率(%)	碘值	酸值	皂化值	C12:0	C14:0	C16:0	C16:1	C18:0	C18:1	C18:2	C18:3	C20:0	C20:1
JSU	JSU	种仁	湖南吉首	25.56	80.75	136.60	200.09	0.10	0.22	16.82	0.16	2.37	39.07	31.44	2.68	0.73	0.70
HNAU	ICS	种子	河南登封	4.05	32.70	16.70	282.47		0.11	7.24		1.43	51.58	29.00	0.76	0.66	
NEFU	SCBG	种仁	黑龙江帽儿山	4.00	2.21	7.90		0.02	0.11	7.33	0.11	1.92	18.49	67.91	0.66	0.40	0.24
CAU	ICS	种子	甘肃甘南	7.16	94.53	7.33	167.56		0.06	13.15	0.07	7.38	24.25	12.96	34.82	0.41	0.45
CAU	ICS	种子	甘肃天水	3.06	113.09	35.42	507.08	1.42	0.08	5.94	0.18	1.33	55.82	29.06	0.68	0.48	0.14

前胡

Peucedanum praeruptorum Dunn

伞形科，前胡属

特征 多年生草本，高1~2 m。根圆锥形，粗壮，径1~1.5 cm，常开叉，灰褐色，基部有多数褐色叶鞘纤维。茎圆柱形。叶片宽卵形或三角状卵形，三出式二至三回分裂；第一回羽片具柄；末回裂片椭圆形，长5~13 cm，宽2.5~5.5 cm，边缘有细而规则的锯齿；茎下部叶具短柄，形状似茎生叶；茎上部叶无柄，叶鞘稍宽，边缘膜质，叶片三出分裂，中间一枚基部下延；叶柄长6~20 cm，基部有宽鞘；小叶柄的边缘翅状延长。复伞形花序多数，顶生或腋生，伞辐6~15，不等长，长0.5~4.5 cm；总苞片无或1至数枚，线形；小伞形花序有花15~20朵；小总苞数个，披针形；花瓣卵形，白色，小舌片内曲；萼齿不显著。果实卵圆形至卵状长椭圆形，长约4 mm，宽3 mm，棕色，有稀疏短毛，背棱线形凸起，侧棱有窄翅；棱槽内油管3~5条，合生面油管6~10。花期8~9月；果期10月。

分布 河南：焦作沁阳，35°14′53″N，112°49′07″E，1108 m，2012-10-20，王亚平400314273。陕西：洋县华阳古镇，33°35′07″N，107°32′38″E，1021 m，2010-10-08，薛帅400323037。野外生林下草丛中。产于广西、湖南、江西、福建（武夷山）、浙江、江苏、安徽、河南、湖北、四川、贵州、甘肃、河南。

栽培 宜选土层深厚、疏松肥沃、排水良好的夹砂土或壤土种植为宜。盐碱地以及黏重排水不畅的地块不宜种植。播种繁殖。可采用直播或育苗移栽。

用途 根供药用。根含多种香豆精类。花序美丽，可观赏。

含油率及化学组分数据

采集单位	测试单位	测试部位	产地	含油率(%)	碘值	酸值	皂化值	C12:0	C14.0	C16.0	C16:1	C18:0	C18:1	C18:2	C18:3	C20:0	C20:1
HNAU	ICS	种子	河南焦作	7.13	57.45	19.37	221.57	2.16	0.47	2.87	0.11	0.85	56.01	25.23	0.62		
CAU	ICS	种子	陕西洋县	20.02	85.40	6.73	156.51			2.73		0.53	56.65	13.09	0.59		

溪畔杜鹃（贵州杜鹃）

Rhododendron rivulare Hand.-Mazz.

杜鹃花科，杜鹃属

特征 常绿灌木，高1~3 m。幼枝纤细，圆柱形，疏生扁平糙伏毛和刚毛状长毛；老枝灰褐色，近无毛。叶纸质，卵状披针形或长圆状卵形，长5~9（~11. 5）cm，宽1~4 cm，先端渐尖，具短尖头，基部近于圆形，边缘全缘；叶柄长5~10 mm，密被锈褐色短腺头毛及扁平糙伏毛。花芽圆锥状卵形，鳞片阔卵形，先端钝，具短尾状尖头。伞形花序顶生，花多达10朵以上；花梗长1. 5 cm，密被短腺头毛及扁平长糙伏毛；花萼裂片狭三角形，长2~5 mm；花冠漏斗形，紫红色，长2. 3 cm，花冠管狭圆筒形，长1. 3 cm，向基部渐窄，径2 mm；雄蕊5，不等长，长2. 5~2. 8 cm，伸出于花冠外，花丝基部被微柔毛，花药紫色，长圆形，长3 mm；子房卵球形，褐色，密被红棕色刚毛。蒴果长卵球形，长9 mm，直径4 mm，密被刚毛状长毛。花期4~6月；果期7~11月。

分布 广东：阳山县秤架自然保护区，24°48′55″N，112°51′10″E，371 m，2009-11-16，董安强40011267。生于海拔371~1200 m的山谷密林中。产广东、广西、湖南、湖北、四川及贵州。

栽培 播种或扦插繁殖。

用途 油料可用于制造肥皂、润滑油、油漆及其他多种工业用途。

含油率及化学组分数据

采集单位	测试单位	测试部位	产地	含油率（%）	碘值	酸值	皂化值	C12:0	C14:0	C16:0	C16:1	C18:0	C18:1	C18:2	C18:3	C20:0	C20:1
SCBG	SCBG	种仁	广东阳山	42.26													

大字杜鹃

Rhododendron schlippenbachii Maxim.

杜鹃花科，杜鹃属

特征 落叶灌木，高1~4. 5 m。枝近于轮生，幼枝黄褐色或淡棕色，密被淡褐色腺毛，老枝灰褐色，无毛。叶纸质，常5枚集生枝顶，倒卵形或阔倒卵形，长4. 5~7. 5 cm，宽2. 5~4. 5 cm，先端圆形或微有缺刻，具短尖头，基部楔形，边缘微波状；叶柄长2~4 mm，被刚毛或腺毛。花芽卵球形，鳞片卵形，先端钝，外面沿中部至顶端被伏生微柔毛。伞形花序顶生，有花3~6朵，先花后叶或与叶同时开放；花梗长1. 2 cm，密被腺毛；花萼5裂，裂片卵状椭圆形，长7 mm，外面及边缘具腺毛；花冠蔷薇色或白色至粉红色，辐状漏斗形，长2. 7~3. 2 cm，裂片5，阔倒卵形，上方3枚具红棕色斑点，花冠管长9 mm，外面被微柔毛；雄蕊10，不等长，部分伸出于花冠外，花丝扁平，中部以下被微柔毛；子房卵球形，具腺毛，花柱比雄蕊长，中部以下具短柄腺毛。蒴果长圆球形，黑褐色，长达1. 7 cm，密被腺毛。花期5月；果期6~10月。

分布 辽宁：丹东，40°07′45″N，124°20′19″E，2012-10-14，郑宝江等400341180。常生于低海拔的山地阴山阔叶林下或灌丛中。产辽宁南部和东南部、内蒙古。朝鲜、日本也有分布。

栽培 播种或扦插繁殖。

用途 有一定开发潜力的油料植物。

含油率及化学组分数据

采集单位	测试单位	测试部位	产地	含油率（%）	碘值	酸值	皂化值	C12:0	C14:0	C16:0	C16:1	C18:0	C18:1	C18:2	C18:3	C20:0	C20:1
NEFU	SCBG	种仁	辽宁丹东	21.45	34.60	7.17	34.75		0.04	8.90	0.05	5.60	12.53	70.31	1.37	0.73	0.47

南烛（乌饭树、乌饭叶）

Vaccinium bracteatum Thunb.

杜鹃花科，越桔属

特征 常绿灌木或小乔木，高2~6（~9）m。分枝多，幼枝被短柔毛或无毛，老枝紫褐色，无毛。叶片薄革质，椭圆形、菱状椭圆形、披针状椭圆形至披针形，长4~9 cm，宽2~4 cm，顶端锐尖、渐尖，稀长渐尖，基部楔形、宽楔形，稀钝圆；叶柄长2~8 mm，通常无毛或被微毛。总状花序顶生和腋生，长4~10 cm，有多数花，序轴密被短柔毛稀无毛；苞片叶状，披针形，长0. 5~2 cm，两面沿脉被微毛或两面近无毛，边缘有锯齿，宿存或脱落，小苞片2，线形或卵形，长1~3 mm，密被微毛或无毛；花梗短，长1~4 mm，密被短毛或近无毛；花冠白色，筒状，长5~7 mm，外面密被短柔毛，稀近无毛，内面有疏柔毛；雄蕊内藏，长4~5 mm，花丝细长，长2~2. 5 mm，密被疏柔毛。浆果直径5~8 mm，熟时紫黑色，外面通常被短柔毛，稀无毛。花期6~7月；果期8~12月。

分布 广东：阳山县秤架自然保护区，24°46′14″N，112°51′08″E，490 m，2009-11-16，董安强4001126 9。江苏：无锡市花卉公园，31°34′36″N，120°12′59″E，140 m，2009-12-21，田怀珍、熊申展4001171058。云南：昆明市团结乡筇竹寺后山，25°03′50″N，102°37′02″E，2305 m，2009-08-30，王跃虎、唐贵华、王欢400221033。广西：金秀莲花山，24°08′26″N，110°55′09″E，631 m，2011-11-29，黄俞淞、彭日成、韩孟奇4001101261。生于丘陵地带或海拔140~2305 m的山地，常见于山坡林内或灌丛中。产台湾省，华南、华中、华东至西南地区。分布朝鲜、日本（南部），南至中南半岛诸国、马来半岛、印度尼西亚。

栽培 喜温暖，耐寒。喜肥沃、疏松且排水好的土壤。播种繁殖。

用途 种仁可以提炼食用油与工业用油。

含油率及化学组分数据

采集单位	测试单位	测试部位	产地	含油率(%)	碘值	酸值	皂化值	C12:0	C14:0	C16:0	C16:1	C18:0	C18:1	C18:2	C18:3	C20:0	C20:1
SCBG	SCBG	种仁	广东阳山	28. 91	104. 43	7. 32	189. 69	0. 03	0. 14	13. 02	0. 46	2. 34	41. 45	40. 89	1. 24	0. 23	0. 20
ECNU	SCBG	种仁	江苏无锡	31. 13	32. 05	0. 49	250. 92		0. 20	11. 17	0. 99	2. 88	27. 83	32. 23	15. 31	0. 43	
KMIB	KMIB	种仁	云南昆明	18.62	75.43	3.06	190.80			2.89	28.15	11.26	48.33	0.35			
GXIB	SCBG	种仁	广西金秀	14.35	74.61	29.18	205.78		0. 01	23.51	0.22		54.44	20.93	0.73	0.42	0.74

江南越橘（夏菠、羊豆饭）

Vaccinium mandarinorum Diels [*Vaccinium sprengelii* (G. Don) Sleumer]

杜鹃花科，越桔属

特征 常绿灌木或小乔木，高1~4 m。幼枝无毛或被短柔毛，老枝紫褐色或灰褐色，无毛。叶片厚革质，卵形或长圆状披针形，长3~9 cm，宽1. 5~3 cm，顶端渐尖，基部楔形至钝圆；叶柄长3~8 mm，无毛或被微柔毛。总状花序腋生和生枝顶叶腋，长2. 5~7（~10）cm，有多数花，序轴无毛或被短柔毛；小苞片2，着生花梗中部或近基部，线状披针形或卵形，长2~4 mm，无毛；花梗纤细，长（2~）4~8 mm，无毛或被微毛；萼筒无毛，萼齿三角形或卵状三角形或半圆形，长1~1. 5 mm，无毛；花冠白色或稍淡红色，微香，筒状或筒状坛形；雄蕊内藏，药室背部有短距，药管长为药室的1. 5倍，花丝扁平，密被毛；花柱内藏或微伸出花冠。浆果，熟时紫黑色，无毛，直径4~6 mm。花期4~6月；果期6~10月。

分布 江西：玉山县三清山，28°54′53″N，118°01′24″E，539 m，2009-09-02，廖文波等400141134。生于山坡灌丛或杂木林中或路边林缘，海拔180~1600 m，在云南高原常见于海拔539~2900 m的地方。产广东、广西、湖南、江西、福建、浙江、江苏、安徽、湖北、四川、贵州、云南等地。

栽培 播种或扦插繁殖。

用途 食用油与工业用油。

含油率及化学组分数据

采集单位	测试单位	测试部位	产地	含油率(%)	碘值	酸值	皂化值	C12:0	C14:0	C16:0	C16:1	C18:0	C18:1	C18:2	C18:3	C20:0	C20:1
SYSU	SCBG	种仁	江西玉山	32.17	4.93	4.66	248.57	0.03	0.13	12.84	0.30	2.14	38.69	44.88	0.65	0.18	0.16

百两金(紫金龙)

Ardisia crispa (Thunb.) A. DC.

紫金牛科，紫金牛属

特征 灌木，具匍匐生根的茎，直立茎除侧生特殊花枝外，无分枝。叶片膜质或近坚纸质，椭圆状披针形或狭长圆状披针形，顶端长渐尖，稀急尖，基部楔形，长7~12(~15)cm，宽1.5~3(~4)cm，全缘或略波状，具明显的边缘腺点；叶柄长5~8 mm。亚伞形花序，着生于侧生特殊花枝顶端，花枝长5~10 cm，通常无叶；花梗长1~1.5 cm，被微柔毛；花长4~5 mm，花萼仅基部连合，萼片长圆状卵形或披针形，顶端急尖或狭圆形，长1.5 mm，多少具腺点，无毛；花瓣白色或粉红色，卵形，长4~5 mm，顶端急尖，外面无毛，里面多少被细微柔毛，具腺点；雄蕊较花瓣略短，花药狭长圆状披针形，背部有腺点或无；雌蕊与花瓣等长或略长，子房卵珠形，无毛；胚珠5枚，1轮。果球形，直径5~6 mm，鲜红色，具腺点。花期5~6月；果期10~12月。

分布 福建：古田县虎园，26°37′08″N，118°52′46″E，512 m，2010-10-25，刘东明、梁耀400112162。生于海拔100~2400 m的山谷、山坡，疏、密林下或竹林下。产长江流域以南大陆各地。

栽培 喜温暖、荫蔽和湿润的环境。要求通风及排水良好的肥沃土壤。播种或春季压条繁殖。

用途 果可食；种仁可榨油。

含油率及化学组分数据

采集单位	测试单位	测试部位	产地	含油率(%)	碘值	酸值	皂化值	C12:0	C14:0	C16:0	C16:1	C18:0	C18:1	C18:2	C18:3	C20:0	C20:1
SCBG	SCBG	种仁	福建古田	28.78	146.14	4.04	233.67	6.52		3.39	0.10	1.62	74.41		3.93		0.19

密鳞紫金牛(罗芒树、山马皮、黑度)

Ardisia densilepidotula Merr.

紫金牛科，紫金牛属

特征 小乔木，高6~8(~15)m；小枝粗壮，幼时被锈色鳞片。叶片革质，倒卵形或广倒披针形，顶端钝急尖或广急尖，基部楔形，下延，长11~17 cm，宽4~6 cm，全缘，常反折，叶面平整，背面密被鳞片，无腺点；叶柄具狭翅和沟。圆锥花序顶生或近顶生，由多回亚伞形花序组成，长10~14 cm；花梗长3~8 mm，被鳞片；花长约3 mm，花萼基部连合，萼片狭三角状卵形或披针形，顶端急尖，长1~1.5 mm，具缘毛，无腺点，稀具腺点，无毛；花瓣粉红色至紫红色，卵形，顶端钝，长约3 mm，无腺点，无毛；雄蕊与花瓣几等长，花药卵形，顶端细尖，无腺点；雌蕊与花瓣等长或略长，子房卵珠形，无毛；胚珠约14枚，1轮。果球形，直径约6 mm，紫黑色，无腺点。花期6~8月；果期8月至翌年2月。

分布 海南：五指山番阳，18°53′17″N，109°20′36″E，2009-08-29，郑希龙、潘雅书40011452；昌江县霸王岭东二，19°13′21″N，109°00′40″E，2009-08-02，秦新生400116136。生于海拔250~2000 m的山谷、山坡密林中。产海南。

栽培 喜温暖、荫蔽和湿润的环境。要求通风及排水良好的肥沃土壤。播种或春季压条繁殖。

用途 树皮供药用，治腹痛。

含油率及化学组分数据

采集单位	测试单位	测试部位	产地	含油率(%)	碘值	酸值	皂化值	C12:0	C14:0	C16:0	C16:1	C18:0	C18:1	C18:2	C18:3	C20:0	C20:1
SCBG	SCBG	种仁	海南五指山	23.40				0.02	0.11	10.02	0.26	3.33	11.77	72.60	1.34	0.40	0.16
SCAU	SCBG	种仁	海南昌江	25.19	44.83	11.28	180.15		0.05	4.85	3.17	1.81	18.06	58.77	0.03	1.82	0.18

大罗伞树

Ardisia hanceana Mez [*Ardisia elegantissima* H. Lév.]

紫金牛科，紫金牛属

特征 灌木，高0.8~1.5 m，极少达6 m。茎粗壮，无毛，除侧生特殊花枝外，无分枝。叶片坚纸质或略厚，椭圆状或长圆状披针形，稀倒披针形，顶端长急尖或渐尖，基部楔形，长10~17 cm，宽1.5~3.5 cm，近全缘或具边缘反卷的疏突尖锯齿，齿尖具边缘腺点；叶柄长1 cm。复伞房状伞形花序，无毛，着生于顶端下弯的侧生特殊花枝尾端，花枝长8~24 cm，于1/4以上部位具少数叶；花序轴长1~2.5 cm；花梗长1.1~1.7(~2) cm，花长6~7 mm，花萼仅基部连合，萼片卵形，顶端钝或近圆形，长2 mm或略短，具腺点或腺点不明显；花瓣白色或带紫色，长6~7 mm；卵形，顶端急尖，具腺点，里面近基部具乳头状突起；雄蕊与花瓣等长，花药箭状披针形，背部具疏大腺点；雌蕊与花瓣等长。果球形，直径约9 mm，深红色。花期5~6月；果期8~12月。

分布 海南：昌江县霸王岭，19°06′58″N，109°05′32″E，2009-08-01，秦新生400116130。生于海拔430~1500 m的山谷、山坡林下，阴湿的地方。产于广东、广西、湖南、江西、福建、浙江、安徽。

栽培 喜温暖、荫蔽和湿润的环境。要求通风及排水良好的肥沃土壤。播种繁殖。选湿润、荫蔽的林下栽培。

用途 可做工业用油。

含油率及化学组分数据

采集单位	测试单位	测试部位	产地	含油率(%)	碘值	酸值	皂化值	C12:0	C14:0	C16:0	C16:1	C18:0	C18:1	C18:2	C18:3	C20:0	C20:1
SCAU	SCBG	种仁	海南昌江	28.16	38.14	9.45	143.58	0.32	0.74	11.35		4.15	13.36	28.08	34.84	0.84	

紫金牛(不出林、凉伞盖珍珠)

Ardisia japonica (Thunb.) Blume [*Bladhia japonica* Thunb.]

紫金牛科，紫金牛属

特征 小灌木或亚灌木。近蔓生，具匍匐生根的根茎；直立茎长达30 cm，不分枝，幼时被细微柔毛，后无毛。叶对生或近轮生，叶片坚纸质或近革质，椭圆形至椭圆状倒卵形，顶端急尖，基部楔形，长4~7 cm，宽1.5~4 cm，边缘具细锯齿，多少具腺点；叶柄长6~10 mm，被微柔毛。亚伞形花序，腋生或生于近茎顶端的叶腋，总梗长约5 mm，有花3~5朵；花梗长7~10 mm，常下弯；花长4~5 mm，有时6数，花萼基部连合，萼片卵形，顶端急尖或钝，长约1.5 mm或略短，两面无毛，具缘毛，有时具腺点；花瓣粉红色或白色，广卵形，长4~5 mm，无毛，具密腺点；雄蕊较花瓣略短，花药披针状卵形或卵形，背部具腺点；雌蕊与花瓣等长；胚珠15枚，3轮。果球形，直径5~6 mm，鲜红色转黑色，多少具腺点。花期5~6月；果期10~12月。

分布 福建：武夷山市星村镇桃源峪，27°38′01″N，117°52′21″E，226 m，2009-11-06，王发国、翟俊文400113006。浙江：鄞县天童山，29°48′32″N，121°46′40″E，412 m，2010-11-13，葛斌杰、胡超、熊申展4001171104。习见于海拔约1200 m以下的山间林下或竹林下，阴湿的地方。产于长江流域以南各地区及陕西省。朝鲜、日本均有分布。

栽培 播种、分株或扦插繁殖。以富含有机质的砂质壤土、腐殖质土为佳，排水需良好。

用途 种子油可做工业用。药用。

含油率及化学组分数据

采集单位	测试单位	测试部位	产地	含油率(%)	碘值	酸值	皂化值	C12:0	C14:0	C16:0	C16:1	C18:0	C18:1	C18:2	C18:3	C20:0	C20:1
SCBG	SCBG	种仁	福建武夷山	26.70	60.25	73.79	193.84	5.92		21.43	3.87	2.41	54.36	10.29	1.28	0.25	0.18
ECNU	SCBG	种仁	浙江鄞县	10.26	140.47	9.91	218.25	0.04	0.19	19.47	2.65	3.43	29.76	43.92	0.17	0.25	0.12

罗伞树(火泡树、鸡眼树，火炭树)

Ardisia quinquegona Blume [*Ardisia elliptisepala* E. Walker]

紫金牛科，紫金牛属

特征　灌木至小乔木，高2~6 m。小枝细，有纵纹，嫩时被锈色鳞片。叶片坚纸质，长圆状披针形、椭圆状披针形至倒披针形，顶端渐尖，基部楔形，长8~16 cm，宽2~4 cm，全缘，两面无毛，背面多少被鳞片，无腺点；叶柄长5~10 mm，幼时被鳞片。聚伞花序或亚伞形花序，腋生，稀着生于侧生特殊花枝顶端；花梗长5~8 mm，多少被鳞片；花长约3 mm或略短，花萼仅基部连合，萼片三角状卵形，顶端急尖，长1 mm，具疏微缘毛及腺点，无毛；花瓣白色，广椭圆状卵形，顶端急尖或钝，长约3 mm，具腺点，外面无毛，里面近基部被细柔毛；雄蕊与花瓣几等长，花药卵形至肾形，背部多少具腺点；雌蕊常超出花瓣。果扁球形，直径5~7 mm，无腺点。花期5~6月；果期8~12月。

分布　广西：三江市石门冲保护区，25°29′35″N，109°30′41″E，217 m，2010-12-15，张兵、谷志容400181259。福建：福州植物园，26°09′42″N，119°16′53″E，150 m，2012-11-15，刘东明、童毅4001122146。广东：英德市石门台，24°26′04″N，113°18′36″E，2009-12-03，刘东明、饶显龙40011278。海南：昌江县霸王岭雅加哨所，19°06′59″N，109°05′32″E，2011-11-29，秦新生4001161181。生于海拔150~1000 m的山坡疏、密林中，或林中溪边阴湿处。产于海南、广东、广西、福建、台湾、云南。马来半岛至琉球群岛均有分布。

栽培　喜温暖、荫蔽和湿润的环境。要求通风及排水良好的肥沃土壤。播种繁殖。也可剪嫩枝扦插，或春季压条。选湿润、荫蔽的林下栽培。

用途　种子油可做工业用油。全株入药。

含油率及化学组分数据

采集单位	测试单位	测试部位	产地	含油率(%)	碘值	酸值	皂化值	C12:0	C14:0	C16:0	C16:1	C18:0	C18:1	C18:2	C18:3	C20:0	C20:1
HUST	HUST	种仁	广西三江	0.88				0.03	0.11	15.33	2.33		23.35	48.37	0.80	0.20	0.12
SCBG	SCBG	种仁	福建福州	14.56				0.02	0.13	53.52	0.38	7.34	18.07	19.61	0.40	0.43	0.10
SCBG	SCBG	种仁	广东英德	35.45	143.68	14.95	132.76	0.45	0.20		4.61	0.79	50.69	73.88		0.57	0.26
SCAU	SCBG	种仁	海南昌江	18.05	26.47	23.21		0.27	0.05	15.20	15.50	1.46	27.80	61.76	34.51	0.80	

纽子果（扣子果、米汤果）

Ardisia virens Kurz [*Ardisia flaviflora* C. Chen et D. Fang]

紫金牛科，紫金牛属

特征　灌木，高1~3 m。茎粗壮，除侧生特殊花枝外，无分枝。叶片坚纸质或厚，椭圆状或长圆状披针形，或狭倒卵形，顶端渐尖，罕急尖，基部楔形，长9~17 cm，宽3~5 cm，背面通常具密腺点，尤以叶缘为多，有时具疏鳞片状物；叶柄长1(~1.5)cm。复伞房花序或伞形花序，着生于侧生特殊花枝顶端，花枝长达30 cm，无毛，每个花序总梗长3~7 cm；花梗长1.5~3 cm，花长6~8 mm，花萼仅基部连合，萼片长圆状卵形至儿圆形，顶端钝或圆形，长2.5~3.5 mm，具密腺点，外面无毛，里面具微柔毛；花瓣初时白色或淡黄色，以后变粉红色，长6~8 mm；雄蕊较花瓣略短，花药披针形或近卵形，背部具腺点；雌蕊与花瓣等长或略短。果球形，直径7~9(~10)mm，红色，具密腺点。花期6~7月；果期10~12月或至翌年1月。

分布　广西：金秀县长垌乡古占，23°13′02″N，110°07′05″E，627 m，2011-01-07，吴磊、黄俞淞、林春蕊4001101178。生于海拔300~2700 m的密林下，阴湿而土壤肥厚的地方，为密林下常见的植物。产于海南、广西、台湾、云南。印度至印度尼西亚均有分布。

栽培　喜温暖、荫蔽和湿润的环境。要求通风及排水良好的肥沃土壤。播种繁殖。

用途　种仁可榨油。

含油率及化学组分数据

采集单位	测试单位	测试部位	产地	含油率(%)	碘值	酸值	皂化值	C12:0	C14:0	C16:0	C16:1	C18:0	C18:1	C18:2	C18:3	C20:0	C20:1
GXIB	SCBG	种仁	广西金秀	20.40	84.04	3.26	123.55			1.73		0.73	50.94	44.99	0.51		0.16

酸藤子（信筒子、甜酸叶、鸡母酸）

Embelia laeta (L.) Mez

紫金牛科，酸藤子属

特征　攀缘灌木或藤本，长1~3 m。幼枝无毛，老枝具皮孔。叶片坚纸质，倒卵形或长圆状倒卵形，顶端圆形、钝或微凹，基部楔形，长3~4 cm，宽1~1.5 cm，全缘，两面无毛，无腺点；叶柄长5~8 mm。总状花序，腋生或侧生，生于前年无叶枝上，长3~8 mm，被细微柔毛，有花3~8朵，基部具1~2轮苞片；花梗长约1.5 mm，无毛或有时被微柔毛，小苞片钻形或长圆形，具缘毛，通常无腺点；花4数，长约2 mm，花萼基部连合达1/2或1/3，萼片卵形或三角形，顶端急尖，无毛，具腺点；花瓣白色或带黄色，分离，里面密被乳头状突起，具腺点，开花时强烈展开；雄蕊在雌花中退化，长达花瓣的2/3，在雄花中略超出花瓣，基部与花瓣合生，花丝挺直，花药背部具腺点；雌蕊在雄花中退化，在雌花中较花瓣略长。果球形，直径约5 mm，腺点不明显。花期11月至翌年3月；果期11~12月或翌年4~6月。

分布　广东：始兴县罗坝乡车八岭松树坑，24°43′27″N，114°17′03″E，2012-11-27，刘东明、王鹏、叶心芬、王琳400113187。广西：永福县龙江乡，25°15′02″N，109°50′20″E，2009-12-13，许为斌、黄俞淞、蒋日红4001101087。生于海拔100~1500(~1850)m的山坡疏、密林下或疏林缘或开阔的草坡、灌木丛中。产于广东、广西、江西、福建、台湾、云南。越南、老挝、泰国、柬埔寨均有分布。

栽培　性喜温暖及潮湿。播种繁殖。要求排水良好的肥沃土壤。

用途　全株药用。

含油率及化学组分数据

采集单位	测试单位	测试部位	产地	含油率(%)	碘值	酸值	皂化值	C12:0	C14:0	C16:0	C16:1	C18:0	C18:1	C18:2	C18:3	C20:0	C20:1
SCBG	SCBG	种仁	广东始兴	24.52	99.96	9.91	111.15			9.75	0.78	4.12	2.59	46.29	1.99	0.49	9.93
GXIB	SCBG	种仁	广西永福	3.30	117.63	2.48	170.72		3.36	0.06	2.26	13.89	20.44	42.18	0.29		

长叶酸藤子

Embelia undulata (Wall.) Mez

紫金牛科，酸藤子属

特征 攀缘灌木或藤本，长3 m以上。小枝有明显的皮孔。叶片坚纸质，倒披针形或狭倒卵形，顶端广急尖至渐尖或钝，基部楔形，长6~12 cm，宽2~4 cm，全缘，侧脉很多，常连成边缘脉；叶柄长0. 8~1 cm。总状花序，腋生或侧生于次年生无叶小枝上，长约1 cm，被疏微柔毛或无毛，基部具不甚明显的苞片；花梗长3~4 mm，被微柔毛；小苞片披针形或三角形，具缘毛及腺点；花4数，花萼基部连合达1/3至1/2，萼片卵形或披针形，顶端急尖，具疏缘毛，密布腺点；花瓣浅绿色或粉红色至红色，分离，椭圆形或卵形，顶端圆形或钝，具明显的腺点，里面及边缘密被乳头状突起；雄蕊在雄花中伸出花冠，长约为花瓣长的1倍，仅基部与花瓣合生；雌蕊在雌花中超出花冠或与花冠等长，子房瓶形，柱头扁平或略盾状。果球形或扁球形，直径1~1. 5 cm，红色，有纵肋及多少具腺点；果梗长约1 cm。花期6~8月；果期11月至翌年1月。

分布 广西：龙胜县江底乡，25°55′16″N，111°15′34″E，2009-12-10，许为斌、黄俞淞、蒋日红4001101080。福建：武夷山星村七里桥梁野山保护区，25°08′40″N，116°08′26″E，388 m，2012-11-23，易绮斐、李玉玲、宁阳阳400119272。生于海拔300~2300 m的山谷、山坡疏、密林中或路边灌丛中。产于广东、广西、江西、福建、四川、贵州、云南。

栽培 性喜温暖及潮湿环境。以土层深厚、疏松肥沃的沙壤土较适宜，但其他多种土壤亦可生长。

用途 果可食，味酸，亦有驱蛔虫的作用；全株治产后腹痛、肾炎水肿、肠炎腹泻、跌打散瘀等，有利尿消肿，散瘀痛的功效。

含油率及化学组分数据

采集单位	测试单位	测试部位	产地	含油率(%)	碘值	酸值	皂化值	C12:0	C14:0	C16:0	C16:1	C18:0	C18:1	C18:2	C18:3	C20:0	C20:1
GXIB	SCBG	种仁	广西龙胜	10.45	150.02	2.65	177.87		0.07	3.43	0.09	1.55	21.28	39.61	23.69	0.27	0.45
SCBG	SCBG	果实	福建武夷山	20.40			0.10	0.13	11.15	0.12	3.36	22.00	59.18	2.76	1.03	0.15	

白花酸藤果（牛脾蕊、小种楠藤、羊公板仔）

Embelia ribes Burm. f.

紫金牛科，酸藤子属

特征 攀缘灌木或藤本，长3~6 m。枝条无毛，老枝有明显的皮孔。叶片坚纸质，倒卵状椭圆形或长圆状椭圆形，全缘，两面无毛，背面有时被薄粉，腺点不明显；叶柄长5~10 mm，两侧具狭翅。圆锥花序，顶生，长5~15 cm，稀达30 cm，枝条初时斜出；花梗长1. 5 mm以上；小苞片钻形或三角形少长约1 mm，外面被疏微柔毛，里面无毛；花5数，稀4数，花萼基部连合达萼长的1/2，萼片三角形，顶端急尖或钝，里面具腺点；花瓣淡绿色或白色，分离，椭圆形或长圆形，长1. 5~2 mm，边缘和里面被密乳头状突起，具疏腺点；雄蕊在雄花中着生于花瓣中部，与花瓣几等长；雌蕊在雄花中退化，较花瓣短，柱头呈不明显的2裂，在雌花中与花瓣等长或略短。果球形或卵形，直径3~4 mm，熟时深紫色，干时具皱纹或隆起的腺点。花期1~7月；果期5月至翌年元月。

分布 广东：阳山县秤架，24°47′01″N，112°49′18″E，154 m，2009-10-25，陈林、王发国、付琳、董安强40011470。广西：靖西县武平乡安本村，23°16′43″N，106°32′51″E，905 m，2010-11-21，吴磊、黄俞淞、朱运喜4001101148。海南：三亚甘什岭，18°24′11″N，109°40′11″E，2012-03-20，张荣京40017230。生于海拔50~2000 m的林内、林缘灌木丛中，或路边、坡边灌木丛中，常见。产于广东、广西、福建、贵州、云南。印度以东至印度尼西亚均有分布。

栽培 喜温暖、湿润、荫蔽和通风的环境。播种繁殖。

用途 全株药用。

含油率及化学组分数据

采集单位	测试单位	测试部位	产地	含油率(%)	碘值	酸值	皂化值	C12:0	C14:0	C16:0	C16:1	C18:0	C18:1	C18:2	C18:3	C20:0	C20:1
SCBG	SCBG	种仁	广东阳山	23.46				0.01	0.05	13.14	0.09	2.14	13.46	68.46	0.89	1.31	0.43
GXIB	SCBG	种仁	广西靖西	23.41	79.05	1.42	178.80	1.89	0.55	12.08	0.63	2.53	13.89	27.55	7.97	1.58	0.24
SCAU	SCBG	种仁	海南三亚	12.66	104.36	7.54	165.15	0.17	0.55	51.30		0.75	74.76	76.76	1.50		8.06

密齿酸藤子（打螺、米汤果）

Embelia vestita Rox. [*Embelia rudis* Hand.-Mazz.]

紫金牛科，酸藤子属

特征　攀缘灌木，分枝多。枝条无毛，密布皮孔。叶片坚纸质，长圆状卵形或卵形，顶端急尖或渐尖，基部圆或钝，长5~10 cm，宽2~4 cm，腺点疏而不明显；叶柄长6~8 mm，具狭翅。总状花序，腋生；花梗长2~3（~5）mm，被乳头状突起；小苞片钻形，长1 mm，里外均被乳头状突起；花5数，长1~2 mm，花萼基部连合，萼片卵形，顶端急尖，长0. 7 mm；花瓣分离，淡绿色或白色，长1~2 mm，卵形或长圆形或椭圆形，顶端钝或圆形，边缘膜质，具缘毛，外面无毛，里面中央尤其是近基部密被微柔毛或乳头状突起，具腺点；雄蕊在雌花中退化，长达花瓣的1/2，在雄花中与花瓣等长或较长，着生于花瓣的1/3处；雌蕊在雌花中与花瓣等长。果球形，直径4~5 mm，蓝黑色或带红色，具腺点，宿存萼紧贴果。花期10~12月；果期4~8月。

分布　广东：阳山龙潭角泥坑，24°46′27″N，112°53′49″E，2010-07-25，邢福武、翟俊文、郑希龙、戴建阅400111178。海南：万宁县兴隆热带花园，18°41′53″N，110°14′34″E，2009-08-03，邢福武、戴建阅、翟俊文、郑希龙40011134。产于海南、广东、广西、湖南、江西、福建、台湾、四川、贵州、云南。

栽培　性喜温暖及潮湿环境。以土层深厚、疏松肥沃的沙壤土较适宜，但其他多种土壤亦可生长。

用途　全株药用。

含油率及化学组分数据

采集单位	测试单位	测试部位	产地	含油率(%)	碘值	酸值	皂化值	C12:0	C14:0	C16:0	C16:1	C18:0	C18:1	C18:2	C18:3	C20:0	C20:1
SCBG	SCBG	种仁	广东阳山	22.40	47.44	12.97	201.73		0.73	8.24	0.29	2.85	45.50			2.92	0.08
SCBG	SCBG	种仁	海南万宁	20.64					0.07	15.93	0.46	1.56	48.45	32.74	0.12	0.44	0.23

铁仔（野茶、明立花、矮零子）

Myrsine africana L. [*Myrsine africana* var. *acuminata* C. Y. Wu et C. Chen]

紫金牛科，铁仔属

特征　灌木；小枝圆柱形。叶片革质或坚纸质，顶端广钝或近圆形，具短刺尖，基部楔形，边缘常从中部以上具锯齿，齿端常具短刺尖，背面常具小腺点；叶柄短或几无，下延至小枝上。花簇生或近伞形花序，腋生，基部具1圈苞片；花梗长0. 5~1. 5 mm，无毛或被腺状微柔毛；花4数，长2~2. 5 mm，花萼长约0. 5 mm，基部微微连合或近分离，萼片广卵形至椭圆状卵形，具缘毛及腺点；花冠在雌花中长为萼的2倍或略长，基部连合成管，管长为全长的1/2或更多；雄蕊微微伸出花冠，花丝基部连合成管，管与花冠管等长；雌蕊长过雄蕊；花冠在雄花中长为管的1倍左右；雄蕊伸出花冠很多，花丝基部连合的管与花冠管合生且等长；雌蕊在雄花中退化。果球形，直径达5 mm，红色变紫黑色，光亮。花期2~6月；果期11月至翌年1月。

分布　湖南：龙山县里耶镇，28°51′38″N，109°20′41″E，2011-11-14，张九兵、朱明德400181341。贵州：印江县郎溪镇，27°57′49″N，108°18′48″E，2011-11-19，张九兵、朱明德400181370。四川：乐山峨边沙坪镇蔬菜村，29°14′25″N，103°14′44″E，730 m，2011-10-17，李志强、刘小波等40021111056。生于海拔730~3600 m的石山坡、荒坡疏林中或林缘，向阳干燥的地方。产于广西、湖南、台湾、湖北、四川、贵州、云南、西藏、甘肃、陕西。印度、阿拉伯半岛、亚速尔群岛经非洲均有分布。

栽培　播种繁殖。

用途　种仁可榨油，工业用油。

含油率及化学组分数据

采集单位	测试单位	测试部位	产地	含油率(%)	碘值	酸值	皂化值	C12:0	C14:0	C16:0	C16:1	C18:0	C18:1	C18:2	C18:3	C20:0	C20:1
HUST	HUST	种仁	湖南龙山	10.20						16.74	1.80	1.96	24.27	34.21	15.07	0.06	
HUST	HUST	种仁	贵州印江	12.35						7.00		3.61	12.33	24.83	50.77	0.26	0.31
SCU	SCU	种仁	四川乐山	6.57													

密花树（狗骨头、打铁树、大明橘）

Myrsine seguinii H. Lév. [*Rapanea neriifolia* (Sied. et Zncc.) H. Hara]

紫金牛科，铁仔属

特征 大灌木或小乔木。小枝无毛，具皱纹，有时有皮孔。叶片革质，长圆状倒披针形至倒披针形，顶端急尖或钝，基部楔形，多少下延；叶柄长约1 cm。伞形花序或花簇生，着生于具覆瓦状排列的苞片的小短枝上，小短枝腋生或生于无叶老枝叶痕上，有花3~10朵；苞片广卵形，具疏缘毛；花梗长2~3 mm或略长，无毛，粗壮；花长(2~)3~4 mm，花萼仅基部连合，萼片卵形；花瓣白色或淡绿色，有时为紫红色，基部连合达全长的1/4，长(2~)3~4 mm，具腺点；雄蕊在雌花中退化，在雄花中着生于花冠中部，花丝极短；雌蕊与花瓣等长或超过花瓣。果球形或近卵形，直径4~5 mm，灰绿色或紫黑色，有时具纵行腺条纹或纵肋。花期4~5月；果期8至翌年元月。

分布 福建：梁野山云礤村，25°10′05″N，116°09′24″E，624 m，2012-11-23，易绮斐、李玉玲、宁阳阳400119286；武夷山市星村镇桃源峪，27°38′52″N，117°55′02″E，220 m，2009-11-06，王发国、翟俊文400113005；武夷山，26°03′01″N，117°59′05″E，2010-09-26，刘东明、饶显龙400112105。广东：惠州市象台头三堆池保护站，23°18′41″N，114°24′27″E，2010-10-19，易绮斐、戴建阅、翟俊文400119114；阳山县秤架乡横水电站、王门沟，24°51′33″N，112°52′45″E，433 m，2012-01-10，王发国、杨国、宋贤利400113117；阳山县秤架乡坑尾，24°53′03″N，112°49′34″E，720 m，2010-10-26，王发国400113075；从化县大岭山石灶天池，23°59′45″N，117°12′49″E，2010-11-02，刘东明、梁耀、孟玉芳、付琳400112198。海南：陵水县本号镇吊罗山国家级自然保护区白水，18°49′53″N，109°31′04″E，2010-08-13，秦新生4001161131。生于海拔2400 m以下的混交林中或苔藓林中，亦见于林缘、路旁等灌木丛中。产于台湾至我国西南各地区。缅甸、越南、日本亦有分布。

栽培 喜温暖、荫蔽和湿润的环境。播种繁殖。

用途 种子油可工业用。

含油率及化学组分数据

采集单位	测试单位	测试部位	产地	含油率(%)	碘值	酸值	皂化值	C12:0	C14:0	C16:0	C16:1	C18:0	C18:1	C18:2	C18:3	C20:0	C20:1
SCBG	SCBG	种仁	福建梁野山	24.40				0.02	0.02	0.32	0.16	1.46	90.59	6.39	0.05	0.53	0.46
SCBG	SCBG	种仁	福建武夷山	30.42					0.01	6.13	0.08	1.83	85.34	6.46	0.05	0.06	0.03
SCBG	SCBG	种仁	福建武夷山	27.56	113.33	13.89	159.43			9.24	0.40	7.93	39.85	56.18	0.48	0.89	0.70
SCBG	SCBG	种仁	广东惠州	19.14	4.15	3.60	157.67		0.55	15.22	0.15	3.62	15.52	42.02		1.29	0.34
SCBG	SCBG	种仁	广东阳山	3.30	69.60	6.54	188.11		0.72	13.12		1.42	35.99	51.44	1.46	0.45	0.15
SCBG	SCBG	种仁	广东阳山	26.14		3.89	204.24	0.04		12.41	1.85	2.82	17.03	66.61	0.20	1.15	0.33
SCBG	SCBG	种仁	广东从化	6.45	97.98	9.91	123.53		0.05	8.48			29.01		0.56	0.45	0.06
SCAU	SCBG	种仁	海南陵水	30.60				0.05	0.15	8.59	0.60	4.64	25.29	31.75	24.09	0.61	0.37

黄连花

Lysimachia davurica Ledeb. [*Lysimachia vulgaris* subsp. *davurica* (Ledeb.) Tatew.]

报春花科，珍珠菜属

特征 株高40~80 cm，具横走的根茎。茎直立，粗壮，下部无毛，上部被褐色短腺毛，不分枝或有少数分枝。叶对生或3~4枚轮生，椭圆状披针形至线状披针形，长4~12 cm，宽5~40 mm，先端锐尖至渐尖，基部钝至近圆形，两面均散生黑色腺点。总状花序顶生，通常复出而成圆锥花序；苞片线形，密被小腺毛；花梗长7~12 mm；花萼长约3. 5 mm，分裂近达基部，裂片狭卵状三角形，沿边缘有一圈黑色线条；花冠深黄色，长约8 mm，分裂近达基部，内面密布淡黄色小腺体；雄蕊比花冠短，花丝基部合生成高约1. 5 mm的筒，分离部分长2~3 mm，密被小腺体。花期6~8月；果期8~10月。

分布 黑龙江：伊春市小兴安岭，47°43′58″N，128°52′05″E，846 m，2010-08-15，陈连江、卞勇、贾海伦400351042；黑龙江：帽儿山，45°24′35″N，127°39′22″E，2010-10-02，郑宝江、周明、谢鑫400341076。生于草甸、林缘和灌丛中，垂直分布上限可达海拔2100 m。产于浙江、山东、云南、内蒙古、辽宁、吉林、黑龙江。朝鲜、日本和俄罗斯（远东地区）有分布。

栽培 使用播种繁殖。栽培土质以砂土或砂质壤土为佳，排水需良好。

含油率及化学组分数据

采集单位	测试单位	测试部位	产地	含油率(%)	碘值	酸值	皂化值	C12:0	C14:0	C16:0	C16:1	C18:0	C18:1	C18:2	C18:3	C20:0	C20:1
SBRI	SCBG	种仁	黑龙江伊春	24.79	56.22	7.31	161.77		0.03	6.41	0.09	2.65	17.61	8.99	63.59	0.39	0.25
NEFU	SCBG	种仁	黑龙江帽儿山	7.75													

腺药珍珠菜

Lysimachia stenosepala Hemsl.

报春花科，珍珠菜属

特征　多年生草本，全体光滑无毛。茎直立，下部近圆柱形，上部明显四棱形，通常有分枝。叶对生，在茎上部常互生，叶片披针形至长圆状披针形或长椭圆形，长4~10 cm，宽0.8~4 cm，两面近边缘散生暗紫色或黑色粒状腺点或短腺条，无柄或具长0.5~10 mm的短柄。总状花序顶生，疏花；苞片线状披针形，长3~5 mm；花梗长2~7 mm，果时稍伸长；花萼长约5 mm，分裂近达基部，裂片线状披针形，先端渐尖成钻形，边缘膜质；花冠白色，钟状，长6~8 mm，基部合生部分长约2 mm，裂片倒卵状长圆形或匙形，宽1.5~2 mm，先端圆钝；雄蕊约与花冠等长，花丝贴生于花冠裂片的中下部，分离部分长约2.5 mm；花药线形，长约1.5 mm。蒴果球形，直径约3 mm。花期5~6月；果期7~10月。

分布　陕西：安康市千家坪，32°00′32″N，109°20′52″E，2200 m，2012-10-03，秦烁、郭利磊400328031。生于山谷林缘、溪边和山坡草地湿润处，海拔850~2500 m。产于湖南、浙江、湖北、四川、贵州、陕西南部。

栽培　性喜高温、湿润和阳光充足或半阴的环境。其耐盐性佳、抗强风、耐旱性佳、耐寒性佳、耐阴性佳。使用播种繁殖。栽培土质以砂土或砂质壤土为佳。排水需良好，日照需充足。

用途　观赏植物，种子油药用。

含油率及化学组分数据

采集单位	测试单位	测试部位	产地	含油率(%)	碘值	酸值	皂化值	C12:0	C14:0	C16:0	C16:1	C18:0	C18:1	C18:2	C18:3	C20:0	C20:1
CAU	ICS	种子	陕西安康	22.43	7.72	1.99	178.82	0.33		8.64	0.17	1.07	11.19	71.05	0.75	0.06	

锈毛梭子果（山枇杷、血胶树、水母鸡果）

Eberhardtia aurata (Pierre ex Dubard) Lec.

山榄科，梭子果属

特征　乔木；树干直，具白色乳汁。树皮暗灰色；嫩枝被锈色绒毛。托叶早落。叶近革质，长圆形、倒卵状长圆形或椭圆形，先端骤然渐尖，基部楔形或近圆形，上面无毛，下面密被锈色绒毛；叶柄长2~3.5 cm，具一浅沟槽，密被锈色绒毛。花数朵簇生叶腋，具香味；花梗长约2 mm，被锈色绒毛；花萼基部具短管，裂片2~3(4)，覆瓦状排列，阔卵形，长5~7 mm，宽2~3 mm，外面被锈色绒毛，里面被灰白色绒毛；花冠乳白色，无毛，裂片5，线形，先端内向反折，长2~3 mm，两侧为膜质、花瓣状之附属物，长4~5 mm；能育雄蕊5，花丝肥厚，三角形，长约1 mm；退化雄蕊5，花丝钻形，长约3 mm，先端有一箭头状、边缘撕裂的未发育花药。果核果状，近球形，长约2.5~3.5 cm。花期3月；果期9~12月。

分布　广东、广西及云南。生于海拔750~1350 m的常绿阔叶林、混交林、沟谷林中及路旁偶见。越南北部也产。

栽培　播种繁殖。

用途　种仁油供食用或制皂。

含油率及化学组分数据

采集单位	测试单位	测试部位	产地	含油率(%)	碘值	酸值	皂化值	C12:0	C14:0	C16:0	C16:1	C18:0	C18:1	C18:2	C18:3	C20:0	C20:1
OFPC	GXIB	种仁	广西上思	53.30	107.30		195.40			22.10		9.20	26.30	42.40			

梭子果（越南血胶树、公鸡果）

Eberhardtia tonkinensis Lecomte

山榄科，梭子果属

特征 常绿乔木。枝条有明显托叶痕。单叶互生。花簇生于叶腋，被锈色绒毛，具短柄；花萼（2）4~5（6）裂，裂片覆瓦状排列；花冠管近圆筒形，裂片5，线形，粗厚，每裂片背面有2个很发育、呈膜质状的附属物；能育雄蕊5枚，与花冠裂片对生，花丝下部加宽；退化雄蕊5枚，与花冠裂片互生，肥厚，比能育雄蕊长，其末端有一未发育的呈箭头状的花药，边缘具不规则细齿；子房上位，5室，每室1胚珠，花柱短，柱头不明显。果核果状，球形，近无毛或被毛，先端具残存花柱。种仁5枚，室背开裂，疤痕长圆形，具油质胚乳。花期5~6月；果期10~12月。

分布 云南东南部。生于海拔360~1800 m的疏、密和混交林中。越南、老挝有分布。

栽培 播种繁殖。

用途 种仁含丰富的油质胚乳，为很好的油料植物。

含油率及化学组分数据

采集单位	测试单位	测试部位	产地	含油率(%)	碘值	酸值	皂化值	C12:0	C14:0	C16:0	C16:1	C18:0	C18:1	C18:2	C18:3	C20:0	C20:1
OFPC	KMIB	种仁	云南红河	57.50	189.60	7.60				14.60		6.40	27.40	51.40			

蛋黄果

Lucuma nervosa A. DC. [*Pouteria campechiana* (Kunth) Baehni]

山榄科，蛋黄果属

特征 小乔木。小枝圆柱形，灰褐色，嫩枝被褐色短绒毛。叶坚纸质，狭椭圆形，长10~15 cm，宽2.5~3.5 cm，先端渐尖，基部楔形，两面无毛；叶柄长1~2 cm。花1（2）朵生于叶腋，花梗圆柱形，长1.2~1.7 cm，被褐色细绒毛；花萼裂片通常5，卵形或阔卵形，长约7 mm，宽约5 mm，内面的略长，外面被黄白色细绒毛；花冠较萼长，长约1 cm，外面被黄白色细绒毛，内面无毛，冠管圆筒形，长约5 mm，花冠裂片6，狭卵形，长约5 mm；能育雄蕊通常5，花丝钻形，长约2 mm，被白色极细绒毛，花药心状椭圆形，长约1.5 mm；退化雄蕊狭披针形至钻形，长约3 mm，被白色极细绒毛；子房圆锥形，长3~4 mm，被黄褐色绒毛柱头头状。果倒卵形，长约8 cm，绿色转蛋黄色，无毛。花期春季；果期秋季或翌年元月。

分布 云南：西双版纳植物园，26°35′11″N，101°43′23″E，2012-01-01，邢福武、童毅、孟玉芳4001142022；西双版纳植物园绿石林，26°35′15″N，101°43′21″E，2012-01-01，邢福武、童毅、孟玉芳4001142006；勐腊县勐仑，22°57′33″N，101°40′21″E，650 mm，2010-01-20，李忠荣400222147。产于广东、广西，云南西双版纳有少量栽培。

栽培 喜高温，喜光照充足。用播种或嫁接法。

用途 种子油工业用。

含油率及化学组分数据

采集单位	测试单位	测试部位	产地	含油率(%)	碘值	酸值	皂化值	C12:0	C14:0	C16:0	C16:1	C18:0	C18:1	C18:2	C18:3	C20:0	C20:1
SCBG	SCBG	种仁	云南西双版纳	21.65	75.74	5.69	576.16	0.01	0.02	3.73	0.20	2.63	24.95	38.34	0.06	0.03	0.43
SCBG	SCBG	种仁	云南西双版纳	29.14	112.01	15.02	195.11		0.03		0.06	2.80	56.14	11.93	0.75	0.33	0.26
KMIB	KMIB	种仁	云南勐腊	5.52						0.10	14.12		7.05	51.25	23.19	1.98	0.63

紫荆木（滇紫荆木、滇木花生、出奶木）

Madhuca pasquieri (Dubard) H. J. Lam

山榄科，紫荆木属

特征 高大乔木。树皮灰黑色，具乳汁；嫩枝密生皮孔，被锈色绒毛，后无毛。托叶披针状线形，早落。叶互生，星散或密聚于分枝顶端，革质，倒卵形或倒卵状长圆形，长6~16 cm，宽2~6 cm，先端阔渐尖而钝头或骤然收缩；叶柄细，长约1. 5~3. 5 cm，被锈色或灰色短柔毛，上面具深沟槽。花数朵簇生叶腋，花梗纤细，长1. 5~3. 5 cm，被锈色或灰色短柔毛；花萼4裂，稀5裂，裂片卵形，钝，长3~6 mm，宽3~5 mm；花冠黄绿色，长5~7. 5 mm，无毛，裂片6~11，长圆形，钝，长4~5 mm，宽2~2. 5 mm，冠管长1. 5 mm；能育雄蕊18~22，花丝钻形，长约1 mm，无毛，花药卵状披针形，长1. 5~2. 5 mm；子房卵形，长1~2 mm，6~8室，密被锈色短柔毛，花柱钻形，长8~10 mm，上半部无毛，下半部密被锈色短柔毛。果椭圆形或小球形，长2~3 cm，宽1. 5~2 cm，基部具宿萼。花期7~9月；果期10月至翌年1月。

分布 广东西南部、广西南部、云南东南部。生于海拔1100 m以下的混交林中或山地林缘。越南北部也产。

栽培 喜温暖湿润气候。播种繁殖。

用途 种仁含油30%，可食；木材供建筑用。

含油率及化学组分数据

采集单位	测试单位	测试部位	产地	含油率(%)	碘值	酸值	皂化值	C12:0	C14:0	C16:0	C16:1	C18:0	C18:1	C18:2	C18:3	C20:0	C20:1
OFPC	XTBG	种仁	云南勐腊		50. 00	84. 30	3. 60	185.50			24. 20			47. 70	23. 40		4. 70
OFPC	GXIB	种仁	广西桂平	43. 10	94. 60		198. 40	2.30	2. 60	30. 50	0. 60	10. 00	48. 40	5. 60			

人心果

Manilkara zapota (L.) P. Royen

山榄科，铁线子属

特征 乔木，高15~20 m。小枝具明显的叶痕。叶互生，密聚于枝顶，革质，长圆形或卵状椭圆形，长6~19 cm，宽2. 5~4 cm，先端急尖或钝，基部楔形，全缘或稀微波状；叶柄长1. 5~3 cm。花1~2朵生于枝顶叶腋，长约1 cm；花梗长2~2. 5 cm，密被黄褐色或锈色绒毛；花萼外轮3裂片长圆状卵形，长6~7 mm，内轮3裂片卵形，略短；花冠白色，长约6~8 mm，冠管长约3. 5~4. 5 mm，花冠裂片卵形，长2. 5~3. 5 mm，先端具不规则细齿，背部两侧具2枚等大的花瓣状附属物，其长约2. 5~3. 5 mm；能育雄蕊着生于冠管的喉部；退化雄蕊花瓣状，长约4 mm；子房圆锥形，长约4 mm，密被黄褐色绒毛；花柱圆柱形，基部略加粗。浆果纺锤形、卵形或球形，长4 cm以上；种仁扁。花、果期3~9月。

分布 海南：昌江县坝王岭，19°03′59″N，109°11′51″E，50 m，2013-03-13，刘东明、王鹏、叶心芬、宁阳阳400114282。原产美洲热带地区，我国广东、广西、云南（西双版纳）有栽培。

栽培 喜高温，喜光照充足。播种繁殖。

用途 种仁含油率20%；果可食，味甜可口。

含油率及化学组分数据

采集单位	测试单位	测试部位	产地	含油率(%)	碘值	酸值	皂化值	C12:0	C14:0	C16:0	C16:1	C18:0	C18:1	C18:2	C18:3	C20:0	C20:1
SCBG	SCBG	种仁	海南昌江	20. 14	12. 95	8. 76	199. 67		2. 51	18. 13	0. 04	2. 28	48. 35	68. 01			8. 85

牛乳树（伊朗芷硬胶、牛油果、香榄）

Mimusops elengi L.

山榄科，香榄属

特征 常绿小乔木，高3~4 m。小枝圆柱形，嫩时被锈色短柔毛，后变无毛。叶薄革质，椭圆形，长10~19 cm，宽4. 5~7. 5 cm，顶端短渐尖双渐尖，基部楔形，两面无毛或下面疏被锈色短柔毛，叶柄长约2 cm，嫩时被锈色短柔毛，后变无毛。花单生或数朵簇生于叶腋，有香味；花萼8裂，排成2轮，裂片卵状披针形，长9 mm，外面密被淡褐色短柔毛；花冠白色，无毛，24裂，裂片披针形，能育雄蕊8(~9)枚，花丝短，退化雄蕊8枚，花瓣状，披针形，背面被长柔毛。果卵形，长2~2. 5 cm，成熟后黄色。花期8~9月；果期冬季。

分布 海南：万宁县兴隆，19°03′59″N，109°11′51″E，2013-03-07，陈树钢、杨国、曾庆文400114258；昌江县霸王岭生态旅馆内，19°06′59″N，109°05′32″E，2011-12-05，秦新生4001161221；云南：西双版纳植物园，21°44′12″N，101°27′44″E，2012-01-01，邢福武、童毅、孟玉芳4001142029。我国广东、海南、福建有种植。原产于亚洲热带地区。

栽培 喜光；喜高温、多湿的气候。播种繁殖。

用途 种子油工业用。树冠优美，为优良的庭园观赏树种。

含油率及化学组分数据

采集单位	测试单位	测试部位	产地	含油率(%)	碘值	酸值	皂化值	C12:0	C14:0	C16:0	C16:1	C18:0	C18:1	C18:2	C18:3	C20:0	C20:1
SCBG	SCBG	种仁	海南万宁	32.25	73.39	3.30	178.82	0.19	0.60	13.64	0.68	7.07	33.20	17.79	0.82	1.61	
SCAU	SCBG	种仁	海南昌江	15.14	3.45	11.83	286.72	0.05	0.02	8.48	0.35		7.05	63.43	1.29	0.45	5.47
SCBG	SCBG	种仁	云南西双版纳	21. 65	73. 49	8. 56	144. 84	0. 05	0. 10	3. 73	0. 04	5. 35	13. 90	16. 12	0. 16		1. 84
OFPC	SCBG	种仁	广东广州	17. 80	76. 00		204. 00		微量	15. 20		6. 00	74. 70	4. 10			

桃榄（大核果树、敏果）

Pouteria annamensis (Pierre ex Dubard) Baehni

山榄科，桃榄属

特征 大乔木。树皮灰色；小枝圆柱形。叶纸质或近革质，幼时披针形，成熟时长圆状倒卵形或长椭圆状披针形，长6~17 cm，宽2~5 cm，先端圆或钝，稀微凹，幼时急尖，基部楔形下延；叶柄长1. 5~3. 5（4. 5）cm，无毛。花小，通常1~3朵簇生叶腋，总花梗长1~3 mm，被锈色短柔毛。花萼裂片圆形，长2~2. 5 mm，先端圆至钝；花冠白色，冠管阔圆筒状，长2~2. 5 mm，裂片圆形；能育雄蕊着生于花冠管喉部，花丝长约1 mm，钻形，花药卵形，长约0. 5 mm，基着；退化雄蕊钻形，长约1 mm，生于花冠喉部。浆果多汁，球形，顶端钝，直径2. 5~4. 5 cm，无柄或近无柄。花期5月；果期约翌年3月。

分布 海南：昌江县霸王岭，19°03′59″N，109°11′51″E，520 m，2013-03-07，陈树钢、杨国、曾庆文400114257。生于中海拔疏或密林中，村边路旁偶见。产于海南、广西；越南北部也产。

栽培 播种繁殖。

用途 果食用；树皮药用；木材供建筑用。

含油率及化学组分数据

采集单位	测试单位	测试部位	产地	含油率(%)	碘值	酸值	皂化值	C12:0	C14:0	C16:0	C16:1	C18:0	C18:1	C18:2	C18:3	C20:0	C20:1
SCBG	SCBG	种仁	海南昌江	35. 12	77. 58	2. 49	172. 18	0. 38	0. 07	19. 52		3. 16	24. 52		0. 40	0. 05	0. 28

革叶铁榄

Sinosideroxylon wightianum (Hook. et Arn.) Aubrév.[*Sideroxylon wightianum* Hook. et Arn.]

山榄科，铁榄属

特征 乔木。嫩枝、幼叶被锈色绒毛，后变无毛。叶幼时很薄，老时革质，椭圆形至披针形或倒披针形，长7~10 cm，宽2. 5~3. 7 cm，先端锐尖或钝，基部狭楔形，下延；叶柄长0. 7~1. 5 cm，无毛。花绿白色，芳香，单生或2~5朵簇生于叶腋，与叶同时开放或叶成熟后开放，花梗长4~10 mm，纤细，被淡黄色绒毛；花萼裂片5，卵形或披针形，淡绿色；花冠白绿色，长4~5 mm，裂片披针形或卵形，稀近圆形，冠管长约2~2. 5 mm，基部加粗，长3~3. 5 mm；花药淡黄色，卵形，长1. 5~2 mm，外向。果成熟时深紫色，椭圆形。花期2~12月；果期11~12月。

分布 广西：隆安县龙虎山自然保护区，22°57′47″N，107°39′00″E，266 m，2011-11-13，廖云标、杨金财4001101258。生于海拔266~1500 m的石灰岩小山、灌丛及混交林中。产于广东、广西、贵州南部及云南东南部。越南北部也有分布。

栽培 播种繁殖。

用途 种子油可作新型工业用油。

含油率及化学组分数据

采集单位	测试单位	测试部位	产地	含油率(%)	碘值	酸值	皂化值	C12:0	C14:0	C16:0	C16:1	C18:0	C18:1	C18:2	C18:3	C20:0	C20:1
GXIB	SCBG	种仁	广西隆安	31. 96	138. 32	0. 40	200. 25		0. 15	7. 92		1. 75	30. 39	43. 26	2. 97		1. 83

琼刺榄(刺山榄、信筒子山榄)

Xantolis longispinosa (Merr.) H. S. Lo [*Sideroxylon longispinosum* Merr.]

山榄科，铁榄属

特征 灌木或乔木。树皮灰黄色或灰黑色；小枝无毛，刺长1. 5~3. 5 cm，坚硬，锐尖。叶密集，革质，通常倒卵形，长2~4 cm，宽1~3 cm，先端圆或钝，基部楔形；叶柄长1~3 mm，无毛。花单生或数朵簇生叶腋；花梗长3~5（~8）mm，被锈色、紧贴短柔毛；花萼裂片5，卵形，两面被锈色、紧贴短柔毛；花冠白色，冠管长约2 mm，花冠裂片5，卵形，长约4 mm；能育雄蕊5，长约3 mm，花丝粗，长约1. 5 mm，基部两侧各具一簇锈色长柔毛，花药卵形，长约2. 5 mm，具延长的药隔；退化雄蕊5，披针形至卵形，先端渐尖成芒状，沿边缘被黄褐色柔毛。浆果近球形或近椭圆形，长约12 mm，先端为宿存花柱，长约12 mm，基部为宿存、略增大的萼片。花期10月至翌年2月；果期6~10月。

分布 海南：文昌县龙楼镇山海村，19°41′02″N，111°00′18″E，296 m，2009-08-01，邢福武、戴建阅、翟俊文、郑希龙4001112。生于低海拔至中海拔林中。产于海南。

栽培 喜日照充足和土层深厚、土质肥沃的壤土。播种繁殖。

用途 种子油工业用。

含油率及化学组分数据

采集单位	测试单位	测试部位	产地	含油率(%)	碘值	酸值	皂化值	C12:0	C14:0	C16:0	C16:1	C18:0	C18:1	C18:2	C18:3	C20:0	C20:1
SCBG	SCBG	种仁	海南文昌	30. 60	92. 98	2. 51	189. 09		0. 68	19. 77		9. 83	40. 22	28. 02		1. 50	

肉实树（山苦瓜、水石梓）

Sarcosperma laurinum (Benth.) Hook. f. [*Reptonia laurina* Benth.]

肉实树科，肉实树属

特征　乔木。树皮灰褐色，板根显著；小枝具棱，无毛。托叶钻形，长2~3 mm，早落。叶不规则排列于小枝上，近革质，通常倒卵形或倒披针形，稀狭椭圆形，长7~16（19）cm，宽3~6 cm，先端通常骤然急尖，基部楔形；叶柄长1~2 cm，上面具小沟。总状花序或圆锥花序，腋生，长2~13 cm，无毛；花芳香，单生或2~3朵簇生于花序轴上，花梗长1~5 mm；每花具1~3枚小苞片，小苞片卵形，长约1 mm，被黄褐色绒毛；花萼长2~3 mm，裂片阔卵形或近圆形，外面被黄褐色绒毛，内面无毛；花冠绿色转淡黄色，冠管长约1 mm，花冠裂片阔倒卵形或近圆形；能育雄蕊着生于冠管喉部，并与花冠裂片对生，花丝极短，花药卵形；退化雄蕊着生于冠管喉部，并与花冠裂片互生，钻形，较雄蕊长。核果长圆形或椭圆形，长1. 5~2. 5 cm，宽0. 8~1 cm。花期8~9月；果期9月至翌年元月。

分布　云南：勐腊县勐仑镇翠屏峰勐醒，22°25′06″N，101°57′08″E，700 m，2010-09-24，张国学400222117。生于海拔500~2500 m的疏、密林中。产于广西、贵州、云南。印度东北部、缅甸、泰国也有分布。

栽培　喜温暖湿润的气候。栽培地须日照充足和土层深厚，土质须为肥沃之壤土。繁殖用播种或扦插法。

用途　种子油工业用。

含油率及化学组分数据

采集单位	测试单位	测试部位	产地	含油率(%)	碘值	酸值	皂化值	C12:0	C14:0	C16:0	C16:1	C18:0	C18:1	C18:2	C18:3	C20:0	C20:1
KMIB	KMIB	种仁	云南勐腊	37. 85	46. 30	1. 17	194. 30				2. 21		48. 66	48. 08	0. 74	0. 12	

柿

Diospyros kaki Thunb.

柿科，柿属

特征　落叶大乔木，高达10~14 m以上。树皮深灰色至灰黑色，沟纹较密，裂成长方块状。枝开展，带绿色至褐色；嫩枝初时有棱。冬芽小，卵形，长2~3 mm，先端钝。叶纸质，卵状椭圆形至倒卵形或近圆形，通常较大，长5~18 cm，宽2. 8~9 cm，先端渐尖或钝，基部楔形，钝，圆形或近截形，很少为心形；叶柄长8~20 mm，变无毛，上面有浅槽。花雌雄异株；雄花序小，长1~1. 5 cm，弯垂，通常有花3朵；雄花小，长5~10 mm；花萼钟状，裂片卵形，有睫毛；花冠钟状，不长过花萼的两倍，黄白色，长约7 mm，4裂，裂片卵形或心形，开展。雌花单生叶腋，长约2 cm，花萼绿色，有光泽，直径约3 cm或更大，深4裂，萼管近球状钟形；花冠淡黄白色或黄白色而带紫红色，壶形或近钟形，较花萼短小；退化雄蕊8枚，着生在花冠管的基部，白色，有长柔毛。果形多样，直径3. 5~8. 5 cm。花期5~6月；果期7~11月。

分布　海南：万宁县兴隆药植所，18°44′18″N，110°12′18″E，2009-08-04，邢福武、翟俊文、郑希龙、戴建阅40011143。湖南：古丈县高望界镇高林，28°24′58″N，110°03′18″E，660 m，2010-07-13，徐亮、张代贵400191110。湖北：鹤峰县下坪乡，30°03′26″N，110°08′19″E，938 m，2009-11-07，危文亮、丁时东400151018。四川：攀枝花市大黑山，26°40′03″N，101°42′28″E，1854 m，2012-10-17，刘晓波、宫庆彬40021112079。贵州：雷山县雷公山自然保护区，26°22′33″N，108°10′53″E，1511 m，2012-10-17，陈丰林、夏纯、桑洪伟4001151235。原产我国长江流域，现在在辽宁西部、长城一线经甘肃南部，折入四川、云南，在此线以南，东至台湾省，各地区多有栽培。朝鲜、日本、东南亚、大洋洲、北非的阿尔及利亚、法国、俄罗斯、美国等有栽培。

栽培　喜温暖气侯，喜充足阳光和深厚、肥沃、排水良好的土壤。嫁接繁殖。

用途　柿漆可用于涂鱼网、雨具，填补船缝和作建筑材料的防腐剂等。

含油率及化学组分数据

采集单位	测试单位	测试部位	产地	含油率(%)	碘值	酸值	皂化值	C12:0	C14:0	C16:0	C16:1	C18:0	C18:1	C18:2	C18:3	C20:0	C20:1
SCBG	SCBG	种仁	海南万宁	31. 60	193. 09	8. 11	154. 55		0. 47		8. 81	2. 49	18. 44			11. 56	
JSU	SCBG	种仁	湖南古丈	3. 21	55. 76	1. 90	235. 10	10.17	0. 15	8. 14	0. 22	2. 84	26. 60	36. 36	8. 01	1. 72	0. 39
OCRI	SCBG	种仁	湖北鹤峰	6. 54	90. 09	18. 86	216. 92		0. 10	12. 60	0. 20	2. 82	12. 69	63. 04	0. 49	1. 08	0. 21
SCU	SCU	种仁	四川攀枝花	1. 14	168. 44												
SCBG	SCBG	种仁	贵州雷山	3. 60	115. 40	54. 77	207. 33	0.01	0. 03	6. 04	0. 06	2. 78	14. 14	13. 77	62. 84	0. 20	0. 12

君迁子（软枣、黑枣、牛奶柿）

Diospyros lotus L.

柿科，柿属

特征 落叶乔木。树皮灰黑色或灰褐色，深裂或不规则的厚块状剥落；小枝褐色或棕色，有纵裂的皮孔；嫩枝通常淡灰色。冬芽狭卵形，带棕色，先端急尖。叶近膜质，椭圆形至长椭圆形，长5~13 cm，宽2. 5~6 cm，先端渐尖或急尖，基部钝，宽楔形以至近圆形；叶柄长7~15 mm，上面有沟。雄花1~3朵腋生，簇生，近无梗，长约6 mm；花萼钟形，4裂，偶有5裂，裂片卵形，先端急尖，边缘有睫毛；花冠壶形，带红色或淡黄色，长约4 mm，无毛或近无毛，4裂，裂片近圆形；雄蕊16枚，每2枚连生成对，腹面1枚较短；雌花单生，几无梗，淡绿色或带红色；花冠壶形，长约6 mm，4裂，裂片近圆形，反曲；退化雄蕊8枚，着生花冠基部，有白色粗毛。果近球形或椭圆形，直径1~2 cm，初熟时为淡黄色。花期5~6月；果期9~11月。

分布 广东：阳山县秤架自然保护区，24°49′56″N，112°51′04″E，377 m，2009-11-16，董安强40011270。河南：焦作沁阳，35°14′56″N，112°49′13″E，1018 m，2012-10-20，王亚平400314274；信阳鸡公山，31°48′18″N，114°4′45″E，731 m，2012-09-18，王亚平400314258；郑州惠济区，34°45′40″N，113°39′34″E，103 m，2011-10-06，王亚平、武振江、李丹凤400314062。湖北：竹溪向坝十八里长峡，32°02′16″N，109°47′28″E，2009-10-15，李晓东、杨林森40012163；竹溪向坝十八里长峡，31°40′49″N，109°52′27″E，1198 m，2009-10-15，丁时东、危文亮400152017。陕西：华阴县华山，34°31′40″N，110°05′34″E，175 m，2010-10-17，薛帅400323061；镇坪观音崖，31°44′40″N，109°33′50″E，1200 m，2010-10-13，秦烁、郭利磊400328037。河北：昌黎，39°45′05″N，119°08′05″E，105 m，2010-10-03，徐兴友、韩宝强400313069。生于海拔134~2300 m左右的山地、山坡、山谷的灌丛中，或在林缘。产广东、湖南、江西、浙江、江苏、安徽、山东、河南、湖北、四川、贵州、云南、西藏、甘肃、陕西、山西、河北、内蒙古、辽宁。亚洲西部、小亚细亚、欧洲南部亦有分布，在地中海各国已经驯化。

栽培 为喜光树种，播种繁殖。

用途 未熟种仁可提制柿漆，供医药和涂料用。

含油率及化学组分数据

采集单位	测试单位	测试部位	产地	含油率(%)	碘值	酸值	皂化值	C12:0	C14:0	C16:0	C16:1	C18:0	C18:1	C18:2	C18:3	C20:0	C20:1
SCBG	SCBG	种仁	广东阳山	12. 60	123. 22	10. 79	161. 73	0.03	0. 11	13. 64	0. 17	7. 53	14. 82	53. 60	4. 82	2. 22	3. 07
HNAU	ICS	种子	河南焦作	1. 80	90. 67	19. 11	228. 72	0.57	0. 26	12. 90	0. 14	1. 62	27. 21	28. 34	0. 66	0. 22	0. 26
HNAU	ICS	种子	河南信阳	1. 34		31. 57		0.21	0. 25	13. 97	0. 16	2. 23	28. 41	29. 98	1. 59	0. 50	
HNAU	ICS	种子	河南郑州	1. 61	108. 33	40. 59	62. 08	0.05	0. 83	13. 88		2. 65	34. 47	33. 36	1. 40	0. 14	0. 36
WHBG	WHBG	种仁	湖北竹溪	1. 81						14. 29		6. 19	12. 86	3. 33			0. 05
OCRI	SCBG	种仁	湖北竹溪	34. 29	67. 10	9. 23	224. 04		0. 30	20. 28		3. 62	29. 26	38. 34	1. 19		
CAU	ICS	种子	陕西华阴	4. 74	106. 37	8. 79	265. 85	2.25	0. 50	10. 99		1. 87	28. 84	42. 82	1. 50		0. 50
CAU	ICS	种子	陕西镇坪	1. 23		13. 09			0. 17	18. 65	0. 24	3. 02	30. 99	26. 22	1. 22	0. 46	0. 40
HNUST	ICS	种子	河北昌黎	2. 47	93. 39	9. 89	280. 99		0. 09	16. 20	0. 09	2. 39	37. 74	36. 93	3. 04	0. 26	0. 58

罗浮柿（山椑树、牛古柿、乌蛇木）

Diospyros morrisiana Hance

柿科，柿属

特征 乔木或小乔木。树皮呈片状剥落，表面黑色。叶薄革质，长椭圆形或下部的为卵形，长5~10 cm，宽2.5~4 cm，先端短渐尖或钝，基部楔形；叶柄长约1 cm，嫩时疏被短柔毛，先端有很狭的翅。雄花序短小，腋生，下弯，聚伞花序式；雄花白色，花萼钟状；雄蕊16~20枚，着生在花冠管的基部，每2枚合生成对，腹面1枚较短；花药有毛；花梗短，长约2 mm，密生伏柔毛；雌花腋生，单生；花萼浅杯状，外面有伏柔毛，内面密生棕色绢毛，4裂，裂片三角形，长约5 mm；花冠近壶形，长约7 mm；裂片4，卵形，长约3 mm，先端急尖；退化雄蕊6枚；子房球形；花柱4，通常合生至中部，有白毛；花梗长约2 mm。果球形，直径约1.8 cm，黄色，有光泽。花期5~6月；果期11至翌年元月。

分布 广东：从化市桃园乡石门国家森林公园，23°31′26″N，113°34′21″E，133 m，2009-01-04，易绮斐、林铎清、徐蕾400119006；东莞市谢岗乡银瓶山仙水道，23°2′43″N，113°44′39″E，2012-11-02，邢福武、叶心芬、宁阳阳400113177；龙门县南昆山横坑，23°38′19″N，113°50′03″E，621 m，2012-12-25，王发国、王鹏、李仕裕、于海玲400113193；阳山县秤架乡炉田，24°50′08″N，112°48′33″E，357 m，2012-01-11，王发国、杨国、宋贤利400113125；英德县石门台，24°26′03″N，113°18′36″E，2009-12-04，刘东明、饶显龙40011281。广西：靖西县武平乡安本村，23°16′58″N，106°32′00″E，884 m，2010-11-21，吴磊、黄俞淞、朱运喜4001101147。湖南：永顺县小溪，28°41′44″N，110°09′51″E，348 m，2012-12-08，张代贵、张洁40019101273。福建：古田县双车镇下车，26°29′21″N，119°14′01″E，2010-10-28，刘东明、梁耀400112174。垂直分布可达海拔133~1450 m；生于山坡、山谷疏林或密林中，或灌丛中，或近溪畔、水边。产于广东、广西、湖南南部、江西、福建、台湾、浙江、四川盆地、贵州东南部、云南东南部等地。越南北部也有分布。

栽培 喜阴湿、肥沃和排水良好的环境。播种繁殖。

用途 未成熟种仁可提取柿漆，木材可制家具。

含油率及化学组分数据

采集单位	测试单位	测试部位	产地	含油率(%)	碘值	酸值	皂化值	C12:0	C14:0	C16:0	C16:1	C18:0	C18:1	C18:2	C18:3	C20:0	C20:1
SCBG	SCBG	种仁	广东从化	0.20	100.87	10.17	203.69	0.03	0.02	3.97	0.06	2.13	11.24	32.71	48.89	0.57	0.38
SCBG	SCBG	种仁	广东东莞	13.87	31.58	13.30	199.67		0.44	0.91	0.31	1.81	21.01	37.68	22.84	0.69	0.17
SCBG	SCBG	种仁	广东龙门	16.50	14.67	7.90		0.08	0.83	14.65	0.13	1.87	1.28	29.55	4.27		0.39
SCBG	SCBG	种仁	广东阳山	11.20	46.46	12.21	193.93			7.43	0.11		12.74	60.13	21.59	0.95	0.22
SCBG	SCBG	种仁	广东英德	38.65	127.53	3.03	155.86	0.01	0.04	6.56	0.08	4.57	20.77	67.16	0.24	0.24	0.35
GXIB	SCBG	种仁	广西靖西	6.40	122.83	0.37	197.54	0.56	0.56	6.16		0.70	5.74	5.74	2.10	3.36	4.76
JSU	SCBG	种仁	湖南永顺	10.23				3.79	0.09	8.68	0.14	1.15	28.57	50.81	1.30	0.27	0.54
SCBG	SCBG	种仁	福建古田	12.98		14.62	576.16	0.12		8.99	0.15	4.60	63.43		0.78	0.31	0.61

赤杨叶（红皮岭麻、白花盏、拟赤杨）

Alniphyllum fortunei (Hemsl.) Makino [*Halesia fortunei* Hemsl.]

安息香科，赤叶杨属

特征 大乔木。树皮灰褐色，有不规则细纵皱纹。叶椭圆形、宽椭圆形或倒卵状椭圆形，长8~15 cm，宽4~7 cm，两面疏生至密被褐色星状短柔毛或星状绒毛，侧脉每边7~12条；叶柄长1~2 cm。总状花序或圆锥花序，顶生或腋生，长8~15 cm，有花10~20多朵；花序梗和花梗均密被褐色或灰色星状短柔毛；花白色或粉红色，长1.5~2 cm；花梗长4~8 mm；花萼杯状，连齿高4~5 mm，外面密被灰黄色星状短柔毛，萼齿卵状披针形；花冠裂片长椭圆形，长1~1.5 cm，宽5~7 mm，顶端钝圆，两面均密被灰黄色星状细绒毛；雄蕊10枚，其中5枚较花冠稍长；子房密被黄色长绒毛；花柱较雄蕊长。果实长圆形或长椭圆形，成熟时5瓣开裂；种子两端有不等大的膜质翅。花期4~7月；果期8~10月。

分布 江西：靖安县九岭山自然保护区，29°00′06″N，115°26′12″E，119 m，2011-09-26，邓星、景慧娟4001410011。生于海拔0~2200 m的常绿阔叶林中。产于广东、广西、湖南、江西、福建、台湾、浙江、江苏、安徽、湖北、四川、贵州和云南等。印度、越南和缅甸也有分布。

栽培 适应性强，喜光树种。播种繁殖。

用途 种子油属干性油，可用于制造油漆、肥皂盒润滑油。

含油率及化学组分数据

采集单位	测试单位	测试部位	产地	含油率(%)	碘值	酸值	皂化值	C12:0	C14:0	C16:0	C16:1	C18:0	C18:1	C18:2	C18:3	C20:0	C20:1
SYSU	SCBG	种仁	江西靖安	28.76	70.55	3.81	432.22		0.11	6.66	0.12	3.43	30.96	52.11	1.79	1.04	0.50
OFPC	SCBG	种子	广东乳源	13.40	134.50		192.70	微量	微量	10.10		4.40	18.00	67.00	0.50		

银钟花（假杨桃、山杨桃）

Halesia macgregorii Chun [*Halesia macgregorii* var. *crenata* Chun]

安息香科，银钟花属

特征 乔木。树皮光滑，灰色；小枝紫褐色，后为灰褐色。叶纸质，椭圆形、长椭圆形或卵状椭圆形，长5~13 cm，宽3~4.5 cm，顶端渐尖或钝渐尖，常稍弯，基部楔形，稀近圆形，边缘有锯齿，齿端角质红褐色，上面绿色，下面浅绿色；叶柄长5~10 cm。花白色，常下垂，直径约1.5 cm，2~7朵丛生于去年小枝的叶腋，先叶开放或与叶同放；花梗纤细，长5~8 mm；萼管倒圆锥形，高约3 mm，萼齿三角状披针形，长约2 mm；花冠4深裂，花冠管长10~15 mm，裂片倒卵形，长10~12 mm，宽约8 mm，边有缘毛；雄蕊8枚，4长4短，长短相间，长12~19 mm，花丝基部联合成管。核果长椭圆形或椭圆形，长2.5~4 cm，宽2~3 cm，有4翅，初为肉质，黄绿色，成熟后干燥呈褐红色，顶端常有宿存的萼齿。花期4月；果期7~10月。

分布 江西：玉山县三清山，28°54′06″N，118°03′38″E，1196 m，2009-09-06，廖文波等400141152。浙江：杭州植物园，30°15′25″N，120°07′22″E，2010-10-14，曾庆文、谢聪、孟玉芳40011922。生于海拔700~1200 m的山坡、山谷较阴湿的密林中。产于广东、广西、湖南、江西、福建、浙江和贵州。

栽培 为中性偏喜光树种，喜湿润而光照较充足的生境。扦插繁殖。

用途 种子油工业用。

含油率及化学组分数据

采集单位	测试单位	测试部位	产地	含油率(%)	碘值	酸值	皂化值	C12:0	C14:0	C16:0	C16:1	C18:0	C18:1	C18:2	C18:3	C20:0	C20:1
SYSU	SCBG	种仁	江西玉山	27.00	67.86	3.92	398.85			7.10	0.17	1.32	17.90	67.34	1.05	1.02	0.34
SCBG	SCBG	种仁	浙江杭州	18.69	34.46	20.49			0.11	14.58	1.55	4.11	12.69	63.04	4.27	0.49	0.12

陀螺果（水冬瓜、冬瓜木、鸦头梨）

Melliodendron xylocarpum Hand.-Mazz. [*Melliodendron jifungense* Hu]

安息香科，陀螺果属

特征 乔木。小枝红褐色；树皮灰褐色。叶纸质，卵状披针形、椭圆形至长椭圆形，长9.5~21 cm，宽3~8 cm，顶端钝渐尖或急尖，基部楔形或宽楔形，边缘有细锯齿，嫩时两面密被星状短柔毛，尤以下面被毛较密，成长后除叶脉外无毛，侧脉每边7~9条，所有叶脉均在页背隆起；叶柄长3~10 mm。花白色；花梗开始短，以后伸长达2 cm；花萼3~4 mm，萼齿长约2 mm；花冠裂片长圆形，长20~30 mm，宽8~15 mm，顶端钝，两面均密被细绒毛。果实多样，为倒卵形、倒圆锥形或倒卵状梨形，长4~7 cm，宽3~4 cm，顶端短尖或凸尖，中部以下收狭，有时柄状，外面密被星状绒毛，有5~10棱或脊。花期4~5月；果期7~10月。

分布 广西：金秀县圣堂山山脚，23°13′12″N，110°08′20″E，415 m，2011-01-07，吴磊、黄俞淞、林春蕊4001101172。湖南：江永县源口镇白俸村白沙源，24°56′44″N，111°00′59″E，741 m，2009-10-26，黄玉滢、周喜乐400181115。生于海拔0~1500 m山谷、山坡湿润林中。产于广东中部以北、广西（东南部除外）、湖南、江西、福建、四川南部、贵州和云南东南部。

栽培 喜温暖、湿润的气候环境，耐阴。播种繁殖。春季为适期。

用途 油酸含量很高，可做工业合成原料。

含油率及化学组分数据

采集单位	测试单位	测试部位	产地	含油率(%)	碘值	酸值	皂化值	C12:0	C14:0	C16:0	C16:1	C18:0	C18:1	C18:2	C18:3	C20:0	C20:1
SYSU	SCBG	种仁	广西金秀	18.45					0.05	11.08	0.12	3.43	30.96	52.11	1.79	1.04	0.50
HUST	HUST	种仁	湖南江永	27.45	102.65	3.30	169.28		0.14	11.29	0.53	2.40	9.19	45.69	24.24	0.79	0.35
OFPC	GXIB	种仁	广西融水	49.60	115.90		178.40		0.40	22.70		微量	73.20	1.70	1.10		

白辛树（鄂西野茉莉、裂叶白辛树、刚毛白辛树）

Pterostyrax psilophyllus Diels ex Perkins[*Pterostyrax cavaleriei* Guill.]

安息香科，白辛树属

特征　乔木。树皮灰褐色。叶硬纸质，长椭圆形、倒卵形或倒卵状长圆形，长5~15 cm，宽5~9 cm，顶端急尖或渐尖，基部楔形，边缘具细锯齿，近顶端有时具粗齿或3深裂，上面绿色，下面灰绿色，嫩叶上面被黄色星状柔毛，后无毛，下面密被灰色星状绒毛，侧脉每边6~11条；叶柄长1~2 cm，密被星状柔毛，上面具沟槽。圆锥花序顶生或腋生，第二次分枝几成穗状，长10~15 cm；花序梗、花梗和花萼均密被黄色星状绒毛；花白色，长12~14 mm；花萼钟状，高约2 mm，5脉，萼齿披针形，长约1 mm，顶端渐尖；花瓣长椭圆形或椭圆状匙形，长约6 mm，宽约2. 5 mm，顶端钝或短尖；雄蕊10枚，近等长，伸出，花丝宽扁，两面均被疏柔毛，花药长圆形，稍弯，子房密被灰白色粗毛，柱头稍3裂。果近纺锤形，中部以下渐狭，连喙长约2. 5 cm，5~10棱，密被灰黄色疏展、丝质长硬毛。花期4~5月；果期8~10月。

分布　湖南：永顺县小溪茶园溪，28°46′31″N，110°15′34″E，364 m，2010-10-04，肖艳、徐亮400191146。江西：九江市庐山自然保护区，29°33′36″N，115°57′03″E，874 m，2010-11-07，李朋远、林意漫400148007。生于海拔364~2500 m湿润林中。产于广西、湖南、湖北、四川、贵州和云南。

栽培　喜温暖湿润气候，喜阳光，生长迅速。播种繁殖。

用途　种子油可以工业用。可作火柴杆、家具、胶合板等用材。

含油率及化学组分数据

采集单位	测试单位	测试部位	产地	含油率(%)	碘值	酸值	皂化值	C12:0	C14:0	C16:0	C16:1	C18:0	C18:1	C18:2	C18:3	C20:0	C20:1
JSU	SCBG	种仁	湖南永顺	28. 15				0. 04	0. 05	5. 53	0. 11	2. 63	15. 67	61. 76	12. 74	0. 61	0. 20
SYSU	SCBG	种仁	江西九江	7. 61	65. 48	2. 39	412. 39		0. 06	11. 36	0. 14	3. 38	32. 36	10. 04	0. 10	0. 44	0. 18

狭果秤锤树

Sinojackia rehderiana Hu

安息香科，秤锤树属

特征　小乔木或灌木。嫩枝被星状短柔毛。叶纸质，倒卵状椭圆形或椭圆形，长5~9 cm，宽3~4 cm，顶端急尖或钝，基部楔形或圆形，边缘具硬质锯齿，嫩叶两面均密被星状短柔毛，成长后仅叶脉被星状短柔毛；叶柄长1~4 mm，被星状短柔毛。总状聚伞花序疏松，有花4~6朵，生于侧生小枝顶端；花白色；花梗长达2 cm，疏被灰色星状短柔毛；花萼倒圆锥形，高约5 mm，密被灰黄色星状短柔毛，顶端5~6齿，萼齿三角形，长约1 mm；花冠5~6裂，裂片卵状椭圆形，长约12 mm，宽约4 mm，疏被星状长柔毛。果实圆柱状，具长渐尖的喙，连喙长2~2. 5 cm，宽10~12 mm，下部渐狭，褐色，有浅棕色皮孔，种子1颗，长圆柱形，褐色。花期4~5月；果期7~9月。

分布　湖北：武汉，30°32′43″N，114°24′55″E，35 m，2012-09-25，李晓东、昝艳燕等400121256。生于林中或灌丛中。产于广东、湖南和江西。

栽培　播种繁殖。

用途　花果极具观赏价值，可作庭园绿化或树桩盆景的开发利用。

含油率及化学组分数据

采集单位	测试单位	测试部位	产地	含油率(%)	碘值	酸值	皂化值	C12:0	C14:0	C16:0	C16:1	C18:0	C18:1	C18:2	C18:3	C20:0	C20:1
WHBG	WHBG	种仁	湖北武汉	33. 44		29. 00	161. 60		0. 05	6. 18	0. 41	4. 39	18. 55	29. 59	0. 48	0. 19	0. 14

肉果秤锤树

Sinojackia sarcocarpa L. Q. Luo

安息香科，秤锤树属

特征 小乔木或灌木，高7~10 m。小枝红棕色，有少量星状毛。叶两型，纸质，倒卵状椭圆形或椭圆形，基部楔形或圆形，边缘具硬质锯齿。总状聚伞花序疏松，花白色。果实椭圆形。花期4~5月；果期7~9月。

分布 安徽：六安天堂寨，31°33′37″N，116°12′12″E，215 m，2012-09-15，李晓东、咎艳燕等400121255。生于疏林中或灌丛中。

栽培 播种繁殖。

用途 可作行道树或栽于庭园中供观赏。

含油率及化学组分数据

采集单位	测试单位	测试部位	产地	含油率(%)	碘值	酸值	皂化值	C12:0	C14:0	C16:0	C16:1	C18:0	C18:1	C18:2	C18:3	C20:0	C20:1
WHBG	WHBG	种仁	安徽六安	30.20	94.06	3.21	174.06			5.21	0.07	0.94	37.23	39.08	0.01	0.34	1.38

秤锤树(捷克木)

Sinojackia xylocarpa Hu

安息香科，秤锤树属

特征 乔木。叶纸质，倒卵形或椭圆形，长3~9 cm，宽2~5 cm，顶端急尖，基部楔形或近圆形，边缘具硬质锯齿，生于具花小枝基部的叶卵形而较小，长2~5 cm，宽1.5~2 cm，基部圆形或稍心形，两面除叶脉疏被星状短柔毛外，其余无毛，侧脉每边5~7条；叶柄长约5 mm。总状聚伞花序生于侧枝顶端，有花3~5朵；花梗柔弱而下垂，疏被星状短柔毛，长达3 cm；萼管倒圆锥形，萼齿5，披针形；花冠裂片长圆状椭圆形，顶端钝，长8~12 mm，宽约6 mm，两面均密被星状绒毛；雄蕊10~14枚。果实卵形，长2~2.5 cm，宽1~1.3 cm，红褐色，有浅棕色的皮孔，无毛，顶端具圆锥状的喙；种子1颗，长圆状线形，长约1 cm，栗褐色。花期3~4月；果期7~9月。

分布 浙江：杭州植物园，30°15′25″N，120°07′22″E，2010-10-14，曾庆文、谢聪、孟玉芳40011920。湖北：武汉市，30°32′44″N，114°24′55″E，36 m，2012-09-20，李晓东、咎艳燕等400121259。生于海拔36~800 m林缘或疏林中。原产江苏、南京。江苏、杭州、上海、武汉等地曾有栽培。

栽培 为喜光树种，喜土层深厚、肥沃和湿润的环境。繁殖用种子。选择土层深厚、肥沃和排水良好的山坡。

用途 园林观赏；种子油工业用。

含油率及化学组分数据

采集单位	测试单位	测试部位	产地	含油率(%)	碘值	酸值	皂化值	C12:0	C14:0	C16:0	C16:1	C18:0	C18:1	C18:2	C18:3	C20:0	C20:1
SCBG	SCBG	种仁	浙江杭州	12.46	89.40	12.06	145.25	0.17	0.16	6.14	0.36	2.12	19.47	30.25	2.68	0.31	0.28
WHBG	WHBG	种仁	湖北武汉	30.40	71.72			1.07	0.10	6.79	0.17	3.27	16.73	6.74	1.04	1.31	

喙果安息香（南粤野茉莉）

Styrax agrestis (Lour.) G. Don

安息香科，安息香属

特征 乔木。叶互生，纸质或近革质，椭圆形、长椭圆形或椭圆状披针形，长5~15 cm，宽3~8 cm，顶端急尖或渐尖而稍弯，基部楔形或宽楔形，边全缘或具不规则细锯齿。总状花序顶生有花5~10余朵，下部有1~2花腋生，长6~12 cm；花序梗、花梗和小苞片均密被灰黄色星状绒毛；花白色，长15~22 mm；花梗长8~15 mm；小苞片钻形或披针形，长1. 5~3 mm；花萼杯状，高约7 mm，宽约5 mm；花冠裂片披针形，长约12 mm，宽约4 mm，外面密被紧贴星状短柔毛，内面近无毛，边缘常狭内褶，花蕾时作镊合状排列，花冠管长达4 mm。果实长圆形或斜卵形，长1. 2~3 cm，直径8~16 mm，顶端常有短喙，少具短尖头，密被黄褐色星状绒毛；种子1~2颗，椭圆形，褐色。花期9~12月；果期3~5月。

分布 海南：尖峰岭树木园，19°10′50″N，109°44′02″E，300 m，2009-11-05，张荣京40017124。云南：西双版纳植物园，21°55′50″N，101°15′56″E，2012-01-12，邢福武，童毅，孟玉芳4001142018。生于海拔50~700 m密林中。产于广东、广西、云南。中南半岛、马来西亚也有分布。

栽培 播种繁殖。

用途 可植于庭园供观赏，或作行道树。

含油率及化学组分数据

采集单位	测试单位	测试部位	产地	含油率(%)	碘值	酸值	皂化值	C12:0	C14:0	C16:0	C16:1	C18:0	C18:1	C18:2	C18:3	C20:0	C20:1
SCAU	SCBG	种仁	海南尖峰岭	38. 21	4. 35	13. 16	213. 04	0. 0031	0. 09	6. 83	0. 15	24. 45	6. 01	60. 64	0. 07	1. 42	0. 34
SCBG	SCBG	种仁	云南西双版纳	24. 62	78. 32	11. 63	217. 40	0. 04		13. 07		2. 12	26. 15	18. 87	5. 57		0. 54
OFPC	GXIB	种仁	广西贺县	41. 50	130. 40					8. 80		微量	31. 80	54. 50	5. 20		

中华安息香（米哥蚊、山柿、大籽安息香）

Styrax chinensis Hu et S. Ye. Liang

安息香科，安息香属

特征 乔木。叶互生，革质，长圆状椭圆形或倒卵状椭圆形，长8~23 cm，宽3~12 cm，顶端急尖，基部圆形或宽楔形，边近全缘；叶柄长1~1. 5 cm，四棱形或具4槽，密被星状柔毛和绒毛。圆锥花序或总状花序，顶生或腋生，长1~12 cm；花白色，芳香，长1. 2~1. 5 cm；花梗长1~3 mm，密被褐色星状绒毛和长柔毛；小苞片钻形，长3~5 mm，易脱落；花萼钟形，高和宽均6~7 mm，外面密被灰黄色星状绒毛和黄褐色星状长柔毛，内面疏被白色短柔毛，萼齿卵状三角形，长约2 mm，被毛较少而呈褐色；花冠裂片卵状披针形，长10~12 mm，宽2~3 mm，外面密被淡黄色星状绒毛，内面无毛，边缘常稍内褶，花蕾时镊合状排列，有些裂片呈稍内向镊合状排列，花冠管长约3 mm。果实球形，直径约1. 8 cm，顶端具短尖头或钝，外面密被灰白色星状绒毛和疏被星状短柔毛，不开裂或从顶端整齐3瓣开裂；种子球形，褐色，稍具皱纹，无毛。花期4~5月；果期9~11月。

分布 海南：尖峰岭树木园，19°10′50″N，109°44′02″E，300 m，2009-11-05，张荣京40017125；乐东县尖峰镇树木园，19°10′50″N，109°44′02″E，500 m，2011-01-09，秦新生4001161168。生于海拔300~1200 m石灰岩石山密林中。产于广西、云南。

栽培 播种繁殖。

用途 种子油可作润滑油。

含油率及化学组分数据

采集单位	测试单位	测试部位	产地	含油率(%)	碘值	酸值	皂化值	C12:0	C14:0	C16:0	C16:1	C18:0	C18:1	C18:2	C18:3	C20:0	C20:1
SCAU	SCBG	种仁	海南尖峰岭	37. 14	24. 38	10. 90	174. 29	0. 01	0. 03	4. 12	0. 25	1. 84	35. 78	57. 03	0. 45	0. 11	0. 38
SCAU	SCBG	种仁	海南乐东	30. 59	11. 69	12. 16	115. 44	0. 01	0. 06	8. 62	0. 03	2. 66	63. 45	22. 95	1. 06	0. 73	0. 44
OFPC	GXIB	种仁	广西南宁	12. 90	105. 7		227. 6	1. 00	1. 30	19. 70	5. 30	9. 00	44. 30	11. 90	0. 20	0. 40	0. 40
OFPC	XTBG	种仁	云南西双版纳	12. 60	111. 90		193. 00			13. 90		2. 10	31. 90	48. 70	3. 40		

赛山梅（白扣子、油榨果、白山龙）

Styrax confusus Hemsl.

安息香科，安息香属

特征　小乔木。叶革质或近革质，椭圆形、长圆状椭圆形或倒卵状椭圆形，长4~14 cm，宽2.5~7 cm，顶端急尖或钝渐尖，基部圆形或宽楔形，边缘有细锯齿；初时两面均疏被星状短柔毛，以后脱落；叶柄长1~3 mm，上面有深槽，密被黄褐色星状柔毛。总状花序顶生，有花3~8朵，下部常有2~3花聚生叶腋，长4~10 cm；花序梗、花梗和小苞片均密被灰黄色星状柔毛；花白色，长1.3~2.2 cm；花梗长1~1.5 cm；小苞片线形，生于花梗近基部，长3~5 mm，早落；花萼杯状，高5~8 mm，宽5~6 mm，密被黄色或灰黄色星状绒毛和星状长柔毛，顶端有5齿；萼齿三角形；花冠裂片披针形或长圆状披针形，长1.2~2 cm，宽3~4 mm，外面密被白色星状短绒毛，内面除近顶端被短柔毛外无毛，边缘稍内褶或有时重叠覆盖。果实近球形或倒卵形，直径8~15 mm，外面密被灰黄色星状绒毛和星状长柔毛；种子倒卵形，褐色，平滑或具深皱纹。花期4~6月；果期9~11月。

分布　江西：靖安县九岭山自然保护区，29°00′27″N，115°25′31″E，110 m，2011-09-26，邓星、景慧娟4001410007。浙江：鄞县天童山，29°48′32″N，121°46′40″E，2010-11-14，葛斌杰、胡超、熊申展400117110；杭州植物园，30°15′25″N，120°07′22″E，2010-10-14，曾庆文、谢聪、孟玉芳40011897；临安市西天目山，30°15′06″N，119°28′42″E，191 m，2012-11-18，陈树钢、童毅4001122167。安徽：歙县林业局后山，29°51′06″N，118°25′26″E，276 m，2011-11-11，胡超、李星霖4001171109。生于海拔100~1700 m的丘陵、山地疏林中，以气候温暖、土壤湿润的山坡上生长最好。产于广东、广西、湖南、江西、福建、浙江、江苏、安徽、山东、湖北、四川、贵州等地。

栽培　喜温暖湿润气候，喜阳光。播种繁殖。

用途　树形优美，良好的庭园观赏树种。种子油作制润滑油、肥皂和油墨等用。

含油率及化学组分数据

采集单位	测试单位	测试部位	产地	含油率(%)	碘值	酸值	皂化值	C12:0	C14:0	C16:0	C16:1	C18:0	C18:1	C18:2	C18:3	C20:0	C20:1
SYSU	SCBG	种仁	江西靖安	21.11	67.07	2.69	319.91	0.07	0.13	9.68	1.12	2.50	26.34	32.50	16.56	0.43	0.13
ECNU	SCBG	种仁	浙江鄞县	49.70	111.32	1.24	195.11		0.04	9.39	0.10	7.74	45.98	35.53	0.51	0.30	0.41
SCBG	SCBG	种仁	浙江杭州	37.19	11.63	1.95	144.04	0.12	0.55			2.28	46.10	7.94	47.11	0.12	8.89
SCBG	SCBG	种仁	浙江临安	33.40	105.28	2.20	181.81			9.29	0.19	2.68	37.69	43.76	5.27	0.54	0.58
ECNU	SCBG	种仁	安徽歙县	42.10	51.00	5.44	310.24	0.19	0.68	22.78	1.27	3.60	14.22	39.44	5.36	0.97	0.19
OFPC	GXIB	种仁	广西荔浦	52.80	131.50		172.60			9.40		2.00	37.30	44.00	7.20		
OFPC	SCBG	种子	广东乳源	20.70	121.90		191.90			10.50		1.50	37.20	50.00	0.80		

垂珠花（小叶硬田螺）

Styrax dasyanthus Perkins

安息香科，安息香属

特征　乔木。叶革质或近革质，倒卵形、倒卵状椭圆形或椭圆形，长7~14 cm，宽3.5~6.5 cm，顶端急尖或钝渐尖，尖头常稍弯，基部楔形或宽楔形；叶柄长3~7 mm，上面具沟槽，密被星状短柔毛。圆锥花序或总状花序顶生或腋生，具多花，长4~8 cm，下部常2至多花聚生叶腋；花序梗和花梗均密被灰黄色星状细柔毛；花白色，长9~16 mm；花梗长6~10 mm；小苞片钻形，长约2 mm，生于花梗近基部，密被星状绒毛和星状长柔毛；花萼杯状，高4~5 mm，宽3~4 mm，外面密被黄褐色星状绒毛和星状长柔毛，萼齿5，钻形或三角形；花冠裂片长圆形至长圆状披针形，长6~8.5 mm，宽1.5~3 mm，外面密被白色星状短柔毛，内面无毛，边缘稍狭内褶或有时重叠覆盖，花蕾时作镊合状排列或稍内向覆瓦状排列，花冠管长2.5~3 mm，无毛。果实卵形或球形，长9~13 mm，直径5~7 mm，顶端具短尖头，密被灰黄色星状短绒毛，平滑或稍具皱纹；种子褐色，平滑。花期3~5月；果期9~12月。

分布　广西、湖南、江西、福建、浙江、江苏、安徽、山东、河南、湖北、四川、贵州和云南等地。生于海拔100~1700 m的丘陵、山地、山坡及溪边杂木林中。

栽培　播种繁殖。

用途　种子油工业用。

含油率及化学组分数据

采集单位	测试单位	测试部位	产地	含油率(%)	碘值	酸值	皂化值	C12:0	C14:0	C16:0	C16:1	C18:0	C18:1	C18:2	C18:3	C20:0	C20:1
OFPC	SCBG	种仁	广东广州	32.60	131.00		166.50	微量	0.40	12.80		1.20	22.50	39.10	23.30		
OFPC	JSIB	种子	江苏南京	26.20	121.00		184.20	微量	0.10	9.00	0.40	3.30	37.30	44.40	4.30		
OFPC	WHBG	种子	湖北武汉	26.40	123.10		168.00		微量	10.8	微量	1.90	35.70	45.60	6.00		

白花龙（白龙条）

Styrax faberi Perkins

安息香科，安息香属

特征　灌木，高1~2 m。叶互生，纸质，椭圆形、倒卵形或长圆状披针形，长4~11 cm，宽3~3.5 cm，顶端急渐尖或渐尖，基部宽楔形或近圆形，边缘具细锯齿；叶柄长1~2 mm，密被黄褐色星状柔毛。总状花序顶生，有花3~5朵，下部常单花腋生，长3~4 cm；花序梗和花梗均密被灰黄色星状短柔毛；花白色；小苞片钻形，生于花梗近基部，密被灰黄色星状短柔毛，易脱落；花萼杯状，膜质，外面密被灰黄色星状绒毛和星状短柔毛，萼齿5，三角形或钻形，边缘有时具褐色腺点；花冠裂片膜质，披针形或长圆形，长5~15 mm，宽2.5~3 mm，外面密被白色星状短柔毛，边缘狭的内折或有时同一花中1~2裂片边缘一边内折，另一边平坦，在花蕾时作镊合状排列或呈稍内向覆瓦状排列，花冠管长3~4 mm，无毛。果实倒卵形或近球形，直径5~7 mm，外面密被灰色星状短柔毛。花期4~6月；果期8~10月。

分布　广西：灵川县海洋乡小平乐村，25°17′04″N，110°42′13″E，753 m，2011-09-27，郭伦发4001101206。湖南：湘潭县法华山，27°52′26″N，113°02′43″E，2010-10-01，严岳鸿400181167；江永县源口镇白倖村白沙源，24°56′49″N，111°01′04″E，715 m，2009-10-26，黄玉滢、周喜乐400181117；吉首市保靖县白云山，28°43′26″N，109°19′16″E，450 m，2012-10-01，张代贵、张洁40019102214。江西：宜春市靖安县九岭山自然保护区，29°00′06″N，115°26′12″E，119 m，2011-09-26，邓星、景慧娟4001410009。生于海拔0~600 m低山区和丘陵地灌丛中。产广东、广西、湖南、江西、福建、台湾、浙江、江苏、安徽、湖北、四川和贵州等地。

栽培　喜生长在丘陵避风坡面较肥沃的红壤上，较耐旱。播种或扦插繁殖。

用途　种仁油可制肥皂和润滑油，也可作医药用油。

含油率及化学组分数据

采集单位	测试单位	测试部位	产地	含油率(%)	碘值	酸值	皂化值	C12:0	C14:0	C16:0	C16:1	C18:0	C18:1	C18:2	C18:3	C20:0	C20:1
GXIB	SCBG	种仁	广西灵川	29.09	83.04	6.01	250.84	0.01	0.03	6.19	0.04	3.05	8.01	22.16	60.04	0.14	0.32
HUST	HUST	种仁	湖南湘潭	29.09	83.55	2.10	174.10			9.21	35.67				48.44	6.68	
HUST	HUST	果实	湖南江永	55.25	86.49	1.76	161.28			14.99		2.52	25.70	51.34	0.30	0.43	2.32
JSU	SCBG	种仁	湖南保靖	30.89				0.08	0.42	13.96	1.23	5.35	34.10	25.29	0.07	5.67	0.16
SYSU	SCBG	种仁	江西靖安	6.00	77.84	5.24	397.94	0.19	0.76	12.90	0.97	1.91	21.53	51.74	1.52	0.38	0.16
OFPC	SCBG	种子	广东广州	23.20	112.10		179.90			10.30		3.40	41.70	39.50	7.70		
OFPC	GXIB	种仁	广西兴安	28.90	99.40		177.00			9.40	微量	3.80	41.50	36.90	5.60		

大花野茉莉

Styrax grandiflorus Griff.

安息香科，安息香属

特征　灌木或小乔木。树皮灰色；嫩枝近圆柱形，被黄褐色星状柔毛，老枝被毛渐脱落，紫褐色或暗褐色。叶纸质或近革质，椭圆形、长椭圆形或卵状长圆形，顶端急尖，基部楔形或阔楔形，边近全缘或有时上部具疏离锯齿，两面均被稀疏星状短柔毛；叶柄长5~7 mm，疏被星状短柔毛。总状花序顶生，有花3~9朵，长3~4 cm，有时1~2花生于下部叶腋；花序梗和小苞片密被黄褐色星状柔毛；花白色，长1.5~2.5（~3）cm；花梗长2.5~5 cm，密被灰黄色星状绒毛和黄褐色稀疏星状柔毛；小苞片线形，长约3 mm；花萼膜质，杯状，顶端截形或具不明显5齿，密被灰黄色星状绒毛和黄褐色星状柔毛，近顶端被毛较稀疏；花冠裂片卵状长圆形或椭圆形，长12~20 cm，宽4~6 mm，两面均密被星状细柔毛。果实卵形，直径8~10 mm，顶端具短尖头，密被灰黄色星状绒毛，3瓣开裂；种子1~2颗，卵形，褐色，有深皱纹。花期4~6月；果期8~10月。

分布　广西：上思县十万大山平龙山河谷，22°03′13″N，107°54′08″E，2009-11-20，吴望辉、叶晓霞、农东新4001101022。云南：基诺山亚诺村龙怕水库路上，22°05′58″N，100°98′60″E，2012-01-16，邢福武、童毅、孟玉芳4001142010；河口县南溪镇马多依上寨抱台山，22°38′28″N，103°47′08″E，900 m，2009-03-28，张国学400222013。生于海拔1000~2100 m疏林中，在山坡、沟旁、土壤肥沃、湿润而疏松之处生长良好。产于广东、广西、台湾、贵州、云南和西藏。不丹、印度、缅甸和菲律宾也有。

栽培　播种繁殖。

用途　可作庭园观赏植物。

含油率及化学组分数据

采集单位	测试单位	测试部位	产地	含油率(%)	碘值	酸值	皂化值	C12:0	C14:0	C16:0	C16:1	C18:0	C18:1	C18:2	C18:3	C20:0	C20:1
GXIB	SCBG	种仁	广西上思	17.50	62.36	2.51	186.67		0.09	11.07	0.05	3.11	43.69	26.34	15.17	0.32	0.16
SCBG	SCBG	种仁	云南基诺山	18.54	33.31	1.95	183.51	0.01	0.23		0.07	4.95	17.61	3.03	10.19	0.31	
KMIB	KMIB	种仁	云南河口	34.58	117.70	1.00	178.00	0.11			8.43		2.98	33.18	41.61	6.55	

野茉莉（耳完桃、木桔子）

Styrax japonicus Sieb. et Zucc.

安息香科，安息香属

特征 灌木或小乔木。叶互生，纸质或近革质，椭圆形或长圆状椭圆形至卵状椭圆形，顶端急尖或钝渐尖，常稍弯，基部楔形或宽楔形，边近全缘或仅于上半部具疏离锯齿；叶柄长5~10 mm，上面有凹槽，疏被星状短柔毛。总状花序顶生，有花5~8朵，长5~8 cm；有时下部的花生于叶腋；花序梗无毛；花白色，长2~3 cm，花梗纤细，开花时下垂，长2.5~3.5 cm，无毛；小苞片线形或线状披针形，无毛，易脱落；花萼漏斗状，膜质，无毛，萼齿短而不规则；花冠裂片卵形、倒卵形或椭圆形，长1.6~2.5 mm，宽5~7 mm，两面均被星状细柔毛。果实卵形，顶端具短尖头，外面密被灰色星状绒毛，有不规则皱纹；种子褐色，有深皱纹。花期4~7月；果期9~11月。

分布 湖南：新宁县莨山镇米筛寨，26°17′52″N，110°45′34″E，344 m，2010-11-05，严岳鸿、何祖霞400181177；保靖县白云山，28°46′33″N，109°29′27″E，265 m，2012-08-10，张代贵、张洁40019101255。江西：芦溪县武功山自然保护区，27°34′30″N，114°14′12″E，890 m，2011-10-10，廖文波、李朋远4001414002。山东：青岛市崂山巨峰景区，36°08′55″N，120°36′37″E，297 m，2009-09-18，赵伟华400311125。湖北：神农架林区木鱼镇小当阳村，31°27′13″N，110°26′42″E，1223 m，2009-12-01，丁时东、危文亮400152033；神农架林区木鱼镇小当阳村，31°27′18″N，110°05′44″E，2009-08-20，李晓东、杨林森40012134。重庆：南川区鱼泉乡山王坪白果林场，29°39′19″N，107°12′38″E，1360 m，2009-10-14，刘正宇等400231069。四川：峨眉山市高桥镇，29°29′30″N，103°22′35″E，1000 m，2009-10-16，王凯、樊云川40021109090。生于海拔0~1804 m的林中。产于海南、广东、广西、湖南、江西、福建、浙江、江苏、安徽、山东、河南、四川、贵州、云南、陕西、山西、河北。朝鲜和日本也有分布。

栽培 喜阳树种，生长迅速，喜生于酸性、疏松肥沃、土层较深厚的土壤中。

用途 种子油可作肥皂或机器润滑油，油粕可作肥料。

含油率及化学组分数据

采集单位	测试单位	测试部位	产地	含油率(%)	碘值	酸值	皂化值	C12:0	C14:0	C16:0	C16:1	C18:0	C18:1	C18:2	C18:3	C20:0	C20:1
HUST	HUST	种仁	湖南新宁	43.20	79.29	15.16	166.61	0.19	0.79	13.11	0.68	1.92	21.70	52.38	1.54	0.37	0.14
JSU	SCBG	种仁	湖南保靖	40.24				0.02	0.14	7.13	0.77	3.23	12.74	49.24	18.94	0.51	0.09
SYSU	SCBG	种仁	江西芦溪	36.03	74.23	6.24	255.73	0.14	0.07	7.47	0.07	2.88	9.82	73.06	1.61	0.42	0.47
ICS	ICS	种子	山东青岛	48.30	86.79	3.13	173.30	0.02	0.05	7.89	0.06	2.09	33.62	43.38	3.93	0.49	
OCRI	SCBG	种仁	湖北神龙架	32.45	13.37	13.77	105.71	0.21	0.17	14.40		9.82	37.34	15.16	10.10	0.45	0.45
WHBG	WHBG	种子	湖北神龙架	26.84	127.47	3.74	180.47	0.12	0.11	8.95	0.10	2.04	26.67	56.67	4.85		0.67
CIPP	SCBG	种仁	重庆南川	23.54	96.40	1.73	228.37		0.01	3.34	0.52	0.75	68.72	24.52	0.12	0.21	0.07
SCU	SCU	种子	四川峨眉山	21.29						8.22		2.20	36.31	44.00	9.28		
OFPC	SCBG	种子	广东乳源	16.00	128.30		194.50		微量	9.10		1.00	32.60	57.30			
OFPC	JSIB	种子	江苏南京	18.30	120.70		179.70		0.10	8.50		1.40	35.00	50.30	3.70	0.60	

楚雄安息香（楚雄野茉莉）

Styrax limprichtii Lingelsh. et Borza [*Styrax langkongensis* W. W. Sm.]

安息香科，安息香属

特征　灌木，高1~2. 5 m。叶互生，纸质，宽椭圆形或倒卵形，长4~7 cm，宽3~4 cm，顶端急尖或短渐尖，基部圆形至宽楔形，边缘上部有锯齿，侧脉每边5~6条，第三级小脉网状，上面稍凹入或平坦，下面明显隆起；叶柄长1~3 mm，密被黄褐色星状绒毛。总状花序顶生，有花3~6朵，长3~4 cm；花白色，芳香，长约15 mm；花梗长3~4 mm；小苞片钻形，长3~4 cm，易脱落；花萼杯状，高约5 mm，宽约7 mm，外面密被黄褐色星状绒毛和长柔毛，内面被白色短柔毛，萼齿钻形或三角形，不等长，长1~1. 5 mm；花冠裂片椭圆形或卵状椭圆形，长9~11 mm，宽4~6 mm；花柱基部被粗毛。果实球形，直径1~1. 5 cm，顶端常具短尖头，密被灰白色星状短柔毛，具不规则纵皱纹，基部较为明显；种子卵形，褐色。花期3~4月；果期8~10月。

分布　四川南部和云南西部。生于海拔1700~2400 m干旱山坡。

栽培　播种繁殖。

用途　种子油工业用。

含油率及化学组分数据

采集单位	测试单位	测试部位	产地	含油率(%)	碘值	酸值	皂化值	C12:0	C14:0	C16:0	C16:1	C18:0	C18:1	C18:2	C18:3	C20:0	C20:1
OFPC	KMIB	种仁	云南宾川	42. 30			190. 60			4. 60		1. 40	27. 80	48. 60			

大果安息香

Styrax macrocarpus Cheng

安息香科，安息香属

特征　乔木。叶互生，纸质，椭圆形或倒卵状椭圆形，长7~17 cm，宽3. 5~7. 5 cm，顶端急尖，基部楔形或宽楔形，边近全缘或上部稍具锯齿，侧脉每边7~10条；叶无柄或近无柄，密被黄褐色星状毛。花白色，芳香，长达3. 3 cm，单生于叶腋，先叶开放；花梗长约1 cm，具槽纹，密被白色星状绒毛；苞片卵状披针形，长3~5 mm，密被褐色星状柔毛；花萼膜质，高5~7 mm，宽7~9 mm，密被灰色星状绒毛和疏生星状短柔毛，顶端5~6齿；萼齿三角形，近无毛；花冠5~7裂，裂片长椭圆或椭圆形，长约2. 2 cm，宽约9 mm，两面均疏被白色星状短柔毛，花蕾时作覆瓦状排列，花冠管长3~4 mm；雄蕊10~12枚；花柱下部疏被白色短柔毛。果实卵形或梨形，长2~3 cm，直径2~2. 5 cm，顶端具短尖头，密被灰白色或浅棕色星状绒毛；种子1颗，暗褐色，表面有不整齐的深皱纹。花期5~6月；果期9~10月。

分布　广西：桂林市雁山镇桂林植物园，25°05′06″N，110°18′45″E，2009-12-06，吴望辉、许为斌、黄俞淞4001101064。云南：景洪药用植物园，22°06′41″N，100°55′38″E，2012-01-12，邢福武、童毅、孟玉芳4001142043。生于海拔0~850 m山谷密林中。产广东、湖南。

栽培　喜温暖湿润环境，耐阴，耐寒，播种繁殖。

用途　种子油工业用。

含油率及化学组分数据

采集单位	测试单位	测试部位	产地	含油率(%)	碘值	酸值	皂化值	C12:0	C14:0	C16:0	C16:1	C18:0	C18:1	C18:2	C18:3	C20:0	C20:1
GXIB	SCBG	种仁	广西桂林	48.60	9.198	3.86	148.45	1.28	2.12	9.31	1.08	2.33	11.37	29.32	38.31	0.17	0.20
SCBG	SCBG	种仁	云南景洪	34.65	132.02	1.22		0.004			0.23	2.20	28.57	31.16	55.03	0.50	0.47
OFPC	KMIB	种仁	云南宾川	42. 30			190. 60			4. 60		1. 40	27. 80	48. 60			

芬芳安息香（郁香野茉莉、白木、野菱莉）

Styrax odoratissimus Champ. ex Benth. [*Styrax prunifolius* Perkins]

安息香科，安息香属

特征 小乔木。叶互生，薄革质至纸质，卵形或卵状椭圆形，长4~15 cm，宽2~8 cm，顶端渐尖或急尖，基部宽楔形至圆形，边全缘或上部有疏锯齿，侧脉每边6~9条；叶柄长5~10 mm，被毛。总状或圆锥花序，顶生，长5~8 cm，下部的花常生于叶腋；花序梗、花梗和小苞片密被黄色星状绒毛；花白色，长1. 2~1. 5 cm；花梗长1. 5~1. 8 cm；小苞片钻形，长约3 mm，易脱落；花萼膜质，杯状；花冠裂片膜质，椭圆形或倒卵状椭圆形，长9~11 mm，中部宽4~5 mm，花蕾时作覆瓦状排列，花冠管长3~4 mm；雄蕊较花冠短，花丝扁平，中部弯曲，全部密被白色星状短柔毛，花药长圆状披针形，药隔稍突出，被毛；花柱被白色星状柔毛。果实近球形，直径8~10 mm，顶端骤缩而具弯喙，密被灰黄色星状绒毛；种子卵形，密被褐色鳞片状毛和瘤状突起，稍具皱纹。花期3~4月；果期6~9月。

分布 海南：陵水县本号镇吊罗山国家级自然保护区南喜，18°44′05″N，109°50′13″E，2010-08-11，秦新生4001161124。广西：隆林县金钟乡，24°37′13″N，104°56′38″E，2011-10-22，曾庆文、陈树钢、杨国400114151；兴安县猫儿山，25°18′12″N，110°19′26″E，1610 m，2009-12-21，吴望辉、农东新、吴磊4001101094。湖南：平江县大坪乡石牛寨风景区，28°54′50″N，113°58′54″E，220 m，2010-09-06，严岳鸿、严亚玲400181160；平江县大坪乡石牛寨风景风，29°15′18″N，113°27′15″E，362 m，2010-09-06，严岳鸿、严亚玲400181161。江西：铅山县武夷山自然保护区，27°49′09″N，117°43′03″E，1150 m，2011-10-13，凡强、景慧娟4001411001。湖北：兴山县罗家河，31°42′16″N，110°47′22″E，602 m，2011-09-08，丁时东400151118。福建：武夷山，27°44′09″N，117°41′43″E，2010-09-26，刘东明、饶显龙400112104；武夷山，27°44′09″N，117°41′43″E，2010-09-28，刘东明、饶显龙400112112。浙江：杭州，24°46′22″N，114°43′54″E，2010-10月，曾庆文等4001121122。生于海拔0~1600 m的阴湿山谷、山坡疏林中。产于广东、广西、湖南、江西、福建、浙江、江苏、安徽、湖北和贵州等地。

栽培 喜肥沃、湿润的土壤。播种繁殖。

用途 种子油供制肥皂和机械润滑油。

含油率及化学组分数据

采集单位	测试单位	测试部位	产地	含油率(%)	碘值	酸值	皂化值	C12:0	C14:0	C16:0	C16:1	C18:0	C18:1	C18:2	C18:3	C20:0	C20:1
SCAU	SCBG	种仁	海南陵水	15. 44	112. 05	2. 07	172. 16		0. 16	10. 22	0. 04	1. 87	29. 53	41. 10	16. 62	0. 20	0. 26
SCBG	SCBG	种仁	广西隆林	42. 68	120. 71	2. 25	174. 86		0. 04	8. 77	0. 07	43. 42	40. 05	7. 41	0. 25		
GXIB	SCBG	种仁	广西兴安	34. 60	122. 18	1. 97	184. 30		0. 04	6. 72		2. 69	33. 86	47. 24	9. 26		0. 19
HUST	HUST	种仁	湖南平江	41. 20	99. 97	2. 34	187. 50		0. 11	12. 15	0. 46	3. 81	11. 81	60. 25	4. 65	0. 83	0. 20
HUST	HUST	种仁	湖南平江	24. 20	138. 26	2. 60	185. 57			8. 75	0. 14	3. 45	19. 23	50. 74	10. 36	0. 94	0. 90
SYSU	SCBG	种仁	江西铅山	34. 34	73. 01	6. 64	430. 23	0. 12		9. 82	0. 14	2. 50	22. 82	58. 48	1. 34	0. 60	0. 26
OCRI	SCBG	种仁	湖北兴山	35. 88	12. 95	6. 34	176. 02										
SCBG	SCBG	种仁	福建武夷山	16.54	89.59	3.64	88.53		0.09	4.72	0.14	1.81	70.50		0.38	0.95	0.22
SCBG	SCBG	种仁	福建武夷山	13.12	132.76	4.46	128.34	0.35									
SCBG	SCBG	种仁	浙江杭州	50.87	113.45	2.87	185.47	0.004	0.05	2.00		27.23	8.71	39.67	20.92	0.23	1.20

粉花安息香（粉花野茉莉）

Styrax roseus Dunn

安息香科，安息香属

特征 小乔木。叶互生，纸质，椭圆形、长椭圆形或卵状椭圆形，长6~12 cm，宽2~6 cm，但生于花枝上部的叶常较小，顶端渐尖或钝渐尖，尖头常稍弯，基部宽楔形，侧脉每边5~7条；叶柄长3~5 mm，疏被星状微柔毛。总状花序顶生，有花2~3（~4）朵，下部花常腋生；长3~5 cm；花序梗、花梗和小苞片均密被星状柔毛；花白色，有时粉红色，长1. 5~2. 5 cm；花梗长2~8 mm；小苞片线形，长3~5 mm，生于花梗上和花萼基部，易脱落；花萼膜质，杯状，高5~8 mm，宽4~5（~7）mm，顶端有不明显小齿，花后常深裂成2~3个圆齿，外面密被黄褐色星状绒毛和疏被橘红色星状长柔毛；花冠裂片倒卵状椭圆形，长12~15 mm，宽5~8 mm，两面均密被短柔毛，花蕾时呈覆瓦状排列，花冠管长约5 mm；雄蕊较花冠稍短，花丝上部分离，扁平，下部被星状短柔毛，花药长圆形；花柱约与花冠等长，下部被白色长柔毛。果实近球形，直径12~14 mm，顶端具短尖头；种子1~2颗，近平滑。花期7~9月；果期9~12月。

分布 湖北、四川、贵州、云南、西藏和陕西南部。生于海拔1000~2300 m疏林中。

栽培 播种繁殖。

用途 种子油药用。

含油率及化学组分数据

采集单位	测试单位	测试部位	产地	含油率(%)	碘值	酸值	皂化值	C12:0	C14:0	C16:0	C16:1	C18:0	C18:1	C18:2	C18:3	C20:0	C20:1
OFPC	KMIB	种仁	云南彝良	30. 00	117. 00		173. 30			9. 00		1. 10	36. 00	49. 30	微量	4. 60	
OFPC	KMIB	种仁	云南镇雄	21. 20			181. 90	微量		8. 60		1. 60	29. 90	53. 30	6. 60		

栓叶安息香（红皮、赤皮、铁甲子）

Styrax suberifolius Hook. et Arn.

安息香科，安息香属

特征 乔木。叶互生，革质，椭圆形、长椭圆形或椭圆状披针形，顶端渐尖；叶柄长1~1.5 cm，上面具深槽或近四棱形。总状花序或圆锥花序，顶生或腋生，长6~12 cm；花序梗和花梗均密被灰褐色或锈色星状柔毛；花白色，长10~15 mm；花梗长1~3 mm；小苞片钻形或舌形，长2~3 cm，密被星状柔毛；花萼杯状，萼齿三角形或波状，外面密被灰黄色星状绒毛和疏生褐棕色或黄褐色星状短柔毛，内面近顶端疏被白色长柔毛；花冠4裂，裂片披针形或长圆形，长8~10 mm，宽2~3 mm，外面密被紧贴星状短柔毛。果实卵状球形，密被灰色至褐色星状绒毛；种子褐色，宿存，花萼包围果实的基部至一半。花期3~5月；果期9~11月。

分布 海南：昌江县霸王岭二级一电站，19°06′59″N，109°05′32″E，2011-12-04，秦新生4001161222。香港：石澳，22°15′43″N，114°09′53″E，51 m，2010-10-20，严岳鸿400181190。广西：昭平县文竹乡七冲自然保护区，23°47′52″N，111°12′19″E，2009-10-28，吴望辉、黄俞淞、农东新4001101008。湖南：浏阳县达浒镇金子坑，28°30′00″N，113°51′18″E，294 m，2010-11-05，张兵、谷志容400181232；永顺县小溪茶园溪，28°46′12″N，110°13′57″E，340 m，2010-10-03，肖艳、徐亮400191137。江西：龙南县九连山，24°34′16″N，114°25′31″E，260 m，2009-11-07，廖文波等400143015。福建：福州植物园，26°09′10″N，119°17′36″E，54 m，2012-11-15，刘东明、童毅4001122143。广东：东莞市谢岗乡银瓶山仙水道，23°02′38″N，113°43′51″E，2012-11 02，邢福武、叶心芬、宁阳阳400113136。生于海拔51~3000 m山地、丘陵地常绿阔叶林中。产长江流域以南各地。越南也有分布。

栽培 阳性树种，生长迅速，播种繁殖。

用途 种子可制肥皂或油漆。

含油率及化学组分数据

采集单位	测试单位	测试部位	产地	含油率(%)	碘值	酸值	皂化值	C12:0	C14:0	C16:0	C16:1	C18:0	C18:1	C18:2	C18:3	C20:0	C20:1
SCAU	SCBG	种仁	海南昌江	36.40	80.24		166.61		0.06		14.12	4.89		66.77	0.88	0.16	
HUST	HUST	种仁	香港石澳	36.40	51.18	2.88	166.93	0.19	0.75	12.94	0.66	1.86	21.51	51.78	1.52	0.37	0.17
GXIB	SCBG	种仁	广西昭平	20.12				0.01	0.10	8.42	0.10	3.63	22.17	41.18	22.93	0.73	0.74
HUST	HUST	种仁	湖南浏阳	21.14	95.42	2.04	210.60			10.70		2.34		42.21	37.81	5.18	1.77
JSU	SCBG	种子	湖南永顺	42.56	49.22	11.36	212.53	0.12	0.29	6.57	0.15	3.69	15.35	29.86	0.02	40.03	0.12
SYSU	SCBG	种仁	江西龙南	23.20	73.94	3.00	207.25	0.03	0.08	12.47	0.10	3.51	41.16	38.07	3.94	0.36	0.28
SCBG	SCBG	种仁	福建福州	26.20	134.37	18.22	200.62	0.07	0.07	10.93	0.06	37.21	44.43	6.78	0.45		
SCBG	SCBG	种仁	广东东莞	10.26	9.77	8.80	187.10	0.003	0.05	6.63		5.60	16.34	71.42	1.30		
OFPC	SCBG	种子	广东广州	27.70	108.60		175.30		0.30	14.00	0.50	4.70	41.30	37.00			2.20
OFPC	GXIB	种仁	广西南宁	21.60	113.20		163.80			16.50	3.30	1.90	62.70	9.40	3.60		
OFPC	XTBG	种子	云南景洪	26.10	116.80		185.90			13.80		4.70	36.00	40.60	4.40	0.50	

越南安息香（白花树、滇桂野茉莉、白背安息香）

Styrax tonkinensis (Pierre) Craib ex Hartw.

安息香科，安息香属

特征 乔木。叶互生，纸质至薄革质，椭圆形、椭圆状卵形至卵形，顶端短渐尖，基部圆形或楔形，边近全缘；叶柄长8~15 mm，上面有宽槽，密被褐色星状柔毛。圆锥花序，或渐缩小成总状花序，花序长3~10 cm或更长；花序梗和花梗密被黄褐色星状短柔毛；花白色；小苞片生于花梗中部或花萼上，钻形或线形；花萼杯状，顶端截形或有5齿，萼齿三角形；花冠裂片膜质，卵状披针形或长圆状椭圆形，两面均密被白色星状短柔毛。果实近球形，顶端急尖或钝，外面密被灰色星状绒毛；种子卵形，栗褐色，密被小瘤状突起和星状毛。花期4~6月；果熟期8~10月。

分布 广东：南岭，24°55′09″N，113°05′22″E，2010-10-19，曾庆文等400119103；平远县龙文保护区，24°47′49″N，115°57′58″E，2010-10-14，易绮斐、戴建阅、翟俊文400119103。热带亚热带树种，垂直分布在海拔100~2000 m，喜生于气候温暖、较潮湿、土壤疏松而肥沃、土层深厚、微酸性、排水良好的山坡或山谷、疏林中或林缘。产于广东、广西、湖南、江西、福建、贵州和云南。越南、泰国也有分布。

栽培 播种繁殖。

用途 种子油称“白花油”，可作药用。

含油率及化学组分数据

采集单位	测试单位	测试部位	产地	含油率(%)	碘值	酸值	皂化值	C12:0	C14:0	C16:0	C16:1	C18:0	C18:1	C18:2	C18:3	C20:0	C20:1
SCBG	SCBG	种仁	广东南岭	46.97	128.56	2.24	142.78	0.03	0.07	7.38		2.24	37.91	46.18	6.19		
SCBG	SCBG	种仁	广东平远	31.60	7.20	1.47	202.22	0.01	0.15	8.46	0.50	3.75	21.58	32.16	1.42	0.34	0.14
OFPC	SCBG	种子	广东广州	24.60	125.90		176.70		0.10	10.50	微量	1.60	29.60	44.80	13.20		
OFPC	GXIB	种仁	广西乐业	59.20	117.30		165.20			9.70		1.90	29.20	48.40	10.80		
OFPC	XTBG	种子	云南西双版纳	51.60	114.30		177.20			10.10		2.20	39.20	45.20	3.30		
OFPC	KMIB	种子	云南绿春	30.70	120.30					9.50		1.20	25.00	57.00	7.30		

腺叶山矾

Symplocos adenophylla Wall. ex G. Don [*Dicalix punctomarginatus* (A. Chevalier ex Guillaumin) Migo]

山矾科，山矾属

特征 乔木。小枝红褐色；嫩枝、芽、花序、苞片及花萼均被有红褐色而易碎成秕糠状的微柔毛。叶硬纸质，狭椭圆状披针形、狭椭圆形或椭圆形，先端具镰刀状的尾状渐尖而尖头钝，基部楔形，边缘具浅圆锯齿，齿缝间有椭圆形半透明的腺点；叶柄长0.5~1 cm，两侧具与叶缘同样的腺点。总状花序有1~3分枝，长2~4 cm；苞片三角状卵形，长1~1.5 mm；花萼长2~2.5 mm，5裂；裂片半圆形；花冠白色，长约3 mm，5深裂几达基部；雄蕊30~35枚。核果椭圆形，栗褐色，顶端宿萼裂片合成圆锥状。花、果期7~8月；果期8~11月。

分布 海南：昌江县霸王岭老林场，19°06′59″N，109°05′33″E，2009-08-03，秦新生400116141。广东：英德县石门台老屋场，24°26′01″N，113°18′34″E，2010-11-13，易绮斐、陈林、刘清泉400119134。贵州：雷山县响水岩，26°22′05″N，108°09′10″E，1038 m，2012-10-19，陈丰林、夏纯、桑洪伟4001151254。生于海拔200~800 m的路边、水旁、山谷或疏林中。产于海南、广东、广西、福建、云南、贵州。越南、印度、马来西亚、新加坡、印度尼西亚也有分布。

栽培 喜温暖湿润的气候。播种繁殖。

用途 种子油有待开发。

含油率及化学组分数据

采集单位	测试单位	测试部位	产地	含油率(%)	碘值	酸值	皂化值	C12:0	C14:0	C16:0	C16:1	C18:0	C18:1	C18:2	C18:3	C20:0	C20:1
SCAU	SCBG	种仁	海南昌江	26.14	16.16	10.62	354.28										
SCBG	SCBG	种仁	广东英德	6.74	10.25	7.87	199.96		0.03		0.04	1.60	28.88		63.93	0.72	0.19
SCBG	SCBG	种仁	贵州雷山	27.15	97.26	22.05	94.81										

华山矾

Symplocos chinensis (Lour.) Druce

山矾科，山矾属

特征 灌木。嫩枝、叶柄、叶背均被灰黄色皱曲柔毛。叶纸质，椭圆形或倒卵形，长4~7 cm，宽2~5 cm，先端急尖或短尖，有时圆，基部楔形或圆形，边缘有细尖锯齿，叶面有短柔毛。圆锥花序顶生或腋生，长4~7 cm，花序轴、苞片、萼外面均密被灰黄色皱曲柔毛；苞片早落；花萼长2~3 mm。裂片长圆形，长于萼筒；花冠白色，芳香，长约4 mm，5深裂几达基部；雄蕊50~60枚；花盘具5凸起的腺点，无毛。核果卵状圆球形，歪斜，长5~7 mm，被紧贴柔毛，熟时蓝色，顶端宿萼裂片向内伏。花期4~5月；果期8~11月。

分布 广东：阳山县秤架乡太平洞，24°55′48″N，112°59′07″E，392 m，2010-10-22，王发国、陈林400113064。湖南：湘潭县响水乡，27°54′12″N，112°54′38″E，65 m，2009-10-05，严岳鸿、黄玉滢、何祖霞400181031。福建：武夷山大安源，27°52′38″N，117°52′09″E，2010-09-30，刘东明、梁耀400112132；厦门植物园，24°27′23″N，118°06′21″E，2010-11-05，刘东明、梁耀400112231。云南：麻栗坡县董干镇，23°23′30″N，105°07′07″E，1671 m，2010-11-08，王智、杨珺、谭英400221241。生于海拔1700 m以下的丘陵、山坡、杂林中。产于广东、广西、湖南、江西、福建、台湾、浙江、安徽、四川、贵州、云南等地。

栽培 喜肥沃、富含有机质且排水良好的砂质土壤。播种繁殖。

用途 种仁油制肥皂。

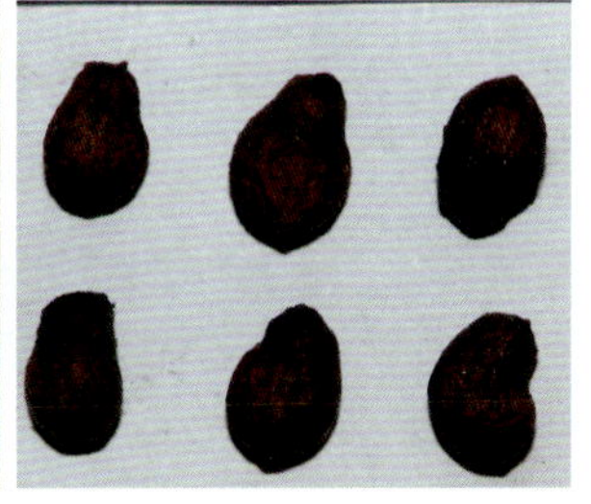

含油率及化学组分数据

采集单位	测试单位	测试部位	产地	含油率(%)	碘值	酸值	皂化值	C12:0	C14:0	C16:0	C16:1	C18:0	C18:1	C18:2	C18:3	C20:0	C20:1
SCBG	SCBG	种仁	广东阳山	18.20	30.73		201.52			3.20		2.20	29.22	78.31	4.12	0.23	0.14
HUST	HUST	种仁	湖南湘潭	38.10	14.33	12.10	428.36	0.01	0.10	8.54	0.33	2.18	41.21	28.45	18.44	0.44	0.31
SCBG	SCBG	种仁	福建武夷山	24.65	112.28	15.03	520.60			7.32	0.05	4.12	3.83	47.11	2.80		0.23
SCBG	SCBG	种仁	福建厦门	7.58	99.97	10.37	223.40	0.11	0.26	19.52		3.88	61.60	18.44	0.21	0.87	
KMIB	KMIB	种仁	云南麻栗坡	32.00	61.20	8.50	184.70				18.65	0.09	1.92	52.47	26.09	0.78	0.22
OFPC	SCBG	种子	广东紫金	28.60	87.70		195.90		微量	30.40		微量	47.10	22.50	微量		

越南山矾

Symplocos cochinchinensis (Lour.) S. Moore

山矾科，山矾属

特征 乔木。芽、嫩枝、叶柄、叶背中脉均被红褐色绒毛。叶纸质，椭圆形、倒卵状椭圆形或狭椭圆形，长9~27 cm，宽3~10 cm，先端急尖或渐尖，基部阔楔形或近圆形，叶背被柔毛，边缘有细锯齿或近全缘；叶柄长1~2 cm。穗状花序长6~11 cm，近基部3~5分枝，花序轴、苞片、萼均被红褐色绒毛；花萼长2~3 mm，5裂，裂片卵形，与萼筒等长；花冠白色或淡黄色，长约5 mm，5深裂几达基部；雄蕊60~80枚，花丝基部联合。核果圆球形，顶端宿萼裂片合成圆锥状，基部有宿存苞片，核具5~8条浅纵棱。花期8~9月；果期8~11月。

分布 海南：昌江县霸王岭东一，19°13′21″N，109°00′41″E，2009-08-05，秦新生400116154。生于海拔1500 m以下的溪边、路旁和热带阔叶林中。产于广东、广西、福建、台湾、云南、西藏。中南半岛、印度尼西亚、爪哇、印度也有分布。

栽培 喜温暖湿润气候，耐阴。播种繁殖。

用途 园林观赏。

含油率及化学组分数据

采集单位	测试单位	测试部位	产地	含油率(%)	碘值	酸值	皂化值	C12:0	C14:0	C16:0	C16:1	C18:0	C18:1	C18:2	C18:3	C20:0	C20:1
SCAU	SCBG	种仁	海南昌江	21.65	59.87	9.96	201.25	0.02		21.23	3.41	3.31	45.46	25.97	0.60		

黄牛奶树(花香木、苦山矾、散风木)

Symplocos cochinchinensis var. **laurina** (Retz.) Noot. [*Symplocos laurina* (Retz.) Wall. ex. G. Don]

山矾科，山矾属

特征 乔木。小枝无毛，芽被褐色柔毛。叶革质，倒卵状椭圆形或狭椭圆形，长7~14 cm，宽2~5 cm，先端急尖或渐尖，基部楔形或宽楔形，边缘有细小的锯齿。叶柄长1~1.5 cm。穗状花序长3~6 cm，基部通常分枝，花序轴通常被柔毛，后渐脱落；苞片和小苞片外面均被柔毛，边缘有腺点，苞片阔卵形，长约2 mm，小苞片长约1 mm；花萼长约2 mm，无毛，裂片半圆形，短于萼筒；花冠白色，长约4 mm，5深裂几达基部；雄蕊约30枚。核果球形，顶端宿萼裂片直立。花期8~12月；果期9~10月或翌年3~6月。

分布 广东：连州大东山，24°53′56″N，112°42′95″E，1104 m，2009-10-05，陈林、王发国、翟俊文40011473。江西：崇义县齐云山，25°51′57″N，114°01′52″E，857 m，2010-09-26，李朋远、谢行400145017。生于海拔857~3000 m的村边石山上、密林中。产于广东、广西、湖南、福建、台湾、浙江、江苏、四川、贵州、云南、西藏等地。印度、斯里兰卡也有分布。

栽培 喜温暖、湿润的环境，耐半荫。播种繁殖。

用途 种仁油作滑润油或制肥皂。

含油率及化学组分数据

采集单位	测试单位	测试部位	产地	含油率(%)	碘值	酸值	皂化值	C12:0	C14:0	C16:0	C16:1	C18:0	C18:1	C18:2	C18:3	C20:0	C20:1
SCBG	SCBG	种仁	广东连州	35.12	41.23	4.94	271.81										
SYSU	SCBG	种仁	江西崇义	32.44	146.14	11.47	163.46	0.01	0.03	6.05	0.06	2.79	14.14	13.77	62.85	0.20	0.12
OFPC	SCBG	种仁	广东乳源	23.30	91.90		193.20		微量	19.20	1.80	1.80	39.40	34.80			

羊舌树
Symplocos glauca (Thunb.) Koidz.

山矾科，山矾属

特征 乔木。芽、嫩枝、花序均密被褐色短绒毛，小枝褐色。叶常簇生于小枝上端，叶片狭椭圆形或倒披针形，长6~15 cm，宽2~4 cm，先端急尖或短渐尖，基部楔形，全缘，叶背通常苍白色，干后变褐色；中脉在叶面凹下，侧脉和网脉在叶面凸起，侧脉每边5~12条，在近叶缘处分叉网结；叶柄长1~3 cm。穗状花序基部通常分枝，长1~1.5 cm，在花蕾时常呈团伞状；苞片阔卵形，长约2 mm，被褐色短绒毛；花萼长约3 mm，裂片卵形，约与萼筒等长，萼筒无毛；花冠长4~5 mm，5深裂几达基部，裂片椭圆形，顶端圆；雄蕊30~40枚，花丝细长，基部稍合生；花盘环状，无毛；子房3室。核果狭卵形，长1.5~2 cm，近顶端狭，宿萼裂片直立。花期4~8月；果期7~10月。

分布 海南：琼中县黎母山乡黎母山，19°10′37″N，109°46′35″E，2009-07-30，秦新生400116115。生于海拔600~1600 m的林间。产于广东、广西、福建、台湾、浙江、云南。日本也有分布。

栽培 喜生于光线充足的林间向阳处；喜温暖湿润的环境；对土壤要求不严。播种繁殖。

用途 种子油工业用。

含油率及化学组分数据

采集单位	测试单位	测试部位	产地	含油率(%)	碘值	酸值	皂化值	C12:0	C14:0	C16:0	C16:1	C18:0	C18:1	C18:2	C18:3	C20:0	C20:1
SCAU	SCBG	种仁	海南琼中	20.60	22.26	7.39	140.96										

光叶山矾
Symplocos lancifolia Siebold et Zucc. [*Bobua pseudolancifolia* Hatus.]

山矾科，山矾属

特征 小乔木。芽、嫩枝、花序均被黄褐色柔毛，小枝细长，黑褐色，无毛。叶纸质或近膜质，干后有时呈红褐色，卵形至阔披针形，长3~6（~9）cm，宽1.5~2.5（~3.5）cm，先端尾状渐尖，基部阔楔形或稍圆，边缘具稀疏的浅钝锯齿；中脉在叶面平坦，侧脉纤细，每边6~9条；叶柄长约5 mm。穗状花序长1~4 cm；苞片椭圆状卵形，长约2 mm，小苞片三角状阔卵形，长1.5 mm，宽2 mm；花萼长1.6~2 mm，5裂，裂片卵形，顶端圆，与萼筒等长或稍长于萼筒，萼筒无毛；花冠淡黄色，5深裂几达基部，裂片椭圆形，长2.5~4 mm；雄蕊约25枚，花丝基部稍合生。核果近球形，直径约4 mm，顶端宿萼裂片直立。花期3~11月；果期6~12月。

分布 福建：武夷山星村桐木村，27°44′10″N，117°41′44″E，672 m，2012-11-17，易绮斐、李玉玲、宁阳阳400119248；德化县唐寨山，25°30′31″N，118°13′56″E，2010-11-02，刘东明、梁耀400112188。浙江：鄞县天童山，29°48′32″N，121°46′40″E，412 m，2010-11-13，葛斌杰、胡超、熊申展4001171106。重庆：南川区鱼泉乡山王坪林场，29°33′24″N，107°12′15″E，1294 m，2009-10-13，刘正宇等400231063。生于海拔1300 m以下的林中。产于海南、广西、湖南、江西、湖北、四川、贵州、云南。日本也有分布。

栽培 喜光，稍耐阴蔽。喜湿润的环境。要求土壤肥沃。播种繁殖。种仁须沙藏层积90 d以上。

用途 种子油工业用。

含油率及化学组分数据

采集单位	测试单位	测试部位	产地	含油率(%)	碘值	酸值	皂化值	C12:0	C14:0	C16:0	C16:1	C18:0	C18:1	C18:2	C18:3	C20:0	C20:1
SCBG	SCBG	种仁	福建武夷山	32.61	145.13	83.94	117.03										
SCBG	SCBG	种仁	福建德化	20.66	239.40	2.85			0.24	9.23		7.53	43.55	33.71	60.73	0.18	0.12
ECNU	SCBG	种仁	浙江鄞县	10.08	119.65	5.71	195.63		0.08	11.62	0.10	2.48	37.16	47.97	0.59		
CIPP	SCBG	种仁	重庆南川	20.37	70.55	3.81	432.22			5.28	0.14	1.65	8.02	53.78	22.84	0.88	0.36

光亮山矾（叶萼山矾、茶条果、四川山矾）

Symplocos lucida (Thunb.) Sieb. et Zucc.[*Symplocos phyllocalyx* C. B. Clarke]

山矾科，山矾属

特征 常绿小乔木。小枝粗壮，黄绿色，稍具棱，无毛。叶革质，狭椭圆形、椭圆形或长圆状倒卵形，长6~9 cm，宽2~4 cm，先端急尖或短渐尖，基部楔形，边缘具波状浅锯齿；中脉和侧脉在叶面均凸起，侧脉每边8~12条，直向上，在近叶缘处分叉网结；叶柄长8~15 mm。穗状花序长8~15 mm，花序轴具短柔毛；苞片阔卵形；花萼长约4 mm，裂片长圆形，长约3 mm，背面无毛；花冠长约4 mm，5深裂几达基部；雄蕊40~50枚。子房3室；核果椭圆形，长10~15 mm，宽约6 mm，顶端有直立的宿萼裂片。花期3~4月；果期6~10月。

分布 广东：高州县长坡镇平云山冼太庙，21°59′23″N，110°58′32″E，2010-08-29，邢福武、翟俊文、郑希龙、戴建阅400111181。湖南：永顺县小溪茶园溪，28°47′09″N，110°13′03″E，438 m，2010-10-05，肖艳、徐亮400191147；永顺小溪，28°48′06″N，110°13′04″E，398 m，2009-08-08，徐亮、周建军400191095；永顺杉木河，29°10′32″N，109°50′06″E，799 m，2009-07-18，徐亮、周建军400191086；湘潭县法华山，27°52′26″N，113°02′43″E，2010-10-01，严岳鸿、何祖霞400181171。贵州：雷山县响水岩，26°22′06″N，108°09′05″E，1033 m，2012-10-19，陈丰林、夏纯、桑洪伟4001151252。江苏：宜兴市张渚龙池山，31°13′05″N，119°41′40″E，175 m，2009-09-07，田怀珍、李宏庆、葛斌杰等4001171003。浙江：杭州植物园，30°15′25″N，120°07′22″E，2010-10-13，曾庆文、谢聪、孟玉芳40011923。安徽：金寨县天堂寨，31°06′38″N，115°46′59″E，2012-10-20，刘东明、王鹏40011300061。生于海拔2600 m以下的山地杂木林中。产于广东北部、广西、湖南、江西、福建、浙江、安徽、湖北、四川、贵州、西藏、陕西、云南。不丹也有分布。

栽培 喜光，稍耐阴蔽。喜湿润的环境。播种繁殖。

用途 种子油工业用。

含油率及化学组分数据

采集单位	测试单位	测试部位	产地	含油率(%)	碘值	酸值	皂化值	C12:0	C14:0	C16:0	C16:1	C18:0	C18:1	C18:2	C18:3	C20:0	C20:1
SCBG	SCBG	种仁	广东高州	20. 15	142. 80	10. 60	78. 29		0. 03	17. 86		2. 06			0. 55	0. 57	0. 52
JSU	SCBG	种仁	湖南永顺	26. 64	103. 98	5. 57	216. 87										
JSU	SCBG	种仁	湖南永顺	23.64	83.52	2.10	174.06	0.17	0.73	12.72	0.86	1.90	21.74	52.33	1.53	0.39	0.16
JSU	SCBG	种仁	湖南永顺	28. 91	120. 88	2. 24	204. 25			5. 97		2. 90	9. 82	78. 31	0. 81	0. 51	0. 15
HUST	HUST	种仁	湖南湘潭	26. 64	34. 36			0. 01	0. 21	24. 13	0. 23	3. 90	15. 26	53. 22	2. 28	0. 53	0. 22
SCBG	SCBG	种仁	贵州雷山	24. 61	116. 29	21. 71	275. 90										
ECNU	SCBG	种仁	江苏宜兴	6. 30	19. 06	7. 41	229. 16	0. 45	0. 27	9. 28	0. 31	2. 22	9. 64	45. 50	25. 39	1. 50	0. 12
SCBG	SCBG	种仁	浙江杭州	10. 26	25. 08	13. 75	173. 00	0. 37	0. 20	21. 79	0. 50	1. 70	13. 25	19. 54	11. 47	0. 35	0. 48
SCBG	SCBG	种仁	安徽金寨	36. 15	17. 29	43. 29	200. 25	0. 02		3. 86		1. 83		28. 72	1. 79	1. 42	0. 56

白檀（碎米子树、乌子树）

Symplocos paniculata (Thunb.) Miq.

山矾科，山矾属

特征 落叶灌木或小乔木。嫩枝有灰白色柔毛，老枝无毛。叶膜质或薄纸质，阔倒卵形、椭圆状倒卵形或卵形，长3~11 cm，宽2~4 cm，先端急尖或渐尖，基部阔楔形或近圆形，边缘有细尖锯齿，叶面无毛或有柔毛，叶背通常有柔毛或仅脉上有柔毛；中脉在叶面凹下，侧脉在叶面平坦或微凸起，每边4~8条；叶柄长3~5 mm。圆锥花序长5~8 cm，通常有柔毛；花萼长2~3 mm，萼筒褐色，裂片半圆形或卵形，稍长于萼筒，淡黄色，有纵脉纹，边缘有毛；花冠白色，长4~5 mm，5深裂几达基部；雄蕊40~60枚，子房2室，花盘具5凸起的腺点。核果熟时蓝色，卵状球形，稍偏斜，长5~8 mm，顶端宿萼裂片直立。果期8月至翌年1月。

分布 广东：大埔丰溪，24°20′53″N，116°39′51″E，2009-09-06，林铎清、戴建阅400111106；始兴罗坝桃源，24°48′15″N，114°18′25″E，2011-01-12，刘东明、王鹏400112291；阳山县秤架太平洞，24°52′60″N，112°57′22″E，969 m，2009-09-24，董安强、胡晓敏40011223。湖南：浏阳市大围山，28°25′26″N，114°08′24″E，1492 m，2009-09-22，周喜乐、黄玉滢400181030；浏阳县大围山，28°25′30″N，114°05′13″E，956 m，2010-11-07，张兵、谷志容400181242；江西：上饶三清山，28°54′31″N，118°03′53″E，1587 m，

2012-09-05，景慧娟、赵万义4001416022；玉山县三清山，28°54′31″N，118°03′48″E，1388 m，2009-09-06，廖文波等400141149。浙江：临安市西天目山，30°15′06″N，119°28′41″E，202 m，2012-11-18，陈树钢、童毅4001122170。江苏：常熟市虞山，31°38′59″N，120°44′00″E，65 m，2009-12-01，田怀珍、陈纪云4001171047。上海：松江区东佘山，31°10′01″N，121°19′52″E，43 m，2009-11-09，田怀珍、刘东明、戴建阅4001171019。安徽：潜山县天柱山，30°43′20″N，116°27′31″E，671 m，2012-12-07，程志全、刘巧霞4001171264；河南：鲁山县鲁山，33°41′58″N，112°30′44″E，1297 m，2011-07-28，王亚平、陈明400314016。四川：都江堰青城山，30°54′51″N，103°33′56″E，2010-09-15，崔龙、李志强40021110020；峨眉山高桥，29°28′39″N，103°21′44″E，2009-10-16，樊云川，王凯40021109089；乐山峨边黑竹沟六一二林场，28°43′24″N，103°02′51″E，2156 m，2011-10-14，李志强、刘小波等40021111043。云南：马关县马白乡砂尾冲，23°03′14″N，104°16′15″E，1425 m，2010-11-11，王智、杨珺、谭英400221268。陕西：凤县南星镇瓦房坝乡，33°42′19″N，106°36′44″E，1380 m，2011-08-08，薛帅、秦烁400324055。辽宁：丹东，40°07′45″N，124°20′18″E，2012-10-14，郑宝江等400341179。吉林：通化，41°43′46″N，125°51′26″E，2011-09-17，郑宝江等400341113。产于华南、华中、西南、华北、东北各地。生于海拔2500m以下的山坡、路边、疏林或密林中。朝鲜、日本、印度有分布，北美洲有栽培。

栽培 生性强健、耐寒力强。对土壤及环境适应力强。播种繁殖。管理粗放。

用途 种子油工业用。

含油率及化学组分数据

采集单位	测试单位	测试部位	产地	含油率(%)	碘值	酸值	皂化值	C12:0	C14:0	C16:0	C16:1	C18:0	C18:1	C18:2	C18:3	C20:0	C20:1
SCBG	SCBG	种仁	广东大埔	16.50	82.66	4.58	189.28		0.12	9.87	0.12	2.30	47.83	38.89	0.59	0.08	0.22
SCBG	SCBG	种仁	广东始兴	26.25	133.78	14.97	169.58		0.09		0.06	6.01	16.73	39.50	0.09		0.32
SCBG	SCBG	种仁	广东阳山	38.50	120.79	63.02	157.88										
HUST	HUST	种仁	湖南浏阳	30.70	7.69	191.96	95.06						0.17	0.60	0.22	0.01	
HUST	HUST	种仁	湖南浏阳	36.70	6.52	8.42	188.26	0.02	0.03	3.39	0.05	1.18	70.81	23.75	0.39	0.16	0.23
SYSU	SCBG	种仁	江西上饶	14.33	107.36	1.75	174.11	0.03	0.11	13.64	0.17	7.53	14.82	53.60	4.82	2.22	3.07
SYSU	SCBG	种仁	江西玉山	19.22	52.39	3.81	158.84	0.03	0.02	3.97	0.06	2.13	11.24	32.71	48.89	0.57	0.38
SCBG	SCBG	种仁	浙江临安	40.16	115.48	17.36	236.86										
ECNU	SCBG	种仁	江苏常熟	24.26	42.02	8.88	176.14		0.07	3.43	0.09	1.55	21.28	39.61	23.69	0.27	0.45
ECNU	SCBG	种仁	上海松江	37.51	16.45	15.54	193.17	0.19	0.85	14.88	0.24	3.44	12.93	56.01	4.26	0.90	0.34
ECNU	SCBG	种仁	安徽潜山	20.33	10.86	7.91	159.94	1.89	0.55	12.08	0.63	2.53	13.89	27.55	7.97	1.58	0.24
HNAU	ICS	种子	河南鲁山	1.56	77.90	69.96	18.05	0.14	0.56	9.09	0.32	1.28	15.35	37.50	1.09	0.18	
SCU	SCU	种仁	四川都江堰	23.36	97.30	5.60	194.10			8.59		1.76	55.04	34.15	0.46		
SCU	SCU	种仁	四川峨眉山	29.29	110.50	2.20	229.10			16.83		2.04	50.23	30.91			
SCU	SCU	种仁	四川乐山	31.60	76.82	19.34	162.30	0.62		15.04		3.31	44.30	35.87	0.86		
KMIB	KMIB	种仁	云南马关	35.71	86.00		195.90				30.40		13.10	8.40	5.00		
CAU	ICS	种子	陕西凤县	17.66	47.17	42.04	216.53	0.19	0.75	12.98	0.90	1.91	21.76	52.23	1.53	0.37	0.19
NEFU	SCBG	种仁	辽宁丹东	20.12	66.43	10.47	286.01		0.63	14.38		6.25	16.25	36.56	10.94	11.56	
NEFU	SCBG	种仁	吉林通化	41.25	3.92	1.57	538.60		0.07	26.02	1.84	0.69	12.20	57.15	1.82	0.20	0.01
OFPC	KMIB	种仁	云南红河	38.40	86.00	13.10	193.00			21.20		1.30	47.50	30.00			
OFPC	IAE	种子	辽宁凤城	31.70	105.70					15.50		1.30	47.50	35.70			
OFPC	LBG	种子	江西武宁	10.00						25.50		微量	49.70	24.80			

南岭山矾

Symplocos pendula var. **hirtistylis** (C. B. Clarke) Noot. [*Symplocos confusa* Brand]

山矾科，山矾属

特征 常绿小乔木。芽、花序、苞片及萼均被灰色或灰黄色柔毛。叶近革质，椭圆形、倒卵状椭圆形或卵形，长5~12 cm，宽2~4.5 cm，先端急尖或短渐尖而尖头钝，全缘或具疏圆齿；叶柄长1~2 cm。总状花序长1~4.5 cm；花梗长3~5 mm；苞片长圆状卵形，顶端圆，长1.5~2 mm，小苞片狭卵形，顶端尖，长1~1.2 mm；花萼钟形，长2.2~3.2 mm，顶端有5浅圆齿；花冠白色，长4.5~7 mm，5深裂至中部，冠筒长约2 mm，雄蕊40~50枚，花丝粗而扁平，有细锯齿，基部联合，着生在花冠喉部。核果卵形，顶端圆，长4~5 mm，顶端宿萼裂片直立或内倾。花期6~8月；果期9~12月。

分布 湖南：通道县甘溪恩戈，25°54′43″N，109°44′35″E，209 m，2010-12-16，张兵、谷志容400181267。生于海拔200~1600 m的溪边、石山或山坡阔叶林中。产于广东、广西、湖南、江西、福建、台湾、浙江、贵州、云南。越南也有分布。

栽培 喜温暖湿润的气候。播种繁殖。

用途 种子油工业用。

含油率及化学组分数据

采集单位	测试单位	测试部位	产地	含油率(%)	碘值	酸值	皂化值	C12:0	C14:0	C16:0	C16:1	C18:0	C18:1	C18:2	C18:3	C20:0	C20:1
HUST	HUST	种仁	湖南通道	21.09	26.47	3.90	61.86	0.04	0.21	11.59	0.78	2.70	22.52	60.70	0.94	0.26	0.27

丛花山矾（十棱山矾、上身眉、鸟脚木）

Symplocos poilanei Guill. [*Symplocos chunii* Merr.]

山矾科，山矾属

特征 乔木，幼枝深褐色或灰褐色，老枝黑色；芽被褐色短绒毛。叶薄革质，长圆状倒卵形、倒披针形或狭椭圆形，长5~10（~17）cm，宽2~5 cm，先端急尖或渐尖，有时圆钝，基部楔形，全缘或有浅波状圆齿，两面均无毛；叶柄长3~8 mm。穗状花序腋生，长8~15 mm，有时缩短呈团伞状，花序轴、苞片和小苞片均被褐色绒毛，苞片顶端边缘有褐色透明腺点；花萼无毛，长约3 mm，5裂，裂片卵形或狭卵形，长约2 mm；花冠白色，或淡黄色，长4~5 mm，5深裂几达基部；雄蕊50~70枚，花丝基部稍合生；花盘碟状。核果圆柱形，长8~10 mm，顶端因宿萼裂片在果熟时脱落而截平；核具10条浅纵棱。花期1月；果期4~8月。

分布 海南：陵水县本号镇吊罗山国家级自然保护区，18°44′04″N，109°50′13″E，2010-08-09，秦新生4001161120。生于海拔400~2000 m的溪边或山坡疏林或密林中。产于海南、广西。越南也有分布。

栽培 播种繁殖。

用途 种子油工业用。

含油率及化学组分数据

采集单位	测试单位	测试部位	产地	含油率(%)	碘值	酸值	皂化值	C12:0	C14:0	C16:0	C16:1	C18:0	C18:1	C18:2	C18:3	C20:0	C20:1
SCAU	SCBG	种仁	海南陵水	30.54	5.39	7.79	154.36	0.02	0.06	6.55	0.27	1.95	30.49	57.41	1.82	1.06	0.38

老鼠矢

Symplocos stellaris Brand

山矾科，山矾属

特征 常绿乔木，小枝粗，髓心中空，具横隔；芽、嫩枝、嫩叶柄、苞片和小苞片均被红褐色绒毛。叶厚革质，叶面有光泽，叶背粉褐色，披针状椭圆形或狭长圆状椭圆形，长6~20 cm，宽2~5 cm，先端急尖或短渐尖，基部阔楔形或圆，通常全缘，很少有细齿；叶柄有纵沟，长1.5~2.5 cm。团伞花序着生于二年生枝的叶痕之上；苞片圆形，直径3~4 mm，有缘毛；花萼长约3 mm，裂片半圆形，有长缘毛；花冠白色，长7~8 mm，5深裂几达基部，裂片椭圆形，顶端有缘毛，雄蕊18~25枚，花丝基部合生成5束；核果狭卵状圆柱形，长约1 cm，顶端宿萼裂片直立；核具6~8条纵棱。花期4~5月；果期6~8月。

分布 重庆：南川区三泉镇大河坝上方，29°19′48″N，107°07′29″E，1179 m，2009-08-20，刘正宇等400231029。生于海拔1100 m的山地、路旁、疏林中。产长江以南及台湾各地。

栽培 喜温暖气候。播种繁殖。

用途 根、叶、花均药用；叶可作媒染剂。

含油率及化学组分数据

采集单位	测试单位	测试部位	产地	含油率(%)	碘值	酸值	皂化值	C12:0	C14:0	C16:0	C16:1	C18:0	C18:1	C18:2	C18:3	C20:0	C20:1
CIPP	SCBG	种仁	重庆南川	20.68	74.41	1.26	416.04		0.07	11.50	0.92	2.41	14.64	67.44	0.60	0.63	0.13

山矾（总状山矾、坛果山矾）

Symplocos sumuntia Buch.-Ham. ex D. Don [*Symplocos botryantha* Franch.]

山矾科，山矾属

特征 乔木，嫩枝褐色。叶薄革质，卵形、狭倒卵形、倒披针状椭圆形，长3.5~8 cm，宽1.5~3 cm，先端常呈尾状渐尖，基部楔形或圆形，边缘具浅锯齿或波状齿，有时近全缘；叶柄长0.5~1 cm。总状花序长2.5~4 cm，被展开的柔毛；苞片早落，阔卵形至倒卵形，长约1 mm，密被柔毛，小苞片与苞片同形；花萼长2~2.5 mm，萼筒倒圆锥形，裂片三角状卵形，与萼筒等长或稍短于萼筒；花冠白色，5深裂几达基部，长4~4.5 mm；雄蕊25~35枚，花丝基部稍合生；花盘环状，无毛；子房3室。核果卵状坛形，长7~10 mm。花期2~3月；果期6~11月。

分布 湖南：桑植县汽车西站，29°24′14″N，110°09′00″E，291 m，2012-09-28，张九兵、严亚琴400181423；桑植县天坪山自然保护区，29°46′00″N，110°03′30″E，1308 m，2012-10-03，张九兵、唐波400181434。福建：德化县唐寨山，25°30′31″N，118°13′58″E，2010-10-29，刘东明，梁耀400112182。江西：安福县武功山，27°23′17″N，114°17′57″E，167 m，2010-10-22，凡强、李朋远400146001。浙江：临安市西天目山，30°15′06″N，119°28′41″E，202 m，2012-11-18，陈树钢、童毅4001122169；鄞县天童山，29°48′32″N，121°46′40″E，410 m，2010-11-12，葛斌杰、胡超、熊申展4001171098。生于海拔200~1500 m的山林间。产于海南、广西、湖南、江西、福建、台湾、浙江、江苏、湖北、四川、贵州、云南。尼泊尔、不丹、印度也有分布。

栽培 喜光，耐阴，喜湿润、凉爽的气候。播种繁殖。

用途 叶可作媒染剂。园林观赏。

含油率及化学组分数据

采集单位	测试单位	测试部位	产地	含油率(%)	碘值	酸值	皂化值	C12:0	C14:0	C16:0	C16:1	C18:0	C18:1	C18:2	C18:3	C20:0	C20:1
HUST	HUST	种仁	湖南桑植	6.45	54.27	12.74			0.05	8.14	0.09	3.31	12.70	74.45	0.73	0.49	0.05
HUST	HUST	种仁	湖南桑植	14.77	25.53	6.55	164.96	0.03	0.24	24.11	0.40	4.43	23.05	44.26	2.77	0.59	0.13
SCBG	SCBG	种仁	福建德化	24.38	102.84	13.98	194.36	0.17	0.75	5.95		2.43	52.48		1.21	5.53	46.56
SYSU	SCBG	种仁	江西安福	6.52			127.63	0.01	0.03	5.75	0.04	3.40	7.65	21.98	60.73	0.12	0.30
SCBG	SCBG	种仁	浙江临安	23.28	135.15	4.85	207.13		0.05	9.67	0.12	45.99	43.63	0.40	0.05		
ECNU	SCBG	种仁	浙江鄞县	21.07	18.71	8.86	231.97			9.17	0.11	2.57	19.08	64.50	2.07	0.33	0.23
OFPC	KMIB	种子	云南奕良	14.10	104.00	3.40	181.00			19.00		0.90	43.20	36.90			

流苏树（炭栗树、晚皮树、四月雪）

Chionanthus retusus Lindl. et Paxt.

木犀科，流苏树属

特征 落叶灌木或乔木。叶片革质或薄革质，长圆形、椭圆形或圆形，长3~12 cm，宽2~6.5 cm，先端圆钝，有时凹入或锐尖，基部圆或宽楔形至楔形，稀浅心形，全缘或有小锯齿，叶缘稍反卷；叶柄长0.5~2 cm，密被黄色卷曲柔毛。聚伞状圆锥花序，长3~12 cm，顶生于枝端，近无毛；苞片线形，长2~10 mm，疏被或密被柔毛，花长1.2~2.5 cm，单性而雌雄异株或为两性花；花梗长0.5~2 cm，纤细，无毛；花萼长1~3 mm，4深裂，裂片尖三角形或披针形，长0.5~2.5 mm；花冠白色，4深裂，裂片线状倒披针形，长1.5~2.5 cm，宽0.5~3.5 mm，花冠管短，长1.5~4 mm；雄蕊藏于管内或稍伸出。果椭圆形，被白粉，长1~1.5 cm，径6~10 mm，呈蓝黑色或黑色。花期3~6月；果期6~11月。

分布 广东、福建、台湾、河南以南、四川、云南、甘肃、陕西、山西、河北。生海拔3000 m以下的稀疏混交林中或灌丛中。朝鲜、日本也有分布。

栽培 喜温暖气候和中性及微酸性土壤。播种繁殖。

用途 种子油可以食用或工业用油。

含油率及化学组分数据

采集单位	测试单位	测试部位	产地	含油率(%)	碘值	酸值	皂化值	C12:0	C14:0	C16:0	C16:1	C18:0	C18:1	C18:2	C18:3	C20:0	C20:1
OFPC	CIB	种仁	四川成都	34.60	94.40		203.10			4.60		0.50	54.00	40.90			
OFPC	KMIB	种仁	云南昆明	36.50	107.20		188.80			6.90		1.40	51.70	40.00			
OFPC	NIB	种子	陕西黄龙	12.90	115.70		189.50			4.90		1.00	53.80	39.10			

连翘（黄花杆、黄寿丹）

Forsythia suspensa (Thunb.) Vahl [*Forsythia fortunei* Lindley]

木犀科，连翘属

特征 落叶灌木。叶通常为单叶，或3裂至三出复叶，叶片卵形、宽卵形或椭圆状卵形至椭圆形，长2~10 cm，宽1.5~5 cm，先端锐尖，基部圆形、宽楔形至楔形，叶缘除基部外具锐锯齿或粗锯齿，上面深绿色，下面淡黄绿色，两面无毛；叶柄长1~1.5 cm，无毛。花通常单生或2至数朵着生于叶腋，先于叶开放；花梗长5~6 mm；花萼绿色，裂片长圆形或长圆状椭圆形，长6~7 mm，先端钝或锐尖，边缘具睫毛，与花冠管近等长；花冠黄色，裂片倒卵状长圆形或长圆形，长1.2~2 cm，宽6~10 mm。果卵球形、卵状椭圆形或长椭圆形，长1.2~2.5 cm，宽0.6~1.2 cm，先端喙状渐尖，表面疏生皮孔；果梗长0.7~1.5 cm。花期3~4月；果期7~9月。

分布 山东：泰安市泰山天烛峰，36°15′39″N，117°07′27″E，816 m，2009-08-20，赵伟华400311048。河南：灵宝小秦岭，34°27′47″N，110°28′15″E，1512 m，2011-07-05，王亚平400314182。甘肃：兰州市安宁区，36°07′08″N，103°42′18″E，1500 m，2011-07-05，薛帅400324016。河北：石家庄，38°06′56″N，114°49′51″E，36 m，2011-10-13，徐兴友、韩宝强400313111。生于山坡灌丛、林下或草丛中，或山谷、山沟疏林中，海拔36~2200 m。产于安徽西部、山东、河南、湖北、四川、陕西、山西、河北。我国除华南地区外，其他各地均有栽培。日本也有栽培。

栽培 喜温暖干燥和光照充足的环境。可扦插、播种、分株繁殖。

用途 种子油药用。

含油率及化学组分数据

采集单位	测试单位	测试部位	产地	含油率(%)	碘值	酸值	皂化值	C12:0	C14:0	C16:0	C16:1	C18:0	C18:1	C18:2	C18:3	C20:0	C20:1
ICS	ICS	种子	山东泰安	25.62	136.17	1.03	89.57		0.11	6.10	0.13	3.39	17.58	68.03	0.99	0.37	0.22
HAU	ICS	种子	河南灵宝	19.51	99.13	23.64	120.52		0.15	5.63	0.06	3.12	19.76	65.27	0.75	0.36	0.19
CAU	ICS	种子	甘肃兰州	9.54	125.70	13.31	200.69	0.06	0.27	7.17	0.12	2.73	18.88	63.49	1.43	0.42	0.18
HNUST	ICS	种子	河北石家庄	36.05	120.23	9.10	173.94		0.10	5.38	0.07	2.95	18.93	70.53	0.88	0.32	0.14
OFPC	IB	种子	北京	39.20	149.80			微量	0.40	6.60	0.60	3.20	18.90	67.50	2.80		
OFPC	IAE	种子	辽宁沈阳	25.20	113.50					4.30		2.00	16.40	77.30	微量		

花曲柳（大叶白蜡树、大叶梣）

Fraxinus chinensis subsp. **rhynchophylla** (Hance) A. E. Murray[*Fraxinus rhynchophylla* Hance]

木犀科，梣属

特征 乔木。羽状复叶长15~35 cm；叶柄长4~9 cm，基部膨大；叶轴上面具浅沟，小叶着生处具关节，节上有时簇生棕色曲柔毛；小叶5~7枚，革质，阔卵形、倒卵形或卵状披针形，长3~11 cm，宽2~6 cm，营养枝的小叶较宽大，顶生小叶显著大于侧生小叶，下方1对最小，先端渐尖、骤尖或尾尖，基部钝圆、阔楔形至心形，两侧略歪斜或下延至小叶柄，叶缘呈不规则粗锯齿，齿尖稍向内弯，有时也呈波状，通常下部近全缘，上面深绿色；小叶柄长0.2~1.5 cm，上面具深槽。圆锥花序顶生或腋生当年生枝梢，长约10 cm；花序梗细而扁，长约2 cm；花梗长约5 mm；雄花与两性花异株；花萼浅杯状，长约1 mm，萼毛三角形无毛；无花冠；两性花具雄蕊2枚。翅果线形，先端钝圆、急尖或微凹，翅下延至坚果中部，坚果略隆起；具宿存萼。花期4~5月；果期9~10月。

分布 新疆：乌鲁木齐植物园，43°53′37″N，87°33′38″E，786 m，2010-09-26，王喜勇、王蕾、孔凡逵4003310010。生于山坡、河岸、路旁，海拔1500 m以下。产于东北地区和黄河流域各地。俄罗斯、朝鲜也有分布。

栽培 喜光，耐寒。对土壤要求不严。播种繁殖。

用途 作庭园树、行道树或风景林。

含油率及化学组分数据

采集单位	测试单位	测试部位	产地	含油率(%)	碘值	酸值	皂化值	C12:0	C14:0	C16:0	C16:1	C18:0	C18:1	C18:2	C18:3	C20:0	C20:1
XIEG	SCBG	种仁	新疆乌鲁木齐	22.12	70.66	19.59	218.07	0.0026	0.03	6.86	0.13	0.36	28.88	10.04	4.59	2.55	46.56
OFPC	FSIB	种仁	辽宁凤城	25.30	110.40			4.40	3.50	4.30		1.70	17.10	59.50	1.80		

锈毛梣（锈毛白蜡树）

Fraxinus ferruginea Lingelsh.

木犀科，梣属

特征　落叶乔木。羽状复叶长10~20（~25）cm；叶柄长3~5 cm；叶轴上面具浅沟，被锈色茸毛，下面无毛或被稀疏柔毛，小叶着生处具关节；小叶9~15枚，薄革质，卵状披针形至斜长圆形，长4~6 cm，宽1~2. 5 cm，顶生小叶与侧生小叶近等大，先端渐尖至钝头，基部狭尖至阔楔形，下延至小叶柄，两侧不对称，近全缘；小叶柄短，长不到5 mm，被锈色茸毛。圆锥花序顶生，大而伸展，径达15 cm，花多，密集；花序梗长；苞片披针形，长2~6 mm，宿存，密被黄色茸毛和长柔毛；花梗长约3 mm；花杂性；花萼杯状，长1. 5 mm，顶端截平，微被毛；花冠白色，长约2 mm；两性花有雄蕊2枚，与花冠等长。翅果线状匙形，密被糠秕状毛，长约3. 2 cm，宽4~5 mm，中部最宽，先端钝或凹缺，具细尖，脉棱清晰，直而隆起；花萼宿存。花期6~7月；果期6~8月。

分布　云南：文山州西畴县蚌谷，23°24′36″N，104°38′45″E，1457 m，2010-11-10，王智、杨珺、谭英400221263。生于山坡次生杂木林中，海拔1300~1800 m。产于贵州南部、云南、西藏（察隅）。

栽培　播种繁殖。

用途　可作庭园树。

含油率及化学组分数据

采集单位	测试单位	测试部位	产地	含油率(%)	碘值	酸值	皂化值	C12:0	C14:0	C16:0	C16:1	C18:0	C18:1	C18:2	C18:3	C20:0	C20:1
KMIB	KMIB	种仁	云南文山	39. 75				0. 10	0. 20	11. 67		7. 33	16. 52	41. 12	12. 05	1. 86	0. 48

新疆小叶白蜡（天山梣）

Fraxinus sogdiana Bunge

木犀科，梣属

特征　落叶乔木。小枝灰褐色，粗糙，无毛，皱纹纵直，疏生点状淡黄色皮孔；叶痕呈节状隆起。羽状复叶在枝端呈螺旋状三叶轮生，长10~30 cm；叶柄长4~5 cm，基部扁而扩大，底端有白色髯毛；叶轴细，上面具平坦阔沟，沟棱展开呈窄翅状，无毛；小叶7~13枚，纸质，卵状披针形或狭披针形，先端渐尖或长渐尖，基部楔形下延至小叶柄，叶缘具不整齐而稀疏的三角形尖齿，上面无毛，下面密生细腺点；小叶柄长0. 5~1. 2 cm。聚伞圆锥花序生于去年生枝上，长约5 cm；花序梗短；花杂性，2~3朵轮生，无花冠也无花萼；两性花具雄蕊2枚，贴生于子房底端，甚短，花药球形，雌蕊具细长花柱，柱头长圆形，尖头。翅果倒披针形，长3~5 cm，宽5~8 mm，上中部最宽，先端锐尖，翅下延至坚果基部，强度扭曲，坚果扁，脉棱明显。花期6月；果期8月。

分布　新疆：乌鲁木齐植物园，43°53′37″N，87°33′38″E，786 m，2009-11-05，班卫强4003309035；裕民县察汗托牧场，46°04′56″N，82°42′56″E，887 m，2011-09-21，侯翼国、王茜4003311039。生于河旁低地及开旷落叶林中，海拔500 m左右。产于新疆西部。俄罗斯中亚地区也有分布。

栽培　播种或扦插繁殖。

用途　本种树形挺拔美丽，耐干寒，可作沙漠绿洲中的营林树种。

含油率及化学组分数据

采集单位	测试单位	测试部位	产地	含油率(%)	碘值	酸值	皂化值	C12:0	C14:0	C16:0	C16:1	C18:0	C18:1	C18:2	C18:3	C20:0	C20:1
XIEG	SCBG	种仁	新疆乌鲁木齐	30. 14	15. 63	12. 58	181. 25	0. 03	0. 22	7. 64	0. 09	3. 76	7. 94	78. 13	1. 11	0. 56	0. 52
XIEG	SCBG	种子	新疆裕民	11. 20	7. 82	26. 96	191. 08	0. 01	0. 03	7. 53	1. 95	2. 32	21. 42	29. 55	36. 61	0. 19	0. 40

清香藤（川清茉莉、光清香藤、北清香藤）

Jasminum lanceolaria Roxb.

木犀科，素馨属

特征 大型攀缘灌木。叶对生或近对生，三出复叶，有时花序基部侧生小叶退化成线状而成单叶；叶柄长1~4.5 cm，具沟，沟内常被微柔毛；叶片上面绿色，光亮，无毛或被短柔毛，下面色较淡，光滑或疏被至密被柔毛，具凹陷的小斑点；小叶片椭圆形至披针形，先端钝、锐尖、渐尖或尾尖，基部圆形或楔形。复聚伞花序常排列呈圆锥状，顶生或腋生，有花多朵，密集；苞片线形；花梗短或无，无毛或密被毛；花芳香；花萼筒状，光滑或被短柔毛，果时增大，萼齿三角形，不明显，或几近截形；花冠白色，高脚碟状，花冠管纤细，长1.7~3.5 cm，裂片4~5枚，披针形、椭圆形或长圆形，先端钝或锐尖；花柱异长。果球形或椭圆形，两心皮基部相连或仅一心皮成熟，黑色，干时呈橘黄色。花期4~10月；果期6月至翌年3月。

分布 广东：乐昌市龙山，25°19′40″N，113°29′04″E，2012-11-08，王发国、于海玲、李许文、李仕裕400119219；乳源县五指山南岭龙溪，24°52′06″N，113°07′09″E，301 m，2012-01-08，王发国、杨国、宋贤利40011304；英德县石门台保护区横石塘保护站，24°53′02″N，112°49′48″E，2010-11-11，易绮斐、陈林、刘清泉400119124；阳山县秤架乡坑尾，24°53′02″N，112°49′49″E，2010-10-26，王发国400113081；连平县大埠镇，23°02′35″N，113°45′48″E，2011-11-08，易绮斐、潘雅书、陈华平400119159。湖南：沅陵县借母溪乡，28°46′24″N，110°26′28″E，2011-10-22，张九兵、朱明德400181326；龙山县塔泥乡塔泥，29°05′24″N，109°35′34″E，497 m，2011-11-18，徐亮、覃三立40019101204。湖北：神农架人桥河，31°27′42″N，110°07′22″E，1577 m，2010-10-25，丁时东，危文亮等400151083。陕西：宁强县青木川西沟，32°30′50″N，105°19′59″E，800 m，2011-09-11，薛帅、秦烁400324063。生于山坡、灌丛、山谷密林中，海拔2200 m以下。产于长江流域以南各地以及台湾、陕西、甘肃。印度、缅甸、越南等国也有分布。

栽培 扦插繁殖。适生于肥沃的砂壤土中。

用途 种子油工业用。

含油率及化学组分数据

采集单位	测试单位	测试部位	产地	含油率(%)	碘值	酸值	皂化值	C12:0	C14:0	C16:0	C16:1	C18:0	C18:1	C18:2	C18:3	C20:0	C20:1
SCBG	SCBG	种仁	广东乐昌	30.54	55.68	19.27	205.12	0.01	0.02	6.09	0.05	2.88	31.67	56.76	0.29	0.47	1.77
SCBG	SCBG	种子	广东乳源	23.40	11.83	10.05	185.63		0.10	15.89		1.56	23.98	59.30	5.11	0.47	0.13
SCBG	SCBG	种仁	广东英德	23.10	17.06	14.74		0.02	0.31	12.94	0.32	1.49	32.70	5.74	0.70	0.26	0.31
SCBG	SCBG	种仁	广东阳山	12.30	1.99			0.15	0.02			2.33	14.41	5.23	0.24	1.30	0.48
SCBG	SCBG	种仁	广东连平	13.87	102.84	7.09	199.57		0.06		0.94	5.53	21.04	42.77	1.37	2.55	0.23
HUST	HUST	种仁	湖南沅陵	32.14	14.05	8.56		0.01	0.09	13.76	0.08	3.62	37.23	38.10	6.72	0.22	0.17
JSU	SCBG	种仁	湖南龙山	20.41				0.18	0.74	12.80	0.95	1.90	21.57	51.92	1.53	0.37	0.18
OCRI	SCBG	种子	湖北神农架	21.56	10.18	5.14	132.92		0.33	23.84	0.79	2.71	8.86	10.55	36.46	0.54	0.32
CAU	ICS	种子	陕西宁强	2.70	90.22	121.67	350.53	0.42	10.01	17.84	0.42	3.43	35.16	18.87	5.89	0.85	1.55

青藤仔（鸡骨香、金丝藤、香花藤）

Jasminum nervosum Lour.

木犀科，素馨属

特征 攀缘灌木。小枝圆柱形，光滑无毛或微被短柔毛。单叶对生，纸质，卵形至卵状披针形，先端急尖、短渐尖至渐尖，基部宽楔形、圆形或截形；叶柄长2~10 mm，具关节。聚伞花序顶生或腋生，有花1~5朵，通常花单生于叶腋；苞片线形，长0.1~1.3 cm；花梗长1~10 mm，无毛或微被短柔毛；花芳香；花萼常呈白色，无毛或微被短柔毛，裂片7~8枚，线形，长0.5~1.7 cm，果时常增大；花冠白色，高脚碟状，花冠管长1.3~2.6 cm，裂片8~10枚，披针形，先端锐尖至渐尖。果球形或长圆形，成熟时由红变黑。花期3~7月；果期4~10月。

分布 海南：文昌市东阁镇策雷农场边，19°39′46″N，110°51′20″E，2009-08-08，邢福武、戴建阅、翟俊文、郑希龙40011173。生于海拔2000 m以下的山坡、沙地、灌丛及混交林中。产于海南、广东、广西、台湾、贵州、云南、西藏。印度、不丹、缅甸、越南、老挝和柬埔寨等国也有分布。

栽培 扦插繁殖。

用途 种子油工业用。

含油率及化学组分数据

采集单位	测试单位	测试部位	产地	含油率(%)	碘值	酸值	皂化值	C12:0	C14:0	C16:0	C16:1	C18:0	C18:1	C18:2	C18:3	C20:0	C20:1
SCBG	SCBG	种仁	海南文昌	20.60	113.33	57.94	126.80	0.02	0.23	22.71	0.21	3.48	0.28	71.42	0.80	0.54	0.31

素方花（耶悉茗）

Jasminum officinale L.

木犀科，素馨属

特征 攀缘灌木，高0.4~5 m。小枝具棱或沟，无毛，稀被微柔毛。叶对生，羽状深裂或羽状复叶，有小叶3~9枚，通常5~7枚，小枝基部常有不裂的单叶；叶轴常具狭翼，叶柄长0.4~4 cm，无毛；叶片和小叶片两面无毛或疏被短柔毛；顶生小叶片卵形、狭卵形或卵状披针形至狭椭圆形，长1~4.5 cm，宽0.4~2 cm，先端急尖或渐尖，稀钝，基部楔形，侧生小叶片卵形、狭卵形或椭圆形，长0.5~3 cm，宽0.3~1.3 cm，先端急尖或钝，基部圆形或楔形。聚伞花序伞状或近伞状，顶生，稀腋生，有花1~10朵；花序梗长0~4 cm；苞片线形，长1~10 mm；花梗长0.4~2.5 cm；花萼杯状，光滑无毛或微被短柔毛，长1~3 mm，裂片5枚，锥状线形，长(3~)5~10 mm；花冠白色，或外面红色，内面白色，花冠管长1~1.5(~2) cm，喉部直径2~3 mm，裂片常5枚，狭卵形、卵形或长圆形，长6~8 mm，宽3~8 mm；花柱异长。果球形或椭圆形，长7~10 mm，径5~9 mm，成熟时由暗红色变为紫色。花期5~8月，果期9月。

分布 西藏：波密县扎木乡岗巴村，29°52′38″N，95°36′17″E，2776 m，2011-09-04，干友民400241134。生于山谷、沟地、灌丛中或林中，或高山草地，海拔1800~3800 m。产于四川、贵州西南部、云南、西藏。世界各地广泛栽培。

栽培 扦插繁殖。

用途 种子油工业用。观花灌木。

含油率及化学组分数据

采集单位	测试单位	测试部位	产地	含油率(%)	碘值	酸值	皂化值	C12:0	C14:0	C16:0	C16:1	C18:0	C18:1	C18:2	C18:3	C20:0	C20:1
SICAU	SCBG	种子	西藏波密	36.40	117.54	12.04	182.51										

蜡子树（水白蜡、黄家榆）

Ligustrum leucanthum (S. Moore) P. S. Green [*Ligustrum molliculum* Hance]

木犀科，女贞属

特征 落叶灌木或小乔木。树皮灰褐色。小枝被硬毛、柔毛、短柔毛至无毛。叶片纸质或厚纸质，椭圆形、椭圆状长圆形至狭披针形、宽披针形，或为椭圆状卵形，长2.5~10 cm，宽1.5~4.5 cm，先端锐尖、短渐尖而具微凸头，或钝，基部楔形、宽楔形至近圆形；叶柄长1~3 mm，被硬毛、柔毛或无毛。圆锥花序着生于小枝顶端，长1.5~4 cm，宽1.5~2.5 cm；花序轴被硬毛、柔毛、短柔毛至无毛；花梗长0~2 mm，被微柔毛或无毛；花萼被微柔毛或无毛，长1.5~2 mm，截形或萼齿呈宽三角形，先端尖或钝；花冠管长4~7 mm，裂片卵形，长2~4 mm。果近球形至宽长圆形，长0.5~1 cm，径5~8 mm，蓝黑色。花期6~7月；果期8~11月。

分布 湖南：桑植县芭茅溪乡天平山，29°46′43″N，110°03′32″E，1554 m，2009-11-26，严岳鸿400181137；龙山县八面山，28°31′52″N，109°08′50″E，1211 m，2010-09-24，徐亮、钱凯歌400191129。江西：铅山县武夷山自然保护区，27°52′06″N，117°46′46″E，1960 m，2012-10-15，凡强、景慧娟4001411031。湖北：神龙架鲁家湾，31°27′19″N，110°07′38″E，1582 m，2010-10-22，丁时东、危文亮等400151069。生于山坡林下、路边和山谷丛林中以及荒地、溪沟边或林边。产于湖南、江西、福建、浙江、江苏、安徽、湖北、四川、甘肃南部、陕西南部。

栽培 播种繁殖。

用途 种子油供制肥皂、润滑油。

含油率及化学组分数据

采集单位	测试单位	测试部位	产地	含油率(%)	碘值	酸值	皂化值	C12:0	C14:0	C16:0	C16:1	C18:0	C18:1	C18:2	C18:3	C20:0	C20:1
HUST	HUST	种仁	湖南桑植	24.20	31.12	8.67	173.04	0.01	0.05	10.00	0.22	5.51	18.92	63.22	1.50	0.33	0.24
JSU	SCBG	种仁	湖南龙山	27.99	114.34	1.56	194.34		0.02	3.17	0.05	2.27	52.25	39.51	1.77		2.05
SYSU	SCBG	种仁	江西铅山	7.08					0.08	9.24	0.17	4.76	17.58	48.35	1.99	0.39	0.16
ICS	SCBG	种仁	湖北神龙架	20.17	78.79	2.68	191.03		0.06	11.88		1.70	11.99	25.31	46.40	0.07	1.21

女贞（青蜡树、大叶蜡树、蜡树）

Ligustrum lucidum W. T. Aiton [*Esquirolia sinensis* H. Lév.]

木犀科，女贞属

特征 常绿灌木或乔木；树皮灰褐色。枝圆柱形，疏生圆形或长圆形皮孔。叶片革质，卵形至宽椭圆形，长6~17 cm，宽3~8 cm，先端锐尖至渐尖或钝，基部圆形或近圆形，叶缘平坦，上面光亮，两面无毛；叶柄长1~3 cm，上面具沟，无毛。圆锥花序顶生，长8~20 cm，宽8~25 cm；花序梗长0~3 cm；花序轴及分枝轴无毛，紫色或黄棕色，果时具棱；花序基部苞片常与叶同型，小苞片披针形或线形；花萼长1. 5~2 mm，齿不明显或近截形；花冠长4~5 mm，花冠管长1. 5~3 mm，裂片长2~2. 5 mm，反折。果肾形或近肾形，长7~10 mm，径4~6 mm，深蓝黑色，成熟时呈红黑色，被白粉。花期5~7月；果期7月至翌年5月。

分布 广东：阳山县秤架乡中学门外，24°47′09″N，112°48′53″E，113 m，2012-01-11，王发国、杨国、宋贤利400113126；广州市白云山风景区，30°47′54″N，104°17′45″E，1577 m，2009-11-17，陈林400119039。广西：灵川县谭下乡，25°22′52″N，110°25′05″E，2009-12-12，许为斌、黄俞淞、蒋日红4001101085。江西：铜鼓县，28°24′37″N，114°12′49″E，371 m，2010-11-09，张兵、谷志容400181225；九江市庐山自然保护区，29°30′02″N，115°53′05″E，103 m，2010-11-04，李朋远、林意漫400148001。福建：武夷山市武夷镇三姑度假村七天宾馆旁边，27°39′14″N，117°59′04″E，2012-11-21，易绮斐、李玉玲、宁阳阳400119289。浙江：舟山市普陀山，30°24′45″N，122°45′45″E，10 m，2009-11-14，王发国、翟俊文400113026。山东：青岛市崂山巨峰景区，36°08′28″N，120°35′50″E，208 m，2009-09-18，赵伟华400311121。河南：郑州市惠济区，34°47′12″N，113°39′22″E，2011-10-30，王亚平、武振江、李丹凤400314070。湖北：兴山县高阳镇昭君村，31°15′40″N，110°43′49″E，289 m，2009-11-09，丁时东、危文亮400152030；兴山县高阳镇昭君村，31°15′58″N，110°44′08″E，2009-11-04，李晓东、陈永峰40012194。重庆：南川区隆化镇花盘山，29°57′47″N，107°37′32″E，559 m，2009-11-09，刘正宇等400231117。四川：雅安市四川农业大学，29°58′46″N，102°59′26″E，600 m，2010-08-03，干友民400241113；峨边县黑竹沟，29°14′18″N，103°15′12″E，660 m，2011-10-17，李志强、刘小波40021111055。云南：嵩明县白邑乡，25°15′35″N，102°52′05″E，1956 m，2009-10-26，王智、谭英、隋学艺400221082；昆明市东郊呼马山，25°03′25″N，102°46′03″E，1905 m，2009-10-20，李忠荣、李恩乾400222073。山西：垣曲县新城镇东峰山村，35°19′03″N，111°38′49″E，2009-10-05，谢光辉400322027。生于海拔2900 m以下疏、密林中。产于长江以南至华南、西南各地，向西北分布至陕西、甘肃。朝鲜也有分布，印度、尼泊尔有栽培。

栽培 播种或扦插繁殖，种子采后即播。

用途 种子油可制肥皂；花可提取芳香油；果含淀粉，可供酿酒或制酱油。

含油率及化学组分数据

采集单位	测试单位	测试部位	产地	含油率(%)	碘值	酸值	皂化值	C12:0	C14:0	C16:0	C16:1	C18:0	C18:1	C18:2	C18:3	C20:0	C20:1
SCBG	SCBG	种仁	广东阳山	20. 36	20. 83	11. 47	203. 64		0. 05	6. 42	0. 16	1. 14	17. 65	21. 87	0. 42	0. 11	
SCBG	SCBG	种仁	广东广州	6. 48	126. 55	12. 84	138. 70	0. 01	0. 08	5. 53	0. 15	0. 41	39. 55	51. 26	2. 08	0. 49	0. 44
GXIB	SCBG	种仁	广西灵川	6. 19	167. 47	27. 95	173. 21		0. 05	7. 43	0. 12	4. 29	17. 53	45. 83	1. 46	0. 48	5. 28
HUST	HUST	种仁	江西铜鼓	14. 98	91. 79	5. 05	185. 13			6. 74			57. 77	33. 83		1. 66	
SYSU	SCBG	种仁	江西九江	2. 45					0. 11	6. 99	0. 53	5. 53	5. 64	74. 33	2. 80	0. 95	0. 61
SCBG	SCBG	种仁	福建武夷山	7. 21	85. 23	14. 41	148. 00	0. 12									
SCBG	SCBG	种仁	浙江舟山	5. 12	124. 57	18. 40	106. 69	0. 02	0. 04	4. 60	0. 07	2. 39	28. 86	61. 15	1. 75	0. 28	0. 83
ICS	ICS	种子	山东青岛	18. 28	158. 47	2. 64	120. 19			7. 73		2. 39	62. 05	23. 79	1. 51	0. 65	0. 40
ICS	ICS	果实	河南郑州	3. 87	93. 88	33. 88	107. 95		0. 30	12. 40		3. 80	40. 00	29. 60	6. 00	0. 80	0. 60
OCRI	SCBG	种仁	湖北兴山	18. 18	118. 37	2. 75	238. 91	0. 15	0. 16	23. 84	0. 06	10. 96	27. 04	13. 02	0. 70	6. 34	0. 12
WHBG	WHBG	种仁	湖北兴山	12. 68				0. 14	0. 14	5. 09		1. 44	9. 53	26. 87	2. 28	0. 29	
CIPP	SCBG	种仁	重庆南川	7. 10	95. 93	1. 74	295. 87	0. 43	0. 72	9. 48		3. 02	23. 71	51. 87	9. 48	0. 57	
SICAU	SCBG	种仁	四川雅安	12. 34	35. 41	32. 05	231. 87	0. 01	0. 07	11. 22		4. 49	27. 80	54. 87	0. 49	0. 38	0. 66
SCU	SCU	种仁	四川峨边	11. 88		63. 62											
KMIB	KMIB	果实	云南嵩明	4. 35	70. 04	2. 36	410. 72	0. 09	0. 19	18. 74	0. 10	11. 33	34. 32	20. 11	0. 19	0. 87	0. 07
KMIB	KMIB	种仁	云南昆明	25. 72	50. 20	78. 70	197. 70										
ICS	CAU	种子	山西垣曲	11. 23	83. 28	7. 68	128. 56			6. 87		3. 37	53. 02	32. 61	1. 27	0. 67	0. 53
OFPC	SCBG	果实	广东乳源	14. 80	92. 80			1. 20	0. 30	11. 60		2. 30	59. 60	25. 00			
OFPC	GXIB	种仁	广西桂林	15. 80	104. 70		165. 80			7. 30		微量	66. 80	24. 20	0. 80	0. 80	
OFPC	LBG	种子	江西武宁	4. 90						8. 50		3. 30	53. 40	34. 80	微量		
OFPC	WHBG	果实	湖北武汉	7. 80	111. 30		156. 40			8. 90		3. 20	57. 60	28. 80	1. 50		
OFPC	CIB	果实	四川汉源	11. 90	75. 90		201. 70			8. 90		3. 80	66. 50	20. 80			
OFPC	KMIB	种子	云南云龙	6. 80	85. 00		150. 40	1. 00	1. 20	16. 70		3. 50	45. 30	25. 40		5. 40	
OFPC	NIB	种子	陕西城固	10. 70	110. 70		171. 80		微量	14. 40		4. 00	47. 00	32. 00	2. 60		

小叶女贞

Ligustrum quihoui Carr. [*Ligustrum argyi* H. Lév.]

木犀科，女贞属

特征 落叶灌木。小枝淡棕色，圆柱形，密被微柔毛，后脱落。叶片薄革质，形状和大小变异较大，长1~4（~5.5）cm，宽0.5~2（~3）cm，先端锐尖、钝或微凹，基部狭楔形至楔形，叶缘反卷，上面深绿色，下面淡绿色，常具腺点，两面无毛。圆锥花序顶生，近圆柱形，长4~15（~22）cm，宽2~4 cm，分枝处常有1对叶状苞片；小苞片卵形，具睫毛；花萼无毛，长1.5~2 mm，萼齿宽卵形或钝三角形；花冠长4~5 mm，花冠管长2.5~3 mm，裂片卵形或椭圆形，长1.5~3 mm，先端钝；雄蕊伸出裂片外，花丝与花冠裂片近等长或稍长。果倒卵形、宽椭圆形或近球形，长5~9 mm，径4~7 mm，呈紫黑色。花期5~7月；果期8~11月。

分布 海南：万宁市兴隆热带花园，18°41′53″N，110°14′34″E，100 m，2010-11-28，张荣京40017159。湖南：保靖县白云山，28°47′51″N，109°54′25″E，322 m，2012-11-17，张代贵、张洁40019101252。山东：临朐，36°12′08″N，118°36′40″E，987 m，2010-11-04，赵伟华400311222。河南：郑州市惠济区，34°45′06″N，113°40′47″E，2011-12-28，李丹凤400314101。湖北：兴山县南阳镇龙门河，31°19′19″N，110°27′53″E，1442 m，2012-08-31，危文亮，赵永国等400151189。云南：文山州麻栗坡县大坪乡，23°13′31″N，104°54′09″E，2011-10-14，曾庆文、陈树钢、杨国400114236；昆明市昆明植物所，25°08′23″N，102°44′33″E，1938 m，2009-08-09，李忠荣、李恩乾400222072。河北：石家庄，38°05′55″N，114°22′21″E，97 m，2011-10-14，徐兴友、韩宝强400313112。产于江西、浙江、江苏、安徽、山东、河南、湖北、四川、贵州西北部、云南、西藏察隅、陕西南部。生于沟边、路旁或河边灌丛中，或山坡，海拔100~2500 m。

栽培 喜温暖气候，稍耐阴，适应性强。播种繁殖。

用途 优良园林绿化树种。

含油率及化学组分数据

采集单位	测试单位	测试部位	产地	含油率(%)	碘值	酸值	皂化值	C12:0	C14:0	C16:0	C16:1	C18:0	C18:1	C18:2	C18:3	C20:0	C20:1
SCAU	SCBG	种仁	海南万宁	20.16	9.57	12.09	229.66		0.05	6.61	0.16	2.35	8.20	20.95	48.08	2.18	11.43
JSU	SCBG	种仁	湖南保靖	25.12						5.60	0.15	1.17	21.83	27.84	39.31		0.22
ICS	ICS	种子	山东临朐	22.97	94.91	6.00	184.91			4.93		1.90	42.59	40.96	1.39	0.69	0.67
ICS	HAU	种子	河南郑州	4.81	124.99	24.43	79.54	0.10	0.20	6.90		2.70	53.50	28.50	3.40	0.60	0.40
SCBG	OCRI	种仁	湖北兴山	10.50	12.95	1.52	157.20	0.01	8.81	17.56	0.48	1.14	14.82	67.57	0.92	1.38	0.32
SCBG	SCBG	种仁	云南文山	6.10	66.62	16.46	153.12			2.42	0.78	1.23	15.31	36.84	42.88	0.05	0.51
KMIB	KMIB	种子	云南昆明	10.24	97.10		216.80				5.75	0.14	2.44	59.50	28.74	1.49	
HNUST	ICS	种子	河北石家庄	4.12	148.19	35.22	66.64		0.41	17.93	0.22	5.02	41.88	26.23	2.78	1.31	0.29
OFPC	JSIB	果实	江苏南京	15.60	97.10		216.80	3.20	0.30	8.70	0.10	2.10	51.80	24.40	2.50		微量

粗壮女贞

Ligustrum robustum subsp. **chinense** P. S. Green

木犀科，女贞属

特征 灌木或小乔木；树皮灰褐色。小枝圆柱形，紫色，密被长圆形皮孔，疏被微柔毛，后渐脱落。叶片纸质，椭圆状披针形或披针形，稀椭圆形或卵形，长4~11 cm，宽2~4 cm，先端长渐尖，基部宽楔形或近圆形，上面深绿色，光亮，下面淡绿色。圆锥花序顶生，长5~15 cm，宽3~11 cm；花序梗长0~2.5 cm；花序轴及分枝轴稍扁或近圆柱形，果时具棱，紫色，密被白色皮孔，具短柔毛或腺毛；小苞片卵形或披针形，长0.5~1.5 mm，具纤毛；花梗长0~2 mm，被短柔毛；花萼被疏硬毛或近无毛，长约1 mm，先端近截形或具不明显齿；花冠长4~5 mm，花冠管长1.5~2.5 mm，裂片长1.5~2.5 mm，反折。果倒卵状长圆形或肾形，长7~10 mm，径3~6 mm，弯曲，呈黑色。花期6~7月；果期7~12月。

分布 云南：文山州麻栗坡县下金厂，23°09′55″N，104°50′12″E，2011-10-16，1568 m，曾庆文、陈树钢、杨国400114129。生于山地疏、密林中或山坡灌丛，海拔400~2000 m。产于安徽南部、江西、福建西北部、湖南西部、湖北东部、广东（乐昌）、广西西部、贵州、云南、四川。印度、孟加拉国、缅甸、越南、柬埔寨等也有分布。

栽培 喜光稍耐阴，喜温暖湿润的环境。播种或扦插繁殖。

用途 可用于园林绿化。

含油率及化学组分数据

采集单位	测试单位	测试部位	产地	含油率(%)	碘值	酸值	皂化值	C12:0	C14:0	C16:0	C16:1	C18:0	C18:1	C18:2	C18:3	C20:0	C20:1
SCBG	SCBG	种仁	云南文山	22.65	102.81	7.29	401.16	0.003	0.10	9.24	0.15	2.95	10.66	75.13	1.45	0.23	0.08

小蜡（黄心柳、水黄杨、千张树）

Ligustrum sinense Lour.

木犀科，女贞属

特征　落叶灌木或小乔木。小枝圆柱形，幼时被淡黄色短柔毛或柔毛，老时近无毛。叶片纸质或薄革质，卵形、椭圆状卵形、长圆形、长圆状椭圆形至披针形，或近圆形，长2~7（~9）cm，宽1~3（~3.5）cm，先端锐尖、短渐尖至渐尖，基部宽楔形至近圆形，或为楔形。圆锥花序顶生或腋生，塔形，长4~11 cm，宽3~8 cm；花序轴被较密淡黄色短柔毛或柔毛；花梗长1~3 mm，被短柔毛或无毛；花萼无毛，长1~1.5 mm，先端呈截形或呈浅波状齿；花冠长3.5~5.5 mm，花冠管长1.5~2.5 mm，裂片长圆状椭圆形或卵状椭圆形，长2~4 mm；花丝与裂片近等长或长于裂片。果近球形，径5~8 mm。花期3~6月；果期9~12月。

分布　广东：阳山县秤架自然保护区，24°46′17″N，112°53′14″E，583 m，2009-11-14，董安强40011254。湖南：龙山县里耶镇，29°26′59″N，109°46′11″E，2011-11-13，张九兵、朱明德400181332；湘西州花垣县麻栗场，28°28′25″N，109°29′42″E，567 m，2011-11-20，徐亮、覃三立40019101221。江西：九江市庐山自然保护区，29°33′19″N，115°57′17″E，830 m，2010-11-07，李朋远、林意漫400148009。江苏：常熟市虞山，31°39′05″N，120°43′42″E，123 m，2009-12-02，田怀珍、陈纪云4001171049。安徽：黄山市仙人洞，29°43′01″N，118°19′18″E，131 m，2011-11-12，胡超、李星霖4001171179。湖北：神农架下谷坪，31°21′56″N，110°35′29″E，297 m，2011-09-05，丁时东400151158。重庆：南川区三泉镇金佛山龙骨溪，29°43′43″N，107°07′18″E，580 m，2009-11-05，刘正宇等400231111。四川：西昌市马道乡，27°53′27″N，102°15′52″E，1000 m，2009-10-08，干凯、樊云川40021109063。贵州：铜仁市梵净山保护区，27°53′52″N，106°43′29″E，2011-11-16，孟玉芳、宋贤利、王喆旻400114167；雷山县雷公山，26°33′20″N，108°08′42″E，1956 m，2011-11-28，孟玉芳、宋贤利、王喆旻400114207。山西：垣曲县新城镇东峰山村，35°19′03″N，111°38′49″E，2009-10-05，谢光辉400322026。生于山坡、山谷、溪边、河旁、路边的密林、疏林或混交林中，海拔200~2600 m。产于广东、广西、湖南、江西、福建、台湾、浙江、江苏、安徽、湖北、四川、贵州、云南。西安有栽培。越南也有分布，马来西亚也栽培。

栽培　喜温暖至高温环境。播种、扦插法。

用途　药用或园林用，种子榨油供制肥皂。

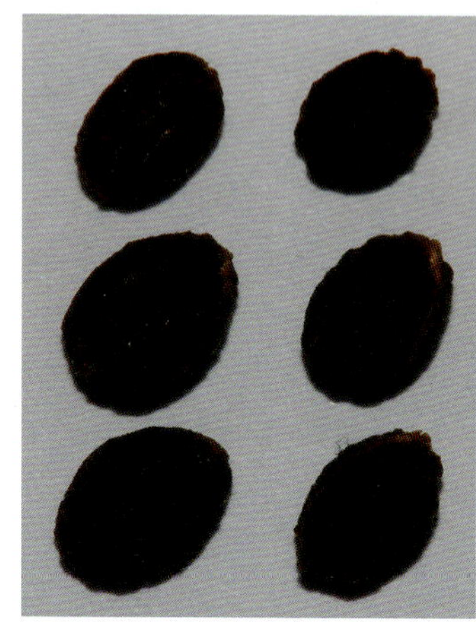

含油率及化学组分数据

采集单位	测试单位	测试部位	产地	含油率(%)	碘值	酸值	皂化值	C12:0	C14:0	C16:0	C16:1	C18:0	C18:1	C18:2	C18:3	C20:0	C20:1
SCBG	SCBG	种仁	广东阳山	21.56	123.72	3.95	184.22	0.03	0.09	16.95	0.07	2.51	38.36	38.58	2.54	0.27	0.60
HUST	HUST	种仁	湖南龙山	6.00	21.88	2.75	205.38	0.03	0.11	20.60	0.63	4.43	26.22	35.37	5.47	6.84	0.30
JSU	SCBG	种仁	湖南湘西	30.15					0.26	1.13	31.80	2.34	5.94	16.78	18.07	2.32	1.52
SYSU	SCBG	种仁	江西九江	20.21				0.39	0.09	6.79	0.13	1.98	14.03	72.50	0.92	0.12	0.06
ECNU	SCBG	种仁	江苏常熟	7.90	46.92	15.31			0.15	8.43		2.06	18.60	64.69	3.34	0.74	0.15
ECNU	SCBG	种仁	安徽黄山	12.50	37.71	11.86	174.75		0.06	6.07	0.27	1.36	59.91	29.92	0.13	0.12	0.08
OCRI	SCBG	种仁	湖北神龙架	2.62	140.31	15.72	161.78			8.04	0.06	2.87	42.82	25.82	5.57	0.34	1.14
CIPP	SCBG	种仁	重庆南川	10.64				1.28	2.12	9.31	1.08	2.33	11.37	29.32	38.31	0.17	0.20
SCU	SCU	种仁	四川西昌	40.18	104.70	1.60	176.30			10.62		18.32	32.15	33.18	4.07		1.66
SCBG	SCBG	种仁	贵州铜仁	11.47	60.66	12.20	95.75	0.003	0.02	5.48	0.05	1.82	13.33	13.34	65.41	0.10	0.45
SCBG	SCBG	种仁	贵州雷山	10.65	236.64	44.53	171.28	0.01	0.13	12.81	0.06	2.58	5.91	51.42	25.65	0.96	0.47
ICS	CAU	种子	山西垣曲	17.45	60.10	5.48	158.55		0.05	6.93		2.36	64.12	22.77	1.49	0.53	0.42
OFPC	SCBG	果实	广东广州	7.00					微量	19.60		0.70	51.00	28.70			
OFPC	LBG	种子	江西武宁	4.90	121.20					9.30		2.40	57.50	28.10	2.70		
OFPC	WHBG	果实	湖北武汉	13.50	102.30			微量	微量	10.70		1.70	49.40	36.00	2.20		

多毛小蜡

Ligustrum sinense var. **coryanum** (W. W. Sm.) Hand.-Mazz. [*Ligustrum coryanum* W. W. Sm.]

木犀科，女贞属

特征　落叶灌木或小乔木。本变种的幼枝、花序轴、叶柄以及叶片下面均被较密黄褐色或黄色硬毛或柔毛，稀仅沿下面叶脉有毛；花萼常被短柔毛。花期3~4月；果期11~12月。

分布　湖南：吉首市永顺县回龙乡千斤塔，28°53′14″N，110°13′37″E，414 m，2010-11-25，徐亮、周建军400191161。生山地混交林、山坡灌丛或疏、密林中，或林缘，海拔0~2500 m。产四川金沙江河谷地区及云南东部至中部。

栽培　播种繁殖。

用途　可作绿篱。

含油率及化学组分数据

采集单位	测试单位	测试部位	产地	含油率(%)	碘值	酸值	皂化值	C12:0	C14:0	C16:0	C16:1	C18:0	C18:1	C18:2	C18:3	C20:0	C20:1
JSU	SCBG	种仁	湖南吉首	30.46						4.95	1.41	1.08	55.41	30.99	0.70	0.29	0.07

光萼小蜡

Ligustrum sinense var. **myrianthum** (Diels) Hoefk.

木犀科，女贞属

特征 小蜡变种，区别在于幼枝、花序轴和叶柄密被锈色或黄棕色柔毛或硬毛，稀为短柔毛；叶片革质，长椭圆状披针形、椭圆形至卵状椭圆形，上面疏被短柔毛，下面密被锈色或黄棕色柔毛，尤以叶脉为密，稀近无毛；花序腋生，基部常无叶。花期5~6月；果期9~12月。

分布 湖南：保靖县清水坪镇黄连树，28°42′52″N，109°19′37″E，2011-11-14，张九兵、朱明德400181345。湖北：兴山县南阳镇龙门河，31°19′19″N，110°27′53″E，1442 m，2012-08-31，危文亮、赵永国等400151190。陕西：西安市长安区终南山，34°00′14″N，108°58′20″E，1311 m，2011-10-15，薛帅400325036。生于山坡、山谷、溪边的密林、疏林或灌丛中，海拔0~2700 m。产于广东、广西、湖南江西、福建、湖北、四川、贵州、云南、甘肃文县、陕西南部。

栽培 播种繁殖。

用途 绿篱。

含油率及化学组分数据

采集单位	测试单位	测试部位	产地	含油率(%)	碘值	酸值	皂化值	C12:0	C14:0	C16:0	C16:1	C18:0	C18:1	C18:2	C18:3	C20:0	C20:1
HUST	HUST	种仁	湖南保靖	20.60	11.94	8.89	157.37	0.10	5.82	0.32	1.85	12.66	10.56	53.42	2.76	12.50	
OCRI	SCBG	种仁	湖北兴山	20.30	102.99	0.87	231.50	0.17	0.06	11.48		5.16	35.03	27.84	1.42	0.20	0.16
CAU	ICS	种子	陕西西安	1.22	104.17	35.61	208.50	0.18	0.75	13.16	0.94	1.94	21.80	52.49		1.54	0.36

油橄榄（木犀榄）

Olea europaea L.

木犀科，木犀榄属

特征 常绿小乔木；树皮灰色。枝灰色或灰褐色，近圆柱形，散生圆形皮孔，小枝具棱角，密被银灰色鳞片，节处稍压扁。叶片革质，披针形，长1.5~6 cm，宽0.5~1.5 cm，先端锐尖至渐尖，具小凸尖，基部渐窄或楔形，全缘，叶缘反卷，上面深绿色，稍被银灰色鳞片，下面浅绿色，密被银灰色鳞片，两面无毛；叶柄长2~5 mm，密被银灰色鳞片，两侧下延于茎上成狭棱，上面具浅沟。圆锥花序腋生或顶生，长2~4 cm；花序梗长0.5~1 cm，被银灰色鳞片；苞片披针形或卵形，长0.5~2 mm；花芳香，白色，两性；花萼杯状，长1~1.5 mm，浅裂或几近截形；花冠长3~4 mm，深裂几达基部，裂片长圆形，长2.5~3 mm，宽约1.5 mm，先端钝或锐尖，边缘内卷。果椭圆形，长1.6~2.5 cm，径1~2 cm，成熟时呈蓝黑色。花期4~5月；果期6~9月。

分布 四川：西昌市安哈镇，29°28′23″N，102°26′12″E，1000 m，2010-10-05，崔龙、李志强40021110048。云南：昆明市盘龙区昆明植物园，25°08′14″N，102°44′23″E，1967 m，2010-10-13，王智、杨珺、谭英400221196；大理宾川，25°49′50″N，100°34′27″E，1457 m，2010-11-30，刘恩乾400222201。原产地中海地区，现全球亚热带地区都有栽培。我国长江流域以南地区有栽培。

栽培 喜温暖环境，喜光，喜富含腐殖质的砂质土壤。播种或扦插繁殖。

用途 果可榨油，供食用，也可作润滑剂、化妆品、肥皂等。

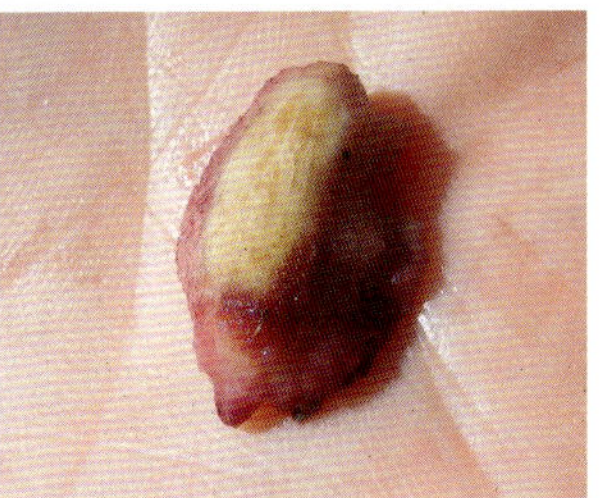

含油率及化学组分数据

采集单位	测试单位	测试部位	产地	含油率(%)	碘值	酸值	皂化值	C12:0	C14:0	C16:0	C16:1	C18:0	C18:1	C18:2	C18:3	C20:0	C20:1
SCU	SCU	种仁	四川西昌	18.71	1.99	7.72	178.82		7.20	9.39	0.32	6.90	46.99	18.40	0.11	1.39	0.15
KMIB	KMIB	果实	云南昆明	10.75	90.20	9.07	484.66		0.30	20.28		3.62	29.26	38.34	1.19		
KMIB	KMIB	种仁	云南大理	10.55	86.50		192.20						11.82	0.11	1.24	76.85	1.06
OFPC	KMIB	果实	云南昆明	53.20	86.50	3.40	192.20			13.40		2.30	70.00	6.10	8.20		
OFPC	KMIB	果实	云南昆明	55.50	81.00	2.10	191.30			13.00		1.30	75.40	8.60	1.70		
OFPC	KMIB	果实	云南昆明	42.30	86.30	3.30				13.40		2.30	70.00	2.00	0.20	3.30	
OFPC	KMIB	果实	云南昆明	29.00	84.10	7.60				16.40		2.50	70.00	11.10	微量		

木犀（桂花）

Osmanthus fragrans Lour. [*Olea fragrans* Thunb. ex Murray]

木犀科，木犀属

特征 常绿乔木或灌木；树皮灰褐色。小枝黄褐色，无毛。叶片革质，椭圆形、长椭圆形或椭圆状披针形，长7~14.5 cm，宽2.6~4.5 cm，先端渐尖，基部渐狭呈楔形或宽楔形，全缘或通常上半部具细锯齿，两面无毛，腺点在两面连成小水泡状突起。聚伞花序簇生于叶腋，或近于帚状，每腋内有花多朵；苞片宽卵形，质厚，长2~4 mm，具小尖头，无毛；花梗细弱，长4~10 mm，无毛；花极芳香；花萼长约1 mm，裂片稍不整齐；花冠黄白色、淡黄色、黄色或橘红色，长3~4 mm，花冠管仅长0.5~1 mm。果歪斜，椭圆形，长1~1.5 cm，呈紫黑色。花期9~10月上旬；果期翌年3月。

分布 湖南：吉首市吉首大学，28°17′26″N，109°43′23″E，245 m，2011-04-10，徐亮、周建军40019101132；湘潭县响水乡，27°54′38″N，112°54′32″E，35 m，2009-04-12，黄玉滢400181004。湖北：武汉中国科学院武汉植物园，30°32′49″N，114°25′01″E，31 m，2009-04-17，李晓东、昝艳燕400121001；神农架下谷坪，31°21′39″N，110°37′32″E，287 m，2011-09-11，丁时东400151143。云南：昆明市东郊呼马山，25°01′38″N，102°44′25″E，1948 m，2008-12-18，李忠荣400222049。原产我国西南，现各地广泛栽培。

栽培 喜光，幼苗期需蔽阴。播种、压条、嫁接、扦插等方法繁殖。

用途 种子油药用。

含油率及化学组分数据

采集单位	测试单位	测试部位	产地	含油率(%)	碘值	酸值	皂化值	C12:0	C14:0	C16:0	C16:1	C18:0	C18:1	C18:2	C18:3	C20:0	C20:1
JSU	SCBG	种仁	湖南吉首	21.40				0.12	0.27	4.33		1.98	7.25	40.71	0.95	0.40	0.14
HUST	HUST	种仁	湖南湘潭	12.30	109.69	1.41	173.09	0.016	0.026	11.84		3.89	51.49	31.50	0.82	0.42	
WHBG	WHBG	种仁	湖北武汉	10.30					0.10	7.25	0.21	1.42	51.60	29.01	0.75	0.67	
OCRI	SCBG	种仁	湖北神农架	13.40	154.85	25.61		0.02	0.05	5.47	0.25	1.20	21.14	69.02	0.62	0.05	0.14
KMIB	KMIB	种仁	云南昆明	21.73	94.10	8.10	173.90				11.05		3.17	51.15	32.74	0.38	
OFPC	GXIB	种仁	广西桂林	15.40	96.50			0.50		14.00	微量	2.90	47.20	34.90	0.50		
OFPC	JSIB	种仁	江苏南京	21.10	104.50					13.00	5.00	3.40	37.10	34.40	7.10		
OFPC	JSIB	种子	江苏南京	14.80			191.40			14.30	5.20	3.70	37.50	32.90	6.40		
OFPC	CIB	种仁	四川雅安	15.50	96.60		190.50			10.40		2.80	49.60	36.80	0.40		

牛矢果

Osmanthus matsumuranus Hayata[*Osmanthus longipetiolatus* H. T. Chang]

木犀科，木犀属

特征 常绿灌木或乔木；树皮淡灰色，粗糙。小枝扁平，黄褐色或紫红褐色，无毛。叶片薄革质或厚纸质，倒披针形，稀为倒卵形或狭椭圆形，长8~14（~19）cm，宽2.5~4.5（~6）cm，先端渐尖，具尖头，基部狭楔形，下延至叶柄，全缘或上半部有锯齿，两面无毛，具针尖状突起腺点，腺点干时呈灰白色或淡黄色；叶柄长1.5~3 cm，无毛，上面有浅沟。聚伞花序组成短小圆锥花序，着生于叶腋，长1.5~2 cm，苞片宽卵形，长1~1.5 mm，质硬，具小尖头，无毛，或边缘具短睫毛，花后脱落，小苞片三角状卵形，长1.5~2 mm，边缘通常具睫毛；花梗长2~3 mm，无毛或被毛；花芳香；花萼长1.5~2 mm，裂片长0.5~1 mm，边缘具纤毛；花冠淡绿白色或淡黄绿色，长3~4 mm，花冠管与裂片几等长，裂片反折，边缘具极短的睫毛。果椭圆形，熟时紫红色至黑色。花期5~6月；果期11~12月。

分布 海南：文昌市龙楼镇铜鼓岭，19°39′32″N，111°01′30″E，297 m，2009-08-01，邢福武、戴建阅、翟俊文、郑希龙4001117。广东：惠州市惠东白盆珠，23°02′58″N，114°57′20″E，2009-08-25，林铎清、戴建阅40011183；乳源县五指山乡公路站，24°55′54″N，113°00′37″E，1078 m，2012-01-07，王发国、杨国、宋贤利400113100。广西：靖西县南坡乡底定保护区，23°06′54″N，105°58′31″E，832 m，2010-11-16，吴磊、黄俞淞、朱运喜4001101131。浙江：临安市浙江农村小学东湖校区，30°15′32″N，119°43′18″E，62 m，2012-11-17，陈树钢、童毅4001122159；临安市浙江农村小学东湖校区，30°15′32″N，119°43′18″E，49 m，2012-11-17，陈树钢、童毅4001122161。产于广东、广西、江西、台湾、浙江、安徽、贵州、云南等地。生长在海拔800~1500 m山坡密林、山谷林中和灌丛中。越南、老挝、柬埔寨、印度等国也有分布。

栽培 播种繁殖。

用途 可作庭园树种。

含油率及化学组分数据

采集单位	测试单位	测试部位	产地	含油率(%)	碘值	酸值	皂化值	C12:0	C14:0	C16:0	C16:1	C18:0	C18:1	C18:2	C18:3	C20:0	C20:1
SCBG	SCBG	种仁	海南文昌	1.20	106.64	38.58	380.98	0.11	0.05	2.82	0.05	0.89	18.52	76.45	0.73	0.07	0.31
SCBG	SCBG	种仁	广东惠州	24.23	206.17	16.93		0.0043	0.10	9.96	0.23	2.32	38.81	45.21	1.41	0.49	1.47
SCBG	SCBG	种仁	广东乳源	30.68	51.18	8.54	448.57	0.06	0.68	13.23		1.92	23.42	2.84	0.55		0.79
GXIB	SCBG	种仁	广西靖西	12.87	133.78	79.65	154.23	0.25	0.47	11.48		2.07	11.19	46.49	1.16	0.51	
SCBG	SCBG	种仁	浙江临安	27.41	135.59	2.84	204.28	0.01	0.02	8.39	0.14	69.07	21.72	0.42	0.23		
SCBG	SCBG	种仁	浙江临安	6.71	71.93	3.49	189.65		0.01	8.21	0.18		67.99	22.65	0.44	0.37	0.14
OFPC	SCBG	种仁	广东高要	28.70	92.20		191.90			14.60		2.40	52.70	30.30			

暴马丁香（暴马子、荷花丁香）

Syringa reticulata subsp. **amurensis** (Rupr.) P. S. Green et M. C. Chang

木犀科，丁香属

特征 落叶小乔木。叶片厚纸质，宽卵形、卵形至椭圆状卵形，或为长圆状披针形，长2.5~13 cm，宽1~6(~8) cm，先端短尾尖至尾状渐尖或锐尖，基部常圆形，或为楔形、宽楔形至截形，上面黄绿色，干时呈黄褐色，侧脉和细脉明显凹入使叶面呈皱缩，下面淡黄绿色，秋时呈锈色，无毛，稀沿中脉略被柔毛，中脉和侧脉在下面凸起；叶柄长1~2.5 cm，无毛。圆锥花序由1到多对着生于同一枝条上，长10~20(~27) cm，宽8~20 cm；花序轴、花梗和花萼均无毛；花序轴具皮孔；花梗长0~2 mm；花萼长1.5~2 mm，萼齿钝、凸尖或截平；花冠白色，呈辐状，长4~5 mm，花冠管长约1.5 mm，裂片卵形，长2~3 mm，先端锐尖；花丝与花冠裂片近等长或长于裂片可达1.5 mm，花药黄色。果长椭圆形，长1.5~2(~2.5) cm，先端常钝，或为锐尖、凸尖，光滑或具细小皮孔。花期6~7月；果期8~10月。

分布 甘肃：兰州市安宁区，36°07′09″N，103°42′17″E，1550 m，2011-10-10，秦烁400326024。黑龙江：嘉荫县，48°16′06″N，129°31′05″E，1099 m，2010-08-16，陈连江、卞勇、贾海伦400351056。生于山坡灌丛或林边、草地、沟边，或针叶、阔叶混交林中，海拔10~1200 m。产于辽宁、吉林、黑龙江。俄罗斯远东地区和朝鲜也有分布。

栽培 播种、扦插、压条法繁殖，栽培以排水良好的砂质壤土为宜。

用途 种子油工业用。

含油率及化学组分数据

采集单位	测试单位	测试部位	产地	含油率(%)	碘值	酸值	皂化值	C12:0	C14:0	C16:0	C16:1	C18:0	C18:1	C18:2	C18:3	C20:0	C20:1
CAU	ICS	种子	甘肃兰州	5.41	117.82	16.51	186.73		0.11	6.66	0.12	3.43	30.96	52.11	1.79	1.04	0.50
SBRI	SCBG	种仁	黑龙江嘉荫	23.10	5.11	13.47		0.01	0.05	10.00	0.22	5.51	18.92	63.22	1.50	0.33	0.24
OFPC	FSIB	种子	辽宁沈阳	28.60	130.60		184.70		微量	5.00		3.30	29.20	62.40	微量	微量	

牛眼马钱（牛眼珠、狭花马钱、勾梗树）

Strychnos angustiflora Benth.[*Strychnos usitata* var. *cirrosa* Dop]

马钱科，马钱属

特征 木质藤本，长达10 m；除花序和花冠以外，全株无毛。小枝变态成为螺旋状曲钩，钩长2~5 cm，上部粗厚，老枝有时变成枝刺。叶片革质，卵形、椭圆形或近圆形，长3~8 cm，宽2~4 cm，顶端急尖至钝，基部钝至圆，有时浅心形；基出脉3~5条，紧靠边缘的2条脉纤细；叶柄长4~6 mm。三歧聚伞花序顶生，长2~4 cm，被短柔毛；苞片小；花5数，长8~11 mm，具短花梗；花萼裂片卵状三角形，长约1 mm，外面被微柔毛；花冠白色，花冠管与花冠裂片等长或近等长，长4~5 mm，花冠裂片长披针形，近基部和花冠管喉部被长柔毛；雄蕊着生于花冠管喉部，长约2 mm，花丝丝状，比花药长，花药长圆形，顶端无尖头，伸出花冠管喉部之外，基部无毛；雌蕊长1 cm，无毛，子房卵形，长约0.7 mm，花柱伸长。浆果圆球状，直径2~4 cm，光滑，成熟时红色或橙黄色，内有种子1~6颗；种子扁圆形，宽1~1.8 cm。花期4~6月；果期7~12月。

分布 海南：陵水县本号镇吊罗山国家级自然保护区南喜，18°44′05″N，109°50′13″E，2010-08-14，秦新生4001161132；万宁县兴隆热带花园，18°41′53″N，110°14′34″E，2009-08-03，邢福武、戴建阅、翟俊文、郑希龙40011131；万宁县茄新保护区，18°50′24″N，110°17′33″E，2011-09-17，张荣京40017194；五指山番阳镇希伦六队，18°53′22″N，109°20′33″E，2009-08-29，郑希龙、潘雅书40011457。广东：惠州市博罗象头山，23°18′42″N，114°24′25″E，2009-08-30，林铎清、戴建阅40011199。产于福建、广东、海南、广西、云南。生于山地疏林下或灌木丛中。分布于越南、泰国和菲律宾等。

栽培 播种或扦插繁殖。

用途 种子油药用。

含油率及化学组分数据

采集单位	测试单位	测试部位	产地	含油率(%)	碘值	酸值	皂化值	C12:0	C14:0	C16:0	C16:1	C18:0	C18:1	C18:2	C18:3	C20:0	C20:1
SCAU	SCBG	种仁	海南陵水	22.04	95.26	8.95	179.15		0.06	8.47	0.05	1.39	48.49	38.05	0.35	0.58	2.57
SCBG	SCBG	种仁	海南万宁	0.50	22.86	20.19	180.54	0.01	0.02	1.99	0.21	0.76	57.82	38.80	0.13	0.05	0.21
SCAU	SCBG	种仁	海南万宁	26.05	31.57	14.97	255.27			4.15	0.26	1.85	29.11	82.25		0.32	0.30
SCBG	SCBG	种仁	海南五指山	26.46	63.01	10.52	189.29		0.40	12.16	0.06	7.59	28.97	27.80	4.59	0.24	0.13
SCBG	SCBG	种仁	广东惠州	20.61				0.25	1.66	20.73	0.38	1.88	9.25	51.24	12.10	0.45	2.06

华马钱

Strychnos cathayensis Merr.

马钱科，马钱属

特征 木质藤本。幼枝被短柔毛，老枝被毛脱落；小枝常变态成为成对的螺旋状曲钩。叶片近革质，长椭圆形至窄长圆形，长6~10 cm，宽2~4 cm，顶端急尖至短渐尖，基部钝至圆，上面有光泽，无毛，下面通常无光泽而被疏柔毛；叶柄长2~4 mm，被疏柔毛至无毛。聚伞花序顶生或腋生，长3~4 cm，着花稠密；花序梗短，与花梗同被微毛；花5数，长8~12 mm；花梗长2 mm；小苞片卵状三角形，长约1 mm；花萼裂片卵形，长约1 mm，宽0.5 mm，外面被微毛；花冠白色，长约1.2 cm，无毛或有时外面有乳头状凸起，花冠管远比花冠裂片长，长约9 mm，花冠裂片长圆形，长达3.5 mm，稍厚；雄蕊着生于花冠管喉部，长约2 mm，花丝比花药短，长0.5 mm，花药长圆形，长1.5~2 mm，无毛；雌蕊长达11 mm，无毛，子房卵形，长约1 mm，花柱伸长，长达1 cm，柱头头状。浆果圆球状，直径1.5~3 cm，果皮薄而脆壳质，内有种子2~7颗；种子圆盘状，宽2~2.5 cm，被短柔毛。花期4~6月；果期6~12月。

分布 广东：英德县石门台保护区横石塘保护站，24°26′01″N，113°18′34″E，2010-11-11，易绮斐、陈林、刘清泉400119125。产于华南地区及台湾、云南。生于山地疏林下或灌木丛中。越南也有分布。

栽培 播种或扦插繁殖。

用途 种子油药用。

含油率及化学组分数据

采集单位	测试单位	测试部位	产地	含油率(%)	碘值	酸值	皂化值	C12:0	C14:0	C16:0	C16:1	C18:0	C18:1	C18:2	C18:3	C20:0	C20:1
SCBG	SCBG	种仁	广东英德	22.45	13.20	2.76	226.82	0.01	0.12	39.86	0.19	2.45	8.96	27.55	11.16		2.10

马钱子（火失刻把都、苦实、大方八）

Strychnos nux-vomica L. [*Strychnos spireana* Dop]

马钱科，马钱属

特征 乔木。枝条幼时被微毛，老枝毛脱落。叶片纸质，近圆形、宽椭圆形至卵形，长5~18 cm，宽4~13 cm，顶端短渐尖或急尖，基部圆形，有时浅心形，上面无毛；基出脉3~5条，具网状横脉；叶柄长5~12 mm。圆锥状聚伞花序腋生，长3~6 cm；花序梗和花梗被微毛；苞片小，被短柔毛；花5数；花萼裂片卵形，外面密被短柔毛；花冠绿白色，后变白色，长13 mm，花冠管比花冠裂片长，外面无毛，内面仅花冠管内壁基部被长柔毛，花冠裂片卵状披针形，长约3 mm；雄蕊着生于花冠管喉部，花药椭圆形，长1.7 mm，伸出花冠管喉部之外，花丝极短；雌蕊长9.5~12 mm，子房卵形，无毛，花柱圆柱形，长达11 mm，无毛，柱头头状。浆果圆球状，直径2~4 cm，成熟时桔黄色，内有种子1~4颗；种子扁圆盘状，宽2~4 cm，表面灰黄色，密被银色绒毛。花期春夏两季；果期8月至翌年1月。

分布 海南：万宁市兴隆药用植物园，18°41′53″N，110°14′34″E，100 m，2010-12-26，秦新生4001161145。产于印度、斯里兰卡、缅甸、泰国、越南、老挝、柬埔寨、马来西亚、印度尼西亚和菲律宾。我国海南、广东、广西、福建、台湾和云南南部等地有栽培。

栽培 播种繁殖。

用途 种子油药用。

含油率及化学组分数据

采集单位	测试单位	测试部位	产地	含油率(%)	碘值	酸值	皂化值	C12:0	C14:0	C16:0	C16:1	C18:0	C18:1	C18:2	C18:3	C20:0	C20:1
SCAU	SCBG	种仁	海南万宁	21.35	24.02	5.51	168.58										

鸡骨常山（四角枫、野辣椒）

Alstonia yunnanensis Diels

夹竹桃科，鸡骨常山属

特征　直立灌木，高1~3 m，多分枝，具乳汁；枝条灰绿色，表面具白色突起的皮孔，嫩枝被柔毛。叶3~5片轮生，薄纸质，倒卵状披针形或长圆状披针形，顶部渐尖，基部窄楔形，全缘，长6~18. 5 cm，宽1. 3~4. 8 cm，叶面深绿色，叶背灰绿色，两面被短柔毛，下面较密。花紫红色，芳香，多朵组成顶生或近顶生的聚伞花序，被柔毛；总花梗长约2 cm；花梗长0. 5 cm；萼片披针形，长1. 5 mm外面被短柔毛，内面无毛，边缘有缘毛；花冠高脚碟状被缘毛；雄蕊着生在花冠筒中部，花药长圆形，内藏，长约2. 5 mm；子房无毛，花柱长6 mm，柱头棍棒状，基部密被短柔毛，顶端2裂。蓇葖2，线形，顶端具尖头，长3~5 cm，直径约4 mm，无毛；种子多颗成镶嵌式排列，两端被短缘毛。花期3~6月；果期7~11月。

分布　云南：昆明市茨坝镇元宝山和昆明植物园，25°08′23″N，102°44′19″E，1920 m，2009-08-14，胡光万、王跃虎、唐贵华400221024。生于海拔1100~2400 m的山坡或沟谷地带灌木丛中。我国特有种，产于广西、贵州和云南。

栽培　喜阴凉湿润的气候，忌高温。以肥沃疏松、排水良好、腐殖质多的砂质壤土为宜。可用扦插、播种、压条、分株等方法繁殖，主要是用扦插繁殖，其次是播种繁殖。扦插繁殖：扦插时期在每年11月至次年3月间。播种繁殖：3月中、下旬播种。播前将种子拌和细土或细沙，均匀地撒播于苗床，稍加镇压后覆盖稻草一薄层，以保持土壤温度和湿度。幼苗生长培育至第二年秋季，按行株距30 cm×30 cm移栽。病虫害防治：病害主要为叶斑病，在发病前喷射波尔多液预防。虫害有象鼻虫、花面天蛾幼虫、金花虫、猿叶虫，发现后进行人工捕杀；并可喷射六六六粉或砒剂毒杀。

用途　根供药用，有降低血压作用。种子含油量18%。

含油率及化学组分数据

采集单位	测试单位	测试部位	产地	含油率（%）	碘值	酸值	皂化值	C12:0	C14:0	C16:0	C16:1	C18:0	C18:1	C18:2	C18:3	C20:0	C20:1
KMIB	KMIB	种仁	云南昆明	28. 40	142. 00	1. 40	178. 00		0. 09	12. 07		6. 79	8. 84	22. 00	49. 49		

链珠藤

Alyxia sinensis Champ. ex Benth.

夹竹桃科，链珠藤属

特征　藤状灌木，具乳汁，高达3 m；除花梗、苞片及萼片外，其余无毛。叶革质，对生或3枚轮生，通常圆形或卵圆形、倒卵形，顶端圆或微凹，长1. 5~3. 5 cm，宽8~20 mm，边缘反卷；侧脉不明显；叶柄长2 mm。聚伞花序腋生或近顶生；总花梗长不及1. 5 cm，被微毛；花小，长5~6 mm；小苞片与萼片均有微毛；花萼裂片卵圆形，近钝头，长1. 5 mm，内面无腺体；花冠先淡红色后退变白色，花冠筒长2. 3 mm，内面无毛，近花冠喉部紧缩，喉部无鳞片，花冠裂片卵圆形，长1. 5 cm；雌蕊长1. 5 mm，子房具长柔毛。核果卵形，长约1 cm，直径0. 5 cm，2~3颗组成链珠状。花期4~9月；果期5~11月。

分布　广东：从化大岭山石灶天池，23°59′44″N，117°12′50″E，2010-11-02，刘东明、梁耀、孟玉芳、付琳400112194。常野生于矮林或灌木丛中。分布于广东、广西、湖南、江西、福建、浙江、贵州等地。

栽培　喜光，常攀于树顶，为森林中主要的藤本植物。播种繁殖。栽培容易。

用途　全株可作发酵药。

含油率及化学组分数据

采集单位	测试单位	测试部位	产地	含油率（%）	碘值	酸值	皂化值	C12:0	C14:0	C16:0	C16:1	C18:0	C18:1	C18:2	C18:3	C20:0	C20:1
SCBG	SCBG	种仁	广东从化	25. 00	140. 42		181. 25	0. 42		3. 67	0. 06	3. 62	64. 50	49. 35			0. 18

罗布麻（茶叶花、野麻、茶棵子）

Apocynum venetum L. [*Trachomitum venetum* (L.) Woodson]

夹竹桃科，罗布麻属

特征 直立半灌木，高1.5~3 m，一般高约2 m，最高可达4 m，具乳汁；枝条对生或互生，圆筒形，光滑无毛，紫红色或淡红色。叶对生，顶端急尖至钝，具短尖头，基部急尖至钝，叶缘具细齿，两面无毛；叶脉纤细；叶柄长3~6 mm。圆锥状聚伞花序一至多歧，通常顶生，有时腋生；雄蕊着生在花冠筒基部，与副花冠裂片互生，长2~3 mm；雌蕊长2~2.5 mm，花柱短，上部膨大，下部缩小，柱头基部盘状，顶端钝，2裂；蓇葖2，平行或叉生，下垂，箸状圆筒形，长8~20 cm，直径2~3 mm，顶端渐尖，基部钝，外果皮棕色，无毛，有纸纵纹；种子多数，黄褐色；种毛长1.5~2.5 cm；子叶长卵圆形，与胚根近等长，长约1.3 mm。花期4~9月（盛开期6~7月）；果期7~12月（成熟期9~10月）。

分布 新疆：哈巴河县哈布哈滩村，47°58′47″N，86°19′07″E，513 m，2012-09-18，姜凤琴、孔凡奎4003312017。生于盐碱荒地和沙漠边缘及河流两岸、冲积平原、河泊周围及戈壁荒滩上。产于江苏、山东、河南、新疆、青海、甘肃、陕西、山西、河北、内蒙古及辽宁等地。现广布于欧洲及亚洲温带地区。

栽培 播种、扦插繁殖。病虫防治：罗布麻主要病害是叶锈病，虫害为红蜘蛛，一般在7月底8月初发生，发病后病害迅速蔓延，被感染的病株轻者叶片变黄，影响植株生长，重者叶片干枯。锈病用1200倍粉绣宁海被12582农信通网站喷雾防治，每隔10~15 d喷1次，连续施药3~4次；红蜘蛛用阿维菌素1000倍液与三唑锡1:600混合后进行喷施。

用途 其茎皮纤维具有细长柔韧而有光泽耐腐耐磨耐拉的优质性能，为高级衣料、渔网丝、皮革线、高级用纸等原料；叶含胶量达4%~5%，可作轮胎原料；嫩叶蒸炒揉制后当茶叶饮用，有清凉去火，防止头晕和强心的功用；种毛白色绢质，可作填充物。麻秆剥皮后可作保暖建筑材料。根部含有生物碱供药用。本种花多，美丽、芳香，花期较长，具有发达的蜜腺，是一种良好的蜜源植物。

含油率及化学组分数据

采集单位	测试单位	测试部位	产地	含油率(%)	碘值	酸值	皂化值	C12:0	C14:0	C16:0	C16:1	C18:0	C18:1	C18:2	C18:3	C20:0	C20:1
XIEG	SCBG	种子	新疆哈巴河	20.66	78.79	8.64	168.10	3.79	0.09	8.68	0.14	1.15	28.57	50.81	1.30	0.27	0.54

海杧果（黄金茄、香军树）

Cerbera manghas L.

夹竹桃科，海杧果属

特征 乔木，高4~8 m，胸径6~20 cm；树皮灰褐色；枝条粗厚，绿色，具不明显皮孔，无毛；全株具丰富乳汁。叶厚纸质，倒卵状长圆形或倒卵状披针形，稀长圆形，基部楔形无毛，叶面深绿色，叶背浅绿色。花白色，直径约5 cm，芳香；总花梗和花梗绿色，无毛，具不明显的斑点；花冠筒圆筒形，上部膨大，下部缩小，长2.5~4 cm，直径；雄蕊着生在花冠筒喉部，花丝短，黄色，基部肋状凸起，花药卵圆形，顶端具短尖，基部圆形，向内弯；心皮2，离生，无毛，花柱丝状，柱头球形，基部环状，顶端浑圆而2裂。核果双生或单个，阔卵形或球形，顶端钝或急尖，外果皮纤维质或木质，未成熟绿色，成熟时橙黄色；种子通常1颗。花期3~10月；果期7月至翌年4月。

分布 海南：文昌市东郊镇，19°34′48″N，110°51′37″E，2009-08-09，邢福武、戴建阅、翟俊文、郑希龙40011174。生于海边或近海边湿润的地方。产于广东南部、广西南部和台湾，以广东海南分布为多。亚洲和澳大利亚热带地区也有分布。

栽培 有极佳的生态适应性，耐旱、耐盐碱、耐寒暑，适应力强。播种、扦插繁殖。

用途 喜生于海边，是一种较好的防潮树种。花多、美丽而芳香，叶深绿色，树冠美观，可作庭园、公园、道路绿化、湖旁周围栽植观赏。

含油率及化学组分数据

采集单位	测试单位	测试部位	产地	含油率(%)	碘值	酸值	皂化值	C12:0	C14:0	C16:0	C16:1	C18:0	C18:1	C18:2	C18:3	C20:0	C20:1
SCBG	SCBG	种仁	海南文昌	65.40	72.94	1.13	202.36		0.037	18.42	0.36	9.49	60.65	9.45		1.42	0.15
OFPC	SCBG	种仁	广东广州	51.00	72.00		204.00			19.80		4.90	69.20	6.10			
OFPC	GXIB	种仁	广西钦州	67.10	67.90		190.50	2.10		18.80	0.40	6.80	61.20	10.50			

尖山橙（竹藤、藤皮黄、鸡腿果）

Melodinus fusiformis Champ. ex Benth.

夹竹桃科，山橙属

特征 粗壮木质藤本，具乳汁；茎皮灰褐色；幼枝、嫩叶、叶柄、花序被短柔毛，老渐无毛；节间长2. 5~11 cm。叶近革质，端部渐尖，基部楔形至圆形；中脉在叶面扁平；叶柄长4~6 mm。聚伞花序生于侧枝的顶端，着花6~12朵，长3~5 cm；花梗长0. 5~1 cm；花萼裂片卵圆形，边缘薄膜质，端部急尖，长4~5 mm；花冠白色，花冠裂片长卵圆形或倒披针形，偏斜不正；雄蕊着生于花冠筒的近基部。浆果橙红色，椭圆形，顶端短尖，长3. 5~5. 3 cm，直径2. 2~4 cm；种子压扁，近圆形或长圆形，边缘不规则波状，直径0. 5 cm。花期4~9月；果期6月至翌年3月。

分布 广东：惠东白盆珠，23°02′58″N，114°57′20″E，2009-08-27，林铎清、戴建阅40011196。生于海拔0~1400 m山地疏林中或山坡路旁、山谷水沟旁。产于广东、广西和贵州等地。

栽培 喜光，常攀于树顶，为森林中主要的藤本植物。多扦插繁殖，播种也可。栽培容易。

用途 全株供药用。

含油率及化学组分数据

采集单位	测试单位	测试部位	产地	含油率(%)	碘值	酸值	皂化值	C12:0	C14:0	C16:0	C16:1	C18:0	C18:1	C18:2	C18:3	C20:0	C20:1
SCBG	SCBG	果实	广东惠东	20. 67	63. 93	1. 62	407. 00										

山橙（马骝藤、马骝橙藤、猴子果）

Melodinus suaveolens (Hance) Champ. ex Benth.

夹竹桃科，山橙属

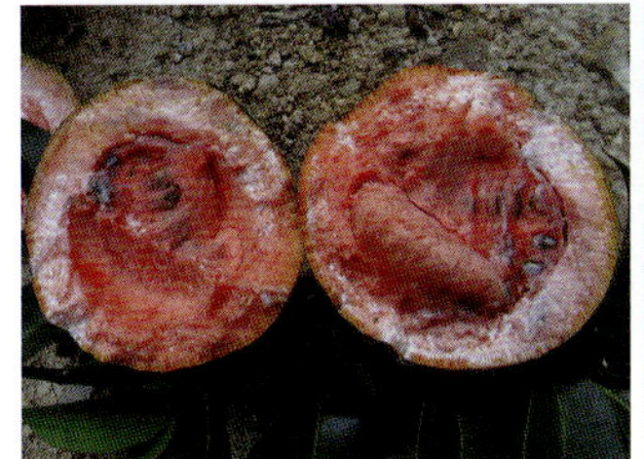

特征 攀缘木质藤本，长达10 m，具乳汁，除花序被稀疏的柔毛外，其余无毛；小枝褐色。叶近革质，椭圆形或卵圆形，长5~9. 5 cm，宽1. 8~4. 5 cm，顶端短渐尖，基部渐尖或圆形，叶面深绿色而有光泽；叶柄长约8 mm。聚伞花序顶生和腋生；花白色；花萼长约3 mm，被微毛，裂片卵圆形，顶端圆形或钝，边缘膜质；花冠筒长1~1. 4 cm，外披微毛，裂片约为花冠筒的1/2，或与之等长，基部稍狭，上部向一边扩大而成镰刀状或成斧形，具双齿；副花冠钟状或筒状，顶端成5裂片，伸出花冠喉外；雄蕊着生在花冠筒中部。浆果球形，顶端具钝头，直径5~8 cm，成熟时橙黄色或橙红色；种子多数，犬齿状或两侧扁平，长约8 mm，干时棕褐色。花期5~11月；果期8月至翌年1月。

分布 海南：陵水县本号镇吊罗山白水林场，18°44′04″N，109°50′13″E，2009-11-23，秦新生400116178；三亚甘什岭，19°10′50″N，109°44′02″E，2009-08-05，邢福武、戴建阅、翟俊文、郑希龙40011150。常生于丘陵、山谷，攀缘树木或石壁上。产于海南、广东、广西等地，越南也有分布。

栽培 喜光，常攀于树顶，为森林中主要的藤本植物。多扦插繁殖，播种也可。栽培容易。

用途 盛花期间满藤白花，极为美丽，花香沁人肺腑。果秋季至翌年春季成熟，熟时橙黄色，果形和颜色酷似橙子。可作园林垂直绿化树种。

含油率及化学组分数据

采集单位	测试单位	测试部位	产地	含油率(%)	碘值	酸值	皂化值	C12:0	C14:0	C16:0	C16:1	C18:0	C18:1	C18:2	C18:3	C20:0	C20:1
SCAU	SCBG	种仁	海南陵水	22. 10	71. 18	1. 84	190. 85		0. 02	16. 87	0. 23	4. 82	38. 01	39. 08	0. 23	0. 36	0. 39
SCBG	SCBG	种仁	海南三亚	20. 30	85. 80	3. 56	191. 55			15. 68	0. 22	5. 88	38. 25	39. 15		0. 38	0. 45
OFPC	SCBG	种子	海南万宁	28. 30	104. 60		185. 20			16. 70		2. 90	38. 90	41. 50			

红鸡蛋花

Plumeria rubra L.

夹竹桃科，鸡蛋花属

特征　小乔木，高达5 m；枝条粗壮，带肉质，无毛，具丰富乳汁。叶厚纸质，长圆状倒披针形，顶端急尖，基部狭楔形，长14~30 cm，宽6~8 cm，叶面深绿色。聚伞花序顶生，长22~32 cm，直径10~15 cm，总花梗三歧，长13~28 cm，肉质，被老时逐渐脱落的短柔毛；花梗被短柔毛或毛脱落，长约2 cm；花冠裂片狭倒卵圆形或椭圆形，比花冠筒长，长3.5~4.5 cm，宽1.5~1.8 cm；雄蕊着生在花冠筒基部，花丝短，花药内藏；心皮2，离生；每心皮有胚珠多颗。蓇葖双生，广歧，长圆形，顶端急尖，长约20 cm，淡绿色；种子长圆形，扁平，长约1.5 cm，宽7~9 mm，浅棕色，顶端具长圆形膜质的翅，翅的边缘具不规则的凹缺，翅长2~2.8 cm，宽约8 mm。花期3~9月；果期栽培极少结果，一般为7~12月。

分布　我国南部有栽培，常见于公园，植物园栽培观赏。原产于南美洲，现广植于亚洲热带和亚热带地区。

栽培　阳性树种，性喜高温，湿润和阳光充足的环境，土壤以深厚肥沃、通透良好、富含有机质的酸性沙壤土为佳，不耐寒与干旱。育苗可用扦插、播种和嫁接进行繁殖，以扦插繁殖为主。扦插繁殖：一年四季均可以进行扦插。选取1~2年生粗壮枝条，从分枝基部剪取长20~30 cm枝段。种子繁殖：种子发芽适温为18~24℃，一般随采随播。生性强健，病虫害较少发生。病害偶有枯枝病和白粉病，可喷洒70%甲基托布津可湿性粉剂1000倍液或代森锰锌1000倍液防治。

用途　花鲜红色，枝叶青绿色，树形美观，为一种很好的观赏植物。

含油率及化学组分数据

采集单位	测试单位	测试部位	产地	含油率(%)	碘值	酸值	皂化值	C12:0	C14:0	C16:0	C16:1	C18:0	C18:1	C18:2	C18:3	C20:0	C20:1
OFPC	SCBG	种子	广东广州	28.00	94.50		185.00			21.70		5.10	37.40	35.80			

萝芙木（云南萝芙木、勒毒、辣多）

Rauvolfia verticillata (Lour.) Baill. [*Rauvolfia yunnanensis* Tsiang]

夹竹桃科，萝芙木属

特征　灌木，高达3 m；多枝，树皮灰白色；幼枝绿色，被稀疏的皮孔，直径约5 mm；节间长1~5 cm。叶膜质，干时淡绿色，3~4叶轮生，稀为对生，椭圆形，长圆形或稀披针形，渐尖或急尖，基部楔形或渐尖，长2.6~16 cm，宽0.3~3 cm。总花梗长2~6 cm；花小，白色；花萼5裂，裂片三角形；花冠高脚碟状，长10~18 mm；雄蕊着生于冠筒内面的中部，花药背部着生，花丝短而柔弱；花盘环状，长约为子房之半；子房由2个离生心皮所组成，一半埋藏于花盘内，花柱圆柱状，柱头棒状，基部有一环状薄膜。核果卵圆形或椭圆形，长约1 cm，直径0.5 cm，由绿色变暗红色，然后变成紫黑色，种子具皱纹；胚小，子叶叶状，胚根在上。花期2~10月；果期4月~翌春。

分布　重庆：南川区三泉镇三泉小汉堡，29°45′53″N，107°07′29″E，576 m，2009-11-02，刘正宇等400231106。云南：昆明植物园百草园，25°08′25″N，102°44′25″E，1947 m，2010-09-15，李忠荣、李恩乾400222169-1；昆明植物园百草园，25°08′25″N，102°44′25″E，1947 m，2010-09-15，李忠荣、李恩乾400222169-2；昆明植物园百草园，25°08′25″N，102°44′25″E，1947 m，2010-09-15，李忠荣、李恩乾400222168。贵州：荔波县翁昂乡己陇村洞多组六月潭，25°14′49″N，107°53′21″E，906 m，2009-08-18，曾庆文、董安强、胡晓敏40011214。一般生于林边、丘陵地带的林中或溪边较潮湿的灌木丛中。分布于我国华南、西南及台湾等地。柬埔寨、印度、印度尼西亚、缅甸、菲律宾、斯里兰卡、泰国、越南也有分布。

栽培　喜温暖湿润环境，不耐寒。土壤以肥沃、疏松、湿润的沙壤土较好。选土层厚，土质疏松肥沃。以播种繁殖为主，也有用扦插及分根繁殖的。

用途　根、叶供药用。植株含阿马里新、利血平、萝芙甲素及山马蹄碱等生物碱，为“降压灵”的原料。

含油率及化学组分数据

采集单位	测试单位	测试部位	产地	含油率(%)	碘值	酸值	皂化值	C12:0	C14:0	C16:0	C16:1	C18:0	C18:1	C18:2	C18:3	C20:0	C20:1
CIPP	SCBG	种仁	重庆南川	20.60							14.27	0.08	4.43	49.70	30.33	0.13	0.56
KMIB	KMIB	种子	云南昆明	18.78	90.90	2.80	184.10				14.54	0.05	4.37	49.40	30.58	0.12	0.49
KMIB	KMIB	种子	云南昆明	24.10	98.40	3.30	185.30		0.12	6.46		1.33	10.63	77.09	2.19	0.18	0.14
KMIB	KMIB	种仁	云南昆明	11.22							12.99		3.52	52.76	30.44		
SCBG	SCBG	种仁	贵州荔波	18.30	98.47	6.72	182.73	0.01	0.02	13.14	0.03	6.46	49.63	29.62	0.16	0.72	0.21

药用狗牙花

Tabernae montana bovina Lour. [*Ervatamia officinalis* Tsiang]

夹竹桃科，狗牙花属

特征 灌木，高2~4 m，除花外无毛；枝和小枝淡灰色，节间长3~6 cm。叶坚纸质，椭圆状长圆形，端部通常猝然长尾状渐尖或长突尖，基部近圆形或狭楔形，叶面深绿色，中脉凹陷，叶背淡绿色。总花梗：第一级长2.5~4.5 cm，第二级长1~2 cm，第三级长3~5 mm；花冠白色，花冠筒长2.2 cm，近直立或近喉部向右旋转，裂片向左覆盖，近垂直，长圆状披针形，近镰刀形，边缘波状；雄蕊着生于近花冠筒喉部膨大之处，花药披针形，长2.5 mm，端部有薄膜，基部狭耳形。蓇葖双生，或有一个不发育，线状长圆形，近肉质，端部有喙，基部有柄，长1.5~3 cm，直径0.6~1 cm，外果皮在干时呈黑色；种子在每个蓇葖内有1~4粒，不规则卵圆形，约长1 cm，直径约5 mm。花期5~7月；果期8月至翌年4月。

分布 广西：靖西县南坡乡底定保护区，23°06′39″N，105°58′07″E，892 m，2010-11-16，吴磊、黄俞淞、朱运喜4001101130。生于海拔150~892 m山地疏林中及山谷中。产于海南、广东、广西和云南。泰国、越南也有分布。

栽培 喜光，喜温暖湿润气候。多扦插繁殖，播种也可。易栽培。

用途 根可药用，海南民间有用作治肚痛。

含油率及化学组分数据

采集单位	测试单位	测试部位	产地	含油率(%)	碘值	酸值	皂化值	C12:0	C14:0	C16:0	C16:1	C18:0	C18:1	C18:2	C18:3	C20:0	C20:1
GXIB	SCBG	种仁	广西靖西	36.22	86.56	8.55	195.79	0.009	0.05	17.56	0.22	3.67	59.85	17.09	0.29	0.85	0.42

黄花夹竹桃（黄花状元竹、酒杯花、柳木子）

Thevetia peruviana (Pers.) K. Schum. [*Cascabela thevetia* (L.) Lippold]

夹竹桃科，黄花夹竹桃属

特征 乔木，高达5 m，全株无毛；树皮棕褐色，皮孔明显；多枝柔软，小枝下垂；全株具丰富乳汁。叶互生，近革质，无柄，线形或线状披针形，两端长尖，长10~15 cm，宽5~12 mm，光亮，全缘，边稍背卷；中脉在叶面下陷，在叶背凸起，侧脉两面不明显。花大，黄色，具香味，顶生聚伞花序，长5~9 cm；花梗长2~4 cm；花萼绿色，5裂、裂片三角形，长5~9 mm，宽1.5~3 mm；花冠漏斗状，花冠筒喉部具5个被毛的鳞片，花冠裂片向左覆盖，比花冠筒长；雄蕊着生于花冠筒的喉部，花丝丝状；子房无毛，2裂，胚珠每室2颗，柱头圆形，端部2裂。核果扁三角状球形，直径2.5~4 cm，内果皮木质，生时绿色而亮，干时黑色；种子2~4颗。花期5~12月；果期8月至翌年春季。

分布 云南：保山市坝湾乡，24°57′24″N，98°50′34″E，983 m，2009-11-26，王智、隋学艺、黄巧琴400221160。海南：乐东县尖峰岭树木园，18°43′15″N，108°52′54″E，2011-12-11，秦新生4001161253。浙江：清凉峰，30°06′16″N，118°52′25″E，2010-10-15，曾庆文等400112252。生长于干热地区，路旁、池边、山坡疏林下。原产于南美洲。我国广东、广西、福建、台湾和云南等地均有栽培；有时野生。

栽培 喜温暖、湿润、阳光充足之环境，土壤较湿润而肥沃的地方生长较好；耐旱力强，亦稍耐轻霜。播种繁殖，随采随播，发芽后要施薄肥，以促进生长；摘心以促进分枝，次年即可定植。老株可从10~15 cm处刈割。

用途 黄绿叶片青如垂柳。适合丛植或列植观赏，但乳汁有剧毒，修剪时宜小心。

含油率及化学组分数据

采集单位	测试单位	测试部位	产地	含油率(%)	碘值	酸值	皂化值	C12:0	C14:0	C16:0	C16:1	C18:0	C18:1	C18:2	C18:3	C20:0	C20:1
KMIB	KMIB	种仁	云南保山	40.00	78.08	11.95	194.20			29.63		6.39	42.94	21.04			
SCBG	SCAU	种仁	海南乐东	22.31	101.82	9.10	154.36		0.11				46.07	65.39	38.18	0.16	
SCBG	SCBG	种仁	浙江清凉峰	66.21	80.14	1.14	196.36	0.02	0.07	21.62	0.18	4.62	48.31	23.20		1.72	0.26

华萝藦(萝藦藤、奶浆藤、奶浆草)

Metaplexis hemsleyana Oliv.

萝藦科，萝藦属

特征 多年生草质藤本，长5 m，具乳汁；枝条具单列短柔毛，节上更密，直径3 mm。叶膜质，卵状心形，长5~11 cm，宽2.5~10 cm，顶端急尖，基部心形，叶耳圆形，长1~3 cm，展开，两面无毛，或叶背中脉上被微毛，老时脱落，叶面深绿色，叶背粉绿色；侧脉每边约5条，斜曲上升，叶缘前网结。总状式聚伞花序腋生，一至三歧，着花6~16朵；总花梗长4~6 cm，被疏柔毛；花梗长5~10 mm，被疏柔毛；花白色，芳香，长5 mm，直径9~12 mm；花药近方形，顶端具圆形膜片。蓇葖叉生，长圆形，长7~8 cm，直径2 cm，外果皮粗糙被微毛；种子宽长圆形，长6 mm，宽4 mm，有膜质边缘，顶端具白色绢质种毛；种毛长3 cm。花期7~9月；果期9~12月。

分布 四川：成都彭州白鹭，31°12′14″N，103°54′20″E，938 m，2011-10-24，邓星光、吴阳晨等40021111116。生长于山地林谷、路旁或山脚湿润地灌木丛中。分布于广西、江西、湖南、湖北、四川、贵州、云南和陕西等地。

栽培 播种或扦插繁殖。

用途 全株供药用，有补肾强壮作用，可治肾亏遗精、乳汁不足、脱力劳伤等。

含油率及化学组分数据

采集单位	测试单位	测试部位	产地	含油率(%)	碘值	酸值	皂化值	C12:0	C14:0	C16:0	C16:1	C18:0	C18:1	C18:2	C18:3	C20:0	C20:1
SICAU	SICAU	种仁	四川成都	24.61		64.41		2.29		11.89	2.42	2.87	45.51	33.27	0.52	0.86	0.37

杠柳（北五加皮、羊奶子、山五加皮）

Periploca sepium Bunge

萝藦科，杠柳属

特征　落叶蔓性灌木，长可达1.5 m。主根圆柱状，外皮灰棕色，内皮浅黄色。具乳汁，除花外，全株无毛；茎皮灰褐色；小枝通常对生，有细条纹，具皮孔。叶卵状长圆形，长5~9 cm，宽1.5~2.5 cm，顶端渐尖，基部楔形，叶面深绿色，叶背淡绿色；中脉在叶面扁平，在叶背微凸起，侧脉纤细，两面扁平。聚伞花序腋生，着花数朵；花序梗和花梗柔弱；花萼裂片卵圆形，长3 mm，宽2 mm，顶端钝；花冠紫红色，辐状，裂片长圆状披针形；雄蕊着生在副花冠内面，并与其合生，花药彼此粘连并包围着柱头，背面被长柔毛。蓇葖2，圆柱状，长7~12 cm，直径约5 mm，无毛，具有纵条纹；种子长圆形，长约7 mm，宽约1 mm，黑褐色，顶端具白色绢质种毛。花期5~6月；果期7~9月。

分布　河北：阜平，37°34′02″N，114°19′12″E，526 m，2011-10-10，徐兴友、韩宝强400313107。生于平原及低山丘的林缘、沟坡、河边沙质地或地埂等处。除了海南、广东、广西和台湾外整个中国均有分布。

栽培　喜温暖湿润气候，耐干旱、耐瘠薄。一般采用播种育苗。采种时间10月份最佳，此时果皮不开裂，种子也较干。将采集的果荚去掉荚皮和种毛后放干燥处保存。播种期5月中、上旬为宜，可垅作也可床播，种子不需处理，覆上深度1~2 cm，风沙干旱区适当深些。播种最好在雨后及时进行，以保证出苗率。每平方米留苗10株左右。当年苗高达80~100 cm。

用途　我国北方都以杠柳的根皮，称“北五加皮”，浸酒，功用与五加皮略似，但有毒，不宜过量和久服，以免中毒。

含油率及化学组分数据

采集单位	测试单位	测试部位	产地	含油率(%)	碘值	酸值	皂化值	C12:0	C14:0	C16:0	C16:1	C18:0	C18:1	C18:2	C18:3	C20:0	C20:1
HNUST	ICS	种子	河北阜平	15.33	140.31	15.72	161.78			8.31	0.24	3.63	11.01	70.68	1.70	0.28	

香楠

Aidia canthioides (Champ. ex Benth.) Masam.

茜草科，茜树属

特征　灌木或乔木，高1~12 m。托叶阔三角形，长3~8 mm，顶端短或长尖，脱落；叶柄长5~18 mm；叶片薄革质，对生，长圆状椭圆形或披针形，长4.5~18.5 cm，宽2~8 cm，有时短尖，基部阔楔形，顶端渐尖至尾状渐尖，两面无毛。聚伞花序腋生，长2~3 cm，宽3~5 cm，由多数小花紧缩成伞形花序状；总花梗近无；苞片和小苞片卵形，基部合生成一小杯状体；花梗柔弱，长5~16 mm；花萼管状，陀螺形，长4~6 mm，宽约4 mm，顶端5裂，裂片三角形，顶端尖；花冠高脚碟形，白色或黄白色，外面无毛，喉部被长柔毛，冠管圆筒形，长8~10 mm，宽约2.5 mm，花冠裂片5，长圆形，长4~7 mm，顶端短尖。浆果球形，直径5~8 mm，顶端有环状的萼檐残迹，种子6~7颗，压扁，有棱。花期4~6月；果期5~翌年2月。

分布　福建：武夷山星村桐木村，27°43′36″N，117°42′53″E，579 m，2012-11-17，易绮斐、李玉玲、宁阳阳400119251。贵州：江口县太平镇，27°44′19″N，108°53′5″E，2011-11-17，张九兵、朱明德400181355。生于海拔50~1500 m的山坡、山谷溪边、丘陵的灌丛中或林中。产于海南、广东、香港、广西、福建、台湾、云南。日本和越南也有其分布。

栽培　喜湿润环境。播种繁殖。浆果采集后需及时播种。

用途　叶大繁茂，可作行道树。

含油率及化学组分数据

采集单位	测试单位	测试部位	产地	含油率(%)	碘值	酸值	皂化值	C12:0	C14:0	C16:0	C16:1	C18:0	C18:1	C18:2	C18:3	C20:0	C20:1
SCBG	SCBG	种仁	福建武夷山	20.60	100.99	11.68	215.16										
HUCT	HUCT	种仁	贵州江口	17.92	28.96	3.88	222.03		0.10	6.66	0.15	1.85	25.64	64.79	0.26	0.22	0.34

茜树（山黄皮）

Aidia cochinchinensis Lour.

茜草科，茜树属

特征 无刺灌木或乔木，高2~15 m；枝无毛。托叶披针形，无毛，顶端长尖，长6~10 mm，脱落；叶柄长5~18 mm；叶片革质，对生，长椭圆形，长6~21.5 cm，宽1.5~8 cm，基部楔形，顶端渐尖至尾状渐尖，有时短尖，两面无毛，上面稍光亮；侧脉5~10对。聚伞花序与叶对生或生于无叶的节上，多花，长2~7 cm，宽5~10 cm。苞片和小苞片披针形，长约2 mm。花梗长可达7 mm；花萼管杯形，长3.5~4 mm，檐部扩大，顶端4裂，稀5裂，裂片三角形，长1~1.5 mm；花冠黄色或白色，有时红色，喉部密被淡黄色长柔毛，冠管长3~4 mm，花冠裂片4，稀5，长圆形，顶端短尖，长6~10 mm，开放时反折；花药线状披针形；花柱长约7 mm，柱头纺锤形。浆果球形，直径5~6 mm，紫黑色；种子多数。花期3~6月；果期5月至翌年2月。

分布 海南：三亚田独亚龙湾，18°15′34″N，109°36′37″E，49 m，2009-10-03，邢福武40011230。广东：乳源县五指山南岭龙溪，24°52′06″N，113°07′03″E，301 m，2012-01-08，王发国、杨国、宋贤利400113105；东莞市谢岗乡银瓶山仙水道，23°2′43″N，113°45′33″E，2012-11-02，邢福武、叶心芬、宁阳阳400113142。福建：古田县双车镇下车，26°29′20″N，119°14′02″E，2010-10-29，刘东明、梁耀400112181。生于海拔50~2400 m的丘陵、山坡、山谷溪边的灌丛或林中。产于海南、广东、广西、湖南、江西、福建、台湾、浙江、江苏、湖北、四川、贵州、云南。日本南部、亚洲南部和东南部至大洋洲也有其分布。

栽培 喜高温湿润气候。播种、扦插或高压繁殖，幼苗期间注意防冻、遮阴。

用途 可作庭园园景树、庭阴树和风景林树种。木材紧密细致，可为小木器加工之用。

含油率及化学组分数据

采集单位	测试单位	测试部位	产地	含油率(%)	碘值	酸值	皂化值	C12:0	C14:0	C16:0	C16:1	C18:0	C18:1	C18:2	C18:3	C20:0	C20:1
SCBG	SCBG	种仁	海南三亚	0.50	87.12	15.63	136.82		0.06	8.47	0.05	1.39	48.49	38.05	0.35	0.58	2.57
SCBG	SCBG	种仁	广东乳源	2.32		10.17	200.26		0.10	55.10	0.58	3.34	67.33	52.33	6.01	0.39	0.21
SCBG	SCBG	种仁	广东东莞	16.70	97.24		183.51	0.003	0.67	5.91	0.62	2.93	24.60	51.63	0.39		0.18
SCBG	SCBG	种仁	福建古田	20.83	97.24	5.62	108.57		0.04	7.87	0.56	1.83	21.98			0.40	0.21

多毛茜草树

Aidia pycnantha (Drake) Tirveng.

茜草科，茜树属

特征 无刺灌木或乔木，高2~12 m；嫩枝、叶下面和花序被锈色柔毛。托叶披针形，长8~12 mm，顶端长尖；叶柄长5~15 mm；叶革质或纸质，对生，长圆状披针形，长8~27.5 cm，宽2~10 cm，基部楔形，两侧有时稍不对称，顶端渐尖，上面无毛，稍光亮。聚伞花序与叶对生，多花，长4~6 cm，宽5~12 cm；苞片和小苞片线状披针形；花梗长1.5~4 mm；花萼被锈色柔毛，萼管杯形，长4~5 mm，檐部稍扩大，顶端5裂，裂片三角形，顶端尖，长1~2 mm；花冠白色或淡黄色，高脚碟形，冠管长约4 mm，喉部密被长柔毛，花冠裂片5，长圆状倒披针形，长7~9 mm，宽2~2.5 mm，开放时反折；花药线状披针形；柱头纺锤形，有浅槽纹。浆果球形，直径6~8 mm，顶部有环状的萼檐残迹。花期3~9月；果期4~12月。

分布 海南：乐东万冲，18°51′43″N，109°16′25″E，2009-08-27，郑希龙、潘雅书40011448。生于海拔20~1000 m的旷野、丘陵、山坡、山谷溪边林中或灌丛中。产于海南、广东、香港、广西、福建、云南。越南也有其分布。

栽培 喜高温湿润气候、喜光、耐半阴、不耐寒、不耐旱，要求酸性土或中性土，野外生于旷野、丘陵溪边林内或灌丛中。播种、扦插或高压繁殖，幼苗期间注意防冻。

用途 可栽培观赏。

含油率及化学组分数据

采集单位	测试单位	测试部位	产地	含油率(%)	碘值	酸值	皂化值	C12:0	C14:0	C16:0	C16:1	C18:0	C18:1	C18:2	C18:3	C20:0	C20:1
SCBG	SCBG	种仁	海南乐东	37.10	66.21	21.16	210.30										

毛茶

Antirhea chinensis (Champ. ex Benth.) Benth. et Hook. f. ex F. B. Forbes et Hemsl.

茜草科，毛茶属

特征 直立灌木，高1-2 m；小枝有明显的皮孔和叶痕；幼嫩时被平压的柔毛。托叶三角形，上部渐尖，长约4 mm，被绢毛，迟落；叶柄长4~10 mm；叶纸质，长圆形或长圆状披针形，长3~9 cm，宽1~3 cm，顶端长尖，基部楔形，边全缘，略背卷；侧脉每边4~6条。聚伞花序腋生，有花多朵；总花梗长1~3 cm；小苞片线形，长约2 mm；花萼长不超过2 mm，密被紧贴短柔毛，管极短，萼檐略扩大，4（~5）裂，裂片线形或披针形，长0. 5~1. 5 mm，不等大；花冠外面密被灰色紧贴绢毛，顶部4裂，裂片卵圆形，长约2 mm，广展，顶端钝；柱头2裂。核果长圆形或近椭圆形，具棱，长5~7 mm，直径3~4 mm，2~5室，常4室，被稀疏短柔毛，顶部冠以宿存的萼檐，基部有不脱落的苞片；种子圆柱形，细长。花期4月；果期秋冬季。

分布 广东：东莞市谢岗乡银瓶山仙水道，23°2′53″N，113°46′18″E，2012-11-02，邢福武、叶心芬、宁阳阳400113149。生于林下或灌木丛中。产于广东、海南及香港。

栽培 播种繁殖。

用途 药用；园林绿化。

含油率及化学组分数据

采集单位	测试单位	测试部位	产地	含油率(%)	碘值	酸值	皂化值	C12:0	C14:0	C16:0	C16:1	C18:0	C18:1	C18:2	C18:3	C20:0	C20:1
SCBG	SCBG	种仁	广东东莞	23. 54		65. 02	248. 00	0. 003	0. 06	30. 51	0. 77	4. 99	9. 53	44. 34	0. 51	0. 97	0. 15

簕茜（鸡爪簕）

Benkara sinensis (Lour.) Ridsdale [*Oxyceros sinensis* Lour.]

茜草科，簕茜属

特征 有刺灌木或小乔木，多分枝，高1~7 m；枝粗壮，灰白色；刺腋生，成对或单生，劲直或稍弯，长4~15 mm。托叶三角形，顶端长尖，被柔毛，长3~5 mm，脱落；叶柄长5~15 mm，有黄褐色短硬毛或变无毛；叶对生，纸质，长圆形，长2~21 cm，宽1. 5~9. 5 cm，基部楔形，顶端短渐尖。聚伞花序顶生或生于上部叶腋，多花而稠密，呈伞形状，长2. 5~4 cm，宽3~4. 5 cm；总花梗极短；花梗近无；花萼管杯形，长4~6 mm，宽3~4 mm，檐部稍扩大，顶端5裂，裂片三角形，长1~4 mm，顶端尖；花冠白色或黄色，高脚碟状，冠管细长，长12~24 mm，宽1~4 mm，喉部被柔毛，花冠裂片5，长圆形，长5~9 mm，宽约4 mm，开放时反折；雄蕊5枚，花丝极短，花药伸出，线状长圆形，长4~5. 5 mm；花柱长12~18 mm，柱头纺锤形，长3~5. 5 mm，顶端短2裂。浆果球形，直径8~12 mm，黑色，顶部有环状的萼檐残迹，常多个聚生成球状。花期3~12月；果期5~翌年2月。

分布 海南：东方东河，18°54′43″N，109°02′58″E，2009-08-22，郑希龙、潘雅书40011442。生于海拔20~1200 m处的旷野、丘陵、山地的林中、林缘或灌丛。产于海南、广东、香港、广西、福建、台湾、云南。越南、日本也有分布。

栽培 播种或扦插繁殖。

用途 荒山绿化。

含油率及化学组分数据

采集单位	测试单位	测试部位	产地	含油率(%)	碘值	酸值	皂化值	C12:0	C14:0	C16:0	C16:1	C18:0	C18:1	C18:2	C18:3	C20:0	C20:1
SCBG	SCBG	种仁	海南东方	21. 65	103. 96	8. 81	189. 20										

猪肚木

Canthium horridum Blume

茜草科，鱼骨木属

特征 灌木，高2~3 m，具刺；小枝纤细，圆柱形，被伏贴土黄色柔毛；刺长3~30 mm，对生，劲直，锐尖。托叶长2~3 mm，被毛；叶柄短，长2~3 mm，略被柔毛；叶纸质，长卵形，长2~5 cm，宽1~2 cm，基部圆或阔楔形，顶端钝、急尖或近渐尖。花小，具短梗或无花梗，单生或数朵簇生于叶腋内；小苞片杯形，生于花梗顶部；萼管倒圆锥形，长1~1. 5 mm，萼檐顶部有不明显波状小齿；花冠白色，近瓮形，冠管短，长约2 mm，外面无毛，喉部有倒生髯毛，顶部5裂，裂片长圆形，长约3 mm，顶端锐尖。核果卵形，单生或孪生，长15~25 mm，直径10~20 mm，顶部有微小宿存萼檐，内有小核1~2个；小核具不明显小瘤状体。花期4~6月；果期7~11月。

分布 海南：文昌市龙楼镇铜鼓岭，19°40′32″N，111°01′44″E，2009-08-01，邢福武、戴建阅、翟俊文、郑希龙40011115。云南：金平县国家自然保护区老乌寨后山，22°41′33″N，102°54′45″E，1032 m，2012-01-08，刘恩乾400222215。生于低海拔的灌丛。产于海南、广东、香港、广西、云南。印度、中南半岛、马来西亚、印度尼西亚、菲律宾也有其分布。

栽培 播种或扦插繁殖。

用途 木材适作雕刻；成熟果实可食；根可作利尿药用。

含油率及化学组分数据

采集单位	测试单位	测试部位	产地	含油率(%)	碘值	酸值	皂化值	C12:0	C14:0	C16:0	C16:1	C18:0	C18:1	C18:2	C18:3	C20:0	C20:1
SCBG	SCBG	种仁	海南文昌	26. 40	112. 77	3. 00		0. 01	0. 19	9. 82	0. 09	2. 78	12. 05	40. 87	33. 05	0. 89	0. 24
KMIB	KMIB	种仁	云南金平	19. 52													

山石榴

Catunaregam spinosa (Thunb.) Tirveng.

茜草科，山石榴属

特征 有刺灌木或小乔木，高1~10 m，有时攀缘状；多分枝，枝粗壮，嫩枝有时有疏毛；刺腋生，对生，粗壮，长1~5 cm。托叶膜质，卵形，顶端尖，长3~4 mm，脱落；叶片近革质，对生或簇生于短枝上，长圆状倒卵形，长1. 8~11. 5 cm，宽1~5. 7 cm，基部楔形或下延，顶端钝或短尖。花单生或2~3朵簇生于短枝的顶部；花梗长2~5 mm，被棕褐色长柔毛；萼管钟形，长3. 5~7 mm，宽4~5. 5 mm，顶端5裂，裂片广椭圆形，顶端尖，具3脉；花冠初时白色，后变为淡黄色，钟状，冠管较阔，长约5 mm，喉部有疏长柔毛，花冠裂片5，卵形，长6~10 mm，宽约5. 5 mm，广展，顶端圆；花药线状长圆形；柱头纺锤形，顶端线2裂。浆果大，球形，直径2~4 cm，具宿存萼裂片；种子多数。花期3~6月；果期5~翌年1月。

分布 广西：凭祥县大青山林场，22°06′38″N，116°48′36″E，2012-01-13，刘东明、潘雅书、王美娜4001122281；靖西县武平乡安本村，23°4′9″N，106°35′57″E，734 m，2010-11-21，吴磊、黄俞淞、朱运喜4001101150。产于海南、广东、香港、澳门、广西、台湾、云南。生于海拔30~1600 m处的旷野、丘陵、山坡、山谷沟边的林中或灌丛中。印度尼西亚、马来西亚、越南、老挝、柬埔寨、泰国、缅甸、孟加拉国、尼泊尔、印度、巴基斯坦、斯里兰卡、非洲东部热带地区也有分布。

栽培 播种或扦插繁殖。

用途 木材致密坚硬，可作为农具、手杖及雕刻之用。根、叶作药用；根利尿、驳骨、祛风湿，治跌打腹痛；叶可止血。果亦作药用，在印度用作治疗脓肿、溃疡、肿瘤、皮肤病、痔疮、发疹、风湿、支气管炎等症。亦有栽植作绿篱。

含油率及化学组分数据

采集单位	测试单位	测试部位	产地	含油率(%)	碘值	酸值	皂化值	C12:0	C14:0	C16:0	C16:1	C18:0	C18:1	C18:2	C18:3	C20:0	C20:1
SCBG	SCBG	种仁	广西凭祥	11. 89	118. 50		277. 10		0. 10	5. 47		0. 32	48. 90		20. 65	0. 11	0. 43
GXIB	SCBG	种仁	广西靖西	20. 42	73. 75	22. 62	169. 74	0. 66	4. 61	6. 40	0. 22	1. 84	25. 66	43. 25	1. 28	0. 36	0. 21

风箱树（木本水杨梅）

Cephalanthus tetrandrus (Roxb.) Ridsdale et Bakh. f.

茜草科，风箱树属

特征　落叶灌木或小乔木，高1~5 m；嫩枝近四棱柱形，被短柔毛，老枝圆柱形，褐色，无毛。叶对生或轮生，近革质，卵状披针形，长10~15 cm，宽3~5 cm，基部圆形至近心形，顶端短尖，上面无毛至疏被短柔毛，下面无毛或密被柔毛；侧脉8~12对，脉腋常有毛窝；叶柄长5~10 mm，被毛或近无毛；托叶阔卵形，长3~5 mm，顶部骤尖，常有一黑色腺体。头状花序不计花冠直径8~12 mm，顶生或腋生，总花梗长2.5~6 cm，不分枝或有2~3分枝，有毛；小苞片棒形至棒状匙形；花萼管长2~3 mm，疏被短柔毛，基部常有柔毛，萼裂片4，顶端钝，密被短柔毛，边缘裂口处常有黑色腺体1枚；花冠白色，花冠管长7~12 mm，外面无毛，内面有短柔毛，花冠裂片长圆形，裂口处通常有1枚黑色腺体；柱头棒形，伸出于花冠外。果序直径10~20 mm；坚果长4~6 mm，顶部有宿存萼檐；种子褐色，具翅状苍白色假种皮。花期春末夏初；果期秋季。

分布　广东：阳山县秤架乡十八湾，24°51′35″N，112°52′28″E，2010-10-27，王发国400113089。广西：龙胜县和平乡金江村，25°39′26″N，110°52′19″E，438 m，2012-10-15，廖云标4001101298。浙江：杭州植物园，30°15′25″N，120°07′22″E，2010-10-15，曾庆文、谢聪、孟玉芳40011924。生于略荫蔽的水沟旁或溪畔。产于海南、广东、广西、湖南、江西、福建、台湾、浙江。印度、孟加拉国、缅甸、泰国、老挝和越南也有分布。

栽培　播种繁殖。

用途　木材作担杆和农具；根和花序药用，有清热利湿、收敛止泻、祛痰止咳之效。又可栽培作护堤植物。

含油率及化学组分数据

采集单位	测试单位	测试部位	产地	含油率(%)	碘值	酸值	皂化值	C12:0	C14:0	C16:0	C16:1	C18:0	C18:1	C18:2	C18:3	C20:0	C20:1
SCBG	SCBG	种仁	广东阳山	26.30	14.70	6.23	250.92	0.01	0.03	8.29		1.66	26.67	55.16	0.12	0.12	0.34
GXIB	SCBG	种仁	广西龙胜	26.12		2.82	157.40		0.06	5.26		2.02	14.86	54.64	17.30	1.08	0.31
SCBG	SCBG	种仁	浙江杭州	12.38	26.56	15.63	184.95		0.02	20.45		1.27	21.36	43.15	10.24	0.45	0.40

弯管花

Chassalia curviflora (Wall.) Thwaites

茜草科，弯管花属

特征　直立小灌木，高1~2 m，通常全株被毛。叶膜质，长圆状椭圆形或倒披针形，长10~20 cm，宽2.5~7 cm，基部楔形，边全缘，顶端渐尖或长渐尖，干时黄绿色；侧脉每边8~10条，纤细；叶柄长1~4 cm，无毛；托叶宿存，阔卵形或三角形，长4~4.5 mm，短尖或钝，全缘或浅2裂，基部短合生。聚伞花序多花，顶生，长3~7 cm，总轴和分枝稍压扁，带紫红色；苞片小，披针形；花近无梗，三型：花药伸出而柱头内藏，柱头伸出而花药内藏，或柱头和花药均伸出；萼倒卵形，长1~1.5 mm，檐部5浅裂，裂片长不及0.5 mm，短尖；花冠管弯曲，长10~15 mm，内外均有毛，裂片4~5，卵状三角形，长约2 mm，顶部肿胀，具浅沟。核果扁球形，长6~7 mm，平滑或分核间有浅槽。花期4~6月；果期4~翌年1月。

分布　海南：东方东河，18°54′47″N，109°02′58″E，2009-08-22，郑希龙、潘雅书40011443。生于低海拔林中湿地上。产于海南、广东、广西、云南、西藏。中南半岛、印度、不丹、斯里兰卡、孟加拉国、马来西亚、加里曼丹等地也有其分布。

栽培　喜温暖湿润。繁殖用扦插、压条、播种繁殖。忌寒冷。

用途　可栽培观赏。

含油率及化学组分数据

采集单位	测试单位	测试部位	产地	含油率(%)	碘值	酸值	皂化值	C12:0	C14:0	C16:0	C16:1	C18:0	C18:1	C18:2	C18:3	C20:0	C20:1
SCBG	SCBG	种仁	海南东方	20.15	79.02	26.37	348.53										

四川虎刺

Damnacanthus officinarum C. C. Huang

茜草科，虎刺属

特征 无刺灌木，高1~2.5 m，具链珠状肉质根。嫩枝略扁，后变圆柱状，无毛。托叶三角形，早落；叶片革质，上部叶常呈长圆形，下部叶常线形，两面无毛，基部楔形，边全缘、反卷，顶端渐尖。花通常1对，着生于叶腋和顶部叶腋的总梗上，有时可因其中1朵脱落而成单朵腋生或有时数花两俩成对排成短的聚伞花序；苞片小，鳞片状；花梗长约2 mm；花萼杯状，长2~3 mm，顶波状，具阔三角形、短尖裂片4，或截平，具短尖细齿4；花冠（未盛开）淡绿色，长10~12 mm，外面无毛，内面喉部密被柔毛，檐部4裂；雄蕊4，着生于冠管中部，花药长圆形，长约2.2 mm，背着，花丝长约3 mm；子房4室，花柱内藏，顶部具裂条4。核果红色，近球形，径约6~7 mm。花期冬季至翌春，果熟期10~12月。

分布 贵州：印江县合水镇两河口村，27°46′4″N，108°44′33″E，2011-11-18，张九兵、朱明德400181364。生于山地和丘陵的疏、密林下和石岩灌丛中。产于广东、广西、湖南、江西、福建、台湾、浙江、江苏、安徽、湖北、四川、贵州、云南、西藏等地。印度北部和日本也有分布。

栽培 播种繁殖。

用途 本种常被引种作庭园观赏，其根肉质，药用有祛风利湿、活血止痛之功效。

含油率及化学组分数据

采集单位	测试单位	测试部位	产地	含油率(%)	碘值	酸值	皂化值	C12:0	C14:0	C16:0	C16:1	C18:0	C18:1	C18:2	C18:3	C20:0	C20:1
HUCT	HUCT	种仁	贵州印江	20.15	14.02	8.54	191.51		0.05	6.61	0.16	2.35	8.20	20.95	48.08	2.18	11.43

狗骨柴

Diplospora dubia (Lindl.) Masam.

茜草科，狗骨柴属

特征 灌木或乔木，高1~12 m。托叶长5~8 mm，下部合生，顶端钻形，内面有白色柔毛；叶柄长4~15 mm；叶片革质，卵状长圆形，长4~19.5 cm，宽1.5~8 cm，基部楔形，全缘而常稍背卷，有时两侧稍偏斜，顶端短尖，两面无毛，干时常呈黄绿色而稍有光泽。花腋生密集成束或组成具总花梗、稠密的聚伞花序；总花梗短，有短柔毛；花梗长约3 mm，有短柔毛；萼管长约1 mm，萼檐稍扩大，顶部4裂，有短柔毛；花冠白色或黄色，冠管长约3 mm，花冠裂片长圆形，约与冠管等长，向外反卷；雄蕊4枚，花丝长2~4 mm，与花药近等长；花柱长约3 mm，柱头2分支，线形，长约1 mm。浆果近球形，直径4~9 mm，有疏短柔毛或无毛，成熟时红色，顶部有萼檐残迹；果柄纤细，有短柔毛，长3~8 mm；种子4~8颗，近卵形，暗红色，直径3~4 mm，长5~6 mm。花期4~8月；果期5~翌年2月。

分布 广东：广州市白云山风景区，23°9′24″N，113°16′11″E，58 m，2009-11-11，易绮斐、陈林、曾凤400119030；英德县石门台，24°26′02″N，113°18′36″E，2009-12-02，刘东明、饶显龙40011272；英德县石门台保护区横石塘保护站，24°26′01″N，113°18′34″E，2010-11-11，易绮斐、陈林、刘清泉400119126；东莞市大岭山镇，23°02′35″N，113°45′48″E，2011-10-26，易绮斐、付琳、宋贤利、杨晓丽400119140；从化大岭山石灶天池，23°59′45″N，117°12′50″E，2010-11-02，刘东明、梁耀、孟玉芳、付琳400112199。湖南：城步县丹口镇桃林村，26°14′3″N，110°14′59″E，622 m，2009-11-26，黄玉滢、张兵400181133。浙江：鄞县天童山，29°48′32″N，121°46′40″E，410 m，2010-11-12，葛斌杰、胡超、熊申展4001171100；鄞县天童山，29°48′21″N，121°47′11″E，291 m，2009-11-04，田怀珍、王双4001171029；清凉峰，23°59′45″N，117°12′50″E，2010-10-15，曾庆文等400112199。生于海拔40~1500 m的山坡、山谷沟边、丘陵、旷野的林中或灌丛中。产于海南、广东、香港、广西、湖南、江西、福建、台湾、浙江、江苏、安徽、四川、云南。日本、越南也有其分布。

栽培 播种繁殖。

用途 木材致密强韧，加工容易，可为器具及雕刻细工用材。

含油率及化学组分数据

采集单位	测试单位	测试部位	产地	含油率(%)	碘值	酸值	皂化值	C12:0	C14:0	C16:0	C16:1	C18:0	C18:1	C18:2	C18:3	C20:0	C20:1
SCBG	SCBG	种仁	广东广州	20.16	112.01	6.05	185.52										
SCBG	SCBG	种仁	广东英德	6.15	105.85	3.86	148.07	1.89		1.76	0.85	4.39	24.45			0.21	
SCBG	SCBG	种仁	广东英德	10.35	19.06	0.88	161.28			11.36	0.09	1.03	20.80	15.49	2.15	1.51	0.11
SCBG	SCBG	种仁	广东东莞	19.45	194.38	13.89		0.01	0.16		0.32	56.91	21.07	29.74	1.51	0.25	0.19
SCBG	SCBG	种仁	广东从化	20.45	96.79	13.65	165.39	0.93	0.10	46.20	0.03		58.77			2.74	0.58
HUCT	HUCT	种仁	湖南城步	29.60	6.75	9.33	187.96		0.03	8.30		2.98	9.05	30.15	48.65	0.11	0.72
ECNU	SCBG	种仁	浙江鄞县	6.47	55.64	14.74	208.71	0.42	10.01	17.84	0.42	3.43	35.16	18.87	5.73	0.85	1.55
ECNU	SCBG	种仁	浙江鄞县	8.10	14.67	12.43	162.53	0.18	0.75	12.87	0.94	1.86	21.40	51.33	1.48	0.43	0.16
SCBG	SCBG	种仁	浙江清凉峰	12.44	140.99	25.22	195.37		0.17	22.81		4.81	35.62	33.91	0.61	1.1	0.97

香果树

Emmenopterys henryi Oliv.

茜草科，香果树属

特征　落叶大乔木，高达30 m，胸径达1 m；树皮灰褐色，鳞片状；小枝有皮孔，粗壮，扩展。托叶大，三角状卵形，早落；叶柄长2~8 cm；叶片革质，阔椭圆形，长6~30 cm，宽3. 5~14. 5 cm，顶端短尖或骤然渐尖，稀钝，基部短尖或阔楔形，全缘，上面无毛或疏被糙伏毛，下面较苍白，被柔毛或仅沿脉上被柔毛，或无毛而脉腋内常有簇毛。圆锥状聚伞花序顶生；花芳香，花梗长约4 mm；萼管长约4 mm，裂片近圆形，具缘毛，脱落，变态的叶状萼裂片白色、淡红色或淡黄色，纸质或革质，匙状卵形或广椭圆形，长1. 5~8 cm，宽1~6 cm，有纵平行脉数条，有长1~3 cm的柄；花冠漏斗形，白色或黄色，长2~3 cm，被黄白色绒毛，裂片近圆形，长约7 mm，宽约6 mm；花丝被绒毛。蒴果长圆状卵形或近纺锤形，长3~5 cm，径1~1. 5 cm，无毛或有短柔毛，有纵细棱；种子多数，小而有阔翅。花期6~8月；果期8~11月。

分布　湖南：桑植县蹇家坡乡，29°33′30″N，109°58′01″E，2010-10-22，张兵、谷志容400181198。生于海拔430~1630 m的山谷林中。产于广西、湖南、江西、福建、浙江、江苏、安徽、河南、湖北、四川、贵州、云南、甘肃、陕西。

栽培　喜温和、凉爽的气候和湿润肥沃的土壤。萌芽能力很强，播种繁殖容易，发芽率在90%以上。其根蘖能串生而形成“独木成林”的独特景观。

用途　树干高耸，花美丽，可作庭园观赏树。树皮纤维柔细，是制蜡纸及人造棉的原料。木材无边材和心材的明显区别，纹理直，结构细，供作家具和建筑用。耐涝，可作固堤植物。

含油率及化学组分数据

采集单位	测试单位	测试部位	产地	含油率(%)	碘值	酸值	皂化值	C12:0	C14:0	C16:0	C16:1	C18:0	C18:1	C18:2	C18:3	C20:0	C20:1
HUCT	HUCT	种仁	湖南桑植	30. 58	140. 47	9. 91	218. 25										

栀子

Gardenia jasminoides J. Ellis

茜草科，栀子属

特征　灌木，高0. 3~3 m；嫩枝常被短毛，枝圆柱形，灰色。托叶膜质；叶柄长0. 2~1 cm；叶对生，革质，少为3枚轮生，叶形多样，通常为长圆状披针形，长3~25 cm，宽1. 5~8 cm，基部楔形或短尖，顶端渐尖，两面常无毛，上面亮绿，下面色较暗。花芳香，通常单朵生于枝顶，花梗长3~5 mm；萼管倒圆锥形或卵形，长8~25 mm，有纵棱，萼檐管形，膨大，顶部5~8裂，通常6裂，裂片披针形，结果时增长，宿存；花冠白色或乳黄色，高脚碟状，喉部有疏柔毛，冠管狭圆筒形，长3~5 cm，宽4~6 mm，顶部通常6裂，裂片广展，倒卵形，长1. 5~4 cm，宽0. 6~2. 8 cm；花丝极短，花药线形；花柱粗厚，长约4. 5 cm，柱头纺锤形。果卵形、近球形，黄色或橙红色，长1. 5~7 cm，直径1. 2~2 cm，有翅状纵棱5~9条，顶部的宿存萼片长达4 cm，宽达6 mm；种子多数，扁，近圆形而稍有棱角，长约3. 5 mm，宽约3 mm。花期3~7月；果期5月至翌年2月。

分布　湖南：张家界喻家溪乡，29°33′25″N，109°57′30″E，2011-11-29，张九兵、朱明德400181385。浙江：临安市西天目山，30°15′6″N，119°28′42″E，191 m，2012-11-18，陈树钢、童毅4001122168。重庆：南川区三泉镇三泉木关岩，29°50′59″N，107°7′10″E，556 m，2009-11-23，刘正宇等400231132。云南：勐腊县勐仑，22°57′33″N，101°40′21″E，650 m，2010-09-27，李忠荣、李恩乾400222134。生于海拔10~1500 m处的旷野、丘陵、山谷、山坡、溪边的灌丛或林中。产于海南、广东、香港、广西、湖南、江西、福建、台湾、浙江、江苏、安徽、山东、湖北、四川、贵州和云南。日本、朝鲜、越南、老挝、柬埔寨、印度、尼泊尔、巴基斯坦、太平洋岛屿和美洲北部也有分布或栽培。

栽培　喜温暖、向阳、通风环境，要求肥沃、疏松、排水好的酸性土壤。繁殖用扦插、分株或播种繁殖。以扦插法为主，扦插适期以春季为最好，秋季也可。也可用堆土压条法取苗，适期为初春，其成活率最高，但数量有限。

用途　广植于庭园供观赏。干燥成熟果实是常用中药，其能清热利尿、泻火除烦、凉血解毒、散瘀。从成熟果实亦可提取栀子黄色素，可作染料应用和天然食品色素。花可提制芳香浸膏，用于多种花香型化妆品和香皂香精的调合剂。

含油率及化学组分数据

采集单位	测试单位	测试部位	产地	含油率(%)	碘值	酸值	皂化值	C12:0	C14:0	C16:0	C16:1	C18:0	C18:1	C18:2	C18:3	C20:0	C20:1
HUCT	HUCT	种仁	湖南张家界	10. 65	59. 48	10. 74	251. 95										
SCBG	SCBG	种仁	浙江临安	30. 40	71. 72	68. 34	187. 05			16. 96	1. 41	7. 73	25. 72	40. 17	3. 12	2. 15	2. 73
CIPP	SCBG	种仁	重庆南川	20. 65	73. 27	3. 30	357. 07		0. 12	16. 02		3. 27	39. 73	29. 85	0. 17	2. 42	0. 43
KMIB	KMIB	种仁	云南勐腊	15. 79	99. 30	4. 60	195. 50		0. 76	0. 31	15. 89	0. 34	2. 57	33. 07	43. 17	0. 95	
OFPC	SCBG	种子	广东广州	12. 90					0. 20	18. 60		4. 50	23. 10	53. 60		微量	

海南龙船花

Ixora hainanensis Merr.

茜草科，龙船花属

特征 灌木，高达3 m，除花冠喉部被疏毛外全部无毛。小枝初时稍压扁，有纵条纹，老时圆柱形。托叶卵形，长4~10 mm，顶端长渐尖；叶柄长3~6 mm；叶片对生，纸质，通常长圆形，长5~14 cm，宽2~5 cm，顶端微圆形，基部楔形，干后两面苍绿色，略具光泽。花序顶生，为三歧伞房式的聚伞花序，长达7 cm；总花梗稍扁，长约4 cm；花具香气，有长1~2 mm的花梗；苞片线状长圆形，长1. 5~3. 5 mm；小苞片与苞片同型，但较小；萼管长1. 3~1. 5 mm，萼檐4裂，裂片长卵形，与萼管等长或略短，顶端微钝；花冠白色，盛开时冠管长2. 5~3. 5 cm，喉部有疏毛，顶部4裂，裂片长圆形，长6~7 mm，顶端急尖；花丝短，长约1 mm，花药突出，线形，长3 mm；花柱长约4 cm，柱头初时彼此靠合，成熟时叉开。果球形，略扁，长约6 mm，直径6~8 mm，老时红色。花期5~12月；果期几乎全年。

分布 海南：东方东河，18°55′11″N，109°02′21″E，2009-08-22，郑希龙、潘雅书40011439。生于100~1100 m的密林中溪边的砂质土壤上。产于海南、广东。

栽培 喜阴湿温暖生境。扦插或高压法繁殖，于春秋两季进行，生长期间注意适当遮阴和保持充足的水分。

用途 为优良园林观赏花卉。

含油率及化学组分数据

采集单位	测试单位	测试部位	产地	含油率(%)	碘值	酸值	皂化值	C12:0	C14:0	C16:0	C16:1	C18:0	C18:1	C18:2	C18:3	C20:0	C20:1
SCBG	SCBG	种仁	海南东方	27. 14	77. 58	42. 89	192. 03										

日本粗叶木

Lasianthus japonicus Miq.

茜草科，粗叶木属

特征 灌木；枝和小枝无毛或嫩部被柔毛。叶近革质或纸质，披针状长圆形，基部短尖，顶端骤尖或骤然渐尖，上面无毛或近无毛，下面脉上被贴伏的硬毛；侧脉每边5~6条，小脉网状，罕近平行；叶柄长7~10 mm，被柔毛或近无毛；托叶小，被硬毛。花无梗，常2~3朵簇生在一腋生、很短的总梗上，有时无总梗；苞片小；萼钟状，长2~3 mm，被柔毛，萼齿三角形，短于萼管；花冠白色，管状漏斗形，长8~10 mm，外面无毛，里面被长柔毛，裂片5，近卵形。核果球形，径约5 mm，内含5个分核。花期4~5月；果期6~11月。

分布 贵州：江口太平镇，27°44′20″N，108°53′6″E，2011-11-17，张九兵、朱明德400181358。生于海拔300~1500 m处的林下，常见。产于广东、广西、湖南、江西、福建、浙江、江苏、湖北、四川、贵州和云南。日本也有其分布。

栽培 播种繁殖。

用途 园林绿化。

含油率及化学组分数据

采集单位	测试单位	测试部位	产地	含油率(%)	碘值	酸值	皂化值	C12:0	C14:0	C16:0	C16:1	C18:0	C18:1	C18:2	C18:3	C20:0	C20:1
HUCT	HUCT	种仁	贵州江口	26. 34	13. 83	12. 47	188. 22		0. 03	5. 47	0. 06	3. 54	19. 37	44. 23	25. 37	0. 86	1. 08

南岭鸡眼藤

Morinda nanlingensis Y. Z. Ruan

茜草科，巴戟天属

特征 藤本；嫩枝被短粗毛，老枝无毛，具棱，稍木质，紫蓝色。叶柄长3~5 mm，被粒状短粗毛；托叶筒状，膜质，紧贴茎，顶端近截平；叶片纸质，通常无小型叶，倒卵形，长7~12 cm，宽2~3. 5 cm，基部楔形，全缘，顶端渐尖。花7~10朵伞状排列于枝顶；花序梗长10~15 mm，被短柔毛；头状花序具花5~11朵；花4~5基数；花萼倒圆锥状，下部各花花萼彼此合生，上部环状，背面常具毛状苞片1枚，顶端截平，无齿；花冠钟形，厚，稍肉质，长约5 mm，外面被粒状毛，冠管长2 mm，壶状，檐部4~5裂，裂片近披针形，内面中部以下至喉部被髯毛；雄蕊4~5，着生于花冠裂片侧基部，花药长圆形；花柱长外伸，柱头长圆形，二裂，外反，或无花柱。聚花核果由4~8花发育而成，近球形，直径4~8 mm，熟时橙色至深红色；种子与分核同形，黑色，角质。花期6月；果熟期10月。

分布 广西：武鸣县两江镇大明山橄榄河，23°30′4″N，108°26′14″E，1214 m，2010-10-20，吴磊、杨金财4001101102。生于山谷、溪旁等山地疏林下或灌丛阴处。产于广东、广西、湖南、云南。

栽培 播种繁殖。

用途 绿化。

含油率及化学组分数据

采集单位	测试单位	测试部位	产地	含油率(%)	碘值	酸值	皂化值	C12:0	C14:0	C16:0	C16:1	C18:0	C18:1	C18:2	C18:3	C20:0	C20:1
GXIB	HUCT	种仁	广西武鸣	30. 89	16. 90	2. 89	277. 48	0. 21	0. 17	14. 40		9. 82	37. 34	15. 16	10. 10	0. 45	0. 45

鸡眼藤

Morinda parvifolia Bartl. ex DC.

茜草科，巴戟天属

特征 藤本。托叶筒状，干膜质，长2~4 mm，顶端截平，每侧常具刚毛状伸出物1~2；叶柄长3~8 mm，被短粗毛；叶形多变，具大、小二型叶，长圆形，基部楔形，边全缘，顶端急尖。头状花序近球形或稍呈圆锥状，罕呈柱状，直径5~8 mm，具花3~15朵；花序梗长0. 6~2. 5 cm，被短细毛，基部常具钻形总苞片1枚；花4~5基数，无花梗；花萼下部各花彼此合生，上部环状，顶截平，常具1~3针状或波状齿，有时无齿，背面常具毛状或钻状苞片1枚；花冠白色，长6~7 mm，管部长约2 mm，直径2~3 mm，略呈4~5棱形，棱处具裂缝，顶部稍收狭，内面无毛，檐部4~5裂，裂片长圆形，顶部向外隆出和向内钩状弯折，内面中部以下至喉部密被髯毛；花药长圆形；花柱外伸，柱头长圆形，二裂，外反，或无花柱，柱头圆锥状，二裂或不裂。聚花核果近球形，直径6~10 mm，熟时橙红至橘红色。花期4~6月；果期夏秋季。

分布 广东：惠州市南昆山花竹村知青场，23°37′25″N，113°55′42″E，712 m，2009-10-05，邢福武40011246。生于平原路旁、沟边等灌丛中或平卧于裸地上，丘陵地的灌丛中或疏林下亦常见。产于海南、广东、香港、广西、江西、福建、台湾等地区。菲律宾和越南也有其分布。

栽培 播种繁殖。

用途 全株药用，有清热利湿、化痰止咳等药效。

含油率及化学组分数据

采集单位	测试单位	测试部位	产地	含油率(%)	碘值	酸值	皂化值	C12:0	C14:0	C16:0	C16:1	C18:0	C18:1	C18:2	C18:3	C20:0	C20:1
SCBG	SCBG	种仁	广东惠州	34. 45	96. 64	5. 79	143. 47		0. 05	6. 61	0. 16	2. 35	8. 20	20. 95	48. 08	2. 18	11. 43

羊角藤

Morinda umbellata subsp. **obovata** Y. Z. Ruan

茜草科，巴戟天属

特征 藤本，有时呈披散灌木状。托叶筒状，干膜质，长4~6 mm，顶截平；叶柄长4~6 mm，常被不明显粒状疏毛；叶片革质，倒卵状披针形，长6~9 cm，宽2~3. 5 cm，基部渐狭，全缘，顶端渐尖，上面光亮。花序3~11伞状排列于枝顶；花序梗长4~11 mm，被微毛；头状花序直径6~10 mm，具花6~12朵；花4~5基数，无花梗；各花萼下部彼此合生，上部环状，顶端平，无齿；花冠白色，稍呈钟状，长约4 mm，檐部4~5裂，裂片长圆形，顶部向内钩状弯折，管部宽，长与径均约2 mm；雄蕊与花冠裂片同数，着生于裂片侧基部；无花柱，柱头圆锥状，常二裂，着生于子房顶或子房顶凹洞内。果序梗长5~13 mm；聚花核果由3~7花发育而成，成熟时红色，近球形或扁球形，直径7~12 mm。花期6~7月；果熟期10~11月。

分布 广东：从化市桃园镇石门国家森林公园，23°31′21″N，113°34′30″E，141 m，2009-11-05，易绮斐、林铎清、徐蕾400119013。湖南：江永县源口镇白倖村白沙源，24°56′28″N，111°0′30″E，888 m，2009-10-25，黄玉滢、周喜乐400181105；永顺县小溪茶园溪，28°46′11″N，109°13′58″E，341 m，2010-10-03，肖艳、徐亮400191135；浏阳县达浒镇金子坑，28°30′42″N，113°52′37″E，695 m，2010-11-06，张兵、谷志容400181238。浙江：鄞县天童山，29°48′15″N，121°47′15″E，170 m，2009-11-14，田怀珍、王双4001171023。生于海拔300~1200 m，攀缘于山地林下、溪旁、路旁等疏阴或密阴的灌木上。产于海南、广东、香港、广西、湖南、江西、福建、台湾、浙江、江苏、安徽等地。

栽培 播种或扦插繁殖。

用途 绿化。

含油率及化学组分数据

采集单位	测试单位	测试部位	产地	含油率(%)	碘值	酸值	皂化值	C12:0	C14:0	C16:0	C16:1	C18:0	C18:1	C18:2	C18:3	C20:0	C20:1
SCBG	SCBG	种仁	广东从化	15. 23	86. 64	28. 21			0. 10	6. 66	0. 15	1. 85	25. 64	64. 79	0. 26	0. 22	0. 34
HUCT	HUCT	种仁	湖南江永	21. 70	28. 36	6. 95	268. 85										
JSU	SCBG	种仁	湖南永顺	19. 28	119. 47	2. 44	192. 01		0. 06	6. 54	0. 10	9. 10	38. 03	34. 33	0. 20	11. 64	
HUCT	HUCT	种仁	湖南浏阳	20. 21	25. 39	13. 39	133. 52										
ECNU	SCBG	种仁	浙江鄞县	26. 87	125. 19	17. 42		38. 72	0. 85	7. 09	2. 52	0. 86	17. 00	3. 23	0. 37	0. 07	0. 07

楠藤（厚叶白纸扇）

Mussaenda erosa Champ. ex Benth.

茜草科，玉叶金花属

特征 攀缘灌木，高3 m。托叶长三角形，长约8 mm，无毛或有短硬毛，深2裂；叶柄长1~1. 5 cm；叶对生，纸质，长圆形，长6~12 cm，宽3. 5~5 cm，基部楔形，顶端短尖；伞房状多歧聚伞花序顶生，花序梗较长，花疏生；苞片线状披针形，长3~4 mm，几无毛；花梗短；花萼管椭圆形，长3~3. 5 mm，无毛，萼裂片线状披针形，长2~2. 5 mm，基部被稀疏的短硬毛；花叶阔椭圆形，长4~6 cm，宽3~4 cm，有纵脉5~7条，顶端圆或短尖，基部骤窄，柄长0. 9~1 cm，无毛；花冠橙黄色，花冠管外面有柔毛，喉部内面密被棒状毛，花冠裂片卵形，长约5 mm，宽与长近相等，顶端锐尖，内面有黄色小疣突。浆果近球形或阔椭圆形，长10~13 mm，直径8~10 mm，无毛，顶部有萼檐脱落后的环状疤痕，果柄长3~4 mm。花期4~7月；果期9~12月。

分布 海南：昌江县霸王岭，19°06′58″N，109°05′33″E，2009-08-01，秦新生400116128；兴隆热带花园，18°41′53″N，110°14′33″E，100 m，2010-12-02，张荣京40017157。广东：东莞市谢岗乡银瓶山仙水道，23°2′43. 58″N，113°45′58. 13″E，2012-11-02，邢福武、叶心芬、宁阳阳400113166。福建：武夷山星村黄岗山保护站，27°44′30″N，117°40′16″E，724 m，2012-11-20，易绮斐、李玉玲、宁阳阳400119265。常攀缘于疏林乔木树冠上。产于海南、广东、香港、广西、福建、台湾、四川、贵州、云南。中南半岛和琉球群岛也有其分布。

栽培 喜温暖、湿润环境。繁殖用扦插、分株、播种等法。选用肥沃、疏松、排水良好的土壤。

用途 茎、叶和果均入药，有清热消炎功效，可治疥疮积热；海南民间常用于治猪的各种炎症。

含油率及化学组分数据

采集单位	测试单位	测试部位	产地	含油率(%)	碘值	酸值	皂化值	C12:0	C14:0	C16:0	C16:1	C18:0	C18:1	C18:2	C18:3	C20:0	C20:1
SCAU	SCBG	种仁	海南昌江	32.44	24.86	16.29	165.39										
SCAU	SCBG	种仁	海南兴隆	34.64	12.38	10.62	244.85	0.09	0.23	21.07	0.80	2.20	44.44	16.81	9.90	0.20	0.15
SCBG	SCBG	种仁	广东东莞	23.41	3.95	5.56	182.02	0.003		14.40		4.64	27.04	36.36	4.03	18.72	0.46
SCBG	SCBG	种仁	福建武夷山	26.14	37.52	47.44	470.17		0.03	8.30		2.98	9.06	30.15	48.65	0.11	0.72

粗毛玉叶金花

Mussaenda hirsutula Miq.

茜草科，玉叶金花属

特征 攀缘灌木，小枝密被锈色或灰色柔毛。叶对生，膜质，椭圆形或长圆形，有时近卵形，长7~13 cm，宽2.5~4 cm或过之，顶端短尖或渐尖，基部楔形，两面被稀疏的柔毛，下面及脉上毛较密；侧脉6~7对；叶柄长3~5 mm，密被柔毛；托叶深2裂或2全裂，裂片披针形，长3~5 mm，密被柔毛。聚伞花序顶生和生于上部叶腋，被贴伏的灰黄色长绒毛，总花序梗长8~11 mm；苞片线状披针形，长4~5 mm，被长柔毛；花梗短或无梗；花萼管椭圆形，长4~5 mm，密被柔毛，萼裂片线形，长7~10 mm，密被柔毛；花叶阔椭圆形，长4~4.5 cm，宽3~3.5 cm，被柔毛，通常有纵脉7条，顶端圆或短尖，基部近圆形，上面疏被短柔毛，背面密被长柔毛，柄长1.4 cm；花冠黄色，外面被短硬毛，花冠管内有橙黄色棒状毛，花冠裂片椭圆形，短尖，里面有金黄色小疣突。浆果椭圆状，有时近球形，长14~20 mm，直径9~12 mm，干时褐色，有浅褐色小斑点，顶部宿存萼裂片紧贴，果柄被毛，长3~4 mm。花期4~6月；果期7月至翌年1月。

分布 海南：海口石山镇火山口公园，19°56′29″N，110°12′58″E，2009-08-07，邢福武、戴建阅、翟俊文、郑希龙40011160。生于海拔300~800 m处的山谷、溪边和旷野灌丛中，常攀缘于林中树冠上。产海南、广东、湖南、贵州、云南。

栽培 播种或扦插繁殖。

用途 绿化。

含油率及化学组分数据

采集单位	测试单位	测试部位	产地	含油率(%)	碘值	酸值	皂化值	C12:0	C14:0	C16:0	C16:1	C18:0	C18:1	C18:2	C18:3	C20:0	C20:1
SCBG	SCBG	种仁	海南海口	32.45	148.00	12.10	182.91										

鸡矢藤（毛鸡屎藤）

Paederia foetida L. [*Paederia scandens* var. *tomentosa* (Blume) Hand.-Mazz.]

茜草科，鸡矢藤属

特征 藤本，茎长3~5 m，无毛或近无毛。叶对生，纸质或近革质，形状变化很大，卵形、卵状长圆形至披针形，长5~9 cm，宽1~4 cm，顶端急尖或渐尖，基部楔形或近圆或截平，有时浅心形，两面无毛或近无毛，有时下面脉腋内有束毛；侧脉每边4~6条，纤细；叶柄长1. 5~7 cm；托叶长3~5 mm，无毛。圆锥花序式的聚伞花序腋生和顶生，扩展，分枝对生，末次分枝上着生的花常呈蝎尾状排列；小苞片披针形，长约2 mm；花具短梗或无；萼管陀螺形，长1~1. 2 mm，萼檐裂片5，裂片三角形，长0. 8~1 mm；花冠浅紫色，管长7~10 mm，外面被粉末状柔毛，里面被绒毛，顶部5裂，裂片长1~2 mm，顶端急尖而直，花药背着，花丝长短不齐。果球形，成熟时近黄色，有光泽，平滑，直径5~7 mm，顶冠以宿存的萼檐裂片和花盘；小坚果无翅，浅黑色。花期5~7月；果期秋冬季。

分布 湖南：张家界西溪坪乡，29°5′44″N，110°32′26″E，2011-10-16，张九兵、朱明德400181290；江永县源口镇白俸村白沙源，24°56′28″N，111°0′30″E，872 m，2009-10-25，黄玉滢、周喜乐400181106。江西：遂川县南风面，26°17′37″N，114°2′49″E，1178 m，2010-10-30，谢行、孙键400147010。福建：武夷山市星村镇桐木村武夷山保护区，27°38′21″N，117°51′26″E，261 m，2009-11-08，王发国、翟俊文400113011。浙江：清凉峰，30°06′16″N，118°52′25″E，2010-10-15，曾庆文、谢聪、孟玉芳40011302。江苏：无锡市花卉公园，31°34′29″N，120°13′5″E，68 m，2009-12-21，田怀珍、熊申展4001171056。安徽：潜山县天柱山，30°43′9″N，116°27′54″E，208 m，2012-12-07，程志全、刘巧霞4001171262。河南：灵宝小秦岭，34°26′38″N，110°27′18″E，1350 m，2012-08-21，王亚平400314172。重庆：南川区三泉镇金佛山龙骨溪，29°39′39″N，107°7′52″E，589 m，2009-11-05，刘正宇等400231114。陕西：汉中蒿坝，32°43′47″N，106°51′32″E，1450 m，2012-09-30，秦烁、郭利磊400328018；宁陕县广货街镇沙沟村牛背梁自然保护区，33°46′29″N，108°47′15″E，1310 m，2010-10-03，薛帅、王继师400323006。生于海拔200~2000 m的山坡、林中、林缘、沟谷边灌丛中，缠绕在灌木上。产于海南、广东、香港、广西、湖南、江西、福建、台湾、浙江、江苏、安徽、山东、河南、四川、贵州、云南、甘肃、陕西。朝鲜、日本、印度、缅甸、泰国、越南、老挝、柬埔寨、马来西亚、印度尼西亚也有其分布。

栽培 喜光及半阴环境，喜温暖湿润，抗逆性强。生于山坡或旷野灌丛杂草中。播种或扦插繁殖。

用途 根治肝炎，痢疾，风湿骨痛，毒蛇咬伤；茎和叶治小儿疳积，支气管炎，肺结核咳嗽；花和叶可捣碎敷患处，治毒虫螫伤，亦可治冬季冻疮；茎皮为造纸和人造棉原料。

含油率及化学组分数据

采集单位	测试单位	测试部位	产地	含油率(%)	碘值	酸值	皂化值	C12:0	C14:0	C16:0	C16:1	C18:0	C18:1	C18:2	C18:3	C20:0	C20:1
HUCT	HUCT	种仁	湖南张家界	35. 14	39. 75	13. 39	91. 75										
HUCT	HUCT	种仁	湖南江永	26. 17	88. 31	9. 59	68. 41										
SYSU	SCBG	种仁	江西遂川	39. 93				0. 02	0. 03	5. 74	0. 06	1. 02	30. 76	11. 68	3. 99	2. 35	44. 35
SCBG	SCBG	种仁	福建武夷山	66. 74	122. 18	1. 43	205. 14	0. 05	0. 05	6. 64	0. 24	49. 21	19. 03	21. 75	2. 38	0. 27	0. 37
SCBG	SCBG	种仁	浙江清凉峰	12. 18		14. 04	271. 02		0. 10	10. 18	1. 09	3. 39	74. 76	13. 02	8. 13	0. 38	0. 38
ECNU	SCBG	种仁	江苏无锡	2. 50	54. 14	6. 00	233. 57			7. 36		2. 88	11. 60	74. 26	0. 23	0. 19	0. 27
ECNU	SCBG	种仁	安徽潜山	30. 98	24. 37	14. 04	185. 86	0. 10	0. 36	13. 94	0. 36	3. 31	32. 70	28. 00	9. 93	1. 36	0. 13
HNAU	ICS	种子	河南灵宝	4. 76	147. 75	8. 87	143. 46		0. 27	8. 76	0. 50	1. 59	33. 23	30. 18	1. 09	1. 41	0. 87
CIPP	SCBG	种仁	重庆南川	30. 47	3. 92	1. 57	538. 60		0. 29	19. 75	0. 75	5. 94	31. 09	29. 64	0. 58	0. 26	0. 08
CAU	ICS	种子	陕西汉中	6. 76	9. 47	14. 19	170. 64		0. 15	8. 84	0. 14	2. 15	41. 21	37. 11	1. 87	0. 47	0. 31
CAU	ICS	种子	陕西宁陕	9. 46	85. 23	11. 58	231. 44	0. 06	0. 36	9. 42	0. 19	2. 49	49. 12	31. 88	1. 85	0. 58	0. 39

大沙叶

Pavetta arenosa Lour.

茜草科，大沙叶属

特征　灌木，高1~3 m；小枝无毛。叶对生，膜质，长圆形至倒卵状长圆形，长9~18 cm，宽3~3.5 cm，顶端渐尖，中部以下渐狭，基部楔形，上面无毛，有光泽，下面被疏毛，沿主脉上被毛较密；侧脉每边6~8条，在叶两面均明显；叶柄长5~20 mm，上面无毛，下面被疏毛；托叶阔卵状三角形，长1~1.2 mm，外面无毛，顶端急尖。花序顶生，长9~11 cm，直径15 cm，具总花梗，梗长3~4 cm；花具芳香气味，有长1~1.2 cm的花梗；萼管卵形，被白色短柔毛；萼檐略扩大，近无毛，4浅裂，裂片三角形；花冠白色，冠管长10~14 mm，外面无毛，喉部被毛，顶部4裂，裂片狭长圆形，长3~5 mm，顶端钝；花丝极短，花药突出，线形，长约4 mm，开花时旋扭；花柱长伸出，长25~30 mm，柱头棒形，全缘。浆果球形，直径6~7 mm，无毛，顶部有宿存的萼檐。花期4~5月；果期10~12月。

分布　广西：三江市石门冲保护区，25°47′12″N，109°36′44″E，208 m，2010-12-15，张兵、谷志容400181266。生于海拔200~1100 m处的山地、丘陵、沟边的林中或灌丛中。产于海南、广东、广西、云南。越南也有其分布。

栽培　播种或扦插繁殖。

用途　具清热解暑功效。

含油率及化学组分数据

采集单位	测试单位	测试部位	产地	含油率(%)	碘值	酸值	皂化值	C12:0	C14:0	C16:0	C16:1	C18:0	C18:1	C18:2	C18:3	C20:0	C20:1
HUCT	HUCT	种仁	广西三江	21.50	50.11	9.80	173.00										

九节

Psychotria asiatica L. [*Psychotria rubra* (Lour.) Poir.]

茜草科，九节属

特征　灌木或小乔木，高0.5~5 m。叶柄长0.7~5 cm，无毛或极稀有极短的柔毛；托叶膜质，短鞘状，顶部不裂，长6~8 mm，宽6~9 mm，脱落；叶对生，叶片纸质，长圆形，有时稍歪斜，长5~23.5 cm，宽2~9 cm，基部楔形，全缘，顶端渐尖。聚伞花序通常顶生，无毛或极稀有极短的柔毛，多花，总花梗常极短，近基部三分歧，常成伞房状或圆锥状，长2~10 cm，宽3~15 cm；花梗长1~2.5 mm；萼管杯状，长约2 mm，宽约2.5 mm，檐部扩大，近截平或不明显地5齿裂；花冠白色，冠管长2~3 mm，宽约2.5 mm，喉部被白色长柔毛，花冠裂片近三角形，长2~2.5 mm，宽约1.5 mm，开放时反折；雄蕊与花冠裂片互生，花药长圆形，伸出，花丝长1~2 mm；柱头2裂，伸出或内藏。核果球形或宽椭圆形，长5~8 mm，直径4~7 mm，有纵棱，红色；果柄长1.5~10 mm；小核背面凸起，具纵棱，腹面平而光滑。花、果期全年。

分布　海南：文昌山洪北村，19°45′04″N，110°46′51″E，2009-08-08，邢福武、戴建阅、翟俊文、郑希龙40011172。广东：广州白云山风景区，23°9′41″N，113°16′12″E，65 m，2009-11-11，易绮斐、陈林、曾凤400119027；英德县石门台，24°26′03″N，113°18′36″E，2009-12-03，刘东明、饶显龙40011276。广西：平南县大城乡两党村，23°13′2″N，110°27′59″E，122 m，2011-01-06，吴磊、黄俞淞、林春蕊4001101180。生于海拔20~1500 m的平地、丘陵、山坡、山谷溪边的灌丛或林中。产于海南、广东、香港、广西、湖南、福建、台湾、浙江、贵州、云南。日本、越南、老挝、柬埔寨、马来西亚、印度也有其分布。

栽培　喜温暖、湿润环境，稍耐寒。繁殖用扦插、分株、播种。选用肥沃、疏松、排水好的土壤。

用途　嫩枝、叶、根可作药用，功能清热解毒、消肿拔毒、祛风除湿；治扁挑体炎、白喉、疮疡肿毒、风湿疼痛、跌打损伤、感冒发热、咽喉肿痛、胃痛、痢疾、痔疮等。

含油率及化学组分数据

采集单位	测试单位	测试部位	产地	含油率(%)	碘值	酸值	皂化值	C12:0	C14:0	C16:0	C16:1	C18:0	C18:1	C18:2	C18:3	C20:0	C20:1
SCBG	SCBG	种仁	海南文昌	32.55	88.30	1.61	232.39										
SCBG	SCBG	种仁	广东广州	21.56	96.39	7.19	237.61		0.03	5.47	0.06	3.54	19.37	44.23	25.37	0.86	1.08
SCBG	SCBG	种仁	广东英德	17.20	13.01	8.92	133.52	0.03	0.40	24.13	0.55	2.03	74.26	40.86	2.76	0.45	0.54
GXIB	SCBG	种仁	广西平南	20.17	22.36	3.07	255.97	0.43	0.72	9.48		3.02	23.71	51.87	9.48	0.57	

黄脉九节

Psychotria straminea Hutch.

茜草科，九节属

特征 灌木，高0.5~3 m，除花冠喉部被毛外全株无毛。托叶短鞘状，革质，长2~4 mm，宽2.5~4 mm，顶部浅2裂，脱落；叶柄长0.5~3.5 cm；叶对生，纸质，长圆形，长5.5~29 cm，宽0.8~10.5 cm，基部楔形，全缘，顶端渐尖。聚伞花序顶生，少花，长1~5 cm，宽1.5~4 cm，总花梗长1~2.5 cm；苞片和小苞片微小；花梗长1.5~4 mm；萼管倒圆锥形，长约2 mm，檐部扩大，萼裂片三角形，长0.5~1 mm；花冠白色或淡绿色，冠管长约2 mm，喉部被白色长柔毛，花冠裂片卵状三角形，长1.5~2.5 mm，宽约1.5 mm，开放时反折；雄蕊着生在花冠裂片间，伸出，花丝长1.5~2.5 mm，花药线状长圆形，长1~1.3 mm；花柱长约2 mm，顶部2裂至中部。浆果状核果近球形或椭圆形，长0.7~1.3 cm，直径4~9 mm，成熟时黑色，无明显的纵棱；小核背面凸，腹面凹陷；果柄长约1 cm。花期1~7月；果期6~翌年1月。

分布 海南：保亭七仙岭，18°42′29″N，109°42′01″E，2009-09-01，郑希龙、潘雅书40011455。生于海拔170~2700 m的山坡或山谷溪边林中。产于海南、广东、广西、云南。

栽培 喜光，喜温暖至高温和湿润环境，耐半阴，稍耐寒，不耐干旱，栽培土质宜为肥沃、湿润和排水良好的壤土。播种繁殖，于春季进行。

用途 可用于园林美化。

含油率及化学组分数据

采集单位	测试单位	测试部位	产地	含油率(%)	碘值	酸值	皂化值	C12:0	C14:0	C16:0	C16:1	C18:0	C18:1	C18:2	C18:3	C20:0	C20:1
SCBG	SCBG	种仁	海南保亭	30.16	70.33	12.28	253.73										

假鱼骨木（鱼骨木）

Psydrax dicocca Gaertn. [*Canthium dicoccum* (Gaertn.) Merr.]

茜草科，假鱼骨木属

特征 灌木至中等乔木，高13~15 m，近无毛。托叶长3~5 mm，基部阔，上部急尖或渐尖；叶柄扁平，长8~15 mm；叶片革质，卵形至卵状披针形，长4~10 cm，宽1.5~4 cm，基部楔形，边微波状或全缘，微背卷，顶端长渐尖或钝或钝急尖，干时两面极光亮，上面深绿，下面浅褐色。聚伞花序具短总花梗，比叶短，偶被微柔毛；苞片极小或无；萼管倒圆锥形，长1~1.2 mm，萼檐顶部截平或为不明显5浅裂；花冠绿白色或淡黄色，冠管短，圆筒形，长约3 mm，喉部具绒毛，顶部5裂，偶有4裂，裂片近长圆形，略比冠管短，顶端急尖，开放后外反；花丝短，花药长圆形，长约1.5 mm；花柱伸出，无毛，柱头全缘，粗厚。核果倒卵形，略扁，近孪生，长8~10 mm，直径6~8 mm；小核具皱纹。花期1~8月；果期6~12月。

分布 海南：陵水县本号镇吊罗山石晴林场，18°44′04″N，109°50′13″E，2009-12-01，秦新生4001161100。低海拔至中海拔疏林或灌丛中，常见。产于海南、广东、香港、广西、云南和西藏。印度、斯里兰卡、中南半岛、马来西亚、印度尼西亚、菲律宾及澳大利亚也有其分布。

栽培 喜光和高温。播种或扦插繁殖，栽培以富含有机质的砂质壤土为宜。

用途 可作园林观赏植物。

含油率及化学组分数据

采集单位	测试单位	测试部位	产地	含油率(%)	碘值	酸值	皂化值	C12:0	C14:0	C16:0	C16:1	C18:0	C18:1	C18:2	C18:3	C20:0	C20:1
SCAU	SCBG	种仁	海南陵水	30.91	34.75	10.80	163.15										

东南茜草

Rubia argyi (H. Lév. et Vaniot) H. Hara ex Lauener et D. K. Ferguson

茜草科，茜草属

特征　草质藤本。茎、枝均有4直棱，或4狭翅，棱上有倒生钩状皮刺。叶柄长通常0. 5~5 cm，有时可达9 cm，有直棱，棱上生许多皮刺；叶4片轮生，茎生的偶有6片轮生，通常一对较大，另一对较小，叶片纸质，心形，基部心形，顶端短尖，边缘和叶背面的基出脉上通常有短皮刺。聚伞花序分枝成圆锥花序式，顶生和小枝上部腋生，有时结成顶生、带叶的大型圆锥花序，花序梗和总轴均有4直棱，棱上通常有小皮刺；小苞片卵形，长约1. 5~3 mm；花梗稍粗壮，长约1~2. 5 mm；萼管近球形；花冠白色，质地稍厚，冠管长约0. 5~0. 7 mm，裂片4~5，伸展，披针形，长约1. 3~1. 4 mm；雄蕊5，花丝短，带状，花药通常微露出冠管口外；花柱粗短，2裂，柱头2，头状。浆果近球形，径约5~9 mm，成熟时黑色。花期7~10月；果期8~11月。

分布　江西：靖安县九岭山，29°0′4″N，115°10′15″E，304 m，2012-10-19，迟盛南、赵万义4001416068。常生林缘、灌丛或村边园篱等处。产于广东、广西、湖南、江西、福建、台湾、浙江、江苏、安徽、河南、湖北、四川、陕西。日本和朝鲜也有其分布。

栽培　播种或扦插繁殖。

用途　绿化。

含油率及化学组分数据

采集单位	测试单位	测试部位	产地	含油率(%)	碘值	酸值	皂化值	C12:0	C14:0	C16:0	C16:1	C18:0	C18:1	C18:2	C18:3	C20:0	C20:1
SYSU	SCBG	种仁	江西靖安	38. 36				0. 01	0. 10	30. 59	1. 65	0. 46	19. 65	44. 79	1. 52	0. 21	1. 02

茜草

Rubia cordifolia L.

茜草科，茜草属

特征　草质攀缘藤木，长通常1. 5~3. 5 m；根状茎和其节上的须根均红色；茎数至多条，从根状茎的节上发出，细长，方柱形，有4棱，棱上生倒生皮刺，中部以上多分枝。叶通常4片轮生，纸质，披针形或长圆状披针形，长0. 7~3. 5 cm，顶端渐尖，有时钝尖，基部心形，边缘有齿状皮刺，两面粗糙，脉上有微小皮刺；基出脉3条，极少外侧有1对很小的基出脉。叶柄长通常1~2. 5 cm，有倒生皮刺。聚伞花序腋生和顶生，多回分枝，有花10余朵至数十朵，花序和分枝均细瘦，有微小皮刺；花冠淡黄色，干时淡褐色，盛开时花冠檐部直径约3~3. 5 mm，花冠裂片近卵形，微伸展，长约1. 5 mm，外面无毛。果球形，直径通常4~5 mm，成熟时橘黄色。花期8~9月；果期10~11月。

分布　湖南：张家界陈家河镇农场，29°28′50″N，109°58′35″E，336 m，2010-12-04，张兵400181275。河南：焦作修武，35°26′36″N，113°22′24″E，1020 m，2012-10-21，王亚平400314285。甘肃：卓尼县卡车乡，34°35′57″N，103°21′7″E，2600 m，2011-10-07，秦烁400326015。河北：承德，40°32′34″N，118°34′42″E，449 m，2011-09-22，徐兴友、韩宝强400313057。常生于疏林、林缘、灌丛或草地上。产于东北、华北、西北地区和四川及西藏等地。朝鲜、日本和俄罗斯也有分布。

栽培　生性广泛，对生境要求不严。压条或扦插繁殖，易成活和管理。

用途　绿化。

含油率及化学组分数据

采集单位	测试单位	测试部位	产地	含油率(%)	碘值	酸值	皂化值	C12:0	C14:0	C16:0	C16:1	C18:0	C18:1	C18:2	C18:3	C20:0	C20:1
HUCT	HUCT	种仁	湖南张家界	20. 80	10. 96	10. 95	174. 82		0. 02	3. 67	0. 03	0. 96	66. 96	26. 97	1. 15	0. 11	0. 13
HNAU	ICS	种子	河南焦作	3. 46	166. 53	48. 94	193. 85		0. 21	5. 02		1. 06	18. 67	23. 36	1. 85	40. 15	
CAU	ICS	种子	甘肃卓尼	3. 13	125. 44	11. 65	188. 94		0. 13	6. 46	0. 50	1. 58	41. 65	44. 84	2. 08	0. 43	0. 37
HNUST	ICS	种子	河北承德	7. 59	102. 14	16. 68	188. 05		0. 07	5. 22	0. 21	1. 52	38. 19	48. 38	2. 46	0. 46	0. 42

尖萼乌口树

Tarenna acutisepala F. C. How ex W. C. Chen

茜草科，乌口树属

特征 灌木，高1~2. 5 m；嫩枝灰色，被短硬毛，稍老时毛和表皮一起脱落而呈红褐色。托叶三角形，长约6 mm，锐尖；叶柄长5~22 mm；叶纸质或近革质，长圆形，长4~19. 5 cm，宽1. 5~5. 6 cm，基部楔形，顶端渐尖或短尖。伞房状的聚伞花序顶生，有花数至多朵，紧密，长2. 5~3 cm，宽约4 cm，总花梗通常短，有短柔毛；小苞片披针形，长1. 5~2 mm，有短柔毛；花梗长2~3 mm，有短柔毛；花萼长4 mm，外面有短柔毛，萼管卵形，萼裂片三角状披针形，长约1. 5 mm，顶端尖；花冠淡黄色，长约1. 4 cm，外面无毛，冠管内面上部和喉部有柔毛，花冠裂片椭圆形，长约4 mm；花药线状长圆形，长3 mm；花柱丝状，长约1. 5 cm，中部以上有柔毛，柱头伸出，胚珠每室16~20颗。浆果近球形，直径5~7 mm，有短柔毛或无毛，顶部常有宿存的萼裂片；种子9~31颗。花期4~9月；果期5~11月。

分布 四川：越西县瓦吉木乡，28°29′17″N，102°34′46″E，1000 m，2009-09-24，王凯、樊云川40021109011。生于海拔520~1530 m处的山坡或山谷溪边林中或灌丛中。产于广东、广西、湖南、江西、福建、江苏、四川。

栽培 播种或扦插繁殖。

用途 绿化。

含油率及化学组分数据

采集单位	测试单位	测试部位	产地	含油率(%)	碘值	酸值	皂化值	C12:0	C14:0	C16:0	C16:1	C18:0	C18:1	C18:2	C18:3	C20:0	C20:1
SCU	SCU	种仁	四川越西	22. 43						13. 35	51. 55	6. 63	18. 85	8. 90	0. 72		

白花苦灯笼（毛乌口树）

Tarenna mollissima (Hook. et Arn.) B.L. Rob.

茜草科，乌口树属

特征 灌木或小乔木，高1~6 m，全株密被灰色或褐色柔毛或短绒毛，但老枝毛渐脱落。叶纸质，披针形、长圆状披针形或卵状椭圆形，长4. 5~25 cm，宽1~10 cm，顶端渐尖或长渐尖，基部楔尖、短尖或钝圆；侧脉8~12对；叶柄长0. 4~2. 5 cm；托叶长5~8 mm，卵状三角形，顶端尖。伞房状的聚伞花序顶生，长4~8 cm，多花；苞片和小苞片线形；花梗长3~6 mm；萼管近钟形，长约2 mm，裂片5，三角形，长约0. 5 mm；花冠白色，长约1. 2 cm，喉部密被长柔毛，裂片4或5，长圆形，与冠管近等长或稍长，开放时外反；雄蕊4或5枚，花丝长1~1. 2 mm，花药线形，长约5 mm；花柱中部被长柔毛，柱头伸出，胚珠每室多颗。果近球形，直径5~7 mm，被柔毛，黑色，有种子7~30颗。花期5~7月；果期5~翌年2月。

分布 江西：玉山县虎龙山，28°45′34″N，118°10′08″E，2010-11-27，刘东明、易绮斐、邢福武400112223。四川：德昌县六所镇，27°21′48″N，102°16′55″E，1000 m，2009-11-08，王凯、樊云川40021109141。生于海拔200~1100 m处的山地、丘陵、沟边的林中或灌丛中。产于海南、广东、香港、广西、湖南、江西、福建、浙江、贵州、云南。越南也有其分布。

栽培 播种或扦插繁殖。

用途 根和叶入药，有清热解毒、消肿止痛之功效；治肺结核咯血、感冒发热、咳嗽、热性胃痛、急性扁挑体炎等。

含油率及化学组分数据

采集单位	测试单位	测试部位	产地	含油率(%)	碘值	酸值	皂化值	C12:0	C14:0	C16:0	C16:1	C18:0	C18:1	C18:2	C18:3	C20:0	C20:1
SCBG	SCBG	种仁	江西玉山	8. 49	148. 00	17. 42	193. 85		0. 39	6. 84	0. 55	3. 02	27. 84		0. 76	0. 28	0. 45
SCU	SCU	种仁	四川德昌	26. 45						8. 27		6. 12	11. 73	73. 88			

飞蛾藤（六甲、莫汝刚、小元宝）

Dinetus racemosus (Wall.) Sweet [*Porana racemosa* Wall.]

旋花科，飞蛾藤属

特征 攀缘灌木，茎缠绕，草质，圆柱形，高达10 m，幼时或多或少被黄色硬毛，后来具小瘤，或无毛。叶卵形，长6~11 cm，宽5~10 cm，先端渐尖或尾状，具钝或锐尖的尖头，基部深心形；两面极疏被紧贴疏柔毛，背面稍密，稀被短柔毛至绒毛；掌状脉基出，7~9条。圆锥花序腋生，或多或少宽阔地分枝，少花或多花，苞片叶状，无柄或具短柄，抱茎，无毛或被疏柔毛，小苞片钻形；雄蕊内藏；花丝短于花药，着生于管内不同水平面；子房无毛，花柱1枚，全缘，长于子房，柱头棒状，2裂。蒴果卵形，长7~8 mm，具小短尖头，无毛；种子1粒，卵形，长约6 mm，暗褐色或黑色，平滑。花期夏秋季；果期秋冬季。

分布 安徽：黄山，29°56′24″N，117°55′31″E，397 m，2012-11-07李晓东、昝艳燕等400121251；休宁县齐云山，29°49′11″N，118°2′47″E，165 m，2011-11-14，胡超、李星霖4001171188。浙江：临安市西天目山，30°23′54″N，119°28′55″E，725 m，2012-11-18，陈树钢、童毅4001122176。湖北：兴山县南阳镇龙门河，31°19′19.27″N，110°27′53.08″E，1442 m，2012-08-29，危文亮，赵永国等400151179。生于石灰岩山地，海拔（850~）1500~2000（~3200）m。我国长江以南各省至陕西、甘肃均有分布，多生于灌丛。分布印度尼西亚，印度西北山区、尼泊尔、越南和泰国。

栽培 播种或扦插繁殖。

用途 全草可作药用。

含油率及化学组分数据

采集单位	测试单位	测试部位	产地	含油率(%)	碘值	酸值	皂化值	C12:0	C14:0	C16:0	C16:1	C18:0	C18:1	C18:2	C18:3	C20:0	C20:1
WHBG	WHBG	种仁	安徽黄山	22.06	104.40	34.84	190.74		0.55	7.09		2.53	5.79		40.56		0.33
ECNU	SCBG	种仁	安徽休宁	6.35	23.64	9.91	120.52	0.17	0.77	13.08	0.73	1.90	21.67	52.24	1.55	0.36	0.19
SCBG	SCBG	种仁	浙江临安	16.54	126.29	13.39	182.35										
OCRI	SCBG	种仁	湖北兴山	21.03	17.17	11.91	190.48	0.05	71.27	5.38	5.73	7.60	33.86		1.15	0.17	0.23

牵牛（裂叶牵牛、喇叭花、牵牛花）

Ipomoea nil (L.) Roth [*Pharbitis nil* (L.) Choisy]

旋花科，番薯属

特征 一年生缠绕草本，茎上被倒向的短柔毛及杂有倒向或开展的长硬毛。叶宽卵形或近圆形，深或浅的3裂，偶5裂，长4~15 cm，宽4.5~14 cm，基部圆，心形，中裂片长圆形或卵圆形，渐尖或骤尖，侧裂片较短，三角形，裂口锐或圆，叶面或疏或密被微硬的柔毛；叶柄长2~15 cm，毛被同茎。花腋生，单一或通常2朵着生于花序梗顶，花序梗长短不一，长1.5~18.5 cm，通常短于叶柄，有时较长，毛被同茎；雄蕊及花柱内藏；雄蕊不等长；花丝基部被柔毛；子房无毛，柱头头状。蒴果近球形，直径0.8~1.3 cm，3瓣裂。种子卵状三棱形，长约6 mm，黑褐色或米黄色，被褐色短绒毛。花期5~9月；果期7~10月。

分布 河北：昌黎，39°45′05″N，119°08′05″E，105 m，2010-10-02，徐兴友、韩宝强400313078。湖南：湘潭县响水乡，27°54′49″N，112°54′39″E，63 m，2009-09-13，严岳鸿、黄玉滢、周喜乐400181009。安徽：休宁县岭南自然保护区，29°25′59″N，118°11′6″E，280 m，2012-12-05，程志全、刘巧霞4001171257。湖北：竹溪向坝十八里长狭，31°42′23″N，109°55′38″E，783 m，2010-10-22，李晓东、昝艳燕、罗曼曼400121136。陕西：华阴市华山，34°31′41″N，110°05′51″E，432 m，2010-10-14，薛帅、王继师400323068。江西：贵溪县龙虎山自然保护区，28°05′02″N，116°57′46″E，58 m，2011-11-08，景慧娟、何诗阳4001413005。重庆：南川区三泉镇大汉堡，29°45′17″N，107°07′26″E，580 m，2009-10-19，刘正宇等400231093。生于海拔100~200（~1600）m的山坡灌丛、干燥河谷路边、园边宅旁、山地路边，或为栽培，常见。我国除西北和东北的一些地区外，大部分地区都有分布。本种原产热带美洲，现已广植于热带和亚热带地区。

栽培 播种或扦插繁殖。

用途 种子可药用。

含油率及化学组分数据

采集单位	测试单位	测试部位	产地	含油率(%)	碘值	酸值	皂化值	C12:0	C14:0	C16:0	C16:1	C18:0	C18:1	C18:2	C18:3	C20:0	C20:1
HNUST	ICS	种子	河北昌黎	12.06	81.44	6.03	76.25		0.14	18.82	0.46	8.77	17.41	44.07	5.87	1.55	0.06
HUCT	HUCT	种仁	湖南湘潭	12.60	37.37			0.12	0.88		23.38	7.60	46.10	7.94			
ECNU	SCBG	种仁	安徽休宁	23.45	18.74	13.75	148.57		0.21	7.37	0.26	2.08	9.29	31.13	47.65	0.24	0.11
WHBG	WHBG	种仁	湖北竹溪	13.13						24.10		9.90	17.90	39.50	4.50		
CAU	ICS	种子	陕西华阴	13.17	87.30	5.70	174.54			19.77	0.86	5.95	15.83	43.76	4.13	1.06	
SYSU	SCBG	种仁	江西贵溪	34.75	96.91	29.00	194.43	2.59	0.14	15.58	0.14	2.31	13.93	60.42	1.02	0.57	0.14
CIPP	SCBG	种仁	重庆南川	11.40	72.82	6.52	193.6		0.16	21.38	0.37	8.58	18.70	44.43	4.87	1.52	
OFPC	IAE	种子	辽宁沈阳	14.00	109.20		191.80			18.50		8.80	19.50	48.50	4.70		
OFPC	IB	种子	北京	7.20	115.50		230.60			22.30	2.40	6.10	15.10	45.50			
JOFPC	JSBG	种子	江苏南京	12.30	105.00		194.40			15.40		6.70	13.50	34.80	13.10	2.00	1.20
OFPC	CIB	种子	四川洪雅	13.50	90.60		217.60			20.50		7.70	18.80	50.10	2.90		

厚藤（沙藤、白花藤、马六藤）

Ipomoea pes-caprae (L.) R. Brown

旋花科，番薯属

特征 多年生草本，全株无毛；茎平卧，有时缠绕。叶肉质，干后厚纸质，卵形、椭圆形、圆形、肾形或长圆形，长3.5~9 cm，宽3~10 cm，顶端微缺或2裂，裂片圆，裂缺浅或深，有时具小凸尖，基部阔楔形、截平至浅心形；在背面近基部中脉两侧各有1枚腺体，侧脉8~10对；叶柄长2~10 cm。多歧聚伞花序，腋生，有时仅1朵发育；花序梗粗壮，长4~14 cm，花梗长2~2.5 cm；苞片小，阔三角形，早落；萼片厚纸质，卵形，顶端圆形，具小凸尖，外萼片长7~8 mm，内萼片长9~11 mm；花冠紫色或深红色，漏斗状，长4~5 cm；雄蕊和花柱内藏。蒴果球形，高1.1~1.7 cm，2室，果皮革质，4瓣裂；种子三棱状圆形，长7~8 mm，密被褐色茸毛。花、果期几全年，以夏秋为盛。

分布 海南：三亚市白鹭公园，18°15′13″N，109°31′33″E，5 m，2010-11-24，张荣京40017152。产于海南、福建、台湾、浙江，广布于热带沿海地区。海滨常见，多生长在沙滩上及路边向阳处。

栽培 播种或扦插繁殖。

用途 药用，海滨绿化。

含油率及化学组分数据

采集单位	测试单位	测试部位	产地	含油率(%)	碘值	酸值	皂化值	C12:0	C14:0	C16:0	C16:1	C18:0	C18:1	C18:2	C18:3	C20:0	C20:1
SCAU	SCBG	种子	海南三亚	30.12	10.23	14.66	344.16	0.04	0.13	6.27	0.85	1.43	43.12	40.21	1.58	0.17	0.12

圆叶牵牛（打碗花、牵牛花）

Ipomoea purpurea (L.) Roth [*Pharbitis purpurea* (L.) Voigt]

旋花科，番薯属

特征 一年生缠绕草本，茎上被倒向的短柔毛杂有倒向或开展的长硬毛。叶圆心形或宽卵状心形，长4~18 cm，宽3.5~16.5 cm，基部圆，心形，顶端锐尖、骤尖或渐尖，通常全缘，偶有3裂，两面疏或密被刚伏毛；叶柄长2~12 cm，毛被与茎同。花腋生，单一或2~5朵着生于花序梗顶端成伞形聚伞花序，花序梗比叶柄短或近等长，长4~12 cm，毛被与茎相同；苞片线形，长6~7 mm，被开展的长硬毛；雄蕊与花柱内藏；雄蕊不等长，花丝基部被柔毛；子房无毛，3室，每室2胚珠，柱头头状；花盘环状。蒴果近球形，直径9~10 mm，3瓣裂；种子卵状三棱形，长约5 mm，黑褐色或米黄色，被极短的糠粃状毛。花期6~9月；果期9~10月。

分布 河北：昌黎，39°45′27″N，119°09′24″E，86 m，2009-09-16，徐兴友400313036。湖南：湘潭县响水乡，27°54′55″N，112°54′39″E，55 m，2009-10-07，严岳鸿、黄玉滢400181043。北京：香山，40°00′06″N，116°12′37″E，114 m，2009-11-20，邢福武40011488。云南：昆明市黑龙潭，25°08′28″N，102°44′46″E，1932 m，2012-12-05，王智、杨珺、谭英400221292。生于平地以至海拔2800 m的田边、路边、宅旁或山谷林内，栽培或沦为野生。我国大部分地区有分布，本种原产热带美洲，广泛引植于世界各地，或已成为归化植物。

栽培 播种或扦插繁殖。

用途 种子可药用。

含油率及化学组分数据

采集单位	测试单位	测试部位	产地	含油率(%)	碘值	酸值	皂化值	C12:0	C14:0	C16:0	C16:1	C18:0	C18:1	C18:2	C18:3	C20:0	C20:1
HNUST	SCBG	种子	河北昌黎	10.60	78.09		166.59										
HUCT	HUCT	种仁	湖南湘潭	15.00	17.52		144.04	0.01	0.10	9.55	0.14	3.15	8.02	30.97	41.04	0.20	0.13
SCBG	SCBG	种仁	北京香山	25.56	111.62	13.51	273.86										
KMIB	KMIB	种仁	云南昆明	11.30	107.30	1.40	148.60		0.13	22.39	0.26	8.58	17.49	46.09	3.00	2.06	

掌叶鱼黄草（毛五爪龙、毛牵牛）

Merremia vitifolia (Burm. f.) H. Hallier

旋花科，鱼黄草属

特征 缠绕或平卧草本。茎带紫色，圆柱形，老时具条纹，被疏或密的平展的黄白色微硬毛，有时无毛。叶片轮廓近圆形，长2~5 cm或5~15 cm，宽（2.5~）4~15.5 cm，基部心形，通常掌状5裂，有时3裂或7裂，裂片宽三角形或卵状披针形，顶端渐尖，锐尖或钝，基部不收缩或有时稍收缩，边缘具粗锯齿或近全缘，两面被平伏的长的黄白色微硬毛；叶柄长1~3（~19）cm，毛被同茎。聚伞花序腋生，有1~3朵至数朵花，花序比叶长或与叶近等长，花序梗长2~5 cm，连同花梗、外萼片被黄白色开展的微硬毛；雄蕊短于萼片，长约1.1 cm，花药螺旋扭曲；子房无毛。蒴果近球形，高约1.2 cm，果皮干后纸质，4瓣裂。种子4或较少，三棱状卵形，高约7 mm，黑褐色，无毛。花、果期1~5月。

分布 海南：三亚甘什岭，18°23′03″N，109°40′58″E，2012-03-20，张荣京40017216。海拔（90~）400~1600 m的路旁、灌丛或林中。产于海南、广东、广西、云南。分布于印度，斯里兰卡，缅甸，越南，经马来西亚至印度尼西亚。

栽培 播种或扦插繁殖。

用途 药用。

含油率及化学组分数据

采集单位	测试单位	测试部位	产地	含油率(%)	碘值	酸值	皂化值	C12:0	C14:0	C16:0	C16:1	C18:0	C18:1	C18:2	C18:3	C20:0	C20:1
SCU	SCBG	种仁	海南三亚	20.14	143.68	0.62	182.01	0.07	0.72		1.09	1.76	51.36	59.30	47.18	0.69	0.21

破布木

Cordia dichotoma G. Forster

紫草科，破布木属

特征 乔木，高3~8 m。叶卵形、宽卵形或椭圆形，长6~13 cm，宽4~9 cm，先端钝或具短尖，基部圆形或宽楔形，边缘通常微波状或具波状牙齿，稀全缘，两面疏生短柔毛或无毛；叶柄细弱，长2~5 cm。聚伞花序生具叶的侧枝顶端，二叉状稀疏分枝，呈伞房状，宽5~8 cm；花二型，无梗；花萼钟状，5裂，长5~6 mm，裂片三角形，不等大；花冠白色，与花萼略等长，裂片比筒部长；雄花花丝长约3.5 mm；退化雌蕊圆球形；两性花花丝长1~2 mm，花柱合生部分长1~1.5 mm，第一次分枝长约1 mm，第二次分枝长2~3 mm，柱头匙形。核果近球形，黄色或带红色，直径10~15 mm，具多胶质的中果皮，被宿存的花萼承托。花期2~4月；果期6~8月。

分布 广西、广东、福建、台湾、贵州、云南、西藏。生于海拔300~1900 m山坡疏林及山谷溪边。柬埔寨、印度尼西亚、缅甸、斯里兰卡、泰国、越南、印度、澳大利亚东北部及太平洋岛屿也有分布。

栽培 不耐寒，喜湿润的酸性土或微碱性土壤，在肥水太多，荫蔽度较高地区则不结果或少结果。繁殖方式可用播种和扦插繁殖。

用途 果实富含脂肪，可榨油，据中国科学院植物研究所油脂组分析：全果含油22.18%，干果含油35.94%，种子含油51.8%，是我国新发现的野生木本油料植物；果入药，有祛痰利尿之效。木材可供建筑及农具用材。

含油率及化学组分数据

采集单位	测试单位	测试部位	产地	含油率(%)	碘值	酸值	皂化值	C12:0	C14:0	C16:0	C16:1	C18:0	C18:1	C18:2	C18:3	C20:0	C20:1
OFPC	IB	种子	西藏墨脱	51.80	104.00		194.80		0.60	17.20		6.60	25.40	46.50	0.80	1.90	
OFPC	IB	果肉	西藏墨脱	35.90	92.40		196.20		0.80	23.90		2.50	40.80	30.70	1.30		

宿苞厚壳树

Ehretia asperula Zoll. et Moritzi

紫草科，厚壳树属

特征 攀缘灌木，高3~5 m；枝灰褐色，粗糙，无毛，小枝褐色或淡褐色，幼嫩时被柔毛。叶革质，宽椭圆形或长圆状椭圆形，长3~12 cm，宽2~6 cm，先端钝或具短尖，基部圆，通常全缘，无毛，或下面脉腋间有簇生的柔毛；叶柄长6~15 mm，具瘤状突起。聚伞花序顶生于高年生小枝上，呈伞房状，宽4~6 cm。被淡褐色短柔毛；苞片线形或线状倒披针形，长3~10 mm，有时弯曲，宿存；花梗长1. 5~3 mm，细弱；花萼长1. 5~2. 5 mm，被褐色短柔毛；花冠白色，漏斗形，长3. 5~4 mm，基部直径1. 5 mm，喉部直径5 mm，裂片三角状卵形，长2~2. 5 mm，较筒部稍长；花药长约1 mm，花丝长3. 5~4. 5 mm，着生花冠筒基部以上1 mm处；花柱长3~4 mm，分枝长约1 mm。核果红色或桔黄色，直径3~4 mm，内果皮成熟时分裂为4个具单种子的分核。花期7~11月。

分布 海南：文昌县龙楼镇铜鼓岭，19°40′32″N，111°01′44″E，2009-08-01，邢福武、戴建阅、翟俊文、郑希龙40011121。生于路边及山坡密林，喜中性土壤。产于海南。印度尼西亚、越南也有分布。

栽培 播种繁殖。

用途 种子油用于工业。

含油率及化学组分数据

采集单位	测试单位	测试部位	产地	含油率(%)	碘值	酸值	皂化值	C12:0	C14:0	C16:0	C16:1	C18:0	C18:1	C18:2	C18:3	C20:0	C20:1
SCBG	SCBG	种子	海南文昌	22. 80	60. 84	10. 84	195. 15										

微孔草

Microula sikkimensis (C. B. Clarke) Hems. Hemsl.

紫草科，微孔草属

特征 草本。茎高6~65 cm，直立或渐升，分枝或不分枝，被刚毛，有时还混生稀疏糙伏毛。基生叶和茎下部叶具长柄，卵形、狭卵形至宽披针形，长4~12 cm，宽0. 7~4. 4 cm，顶端急尖、渐尖，稀钝，基部圆形或宽楔形，中部以上叶渐变小，边缘全缘，两面有短伏毛，下面沿中脉有刚毛，上面还散生带基盘的刚毛。花序密集，直径0. 5~1. 5 cm，有时稍伸长，长约达2 cm，生茎顶端及无叶的分枝顶端，基部苞片叶状，其他苞片小，长0. 5~2 mm；花梗短，密被短糙伏毛；花萼长约2 mm，果期长达3. 5 mm，5裂近基部，裂片线形或狭三角形；花冠蓝色或蓝紫色，檐部直径5~9（~11）mm，无毛，裂片近圆形。小坚果卵形，长2~2. 5 mm，宽约1. 8 mm，有小瘤状突起和短毛，背孔位于背面中上部，狭长圆形，长1~1. 5 mm，着生面位腹面中央。花期5~9月。

分布 四川：红原县邛溪乡泥炭场，30°47′23″N，102°31′30″E，3253 m，2009-07-18，干友民400241007；雅安，29°58′52″N，103°00′00″E，0 m，2010-11-14，干友民等40024107。生于海拔3000~4500 m（在青海东部和甘肃一带海拔为2000~3000 m，在陕西西南部低达1900 m）山坡草地、灌丛下、林边、河边多石草地，田边或田中。分布于四川、云南、青海、陕西、甘肃、西藏。印度、尼泊尔、不丹也有分布。

栽培 播种繁殖。

用途 传统藏药；种子提油后的饼粕蛋白质含量高。

含油率及化学组分数据

采集单位	测试单位	测试部位	产地	含油率(%)	碘值	酸值	皂化值	C12:0	C14:0	C16:0	C16:1	C18:0	C18:1	C18:2	C18:3	C20:0	C20:1
SICAU	SCBG	种仁	四川红原	11. 14	18. 54	5. 22	59. 45	0. 04	0. 41	17. 85	0. 22	4. 99	41. 70	26. 12	2. 77	1. 31	0. 23
SICAU	SCBG	种仁	四川雅安	40. 42	112. 88	3. 16	190. 75	0. 015	0. 20	8. 44	0. 24	2. 36	40. 32	24. 1	17. 60	0. 39	6. 34

砂引草
Tournefortia sibirica L.
紫草科，砂引草属

特征　多年生草本，高10~30 cm，有细长的根状茎。茎单一或数条丛生，直立或斜升，通常分枝，密生糙伏毛或白色长柔毛。叶披针形、倒披针形或长圆形，长1~5 cm，宽6~10 mm，先端渐尖或钝，基部楔形或圆，密生糙伏毛或长柔毛，中脉明显，侧脉不明显，无柄或近无柄。花序顶生，直径1. 5~4 cm；萼片披针形，长3~4 mm，密生向上的糙伏毛；花冠黄白色，钟状，长1~1. 3 cm，裂片卵形或长圆形，外弯，花冠筒较裂片长，外面密生向上的糙伏毛；子房无毛，花柱细，长约0. 5 mm，柱头浅2裂，长0. 7~0. 8 mm，下部环状膨大。核果椭圆形或卵球形，长7~9 mm，直径5~8 mm，粗糙，密生伏毛，先端凹陷，核具纵肋，成熟时分裂为2个各含2粒种子的分核。花期5月；果实7月成熟。

分布　河北：昌黎，39°36′18″N，119°18′3″E，3 m，2012-07-21，徐兴友、詹立军400313199。生于海拔4~1930 m海滨砂地、干旱荒漠及山坡道旁。产河南、河北、山东、山西、陕西、甘肃、宁夏及东北。蒙古、朝鲜、俄罗斯和亚洲西南部及欧洲东南部也有分布。

栽培　主要借根状茎的延伸进行无性繁殖。

用途　花香气浓郁，可提取其芳香油，还可作绿肥，也是较好的固沙植物。

含油率及化学组分数据

采集单位	测试单位	测试部位	产地	含油率(%)	碘值	酸值	皂化值	C12:0	C14:0	C16:0	C16:1	C18:0	C18:1	C18:2	C18:3	C20:0	C20:1
HNUST	ICS	种子	河北昌黎	13. 48	155. 60	30. 51	162. 27	0. 02	0. 03	5. 34	0. 03	1. 67	22. 61	58. 62	0. 32	0. 68	1. 35

紫珠
Callicarpa bodinieri H. Lév.
马鞭草科，紫珠属

特征　灌木，高约2 m；小枝、叶柄和花序均被粗糠状星状毛。叶片卵状长椭圆形至椭圆形，长7~18 cm，宽4~7 cm，顶端长渐尖至短尖，基部楔形，边缘有细锯齿，表面干后暗棕褐色，有短柔毛，背面灰棕色，密被星状柔毛，两面密生暗红色或红色细粒状腺点；叶柄长0. 5~1 cm。聚伞花序宽3~4. 5 cm，4~5歧，花序梗长不超过1 cm；苞片细小，线形；花柄长约1 mm；花萼长约1 mm，外被星状毛和暗红色腺点，萼齿钝三角形；花冠紫色，长约3 mm，被星状柔毛和暗红色腺点；雄蕊长约6 mm，花药椭圆形，细小，长约1 mm，药隔有暗红色腺点，药室纵裂；子房有毛。果实球形，熟时紫色，无毛，径约2 mm。花期6~7月；果期8~11月。

分布　安徽：歙县林业局后，29°51′06″N，118°25′26″E，276 m，2011-11-11，胡超、李星霖400117117。浙江：临安天目山，30°22′19″N，119°24′17″E，924 m，2009-10-29，刘东明、戴建阅400111127。多生于海拔1200 m以下的山坡、谷地的丛林中。产于广东、广西、江西、湖南、湖北、江苏、安徽、浙江、四川、贵州、云南、河南。越南也有分布。

栽培　播种繁殖。

用途　园林观赏。

含油率及化学组分数据

采集单位	测试单位	测试部位	产地	含油率(%)	碘值	酸值	皂化值	C12:0	C14:0	C16:0	C16:1	C18:0	C18:1	C18:2	C18:3	C20:0	C20:1
ECNU	SCBG	种仁	安徽歙县	5. 30	126. 50	0. 71	199. 78	0. 12	0. 27	4. 33		1. 98	7. 25	40. 71	0. 95	0. 40	0. 14
SCBG	SCBG	种仁	浙江临安	30. 91					0. 02	6. 41	0. 09	2. 65	17. 61	8. 99	63. 59	0. 39	0. 25

杜虹花

Callicarpa formosana Rolfe

马鞭草科，紫珠属

特征 灌木，高1~3 m；小枝、叶柄和花序均密被灰黄色星状毛和分枝毛。叶片卵状椭圆形或椭圆形，长6~15 cm，宽3~8 cm，顶端通常渐尖，基部钝或浑圆，边缘有细锯齿，表面被短硬毛，稍粗糙，背面被灰黄色星状毛和细小黄色腺点，侧脉8~12对，主脉、侧脉和网脉在背面隆起；叶柄粗壮，长1~2.5 cm。聚伞花序宽3~4 cm，通常四至五歧，花序梗长1.5~2.5 cm；苞片细小；花萼杯状，被灰黄色星状毛，萼齿钝三角形；花冠紫色或淡紫色，无毛，长约2.5 mm，裂片钝圆，长约1 mm；雄蕊长约5 mm，花药椭圆形，药室纵裂；子房无毛。果实近球形，紫色，径约2 mm。花期5~7月；果期8~11月。

分布 浙江：鄞县天童山，29°48′28″N，121°47′33″E，412 m，2010-11-13，葛斌杰、胡超、熊申展4001171102。上海：松江区辰山植物园，31°04′56″N，121°10′38″E，10 m，2010-11-03，胡超、董全英4001171112。广东：东莞市大岭镇，23°02′35″N，113°45′48″E，2011-11-08，易绮斐、付琳、宋贤利、杨晓丽400119151；阳山县秤架，24°46′51″N，112°48′33″E，103 m，2009-09-22，董安强、胡晓敏40011222。生于海拔1590 m以下的平地、山坡和溪边的林中或灌丛中。产于广东、广西、江西（南部）、台湾、福建、浙江（东南部）、云南（东南部）。菲律宾也有分布。

栽培 性喜温暖至高温高湿，播种或扦插法，春、秋两季皆适合育苗。栽培土质以肥沃的砂质壤土为佳，排水、日照需良好。每2~3个月施肥1次。

用途 叶入药。

含油率及化学组分数据

采集单位	测试单位	测试部位	产地	含油率(%)	碘值	酸值	皂化值	C12:0	C14:0	C16:0	C16:1	C18:0	C18:1	C18:2	C18:3	C20:0	C20:1
ECNU	SCBG	种仁	浙江鄞县	20.42	102.37	0.88	202.17			5.36	0.05	2.32	49.07	39.73	1.14	0.64	0.50
ECNU	SCBG	种仁	上海松江	16.26	194.38	0.43	201.38			8.12		1.83	19.90	64.59	0.92		0.21
SCBG	SCBG	种仁	广东东莞	6.47	5.48		157.05	0.02	0.07	17.86		2.45	23.31		0.77		3.13
SCBG	SCBG	种仁	广东阳山	9.40					0.06	5.44	0.05	3.06	16.92	71.77	0.98	1.15	0.56

臭牡丹（臭枫根、大红袍）

Clerodendrum bungei Steud.

马鞭草科，大青属

特征 灌木，高1~2 m，植株有臭味；小枝近圆形，皮孔显著。叶片纸质，宽卵形或卵形，长8~20 cm，宽5~15 cm，顶端尖或渐尖，基部宽楔形、截形或心形，边缘具粗或细锯齿，侧脉4~6对，表面散生短柔毛，背面疏生短柔毛和散生腺点或无毛；伞房状聚伞花序顶生，密集；苞片叶状，披针形或卵状披针形，长约3 cm，早落或花时不落，早落后在花序梗上残留凸起的痕迹；花萼钟状，长2~6 mm，被短柔毛及少数盘状腺体，萼齿三角形或狭三角形，长1~3 mm；花冠淡红色、红色或紫红色，花冠管长2~3 cm，裂片倒卵形，长5~8 mm；雄蕊及花柱均突出花冠外；花柱短于、等于或稍长于雄蕊；柱头2裂，子房4室。核果近球形，径0.6~1.2 cm，成熟时蓝黑色。花、果期5~11月。

分布 湖南：吉首矮寨，28°21′31″N，109°33′55″E，328 m，2009-08-04，徐亮、周建军400191014。四川：天全城厢镇，30°13′52″N，102°44′49″E，0 m，2010-11-14，崔龙、李志强40021110104；邛崃市天台山，30°18′12″N，103°10′05″E，672 m，2012-11-07，刘晓波、宫庆彬等40021112104。陕西：宁强县青木川西沟，32°50′55″N，105°33′25″E，800 m，2011-09-03，薛帅、秦烁400324075。生于海拔2500 m以下的山坡、林缘、沟谷、路旁、灌丛润湿处。产于广西、湖南、江西、浙江、江苏、安徽、湖北、陕西。印度北部、越南、马来西亚也有分布。

栽培 播种繁殖。

用途 根、茎、叶入药，有祛风解毒、消肿止痛之效，近来还用于治疗子宫脱垂。

含油率及化学组分数据

采集单位	测试单位	测试部位	产地	含油率(%)	碘值	酸值	皂化值	C12:0	C14:0	C16:0	C16:1	C18:0	C18:1	C18:2	C18:3	C20:0	C20:1
JSU	SCBG	种仁	湖南吉首	25.50	83.03	17.81	207.27			6.51		2.72	75.68	14.04		0.55	0.49
SCU	SCU	种仁	四川天全	16.45	97.2	3.70	143.2			20.22			18.78	45.64	29.25		
SCU	SCU	种仁	四川邛崃	17.36	85.75	72.93		2.80		6.54	0.75	2.13	66.97	19.70	1.11		
CAU	ICS	种子	陕西宁强	13.95	78.17	45.48	182.75		0.08	7.59	0.56	2.55	74.80	11.81	0.35	0.49	0.48

灰毛桢桐
Clerodendrum canescens Wall. ex Walp.

马鞭草科，大青属

特征 灌木，高1~3.5 m。小枝略四棱形，全体密被平展或倒向灰褐色长柔毛，髓疏松，干后不中空。叶片心形或宽卵形，少为卵形，长6~18 cm，宽4~15 cm，顶端渐尖，基部心形至近截形，两面都有柔毛，脉上密被灰褐色平展柔毛，背面尤显著；叶柄长1.5~12 cm。聚伞花序密集成头状，通常2~5枝生于枝顶，花序梗较粗壮，长1.5~11 cm；苞片叶状，卵形或椭圆形，具短柄或近无柄，长0.5~2.4 cm；花萼由绿变红色，钟状，有5棱角，长约1.3 cm，有少数腺点，5深裂至萼的中部，裂片卵形或宽卵形，渐尖，花冠白色或淡红色，外有腺毛或柔毛，花冠管长约2 cm，纤细，裂片向外平展，倒卵状长圆形，长5~6 mm；雄蕊4枚，与花柱均伸出花冠外。核果近球形，径约7 mm，绿色，成熟时深蓝色或黑色，藏于红色增大的宿萼内。花、果期4~10月。

分布 海南：五指山国家级自然保护区，18°54′49″N，109°41′18″E，500 m，2009-11-07，张荣京40017137。生于海拔150~900 m山坡林下、沟谷阴湿处。产浙江、江西、湖南、福建、台湾、广东、广西、四川、贵州、云南。生于海拔220~880 m的山坡路边或疏林中。模式标本采自我国南方。印度和越南北部等地也有分布。

栽培 喜温暖湿润土壤。主要用播种繁殖。

用途 观赏。全草治毒疮、风湿病，有退热止痛的功效。

含油率及化学组分数据

采集单位	测试单位	测试部位	产地	含油率(%)	碘值	酸值	皂化值	C12:0	C14:0	C16:0	C16:1	C18:0	C18:1	C18:2	C18:3	C20:0	C20:1
SCAU	SCBG	种仁	海南五指山	22.43	57.90	16.88	81.96										

臭茉莉(白花臭牡丹)
Clerodendrum chinense var. **simplex** (Moldenke) S. L. Chen

马鞭草科，大青属

特征 植物体被毛较密，伞房状聚伞花序较密集，花较多，苞片较多，花单瓣，较大，花萼长1.3~2.5 cm，萼裂片披针形，长1~1.6 cm，花冠白色或淡红色，花冠管长2~3 cm，裂片椭圆形，长约1 cm。核果近球形，径8~10 mm，成熟时蓝黑色。宿萼增大包果。花、果期5~11月。

分布 产于云南、广西、贵州。生于海拔650~1500 m的林中或溪边。

栽培 喜温暖湿润土壤。主要用分株繁殖，也可用根插和播种繁殖。

用途 药用根、叶和花，有祛风活血、消肿降压的功效。

含油率及化学组分数据

采集单位	测试单位	测试部位	产地	含油率(%)	碘值	酸值	皂化值	C12:0	C14:0	C16:0	C16:1	C18:0	C18:1	C18:2	C18:3	C20:0	C20:1
XTBG	XTBG	种子	云南勐腊	21.30	92.00		200.10			7.80		4.20	65.90	18.50	0.60	0.40	

大青

Clerodendrum cyrtophyllum Turcz.

马鞭草科，大青属

特征 灌木或小乔木，高1~10 m。幼枝被短柔毛，枝黄褐色，髓坚实；冬芽圆锥状，芽鳞褐色，被毛。叶片纸质，椭圆形、卵状椭圆形、长圆形或长圆状披针形，长6~20 cm，宽3~9 cm，顶端渐尖或急尖，通常全缘。伞房状聚伞花序，生于枝顶或叶腋，长10~16 cm，宽20~25 cm；萼杯状，外面被黄褐色短绒毛和不明显的腺点，长3~4 mm，顶端5裂，裂片三角状卵形，长约1 mm；花冠白色，外面疏生细毛和腺点，花冠管细长，长约1 cm，顶端5裂，裂片卵形，长约5 mm；雄蕊4枚，花丝长约1. 6 cm，与花柱同伸出花冠外；子房4室，每室1胚珠，常不完全发育；柱头2浅裂。果实球形或倒卵形，径5~10 mm，绿色，成熟时蓝紫色，为红色的宿萼所托。花、果期6月至翌年2月。

分布 海南：文昌县龙楼镇铜鼓岭，23°18′42″N，114°24′28″E，2009-08-01，邢福武、戴建阅、翟俊文、郑希龙40011110。江苏：宜兴市张渚龙池山，31°13′00″N，119°41′49″E，249 m，2009-09-08，田怀珍、李宏庆4001171007。安徽：宁国县板桥自然保护区，30°31′24″N，118°37′48″E，318 m，2012-10-02，李星霖、刘巧霞、程志全4001171222。广东：乳源县五指山乡白马坑，113°02′13″N，24°52′53″E，2010-10-19，王发国、陈林400113056。福建：武夷山星村黄岗山河边，27°44′29″N，117°40′773″E，2012-11-18，易绮斐、宁阳阳、李玉玲400119266。生于海拔1700 m以下的平原、丘陵、山地林下或溪谷旁。产于我国华东、中南、西南（四川除外）各地。朝鲜、越南和马来西亚也有分布。

栽培 播种繁殖。

用途 本种入药从梁代（5世纪）开始至今。根、叶有清热、泻火、利尿、凉血、解毒的功效。

含油率及化学组分数据

采集单位	测试单位	测试部位	产地	含油率(%)	碘值	酸值	皂化值	C12:0	C14:0	C16:0	C16:1	C18:0	C18:1	C18:2	C18:3	C20:0	C20:1
SCBG	SCBG	种仁	海南文昌	32. 44	90. 87	21. 58	136. 48	0. 009	0. 06	1. 76	0. 07	0. 97	7. 71	88. 11	1. 13	0. 02	0. 17
ECNU	ECNU	种仁	江苏宜兴	6. 10	118. 50	4. 45	184. 33		0. 25	16. 82		7. 07	26. 89	10. 33	28. 27	0. 41	0. 48
ECNU	ECNU	种子	安徽宁国	12. 45					0. 08	6. 43		3. 34	4. 93	83. 06	0. 85	0. 18	0. 16
SCBG	SCBG	种仁	广东乳源	28. 17	168. 36	11. 01		2. 13	0. 06			7. 58		45. 05	21. 33		0. 83
SCBG	SCBG	种仁	福建武夷山	6. 74	16. 67	0. 43	239. 65	0. 03	0. 037		0. 07	2. 15	6. 01	28. 50	48. 65	0. 32	1. 27

鬼灯笼（白花灯笼、灯笼草）

Clerodendrum fortunatum L.

马鞭草科，大青属

特征 灌木，高可达2. 5 m。嫩枝密被黄褐色短柔毛，小枝暗棕褐色，髓疏松，干后不中空。叶纸质，长椭圆形或倒卵状披针形，少为卵状椭圆形，长5~17. 5 cm，宽1. 5~5 cm，顶端渐尖，基部楔形或宽楔形，全缘或波状。聚伞花序腋生，较叶短，1~3歧，具花3~9朵，花序梗长1~4 cm，密被棕褐色短柔毛；花萼红紫色，具5棱，膨大形似灯笼，长1~1. 3 cm，外面被短柔毛，内面无毛，基部连合，顶端5深裂，裂片宽卵形，渐尖；花冠淡红色或白色稍带紫色，外面被毛，花冠管与花萼等长或稍长，顶端5裂，裂片长圆形，长约6 mm；雄蕊4枚，与花柱同伸出花冠外，柱头2裂，顶端尖。核果近球形，径约5 mm，熟时深蓝绿色，藏于宿萼内。花、果期6~11月。

分布 海南：万宁市兴隆，18°50′24″N，110°17′33″E，2012-01-02，刘东明、梁耀、王鹏4001122269。四川：雅安宝兴蜂桶寨邓池沟，30°35′30″N，102°57′18″E，1805 m，2011-09-29，李志强、刘小波等40021111037。生于海拔1000 m以下的丘陵、山坡、路边、村旁和旷野。产于广东、广西、江西、福建，其他各地温室有栽培。

栽培 喜阳光，较耐干旱和瘠薄土壤。主要通过播种繁殖。

用途 根或全株入药，有清热降火、消炎解毒、止咳镇痛的功效；用鲜叶捣烂或干根研粉调剂外敷可散瘀、消肿、止痛。

含油率及化学组分数据

采集单位	测试单位	测试部位	产地	含油率(%)	碘值	酸值	皂化值	C12:0	C14:0	C16:0	C16:1	C18:0	C18:1	C18:2	C18:3	C20:0	C20:1
SCBG	SCBG	种仁	海南万宁	36. 79	17. 52	14. 31	170. 64	0. 33			0. 02	0. 66	55. 20		1. 08	0. 32	0. 14
SCU	SCU	种仁	四川雅安	27. 71	83. 27	147. 06	161. 50										

海通

Clerodendrum mandarinorum Diels

马鞭草科，大青属

特征 灌木或乔木，高2~20 m。幼枝略呈四棱形，密被黄褐色绒毛，髓具明显的黄色薄片状横隔。叶片近革质，卵状椭圆形、卵形、宽卵形至心形，长10~27 cm，宽6~20 cm，顶端渐尖，基部截形、近心形或稍偏斜，表面绿色，被短柔毛。伞房状聚伞花序顶生，分枝多，疏散，花序梗以至花柄都密被黄褐色绒毛；苞片长4~5 mm，易脱落，小苞片线形，长约3 mm；花萼小，钟状，长3~4 mm，密被短柔毛和少数盘状腺体，萼齿尖细，钻形，长1. 5~2. 5 mm；花冠白色或偶为淡紫色，有香气，外被短柔毛，花冠管纤细，长7~10 mm，裂片长圆形，长约3. 5 mm；雄蕊及花柱伸出花冠外。核果近球形，幼时绿色，成熟后蓝黑色，干后果皮常皱成网状，宿萼增大，红色，包果一半以上。花、果期7~12月。

分布 湖南：桑植县芭茅溪乡天平山，29°49′46″N，110°06′16″E，1057 m，2010-10-29，张兵、谷志容400181208；永顺小溪茶园溪，28°47′32″N，110°13′12″E，473 m，2010-10-05，肖艳、徐亮400191149。江西：宜丰县官山自然保护区，28°33′13″N，114°35′26″E，524 m，2011-09-16，景慧娟、李朋远4001409005。重庆：南川区三泉镇金佛山黄草坪，29°20′25″N，107°07′16″E，1223 m，2009-10-12，刘正宇等400231078。云南：文山州麻栗坡县猛硐瑶族乡野猪塘，22°50′21″N，104°43′30″E，1399 m，2011-10-17，曾庆文、陈树钢、杨国400114138。生于海拔250~2200 m的溪边、路旁或丛林中。产于广东、广西、湖南、江西、湖北、四川、云南、贵州。模式标本采自四川南川。越南北部也有分布。

栽培 喜温暖湿润土壤。主要用播种繁殖。

用途 四川、广西民间用其枝叶治半边疯。

含油率及化学组分数据

采集单位	测试单位	测试部位	产地	含油率(%)	碘值	酸值	皂化值	C12:0	C14:0	C16:0	C16:1	C18:0	C18:1	C18:2	C18:3	C20:0	C20:1
HUCT	HUCT	种仁	湖南桑植	44.45	63.32	101.84	189.67			9.21			1.28	62.85	25.09	1.58	
JSU	SCBG	种仁	湖南永顺	21.56					0.07	11.50	0.92	2.41	14.64	67.44	0.60	0.63	0.13
SYSU	SYSU	种子	江西宜丰	5.70	74.41	1.26	416.04			8.13	0.10	0.65	43.21	45.09	0.39	0.69	0.53
CIPP	SCBG	种仁	重庆南川	14.65	71.20	39.08	450.63			10.38		3.84	15.74	45.28	23.46	0.25	0.65
SCBG	SCBG	种仁	云南文山	16.34	73.55	20.54	176.098	0.29	0.55	10.75	0.15	4.70	14.82	55.16	9.52	2.78	1.28

海州常山（臭梧桐、泡火桐）

Clerodendrum trichotomum Thunb. [*Clerodendrum serotinum* Carr.]

马鞭草科，大青属

特征 灌木或小乔木，高1.5~10 m。叶片纸质，卵形、卵状椭圆形或三角状卵形，长5~16 cm，宽2~13 cm，顶端渐尖，基部宽楔形至截形，偶有心形，上面深绿色，下面淡绿色，两面幼时被白色短柔毛，老时上面光滑无毛，下面仍被短柔毛或无毛，或沿脉毛较密。伞房状聚伞花序顶生或腋生，通常二歧分枝，疏散，末次分枝着花3朵，花序长8~18 cm，花序梗长3~6 cm，多少被黄褐色柔毛或无毛；苞片叶状，椭圆形，早落；花香，花冠白色或带粉红色，花冠管细，长约2 cm，顶端5裂，裂片长椭圆形，长5~10 mm，宽3~5 mm；雄蕊4，花丝与花柱同伸出花冠外；花柱较雄蕊短，柱头2裂。核果近球形，径6~8 mm，包藏于增大的宿萼内，成熟时外果皮蓝紫色。花、果期6~11月。

分布 湖南：桑植县天平山自然保护区，29°46′42″N，110°04′52″E，1364 m，2012-10-02，张九兵、唐波400181435。浙江：临安市西天目山，30°22′57″N，119°29′02″E，668 m，2012-11-18，陈树钢、童毅4001122179。湖北：神农架木鱼镇青天坳，31°28′39″N，110°24′04″E，2009-10-28，李晓东、杨林森400121101。四川：越西县瓦吉木乡，28°29′43″N，102°36′04″E，1000 m，2009-09-26，王凯、樊云川40021109021；峨眉山龙池，29°28′23″N，102°26′12″E，1000 m，2010-09-23，崔龙、李志强40021110032；攀枝花市大黑山，26°40′03″N，101°42′35″E，1828 m，2012-10-17，刘晓波、宫庆彬40021112076。重庆：南川区鱼泉乡庙坝天山坪，29°56′26″N，107°14′22″E，1578 m，2009-09-03，刘正宇等400231045。云南：马关县八寨乡，22°57′41″N，104°02′05″E，1629 m，2010-11-11，王智、杨珺、谭英400221273。陕西：宁陕县广货街镇沙沟村牛背梁自然保护区，33°47′14″N，108°47′12″E，1210 m，2010-10-04，薛帅、王继师400323014。山西：垣曲历山西哄村，35°23′46″N，112°01′00″E，1100 m，2012-08-30，秦烁、潘昊400327029。辽宁：长海，39°15′37″N，122°44′53″E，2012-10-16，郑宝江等400341195。生于海拔2400 m以下的山坡灌丛中。产于甘肃、陕西辽宁以及中南、西南、华北各地。朝鲜、日本以至菲律宾北部也有分布。

栽培 以播种、扦插等方法进行繁殖。

用途 可供观赏。

含油率及化学组分数据

采集单位	测试单位	测试部位	产地	含油率(%)	碘值	酸值	皂化值	C12:0	C14:0	C16:0	C16:1	C18:0	C18:1	C18:2	C18:3	C20:0	C20:1
HUCT	SCBG	种仁	湖南桑植	25.85	14.69	0.09	239.86		0.08	5.53	0.15	0.41	39.55	51.26	2.08	0.49	0.44
SCBG	SCBG	种仁	浙江临安	10.25					0.06	8.90	0.14	1.81	54.36	18.54	4.57	3.95	7.68
WHBG	WHBG	种仁	湖北神农架	26.5	104.91	35.55	211.38	0.01	0.02	5.62	0.48	2.45	62.37	28.05	0.26	0.33	0.41
SCU	SCU	种仁	四川越西	20.14						17.69	5.37	3.55	45.60	27.80			
SCU	SCU	种仁	四川峨眉山	20.75	98.50	2.50	160.80			11.76			64.13	24.10			
SCU	SCU	种仁	四川攀枝花	26.34		124.32											
CIPP	SCBG	种仁	重庆南川	12.65	127.88	0.81	358.27	0.06	7.66	0.91	1.98	47.55	34.16	3.03	0.12	0.50	
KMIB	KMIB	种仁	云南马关	23.31	93.70	2.10	119.00			3.90	1.10		61.00	32.50	0.20		
CAU	ICS	种子	陕西宁陕	38.09	83.70	57.92	177.94			5.50	0.20	1.64	56.26	33.20	0.45	0.31	0.42
CAU	ICS	种子	山西垣曲	21.54	6.62	104.27	178.28		0.13	15.73	0.05	2.20	23.67	52.48	0.42	0.45	2.12
NEFU	SCBG	种仁	辽宁长海	25.33	112.51	2.74	193.55	0.03	0.34	12.11	0.18	3.07	8.44	73.77	1.79	0.17	0.09
OFPC	IAE	种子	辽宁盖县	29.50	106.20					3.90		1.10	61.0	32.50	1.60		
OFPC	JSIB	种子	江苏南京	34.10	92.70		195.80		1.00	5.80		2.00	61.60	28.50	0.20	0.30	0.30

假连翘

Duranta erecta L. [*Duranta. repens* L.]

马鞭草科，假连翘属

特征 灌木，高约1. 5~3 m；枝条有皮刺，幼枝有柔毛。叶对生，少有轮生，叶片卵状椭圆形或卵状披针形，长2~6. 5 cm，宽1. 5~3. 5 cm，纸质，顶端短尖或钝，基部楔形，全缘或中部以上有锯齿，有柔毛；叶柄长约1 cm，有柔毛。总状花序顶生或腋生，常排成圆锥状；花萼管状，有毛，长约5 mm，5裂，有5棱；花冠通常蓝紫色，长约8 mm，稍不整齐，5裂，裂片平展，内外有微毛；花柱短于花冠管；子房无毛。核果球形，无毛，有光泽，直径约5 mm，熟时红黄色，有增大宿存花萼包围。花、果期5~10月；在南方可为全年。

分布 海南：三亚市白鹭公园，18°15′13″N，109°31′33″E，30 m，2010-11-27，张荣京40017163。广东：乳源县五指山南岭龙溪，24°49′20″N，113°03′43″E，226 m，2012-01-08，王发国、杨国、宋贤利400113107。原产热带美洲。我国南部常见栽培，常逸为野生。

栽培 喜光，耐半阴，喜温暖湿润气候，耐修剪。主要有播种、扦插、压条等繁殖方式。病害极少，应注意防治两种钻心虫和蜗牛。

用途 花期长而花美丽，是一种很好的绿篱植物。广西用根、叶止痛、止渴。福建用果治疟疾和跌打胸痛，叶治痛肿初起和脚底挫伤瘀血或脓肿。

含油率及化学组分数据

采集单位	测试单位	测试部位	产地	含油率(%)	碘值	酸值	皂化值	C12:0	C14:0	C16:0	C16:1	C18:0	C18:1	C18:2	C18:3	C20:0	C20:1
SCAU	SCBG	种仁	海南三亚	22. 64	26. 08	15. 60											
SCBG	SCBG	种仁	广东乳源	39. 20	122. 16	16. 65	209. 11	0. 11	0. 10	11. 29	0. 19	6. 90	31. 09	12. 14		0. 33	

灰毛牡荆

Vitex canescens Kurz

马鞭草科，牡荆属

特征 乔木，高3~15（~20）m；树皮黑褐色，小枝四棱形，密被灰黄色细柔毛。掌状复叶，叶柄长2. 5~7 cm，小叶3~5；小叶片卵形，椭圆形或椭圆状披针形，长6~18 cm，宽2. 5~9 cm，顶端渐尖或骤尖，基部宽楔形或近圆形，侧生的小叶基部常不对称，全缘，表面被短柔毛，背面密生灰黄色柔毛和黄色腺点，侧脉8~19对，在背面明显隆起，小叶柄长0. 5~3 cm。圆锥花序顶生，长10~30 cm，花序梗密生灰黄色细柔毛；苞片早落；花萼顶端有5个小齿，外面密生柔毛和腺点，内面疏生细毛；花冠黄白色，外面密生细柔毛和腺点；雄蕊4枚，二强，着生于花冠管的喉部，花丝基部有毛；子房顶端有腺点。核果近球形或长圆状倒卵形，表面淡黄色或紫黑色，有光泽；宿萼外有毛。花期4~5月；果期5~6月。

分布 广西：兴安县华江，25°36′25″N，110°36′04″E，2009-12-11，许为斌、黄俞淞、蒋日红4001101083。湖南：龙山县里耶，28°10′12″N，109°29′58″E，258 m，2010-09-23，徐亮、周建军400191179。重庆：奉节县长安乡至金竹镇途中，30°51′22″N，109°34′47″E，663 m，2010-10-22，刘正宇等400231185。湖北：五峰后河老屋场，33°29′12. 4″N，110°32′02. 5″E，1034 m，2010-10-22，丁时东，危文亮等400151067。产于广东、广西、江西、湖南、湖北、四川、贵州、云南、西藏。生于海拔200~1550 m的混交林中。印度、缅甸、泰国、老挝、越南及马来西亚等地也有分布。

栽培 喜光，耐阴，耐寒，对土壤要求适应性强。播种繁殖。

用途 成熟果实可治胃痛；根可治外感风寒、疟疾、烧虫等；木材无心、边材区别，可作胶合板用材。

含油率及化学组分数据

采集单位	测试单位	测试部位	产地	含油率(%)	碘值	酸值	皂化值	C12:0	C14:0	C16:0	C16:1	C18:0	C18:1	C18:2	C18:3	C20:0	C20:1
GXIB	SCBG	种仁	广西兴安	20. 76	124. 53	1. 09	176. 07		0. 07	15. 02	0. 79	5. 50	20. 91	28. 72	0. 18	10. 87	0. 57
JSU	SCBG	种仁	湖南龙山	10. 30	112. 87	6. 68	123. 77		0. 07	6. 90	0. 54	31. 32	58. 00	2. 40	0. 78		
CIPP	SCBG	种仁	重庆奉节	26. 35				0. 21	1. 38	23. 14		3. 03	21. 01	33. 20	11. 16		1. 38
OCRI	SCBG	种仁	湖北五峰	25. 16	9. 59	19. 59	157. 20		0. 15	41. 86	0. 56		55. 65	16. 76	4. 30		0. 33

黄荆

Vitex negundo L.

马鞭草科，牡荆属

特征 灌木或小乔木；小枝四棱形，密生灰白色绒毛。掌状复叶，小叶5，少有3；小叶片长圆状披针形至披针形，顶端渐尖，基部楔形，全缘或每边有少数粗锯齿，表面绿色，背面密生灰白色绒毛；中间小叶长4~13 cm，宽1~4 cm，两侧小叶依次递小，若具5小叶时，中间3片小叶有柄，最外侧的2片小叶无柄或近于无柄。聚伞花序排成圆锥花序式，顶生，长10~27 cm，花序梗密生灰白色绒毛；花萼钟状，顶端有5裂齿，外有灰白色绒毛；花冠淡紫色，外有微柔毛，顶端5裂，二唇形；雄蕊伸出花冠管外；子房近无毛。核果近球形，径约2 mm；宿萼接近果实的长度。花期4~6月；果期7~10月。

分布 重庆：南川区三泉镇金佛山龙骨溪，29°44′51″N，107°07′34″E，594 m，2009-10-14，刘正宇等400231088。广东：蕉岭县长潭省级自然保护区，24°42′10″N，116°09′06″E，2010-10-11，易绮斐、戴建阅、翟俊文400119094。湖北：兴山县南阳镇百羊寨，31°18′18″N，110°40′49″E，756 m，2012-08-28，危文亮，赵永国等400151169。生于山坡路旁或灌木丛中。主要产于长江以南各地，北达秦岭淮河。非洲东部经马达加斯加、亚洲东南部及南美洲的玻利维亚也有分布。

栽培 喜光，耐阴，耐寒，对土壤要求适应性强。播种，分株繁殖。

用途 茎皮可造纸及制人造棉；茎叶治久痢；种子为清凉性镇静、镇痛药；根可以驱烧虫；花和枝叶可提取芳香油。

含油率及化学组分数据

采集单位	测试单位	测试部位	产地	含油率(%)	碘值	酸值	皂化值	C12:0	C14:0	C16:0	C16:1	C18:0	C18:1	C18:2	C18:3	C20:0	C20:1
CIPP	SCBG	种仁	重庆南川	1.40	83.03	17.81	414.54	0.39	0.70	16.67		0.94	56.16	4.71	0.23	0.18	10.21
SCBG	SCBG	种仁	广东蕉岭	12.00	80.24	1.39	207.98		0.05	6.36	0.19		26.44	36.31	0.85		0.17
OCRI	SCBG	种仁	湖北兴山	14.60	9.67	7.69	283.68		0.01	13.64		2.34	21.28	5.74	0.62	0.88	0.49
OFPC	JSIB	种子	江苏南京	13.10	136.10		195.80			3.50		1.80	14.30	80.40			
OFPC	NIB	种子	陕西城固	8.60	134.50	4.40	193.40			5.50		3.40	13.20	69.50		8.40	
OFPC	WHBG	果实	湖北磨山	7.90	128.60		190.40			5.90		3.90	14.40	75.70			

牡荆

Vitex negundo var. **cannabifolia** (Sieb. et Zucc.) Hand.-Mazz.

马鞭草科，牡荆属

特征 落叶灌木或小乔木；小枝四棱形。叶对生，掌状复叶，小叶5枚，少有3；小叶片披针形或椭圆状披针形，顶端渐尖，基部楔形，边缘有粗锯齿，表面绿色，背面淡绿色，通常被柔毛。圆锥花序顶生，长10~20 cm；花冠淡紫色。果实近球形，黑色。花期6~7月；果期8~11月。

分布 湖南：吉首市乾州，28°33′39″N，109°42′15″E，231 m，2009-11-21，徐亮、周建军400191071。安徽：萧县皇藏峪，34°01′24″N，117°03′45″E，188 m，2011-10-03，田怀珍、李星霖400171149。湖北：兴山南阳湘坪，31°18′52″N，110°41′02″E，2009-08-03，李晓东、昝艳燕40012114。山东：泰安市泰山区普照寺，36°12′25″N，117°06′35″E，282 m，2009-08-14，赵伟华400311003。河南：商城县大别山，31°45′09″N，115°32′09″E，532 m，2011-10-12，杨大伟、陈明400314115；信阳鸡公山，31°49′31″N，114°3′4″E，214 m，2012-09-17，王亚平400314245。重庆：武陵县黄莺乡黄桷渡，29°09′47″N，107°25′22″E，285 m，2009-10-31，刘正宇等400231103。山西：垣曲同善，35°15′60″N，111°52′59″E，537 m，2012-08-28，秦烁、潘昊400327017。贵州：印江县郎溪镇，27°57′49″N，107°18′48″E，2011-11-19，张九兵、朱明德400181369。生于山坡路边灌丛中。产于华东各地及广东、广西、河北、湖南、湖北、四川、贵州、云南。日本也有分布。

栽培 喜光，耐阴，耐寒，对土壤要求适应性强。播种繁殖。

用途 茎皮可造纸及制人造棉；茎叶治久痢；种子为清凉性镇静、镇痛药；根可以驱烧虫；花和枝叶可提取芳香油。

含油率及化学组分数据

采集单位	测试单位	测试部位	产地	含油率(%)	碘值	酸值	皂化值	C12:0	C14:0	C16:0	C16:1	C18:0	C18:1	C18:2	C18:3	C20:0	C20:1
JSU	SCBG	种仁	湖南吉首	4.35					0.10	5.73	0.27	2.80	19.51	67.54	1.37	0.62	0.29
ECNU	SCBG	种仁	安徽萧县	8.90	122.16	40.43	200.78	2.12	0.40	15.20	1.26	3.10	21.07	39.88	3.39	1.43	0.75
WHBG	WHBG	种仁	湖北兴山	3.96					0.11	6.61	0.32	3.50	7.59	78.85	0.97	0.32	0.25
ICS	ICS	种子	山东泰安	10.40	85.87	3.20	195.67	0.01	0.02	4.49	0.05	3.08	11.25	80.20	0.43	0.30	0.17
ICS	HENAU	种子	河南商城	6.09	131.42	16.55	126.04			5.82		4.25	13.25	69.65	0.47	0.37	0.93
HNAU	ICS	种子	河南信阳	3.44	138.99	39.32	166.30			5.12	0.12	4.34	14.02	71.55	0.60	0.36	0.18
CIPP	SCBG	种仁	重庆武陵	19.48						4.69	0.19	1.34	51.18	11.21	1.56	5.53	21.61
CAU	ICS	种子	山西垣曲	6.31	12.65	11.70	179.77			4.36	0.07	3.32	13.60	69.60	0.83	0.25	0.22
HUCT	HUCT	种仁	贵州印江	34.50	19.06	10.17	218.51			2.42	0.78	1.23	15.31	36.84	42.88	0.05	0.51
OFPC	JSIB	种子	江苏南京	16.10						17.60		13.10	22.60	36.90	0.80		
OFPC	LBG	种子	江西武宁	16.90	120.40					6.50		4.20	15.70	73.60			

山牡荆

Vitex quinata (Lour.) Wall.

马鞭草科，牡荆属

特征 常绿乔木，高4~12 m，树皮灰褐色至深褐色；小枝四棱形，有微柔毛和腺点，老枝逐渐转为圆柱形。掌状复叶，对生，叶柄长2.5~6 cm，有3~5小叶。聚伞花序对生于主轴上，排成顶生圆锥花序式，长9~18 cm，密被棕黄色微柔毛，苞片线形，早落；花萼钟状，长2~3 mm，顶端有5钝齿，外面密生棕黄色细柔毛和腺点，内面上部稍有毛，花冠淡黄色，长6~8 mm，顶端5裂，二唇形，下唇中间裂片较大，外面有柔毛和腺点；雄蕊4，伸出花冠外，花丝基部变宽而无毛，子房顶端有腺点。核果球形或倒卵形，幼时绿色，成熟后呈黑色，宿萼呈圆盘状，顶端近截形。花期5~7月；果期8~9月。

分布 广东：惠东白盆珠，23°02′58″N，114°57′20″E，2009-08-25，林铎清、戴建阅40011179。湖南：龙山县里耶镇，28°54′1″N，109°19′32″E，张九兵、朱明德400181334。云南：盈江县铜壁关乡三合村，24°37′10″N，97°38′59″E，1431 m，2010-08-11，张国学400222166。生于海拔180~1200 m的山坡林中。产于广东、广西、湖南、江西、福建、台湾、浙江。日本、印度、马来西亚、菲律宾也有分布。

栽培 喜光、抗旱、耐寒冷、适应性强。播种、扦插、压条及分株繁殖。

用途 木材适于作桁、桶、门、窗、天花板、文具、胶合板等用材。

含油率及化学组分数据

采集单位	测试单位	测试部位	产地	含油率(%)	碘值	酸值	皂化值	C12:0	C14:0	C16:0	C16:1	C18:0	C18:1	C18:2	C18:3	C20:0	C20:1
SCBG	SCBG	种仁	广东惠东	16.34				0.20	8.72	0.40	0.56	16.39	55.03	18.03	0.31	0.34	0.20
HUCT	HUCT	种仁	湖南龙山	30.00	13.20	10.60	139.13		0.02	5.48	0.05	1.82	13.33	13.34	65.41	0.10	0.45
KMIB	KMIB	种仁	云南盈江	2.40				0.04	0.10	6.69		5.91	45.75	1.33			

藿香(合香、鸡苏、兜娄婆香)

Agastache rugosa (Fisch. et C. A. Mey.) Kuntze

唇形科，藿香属

特征 多年生草本。茎直立，高0.5~1.5 m，四棱形，粗达7~8 mm。叶心状卵形至长圆状披针形，长4.5~11 cm，宽3~6.5 cm，向上渐小，先端尾状长渐尖，基部心形，稀截形，边缘具粗齿，纸质，近无毛，下面略淡，被微柔毛及点状腺体。轮伞花序多花，在主茎或侧枝上组成顶生密集的圆筒形穗状花序，穗状花序长2.5~12 cm，直径1.8~2.5 cm；轮伞花序具短梗，总梗长约3 mm，被腺微柔毛。花萼管状倒圆锥形，长约6 mm，宽约2 mm。花冠淡紫蓝色，长约8 mm，外被微柔毛。雄蕊伸出花冠，花丝细，扁平，无毛。花柱与雄蕊近等长，丝状，先端相等的2裂。子房裂片顶部具绒毛。成熟小坚果卵状长圆形，长约1.8 mm，宽约1.1 mm，腹面具棱，先端具短硬毛，褐色。花期6~9月；果期9~11月。

分布 黑龙江：伊春市嘉荫县八字山，48°54′14″N，130°24′06″E，302 m，2010-08-17，陈连江、卞勇、潘伟400351061。江西：上饶武夷山，27°51′21″N，117°44′07″E，847 m，2012-10-14，凡强、景慧娟4001411023。河北：青龙，40°08′14″N，119°21′53″E，465 m，2009-09-18，徐兴友400313029。云南：昆明植物所加工厂，25°08′27″N，102°44′35″E，1932 m，2010-12-04，刘恩乾400222222。吉林：通化，41°43′45″N，125°51′27″E，2011-09-11，郑宝江等400341025。各地广泛分布，常见栽培。俄罗斯，朝鲜，日本及北美洲有分布。

栽培 喜温暖、湿润气候和阳光充足、雨量充沛的环境。在疏松、肥沃、排水良好的砂质壤土中生长良好。春、秋两季均可播种。秋播于9~10月进行，春播于4月下旬进行。

用途 果可作香料；叶及茎均富含挥发性芳香油，有浓郁的香味，为芳香油原料。

含油率及化学组分数据

采集单位	测试单位	测试部位	产地	含油率(%)	碘值	酸值	皂化值	C12:0	C14:0	C16:0	C16:1	C18:0	C18:1	C18:2	C18:3	C20:0	C20:1
SBRI	SCBG	种子	黑龙江伊春	1.51	45.79	29.20	522.05		0.02	1.99	0.21	0.76	57.82	38.80	0.13	0.05	0.21
SYSU	SCBG	种子	江西上饶	24.71	109.85	5.45	166.61	0.39	0.43	5.91	0.15	1.91	23.44	62.00		0.58	0.62
HNUST	ICS	种子	河北青龙	38.00	77.05	5.70	218.30	0.03	0.02	3.97	0.06	2.13	11.24	32.71	48.89	0.57	0.38
KMIB	KMIB	种仁	云南昆明	23.34	193.70		191.60				2.98		1.54	9.75	24.95	60.78	
NEFU	SCBG	种仁	吉林通化	35.61	63.75	7.69	191.96		0.04	6.38	0.13	2.33	15.06	68.16	7.28	0.45	0.17
OFPC	IAE	果实	辽宁桓仁	33.60	193.70		191.60			2.20		1.70	9.20	25.10	61.80		

水棘针(土荆芥、细叶山紫苏)

Amethystea caerulea L.

唇形科，水棘针属

特征 一年生草本，基部有时木质化。茎四棱形，紫色，灰紫黑色或紫绿色，被疏柔毛或微柔毛，以节上较多。叶柄紫色或紫绿色，有沟，具狭翅；叶片纸质或近膜质，边缘具粗锯齿或重锯齿。花序为由松散具长梗的聚伞花序所组成的圆锥花序。花冠蓝色或紫蓝色，外面被腺毛，上唇2裂，长圆状卵形或卵形，下唇略大，3裂，中裂片近圆形。雄蕊4，前对能育，着生于下唇基部，花芽时内卷，花时向后伸长，花丝细弱，无毛，伸出雄蕊约1/2，花药2室，室叉开，纵裂，成熟后贯通为1室，后对为退化雄蕊，着生于上唇基部，线形或几无。花小坚果倒卵状三棱形，背面具网状皱纹，腹面具棱，两侧平滑，合生面大，高达果长1/2以上。花期8~9月；果期9~10月。

分布 吉林：辉南县金川镇，42°32′41″N，126°47′17″E，791 m，2009-10-21，郑宝江、李康400341012。河北：青龙，40°24′15″N，118°56′08″E，258 m，2011-11-06，徐兴友、詹立军400313120。生于田边旷野、河岸沙地、开阔路边及溪旁，海拔200~3400 m。产于安徽、山东、河南、湖北、四川、云南、新疆、甘肃、陕西、山西、河北、内蒙古、辽宁及吉林。日本、蒙古、朝鲜、俄罗斯、伊朗也有分布。

栽培 喜温暖、湿润气候和阳光充足、雨量充沛的环境。播种为主要繁殖方式。

用途 种子脂肪酸及芳香油中既含有抗心血管疾病，又含有抗肿瘤的药理活性成分，并且相对含量较高。它们不仅是制药的原料，同时也是生产人造奶油，天然改性牛奶和强化婴儿奶粉等乳制品工业的添加剂。

含油率及化学组分数据

采集单位	测试单位	测试部位	产地	含油率(%)	碘值	酸值	皂化值	C12:0	C14:0	C16:0	C16:1	C18:0	C18:1	C18:2	C18:3	C20:0	C20:1
NEFU	SCBG	种仁	吉林辉南	21. 40	67. 86	3. 92	199. 43		0. 05	4. 72	0. 07	1. 64	15. 05	32. 90	44. 95	0. 41	0. 20
HNUST	ICS	种子	河北青龙	5. 10	79. 02	26. 37	348. 53		0. 43	14. 71		5. 21	26. 11	20. 53	17. 08	1. 39	0. 36
OFPC	CIB	果实	四川泸定	13. 80	179. 80		190. 70			4. 10		13. 30	29. 50	53. 10			

香青兰

Dracocephalum moldavica L.

唇形科，青兰属

特征　一年生草本。茎不明显四棱形，被倒向的小毛，常带紫色。基生叶卵圆状三角形，先端圆钝，基部心形，具疏圆齿；叶片披针形至线状披针形，先端钝，基部圆形或宽楔形，长1. 4~4 cm，宽0. 4~1. 2 cm，边缘通常具不规则至规则的三角形牙齿或疏锯齿。轮伞花序生于茎或分枝上部5~12节处，占长度3~11 cm，疏松，通常具4花。花萼长8~10 mm，被金黄色腺点及短毛，下部较密，脉常带紫色，2裂近中部。花冠淡蓝紫色，冠檐二唇形，上唇短舟形，长约为冠筒的1/4，先端微凹，下唇3裂，中裂片扁，2裂，具深紫色斑点，有短柄，柄上有2突起，侧裂片平截；雄蕊微伸出，花丝无毛，先端尖细，药平叉开；花柱无毛，先端2等裂。小坚果长约2. 5 mm，长圆形，顶平截，光滑。花期7~8月；果期8~9月。

分布　内蒙古：呼和浩特到达拉特旗，39°25′32″N，106°53′34″E，1208 m，2012-08-20，刘慧娟400312187。生于干燥山地、山谷、河滩多石处，海拔220~1600 m（青海至2700 m）。产于河南、青海、甘肃、陕西、山西、河北、内蒙古、吉林、辽宁及黑龙江。俄罗斯西伯利亚，东欧，中欧，南延至克什米尔地区均有分布。

栽培　耐寒喜温暖湿润。叶茎种子具香粉味。全年均可播种，多于早春或夏季20℃露地直播或育苗移栽，种子发芽迅速，适合种植在略微干燥、日照通风良好的砂质壤土或土质深厚壤土。

用途　全株含芳香油，据国外报道含油量在0. 01%~0. 17%，油的主要成分为柠檬醛25%~68%，香叶醇80%，橙花醇7%。

含油率及化学组分数据

采集单位	测试单位	测试部位	产地	含油率(%)	碘值	酸值	皂化值	C12:0	C14:0	C16:0	C16:1	C18:0	C18:1	C18:2	C18:3	C20:0	C20:1
IMAU	ICS	种子	内蒙古呼和浩特	35. 49	92. 09	3. 73	182. 86	0. 11	0. 11	6. 71		3. 46	10. 71	8. 07	10. 35	0. 18	0. 57

四方蒿

Elsholtzia blanda (Benth.) Benth.

唇形科，香薷属

特征 直立草本。茎、枝四棱形。叶椭圆形至椭圆状披针形，长3~16 cm，宽0. 8~4. 5 cm；叶柄长0. 3~1. 5 cm，腹凹背凸，密被短柔毛。穗状花序顶生或腋生，近偏向一侧，由具短梗、7~10花的多数轮伞花序所组成；苞叶除花序下部1对叶状外均呈苞片状，钻形至披针状钻形，长1. 5~3 mm，外被短柔毛；花梗长不及1 mm，与总梗、序轴被短柔毛。花萼圆柱形，长2~2. 5 mm，萼齿5，披针形；果时花萼基部略膨大，卵球形；花冠白色，长3~4 mm，冠筒基部宽1 mm，向上渐宽，至喉部宽达2 mm，冠檐二唇形，全缘；雄蕊4，前对较长，伸出，花丝丝状，近无毛，花药卵圆形，2室；花柱超出雄蕊，先端近相等2浅裂。小坚果长圆形，长约0. 8 mm，黄褐色，光滑。花期6~10月；果期10~12月。

分布 云南，广西西部及贵州东南部。生于林中旷处、沟边或路旁，海拔800~2500 m。尼泊尔、不丹、印度北部、缅甸、泰国、老挝、越南北部、印度尼西亚也有。

栽培 一般潮湿地带分布较广。主要为播种繁殖。

用途 茎叶含芳香油0. 5%~1%，油主要成分为香薷酮，不宜直接用于化妆品工业。

含油率及化学组分数据

采集单位	测试单位	测试部位	产地	含油率(%)	碘值	酸值	皂化值	C12:0	C14:0	C16:0	C16:1	C18:0	C18:1	C18:2	C18:3	C20:0	C20:1
OFPC	KMIB	果实	陕西宝鸡	30. 80						6. 40		2. 20	12. 20	29. 10	50. 00		

东紫苏

Elsholtzia bodinieri Vaniot

唇形科，香薷属

特征 多年生草本。茎上升，茎及枝多呈暗紫色，圆柱形，具细条纹，被平展的白色柔毛。叶近无柄，倒卵形或长圆形，长3. 5~5 mm，宽2~3 mm，全缘或具退化的钝齿，两面均被白色柔毛，近革质，两面无毛。穗状花序单生于茎及枝顶端，长2~3. 5 cm；苞片覆瓦状排列，连合成杯状，宽6~8 mm。花萼管状，长3 mm，萼齿披针形，近等大，长约1 mm；花冠玫瑰红紫色，长约9 mm，外面被长柔毛及稀疏的腺点，冠筒下弯，基部宽0. 5 mm，向上渐宽，至喉部宽达2 mm，冠檐二唇形；雄蕊4，前对较长，均伸出，花药卵圆形，2室；花柱超出雄蕊，先端微弯，近相等2裂，裂片线状钻形。小坚果长圆形，长约1. 1 mm，棕黑色。花期9~11月；果期12月至翌年2月。

分布 云南：昆明植物所百草园，24°19′12″N，102°10′12″E，1930 m，2010-08-22，李忠荣400222159。生于松林下或山坡草地上，海拔1200~3000 m。产于云南、贵州、西部。

栽培 对土壤要求不严格，一般土壤都可以栽培，但碱土、沙土不宜栽培。怕旱，不宜重茬，前茬谷类、豆类、蔬菜为好。分直播和育苗移栽两种，宜播方式有条播或撒播。

用途 植株含芳香油，新鲜植株得油率0. 25%~0. 3%，油无色。全草入药。

含油率及化学组分数据

采集单位	测试单位	测试部位	产地	含油率(%)	碘值	酸值	皂化值	C12:0	C14:0	C16:0	C16:1	C18:0	C18:1	C18:2	C18:3	C20:0	C20:1
KMIB	KMIB	种仁	云南昆明	21. 34	183. 7		200. 60				6. 28		1. 64	15. 32	15. 04	61. 73	

香薷（水芳花、山苏子、野紫苏）

Elsholtzia ciliata (Thunb.) Hyland.

唇形科，香薷属

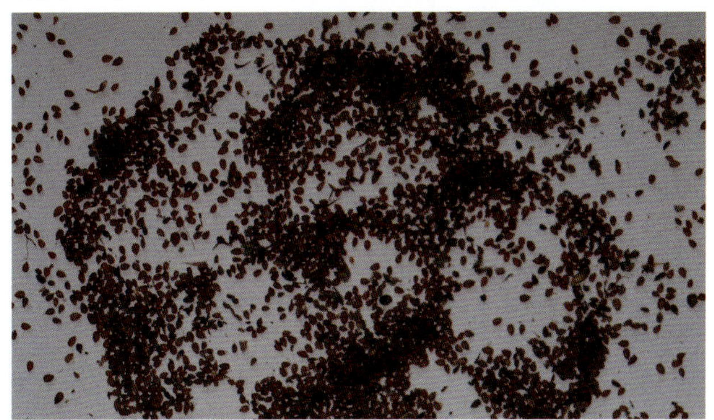

特征 直立草本，具密集的须根。茎通常自中部以上分枝，钝四棱形，具槽。叶卵形或椭圆状披针形，长3~9 cm，宽1~4 cm；叶柄长0.5~3.5 cm，背平腹凸，边缘具狭翅，疏被小硬毛。穗状花序长2~7 cm，宽达1.3 cm，偏向一侧，由多花的轮伞花序组成；花梗纤细，长1.2 mm，近无毛，序轴密被白色短柔毛。花萼钟形，长约1.5 mm，萼齿5；花冠淡紫色，约为花萼长之3倍，外面被柔毛，上部夹生有稀疏腺点，喉部被疏柔毛，冠筒自基部向上渐宽，至喉部宽约1.2 mm，冠檐二唇形；雄蕊4，前对较长，外伸，花丝无毛，花药紫黑色；花柱内藏，先端2浅裂。小坚果长圆形，长约1 mm，棕黄色，光滑。花期7~10月；果期10月至翌年1月。

分布 西藏：波密县扎木乡达兴沟，29°46′19″N，95°50′48″E，2853 m，2011-09-06，千友民400241158。黑龙江：伊春市小兴安岭，47°44′57″N，128°54′30″E，755 m，2010-08-15，陈连江、卞勇、潘伟400351051；塔河，52°20′41″N，124°42′09″E，2012-10-18，郑宝江等400341222。四川：康定县畜科所，30°02′14″N，101°57′34″E，2611 m，2009-08-25，千友民40024058。甘肃：徽县严坪镇，33°39′28″N，106°17′01″E，961 m，2011-10-07，薛帅、潘昊400325014。湖南：保靖县白云山，28°31′32″N，109°23′13″E，541 m，2012-11-17，张代贵、张洁40019101270。河南：内乡，33°29′56″N，111°55′7″E，1026 m，2012-10-26，王亚平400314316。生于路旁、山坡、荒地、林内、河岸，海拔达3400 m。除新疆、青海外几乎遍布全国各地。俄罗斯西伯利亚、蒙古、朝鲜、日本、印度、中南半岛也有分布，欧洲及北美也有引入。

栽培 对土壤要求不严格，一般土壤都可以栽培，但碱土、沙土不宜栽培。怕旱，不宜重茬，前茬谷类、豆类、蔬菜为好。分直播和育苗移栽两种，宜播方式有条播或撒播。具体播种时间由香薷上市时间来决定。春季播种在终霜结束前6 ~8 d为好，为了市场均衡供应，可以每10 ~15 d播种一批；为了冬季上市，播种时间应在初霜期前80 ~90 d。为了一次出全苗，播种的要保征土壤一定的湿度，覆土要浅，要镇压。

用途 全草入药，嫩叶尚可喂猪。

含油率及化学组分数据

采集单位	测试单位	测试部位	产地	含油率(%)	碘值	酸值	皂化值	C12:0	C14:0	C16:0	C16:1	C18:0	C18:1	C18:2	C18:3	C20:0	C20:1
SICAU	SCBG	种仁	西藏波密	22.98	120.81	10.02	207.89										
SBRI	SCBG	种子	黑龙江伊春	9.00	46.09	1.57	191.03	0.25	1.66	20.73	0.38	1.88	9.25	51.24	12.10	0.45	2.06
NEFU	SCBG	种仁	黑龙江塔河	18.80	68.78	6.10	346.96	0.02	0.23	22.71	0.21	3.48	0.28	71.42	0.80	0.54	0.31
SICAU	SCBG	种仁	四川康定	18.62	149.49	50.38	195.16										
CAU	ICS	种子	甘肃徽县	9.76	153.79	21.22	167.55		0.40	7.40	0.23	2.17	13.97	14.53	59.37	0.29	0.11
JSU	SCBG	种仁	湖南保靖	3.19	79.08	3.09	228.43		0.46	14.38		6.54	17.65	31.10			
HNAU	ICS	种子	河南内乡	28.47	139.95	3.95	159.43			6.04	0.07	2.13	7.35	21.79	60.78	0.22	0.06
OFPC	CIB	果实	四川稻城	35.50	182.20		176.90			5.20		2.90	11.20	20.70	60.00		
OFPC	CIB	果实	四川九龙	25.00	190.30		187.30			4.80		1.60	10.90	17.80	64.90		
OFPC	IAE	果实	黑龙江尚志	27.70	194.00					6.20		1.30	8.60	19.10	64.80		
OFPC	KMIB	果实	云南丽江	45.50	188.40	2.70	188.90			8.00		2.90	13.10	25.40	50.60		

密花香薷（咳嗽草、野紫苏、臭香茹）

Elsholtzia densa Benth.

唇形科，香薷属

特征 草本，高20~60 cm，密生须根。茎及枝均四棱形。叶长圆状披针形至椭圆形，长1~4 cm，宽0. 5~1. 5 cm，草质，上面绿色下面较淡，两面被短柔毛，侧脉6~9对，与中脉在上面下陷明显；叶柄长0. 3~1. 3 cm，背腹扁平。穗状花序长圆形或近圆形，长2~6 cm，宽1 cm，密被紫色串珠状长柔毛，由密集的轮伞花序组成。花冠小，淡紫色，长约2. 5 mm，外面及边缘密被紫色串珠状长柔毛，内面在花丝基部具不明显的小疏柔毛环，冠筒向上渐宽大，冠檐二唇形，上唇直立，先端微缺，下唇稍开展，3裂；雄蕊4，前对较长，微露出，花药近圆形；花柱微伸出，先端近相等2裂。小坚果卵珠形，长2 mm，宽1. 2 mm，暗褐色，被极细微柔毛，腹面略具棱，顶端具小疣突起。花、果期7~10月。

分布 四川：红原县邛溪乡泥炭场，32°47′23″N，102°31′30″E，3258 m，2009-07-18，干友民400241006。生于林缘、高山草甸、林下、河边及山坡荒地，海拔1800~4100 m。产于四川、云南、西藏、新疆、青海、甘肃、陕西、山西及河北。阿富汗、巴基斯坦、尼泊尔、印度、俄罗斯也有。

栽培 土壤要求不严格，一般土壤都可以栽培，但碱土、砂土不宜栽培。分直播和育苗移栽两种，宜播方式有条播或撒播。

用途 含有挥发油，其挥发油可应用于食品、保健品、药品化妆品等行业，制备出有抗菌、抗病毒以及胆碱酯酶抑制作用的各种产品。

含油率及化学组分数据

采集单位	测试单位	测试部位	产地	含油率(%)	碘值	酸值	皂化值	C12:0	C14:0	C16:0	C16:1	C18:0	C18:1	C18:2	C18:3	C20:0	C20:1
SICAU	SCBG	种仁	四川红原	2. 45	116. 64	47. 82	244. 09		0. 10	6. 66	0. 15	1. 85	25. 64	64. 79	0. 26	0. 22	0. 34
OFPC	CIB	果实	四川九龙	37. 90	178. 70		192. 40			4. 70		1. 90	17. 80	21. 60	54. 00		

鼬瓣花（野芝麻、野苏子）

Galeopsis bifida Boenn.

唇形科，鼬瓣花属

特征 草本。茎直立，粗壮，钝四棱形。茎叶卵圆状披针形或披针形，上面贴生具节刚毛，下面疏生微柔毛，间夹有腺点；侧脉6~8对，上面不明显，下面突出；叶柄长1~2. 5 cm，腹平背凸，被短柔毛。轮伞花序腋生，多花密集。花萼管状钟形，长三角形，先端为长刺状。花冠白、黄或粉紫红色，长约1. 4 cm，冠筒漏斗状，喉部增大，冠檐2唇形，先端明显微凹，紫纹直达边缘，基部略收缩；雄蕊4，均延伸至上唇片之下，花丝丝状，下部被小疏毛，花药卵圆形，2室，二瓣横裂，内瓣较小，具纤毛；花柱先端近相等2裂，花盘前方呈指状增大，子房无毛，褐色。小坚果倒卵状三棱形，褐色，有秕鳞。花期7~9月；果期9月。

分布 黑龙江：帽儿山，45°24′43″N，127°39′22″E，380 m，2010-10-03，谢鑫、刘平、黄茹400341078。西藏：波密县扎木乡，29°49′56″N，95°43′07″E，3154 m，2011-09-05，干友民400241151。生于林缘、路旁、田边、灌丛、草地等空旷处，在我国西南山区，可生长至海拔4000 m。产于湖北西部、四川西部、贵州西北部、云南西北部及东北部、西藏、青海、甘肃、陕西、山西、内蒙古、吉林及黑龙江等地。斯堪的纳维亚半岛南部、中欧各国、俄罗斯、蒙古、朝鲜、日本以及北美洲也有。

栽培 播种繁殖。

用途 种子富含脂肪油，含油率40. 0%~50. 1%，油的比重（15°C）0. 9368，适用于工业。果实油可作保护性涂料。

含油率及化学组分数据

采集单位	测试单位	测试部位	产地	含油率(%)	碘值	酸值	皂化值	C12:0	C14:0	C16:0	C16:1	C18:0	C18:1	C18:2	C18:3	C20:0	C20:1
NEFU	SCBG	种仁	黑龙江帽儿山	37. 46	66. 05	10. 66	213. 65										
SICAU	SICAU	种子	西藏波密	30. 50	153. 79	21. 22	167. 55										
OFPC	IBCAS	果实	青海浩门	45. 70	157. 40		192. 50			6. 30		1. 20	22. 50	42. 60	26. 80		
OFPC	CIB	果实	四川九龙	31. 50	140. 40		185. 10			3. 60		1. 50	29. 90	44. 00	21. 00		

毛萼香茶菜（黑头草、虎尾草、火地花）

Isodon eriocalyx (Dunn) Kudô [*Rabdosia eriocalyx* (Dunn) H. Hara]

唇形科，香茶菜属

特征 多年生草本或灌木，高0. 5~3 m，具匍匐茎。茎钝四棱形。叶对生，卵状椭圆形或卵状披针形，长2. 5~18 cm，宽0. 8~6. 5 cm，先端渐尖，边缘具圆齿状锯齿或牙齿，有时全缘，坚纸质；叶柄长0. 6~5 cm。穗状圆锥花序顶生及腋生，长2. 5~35 cm，直径约1 cm，到处密被白色卷曲短柔毛，由密集多花的聚伞花序组成，聚伞花序具梗，梗长约2 mm，花梗较花萼为短；苞片小，线形；花萼花时钟形，长1. 5~1. 8 mm，直径1. 8~2 mm，最初被灰白色绵毛，以后渐变少毛，萼齿5，卵形，近相等，长约为花萼长之1/3，果时花萼直立，增大，长约4 mm；花冠淡紫或紫色，长6~7 mm，外面被疏柔毛，冠筒基部具浅囊状突起；雌雄蕊内藏，有时花柱略伸出。小坚果卵形，极小，污黄色。花期7~11月；果期11~12月。

分布 广西西部、四川西部、贵州南部、云南。生于山坡阳处，灌丛中，海拔750~2600 m。

栽培 适应性强，喜光。日照充足通风良好，排水良好的砂质壤土或土质深厚壤土为佳，有利生长。

用途 全草入药。

含油率及化学组分数据

采集单位	测试单位	测试部位	产地	含油率(%)	碘值	酸值	皂化值	C12:0	C14:0	C16:0	C16:1	C18:0	C18:1	C18:2	C18:3	C20:0	C20:1
OFPC	CIB	果实	四川洪雅	24. 00	157. 30		233. 90			6. 90		2. 40	9. 80	31. 00	49. 90		

毛叶香茶菜（香茶菜）

Isodon japonicus (Burm. f.) H. Hara [*Rabdosia japonica* (Burm. f.) H. Hara]

唇形科，香茶菜属

特征 多年生草本；根茎木质，钝四棱形。茎叶对生，卵形或阔卵形，坚纸质；叶柄，腹凹背凸，被微柔毛。圆锥花序在茎及枝上顶生，疏松而开展。花萼开花时钟形，长1. 5~2 mm，外密被灰白茸毛，内面无毛，萼齿5，三角形，锐尖，长约为花萼长1/3，近等大，前2齿稍宽而长，果时花萼管状钟形，长达4 mm，脉纹明显，略弯曲，下唇2齿稍长而宽，上唇3齿，中齿略小；花冠淡紫、紫蓝至蓝色，上唇具深色斑点，长约5 mm，外被短柔毛，内面无毛，冠筒长约2. 5 mm，基部上方浅囊状，冠檐二唇形；雄蕊4，伸出，花丝扁平，中部以下具髯毛；花柱伸出，先端相等2浅裂，花盘环状。成熟小坚果卵状三棱形，长1. 5 mm，黄褐色，无毛，顶端具疣状凸起。花期7~8月；果期9~10月。

分布 河南：内乡，33°28′17″N，111°53′10″E，641 m，2012-10-27，王亚平400314324。生于山坡、谷地、路旁、灌木丛中，海拔可达2100 m。日本也有。产于江苏、河南、四川北部、甘肃南部、陕西南部及山西南部。

栽培 适应性强，喜光。日照充足通风良好，排水良好的砂质壤土或土质深厚壤土为佳，有利生长。播种繁殖。

用途 日本传统作为健胃药，从中分离出苦味成分延命素（EnmeinC10 H26 O6），有抑制肿瘤细胞生长中抑菌作用。

含油率及化学组分数据

采集单位	测试单位	测试部位	产地	含油率(%)	碘值	酸值	皂化值	C12:0	C14:0	C16:0	C16:1	C18:0	C18:1	C18:2	C18:3	C20:0	C20:1
HNAU	ICS	种子	河南内乡	26. 50	183. 90	4. 88	200. 39			3. 22	0. 06		13. 97	14. 26	58. 06	0. 18	

蓝萼香茶菜

Isodon japonicus var. **glaucocalyx** (Maxim.) H. W. Li [*Rabdosia japonica* var. *glaucocalyx* (Maxim.) H. Hara]

唇形科，香茶菜属

特征 这一变种与原变种不同在于叶疏被短柔毛及腺点，顶齿卵形或披针形而渐尖，锯齿较钝；花萼常带蓝色，外面密被贴生微柔毛。花期7~11月；果期11~12月。

分布 黑龙江：嘉荫县八字山，48°56′8″N，130°23′53″E，308 m，2010-08-17，陈连江、卞勇、潘伟400351063。辽宁：丹东，40°07′45″N，124°20′19″E，2012-02-10，郑宝江等400341176。生于山坡、路旁、林缘、林下及草丛中，海拔可达1800 m。产于山东、山西、河北、辽宁、吉林及黑龙江。俄罗斯远东地区，朝鲜，日本也有。

栽培 适应性强，喜光。喜排水良好的砂质壤土或土质深厚壤土为佳，有利生长。播种繁殖。

用途 药用。

含油率及化学组分数据

采集单位	测试单位	测试部位	产地	含油率(%)	碘值	酸值	皂化值	C12:0	C14:0	C16:0	C16:1	C18:0	C18:1	C18:2	C18:3	C20:0	C20:1
SBRI	SCBG	种子	黑龙江嘉荫	22.68	46.09	0.45	538.60	0.05	0.04	8.70	0.15	3.94	40.18	45.01	0.22	0.52	1.18
NEFU	SCBG	种仁	辽宁丹东	31.07	7.82	26.96	191.08	0.01	0.09	10.41	0.04	3.84	10.60	57.97	16.54	0.33	0.16
OFPC	IAE	果实	黑龙江哈尔滨	31.70	182.00		191.60			3.80		1.90	13.60	31.70	49.00		

益母草（野麻、九重楼、云母草）

Leonurus japonicus Houtt. [*Leonurus artemisia* (Lour.) S. Y. Hu]

唇形科，益母草属

特征 一年生或二年生草本。茎直立，钝四棱形。叶轮廓变化很大，茎下部叶轮廓为卵形，基部宽楔形，掌状3裂，叶脉突出，叶柄纤细，长2~3 cm。轮伞花序腋生，具8~15花，轮廓为圆球形，多数远离而组成长穗状花序；小苞片刺状；花梗无。花萼管状钟形，5脉，显著，齿5，前2齿靠合，齿均宽三角形，先端刺尖；花冠粉红至淡紫红色，冠檐二唇形，3裂，中裂片倒心形，先端微缺，边缘薄膜质，基部收缩，侧裂片卵圆形，细小；雄蕊4，均延伸至上唇片之下，平行，前对较长，花丝丝状，扁平，疏被鳞状毛，花药卵圆形，二室；子房褐色，无毛。小坚果长圆状三棱形，长2.5 mm，顶端截平而略宽大，基部楔形，淡褐色，光滑。花期通常在6~9月；果期9~10月。

分布 黑龙江：桦川县申家店，46°34′23″N，130°37′11″E，815 m，2010-08-31，陈连江、卞勇、潘伟400351011。新疆：乌鲁木齐水西沟，43°27′17″N，87°26′23″E，1718 m，2010-09-28，王喜勇、王蕾、孔凡逵4003310018。甘肃：徽县严坪镇，33°41′23″N，106°16′08″E，1119 m，2011-10-06，薛帅400325001。重庆：南川区鱼泉乡山王坪白果林场，29°39′58″N，107°12′42″E，1316 m，2009-11-04，刘正宇等400231108。内蒙古：巴林左旗，44°12′12″N，119°16′51″E，2012-10-11，郑宝江等400341229。河南：焦作沁阳，35°14′53″N，112°49′8″E，1033 m，2012-10-20，王亚平400314271。山西：翼城县西阎乡曹公村，35°20′58″N，111°33′43″E，1150 m，2009-10-02，谢光辉400322003。生长于多种生境，尤以阳处为多，海拔可高达3400 m。产于全国各地。俄罗斯、朝鲜、日本、热带亚洲、非洲、以及美洲各地有分布。

栽培 喜温暖湿润气候，喜阳光，一般栽培农作物的平原及坡地均可生长，以较肥沃的土壤为佳，需要充足水分条件，但不宜积水，怕涝。一般均采用播种繁殖，以直播方法种植，育苗移栽者亦有，但产量较低。

用途 嫩苗入药称"童子益母草"，功用同益母草，并有补血作用。

含油率及化学组分数据

采集单位	测试单位	测试部位	产地	含油率(%)	碘值	酸值	皂化值	C12:0	C14:0	C16:0	C16:1	C18:0	C18:1	C18:2	C18:3	C20:0	C20:1
SBRI	SCBG	种子	黑龙江桦川	25.99	81.66	3.24	186.95	0.04	0.31	11.32	0.39	4.74	14.78	64.96	0.66	1.07	1.72
XIEG	SCBG	种仁	新疆乌鲁木齐	27.27	116.56	3.87	200.96	0.02	0.04	5.41		3.31	29.38	59.30	0.31	0.40	1.84
CAU	IAS		甘肃徽县	22.67	79.62	6.90	198.82			5.23	0.18	2.37	21.64	50.40	16.87	0.46	
CIPP	SCBG	种仁	重庆南川	11.54				0.02	0.10	18.49	0.16	4.83	35.16	14.83	0.12	3.04	0.38
NEFU	SCBG	种仁	内蒙古巴林左旗	27.00	91.26	0.69	186.95		0.02	4.47	0.06	2.37	17.73	39.88	34.46	0.45	0.56
HNAU	ICS	种子	河南焦作	21.83	114.08	21.18	186.34	0.11		4.53	0.12	1.95	24.15	42.21	21.52	0.44	0.12
CAU	ICS	种子	山西翼城	33.48	93.83	11.80	207.37	0.05	0.05	7.26	0.14	4.27	48.90	35.65	0.76	1.24	1.68
OFPC	JSIB	果实	江苏南京	37.05	154.30		189.30			8.00		3.40	28.20	39.80	11.60	2.20	

细叶益母草（四美草、龙串彩风车草）

Leonurus sibiricus L.

唇形科，益母草属

特征 一年生或二年生草本。茎直立，钝四棱形，不分枝，或于茎上部稀在下部分枝。叶基部宽楔形，掌状3全裂，裂片呈狭长圆状菱形；叶脉下陷；叶柄纤细，长约2 cm，腹面具槽，背面圆形，被糙伏毛。轮伞花序腋生，多花，花时轮廓为圆球形，径3~3.5 cm，多数，向顶渐次密集组成长穗状；花梗无。花萼管状钟形，内面无毛，脉5，显著，齿5；花冠粉红至紫红色，冠檐二唇形；雄蕊4，均延伸至上唇片之下，平行，前对较长，花丝丝状，扁平，中部疏被鳞状毛，花药卵圆形，2室；花柱丝状，略超出于雄蕊，先端相等2浅裂，裂片钻形；花盘平顶；子房褐色，无毛。小坚果长圆状三棱形，长2.5 mm，顶端截平，基部楔形，褐色。花期7~9月；果期9月。

分布 内蒙古：鄂尔多斯市伊金霍洛旗成吉思汗陵，42°40′42″N，115°56′37″E，1321 m，2012-09-19，扈顺400312068。生于石质及砂质草地上及松林中，海拔可达1500 m。产于陕西北部、山西河北北部及内蒙古。俄罗斯、蒙古也有。

栽培 适应性强，喜光。日照充足通风良好，排水良好的砂质壤土或土质深厚壤土为佳，有利生长。

用途 全草入药。活血、祛淤、调经、消水。

含油率及化学组分数据

采集单位	测试单位	测试部位	产地	含油率(%)	碘值	酸值	皂化值	C12:0	C14:0	C16:0	C16:1	C18:0	C18:1	C18:2	C18:3	C20:0	C20:1
IMAU	ICS	种子	内蒙古鄂尔多斯	26.46	82.38	7.06	83.87	0.11		4.80	0.14	2.25	21.94	55.36	11.51	0.43	0.26
OFPC	IAE	果实	辽宁沈阳	34.10	119.80		189.90			4.40		微量	23.60	70.30	0.70		

薄荷（野薄荷、水薄荷、水益母）

Mentha canadensis L. [*Mentha haplocalyx* Briq.]

唇形科，薄荷属

特征 多年生草本。茎直立，锐四棱形，具四槽，上部被倒向微柔毛，下部仅沿棱上被微柔毛，多分枝。叶片长圆状披针形，披针形，椭圆形或卵状披针形，稀长圆形；叶柄长2~10 mm，腹凹背凸，被微柔毛。轮伞花序腋生，轮廓球形；花梗纤细，长2.5 mm，被微柔毛或近于无毛。花萼管状钟形，长约2.5 mm，外被微柔毛及腺点，内面无毛，10脉，不明显，萼齿5，狭三角状钻形，先端长锐尖，长1 mm；花冠淡紫，长4 mm，冠檐4裂，上裂片先端2裂，较大，其余3裂片近等大，长圆形，先端钝；雄蕊4，前对较长，长约5 mm，均伸出于花冠之外，花丝丝状，无毛，花药卵圆形，2室，室平行；花柱略超出雄蕊，先端近相等2浅裂，裂片钻形；花盘平顶。小坚果卵珠形，黄褐色，具小腺窝。花期7~9月；果期10月。

分布 四川：松潘县进安乡，32°31′44″N，103°36′19″E，2750 m，2009-07-30，干友民400241048。生于水旁潮湿地，海拔可高达3500 m。产于南北各地。热带亚洲、俄罗斯远东地区、朝鲜、日本及北美洲（南达墨西哥）也有。

栽培 对土壤要求不严，但以土层深厚、疏松肥沃、富含有机质的壤土或半砂壤土为好。适宜生长温度为20℃~33℃。盐碱地、低洼地不宜种植。但以肥沃的壤土和砂质壤土为好。一般用根茎繁殖，也可用扦播和用播种繁殖。后两种方法生长慢，容易变异，一般采用少。用根茎繁殖，春栽或冬前栽均可，春栽多在3月下旬至4月上旬进行，冬前栽在10月下旬前后进行。

用途 幼嫩茎尖可作菜食，全草又可入药，治感冒发热喉痛，头痛，目赤痛，皮肤风疹搔痒，麻疹不透等症，此外对痈、疽、疥、癣、漆疮亦有效。

含油率及化学组分数据

采集单位	测试单位	测试部位	产地	含油率(%)	碘值	酸值	皂化值	C12:0	C14:0	C16:0	C16:1	C18:0	C18:1	C18:2	C18:3	C20:0	C20:1
SICAU	SCBG	种仁	四川松潘	20.30	145.85	14.38	50.52		0.03	5.47	0.06	3.54	19.37	44.23	25.37	0.86	1.08
OFPC	IAE	果实	辽宁沈阳	22.30	142.80					4.00		1.90	12.00	39.00	43.10		

多裂叶荆芥

Nepeta multifida L. [*Nepeta lavandulacea* L. f.; *Schizonepeta multifida* Briq.]

唇形科，裂叶荆芥属

特征 多年生草本；根茎木质，由其上发出多数萌株。茎半木质化。叶卵形，羽状深裂或分裂，有时浅裂至近全缘，坚纸质；叶柄通常长约1. 5 cm。花序为由多数轮伞花序组成的顶生穗状花序，长6~12 cm，连续，很少间断。花萼紫色，基部带黄色，长约5 mm，径2 mm，具15脉，外被稀疏的短柔毛，内面无毛，齿5，三角形，长约1 mm，先端急尖；花冠蓝紫色，干后变淡黄色，长约8 mm，冠筒向喉部渐宽，冠檐二唇形；雄蕊4，前对较上唇短，后对略超出上唇；花药浅紫色；花柱与前对雄蕊等长，先端近相等的2裂，柱头略粗，带紫色。小坚果扁长圆形，腹部略具棱，长约1. 6 mm，宽0. 6 mm，褐色，平滑，基部渐狭。花期7~9月；果期在9月以后。

分布 内蒙古：巴林左旗，44°12′12″N，119°16′51″E，2012-10-11，郑宝江等400341231。生于松林林缘、山坡草丛中或湿润的草原上，海拔1300~2000 m。产于甘肃、陕西、山西、河北、内蒙古；俄罗斯、蒙古也有。

栽培 适应力很强，性喜阳光，常生长在温暖湿润的环境，对土壤的要求不严，一般土壤都能种植，但以疏松肥沃土壤生长较好，在高温多雨季节怕积水。

用途 全株含芳香油，油透明淡黄色，味清香，适于制香皂用。

含油率及化学组分数据

采集单位	测试单位	测试部位	产地	含油率(%)	碘值	酸值	皂化值	C12:0	C14:0	C16:0	C16:1	C18:0	C18:1	C18:2	C18:3	C20:0	C20:1
NEFU	SCBG	种仁	内蒙古巴林左旗	24. 96	15. 37	6. 15											

毛罗勒

Ocimum basilicum var. **pilosum** (Willd.) Benth.

唇形科，罗勒属

特征 一年生草本。茎直立，多分枝，钝四棱形。叶卵形至卵状长圆形，两面近无毛，仅在背面具腺点；叶柄长约1. 5 cm，具短柔毛、微柔毛至无毛。总状花序顶生，轮伞花序较疏离；花萼钟形，5齿；花冠淡紫色或上唇白色，下唇紫红色，长约6 mm，管长约3 mm，内藏，喉部增大，唇片外面具微柔毛，内面无毛，上唇4裂，裂片近相等，近圆形，长约3 mm，宽4. 5 mm，常具皱曲，下唇长圆形，长约3 mm，宽1. 2 mm，全缘；雄蕊4枚，离生，稍外露，后对花丝基部具齿状附属物，其上具微柔毛，花药卵形汇合成1室；花柱较雄蕊长，先端2等浅裂；花盘具4突起腺体，不超过子房。小坚果卵珠形，长1. 5 mm，宽1 mm，黑褐色。花期7~9月；果期9~12月。

分布 新疆：吐鲁番沙漠植物园，42°51′17″N，89°11′36″E，93 m，2010-10-17，王茜、王喜勇4003310055。产于广东、广西、江西、福建、台湾、浙江、江苏、安徽、河南、四川、贵州、云南及河北。均作为芳香植物栽培，间或有逸为野生的。非洲至亚洲温暖地带也有。

栽培 喜温暖湿润的气候，不耐寒也不耐旱。北方可在春季植，种子发芽的温度在15~30℃，在25~30℃时发芽率可达90%。宜选排水良好、疏松肥沃的砂壤土种植。用种子繁殖。春季播种，直播或育苗移栽。主要有蚜虫、日本甲虫、蓟马、潜叶蝇、蜗牛及蛞蝓。有机栽培可用喷水驱离蚜虫，以及用手捉日本甲虫丢进肥皂水中。至于蛞蝓及蜗牛可用小的啤酒容器诱杀或者在距植株基部5 cm处（10 cm处更佳）绑铜片，由于铜片与蛞蝓黏液作用，致使入侵昆虫退却。

用途 茎、叶及花穗含芳香油，一般含油0. 1%~0. 12%，油的比重（15℃）0. 900~0. 930，折光度（20℃）1. 4800~1. 4950，旋光度（20℃）~6°~20°，其主要成分为草蒿素（含量在55%左右），芳樟醇（含量34. 5%~40%）及其他如乙酸芳樟酯、丁香酚等，主要用作调香原料，配制化妆品、皂用及食用香精，亦用于制牙膏、漱口剂中作矫味剂。嫩叶可食，亦可泡茶饮，有驱风、芳香、健胃及发汗作用。

含油率及化学组分数据

采集单位	测试单位	测试部位	产地	含油率(%)	碘值	酸值	皂化值	C12:0	C14:0	C16:0	C16:1	C18:0	C18:1	C18:2	C18:3	C20:0	C20:1
XIEG	SCBG	种仁	新疆吐鲁番	21. 50	120. 84	1. 53	198. 67		0. 03	7. 18	0. 14	2. 74	14. 81	21. 32	53. 34	0. 25	0. 18

假野芝麻

Paralamium gracile Dunn

唇形科，假野芝麻属

特征 草本，高40~80 cm。茎直立，钝四棱形。叶卵圆状心形，纸质，明显具腺点；侧脉5~6对；叶柄长2~10 cm，毛被如同茎部。总状圆锥花序腋生或顶生，腋生时单出，顶生时三出，长7~30 cm，顶生者最长，开花时径1. 5~2 cm，由多数细小的聚伞花序组成；聚伞花序沿序轴密集，无梗，具1~5花，其下承以钻形细小苞片；花梗长约1 mm，果时伸长达2 mm；序轴及花梗的毛被同茎部；花萼钟形，长3 mm，其间夹有腺点，余部无毛，萼筒长约2 mm，10脉，多少显著，齿5；花冠长约9 mm，细小，唇片紫色，筒部白色，外疏被微柔毛，内面在冠筒有倒向短柔毛，冠筒纤细，伸出于萼筒很多，喉部增大，冠檐二唇形。小坚果，长约1 mm，黑色。花期4月；果期4~5月。

分布 云南东南部及西南部。生于水沟旁或林中潮湿地，海拔1150~1800 m。越南、缅甸也有分布。

栽培 喜温作物，怕寒冷，怕水淹。播种繁殖。

用途 药用。

含油率及化学组分数据

采集单位	测试单位	测试部位	产地	含油率(%)	碘值	酸值	皂化值	C12:0	C14:0	C16:0	C16:1	C18:0	C18:1	C18:2	C18:3	C20:0	C20:1
OFPC	KMIB	果实	云南昆明	29.10	152.10	5.00	181.20			7.60	1.40	2.90	13.40	30.30	44.40		

紫苏（臭苏、苏子、苏麻）

Perilla frutescens (L.) Britt.

唇形科，紫苏属

特征 一年生、直立草本。茎绿色或紫色，钝四棱形，具4槽，密被长柔毛。叶阔卵形或圆形，膜质或草质，两面绿色或紫色，或仅下面紫；叶柄长3~5 cm，背腹扁平，密被长柔毛。轮伞花序2花，组成长1.5~15 cm、密被长柔毛、偏向一侧的顶生及腋生总状花序；花梗长1.5 mm，密被柔毛。花萼钟形，10脉，长约3 mm；花冠白色至紫红色，长3~4 mm，外面略被微柔毛，内面在下唇片基部略被微柔毛，冠筒短，长2~2.5 mm，喉部斜钟形，冠檐近二唇形；花柱先端相等2浅裂，花盘前方呈指状膨大。小坚果近球形，灰褐色，直径约1.5 mm，具网纹。花期8~11月；果期8~12月。

分布 陕西：陇县固关，34°57′58″N，106°35′35″E，1250 m，2011-10-12，秦烁、胡亮400326030；洋县华阳古镇，33°35′27″N，107°32′49″E，1118 m，2010-10-08，薛帅400323031。湖南：保靖县白云山，28°38′43″N，109°21′11″E，553 m，2012-11-17，张代贵、张洁40019101260；吉首德夯，28°20′29.04″N，109°36′12.96″E，450 m，2011-11-06，徐亮、周建军40019101186。江西：上饶武夷山，27°51′21″N，117°44′07″E，814 m，2011-10-14，凡强、景慧娟4001411024。重庆：大渡口区茄子溪长江边沙滩，29°14′30″N，106°19′25″E，173 m，2009-10-28，刘正宇等400231095；南川区三泉镇金佛山龙骨溪，29°47′45″N，107°7′36″E，613 m，2009-10-14，刘正宇等400231090。四川：宝兴县硗碛藏族，30°41′12″N，102°41′40″E，2571 m，2010-09-08，干友民40024178。河北：青龙，40°41′08″N，119°17′05″E，711 m，2010-09-23，徐兴友40031353。云南：勐腊县勐仑镇，22°57′33″N，101°40′21″E，650 m，2010-11-04，张国学400222133。辽宁：锦州，41°07′32″N，121°09′52″E，2011-09-19，郑宝江等400341124。山东：枣庄抱犊崮，35°42′31″N，119°15′40″E，633 m，2010-07-15，赵伟华400311001。全国各地广泛栽培。不丹、印度、中南半岛，南至印度尼西亚（爪哇），东至日本、朝鲜也有。

栽培 对气候、土壤条件适应性强，但在温暖湿润、土壤疏松、肥沃、排水良好、阳光充足的环境生长旺盛。发芽率高，发芽适温为25℃。种子寿命为1年。用种子繁殖，直播或育苗移栽。斑枯病：6月始发，危害叶片。防治方法：发病初期用70%代森锌胶悬剂干粉喷粉；或用1:1:200倍的波尔多液喷雾防治。

用途 供药用和香料用。叶又供食用，和肉类煮熟可增加后者的香味。种子榨出的油，名苏子油，供食用，又有防腐作用，供工业用。

含油率及化学组分数据

采集单位	测试单位	测试部位	产地	含油率(%)	碘值	酸值	皂化值	C12:0	C14:0	C16:0	C16:1	C18:0	C18:1	C18:2	C18:3	C20:0	C20:1
CAU	ICS	种子	陕西陇县	17.83	121.80	18.84	180.84		0.06	11.48	0.15	3.42	32.70	10.15	36.13	0.44	0.18
CAU	ICS	种子	陕西洋县	19.99	86.43	7.43	470.29			7.43	0.42	2.46	14.98	15.67	54.14	0.08	
JSU	SCBG	种仁	湖南保靖	19.15	82.53	6.78	215.59	0.02	0.06	9.30	0.13	2.65	9.71	42.62	28.28	1.07	0.09
JSU	SCBG	种子	湖南吉首	16.82	53.16	12.36	276.01	0.03	0.06	10.16	0.57	1.87	1.28	1.28	2.62	0.71	0.17
SYSU	SCBG	种子	江西上饶	10.10	91.17	0.98	157.05										
CIPP	SCBG	种子	重庆大渡口	22.80	76.27	41.10	201.18			6.61	0.08	1.74	14.38	16.67	60.10	0.25	0.16
CIPP	SCBG	种子	重庆南川	12.65				0.08	0.42	13.96	1.23	5.35	34.10	25.29	0.07	5.67	0.16
SICAU	SCBG	种仁	四川宝兴	25.88	101.42	25.35	126.14										
HNUST	ICS	种子	河北青龙	38.80	87.41	5.11	193.22			5.88	0.08	2.62	20.91	14.65	53.69	0.22	0.24
KMIB	SCBG	种仁	云南勐腊	31.32	182.50	12.80	192.70	0.02	0.37	0.04	7.45		2.13	25.62	12.46	51.55	0.31
NEFU	SCBG	种仁	辽宁锦州	36.23	73.68	2.94	310.83		0.06	8.90	0.14	1.81	54.36	18.54	4.57	3.95	7.68
ICS	ICS	种子	山东枣庄	17.70	74.69	2.56	163.65	0.01	0.03	6.04	0.06	2.78	14.14	13.77	62.84	0.20	0.12
OFPC	NIB	果实	陕西宁强	42.60	194.30		187.10			8.00	1.20	2.60	13.60	19.10	55.50		
OFPC	NIB	果实	甘肃平凉	47.00	182.10		187.00			7.80		2.20	21.70	12.60	53.80	1.90	
OFPC	CIB	果实	四川南川	38.20	176.60		196.00			8.10		1.30	14.00	17.20	59.40		
OFPC	XTBG	果实	云南勐腊	45.40	183.70		200.60			9.10		2.80	14.70	17.30	56.10		
OFPC	SCBG	果实	广东广州	29.80	189.00		189.90			7.30		0.90	13.50	19.40	58.90		
OFPC	KMIB	果实	云南瑞丽	37.10	175.00		181.00			10.20		2.70	14.50	21.50	51.10		
OFPC	IAE	果实	辽宁开原	46.30	190.10		185.20			6.70		2.80	18.50	18.20	52.90	0.90	

回回苏

Perilla frutescens var. **crispa** (Thunb.) Hand.-Mazz. [*Perilla frutescens* var. *crispa* (Thunb.) Hand.-Mazz.]

唇形科，紫苏属

特征 这一变种与原变种紫苏不同在于叶具狭而深的锯齿，常为紫色；果萼较小。

分布 我国各地栽培，日本也有。

栽培 气候、土壤条件适应性强，但在温暖湿润、土壤疏松、肥沃、排水良好、阳光充足的环境生长旺盛。播种繁殖。

用途 供药用和香料用。

含油率及化学组分数据

采集单位	测试单位	测试部位	产地	含油率(%)	碘值	酸值	皂化值	C12:0	C14:0	C16:0	C16:1	C18:0	C18:1	C18:2	C18:3	C20:0	C20:1
OFPC	JSIB	果实	江苏南京	28.00	191.50		192.20	0.90		5.40		1.40	25.10	14.70	52.00		
OFPC	IB	果实	黑龙江哈尔滨	36.00	198.20		194.30		0.10	6.70	0.30	2.00	12.40	15.00	62.50		

野生紫苏

Perilla frutescens var. **purpurascens** (Hayata) H. W. Li

唇形科，紫苏属

特征 这一变种与原变种紫苏不同在于茎被短疏柔毛；叶较小，卵形，两面被疏柔毛；果萼小，小坚果较小。花期8~9月；果期9~11月。

分布 广东：英德县石门台横石塘，24°26′01″N，113°18′34″E，2010-11-11，易绮斐、陈林、刘清泉400119128。生于林缘、田间或路旁等荒地上。我国各地栽培，也有野生。日本也有。

栽培 播种繁殖和根插繁殖。

用途 全草入药，为民间常用药草，可作香料。

含油率及化学组分数据

采集单位	测试单位	测试部位	产地	含油率(%)	碘值	酸值	皂化值	C12:0	C14:0	C16:0	C16:1	C18:0	C18:1	C18:2	C18:3	C20:0	C20:1
SCBG	SCBG	种仁	广东英德	46.10	48.94	9.91	168.32	0.01	0.29	10.41	0.42	2.06	9.72	63.55	22.84	0.26	1.08

口外糙苏

Phlomis jeholensis Nakai et Kitag.

唇形科，糙苏属

特征　多年生草本。茎四棱形。茎叶卵形，边缘为具胼胝尖的粗牙齿状锯齿；叶片均上面橄榄绿色，疏被具节或单节短刚毛，下面较淡，被疏柔毛，茎叶腹凹背凸，苞叶叶柄近无。轮伞花序6~16花，多数，生于主茎及分枝上；花萼管状；花冠白色，长约1.9 cm，冠筒长约1.1 cm，外面无毛，内面近中部具斜向间断小疏柔毛环，冠檐二唇形，上唇长约8 mm，外面密被绢毛状绒毛，边缘小齿状，内面被髯毛，下唇长约7 mm，宽约8 mm，3圆裂，中裂片倒卵形，长约5 mm，宽约3.5 mm，侧裂片卵形，较小；雄蕊内藏，后对花丝远在毛环以上有短距状附属器；花柱先端极不等的2裂。小坚果无毛。花期8~9月。

分布　河北：兴隆，40°34′26″N，117°28′21″E，1752 m，2012-09-26，徐兴友、韩保强400313182。生于山坡或水边。产于河北北部。

栽培　播种繁殖。

用途　根入药。

含油率及化学组分数据

采集单位	测试单位	测试部位	产地	含油率(%)	碘值	酸值	皂化值	C12:0	C14:0	C16:0	C16:1	C18:0	C18:1	C18:2	C18:3	C20:0	C20:1
HNUST	ICS	种子	河北兴隆	27.66	138.87	10.32	175.80			3.64	0.06		50.54	35.07	1.42		0.83

块根糙苏（青河糙苏）

Phlomis tuberosa L.

唇形科，糙苏属

特征　多年生草本；根块根状增粗。茎具分枝，紫红色或绿色。基生叶或下部的茎生叶三角形，基部深心形，叶片上面橄榄绿色；基生叶及下部茎生叶叶柄长4~25 cm，中部茎生叶叶柄长1.5~3.5 cm，上部的茎生叶及苞叶叶柄短至无柄，均被具节刚毛或无毛。轮伞花序多数，约3~10个生于主茎及分枝上，彼此分离，多花密集。花萼管状钟形；花冠紫红色，长1.8~2 cm，外面唇瓣上密被具长射线的星状绒毛，筒部无毛，内面在冠筒近中部具毛环，冠檐二唇形，上唇边缘为不整齐的牙齿状，自内面密被髯毛，下唇卵形，3圆裂，中裂片倒心形，较大，侧裂片卵形，较小；后对雄蕊花丝基部在毛环上方具向上的短距状附属器；花柱先端不等的2裂。小坚果顶端被星状短毛。花、果期7~9月。

分布　新疆：伊犁新源县，43°25′51″N，83°34′00″E，970 m，2010-10-09，王喜勇、王蕾、孔凡逵4003310043。生于湿草原或山沟中，海拔1200~2100 m。产于新疆、内蒙古及黑龙江。中欧各国、巴尔干半岛至伊朗、俄罗斯、蒙古也有。

栽培　播种繁殖。

用途　根入药。

含油率及化学组分数据

采集单位	测试单位	测试部位	产地	含油率(%)	碘值	酸值	皂化值	C12:0	C14:0	C16:0	C16:1	C18:0	C18:1	C18:2	C18:3	C20:0	C20:1
XIEG	SCBG	种仁	新疆伊犁	21.57	118.79	8.27	181.5	0.01	0.02	4.37	0.09	1.23	39.16	52.26	1.71	0.36	0.80

糙苏 (常山、白莶)

Phlomis umbrosa Turcz.

唇形科，糙苏属

特征 多年生草本；根粗厚，须根肉质。茎多分枝，四棱形，常带紫红色。叶近圆形、圆卵形至卵状长圆形，先端急尖，稀渐尖，基部浅心形或圆形；叶柄腹凹背凸，密被短硬毛。轮伞花序通常4~8花，多数，生于主茎及分枝上；花萼管状；花冠通常粉红色，下唇较深色，常具红色斑点，长约1. 7 cm，冠筒长约1 cm，外面除背部上方被短柔毛外余部无毛，内面近基部1/3具斜向间断的小疏柔毛毛环，冠檐二唇形，上唇长约7 mm，外面被绢状柔毛，边缘具不整齐的小齿，自内面被髯毛，下唇长约5 mm，宽约6 mm，外面除边缘无毛外密被绢状柔毛，内面无毛，3圆裂，裂片卵形或近圆形，中裂片较大；雄蕊内藏，花丝无毛，无附属器。小坚果无毛。花期6~9月；果期9月。

分布 河南：内乡，33°31′11″N，111°55′57″E，1432 m，2012-10-25，王亚平400314291。生于疏林下或草坡上，海拔200~3200 m。产于广东、山东、湖北、四川、贵州、甘肃、陕西、山西、河北、内蒙古及辽宁。

栽培 播种繁殖。

用途 民间用根入药，有消肿、生肌、续筋、接骨之功，兼补肝、肾，强腰膝，又有安胎之效。

含油率及化学组分数据

采集单位	测试单位	测试部位	产地	含油率(%)	碘值	酸值	皂化值	C12:0	C14:0	C16:0	C16:1	C18:0	C18:1	C18:2	C18:3	C20:0	C20:1
HAU	ICS	种子	河南内乡	31. 54	105. 68	5. 52	271. 02			4. 46	0. 20		50. 59	34. 60	1. 05	0. 20	0. 44

假龙头 (随意草、囊萼花、棉铃花)

Physostegia virginiana (L.) Benth.

唇形科，假龙头花属

特征 多年生草本植物，具匍匐茎。株高60~120 cm，茎四方形。叶对生，披针形，叶缘有细锯齿，叶秀花艳，成株丛生状。穗状花序聚成圆锥花序状；小花密集。小花玫瑰紫色。夏至秋季开花，淡蓝、紫红、粉红小花，穗状花序顶生。唇形花冠，花序自下端往上逐渐绽开。花、果期夏秋季。

分布 河北：山海关，39°01′35″N，112°42′05″E，56 m，2010-06-08，徐兴友、韩宝强400313087。北美洲，现世界许多地方都有栽培。

栽培 喜光，耐寒，耐热，耐半阴。喜疏松、肥沃、排水良好的砂质壤土，夏季干燥则生长不良。用分株或扦插法繁殖。春、秋季为分株适期，只要切取成株长出的幼株或地下根茎另植即可。亦可在秋季剪取健壮新芽，扦插于排水良好的砂床，待发根后再移植。喷洒50%灭蚜松乳油2500倍液，或20%速灭杀丁(杀灭菊酯)乳油2000倍液；适合在保护地内防蚜，傍晚密闭棚室，每667 m^2用灭蚜粉尘剂1 kg，用手摇喷粉器喷施。

用途 园林观赏。

含油率及化学组分数据

采集单位	测试单位	测试部位	产地	含油率(%)	碘值	酸值	皂化值	C12:0	C14:0	C16:0	C16:1	C18:0	C18:1	C18:2	C18:3	C20:0	C20:1
HNUST	ICS	种子	河北山海关	29. 67	91. 35	21. 14	198. 30			3. 28	0. 06	1. 74	24. 58	29. 23	36. 10	0. 35	0. 18

长苞刺蕊草

Pogostemon chinensis C. Y. Wu et Y. C. Huang

唇形科，刺蕊草属

特征 草本，直立，高0. 5~2 m。茎具不明显四棱或近圆柱形。叶卵圆形，纸质或近膜质；叶柄近无柄至长达6 cm，腹凹背凸，被粗伏毛。轮伞花序多少有些偏向一侧，排列成间断或近连续的穗状花序，穗状花序长1. 5~7 cm，宽8~9 mm，顶生或腋生；具梗，梗长0. 5~2 cm，密被粗伏毛。花萼近筒状；花冠淡红色，与花萼近等长或稍长，上唇裂片外被短硬毛；雄蕊外伸，中部被髯毛；花柱几与雄蕊等长，先端近相等2浅裂，花盘杯状。花期7~11月；果期10~12月。

分布 广东：韶关车八岭，24°43′22″N，114°15′49″E，386 m，2011-12-20，邢福武、刘东明、童毅、王鹏、潘雅书等4001122247。生于路旁、山谷溪旁及草地上，海拔1500 m。产于广东北部，广西，云南西部。

栽培 播种繁殖。

用途 全草入药。

含油率及化学组分数据

采集单位	测试单位	测试部位	产地	含油率(%)	碘值	酸值	皂化值	C12:0	C14:0	C16:0	C16:1	C18:0	C18:1	C18:2	C18:3	C20:0	C20:1
SCBG	SCBG	种仁	广东韶关	39. 60	103. 48		136. 77	74. 58	0. 12	8. 13	0. 03	4. 29	52. 88		8. 45		0. 29

夏枯草（铁线夏枯草、铁色草、丝线吊铜钟）

Prunella vulgaris L.

唇形科，夏枯草属

特征 多年生草本。茎，钝四棱形，其浅槽，紫红色。茎叶大小不等，草质；叶柄长0. 7~2. 5 cm，自下部向上渐变短。轮伞花序密集组成顶生长2~4 cm的穗状花序，每一轮伞花序下承以苞片。花萼钟形，二唇形；花冠紫、蓝紫或红紫色，冠檐二唇形。雄蕊4枚，前对长很多，均上升至上唇片之下，彼此分离，花丝略扁平，无毛，前对花丝先端2裂，1裂片能育具花药，另一裂片钻形，长过花药，稍弯曲或近于直立，后对花丝的不育裂片微呈瘤状突出，花药2室，室极叉开；花柱纤细，先端相等2裂，裂片钻形，外弯，花盘近平顶；子房无毛。小坚果黄褐色，长圆状卵珠形，长1. 8 mm，宽约0. 9 mm，微具沟纹。花期4~6月；果期7~10月。

分布 四川：泸定县冷碛乡，29°51′09″N，102°15′25″E，2218 m，2009-08-27，干友民400241062。生于荒坡、草地、溪边及路旁等湿润地上，海拔高可达3000 m。产于广东、广西、湖南、江西、福建、台湾、浙江、河南、湖北、四川、贵州、新疆、云南、陕西及甘肃。欧洲各地、北非、西伯利亚、西亚、印度、巴基斯坦、尼泊尔、不丹、日本、朝鲜均广泛分布，澳大利亚及北美洲亦偶见。

栽培 喜温暖湿润的环境。能耐寒，适应性强，但以阳光充足，排水良好的砂质壤土为好。也可在旱坡地、山脚、林边草地、路旁、田野种植，但低尘易涝地不宜栽培。

用途 全株入药。治口眼歪斜，止筋骨疼，舒肝气，开肝郁。

含油率及化学组分数据

采集单位	测试单位	测试部位	产地	含油率(%)	碘值	酸值	皂化值	C12:0	C14:0	C16:0	C16:1	C18:0	C18:1	C18:2	C18:3	C20:0	C20:1
SICAU	SCBG	种仁	四川泸定	28. 18	145. 72	8. 66	190. 38										

长叶钩子木

Rostrinucula sinensis (Hemsl.) C. Y. Wu

唇形科，钩子木属

特征　灌木。枝圆柱形。叶片坚纸质，无毛；叶柄短，长0.3~0.5 cm，具沟，密被白色星状绒毛。穗状花序顶生，由轮伞花序密集组成，轮伞花序具6~10花，其下承以交互对生的成对苞片及小苞片；花萼钟形，外面密被星状绒毛，内面无毛，10脉，萼齿5，三角状卵圆形，先端急尖，近等大，前2齿较宽；花冠长5~6 mm，冠筒长4~5 mm，伸出，冠檐二唇形；雄蕊4，十分伸出，花丝无毛，基部具毛盘状突起，被柔毛，花药近圆形，1室，横向开裂；花柱无毛，超出于雄蕊很多，先端2浅裂，花盘杯状，边缘具不规则的波状齿，长为子房1/3；子房褐色，具星状绒毛及腺点。未成熟小坚果三棱状长圆形，长2 mm，先端具长0.5 mm近于直立的喙，黄褐色，具腺点。花期9~10月；果期10~11月。

分布　湖北：兴山县，31°19′19″N，110°27′53″E，1442 m，2012-08-31，危文亮，赵永国等400151193。生于路旁、山坡及悬岩上，海拔约1000 m。产于广西、湖南、湖北及贵州。

栽培　播种繁殖。

用途　全草入药。

含油率及化学组分数据

采集单位	测试单位	测试部位	产地	含油率(%)	碘值	酸值	皂化值	C12:0	C14:0	C16:0	C16:1	C18:0	C18:1	C18:2	C18:3	C20:0	C20:1
OCRI	SCBG	种仁	湖北兴山	20.60	20.91	3.39	522.05	0.03	0.08	6.18	2.52	1.90	11.45	28.27	5.49	5.71	1.83

新疆鼠尾草

Salvia deserta Schangin

唇形科，鼠尾草属

特征　多年生草本；根茎粗壮，木质，斜行，向下生出纤维状须根。茎钝四棱形。叶卵圆形或披针状卵圆形；叶柄短至无柄。轮伞花序4~6花，由枝及茎顶组成伸长的总状或总状圆锥花序；花梗长1.5 mm，与花序轴密被微柔毛。花萼卵状钟形，二唇形；花冠蓝紫至紫色，长9~10 mm，冠筒长约4 mm，基部宽2 mm，向上渐宽大，至喉部宽3 mm，直伸，冠檐二唇形；能育雄蕊2，不外伸，与花冠等长，花丝长约2 mm，药隔长6.5 mm，上臂长4.5 mm，下臂长2 mm，下侧面具长方形膜质的薄翅，翅的顶端有胼胝体，两下臂以胼胝体联合；花柱与花冠等长，先端不相等2浅裂，前裂片较长，花盘前面稍膨大。小坚果倒卵圆形，长1.5 mm，黑色，光滑。花、果期6~10月。

分布　新疆：乌鲁木齐水西沟，43°27′17″N，87°26′23″E，1715 m，2010-09-27，王喜勇、王蕾、孔凡逵4003310014；阿勒泰拉斯特乡，47°55′09″N，88°07′53″E，1007 m，2011-09-15，侯翼国、王茜4003311023。生于田野荒地，沟边，沙滩草地及林下，海拔270~1850 m。产新疆北部。俄罗斯也有。

栽培　适应性强，喜光。日照充足通风良好，排水良好的砂质壤土或土质深厚壤土为佳，有利生长。种子直播，每穴3~5粒，发芽1周后或茯株高达5~10 cm时须疏苗。间距20~30 cm。播种繁殖或扦插繁殖。光照和贮藏条件对种子发芽率的影响不大，但是温度对其种子发芽率的影响很大。成株后可再次疏剪，增加距离，生长的较旺盛。

用途　在活血化瘀方面有着重要的作用。

含油率及化学组分数据

采集单位	测试单位	测试部位	产地	含油率(%)	碘值	酸值	皂化值	C12:0	C14:0	C16:0	C16:1	C18:0	C18:1	C18:2	C18:3	C20:0	C20:1
XIEG	SCBG	种仁	新疆乌鲁木齐	34.46	60.38	3.88	401.12	74.58	1.89	0.77		0.26	4.48	2.84	0.16		0.15
XIEG	SCBG	种子	新疆阿勒泰	4.79	62.22	1.52	396.81	0.43	0.08	11.49	0.17	10.17	26.80	37.68	4.24	0.46	2.19

荔枝草（雪里青、过冬青、凤眼草）

Salvia plebeia R. Brown

唇形科，鼠尾草属

特征　一年生或二年生草本；主根肥厚，向下直伸，有多数须根。茎直立，粗壮，多分枝。叶椭圆状卵圆形或椭圆状披针形，草质；叶柄腹凹背凸，密被疏柔毛。轮伞花序6花，多数，在茎、枝顶端密集组成总状或总状圆锥花序。花萼钟形，长约2.7 mm，二唇形，唇裂约至花萼长1/3；花冠淡红、淡紫、紫、蓝紫至蓝色，稀白色，长4.5 mm，冠筒外面无毛，内面中部有毛环，冠檐二唇形；能育雄蕊2，着生于下唇基部，略伸出花冠外，花丝长1.5 mm，药隔长约1.5 mm，弯成弧形，上臂和下臂等长，上臂具药室，二下臂不育，膨大，互相联合；花柱和花冠等长，先端不相等2裂，前裂片较长，花盘前方微隆起。小坚果倒卵圆形，直径0.4 mm，成熟时干燥，光滑。花期4~5月；果期6~7月。

分布　湖南：吉首市矮寨乡德夯，28°21′15″N，109°34′41″E，350 m，2011-07-18，徐亮、覃三立40019101135。生于山坡，路旁，沟边，田野潮湿的土壤上，海拔可至2800 m。除西藏、新疆、青海及甘肃外几产全国各地。朝鲜、日本、阿富汗、印度、缅甸、泰国、越南、马来西亚至澳大利亚也有分布。

栽培　喜温暖湿润环境。土壤以较肥沃、疏松的夹砂土较好。播种繁殖。

用途　全草入药。

含油率及化学组分数据

采集单位	测试单位	测试部位	产地	含油率(%)	碘值	酸值	皂化值	C12:0	C14:0	C16:0	C16:1	C18:0	C18:1	C18:2	C18:3	C20:0	C20:1
JSU	SCBG	种仁	湖南吉首	14.56	154.94	92.14	214.23	15.97		18.17	2.99	4.81	2.59			0.10	0.20
OFPC	CIB	果实	四川洪雅	21.50						12.70			23.20	19.70	42.30		

甘西鼠尾草（紫丹参、红秦艽）

Salvia przewalskii Maxim.

唇形科，鼠尾草属

特征　多年生草本；根木质。茎丛生，密被短柔毛。叶有基出叶和茎生叶两种，均具柄，叶片三角状或椭圆状戟形，稀心状卵圆形，有时具圆的侧裂片。轮伞花序2~4花，疏离，组成顶生长8~20 cm的总状花序，有时具腋生的总状花序而形成圆锥花序；花梗长1~5 mm，与序轴密被疏柔毛；花萼钟形，长11 mm，二唇形；花冠紫红色，长21~35(40) mm，冠檐二唇形；能育雄蕊伸于上唇下面，花丝扁平，长4.5 mm，水平伸展，无毛，药隔长3.5 mm，弧形，上臂和下臂近等长，二下臂顶端各横生药室，并互相联合；花柱略伸出花冠，先端2浅裂，后裂片极短；花盘前方稍膨大。小坚果倒卵圆形，长3 mm，宽2 mm，灰褐色，无毛。花期5~8月；果期7~9月。

分布　西藏：波密县扎木乡，29°50′39″N，95°43′22″E，3071 m，2011-09-05，干友民400241143。四川：若尔盖县巴西乡包座，33°40′34″N，103°19′33″E，2742 m，2009-07-23，干友民400241031。生于林缘、路旁、沟边、灌丛下，海拔2100~4050 m。产于四川西部、云南西北部、西藏及甘肃西部。

栽培　播种繁殖。

用途　根入药，四川作秦艽代用品，云南丽江作丹参代用品。

含油率及化学组分数据

采集单位	测试单位	测试部位	产地	含油率(%)	碘值	酸值	皂化值	C12:0	C14:0	C16:0	C16:1	C18:0	C18:1	C18:2	C18:3	C20:0	C20:1
SICAU	SCBG	种仁	西藏波密	23.45	132.35	16.42	283.67		0.02	3.67	0.03	0.96	66.96	26.97	1.15	0.11	0.13
SICAU	SCBG	种仁	四川若尔盖	23.82	107.30	32.67	189.44										

粘毛鼠尾草
Salvia roborowskii Maxim.
唇形科，鼠尾草属

特征 一年生或二年生草本。根长锥形，褐色。茎直立，多分枝，钝四棱形。叶片戟形或戟状三角形。轮伞花序4~6花，上部密集，下部疏离组成顶生或腋生的总状花序；花梗长约3 mm，与花序轴被粘腺硬毛。花萼钟形，花后增大，二唇形，唇裂至花萼长1/3，下唇与上唇近等长，浅裂成2齿，齿三角形，先端锐尖，具长约1 mm的刺尖尖头；花冠黄色，短小，冠檐二唇形，下唇比上唇大；能育雄蕊2，伸至上唇，内藏或近外伸，花丝长约4 mm，药隔弯成弧形，长约4 mm，上下臂近等长，二下臂药室联合；花柱伸出，先端不相等2浅裂，后裂片较短；花盘前方略膨大。小坚果倒卵圆形，长2. 8 mm，直径1. 9 mm，暗褐色，光滑。花期6~8月；果期9~10月。

分布 四川：雅安，29°58′46″N，102°59′26″E，600 m，2010-12，干友民等40024108。西藏：林芝县达则乡达则村，29°31′58″N，94°27′54″E，2981 m，2011-09-02，干友民400241125。生于山坡草地、沟边荫处、山脚山腰，海拔2500~3700 m。产于四川西部、西南部至云南西北部、西藏、青海及甘肃西南部。

栽培 适应性强，喜光。日照充足通风良好，排水良好的砂质壤土或土质深厚壤土为佳，有利生长。

用途 全草入药。清肝，明目，止痛。

含油率及化学组分数据

采集单位	测试单位	测试部位	产地	含油率(%)	碘值	酸值	皂化值	C12:0	C14:0	C16:0	C16:1	C18:0	C18:1	C18:2	C18:3	C20:0	C20:1
SICAU	SCBG	种仁	四川雅安	40. 30	76. 61	1. 67	189. 99	0. 02	0. 04	5. 36	0. 10	5. 34	36. 25	31. 37	20. 85	0. 13	0. 55
SICAU	SCBG	种仁	西藏林芝	9. 67	126. 87	5. 49	188. 72										
OFPC	CIB	果实	四川康定	31. 50	161. 70		202. 70			5. 70		2. 00	19. 20	46. 20	26. 90		

一串红 (象牙红、西洋红)
Salvia splendens Sellow ex Wied-Neuw.
唇形科，鼠尾草属

特征 亚灌木状草本，高可达90 cm。茎钝四棱形，具浅槽，无毛。叶卵圆形或三角状卵圆形；茎生叶叶柄长3~4. 5 cm，无毛。轮伞花序2~6花，组成顶生总状花序。花萼钟形，红色，开花时长约1. 6 cm，花后增大达2 cm，二唇形，唇裂达花萼长1/3；花冠红色，长4~4. 2 cm，外被微柔毛，内面无毛，冠筒筒状，直伸，在喉部略增大，冠檐二唇形，下唇比上唇短；能育雄蕊2，近外伸，花丝长约5 mm，药隔长约1. 3 cm，近伸直，上下臂近等长，上臂药室发育，下臂药室不育，下臂粗大，不联合，退化雄蕊短小；花柱与花冠近相等，先端不相等2裂，前裂片较长，花盘等大。小坚果椭圆形，长约3. 5 mm，暗褐色，顶端具不规则极少数的绉折突起，边缘或棱具狭翅，光滑。花期3~10月。

分布 四川：雅安市四川农业大学，29°58′48″N，102°59′30″E，610 m，2010-08-02，干友民400241098。黑龙江：佳木斯市郊区，46°33′15″N，130°37′12″E，768 m，2010-08-31，陈连江、卞勇、潘伟400351020。原产巴西。

栽培 对温度的要求较高，需要充足的阳关，土壤最好是砂质肥沃土壤，通风、透气保水保肥好的土壤。播种繁殖，采用无土穴盘育苗。病害主要有苗期猝倒病、灰霉病，用普力克800~1500倍液，百菌清800~1000倍液防治。生长期病害有灰霉病、疫病、根腐病，用甲托、敌克松、疫霉灵防治。虫害主要有蚜虫、菜蛾、潜叶蝇。用1000~1500倍液功夫防治。

用途 全株可入药，味甘、性平，有凉血消肿效果。

含油率及化学组分数据

采集单位	测试单位	测试部位	产地	含油率(%)	碘值	酸值	皂化值	C12:0	C14:0	C16:0	C16:1	C18:0	C18:1	C18:2	C18:3	C20:0	C20:1
SICAU	SCBG	种仁	四川雅安	20. 15	85. 68	21. 65	170. 32										
SBRI	SCBG	种子	黑龙江佳木斯	5. 70	81. 66	2. 99	193. 55		0. 10	11. 11	0. 05	1. 69	12. 88	66. 33	3. 12	0. 09	4. 62
OFPC	IAE	果实	辽宁沈阳	28. 30	165. 40		189. 70			6. 70		4. 00	12. 70	38. 20	38. 40		

荫生鼠尾草 (山苏子、山椒子)

Salvia umbratica Hance

唇形科，鼠尾草属

特征　一年生或二年生草本。根粗大，锥形，木质，褐色。茎直立，钝四棱形，枝锐四棱形。叶片三角形或卵圆状三角形；叶柄长1~9 cm，被疏或密的长柔毛。轮伞花序2花，疏离，组成顶生及腋生总状花序；下部苞片叶状，具齿，较上部的披针形。花萼钟形，二唇形，唇裂至萼长1/3；花冠蓝紫或紫色，长2.3~2.8 cm，冠筒基部狭长，呈喇叭状，宽达7 mm，冠檐二唇形，下唇较上唇短而宽；能育雄蕊2，伸至上唇片，不伸出，花丝长5 mm，扁平，无毛，药隔长7.5 mm，弧形，上臂长4 mm，下臂长3.5 mm，顶生横向的药室，药室先端联合，退化雄蕊短小，长约1 mm；花柱外伸或与花冠上唇等长，先端不相等2浅裂，后裂片较短；花盘前方稍膨大。小坚果椭圆形。花期8~10月。

分布　河北：邯郸，37°33′45″N，114°17′01″E，32 m，2011-10-11，徐兴友、詹立军400313131。生于山坡、谷地或路旁，海拔600~2000 m。产安徽、甘肃、陕西北部、山西及河北。

栽培　播种繁殖。

用途　全草入药。

含油率及化学组分数据

采集单位	测试单位	测试部位	产地	含油率(%)	碘值	酸值	皂化值	C12:0	C14:0	C16:0	C16:1	C18:0	C18:1	C18:2	C18:3	C20:0	C20:1
HNUST	ICS	种子	河北邯郸	51.70	88.30	1.61	232.39			3.35	0.52	0.75	68.76	24.53	0.12	0.21	0.07

甘肃黄芩

Scutellaria rehderiana Diels

唇形科，黄芩属

特征　多年生草本。茎弧曲，直立，四棱形，不分枝，稀具短分枝。叶明显具柄，柄长2.8~9(~12)mm，腹凹背凸，被下曲或近平展的短柔毛；叶片草质，几无腺点；侧脉4对，与中脉上面稍凹陷下面隆起。花序总状，顶生，长3~10 cm；苞片卵圆形或椭圆形，有时倒卵圆形，顶端急尖，基部楔形，长3~8 mm，被长缘毛，常带紫色；花梗长约2 mm，与序轴密被具腺短柔毛。花萼开花时长约2.5 mm，盾片高约1 mm，密被具腺短柔毛；花冠粉红、淡紫至紫蓝，长1.8~2.2 cm；冠檐2唇形；雄蕊4，前对较长，具能育半药，退化半药不明显，后对较短，具全药，药室具髯毛，花丝丝状，下半部具小疏柔毛；花柱细长，先端锐尖，微裂；花盘环状，前方稍隆起；子房无毛。花期5~8月。

分布　宁夏：银川金凤区，38°15′6″N，106°6′13″E，1115 m，2012-10-08，秦烁、郭利磊400327006。生于海拔1300~3150 m山地向阳草坡。产于甘肃、陕西、山西。

栽培　主要为播种繁殖，也可用扦插和分根繁殖。喜温暖，耐严寒，地下部可忍受-30℃的低温；耐旱怕冻，在排水不良或多雨地区种植，生长环境，生长不良，容易引起烂根。

用途　以根入药。

含油率及化学组分数据

采集单位	测试单位	测试部位	产地	含油率(%)	碘值	酸值	皂化值	C12:0	C14:0	C16:0	C16:1	C18:0	C18:1	C18:2	C18:3	C20:0	C20:1
CAU	ICS	种子	宁夏银川	31.73	9.46	9.00	184.54			4.79		9.32	18.72	60.58		0.51	0.29

毛水苏（水苏草）

Stachys baicalensis Fisch. ex Benth.

唇形科，水苏属

特征 多年生草本。茎直立，单一，四棱形，具槽。茎叶长圆状线形；叶柄短，长1~2 mm，或近于无柄。轮伞花序通常具6花，多数组成穗状花序，在其基部者远离，在上部者密集；花梗极短，被刚毛；花萼钟形，10脉，明显，齿5，披针状三角形，长约3 mm，先端具刺尖头；花冠淡紫至紫色，长达1. 5 cm，冠筒直伸，近等大，长9 mm，外面无毛，内面在中部稍下方具柔毛毛环，冠檐二唇形；雄蕊4，均延伸至上唇片之下，前对较长，花丝扁平，被微柔毛，花药卵圆形，2室，室极叉开；花柱丝状，略超出雄蕊，先端相等2浅裂；花盘平顶，边缘波状；子房黑褐色，无毛。小坚果棕褐色，卵珠状，无毛。花期7月；果期8月。

分布 黑龙江：伊春市小兴安岭，47°43′33″N，128°52′21″E，755 m，2010-08-15，陈连江、卞勇、贾海伦400351050。生于湿草地及河岸上，海拔450~1670 m。产于山东、陕西、山西、内蒙古、辽宁、吉林、黑龙江等地。俄罗斯东西伯利亚也有。

栽培 喜光、耐寒。最低可耐-29℃低温。人工栽培繁殖。

用途 祛风解毒，止血。外用治疮疖肿毒。

含油率及化学组分数据

采集单位	测试单位	测试部位	产地	含油率(%)	碘值	酸值	皂化值	C12:0	C14:0	C16:0	C16:1	C18:0	C18:1	C18:2	C18:3	C20:0	C20:1
SBRI	SCBG	种子	黑龙江伊春	17. 82	75. 16	3. 88	164. 15	0. 01	0. 13	7. 86	0. 23	2. 71	8. 37	77. 99	0. 79	1. 62	0. 29
OFPC	IAE	果实	黑龙江饶河	35. 60	135. 70		191. 40			1. 50			22. 40	68. 50	0. 90		

山莨菪（甘青赛莨菪）

Anisodus tanguticus (Maxim.) Pascher [*Scopolia tangutica* Maxim.]

茄科，山莨菪属

特征 多年生草木，高40~100 cm。茎无毛或被微柔毛。根粗大，近肉质。叶片纸质或近坚纸质，矩圆形至狭矩圆状卵形，长8~14 cm，宽2. 5~4. 5 cm，基部楔形或下延，全缘或具1~3对粗齿，顶端急尖或渐尖，两面无毛；叶柄两侧略具翅。花俯垂或有时直立，花梗长1. 5~8 cm，被微柔毛或无毛；花萼钟状或漏斗状钟形，坚纸质，长2. 5~4 cm，裂片宽三角形，顶端急尖或钝，其中有1~2枚较大且略长；花冠钟状或漏斗状钟形，紫色或暗紫色，长2. 5~3. 5 cm，里面被柔毛，裂片半圆形；雄蕊长为花冠长的1/2左右；雌蕊较雄蕊略长；花盘浅黄色。果实球状或近卵状，直径约2 cm。花期5~6月；果期7~8月。

分布 四川：若尔盖县达扎寺乡贝母山，33°32′10″N，103°1′30″E，3488 m，2009-07-22，孙飞达400241018。生于海拔2000~4400 m的山坡、草坡阳处。产于四川、云南、西藏、青海、甘肃。尼泊尔也有分布。

栽培 喜冷凉气候，耐寒，喜肥，忌潮湿。喜肥沃、土层深厚、排水良好的砂质壤土。播种繁殖。

用途 根供药用，有镇痛作用；可作为提取莨菪烷类生物碱的原料。地上部分掺入牛饲料中，有催膘作用。

含油率及化学组分数据

采集单位	测试单位	测试部位	产地	含油率(%)	碘值	酸值	皂化值	C12:0	C14:0	C16:0	C16:1	C18:0	C18:1	C18:2	C18:3	C20:0	C20:1
SICAU	SCBG	种仁	四川若尔盖	25. 08	66. 43	10. 47	286. 01	0. 13	0. 06	4. 74	0. 19	1. 99	10. 98	62. 85	17. 91	0. 80	0. 37

辣椒

Capsicum annuum L.

茄科，辣椒属

特征 一年生或多年生草本植物，高40~80 cm。叶互生，矩圆状卵形、卵形或卵状披针形，长4~13 cm，宽1. 5~4 cm，全缘，顶端短渐尖或急尖，基部狭楔形；叶柄长4~7 cm。花单生，俯垂；花萼杯状，不显著5齿；花冠白色，裂片卵形；花药灰紫色。果梗较粗壮，俯垂；果实长指状，顶端渐尖且常弯曲，未成熟时绿色，成熟后成红色、橙色或紫红色，味辣。种子扁肾形，长3~5 mm，淡黄色。花、果期5~11月。

分布 原产墨西哥到哥伦比亚；目前世界各国普遍栽培。

栽培 播种繁殖，春季播种于苗床，保持苗床土湿润。苗高5 cm可移栽定植，苗高20 cm时摘心，增加分枝。晴天每天浇水1次，切忌根部渍水。开花前施含磷为主的肥料，促使花多果盛。

用途 种子油可食用；果为重要的蔬菜和调味品，亦有驱虫和发汗之药效。部分栽培品种还可作为观果植物。

含油率及化学组分数据

采集单位	测试单位	测试部位	产地	含油率(%)	碘值	酸值	皂化值	C12:0	C14:0	C16:0	C16:1	C18:0	C18:1	C18:2	C18:3	C20:0	C20:1
OFPC	IAE	种子	吉林长春	14. 10	137. 70		193. 90	微量	微量	16. 60		3. 60	8. 90	70. 90			
OFPC	NIB	种子	陕西武功	22. 20	130. 30		201. 10		0. 50	1. 70	0. 40	1. 70	12. 30	64. 90	微量		
OFPC	CIB	果实			95. 30		196. 10		1. 00	9. 20		微量	11. 20	77. 60	1. 00		

曼陀罗 (闹羊花、枫茄花)

Datura stramonium **L.**

茄科，曼陀罗属

特征 草本或半灌木状，高50~150 cm，全体近于平滑或在幼嫩部分被短柔毛；茎粗壮，圆柱状，淡绿色或带紫色，下部木质化。叶卵形，基部不对称楔形，边缘有不规则波状浅裂，先端急尖，长8~17 cm，全缘或有缺刻状锯齿。花单生于枝叉间或叶腋，直立，有短梗；花萼筒状，长4~5 cm，筒部有5棱角5浅裂，裂片三角形；花冠漏斗状，下半部带绿色，上部白色或淡紫色，檐部5浅裂，裂片有短尖头，长6~10 cm，檐部直径3~5 cm。蒴果直立生，卵状，长3~4. 5 cm，直径2~4 cm，表面生有坚硬针刺或有时无刺而近平滑，成熟后淡黄色，规则4瓣裂。种子卵圆形，稍扁，长约4 mm，黑色。花期6~10月；果期7~11月。

分布 河南：信阳鸡公山，31°48′55″N，114°37′28″E，429 m，2012-09-19，王亚平400314262；郑州丰乐农庄，34°54′28″N，113°32′27″E，107 m，2012-10-12，王亚平400314268。湖北：秭归香溪轮渡北岸，29°43′17″N，113°10′10″E，2009-09-20，李晓东、谢开骥40012136。四川：汶川威州镇，31°31′8″N，103°35′47″E，1000 m，2010-11-01，崔龙、李志强40021110092。云南：昆明植物所老食堂，25°8′3″N，102°44′38″E，1930 m，2009-12-08，李忠荣、李恩乾400222067。新疆：昌吉滨湖乡五十户村，44°12′7″N，87°28′4″E，525 m，2009-11-03，王喜勇、侯翼国4003309013；伊犁新源县哈拉布拉乡，43°27′57″N，82°34′23″E，823 m，2010-10-08，王喜勇、王蕾、孔凡逵4003310039；佳木斯郊外，46°48′35″N，130°22′8″E，1 m，2011-10-15，潘伟、张爽400351070。山西：垣曲县新城乡东峰山村，35°11′26″N，111°23′5″E，640 m，2009-10-04，谢光辉400322022。河北：青龙，40°26′40″N，119°26′57″E，308 m，2009-09-18，徐兴友400313003。辽宁：长海，39°15′37″N，122°44′53″E，2012-10-15，郑宝江等400341189。我国各地都有分布。广布于世界各大洲。常生于住宅旁、路边或草地上，也有栽培。

栽培 适应性强，耐高温，耐旱。适宜用种子春播，育苗后移栽。种植后保持土壤湿润，结合中耕除草，每月施少量肥。从花期开始即可分批采收叶、花和果，进入霜期前应全部收完。因其本身含有麻醉毒素，很少出现病虫害，简单管理、施肥即可。

用途 种子油可制肥皂和掺合油漆用。全株药用，可以镇静、镇痛、麻醉。

含油率及化学组分数据

采集单位	测试单位	测试部位	产地	含油率(%)	碘值	酸值	皂化值	C12:0	C14:0	C16:0	C16:1	C18:0	C18:1	C18:2	C18:3	C20:0	C20:1
HNAU	ICS	种子	河南信阳	6. 97		88. 99			0. 61	28. 97	0. 24	7. 00	32. 74	16. 33		0. 72	
HNAU	ICS	种子	河南郑州	11. 31	153. 90	25. 60	198. 22		0. 11	13. 35	0. 26	1. 97	22. 08	57. 13	0. 35	0. 23	0. 08
WHBG	WHBG	种仁	湖北秭归	12. 40	122. 71	1. 80	215. 16	0. 03	0. 13	13. 67	0. 28	3. 17	29. 11	52. 92	0. 30	0. 40	
SCU	SCU	种仁	四川汶川	24. 42	106. 70	1. 50	203. 40			12. 43		2. 61	32. 26	52. 55	0. 20	1. 70	4. 10
KMIB	KMIB	种仁	云南昆明	24. 55	110. 00		179. 00			0. 10	12. 08	0. 28	2. 64	27. 44	56. 15	0. 31	0. 41
XIEG	SCBG	种仁	新疆昌吉	33. 88	0. 65	6. 38	194. 67	0. 003	0. 06	6. 40	0. 07	1. 65	19. 36	32. 70	39. 37	0. 13	0. 25
XIEG	SCBG	种仁	新疆伊犁	14. 58	11. 37	16. 74	230. 62	0. 03	0. 02	5. 77	0. 04	3. 74	21. 28	60. 13	8. 65	0. 14	0. 20
SBRI	SCBG	种仁	新疆佳木斯	5. 32	19. 11	9. 07	228. 72		0. 06	8. 47	0. 05	1. 39	48. 49	38. 05	0. 35	0. 58	2. 57
CAU	ICS	种子	山西垣曲	17. 20	77. 35	13. 70	180. 57	0. 02	0. 12	12. 22	0. 22	2. 42	25. 24	58. 24	0. 35	0. 79	0. 38
ICS	ICS	种子	河北青龙	19. 10	84. 88	2. 20	190. 70	0. 005	0. 12	13. 01	0. 12	2. 43	16. 36	66. 89	0. 48	0. 32	0. 26
NEFU	SCBG	种仁	辽宁长海	16. 45	23. 45	4. 78	172. 58	0. 004	0. 09	13. 76	0. 08	3. 62	37. 23	38. 10	6. 72	0. 22	0. 17
OFPC	CIB	种子	四川康定	22. 70	95. 60		204. 40			10. 50		2. 40	34. 30	52. 80			
OFPC	NIB	种子	陕西武功	18. 40	116. 20		187. 10			15. 60	微量	23. 00	28. 00	54. 00	微量		
OFPC	JSIB	种子	江苏南京	11. 90	112. 10		188. 90		微量	7. 90	3. 10	3. 40	24. 30	45. 30	13. 00		
OFPC	KMIB	种子	云南昆明	20. 60	119. 60		189. 40		0. 80	25. 40	2. 60	3. 00	37. 80	29. 20			
OFPC	IB	种子	北京	22. 70	122. 60		189. 90	0. 30	0. 20	13. 30	0. 90	2. 60	25. 30	55. 70	1. 50		

天仙子 (小天仙子)

Hyoscyamus niger L. [*Hyoscyamus bohemicus* F. W. Schmidt]

茄科，天仙子属

特征 二年生草本，高达1 m，全体被粘性腺毛；根较粗壮，直径约2~3 cm。茎生叶卵形或三角状卵形，长4~10 cm，宽2~6 cm，无叶柄而基部半抱茎或宽楔形，边缘羽状浅裂或深裂，向茎顶端的叶成浅波状，裂片多为三角形，裂片顶端钝或锐尖。花在茎中部以下单生于叶腋，在茎上端则单生于苞状叶腋内而聚集成蝎尾式总状花序，通常偏向一侧，近无梗。花萼筒状钟形，生细腺毛和长柔毛，长1~1. 5 cm，5浅裂，裂片大小稍不等，花后增大成坛状，基部圆形，长2~2. 5 cm，直径1~1. 5 cm，有10条纵肋，裂片开张，顶端针刺状；花冠钟状，长约为花萼的一倍，黄色而脉纹紫堇色。蒴果包藏于宿存萼内，长卵圆状，长约1. 5 cm，直径约1. 2 cm。种子近圆盘形，直径约1 mm，淡黄棕色。花期5~8月；果期6~10月。

分布 四川：松潘县安宏乡牟龙乡小包寺村桥头，32°31′46″N，103°37′16″E，2750 m，2009-07-28，干友民400241047。云南：丽江，26°59′14″N，101°46′17″E，3192 m，2012-09-25，李晓东、昝艳燕等400121297；丽江，26°51′30. 90″N，100°13′35. 81″E，2384 m，2010-11-30，刘恩乾400222198。新疆：乌鲁木齐市水磨沟区，43°47′56″N，87°43′32″E，962 m，2012-10-27，姜凤琴、孔凡奎4003312028。甘肃：卓尼县卡车乡，34°36′1″N，103°21′7″E，2600 m，2011-10-06，秦烁400326008。内蒙古：锡林郭勒盟正蓝旗桑根达来镇，42°40′4″N，115°56′4″E，1320 m，2010-08-30，刘慧娟400312051。产于山东、四川、贵州、云南、新疆、青海、甘肃、宁夏、陕西、山西、河北、内蒙古、辽宁、吉林、黑龙江，有时为栽培。韩国、日本、尼泊尔、印度、阿富汗、塔吉克斯坦、吉尔吉斯斯坦、土库曼斯坦、哈萨克斯坦、俄罗斯也有分布。生于村前屋后、路边、山坡、河岸沙地，偶有栽培。

栽培 喜温暖和阳光充足、夏季冷凉气候，不耐高温高湿，喜排水良好、肥沃的砂质壤土。播种繁殖。秋季播种，次年开花。北方生长期短，应在大地播种期前15~20 d先用大棚(或温室)育苗。如果有条件，可采用容器杯育苗，也可做床育苗。生长最适宜温度是20~30℃，幼苗不耐0℃以下的低温，高温高湿易罹病害。忌连作，也不宜与茄科植物连作。

用途 种子油可供制肥皂。根、叶、种子药用，有镇痉镇痛之效，可作镇咳药及麻醉剂。

含油率及化学组分数据

采集单位	测试单位	测试部位	产地	含油率(%)	碘值	酸值	皂化值	C12:0	C14:0	C16:0	C16:1	C18:0	C18:1	C18:2	C18:3	C20:0	C20:1
SICAU	SCBG	种仁	四川松潘	20. 51	143. 47	9. 67	130. 97										
WHBG	WHBG	种仁	云南丽江	12. 03	22. 36	5. 24		7. 55	0. 25	0. 91	0. 17	2. 53	34. 98	64. 96	24. 86		0. 14
KMIB	KMIB	种仁	云南丽江	15. 75	140. 60		190. 60										
XIEG	SCBG	种子	新疆乌鲁木齐	18. 75	40. 58	13. 39	142. 34	0. 02	0. 15	7. 66	0. 45	1. 93	19. 22	11. 98	45. 85	3. 90	8. 85
CAU	ICS	种子	甘肃卓尼	16. 58	126. 29	13. 39	182. 35	0. 05	0. 06	4. 38	0. 08	2. 63	16. 40	67. 91	0. 77	0. 47	0. 10
ICS	ICS	种子	内蒙古锡林郭勒	36. 42	141. 40	2. 06	172. 69			3. 96	0. 10	2. 36	16. 40	74. 23	0. 48	0. 48	0. 27
OFPC	IB	种子	青海浩门	36. 90	140. 60		190. 60		微量	4. 80	0. 40	1. 90	16. 10	74. 30	2. 40		
OFPC	IAE	种子	黑龙江哈尔滨	26. 70	147. 90		194. 90			3. 10		1. 40	13. 20	82. 30			

宁夏枸杞

Lycium barbarum L.

茄科，枸杞属

特征 灌木。高0.8~2 m；分枝细密，有纵棱纹，灰白色或灰黄色，无毛，有不生叶的短棘刺和生叶、花的长棘刺。叶互生或簇生，披针形或长椭圆状披针形，基部楔形，全缘，顶端短渐尖或急尖，长2~3 cm，宽4~6 mm；叶脉不明显。花在长枝上1~2朵生于叶腋，在短枝上2~6朵同叶簇生；花梗长1~2 cm，向顶端渐增粗。花萼钟状，长4~5 mm，通常2~3裂，裂片有小尖头；花冠漏斗状，紫色，筒部长8~10 mm，自下部向上渐扩大，明显长于檐部裂片，裂片长5~6 mm，卵形，基部有耳，边缘无缘毛，顶端圆钝，花开放时平展。浆果红色或橙色，果皮肉质，多汁液，卵状或近球状，顶端有短尖头或平截、有时稍凹陷，长8~20 mm，直径5~10 mm；种子常20余粒，略成肾脏形，扁压，棕黄色，长约2 mm。花、果期5~10月。

分布 新疆：吐鲁番沙漠植物园，42°51′17″N，89°11′36″E，93 m，2010-09-06，王喜勇4003310063。生于沟岸、山坡、田梗和屋旁。原产我国北部，现全国大部分地区均有栽培。欧洲及地中海沿岸国家也有栽培。

栽培 适应性强，喜阴凉、湿润和肥沃、疏松的土壤，耐寒旱、抗风雨，不耐高温，怕涝。可用扦插法育苗。易遭叶甲、红蜘蛛等害虫危害，可分别用40久效磷1000倍液和20杀螨醇1000倍液药杀。发生褐斑病时，可喷25多菌灵250倍液。

用途 果可食，可榨油，也可入药，有滋补、明目的功效。

含油率及化学组分数据

采集单位	测试单位	测试部位	产地	含油率(%)	碘值	酸值	皂化值	C12:0	C14:0	C16:0	C16:1	C18:0	C18:1	C18:2	C18:3	C20:0	C20:1
XIEG	SCBG	种仁	新疆吐鲁番	43.61	2.21	7.90		0.004	0.04	4.91	0.05	2.71	42.88	44.34	0.48	1.01	3.58

枸杞

Lycium chinense Mill.

茄科，枸杞属

特征 多分枝灌木，高0.5~1 m，栽培时可达2 m多，小枝顶端锐尖成棘刺状。叶纸质或栽培者质稍厚，单叶互生或2~4枚簇生，卵形或卵状披针形，顶端急尖，基部楔形，长1.5~10 cm，宽0.5~4 cm。花淡紫色，筒部向上骤然扩大，5深裂，裂片卵形，顶端圆钝，平展或稍向外反曲。浆果红色，卵状，栽培者可成长矩圆状或长椭圆状，顶端尖或钝，长7~15 mm，栽培者长可达2.2 cm，直径5~8 mm。种子扁肾脏形，长2.5~3 mm，黄色。花、果期6~11月。

分布 山西：翼城县西阎乡曹公村，35°20′32″N，111°30′50″E，1151 m，2009-10-02，谢光辉400322006。常生于山坡、荒地、丘陵地、盐碱地、路旁及村边宅旁。产于我国大部分地区。朝鲜、日本、欧洲也有栽培或逸为野生。

栽培 适应性强，根系发达，易生萌蘖。喜阳光，耐干旱。用播种、扦插或分株繁殖。春季为适期。扦插用枝条外还可根插，容易成活，栽培管理较粗放，但注意修枝整形。秋季易发白粉病，可用石硫合剂防治。

用途 果可食用，也可栽培作观果植物。

含油率及化学组分数据

采集单位	测试单位	测试部位	产地	含油率(%)	碘值	酸值	皂化值	C12:0	C14:0	C16:0	C16:1	C18:0	C18:1	C18:2	C18:3	C20:0	C20:1
CAU	ICS	种子	山西翼城	19.30	81.61	28.90	143.70	0.02	0.06	7.47	0.19	3.03	14.90	72.53	1.31	0.45	0.06
OFPC	IAE	种子	辽宁绥中	19.10	141.40		188.30			5.00		3.50	16.10	72.20			
OFPC	WHBG	种子	湖北武汉	30.30	136.30		188.50			9.40		2.30	14.30	73.00	1.00		

新疆枸杞

Lycium dasystemum Pojark.

茄科，枸杞属

特征　多分枝灌木，高达1.5 m。枝条坚硬，稍弯曲，灰白色或灰黄色，嫩枝细长，老枝一有坚硬的棘刺；棘刺长0.6~6 cm，裸露或生叶和花。叶形状多变，倒披针形、椭圆状倒披针形或宽披针形，基部楔形，下延到极短的叶柄上，顶端急尖或钝，长1.5~4 cm，宽5~15 mm。花多2~3朵同叶簇生于短枝上，或在长枝上单生于叶腋；花梗长1~1.8 cm，向顶端渐渐增粗；花萼长约4 mm，常2~3中裂；花冠漏斗状，长9~1.2 cm，筒部长约为檐部裂片长的2倍，裂片卵形，边缘有稀疏的缘毛。浆果卵圆状或矩圆状，长7 mm左右，红色，种子可达20余个，肾脏形，长约1.5~2 mm。花期6~8月；果期8~9月。

分布　新疆：精河县，44°36′23″N，82°53′27″E，312 m，2011-08-22，侯翼国、王茜4003311021。生于海拔200~3600 m的山坡、沙地或绿洲。产于甘肃、青海、新疆。巴基斯坦、阿富汗、塔吉克斯坦、吉尔吉斯斯坦、土库曼斯坦、乌兹别克斯坦、哈萨克斯坦也有其分布。

栽培　播种或扦插繁殖。

用途　食用或药用。

含油率及化学组分数据

采集单位	测试单位	测试部位	产地	含油率(%)	碘值	酸值	皂化值	C12:0	C14:0	C16:0	C16:1	C18:0	C18:1	C18:2	C18:3	C20:0	C20:1
XIEG	SCBG	种子	新疆精河	22.21	9.67	20.31	190.48	0.07	0.08	14.41	0.07	4.17	4.07	75.54	1.08	0.23	0.28

番茄

Lycopersicon esculentum Mill.

茄科，番茄属

特征　一年生或多年生草本，高0.6~2 m，全体生粘质腺毛，有强烈气味。茎易倒伏。叶羽状复叶或羽状深裂，长10~40 cm，小叶极不规则，大小不等，常5~9枚，卵形或矩圆形，长5~7 cm，边缘有不规则锯齿或裂片。花序总梗长2~5 cm，常3~7朵花；花梗长1~1.5 cm；花萼辐状，裂片披针形，果时宿存；花冠辐状，直径约2 cm，黄色。浆果扁球状或近球状，肉质而多汁液，橘黄色或鲜红色，光滑；种子黄色。花期5~9月；果期9~11月。

分布　辽宁：锦州，41°06′43″N，121°08′46″E，2011-09-23，郑宝江等400341150。原产墨西哥和南美洲。我国广泛栽培。

栽培　喜凉爽的气候。能耐旱，但不耐涝，对土壤要求不十分严格。播种繁殖，生长期适当追肥，不可偏施氮肥，须配合磷钾肥。一般于定植缓苗后施催苗肥，促茎叶生长。第一穗果开始膨大后进行第二次追肥，促果实膨大。

用途　果可食。

含油率及化学组分数据

采集单位	测试单位	测试部位	产地	含油率(%)	碘值	酸值	皂化值	C12:0	C14:0	C16:0	C16:1	C18:0	C18:1	C18:2	C18:3	C20:0	C20:1
NEFU	SCBG	种仁	辽宁锦州	20.41	12.95	6.34	176.02	0.004	0.04	3.83	0.04	0.85	26.15	35.91	32.59	0.11	0.47
OFPC	IAE	种子	辽宁沈阳	21.30	121.00		194.00		0.20	14.80		6.10	20.70	55.10	3.10		
OFPC	WHBG	种子	湖北武汉		118.20		190.90			10.70		3.00	12.20	72.90	1.20		

假酸浆

Nicandra physalodes (L.) Gaertn.

茄科，假酸浆属

特征　一年生草本。茎直立，有棱条，无毛，高0. 4~1. 5 m。叶卵形或椭圆形，草质，长4~12 cm，宽2~8 cm，顶端急尖或短渐尖，基部楔形，边缘有具圆缺的粗齿或浅裂，两面有稀疏毛；叶柄长约为叶片长的1/3~1/4。花单生于枝腋而与叶对生，通常具较叶柄长的花梗，俯垂；花萼5深裂，裂片顶端尖锐，基部心脏状箭形，有2尖锐的耳片，果时包围果实，直径2. 5~4 cm；花冠钟状，浅蓝色，直径达4 cm，檐部有折襞，5浅裂。浆果球状，直径1. 5~2 cm，黄色。种子淡褐色，直径约1 mm。花期夏季；果期秋季。

分布　云南：昆明植物所加工厂，25°8′3″N，102°44′38″E，1930 m，2008-11-29，李恩乾400222066。山西：翼城县西阎乡曹公村，35°20′33″N，111°33′13″E，1151 m，2009-10-02，谢光辉400322004。河北：昌黎，39°43′22″N，119°11′54″E，11 m，2010-09-20，徐兴友、韩宝强400313056。生于海拔800~2600 m的田边、荒地或住宅区。我国各地均有栽培，在四川、贵州、云南、新疆、西藏、甘肃、山西、河北逸为野生。原产南美洲。

栽培　播种繁殖。

用途　全草药用，可镇静、祛痰、清热解毒。

含油率及化学组分数据

采集单位	测试单位	测试部位	产地	含油率(%)	碘值	酸值	皂化值	C12:0	C14:0	C16:0	C16:1	C18:0	C18:1	C18:2	C18:3	C20:0	C20:1
KMIB	KMIB	种仁	云南昆明	10. 33	135. 30	2. 60	187. 50	0. 11	0. 15		9. 16	0. 19	3. 61	11. 85	73. 13	0. 41	
CAU	ICS	种子	山西翼城	12. 85	96. 07	4. 27	179. 80	0. 004	0. 07	10. 03	0. 16	2. 77	9. 58	76. 98	0. 21	0. 09	0. 09
HNUST	ICS	种子	河北昌黎	25. 20	97. 05	7. 70	197. 22		0. 09	9. 05	0. 19	2. 91	10. 99	73. 63	1. 47	0. 22	0. 08

黄花烟草

Nicotiana rustica L.

茄科，烟草属

特征　一年生草本，高40~60 cm，有时达120 cm。茎直立，粗壮，生腺毛，分枝较细弱。叶生腺毛，叶片卵形、矩圆形、心脏形、有时近圆形或矩圆状披针形，顶端钝或急尖，基部圆或心形偏斜，长10~30 cm；叶柄常短于叶片之半。花序圆锥式，顶生，疏散或紧缩；花梗长3~7 mm。花萼杯状，长7~12 mm，裂片宽三角形，1枚显著长；花冠黄绿色，筒部长1. 2~2 cm，檐部宽约4 mm，裂片短，宽而钝；雄蕊4枚较长，1枚显著短。蒴果矩圆状卵形或近球状，长约10~16 mm。种子矩圆形，长约1 mm，通常褐色。花期6~8月；果期9~10月。

分布　原产南美洲。我国广东、山西及西南、西北地区有栽培。

栽培　播种繁殖。

用途　作烟草工业的原料；全株也作农药杀虫剂。

含油率及化学组分数据

采集单位	测试单位	测试部位	产地	含油率(%)	碘值	酸值	皂化值	C12:0	C14:0	C16:0	C16:1	C18:0	C18:1	C18:2	C18:3	C20:0	C20:1
OFPC	NIB	种子	陕西武功	38. 10	134. 80		191. 00			10. 70		3. 00	12. 20	72. 90	1. 20		

烟草

Nicotiana tabacum L.

茄科，烟草属

特征 一年生或有限多年生草本，全体被腺毛；根粗壮；茎高0.7~2 m，基部稍木质化。叶矩圆状披针形、披针形、矩圆形或卵形，顶端渐尖，基部渐狭至茎成耳状而半抱茎，长10~30 cm，宽8~15 cm；柄不明显或成翅状柄。花序顶生，圆锥状，多花；花梗长5~20 mm。花萼筒状或筒状钟形，长20~25 mm，裂片三角状披针形，长短不等；花冠漏斗状，淡红色，筒部色更淡，稍弓曲，长3.5~5 cm，檐部宽1~1.5 cm，裂片急尖；雄蕊中1枚显著较其余4枚短，不伸出花冠喉部，花丝基部有毛。蒴果卵状或矩圆状，长约等于宿存萼；种子圆形或宽矩圆形，径约0.5 mm，褐色。花期6~7月；果期8~10月。

分布 辽宁：锦州，41°06′43″N，121°08′45″E，2011-09-23，郑宝江等400341152。原产南美洲。我国南北各地广为栽培。

栽培 喜温暖湿润的气候，喜阳光，耐干旱。播种或分株繁殖，春、秋季为适期。喜温暖向阳的环境及肥沃疏松的土壤。

用途 作烟草工业的原料；全株也可作农药杀虫剂；亦可药用，作麻醉、发汗、镇静和催吐剂。

含油率及化学组分数据

采集单位	测试单位	测试部位	产地	含油率(%)	碘值	酸值	皂化值	C12:0	C14:0	C16:0	C16:1	C18:0	C18:1	C18:2	C18:3	C20:0	C20:1
NEFU	SCBG	种仁	辽宁锦州	33.36	62.22	1.52	396.81										
OFPC		种子	贵州大方	38.20	140.00		183.80			9.10		5.50	13.60	70.40	1.40		
OFPC	NIB	种子	陕西武功	37.80	142.40		187.70			10.50		2.90	11.00	72.60	3.00		
OFPC	CIB	种子	四川资阳	29.40	128.90		193.80			11.40		1.10	17.50	70.00	微量		
OFPC	KMIB	种子	云南禄丰	41.20	134.00		189.00			12.80		2.90	17.60	64.60		2.10	
OFPC	IB	种子	贵州	35.20	139.40		190.10			9.60	0.10	3.40	13.20	71.40	2.30		

酸浆

Physalis alkekengi L.

茄科，酸浆属

特征 多年生草本。茎高约40~80 cm，基部常匍匐生根，略带木质，分枝稀疏或不分枝，常被有柔毛。叶长5~15 cm，宽2~8 cm，长卵形至阔卵形、有时菱状卵形，基部不对称狭楔形、下延至叶柄，全缘而波状或者有粗牙齿，顶端渐尖；叶柄长约1~3 cm。花梗长6~16 mm，开花时直立，后向下弯曲；花萼阔钟状，长约6 mm，密生柔毛，萼齿三角形；花冠辐状，白色，直径15~20 mm，裂片开展，阔而短，外面有短柔毛，边缘有缘毛，顶端骤然狭窄成三角形尖头。果梗长约2~3 cm，多少被宿存柔毛；果萼卵状，长2.5~4 cm，直径2~3.5 cm，薄革质，网脉显著，有10纵肋，橙色或火红色，顶端闭合，基部凹陷；浆果球状，橙红色，直径10~15 mm，柔软多汁。种子肾脏形，淡黄色，长约2 mm。花期5~9月；果期6~10月。

分布 重庆：南川区三泉镇石门沟，29°48′12″N，107°7′1″E，597 m，2009-07-28，刘正宇等4002310105。四川：盐源县莲花山乡，27°25′24″N，101°30′29″E，1000 m，2009-10-03，王凯、樊云川40021109043。甘肃：徽县严坪镇，33°39′5″N，106°17′27″E，1198 m，2011-10-06，薛帅、潘昊400325006。河北：青龙，40°16′11″N，119°26′07″E，397 m，2011-09-22，徐兴友、韩宝强40031363。常生长于空旷地或山坡。产于河南、湖北、四川、贵州、云南、甘肃、陕西。我国北方常见栽培。欧亚大陆均有分布。

栽培 耐寒性稍强，喜温暖及阳光充足，不择土壤。繁殖以春季播种或分株繁殖。适应性强，管理粗放。

用途 果可食，也可作退热药。

含油率及化学组分数据

采集单位	测试单位	测试部位	产地	含油率(%)	碘值	酸值	皂化值	C12:0	C14:0	C16:0	C16:1	C18:0	C18:1	C18:2	C18:3	C20:0	C20:1
CIPP	SCBG	种仁	重庆南川	9.10	86.45	20.84	120.58			5.29		3.26	21.94	45.02	21.59	1.08	1.08
SCU	SCU	种仁	四川盐源	24.86	86.90	4.10	172.90			12.56	0.37	4.01	13.04	71.30		0.33	
CAU	ICS	种子	甘肃徽县	18.16	83.19	2.92	190.73			6.37	0.31	1.60	20.21	67.41	0.85	0.16	0.11
ICS	ICS	种子	河北青龙	33.76	79.39	4.19	161.60		0.09	9.05	0.19	2.91	10.99	73.63	1.47	0.22	0.08

千年不烂心

Solanum cathayanum C. Y. Wu et S. C. Huang

茄科，茄属

特征 草质藤本，多分枝，长0.5~3 m，茎、叶各部密被多节的长柔毛。叶互生，多数为心脏形，长1.5~5 cm，宽1~3.5 cm，基部心脏形或戟形，边全缘，少数基部3深裂，裂片全缘，侧裂片短而端钝，中裂片长，卵形至卵状披针形，先端渐尖，叶下面被毛较上面密；中脉明显。聚伞花序顶生或腋外生，疏花，总花梗长约1.8~4 cm；花冠蓝紫色或白色，直径约1 cm，开放时裂片向外反折，花冠筒隐于萼内，长约1 mm，冠檐长约6 mm，5裂，裂片椭圆状披针形。浆果成熟时红色，直径约8 mm，果柄无毛，常作弧形弯曲；种子近圆形，两侧压扁。花期夏秋间；果期秋末。

分布 湖南：沅陵县借母溪乡，28°46′27″N，110°27′4″E，2011-10-22，张九兵、朱明德400181316。陕西：洋县华阳古镇，33°35′16″N，107°33′31″E，1021 m，2010-10-11，薛帅400323054。生于海拔500~1250 m灌木丛中，山谷及山坡等阴湿处。产广东、广西、湖南、江西、福建、浙江、江苏、安徽、山东、河，南、湖北、四川、贵州、云南、甘肃、陕西等省份。

栽培 喜温暖湿润至冷凉气候，适应性强，生性强健。播种繁殖，将种子撒播于疏松的土壤中，稍加覆土，保持湿度便可发芽。

用途 茎入药，可治小儿惊风；枝、叶有清血之效。亦可栽培作观赏。

含油率及化学组分数据

采集单位	测试单位	测试部位	产地	含油率(%)	碘值	酸值	皂化值	C12:0	C14:0	C16:0	C16:1	C18:0	C18:1	C18:2	C18:3	C20:0	C20:1
HUST	HUST	种仁	湖南沅陵	22.54	7.82	26.96	191.08										
CAU	ICS	种子	陕西洋县	18.98	74.01	8.17	221.67			8.67	0.20	1.65	9.20	74.65	1.65	0.17	0.08

野海茄

Solanum japonense Nakai

茄科，茄属

特征 草质藤本，长0.5~1.2 m，无毛或小枝被疏柔毛。叶柄长0.5~2.5 cm，无毛或具疏柔毛；叶三角状宽披针形或卵状披针形，通常长3~8.5 cm，宽2~5 cm，基部圆或楔形，边缘波状，侧裂片短而钝，中裂片卵状披针形，先端长渐尖；中脉明显，侧脉纤细，通常每边5条；在小枝上部的叶较小，卵状披针形，长约2~3 cm。聚伞花序顶生或腋外生；萼浅杯状，直径约2.5 mm，5裂，萼齿三角形，长约0.5 mm；花冠紫色，直径约1 cm，花冠筒隐于萼内，基部具5个绿色的斑点，先端5深裂，裂片披针形，长4 mm；花丝长约0.5 mm，花药长圆形，长2.5~3 mm，顶孔略向前；花柱纤细，长约5 mm，柱头头状。浆果圆形，直径约1 cm，成熟后红色；种子肾形，直径约2 mm。花期5~7月；果期8~11月。

分布 广东、广西、湖南、浙江、江苏、安徽、河南、四川、云南、新疆、青海、陕西、河北及东北区。生于海拔250~2800 m的荒坡、山谷、水边、路旁。

栽培 播种繁殖。

用途 绿化。

含油率及化学组分数据

采集单位	测试单位	测试部位	产地	含油率(%)	碘值	酸值	皂化值	C12:0	C14:0	C16:0	C16:1	C18:0	C18:1	C18:2	C18:3	C20:0	C20:1
OFPC	CIB	种子	四川成都	22.30	126.30		204.70			10.20		2.10	7.50	79.00	1.20		

白英

Solanum lyratum Thunb. ex Murray

茄科，茄属

特征　草质藤本，长0.5~1 m，茎及小枝均密被具节长柔毛。叶互生，多数为琴形，长3.5~5.5 cm，宽2.5~4.8 cm，基部常3~5深裂，裂片全缘，侧裂片愈近基部的愈小，端钝，中裂片较大，通常卵形，先端渐尖，两面均被白色发亮的长柔毛；中脉明显，侧脉在下面较清晰，通常每边5~7条；少数在小枝上部的为心脏形，小，长约1~2 cm。二歧聚伞花序，顶生或腋外生；萼5裂，杯状，裂片基部有紫色斑点；花冠蓝紫色或白色，直径约1.1 cm。浆果球状，成熟时红黑色，直径约8 mm；种子近盘状，扁平，直径约1.5 mm。花期6~10月；果期10~11月。

分布　江苏：扬州市刘集镇西郊森林公园，32°25′9″N，119°14′56″E，56 m，2012-11-10，程志全、刘巧霞4001171243。山东：淄博，36°19′41″N，118°3′15″E，1740 m，2010-09-23，赵伟华400311232。河南：商城县大别山，31°45′09″N，115°32′05″E，509 m，2011-10-12，杨大伟、陈明400314091；内乡，33°30′1″N，111°54′58″E，992 m，2012-10-26，王亚平400314310。四川：邛崃市天台山，30°17′6″N，103°9′2″E，842 m，2012-11-08，刘晓波、宫庆彬40021112108。陕西：宁陕县广货街镇沙沟村牛背梁自然保护区，33°46′58″N，108°47′21″E，1312 m，2010-10-03，薛帅、王继师400323009。生于海拔100~2900 m的山谷草地，路旁，田边。产于海南、广东、广西、湖南、江西、福建、台湾、浙江、安徽、甘肃、贵州、河南、湖北、江苏、陕西、山东、山西、四川、西藏、云南。柬埔寨、日本、韩国、老挝、缅甸、泰国和越南也有分布。

栽培　喜温暖气候。播种繁殖。

用途　全草入药，可治小儿惊风；果实能治风火牙痛。

含油率及化学组分数据

采集单位	测试单位	测试部位	产地	含油率(%)	碘值	酸值	皂化值	C12:0	C14:0	C16:0	C16:1	C18:0	C18:1	C18:2	C18:3	C20:0	C20:1
ECNU	SCBG	种仁	江苏扬州	25.41	23.42	18.51	192.69			10.01	0.24	1.90	13.73	69.94	1.95	0.20	0.11
ICS	ICS	种子	山东淄博	18.88	172.27	1.29	192.81		0.06	9.88	0.25	2.35	12.04	71.12	1.70	0.20	0.09
ICS	ICS	种子	河南商城	4.53	166.65	33.04	192.02		0.35	11.20	5.46	2.59	12.72	59.65	4.00	0.42	
HNAU	ICS	种子	河南内乡	8.39	172.30	19.22	154.80		0.15	8.90	0.28	1.74	9.88	71.29	2.59	0.43	0.06
SCU	SCU	种仁	四川邛崃	4.46		2.81											
CAU	ICS	种子	陕西宁陕	17.78	99.21	5.74	214.80	0.07		7.39	0.37	1.76	10.39	53.62	1.17		

龙葵

Solanum nigrum L.

茄科，茄属

特征　一年生直立草本，高0.25~1 m，茎绿色或紫色。叶卵形，长2.5~10 cm，宽1.5~5.5 cm，基部楔形至阔楔形而下延至叶柄，全缘或每边具波状粗齿，先端短尖；叶脉每边5~6条；叶柄长约1~2 cm。蝎尾状花序腋外生，由3~10花组成，总花梗长约1~2.5 cm，花梗长约5 mm，近无毛或具短柔毛；萼小，浅杯状，直径约1.5~2 mm，齿卵圆形，先端圆，基部两齿间连接处成角度；花冠白色，筒部隐于萼内，长不及1 mm，冠檐长约2.5 mm，5深裂，裂片卵圆形，长约2 mm；花丝短，花药黄色，长约1.2 mm，约为花丝长度的4倍，顶孔向内；子房卵形，直径约0.5 mm，花柱长约1.5 mm，中部以下被白色绒毛，柱头小，头状。浆果球形，直径约8 mm。种子多数，近卵形，直径约1.5~2 mm，两侧压扁。花期5~8月；果期6~11月。

分布　陕西：洋县华阳古镇，33°35′14″N，107°32′44″E，1100 m，2010-10-08，薛帅400323034。生于海拔600~3000 m的田边、荒地及村庄附近。产于广西、湖南、福建、台湾、江苏、四川、贵州、云南、西藏。印度、日本、亚洲西南及欧洲也有分布。

栽培　播种繁殖，易栽培。

用途　全株入药，可散瘀消肿，清热解毒。

含油率及化学组分数据

采集单位	测试单位	测试部位	产地	含油率(%)	碘值	酸值	皂化值	C12:0	C14:0	C16:0	C16:1	C18:0	C18:1	C18:2	C18:3	C20:0	C20:1
CAU	ICS	种子	陕西洋县	29.94	94.51	4.72	168.58	0.18	0.24	8.55		4.54	8.67	71.70	1.47		

珊瑚樱

Solanum pseudocapsicum L.

茄科，茄属

特征 小灌木，高达2 m，全株光滑无毛。叶互生，叶片狭长圆形至披针形，长1~6 cm，宽0.5~1.5 cm，基部狭楔形下延成叶柄，边全缘或波状，顶端尖或钝，两面均光滑无毛；中脉在下面凸出，侧脉6~7对。花多单生，很少成蝎尾状花序，近无总花梗，腋外生或近对叶生，花梗长约3~4 mm；花小，白色，直径约0.8~1 cm；萼绿色，直径约4 mm，5裂，裂片长约1.5 mm；花冠筒隐于萼内，长不及1 mm，冠檐长约5 mm，裂片5，卵形，长约3.5 mm，宽约2 mm；花丝长不及1 mm，花药黄色，矩圆形，长约2 mm；子房近球形，直径约1 mm，花柱短，长约2 mm，柱头截形。浆果橙红色，直径1~1.5 cm，萼宿存，果柄长约1 cm，顶端膨大。种子盘状，扁平，直径约2~3 mm。花期初夏；果期秋末。

分布 河南：商城县大别山，31°46′45″N，115°21′8″E，413 m，2011-10-12，杨大伟、陈明400314094。四川：攀枝花市大黑山，26°40′15″N，101°41′43″E，2061 m，2012-10-17，刘晓波、宫庆彬40021112085。贵州：印江县合水镇两河口村，27°46′4″N，108°44′36″E，2011-11-18，张九兵、朱明德400181363。广东、广西、江西、安徽均有栽培。原产南美洲。

栽培 播种或扦插繁殖。

用途 绿化。

含油率及化学组分数据

采集单位	测试单位	测试部位	产地	含油率(%)	碘值	酸值	皂化值	C12:0	C14:0	C16:0	C16:1	C18:0	C18:1	C18:2	C18:3	C20:0	C20:1
ICS	ICS	种子	河南商城	5.75	39.10	72.34	114.43		1.45	30.30	0.82	6.00	19.95	33.08	4.29		
SCU	SCU	种仁	四川攀枝花	10.60	85.02	26.56	144.48			11.87		3.80	24.84	57.79	1.70		
HUCT	HUCT	种仁	贵州印江	24.41	43.30	10.85	103.24										

刺天茄

Solanum violaceum Ortega [*Solanum indicum* var. *recurvatum* C.Y. Wu et S.C. Huang]

茄科，茄属

特征 多枝灌木，通常高0.5~1.5 m。小枝褐色，被星状绒毛及钩刺。叶卵形，长5~7 cm，宽2.5~5.2 cm，基部心形，截形或不相等，边缘5~7深裂或成波状浅圆裂，裂片边缘有时又作波状浅裂，顶端钝；中脉及侧脉常在两面具有长2~6 mm的钻形皮刺，侧脉每边3~4条；叶柄长2~4 cm，密被星状毛及具1~2枚钻形皮刺，有时不具。蝎尾状花序腋外生，长约3.5~6 cm，总花梗长2~8 mm，花梗长1.5 cm或稍长，密被星状绒毛及钻形细直刺；花蓝紫色，或少为白色，直径约2 cm。浆果球形，光亮，成熟时橙红色，直径约1 cm，宿存萼反卷。种子淡黄色，近盘状，直径约2 mm。花、果期全年。

分布 云南：峨山县柏锦村后山，24°10′18″N，102°24′15″E，1552 m，2010-11-06，李忠荣400222164。生于海拔180~1700 m的林下、路边、荒地。产于广东、广西、福建、台湾、四川、贵州、云南。广布于热带印度、缅甸、中南半岛，南至马来半岛，东至菲律宾。

栽培 喜温暖湿润的气候。扦插繁殖，春、夏、秋均能育苗，以春季为最佳，成活率高。栽培土质要求不严，以肥沃的壤土或砂质壤土为好。日照充足则生长、开花均较旺盛。每年冬季或早春应整枝修剪1次。

用途 果入药，治咳嗽伤风等。

含油率及化学组分数据

采集单位	测试单位	测试部位	产地	含油率(%)	碘值	酸值	皂化值	C12:0	C14:0	C16:0	C16:1	C18:0	C18:1	C18:2	C18:3	C20:0	C20:1
KMIB	KMIB	种仁	云南峨山	9.05				0.07	0.07		10.29	0.44	3.38	12.84	68.38	1.57	

长距柳穿鱼

Linaria longicalcarata D. Y. Hong

玄参科，柳穿鱼属

特征 多年生草本，株高15~35 cm，全体无毛。茎中部以上多分枝。叶互生，长1~4.5 cm，宽2~3.5 mm。花序疏花，有花数朵；苞片披针形；花梗长1~3 mm；花萼裂片长矩圆形或卵形，长2.5~3 mm，宽1.2~1.8 mm，顶端稍钝至圆钝；花冠鲜黄色，喉部隆起处橙色，长(除距)11~14 mm，上唇略超出下唇，裂片顶端钝，距直，长10~20 mm。蒴果直径5 mm，长6~8 mm。种子盘状，长3 mm，中央光滑。花期7~8月；果期秋季。

分布 新疆：阿勒泰喀纳斯自然保护区，48°45′0″N，86°56′1″E，1715 m，2011-09-18，侯翼国、王茜4003311033。生于海拔1100~1400 m的阴坡、河沟草地及石堆中。产新疆。

栽培 喜阳光充足及凉爽气候，要求肥沃、湿润及排水良好的砂质壤土，耐寒，畏酷热，能自播繁衍。播种或分株繁殖。生长季节，注意肥水管理，并适当摘心，使植株丰满，开花繁茂，雨季注意排水。

用途 枝叶柔细，花型、花色别致，适宜用于布置花坛、花境及草坪点缀，也可盆栽作切花。

含油率及化学组分数据

采集单位	测试单位	测试部位	产地	含油率(%)	碘值	酸值	皂化值	C12:0	C14:0	C16:0	C16:1	C18:0	C18:1	C18:2	C18:3	C20:0	C20:1
XIEG	SCBG	种子	新疆阿勒泰	23.94	13.52	16.36	231.50	0.01	0.03	1.88	0.19	0.67	50.45	46.29	0.29	0.07	0.13

毛蕊花

Verbascum thapsus L.

玄参科，毛蕊花属

特征 二年生草本，高达1.5 m，全株被密而厚的浅灰黄色星状毛。基生叶和下部的茎生叶倒披针状矩圆形，基部渐狭成短柄状，长达15 cm，宽达6 cm，边缘具浅圆齿，上部茎生叶逐渐缩小而渐变为矩圆形至卵状矩圆形，基部下延成狭翅。穗状花序圆柱状，长达30 cm，直径达2 cm，结果时还可伸长和变粗，花密集，数朵簇生在一起(至少下部如此)，花梗短；花萼长约7 mm，裂片披针形；花冠黄色，直径1~2 cm；雄蕊5，后方3枚的花丝有毛，前方2枚的花丝无毛，花药基部多少下延而成“个”字形。蒴果卵形，约与宿存的花萼等长。花期6~8月；果期7~10月。

分布 西藏：波密县扎木乡，29°50′39″N，95°46′39″E，2771 m，2011-09-06，于友民400241165。新疆：阿勒泰喀纳斯至哈巴河S229途中，48°35′50″N，86°41′15″E，1439 m，2011-09-19，侯翼国、王茜4003311038。生于海拔1400~3200 m的山坡草地、河岸草地。产于浙江、江苏、四川、云南、西藏、新疆。广布于北半球。

栽培 喜凉爽，喜光，喜排水良好的土壤。较耐干旱，耐寒。播种繁殖，宜在秋季进行。

用途 可栽培观赏。

含油率及化学组分数据

采集单位	测试单位	测试部位	产地	含油率(%)	碘值	酸值	皂化值	C12:0	C14:0	C16:0	C16:1	C18:0	C18:1	C18:2	C18:3	C20:0	C20:1
SICAU	SCBG	种仁	西藏波密	26.25	31.49	13.74	277.10		0.05	4.85	3.17	1.81	18.06	58.77	0.03	1.82	0.18
XIEG	SCBG	种子	新疆阿勒泰	23.02	15.63	12.58	181.25	0.01	0.23	29.83	5.01	1.89	3.36	38.63	20.45	0.02	0.57

草本威灵仙

Veronicastrum sibiricum (L.) Pennell

玄参科，腹水草属

特征 多年生直立草本。根状茎横走，长达13 cm，节间短，根多而须状。茎圆柱形，不分枝，无毛或多少被多细胞长柔毛。叶4~6枚轮生，矩圆形至宽条形，长8~15 cm，宽1. 5~4. 5 cm，无毛或两面疏被多细胞硬毛。花序顶生，长尾状，各部分无毛；花萼裂片不超过花冠半长，钻形；花冠红紫色、紫色或淡紫色，长5~7 mm，裂片长1. 5~2 mm。蒴果卵状，长约3. 5 mm。种子椭圆形。花期7~9月；果期夏秋季。

分布 黑龙江：桦川县申家店，46°34′10″N，130°37′35″E，227 m，2010-08-13，陈连江、贾海伦、张爽400351002。生于海拔高达2500 m的路边、山坡草地及山坡灌丛。产东北、华北、陕西北部、甘肃东部及山东半岛。朝鲜、日本及俄罗斯亚洲部分也有其分布。

栽培 播种和组织培养繁殖。

用途 是较好的切花材料和花镜用花。

含油率及化学组分数据

采集单位	测试单位	测试部位	产地	含油率(%)	碘值	酸值	皂化值	C12:0	C14:0	C16:0	C16:1	C18:0	C18:1	C18:2	C18:3	C20:0	C20:1
SBRI	SCBG	种仁	黑龙江桦川	30. 88	4. 57	9. 15	232. 97										
OFPC	IAE	种子	黑龙江带岭	20. 40			144. 00			3. 40		微量	11. 20	85. 30			

黄金树 (白花梓树)

Catalpa speciosa Warder ex Engelm.

紫葳科，梓属

特征 乔木，高6~10 m；树冠伞状。叶卵心形至卵状长圆形，长15~30 cm，顶端长渐尖，基部截形至浅心形，上面亮绿色，无毛，下面密被短柔毛；叶柄长10~15 cm。圆锥花序顶生，有少数花，长约15 cm；苞片2，线形，长3~4 mm；花萼2裂，裂片2，舟状，无毛；花冠白色，喉部有2黄色条纹及紫色细斑点，长4~5 cm，口部直径4~6 cm，裂片开展。蒴果圆柱形，黑色，长30~55 cm，宽10~20 mm，2瓣开裂。种子椭圆形，长25~35 mm，宽6~10 mm，两端有极细的白色丝状毛。花期5~6月；果期8~9月。

分布 新疆：昌吉州玛纳斯平原林场，44°14′28″N，86°21′30″E，485 m，2010-10-13，王喜勇、王蕾、孔凡逵4003310050。原产美国中部至东部。广东、广西、福建、台湾、浙江、江苏、山东、河南、云南、新疆、陕西、山西、河北等地均有栽培。

栽培 播种繁殖。喜土壤肥沃深厚，喜阳光充足之地。

用途 花色洁白，树姿优美，适合孤植或列植作为行道树。

含油率及化学组分数据

采集单位	测试单位	测试部位	产地	含油率(%)	碘值	酸值	皂化值	C12.0	C14.0	C16.0	C16.1	C18.0	C18.1	C18.2	C18:3	C20:0	C20:1
XIEG	SCBG	种仁	新疆昌吉	26. 75	25. 60	15. 39	198. 22	0. 02	0. 23	22. 71	0. 21	3. 48	0. 28	71. 42	0. 80	0. 54	0. 31

蓝花楹

Jacaranda mimosifolia D. Don

紫葳科，蓝花楹属

特征 落叶乔木，高达15 m。叶对生，为二回羽状复叶，羽片通常在16对以上，每一羽片有小叶16~24对；小叶椭圆状披针形至椭圆状菱形，长6~12 mm，宽2~7 mm，顶端急尖，基部楔形，全缘。花蓝色，花序长达30 cm，直径约18 cm；花萼筒状，长宽约5 mm，萼齿5；花冠筒细长，蓝色，下部微弯，上部膨大，长约18 cm；花冠裂片圆形；雄蕊4，2强，花丝着生于花冠筒中部；子房圆柱形，无毛。蒴果木质，扁卵圆形，长宽均约5 cm，中部较厚，四周逐渐变薄，不平展。花期5~6月；果期秋冬季。

分布 四川：西昌市川兴乡，27°53′26″N，102°15′54″E，1000 m，2009-11-09，王凯、樊云川40021109146。云南：景洪药用植物园，22°06′41″N，100°55′38″E，2012-01-17，邢福武、童毅、孟玉芳4001142044。原产南美洲的巴西、玻利维亚、阿根廷。我国海南、广东、广西、福建、云南有栽培。

栽培 喜高温，生育适温为22~30℃。扦插或播种繁殖，春秋季为适期。栽培土质以壤土或砂质壤土为佳，排水、日照、通风均需良好。定植时宜预施基肥，生育期各追肥1次。每年春季修剪整枝1次。

用途 可供庭园观赏，也可作家具用材。

含油率及化学组分数据

采集单位	测试单位	测试部位	产地	含油率(%)	碘值	酸值	皂化值	C12:0	C14:0	C16:0	C16:1	C18:0	C18:1	C18:2	C18:3	C20:0	C20:1
SCU	SCU	种仁	四川西昌	28.47						10.42		10.43	17.07	62.08			
SCBG	SCBG	种仁	云南景洪	21.65	127.33	4.28	151.37	0.20	0.04		0.06		22.82	10.9	34.84	0.12	

海南山牵牛 (海南老鸦嘴)

Thunbergia fragrans Roxb. [*Thunbergia fragrans* subsp. *hainanensis* (C. Y. Wu et H. S. Lo) H. P. Tsui]

爵床科，山牵牛属

特征 多年生攀缘草本，茎细，被倒硬毛或无毛，有块根。叶柄纤细，长0. 8~4. 5 cm；叶长圆状卵形至长圆状披针形，基部有时稍戟形，边缘常皱波状，先端钝，两面初被柔毛或短柔毛，后渐稀疏，仅脉上被毛；脉5出。花通常单生叶腋，花梗长1. 5~8. 5 cm，被倒向柔毛；小苞片卵形，长16~24 cm，宽8~13 cm，急尖，被疏柔毛或短毛；花冠管长4~7 mm，喉长18~23 mm，冠檐裂片倒卵形，先端平截，或多或少成"山"字形，长约26 mm，宽约22 mm，白色。蒴果无毛，带有种子部分直径10 mm，高7 mm，喙长15 mm，基部宽4. 5 mm。种子腹面平滑，种脐大。果期夏秋季。

分布 海南：乐东万冲，18°51′49″N，109°16′14″E，2009-08-27，郑希龙、潘雅书40011446。生于海南及广东、广西南部沿海地区。

栽培 播种繁殖。

用途 种子可榨油。

含油率及化学组分数据

采集单位	测试单位	测试部位	产地	含油率(%)	碘值	酸值	皂化值	C12:0	C14:0	C16:0	C16:1	C18:0	C18:1	C18:2	C18:3	C20:0	C20:1
SCBG	SCBG	种仁	海南乐东	31.22				0.01	0.08	2.17	0.77	34.75	34.22	26.83	0.77	0.14	0.25

大花老鸦嘴（大花山牵牛）

Thunbergia grandiflora Roxb.

爵床科，山牵牛属

特征 攀缘灌木，分枝较多。叶柄长达8 cm，被侧生柔毛；叶片卵形至心形，长4~9(~15) cm，宽3~7.5 cm，边缘有2(~4)~6(~8)宽三角形裂片，先端急尖至锐尖，上面被柔毛，毛基部常膨大而使叶面呈粗糙状，背面密被柔毛；通常5~7脉。花在叶腋单生或成顶生总状花序，苞片小，卵形，先端具短尖头；花梗长2~4 cm，被短柔毛；小苞片2，长卵圆形，长1.5~3 cm，宽1~2 cm，先端渐尖；花冠管长5~7 mm，连同喉白色；喉22~25 mm，自花冠管以上膨大；冠檐蓝紫色，裂片圆形或宽卵形，长2.1~3 mm，先端常微缺；雄蕊4，花丝下面逐渐变宽，长8~10 mm，无毛，花药不外露，药隔突出成一锐尖头，药室不等大；子房近无毛，花柱无毛，长17~24 mm，柱头近相等，2裂，对折，下方的抱着上方的，不外露。蒴果被短柔毛，带种子部分直径13 mm，高18 mm，喙长20 mm，基部宽7 mm。

分布 广东：英德县石门台云溪岭站，24°13′32″N，113°19′23″E，2500 m，2012-11-13，易绮斐、陈林、刘清泉400119137。产于广东、广西、海南、福建鼓浪屿。生于山地灌丛。印度及中南半岛也有分布。世界热带地区栽培。

栽培 喜温暖、湿润、通风环境，不怕寒；喜光，稍耐阴。春季扦插繁殖，极易生根，雨季移植后次年可定植。为保证通风透光，需对老植株进行修剪。管理粗放。

用途 开花繁盛，是大型棚架及篱垣的良好绿化材料。

含油率及化学组分数据

采集单位	测试单位	测试部位	产地	含油率(%)	碘值	酸值	皂化值	C12:0	C14:0	C16:0	C16:1	C18:0	C18:1	C18:2	C18:3	C20:0	C20:1
SCBG	SCBG	种仁	广东英德	34.12	94.87	4.75	210.96	0.01	0.06	5.48	0.10	1.36	11.81	57.14		0.22	0.67

芝麻（胡麻）

Sesamum indicum L.

胡麻科，胡麻属

特征 一年生直立草本。高60~150 cm，分枝或不分枝，中空或具有白色髓部，微有毛。叶矩圆形或卵形，长3~10 cm，宽2.5~4 cm，下部叶常掌状3裂，中部叶有齿缺，上部叶近全缘；叶柄长1~5 cm。花单生或2~3朵同生于叶腋内；花萼裂片披针形，长5~8 mm，宽1.6~3.5 mm，被柔毛；花冠长2.5~3 cm，筒状，直径约1~1.5 cm，长2~3.5 cm，白色而常有紫红色或黄色的彩晕；雄蕊4，内藏；子房上位，4室（云南西双版纳栽培植物可至8室），被柔毛。蒴果矩圆形，长2~3 cm，直径6~12 mm，有纵棱，直立，被毛，分裂至中部或至基部。种子有黑白之分。花期5~6月；果期9~10月。

分布 湖南：龙山县大安，29°1′51″N，109°30′44″E，277 m，2010-09-25，徐亮、周建军400191181。湖北：五峰后河老屋场，33°29′55″N，110°31′02″E，957 m，2010-10-22，丁时东、危文亮等400151058。原产印度。我国各地均有栽培。广植于各温带及热带地区。

栽培 喜光，喜温暖至高温，耐干旱和瘠薄。栽培以壤土或砂质土壤为佳。播种繁殖。播种前施足基肥，以有机肥为主；生长期追肥2次，花前喷施少量速效磷肥，以促进开花结实。

用途 种子可榨油，也可食用。

含油率及化学组分数据

采集单位	测试单位	测试部位	产地	含油率(%)	碘值	酸值	皂化值	C12:0	C14:0	C16:0	C16:1	C18:0	C18:1	C18:2	C18:3	C20:0	C20:1
JSU	SCBG	种仁	湖南龙山	30.21	98.47	40.78	273.36	0.05	1.78	19.45	0.58	7.28	46.29	8.40	1.37	2.92	0.18
OCRI	SCBG	种仁	湖北五峰	20.97	96.81	4.78	241.83	0.03	0.05	16.53		3.67	17.75	29.85	44.52	0.51	0.28
OFPC	IAE	种子	辽宁铁岭	48.60	117.00		192.90			8.50	微量	5.20	37.70	47.40	微量		
OFPC	NIB	种子	陕西南郑	52.30	109.30		181.80		微量	8.60	微量	5.50	42.70	41.50	微量		
OFPC	WHBG	种子	湖北武汉	51.80	114.90		183.70		微量	9.70	微量	5.20	41.80	43.20	微量		
OFPC	KMIB	种子	云南红河	51.70	104.00		186.00		微量	10.80	微量	4.60	40.40	44.10			

车前

Plantago asiatica L.

车前科，车前属

特征 二年或多年生草本。根茎短，稍粗，须根多数。叶柄长2~15 cm，基部扩大成鞘，疏生短柔毛；叶基生呈莲座状；叶片纸质，宽卵形，长4~12 cm，宽2. 5~6. 5 cm，基部宽楔形、多少下延，边缘波状，先端钝圆至急尖。花序3~10个，直立或弓曲上升；花序梗长5~30 cm，有纵条纹，疏生白色短柔毛；穗状花序细圆柱状，长3~40 cm，下部常间断；苞片狭卵状三角形或三角状披针形，长2~3 mm，长过于宽，龙骨突宽厚，无毛或先端疏生短毛；花具短梗；花萼长2~3 mm，椭圆形；花冠白色，无毛，冠筒与萼片约等长，裂片狭三角形，长约1. 5 mm，先端渐尖，具明显的中脉，于花后反折；雄蕊着生于冠筒内面近基部，与花柱明显外伸，花药卵状椭圆形。蒴果纺锤状卵形、卵球形或圆锥状卵形，长3~4. 5 mm，于基部上方周裂。种子5~6，卵状椭圆形或椭圆形，长1. 5~2 mm，具角，黑褐色至黑色。花期4~8月；果期6~9月。

分布 陕西：洋县华阳古镇，33°35′8″N，107°32′34″E，1092 m，2010-10-09，薛帅、王继师400323043。黑龙江：大兴安岭漠河县北极村，46°48′1″N，130°22′1″E，1 m，2011-09-06，卞勇、张爽400351097。生于海拔3~3200 m的草地、沟边、河岸湿地、田边、路旁或村边空旷处。产于海南、广东、广西、湖南、江西、福建、台湾、浙江、江苏、安徽、山东、河南、湖北、四川、贵州、云南、西藏、新疆、甘肃、陕西、山西、河北、内蒙古、辽宁、吉林、黑龙江。朝鲜、俄罗斯(远东)、日本、尼泊尔、马来西亚、印度尼西亚也有其分布。

栽培 适应性强，喜生于较潮湿环境。播种繁殖。管理粗放。

用途 全株入药，清热利尿，祛痰。

含油率及化学组分数据

采集单位	测试单位	测试部位	产地	含油率(%)	碘值	酸值	皂化值	C12:0	C14:0	C16:0	C16:1	C18:0	C18:1	C18:2	C18:3	C20:0	C20:1
CAU	ICS	种子	陕西洋县	8. 97	106. 33	13. 16	131. 83			8. 49	0. 61	2. 22	17. 75	44. 91	17. 14	0. 38	
SBRI	SCBG	种仁	黑龙江大兴安岭	14. 35	24. 36	0. 72	405. 88	0. 02	0. 20	8. 72	0. 40	0. 56	16. 39	55. 03	18. 03	0. 31	0. 34

七子花

Heptacodium miconioides Rehd.

忍冬科，七子花属

特征 株高可达7 m；幼枝略呈4棱形，红褐色，疏被短柔毛；茎干树皮灰白色，片状剥落。叶厚纸质，卵形或矩圆状卵形，长8~15 cm，宽4~8. 5 cm，基部钝圆或略呈心形，顶端长尾尖，下面脉上有稀疏柔毛，具长1~2 cm的柄。圆锥花序近塔形，长8~15 cm，宽5~9 cm，具2~3节；花序分枝开展，上部的长约1. 5 cm，下部的长2. 5~4 cm；小花序头状，各对小苞片形状、大小不等，最外一对有缺刻；花芳香；萼裂片长2~2. 5 mm，与萼筒等长，密被刺刚毛；花冠长1~1. 5 cm，外面密生倒向短柔毛。果实长1~1. 5 cm，直径约3 mm，具10枚条棱，疏被刺刚毛状绢毛，宿存萼有明显的主脉；种子长5~6 mm。花期6~7月；果熟期9~11月。

分布 浙江：杭州植物园，30°15′25″N，120°07′22″E，2010-10-14，曾庆文、谢聪、孟玉芳40011910。生于海拔600~1000 m的悬崖峭壁、山坡灌丛和林下。为我国特有种，产于浙江、安徽、湖北。

栽培 播种和扦插繁殖。

用途 是优良的观赏树木。

含油率及化学组分数据

采集单位	测试单位	测试部位	产地	含油率(%)	碘值	酸值	皂化值	C12:0	C14:0	C16:0	C16:1	C18:0	C18:1	C18:2	C18:3	C20:0	C20:1
SCBG	SCBG	种仁	浙江杭州	20. 08	117. 16	18. 51	230. 31			6. 34	0. 39	4. 88	34. 15	28. 1	0. 03	0. 48	0. 27

淡红忍冬（短柄忍冬、贵州忍冬）

Lonicera acuminata Wall. [*Lonicera pampaninii* H. Lév.]

忍冬科，忍冬属

特征 藤本；幼枝和叶柄密被土黄色卷曲的短糙毛，后变紫褐色而无毛。叶有时3片轮生，薄革质，矩圆状披针形、狭椭圆形至卵状披针形，长3~10 cm，基部浅心形，边缘略背卷，有疏缘毛，顶端渐尖，两面中脉有短糙毛，下面幼时常疏生短糙毛；叶柄短，长2~5 mm。双花数朵集生于幼枝顶端或单生于幼枝上部叶腋，芳香；总花梗极短或几不存；苞片、小苞片和萼齿均有短糙毛；苞片狭披针形至卵状披针形，有时呈叶状，长5~15 mm；小苞片圆卵形或卵形，长为萼筒的1/2~2/3；萼筒长不到2 mm，萼齿卵状三角形至长三角形，比萼筒短，外面有短糙伏毛，有缘毛；花冠白色而常带微紫红色，后变黄色，唇形，长1. 5~2 cm，外面密被倒生短糙伏毛和腺毛，唇瓣略短于筒，上下唇均反曲；雄蕊和花柱略伸出，花丝基部有柔毛，花药长约2 mm；花柱无毛。果实圆形，蓝黑色或黑色，直径5~6 mm。花期5~6月；果熟期10~11月。

分布 湖南：张家界西溪坪乡，29°5′45″N，110°32′25″E，2011-10-16，张九兵、朱明德400181291。生于海拔150~1400 m的林下或灌丛中。产于广东、广西、湖南、江西、安徽、福建、浙江、湖北、四川、贵州、云南。

栽培 扦插繁殖。

用途 花入药。

含油率及化学组分数据

采集单位	测试单位	测试部位	产地	含油率(%)	碘值	酸值	皂化值	C12:0	C14:0	C16:0	C16:1	C18:0	C18:1	C18:2	C18:3	C20:0	C20:1
HUCT	HUCT	种仁	湖南张家界	23. 17	88. 99												

蓝靛果（蓝靛忍冬）

Lonicera caerulea L. [*Lonicera caerulea* var. *edulis* Turcz. ex Herder]

忍冬科，忍冬属

特征 灌木。幼枝有长、短两种硬直糙毛或刚毛，老枝棕色，壮枝节部常有大形盘状的托叶，茎犹如贯穿其中；冬芽叉开，长卵形，顶锐尖，有时具副芽。叶矩圆形、卵状矩圆形或卵状椭圆形，稀卵形，长2~10 cm，顶端尖或稍钝，基部圆形，两面疏生短硬毛，下面中脉毛较密且近水平开展，有时几无毛。总花梗长2~10 mm；苞片条形，长为萼筒的2~3倍；花冠长1~1. 3 cm，外面有柔毛，基部具浅囊，筒比裂片长1. 5~2倍；雄蕊的花丝上部伸出花冠外；花柱无毛，伸出。复果蓝黑色，稍被白粉，椭圆形至准圆状椭圆形，长约1. 5 cm。花期5~6月；果熟期8~10月。

分布 吉林：长白山，41°42′57″N，128°05′09″E，2011-10-19，郑宝江等400341226。生于海拔2600~3500 m的落叶林下或林缘荫处灌丛中。产于四川、云南、青海、甘肃、宁夏、山西、河北、内蒙古、辽宁、吉林、黑龙江。朝鲜、日本和俄罗斯远东地区也有分布。

栽培 播种和扦插繁殖。

用途 果可食。

含油率及化学组分数据

采集单位	测试单位	测试部位	产地	含油率(%)	碘值	酸值	皂化值	C12:0	C14:0	C16:0	C16:1	C18:0	C18:1	C18:2	C18:3	C20:0	C20:1
NEFU	SCBG	种仁	吉林长白山	20. 78	20. 83	19. 16	277. 07	0. 002	0. 03	6. 01	0. 07	3. 06	11. 82	78. 37	0. 33	0. 17	0. 14

金花忍冬 (黄花忍冬)

Lonicera chrysantha Turcz. ex Ledeb.

忍冬科，忍冬属

特征 落叶灌木，高达4 m。冬芽卵状披针形，鳞片5~6对，外面疏生柔毛，有白色长睫毛。叶纸质，菱状卵形、菱状披针形、倒卵形或卵状披针形，长4~12 cm，顶端渐尖或急尾尖，基部楔形至圆形；两面脉上被直或稍弯的糙伏毛，中脉毛较密，有直缘毛；叶柄长4~7 mm。总花梗细，长1. 5~4 cm；苞片条形或狭条状披针形，长2. 5~8 mm，常高出萼筒；小苞片分离，卵状矩圆形、宽卵形、倒卵形至近圆形，长约1 mm，为萼筒的1/3~2/3；相邻两萼筒分离，长2~2. 5 mm，常无毛而具腺，萼齿圆卵形、半圆形或卵形，顶端圆或钝；花冠先白色后变黄色，长0. 8~2 cm，外面疏生短糙毛，唇形，唇瓣长2~3倍于筒；雄蕊和花柱短于花冠，花丝中部以下有密毛，药隔上半部有短柔伏毛；花柱全被短柔毛。果实红色，圆形，直径约5 mm。花期5~6月；果期7~9月。

分布 河南：灵宝小秦岭，34°25′32″N，110°28′50″E，2116 m，2012-08-14，王亚平400314142。西藏：波密县扎木乡岗巴村，29°53′7″N，95°37′15″E，2707 m，2011-09-04，干友民400241137。山西：垣曲历山，35°25′26″N，111°57′52″E，2100 m，2012-08-29，秦烁、郭利磊400327024。河北：青龙，40°07′48″N，119°22′56″E，902 m，2011-09-10，徐兴友、韩宝强400313124。内蒙古：呼和浩特内蒙古农业大学东区，40°25′55″N，111°0′21″E，1633 m，2009-09-08，刘慧娟、扈顺400312018。吉林：磐石，43°03′27″N，126°10′29″E，2011-09-11，郑宝江等400341005。生于海拔200~3000 m的林中和林缘灌丛中。产于江西、浙江、江苏、安徽、河南、湖北、四川、贵州、云南、西藏、青海、甘肃、宁夏、陕西、山西、河北、内蒙古、辽宁、吉林、黑龙江。日本、朝鲜、蒙古、俄罗斯也有分布。

栽培 播种和扦插繁殖。

用途 适应能力强，且果红亮丽，可作为城镇绿化美化树种大力开发利用。

含油率及化学组分数据

采集单位	测试单位	测试部位	产地	含油率(%)	碘值	酸值	皂化值	C12:0	C14:0	C16:0	C16:1	C18:0	C18:1	C18:2	C18:3	C20:0	C20:1
HNAU	ICS	种子	河南灵宝	10. 13	96. 66	17. 99	148. 07	0. 18	0. 12	6. 94	0. 31	2. 07	16. 98	60. 05	1. 09	0. 16	
SICAU	SCBG	种仁	西藏波密	3. 45	12. 66	5. 56	79. 94	0. 002	0. 02	6. 57	0. 04	0. 19	18. 96	10. 32	63. 10	0. 56	0. 23
CAU	ICS	种子	山西垣曲	7. 44	13. 65	7. 38	170. 89	0. 06	0. 10	6. 84	0. 28	1. 74	18. 06	65. 91	1. 47	0. 12	
ICS	ICS	种子	河北青龙	5. 24	86. 64	28. 21			0. 05	5. 49	0. 25	1. 21	21. 23	69. 31	0. 63		0. 14
ICS	ICS	种子	内蒙古呼和浩特	8. 21	141. 64	0. 32	193. 46			5. 84		2. 49	14. 94	73. 65	1. 09		
NEFU	SCBG	种仁	吉林磐石	4. 51	91. 26	0. 69	186. 95		0. 10	13. 64	0. 24	1. 56	42. 50	37. 09	1. 22	0. 54	0. 38
OFPC	IAE	种子	辽宁沈阳	21. 40	147. 30		191. 20			4. 50	微量	1. 20	16. 10	76. 40	1. 80		

忍冬 (金银花)

Lonicera japonica Thunb.

忍冬科，忍冬属

特征 藤本。叶柄长4~8 mm，密被短柔毛；叶片纸质，卵形，长3~5 cm，基部圆形，全缘，有糙缘毛，顶端渐尖。总花梗通常单生于小枝上部叶腋，较叶柄稍短，下方者则长达2~4 cm，密被短柔毛；苞片大，叶状，卵形至椭圆形，长达2~3 cm，两面均有短柔毛或有时近无毛；小苞片顶端圆形或截形，长约1 mm，为萼筒的1/2~4/5，有短糙毛和腺毛；萼筒长约2 mm，无毛，萼齿卵状三角形或长三角形，顶端尖而有长毛，外面和边缘都有密毛；花冠白色，有时基部向阳面呈微红，后变黄色，长3~4. 5 cm，唇形，筒稍长于唇瓣，很少近等长，外被多少倒生的开展或半开展糙毛和长腺毛，上唇裂片顶端钝形，下唇带状而反曲。果实圆形，直径6~7 mm，熟时蓝黑色，有光泽；种子卵圆形或椭圆形，褐色，长约3 mm，中部有一凸起的脊，两侧有浅的横沟纹。花期4~6月；果熟期10~11月。

分布 福建：梁野山新化村，25°17′36″N，116°16′57″E，448 m，2012-11-24，易绮斐、李玉玲、宁阳阳400119296。生于海拔800~1500 m的灌丛、疏林、山坡、乱石堆及路边。产于广东、广西、湖南、江西、福建、台湾、浙江、江苏、安徽、山东、河南、湖北、四川、云南、甘肃、陕西、山西、河北、辽宁、吉林。日本、朝鲜也有其分布；东南亚广泛栽培，北美洲也有栽培。

栽培 适应性很强，对土壤和气候的选择并不严格，以土层较厚的砂质壤土为最佳。山坡、梯田、地堰、堤坝、瘠薄的丘陵都可栽培。繁殖可用播种、插条和分根等方法。

用途 花可入药，称“金银花”，性甘寒，能清热解毒、消炎退肿。

含油率及化学组分数据

采集单位	测试单位	测试部位	产地	含油率(%)	碘值	酸值	皂化值	C12:0	C14:0	C16:0	C16:1	C18:0	C18:1	C18:2	C18:3	C20:0	C20:1
SCBG	SCBG	种仁	福建梁野	34. 60	16. 67	100. 47	177. 74	0. 10	0. 04	5. 64	0. 08	1. 81	27. 00	63. 20	0. 34	1. 22	0. 58

金银忍冬 (金银木)

Lonicera maackii (Rupr.) Maxim.

忍冬科，忍冬属

特征 落叶灌木，高达6 m；冬芽小，卵圆形，有5~6对或更多鳞片。叶柄长2~5 mm；叶片纸质，形状变化较大，通常卵圆形，长5~8 cm，基部宽楔形，顶端渐尖。花芳香，生于幼枝叶腋，总花梗长1~2 mm，短于叶柄；苞片条形，有时条状倒披针形而呈叶状，长3~6 mm；小苞片多少连合成对，长为萼筒的1/2至几相等，顶端截形；相邻两萼筒分离，长约2 mm，无毛或疏生微腺毛，萼檐钟状，为萼筒长的2/3至相等，干膜质，萼齿宽三角形或披针形，不相等，顶尖，裂隙约达萼檐之半；花冠先白色后变黄色，长2 cm，外被短伏毛或无毛，唇形，筒长约为唇瓣的1/2，内被柔毛；雄蕊与花柱长约达花冠的2/3，花丝中部以下和花柱均有向上的柔毛。果实暗红色，圆形，直径5~6 mm；种子具蜂窝状微小浅凹点。花期5~6月；果熟期8~10月。

分布 湖南：张家界永定区三岔乡三望坡，29°3′49″N，110°33′8″E，2011-10-21，张九兵、朱明德400181310。河南：郑州市惠济区，34°45′49″N，113°39′36″E，2011-10-06，王亚平、武振江、李丹凤400314063。云南：嵩明县阿子营乡，25°13′40″N，102°44′18″E，2218 m，2009-08-27，胡光万、王跃虎、唐贵华400221028。甘肃：兰州市安宁区，36°7′3″N，103°42′18″E，1550 m，2011-10-10，秦烁400326023。陕西：凤县南星镇瓦房坝乡，33°42′49″N，106°36′50″E，1369 m，2011-08-30，薛帅400324060。河北：石家庄，38°3′14″N，114°47′9″E，39 m，2011-10-13，徐兴友、韩宝强400313101。北京：香山，40°0′15″N，116°12′38″E，164 m，2009-11-20，邢福武40011491。吉林：松花湖，44°13′25″N，127°9′18″E，312 m，2009-10-06，郑宝江、张云强、陶林400341010。黑龙江：佳木斯市水源山，46°31′35″N，130°36′23″E，799 m，2010-08-31，陈连江、卞勇、贾海伦400351009。生于海拔100~3000 m的林中、灌丛中。产湖南、浙江、江苏、安徽、山东、河南、四川、云南、西藏、甘肃、陕西、山西、河北、内蒙古、辽宁、吉林、黑龙江。日本、韩国、俄罗斯也有其分布；北美洲有栽培。

栽培 生性强健，喜肥沃、疏松、排水好的土壤。扦插或播种繁殖。选用肥沃、疏松、排水好的土壤。

用途 花可提取芳香油。种子榨成的油可制肥皂。

含油率及化学组分数据

采集单位	测试单位	测试部位	产地	含油率(%)	碘值	酸值	皂化值	C12:0	C14:0	C16:0	C16:1	C18:0	C18:1	C18:2	C18:3	C20:0	C20:1
HUCT	HUCT	种仁	湖南永定	22.95	56.46	10.90	233.67	0.10	0.04	5.64	0.08	1.81	27.00	63.20	0.34	1.22	0.58
ICS	ICS	种子	河南郑州	12.81	127.32	16.13	146.76		0.08	6.33	0.14	1.68	21.45	66.96	1.19		
KMIB	KMIB	种仁	云南嵩明	40.30	143.70		180.80										
CAU	ICS	种子	甘肃兰州	13.37	114.37	15.10	189.31		0.11	9.94	0.09	5.40	47.80	21.74	0.31	0.51	0.39
CAU	ICS	种子	陕西凤县	6.00	132.02	20.78	240.63			6.06	0.11	4.68	20.77	12.18	54.14	0.16	0.10
ICS	ICS	种子	河北石家庄	27.43	147.73	3.69	255.48			5.64	0.09	2.17	16.29	74.54	0.48	0.09	0.10
SCBG	SCBG	种仁	北京香山	32.30	79.36	2.14	188.07	0.02	0.04	6.07	0.08	2.40	15.60	75.16	0.51		0.14
NEFU	SCBG	种仁	吉林松花湖	24.60	70.55	3.81	216.11			5.44	0.16	1.57	16.42	75.81	0.38	0.06	0.15
SBRI	SCBG	种仁	黑龙江佳木斯	12.62	0.65	6.38	194.67										
OFPC	IAE	种子	辽宁沈阳	32.50	143.70		180.80			6.20		2.00	19.20	72.60			

大花忍冬（灰毡毛忍冬）

Lonicera macrantha (D. Don) Spreng. [*Lonicera macranthoides* Hand.-Mazz.]

忍冬科，忍冬属

特征　藤本。叶柄长6~10 mm，有糙毛；叶革质，卵形、卵状披针形、矩圆形至宽披针形，长6~14 cm，顶端渐尖，基部圆形，上面无毛，下面被由短糙毛组成的灰白色毡毛，网脉凸起而呈明显蜂窝状。花有香味，双花常密集于小枝梢成圆锥状花序；总花梗长0. 5~3 mm；苞片披针形或条状披针形，长2~4 mm；小苞片圆卵形或倒卵形，长约为萼筒之半，有短糙缘毛；萼筒常有蓝白色粉，无毛或有时上半部或全部有毛，长近2 mm，萼齿三角形，长1 mm，比萼筒稍短；花冠白色，后变黄色，长3. 5~4. 5 cm，外被倒短糙伏毛及橘黄色腺毛，唇形，筒纤细，内面密生短柔毛，与唇瓣等长或略较长，上唇裂片卵形，基部具耳，两侧裂片裂隙深达1/2，中裂片长为侧裂片之半，下唇条状倒披针形，反卷。果实黑色，常有蓝白色粉，圆形，直径6~10 mm。花期6~7月；果熟期10~11月。

分布　贵州：雷山县雷公山自然保护区，26°21′50″N，108°9′26″E，1253 m，2012-10-17，陈丰林、夏纯、桑洪伟4001151233。生于海拔500~1800 m山谷溪流旁、山坡或山顶混交林内或灌丛中。产于广东、广西、湖南、江西、福建、浙江、安徽、湖北、四川、贵州。

栽培　扦插或播种繁殖。选用肥沃、疏松、排水良好的酸性土壤为佳。

用途　花入药，为“金银花”中药材的主要品种之一。

含油率及化学组分数据

采集单位	测试单位	测试部位	产地	含油率(%)	碘值	酸值	皂化值	C12:0	C14:0	C16:0	C16:1	C18:0	C18:1	C18:2	C18:3	C20:0	C20:1
SCBG	SCBG	种仁	贵州雷山	32. 46	110. 57	27. 82	124. 93										

长白忍冬

Lonicera ruprechtiana Regel

忍冬科，忍冬属

特征　落叶灌木，高达3 m；幼枝近无毛或疏被短柔毛。叶柄长3~8 mm；叶片纸质，矩圆状倒卵形、卵状矩圆形至矩圆状披针形，长3~10 cm，基部圆，有时两侧不等，边缘略波状起伏，有缘毛或睫毛，顶渐尖。总花梗长6~12 mm，疏被微柔毛；苞片条形，长5~6 mm，长超过萼齿，被微柔毛；小苞片分离，圆卵形至卵状披针形，长为萼筒的1/4~1/3，无毛或具腺缘毛；相邻两萼筒分离，长2 mm左右，萼齿卵状三角形至三角状披针形，干膜质，长1 mm左右；花冠白色，后变黄色，外面无毛，筒粗短，长4~5 mm，内密生短柔毛，基部有一深囊，唇瓣长8~11 mm，上唇两侧裂深达1/2~2/3处，下唇长约1 cm，反曲；雄蕊短于花冠，花药长约3 mm，花丝着生于药隔的近基部，基部有短柔毛。果实球形，直径5~7 mm；种子椭圆形，棕色，长3 mm左右，有细凹点。花期5~6月；果期7~8月。

分布　吉林：辉南县金川镇，42°33′9″N，126°44′20″E，837 m，2009-10-21，郑宝江、李康400341003。生于海拔300~1100 m阔叶林下或林缘。产东北三省的东部。朝鲜和俄罗斯也有分布。

栽培　较耐寒，适应性较强。扦插或播种繁殖。选用肥沃土壤。

用途　可观花果。

含油率及化学组分数据

采集单位	测试单位	测试部位	产地	含油率(%)	碘值	酸值	皂化值	C12:0	C14:0	C16:0	C16:1	C18:0	C18:1	C18:2	C18:3	C20:0	C20:1
NEFU	SCBG	种仁	吉林辉南	21.80	123.02	4.56	185.63		0.04	5.53	0.10	1.40	0.94	83.00	0.41		0.13
OFPC	IAE	种子	辽宁桓仁	23.90	150.30		193.80			3.00		0.80	19.30	76.70			

新疆忍冬（鞑靼忍冬）

Lonicera tatarica L.

忍冬科，忍冬属

特征　落叶灌木，高达3 m，全体近于无毛。冬芽小，约有4对鳞片。叶纸质，卵形或卵状矩圆形，有时矩圆形，长2~5 cm，基部圆或近心形，稀阔楔形，两侧常稍不对称，顶端尖，稀渐尖或钝形；叶柄长2~5 mm。总花梗纤细，长1~2 cm；苞片条状披针形或条状倒披针形，长与萼筒相近或较短，有时叶状而远超过萼筒；小苞片分离，近圆形至卵状矩圆形，长为萼筒的1/3~1/2；相邻两萼筒分离，长约2 mm，萼檐具三角形或卵形小齿；花冠粉红色、白色或黄白色，长约1.5 cm，唇形，筒短于或约等于唇瓣，长5~6 mm，基部一侧不明显地隆起或有浅囊，上唇两侧裂深达唇瓣基部，开展，中裂较浅；雄蕊和花柱稍短于花冠，花柱被短柔毛。果实红色，圆形，直径5~6 mm，双果之一常不发育。花期5~6月；果期7~8月。

分布　新疆：乌鲁木齐植物园，43°53′37″N，87°33′38″E，786 m，2010-09-26，王喜勇、王蕾、孔凡逵4003310011。生于海拔900~1600 m的石质山坡或山沟的林缘和灌丛中。产于新疆，辽宁和黑龙江等地有栽培。俄罗斯欧洲部分至西伯利亚地区也有其分布。

栽培　喜湿，喜光，耐阴，耐贫瘠，耐寒，耐旱。播种或扦插方法繁殖。

用途　可供观赏。

含油率及化学组分数据

采集单位	测试单位	测试部位	产地	含油率(%)	碘值	酸值	皂化值	C12:0	C14:0	C16:0	C16:1	C18:0	C18:1	C18:2	C18:3	C20:0	C20:1
XIEG	SCBG	种仁	新疆乌鲁木齐	22.83	23.79	3.64	242.60	0.02	0.04	9.74	0.09	2.31	36.13	49.94	0.77	0.15	0.61

华西忍冬

Lonicera webbiana Wall. ex DC.

忍冬科，忍冬属

特征 落叶灌木，高达3~4 m；幼枝常秃净或散生红色腺，老枝具深色圆形小凸起；冬芽外鳞片约5对。叶纸质，卵状椭圆形至卵状披针形，长4~18 cm，基部圆或微心形或宽楔形，边缘常不规则波状起伏或有浅圆裂，有睫毛，顶端渐尖或长渐尖，两面有疏或密的糙毛及疏腺。总花梗长2. 5~9 cm；苞片条形，长1~5 mm；小苞片甚小，分离，卵形至矩圆形，长1 mm以下；相邻两萼筒分离，无毛或有腺毛，萼齿微小，顶钝、波状或尖；花冠紫红色或绛红色，很少白色或由白变黄色，长1~1. 5 cm，唇形，外面有疏短柔毛和腺毛或无毛，筒甚短，基部较细，具浅囊，向上突然扩张，上唇直立，具圆裂，下唇比上唇长1/3，反曲；雄蕊长约等于花冠，花丝和花柱下半部有柔毛。果实先红色后转黑色，圆形，直径约1 cm；种子椭圆形，长5~6 mm，有细凹点。花期5~6；果期8~9月。

分布 西藏：波密县扎木乡达兴沟，29°48′8″N，95°50′53″E，2835 m，2011-09-06，干友民400241159。生于1800~4000 m的针阔叶混交林、山坡灌丛中或草坡上。产于江西、湖北、四川、云南、西藏、青海、甘肃、宁夏、陕西、山西。欧洲东南部、阿富汗、克什米尔地区至不丹也有其分布。

栽培 播种和扦插繁殖。

用途 花蕾具有清热解毒的功效。

含油率及化学组分数据

采集单位	测试单位	测试部位	产地	含油率(%)	碘值	酸值	皂化值	C12:0	C14:0	C16:0	C16:1	C18:0	C18:1	C18:2	C18:3	C20:0	C20:1
SICAU	SCBG	种仁	西藏波密	29. 60	7. 82	26. 96	191. 08	0. 01	0. 04	3. 87	0. 08	2. 63	11. 25	80. 24	0. 99	0. 74	0. 14

接骨草

Sambucus javanica Blume [*Sambucus chinensis* Lindl.]

忍冬科，接骨木属

特征 高大草本或半灌木，高1~2 m；茎有棱条，髓部白色。羽状复叶的托叶叶状或有时退化成蓝色的腺体；小叶2~3对，互生或对生，狭卵形，长6~13 cm，宽2~3 cm，嫩时上面被疏长柔毛，先端长渐尖，基部钝圆，两侧不等，边缘具细锯齿，近基部或中部以下边缘常有1枚或数枚腺齿；顶生小叶卵形或倒卵形，基部楔形，有时与第一对小叶相连，小叶无托叶，基部1对小叶有时有短柄。复伞形花序顶生，大而疏散，总花梗基部托以叶状总苞片，分枝3~5出，纤细，被黄色疏柔毛；杯形不孕性花不脱落，可孕性花小；萼筒杯状，萼齿三角形；花冠白色，仅基部联合，花药黄色或紫色；子房3室，花柱极短或几无，柱头3裂。果实红色，近圆形，直径3~4 mm；核2~3粒，卵形，长2. 5 mm，表面有小疣状突起。花期4~5月；果熟期8~9月。

分布 湖南：浏阳市大围山，28°24′28″N，114°3′23″E，504 m，2009-09-17，黄玉滢、周喜乐400181017。安徽：歙县林业局后山，29°51′6″N，118°25′26″E，276 m，2011-11-11，胡超、李星霖4001171170。重庆：南川区鱼泉乡庙坝天山坪，29°55′56″N，107°14′31″E，1551 m，2009-09-03，刘正宇等400231046。西藏：林芝县布久乡仲果村，29°32′51″N，94°26′12″E，2960 m，2011-09-01，干友民400241121。生于海拔300~2600 m的山坡、林下、沟边和草丛中，亦有栽种。产于广东、广西、湖南、江西、福建、台湾、浙江、江苏、安徽、河南、湖北、四川、贵州、云南、西藏、甘肃、陕西等地。日本也有其分布。

栽培 喜光又耐阴，耐干旱。播种、分株或扦插繁殖。对土壤要求不严，微酸性及中性土都能生长。根系发达，移植容易成活。

用途 为药用植物，可治跌打损伤，有去风湿、通经活血、解毒消炎之功效。

含油率及化学组分数据

采集单位	测试单位	测试部位	产地	含油率(%)	碘值	酸值	皂化值	C12:0	C14:0	C16:0	C16:1	C18:0	C18:1	C18:2	C18:3	C20:0	C20:1
HUCT	HUCT	种仁	湖南浏阳	7. 80	8. 49	8. 93	208. 73										
ECNU	SCBG	种仁	安徽歙县	16. 30	187. 88	12. 22	189. 57		0. 20	8. 35	0. 19	1. 92	25. 14	52. 88	4. 09	0. 72	0. 53
CIPP	SCBG	种仁	重庆南川	30. 49	76. 58	0. 99	405. 44		2. 51	13. 41		3. 07	11. 45	36. 31	15. 08	3. 07	
SICAU	SCBG	种仁	西藏林芝	10. 61	2. 73	16. 74	240. 73	0. 0046	0. 03	5. 58	0. 05	1. 47	42. 21	34. 29	15. 66	0. 11	0. 60

接骨木

Sambucus williamsii Hance

忍冬科，接骨木属

特征 落叶灌木或小乔木，高5~6 m。托叶狭带形，或退化成带蓝色的突起；羽状复叶有小叶2~3对，侧生小叶片卵圆形，长5~15 cm，宽1. 2~7 cm，基部圆形，边缘具不整齐锯齿，有时基部或中部以下具1至数枚腺齿，顶端尖，两侧不对称，最下一对小叶有时具长0. 5 cm的柄，顶生小叶卵形。花与叶同出，圆锥形聚伞花序顶生，长5~11 cm，宽4~14 cm，具总花梗，花序分枝多成直角开展，有时被稀疏短柔毛，随即光滑无毛；花小而密；萼筒杯状，长约1 mm，萼齿三角状披针形，稍短于萼筒；花冠蕾时带粉红色，开后白色或淡黄色，筒短，裂片矩圆形或长卵圆形，长约2 mm；雄蕊与花冠裂片等长，开展，花丝基部稍肥大，花药黄色；子房3室，花柱短，柱头3裂。果实红色，极少蓝紫黑色，卵圆形或近圆形，直径3~5 mm；分核2~3枚，卵圆形至椭圆形，长2. 5~3. 5 mm，略有皱纹。花期4~5月；果熟期9~10月。

分布 陕西：杨凌区西农农场，34°15′49″N，108°3′57″E，500 m，2011-07-07，薛帅400324027。河北：昌黎，39°42′57″N，119°09′24″E，31 m，2012-07-13，徐兴友、詹立军400313201。内蒙古：呼和浩特市内蒙古农业大学东区，111°42′41″N，40°49′14″E，1068 m，2011-09-18，刘慧娟400312155。吉林：松花湖，44°12′25″N，127°10′42″E，340 m，2009-07-22，郑宝江、李康、陶林400341001。黑龙江：哈尔滨市帽儿山，45°16′37″N，127°30′1″E，262 m，2009-09-19，丁广洲、贾海伦400351104；大兴安岭呼中，39°39′10″N，116°25′31″E，2011-09-11，郑宝江等400341098。生于海拔540~1600 m的山坡、灌丛、沟边、路旁、宅边等地。产广东、广西、湖南、福建、浙江、江苏、安徽、山东、河南、湖北、四川、贵州、云南、甘肃、陕西、山西、河北、辽宁、吉林、黑龙江等地。

栽培 喜光，亦耐阴，较耐寒，耐旱。常生于林下、灌木丛中或平原路旁。播种、分株或扦插繁殖。

用途 初夏可观花，盛夏初秋可观果。为市区工厂、矿区绿化的重要树种。

含油率及化学组分数据

采集单位	测试单位	测试部位	产地	含油率(%)	碘值	酸值	皂化值	C12:0	C14:0	C16:0	C16:1	C18:0	C18:1	C18:2	C18:3	C20:0	C20:1
CAU	ICS	种子	陕西杨凌	2. 76	100. 97	76. 83	116. 44	0. 26	1. 14	31. 87		5. 95	16. 81	18. 11	2. 33	1. 53	
ICS	ICS	种子	河北昌黎	25. 60	76. 60	126. 08	114. 47	0. 12	0. 45	25. 86	1. 85	2. 66	54. 67	5. 43	1. 54	0. 46	0. 38
ICS	ICS	种子	内蒙古呼和浩特	30. 02	36. 08	28. 18	389. 06	0. 09	0. 23	21. 16	0. 81	2. 21	44. 63	16. 89	9. 94	0. 20	0. 15
NEFU	SCBG	种仁	吉林松花湖	30. 40	73. 05	8. 37	205. 96			3. 96		0. 85	12. 37	45. 69	36. 99		0. 14
SBRI	SBCG	种仁	黑龙江哈尔滨	22. 18	57. 90	22. 09	246. 34	0. 40	0. 05			1. 70		67. 57	0. 13	12. 50	0. 31
NEFU	SCBG	种仁	黑龙江大兴安岭	35. 46	9. 67	20. 31	190. 48										

穿心莛子藨

Triosteum himalayanum Wall.

忍冬科，莛子藨属

特征 多年生草本；茎开花时顶部生分枝1对，高达60 cm，具条纹，被白色刚毛及腺毛，中空，具白色的髓部。叶羽状深裂，基部楔形至宽楔形，近无柄，轮廓倒卵形至倒卵状椭圆形，长8~20 cm，宽6~18 cm，裂片1~3对，无锯齿，顶端渐尖，上面浅绿色，散生刚毛，沿脉及边缘毛较密，背面黄白色；茎基部的初生叶有时不分裂。聚伞花序对生，各具3朵花，无总花梗，有时花序下具卵全缘的苞片，在茎或分枝顶端集合成短穗状花序；萼筒被刚毛和腺毛，萼裂片三角形，长3 mm；花冠黄绿色，狭钟状，长1 cm，筒基部弯曲，一侧膨大成浅囊，被腺毛，裂片圆而短，内面有带紫色斑点；雄蕊着生于花冠筒中部以下，花丝短，花药矩圆形，花柱基部被长柔毛，柱头楔状头形。果实卵圆，肉质，具3条槽，长10 mm，冠以宿存的萼齿；核3枚，扁，亮黑色。种子凸平，腹面具2条槽。花期5~6月；果期8~9月。

分布 西藏：波密县扎木乡，29°49′56″N，95°43′6″E，3158 m，2011-09-05，干友民400241148。产于河南、湖北、四川、青海、甘肃、宁夏、陕西、山西、河北。生于海拔1800~2900 m的山坡暗针叶林下和沟边向阳处。日本也有其分布。

栽培 耐半阴，喜光，好湿润肥沃及排水良好的土壤。播种、扦插、分株、压条均能繁殖。

用途 可栽培作为观花果植物。

含油率及化学组分数据

采集单位	测试单位	测试部位	产地	含油率(%)	碘值	酸值	皂化值	C12:0	C14:0	C16:0	C16:1	C18:0	C18:1	C18:2	C18:3	C20:0	C20:1
SICAU	SCBG	种仁	西藏波密	31. 04	38. 47	9. 18	150. 11	0. 01	0. 13	8. 64	0. 59	2. 65	37. 95	39. 55	9. 87	0. 36	0. 26
OFPC	CIB	果核	四川九龙	12. 00	109. 00		190. 80			8. 70		3. 50	14. 00	73. 80			

金腺荚蒾（毛枝金腺荚蒾）

Viburnum chunii P. S. Hsu

忍冬科，荚蒾属

特征 常绿灌木，高1~2 m；当年小枝四角状，无毛，二年生小枝灰褐色。叶厚纸质至薄革质，卵状菱形至菱形或椭圆状矩圆形，长5~11 cm，基部楔形，边缘通常中部以上有3~5对疏锯齿，顶端尾状渐尖，上面中脉上和近边缘处疏被短伏毛，下面中脉和侧脉上疏生短毛，脉腋集聚簇状毛。复伞形式聚伞花序顶生，疏被黄褐色简单或叉状短糙伏毛和腺点，花生于第一级辐射枝上，有短梗；苞片和小苞片宿存；萼筒钟状，无毛，萼齿卵状三角形，顶钝，有缘毛；花冠蕾时带红色。果实红色，圆形，直径7~10 mm；核卵圆形，扁，长5~9 mm，直径5~6 mm。花期5月；果熟期9~10月。

分布 福建：武夷山大安源，27°52′38″N，117°52′09″E，2010-10-04，刘东明、梁耀、胡普炜400112146。产于广东、广西、湖南、四川和贵州。生于海拔1900 m以下的灌丛疏林或密林中。

栽培 播种和扦插繁殖。较耐寒，能适应一般土壤，好生于湿润肥沃的地方。

用途 种子可榨油。其根、茎、叶以及成熟的果实均可入药。

含油率及化学组分数据

采集单位	测试单位	测试部位	产地	含油率(%)	碘值	酸值	皂化值	C12:0	C14:0	C16:0	C16:1	C18:0	C18:1	C18:2	C18:3	C20:0	C20:1
SCBG	SCBG	种仁	福建武夷山	26.07	59.07	9.33	503.39	0.01		7.86		3.03	13.02	49.55	0.46	2.22	0.42

水红木

Viburnum cylindricum Buch.-Ham. ex D. Don

忍冬科，荚蒾属

特征 常绿灌木或小乔木，高达8 m。叶柄长1~3.5 cm；叶片革质，椭圆形至矩圆形或卵状矩圆形，长8~16 cm，基部渐狭，全缘或具浅齿，顶端渐尖，下面散生微小腺点，近基部两侧各有1个至数个腺体。聚伞花序伞形式，顶圆形，直径4~10 cm，无毛或散生簇状微毛，连同萼和花冠有时被微细鳞腺，总花梗长1~6 cm，第一级辐射枝通常7条，苞片和小苞片早落，花通常生于第三级辐射枝上；萼筒卵圆形或倒圆锥形，长约1.5 mm，有微小腺点，萼齿极小而不显著；花冠白色或有红晕，钟状，长4~6 mm，有微细鳞腺，裂片圆卵形，直立，长约1 mm；雄蕊高出花冠约3 mm，花药紫色，矩圆形，长1~1.8 mm。果实先红色后变蓝黑色，卵圆形，长约5 mm；核卵圆形，扁，长约4 mm；直径3.5~4 mm，有1条浅腹沟和2条浅背沟。花期6~10月；果熟期10~12月。

分布 湖南：桑植县芭茅溪乡天平山，29°48′29″N，110°6′1″E，1226 m，2010-10-29，张兵、谷志容400181210；桑植县五道水汪家坪，29°41′6″N，109°49′34″E，2011-10-11，张九兵400181281；龙山县大安乡药场，29°35′52″N，109°43′3″E，1279 m，2011-11-12，徐亮、储昭福40019101215。重庆：城口县高观镇青龙峡述彩河，31°48′38″N，109°2′12″E，1084 m，2010-10-16，刘正宇等4000231174；南川区三泉镇金佛山黄草坪，29°19′40″N，107°7′41″E，1361 m，2009-11-23，刘正宇等400231130。贵州：雷山县雷公山自然保护区管理站至乌东村途中，26°21′53″N，108°9′52″E，1396 m，2012-10-18，陈丰林、夏纯、桑洪伟4001151245。生于海拔500~3300 m的阳坡疏林或灌丛中。产于广东、广西、湖南、湖北、重庆、四川、贵州、云南、西藏、甘肃。印度、尼泊尔、缅甸、泰国和中印半岛也有其分布。

栽培 喜光，稍耐阴。喜肥沃土壤。多扦插繁殖。以肥沃、疏松、排水良好的酸性土壤为佳。

用途 叶、树皮、花和根供药用。树皮和果实可提制栲胶。种子含油35%，可制肥皂；云南民间用以点灯。

含油率及化学组分数据

采集单位	测试单位	测试部位	产地	含油率(%)	碘值	酸值	皂化值	C12:0	C14:0	C16:0	C16:1	C18:0	C18:1	C18:2	C18:3	C20:0	C20:1
HUCT	HUCT	种仁	湖南桑植	30.61	4.62	8.02	154.55										
HUCT	HUCT	种仁	湖南桑植	20.97	12.02	27.68	186.15			19.01					60.26	20.64	
JSU	SCBG	种仁	湖南龙山	13.25	52.39	3.81	158.84	74.58	1.89	0.77		0.26	4.48	2.84	0.16		0.15
CIPP	SCBG	种仁	重庆城口	13.70	78.22	1.46	542.58	0.28	0.42	11.02		3.39	20.48	63.28	1.13		
CIPP	SCBG	种仁	重庆南川	16.79					0.15	7.92		1.75	30.39	43.26	2.97		1.83
SCBG	SCBG	种仁	贵州雷山	20.24	94.26	49.45	40.12		0.14	18.83	0.79	2.89	23.71	52.76	0.88		
OFPC	WHBG	果核	湖北利川	27.10	94.40		209.00		微量	16.50	微量	2.30	53.60	27.60			
OFPC	CIB	果核	四川会东	27.40	84.60		195.20			28.20		微量	42.10	29.60			
OFPC	KMIB	果核	云南鹤庆	18.10	89.60		194.00	0.20	0.30	19.80		2.20	44.80	32.10			
OFPC	KMIB	果核	云南绿春	22.60	82.10				微量	27.00		3.30	50.30	19.30			
OFPC	贵州植物园	果核	贵州威宁	27.40	84.40		189.10		0.20	31.90		0.90		42.80	23.40	0.80	

直角荚蒾

Viburnum foetidum var. **rectangulatum** (Graebn.) Reh.

忍冬科，荚蒾属

特征　灌木。植株直立或攀缘状；枝披散，侧生小枝甚长而呈蜿蜒状，常与主枝呈直角或近直角开展。叶厚纸质至薄革质，卵形、菱状卵形，椭圆形至矩圆形或矩圆状披针形，长3~10 cm，全缘或中部以上有少数不规则浅齿，下面偶有棕色小腺点，侧脉直达齿端或近缘前互相网结，基部一对较长而常作离基3出脉状。总花梗通常极短或几缺，很少长达2 cm；第一级辐射枝通常5条。花期5~7月；果期10~12月。

分布　湖南：吉首市小溪，28°53′21″N，110°12′30″E，375 m，2010-10-24，徐亮、周建军400191180。湖北：神农架高角岩，31°27′7″N，110°11′25″E，2655 m，2010-10-27，丁时东、危文亮等400151101。贵州：印江县合水镇两河口村，27°47′57″N，108°44′42″E，2011-11-18，张九兵、朱明德400181365；江口县太平镇，27°44′30″N，108°54′56″E，2011-11-17，张九兵、朱明德400181352；江口县太平镇，27°44′29″N，108°54′56″E，2011-11-17，张九兵、朱明德400181353。四川：峨眉山龙池，29°21′29″N，104°23′27″E，2009-10-15，樊云川、王凯40021109082。陕西：洋县华阳古镇，33°35′15″N，107°33′10″E，1197 m，2010-10-11，薛帅、王继师400323045；眉县营头乡大理村，34°3′6″N，107°25′17″E，1158 m，2009-08-18，薛帅400321006。生于海拔600~2400 m山坡林中或灌丛中。产于广东、广西、湖南、江西、台湾、湖北、四川、贵州、云南、西藏、陕西。

栽培　播种和扦插繁殖。较耐寒，能适应一般土壤，好生于湿润肥沃的地方。

用途　种子可榨油。其根、茎、叶以及成熟的果实均可入药。

含油率及化学组分数据

采集单位	测试单位	测试部位	产地	含油率(%)	碘值	酸值	皂化值	C12:0	C14:0	C16:0	C16:1	C18:0	C18:1	C18:2	C18:3	C20:0	C20:1
JSU	SCBG	种仁	湖南吉首	23.57	117.06	22.53	183.41		0.06	5.52	0.12	7.84	83.64	2.54	0.28		
OCRI	SCBG	种仁	湖北神农架	9.14	119.14	16.18	191.96	0.40		17.28	0.17	0.73	18.75	17.11	1.38	0.38	0.13
HUCT	HUCT	种仁	贵州印江	18.66	46.16	4.00	161.31										
HUCT	HUCT	种仁	贵州江口	10.60	12.95	6.34	176.02										
HUCT	HUCT	种仁	贵州江口	21.70	44.98	3.28	111.00			18.34						52.85	28.81
SCU	SCU	种仁	四川峨眉山	12.43						7.52		4.13	45.42	42.01	0.63	0.30	
CAU	ICS	种子	陕西洋县	12.86	120.58	17.85	198.49		0.12	5.64		2.89	43.82	44.72	0.84	0.21	0.15
CAU	ICS	种子	陕西眉县	13.24	82.76	22.67	188.45	0.01	0.03	4.54	0.08	2.54	40.91	51.12	0.55	0.18	0.04

珊瑚树

Viburnum odoratissimum Ker Gawl.

忍冬科，荚蒾属

特征 常绿灌木或小乔木，高达10~15 m。叶柄长1~3 cm；叶革质，椭圆形，长7~20 cm，顶端短尖，近全缘，基部宽楔形。圆锥花序顶生或生于侧生短枝上，宽尖塔形，长3.5~13.5 cm，宽3~6 cm，总花梗长可达10 cm，扁，有淡黄色小瘤状突起；苞片长不足1 cm，宽不及2 mm；花芳香，通常生于序轴的第二至第三级分枝上，无梗或有短梗；萼筒筒状钟形，长2~2.5 mm，无毛，萼檐碟状，齿宽三角形；花冠白色，后变黄白色，有时微红，辐状，直径约7 mm，筒长约2 mm，裂片反折，圆卵形，顶端圆，长2~3 mm；雄蕊略超出花冠裂片，花药黄色，矩圆形，长近2 mm；柱头头状，不高出萼齿。果实先红色后变黑色，卵圆形或卵状椭圆形，长约8 mm，直径5~6 mm；核卵状椭圆形，浑圆，长约7 mm，直径约4 mm，有1条深腹沟。花期4~5月(有时不定期开花)；果期7~9月。

分布 广西：环江县木论保护区，25°57′18″N，108°50′3″E，265 m，2012-11-05，刘静、胡仁传4001101296；上思县十万大山平龙山河谷，22°03′14″N，107°54′08″E，2009-11-21，吴望辉、叶晓霞、农东新4001101021。湖南：湘潭县响水乡，27°54′52″N，112°54′39″E，65 m，2009-09-14，黄玉滢400181012；桑植县陈家河贺龙希望小学，29°29′14″N，109°58′42″E，350 m，2012-09-16，张九兵、严亚琴400181402。浙江：舟山市普陀山，30°15′45″N，122°16′34″E，10 m，2009-11-14，王发国、翟俊文400113036。河南：郑州市惠济区，34°45′50″N，113°39′19″E，328 m，2011-08-05，王亚平、杨大伟。生于海拔200~1300 m的山谷密林中溪涧旁蔽荫处、疏林中向阳地或平地灌丛中。产于海南、广东、广西、湖南和福建，常有栽培。印度、缅甸、泰国和越南也有其分布。

栽培 喜光，喜温暖、湿润气候，耐半阴，抗污染力强。扦插或播种繁殖。选用肥沃、疏松、排水好的土壤。

用途 可栽培作绿化树种；木材可供细工的原料；根和叶入药。

含油率及化学组分数据

采集单位	测试单位	测试部位	产地	含油率(%)	碘值	酸值	皂化值	C12:0	C14:0	C16:0	C16:1	C18:0	C18:1	C18:2	C18:3	C20:0	C20:1
GXIB	SCBG	种仁	广西环江	23.14	87.68	1.22	209.32		0.29	19.75	0.75	5.94	31.09	29.64	0.58	0.26	0.08
GXIB	SCBG	种仁	广西上思	14.68	169.56	1.91	203.05	0.02	0.11	0.02	7.82	0.16	1.33	42.58	36.46	5.30	2.10
HUCT	HUCT	种仁	湖南湘潭	19.40	19.11	9.07	228.72	0.01	0.08	12.16	0.03	3.09	18.46	64.78	0.58	0.40	0.40
HUCT	HUCT	种仁	湖南桑植	7.62	13.52	18.30	231.50										
SCBG	SCBG	种仁	浙江舟山	20.12	180.90	59.21	181.78										
ICS	ICS	种子	河南郑州	18.14	47.44	9.91	105.19		0.30	12.50		3.30	51.40	24.40	1.20		

日本珊瑚树

Viburnum odoratissimum var. **awabuki** (K. Koch) Zabel ex Rümpler

忍冬科，荚蒾属

特征 与原变种(珊瑚树)的区别在于叶倒卵状矩圆形至矩圆形，很少倒卵形，长7~16 cm，顶端钝或急狭而钝头，基部宽楔形，边缘常有较规则的波状浅钝锯齿；侧脉6~8对。圆锥花序通常生于具两对叶的幼枝顶，长9~15 cm，直径8~13 cm；花冠筒长3.5~4 mm，裂片长2~3 mm；花柱较细，长约1 mm，柱头常高出萼齿。果核通常倒卵圆形至倒卵状椭圆形，长6~7 mm。花期5~6月；果熟期9~10月。

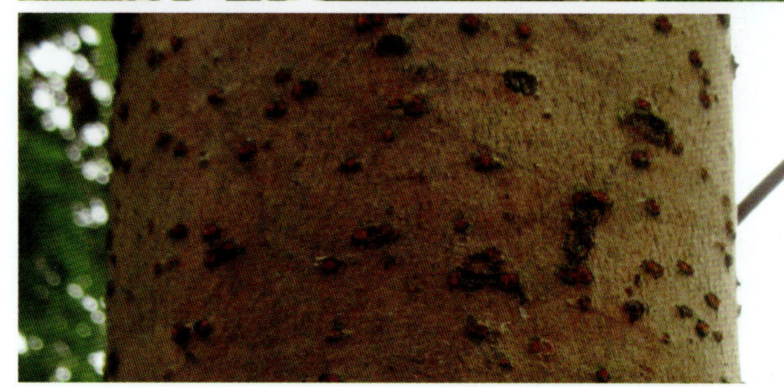

分布 湖南：吉首大学，28°17′23″N，109°43′15″E，231 m，2011-08-25，徐亮、陈雅40019101154。重庆：南川区三泉镇三泉药物所，29°45′24″N，107°8′35″E，581 m，2009-09-12，刘正宇等400231067。产于浙江和台湾；长江中下游各地常见栽培。日本和朝鲜南部也有其分布。

栽培 喜光，亦耐阴，较耐寒，耐旱。适应性强，管理粗放。耐修剪。

用途 可作园林绿化树种。其根、茎、叶以及成熟的果实均可入药。

含油率及化学组分数据

采集单位	测试单位	测试部位	产地	含油率(%)	碘值	酸值	皂化值	C12:0	C14:0	C16:0	C16:1	C18:0	C18:1	C18:2	C18:3	C20:0	C20:1
JSU	SCBG	种仁	湖南吉首	20.48	110.07	2.07	216.20	0.24	0.55	19.51	0.07	1.16	52.11	6.16	0.33	0.21	8.89
CIPP	SCBG	种仁	重庆南川	20.98						4.02	0.11	2.07	21.18	37.83	2.72	0.19	8.22

欧洲荚蒾

Viburnum opulus L.

忍冬科，荚蒾属

特征　落叶灌木，高达1.5~4 m。托叶2枚，钻形；叶柄粗壮，长1~2 cm，有二至多枚明显的长盘形腺体；叶卵形，长6~12 cm，通常3裂，具掌状3出脉，基部圆形，边缘具不整齐粗牙齿，裂片顶端渐尖，侧裂片略向外开展。复伞形式聚伞花序直径5~10 cm，大多周围有大型的不孕花，总花梗粗壮，长2~5 cm，无毛，第一级辐射枝6~8条，通常7条，花生于第二至第三级辐射枝上，花梗极短；萼筒倒圆锥形，长约1 mm，萼齿三角形，均无毛；花冠白色，辐状，裂片近圆形，长约1 mm；大小稍不等，筒与裂片几等长，内被长柔毛；雄蕊长至少为花冠的1.5倍，花药黄白色，长不到1 mm；花柱不存，柱头2裂；不孕花白色，直径1.3~2.5 cm，有长梗，裂片宽倒卵形，顶圆形，不等形。果实红色，近圆形，直径8~12 mm；核扁，近圆形，直径7~9 mm，灰白色，稍粗糙，无纵沟。花期5~6月；果熟期9~10月。

分布　新疆：伊犁新源县72团，43°14′43″N，82°50′18″E，1279 m，2010-10-05，王喜勇、王蕾、孔凡逵4003310031。生于海拔1000~1600 m的河谷云杉林下。产于新疆。欧洲和俄罗斯高加索与远东地区也有其分布。

栽培　喜光又耐阴，耐寒，耐干旱。播种、分株或扦插繁殖。对土壤要求不严，微酸性及中性土都能生长。根系发达，移植容易成活。每年秋季进行1次适当疏剪，剪除长枝及弱枝，短截长枝，早春剪除残留果穗及枯枝。

用途　可栽培观赏。其根、茎、叶以及成熟的果实均可入药。

含油率及化学组分数据

采集单位	测试单位	测试部位	产地	含油率(%)	碘值	酸值	皂化值	C12:0	C14:0	C16:0	C16:1	C18:0	C18:1	C18:2	C18:3	C20:0	C20:1
XIEG	SCBG	种仁	新疆伊犁	27.85	28.78	11.48	187.91	0.01	0.12	12.09	1.06	2.11	31.01	51.44	1.31	0.45	0.41

鸡树条(天目琼花)

Viburnum opulus subsp. **calvescens** (Rehd.) Sugim. [*Viburnum sargentii* Koehne]

忍冬科，荚蒾属

特征　落叶灌木，高达1.5~4 m。托叶2枚，钻形；叶柄粗壮，长1~2 cm，有2~4枚至多枚明显的长盘形腺体；叶片圆卵形，长6~12 cm，通常3裂，具掌状3出脉，基部圆形，边缘具不整齐粗齿，侧裂片略向外开展，裂片顶端渐尖，无毛。复伞形式聚伞花序直径5~10 cm，大多周围有大型的不孕花，总花梗粗壮，长2~5 cm，无毛，第一级辐射枝6~8条，通常7条，花生于第二至第三级辐射枝上，花梗极短；萼筒倒圆锥形，长约1 mm，萼齿三角形，均无毛；花冠白色，辐状，裂片近圆形，长约1 mm；大小稍不等，筒与裂片几等长，内被长柔毛；雄蕊长至少为花冠的1.5倍，花药黄白色，长不到1 mm；花柱不存，柱头2裂；不孕花白色，直径1.3~2.5 cm，有长梗，裂片宽倒卵形，顶圆形，不等形。果实红色，近圆形，直径8~12 mm；核扁，近圆形，直径7~9 mm，灰白色，稍粗糙，无纵沟。花期4~5月；果期9~10月。

分布　浙江：天目山，30°20′21″N，119°24′60″E，1250 m，2010-11-07，李宏庆、桂萍、董全英4001171091。湖北：神农架大九湖，31°29′2″N，109°58′24″E，1812 m，2010-10-12，李晓东、咎艳燕、罗曼曼400121148。甘肃：平凉市太统山，35°29′37″N，106°35′25″E，1819 m，2011-10-12，薛帅、潘昊400325030。河北：青龙，40°08′29″N，119°24′44″E，1332 m，2011-09-10，徐兴友、韩宝强400313089。北京：香山，40°0′19″N，116°12′48″E，79 m，2009-11-20，邢福武40011482。吉林：辉南县金川镇，42°41′34″N，126°40′8″E，503 m，2009-10-21，郑宝江、陶林400341008。黑龙江：桦川县申家店，46°34′47″N，130°36′21″E，811 m，2010-08-31，陈连江、卞勇、贾海伦400351013。生于海拔1000~2200 m的溪谷边疏林下或灌丛中。产于江西、浙江、江苏、安徽、山东、河南、湖北、四川、甘肃、陕西、山西、河北、北京、内蒙古、辽宁、吉林、黑龙江。日本、朝鲜、蒙古和俄罗斯也有其分布。

栽培　播种或分株繁殖。幼苗必须遮阴，第三年可以定植，移栽时应带土坨。较耐寒，能适应一般土壤，好生于湿润肥沃的地方。

用途　种子油可制肥皂和润滑油；也可作为庭园绿化树种栽培；其根、茎、叶以及成熟的果实均可入药。

含油率及化学组分数据

采集单位	测试单位	测试部位	产地	含油率(%)	碘值	酸值	皂化值	C12:0	C14:0	C16:0	C16:1	C18:0	C18:1	C18:2	C18:3	C20:0	C20:1
ECNU	SCBG	种仁	浙江天目山	21.40	27.43	14.97	160.40		0.24	12.24	1.55	4.11	13.90	44.52	18.24	0.97	0.19
WHBG	WHBG	种仁	湖北神农架	4.50				6.52	4.38	11.13		2.59	25.07	46.49	0.73	0.28	0.28
CAU	ICS	种子	甘肃平凉	15.90	78.27	5.63	193.39			1.73	0.06	0.74	51.11	45.14	0.51	0.07	0.16
HNUST	ICS	种子	河北青龙	20.58	123.72	3.95	184.22			3.31	0.07	0.76	67.66	27.47	0.25		0.35
SCBG	SCBG	种仁	北京香山	19.60	78.61	1.00	192.21	0.02	0.04	1.82	0.20	0.75	53.67	42.55	0.23		0.43
NEFU	SCBG	种仁	吉林辉南	10.20	63.01	1.07	198.74			1.74	0.06	0.61	60.21	36.83	0.26		0.29
SBRI	SCBG	种仁	黑龙江桦川	6.69	40.58	13.39	142.34		0.10	6.66	0.15	1.85	25.64	64.79	0.26	0.22	0.34
OFPC	IAE	果核	辽宁风城	26.30	117.20		185.40			2.20		0.30	56.60	41.00			
OFPC	JSIB	果核	安徽歙县	20.90	84.70			8.20	1.40	5.90	微量	3.40	58.30	0.30	0.80	0.10	

狭叶球核荚蒾(水丝条)

Viburnum propinquum var. **mairei** W.W. Sm.

忍冬科，荚蒾属

特征　常绿灌木，高达2 m，全体无毛。叶条状披针形至倒披针形，长3~8 cm，宽1~1. 5 cm，顶端锐尖或渐尖，基部楔形，边缘疏生小锐齿；叶柄纤细，长1~2 cm。聚伞花序宽2~4 cm，总花梗纤细；萼筒长约0. 6 mm，萼齿宽三角状卵形，顶钝，长约0. 4 mm；花冠绿白色，辐状，直径约4 mm，内面基部被长毛，裂片宽卵形，顶端圆形，长约1 mm，约与筒等长；雄蕊常稍高出花冠，花药近圆形。果实蓝黑色，有光泽，近圆形或卵圆形，直径3~4 mm。花期4~5月；果期9~10月。

分布　湖南：保靖县白云山，28°39′23″N，109°30′43″E，750 m，2012-10-02，张代贵、张洁40019101251。生于海拔420~450 m的山地。产于湖北、四川、贵州及云南。

栽培　播种和扦插繁殖。较耐寒，能适应一般土壤，好生于湿润肥沃的地方。

用途　种子可榨油。其根、茎、叶以及成熟的果实均可入药。

含油率及化学组分数据

采集单位	测试单位	测试部位	产地	含油率(%)	碘值	酸值	皂化值	C12:0	C14:0	C16:0	C16:1	C18:0	C18:1	C18:2	C18:3	C20:0	C20:1
JSU	SCBG	种仁	湖南保靖	14. 56	90. 09	5. 45	58. 1			5. 21	0. 18	2. 36	21. 58	50. 25	16. 01	0. 81	0. 46
OFPC	KMIB	果核	云南镇雄	23. 31	85. 10			微量	微量	27. 70		1. 20	33. 80	33. 90	3. 30		

锥序荚蒾

Viburnum pyramidatum Rehder

忍冬科，荚蒾属

特征　灌木或小乔木，高达7 m。叶厚纸质，卵状矩圆形至矩圆形或宽椭圆形，长8~20 cm，基部狭窄或近圆形，边缘有牙齿状锯齿或小锯齿，顶端渐尖，上面有光泽，除中脉初时散生簇状毛外均无毛；侧脉6~7对，弧形，连同中脉下面凸起，小脉横列，下面不明显或略显著；叶柄长1. 5~3 cm。圆锥式花序尖塔形，长5~10 cm，直径几相等，由2~4层伞形花序组成，每层具4~6条辐射枝，总花梗长2~4 cm，花生于序轴的第三级辐射枝上；萼筒倒圆锥形，无毛，萼齿三角形，长约为筒的1/3，疏具缘毛；花冠白色，辐状，直径约4 mm，略被簇状短毛，裂片卵形，顶钝圆，长约为筒的两倍；雄蕊略短于花冠。果实深红色，矩球形，长7~10 mm，直径4~5 mm；核稍扁，具2条深背沟和1条浅腹沟。花期12月至翌年1月；果期3~10月。

分布　云南：金平县金河乡，22°51′41″N，103°13′56″E，2071 m，2010-11-14，王智、杨珺、谭英400221288。生于海拔120~2100 m的山谷疏林或灌丛中，亦见于竹林中或荒芜地。产于广西、云南。越南北部也有其分布。

栽培　播种和扦插繁殖。较耐寒，能适应一般土壤，好生于湿润肥沃的地方。

用途　种子可榨油。其根、茎、叶以及成熟的果实均可入药。

含油率及化学组分数据

采集单位	测试单位	测试部位	产地	含油率(%)	碘值	酸值	皂化值	C12:0	C14:0	C16:0	C16:1	C18:0	C18:1	C18:2	C18:3	C20:0	C20:1
KMIB	KMIB	种仁	云南金平	21. 29	91. 50	8. 00	176. 00			19. 67	10. 31	2. 93	33. 44	30. 82	1. 31		

茶荚蒾（饭汤子、刚毛荚蒾）

Viburnum setigerum Hance

忍冬科，荚蒾属

特征 落叶灌木，高达4 m。叶柄长1~2.5 cm；叶片纸质，卵形，长7~15 cm，基部圆形，边缘具锯齿，顶端渐尖，上面初时中脉被长纤毛，后变无毛，下面仅中脉及侧脉被浅黄色贴生长纤毛，近基部两侧有少数腺体；侧脉6~8对，笔直而近并行，伸至齿端，上面略凹陷，下面显著凸起。复伞形式聚伞花序无毛或稍被长伏毛，有极小红褐色腺点，直径2.5~5 cm，常弯垂，总花梗长1~3.5 cm，第一级辐射枝通常5条，花生于第三级辐射枝上，有梗或无，芳香；萼筒长约1.5 mm，无毛和腺点，萼齿卵形，长约0.5 mm，顶钝形；花冠白色，干后变茶褐色或黑褐色，辐状，直径4~6 mm，无毛，裂片卵形，长约2.5 mm，比筒长；雄蕊与花冠几等长，花药圆形，极小；花柱不高出萼齿。果序弯垂，果实红色，卵圆形，长9~11 mm；核甚扁，卵圆形，长4.5~10 mm，直径4~7 mm，凹凸不平。花期4~6月；果期9~10月。

分布 广西：资源县梅溪乡，26°16′6″N，110°34′14″E，1790 m，2011-10-10，黄俞淞、蒋日红4001101225。湖南：浏阳市大围山，28°24′7″N，114°2′38″E，287 m，2009-09-16，黄玉滢、周喜乐400181013；桑植县八大公山沙底坪，29°40′29″N，109°49′38″E，1067 m，2009-09-27，张兵400181072；永顺县杉木河，29°12′23″N，109°49′32″E，513 m，2009-10-03，陈功锡、徐亮400191033。江西：玉山县三清山，28°55′53″N，118°3′21″E，1117 m，2009-10-23，廖文波等400141167；玉山县三清山，28°55′8″N，118°3′11″E，1515 m，2009-10-24，廖文波等400141172。安徽：歙县林业局后山，29°51′6″N，118°25′26″E，276 m，2011-11-11，胡超、李星霖4001171167。湖北：神农架木鱼镇青天坳，31°28′39″N，110°24′04″E，2009-11-12，李晓东、杨林森400121102；神农架木鱼镇青天坳，31°29′34″N，110°21′30″E，1746 m，2009-12-01，丁时东、危文亮400152040。重庆：南川区金山镇金佛山黄泥垭，28°37′59″N，107°13′26″E，1403 m，2009-08-21，刘正宇等400231034。贵州：雷山县雷公山自然保护区，26°21′39″N，108°9′26″E，1224 m，2012-10-17，陈丰林、夏纯、桑洪伟4001151231。生于海拔200~1650 m的山谷溪涧旁疏林或山坡灌丛中。产于广东、广西、湖南、江西、福建、台湾、浙江、江苏、安徽、湖北、四川、贵州、云南及陕西。

栽培 用播种繁殖。移栽宜在早春萌动前进行，以半阴环境为佳。要求富含腐殖质的酸性土壤。

用途 种子油供工业用；果实榨汁可制酒；其根、茎、叶以及成熟的果实均可入药。

含油率及化学组分数据

采集单位	测试单位	测试部位	产地	含油率(%)	碘值	酸值	皂化值	C12:0	C14:0	C16:0	C16:1	C18:0	C18:1	C18:2	C18:3	C20:0	C20:1
GXIB	SCBG	种仁	广西资源	9.40	96.79	0.75	200.41	0.17	0.16	55.10	0.07	2.29	23.42	5.72	2.50	0.17	0.13
HUCT	HUCT	种仁	湖南浏阳	4.16	66.43	10.47	286.01	0.05	0.38	9.90	0.18	2.62	50.50	33.47	1.90	0.61	0.40
HUCT	HUCT	种仁	湖南桑植	10.68	28.78	11.48	187.91	0.02	0.05	7.89	0.06	2.09	33.62	43.38	3.93	0.49	8.48
JSU	SCBG	种仁	湖南永顺	18.58	84.04	3.58	167.12			6.15				53.15	40.70		
SYSU	SCBG	种仁	江西玉山	9.59				0.35	0.13	7.18	0.11	3.32	53.29	32.56	0.51	1.34	1.21
SYSU	SCBG	种仁	江西玉山	14.25				0.02	0.08	19.60	0.18	6.58	45.22	21.66	4.12	0.94	1.60
ECNU	SCBG	种仁	安徽歙县	14.90	30.51	15.56	162.27		0.08	6.33	0.17	5.29	40.76	13.05	32.75	0.26	0.19
WHBG	WHBG	种仁	湖北神农架	10.54					0.55	4.34	0.08	0.71	17.62	10.90	10.19	1.80	45.77
OCRI	SCBG	种仁	湖北神农架	6.60	128.54	11.72	232.35		0.02	3.87	0.23	1.14	81.24	12.98	0.07	0.08	0.07
CIPP	SCBG	种仁	重庆南川	10.30	73.27	3.30	178.54			7.49		3.73	40.32	47.23	0.71	0.34	0.18
SCBG	SCBG	种仁	贵州雷山	26.15	13.37	13.77	105.71										
OFPC	JSIB	果核	江苏南京	10.30	91.40			微量	微量	5.50	0.30	3.60	37.60	52.50	0.50		
OFPC	WHBG	果核	湖北恩施	16.70	105.20		189.40			6.30		3.20	59.10	31.40			

烟管荚蒾

Viburnum utile Hemsl.

忍冬科，荚蒾属

特征 常绿灌木，高达2 m，全体无毛。叶条状披针形至倒披针形，长3~8 cm，宽1~1.5 cm，顶端锐尖或渐尖，基部楔形，边缘疏生小锐齿；叶柄纤细，长1~2 cm。聚伞花序宽2~4 cm，总花梗纤细；萼筒长约0.6 mm，萼齿宽三角状卵形，顶钝，长约0.4 mm；花冠绿白色，辐状，直径约4 mm，内面基部被长毛，裂片宽卵形，顶端圆形，长约1 mm，约与筒等长；雄蕊常稍高出花冠，花药近圆形。果实蓝黑色，有光泽，近圆形或卵圆形，直径3~4 mm。花期4~5月；果期9~10月。

分布 湖南：花垣县古苗河，28°57′41″N，109°49′41″E，240 m，2009-07-23，周建军、徐亮400191027。生于海拔420~450 m的山地。产于湖北、四川、贵州及云南。

栽培 播种和扦插繁殖。较耐寒，能适应一般土壤，好生于湿润肥沃的地方。

用途 种子可榨油。其根、茎、叶以及成熟的果实均可入药。

含油率及化学组分数据

采集单位	测试单位	测试部位	产地	含油率(%)	碘值	酸值	皂化值	C12:0	C14:0	C16:0	C16:1	C18:0	C18:1	C18:2	C18:3	C20:0	C20:1
JSU	SCBG	种仁	湖南花垣	16.66	82.53	6.78	215.59	1.47	1.94	14.94	0.40	3.51	7.22	55.05	1.20	0.92	

轮叶沙参（南沙参、四叶沙参）

Adenophora tetraphylla (Thunb.) Fisch. [*Adenophora obtusifolia* Merr.]

桔梗科，沙参属

特征 多年生草本，茎高大，可达1.5 m，不分枝，无毛，少有毛。茎生叶3~6枚轮生；无柄或有不明显叶柄，叶片卵圆形至条状披针形，长2~14 cm，边缘有锯齿，两面疏生短柔毛。花序狭圆锥状，花序分枝（聚伞花序）大多轮生，细长或很短，生数朵花或单花；花萼无毛，筒部倒圆锥状，裂片钻状，长1~2.5(4) mm，全缘；花冠筒状细钟形，口部稍缢缩，蓝色、蓝紫色，长7~11 mm，裂片短，三角形，长2 mm；花盘细管状，长2~4 mm；花柱长约20 mm。蒴果球状圆锥形或卵圆状圆锥形，长5~7 mm，直径4~5 mm。种子黄棕色，矩圆状圆锥形，稍扁，有一条棱，并由棱扩展成一条白带，长1 mm。花期3~11月；果期5~11月。

分布 湖南：保靖县白云山，28°38′35″N，109°23′17″E，550 m，2012-10-02，张代贵、张洁40019101269。黑龙江：伊春市小兴安岭，47°43′51″N，128°52′11″E，830 m，2010-08-15，陈连江、卞勇、潘伟400351039。生于草地和灌丛中，在南方可至海拔2000 m的地方。产于广东、广西、湖南、台湾、浙江、山东、河南、四川、贵州、云南、山西、河北、内蒙古、辽宁、吉林。朝鲜、日本、俄罗斯、越南北部也有分布。

栽培 播种繁殖。

用途 根含沙参皂甙，中药通称南“沙参”，药用可清肺化痰。

含油率及化学组分数据

采集单位	测试单位	测试部位	产地	含油率(%)	碘值	酸值	皂化值	C12:0	C14:0	C16:0	C16:1	C18:0	C18:1	C18:2	C18:3	C20:0	C20:1
JSU	SCBG	种仁	湖南保靖	30.54				0.21	0.09	0.04	2.23	11.91	4.85	29.52	17.25	6.09	0.68
SBRI	SCBG	种仁	黑龙江伊春	35.40	33.84	11.42	195.13										

心叶珠子参 (缺花丝党参)

Codonopsis convolvulacea var. **efilamentosa** (W. W. Sm.) L. D. Shen

桔梗科，党参属

特征 茎基极短而有少数瘤状茎痕。根块状，近于卵球状或卵状，长2.5~5 cm，直径1~1.5 cm，表面灰黄色，上端具短细环纹，下部则疏生横长皮孔。茎缠绕或近于直立，不分枝或有少数分枝，长可达1 m余。叶有长1~5.5 cm的长叶柄；叶片宽卵形或卵形，基部圆钝至深心形，边缘浅波状至具齿，长宽均可达10 cm。花单生于主茎及侧枝顶端；花梗长2~12 cm，无毛；花萼贴生至子房顶端，裂片上位着生，筒部倒长圆锥状，长3~7 mm，裂片狭三角状披针形，裂片间湾缺尖狭或稍钝；花冠辐状而近于5全裂，裂片椭圆形，长1~3.5 cm，宽0.6~1.2 cm，淡蓝色或蓝紫色，顶端急尖；花丝基部宽大，内密被长柔毛，上部纤细。蒴果上位部分短圆锥状，裂瓣长约4 mm，下位部分倒圆锥状，长约1~1.6 cm，直径8 mm，有10条脉棱，无毛。种子极多，长圆状，无翼，长1.5 mm，棕黄色，有光泽。花、果期7~10月。

分布 四川：峨眉山黄湾乡万年村，29°35′40″N，103°22′43″E，2010-11-12，崔龙、李志强40021110149。生于海拔2800~3200。山坡灌丛中。产于云南西北部。

栽培 播种繁殖。

用途 可药用。

含油率及化学组分数据

采集单位	测试单位	测试部位	产地	含油率(%)	碘值	酸值	皂化值	C12:0	C14:0	C16:0	C16:1	C18:0	C18:1	C18:2	C18:3	C20:0	C20:1
SICAU	SICAU	种仁	四川峨眉山	24.04	112.30	2.70	207.90			12.79		9.79	77.41				

桔梗 (铃铛花)

Platycodon grandiflorus (Jacq.) A. DC.

桔梗科，桔梗属

特征 多年生草本，有白色乳汁；茎高20~120 cm，通常无毛，偶密被短毛，不分枝，极少上部分枝。叶全部轮生，部分轮生至全部互生，无柄或有极短的柄，叶片卵形，卵状椭圆形至披针形，长2~7 cm，宽0.5~3.5 cm，基部宽楔形至圆钝，顶端急尖，上面无毛而绿色，下面常无毛而有白粉，有时脉上有短毛或瘤突状毛，边缘具细锯齿。花单朵顶生，或数朵集成假总状花序，或有花序分枝而集成圆锥花序；花萼筒部半圆球状或圆球状倒锥形，被白粉，裂片三角形，或狭三角形，有时齿状；花冠大，长1.5~4.0 cm，蓝色或紫色。蒴果球状，或球状倒圆锥形，或倒卵状，长1~2.5 cm，直径约1 cm。花期7~9月。

分布 河北：昌黎，39°42′42″N，119°10′51″E，9.86 m，2009-09-16，徐兴友40031345。生于海拔2000 m以下的阳处草丛、灌丛中，少生于林下。产于广东、广西、湖南、江西、福建、浙江、江苏、安徽、山东、河南、湖北、重庆、四川、贵州、云南、陕西、山西、河北、内蒙古、辽宁、吉林、黑龙江。朝鲜、日本、俄罗斯的远东和东西伯利亚地区的南部也有。

栽培 播种或分株繁殖。9月播种或4月春播。分株繁殖均在秋季进行。选择土层深厚、肥沃的场所。幼苗生长期每月施肥1次，保持土壤湿润。地下根部可在露地越冬。主要有根腐病危害，可用10%抗菌剂401醋酸溶液1000倍液喷洒。虫害有蚜虫危害，用2.5%鱼藤精乳油1000倍液喷杀。

用途 根药用，含桔梗皂甙，有止咳、祛痰、消炎(治肋膜炎)等效用。

含油率及化学组分数据

采集单位	测试单位	测试部位	产地	含油率(%)	碘值	酸值	皂化值	C12:0	C14:0	C16:0	C16:1	C18:0	C18:1	C18:2	C18:3	C20:0	C20:1
HNUST	ICS	种子	河北昌黎	31.25	83.07	22.90	150.00	0.005	0.05	8.14	0.09	3.31	12.70	74.45	0.73	0.49	0.05
OFPC	IB	种子	北京	35.10	140.20		190.40		0.30	10.70		3.90	12.00		72.60		
OFPC	IAE	种子	辽宁沈阳	34.30	137.90		200.00			6.30		3.30	13.40	77.00			

顶羽菊

Acroptilon repens (L.) DC.

菊科，顶羽菊属

特征　多年生草本，高25~70 cm。根直伸。茎单生，或少数茎成簇生，直立，自基部分枝，分枝斜升，全部茎枝被蛛丝毛，被稠密的叶。全部茎叶质地稍坚硬，长椭圆形或匙形或线形，顶端钝或圆形或急尖而有小尖头，边缘全缘，或叶羽状半裂，侧裂片三角形或斜三角形，两面灰绿色，被稀疏蛛丝毛或脱毛。头状花序多数在茎枝顶端排成伞房花序或伞房圆锥花序；总苞卵形或椭圆状卵形，直径0.5~1.5 cm；总苞片约8层，覆瓦状排列，向内层渐长，外层与中层卵形或宽倒卵形，上部有附属物，附属物圆钝；内层披针形或线状披针形，顶端附属物小；全部苞片附属物白色，透明，两面被稠密的长直毛；小花两性，管状，花冠粉红色或淡紫色，长1.4 cm，花冠裂片长3 mm。瘦果倒长卵形，淡白色，顶端圆形，无果缘，基底着生面稍见偏斜。花、果期5~9月。

分布　新疆：吐鲁番沙漠植物园，42°51′17″N，89°11′36″E，93 m，2010-09-04，王喜勇4003310002。生于山坡、丘陵、平原、农田、荒地。产于青海、新疆、甘肃、陕西、山西、河北、内蒙古。俄罗斯中亚、西伯利亚、伊朗也有分布。

栽培　播种繁殖。

用途　种子可榨油。

含油率及化学组分数据

采集单位	测试单位	测试部位	产地	含油率(%)	碘值	酸值	皂化值	C12:0	C14:0	C16:0	C16:1	C18:0	C18:1	C18:2	C18:3	C20:0	C20:1
XIEG	SCBG	种仁	新疆吐鲁番	22.11	77.63	2.17	153.52		0.27	12.04	0.78	1.87	9.72	55.16	2.39	0.39	0.12

牛蒡

Arctium lappa L.

菊科，牛蒡属

特征　二年生草本，具粗大的肉质直根，长达15 cm，径可达2 cm，有分枝支根。茎直立，高达2 m，粗壮，基部直径达2 cm，通常带紫红或淡紫红色。基生叶宽卵形，长达30 cm，宽达21 cm，边缘稀疏的浅波状凹齿或齿尖，基部心形，有长达32 cm的叶柄，两面异色，上面绿色，有稀疏的短糙毛及黄色小腺点，下面灰白色或淡绿色，被薄绒毛或绒毛稀疏，有黄色小腺点；叶柄灰白色，被稠密的蛛丝状绒毛及黄色小腺点，但中下部常脱毛。茎生叶与基生叶同形或近同形，基部平截或浅心形。头状花序多数或少数在茎枝顶端排成疏松的伞房花序或圆锥状伞房花序，花序梗粗壮。小花紫红色，花冠长1.4 cm，细管部长8 mm，檐部长6 mm，外面无腺点，花冠裂片长约2 mm。瘦果倒长卵形或偏斜倒长卵形，长5~7 mm，宽2~3 mm，两侧压扁，浅褐色，有多数细脉纹，有深褐色的色斑或无色斑。花、果期6~9月。

分布　湖南：龙山县八面山，28°32′02″N，109°09′02″E，1225 m，2010-08-12，徐亮、周建军400191116。湖北：神农架深沟，31°30′09″N，110°04′36.5″E，1308 m，2010-10-22，丁时东，危文亮等400151061。重庆：南川区鱼泉乡庙坝天山坪沟，29°45′16″N，107°07′21″E，1529 m，2009-09-04，刘正宇等400231051。四川：松潘县九寨乡，33°12′39″N，103°44′05″E，2744 m，2009-07-27，千友民400241041；汶川威州镇，31°31′08″N，103°35′47″E，2010-11-01，崔龙、李志强40021110093。云南：峨山岔河乡文山老村，24°19′12″N，102°10′12″E，1657 m，2010-09-10，李忠荣400222158。青海：互助县南门峡，36°59′32″N，101°54′20″E，2775 m，2012-09-17，刘晓波、曹弈璘40021112010。陕西：眉县营头乡大理村，34°3′1″N，107°25′14″E，1199 m，2009-08-06，薛帅400321009；宁陕县广货街牛保区，33°28′18″N，108°47′00″E，1386 m，2010-10-25，薛帅、王继师400323018。河北：张家口，39°59′21″N，115°24′05″E，834 m，2009-09-23，徐兴友400313013。吉林：辉南县金川镇，42°41′40″N，126°41′12″E，566 m，2009-09-06，郑宝江、李康400341017。黑龙江：桦川县申家店，46°34′12″N，130°36′21″E，803 m，2010-08-31，陈连江、卞勇、潘伟400351021。生于海拔750~3500 m山坡、山谷、林缘、林中、灌木丛中、河边潮湿地、村庄路旁或荒地。全国各地普遍分布。

栽培　播种繁殖，于春、秋两季进行播种，生长期需水多。

用途　果实入药，性味辛、苦寒，疏散风热，宣肺透疹、散结解毒；根入药，有清热解毒、疏风利咽之效。

含油率及化学组分数据

采集单位	测试单位	测试部位	产地	含油率(%)	碘值	酸值	皂化值	C12:0	C14:0	C16:0	C16:1	C18:0	C18:1	C18:2	C18:3	C20:0	C20:1
JSU	SCBG	种仁	湖南龙山	37.37	20.39	3.02	281.70	57.85	2.61	4.70	0.16	0.68	25.47	6.62	0.36		1.56
OCRI	SCBG	种仁	湖北神农架	12.70	23.18	2.25	85.33	2.13	0.16	19.52	0.12	4.51	20.80	42.18	0.07	0.89	
SWUN	SCBG	种仁	重庆南川	11.47					0.33	12.51		3.29	51.36	24.44	1.15		
SICAU	SCBG	种仁	四川松潘	34.47	111.62	13.51	273.86										
SICAU	SICAU	种仁	四川汶川	19.97	116.50	3.60	158.90			15.10		9.27	12.78	49.35	13.50		
KMIB	KMIB	种仁	云南峨山	12.33	152.40		195.80				1.73		29.62	3.46	3.62		
SICAU	SICAU	种仁	青海互助	6.36													
CAU	ICS	种子	陕西眉县	18.00	91.71	12.02	204.42			5.96	0.14	2.19	14.55	63.75	8.90	0.42	0.16
CAU	ICS	种子	陕西宁陕	21.67	78.45	5.20	197.72			5.83	0.35	1.40	21.56	60.39	0.77		
HNUST	ICS	种子	河北张家口	3.90													
ECNU	SCBG	种仁	吉林辉南	17.60	65.48	2.39	206.18			5.65	0.13	2.03	16.30	69.85	5.35	0.69	
SBRI	SCBG	种仁	黑龙江桦川	12.75	7.99	6.90	247.26			2.42	0.78	1.23	15.31	36.84	42.88	0.05	0.51
OFPC	IAE	瘦果	辽宁沈阳	18.20	152.40		195.80			8.00	0.40	1.60	25.50	56.60	7.90		
OFPC	IAE	瘦果	江苏南京	19.50	118.80		190.10	微量	微量	4.10		1.60	54.70	38.30	1.30		

青蒿

Artemisia carvifolia Buch.-Ham. ex Roxb.

菊科，蒿属

特征 一年生或二年生草本，高0.4~1 m，有香气；茎直立，有细棱，多分枝，无毛。单叶互生，基生叶及下部茎生叶较大，开花时枯萎，叶二至三回羽状深裂或全裂，终裂片线形，狭披针形或披针形，宽0.5~2 mm，锐尖或稍钝，常有缺刻状细牙齿，两面无毛，越向茎上部越小，裂片越狭，叶裂片轴羽状分裂。头状花序多数，较大，半球形，径4~6 mm，具细梗，于茎中上部聚成大圆锥花序，总苞片约3列，椭圆形至长圆形，外列者较短小，中列及内列者较长，边缘膜质透明，花皆为管状，黄色，边缘具1列细小的雌性小花，中央具多数较大的两性小花，花全部结实，无冠毛，花托裸露。瘦果微小，长1 mm以内。花期8~9月；果期9~10月。

分布 福建：武夷山，27°48′44″N，118°1′52″E，2010-09-26，刘东明、梁耀、胡普炜400112102。常星散生于低海拔、湿润的河岸边沙地、山谷、林缘、路旁等，也见于滨海地区。产于广东、广西、湖南、江西、福建、江苏、安徽、浙江、山东、河南、湖北、四川、贵州、云南、陕西、河北、辽宁、吉林。朝鲜、日本、越南、缅甸、印度及尼泊尔等也有分布。

栽培 播种繁殖。喜湿，喜肥沃土壤，喜光及半阴，抗逆性强，耐盐碱。

用途 为良好的草本观叶、观花植物。

含油率及化学组分数据

采集单位	测试单位	测试部位	产地	含油率(%)	碘值	酸值	皂化值	C12:0	C14:0	C16:0	C16:1	C18:0	C18:1	C18:2	C18:3	C20:0	C20:1
SCBG	SCBG	种仁	福建武夷山	24.23	63.86	9.71	186.28	2.12		8.42		3.40	29.77	4.82	0.18	0.61	0.28

魁蒿 (王侯蒿、五月艾)

Artemisia princeps Pamp. [*Artemisia montana* f. *occidentalis* Pamp.]

菊科，蒿属

特征 多年生草本。茎、枝初被蛛丝状薄毛。叶上面无毛，下面密被灰白色蛛丝状绒毛；下部叶卵形或长卵形，一至二回羽状深裂，每侧有裂片2枚，羽状浅裂，具长柄；中部叶卵形或卵状椭圆形，长6~12 cm，羽状深裂或半裂，稀全裂，每侧裂片2(3)枚，裂片椭圆状披针形或椭圆形，中裂片较侧裂片大，侧裂片基部裂片较侧边与中部裂片大，不裂或每侧具1~2枚疏裂齿，叶柄长1~2(~3)cm，基部有小假托叶；上部叶羽状深裂或半裂，每侧裂片1~2枚；苞片叶3枚深裂或不裂。头状花序长圆形或长卵圆形，径1.5~2.5 mm，排成穗状或穗状总状花序，在茎上组成中等开展圆锥花序；总苞片背面绿色，微被蛛丝状毛。瘦果椭圆形或倒卵状椭圆形。花、果期7~11月。

分布 湖南：保靖县白云山，28°47′36″N，109°39′33″E，333 m，2012-11-04，张代贵、张洁40019101233。生于100~1400 m以下的路旁、山坡、灌丛、林缘及沟边。产于广东、广西、湖南、江西、福建、台湾、江苏、安徽、山东、河南、湖北、四川、贵州、云南、甘肃、陕西、山西、河北、内蒙古、辽宁。日本、朝鲜也有。

栽培 播种繁殖。

用途 含挥发油，主要成分为桉叶油素、侧柏酮、侧柏醇、倍半萜滞等。民间入药，有逐寒湿、理气血、调经、安胎、止血、消炎的功效。

含油率及化学组分数据

采集单位	测试单位	测试部位	产地	含油率(%)	碘值	酸值	皂化值	C12:0	C14:0	C16:0	C16:1	C18:0	C18:1	C18:2	C18:3	C20:0	C20:1
JSU	SCBG	种仁	湖南保靖	23.15					2.51	13.41		3.07	11.45	36.31	15.08	3.07	

小花鬼针草 (细叶刺针草、小刺叉)

Bidens parviflora Willd.

菊科，鬼针草属

特征 一年生草本。叶对生，具柄，背面微凸或扁平，腹面有沟槽，槽内及边缘有疏柔毛；叶片长6~10 cm，二至三回羽状分裂，第一次分裂深达中肋，裂片再次羽状分裂，小裂片具1~2个粗齿或再作第三回羽裂，最后一次裂片条形或条状披针形，宽约2 mm，先端锐尖，边缘稍向上反卷，上面被短柔毛，下面无毛或沿叶脉被稀疏柔毛，上部叶互生，二回或一回羽状分裂。头状花序单生茎端及枝端，具长梗。总苞筒状，基部被柔毛，外层苞片4~5枚，草质，条状披针形，长约5 mm，边缘被疏柔毛，及果时长可达8~15 mm，内层苞片稀疏，常仅1枚，托片状；托片长椭圆状披针形，膜质，具狭而透明的边缘，果时长达10~13 mm。无舌状花，盘花两性，6~12朵，花冠筒状，长4 mm，冠檐4齿裂。瘦果条形，略具4棱，两端渐狭，有小刚毛，顶端芒刺2枚，有倒刺毛。花期7~9月。

分布 河北：青龙，40°22′09″N，118°58′42″E，551 m，2012-09-16，徐兴友、詹立军400313191。生于路边荒地、林下及水沟边。产于江苏、安徽、山东、河南、四川、贵州、青海、甘肃、宁夏、陕西、山西、河北、内蒙古、辽宁、吉林、黑龙江。日本、朝鲜、蒙古、俄罗斯也有分布。

栽培 播种繁殖。

用途 全草入药，有清热解毒、活血散瘀之效，主治感冒发热、咽喉肿痛、肠炎、阑尾炎、痔疮、跌打损伤、冻疮、毒蛇咬伤。

含油率及化学组分数据

采集单位	测试单位	测试部位	产地	含油率(%)	碘值	酸值	皂化值	C12:0	C14:0	C16:0	C16:1	C18:0	C18:1	C18:2	C18:3	C20:0	C20:1
HNUST	ICS	种子	河北青龙	13.47	144.67	9.04	91.51	0.01	1.19	10.89	0.18	2.14	10.59	69.55	0.75	0.29	0.13
OFPC	IAE	瘦果	辽宁凤城	27.30	141.20		190.00	2.60	1.30	10.30		1.80	7.90	75.20	0.90	微量	

狼杷草（鬼叉、鬼针）

Bidens tripartita L. [*Bidens repens* D. Don]

菊科，鬼针草属

特征 一年生草本。茎高20~150 cm，圆柱状或具钝棱而稍呈四方形，基部直径2~7 mm，无毛，绿色或带紫色，上部分枝或有时自基部分枝。叶对生，下部的较小，不分裂，边缘具锯齿，通常于花期枯萎，中部叶具柄，柄长0.8~2.5 cm，有狭翅。头状花序单生茎端及枝端，直径1~3 cm，高1~1.5 cm，具较长的花序梗；总苞盘状，外层苞片5~9枚，条形或匙状倒披针形，长1~3.5 cm，先端钝，具缘毛，叶状，内层苞片长椭圆形或卵状披针形，长6~9 mm，膜质，褐色，有纵条纹，具透明或淡黄色的边缘；托片条状披针形，约与瘦果等长，背面有褐色条纹，边缘透明；无舌状花，全为筒状两性花，花冠长4~5 mm，冠檐4裂；花药基部钝，顶端有椭圆形附器，花丝上部增宽。瘦果扁，楔形或倒卵状楔形，长6~11 mm，宽2~3 mm，边缘有倒刺毛，顶端芒刺通常2枚，极少3~4枚，长2~4 mm，两侧有倒刺毛。花期7~10月。

分布 湖北：神农架大九湖国家湿地，31°20′35″N，110°13′59″E，345 m，2011-09-13，丁时东400151129。辽宁：长海，39°18′5″N，122°35′2″E，2012-10-17，郑宝江等400341202。黑龙江：虎林市东方红林业局五林洞，46°48′01″N，130°22′01″E，1 m，2011-08-23，卞勇、张爽400351095。生于路边荒野及水边湿地。产于湖南、江西、福建、台湾、浙江、江苏、安徽、山东、河南、湖北、四川、贵州、云南、西藏、新疆、青海、甘肃、宁夏、陕西、河北、内蒙古、辽宁、吉林、黑龙江。不丹、印度、印度尼西亚、日本、朝鲜、马来西亚、蒙古、尼泊尔、菲律宾、俄罗斯、非洲、澳大利亚、欧洲、北美洲。

栽培 播种繁殖。

用途 全草入药，功效清热解毒。主治感冒、扁桃体炎、咽喉炎、肠炎、痢疾、肝炎、泌尿系感染、肺结核盗汗、闭经，外用治疖肿、湿疹、皮癣。

含油率及化学组分数据

采集单位	测试单位	测试部位	产地	含油率(%)	碘值	酸值	皂化值	C12:0	C14:0	C16:0	C16:1	C18:0	C18:1	C18:2	C18:3	C20:0	C20:1
OCRI	SCBG	种仁	湖北神龙架	6.93	60.66	12.20	95.75		0.05	4.85	3.17	1.81	18.06	58.77	0.03	1.82	0.18
ECNU	SCBG	种仁	辽宁长海	11.02	78.79	8.12	160.50	0.01	0.13	7.86	0.23	2.71	8.37	77.99	0.79	1.62	0.29
SBRI	SCBG	种仁	黑龙江虎林	34.83	17.17	13.06	170.61	0.003	0.02	5.48	0.05	1.82	13.33	13.34	65.41	0.10	0.45

飞廉

Carduus nutans L.

菊科，飞廉属

特征 二年生或多年生草本。茎单生或簇生，茎枝疏被蛛丝毛和长毛。中下部茎生叶长卵形或披针形，长(5~)10~40 cm，羽状半裂或深裂，侧裂片5~7对，斜三角形或三角状卵形，两面同色，两面沿脉被长毛。头状花序下垂或下倾，单生茎枝顶端；总苞钟状或宽钟状，径4~7 cm，总苞片多层，向内层渐长，无毛或疏被蛛丝状毛，最外层长三角形，宽4~4.5 mm，中层及内层三角状披针形，长椭圆形或椭圆状披针形，宽约5 mm，最内层苞片宽线形或线状披针形，宽2~3 mm；小花紫色。瘦果灰黄色，楔形，稍扁，有多数浅褐色纵纹及横纹，果缘全缘；冠毛白色，锯齿状。花、果期6~10月。

分布 四川：红原县瓦切乡希望小学，32°47′25″N，102°31′31″E，3240 m，2009-07-19，干友民400241011。生于海拔540~2300 m山谷、田边或草地。产于新疆天山、准噶尔阿拉套、准噶尔盆地。欧洲、北非、俄罗斯及西伯利亚也广有分布。优良蜜源植物。

栽培 适宜温暖或凉爽气候，耐寒和干旱。对土壤要求不严，一般土壤均可栽种。播种繁殖，春季三、四月播种，条播或穴播。

用途 全草及根药用。嫩茎叶可食用。可作牲畜饲料。

含油率及化学组分数据

采集单位	测试单位	测试部位	产地	含油率(%)	碘值	酸值	皂化值	C12:0	C14:0	C16:0	C16:1	C18:0	C18:1	C18:2	C18:3	C20:0	C20:1
SICAU	SCBG	种仁	四川红原	21.18	126.29	13.39	182.35		0.04	7.02	0.10	3.45	53.60	33.33	1.24	0.69	0.54

天名精 (舟曲天名精、天蔓青、地菘)

Carpesium abrotanoides L.

菊科，天名精属

特征　多年生粗壮草本。茎下部近无毛，上部密被柔毛，多分枝。茎下部叶宽椭圆形或长椭圆形，长8~16 cm，上面被柔毛，老时几无毛，下面密被柔毛，有细小腺点，具不规则钝齿，叶柄长0. 5~1. 5 cm，密被柔毛；茎上部叶较密，长椭圆形或椭圆状披针形，具短柄。头状花序多数，生茎端及沿茎、枝生于叶腋，近无梗，成穗状排列，着生茎端及枝端者具椭圆形或披针形、长0. 6~1. 5 cm的苞叶2~4，腋生头状花序无苞叶或具1~2小苞叶；总苞钟状球形，径6~8 mm，总苞片3层，向内渐长，外层卵圆形，膜质或先端草质，具缘毛，背面被柔毛，内层长圆形；雌花窄筒状，长约1. 5 mm；两性花筒状，长2~2. 5 mm。瘦果长约3. 5 mm。

分布　湖南：保靖县白云山，28°41′54″N，109°44′28″E，300 m，2012-11-16，张代贵、张洁40019101245。福建：武夷山星村黄岗山河边，27°45′35″N，117°40′57″E，2012-11-18，易绮斐、宁阳阳、李玉玲400119264。甘肃：天水县麦积山，34°12′19″N，106°01′00″E，1701 m，2011-10-09，薛帅、潘昊400325023。生于村旁、路边荒地、溪边及林缘。产于海南、广东、广西、湖南、江西、福建、台湾、浙江、江苏、安徽、河南、湖北、四川、贵州、云南、西藏、甘肃、陕西。阿富汗、不丹、印度、日本、朝鲜、缅甸、尼泊尔、俄罗斯、越南；高加索地区、伊朗、欧洲也有分布。

栽培　播种繁殖。

用途　中药杀虫方中的重要药物，主治蛔虫病、蛲虫病、绦虫病、虫积腹痛。全草也供药用，能清热解毒、祛痰止血。主治咽喉肿痛、扁桃体炎、支气管炎；油中含天名精酮、天名精内酯、正己酸等成分。

含油率及化学组分数据

采集单位	测试单位	测试部位	产地	含油率(%)	碘值	酸值	皂化值	C12:0	C14:0	C16:0	C16:1	C18:0	C18:1	C18:2	C18:3	C20:0	C20:1
JSU	SCBG	种仁	湖南保靖	20. 15				0. 38	0. 73	4. 90	1. 03	2. 26	34. 00	18. 34	0. 73	35. 53	
SCBG	SCBG	种仁	福建武夷山	10. 70	102. 81	1. 01	208. 71	0. 10			0. 04	3. 01	4. 07	15. 45	42. 90	1. 15	0. 19
CAU	ICS	种子	甘肃天水	7. 86	126. 07	7. 16	187. 62	0. 47	0. 06	8. 93	0. 06	2. 29	5. 98	75. 34	0. 32	0. 36	0. 21

红花 (红蓝花、刺红花)

Carthamus tinctorius L.

菊科，红花属

特征　一年生草本。高(20)50~120 cm。茎直立，上部分枝，全部茎枝白色或淡白色，光滑，无毛。中下部茎叶披针形或长椭圆形，长7~15 cm，宽2. 5~6 cm，边缘大锯齿、重锯齿、小锯齿以至无锯齿而全缘，极少有羽状深裂的，齿顶有针刺，向上的叶渐小，披针形，边缘有锯齿，齿顶针刺较长，长达3 mm；革质，两面无毛无腺点，有光泽，基部无柄，半抱茎。头状花序多数，在茎枝顶端排成伞房花序，为苞叶所围绕，总苞卵形，直径约2. 5 cm；总苞片4层，外层竖琴状，中部或下部有收溢，收缢以上叶质，绿色，边缘无针刺或有篦齿状针刺，针刺长达3 mm，顶端渐尖；全部苞片无毛无腺点；小花红色、橘红色，全部为两性，花冠长约2. 8 cm，细管部长约2 cm，花冠裂片几达檐部基部。瘦果倒卵形，长约5. 5 mm，宽约5 mm，乳白色，有4棱，棱在果顶伸出，侧生着生面；无冠毛。花、果期5~8月。

分布　重庆：南川区三泉镇三泉小汉堡，29°45′40″N，107°07′45″E，585 m，2010-06-01，刘正宇等4000231145。云南：昌宁县珠街彝族乡比基村，25°05′12″N，99°58′34″E，1318 m，2008-11-20，张国学400222084。新疆：裕民县161团，45°56′32″N，82°33′16″E，963 m，2011-09-21，侯翼国、王茜4003311045；吐鲁番沙漠植物园，42°51′17″N，89°11′36″E，93 m，2009-10-12，王喜勇、侯翼国、徐基平4003309011。产于浙江、山东、四川、贵州、西藏、青海、甘肃、陕西、山西、河北、内蒙古、辽宁、吉林、黑龙江。原产中亚地区。俄罗斯有野生也有栽培，日本、朝鲜广有栽培。

栽培　播种繁殖。

用途　有抗寒、耐旱和耐盐碱能力，适应性较强，生活周期120 d。红花也是一种多用途的综合资源植物。种子含油率极高，一般在34%~55%之间，多属不饱和脂肪酸油类，极适合作食用油，有降低人体胆固醇和血脂的作用。

含油率及化学组分数据

采集单位	测试单位	测试部位	产地	含油率(%)	碘值	酸值	皂化值	C12:0	C14:0	C16:0	C16:1	C18:0	C18:1	C18:2	C18:3	C20:0	C20:1
SWUN	SCBG	种仁	重庆南川	13.51				0.14	0.14	5.09		1.44	9.53	26.87	2.28	0.29	
KMIB	KMIB	种仁	云南昌宁	18.03	134.10	2.30	167.30				5.34		2.07	10.98	79.84	0.39	
XIEG	SCBG	种子	新疆裕民	27.28	81.66	3.24	186.95			8.13	0.10	0.65	43.21	45.09	0.39	0.69	0.53
XIEG	SCBG	种仁	新疆吐鲁番	34.05	46.09	0.45	538.60			7.10	0.17	1.32	17.90	67.34	1.05	1.02	0.34
OFPC	IAE	果实	辽宁沈阳	23.80	188.90		182.20		微量	5.60		1.80		78.60	微量		
OFPC	JSIB	果实	安徽合肥	20.40	136.10		194.40		0.10	6.20		2.30		72.60	0.40		
OFPC	JSIB	果实	四川		142.30		189.10	微量	微量	5.10		2.50		79.40	0.50		
OFPC	SCBG	果实	河南	22.40	134.20		202.30		微量	8.70		1.00		76.30			
OFPC	NIB	果实	陕西渭南	33.30	141.40		184.80		微量	8.90		4.90		68.90	4.80	微量	
OFPC	NIB	果实	甘肃敦煌	24.30	136.50		203.00		0.80	7.40		3.90		57.30	2.30	8.20	
OFPC	NIB	果实	甘肃张掖	26.10	144.00		199.30		0.30	5.30		1.60		82.60	1.60		
OFPC	NIB	果实	甘肃民勤	23.30	106.20		204.50	0.20	5.20	1.50		2.80		26.60	0.80		
OFPC	NIB	果实	甘肃民勤	26.30	102.00		201.90		0.30	4.70		1.20		25.80	1.20		
OFPC	CIB	果实	四川资阳	25.40	137.20		202.50			6.60		1.10		77.90	微量		
OFPC	IB	果实	江苏	24.20	144.70		195.80		微量	6.90		2.10		77.90	2.00		
OFPC	XTBG	果实	云南西双版纳	23.00	135.50		195.30		0.50	6.40		3.30		71.90			
OFPC	KMIB	果实	云南巍山	21.60					0.10	7.30		2.60		74.50			
OFPC	WHBG	果实	湖北武汉	32.90	139.20		191.20		微量	6.50		1.70		77.70	微量	微量	

魁蓟

Cirsium leo Nakai et Kitag.

菊科，蓟属

特征　多年生草本。茎直立，单生或少数茎成簇生，上部伞房状分枝，少有不分枝的，全部茎枝有条棱，被多细胞长节毛，上部及接头状花序下部的毛较稠密。基部和下部茎叶长椭圆形或倒披针状长椭圆形，羽状深裂，叶柄长达5 cm或无柄；向上的叶渐小，与基部和下部茎叶同形或长披针形并等样分裂，无柄或基部扩大半抱茎；全部叶两面同色，绿色，被多细胞长节毛，下面沿脉的毛稍稠密。头状花序在茎枝顶端排成伞房花序，极少单生茎顶而植株仅有1个头状花序的；总苞钟状，总苞片8层，镊合状排列，至少不呈明显的覆瓦状排列；小花紫色或红色，花冠长约2.4 cm，檐部不等大5浅裂，细管部长约1 cm。瘦果灰黑色，偏斜椭圆形，顶端斜截形，压扁；冠毛污白色，多层，基部连合成环，整体脱落；冠毛刚毛长羽毛状，向顶端渐细。花、果期5~9月。

分布　河北：兴隆，40°36′05″N，117°29′47″E，1749 m，2012-09-26，徐兴友、韩保强400313179。生于海拔400~2100 m山坡林中、林缘、灌丛中、草地、荒地、田间、路旁或溪旁。产于广东、广西、湖南、江西、福建、台湾、浙江、江苏、山东、湖北、四川、贵州、云南、陕西、河北。日本、朝鲜有分布。

栽培　播种繁殖。

用途　种子可榨油。

含油率及化学组分数据

采集单位	测试单位	测试部位	产地	含油率(%)	碘值	酸值	皂化值	C12:0	C14:0	C16:0	C16:1	C18:0	C18:1	C18:2	C18:3	C20:0	C20:1
HNUST	ICS	种子	河北兴隆	22.92	150.32	7.91	164.14	0.01	0.06	5.12	0.09	1.75	12.99	77.06	0.80	0.50	0.33

剑叶金鸡菊（线叶金鸡菊、大金鸡菊）

Coreopsis lanceolata L.

菊科，金鸡菊属

特征 多年生草本，高30~70 cm，有纺锤状根；主根圆柱状，向下渐窄，具多数长侧根和纤维状细根。茎圆柱形，中空，下部常平卧，基部粗4~10 mm，有时达20 mm，上部有分枝，茎和枝绿色，具多数纵棱，上部无毛或近无毛，下部或近基部疏被白色具节长柔毛。叶对生，下部和中部叶具柄，叶柄长2~5 cm，基部扩大，疏具缘毛至近无毛。头状花序单生于茎和分枝先端，径4~6 cm；花序托稍凸；托片披针状线形，长6~8 mm，先端尖，膜质，淡黄白色；舌状花约8朵，无性，平展；管状花花冠长4~6 mm，冠檐淡黄色，狭钟状圆筒形，先端5齿裂，下部疏被微柔毛，冠管黄白色，比冠檐短，上端疏被微毛，雄蕊5，花药黄褐色，伸出花冠外，花柱细长，稍超出花药，柱头二叉，向内弯曲，淡黄色，先端被毛。瘦果近圆形或宽椭圆形，黑色，边缘具翅，翅膜质，暗紫红色，全缘或不规则的条裂。花期5~7月；果期6~9月。

分布 甘肃：天水县麦积山，34°12′28″N，106°00′24″E，1607 m，2011-10-10，薛帅、潘昊400325026。原产北美洲。我国各地庭园常有栽培。

栽培 播种繁殖。

用途 叶药用，治咳喉、无名肿毒、外伤出血。

含油率及化学组分数据

采集单位	测试单位	测试部位	产地	含油率(%)	碘值	酸值	皂化值	C12:0	C14:0	C16:0	C16:1	C18:0	C18:1	C18:2	C18:3	C20:0	C20:1
CAU	ICS	种子	甘肃天水	5.39	45.05	28.48	181.35		0.36	20.68	0.50	7.41	21.16	28.64	0.37	1.63	0.23

秋英（大波斯菊、波斯菊）

Cosmos bipinnata Cav.

菊科，秋英属

特征 一年生或多年生草本，高达2 m。茎无毛或稍被柔毛。叶二回羽状深裂。头状花序单生，径3~6 cm，花序梗长6~18 cm；总苞片外层披针形或线状披针形，近革质，淡绿色，具深紫色条纹，长1~1.5 cm，内层椭圆状卵形，膜质；舌状花紫红、粉红或白色，舌片椭圆状倒卵形，长2~3 cm；管状花黄色，长6~8 mm，管部短，上部圆柱形，有披针状裂片。瘦果黑紫色，长0.8~1.2 cm，无毛，上端具长喙，有2~3尖刺。花期6~8月；果期9~10月。

分布 内蒙古：鄂尔多斯市达拉特旗，42°40′42″N，115°56′36″E，1323 m，2012-08-20，扈顺400312072。四川：盐源县莲花山乡，27°25′24″N，101°30′29″E，2009-10-03，王凯、樊云川40021109042。生于海拔2700 m以下的路旁、田埂、溪岸等。原产美洲墨西哥，在我国栽培甚广，云南、四川西部有大面积归化。

栽培 播种繁殖。

用途 为优良庭园花卉；亦是良好的环境保护植物，能监测空气中的二氧化硫；同时又是优良切花。

含油率及化学组分数据

采集单位	测试单位	测试部位	产地	含油率(%)	碘值	酸值	皂化值	C12:0	C14:0	C16:0	C16:1	C18:0	C18:1	C18:2	C18:3	C20:0	C20:1
IMAU	ICS	种子	内蒙古鄂尔多斯	8.29	131.40	28.98	197.76		0.29	15.02	0.47	4.20	15.07	55.91	0.61	0.52	0.09
SICAU	SICAU	种仁	四川盐源	21.86	97.50	2.70	142.80			26.06	2.14	7.11	9.32	55.37			
OFPC	KMIB	瘦果	云南昆明	22.60					1.00	21.30		6.80	11.50	59.40			

车前叶垂头菊

Cremanthodium ellisii (Hook. f.) Kitam.

菊科，垂头菊属

特征　多年生草本。茎高8~60 cm，不分枝或上部花序有分枝，密被铁灰色长柔毛。从生叶卵形、宽椭圆形或长圆形，长1. 5~19 cm，全缘或有小齿或缺齿，稀浅裂，基部下延，两面无毛或幼时疏被白色柔毛，叶脉羽状，叶柄长1~13 cm，宽约1. 5 cmm，常紫红色，基部具筒状鞘；茎生叶卵形、卵状长圆形或线形，全缘或有齿，半抱茎。头状花序1~5，通常单生或排成伞房状总状花序，辐射状；总苞半球形，长0. 8~1. 7 cm，径1~2. 5 cm，密被铁灰色柔毛，总苞片8~14，2层，宽2~9 mm，先端尖，外层披针形，内层宽，卵状披针形；舌状花黄色，舌片长圆形，长1~1. 7 cm；管状花多数，深黄色，长6~7 mm，冠毛白色，与花冠等长。花、果期7~10月。

分布　四川：红原县瓦切乡冬春牧场，32°47′21″N，102°31′36″E，3432 m，2009-07-19，干友民400241010。生于海拔3400~5600 m的高山流石滩、沼泽草地、河滩。产于四川、云南、西藏、青海、甘肃。喜马拉雅山、克什米尔地区也有分布。

栽培　播种繁殖。

用途　种子可榨油。

含油率及化学组分数据

采集单位	测试单位	测试部位	产地	含油率(%)	碘值	酸值	皂化值	C12:0	C14:0	C16:0	C16:1	C18:0	C18:1	C18:2	C18:3	C20:0	C20:1
SICAU	SCBG	种仁	四川红原	25. 09	100. 37	28. 75	206. 06										

向日葵

Helianthus annuus L. [*Helianthus annuus* subsp. *jaegeri* (Heiser) Heiser; *Helianthus annuus* var. *macrocarpus* (DC.) Cockerell]

菊科，向日葵属

特征　一年生高大草本。茎直立，高1~3 m，粗壮，被白色粗硬毛，不分枝或有时上部分枝。叶互生，心状卵圆形或卵圆形，顶端急尖或渐尖，有三基出脉，边缘有粗锯齿，两面被短糙毛，有长柄。头状花序极大，径约10~30 cm，单生于茎端或枝端，常下倾；总苞片多层，叶质，覆瓦状排列，卵形至卵状披针形，顶端尾状渐尖，被长硬毛或纤毛；花托平或稍凸、有半膜质托片；舌状花多数，黄色、舌片开展，长圆状卵形或长圆形，不结实；管状花极多数，棕色或紫色，有披针形裂片，结果实。瘦果倒卵形或卵状长圆形，稍扁压，长10~15 mm，有细肋，常被白色短柔毛，上端有2个膜片状早落的冠毛。花期7~9月；果期8~9月。

分布　西藏：波密县扎木乡岗巴村，29°52′48″N，95°36′16″E，2749 m，2011-09-04，干友民400241129。宁夏：银川金凤区，38°15′01″N，106°06′13″E，1110 m，2012-08-15，秦烁、郭利磊400327010。黑龙江：桦川县申家店，46°34′59″N，130°38′10″E，686 m，2010-08-13，陈连江、卞勇、潘伟400351025。原产北美洲，世界各国均有栽培。

栽培　播种繁殖。

用途　种子含油量很高，为半干性油，味香可口，供食用。花穗、种子皮壳及茎秆可作饲料及工业原料，如制人造丝及纸浆等，花穗也供药用。

含油率及化学组分数据

采集单位	测试单位	测试部位	产地	含油率(%)	碘值	酸值	皂化值	C12:0	C14:0	C16:0	C16:1	C18:0	C18:1	C18:2	C18:3	C20:0	C20:1
SICAU	SCBG	种仁	西藏波密	19. 37	133. 35	8. 11	188. 26										
CAU	ICS	种子	宁夏银川	35. 21	8. 75	17. 29	189. 43			5. 65	0. 09	6. 32	35. 35	49. 96	0. 22	0. 19	0. 15
SBRI	SCBG	种仁	黑龙江桦川	21. 48	26. 50	11. 38	283. 68	0. 01	0. 13	12. 81	0. 06	2. 58	5. 91	51. 42	25. 65	0. 96	0. 47
OFPC	IAE	种子	吉林四平	49. 00	137. 40		195. 70		微量	7. 40		3. 20	23. 20	66. 20			
OFPC	NIB	种子	陕西南郑	45. 70	118. 30		193. 00			5. 70		3. 20	43. 00	48. 00	微量		
OFPC	IB	种子	甘肃景太	46. 80	136. 70	0. 70	194. 40	微量	微量	6. 20		4. 50	16. 20	71. 90	1. 10		

云木香 (广木香、青木香)

Saussurea costus (Falc.) Lipsch.

菊科，风毛菊属

特征 多年生草本。茎上部密被柔毛。基生叶心形或戟状三角形，长约24 cm，边缘有大锯齿，齿缘有缘毛，有长翼柄，翼柄圆齿状浅裂；下部及中部茎生叶卵形或三角状卵形，长30~50 cm，边缘有锯齿，上部叶三角形或卵形，无柄或有短翼柄；叶上面疏被糙毛，下面绿色。头状花序单生茎端与叶腋，或密集成束生伞房花序；总苞半球形，径3~4 cm，黑色，初被蛛丝状毛，后无毛，总苞片7层，直立，先端软骨质针刺状；外层长三角形，长约8 mm，中层披针形或椭圆形，长1.4~1.6 cm，内层线状长椭圆形，长约2 cm；小花暗紫色。瘦果三棱状，长约8 mm，浅褐色，有黑斑，顶端有具齿的小冠；冠毛1层，浅褐色，羽毛状。花、果期7月。

分布 重庆：开县百泉乡镇雪宝山林场，31°38′30″N，108°23′56″E，2020 m，2010-10-18，刘正宇等4000231178；万州，30°51′52″N，108°44′30″E，2010-09-21，刘正宇等400231178。云南：丽江玉龙县，26°49′30″N，100°14′09″E，2384 mm，2010-09-03，邱明华400222036。原产克什米尔。在我国广西、四川、贵州、云南有栽培。

栽培 播种繁殖。

用途 根入药，有健脾和胃、调气解郁、止痛、安胎之效。

含油率及化学组分数据

采集单位	测试单位	测试部位	产地	含油率(%)	碘值	酸值	皂化值	C12:0	C14:0	C16:0	C16:1	C18:0	C18:1	C18:2	C18:3	C20:0	C20:1
SWUN	SCBG	种仁	重庆开县	26.54	76.35	7.40	408.90			16.74	1.80	1.96	24.27	34.21	15.07	0.06	
CIPP	SCBG	种仁	重庆万州	11.42	116.69	6.64	189.08		0.09	8.18	0.10	2.49	18.49	70.03	0.25	0.36	
KMIB	KMIB	种仁	云南丽江	16.27	95.90	9.90	183.90				9.30		2.70	19.40	67.52		

豨莶 (虾柑草、粘糊菜)

Siegesbeckia orientalis L. [*Siegesbeckia brachiata* Roxb.]

菊科，豨莶属

特征 一年生草本。茎上部分枝常成复2歧状，分枝被灰白色柔毛。茎中部叶三角状卵圆形或卵状披针形，长4~10 cm，基部下延成具翼的柄，边缘有不规则浅裂或粗齿，下面淡绿，具腺点，两面被毛，基脉三出；上部叶卵状长圆形，边缘浅波状或全缘，近无柄。头状花序径1.5~2 cm，多数聚生枝端，排成具叶圆锥花序，花序梗长1.5~4 cm，密被柔毛；总苞宽钟状，总苞片2层，叶质，背面被紫褐色腺毛，外层5~6，线状匙形或匙形，长0.8~1.1 cm，内层苞片卵状长圆形或卵圆形，长约5 mm；花黄色；雌花花冠管部长约0.7 mm；两性管状花上部钟状，有4~5卵圆形裂片。瘦果倒卵圆形，有4棱，顶端有灰褐色环状突起，长3~3.5 mm。花期4~9月；果期6~11月。

分布 福建：武夷山星村七里桥，27°38′11″N，117°55′32″E，2012-11-20，易绮斐、宁阳阳、李玉玲400119271。生于海拔110~2700 m的山野、荒草地、灌丛、林缘及林下，也常见于耕地中。产于海南、广东、广西、湖南、江西、福建、台湾、浙江、江苏、安徽、四川、贵州、云南、甘肃、陕西等地。广布于朝鲜、日本、东南亚、欧洲、俄罗斯高加索、北美热带、亚热带及温带地区。

栽培 播种繁殖。

用途 全草供药用，有解毒、镇痛作用，治全身酸痛、四肢麻痹，并有平降血压作用。

含油率及化学组分数据

采集单位	测试单位	测试部位	产地	含油率(%)	碘值	酸值	皂化值	C12:0	C14:0	C16:0	C16:1	C18:0	C18:1	C18:2	C18:3	C20:0	C20:1
SCBG	SCBG	种仁	福建武夷山	21.80				0.01	0.06	8.72	0.14	2.80	4.87	59.95	21.92	0.92	0.61
OFPC	CIB	瘦果	四川南川	28.00	117.80		212.40	0.30	0.20	10.00		2.20	5.70		81.40		

腺梗豨莶 (毛豨莶、棉苍狼、珠草)

Siegesbeckia pubescens Makino[*Siegesbeckia orientalis* f. *pubescens* Makino]

菊科，豨莶属

特征 一年生草本。茎上部多分枝，被灰白色长柔毛和糙毛。基部叶卵状披针形；中部叶卵圆形或卵形，长3.5~12 cm，基部下延成具翼长1~3 cm的柄，边缘有尖头状粗齿；上部叶披针形或卵状披针形；叶上面深绿色，下面淡绿色，基脉3出，两面被平伏柔毛。头状花序径1.8~2.2 cm，多数排成疏散圆锥状；花序梗较长，密生紫褐色腺毛和长柔毛；总苞宽钟状，总苞片2层，叶质，背面密生紫褐色腺毛，外层线状匙形或宽线形，长0.7~1.4 cm，内层卵状长圆形，长约3.5 mm。舌状花花冠管部长1~1.2 mm，先端2~3(5)齿裂；两性管状花长约2.5 mm，冠檐钟状，顶端4~5裂。瘦果倒卵圆形。花期5~8月；果期6~10月。

分布 山东：枣庄抱犊崮，37°16′08″N，121°43′55″E，179 m，2009-09-20，赵伟华400311144。四川：甘洛县阿寨镇，29°09′03″N，102°52′27″E，2009-10-20，樊云川、王凯40021109099。甘肃：徽县严坪镇，33°23′48″N，106°10′20″E，1184 m，2011-10-06，薛帅400325004。陕西：陇县固关，34°34′33″N，106°21′11″E，1250 m，2011-10-12，秦烁、胡亮400326028。河北：抚宁，40°18′05″N，118°13′27″E，506 m，2012-07-19，徐兴友、韩宝强400313157。黑龙江：哈尔滨，46°48′01″N，130°22′01″E，1 m，2011-10-01，贾海伦400351100；北安，48°20′43″N，126°28′26″E，2011-9-22，郑宝江等400341145。生于山坡、山谷林缘、灌丛林下的草坪中，河谷、溪边、河槽潮湿地、旷野、耕地边等。产于江西、浙江、江苏、安徽、河南、湖北、四川、贵州、云南、西藏、甘肃、陕西、山西、河北、辽宁、吉林等地。

栽培 播种繁殖。

用途 种籽可榨油。全草入药。

含油率及化学组分数据

采集单位	测试单位	测试部位	产地	含油率(%)	碘值	酸值	皂化值	C12:0	C14:0	C16:0	C16:1	C18:0	C18:1	C18:2	C18:3	C20:0	C20:1
ICS	ICS	种子	山东枣庄	26.20	66.76	9.99	413.60	0.60	0.68	8.99	0.23	1.83	6.21	80.77	0.34	0.28	0.09
SICAU	SICAU	种仁	四川甘洛	14.37						10.12		3.43	6.20	80.25			
CAU	ICS	种子	甘肃徽县	5.05	94.09	52.10	145.20	1.49	1.96	15.11	0.41	3.55	7.30	55.69	1.27	0.93	0.10
CAU	ICS	种子	陕西陇县	3.65	72.43	47.23	253.79	0.14	12.87	15.30	0.34	4.86	9.55	41.88	3.72	3.07	0.18
HNUST	ICS	种子	河北抚宁	3.51	233.42	75.09	77.22										
SBRI	SCBG	种仁	黑龙江哈尔滨	13.26	39.32	13.90	166.30	0.03	0.09	16.95	0.07	2.51	38.36	38.58	2.54	0.27	0.60
ECNU	SCBG	种仁	黑龙江北安	28.63	17.17	13.06	170.61	0.04	0.19	19.47	2.65	3.43	29.76	43.92	0.17	0.25	0.12
OFPC	IAE	瘦果	辽宁凤城	30.80	150.50		195.20	0.30	微量	6.60		2.30	4.60	86.20	微量		

水飞蓟 (水飞雉、奶蓟、老鼠筋)

Silybum marianum (L.) Gaertn.

菊科，水飞蓟属

特征 一年生或二年生草本。茎枝有白色粉质覆被物。莲座状基生叶与下部茎生叶有柄，椭圆形或倒披针形，长达50 cm，宽达30 cm，羽状浅裂至全裂；中部与上部叶渐小，长卵形或披针形，羽状浅裂或边缘浅波状圆齿裂，最上部茎生叶更小，不裂，披针形；叶两面绿色，具白色花斑，质薄。头状花序生枝端；总苞球形或卵圆形，径3~5 cm，总苞片6层，无毛，中外层苞片革质，中外层宽匙形、椭圆形、长菱形或披针形，上部成圆形、三角形、近菱形或三角形坚硬叶质附属物，附属物边缘或基部有硬刺，内层苞片线状披针形，上部无叶质附属物；小花红紫色，稀白色。瘦果扁，长椭圆形或长倒卵圆形，长约7 mm，有线状长椭圆形深褐色斑；冠毛白色，锯齿状，最内层冠毛极短，柔毛状。花、果期5~10月。

分布 重庆：南川区三泉镇三泉田坝，29°07′56″N，107°12′09″E，591 m，2010-06-20，刘正宇等4000231146。我国各地公园、植物园或园庭多有栽培。分布于亚洲中部、欧洲、地中海地区、北非。

栽培 播种繁殖。

用途 瘦果入药，性味苦凉，有清热、解毒、保肝利胆作用。

含油率及化学组分数据

采集单位	测试单位	测试部位	产地	含油率(%)	碘值	酸值	皂化值	C12:0	C14:0	C16:0	C16:1	C18:0	C18:1	C18:2	C18:3	C20:0	C20:1
CLPP	SCBG	种仁	重庆南川	22.79						2.00		3.61	12.33	24.83	30.77	0.26	0.31

蒙古苍耳

Xanthium mongolicum Kitag.

菊科，苍耳属

特征 一年生草本，高达1 m以上。根粗壮，纺锤状，具多数纤维状根。茎直立，坚硬，圆柱形，有纵沟，被糙伏毛。叶互生，宽卵状三角形或心形，长5~9 cm，宽4~8 cm，3~5浅裂，基部心形，与叶柄连接处成相等楔形，边缘有不规则的粗锯齿；三基出脉，密被糙伏毛，侧脉直达叶缘；叶上面绿色，下面苍白色；叶柄长4~9 cm。具瘦果的总苞大，椭圆形，成熟时坚硬，椭圆形，绿或黄褐色，连喙长1. 8~2 cm，两端稍缩小，顶端具1~2锥状喙，喙直而粗，具稍疏总苞刺，刺长约5 mm，顶端具细倒钩。瘦果2，倒卵圆形。花期7~8月；果期8~9月。

分布 新疆：霍尔果斯至62团途中，44°10′11″N，80°30′06″E，684 m，2010-10-11，王喜勇、王蕾、孔凡逵4003310049。生于干旱山坡或砂质荒地。产河北、内蒙古、辽宁、黑龙江。

栽培 播种和扦插繁殖。

用途 果实可药用。

含油率及化学组分数据

采集单位	测试单位	测试部位	产地	含油率(%)	碘值	酸值	皂化值	C12:0	C14:0	C16:0	C16:1	C18:0	C18:1	C18:2	C18:3	C20:0	C20:1
XIEG	SCBG	种仁	新疆霍尔果斯	6. 10	77. 63	2. 95	170. 43			10. 55	0. 11	3. 06	13. 28	52. 89	16. 72	0. 66	0. 43
OFPC	IAE	种子	辽宁彰武	44. 00	139. 30		191. 20		微量	5. 90		3. 30	21. 60	67. 90	1. 30		

苍耳 (苍耳子)

Xanthium strumarium L. [*Xanthium sibiricum* Patrin ex Widder]

菊科，苍耳属

特征 一年生草本，高30~90 cm。根纺锤状，分枝或不分枝。茎直立，下部圆柱形，径4~10 mm，上部有纵沟，被短毛。单叶互生，纸质，三角状卵形或心形，长5~10 cm，基部心形，边缘有缺刻或3~5浅裂，有不规则粗锯齿，两面有粗毛；基出脉2，侧脉直达叶缘，脉上密被糙伏毛，上面绿色，下面苍白色，被毛；叶柄长3-11 cm。头状花序腋生或顶生；花单性，雌雄同株，雄花序在上，球形，径4~6 mm，花冠筒状，5齿裂，雌花序在下，椭圆形，卵黄色，外层总苞片小，内层总苞片结合成囊状，在瘦果成熟时边坚硬，外面有钩刺和短毛，刺极细而直，刺长1~1. 5 cm，基部被柔毛，常有腺点；总苞先端有2喙，喙锥形，上端稍弯。果包藏在纺锤形的总苞内，内有瘦果2，倒卵形，压扁，表面有纵向的纹理。花期7~8月；果期9~10月。

分布 广东：阳山秤架乡炉田，24°50′04″N，112°47′58″E，344 m，2012-01-11，王发国、杨国、宋贤利400113123。广西：武鸣县两江镇大明山，23°29′59″N，108°26′13″E，1201 m，2010-10-20，吴磊、杨金财4001101101。湖南：张家界西溪坪乡，29°05′44″N，110°32′26″E，2011-10-16，张九兵、朱明德400181292；吉首市德夯，28°21′16″N，109°34′03″E，327 m，2010-10-08，徐亮、周建军400191151。江西：崇义县齐云山，25°49′57″N，114°01′56″E，750 m，2010-09-28，李朋远、谢行400145039。安徽：黄山汤口，30°4′22″N，118°10′53″E，2009-11-05，刘东明、戴建阅400111152。河南：商城县大别山，31°45′09″N，115°32′05″E，350 m，2011-10-11，杨大伟、陈明400314108；信阳鸡公山，31°51′55″N，114°4′58″E，142 m，2012-09-19，王亚平400314263；黄河大堤，34°54′14″N，113°39′58″E，95 m，2012-10-02，王亚平400314267。湖北：鹤峰县城边乡，29°53′16″N，110°02′31″E，760 m，2009-09-07，赵永国、丁时东400151036。重庆：南川区三泉镇金佛山龙骨溪，29°43′52″N，107°07′48″E，591 m，2009-10-14，刘正宇等400231089。四川：乐山沙湾，29°26′35″N，103°33′5″E，2010-09-20，崔龙、李志强40021110027；西昌市永郎镇，26°53′25″N，102°07′16″E，2009-11-01，樊云川、王凯40021109130。云南：峨山岔河乡文山老村，23°41′ 52″N，102°00′ 30″E，1650 m，2010-08-10，李忠荣400222027。山西：垣曲县新城乡东峰山村，35°11′26″N，111°23′04″E，640 m，2010-10-14，谢光辉400322024。河北：承德，40°37′12″N，118°08′05″E，220. 60 m，2009-09-20，徐兴友40031337。内蒙古：锡林郭勒盟正蓝旗桑根达来镇，39°41′30″N，106°48′17″E，1104 m，2012-07-20，田海晨400312019。黑龙江：虎林市团结林场，46°48′01″N，130°22′01″E，1 m，2011-08-08，卞勇、孟腾400351094；嘉荫县八字山，48°54′12″N，130°23′57″E，292 m，2010-08-17，陈连江、卞勇、潘伟400351062。常生长于平原、丘陵、低山、荒野路边、田边，为极常见杂草。产于海南、广东、广西、湖南、江西、福建、台湾、浙江、江苏、安徽、山东、河南、湖北、四川、贵州、云南、西藏、新疆、青海、宁夏、陕西、山西、河北、内蒙古、辽宁、黑龙江。俄罗斯、伊朗、印度、朝鲜、日本也有分布。

栽培 生性强健，栽培容易。播种和扦插繁殖。

用途 种子可榨油，苍耳子油与桐油的性质相仿，可掺和桐油制油漆，也可作油墨、肥皂、油毡的原料；又可制硬化油及润滑油；果实供药用；果实奇特，有一定观赏价值。

含油率及化学组分数据

采集单位	测试单位	测试部位	产地	含油率(%)	碘值	酸值	皂化值	C12:0	C14:0	C16:0	C16:1	C18:0	C18:1	C18:2	C18:3	C20:0	C20:1
SCBG	SCBG	种仁	广东阳山	1.80	34.75	6.15	78.29	0.02	0.14	7.09		3.53	17.82	6.16	17.30		0.25
GXIB	SCBG	种仁	广西武鸣	9.15	79.05	1.42	178.80	0.17	71.27	5.53	0.17	0.91	7.01	11.93	0.74	0.35	0.78
HUST	HUST	种仁	湖南张家界	6.70	14.89	10.58	158.90	0.003	0.02	1.99	0.21	0.76	57.82	38.80	0.13	0.05	0.21
JSU	SCBG	种仁	湖南吉首	12.70					0.15	7.92		1.75	30.39	43.26	2.97		1.83
SYSU	SCBG	种仁	江西崇义	29.83				0.02	0.06	7.47	0.19	3.03	14.90	72.53	1.31	0.45	0.06
SCBG	SCBG	种仁	安徽黄山	14.34	65.21	2.56	391.21	0.03	0.02	6.63	0.05	3.22	9.89	78.74	0.81	0.38	0.24
HNAU	ICS	种子	河南商城	2.20	93.19	134.11	136.06			14.20		6.00	12.95	3.47			
HNAU	ICS	种子	河南信阳	2.63	109.05	56.46	233.67	0.10	0.05	7.60	0.10	3.89	13.99	69.99	0.28	0.19	0.09
HNAU	ICS	种子	河南黄河大堤	2.46	131.49	66.90	246.34		0.06	7.84	0.12	2.10	10.51	72.65	0.34	0.15	0.09
OCRI	SCBG	种仁	湖北鹤峰	7.03	236.64	44.53	171.28	0.05	0.15	8.59	0.60	4.64	25.29	31.75	24.09	0.61	0.37
SWUN	SCBG	种仁	重庆南川	6.48						13.48		3.58	17.41	33.45	4.95	1.37	
SICAU	SICAU	种仁	四川乐山	19.43	88.60	0.43	231.80			11.72		6.29	21.91	39.77	19.68		
SICAU	SICAU	种仁	四川西昌	10.84						8.27		3.38	16.10	72.26			
KMIB	KMIB	种仁	云南峨山	15.67	134.40		191.80										
CAU	ICS	果实	山西垣曲	11.72	82.25	6.20	191.00	0.02	0.09	15.38	0.11	6.84	30.00	47.02	0.16	0.11	0.26
HNUST	ICS	种子	河北承德	8.02	6.98	23.69	171.32		0.03	5.64	0.07	2.74	17.90	70.68	0.12	0.12	0.12
IMAU	ICS	种子	内蒙古锡林郭勒	10.28	155.65	10.65	124.39		0.06	5.37	0.14	2.05	19.23	70.08	0.50	0.26	0.20
SBRI	SCBG	种仁	黑龙江虎林	12.66	81.46	9.65	431.57	0.003	0.10	9.24	0.15	2.95	10.66	75.13	1.45	0.23	0.08
SBRI	SCBG	种仁	黑龙江嘉荫	10.17	4.41	4.55	19.26		0.14	19.53	0.39	9.09	17.45	45.76	5.95	1.61	0.06
OFPC	IAE	种子	辽宁沈阳	44.80					微量	6.00		2.50	16.30	74.20	1.00		
OFPC	IB	瘦果	北京	10.50					0.20	8.10		1.30	7.20	82.50	0.60		
OFPC	NIB	瘦果	陕西武功	29.80	136.40		190.00		微量	7.90		3.50	21.60	60.90	6.00	微量	
OFPC	CIB	瘦果	四川成都	13.50			215.80			1.70		2.20	17.00	78.20	0.30		
OFPC	WHBG	瘦果	湖北武汉	31.70	131.10		197.20			9.50		2.10	12.20	76.20			
OFPC	SCBG	瘦果	广东罗定	14.00	122.50		193.10		微量	7.60		0.20	24.80	67.40	微量		

洋葱

Allium cepa L.

百合科，葱属

特征 鳞茎粗大，近球状至扁球状；鳞茎外皮紫红色、褐红色、淡褐红色、黄色至淡黄色，纸质至薄革质，内皮肥厚，肉质，均不破裂。叶圆筒状，中空，中部以下最粗，向上渐狭，比花葶短，粗在0.5 cm以上。花葶粗壮，高可达1 m，中空的圆筒状，在中部以下膨大，向上渐狭，下部被叶鞘；总苞2~3裂；伞形花序球状，具多而密集的花；小花梗长约2.5 cm。花粉白色；花被片具绿色中脉，矩圆状卵形；花丝等长，稍长于花被片，约在基部1/5处合生，合生部分下部的1/2与花被片贴生，内轮花丝的基部极为扩大，扩大部分每侧各具1齿，外轮的锥形；子房近球状，腹缝线基部具有帘的凹陷蜜穴；花柱长约4 mm。花、果期5~7月。

分布 陕西：杨凌市西农农场，34°15′25″N，108°03′42″E，482 m，2010-05-29，薛帅、韩东倩400323081。全国广泛栽培；在全世界亦普遍栽培。

栽培 播种育苗。

用途 鳞茎供食用。

含油率及化学组分数据

采集单位	测试单位	测试部位	产地	含油率(%)	碘值	酸值	皂化值	C12:0	C14:0	C16:0	C16:1	C18:0	C18:1	C18:2	C18:3	C20:0	C20:1
CAU	ICS	种子	陕西杨凌	20.27	88.04	11.43	193.89		0.10	6.41	0.14	1.77	25.49	62.44	0.24	0.20	0.34
OFPC		种子	辽宁沈阳	19.00	103.70		187.30			5.50		1.80	24.90	67.80			

葱

Allium fistulosum L.

百合科，葱属

特征　一年生草本，鳞茎单生，圆柱状，稀为基部膨大的卵状圆柱形，粗1~2 cm，有时可达4. 5 cm；鳞茎外皮白色，稀淡红褐色，膜质至薄革质，不破裂。叶圆筒状，中空，向顶端渐狭，约与花葶等长。花葶圆柱状，中部以下膨大，向顶端渐狭，约在1/3以下被叶鞘；总苞膜质，2裂；伞形花序球状，多花，较疏散；小花梗纤细，与花被片等长，基部无小苞片；花白色；花被片近卵形，先端渐尖，具反折的尖头，外轮的稍短；花丝，锥形，在基部合生并与花被片贴生；子房倒卵状，腹缝线基部具不明显的蜜穴；花柱细长，伸出花被外。花、果期4~7月。

分布　内蒙古：呼伦贝尔盟鄂伦春自治旗，50°32′N，123°36′E，448 m，2010-08-06，刘慧娟40031208。

栽培　喜阳光充足、忌强光直射、湿热多雨。对土壤的适应性较强，但以土层深厚且排水良好、富含有机质的砂质壤土为佳。播种或分株繁殖。

用途　作蔬菜食用，鳞茎和种子亦入药。叶丛姿色别致，也是良好的观花观叶植物，可作花境条植或草坪上丛植，也可作切花材料。

含油率及化学组分数据

采集单位	测试单位	测试部位	产地	含油率(%)	碘值	酸值	皂化值	C12:0	C14:0	C16:0	C16:1	C18:0	C18:1	C18:2	C18:3	C20:0	C20:1
CAAS	CAAS	种子	内蒙古呼伦贝尔	26. 47	78. 26	5. 62	193. 3	0. 19	0. 74	12. 94	0. 66	1. 86	21. 50	51. 78	1. 51	0. 37	0. 16

宽苞韭

Allium platyspathum Schrenk

百合科，葱属

特征　具短的直生根状茎。鳞茎单生或数枚聚生，卵状圆柱形，粗1~2 cm；鳞茎外皮黑色至黑褐色，干膜质或纸质，不破裂。叶宽条形，扁平，钝头，比花葶短或略长。花葶圆柱状，中部以下或仅下部被叶鞘；总苞2裂，与花序近等长，初时紫色，后变无色；伞形花序球状或半球状，具多而密集的花；小花梗近等长，基部无小苞片；花紫红色至淡红色，有光泽；花被片披针形至条状披针形，外轮的稍短；花丝等长，锥形，仅基部合生并与花被片贴生；子房近球状，腹缝线基部具凹陷的蜜穴；花柱伸出花被外。花、果期6~8月。

分布　新疆：阿勒泰喀纳斯至哈巴河S229途中，48°37′38″N，86°42′25″E，1729 m，2011-09-19，侯翼国、王茜4003311036。生于海拔1500~3500 m的阴湿山坡、草地或林下。产于新疆和甘肃(西北部)。俄罗斯也有分布。

栽培　播种或分株繁殖。

用途　可栽培供观赏。

含油率及化学组分数据

采集单位	测试单位	测试部位	产地	含油率(%)	碘值	酸值	皂化值	C12:0	C14:0	C16:0	C16:1	C18:0	C18:1	C18:2	C18:3	C20:0	C20:1
XIEG	SCBG	种子	新疆阿勒泰	22. 49	42. 37	2. 15	522. 05	0. 42	10. 01	17. 84	0. 42	3. 43	35. 16	18. 87	5. 73	0. 85	1. 55

石刁柏（芦笋）

Asparagus officinalis L. [*Asparagus officinalis* var. *altilis* L.]

百合科，天门冬属

特征 直立草本，高可达1 m。根粗2~3 mm。茎平滑，上部在后期常俯垂，分枝较柔弱。叶状枝每3~6枚成簇，近扁圆柱形，略有钝棱，纤细，常稍弧曲，长5~30 mm，粗0.3~0.5 mm；鳞片状叶基部有刺状短距或近无距。花每1~4朵腋生，绿黄色；花梗长8~12（14）mm，关节位于上部或近中部；雄花：花被长5~6 mm；花丝中部以下贴生于花被片上；雌花较小，花被长约3 mm。浆果直径7~8 mm，熟时红色，有2~3颗种子。花期5~6月；果期9~10月。

分布 新疆：吐鲁番沙漠植物园，42°51′17″N，89°11′36″E，93 m，2009-09-20，王喜勇、侯翼国4003309040。生于平原。我国新疆西北部（塔城）有野生的，其他地区多为栽培，少数也有变为野生的。蒙古、俄罗斯、欧洲、非洲西北和西南地区广泛种植。

栽培 栽培以排水良好、疏松的砂质壤土为佳。播种繁殖，春、秋季均可进行，以秋播为好。用温水浸种2 d后再播种，出苗后移栽定植。施肥以腐熟的有机肥为主，增强钾肥的施用，以增强植株的抗病能力。

用途 植株优美，宜盆栽或园圃地植。嫩苗可供蔬食。

含油率及化学组分数据

采集单位	测试单位	测试部位	产地	含油率（%）	碘值	酸值	皂化值	C12:0	C14:0	C16:0	C16:1	C18:0	C18:1	C18:2	C18:3	C20:0	C20:1
XIEG	SCBG	种子	新疆吐鲁番	28.19	36.18	0.72	191.03	1.07	0.14	8.13	0.082	4.11	20.80	59.62	0.82	0.38	0.16
OFPC		种子	广西	15.00	132.00		182.00					3.00	40.00	52.00			

山菅兰（山交剪、老鼠砒、桔梗兰）

Dianella ensifolia (L.) Redouté

百合科，山菅属

特征 多年生常绿草本，具根状茎。植株高可达1~2 m；根状茎圆柱状，横走，粗5~8 mm。叶狭条状披针形，长30~80 cm，宽1~2.5 cm，基部稍收狭成鞘状，套迭或抱茎，边缘和背面中脉具锯齿。顶端圆锥花序长10~40 cm，分枝疏散；花常多朵生于侧枝上端；花梗长7~20 mm，常稍弯曲，苞片小；花被片条状披针形，绿白色、淡黄色至青紫色，5脉；花药条形，比花丝略长或近等长，花丝上部膨大。浆果近球形，深蓝色，直径约6 mm，具5~6颗种子。花、果期3~8月。

分布 广东南部（包括海南）、广西、江西南部（大庾）、福建和台湾、浙江沿海地区（乐清、杭州）、四川（重庆、南川一带）、贵州东南部（榕江）、云南（漾濞、泸水以南）。生于海拔1700 m以下的林下、山坡或草丛中。亚洲热带地区、非洲的马达加斯加、澳大利亚和太平洋群岛也有。

栽培 在明亮处生长良好，也耐半阴；喜高温高湿的气候，耐旱。对土质不择，栽培以良好的砂质土壤最佳。播种或分株繁殖。

用途 有毒植物。根状茎磨干粉，调醋外敷，可治痈疮脓肿、癣、淋巴结炎等。四季常青，夏季开白色小花，深蓝色的果实犹如蓝宝石点缀于果枝上，适合庭院美化。可植于花坛边缘、疏林下或盆栽。

含油率及化学组分数据

采集单位	测试单位	测试部位	产地	含油率（%）	碘值	酸值	皂化值	C12:0	C14:0	C16:0	C16:1	C18:0	C18:1	C18:2	C18:3	C20:0	C20:1
OFPC	s	种子	广东高要	30.70	124.40		194.90			8.00		4.70	22.00	65.30			

萱草（忘忧草）

Hemerocallis fulva (L.) L.

百合科，萱草属

特征 草本，具短的根状茎和肉质、肥大的纺锤状块根。叶基生，排成两列，条形，下面呈龙骨状突起。花葶粗壮，高60~100 cm，蝎壳状聚伞花序复组成圆锥状，具花6~12朵或更多；苞片卵状披针形；花橘红色，无香味，具短花梗；花被下部2~3 cm合生成花被筒；外轮花被裂片3，矩圆状披针形，具平行脉，内轮裂片3，矩圆形，具分枝的脉，中部具褐红色的色带，边缘波状皱褶；盛开时裂片反曲，雄蕊伸出，上弯，比花被裂片短；花柱伸出，上弯，比雄蕊长。蒴果矩圆形。花、果期5~7月。

分布 江苏：盱眙市铁山寺，32°45′16″N，118°31′55″E，265 m，2010-09-30，李宏庆、胡超、董全英4001171077。河南：鲁山县鲁山，33°41′51″N，112°30′29″E，1301 m，2011-07-29，王亚平、陈明400314022。生于森林，灌丛，草地，溪边；海拔300~2500 m。产于广东、广西、湖南、江西、福建、台湾、浙江、江苏、安徽、山东、河南、湖北、四川、贵州、云南、西藏、陕西、山西、河北。也分布于印度、日本、韩国、俄罗斯。在我国广泛栽培，也有野生的，在美洲有栽培。

栽培 适应性广，耐寒、耐旱、也耐半阴，喜湿润、阳光，一般土壤均能生长，以排水良好、肥沃的沙壤土为最好。常用分株和播种繁殖。分株于叶枯萎后或早春萌发前均可进行；初秋采下种子应立即播种，播后20 d出苗，培植2年后开花。常见的有锈病，发病初期喷石灰硫磺合剂防治；虫害有岩螨，发生期喷40%三氯杀螨醇乳油1000倍液，木樟尺蠖和白星金龟子危害，可人工捕杀。

用途 花色鲜艳，适用于花坛、花境、林间草地和坡地丛植，也可做切花材料。根作药用。

含油率及化学组分数据

采集单位	测试单位	测试部位	产地	含油率(%)	碘值	酸值	皂化值	C12:0	C14:0	C16:0	C16:1	C18:0	C18:1	C18:2	C18:3	C20:0	C20:1
ECNU	SCBG	种子	江苏盱眙	20.14				0.056	7.66	0.91	1.98	47.55	34.16	3.03	0.12	0.50	
HNAU	ICS	种子	河南鲁山	17.86	87.63	6.43	138.92			5.67		2.31	24.64	61.69	0.98	0.95	0.40

紫萼

Hosta ventricosa (Salisb.) Stearn

百合科，玉簪属

特征 根状茎粗0.3~1 cm。木质藤本。根状茎粗0.3~1 cm。叶卵状心形、卵形至卵圆形，长8~19 cm，宽4~17 cm，先端常近短尾状或骤尖，基部心形或近截形，极少叶片基部下延而略呈楔形，具7~11对侧脉；叶柄长6~30 cm。花葶高60~100 cm，具10~30朵花；苞片矩圆状披针形，白色，膜质；花单生，长4~5.8 cm，盛开时从花被管向上骤然作近漏斗状扩大，紫红色；花梗长7~10 mm；雄蕊伸出花被之外，完全离生。蒴果圆柱状，有三棱，长2.5~4.5 cm，直径6~7 mm。花期6~7月；果期7~9月。

分布 湖南：桑植县天平山自然保护区，29°46′17″N，110°04′06″E，1340 m，2012-10-02，张九兵、唐波400181436。重庆：南川区三泉镇马嘴，29°19′41″N，107°11′32″E，1199 m，2009-08-19，刘正宇等400231022。生于林下、草坡或路旁，海拔500~2400 m。产于广东(北部)、广西(北部)、湖南、江西、福建(北部)、浙江、江苏(南部)、安徽、湖北、四川、贵州、云南(宾川、大理)和陕西(秦岭以南)。

栽培 分株或播种繁殖。对水、肥要求不严。

用途 各地常见栽培，供观赏。内用治胃痛、跌打损伤，外用治虫蛇咬伤和痈肿疔疮。

含油率及化学组分数据

采集单位	测试单位	测试部位	产地	含油率(%)	碘值	酸值	皂化值	C12:0	C14:0	C16:0	C16:1	C18:0	C18:1	C18:2	C18:3	C20:0	C20:1
HUST	HUST	种仁	湖南桑植	20.31	96.90	2.13	195.14		0.12	8.97	0.49	2.46	25.75	28.96	27.47	0.51	0.21
CIPP	SCBG	种仁	重庆南川	6.34					0.036	4.12	0.10	2.68	22.70	63.43	0.72	0.49	0.65

金边阔叶山麦冬

Liriope muscari (Decne.) L. H. Bailey 'Variegata'

百合科，山麦冬属

特征 根细长，分枝多，有时局部膨大成纺锤形的小块根，肉质；根状茎短，木质。叶密集成丛，革质，长25~65 cm，宽1~3.5 cm，先端急尖或钝，基部渐狭，具9~11条脉，有明显的横脉，边缘金黄色。花葶通常长于叶，长45~100 cm；总状花序长(12)25~40 cm，具多花；花(3)4~8朵簇生于苞片腋内；苞片小，近刚毛状，有时不明显；小苞片卵形，干膜质；花梗关节位于中部或中部偏上；花被片矩圆状披针形或近矩圆形，先端钝，紫色或红紫色。种子球形，直径6~7 mm，初期绿色，成熟时变黑紫色。

分布 湖北：应城，30°54′52.9″N，113°31′46.8″E，34 m，2012-12-15，李晓东、昝艳燕等400121279。

栽培 忌阳光直晒；喜阴湿，较耐寒。对土壤要求不严，但在肥沃、湿润的土壤中生长更好。分株繁殖为主。早春就地分株或分盆。栽培宜选用通风良好的半阴环境。

用途 作园林地被植物或花镜、花坛镶边材料；也可盆栽观赏。

含油率及化学组分数据

采集单位	测试单位	测试部位	产地	含油率(%)	碘值	酸值	皂化值	C12:0	C14:0	C16:0	C16:1	C18:0	C18:1	C18:2	C18:3	C20:0	C20:1
WHBG	WHBG	种仁	湖北应城	20.61	107.89			0.0036	0.096	11.47	0.73	4.60	13.36	3.83	0.13		0.62

葡萄风信子(串铃花)

Muscari botryoides (L.) Mill.

百合科，蓝壶花属

特征 多年生草本植物。小鳞茎卵圆形，叶绒状披针形，丛生，植株矮小。花葶高15~20 cm，顶端簇生10~20朵小坛状花，整个花序犹如蓝紫色的葡萄串，秀丽高雅。鳞茎在夏季有休眠习性，花期3~5月。花小型，碧蓝色，另有白、肉红、淡蓝等品种。

分布 湖北：武汉，30°32′49.2″N，114°25′7.3″E，31 m，2012-05-05，李晓东、昝艳燕等400121280。原产于欧洲南部。喜温暖湿润的环境，耐寒性强，冬季不畏严寒，初夏宜凉爽，亦耐半阴，宜肥沃。疏松和排水良好的腐叶土。

栽培 喜温暖湿润的环境，耐寒性强，冬季不畏严寒，初夏宜凉爽，亦耐半阴，宜肥沃。疏松和排水良好的腐叶土。栽培时可选用国外进口鳞茎于秋冬栽培，土质一腐叶土或砂壤土为佳，栽植后保持培土湿度，待长出叶片后，可施用氮、磷、钾稀释液亦促进发育。待春季花芽长出，移至日照60%~70%处，使花茎迅速伸长。

用途 从欧洲引进的优良观花地被，由于其开花时间较长，多用于布置多年生混合花境或点缀山石旁，亦可作盆栽或鲜切花用。

含油率及化学组分数据

采集单位	测试单位	测试部位	产地	含油率(%)	碘值	酸值	皂化值	C12:0	C14:0	C16:0	C16:1	C18:0	C18:1	C18:2	C18:3	C20:0	C20:1
WHBG	WHBG	种子	湖北武汉	27.16		2.61	194.43		0.033	18.84	0.42			40.87	1.06	0.31	0.14

沿阶草

Ophiopogon bodinieri H. Lév. [*Mondo bodinieri* (H. Lév.) Farw.]

百合科，沿阶草属

特征 根纤细，近末端处有时具膨大成纺锤形的小块根；地下走茎长，节上具膜质的鞘。茎很短。叶基生成丛，禾叶状，长20~40 cm，宽2~4 mm，先端渐尖，具3~5条脉，边缘具细锯齿。花葶较叶稍短或几等长，总状花序长1~7 cm，具几朵至十几朵花；花常单生或2朵簇生于苞片腋内；苞片条形或披针形，少数呈针形，稍带黄色，半透明，少数更长些；花梗长5~8 mm，关节位于中部；花被片卵状披针形、披针形或近矩圆形，内轮3片宽于外轮3片，白色或稍带紫色；花丝很短，长不及1 mm；花药狭披针形，常呈绿黄色；花柱细。种子近球形或椭圆形。花期6~8月；果期8~10月。

分布 湖南：湘潭县响水乡，27°54′52″N，112°54′38″E，90 m，2009-11-13，严岳鸿、黄玉滢、陈畅400181149；桑植县陈家河，29°28′51″N，109°58′34″E，2011-12-13，张九兵、朱明德400181390。浙江：临安市浙江农村小学东湖校区，30°15′26″N，119°43′34″E，41 m，2012-11-17，陈树钢、童毅4001122153。湖北：宜昌大老岭，31°03′40″N，110°55′47″E，1597 m，2010-10-20，李晓东、昝艳燕、罗曼曼400121156；应城，30°54′37.3″N，113°34′51.6″E，31 m，2012-09-05，李晓东、昝艳燕等400121282。生于山坡、山谷潮湿处、沟边、灌木丛下或林下。产于台湾、河南、湖北、四川、贵州、云南、西藏、甘肃(南部)、陕西(秦岭以南)。

栽培 喜温暖，稍耐寒；喜湿润，喜半阴及通风好、肥沃而排水好的土壤。分株或播种繁殖。春秋皆可分株。管理粗放。

用途 适合长江流域以南地区作林下地被，还可作花镜、花坛的镶边材料。北方多作盆栽作各种绿化布置。沿阶草的小块根也作中药麦冬用。

含油率及化学组分数据

采集单位	测试单位	测试部位	产地	含油率(%)	碘值	酸值	皂化值	C12:0	C14:0	C16:0	C16:1	C18:0	C18:1	C18:2	C18:3	C20:0	C20:1
HUST	HUST	种仁	湖南湘潭	3.20	83.55	2.10	174.06		0.06	5.02	0.41	1.43	54.65	30.96	0.62	0.70	0.08
HUST	HUST	种仁	湖南桑植	6.21	66.05	11.47	161.60		0.27	12.04	0.78	1.87	9.72	55.16	2.40		
SCBG	SCBG	种仁	浙江临安	26.14	87.17	1.55	190.89	0.018	0.10	8.23	0.097	3.36	11.47	74.01	1.05		
WHBG	WHBG	种仁	湖北宜昌	0.65	3.88	11.42	185.9	0.015	0.17	14.58		5.16	25.88	20.35	16.95	1.38	0.36
WHBG	WHBG	种仁	湖北应城	18.91	82.66	22.17	210.96			7.36			15.04	50.16	0.098	0.35	

七叶一枝花 (蚤休)

Paris polyphylla Sm.

百合科，重楼属

特征 植株高35~100 cm，无毛；根状茎粗厚，直径达1~2.5 cm，外面棕褐色，密生多数环节和许多须根。茎通常带紫红色，直径(0.8)1~1.5 cm，基部有灰白色干膜质的鞘1~3枚。叶(5~)7~10枚，矩圆形、椭圆形或倒卵状披针形，长7~15 cm，宽2.5~5 cm，先端短尖或渐尖，基部圆形或宽楔形；叶柄明显，长2~6 cm，带紫红色。花梗长5~16(30) cm；外轮花被片绿色，(3)4~6枚，狭卵状披针形；内轮花被片狭条形，通常比外轮长；雄蕊8~12枚，花药短，长与花丝近等长或稍长；子房近球形，具棱，顶端具一盘状花柱基，花柱粗短，具(4~)5分枝。蒴果紫色，3~6瓣裂开。种子多数，具鲜红色多浆汁的外种皮。花期4~7月；果期8~11月。

分布 福建：武夷山星村乡桐木村，27°43′22″N，117°41′50″E，766 m，2012-11-13，刘东明、童毅4001122138。生于森林，竹林，灌丛，草地或岩石的山坡，溪边。产于广东、广西、湖南、江西、福建、浙江、台湾、江苏、安徽、河南、湖北、四川、贵州、云南、西藏(东南部)、甘肃、陕西、山西。不丹、印度、老挝、缅甸、尼泊尔、泰国、越南也有分布。

栽培 喜温暖湿润的环境，耐半阴，较耐寒。喜肥沃、疏松且排水良好的土壤。播种或分株繁殖。

用途 花果及叶均有较高的观赏价值和药用价值。可植于庭院阴湿处或盆栽供室内观赏；也可植于药用植物园。根状茎供药用。

含油率及化学组分数据

采集单位	测试单位	测试部位	产地	含油率(%)	碘值	酸值	皂化值	C12:0	C14:0	C16:0	C16:1	C18:0	C18:1	C18:2	C18:3	C20:0	C20:1
SCBG	SCBG	种仁	福建武夷山	31.50	69.87	18.55	172.6	0.0054	0.035	6.76	0.02	2.61	56.14	31.00	1.78	0.81	0.86

菝葜(金刚兜)

Smilax china L.

百合科，菝葜属

特征 攀缘灌木；根状茎粗厚，坚硬，为不规则的块状。茎长1~3 m，少数可达5 m，疏生刺。叶薄革质或坚纸质，干后通常红褐色或近古铜色，圆形、卵形或其他形状，长3~10 cm，宽1.5~6(10)cm，下面通常淡绿色，较少苍白色；叶柄长5~15 mm，约占全长的1/2~2/3具鞘，几乎都有卷须，少有例外，脱落点位于靠近卷须处。伞形花序生于叶尚幼嫩的小枝上，具十几朵或更多的花，常呈球形；花序托稍膨大，近球形，较少稍延长，具小苞片；花绿黄色，外花被片长3.5~4.5 mm，宽1.5~2 mm，内花被片稍狭；雄花中花药比花丝稍宽，常弯曲；雌花与雄花大小相似，有6枚退化雄蕊。浆果熟时红色，有粉霜。花期2~5月；果期9~11月。

分布 广东：惠州市南昆山花竹村知青场，23°37′22″N，113°55′44″E，683 m，2009-10-05，邢福武40011245。浙江：鄞县天童山，29°48′23″N，121°47′05″E，386 m，2009-11-04，田怀珍、王双4001171025；舟山市普陀山，30°00′08″N，122°23′26″E，273 m，2009-11-14，王发国、翟俊文400113023。福建：武夷山市星村镇桃源峪，27°38′04″N，117°55′31″E，226 m，2009-10-13，王发国、翟俊文400113003；武夷山大安源，27°52′37″N，117°52′08″E，2010-10-04，刘东明，梁耀、胡普炜400112156。贵州：施秉县马溪乡，27°17′49″N，108°03′07″E，1038 m，2011-11-23，孟玉芳、宋贤利、王喆旻400114186；雷山县雷公山，26°22′55″N，108°11′56″E，1174 m，2011-11-27，孟玉芳、宋贤利、王喆旻400114202；雷山县雷公山，26°22′48″N，108°11′56″E，1605 m，2011-11-27，孟玉芳、宋贤利、王喆旻400114208。生于海拔2000 m以下的林下、灌丛中、路旁、河谷或山坡上。产于广东、广西、湖南、江西、福建、台湾、浙江、江苏、安徽(南部)、山东(山东半岛)、河南、湖北、四川(中部至东部)、贵州、云南(南部)。缅甸、越南、泰国、菲律宾、朝鲜、日本也有。

栽培 喜温暖，不耐寒；喜光，耐半阴；不择土壤，宜湿润、排水良好的土壤。播种或分根茎繁殖，秋播或秋季分根茎。适应性强，管理简单粗放。

用途 根状茎可以提取淀粉和栲胶，或用来酿酒，在中草药上也作土茯苓使用。有些地区作土茯苓或萆薢混用，也有祛风活血作用。观叶观果植物，果呈红色，艳丽夺目。可用于山石、棚架的垂直绿化。也可切枝用于插花。可植于庭园的路旁，溪边。

含油率及化学组分数据

采集单位	测试单位	测试部位	产地	含油率(%)	碘值	酸值	皂化值	C12:0	C14:0	C16:0	C16:1	C18:0	C18:1	C18:2	C18:3	C20:0	C20:1
SCBG	SCBG	种仁	广东惠州	6.14	93.83	11.80	207.37	0.015	0.11	12.76	0.13	30.66	0.93	52.08	2.39	0.47	
ECNU	SCBG	种仁	浙江鄞县	7.48					0.05	7.43	0.12	4.29	17.53	45.84	1.46	0.48	5.28
SCBG	SCBG	种仁	浙江舟山	5.41	86.58	5.86	205.00	0.28	0.42	11.88	0.046	1.38	18.84	23.85	5.56	0.41	37.34
SCBG	SCBG	种仁	福建武夷山	17.59	74.69	2.56	163.65	0.007	0.036	9.22	1.39	1.72	52.49	34.68	0.042		3.58
SCBG	SCBG	种仁	福建武夷山	9.57	66.05	7.15	162.24	0.055	0.55	9.88	0.16	3.05	28.50	27.11	0.51		
SCBG	SCBG	种仁	贵州施秉	9.14	77.06	5.70	218.30	0.002	0.04	5.92	0.03	2.33	7.05	26.26	57.97		
SCBG	SCBG	种仁	贵州雷山	23.64	91.17	13.03	172.20	0.008	0.09	8.15	0.20	2.56	9.10	21.58	46.14	2.25	9.93
SCBG	SCBG	种仁	贵州雷山	14.59	81.91	3.60	186.10	0.08	0.47	17.86	1.03	4.86	32.82	41.55	0.53	0.56	0.23

土茯苓(光叶菝葜)

Smilax glabra Roxb.

百合科，菝葜属

特征 攀缘灌木；根状茎粗厚，块状，常由匍匐茎相连接，粗2~5 cm。枝条光滑，无刺。叶薄革质，狭椭圆状披针形至狭卵状披针形，先端渐尖，下面通常绿色，有时带苍白色；叶柄长5~15(20)mm，具狭鞘，有卷须，脱落点位于近顶端。伞形花序通常具10余朵花；总花梗通常明显短于叶柄；在总花梗与叶柄之间有一芽；花序托膨大，连同多数宿存的小苞片多少呈莲座状；花绿白色，六棱状球形；雄花外花被片近扁圆形，兜状，背面中央具纵槽；内花被片近圆形，边缘有不规则的齿；雄蕊靠合，与内花被片近等长，花丝极短；雌花外形与雄花相似，但内花被片边缘无齿，具3枚退化雄蕊。浆果熟时紫黑色，具粉霜。花期7~11月；果期11月至次年4月。

分布 广东：乐昌到小洞路上，25°05′21″N，113°13′57″E，2012-11-10，王发国、于海玲、李许文、李仕裕400119229。四川：成都彭州白鹭，31°11′24″N，103°55′56″E，1157 m，2011-10-24，邓星光、吴阳晨等40021111105。生于海拔1800 m以下的林中、灌丛下、河岸或山谷中，也见于林缘与疏林中。产于海南、广东、广西、湖南、江西、福建、台湾、浙江、江苏、安徽、湖北、四川、贵州、云南、西藏、甘肃(南部)和长江流域以南各省区、陕西。越南、缅甸、泰国和印度也有分布。

栽培 耐半阴，喜温暖湿润的环境。播种或分根茎繁殖。秋播或秋季分根茎。适应性强，管理简单粗放。

用途 可植于庭园路旁、溪边或山坡，亦可作棚架美化植物。本种粗厚的根状茎入药，称性甘平，利湿热解毒，健脾胃，且富含淀粉，可用来制糕点或酿酒。

含油率及化学组分数据

采集单位	测试单位	测试部位	产地	含油率(%)	碘值	酸值	皂化值	C12:0	C14:0	C16:0	C16:1	C18:0	C18:1	C18:2	C18:3	C20:0	C20:1
SCBG	SCBG	种仁	广东乐昌	30.10	79.55	3.39	182.98	0.0026	0.034	6.86	0.13	0.36	28.87	10.04	4.59		
SCU	SCU	种仁	四川成都	4.88				0.10	0.56	4.27	0.19	1.36	70.40	18.76	0.66	0.28	0.15
OFPC		种子	云南昆明	15.10	78.80		181.00		微量	20.40		2.70	37.10	39.30	0.50		
OFPC		果实	四川洪雅	3.70						16.40		3.90	21.70	56.40	1.40		

暗色菝葜

Smilax lanceifolia var. **opaca** A. DC.

百合科，菝葜属

特征 攀缘灌木。茎长1~2 m，枝条具细条纹，无刺或少有疏刺。叶通常革质，表面有光泽。伞形花序通常单个生于叶腋，具几十朵花，极少两个伞形花序生于一个共同的总花梗上；花黄绿色；总花梗一般长于叶柄，较少稍短于叶柄；雄花外花被片长4~5 mm，宽约1 mm，内花被片稍狭；雄蕊与花被片近等长或稍长，花药近矩圆形。浆果熟时黑色；有1~2颗种子。种子无沟或有时有1~3道纵沟。花期9~11月；果期翌年11月。

分布 福建：梁野山新化村，25°17′38″N，116°16′52″E，457 m，2012-11-24，易绮斐、宁阳阳、李玉玲400119290。生林下、灌丛中或山坡荫处；海拔100~1000 m，极少达2000 m。产于广东、广西、湖南(西南部)、江西、福建、台湾、浙江(南部)、贵州(南部)和云南(东南部)。也广泛分布于越南、老挝、柬埔寨至印度尼西亚的亚洲热带地区。

栽培 喜温暖湿润的环境。播种繁殖。

用途 可植于庭园路旁、坡边。

含油率及化学组分数据

采集单位	测试单位	测试部位	产地	含油率(%)	碘值	酸值	皂化值	C12:0	C14:0	C16:0	C16:1	C18:0	C18:1	C18:2	C18:3	C20:0	C20:1
SCBG	SCBG	种仁	福建梁野山	35.12	96.57	4.24	185.78	14.10	3.74	15.23	0.08	4.19	31.54	24.47	4.14	0.97	1.55

短梗菝葜（威灵仙、黑刺菝葜）

Smilax scobinicaulis C. H. Wright [*Smilax brevipes* Warb.]

百合科，菝葜属

特征 茎和枝条通常疏生刺或近无刺，较少密生刺，刺针状，长4~5 mm，稍黑色，茎上的刺有时较粗短。叶卵形或椭圆状卵形，干后有时变为黑褐色，长4~12.5 cm，宽2.5~8 cm，基部钝或浅心形；叶柄长5~15 mm。总花梗很短，一般不到叶柄长度的一半。雌花具3枚退化雄蕊。浆果直径6~9 mm。花期5月；果期10月。

分布 江西：龙南县九连山国家级保护区，24°46′22″N，114°43′55″E，2011-11-12，易绮斐、潘雅书、陈华平400119187。贵州：雷山县雷公山自然保护区，26°21′43″N，108°09′25″E，1249 m，2012-10-17，陈丰林、夏纯、桑洪伟4001151229。陕西：洋县华阳镇，33°21′07″N，107°19′50″E，1100 m，2010-10-16，薛帅400323044。产于湖南、江西、湖北、四川、贵州、云南（东南部至西北部）、河南（西部）、陕西（秦岭以南）、山西（中南部）、甘肃（东南部）、河北（西南部）。

栽培 播种繁殖。

用途 根状茎和根是一种中药，在河北、陕西称“威灵仙”，祛风湿，治关节痛。

含油率及化学组分数据

采集单位	测试单位	测试部位	产地	含油率(%)	碘值	酸值	皂化值	C12:0	C14:0	C16:0	C16:1	C18:0	C18:1	C18:2	C18:3	C20:0	C20:1
SCBG	SCBG	种仁	江西龙南	7.14	106.64	1.38	127.63		2.12		0.12	1.96	21.73	26.68	3.19	0.09	0.65
SCBG	SCBG	种仁	贵州雷山	26.15	80.07	6.03	17.95	0.009	0.03	7.53	1.95	2.32	21.42	29.55	36.61	0.19	0.40
CAU	ICS	种子	陕西洋县	10.04	77.76	9.42	211.52		0.07	10.77		4.29	27.39	52.66	0.48	0.37	0.63

长柱开口箭

Tupistra grandistigma F. T. Wang et S. Yun Liang

百合科，长柱开口箭属

特征 根状茎圆柱形，直径1. 5~2 cm。叶3~5枚或更多，生于短茎上，纸质，矩圆状倒披针形，长70~115 cm，宽7. 5~12 cm，先端渐尖，下部渐狭成明显或稍明显的柄；鞘叶2~3枚，披针形，长达20 cm。穗状花序近直立；总花梗长5~15 cm，宽4~7 mm；苞片1枚，纸质，三角形；花钟状，长约1. 4 cm；花被筒长约5 mm，裂片披针形，长1~1. 2 mm，宽3~4 mm，肉质，黑紫色；花丝大部分贴生于花被筒上，离生部分极短，花药近椭圆形；子房近球形，柱头膨大成头状。浆果球形，直径1. 2~2 cm。花期3月；果期6月。

分布 广西：上思县扶隆镇平龙山，21°51′05″N，107°53′14″E，585 m，2010-11-27，吴磊、朱运喜4001101157。产于广西、云南(镇康、大勐龙、屏边一带)。越南也有分布。

栽培 喜光耐寒，忌积水。适应性强，对土壤要求不严，但以肥沃、疏松且排水良好的砂质壤土为佳。播种繁殖。

用途 用于布置花境或盆栽观赏。

含油率及化学组分数据

采集单位	测试单位	测试部位	产地	含油率(%)	碘值	酸值	皂化值	C12:0	C14:0	C16:0	C16:1	C18:0	C18:1	C18:2	C18:3	C20:0	C20:1
GXIB	SVBG	种仁	广西上思	20. 99													

长筒石蒜

Lycoris longituba Y. Hsu et G. J. Fan

石蒜科，石蒜属

特征 多年生球根花卉。鳞茎卵球形，直径约4 cm。早春出叶，叶披针形，长约38 cm，宽约1. 5 cm，部最宽处达2. 5 cm，顶端渐狭、圆头，绿色，中间淡色带明显。花茎高60~80 cm；总苞片2枚，披针形，顶端渐狭；伞形花序有花5~7朵；花白色，直径约5 cm；花被裂片腹面稍有淡红色条纹，长椭圆形，顶端稍反卷，边缘不皱缩，花被筒长4~6 cm；雄蕊略短于花被；花柱伸出花被外。花期7~8月。

分布 江苏：盱眙市铁山寺32°44′05″N，32°44′05″E，145 m，2010-09-30，李宏庆、胡超、董全英4001171078。产于江苏，野生于山坡。

栽培 常用分株和播种繁殖。分株，于叶片或花茎刚枯萎时挖掘，将鳞茎分开即行，栽植深度10 cm。土壤以排水良好、肥沃的沙壤土为最好。抗逆性强，栽培容易。

用途 优良的观赏植物和重要的药用植物。本种鳞茎为提取加兰他敏的原料。

含油率及化学组分数据

采集单位	测试单位	测试部位	产地	含油率(%)	碘值	酸值	皂化值	C12:0	C14:0	C16:0	C16:1	C18:0	C18:1	C18:2	C18:3	C20:0	C20:1
ECNU	SCBG	种子	江苏盱眙	30. 96	13. 79	4. 27	209. 11			14. 99		2. 51	25. 70	51. 33	0. 30	0. 43	2. 31

黄水仙 (洋水仙、喇叭水仙)

Narcissus pseudonarcissus L.

石蒜科，水仙属

特征 多年生草本。鳞茎球形，直径2. 5~3. 5 cm。叶，直立向上，宽线形，长25~40 cm，宽8~15 mm，钝头。花茎高约30 cm，顶端生花1朵；佛焰苞状总苞长3. 5~5 cm；花梗长12~18 mm；花被管倒圆锥形，长1. 2~1. 5 cm，花被裂片长圆形，长2. 5~3. 5 cm，淡黄色；副花冠稍短于花被或近等长。花期春季。

分布 湖北：武汉，30°32′49. 5″N，114°25′9. 5″E，32 m，2012-05-05，李晓东、昝艳燕等400121284。原产欧洲。

栽培 分株繁殖。耐半阴，喜阳光充足；适宜冬季温暖湿润而夏季凉爽的环境。喜肥沃、疏松且排水良好的疏松土质。

用途 我国引种栽培供观赏。著名的球根花卉，可盆栽置于几案、窗台装饰点缀；也可布置花坛、花境或成片自然式栽植于疏林下或草坪上。

含油率及化学组分数据

采集单位	测试单位	测试部位	产地	含油率(%)	碘值	酸值	皂化值	C12:0	C14:0	C16:0	C16:1	C18:0	C18:1	C18:2	C18:3	C20:0	C20:1
WHBG	WHBG	种仁	湖北武汉	28. 16	89. 64	1. 26		0. 036		11. 17		0. 41		30. 97	22. 84		0. 15

大青薯

Dioscorea benthamii Prain et Burkill

薯蓣科，薯蓣属

特征 缠绕草质藤本。茎较细弱，无毛，右旋，无刺。叶片纸质，通常对生，卵状披针形至长圆形或倒卵状长圆形，顶端凸尖至渐尖，基部圆形，全缘，两面无毛，表面绿色，背面粉绿色。雌雄异株。雄花序为穗状花序，2~3个簇生或单生于叶腋，有时排列呈圆锥状；花序轴明显地呈“之”字状曲折；苞片三角状卵形，与花被片均有紫褐色斑纹；雄花的外轮花被片为宽卵形或近圆形，内轮倒卵状椭圆形，较小；雄蕊6。雌花序为穗状花序，通常1~2个着生于叶腋；苞片卵形，渐尖；雌花的外轮花被片为宽卵形，较内轮大，有6个退化雄蕊。蒴果不反折，三棱状扁圆形，无毛。花期5~6月；果期7~9月。

分布 云南：文山州麻栗坡县猛硐瑶族乡，22°52′53″N，104°43′29″E，2011-10-17，曾庆文、陈树钢、杨国400114135。生于海拔300~900 m的山地、山坡、山谷、水边、路旁的灌丛中。产于广东、广西、福建西部、台湾。

栽培 喜阴湿，但也需阳光充足。播种、分植珠芽或分切块根等方法繁殖。于春末夏初进行。

用途 枝叶密集，夜色深绿，攀缘力甚强，适宜在庭园中作栅栏、花架等垂直绿化。

含油率及化学组分数据

采集单位	测试单位	测试部位	产地	含油率(%)	碘值	酸值	皂化值	C12:0	C14:0	C16:0	C16:1	C18:0	C18:1	C18:2	C18:3	C20:0	C20:1
SCBG	SCBG	种仁	云南文山	24. 16	123. 31	37. 63	333. 86	0. 0062	0. 037	7. 07	0. 097	3. 75	13. 55	74. 36	0. 53	0. 50	0. 11

黄独(黄药、山慈菇、零余子薯蓣)

Dioscorea bulbifera L.

薯蓣科，薯蓣属

特征 缠绕草质藤本。块茎卵圆形或梨形，直径4~10 cm，通常单生，很少分枝，外皮棕黑色，表面密生须根。茎左旋，浅绿色稍带红紫色，光滑无毛。叶腋内有紫棕色，球形或卵圆形珠芽。单叶互生；叶片宽卵状心形或卵状心形，顶端尾状渐尖，边缘全缘或微波状，两面无毛。雄花序穗状，下垂，常数个丛生于叶腋，有时分枝呈圆锥状；雄花单生，新鲜时紫色。雌花序与雄花序相似，常2个至数个丛生叶腋。蒴果反折下垂，三棱状长圆形，两端浑圆，成熟时草黄色；种子深褐色，扁卵形，通常两两着生于每室中轴顶部，种翅栗褐色，向种子基部延伸呈长圆形。花期7~10月；果期8~11月。

分布 广东：阳山县秤架，24°46′52″N，112°49′11″E，531 m，2009-09-21，董安强、胡晓敏40011218；始兴县罗坝乡桃源，24°51′10″N，114°06′56″E，2012-10-11，王鹏、刘东明4001122101。海拔2000 m以下的高山地区都能生长，多生于河谷边、山谷阴沟或杂木林边缘，有时房前屋后或路旁的树荫下也能生长。产于广东、广西、湖南、江西、福建、台湾、河南南部、浙江、江苏南部、安徽南部、湖北、四川、云南、贵州、西藏、甘肃南部、陕西南部。日本、朝鲜、印度、缅甸以及大洋洲、非洲都有分布。

栽培 播种、分植珠芽或分切块根等方法繁殖，于春末夏初进行。喜阴湿。

用途 药用，块茎主治甲状腺肿大、淋巴结核、咽喉肿痛、吐血、咯血、百日咳；外用治疮疖。适宜在庭园中作栅栏、花架等垂直绿化。

含油率及化学组分数据

采集单位	测试单位	测试部位	产地	含油率(%)	碘值	酸值	皂化值	C12:0	C14:0	C16:0	C16:1	C18:0	C18:1	C18:2	C18:3	C20:0	C20:1
SCBG	SCBG	种仁	广东阳山	26.80	90.97	6.76	154.61	0.013	0.095	8.42	0.096	3.63	22.17	41.18	22.93	0.73	0.74
SCBG	SCBG	种仁	广东始兴	25.50	72.73	4.72	39.02	0.13	0.06	4.74	0.19	1.99	10.98	62.85	17.91	0.80	0.37

射干 (交剪草、野萱花)

Belamcanda chinensis (L.) Redouté

鸢尾科，射干属

特征 多年生草本。根状茎为不规则的块状，斜伸，黄色或黄褐色；须根多数，带黄色。茎高1~1.5 m，实心。叶互生，嵌叠状排列，剑形，基部鞘状抱茎，顶端渐尖，无中脉。花序顶生，叉状分枝，每分枝的顶端聚生有数朵花；花梗及花序的分枝处均包有膜质的苞片；花橙红色，散生紫褐色的斑点；花被裂片6个，2轮排列；雄蕊3枚，着生于外花被裂片的基部，花药条形，外向开裂，花丝近圆柱形；花柱上部稍扁，顶端3裂，裂片有细而短的毛，子房下位，倒卵形，3室，中轴胎座，胚珠多数。蒴果倒卵形或长椭圆形，顶端无喙，成熟时室背开裂，果瓣外翻，中央有直立的果轴；种子圆球形，黑紫色，有光泽，着生在果轴上。花期6~8月；果期7~9月。

分布 上海：闵行区华东师范大学闵行校区，31°02′12″N，121°26′55″E，13 m，2012-12-26，程志全、刘巧霞4001171273。河南：郑州河南农业大学农场，34°56′52″N，113°31′22″E，95 m，2012-09-21，王亚平400314266。湖北：神农架松柏镇麻弯，31°43′57″N，110°48′18″E，500 m，2011-09-22，丁时东400151149。新疆：吐鲁番沙漠植物园，42°51′17″N，89°11′36″E，93 m，2009-09-20，王喜勇、侯翼国、徐基平4003309001。山西：介休市龙凤镇张壁村，36°34′32″N，111°34′42″E，1000 m，2010-10-14，谢光辉400322039。黑龙江：帽儿山，45°24′36″N，127°39′22″E，310 m，2010-10-02，张迪、刘平、黄茹40034175。生于林缘或山坡草地，大部分生于海拔较低的地方，但在西南山区，海拔1000~2200 m处也可生长。产于广东、广西、湖南、江西、福建、台湾、浙江、江苏、安徽、山东、河南、湖北、四川、贵州、云南、西藏、甘肃、陕西、山西、河北、吉林、辽宁。分布于朝鲜、日本、印度、越南、俄罗斯。

栽培 生性强健。喜光照充足；耐寒耐干旱。不择土壤。播种或分株繁殖。可用于花境及草、坡地或条植于路边。有很多园艺品种。

用途 根状茎药用，味苦、性寒、微毒。能清热解毒、散结消炎、消肿止痛、止咳化痰。

含油率及化学组分数据

采集单位	测试单位	测试部位	产地	含油率(%)	碘值	酸值	皂化值	C12:0	C14:0	C16:0	C16:1	C18:0	C18:1	C18:2	C18:3	C20:0	C20:1
ECNU	SCBG	种子	上海闵行	21.56	61.76	9.86	170.38	0.021	0.084	12.58	0.29	9.59	14.09	53.62	4.47	2.12	3.13
ICS	HNAU	种子	河南郑州	18.19	71.71	34.60	34.75		0.20	1.01		0.48	1.27	8.47	3.28	0.16	
OCRI	SCBG	种仁	湖北神农架	20.19	225.27	22.86	200.55	0.14	0.14	5.09		1.44	9.53	26.87	2.28	0.29	
XIEG	SCBG	种仁	新疆吐鲁番	10.34	4.62	8.02	154.55	0.0069	0.0099	2.79	0.24	0.57	60.99	34.53	0.46	0.39	0.024
ICS	CAU	种仁	山西介休	34.53	91.39	3.38	205.15			6.78		1.84	11.36	54.42	19.47		
NEFU	SCBG	种仁	黑龙江帽儿山	18.20				0.046	0.048	7.26	0.14	4.27	48.90	35.65	0.76	1.24	1.68
OFPC		种仁		16.20			147.80		13.40		9.70	42.30	4.70	21.80	5.40	2.10	

喜盐鸢尾（厚叶马蔺）

Iris halophila Pall.

鸢尾科，鸢尾属

特征 多年生草本。根状茎紫褐色，粗壮而肥厚，斜伸，有环形纹，表面残存有老叶叶鞘；须根粗壮，黄棕色，有皱缩的横纹。叶剑形，灰绿色，略弯曲，有10多条纵脉，无明显的中脉。花茎粗壮，比叶短，上部有1~4个侧枝，中下部有1~2枚茎生叶；在花茎分枝处生有3枚苞片，草质，绿色，边缘膜质，白色，内包含有2朵花；花黄色；花被管长约1 cm，外花被裂片提琴形，内花被裂片倒披针形；雄蕊长约3 cm，花药黄色；花柱分枝扁平，片状，呈拱形弯曲，子房狭纺锤形，上部细长。蒴果椭圆状柱形，绿褐色或紫褐色，具6条翅状的棱，每2个棱成对靠近，顶端有长喙，成熟时室背开裂；种子近梨形，黄棕色，种皮膜质，薄纸状，皱缩，有光泽。花期5~6月；果期7~8月。

分布 新疆：伊犁尼勒克至79团途中，43°46′31″N，83°01′18″E，1560 m，2009-08-30，王喜勇、侯翼国4003309023。生于草甸草原、山坡荒地、砾质坡地及潮湿的盐碱地上。北京中国科学院植物研究所植物园有栽培。产于新疆、甘肃。

栽培 分株、播种繁殖。

用途 园林美化。

含油率及化学组分数据

采集单位	测试单位	测试部位	产地	含油率(%)	碘值	酸值	皂化值	C12:0	C14:0	C16:0	C16:1	C18:0	C18:1	C18:2	C18:3	C20:0	C20:1
XIEG	XIEG	种子	新疆伊犁	21.43	3.88	11.42	185.90	0.03	0.06	3.20	0.06	0.88	12.36	82.25	0.70	0.057	0.41

西伯利亚鸢尾

Iris sibirica L.

鸢尾科，鸢尾属

特征 多年生草本。植株基部围有鞘状叶及老叶残留的纤维。根状茎粗壮，斜伸；须根黄白色，绳索状，有皱缩的横纹。叶灰绿色，条形顶端渐尖，无明显的中脉。花茎高于叶片，平滑，高40~60 cm，有1~2枚茎生叶；苞片3枚，膜质，绿色，顶端短渐尖，内包含有2朵花；花蓝紫色，直径7.5~9 cm；花梗甚短；花被管长约1 cm，外花被裂片倒卵形，上部反折下垂，爪部宽楔形，中央下陷呈沟状，有褐色网纹及黄色斑纹，无附属物，内花被裂片狭椭圆形或倒披针形，直立。蒴果卵状圆柱形、长圆柱形或椭圆状柱形，无喙。花期4~5月；果期6~7月。

分布 湖北：武汉中国科学院武汉植物园牡丹园旁，30°32′58″N，114°25′33″E，2009-08-05，李晓东、昝艳燕40012125。原产欧洲。常栽于庭园及花坛中供观赏。

栽培 播种繁殖。

用途 常栽于庭园及花坛中供观赏。

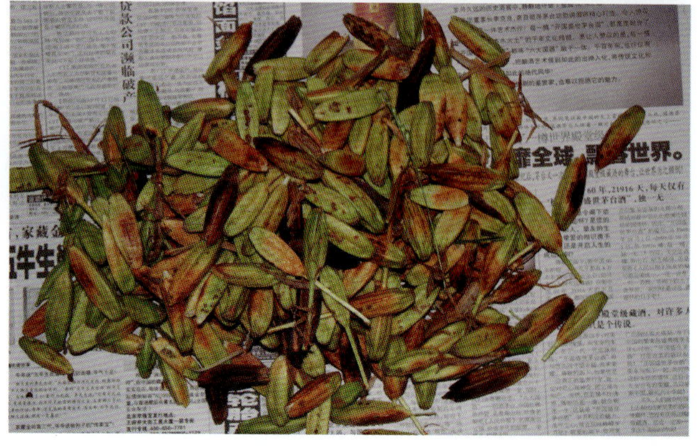

含油率及化学组分数据

采集单位	测试单位	测试部位	产地	含油率(%)	碘值	酸值	皂化值	C12:0	C14:0	C16:0	C16:1	C18:0	C18:1	C18:2	C18:3	C20:0	C20:1
WHBG	WHBG	种仁	湖北武汉	20.45					0.36	9.20	0.46	1.87	14.41	63.05	1.32	1.20	0.45

杜若

Pollia japonica Thunb. [*Aneilema japonicum* (Thunb.) Kunth.]

鸭跖草科，杜若属

特征　多年生草本。根状茎长而横走。茎直立或上升，粗壮，不分枝，高30~80 cm，被短柔毛。叶鞘无毛；叶无柄或叶基渐狭，而延成带翅的柄；叶片长椭圆形，长10~30 cm，宽3~7 cm，基部楔形，顶端长渐尖，近无毛，上面粗糙。蝎尾状聚伞花序长2~4 cm，常多个成轮排列，形成数个疏离的轮，也有不成轮的，一般地集成圆锥花序，花序总梗长15~30 cm，花序远远地伸出叶子，各级花序轴和花梗被相当密的钩状毛；总苞片披针形，花梗长约5 mm；萼片3枚，长约5 mm，无毛，宿存；花瓣白色，倒卵状匙形，长约3 mm。果球状，果皮黑色，直径约5 mm，每室有种子数颗。种子灰色带紫色。花期7~9月；果期9~10月。

分布　浙江：鄞县天童山，29°48′32″N，121°46′40″E，412 m，2010-11-12，葛斌杰、胡超、熊申展4001171094。生于海拔1200 m以下的山谷林下。产于广东北部、广西、湖南、江西、福建、台湾、浙江、安徽南部、湖北西南部、四川东南部、贵州。日本、朝鲜也有分布。模式标本采自日本。

栽培　分株或播种繁殖。

用途　可作地被植物。药用，治蛇、虫咬伤及腰痛。

含油率及化学组分数据

采集单位	测试单位	测试部位	产地	含油率(%)	碘值	酸值	皂化值	C12:0	C14:0	C16:0	C16:1	C18:0	C18:1	C18:2	C18:3	C20:0	C20:1
ECNU	SCBG	种仁	浙江鄞县	24.56	9.03	18.37	78.29			6.39		4.60	15.52	71.15	0.37	0.19	0.12

披碱草

Elymus dahuricus Turcz. ex Griseb.

禾本科，披碱草属

特征　多年生草本。秆疏丛，直立，高70~140 cm，基部膝曲。叶鞘光滑无毛；叶片扁平，稀可内卷，上面粗糙，下面光滑，有时呈粉绿色，长15~25 cm，宽5~9(12) mm。穗状花序直立，较紧密，长14~18 cm，宽5~10 mm；穗轴边缘具小纤毛，中部各节具2小穗而接近顶端和基部各节只具1小穗；小穗绿色，成熟后变为草黄色，长10~15 mm，含3~5小花；颖披针形或线状披针形，长8~10 mm，先端长达5 mm的短芒，有3~5明显而粗糙的脉；外稃披针形，上部具5条明显的脉，全部密生短小糙毛，第一外稃长9 mm，先端延伸成芒，芒粗糙，长10~20 mm，成熟后向外展开；内稃与外稃等长，先端截平，脊上具纤毛，至基部渐不明显，脊间被稀少短毛。果期6~8月。

分布　新疆：塔什库尔干县G314/1748 km，37°46′59″N，75°13′07″E，3077 m，2011-08-15，侯翼国、王茜4003311009。多生于山坡草地或路边。产于河南、四川、西藏、新疆、青海、陕西、山西、河北、内蒙古、东北等地。俄罗斯、朝鲜、日本与印度西北部、土耳其东部也有分布。

栽培　播种繁殖。

用途　抽穗前为粗糙牧草。生性耐旱、耐寒、耐碱、耐风沙，自1958年开始，先后在河北、新疆、内蒙古、青海等地的牧场实验站、草原试验站进行栽培驯化工作，实验结果表明本种为优质高产的饲草。

含油率及化学组分数据

采集单位	测试单位	测试部位	产地	含油率(%)	碘值	酸值	皂化值	C12:0	C14:0	C16:0	C16:1	C18:0	C18:1	C18:2	C18:3	C20:0	C20:1
XIEG	SCBG	种子	新疆塔什库尔干	26.38	91.26	0.69	186.95		3.36	0.06	2.26	13.89	20.44	42.18	0.29		

狗尾草（谷莠子、莠）

Setaria viridis (L.) P. Beauv.

禾本科，狗尾草属

特征 一年生草本。秆直立或基部膝曲，高10~100 cm，基部径达3~7 mm。叶鞘松弛，无毛或疏具柔毛或疣毛，边缘具较长的密绵毛状纤毛；叶舌极短，缘有纤毛；叶片扁平，长三角状狭披针形或线状披针形，先端长渐尖或渐尖，基部钝圆形，边缘粗糙。圆锥花序紧密呈圆柱状或基部稍疏离，直立或稍弯垂，主轴被较长柔毛；小穗2~5个簇生于主轴上或更多的小穗着生在短小枝上，椭圆形，先端钝，铅绿色；第一颖卵形、宽卵形，先端钝或稍尖，具3脉；第二颖几与小穗等长，椭圆形，具5~7脉；第一外稃与小穗第长，具5~7脉，先端钝，其内稃短小狭窄；第二外稃椭圆形，顶端钝，具细点状皱纹，边缘内卷，狭窄；鳞被楔形；花柱基分离。颖果灰白色。花、果期5~10月。

分布 福建：武夷山大安源，27°52′37″N，117°52′08″E，2010-09-28，刘东明、梁耀、胡普炜400112121。河北：青龙，40°48′38″N，119°20′16″E，542 m，2012-09-15，徐兴友、韩宝强400313169。黑龙江：佳木斯市水源山，46°48′01″N，130°22′01″E，1 m，2011-09-20，卞勇、潘伟400351082。生于海拔4000 m以下的山斜坡、荒野、道旁，为旱地作物常见的一种杂草。现广布于温带亚热带地区。产全国各地；原产欧亚大陆的温带和暖温带地区，现广布于全世界的温带和亚热带地区。

栽培 播种繁殖。发芽适宜温度为15~30℃。

用途 秆、叶可作饲料，也可入药，治痈瘀、面癣；全草加水煮沸20 min后，滤出液可喷杀菜虫；小穗可提炼糠醛。可做牧草，也可晒制成干草。

含油率及化学组分数据

采集单位	测试单位	测试部位	产地	含油率(%)	碘值	酸值	皂化值	C12:0	C14:0	C16:0	C16:1	C18:0	C18:1	C18:2	C18:3	C20:0	C20:1
SCBG	SCBG	种仁	福建武夷山	36.40			125.65		0.10	7.02	0.72	1.02	62.85	34.15	46.40		0.78
HNUST	ICS	种子	河北青龙	2.98	147.44	55.64	208.71		0.11	9.97	0.08	2.68	21.76	53.90	1.35	0.97	0.68
SBRI	SCBG	种子	黑龙江佳木斯	7.25	63.01	15.07	112.83	0.007	0.01	2.79	0.24	0.57	61.00	34.52	0.46	0.39	0.024

桄榔（砂糖椰子、莎木）

Arenga westerhoutii Griff. [*Saguerus westerhoutii* (Griff.) H. Wendl. et Drude]

棕榈科，桄榔属

特征 乔木状。茎较粗壮。花期6月；果实约在开花后2~3年时间成熟。茎约12 m高，直径40~60 cm。叶柄长1~1.8 m；穗轴3~4 m；一侧穗轴具羽片80~150线形，基部具耳；中间羽片至130 cm，中点宽约9.5 cm。花序达3 m；雄性穗轴60~70，达60 cm；雄花20~25 mm；萼片4~6 mm；花瓣20~25 mm；雄蕊200~300；雌小穗轴约40（80）~120 cm；雌花约10 mm；萼片长约5 mm，花瓣约10 mm。果呈绿黑色，球状，直径约7 cm。

分布 海南：陵水县本号镇吊罗山石睛林场，18°44′04″N，109°50′13″E，2009-11-24，秦新生400116182；陵水县本号镇吊罗山国白水，18°44′04″N，109°50′13″E，2010-08-08，秦新生4001161118；昌江县霸王岭，19°06′59″N，109°05′34″E，2012-01-02，张荣京40017185；昌江县霸王岭二林场，19°06′59″N，109°05′33″E，2009-08-01，秦新生400116124；昌江县霸王岭雅加，19°06′59″N，109°05′33″E，2011-10-16，秦新生4001161193。广西：龙州县弄岗保护区，22°29′00″N，106°55′27″E，244 m，2011-03-01，黄俞淞4001101283。云南：河口县南溪镇马多依上寨抱台山，22°39′28″N，103°57′48″E，730 m，2009-03-26，李忠荣400222010。生于热带雨林低洼地区。产于海南、广西、云南。柬埔寨、老挝、马来西亚（半岛）、缅甸、泰国、越南也有分布。

栽培 日照宜充足；喜高温多湿的气候，生长适宜为20~28℃。栽培土质以富含腐殖质且排水良好的壤土或砂质土壤为佳。播种或分株繁殖。春夏季为适宜期。将种子播种于沙床，保持湿度，发芽后经2~3次假植肥培后再定植。

用途　株型高大壮观，叶片巨大、花果均美，为优美的热带风光树。适作行道树或庭院绿化树。叶可用来盖茅屋作顶，其幼嫩部分可食用。

含油率及化学组分数据

采集单位	测试单位	测试部位	产地	含油率(%)	碘值	酸值	皂化值	C12:0	C14:0	C16:0	C16:1	C18:0	C18:1	C18:2	C18:3	C20:0	C20:1
SCAU	SCBG	种仁	海南陵水	23.14					0.06	8.51	0.24	1.97	18.21	62.58	1.17	5.01	0.14
SCAU	SCBG	种仁	海南陵水	14.13				0.046	0.22	7.87	3.21	2.42	29.22	54.22	0.67	0.12	0.19
SCAU	SCBG	种仁	海南昌江	15.61	126.55	2.55	143.21			13.55	17.83	1.95		50.90	1.25		
SCAU	SCBG	种仁	海南昌江	0.20	22.32	16.22	115.84	0.035	0.13	9.40	0.32	2.24	37.14	41.13	1.99	0.35	1.84
SCAU	SCBG	种仁	海南昌江	20.17	107.42	0.67	188.11	0.0093		0.041	21.06	2.25	13.93		5.73	11.56	
GXIB	SCBG	种仁	广西龙州	6.74	130.30	4.46	151.89			9.17	0.11	2.57	19.08	64.5	2.07	0.33	0.23
KMIB	KMIB	种仁	云南河口	1.05							0.86		25.05	1.43		37.03	6.08

霸王棕（霸王椰子、俾斯麦榈、霸王棕榈）

Bismarckia nobilis Hildebrandt et H. Wendl.

棕榈科，霸王棕属

特征　乔木。通常高约15 m，最高可达60 m。茎干单生，高耸。叶掌状深裂，径约3 m，宽大于长，坚韧挺拔，银绿色，裂片间有丝状纤维；叶柄非常粗壮结实。花雌雄异株；花序生叶腋间，长约1.3 m；花奶白色。核果似李子，径3.8~4 cm，深褐色。花、果期8~12月。

分布　海南：万宁市兴隆热带花园，18°41′53″N，110°14′34″E，500 m，2010-12-27，秦新生4001161146；万宁市兴隆热带花园，18°41′53″N，110°14′33″E，2009-08-03，邢福武、戴建阅、翟俊文、郑希龙40011137；万宁市兴隆热带花园，18°41′53″N，110°14′34″E，2009-11-07，张荣京40017141。生于热带草原中，原产于马达加斯加，热带和南亚热带地区可栽培。中国南方地区有栽培。

栽培　喜阳光充足；喜高温多湿的气候，也具有一定的耐寒性。对土壤的适应力较强，但须排水良好。播种繁殖。发芽时间少于2个月，建议发芽后直接移栽苗床内。

用途　适宜做庭园树或行道树，幼树可盆栽供观赏。

含油率及化学组分数据

采集单位	测试单位	测试部位	产地	含油率(%)	碘值	酸值	皂化值	C12:0	C14:0	C16:0	C16:1	C18:0	C18:1	C18:2	C18:3	C20:0	C20:1
SCAU	SCBG	种仁	海南万宁	13.45				0.09	0.21	3.86	0.21	1.07	50.94	29.53	0.15	1.05	0.39
SCBG	SCBG	种仁	海南万宁	2.20	63.08	9.04	179.08	0.13	0.16	2.89	0.19	0.79	48.02	47.50	0.13	0.11	0.10
SCAU	SCBG	种仁	海南万宁	20.89					0.87		5.73	1.26	5.33	82.66	0.45	0.37	0.15

糖棕 (扇椰子、扇叶树头榈)

Borassus flabellifer L.

棕榈科，糖棕属

特征 乔木。植株粗壮高大，一般高13~20 m，可高达33 m，直径一般45~60 cm，最粗可达90 cm。叶大型，掌状分裂，近圆形，直径达1~1.5 m，最宽可达3 m，有裂片60~80，裂至中部，线状披针形，渐尖，先端2裂；叶柄粗壮，长约1 m，边缘具齿状刺，叶柄顶端延伸为中肋直至叶片的中部。雄花序具3~5个分枝，每分枝掌状分裂为1~3个小穗轴；雄花小，多数，黄色，着生于小穗轴上小苞片的凹穴里，萼片3，下部合生，花瓣较短，匙形，雄蕊6，花丝与花冠合生成梗状，花药大，长圆形；雌花较大，球形，每小穗轴有8~16朵花，螺旋状排列，退化雄蕊6~9。果实大，近球形，压扁，外果皮光滑，黑褐色，中果皮纤维质，内果皮由硬的分果核组成，包着种子。种子通常3颗，胚乳角质，均匀，中央有1空腔，胚近顶生。

分布 海南：乐东县尖峰岭树木园，18°43′15″N，108°52′54″E，2011-12-11，秦新生4001161256。原产亚洲热带地区和非洲。我国云南西双版纳有栽培。

栽培 喜高温且较干燥的气候。播种繁殖。播种后约2个月发芽。

用途 有很高的经济价值。在主产国如印度、缅甸、斯里兰卡、马来西亚等大量利用其粗壮的花序梗割取汁液制糖、酿酒、制醋和饮料。叶片和贝叶棕的叶片一样，可用来刻写文字或经文，还可盖屋顶、编席子和篮子，作绿肥；果实未熟时在种子里面有一层凝胶状胚乳和少量清凉的水可食和饮用；种子萌发出的嫩芽和肉质根可供食用；树干外面的木质坚硬部分可用来做椽子、木桩和围栏，做输水管、水槽等。

含油率及化学组分数据

采集单位	测试单位	测试部位	产地	含油率(%)	碘值	酸值	皂化值	C12:0	C14:0	C16:0	C16:1	C18:0	C18:1	C18:2	C18:3	C20:0	C20:1
SCAU	SCBG	种仁	海南乐东	28.14	107.84	9.91	140.96		0.85				20.97	45.05	32.21		5.35

布迪椰子 (弓葵)

Butia capitata (Mart.) Becc.

棕榈科，布迪椰子属

特征 小乔木。高3~6 m。茎单生，残存老叶基。叶羽状，拱形，有时下弯几乎接近地面或茎基；羽片上表面灰绿色，背面粉白色；叶柄纤细而长，绿褐色，边缘有明显的齿。花雌雄同株；花序穗生于叶下；花红色或黄色。果长卵圆形，肉质，内含纤维，成熟时由黄转红。果期9~11月。

分布 云南：昆明植物园温室，25°08′30″N，102°44′27″E，1985 m，2008-11-06，李忠荣400222075。原产于巴西、乌拉圭等地。中国华南地区有培栽。

栽培 喜温暖湿润的环境。

用途 株形披散，叶形漂亮，适宜培植于庭园中供观赏。

含油率及化学组分数据

采集单位	测试单位	测试部位	产地	含油率(%)	碘值	酸值	皂化值	C12:0	C14:0	C16:0	C16:1	C18:0	C18:1	C18:2	C18:3	C20:0	C20:1
KMIB	KMIB	种仁	云南昆明	33.78	30.20	0.50	255.40	9.37	40.45	10.26	5.60		1.74	18.75	4.24		

杖藤 (华南省藤、手杖藤、弓藤)

Calamus rhabdocladus Burret [*Calamus pseudoscutellaris* Conrad; *Calamus rhabdocladus* var. *globulosus* S. J. Pei et S. Yang Chen]

棕榈科，省藤属

特征　攀缘藤本，丛生，裸茎粗1.8~2.5 cm。叶羽状全裂，长1.2~1.8 m，顶端不具纤鞭；羽片整齐排列，等距或稍有间隔，线形，长45~50 cm，宽1~2 cm或更宽，两面及边缘和先端均有刚毛状刺；叶轴具爪；叶柄被黑褐色鳞秕，具长黑刺；叶鞘上密被与叶柄上相似的刺，长刺之间混有较短的刚毛状黑刺。雌雄花序异型；雄花序长鞭状，三回分枝，顶端有尾状附属物，每侧有5~15朵花；总苞稍伸出于小佛焰苞，不规则杯状；雄花长圆形，钝三棱；花冠长于花萼2倍；雌花序二回分枝，顶端具纤鞭，有7个分枝花序，顶端有尾状附属物；总苞托半杯状；中性花的小窠深凹，卵形。果实椭圆形，顶端具喙状尖头，鳞片15纵列，草黄色。种子宽椭圆形，略扁，表面有瘤突，胚乳浅嚼烂状，胚基生。花、果期4~6月。

分布　海南：陵水县本号镇吊罗山白水林场，18°44′04″N，109°50′13″E，2009-11-28，秦新生400116192。广东：从化县大岭山石灶天池，23°59′45″N，117°12′49″E，2010-11-02，刘东明，梁耀，孟玉芳，付琳400112191。福建：南平市武夷山，27°44′53″N，118°00′41″E，2010-11-21，刘东明、易绮斐、邢福武400112216。生于低洼或山地雨林中，海拔1600以下。产于海南、广东、广西、福建、贵州及云南等省区。老挝、越南也有分布。

栽培　喜温暖湿润的环境，适宜生长于肥沃、疏松、有机质丰富的黏壤土。播种繁殖。

用途　可作大型棚架或墙垣等的垂直绿化材料；也可供编制藤器。工业用油。藤茎质地中等，坚硬，适宜作藤器的骨架，也可作手杖等各种藤器，幼苗治跌打。

含油率及化学组分数据

采集单位	测试单位	测试部位	产地	含油率(%)	碘值	酸值	皂化值	C12:0	C14:0	C16:0	C16:1	C18:0	C18:1	C18:2	C18:3	C20:0	C20:1
SCAU	SCBG	种仁	海南陵水	24.10					0.086	14.52	0.08	8.03	16.18	58.33	0.42	0.42	
SCBG	SCBG	种仁	广东从化	30.48		15.39	229.16	0.46	0.77	11.92	0.12		24.64		0.05	0.35	0.74
SCBG	SCBG	种仁	福建南平	12.42				0.065	0.022	3.73	0.18	1.50	50.52	42.84	0.063	0.95	0.13

鱼尾葵 (青棕、假桄榔、果株)

Caryota maxima Blume ex Mart. [*Caryota ochlandra* Hance]

棕榈科，鱼尾葵属

特征　常绿大乔木，高10~15(20) m，直径15~35 cm。茎绿色，被白色的毡状绒毛，具环状叶痕。叶长3~4 m，幼叶近革质，老叶厚革质；羽片长15~60 cm，宽3~10 cm，互生，罕见顶部的近对生，最上部的1羽片大，楔形，先端2~3裂，侧边的羽片小，菱形，外缘笔直。佛焰苞与花序无糠秕状的鳞秕；花序具多数穗状的分枝花序；雄花花萼与花瓣不被脱落性的毡状绒毛，萼片宽圆形，盖萼片小于被盖的侧萼片，表面具疣状凸起，边缘不具半圆齿，无毛，花瓣椭圆形，黄色，雄蕊(31)50~111枚，花药线形，黄色，花丝近白色；雌花花萼顶端全缘，花瓣长约5 mm；退化雄蕊3枚，钻状；子房近卵状三棱形，柱头2裂。果实球形，成熟时红色。种子1颗，罕为2颗，胚乳嚼烂状。花期5~7月；果期8~11月。

分布　海南：陵水县本号镇吊罗山，18°44′04″N，109°50′13″E，2009-11-27，秦新生400116189。生于海拔450~700 m的山坡或沟谷林中。产海南、广东、广西、福建、云南等省区。亚热带地区有分布。

栽培　喜温暖湿润，较耐寒，根系浅不耐干旱。播种繁殖。土壤要求排水良好、疏松肥沃。

用途　茎干挺直，叶片翠绿，奇特，花色鲜黄，果实如圆珠成串。适于栽植园林、庭园中观赏。本种树形美丽，可作庭园绿化植物，华南城市常栽作庭荫树及行道树。茎髓含淀粉，可作桄榔粉的代用品；边材坚硬，可作手杖和筷子等工艺品；根药用，强筋骨。

含油率及化学组分数据

采集单位	测试单位	测试部位	产地	含油率(%)	碘值	酸值	皂化值	C12:0	C14:0	C16:0	C16:1	C18:0	C18:1	C18:2	C18:3	C20:0	C20:1
SCAU	SCBG	种仁	海南陵水	20.40					0.02	4.93	0.035	1.81	21.56	68.99	0.51	0.57	0.31

短穗鱼尾葵（酒椰子）

Caryota mitis Lour. [*Caryota furfuracea* Blume]

棕榈科，鱼尾葵属

特征 丛生，小乔木状，高5~8 m，直径8~15 cm。茎绿色，表面被微白色的毡状绒毛。叶长3~4 m，下部羽片小于上部羽片；羽片呈楔形或斜楔形，外缘笔直，内缘1/2以上弧曲成不规则的齿缺，且延伸成尾尖或短尖，淡绿色，幼叶较薄，老叶近革质；叶柄被褐黑色的毡状绒毛；叶鞘边缘具网状的棕黑色纤维。佛焰苞与花序被糠秕状鳞秕，花序短，具密集穗状的分枝花序；雄花萼片宽倒卵形，顶端全缘，具睫毛，花瓣狭长圆形，淡绿色，雄蕊15~20(25)枚，几无花丝；雌花萼片宽倒卵形，长约为花瓣的1/3倍，顶端钝圆，花瓣卵状三角形，长3~4 mm；退化雄蕊3枚，长约为花瓣的1/2(1/3)倍。果球形，直径1.2~1.5 cm，成熟时紫红色，具1颗种子。花期4~6月；果期8~11月。

分布 海南：陵水县本号镇吊罗山林业局旁河边，18°44′05″N，109°50′13″E，2009-11-29，秦新生400116194。福建：厦门市厦门园林植物园，24°27′23″N，118°06′22″E，2009-12-03，王发国、翟俊文400113043。生于山谷林中或植于庭园。产海南、广西等省区。越南、缅甸、印度、马来西亚、菲律宾、印度尼西亚(爪哇)亦有分布。

栽培 喜阳光充足，耐较阴，喜温湿。对土壤要求不严，但在温暖、肥沃湿润的酸性土壤中生长良好。生长迅速。播种繁殖。经催芽处理，播种后1~2个月即可发芽，播种后须及时整形。但要留意植株糠秕及果肉汁的结晶体能使人皮肤奇痒。

用途 庭园优美的观赏树种，丛植，行植或墙边种植均可展现其风姿。是优美的园林绿化树种，华南城市及园林中有栽培，长江流域及北方城市常于温室盆栽观赏。茎的髓心含淀粉，可供食用，花序液汁含糖分，供制糖或酿酒。

含油率及化学组分数据

采集单位	测试单位	测试部位	产地	含油率(%)	碘值	酸值	皂化值	C12:0	C14:0	C16:0	C16:1	C18:0	C18:1	C18:2	C18:3	C20:0	C20:1
SCAU	SCBG	种仁	海南陵水	20.60				0.016	0.096	10.53	0.21	2.21	18.72	57.65	0.95	0.21	0.12
SCAU	SCBG	种仁	福建厦门	14.50	28.78	37.62	194.43	0.21			0.05	2.66	12.70		0.26		0.07

椰子（可可椰子）

Cocos nucifera L. [*Cocos indica* Royle; *Cocos nana* Griff.]

棕榈科，椰子属

特征 植株高大，乔木状，高15~30 m。茎粗壮，有环状叶痕，基部增粗，常有簇生小根。叶羽状全裂，长3~4 m；裂片多数，外向折叠，革质，线状披针形，长65~100 cm或更长，宽3~4 cm，顶端渐尖；叶柄粗壮，长达1 m以上。花序腋生，长1.5~2 m，多分枝；佛焰苞纺锤形，厚木质，最下部的长60~100 cm或更长，老时脱落；雄花萼片3片，鳞片状，花瓣3枚，卵状长圆形，，雄蕊6枚，花丝长约1 mm，花药长约3 mm；雌花基部有小苞片数枚；萼片阔圆形，花瓣与萼片相似，但较小。果卵球状或近球形，顶端微具三棱，外果皮薄，中果皮厚纤维质，内果皮木质坚硬，基部有3孔，其中一孔与胚相对，萌发时即由此孔穿出，其余2孔坚实，果腔含有胚乳(即“果肉”或种仁)，胚和汁液(椰子水)。花、果期主要在秋季。

分布 海南：陵水县本号镇吊罗山，18°44′04″N，109°50′13″E，2009-12-01，秦新生4001161111。椰子主要产于我国广东南部诸岛及雷州半岛、海南、台湾及云南南部热带地区。

栽培 喜高温、适宜湿润和阳光充足的环境。土壤以排水良好的海滨和河岸的身后冲积土为佳。播种繁殖。高干种大约100 d发芽，具2~3片叶时即可定植。

用途 具有极高的经济价值，全株各部分都有用途。成熟的椰肉可榨油，还可加工各种糖果、糕点；椰壳可制成各种器皿和工艺品，也可制活性炭；椰纤维可制毛刷、地毯、缆绳等；树干可作建筑材料；叶子可盖屋顶或编织；根可入药。此外，椰子树形优美，是热带地区绿化美化环境的优良树种。

含油率及化学组分数据

采集单位	测试单位	测试部位	产地	含油率(%)	碘值	酸值	皂化值	C12:0	C14:0	C16:0	C16:1	C18:0	C18:1	C18:2	C18:3	C20:0	C20:1
SCAU	SCBG	种仁	海南陵水	61.40	6.91	2.22	306.94		1.68	20.27	10.91	4.67	47.33	13.29	11.41		0.44
OFPC		胚乳	海南琼山	59.30	5.50		263.00	39.40	19.50	10.60		2.90	6.20	2.50			
OFPC		种仁		65.00~72.00	7.00~10.00	1.00~10.00	251.00~264.00	44.00~52.00	13.00~19.00	7.50~10.50	~1.30	1.00~3.00	5.00~8.00	1.50~2.50		~0.40	

黄藤

Daemonorops jenkinsiana (Griff.) Mart.

棕榈科，黄藤属

特征 茎初时直立，后攀缘。叶羽状全裂，羽片部分长1~2.5 m，顶端延伸为具爪状刺的纤鞭；叶轴下部的上面密生直刺；叶轴背面沿中央具刺而在顶端的纤鞭则具半轮生的爪，叶柄背面凸起，具稀疏的刺，上面具短直刺；叶鞘具囊状凸起，被早落的刺。羽片多，等距排列，稍密集，两面绿色，线状剑形，先端极渐尖为钻状和具刚毛状的尖，长30~45 cm，宽1.3~1.8 cm，具3(~5)条肋脉，上面具刚毛，背面仅中肋具稀疏刚毛，边缘具细密的纤毛。雌雄异株。花序直立，开花前为佛焰苞包着，呈纺锤形；开花结果后佛焰苞脱落；花序分枝上的二级佛焰苞及小佛焰苞均为苞片状，阔卵形，渐尖；雄花序上的小穗轴密集，长约3 cm，花密集，雄花长圆状卵形，长5 mm，花萼杯状，浅3齿，花冠3裂，约2倍长于花萼，总苞浅杯状；雌花序的小穗轴长2~4 cm，明显之字形曲折，每侧有4~7朵花；总苞托苞片状，包着总苞的基部，总苞为稍深杯状；中性花的小窠稍凹陷，呈明显半圆形；果被平扁；花冠裂片2倍长于花萼，披针形，稍急尖。果球形，直径1.7~2 cm，顶端具短粗的喙，鳞片18~20纵列，中央有宽的沟槽，具光泽。种子近球形，压扁。花期5月；果期6~10月。

分布 海南：三亚亚龙湾热带森林公园，18°15′16″N，109°38′26″E，430 m，2012-12-01，邢福武、刘东明、王鹏400119206。产于中国华南。中南半岛以及不丹、尼泊尔、印度、孟加拉国也有分布。

栽培 播种繁殖。

用途 工业用油。

含油率及化学组分数据

采集单位	测试单位	测试部位	产地	含油率(%)	碘值	酸值	皂化值	C12:0	C14:0	C16:0	C16:1	C18:0	C18:1	C18:2	C18:3	C20:0	C20:1
SCBG	SCBG	种仁	海南三亚	20.54	59.45	19.16	191.51		0.22	7.13		2.78	24.80		0.39	0.87	3.42

油棕(油椰子)

Elaeis guineensis Jacq.

棕榈科，油棕属

特征 直立乔木状，高逾10 m，直径达50 cm。叶羽状全裂，簇生于茎顶，长3~4.5 m；羽片外向折叠，线状披针形，长70~80 cm，下部的退化成针刺状；叶柄宽。花雌雄同株异序，雄花序由多个指状的穗状花序组成，穗状花序长7~12 cm，穗轴顶端呈突出的尖头状，苞片长圆形，顶端为刺状小尖头；雄花萼片与花瓣长圆形，长约4 mm，宽约1 mm，顶端急尖；雌花序近头状，密集，长20~30 cm，顶端的刺长7~30 cm；雌花萼片与花瓣卵形或卵状长圆形，长约5 mm，宽约2.5 mm；子房长约8 mm。果实卵球形或倒卵球形，长4~5 cm，直径约3 cm，熟时橙红色。种子近球形或卵球形。花期6月；果期9月。

分布 云南：瑞丽市来滚山，24°09′36″N，97°55′01″E，1000 m，2009-01-24，张国学400222006；西双版纳热带植物园，21°44′12″N，101°27′42″E，2012-01-17，邢福武、童毅、孟玉芳4001142020。海南：万宁市兴隆热带花园，18°41′53″N，110°14′33″E，100 m，2009-11-07，张荣京40017143；万宁市兴隆，18°50′24″N，110°17′33″E，2012-01-03，刘东明、梁耀、王鹏4001122273。原产非洲热带地区。我国台湾、海南及云南热带地区有栽培。

栽培 耐强烈的阳光；喜高温多雨的气候，不耐寒，不耐旱。适宜生长在土层深厚、表土疏松且排水良好的砂质土壤。播种繁殖。

用途 重要的热带油料作物。其油可供食用和工业用，特别是用于食品工业。植株姿态优美，是城市垂直绿化的优良树种。树皮可制优质纤维。药用可抗炎、镇痛；主治风湿关节痛。植株高大，雄伟壮观，在园林中可成片栽植或列植作行道树，也可群植于绿地。

含油率及化学组分数据

采集单位	测试单位	测试部位	产地	含油率(%)	碘值	酸值	皂化值	C12:0	C14:0	C16:0	C16:1	C18:0	C18:1	C18:2	C18:3	C20:0	C20:1
KMIB	KMIB	种仁	云南瑞丽	34.06	24.40	3.60	230.60				6.35		2.55	33.87	31.10		
SCBG	SCBG	种仁	云南西双版纳	42.65	106.64	3.66	108.25	0.0062	0.026	6.55		1.14	43.15	75.28			
SCAU	SCBG	种仁	海南兴隆	48.60	22.14	4.26	222.66	0.014	0.05	3.70	0.09	1.39	24.63	45.18	18.54	1.24	
SCBG	SCBG	种仁	海南万宁	35.52	16.76	22.17	168.56	0.031	0.40	16.73	0.066	3.80	13.43			0.14	1.68
SCBG	SCBG	种仁	海南万宁	61.79	227.32	83.19	202.79	2.22	1.44	38.71	0.15	5.25	41.00	10.28	0.30	0.40	0.26
OFPC		果肉	海南保亭	76.30	52.00		196.00			38.00		4.10	39.70	16.00			
OFPC		果肉		81.90	51.50~60.00	9.60~18.70	198.60~208.30	微量	1.10~2.50	40.00~46.00		3.60~4.70	39.00~45.00	7.00~11.00			
OFPC		种仁		42.00~53.90	15.20~19.40	2.10~2.20	233.90~246.20	46.00~52.00	14.00~17.00	6.50~9.00		1.00~2.50	13.00~19.00	0.50~2.00			

刺轴榈

Licuala spinosa Wurmb

棕榈科，轴榈属

特征 丛生灌木，高2~5 m，直径3~7 cm。叶片辐射状深裂，圆肾形或3/4圆形，直径可达1 m或更大，裂片楔形，裂至近基部，8~22片，当中的裂片长30~50 cm，宽约7 cm，其余裂片则稍狭，先端具啮蚀状小裂片；叶柄长70~100 cm，通常两侧具刺或中下部具刺。花序长60~100 cm或更长，具2~3个圆锥状的分枝花序，其上有5个小穗状花序或更多，有时在分枝花序的基部还出现第三次分枝，小穗轴长10~15 cm；佛焰苞管状，被红褐色的易脱落的糠秕，顶端多少撕裂状。花螺旋状排列于小穗轴的周围，无梗，2~3朵聚生于小穗轴的下部，上部的单生；花萼裂片3，裂至中部，花冠长于花萼1/3；雄蕊6，基部合生成环状；子房无毛。果实球形或倒卵球形，直径7~9 mm，成熟时橙黄色至紫红色。果期5~6月。

分布 海南：五指山国家级自然保护区，18°54′49″N，109°41′17″E，900 m，2009-11-07，张荣京40017134；陵水县本号镇吊罗山国家级自然保护区，18°44′05″N，109°50′13″E，2010-08-08，秦新生4001161115；琼中县黎母山乡黎母山，19°10′37″N，109°46′35″E，2009-07-29，秦新生40011616。生于低山密林中。产于海南。印度及中南半岛等东南亚热带地区亦有分布。

栽培 喜生于半荫蔽林下或林缘，喜阴，耐寒冷，耐贫瘠。播种繁殖。

用途 叶片形态奇特，非常雅致，可盆栽或植于庭园中观赏。

含油率及化学组分数据

采集单位	测试单位	测试部位	产地	含油率(%)	碘值	酸值	皂化值	C12:0	C14:0	C16:0	C16:1	C18:0	C18:1	C18:2	C18:3	C20:0	C20:1
SCAU	SCBG	种仁	海南五指山	21.34				0.12	0.88		23.38	7.60	46.10	7.94			
SCAU	SCBG	种仁	海南陵水	16.45				0.012	0.10	9.55	0.14	3.15	8.02	30.97	41.04	0.20	0.13
SCAU	SCBG	种仁	海南琼中	10.94	30.61	5.81	184.52	0.11	5.74	0.27	1.69	36.93	43.98	2.49	0.29	0.23	0.23

蒲葵

Livistona chinensis (Jacq.) R. Br. [*Latania chinensis* Jacq.]

棕榈科，蒲葵属

特征 乔木状，高5~20 m，基部常膨大。叶阔肾状扇形，掌状深裂至中部，裂片线状披针形，基部宽4~4.5 cm，顶部长渐尖，两面绿色；叶柄下部两侧有黄绿色(新鲜时)或淡褐色(干后)下弯的短刺。花序呈圆锥状，粗壮，总梗上有6~7个佛焰苞，约6个分枝花序，每分枝花序基部有1个佛焰苞。花小，两性；花萼裂至近基部成3个宽三角形近急尖的裂片，裂片有宽的干膜质的边缘；花冠约2倍长于花萼，裂至中部成3个半卵形急尖的裂片；雄蕊6枚，其基部合生成杯状并贴生于花冠基部，花丝稍粗，宽三角形，突变成短钻状的尖头，花药阔椭圆形；子房的心皮上面有深雕纹，花柱突变成钻状。果实椭圆形，黑褐色。种子椭圆形，胚约位于种脊对面的中部稍偏下。花、果期4月。

分布 海南：文昌椰子大观园，19°45′04″N，110°46′51″E，2011-11-26，张荣京40017188。广西：桂林市广西师范大学，25°15′49″N，110°19′25″E，178 m，2010-12-20，吴磊、彭日成4001101168。湖北：兴山县古夫镇，31°20′29″N，110°45′24″E，256 m，2012-08-30，危文亮，赵永国等400151184。重庆：南川区三泉镇三泉药研所，29°07′40″N，107°12′15″E，590 m，2010-03-04，刘正宇等400231138。产我国南部。中南半岛亦有分布。

栽培 喜温暖多湿，能耐0℃低温。喜阳光、亦较耐阴。要求湿润、肥沃、有机质丰富的黏重土壤。播种法繁殖，一般60 d萌芽。苗期应充分浇水，并需遮阴，长至5~7片真叶时即可定植。移栽应带土球。盆栽夏季应置阴棚下，并注意通风。

用途 茎粗，叶大，树冠如伞，四季常青，为热带地区重要的绿化树种，可列植作行道树或群植于绿地作风景树。公园、庭园普遍栽培。寒地多盆栽观赏。叶可制作蒲扇，种子入药。嫩叶可编制葵扇；老叶制蓑衣等，叶裂片的肋脉可制牙签；果实药用，治癌肿、白血病；根治哮喘；叶治功能性子宫出血。树形优美，叶片可制葵扇等，是华南地区园林结合生产的优良树种。长江流域及其以北城市常于温室桶栽观赏。

含油率及化学组分数据

采集单位	测试单位	测试部位	产地	含油率(%)	碘值	酸值	皂化值	C12:0	C14:0	C16:0	C16:1	C18:0	C18:1	C18:2	C18:3	C20:0	C20:1
SCAU	SCBG	种仁	海南文昌	23.04	25.88		221.57	1.63	0.55		13.39		8.27	50.25	1.55		0.15
GXIB	SCBG	种仁	广西桂林	3.61	102.25	0.89	167.68	0.18	0.75	13.12	0.94	1.93	21.73	52.32	1.54	0.36	0.17
OCRI	SCBG	种仁	湖北兴山	9.20	9.67	1.57	176.02		0.09	9.64	2.74	1.99	19.90	50.90	0.35	0.14	
CIPP	SCBG	种仁	重庆南川	10.33					7.20	9.39	0.32	6.90	46.99	18.40	0.11	1.39	0.15

水椰 (露壁、烛子)

Nypa fruticans Wurmb [*Cocos nypa* Lour.]

棕榈科，水椰属

特征 根茎粗壮，匍匐状，丛生。叶羽状全裂，坚硬而粗，长4~7 m，羽片多数，整齐排列，线状披针形，外向折叠，长50~80 cm，宽3~5 cm，先端急尖，全缘，中脉突起，背面沿中脉的近基部处有纤维束状、丁字着生的膜质小鳞片。花序长1 m或更长；雄花序柔荑状，着生于雌花序的侧边；雌花序头状(球状)，顶生；果序球形，上有32~38个成熟心皮，果实由1个心皮发育而成，核果状，褐色，发亮，倒卵球状，长9~11 cm，略压扁而具六棱，顶端圆，基部渐狭，外果皮光滑，中果皮肉质具纤维，内果皮海绵状。种子近球形或阔卵球形，长3~4 cm，直径约4 cm，胚乳白色，均匀，中空，胚基生。花期7月。

分布 海南：万宁市石梅湾，18°40′16″N，110°16′10″E，2009-08-02，邢福武、戴建阅、郑希龙40011125。产海南东南部的崖县、陵水、万宁、文昌等县的沿海港湾泥沼地带。亚洲东部(琉球群岛)、南部(斯里兰卡、印度的恒河三角洲、马来西亚)至澳大利亚、所罗门群岛等热带地区亦有分布。

栽培 喜温暖湿润环境，生于海边红树林中。播种繁殖。宜选择淡水河通港湾沼泽海滩涂处造林。植后要防牛畜危害。

用途 为优良的园林观赏植物，可盆栽或植于绿地。有防风、固海堤、绿化海岸、净化空气的作用。本种有较高的经济价值，嫩果可生食或糖渍；花序割取汁液可制糖、酿酒、制醋；叶子可盖屋，亦可用于编织篮子等用具，在国外一些产地土著居民有用其嫩叶作卷烟纸的。

含油率及化学组分数据

采集单位	测试单位	测试部位	产地	含油率(%)	碘值	酸值	皂化值	C12:0	C14:0	C16:0	C16:1	C18:0	C18:1	C18:2	C18:3	C20:0	C20:1
SCBG	SCBG	种仁	海南万宁	36.45	60.84	8.61	230.5	0.02	0.06	7.47	0.19	3.03	14.90	72.53	1.31	0.45	0.06

林刺葵 (银海枣、野海枣)

Phoenix sylvestris (L.) Roxb.

棕榈科，刺葵属

特征 乔木状，高达16 m，直径达33 cm。叶密集呈半球形树冠；茎具宿存的叶柄基部。叶长3~5 m，完全无毛；叶柄短；叶鞘具纤维；羽片剑形，顶端尾状渐尖，互生或对生，呈2~4列排列，下部羽片较小，最后变为针刺。佛焰苞近革质，开裂为2舟状瓣，表面被糠秕状褐色鳞秕；花序直立，分枝花序纤细；花序梗明显压扁；花小，无小苞片；雄花狭长圆形或卵形，顶端钝，白色，具香味；花萼杯状，顶端具3圆钝齿；花瓣3，长为花萼的3~4倍；花丝极短，离生，花药线形，稍短于花瓣；雌花近球形，花萼杯状，顶端具3短齿，长为花瓣的1/2倍；花瓣3，极宽。果序长约1 m，具节，密集，橙黄色；果实长圆状椭圆形或卵球形，橙黄色，顶端具短尖头。种子长圆形，两端圆，苍白褐色。果期9~10月。

分布 云南：昆明植物园东园，25°08′28″N，102°43′20″E，1920 m，2010-10-14，王智、杨珺、谭英400221207。原产印度、缅甸。广东、广西、福建、云南等地有引种栽培。

栽培 喜光；喜高温高湿的气候，有较强的抗旱力，稍耐寒，但冬季低于零度易受冻害，生长适宜温度为20~28℃。播种繁殖。

用途 株形优美，树冠半圆形，叶色银灰，可孤植或丛植于水边、草坪作景观树，观赏效果极佳。常作观赏植物。

含油率及化学组分数据

采集单位	测试单位	测试部位	产地	含油率(%)	碘值	酸值	皂化值	C12:0	C14:0	C16:0	C16:1	C18:0	C18:1	C18:2	C18:3	C20:0	C20:1
KMIB	KMIB	种仁	云南昆明	58.58				48.14	7.32	2.81			8.75	1.92			

王棕 (大王椰子)

Roystonea regia (Kunth) O. F. Cook

棕榈科，王棕属

特征　常绿乔木，茎直立，高10~20 m。茎幼时基部膨大，老时近中部不规则地膨大，向上部渐狭。叶羽状全裂，弓形并常下垂，长约4~5 m，叶轴每侧的羽片多达250片，羽片呈4列排列，线状披针形，渐尖，顶端浅2裂，长90~100 cm，宽3~5 cm，顶部羽片较短而狭，在中脉的每侧具粗壮的叶脉。花序长达1. 5 m，多分枝，佛焰苞在开花前像1根垒球棒；花小，雌雄同株，雄花长6~7 mm，雄蕊6，与花瓣等长，雌花长约为雄花之半。果实近球形至倒卵形，长约1. 3 cm，直径约1 cm，暗红色至淡紫色。种子歪卵形，一侧压扁，胚乳均匀，胚近基生。花期3~4月；果期10月。

分布　海南：乐东县尖峰岭树木园，18°43′15″N，108°52′54″E，2011-12-11，秦新生4001161255。云南：瑞丽市林科所，24°0′ 56″N，97°51′ 6″E，1101 m，2010-10-10，李忠荣400222145。我国南部热区常见栽培。

栽培　播种繁殖。

用途　树形优美，世界著名的热带风光树种。广泛作行道树和庭园绿化树种。果实含油，可作猪饲料。

含油率及化学组分数据

采集单位	测试单位	测试部位	产地	含油率(%)	碘值	酸值	皂化值	C12:0	C14:0	C16:0	C16:1	C18:0	C18:1	C18:2	C18:3	C20:0	C20:1
SCAU	SCBG	种仁	海南乐东	28. 66		9. 03	240. 50		0. 26		23. 54		7. 59	45. 71	0. 42	0. 95	0. 36
KMIB	KMIB	种仁	云南瑞丽	2. 42				0. 58	2. 07	4. 56		1. 36	9. 88	8. 98			

金山葵 (皇后葵)

Syagrus romanzoffiana (Cham.) Glassman [*Arecastrum romanzoffianum* (Cham.) Becc.]

棕榈科，金山葵属

特征　乔木状，干高10~15 m，直径20~40 cm。叶羽状全裂，长4~5 m，羽片多，每2~5片靠近成组排列成几列，每组之间稍有间隔，线状披针形，顶端的稍疏离，较短，狭成线形，具1条明显的中脉，横脉细而密，两面及边缘无刺，背面中脉上被鳞秕，羽片先端浅2裂；叶柄及叶轴被易脱落的褐色鳞秕状绒毛。花序生于叶腋间，一回分枝，之字形弯曲，基部至中部着生雌花，顶部着生雄花；花序梗上的大苞片(大佛焰苞)舟状，木质化；花雌雄同株。果实近球形或倒卵球形，稍具喙，外果皮光滑，中果皮肉质具纤维，内果皮厚，骨质，坚硬，内果皮腔形状不规则，近基部有3个萌发孔。种子与内果皮腔同形，胚乳均匀具棱，中央有1个小的空腔，胚近基生。花期2月；果期11月至翌年3月。

分布　海南：万宁市兴隆热带花园，18°41′53″N，110°14′33″E，2009-08-06，邢福武、戴建阅、翟俊文、郑希龙40011136。喜温暖的气候，原产巴西中部和南部。广泛栽培于热带和亚热带地区。

栽培　喜温暖的气候，稍耐寒。播种繁殖。

用途　我国南部各地常见栽培于庭园和园林单位，大都作庭园观赏，果实可食。

含油率及化学组分数据

采集单位	测试单位	测试部位	产地	含油率(%)	碘值	酸值	皂化值	C12:0	C14:0	C16:0	C16:1	C18:0	C18:1	C18:2	C18:3	C20:0	C20:1
SCBG	SCBG	种仁	海南万宁	52. 60	18. 30	0. 45	256. 52		21. 36	16. 13	0. 024	12. 21	43. 82	6. 00	0. 10	0. 35	

棕榈（栟榈、棕树）

Trachycarpus fortunei (Hook.) H. Wendl.

棕榈科，棕榈属

特征 乔木状，高3~10 m或更高，树干圆柱形，被不易脱落的老叶柄基部和密集的网状纤维。叶片呈3/4圆形或者近圆形，深裂成30~50片具皱折的线状剑形，裂片先端具短2裂或2齿；叶柄两侧具细圆齿，顶端有明显的戟突。花序粗壮，多次分枝，常雌雄异株。雄花序具有2~3个分枝花序；雄花无梗，每2~3朵密集着生于小穗轴上，也有单生的；花瓣阔卵形，雄蕊6枚，花药卵状箭头形；雌花花序梗上有3个佛焰苞包着，具4~5个圆锥状的分枝花序；雌花淡绿色，通常2~3朵聚生；花无梗，球形，着生于短瘤突上，花瓣卵状近圆形；退化雄蕊6枚，心皮被银色毛。果实阔肾形，有脐，成熟时由黄色变为淡蓝色，有白粉。种子胚乳均匀，角质，胚侧生。花期4月；果期12月。

分布 广东：阳山县秤架，24°43′32″N，112°45′16″E，793 m，2009-10-24，陈林、王发国、翟俊文40011459。广西：灵川县大境七分山，25°05′25″N，110°36′31″E，2009-12-04，吴望辉、黄俞淞、农东新4001101059。湖南：永顺县杉木河，29°12′47″N，109°49′25″E，520 m，2009-10-02，陈功锡、徐亮400191025；桑植县五道水汪家坪，29°41′01″N，109°49′56″E，2011-10-11，张九兵400181283；湘潭县响水乡，27°54′52″N，112°54′43″E，63 m，2009-09-13，严岳鸿、周喜乐、黄玉滢400181010。江西：遂川县南风面，26°17′29″N，114°02′22″E，1229 m，2010-10-30，谢行、孙键400147006；玉山县三清山，28°56′14″N，118°01′54″E，391 m，2009-10-23，廖文波等400141171。福建：武夷山星村桐木村，27°44′06″N，117°41′13″E，724 m，2012-11-18，易绮斐、宁阳阳、李玉玲400119260。湖北：五峰长乐坪洞口，30°10′57″N，110°54′01″E，2009-10-02，李晓东、陈士强40012132；五峰长乐坪洞口村，30°10′28″N，110°52′32″E，978 m，2009-10-18，丁时东、危文亮400152031；鹤峰县城边乡，29°52′51″N，110°01′13″E，500 m，2009-09-06，丁时东、赵永国400151031。江苏：无锡市花卉公园，31°34′12″N，120°13′04″E，26 m，2009-12-21，田怀珍、熊申展4001171060。安徽：合肥市合肥植物园，31°52′52″N，117°12′09″E，2012-10-18，刘东明、王鹏40011300051；宁国县板桥自然保护区，30°31′41″N，118°38′29″E，280 m，2012-10-02，李星霖、刘巧霞、程志全4001171226。河南：郑州惠济区，34°45′47″N，113°40′49″E，352 m，2011-10-28，王亚平、武振江、李丹凤400314068。重庆：南川区三泉镇金佛山黄草坪，29°19′45″N，107°07′44″E，1272 m，2009-10-14，刘正宇等400231085。四川：都江堰大观味江，30°51′15″N，103°34′57″E，2010-09-12，崔龙、李志强40021110008。贵州：雷山县雷公山自然保护区管理站至乌东村途中，26°22′46″N，108°04′42″E，801 m，2012-10-18，陈丰林、夏纯、桑洪伟4001151237。陕西：佛坪县袁家庄关沟村，33°17′24″N，107°34′58″E，805 m，2009-8-30，薛帅400321058。通常仅见栽培于四旁，罕见野生于疏林中，海拔上限2000 m左右；在长江以北虽可栽培，但冬季茎须裹草防寒。分布于长江以南各 地区。日本也有分布。

栽培 喜温暖湿润的环境，较耐寒耐阴。要求排水良好、肥沃的石灰质土壤或中性土壤。抗污染能力强。播种繁殖。

用途 本种在南方各地广泛栽培，北方常温室桶栽观赏，主要剥取其棕皮纤维(叶鞘纤维)，作绳索，编蓑衣、棕绷、地毡，制刷子和作沙发的填充料等；嫩叶经漂白可制扇和草帽；未开放的花苞又称“棕鱼”，可供食用；棕皮及叶柄(棕板)煅炭入药有止血作用，果实、叶、花、根等亦入药；此外，棕榈树形优美，也是庭园绿化的优良树种。适宜植于庭园中绿地做风景树，有很多常见的园艺品种。

含油率及化学组分数据

采集单位	测试单位	测试部位	产地	含油率(%)	碘值	酸值	皂化值	C12:0	C14:0	C16:0	C16:1	C18:0	C18:1	C18:2	C18:3	C20:0	C20:1
SCBG	SCBG	种仁	广东阳山	2.45				0.01	0.06	5.96	0.12	2.03	12.92	77.49	1.19	0.10	0.13
GXIB	SCBG	种仁	广西灵川	10.64	113.64	2.32	182.09			6.86	0.44	1.09	28.34	56.13	1.04		0.39
JSU	SCBG	种仁	湖南永顺	14.25	31.89	3.66		0.028	0.11	13.64	0.17	7.53	14.82	53.60	4.82	2.22	3.07
HUST	HUST	种仁	湖南桑植	12.02		37.62			0.10	7.25	0.21	1.42	51.6	29.01	0.75	0.67	
HUST	HUST	种仁	湖南湘潭	13.14				0.93	0.24	13.74	2.58	1.80	5.90	21.98	22.86	0.83	
SYSU	SCBG	种仁	江西遂州	10.68	95.91	1.61	197.10	0.41	0.77	7.72	2.02	10.19	30.82	0.047	44.52	0.21	0.22
SYSU	SCBG	种仁	江西玉山	14.35	101.08	12.19	176.65	0.05	0.096	5.88	0.15	2.83	20.58	38.63	0.013	28.01	1.02
SCBG	SCBG	种仁	福建武夷山	7.12				0.005	0.12	13.01	0.12	2.43	16.36	66.89	0.48	0.32	0.26
WHBG	WHBG	种仁	湖北五峰	12.30	101.73	74.92	106.35	1.28	2.12	9.31	1.08	2.33	11.37	29.32	38.31	0.17	0.20
OCRI	SCBG	种仁	湖北五峰	6.57	61.24	4.78	175.94	0.48	0.24	18.84		7.60	26.13	29.77	8.47	2.45	0.16
OCRI	SCBG	种仁	湖北鹤峰	14.15	312.32	63.58	71.36	0.43	0.72	9.48		3.02	23.71	51.87	9.48	0.57	
ECNU	SCBG	种仁	江苏无锡	10.26	28.36	6.95	268.85	0.007	0.078	10.04	0.062	4.84	6.51	76.76	0.29	0.69	0.73
SCBG	SCBG	种仁	安徽合肥	23.14	148.00		170.81		0.025	7.26	0.05	0.70			12.39		0.49
ECNU	SCBG	种仁	安徽宁国	6.15	13.83	12.47	188.22	0.0036	0.041	3.84	0.037	0.85	26.15	35.91	32.59	0.11	0.47
ICS	ICS	种子	河南郑州	2.10	79.31	11.27	122.97	6.53	4.37	11.15		2.61	25.11	46.56	0.75		0.29
CIPP	SCBG	种仁	重庆南川	9.16	4.18	11.91	263.82	0.42	10.01	17.84	0.42	3.42	35.16	18.87	5.73	0.85	1.55
SCU	SCU	种仁	四川都江堰	44.13	86.20	1.20	221.60			14.99		3.72	29.96	51.32			
SCBG	SCBG	种仁	贵州雷山	8.45				0.008	0.034	4.54	0.075	2.54	40.92	51.12	0.55	0.18	0.045
CAU	ICS	种子	陕西佛坪	2.12	74.92	16.19	172.95	9.13	9.16	9.02	0.11	3.40	25.99	39.37	1.29	0.24	0.16

龙棕

Trachycarpus nanus Becc.

棕榈科，棕榈属

特征 灌木状，株高0. 5~0. 8 m。无地上茎，地下茎节密集，多须根，向上弯曲，犹如龙状，故名龙棕。叶簇生于地面，形状如棕榈叶，但较小和更深裂，裂片为线状披针形，长25~55 cm，宽1. 5~2. 5 cm，先端浅2裂，上面绿色，背面苍白色；叶柄长25~35 cm，两侧有或无密齿。花序从地面直立伸出，较细小，长40~48 cm，通常二回分枝；花雌雄异株，雄花序的花比雌花序的花密集；雄花球形，黄绿色，无毛，萼片3，几离生，花瓣2倍长于萼片，发育雄蕊6，退化雄蕊3；雌花淡绿色，球状卵形，花瓣稍长于花萼，心皮3，被银色毛，胚珠3，只1颗发育。果实肾形，蓝黑色，宽10~12 mm，高6~8 mm。种子形状如果实，胚乳均匀，胚侧生，偏向种脐。花期4月；果期10月。

分布 云南：元谋县城边，25°44′29. 59″N，101°50′25. 81″E，1079 m，2010-08-05，刘恩乾400222161。北京中国科学院植物研究所植物园有栽培。本种为我国特有的珍稀濒危植物，仅见于云南西部至西北部的大姚、宾川(鸡足山)、永胜以及中部的峨山等地区。

栽培 播种繁殖。

用途 叶可制刷子。植株低矮、树形美观，适宜做高级盆景观赏和庭园绿化植物。

含油率及化学组分数据

采集单位	测试单位	测试部位	产地	含油率(%)	碘值	酸值	皂化值	C12:0	C14:0	C16:0	C16:1	C18:0	C18:1	C18:2	C18:3	C20:0	C20:1
KMIB	KMIB	种仁	云南元谋	21. 79	62. 20	1. 99	192. 20	2. 56	45. 23	16. 75	8. 37		1. 95	16. 42	5. 25		

圣诞椰(马尼拉椰子)

Veitchia merrillii (Becc.) H. E. Moore

棕榈科，圣诞椰子属

特征 乔木，高4. 5~6 m。茎单生，有环纹及逐渐变细的冠茎，绿色。叶羽状全裂，约有50枚羽片；羽片尾部下垂，亮绿色，叶脉背面有间疏的条状鳞片。花雌雄同株；花序生于冠茎下，多分支，暗白色。果卵状，呈光滑的亮红色。花期春至夏季；果期秋至冬季。

分布 海南：文昌椰子大观园，19°45′04″N，110°46′51″E，2011-11-26，张荣京40017186。原产菲律宾，中国华南地区有栽培。

栽培 播种繁殖。喜温暖不耐寒。

用途 株形优美，叶色亮绿，适宜庭园栽培观赏。

含油率及化学组分数据

采集单位	测试单位	测试部位	产地	含油率(%)	碘值	酸值	皂化值	C12:0	C14:0	C16:0	C16:1	C18:0	C18:1	C18:2	C18:3	C20:0	C20:1
SCAU	SCBG	种仁	海南文昌	20. 37	7. 99	6. 32	166. 62	0. 006	0	17. 79	15. 25		57. 07	30. 96		0. 11	0. 17

南蛇棒

Amorphophallus dunnii Tutcher [*Amorphophallus mellii* Engl.]

天南星科，魔芋属

特征　块茎扁球形，厚2~8 cm，直径4. 5~13 cm，顶部扁平，几不下凹，密生分枝肉质根。鳞叶多数，线形，膜质。叶柄干时绿白色。叶片3全裂，裂片离基10 cm以上2次分叉，小裂片互生，基生小裂片椭圆形；顶生2个小裂片倒披针形或披针形，锐尖，基部楔形，表面绿色，背面淡绿色，其下两小裂片外侧极下延，下延部分联合成翅。花序柄颜色同叶柄。佛焰苞绿色、浅绿白色，干时膜质，长卵形或椭圆形，下部席卷，上部舟状展开，内面基部紫色，余黄绿色。肉穗花序短于佛焰苞，雌花序基部稍狭，雄花序长1. 4~4. 5 cm，粗1~3 cm；附属器长圆锥形或纺锤形，绿色，黄白色。花药无柄，圆柱形；子房倒卵形，先端渐狭为花柱，柱头盘状。浆果蓝色，种子黑色。花期3~4月；果7~8月成熟。

分布　湖北：鹤峰县木林子保护区，30°03′30″N，110°10′12″E，1028 m，2009-11-19，危文亮、丁时东400151028。产于林下，林中溪旁、路边或灌丛中。产广东及沿海岛屿、广西、湖南、云南东南部。

栽培　忌强光照射，喜半阴；喜高温、高湿的气候，不耐寒。喜疏松，肥沃且排水良好的土壤。扦插或分株繁殖，也可播种繁殖。栽培容易、管理粗放。

用途　可作大型盆栽，是优良的观叶植物。

含油率及化学组分数据

采集单位	测试单位	测试部位	产地	含油率(%)	碘值	酸值	皂化值	C12:0	C14:0	C16:0	C16:1	C18:0	C18:1	C18:2	C18:3	C20:0	C20:1
OCRI	SCBG	种仁	湖北鹤峰	38. 65	59. 89	19. 91	257. 89		0. 032	11. 95	0. 22	3. 23	8. 28	43. 18	30. 66	0. 16	0. 05

灯台莲（大叶天南星、半边莲、蛇芋头）

Arisaema bockii Engl. [*Arisaema sikokianum* var. *henryanum* (Engl.) H. Li.]

天南星科，天南星属

特征　块茎扁球形，直径2~3 cm，鳞叶2，内面的披针形，膜质。叶2，叶柄长20~30 cm，下面1/2鞘筒状，鞘筒上缘几截平；叶片鸟足状5裂，裂片卵形、卵状长圆形或长圆形，全缘，中裂片具长柄，锐尖，基部楔形；花序柄略短于叶柄或几与叶柄等长。佛焰苞淡绿色至暗紫色，具淡紫色条纹，管部漏斗状，喉部边缘近截形，无耳；檐部卵状披针形至长圆披针形，稍下弯。肉穗花序单性，雄花序圆柱形，花疏，雄花近无柄，花药2~3，药室卵形，外向纵裂。雌花序近圆锥形，花密，子房卵圆形，柱头小，圆形，胚珠3~4；各附属器明显具细柄，直立，粗壮，上部增粗成棒状或近球形。果序圆锥状，下部粗3 cm，浆果黄色，长圆锥状，种子1~2或3，卵圆形，光滑，具柄。花期5月；果8~9月成熟。

分布　福建：南平武夷山市洋庄乡大安源，27°52′37″N，117°52′32″E，438 m，2012-11-11，刘东明、童毅4001122125。生于林缘，溪边，岩石，山谷；海拔600~1500 m。产于广东、广西、湖南、江西、福建、浙江、江苏、安徽、河南、湖北、贵州。日本也有。

栽培　播种繁殖。

用途　可供观赏。

含油率及化学组分数据

采集单位	测试单位	测试部位	产地	含油率(%)	碘值	酸值	皂化值	C12:0	C14:0	C16:0	C16:1	C18:0	C18:1	C18:2	C18:3	C20:0	C20:1
SCBG	SCBG	种仁	福建南平	31. 26	78. 17	45. 48	182. 75										

浆果薹草

Carex baccans Nees

莎草科，薹草属

特征 草本。根状茎木质。秆密丛生，直立而粗壮，高80~150 cm，三棱形，无毛，中部以下生叶。叶基生和秆生，长于秆，平张，宽8~12 mm，下面光滑，上面粗糙，基部宿存叶鞘。苞片叶状，长于花序，基部具长鞘。圆锥花序复出；圆锥花序3~8个，单生，轮廓为长圆形。小苞片鳞片状，披针形；支花序柄坚挺；花序轴钝三棱柱形，几无毛；小穗多数，两性，雄雌顺序；雄花部分纤细，具少数花；雌花部分具多数密生的花。雄花鳞片宽卵形，顶端具芒，膜质，栗褐色；雌花鳞片宽卵形。果囊倒卵状球形或近球形，成熟时鲜红色或紫红色，具多数纵脉，上部边缘与喙的两侧被短粗毛。小坚果椭圆形，三棱形，基部具短柄，顶端具短尖；花柱基部不增粗，柱头3个。花、果期8~12月。

分布 广东：英德县石门台，24°26′03″N，113°18′36″E，2010-11-13，易绮斐、陈林、刘清泉400119135。广西：龙胜县乐江乡，25°07′08″N，110°51′47″E，520 m，2012-10-25，黄俞淞4001101303。云南：昆明市盘龙区桃园村，25°08′21″N，102°45′31″E，1935 m，2009-10-12，王智、隋学艺400221054。生于林边、河边及村边，海拔200~2700 m。产于海南、广东、广西、福建、台湾、四川、贵州、云南。马来西亚、越南、尼泊尔、印度也有分布。

栽培 分株或播种繁殖。

用途 可作为南方荒地绿化草用。

含油率及化学组分数据

采集单位	测试单位	测试部位	产地	含油率(%)	碘值	酸值	皂化值	C12:0	C14:0	C16:0	C16:1	C18:0	C18:1	C18:2	C18:3	C20:0	C20:1
SCBG	SCBG	种仁	广东英德	20.41	18.74	17.47	176.95		0.16	8.34	0.15	11.91	36.13	56.26	1.37	0.34	0.18
GXIB	SCBG	种子	广西龙胜	6.47	103.72	0.32	200.39	0.10	0.23	15.56		7.58	28.16	43.21	3.39	0.92	
KMIB	KMIB	种仁	云南昆明	20.00				1.10	0.45	25.73	1.21	2.47	18.40	50.00			

油莎草

Cyperus esculentus var. **sativus** Boeckeler

莎草科，莎草属

特征 多年生草本。根纤维状。地下茎匍匐状，先端肿胀成块茎；块茎椭圆形或球形，长10~18 mm，宽5~8 mm，有明显的节，老时有灰色绒毛。茎直立，高10~40 cm，光滑，基部有叶。叶多数，长或短于茎；叶鞘红棕色；叶片黄绿色到淡绿色，宽3~6 mm，叶缘平滑或反卷。总苞片3~6枚，基部2枚长于花序；花单生或成聚伞花序，径5~12 cm，基部有时分枝；穗状花序卵圆形，每穗有5~14个松散排列的小穗状花；花二列，线形至长圆形，长1~1.5 cm，宽1.6~2 mm，开花后分叉，有10~20朵花；花轴有宽翅。颖片黄色到金色或浅灰色，边缘重叠成松散的瓦状，成熟时延长，卵形到卵状椭圆形，长2.2~2.6 mm；有7条侧脉；叶缘白色透明状，顶端截形或短尖；雄蕊3，花药线形，花药上有一明显卵形附属物；花柱长，雌蕊3。坚果棕灰色，椭圆形，三棱，有光泽，有密集的小油点。块茎成熟期8~10月。

分布 在广西、云南、新疆、辽宁、黑龙江有栽培，在台湾、山东逸为野生。原产于地中海地区。

栽培 喜光、好气、耐旱、抗盐碱，最好种植在黄沙土壤上。春季播种，每亩用种8~10 kg，播期4~6月，株距30 cm，行距50 cm，全生育期110 d左右。病虫害很少，不用打药。用块茎繁殖，播前浸水催芽，待块茎吸水膨大时起畦播种，植距15~18 cm，生长期短，种后80~120 d收获块茎。

用途 果实椭圆形，出油率一般为35%左右，品质优于菜籽油，含有丰富的蛋白质和氨基酸，营养价值极高。油莎豆除榨油外，也可加工成食品出售。榨过油的饼粕可加工成糕点，制酱油和醋，也可提取优质淀粉、糖、纤维素和酿酒，余下的粉渣还是很好的精饲料。叶子细长有韧性，是编织手工艺品的理想原料。这种草生长和繁殖快速，利于保持水土。

含油率及化学组分数据

采集单位	测试单位	测试部位	产地	含油率(%)	碘值	酸值	皂化值	C12:0	C14:0	C16:0	C16:1	C18:0	C18:1	C18:2	C18:3	C20:0	C20:1
OFPC		块茎	辽宁沈阳	16.30～26.80	83.90		190.70			16.20		2.50	64.90	15.50	0.90		
OFPC		根状茎		27.40	78.00		192.00					20.00	64.00	11.00	2.00		

散穗黑莎草（爪哇黑莎草）

Gahnia baniensis Benl [*Gahnia javanica* var. *penangensis* C. B. Clarke]

莎草科，黑莎草属

特征 秆长约90 cm，健壮，圆柱状，质地坚硬，有节。叶鞘黑褐色，长8~15 cm，叶片稍长或同花序一样长，宽8~12 mm，纸质至革质，边缘粗糙，先端渐尖。苞片通常短于花序。花序黑色，长40~70 cm，宽6~15 cm。小穗发黑，2或3枚单生，长椭圆形，长4~5 mm，着生2小花。雄蕊2或3，柱头3。花、果期8~9月。

分布 广东：从化市桃园镇石门国家森林公园，23°31′14″N，113°34′21″E，521 m，2009-11-05，易绮斐、林铎清、徐蕾400119014。生于潮湿山处或斜坡上。产于海南、广东、广西、福建及云南。也分布于日本、马来亚、印度尼西亚至菲吉群岛、越南和澳大利亚。

栽培 喜阳，耐旱，耐贫瘠，但在肥沃土壤中生长更佳。播种繁殖。

用途 耐旱性较好，适宜作为干旱地植被恢复用草。

含油率及化学组分数据

采集单位	测试单位	测试部位	产地	含油率(%)	碘值	酸值	皂化值	C12:0	C14:0	C16:0	C16:1	C18:0	C18:1	C18:2	C18:3	C20:0	C20:1
SCBG	SCBG	果实	广东从化	20. 20	78. 28	61. 65	205. 01	5. 56	2. 34	7. 27	0. 13	2. 98	47. 47	33. 71	0. 15	0. 26	0. 12

黑莎草（大头茅草、硫草茅草、瘦狗母）

Gahnia tristis Nees

莎草科，黑莎草属

特征 丛生。须根粗，具根状茎。秆粗壮，圆柱状，坚实，空心，有节。叶基生和秆生，具鞘，鞘红棕色，长10~20 cm，叶片狭长，极硬，硬纸质或几革质，边缘及背面具刺状细齿。苞片叶状，具长鞘，愈上则鞘愈短，边缘及背面亦具刺状细齿；圆锥花序紧缩成穗状；小苞片鳞片状，卵状披针形小穗排列紧密，纺锤形，具8片鳞片，罕10片；鳞片螺旋状排列；雄蕊3，花丝细长，花药线状长圆形或线形，药隔顶端突出于药外；花柱细长，柱头3，细长。小坚果倒卵状长圆形，三棱形，平滑，具光泽，骨质，未成熟时为白色或淡棕色，成熟时为黑色。花、果期3~12月。

分布 安徽：合肥市合肥植物园，31°52′51″N，117°12′29″E，2010-10-18，刘东明、王鹏400113050。江西：石城县赣江源，26°03′06″N，116°19′28″E，446 m，2012-11-12，凡强、潘云云4001416089。生长于干燥的荒山坡或山脚灌木丛中。产于海南、广东、广西、湖南和福建。也分布于琉球群岛。

栽培 耐干旱和瘠薄。播种或分株繁殖。

用途 全株植物在产地常用作小茅屋顶的盖草和墙壁材料，小坚果可用以榨油。根系发达，植株大型，可作贫瘠地荒漠化防治用草。

含油率及化学组分数据

采集单位	测试单位	测试部位	产地	含油率(%)	碘值	酸值	皂化值	C12:0	C14:0	C16:0	C16:1	C18:0	C18:1	C18:2	C18:3	C20:0	C20:1
SCBG	SCBG	种子	广东乳源	21. 19	120. 22	40. 57	202. 39	7. 07	3. 49	7. 43	0. 16	2. 19	39. 58	39. 53	0. 21	0. 22	0. 13
ZSU	SCBG	种子	江西石城	18. 47				0. 25	0. 055	3. 92	0. 043	3. 88	47. 86	26. 08	17. 56	0. 26	0. 11
OFPC		小坚果	广东罗定	16. 00	102. 10		196. 10		0. 30	9. 50	微量	2. 20	48. 50	39. 40			
OFPC		种子		23. 40	125. 20	2. 80				6. 00		2. 00	48. 00	44. 00			

野蕉（伦阿蕉、山芭蕉）

Musa balbisiana Colla

芭蕉科，芭蕉属

特征　草本，假茎丛生，高约6 m，黄绿色，有大块黑斑，具匍匐茎。叶片卵状长圆形，长约2. 9 m，宽约90 cm，基部耳形，两侧不对称，叶面绿色，微被蜡粉；叶柄长约75 cm，叶翼张开约2 cm，但幼时常闭合。花序长2. 5 m，雌花的苞片脱落，中性花及雄花的苞片宿存，苞片卵形至披针形，外面暗紫红色，被白粉，内面紫红色，开放后反卷；合生花被片具条纹，外面淡紫白色，内面淡紫色；离生花被片乳白色，透明，倒卵形，基部圆形，先端内凹，在凹陷处有一小尖头。果丛共8段，每段有果2列，约15~16个。浆果倒卵形，长约13 cm，直径约4 cm，灰绿色，棱角明显，先端收缩成一具棱角、长约2 cm的柱状体，基部渐狭成柄，果内具多数种子；种子扁球形，褐色，具疣。

分布　海南：陵水县本号镇吊罗山南喜，18°44′05″N，109°50′13″E，500 m，2010-08-11，秦新生4001161164。生于沟谷坡地的湿润常绿林中。产于云南西部、广西、广东。亚洲南部、东南部均有分布。

栽培　分株繁殖，在春季分离母株旁的吸芽。干旱季节要适当浇灌，保持水土湿润。喜阳光充足；喜温暖湿润的环境，不耐寒。喜肥沃疏松和排水良好的土壤。

用途　假茎可作猪饲料。本种是目前世界上栽培香蕉的亲本种之一。树形优美，适宜庭园栽培观赏。

含油率及化学组分数据

采集单位	测试单位	测试部位	产地	含油率(%)	碘值	酸值	皂化值	C12:0	C14:0	C16:0	C16:1	C18:0	C18:1	C18:2	C18:3	C20:0	C20:1
SCAU	SCBG	种子果实	海南陵水	20. 31	18. 62	17. 29	204. 33	0. 018	0. 15	7. 66	0. 45	1. 93	19. 22	11. 98	45. 85	3. 90	8. 85

草豆蔻（豆蔻、小豆蔻、广西小豆蔻）

Alpinia hainanensis K. Schum.

姜科，山姜属

特征　株高达3 m。叶片线状披针形，长50~65 cm，宽6~9 cm，顶端渐尖，并有一短尖头，基部渐狭，两边不对称，边缘被毛，两面均无毛或稀可于叶背被极疏的粗毛；叶柄长1. 5~2 cm；叶舌长5~8 mm，外被粗毛。总状花序顶生，直立，长达20 cm，花序轴淡绿色，被粗毛；小苞片乳白色，阔椭圆形；花萼钟状，长2~2. 5 cm，顶端不规则齿裂，复又一侧开裂，具缘毛或无，外被毛；花冠管，花冠裂片边缘稍内卷，具缘毛；无侧生退化雄蕊；唇瓣三角状卵形，顶端微2裂，具自中央向边缘放射的彩色条纹；子房被毛；腺体长约1. 5 mm。果球形，直径约3 cm，熟时金黄色。花期4~6月；果期5~8月。

分布　海南：昌江县霸王岭东，19°13′21″N，109°00′41″E，2009-08-05，秦新生400116156。广东：阳山县秤架，24°51′10″N，112°53′58″E，996 m，2009-08-23，陈林40011413。重庆：南川区三泉镇三泉白杨坪，29°45′38″N，107°07′09″E，582 m，2009-11-02，刘正宇等400231105。生于山地疏或密林中。产于广东、广西。

栽培　播种或分株繁殖，与春至夏季进行。患立枯病时应将病株连根挖掉，周围洒石灰粉或用50%多菌灵1000倍液浇灌。喜光。喜温暖至高温、多湿的气候，不耐干旱和寒冷。栽培土质需肥沃、湿润的壤土。

用途　果实可入药；全株可供观赏。

含油率及化学组分数据

采集单位	测试单位	测试部位	产地	含油率(%)	碘值	酸值	皂化值	C12:0	C14:0	C16:0	C16:1	C18:0	C18:1	C18:2	C18:3	C20:0	C20:1
SCAU	SCBG	种仁	海南昌江	7.30	9.32	10.14	191.29	0.11	0.05	2.82	0.046	0.89	18.52	76.45	0.73	0.068	0.31
SCBG	SCBG	种仁	广东阳山	30.64	65.02	11.95	343.57	0.024	0.094	15.38	0.11	6.84	29.99	47.02	0.16	0.11	0.26
CIPP	SCBG	种仁	重庆南川	11.65					0.25	11.88	0.12	2.82	4.27	75.44	2.15	0.31	

假益智

Alpinia maclurei Merr.

姜科，山姜属

特征 株高1~2 m。叶片披针形，长30~45(~80)cm，宽8~10(~20)cm，顶端尾状渐尖，基部渐狭，叶背被短柔毛；叶舌2裂，被绒毛。圆锥花序直立，长30~40 cm，多花，被灰色短柔毛；花3~5朵聚生于分枝的顶端；小苞片长圆形，兜状，被短柔毛，早落，花梗极短；花萼管状，被短柔毛，顶端具3齿，齿近圆形；花冠管长约1.2 cm，裂片长圆形，兜状，长约10 mm；侧生退化雄蕊长约5 mm；唇瓣长圆状卵形，花时反折；子房卵形，直径1.5~1.8 mm，被绒毛。果球形，无毛，直径约1 cm，果皮易碎。花期3~7月；果期4~10月。

分布 海南：琼中县黎母山乡黎母山，19°10′37″N，109°46′35″E，2009-07-29，秦新生40011617；吊罗山，18°44′04″N，109°50′13″E，2012-12-01，邢福武、刘东明400119209；文昌县龙楼镇铜鼓岭，19°40′32″N，111°01′44″E，2009-08-01，邢福武、戴建阅、翟俊文、郑希龙4001119。生于山地疏或密林中。产于广东、广西、云南。越南亦有分布。

栽培 播种或分株繁殖。喜阴湿的环境，稍耐阴，不耐干旱。

用途 适于园林丛植观赏。

含油率及化学组分数据

采集单位	测试单位	测试部位	产地	含油率(%)	碘值	酸值	皂化值	C12:0	C14:0	C16:0	C16:1	C18:0	C18:1	C18:2	C18:3	C20:0	C20:1
SCAU	SCBG	种仁	海南琼中	11.34	32.44	7.77	135.15	0.0043	0.10	9.96	0.23	2.32	38.81	45.21	1.41	0.49	1.47
SCBG	SCBG	种仁	海南吊罗山	33.46	68.21	3.22	420.02	0.003	0.026	3.73	0.10	2.09	35.87	56.99	0.20	0.09	0.92
SCBG	SCBG	种仁	海南文昌	4.30	75.74	1.19	390.39	0.01	0.28	16.36	0.42	1.69	28.85	40.22	9.74	0.73	1.70

草果

Amomum tsaoko Crevost et Lemarié

姜科，豆蔻属

特征 茎丛生，高达3 m，全株有辛香气，地下部分略似生姜。叶片长椭圆形或长圆形，长40~70 cm，宽10~20 cm，顶端渐尖，基部渐狭，边缘干膜质，两面光滑无毛，无柄或具短柄，叶舌全缘，顶端钝圆。穗状花序不分枝，每花序约有花5~30朵；总花梗被密集的鳞片，鳞片长圆形或长椭圆形，顶端圆形，革质，干后褐色；苞片披针形，顶端渐尖；小苞片管状，一侧裂至中部；花冠红色，裂片长圆形；唇瓣椭圆形，顶端微齿裂；花药药隔附属体3裂，中间裂片四方形，两侧裂片稍狭。蒴果密生，熟时红色，干后褐色，不开裂，长圆形或长椭圆形，无毛，顶端具宿存花柱残迹，干后具皱缩的纵线条，基部常具宿存苞片，种子多角形，有浓郁香味。花期4~6月；果期9~12月。

分布 云南：文山州麻栗坡县猛硐瑶族乡野猪塘，22°50′20″N，104°43′31″E，1398 m，2011-10-17，曾庆文、陈树钢、杨国400114137；盈江县那邦乡，24°50′15″N，97°55′39″E，1200 m，2009-05-03，龙春林、杨珺400222031。栽培或野生于疏林下。海拔1100~1800 m。产于广西、云南、贵州等地区。

栽培 播种或分株繁殖。喜光；喜温暖至高温多湿的气候，不耐干旱和寒冷。栽培土质以肥沃湿润的土壤为宜。

用途 果实入药，能治痰积聚，除瘀消食，截疟疾或作调味香料；全株可提取芳香油。草果精油主含1、8-桉树脑-(1,8-Cineole)33.94%、反-2-十一烯醛(Trans-2-Undecenal)11.78%、牻牛儿醛-a(Geranial)9.46%、柠檬醛-b(Neral)6.12%等14种成分。

含油率及化学组分数据

采集单位	测试单位	测试部位	产地	含油率(%)	碘值	酸值	皂化值	C12:0	C14:0	C16:0	C16:1	C18:0	C18:1	C18:2	C18:3	C20:0	C20:1
SCBG	SCBG	种仁	云南文山	20.57	77.23	1.75	401.94	0.15	0.14	9.73	0.13	3.90	21.00	28.26	36.08	0.38	0.22
KMIB	KMIB	种仁	云南盈江	4.44	8.60	98.10	249.00				3.74		1.22	12.34	2.99	1.71	

草果药（疏穗姜花）

Hedychium spicatum Buch.-Ham. ex Sm.

姜科，姜花属

特征 根茎块状；茎高1 m左右。叶片长圆形或长圆状披针形，长10~40 cm，宽3~10 cm，顶端渐狭渐尖，基部急尖；无柄或具极短的柄；叶舌长1.5~2.5 cm，膜质，全缘。穗状花序多花，长达20 cm；苞片长圆形，内生单花；花芳香，白色，具3齿，顶端一侧开裂；花冠淡黄色，裂片线形；侧生退化雄蕊匙形，白色，较花冠裂片稍长；唇瓣倒卵形，裂为2瓣，瓣片急尖，具瓣柄，白色或变黄，花丝淡红色，较唇瓣为短。蒴果扁球形，直径1.5~2.5 cm，熟时开裂为3瓣；种子在每室约6颗。花期6~7月；果期10~11月。

分布 四川：攀枝花市大黑山，26°40′23″N，101°43′05″E，1728 m，2012-10-18，刘晓波、宫庆彬40021112091。生于海拔1200~2900 m的山地密林中。产于云南、贵州、四川、西藏。尼泊尔亦有分布。

栽培 分株或播种繁殖。

用途 种子供药用，性辛微苦，能宽中理气，消胸膈膨胀，开胃消宿食。花色淡雅具芳香，宜丛植于庭园、花坛或林下半阴处供观赏。

含油率及化学组分数据

采集单位	测试单位	测试部位	产地	含油率(%)	碘值	酸值	皂化值	C12:0	C14:0	C16:0	C16:1	C18:0	C18:1	C18:2	C18:3	C20:0	C20:1
SCU	SCU	种仁	四川攀枝花	21.12	100.03	15.90	107.93			18.49		2.14	35.14	37.94	6.30		

珊瑚姜

Zingiber corallinum Hance

姜科，姜属

特征 多年生草本，株高近1 m。叶片长圆状披针形或披针形，长20~30 cm，宽4~6 cm，叶面无毛，叶背及鞘上被疏柔毛或无毛；无柄；叶舌长2~4 mm。总花梗长15~20 cm，被紧接的鳞片状鞘；穗状花序长圆形；苞片卵形，顶端急尖，红色；花萼沿一侧开裂几达中部；花冠管裂片具紫红色斑纹，长圆形，顶端渐尖，后方的一枚较宽；唇瓣中央裂片倒卵形，侧裂片顶端尖；花丝缺，花药药隔附属体喙状，弯曲；子房被绢毛。种子黑色，光亮，假种皮白色，撕裂状。花期5~8月；果期8~10月。

分布 海南：昌江县霸王岭南叉河南宝山，19°13′21″N，109°00′41″E，2011-12-03，秦新生4001161211。生于密林中。产于广东、广西。

栽培 分株或播种繁殖。

用途 药用，根茎能消肿、解毒。

含油率及化学组分数据

采集单位	测试单位	测试部位	产地	含油率(%)	碘值	酸值	皂化值	C12:0	C14:0	C16:0	C16:1	C18:0	C18:1	C18:2	C18:3	C20:0	C20:1
SCAU	SCBG	种仁	海南昌江	30.16		13.06	387.64	0.02	0.08		7.45		22.52	22.24	18.14	28.01	8.34

附录　种仁含油率低于20%的种类

裸子植物

G1. 苏铁科Cycadaceae

苏铁属Cycas L.

海南苏铁Cycas hainanensis C. J. Chen

棕榈状常绿木本。花期3～5月；果期9～10月。海南：陵水县本号镇吊罗山林业局旁，18°44′05″N，109°50′13″E，2009-12-01，秦新生4001161101。生于海拔100～1000 m的热带丛林中。产于海南。作园林观赏用。

含油率及化学组分数据：

采集单位	测试单位	测试部位	产地	含油率(%)	碘值	酸值	皂化值	C12:0	C14:0	C16:0	C16:1	C18:0	C18:1	C18:2	C18:3	C20:0	C20:1
SCAU	SCBG	果实	海南陵水	0.80						8.04	0.06	2.87	42.82	25.83	5.57	0.34	1.14

叉叶苏铁(*龙口苏铁*)**Cycas micholitzii** Dyer

棕榈状常绿木本。花期4～5月；果期10～12月。广西：桂林市广西植物研究所，25°04′59″N，110°17′59″E，168 m，2010-11-09，吴磊、吴望辉、农冬新4001101116。生于海拔130～600 m的季雨林中，少见。产于广西、云南。老挝、缅甸也有。花、叶、根、种子均可入药，味甘淡，性平，具有凉血止血、散瘀止痛的功效。

含油率及化学组分数据：

采集单位	测试单位	测试部位	产地	含油率(%)	碘值	酸值	皂化值	C12:0	C14:0	C16:0	C16:1	C18:0	C18:1	C18:2	C18:3	C20:0	C20:1
GXIB	SCBG	种仁	广西桂林	12.41	107.84	1.46	202.78			1.51	0.11	0.66	81.35	15.33	0.22	0.07	0.20

G4. 松科 Pinaceae

冷杉属Abies Mill.

冷杉Abies fabri (Mast.) Craib

乔木。花期5月；果期10月。四川：松潘县九寨乡，33°03′37″N，103°44′11″E，3416 m，2009-07-27，干友民40024138。生于海拔1500～4000 m的山地、河谷。产于四川。树皮粉碎后可作尿醛树脂胶合性增量剂。木材可供建筑、板料、家具及木纤维工业原料等用材。

含油率及化学组分数据：

采集单位	测试单位	测试部位	产地	含油率(%)	碘值	酸值	皂化值	C12:0	C14:0	C16:0	C16:1	C18:0	C18:1	C18:2	C18:3	C20:0	C20:1
CICAU	SCBG	种仁	四川松潘	16.48	62.69	12.16	243.23	0.01	0.07	9.64	0.07	1.89	32.99	39.66	0.72	0.49	0.40

落叶松属Larix Mill.

华北落叶松Larix gmelinii var. **principis-rupprechtii** (Mayr) Pilg.[*Larix principis-rupprechtii* Mayr]

乔木。花期4～5月；果期10月。甘肃：平凉市太统山，35°18′7″N，106°21′46″E，1800 m，2011-10-12，薛帅400325032。河北：青龙，40°28′41″N，118°48′16″E，1010 m，2010-09-23，徐兴友、韩宝强400313076。生于海拔600～2800 m的山地。产于河南、甘肃、陕西、河北。树干高直，树冠塔形，姿态优美，为良好的园林绿化点缀树种。

含油率及化学组分数据：

采集单位	测试单位	测试部位	产地	含油率(%)	碘值	酸值	皂化值	C12:0	C14:0	C16:0	C16:1	C18:0	C18:1	C18:2	C18:3	C20:0	C20:1
CAU	ICS	种子	甘肃平凉	7.29	138.53	34.99	216.56		0.07	3.46	0.09	1.56	21.45	39.93	23.89	0.27	0.45
HNUST	ICS	种子	河北青龙	6.73	89.58	6.40	202.71			3.24	0.06	1.71	21.16	43.10	26.66	0.20	0.59
OFPC		种子	辽宁凤城	17.00	160.70		169.80			3.00		1.00	21.70	47.80	22.90		

日本落叶松Larix kaempferi (Lamb.) Carr.

乔木。花期4～5月；果期10月。产于日本。江西、山东、河南、河北、辽宁、吉林、黑龙江有栽培。树干通直，树冠塔形，树姿优美，为优良的园林观赏树种。

含油率及化学组分数据：

采集单位	测试单位	测试部位	产地	含油率(%)	碘值	酸值	皂化值	C12:0	C14:0	C16:0	C16:1	C18:0	C18:1	C18:2	C18:3	C20:0	C20:1
OFPC		种子	辽宁凤城	18.40	159.00		198.40			2.90		1.10	22.80	46.10	22.80		

红杉**Larix potaninii** Batal.

乔木。花期4～5月；果期10月。四川：宝兴县硗碛藏族，30°41′26″N，102°41′11″E，2634 m，2010-09-08，干友民400241077。生于海拔2500～4300 m的山地。产于四川、云南、西藏、甘肃、陕西。木材有光泽、材质轻软、纹理直，为优良的建筑、器具、家具及木纤维工业原料用材。

含油率及化学组分数据：

采集单位	测试单位	测试部位	产地	含油率(%)	碘值	酸值	皂化值	C12:0	C14:0	C16:0	C16:1	C18:0	C18:1	C18:2	C18:3	C20:0	C20:1
SICAU	SCBG	种仁	四川宝兴	13.71	9.33	8.12	90.79	0.007	0.02	2.35	0.19	0.83	70.15	25.45	0.19	0.05	0.13

云杉属**Picea** Dietr.

白扦**Picea meyeri** Rehd.et Wils.

乔木。花期4月；果期9～10月。内蒙古：呼和浩特大青山金銮殿，46°33′18″N，120°08′50″E，893 m，2011-09-30，刘慧娟400312168。生于海拔1600～2700 m的山地。产于陕西、山西、河北、内蒙古。树形美观，茎干挺拔，气势恢弘，是一种理想的园林植物。

含油率及化学组分数据：

采集单位	测试单位	测试部位	产地	含油率(%)	碘值	酸值	皂化值	C12:0	C14:0	C16:0	C16:1	C18:0	C18:1	C18:2	C18:3	C20:0	C20:1
IMAU	ICS	种子	内蒙古呼和浩特	11.20	66.68	16.46	153.10		0.39	19.56		3.02	41.87	24.87	2.31	0.62	0.58

紫果云杉**Picea purpurea** Mast.

乔木。花期4月；果期10月。四川：若尔盖县巴西乡，33°38′27″N，103°20′25″E，2750 m，2009-07-23，干友民400241032。生于海拔2600～3800 m的山地北坡。产于四川、青海、甘肃。

含油率及化学组分数据：

采集单位	测试单位	测试部位	产地	含油率(%)	碘值	酸值	皂化值	C12:0	C14:0	C16:0	C16:1	C18:0	C18:1	C18:2	C18:3	C20:0	C20:1
SICAU	SCBG	种仁	四川若尔盖	13.57	5.27	9.53	158.09		0.08	4.93	0.30	2.37	16.10	74.23	0.49	0.87	0.20

松属**Pinus** L.

思茅松**Pinus kesiya** Royle ex Gordon

乔木。云南：景谷县景谷林业松脂研究基地，23°52′32″N，100°55′36″E，1310 m，2008-09-04，邱明华400222076。生于海拔700～1200 m的山地林中。产于四川、云南、西藏。印度、老挝、缅甸、菲律宾、泰国也有。

含油率及化学组分数据：

采集单位	测试单位	测试部位	产地	含油率(%)	碘值	酸值	皂化值	C12:0	C14:0	C16:0	C16:1	C18:0	C18:1	C18:2	C18:3	C20:0	C20:1
KMIB	KMIB	种仁	云南景谷	12.13	154.70		179.90				7.78	2.91	17.97	1.05	60.39	0.62	3.00
OFPC		种子	四川渡口	19.60	154.70		179.90			5.10		0.70	20.80	50.80	22.60		

乔松**Pinus wallichiana** A.B. Jacks. [*Pinus griffithii* McClell.]

乔木。花期4～5月；果期翌年秋季。贵州：雷山县雷公山自然保护区，26°22′32″N，108°10′48″E，1509 m，2012-10-17，陈丰林、夏纯、桑洪伟4001151227。生于山地雨林中。产于云南、西藏。阿富汗、不丹、印度、克什米尔、缅甸、尼泊尔、巴基斯坦也有。

含油率及化学组分数据：

采集单位	测试单位	测试部位	产地	含油率(%)	碘值	酸值	皂化值	C12:0	C14:0	C16:0	C16:1	C18:0	C18:1	C18:2	C18:3	C20:0	C20:1
SCBG	SCBG	种仁	贵州雷山	6.91	105.12	11.72	246.30	0.01	0.28	16.36	0.42	1.69	28.85	40.22	9.74	0.73	1.70

G5. 杉科 Taxodiaceae

柳杉属**Cryptomeria** D.Don

日本柳杉**Cryptomeria japonica** (Thunb. ex L. f.) D. Don

乔木。花期4月；球果10月成熟。湖南：古丈县高林乡各竹溪，28°39′43″N，110°04′13″E，981 m，2010-11-06，徐亮、周建军、钱凯歌400191159。原产日本，为日本的重要造林树种。我国江西庐山、湖南衡山、上海、浙江杭州、江苏南京、湖北武汉、山东青岛等地引种栽培。作庭园观赏树、供建筑、桥梁、造船、家具等用材。

含油率及化学组分数据：

采集单位	测试单位	测试部位	产地	含油率(%)	碘值	酸值	皂化值	C12:0	C14:0	C16:0	C16:1	C18:0	C18:1	C18:2	C18:3	C20:0	C20:1
JSU	SCBG	种子	湖南古丈	19.57	119.13	3.76	183.17	0.09	0.27	60.56	0.08	28.58	9.71	0.72			

水杉属**Metasequoia** Hu et W.C. Cheng

水杉**Metasequoia glyptostroboides** Hu et W.C. Cheng

乔木。花期2月下旬；球果11月成熟。河南：郑州市惠济区，34°45′00″N，113°40′50″E，106 m，2011-10-14，李丹凤400314122。陕西：佛坪西岔河，33°16′50″N，107°34′58″E，782 m，2009-08-25，薛帅400321061。产于广东、江西、浙江、江苏、安徽、湖北、四川、云南、陕西、辽宁等。可供房屋建筑、板料、电杆、家具及木纤维工业原料等用，造林树种，庭园树种。

含油率及化学组分数据：

采集单位	测试单位	测试部位	产地	含油率(%)	碘值	酸值	皂化值	C12:0	C14:0	C16:0	C16:1	C18:0	C18:1	C18:2	C18:3	C20:0	C20:1
HANU	ICS	种子	河南郑州	6.79	145.13	83.94	117.03	0.55	0.55	6.09		0.69	5.68	5.68	3.32	4.71	
CAU	ICS	种子	陕西佛坪	18.92	8.95	95.26	179.15		0.09	6.40	0.11	2.42	8.33	37.14	10.84	1.18	1.40

G6. 柏科 Cupressaceae

扁柏属**Chamaecyparis** Spach

台湾扁柏(*扁柏*)**Chamaecyparis obtusa** var. **formosana** (Hayata) Hayata

乔木。花期4月；果期10～11月。安徽：合肥市合肥植物园，31°52′51″N，117°12′29″E，2012-10-18，刘东明、王鹏40011300050。生于海拔1300～2800 m的山地中。产于台湾。边材淡红褐色、心材淡黄褐色，有光泽，有香气，材质坚韧，耐久用，可供建筑、桥梁、造船、家具及木纤维工业原料等用材。

含油率及化学组分数据：

采集单位	测试单位	测试部位	产地	含油率(%)	碘值	酸值	皂化值	C12:0	C14:0	C16:0	C16:1	C18:0	C18:1	C18:2	C18:3	C20:0	C20:1
SCBG	SCBG	种仁	安徽合肥	14.50	73.75	13.39	136.57	0.03	0.05	7.00	0.12	7.60	11.24		48.89		0.37

刺柏属**Juniperus** L.

祁连圆柏**Juniperus przewalskii** Kom.[*Sabina przewalskii* Kom.]

乔木。青海：祁连县八宝镇，38°07′53″N，100°10′34″E，3141 m，2012-09-14，刘晓波40021112001。生于海拔2600～4300 m的山坡林中。产于四川、青海、甘肃。

含油率及化学组分数据：

采集单位	测试单位	测试部位	产地	含油率(%)	碘值	酸值	皂化值	C12:0	C14:0	C16:0	C16:1	C18:0	C18:1	C18:2	C18:3	C20:0	C20:1
SCU	SCU	种仁	青海祁连	3.60													

杜松**Juniperus rigida** Sieb. et Zucc.

灌木或小乔木。花期5月；果期翌年10月。内蒙古：呼和浩特市树木园，40°49′20″N，111°42′18″E，1062 m，2011-04-27，刘慧娟400312146。生于海拔2200 m以下的较干燥的山地。产青海、甘肃、宁夏、陕西、山西、河北、内蒙古、辽宁、吉林、黑龙江。可采用播种、扦插、压条3种方法。株形美观，宜栽植为庭园树、风景树、行道树。

含油率及化学组分数据：

采集单位	测试单位	测试部位	产地	含油率(%)	碘值	酸值	皂化值	C12:0	C14:0	C16:0	C16:1	C18:0	C18:1	C18:2	C18:3	C20:0	C20:1
IMAU	ICS	种仁	内蒙古呼和浩特	6.69	113.42	57.93	126.77	0.17	0.16	7.32		2.33	18.56	32.49	9.40	0.79	0.28

方枝柏**Juniperus saltuaria** Reh. et Wilson [*Sabina saltuaria* (Rehd. et Wils.) W. C. Cheng et W.T. Wang]

乔木。花期9月；果期翌年7月。四川：若尔盖县巴西乡林场，33°40′06″N，103°19′06″E，2749 m，2009-07-23，干友民400241024。生于海拔2700～4600 m的山林中。产于四川、云南、西藏、青海、甘肃。

含油率及化学组分数据：

采集单位	测试单位	测试部位	产地	含油率(%)	碘值	酸值	皂化值	C12:0	C14:0	C16:0	C16:1	C18:0	C18:1	C18:2	C18:3	C20:0	C20:1
SICAU	SCBG	种仁	四川若尔盖县	14.35	94.09	52.10	145.20										

被子植物(双子叶植物)

3. 胡桃科 Juglandaceae

青钱柳属**Cyclocarya** Iljinsk.

青钱柳(*青钱李、山麻柳、山化树*)**Cyclocarya paliurus** (Batal.) Iljinsk.

乔木。花期4～5月；果期7～9月。湖南：桑植县五道水庄耳坪，29°43′23″N，109°49′23″E，914 m，2012-09-21，张九兵400181404。生于海拔500～2500 m的山地湿润的森林中，常见。产于广东、广西、湖南、江西、浙江、江苏、福建、台湾、安徽、湖北、四川、贵州和云南东南部。常树皮鞣质，可提制栲胶，亦可作纤维原料。

含油率及化学成分数据：

采集单位	测试单位	测试部位	产地	含油率(%)	碘值	酸值	皂化值	C12:0	C14:0	C16:0	C16:1	C18:0	C18:1	C18:2	C18:3	C20:0	C20:1
HUST	SCBG	果实	湖南桑植	6.60	23.42	12.60	192.69	0.01	0.03	6.30	0.04	4.60	39.22	38.98		0.54	10.27

枫杨属**Pterocarya** Kunth

湖北枫杨（山柳树）**Pterocarya hupehensis** Skan[*Pterocarya sprengeri* Pamp.]

乔木。花期4～6月；果期8月。湖北：神农架高角岩，31°28′27″N，110°09′28″E，2287 m，2010-12-15，丁时东，危文亮等400151105。常生于河溪岸边、湿润的森林中。少见。产于我国湖北西部至四川西部、陕西南部至贵州北部。油料可用于制造肥皂、润滑油、油漆及其他多种工业用途。植株姿态优美，是城市林下垂直绿化的优良藤本。

含油率及化学组分数据：

采集单位	测试单位	测试部位	产地	含油率(%)	碘值	酸值	皂化值	C12:0	C14:0	C16:0	C16:1	C18:0	C18:1	C18:2	C18:3	C20:0	C20:1
OCRI	SCBG	种仁	湖北神农架	14.90	15.37	5.94	175.93		0.12	9.64		7.60	49.99		0.12	1.45	0.28

华西枫杨（瓦山水胡桃）**Pterocarya macroptera** var. **insignis** (Rehd. et Wils.) W. E. Manning[*Pterocarya insignis* Rehd. et Wils.]

乔木，高12～15 m。花期5月；果期8～9月。湖北：神农架红坪上天梯，31°40′49″N，110°25′35″E，1775 m，2010-09-25，李晓东、昝艳燕、罗曼曼400121154。生于海拔1100～2700 m的山坡或林中。产于浙江、湖北西部、四川、云南西北部、陕西秦岭。播种繁殖。树皮、枝皮可代麻搓绳，叶和树皮可制农药，煎汁能杀蚜虫及其他软体害虫。

含油率及化学成分数据：

采集单位	测试单位	测试部位	产地	含油率(%)	碘值	酸值	皂化值	C12:0	C14:0	C16:0	C16:1	C18:0	C18:1	C18:2	C18:3	C20:0	C20:1
WHBG	WHBG	种仁	湖北神农架	8.93						6.00		3.00	11.10	15.60	62.20		

8. 桦木科 Betulaceae

桤木属**Alnus** Mill.

尼泊尔桤木（旱冬瓜）**Alnus nepalensis** D. Don [*Clethropsis nepalensis* (D. Don) Spach]

乔木。花期9～10月；果期翌年11～12月。四川：越西县瓦吉木乡，28°29′15″N，102°34′57″E，1000 m，2009-09-25，王凯、樊云川40021109017。生于海拔700～3600 m的山坡林中、河岸阶地及村落中，常见。产于广西、四川、贵州、云南、西藏。印度、不丹、尼泊尔也有分布，越南、印度尼西亚有栽培。工业用油，树皮可入药。

含油率及化学组分数据：

采集单位	测试单位	测试部位	产地	含油率(%)	碘值	酸值	皂化值	C12:0	C14:0	C16:0	C16:1	C18:0	C18:1	C18:2	C18:3	C20:0	C20:1
SCU	SCU	种仁	四川越西	10.22	87.30	5.10	176.40					0.95	83.51	15.54			

桦木属**Betula** L.

红桦**Betula albosinensis** Burk.[*Betula utilis* var. *sinensis* (Franch.) H.J.P. Winkl.]

大乔木。花期5～6月；果期7～8月。湖南：永顺县小溪乡小溪，28°46′26″N，110°15′24″E，378 m，2011-08-17，徐亮、周建军40019101140。生于海拔1500～3800 m山地向阳的林中，有时成小片纯林，常见。产于湖南、河南、湖北、四川、陕西、山西和河北。木材质地坚硬，结构细密，花纹美观，但较脆，可作用具或胶合板，树皮可作帽子或包装用。可生产木焦油，被用在皮革业与肥皂业制造过程中。

含油率及化学组分数据：

采集单位	测试单位	测试部位	产地	含油率(%)	碘值	酸值	皂化值	C12:0	C14:0	C16:0	C16:1	C18:0	C18:1	C18:2	C18:3	C20:0	C20:1
JSU	SCBG	种仁	湖南永顺	17.35				0.024	0.11	0.019	7.82	0.16	1.33	42.58	36.46	5.30	2.10

西南桦木（西桦）**Betula alnoides** Buch.-Ham. ex D. Don[*Betula alnoades* var. *cylindrostachya* (Lindl. ex Wall.)H. J.P. Winkl.]

乔木。花期10至翌年1月；果期3～5月。云南：昆明市东郊呼马山，25°02'15"N，102°37'24"E，1947 m，2008-10-29，李忠荣400222052。生于海拔700～2100 m之山坡杂林中，较常见。产于广东、云南。越南、尼泊尔也有分布。树皮可提取栲胶。

含油率及化学组分数据：

采集单位	测试单位	测试部位	产地	含油率(%)	碘值	酸值	皂化值	C12:0	C14:0	C16:0	C16:1	C18:0	C18:1	C18:2	C18:3	C20:0	C20:1
KMIB	KMIB	种仁	云南昆明					1.92	1.86	10.51		3.14	13.03		56.50		

砂生桦**Betula gmelinii** Bunge[*Betula fruticosa* var. *gmelinii* (Bunge) Regel]

灌木。花期6～7月；果期7～8月。内蒙古：锡林郭勒盟正蓝旗桑根达来镇，42°37′52″N，115°56′10″E，1310 m，2012-08-12，扈顺400312180。生于沙丘间或沙地上，常见。产内蒙古、辽宁、黑龙江。蒙古、俄罗斯也有分布。工业用油，生产木焦油可应用于皮革业和制造肥皂过程中。

含油率及化学组分数据：

采集单位	测试单位	测试部位	产地	含油率(%)	碘值	酸值	皂化值	C12:0	C14:0	C16:0	C16:1	C18:0	C18:1	C18:2	C18:3	C20:0	C20:1
I mAU	ICS	种子	内蒙古锡林郭勒	4.26	77.34	32.34			0.16	4.02	0.23	1.27	8.91	61.41	1.71	1.42	0.28

甸生桦**Betula humilis** Schrank[*Betula humilis* var. *vulgaris* Perf.]

小灌木。花期6月；果期7～8月。新疆：阿勒泰喀纳斯自然保护区，48°44′53″N，86°55′52″E，1668 m，2011-09-17，侯翼国、王茜4003311027。生于林区沼泽地或湿地落叶松林或白桦林缘，常成片聚生成纯灌丛，少见。产于新疆。蒙古、俄罗斯、欧洲也有分布。工业用油，生产木焦油可应用于皮革业和制造肥皂过程中。

含油率及化学组分数据：

采集单位	测试单位	测试部位	产地	含油率(%)	碘值	酸值	皂化值	C12:0	C14:0	C16:0	C16:1	C18:0	C18:1	C18:2	C18:3	C20:0	C20:1
XIEG	XIEG	种子	新疆阿勒泰	7.19	31.49	13.74	277.10	0.41	1.67	13.27	0.39	2.45	22.51	45.08	5.23	0.68	0.58

亮叶桦(光皮桦)**Betula luminifera** H.J.P. Winkl.[*Betula acuminata* var. *pyrifolia* Franch.]

乔木。花期3～4月；果期5月。陕西：安康市千家坪，32°00′28″N，109°20′48″E，2200 m，2012-10-03，秦烁、郭利磊400328030。生于海拔500～2500 m之阳坡杂木林内，常见。产于广东、广西、江西、浙江、湖北、四川、贵州、甘肃、陕西。工业用油，生产木焦油可应用于皮革业和制造肥皂过程中。

含油率及化学组分数据：

采集单位	测试单位	测试部位	产地	含油率(%)	碘值	酸值	皂化值	C12:0	C14:0	C16:0	C16:1	C18:0	C18:1	C18:2	C18:3	C20:0	C20:1
CAU	ICS	种子	陕西安康	1.53						9.91		3.94	14.87	8.51	0.76	6.86	0.89

鹅耳枥属**Carpinus** L.

千金榆(千金鹅耳枥、半拉子)**Carpinus cordata** Blume

乔木。花期5～6月；果期7～8月。河南：鲁山县鲁山，33°41′55″N，112°30′34″E，1943 m，2011-07-29，王亚平、陈明400314021。陕西：眉县营头镇，34°9′36″N，107°45′27″E，717 m，2009-08-24，薛帅400321052。生于海拔200～2500 m湿润山坡林中，常见。产于湖南、山东、河南、湖北、四川、甘肃、宁夏、陕西、山西、河北、辽宁、吉林、黑龙江。日本、朝鲜、俄罗斯、远东也有分布。种子可榨油，供工业及滑润用油。

含油率及化学组分数据：

采集单位	测试单位	测试部位	产地	含油率(%)	碘值	酸值	皂化值	C12:0	C14:0	C16:0	C16:1	C18:0	C18:1	C18:2	C18:3	C20:0	C20:1
HNAU	ICS	种子	河南鲁山	4.19	94.22	12.19	152.36			7.35	0.11	1.93	18.55	68.13	0.66	0.40	0.24
CAU	CAU	种仁	陕西眉县	11.65	107.42	40.75	83.18										
OFPC	FSIB	果实	辽宁盖县	19.30		150.50	191.60			3.70		1.50	17.60	70.50	6.70		

鹅耳枥**Carpinus turczaninowii** Hance[*Carpinus turczaninowii* var. *chungnanensis* P. C. Kuo]

乔木。花期4～5月；果期8～9月。山西：垣曲历山西哄村，35°24′01″N，112°01′09″E，1170 m，2012-08-30，秦烁、郭利磊400327035。辽宁：长海，39°16′22″N，122°35′19″E，2010-10-16，郑宝江等400341194。生于海拔500～2400 m阔叶林中，常见。产于江苏、安徽、山东、河南、甘肃、宁夏、陕西、山西、河北、辽宁。日本、朝鲜也有分布。种子可榨油，供食用以及工业用。

含油率及化学组分数据：

采集单位	测试单位	测试部位	产地	含油率(%)	碘值	酸值	皂化值	C12:0	C14:0	C16:0	C16:1	C18:0	C18:1	C18:2	C18:3	C20:0	C20:1
CAU	ICS	果实	山西垣曲	13.76	38.88	6.28	441.54			4.15	0.06	1.57	13.89	69.48	0.57	0.18	0.17
NEFU	SCBG	种仁	辽宁长海	4.64	7.99	6.90	247.26	1.69	0.23	4.39	0.09	12.10	8.82	4.82	10.36	1.16	0.21

9. 山毛榉科 Fagaceae

锥属**Castanopsis** (D. Don) Spach

高山锥(高山栲)**Castanopsis delavayi** Franch.[*Castanopsis tsaii* Hu]

常绿乔木。花期4～5月；果期翌年9～11月。四川：攀枝花市米易县二滩，26°50′25″N，101°46′21″E，1235 m，2012-10-13，刘晓波、宫庆彬40021112056。生于海拔500～2800 m的林中，常见。产于广西、四川、贵州、云南。果实可制成栗粉或罐头。木材坚实，可供枕木、建筑等用。壳斗木材和树皮含大量鞣质，可提制栲胶。

含油率及化学组分数据：

采集单位	测试单位	测试部位	产地	含油率(%)	碘值	酸值	皂化值	C12:0	C14:0	C16:0	C16:1	C18:0	C18:1	C18:2	C18:3	C20:0	C20:1
SCU	SCU	种仁	四川攀枝花	1.22													

甜槠(丝栗、反刺槠)**Castanopsis eyrei** (Champ. ex Benth.) Tutch. [*Castanopsis eyrei* var. *brachyacantha* (Hayata) C.F. Shen]

常绿乔木。花期4～5月；果期翌年9～11月。广西：恭城和平乡银靛山，24°54′27″N，110°58′19″E，700 m，2011-11-15，郭伦发、林春蕊4001101245。生于海拔200～1300 m混交林中，常见。产于广东、广西、湖南、江西、福建、台湾、浙江、江苏、安徽、湖北、四川、贵州。果实可制成栗粉或罐头，可食用。木材坚实，可作枕木、建筑等用材。壳斗木材和树皮含大量鞣质，可提制栲胶。

含油率及化学组分数据：

采集单位	测试单位	测试部位	产地	含油率(%)	碘值	酸值	皂化值	C12:0	C14:0	C16:0	C16:1	C18:0	C18:1	C18:2	C18:3	C20:0	C20:1
GXIB	SCBG	种仁	广西恭城	14.36	127.77	1.50	193.59	0.14	0.56	0.09	9.08	0.32	1.28	15.33	37.45	1.09	0.18

栲(红栲、红叶栲、红背槠)**Castanopsis fargesii** Franch.[*Castanopsis argyracantha* A. Camus]

乔木，高10～30 m。花期4～6月；也有8～10月开花；果翌年同期成熟。广东：连平县大埠镇，2011-10-26，易绮斐、付琳、宋贤利、杨晓丽400119147。广西：恭城和平乡银淀山，25°17′24″N，110°41′01″E，639 m，2011-11-02，郭伦发、林春蕊4001101264。湖南：龙山县里耶镇，28°48′10″N，109°18′40″E，2011-11-14，张九兵、朱明德400181343。江西：龙南县九连山，24°32′50″N，114°27′05″E，555 m，2009-11-06，廖文波等400143009。生于海拔200～2100 m山地林中。产于海南、广东、广西、湖南、江西、福建、台湾、浙江、安徽、湖北、四川、贵州、云南。用播种或嫁接法繁殖。种仁味甜，可制粉丝、酿酒；木材作建筑、家具等用。

含油率及化学组分数据：

采集单位	测试单位	测试部位	产地	含油率(%)	碘值	酸值	皂化值	C12:0	C14:0	C16:0	C16:1	C18:0	C18:1	C18:2	C18:3	C20:0	C20:1
SCBG	SCBG	种仁	广东连平	10.46	16.65	0.23	203.84	0.12	0.19	9.64	0.14	1.26	20.69	74.26	0.15	0.38	0.37
GXIB	SCBG	种仁	广西恭城	18.46	62.18	37.76	226.82		0.029	6.09		1.48	8.53	75.28	7.38	0.26	0.15
HUST	HUST	种仁	湖南龙山	16.74	24.09	14.22	145.26	0.04	0.31	11.32	0.39	4.74	14.78	64.96	0.66	1.07	1.72
SYSU	SCBG	种仁	江西龙南	0.40				0.005	0.02	5.93	0.07	3.77	17.89	65.91	0.80	0.14	5.47

苦槠(槠栗、苦槠锥)**Castanopsis sclerophylla** (Lindl.) Schott. [*Quercus cuspidata* var. *sinensis* A. DC.]

常绿乔木。花期4～5月；果期10～11月。广西：桂林市雁山，25°45′06″N，110°17′60″E，174 m，2011-12-08，林春蕊4001101265。江西：铜鼓县大椴乡庙下双红村，28°37′24″N，114°35′37″E，228 m，2010-11-10，张兵、谷志容400181224；资溪县马头山自然保护区，27°51′22″N，117°04′38″E，305 m，2011-10-18，凡强、景慧娟4001412003。生于海拔100～1000 m的向阳、干旱之处，常见。产于广西、湖南、江西、福建、浙江、江苏、安徽、湖北、四川、贵州。可药用，可作园林绿化树种。种仁（子叶）是制粉条和豆腐的原料。

含油率及化学组分数据：

采集单位	测试单位	测试部位	产地	含油率(%)	碘值	酸值	皂化值	C12:0	C14:0	C16:0	C16:1	C18:0	C18:1	C18:2	C18:3	C20:0	C20:1
GXIB	SCBG	种仁	广西桂林	5.14	86.49	1.76	161.28	4.97	0.29	18.58	0.75	2.59	52.34	5.41	1.43	0.16	0.04
HUCT	SCBG	种仁	江西铜鼓	3.11	19.96	1.49	108.25	0.05	0.04	8.70	0.15	3.94	40.18	45.01	0.22	0.52	1.18
SYSU	SCBG	种仁	江西资溪	10.44	80.14	3.14	234.56	0.0059	0.03	8.14	0.02	0.46	14.45	76.26	0.28	0.21	0.15

钩锥 Castanopsis tibetana Hance[*Castanopsis chengfengensis* Hu]

常绿乔木。花期4～5月；果期翌年8～10月。湖南：桑植县五道水，29°43′58″N，109°54′17″E，457 m，2012-10-06，张九兵400181453。生于湿润的山地上，常见。产于广东、广西、湖南、江西、福建、浙江、安徽、湖北、贵州、云南。果实可入药。工业用油。

含油率及化学组分数据：

采集单位	测试单位	测试部位	产地	含油率(%)	碘值	酸值	皂化值	C12:0	C14:0	C16:0	C16:1	C18:0	C18:1	C18:2	C18:3	C20:0	C20:1
HUCT	HUCT	种仁	湖南桑植	1.05	13.97	16.06		0.0042	0.10	11.11	0.05	1.69	12.88	66.33	3.12	0.09	4.62

青冈属Cyclobalanopsis Oerst.

槟榔青冈 Cyclobalanopsis bella (Chun et Tsiang) Chun et Y.C. Hsu et H.W. Jen [*Quercus bella* Chun et Tsiang]

乔木。花期2～4月；果期10～12月。广西：环江县木论保护区，26°51′37″N，108°41′42″E，600 m，2012-11-16，莫水松4001101328。生于海拔200～700 m丘陵山地，常见。产于海南、广东、广西。树皮、壳斗富含鞣质，可提取栲胶。木炭可作燃料。

含油率及化学组分数据：

采集单位	测试单位	测试部位	产地	含油率(%)	碘值	酸值	皂化值	C12:0	C14:0	C16:0	C16:1	C18:0	C18:1	C18:2	C18:3	C20:0	C20:1
GXIB	SCBG	种仁	广西环江	6.14	99.97	2.34	187.50		0.12	6.46		1.33	10.63	77.09	2.19	0.18	0.14

华南青冈 Cyclobalanopsis edithiae (Skan) Schott. [*Quercus tephrosia* Chun et W.C.Ko]

乔木。果期10～12月。广东：始兴车八岭，24°43′22″N，114°15′49″E，374m，2011-12-20，邢福武、刘东明、童毅、王鹏、潘雅书等4001122248。生于海拔400～1800 m的常绿阔叶林中，常见。产于海南、广东、香港、广西。越南也有分布。果实可制成栗粉或罐头。木材坚实，可作枕木、建筑等用。壳斗木材和树皮含大量鞣质，可提制栲胶。

含油率及化学组分数据：

采集单位	测试单位	测试部位	产地	含油率(%)	碘值	酸值	皂化值	C12:0	C14:0	C16:0	C16:1	C18:0	C18:1	C18:2	C18:3	C20:0	C20:1
SCBG	SCBG	种仁	广东始兴	15.60	91.17	11.14	213.20		0.083	8.90	0.56	4.33	67.91	72.08	56.84	1.42	0.24

滇青冈 Cyclobalanopsis glaucoides Schott. [*Quercus glaucoides* (Schott.) Koidz.]

乔木。花期5月；果期10月。云南：昆明市东郊呼马山，25°03′24″N，102°43′56"E，1200 m，2009-08-25，李忠荣、李恩乾400222027。生于1500～2500 m的山地阔叶林中，少见。产于四川、贵州、云南。果实可制成栗粉或罐头。木材坚实，可供枕木、建筑等用。壳斗木材和树皮含大量鞣质，可提制栲胶。

含油率及化学组分数据：

采集单位	测试单位	测试部位	产地	含油率(%)	碘值	酸值	皂化值	C12:0	C14:0	C16:0	C16:1	C18:0	C18:1	C18:2	C18:3	C20:0	C20:1
KMIB	KMIB	种仁	云南昆明	3.00		44.20	47.70				22.01	0.96	3.91	24.52	37.47	8.56	

多脉青冈**Cyclobalanopsis multinervis** W.C. Cheng et T. Hong [*Quercus glauca* var. *hypargyrea* Seemen]

乔木。果期翌年10～11月。江西：玉山县三清山，28°55′17″N，118°03′12″E，1523 m，2009-10-24，廖文波等400141173。生于海拔1000 m地带，常组成小片纯林，常见。产于广西、湖南、江西、福建、安徽、湖北、四川。树皮、壳斗富含鞣质，可提取栲胶。

含油率及化学组分数据：

采集单位	测试单位	测试部位	产地	含油率(%)	碘值	酸值	皂化值	C12:0	C14:0	C16:0	C16:1	C18:0	C18:1	C18:2	C18:3	C20:0	C20:1
SYSU	SCBG	种仁	江西玉山	14.25				0.02	0.05	7.89	0.06	2.09	33.62	43.38	3.93	0.49	8.48

宁冈青冈**Cyclobalanopsis ningangensis** W. C. Cheng et Y. C. Hsu [*Quercus ningangensis* (W.C. Cheng et Y.C. Hsu) C.C.Huang]

乔木。果当年成熟。广西：资源县梅溪乡银竹老山，26°15′39″N，110°33′32″E，1737 m，2011-10-10，黄俞淞、蒋日红4001101268。常见。产于广西、湖南、江西等地。树皮、壳斗富含鞣质，可提取栲胶。

含油率及化学组分数据：

采集单位	测试单位	测试部位	产地	含油率(%)	碘值	酸值	皂化值	C12:0	C14:0	C16:0	C16:1	C18:0	C18:1	C18:2	C18:3	C20:0	C20:1
GXIB	SCBG	种仁	广西资源	13.45	97.24	3.54	189.44		0.13	15.73	0.06	2.20	23.67	52.48	0.42	0.45	2.12

云山青冈(云山椆)**Cyclobalanopsis sessilifolia** (Blume) Schott. [*Cyclobalanopsis nubium*(Hand.- Mazz.) Chun ex Q.F. Zheng]

常绿乔木。花期4～5月；果期10～11月。江西：崇义县齐云山，26°52′31″N，114°01′18″E，1023 m，2010-09-26，李朋远、谢行400145005。生于海拔1000～1700 m的山地杂木林中，常见。产于广东、广西、湖南、江西、福建、台湾、江苏、浙江、湖北、四川、贵州等地。日本也有分布。本种木材坚硬，韧度高，干缩较大，耐腐蚀，可做家具、地板等用材；种子淀粉含量高，可食，树皮还可提取栲胶，因此是非常好的多用途树种。

含油率及化学组分数据：

采集单位	测试单位	测试部位	产地	含油率(%)	碘值	酸值	皂化值	C12:0	C14:0	C16:0	C16:1	C18:0	C18:1	C18:2	C18:3	C20:0	C20:1
SYSU	SCBG	种仁	江西崇义	18.45				0.0032	0.07	1.55	0.07	3.64	18.18	75.90	0.24	0.22	0.13

褐叶青冈**Cyclobalanopsis stewardiana** (A. Camus) Y. C. Hsu et H. W. Jen [*Quercus stewardiana* A. Camus]

乔木。花期7月；果期翌年10月。广西：资源县梅溪乡银竹老山，26°16′42″N，110°32′50″E，1859 m，2011-10-10，黄俞淞、蒋日红4001101269。生于海拔1000～2800 m山地林中，常见。产于广东、广西、湖南、江西、浙江、安徽、湖北、四川、贵州。树皮、壳斗富含鞣质，可提取栲胶。

含油率及化学组分数据：

采集单位	测试单位	测试部位	产地	含油率(%)	碘值	酸值	皂化值	C12:0	C14:0	C16:0	C16:1	C18:0	C18:1	C18:2	C18:3	C20:0	C20:1
GXIB	SCBG	种仁	广西资源	14.69	102.84	2.57	181.46		0.11	6.61	0.32	3.50	7.59	78.85	0.97	0.32	0.25

水青冈属**Fagus** L.

米心水青冈**Fagus engleriana** Seemen [*Fagus sylvatica* var. *chinensis* Franch.]

乔木。花期4～5月；果期8～10月。江西：玉山县三清山，28°55′55″N，118°03′48″E，1002 m，2009-09-01，廖文波等400141109。生于山地林中，常见于北坡的常绿落叶阔叶混交林中。产于广西、湖南、浙江、安徽、河南、湖北、四川、贵州、云南、陕西。本种木材淡红褐色至淡褐色，结构细至中等，纹理直或斜，硬度中至硬，冲击韧性高，锯刨加工易，剖面光洁，稍耐腐，供高级家具、室内装修、运动器械、文具、乐器、房屋建筑等用材。

含油率及化学组分数据：

采集单位	测试单位	测试部位	产地	含油率(%)	碘值	酸值	皂化值	C12:0	C14:0	C16:0	C16:1	C18:0	C18:1	C18:2	C18:3	C20:0	C20:1
SYSU	SCBG	种仁	江西玉山	14.68				0.02	0.10	4.45	0.09	1.76	26.10	66.16	0.22	0.60	0.51

柯属**Lithocarpus** Bl.

包果柯**Lithocarpus cleistocarpus** (Seemen) Rehd. et Wils. [*Lithocarpus kiangsiensis* Hu et F.H. Chen]

乔木。花期5～8月；果期7～11月。湖北：神农架，31°28′53″N，110°22′13″E，1642 m，2012-10-05，李晓东、昝艳燕等400121286。生于海拔1000～2500 m间的山坡杂木林中，干旱或湿润地方均能生长，少见。产广东、广西、湖南、湖北、四川、贵州、云南。果实含淀粉和脂肪，可酿酒；树皮、壳斗含鞣质，可提取栲胶。

含油率及化学组分数据：

采集单位	测试单位	测试部位	产地	含油率(%)	碘值	酸值	皂化值	C12:0	C14:0	C16:0	C16:1	C18:0	C18:1	C18:2	C18:3	C20:0	C20:1
WHBG	WHBG	种仁	湖北神农架	13.60	78.45	0.94		0.0054	0.016	14.40	0.037	2.65	10.65	64.78	9.15		0.58

环鳞烟斗柯 **Lithocarpus corneus** var. **zonatus C.C.** Huang et Y. T. Chang

乔木。花期4～7月；果期翌年9～11月。海南：陵水县本号镇吊罗山石晴林场，18°41'17″N，109°53'50″E，2009-11-22，秦新生400116174。生于海拔500～1500 m的山地密林或疏林中，少见。产于海南、广东、香港、广西、湖南、福建、台湾、贵州及云南。越南、老挝也有分布。果实含淀粉和脂肪，可酿酒；树皮、壳斗含鞣质，可提取栲胶。

含油率及化学组分数据：

采集单位	测试单位	测试部位	产地	含油率(%)	碘值	酸值	皂化值	C12:0	C14:0	C16:0	C16:1	C18:0	C18:1	C18:2	C18:3	C20:0	C20:1
SCAU	SCBG	种仁	海南陵水	15.40	76.00	2.20	202.42	0.082	0.053	15.65	0.62	1.98	66.64	13.19	0.51	0.67	0.61

白柯(白皮柯、滇石栎) **Lithocarpus dealbatus** (Hook. f. et Thoms. ex Miq.) Rehd.

乔木。花期8～10月；果期翌年8～10月。四川：德昌县小高镇，27°21′49″N，102°16′57″E，1000 m，2009-11-05，王凯、樊云川40021109137。生于山地杂木林中，有时成小纯林，常见。产于四川、贵州、云南。印度、缅甸、老挝也有分布。播种繁殖或萌芽更新。果实含淀粉和脂肪，可酿酒；树皮、壳斗含鞣质，可提取栲胶。

含油率及化学组分数据：

采集单位	测试单位	测试部位	产地	含油率(%)	碘值	酸值	皂化值	C12:0	C14:0	C16:0	C16:1	C18:0	C18:1	C18:2	C18:3	C20:0	C20:1
SCU	SCU	种仁	四川德昌	13.45													

胡颓子叶柯 **Lithocarpus elaeagnifolius** (Seemen) Chun[*Synaedrys elaeagnifolia* (Seemen) Koidz.]

乔木。花期7～9月；果期翌年7～9月。海南：昌江县霸王岭，19°7'53″N，109°4'58″E，2011-11-08，秦新生4001161201。生于海拔300 m以下山地疏或密林中，常见。产海南。果实含淀粉和脂肪，可酿酒；树皮、壳斗含鞣质，可提取栲胶。

含油率及化学组分数据：

采集单位	测试单位	测试部位	产地	含油率(%)	碘值	酸值	皂化值	C12:0	C14:0	C16:0	C16:1	C18:0	C18:1	C18:2	C18:3	C20:0	C20:1
SCBG	SCBG	种仁	海南昌江	10.27	41.46	2.32	199.57		0.086	14.52	0.084	8.03	16.18	58.33	0.42	0.42	

硬壳柯(硬斗石栎) **Lithocarpus hancei** (Benth.) Rehd.[*Pasania ternaticupula* var. *matsudai* (Hayata) J.C. Liao]

乔木。花期4～6月；果期9～12月。广东：惠州市南昆山猫公谣斗，23°37′34″N，113°54′25″E，615 m，2009-10-03，邢福武40011237；从化县大岭山石灶天池，23°37'23"N，113°45'49"E，2010-11-02，刘东明、梁耀、孟玉芳、付琳400112196。广西：龙胜县伟江乡，25°04′43″N，110°14′01″E，630 m，2012-11-24，蒋日红4001101325。生于海拔2600 m以下山地林中，常见。产海南、广东、广西、湖南、江西、福建、台湾、浙江、湖北、四川、贵州及云南。果实含淀粉和脂肪，可酿酒；树皮、壳斗含鞣质，可提取栲胶。

含油率及化学组分数据：

采集单位	测试单位	测试部位	产地	含油率(%)	碘值	酸值	皂化值	C12:0	C14:0	C16:0	C16:1	C18:0	C18:1	C18:2	C18:3	C20:0	C20:1
SCBG	SCBG	种仁	广东惠州	0.30				0.0029	0.02	4.37	0.72	0.93	60.88	32.74	0.11	0.12	0.12
SCBG	SCBG	种仁	广东从化	16.40	148.00	11.53			0.93	9.28	0.75	0.79	75.40		0.72	0.17	0.34
GXIB	SCBG	种仁	广西龙胜	6.14	76.81	9.04	189.29	0.03	0.11	15.33	2.33		23.35	48.37	0.80	0.20	0.12

瘤果柯 **Lithocarpus handelianus** A. Camus

乔木。花期5月及8～10月；果翌年成熟。海南：昌江县霸王岭，19°7'53"N，109°4'58"E，300 m，2011-11-15，秦新生4001161197。生于海拔400～1000 m常绿阔叶林中，为上层树种，较湿润地方常见。产海南。果实含淀粉和脂肪，可酿酒；树皮、壳斗含鞣质，可提取栲胶。

含油率及化学组分数据：

采集单位	测试单位	测试部位	产地	含油率(%)	碘值	酸值	皂化值	C12:0	C14:0	C16:0	C16:1	C18:0	C18:1	C18:2	C18:3	C20:0	C20:1
SCBG	SCBG	种仁	海南昌江	16.33	25.39	8.88	194.30	0.04	0.10	16.33	0.07	3.16	43.35	29.88	6.80	0.11	0.16

东南石栎(港柯) **Lithocarpus harlandii** (Hance ex Walp.) Rehd. [*Lithocarpus kawakamii* var. *chiaratuangensis* J. C. Liao]

乔木。花期5～6月；果期9～10月。湖南：炎陵县鹿原镇，26°31′57″N，113°39′39″E，151 m，2010-11-13，张兵、谷志容400181248；吉首市保靖县白云山，28°40′27″N，105°25′16″E，480 m，2012-09-25，张代贵、张洁40019102221。生于海拔400～700 m山地常绿阔叶林中，常见。产于海南、广东、香港、广西、湖南、江西、福建、台湾、贵州及云南。果实含淀粉和脂肪，可酿酒；树皮、壳斗含鞣质，可提取栲胶。

含油率及化学组分数据：

采集单位	测试单位	测试部位	产地	含油率(%)	碘值	酸值	皂化值	C12:0	C14:0	C16:0	C16:1	C18:0	C18:1	C18:2	C18:3	C20:0	C20:1
HUCT	HUCT	种仁	湖南炎陵	2.72		1.77		0.0055	0.04	3.60	0.07	2.55	24.95	66.26	1.63	0.50	0.39
JSU	SCBG	种仁	湖南吉首	13.20						14.29		6.19	12.86	3.33			0.05

木姜叶柯 Lithocarpus litseifolius (Hance) Chun[*Lithocarpus synbalanos* (Hance) Chun]

乔木。花期5～9月；果期翌年6～10月。广西：恭城和平乡银腚山，24°54′16″N，110°57′37″E，600 m，2011-11-15，郭伦发、林春蕊4001101251。常见。产于海南、广东、广西、湖南、江西、福建、浙江、安徽、湖北、四川、贵州、云南、陕西。印度、缅甸、老挝、越南也有分布。果实含淀粉和脂肪，可酿酒；树皮、壳斗含鞣质，可提取栲胶。

含油率及化学组分数据：

采集单位	测试单位	测试部位	产地	含油率(%)	碘值	酸值	皂化值	C12:0	C14:0	C16:0	C16:1	C18:0	C18:1	C18:2	C18:3	C20:0	C20:1
GXIB	SCBG	种仁	广西恭城	14.68	96.91	29.00	194.43			16.74	1.80	1.96	24.27	34.21	15.07	0.06	

栎属Quercus L.

槲栎 Quercus aliena Blume[*Quercus hirsutula* Blume]

落叶乔木。花期3～5月；果期9～10月。湖南：湘潭县响水乡，27°54′39″N，112°54′58″E，62 m，2009-12-02，严岳鸿、何祖霞、黄玉滢400181142。生于海拔800～1500 m的向阳山地上，常见。产于广东、广西、湖南、江西、福建、台湾、浙江、江苏、安徽、山东、河南、湖北、四川、贵州、云南、陕西、山西、河北。壳斗及树皮可提取栲胶。

含油率及化学组分数据：

采集单位	测试单位	测试部位	产地	含油率(%)	碘值	酸值	皂化值	C12:0	C14:0	C16:0	C16:1	C18:0	C18:1	C18:2	C18:3	C20:0	C20:1
HUCT	HUCT	种仁	湖南湘潭	5.40	30.73		164.03	0.01	0.23	29.83	5.01	1.89	3.36	38.63	20.45	0.02	0.57

锐齿槲栎 Quercus aliena var. **acutiserrata** Maxim. ex Wenz.

落叶乔木。高达30 m。花期3～4月；果熟期10～11月。广东：连州大东山，24°53′23″N，112°42′18″E，1308 m，2009-11-01，陈林、王发国、翟俊文40011474。广西：靖西县南坡乡底定保护区，23°06′09″N，105°57′39″E，1164 m，2010-11-17，吴磊、黄俞淞、朱运喜4001101135。河南：灵宝小秦岭，34°26′42″N，110°28′3″E，1353 m，2012-08-16，王亚平400314153。生于海拔100～2700 m的山地杂木林中，或形成小片纯林，常见。产于广东、广西、湖南、江西、台湾、浙江、江苏、安徽、山东、河南、湖北、四川、贵州、云南、甘肃、陕西、山西、河北、辽宁等地。朝鲜，日本也有分布。播种繁殖或萌芽更新。壳斗及树皮可提取栲胶。

含油率及化学组分数据：

采集单位	测试单位	测试部位	产地	含油率(%)	碘值	酸值	皂化值	C12:0	C14:0	C16:0	C16:1	C18:0	C18:1	C18:2	C18:3	C20:0	C20:1
SCBG	SCBG	种仁	广东连州	2.40				0.003	0.09	6.83	0.15	24.45	6.01	60.64	0.07	1.42	0.34
GXIB	SCBG	种仁	广西靖西	16.55	83.55	2.10	174.06			7.00		3.61	12.33	24.83	50.77	0.26	0.31
HNAU	ICS	种子	河南灵宝	1.30		30.10				2.35			12.34	8.58			

巴东栎 Quercus engleriana Seem.[*Quercus lyoniifolia* W.C.Cheng]

常绿或半常绿乔木。花期4～5月；果期11月。江西：遂川县南风面，26°17′51″N，114°02′15″E，1341 m，2010-10-30，谢行、孙键400147004。生于山坡、山谷疏林中，常见。产于广西、湖南、江西、福建、河南、湖北、四川、贵州、云南、西藏、陕西等地。印度也有分布。壳斗及树皮可提取栲胶。

含油率及化学组分数据：

采集单位	测试单位	测试部位	产地	含油率(%)	碘值	酸值	皂化值	C12:0	C14:0	C16:0	C16:1	C18:0	C18:1	C18:2	C18:3	C20:0	C20:1
SYSU	SCBG	种仁	江西遂川	13.45				0.05	0.05	7.26	0.14	4.27	48.90	35.65	0.76	1.24	1.68

大叶栎 Quercus griffithii Hook. f. et Thoms. ex Miq.[*Quercus aliena* var. *griffithii* (Hook. fo. et Thoms. ex Miq.) Schott.]

落叶乔木。果期9～10月。广西：武鸣县两江镇大明山铜矿，23°24′56″N，108°27′10″E，518 m，2010-11-24，吴磊、朱运喜4001101154。生于山地林中，常见。产于四川、贵州、云南、西藏。印度、缅甸、斯里兰卡也有分布。壳斗及树皮可提取栲胶。

含油率及化学组分数据：

采集单位	测试单位	测试部位	产地	含油率(%)	碘值	酸值	皂化值	C12:0	C14:0	C16:0	C16:1	C18:0	C18:1	C18:2	C18:3	C20:0	C20:1
GXIB	SCBG	种仁	广西武鸣	7.89	91.74	1.02	157.91			13.48		3.58	17.41	33.45	4.95	1.37	

高山栎 Quercus semecarpifolia Smith[*Quercus obtusifolia* D. Don]

乔木。四川：宝兴县硗碛藏族，30°41′12″N，102°41′40″E，2571 m，2010-09-08，干友民40024179。生于山地松栎林中，少见。产于四川、西藏。尼泊尔、印度也有分布。壳斗及树皮可提取栲胶。

含油率及化学组分数据：

采集单位	测试单位	测试部位	产地	含油率(%)	碘值	酸值	皂化值	C12:0	C14:0	C16:0	C16:1	C18:0	C18:1	C18:2	C18:3	C20:0	C20:1
SICAU	SCBG	种子	四川宝兴	11.91	107.05	32.53	189.79										

枹栎 **Quercus serrata** Thunb. [*Quercus ningqiangensis* S. Z. Qu et W. H. Zhang]

乔木。花期3～4月；果期9～10月。四川：峨眉山市高桥镇，29°29′29″N，103°22′35″E，1000 m，2009-10-16，王凯、樊云川40021109093；成都彭州白鹭，31°12′16″N，103°54′24″E，965 m，2011-10-24，邓星光、吴阳晨等40021111099。生于海拔200～2000 m山地沟谷林中，常见。产于广东、广西、湖南、台湾、江苏、安徽、山东、湖北、四川、贵州、云南、甘肃、陕西、山西。日本及朝鲜也有分布。壳斗及树皮可提取栲胶。

含油率及化学组分数据：

采集单位	测试单位	测试部位	产地	含油率(%)	碘值	酸值	皂化值	C12:0	C14:0	C16:0	C16:1	C18:0	C18:1	C18:2	C18:3	C20:0	C20:1
SCU	SCU	种仁	四川峨眉山	1.27													
SCU	SCU	种仁	四川成都	1.04													

短柄枹栎 **Quercus serrata** var. **brevipetiolata** (A. DC.) Nakai

乔木。花期4～5月；果实翌年10月成熟。浙江：临安天目山，30°20'14"N，119°24'1"E，2009-10-29，刘东明、戴建阅400111124。河南：登封县嵩山，34°29′31″N，113°01′52″E，627 m，2011-08-27，王亚平、陈明400314043；内乡，33°29′38″N，111°55′53″E，1428 m，2012-10-25，王亚平400314295。生于海拔60～2000 m的山地，常见。产于广东、广西、湖南、江西、福建、台湾、浙江、江苏、安徽、山东、河南、湖北、四川、贵州、山西、甘肃、陕西、辽宁等地。壳斗及树皮可提取栲胶。

含油率及化学组分数据：

采集单位	测试单位	测试部位	产地	含油率(%)	碘值	酸值	皂化值	C12:0	C14:0	C16:0	C16:1	C18:0	C18:1	C18:2	C18:3	C20:0	C20:1
SCBG	SCBG	种仁	浙江临安	2.00				0.004	0.06	8.62	0.03	2.66	63.45	22.95	1.06	0.73	0.44
HNAU	ICS	种子	河南登封	2.88	13.01	40.14	43.61	0.18	2.17	10.97	3.56	2.14	54.75	20.04	2.12	0.38	
HNAU	ICS	种子	河南内乡	1.93	113.79	26.50	283.68	0.07	0.18	1.58	0.10	18.41	46.80	0.07	11.01	0.51	0.07

栓皮栎 **Quercus variabilis** Blume[*Quercus variabilis* var. *megaphylla* T. B. Chao]

落叶乔木。花期3～4月；果期翌年9～10月。广西：灵川县海洋乡小平乐村，25°17′01″N，110°42′41″E，759 m，2011-11-12，郭伦发、林春蕊4001101242。河南：信阳波尔登公园，31°51′57″N，114°04′56″E，129 m，2012-09-15，王亚平400314223。甘肃：徽县严坪镇，33°40′23″N，106°17′22″E，1152 m，2011-10-06，薛帅400325008。山西：垣曲历山西哄村，35°24′01″N，112°01′09″E，1170 m，2012-08-30，秦烁、潘昊400327033。生于海拔3000 m以下山区阳坡林中，常见。产于广东、广西、湖南、江西、福建、台湾、浙江、江苏、安徽、河南、山东、湖北、四川、贵州、云南、甘肃、陕西、山西、河北、辽宁。日本、韩国、朝鲜也有分布。

含油率及化学组分数据：

采集单位	测试单位	测试部位	产地	含油率(%)	碘值	酸值	皂化值	C12:0	C14:0	C16:0	C16:1	C18:0	C18:1	C18:2	C18:3	C20:0	C20:1
GXIB	SCBG	种仁	广西灵川	6.15	66.05	11.47	161.60	0.14	0.14	5.09		1.44	9.53	26.87	2.28	0.29	
HNAU	ICS	种子	河南信阳	5.26	97.95	50.11	173.00		0.11	11.41	0.10	1.53	53.50	18.60	1.23	0.31	0.57
CAU	CAU	种仁	甘肃徽县	3.28	116.64	47.82	244.09	0.10	0.22	16.87	0.17	2.38	39.18	31.53	2.69	0.73	0.71
CAU	CAU	种仁	山西垣曲	2.65	7.97	15.14	213.20	0.07	0.20	14.54	0.14	1.72	42.85	26.88	2.45	0.35	1.08

11. 榆科 Ulmaceae

朴属 **Celtis** L.

天目朴树 **Celtis chekiangensis** W.C. Cheng

落叶乔木。花期4月；果期8～9月。产浙江天目山。生于海拔700～1500 m地带之林中岩石上，不常见。种子可榨油。

含油率及化学组分数据：

采集单位	测试单位	测试部位	产地	含油率(%)	碘值	酸值	皂化值	C12:0	C14:0	C16:0	C16:1	C18:0	C18:1	C18:2	C18:3	C20:0	C20:1
OFPC	SCBG	种子	浙江杭州	15.60	148.20				微量	7.40	微量	4.10	5.70	80.80	1.90		

珊瑚朴 **Celtis julianae** C.K. Schneid.[*Celtis julianae* var. *calvescens* C. K. Schneid.]

落叶乔木。花期3～4月；果期9～10月。产于海南、广东、湖南、江西、福建、浙江、安徽、河南、湖北、四川、贵州、甘肃、陕西。多生于山坡或山谷林中或林缘，海拔300～1300 m，常见。种子可榨油。

含油率及化学组分数据：

采集单位	测试单位	测试部位	产地	含油率(%)	碘值	酸值	皂化值	C12:0	C14:0	C16:0	C16:1	C18:0	C18:1	C18:2	C18:3	C20:0	C20:1
OFPC	IB	种子	浙江杭州	16.20	136.10		192.70		0.20	7.70	微量	4.90	13.10	73.20	0.80		

四蕊朴（石朴、昆明朴、西藏朴）**Celtis tetrandra** Roxb.[*Celtis kunmingensis* W. C. Cheng et T. Hong]

乔木。花期3～4月；果期9～10月。云南：昆明市华龙人家小区，25°06'54"N，102°44'5"E，1987 m，2010-12-05，李忠荣400222225。多生于沟谷、河谷的林中或林缘，山坡灌丛中也有，较常见。产于广西、四川、云南、西藏。印度、尼泊尔、不丹至缅甸、越南也有分布。种子可榨油。

含油率及化学组分数据：

采集单位	测试单位	测试部位	产地	含油率(%)	碘值	酸值	皂化值	C12:0	C14:0	C16:0	C16:1	C18:0	C18:1	C18:2	C18:3	C20:0	C20:1
KMIB	KMIB	种仁	云南昆明	10.64	144.70	0.97	195.70	1.03	0.65	5.31	3.63	6.00	81.06	0.26	0.15	0.26	
OFPC	KMIB	种子	云南昆明	10.10	128.60	2.40	195.50	微量	微量	14.40	微量	6.70	15.20	63.60			
OFPC	IB	种子	西藏	7.60	140.00				微量	11.30		3.70	5.70	75.60	3.60		

西川朴**Celtis vandervoetiana** C.K. Schneid.[*Celtis pruniputaminea* E. W. Ma]

落叶乔木。花期4月；果期9～10月。广东：乳源县五指山乡公路沾，24°56′23″N，113°12′16″E，1013 m，2012-01-07，王发国、杨国、宋贤利400113103。湖南：桑植县五道水，29°44′11″N，109°53′36″E，493 m，2012-09-22，张九兵、严亚琴400181418。多生于山谷阴处或林中，常见。产于广东、广西、湖南、江西、福建、浙江、安徽、湖北、四川、贵州、云南。播种繁殖。种子含油丰富，油可制肥皂和润滑油。

含油率及化学组分数据：

采集单位	测试单位	测试部位	产地	含油率(%)	碘值	酸值	皂化值	C12:0	C14:0	C16:0	C16:1	C18:0	C18:1	C18:2	C18:3	C20:0	C20:1
SCBG	SCBG	种仁	广东乳源	0.20	111.90	14.23	201.54		0.045	3.79		5.03	18.99	68.91	1.52	2.22	0.37
HUCT	HUCT	种仁	湖南桑植	8.74	76.80	2.26	186.73	0.011	0.06	13.70	0.17	3.34	36.47	26.55	0.038	0.15	0.49

青檀属**Pteroceltis** Maxim.

青檀(檀树)**Pteroceltis tatarinowii** Maxim.[*Pteroceltis tatarinowii* var. *pubescens* Hand.-Mazz.]

落叶乔木。花期3～5月；果期8～10月。山东：济南市灵岩寺，36°21′43″N，116°58′37″E，304 m，2010-06-11，赵伟华400311179。生于海拔100～1500 m山谷、溪边石灰岩山地疏林中，常见。产于广东、广西、湖南、江西、福建、浙江、江苏、安徽、山东、河南、湖北、四川、贵州、青海、甘肃、陕西、山西、河北、辽宁。种子可榨油。

含油率及化学组分数据：

采集单位	测试单位	测试部位	产地	含油率(%)	碘值	酸值	皂化值	C12:0	C14:0	C16:0	C16:1	C18:0	C18:1	C18:2	C18:3	C20:0	C20:1
ICS	ICS	种子	山东济南	13.82	144.90	2.22	178.40			6.69		3.23	4.66	82.21	0.72	0.46	0.49
OFPC	IB	果实	北京	12.90	147.00		191.90		微量	7.20		3.10	5.10	81.10	3.40		

榆属**Ulmus** L.

昆明榆**Ulmus changii** var. **kunmingensis** (W.C. Cheng) W.C. Cheng et L.K. Fu

乔木。花期3～4月；果期3～4月。海南：昌江县霸王岭东干线，19°7'53"N，109°4'58"E，2011-11-08，秦新生4001161199。生于海拔650～1800 m之山地林中，常见。产于海南、广西、四川、云南、贵州。老果含油率高，可供医药和轻、化工业用。

含油率及化学组分数据：

采集单位	测试单位	测试部位	产地	含油率(%)	碘值	酸值	皂化值	C12:0	C14:0	C16:0	C16:1	C18:0	C18:1	C18:2	C18:3	C20:0	C20:1
SCAU	SCBG	种仁	海南昌江	2.22	0.07	7.43	20.46	2.22	0.07	7.43	20.46	4.17	12.70	15.33	32.59	40.03	0.83

长序榆**Ulmus elongata** L. K. Fu et C. S. Ding

乔木。花期2月；果期3月。云南：昆明植物研究所，102°44'37"E，25°08'22"N，1952 m，2011-10-05，李忠荣400222240。生于常绿阔叶林中，常见。产于江西、福建、浙江、安徽。老果含油率高，可供医药和轻、化工业用。

含油率及化学组分数据：

采集单位	测试单位	测试部位	产地	含油率(%)	碘值	酸值	皂化值	C12:0	C14:0	C16:0	C16:1	C18:0	C18:1	C18:2	C18:3	C20:0	C20:1
KMIB	KMIB	种仁	云南昆明	4.92						7.18		4.08	8.83	78.28	0.90	0.74	

红果榆(明陵榆)**Ulmus szechuanica** W.P. Fang[*Ulmus erythrocarpa* W. C. Cheng]

落叶乔木。花、果期2～3月。产于江西、浙江、江苏、安徽、四川。生于平原、低丘或溪涧旁酸性土及微酸性土之阔叶林中，常见。生长中速。

含油率及化学组分数据：

采集单位	测试单位	测试部位	产地	含油率(%)	碘值	酸值	皂化值	C12:0	C14:0	C16:0	C16:1	C18:0	C18:1	C18:2	C18:3	C20:0	C20:1
OFPC	IB	果实	浙江杭州	17.50				4.70	2.30	5.00	微量	0.70	5.70	8.10	1.90		

167. 桑科 Moraceae

榕属Ficus L.

黄毛榕Ficus esquiroliana H. Lév.

小乔木或灌木。花期5～7月；果期7月。广东：从化市桃园镇石门国家森林公园，23°31′55″N，113°34′23″E，404 m，2009-11-05，易绮斐、林铎清、徐蕾400119023。生于溪边、林中，常见。产于海南、广东、广西、台湾、四川、贵州、云南、西藏。越南、老挝、泰国也有分布。根皮药用，工业用油。

含油率及化学组分数据：

采集单位	测试单位	测试部位	产地	含油率(%)	碘值	酸值	皂化值	C12:0	C14:0	C16:0	C16:1	C18:0	C18:1	C18:2	C18:3	C20:0	C20:1
SCBG	SCBG	种仁	广东从化	5.30	160.25	13.82	132.58										

尖叶榕(山枇杷)Ficus henryi Warb. ex Diels[*Ficus acanthocarpa* H. Lévl. et Vaniot]

小乔木。花期5～6月；果期7～9月。四川：邛崃市天台山，30°16′52″N，103°07′26″E，1127 m，2012-11-09，刘晓波、宫庆彬40021112115。生于海拔600～1300(～1600) m地区，山地疏林中或溪沟潮湿地，常见。产于广西、湖北、四川、贵州、云南。越南也有分布。果成熟可食用；根皮可药用。工业用油。

含油率及化学组分数据：

采集单位	测试单位	测试部位	产地	含油率(%)	碘值	酸值	皂化值	C12:0	C14:0	C16:0	C16:1	C18:0	C18:1	C18:2	C18:3	C20:0	C20:1
SCU	SCU	种仁	四川邛崃	11.92	146.50	5.23		1.93		5.54		1.85	6.77	27.72	56.2		

异叶榕(异叶天仙果)Ficus heteromorpha Hemsl. [*Ficus mairei* H. Lévl.]

落叶灌木或小乔木。花期4～5月；果期5～7月。湖北：神农架八角庙，31°45′55″N，110°33′47″E，1320 m，2010-08-14，李晓东、昝艳燕400121138。陕西：汉中喜神坝牛头山，32°45′31″N，106°54′15″E，1200 m，2012-10-01，秦烁、郭利磊400328020。生于山谷、坡地及林中，常见。产于广东、广西、湖南、江西、福建、浙江、安徽、河南、湖北、四川、贵州、云南、甘肃、陕西、山西。树皮含纤维素21%～51%，拉力颇强，可作人造棉原料，并代绳索，根能退热，可治牙痛，也治久痢。工业用油。

含油率及化学组分数据：

采集单位	测试单位	测试部位	产地	含油率(%)	碘值	酸值	皂化值	C12:0	C14:0	C16:0	C16:1	C18:0	C18:1	C18:2	C18:3	C20:0	C20:1
WHBG	WHBG	种仁	湖北神农架	13.48						6.10		2.30	10.30	34.90	46.4		
CAU	ICS	种仁	陕西汉中	9.75	3.91	31.03	139.59	0.14	0.29	10.45	0.30	3.03	67.68	6.61	5.04	0.94	0.16

珍珠莲Ficus sarmentosa var. henryi (King ex Oliv.) Corner

木质攀缘匍匐藤状灌木。花、果期3～11月。江西：九江市庐山自然保护区，29°37′60″N，116°03′16″E，261 m，2010-11-06，李朋远、林意漫400148005。生于阔叶林下或灌木丛中，常见。产于广东、广西、湖南、江西、福建、台湾、浙江、湖北、四川、贵州、云南、甘肃、陕西。果水洗可制作凉粉，工业用油。

含油率及化学组分数据：

采集单位	测试单位	测试部位	产地	含油率(%)	碘值	酸值	皂化值	C12:0	C14:0	C16:0	C16:1	C18:0	C18:1	C18:2	C18:3	C20:0	C20:1
SYSU	SCBG	种仁	江西九江	18.54				0.006	0.05	5.48	0.03	1.88	31.35	8.32	52.55	0.15	0.18

黄葛树(大叶榕)Ficus virens var. sublanceolata (Miq.) Corner [*Ficus caulobotrya* var. *fraseri* Miq.]

乔木。花期4～7月；果期4～7月。四川：攀枝花市大黑山，26°40′58″N，101°43′27″E，1610 m，2012-10-18，刘晓波、宫庆彬40021112096。常生于海拔400～2200 m，常见。产于海南、广东、广西、湖北、四川、贵州、云南、陕西等地。工业用油。

含油率及化学组分数据：

采集单位	测试单位	测试部位	产地	含油率(%)	碘值	酸值	皂化值	C12:0	C14:0	C16:0	C16:1	C18:0	C18:1	C18:2	C18:3	C20:0	C20:1
SCU	SCU	果实	四川攀枝花	2.32													

柘属Maclura Nuttall

毛柘藤Maclura pubescens (Trécul) Z. K. Zhou et M. G. Gilbert

木质藤状灌木。广东：阳山县秤架自然保护区，24°52′02″N，112°50′27″E，807 m，2009-11-14，董安强40011249。生于海拔540～1600 m山坡、林缘，常见。产于广东、广西、贵州、云南。缅甸、印度尼西亚也有分布。工业用油。

含油率及化学组分数据：

采集单位	测试单位	测试部位	产地	含油率(%)	碘值	酸值	皂化值	C12:0	C14:0	C16:0	C16:1	C18:0	C18:1	C18:2	C18:3	C20:0	C20:1
SCBG	SCBG	种仁	广东阳山	6.15	67.38	34.86	72.14										

14. 荨麻科 Urticaceae

苎麻属**Boehmeria** Jacq.

苎麻(野麻、野苎麻)**Boehmeria nivea** (L.) Gaudich.[*Urtica nivea* L.]

亚灌木。花期5～8月；果期9～11月。安徽：歙县鱼梁，29°51′29″N，118°25′58″E，118 m，2011-11-11，胡超、李星霖4001171173。生于山谷林边或草坡，海拔200～1700 m，常见。产于广东、广西、江西、福建、台湾、浙江、河南、湖北、四川、贵州、云南、甘肃、陕西。越南、老挝也有分布。苎麻根可作为淀粉酿酒原料，更可以提炼出凝酸铵。其叶可供食用、饮料，可从叶分离出氯原酸，加热后可产生咖啡酸及奎宁酸。苎麻地上部分可以全部用作提取乙醇。

含油率及化学组分数据：

采集单位	测试单位	测试部位	产地	含油率(%)	碘值	酸值	皂化值	C12:0	C14:0	C16:0	C16:1	C18:0	C18:1	C18:2	C18:3	C20:0	C20:1
ECNU	SCBG	种仁	安徽鄞县	14.30				0.19	2.15	10.94	3.55	2.15	54.82	20.02	2.15	0.37	

黄麻属**Corchorus** L.

甜麻**Corchorus aestuans** L.

一年生草本。花、果期夏秋季。江西：靖安县九岭山，28°58′25″N，115°16′12″E，265 m，2012-10-20，迟盛南、赵万义4001416069。生长于荒地、旷野、村旁。为南方各地常见的杂草。产于长江以南各地。亚洲、美洲及非洲也有分布。茎皮坚韧可作麻织品原料及造纸用。工业用油。

含油率及化学组分数据：

采集单位	测试单位	测试部位	产地	含油率(%)	碘值	酸值	皂化值	C12:0	C14:0	C16:0	C16:1	C18:0	C18:1	C18:2	C18:3	C20:0	C20:1
SYSU	SCBG	种仁	江西靖安	11.37					0.06	18.12	0.16	4.22	22.34	49.33	5.11	0.39	0.27

25. 蓼科 Polygonaceae

金线草属**Antenoron** Rafin.

金线草**Antenoron filiforme** (Thunb.) Roberty et Vautier

多年生草本。花期8～10月；果期9～11月。河南：信阳波尔登公园，31°51′55″N，114°24′49″E，164 m，2012-09-15，王亚平400314211。生山坡林缘、山谷路旁，海拔100～2500 m。产于华南、华东、华中、西南地区及陕西、甘肃。朝鲜、日本、越南也有分布。播种繁殖。可用于绿化。

含油率及化学组分数据：

采集单位	测试单位	测试部位	产地	含油率(%)	碘值	酸值	皂化值	C12:0	C14:0	C16:0	C16:1	C18:0	C18:1	C18:2	C18:3	C20:0	C20:1
HNAU	ICS	种子	河南信阳	2.53	97.44	28.96	283.03	2.21	0.53	11.62		3.42	26.12	17.11		0.89	0.76

荞麦属**Fagopyrum** Mill.

金荞麦**Fagopyrum dibotrys** (D. Don) Hara

草本。花期4～10月；果期5～11月。湖北：应城，30°59′54″N，113°28′49″E，53 m，2012-11-25，李晓东、昝艳燕400121242。湖南：吉首市德夯109°40′01″E，28°24′34″N，475 m，2012-08-09，张代贵、张洁40019101232。生于山谷湿地、山坡灌丛，海拔250～3200 m。产于华南、华中、西南、华东。印度、尼泊尔、克什米尔地区、越南、泰国也有。

含油率及化学组分数据：

采集单位	测试单位	测试部位	产地	含油率(%)	碘值	酸值	皂化值	C12:0	C14:0	C16:0	C16:1	C18:0	C18:1	C18:2	C18:3	C20:0	C20:1
WHBG	WHBG	种仁	湖北应城	15.35				4.97	0.29	18.58	0.75	2.59	52.34	5.41	1.43	0.16	0.04
JSU	SCBG	种仁	湖南吉首	13.45					0.33	15.89		2.34	37.29	40.64	2.84		0.33

何首乌属**Fallopia** Adans.

木藤蓼**Fallopia aubertii** (L. Henry) H. Holub

半灌木。花期7～8月；果期8～9月。甘肃：兰州市安宁区，36°07′03″N，103°42′19″E，1550 m，2010-10-11，秦烁、胡亮400326022。生于山坡草地、山谷灌丛，海拔900～3200 m。产于河南、湖北、四川、贵州、云南、西藏、青海、甘肃、宁夏、陕西、山西和内蒙古。

含油率及化学组分数据：

采集单位	测试单位	测试部位	产地	含油率(%)	碘值	酸值	皂化值	C12:0	C14:0	C16:0	C16:1	C18:0	C18:1	C18:2	C18:3	C20:0	C20:1
CAU	ICS	种仁	甘肃兰州	1.36	115.33	23.25	213.52	0.64	0.42	14.01	0.42	3.18	19.32	39.07	4.25		

卷茎蓼(蔓首乌)**Fallopia convolvulus** (L.) A. Löve

一年生草本。花期5～8月；果期6～9月。河北：青龙，40°03′39″N，119°23′12″E，450 m，2011-09-22，徐兴友、韩宝强400313113。生于山坡草地、山谷灌丛、沟边湿地，海拔100～3600 m。产于西南、华北、东北地区。日本、朝鲜、蒙古、巴基斯坦、阿富汗、伊朗、高加索、俄罗斯(西伯利亚、远东)、印度、欧洲、非洲北部及美洲北部。可用于绿化。

含油率及化学组分数据：

采集单位	测试单位	测试部位	产地	含油率(%)	碘值	酸值	皂化值	C12:0	C14:0	C16:0	C16:1	C18:0	C18:1	C18:2	C18:3	C20:0	C20:1
HNUST	ICS	种仁	河北青龙	2.69	198.36	10.47	228.27		0.13	9.43	0.32	2.25	37.27	41.27	2.00	0.35	0.75

蓼属Polygonum L.

拳参（拳蓼）Polygonum bistorta L.

草本。花期6～7月；果期8～9月。山西：垣曲历山，35°25′22″N，111°57′33″E，2200 m，2012-08-29，秦烁、郭利磊400327028。生于海拔800～3000 m的山坡草地、山顶草甸。产于湖南、江西、浙江、江苏、安徽、河南、山东、湖北、甘肃、陕西及东北地区。日本、蒙古、哈萨克斯坦、俄罗斯及欧洲其他地方也有分布。

含油率及化学组分数据：

采集单位	测试单位	测试部位	产地	含油率(%)	碘值	酸值	皂化值	C12:0	C14:0	C16:0	C16:1	C18:0	C18:1	C18:2	C18:3	C20:0	C20:1
CAU	ICS	种仁	山西垣曲	4.41		8.39	195.96		0.10	6.24	0.51	1.36	37.80	42.22	7.01	0.33	1.25

柳叶刺蓼（本氏蓼）Polygonum bungeanum Turcz.

一年生草本。花期7～8月；果期8～9月。黑龙江：北安，39°46′09″N，115°52′29″E，2011-09-22，郑宝江等400341140。生山谷草地、田边、路旁湿地，海拔50～1700 m。产于华北、东北地区及江苏、山东、甘肃。朝鲜、日本、俄罗斯也有分布。

含油率及化学组分数据：

采集单位	测试单位	测试部位	产地	含油率(%)	碘值	酸值	皂化值	C12:0	C14:0	C16:0	C16:1	C18:0	C18:1	C18:2	C18:3	C20:0	C20:1
NEFU	SCBG	种子	黑龙江北安	10.23	9.00	9.46	184.54	0.04	0.09	14.37	0.17	5.56	31.91	27.04	3.19	1.24	0.74

水蓼（辣蓼）Polygonum hydropiper L.

一年生草本。花期5～9月；果期6～10月。陕西：宁强县青木川西沟32°50′47″N，105°33′34″E，725 m，2011-09-03，薛帅、秦烁400324074。新疆：塔什库尔干县红其拉甫口岸37°46′02″N，75°13′37″E，3098 m，2011-08-14，侯翼国、王茜4003311006。生于河滩、水沟边、山谷湿地，海拔50～3500 m。分布于我国南北各地。朝鲜、日本、印度尼西亚、印度、欧洲及北美洲也有。

含油率及化学组分数据：

采集单位	测试单位	测试部位	产地	含油率(%)	碘值	酸值	皂化值	C12:0	C14:0	C16:0	C16:1	C18:0	C18:1	C18:2	C18:3	C20:0	C20:1
CAU	ICS	种子	陕西宁强	2.79	210.53	33.17	245.16		0.10	11.84	0.65	2.59	29.70	38.48	3.45	1.16	0.59
XIEG	SCBG	种子	新疆塔什库尔干	13.40	20.83	19.16	277.07	0.008	0.09	8.15	0.20	2.56	9.10	21.58	46.14	2.25	9.93

酸模叶蓼（大马蓼）Polygonum lapathifolium L.

一年生草本。花期6～8月；果期7～9月。河北：青龙，40°48′07″N，119°23′30″E，590 m，2012-09-15，徐兴友、詹立军400313192。陕西：洋县华阳古镇，33°35′13″N，107°32′43″E，1104 m，2010-10-08，薛帅、王继师400323035。黑龙江：虎林市虎头镇，46°48′01″N，130°22′01″E，2011-08-22，卞勇、孟腾400351093。广布于我国南北各地。生于海拔30～3900 m的田边、路旁、水边、荒地或沟边湿地。朝鲜、日本、蒙古、菲律宾、印度、巴基斯坦及欧洲也有分布。可作地被植物和水土保持植物。药用；全草可制土农药。

含油率及化学组分数据：

采集单位	测试单位	测试部位	产地	含油率(%)	碘值	酸值	皂化值	C12:0	C14:0	C16:0	C16:1	C18:0	C18:1	C18:2	C18:3	C20:0	C20:1
HNUST	ICS	种子	河北青龙	4.54	143.07	352.81	225.44	0.01	0.06	6.67	0.24	1.79	26.30	47.80	3.47	0.59	0.35
CAU	ICS	种子	陕西洋县	4.85	68.53	43.61	130.70	0.14	0.56	0.09	9.09	0.32	1.28	15.33	37.45	1.09	0.18
SBRI	SCBG	种仁	黑龙江虎林	0.47	9.57	12.09	229.66	0.004	0.10	9.96	0.23	2.32	38.81	45.21	1.41	0.49	1.47

长鬃蓼Polygonum longisetum Bruijn

一年生草本。花期6～8月；果期7～9月。陕西：洋县华阳古镇，33°35′20″N，107°33′14″E，1239 m，2010-10-11，薛帅、王继师400323055。湖南：保靖县白云山，28°39′31″N，109°42′47″E，348 m，2012-12-08，张代贵、张洁40019102216。河北：抚宁，40°40′35″N，119°15′26″E，253 m，2012-06-29，徐兴友、韩宝强400313181。生于海拔30～3000 m的山谷水边、河边草地。我国分布范围较广。日本、朝鲜、菲律宾、马来西亚、印度尼西亚、缅甸、印度也有分布。

含油率及化学组分数据：

采集单位	测试单位	测试部位	产地	含油率(%)	碘值	酸值	皂化值	C12:0	C14:0	C16:0	C16:1	C18:0	C18:1	C18:2	C18:3	C20:0	C20:1
CAU	ICS	种仁	陕西洋县	3.99	127.22	12.00	185.11			10.52	0.37	1.98	26.81	46.19	4.94	0.72	0.44
JSU	SCBG	种仁	湖南保靖	16.34					0.11	8.79	0.19	2.05	21.36	43.15	2.00	0.30	6.41
HNUST	ICS	种子	河北抚宁	2.44	116.28	72.36	30.32			11.18		3.64	28.22	43.04	6.11	1.30	

春蓼（桃叶蓼）Polygonum persicaria L.

一年生草本。花期6～9月；果期7～10月。黑龙江：北安，39°46′08″N，115°52′28″E，2011-09-22，郑宝江等400341139。重

庆：南川区鱼泉乡山王坪白果林场，29°39′02″N，107°12′46″E，1376 m，2009-09-10，刘正宇等400231061。湖南：桑植县五道水，29°43′50″N，109°54′21″E，470 m，2012-09-22，张九兵、严亚琴400181414。生于海拔80～1800 m的沟边湿地。产于广西、四川、贵州及华中、华北、西北、东北地区。欧洲、非洲及北美洲也有分布。

含油率及化学组分数据：

采集单位	测试单位	测试部位	产地	含油率(%)	碘值	酸值	皂化值	C12:0	C14:0	C16:0	C16:1	C18:0	C18:1	C18:2	C18:3	C20:0	C20:1
NEFU	SCBG	种子	黑龙江北安	12.54	118.22	2.95	221.58		0.09	14.52	0.08	8.03	16.18	58.33	0.42	0.42	
CIPP	SCBG	种子	重庆南川	13.15	45.79	0.87	405.88	0.06	0.44	8.91	3.10	1.60	20.97	39.24	1.38	0.44	0.39
HUST	HUST	种仁	湖南桑植	2.08	12.94	4.36	168.56	0.01	0.02	6.09	0.05	2.88	31.67	56.76	0.29	0.47	1.77

细叶蓼 **Polygonum taquetii** H. Lév.

一年生草本。花期8～9月；果期9～10月。湖南：桑植县五道水，29°43′50″N，109°54′21″E，470 m，2012-09-22，张九兵、严亚琴400181413。生于海拔50～350 m的山谷湿地、沟边、水边。产于广东、湖南、江西、浙江、江苏、福建、安徽、湖北等地。朝鲜、日本也有分布。

含油率及化学组分数据：

采集单位	测试单位	测试部位	产地	含油率(%)	碘值	酸值	皂化值	C12:0	C14:0	C16:0	C16:1	C18:0	C18:1	C18:2	C18:3	C20:0	C20:1
HUST	HUST	种仁	湖南桑植	1.69	13.92	3.14	448.57	0.03	0.06	3.20	0.06	0.88	12.36	82.25	0.70	0.06	0.41

珠芽蓼 **Polygonum viviparum** L.

多年生草本。花5～7月；果期7～9月。新疆：库车县独库公路大龙池上面，42°28′18″N，83°25′18″E，2884 m，2012-08-07，刘旭丽、侯翼国4003312007。生于海拔1200～5100 m的山坡林下、高山或亚高山草甸。分布范围较广。朝鲜、日本、蒙古、高加索、哈萨克斯坦、印度、欧洲及北美洲也有分布。播种繁殖。可药用。

含油率及化学组分数据：

采集单位	测试单位	测试部位	产地	含油率(%)	碘值	酸值	皂化值	C12:0	C14:0	C16:0	C16:1	C18:0	C18:1	C18:2	C18:3	C20:0	C20:1
XIEG	SCBG	种仁	新疆库车	1.45	7.99	6.90	247.26	0.08	0.47	17.86	1.03	4.86	32.82	41.55	0.53	0.56	0.23

大黄属**Rheum** L.

密序大黄 **Rheum compactum** L.

高大草本。花期6～7月；果期8月。新疆：巩乃斯草场，43°12′39″N，84°50′17″E，2855 m，2011-08-18，侯翼国、王茜4003311014。生于海拔2000 m左右山坡地带。产于新疆。蒙古、哈萨克斯坦、俄罗斯也有分布。

含油率及化学组分数据：

采集单位	测试单位	测试部位	产地	含油率(%)	碘值	酸值	皂化值	C12:0	C14:0	C16:0	C16:1	C18:0	C18:1	C18:2	C18:3	C20:0	C20:1
XIEG	SCBG	种仁	新疆巩乃斯	13.35	17.17	13.06	170.61	0.01	0.11	12.76	0.13	30.66	0.93	52.08	2.39	0.47	0.45

掌叶大黄 **Rheum palmatum** L.

高大粗壮草本。花期6月；果期8月。湖北：神农架风景垭，31°25′41″N，110°19′05″E，2758 m，2010-09-06，李晓东、谷艳燕、罗曼曼400121117。生于海拔1500～4400 m山坡或山谷湿地，现在甘肃及陕西栽培较广。产于四川、云南、甘肃、青海、西藏等地。播种繁殖。本种根状茎及根供药用。

含油率及化学组分数据：

采集单位	测试单位	测试部位	产地	含油率(%)	碘值	酸值	皂化值	C12:0	C14:0	C16:0	C16:1	C18:0	C18:1	C18:2	C18:3	C20:0	C20:1
WHBG	WHBG	种仁	湖北神农架	3.01						8.70			43.10	29.70	1.50		2.10

天山大黄 **Rheum wittrockii** Lundstr.

高大草本。花6～7月；果期8～9月。新疆：裕民县塔斯特保护区，45°56′56″N，82°40′02″E，1064 m，2011-09-21，侯翼国、王茜4003311041。生于海拔1200～2600 m的山坡草地、林下或沟谷。产于新疆，多分布于天山北麓。哈萨克斯坦也有分布。

含油率及化学组分数据：

采集单位	测试单位	测试部位	产地	含油率(%)	碘值	酸值	皂化值	C12:0	C14:0	C16:0	C16:1	C18:0	C18:1	C18:2	C18:3	C20:0	C20:1
XIEG	SCBG	种仁	新疆裕民	9.91	39.32	13.90	166.30	0.28	0.42	11.88	0.05	1.38	18.84	23.85	5.56	0.41	37.34

酸模属**Rumex** L.

酸模 **Rumex acetosa** L.

多年生草本。花5～7月；果期6～8月。西藏：波密县扎木乡，29°52′27″N，95°42′18″E，2715 m，2011-09-04，干友民400241141。生于海拔400～4100 m的山坡、林缘、沟边、路旁。产于我国南北各地。朝鲜、日本、高加索、哈萨克斯坦、俄罗斯、欧洲及美洲也有分布。全草供药用，有凉血、解毒之效；嫩茎、叶可作蔬菜及饲料。

含油率及化学组分数据：

采集单位	测试单位	测试部位	产地	含油率(%)	碘值	酸值	皂化值	C12:0	C14:0	C16:0	C16:1	C18:0	C18:1	C18:2	C18:3	C20:0	C20:1
SICAU	SCBG	种仁	西藏波密	15.63	50.65	39.71	340.97										

皱叶酸模 **Rumex crispus** L.

多年生草本。花5～6月；果期6～7月。甘肃：天水县麦积山，33°38′29″N，106°15′30″E，1500 m，2011-10-10，薛帅400325020。黑龙江：北安，39°46′08″N，115°52′28″E，2011-09-25，郑宝江等400341173。生于海拔30～2500 m的河滩、沟边湿地。我国多地有分布。蒙古、朝鲜、日本、高加索、哈萨克斯坦、欧洲及北美洲也有分布。

含油率及化学组分数据：

采集单位	测试单位	测试部位	产地	含油率(%)	碘值	酸值	皂化值	C12:0	C14:0	C16:0	C16:1	C18:0	C18:1	C18:2	C18:3	C20:0	C20:1
CAU	ICS	种仁	甘肃天水	1.74	120.81	10.02	207.89	0.16	0.63	10.95	0.61	1.63	18.18	43.78	1.30	0.34	0.12
NEFU	SCBG	种子	黑龙江北安	9.06	58.52	2.19	376.08	0.06	0.63	39.86	0.12	4.95	23.25	10.88	1.38	0.29	0.12

尼泊尔酸模 **Rumex nepalensis** Spreng.

多年生草本。花4～5月；果期6～7月。四川：理县毕棚沟，31°15′01″N，102°53′19″E，1000 m，2010-10-29，崔龙、李志强40021110069。生于海拔1000～4300 m的山坡路旁、山谷草地。产于广西、湖南、江西、湖北、四川、贵州、云南、甘肃、陕西、青海及西藏。分布于伊朗、阿富汗、印度、巴基斯坦、尼泊尔、缅甸、越南、印度尼西亚(爪哇)。

含油率及化学组分数据：

采集单位	测试单位	测试部位	产地	含油率(%)	碘值	酸值	皂化值	C12:0	C14:0	C16:0	C16:1	C18:0	C18:1	C18:2	C18:3	C20:0	C20:1
SCU	SCU	种仁	四川理县	2.57													

巴天酸模(酸模)**Rumex patientia** L.

多年生草本。花5～6月；果期6～7月。甘肃：卓尼县卡车乡，34°33′58″N，103°20′35″E，2600，2011-10-07，秦烁400326009。河南：登封县嵩山，34°29′18″N，113°01′51″E，582 m，2011-08-27，王亚平、陈明400314104。内蒙古：呼和浩特市大青山小井沟，42°02′20″N，111°48′15″E，1698 m，2009-09-10，刘慧娟、扈顺400312001。生于沟边湿地、水边，海拔20～4000 m。产于湖南、山东、河南、湖北、四川、西藏及西北、华北、东北地区。分布于高加索、哈萨克斯坦、蒙古及欧洲。

含油率及化学组分数据：

采集单位	测试单位	测试部位	产地	含油率(%)	碘值	酸值	皂化值	C12:0	C14:0	C16:0	C16:1	C18:0	C18:1	C18:2	C18:3	C20:0	C20:1
CAU	ICS	种仁	甘肃卓尼	2.37	100.37	28.75	206.06	3.80	0.09	8.71	0.14	1.16	28.69	51.02	1.31	0.27	0.54
HNAU	ICS	种仁	河南登封	1.66	118.69	50.42	66.64	0.11		6.98		1.26	20.51	64.71	1.37	0.99	
IMAU	ICS	种仁	内蒙古呼和浩特	2.18	83.09	1.42	160.44		0.06	6.77	0.06	1.04	32.56	47.27	2.61	0.67	2.88

长刺酸模 **Rumex trisetifer** Stokes

一年生草本。花5～6月；果期6～7月。湖北：神农架下谷坪，31°22′51″N，110°34′04″E，1520 m，2011-09-17，丁时东400151110。生于田边湿地、水边、山坡草地，海拔30～1300 m。产于广东、海南、广西、江西、安徽、江苏、浙江、福建、台湾、湖南、湖北、四川、贵州、云南、陕西。越南、老挝、泰国、孟加拉国、印度也有分布。

含油率及化学组分数据：

采集单位	测试单位	测试部位	产地	含油率(%)	碘值	酸值	皂化值	C12:0	C14:0	C16:0	C16:1	C18:0	C18:1	C18:2	C18:3	C20:0	C20:1
OCRI	SCBG	种仁	湖北神农架	5.26	206.17	16.93		0.03	0.05	3.45	0.62	0.80	67.77	24.64	0.41	0.09	0.05

28. 紫茉莉科 Nyctaginaceae

紫茉莉属 Mirabilis L.

紫茉莉(胭脂花，粉豆花)**Mirabilis jalapa** L.

一年生草本。花6～8月；果期8～11月。河南：信阳鸡公山，31°48′55″N，114°04′06″E，402 m，2012-09-18，王亚平400314256。湖南：湘潭县响水乡27°54′41″N，112°54′44″E，60 m，2009-10-05，严岳鸿、何祖霞、黄玉滢40018103。新疆：吐鲁番沙漠植物园，42°51′17″N，89°11′36″E，93 m，2009-10-12，王喜勇、侯翼国4003309018。贵州：江口县太平镇，27°44′28″N，108°48′20″E，2011-11-17，张九兵、朱明德400181359。陕西：华阴市华山，34°31′42″N，110°05′51″E，435 m，2010-10-14，薛帅、王继师400323067。云南：昆明植物所加工厂，25°08′27″N，102°44′35″E，1932 m，2009-09-30，李忠荣、李恩乾400222074。原产热带美洲。我国南北各地常栽培，为观赏花卉，有时逸为野生。

含油率及化学组分数据：

采集单位	测试单位	测试部位	产地	含油率(%)	碘值	酸值	皂化值	C12:0	C14:0	C16:0	C16:1	C18:0	C18:1	C18:2	C18:3	C20:0	C20:1
HNAU	ICS	种仁	河南信阳	4.05	269.64	7.82	191.08		0.27	15.83	0.11	2.20	46.03	14.72	14.76	0.74	
HUST	HUST	种仁	湖南湘潭	5.00						7.50	0.22	2.41	19.27	67.57	0.38	1.33	0.24

采集单位	测试单位	测试部位	产地	含油率(%)	碘值	酸值	皂化值	C12:0	C14:0	C16:0	C16:1	C18:0	C18:1	C18:2	C18:3	C20:0	C20:1
XIEG	SCBG	种仁	新疆吐鲁番	11.44	9.00	9.46	184.54	0.02	0.08	11.45	0.05	2.53	6.19	78.44	0.39	0.51	0.33
HUST	HUST	种仁	贵州江口	5.82		27.39				13.48		3.58	17.41	33.45	4.95	1.37	
CAU	ICS	种仁	陕西华阴	2.94	97.11	5.43	152.72		0.28	15.21		1.84	41.78	14.37	15.04	0.56	
KMIB	KMIB	种仁	云南昆明	2.64						0.30	16.08	0.16	1.90	44.06	13.78	0.78	17.68

32. 马齿苋科 Portulacaceae

马齿苋属**Portulaca** L.

马齿苋 **Portulaca oleracea** L.

一年生草本。花5～8月；果期6～9月。河北：昌黎，40°15′22″N，119°16′29″E，288 m，2011-10-03，徐兴友、詹立军400313150。生于菜园、农田、路旁，为田间常见杂草。性喜肥沃土壤，耐旱亦耐涝，生命力强。播种繁殖或分株繁殖。全草供药用，有清热利湿、解毒消肿、消炎、止渴、利尿作用；种子明目；还可作兽药和农药；嫩茎叶可作蔬菜，味酸，也是很好的饲料。我国南北各地均产。广布全世界温带和热带地区。

含油率及化学组分数据：

采集单位	测试单位	测试部位	产地	含油率(%)	碘值	酸值	皂化值	C12:0	C14:0	C16:0	C16:1	C18:0	C18:1	C18:2	C18:3	C20:0	C20:1
HNUST	ICS	种仁	河北昌黎	7.23	147.09	7.28	222.74			9.34	0.13	2.66	9.75	42.80	28.40	1.08	

34. 石竹科 Caryophyllaceae

蝇子草属**Silene** L.

粗壮女娄菜 **Silene aprica** Turcz. ex Fisch. et C.A. Mey.

一年或二年生草本。花期5～7月；果期6～8月。河北：青龙，40°08′14″N，119°26′18″E，503 m，2009-09-18，徐兴友400313030。生于平原、丘陵或山地。产于我国大部分地区。朝鲜、日本、蒙古、俄罗斯（西伯利亚和远东地区）也有。模式标本采自贝加尔湖沿岸。

含油率及化学组分数据：

采集单位	测试单位	测试部位	产地	含油率(%)	碘值	酸值	皂化值	C12:0	C14:0	C16:0	C16:1	C18:0	C18:1	C18:2	C18:3	C20:0	C20:1
HNUST	ICS	种子	河北青龙	6.90	86.26	3.47	176.40	0.02	0.05	7.64	0.07	1.78	16.56	72.65	0.50	0.48	0.25

狗筋蔓【白牛膝（云南），抽筋草（贵州）】**Silene baccifera** (L.) Roth[*Cucubalus baccifer* L.]

多年生草本。花期6～8月；果期7～10月。河北：抚宁，40°48′14″N，119°22′10″E，603 m，2012-09-14，徐兴友、韩宝强400313168。吉林：通化，2011-09-19，郑宝江等400341125。生于林缘、灌丛或草地。产于我国广西、福建、台湾、江苏、安徽、浙江、湖北、河南、河北、山西、陕西、宁夏、甘肃、新疆、辽宁及西南。朝鲜、日本、俄罗斯、哈萨克斯坦也有分布。喜光，耐瘠薄。播种繁殖。

含油率及化学组分数据：

采集单位	测试单位	测试部位	产地	含油率(%)	碘值	酸值	皂化值	C12:0	C14:0	C16:0	C16:1	C18:0	C18:1	C18:2	C18:3	C20:0	C20:1
HNUST	ICS	种子	河北抚宁	4.31	143.46	13.00	111.15		0.07	5.47	0.15	0.94	16.70	37.95	4.24	0.21	0.21
NEFU	SCBG	种子	吉林通化	18.45	13.52	16.36	231.50	0.004	0.06	8.62	0.03	2.66	63.45	22.95	1.06	0.73	0.44

36. 藜科 Chenopodiaceae

滨藜属**Atriplex** L.

野榆钱菠菜 **Atriplex aucheri** Moq.

草本。花、果期9～10月。新疆：乌鲁木齐市水磨沟区，43°47′56″N，87°43′32″E，962 m，2012-10-27，姜凤琴、孔凡奎4003312030。生于戈壁、荒漠及干旱山沟。产于新疆。伊朗及俄罗斯的土库曼和哈萨克斯坦也有分布。

含油率及化学组分数据：

采集单位	测试单位	测试部位	产地	含油率(%)	碘值	酸值	皂化值	C12:0	C14:0	C16:0	C16:1	C18:0	C18:1	C18:2	C18:3	C20:0	C20:1
XIEG	SCBG	种仁	新疆乌鲁木齐	1.45	70.76	5.14	396.81	0.19	0.76	12.90	0.97	1.91	21.53	51.74	1.52	0.38	0.16

中亚滨藜 **Atriplex centralasiatica** Iljin.

草本。花期7～8月；果期8～9月。河北：沧州，38°21′15″N，117°17′34″E，14 m，2011-07-08，徐兴友、詹立军400313097。生于戈壁、荒地、海滨及盐土荒漠，有时也侵入田间。产于吉林、辽宁、内蒙古、河北、山西、陕西、宁夏、甘肃、青海、新疆至西藏。蒙古及俄罗斯的中亚部分、西伯利亚也有分布。

含油率及化学组分数据：

采集单位	测试单位	测试部位	产地	含油率(%)	碘值	酸值	皂化值	C12:0	C14:0	C16:0	C16:1	C18:0	C18:1	C18:2	C18:3	C20:0	C20:1
HNUST	ICS	种仁	河北沧州	3.97	45.60	19.67	641.10			3.92		1.67	10.18	16.17	6.89		0.52

戟叶滨藜 **Atriplex prostrata** Boucher ex DC.

草本。花期7～8月；果期9～10月。新疆：博乐市艾比湖保护区，44°50′53″N，82°44′11″E，187 m，2012-09-15，姜凤琴、孔凡奎4003312012。生于山谷湿地、路旁等处。产于新疆北部。俄罗斯、伊朗、阿富汗、西欧、印度西北部及非洲北部也有分布。

含油率及化学组分数据：

采集单位	测试单位	测试部位	产地	含油率(%)	碘值	酸值	皂化值	C12:0	C14:0	C16:0	C16:1	C18:0	C18:1	C18:2	C18:3	C20:0	C20:1
XIEG	SCBG	种仁	新疆博乐	4.19	73.68	6.31	186.46	0.14	0.07	7.47	0.07	2.88	9.82	73.06	1.61	0.42	0.47

轴藜属 **Axyris** L.

轴藜 **Axyris amaranthoides** L.

灌状草本。花、果期8～9月。黑龙江：桦川申家店林区，46°48′37″N，130°22′44″E，1 m，2011-10-15，卞勇、孟腾400351075；北安，39°46′09″N，115°52′29″E，2011-09-22，郑宝江等400341144。本种喜生于砂质地，常见于山坡、草地、荒地、河边、田间或路旁。在我国分布很广。国外见于日本、朝鲜、蒙古、俄罗斯和欧洲。

含油率及化学组分数据：

采集单位	测试单位	测试部位	产地	含油率(%)	碘值	酸值	皂化值	C12:0	C14:0	C16:0	C16:1	C18:0	C18:1	C18:2	C18:3	C20:0	C20:1
SBRI	SCBG	种仁	黑龙江桦川	0.94	10.18	9.91	253.60	0.003	0.05	5.16	0.06	1.96	6.65	22.84	62.55	0.15	0.58
NEFU	SCBG	种仁	黑龙江北安	11.62	56.22	7.31	161.77		0.87		5.73	1.26	5.33	82.66	0.45	0.37	0.15

雾冰藜属 **Bassia** All.

钩刺雾冰藜 **Bassia hyssopifolia** (Pall.) Kuntze

灌状草本。花、果期7～9月。新疆：哈巴河县哈布哈滩村，47°58′46″N，86°19′13″E，478 m，2012-09-19，姜凤琴、孔凡奎4003312018。常见于盐碱地、低洼之河谷、草地及垃圾堆旁。产于新疆、甘肃。分布于蒙古、俄罗斯、西欧及伊朗。

含油率及化学组分数据：

采集单位	测试单位	测试部位	产地	含油率(%)	碘值	酸值	皂化值	C12:0	C14:0	C16:0	C16:1	C18:0	C18:1	C18:2	C18:3	C20:0	C20:1
XIEG	SCBG	种仁	新疆哈巴河	1.27	78.79	8.12	160.50	0.12		9.82	0.14	2.50	22.82	58.48	1.34	0.60	0.26

角果藜属 **Ceratocarpus** L.

角果藜 **Ceratocarpus arenarius** L.

草本。花、果期4～7月。新疆：乌鲁木齐市水磨沟区后榆树沟方向，43°46′49″N，87°42′46″E，1012 m，2012-10-27，姜凤琴、孔凡奎4003312029。常见于沙漠、戈壁、沙地、荒地及田边路旁。产于新疆北部。分布于俄罗斯、蒙古、伊朗。

含油率及化学组分数据：

采集单位	测试单位	测试部位	产地	含油率(%)	碘值	酸值	皂化值	C12:0	C14:0	C16:0	C16:1	C18:0	C18:1	C18:2	C18:3	C20:0	C20:1
XIEG	SCBG	种仁	新疆乌鲁木齐	1.75	33.82	23.01	208.60	0.17	0.77	13.08	0.73	1.90	21.67	52.24	1.55	0.36	0.19

藜属 **Chenopodium** L.

狭叶尖头叶藜 **Chenopodium acuminatum** subsp. **virgatum** (Thunb.) Kitam.

草本。花期6～7月；果期8～9月。河北：昌黎，35°58′28″N，119°15′24″E，68 m，2012-10-13，徐兴友、詹立军400313186。生于河边、田野等地。我国分布较广。日本、韩国、蒙古、俄罗斯、越南、亚细亚有分布。

含油率及化学组分数据：

采集单位	测试单位	测试部位	产地	含油率(%)	碘值	酸值	皂化值	C12:0	C14:0	C16:0	C16:1	C18:0	C18:1	C18:2	C18:3	C20:0	C20:1
HNUST	ICS	种仁	河北昌黎	7.99	150.24	41.46	165.34		0.17	8.66	0.12	0.80	15.40	56.72	5.97	0.33	0.84

藜 **Chenopodium album** L.

一年生草本。花、果期5～10月。陕西：陇县固关，34°57′56″N，106°35′41″E，1250 m，2011-10-13，秦烁400326040。河南：焦作沁阳，35°58′28″N，111°57′39″E，1066 m，王亚平400314280；郑州惠济区，34°53′51″N，113°33′5″E，344 m，王亚平、陈明400314012。黑龙江：桦川县申家店，46°34′39″N，130°37′04″E，715 m，2010-08-13陈连江、卞勇、潘伟400351029；北安，39°46′09″N，115°52′30″E，2011-09-21，郑宝江等400341137。新疆：乌鲁木齐科学院，43°48′60″N，87°35′60″E，1002 m，2011-09-27，侯翼国、王茜4003311047。湖南：保靖县白云山，28°47′38″N，109°39′30″E，332 m，2012-08-13，张代贵、张洁40019101234。生于路旁、荒地及田间，为很难除掉的杂草。分布遍及全球温带及热带，我国各地均产。

含油率及化学组分数据：

采集单位	测试单位	测试部位	产地	含油率(%)	碘值	酸值	皂化值	C12:0	C14:0	C16:0	C16:1	C18:0	C18:1	C18:2	C18:3	C20:0	C20:1
CAU	ICS	种仁	陕西陇县	6.86	143.47	9.67	130.97	0.17	0.77	13.12	0.73	1.91	21.75	52.43	1.55	0.37	0.19
HNAU	ICS	种子	河南焦作	5.33	62.28	17.19	375.88		0.17	9.52	0.12	1.15	14.28	52.69	5.90	0.49	0.75
HNAU	ICS	种子	河南郑州	2.48	107.42	40.75	83.18		0.23	10.93	0.21	1.17	23.01	51.11	7.61	0.86	1.00
SBRI	SCBG	种仁	黑龙江桦川	1.11	18.04	7.52	194.36	0.11	0.05	2.82	0.05	0.89	18.52	76.45	0.73	0.07	0.31
NEFU	SCBG	种子	黑龙江北安	13.87	4.41	4.55	19.26	0.03	0.11	15.33	2.33		23.35	48.37	0.80	0.20	0.12
XIEG	SCBG	种仁	新疆乌鲁木齐	15.54	63.01	15.07	112.83		0.21	7.37	0.26	2.08	9.29	31.13	47.65	0.24	0.11
JSU	SCBG	种仁	湖南保靖	12.60					0.14	23.53		3.40	37.82	24.65	1.84	0.67	0.14

小藜 Chenopodium ficifolium Sm. [*Chenopodium serotinum* L.]

草本。花期4～5月；5～7月。河北：兴隆，41°04′23″N，117°45′00″E，1694 m，2012-09-25，徐兴友、韩宝强400313183。重庆：南川区三泉镇三泉石门沟，29°48′40″N，107°07′24″E，588 m，2009-10-20，刘正宇等400231136。为普通田间杂草，有时也生于荒地、道旁、垃圾堆等处。我国除西藏未见标本外，各地都有分布。

含油率及化学组分数据：

采集单位	测试单位	测试部位	产地	含油率(%)	碘值	酸值	皂化值	C12:0	C14:0	C16:0	C16:1	C18:0	C18:1	C18:2	C18:3	C20:0	C20:1
HNUST	ICS	种仁	河北兴隆	8.30	181.25	1.85	143.21	0.01	0.10	8.05	0.09	0.74	16.38	58.43	7.45	0.40	1.09
CIPP	SCBG	种仁	重庆南川	10.32	72.67	25.74	436.32		0.08	6.43		3.34	4.93	83.06	0.85	0.18	0.16

杖藜 Chenopodium giganteum D. Don

草本。花期8月；果期9～10月。重庆：巫溪县土城乡和平村，31°38′10″N，109°12′50″E，966 m，2010-10-16，刘正宇等400231187。本种为栽培种，广西、湖南、河南、湖北、四川、甘肃、贵州、云南、陕西、辽宁等地见有栽培并已成为半野生状态。世界各国也普遍栽培，其来源不明。

含油率及化学组分数据：

采集单位	测试单位	测试部位	产地	含油率(%)	碘值	酸值	皂化值	C12:0	C14:0	C16:0	C16:1	C18:0	C18:1	C18:2	C18:3	C20:0	C20:1
CIPP	SCBG	种仁	重庆巫溪	11.14	83.80	41.15	315.41	0.19	2.15	10.94	3.55	2.15	54.82	20.02	2.15	0.37	

灰绿藜 Chenopodium glaucum L.

一年生草本。花、果期3～10月。山西：临汾市尧都区沙乔村，36°4′4″N，111°28′50″E，420 m，2009-10-07，谢光辉400322029。生于农田、菜园、村房、水边等有轻度盐碱的土壤上。广布于南北半球的温带。耐盐减，耐高温，耐旱，喜光。播种或分株繁殖。株形优美，可用作阴湿地的观赏性地被植物。

含油率及化学组分数据：

采集单位	测试单位	测试部位	产地	含油率(%)	碘值	酸值	皂化值	C12:0	C14:0	C16:0	C16:1	C18:0	C18:1	C18:2	C18:3	C20:0	C20:1
CAU	ICS	种子	山西临汾	7.40	78.80	2.58	162.17	0.01	0.28	16.36	0.42	1.69	28.85	40.22	9.74	0.73	1.70

刺藜属Dysphania R. Brown

刺藜 Dysphania aristata (L.) Mosyakin et Clemants [*Chenopodium aristatum* L.]

一年生草本。花期8～9月；果期10月。河北：石家庄，41°07′42″N，116°04′39″E，967 m，2010-09-29，徐兴友400313051。产于西北、西南和东北等地。为农田杂草，多生于高粱、玉米、谷子田间，有时也见于山坡、荒地等处。分布于亚洲及欧洲。

含油率及化学组分数据：

采集单位	测试单位	测试部位	产地	含油率(%)	碘值	酸值	皂化值	C12:0	C14:0	C16:0	C16:1	C18:0	C18:1	C18:2	C18:3	C20:0	C20:1
HNUST	ICS	种仁	河北石家庄	8.36	96.64	6.35	191.31		0.11	9.00	0.16	1.67	16.55	65.09	2.02	0.82	0.43

猪毛菜属Salsola L.

猪毛菜 Salsola collina Pall.

一年生草本。花7～9月；果期9～10月。河北：沧州，38°15′29″N，116°49′18″E，10 m，2012-10-16，徐兴友、詹立军400313185。生于村边，路边及荒芜场所。产于西南、西北、华北、东北地区及江苏、河南、山东、西藏等地。朝鲜、蒙古、俄罗斯、巴基斯坦也有分布。播种繁殖。全草入药，有降低血压作用；嫩茎、叶可供食用。

含油率及化学组分数据：

采集单位	测试单位	测试部位	产地	含油率(%)	碘值	酸值	皂化值	C12:0	C14:0	C16:0	C16:1	C18:0	C18:1	C18:2	C18:3	C20:0	C20:1
HNUST	ICS	种仁	河北沧州	18.19	146.25	12.84	187.39	0.01	0.19	6.36	0.53		37.08	44.18	5.95	0.61	0.75

钠猪毛菜 Salsola nitraria Pall.

一年生草本。花期7～8月；果期9～10月。新疆：富蕴县至恰库尔图乡，46°37′19″N，89°35′10″E，927 m，2012-10-26，姜凤琴、孔凡奎4003312026。生于戈壁滩或沙丘。产于新疆北部。俄罗斯、土耳其、伊拉克、伊朗、阿富汗、巴基斯坦也有分布。

含油率及化学组分数据：

采集单位	测试单位	测试部位	产地	含油率(%)	碘值	酸值	皂化值	C12:0	C14:0	C16:0	C16:1	C18:0	C18:1	C18:2	C18:3	C20:0	C20:1
XIEG	SCBG	种仁	新疆富蕴	12.77	12.14	5.11	222.15	1.69	0.23	4.39	0.09	12.10	8.82	4.82	10.36	1.16	0.21

东方猪毛菜Salsola orientalis S. G. Gmel.

半灌木。花7～8月；果期8～9月。新疆：S228/271-272k m，44°33′25″N，90°00′33″E，576 m，2012-10-24，姜凤琴、孔凡奎4003312025。生于砾质荒漠、沙丘、山麓。产新疆北部。伊朗、俄罗斯中亚地区及高加索地区也有。

含油率及化学组分数据：

采集单位	测试单位	测试部位	产地	含油率(%)	碘值	酸值	皂化值	C12:0	C14:0	C16:0	C16:1	C18:0	C18:1	C18:2	C18:3	C20:0	C20:1
XIEG	SCBG	种仁	新疆	4.30	5.48	5.05	185.39	0.39	0.43	5.91	0.15	1.91	23.44	62.00		0.58	0.62

刺沙蓬Salsola tragus L.[*Salsola ruthenica* Iljin]

一年生草本。花8～9月；果期9～10月。新疆：S228/314k m处，44°12′56″N，90°08′58″E，738 m，2012-10-24，姜凤琴、孔凡奎4003312023。内蒙古：鄂尔多斯市伊金霍洛旗成吉思汗陵，39°19′10″N，109°45′50″E，1436 m，2012-09-19，刘慧娟400312185。生于河谷沙地、砾质戈壁、海边。产江苏、山东、西藏及华北、西北、东北。蒙古、俄罗斯也有分布。

含油率及化学组分数据：

采集单位	测试单位	测试部位	产地	含油率(%)	碘值	酸值	皂化值	C12:0	C14:0	C16:0	C16:1	C18:0	C18:1	C18:2	C18:3	C20:0	C20:1
XIEG	SCBG	种子	新疆	12.19	38.36	3.39	349.37										
IMAU	ICS	种子	内蒙古鄂尔多斯	4.79	92.09	28.89				2.08	0.10		72.57	24.26	0.29	0.07	0.22

菠菜属Spinacia L.

菠菜Spinacia oleracea L.

草本。果期秋季。广西：荔浦县修仁镇，26°08′16″N，111°59′25″E，235 m，2012-09-16，廖云标4001101287。原产伊朗。我国普遍栽培，为极常见的蔬菜之一。

含油率及化学组分数据：

采集单位	测试单位	测试部位	产地	含油率(%)	碘值	酸值	皂化值	C12:0	C14:0	C16:0	C16:1	C18:0	C18:1	C18:2	C18:3	C20:0	C20:1
GXIB	SCBG	种仁	广西荔浦	18.65	105.25	0.85	171.53		0.10	7.25	0.21	1.42	51.60	29.01	0.75	0.67	

碱蓬属Suaeda Forsk. ex Scop.

囊果碱蓬Suaeda physophora Pall.

半灌木。花、果期7～9月。新疆：伊宁218国道伊宁至新源途中，43°35′06″N，82°44′37″E，844 m，2010-10-08王喜勇、王蕾、孔凡逵4003310040。生于盐碱土荒漠、山坡、沙丘等处。产于新疆、甘肃。东欧、中亚及俄罗斯西西伯利亚也有分布。

含油率及化学组分数据：

采集单位	测试单位	测试部位	产地	含油率(%)	碘值	酸值	皂化值	C12:0	C14:0	C16:0	C16:1	C18:0	C18:1	C18:2	C18:3	C20:0	C20:1
XIEG	SCBG	种仁	新疆伊宁	6.43	12.66	5.56	79.94			2.11	0.35	0.47	74.59	21.87	0.13		0.13

盐地碱蓬Suaeda salsa (L.) Pall.

一年生草本，花、果期7～10月。辽宁：长海，39°15′36″N，122°44′54″E，2012-10-16，郑宝江等400341199。生于盐碱土，常形成单种群落。亚洲及欧洲有分布。幼苗可做菜，北方沿海群众春夏多采食；种子也可食用。

含油率及化学组分数据：

采集单位	测试单位	测试部位	产地	含油率(%)	碘值	酸值	皂化值	C12:0	C14:0	C16:0	C16:1	C18:0	C18:1	C18:2	C18:3	C20:0	C20:1
NEFU	SCBG	种仁	辽宁长海	11.32	9.59	10.54	166.31										

37. 苋科 Amaranthaceae

牛膝属Achyranthes L.

土牛膝Achyranthes aspera L.

多年生草本。花6～8月；果期10月。浙江：临安市西天目山，30°19′26″N，119°27′02″E，417 m，2012-11-18，陈树钢、童毅4001122164。生于山坡疏林或村庄附近空旷地，海拔800～2300 m。产于广东、广西、湖南、江西、福建、台湾、四川、云南、贵州。印度、越南、菲律宾、马来西亚等地有分布。

含油率及化学组分数据：

采集单位	测试单位	测试部位	产地	含油率(%)	碘值	酸值	皂化值	C12:0	C14:0	C16:0	C16:1	C18:0	C18:1	C18:2	C18:3	C20:0	C20:1
SCBG	SCBG	种子	浙江临安	14.56	94.06	29.58											

苋属Amaranthus L.

尾穗苋Amaranthus caudatus L.

一年生草本。花7～8月；果期9～10月。云南：福贡县匹河乡，26°24′28″N，98°53′47″E，1015 m，2009-11-22，王智、徐金金、黄巧琴400221144。黑龙江：佳木斯市郊区，46°32′26″N，130°38′16″E，795 m，2010-08-31，陈连江、卞勇、贾海伦400351016。新疆：奇台县至西地镇途中，44°01′48″N，89°36′25″E，779 m，2012-10-23，姜凤琴、孔凡奎4003312021。湖南：保靖县白云山，28°46′50″N，109°46′21″E，312 m，2012-11-16，张代贵、张洁40019101249。我国各地栽培，有时逸为野生。原产热带，全世界各地栽培。

含油率及化学组分数据：

采集单位	测试单位	测试部位	产地	含油率(%)	碘值	酸值	皂化值	C12:0	C14:0	C16:0	C16:1	C18:0	C18:1	C18:2	C18:3	C20:0	C20:1
KMIB	KMIB	种子	云南福贡	6.00				0.17	0.74	12.93	1.03	1.89	21.44	51.55	1.53	0.34	0.18
SBRI	SCBG	种子	黑龙江佳木斯	14.47	33.82	23.01	208.60										
XIEG	SCBG	种子	新疆奇台	6.60	31.49	13.74	277.10	0.08	0.69	13.23	0.74	3.32	27.04	45.46	8.80	0.50	0.14
JSU	SCBG	种子	湖南保靖	12.49	32.21	43.71	20.69	0.05	0.05	7.26	0.14	4.27	48.90	35.65	0.76	1.24	1.68

长芒苋(老鸦谷)Amaranthus cruentus L.

灌木，花期6～7月；果期9～10月。河北：石家庄，38°06′36″N，114°23′05″E，106 m，2011-10-13，徐兴友、韩宝强400313098。中国广泛栽培。

含油率及化学组分数据：

采集单位	测试单位	测试部位	产地	含油率(%)	碘值	酸值	皂化值	C12:0	C14:0	C16:0	C16:1	C18:0	C18:1	C18:2	C18:3	C20:0	C20:1
HNUST	ICS	种子	河北石家庄	8.61	118.38	3.01	358.84	2.60	0.14	15.61	0.14	2.31	13.96	60.56	1.02	0.57	0.14

繁穗苋(天雪米、鸦谷)Amaranthus paniculatus L.

一年生草本。花6～7月；果期9～10月。湖南：湘潭县响水乡，27°54′42″N，112°54′44″E，63 m，2009-10-14，严岳鸿、黄玉滢、周喜乐400181047。生长由平地到海拔2150 m。我国各地栽培或野生。全世界广泛分布。

含油率及化学组分数据：

采集单位	测试单位	测试部位	产地	含油率(%)	碘值	酸值	皂化值	C12:0	C14:0	C16:0	C16:1	C18:0	C18:1	C18:2	C18:3	C20:0	C20:1
HUST	HUST	种仁	湖南湘潭	7.25	16.76	7.52	86.71	0.01	0.17	14.58		5.16	25.88	20.35	16.95	1.38	0.36

皱果苋(绿苋)Amaranthus viridis L.

一年生草本。花6～8月；果期8～10月。重庆：南川区三泉镇三泉石门沟，29°45′37″N，107°08′27″E，585 m，2009-11-13，刘正宇等400231129。河南：郑州市惠济区，34°54′28″N，113°32′13″E，302 m，2011-07-26，王亚平、陈明400314014。生于人家附近的杂草地上或田野间。产于华南、华东、华北、东北地区及云南、陕西。原产热带非洲，广泛分布在两半球的温带、亚热带和热带地区。嫩茎叶可作野菜食用，也可作饲料；全草入药，有清热解毒、利尿止痛的功效。

含油率及化学组分数据：

采集单位	测试单位	测试部位	产地	含油率(%)	碘值	酸值	皂化值	C12:0	C14:0	C16:0	C16:1	C18:0	C18:1	C18:2	C18:3	C20:0	C20:1
CIPP	SCBG	种仁	重庆南川	10.98					0.11	6.99	0.53	5.53	5.64	74.33	2.80	0.95	0.61
HNAU	ICS	种仁	河南郑州	3.15	57.39	46.82	38.18		0.30	20.29		3.62	29.27	38.36	1.19		

青葙属Celosia L.

鸡冠花Celosia cristata L.

一年生草本。花、果期7～9月。湖南：桑植县五道水庄耳坪，29°43′03″N，109°49′32″E，915 m，2012-09-21，张九兵400181400。我国南北各地均有栽培，广布于温暖地区。播种繁殖。药用，观赏。

含油率及化学组分数据：

采集单位	测试单位	测试部位	产地	含油率(%)	碘值	酸值	皂化值	C12:0	C14:0	C16:0	C16:1	C18:0	C18:1	C18:2	C18:3	C20:0	C20:1
HUST	HUST	种仁	湖南桑植	12.90	31.03	11.37	139.59	0.02	0.10	10.53	0.21	2.20	18.72	57.65	0.95	0.21	0.12
OPFC			吉林长春	13.50	127.70		182.80			12.10		3.40	26.10	58.40			

40. 木兰科 Magnoliaceae

含笑属Michelia L.

含笑花Michelia figo (Lour.) Spreng.

常绿灌木。花期3～5月；果熟期8～9月。江西：上饶三清山，28°54′46″N，118°04′34″E，451 m，2012-09-06，景慧娟、赵万义4001416043。四川：雅安市四川农业大学，29°58′46″N，102°59′26″E，600 m，2010-08-02，干友民400241096。生于阴坡杂木林中，常见。产于华南各地。花可提取芳香油，种子榨油，供工业用。

含油率及化学组分数据：

采集单位	测试单位	测试部位	产地	含油率(%)	碘值	酸值	皂化值	C12:0	C14:0	C16:0	C16:1	C18:0	C18:1	C18:2	C18:3	C20:0	C20:1
SYSU	SCBG	种仁	江西上饶	10.96				0.13	0.06	4.74	0.19	1.99	10.98	62.85	17.91	0.80	0.37
SICAU	SCBG	种仁	四川雅安	8.41	121.80	18.84	180.80										
OFPC	SCBG	种子	广东广州	18.10	107.80		189.80		0.30	20.70		5.00	17.30	56.70			

金叶含笑 **Michelia foveolata** Merr. ex Dandy

乔木。花期3～5月；果期9～10月。福建：德化县唐寨山，25°30′33″N，118°13′56″E，2010-10-29，刘东明、梁耀400112186。生于海拔500～1800 m的阴湿林中。产于广东、广西、湖南、江西、湖北、贵州、云南。越南北部也有。喜温暖湿润。幼苗较耐阴，成年植株喜阳光充足，忌水涝。喜肥沃、疏松和排水良好的壤土。播种、高压或嫁接繁殖。花可提取芳香油，种子榨油，供工业用。树形美观，枝繁叶茂，花芳香美丽，可作庭园观赏树种。

含油率及化学组分数据：

采集单位	测试单位	测试部位	产地	含油率(%)	碘值	酸值	皂化值	C12:0	C14:0	C16:0	C16:1	C18:0	C18:1	C18:2	C18:3	C20:0	C20:1
SCBG	SCBG	种仁	福建德化	7.35	158.73	12.67	139.13	0.06	0.29	11.59	0.09	7.60	27.13		0.80		0.09

云南含笑 **Michelia yunnanensis** Franch. ex Finet et Gagnep.

常绿灌木。花期3～4月；果熟期8～9月。云南：昆明市东郊呼马山，25°03′49″N，102°46′26″E，2034 m，2009-07-28，张国学400222014。生于海拔1100～2300 m林下及山地灌木丛中，常见。产于云南中部及南部。花可提取芳香油，种子榨油，供工业用。花极芳香，可提取浸膏，为优良的观赏植物；叶有香气，可磨粉作香面。

含油率及化学组分数据：

采集单位	测试单位	测试部位	产地	含油率(%)	碘值	酸值	皂化值	C12:0	C14:0	C16:0	C16:1	C18:0	C18:1	C18:2	C18:3	C20:0	C20:1
KMIB	KMIB	种仁	云南昆明	15.37	92.50	31.00	175.20		0.07	0.27	22.65	0.72	3.49	34.79	37.02	0.81	

44. 番荔枝科 Annonaceae

藤春属**Alphonsea** Hook. f. et Thoms.

藤春(阿芳)**Alphonsea monogyna** Merr. et Chun

小乔木。花期1～9月；果期9月至翌年春季。海南：万宁县兴隆热带花园，18°14′33″N，110°14′33″E，2009-08-04，邢福武、戴建阅、翟俊文、郑希龙40011141。生于中海拔以下山地密林中或疏林中，常见。产于海南、广西、云南。种子可榨油；鲜花含芳香油，可做香精原料。

含油率及化学组分数据：

采集单位	测试单位	测试部位	产地	含油率(%)	碘值	酸值	皂化值	C12:0	C14:0	C16:0	C16:1	C18:0	C18:1	C18:2	C18:3	C20:0	C20:1
SCBG	SCBG	种仁	海南万宁	6.45													

鹰爪花属**Artabotrys** R. Br. ex Ker

鹰爪花 **Artabotrys hexapetalus** (L. f.) Bhandari

攀缘灌木。花期5～8月；果期8～12月。海南：东方东河，18°55′40″N，109°28′38″E，2009-08-21，郑希龙、潘雅书40011433。云南：西双版纳植物园，21°2′58″N，101°27′43″E，2012-01-14，邢福武、童毅、孟玉芳4001142028。产于长江以南各地，常见。亚洲热带其他地区也有分布。种子可榨油；鲜花含芳香油0.75%～1.0%，可提制鹰爪花浸膏，用于高级香水化装品和皂用的香精原料，亦供熏茶用。

含油率及化学组分数据：

采集单位	测试单位	测试部位	产地	含油率(%)	碘值	酸值	皂化值	C12:0	C14:0	C16:0	C16:1	C18:0	C18:1	C18:2	C18:3	C20:0	C20:1
SCBG	SCBG	种仁	海南东方	10.26	48.90	4.48	461.60										
SCBG	SCBG	种仁	云南西双版纳	19.54	81.43				0.15		0.06	1.65	25.75	27.13	0.19	0.56	1.28

皂帽花属**Dasymaschalon** (Hook. f. et Thoms.) Dalle Torre et Harms

喙果皂帽花 **Dasymaschalon rostratum** Merr. et Chun

小乔木。花期7～9月；果期7月至翌年1月。海南：乐东万冲，18°51′44″N，109°16′29″E，2009-08-27，郑希龙、潘雅书40011449。生于海拔500～1000 m山地密林中或山谷溪旁疏林中，少见。产于广东、广西、云南、西藏。越南也有。种子可榨油；鲜花含芳香油。

含油率及化学组分数据：

采集单位	测试单位	测试部位	产地	含油率(%)	碘值	酸值	皂化值	C12:0	C14:0	C16:0	C16:1	C18:0	C18:1	C18:2	C18:3	C20:0	C20:1
SCBG	SCBG	种仁	海南乐东	6.15													

瓜馥木属**Fissistigma** Griff.

白叶瓜馥木**Fissistigma glaucescens** (Hance) Merr.

攀缘灌木。花期1～9月；果期几乎全年。生于山地林中，常见。广东、广西、福建、台湾。越南也有。种子可榨油。根可供药用，活血除湿，可治风湿和痨伤。茎皮纤维坚韧，广西民间有作绳索和点火绳用；广东民间有取叶作酒饼药。

含油率及化学组分数据：

采集单位	测试单位	测试部位	产地	含油率(%)	碘值	酸值	皂化值	C12:0	C14:0	C16:0	C16:1	C18:0	C18:1	C18:2	C18:3	C20:0	C20:1
OFPC	SCBG	果实	广东高要	19.20	134.00		196.80	2.30	2.00	9.80		1.00	28.10	54.40			

紫玉盘属**Uvaria** L.

山椒子(大花紫玉盘)**Uvaria grandiflora** Roxb. ex Hornem.

攀缘灌木。花期3～11月；果熟5～12月。广东：东莞市谢岗乡银瓶山仙水道，23°3′53″N，113°45′43″E，2012-11-02，邢福武、叶心芬、宁阳阳400113171。海南：文昌文教镇，19°40′24″N，110°54′51″E，2009-08-09，邢福武、戴建阅、翟俊文、郑希龙40011176。生于低海拔灌木丛中或丘陵山地疏林中，常见。产于海南、广东、香港、广西。印度、缅甸、泰国、越南、马来西亚、菲律宾和印度尼西亚也有分布。果实可榨油。

含油率及化学组分数据：

采集单位	测试单位	测试部位	产地	含油率(%)	碘值	酸值	皂化值	C12:0	C14:0	C16:0	C16:1	C18:0	C18:1	C18:2	C18:3	C20:0	C20:1
SCBG	SCBG	种仁	广东东莞	5.14	110.77	11.65	477.15		0.47	5.02	0.37		29.40	38.80	8.47	0.10	
SCBG	SCBG	种仁	海南文昌	18.40	82.09	2.59	191.76	0.01	0.08	32.88	15.66	4.36	32.36	13.37	0.71	0.39	0.17

紫玉盘**Uvaria macrophylla** Roxb. [*Uvaria microcarpa* Champ. ex Benth.]

直立或攀缘灌木。花期3～8月；果期7月至翌年3月。广西：龙州弄岗自然保护区陇瑞站往27及28号界碑，22°25'53"N，106°39'03"E，2009-08-02，吴望辉、黄俞淞、叶晓霞4001101047。生于低海拔灌木丛中或丘陵山地疏林中，常见。产于广东、广西、台湾。老挝、越南也有分布。果实可榨油。

含油率及化学组分数据：

采集单位	测试单位	测试部位	产地	含油率(%)	碘值	酸值	皂化值	C12:0	C14:0	C16:0	C16:1	C18:0	C18:1	C18:2	C18:3	C20:0	C20:1
GXIB	SCBG	种仁	广西龙州	12.30	69.53	2.16	188.95	0.01	0.097	16.53	0.3	8.59	43.43	28.88	0.81	0.75	0.61

46. 肉豆蔻科 Myristicaceae

风吹楠属**Horsfieldia** Willd.

海南风吹楠**Horsfieldia hainanensis** Merr.

乔木。花期5～8月；果期7～11月。产于海南、广西。生于海拔400～450 m的山谷、丘陵阴湿的密林中，少见。种子可榨油。

含油率及化学组分数据：

采集单位	测试单位	测试部位	产地	含油率(%)	碘值	酸值	皂化值	C12:0	C14:0	C16:0	C16:1	C18:0	C18:1	C18:2	C18:3	C20:0	C20:1
OFPC	GXIB	种仁	广西南宁	19.10	17.20		222.00	28.60	43.00	8.80		0.80	9.50	3.90			

红光树属**Knema** Lour.

假广子**Knema elegans** Warb.

小乔木。花期8～9月；果期4～5月。产于云南。生于海拔500～1700 m的山坡、低丘、沟谷边缘的疏林或密林中，少见。印度、孟加拉、泰国及缅甸等地。可作工业用油。

含油率及化学组分数据：

采集单位	测试单位	测试部位	产地	含油率(%)	碘值	酸值	皂化值	C12:0	C14:0	C16:0	C16:1	C18:0	C18:1	C18:2	C18:3	C20:0	C20:1
OFPC	XTBG	种仁	云南勐腊	16.30	62.00	84.70	241.30	微量	14.00	14.90		1.80	62.60	3.60	0.50		

48. 五味子科 Schisandraceae

五味子属**Schisandra** Michx.

铁箍散**Schisandra propinqua** Wall. Baill.

落叶木质藤本。花期6～8月；果期8～9月。湖南：张家界市永定区三岔乡三望坡，29°03′48″N，110°33′08″E，0，2011-10-21，张九兵、朱明德400181308。生于海拔500～2000 m的沟谷、岩石山坡林中，少见。产于陕西、甘肃南部、江西、河南、湖北、湖南、四川、贵州、云南中部至南部。种子可榨油，药用，行气止痛，祛风除湿，治风湿骨痛、跌打损伤。

含油率及化学组分数据：

采集单位	测试单位	测试部位	产地	含油率(%)	碘值	酸值	皂化值	C12:0	C14:0	C16:0	C16:1	C18:0	C18:1	C18:2	C18:3	C20:0	C20:1
HUST	HUST	种仁	湖南张家界	16.47	10.52	7.55	369.30		0.09	14.52	0.09	8.03	16.18	58.33	0.42	0.42	

49. 八角科 Illiciaceae

八角属**Illicium** L.

大屿八角（闽皖八角）**Illicium angustisepalum** A. C. Sm.[*Illicium minwanense* B. N. Chang et S. D. Zhang]

乔木。花期4月；果期9～10月。江西：铅山县武夷山自然保护区，27°51′24″N，117°46′31″E，1909 m，2011-10-15，凡强、景慧娟4001411035。生于海拔1100～1850 m的沟谷两侧和溪边林缘，少见。产于福建、安徽。工业用油。

含油率及化学组分数据：

采集单位	测试单位	测试部位	产地	含油率(%)	碘值	酸值	皂化值	C12:0	C14:0	C16:0	C16:1	C18:0	C18:1	C18:2	C18:3	C20:0	C20:1
SYSU	SCBG	果实	江西铅山	4.37	52.39	3.81	158.80			6.40		4.60	15.52	71.15	0.37	0.19	0.12

56. 樟科 Lauraceae

油丹属**Alseodaphne** Nees

毛叶油丹**Alseodaphne andersonii** (King ex Hook. f.) Kosterm.

乔木。花期约7月；果期10月至翌年3月。云南：勐腊县瑶区乡，21°59′19″N，101°13′41″E，800 m，2010-09-26，李忠荣、李恩乾400222120。生于海拔800～1900 m的潮湿沟底至山顶的常绿阔叶林中，少见。产云南东南部及南部、西藏东南部。印度东北部、缅甸、泰国、老挝至越南也有。

含油率及化学组分数据：

采集单位	测试单位	测试部位	产地	含油率(%)	碘值	酸值	皂化值	C12:0	C14:0	C16:0	C16:1	C18:0	C18:1	C18:2	C18:3	C20:0	C20:1
KMIB	KMIB	种仁	云南勐腊	6.88							20.18		10.99	36.05	29.50	3.27	

檬果樟属**Caryodaphnopsis** Airy Shaw

檬果樟（宽叶檬果樟）**Caryodaphnopsis tonkinensis** (Lec.) Airy Shaw[*Caryodaphnopsis latifolia* W. T. Wang]

乔木。花期3～6月；果期6～8月。云南：勐腊县勐仑镇，21°42′50″N，101°32′11″E，560 m，2010-09-26，李忠荣400222119。生于海拔100～1200 m的疏林、路边或林缘，少见。产于云南。马来西亚、越南、菲律宾也有分布。种子可榨油。

含油率及化学组分数据：

采集单位	测试单位	测试部位	产地	含油率(%)	碘值	酸值	皂化值	C12:0	C14:0	C16:0	C16:1	C18:0	C18:1	C18:2	C18:3	C20:0	C20:1
KMIB	KMIB	种仁	云南勐腊	1.16							20.46		9.69	27.60	35.23	4.40	

樟属**Cinnamomum** Trew

华南桂**Cinnamomum austrosinense** H. T. Chang

乔木。花期6～8月；果期8～10月。江西：崇义县齐云山，25°50′45″N，114°01′29″E，748 m，2010-09-28，李朋远、谢行400145033。生于海拔630～700 m的山坡或溪边的常绿阔叶林中或灌丛中。产于广东、广西、福建、江西、浙江等地。枝、叶、果及花梗可蒸取桂油，桂油可作轻化工业及食品工业原料。

含油率及化学组分数据：

采集单位	测试单位	测试部位	产地	含油率(%)	碘值	酸值	皂化值	C12:0	C14:0	C16:0	C16:1	C18:0	C18:1	C18:2	C18:3	C20:0	C20:1
SYSU	SCBG	种仁	江西崇义	14.27	167.47	27.95	173.21	0.03	0.13	9.39	0.32	2.24	37.14	41.13	1.99	0.35	1.84

米槁**Cinnamomum migao** H. W. Li

常绿乔木。花期4～5月；果期9～12月。广西：阳朔县，24°48′41″N，110°17′53″E，302 m，2011-12-06，黄俞淞、廖云标4001101263。生于海拔约500 m的林中，少见。产于广西西部、云南东南部。枝叶及树皮可提取芳香油，种子可榨油供工业用。

含油率及化学组分数据：

采集单位	测试单位	测试部位	产地	含油率(%)	碘值	酸值	皂化值	C12:0	C14:0	C16:0	C16:1	C18:0	C18:1	C18:2	C18:3	C20:0	C20:1
GXIB	SCBG	种子	广西阳朔	13.41						5.21	0.18	2.36	21.58	50.25	16.01	0.81	0.46

山胡椒属**Lindera** Thunb.

菱叶钓樟**Lindera supracostata** Lec.

常绿灌木或乔木。花期3～5月；果期7～9月。四川：西昌遥山乡，29°28′23″N，102°26′12″E，1000 m，2010-10-01，崔龙、李志强40021110044。生于海拔2400～2800 m的谷地、山坡密林中，少见。产于四川西部、贵州西部、云南中部至西北部。喜光，喜温暖湿润环境。播种繁殖。种子采后即宜播种。种子油供制皂，枝、叶、果皮可提芳香油。

含油率及化学组分数据：

采集单位	测试单位	测试部位	产地	含油率(%)	碘值	酸值	皂化值	C12:0	C14:0	C16:0	C16:1	C18:0	C18:1	C18:2	C18:3	C20:0	C20:1
SCU	SCU	种仁	四川西昌	6.01	120.30	2.90	163.70										

木姜子属Litsea Thunb.

假柿木姜子 Litsea monopetala (Roxb.) Pers.

常绿乔木。花期11月至翌年5～6月；果期6～7月。产于广东、广西、贵州西南部、云南南部。生于阳坡灌丛或疏林中，海拔可至1500 m，但多见于低海拔的丘陵地区。东南亚各国及印度、巴基斯坦也有分布。木材可作家具等用。种仁含脂肪油，供工业用。叶民间用来外敷治关节脱臼。本种为紫胶虫的寄主植物之一。

含油率及化学组分数据：

采集单位	测试单位	测试部位	产地	含油率(%)	碘值	酸值	皂化值	C12:0	C14:0	C16:0	C16:1	C18:0	C18:1	C18:2	C18:3	C20:0	C20:1
OFPC	XTBG	种子	云南勐腊	18.50	21.10	4.90	266.30	75.30	2.70	7.00		0.60	8.00	5.20			
OFPC	SCBG	种仁	广东广州	14.00	26.30		204.50	28.10	0.70	41.50		1.00	14.10	14.60			

黑木姜子 Litsea salicifolia (J. Roxb. ex Nees) Hook. f. [*Litsea atrata* S. K. Lee]

常绿乔木。花期4～5月；果期6～8月。产于广东、广西、贵州、云南南部。生于海拔300～1200 m的山谷疏林中，少见。种子含油率高，可榨油供工业用。

含油率及化学组分数据：

采集单位	测试单位	测试部位	产地	含油率(%)	碘值	酸值	皂化值	C12:0	C14:0	C16:0	C16:1	C18:0	C18:1	C18:2	C18:3	C20:0	C20:1
OFPC		种仁	云南勐腊	19.90	14.40	9.90	259.60	60.00	8.30	7.30	0.22	1.40	10.90	7.60	1.60		

润楠属Machilus Nees

闽桂润楠 Machilus minkweiensis S. K. Lee

乔木。花期冬春季；果期4月；福建：武夷山大安源，27°52′38″N，117°52′09″E，2010-10-04，刘东明，梁耀400112148。生山地疏林、山谷水边疏林或山谷阴处密林中。产于福建、广西。果实可榨油。

含油率及化学组分数据：

采集单位	测试单位	测试部位	产地	含油率(%)	碘值	酸值	皂化值	C12:0	C14:0	C16:0	C16:1	C18:0	C18:1	C18:2	C18:3	C20:0	C20:1
SCBG	SCBG	种仁	福建武夷山	10.56	186.24	14.47	190.48		0.10		0.17	2.13	26.55	27.94	0.13	0.42	0.20

红梗润楠 Machilus rufipes H.W. Li[*Persea rufipes* (H. W. Li) Kostermans]

乔木。花期3～4月；果期5～9月。广西：那坡县百省乡弄苗村，23°08′58″N，105°40′14″E，2009-08-19，吴望辉、许为斌、黄俞淞4001101039。生于海拔1500～2000 m的山岭苔藓林或常绿阔叶林中，少见。产于云南、西藏。种子可榨油。

含油率及化学组分数据：

采集单位	测试单位	测试部位	产地	含油率(%)	碘值	酸值	皂化值	C12:0	C14:0	C16:0	C16:1	C18:0	C18:1	C18:2	C18:3	C20:0	C20:1
GXIB	SCBG	种仁	广西那坡	1.60	109.85	5.45	166.61		0.24	12.24	1.55	4.11	13.90	44.52	18.24	0.97	0.19

新木姜子属Neolitsea Merr.

波叶新木姜子 Neolitsea undulatifolia (H. Lév.) C.K. Allen

灌木或小乔木。花期11月；果期翌年1～2月。云南：文山州麻栗坡县下金厂，23°13′31″N，104°54′09″E，2011-10-16，曾庆文、陈树钢、杨国400114130。生于海拔1400～2000 m的石质山上或灌丛中，少见。产于贵州、云南东南部、广西西南部。种子可榨油。

含油率及化学组分数据：

采集单位	测试单位	测试部位	产地	含油率(%)	碘值	酸值	皂化值	C12:0	C14:0	C16:0	C16:1	C18:0	C18:1	C18:2	C18:3	C20:0	C20:1
SCBG	SCBG	种仁	云南文山	14.73	72.56	65.60	188.22	1.75	10.33	8.08	0.13	17.88	56.10	0.73	1.90		3.08

62. 毛茛科 Ranunculaceae

乌头属Aconitum L.

牛扁 Aconitum barbatum var. puberulum Ledeb.

草本。花期7～8月。河北：兴隆，40°35′27″N，117°28′03″E，2059 m，2012-09-26，徐兴友、韩保强400313174。生于海拔400～2700 m间山地疏林下或较阴湿处。分布于新疆东部、山西、河北、内蒙古。在俄罗斯西伯利亚也有分布。种子可榨油。根供药用，治腰腿痛、关节肿痛等症。

含油率及化学组分数据：

采集单位	测试单位	测试部位	产地	含油率(%)	碘值	酸值	皂化值	C12:0	C14:0	C16:0	C16:1	C18:0	C18:1	C18:2	C18:3	C20:0	C20:1
SBRI	ICS	种子	河北兴隆	16.50	155.37	16.45	193.17		0.02	4.19	0.04	1.80	21.06	66.70	1.90	0.57	0.33

乌头(草乌、乌药、盐乌头)Aconitum carmichaelii Debx.

草本。花期9～10月。西藏：工布江达县加兴乡松多村，29°54′12″N，92°21′02″E，4518 m，2011-09-09，干友民400241167。生于山地草坡或灌丛中。在我国分布于广东、广西、江西、浙江、江苏、安徽、湖南、湖北、云南、四川、贵州、河南、山东、陕西、辽宁。在四川西部、陕西南部及湖北西部一带分布于海拔850～2150 m，在湖南及江西分布于700～900 m间，在沿海诸省分布于100～500 m间。在越南北部也有分布。

含油率及化学组分数据：

采集单位	测试单位	测试部位	产地	含油率(%)	碘值	酸值	皂化值	C12:0	C14:0	C16:0	C16:1	C18:0	C18:1	C18:2	C18:3	C20:0	C20:1
SICAU	SCBG	种子	西藏工布江达	14.25	114.37	15.10	189.31										

伏毛铁棒锤（铁棒锤、小草乌）**Aconitum flavum** Hand.- Mazz.

草本。花期8月。四川：若尔盖县辖曼乡沙化地，33°45′39″N，102°30′28″E，3473 m，2009-07-24，干友民400241034。生于海拔2000～3700 m山地草坡或疏林下。产于四川、青海、甘肃、宁夏、内蒙古、西藏。

含油率及化学组分数据：

采集单位	测试单位	测试部位	产地	含油率(%)	碘值	酸值	皂化值	C12:0	C14:0	C16:0	C16:1	C18:0	C18:1	C18:2	C18:3	C20:0	C20:1
SICAU	SBCG	种仁	四川若尔盖	9.59	117.82	16.51	186.73	0.10	0.04	5.64	0.08	1.81	27.00	63.20	0.34	1.22	0.58

银莲花属**Anemone** L.

小花草玉梅**Anemone rivularis** var. **flore- minore** Maxim.

多年生草本。花期5～8月。甘肃：甘南卓尼县大峪沟，34°20′03″N，103°35′34″E，2800 m，2011-10-08，秦烁、胡亮400326017。生于山地林边或草坡上。产于四川、青海、新疆、甘肃、宁夏、陕西、河南、山西、河北、内蒙古、辽宁。

含油率及化学组分数据：

采集单位	测试单位	测试部位	产地	含油率(%)	碘值	酸值	皂化值	C12:0	C14:0	C16:0	C16:1	C18:0	C18:1	C18:2	C18:3	C20:0	C20:1
CAU	ICS	种仁	甘肃甘南	1.82	50.65	39.71	340.96	0.07	0.27	12.09	0.78	1.88	9.76	55.38	2.47	0.40	0.12

升麻属**Cimicifuga** L.

大三叶升麻**Cimicifuga heracleifolia** Kom.

灌木。花期8～9月；果期9～10月。辽宁：丹东，40°07′45″N，124°20′19″E，2012-10-15，郑宝江等400341186。生于山坡草丛或灌木丛中。产于辽宁、吉林、黑龙江。朝鲜和俄罗斯远东地区也有分布。

含油率及化学组分数据：

采集单位	测试单位	测试部位	产地	含油率(%)	碘值	酸值	皂化值	C12:0	C14:0	C16:0	C16:1	C18:0	C18:1	C18:2	C18:3	C20:0	C20:1
NEFU	SCBG	种仁	辽宁丹东	1.87	81.46	9.65	431.57		0.03	6.09		1.48	8.53	75.28	7.38	0.26	0.15

铁线莲属**Clematis** L.

林地铁线莲（短尾铁线莲）**Clematis brevicaudata** DC.

藤本。花期7～月；果期9～10月。黑龙江：哈尔滨，45°46′35″N，126°38′49″E，2012-10-18，郑宝江等400341221。生于山地灌丛或疏林中。分布范围广。朝鲜、蒙古、俄罗斯远东地区及日本也有分布。

含油率及化学组分数据：

采集单位	测试单位	测试部位	产地	含油率(%)	碘值	酸值	皂化值	C12:0	C14:0	C16:0	C16:1	C18:0	C18:1	C18:2	C18:3	C20:0	C20:1
NEFU	SCBG	种仁	黑龙江哈尔滨	17.13	9.57	12.09	229.66	0.40	0.69	29.12		13.64	21.64	8.40	2.37		

褐毛铁线莲**Clematis fusca** Turcz.

多年直立草本或藤本。花期6～7月；果期8～9月。河北：青龙，40°21′32″N，118°18′01″E，314 m，2012-09-15，徐兴友、韩保强400313171。生于海拔500～1000 m的山坡、林边及杂木林中或草坡上。产于辽宁东部、吉林东部及黑龙江东部和北部。朝鲜、俄罗斯远东地区、日本也有分布。

含油率及化学组分数据：

采集单位	测试单位	测试部位	产地	含油率(%)	碘值	酸值	皂化值	C12:0	C14:0	C16:0	C16:1	C18:0	C18:1	C18:2	C18:3	C20:0	C20:1
HNUST	ICS	种子	河北青龙	1.52	174.19	125.19			0.19	11.33		3.81	14.79	56.13	4.66	0.28	0.28

紫花铁线莲**Clematis fusca** var. **violacea** Maxim.

藤本。花期6～7月；果期8～9月。黑龙江：北安，39°46′08″N，115°52′28″E，2011-09-21，郑宝江等400341138。生于路旁灌丛中。产于吉林东南部、黑龙江东部。朝鲜、俄罗斯远东地区也有分布。

含油率及化学组分数据：

采集单位	测试单位	测试部位	产地	含油率(%)	碘值	酸值	皂化值	C12:0	C14:0	C16:0	C16:1	C18:0	C18:1	C18:2	C18:3	C20:0	C20:1
NEFU	SCBG	种仁	黑龙江北安	17.38	33.82	23.01	208.60	0.02	0.15	7.66	0.45	1.93	19.22	11.98	45.85	3.90	8.85

粗齿铁线莲 Clematis grandidentata (Rehd. et Wils.) W. T. Wang

木质藤本。花期5～8月；果期7～8月。河南：三门峡市灵宝小秦岭，34°25′57″N，110°30′5″E，1676 m，2012-08-16，王亚平400314152。生于海拔400～3400 m的疏林、灌丛斜坡上、溪流旁。产于安徽、浙江、湖南、湖北、贵州、四川、云南、河南、河北、陕西、山西、青海、宁夏、甘肃。

含油率及化学组分数据：

采集单位	测试单位	测试部位	产地	含油率(%)	碘值	酸值	皂化值	C12:0	C14:0	C16:0	C16:1	C18:0	C18:1	C18:2	C18:3	C20:0	C20:1
HNAU	ICS	种仁	河南三门峡	3.02	49.91	23.45	248.84			8.17		2.76	13.56	27.73	0.93	11.41	10.17

大叶铁线莲（褐紫铁线莲、卷萼铁线莲）**Clematis heracleifolia** DC.

直立草本或半灌木。花期8～9月；果期10月。辽宁：丹东，40°07′45″N，124°20′19″E，2012-10-14，郑宝江等400341181。河北：昌黎，39°41′01″N，119°10′58″E，10 m，2012-06-30，徐兴友、韩保强400313155。山东：沂源，36°15′36″N，117°07′14″E，928 m，2009-08-20，赵伟华400311055。常生于山坡沟谷、林边及路旁的灌丛中。我国分布范围广。日本、朝鲜也有分布。播种或分株繁殖。种子需经层积或冷冻处理后方能发芽。种子可榨油，可供油漆用(秦岭植物志)。

含油率及化学组分数据：

采集单位	测试单位	测试部位	产地	含油率(%)	碘值	酸值	皂化值	C12:0	C14:0	C16:0	C16:1	C18:0	C18:1	C18:2	C18:3	C20:0	C20:1
NEFU	SCBG	种仁	辽宁丹东	10.45	18.04	7.52	194.36	0.11	0.05	2.82	0.05	0.89	18.52	76.45	0.73	0.07	0.31
KMIB	ICS	种仁	河北昌黎	8.61	118.61	37.71	174.75	0.04	0.09	13.37	0.12	3.18	15.06	53.96	1.57	0.27	0.22
ICS	ICS	种仁	山东沂源	19.35	150.22	2.96	196.00	0.04	0.05	8.49	0.04	2.87	11.47	72.53	2.23	0.14	0.16

全缘铁线莲 Clematis integrifolia L.

直立草本或半灌木。花期6～7月；果期8月。新疆：阿勒泰喀纳斯自然保护区，48°44′53″N，86°55′52″E，1668 m，2011-09-18，侯翼国、王茜4003311030。生于山坡谷地、河滩地、草坡等地。产于新疆北部(阿尔泰，海拔1200～2000 m)。欧洲至俄罗斯南部也有分布。

含油率及化学组分数据：

采集单位	测试单位	测试部位	产地	含油率(%)	碘值	酸值	皂化值	C12:0	C14:0	C16:0	C16:1	C18:0	C18:1	C18:2	C18:3	C20:0	C20:1
XIEG	SCBG	种仁	新疆阿勒泰	19.21	66.90	13.15	246.34	0.005	0.04	6.76	0.02	2.61	56.14	30.99	1.78	0.81	0.86

太行铁线莲 Clematis kirilowii Maxim.

木质藤本。花期6～8月；果期8～9月。河南：焦作修武，35°26′43″N，113°22′21″E，1000 m，2012-10-21，王亚平400314288。生于山坡草地、丛林中或路旁。产于江苏、安徽、山东、河南、山西和河北。

含油率及化学组分数据：

采集单位	测试单位	测试部位	产地	含油率(%)	碘值	酸值	皂化值	C12:0	C14:0	C16:0	C16:1	C18:0	C18:1	C18:2	C18:3	C20:0	C20:1
HNAU	ICS	种仁	河南焦作	5.38	137.42	31.49	277.10		0.14	8.43	0.08	2.48	13.40	67.62	1.46	0.20	0.15

长瓣铁线莲 Clematis macropetala Ledeb.

木质藤本。花期7月；果期8月。河南：三门峡市灵宝小秦岭，34°25′8″N，110°28′44″E，2413 m，2012-08-14，王亚平400314137。生于荒山坡、草坡岩石缝中及林下。产青海、甘肃、宁夏、陕西、山西、河北。蒙古、原俄罗斯远东地区也有分布。

含油率及化学组分数据：

采集单位	测试单位	测试部位	产地	含油率(%)	碘值	酸值	皂化值	C12:0	C14:0	C16:0	C16:1	C18:0	C18:1	C18:2	C18:3	C20:0	C20:1
HNAU	ICS	种仁	河南三门峡	6.66	142.19	24.09	145.26	0.06		7.40	0.09	2.07	12.84	61.95	0.99	0.14	0.31

东北铁线莲 Clematis mandshurica Rupr.

多年生草本。花期6～8月；果期7～9月。黑龙江：桦川县申家店，46°34′32″N，130°37′15″E，699 m，2010-08-13，陈连江、卞勇、贾海伦400351028。生于山野林边、田埂及路旁。产于山东、河北、山西、内蒙古及东北。朝鲜、俄罗斯远东地区也有分布。

含油率及化学组分数据：

采集单位	测试单位	测试部位	产地	含油率(%)	碘值	酸值	皂化值	C12:0	C14:0	C16:0	C16:1	C18:0	C18:1	C18:2	C18:3	C20:0	C20:1
SBRI	SCBG	种仁	黑龙江桦川	10.01	7.82	26.96	191.08	0.003	0.04	8.90	0.05	5.60	12.53	70.31	1.37	0.73	0.47

圆锥铁线莲 Clematis terniflora DC.

木质藤本。花期6月至8月；果期8月至11月。西藏：浪卡孜县白地村，29°07′48″N，90°26′30″E，4460 m，2011-09-10，干友民400241169。生于低山区的丘陵灌丛中，山谷、路旁及小溪边。产于广东、广西、湖南、江西。日本有栽培。播种或扦插繁殖，以春季为适期。种子含油量约18%，供工业用油。

含油率及化学组分数据：

采集单位	测试单位	测试部位	产地	含油率(%)	碘值	酸值	皂化值	C12:0	C14:0	C16:0	C16:1	C18:0	C18:1	C18:2	C18:3	C20:0	C20:1
SICAU	SCBG	种仁	西藏浪卡孜	18.54	119.87	5.43	255.49										

钝萼铁线莲**Clematis peterae** Hand.-Mazz.

木质藤本。花期6～8月；果期9～12月。甘肃：徽县严坪镇，33°40′19″N，106°17′16″E，1161 m，2011-10-06，薛帅、潘昊400325010。生山坡、沟边杂木林中。产于湖北、云南、贵州、四川、河南、河北、甘肃、陕西、山西。

含油率及化学组分数据：

采集单位	测试单位	测试部位	产地	含油率(%)	碘值	酸值	皂化值	C12:0	C14:0	C16:0	C16:1	C18:0	C18:1	C18:2	C18:3	C20:0	C20:1
CAU	ICS	种仁	甘肃徽县	3.49	127.45	20.69	316.87		0.09	10.01	0.24	1.90	13.73	69.94	1.95	0.20	0.11

准噶尔铁线莲**Clematis songarica** Bunge

直立小灌木或多年生草本。花期6～8月；果期7～9月。新疆：塔什库尔干县G314/1748k m，37°46′59″N，75°13′07″E，3077 m，2011-08-15，侯翼国、王茜4003311008。生于海拔450～2500 m间的山麓前冲积扇、石砾冲积堆、河谷、湿草地或荒山坡。产于新疆。蒙古及俄罗斯中亚地区也有分布。

含油率及化学组分数据：

采集单位	测试单位	测试部位	产地	含油率(%)	碘值	酸值	皂化值	C12:0	C14:0	C16:0	C16:1	C18:0	C18:1	C18:2	C18:3	C20:0	C20:1
XIEG	SCBG	种仁	新疆塔什库尔干	16.70	28.21	10.03	230.31	14.10	3.74	15.23	0.08	4.19	31.54	24.47	4.14	0.97	1.55

毛茛属**Ranunculus** L.

高原毛茛**Ranunculus tanguticus** (Maxim.) Ovcz.

多年生草本。花、果期6～8月。四川：红原县邛溪乡泥炭场，32°46′24″N，102°31′31″E，3220 m，2009-07-18，于友民40024105。生于海拔3000～4500 m的山坡或沟边沼泽湿地。产于四川、云南、陕西、甘肃、青海、山西、河北、西藏等地。尼泊尔、印度北部也有分布。

含油率及化学组分数据：

采集单位	测试单位	测试部位	产地	含油率(%)	碘值	酸值	皂化值	C12:0	C14:0	C16:0	C16:1	C18:0	C18:1	C18:2	C18:3	C20:0	C20:1
SICAS	SCBG	种仁	四川红原	5.52	136.94	7.64	187.05		0.14	18.83	0.79	2.89	23.71	52.76	0.88		

唐松草属**Thalictrum** L.

长喙唐松草**Thalictrum macrorhynchum** Franch.

多年生草本。花期6月。山西：垣曲历山，35°25′26″N，111°57′52″E，2100 m，2012-08-29，秦烁、郭利磊400327022。生于海拔850～2900 m间山地林中或山谷灌丛中。产于湖北、四川、甘肃、陕西、山西、河北。

含油率及化学组分数据：

采集单位	测试单位	测试部位	产地	含油率(%)	碘值	酸值	皂化值	C12:0	C14:0	C16:0	C16:1	C18:0	C18:1	C18:2	C18:3	C20:0	C20:1
CAU	ICS	种仁	山西垣曲	19.72	14.18	9.86	194.28		0.07	3.93	1.53	3.42	13.95	23.65	49.39	0.72	0.20

东亚唐松草**Thalictrum minus** var. **hypoleucum** (Sieb. et Zucc.) Miq.

多年生草本。花期6～7月。山西：垣曲历山，35°25′27″N，111°57′52″E，2100 m，2012-08-29，秦烁、潘昊400327020。生于海拔1400～2700 m间山地草坡、田边、灌丛中或林中。产于四川、新疆、青海、甘肃、山西。在亚洲、欧洲等地广布。

含油率及化学组分数据：

采集单位	测试单位	测试部位	产地	含油率(%)	碘值	酸值	皂化值	C12:0	C14:0	C16:0	C16:1	C18:0	C18:1	C18:2	C18:3	C20:0	C20:1
CAU	ICS	种仁	山西垣曲	19.29	14.95	13.57	183.06		0.11	4.20	1.38	3.39	13.84	23.79	49.32	0.11	0.06

63. 小檗科 Berberidaceae

小檗属**Berberis** L.

锥花小檗**Berberis aggregata** C.K. Schneid.

半常绿或落叶灌木。花期5～6月；果期7～9月。四川：汶川威州镇，31°29′38″N，103°34′56″E，1000 m，2010-11-01，崔龙、李志强40021110087。生于海拔1000～3500 m的山谷灌丛中、山坡路旁、河滩、林中、林缘灌丛中。产于湖北、四川、青海、甘肃、山西。

含油率及化学组分数据：

采集单位	测试单位	测试部位	产地	含油率(%)	碘值	酸值	皂化值	C12:0	C14:0	C16:0	C16:1	C18:0	C18:1	C18:2	C18:3	C20:0	C20:1
SCU	SCU	种仁	四川汶川	11.70	89.90	2.50	188.40			7.65	12.34	11.65	34.65	33.71			

秦岭小檗**Berberis circumserrata** (C.K. Schneid.) C.K. Schneid.

落叶灌木。花期5月；果期7～9月。河南：灵宝市小秦岭，34°25′8″N，110°28′44″E，2414 m，2012-08-14，王亚平400314138。生于海拔1450～3300 m的山坡、林缘、灌丛中、沟边。产于河南、湖北、青海、甘肃、陕西。

含油率及化学组分数据：

采集单位	测试单位	测试部位	产地	含油率(%)	碘值	酸值	皂化值	C12:0	C14:0	C16:0	C16:1	C18:0	C18:1	C18:2	C18:3	C20:0	C20:1
HNAU	ICS	种仁	河南灵宝	2.45	14.86	19.96	108.25	0.11	0.38	9.89	0.46	3.42	15.57	31.91	22.47	0.53	0.08

鲜黄小檗(黄檗、三颗针)**Berberis diaphana** Maxim.

落叶灌木。花期5～6月；果期7～9月。青海：祁连县八宝镇，38°09′34″N，100°16′46″E，3191 m，2012-09-14，刘晓波、曹弈璘40021112005。生于海拔1620～3600 m的灌丛、草甸、林缘、坡地或云杉林中。产于青海、甘肃、陕西。可供观赏。

含油率及化学组分数据：

采集单位	测试单位	测试部位	产地	含油率(%)	碘值	酸值	皂化值	C12:0	C14:0	C16:0	C16:1	C18:0	C18:1	C18:2	C18:3	C20:0	C20:1
SCU	SCU	种仁	青海祁连	7.70													

首阳小檗(黄檗刺)**Berberis dielsiana** Fedde

落叶灌木。花期4～5月；果期8～9月。陕西：陇县八渡，34°45′26″N，106°51′37″E，1020 m，2011-10-14，秦烁400326041。生于海拔600～2300 m的山坡、山谷灌丛中、山沟溪旁或林中。产于山东、河南、湖北、甘肃、陕西、山西、河北。

含油率及化学组分数据：

采集单位	测试单位	测试部位	产地	含油率(%)	碘值	酸值	皂化值	C12:0	C14:0	C16:0	C16:1	C18:0	C18:1	C18:2	C18:3	C20:0	C20:1
CAU	ICS	种仁	陕西陇县	7.48	114.25	7.60	162.38	0.06	0.21	7.41	0.26	2.09	9.33	31.28	47.88	0.24	0.11

大叶小檗**Berberis ferdinandi-coburgii** C.K. Schneid.

常绿灌木。花、果期6～10月。河北：青龙，40°08′56″N，119°22′53″E，761 m，2009-09-18，徐兴友400313015。山西：吕梁交城庞泉沟，111°24′38″E，37°54′09″N，2010 m，2012-08-26，秦烁、潘昊400327016。生于海拔100～2700 m的山坡及路边灌丛中。产于云南、山西和河北等地。

含油率及化学组分数据：

采集单位	测试单位	测试部位	产地	含油率(%)	碘值	酸值	皂化值	C12:0	C14:0	C16:0	C16:1	C18:0	C18:1	C18:2	C18:3	C20:0	C20:1
CAU	ICS	种仁	山西吕梁	9.66	20.92	16.48	162.24	0.05	0.19	6.71	0.09	1.44	14.03	33.59	41.75	0.27	0.13

异果小檗(黑果小檗)**Berberis heteropoda** Schrenk

落叶灌木。花期5～6月；果期7～10月。新疆：裕民县塔斯特保护区，45°56′42″N，82°40′38″E，1023 m，2011-09-21，侯翼国、王茜4003311043；乌鲁木齐水西沟，43°27′17″N，87°26′23″E，1718 m，2010-09-28，王喜勇、王蕾、孔凡逵4003310016。生于石质山坡、河滩地、疏林或云杉林下、灌丛中或干旱荒漠草原。海拔950～3200 m。产于新疆。俄罗斯也有分布。

含油率及化学组分数据：

采集单位	测试单位	测试部位	产地	含油率(%)	碘值	酸值	皂化值	C12:0	C14:0	C16:0	C16:1	C18:0	C18:1	C18:2	C18:3	C20:0	C20:1
XIEG	SCBG	种仁	新疆裕民	9.94	34.60	7.17	34.75	0.05	0.04	8.70	0.15	3.94	40.18	45.01	0.22	0.52	1.18
XIEG	SCBG	种子	新疆乌鲁木齐	15.34	25.60	15.39	198.22	0.004	0.10	11.11	0.05	1.69	12.88	66.33	3.12	0.092	4.62

豪猪刺**Berberis julianae** C.K. Schneid.

常绿灌木。花期3月；果期5～11月。江苏：南京中山植物园，32°03′26″N，118°50′31″E，2009-11-12，刘东明、戴建阅400111163。生于山坡、沟边、林中、林缘、灌丛中或竹林中。产广西、湖南、湖北、四川、贵州。

含油率及化学组分数据：

采集单位	测试单位	测试部位	产地	含油率(%)	碘值	酸值	皂化值	C12:0	C14:0	C16:0	C16:1	C18:0	C18:1	C18:2	C18:3	C20:0	C20:1
SCBG	SCBG	种仁	江苏南京	11.30	71.48	2.51	200.68			8.93	0.15	2.34	10.04	41.5	36.92		0.11

细叶小檗**Berberis poiretii** C.K. Schneid.

落叶灌木。花期5～6月；果期7～9月。河北：青龙，40°23′45″N，118°58′81″E，242 m，2011-09-22，徐兴友、韩宝强400313142。河南：灵宝小秦岭，34°27′3″N，110°26′4″E，1126 m，2012-08-22，王亚平400314183。生于海拔600～2300 m的山地灌丛、砾质地、草原化荒漠、山沟河岸或林下。产于青海、陕西、山西、河北、内蒙古、辽宁、吉林。朝鲜、蒙古、俄罗斯也有分布。

含油率及化学组分数据：

采集单位	测试单位	测试部位	产地	含油率(%)	碘值	酸值	皂化值	C12:0	C14:0	C16:0	C16:1	C18:0	C18:1	C18:2	C18:3	C20:0	C20:1
HNUST	ICS	种子	河北青龙	7.42	124.13	9.68	210.29	0.12	0.30	6.63	0.16	3.72	15.48	30.12	40.35	0.71	0.12
HNAU	ICS	种子	河南灵宝	3.43	137.47	18.74	148.57	0.46	0.34	9.53	0.54	2.83	17.56	28.72	25.91	0.53	

刺黄花 Berberis polyantha Hemsl.

半常绿灌木。四川：若尔盖县巴西乡林场，33°40′06″N，103°19′06″E，2749 m，2009-07-23，干友民400241025。生于海拔2000～3600 m的向阳山坡、灌丛中、路边、林缘、草坡、林中或河谷两岸。产于四川、西藏。

含油率及化学组分数据：

采集单位	测试单位	测试部位	产地	含油率(%)	碘值	酸值	皂化值	C12:0	C14:0	C16:0	C16:1	C18:0	C18:1	C18:2	C18:3	C20:0	C20:1
SICAU	SCBG	种仁	四川若尔盖	15.68	5.39	7.79	154.36	0.01	0.04	5.63	0.09	2.17	16.26	74.41	0.48	0.09	0.10

短锥花小檗 Berberis prattii Schneid.

落叶灌木。花期6～7月；果期9～10月。四川：平武县虎牙乡平，32°31′04″N，103°56′14″E，1931 m，2012-09-26，刘晓波、宫庆彬40021112025。生于山坡灌丛中，海拔2100～3400 m。产于四川、西藏。

含油率及化学组分数据：

采集单位	测试单位	测试部位	产地	含油率(%)	碘值	酸值	皂化值	C12:0	C14:0	C16:0	C16:1	C18:0	C18:1	C18:2	C18:3	C20:0	C20:1
SCU	SCU	种仁	四川平武	2.88													

陕西小檗 Berberis shensiana Ahrendt

落叶灌木。花期5～6月；果期7～9月。河南：灵宝市小秦岭，34°24′37″N，110°28′0″E，2398 m，2012-08-14，王亚平400314139。生于海拔1250～3000 m的山坡或灌丛中。产于陕西、河南。

含油率及化学组分数据：

采集单位	测试单位	测试部位	产地	含油率(%)	碘值	酸值	皂化值	C12:0	C14:0	C16:0	C16:1	C18:0	C18:1	C18:2	C18:3	C20:0	C20:1
HNAU	ICS	种仁	河南灵宝	4.63	160.55	13.97		0.08	0.28	9.11	0.32	2.25	15.06	35.34	29.90	0.43	0.08

日本小檗 Berberis thunbergii DC.

落叶灌木。花期4～6月；果期7～10月。河南：荥阳县郎山，34°55′38″N，113°31′26″E，494 m，2011-10-07，王亚平、武振江、李丹凤400314067。原产日本，是小檗属中栽培最广泛的种之一。播种繁殖。根和茎含小檗碱，可供提取黄连素的原料。

含油率及化学组分数据：

采集单位	测试单位	测试部位	产地	含油率(%)	碘值	酸值	皂化值	C12:0	C14:0	C16:0	C16:1	C18:0	C18:1	C18:2	C18:3	C20:0	C20:1
HNAU	ICS	种仁	河南荥阳	3.49	132.84	18.61	164.52	1.28		9.31	1.08	2.33	11.37	29.32	38.31	0.17	0.20

金花小蘖 Berberis wilsonae Hemsl.

半常绿灌木。花期6～9月；果期翌年1～2月。四川：泸定县冷碛乡二郎山，29°51′17″N，102°15′42″E，2719 m，2009-11-08，干友民400241066。生于海拔1000～4000 m的山坡、灌丛中、石山、河滩、路边、松林、栎林缘或沟边。产于云南、四川、西藏、甘肃。

含油率及化学组分数据：

采集单位	测试单位	测试部位	产地	含油率(%)	碘值	酸值	皂化值	C12:0	C14:0	C16:0	C16:1	C18:0	C18:1	C18:2	C18:3	C20:0	C20:1
SICAU	SCBG	种仁	四川泸定	12.14	94.12	16.86	191.73										

十大功劳属 Mahonia Nuttall

台湾十大功劳（华南十大功劳）Mahonia japonica (Thunb.) DC.

灌木。花期12月至翌年4月；果期4～8月。湖南：吉首德夯，28°20′41″N，109°36′02″E，569 m，2011-11-07，徐亮、周建军40019101202。贵州：松桃县盘兴乡，109°10′35″E，28°05′32″N，2011-11-16，张九兵、朱明德400181349。生于海拔800～3350 m的林中或灌丛中。产于台湾。栽培于日本、欧洲和美国较温暖地区。

含油率及化学组分数据：

采集单位	测试单位	测试部位	产地	含油率(%)	碘值	酸值	皂化值	C12:0	C14:0	C16:0	C16:1	C18:0	C18:1	C18:2	C18:3	C20:0	C20:1
JSU	SCBG	种仁	湖南吉首	10.44	66.14	19.31	204.6	1.69	0.17	20.28	0.42	7.58	20.54	20.54	21.92	0.81	0.20
HUST	WHBG	种仁	贵州松桃	10.32		11.45	150.89	0.02	0.05	5.47	0.25	1.20	21.14	69.02	0.62	0.05	0.14

阿里山十大功劳 Mahonia oiwakensis Hayata

灌木。花期8～11月；果期11月至翌年5月。江苏：南京中山植物园，32°03′15″N，118°49′41″E，49 m，2011-12-11，田怀珍、李星霖、古丽米热4001171209。生于海拔650～3800 m的阔叶林下、灌丛中、林缘或山坡。产于海南、台湾、四川、贵州、云南、西藏。

含油率及化学组分数据：

采集单位	测试单位	测试部位	产地	含油率(%)	碘值	酸值	皂化值	C12:0	C14:0	C16:0	C16:1	C18:0	C18:1	C18:2	C18:3	C20:0	C20:1
ECNU	SCBG	种仁	江苏南京	17.80	36.52	12.67	146.67	0.07	0.13	9.68	1.12	2.50	26.34	32.50	16.56	0.43	0.13

桃儿七属 Sinopodophyllum Ying

桃儿七 Sinopodophyllum hexandrum (Royle) T.S. Ying

多年生草本。花期5～6月；果期7～9月。西藏：波密县扎木乡，29°49′56″N，95°43′05″E，3173 m，2011-09-05，干友民400241147。生于海拔2200～4300 m的林下、林缘湿地、灌丛中或草丛中。产于四川、云南、青海、甘肃、陕西、西藏。

含油率及化学组分数据：

采集单位	测试单位	测试部位	产地	含油率(%)	碘值	酸值	皂化值	C12:0	C14:0	C16:0	C16:1	C18:0	C18:1	C18:2	C18:3	C20:0	C20:1
SICAU	SCBG	种仁	西藏波密	9.18	7.75	2.75	176.91	0.32	0.74	11.35		4.15	13.36	28.08	34.84	0.84	

66. 防己科 Menispermaceae

崖藤属**Albertisia** Becc.

崖藤 **Albertisia laurifolia** Yamam.

藤本。花期夏初，果期秋季。海南：万宁县兴隆五指山，19°3′59″N，109°11′51″E，2013-03-07，刘东明、王鹏、叶心芬、宁阳阳400114267。生于林中。产于海南、广西和云南。越南也有分布。

含油率及化学组分数据：

采集单位	测试单位	测试部位	产地	含油率(%)	碘值	酸值	皂化值	C12:0	C14:0	C16:0	C16:1	C18:0	C18:1	C18:2	C18:3	C20:0	C20:1
SCBG	SCBG	种仁	海南万宁	10.26	6.84	0.54	246.34		0.35	8.27	7.20	4.39	39.66		45.85	0.58	0.10

蝙蝠葛属**Menispermum** L.

蝙蝠葛 **Menispermum dauricum** DC.

草质、落叶藤本。花期6～7月；果期8～9月。河北：青龙，40°13′35″N，119°40′12″E，857 m，2011-09-09，徐兴友、韩宝强400313123。黑龙江：伊春市后山，47°43′57″N，128°52′06″E，833 m，2010-08-15，陈连江、卞勇、潘伟400351006。常生于路边灌丛或疏林中。产我国东部、北部和东北地区。分布于日本、朝鲜和俄罗斯西伯利亚南部。

含油率及化学组分数据：

采集单位	测试单位	测试部位	产地	含油率(%)	碘值	酸值	皂化值	C12:0	C14:0	C16:0	C16:1	C18:0	C18:1	C18:2	C18:3	C20:0	C20:1
HNUST	ICS	种仁	河北青龙	2.45	77.58	42.89	192.03		0.07	8.10	0.06	2.89	43.11	26.00	5.61	0.34	1.15
SBRI	SCBG	种仁	黑龙江伊春	15.98	33.82	23.01	208.6	0.003	0.02	5.05	0.07	1.36	6.92	66.61	19.51	0.05	0.41

千金藤属**Stephania** Lour.

千金藤 **Stephania japonica** (Thunb.) Miers

稍木质藤本。花期春夏季；果期8～10月。河南：信阳波尔登公园，31°52′13″N，114°5′10″E，163 m，2012-09-16，王亚平400314232。湖北：武汉喻家山，30°31′32″N，114°24′41″E，46 m，2010-08-01，李晓东、昝艳燕400121144。安徽：滁州市皇甫山，32°22′06″N，118°02′45″E，58 m，2011-10-05，田怀珍、李星霖4001171158。生于村边或旷野灌丛中。我国见于湖南、江西、浙江、江苏、福建、安徽、河南、湖北和重庆等地。日本、朝鲜、菲律宾、汤加群岛和社会群岛、印度尼西亚、印度和斯里兰卡均有分布。

含油率及化学组分数据：

采集单位	测试单位	测试部位	产地	含油率(%)	碘值	酸值	皂化值	C12:0	C14:0	C16:0	C16:1	C18:0	C18:1	C18:2	C18:3	C20:0	C20:1
HNAU	ICS	种仁	河南信阳	14.82	119.15	80.24	183.74		0.07	14.83	0.26	3.19	32.69	44.90	1.17	0.71	0.16
WHBG	WHBG	种仁	湖北武汉	11.87					11.70		4.40	27.1	55.40	0.40	0.60	0.10	
ECNU	SCBG	种仁	安徽滁州	9.12	104.67	1.02	202.28	0.56	0.56	6.16		0.70	5.74	5.74	2.10	3.36	4.76

粪箕笃 **Stephania longa** Lour.

藤本。花期春末夏初；果期秋季。广东：英德县石门台云溪岭站，24°26′01″N，113°19′23″E，2010-11-13，易绮斐、陈林、刘清泉400119138。生于灌丛或林缘。产于海南、广东、海南、福建、台湾、云南。

含油率及化学组分数据：

采集单位	测试单位	测试部位	产地	含油率(%)	碘值	酸值	皂化值	C12:0	C14:0	C16:0	C16:1	C18:0	C18:1	C18:2	C18:3	C20:0	C20:1
SCBG	SCBG	种仁	广东英德	10.26	121.68	110.51	184.46	0.02	0.13	16.24	0.20	3.67	29.20	49.20	1.21		0.15

70. 胡椒科 Piperaceae

胡椒属**Piper** L.

华南胡椒 **Piper austrosinense** Y.Q. Tseng

木质攀缘藤本。花期4～6月。广东：龙门县南昆山天堂顶，23°39′21″N，113°49′11″E，876 m，2012-12-26，王发国、王鹏、李仕裕、于海玲400113198。广西：三江市石门冲保护区，25°49′32″N，109°50′05″E，207 m，2010-12-15，张兵、谷志容400181256。生于密林或疏林中，攀缘于树上或石上，少见。产于海南、广东。油料可用于制造肥皂、润滑油、油漆及其他多种工业用途。植株姿态优美，是城市林下垂直绿化的优良藤本。

含油率及化学组分数据：

采集单位	测试单位	测试部位	产地	含油率(%)	碘值	酸值	皂化值	C12:0	C14:0	C16:0	C16:1	C18:0	C18:1	C18:2	C18:3	C20:0	C20:1
SCBG	SCBG	种仁	广东龙门	16.70	32.17	2.29	120.52		0.08	9.17			29.25	40.84	1.08		0.75
HUST	HUST	种仁	广西三江	0.34	352.81	14.31	225.44	0.01	0.11	12.09	1.05	2.10	31.00	51.43	1.30	0.44	0.41

71. 金粟兰科 Chloranthaceae

草珊瑚属**Sarcandra** Gardn.

海南草珊瑚**Sarcandra hainanensis** (S.J. Pei) Swamy et I.W. Bailey

常绿半灌木。花期10月至翌年5月；果期3～8月。海南：五指山，18°23′04″N，110°27′43″E，201 m，2012-02-26，张荣京40017200。生于海拔400～1550 m的山坡、沟谷林下阴湿处。产于广东、广西和云南。全株入药，能消肿止痛、通利关节。

含油率及化学组分数据：

采集单位	测试单位	测试部位	产地	含油率(%)	碘值	酸值	皂化值	C12:0	C14:0	C16:0	C16:1	C18:0	C18:1	C18:2	C18:3	C20:0	C20:1
SCAU	SCBG	果实	海南五指山	9.71	10.97	19.57	221.57	0.06	0.10	8.69	0.08	8.02	21.68	55.02		0.09	

73. 马兜铃科 Aristolochiaceae

马兜铃属**Aristolochia** L.

北马兜铃**Aristolochia contorta** Bunge

草质草本。花期5～7月；果期8～10月。黑龙江：佳木斯市柳木岛，49°29′8″N，127°46′12″E，60 m，2011-10-03，卞勇、潘伟400351105。生于海拔500～1200 m的山坡灌丛、沟谷两旁以及林缘。产于湖北、河南、河北、山东、山西、陕西、甘肃、内蒙古、辽宁、吉林、黑龙江。朝鲜、日本和俄罗斯亦产。

含油率及化学组分数据：

采集单位	测试单位	测试部位	产地	含油率(%)	碘值	酸值	皂化值	C12:0	C14:0	C16:0	C16:1	C18:0	C18:1	C18:2	C18:3	C20:0	C20:1
SBRI	SCBG	种仁	黑龙江佳木斯	16.72	8.41	8.86	269.28			5.21	0.23			75.44	7.97		0.34

95. 罂粟科 Papaveraceae

白屈菜属**Chelidonium** L.

白屈菜(土黄连)**Chelidonium majus** L.[*Chelidonium grandiflorum* (DC.) DC.]

多年生草本。花、果期4～9月。黑龙江：哈尔滨市，45°43′36″N，126°37′22″E，120 m，2010-09-15，谢鑫、刘平、黄茹400341072。生于海拔100～2200 m的山坡、山谷林缘草地或路旁、石缝。我国大部分地区均有分布。朝鲜、日本、俄罗斯及欧洲也有分布。

含油率及化学组分数据：

采集单位	测试单位	测试部位	产地	含油率(%)	碘值	酸值	皂化值	C12:0	C14:0	C16:0	C16:1	C18:0	C18:1	C18:2	C18:3	C20:0	C20:1
NEFU	SCBG	种仁	黑龙江哈尔滨	14.94				0.02	0.10	4.45	0.09	1.76	26.10	66.16	0.22	0.60	0.51

紫堇属**Corydalis** DC.

黄堇(山黄堇、珠果黄堇、黄花地丁)**Corydalis pallida** (Thunb.) Pers.

丛生草本。花期5～6月；果期9月。黑龙江：帽儿山，45°18′50″N，127°34′43″E，2012-10-17，郑宝江等400341207。生于海拔(200～)850～1400(～2500)m的杂木林下或水沟边。产于浙江、台湾、山东、河南、甘肃、陕西、山西、河北、内蒙古、辽宁、吉林、黑龙江等地，俄罗斯远东地区、朝鲜、日本有分布。

含油率及化学组分数据：

采集单位	测试单位	测试部位	产地	含油率(%)	碘值	酸值	皂化值	C12:0	C14:0	C16:0	C16:1	C18:0	C18:1	C18:2	C18:3	C20:0	C20:1
NEFU	SCBG	种仁	黑龙江帽儿山	16.47	38.36	3.39	349.37	0.004	0.04	8.36	3.73	1.94	5.97	29.05	50.51	0.12	0.26

96. 白花菜科 Capparidaceae

山柑属**Capparis** Tourn. ex L.

马槟榔(水槟榔、山槟榔、太极子)**Capparis masakai** H. Lév.

灌木或攀缘植物。花期5～6月；果期11～12月。叶椭圆或长圆形。广西：靖西县南坡乡底定保护区，23°06′54″N，105°58′29″E，795 m，2010-11-17，吴磊、黄俞淞、朱运喜4001101132。生于海拔1600 m以下的沟谷或山坡密林中，也常见于山坡道旁及石灰岩山上。产广西、贵州南部、云南东南部。

含油率及化学组分数据：

采集单位	测试单位	测试部位	产地	含油率(%)	碘值	酸值	皂化值	C12:0	C14:0	C16:0	C16:1	C18:0	C18:1	C18:2	C18:3	C20:0	C20:1
GXIB	SCBG	果实	广西靖西	18.64													

鱼木属Crateva L.

钝叶鱼木(赤果鱼木)**Crateva trifoliata** (Roxb.) B. S. Sun

乔木或灌木。花期3～5月;果期8～9月。产于海南、广东(雷州半岛)、广西(南丹、北海)、云南等地。生于海拔300 m以下的沙地,石灰岩疏林或竹林中,也见于海滨。柬埔寨、印度、老挝、缅甸、泰国、越南也有分布。

含油率及化学组分数据:

采集单位	测试单位	测试部位	产地	含油率(%)	碘值	酸值	皂化值	C12:0	C14:0	C16:0	C16:1	C18:0	C18:1	C18:2	C18:3	C20:0	C20:1
OFPC	SCBG	种子	海南三亚	13.60	67.10		193.90			14.10		8.30	55.90	15.70		3.00	

醉蝶花属Tarenaya Raf.

醉蝶花(西洋白花菜、紫龙须)**Tarenaya hassleriana** (Chodat) Iltis[*Cleome spinosa* Jacq.]

一年生草本。花期初夏;果期夏末秋初。上海:上海植物园,31°09′04″N,121°26′42″E,7 m,2009-11-08,田怀珍、刘东明、戴建阅4001171013。黑龙江:佳木斯水源山南坡,46°48′01″N,130°22′01″E,1 m,2011-09-20,卞勇、潘伟400351087。原产热带美洲,现在全球热带至温带栽培以供观赏,也是一种优良的蜜源植物。

含油率及化学组分数据:

采集单位	测试单位	测试部位	产地	含油率(%)	碘值	酸值	皂化值	C12:0	C14:0	C16:0	C16:1	C18:0	C18:1	C18:2	C18:3	C20:0	C20:1
ECNU	SCBG	种子	上海	8.30						10.38		3.84	15.74	45.28	23.46	0.25	0.65
SBRI	SCBG	种子	黑龙江佳木斯	10.49	61.24	2.15	479.2	0.004	0.06	8.90	0.14	1.81	54.36	18.54	4.57	3.95	7.68

97. 十字花科 Brassicaceae

芸苔属Brassica L.

油白菜**Brassica chinensis** var. **oleifera** Makino et Nemoto

一年或二年生草本。花期4月;果期5月。内蒙古:呼伦贝尔盟鄂伦春自治旗,50°32′53″N,123°36′04″E,2010-08-06,刘慧娟400312131。长江以南地区多有栽培。种子榨油,工业用途供食用。

含油率及化学组分数据:

采集单位	测试单位	测试部位	产地	含油率(%)	碘值	酸值	皂化值	C12:0	C14:0	C16:0	C16:1	C18:0	C18:1	C18:2	C18:3	C20:0	C20:1
ICS	ICS	种子	内蒙古呼伦贝尔	17.80				2.42	0.39	10.94	1.46	5.34	23.40	52.96	2.17	0.60	0.32

碎米荠属Cardamine L.

大叶碎米荠**Cardamine macrophylla** Willd.

多年生草本。花期5～6月;果期7～8月。四川:松潘县九寨乡,33°06′51″N,103°42′58″E,3002 m,2009-07-27,干友民400241040。生于山坡灌木林下、沟边、石隙、高山草坡水湿处,海拔1600～4200 m。产于湖北、四川、贵州、云南、西藏、青海、甘肃、青海、陕西、山西、河北、内蒙古等地。俄罗斯远东地区以及日本、印度也有分布。

含油率及化学组分数据:

采集单位	测试单位	测试部位	产地	含油率(%)	碘值	酸值	皂化值	C12:0	C14:0	C16:0	C16:1	C18:0	C18:1	C18:2	C18:3	C20:0	C20:1
SICAU	SCBG	种子	四川松潘	15.54	28.78	11.48	187.91	0.10	0.20	5.90		2.28	18.61	25.61	32.54	2.13	

群心菜属Cardaria Desv.

毛果群心菜(泡果荠、甜萝卜缨子)**Cardaria pubescens** (C. A. Mey.) Jarm.

多年生草本。花期5～6月;果期7～8月。甘肃:瓜州县渊泉路,40°33′01″N,95°46′29″E,1200 m,2011-07-01,薛帅、秦烁400324001。生在水边、田边、村庄、路旁。产新疆、甘肃、宁夏、陕西、内蒙古。俄罗斯、蒙古、中亚、喜马拉雅地区均有分布。

含油率及化学组分数据:

采集单位	测试单位	测试部位	产地	含油率(%)	碘值	酸值	皂化值	C12:0	C14:0	C16:0	C16:1	C18:0	C18:1	C18:2	C18:3	C20:0	C20:1
CAU	ICS	种子	甘肃瓜州	12.67	160.25	10.59	294.65		0.07	11.56	0.92	2.42	14.72	67.80	0.61	0.64	0.13

葶苈属Draba L.

葶苈**Draba nemorosa** L.

一年或二年生草本。花期3～4月上旬;果期5～6月。四川:红原县邛溪乡泥炭场,32°47′26″N,102°38′27″E,3241 m,2009-07-18,干友民400241002。生于田边路旁,山坡草地及河谷湿地。分布较广。东南亚、欧洲、南美洲也有分布。

含油率及化学组分数据:

采集单位	测试单位	测试部位	产地	含油率(%)	碘值	酸值	皂化值	C12:0	C14:0	C16:0	C16:1	C18:0	C18:1	C18:2	C18:3	C20:0	C20:1
SICAU	SCBG	果实	四川红原	7.77	5.57	4.93	173.98	0.51	0.61	7.28	0.21	1.73	21.75	55.93	2.65	0.96	0.70

菘蓝属**Isatis** L.

菘蓝（板蓝根）**Isatis indigotica** Fortune

二年生草本。花期4～5月；果期5～6月。河北：昌黎，39°13′11″N，119°40′54″E，8 m，2012-07-05，徐兴友、詹立军400313196。原产我国，全国各地均有栽培。

含油率及化学组分数据：

采集单位	测试单位	测试部位	产地	含油率(%)	碘值	酸值	皂化值	C12:0	C14:0	C16:0	C16:1	C18:0	C18:1	C18:2	C18:3	C20:0	C20:1
ICS	ICS	种子	河北昌黎	4.64	91.00	77.27	576.16			6.34		3.11	24.60	13.10	12.24	0.54	2.90

独行菜属**Lepidium** L.

楔叶独行菜**Lepidium cuneiforme** C.Y. Wu

二年生草本。花、果期4～7月。四川：松潘县进安乡观音庙路上，32°38′44″N，103°35′44″E，2903 m，2009-07-30，干友民400241049。生在山坡、河滩、村旁、路边等处，海拔800～2000 m。产于四川、贵州、云南、甘肃、陕西。

含油率及化学组分数据：

采集单位	测试单位	测试部位	产地	含油率(%)	碘值	酸值	皂化值	C12:0	C14:0	C16:0	C16:1	C18:0	C18:1	C18:2	C18:3	C20:0	C20:1
SICAU	SCBG	种子	四川松潘	17.29	31.57			0.10	0.93	6.84	0.36	2.85	16.49	15.98	42.90	0.48	1.27

柱毛独行菜（柱腺独行菜、鸡积）**Lepidium ruderale** L.

一年或二年生草本。花、果期5～7月。产于山东、河南、湖北、新疆、青海、甘肃、宁夏、陕西、黑龙江。生在沙地或草地。俄罗斯、蒙古、欧洲及亚洲西部均有分布，并传播至北美洲。种子榨油，工业用途。

含油率及化学组分数据：

采集单位	测试单位	测试部位	产地	含油率(%)	碘值	酸值	皂化值	C12:0	C14:0	C16:0	C16:1	C18:0	C18:1	C18:2	C18:3	C20:0	C20:1
OFPC	GXIB	种子	广西桂林	18.30	127.70					7.30		1.80	24.30	7.90	21.80	1.80	8.80

沙芥属**Pugionium** Gaertn.

沙芥**Pugionium cornutum** (L.) Gaertn.

年或二年生草本。花期6月；果期8～9月。产于宁夏、陕西、内蒙古。生在沙漠地带沙丘上。

含油率及化学组分数据：

采集单位	测试单位	测试部位	产地	含油率(%)	碘值	酸值	皂化值	C12:0	C14:0	C16:0	C16:1	C18:0	C18:1	C18:2	C18:3	C20:0	C20:1
OFPC	NIB	种子	陕西榆林	18.80	147.80	7.80	193.70			5.30		0.70	18.20	17.40	19.60		

蔊菜属**Rorippa** Scop.

沼生蔊菜（风花蔊菜）**Rorippa islandica** (Oeder ex Murray) Borbás

一或二年生草本。花期4～7月；果期6～8月。河北：昌黎，40°00′11″N，120°15′57″E，17 m，2012-06-24，徐兴友、韩宝强400313184。内蒙古：呼伦贝尔盟鄂伦春自治旗，50°33′36″N，123°35′17″E，449 m，2010-08-08，刘慧娟400312100。生于潮湿环境或近水处、溪岸、路旁、田边、山坡草地及草场。分布范围广，北半球温暖地区皆有分布。

含油率及化学组分数据：

采集单位	测试单位	测试部位	产地	含油率(%)	碘值	酸值	皂化值	C12:0	C14:0	C16:0	C16:1	C18:0	C18:1	C18:2	C18:3	C20:0	C20:1
ICS		种子	河北昌黎	9.14				0.04	0.07	11.75	0.09	8.93	28.42	48.33	1.11	0.97	0.29
ICS		种子	内蒙古呼伦贝尔	5.10				0.01	029	20.21	0.09	5.24	51.25	20.52	1.75	0.32	0.31

大蒜芥属**Sisymbrium** L.

大蒜芥**Sisymbrium altissimum** L.

一年生草本。花期4～5月；果期7月。新疆：伊犁新源县飞机场附近，43°25′26″N，83°21′59″E，927 m，2010-10-09，王喜勇、王蕾、孔凡逵4003310044。生于石质山坡、河谷草地，海拔1300 m。产于辽宁、新疆。中亚、南亚、中东及欧洲、北美均有分布。

含油率及化学组分数据：

采集单位	测试单位	测试部位	产地	含油率(%)	碘值	酸值	皂化值	C12:0	C14:0	C16:0	C16:1	C18:0	C18:1	C18:2	C18:3	C20:0	C20:1
XIEG	SCBG	种子	新疆伊犁	6.87	5.27	9.53	158.09	0.0075	0.03	8.29	0.22	3.15	10.21	77.63	0.12	0.18	0.16

102. 悬铃木科 Platanaceae

悬铃木属**Platanus** L.

二球悬铃木（英国梧桐）**Platanus acerifolia** (Aiton) Willd.

落叶乔木。花期3～5月；果期6～10月。四川：峨边县黑竹沟，29°14′14″N，103°15′18″E，623 m，2011-10-17，李志强、刘小波40021111052。分布于北美、东南欧、西亚及越南北部。

含油率及化学组分数据：

采集单位	测试单位	测试部位	产地	含油率(%)	碘值	酸值	皂化值	C12:0	C14:0	C16:0	C16:1	C18:0	C18:1	C18:2	C18:3	C20:0	C20:1
SCU	SCU	种仁	四川峨边	17.79	107.51	5.30	185.84	0.0062	0.04	3.27	0.12	1.15	13.64	41.38	38.98	0.80	0.61

103. 金缕梅科 Hamamelidaceae

假蚊母树属 **Distyliopsis** P. K. Endress

尖叶假蚊母树（尖水丝梨）**Distyliopsis dunnii** (Hemsl.) P. K. Endress

常绿灌木或小乔木。花期4～6月；果期6～9月。产于广东、广西、湖南、江西、福建、贵州及云南等地。生于800～1500 m的山地常绿林。

含油率及化学组分数据：

采集单位	测试单位	测试部位	产地	含油率(%)	碘值	酸值	皂化值	C12:0	C14:0	C16:0	C16:1	C18:0	C18:1	C18:2	C18:3	C20:0	C20:1
OFPC	SCBG	种子	湖南宜章	17.80	111.30							14.00	13.30	48.10	19.00	4.60	1.00

蚊母树属**Distylium** Sieb. et Zucc.

小叶蚊母树**Distylium buxifolium** (Hance) Merr.

常绿灌木。花期4～5月；果期6～8月。湖南：吉首大学，28°17′25″N，109°43′12″E，239 m，2011-08-28，徐亮、陈雅40019101157。湖北：神农架下谷坪，31°21′55″N，110°35′13″E，300 m，2011-09-05，丁时东400151159。常生于1000～2000 m的山溪旁或河边。分布于广东、广西、湖南、福建、湖北及四川等地。

含油率及化学组分数据：

采集单位	测试单位	测试部位	产地	含油率(%)	碘值	酸值	皂化值	C12:0	C14:0	C16:0	C16:1	C18:0	C18:1	C18:2	C18:3	C20:0	C20:1
JSU	SCBG	种仁	湖南吉首	12.65					0.13	13.42	0.57	2.26	17.03	58.72	4.27	0.60	0.37
OCRI	SCBG	种仁	湖北神农架	10.33	126.55	12.84	138.70	0.03	0.12	24.06	0.19	6.38	43.97	7.60	1.69	0.19	0.06

中华蚊母树**Distylium chinense** (Franch. ex Hemsel.) Diels

常绿灌木。花期4～6月；果期7～8月。湖北：秭归两河口，30°53′15″N，110°34′57″E，378 m，2010-08-16，李晓东、昝艳燕、罗曼曼400121146。喜生于河溪旁。分布于湖南、湖北及四川。

含油率及化学组分数据：

采集单位	测试单位	测试部位	产地	含油率(%)	碘值	酸值	皂化值	C12:0	C14:0	C16:0	C16:1	C18:0	C18:1	C18:2	C18:3	C20:0	C20:1
WHBG	WHBG	种仁	湖北秭归	8.96						13.10		4.90	16.20	43.30	20.60	0.40	0.80

枫香树属**Liquidambar** L.

枫香树**Liquidambar formosana** Hance

乔木。花期3～6月；果期7～9月。湖南：吉首市德夯，28°31′49″N，109°46′35″E，2012-08-08，张代贵、张洁40019101265。河南：信阳波尔登公园，31°52′8″N，114°5′10″E，151 m，2012-09-14，王亚平400314195。湖北：神农架坪堑管理所，31°29′42″N，110°07′11″E，1456 m，2010-10-25，丁时东，危文亮等400151081。生于海拔500～800 m的阳光充足的地方，村落附近，山地森林。长江以南大部分地区有分布。韩国、老挝、越南也有分布。

含油率及化学组分数据：

采集单位	测试单位	测试部位	产地	含油率(%)	碘值	酸值	皂化值	C12:0	C14:0	C16:0	C16:1	C18:0	C18:1	C18:2	C18:3	C20:0	C20:1
JUS	SCBG	种仁	湖南吉首	13.24					1.45	30.34	0.82	6.01	19.97	33.12	4.30	0.63	
HNAU	OCRI	种子	河南信阳	2.55	95.25	161.95	97.34	0.45	0.35	11.25		4.35	20.69	16.24	0.39	0.58	
OCRI	SCBG	种仁	湖北神龙架	16.22	33.82	13.39	229.66			7.12	0.09		41.77	40.76	11.91		0.22

檵木属**Loropetalum** R.Br.

红花檵木**Loropetalum chinense** var. **rubrum** Yieh

灌木，有时为小乔木。花期3～4月。云南：昆明市盘龙区昆明植物园，25°08′15″N，102°44′23″E，1968 m，2010-10-14，王智、杨珺、谭英400221199。分布于我国中部、南部及西南各地；亦见于日本及印度。是常用的绿化植物。

含油率及化学组分数据：

采集单位	测试单位	测试部位	产地	含油率(%)	碘值	酸值	皂化值	C12:0	C14:0	C16:0	C16:1	C18:0	C18:1	C18:2	C18:3	C20:0	C20:1
KMIB	KMIB	果实	云南昆明	12.61	75.54	11.30	334.60	0.01	0.05	6.93		3.72	55.20	29.23	196	0.61	0.76

山白树属**Sinowilsonia** Hemsl.

山白树**Sinowilsonia henryi** Hemsl.

落叶灌木或小乔木。花期3～5月；果期6～8月。湖北：兴山榛子乡，28°17′25″N，109°43′12″E，1340 m，2010-08-21，李晓东、昝艳燕、罗曼曼400121160。陕西：眉县营头镇，1245 m，2009-08-24，薛帅400321051。生于海拔800～1500 m的森林。分布于湖北、四川、河南，陕西及甘肃等地。

含油率及化学组分数据：

采集单位	测试单位	测试部位	产地	含油率(%)	碘值	酸值	皂化值	C12:0	C14:0	C16:0	C16:1	C18:0	C18:1	C18:2	C18:3	C20:0	C20:1
WHBG	WHBG	种仁	湖北兴山	9.27						8.80		4.50	13.40	46.60	25.30	1.00	0.50
CAU	OCRI	种子	陕西眉县	12.63	81.06	50.20	178.43	0.14		8.58		3.52	18.42	44.02	20.25		

107. 虎耳草科 Saxifragaceae

溲疏属**Deutzia** Thunb.

钩齿溲疏**Deutzia hamata** Koehne ex Gilg et Loes.

灌木。花期4～5月；果期9～10月。山东：新泰，35°33′13″N，117°57′21″E，586 m，2009-08-25，赵伟华400311105。生于海拔500～1200 m山坡灌丛中。产于江苏、山东、河南、陕西、山西、河北、辽宁。朝鲜也有分布。

含油率及化学组分数据：

采集单位	测试单位	测试部位	产地	含油率(%)	碘值	酸值	皂化值	C12:0	C14:0	C16:0	C16:1	C18:0	C18:1	C18:2	C18:3	C20:0	C20:1
ICS	ICS	种子	山东新泰	9.39	137.27	0.76	182.57		0.06	10.13	0.08	1.63	7.84	76.91	0.66	0.23	0.11

小花溲疏**Deutzia parviflora** Bunge.

灌木。花期5～6月；果期8～10月。山西：垣曲历山西哄村，35°23′53″N，112°01′06″E，1100 m，2012-08-30，秦烁、潘昊400327032。河南：商城县大别山，31°42′51″N，115°32′56″E，3147 m，2011-10-11，杨大伟、陈明400314089。生于海拔1000～1500 m山谷林缘。产于河南、湖北、陕西、山西、河北、内蒙古、辽宁、吉林等地。朝鲜和俄罗斯也有分布。

含油率及化学组分数据：

采集单位	测试单位	测试部位	产地	含油率(%)	碘值	酸值	皂化值	C12:0	C14:0	C16:0	C16:1	C18:0	C18:1	C18:2	C18:3	C20:0	C20:1
CAU	ICS	种子	山西垣曲	3.78	13.87	26.25	174.18		0.09	8.24	0.09	1.25	6.77	77.58	0.73	0.21	0.11
HNAU	ICS	种子	河南商城	5.79	71.07	13.59	137.44		0.13	7.26		1.57	5.40	62.13	3.22	0.12	

长江溲疏**Deutzia schneideriana** Rehd.

灌木。花期5～6月；果期8～10月。湖南：浏阳市大围山，28°27′54″N，114°01′15″E，2009-09-17，黄玉滢、周喜乐400181016。生于海拔600～2000 m灌丛中。产于湖南、江西、江苏、安徽、湖北。

含油率及化学组分数据：

采集单位	测试单位	测试部位	产地	含油率(%)	碘值	酸值	皂化值	C12:0	C14:0	C16:0	C16:1	C18:0	C18:1	C18:2	C18:3	C20:0	C20:1
HUST	HUST	种仁	湖南浏阳	7.10	288.26	9.83	128.29	0.005	0.04	7.86	0.54	3.18	21.61	20.91	43.67	0.72	1.47

绣球属**Hydrangea** L.

长柄绣球（莼兰绣球）**Hydrangea longipes** Franch.

灌木。花期7～8月；果期9～10月。四川：越西县瓦吉木乡，28°29′15″N，102°35′31″E，1000 m，2009-09-24，王凯、樊云川40021109013。生于山沟疏林或密林下，或较湿润的山坡灌丛中，海拔1300～2800 m。产于湖南、湖北、四川、贵州、云南、甘肃、陕西和河北等地。

含油率及化学组分数据：

采集单位	测试单位	测试部位	产地	含油率(%)	碘值	酸值	皂化值	C12:0	C14:0	C16:0	C16:1	C18:0	C18:1	C18:2	C18:3	C20:0	C20:1
SCU	SCU	种仁	四川越西	5.14													

茶藨子属**Ribes** L.

腺毛茶藨子**Ribes longiracemosum** var. **davidii** Jancz.

落叶灌木。花期4～5月；果期7～8月。山西：吕梁交城庞泉沟，37°51′24″N，111°27′30″E，2010 m，2012-08-24，秦烁、潘昊

400327011。生于山坡阴处灌丛中或沟边杂木林下，海拔1100～3400 m。产于四川（西部）、云南（东北部、西北部）。

含油率及化学组分数据：

采集单位	测试单位	测试部位	产地	含油率(%)	碘值	酸值	皂化值	C12:0	C14:0	C16:0	C16:1	C18:0	C18:1	C18:2	C18:3	C20:0	C20:1
CAU	ICS	种子	山西吕梁	5.36	10.80	34.75	163.15		0.16	6.85	0.33	1.50	15.33	28.88	19.00	0.24	0.18

五裂茶藨子（天山茶藨子、麦氏醋栗、麦粒醋栗）**Ribes meyeri** Maxim.

落叶灌木。花期5～6月；果期7～8月。青海：互助县威远镇，36°55′30″N，102°21′57″E，2615 m，2012-09-19，刘晓波、曹弈璘40021112021。生于山坡疏林内、沟边云杉林下或阴坡路边灌丛中，海拔1400～3900 m。产于新疆（北部、西部至西南部）。西伯利亚和中亚也有分布。

含油率及化学组分数据：

采集单位	测试单位	测试部位	产地	含油率(%)	碘值	酸值	皂化值	C12:0	C14:0	C16:0	C16:1	C18:0	C18:1	C18:2	C18:3	C20:0	C20:1
SCU	SCU	种仁	青海互助	6.24													

111. 海桐花科 Pittosporaceae

海桐花属**Pittosporum** Banks ex Gaertn.

聚花海桐Pittosporum balansae DC.

常绿灌木。花期3～5月；果期6～12月。海南：东方市东河镇，18°19′12″N，109°28′39″E，2009-08-21，郑希龙、潘雅书40011429。生于海拔1500～1800 m的森林，灌丛，河岸，沟边。分布于广东（海南）、广西西南部；亦见于缅甸、越南。

含油率及化学组分数据：

采集单位	测试单位	测试部位	产地	含油率(%)	碘值	酸值	皂化值	C12:0	C14:0	C16:0	C16:1	C18:0	C18:1	C18:2	C18:3	C20:0	C20:1
SCBG	SCBG	种仁	海南东方	13.40				0.0032	0.07	1.55	0.07	3.64	18.18	75.90	0.24	0.22	0.13

光叶海桐Pittosporum glabratum Lindl.

常绿灌木。花期4～5月；果期8～9月。湖南：桑植县芭茅溪乡天平山，29°46′31″N，110°03′59″E，1203 m，2009-11-26，严岳鸿400181136。贵州：荔波县玉屏镇时来村林场，25°25′25″N，107°53′42″E，447 m，2009-08-16，曾庆文、董安强、胡晓敏4001126。福建：武夷山星村七里桥梁野山保护区，25°09′11″N，116°08′34″E，408 m，2012-11-23，易绮斐、宁阳阳、李玉玲400119276。广东：阳山县秤架自然保护区，24°48′46″N，112°49′52″E，812 m，2009-11-14，董安强40011251；梅县阴那山，24°23′30″N，116°25′41″E，2009-09-01，林铎清、戴建阅400111103。广西：临桂县宛田，25°18′22″N，110°04′17″E，2009-12-09，许为斌、黄俞淞、蒋日红4001101074。分布于海南、广东、广西、湖南、福建、贵州。

含油率及化学组分数据：

采集单位	测试单位	测试部位	产地	含油率(%)	碘值	酸值	皂化值	C12:0	C14:0	C16:0	C16:1	C18:0	C18:1	C18:2	C18:3	C20:0	C20:1
HUST	HUST	种仁	湖南桑植	7.16	1.85	18.13	143.21	0.0099	0.08	2.17	0.77	34.75	34.22	26.83	0.77	0.14	0.25
SCBG	SCBG	种仁	贵州荔波	3.90	81.43	1.75	440.53	0.02	0.10	4.45	0.09	1.76	26.10	66.16	0.22	0.60	0.51
SCBG	SCBG	种仁	福建武夷山	16.50	75.53	23.92	365.85	0.05	0.05	7.26	0.14	4.27	48.90	35.65	0.76	1.24	1.68
SCBG	SCBG	种仁	广东阳山	7.26	78.60	2.43	387.77	0.03	0.11	13.64	0.17	7.53	14.82	53.60	4.82	2.22	3.07
SCBG	SCBG	种仁	广东梅县	1.40				0.01	0.03	6.04	0.06	2.78	14.14	13.77	62.84	0.20	0.12
GXIB	SCBG	种仁	广西临桂	2.32	137.24	2.37	200.26	0.15	0.16	23.84	0.06	10.96	27.04	13.02	0.70	6.34	0.12

薄萼海桐Pittosporum leptosepalum Gowda

常绿灌木或小乔木。花期3～5月；果期6～11月。广东：阳山县秤架东坑，24°46′29″N，112°48′53″E，705 m，2009-09-22，董安强、胡晓敏40011221。分布于广东北部及广西东北部的山地常绿林里。

含油率及化学组分数据：

采集单位	测试单位	测试部位	产地	含油率(%)	碘值	酸值	皂化值	C12:0	C14:0	C16:0	C16:1	C18:0	C18:1	C18:2	C18:3	C20:0	C20:1
SCBG	SCBG	种仁	广东阳山	13.12				0.01	0.03	5.75	0.04	3.40	7.65	21.98	60.73	0.12	0.30

小果海桐Pittosporum parvicapsulare H. T. Chang et S. Z. Yan

灌木。花未见，果期7～8月。广西：全州县盐井村，25°46′47″N，111°34′36″E，628 m，2012-10-10，廖云标4001101300。分布于广西及湖南接壤地区，亦见于浙江。

含油率及化学组分数据：

采集单位	测试单位	测试部位	产地	含油率(%)	碘值	酸值	皂化值	C12:0	C14:0	C16:0	C16:1	C18:0	C18:1	C18:2	C18:3	C20:0	C20:1
GXIB	SCBG	种仁	广西金州	6.47	158.73	0.24	199.96			8.04	0.06	2.87	42.82	25.83	5.57	0.34	1.14

少花海桐**Pittosporum pauciflorum** Hook. et Arn.

常绿灌木。花期4～5月；果期5～10月。广西：贺州市姑婆山国家森林公园，24°35′53″N，111°34′29″E，2009-12-18，吴望辉、黄俞淞、叶晓霞4001101034。生于海拔700 m以上山坡灌丛中或裸岩边。分布于广东、广西、湖南、江西、福建及四川。

含油率及化学组分数据：

采集单位	测试单位	测试部位	产地	含油率(%)	碘值	酸值	皂化值	C12:0	C14:0	C16:0	C16:1	C18:0	C18:1	C18:2	C18:3	C20:0	C20:1
GXIB	SCBG	种仁	广西贺州	9.47	144.00	0.71	201.18	0.02	0.05	5.47	0.25	1.20	21.14	69.02	0.62	0.05	0.14

台琼海桐**Pittosporum pentandrum** var. **formosanum** (Hayata) Z. Y. Zhang et Turland

常绿小乔木或灌木。花期3～11月；果期10～12月。广西：北海市营盘镇，21°27′38″N，108°25′21″E，11 m，2011-01-12，黄俞淞、农东新、林春蕊4001101191。福建：福州植物园，26°09′05″N，119°17′17″E，57 m，2012-11-15，刘东明、童毅4001122148。分布于我国海南、广东、广西、福建和台湾。越南也产。

含油率及化学组分数据：

采集单位	测试单位	测试部位	产地	含油率(%)	碘值	酸值	皂化值	C12:0	C14:0	C16:0	C16:1	C18:0	C18:1	C18:2	C18:3	C20:0	C20:1
GXIB	SCBG	种仁	广西北海	10.24	139.21	1.39	200.02	0.01	0.05	3.70	0.09	1.39	24.63	45.18	18.54	1.24	1.21
SCBG	SCBG	种仁	福建福州	16.14	76.37	2.99	392.65		0.05	11.08	0.10	8.02	17.94	50.69	7.95	0.43	3.73

柄果海桐**Pittosporum podocarpum** Gagnep.

常绿灌木。花期2～5月；果期5～10月。重庆：南川区三泉镇三泉石门沟，29°52′31″N，107°07′06″E，589 m，2009-09-15，刘正宇等400231072。生于海拔900～1300 m的沟边、山坡灌丛中。分布于湖北、四川、云南、贵州及甘肃等地。亦见于缅甸、柬埔寨、老挝、越南的北部，印度东北部。

含油率及化学组分数据：

采集单位	测试单位	测试部位	产地	含油率(%)	碘值	酸值	皂化值	C12:0	C14:0	C16:0	C16:1	C18:0	C18:1	C18:2	C18:3	C20:0	C20:1
CIPP	SCBG	种仁	重庆南川	6.50					0.10	12.60	0.20	2.82	12.69	63.04	0.49	1.08	0.22

四子海桐**Pittosporum tonkinense** Gagnep.

常绿灌木。花期1～5月；果期1～10月。云南：麻栗坡县铁厂乡，23°20′31″N，105°02′04″E，1389 m，2010-11-08，王智、杨珺、谭英400221248。生于海拔600～1800 m的石灰岩上。分布于广西、贵州及云南东南部。

含油率及化学组分数据：

采集单位	测试单位	测试部位	产地	含油率(%)	碘值	酸值	皂化值	C12:0	C14:0	C16:0	C16:1	C18:0	C18:1	C18:2	C18:3	C20:0	C20:1
KMIB	KMIB	果实	云南麻栗坡	7.00						11.21	34.20	3.26	18.29	18.24	0.82		

棱果海桐(瘦鱼蓼，鸡骨头，公栀子)**Pittosporum trigonocarpum** H. Lév.

常绿灌木。花期4～5月；果期8～9月。四川：成都彭州白鹭，31°12′20″N，103°54′14″E，962 m，2011-10-25，邓星光、吴阳晨等40021111119；都江堰青城山味江，28°58′45″N，102°28′32″E，1000 m，2010-09-10，崔龙、李志强40021110003。生于海拔600～2000 m的山谷，沟边、山麓杂木林下及林缘、灌丛中。产于四川、贵州等地。

含油率及化学组分数据：

采集单位	测试单位	测试部位	产地	含油率(%)	碘值	酸值	皂化值	C12:0	C14:0	C16:0	C16:1	C18:0	C18:1	C18:2	C18:3	C20:0	C20:1
SCU	SCU	种仁	四川成都	7.65													
SCU	SCU	种仁	四川都江堰	7.20													

崖花子(菱叶海桐)**Pittosporum truncatum** E. Pritz.

常绿灌木。花期4月；果期8月。湖北：兴山榛子乡，31°26′51″N，110°58′48″E，1408 m，2010-10-12，李晓东、昝艳燕、罗曼曼400121133。重庆：南川区三泉镇火炬马尾溪，29°50′26″N，107°06′18″E，566 m，2009-11-10，刘正宇等400231122。生于海拔800～1200 m的山谷、溪边林下或山坡灌丛中。分布于湖北、四川、云南、贵州、甘肃、陕西等地。

含油率及化学组分数据：

采集单位	测试单位	测试部位	产地	含油率(%)	碘值	酸值	皂化值	C12:0	C14:0	C16:0	C16:1	C18:0	C18:1	C18:2	C18:3	C20:0	C20:1
WHBG	WHBG	种仁	湖北兴山	4.13					1.4	10.8	0.4	0.8	57.5	5.7	0.3	0.3	14.1
CIPP	SCBG	种仁	重庆南川	14.65				0.17	71.27	5.53	0.17	0.91	7.01	11.93	0.74	0.35	0.78

115. 蔷薇科 Rosaceae

龙芽草属**Agrimonia** L.

龙芽草**Agrimonia pilosa** Ledeb.

多年生草本。花、果期5～12月。黑龙江：桦川县申家店，46°35′9″N，130°38′38″E，201 m，2010-08-13，陈连江、卞勇、潘伟400351001。甘肃：平凉市太统山，34°21′29″N，106°39′28″E，1800 m，2011-10-12，薛帅400325029。河北：青龙，40°48′12″N，119°20′0″E，521 m，2012-09-15，徐兴友、韩宝强400313176。湖北：神农架下谷坪，31°22′21″N，110°35′48″E，383 m，2011-09-07，丁时东400151134。常生于溪边、路旁、草地、灌丛、林缘及疏林下，海拔100～3800 m。我国南北各地区均产。越南北部、日本、

朝鲜、蒙古、俄罗斯以及欧洲中部均有分布。可与其他花卉植物搭配布置花坛、花镜等。

含油率及化学组分数据：

采集单位	测试单位	测试部位	产地	含油率(%)	碘值	酸值	皂化值	C12:0	C14:0	C16:0	C16:1	C18:0	C18:1	C18:2	C18:3	C20:0	C20:1
SBRI	SCBG	种仁	黑龙江桦川	13.45	73.68	2.94	310.83	0.03	0.15	11.81	0.30	3.17	10.17	72.58	1.25	0.34	0.20
CAU	ICS	种子	甘肃平凉	7.93	101.97	20.10	277.65	0.07	0.19	6.20		4.47	17.87	42.14	26.63	0.89	0.19
HNUST	ICS	种子	河北青龙	10.59	169.35	15.65	193.87	0.02	0.04	3.28	0.10	2.15	14.86	36.14	18.01	0.75	0.35
OCRI	SCBG	种仁	湖北神农架	2.18	100.99	11.68	215.16		0.04	4.12	0.10	2.68	22.70	63.43	0.72	0.49	0.65
OFPC	IAE		辽宁沈阳	19.10	171.90		189.20			4.60		1.90	17.50	50.30	25.70		

樱属**Cerasus** Mill.

欧洲甜樱桃**Cerasus avium** (L.) Moench[*Prunus avium* (L.) L.]

乔木。花期4～5月；果期6～7月。河北：昌黎，40°14′23″N，119°15′45″E，239 m，2011-07-01，徐兴友、詹立军400313151。我国市场上常见那翁、福寿、滨库、黄玉、大紫属于本系统。果型大，风味优美，生食或制罐头，樱桃汁可制糖浆、糖胶及果酒；核仁可榨油，似杏仁油。有重瓣、粉花及垂枝等品种可作观赏植物。我国华北、东北地区引种栽培。原产亚洲西部及欧洲，现欧亚及北美久经栽培，品种亦多。

含油率及化学组分数据：

采集单位	测试单位	测试部位	产地	含油率(%)	碘值	酸值	皂化值	C12:0	C14:0	C16:0	C16:1	C18:0	C18:1	C18:2	C18:3	C20:0	C20:1
HNUST	ICS	种子	河北昌黎	1.81	35.08	34.05			1.79	19.54	0.59	7.32	46.49	8.44	1.38	2.93	0.45

微毛樱桃**Cerasus clarofolia** (C.K. Schneid.) T.T Yu et C.L. Li

灌木或小乔木。花期4～6月；果期6～7月。产于湖北、四川、贵州、云南、甘肃、陕西、山西、河北。生于山坡林中或灌丛中，海拔800～3600 m。

含油率及化学组分数据：

采集单位	测试单位	测试部位	产地	含油率(%)	碘值	酸值	皂化值	C12:0	C14:0	C16:0	C16:1	C18:0	C18:1	C18:2	C18:3	C20:0	C20:1
OFPC	CIB	种子	四川康定	12.10	115.50		210.90			5.20		1.10	48.90	44.00		0.80	

郁李**Cerasus japonica** (Thunb.) Loisel.

灌木。花期5月；果期7～8月。产于浙江、山东、河北、辽宁、吉林、黑龙江。生于山坡林下、灌丛中或栽培，海拔100～300 m。日本和朝鲜也有分布。种仁入药，名郁李仁。郁李、郁李仁配剂有显著降压作用。

含油率及化学组分数据：

采集单位	测试单位	测试部位	产地	含油率(%)	碘值	酸值	皂化值	C12:0	C14:0	C16:0	C16:1	C18:0	C18:1	C18:2	C18:3	C20:0	C20:1
OFPC	CIB	种子	四川康定	12.10	115.50		210.90			5.20		1.10	48.90	44.00		0.80	

木瓜属**Chaenomeles** Lindl.

西藏木瓜**Chaenomeles thibetica** T. T. Yu

灌木或小乔木。花期7月；果期9～10月。西藏：波密县扎木乡，29°50′41″N，95°46′40″E，2770 m，2011-09-06，干友民400241163。生山坡山沟灌木丛中，海拔2600～2760 m。产于四川西部、西藏(拉萨、林芝、波密)。

含油率及化学组分数据：

采集单位	测试单位	测试部位	产地	含油率(%)	碘值	酸值	皂化值	C12:0	C14:0	C16:0	C16:1	C18:0	C18:1	C18:2	C18:3	C20:0	C20:1
SICAU	SCBG	种仁	西藏波密	12.66	114.25	7.60	162.38										

栒子属**Cotoneaster** Medik.

灰栒子**Cotoneaster acutifolius** Turcz.

落叶灌木。花期5～6月；果期9～10月。山西：垣曲历山，35°25′24″N，111°57′41″E，2130 m，2012-08-29，秦烁、郭利磊400327027。生于山坡、山麓、山沟及丛林中，海拔1400～3700 m。产于河南、湖北、西藏、青海、甘肃、陕西、山西、河北、内蒙古。蒙古也有分布。

含油率及化学组分数据：

采集单位	测试单位	测试部位	产地	含油率(%)	碘值	酸值	皂化值	C12:0	C14:0	C16:0	C16:1	C18:0	C18:1	C18:2	C18:3	C20:0	C20:1
CAU	ICS	种子	山西垣曲	5.12	11.83	12.42	155.72		0.08	6.59	0.27	1.12	20.60	64.37	0.75	1.07	0.65

细尖栒子**Cotoneaster apiculatus** Rehd. et Wils.

落叶直立灌木。花期6月；果期9～10月。青海：互助县南门峡，36°58′11″N，101°53′39″E，2865 m，2012-09-18，刘晓波、曹

弈璘40021112016。偶见于山坡路旁或林缘等地，海拔1500～3100 m。产于湖北、四川、云南、甘肃。

含油率及化学组分数据：

采集单位	测试单位	测试部位	产地	含油率(%)	碘值	酸值	皂化值	C12:0	C14:0	C16:0	C16:1	C18:0	C18:1	C18:2	C18:3	C20:0	C20:1
SCU	SCU	种仁	青海互助	3.76													

黑果栒子**Cotoneaster melanocarpus** (Ledeb.) Lodd. G. Lodd. et W. Lodd. ex M. Roem.

落叶灌木。花期5～6月；果期8～9月。新疆：和静县巩乃斯，43°16′16″N，84°29′40″E，1878 m，2012-08-11，刘旭丽、侯翼国4003312011。生于山坡、疏林间或灌木丛中，海拔700～2600 m。产于新疆、甘肃、河北、内蒙古、吉林、黑龙江。蒙古北部、俄罗斯西伯利亚、亚洲西部至欧洲东部均有分布。

含油率及化学组分数据：

采集单位	测试单位	测试部位	产地	含油率(%)	碘值	酸值	皂化值	C12:0	C14:0	C16:0	C16:1	C18:0	C18:1	C18:2	C18:3	C20:0	C20:1
XIEG	SCBG	种子	新疆和静	4.87	21.18	11.41	186.34	0.01	0.08	10.97	0.70	5.25	27.62	45.29	1.35	0.66	8.06

宝兴栒子**Cotoneaster moupinensis** Franch.

落叶灌木。花期6～7月；果期9～10月。四川：宝兴县，30°41′21″N，102°43′24″E，2280 m，2010-09-09，干友民400241084。生于疏林边或松林下，海拔1700～3200 m。产四川、贵州、云南、甘肃、陕西。

含油率及化学组分数据：

采集单位	测试单位	测试部位	产地	含油率(%)	碘值	酸值	皂化值	C12:0	C14:0	C16:0	C16:1	C18:0	C18:1	C18:2	C18:3	C20:0	C20:1
SICAU	SCBG	种仁	四川宝兴	14.32	111.08	10.57	247.71										

水栒子(多花栒子)**Cotoneaster multiflorus** Bunge

落叶灌木。花期5～6月；果期8～9月。陕西：洋县华阳古镇，33°35′13″N，107°33′26″E，1302 m，2010-10-11，薛帅、王继师400323085。山西：介休市龙凤乡张壁村，36°55′7″N，111°58′9″E，1457 m，2010-10-03，谢光辉400322035。甘肃：兰州市安宁区，36°7′4″N，103°42′16″E，1500 m，2011-07-05，薛帅400324021；卓尼县卡车乡，34°35′56″N，103°21′8″E，2600 m，2011-10-06，秦烁400326007。河南：灵宝小秦岭，34°36′59″N，110°14′28″E，381 m，2012-08-22，王亚平400314181。普遍生于沟谷、山坡杂木林中，海拔1200～3500 m。产于河南、四川、云南、西藏、新疆、青海、甘肃、陕西、山西、河北、内蒙古、辽宁、黑龙江。亚洲中西部、俄罗斯高加索以及西伯利亚均有分布。高大灌木，生长旺盛，夏季密着白花，秋季结红色果实，经久不凋，可作观赏植物。近年试作苹果砧木，有矮化之效。

含油率及化学组分数据：

采集单位	测试单位	测试部位	产地	含油率(%)	碘值	酸值	皂化值	C12:0	C14:0	C16:0	C16:1	C18:0	C18:1	C18:2	C18:3	C20:0	C20:1
CAU	ICS	种子	陕西洋县	5.34	106.69	8.00	194.94	0.10		5.52	0.07	1.77	26.83	61.85	0.35	1.18	0.56
CAU	ICS	种子	山西介休	6.45	116.92	7.12	182.13			5.93	0.10	1.49	23.51	65.28	0.44	1.06	0.50
CAU	ICS	种子	甘肃兰州	1.29	100.31	41.79	104.05	0.06	0.36	9.26	0.46	1.88	14.50	63.42	1.20	1.20	0.45
CAU	ICS	种子	甘肃卓尼	3.56	111.62	13.51	273.86		0.08	6.99	0.32	2.16	25.59	59.82	1.17	1.12	0.49
HNAU	ICS	种子	河南灵宝	2.68	85.61	14.05		0.06	0.09	7.97	0.23	2.24	24.27	49.66	0.43	1.50	0.43

紫果水栒子**Cotoneaster multiflorus** var. **atropurpureus** T. T. Yu

水栒子紫果变种。西藏：波密县扎木乡岗巴村，29°53′24″N，95°39′52″E，2684 m，2011-09-04，干友民400241138。生于林缘、溪边或灌木丛中，海拔2500～3100 m。产于四川西部和云南西北部。

含油率及化学组分数据：

采集单位	测试单位	测试部位	产地	含油率(%)	碘值	酸值	皂化值	C12:0	C14:0	C16:0	C16:1	C18:0	C18:1	C18:2	C18:3	C20:0	C20:1
SICAU	SCBG	种仁	西藏波密	9.32	99.72	39.81	167.08	0.02	0.05	7.89	0.06	2.09	33.62	43.38	3.93	0.49	8.48

大叶毡毛栒子**Cotoneaster pannosus** var. **robustior** W. W. Sm.

毡毛栒子变种。云南：寻甸县柯南乡，25°25′35″N，102°51′38″E，2187 m，2009-10-23，王智、谭英、隋学艺400221061。海拔2000～2300 m。产于云南怒江谷地、鲁昌。

含油率及化学组分数据：

采集单位	测试单位	测试部位	产地	含油率(%)	碘值	酸值	皂化值	C12:0	C14:0	C16:0	C16:1	C18:0	C18:1	C18:2	C18:3	C20:0	C20:1
KMIB	KMIB	果实	云南寻甸	5.70													

柳叶栒子 Cotoneaster salicifolius Franch.

半常绿或常绿灌木，高达5 m。花期6月；果期9～10月。四川：雅安宝兴蜂桶寨邓池沟，30°34′41″N，102°57′4″E，1734 m，2011-09-29，李志强、刘小波等40021111027。生于山地或沟边杂木林中，海拔1800～3000 m。产于湖南、湖北、四川、贵州、云南。

含油率及化学组分数据：

采集单位	测试单位	测试部位	产地	含油率(%)	碘值	酸值	皂化值	C12:0	C14:0	C16:0	C16:1	C18:0	C18:1	C18:2	C18:3	C20:0	C20:1
SCU	SCU	种仁	四川雅安	2.91													

陀螺果栒子 Cotoneaster turbinatus Craib

常绿灌木。花期6～7月；果期10月。云南：禄丰县彩云乡，25°3′5″N，101°54′7″E，1532 m，2009-11-13，龙春林、王智、唐贵华400221120。生于江边或沟谷中，海拔1800～2700 m。产于湖北、四川、云南。

含油率及化学组分数据：

采集单位	测试单位	测试部位	产地	含油率(%)	碘值	酸值	皂化值	C12:0	C14:0	C16:0	C16:1	C18:0	C18:1	C18:2	C18:3	C20:0	C20:1
KMIB	KMIB	种仁	云南禄丰	3.50									31.90	47.10			

西北栒子 Cotoneaster zabelii C. K. Schneid.

落叶灌木。花期5～6月；果期8～9月。宁夏：银川苏峪口，38°44′53″N，105°54′54″E，2142 m，2012-08-21，秦烁、潘昊400327001。陕西：安康市千家坪，32°0′24″N，109°20′39″E，2200 m，2012-10-03，秦烁、郭利磊400328027。生于石灰岩山地、山坡阴处、沟谷边、灌木丛中，海拔800～2500 m。产于湖南、山东、河南、湖北、青海、甘肃、宁夏、陕西、山西、河北。

含油率及化学组分数据：

采集单位	测试单位	测试部位	产地	含油率(%)	碘值	酸值	皂化值	C12:0	C14:0	C16:0	C16:1	C18:0	C18:1	C18:2	C18:3	C20:0	C20:1
CAU	ICS	种子	宁夏银川	1.95	5.51	24.02	168.58	0.07	0.16	7.83	0.36	1.93	16.01	47.93	1.14	1.37	0.29
CAU	ICS	种子	陕西安康	3.59		17.52	144.04	0.09	0.15	7.81	0.22	1.87	23.50	57.25	1.39	1.12	0.56

山楂属Crataegus L.

黄果山楂 Crataegus chlorocarpa Lenne et C. Koch

落叶灌木或小乔木。花期5月；果熟期8月。新疆：伊犁新源县72团，43°14′43″N，82°50′19″E，1279 m，2010-10-05，王喜勇、王蕾、孔凡逵4003310032。

含油率及化学组分数据：

采集单位	测试单位	测试部位	产地	含油率(%)	碘值	酸值	皂化值	C12:0	C14:0	C16:0	C16:1	C18:0	C18:1	C18:2	C18:3	C20:0	C20:1
XIEG	SCBG	种仁	新疆伊犁	3.52	7.82	26.96	191.08	0.01	0.08	10.04	0.06	4.84	6.51	76.76	0.29	0.69	0.73

光叶山楂 Crataegus dahurica Koehne ex Schneid.

落叶灌木或小乔木。花期5月；果期8月。吉林：通化，41°43′45″N，125°51′26″E，2011-09-13，郑宝江等400341106。生于河岸林间草地或砂丘坡上，海拔500～1000 m。产于内蒙古、吉林、黑龙江。俄罗斯西伯利亚东部和蒙古北部均有分布。

含油率及化学组分数据：

采集单位	测试单位	测试部位	产地	含油率(%)	碘值	酸值	皂化值	C12:0	C14:0	C16:0	C16:1	C18:0	C18:1	C18:2	C18:3	C20:0	C20:1
NEFU	SCBG	种仁	吉林通化	3.45	3.92	1.57	538.60	0.21	0.17	14.40		9.82	37.34	15.16	10.10	0.45	0.45

湖北山楂 Crataegus hupehensis Sarg.

乔木或灌木。花期5～6月；果期8～9月。湖北：神农架，31°44′49″N，110°41′00″E，1008 m，2012-09-20，李晓东、昝艳燕等400121257。生于山坡灌木丛中，海拔500～2000 m。产于湖南、江西、浙江、江苏、河南、湖北、四川、陕西、山西。果可食或作山楂糕及酿酒，浙江、湖北有栽培。

含油率及化学组分数据：

采集单位	测试单位	测试部位	产地	含油率(%)	碘值	酸值	皂化值	C12:0	C14:0	C16:0	C16:1	C18:0	C18:1	C18:2	C18:3	C20:0	C20:1
WHBG	WHBG	种仁	湖北神农架	10.23	34.16	3.99			0.03	12.87		9.59	67.25	62.58	4.78	0.48	0.05

甘肃山楂 Crataegus kansuensis Wils.

灌木或乔木。花期5月；果期7～9月。宁夏：银川金凤区，38°25′1″N，106°10′29″E，1110 m，2012-08-22，秦烁、潘昊400327009。山西：垣曲历山，35°25′28″N，111°57′51″E，2100 m，2012-08-29，秦烁、潘昊400327025；吕梁交城庞泉沟，37°52′44″N，111°26′25″E，2052 m，2012-08-24，秦烁、潘昊400327013。陕西：太白鹦鸽，34°05′05″N，107°41′43″E，1350 m，2009-08-18，谢光辉、薛帅400321015。河南：灵宝小秦岭，34°27′5″N，110°26′0″E，1100 m，2012-08-21，王亚平400314170；焦作沁阳，35°14′54″N，112°49′10″E，1021 m，2012-10-20，王亚平400314277。生于杂木林中、山坡阴处及山沟旁，海拔1000～3000 m。产于贵州、四川、甘肃、陕西、山西、河北。

含油率及化学组分数据：

采集单位	测试单位	测试部位	产地	含油率(%)	碘值	酸值	皂化值	C12:0	C14:0	C16:0	C16:1	C18:0	C18:1	C18:2	C18:3	C20:0	C20:1
CAU	ICS	种子	宁夏银川	2.77	26.91	16.52	173.63	0.06	0.12	6.33	0.37	1.70	26.76	58.04	1.86	0.89	0.64
CAU	ICS	种子	山西垣曲	2.47	65.02	19.34	111.94	0.13	0.18	13.14	1.68	2.51	27.48	42.97	1.93	0.71	0.27
CAU	ICS	种子	山西吕梁	3.12	16.29	24.86	165.39	0.06	0.10	6.00	0.32	1.53	22.97	51.86	1.63	0.79	0.64
CAU	ICS	种子	陕西太白	9.77	101.89	29.49	171.12			3.54	0.30	0.93	65.62	26.01	1.11	0.12	0.12
HENAU	ICS	种子	河南灵宝	0.85	101.70	19.06	218.51		0.26	4.35		1.53	15.54	20.34	2.87	0.42	
HENAU	ICS	种子	河南焦作	2.87	125.80	15.63	181.25			6.71	0.13	1.35	21.86	57.12	0.49	1.05	0.56

毛山楂**Crataegus maximowiczii** C.K. Schneid.

灌木或小乔木。花期5～6月；果期8～9月。黑龙江：北安市，39°46′08″N，115°52′28″E，2011-09-13，郑宝江等400341107。生杂木林中或林边、河岸沟边及路边，海拔200～1000 m。产于内蒙古、辽宁、吉林、黑龙江。朝鲜、日本、俄罗斯西伯利亚东部到萨哈林岛(库页岛)也有分布。木材可作家具、文具、木柜等，果可食。

含油率及化学组分数据：

采集单位	测试单位	测试部位	产地	含油率(%)	碘值	酸值	皂化值	C12:0	C14:0	C16:0	C16:1	C18:0	C18:1	C18:2	C18:3	C20:0	C20:1
NEFU	SCBG	种仁	黑龙江北安	4.87	7.75	2.75	176.91	1.28	2.12	9.31	1.08	2.33	11.37	29.32	38.31	0.17	0.20

准噶尔山楂**Crataegus songarica** K. Koch

小乔木或灌木。花期5月；果期7月。新疆：伊犁新源县72团，43°14′43″N，82°50′19″E，1279 m，2010-09-15，王喜勇、孔凡奎、王蕾4003310064。生于河谷或峡谷灌木丛中，海拔500～2000 m。产于新疆(伊犁、霍城)。分布俄罗斯、伊朗、阿富汗等地。

含油率及化学组分数据：

采集单位	测试单位	测试部位	产地	含油率(%)	碘值	酸值	皂化值	C12:0	C14:0	C16:0	C16:1	C18:0	C18:1	C18:2	C18:3	C20:0	C20:1
XIEG	SCBG	种仁	新疆伊犁	3.33	22.24	13.98	66.49	0.04	0.10	16.33	0.07	3.16	43.35	55.45	6.80	0.11	0.16

华中山楂**Crataegus wilsonii** Sarg.

落叶灌木。花期5月；果期8～9月。湖北：大九湖至大界岭，31°41′28″N，110°43′3″E，612 m，2011-09-26，丁时东400151124。生于山坡阴处密林中，海拔1000～2500 m。产于浙江、四川、云南、河南、湖北、甘肃、陕西。

含油率及化学组分数据：

采集单位	测试单位	测试部位	产地	含油率(%)	碘值	酸值	皂化值	C12:0	C14:0	C16:0	C16:1	C18:0	C18:1	C18:2	C18:3	C20:0	C20:1
OCRI	SCBG	种仁	湖北大九湖	16.70	7.75	2.75	176.91										

牛筋条属**Dichotomanthes** Kurz

牛筋条**Dichotomanthes tristaniaicarpa** Kurz

常绿灌木至小乔木。花期4～5月；果期8～11月。云南：禄丰县一平浪乡，25°6′50″N，101°54′31″E，1867 m，2009-11-13，龙春林、王智、唐贵华400221123。生山坡开旷地杂木林中或常绿栎林边缘，海拔1500～2300 m。产于四川、云南。

含油率及化学组分数据：

采集单位	测试单位	测试部位	产地	含油率(%)	碘值	酸值	皂化值	C12:0	C14:0	C16:0	C16:1	C18:0	C18:1	C18:2	C18:3	C20:0	C20:1
KMIB	KMIB	种仁	云南禄丰	3.00													

枇杷属**Eriobotrya** Lindl.

栎叶枇杷**Eriobotrya prinoides** Rehd. et Wils.

常绿小乔木。花期9～11月；果期4～5月。四川：攀枝花市大黑山，26°40′24″N，101°43′4″E，1744 m，2012-10-17，刘晓波、宫庆彬40021112092。生于河旁或湿润的密林中，海拔800～1700 m。产于四川西部、云南东南部。

含油率及化学组分数据：

采集单位	测试单位	测试部位	产地	含油率(%)	碘值	酸值	皂化值	C12:0	C14:0	C16:0	C16:1	C18:0	C18:1	C18:2	C18:3	C20:0	C20:1
SCU	SCU	种仁	四川攀枝花	0.60													

蚊子草属**Filipendula** Mill.

旋果蚊子草(榆叶合叶子)**Filipendula ulmaria** (L.).Maxim.

多年生草本。花、果期6～9月。新疆：阿勒泰喀纳斯自然保护区，48°44′53″N，86°55′52″E，1668 m，2011-09-17，侯翼国、王茜4003311031。生山谷阴处、沼泽、林缘及水边，海拔1200～2400 m。产于新疆。广布于欧亚北极地区及寒温带、南可达土耳其、俄罗斯中亚地区及蒙古。

含油率及化学组分数据：

采集单位	测试单位	测试部位	产地	含油率(%)	碘值	酸值	皂化值	C12:0	C14:0	C16:0	C16:1	C18:0	C18:1	C18:2	C18:3	C20:0	C20:1
XIEG	SCBG	种子	新疆阿勒泰	8.86	20.51	9.99	210.66	0.0047	0.08	9.88	0.09	2.80	7.64	77.53	1.59	0.26	0.14

棣棠花属**Kerria** DC.

棣棠花**Kerria japonica** (L.) DC.

落叶灌木。花期4～6月；果期6～8月。北京：海淀区，39°59′24″N，116°12′31″E，50 m，2012-09-21，谢光辉400327041。生山坡灌丛中，海拔200～3000 m。茎髓作为通草代用品入药，有催乳利尿之效。枝青叶翠，花色金黄，是优良的基础观赏树种，列植于水池岸边、假山石旁、建筑物前、林缘、草坪均佳，亦可作为绿篱。产于湖南、江西、福建、浙江、江苏、安徽、山东、河南、湖北、四川、贵州、云南、甘肃、陕西。日本也有分布。

含油率及化学组分数据：

采集单位	测试单位	测试部位	产地	含油率(%)	碘值	酸值	皂化值	C12:0	C14:0	C16:0	C16:1	C18:0	C18:1	C18:2	C18:3	C20:0	C20:1
CAU	ICS	种子	北京海淀	15.60	11.18	11.14	209.72			4.54	0.18	2.06	19.20	41.35	31.60	0.51	0.29

苹果属**Malus** Mill.

湖北海棠**Malus hupehensis** (Pamp.) Rehd.

乔木。花期4～5月；果期8～9月。江苏：南京中山植物园，32°3′59″N，118°49′7″E，15 m，2009-11-13，刘东明、戴建阅400111171。江西：铅山县武夷山国家级自然保护区，27°50′43″N，117°43′38″E，897 m，2011-09-14，凡强、景慧娟4001411020。湖南：张家界喻家溪乡，29°25′47″N，109°43′33″E，2011-11-29，张九兵、朱明德400181386；浏阳市大围山，28°25′26″N，114°5′46″E，1201 m，2009-09-20，黄玉滢、周喜乐400181026。安徽：金寨县天堂寨，31°06′38″N，115°47′00″E，2012-10-20，刘东明、王鹏40011300058；金寨，31°6′47″N，115°45′47″E，1620 m，2012-12-15，李晓东、昝艳燕等400121304。福建：武夷山桐木关，27°49′23″N，117°43′21″E，2010-09-28，刘东明、梁耀400112116。生山坡或山谷丛林中，海拔50～2900 m。产于广东、湖南、江西、福建、浙江、江苏、安徽、山东、河南、湖北、四川、贵州、云南、甘肃、陕西、山西。四川、湖北等地用分根萌蘖作为苹果砧木，容易繁殖，嫁接成活率高。嫩叶晒干作茶叶代用品，味微苦涩，俗名花红茶。春季满树缀以粉白色花朵，秋季结实累累，甚为美丽，可作观赏树种。

含油率及化学组分数据：

采集单位	测试单位	测试部位	产地	含油率(%)	碘值	酸值	皂化值	C12:0	C14:0	C16:0	C16:1	C18:0	C18:1	C18:2	C18:3	C20:0	C20:1
SCBG	SCBG	种仁	江苏南京	10.90	131.74	22.11	199.15										
SYSU	SCBG	种仁	江西铅山	8.52	65.54	9.5	8.52	0.14	12.80	15.22	0.34	4.84	9.50	41.68	3.71	3.06	0.18
HUST	HUST	种仁	湖南张家界	6.54	24.38	10.90	174.29										
HUST	HUST	种仁	湖南浏阳	6.17	4.35	13.16	213.04										
SCBG	SCBG	种仁	安徽金寨	13.54		6.15	166.31	0.06		5.10	0.18	3.78	37.95		60.04	0.32	1.77
WHBG	WHBG	种仁	安徽金寨	6.17	64.50	6.62	545.92	2.13	0.75	15.23	0.23	1.21	20.03	43.50	0.80	0.02	0.32
SCBG	SCBG	种仁	福建武夷山	14.56	120.08	22.62	197.81		0.25	9.39		1.49	7.94		0.14		0.29
OFPC		种子	江西武宁	12.30	117.40					9.80		1.60	29.20	59.40			

陇东海棠**Malus kansuensis** (Batal.) C. K. Schneid.

灌木至小乔木。花期5～6月；果期7～8月。四川：峨边县黑竹沟，32°30′40″N，103°56′7″E，2173 m，2011-10-23，李志强、刘小波40021111062；宝兴县硗碛藏族，30°41′12″N，102°41′40″E，2571 m，2010-09-08，干友民400241082。生杂木林或灌木丛中，海拔150～3000 m。产于河南、四川、甘肃、陕西。

含油率及化学组分数据：

采集单位	测试单位	测试部位	产地	含油率(%)	碘值	酸值	皂化值	C12:0	C14:0	C16:0	C16:1	C18:0	C18:1	C18:2	C18:3	C20:0	C20:1
SCU	SCU	种仁	四川峨边	11.77	100.53	41.58				8.21		1.22	27.62	54.95			
SICAU	SCBG	种仁	四川宝兴	6.52	94.78	5.71	192.20	0.01	0.03	6.04	0.06	2.78	14.14	13.77	62.84	0.20	0.12

三叶海棠**Malus sieboldii** (Regel) Rehd.

灌木。花期4～5月；果期8～9月。陕西：洋县华阳古镇，33°35′12″N，107°33′24″E，1286 m，2010-10-11，薛帅、王继师400323049。生山坡杂木林或灌木丛中，海拔150～2000 m。产于广东、广西、湖南、江西、福建、浙江、山东、湖北、四川、贵州、甘肃、陕西、辽宁。分布于日本、朝鲜等地。春季着花甚美丽，可供观赏。山东、辽宁有用作苹果砧木者。日本广泛用为苹果砧木。

含油率及化学组分数据：

采集单位	测试单位	测试部位	产地	含油率(%)	碘值	酸值	皂化值	C12:0	C14:0	C16:0	C16:1	C18:0	C18:1	C18:2	C18:3	C20:0	C20:1
CAU	ICS	种子	陕西洋县	5.79	117.90	10.23	211.91		0.05	5.43	0.10	1.58	18.82	70.78	0.57	0.94	0.37

小石积属Osteomeles Lindl.

华西小石积**Osteomeles schwerinae** C. K. Schneid.

落叶或半常绿灌木。花期4～5月；果期7月。云南：大理市焦石乡焦石村，26°5′34″N，100°10′2″E，2536 m，2009-11-05，龙春林、王智、唐贵华400221093。生山坡灌木丛中或田边路旁向阳干燥地，海拔1500～3000 m。产于四川、贵州、云南、甘肃。

含油率及化学组分数据：

采集单位	测试单位	测试部位	产地	含油率(%)	碘值	酸值	皂化值	C12:0	C14:0	C16:0	C16:1	C18:0	C18:1	C18:2	C18:3	C20:0	C20:1
KMIB	KMIB	种仁	云南大理	4.70													

水丝梨属Sycopsis Oliv.

水丝梨**Sycopsis sinensis** Oliv.

常绿乔木。花期4～6月；果期7～9月。湖北：五峰后河保护区，30°04′58″N，110°37′22″E，991 m，2010-08-10，李晓东、昝艳燕400121141。生于海拔1300～1500 m的山地常绿林及灌丛。分布于广东、广西、湖南、江西、福建、台湾、浙江、安徽、湖北、四川、贵州、云南、陕西等地。播种繁殖。种子榨油可工业用。

含油率及化学组分数据：

采集单位	测试单位	测试部位	产地	含油率(%)	碘值	酸值	皂化值	C12:0	C14:0	C16:0	C16:1	C18:0	C18:1	C18:2	C18:3	C20:0	C20:1
WHBG	WHBG	种仁	湖北五峰	5.41						13.10		4.40	16.30	43.80	+22.40		

稠李属Padus Mill.

粗梗稠李**Padus napaulensis** (Ser.) C.K. Schneid.

落叶乔木。花期4月；果期7月。湖北：神农架林区新华镇庙儿观村，31°42′32″N，110°46′59″E，960 m，2012-08-28，危文亮，赵永国等400151171。生于北坡常绿、落叶阔叶混交林中或背阴开阔沟边，海拔900～2500 m。产于江西、安徽、四川、贵州、云南、西藏、陕西等地。印度北部、尼泊尔、不丹和缅甸北部也有分布。

含油率及化学组分数据：

采集单位	测试单位	测试部位	产地	含油率(%)	碘值	酸值	皂化值	C12:0	C14:0	C16:0	C16:1	C18:0	C18:1	C18:2	C18:3	C20:0	C20:1
OCRI	SCBG	种仁	湖北神农架	12.46	62.22	6.15	263.82	0.06	0.35	21.17	0.12	1.39	20.91	15.49	0.47	0.41	0.90

毡毛稠李**Padus velutina** (Batal.)C.K. Schneid.

落叶乔木。花期4～5月；果期6～10月。湖北：神农架林区木鱼镇官门山，31°25′41″N，110°20′08″E，1193 m，2012-08-28，危文亮，赵永国等400151170。生于灌丛中、山谷或水沟旁，海拔1300～1600 m。产于湖北、四川、陕西。

含油率及化学组分数据：

采集单位	测试单位	测试部位	产地	含油率(%)	碘值	酸值	皂化值	C12:0	C14:0	C16:0	C16:1	C18:0	C18:1	C18:2	C18:3	C20:0	C20:1
OCRI	SCBG	种仁	湖北神农架	9.10	25.09	20.31	309.80	1.28	1.38	27.49	0.11	1.65	20.88	27.55	2.30	1.24	0.14

绢毛稠李**Padus wilsonii** C. K. Schneid.

落叶乔木。花期4～5月；果期6～10月。四川：都江堰大观红梅，28°45′25″N，102°28′32″E，1000 m，2010-09-14，崔龙、李志强40021110018。贵州：雷山县雷公山自然保护区，26°22′34″N，108°10′52″E，1529 m，2012-10-17，陈丰林、夏纯、桑洪伟4001151232。重庆：南川区三泉镇金佛山黄草坪，29°20′26″N，107°7′37″E，1247 m，2009-10-12，刘正宇等400231079。生于山坡、山谷或沟底等处，海拔950～2500 m。产于广东、广西、湖南、江西、浙江、安徽、湖北、四川、贵州、云南、西藏、陕西等地。

含油率及化学组分数据：

采集单位	测试单位	测试部位	产地	含油率(%)	碘值	酸值	皂化值	C12:0	C14:0	C16:0	C16:1	C18:0	C18:1	C18:2	C18:3	C20:0	C20:1
SCU	SCU	种仁	四川都江堰	14.07	81.30	0.89	207.60			16.17			14.53	43.72	25.58		
SCBG	SCBG	种仁	贵州雷山	6.45	84.38	15.17	218.23										
CIPP	SCBG	种仁	重庆南川	2.00	12.14	5.11	222.15		0.13	13.42	0.57	2.26	17.03	58.72	4.27	0.60	0.37

石楠属Photinia Lindl.

柳叶闽粤石楠**Photinia benthamiana** var. **salicifolia** Cardot

闽粤石楠柳叶变种。海南：昌江县霸王岭二级一电站，19°06′59″N，109°05′33″E，2011-12-04，秦新生4001161219。生于海拔1000 m以下林中或河堤边。产于海南、广西、云南。也分布于缅甸、越南、老挝、泰国。

含油率及化学组分数据：

采集单位	测试单位	测试部位	产地	含油率(%)	碘值	酸值	皂化值	C12:0	C14:0	C16:0	C16:1	C18:0	C18:1	C18:2	C18:3	C20:0	C20:1
SCAU	SCBG	种仁	海南昌江	10.24	76.86	29.00			1.29	25.34	23.76		13.55	14.83	1.61	0.67	0.06

福建石楠 Photinia fokienensis (Finet et Franch.) Franch. ex Cardot

落叶灌木或小乔木。花期4～5月；果期7～9月。福建：古田县马坊步云梨园，26°7′09″N，118°52′47″E，2010-10-27，刘东明，梁耀400112168。产于福建。生于山谷林中。

含油率及化学组分数据：

采集单位	测试单位	测试部位	产地	含油率(%)	碘值	酸值	皂化值	C12:0	C14:0	C16:0	C16:1	C18:0	C18:1	C18:2	C18:3	C20:0	C20:1
SCBG	SCBG	种仁	福建古田	14.90	140.42	8.90	191.08			3.60	0.20	2.17	3.03		17.91	0.15	0.28

倒卵叶石楠 Photinia lasiogyna (Franch.) C. K. Schneid.

灌木或小乔木。花期5～6月；果期9～11月。江西：铜鼓县大锻乡庙下双红村，28°36′54″N，114°36′12″E，321 m，2010-11-23，张兵、谷志容400181228。浙江：杭州植物园，30°15′25″N，120°07′22″E，2009-10-26，刘东明、戴建阅400111118。生于海拔300～2550 m丛林中。产于湖南、江西、浙江、四川、云南、贵州。

含油率及化学组分数据：

采集单位	测试单位	测试部位	产地	含油率(%)	碘值	酸值	皂化值	C12:0	C14:0	C16:0	C16:1	C18:0	C18:1	C18:2	C18:3	C20:0	C20:1
HUST	HUST	种仁	江西铜鼓	5.00	77.22	1.75	111.22										
SCBG	SCBG	种仁	浙江杭州	5.40	43.36	66.10	115.55										

风箱果属 Physocarpus (Cambess.) Raf.

风箱果 Physocarpus amurensis (Maxim.) Maxim.

灌木。花期6月；果期7～8月。产于河北(雾灵山、承德)、黑龙江(帽儿山)。生山沟中，在阔叶林边，常丛生。朝鲜北部及俄罗斯远东地区也有分布。

含油率及化学组分数据：

采集单位	测试单位	测试部位	产地	含油率(%)	碘值	酸值	皂化值	C12:0	C14:0	C16:0	C16:1	C18:0	C18:1	C18:2	C18:3	C20:0	C20:1
OFPC	IAE	种子	辽宁盖县	19.90	192.30		190.70			3.40		1.50	12.10	27.40	55.60		

委陵菜属 Potentilla L.

皱叶委陵菜 Potentilla ancistrifolia Bge.

多年生草本。花、果期5～9月。河北：抚宁，40°12′38″N，119°59′21″E，321 m，2011-11-05，徐兴友、詹立军400313100。生山坡草地、岩石缝中、多砂砾地及灌木林下，海拔300～2400 m。产于河南、湖北、四川、甘肃、陕西、山西、河北、辽宁、吉林、黑龙江。俄罗斯和朝鲜有分布。

含油率及化学组分数据：

采集单位	测试单位	测试部位	产地	含油率(%)	碘值	酸值	皂化值	C12:0	C14:0	C16:0	C16:1	C18:0	C18:1	C18:2	C18:3	C20:0	C20:1
HNUST	ICS	种子	河北抚宁	9.97	158.65	5.30	341.14			4.39	0.06	1.82	9.08	27.08	55.27	0.86	0.06

火棘属 Pyracantha M. Roem.

全缘火棘 Pyracantha atalantioides (Hance) Stapf [*Sportella atalantioides* Hance]

灌木或小乔木。花期4～5月；果期9～11月。湖北：兴山县南阳镇龙门河，31°19′19″N，110°27′53″E，1442 m，2012-08-30，危文亮，赵永国等400151188。生于山坡或谷地灌丛疏林中，海拔500～1700 m。产于广东、广西、湖南、湖北、四川、贵州、陕西。

含油率及化学组分数据：

采集单位	测试单位	测试部位	产地	含油率(%)	碘值	酸值	皂化值	C12:0	C14:0	C16:0	C16:1	C18:0	C18:1	C18:2	C18:3	C20:0	C20:1
OCRI	SCBG	种仁	湖北兴山	12.30	12.95	6.15	201.65		0.03	6.57	0.14	4.66	37.14	2.84	2.15	0.53	0.02

细叶细圆齿火棘 Pyracantha crenulata var. **kansuensis** Rehd.

常绿灌木或小乔木。花期3～5月；果期9～12月。云南：昆明市小哨乡，25°12′35″N，102°44′30″E，2299 m，2009-10-23，王智、谭英、隋学艺400221057。生于山谷、路边、河旁或坡地，海拔1500～2500 m。产于四川、贵州、云南、甘肃。

含油率及化学组分数据：

采集单位	测试单位	测试部位	产地	含油率(%)	碘值	酸值	皂化值	C12:0	C14:0	C16:0	C16:1	C18:0	C18:1	C18:2	C18:3	C20:0	C20:1
KMIB	KMIB	种仁	云南昆明	1.85				0.31	0.14	10.52	0.15	2.45	23.09	50.80	1.30	0.71	

梨属 Pyrus L.

川梨(棠梨刺) Pyrus pashia Buch.-Ham. ex D. Don

乔木。花期3～4月；果期8～9月。广西：临江，23°48′20″N，108°11′11″E，2011-09-13，郑宝江等400341108。生于海拔650～3000 m山谷斜坡林中。产于广西西部、四川、贵州、云南、西藏东部及南部。印度、缅甸、不丹、尼泊尔、老挝、越南及泰国有分布。花白，适用于庭植或作大型盆栽。

含油率及化学组分数据：

采集单位	测试单位	测试部位	产地	含油率(%)	碘值	酸值	皂化值	C12:0	C14:0	C16:0	C16:1	C18:0	C18:1	C18:2	C18:3	C20:0	C20:1
NEFU	SCBG	种仁	广西临江	8.16	9.33	8.12	90.79	0.39	0.70	16.67		0.94	56.16	4.71	0.23	0.18	10.21

麻梨**Pyrus serrulata** Rehd.

乔木。花期4月；果期6～8月。陕西：汉中市小坝，32°27′15″N，106°32′34″E，1200 m，2012-10-11，秦烁、郭利磊400328024。生灌木丛中或林边，海拔100～1500 m。产于广东、广西、湖南、江西、浙江、湖北、四川。果食用。

含油率及化学组分数据：

采集单位	测试单位	测试部位	产地	含油率(%)	碘值	酸值	皂化值	C12:0	C14:0	C16:0	C16:1	C18:0	C18:1	C18:2	C18:3	C20:0	C20:1
CAU	ICS	种子	陕西汉中	8.23	3.89	46.30	247.04	0.12	0.08	24.11	0.18	5.92	39.56	4.18	0.84	4.90	0.48

鸡麻属**Rhodotypos** Sieb. et Zucc.

鸡麻**Rhodotypos scandens** (Thunb.) Makino[*Corchorus scandens* Thunb.]

灌木。花期4～5月；果期6～9月。河北：昌黎，39°13′18″N，119°57′1″E，6 m，2012-09-20，徐兴友、韩宝强400313175。生山坡疏林中及山谷林下阴处，海拔0～800 m。产浙江、江苏、安徽、山东、湖北、河南、甘肃、陕西、辽宁。日本和朝鲜也有分布。根和果入药，治血虚肾亏。

含油率及化学组分数据：

采集单位	测试单位	测试部位	产地	含油率(%)	碘值	酸值	皂化值	C12:0	C14:0	C16:0	C16:1	C18:0	C18:1	C18:2	C18:3	C20:0	C20:1
HNUST	ICS	种子	河北昌黎	7.33	124.29	14.67	162.53	0.02	0.04	5.78	0.02	4.58	12.09	53.68	17.86	0.67	0.21

蔷薇属**Rosa** L.

银粉蔷薇（红枝蔷薇、银莲花蔷薇）**Rosa anemoniflora** Fortune ex Lindl.[*Rosa sempervirens* L. var. *anemoniflora* (Fortune ex Lindl.) Regel]

攀缘小灌木。花期3～5月；果期6～8月。安徽：黄山猴园，30°4′21″N，118°8′21″E，570 m，2009-11-03，刘东明、戴建阅400111150。多生于山坡、荒地、路旁、河边等处。海拔400～1000 m。产于福建、安徽。

含油率及化学组分数据：

采集单位	测试单位	测试部位	产地	含油率(%)	碘值	酸值	皂化值	C12:0	C14:0	C16:0	C16:1	C18:0	C18:1	C18:2	C18:3	C20:0	C20:1
SCBG	SCBG	种仁	安徽黄山	16.45	41.29	15.54	69.81										

木香花（七里香、木香、金樱）**Rosa banksiae** W.T. Aiton [*Rosa banksiae* Aiton. var. *alboplena* Rehd.]

攀缘灌木。花期4～5月；果期8～10月。四川：雅安宝兴蜂桶寨邓池沟，30°35′0″N，102°56′50″E，1750 m，2011-09-29，李志强，刘小波等40021111034。生于海拔500～1300 m溪边、路旁或山坡灌丛中。产于四川东部及南部、云南北部及西北部，各地均有栽培。花含芳香油，可供配制香精化妆品用。著名观赏植物，常栽培供攀缘棚架。

含油率及化学组分数据：

采集单位	测试单位	测试部位	产地	含油率(%)	碘值	酸值	皂化值	C12:0	C14:0	C16:0	C16:1	C18:0	C18:1	C18:2	C18:3	C20:0	C20:1
SCU	SCU	种仁	四川雅安	0.87													

美蔷薇（油瓶子）**Rosa bella** Rehd. et Wils.

灌木。花期5～7月；果期8～10月。河北：承德，40°23′9″N，117°28′17″E，1742 m，2011-09-23，徐兴友、韩宝强400313060。多生灌丛中，山脚下或河沟旁等处，海拔可达1700 m。产于河南、山西、河北、内蒙古、吉林等地。花可提取芳香油并制玫瑰酱。花果均入药，花能理气、活血、调经、健胃；果能养血活血，据说能治脉管炎、高血压、头晕等症。河北、山西用本种果实代金樱子入药。

含油率及化学组分数据：

采集单位	测试单位	测试部位	产地	含油率(%)	碘值	酸值	皂化值	C12:0	C14:0	C16:0	C16:1	C18:0	C18:1	C18:2	C18:3	C20:0	C20:1
HNUST	ICS	种子	河北承德	6.24	98.87	9.43	176.99	0.16	0.22	6.92	0.59	2.30	21.19	27.33	14.12	1.83	1.92

硕苞蔷薇**Rosa bracteata** J. C. Wendl.[*Rosa sinica* var. *braamiana* Regel]

灌木。花期5～6月；果期10～11月。产于限湖南、福建、浙江、江苏。生于山坡草地、路边、林边、溪边等向阳地。

含油率及化学组分数据：

采集单位	测试单位	测试部位	产地	含油率(%)	碘值	酸值	皂化值	C12:0	C14:0	C16:0	C16:1	C18:0	C18:1	C18:2	C18:3	C20:0	C20:1
OFPC	江苏植物研究所	种子	江苏南京	140	131.30		189.80		0.10	6.80		3.10	21.60	42.30	25.10		

月季(月月花、月月红、玫瑰)**Rosa chinensis** Jacq.

矮小直立灌木。花期4～9月；果期6～11月。河南：郑州碧沙岗公园，34°45′20″N，113°37′25″E，143 m，2012-09-13，王亚平400314191；信阳鸡公山，31°48′16″N，114°4′44″E，760 m，2012-09-18，王亚平400314252。云南：昆明植物园温室北门，25°08'39"N，102°44'32"E，1985 mm，2012-10-11，李忠荣400222237。河北：石家庄，38°6′39″N，114°39′51″E，36 m，2011-10-13，徐兴友、韩宝强400313108。我国各地普遍栽培。花及根、叶药用，有活血祛瘀、拔毒消肿之效。

含油率及化学组分数据：

采集单位	测试单位	测试部位	产地	含油率(%)	碘值	酸值	皂化值	C12:0	C14:0	C16:0	C16:1	C18:0	C18:1	C18:2	C18:3	C20:0	C20:1
HNAU	ICS	种子	河南郑州	1.32	56.17	34.54		0.33	0.24	14.06	0.22	6.03	38.07	6.06	0.53	2.59	0.59
HNAU	ICS	种子	河南信阳	3.17	191.59	20.83	277.07	0.36	0.20	8.38	0.14	2.81	30.13	34.79	7.67	2.14	9.67
KMIB	KMIB	种仁	云南昆明	8.94							4.99	2.90	2.38	27.32	47.36	0.93	13.19
HNUST	ICS	种子	河北石家庄	0.81	154.85	25.61			0.27	14.47	0.17	5.60	32.14	27.23	3.21	1.25	0.74

小果蔷薇(山木香、红荆藤、倒钩芳)**Rosa cymosa** Tratt.[*Rosa amoyensis* Hance]

攀缘灌木。花期5～6月；果期7～11月。广西：龙胜县乐江乡，25°6′41″N，110°51′5″E，560 m，2012-10-25，廖云标4001101304。江苏：无锡市花卉公园，31°34′30″N，120°13′3″E，68 m，2009-12-21，田怀珍、熊申展4001171057。河南：郑州碧沙岗公园，34°45′5″N，113°37′24″E，118 m，2012-09-13，王亚平400314190。生于海拔0～1300 m阳坡、路旁、溪边或丘陵地。产于广东、广西、湖南、江西、福建、台湾、浙江、江苏南部、安徽、湖北、四川、贵州、云南、甘肃南部、陕西南部。老挝、越南也有分布。根皮提栲胶；花提芳香油；蜜源植物；叶作饲料。

含油率及化学组分数据：

采集单位	测试单位	测试部位	产地	含油率(%)	碘值	酸值	皂化值	C12:0	C14:0	C16:0	C16:1	C18:0	C18:1	C18:2	C18:3	C20:0	C20:1
GXIB	SCBG	种仁	广西龙胜	3.14	96.40	1.73	228.37		0.05	15.00	0.34	0.49	12.26	25.37	0.06	0.14	0.31
ECNU	SCBG	种仁	江苏无锡	6.70	12.84	14.62	187.39	0.09	0.26	13.40	0.90	4.23	19.86	42.16	2.60	3.91	0.22
HNAU	ICS	种子	河南郑州	2.32	70.88	54.58		0.89	0.19	3.09		1.26	5.06	12.38	2.45	0.19	

卵果蔷薇(野牯牛刺、牛黄树刺、巴东蔷薇)**Rosa helenae** Rehd. et Wils.[*Rosa floribunda* Baker]

灌木。花期5～7月；果期9～10月。重庆：南川区鱼泉乡庙坝天山坪，29°7′12″N，107°14′36″E，1447 m，2009-09-02，刘正宇等400231040。多生于山坡、沟边和灌丛中，海拔1000～2300 m。产于湖北、四川、贵川、云南、甘肃、陕西等地。泰国、越南也有分布。根皮含鞣质，可提制栲胶。

含油率及化学组分数据：

采集单位	测试单位	测试部位	产地	含油率(%)	碘值	酸值	皂化值	C12:0	C14:0	C16:0	C16:1	C18:0	C18:1	C18:2	C18:3	C20:0	C20:1
CIPP	SCBG	种仁	重庆南川	10.37	72.82	6.52	387.20		1.45	30.34	0.82	6.01	19.97	33.12	4.30	0.63	

软条七蔷薇(湖北蔷薇、亨利蔷薇)**Rosa henryi** Boulenger[*Rosa henryi* var. *glandulosa* Ze M. Wu et Z. L. Cheng]

灌木。花期4～7月；果期7～9月。湖南：浏阳市大围山，28°25′18″N，114°4′21″E，808 m，2009-09-18，黄玉滢、周喜乐400181024。浙江：临安天目山，30°21′24″N，119°24′14″E，935 m，2009-10-29，刘东明、戴建阅400111128。湖北：应城，30°58′51″N，113°25′47″E，72 m，2012-10-01，李晓东、咎艳燕400121244。生于海拔50～2000 m山谷，林边，田边或灌丛中。产于广东、广西、湖南、江西、福建、浙江、江苏南部、安徽、河南、湖北、四川、贵州、云南、甘肃南部、陕西南部。用途广泛。

含油率及化学组分数据：

采集单位	测试单位	测试部位	产地	含油率(%)	碘值	酸值	皂化值	C12:0	C14:0	C16:0	C16:1	C18:0	C18:1	C18:2	C18:3	C20:0	C20:1
HUST	HUST	种仁	湖南浏阳	5.30	89.36		208.29										
SCBG	SCBG	种仁	浙江临安	10.94	57.39	46.82	38.18										
WHBG	WHBG	种仁	湖北应城	3.60					0.83	13.88		2.65	34.47	33.36	1.40	0.14	0.36

黄蔷薇Rosa hugonis Hemsl.

灌木。花期5～6月；果期7～8月。河南：灵宝小秦岭，34°25′51″N，110°30′26″E，2129 m，2012-08-15，王亚平400314145。生山坡向阳处、林边灌丛中，海拔600～2300 m。产于四川、青海、甘肃、陕西、山西。果实可酿酒。本种因花期早，而且较长，故多植为绿篱。

含油率及化学组分数据：

采集单位	测试单位	测试部位	产地	含油率(%)	碘值	酸值	皂化值	C12:0	C14:0	C16:0	C16:1	C18:0	C18:1	C18:2	C18:3	C20:0	C20:1
HNAU	ICS	种子	河南灵宝	2.71	17.74												

光叶蔷薇 **Rosa lucieae** Franch. et Rochebr. ex Crép.

灌木。花期4～7月；果期10～11月。云南：昆明市团结乡筇竹寺后山，25°4′18″N，102°36′50″E，2207 m，2009-07-30，胡光万、王跃虎、唐贵华400221018。生于海拔150～500 m。产于广东、香港、广西东南部、江西北部、福建、浙江南部。日本（琉球）及朝鲜半岛也有分布。花大而繁茂，是布置花架、花门、花柱的好材料。

含油率及化学组分数据：

采集单位	测试单位	测试部位	产地	含油率(%)	碘值	酸值	皂化值	C12:0	C14:0	C16:0	C16:1	C18:0	C18:1	C18:2	C18:3	C20:0	C20:1
KMIB	KMIB	种仁	云南昆明	3.00													

腺果大叶蔷薇 **Rosa macrophylla** var. **glandulifera** T. T. Yu et T. C. Ku

灌木。花期6～7月；果期8～11月。河北：石家庄，38°8′48″N，114°38′34″E，36 m，2011-10-14，徐兴友、韩宝强400313125。生于山坡阳处，灌丛中或林缘路旁，海拔2400～3400 m。产于西藏。果实代金樱子入药，有活血、散瘀、利尿、补肾、止咳等功效。

含油率及化学组分数据：

采集单位	测试单位	测试部位	产地	含油率(%)	碘值	酸值	皂化值	C12:0	C14:0	C16:0	C16:1	C18:0	C18:1	C18:2	C18:3	C20:0	C20:1
HNUST	ICS	种子	河北石家庄	7.57	96.64	5.79	143.47		0.05	3.72	0.09	1.40	24.76	45.42	18.64	1.25	1.22

伞花蔷薇（牙门杠、刺玫果）**Rosa maximowicziana** Regel

灌木。花期6～7月；果期9月。黑龙江：北安，48°36′14″N，126°32′14″E，2011-09-25，郑宝江等400341175。多生于路旁、沟边、山坡向阳处或灌丛中。产于辽宁、山东等省。朝鲜及俄罗斯远东地区也有分布。果实供药用，又可供砧木用，嫁接蔷薇或月季品种。嫩枝可食用，生食带甜味。

含油率及化学组分数据：

采集单位	测试单位	测试部位	产地	含油率(%)	碘值	酸值	皂化值	C12:0	C14:0	C16:0	C16:1	C18:0	C18:1	C18:2	C18:3	C20:0	C20:1
NEFU	SCBG	种仁	黑龙江北安	8.16	5.39	7.79	154.36	0.04	0.41	17.85	0.22	4.99	41.70	26.12	2.77	1.31	0.23

华西蔷薇（穆氏蔷薇）**Rosa moyesii** Hemsl. et Wils.

灌木。花期6～7月；果期8～10月。青海：互助县威远镇，36°55′34″N，102°22′2″E，2646 m，2012-09-19，刘晓波、曹弈璘40021112020。生于海拔2600～3800 m山坡或灌丛中。产于四川、贵州东北部、云南西北部、青海、甘肃南部、陕西西南部。根皮、果或叶用于半夜腹泻，腹泻，牙疼，肺痈，外伤流血，遗精。

含油率及化学组分数据：

采集单位	测试单位	测试部位	产地	含油率(%)	碘值	酸值	皂化值	C12:0	C14:0	C16:0	C16:1	C18:0	C18:1	C18:2	C18:3	C20:0	C20:1
SCU	SCU	种仁	青海互助	10.74		18.41											

红花蔷薇 **Rosa moyesii** var. **pubescens** T. T. Yu et H. T. Tsai

灌木。花期6～7月；果期8～10月。四川：理县毕棚沟，31°39′40″N，102°48′20″E，1000 m，2010-10-30，崔龙、李志强40021110078。产四川。根皮、果或叶可药用。

含油率及化学组分数据：

采集单位	测试单位	测试部位	产地	含油率(%)	碘值	酸值	皂化值	C12:0	C14:0	C16:0	C16:1	C18:0	C18:1	C18:2	C18:3	C20:0	C20:1
SCU	SCU	种仁	四川理县	8.20													

扁刺峨眉蔷薇 **Rosa omeiensis** f. **pteracantha** (Franch.) Rehd. et Wils.

灌木。花期5～6月；果期7～9月。四川：理县毕棚沟，31°15′5.36″N，102°53′26.53″E，2010-10-29，崔龙，李志强40021110070。生于海拔2000～3000 m混交林下或灌丛中。产于湖北、四川、贵州、云南、西藏、青海、甘肃、陕西。根提栲胶；果可食及酿酒；花提芳香油。

含油率及化学组分数据：

采集单位	测试单位	测试部位	产地	含油率(%)	碘值	酸值	皂化值	C12:0	C14:0	C16:0	C16:1	C18:0	C18:1	C18:2	C18:3	C20:0	C20:1
SCU	SCU	种仁	四川理县	5.10													

单瓣缫丝花 **Rosa roxburghii** f. **normalis** Rehd. et Wils.

灌木。花期3～7月；果期8～10月。湖北：兴山县南阳镇龙门河，31°19′19″N，110°27′53″E，1442 m，2012-08-31，危文亮，赵永国等400151192。多生于向阳山坡、沟谷、路旁以及灌丛中，海拔500～2500 m。产于广西、江西、福建、湖北、四川、贵州、云南、甘肃、陕西。

含油率及化学组分数据：

采集单位	测试单位	测试部位	产地	含油率(%)	碘值	酸值	皂化值	C12:0	C14:0	C16:0	C16:1	C18:0	C18:1	C18:2	C18:3	C20:0	C20:1
OCRI	SCBG	种仁	湖北兴山	15.30	54.16	6.34	375.88	0.03	0.26	14.65	0.50	3.22	14.14		0.70	0.20	6.39

川滇蔷薇（苏利蔷薇）**Rosa soulieana** Crép.

灌木。花期5～7月；果期8～9月。四川：盐源县莲花山乡，27°25′24″N，101°30′29″E，1000 m，2009-10-04，王凯、樊云川

40021109046。云南：香格里拉县格咱乡，29°9′12″N，99°55′48″E，3396 m，2009-11-09，龙春林、王智、唐贵华400221114。生于海拔1000～3400 m山坡、沟边或灌丛中。产于四川、云南、西藏东部。

含油率及化学组分数据：

采集单位	测试单位	测试部位	产地	含油率(%)	碘值	酸值	皂化值	C12:0	C14:0	C16:0	C16:1	C18:0	C18:1	C18:2	C18:3	C20:0	C20:1
SCU	SCU	种仁	四川盐源	2.86													
KMIB	KMIB	种仁	云南香格里拉	2.86													

扁刺蔷薇(野刺玫、油瓶子)**Rosa sweginzowii** Koehne

灌木。花期6～7月；果期8～11月。甘肃：卓尼县卡车乡，34°35′57″N，103°21′7″E，2600 m，2011-10-06，秦烁400326004。生于海拔2300～3850 m山坡路旁或灌丛中。产于河南西部、湖北西部、四川、云南西北部、西藏东部及南部、青海东部、甘肃、陕西南部、山西。果实供药用，为滋补强壮药，能补肝肾，益气涩精，固肠止泻。

含油率及化学组分数据：

采集单位	测试单位	测试部位	产地	含油率(%)	碘值	酸值	皂化值	C12:0	C14:0	C16:0	C16:1	C18:0	C18:1	C18:2	C18:3	C20:0	C20:1
CAU	ICS	种子	甘肃卓尼	5.40	93.92	20.87	354.92	10.17	0.15	8.14	0.22	2.84	26.60	36.36	8.01	1.72	0.39

悬钩子属**Rubus** L.

黔桂悬钩子**Rubus feddei** H. Lévl. et Vaniot

灌木。花期7～8月；果期9～10月。云南：文山州麻栗坡县铁厂乡，23°22′35″N，105°2′40″E，2011-10-15，曾庆文、陈树钢、杨国400114255。生于低海拔的山坡疏密林下灌丛中或山路旁。产于广西、贵州、云南。越南也有分布。根叶供药用，有止血之效。

含油率及化学组分数据：

采集单位	测试单位	测试部位	产地	含油率(%)	碘值	酸值	皂化值	C12:0	C14:0	C16:0	C16:1	C18:0	C18:1	C18:2	C18:3	C20:0	C20:1
SCBG	SCBG	种仁	云南文山	3.16	77.90	69.96	18.05										

高粱泡**Rubus lambertianus** Ser.

藤状灌木。花期7～8月；果期9～11月。安徽：歙县林业局后山，29°51′5″N，118°25′25″E，276 m，2011-11-11，胡超、李星霖4001171172。生于低海拔山坡林下、灌丛中或路旁。产于广西西部、贵州西南部、云南东南部。越南也有分布。根叶供药用，有清热散瘀、止血之效。

含油率及化学组分数据：

采集单位	测试单位	测试部位	产地	含油率(%)	碘值	酸值	皂化值	C12:0	C14:0	C16:0	C16:1	C18:0	C18:1	C18:2	C18:3	C20:0	C20:1
ECNU	SCBG	种仁	安徽歙县	11.10	33.05	20.82	189.36			6.36	0.31	1.60	20.16	67.27	0.85	0.16	0.11

光滑高粱泡**Rubus lambertianus** var. **glaber** Hemsl.[*Rubus ampelinus* Focke]

藤状灌木。花期7～8月；果期9～10月。陕西：宁强县青木川西沟，32°51′51″N，105°32′24″E，800 m，2011-09-02，薛帅400324070。生于海拔200～2500 m山坡、多石砾山沟或林缘。产于江西、湖北、四川、贵州、云南、甘肃、陕西。

含油率及化学组分数据：

采集单位	测试单位	测试部位	产地	含油率(%)	碘值	酸值	皂化值	C12:0	C14:0	C16:0	C16:1	C18:0	C18:1	C18:2	C18:3	C20:0	C20:1
CAU	ICS	种子	陕西宁强	4.09	37.06	95.46	211.13	0.29	0.10	7.27	0.49	3.63	8.90	48.93	23.72	1.64	0.20

灰白毛莓**Rubus tephrodes** Hance

灌木。花期6～8月；果期8～10月。湖北：五峰后河六里溪，33°27′18″N，110°34′39″E，1550 m，2010-10-22，丁时东，危文亮等400151065。生于山坡、路旁或灌丛中。产于广西、湖南、江西、安徽、浙江、江苏、湖北。

含油率及化学组分数据：

采集单位	测试单位	测试部位	产地	含油率(%)	碘值	酸值	皂化值	C12:0	C14:0	C16:0	C16:1	C18:0	C18:1	C18:2	C18:3	C20:0	C20:1
OCRI	SCBG	种仁	湖北五峰	12.59	4.94	6.31	479.20		0.17	5.47	1.08	2.31	21.14	47.24	21.59	0.45	0.13

地榆属**Sanguisorba** L.

高山地榆**Sanguisorba alpina** Bunge[*Sanguisorba linostemon* Hand.-Mazz.]

草本。花、果期7～8月。新疆：巩乃斯草场，43°12′51″N，84°50′21″E，2971 m，2011-08-18，侯翼国、王茜4003311016。生于山坡、沟谷水边、沼地及林缘，海拔1200～3000 m。产于新疆、甘肃、宁夏。俄罗斯、蒙古、朝鲜也有分布。根含鞣质，可提制栲胶。

含油率及化学组分数据：

采集单位	测试单位	测试部位	产地	含油率(%)	碘值	酸值	皂化值	C12:0	C14:0	C16:0	C16:1	C18:0	C18:1	C18:2	C18:3	C20:0	C20:1
XIEG	SCBG	种子	新疆巩乃斯	18.61	32.12	5.94	189.04	0.01	0.08	2.17	0.77	34.75	34.22	26.83	0.77	0.14	0.25

小白花地榆**Sanguisorba tenuifolia** var. **alba** Trautv. et C. A. Mey.

草本。花、果期7～9月。四川：若尔盖县巴西乡包座，33°39′50″N，103°20′17″E，2725 m，2009-07-23，于友民400241030。生

于湿地、草甸、林缘及林下，海拔200～1700 m。产于内蒙古、辽宁、吉林、黑龙江。俄罗斯、蒙古、朝鲜和日本也有分布。根含淀粉及可溶性糖，可酿酒。又为蜜源植物。

含油率及化学组分数据：

采集单位	测试单位	测试部位	产地	含油率(%)	碘值	酸值	皂化值	C12:0	C14:0	C16:0	C16:1	C18:0	C18:1	C18:2	C18:3	C20:0	C20:1
SICAU	SCBG	种仁	四川若尔盖	3.95	19.37	5.74	221.57	0.02	0.04	11.96	0.18	7.59	26.86	50.55	0.82	0.20	1.78

珍珠梅属Sorbaria A. Br.

光叶珍珠梅(光叶高丛珍珠梅)**Sorbaria arborea** var. **glabrata** Rehd. [*Spiraea arborea* var. *glabrata* (Rehd.) Bean]

灌木。花期6～7月；果期9～10月。甘肃：兰州市安宁区，36°5′4″N，103°24′24″E，1500 m，2011-07-22，薛帅、秦烁400324024。生于高山、溪边或密林中，海拔2500～3500 m。产于湖北、四川、云南、甘肃、陕西。

含油率及化学组分数据：

采集单位	测试单位	测试部位	产地	含油率(%)	碘值	酸值	皂化值	C12:0	C14:0	C16:0	C16:1	C18:0	C18:1	C18:2	C18:3	C20:0	C20:1
CAU	ICS	种子	甘肃兰州	1.48	34.16	32.46	57.80										

华北珍珠梅(珍珠梅、吉氏珍珠梅)**Sorbaria kirilowii** Maxim.[*Spiraea kirilowii* Regel]

灌木。花期6～7月；果期9～10月。河南：商城县大别山，31°45′40″N，115°30′06″E，198 m，2011-10-13，杨大伟、陈明400314102。甘肃：平凉市太统山，35°30′56″N，106°36′48″E，1800 m，2011-10-12，薛帅400325034。生于山坡阳处、杂木林中，海拔200～1300 m。产于山东、河南、青海、甘肃、陕西、山西、河北、内蒙古。观赏树种。

含油率及化学组分数据：

采集单位	测试单位	测试部位	产地	含油率(%)	碘值	酸值	皂化值	C12:0	C14:0	C16:0	C16:1	C18:0	C18:1	C18:2	C18:3	C20:0	C20:1
HNAU	ICS	种子	河南商城	3.21	78.99	63.52	128.42		2.49	13.27		3.09	11.35	36.11	15.00	3.19	
CAU	ICS	种子	甘肃平凉	2.85	106.62	51.15	88.75	0.45	0.27	9.28	0.31	2.21	9.63	45.46	25.37	1.50	0.12

花楸属Sorbus L.

水榆花楸Sorbus alnifolia (Sieb. et Zucc.) C. Koch

灌木。花期6～7月；果期9～10月。山东：烟台昆嵛山，35°32′58″N，117°57′0″E，869 m，2009-08-25，赵伟华400311108。河南：内乡，33°28′53″N，111°52′24″E，653 m，2012-10-26，王亚平400314315。吉林：通化，41°45′7″N，125°56′25″E，2011-09-12，郑宝江等400341105。生于海拔500～2300 m的山坡、沟、山顶混交林或灌丛中。产于四川、甘肃、辽宁及中南、华东、华北地区。朝鲜，日本也有分布。木材供建筑等用；树皮提制栲胶；纤维可造纸；果实食用及酿酒。

含油率及化学组分数据：

采集单位	测试单位	测试部位	产地	含油率(%)	碘值	酸值	皂化值	C12:0	C14:0	C16:0	C16:1	C18:0	C18:1	C18:2	C18:3	C20:0	C20:1
ICS	ICS	种子	山东烟台	18.20	79.14	4.32	200.56	0.01	0.05	13.14	0.09	2.14	13.46	68.46	0.89	1.31	0.43
HNAU	ICS	种子	河南内乡	3.08	127.35	54.27				6.39		2.23	18.29	14.90	2.66	0.63	
NEFU	SCBG	种仁	吉林通化	19.87	63.75	10.77	123.78	0.05	0.05	7.26	0.14	4.27	48.90	35.65	0.76	1.24	1.68

黄山花楸Sorbus amabilis Cheng ex T. T. Yu et K.C. Kuan [*Sorbus amabilis* var. *wuyishanensis* Z. X. Yu]

乔木。花期5月；果期9～10月。安徽：黄山，30°7′45″N，118°10′18″E，1412 m，2012-10-15，李晓东、昝艳燕等400121299。生于杂木林中，海拔900～2000 m。产于浙江、安徽。

含油率及化学组分数据：

采集单位	测试单位	测试部位	产地	含油率(%)	碘值	酸值	皂化值	C12:0	C14:0	C16:0	C16:1	C18:0	C18:1	C18:2	C18:3	C20:0	C20:1
WHBG	WHBG	种仁	安徽黄山	19.63		15.16	392.49		0.22	6.99		2.51	11.82	60.13	0.29	0.40	

石灰花楸(华盖木、傅氏花楸、毛栒子)**Sorbus folgneri** (C.K. Schneid.) Rehd.

乔木。花期4～5月；果期7～8月。江西：遂川县南风面，26°17′50″N，114°2′15″E，1346 m，2010-10-30，谢行、孙键400147003。浙江：清凉峰，30°5′34″N，118°52′54″E，2010-10-15，曾庆文、谢聪、孟玉芳40011303。湖北：神农架林区松柏镇八角庙，31°45′48″N，110°35′18″E，2009-10-20，李晓东、杨林森40012183。贵州：雷山县雷公山自然保护区管理站至乌东村途中，26°21′52″N，108°9′51″E，1396 m，2012-10-18，陈丰林、夏纯、桑洪伟4001151249。广泛生于山坡杂木林中，海拔800～2000 m。产于广东、广西、湖南、江西、安徽、河南、湖北、四川、贵州、云南、甘肃、陕西。

含油率及化学组分数据：

采集单位	测试单位	测试部位	产地	含油率(%)	碘值	酸值	皂化值	C12:0	C14:0	C16:0	C16:1	C18:0	C18:1	C18:2	C18:3	C20:0	C20:1
SYSU	SCBG	种仁	江西遂川	19.11						5.72	0.25	1.49	14.69	27.13	47.11	1.01	0.24
SCBG	SCBG	种仁	浙江清凉峰	9.12	34.75	7.91	170.64		0.02	11.38	0.27	1.36	37.63	32.72	16.05	0.36	0.06
WHBG	WHBG	种仁	湖北神农架	16.40				0.66	4.61	6.40	0.22	1.84	25.66	43.25	1.28	0.36	0.21
SCBG	SCBG	种仁	贵州雷山	4.62	84.78	9.91	126.01										

江南花楸Sorbus hemsleyi (C. K. Schneid.) Rehd. [*Micromeles hemsleyi* C. K. Schneid.]

乔木。花期5～7月；果期8～9月。广西：灵川县海洋乡，25°18′39″N，110°38′7″E，704 m，2011-10-26，郭伦发、林春蕊4001101249。贵州：雷山县响水岩，26°22′15″N，108°8′50″E，962 m，2012-10-19，陈丰林、夏纯、桑洪伟4001151259。生于海拔700～3200 m的山坡疏林内。产于广西、江西、浙江、安徽、湖北、四川、贵州、云南。

含油率及化学组分数据：

采集单位	测试单位	测试部位	产地	含油率(%)	碘值	酸值	皂化值	C12:0	C14:0	C16:0	C16:1	C18:0	C18:1	C18:2	C18:3	C20:0	C20:1
GXIB	SCBG	种仁	广西灵川	10.60	55.76	1.90	235.10	0.17	71.27	5.52	0.17	0.92	7.00	11.93	0.74	0.34	0.79
SCBG	SCBG	种仁	贵州雷山	3.45	225.27	22.86	200.55										

湖北花楸(雪压花)Sorbus hupehensis C. K. Schneid.

乔木。花期5～7月；果期8～9月。青海：互助县南门峡，36°58′10″N，101°53′38″E，2874 m，2012-09-18，刘晓波、曹弈璘40021112017。普遍生于高山阴坡或山沟密林内，海拔1500～3500 m。产于江西、安徽、山东、湖北、四川、贵州、青海、甘肃、陕西。

含油率及化学组分数据：

采集单位	测试单位	测试部位	产地	含油率(%)	碘值	酸值	皂化值	C12:0	C14:0	C16:0	C16:1	C18:0	C18:1	C18:2	C18:3	C20:0	C20:1
SCU	SCU	种仁	青海互助	5.49													

陕甘花楸(昆氏花楸)Sorbus koehneana C.K.Schneid.[*Pyrus koehneana* (C. K. Schneid.) Cardot]

灌木或小乔木。花期6月；果期9月。**河南**：灵宝小秦岭，34°25′19″N，110°28′12″E，2366 m，2012-08-14，王亚平400314136。普遍生于山区杂木林内，海拔2300～4000 m。产于河南、湖北、四川、青海、甘肃、陕西、山西。优良的园林观赏树种。

含油率及化学组分数据：

采集单位	测试单位	测试部位	产地	含油率(%)	碘值	酸值	皂化值	C12:0	C14:0	C16:0	C16:1	C18:0	C18:1	C18:2	C18:3	C20:0	C20:1
HNAU	ICS	种子	河南灵宝	2.19	36.59	31.89		0.10	0.19	8.58	0.30	1.96	20.88	36.15	2.33	1.27	0.45

西康花楸(蒲氏花楸)Sorbus prattii Koehne

灌木。花期5～6月；果期8～9月。云南：香格里拉县东旺乡大雪山，28°32′31″N，99°49′44″E，3864 m，2009-11-08，龙春林、王智、唐贵华400221110。生于海拔2100～3900 m林中。产于河南西部、四川、贵州东北部、云南西北部、西藏、甘肃南部、陕西南部。不丹也有分布。

含油率及化学组分数据：

采集单位	测试单位	测试部位	产地	含油率(%)	碘值	酸值	皂化值	C12:0	C14:0	C16:0	C16:1	C18:0	C18:1	C18:2	C18:3	C20:0	C20:1
KMIB	KMIB	种仁	云南香格里拉	2.00													

红毛花楸Sorbus rufopilosa C. K. Schneid.

灌木或小乔木。花期6月；果期9月。西藏：波密县波密至墨脱20～21 km处，29°47′42″N，95°41′54″E，3646 m，2011-09-05，于友民400241153。生于山地杂木林内或沟谷旁，海拔2700～4000 m。产于四川、贵州、云南、西藏。缅甸、尼泊尔、印度也有分布。

含油率及化学组分数据：

采集单位	测试单位	测试部位	产地	含油率(%)	碘值	酸值	皂化值	C12:0	C14:0	C16:0	C16:1	C18:0	C18:1	C18:2	C18:3	C20:0	C20:1
SICAU	SCBG	种仁	西藏波密	5.30	34.60	7.17	34.75	0.01	0.04	7.07	0.10	3.75	13.55	74.36	0.53	0.50	0.11

西伯利亚花楸Sorbus sibirica Hedl.

乔木。花期5～6月；果期8～9月。新疆：阿勒泰喀纳斯自然保护区，48°35′15″N，87°4′13″E，1333 m，2011-09-18，侯翼国、王茜4003311035。生长在林缘或林下以及灌木丛中或池塘边。我国河北、辽宁等地有栽培。原产俄罗斯。

含油率及化学组分数据：

采集单位	测试单位	测试部位	产地	含油率(%)	碘值	酸值	皂化值	C12:0	C14:0	C16:0	C16:1	C18:0	C18:1	C18:2	C18:3	C20:0	C20:1
XIEG	SCBG	种子	新疆阿勒泰	11.27	17.19	6.23	375.88	0.01	0.15	22.42	0.14	4.76	60.21	7.58	0.23	2.94	1.56

天山花楸Sorbus tianschanica Rupr.

灌木或小乔木。花期5～6月；果期9～10月。新疆：和静县巩乃斯草场，43°16′16″N，84°29′39″E，1878 m，2012-08-11，刘旭丽、侯翼国4003312010。生于海拔1800～3200 m山谷、针叶林中及林缘。产于新疆、青海东部、甘肃。阿富汗、西喜马拉雅、西巴基斯坦、西南亚及俄罗斯也有分布。

含油率及化学组分数据：

采集单位	测试单位	测试部位	产地	含油率(%)	碘值	酸值	皂化值	C12:0	C14:0	C16:0	C16:1	C18:0	C18:1	C18:2	C18:3	C20:0	C20:1
XIEG	SCBG	种子	新疆和静	2.50	19.11	9.07	228.72	0.01	0.19	20.87	0.18	2.68	24.85	50.16	0.58	0.39	0.10

秦岭花楸**Sorbus tsinlingensis** C. L. Tang [*Aria tsinlingensis* (C. L. Tang) H. Ohashi et H. Iketani]

灌木或小乔木。花期5～6月；果期9～10月。陕西：安康市千家坪，32°0′23″N，109°20′7″E，2200 m，2012-10-03，秦烁、郭利磊400328026。普遍生于高山溪谷中或云杉林边缘，海拔2000～3200 m。产于新疆、青海、甘肃。阿富汗、土耳其也有分布。

含油率及化学组分数据：

采集单位	测试单位	测试部位	产地	含油率(%)	碘值	酸值	皂化值	C12:0	C14:0	C16:0	C16:1	C18:0	C18:1	C18:2	C18:3	C20:0	C20:1
CAU	ICS	种子	陕西安康	2.58		37.37		0.14	0.23	8.00	0.50	2.10	27.98	33.89	4.43	1.08	0.50

华西花楸**Sorbus wilsoniana** C. K. Schneid. [*Sorbus expansa* Koehne.]

乔木。花期5月；果期9月。湖南：桑植县八大公山药材场，29°41′12″N，109°46′54″E，1430 m，2009-09-27，张兵400181054。普遍生于山地杂木林中，海拔1300～2500 m。产于广西、湖南、湖北、四川、贵州、云南。

含油率及化学组分数据：

采集单位	测试单位	测试部位	产地	含油率(%)	碘值	酸值	皂化值	C12:0	C14:0	C16:0	C16:1	C18:0	C18:1	C18:2	C18:3	C20:0	C20:1
HUST	HUST	种仁	湖南桑植	4.20	29.93	7.44	177.68										

绣线菊属**Spiraea** L.

石蚕叶绣线菊(乌苏里绣线菊)**Spiraea chamaedryfolia** L.[*Spiraea ussuriensis* Pojark.]

灌木。花期5～6月；果期7～9月。黑龙江：帽儿山，45°16′40″N，127°31′15″E，2012-10-18，郑宝江等400341217。生于山坡杂木林内或林间隙地，海拔600～950 m。产于新疆、河北、辽宁、吉林、黑龙江。俄罗斯、朝鲜、日本也有分布。栽培供观赏，又为蜜源植物。

含油率及化学组分数据：

采集单位	测试单位	测试部位	产地	含油率(%)	碘值	酸值	皂化值	C12:0	C14:0	C16:0	C16:1	C18:0	C18:1	C18:2	C18:3	C20:0	C20:1
NEFU	SCBG	种仁	黑龙江帽儿山	2.84	36.40	14.48	220.81										

红果树属**Stranvaesia** Lindl.

毛萼红果树(野枣子)**Stranvaesia amphidoxa** C.K.Schneid.

灌木或小乔木。花期5～6月；果期9～10月。湖南：桑植县天平山自然保护区，29°46′46″N，110°3′3″E，1294 m，2012-10-07，张九兵、唐波400181448。福建：南平武夷山市洋庄乡大安源，27°52′39″N，117°52′24″E，450 m，2012-11-11，刘东明、童毅4001122120。生于海拔400～1500 m山坡，路旁或灌丛中。产广西、湖南、江西北部、浙江南部、安徽南部、湖北西南部、四川、贵州、云南东北部。果实酿酒用。

含油率及化学组分数据：

采集单位	测试单位	测试部位	产地	含油率(%)	碘值	酸值	皂化值	C12:0	C14:0	C16:0	C16:1	C18:0	C18:1	C18:2	C18:3	C20:0	C20:1
HUST	HUST	种仁	湖南桑植	6.14	43.76	13.86	260.99										
SCBG	SCBG	种仁	福建南平	14.56	64.14	29.72	123.89										

波叶红果树**Stranvaesia davidiana** var. **undulata** (Decne.) Rehd. et Wils. [*Stranvaesia undulata* Decne.]

灌木或小乔木。花期5～6月；果期9～10月。湖南：浏阳市大围山，28°25′8″N，114°5′53″E，1390 m，2009-09-20，黄玉滢、周喜乐400181027。江西：铅山县武夷山自然保护区，27°50′38″N，117°46′24″E，1970 m，2011-10-13，凡强、景慧娟4001411011。福建：古田县虎园，26°44′8″N，119°18′27″E，2010-10-25，刘东明，梁耀400112161。云南：麻栗坡县麻栗乡火烧寨，23°7′28″N，104°47′10″E，2096 m，2010-11-09，王智、杨珺、谭英400221256。生于山坡、灌木丛中、河谷、山沟潮湿地区，海拔900～3000 m。产于广西、湖南、江西、浙江、湖北、四川、贵州、云南、陕西。优良观果树种。

含油率及化学组分数据：

采集单位	测试单位	测试部位	产地	含油率(%)	碘值	酸值	皂化值	C12:0	C14:0	C16:0	C16:1	C18:0	C18:1	C18:2	C18:3	C20:0	C20:1
HUST	HUST	种仁	湖南浏阳	5.40	33.84	11.42	195.13										
SYSU	SCBG	种仁	江西铅山	1.38	65.45	5.30	355.00		0.10	6.14	0.12	2.46	46.54	41.67	0.83	0.27	0.21
SCBG	SCBG	种仁	福建古田	6.21	124.70	2.60	174.18		0.76	3.32	0.16	4.42			4.12	1.22	0.61
KMIB	KMIB	种仁	云南麻栗坡	10.00	80.90	64.00		0.29	0.20	13.55		4.09	25.30	49.80		4.23	2.54

滇南红果树**Stranvaesia oblanceolata** (Rehd. et Wils.) Stapf

灌木。花期4月；果期6月。云南：盈江县铜壁关自然保护区，24°36′56″N，97°44′26″E，1517 m，2009-11-28，王智、徐金金、黄巧琴400221183。生于山坡或山谷常绿混交林中，海拔1400～2000 m。产于云南南部。泰国、缅甸、老挝也有分布。

含油率及化学组分数据：

采集单位	测试单位	测试部位	产地	含油率(%)	碘值	酸值	皂化值	C12:0	C14:0	C16:0	C16:1	C18:0	C18:1	C18:2	C18:3	C20:0	C20:1
KMIB	KMIB	种仁	云南盈江	3.00													

119. 豆科 Leguminosae

含羞草亚科 Mimosoideae

金合欢属**Acacia** Mill.

台湾相思**Acacia confusa** Merr.

常绿乔木。花期3～10月；果期8～12月。四川：西昌市泸山乡，27°52′16″N，102°15′53″E，2009-09-29，王凯、樊云川40021109030。云南：勐腊县勐仑镇勐兴村，21°55′29″N，101°20′20″E，545 m，2008-10-29，李忠荣400222232。生于海拔1000～1500 m。产于广东、广西、福建、台湾、云南，野生或栽培。菲律宾、印度尼西亚、斐济亦有分布。花含芳香油，可作调香原料。

含油率及化学组分数据：

采集单位	测试单位	测试部位	产地	含油率(%)	碘值	酸值	皂化值	C12:0	C14:0	C16:0	C16:1	C18:0	C18:1	C18:2	C18:3	C20:0	C20:1
SCU	SCU	种仁	四川西昌	17.54													
KMIB	KMIB	种仁	云南勐腊	4.06	9.60	104.50	180.20				11.66		1.21	18.30	56.50		

金合欢**Acacia farnesiana** (L.) Willd.

灌木或小乔木。花期3～6月；果期7～11月。产于广东、广西、福建、台湾、浙江、四川、云南。生于海拔500 m的阳光充足，土壤较肥沃、疏松的地方。原产热带美洲，现广布于热带地区。花含芳香油，为名贵香料之一。

含油率及化学组分数据：

采集单位	测试单位	测试部位	产地	含油率(%)	碘值	酸值	皂化值	C12:0	C14:0	C16:0	C16:1	C18:0	C18:1	C18:2	C18:3	C20:0	C20:1
OFPC		种子	四川泸定	14.70					0.50	33.20		6.50	25.50	32.20	0.70	1.40	0.38

羽叶金合欢**Acacia pennata** (L.) Willd.

攀缘、多刺藤本。花期3～10月；果期7月至翌年4月。云南：麻栗坡县董浪乡，23°24′29″N，105°4′22″E，1445 m，2010-11-08，王智、杨珺、谭英400221243。多生于低海拔1500 m的疏林中，常攀附于灌木或小乔木的顶部。产于广东、福建、云南。亚洲和非洲的热带地区广布。

含油率及化学组分数据：

采集单位	测试单位	测试部位	产地	含油率(%)	碘值	酸值	皂化值	C12:0	C14:0	C16:0	C16:1	C18:0	C18:1	C18:2	C18:3	C20:0	C20:1
KMIB	KMIB	种仁	云南麻栗坡	2.00													

合欢属**Albizia Durazz.**

楹树**Albizia chinensis** (Osbeck) Merr.

落叶乔木。花期3～5月；果期6～12月。产广东、广西、湖南、福建、云南、西藏。见于旷野，但以谷地、河溪边等地方最适宜其生长。南亚至东南亚亦有分布。

含油率及化学组分数据：

采集单位	测试单位	测试部位	产地	含油率(%)	碘值	酸值	皂化值	C12:0	C14:0	C16:0	C16:1	C18:0	C18:1	C18:2	C18:3	C20:0	C20:1
OFPC	KMIB	种子	云南昆明	10.00	111.00	1.80	181.40			19.00		1.70	24.60	51.40		3.30	

天香藤**Albizia corniculata** (Lour.) Druce

攀缘灌木或藤本。花期4～7月；果期8～11月。广东：惠州市象台山三堆池，23°18′42″N，114°24′26″E，2010-10-20，易绮斐、戴建阅、翟俊文400119119。生于旷野或山地疏林中，常攀附于树上。产于广东、广西、福建。越南、老挝、柬埔寨亦有分布。

含油率及化学组分数据：

采集单位	测试单位	测试部位	产地	含油率(%)	碘值	酸值	皂化值	C12:0	C14:0	C16:0	C16:1	C18:0	C18:1	C18:2	C18:3	C20:0	C20:1
SCBG	SCBG	种仁	广东惠州	5.14		6.32	200.25	0.63		9.31	0.39		34.98		1.38	12.50	0.70

阔荚合欢**Albizia lebbeck** (L.) Benth.

落叶乔木。花期5～9月；果期10月至翌年5月。我国广东、广西、福建、台湾有栽培。原产热带非洲，现广植于两半球热带、亚热带地区。

含油率及化学组分数据：

采集单位	测试单位	测试部位	产地	含油率(%)	碘值	酸值	皂化值	C12:0	C14:0	C16:0	C16:1	C18:0	C18:1	C18:2	C18:3	C20:0	C20:1
OFPC		种子		5.50	104.60		190.20						71.00				

毛叶合欢**Albizia mollis** (Wall.) Boivin

乔木。花期5～6月；果期8～12月。四川：盐源县莲花山乡，27°25′23″N，101°30′29″E，2009-10-04，王凯、樊云川40021109050。生于海拔1000～2500 m山坡林中。产于贵州、云南、西藏。尼泊尔、印度亦有分布。

含油率及化学组分数据：

采集单位	测试单位	测试部位	产地	含油率(%)	碘值	酸值	皂化值	C12:0	C14:0	C16:0	C16:1	C18:0	C18:1	C18:2	C18:3	C20:0	C20:1
SCU	SCU	种仁	四川盐源	6.61													

苏木（云实）亚科 Caesalpinioideae

羊蹄甲属**Bauhinia** L.

红花羊蹄甲**Bauhinia blakeana** Dunn

乔木。花期全年，3～4月为盛花期。深圳：仙湖植物园，22°34′53″N，114°10′38″E，2012-01-12，王鹏400112288。世界各地广泛栽植。

含油率及化学组分数据：

采集单位	测试单位	测试部位	产地	含油率(%)	碘值	酸值	皂化值	C12:0	C14:0	C16:0	C16:1	C18:0	C18:1	C18:2	C18:3	C20:0	C20:1
SCBG	SCBG	种子	深圳仙湖	13.17	101.25	4.7	197.38	0.02	0.08	19.29	0.10	12.06	17.52	48.93	0.27	1.51	0.22

鞍叶羊蹄甲**Bauhinia brachycarpa** Wall. ex Benth.

直立或攀缘小灌木。花期5～7月；果期8～10月。生于海拔800～2200 m的山地草坡和河溪旁灌丛中。产于湖北、四川、云南、甘肃。阿瓦、印度、缅甸和泰国也有分布。适应性强。喜光，全日照、半日照生长均能适应；喜温暖至高温、湿润的气候，耐寒，耐干旱。耐瘠薄，但以富含有机质、肥沃的砂质壤土为佳。抗大气污染，但不抗风。可作为攀缘观花灌木，用于走廊、篱墙。

含油率及化学组分数据：

采集单位	测试单位	测试部位	产地	含油率(%)	碘值	酸值	皂化值	C12:0	C14:0	C16:0	C16:1	C18:0	C18:1	C18:2	C18:3	C20:0	C20:1
OFPC		种子	四川泸定	13.10						15.80		6.40	14.50	63.30			

粉叶羊蹄甲**Bauhinia glauca** (Wall. ex Benth.) Benth.

木质藤本。花期4～6月；果期7～9月。江西：靖安县九岭山，28°59′11″N，115°16′30″E，358 m，2012-10-20，迟盛南、赵万义4001416070。生于300 m的山坡阳处疏林中或山谷蔽荫的密林或灌丛中。产于广东、广西、湖南、江西、贵州、云南。印度、中南半岛、印度尼西亚有分布。

含油率及化学组分数据：

采集单位	测试单位	测试部位	产地	含油率(%)	碘值	酸值	皂化值	C12:0	C14:0	C16:0	C16:1	C18:0	C18:1	C18:2	C18:3	C20:0	C20:1
SYSU	SCBG	种仁	江西靖安	13.90	91.74	1.02	157.91	0.02	0.10	16.81	0.71	3.05	54.16	18.73	6.01	0.16	0.24

羊蹄甲**Bauhinia purpurea** L.

乔木或直立灌木。花期9～11月；果期2～3月。海南：万宁兴隆，18°50′24″N，110°17′33″E，2013-03-07，刘东明、王鹏、叶心芬、宁阳阳400114219。产于我国南部。世界亚热带地区广泛栽培。

含油率及化学组分数据：

采集单位	测试单位	测试部位	产地	含油率(%)	碘值	酸值	皂化值	C12:0	C14:0	C16:0	C16:1	C18:0	C18:1	C18:2	C18:3	C20:0	C20:1
SCBG	SCBG	种仁	海南万宁	12.35	72.43	47.23	253.79	0.02	0.03	3.02	0.35	0.94	29.44	64.44	1.11	0.23	0.41
OFPC		种子	广东广州	18.50	104.00		192.50		微量	21.20	微量	12.80	16.10	49.90	微量		0.41
OFPC		种子	云南勐腊	15.40	91.40	3.90	194.80		0.50	25.50		24.00	11.30	35.20	1.90		0.41

云南羊蹄甲**Bauhinia yunnanensis** Franch.

藤本。花期8月；果期10月。四川：甘洛阿寨，29°9′27″N，102°52′54″E，2009-10-19，王凯、樊云川40021109095。生于海拔400～2000 m的山地灌丛或悬崖石上。产于四川、贵州、云南。缅甸和泰国北部也有分布。

含油率及化学组分数据：

采集单位	测试单位	测试部位	产地	含油率(%)	碘值	酸值	皂化值	C12:0	C14:0	C16:0	C16:1	C18:0	C18:1	C18:2	C18:3	C20:0	C20:1
SCU	SCU	种仁	四川甘洛	13.15						6.62		10.02	26.41	56.95			

云实属**Caesalpinia** L.

粉叶苏木**Caesalpinia caesia** Hand.-Mazz.

藤本。花期8月以后；果期11月。广西：隆安县龙虎山新光村，22°58′55″N，107°38′10″E，274 m，2011-11-12，廖云标、杨金财4001101257。生于低海拔300 m的山地。产于海南、广西。

含油率及化学组分数据：

采集单位	测试单位	测试部位	产地	含油率(%)	碘值	酸值	皂化值	C12:0	C14:0	C16:0	C16:1	C18:0	C18:1	C18:2	C18:3	C20:0	C20:1
GXIB	SCBG	种仁	广西隆安	12.11	144.00	0.71	201.18		0.09	4.81	0.41	1.43	15.15	22.24	32.32	0.93	6.39

喙荚云实(南蛇簕)**Caesalpinia minax** Hance

有刺藤本。花期4～5月；果期7月。广西：龙州县八角乡，22°15′1″N，106°54′59″E，203 m，2011-07-15，黄俞淞、郭伦发4001101197；靖西县禄垌平江村，23°04′25″N，106°13′36″E，2009-08-15，吴望辉、许为斌、黄俞淞4001101044。生于200～1500 m山沟、溪旁或灌丛中。产于广东、广西、四川、贵州、云南；福建有栽培。

含油率及化学组分数据：

采集单位	测试单位	测试部位	产地	含油率(%)	碘值	酸值	皂化值	C12:0	C14:0	C16:0	C16:1	C18:0	C18:1	C18:2	C18:3	C20:0	C20:1
GXIB	SCBG	种仁	广西龙州	9.35	139.21	1.39	200.02		0.10	5.73	0.27	2.80	19.51	67.54	1.37	0.62	0.29
GXIB	SCBG	种仁	广西靖西	16.47	137.83	0.95	200.68	0.19	0.55	11.03	1.09	3.39	11.81	50.08	4.20	1.34	0.30
OFPC	GXIB	种仁	广西桂林	16.30			192.80			30.70	4.20	12.90	13.90	38.30			

决明属**Cassia** L.

腊肠树**Cassia fistula** L.

落叶小乔木或中等乔木。花期6～8月；果期10月。四川：西昌市海南乡，27°52′23″N，102°15′53″E，1000 m，2009-10-01，王凯、樊云川40021109039。我国南部和西南部各地均有栽培。原产印度、缅甸和斯里兰卡。

含油率及化学组分数据：

采集单位	测试单位	测试部位	产地	含油率(%)	碘值	酸值	皂化值	C12:0	C14:0	C16:0	C16:1	C18:0	C18:1	C18:2	C18:3	C20:0	C20:1
SCU	SCU	种仁	四川西昌	4.49													

紫荆属**Cercis** L.

湖北紫荆**Cercis glabra** Pamp.

乔木。花期3～4月；果期9～11月。江西：铅山县武夷山国家级自然保护区，27°56′38″N，117°50′26″E，823 m，2011-10-16，凡强、景慧娟4001411047。湖北：神农架宋洛镇，31°39′51″N，110°36′14″E，265 m，2011-08-20，丁时东400151123。生于海拔200～1900 m的山地疏林或密林中；山谷、路边或岩石上。产于广东北部、广西北部、湖南、浙江、安徽、河南西南部、湖北西部至西北部、四川东北部至东南部、贵州、云南、陕西西南部至东南部等地。

含油率及化学组分数据：

采集单位	测试单位	测试部位	产地	含油率(%)	碘值	酸值	皂化值	C12:0	C14:0	C16:0	C16:1	C18:0	C18:1	C18:2	C18:3	C20:0	C20:1
SYSU	SCBG	种仁	江西铅山	9.77	66.05	11.47	161.60	0.02	0.36	19.43	0.12	3.37	9.64	45.42	21.33	0.14	0.17
OCRI	SCBG	种仁	湖北神农架	17.02	25.60	15.39	198.22		0.06	5.53	0.11	1.61	18.75	72.03	0.59	0.95	0.37

山扁豆属**Chamaecrista** Moench

短叶决明(大叶山扁豆)**Chamaecrista leschenaultiana** (DC.) O. Deg.[*Cassia leschenaultiana* DC.]

一年生或多年生亚灌木状草本。花期6～8月；果期9～11月。四川：攀枝花市米易县二滩，26°48′50″N，101°46′27″E，1306 m，2012-10-15，刘晓波、宫庆彬40021112070。生于海拔1000 m的山地路旁的灌木丛或草丛中。分布于广东、广西、江西、福建、台湾、浙江、安徽、四川、贵州、云南等地。越南、缅甸、印度有分布。

含油率及化学组分数据：

采集单位	测试单位	测试部位	产地	含油率(%)	碘值	酸值	皂化值	C12:0	C14:0	C16:0	C16:1	C18:0	C18:1	C18:2	C18:3	C20:0	C20:1
SCU	SCU	种仁	四川攀枝花	2.32													

皂荚属**Gleditsia** L.

山皂荚**Gleditsia japonica** Miq.

落叶乔木或小乔木。花期4～6月；果期6～11月。河北：石家庄，38°27′45″N，114°8′6″E，49 m，2011-10-12，徐兴友400313054。常生于海拔0～1000 m的向阳山坡或谷地、溪边路旁。常见栽培。产于湖南、江西、浙江、江苏、安徽、山东、河南、河北、辽宁。日本、朝鲜也有分布。种子可榨油，也可炒食。

含油率及化学组分数据：

采集单位	测试单位	测试部位	产地	含油率(%)	碘值	酸值	皂化值	C12:0	C14:0	C16:0	C16:1	C18:0	C18:1	C18:2	C18:3	C20:0	C20:1
HNUST	ICS	种子	河北石家庄	4.38	110.11	15.09	180.21		0.06	9.49	0.31	2.93	17.32	57.94	6.46	0.42	0.27

野皂荚**Gleditsia microphylla** D. A. Gordon ex Y. T. Lee

灌木或小乔木。花期6～7月；果期7～10月。河南：郑州丰乐农庄，34°54′33″N，113°32′30″E，105 m，2012-09-07，王亚平

400314184。常生于海拔130～1300 m的山坡阳处或路边。产于江苏、安徽、山东、河南、陕西、山西、河北。

含油率及化学组分数据：

采集单位	测试单位	测试部位	产地	含油率(%)	碘值	酸值	皂化值	C12:0	C14:0	C16:0	C16:1	C18:0	C18:1	C18:2	C18:3	C20:0	C20:1
HNAU	ICS	种子	河南郑州	3.82	96.50	11.63	139.02	0.94	0.08	9.81	0.19	3.45	17.24	60.11	0.45	0.34	0.18

皂荚(皂角树)**Gleditsia sinensis** Lam.

落叶乔木或小乔木。花期3～5月；果期5～12月。山东：济南莲台山，36°26′41″N，116°56′23″E，380 m，2010-11-01，赵伟华400311198。湖南：保靖县白云山，28°40′25″N，109°23′54″E，334 m，2012-11-04，张代贵、张洁40019101256。贵州：印江县郎溪镇，27°58′22″N，108°21′48″E，2011-11-19，张九兵、朱明德400181368。北京：香山，40°0′2″N，116°11′27″E，191 m，2009-11-22，邢福武40011496。陕西：眉县营头，34°05′34″N，107°27′06″E，2009-08-19，薛帅400321021。河南：信阳波尔登公园，31°52′7″N，114°5′10″E，2012-09-16，王亚平400314228。湖北：武汉花山，30°33′40″N，114°30′17″E，22 m，2010-01-20，李晓东、昝艳燕400121161；兴山县昭君镇，31°14′20″N，110°45′14″E，244 m，2012-08-30，危文亮、赵永国等400151187。常生于海拔从平地至2500 m的山坡林中或谷地、路旁。产于广东、广西、湖南、江西、福建、浙江、江苏、安徽、山东、河南、湖北、四川、贵州、云南、甘肃、陕西、山西、河北等地。种子可榨油，油供制肥皂及作油漆等用。

含油率及化学组分数据：

采集单位	测试单位	测试部位	产地	含油率(%)	碘值	酸值	皂化值	C12:0	C14:0	C16:0	C16:1	C18:0	C18:1	C18:2	C18:3	C20:0	C20:1
ICS	ICS	种子	山东济南	3.95	131.96	1.71	245.33		0.14	10.21	0.37	2.77	12.37	62.78	1.08	0.30	0.17
JSU	SCBG	种仁	湖南保靖	6.54	39.34	70.07			0.06	11.36	0.14	3.38	32.36	10.04	0.10	0.44	0.18
HUST	HUST	种仁	贵州印江	7.01	13.20	10.05		0.03	0.07	6.10	0.43	2.63	16.73	15.76	46.40	0.25	0.09
SCBG	SCBG	种仁	北京香山	4.35	122.83	100.81	338.12	0.15	0.14	9.73	0.13	3.90	21.00	28.26	36.08	0.38	0.22
CAU	ICS	种子	陕西眉县	3.05	110.11	14.32	180.21		0.08	11.36	0.20	2.89	17.83	60.50	0.84	0.37	0.37
HNAU	ICS	种子	河南信阳	2.80	121.59	11.69	115.44	0.11	0.11	11.04	0.38	3.77	18.58	57.91	0.76	0.39	
WHBG	WHBG	种仁	湖北武汉	0.17						12.50			18.80	68.80			
OCRI	SCBG	种仁	湖北兴山	10.25	59.36	20.31	312.45		0.07			6.80	37.34	20.11	0.73	53.92	

美国皂荚 Gleditsia triacanthos L.

落叶乔木或小乔木。花期4～6月；果期10～12月。新疆：吐鲁番沙漠植物园，42°51′17″N，89°11′36″E，93 m，2009-08-20，王喜勇、侯翼国4003309024。常生于海拔100 m的溪边和低地潮湿肥沃的土壤上，而较少生于干燥瘠薄的砂砾山丘上。上海市的公园和植物园有栽培。原产美国。

含油率及化学组分数据：

采集单位	测试单位	测试部位	产地	含油率(%)	碘值	酸值	皂化值	C12:0	C14:0	C16:0	C16:1	C18:0	C18:1	C18:2	C18:3	C20:0	C20:1
XIEG	SCBG	种仁	新疆吐鲁番	2.75	64.25	2.85	190.83		0.40	7.38	0.23	2.17	13.93	14.48	59.12	0.29	0.11

肥皂荚属 Gymnocladus Lam.

肥皂荚 Gymnocladus chinensis Baill.

落叶乔木。果期8月。湖北：武汉植物园，30°32′55″N，114°25′12″E，35 m，2010-11-10，李晓东、昝艳燕、罗曼曼400121130。广东：大埔丰溪，24°20′52″N，116°39′50″E，2009-09-08，林铎清、戴建阅400111108。生于海拔0～1500 m的山坡、山腰、杂木林中、竹林中以及岩边、村旁、宅旁和路边等。产于广东、广西、湖南、江西、福建、浙江、江苏、安徽、湖北、四川等地。种子油可作油漆等工业用油。

含油率及化学组分数据：

采集单位	测试单位	测试部位	产地	含油率(%)	碘值	酸值	皂化值	C12:0	C14:0	C16:0	C16:1	C18:0	C18:1	C18:2	C18:3	C20:0	C20:1
WHBG	WHBG	种仁	湖北武汉	4.33						8.90		4.50	31.60	50.60	1.10	0.50	1.80
SCBG	SCBG	种仁	广东大埔	4.56	99.81	18.23	160.37	0.02	0.09	13.07	0.13	3.28	11.95	70.28	0.28	0.53	0.38
OFPC	WHBG	种仁	湖北恩施	11.60	124.10		194.30		1.70	22.50	2.20	4.30	43.80	25.40	25.40		

番泻决明属 Senna Mill.

豆茶决明 Senna nomame (Makino) T. C. Chen

一年生草本。河北：青龙，40°41′37″N，118°10′42″E，10 m，2012-07-01，徐兴友、韩宝强400313153。常生于海拔560 m的山坡和原野的草丛中。产于湖南、江西、浙江、江苏、安徽、山东、湖北、四川、云南、河北各地及东北地区。朝鲜、日本也有分布。具有药用价值，可治水肿、肾炎、慢性便秘、咳嗽、痰多等症，并可驱虫与健康、胃，也可代茶用。

含油率及化学组分数据：

采集单位	测试单位	测试部位	产地	含油率(%)	碘值	酸值	皂化值	C12:0	C14:0	C16:0	C16:1	C18:0	C18:1	C18:2	C18:3	C20:0	C20:1
ICS	HNUST	种子	河北青龙	3.53	154.68	17.91	108.93	0.02	0.09	15.34	0.19	2.64	20.91	32.26	17.45	0.91	0.34

光叶决明Senna septemtrionalis (Viv.) H. S. Irwin et Barneby

直立灌木。花期5～7月；果期10～11月。云南：文山州麻栗坡县猛硐瑶族乡，22°53′02″N，104°43′02″E，2011-10-17，曾庆文、陈树钢、杨国400114132。栽培于广东、广西等地。原产美洲热带地区，现广布于全世界热带地区。

含油率及化学组分数据：

采集单位	测试单位	测试部位	产地	含油率(%)	碘值	酸值	皂化值	C12:0	C14:0	C16:0	C16:1	C18:0	C18:1	C18:2	C18:3	C20:0	C20:1
SCBG	SCBG	种仁	云南文山	16.48	90.54	39.83		0.01	0.31	10.95	0.10	2.37	19.34	57.95	6.99	1.01	0.97

蝶形花亚科 Papilionoideae

骆驼刺属Alhagi Gagnebin

骆驼刺Alhagi sparsifolia Shap. ex Keller et Shap.

半灌木。果期7月。甘肃：瓜州县锁阳城，40°15′4″N，96°11′54″E，1320 m，2011-07-02，薛帅、秦烁400324008。生于海拔1300 m的荒漠地区的沙地、河岸、农田边。产于新疆、青海、甘肃、内蒙古。分布于哈萨克斯坦、乌兹别克斯坦、土库曼斯坦、吉尔吉斯斯坦和塔吉克斯坦。

含油率及化学组分数据：

采集单位	测试单位	测试部位	产地	含油率(%)	碘值	酸值	皂化值	C12:0	C14:0	C16:0	C16:1	C18:0	C18:1	C18:2	C18:3	C20:0	C20:1
CAU	ICS	种子	甘肃瓜州	2.55	125.78	101.22	167.16		0.12	12.91	0.55	3.50	17.09	59.94	1.16	0.60	0.30

银砂槐属Ammodendron Fisch. ex DC

银砂槐Ammodendron bifolium (Pall.) Yakovlev

灌木。花期5～6月；果期6～8月。新疆：吐鲁番沙漠植物园，42°51′17″N，89°11′36″E，93 m，2009-06-02，王喜勇、侯翼国4003309020；伊犁霍城县三道河子乡，43°59′57″N，80°44′0″E，600 m，2012-07-12，尹林克、侯翼国、王蕾4003312001。生于海拔0～600 m的较干旱的沙石地带。产于新疆。俄罗斯也有分布。

含油率及化学组分数据：

采集单位	测试单位	测试部位	产地	含油率(%)	碘值	酸值	皂化值	C12:0	C14:0	C16:0	C16:1	C18:0	C18:1	C18:2	C18:3	C20:0	C20:1
XIEG	SCBG	种仁	新疆吐鲁番	7.09	58.52	2.19	376.08	1.47	1.94	14.94	0.40	3.51	7.22	55.05	1.20	0.92	
XIEG	SCBG	种子	新疆伊犁	10.97	11.42	1.11	176.58			9.43		2.81	16.84	55.73	11.91	0.26	0.13

沙冬青属Ammopiptanthus S. H. Cheng

沙冬青Ammopiptanthus mongolicus (Maxim. ex Kom.) S. H. Cheng [*Ammopiptanthus nanus* (Popov) S. H. Cheng]

常绿灌木。花期4～5月；果期5～6月。新疆：乌恰县托云乡阿合牙尔村，39°50′10″N，75°34′27″E，2160 m，2012-08-06，孔凡逵4003312005；吐鲁番沙漠植物园，42°51′17″N，89°11′36″E，93 m，2009-06-12，王喜勇、侯翼国4003309032。生于海拔0～2200 m的沙丘、河滩边台地。产于甘肃、宁夏、内蒙古。蒙古南部也有分布。

含油率及化学组分数据：

采集单位	测试单位	测试部位	产地	含油率(%)	碘值	酸值	皂化值	C12:0	C14:0	C16:0	C16:1	C18:0	C18:1	C18:2	C18:3	C20:0	C20:1
XIEG	SCBG	种子	新疆乌恰	13.12	76.67	2.25	393.04	0.09	0.64	10.45	0.29	5.20	10.14	26.68	18.23	5.71	0.19
XIEG	SCBG	种仁	新疆吐鲁番	1.55	76.30	0.97	386.58			6.36	0.31	1.60	20.16	67.27	0.85	0.16	0.11

紫穗槐属Amorpha L.

紫穗槐Amorpha fruticosa L.

落叶灌木。花、果期5～10月。山东：青岛崂山，36°16′2″N，117°8′4″E，498 m，2009-08-20，赵伟华400311041。甘肃：天水县麦积山，34°21′5″N，106°1′16″E，1634 m，2011-10-10，薛帅、潘昊400325022。吉林：松花湖，44°13′7″N，127°9′7″E，272 m，2009-10-06，郑宝江、张云强、陶林400341020。陕西：杨凌县西农农场，34°09′34″N，108°01′52″E，500 m，2011-07-24，薛帅、秦烁400324036。内蒙古：鄂尔多斯市杭锦旗锡尼镇，39°30′29″N，109°28′32″E，1311 m，2012-09-20，田海晨400312172。生于海拔200～1700 m的河岸海滩及砂质的阳坡上，公路、铁路两旁也有种植。我国东北、华北、西北地区及广西、江苏、安徽、山东、河南、湖北、四川等地均有栽培。产于美国。果实含芳香油，可作油漆、甘油和润滑油之原料。

含油率及化学组分数据：

采集单位	测试单位	测试部位	产地	含油率(%)	碘值	酸值	皂化值	C12:0	C14:0	C16:0	C16:1	C18:0	C18:1	C18:2	C18:3	C20:0	C20:1
ICS	ICS	种子	山东青岛	14.02	69.87	18.55	172.60	2.43	0.40	10.94	1.46	5.34	23.40	52.96	2.17	0.60	0.32
CAU	ICS	种子	甘肃天水	7.78	132.35	16.42	283.67	0.17	0.73	12.72	0.86	1.90	21.74	52.33	1.53	0.38	0.16
NEFU	SCBG	种仁	吉林松花湖	10.80	66.20	6.62	261.37	1.20	0.31	8.17	0.54	6.23	7.89	70.79	2.90	1.58	0.40
CUA	ICS	种子	陕西杨凌	8.07	123.22	10.79	161.73		0.11	70.3	0.53	5.57	5.67	74.81	2.82	0.95	0.61
IMAU	ICS	种子	内蒙古鄂尔多斯	10.01	161.40	28.98	63.44	0.14	0.29	8.34	0.70	3.79	15.11	54.50	3.35	1.89	1.04
OFPC		种子	北京	9.40	167.40	11.90			0.30	10.00		6.20	8.00	70.30	5.10		

土圞儿属Apios Fabr.

肉色土圞儿**Apios carnea** (Wall.) Benth. ex Baker

缠绕藤本。花期7～9月；果期8～11月。四川：汶川威州镇，31°31′9″N，103°35′45″E，2010-11-01，崔龙、李志强40021110091。生于海拔800～2600 m的沟边杂木林中或溪边路旁，产于广西、四川、贵州、云南、西藏。越南、泰国、尼泊尔、印度北部也有分布。

含油率及化学组分数据：

采集单位	测试单位	测试部位	产地	含油率(%)	碘值	酸值	皂化值	C12:0	C14:0	C16:0	C16:1	C18:0	C18:1	C18:2	C18:3	C20:0	C20:1
SCU	SCU	种仁	四川汶川	9.19													

黄耆属Astragalus L.

狐尾黄耆**Astragalus alopecurus** Pall.

多年生草本。花期6～8月；果期8～9月。新疆：霍城县，44°4′31″N，80°52′29″E，693 m，2011-08-21，侯翼国、王茜4003311020。生于海拔600～1700 m的河岸或沟坡上。产于新疆。中亚、西伯利亚、原俄罗斯欧洲部分、阿尔泰山也有分布。

含油率及化学组分数据：

采集单位	测试单位	测试部位	产地	含油率(%)	碘值	酸值	皂化值	C12:0	C14:0	C16:0	C16:1	C18:0	C18:1	C18:2	C18:3	C20:0	C20:1
XIEG	SCBG	种子	新疆霍城	3.69	63.75	7.69	191.96	0.10	0.22	16.82	0.16	2.37	39.07	31.44	2.68	0.73	0.70

达乌里黄耆**Astragalus dahuricus** (Pall.) DC.

一年生或二年生草本。花期7～9月；果期8～10月。河北：保定，38°3′14″N，116°47′56″E，530 m，2011-10-10，徐兴友、韩宝强400313102。生于海拔400～2500 m的山坡和河滩草地。产于西北、华北、东北及山东、河南、四川北部。原俄罗斯、蒙古、朝鲜也有分布。

含油率及化学组分数据：

采集单位	测试单位	测试部位	产地	含油率(%)	碘值	酸值	皂化值	C12:0	C14:0	C16:0	C16:1	C18:0	C18:1	C18:2	C18:3	C20:0	C20:1
HNUST	ICS	种子	河北保定	0.44	222.86	38.48		0.32	0.74	11.36		4.15	13.37	28.11	34.87	0.84	

多花黄耆**Astragalus floridulus** Podl.

多年生草本。花期7～8月；果期8～9月。青海：互助县南门峡，36°58′7″N，101°53′33″E，2783 m，2012-09-18，刘晓波、曹弈璘40021112011。生于海拔2600～4300 m的高山草坡或灌丛下，产于四川、西藏、青海、甘肃。印度也有分布。

含油率及化学组分数据：

采集单位	测试单位	测试部位	产地	含油率(%)	碘值	酸值	皂化值	C12:0	C14:0	C16:0	C16:1	C18:0	C18:1	C18:2	C18:3	C20:0	C20:1
SCU	SCU	种仁	青海互助	13.66	221.98	4.81	199.26			2.60		0.95	9.36	10.85	74.78		

蒙古黄耆**Astragalus mongholicus** Bunge[*Astragalus membranaceus* var. *mongholicus* (Bunge) P. G. Xiao]

多年生草本。花期6～8月；果期7～9月。河北：宽城，39°09′20″N，114°36′38″E，559 m，2011-09-23，徐兴友、韩宝强400313104。陕西：凤县南星镇瓦房坝乡，33°42′55″N，106°36′54″E，1420 m，2011-08-30，薛帅400324058。生于海拔1500 m的向阳草地及山坡上。产于山西、河北、内蒙古、黑龙江(呼伦贝尔盟)。

含油率及化学组分数据：

采集单位	测试单位	测试部位	产地	含油率(%)	碘值	酸值	皂化值	C12:0	C14:0	C16:0	C16:1	C18:0	C18:1	C18:2	C18:3	C20:0	C20:1
HNUST	ICS	种子	河北宽城	3.48	219.15	12.05			0.15	8.61	0.60	4.65	25.35	31.84	24.15	0.61	0.37
CAU	ICS	种子	陕西凤县	0.99	127.33	31.50	212.16	4.11	0.26	11.55		6.80	17.07	39.15	10.91	2.70	2.31

黄耆**Astragalus purpurinus** (Y. C. Ho) Podl. et L. R. Xu

多年生草本。花期6～8月；果期7～9月。河北：保定，39°00′15″N，115°22′15″E，1053 m，2012-08-19，徐兴友、韩宝强400313163。生于海拔0～1200 m的林缘、灌丛或疏林下，亦见于山坡草地或草甸中。全国各地多有栽培。原俄罗斯也有分布。

含油率及化学组分数据：

采集单位	测试单位	测试部位	产地	含油率(%)	碘值	酸值	皂化值	C12:0	C14:0	C16:0	C16:1	C18:0	C18:1	C18:2	C18:3	C20:0	C20:1
HNUST	ICS	种子	河北保定	5.24	159.94	14.22	146.72	0.02	0.06	6.33	0.18	3.50	12.49	44.53	25.87	1.57	1.85

杭子梢属Campylotropis Bunge

杭子梢**Campylotropis macrocarpa**(Bunge)Rehd.

灌木。花、果期(5～)6～10月。河南：内乡，33°30′1″N，111°55′10″E，1082 m，2012-10-26，王亚平400314307；焦作博爱，35°20′32″N，113°0′3″E，752 m，2012-10-20，王亚平400314283。生于海拔150～1900 m，稀达2000 m以上的山坡、灌丛、林缘、山谷沟边及林中。产于广西、湖南、江西、福建、浙江、安徽、山东、江苏、河南、湖北、四川、贵州、云南、西藏、甘肃、陕西、山西、河北等地。朝鲜也有分布。

含油率及化学组分数据：

采集单位	测试单位	测试部位	产地	含油率(%)	碘值	酸值	皂化值	C12:0	C14:0	C16:0	C16:1	C18:0	C18:1	C18:2	C18:3	C20:0	C20:1
HNAU	ICS	种子	河南内乡	6.45	101.41	9.32	191.29			6.88	0.16	2.31	12.08	49.53	21.69	0.38	0.18
HNAU	ICS	种子	河南焦作	10.53	139.89	14.25	214.15		0.06	10.99	0.12	1.93	28.22	41.23	14.35	0.55	0.36

锦鸡儿属**Caragana** Fabr.

树锦鸡儿**Caragana arborescens** Lam.

小乔木或大灌木。花期5～6月；果期8～9月。内蒙古：呼伦贝尔盟鄂伦春自治旗，50°36′41″N，123°42′36″E，429 m，2010-08-08，刘慧娟400312053。常见于林间、林缘。产于新疆北部、甘肃东部、陕西、山西、河北、内蒙古东北部、黑龙江。俄罗斯也有分布。

含油率及化学组分数据：

采集单位	测试单位	测试部位	产地	含油率(%)	碘值	酸值	皂化值	C12:0	C14:0	C16:0	C16:1	C18:0	C18:1	C18:2	C18:3	C20:0	C20:1
IMAU	ICS	种子	内蒙古呼伦贝尔	12.84	141.86	2.57	198.27			3.29	0.09	2.36	23.41	65.99	1.55	0.46	0.36
OFPC		种子	辽宁沈阳	12.70	134.90		190.00			2.60		5.80	23.40	58.30	2.30		

小叶锦鸡儿**Caragana microphylla** Lamarck

灌木。花期5～6月；果期7～8月。新疆：吐鲁番沙漠植物园，42°51′17″N，89°11′36″E，93 m，2009-05-20，王喜勇、侯翼国、徐基平4003309007。生于海拔100 m的固定、半固定沙地。产于华北、东北地区及山东、甘肃、陕西。蒙古、原俄罗斯也有分布。

含油率及化学组分数据：

采集单位	测试单位	测试部位	产地	含油率(%)	碘值	酸值	皂化值	C12:0	C14:0	C16:0	C16:1	C18:0	C18:1	C18:2	C18:3	C20:0	C20:1
XIEG	SCBG	种仁	新疆吐鲁番	12.05	19.34	3.29	278.51			9.58		1.14		45.71	4.81	0.53	0.46

红花锦鸡儿**Caragana rosea** Turcz. ex Maxim.

灌木。花期4～6月；果期6～7月。河北昌黎，39°07′49″N，119°22′36″E，3 m，2011-08-11，徐兴友詹立军400313134。生于山坡及沟谷。产于东北、华北、华东地区及河南、甘肃南部。

含油率及化学组分数据：

采集单位	测试单位	测试部位	产地	含油率(%)	碘值	酸值	皂化值	C12:0	C14:0	C16:0	C16:1	C18:0	C18:1	C18:2	C18:3	C20:0	C20:1
HNUST	ICS	种子	河北昌黎	15.03	112.01	6.05	185.52			4.13	0.10	2.69	22.80	63.72	0.72	0.49	0.65

变色锦鸡儿**Caragana versicolor** Benth.

矮灌木。花期5～6月；果期7～8月。青海：互助县南门峡，36°58′2″N，101°53′34″E，2742 m，2012-09-17，刘晓波、曹弈璘40021112009。生于海拔4000～4800 m的砾石山坡、石砾河滩、灌丛。产于西藏、青海、四川南部。阿富汗、印度也有其分布。

含油率及化学组分数据：

采集单位	测试单位	测试部位	产地	含油率(%)	碘值	酸值	皂化值	C12:0	C14:0	C16:0	C16:1	C18:0	C18:1	C18:2	C18:3	C20:0	C20:1
SCU	SCU	种仁	青海互助	10.72	151.04	3.65				3.68		3.46	17.99	70.26	3.91		0.59

山竹子属**Corethrodendron** Fisch. et Basiner

塔落山竹子(塔落岩黄耆)**Corethrodendron lignosum** var. **laeve** (Maxim.) L.R. Xu et B.H. Choi

半灌木或小半灌木。花期7～8月；果期8～9月。内蒙古：锡林郭勒盟正蓝旗桑根达来镇，42°29′25″N，115°49′20″E，1335 m，2012-08-16，扈顺400312179。生于流沙地或半固定沙丘和沙地。产于黄河中游的宁夏东部、陕西北部、内蒙南部和山西最北部的草原地区。

含油率及化学组分数据：

采集单位	测试单位	测试部位	产地	含油率(%)	碘值	酸值	皂化值	C12:0	C14:0	C16:0	C16:1	C18:0	C18:1	C18:2	C18:3	C20:0	C20:1
IMAU	ICS	种子	内蒙古锡林郭勒	17.40	160.69	6.06	333.61		0.07	4.10	0.43	2.08	23.46	50.27	13.94	0.39	0.37

小冠花属**Coronilla** L.

绣球小冠花**Coronilla varia** L.

多年生草本。花期6～7月；果期8～9月。陕西：杨凌县西农农场，34°9′20″N，108°20′50″E，500 m，2011-10-10，薛帅、潘昊400325045。我国东北南部有栽培。原产欧洲地中海地区。

含油率及化学组分数据：

采集单位	测试单位	测试部位	产地	含油率(%)	碘值	酸值	皂化值	C12:0	C14:0	C16:0	C16:1	C18:0	C18:1	C18:2	C18:3	C20:0	C20:1
CAU	ICS	种子	陕西杨凌	2.97	99.02	33.54	140.69		0.11	12.21	0.46	3.83	11.87	60.55	4.67	0.83	0.20

黄檀属Dalbergia L.

南岭黄檀Dalbergia assamica Benth.

乔木。花期6月；果期11月。四川：西昌市川兴乡，27°53′26″N，102°15′53″E，1000 m，2009-11-09，王凯、樊云川40021109143。生于海拔300～1000 m的山地杂木林中或灌丛中。产于海南、广东、广西、福建、浙江、四川、贵州。越南北部也有分布。

含油率及化学组分数据：

采集单位	测试单位	测试部位	产地	含油率(%)	碘值	酸值	皂化值	C12:0	C14:0	C16:0	C16:1	C18:0	C18:1	C18:2	C18:3	C20:0	C20:1
SCU	SCU	种仁	四川西昌	12.89						18.53		7.38	13.33	52.40	8.36		

两粤黄檀Dalbergia benthamii Prain

藤本，有时为灌木。花期2～4月；果期11月。广东：连平县大埠镇，24°19′31″N，114°33′33″E，2011-11-08，易绮斐、潘雅书、陈华平400119160。生于疏林或灌丛中，常攀缘于树上。产于海南、广东、广西。越南也有分布。

含油率及化学组分数据：

采集单位	测试单位	测试部位	产地	含油率(%)	碘值	酸值	皂化值	C12:0	C14:0	C16:0	C16:1	C18:0	C18:1	C18:2	C18:3	C20:0	C20:1
SCBG	SCBG	种仁	广东连平	17.47	111.09	6.39	185.65	0.05	0.03	14.91	0.14	58.29	21.63	4.09	0.86		

象鼻藤Dalbergia mimosoides Franch.

灌木，或为藤本。花期4～5月；果期10月。四川：攀枝花市米易县二滩，26°48′59″N，101°46′9″E，1491 m，2012-10-15，刘晓波、宫庆彬40021112068。生于海拔800～2000 m的山沟疏林或山坡灌丛中。产于湖北、四川、云南、西藏、陕西。

含油率及化学组分数据：

采集单位	测试单位	测试部位	产地	含油率(%)	碘值	酸值	皂化值	C12:0	C14:0	C16:0	C16:1	C18:0	C18:1	C18:2	C18:3	C20:0	C20:1
SCU	SCU	种仁	四川攀枝花	1.96													

滇黔黄檀Dalbergia yunnanensis Franch.

大藤本，有时呈大灌木或小乔木状。花期4～5月；果期10～11月。四川：西昌大兴乡，28°52′23″N，102°25′44″E，1000 m，2010-10-15，崔龙、李志强40021110067。生于海拔1000～2200 m的山地密林或疏林中。产于广西、四川、贵州、云南。

含油率及化学组分数据：

采集单位	测试单位	测试部位	产地	含油率(%)	碘值	酸值	皂化值	C12:0	C14:0	C16:0	C16:1	C18:0	C18:1	C18:2	C18:3	C20:0	C20:1
SCU	SCU	种仁	四川西昌	7.22													

山蚂蝗属Desmodium Desv.

长波叶山蚂蝗Desmodium sequax Wall.

直立灌木。花期7～9月；果期9～11月。贵州：雷山县响水岩，26°22′35″N，108°8′26″E，995 m，2012-10-19，陈丰林、夏纯、桑洪伟4001151256。生于海拔900～2800 m的山地草坡或林缘。产于广东西北部、广西、湖南、台湾、湖北、四川、贵州、云南、西藏等地。尼泊尔、缅甸、印度、印度尼西亚爪哇、新几内亚也有分布。

含油率及化学组分数据：

采集单位	测试单位	测试部位	产地	含油率(%)	碘值	酸值	皂化值	C12:0	C14:0	C16:0	C16:1	C18:0	C18:1	C18:2	C18:3	C20:0	C20:1
SCBG	SCBG	种仁	贵州雷山	12.59	94.68	39.70	403.93										

山黑豆属Dumasia DC.

柔毛山黑豆Dumasia villosa DC.

缠绕状草质藤本。花期9～10月；果期11～12月。产于广西（那坡）、西四川、贵州、云南、藏（察偶）、陕西。生于海拔400～2500 m的山谷溪边灌丛中。印度、尼泊尔、斯里兰卡、泰国、老挝、越南、印度尼西亚（爪哇）、菲律宾群岛亦有分布。种子油供工业用。

含油率及化学组分数据：

采集单位	测试单位	测试部位	产地	含油率(%)	碘值	酸值	皂化值	C12:0	C14:0	C16:0	C16:1	C18:0	C18:1	C18:2	C18:3	C20:0	C20:1
OFPC		种子	四川天全	12.40						13.80		5.00	40.10	36.50	3.50	1.10	

刺桐属Erythrina L.

刺桐Erythrina variegata L.

大乔木。花期3月；果期8月。产于广东、广西、福建、台湾等地。生于近海溪边，或栽于公园。原产印度至大洋洲海岸林中，内陆亦多有栽植。马来西亚、印度尼西亚、柬埔寨、老挝、越南亦有分布。

含油率及化学组分数据：

采集单位	测试单位	测试部位	产地	含油率(%)	碘值	酸值	皂化值	C12:0	C14:0	C16:0	C16:1	C18:0	C18:1	C18:2	C18:3	C20:0	C20:1
OFPC		种仁		17.80	64.70		181.90			8.20		8.00	45.60	7.10			

千斤拔属**Flemingia** Roxb. ex W. T. Aiton

绒毛千斤拔（密花千斤拔）**Flemingia grahamiana** Wight et Arn.

直立灌木。花期3～4月；果期5月。四川：攀枝花市米易县二滩，26°49′28″N，101°46′17″E，1229 m，2012-10-13，刘晓波、宫庆彬40021112055。常生于海拔1100 m左右的河谷地区山坡疏林中。产于云南。印度、缅甸、老挝、越南也有分布。

含油率及化学组分数据：

采集单位	测试单位	测试部位	产地	含油率(%)	碘值	酸值	皂化值	C12:0	C14:0	C16:0	C16:1	C18:0	C18:1	C18:2	C18:3	C20:0	C20:1
SCU	SCU	种仁	四川攀枝花	2.66													

甘草属**Glycyrrhiza** L.

洋甘草**Glycyrrhiza glabra** L.

多年生草本。花期5～6月；果期7～9月。新疆：吐鲁番沙漠植物园，42°51′17″N，89°11′36″E，93 m，2012-08-09，杨美琳4003312004。常生于海拔93 m的河岸阶地、沟边、田边、路旁，较干旱的盐渍化土壤上亦能生长。产于西北、华北、东北各地区。哈萨克斯坦、乌兹别克斯坦、土库曼斯坦、吉尔吉斯斯坦、塔吉克斯坦、欧洲、地中海区域、俄罗斯西伯利亚地区以及蒙古也有分布。

含油率及化学组分数据：

采集单位	测试单位	测试部位	产地	含油率(%)	碘值	酸值	皂化值	C12:0	C14:0	C16:0	C16:1	C18:0	C18:1	C18:2	C18:3	C20:0	C20:1
XIEG	SCBG	种子	新疆吐鲁番	3.33	83.70	2.89	170.26		0.09	13.35	0.14	3.06	11.99	48.84	18.14	1.24	0.45

胀果甘草**Glycyrrhiza inflata** Batal.

多年生草本。花期5～7月；果期6～10月。新疆：吐鲁番沙漠植物园，42°51′17″N，89°11′36″E，93 m，2012-07-31，杨美琳4003312003。常生于河岸阶地、水边、农田边或荒地中。产新疆、甘肃、内蒙古。哈萨克斯坦、乌兹别克斯坦、土库曼斯坦、吉尔吉斯斯坦和塔吉克斯坦也有分布。

含油率及化学组分数据：

采集单位	测试单位	测试部位	产地	含油率(%)	碘值	酸值	皂化值	C12:0	C14:0	C16:0	C16:1	C18:0	C18:1	C18:2	C18:3	C20:0	C20:1
XIEG	SCBG	种子	新疆吐鲁番	1.04	96.81	18.87	138.50		0.24	12.24	1.55	4.11	13.90	44.52	18.24	0.97	0.19

甘草**Glycyrrhiza uralensis** Fisch. ex DC.

多年生草本。花期6～8月；果期7～10月。内蒙古：鄂尔多斯市杭锦旗，40°21′30″N，109°23′49″E，1096 m，2012-08-21，刘慧娟400312178。新疆：伊犁新源县至尼勒克79团途中，43°38′18″N，83°19′26″E，1483 m，2010-10-10，王喜勇、王蕾、孔凡逵4003310047。常生于海拔1200～1500 m的干旱沙地、河岸沙质地、山坡草地及盐渍化土壤中，少见。产于西北、华北、东北各地区及山东。蒙古及俄罗斯西伯利亚地区也有。

含油率及化学组分数据：

采集单位	测试单位	测试部位	产地	含油率(%)	碘值	酸值	皂化值	C12:0	C14:0	C16:0	C16:1	C18:0	C18:1	C18:2	C18:3	C20:0	C20:1
IMAU	ICS	种子	内蒙古鄂尔多斯	3.78		40.66		0.11	0.39	8.30	2.03	3.27	36.13	24.12	14.31	0.70	0.34
XIEG	SCBG	种仁	新疆伊犁	11.17	45.12	0.87	191.96		0.08	6.33	0.17	5.29	40.76	13.05	32.75	0.26	0.19

岩黄耆属**Hedysarum** L.

细枝岩黄耆**Hedysarum scoparium** Fisch. et C. A. Mey.

半灌木。花期6～9月；果期8～10月。产于新疆北部、青海柴达木东部、甘肃河西走廊、宁夏、内蒙古。生于半荒漠的沙丘或沙地，荒漠前山冲沟中的沙地。哈萨克斯坦额尔齐斯河沿河沙丘和蒙古南部也有分布。种子为优良的精饲料和油料。

含油率及化学组分数据：

采集单位	测试单位	测试部位	产地	含油率(%)	碘值	酸值	皂化值	C12:0	C14:0	C16:0	C16:1	C18:0	C18:1	C18:2	C18:3	C20:0	C20:1
OFPC		种子	陕西榆林	10.00	136.40	4.50	197.30		微量	6.40		2.30	26.60	52.40	8.90	1.00	2.30

木蓝属**Indigofera** L.

多花木蓝**Indigofera amblyantha** Craib

直立灌木。花期5～7月；果期9～11月。陕西：宁陕县广货街牛保区，33°28′15″N，108°28′18″E，1313 m，2010-10-15，薛帅400323010。生于海拔600～1600 m的山坡草地、沟边、路旁灌丛中及林缘。产于湖南、浙江、江苏、安徽、河南、湖北、四川、贵州、甘肃、陕西、山西、河北。

含油率及化学组分数据：

采集单位	测试单位	测试部位	产地	含油率(%)	碘值	酸值	皂化值	C12:0	C14:0	C16:0	C16:1	C18:0	C18:1	C18:2	C18:3	C20:0	C20:1
CAU	ICS	种子	陕西宁陕	3.15	114.15	29.22	438.84		0.07	8.50	0.22	3.85	15.94	47.83	15.83	0.49	0.37

深紫木蓝**Indigofera atropurpurea** Buch.-Ham. ex Hornem.

灌木或小乔木。花期5～9月；果期8～12月。广西：三江市牛浪坡，25°40′31″N，109°34′56″E，284 m，2010-12-14，张兵、谷

志容400181260。生于海拔200～1600 m的山坡路旁灌丛中、山谷疏林中及路旁草坡和溪沟边。产于广东、广西、湖南、江西、福建、湖北、四川（西南部）、贵州、云南（蒙自）及西藏（墨脱）等地。越南、缅甸、尼泊尔、印度及克什米尔地区也有分布。

含油率及化学组分数据：

采集单位	测试单位	测试部位	产地	含油率(%)	碘值	酸值	皂化值	C12:0	C14:0	C16:0	C16:1	C18:0	C18:1	C18:2	C18:3	C20:0	C20:1
HUST	HUST	种仁	广西三江	3.96	28.75	22.17		0.39	0.43	5.91	0.15	1.91	23.44	62.00		0.58	0.62

花木蓝Indigofera kirilowii Maxim. ex Palibin

小灌木。花期5～7月；果期8月。河北：青龙，40°58′35″N，118°34′41″E，490 m，2012-06-30，徐兴友、韩宝强400313156。常生于山坡灌丛及疏林内或岩缝中。产于江苏（海州）、山东、河北、辽宁、吉林。朝鲜、日本也有分布。种子油可作润滑油。

含油率及化学组分数据：

采集单位	测试单位	测试部位	产地	含油率(%)	碘值	酸值	皂化值	C12:0	C14:0	C16:0	C16:1	C18:0	C18:1	C18:2	C18:3	C20:0	C20:1
HNUST	ICS	种子	河北青龙	11.00	131.96	13.25	199.65	0.12	0.04	7.62	0.11	3.42	22.84	58.24	1.99	1.20	0.42
OFPC		种子	辽宁凤城	18.60	120.60		189.80			6.80		2.40	35.00	52.90	2.90		

垂序木蓝Indigofera pendula Franch.

灌木。花期6～8月；果期9～10月。四川：攀枝花市湾丘镇，26°53′16″N，102°7′23″E，1000 m，2009-10-30，王凯、樊云川40021109127。生于海拔1000～3300 m的山坡、山谷、沟边及路旁的灌丛中及林缘。产于四川（西南部）、云南（西部及西北部）。

含油率及化学组分数据：

采集单位	测试单位	测试部位	产地	含油率(%)	碘值	酸值	皂化值	C12:0	C14:0	C16:0	C16:1	C18:0	C18:1	C18:2	C18:3	C20:0	C20:1
SCU	SCU	种仁	四川攀枝花	2.46													

木蓝Indigofera tinctoria L.

直立亚灌木。花期几乎全年；果期10月。湖北：五峰长乐坪月山村，30°10′58″N，110°54′01″E，2009-11-06，李晓东、陈士强40012170。海南、台湾（高雄）、安徽（舒城）有栽培。广泛分布亚洲、非洲热带地区，并引进热带美洲。

含油率及化学组分数据：

采集单位	测试单位	测试部位	产地	含油率(%)	碘值	酸值	皂化值	C12:0	C14:0	C16:0	C16:1	C18:0	C18:1	C18:2	C18:3	C20:0	C20:1
WHBG	WHBG	种仁	湖北五峰	3.54				0.02	0.14	7.13	0.77	3.23	12.74	49.24	18.94	0.51	0.09

尖叶木蓝Indigofera zollingeriana Miq.

直立亚灌木。花期6～9月；果期10～11月。广西：凭祥县大青山林场，22°06′38″N，116°48′36″E，2012-01-14，刘东明、潘雅书、王美娜4001122283。生于旷地、塘边、山坡路旁及林下。产于广东、广西、台湾、云南。

含油率及化学组分数据：

采集单位	测试单位	测试部位	产地	含油率(%)	碘值	酸值	皂化值	C12:0	C14:0	C16:0	C16:1	C18:0	C18:1	C18:2	C18:3	C20:0	C20:1
SCBG	SCBG	种仁	广西凭祥	19.89	12.34	12.16				6.70		2.26	42.21	40.56	2.39		0.39

鸡眼草属Kummerowia Schindl.

长萼鸡眼草（短萼鸡眼草）Kummerowia stipulacea (Maxim.) Makino

一年生草本。花期7～8月；果期8～10月。河北：青龙，40°41′32″N，118°58′56″E，320 m，2012-09-15，徐兴友、韩宝强400313170。黑龙江：帽儿山，45°24′32″N，127°39′21″E，320 m，2010-10-02，郑宝江、潘磊400341068。生于海拔100～1200 m的路旁、草地、山坡、固定或半固定沙丘等处。产于我国华东（包括台湾）、西北、华北、东北、中南等省区。日本、朝鲜、原俄罗斯（远东地区）也有分布。

含油率及化学组分数据：

采集单位	测试单位	测试部位	产地	含油率(%)	碘值	酸值	皂化值	C12:0	C14:0	C16:0	C16:1	C18:0	C18:1	C18:2	C18:3	C20:0	C20:1
HNUST	ICS	种子	河北青龙	5.73	139.88	11.82	545.47		0.06	9.28	0.19	1.58	16.56	31.24	36.35	0.52	0.48
NEFU	SCBG	种仁	黑龙江帽儿山	14.50	69.00	2.58	199.66	0.06	0.59	9.25	0.15	4.31	12.62	71.70	0.98	0.34	

鸡眼草Kummerowia striata (Thunb.) Schindl.

一年生草本。花期7～9月；果期8～10月。河北：青龙，40°21′1″N，118°58′55″E，997 m，2011-07-06，徐兴友、韩宝强400313083。生于海拔500 m以下的路旁、田边、溪旁、沙质地或缓山坡草地。产于我国华东（包括台湾）、西北、华北、东北、中南等地区。日本、朝鲜、原俄罗斯（西伯利亚）也有分布。

含油率及化学组分数据：

采集单位	测试单位	测试部位	产地	含油率(%)	碘值	酸值	皂化值	C12:0	C14:0	C16:0	C16:1	C18:0	C18:1	C18:2	C18:3	C20:0	C20:1
HNUST	ICS	种子	河北青龙	7.60					0.06	10.29	0.09	1.64	15.51	29.02	37.74	0.50	0.72

胡枝子属**Lespedeza** Michx.

兴安胡枝子**Lespedeza davurica** (Laxm.) Schindl.

小灌木。花期7～8月；果期9～10月。河北：邯郸，37°23′28″N，114°36′13″E，70 m，2011-09-29，徐兴友、韩宝强400313066。生于海拔0～1300 m的干山坡、草地、路旁及沙质地上。产于东北、华北经秦岭淮河以北至西南各地。朝鲜、日本、原俄罗斯（西伯利亚）也有分布。

含油率及化学组分数据：

采集单位	测试单位	测试部位	产地	含油率(%)	碘值	酸值	皂化值	C12:0	C14:0	C16:0	C16:1	C18:0	C18:1	C18:2	C18:3	C20:0	C20:1
HNUST	ICS	种子	河北邯郸	6.55	120.87	9.04	217.61			4.12	0.07	2.95	6.37	44.01	39.67	0.35	0.53

多花胡枝子**Lespedeza floribunda** Bunge

小灌木。花期6～9月；果期9～10月。河北：石家庄，37°28′12″N，114°17′18″E，210 m，2011-10-12，徐兴友、韩宝强400313141。生于海拔1300 m以下的石质山坡。产于广东、江西、福建、江苏、安徽、山东、河南、湖北、四川、青海、甘肃、宁夏、陕西、山西、河北、辽宁（西部及南部）等地。

含油率及化学组分数据：

采集单位	测试单位	测试部位	产地	含油率(%)	碘值	酸值	皂化值	C12:0	C14:0	C16:0	C16:1	C18:0	C18:1	C18:2	C18:3	C20:0	C20:1
HNUST	ICS	种子	河北石家庄	3.09	124.21	7.79	249.39						12.77	49.35	18.98	0.51	0.09

绒毛胡枝子**Lespedeza tomentosa** (Thunb.) Sieb. ex Maxim.

灌木。果期10月。河北：石家庄，37°28′12″N，114°11′8″E，210 m，2011-10-12，徐兴友、韩宝强400313140。生于海拔1000 m以下的干山坡草地及灌丛间。除新疆及西藏外全国各地普遍生长。

含油率及化学组分数据：

采集单位	测试单位	测试部位	产地	含油率(%)	碘值	酸值	皂化值	C12:0	C14:0	C16:0	C16:1	C18:0	C18:1	C18:2	C18:3	C20:0	C20:1
HNUST	ICS	种子	河北石家庄	4.45	58.56	24.29	269.37	0.08	0.21	14.06	1.24	5.39	34.36	25.48	5.71	1.28	2.49

马鞍树属**Maackia** Rupr.

马鞍树**Maackia hupehensis** Takeda

乔木。花期6～7月；果期8～9月。江西：九江市庐山自然保护区，29°33′59″N，115°58′41″E，1061 m，2010-11-07，李朋远、林意漫400148011。生于海拔550～2300 m的山坡、溪边、谷地。产于湖南、江西、浙江、江苏、安徽、河南、湖北、四川、陕西。

含油率及化学组分数据：

采集单位	测试单位	测试部位	产地	含油率(%)	碘值	酸值	皂化值	C12:0	C14:0	C16:0	C16:1	C18:0	C18:1	C18:2	C18:3	C20:0	C20:1
SYSU	SCBG	种仁	江西九江	13.78	85.00	0.98	168.32		0.06	18.12	0.16	4.22	22.34	49.33	5.11	0.39	0.27

草木犀属**Melilotus** (L.) Mill.

草木犀**Melilotus officinalis** (L.) Pall.

二年生草本。花期5～9月；果期6～10月。陕西：杨凌县西农农场，34°9′14″N，108°1′59″E，500 m，2011-10-10，薛帅、潘昊400325041。甘肃：徽县严坪镇，33°40′6″N，106°17′20″E，1175 m，2011-10-06，薛帅400325007。河北：张家口，41°4′54″N，115°46′14″E，896 m，2010-09-26，徐兴友400313052。黑龙江：桦川县申家店，47°43′51″N，128°52′13″E，787 m，2010-08-15，陈连江、卞勇、贾海伦400351033；北安，39°46′08″N，115°52′29″E，2011-09-20，郑宝江等400341128。生于海拔200～1200 m的山坡、河岸、路旁、沙质草地及林缘。产于华南、西南、东北各地。其余各地常见栽培。欧洲地中海东岸、中东、中亚、东亚均有分布。茎叶含芳香油，可调合香精，尤其是烟草香精的原料。

含油率及化学组分数据：

采集单位	测试单位	测试部位	产地	含油率(%)	碘值	酸值	皂化值	C12:0	C14:0	C16:0	C16:1	C18:0	C18:1	C18:2	C18:3	C20:0	C20:1
CAU	ICS	种子	陕西杨凌	2.75	131.40	9.88	238.34	0.05	0.14	11.35	0.53	2.41	9.24	45.92	24.36	0.79	0.35
CAU	ICS	种子	甘肃徽县	1.21	125.09	65.50	263.95	0.09	0.64	10.48	0.29	5.22	10.17	26.78	18.29	5.73	0.19
HNUST	ICS	种子	河北张家口	5.07	137.16	7.68	251.84		0.11	9.32	0.20	1.95	8.84	43.59	32.30	0.62	0.28
SBRI	SCBG	种仁	黑龙江桦川	5.88	66.68	2.25	401.12	0.004	0.06	7.68	0.14	4.53	10.93	74.31	0.88	0.93	0.54
NEFU	SCBG	种仁	黑龙江北安	19.29	20.91	91.46	201.65	0.01	0.12	6.70	0.11	3.71	18.55	69.12	1.04	0.41	0.24

黧豆属**Mucuna** Adans.

白花油麻藤**Mucuna birdwoodiana** Tutch.

常绿、大型木质藤本。花期4～6月；果期6～11月。广东：惠州龙门县，23°39′59″N，114°08′14″E，邢福武400114118。生于海拔800～2500 m的山地阳处，路旁，溪边，常攀缘在乔、灌木上。产于广东、广西、江西、福建、四川、贵州等地。

含油率及化学组分数据：

采集单位	测试单位	测试部位	产地	含油率(%)	碘值	酸值	皂化值	C12:0	C14:0	C16:0	C16:1	C18:0	C18:1	C18:2	C18:3	C20:0	C20:1
SCBG	SCBG	种仁	广东龙门	16.10	38.36	37.76	161.28		0.24	13.64	0.10	4.08	6.26		1.11		0.36

黧豆 **Mucuna pruriens** var. **utilis** (Wall. ex Wight) Baker ex Burck

一年生缠绕藤本。花期10月；果期11月。广西：那坡县德龙乡三章村，23°16′30″N，105°50′2″E，736 m，2010-11-18，吴磊、黄俞淞、朱运喜4001101137；龙胜县和平乡金江村，25°51′16″N，110°48′19″E，460 m，2012-09-23，廖云标4001101294。产于海南、广东、广西、台湾（逸生）、四川、贵州、湖北等地。亚洲热带、亚热带地区均有栽培。

含油率及化学组分数据：

采集单位	测试单位	测试部位	产地	含油率(%)	碘值	酸值	皂化值	C12:0	C14:0	C16:0	C16:1	C18:0	C18:1	C18:2	C18:3	C20:0	C20:1
GXIB	SCBG	种仁	广西那坡	13.40	41.56	3.88	255.83	2.59	0.14	15.58	0.14	2.31	13.93	60.42	1.02	0.57	0.14
GXIB	SCBG	种仁	广西龙胜	18.67	122.28	3.79	202.53		0.67	5.51	0.03	1.87	30.13	43.50	0.48	0.22	7.07

红豆属**Ormosia** Jacks.

单叶红豆 **Ormosia simplicifolia** Merr. et Chun

灌木或小乔木。花期7月；果期9～10月。产于海南、广西。生于海拔400～1300 m的山谷林内。越南也有分布。

含油率及化学组分数据：

采集单位	测试单位	测试部位	产地	含油率(%)	碘值	酸值	皂化值	C12:0	C14:0	C16:0	C16:1	C18:0	C18:1	C18:2	C18:3	C20:0	C20:1
OFPC	SCBG	种子	海南陵水	18.60	92.50		199.00		0.40	18.20		5.70	18.60	57.00			

棘豆属**Oxytropis** DC.

线棘豆（蓝花棘豆）**Oxytropis filiformis** DC.[*Oxytropis coerulea* (Pall.) DC.]

多年生草本。花期6～7月；果期7～8月。河北：张家口，40°01′18″N，115°20′49″E，1525 m，2009-09-23，徐兴友400313038。生于海拔1200 m左右的山坡或山地林下。产于山西、河北、内蒙古（呼伦贝尔盟、锡盟和大青山）、黑龙江等地。俄罗斯和蒙古也有分布。

含油率及化学组分数据：

采集单位	测试单位	测试部位	产地	含油率(%)	碘值	酸值	皂化值	C12:0	C14:0	C16:0	C16:1	C18:0	C18:1	C18:2	C18:3	C20:0	C20:1
HNUST	ICS	种子	河北张家口	3.70	72.10												

葛属**Pueraria** Candolle

三裂叶野葛 **Pueraria phaseoloides** (Roxb.) Benth.

草质藤本。花期8～9月；果期10～11月。海南：万宁市兴隆，18°50′24″N，110°17′33″E，2012-01-02，刘东明、梁耀、王鹏4001122272。生于山地、丘陵的灌丛中。产于海南、广东、广西、浙江、云南。印度、中南半岛及马来半岛亦有分布。

含油率及化学组分数据：

采集单位	测试单位	测试部位	产地	含油率(%)	碘值	酸值	皂化值	C12:0	C14:0	C16:0	C16:1	C18:0	C18:1	C18:2	C18:3	C20:0	C20:1
SCBG	SCBG	种仁	海南万宁	16.66	11.95	23.21	151.68	0.05	0.11	5.93	26.07	7.53	20.93	39.38			

田菁属**Sesbania** Scop.

刺田菁 **Sesbania bispinosa** (Jacq.) W. Wight

灌木状草本。花、果期8～12月。四川：攀枝花市米易县二滩，26°48′50″N，101°47′9″E，1196 m，2012-10-13，刘晓波、宫庆彬40021112060。常生于海拔1200 m的山坡路边湿润处。产于广东、广西、四川（西南部）、云南。伊朗、巴基斯坦、印度、斯里兰卡、中南半岛、马来半岛等地也有分布。

含油率及化学组分数据：

采集单位	测试单位	测试部位	产地	含油率(%)	碘值	酸值	皂化值	C12:0	C14:0	C16:0	C16:1	C18:0	C18:1	C18:2	C18:3	C20:0	C20:1
SCU	SCU	种仁	四川攀枝花	1.18													

田菁 **Sesbania cannabina** (Retz.) Poir.

一年生草本。花期7～12月；果期7～12月。新疆：吐鲁番沙漠植物园，42°51′17″N，89°11′36″E，93 m，2009-10-28，王喜勇、侯翼国4003309016。常生于海拔0～500 m的水田、水沟等潮湿低地。产于海南、广西、江西、福建、浙江、江苏，云南有栽培或逸为野生。伊拉克、印度、中南半岛、马来西亚、巴布亚新几内亚、新喀里多尼亚、澳大利亚、加纳、毛里塔尼亚也有分布。

含油率及化学组分数据：

采集单位	测试单位	测试部位	产地	含油率(%)	碘值	酸值	皂化值	C12:0	C14:0	C16:0	C16:1	C18:0	C18:1	C18:2	C18:3	C20:0	C20:1
XIEG	SCBG	种仁	新疆吐鲁番	5.73	61.24	4.78	175.94			5.97		2.90	9.82	78.31	0.81	0.51	0.15

槐属Sophora L.

短蕊槐Sophora brachygyna C. Y. Ma

乔木。花期8～11月；果期10月至翌年1月。贵州：江口县太平镇，27°45′47″N，108°46′30″E，2011-11-17，张九兵、朱明德400181360。常生于海拔300 m左右的山坡路边林中。产于广西、湖南、江西、浙江。

含油率及化学组分数据：

采集单位	测试单位	测试部位	产地	含油率(%)	碘值	酸值	皂化值	C12:0	C14:0	C16:0	C16:1	C18:0	C18:1	C18:2	C18:3	C20:0	C20:1
HUST	HUST	种仁	贵州江口	8.67		28.04	174.92	0.14	0.14	5.09		1.44	9.53	26.87	2.28	0.29	

白刺花Sophora davidii (Franch.) Skeels

灌木或小乔木。花期3～8月；果期6～10月。陕西：凤县南星镇瓦房坝乡，33°42′42″N，106°37′11″E，1300 m，2011-08-30，薛帅400324061。新疆：G219库地至叶城途中，37°4′23″N，76°52′52″E，2528 m，2011-07-23，侯翼国、王茜4003311002；吐鲁番沙漠植物园，42°51′17″N，89°11′36″E，93 m，2009-05-26，王喜勇、侯翼国4003309026。常生于海拔2500 m以下的河谷沙丘和山坡路边的灌木丛中，产于广西、湖南、浙江、江苏、河南、湖北、四川、贵州、云南、西藏、甘肃、陕西。

含油率及化学组分数据：

采集单位	测试单位	测试部位	产地	含油率(%)	碘值	酸值	皂化值	C12:0	C14:0	C16:0	C16:1	C18:0	C18:1	C18:2	C18:3	C20:0	C20:1
CAU	ICS	种子	陕西凤县	6.12	122.82	7.42	169.18		7.26	9.47	0.33	6.96	47.35	18.54	0.11	1.40	0.15
XIEG	SCBG	种仁	新疆库地	15.14	68.78	6.10	346.96		0.20	8.35	0.19	1.92	25.14	17.82	4.09	0.72	0.53
XIEG	SCBG	种仁	新疆吐鲁番	16.42	77.89	2.17	157.20	1.42		5.92	0.37	1.33	55.65	28.97	0.68	0.47	0.14

苦参Sophora flavescens Aiton

草本或亚灌木，稀呈灌木状。花期6～8月；果期7～10。陕西：凤县南星镇瓦房坝乡，33°42′29″N，106°37′0″E，1300 m，2011-08-29，薛帅400324053。湖北：武汉植物园药园，30°33′04″N，114°25′49″E，2009-07-25，李晓东、李宏亮4001219。河北：抚宁，40°11′37″N，119°20′27″E，214 m，2012-09-02，徐兴友、韩宝强400313152。重庆：南川区三泉镇小儿坡，29°50′41″N，107°7′22″E，667 m，2009-07-28，刘正宇等400231013。常生于海拔1500 m以下的山坡、沙地草坡灌木林中或田野附近，产于我国南北各地。日本、朝鲜、印度、俄罗斯西伯利亚地区也有分布。种子油可制肥皂、润滑油。

含油率及化学组分数据：

采集单位	测试单位	测试部位	产地	含油率(%)	碘值	酸值	皂化值	C12:0	C14:0	C16:0	C16:1	C18:0	C18:1	C18:2	C18:3	C20:0	C20:1
CAU	ICS	种子	陕西凤县	6.54	122.83	100.81	338.12		0.09	4.51		2.00	23.62	65.06	1.14	0.26	0.28
WHBG	WHBG	种仁	湖北武汉	12.00	128.50	1.46	196.44	0.01	0.03	4.54	0.07	1.88	29.17	63.20	0.33	0.16	0.61
HNUST	ICS	种子	河北抚宁	11.04	129.70	5.59	210.40	0.02	0.04	2.72	0.06	1.49	22.78	65.58	0.49	0.10	0.33
CIPP	SCBG	种仁	重庆南川	12.65	76.24	16.52	136.44		0.06	5.26		2.02	14.86	54.64	17.30	1.08	0.31
OFPC		种子	辽宁沈阳	14.80	149.30		190.60			2.60		1.20	18.70	77.20	0.30		
OFPC		种子	江苏南京				187.60		0.10	3.70	微量	2.10	25.40	67.80	0.80	0.10	

锈毛槐Sophora prazeri Prain

灌木。花期4～9月；果期4～9月。四川：攀枝花市米易县二滩，26°49′52″N，101°44′48″E，1219 m，2012-10-13，刘晓波、宫庆彬40021112051。常生于海拔2000 m以下的热带和亚热带山地林中，多在山谷河溪边潮湿的山坡上。产于广西（部分地区）、贵州、云南。缅甸也有分布。

含油率及化学组分数据：

采集单位	测试单位	测试部位	产地	含油率(%)	碘值	酸值	皂化值	C12:0	C14:0	C16:0	C16:1	C18:0	C18:1	C18:2	C18:3	C20:0	C20:1
SCU	SCU	种仁	四川攀枝花	10.44		0.67											

密花豆属Spatholobus Hassk.

美丽密花豆Spatholobus pulcher Dunn

攀缘藤本。花期1～2月；果期5～6月。云南：马关县马白乡砂尾冲，23°3′13″N，104°16′15″E，1425 m，2011-02-23，王智、杨珺、谭英400221269。常生于海拔700～1600 m的山地疏林沟谷或路旁，常攀缘于乔木上。我国特产，分布于云南西南部。

含油率及化学组分数据：

采集单位	测试单位	测试部位	产地	含油率(%)	碘值	酸值	皂化值	C12:0	C14:0	C16:0	C16:1	C18:0	C18:1	C18:2	C18:3	C20:0	C20:1
KMIB	KMIB	种仁	云南马关	13.00					0.11	22.73		3.73	24.14	46.96	0.98	0.97	0.37

灰毛豆属Tephrosia Pers.

灰毛豆Tephrosia purpurea (L.) Pers.

灌木状草本。花期5～8月；果期9～12月。产于广东、广西、福建、台湾、云南。常生于旷野及山坡。

含油率及化学组分数据：

采集单位	测试单位	测试部位	产地	含油率(%)	碘值	酸值	皂化值	C12:0	C14:0	C16:0	C16:1	C18:0	C18:1	C18:2	C18:3	C20:0	C20:1
OFPC	SCBG	种子	海南陵水	12.90	106.10		186.40		微量	16.50		4.40	28.60	31.70	18.80		

车轴草属Trifolium L.

野火球Trifolium lupinaster L.

多年生草本。花期6～10月；果期6～10月。黑龙江：北安，39°46′08″N，115°52′29″E，2011-09-25，郑宝江等400341174；桦川县申家店，47°43′50″N，128°52′10″E，820 m，2010-08-15，陈连江、卞勇、贾海伦400351035。常生于海拔820 m的低湿草地、林缘和山坡。产于东北、新疆、山西、河北、内蒙古。朝鲜、日本、蒙古、俄罗斯均有分布。

含油率及化学组分数据：

采集单位	测试单位	测试部位	产地	含油率(%)	碘值	酸值	皂化值	C12:0	C14:0	C16:0	C16:1	C18:0	C18:1	C18:2	C18:3	C20:0	C20:1
NEFU	SCBG	种仁	黑龙江北安	17.25	15.63	12.58	181.25	0.01	0.02	5.93	0.07	3.77	17.89	65.91	0.80	0.14	5.47
SBRI	SCBG	种仁	黑龙江桦川	2.55	70.76	5.14	396.81	0.01	0.04	3.27	0.12	1.15	13.64	41.38	38.98	0.80	0.61

白车轴草Trifolium repens L.

短期多年生草本。花期5～10月；果期5～10月。陕西：杨凌县西农农场，34°9′13″N，108°2′4″E，500 m，2011-07-23，薛帅、秦烁400324031。我国常见于种植，并在湿润草地、河岸、路边呈半自生状态。原产欧洲和北非，世界各地均有栽培。

含油率及化学组分数据：

采集单位	测试单位	测试部位	产地	含油率(%)	碘值	酸值	皂化值	C12:0	C14:0	C16:0	C16:1	C18:0	C18:1	C18:2	C18:3	C20:0	C20:1
CAU	ICS	种子	陕西杨凌	3.22	77.67	85.65	332.45		0.07	8.12	0.09	1.83	19.90	64.59	0.92	0.61	0.21

胡卢巴属Trigonella L.

胡卢巴Trigonella foenum-graecum L.

一年生草本。花期4～7月；果期7～9月。云南：玉溪峨山，24°10′17″N，102°24′15″E，1542 m，2011-09-06，李忠荣400222238。生于田间、路旁。我国南北各地均有栽培，在西南、西北各地呈半野生状态。我国南北各地均有栽培，在西南、西北各地呈半野生状态。

含油率及化学组分数据：

采集单位	测试单位	测试部位	产地	含油率(%)	碘值	酸值	皂化值	C12:0	C14:0	C16:0	C16:1	C18:0	C18:1	C18:2	C18:3	C20:0	C20:1
KMIB	KMIB	种仁	云南玉溪	3.52													

野豌豆属Vicia L.

大花野豌豆Vicia bungei Ohwi

一二年生缠绕或匍匐伏草本。花期4～5月；果期6～7月。陕西：杨凌县西农农场，34°9′14″N，108°2′15″E，500 m，2011-07-23，薛帅、秦烁400324035。生于海拔280～3800 m山坡、谷地、草丛、田边及路旁。产于江苏、安徽、山东及西南、西北、华北、东北等地区。

含油率及化学组分数据：

采集单位	测试单位	测试部位	产地	含油率(%)	碘值	酸值	皂化值	C12:0	C14:0	C16:0	C16:1	C18:0	C18:1	C18:2	C18:3	C20:0	C20:1
CAU	ICS	种子	陕西杨凌	0.38	115.40	54.77	207.33	2.13	0.40	15.27		3.11	21.18	40.07	7.92	1.44	0.76

广布野豌豆Vicia cracca L.

多年生草本。花、果期5～9月。新疆：吐鲁番沙漠植物园，42°51′17″N，89°11′36″E，93 m，2009-10-28，班卫强4003309034。常生于海拔90～650 m的草甸、林缘、山坡、河滩草地及灌丛。广布于我国各地。欧亚、北美洲也有。

含油率及化学组分数据：

采集单位	测试单位	测试部位	产地	含油率(%)	碘值	酸值	皂化值	C12:0	C14:0	C16:0	C16:1	C18:0	C18:1	C18:2	C18:3	C20:0	C20:1
XIEG	SCBG	种仁	新疆吐鲁番	11.68	42.37	2.15	522.05	0.07	0.18	6.18	0.06	4.46	17.82	42.02	26.56	0.89	0.19

窄叶野豌豆Vicia sativa subsp. nigra (L.) Ehrh.

一年生或二年生草本。花期3～6月；果期5～9月。湖北：武汉中国科学院武汉植物园过度圃，30°32′49″N，114°24′36″E，32 m，2009-06-02，李晓东、张守军4001213。常生于滨海至海拔3000 m的河滩、山沟、谷地、田边草丛。广泛栽培于我国各地。欧洲、北非、亚洲亦有。

含油率及化学组分数据：

采集单位	测试单位	测试部位	产地	含油率(%)	碘值	酸值	皂化值	C12:0	C14:0	C16:0	C16:1	C18:0	C18:1	C18:2	C18:3	C20:0	C20:1
WHBG	WHBG	种仁	湖北武汉	13.45					0.10	4.72	0.19	1.88	24.58	48.83	15.48	0.35	0.69

豇豆属 **Vigna** Savi

赤豆 **Vigna angularis** (Willd.) Ohwi et H. Ohashi

一年生、直立或缠绕草本。花期夏季；果期9～10月。广西：龙胜县和平乡金江村，25°44′26″N，110°59′3″E，550 m，2012-08-22，许为斌4001101333。我国南北均有栽培。非洲的刚果、乌干达及美洲亦有引种。

含油率及化学组分数据：

采集单位	测试单位	测试部位	产地	含油率(%)	碘值	酸值	皂化值	C12:0	C14:0	C16:0	C16:1	C18:0	C18:1	C18:2	C18:3	C20:0	C20:1
GXIB	SCBG	种仁	广西龙胜	16.41	32.05	0.49	250.92	0.05	0.15	8.59	0.60	4.64	25.29	31.75	24.09	0.61	0.37

贼小豆 **Vigna minima** (Roxb.) Ohwi et H. Ohashi

一年生缠绕草本。花、果期8～10月。陕西：宁强县青木川西沟，32°30′7″N，105°20′5″E，693 m，2011-09-12，薛帅、秦烁400324071。常生于海拔700 m左右的旷野、草丛或灌丛中。产于我国北部、东南部至南部。日本、菲律宾亦有分布。

含油率及化学组分数据：

采集单位	测试单位	测试部位	产地	含油率(%)	碘值	酸值	皂化值	C12:0	C14:0	C16:0	C16:1	C18:0	C18:1	C18:2	C18:3	C20:0	C20:1
CAU	ICS	种子	陕西宁强	1.37	158.29	48.25	1795.68	0.33	0.33	15.33		4.67	9.00	51.00	17.00		

短豇豆 **Vigna unguiculata** subsp. **cylindrica** (L.) Verdc.

一年生直立草本。花期7～8月；果期9月。广西：灵川县海洋乡小平乐村，25°17′44″N，110°39′30″E，582 m，2011-10-02，郭伦发、林春蕊4001101221。我国各省都有栽培。日本、朝鲜、美国亦有栽培。

含油率及化学组分数据：

采集单位	测试单位	测试部位	产地	含油率(%)	碘值	酸值	皂化值	C12:0	C14:0	C16:0	C16:1	C18:0	C18:1	C18:2	C18:3	C20:0	C20:1
GXIB	SCBG	种仁	广西灵川	18.66	89.40	0.62	201.90	0.01	0.05	6.93		3.72	55.20	29.23	1.96	0.61	

127. 蒺藜科 Zygophyllaceae

白刺属 **Nitraria** L.

大白刺(齿叶白刺、罗氏白刺)**Nitraria roborowskii** Kom.

灌木。花期6月；果期7～8月。新疆：精河艾比湖边缘湿地，44°40′35″N，83°11′2″E，204 m，2010-08-16，王喜勇4003310001；塔什库尔干县G314/1722km，38°1′56″N，75°3′26″E，3285 m，2011-08-15，侯翼国、王茜4003311010。生于湖盆边缘、绿洲外围沙地。分布于新疆、青海各沙漠地区、甘肃河西、宁夏、内蒙古西部。蒙古也有分布。

含油率及化学组分数据：

采集单位	测试单位	测试部位	产地	含油率(%)	碘值	酸值	皂化值	C12:0	C14:0	C16:0	C16:1	C18:0	C18:1	C18:2	C18:3	C20:0	C20:1
XIEG	SCBG	种仁	新疆精河	11.61	15.37	6.15		0.19	0.79	13.11	0.68	1.92	21.70	52.37	1.54	0.37	0.14
XIEG	SCBG	种子	新疆塔什库尔干	12.28	4.94	5.45	241.83			14.99		2.52	25.70	51.34	0.30	0.43	2.32

泡泡刺(球果白刺、膜果白刺)**Nitraria sphaerocarpa** Maxim.

灌木。花期5～6月；果期6～7月。甘肃：瓜州县锁阳城，40°15′7″N，96°11′55″E，1332 m，2011-07-02，薛帅、秦烁400324006。生于戈壁、山前平原和砾质平坦沙地，极耐干旱。分布于新疆、甘肃河西、内蒙古西部。蒙古也有分布。

含油率及化学组分数据：

采集单位	测试单位	测试部位	产地	含油率(%)	碘值	酸值	皂化值	C12:0	C14:0	C16:0	C16:1	C18:0	C18:1	C18:2	C18:3	C20:0	C20:1
CAU	ICS	种子	甘肃瓜州	7.77	104.33	10.34	164.09		0.10	5.75	0.27	2.81	19.59	67.83	1.38	0.63	0.29

白刺(酸胖、唐古特白刺)**Nitraria tangutorum** Bobrov

灌木。花期5～6月；果期7～8月。新疆：奇台西地镇东地村，44°8′24″N，89°56′22″E，752 m，2009-07-11，王喜勇、侯翼国4003309031。甘肃：瓜州县锁阳城，40°15′7″N，96°11′54″E，1320 m，2011-07-02，薛帅、秦烁400324007。内蒙古：乌海市海勃湾区碱柜，42°2′54″N，106°47′6″E，1080 m，2012-07-19，田海晨400312071。生于海拔800～2500 m的枣园和荒漠地带的轻度盐渍化低地、湖盆边缘、干河床边。分布于西藏东北部、新疆、青海、甘肃河西、宁夏、陕西北部、内蒙古西部。

含油率及化学组分数据：

采集单位	测试单位	测试部位	产地	含油率(%)	碘值	酸值	皂化值	C12:0	C14:0	C16:0	C16:1	C18:0	C18:1	C18:2	C18:3	C20:0	C20:1
XIEG	SCBG	种仁	新疆奇台	6.05	62.45	1.76	203.11			8.75	0.14	3.45	19.23	50.74	10.36	0.94	0.90
CAU	ICS	种子	甘肃瓜州	0.06	66.94	61.43	309.82	0.19	0.55	11.07		3.40	11.86	50.25	4.21	1.35	0.30
IMAU	ICS	种子	内蒙古乌海	4.09	75.89	20.76	164.58	0.14	0.25	4.86	1.09	2.21	19.50	56.44	1.39	0.41	0.32

130. 大戟科 Euphorbiaceae

五月茶属**Antidesma** L.

日本五月茶（酸味子）**Antidesma japonicum** Sieb. et Zucc.

乔木或灌木。花期4～8月；果期6～9月。福建：梁野山新化村，25°17′3″N，116°17′40″E，365 m，2012-11-24，易绮斐、李玉玲、宁阳阳400119297。生于海拔300～1700 m山地疏林中或山谷湿润地方，分布于我国长江以南各地。日本、越南、泰国、马来西亚等也有分布。

含油率及化学组分数据：

采集单位	测试单位	测试部位	产地	含油率(%)	碘值	酸值	皂化值	C12:0	C14:0	C16:0	C16:1	C18:0	C18:1	C18:2	C18:3	C20:0	C20:1
SCBG	SCBG	种仁	福建梁野山	16.49	96.81	18.87	138.50	0.003	0.06	6.40	0.07	1.65	19.36	32.70	39.37	0.13	0.25

白桐树属**Claoxylon** A. Juss.

白桐树**Claoxylon indicum** (Reinw. ex Blume) Hassk.

小乔木或灌木。花、果期5～12月。海南：文昌县龙楼镇铜鼓岭，19°40′32″N，111°01′44″E，2009-08-01，邢福武、戴建阅、翟俊文、郑希龙4001118。生于海拔20～400 m平原、山谷或河谷疏林中。产于海南、广东、广西西南部、云南南部。分布于亚洲东南部各国和印度。根部供药用，治风湿痛。

含油率及化学组分数据：

采集单位	测试单位	测试部位	产地	含油率(%)	碘值	酸值	皂化值	C12:0	C14:0	C16:0	C16:1	C18:0	C18:1	C18:2	C18:3	C20:0	C20:1
SCBG	SCBG	种仁	海南文昌	6.40	77.81	5.48	260.47	1.07	0.08	46.20	0.19	1.76	10.53	20.30	19.33	0.28	0.27

大戟属**Euphorbia** L.

乳浆大戟**Euphorbia esula** L.

多年生草本。花、果期4～10月。四川：若尔盖县达扎寺乡多玛村，33°32′49″N，103°0′50″E，3477 m，2009-07-22，干友民400241021。生于路旁、杂草丛、山坡、林下、河沟边、荒山、沙丘及草地。分布于全国（除贵州、云南和西藏外）。广布于欧亚大陆，且归化于北美。

含油率及化学组分数据：

采集单位	测试单位	测试部位	产地	含油率(%)	碘值	酸值	皂化值	C12:0	C14:0	C16:0	C16:1	C18:0	C18:1	C18:2	C18:3	C20:0	C20:1
SICAU	SCBG	种仁	四川若尔盖	11.37	113.09	35.42											

地锦（地锦草）**Euphorbia humifusa** Willd.

一年生草本。花、果期5～10月。河南：商城县大别山，31°45′09″N，115°32′04″E，506 m，2011-10-11，杨大伟、陈明400314110。生于原野荒地、路旁、田间、沙丘、海滩、山坡等地，较常见，特别是长江以北地区。除海南外，分布于全国。广布于欧亚大陆温带。用种子繁殖。秋季9～10月待果实成熟时，采收，晒干，贮藏备用。春播3～4月，种子与草木灰拌匀，条播，按行距15 cm开条沟，将种子均匀播入沟内，薄覆细土，稍加镇压。全草入药，有清热解毒、利尿、通乳、止血及杀虫作用。

含油率及化学组分数据：

采集单位	测试单位	测试部位	产地	含油率(%)	碘值	酸值	皂化值	C12:0	C14:0	C16:0	C16:1	C18:0	C18:1	C18:2	C18:3	C20:0	C20:1
HNAU	ICS	种子	河南商城	17.06	78.45	24.70	183.09		0.20	14.75	2.75	4.54	27.71	43.21	0.37	0.41	0.05

银边翠（高山积雪）**Euphorbia marginata** Pursh

一年生草本。花、果期6～9月。黑龙江：佳木斯市森林公园，46°48′1″N，130°22′1″E，2011-10-10，卞勇、潘伟400351090。常见于植物园、公园等处，供观赏。原产北美洲，广泛栽培于旧大陆；我国大多数地区市均有栽培，

含油率及化学组分数据：

采集单位	测试单位	测试部位	产地	含油率(%)	碘值	酸值	皂化值	C12:0	C14:0	C16:0	C16:1	C18:0	C18:1	C18:2	C18:3	C20:0	C20:1
SBRI	SCBG	种仁	黑龙江佳木斯	10.69	77.63	2.95	170.43	0.01	0.04	3.27	0.12	1.15	13.64	41.38	38.98	0.80	0.61
OFPC	IAE	种子	辽宁盖县	19.40	186.70					5.10		2.30	10.30	14.70	67.70		

血桐属**Macaranga** Thouars

印度血桐**Macaranga indica** Wight

乔木。花期8～10月；果期10～11月。云南：屏边县玉屏镇大围山，22°57′48″N，103°42′27″E，1562 m，2010-11-12，王智、杨珺、谭英400221279。生于海拔1200～1850 m山谷、溪畔常绿阔叶林中或次生林中。产于云南（河口、勐海、双江、沧源）、西藏（墨脱）。分布于印度、斯里兰卡、马来西亚、泰国等国。

含油率及化学组分数据：

采集单位	测试单位	测试部位	产地	含油率(%)	碘值	酸值	皂化值	C12:0	C14:0	C16:0	C16:1	C18:0	C18:1	C18:2	C18:3	C20:0	C20:1
KMBG	KMBG	种仁	云南屏边	15.51	105.70		152.60										
OFPC	XTBG	种子	云南勐腊	16.00	105.70	57.50	152.60			10.30			57.50	19.20	1.70		

野桐属Mallotus Lour.

绒毛野桐Mallotus oreophilus var. oreophilus[*Mallotus japonicus* var. *oreophilus* (Müll. Arg.) S.M. Hwang]

小乔木或灌木。叶卵形至阔卵形，花、果期6～10月。广西：桂林市广西植物研究所，25°5′21″N，110°20′51″E，182 m，2010-11-09，吴磊、农冬新4001101163。生于海拔1300～1800 m林中。产于广东、广西、江西、四川、贵州和云南。分布于印度锡金。

含油率及化学组分数据：

采集单位	测试单位	测试部位	产地	含油率(%)	碘值	酸值	皂化值	C12:0	C14:0	C16:0	C16:1	C18:0	C18:1	C18:2	C18:3	C20:0	C20:1
GXIB	SCBG	种仁	广西桂林	14.69	88.06	1.94	192.82	0.04	0.14	20.89	0.78	4.13	43.08	29.74	0.26		0.95

杠香藤Mallotus repandus var. chrysocarpus (Pamp.) S.M. Hwang

攀缘状灌木。花期4～6月；果期8～11月。湖南：吉首小溪，28°20′57″N，109°43′53″E，214 m，2009-07-12，陈功锡、徐亮400191001。湖北：神农架林区，31°39′57″N，110°36′12″E，318 m，2011-07-11，丁时东400151120。生于海拔300～600 m山地疏林中或林缘。产于广东北部、湖南、江西、福建、浙江、江苏、安徽、湖北、四川、贵州、甘肃、陕西。

含油率及化学组分数据：

采集单位	测试单位	测试部位	产地	含油率(%)	碘值	酸值	皂化值	C12:0	C14:0	C16:0	C16:1	C18:0	C18:1	C18:2	C18:3	C20:0	C20:1
JSU	SCBG	种仁	湖南吉首	5.30	89.56	3.66	206.13		0.08	12.41		7.06	14.71	14.86	37.08	0.95	
OCRI	SCBG	种仁	湖北神农架	16.50	20.58	7.41	184.86										

巴戟天属Morinda L.

海滨木巴戟(海巴戟)Morinda citrifolia L.

灌木至小乔木。花、果期全年。海南：文昌红树林，19°34′16″N，110°49′30″E，2009-08-09，邢福武、戴建阅、翟俊文、郑希龙40011163。生于海滨平地或疏林下。产于海南、西沙群岛、台湾等地。分布自印度和斯里兰卡，经中南半岛，南至澳大利亚北部，东至波利尼西亚等广大地区及其海岛。

含油率及化学组分数据：

采集单位	测试单位	测试部位	产地	含油率(%)	碘值	酸值	皂化值	C12:0	C14:0	C16:0	C16:1	C18:0	C18:1	C18:2	C18:3	C20:0	C20:1
SCBG	SCBG	种仁	海南文昌	6.47	82.76	22.67	188.45	0.08	0.69	13.23	0.74	3.32	27.04	45.46	8.80	0.50	0.14

地构叶属Speranskia Baill.

广州地构叶Speranskia cantonensis (Hance) Pax et K. Hoffm.

草本。花期2～6月；果期5～12月。广东：阳山县秤架，24°43′39″N，112°45′19″E，800 m，2009-10-24，陈林、王发国、翟俊文40011461。生于海拔1000～2600 m草地或灌丛中。产于广东、广西、湖南、江西、湖北、四川、贵州、云南、甘肃、陕西、河北等地。

含油率及化学组分数据：

采集单位	测试单位	测试部位	产地	含油率(%)	碘值	酸值	皂化值	C12:0	C14:0	C16:0	C16:1	C18:0	C18:1	C18:2	C18:3	C20:0	C20:1
SCBG	SCBG	种仁	广东阳山	5.90	77.13	2.20	196.40	0.02	0.08	11.45	0.05	2.53	6.19	78.44	0.39	0.51	0.33

132. 芸香科 Rutaceae

柑橘属Citrus L.

云南香橼Citrus medica L.

灌木或小乔木。花期4～5月；果期10～11月。云南：峨山锦屏山，24°19′12″N，102°10′12″E，1560 m，2010-08-05，邱明华、李忠荣400222163。产于海南、广西、四川、贵州、云南、西藏东部。原产于印度东北部和缅甸。

含油率及化学组分数据：

采集单位	测试单位	测试部位	产地	含油率(%)	碘值	酸值	皂化值	C12:0	C14:0	C16:0	C16:1	C18:0	C18:1	C18:2	C18:3	C20:0	C20:1
KMIB	KMIB	种仁	云南峨山	18.92							20.76	0.09	2.04	20.78	34.45		0.19

黄皮属Clausena Burm. f.

假黄皮Clausena excavata Burm.f.

灌木。花期4～5月及7～8月，稀至10月仍开花(海南)；盛果期8～10月。海南：文昌县龙楼镇铜鼓岭，19°40′17″N，110°58′44″E，15 m，2009-08-01，邢福武、戴建阅、翟俊文、郑希龙4001115。产于海南、广东、广西。一些东南亚国家也有分布。

含油率及化学组分数据：

采集单位	测试单位	测试部位	产地	含油率(%)	碘值	酸值	皂化值	C12:0	C14:0	C16:0	C16:1	C18:0	C18:1	C18:2	C18:3	C20:0	C20:1
SCBG	SCBG	种仁	海南文昌	9.54	136.94	7.64	187.05		0.01	12.25	0.06	4.93	37.96	43.89	0.46	0.29	0.16

吴茱萸属**Evodia** J. R. et G. Forst.

扁枝三椏苦(毛三桠苦)**Evodia lepta** var. **cambodiana** (Pierre) Huang

乔木。花期4～6月；果期7～10月。云南：西双版纳植物园，21°44′11″N，101°27′44″E，2012-01-16，邢福武、童毅、孟玉芳4001142027。见于海拔约1000 m坡地常绿阔叶林中。产于云南南部、西藏东南部(墨脱)。老挝及柬埔寨也有。

含油率及化学组分数据：

采集单位	测试单位	测试部位	产地	含油率(%)	碘值	酸值	皂化值	C12:0	C14:0	C16:0	C16:1	C18:0	C18:1	C18:2	C18:3	C20:0	C20:1
SCBG	SCBG	种仁	云南西双版纳	14.65	71.07	0.64	143.21	0.13		5.47	0.41	3.50	16.84	29.53	0.66	0.96	0.32

棱子吴萸**Evodia subtrigonosperma** Huang

乔木。果期9～10月。云南：腾冲县大蒿坪，24°56′19″N，98°44′56″E，2353 m，2009-11-26，王智、徐金金、黄巧琴400221169。产云南西部及西南部(保山、景东、临沧等)、西藏东南部(墨脱)。生于海拔1200～2300 m山坡杂木林中。不丹也有分布。

含油率及化学组分数据：

采集单位	测试单位	测试部位	产地	含油率(%)	碘值	酸值	皂化值	C12:0	C14:0	C16:0	C16:1	C18:0	C18:1	C18:2	C18:3	C20:0	C20:1
KMIB	KMIB	种仁	云南腾冲	17.00	98.30	2.70	186.00		0.18	10.63	2.77	4.06	36.08	21.91		23.93	

山小橘属**Glycosmis** Correa

小花山小橘**Glycosmis parviflora** (Sims) Little

灌木或小乔木。花期3～5月；果期7～9月。云南：西双版纳植物园，21°44′11″N，101°27′44″E，2012-01-16，邢福武、童毅、孟玉芳4001142030。生于低海拔缓坡或山地杂木林，路旁树下的灌木丛中亦常见，很少见于海拔达1000 m的山地。越南东北部也有。百余年来先后被引种至欧洲及美洲各地。产于海南、广东、广西、福建、台湾、贵州、云南6省区的南部。

含油率及化学组分数据：

采集单位	测试单位	测试部位	产地	含油率(%)	碘值	酸值	皂化值	C12:0	C14:0	C16:0	C16:1	C18:0	C18:1	C18:2	C18:3	C20:0	C20:1
SCBG	SCBG	种仁	云南西双版纳	16.45	96.15		182.02	0.41	0.08	9.88	0.05	4.24	11.99	43.55	0.38	0.50	

九里香属**Murraya** J.Koenig ex L.

豆叶九里香(山黄皮)**Murraya euchrestifolia** Hayata

小乔木。花期4～5月或6～7月；果期11～12月。广东：阳山县秤架，24°49′28″N，112°46′40″E，902 m，2009-10-25，陈林、王发国、付琳、董安强40011466。平地至海拔约1400 m丘陵山地灌木或阔叶林中，多见于谷地湿润地方。石灰岩及石灰岩山地均有生长。产于海南(昌江)、广东(南澳、封开)、台湾、广西(东兴)、贵州(望谟、兴义)。

含油率及化学组分数据：

采集单位	测试单位	测试部位	产地	含油率(%)	碘值	酸值	皂化值	C12:0	C14:0	C16:0	C16:1	C18:0	C18:1	C18:2	C18:3	C20:0	C20:1
SCBG	SCBG	种仁	广东阳山	1.50	114.25	7.60	162.38										

枳属**Poncirus** Raf.

枳(枸橘、臭橘、臭杞)**Poncirus trifoliata** (L.) Raf.

小乔木。花期5～6月；果期10～11月。湖南：龙山县八面山，29°27′2″N，109°38′22″E，860 m，2009-10-04，张代贵400191039。江西：铅山县武夷山自然保护区，28°0′51″N，118°2′17″E，383 m，2011-10-17，凡强、景慧娟4001411064。湖北：神农架深沟，31°32′49″N，110°05′17″E，1412 m，2010-10-20，丁时东，危文亮等400151053。陕西：洋县华阳古镇，33°35′3″N，107°32′25″E，1076 m，2010-10-11，薛帅、王继师400323058。北京：海淀区，39°59′13″N，116°12′42″E，50 m，2012-09-21，秦烁、郭利磊400327044。产广东、广西、湖南、江西、浙江、江苏、安徽、山东、河南、湖北、贵州、云南、甘肃、陕西、山西。

含油率及化学组分数据：

采集单位	测试单位	测试部位	产地	含油率(%)	碘值	酸值	皂化值	C12:0	C14:0	C16:0	C16:1	C18:0	C18:1	C18:2	C18:3	C20:0	C20:1
JSU	SCBG	种仁	湖南龙山	7.00	9.22	12.06	172.18										
SYSU	SCBG	种仁	江西铅山	13.57	85.68	1.17	180.40	0.01	0.05	6.93		3.72	55.20	29.23	1.96	0.61	0.49
OCRI	SCBG	种仁	湖北神农架	10.26	14.32	15.07	393.04		0.40	25.41		8.17	43.98	17.12	1.22	0.10	
CAU	ICS	种子	陕西洋县	1.13	120.79	63.02	157.88	0.26	0.59	13.96		3.01	7.54	15.01	7.34	8.52	0.46
CAU	ICS	种子	北京海淀	2.76	14.23	17.06	184.52	0.09	0.12	19.18	1.52	1.58	16.34	36.95	4.74	0.18	0.11

花椒属**Zanthoxylum** L.

刺蚬壳花椒**Zanthoxylum dissitum** var. **hispidum** (Reeder et S.Y. Cheo) C.C. Huang

小乔木。花期4～5月；果期9～10月。四川：峨眉山市观音乡，29°29′24″N，102°21′5″E，1000 m，2009-10-24，王凯、樊云川40021109107。见于海拔300～1500 m坡地杂木林或灌木丛中，石灰岩山地及土山均有生长。产于陕西及甘肃二省南部，东界止于长江三峡地区，南界止于五岭北坡。

含油率及化学组分数据：

采集单位	测试单位	测试部位	产地	含油率(%)	碘值	酸值	皂化值	C12:0	C14:0	C16:0	C16:1	C18:0	C18:1	C18:2	C18:3	C20:0	C20:1
SCU	SCU	种仁	四川峨眉山	17.59						21.42	2.50	1.29	29.30	20.26	0.35	24.89	

拟砚壳花椒**Zanthoxylum laetum** Drake

攀缘藤本。花期3～5月；果期9～12月。云南：麻栗坡县铁厂乡芭毛地，23°23′50″N，105°3′22″E，1505 m，2010-11-08，王智、杨珺、谭英400221244。产于海南、广东（湛江地区）、广西西南部、云南南部。见于500～1200 m山地杂木林中，石灰岩山地及土山均有生长，常见于较湿润的密林中，攀缘于其他树上。越南中部以北也有。

含油率及化学组分数据：

采集单位	测试单位	测试部位	产地	含油率(%)	碘值	酸值	皂化值	C12:0	C14:0	C16:0	C16:1	C18:0	C18:1	C18:2	C18:3	C20:0	C20:1
KMIB	KMIB	种仁	云南麻栗坡	17.50	136.10	2.50	190.90	0.04		14.44	0.39	2.10	23.73	21.07	37.74	0.31	17.50

大花花椒**Zanthoxylum macranthum** (Hand.-Mazz.) C.C. Huang

攀缘藤本。花期4～5月；果期8～9月。四川：峨眉山市龙池县，29°21′29″N，104°23′26″E，2009-10-14，王凯、樊云川40021109080。产于湖南、贵州、四川（峨眉、南川）、云南（西双版纳）、西藏东南部。见于海拔1000～2500 m山地疏林或灌木丛中。

含油率及化学组分数据：

采集单位	测试单位	测试部位	产地	含油率(%)	碘值	酸值	皂化值	C12:0	C14:0	C16:0	C16:1	C18:0	C18:1	C18:2	C18:3	C20:0	C20:1
SCU	SCU	种仁	四川峨眉山	4.79													

两面针（钉板刺、入山虎、麻药藤）**Zanthoxylum nitidum** (Roxb.) DC.

幼龄植株为直立的灌木，成龄植株攀缘于其他树上的木质藤本。花期3～5月；果期9～11月。海南：文昌县龙楼镇铜鼓岭，19°40′32″N，111°01′44″E，2009-08-01，邢福武、戴建阅、翟俊文、郑希龙40011116。见于海拔800 m以下的温热地方，山地、丘陵、平地的疏林、灌丛中、荒山草坡的有刺灌丛中。产于海南、广东、广西、福建、台湾、贵州、云南。

含油率及化学组分数据：

采集单位	测试单位	测试部位	产地	含油率(%)	碘值	酸值	皂化值	C12:0	C14:0	C16:0	C16:1	C18:0	C18:1	C18:2	C18:3	C20:0	C20:1
SCBG	SCBG	种仁	海南文昌	17.20	102.07	67.15	214.65		0.14	18.61	0.20	4.47	52.62	10.79	10.92		2.26
OFPC	SCBG	种子	广东高要	17.60	145.50		194.30		微量	11.00	0.80	2.20	25.40	30.50	30.10		
OFPC	GXIB	种子	广西宁明	13.50	126.30		174.30	0.50	0.40	14.00	2.70	3.00	50.80	12.90	9.50		1.60

狭叶花椒**Zanthoxylum stenophyllum** Hemsl.

小乔木或灌木。花期5～6月；果期8～9月。四川：雅安宝兴蜂桶寨邓池沟，30°34′22″N，102°57′5″E，1704 m，2011-09-27，李志强、刘小波等40021111007。见于海拔1000～2200 m山地灌木丛中。产于陕西（南郑、佛坪、洋县）、甘肃（徽县、成县）、四川（巫山、奉节、开县）、湖北西部。

含油率及化学组分数据：

采集单位	测试单位	测试部位	产地	含油率(%)	碘值	酸值	皂化值	C12:0	C14:0	C16:0	C16:1	C18:0	C18:1	C18:2	C18:3	C20:0	C20:1
SCU	SCU	种仁	四川雅安	4.50													

137. 楝科 Meliaceae

米仔兰属**Aglaia** Lour.

米仔兰**Aglaia odorata** Lour.

灌木或小乔木。花期5～12月；果期7月至翌年3月。广西：凭祥县大青山林场，22°06′38″N，116°48′36″E，2012-01-10，刘东明、潘雅书、王美娜4001122276。广西：桂林市雁山镇植物园，25°50′0″N，110°17′57″E，163 m，2011-12-08，林春蕊4001101267。产于广东、广西、福建、云南等地及东南亚各地。花极香，可提取芳香油。油用于配制各种化妆品、皂用香精。

含油率及化学组分数据：

采集单位	测试单位	测试部位	产地	含油率(%)	碘值	酸值	皂化值	C12:0	C14:0	C16:0	C16:1	C18:0	C18:1	C18:2	C18:3	C20:0	C20:1
SCBG	SCBG	种仁	广西凭祥	9.18	31.58	6.32	170.38	0.66	0.03	11.91		4.66	67.77		8.45		1.12
GXIB	SCBG	种仁	广西桂林	13.47	85.00	0.98	168.32	0.93	0.24	13.74	2.58	1.80	5.90	21.98	22.86	0.83	

浆果楝属**Cipadessa** Blume

浆果楝**Cipadessa baccifera** (Roth) Miq.

灌木。花期4～6月；果期12月至翌年2月。云南：麻栗坡县董干镇，23°24′23″N，105°13′29″E，1309 m，2010-11-07，王智、杨珺、谭英400221239。生山地疏林或灌木林中。产于云南的泸西、龙陵、耿马、思茅、晋文及西双版纳。斯里兰卡、印度、中南半岛、印度尼西亚等也有。

含油率及化学组分数据：

采集单位	测试单位	测试部位	产地	含油率(%)	碘值	酸值	皂化值	C12:0	C14:0	C16:0	C16:1	C18:0	C18:1	C18:2	C18:3	C20:0	C20:1
KMIB	KMIB	种仁	云南麻栗坡	12.00	127.70		197.20			14.70		7.50					
OFPC	XTBG	种子	云南勐腊	18.30	127.70	3.30	197.20		0.30	14.70	1.00	7.50	28.10	24.70	23.70		

143. 远志科 Polygalaceae

远志属**Polygala** L.

荷包山桂花**Polygala arillata** Buch.-Ham. ex D. Don

灌木或小乔木，高1～5 m。花期5～10月；果期6～11月。云南：沧源县班洪乡南板村，23°18′55″N，99°4′50″E，1100 m，2009-05-06，李忠荣400222009。生于山坡林下或林缘，海拔（700～）1000～2800（～3000）m。产于广西、江西、福建、安徽、湖北、四川、贵州、云南、西藏东南部和陕西南部。分布于尼泊尔、印度、缅甸、越南北方。播种繁殖，春季为适期。栽培中适当修剪，促使多分枝、多开花。

含油率及化学组分数据：

采集单位	测试单位	测试部位	产地	含油率(%)	碘值	酸值	皂化值	C12:0	C14:0	C16:0	C16:1	C18:0	C18:1	C18:2	C18:3	C20:0	C20:1
KMIB	KMIB	种仁	云南沧源	1.62									7.60		4.20	17.39	

黄花倒水莲**Polygala fallax** Hemsl.

灌木或小乔木。花期5～8月；果期8～10月。江西：崇义县齐云山，25°52′28″N，114°1′5″E，1065 m，2010-09-26，李朋远、谢行400145007。产于广东、广西、湖南、江西、福建和云南。生于山谷林下水旁阴湿处。

含油率及化学组分数据：

采集单位	测试单位	测试部位	产地	含油率(%)	碘值	酸值	皂化值	C12:0	C14:0	C16:0	C16:1	C18:0	C18:1	C18:2	C18:3	C20:0	C20:1
SYSU	SCBG	种仁	江西崇义	11.57	71.27	3.21	526.63			10.55	0.11	3.06	13.28	52.89	16.72	0.66	0.43

145. 漆树科 Anacardiaceae

南酸枣属**Choerospondias** B.L. Burtt et A.W. Hill

南酸枣（山枣、山桉果、五眼果）**Choerospondias axillaris** (Roxb.) B.L. Burtt et A.W. Hill

落叶乔木。花期3～4月；果期7～10月。安徽：祁门县牯牛降自然保护区，30°5′13″N，117°29′25″E，416 m，2011-11-16，胡超、李星霖4001171199；六安天堂寨风景区，31°42′28″N，115°55′0″E，314 m，2012-10-20，李晓东、昝艳燕400121238。广西：桂林市雁山镇桂林植物园，25°05′05″N，110°18′45″E，2009-12-06，吴望辉、许为斌、农东新4001101065；金钟山黑颈长尾雉国家级自然保护区，24°36′57″N，104°52′29″E，998m，2011-10-23，曾庆文、陈树钢、杨国400114160。贵州：铜仁市梵净山保护区，27°53′59″N，108°43′50″E，2011-11-18，孟玉芳、宋贤利、王喆旻400114182。湖北：鹤峰县木林子保护区，30°4′42″N，110°11′6″E，1233 m，2009-11-15，赵永国、丁时东400151021。湖南：江永县源口镇白俸村白沙源，24°57′19″N，111°1′41″E，530 m，2009-10-27，黄玉滢、周喜乐400181118。浙江：杭州植物园，30°15′25″N，120°07′22″E，2010-10-14，曾庆文、谢聪、孟玉芳40011917；龙泉昂山，27°45′15″N，119°39′31″E，919 m，2009-08-24，王美娜40011422。产于广东、广西、湖南、江西、福建、浙江、安徽、湖北、贵州、云南、西藏。印度、中南半岛和日本也有分布。

含油率及化学组分数据

采集单位	测试单位	测试部位	产地	含油率(%)	碘值	酸值	皂化值	C12:0	C14:0	C16:0	C16:1	C18:0	C18:1	C18:2	C18:3	C20:0	C20:1
ECNU	SCBG	种仁	安徽祁门	9.55	34.90	9.75	195.27		0.09	4.49		2.00	23.55	64.89	1.14	0.25	0.28
WHBG	WHBG	种仁	安徽六安	10.65					0.07	15.02	0.79	5.50	20.91	28.72	0.18	10.86	0.57
GXIB	SCBG	种仁	广西桂林	9.14	120.93	38.31	190.74	0.06	0.63	39.86	0.12	4.95	23.25	10.88	1.38	0.29	0.12
SCBG	SCBG	种仁	广西金钟山	11.50	142.80	5.14	403.02	0.01	0.05	8.34	0.08	1.20	15.76	73.33	0.60	0.26	0.38
SCBG	SCBG	种仁	贵州铜仁	15.10	118.37	2.75	238.91		0.03	6.01	0.07	3.06	11.82	78.37	0.33	0.17	0.14
OCRI	SCBG	种仁	湖北鹤峰	7.29	120.23	9.10	173.94	0.01	0.10	9.55	0.14	3.15	8.02	30.97	41.04	0.20	0.13
HUST	HUST	种仁	湖南江永	12.14	30.51	7.88	248.00	0.01	0.19	9.82	0.09	2.78	12.05	40.87	33.05	0.89	0.24
SCBG	SCBG	种仁	浙江杭州	10.37	23.12	10.29	216.14	0.01	0.26	6.93	0.25	1.20	55.20	29.23	0.49	0.35	1.52
SCBG	SCBG	种仁	浙江龙泉	11.41	140.31	15.72	161.78		0.02	4.47	0.06	2.37	17.73	39.88	34.46	0.45	0.56
OFPC		种子	江西武宁	14.00						12.40		3.40	28.80	55.40			

毛脉南酸枣**Choerospondias axillaris** var. **pubinervis** (Rehd. et Wils.) B. L. Burtt et A. W. Hill

乔木。花期3～4月；果期6～9月。湖南：永顺杉木河，29°12′23″N，109°49′31″E，350 m，2009-10-02，陈功锡、徐亮

400191024。重庆：南川区三泉镇金佛山龙骨溪，29°39′51″N，107°7′16″E，598 m，2009-08-19，刘正宇等400231026。生于海拔300～1200 m的疏林中。产于湖南（西部）、湖北（西部）、四川、贵州（东部）、甘肃（东南部）。

含油率及化学组分数据

采集单位	测试单位	测试部位	产地	含油率(%)	碘值	酸值	皂化值	C12:0	C14:0	C16:0	C16:1	C18:0	C18:1	C18:2	C18:3	C20:0	C20:1
JSU	SCBG	种仁	湖南永顺	13.56					0.17		0.31	3.16	4.73		57.18	0.47	0.10
CIPP	SCBG	种仁	重庆南川	10.35	61.04	16.78	318.40	0.31	0.14	10.52	0.15	2.45	23.09	50.80	1.30	0.71	

黄栌属**Cotinus** Mill.

黄栌**Cotinus coggygria** Scop.

灌木。花期2～8月；果期5～11月。山东：泰山，36°12′15″N，117°07′28″E，190 m，2010-06-10，赵伟华400311208。陕西：长安区终南山，35°17′35″N，106°22′36″E，1300 m，2011-10-09，薛帅、潘昊400325035。产于山东、河南、湖北、四川、河北。生于海拔700～1620 m的向阳山坡林中。间断分布于东南欧。

含油率及化学组分数据

采集单位	测试单位	测试部位	产地	含油率(%)	碘值	酸值	皂化值	C12:0	C14:0	C16:0	C16:1	C18:0	C18:1	C18:2	C18:3	C20:0	C20:1
ICS	ICS	种子	山东泰山	15.50	135.51	2.28	179.07		0.06	7.88	0.14	2.67	20.34	64.32	1.52	0.29	0.28
CAU	ICS	种子	陕西长安	11.31	118.35	22.22	180.75		0.08	9.21	0.11	2.58	19.16	64.79	2.08	0.33	0.23

黄连木属**Pistacia** L.

清香木（对节皮、昆明乌木、细叶楷木）**Pistacia weinmanniifolia** J. Poiss. ex Franch.

灌木或小乔木。花期3～5月；果期6～8月。云南：澄江县，24°40′36″N，102°54′24″E，2006 m，2008-10-29，李忠荣400222051。生于海拔580～2700 m的石灰山林下或灌丛中。产于广西、四川、贵州、云南、西藏。缅甸掸邦也有分布。叶可提芳香油。

含油率及化学组分数据

采集单位	测试单位	测试部位	产地	含油率(%)	碘值	酸值	皂化值	C12:0	C14:0	C16:0	C16:1	C18:0	C18:1	C18:2	C18:3	C20:0	C20:1
KMIB	KMIB	果实	云南澄江	7.20									23.90	1.23		25.71	4.55
OFPC		果实	四川冕宁	11.80	78.30					44.00		4.60	22.80	28.60			

盐肤木属**Rhus** L.

滨盐肤木**Rhus chinensis** var. **roxburghii** (DC.) Rehd.

落叶小乔木或灌木。花期8～9月；果期10月。四川：攀枝花市米易县二滩，26°49′50″N，101°45′24″E，1218 m，2012-10-13，刘晓波、宫庆彬40021112048。生于海拔280～2800 m的山坡、沟谷的疏林或灌丛中。产于广东、广西、湖南、江西、台湾、四川、贵州、云南。

含油率及化学组分数据

采集单位	测试单位	测试部位	产地	含油率(%)	碘值	酸值	皂化值	C12:0	C14:0	C16:0	C16:1	C18:0	C18:1	C18:2	C18:3	C20:0	C20:1
SCU	SCU	种仁	四川攀枝花	9.46													

青麸杨（倍子树、五倍子）**Rhus potaninii** Maxim.

落叶乔木。花期3～7月；果期7～10月。甘肃：天水县麦积山，34°12′48″N，106°0′16″E，1476 m，2011-10-09，薛帅、潘昊400325021。河南：灵宝小秦岭，34°26′59″N，110°26′26″E，1188 m，2012-08-21，王亚平400314173；灵宝小秦岭，34°27′47″N，110°28′19″E，1402 m，2012-08-18，王亚平400314158。陕西：宁陕县广货街沙沟村，33°27′42″N，108°27′54″E，1302 m，2010-10-14，薛帅400323002。生于海拔900～2500 m的山坡疏林或灌木中。产于河南、四川、云南、甘肃、陕西、山西。

含油率及化学组分数据

采集单位	测试单位	测试部位	产地	含油率(%)	碘值	酸值	皂化值	C12:0	C14:0	C16:0	C16:1	C18:0	C18:1	C18:2	C18:3	C20:0	C20:1
CAU	ICS	种子	甘肃天水	9.21	85.68	21.65	170.32		0.07	12.74	0.36	3.37	26.83	51.15	1.45	0.62	0.27
HNAU	ICS	种子	河南灵宝	19.80	88.94	17.79	151.48			19.11	0.21	1.99	52.33	21.68	0.87	0.38	
HNAU	ICS	种子	河南灵宝	11.38	76.69	69.60	190.31		0.07	17.90	1.66	2.84	35.67	35.84	1.02	0.77	
CAU	ICS	种子	陕西宁陕	11.97	54.33	61.34	149.30	0.12	0.18	21.76	0.36	2.97	15.45	50.48	3.58	0.42	

毛叶麸杨**Rhus punjabensis** var. **pilosa** Engl.

落叶乔木或小乔木。花期6～7月；果期7～9月。四川：攀枝花市米易县二滩，26°49′38″N，101°45′05″E，1289 m，2012-10-13，刘小波、宫庆彬等40021112050。生于海拔1200～3500 m的高山峡谷或沟谷杂木林中。产于四川西部、云南西北部和西藏东南部。克什米尔地区也有分布。

含油率及化学组分数据

采集单位	测试单位	测试部位	产地	含油率(%)	碘值	酸值	皂化值	C12:0	C14:0	C16:0	C16:1	C18:0	C18:1	C18:2	C18:3	C20:0	C20:1
SCU	SCU	种仁	四川攀枝花	12.92	152.52	15.75	192.46			16.98		8.00	28.32	25.78	33.51		

槟榔青属**Spondias** L.

岭南酸枣**Spondias lakonensis** Pierre

落叶乔木。花期春夏季；果期夏秋季。海南：昌江县霸王岭，19°06′58″N，109°05′32″E，2011-11-08，秦新生4001161200；乐东县尖峰岭，18°43′15″N，108°52′54″E，2011-10-13，秦新生4001161235。生于向阳山坡疏林中。产于海南、广东、广西、福建。分布于越南、老挝、泰国。果酸甜可食，有酒香。种子榨油可作肥皂。木材软而轻，但不耐腐，适作家具、箱板等。又可作庭园绿化树种。

含油率及化学组分数据

采集单位	测试单位	测试部位	产地	含油率(%)	碘值	酸值	皂化值	C12:0	C14:0	C16:0	C16:1	C18:0	C18:1	C18:2	C18:3	C20:0	C20:1
SCAU	SCBG	种仁	海南昌江	6.34	86.49		202.22	0.15	0.05	13.96	20.18			42.47	0.22	0.18	
SCAU	SCBG	种仁	海南乐东	10.07	9.00	12.45	80.46	0.02	0.10	11.60	6.01			74.69	45.85	0.89	0.12

槟榔青(木个、外木个)**Spondias pinnata** (L.f.) Kurz

落叶乔木。花期3～4月；果期5～9月。海南：三亚鹿回头森林公园，18°13′02″N，109°30′03″E，150 m，2009-11-05，张荣京40017130。生于海拔(360～)460～1200 m的低山或沟谷林中。产于海南、广东、广西(南部)和云南(南部)。越南、柬埔寨、泰国、缅甸、马来西亚、斯里兰卡、印度、菲律宾和印度尼西亚(爪哇)也有分布。

含油率及化学组分数据

采集单位	测试单位	测试部位	产地	含油率(%)	碘值	酸值	皂化值	C12:0	C14:0	C16:0	C16:1	C18:0	C18:1	C18:2	C18:3	C20:0	C20:1
SCAU	SCBG	种仁	海南三亚	13.45	17.29	8.75	189.43										

漆属**Toxicodendron** Mill.

尖叶漆(尖叶木蜡树、尾叶漆)**Toxicodendron acuminatum** (DC.) C.Y. Wu et T.L. Ming

乔木。花期4～6月；果期7～9月。产云南(西南部)和西藏(南部)。生于海拔1650～2600 m的林中。印度、尼泊尔、不丹和克什米尔地区也有分布。

含油率及化学组分数据

采集单位	测试单位	测试部位	产地	含油率(%)	碘值	酸值	皂化值	C12:0	C14:0	C16:0	C16:1	C18:0	C18:1	C18:2	C18:3	C20:0	C20:1
OFPC		果实	云南勐腊	16.10	31.60		206.50		0.60	59.90		7.70	19.30	10.50		2.00	

长梗大花漆**Toxicodendron grandiflorum** var. **longipes** (Franch.) C. Y. Wu et T.L.Ming

落叶乔木或灌木。花期5～6月；果期7～9月。云南：盈江县旧城镇，24°38′48"N，97°41′58"E，1296 m，2009-11-28，王智、徐金金、黄巧琴400221179。生于海拔700～2500 m的灌丛中。产于四川(西南部)和云南(西北部)。

含油率及化学组分数据

采集单位	测试单位	测试部位	产地	含油率(%)	碘值	酸值	皂化值	C12:0	C14:0	C16:0	C16:1	C18:0	C18:1	C18:2	C18:3	C20:0	C20:1
KMIB	KMIB	种仁	云南盈江	17.40	106.90	85.00	182.60	0.10		7.38		4.08	57.78	29.60	0.26		
OFPC		种子	云南昆明	17.00~19.00	116.00	15.50	184.60			17.50	1.60	3.80	29.80	47.30			

146. 槭树科 Aceraceae

槭属**Acer** L.

三角槭(三角枫)**Acer buergerianum** Miq.

落叶乔木。花期4月；果期8月。山东：泰安树木园，36°12′15″N，117°7′28″E，197 m，2010-06-09，赵伟华400311169。河南：郑州市惠济区，34°45′50″N，113°39′6″E，336 m，2011-10-05，王亚平、武振江、李丹凤400314053；信阳波尔登公园，31°52′9″N，114°5′12″E，188 m，2012-09-14，王亚平400314205。河北：石家庄，38°12′50″N，114°39′11″E，31 m，2011-10-14，徐兴友、韩宝强400313135。生于海拔300～1000 m的阔叶林中。产于广东、湖南、江西、浙江、江苏、安徽、山东、河南、湖北、贵州等地。日本也有分布。

含油率及化学组分数据：

采集单位	测试单位	测试部位	产地	含油率(%)	碘值	酸值	皂化值	C12:0	C14:0	C16:0	C16:1	C18:0	C18:1	C18:2	C18:3	C20:0	C20:1
ICS	ICS	种子	山东泰安	5.33	94.23	0.93	175.14			6.29	0.49	3.05	27.40	37.50	2.46	0.39	4.87
HNAU	ICS	种子	河南郑州	9.77	68.86	21.00	150.96		0.05	7.44	0.12	4.29	17.53	45.86	1.00	0.48	5.28
HNAU	ICS	种子	河南信阳	5.07	113.52	18.92	186.28	0.11	0.09	6.16	0.39	2.48	22.03	34.83	1.53	1.95	
HNUST	ICS	种子	河北石家庄	3.36	75.56	36.20	208.09	0.08		22.31	0.28	3.50	14.05	33.77	1.48	0.37	3.42

长尾槭(陕甘长尾槭)**Acer caudatum** Wall.[*Acer caudatum* var. *multiserratum* (Maxim.) Rehd.]

落叶乔木。花期5月；果期9月。河南：信阳鸡公山，31°48′16″N，114°4′39″E，730 m，2012-09-18，王亚平400314250。生于海拔1800～3000 m的林边或疏林中。产于河南西部、湖北西北部、四川北部、甘肃东南部和陕西南部。

含油率及化学组分数据：

采集单位	测试单位	测试部位	产地	含油率(%)	碘值	酸值	皂化值	C12:0	C14:0	C16:0	C16:1	C18:0	C18:1	C18:2	C18:3	C20:0	C20:1
HNAU	ICS	种仁	河南信阳	12.18	74.43	29.93	177.68			3.65	0.07	3.01	39.16	18.48	5.54	0.43	7.26

葛萝槭 Acer davidii subsp. **grosseri** (Pax) P. C. de Jong[*Acer grosseri* Pax]

落叶乔木。花期4月；果期9月。河南：灵宝小秦岭，34°26′3″N，110°31′1″E，1431 m，2012-08-15，王亚平400314150。陕西：宁陕县广货街镇沙沟村牛背梁自然保护区，35°18′22″N，110°31′1″E，1919 m，2010-10-05，薛帅400323024。山西：翼城县历山保护区，35°18′22″N，111°33′36″E，1780 m，2009-10-03，谢光辉400322007。生于海拔1000～1600 m的疏林中。产于湖南、安徽、河南、湖北西部、甘肃、陕西、山西、河北。

含油率及化学组分数据：

采集单位	测试单位	测试部位	产地	含油率(%)	碘值	酸值	皂化值	C12:0	C14:0	C16:0	C16:1	C18:0	C18:1	C18:2	C18:3	C20:0	C20:1
HNAU	ICS	种子	河南灵宝	8.20	81.33	32.17	164.45		0.05	4.96	0.16	2.74	31.03	22.46	4.83	0.36	5.82
CAU	ICS	种子	陕西宁陕	10.71	101.86	9.18	165.57		0.10	10.51	1.21	2.47	24.24	31.36	19.85	0.25	
CAU	ICS	种子	山西翼城	18.10	62.76	2.40	179.00		0.02	6.36	0.06	4.15	35.68	42.25	0.72	0.54	10.21

血皮槭(马梨光)**Acer griseum** (Franch.) Pax

落叶乔木。花期4月；果期9月。河南：信阳鸡公山，31°48′5″N，114°4′28″E，728 m，2012-09-18，王亚平400314251。生于海拔1500～2000 m的林中。分布于河南、陕西、湖北及四川东部。

含油率及化学组分数据：

采集单位	测试单位	测试部位	产地	含油率(%)	碘值	酸值	皂化值	C12:0	C14:0	C16:0	C16:1	C18:0	C18:1	C18:2	C18:3	C20:0	C20:1
HNAU	ICS	种子	河南信阳	1.61	33.90	38.36	349.37			9.34		3.68	15.62	16.93	14.17		1.61

建始槭(亨利槭，三叶槭)**Acer henryi** Pax

落叶小乔木。花期4月；果期9月。河南：鲁山县鲁山，33°41′50″N，112°30′29″E，2128 m，2011-07-29，王亚平、陈明400314018；信阳波尔登公园，31°51′30″N；114°5′28″E，310 m，2012-09-15，王亚平400314220。生于海拔500～1500 m的疏林中。产于湖南、江苏、浙江、安徽、河南、湖北、四川、贵州、甘肃、陕西、山西南部。

含油率及化学组分数据：

采集单位	测试单位	测试部位	产地	含油率(%)	碘值	酸值	皂化值	C12:0	C14:0	C16:0	C16:1	C18:0	C18:1	C18:2	C18:3	C20:0	C20:1
HNAU	ICS	种子	河南鲁山	3.90	225.27	22.86	200.55		0.26	12.42		7.07	14.72	14.87	37.11		
HNAU	ICS	种子	河南信阳	4.68	133.89	39.75	91.75	0.07	0.10	6.33	0.13	2.56	20.57	35.67	2.14	4.63	5.00

光叶槭 Acer laevigatum Wall.

常绿乔木。花期4月；果期8～9月。贵州：雷山县响水岩，26°22′18″N，108°8′46″E，955 m，2012-10-19，陈丰林、夏纯、桑洪伟4001151250。生于海拔1000～2000 m比较潮湿的溪边或山谷林中。产于湖北西部、四川、贵州、山西南部和云南。尼泊尔、印度北部、缅甸也有分布。

含油率及化学组分数据：

采集单位	测试单位	测试部位	产地	含油率(%)	碘值	酸值	皂化值	C12:0	C14:0	C16:0	C16:1	C18:0	C18:1	C18:2	C18:3	C20:0	C20:1
SCBG	SCBG	种仁	贵州雷山	18.94	107.90	31.26		0.10	5.82	0.32	1.85	12.66	10.56	53.42	2.76	12.50	

五尖槭(马斯槭，马氏槭)**Acer maximowiczii** Pax

落叶乔木，花期5月；果期9月。河南：灵宝小秦岭，34°25′25″N，110°28′50″E，2224 m，2012-08-13，王亚平400314134。生于1800～2500 m林缘及疏林中。产于广西东北部、湖南、河南西部、湖北西部、四川、陕西南部、山西南部、青海、宁夏、甘肃南部。

含油率及化学组分数据：

采集单位	测试单位	测试部位	产地	含油率(%)	碘值	酸值	皂化值	C12:0	C14:0	C16:0	C16:1	C18:0	C18:1	C18:2	C18:3	C20:0	C20:1
HNAU	ICS	种子	河南灵宝	4.63	88.64	18.71	231.97		0.09	6.73	0.24	1.78	25.21	26.80	4.10	0.48	4.24

鸡爪槭 Acer palmatum Thunb.

落叶灌木或小乔木。花期5月；果期9月。山东：泰安市树木园，36°12′15″N，117°7′27″E，200 m，2010-06-09，赵伟华400311016。生于海拔200～1200 m的林边或疏林中。产于湖南、江西、浙江、江苏、安徽、山东、河南南部、湖北、贵州等地。朝鲜和日本也有分布。

含油率及化学组分数据：

采集单位	测试单位	测试部位	产地	含油率(%)	碘值	酸值	皂化值	C12:0	C14:0	C16:0	C16:1	C18:0	C18:1	C18:2	C18:3	C20:0	C20:1
ICS	ICS	种子	山东泰安	14.80	81.40	5.40	162.60	0.05	0.05	6.36	0.20	4.30	32.03	39.72	8.34	1.01	7.93
OFPC			江苏南京	17.40	96.60		187.60			5.70	0.20	2.80	21.40	31.20	1.10	微量	7.40

房县槭（山枫香树，富氏槭）**Acer sterculiaceum** subsp. **franchetii** (Pax) A. E. Murray [*Acer franchetii* Pax]

落叶乔木。花期5月；果期9月。湖北：房县野人谷，31°52′36″N，110°42′19″E，1450 m，2009-11-09，丁时东、危文亮400152020。四川：雅安宝兴蜂桶寨邓池沟，30°32′4″N，102°57′42″E，2039 m，2011-09-28，李志强、刘小波等40021111021。生于海拔1800～2300 m的混交林中。产于湖南西北部、河南西南部、湖北西部、四川东部至西部、贵州和云南东部。

含油率及化学组分数据：

采集单位	测试单位	测试部位	产地	含油率(%)	碘值	酸值	皂化值	C12:0	C14:0	C16:0	C16:1	C18:0	C18:1	C18:2	C18:3	C20:0	C20:1
OCRI	SCBG	种仁	湖北房县	18.70	117.78	2.74	204.16	0.02	0.07	9.11	2.26	4.12	21.22	49.13	6.00	0.44	7.64
SCU	SCU	种仁	四川雅安	8.96													0.15

金钱槭属Dipteronia Oliv.

金钱槭（双轮果）**Dipteronia sinensis** Oliv.

落叶小乔木。花期4月；果期9月。陕西：眉县营头，34°3′1″N，107°25′20″E，1286 m，2009-08-23，薛帅400321048。生于海拔1000～2000 m的林边或疏林中。产于河南西南部、湖北西部、四川、贵州、甘肃东南部、陕西南部。

含油率及化学组分数据：

采集单位	测试单位	测试部位	产地	含油率(%)	碘值	酸值	皂化值	C12:0	C14:0	C16:0	C16:1	C18:0	C18:1	C18:2	C18:3	C20:0	C20:1
CAU	ICS	种子	陕西眉县	13.40	79.80	8.18	172.40	0.08	0.16	10.56	0.08	2.13	53.57	17.35	5.57	0.34	10.15

148. 无患子科 Sapindaceae

龙眼属Dimocarpus Lour.

龙眼（桂圆，圆眼）**Dimocarpus longan** Lour.

常绿乔木。花期春夏间，果期夏季。海南：霸王岭19°06′58″N，109°05′33″E，2012-01-02，张荣京40017198。陕西：杨凌县西农农场，34°9′4″N，108°1′59″E，500 m，2011-10-14，秦烁、胡亮400326046。云南：勐腊县勐仑镇勐兴村，21°55′29″N，101°20′19″E，690 m，2009-07-24，邱明华400222021。我国西南部至东南部栽培很广，以福建最盛，广东次之；广东、广西南部及云南亦见野生或半野生于疏林中。亚洲南部和东南部也常有栽培。龙眼是我国南部和东南部著名果树之一，常与荔枝相提并论。

含油率及化学组分数据：

采集单位	测试单位	测试部位	产地	含油率(%)	碘值	酸值	皂化值	C12:0	C14:0	C16:0	C16:1	C18:0	C18:1	C18:2	C18:3	C20:0	C20:1
SCAU	SCBG	种仁	海南霸王岭	9.64	16.52	7.11					0.25	5.60	20.15	66.61		0.20	0.28
CAU	ICS	种子	陕西杨凌	1.51	73.35	45.93	183.51	1.69	0.24	4.41	0.09	12.15	5.12	4.84	10.40	1.17	0.21
KMIB	KMIB	种仁	云南勐腊	2.40									0.48	13.92	0.62	36.73	7.53

车桑子属Dodonaea Mill.

车桑子（坡柳，明油子）**Dodonaea viscosa** Jacq.[*Ptelea viscosa* L.]

灌木或小乔木。花期秋末，果期冬末春初。海南：三亚甘什岭，18°23′03″N，109°40′58″E，2012-03-21，张荣京40017211。常生于干旱山坡、旷地或海边的沙土上。我国分布于西南部、南部至东南部。分布于全世界的热带和亚热带地区。

含油率及化学组分数据：

采集单位	测试单位	测试部位	产地	含油率(%)	碘值	酸值	皂化值	C12:0	C14:0	C16:0	C16:1	C18:0	C18:1	C18:2	C18:3	C20:0	C20:1
SCAU	SCBG	种仁	海南三亚	10.22		17.42	217.40	0.19	0.11	19.67	0.17	4.99	68.85	44.55		0.37	

149. 七叶树科 Hippocastanaceae

七叶树属Aesculus L.

天师栗（娑罗果，猴板栗）**Aesculus chinensis** var. **wilsonii** (Rehd.) Turland et N. H. Xia[*Aesculus wilsonii* Rehd.]

落叶乔木。花期4～5月；果期9～10月。湖南：桑植县天平山自然保护区，29°47′1″N，110°5′27″E，1412 m，2012-10-02，张九兵、唐波400181429。河南：郑州市惠济区，34°47′9″N，113°39′23″E，325 m，2011-10-05，王亚平、武振江、李丹凤400314058。生于海拔1000～1800 m的阔叶林中。产于广东东部、湖南、江西、湖北、河南西南部、四川、贵州和云南东北部。本种的树冠圆形而宽大，可以用为行道树和庭园树，木材坚硬细密可制造器具。

含油率及化学组分数据：

采集单位	测试单位	测试部位	产地	含油率(%)	碘值	酸值	皂化值	C12:0	C14:0	C16:0	C16:1	C18:0	C18:1	C18:2	C18:3	C20:0	C20:1
HUST	HUST	种仁	湖南桑植	0.96	10.27	17.58	81.87										
ICS	ICS	种子	河南郑州	3.00	300.65	3.33	113.24	0.21	1.38	23.14		3.03	21.01	33.20	11.16		1.38

150. 清风藤科 Sabiaceae

泡花树属**Meliosma** Blume

珂楠树**Meliosma alba** (Schltdl.) Walp.[*Meliosma beaniana* Rehd. et Wils.]

乔木。花期5～6月；果期8～10月。四川：越西县瓦吉木乡，28°29′24″N，102°34′49″E，1000 m，2009-09-23，王凯、樊云川40021109009。生于海拔1000～2500 m湿润山地的密林或疏林中。产于湖南、江西、浙江、湖北、四川、贵州西北部、云南北部等地。也分布于缅甸北部。木材为优良的家具用材。

含油率及化学组分数据：

采集单位	测试单位	测试部位	产地	含油率(%)	碘值	酸值	皂化值	C12:0	C14:0	C16:0	C16:1	C18:0	C18:1	C18:2	C18:3	C20:0	C20:1
SCU	SCU	种仁	四川越西	16.34													

香皮树(钝叶泡花树、过家见)**Meliosma fordii** Hemsl.

乔木。花期5～7月；果期8～10月。广东：河源市连平县大埠镇，24°19′31″N，114°33′33″E，2011-11-08，易绮斐、潘雅书、陈华平400119154。生于海拔1000 m以下的热带亚热带常绿林中。产于广东、广西、湖南南部、江西南部、福建、贵州，云南。越南、老挝、柬埔寨及泰国也有分布。树皮及叶药用，有滑肠功效，治便秘。

含油率及化学组分数据：

采集单位	测试单位	测试部位	产地	含油率(%)	碘值	酸值	皂化值	C12:0	C14:0	C16:0	C16:1	C18:0	C18:1	C18:2	C18:3	C20:0	C20:1
SCBG	SCBG	种仁	广东连平	6.47	13.52		201.02		0.10		0.70	2.04	29.46	44.99	0.81		0.14

异色泡花树**Meliosma myriantha** var. **discolor** Dunn

落叶灌木或小乔木。花期6～7月；果期9～11月。湖南：永顺县杉木河，29°10′50″N，109°50′39″E，555 m，2009-10-04，周建军、徐亮400191034。生于海拔200～1400 m的山谷、溪旁、土壤湿润的杂木林中。产于广东北部、广西东北部、湖南南部、江西、福建、浙江、安徽、贵州北部至中南部。

含油率及化学组分数据：

采集单位	测试单位	测试部位	产地	含油率(%)	碘值	酸值	皂化值	C12:0	C14:0	C16:0	C16:1	C18:0	C18:1	C18:2	C18:3	C20:0	C20:1
JSU	SCBG	种仁	湖南永顺	19.80				0.17	0.74	12.93	1.03	1.89	21.44				

樟叶泡花树(野木棉、饼汁树)**Meliosma squamulata** Hance

常绿灌木或乔木。花期夏季；果期9～10月。福建：古田县双车镇下车，26°29′20″N，119°14′02″E，2010-10-29，刘东明，梁耀400112177。江西：赣州，25°50′43″N，114°56′09″E，2010-04-07，廖文波等400144012。分布于广东、广西、江西、福建、台湾、贵州及云南。生丛林中。木材供建筑和薪炭用。

含油率及化学组分数据：

采集单位	测试单位	测试部位	产地	含油率(%)	碘值	酸值	皂化值	C12:0	C14:0	C16:0	C16:1	C18:0	C18:1	C18:2	C18:3	C20:0	C20:1
SCBG	SCBG	种仁	福建古田	13.45	62.18	15.16	170.98	0.05	0.12	6.57	0.16	3.37	50.25		9.90		
SYSU	SCBG	种仁	江西赣州	16.88	60.77	30.53	237.77		0.03	0.03	31.87	0.66	5.66	50.27	6.75	2.90	0.78

153. 凤仙花科 Balsaminaceae

凤仙花属**Impatiens** L.

华凤仙(水边指甲花)**Impatiens chinensis** L.[*Impatiens cosmia* Hook. f.]

一年生草本。广东：阳山县秤架乡太平洞，24°55′48″N，112°59′07″E，2010-10-22，王发国、陈林400113063。喜生于田边、水沟旁和沼泽地上。分布于广东、广西、江西、福建、浙江、云南。越南、缅甸、印度也有。

含油率及化学组分数据：

采集单位	测试单位	测试部位	产地	含油率(%)	碘值	酸值	皂化值	C12:0	C14:0	C16:0	C16:1	C18:0	C18:1	C18:2	C18:3	C20:0	C20:1
SCBG	SCBG	种仁	广东阳山	15.22	19.37	8.56	162.53		0.051		0.15	8.58	20.12	30.96	47.31		0.23

157. 冬青科 Aquifoliaceae

冬青属**Ilex** L.

满树星(百介树、白杆根、青心木)**Ilex aculeolata** Nakai

落叶灌木。花期5～6月；果期8～10月。湖南：湘潭县响水乡，27°54′28″N，112°54′51″E，56 m，2009-10-05，严岳鸿、何祖霞、黄玉滢400181035。生于海拔100～1200 m的山谷、路旁的疏林中或灌丛中。产于海南、广东、广西、湖南、江西、福建、浙江、湖北和贵州等地。

含油率及化学组分数据

采集单位	测试单位	测试部位	产地	含油率(%)	碘值	酸值	皂化值	C12:0	C14:0	C16:0	C16:1	C18:0	C18:1	C18:2	C18:3	C20:0	C20:1
HUST	HUST	种仁	湖南湘潭	16.80	5.59	12.97	210.40	0.01	0.04	9.22	1.39	1.72	52.49	34.68	0.04	0.22	0.20

短梗冬青 Ilex buergeri Miq.

常绿乔木或灌木。花期4～6月；果期10～11月。广西：永福县堡里乡，26°13′32″N，109°55′12″E，320 m，2012-10-04，刘静、胡仁传4001101295。浙江：临安市浙江农村小学东湖校区，30°15′32″N，119°43′19″E，42 m，2012-11-17，陈树钢、童毅4001122158；鄞县天童山，29°48′32″N，121°46′59″E，379 m，2010-11-12，葛斌杰、胡超、熊申展4001171092。生于海拔100～700 m的山坡、沟边常绿阔叶林中或林缘。产于广西、湖南、江西、浙江、福建、安徽和湖北。分布于日本。

含油率及化学组分数据

采集单位	测试单位	测试部位	产地	含油率(%)	碘值	酸值	皂化值	C12:0	C14:0	C16:0	C16:1	C18:0	C18:1	C18:2	C18:3	C20:0	C20:1
GXIB	SCBG	种仁	广西永福	10.46	90.92	1.99	201.02		0.08	4.93	0.30	2.37	16.10	74.23	0.49	0.87	0.20
SCBG	SCBG	种仁	浙江临安	16.15	102.07	67.15	429.31	0.03	0.34	12.11	0.18	3.07	8.44	73.77	1.79	0.17	0.09
ECNU	SCBG	种仁	浙江鄞县	14.59	96.18	1.37	200.99	0.11	0.17	6.99		1.27	20.54	64.81	1.38	0.99	

茎花冬青 Ilex cauliflora H. W. Li

常绿灌木。果期2～3月。云南：麻栗坡县下金厂乡茶排林场，23°07′03″N，104°50′03″E，1793 m，2010-11-09，王智、杨珺、谭英400221259。产于云南。生于海拔2000～2600 m的山地灌丛中。

含油率及化学组分数据

采集单位	测试单位	测试部位	产地	含油率(%)	碘值	酸值	皂化值	C12:0	C14:0	C16:0	C16:1	C18:0	C18:1	C18:2	C18:3	C20:0	C20:1
KMIB	KMIB	种仁	云南麻栗坡	8.20													

华中枸骨(针齿冬青、小果冬青、蜀鄂东青)**Ilex centrochinensis** S. Y. Hu

常绿灌木。花期3～4月；果期8～9月。湖北：大别山，30°11′9″N，115°56′15″E，212 m，2011-10-20，李晓东、昝艳燕400121174。贵州：石阡县板桥镇，27°42′31″N，108°11′41″E，2011-11-20，张九兵、朱明德400181373。生于海拔(500～)700～1000 m的路旁、溪边的灌丛中或林缘。产于湖北、四川，安徽黄山有栽培。

含油率及化学组分数据

采集单位	测试单位	测试部位	产地	含油率(%)	碘值	酸值	皂化值	C12:0	C14:0	C16:0	C16:1	C18:0	C18:1	C18:2	C18:3	C20:0	C20:1
WHBG	WHBG	种仁	湖北大别山	5.48	70.66	19.59	218.07		0.08	0.21	22.25	0.28	3.50	14.02	33.70	2.22	3.42
HUST	HUST	种仁	贵州石阡	6.40	17.91	15.47	108.93	0.28	0.42	11.88	0.05	1.38	18.84	23.85	5.56	0.41	37.34

凹叶冬青 Ilex championii Loes.

常绿灌木或乔木。花期6月；果期8～11月。广东：乳源县五指山乡瀑布群，24°52′74″N，113°02′08″E，2010-10-21，王发国、陈林等400113058。生于海拔600～1600 m的山谷密林中。产于广东、香港、广西、湖南、江西、福建和贵州等地。

含油率及化学组分数据

采集单位	测试单位	测试部位	产地	含油率(%)	碘值	酸值	皂化值	C12:0	C14:0	C16:0	C16:1	C18:0	C18:1	C18:2	C18:3	C20:0	C20:1
SCBG	SCBG	种仁	广东乳源	17.50	126.50	7.91	190.31			6.99		0.94	34.16	20.30	1.58		

弯尾冬青(镰尾冬青)**Ilex cyrtura** Merr.

常绿乔木。花期4月；果期6～9月。福建：梁野山云礤村，25°10′3″N，116°9′20″E，628 m，2012-11-23，易绮斐、宁阳阳、李玉玲400119283。生于海拔750～1800 m的山地阔叶林中。产于广东、广西、贵州和云南等地。分布于缅甸北部。

含油率及化学组分数据

采集单位	测试单位	测试部位	产地	含油率(%)	碘值	酸值	皂化值	C12:0	C14:0	C16:0	C16:1	C18:0	C18:1	C18:2	C18:3	C20:0	C20:1
SCBG	SCBG	种仁	福建梁野山	12.12	58.52	2.19	376.08										

黄毛冬青 Ilex dasyphylla Merr.

常绿灌木或乔木。花期5月；果期8～12月。广东：东莞市谢岗乡银瓶山仙水道，23°2′34″N，113°45′45″E，2012-11-02，邢福武、叶心芬、宁阳阳400113162。生于海拔270～650 m的山地疏林或灌木丛中、路旁。产于广东、广西、江西、福建。

含油率及化学组分数据

采集单位	测试单位	测试部位	产地	含油率(%)	碘值	酸值	皂化值	C12:0	C14:0	C16:0	C16:1	C18:0	C18:1	C18:2	C18:3	C20:0	C20:1
SCBG	SCBG	种仁	广东东莞	16.17		8.89		0.01	1.38	10.04		3.02	15.74	24.47	10.19		

厚叶冬青 Ilex elmerrilliana S. Y. Hu

常绿灌木或小乔木。花期4～5月；果期7～11月。广东：阳山县秤架乡上洞、大坑，24°54′30″N，112°58′44″E，1090 m，2010-10-23，王发国400113070。江西：铅山县武夷山自然保护区，27°59′18″N，117°53′29″E，406 m，2011-10-17，凡强、景慧娟4001411060。生于海拔（200～）500～1500 m的山地常绿阔叶林中、灌丛中或林缘。产于广东、广西、湖南、江西、福建、浙江、安徽、湖北、四川和贵州等地。

含油率及化学组分数据

采集单位	测试单位	测试部位	产地	含油率(%)	碘值	酸值	皂化值	C12:0	C14:0	C16:0	C16:1	C18:0	C18:1	C18:2	C18:3	C20:0	C20:1
SCBG	SCBG	种仁	广东阳山	19.41	83.55	43.71	81.87	0.10		4.27		4.77	7.59	18.54			0.13
SYSU	SCBG	种仁	江西铅山	10.86	113.64	2.32	182.09	0.02	0.08	19.60	0.18	6.58	45.22	21.66	4.12	0.94	1.60

硬叶冬青 Ilex ficifolia C. J. Tseng

常绿乔木或灌木。花期5～6月；果期9～10月。江西：崇义县齐云山，25°52′5″N，114°1′54″E，864 m，2010-09-26，李朋远、谢行400145015。生于海拔400～900 m的山地疏林中。产于广东、广西、江西、福建、浙江等地。

含油率及化学组分数据

采集单位	测试单位	测试部位	产地	含油率(%)	碘值	酸值	皂化值	C12:0	C14:0	C16:0	C16:1	C18:0	C18:1	C18:2	C18:3	C20:0	C20:1
SYSU	SCBG	种仁	江西崇义	10.95	102.65	3.30	169.28	0.35	0.13	7.18	0.11	3.32	53.29	32.56	0.51	1.34	1.21

台湾冬青 Ilex formosana Maxim.

常绿灌木或乔木。花期3～5月；果期7～11月。江西：资溪县马头山自然保护区，27°47′33″N，117°14′36″E，358 m，2011-10-20，凡强、景慧娟4001412014。生于海拔100～1500(～2100) m的山地常绿阔叶林中、林缘、灌木丛中或溪旁。产于广东、广西、湖南、江西、福建、台湾、浙江、湖北、四川、贵州、云南。分布于菲律宾(吕宋)。

含油率及化学组分数据

采集单位	测试单位	测试部位	产地	含油率(%)	碘值	酸值	皂化值	C12:0	C14:0	C16:0	C16:1	C18:0	C18:1	C18:2	C18:3	C20:0	C20:1
SYSU	SCBG	种仁	江西资溪	10.45	86.49	1.76	161.28	0.25	0.06	3.92	0.04	3.88	47.86	26.08	17.56	0.26	0.11

滇西冬青 Ilex forrestii H. F. Comber

常绿灌木或小乔木。花期6～7月；果期9～11月。云南：云龙县志本山，25°45′29″N，99°06′52″E，2506 m，2009-11-19，王智、隋学艺、黄巧琴400221132。生于海拔1800～2900(～3500) m的山谷常绿阔叶林中或杂木林中。产于四川和云南。

含油率及化学组分数据

采集单位	测试单位	测试部位	产地	含油率(%)	碘值	酸值	皂化值	C12:0	C14:0	C16:0	C16:1	C18:0	C18:1	C18:2	C18:3	C20:0	C20:1
KMIB	KMIB	种仁	云南云龙	4.40									30.10	16.20	11.30		

青茶冬青(青茶香) Ilex hanceana Maxim.

常绿灌木或小乔木。花期5～6月；果期7～12月。福建：古田县马坊步云梨园，26°37′08″N，118°52′46″E，2010-10-27，刘东明、梁耀400112167。生于海拔950～1800 m的山坡灌木中。产于海南、广东、香港和福建。

含油率及化学组分数据

采集单位	测试单位	测试部位	产地	含油率(%)	碘值	酸值	皂化值	C12:0	C14:0	C16:0	C16:1	C18:0	C18:1	C18:2	C18:3	C20:0	C20:1
SCBG	SCBG	种仁	福建古田	9.00	33.43	30.81	165.34	0.40	0.56	9.96		3.37	45.28		22.93	0.32	0.19

大叶冬青 Ilex latifolia Thunb.

常绿大乔木。花期4月；果期9～10月。江苏：南京中山植物园，32°3′15″N，118°49′41″E，49 m，2011-12-10，田怀珍、李星霖、古丽米热4001171203。产于广西、江西、福建、浙江、江苏、安徽、河南、湖北、云南等地。生于海拔50～1500 m的山坡常绿阔叶林中、灌丛中或竹林中。分布于日本。

含油率及化学组分数据

采集单位	测试单位	测试部位	产地	含油率(%)	碘值	酸值	皂化值	C12:0	C14:0	C16:0	C16:1	C18:0	C18:1	C18:2	C18:3	C20:0	C20:1
ECNU	SCBG	种仁	江苏南京	9.14	36.67	1.32	253.95			14.29		6.19	12.86	3.33			0.05

阔叶冬青(长叶冬青) Ilex latifrons Chun

常绿乔木。花期6月；果期8～12月。广东：乐昌乐昌峡水库住户门口栽种，25°11′4″N，113°16′7″E，2012-11-10，王发国、于海玲400119232。产于广东、广西、海南、云南。生于1200～1800 m常绿林中。

含油率及化学组分数据

采集单位	测试单位	测试部位	产地	含油率(%)	碘值	酸值	皂化值	C12:0	C14:0	C16:0	C16:1	C18:0	C18:1	C18:2	C18:3	C20:0	C20:1
SCBG	SCBG	种仁	广东乐昌	11.56	73.68	2.94	310.83										

龙州冬青 Ilex longzhouensis C. J. Tseng

常绿小乔木。花期5～6月；果期10月。广西：靖西县武平乡安本村，23°16′9″N，106°31′58″E，734 m，2010-11-21，吴磊、黄俞淞、朱运喜4001101149。生于海拔500～1000 m的石灰岩石山疏林中。产于广西和云南等地。

含油率及化学组分数据

采集单位	测试单位	测试部位	产地	含油率(%)	碘值	酸值	皂化值	C12:0	C14:0	C16:0	C16:1	C18:0	C18:1	C18:2	C18:3	C20:0	C20:1
GXIB	SCBG	种仁	广西靖西	10.23	93.92	2.32	203.15	0.20	0.03	7.34	0.47	4.12	24.88	15.49	40.56	0.85	1.81

大果冬青Ilex macrocarpa Oliv.

落叶乔木。花期4～5月；果期10～11月。广西：德保县足荣乡义备村，23°20′29″N，106°42′38″E，657 m，2011-11-15，黄俞淞、彭日成、韩孟奇4001101278。湖北：神农架宋洛镇，31°39′54″N，110°36′13″E，271 m，2011-09-17，丁时东400151114。湖南：龙山县大安乡药场，29°35′59″N，109°39′50″E，1344 m，2011-09-01，徐亮、覃三立、朱群英40019101169；桑植县芭茅溪乡楠木坪，29°45′32″N，110°3′19″E，2011-10-09，张九兵、朱明德400181392；桑植县天平山自然保护区，29°46′8″N，110°3′26″E，1350 m，2012-10-02，张九兵、唐波400181442。生于海拔400～2400 m的山地林中。产于广东、广西、湖南、福建、浙江、江苏、安徽、河南、湖北、四川、贵州、云南和陕西等地。根可药用，可清热解毒，润肺止咳，用于肺热咳嗽，咽喉肿痛，咳血，眼翳。其叶片光滑，坚挺而有光泽，果熟时黑色，常作园林观赏用。

含油率及化学组分数据

采集单位	测试单位	测试部位	产地	含油率(%)	碘值	酸值	皂化值	C12:0	C14:0	C16:0	C16:1	C18:0	C18:1	C18:2	C18:3	C20:0	C20:1
GXIB	SCBG	种仁	广西德保	12.48	143.68	0.40	201.92	0.03	0.05	3.45	0.62	0.80	67.77	24.64	0.41	0.09	0.05
OCRI	SCBG	种仁	湖北神农架	12.87	23.18	8.80	233.63										
JSU	SCBG	种仁	湖南龙山	10.56	63.32	101.84	189.67	0.03	0.11	15.33	2.33		23.35	48.37	0.80	0.20	0.12
HUST	HUST	种仁	湖南桑植	6.93	13.25	34.73	199.65	0.03	0.02	6.63	0.05	3.22	9.89	78.74	0.81	0.38	0.24
HUST	HUST	种仁	湖南桑植	6.75	37.71	11.86	174.75	0.01	0.06	8.72	0.14	2.80	4.87	59.95	21.92	0.92	0.61

小果冬青Ilex micrococca Maxim.

落叶乔木。花期5～6月；果期9～10月。广西：龙胜县伟江乡，25°4′41″N，110°54′5″E，580 m，2012-09-21，廖云标4001101313。生于海拔500～1300 m的山地常绿阔叶林内。产于海南、广东、广西、湖南、江西、福建、台湾、浙江、安徽、湖北、四川、贵州、云南等地。

含油率及化学组分数据

采集单位	测试单位	测试部位	产地	含油率(%)	碘值	酸值	皂化值	C12:0	C14:0	C16:0	C16:1	C18:0	C18:1	C18:2	C18:3	C20:0	C20:1
GXIB	SCBG	种仁	广西龙胜	9.45	67.02	2.29	231.49	0.11	0.56	4.27	0.19	1.36	70.40	18.76	0.66	0.28	0.15
OFPC	LBG	种子	江西武宁	11.40	123.80				微量	11.00	微量	3.90	32.00	53.10			

南川冬青Ilex nanchuanensis Z. M. Tan

常绿灌木。果期10-11月。贵州：江口县太平镇，27°44′29″N，108°54′55″E，2011-11-17，张九兵、朱明德400181354。生于海拔600～800 m的山地林中。产于四川、贵州。

含油率及化学组分数据

采集单位	测试单位	测试部位	产地	含油率(%)	碘值	酸值	皂化值	C12:0	C14:0	C16:0	C16:1	C18:0	C18:1	C18:2	C18:3	C20:0	C20:1
HUST	HUST	种仁	贵州江口	13.45	75.09	23.34	77.22	0.02	0.05	8.37	0.10	1.69	43.15	40.84	0.28	3.43	2.07

南宁冬青Ilex nanningensis Hand.-Mazz.

常绿乔木。花期4～5月；果期10～11月。广西：上思县十万大山平龙山河谷，22°03′13″N，107°54′08″E，2009-11-21，吴望辉、叶晓霞、农东新4001101023。生于海拔600 m的山地林中或山坡混交林中。产于海南、广东和广西。

含油率及化学组分数据

采集单位	测试单位	测试部位	产地	含油率(%)	碘值	酸值	皂化值	C12:0	C14:0	C16:0	C16:1	C18:0	C18:1	C18:2	C18:3	C20:0	C20:1
GXIB	SCBG	种仁	广西上思	5.40	139.52	0.64	200.79	0.01	0.10	5.36	0.07	2.93	18.85	70.23	0.02	0.89	0.14

亮叶冬青(尾叶冬青)Ilex nitidissima C. J. Tseng

常绿小乔木。花期4～5月；果期7～10月。海南：陵水县本号镇吊罗山石晴林场，18°44′04″N，109°50′13″E，2009-11-22，秦新生400116175。生于海拔960～1250 m的山坡密林、疏林或杂木林中。产于广西、湖南和江西。

含油率及化学组分数据

采集单位	测试单位	测试部位	产地	含油率(%)	碘值	酸值	皂化值	C12:0	C14:0	C16:0	C16:1	C18:0	C18:1	C18:2	C18:3	C20:0	C20:1
SCAU	SCBG	种仁	海南陵水	10.31	19.37	5.74	221.57	0.01	0.04	3.60	0.07	2.55	24.95	66.26	1.63	0.50	0.39

具柄冬青(长梗冬青、刻脉冬青)Ilex pedunculosa Miq.

常绿灌木或乔木。花期6月；果期7～11月。江西：遂川县南风面，26°18′27″N，114°4′4″E，1716 m，2010-10-31，谢行、孙键400147017。生于海拔1200～1900 m的山地阔叶林中、灌木丛中或林缘。分布于日本。产于广西、湖南、江西、福建、台湾、浙江、安徽、河南、湖北、四川、贵州和陕西等地。核果球形，熟后鲜红色，耀眼夺目。为优良的冬季观果植物，可栽培作为庭园观赏树或行道树，绿阴效果佳。

含油率及化学组分数据

采集单位	测试单位	测试部位	产地	含油率(%)	碘值	酸值	皂化值	C12:0	C14:0	C16:0	C16:1	C18:0	C18:1	C18:2	C18:3	C20:0	C20:1
SYSU	SCBG	种仁	江西遂川	12.02	51.18	2.88	166.93	0.01	0.11	6.38	0.15	3.42	14.60	39.53	20.65	2.77	12.39
OFPC	LBG	种子	江西武宁	10.40						9.00	0.50	3.00	36.00	51.50	微量		

华南冬青 **Ilex sterrophylla** Merr. et Chun

常绿乔木。花期4～5月；果期9～10月。广西：武鸣县两江镇大明山，23°29′59″N，108°26′0″E，1249 m，2010-10-20，吴磊、杨金财4001101105。生于海拔1000～3000 m的山地疏林或密林中。产于广西、广东、海南等地。

含油率及化学组分数据

采集单位	测试单位	测试部位	产地	含油率(%)	碘值	酸值	皂化值	C12:0	C14:0	C16:0	C16:1	C18:0	C18:1	C18:2	C18:3	C20:0	C20:1
GXIB	SCBG	种仁	广西武鸣	13.45	107.10	1.05	201.98	0.03	0.13	9.39	0.32	2.24	37.14	41.13	1.99	0.35	1.84

湿生冬青 **Ilex verisimilis** C. J. Tseng ex S. K. Chen et Y. X. Feng

常绿小乔木或灌木。花期4～5月；果期6～11月。江西：崇义县齐云山，25°52′28″N，114°1′1″E，1094 m，2010-09-26，李朋远、谢行400145009。生于海拔500～1500 m的山谷密林、疏林中或林缘、河边。产于广东、广西和湖南。

含油率及化学组分数据

采集单位	测试单位	测试部位	产地	含油率(%)	碘值	酸值	皂化值	C12:0	C14:0	C16:0	C16:1	C18:0	C18:1	C18:2	C18:3	C20:0	C20:1
SYSU	SCBG	种仁	江西崇义	11.89	96.91	29.00	194.43		0.04	5.48	0.04	2.85	45.49	41.39	0.39	1.18	3.14

绿冬青(亮叶冬青、细叶三花冬青) **Ilex viridis** Champ. ex Benth.

常绿灌木或小乔木。花期5月；果期10～11月。浙江：清凉峰，30°06′12″N，118°52′25″E，2010-10-15，曾庆文等400112192。生于海拔300～1700(～2050) m的山地和丘陵地区的常绿阔叶林下，疏林及灌木丛中。分布于海南、广东、广西、江西、福建、浙江、安徽、湖北、贵州等地。枝叶稠密，是良好的观叶及观果植物。根用于关节痛；叶片可治烫伤，溃疡久不愈合，闭塞性脉管炎，急、慢性支气管炎，肺炎，尿路感染，菌痢，外伤出血等。

含油率及化学组分数据

采集单位	测试单位	测试部位	产地	含油率(%)	碘值	酸值	皂化值	C12:0	C14:0	C16:0	C16:1	C18:0	C18:1	C18:2	C18:3	C20:0	C20:1
SCBG	SCBG	种仁	浙江清凉峰	19.70	108.41	5.64	191.44	0.03	0.03	7.34	0.07	3.43	45.53	42.91	0.41		

159. 攀打科 Pandaceae

小盘木属 **Microdesmis** Hook. f.

小盘木 **Microdesmis caseariifolia** Planch. ex Hook. f.

乔木或灌木。花期3～9月；果期7～11月。生于山谷、山坡密林下或灌木丛中。分布于海南、广东、广西和云南等地。中南半岛、马来半岛、菲律宾至印度尼西亚也有。在广东雷州半岛南部和海南北部，由玄武岩、花岗岩等构成的台地和丘陵地上，小盘木和其他耐阴树种如朱砂根、九节、假黄皮等组成常绿季雨林的林下灌木层，覆盖度约60%。其树姿健壮，枝繁叶茂，树形优美，为良好的庭园绿化树种，可孤植、丛植或列植供观赏。

含油率及化学组分数据：

采集单位	测试单位	测试部位	产地	含油率(%)	碘值	酸值	皂化值	C12:0	C14:0	C16:0	C16:1	C18:0	C18:1	C18:2	C18:3	C20:0	C20:1
OFPC	SCBG	种子	广东高要	10.00	107.50		202.20		0.20	19.20		3.50	33.20	43.90			

160. 卫矛科 Celastraceae

南蛇藤属 **Celastrus** L.

独子藤（单子南蛇藤、红藤、大样红藤）**Celastrus monospermus** Roxb.

常绿藤本。花期3～6月；果期6～10月。广东：东莞市谢岗乡银瓶山仙水道，23°02′31″N，113°46′17″E，2012-11-02，邢福武、宁阳阳、叶心芬400113131。生长于海拔300～1500 m山坡密林中或灌丛湿地上。产于海南、广东、广西、云南、贵州。

含油率及化学组分数据

采集单位	测试单位	测试部位	产地	含油率(%)	碘值	酸值	皂化值	C12:0	C14:0	C16:0	C16:1	C18:0	C18:1	C18:2	C18:3	C20:0	C20:1
SCBG	SCBG	种仁	广东东莞	12.32	95.91	11.63	202.17	0.03		6.79	0.22	1.49	17.53	33.14	1.37	0.30	0.22
OFPC	XTBG	种子	云南勐腊	11.50		2.80		0.30	0.40	20.00		1.40	7.50	36.00	33.20	0.50	

毛脉显柱南蛇藤 **Celastrus stylosus** var. **puberulus** (P. S. Hsu) C. Y. Cheng et T. C. Kao

藤本。花期3～5月；果期8～10月。湖南：永顺县清坪，29°3′34″N，110°22′34″E，566 m，2009-10-06，陈功锡、徐亮400191047。生长于海拔350～1000 m山谷林中。产于广东、湖南、江西、浙江、江苏、安徽等地。

含油率及化学组分数据

采集单位	测试单位	测试部位	产地	含油率(%)	碘值	酸值	皂化值	C12:0	C14:0	C16:0	C16:1	C18:0	C18:1	C18:2	C18:3	C20:0	C20:1
JSU	SCBG	种仁	湖南永顺	12.65						2.89	28.15	11.26	48.33	0.35			

卫矛属 **Euonymus** L.

紫刺卫矛 **Euonymus angustatus** Sprague

常绿高大藤状灌木。花期4～5月；果期9～10月。湖南：张家界喻家溪乡，29°33′25″N，109°45′33″E，2011-11-29，张九兵、朱明德400181388。生长于海拔1000 m以下的山谷中。产于广东、广西、湖南等地。

含油率及化学组分数据

采集单位	测试单位	测试部位	产地	含油率(%)	碘值	酸值	皂化值	C12:0	C14:0	C16:0	C16:1	C18:0	C18:1	C18:2	C18:3	C20:0	C20:1
HUST	HUST	种仁	湖南张家界	7.50	15.14	17.92	213.20		0.02	4.37	0.06	1.81	9.04	26.96	55.03	0.86	0.06

栓翅卫矛 **Euonymus phellomanus** Loes.

灌木。花期7月；果期9～10月。河南：灵宝小秦岭，34°25′57″N，110°29′59″E，1711 m，2012-08-16，王亚平400314154。生长于山谷林中，在靠近南方各地，都分布于2000 m以上的高海拔地带。产于河南、四川、甘肃、陕西。

含油率及化学组分数据

采集单位	测试单位	测试部位	产地	含油率(%)	碘值	酸值	皂化值	C12:0	C14:0	C16:0	C16:1	C18:0	C18:1	C18:2	C18:3	C20:0	C20:1
HNAU	ICS	种子	河南灵宝	18.05	98.39	33.41	213.38		0.17	17.21	1.01	2.08	37.02	26.34	5.88	0.28	

核子木属 **Perrottetia** Kunth

核子木 **Perrottetia racemosa** (Oliv.) Loes.

灌木。花期5～9月；果期8～11月。湖南：桑植县芭茅溪乡天平山，29°42′37″N，110°3′38″E，651 m，2010-10-27，张兵、谷志容400181212。生长于海拔500～2900 m的较阴湿的山中沟谷和溪边。产于湖北、四川、贵州。

含油率及化学组分数据

采集单位	测试单位	测试部位	产地	含油率(%)	碘值	酸值	皂化值	C12:0	C14:0	C16:0	C16:1	C18:0	C18:1	C18:2	C18:3	C20:0	C20:1
HUST	HUST	种仁	湖南桑植	4.69	15.54	9.47	179.67	0.17	0.16	7.32		2.33	18.55	32.48	9.06	0.79	0.28

161. 省沽油科 Staphyleaceae

省沽油属 **Staphylea** L.

省沽油（水条）**Staphylea bumalda** DC.[*Bumalda trifolia* Thunb.]

落叶灌木。花期4～5月；果期8～9月。河南：信阳波尔登公园，31°51′32″N，114°5′27″E，321 m，2012-09-15，王亚平400314222。吉林：通化，41°43′46″N，125°51′25″E，2011-09-01，郑宝江等400341114。生于路旁、山地或丛林中。产于浙江、江苏、安徽、湖北、四川、陕西、山西、河北、辽宁、吉林、黑龙江。种子油可制肥皂及油漆。茎皮可作纤维。据分析，种子含油17.57%。

含油率及化学组分数据：

采集单位	测试单位	测试部位	产地	含油率(%)	碘值	酸值	皂化值	C12:0	C14:0	C16:0	C16:1	C18:0	C18:1	C18:2	C18:3	C20:0	C20:1
HNAU	ICS	种仁	河南信阳	10.91	109.49	10.96	174.82		0.05	7.76	0.12	3.66	25.16	42.98	9.15	0.53	0.38
NEFU	SCBG	种仁	吉林通化	18.27	4.57	9.15	232.97	0.01	0.29	20.21	0.09	5.24	51.25	20.52	1.75	0.32	0.31
OFPC			辽宁沈阳	17.60	149.40		192.10			5.50		2.70	11.50	70.40	9.90		

山香圆属**Turpinia** Vent.

越南山香圆**Turpinia cochinchinensis** (Lour.) Merr.

落叶乔木。云南：勐海南糯山半坡老寨，21°56′30″N，100°36′42″E，2012-01-16，邢福武、童毅、孟玉芳4001142040。生于海拔1200～2100 m的湿润阴处的密林中。产于广东、广西东南部、四川、贵州和云南南部。印度、缅甸、越南也有。

含油率及化学组分数据

采集单位	测试单位	测试部位	产地	含油率(%)	碘值	酸值	皂化值	C12:0	C14:0	C16:0	C16:1	C18:0	C18:1	C18:2	C18:3	C20:0	C20:1
SCBG	SCBG	种仁	云南勐海	16.54	100.62	14.04	255.23			6.86		0.32	18.09	29.01	2.19	0.12	

三叶山香圆(大果山香圆)**Turpinia ternata** Nakai

乔木或灌木。果期6～8月，10月尚存。云南：金平分水岭自然保护区，22°51'24"N，103°13'14"E，1910 m，2010-10-20，李忠荣400222241。生于海拔350～650 m的杂木林中、路旁、林边。产于云南南部。印度、越南北部也有。

含油率及化学组分数据：

采集单位	测试单位	测试部位	产地	含油率(%)	碘值	酸值	皂化值	C12:0	C14:0	C16:0	C16:1	C18:0	C18:1	C18:2	C18:3	C20:0	C20:1
KMIB	KMIB	种仁	云南金平	8.59						7.06	0.19	7.35	27.24	50.39	7.21	0.36	

163. 翅子藤科 Hippocrateaceae

翅子藤属**Loeseneriella** A. C. Sm.

翅子藤**Loeseneriella merrilliana** A. C. Sm.

藤本，花期5～6月；果期7～9月。云南：西双版纳绿石林，26°35′15″N，101°43′21″E，2012-01-12，邢福武、童毅、孟玉芳4001142004。生于海拔300～670 m的山谷林中，产于海南、广东、广西西南部及云南。

含油率及化学组分数据：

采集单位	测试单位	测试部位	产地	含油率(%)	碘值	酸值	皂化值	C12:0	C14:0	C16:0	C16:1	C18:0	C18:1	C18:2	C18:3	C20:0	C20:1
SCBG	SCBG	种仁	云南西双版纳	12.45	13.52		187.1	0.01		22.42	0.08	1.75	52.49	74.40	0.42		

五层龙属**Salacia** L.

五层龙**Salacia prinoides** (Willd.) DC.

攀缘灌木。花期12月；果期翌年1～2月。广西：龙胜县和平乡金江村，25°42′22″N，110°43′11″E，565 m，2012-09-21，黄俞淞4001101302。生于海拔60～700 m的丛林中。产于广东。印度、斯里兰卡、缅甸、老挝、越南、柬埔寨、马来西亚、印度尼西亚(爪哇)以及菲律宾等地均有分布。根供药用，有祛风湿、通经活络之效。

含油率及化学组分数据：

采集单位	测试单位	测试部位	产地	含油率(%)	碘值	酸值	皂化值	C12:0	C14:0	C16:0	C16:1	C18:0	C18:1	C18:2	C18:3	C20:0	C20:1
GXIB	SCBG	种仁	广西龙胜	3.65													

168. 鼠李科 Rhamnaceae

勾儿茶属**Berchemia** Neck. ex DC.

长梗勾儿茶**Berchemia longipes** Y. L. Chen et P. K. Chou

藤状灌木。果未见。花期夏季。云南：富宁县，23°41′57″N，105°27′36″E，1124 m，2010-11-06，王智、杨珺、谭英400221229。产于云南西畴。生于中海拔的林中。

含油率及化学组分数据：

采集单位	测试单位	测试部位	产地	含油率(%)	碘值	酸值	皂化值	C12:0	C14:0	C16:0	C16:1	C18:0	C18:1	C18:2	C18:3	C20:0	C20:1
KMIB	KMIB	种仁	云南富宁	7.60				0.01	0.13	22.40	0.05	6.99	42.16	24.24	3.33	0.36	0.33

枳椇属**Hovenia** Thunb.

毛果枳椇(毛枳椇)**Hovenia trichocarpa** Chun et Tsiang

高大落叶乔木。花期5～6月；果期8～10月。湖南：保靖县白云山，28°21′36″N，109°23′23″E，432 m，2012-11-16，张代贵、张洁40019101236。湖北：五峰后河黄家河，33°28′55″N，110°30′38″E，1045 m，2010-10-20，丁时东、危文亮等400151052。生于海拔600～1300 m的山地林中。产于广东北部、湖南、江西、湖北、贵州。

含油率及化学组分数据：

采集单位	测试单位	测试部位	产地	含油率(%)	碘值	酸值	皂化值	C12:0	C14:0	C16:0	C16:1	C18:0	C18:1	C18:2	C18:3	C20:0	C20:1
JSU	SCBG	种仁	湖南保靖	8.15	93.23	85.28	139.28		0.12	6.42	0.50	1.57		44.55	2.07	0.42	0.37
OCRI	SCBG	种仁	湖北五峰	9.14	63.01	5.22	170.26	0.01	0.06	6.99	0.41	6.19	16.84	16.81	38.31	2.57	0.27

马甲子属Paliurus Mill.

铜钱树(钱串树、金钱树)**Paliurus hemsleyanus** Rehd.

乔木。花期4～6月；果期7～9月。河南：郑州碧沙岗公园，34°45′5″N，113°37′29″E，112 m，2012-09-13，王亚平400314194。生长于海拔200～1000 m的山地林间。分布于广东、广西、江苏、安徽、湖北、四川、陕西。树皮含鞣质，可提制栲胶。

含油率及化学组分数据：

采集单位	测试单位	测试部位	产地	含油率(%)	碘值	酸值	皂化值	C12:0	C14:0	C16:0	C16:1	C18:0	C18:1	C18:2	C18:3	C20:0	C20:1
HNAU	ICS	种子	河南郑州	3.34	86.66	29.69	130.83		0.12	5.56		17.90	23.60	39.03	0.73	0.61	

猫乳属Rhamnella Miq.

猫乳(长叶绿柴、山黄)**Rhamnella franguloides** (Maxim.) Weberb.

落叶灌木或小乔木。花期5～7月；果期7～10月。湖南：吉首小溪，28°21′5″N，109°43′47″E，230 m，2008-07-12，陈功锡、徐亮400191074。生于海拔1100 m以下的山坡、路旁或林中。产于湖南、浙江、江苏、安徽、山东、河南、湖北西部、陕西南部、山西南部。日本、朝鲜也有分布。根供药用，治疥疮；皮含绿色染料。

含油率及化学组分数据：

采集单位	测试单位	测试部位	产地	含油率(%)	碘值	酸值	皂化值	C12:0	C14:0	C16:0	C16:1	C18:0	C18:1	C18:2	C18:3	C20:0	C20:1
JSU	SCBG	种仁	湖南吉首	3.15	40.23	23.16	150.24		0.06	13.03	0.06	7.31	24.03	12.85	34.51	0.41	0.45

鼠李属Rhamnus L.

毛山鼠李**Rhamnus wilsonii** var. **pilosa** Rehd.

灌木。花期4～5月；果期6～10月。江西：上饶三清山，28°57′3″N，118°14′6″E，533 m，2012-09-03，景慧娟、赵万义4001416001。生于山坡林缘或灌木丛中，海拔400～1600 m。产于江西(庐山、永新、广昌)、浙江(昌化、淳安、天台)和安徽(黄山、九华山、岳西)。

含油率及化学组分数据：

采集单位	测试单位	测试部位	产地	含油率(%)	碘值	酸值	皂化值	C12:0	C14:0	C16:0	C16:1	C18:0	C18:1	C18:2	C18:3	C20:0	C20:1
SYSU	SCBG	种仁	江西上饶	4.88		2.82	157.40	0.01	0.05	2.83	0.38	0.52	67.25	28.27	0.12	0.05	

翼核果属Ventilago Gaertn.

翼核果(血风根、青筋藤)**Ventilago leiocarpa** Benth.

藤状灌木。花期3～5月；果期4～7月。广东：东莞市谢岗乡银瓶山仙水道，23°2′51″N，113°45′14″E，2012-11-02，邢福武、叶心芬、宁阳阳400113156。产于福建、台湾、广东、香港、海南、广西及云南，生于海拔1500 m以下疏林下或灌丛中。印度、缅甸、越南及非洲有分布。根药用，舒筋活络，治月经不调、风湿痛、跌打损伤。

含油率及化学组分数据：

采集单位	测试单位	测试部位	产地	含油率(%)	碘值	酸值	皂化值	C12:0	C14:0	C16:0	C16:1	C18:0	C18:1	C18:2	C18:3	C20:0	C20:1
SCBG	SCBG	种仁	广东东莞	16.55	92.34	12.74	119.74	0.13		12.07	0.50	3.45	30.39	33.73	18.07	0.18	0.51

枣属Ziziphus Mill.

印度枣(滇枣、麦抱)**Ziziphus incurva** Roxb.[*Ziziphus yunnanensis* C. K. Schneid.]

乔木。花期4～5月；果期6～10月。广西：永福县堡里乡清坪村，24°50′48″N，111°21′3″E，323 m，2011-12-18，林春蕊、郭伦发4001101273。生于海拔1000～2500 m的混交林中。产于广西(凌云)、贵州南部(兴义)、云南(景东、景谷、耿马、勐海、景洪、富宁、思茅)、西藏东南部和南部(吉隆、察隅)。印度、尼泊尔、不丹也有分布。

含油率及化学组分数据：

采集单位	测试单位	测试部位	产地	含油率(%)	碘值	酸值	皂化值	C12:0	C14:0	C16:0	C16:1	C18:0	C18:1	C18:2	C18:3	C20:0	C20:1
GXIB	SCBG	种仁	广西永福	9.14	158.73	0.24	199.96			1.98	0.23	0.67	79.73	16.12	0.17	0.05	0.15

大果枣(鸡旦果)**Ziziphus mairei** Dode

乔木。花期4～6月；果期6～8月。云南：昆明植物园杜鹃园，25°08'26"N，102°44'31"E，1932 m，2010-11-30，刘恩乾400222196。生于河边灌丛或林缘，海拔1900～2000 m。产于云南中部至西北部(昆明、德钦、开远)。

含油率及化学组分数据：

采集单位	测试单位	测试部位	产地	含油率(%)	碘值	酸值	皂化值	C12:0	C14:0	C16:0	C16:1	C18:0	C18:1	C18:2	C18:3	C20:0	C20:1
KMIB	KMIB	种仁	云南昆明	18.68						0.05	12.81	0.08	5.28	36.90	39.48	0.33	1.39

169. 葡萄科 Vitaceae

蛇葡萄属Ampelopsis Michx.

乌头叶蛇葡萄(马葡萄、附子蛇葡萄)**Ampelopsis aconitifolia** Bunge

木质藤本。花期5～6月;果期8～9月。河南:荥阳县邙山,34°56′9″N,115°31′25″E,492 m,2011-07-19,王亚平、杨大伟400314008。生于沟边或山坡灌丛或草地,海拔600～1800 m。产于河南、甘肃、陕西、山西、河北、内蒙古。

含油率及化学组分数据:

采集单位	测试单位	测试部位	产地	含油率(%)	碘值	酸值	皂化值	C12:0	C14:0	C16:0	C16:1	C18:0	C18:1	C18:2	C18:3	C20:0	C20:1
ICS	ICS	种子	河南荥阳	12.72	78.40	11.78	96.86			7.60	0.20	3.30	15.70	71.20	0.80	0.40	

异叶蛇葡萄Ampelopsis glandulosa var. **heterophylla** (Thunb.) Momiy.

木质藤本。花期4～6月;果期7～10月。安徽:祁门县牯牛降自然保护区,30°5′13″N,117°29′25″E,416 m,2011-11-16,胡超、李星霖4001171197。海拔200～1800 m。产于广东、广西、湖南、江西、福建、浙江、江苏、安徽、湖北、四川。日本也有分布。

含油率及化学组分数据:

采集单位	测试单位	测试部位	产地	含油率(%)	碘值	酸值	皂化值	C12:0	C14:0	C16:0	C16:1	C18:0	C18:1	C18:2	C18:3	C20:0	C20:1
ECNU	SCBG	种仁	安徽祁门	18.40	13.25	13.20	199.65			5.72	0.25	1.49	14.69	27.13	47.11	1.01	0.24

葎叶蛇葡萄(小接骨丹)**Ampelopsis humulifolia** Bunge

木质藤本。花期5～7月;果期5～9月。河南:灵宝小秦岭,34°27′3″N,110°26′6″E,1130 m,2012-08-18,王亚平400314161。生于山沟地边或灌丛林缘或林中,海拔400～1100 m。产于山东、河南、陕西、山西、青海、河北、内蒙古、辽宁。

含油率及化学组分数据:

采集单位	测试单位	测试部位	产地	含油率(%)	碘值	酸值	皂化值	C12:0	C14:0	C16:0	C16:1	C18:0	C18:1	C18:2	C18:3	C20:0	C20:1
HNAU	ICS	种子	河南灵宝	14.45	42.79	55.05	181.94		0.07	15.90	3.02	2.76	27.33	32.46	0.69	0.19	0.32

乌蔹莓属Cayratia Juss.

白毛乌蔹莓(大叶乌蔹莓、少果乌蔹莓)**Cayratia albifolia** C. L. Li

半木质或草质藤本。花期5～6月;果期7～8月。四川:邛崃县天台镇,30°18′22″N,103°10′17″E,640 m,2012-11-07,刘晓波、宫庆彬40021112097。生于山谷林中或山坡岩石,海拔300～2000 m。产于广东、广西、湖南、江西、福建、浙江、湖北、四川、贵州、云南。

含油率及化学组分数据:

采集单位	测试单位	测试部位	产地	含油率(%)	碘值	酸值	皂化值	C12:0	C14:0	C16:0	C16:1	C18:0	C18:1	C18:2	C18:3	C20:0	C20:1
SCU	SCU	种仁	四川邛崃	19.66	109.69	140.87	184.04			6.30		14.52		75.32	3.87		

角花乌蔹莓Cayratia corniculata (Benth.) Gagnep.[*Vitis corniculata* Benth.]

草质藤本。花期4～5月;果期7～9月。广西:三江市独峒乡,25°57′35″N,109°29′22″E,259 m,2010-12-13,张兵、谷志容400181268。生于山谷溪边疏林或山坡灌丛,海拔200～600 m。产于广东、广西、福建。

含油率及化学组分数据:

采集单位	测试单位	测试部位	产地	含油率(%)	碘值	酸值	皂化值	C12:0	C14:0	C16:0	C16:1	C18:0	C18:1	C18:2	C18:3	C20:0	C20:1
HUST	HUST	种仁	广西三江	18.65	161.95	9.53	97.34										

尖叶乌蔹莓Cayratia japonica var. **pseudotrifolia** (W.T. Wang) C.L. Li

草质藤本。花期5～8月;果期9～10月。湖南:沅陵县借母溪乡,28°46′27″N,110°27′6″E,2011-10-22,张九兵、朱明德400181314。生于海拔300～1500 m山地沟谷林下。产于海南、广东西部、湖南西北部、江西、浙江、湖北西部、四川东部及东北部、贵州东北部、甘肃东南部及陕西南部。

含油率及化学组分数据:

采集单位	测试单位	测试部位	产地	含油率(%)	碘值	酸值	皂化值	C12:0	C14:0	C16:0	C16:1	C18:0	C18:1	C18:2	C18:3	C20:0	C20:1
HUST	HUST	种仁	湖南沅陵	14.65	29.69	8.67	130.83	1.87	0.50	12.29	0.13	2.89	31.11	48.91	1.55	0.31	0.45

崖爬藤属Tetrastigma (Miq.) Planch.

崖爬藤Tetrastigma obtectum (Wall. ex M. A. Lawson) Planch. ex Franch.

草质藤本。花期4～6月;果期8～11月。海南:昌江县霸王岭东二,19°13′21″N,109°00′40″E,2009-08-02,秦新生400116135。生于山坡岩石或林下石壁上,海拔250~2400 m。产于海南、广西、湖南、福建、台湾、四川、贵州、云南、甘肃。全草入药,有祛风湿的功效。

含油率及化学组分数据：

采集单位	测试单位	测试部位	产地	含油率(%)	碘值	酸值	皂化值	C12:0	C14:0	C16:0	C16:1	C18:0	C18:1	C18:2	C18:3	C20:0	C20:1
SCAU	SCBG	种仁	海南昌江	16.37	9.00	9.46	184.54										

狭叶崖爬藤 **Tetrastigma serrulatum** (Roxb.) Planch.

草质藤本。花期3～6月；果期7～10月。广西：永福县百寿乡，24°59′51″N，109°55′01″E，2009-12-14，许为斌、黄俞淞、蒋日红4001101089。云南：昆明市西山，24°58′27″N，102°37′9″E，2148 m，2009-09-19，王智、肖智勇400221044。生于山谷林中、山坡灌丛岩石缝中，海拔500～2900 m。产于广东、广西、湖南、四川、贵州、云南。

含油率及化学组分数据：

采集单位	测试单位	测试部位	产地	含油率(%)	碘值	酸值	皂化值	C12:0	C14:0	C16:0	C16:1	C18:0	C18:1	C18:2	C18:3	C20:0	C20:1
GXIB	SCBG	种仁	广西永福	7.30	140.91	5.73	167.32	0.21	1.38	23.14		3.03	21.01	33.20	11.16		1.38
KMIB	KMIB	种仁	云南昆明	7.30				0.14	0.56	0.09	9.08	0.32	1.28	15.33	37.45	1.09	0.18

葡萄属 **Vitis** L.

山葡萄 **Vitis amurensis** Rupr.

木质藤本。花期5～6月；果期7～9月。吉林：临江，41°48′59″N，127°11′30″E，2011-09-17，郑宝江等400341112。黑龙江：伊春市后山，47°43′45″N，128°52′15″E，738 m，2010-08-15，陈连江、卞勇、潘伟400351008。生于山坡、沟谷林中或灌丛，海拔200～2100 m。产于浙江(天目山)、山东、安徽(金寨)、山西、河北、辽宁、吉林、黑龙江。

含油率及化学组分数据：

采集单位	测试单位	测试部位	产地	含油率(%)	碘值	酸值	皂化值	C12:0	C14:0	C16:0	C16:1	C18:0	C18:1	C18:2	C18:3	C20:0	C20:1
NEFU	SCBG	种仁	吉林临江	3.25	63.01	15.07	112.83		0.03	4.40	0.08	2.35	22.47	38.76	0.32	2.74	8.04
SBRI	SCBG	种仁	黑龙江伊春	7.69	19.37	5.74	221.57										
OFPC		种子	辽宁桓仁	17.10	143.90		194.00			5.00	微量	2.70	23.40	63.00	2.70		

变叶葡萄(复叶葡萄) **Vitis piasezkii** Maxim.

木质藤本。花期6月；果期7～9月。陕西：眉县营头，34°3′9″N，107°22′25″E，1150 m，2009-08-22，薛帅400321038。河南：灵宝小秦岭，34°27′3″N，110°26′4″E，1125 m，2012-08-21，王亚平400314171。生于山坡、河边灌丛或林中。海拔1000～2000 m。产于浙江、河南、四川、甘肃、陕西、山西。

含油率及化学组分数据：

采集单位	测试单位	测试部位	产地	含油率(%)	碘值	酸值	皂化值	C12:0	C14:0	C16:0	C16:1	C18:0	C18:1	C18:2	C18:3	C20:0	C20:1
CAU	ICS	种子	陕西眉县	14.10	75.33	2.92	191.76		0.01	12.25	0.06	4.93	37.96	43.89	0.46	0.29	0.16
HNAU	ICS	种子	河南灵宝	8.29	105.96	13.20	139.13		0.05	7.39	0.10	3.63	12.41	67.72	0.79		0.09

葡萄 **Vitis vinifera** L.

木质藤本。花期4～5月；果期8～9月。我国各地栽培。原产亚洲西部，现世界各地栽培，为著名水果，生食或制葡萄干，并酿酒，酿酒后的酒脚可提酒食酸，根和藤药用能止呕、安胎。

含油率及化学组分数据：

采集单位	测试单位	测试部位	产地	含油率(%)	碘值	酸值	皂化值	C12:0	C14:0	C16:0	C16:1	C18:0	C18:1	C18:2	C18:3	C20:0	C20:1
OFPC		种子	辽宁沈阳	18.00	122.80			微量	微量	8.00	微量	2.70	23.40	63.00	2.70		

170. 火筒树科 Leeaceae

火筒树属 **Leea** D.Royen ex L.

密花火筒树 **Leea compactiflora** Kurz

直立灌木。果期8月至翌年1月。云南：西双版纳勐腊，21°56′8″N，101°15′14″E，560 m，2009-11-10，郑希龙400114106。生于山坡林中、林缘或河谷灌丛，海拔600～2200 m。产于云南、西藏。越南、老挝、缅甸、孟加拉国、印度和不丹也有分布。

含油率及化学组分数据：

采集单位	测试单位	测试部位	产地	含油率(%)	碘值	酸值	皂化值	C12:0	C14:0	C16:0	C16:1	C18:0	C18:1	C18:2	C18:3	C20:0	C20:1
SCBG	SCBG	种仁	云南西双版纳	6.80	136.13	4.32			0.03	3.79	0.27	1.90	33.03	60.07	0.42	0.10	0.40

火筒树(五指枫) **Leea indica** (Burm. f.) Merr.

直立灌木。花期4～7月；果期8～12月。海南：五指山番阳，18°53′26″N，109°20′35″E，2009-08-29，郑希龙、潘雅书40011451。生于山坡、溪边林下或灌丛中，海拔200～1200 m。产于海南、广东、广西、贵州、云南。分布较广，从南亚到大洋洲北部均有分布。

含油率及化学组分数据：

采集单位	测试单位	测试部位	产地	含油率(%)	碘值	酸值	皂化值	C12:0	C14:0	C16:0	C16:1	C18:0	C18:1	C18:2	C18:3	C20:0	C20:1
SCBG	SCBG	种仁	海南五指山	14.56	106.90	7.09	299.76		0.05	5.10	0.06	3.65	7.02	34.14	48.89	0.43	0.65

173. 锦葵科 Malvaceae

秋葵属**Abelmoschus** Medik.

黄蜀葵(秋葵、棉花葵、假阳桃)**Abelmoschus manihot** (L.) Medik.

一年生或多年生草本。花期8～10月；果期9～11月。湖南：沅陵县借母溪乡，28°46′29″N，110°27′18″E，2011-10-22，张九兵、朱明德400181321。常生于山谷草丛、田边或沟旁灌丛间。产于广东、广西、湖南、福建、山东、河南、湖北、四川、贵州、云南、陕西、河北等地。原产我国南方。分布于印度。本种的花大色美，栽培供园林观赏用；根含黏质，可作造纸糊料；种子、根和花作药用。

含油率及化学组分数据：

采集单位	测试单位	测试部位	产地	含油率(%)	碘值	酸值	皂化值	C12:0	C14:0	C16:0	C16:1	C18:0	C18:1	C18:2	C18:3	C20:0	C20:1
HUST	HUST	种仁	湖南沅陵	7.73	105.66	5.27	179.42	0.004	0.06	8.90	0.14	1.81	54.36	18.54	4.57	3.94	7.68

蜀葵属**Alcea** L.

蜀葵(蜀芪花、树茄、麻杆花)**Alcea rosea** L.

二年生直立草本。花期2~8月；果期秋冬季。广西：凭祥县大青山林场，22°06′38″N，116°48′36″E，2012-01-14，刘东明、潘雅书、王美娜4001122287。新疆：吐鲁番沙漠植物园，42°51′17″N，89°11′36″E，93 m，2012-07-26，杨美琳4003312002。山东：五莲，35°44′18″N，119°10′57″E，190 m，2010-06-09，赵伟华400311209。陕西：凤县南星镇瓦房坝乡，33°42′24″N，106°36′58.2″E，1300 m，2011-08-28，薛帅400324043。原产我国西南地区，全国各地广泛栽培供园林观赏用。耐寒，喜阳，耐半阴，忌涝。播种繁殖，春播、秋播均可。也可进行分株和扦插繁殖。园林观赏。药用。工业用油。

含油率及化学组分数据：

采集单位	测试单位	测试部位	产地	含油率(%)	碘值	酸值	皂化值	C12:0	C14:0	C16:0	C16:1	C18:0	C18:1	C18:2	C18:3	C20:0	C20:1
SCBG	SCBG	种子	广西凭祥	11.87	117.38	8.3	200.25		0.08	10.24	0.94	3.87	15.93	67.83	0.74	0.26	0.11
XIEG	SCBG	种子	新疆吐鲁番	11.53	23.45	4.78	172.59		0.12	8.97	0.49	2.46	25.75	28.96	27.47	0.51	0.21
CAU	ICS	种子	山东五莲	10.89	124.77	0.42	166.75		0.16	16.34	0.16	2.83	20.46	43.14	1.57	0.30	0.08
CAU	ICS	种子	陕西凤县	5.41	16.67	100.47	177.74	0.02	0.05	5.47	0.25	1.20	21.14	69.02	0.62	0.05	0.14

木槿属**Hibiscus** L.

红秋葵(槭葵)**Hibiscus coccineus** Walter

多年生直立草本。花期8月。湖北：武汉，30°32′47″N，114°24′57″E，32 m，2011-10-17，李晓东、昝艳燕400121175。原产美国东南部。北京、上海、南京等城市庭园偶有引种栽培。播种繁殖。栽培，观赏。

含油率及化学组分数据：

采集单位	测试单位	测试部位	产地	含油率(%)	碘值	酸值	皂化值	C12:0	C14:0	C16:0	C16:1	C18:0	C18:1	C18:2	C18:3	C20:0	C20:1
WHBG	WHBG	种仁	湖北武汉	15.67					0.08	12.41		7.06	14.71	14.86	37.08	0.95	

芙蓉葵 **Hibiscus moscheutos** L.

多年生直立草本。花期7～9月；果期9～10月。河北：石家庄，38°04′47″N，114°24′08″E，81 m，2009-10-01，徐兴友400313005。原产美国东部。我国南京、杭州、南京、杭州、青岛、昆明和北京等城市有栽培。播种繁殖。供园林观赏用。

含油率及化学组分数据：

采集单位	测试单位	测试部位	产地	含油率(%)	碘值	酸值	皂化值	C12:0	C14:0	C16:0	C16:1	C18:0	C18:1	C18:2	C18:3	C20:0	C20:1
HNUST	CAU	种仁	河北石家庄	11.57	84.35	4.63	191.87	0.03	0.24	24.11	0.40	4.43	23.05	44.26	2.77	0.59	0.13

锦葵属**Malva** L.

锦葵(荆葵、小钱花、棋盘花)**Malva cathayensis** M. G. Gilbert, Y. Tang et Dorr

二年生或多年生直立草本。花期5～10月。内蒙古：乌海市海勃湾区，39°41′36″N，106°48′31″E，1104 m，2009-08-21，刘慧娟、扈顺400312021。我国南北各城市常见的栽培植物，偶有逸生。南自广东、广西，北至内蒙古、辽宁，东起台湾，西至新疆和西南各地，均有分布。印度也有。花供园林观赏，地植或盆栽均宜；其花白色的常入药用。

含油率及化学组分数据：

采集单位	测试单位	测试部位	产地	含油率(%)	碘值	酸值	皂化值	C12:0	C14:0	C16:0	C16:1	C18:0	C18:1	C18:2	C18:3	C20:0	C20:1
IMAU	ICS	种子	内蒙古乌海	10.95	114.71	1.73	186.80		0.12	11.44	0.16	2.03	18.60	43.14	1.75	0.27	0.16

174. 椴树科 Tiliaceae

椴树属**Tilia** L.

华椴**Tilia chinensis** Maxim.

乔木，高15 m。花期夏初；果期秋冬季。湖北：神农架红坪，31°40′18″N，110°25′39″E，1790 m，2010-10-20，李晓东、昝艳燕、罗曼曼400121120；神农架木鱼镇青天坳，31°29′21″N，110°21′26″E，1765 m，2009-12-01，丁时东、危文亮400152039。产于河南、湖北、四川、云南、甘肃和陕西。喜光，较耐寒。播种繁殖。树姿优雅，叶形美丽，叶片边缘密具细锯齿，夏日黄花满树，芳香馥郁，花序梗一部分附生在舌状苞片上，比较奇特，观赏价值较高，可栽培用于行道树和庭园绿荫树。由于树冠大，抗烟、抗毒性强，又是厂矿区绿化的好树种。花是良好的蜜源。

含油率及化学组分数据：

采集单位	测试单位	测试部位	产地	含油率(%)	碘值	酸值	皂化值	C12:0	C14:0	C16:0	C16:1	C18:0	C18:1	C18:2	C18:3	C20:0	C20:1
WHBG	WHBG	种仁	湖北神农架	1.28						15.40			20.10	64.40			
OCRI	SCBG	种仁	湖北神农架	11.88	8.49	8.93	208.73	0.01	0.07	11.22		4.49	27.80	54.87	0.49	0.38	0.66

辽椴（糠椴）**Tilia mandshurica** Rupr. et Maxim.

乔木，高20 m。花期7月；果实9月成熟。山东：泰安，36°12'17"N，117°07'27"E，198 m，2010-06-09，赵伟华400311173。黑龙江：嘉荫县八字山，48°16′06″N，129°31′05″E，1099 m，2010-08-17，陈连江、卞勇、潘伟400351057。产于江苏北部、山东、河北、内蒙古和东北地区。朝鲜及俄罗斯西伯利亚南部有分布。树形高大美观，是优良的用材树种，木材供建筑、器具等用；树皮供作纤维材料；花为重要的蜜源，也可以入药；其生长迅速，枝繁叶茂，耐修剪，也是很好的绿化树种。

含油率及化学组分数据：

采集单位	测试单位	测试部位	产地	含油率(%)	碘值	酸值	皂化值	C12:0	C14:0	C16:0	C16:1	C18:0	C18:1	C18:2	C18:3	C20:0	C20:1
ICS	ICS	种子	山东泰安	7.17	101.22	2.29	203.76		0.19	10.53	0.28	3.01	17.26	48.68	7.07	0.18	0.20
SCBG	SBRI	种仁	黑龙江嘉荫	0.94	78.79	8.12	160.5	0.004	0.034	3.32	0.10	1.90	55.41	38.46	0.07	0.17	0.54

176. 梧桐科 Sterculiaceae

马松子属**Melochia** L.

马松子**Melochia corchorifolia** L.

半灌木状草本。花期夏秋。湖北：神农架下谷坪，31°19′04″N，110°39′30″E，560 m，2011-09-22，丁时东400151137。本种广泛分布在台湾、长江以南各地区和四川内江地区。生于田野间或低丘陵地原野间。亚洲热带地区多有分布。全草皆可入药，主要用于止痒退疹，是一味很好的外用内服良药，在民间经常使用马松子煮水之后，洗试患处，对于治疗皮肤湿疹、瘙痒、癣症，湿疮、阴部湿痒等，以及一些皮肤炎症具有很好的治疗效果。本种的茎皮富于纤维，具有很好的韧性，拉力好，是一种天然的麻绳制作材料，在民间有传统将马松子外皮配合黄麻一起进行加工，是制作麻袋的极佳好材料，耐性极好。

含油率及化学组分数据：

采集单位	测试单位	测试部位	产地	含油率(%)	碘值	酸值	皂化值	C12:0	C14:0	C16:0	C16:1	C18:0	C18:1	C18:2	C18:3	C20:0	C20:1
OCRI	SCBG	种仁	湖北神农架	19.45	107.42	40.75	83.18		0.33	12.51		3.29	51.36	24.44	1.15		

可可属**Theobroma** L.

可可 **Theobroma cacao** L.

常绿乔木，高达12 m。花期几乎全年。海南：兴隆热带植物园，18°44′19″N，110°12′18″E，2011-11-28，张荣京40017184。在我国海南和云南南部有栽培，生长良好。本种原产美洲中部及南部，现广泛栽培于全世界的热带地区。种子为制造可可粉和"巧克力糖"的主要原料。由于巧克力和可可粉在运动场上成为最重要的能量补充剂，发挥了巨大的作用，人们便把可可树誉为"神粮树"，把可可饮料誉为"神仙饮料"，为世界上三大饮料之一。可可粉除含脂肪、蛋白质及碳水化合物等多种营养成分外，尚含有可可碱、维生素A、维生素B1、维生素B2、尼克酸、磷、铁、钙等。可可碱对人体具有温和的刺激、兴奋作用。

含油率及化学组分数据：

采集单位	测试单位	测试部位	产地	含油率(%)	碘值	酸值	皂化值	C12:0	C14:0	C16:0	C16:1	C18:0	C18:1	C18:2	C18:3	C20:0	C20:1
SCAU	SCBG	种仁	海南兴隆	16.07	22.26	4.45	91.51		0.048		17.80	11.35	11.78	32.70	39.53	1.82	0.15

186. 旌节花科 Stachyuraceae

旌节花属**Stachyurus** Sieb. et Zucc.

中国旌节花**Stachyurus chinensis** Franch.

落叶灌木。花期3～4月；果期5～7月。湖北：神农架红花小当阳，31°27′28″N，110°05′44″E，李晓东、杨林森40012178。四川：

平武县虎牙乡涮涮水沟，32°31′15″N，103°56′28″E，1863 m，2012-09-27，刘晓波、宫庆彬40021112035。生于海拔400～3000 m的山坡谷地林中或林缘。产于广东、广西、湖南、江西、福建、浙江、安徽、河南、湖北、四川、贵州、西藏、云南和陕西。越南北部也有分布。

含油率及化学组分数据：

采集单位	测试单位	测试部位	产地	含油率(%)	碘值	酸值	皂化值	C12:0	C14:0	C16:0	C16:1	C18:0	C18:1	C18:2	C18:3	C20:0	C20:1
WHBG	WHBG	种仁	湖北神农架	17.30	123.27	38.89	222.88			8.02	2.53	3.76	13.41	28.8	43.34		0.15
SCU	SCU	种仁	四川平武	15.86	110.19	95.88	216.00		0.74	4.73	1.17	2.53	13.94	21.43	44.11		

203. 葫芦科 Cucurbitaceae

盒子草属**Actinostemma** Griff.

盒子草**Actinostemma tenerum** Griff.

柔弱草本。花期7～9月；果期9～11月。河南：郑州惠济区，34°54′33″N，113°32′27″E，411 m，2011-10-07，王亚平、武振江、李丹凤400314064。多生于水边草丛中。产于广西、湖南、江西、福建、台湾、浙江、江苏、安徽、山东、河南、四川、云南、西藏、河北、辽宁。朝鲜、日本、印度、中南半岛也有分布。种子含油，可制肥皂，油饼可做肥料及猪饲料。

含油率及化学组分数据：

采集单位	测试单位	测试部位	产地	含油率(%)	碘值	酸值	皂化值	C12:0	C14:0	C16:0	C16:1	C18:0	C18:1	C18:2	C18:3	C20:0	C20:1
HNAU	ICS	种子	河南郑州	15.10	104.40	13.36	146.68	0.66	4.63	6.42	0.22	1.85	25.75	43.41	1.26	0.36	0.22

小雀瓜属**Cyclanthera** Schrad.

小雀瓜**Cyclanthera pedata** (L.) Schrad.

一年生攀缘草本。花、果期夏秋季。云南：昆明植物研究所老加工厂，25°08′03"N，102°44′38"E，1930 m，2010-01-20，李忠荣400222149。原产南美洲和中美洲。我国云南、西藏有栽培。

含油率及化学组分数据：

采集单位	测试单位	测试部位	产地	含油率(%)	碘值	酸值	皂化值	C12:0	C14:0	C16:0	C16:1	C18:0	C18:1	C18:2	C18:3	C20:0	C20:1
KMIB	KMIB	种仁	云南昆明	16.65							2.57		1.71	11.61	36.76	0.38	

赤瓟属**Thladiantha Bunge**

长叶赤瓟**Thladiantha longifolia** Cogn. ex Oliv.

攀缘草本。花期4～7月；果期8～10月。湖南：古丈县高望界镇高林，28°24′39″N，110°03′08″E，822 m，2010-07-13，徐亮、张代贵400191106。生于海拔1000～2200 m的山坡杂木林、沟边及灌丛中。产于广西、湖南、湖北、四川、贵州。

含油率及化学组分数据：

采集单位	测试单位	测试部位	产地	含油率(%)	碘值	酸值	皂化值	C12:0	C14:0	C16:0	C16:1	C18:0	C18:1	C18:2	C18:3	C20:0	C20:1
JSU	SCBG	种仁	湖南古丈	14.55	110.00	119.71	188.25		0.03	11.74		1.23	70.53	14.91	0.45	0.52	0.59

马㼎儿属 **Zehneria** Endl.

钮子瓜Zehneria bodinieri (H. Lév.) W. J. de Wilde et Duyfjes

草质藤本。花期4～8月；果期8～11月。四川：天全县城厢镇，30°03′53″N，102°44′52″E，2010-11-14，崔龙、李志强40021110103；攀枝花市米易县二滩，26°49′41″N，101°45′40″E，1220 m，2012-10-13，刘晓波、宫庆彬40021112043；邛崃市天台镇，30°18′16″N，103°10′11″E，646 m，2012-11-07，刘晓波、宫庆彬40021112099。云南：昆明植物研究所加工厂，25°08′28N，102°44′38"E，1925 m，2009-12-26，李忠荣400222090。常生于海拔500～1000 m的林边或山坡路旁潮湿处。产于广东、广西、江西、福建、四川、贵州、云南。印度半岛、中南半岛、苏门答腊、菲律宾、日本也有分布。种子可榨油，全株可药用。

含油率及化学组分数据：

采集单位	测试单位	测试部位	产地	含油率(%)	碘值	酸值	皂化值	C12:0	C14:0	C16:0	C16:1	C18:0	C18:1	C18:2	C18:3	C20:0	C20:1
SICAU	SICAU	种仁	四川天全	18.83	111.60	1.40	192.80			17.78		17.42	4.79	58.52	5.42		
SICAU	SICAU	种仁	四川攀枝花	6.64													
SICAU	SICAU	种仁	四川邛崃	9.24													
KMIB	KMIB	种子	云南昆明	17.00	158.20	1.10	192.80				4.41		3.55	5.38	18.71		

207. 桃金娘科 Myrtaceae

桉属**Eucalyptus** L'Hér.

蓝桉**Eucalyptus globulus** Labill.

大乔木。花期4～5月；果期8～10月。四川：西昌市长安乡，27°52′75″N，102°15′54″E，2009-10-07，王凯、樊云川40021109060；盐源莲花山，27°25′241N，101°30′291″E，2009-10-03，王凯、樊云川40021109045。原产地在澳大利亚东南角的塔斯马尼亚岛。广西、四川、云南等地栽培。适于低海拔及高温地区，能耐零下低温，生长迅速；木材用途广泛，但略扭曲，抗腐力强。

含油率及化学组分数据：

采集单位	测试单位	测试部位	产地	含油率(%)	碘值	酸值	皂化值	C12:0	C14:0	C16:0	C16:1	C18:0	C18:1	C18:2	C18:3	C20:0	C20:1
SCU	SCU	种仁	四川西昌	13.56													
SCU	SCU	种仁	四川盐源	5.86													

桉**Eucalyptus robusta** Sm.

乔木。花期5～9月。四川：西昌市川兴乡，27°50′85″N，102°15′53″E，2009-09-30，王凯、樊云川40021109035。原产地为澳大利亚。在华南各地栽种。木材红色，坚硬耐腐，是华南地区造林树种及用材树种，适于大面积绿化造林。可用于坡地绿化种植，也适于作城市行道树。

含油率及化学组分数据：

采集单位	测试单位	测试部位	产地	含油率(%)	碘值	酸值	皂化值	C12:0	C14:0	C16:0	C16:1	C18:0	C18:1	C18:2	C18:3	C20:0	C20:1
SCU	SCU	种仁	四川西昌	9.54													

番石榴属**Psidium** L.

番石榴**Psidium guajava** L.

乔木。花期夏季。四川：攀枝花市米易县二滩，26°48'N，101°46'E，1285 m，2012-10-15，刘晓波、宫庆彬40021112071。生于荒地或低丘陵上。原产南美洲。华南各地栽培，常见有逸为野生种，北达四川西南部的安宁河谷。果供食用；叶含挥发油及鞣质等，供药用，有止痢、止血、健胃等功效。

含油率及化学组分数据：

采集单位	测试单位	测试部位	产地	含油率(%)	碘值	酸值	皂化值	C12:0	C14:0	C16:0	C16:1	C18:0	C18:1	C18:2	C18:3	C20:0	C20:1
SCU	SCU	果实	四川攀枝花	9.20		151.51											

蒲桃属**Syzygium** P. Browne ex Gaertn.

肖蒲桃**Syzygium acuminatissimum** (Blume) DC.[*Myrtus acuminatissima* Blume]

乔木。花、果期7～10月。海南：五指山国家级自然保护区，18°54'48″N，109°41'18″E，700 m，2009-07-29，张荣京40017150。广西：靖西县南坡乡底定保护区，23°6'40″N，105°58'10″E，866 m，2010-11-16，吴磊、黄俞淞、朱运喜4001101127。生于低海拔至中海拔林中。产于广东、广西等地。分布至中南半岛、马来西亚、印度、印度尼西亚、菲律宾等地。

含油率及化学组分数据：

采集单位	测试单位	测试部位	产地	含油率(%)	碘值	酸值	皂化值	C12:0	C14:0	C16:0	C16:1	C18:0	C18:1	C18:2	C18:3	C20:0	C20:1
SCAU	SCBG	种仁	海南五指山	2.50	16.76	7.52	86.71										
GXIB	SCBG	种仁	广西靖西	13.49	139.96	0.69	200.59		0.36	9.20	0.46	1.87	14.41	63.05	1.32	1.20	0.45

水竹蒲桃**Syzygium fluviatile** (Hemsl.) Merr. et L.M. Perry

灌木。花期4～7月。海南：尖峰岭国家级自然保护区，19°10'50″N，109°44'02″E，1800 m，2009-11-09，张荣京40017119。常见于1000 m以下的森林溪涧边。产于广东、广西等地。

含油率及化学组分数据：

采集单位	测试单位	测试部位	产地	含油率(%)	碘值	酸值	皂化值	C12:0	C14:0	C16:0	C16:1	C18:0	C18:1	C18:2	C18:3	C20:0	C20:1
SCAU	SCBG	种仁	海南尖峰岭	16.34													

广东蒲桃**Syzygium kwangtungense** (Merr.) Merr. et L.M. Perry

小乔木。花期7月；果期10月。广西：东兴市江平镇巫头村，21°35′36″N，108°08′22″E，2009-11-23，吴望辉、叶晓霞、农东新4001101031。

含油率及化学组分数据：

采集单位	测试单位	测试部位	产地	含油率(%)	碘值	酸值	皂化值	C12:0	C14:0	C16:0	C16:1	C18:0	C18:1	C18:2	C18:3	C20:0	C20:1
GXIB	SCBG	种仁	广西东兴	5.90	194.38	0.43	201.38	0.18	0.74	12.80	0.95	1.90	21.57	51.92	1.53	0.37	0.18

杨柳蒲桃**Syzygium myrsinifolium** (Hance) Merr. et L.M. Perry

灌木至小乔木。花期12到翌年5月；果期6～7月。海南：乐东万冲，18°51′49″N，109°16′14″E，2009-08-27，郑希龙、潘雅书40011447。喜生于中海拔森林中的低坡及溪涧旁。广东、海南特有种。

含油率及化学组分数据：

采集单位	测试单位	测试部位	产地	含油率(%)	碘值	酸值	皂化值	C12:0	C14:0	C16:0	C16:1	C18:0	C18:1	C18:2	C18:3	C20:0	C20:1
SCBG	SCBG	果实	海南乐东	3.16	26.53	77.84	126.13	0.003	0.01	12.25	0.06	4.93	37.96	43.89	0.46	0.29	0.16

水翁(水榕)**Syzygium nervosum** Candolle

乔木。花期5～6月；果期8～9月。海南：陵水县本号镇吊罗山南喜，18°44′04″N，109°50′13″E，500 m，2010-09-15，秦新4001161162；昌江县霸王岭，19°06′58″N，109°05′33″，2009-08-03，秦新生400116159。喜生水边。产于广东、广西及云南等地。分布于中南半岛、印度、马来西亚、印度尼西亚及大洋洲等地。

含油率及化学组分数据：

采集单位	测试单位	测试部位	产地	含油率(%)	碘值	酸值	皂化值	C12:0	C14:0	C16:0	C16:1	C18:0	C18:1	C18:2	C18:3	C20:0	C20:1
SCAU	SCBG	种仁	海南陵水	6.71	31.03	3.91	139.59	0.10	0.04	5.64	0.08	1.81	27.00	63.20	0.34	1.22	0.58
SCAU	SCBG	种仁	海南昌江	14.56	99.96	6.12	165.15										

香蒲桃**Syzygium odoratum** (Lour.) DC.

常绿乔木，花期6～8月；果期(9～)12至翌年1月。海南：尖峰岭树木园，19°10'50"N，109°44'02"E，300 m，2009-11-05，张荣京40017128。广西：东兴市江平镇巫头村，21°27'37"N，108°8'4"E，4 m，2011-01-15，黄俞淞、农东新、林春蕊4001101188。常见于平地疏林或中山常绿林中。产于广东、广西等地。分布于越南。

含油率及化学组分数据：

采集单位	测试单位	测试部位	产地	含油率(%)	碘值	酸值	皂化值	C12:0	C14:0	C16:0	C16:1	C18:0	C18:1	C18:2	C18:3	C20:0	C20:1
SCAU	SCAU	种仁	海南尖峰岭	6.8	46.30	3.89	247.04										
GXIB	SCBG	种仁	广西东兴	18.33	89.59	14.03	171.48	0.05	0.08	20.23	0.13	7.95	27.71	39.85	0.69	2.75	0.56

硬叶蒲桃**Syzygium sterrophyllum** Merr. et L.M. Perry

灌木至小乔木。花期6～9月；期11至翌年1月。海南：陵水县本号镇吊罗山白水林场，18°44′04″N，109°50′13″E，2009-11-27，秦新生400116190。生山谷或河边。产于广东、广西等地。分布于越南。

含油率及化学组分数据：

采集单位	测试单位	测试部位	产地	含油率(%)	碘值	酸值	皂化值	C12:0	C14:0	C16:0	C16:1	C18:0	C18:1	C18:2	C18:3	C20:0	C20:1
SCAU	SCBG	种仁	海南陵水	0.90	37.37				0.14	18.83	0.79	2.89	23.71	52.76	0.88		

狭叶蒲桃**Syzygium tsoongii** (Merr.) Merr. et L.M. Perry

灌木或小乔木。花期5～8月。海南：文昌市龙楼镇铜鼓岭，19°40′33″N，111°01′44″E，2009-11-19，秦新生400116164。生于低海拔的山谷中。产于海南岛、广东、广西等地。分布于越南。

含油率及化学组分数据：

采集单位	测试单位	测试部位	产地	含油率(%)	碘值	酸值	皂化值	C12:0	C14:0	C16:0	C16:1	C18:0	C18:1	C18:2	C18:3	C20:0	C20:1
SCAU	SCBG	种仁	海南文昌	11.50	17.52		144.04										

212. 野牡丹科 Melastomataceae

野牡丹属**Melastoma** L.

展毛野牡丹**Melastoma normale** D. Don

灌木。花期春至夏初(云南南部有时9～11月)；果期秋季(云南南部有时5～6月)。海南：乐东县尖峰岭，18°43′15″N，108°52′54″E，2011-10-16，张荣京4001161243。生于海拔150～2800 m的开朗山坡灌草丛中或疏林下，为酸性土常见植物。产于福建至台湾以南各地、四川、西藏。尼泊尔、印度、缅甸、马来西亚及菲律宾等地也有，爪哇不产。

含油率及化学组分数据：

采集单位	测试单位	测试部位	产地	含油率(%)	碘值	酸值	皂化值	C12:0	C14:0	C16:0	C16:1	C18:0	C18:1	C18:2	C18:3	C20:0	C20:1
SCAU	SCBG	种仁	海南乐东	10.91	13.09	12.65	186.28	1.69	0.03	25.40	2.67	1.76	34.16	45.02	0.94	0.28	

谷木属**Memecylon** L.

黑叶谷木**Memecylon nigrescens** Hook. et Arn.

灌木或小乔木。花期5～6月；果期12月至翌年2月。广东：东莞市谢岗乡银瓶山仙水道，23°2′43″N，113°45′33″E，2012-11-02，邢福武、宁阳阳、叶心芬400113148。生于海拔450～1700 m的山坡疏、密林中或灌木丛中。产于广东。越南也有。

含油率及化学组分数据：

采集单位	测试单位	测试部位	产地	含油率(%)	碘值	酸值	皂化值	C12:0	C14:0	C16:0	C16:1	C18:0	C18:1	C18:2	C18:3	C20:0	C20:1
SCAU	SCBG	种仁	广东东莞	13.49	25.39	8.12	201.78	1.16	0.03	4.69	0.03	1.85	7.39	56.76	0.73		0.32

金锦香属**Osbeckia** L.

朝天罐**Osbeckia opipara** C. Y. Wu et C. Chen

灌木。花、果期7～9月。福建：武夷山大安源，2010-09-30，刘东明，梁耀400112129。生于海拔250～800 m的山坡、山谷、水边、路旁、疏林中或灌木丛中。分布于广西至台湾、长江流域以南各地。越南至泰国也有。

含油率及化学组分数据：

采集单位	测试单位	测试部位	产地	含油率(%)	碘值	酸值	皂化值	C12:0	C14:0	C16:0	C16:1	C18:0	C18:1	C18:2	C18:3	C20:0	C20:1
SCBG	SCBG	种仁	福建武夷山	10.20	107.36	20.49		0.04	0.03		0.05	2.37	28.10	18.34	0.20		0.15

215. 柳叶菜科 Onagraceae

露珠草属**Circaea** L.

露珠草(牛泷草、心叶露珠草)**Circaea cordata** Royle

粗壮草本。花期6～8月；果期7～9月。河北：青龙，40°50′33″N，119°20′25″E，318 m，2012-09-15，徐兴友、韩宝强400313178。生于排水良好的落叶林，稀见于北方针叶林。产于湖南、江西、湖南、台湾、山东、河南、湖北、四川、贵州、云南、甘肃、陕西、山西、山西、西藏、辽宁、吉林、黑龙江。俄罗斯的西伯利亚东南部、朝鲜、日本、印度的阿萨姆、尼泊尔、印度西北部至克什米尔地区和巴基斯坦也有分布。

含油率及化学组分数据：

采集单位	测试单位	测试部位	产地	含油率(%)	碘值	酸值	皂化值	C12:0	C14:0	C16:0	C16:1	C18:0	C18:1	C18:2	C18:3	C20:0	C20:1
HNUST	ICS	种子	河北青龙	6.70	248.16	22.83	229.63	0.05	0.04	3.85	0.18	1.76	48.19	22.59	7.34	0.41	8.65

柳叶菜属**Epilobium** L.

毛脉柳叶菜(黑龙江柳叶菜)**Epilobium amurense** Hausskn.

多年生直立草本。花期(5～)7～8月；果期(6～)8～10(～12)月。四川：宝兴县硗碛藏族，30°41′16″N，102°42′18″E，2441 m，2010-09-09，干友民400241091。生于山区溪沟边、沼泽地、草坡、林缘湿润处，海拔在华北1300～2000 m，在西部为1800～4200 m。产于广西北部、台湾、山东、河南、湖北、四川、甘肃东部、贵州、云南、西藏南部、青海、陕西、山西、河北、内蒙古、吉林。

含油率及化学组分数据：

采集单位	测试单位	测试部位	产地	含油率(%)	碘值	酸值	皂化值	C12:0	C14:0	C16:0	C16:1	C18:0	C18:1	C18:2	C18:3	C20:0	C20:1
SICAU	SCBG	种仁	四川宝兴	17.19	139.85	13.87	255.66										

山桃草属**Gaura** L.

小花山桃草**Gaura parviflora** Douglas ex Lehm.

一年生草本。花期7～8月；果期8～9月。河南：荥阳县邙山，34°56′19″N，113°31′7″E，456 m，2011-07-19，王亚平、杨大伟400314009。原产美国，南美洲、欧洲、亚洲、澳大利亚有引种并逸为野生。我国福建、江苏、安徽、河南、山东、湖北、河北有引种，并逸为野生杂草。

含油率及化学组分数据：

采集单位	测试单位	测试部位	产地	含油率(%)	碘值	酸值	皂化值	C12:0	C14:0	C16:0	C16:1	C18:0	C18:1	C18:2	C18:3	C20:0	C20:1
HNAU	ICS	种子	河南荥阳	4.14	53.42	41.58	48.94	0.09	0.59	18.82	0.10	11.38	34.45	20.19	0.30	0.87	1.79

224. 山茱萸科 Cornaceae

桃叶珊瑚属**Aucuba** Thunb.

窄斑叶珊瑚**Aucuba albopunctifolia** var. **angustula** W. P. Fang et Z. P. Song

常绿灌木，稀为小乔木。花期3～4月；果期10月至翌年4月。陕西：镇坪大巴山，31°44′43″N，109°33′55″E，1200 m，2012-10-06，秦烁、郭利磊400328040。常生于海拔1200～2100 m林下，少见。产于湖南、四川及陕西。

含油率及化学组分数据：

采集单位	测试单位	测试部位	产地	含油率(%)	碘值	酸值	皂化值	C12:0	C14:0	C16:0	C16:1	C18:0	C18:1	C18:2	C18:3	C20:0	C20:1
CAU	ICS	种子	陕西镇坪	2.89		11.83		2.04	0.30	10.22	1.46	1.36	3.89		12.83		3.01

细齿桃叶珊瑚(绿花桃叶珊瑚)**Aucuba chlorascens** F. T. Wang

常绿灌木或小乔木。花期2～3月；果熟期10月至翌年1月。云南：昆明市昆明植物园，25°08′29″N，102°44′22″E，1925 m，2010-01-06，王智、赵大克400221190；昆明植物园东园，25°08'25"N，102°44'66"E，1920 m，李忠荣400222216。常生于海拔1400～2800 m林中。产于云南。

含油率及化学组分数据：

采集单位	测试单位	测试部位	产地	含油率(%)	碘值	酸值	皂化值	C12:0	C14:0	C16:0	C16:1	C18:0	C18:1	C18:2	C18:3	C20:0	C20:1
KMIB	KMIB	种仁	云南昆明	10.00						2.17	0.36	0.61	92.06	1.85	1.04	1.51	
KMIB	KMIB	种仁	云南昆明	10.05	87.40	3.70	185.40				2.17	0.50	0.61	92.06	1.32	1.51	

山茱萸属Cornus L.

头状四照花(鸡嗉子)**Cornus capitata** Wall.

常绿乔木，稀灌木。花期5～6月；果期8～10月。湖南：保靖县白云山，28°41′51″N，109°20′18″E，1080 m，2012-08-04，张代贵、张洁40019101246；永顺县小溪茶园溪，28°46′05″N，110°14′46″E，321 m，2010-10-04，肖艳、徐亮400191140。湖北：神农架竹园坪，31°32′20″N，110°03′14″E，1310 m，2010-10-22，丁时东、危文亮等400151060。云南：昆明植物园杜鹃园，25°08'23"N，102°44'30"E，1932 m，2008-10-12，李忠荣400222060。生于海拔300～3150 m的混交林中。产于广西、湖南、浙江南部、湖北西部及四川、贵州、云南、西藏等地。印度、尼泊尔及巴基斯坦亦有分布。树皮可供药用；枝、叶可提取单宁；果供食用。

含油率及化学组分数据：

采集单位	测试单位	测试部位	产地	含油率(%)	碘值	酸值	皂化值	C12:0	C14:0	C16:0	C16:1	C18:0	C18:1	C18:2	C18:3	C20:0	C20:1
JSU	SCBG	种仁	湖南保靖	12.35	66.05	11.47	161.60	1.42		5.92	0.37	1.33	55.65	28.97	0.68	0.47	0.14
JSU	SCBG	种仁	湖南永顺	9.54	105.25	0.85	171.53	0.07	0.19	6.18	0.06	4.46	17.82	42.02	26.56	0.89	0.19
OCRI	SCBG	种仁	湖北神农架	6.42	76.67	2.89	166.31	0.01		8.86	0.44		13.93	37.16	0.49	0.41	0.15
KMIB	KMIB	种仁	云南昆明	11.68	129.60	1.86	194.30				9.52		2.57	6.81	77.96	1.79	

红椋子**Cornus hemsleyi** C.K. Schneid. et Wangerin[*Swida hemsleyi* (C.K. Schneid. et Wangerin) Soják]

灌木或小乔木。花期6月；果期8～10月。湖北：神农架红坪将军寨，31°41′37″N，110°26′27″E，1977 m，2010-10-12，李晓东、昝艳燕、罗曼曼400121155。陕西：眉县营头乡大理村，34°10′23″N，107°22′23″E，1080 m，2009-08-23，薛帅400321050。生于海拔1000～3700 m的溪边或杂木林中。产于河南、湖北、四川、贵州、云南、西藏、青海、甘肃、陕西、山西等地。种仁榨油可供工业用。

含油率及化学组分数据：

采集单位	测试单位	测试部位	产地	含油率(%)	碘值	酸值	皂化值	C12:0	C14:0	C16:0	C16:1	C18:0	C18:1	C18:2	C18:3	C20:0	C20:1
WHBG	WHBG	种仁	湖北神农架	4.08						8.40		1.90	25.00	64.10		0.50	
CAU	ICS	种子	陕西眉县	7.35	82.41	9.29	150.50	0.01	0.01	7.66	0.02	1.88	17.80	72.02	0.24	0.14	0.22

香港四照花**Cornus hongkongensis** Hemsl.[*Dendrobenthamia hongkongensis* (Hemsl.) Hutch.]

常绿乔木或灌木。花期5～6月；果期10～12月。广东：东莞市谢岗乡银瓶山仙水道，23°02′53″N，113°45′48″E，2012-11-02，邢福武、叶心芬、宁阳阳400113130。广西：贺州市姑婆山国家森林公园，24°35′53″N，111°34′29″E，2009-10-25，吴望辉、黄俞淞、蒋日红4001101051。江西：龙南县九连山国家级自然保护区，24°46′23″N，114°43′55″E，2011-11-12，易绮斐、潘雅书、陈华平400119177。福建：古田县虎园，26°37′08″N，118°52′46″E，2010-10-25，刘东明，梁耀400112160。贵州：雷山县响水岩，26°22′21″N，108°08′48″E，956 m，2012-10-19，陈丰林、夏纯、桑洪伟4001151255。生于海拔350～1700 m湿润山谷的密林或混交林中。产于广东、广西、湖南南部、江西南部、福建、浙江东部以及四川、贵州、云南等地。果作食用，又可作为酿酒原料。

含油率及化学组分数据：

采集单位	测试单位	测试部位	产地	含油率(%)	碘值	酸值	皂化值	C12:0	C14:0	C16:0	C16:1	C18:0	C18:1	C18:2	C18:3	C20:0	C20:1
SCBG	SCBG	种仁	广东东莞	13.45	26.50	3.91	239.65	0.05		5.52	0.27	4.95	37.39	77.63			
GXIB	SCBG	种仁	广西贺州	10.50	40.00	1.48	256.32			5.80	0.10	4.24	13.21	69.46	0.47	0.37	
SCBG	SCBG	种仁	江西龙南	6.43	13.01	3.79	189.29		0.88	6.36	0.06	1.08	46.54	62.85	0.76	0.73	
SCBG	SCBG	种仁	福建古田	14.11		2.34	369.33		0.15	5.63		0.75	15.33	39.94	0.01	0.19	0.19
SCBG	SCBG	种仁	贵州雷山	10.56	89.64	26.75	185.16										
OFPC	SCBG	种子	广东乳源	14. 10	138. 20		187.70			12.10		0.90	13.80	73.20			

四照花(山荔枝)**Cornus kousa** subsp. **chinensis** (Osborn) Q. Y. Xiang[*Cornus kousa* var. *chinensis* Osborn]

落叶乔木或灌木。花期5～7月；果期8～10月。广东：阳山县秤架乡上洞、大坑，24°54′34″N，112°56′13″E，1086 m，2010-

10-23，王发国400113069。湖南：浏阳市大围山，28°25′21″N，114°06′04″E，1311 m，2009-09-22，黄玉滢、周喜乐400181028。浙江：庆元县百山祖镇，27°44′15″N，119°11′60″E，2009-10-24，王发国、翟俊文400113022。湖北：神农架木鱼官门山，31°12′34″N，112°24′38″E，2009-09-15，李晓东、杨林森40012172。河南：郑州惠济区，34°45′50″N，113°39′37″E，407 m，2011-10-05，王亚平、武振江、李丹凤400314057。安徽：金寨县天堂寨，31°06′37″N，115°46′50″E，2012-10-20，刘东明、王鹏40011300057。陕西：汉中市蒿坝，32°43′46″N，106°51′31″E，1450 m，2012-09-30，秦烁、郭利磊400328016；眉县营头乡大理村，34°05′04″N，107°42′06″E，1191 m，2009-08-18，薛帅400321008。生于海拔200～2200 m的混交林，山谷，阴坡，溪边，路旁。产于湖南、江西、福建、台湾、浙江、江苏、安徽、河南、湖北、四川、贵州、云南、甘肃、陕西、山西、内蒙古。

含油率及化学组分数据：

采集单位	测试单位	测试部位	产地	含油率(%)	碘值	酸值	皂化值	C12:0	C14:0	C16:0	C16:1	C18:0	C18:1	C18:2	C18:3	C20:0	C20:1
SCBG	SCBG	种仁	广东阳山	14.15	63.86	2.75	132.89		5.82	13.70	0.08	1.19	20.48	69.12	0.34	0.23	
HUST	HUST	种仁	湖南浏阳	8.81	0.10	22.48	269.50			8.43				17.58	72.51	1.66	
SCBG	SCBG	种仁	浙江庆元	6.10	125.70	13.31	200.69										
WHBG	WHBG	种仁	湖北神农架	14.12						8.03	0.09	1.26	74.76	13.02	0.32		0.46
HNAU	ICS	种子	河南郑州	15.54	19.33	12.94	188.53		0.06	7.67	0.91	1.98	47.59	34.19	3.03	0.12	0.24
SCBG	SCBG	种仁	安徽金寨	9.56	55.76	12.25	231.97		0.50		0.09	4.88	13.36	14.60	18.54	1.01	0.41
CAU	ICS	种子	陕西汉中	6.11	6.54	5.98	214.45			7.16	0.07	2.97	15.37	48.58	20.14	0.25	0.19
CAU	ICS	种子	陕西眉县	8.44	74.92	10.23	204.85	0.01	0.13	22.40	0.05	6.99	42.16	24.24	3.33	0.36	0.33

灰叶梾木**Cornus schindleri** subsp. **poliophylla** (C. K. Schneid. et Wangerin) Q. Y. Xiang

落叶灌木或小乔木。花期6月；果期9～10月。重庆：南川区水江镇乐村林场，29°09′52″N，107°13′03″E，1263 m，2009-09-03，刘正宇等400231047。生于海拔1100～3100 m的密林或杂木林中。产于河南、湖北、四川、云南、西藏、甘肃、陕西等地。

含油率及化学组分数据：

采集单位	测试单位	测试部位	产地	含油率(%)	碘值	酸值	皂化值	C12:0	C14:0	C16:0	C16:1	C18:0	C18:1	C18:2	C18:3	C20:0	C20:1
CIPP	SCBG	种仁	重庆南川	17.20	76.50	15.20	210.81	7.30		6.51	7.12	2.37	22.16	53.81	0.44	0.08	0.24

226. 五加科 Araliaceae

楤木属**Aralia** L.

东北土当归**Aralia continentalis** Kitag.

多年生草本。花期7～8月；果期8～9月。河北青龙，40°48′14″N，119°22′10″E，1203 m，2012-09-15，徐兴友、韩宝强400313167。吉林：通化，41°43′47″N，125°51′25″E，2011-09-17，郑宝江等400341118。生于海拔800～3200 m森林下和山坡草丛中。分布于河南、四川、陕西、西藏、河北、辽宁、吉林、朝鲜和俄罗斯也有分布。嫩叶可食。

含油率及化学组分数据：

采集单位	测试单位	测试部位	产地	含油率(%)	碘值	酸值	皂化值	C12:0	C14:0	C16:0	C16:1	C18:0	C18:1	C18:2	C18:3	C20:0	C20:1
HNUST	IC S	种仁	河北青龙	16.80	101.91	37.38	56.60	0.10	0.19	14.56	0.33	1.43	60.69	14.36	0.38	0.24	0.50
NEFU	SCBG	种仁	吉林通化	12.63	46.09	0.45	538.60	0.01	0.04	5.63	0.09	2.17	16.26	74.41	0.48	0.09	0.10

食用土当归(土当归、食用楤木)**Aralia cordata** Thunb.

多年生草本。花期7～8月；果期9～10月。湖南：桑植县天平山自然保护区，29°46′3″N，110°3′36″E，1287 m，2010-10-02，张九兵、唐波400181443。生于海拔1000 m以上，成土母岩以花岗岩、砂岩较好，肥沃潮湿壤土最为适宜，喜光，土壤酸度适中。播种繁殖。嫩叶供食用。根供药用。产湖北、安徽、江苏、广西、江西、福建和台湾。日本也有分布。

含油率及化学组分数据：

采集单位	测试单位	测试部位	产地	含油率(%)	碘值	酸值	皂化值	C12:0	C14:0	C16:0	C16:1	C18:0	C18:1	C18:2	C18:3	C20:0	C20:1
HUST	HUST	种仁	湖南桑植	15.85	56.03	9.07	312.40	0.04	0.41	17.85	0.22	4.99	41.70	26.12	2.77	1.31	0.23

头序楤木(毛叶楤木、雷公种、牛尾木)**Aralia dasyphylla** Miq.

灌木或小乔木。花期8～10月；果期10～12月。浙江：临安天目山，30°21′27″N，119°28′37″E，334 m，2009-10-30，刘东明、戴建阅400111135。湖北：神农架阳日苗峰，31°42′25″N，110°51′32″E，776 m，2010-10-15，李晓东、昝艳燕、罗曼曼400121152。重庆：南川区三泉镇金佛山凉天湾，29°19′09″N，107°07′00″E，1272 m，2009-10-13，刘正宇等400231081。生于林中、林缘和向阳山坡。广布于我国南部。越南、印度尼西亚和马来西亚也有分布。

含油率及化学组分数据：

采集单位	测试单位	测试部位	产地	含油率(%)	碘值	酸值	皂化值	C12:0	C14:0	C16:0	C16:1	C18:0	C18:1	C18:2	C18:3	C20:0	C20:1
SCBG	SCBG	种仁	浙江临安	19.80	118.35	22.22	180.75										
WHBG	WHBG	种仁	湖北神农架	18.54				0.19	0.55	11.03	1.09	3.39	11.81	50.08	4.20	1.34	0.30
CIPP	SCBG	种仁	重庆南川	8.40	5.57	4.93	173.98			5.36	0.05	2.32	49.07	39.73	1.14	0.64	0.50

辽东楤木（刺龙牙、刺老鸦）**Aralia elata** var. **glabrescens** (Franch. et Sav.) Pojark.

灌木或小乔木。花期6～8月；果期9～10月。分布于辽宁东北部，吉林中部以东，黑龙江北部、东北部和南部。生于森林中，海拔约1000 m。朝鲜、俄罗斯和日本也有分布。种子含油，供制肥皂等。树皮入药。同时也是优良的蜜源植物、工业原料和园林绿化植物。

含油率及化学组分数据：

采集单位	测试单位	测试部位	产地	含油率(%)	碘值	酸值	皂化值	C12:0	C14:0	C16:0	C16:1	C18:0	C18:1	C18:2	C18:3	C20:0	C20:1
OFPC		种子	辽宁盖县	10.10	101.30		192.80			3.60		微量	74.60	21.80			

湖北楤木 **Aralia hupehensis** C. Ho

灌木或乔木。花期7月；果期9月。生于北向山坡上，海拔1200 m。重庆：南川区木凉乡黄泥关，29°50′08″N，107°08′25″E，779 m，2009-07-30，刘正宇等400231017。产于湖北、重庆、四川和云南。

含油率及化学组分数据：

采集单位	测试单位	测试部位	产地	含油率(%)	碘值	酸值	皂化值	C12:0	C14:0	C16:0	C16:1	C18:0	C18:1	C18:2	C18:3	C20:0	C20:1
CIPP	SCBG	种子	重庆南川	16.20	70.48	8.04	186.64			3.82	0.87	1.19	78.95	14.76	0.14	0.10	0.17

树参属 **Dendropanax** Decne. et Planch.

变叶树参（三层楼）**Dendropanax proteus**(Champ. ex Benth.) Benth.

直立灌木。花期8～9月；果期9～10月。福建：武夷山星村桐木村，27°43′54″N，117°42′12″E，2012-11-17，易绮斐、宁阳阳、李玉玲400119245。广东：连平县黄牛石保护区，24°19′31″N，114°33′33″E，2011-11-10，易绮斐、潘雅书、陈华平400119163。生于山谷溪边较阴湿的密林下，也生于向阳山坡路旁。分布于广东、广西、湖南（宜章）、江西（安远）、福建及云南（沾益）。本种为民间草药，根、茎有祛除风湿，活血通络之效。

含油率及化学组分数据：

采集单位	测试单位	测试部位	产地	含油率(%)	碘值	酸值	皂化值	C12:0	C14:0	C16:0	C16:1	C18:0	C18:1	C18:2	C18:3	C20:0	C20:1
SCBG	SCBG	种仁	福建武夷山	10.35	113.10	60.92	254.82										
SCBG	SCBG	种仁	广东连平	6.12	52.87	8.34	200.39	0.006	0.07	5.75		1.70	52.11	53.78	0.49		

马蹄参属**Diplopanax** Hand.-Mazz.

马蹄参（大果五加、野枇杷）**Diplopanax stachyanthus** Hand.-Mazz.

乔木。花期6月；果期8～12月。广西：武鸣县两江镇大明山橄榄河，23°30′27″N，108°26′09″E，1208 m，2010-10-20，吴磊、杨金财4001101106。广东：乳源县五指山乡瀑布群，2010-10-21，王发国、陈林等400113059。分布于广东（乳源、阳春、阳江）、广西（上思、十万大山、金秀、龙胜）、湖南（宜章莽山）和云南东南部。种子可作油料，可供制肥皂及工业用润滑油。

含油率及化学组分数据：

采集单位	测试单位	测试部位	产地	含油率(%)	碘值	酸值	皂化值	C12:0	C14:0	C16:0	C16:1	C18:0	C18:1	C18:2	C18:3	C20:0	C20:1
GXIB	SCBG	果实	广西武鸣	12.32				0.03	0.11	13.64	0.17	7.53	14.82	53.60	4.82	2.22	3.07
SCBG	SCBG	种仁	广东乳源	5.40	9.04	9.10		0.03	0.03	6.46		3.58	24.58	67.34	1.99		7.07

五加属**Eleutherococcus** Maxim.

刺五加（刺别拣、老虎镣子、一百针）**Eleutherococcus senticosus** (Rupr. ex Maxim.) Maxim.

灌木。花期6～7月；果期8～10月。黑龙江：嘉荫县八字山，48°24′18″N，129°34′13″E，1079 m，2010-08-17，陈连江、卞勇、潘伟400351059。吉林：辉南县金川镇，42°32′35″N，126°52′1″E，915 m，2009-10-08，郑宝江、李康400341047。生于森林或灌丛中。分布于山西、河北、辽宁、吉林、黑龙江。朝鲜、日本和俄罗斯也有分布。种子可榨油，制肥皂用。嫩芽可食。可药用。

含油率及化学组分数据：

采集单位	测试单位	测试部位	产地	含油率(%)	碘值	酸值	皂化值	C12:0	C14:0	C16:0	C16:1	C18:0	C18:1	C18:2	C18:3	C20:0	C20:1
SBRI	SCBG	种仁	黑龙江嘉荫	14.77	15.68	6.84	192.45		0.03	3.97	0.07	1.24	15.26	78.66	0.35	0.23	0.19
NEFU	SCBG	种仁	吉林辉南	9.10	123.90	11.60	215.93	0.01	0.16	2.56	0.19	0.50	67.22	28.89	0.24		0.38
OFPC		种子	辽宁凤城	12.40				微量	微量	3.30	0.50	1.00	62.50	32.00	0.50	微量	

无梗五加（短梗五加、乌鸦子）**Eleutherococcus sessiliflorus** (Rupr.et Maxim.) S.Y. Hu[*Acanthopanax sessiliflorus* (Rupr. et Maxim.) Seem.]

灌木或小乔木。花期8～9月；果期9～10月。河北：青龙，40°08′38″N，119°25′58″E，1332 m，2012-09-15，徐兴友、韩保强400313164。生于森林或灌丛中，海拔200～1000 m。分布于山西、河北、辽宁、吉林、黑龙江。朝鲜也有分布。根皮可药用。

含油率及化学组分数据：

采集单位	测试单位	测试部位	产地	含油率(%)	碘值	酸值	皂化值	C12:0	C14:0	C16:0	C16:1	C18:0	C18:1	C18:2	C18:3	C20:0	C20:1
ICS	HNUST	种仁	河北青龙	3.29	72.19	43.47	90.07		0.14	7.20	2.08	1.43	44.11	30.46	1.83	0.50	0.25
OFPC		种子	辽宁沈阳	18.50	116.20		184.80			2.60			62.00	34.60	0.40		

狭叶五加**Eleutherococcus wilsonii** (Harms) Nakai

灌木。花期6～7月；果期9～10月。四川：宝兴县硗碛藏族，30°41′16″N，102°42′18″E，2441 m，2010-09-09，干友民400241093。分布于四川、云南、西藏。生于森林下或灌木林下，海拔2700～3600 m。播种繁殖。

含油率及化学组分数据：

采集单位	测试单位	测试部位	产地	含油率(%)	碘值	酸值	皂化值	C12:0	C14:0	C16:0	C16:1	C18:0	C18:1	C18:2	C18:3	C20:0	C20:1
SICAU	SCBG	种仁	四川宝兴	14.27	12.95	6.34	176.02		0.02	4.37	0.06	1.81	9.04	26.96	55.03	0.86	0.06

幌伞枫属**Heteropanax** Seem.

幌伞枫（大蛇药、五加通）**Heteropanax fragrans** (Roxb.) Seem.

常绿乔木。花期10～12月；果期翌年2～3月。海南：万宁县兴隆热带花园，18°41′53″N，110°14′33″E，2010-01-24，邢福武、翟俊文、郑希龙、戴建阅400111177。生于森林中，庭园中偶有栽培。分布于海南、广东、广西、云南。印度、不丹、孟加拉国、缅甸和印度尼西亚亦有分布。根及树皮可入药。

含油率及化学组分数据：

采集单位	测试单位	测试部位	产地	含油率(%)	碘值	酸值	皂化值	C12:0	C14:0	C16:0	C16:1	C18:0	C18:1	C18:2	C18:3	C20:0	C20:1
SCBG	SCBG	种仁	海南万宁	14.56	222.86		197.10	0.25	0.85	3.87	0.87	3.06	50.80				0.31

鹅掌柴属**Schefflera** J.R. Forst. et G. Forst

短序鹅掌柴**Schefflera bodinieri** (H. Lév.) Rehd.

灌木或小乔木。花期11月；果期翌年4月。安徽：黄山，29°48′28″N，118°2′6″E，485 m，2012-07-05，李晓东、昝艳燕等400121283。生于密林中，海拔400～1000 m。分布于广西、安徽、湖北、四川、贵州、云南。

含油率及化学组分数据：

采集单位	测试单位	测试部位	产地	含油率(%)	碘值	酸值	皂化值	C12:0	C14:0	C16:0	C16:1	C18:0	C18:1	C18:2	C18:3	C20:0	C20:1
WHBG	WHBG	种仁	安徽黄山	13.65	97.26	4.59		0.02	0.03	13.40	0.27			70.50	0.33	0.28	0.17

穗序鹅掌柴（绒毛鸭脚木、大五加皮、假通脱木）**Schefflera delavayi** (Franch.) Harms

乔木或灌木。花期10～11月；果期翌年1月。四川：峨眉山市高桥镇，29°29′14″N，103°21′00″E，1000 m，2009-10-25，王凯、樊云川40021109121。广布于广东、广西、湖南、江西、福建、湖北、四川、云南。生于山谷溪边的常绿阔叶林中，阴湿的林缘或疏林也能生长，海拔600～3100 m。

根及根皮可药用。

含油率及化学组分数据：

采集单位	测试单位	测试部位	产地	含油率(%)	碘值	酸值	皂化值	C12:0	C14:0	C16:0	C16:1	C18:0	C18:1	C18:2	C18:3	C20:0	C20:1
SCU	SCU	种子	四川峨眉山	2.36													

云南鹅掌柴**Schefflera leucantha** R. Vig.

藤状灌木。果期4月。云南：贡山丙中洛怒江一号桥附近，28°03′34"N，98°35′50"E，1609 m，2010-05-27，王智、胡光万、赵大克400221191。生于沟谷湿地，海拔1300米。产云南西北部。

含油率及化学组分数据：

采集单位	测试单位	测试部位	产地	含油率(%)	碘值	酸值	皂化值	C12:0	C14:0	C16:0	C16:1	C18:0	C18:1	C18:2	C18:3	C20:0	C20:1
KMBG	KMBG	种仁	云南贡山	15.00						4.26			85.91	8.47			

麻栗坡鹅掌柴**Schefflera marlipoensis** C.J. Tseng et C. Ho

乔木。花期2月；果期11月。云南：麻栗坡县柏林乡，23°14′25″N，104°43′32″E，1294 m，2010-11-08，王智、杨珺、谭英400221250。生于密林中，海拔约1000 m。产于云南。

含油率及化学组分数据：

采集单位	测试单位	测试部位	产地	含油率(%)	碘值	酸值	皂化值	C12:0	C14:0	C16:0	C16:1	C18:0	C18:1	C18:2	C18:3	C20:0	C20:1
KMBG	KMBG	种仁	云南麻栗坡	2.57													

星毛鸭脚木（微星毛鸭母树、小星鸭脚木、鸭麻木）**Schefflera minutistellata** Merr. ex H.L. Li

灌木或小乔木。花期9月；果期10月。江西：遂川县南风面，26°17′37″N，114°02′49″E，1178 m，2010-10-30，谢行、孙键400147009。云南：景东，24°26′59"N，100°49′57"E，1170 m，刘恩乾400222228。广布于广东、广西、湖南、江西和福建、贵州、云南。生于山地密林或疏林中，海拔1000～1800 m。根皮、茎、叶可药用。

含油率及化学组分数据：

采集单位	测试单位	测试部位	产地	含油率(%)	碘值	酸值	皂化值	C12:0	C14:0	C16:0	C16:1	C18:0	C18:1	C18:2	C18:3	C20:0	C20:1
SYSU	SCBG	种仁	江西遂川	15.54	97.24	3.54	189.44	0.02	0.05	1.65	0.09	1.19	61.86	31.16	0.51	0.10	0.59
KMBG	KMBG	种仁	云南景东	13.19							6.85		2.84	14.66	37.83	37.83	

227. 伞形科 Umbelliferae

当归属**Angelica** L.

白芷（兴安白芷、河北独活、大活）**Angelica dahurica** (Fisch.) Benth. et Hook. f.

多年生高大草本。花期7～8月；果期8～9月。河北：兴隆，40°36′15″N，117°29′45″E，1916 m，2012-09-26，徐兴友、詹立军400313190。重庆：南川区三泉镇苏家坝，29°45'20"N，107°7'14"E，560 m，2009-07-07，刘正宇等400231010。常生长于林下，林缘，溪旁、灌丛及山谷草地。产于华北及东北地区。种子含油，供工业用；根为镇痛药；嫩茎剥皮后可供食用。

含油率及化学组分数据：

采集单位	测试单位	测试部位	产地	含油率(%)	碘值	酸值	皂化值	C12:0	C14:0	C16:0	C16:1	C18:0	C18:1	C18:2	C18:3	C20:0	C20:1
HNUST	ICS	种子	河北兴隆	9.48	156.34	66.86	503.39	0.06	0.10	4.80	0.18	1.59	58.82	29.39	0.66	0.30	0.19
CIPP	SCBG	种仁	重庆南川	12.40	76.04	17.25	378.48		0.14	23.52		3.40	37.82	24.65	1.84	0.67	0.14

朝鲜当归**Angelica gigas** Nakai

多年生高大草本。花期7～9月；果期8～10月。吉林：通化，41°43′47″N，125°51′26″E，2011-09-17，郑宝江等400341116。常生于海拔1000 m以上的高山坡。生长于沟旁、林缘和林下、喜富含砂石质的土壤。产东北各地。分布于朝鲜和日本。根可药用。

含油率及化学组分数据：

采集单位	测试单位	测试部位	产地	含油率(%)	碘值	酸值	皂化值	C12:0	C14:0	C16:0	C16:1	C18:0	C18:1	C18:2	C18:3	C20:0	C20:1
NEFU	SCBG	种仁	吉林通化	18.52	77.89	2.17	157.20	0.15	0.14	9.73	0.13	3.90	21.00	28.26	36.08	0.38	0.22

拐芹**Angelica polymorpha** Maxim.

多年生草本。花期8～9月；果期9～10月。辽宁：丹东，40°07′45″N，124°20′18″E，2012-10-14，郑宝江等400341182。产于江苏、山东、河北及东北各地。生长于山沟溪流旁、杂木林下、灌丛间及阴湿草丛中。分布于朝鲜和日本。幼苗可作野菜；根与根茎可药用。

含油率及化学组分数据：

采集单位	测试单位	测试部位	产地	含油率(%)	碘值	酸值	皂化值	C12:0	C14:0	C16:0	C16:1	C18:0	C18:1	C18:2	C18:3	C20:0	C20:1
NEFU	SCBG	种仁	辽宁丹东	10.45	81.66	3.24	186.95		0.02	3.67	0.03	0.96	66.96	26.97	1.15	0.11	0.13

古当归属**Archangelica** Wolf

短茎古当归（水防风）**Archangelica brevicaulis** (Rupr.) Rchb.

多年生草本。花期7～8月；果期8～9月。新疆：巩乃斯草场，43°12′48″N，84°49′36″E，2772 m，2011-08-18，侯翼国、王茜4003311015。生长于海拔150 m以上的森林河谷和潮湿的阴坡亚高山草甸。俄罗斯有分布。根可入药。

含油率及化学组分数据：

采集单位	测试单位	测试部位	产地	含油率(%)	碘值	酸值	皂化值	C12:0	C14:0	C16:0	C16:1	C18:0	C18:1	C18:2	C18:3	C20:0	C20:1
XIEG	SCBG	果实	新疆巩乃斯	13.82	5.57	4.93	173.98	0.01	0.03	6.30	0.04	4.60	39.22	38.98	0.01	0.54	10.27

毒参属**Conium** L.

毒参**Conium maculatum** L.

二年生草本。花、果期5～8月。新疆：巩留县73团S316途中，43°34′27″N，81°56′51″E，808 m，2009-09-11，王喜勇、侯翼国、徐基平4003309010。生于林缘和农田边。产于新疆。亚洲、欧洲、北非和北美洲均有分布。可药用。

含油率及化学组分数据：

采集单位	测试单位	测试部位	产地	含油率(%)	碘值	酸值	皂化值	C12:0	C14:0	C16:0	C16:1	C18:0	C18:1	C18:2	C18:3	C20:0	C20:1
XIEG	SCBG	种仁	新疆巩留	13.59	22.24	13.98	66.49	1.07	0.08	46.20	0.19	1.76	10.53	20.30	19.33	0.28	0.27

胡萝卜属**Daucus** L.

胡萝卜**Daucus carota** subsp. **sativus** (Hoffm.) Arcang.

二年生草本，稀为一年生。花期5～7月；果期7～8月。全国各地广泛栽培。根作蔬菜食用。

含油率及化学组分数据：

采集单位	测试单位	测试部位	产地	含油率(%)	碘值	酸值	皂化值	C12:0	C14:0	C16:0	C16:1	C18:0	C18:1	C18:2	C18:3	C20:0	C20:1
OFPC		种子	辽宁沈阳	10.00	142.50		144.80	10.50						62.00	11.60		

茴香属**Foeniculum Mill.**

茴香（蘹、小茴香）**Foeniculum vulgare** Mill.

多年生草本。花期5～6月；果期7～9月。重庆市：南川区三泉镇槐坪，29°49′27″N，107°08′05″E，882 m，2009-07-29，刘正宇等400231016。辽宁：锦州，41°06′60″N，121°07′58″E，2011-09-25，郑宝江等400341166。原产地中海地区。我国各地区都有栽培。果实提取的芳香油，为制造食品调味的香料；嫩叶作蔬菜或调味。

含油率及化学组分数据：

采集单位	测试单位	测试部位	产地	含油率(%)	碘值	酸值	皂化值	C12:0	C14:0	C16:0	C16:1	C18:0	C18:1	C18:2	C18:3	C20:0	C20:1
CIPP	SCBG	种仁	重庆南川	13.80	61.04	16.78	159.20	10.68		5.49	0.50	1.54	66.75	13.95	0.42	0.68	
NEFU	SCBG	种仁	辽宁锦州	12.79	22.24	13.98	66.49	0.08	0.26	13.41		2.85	28.05	18.37	0.94	9.74	3.16
OFPC		种子	辽宁沈阳	19.10	110.90		155.70			4.80				80.20	15.00		
OFPC		果实	江苏南京	7.10	101.50				0.30	5.80	微量	0.40	76.50	13.30	微量	微量	微量

珊瑚菜属**Glehnia** F. Schmidt ex Miq.

珊瑚菜(辽沙参、海沙参、莱阳参)**Glehnia littoralis** F. Schmidt ex Miq.

多年生草本。花、果期6～8月。辽宁：长海，39°15′37″N，122°44′53″E，2012-10-16，郑宝江等400341198。生长于海边沙滩或栽培于肥沃疏松的砂质土壤。产于我国广东、福建、台湾、浙江、江苏、山东、河北、辽宁等地。分布于朝鲜、日本、俄罗斯。根药用。

含油率及化学组分数据：

采集单位	测试单位	测试部位	产地	含油率(%)	碘值	酸值	皂化值	C12:0	C14:0	C16:0	C16:1	C18:0	C18:1	C18:2	C18:3	C20:0	C20:1
NEFU	SCBG	种子	辽宁长海	4.58	70.66	19.59	218.07	0.03	0.09	16.95	0.07	2.51	38.36	38.58	2.54	0.27	0.60

独活属**Heracleum** L.

老山芹**Heracleum dissectum** Ledeb.

多年生草本。花期7～8月；果期8～9月。黑龙江：佳木斯市桦川县老平岗林场，46°48′50″N，130°22′10″E，1 m，2011-10-15，卞勇、张爽400351074。产新疆、吉林、黑龙江等地。生长于湿草地、草甸子、山坡林下及林缘。朝鲜、蒙古、俄罗斯也有分布。可食。全株可入药。

含油率及化学组分数据：

采集单位	测试单位	测试部位	产地	含油率(%)	碘值	酸值	皂化值	C12:0	C14:0	C16:0	C16:1	C18:0	C18:1	C18:2	C18:3	C20:0	C20:1
SBRI	SCBG	种仁	黑龙江佳木斯	0.56	2.21	7.90			0.05	6.61	0.16	2.35	8.20	20.95	48.08	2.18	11.43

独活**Heracleum hemsleyanum** Diels

多年生草本。花期5～7月；果期8～9月。黑龙江：桦川县申家店，46°34′23″N，130°37′11″E，805 m，2010-08-31，陈连江、卞勇、贾海伦400351012。野生于山坡阴湿的灌丛林下。产于湖北、四川。根入药。

含油率及化学组分数据：

采集单位	测试单位	测试部位	产地	含油率(%)	碘值	酸值	皂化值	C12:0	C14:0	C16:0	C16:1	C18:0	C18:1	C18:2	C18:3	C20:0	C20:1
SBRI	SCBG	种子	黑龙江桦川	16.22	78.79	8.64	168.10	0.01	0.40	18.13	0.09	4.95	12.09	18.90	45.08	0.24	0.11

藁本属**Ligusticum** L.

短片藁本(川防风)**Ligusticum brachylobum** Franch.

多年生草本。花期7～8月；果期9～10月。重庆：南川区头渡镇金佛山牵牛坪，29°11'20"N，107°6'51"E，2056 m，2009-09-18，刘正宇等400231133。生于海拔1600～3300 m的林下、荒坡草地。产于四川、贵州、云南。根药用。

含油率及化学组分数据：

采集单位	测试单位	测试部位	产地	含油率(%)	碘值	酸值	皂化值	C12:0	C14:0	C16:0	C16:1	C18:0	C18:1	C18:2	C18:3	C20:0	C20:1
CIPP	SCBG	种仁	重庆南川	6.20	75.91	2.90	396.87		0.09	12.59	0.58	3.15	37.39	43.50	1.04	0.51	0.15

茴芹属**Pimpinella L.**

直立茴芹**Pimpinella smithii** H. Wolff

多年生草本。花、果期7～9月。山西：垣曲历山，35°25′27″N，111°57′52″E，2100 m，2012-08-29，秦烁、潘昊400327019。生于海拔1400～3600 m，沟边、林下的草地上或灌丛中。

产于广西、河南、湖北、四川、云南、青海、甘肃、陕西、山西。

含油率及化学组分数据：

采集单位	测试单位	测试部位	产地	含油率(%)	碘值	酸值	皂化值	C12:0	C14:0	C16:0	C16:1	C18:0	C18:1	C18:2	C18:3	C20:0	C20:1
CAU	IC S	种子	山西垣曲	5.93	10.05	13.20				7.61		1.46	51.29	21.19	2.28		2.28

变豆菜属**Sanicula** L.

变豆菜**Sanicula chinensis** Bunge

多年生草本。花、果期4～10月。陕西：凤县南星镇瓦房坝乡，33°42′49″N，106°36′50″E，1300 m，2011-08-07，薛帅、秦烁400324047。生长在阴湿的山坡路旁、杂木林下、竹园边、溪边等草丛中，海拔200～2300 m。产于东北、华东、中南、西北、西南各地区。日本、朝鲜、俄罗斯西伯利亚东部也有分布。可药用。

含油率及化学组分数据：

采集单位	测试单位	测试部位	产地	含油率(%)	碘值	酸值	皂化值	C12:0	C14:0	C16:0	C16:1	C18:0	C18:1	C18:2	C18:3	C20:0	C20:1
CAU	ICS	果实	陕西凤县	9.71	92.21	10.01	256.71			3.16	0.30	0.48	77.77	15.56	0.83	0.10	0.17

防风属**Saposhnikovia** Schischk.

防风（北防风、关防风、哲里根呢）**Saposhnikovia divaricata** (Trucz.) Schischk.

多年生草本。花期8～9月；果期9～10月。河北：抚宁，39°59'09"N，119°15'43"E，125 m，2011-11-05，徐兴友、詹立军400313117。生长于草原、丘陵、多砾石山坡。产于山东、甘肃、宁夏、陕西、山西、河北、内蒙古、辽宁、吉宁、黑龙江等地。根供药用。

含油率及化学组分数据：

采集单位	测试单位	测试部位	产地	含油率(%)	碘值	酸值	皂化值	C12:0	C14:0	C16:0	C16:1	C18:0	C18:1	C18:2	C18:3	C20:0	C20:1
HNUST	ICS	种仁	河北抚宁	3.44	127.78	16.42	272.20	0.07	0.16	3.90	0.21	1.09	51.58	29.90	1.06	1.13	0.39

迷果芹属**Sphallerocarpus** Besser ex DC.

迷果芹（小叶山红萝卜、达扭）**Sphallerocarpus gracilis** (Besser ex Trevir.) Koso-Pol.

多年生草本。花、果期7～10月。甘肃：甘南卓尼县卡车乡，34°34′34″N，103°20′48″E，2600 m，2011-10-07，秦烁、胡亮400326014。生长在山坡路旁、村庄附近、菜园地以及荒草地上。产于新疆、甘肃、青海、山西、河北、内蒙古、辽宁、吉林、黑龙江等地。分布于蒙古和俄罗斯西伯利亚东部、远东地区。

含油率及化学组分数据：

采集单位	测试单位	测试部位	产地	含油率(%)	碘值	酸值	皂化值	C12:0	C14:0	C16:0	C16:1	C18:0	C18:1	C18:2	C18:3	C20:0	C20:1
CAU	ICS	种子	甘肃甘南	4.03	95.10	11.70	197.99		0.06	5.04	0.41	1.43	54.91	31.11	0.63	0.71	0.08

窃衣属**Torilis** Adans.

小窃衣 **Torilis japonica** (Houtt.) DC.

一年或多年生草本。花、果期4～10月。湖南：保靖白云山，28°39′22″N，109°17′28″E，520 m，2009-07-15，徐亮、周建军400191084。生长在杂木林下、林缘、路旁、河沟边以及溪边草丛，海拔150～3060 m。除黑龙江、内蒙古及新疆外，全国各地均产。分布于亚洲的温带地区、欧洲和北非。果实含芳香油，可提取芳香油，能驱蛔虫，外用为消炎药。

含油率及化学组分数据：

采集单位	测试单位	测试部位	产地	含油率(%)	碘值	酸值	皂化值	C12:0	C14:0	C16:0	C16:1	C18:0	C18:1	C18:2	C18:3	C20:0	C20:1
JSU	JSU	果实	湖南保靖	16.54	131.45	31.96	204.86		0.36	8.30	0.52	2.48	9.96	65.39	2.08	0.87	0.08

窃衣 **Torilis scabra** (Thunb.) DC.

一年生或多年生草本。花、果期4～11月。西藏：波密县扎木乡，29°50′00″N，95°47′09″E，2756 m，2011-09-06，干友民400241161。陕西：凤县南星镇瓦房坝乡，33°42′50″N，106°36′50″E，1300 m，2011-08-28，薛帅400324048。生长在山坡、林下、路旁、河边及空旷草地上；海拔250～2400 m。产于广东、广西、江西、福建、浙江、江苏、安徽、湖北、四川、贵州、甘肃、陕西等地。分布于我国及日本，并引种至北美洲。

含油率及化学组分数据：

采集单位	测试单位	测试部位	产地	含油率(%)	碘值	酸值	皂化值	C12:0	C14:0	C16:0	C16:1	C18:0	C18:1	C18:2	C18:3	C20:0	C20:1
SICAU	SCBG	种仁	西藏波密	11.65	7.00	8.04	156.79	0.01	0.21	24.13	0.23	3.90	15.26	53.22	2.28	0.53	0.22
CAU	ICS	种子	陕西凤县	4.47	88.02	10.58	277.74		0.10	5.87	0.17	1.06	68.02	19.09	2.39	0.21	0.19

231. 杜鹃花科 Ericaceae

杜鹃属**Rhododendron** L.

云锦杜鹃**Rhododendron fortunei** Lindl.

常绿灌木或小乔木。花期4～5月；果期8～11月。安徽：黄山，30°08′41″N，118°6′38″E，460 m，2012-11-15，李晓东、昝艳燕等400121270。生于海拔460～2000 m的山脊阳处或林下。产于广东、广西、湖南、江西、福建、湖北、安徽、浙江、河南、四川、贵州、云南东北部及陕西。

含油率及化学组分数据：

采集单位	测试单位	测试部位	产地	含油率(%)	碘值	酸值	皂化值	C12:0	C14:0	C16:0	C16:1	C18:0	C18:1	C18:2	C18:3	C20:0	C20:1
WHBG	WHBG	种仁	安徽黄山	13.05		1.27				6.35	0.27	2.22	31.67			0.60	0.38

照山白 **Rhododendron micranthum** Turcz.[*Rh. rosthornii* Diels]

常绿灌木。花期5～6月；果期6～11月。山东：泰安，36°12′14″N，117°07′27″E，189 m，2010-06-09，赵伟华400311227。生于山坡灌丛、山谷、峭壁及石岩上，海拔189～3000 m。广布于湖南、湖北、四川、山东、河南等地及西北、华北、东北地区。朝鲜也有分布。工业用油。

含油率及化学组分数据：

采集单位	测试单位	测试部位	产地	含油率(%)	碘值	酸值	皂化值	C12:0	C14:0	C16:0	C16:1	C18:0	C18:1	C18:2	C18:3	C20:0	C20:1
ICS	ICS	种子	山东泰安	8.68	108.63	0.44	175.32	0.19	0.28	7.97	0.05	0.93	22.54	16.02	3.73	0.28	25.07

马银花**Rhododendron ovatum** (Lindl.) Planch.ex Maxim.[*Rh. ovatum* var. *prismatum* PC. Tam]

常绿灌木。花期4～5月；果期7～11月。福建：武夷山星村桐木村，27°44′06″N，117°41′18″E，712 m，2012-11-18，易绮斐、李玉玲、宁阳阳400119259。生于海拔1000 m以下的灌丛中。产于广东、广西、湖南、江西、福建、台湾、浙江、江苏、安徽、湖北、四川和贵州。工业用油。

含油率及化学组分数据：

采集单位	测试单位	测试部位	产地	含油率(%)	碘值	酸值	皂化值	C12:0	C14:0	C16:0	C16:1	C18:0	C18:1	C18:2	C18:3	C20:0	C20:1
SCBG	SCBG	种仁	福建武夷山	12.37	85.38	10.97	417.72		0.07	9.28	0.45	4.16	34.76	47.87	2.43	0.60	0.38

杜鹃(杜鹃花、照山红、山石榴)**Rhododendron simsii** Planch.[*Rh. bellum* W.P. Fang et G.Z. Li]

落叶灌木。花期4～5月；果期6～8月。四川：康定县雅加埂路上，29°54′39″N，101°59′46″E，3822 m，2009-08-26，干友民400241061。生于海拔500～3822 m的山地疏灌丛或松林下。产于广东、广西、湖南、江西、福建、台湾、浙江、江苏、安徽、湖北、四川、贵州和云南。

含油率及化学组分数据：

采集单位	测试单位	测试部位	产地	含油率(%)	碘值	酸值	皂化值	C12:0	C14:0	C16:0	C16:1	C18:0	C18:1	C18:2	C18:3	C20:0	C20:1
SICAU	SCBG	种仁	四川康定	7.82	118.35	22.22	180.75										

235. 紫金牛科 Myrsinaceae

紫金牛属**Ardisia** Sw.

伞形紫金牛(紫背禄、不待劳、毛高)**Ardisia corymbifera** Mez

灌木。花期4～5月；果期11～12月。广西：靖西县南坡乡底定保护区，23°06′42″N，105°57′41″E，1157 m，2010-11-17，吴磊、黄俞淞、朱运喜4001101134。生于海拔700～1500 m，稀达1800 m的疏、密林下，潮湿或略干燥的地方。产于广西、云南。越南亦有分布。

含油率及化学组分数据：

采集单位	测试单位	测试部位	产地	含油率(%)	碘值	酸值	皂化值	C12:0	C14:0	C16:0	C16:1	C18:0	C18:1	C18:2	C18:3	C20:0	C20:1
GXIB	SCBG	种仁	广西靖西	16.15		2.82	157.40	0.07	0.18	6.18	0.06	4.46	17.82	42.02	26.56	0.89	0.19

朱砂根(凉伞遮金珠、平地木、石青子)**Ardisia crenata** Sims[*Ardisia bicolor* E. Walker]

灌木。花期5～6月；果期10～12月，有时2～4月。安徽：祁门县牯牛降自然保护区，30°05′13″N，117°29′25″E，416 m，2011-11-15，胡超、李星霖4001171190。湖南：江永县源口镇白俸村白沙源，24°56′41″N，111°00′55″E，747 m，2009-10-26，黄玉滢、周喜乐400181111；通道县万佛山风景区，26°20′54″N，109°41′37″E，400 m，2010-12-11，张兵、谷志容400181264。浙江：鄞县天童山，29°48′46″N，121°47′26″E，222 m，2009-11-15，田怀珍、王双4001171034；鄞县天童山，29°48′32″N，121°46′40″E，412 m，2010-11-12，葛斌杰、胡超、熊申展4001171095。生于海拔90～2400 m的疏、密林下阴湿的灌木丛中。产于海南、台湾、湖北等地区至西藏东南部。印度，缅甸经马来半岛、印度尼西亚至日本均有分布。

含油率及化学组分数据：

采集单位	测试单位	测试部位	产地	含油率(%)	碘值	酸值	皂化值	C12:0	C14:0	C16:0	C16:1	C18:0	C18:1	C18:2	C18:3	C20:0	C20:1
ECNU	SCBG	种仁	安徽祁门	17.50	14.02	8.54	191.51	0.01	0.06	10.61	0.05	1.63	6.31	80.52	0.45	0.24	0.12
HUST	HUST	种仁	湖南江永	3.35					0.33	12.51		3.29	51.36	24.44	1.15		
HUST	HUST	种仁	湖南通道	1.49					0.11	6.61	0.32	3.50	7.59	78.85	0.97	0.32	0.25
ECNU	SCBG	种仁	浙江鄞县	9.13	6.75	9.33	187.96	0.05	0.12	10.85	0.33	2.61	12.87	69.09	2.62	1.09	0.37
ECNU	SCBG	种仁	浙江鄞县	6.45	31.58	6.32	197.81	0.02	0.12	5.95	0.57	2.32	8.96	33.57	36.90	2.55	9.04

东方紫金牛(春不老)**Ardisia elliptica** Thunb.[*Ardisia squamulosa* C. Presl]

灌木。花期3～5月；果期10月。云南：勐腊县勐仑镇西双版纳植物园，21°36′09″N，101°35′06″E，638 m，2010-10-27，王智、唐贵华400221223。产于我国台湾(台东至火烧岛，台北有栽培)。日本的琉球群岛有栽培，马来西亚至菲律宾亦有。

含油率及化学组分数据：

采集单位	测试单位	测试部位	产地	含油率(%)	碘值	酸值	皂化值	C12:0	C14:0	C16:0	C16:1	C18:0	C18:1	C18:2	C18:3	C20:0	C20:1
KMIB	KMIB	种仁	云南勐腊	5.00													

矮紫金牛 Ardisia humilis Vahl

灌木，高1～2 m，有时达3(～5) m。花期3～4月；果期11至翌年3月。海南：文昌县龙楼镇铜鼓岭，19°40′32″N，111°01′44″E，2009-08-01，邢福武、戴建阅、翟俊文、郑希龙40011113；三亚甘什岭，18°23′03″N，109°40′58″E，2012-03-19，张荣京40017239。生于海拔40-1100 m的山间、坡地疏、密林下，或开阔的坡地。产于广东及海南。本种花果艳丽，具有很高的园林观赏价值，可在室内盆栽观赏，也可作绿篱或庭院布置。其树皮含单宁，亦供药用，可治头痛、便血等症。

含油率及化学组分数据：

采集单位	测试单位	测试部位	产地	含油率(%)	碘值	酸值	皂化值	C12:0	C14:0	C16:0	C16:1	C18:0	C18:1	C18:2	C18:3	C20:0	C20:1
SCBG	SCBG	果实	海南文昌	34.56	127.33	31.50	212.16	0.03	0.14	13.02	0.46	2.34	41.45	40.89	1.24	0.23	0.20
SCAU	SCBG	种仁	海南三亚	14.55	73.79	12.19	312.40	0.14		0.12	0.46	2.85	17.86	54.50	9.52	0.83	

腺点紫金牛(山血丹)**Ardisia lindleyana** D. Dietr. [*Ardisia adenopes* R.H. Miao]

灌木。花期5～7月；果期10至翌年2月。海南：五指山，40°31′57″N，117°10′16″E，2012-02-05，张荣京40017204。生于300～1200 m，密林，丘陵，河谷，沿溪流，阴暗潮湿的地方。产于广东、广西、湖南、江西、福建、浙江。本种具有调经、通经、活血、祛风、止痛功效，全株治跌打损伤，肝炎，肝硬化，扁桃腺炎，月经不调，咽喉肿痛，风湿，胃腹疼痛，血管瘤。根主治月经不调，产后贫血，胆道结石，咽炎，痈疮肿毒，支气管炎，尿路及胆道结石，喉蛾，喉风，风炎齿痛，疝气痛，腰痛，遗精，白带，子宫脱垂，结肠炎，细菌性痢疾，黄疸性肝炎等症。

含油率及化学组分数据：

采集单位	测试单位	测试部位	产地	含油率(%)	碘值	酸值	皂化值	C12:0	C14:0	C16:0	C16:1	C18:0	C18:1	C18:2	C18:3	C20:0	C20:1
SCAU	SCBG	种仁	海南五指山	10.23	28.75	20.82	179.97	0.00	0.25	8.59	0.08	2.93	77.23	17.45	3.12	0.37	0.21

酸藤子属Embelia Burm. f.

长叶酸藤子 Embelia longifolia (Benth.) Hemsl.

攀缘灌木或藤本。花期6～8月；果期11月至翌年1月。广东：蕉岭县长潭省级自然保护区，2010-10-12，易绮斐、戴建阅、翟俊文400119097。产四川、贵州、云南、广西、广东、江西、福建。

含油率及化学组分数据：

采集单位	测试单位	测试部位	产地	含油率(%)	碘值	酸值	皂化值	C12:0	C14:0	C16:0	C16:1	C18:0	C18:1	C18:2	C18:3	C20:0	C20:1
SCBG	SCBG	果实	广东蕉岭	6.145	47.08	2.75	200.64		0.16	5.47	0.32	4.15	17.90	8.55	2.27		0.48

厚叶白花酸藤果 Embelia ribes subsp. **pachyphylla** (Chun ex C. Y. Wu et C. Chen) Pipoly et C. Chen[*Embelia ribes* var. *pachyphylla* Chun ex C.Y. Wu et C. Chen]

攀缘灌木或藤本。花期3～4月；果期10～12月。广西：武鸣县两江镇大明山铜矿，23°25′34″N，108°25′52″E，426 m，2010-11-24，吴磊、朱运喜4001101153。生于426～1800 m疏或密的森林，灌木区，沼泽，黏土地。产于海南、广东、广西、云南。印度尼西亚、菲律宾、越南均有分布。

含油率及化学组分数据：

采集单位	测试单位	测试部位	产地	含油率(%)	碘值	酸值	皂化值	C12:0	C14:0	C16:0	C16:1	C18:0	C18:1	C18:2	C18:3	C20:0	C20:1
GXIB	SCBG	种仁	广西武鸣	5.14	28.08	13.23	199.54	0.45	0.27	9.28	0.31	2.22	9.64	45.50	25.39	1.50	0.12

短梗酸藤子(酸苔果、酸鸡藤、野猫酸)**Embelia sessiliflora** Kurz[*Embelia stricta* Craib]

攀缘灌木或藤本。花期2～4月；果期5～11月。云南：屏边县玉屏镇大围山，22°58′18″N，103°41′52″E，1496 m，2010-11-13，王智、杨珺、谭英400221283。生于海拔1400～2800 m的林内、林缘及路旁灌木丛中，常见于新垦地或公路旁，阳光充足的地方。产于贵州、云南。印度、缅甸至泰国均有分布。

含油率及化学组分数据：

采集单位	测试单位	测试部位	产地	含油率(%)	碘值	酸值	皂化值	C12:0	C14:0	C16:0	C16:1	C18:0	C18:1	C18:2	C18:3	C20:0	C20:1
KMIB	KMIB	种仁	云南屏边	10.00													

杜茎山属Maesa Forssk.

杜茎山(金砂根、白茅茶、白花茶)**Maesa japonica** (Thunb.) Moritzi et Zoll.[*Doraena japonica* Thunb.]

灌木。花期1～3月；果期10～11月或2～5月。安徽：祁门县牯牛降自然保护区，30°05′13″N，117°29′25″E，416 m，2011-11-15，胡超、李星霖4001171192。海南：五指山，40°31′57″N，117°10′16″E，2012-02-05，张荣京40017203。生于海拔300～2000 m的

山坡或石灰山杂木林下阳处，或路旁灌木丛中。产于台湾至西南以南各地区。日本及越南北部亦有分布。

含油率及化学组分数据：

采集单位	测试单位	测试部位	产地	含油率(%)	碘值	酸值	皂化值	C12:0	C14:0	C16:0	C16:1	C18:0	C18:1	C18:2	C18:3	C20:0	C20:1
ECNU	SCBG	种仁	安徽祁门	9.30	59.48	10.74	251.95	0.01	0.08	10.97	0.70	5.25	27.62	45.29	1.35	0.66	8.06
SCAU	SCBG	种仁	海南五指山	16.22		9.47	179.78		0.09		0.89	2.33	23.42	72.58		0.29	

鲫鱼胆 **Maesa perlarius** (Lour.) Merr.

小灌木，高1～3 m。花期3～4月；果期11月至翌年5月。云南：保山市百花岭，25°18′21"N，98°47′42"E，1718 m，2009-11-25，王智、隋学艺、黄巧琴400221152。生于海拔150～1718 m的山坡、路边的疏林或灌丛中湿润的地方。产于四川（南部）、贵州至台湾以南沿海各地区。越南、泰国亦有。

含油率及化学组分数据：

采集单位	测试单位	测试部位	产地	含油率(%)	碘值	酸值	皂化值	C12:0	C14:0	C16:0	C16:1	C18:0	C18:1	C18:2	C18:3	C20:0	C20:1
KMIB	KMIB	种仁	云南保山	12.00	99.10	3.20		0.49	2.83		12.25	3.21	14.81	62.90	2.64		

236. 报春花科 Primulaceae

珍珠菜属 **Lysimachia** L.

狭叶珍珠菜 **Lysimachia pentapetala** Bunge [*Apochoris pentapetala* (Bunge) Duby]

一年生草本。花期7～8月；果期8～9月。河北：张家口，39°39′22″N，115°23′24″E，860 m，2009-08-31，徐兴友、韩宝强400313085。生于山坡荒地、路旁、田边和疏林下。产于华北及东北地区以及安徽、山东、河南、湖北、甘肃、陕西等地。

含油率及化学组分数据：

采集单位	测试单位	测试部位	产地	含油率(%)	碘值	酸值	皂化值	C12:0	C14:0	C16:0	C16:1	C18:0	C18:1	C18:2	C18:3	C20:0	C20:1
HNUST	ICS	种子	河北张家口	19.20						10.01	0.31	1.37	9.66	74.76	1.75	0.13	0.10

237. 白花丹科 Plumbaginaceae

补血草属 **Limonium** Mill.

大叶补血草 **Limonium gmelinii** (Willd.) Kuntze [*Statice gmelinii* Willd.]

多年生草本。花期7～9月；果期8～9月。新疆：昌吉州呼图壁种牛场，44°18′56″N，86°57′57″E，434 m，2010-09-30，王喜勇、王蕾、孔凡迹4003310021。通常生于盐渍化的荒地上和盐土上，低洼处常见。产于新疆北部。其分布东起西伯利亚安加拉河中游，西至中欧东南部。

含油率及化学组分数据：

采集单位	测试单位	测试部位	产地	含油率(%)	碘值	酸值	皂化值	C12:0	C14:0	C16:0	C16:1	C18:0	C18:1	C18:2	C18:3	C20:0	C20:1
XIEG	SCBG	种仁	新疆昌吉	1.89	45.79	0.87	405.88			6.04	0.11	4.66	20.69	12.14	0.15	53.92	0.16

238. 山榄科 Sapotaceae

山榄属 **Planchonella** Pierre

狭叶山榄 **Planchonella clemensii** (Lec.) P. Royen [*Pouteria clemensii* (Lec.) Baehni]

乔木。花期2～5月；果期10月。产海南。越南也有。生于溪边或石缝中。

含油率及化学组分数据：

采集单位	测试单位	测试部位	产地	含油率(%)	碘值	酸值	皂化值	C12:0	C14:0	C16:0	C16:1	C18:0	C18:1	C18:2	C18:3	C20:0	C20:1
OFPC	SCBG		种仁	海南陵水	13.20	102.10		185.20	微量	0.20	15.70		2.80	35.80	45.20		

桃榄属 **Pouteria** Aubl.

龙果（马鸡康、康克桑）**Pouteria grandifolia** (Wall.) Baehni

乔木。花、果期全年。产于云南西双版纳。生于海拔500～1180 m的密或疏的雨林及灌丛中。印度东北部、缅甸北部及泰国均有分布。

含油率及化学组分数据：

采集单位	测试单位	测试部位	产地	含油率(%)	碘值	酸值	皂化值	C12:0	C14:0	C16:0	C16:1	C18:0	C18:1	C18:2	C18:3	C20:0	C20:1
OFPC	XTBG	种仁	云南勐腊	10.8	86.7	3.6	193.9	0.4		28.3		15.0	19.6	32.7	1.5	2.5	

240. 柿科 Ebenaceae

柿属 **Diospyros** L.

乌柿（山柿子、丁香柿）**Diospyros cathayensis** Steward[*Diospyros cathayensis* var. *foochowensis* (F.P. Metcalf et L. Chen) S. Lee]

常绿或半常绿小乔木。花期4～5月；果期8～11月。海南：陵水县本号镇吊罗山南喜林场，18°44′04″N，109°50′13″E，600 m，2009-11-21，秦新生400116168。贵州：荔波县翁昂已陇村尧桥弄坊，25°14′47″N，107°54′34″E，887 m，2009-08-16，曾庆文、董安强、胡晓敏4001129。湖南：吉首市乾州，28°17′21″N，109°43′07″E，218 m，2010-11-04，周建军、徐亮400191189。四川：都江堰大观红梅，2010-09-13，崔龙，李志强40021110013。生于海拔218～1500 m的河谷、山地或山谷林中。产于湖南、安徽、湖北、四川、贵州、云南东北部。根和果入药，治心气痛。

含油率及化学组分数据：

采集单位	测试单位	测试部位	产地	含油率(%)	碘值	酸值	皂化值	C12:0	C14:0	C16:0	C16:1	C18:0	C18:1	C18:2	C18:3	C20:0	C20:1
SCAU	SCBG	种仁	海南陵水	6.48	56.03	9.07	312.40										
SCBG	SCBG	种仁	贵州荔波	3.45	55.72	31.57	103.01	0.05	0.05	7.26	0.14	4.27	48.90	35.65	0.76	1.24	1.68
JSU	SCBG	种仁	湖南吉首	3.15	73.75	22.62	169.74			8.75	0.14	3.45	19.23	50.74	10.36	0.94	0.90
SCU	SCU	种仁	四川都江堰	1.32													

岩柿（小叶柿、石柿花）**Diospyros dumetorum** W. W. Sm.[*Diospyros mairei* H. Lév.]

小乔木或乔木。花期4～5月；果期10月至翌年2月。四川：盐源县莲花山乡，27°25′24″N，101°30′29″E，1000 m，2009-10-04，王凯、樊云川40021109049；乐山峨边沙坪镇蔬菜村，29°14′23″N，103°15′13″E，617 m，2011-10-17，李志强、刘小波等40021111051。生于600～2700 m的山地灌丛、混交林中、山谷中、河边或村边田畔或石灰岩石山上。产于贵州、四川盆地（北部、西部、西南部）、云南。木材可作家具。可提取工业油漆。

含油率及化学组分数据：

采集单位	测试单位	测试部位	产地	含油率(%)	碘值	酸值	皂化值	C12:0	C14:0	C16:0	C16:1	C18:0	C18:1	C18:2	C18:3	C20:0	C20:1
SCU	SCU	种仁	四川盐源	3.00													
SCU	SCU	种仁	四川乐山	1.18													

乌材（乌材仔、乌杆仔）**Diospyros eriantha** Champ. ex Benth.

常绿乔木或灌木。花期7～8月；果期10月至翌年1～2月。广西：东兴市江平镇巫头村，21°32′46″N，108°08′05″E，10 m，2011-01-15，黄俞淞、农东新、林春蕊4001101189。生于海拔500 m以下的山地疏林、密林或灌丛中，或在山谷溪畔林中。产于广东、广西、台湾。越南、老挝、马来西亚、印度尼西亚（苏门答腊、爪哇和加里曼丹）等地有分布。本种未成熟种仁可提取柿漆供涂雨具，渔网等用。

含油率及化学组分数据：

采集单位	测试单位	测试部位	产地	含油率(%)	碘值	酸值	皂化值	C12:0	C14:0	C16:0	C16:1	C18:0	C18:1	C18:2	C18:3	C20:0	C20:1
GXIB	SCBG	种仁	广西东兴	10.65	113.33	1.08	203.69		0.33	15.89		2.34	37.29	40.64	2.84		0.33

海南柿（牛筋树、牛金树、硬壳果）**Diospyros hainanensis** Merr.

高大乔木。花期3～5月；果期8月至翌年1月。海南：陵水县本号镇吊罗山，18°44′04″N，109°50′13″E，2009-11-21，秦新生4001161108。生于海拔800 m以下的山谷、山腹常绿阔叶密林中湿润处或林谷溪畔。产于海南。木材材质硬重，可作建筑、家具、板料、车辆、农具等用材。

含油率及化学组分数据：

采集单位	测试单位	测试部位	产地	含油率(%)	碘值	酸值	皂化值	C12:0	C14:0	C16:0	C16:1	C18:0	C18:1	C18:2	C18:3	C20:0	C20:1
SCAU	SCBG	种仁	海南陵水	7.21	18.18	11.53	212.04										

粉叶柿（浙江柿）**Diospyros japonica** Sieb. et Zucc.[*Diospyros glaucifolia* F.P. Metcalf]

落叶乔木。花期4～5(～7)月；果期9～11月。湖南：江永县源口镇白倖村白沙源，24°56′41″N，111°00′47″E，809 m，2009-10-30，黄玉滢、周喜乐400181126；浏阳县达浒镇金子坑，28°30′12″N，113°52′23″E，475 m，2010-11-06，严岳鸿、张兵400181237；永顺县清坪，29°03′14″N，110°22′43″E，532 m，2009-10-06，徐亮、周建军400191048。江西：玉山县三清山，28°55′53″N，118°03′29″E，1043 m，2009-10-24，廖文波等400141179；玉山县三清山，28°53′06″N，118°03′39″E，629 m，2009-10-25，廖文波等400141180。浙江：杭州植物园，2010-10-14，曾庆文、谢聪、孟玉芳40011919。生于山坡、山谷混交疏林中或密林中，或在山谷涧畔。产于浙江、江苏、安徽、福建、江西等地。本种未熟果可提取柿漆，用途与柿树相同。木材可作家具等用材。

含油率及化学组分数据：

采集单位	测试单位	测试部位	产地	含油率(%)	碘值	酸值	皂化值	C12:0	C14:0	C16:0	C16:1	C18:0	C18:1	C18:2	C18:3	C20:0	C20:1
HUST	HUST	种仁	湖南江永	6.10	95.26	8.95	179.15										
HUST	HUST	种仁	湖南浏阳	2.60	5.57	4.93	173.98										
JSU	SCBG	种仁	湖南永顺	7.20	121.82	6.26	181.37	0.19	0.75	12.94	0.66	1.86	21.51	51.78	1.52	0.37	0.17
SYSU	SCBG	种仁	江西玉山	6.54	59.45	2.49		0.01	0.10	8.42	0.10	3.63	22.17	41.18	22.93	0.73	0.74
SYSU	SCBG	种仁	江西玉山	4.36	92.57	3.95	196.25	0.13	0.06	4.74	0.19	1.99	10.98	62.85	17.91	0.80	0.37
SCBG	SCBG	种仁	浙江杭州	6.18	7.61	0.24	31.54	0.06	0.05	8.91	0.37	1.33	20.97	39.24	17.30		

野柿 Diospyros kaki var. **silvestris** Makino [*Diospyros argyi* H. Lév.]

落叶大乔木。花期5～6月；果期9～11月。广西：灵川县海洋乡小平乐村，25°18′35″N，110°38′09″E，722 m，2011-10-01，郭伦发、林春蕊4001101228。湖南：桑植县河口，29°32′32″N，109°49′50″E，560 m，2009-10-15，张兵400181061；桑植县利福塔乡峰峦溪，29°20′23″N，110°06′03″E，395 m，2010-10-19，张兵、谷志容400181202；永顺县杉木河，29°10′07″N，109°49′39″E，630 m，2009-10-02，徐亮、陈洁400191056。江西：龙南县九连山，24°32′21″N，114°27′40″E，587 m，2009-11-09，廖文波等400143022。安徽：滁州市皇甫山，32°22′06″N，118°02′45″E，58 m，2011-10-05，田怀珍、李星霖4001171156；泾县汀溪原始森林，30°35′28″N，118°36′39″E，195 m，2012-10-04，李星霖、刘巧霞、程志全4001171235。湖北：神农架林区松柏镇黄连架，31°35′27″N，110°54′43″E，1266 m，2012-09-01，危文亮，赵永国等400151201。生于山地自然林或次生林中，或在山坡灌丛中。产于我国广东、广西北部、湖南、江西、福建、安徽、四川、云南等地的山区。未成熟柿子用于提取柿漆。

含油率及化学组分数据：

采集单位	测试单位	测试部位	产地	含油率(%)	碘值	酸值	皂化值	C12:0	C14:0	C16:0	C16:1	C18:0	C18:1	C18:2	C18:3	C20:0	C20:1
GXIB	SCBG	种仁	广西灵川	1.35	126.02	0.40	202.54		0.11	8.79	0.19	2.05	21.36	43.15	2.00	0.30	6.41
HUST	HUST	种仁	湖南桑植	9.14	24.02	5.51	168.58										
HUST	HUST	种仁	湖南桑植	5.10	4.94	5.45	241.83										
JSU	SCBG	种仁	湖南永顺	5.60		4.28	171.65			6.99	0.32	2.16	25.59	59.82	1.11	1.12	0.49
SYSU	SCBG	种仁	江西龙南	5.30		4.76	169.97										
ECNU	SCBG	种仁	安徽滁州市	3.10		1.77			0.11	12.15	0.46	3.81	11.81	60.25	4.65	0.83	0.20
ECNU	SCBG	种仁	安徽泾县	9.15	30.73		164.03			8.75	0.14	3.45	19.23	50.74	10.36	0.94	0.90
OCRI	SCBG	种仁	湖北神农架	7.10	114.93	2.15	538.60	0.06	0.29	7.09	0.31	1.60	29.93	37.09	0.17		

油柿（方柿、漆柿、绿柿）**Diospyros oleifera** Cheng

落叶乔木。花期4～5月；果期8～11月。广西：灵川县海洋乡小平乐村，25°17′18″N，110°39′05″E，561 m，2011-10-02，郭伦发、林春蕊4001101234。湖南：永顺县小溪茶园溪，28°46′12″N，110°14′47″E，327 m，2010-10-04，肖艳、徐亮400191141。湖北：神农架深沟，31°28′03″N，110°06′08″E，1545 m，2010-10-26，丁时东、危文亮等400151100。产于广东北部、广西、湖南、江西、福建、浙江中部以南、安徽南部、四川。通常栽培在村中、果园、路边、河畔等温暖湿润肥沃处。在江苏太湖洞庭西山、浙西诸暨、杭州市等地多有栽培，供取柿漆用。

含油率及化学组分数据：

采集单位	测试单位	测试部位	产地	含油率(%)	碘值	酸值	皂化值	C12:0	C14:0	C16:0	C16:1	C18:0	C18:1	C18:2	C18:3	C20:0	C20:1
GXIB	SCBG	种仁	广西灵川	9.74	186.24	1.95	200.97	0.40	0.55	30.51	0.34	3.58	43.61	13.30	0.27	0.17	0.14
JSU	SCBG	种仁	湖南永顺	13.21	107.58	15.43	139.55		0.12	8.97	0.49	2.46	25.75	28.96	27.47	0.51	0.21
OCRI	SCBG	种仁	湖北神农架	6.01	74.70	2.17	310.83	0.29	0.02	4.72	0.32	2.00	14.03	24.83	0.12		

老鸦柿 Diospyros rhombifolia Hermsl.

落叶小乔木。花期4～5月；果期9～12月。江苏：南京中山植物园，32°03′15″N，118°49′41″E，49 m，2011-12-10，田怀珍、李星霖、古丽米热4001171205。安徽：泾县汀溪原始森林，30°34′43″N，118°37′37″E，290 m，2012-10-04，李星霖、刘巧霞、程志全4001171231。河南：商城县大别山，31°45′08″N，115°32′09″E，530 m，2011-10-13，杨大伟、陈明400314119。湖北：十堰牛头山，32°36′18″N，110°43′42″E，675 m，2009-10-20，丁时东、危文亮400152042。生于山坡灌丛或山谷沟畔林中，分布于海拔1000 m下。产于江西、福建、浙江、江苏、安徽等地。本种的果可提取柿漆，供涂漆鱼网、雨具等用。

含油率及化学组分数据：

采集单位	测试单位	测试部位	产地	含油率(%)	碘值	酸值	皂化值	C12:0	C14:0	C16:0	C16:1	C18:0	C18:1	C18:2	C18:3	C20:0	C20:1
ECNU	SCBG	种仁	江苏南京	11.56	34.46	4.04	221.58	0.19	0.75	12.94	0.66	1.86	21.51	51.78	1.52	0.37	0.17
ECNU	SCBG	种仁	安徽泾县	13.02	32.17	8.13	164.45	10.17	0.15	8.14	0.22	2.84	26.60	36.36	8.01	1.72	0.39
HNAU	ICS	种子	河南商城	1.21	97.26	22.05	94.81		0.26	15.86		2.38	37.31	40.63	2.83		0.37
OCRI	SCBG	种仁	湖北十堰	10.54	54.08	69.30	411.70	0.08	0.26	13.41		2.85	28.05	18.37	0.94	9.74	3.16

山榄叶柿（凌扣、呀辣、米亚辣）**Diospyros siderophylla** H.L. Li

乔木。花期6月；果期10～11月。广西：隆安县龙虎山，22°57′39″N，107°37′27″E，279 m，2011-11-08，廖云标、杨金财4001101259。生于石灰岩石山疏林中或密林中，或山谷林中等处，在广西龙州附近，分布在海拔400～500 m。产于广西南部、西部和西南部。用作农药。

含油率及化学组分数据：

采集单位	测试单位	测试部位	产地	含油率(%)	碘值	酸值	皂化值	C12:0	C14:0	C16:0	C16:1	C18:0	C18:1	C18:2	C18:3	C20:0	C20:1
GXIB	SCBG	种仁	广西隆安	6.14	113.19	0.67	201.64	0.46	0.06	8.85	0.06	2.27	5.92	74.69	0.53	0.36	0.20

岭南柿 Diospyros tutcheri Dunn

小乔木。花期4～5月；果期8至翌年元月。海南：陵水县本号镇吊罗山后山，500 m，2010-12-18，秦新生4001161155。广西：

北海市沙田镇西高，21°27′46″N，109°44′54″E，4 m，2011-01-13，黄俞淞、农东新、林春蕊4001101190。生于山谷水边或山坡密林中或在阴湿处。产于海南、广东、广西南部及湖南西南部。

含油率及化学组分数据：

采集单位	测试单位	测试部位	产地	含油率(%)	碘值	酸值	皂化值	C12:0	C14:0	C16:0	C16:1	C18:0	C18:1	C18:2	C18:3	C20:0	C20:1
SCAU	SCBG	种仁	海南陵水	5.12	2.77	7.92	200.44		0.39	11.92		5.60	78.73		2.74		0.61
GXIB	SCBG	种仁	广西北海	6.41	87.56	4.70	203.64			5.28	0.14	1.65	8.02	53.78	22.84	0.88	0.36

243. 山矾科 Symplocaceae

山矾属**Symplocos** Jacq.

铜绿山矾**Symplocos stellaris** var. **aenea** (Hand.-Mazz.) Noot.[*Symplocos aenea* Hand.-Mazz.]

乔木。花期2～5月；果期6～9月。四川：越西县瓦吉木乡，28°29′15″N，102°35′05″E，1000 m，2009-09-26，王凯、樊云川40021109020。生于海拔1000～1800 m的林中。产于四川中南部、云南北部。

含油率及化学组分数据：

采集单位	测试单位	测试部位	产地	含油率(%)	碘值	酸值	皂化值	C12:0	C14:0	C16:0	C16:1	C18:0	C18:1	C18:2	C18:3	C20:0	C20:1
SCU	SCU	种仁	四川越西	17.11	83.70	1.90	177.30			10.12		3.73	31.95	54.10	0.10		

微毛山矾**Symplocos wikstroemiifolia** Hayata[*Bobua wikstroemiifolia* (Hayata) Kaneh. et Sasaki]

灌木或乔木。果期8月。海南：昌江县霸王岭老林场，2009-08-03，秦新生400116142。生于海拔900～2500 m的密林中。产于海南、广西、湖南、福建、台湾、浙江、贵州、云南。

含油率及化学组分数据：

采集单位	测试单位	测试部位	产地	含油率(%)	碘值	酸值	皂化值	C12:0	C14:0	C16:0	C16:1	C18:0	C18:1	C18:2	C18:3	C20:0	C20:1
SCAU	SCBG	种仁	海南昌江	4.13	11.14	11.18	209.72		0.04	6.62	0.04	1.73	7.35	82.89	0.53	0.50	0.29
OFPC	SCBG	种子	广东高要	11.90	92.10		185.70	微量		16.10		2.10	56.00	25.80			

241. 安息香科 Styracaceae

白辛树属**Pterostyrax** Sieb. et Zucc.

小叶白辛树**Pterostyrax corymbosus** Sieb. et Zucc.

乔木。花期3～4月；果期5～9月。湖北：神农架六尺沟，31°26′54″N，110°07′11″E，1556 m，2010-10-22，丁时东，危文亮等400151059。生于海拔400～1600 m的山区河边以及山坡低凹而湿润的地方。产于广东、湖南、江西、福建、浙江、江苏等地。日本也有分布。

含油率及化学组分数据：

采集单位	测试单位	测试部位	产地	含油率(%)	碘值	酸值	皂化值	C12:0	C14:0	C16:0	C16:1	C18:0	C18:1	C18:2	C18:3	C20:0	C20:1
OCRI	SCBG	种仁	湖南永顺	13.64	83.70	18.87	218.07		0.09	13.94	0.59	2.07	18.21	45.83	0.07		0.16

245. 木犀科 Oleaceae

雪柳属**Fontanesia** Labill.

雪柳（五谷树、挂梁青）**Fontanesia phillireoides** subsp. **fortunei** (Carr.) Yalt.

灌木或小乔木。花期4～6月；果期6～10月。北京：海淀区，40°00′13″N，116°12′13″E，50 m，2011-11-10，薛帅、秦烁400326047。生于海拔800 m以下水沟、溪边或林中。产于浙江、江苏、安徽、山东、河南、湖北东部、陕西及河北。

含油率及化学组分数据：

采集单位	测试单位	测试部位	产地	含油率(%)	碘值	酸值	皂化值	C12:0	C14:0	C16:0	C16:1	C18:0	C18:1	C18:2	C18:3	C20:0	C20:1
CAU	ICS	种子	北京海淀	9.00	109.21	12.83	209.17	0.39	0.43	5.91	0.15	1.91	23.43	61.97	2.08	0.58	0.62
OFPC	IAE	种子	辽宁沈阳	12.10	141.10		181.90			4.60		1.60	23.20	68.50	2.10		

梣属**Fraxinus** L.

白蜡树**Fraxinus chinensis** Roxb.

乔木。花期4～5月；果期7～9月。山东：烟台市昆嵛山泰礴顶，37°14′50″N，121°45′55″E，828 m，2009-09-21，赵伟华400311154。陕西：西安市杨凌县西农农场，34°16′09″N，108°03′09″E，500 m，2011-10-16，薛帅400325040。内蒙古：乌海市，39°42′23″N，106°49′17″E，1088 m，2009-08-28，刘慧娟、扈顺400312041。多为栽培，也见于海拔51～1600 m山地杂木林中。产于南北各地区。越南、朝鲜也有分布。

含油率及化学组分数据：

采集单位	测试单位	测试部位	产地	含油率(%)	碘值	酸值	皂化值	C12:0	C14:0	C16:0	C16:1	C18:0	C18:1	C18:2	C18:3	C20:0	C20:1
ICS	ICS	果实	山东烟台	19.47													
CAU	ICS	种子	陕西西安	5.24	113.10	60.92	254.82		0.07	6.86	0.44	1.09	28.34	56.13	1.10	0.24	0.39
ICS	ICS	果实	内蒙古乌海	16.14													
OFPC	IB	果实	北京	10.30	146.30		190.20	微量	微量	3.20	0.30	1.00	30.80	62.10	2.40		

白枪杆 **Fraxinus malacophylla** Hemsl.

落叶乔木。花期6月；果期9～10月。云南：昆明市盘龙区昆明植物园东园，25°08′25″N，102°43′20″E，1924 m，2010-10-14，罗吉凤、王智、杨珺400221203。生于海拔500～1924 m石灰岩山地次生林中，为优势种之一。产于广西、云南。

含油率及化学组分数据：

采集单位	测试单位	测试部位	产地	含油率(%)	碘值	酸值	皂化值	C12:0	C14:0	C16:0	C16:1	C18:0	C18:1	C18:2	C18:3	C20:0	C20:1
KMIB	KMIB	种仁	云南昆明	8.00				0.03	0.20	17.18		2.88	10.34	62.38	2.83	0.32	0.20

水曲柳（东北梣）**Fraxinus mandshurica** Rupr.

乔木。花期4月；果期8～9月。产于湖北、甘肃、陕西及华北、东北地区。生于海拔700～2100 m的山坡疏林中或河谷平缓山地。朝鲜、俄罗斯、日本也有分布。

含油率及化学组分数据：

采集单位	测试单位	测试部位	产地	含油率(%)	碘值	酸值	皂化值	C12:0	C14:0	C16:0	C16:1	C18:0	C18:1	C18:2	C18:3	C20:0	C20:1
OFPC	FSIB	果实	辽宁沈阳	13.10	168.50			15.40	6.40	3.70		微量	20.30	54.20	微量		

素馨属 **Jasminum** L.

探春花（黄素馨、迎夏、鸡蛋黄）**Jasminum floridum** Bunge[*Jasminum floridum* subsp. *giraldii* (Diels) B.M. Miao]

直立或攀缘灌木。花期5～9月；果期9～10月。陕西：凤县南星镇瓦房坝乡，33°42′56″N，106°36′55″E，1417 m，2011-08-30，薛帅400324059。生于海拔2000 m以下的坡地、山谷或林中。产于山东、河南西部、湖北西部、四川、贵州北部、河北、陕西南部。

含油率及化学组分数据：

采集单位	测试单位	测试部位	产地	含油率(%)	碘值	酸值	皂化值	C12:0	C14:0	C16:0	C16:1	C18:0	C18:1	C18:2	C18:3	C20:0	C20:1
CAU	CAU	果实	陕西凤县	3.36	104.33	10.34	164.09	0.43	0.72	9.48		3.02	23.71	51.87	9.48	0.57	

异叶素馨（异叶清香藤）**Jasminum wengeri** C.E.C. Fisch. [*Jasminum anisophyllum* Kobuski]

灌木。花期8～9月。云南：文山州麻栗坡县大坪乡，23°13′31″N，104°54′09″E，2011-10-14，曾庆文、陈树钢、杨国400114235。生于海拔650～1300 m灌丛及混交林中。产于云南。

含油率及化学组分数据：

采集单位	测试单位	测试部位	产地	含油率(%)	碘值	酸值	皂化值	C12:0	C14:0	C16:0	C16:1	C18:0	C18:1	C18:2	C18:3	C20:0	C20:1
SCBG	SCBG	种仁	云南文山	4.13	117.30	22.49	120.09	0.0026	0.02	6.09	0.06	2.71	20.98	14.61	55.39	0.12	0.02

女贞属 **Ligustrum** L.

台湾女贞 **Ligustrum amamianum** Koidz.

灌木。花期5月；果期11～12月。广东：阳山县秤秤架自然保护区，24°46′11″N，112°54′44″E，749 m，2009-11-14，董安强40011255；从化市桃园乡石门国家森林公园，23°31′01″N，113°34′24″E，121 m，2009-11-05，易绮斐、林铎清、徐蕾400119012。生于石灰岩沙砾山岭林中，海拔1000～3000 m。产于我国台湾东北部、中部及香港。日本也有分布。

含油率及化学组分数据：

采集单位	测试单位	测试部位	产地	含油率(%)	碘值	酸值	皂化值	C12:0	C14:0	C16:0	C16:1	C18:0	C18:1	C18:2	C18:3	C20:0	C20:1
SCBG	SCBG	种仁	广东阳山	14.78	82.00	28.19	389.13	0.01	0.09	10.41	0.04	3.84	10.60	57.97	16.54	0.33	0.16
SCBG	SCBG	种仁	广东从化	12.65	76.24	25.25	95.59	0.02	0.11	9.64	0.14	2.02	8.69	45.09	33.37	0.64	0.28

长叶女贞 **Ligustrum compactum** (Wall. ex G. Don) Hook. f. et Thomson ex Brandis

灌木或小乔木。花期3～7月；果期8～12月。湖南：桑植县大坪乡，29°47′59″N，110°05′39″E，1388 m，2010-10-31，张兵、谷志容400181218；保靖县白云山，28°41′29″N，109°21′30″E，700 m，2012-10-02，张代贵、张洁40019102215。生于山谷疏、密林中及灌丛中，海拔680～3400 m。产于湖北、四川、云南、西藏。喜马拉雅山一带也有分布。

含油率及化学组分数据：

采集单位	测试单位	测试部位	产地	含油率(%)	碘值	酸值	皂化值	C12:0	C14:0	C16:0	C16:1	C18:0	C18:1	C18:2	C18:3	C20:0	C20:1
HUST	HUST	种仁	湖南桑植	7.88	11.63	9.65	139.02	0.0044	0.04	8.36	3.73	1.94	5.97	29.05	50.51	0.12	0.26
JSU	SCBG	种仁	湖南保靖	6.14					0.36	9.20	0.46	1.87	14.41	63.05	1.32	1.20	0.45

川滇蜡树(紫药女贞、瓦山蜡树、蓝果木)**Ligustrum delavayanum** Har.

灌木。花期5～7月；果期7～12月。云南：迪庆州香格里拉县虎跳峡镇，27°20′29″N，99°53′30″E，3063 m，2009-11-07，龙春林、王智、唐贵华400221101。生于山坡灌丛中或林下，海拔500～3700 m。产于湖北西部、四川、贵州、云南。

含油率及化学组分数据：

采集单位	测试单位	测试部位	产地	含油率(%)	碘值	酸值	皂化值	C12:0	C14:0	C16:0	C16:1	C18:0	C18:1	C18:2	C18:3	C20:0	C20:1
KMIB	KMIB	种仁	云南迪庆	15.00	100.40	3.70	166.50	0.06		7.24		2.80	60.77	19.65	1.02		

丽叶女贞(兴山蜡树、乔皮子、苦丁茶)**Ligustrum henryi** Hemsl.

灌木。花期5～6月；果期7～10月。湖南：桑植县陈家河中学，29°28′46″N，109°58′31″E，354 m，2012-10-27，张九兵400181454；桑植县苦竹坪乡，29°41′30″N，110°12′28″E，2011-11-27，张九兵、朱明德400181378。生于海拔2450 m以下的山坡灌木丛中或峡谷疏、密林中。产于广西、湖南西部、湖北、四川、贵州、云南、甘肃、陕西。

含油率及化学组分数据：

采集单位	测试单位	测试部位	产地	含油率(%)	碘值	酸值	皂化值	C12:0	C14:0	C16:0	C16:1	C18:0	C18:1	C18:2	C18:3	C20:0	C20:1
HUST	HUST	种仁	湖南桑植	17.02	23.64	44.93	186.54	0.0025	0.03	3.79	0.27	1.90	33.03	60.07	0.42	0.10	0.40
HUST	HUST	种仁	湖南桑植	10.68	18.74	13.75	148.57	0.0033	0.05	5.10	0.06	3.65	7.02	34.14	48.89	0.43	0.65

日本女贞Ligustrum japonicum Thunb.[*Ligustridium japonicum* (Thunb.) Spach]

大型灌木。花期6月；果期11月。广东：从化市桃园乡石门国家森林公园，23°31′01″N，113°34′24″E，121 m，2009-11-05，易绮斐、林铎清、徐蕾400119012。安徽：安庆市永顺植物园，30°34′30″N，117°03′13″E，21 m，2012-12-08，程志全、刘巧霞4001171272。云南：甘孜州乡城县尼玛村，28°57′50″N，99°48′38″E，2827 m，2009-11-09，龙春林、王智、唐贵华400221111。河北：石家庄，38°02′34″N，114°47′25″E，35 m，2010-10-13，徐兴友、韩宝强400313105。我国长江以南各省区，野生或栽培。生于低海拔的林中或灌丛中。朝鲜南部也有分布。

含油率及化学组分数据：

采集单位	测试单位	测试部位	产地	含油率(%)	碘值	酸值	皂化值	C12:0	C14:0	C16:0	C16:1	C18:0	C18:1	C18:2	C18:3	C20:0	C20:1
SCBG	SCBG	种仁	广东从化	12.65	76.24	25.25	95.59	0.02	0.11	9.64	0.14	2.02	8.69	45.09	33.37	0.64	0.28
ECNU	SCBG	种仁	安徽安庆	6.40	17.27		70.72	0.12	0.16	10.48	0.24	4.39	17.82	38.02	21.79	1.13	0.42
KMIB	KMIB	种仁	云南甘孜	10.00	81.40												
HNUST	ICS	种子	河北石家庄	9.74	142.80	5.14	403.02			6.95		3.73	55.40	29.33	1.97	0.61	

华女贞(李氏女贞)**Ligustrum lianum** P.S. Hsu

灌木或小乔木。花期4～6月；果期7月至翌年4月。广东：连州市大东山，24°50′16″N，112°37′41″E，536 m，2009-11-19，付琳40011479。江西：铅山县武夷山自然保护区，27°57′39″N，117°50′28″E，1367 m，2011-10-16，凡强、景慧娟4001411049。上海：普陀区华东师大中北校区，31°13′52″N，121°23′53″E，8 m，2009-11-29，田怀珍、陈纪云、王双4001171041。安徽：休宁县齐云山，29°49′11″N，118°02′47″E，165 m，2011-11-13，胡超、李星霖4001171184。生于海拔8～1700 m的山谷疏、密林中或灌木丛中，或旷野。产于海南、广东、广西、湖南、江西、福建、浙江、贵州。

含油率及化学组分数据：

采集单位	测试单位	测试部位	产地	含油率(%)	碘值	酸值	皂化值	C12:0	C14:0	C16:0	C16:1	C18:0	C18:1	C18:2	C18:3	C20:0	C20:1
SCBG	SCBG	种仁	广东连州	16.78	109.73	26.26	57.56	0.01	0.12	9.72	0.09	1.21	15.21	70.72	1.55	0.89	0.47
SYSU	SCBG	种仁	江西铅山	14.08	66.75	16.44	190.25	2.12	0.40	15.20	1.26	3.10	21.07	39.88	3.39	1.43	0.75
ECNU	SCBG	种仁	上海普陀	12.65	5.59	12.97	210.40			2.89	28.15	11.26	48.33	0.35			
ECNU	SCBG	种仁	安徽休宁	5.20	17.91	15.47	108.93		0.17		0.31	3.16	4.73		57.18	0.47	0.10

水蜡树Ligustrum obtusifolium Sieb. et Zucc.[*Ligustrum amurense* Carr.]

灌木。花期5～6月；果期8～10月。甘肃：兰州市安宁区，36°07′03″N，103°42′19″E，1550 m，2011-10-10，秦烁400326021。生于海拔60～1550 m的山坡、山沟石缝、山涧林下和田边、水沟旁。产于浙江舟山群岛至江苏沿海地区、山东、辽宁及黑龙江。

含油率及化学组分数据：

采集单位	测试单位	测试部位	产地	含油率(%)	碘值	酸值	皂化值	C12:0	C14:0	C16:0	C16:1	C18:0	C18:1	C18:2	C18:3	C20:0	C20:1
CAU	ICS	种子	甘肃兰州	9.24	113.83	1.63	250.12		0.09	10.67	0.32	8.48	14.89	50.56	4.71	2.42	3.35
OFPC	SCBG	果实	湖南衡山	14.90						5.40	0.70	1.80	47.50	39.60	1.30		
OFPC	LBG	种子	江西武宁	5.30	93.60					9.10		2.20	60.90	21.50	6.30		
OFPC	IAE	种子	辽宁盖县	18.60	118.90		181.40			4.70		2.60	47.60	44.00	1.10		

总梗女贞**Ligustrum peduncularе** Rehd.

灌木或小乔木。花期5～7月；果期8～12月。湖南：张家界市喻家溪乡，29°33′25″N，109°45′33″E，2011-11-29，张九兵、朱明德400181389。生于山地、沟谷林中或灌丛中。海拔300～2600 m。产于湖南、台湾、湖北西部、四川、贵州、陕西。

含油率及化学组分数据：

采集单位	测试单位	测试部位	产地	含油率(%)	碘值	酸值	皂化值	C12:0	C14:0	C16:0	C16:1	C18:0	C18:1	C18:2	C18:3	C20:0	C20:1
HUST	HUST	种仁	湖南张家界	12.54	16.65	12.21	119.74										

宜昌女贞**Ligustrum strongylophyllum** Hemsl.

灌木。花期6～8月；果期8～10月。重庆：城口县岚天乡岚溪村，31°56′25″N，108°53′42″E，993 m，2010-10-14，刘正宇等4000231166。生于海拔300～2500 m山谷林中、山顶灌丛中或河边沟旁。产于湖北、四川、甘肃、陕西。

含油率及化学组分数据：

采集单位	测试单位	测试部位	产地	含油率(%)	碘值	酸值	皂化值	C12:0	C14:0	C16:0	C16:1	C18:0	C18:1	C18:2	C18:3	C20:0	C20:1
CIPP	SCBG	种仁	重庆城口	11.70				0.21	0.17	14.40		9.82	37.34	15.16	10.10	0.45	0.45

木犀属**Osmanthus** Lour.

厚边木犀(月桂)**Osmanthus marginatus** (Champ. ex Benth.) Hemsl.[*Olea marginata* Champ. ex Benth.]

灌木或乔木。花期5～6月；果期11～12月。海南：陵水县本号镇吊罗山白水林场，18°44′04″N，109°50′13″E，2009-11-27，秦新生400116191。云南：文山州麻栗坡县大坪乡，23°13′31″N，104°54′09″E，2011-10-14，曾庆文、陈树钢、杨国400114242。生于海拔800～1800(～2600)m的山谷、山坡密林中。产于安徽南部、浙江、江西、台湾、湖南、广东、广西、四月、贵州、云南。琉球群岛等地亦有分布。

含油率及化学组分数据：

采集单位	测试单位	测试部位	产地	含油率(%)	碘值	酸值	皂化值	C12:0	C14:0	C16:0	C16:1	C18:0	C18:1	C18:2	C18:3	C20:0	C20:1
SCAU	SCBG	种仁	海南陵水	0.50	32.89	43.29	31.54		0.03	8.30		2.98	9.06	30.15	48.65	0.11	0.72
SCBG	SCBG	种仁	云南文山	16.34	6.84	33.55	213.65	0.0036	0.09	13.76	0.08	3.62	37.23	38.10	6.72	0.22	0.17
OFPC	SCBG	种仁	湖南宜章	18.20	103.80		194.50			8.90	1.10	2.10	60.90	25.10			

小叶月桂**Osmanthus minor** P.S. Green

灌木或小乔木。花期5～6月；果期10～11月。江西：龙南县九连山，24°30′53″N，114°27′27″E，1121 m，2009-11-08，廖文波等400143021。生于海拔300～800 m的山谷杂木林中和山坡、山地疏林中。产于浙江、江西、福建、广东、广西等地。

含油率及化学组分数据：

采集单位	测试单位	测试部位	产地	含油率(%)	碘值	酸值	皂化值	C12:0	C14:0	C16:0	C16:1	C18:0	C18:1	C18:2	C18:3	C20:0	C20:1
SYSU	SCBG	种仁	江西龙南	16.30	75.97	2.72	196.99	0.02	4.95	19.27	0.27	1.19	18.46	53.97	1.57	0.20	0.10

丁香属**Syringa** L.

紫丁香(华北紫丁香、紫丁白)**Syringa oblata** Lindl.

灌木或小乔木。花期4～5月；果期6～10月。河南：郑州市惠济区，113°37′33″N，34°45′15″E，367 m，2011-07-18，王亚丽、杨大伟400314002。新疆：吐鲁番沙漠植物园，42°51′17″N，89°11′36″E，93 m，2009-10-28，班卫强4003309036。青海：互助县威远镇，36°50′25″N，101°57′29″E，2631 m，2012-09-19，刘晓波、曹弈璘40021112018。生于山坡丛林、山沟溪边、山谷路旁及滩地水边，海拔93～2631 m。产于西北(除新疆)、华北、东北地区以至西南达四川西北部(松潘、南坪)。长江以北各庭园普遍栽培。

含油率及化学组分数据：

采集单位	测试单位	测试部位	产地	含油率(%)	碘值	酸值	皂化值	C12:0	C14:0	C16:0	C16:1	C18:0	C18:1	C18:2	C18:3	C20:0	C20:1
ICS	ICS		河南郑州	2.54	59.89	19.91	257.89		0.30	9.11		4.23	34.12	29.57	2.32		1.29
XIEG	SCBG	种仁	新疆吐鲁番	17.25		6.90		0.35	0.69	8.48	0.08	1.93	5.44	34.14	48.34	0.25	0.28
SCU	SCU	种仁	青海互助	12.54		41.34											

246. 马钱科 Loganiaceae

醉鱼草属**Buddleja** L.

大叶醉鱼草**Buddleja davidii** Franch.

灌木。花期5～10月；果期9～12月。河南：内乡，33°29′56″N，111°56′02″E，1386 m，2012-10-25，王亚平400314296。生于海拔800～3000 m山坡、沟边灌木丛中。产于广东、广西、湖南、江西、浙江、江苏、湖北、四川、贵州、云南、西藏、甘肃、陕西等地。日本也有分布。马来西亚、印度尼西亚、美国及非洲有栽培。全株供药用，有祛风散寒、止咳、消积止痛之效。花可提制芳香油。

含油率及化学组分数据：

采集单位	测试单位	测试部位	产地	含油率(%)	碘值	酸值	皂化值	C12:0	C14:0	C16:0	C16:1	C18:0	C18:1	C18:2	C18:3	C20:0	C20:1
HNAU	ICS	种子	河南内乡	2.31	51.08	12.14				7.74	0.17	3.13	14.15	44.04	6.77	1.27	

醉鱼草(闭鱼花、痒见消、鱼尾草)**Buddleja lindleyana** Fortune[*Adenoplea lindleyana* (Fortune) Small]

灌木。花期4～10月；果期8月至翌年4月。广东：阳山县秤架乡坑尾，24°52′58″N，112°50′06″E，658 m，2010-10-26，王发国400113078。福建：武夷山市星村镇桐木村，27°43′58″N，117°41′25″E，697 m，2012-11-18，易绮斐、李玉玲、宁阳阳400119257。陕西：宁陕县广货街镇沙沟村，33°45′40″N，108°46′17″E，1300 m，2010-10-02，薛帅400323001。生于海拔200～2700 m山地路旁、河边灌木丛中或林缘。产于广东、广西、湖南、江西、福建、浙江、江苏、安徽、湖北、四川、贵州和云南等地。马来西亚、日本、非洲及美洲均有栽培。

含油率及化学组分数据：

采集单位	测试单位	测试部位	产地	含油率(%)	碘值	酸值	皂化值	C12:0	C14:0	C16:0	C16:1	C18:0	C18:1	C18:2	C18:3	C20:0	C20:1
SCBG	SCBG	种仁	广东阳山	16.47	103.48			0.93	0.69	6.42	1.84	4.83	57.07	28.18		0.23	0.35
SCBG	SCBG	种仁	福建武夷山	7.35				0.08	0.69	13.23	0.74	3.32	27.04	45.46	8.80	0.50	0.14
CAU	CAU	种子	陕西宁陕	0.81	72.81	6.87	123.59			16.74	1.80	1.96	24.27	34.21	15.07	0.06	

蓬莱葛属Gardneria Wall.

蓬莱葛(多花蓬莱葛、清香藤、落地烘)**Gardneria multiflora** Makino

木质藤本。花期3～7月；果期7～11月。安徽：祁门县牯牛降自然保护区，30°05′13″N，117°29′25″E，416 m，2011-11-15，胡超、李星霖4001171191。生于海拔300～2100 m山地密林下或山坡灌木丛中。产于秦岭淮河以南，南岭以北。日本和朝鲜也有。

含油率及化学组分数据：

采集单位	测试单位	测试部位	产地	含油率(%)	碘值	酸值	皂化值	C12:0	C14:0	C16:0	C16:1	C18:0	C18:1	C18:2	C18:3	C20:0	C20:1
ECNU	SCBG	种仁	安徽祁门	6.20	117.16	0.67	201.73		0.11	6.99	0.53	5.53	5.64	74.33	2.80	0.95	0.61

马钱属Strychnos L.

密花马钱 Strychnos ovata A.W. Hill [*Strychnos confertiflora* Merr. et Chun]

木质大藤本。花期3～6月；果期7～12月。海南：万宁市石梅镇青梅林保护区，18°50′24″N，110°17′33″E，2009-08-02，邢福武、戴建阅、翟俊文、郑希龙40011119。产于海南（东方、保亭、白沙、陵水、临高、三亚）和广东（徐闻）等地。生于海拔0～600 m山地密林中或山坡灌木丛中。分布于马来西亚、印度尼西亚和菲律宾等。

含油率及化学组分数据：

采集单位	测试单位	测试部位	产地	含油率(%)	碘值	酸值	皂化值	C12:0	C14:0	C16:0	C16:1	C18:0	C18:1	C18:2	C18:3	C20:0	C20:1
SCBG	SCBG	种仁	海南万宁	0.40	80.13	9.18	199.14	0.04	0.31	11.32	0.39	4.74	14.78	64.96	0.66	1.07	1.72

248. 龙胆科 Gentianaceae

龙胆属Gentiana L.

粗茎秦艽(粗茎龙胆)**Gentiana crassicaulis** Duthie ex Burk.

多年生草本。花、果期6～10月。四川：甘孜理塘，30°21′02″N，99°58′15″E，4303 m，2010-09-15，李晓东、昝艳燕、罗曼曼400121142。生于山坡草地、山坡路旁、高山草甸、撩荒地、灌丛中、林下及林缘，海拔2100～4500 m。产四川、贵州西北部、云南、西藏东南部、青海东南部、甘肃南部，在云南丽江有栽培。

含油率及化学组分数据：

采集单位	测试单位	测试部位	产地	含油率(%)	碘值	酸值	皂化值	C12:0	C14:0	C16:0	C16:1	C18:0	C18:1	C18:2	C18:3	C20:0	C20:1
WHBG	WHBG	种仁	四川甘孜	7.30						6.80		2.90	23.00	65.50	1.10	0.30	0.20

三花龙胆 Gentiana triflora Pall.

多年生草本。花、果期8～9月。黑龙江：伊春市小兴安岭，47°43′53″N，128°52′09″E，830 m，2010-08-15，陈连江、贾海伦、张爽400351041。生于湿草地、林下，海拔640～950 m。产于内蒙古、黑龙江、辽宁、吉林、河北。俄罗斯、朝鲜、日本也有分布。

含油率及化学组分数据：

采集单位	测试单位	测试部位	产地	含油率(%)	碘值	酸值	皂化值	C12:0	C14:0	C16:0	C16:1	C18:0	C18:1	C18:2	C18:3	C20:0	C20:1
SBRI	SCBG	种仁	黑龙江伊春	10.30	70.66	19.59	218.07	0.003	0.05	5.10	0.06	3.65	7.02	34.14	48.89	0.43	0.65

花锚属Halenia Borkh.

椭圆叶花锚 Halenia elliptica D. Don

草本。花、果期7～9月。四川：理县毕棚沟，31°15′12″N，102°53′31″E，1000 m，2010-10-29，崔龙、李志强40021110073。生

于高山林下及林缘、山坡草地、灌丛中、山谷水沟边，海拔700～4100 m。产于湖南、湖北、四川、贵州、云南、西藏、新疆、青海、甘肃、陕西、山西、内蒙古、辽宁。尼泊尔、不丹、印度、俄罗斯亦有分布。全草入药，清热利湿，可治痢疾、痔疮出血、风湿筋骨疼痛、跌打损伤、瘀血肿痛、急性黄疸型肝炎等症。

含油率及化学组分数据：

采集单位	测试单位	测试部位	产地	含油率(%)	碘值	酸值	皂化值	C12:0	C14:0	C16:0	C16:1	C18:0	C18:1	C18:2	C18:3	C20:0	C20:1
SCU	SCU	种仁	四川理县	7.25													

250. 夹竹桃科 Apocynaceae

蕊木属**Kopsia** Blume

云南蕊木 **Kopsia arborea** Blume[*Kopsia officinalis* Tsiang et P.T. Li]

乔木。花期4～9月；果期9～12月。广西：桂林市雁山，25°44′10″N，110°17′59″E，177 m，2011-11-14，林春蕊4001101244。生于海拔177～800 m山地疏林中或山地路旁。产于云南南部。本种果、叶、树皮及根入药，但有毒。果、叶：清热消炎，舒筋活络，主治咽喉炎，扁桃体炎，风湿骨痛，四肢麻木。根、树皮：利水、消肿，主治水肿。傣族用于治疗疔疮痈疖脓肿和麻风病。植物体含有数量众多的生物碱，具抗多药耐性、抗肿瘤、镇痛及保肝等方面的生物活性，可作为先导化合物开发新型免疫抑制剂。

含油率及化学组分数据：

采集单位	测试单位	测试部位	产地	含油率(%)	碘值	酸值	皂化值	C12:0	C14:0	C16:0	C16:1	C18:0	C18:1	C18:2	C18:3	C20:0	C20:1
GXIB	SCBG	种仁	广西桂林	16.48	59.45	2.49		0.05	1.78	19.45	0.58	7.28	46.29	8.40	1.37	2.92	0.18

251. 萝藦科 Asclepiadaceae

鹅绒藤属**Cynanchum** L.

豹药藤(西川鹅绒藤、西川白前)**Cynanchum decipiens** C.K. Schneid.

攀缘灌木。花期5～7月；果期7～10月。四川：德昌县六所镇，27°21′48″N，102°16′46″E，1000 m，2009-11-08，王凯、樊云川40021109142。生长于海拔2000～3500 m的山坡、沟谷及路边的灌木丛中或林中向阳处。产于四川和云南。本种根入药，祛风，杀虫，止痒，外用治疥癣。根有毒，可用于毒杀虎豹，毒性作用与青阳参相似。

含油率及化学组分数据：

采集单位	测试单位	测试部位	产地	含油率(%)	碘值	酸值	皂化值	C12:0	C14:0	C16:0	C16:1	C18:0	C18:1	C18:2	C18:3	C20:0	C20:1
SCU	SCU	种仁	四川德昌	16.00													

华北白前(牛心朴子)**Cynanchum mongolicum** (Maxim.) Hemsl.

草本。花期5～7月；果期6～8月。内蒙古：乌海市，39°14′43″N，106°47′46″E，1123 m，2009-08-27，刘慧娟、扈顺400312047。生长于以山岭旷野为多。产于四川、甘肃、陕西、山西、河北、内蒙古。分布在内蒙古北部高原和黄土高原的南缘及秦岭山脉、太行山一带。本种全草入药，味苦性温，有毒。具有活血、止痛、消炎的功能，民间外用治疗各种关节疼痛、牙痛、秃疮等，藏医用其种子退烧止泻，治胆囊炎。

含油率及化学组分数据：

采集单位	测试单位	测试部位	产地	含油率(%)	碘值	酸值	皂化值	C12:0	C14:0	C16:0	C16:1	C18:0	C18:1	C18:2	C18:3	C20:0	C20:1
IMAU	ICS	果实	内蒙古乌海	10.12	144.67	33.21	121.05		0.06	5.76	8.48	3.01	21.24	50.32	0.80	0.86	0.29

地梢瓜(地稍花、女青)**Cynanchum thesioides** (Freyn) K. Schum.

直立半灌木。花期5～8月；果期8～10月。内蒙古：锡林郭勒盟正蓝旗桑根达来镇，42°29′30″N，115°50′40″E，1347 m，2010-08-28，刘慧娟400312058。生长于海拔200～2000 m的山坡、沙丘或干旱山谷、荒地、田边等处。产于江苏、山东、河南、新疆、甘肃、陕西、山西、河北、内蒙古、辽宁、吉林和黑龙江等省区。朝鲜、蒙古和俄罗斯也有分布。良好的饲用植物，嫩果实可食用。果实及种子还可充药用，药名沙奶草，蒙药名斗格奴，味甘性温，功能为通乳，和血通经，消炎止痛、止泻。全株含橡胶1.5%、树脂3.6%，可作工业原料。

含油率及化学组分数据：

采集单位	测试单位	测试部位	产地	含油率(%)	碘值	酸值	皂化值	C12:0	C14:0	C16:0	C16:1	C18:0	C18:1	C18:2	C18:3	C20:0	C20:1
ICS	ICS	种子	内蒙古乌海	13.45													

252. 茜草科 Rubiaceae

咖啡属**Coffea** L.

小粒咖啡**Coffea arabica** L.

大灌木或小乔木。花期5～6月；果期10～翌年1月。海南、广东、广西、福建、台湾、四川、贵州和云南均有栽培。原产于埃塞俄比亚或阿拉伯半岛。本种为咖啡属中最广泛栽植种。种子含咖啡因、蛋白、脂肪、粗纤维及多种维生素、矿物质等，适量的咖啡因对人体具有刺激、兴奋作用，能提高新陈代谢机能、减轻肌肉疲劳，可做麻醉剂、利尿剂、兴奋剂和强心剂。外果皮及果肉可制酒精或作饲料。去种皮的咖啡可用于治精神不振、小便不利、腹泻、痢疾、食欲不佳。

含油率及化学组分数据：

采集单位	测试单位	测试部位	产地	含油率(%)	碘值	酸值	皂化值	C12:0	C14:0	C16:0	C16:1	C18:0	C18:1	C18:2	C18:3	C20:0	C20:1
OFPC	SCBG	种子	海南海口	10.00			181.00		0.20	27.20		7.70	16.00	43.90	微量	5.00	

狗骨柴属**Diplospora** DC.

毛狗骨柴**Diplospora fruticosa** Hemsl.

灌木或乔木。花期3～5月；果期6～翌年2月。湖南：通道县木脚龙底，26°18′37″N，109°58′35″E，490 m，2010-12-12，张兵、谷志容400181263；永顺县小溪茶园溪，28°45′51″N，110°14′33″E，322 m，2010-10-04，肖艳、徐亮400191139。生于海拔220～2000 m的山谷或溪边的林中或灌丛中。产于广东、广西、湖南、江西、湖北、四川、贵州、云南、西藏。越南也有其分布。核果近球形，直径5 mm，成熟时橙红色或红色，可栽培于庭园、公园供观赏。

含油率及化学组分数据：

采集单位	测试单位	测试部位	产地	含油率(%)	碘值	酸值	皂化值	C12:0	C14:0	C16:0	C16:1	C18:0	C18:1	C18:2	C18:3	C20:0	C20:1
HUCT	HUCT	种仁	湖南通道	10.36	31.58	6.32	197.81										
JSU	SCBG	种仁	湖南永顺	12.86						12.02		1.75	23.60	55.03	1.61	0.54	0.28

耳草属**Hedyotis** L.

大苞耳草**Hedyotis bracteosa** Hance

直立草本。花期4～7月；果期夏秋季。广东：东莞市谢岗乡银瓶山仙水道，23°2′43″N，113°47′48″E，2012-11-02，邢福武、宁阳阳、叶心芬400113175。生于山坡疏林下或沟谷两旁湿润土地 。产于广东、香港。头状花序大型，并有4片叶状苞片承托，极易与我国同属其他种类相区别，具有较高观赏价值。

含油率及化学组分数据：

采集单位	测试单位	测试部位	产地	含油率(%)	碘值	酸值	皂化值	C12:0	C14:0	C16:0	C16:1	C18:0	C18:1	C18:2	C18:3	C20:0	C20:1
SCBG	SCBG	种仁	广东东莞	4.99	32.14	11.86	203.69		0.04	4.68	0.23	2.37	15.67	75.55	1.38	0.18	0.13

粗叶木属**Lasianthus** Jack

粗叶木**Lasianthus chinensis** (Champ. ex Benth.) Benth.

灌木或小乔木。花期5～6月；果期9～11月。安徽：祁门县牯牛降自然保护区，30°5′13″N，117°29′25″E，416 m，2011-11-16，胡超、李星霖4001171194。生于海拔100～900 m的林中阴湿处。产于海南、广东、广西、福建、台湾。柬埔寨、老挝、马来西亚、菲律宾、泰国和越南也有其分布。叶药用可清热除湿，用于瘀热与湿相搏所致的发热、目黄、皮肤黄、小便黄等黄疸病。

含油率及化学组分数据：

采集单位	测试单位	测试部位	产地	含油率(%)	碘值	酸值	皂化值	C12:0	C14:0	C16:0	C16:1	C18:0	C18:1	C18:2	C18:3	C20:0	C20:1
ECNU	SCBG	种仁	安徽祁门	8.60	11.82	13.99	545.47	1.07	0.14	8.13	0.08	4.11	20.80	59.62	0.82	0.38	0.16

野丁香属**Leptodermis** Wall.

野丁香**Leptodermis potanini** Batal.

灌木。花期5月；果期秋冬。四川：攀枝花市米易县二滩，26°49′36″N，101°45′42″E，1232 m，2012-10-13，刘晓波、宫庆彬40021112042。生于海拔800～2400 m的山坡灌丛中。产于湖北、四川、贵州、云南、陕西。株形优美，聚伞花序顶生，花朵艳丽，可以栽培供观赏。

含油率及化学组分数据：

采集单位	测试单位	测试部位	产地	含油率(%)	碘值	酸值	皂化值	C12:0	C14:0	C16:0	C16:1	C18:0	C18:1	C18:2	C18:3	C20:0	C20:1
SCU	SCU	种仁	四川攀枝花	1.24													

大沙叶属Pavetta L.

香港大沙叶**Pavetta hongkongensis** Bremek.

灌木或小乔木。花期3～4月；果期秋冬季。广东：东莞市谢岗乡银瓶山仙水道，23°2′34″N，113°45′48″E，2012-11-02，邢福武、叶心芬、宁阳阳400113164。生于海拔200～1300 m的灌木丛中。产于海南、广东、香港、广西、云南等地。越南也有其分布。

含油率及化学组分数据：

采集单位	测试单位	测试部位	产地	含油率(%)	碘值	酸值	皂化值	C12:0	C14:0	C16:0	C16:1	C18:0	C18:1	C18:2	C18:3	C20:0	C20:1
SCBG	SCBG	种仁	广东东莞	16.47	30.50				0.04		0.19		49.07	51.34	3.38	0.43	0.12

九节属Psychotria L.

头九节**Psychotria laui** Merr. et F.P. Metcalf[*Cephaelis laui* (Merr. et F.P. Metcalf) F.C. How et W.C. Ko]

直立灌木。花期秋冬季；果期秋冬季。海南：尖峰岭国家级自然保护区，19°10′50″N，109°44′02″E，800 m，2009-11-11，张荣京40017170。生于低海拔林中和山地林下，很少见。产于海南。

含油率及化学组分数据：

采集单位	测试单位	测试部位	产地	含油率(%)	碘值	酸值	皂化值	C12:0	C14:0	C16:0	C16:1	C18:0	C18:1	C18:2	C18:3	C20:0	C20:1
SCAU	SCBG	种仁	海南尖峰岭	14.23	46.46	7.78	185.87										

假九节**Psychotria tutcheri** Dunn

灌木。花期4～7月；果期6～12月。海南：琼中县黎母山乡黎母山，19°10′37″N，109°46′35″E，2009-07-29，秦新生40011619。生于海拔280～1000 m的山坡、山谷溪边灌丛或林中。产海南、广东、香港、广西、福建、云南。越南也有其分布。

含油率及化学组分数据：

采集单位	测试单位	测试部位	产地	含油率(%)	碘值	酸值	皂化值	C12:0	C14:0	C16:0	C16:1	C18:0	C18:1	C18:2	C18:3	C20:0	C20:1
SCAU	SCBG	种仁	海南琼中	16.34	16.48	20.92	162.24		0.02	3.67	0.03	0.96	66.96	26.97	1.15	0.11	0.13

茜草属Rubia L.

中国茜草**Rubia chinensis** Regel et Maack

多年生直立草本。花期5～7月；果期9～10月。河南：内乡，33°31′11″N，111°55′58″E，1408 m，2012-10-27，王亚平400314332。生于海拔200～1330 m的山地林下、林缘和草甸。产于东北和华北地区。俄罗斯、朝鲜和日本也有其分布。

含油率及化学组分数据：

采集单位	测试单位	测试部位	产地	含油率(%)	碘值	酸值	皂化值	C12:0	C14:0	C16:0	C16:1	C18:0	C18:1	C18:2	C18:3	C20:0	C20:1
HNAU	ICS	种子	河南内乡	2.87	265.74	11.65	232.88		0.22	12.91	0.78	2.99	34.72	34.09	4.36	0.50	0.19

红花茜草**Rubia haematantha** Airy Shaw

多年生草本。花期夏季至秋初；果期秋末冬初。四川：成都彭州白鹭，31°12′14″N，103°54′21″E，952 m，2011-10-24，邓星光、吴阳晨等40021111118。生于海拔3000～3800 m的干燥或岩石草地。产于四川、云南。

含油率及化学组分数据：

采集单位	测试单位	测试部位	产地	含油率(%)	碘值	酸值	皂化值	C12:0	C14:0	C16:0	C16:1	C18:0	C18:1	C18:2	C18:3	C20:0	C20:1
SCU	SCU	种仁	四川成都	9.82	143.05	4.79	424.73	0.16	0.63	10.90	0.61	1.62	18.09	43.55	1.29	0.34	0.12

膜叶茜草（金线草）**Rubia membranacea** Diels

草质攀缘藤本。花期5～6月；果期8～10月。河南：荥阳县邙山，34°56′36″N，113°18′15″E，176 m，2011-10-07，王亚平、武振江、李丹凤400314106。生于海拔1100～3000 m的疏林、林缘、灌丛或草地上。我国特有，产于湖南、湖北、四川、云南。

含油率及化学组分数据：

采集单位	测试单位	测试部位	产地	含油率(%)	碘值	酸值	皂化值	C12:0	C14:0	C16:0	C16:1	C18:0	C18:1	C18:2	C18:3	C20:0	C20:1
ICS	ICS	种子	河南荥阳	4.34	70.20	24.76	87.43			7.90		1.75	30.32	43.16	2.96		1.82

大叶茜草**Rubia schumanniana** E. Pritz.[*Rubia leiocaulis* Diels]

草本。花期5～7月；果期8～10月。产于四川、云南。生于海拔800～3000 m的林中。

含油率及化学组分数据：

采集单位	测试单位	测试部位	产地	含油率(%)	碘值	酸值	皂化值	C12:0	C14:0	C16:0	C16:1	C18:0	C18:1	C18:2	C18:3	C20:0	C20:1
OFPC	KMIB	种子	云南昆明	11.90	98.50				微量	16.60		1.70	36.20			3.60	

林生茜草**Rubia sylvatica** (Maxim.) Nakai

攀缘草质藤本。花期7月；果期9～10月。天津：40°05′45″N，117°16′21″E，183 m，2011-10-15，徐兴友、韩宝强400313128。通常生于较潮湿的林中或林缘。产于东北、华北、西北地区及四川的北部和东部。分布于俄罗斯远东地区。

含油率及化学组分数据：

采集单位	测试单位	测试部位	产地	含油率(%)	碘值	酸值	皂化值	C12:0	C14:0	C16:0	C16:1	C18:0	C18:1	C18:2	C18:3	C20:0	C20:1
HNUST	ICS	种子	天津	4.66	103.96	8.81	189.20		0.11	5.77	0.27	1.70	37.09	44.17	2.50	0.29	0.23

岭罗麦属**Tarennoidea** Tirveng. et Sastre

岭罗麦 **Tarennoidea wallichii** (Hook. f.) Tirveng. et Sastre

乔木。花期3～6月；果期7～翌年2月。海南：陵水县本号镇吊罗山南喜，18°44′05″N，109°50′13″E，500 m，2010-11-02，秦新生4001161151。生于海拔400～2200 m的山谷溪边森林或灌丛，丘陵或山坡。产于广东、广西、贵州、海南、云南。印度、尼泊尔、不丹、孟加拉国、缅甸、泰国、越南、柬埔寨、马来西亚、印度尼西亚、菲律宾也有分布。木材坚韧而重，适用作造船、水工、桥梁、建筑等的材料，亦多用作家具和扳料。

含油率及化学组分数据：

采集单位	测试单位	测试部位	产地	含油率(%)	碘值	酸值	皂化值	C12:0	C14:0	C16:0	C16:1	C18:0	C18:1	C18:2	C18:3	C20:0	C20:1
SCAU	SCBG	种仁	海南陵水	7.35	13.20	10.05											

钩藤属**Uncaria** Schreb.

钩藤 **Uncaria rhynchophylla** (Miq.) Miq. ex Havil.

藤本。花、果期5～12月。湖南：沅陵县借母溪乡，28°44′59″N，110°25′44″E，2011-10-22，张九兵、朱明德400181329。生于山谷溪边的疏林或灌丛中。产于广东、广西、湖南、江西、福建、湖北、云南、贵州。日本也有分布。本种带钩藤茎为著名中药（钩藤），功能清血平肝，息风定惊，用于风热头痛，感冒夹惊，惊痛抽搐等症，所含钩藤碱有降血压作用。

含油率及化学组分数据：

采集单位	测试单位	测试部位	产地	含油率(%)	碘值	酸值	皂化值	C12:0	C14:0	C16:0	C16:1	C18:0	C18:1	C18:2	C18:3	C20:0	C20:1
HUCT	HUCT	种仁	湖南沅陵	18.63	11.91	12.45	108.57										

255. 旋花科 Convolvulaceae

打碗花属**Calystegia** R. Br.

肾叶打碗花（滨旋花）**Calystegia soldanella** (L.) R. Br.

多年生草本。花期5～6月；果期6～8月。河北：昌黎，39°36′09″N，119°17′55″E，3 m，2012-07-21，徐兴友、詹立军400313202。生于海滨沙地或海岸岩石缝中。产台湾、浙江、江苏、山东、河北、辽宁等沿海地区。广泛分布于亚、欧温带及大洋洲海滨。药用。

含油率及化学组分数据：

采集单位	测试单位	测试部位	产地	含油率(%)	碘值	酸值	皂化值	C12:0	C14:0	C16:0	C16:1	C18:0	C18:1	C18:2	C18:3	C20:0	C20:1
HNUST	ICS	种子	河北昌黎	6.57	65.48	18.40	146.05	1.36	0.40	19.60	0.22	4.01	19.97	43.53	1.50	0.91	0.19

旋花属**Convolvulus** L.

田旋花（田福花、燕子草、小旋花）**Convolvulus arvensis** L.

多年生草本。花期6～8月；果期6～9月。甘肃：瓜州县渊泉路，40°33′01″N，95°46′29″E，1200 m，2011-07-01，薛帅400324003。生于耕地或荒地，常见。产于江苏、安徽、山东、河南、四川、西藏、新疆、青海、甘肃、宁夏、陕西、山西、河北、内蒙古、辽宁、吉林。亚洲、欧洲、北美洲、南美洲有分布。药用。

含油率及化学组分数据：

采集单位	测试单位	测试部位	产地	含油率(%)	碘值	酸值	皂化值	C12:0	C14:0	C16:0	C16:1	C18:0	C18:1	C18:2	C18:3	C20:0	C20:1
CAU	ICS	种子	甘肃瓜州	5.80	97.64	40.09	177.23	1.45	0.61	12.19	0.35	3.79	28.95	42.84	1.62	0.97	0.34

菟丝子属**Cuscuta** L.

南方菟丝子（飞扬藤、金线藤）**Cuscuta australis** R. Br.

一年生寄生草本。花期6～8月；果期9～10月。新疆：哈巴河县库勒拜乡阿克齐村，48°00′58″N，86°15′27″E，518 m，2012-09-18姜凤琴、孔凡奎4003312015。寄生于田边、路旁的豆科、菊科蒿子、马鞭草科牡荆属等草本或小灌木上，海拔50～2000 m，常见。产于广东、湖南、江西、福建、台湾、浙江、江苏、安徽、山东、湖北、四川、云南、新疆、甘肃、宁夏、陕西、河北、辽宁、吉林等省。分布自亚洲、欧洲及大洋洲。

含油率及化学组分数据：

采集单位	测试单位	测试部位	产地	含油率(%)	碘值	酸值	皂化值	C12:0	C14:0	C16:0	C16:1	C18:0	C18:1	C18:2	C18:3	C20:0	C20:1
XIEG	SCBG	种子	新疆哈巴河	4.95	9.59	10.54	166.31	0.004	0.06	7.68	0.14	4.53	10.93	74.31	0.88	0.93	0.54

菟丝子（鸡血藤、金丝藤、无根草）**Cuscuta chinensis** Lam.

一年生寄生草本。花期7～9月；果期8～10月。黑龙江：帽儿山，45°24′30″N，127°39′22″E，324 m，2010-10-02，郑宝江、周明、谢鑫400341071。内蒙古：呼和浩特到达拉特旗沿黄高速路旁，39°25′32″N，106°53′34″E，1208 m，2012-08-20，田海晨400312031。生于海拔200～3000 m的田边、山坡阳处、路边灌丛或海边沙丘，通常寄生于豆科、菊科、蒺藜科等多种植物上，常见。产于福建、浙江、江苏、安徽、山东、河南、四川、云南、新疆、甘肃、宁夏、陕西、山西、河北、内蒙古、辽宁、吉林、黑龙江等地。伊朗、阿富汗、蒙古、哈萨克斯坦、印度尼西亚、日本、朝鲜、斯里兰卡、澳大利亚、马达加斯加等也有分布。

含油率及化学组分数据：

采集单位	测试单位	测试部位	产地	含油率(%)	碘值	酸值	皂化值	C12:0	C14:0	C16:0	C16:1	C18:0	C18:1	C18:2	C18:3	C20:0	C20:1
NEFU	SCBG	种子	黑龙江帽儿山	3.82				0.003	0.07	1.55	0.07	3.64	18.18	75.90	0.24	0.22	0.13
IMAU	ICS	种子	内蒙古呼和浩特	1.23					0.30	7.50	0.89	2.56	8.51	19.69	3.96	0.76	0.36

金灯藤（大菟丝子、无量藤、日本菟丝子）**Cuscuta japonica** Choisy[*Cuscuta europaea* L.]

一年生寄生草本。花期8月；果期9月。陕西：宁陕县广货街镇沙沟村牛背梁自然保护区，33°47′11″N，108°47′07″E，1329 m，2010-10-04，薛帅、王继师400323016。寄生于草本植物上，常见。分布于我国南北各地。越南、朝鲜、日本也有。

含油率及化学组分数据：

采集单位	测试单位	测试部位	产地	含油率(%)	碘值	酸值	皂化值	C12:0	C14:0	C16:0	C16:1	C18:0	C18:1	C18:2	C18:3	C20:0	C20:1
CAU	ICS	种子	陕西宁陕	4.27	90.81	19.18	150.45		0.28	21.40	0.36	1.89	22.09	31.20	13.62	0.32	1.33

番薯属**Ipomoea** L.

三裂叶薯（小花假番薯、红花野牵牛）**Ipomoea triloba** L.

草本。花期6～8月；果期8～10月。广西：灵川县海洋乡小平乐村，25°17′07″N，110°38′47″E，581 m，2011-10-02，郭伦发、林春蕊4001101222。生于路边、田野。现为亚热带及热带杂草，常见。原产北美洲至西印度群岛。广东、台湾、江苏、安徽、陕西有栽培，已野化。东南亚、日本及太平洋岛屿均有。

含油率及化学组分数据：

采集单位	测试单位	测试部位	产地	含油率(%)	碘值	酸值	皂化值	C12:0	C14:0	C16:0	C16:1	C18:0	C18:1	C18:2	C18:3	C20:0	C20:1
GXIB	GXIB	种子	广西灵川	14.40	90.24	7.03	26.14	0.083	0.167	7.70	0.36	2.45	35.99	42.15	1.37	0.38	0.17

鱼黄草属**Merremia** Dennst. ex Endl.

北鱼黄草（钻之灵、西伯利亚鱼黄草、北茉栾藤）**Merremia sibirica** (L.) Hallier f.

缠绕草本。花期9～10月；果期10～11月。安徽：黄山市仙人洞，29°43′01″N，118°19′18″E，131 m，2011-11-12，胡超、李星霖4001171178。生于海拔600～2800 m田边、路边、山坡草丛或灌丛中，常见。产于广西、湖南、江西、山东、河南、浙江、安徽、湖北、四川、贵州、云南、甘肃、山西、陕西、河北、辽宁、吉林、黑龙江。蒙古及俄罗斯有分布。

含油率及化学组分数据：

采集单位	测试单位	测试部位	产地	含油率(%)	碘值	酸值	皂化值	C12:0	C14:0	C16:0	C16:1	C18:0	C18:1	C18:2	C18:3	C20:0	C20:1
ECNU	SCBG	种仁	安徽黄山	2.30	11.63	9.65	139.02	0.12	0.47	8.27	0.45	1.20	13.74	33.00	0.96	0.21	0.13

盒果藤属**Operculina** Silva Manso

盒果藤（软筋藤、红薯藤、松筋藤）**Operculina turpethum** (L.) Silva Manso

草质藤本。花期全年；果期全年。广西：宁明县城中乡，22°12′00″N，107°07′60″E，120 m，2010-12-19，薛帅400323088。生于低海拔（约500 m）地区溪边、山谷路旁灌丛阳处或村庄附近，常见。产于广东、广西、台湾、云南。分布于热带亚洲、热带东非、马斯克林群岛、塞舌耳群岛、热带大洋洲及波利尼西亚、大小安的列斯群岛，美洲也有栽培。

含油率及化学组分数据：

采集单位	测试单位	测试部位	产地	含油率(%)	碘值	酸值	皂化值	C12:0	C14:0	C16:0	C16:1	C18:0	C18:1	C18:2	C18:3	C20:0	C20:1
CAU	ICS	种子	广西宁明	6.26	144.54	18.04	337.12		0.19	21.79	0.42	3.92	20.36	47.68	1.56	1.03	0.13

257. 紫草科 Boraginaceae

破布木属**Cordia** L.

越南破布木**Cordia cochinchinensis** Gagnep.

小乔木或攀缘灌木。果期8～12月。产于海南（崖县及感城）。生于海边丛林及干燥的砂质丘陵，数量少。越南、泰国有分布。

含油率及化学组分数据：

采集单位	测试单位	测试部位	产地	含油率(%)	碘值	酸值	皂化值	C12:0	C14:0	C16:0	C16:1	C18:0	C18:1	C18:2	C18:3	C20:0	C20:1
OFPC	SCBG	果实	海南三亚	10.00	88.20		197.40		0.30	18.40		5.50	34.80	36.30		1.30	

厚壳树属Ehretia P. Browne

长花厚壳树 **Ehretia longiflora** Champ. ex Benth.

乔木。花期4月；果期6～7月。广东阳山县秤架，24°49′20″N，112°57′08″E，1388 m，2009-08-11，董安强40011417。生于海拔300～900 m山地路边、山坡疏林及湿润的山谷密林。产于广东、广西及其沿海岛屿、福建、台湾。越南有分布。嫩叶可代茶用。

含油率及化学组分数据：

采集单位	测试单位	测试部位	产地	含油率(%)	碘值	酸值	皂化值	C12:0	C14:0	C16:0	C16:1	C18:0	C18:1	C18:2	C18:3	C20:0	C20:1
SCBG	SCBG	种仁	广东阳山	1.20													

粗糠树(破布子)**Ehretia macrophylla** Wall.

落叶乔木。花期3～5月；果期6～7月。湖北：兴山县白羊寨，31°27′08″N，110°32′33″E，1254 m，2011-07-12，丁时东400151113。生于海拔125～2300 m山坡疏林及土质肥沃的山脚阴湿处。产于华南、华东、西南地区及台湾、河南、青海南部、甘肃南部和陕西。日本、越南、不丹、尼泊尔有分布。可栽培供观赏。

含油率及化学组分数据：

采集单位	测试单位	测试部位	产地	含油率(%)	碘值	酸值	皂化值	C12:0	C14:0	C16:0	C16:1	C18:0	C18:1	C18:2	C18:3	C20:0	C20:1
OCRI	SCBG	种仁	湖北兴山	13.54	7.77	17.25	219.07	0.66	4.61	6.40	0.22	1.84	25.66	43.25	1.28	0.36	0.21

259. 马鞭草科 Verbenaceae

紫珠属Callicarpa L.

紫珠 (珍珠枫、白木姜)**Callicarpa bodinieri** H. Lév.

灌木。花期6～7月；果期8～11月。湖南：沅陵县借母溪乡，28°44′22″N，110°25′14″E，2011-10-22，张九兵、朱明德400181330。河南：商城县大别山，31°45′09″N，115°32′06″E，518 m，2011-10-11，杨大伟、陈明400314114。四川：宜宾老君山，28°42′14″N，104°02′01″E，1476 m，2011-10-13，邓星光、吴阳晨等40021111070。广东：阳山县秤架东坑，24°48′18″N，112°45′46″E，2010-10-28，王发国400113091。生于海拔200～2300 m的林中、林缘及灌丛中。产于广东、广西、湖南、江西、浙江、江苏(南部)、安徽、河南(南部)、湖北、四川、贵州、云南。越南也有分布。根或全株入药。

含油率及化学组分数据：

采集单位	测试单位	测试部位	产地	含油率(%)	碘值	酸值	皂化值	C12:0	C14:0	C16:0	C16:1	C18:0	C18:1	C18:2	C18:3	C20:0	C20:1
HUCT	HUCT	种仁	湖南沅陵	6.74	18.04	7.52	194.36	0.02	0.11	9.64	0.14	2.02	8.69	45.09	33.37	0.64	0.28
HNUST	ICS	种子	河南商城	5.57	80.60	57.61	185.52		0.26	23.53		3.40	37.82	24.65	1.48	0.67	0.41
SCU	SCU	种仁	四川宜宾	3.20													
HUCT	HUCT	种仁	广东阳山	0.70	34.54	9.74	268.85		0.05	8.72	0.07	0.91	34.18	72.58	0.13	0.11	

白棠子树 **Callicarpa dichotoma** (Lour.) K.Koch

多分枝的小灌木。花期5～6月；果期7～11月。河南：商城县大别山，31°44′52″N，115°32′15″E，1442 m，2011-10-11，杨大伟、陈明400314084；信阳波尔登公园，31°51′52″N，114°5′8″E，1442 m，2012-09-14，王亚平400314198；内乡，33°29′1″N，111°52′36″E，630 m，2012-10-26，王亚平400314312。山东：新泰，35°33′19″N，117°57′31″E，426 m，赵伟华400311102。生于海拔600 m以下的低山丘陵灌丛中。产于广东、广西、湖南、江西、福建、台湾、山东、浙江、江苏、河南、安徽、湖北、贵州、河北。日本、越南也有分布。全株供药用，叶可提取芳香油。

含油率及化学组分数据：

采集单位	测试单位	测试部位	产地	含油率(%)	碘值	酸值	皂化值	C12:0	C14:0	C16:0	C16:1	C18:0	C18:1	C18:2	C18:3	C20:0	C20:1
HENAU	ICS	种子	河南商城	5.50	41.32	117.73	37.99	0.11	0.23	15.57		7.58	28.17	43.22	3.39	0.92	
HENAU	ICS	种子	河南信阳	4.04	101.29	17.05		0.41	0.15	8.33	0.43	2.35	15.26	59.34	1.49	0.39	0.20
HENAU	ICS	种子	河南内乡	3.13	39.04	26.47	61.86	0.08	0.21	7.65	1.18	2.82	11.01	61.51	1.47	0.45	0.14
ICS	ICS	种子	山东新泰	9.36	136.86	1.12	103.54			6.21	0.06	2.98	11.32	72.97	0.75	0.35	0.23

藤紫珠 **Callicarpa peii** H. T. Chang

藤本或蔓性灌木。花期5～7月；果期8～11月。湖南省：沅陵县借母溪乡，28°44′27″N，110°25′28″E，2011-10-22，张九兵、朱明德400181328。生于海拔200～700 m的山坡或谷地林中。产于广东、广西、江西、福建、浙江南部。

含油率及化学组分数据：

采集单位	测试单位	测试部位	产地	含油率(%)	碘值	酸值	皂化值	C12:0	C14:0	C16:0	C16:1	C18:0	C18:1	C18:2	C18:3	C20:0	C20:1
HUCT	HUCT	种子果实	湖南沅陵	9.50	24.29	9.31	259.77	0.01	0.12	9.72	0.09	1.21	15.21	70.72	1.55	0.89	0.47

红紫珠 **Callicarpa rubella** Lindl.

灌木。花期5～7月；果期7～11月。海南：保亭县八村乡何塞岭，18°45′25″N，109°44′47″E，2009-10-03，秦新生400116196。

生于海拔300～1900 m的山坡、河谷的林中或灌丛中。产于广东、广西、安徽、湖南、江西、浙江、四川、贵州、云南。印度、缅甸、越南、泰国、印度尼西亚、马来西亚也有分布。民间用根墩肉服，可通经和治妇女红、白带症；嫩芽可揉碎擦癣。叶可作止血、接骨药。

含油率及化学组分数据：

采集单位	测试单位	测试部位	产地	含油率(%)	碘值	酸值	皂化值	C12:0	C14:0	C16:0	C16:1	C18:0	C18:1	C18:2	C18:3	C20:0	C20:1
CAU	SCBG	种仁	海南保亭	4.00	26.56	8.57	184.95										

狭叶红紫珠**Callicarpa rubella** f. **angustata** C. P'ei

灌木。花期5～7月；果期7～11月。云南：富宁县里达乡，23°34′56″N，105°34′47″E，1078 m，2011-01-15，王智、杨珺、谭英，400221232。生于海拔300～1900 m的山坡、河谷的林中或灌丛中。产于广东、广西、安徽、湖南、江西、浙江、四川、贵州、云南。印度、缅甸、越南、泰国、印度尼西亚、马来西亚也有分布。

含油率及化学组分数据：

采集单位	测试单位	测试部位	产地	含油率(%)	碘值	酸值	皂化值	C12:0	C14:0	C16:0	C16:1	C18:0	C18:1	C18:2	C18:3	C20:0	C20:1
KMIB	KMIB	种仁	云南富宁	6.55													

秃红紫珠**Callicarpa rubella** var. **subglabra** (C. P'ei) H. T. Chang

灌木。花期5～7月；果期7～11月。浙江：鄞县天童山，29°48′32″N，121°46′40″E，412 m，2010-11-13，葛斌杰、胡超、熊申展，4001171105。生于海拔300～1900 m的山坡、河谷的林中或灌丛中。产于广东、广西、湖南、江西、浙江、贵州。

含油率及化学组分数据：

采集单位	测试单位	测试部位	产地	含油率(%)	碘值	酸值	皂化值	C12:0	C14:0	C16:0	C16:1	C18:0	C18:1	C18:2	C18:3	C20:0	C20:1
ECNU	ECNU	果实	浙江鄞县	10.36	139.96	0.69	200.59	0.13	0.53	9.28	0.65	1.37	15.51	36.82	1.08	0.28	0.13

大青属**Clerodendrum** L.

苦郎树**Clerodendrum inerme** (L.) Gaertn.

攀缘状灌木。花、果期3～12月。海南：三亚，18°15′16″N，109°32′39″E，2012-03-22，张荣京40017242。常生长于海岸沙滩和潮汐能至的地方。产于福建、台湾、广东、广西。印度、东南亚至大洋洲北部也有分布。可为我国南部沿海防沙造林树种。木材可作火柴杆。

含油率及化学组分数据：

采集单位	测试单位	测试部位	产地	含油率(%)	碘值	酸值	皂化值	C12:0	C14:0	C16:0	C16:1	C18:0	C18:1	C18:2	C18:3	C20:0	C20:1
SCAU	SCBG	种仁	海南三亚	10.64	11.83	84.03	164.96	0.01	0.73		0.10		11.37	77.63		6.34	1.77

马缨丹属**Lantana** L.

马缨丹(五色梅、五彩花)**Lantana camara** L.

直立或蔓性的灌木。全年开花。海南：三亚甘什岭，2012-03-20，张荣京40017218。常生长于海拔80～1500 m的海边沙滩和空旷地区。原产美洲热带地区，现在我国广东、广西、福建、台湾见有逸生。

含油率及化学组分数据：

采集单位	测试单位	测试部位	产地	含油率(%)	碘值	酸值	皂化值	C12:0	C14:0	C16:0	C16:1	C18:0	C18:1	C18:2	C18:3	C20:0	C20:1
SCAU	SCBG	种仁	海南三亚	14.71	67.02	7.87				6.19		0.52	10.34			0.14	1.94

牡荆属**Vitex** L.

金沙荆**Vitex duclouxii** Dop

灌木或乔木。花期不详；果期9～12月。四川：泸定泸桥镇，29°54′45″N，102°13′35″E，1000 m，2010-11-11，崔龙、李志强，40021110100。产于四川、云南。园林绿化。

含油率及化学组分数据：

采集单位	测试单位	测试部位	产地	含油率(%)	碘值	酸值	皂化值	C12:0	C14:0	C16:0	C16:1	C18:0	C18:1	C18:2	C18:3	C20:0	C20:1
SCU	SCU	种仁	四川泸定	1.92													

荆条**Vitex negundo** var. **heterophylla** (Franch.) Rehd.

灌木或小乔木。花期4～6月；果期7～10月。河北：昌黎，40°45′14″N，119°07′55″E，108 m，2009-10-10，徐兴友400313010。山西：翼城县西闫乡曹公村，35°34′10″N，111°56′20″E，1146 m，2010-10，谢光辉400322002。河南：内乡，33°28′33″N，111°53′11″E，615 m，2012-10-27，王亚平400314322；焦作沁阳，35°14′53″N，112°49′7″E，1032 m，2012-10-20，王亚平400314272。生于山坡路旁。产于湖南、江西、安徽、江苏、山东、河南、四川、贵州、甘肃、陕西、山西、河北、辽宁。日本也有分布。

含油率及化学组分数据：

采集单位	测试单位	测试部位	产地	含油率(%)	碘值	酸值	皂化值	C12:0	C14:0	C16:0	C16:1	C18:0	C18:1	C18:2	C18:3	C20:0	C20:1
HNUST	ICS	种子	河北昌黎	9.50													
CAU	ICS	种子	山西翼城	7.56	81.72	4.11	175.50	0.04	0.07	11.75	0.09	8.93	28.42	48.33	1.11	0.97	0.29
HNAU	ICS	种子	河南内乡	2.87		69.60	182.01		0.11	6.59	0.57	4.43	14.10	62.94	1.98	0.50	0.16
HNAU	ICS	种子	河南焦作	6.04	61.51	25.09	136.77		0.06	4.25	0.14	3.47	10.87	68.59	1.37	0.38	0.23

微毛布惊**Vitex quinata** var. **puberula** (H.J. Lam) Moldenke

常绿乔木。花期5～7月；果期8～9月。云南：西双版纳亚诺村上山公路，22°02′21″N，101°01′08″E，2012-01-15，邢福武、童毅、孟玉芳4001142014。生于海拔650～1700 m的山坡疏林或山谷路旁。产于广西、贵州、云南。分布于泰国、中南半岛至菲律宾。

含油率及化学组分数据：

采集单位	测试单位	测试部位	产地	含油率(%)	碘值	酸值	皂化值	C12:0	C14:0	C16:0	C16:1	C18:0	C18:1	C18:2	C18:3	C20:0	C20:1
SCBG	SCBG	种仁	云南西双版纳	7.94	131.74	5.09	130.83	0.01	0.40	12.09	0.38	4.76	3.36	43.26	0.49		0.16

261. 唇形科 Lamiaceae

风轮菜属**Clinopodium** L.

风车草（紫苏）**Clinopodium urticifolium** (Hance) C. Y. Wu et Hsuan ex H. W. Li

多年生直立草本。花期6～8月；果期8～10月。产于江苏、山东、河南、四川西北部、陕西、山西、河北、辽宁、吉林及黑龙江。生于山坡、草地、路旁、林下，海拔300～2240 m。朝鲜、俄罗斯远东地区也有。风车草是一种良好的污水处理植物。

含油率及化学组分数据：

采集单位	测试单位	测试部位	产地	含油率(%)	碘值	酸值	皂化值	C12:0	C14:0	C16:0	C16:1	C18:0	C18:1	C18:2	C18:3	C20:0	C20:1
OFPC	CIB	果实	四川九龙	11.50			206.20			8.90		1.40	6.20	24.50	59.00		

香薷属**Elsholtzia** Willd.

细穗香薷**Elsholtzia densa** var. **ianthina** (Maxim. ex Kanitz) C.Y. Wu et S.C. Huang

草本。花、果期7～10月。内蒙古：锡林郭勒盟东乌旗，46°33′54″N，120°08′10″E，893 m，2010-08-30，刘慧娟、扈顺400312164。生于山坡及荒地，海拔1000～3000 m。产于四川北部、青海、甘肃、陕西、山西、河北、辽宁。

含油率及化学组分数据：

采集单位	测试单位	测试部位	产地	含油率(%)	碘值	酸值	皂化值	C12:0	C14:0	C16:0	C16:1	C18:0	C18:1	C18:2	C18:3	C20:0	C20:1
IMAU	ICS	种子	内蒙古锡林郭勒	7.42	124.67	18.40	106.68	0.10	0.94	6.90	0.37	2.87	16.63	16.11	43.35	0.49	1.28

鸡骨柴（双翎草、老妈妈棵、扫地茶）**Elsholtzia fruticosa** (D. Don) Rehder

直立灌木。花期7～9月；果期10～11月。西藏：波密县扎木乡达兴沟，29°46′19″N，95°50′48″E，2853 m，2011-09-06，于友民400241142。生于山谷侧边、谷底、路旁、开旷山坡及草地中，海拔1200～3200 m。产于广西、贵州、湖北西部、四川、云南，西藏及甘肃南部（白龙江流域）。尼泊尔、不丹、印度北部也有。云南用根入药，治风湿关节痛；贵州用叶入药，外敷烂脚丫、白壳癞及疥疮。此外植株亦含芳香油，但出油率甚低。

含油率及化学组分数据：

采集单位	测试单位	测试部位	产地	含油率(%)	碘值	酸值	皂化值	C12:0	C14:0	C16:0	C16:1	C18:0	C18:1	C18:2	C18:3	C20:0	C20:1
SICAU	SCBG	种仁	西藏波密	7.08	141.88	21.20	168.91		0.05	6.61	0.16	2.35	8.20	20.95	48.08	2.18	11.43

夏至草属**Lagopsis** Bunge

夏至草**Lagopsis supina** (Stephan ex Willd.) Ikonn.-Gal.

多年生草本。花期3～4月；果期5～6月。黑龙江：哈尔滨市，45°43′23″N，126°37′31″E，120 m，2010-06-25，张云强、陶林400341073。为一杂草，生于路旁、旷地上，在西北、西南各地海拔可高达2600 m以上。产于浙江、江苏、安徽、山东、河南、湖北、四川、贵州、云南、新疆、青海、甘肃、陕西、山西、河北、内蒙古、辽宁、吉林及黑龙江等地。俄罗斯西伯利亚、朝鲜也有。全株入药。

含油率及化学组分数据：

采集单位	测试单位	测试部位	产地	含油率(%)	碘值	酸值	皂化值	C12:0	C14:0	C16:0	C16:1	C18:0	C18:1	C18:2	C18:3	C20:0	C20:1
NEFU	SCBG	种仁	黑龙江哈尔滨	17.73													

野芝麻属**Lamium** L.

野芝麻（地蚤、野藿香）**Lamium barbatum** Sieb. et Zucc.

多年生植物。花期4～6月；果期7～8月。内蒙古：巴林左旗，44°12′12″N，119°16′51″E，2012-09-23，郑宝江等400341230。生于路边、溪旁、田埂及荒坡上，海拔可达2600 m。产于中南地区的湖南、湖北，华东，西南的四川、贵州，西北的甘肃、陕西，华北、东北各地区。俄罗斯远东地区、朝鲜、日本也有。

含油率及化学组分数据：

采集单位	测试单位	测试部位	产地	含油率(%)	碘值	酸值	皂化值	C12:0	C14:0	C16:0	C16:1	C18:0	C18:1	C18:2	C18:3	C20:0	C20:1
NEFU	SCBG	种仁	内蒙古巴林左旗	18.83	4.94	5.45	241.83	0.01	0.05	8.34	0.08	1.20	15.76	73.33	0.60	0.26	0.38

石荠苎属**Mosla** (Benth.) Buch.-Ham. ex Maxim.

石荠苎（斑点荠苎、野荆芥）**Mosla scabra** (Thunb.) C. Y. Wu et H. W. Li

一年生草本。花期5～11月；果期9～11月。吉林：通化，41°43′45″N，125°51′27″E，2011-09-19，郑宝江等400341123。生于山坡、路旁或灌丛下，海拔50～1150 m。产于广东、广西、湖南、江西、福建、台湾、浙江、江苏、安徽、河南、湖北、四川、甘肃、陕西、辽宁。越南北部、日本也有。全草入药，又能杀虫，根可治疮毒。

含油率及化学组分数据：

采集单位	测试单位	测试部位	产地	含油率(%)	碘值	酸值	皂化值	C12:0	C14:0	C16:0	C16:1	C18:0	C18:1	C18:2	C18:3	C20:0	C20:1
NEFU	SCBG	种仁	吉林通化	13.64	22.24	13.98	66.49		0.08	0.21	22.25	0.28	3.50	14.02	33.70	2.22	3.42

牛至属**Origanum** L.

牛至（香茹草、乳香草、苏子草）**Origanum vulgare** L.

多年生草本或半灌木。花期7～9月；果期10～12月。新疆：伊犁新源县至尼勒克途中，43°37′51″N，83°18′52″E，1281 m，2010-10-03，王喜勇、王蕾、孔凡逵4003310028。生于路旁、山坡、林下及草地，海拔500～3600 m。产于广东、湖南、江西、福建、台湾、浙江、江苏、安徽、河南、湖北、四川、贵州、云南、西藏、新疆、甘肃、陕西。欧、亚两洲及北非也有，北美洲亦有引入。全草入药。

含油率及化学组分数据：

采集单位	测试单位	测试部位	产地	含油率(%)	碘值	酸值	皂化值	C12:0	C14:0	C16:0	C16:1	C18:0	C18:1	C18:2	C18:3	C20:0	C20:1
XIEG	SCBG	种仁	新疆伊犁	3.95	106.46	3.24	170.43		0.10	11.74	0.64	2.57	29.46	38.17	3.43	1.15	0.59

钩子木属**Rostrinucula** Kudô

钩子木（火香、钩子）**Rostrinucula dependens** (Rehd.) Kudô

灌木。花期8～10月；果期11月。产于四川、贵州北部、云南东北部及陕西南部。生于路旁、山坡上，海拔600～2500 m。

含油率及化学组分数据：

采集单位	测试单位	测试部位	产地	含油率(%)	碘值	酸值	皂化值	C12:0	C14:0	C16:0	C16:1	C18:0	C18:1	C18:2	C18:3	C20:0	C20:1
OFPC	CIB	果实	四川洪雅	15.40	110.60		216.80		1.30	9.60		1.70	24.50	54.50	3.40		

263. 茄科 Solanaceae

树番茄属**Cyphomandra** Mart. ex Sendtn.

树番茄**Cyphomandra betacea** (Cav.) Sendtn.

小乔木或灌木。果期秋冬季。云南：昆明，25°2′15″N，102°43′19″E，1895 m，2009-11-01，郑希龙、要文倩400114113。我国云南和西藏有栽培。原产南美洲。果可食。

含油率及化学组分数据：

采集单位	测试单位	测试部位	产地	含油率(%)	碘值	酸值	皂化值	C12:0	C14:0	C16:0	C16:1	C18:0	C18:1	C18:2	C18:3	C20:0	C20:1
SCBG	SCBG	种仁	云南昆明	33.30	77.09	1.42	186.18		0.055	12.52	0.60	4.95	22.46	55.59	3.09	0.58	0.16

曼陀罗属**Datura** L.

毛曼陀罗**Datura inoxia** Mill.

草本或亚灌木。花、果期6～9月。我国许多城市有栽培，新疆、河北、山东、河南、湖北、江苏等地有野生。常生于村边、路旁。广布欧亚大陆及南北美洲；种子油可制肥皂和掺合油漆用。含莨菪碱，药用，有镇痉、镇静、镇痛、麻醉的功能。

含油率及化学组分数据：

采集单位	测试单位	测试部位	产地	含油率(%)	碘值	酸值	皂化值	C12:0	C14:0	C16:0	C16:1	C18:0	C18:1	C18:2	C18:3	C20:0	C20:1
OFPC	IAE	种子	辽宁沈阳	10.80~14.10	127.90		186.60			9.20		2.00	33.10	53.70	2.00		
OFPC	JSIB	种子	江苏南京	12.40			245.70		微量	8.80	4.60	1.60	23.50	39.80	16.70	1.60	

酸浆属**Physalis** L.

挂金灯酸浆Physalis alkekengi var. **franchetii** (Mast.) Makino

多年生草本。果期秋冬季。黑龙江：帽儿山，45°18′50″N，127°34′43″E，2009-10，郑宝江等400341208。除西藏外我国其他各地均有分布。朝鲜和日本也有。常生于田野、沟边、山坡草地、林下或路旁水边；亦普遍栽培。果可食和药用，可清热解毒、消肿。

含油率及化学组分数据：

采集单位	测试单位	测试部位	产地	含油率(%)	碘值	酸值	皂化值	C12:0	C14:0	C16:0	C16:1	C18:0	C18:1	C18:2	C18:3	C20:0	C20:1
NEFU	SCBG	种仁	黑龙江帽儿山	9.71	46.09	1.57	191.03	0.01	0.047	10	0.22	5.51	18.92	63.22	1.50	0.33	0.24

茄属Solanum L.

喀西茄**Solanum aculeatissimum** Jacq.[*Solanum khasianum* C. B. Clarke]

草本或亚灌木。花期春夏；果期冬季。广西：金秀县老山林场，24°12′1″N，110°12′5″E，940 m，2011-01-08，吴磊、黄俞淞、林春蕊4001101185。湖南：会同县堡子镇，27°1′45″N，109°45′3″E，268 m，2010-12-10，张兵、谷志容400181272。重庆：南川区三泉镇金佛山龙骨溪，29°39′28″N，107°7′48″E，599 m，2009-08-19，刘正宇等400231025。云南：昆明市茨坝镇长虫山，25°8′46″N，102°43′33″E，1959 m，2009-07-14，胡光万、唐贵华、赵富伟400221007。生于海拔1300～2300 m沟边，路边灌丛，荒地，草坡或疏林中。产于广西、云南。印度也有其分布。果可作为合成激素的原料，烧成烟可以熏牙止痛。

含油率及化学组分数据：

采集单位	测试单位	测试部位	产地	含油率(%)	碘值	酸值	皂化值	C12:0	C14:0	C16:0	C16:1	C18:0	C18:1	C18:2	C18:3	C20:0	C20:1
GXIB	SCBG	种仁	广西金秀	10.56	63.86	10.82	153.77		0.07	6.97	0.09	3.32	23.98	42.77	14.84	1.46	0.09
HUCT	HUCT	种子	湖南会同	16.65	63.01	15.07	112.83		0.39	11.92		5.60	78.73		2.74		0.61
CIPP	SCBG	种仁	重庆南川	11.4	24.45			0.21	0.09	0.04	2.23	11.91	4.85	29.52	17.25	6.09	0.68
KMIB	KMIB	种仁	云南昆明	14.67				0.19	0.06	16.52	0.28	5.03	25.31	47.35	2.19	1.44	0.32

假烟叶树**Solanum erianthum** D. Don[*Solanum verbascifolium* auct. non L.]

小乔木。花、果期几乎全年。四川：攀枝花市米易县二滩，26°49′36″N，101°45′7″E，1299 m，2012-10-13，刘晓波、宫庆彬40021112049。生于海拔300～2100 m的荒地灌丛中。产于广东、广西、福建、台湾、四川、贵州、云南诸省。广泛生于热带亚洲、大洋洲、南美洲。根皮入药，可消炎解毒、祛风散表。

含油率及化学组分数据：

采集单位	测试单位	测试部位	产地	含油率(%)	碘值	酸值	皂化值	C12:0	C14:0	C16:0	C16:1	C18:0	C18:1	C18:2	C18:3	C20:0	C20:1
SCU	SCU	种仁	四川攀枝花	13.30		14.95											

茄**Solanum melongena** L.

草本至亚灌木。花、果期5～10月。辽宁：锦州，41°06′44″N，121°08′045″E，2011-09，郑宝江等400341151。我国各地均有栽培。果可食。

含油率及化学组分数据：

采集单位	测试单位	测试部位	产地	含油率(%)	碘值	酸值	皂化值	C12:0	C14:0	C16:0	C16:1	C18:0	C18:1	C18:2	C18:3	C20:0	C20:1
NEFU	SCBG	种仁	辽宁锦州	15.27	9.22	12.06	172.18	0.02	0.05	5.47	0.25	1.20	21.14	69.02	0.62	0.05	0.14
OFPC	IAE	种子	辽宁沈阳	16.80	130.70		194.50			2.80		65.90	31.30				

野茄(丁茄、衫钮果)**Solanum undatum** Lam.[*Solanum coagulans* auct. non Forssk.]

草本至亚灌木。花期5～7月；果期10～12月。产于广西、广东、台湾、云南。生于海拔180～1100 m的灌木丛中或缓坡地带。越南、马来西亚至新加坡，以及印度西北部至阿拉伯、埃及也有其分布。

含油率及化学组分数据：

采集单位	测试单位	测试部位	产地	含油率(%)	碘值	酸值	皂化值	C12:0	C14:0	C16:0	C16:1	C18:0	C18:1	C18:2	C18:3	C20:0	C20:1
OFPC	SCBG	种子	海南琼山	11.40	131.00		186.50		0.20	14.50		2.00	17.90	65.30			

黄果茄(毛果茄)**Solanum virginianum** L.[*Solanum xanthocarpum* Schrad. et J.C. Wendl.]

多年生草本。花期冬到夏季；果熟期夏季。四川：邛崃市天台山，30°16′47″N，103°8′51″E，843 m，2012-11-08，刘晓波、宫庆彬等40021112110。生于海拔125～1100 m的干旱河谷沙滩上。产于湖北、四川、云南、海南、台湾。日本、热带亚洲、大洋洲及非洲也有其分布。果可提取合成激素的原料。

含油率及化学组分数据：

采集单位	测试单位	测试部位	产地	含油率(%)	碘值	酸值	皂化值	C12:0	C14:0	C16:0	C16:1	C18:0	C18:1	C18:2	C18:3	C20:0	C20:1
SCU	SCU	种仁	四川邛崃	11.28	162.43	3.97				10.50		3.68	12.57	71.88	1.36		

龙珠属Tubocapsicum (Wettst.) Makino

龙珠**Tubocapsicum anomalum** (Franch. et Sav.) Makino

多年生草本。花期8～10月；果期9～11月。安徽：祁门县牯牛降自然保护区，30°5′13″N，117°29′25″E，416 m，2011-11-16，胡超、李星霖4001171196。生于湿润的林中和开阔地。产于广东、广西、湖南、江西、福建、台湾、浙江、安徽、四川、贵州、云南。

印度尼西亚、日本、韩国、菲律宾和泰国也有其分布。

含油率及化学组分数据：

采集单位	测试单位	测试部位	产地	含油率(%)	碘值	酸值	皂化值	C12:0	C14:0	C16:0	C16:1	C18:0	C18:1	C18:2	C18:3	C20:0	C20:1
ECNU	SCBG	种仁	安徽祁门	16.20	352.81	14.31	225.44		0.36	8.30	0.52	2.48	9.96	65.39	2.08	0.87	

266. 玄参科 Scrophulaceae

泡桐属**Paulownia** Sieb. et Zucc.

川泡桐**Paulownia fargesii** Franch.

落叶乔木。花期4～5月；果期8～9月。四川：越西县新民乡，28°29′54″N，102°34′45″E，2009-09-27，王凯、樊云川40021109023。生于海拔1200～3000 m的林中及坡地。产于湖南、湖北、四川、贵州、云南，亦有栽培。越南也有分布。

含油率及化学组分数据：

采集单位	测试单位	测试部位	产地	含油率(%)	碘值	酸值	皂化值	C12:0	C14:0	C16:0	C16:1	C18:0	C18:1	C18:2	C18:3	C20:0	C20:1
SCU	SCU	种子	四川越西	4.06													

白花泡桐(台湾泡桐)**Paulownia fortunei** (Seem.) Hemsl.

乔木。花期3～4月；果期7～8月。江西：玉山县三清山，28°55′41″N，118°5′5″E，418 m，2009-08-31，廖文波等400141099。生于低于海拔2000 m的山坡、林中、山谷及荒地。产于广东、广西、湖南、江西、福建、台湾、浙江、安徽、湖北、四川、贵州、云南。越南，老挝也有其分布。播种或扦插繁殖，需要栽培于深厚肥沃的土壤中。速生树种，可材用。

含油率及化学组分数据：

采集单位	测试单位	测试部位	产地	含油率(%)	碘值	酸值	皂化值	C12:0	C14:0	C16:0	C16:1	C18:0	C18:1	C18:2	C18:3	C20:0	C20:1
SYSU	SCBG	种仁	江西玉山	17.29	76.81	9.04	189.29		0.67	5.51	0.03	1.87	30.13	43.50	0.48	0.22	7.07

毛泡桐(泡桐)**Paulownia tomentosa** (Thunb.) Steud.

落叶乔木。花期4～5月；果期8～9月。河南：内乡，33°29′56″N，111°54′46″E，944 m，2012-10-26，王亚平400314309。分布于海拔最高1800 m。产于湖南、江西、江苏、安徽、山东、河南、湖北、四川、甘肃、陕西、山西、河北、辽宁。日本、韩国、欧洲、北美也有分布。速生树种，可栽培观赏或材用。

含油率及化学组分数据：

采集单位	测试单位	测试部位	产地	含油率(%)	碘值	酸值	皂化值	C12:0	C14:0	C16:0	C16:1	C18:0	C18:1	C18:2	C18:3	C20:0	C20:1
HNAU	ICS	种子	河南内乡	11.33	120.96	14.33	428.36	0.06		7.07	0.07	3.40	17.49	59.35	0.24	0.51	0.27

地黄属**Rehmannia** Libosch. ex Fisch. et C.A. Mey.

地黄**Rehmannia glutinosa** (Gaertn.) Libosch. ex Fisch. et C.A. Mey.

多年生直立草本。花、果期4～8月。河北：昌黎，39°45′20″N，119°07′56″E，112 m，2011-08-10，徐兴友、詹立军400313126。生于于海拔50～1100 m的砂质壤土、荒山坡、山脚、墙边、路旁等处，常见。产于江苏、山东、河南、湖北、甘肃、陕西、山西、河北、内蒙古、辽宁等地。国内各地及国外均有栽培。根茎药用。

含油率及化学组分数据：

采集单位	测试单位	测试部位	产地	含油率(%)	碘值	酸值	皂化值	C12:0	C14:0	C16:0	C16:1	C18:0	C18:1	C18:2	C18:3	C20:0	C20:1
ICS	ICS	种子	河北昌黎	7.80	37.52	47.44	470.17	0.12	0.37	23.38		7.60	46.10	7.94		0.35	2.70

阴行草属**Siphonostegia** Benth.

阴行草(刘寄奴)**Siphonostegia chinensis** Benth.

一年生草本。花期6～8月；果期秋季。河北：抚宁，39°17′22″N，119°15′18″E，137 m，2011-11-05，徐兴友、詹立军400313149。生于海拔100～3400 m的干山坡与草地中。产于华南、华中、西南、华北、东北地区及内蒙古。日本、朝鲜、俄罗斯也有其分布。

含油率及化学组分数据：

采集单位	测试单位	测试部位	产地	含油率(%)	碘值	酸值	皂化值	C12:0	C14:0	C16:0	C16:1	C18:0	C18:1	C18:2	C18:3	C20:0	C20:1
ICS	ICS	种子	河北抚宁	2.42	54.08	69.30			0.46	14.38		6.54	17.65	31.10			

毛蕊花属**Verbascum** L.

准噶尔毛蕊花**Verbascum songaricum** Schrenk ex Fisch. et C.A. Mey.

多年生草本。花期6月；果期夏秋季。新疆：裕民县161团807专线途中，46°3′3″N，82°41′37″E，1114 m，2011-09-22，侯翼国、王茜4003311046。生于海拔400～1200 m的芨芨草滩或田边湿处。产于新疆。中亚和高加索地区也有分布。

含油率及化学组分数据：

采集单位	测试单位	测试部位	产地	含油率(%)	碘值	酸值	皂化值	C12:0	C14:0	C16:0	C16:1	C18:0	C18:1	C18:2	C18:3	C20:0	C20:1
XIEG	SCBG	种子	新疆裕民	4.94	18.54	5.22	59.45	0.01	0.04	3.60	0.07	2.55	24.95	66.26	1.63	0.50	0.39

婆婆纳属**Veronica** L.

婆婆纳**Veronica polita** Fr.[*Veronica didyma* Ten.]

一年生草本。花期3～10月；果期夏秋季。四川：若尔盖县达扎寺乡多玛村，33°32′40″N，103°0′54″E，3482 m，2009-07-22，干友民400241022。生于荒地，常见。产于华中、华东、西南、西北地区及北京。广布于欧亚大陆。茎叶可食。

含油率及化学组分数据：

采集单位	测试单位	测试部位	产地	含油率(%)	碘值	酸值	皂化值	C12:0	C14:0	C16:0	C16:1	C18:0	C18:1	C18:2	C18:3	C20:0	C20:1
SICAU	SCBG	种仁	四川若尔盖	15.14	15.37	6.15		0.05	0.15	8.59	0.60	4.64	25.29	31.75	24.09	0.61	0.37

268. 紫葳科 Bignoniaceae

凌霄属**Campsis** Lour.

凌霄**Campsis grandiflora** (Thunb.) K. Schum.

攀缘藤本。花期5～8月；果期秋季。河南：郑州市惠济区，34°45′48″N，113°39′37″E，306 m，2011-09-08，王亚平400314074。产于长江流域各地，以及广东、广西、福建、山东、河南、陕西、河北，在台湾有栽培。日本也有其分布，越南、印度、巴基斯坦均有栽培。可供观赏及药用。

含油率及化学组分数据：

采集单位	测试单位	测试部位	产地	含油率(%)	碘值	酸值	皂化值	C12:0	C14:0	C16:0	C16:1	C18:0	C18:1	C18:2	C18:3	C20:0	C20:1
ICS	ICS	种子	河南郑州	7.67	95.56	22.21	141.38		0.07	6.99	0.09	3.33	24.05	42.90	14.89	1.46	0.09

279. 车前科 Plantaginaceae

车前属**Plantago** L.

蛛毛车前**Plantago arachnoidea** Schrenk ex Fish. et C.A. Mey.

多年生草本。花期6～7月；果期7～8月。新疆：和静县巴音布鲁克草原，43°3′6″N，84°11′17″E，2500 m，2012-08-09，刘旭丽、侯翼国4003312008。生于海拔690～3520 m的多石山坡、盐碱地、草甸、河滩。产新疆。塔吉克斯坦、哈萨克斯坦也有分布。

含油率及化学组分数据：

采集单位	测试单位	测试部位	产地	含油率(%)	碘值	酸值	皂化值	C12:0	C14:0	C16:0	C16:1	C18:0	C18:1	C18:2	C18:3	C20:0	C20:1
XIEG	SCBG	种子	新疆和静	0.81	112.51	2.74	193.55			7.36		2.88	11.60	74.26	0.23	0.19	0.27

平车前**Plantago depressa** Willd.

一年或二年生草本。花期5～7月；果期7～9月。黑龙江：哈尔滨，46°48′1″N，130°22′1″E，1 m，2011-10-01，贾海伦400351092。生于海拔高达4500 m的草地、河滩、沟边、草甸、田间及路旁。产于江西、江苏、安徽、山东、河南、湖北、四川、云南、西藏、新疆、青海、甘肃、宁夏、陕西、山西、河北、内蒙古、辽宁、吉林、黑龙江。朝鲜、俄罗斯、哈萨克斯坦、阿富汗、蒙古、巴基斯坦、克什米尔地区、印度也有分布。

含油率及化学组分数据：

采集单位	测试单位	测试部位	产地	含油率(%)	碘值	酸值	皂化值	C12:0	C14:0	C16:0	C16:1	C18:0	C18:1	C18:2	C18:3	C20:0	C20:1
SBRI	SCBG	种仁	黑龙江哈尔滨	1.58	49.01	0.69	157.20	0.08	0.69	13.23	0.74	3.32	27.04	45.46	8.80	0.50	0.14

大车前**Plantago major** L.

二年生或多年生草本。花期6～8月；果期7～9月。河南：郑州市惠济区，34°54′32″N，113°32′26″E，314 m，2011-07-26，王亚平、陈明400314011。新疆：吐鲁番沙漠植物园，42°51′17″N，89°11′36″E，93 m，2010-10-16，王茜、王喜勇4003310053。生于海拔5～2800 m的草地、草甸、河滩、沟边、沼泽地、山坡路旁、田边或荒地。产于海南、广西、福建、台湾、江苏、山东、四川、云南、西藏、新疆、青海、甘肃、陕西、山西、河北、内蒙古、辽宁、吉林、黑龙江。欧亚大陆温带及寒温带都有分布。

含油率及化学组分数据：

采集单位	测试单位	测试部位	产地	含油率(%)	碘值	酸值	皂化值	C12:0	C14:0	C16:0	C16:1	C18:0	C18:1	C18:2	C18:3	C20:0	C20:1
ICS	ICS	种子	河南郑州	0.93	66.90	106.17	255.60		0.50	14.30		6.20	16.30	36.65	10.92	11.61	
XIEG	SCBG	种仁	新疆吐鲁番	14.41	75.93	1.38	407.00	0.19	0.85	14.88	0.24	3.44	12.93	56.01	4.26	0.90	0.34

盐生车前**Plantago maritima** subsp. **ciliata** Printz

多年生草本。花期6～7月；果期7～8月。新疆：哈巴河县哈布哈滩村，47°58′47″N，86°19′13″E，484 m，2012-09-18，姜凤琴、孔凡奎4003312016。生于海拔100～3750 m的戈壁、盐湖边、盐碱地、河漫滩和盐化草甸。产于内蒙古、河北、陕西、甘肃、青海、新疆。

蒙古、俄罗斯、哈萨克斯坦、吉尔吉斯斯坦、阿富汗、伊朗也有其分布。

含油率及化学组分数据：

采集单位	测试单位	测试部位	产地	含油率(%)	碘值	酸值	皂化值	C12:0	C14:0	C16:0	C16:1	C18:0	C18:1	C18:2	C18:3	C20:0	C20:1
XIEG	SCBG	种子	新疆哈巴河	16.00	72.15	2.68	85.33	0.18	0.75	12.87	0.94	1.86	21.40	51.33	1.48	0.43	0.16

280. 忍冬科 Caprifoliaceae

蝟实属**Kolkwitzia** Graebn.

蝟实(猬实)**Kolkwitzia amabilis** Graebn.

灌木。花期5～6月；果熟期8～9月。北京：海淀区，40°01′49″N，116°17′17″E，50 m，2011-07-24，薛帅、秦烁400324042。生于海拔350～1340 m的山坡、路边和灌丛中。产于山西、陕西、甘肃、河南、湖北、安徽等地。可做观赏植物。欧洲已广泛引种。

含油率及化学组分数据：

采集单位	测试单位	测试部位	产地	含油率(%)	碘值	酸值	皂化值	C12:0	C14:0	C16:0	C16:1	C18:0	C18:1	C18:2	C18:3	C20:0	C20:1
CAU	ICS	种子	北京海淀	3.18	93.16	18.22	288.39			2.89		28.15	11.26	48.33	0.35	0.12	

忍冬属**Lonicera** L.

越橘叶忍冬 Lonicera angustifolia var. **myrtillus** (Hook. f. et Thomson) Q. E. Yang, Landrein, Borosova et J. Osborne[*Lonicera myrtillus* Hook. f. et Thomson]

落叶灌木。花期5～6月；果期8～9月。西藏：波密县波密至墨脱19～20公里处，29°48′32″N，95°41′58″E，3494 m，2011-09-05，干友民400241157。生于海拔2400～4000 m山坡灌丛、溪旁疏林及河谷滩地石砾上。产于四川、云南、西藏。阿富汗和缅甸也有分布。

含油率及化学组分数据：

采集单位	测试单位	测试部位	产地	含油率(%)	碘值	酸值	皂化值	C12:0	C14:0	C16:0	C16:1	C18:0	C18:1	C18:2	C18:3	C20:0	C20:1
SICAU	SCBG	种仁	西藏波密	12.77	20.51	9.99	210.66	0.02	0.04	2.57	0.46	9.63	24.97	8.16	52.78	0.84	0.52

粘毛忍冬 Lonicera fargesii Franch.

灌木。花期5～6月；果熟期9～10月。山西：垣曲历山，35°25′26″N，111°57′53″E，2100 m，2012-08-29，秦烁、潘昊400327023。生于海拔1600～2900 m山坡、山谷林中或灌丛中。产于河南、四川、甘肃、陕西、山西。

含油率及化学组分数据：

采集单位	测试单位	测试部位	产地	含油率(%)	碘值	酸值	皂化值	C12:0	C14:0	C16:0	C16:1	C18:0	C18:1	C18:2	C18:3	C20:0	C20:1
CAU	ICS	种子	山西垣曲	14.55			125.65										

葱皮忍冬 Lonicera ferdinandii Franch.

落叶灌木。花期4～6月；果期9～10月。甘肃：平凉市太统山，35°29′3″N，105°35′6″E，1869 m，2011-10-12，薛帅、潘昊400325031。生于海拔1000～2000 m的向阳山坡林中或林缘灌丛中。产于河南、四川、青海、甘肃、宁夏、陕西、山西、河北、辽宁。朝鲜北部也有分布。枝条韧皮纤维可制绳索、麻袋，亦可作造纸原料。

含油率及化学组分数据：

采集单位	测试单位	测试部位	产地	含油率(%)	碘值	酸值	皂化值	C12:0	C14:0	C16:0	C16:1	C18:0	C18:1	C18:2	C18:3	C20:0	C20:1
CAU	ICS	种子	甘肃平凉	12.06	130.33	15.18	180.77			3.38	0.06	2.27	30.99	62.92	0.30		
OFPC	IAE	种子	辽宁凤城	17.60	144.50		185.90			3.50	微量	1.00	19.30	76.20	微量		

早花忍冬 Lonicera praeflorens Batalin

灌木。花期4月；果期夏秋季。黑龙江：帽儿山，45°18′50″N，127°34′43″E，2012-10-17，郑宝江等400341211。生于海拔250～600 m的山坡林内及灌丛中。产于东北地区。朝鲜、日本、俄罗斯也有分布。

含油率及化学组分数据：

采集单位	测试单位	测试部位	产地	含油率(%)	碘值	酸值	皂化值	C12:0	C14:0	C16:0	C16:1	C18:0	C18:1	C18:2	C18:3	C20:0	C20:1
NEFU	SCBG	种仁	黑龙江帽儿山	16.45	75.16	3.88	164.15		0.03	3.97	0.07	1.24	15.26	78.66	0.35	0.27	0.19

皱叶忍冬(网脉忍冬)**Lonicera reticulata** Champ.[*Lonicera rhytidophylla* Hand.-Mazz.]

藤本。花期6～7月；果熟期10～11月。广东：东莞市谢岗乡银瓶山仙水道，23°2′53″N，113°45′51″E，2012-11-02，邢福武、宁阳阳、叶心芬400113176。生于海拔400～1100 m的山地灌丛或林中。产于广东、广西、湖南、江西、福建。花可入药。

含油率及化学组分数据：

采集单位	测试单位	测试部位	产地	含油率(%)	碘值	酸值	皂化值	C12:0	C14:0	C16:0	C16:1	C18:0	C18:1	C18:2	C18:3	C20:0	C20:1
SCBG	SCBG	种仁	广东东莞	16.81	13.00	9.07	255.23	0.01	0.09	12.66	0.14		15.74	60.64	0.53		

峨眉忍冬Lonicera similis var. **omeiensis** P.S. Hsu et H.J. Wang

藤本。花期5～7月；果期9～10月。四川：龙池县，29°21′29″N，104°23′27″E，1000 m，2009-10-15，王凯、樊云川40021109083。生于海拔400～1700 m的山沟或山坡灌丛中。产于四川。此变种的花在四川旺苍、江油等县作“金银花”收购入药。

含油率及化学组分数据：

采集单位	测试单位	测试部位	产地	含油率(%)	碘值	酸值	皂化值	C12:0	C14:0	C16:0	C16:1	C18:0	C18:1	C18:2	C18:3	C20:0	C20:1
SCU	SCU	种仁	四川龙池	16.87	43.36	66.10	115.55			17.10		4.91	23.91	54.07			

毛核木属Symphoricarpos Duhamel

毛核木(雪果、红雪果)**Symphoricarpos sinensis** Rehd.

直立灌木。花期7～9月；果熟期9～11月。河北：昌黎，39°43′14″N，119°09′50″E，11 m，2011-10-24，徐兴友、韩宝强400313121。生于海拔610～2200 m的山坡灌木林中。产于广西、湖北、四川、云南、甘肃、陕西。

含油率及化学组分数据：

采集单位	测试单位	测试部位	产地	含油率(%)	碘值	酸值	皂化值	C12:0	C14:0	C16:0	C16:1	C18:0	C18:1	C18:2	C18:3	C20:0	C20:1
HNUST	ICS	种子	河北昌黎	4.98	87.12	15.63	136.82		0.16	10.61	0.21	2.22	18.85	58.07	0.95	0.22	0.12

荚蒾属Viburnum L.

桦叶荚蒾(湖北荚蒾、阔叶荚蒾)**Viburnum betulifolium** Batal. [*Viburnum hupehense* Rehd.;*Viburnum lobophyllum* Graebn.]

灌木或小乔木。花期6～7月；果期9～10月。河南：信阳波尔登公园，31°51′55″N，114°05′09″E，155 m，2012-09-16，王亚平400314227；内乡，33°31′09″N，111°55′55″E，1407 m，2012-09-16，王亚平400314294。湖北：神农架下谷坪，31°14′38″N，110°44′29″E，265 m，2011-09-08，丁时东400151128。重庆：南川区金山镇金佛山黄泥垭，28°36′28″N，107°33′25″E，1487 m，2009-08-21，刘正宇等400231038。四川：宝兴县硗碛藏族，30°41′11″N，102°41′26″E，2621 m，2010-09-08，干友民400241071。陕西：安康市千家坪，31°59′15″N，109°17′29″E，2200 m，2012-10-04，秦烁、郭利磊400328034；汉中蒿坝，32°43′46″N，106°51′31″E，1450 m，2012-09-30，秦烁、郭利磊400328017；陇县固关，34°58′5″N，106°35′33″E，1250 m，2011-10-13，秦烁、胡亮400326034；宁陕县广货街镇沙沟村牛背梁自然保护区，33°47′6″N，108°47′20″E，1353 m，2010-10-04，薛帅、王继师400323013。生于海拔1300～3100 m的山谷林中或山坡灌丛中。产于河南、湖北、重庆、四川、贵州、云南、西藏、甘肃、宁夏、陕西。茎皮纤维可制绳索及造纸。

含油率及化学组分数据：

采集单位	测试单位	测试部位	产地	含油率(%)	碘值	酸值	皂化值	C12:0	C14:0	C16:0	C16:1	C18:0	C18:1	C18:2	C18:3	C20:0	C20:1
HNAU	ICS	种子	河南信阳	3.28	109.00	24.38	174.29	2.15	0.53	4.20		2.14	46.87	29.35	0.72	0.24	0.21
HNAU	ICS	种子	河南内乡	8.04	128.09	12.34	165.99	0.08	0.09	5.68	0.07	2.23	51.32	38.27	0.47	0.35	0.17
OCRI	SCBG	种仁	湖北神农架	12.32	103.96	8.81	189.20		0.10	4.72	0.19	1.88	24.58	48.83	15.48	0.35	0.69
CIPP	SCBG	种仁	重庆南川	4.16	65.54	3.20	374.11	0.38	0.73	4.90	1.03	2.26	34.00	18.34	0.73	35.53	
SICAU	SCBG	种仁	四川宝兴	13.33	13.52	16.36	231.50	0.01	0.10	8.54	0.33	2.18	41.21	28.45	18.44	0.44	0.31
CAU	ICS	种子	陕西安康	17.95	6.22	7.20	123.53		0.09	6.72	0.05		56.84	29.40	0.24	0.26	0.10
CAU	ICS	种子	陕西汉中	6.57	7.55	10.52	369.33	0.07	0.13	8.23	0.09	2.71	43.37	28.84	0.52	0.36	0.49
CAU	ICS	种子	陕西陇县	8.89	117.54	12.04	182.51		0.10	6.16	0.12	2.47	46.72	41.83	0.83	0.27	0.21
CAU	ICS	种子	陕西宁陕	15.90	77.02	11.51	200.13		0.06	6.81		2.85	45.33	40.91	0.97	0.18	0.31

短序荚蒾Viburnum brachybotryum Hemsl.

灌木或小乔木。花期1～3月；果期7～8月。湖南：永顺小溪，28°48′3″N，110°12′4″E，617 m，2009-08-07，徐亮、周建军400191013。湖北：兴山县天坪垴，31°21′7″N，110°30′27″E，849 m，2011-08-16，丁时东400151117。生于海拔600～1900 m的山谷密林或山坡灌丛中。产于广西、湖南、江西、湖北、四川、贵州、云南。

含油率及化学组分数据：

采集单位	测试单位	测试部位	产地	含油率(%)	碘值	酸值	皂化值	C12:0	C14:0	C16:0	C16:1	C18:0	C18:1	C18:2	C18:3	C20:0	C20:1
JSU	SCBG	种仁	湖南永顺	6.48						7.57	0.56	2.55	74.63	11.78	0.35	0.49	0.48
OCRI	SCBG	种仁	湖北兴山	1.49	96.64	5.79	143.47	0.02	0.14	7.13	0.77	3.23	12.74	49.24	18.94	0.51	0.09

修枝荚蒾(暖木条)**Viburnum burejaeticum** Regel et Herd.

落叶灌木。花期5～6月；果熟期8～9月。产于辽宁、吉林和黑龙江。生于海拔600～1350 m的针、阔叶混交林中。俄罗斯远东地区和朝鲜北部也有分布。种子油可制肥皂。

含油率及化学组分数据：

采集单位	测试单位	测试部位	产地	含油率(%)	碘值	酸值	皂化值	C12:0	C14:0	C16:0	C16:1	C18:0	C18:1	C18:2	C18:3	C20:0	C20:1
OFPC	IAE	果核	辽宁凤城	17.00	142.80		190.10		微量	2.80		0.90	29.80	65.90	0.60		

金佛山荚蒾 Viburnum chinshanense Graebn.

灌木。花期4～5月；果期夏秋季。重庆：南川区鱼泉乡庙坝天山坪，29°6′32″N，107°13′46″E，1412 m，2009-09-02，刘正宇等400231042。贵州：印江县郎溪镇，27°54′19″N，108°14′54″E，2011-11-19，张九兵、朱明德400181371。生于海拔100～1900 m山坡疏林或灌丛中。产于重庆、四川、贵州、云南、陕西、甘肃。

含油率及化学组分数据：

采集单位	测试单位	测试部位	产地	含油率(%)	碘值	酸值	皂化值	C12:0	C14:0	C16:0	C16:1	C18:0	C18:1	C18:2	C18:3	C20:0	C20:1
CIPP	SCBG	种仁	重庆南川	11.21				0.11	0.17	6.99		1.27	20.54	64.81	1.38	0.99	
HUCT	HUCT	种仁	贵州印江	3.40	48.94	16.65	193.85	0.05	0.05	7.26	0.14	4.27	48.90	35.65	0.76	1.24	1.68

密花荚蒾 Viburnum congestum Rehd.

灌木。花期4～6月；果期8～12月。云南：石林县圭山镇小圭山，24°34′55″N，103°31′35″E，1965 m，2009-11-01，王智、谭英400221091。生于海拔1000～2800 m的林中或林缘灌丛。产四川、贵州、云南、甘肃。

含油率及化学组分数据：

采集单位	测试单位	测试部位	产地	含油率(%)	碘值	酸值	皂化值	C12:0	C14:0	C16:0	C16:1	C18:0	C18:1	C18:2	C18:3	C20:0	C20:1
KMIB	KMIB	种仁	云南石林	6.00													

荚蒾 Viburnum dilatatum Thunb.

落叶灌木。花期5～6月；果熟期9～11月。江苏：南京中山植物园，32°2′44″N，118°49′36″E，32 m，2009-11-13，刘东明、戴建阅400111166。湖南：浏阳县达浒镇金子坑，28°25′25″N，113°55′52″E，2010-11-05，张兵、谷志容400181191；新宁县莨山镇米筛寨，26°17′51″N，110°45′39″E，363 m，2010-10-05，严岳鸿、何祖霞400181178。四川：都江堰青城山味江，28°58′45″N，102°28′32″E，1000 m，2010-09-10，崔龙、李志强40021110004。湖北：武汉植物园过度圃，30°32′55″N，114°25′48″E，2009-10-16，李晓东、昝艳燕40012182；襄樊市张家沟，31°21′3″N，110°27′30″E，1290 m，2009-09-29，丁时东、金梦阳400151007。安徽：合肥市紫蓬山，31°45′4″N，117°1′57″E，48 m，2011-10-01，田怀珍、李星霖4001171144。云南：金平分水岭自然保护区，103°13'14"E，22°51'24"N，1910 m，2010-10-20，刘恩乾400222218。生于海拔低于1290 m的山坡或山谷疏林下，林缘及山脚灌丛中。产于广东、广西、湖南、江西、福建、台湾、浙江、江苏、安徽、河南、湖北、四川、贵州、云南、陕西、河北。日本和朝鲜也有分布。种子油可制肥皂和润滑油；果可食，亦可酿酒；韧皮纤维可制绳和人造棉。

含油率及化学组分数据：

采集单位	测试单位	测试部位	产地	含油率(%)	碘值	酸值	皂化值	C12:0	C14:0	C16:0	C16:1	C18:0	C18:1	C18:2	C18:3	C20:0	C20:1
SCBG	SCBG	种仁	江苏南京	7.60	47.44	9.91	105.19										
HUCT	HUCT	种仁	湖南浏阳	8.60	25.60	15.39	198.22		0.14	18.83	0.79	2.89	23.71	52.76	0.88		
HUCT	HUCT	种仁	湖南新宁	7.03	66.90	13.15	246.34										
SCU	SCU	种仁	四川都江堰	10.34	102.10	4.80	195.60			10.47		2.47	29.7	56.18	1.18		
WHBG	WHBG	种仁	湖北武汉	6.45				0.43	0.72	9.48		3.02	23.71	51.87	9.48	0.57	
OCRI	SCBG	种仁	湖北襄樊	5.50	37.52	47.44	470.17	0.12	0.29	6.57	0.15	3.69	15.35	29.86	0.02	40.03	0.12
ECNU	SCBG	种仁	安徽合肥	3.40	77.27	9.10	576.16		0.40	7.38	0.23	2.17	13.93	14.48	59.12	0.29	0.11
KMIB	KMIB	种仁	云南金平	18.64	105.70		190.20				9.23	0.44	4.15	52.92	30.91	1.20	
OFPC	JSIB	果核	江苏南京	11.40			206.40			3.70	1.60	2.70	42.10	40.20	9.70		
OFPC	WHBG	果核	湖北罗田	13.20	105.70		190.20			4.50		2.60	59.50	33.40			

宜昌荚蒾 Viburnum erosum Thunb.

灌木。花期4～5月；果期8～10月。湖北：神农架红坪乡大沟，31°29′37″N，110°24′8″E，1800 m，2009-09-20，危文亮、丁时东400151006。生于海拔300～1800 m的山坡林下或灌丛中。产于广东、广西、湖南、江西、福建、台湾、浙江、江苏、安徽、山东、河南、湖北、四川、贵州、云南、陕西。日本和朝鲜也有分布。种子含油约40%，供制肥皂和润滑油；茎皮纤维可制绳索及造纸；枝条供编织用。

含油率及化学组分数据：

采集单位	测试单位	测试部位	产地	含油率(%)	碘值	酸值	皂化值	C12:0	C14:0	C16:0	C16:1	C18:0	C18:1	C18:2	C18:3	C20:0	C20:1
OCRI	SCBG	种仁	湖北神农架	17.64	148.00	12.10	182.91	0.66	0.79	29.36	0.36	13.64	21.64	8.40	2.95		

珍珠荚蒾 Viburnum foetidum var. **ceanothoides** (C.H. Wright) Hand.-Mazz.

灌木。花期4～6月；果期9～12月。云南：昆明市西山，24°57′12″N，102°37′45″E，2296 m，2009-09-19，王智、肖智勇400221043。生于海拔900～2600 m的山坡密林或灌丛中。产于四川、贵州、云南。种子含油可制润滑油、油漆和肥皂。

含油率及化学组分数据：

采集单位	测试单位	测试部位	产地	含油率(%)	碘值	酸值	皂化值	C12:0	C14:0	C16:0	C16:1	C18:0	C18:1	C18:2	C18:3	C20:0	C20:1
KMIB	KMIB	种仁	云南昆明	12.15						11.34			3.30	45.17	40.21		

南方荚蒾 Viburnum fordiae Hance

灌木或小乔木。花期4～5月；果期10～11月。广东：阳山县秤架，24°46′53″N，112°48′35″E，272 m，2009-09-24，董安强、胡晓敏40011224。江西：贵溪县龙虎山自然保护区，28°5′59″N，116°57′16″E，64 m，2011-11-07，景慧娟、何诗阳4001413003。生于海拔100～1000 m的疏林和灌丛中。产于广东、广西、湖南、江西、福建、浙江、安徽、贵州、云南。

含油率及化学组分数据：

采集单位	测试单位	测试部位	产地	含油率(%)	碘值	酸值	皂化值	C12:0	C14:0	C16:0	C16:1	C18:0	C18:1	C18:2	C18:3	C20:0	C20:1
SCBG	SCBG	种仁	广东阳山	3.70	21.66	85.60	115.02										
SYSU	SCBG	种仁	江西贵溪	17.19	58.52	2.19	188.04										

蝶花荚蒾 Viburnum hanceanum Maxim.

灌木。花期4～5月；果期8～9月。浙江：临安市西天目山，30°14′59″N，119°28′40″E，181 m，2012-11-18，陈树钢、童毅4001122173。生于海拔200～800 m的山谷溪流旁或灌木丛中。产于广东、广西、湖南、江西、福建。

含油率及化学组分数据：

采集单位	测试单位	测试部位	产地	含油率(%)	碘值	酸值	皂化值	C12:0	C14:0	C16:0	C16:1	C18:0	C18:1	C18:2	C18:3	C20:0	C20:1
SCBG	SCBG	种仁	浙江临安	8.15	101.45	101.54											

朝鲜荚蒾 Viburnum koreanum Nakai

灌木。花期6～7月；果期8～10月。黑龙江：帽儿山，45°18′50″N，127°34′43″E，2012-10-17，郑宝江等400341209。生于海拔约1400 m的针叶林中或林缘。产于吉林、黑龙江。朝鲜与日本也有分布。

含油率及化学组分数据：

采集单位	测试单位	测试部位	产地	含油率(%)	碘值	酸值	皂化值	C12:0	C14:0	C16:0	C16:1	C18:0	C18:1	C18:2	C18:3	C20:0	C20:1
NEFU	SCBG	种仁	黑龙江帽儿山	3.52	5.48	5.05	185.39	0.0041	0.03	3.32	0.10	1.90	55.41	38.46	0.07	0.17	0.54

斑点光果荚蒾 Viburnum leiocarpum var. **punctatum** P.S. Hsu

灌木或小乔木。花期6月；果期10月。云南：金平县金河乡，22°51′46″N，103°13′59″E，1190 m，2010-11-14，王智、杨珺、谭英400221287；文山州麻栗坡县下金厂，23°13′31″N，104°54′09″E，1492m，2011-10-16，曾庆文、陈树钢、杨国400114127。生于海拔1450～2200 m的山谷密林中。产于云南。

含油率及化学组分数据：

采集单位	测试单位	测试部位	产地	含油率(%)	碘值	酸值	皂化值	C12:0	C14:0	C16:0	C16:1	C18:0	C18:1	C18:2	C18:3	C20:0	C20:1
KMIB	KMIB	种仁	云南金平	20.66	75.10	3.30	120.30			9.18	0.44	4.81	54.49	30.04	1.05		
SCBG	SCBG	种仁	云南文山	16.54	85.32	271.39	5.19	0.01	0.08	12.16	0.03	3.09	18.46	64.78	0.58	0.40	0.40

淡黄荚蒾 Viburnum lutescens Blume

灌木。花期2～4月；果期10～12月。广西：灵川县兰田，25°17′55″N，110°12′15″E，2009-12-12，许为斌、黄俞淞、蒋日红4001101084。生于海拔180～1000 m的山谷林中和灌丛中或河边冲积沙地上。产于海南、广东、广西、福建。印度、印度尼西亚、马来西亚、缅甸和越南也有分布。

含油率及化学组分数据：

采集单位	测试单位	测试部位	产地	含油率(%)	碘值	酸值	皂化值	C12:0	C14:0	C16:0	C16:1	C18:0	C18:1	C18:2	C18:3	C20:0	C20:1
GXIB	SCBG	种仁	广西灵川	7.56	157.77	1.16	200.74		0.12	16.02		3.27	39.73	29.85	0.17	2.42	0.44
OFPC	GXIB	果核	广西隆林	15.60	85.40		195.20	0.30		23.40	1.70	5.10	47.10	22.10	0.30		

吕宋荚蒾 Viburnum luzonicum Rolfe

灌木。花期4月；果熟期10～12月。福建：武夷山桐木关，27°49′11″N，117°43′46″E，2010-09-28，刘东明、梁耀400112120。生于海拔100～700 m的山谷溪涧旁疏林和山坡灌丛中或旷野路旁。产于广东、广西、江西、福建、台湾、浙江、云南。中南半岛、菲律宾至马来西亚也有分布。

含油率及化学组分数据：

采集单位	测试单位	测试部位	产地	含油率(%)	碘值	酸值	皂化值	C12:0	C14:0	C16:0	C16:1	C18:0	C18:1	C18:2	C18:3	C20:0	C20:1
SCBG	SCBG	种仁	福建武夷山	6.91		9.04	97.34	0.48	0.18		0.04	1.19	42.16	19.79	0.7		3.73

绣球荚蒾 Viburnum macrocephalum Fortune

灌木。花期4～5月；果期秋冬季。上海：上海植物园，31°8′44″N，121°26′17″E，4 m，2009-11-08，田怀珍、刘东明、戴建阅4001171016。江西、浙江、江苏、河北等地均有栽培。

含油率及化学组分数据：

采集单位	测试单位	测试部位	产地	含油率(%)	碘值	酸值	皂化值	C12:0	C14:0	C16:0	C16:1	C18:0	C18:1	C18:2	C18:3	C20:0	C20:1
ECNU	SCBG	种仁	上海植物园	3.10	14.67	15.47	520.60		0.09	13.35	0.14	3.06	11.99	48.84	18.14	1.24	0.45

琼花**Viburnum macrocephalum** f. **keteleeri** (Carri.) Rehd.

灌木。花期4月；果期9～12月。湖北：利川毛坝星斗山保护区，30°02′14″N，109°08′26″E，2009-10-22，李晓东、范深厚40012184。湖南：湘潭县响水乡，27°54′31″N，112°54′35″E，73 m，2009-12-02，严岳鸿、何祖霞400181141。生于丘陵、山坡林下或灌丛中。产于湖南、江西、浙江、江苏、安徽、湖北。

含油率及化学组分数据：

采集单位	测试单位	测试部位	产地	含油率(%)	碘值	酸值	皂化值	C12:0	C14:0	C16:0	C16:1	C18:0	C18:1	C18:2	C18:3	C20:0	C20:1
WHBG	WHBG	种仁	湖北利川	14.65				1.28	2.12	9.31	1.08	2.33	11.37	29.32	38.31	0.17	0.20
HUCT	HUCT	种仁	湖南湘潭	10.40	19.37	5.74	221.57										

蝴蝶戏珠花(蝴蝶荚蒾)**Viburnum plicatum** var. **tomentosum** Miq.

灌木或小乔木。花期4～5月；果期8～9月。产于广东、广西、湖南、江西、福建、台湾、浙江、安徽、河南、湖北、四川、贵州、云南、陕西；各地常有栽培。生于海拔240～1800 m山坡、山谷混交林内及沟谷旁灌丛中。日本也有分布。可栽培作观赏。

含油率及化学组分数据：

采集单位	测试单位	测试部位	产地	含油率(%)	碘值	酸值	皂化值	C12:0	C14:0	C16:0	C16:1	C18:0	C18:1	C18:2	C18:3	C20:0	C20:1
OFPC	JSIB	果核	江苏南京	11.40	98.60		215.30	微量		23.40	1.70	5.10	47.10	22.10	0.30		

球核荚蒾**Viburnum propinquum** Hemsl.

灌木。花期3～5月；果期秋季。湖南：龙山县里耶镇，28°51′37″N，109°20′41″E，2011-11-14，张九兵、朱明德400181342；桑植县苦竹坪乡，29°37′12″N，110°4′14″E，2011-11-27，张九兵、朱明德400181377。生于海拔500～1300 m的山谷林中或灌丛中。产于广东、广西、湖南、江西、福建、台湾、浙江、湖北、四川、贵州、云南、甘肃、陕西。菲律宾也有分布。

含油率及化学组分数据：

采集单位	测试单位	测试部位	产地	含油率(%)	碘值	酸值	皂化值	C12:0	C14:0	C16:0	C16:1	C18:0	C18:1	C18:2	C18:3	C20:0	C20:1
HUCT	HUCT	种仁	湖南龙山	13.57	28.51	26.97	182.32			20.13					47.86	30.39	1.62
HUCT	HUCT	种仁	湖南桑植	6.71	10.25	15.64	140.40										
OFPC	CIB	果核	四川洪雅	11.70				0.30	0.30	5.50		4.00	39.70	49.80	0.40		

皱叶荚蒾(枇杷叶荚蒾)**Viburnum rhytidophyllum** Hemsl.

灌木或乔木。花期4～5月；果期9～10月。湖南：龙山县里耶乡八面山，28°51′9″N，109°14′58″E，1272 m，2011-08-20，徐亮、覃三立40019101145。河南：郑州紫荆山公园，34°45′50″N，113°41′0″E，128 m，2012-09-12，王亚平400314188。湖北：房县阴峪河，31°33′19″N，110°41′0″E，721 m，2011-09-21，丁时东400151144。河北：石家庄，38°05′10″N，114°21′51″E，93 m，2011-10-14，徐兴友、韩宝强400313115。生于海拔800～2400 m的山坡林下或灌丛中。产于湖南、河南、湖北、四川、贵州、陕西、河北。茎皮纤维可作麻及制绳索。

含油率及化学组分数据：

采集单位	测试单位	测试部位	产地	含油率(%)	碘值	酸值	皂化值	C12:0	C14:0	C16:0	C16:1	C18:0	C18:1	C18:2	C18:3	C20:0	C20:1
JSU	SCBG	种仁	湖南龙山	19.50	91.79	5.05	185.13	0.09	0.26	13.40	0.90	4.23	19.86	42.16	2.60	3.91	0.22
HNAU	ICS	种子	河南郑州	4.77	122.15	16.65	119.74	0.23	0.24	8.20	0.23	3.02	29.67	52.99	0.63	0.15	0.24
OCRI	SCBG	种仁	湖北房县	16.41	41.29	15.54	69.81	0.03	0.11	15.33	2.33		23.35	48.37	0.80	0.20	0.12
ICS	ICS	种子	河北石家庄	4.05	95.21	22.76	274.97		0.22	7.90	3.23	2.43	29.34	54.44	0.67	0.12	

陕西荚蒾**Viburnum schensianum** Maxim.

落叶灌木。花期5～7月；果期8～10月。河南：灵宝小秦岭，34°27′49″N，110°28′19″E，1379 m，2012-08-18，王亚平400314160；焦作修武，35°26′8″N，113°22′11″E，1020 m，2012-10-21，王亚平400314286。山西：垣曲历山西哄村，35°23′48″N，112°1′2″E，1100 m，2012-08-30，秦烁、潘昊400327031。生于海拔700～2200 m的山谷混交林和松林下或山坡灌丛中。产于江苏、山东、河南、湖北、四川、甘肃、陕西、山西、河北。

含油率及化学组分数据：

采集单位	测试单位	测试部位	产地	含油率(%)	碘值	酸值	皂化值	C12:0	C14:0	C16:0	C16:1	C18:0	C18:1	C18:2	C18:3	C20:0	C20:1
HNAU	ICS	种子	河南灵宝	3.95	50.94	15.04	186.02		0.22	11.00	0.70	2.51	36.15	33.69	1.96	0.27	0.22
HNAU	ICS	种子	河南焦作	2.04	52.15	18.54	59.45	0.49	0.36	6.91	0.21	3.10	33.95	42.80	1.04	0.31	0.21
CAU	ICS	种子	山西垣曲	3.81	13.30	9.18	136.57		0.11	4.75	0.08	1.52	22.58	42.66	0.70	0.14	0.09

常绿荚蒾**Viburnum sempervirens** K. Koch

灌木。花期5月；果期10～12月。广东：惠州市南昆山花竹村知青场，23°36′48″N，113°55′14″E，708 m，2009-10-06，邢福武40011247；连州大东山，24°51′41″N，112°33′15″E，280 m，2009-11-01，陈林、付琳40011478。福建：南平武夷山市洋庄乡大安源，27°52′47″N，117°52′26″E，444 m，2012-11-11，刘东明、童毅4001122124。生于海拔100～1800 m的山谷密林或疏林中，溪涧旁或丘陵地灌丛中。产于广东、广西、江西、福建。

含油率及化学组分数据：

采集单位	测试单位	测试部位	产地	含油率(%)	碘值	酸值	皂化值	C12:0	C14:0	C16:0	C16:1	C18:0	C18:1	C18:2	C18:3	C20:0	C20:1
SCBG	SCBG	种仁	广东惠州	19.15	15.17	22.12	172.05										
SCBG	SCBG	种仁	广东连州	2.70	91.46	11.2	127.87	0.05	0.38	9.90	0.18	2.62	50.50	33.47	1.90	0.61	0.40
SCBG	SCBG	种仁	福建南平	10.21	13.01	40.14	43.61										

三叶荚蒾**Viburnum ternatum** Rehder

灌木或小乔木。花期6～7月；果期秋季。湖南：桑植县芭茅溪乡天平山，29°42′4″N，109°45′57″E，1436 m，2010-10-27，张兵、谷志容400181211；桑植县五道水，29°43′39″N，109°52′27″E，542 m，2012-10-06，张九兵、唐波400181452。生于海拔650～1400 m的山谷或山坡丛林或灌丛中。产于湖南、湖北、四川、贵州、云南。

含油率及化学组分数据：

采集单位	测试单位	测试部位	产地	含油率(%)	碘值	酸值	皂化值	C12:0	C14:0	C16:0	C16:1	C18:0	C18:1	C18:2	C18:3	C20:0	C20:1
HUCT	HUCT	种仁	湖南桑植	9.84	14.25	13.99	214.15	0.0032	0.07	1.55	0.07	3.64	18.18	75.90	0.24	0.22	0.13
HUCT	HUCT	种仁	湖南桑植	17.28	60.49	6.56	196.68			16.29	0.20				54.62	27.17	1.75

282. 败酱科 Valerianaceae

败酱属**Patrinia** Juss.

少蕊败酱(单蕊败酱)**Patrinia monandra** C. B. Clarke[*Patrinia formosana* Kitam.]

二年生或多年生草本。花期8～9月；果期9～10月。重庆：奉节县安乡公路旁，30°50′31″N，109°34′32″E，473 m，2010-10-22，刘正宇等400231184。生于海拔500～2400 m的山坡草丛、灌丛中、林下及林缘、田野溪旁、路边，常见。产gf 广西、湖南、江西、台湾、江苏、山东、河南、湖北、四川、贵州、云南、甘肃、陕西、河北、辽宁。药用，四川民间用以治漆疮、肠胃病、痈肿、产后疾病，甘肃民间用以治毒蛇咬伤和跌打损伤。

含油率及化学组分数据：

采集单位	测试单位	测试部位	产地	含油率(%)	碘值	酸值	皂化值	C12:0	C14:0	C16:0	C16:1	C18:0	C18:1	C18:2	C18:3	C20:0	C20:1
SWUN	SCBG	种仁	重庆奉节	9.24				0.04	0.05	5.53	0.11	2.63	15.67	61.76	12.74	0.61	0.20

白花败酱(攀倒甑)**Patrinia villosa** (Thunb.) Dufr.

多年生草本。花期8～10月；果期9～11月。河南：焦作沁阳，35°57′57″N，111°57′59″E，1067 m，2012-10-20，王亚平400314276；内乡，33°29′58″N，111°56′4″E，1399 m，2012-10-25，王亚平400314300。常生于海拔400～1500 m的山坡林下、林缘和灌丛中、草丛中，常见。产于广东、广西、湖南、江西、台湾、浙江、江苏、安徽、河南、湖北、四川、贵州。日本也有分布。根茎及根入药，能清热解毒、消肿排脓、活血祛瘀。

含油率及化学组分数据：

采集单位	测试单位	测试部位	产地	含油率(%)	碘值	酸值	皂化值	C12:0	C14:0	C16:0	C16:1	C18:0	C18:1	C18:2	C18:3	C20:0	C20:1
HNAU	ICS	种子	河南焦作	8.89	156.40	10.25	140.40	0.09	0.20	6.86		2.39	9.07	71.72	2.43	1.11	0.10
HNAU	ICS	种子	河南内乡	19.38	130.63	17.17	170.61			6.84	0.19	1.96	12.20	74.83	1.40	0.66	0.07

283. 川断续科 Dipsacaceae

川续断属**Dipsacus** L.

日本川续断**Dipsacus japonicus** Miq.[*Dipsacus lushanensis* C. Y. Cheng et Ai]

多年生草本。花期8～9月；果期9～11月。河南：灵宝小秦岭，34°27′47″N，110°28′18″E，1435 m，2012-08-22，王亚平400314179。生于海拔2600 m以下的山坡、路旁和草坡。产于湖南、江西、浙江、江苏、安徽、山东、河南、湖北、重庆、四川、甘肃、陕西、山西、河北、辽宁。朝鲜、日本也有分布。

含油率及化学组分数据：

采集单位	测试单位	测试部位	产地	含油率(%)	碘值	酸值	皂化值	C12:0	C14:0	C16:0	C16:1	C18:0	C18:1	C18:2	C18:3	C20:0	C20:1
HNAU	ICS	种子	河南灵宝	5.12		18.14	118.18	0.75	1.68	11.27	0.63	2.31	23.88	39.74	1.42	0.49	

284. 桔梗科 Campanulaceae

沙参属**Adenophora** Fisch.

多歧沙参**Adenophora potaninii** subsp. **wawreana** (Zahlbr.) S. Ge et D. Y. Hong

多年生草本。花期7～9月。河北：兴隆，40°07′13″N，119°22′45″E，516 m，2012-06-03，徐兴友、韩保强400313162。生于海拔2000 m以下的阴坡草丛或灌木林中，或生于疏林下，多生于砾石中或岩石缝中。产于辽宁、河北、内蒙古、山西、河南。

含油率及化学组分数据：

采集单位	测试单位	测试部位	产地	含油率(%)	碘值	酸值	皂化值	C12:0	C14:0	C16:0	C16:1	C18:0	C18:1	C18:2	C18:3	C20:0	C20:1
HNUST	ICS	种子	河北兴隆	7.04	28.52	32.55	217.40	1.19	0.43	18.66	1.94	7.66	25.24	11.54	1.29	0.54	

半边莲属**Lobelia** L.

铜锤玉带草**Lobelia nummularia** Lam.

多年生草本。在热带地区整年可开花结果。四川：峨眉山黄湾乡万年村，29°35′42″N，103°22′45″E，1000 m，2010-11-12，崔龙、李志强40021110148。生于田边、路旁以及丘陵、低山草坡或疏林中的潮湿地。产于广东、广西、湖南、福建、台湾、浙江、江苏、安徽、山东、湖北、四川、云南、西藏。印度、尼泊尔、缅甸至巴布亚新几内亚也有。全草供药用，治风湿、跌打损伤等。

含油率及化学组分数据：

采集单位	测试单位	测试部位	产地	含油率(%)	碘值	酸值	皂化值	C12:0	C14:0	C16:0	C16:1	C18:0	C18:1	C18:2	C18:3	C20:0	C20:1
SCU	SCU	种仁	四川峨眉山	8.66													

291. 菊科 Asteraceae

香青属**Anaphalis** DC.

同色二色香青(乳白香青)**Anaphalis bicolor** var. **subconcolor** Hand.-Mazz.

灌木。花、果期7～9月。四川：红原县瓦切乡冬春牧场，33°03′20″N，102°36′40″E，3460 m，2009-07-19，干友民400241013。生于海拔2000～3400 m亚高山及低山草地及针叶林下。产四川、青海、甘肃。全草入药，有活血散瘀，平肝潜阳，祛痰及外用止血之功效。

含油率及化学组分数据：

采集单位	测试单位	测试部位	产地	含油率(%)	碘值	酸值	皂化值	C12:0	C14:0	C16:0	C16:1	C18:0	C18:1	C18:2	C18:3	C20:0	C20:1
SICAU	SCBG	种仁	四川红原	12.95	93.92	20.87	354.92		0.04	6.62	0.04	1.73	7.35	82.89	0.53	0.50	0.29

牛蒡属**Arctium** L.

毛头牛蒡**Arctium tomentosum** Mill.[*Lappa tomentosa* (Mill.) Lam.]

二年生草本。花、果期7～9月。新疆：乌鲁木齐水西沟，43°27′17″N，87°26′23″E，1715 m，2010-09-28，王喜勇、王蕾、孔凡逵4003310015。生于海拔1200～2100 m山坡草地。产于新疆天山地区(巩留、乌鲁木齐、和静、昭苏、霍城、新源)。俄罗斯中亚、欧洲等地也有分布。瘦果和根宜做药用。

含油率及化学组分数据：

采集单位	测试单位	测试部位	产地	含油率(%)	碘值	酸值	皂化值	C12:0	C14:0	C16:0	C16:1	C18:0	C18:1	C18:2	C18:3	C20:0	C20:1
XIEG	SCBG	种仁	新疆乌鲁木齐	13.41	115.14	3.34	190.33	0.01	0.05	4.95	1.56	2.17	21.07	65.42	4.05	0.47	0.25

蒿属**Artemisia** L.

黄花蒿(青蒿，假香菜)**Artemisia annua** L.

一年生草本。花、果期8～11月。重庆：南川区三泉镇三泉石门沟，29°48′30″N，107°07′21″E，589 m，2009-09-29，刘正宇等400231075。新疆：昌吉州呼图壁种牛场，44°14′31″N，86°56′59″E，462 m，2010-09-30，王喜勇、王蕾、孔凡逵4003310022；奇台县至西地镇途中，44°02′25″N，89°37′20″E，735 m，2012-10-24，姜凤琴、孔凡奎4003312022。生于海拔2000～3700 m地区。产于安徽，广东、广西、湖南、江西、福建、台湾、浙江、江苏、山东、河南、湖北、四川、贵州、云南、西藏、新疆、青海、甘肃、宁夏、陕西、山西、河北、内蒙古、辽宁、吉林、黑龙江。广泛分布在亚洲、欧洲、非洲、北美洲。含挥发油，并含青蒿素、青蒿内脂I、II、a～蒎烯、樟脑、按叶油素、青蒿酮等，此外还含黄酮类化合物；地上部分还含东莨菪内脂类化合物。青蒿素为倍半萜内脂化合物，为抗疟的主要有效成分，治各种类型疟疾，具速效、低毒的优点，对恶性疟及脑疟尤佳。

含油率及化学组分数据：

采集单位	测试单位	测试部位	产地	含油率(%)	碘值	酸值	皂化值	C12:0	C14:0	C16:0	C16:1	C18:0	C18:1	C18:2	C18:3	C20:0	C20:1
SWUN	SCBG	种仁	重庆南川	19.60	107.60	4.44	193.97			9.85	0.31	1.79	5.12	81.92	0.28	0.54	0.18

采集单位	测试单位	测试部位	产地	含油率(%)	碘值	酸值	皂化值	C12:0	C14:0	C16:0	C16:1	C18:0	C18:1	C18:2	C18:3	C20:0	C20:1
XIEG	SCBG	种仁	新疆昌吉	15.17	24.36	0.72	405.88			10.67	0.32	8.48	14.89	50.56	4.71		3.35
XIEG	SCBG	种子	新疆奇台	3.38	49.01	0.69	157.20	0.64	0.42	14.01	0.42	3.18	19.32	39.07	4.25		
OFPC	NIB	瘦果	甘肃民勤	19.20	137.00	3.00	183.70		微量	6.90		1.80	15.20	74.10	1.90		

白沙蒿**Artemisia blepharolepis** Bunge

一年生草本。花、果期7～10月。内蒙古：鄂尔多斯市达拉特旗，40°16′23″N，109°56′47″E，1076 m，2012-08-20，田海晨400312173。产于内蒙古、陕西(北部)、宁夏等地；生于低海拔地区干山坡、草地、草原、荒漠草原、荒地、路旁及河岸沙滩上，局部地区成为植物群落的优势种。

含油率及化学组分数据：

采集单位	测试单位	测试部位	产地	含油率(%)	碘值	酸值	皂化值	C12:0	C14:0	C16:0	C16:1	C18:0	C18:1	C18:2	C18:3	C20:0	C20:1
IMAU	ICS	种子	内蒙古鄂尔多斯	4.17	153.25	23.92		0.17	0.41	11.25	0.35	1.78	8.69	25.04	5.39	3.22	0.20
OFPC	NIB	瘦果	甘肃民勤		144.10	2.80	193.50			6.20		2.30	15.50	74.50	0.10	0.80	

野艾蒿(野艾、小叶艾)**Artemisia lavandulifolia** DC.

多年生草本。花、果期8～10月。新疆：伊犁新源县至尼勒克79团途中，43°37′51″N，83°18′52″E，1281 m，2010-10-10，王喜勇、王蕾、孔凡逵4003310046。多生于海拔400～3000 m的路旁、林缘、山坡、草地、山谷、灌丛及河湖滨草地等。产于广东、广西、湖南、江西、江苏、安徽、山东、河南、湖北、四川、贵州、云南、甘肃、陕西、山西、河北、内蒙古、辽宁、吉林、黑龙江等地。日本、朝鲜、蒙古、俄罗斯也有分布。入药，作“艾”的代用品，有散寒、祛湿、温经、止血作用。嫩苗作菜蔬或腌制酱菜食用。鲜草作饲料。

含油率及化学组分数据：

采集单位	测试单位	测试部位	产地	含油率(%)	碘值	酸值	皂化值	C12:0	C14:0	C16:0	C16:1	C18:0	C18:1	C18:2	C18:3	C20:0	C20:1
XIEG	SCBG	种仁	新疆伊犁	9.23	45.79	29.20	522.05		0.11	9.85	0.09	5.35	47.40	21.55	0.31	0.50	0.39

黑沙蒿**Artemisia ordosica** Krasch.

小灌木。花、果期7～10月。新疆：S228/314km处，44°12′56″N，90°08′58″E，738 m，2012-10-24，姜凤琴、孔凡奎4003312024。生于海拔1500 m以下的荒漠与半荒漠地区的流动与半流动沙丘或固定沙丘上，也生长在干草原与干旱的坡地上。产于新疆、甘肃、宁夏、陕西、山西、河北、内蒙古。良好的固沙植物之一。适于飞机播种。茎、枝作固沙的沙障或编筐用。枝、叶入药，蒙医作消炎、止血、祛风、清热药。牧区作牲畜饲料。

含油率及化学组分数据：

采集单位	测试单位	测试部位	产地	含油率(%)	碘值	酸值	皂化值	C12:0	C14:0	C16:0	C16:1	C18:0	C18:1	C18:2	C18:3	C20:0	C20:1
XIEG		种子	新疆	7.00	46.09	1.57	191.03		0.11	6.66	0.12	3.43	30.96	52.11	1.79	1.04	0.50
OFPC	NIB	瘦果	甘肃民勤							12.30		1.40	15.40	67.50	0.20	1.70	

神农架蒿**Artemisia shennongjiaensis** Y. Ling et Y. R. Ling

多年生草本。花、果期8～10月。湖北：神农架林区九湖大九湖，31°27′17N，110°8′58″E，2173 m，2012-09-03，危文亮，赵永国等400151208。生于海拔1560 m处的林缘、路旁等地。湖北西部神农架地区特有。

含油率及化学组分数据：

采集单位	测试单位	测试部位	产地	含油率(%)	碘值	酸值	皂化值	C12:0	C14:0	C16:0	C16:1	C18:0	C18:1	C18:2	C18:3	C20:0	C20:1
OCRI	SCBG	种仁	湖北神农架	16.34	0.65	13.98	184.54	15.97	6.71		0.30	2.22	15.35	31.10	9.26		0.15

苍术属**Atractylodes** DC.

白术**Atractylodes macrocephala** Koidz.[*Atractylis macrocephala* var. *hunanensis* Y. Ling]

多年生草本。花、果期8～10月。河北：昌黎，39°11′30″N，119°05′01″E，9 m，2012-09-20，徐兴友、韩宝强400313172。生于海拔600～2800 m山坡草地及山坡林下。产于湖南、江西、浙江、四川。在湖南、江西、福建、浙江、江苏、安徽、湖北、四川等地有栽培。根状茎入药，为运脾药，性味苦温辛烈，有燥湿、化浊、止痛之效。

含油率及化学组分数据：

采集单位	测试单位	测试部位	产地	含油率(%)	碘值	酸值	皂化值	C12:0	C14:0	C16:0	C16:1	C18:0	C18:1	C18:2	C18:3	C20:0	C20:1
HNUST	ICS	种子	河北昌黎	14.36	140.39	24.37	185.86		0.05	7.86	0.08	2.15		61.86	0.50	0.43	17.88

鬼针草属Bidens L.

婆婆针（刺针草）**Bidens bipinnata** L.

一年生草本。花期8～10月。河南：内乡，33°30′4″N，111°54′48″E，973 m，2012-10-26，王亚平400314311。生于海拔1800～3000 m路边荒地、山坡及田间。产于广东、广西、江西、福建、台湾、浙江、江苏、安徽、山东、四川、云南、甘肃、陕西、山西、河北、内蒙古、辽宁、吉林等地。柬埔寨老挝、尼泊尔、韩国、泰国、越南，欧洲、北美洲、南美洲、太平洋群岛也有分布。全草入药，有清热解毒、散瘀活血的功效，主治上呼吸道感染、咽喉肿痛、急性阑尾炎、急性黄疸型肝炎、胃肠炎、风湿关节疼痛、疟疾，外用治疮疖、毒蛇咬伤、跌打肿痛。

含油率及化学组分数据：

采集单位	测试单位	测试部位	产地	含油率(%)	碘值	酸值	皂化值	C12:0	C14:0	C16:0	C16:1	C18:0	C18:1	C18:2	C18:3	C20:0	C20:1
HNAU	ICS	种子	河南内乡	9.22	84.24	6.52	188.26		0.29	21.47	0.38	1.99	9.42	61.67	1.03	0.23	0.15
OFPC	IAE	瘦果	辽宁沈阳	21.50	147.80		185.00		微量	7.00		1.00	8.20	83.80	微量		

金盏银盘**Bidens biternata** (Lour.) Merr. et Sherff

一年生草本。花期7～11月。四川：越西乃托，28°42′745″N，102°35′827″E，2009-10-21，樊云川，王凯40021109101。河北：邯郸，36°20′36″N，113°58′11″E，239.60 m，2012-10-13，徐兴友400313047。生于路边、村旁及荒地中。产于海南、广东、广西、湖南、江西、福建、台湾、浙江、安徽、山东、河南、湖北、贵州、云南、甘肃、陕西、山西、河北、辽宁等地。朝鲜、日本、越南、老挝、柬埔寨、泰国、缅甸、马来西亚、新加坡、印度尼西亚、文莱、菲律宾，大洋洲、非洲均有分布。

含油率及化学组分数据：

采集单位	测试单位	测试部位	产地	含油率(%)	碘值	酸值	皂化值	C12:0	C14:0	C16:0	C16:1	C18:0	C18:1	C18:2	C18:3	C20:0	C20:1
ICU	SCU	种仁	四川越西	13.82						0.95		1.90	14.79	82.36			
HNUST	ICS	种子	河北邯郸	12.30	11.84	19.28	197.59		1.18	42.07	0.17	4.54	6.49	23.76	0.16	0.71	0.14

大狼杷草（接力草、外国脱力草）**Bidens frondosa** L.

一年生草本。花期8～9月。湖北：神农架木鱼镇小当阳村，31°26′55″N，110°23′26″E，1249 m，2011-09-17，丁时东400151115。生于田野湿润处。产于广东、江西、上海、江苏。北美洲也有分布。全草入药，有强壮、清热解毒的功效。主治体虚乏力、盗汗、咯血、痢疾、疳积、丹毒。

含油率及化学组分数据：

采集单位	测试单位	测试部位	产地	含油率(%)	碘值	酸值	皂化值	C12:0	C14:0	C16:0	C16:1	C18:0	C18:1	C18:2	C18:3	C20:0	C20:1
OCRI	SCBG	种仁	湖北神农架	14.10	66.62	16.46	153.12	0.32	0.74	11.35		4.15	13.36	28.08	34.84	0.84	

鬼针草（三叶鬼针草、细叶鬼针）**Bidens pilosa** L.

一年生草本。花、果期8月至翌年5月。山东：青岛崂山，36°18′28″N，117°13′37″E，198 m，2009-08-18，赵伟华400311026。河北：青龙，40°22′24″N，118°57′14″E，314 m，2012-09-16，徐兴友、詹立军400313194。生于海拔2500 m以下村旁、路边及荒地中。产于海南、广东、广西、湖南、江西、福建、台湾、浙江、安徽、山东、河南、贵州、湖北、四川、云南、西藏、甘肃、陕西、山西、河北、辽宁。广布于亚洲和美洲的热带和亚热带地区。为我国民间常用草药，有清热解毒、散瘀活血的功效，主治上呼吸道感染、咽喉肿痛、急性阑尾炎、急性黄疸型肝炎、胃肠炎、风湿关节疼痛、疟疾，外用治疮疖、毒蛇咬伤、跌打肿痛。

含油率及化学组分数据：

采集单位	测试单位	测试部位	产地	含油率(%)	碘值	酸值	皂化值	C12:0	C14:0	C16:0	C16:1	C18:0	C18:1	C18:2	C18:3	C20:0	C20:1
ICS	ICS	种子	山东青岛	9.70	75.43	3.06	190.80	0.05	0.36	20.24	0.20	1.79	8.81	67.09	1.07	0.20	0.19
HNUST	ICS	种子	河北青龙	10.77	225.61	28.05	78.51		0.35	19.91	0.31	2.52	10.63	53.35	0.73	0.31	0.07
OFPC	KMIB	种子	云南芒市	19.60	88.40				微量	43.20		4.50	6.80	45.50			

天名精属Carpesium L.

烟管头草（杓儿菜、烟袋草）**Carpesium cernuum** L.

多年生草本。花期6～8月；果期9～10月。甘肃：甘南卓尼县大峪沟，34°12′01″N，103°35′33″E，2800 m，2011-10-11，秦烁、胡亮400326018。生于海拔540～2500 m的路边荒地及山坡、沟边等处。产于广西、湖南、湖北、四川、云南。印度也有分布。全草药用，味苦、微辛，性寒，有小毒，治咽喉热毒肿痛、风火牙痛、伤风头痛等；根治疟疾有奇效；鲜叶外用治疮痈。民间常当金挖耳用。

含油率及化学组分数据：

采集单位	测试单位	测试部位	产地	含油率(%)	碘值	酸值	皂化值	C12:0	C14:0	C16:0	C16:1	C18:0	C18:1	C18:2	C18:3	C20:0	C20:1
CAU	ICS	种子	甘肃甘南	9.26	139.85	13.87	255.66		0.10	7.28	0.50	1.70	11.77	63.09		0.70	11.62

飞机草属**Chromolaena** DC.

飞机草**Chromolaena odorata** (L.) R. M. King et H. Rob.

多年生草本。花、果期4～12月。海南：三亚，18°16′39″N，109°31′1″E，2012-03-22，张荣京，40017209。生低海拔的丘陵地、灌丛中及稀树草原上。但多见于干燥地、森林破坏迹地、垦荒地、路旁、住宅及田间。海南、云南有分布。原产美洲。全草微辛温；叶含香豆素，有杀蚂蝗之效。

含油率及化学组分数据：

采集单位	测试单位	测试部位	产地	含油率(%)	碘值	酸值	皂化值	C12:0	C14:0	C16:0	C16:1	C18:0	C18:1	C18:2	C18:3	C20:0	C20:1
SCAU	SCBG	种仁	海南三亚	16.79		10.82	192.78		0.16	4.32	0.09	2.89	83.87	49.64	25.65	0.29	0.50

蓟属**Cirsium** Mill.

贡山蓟**Cirsium eriophoroides** (Hook. f.) Petr.[*Cirsium bolocephalum* Petr. ex Hand.-Mazz]

多年生高大草本。花、果期7～10月。四川：雅安宝兴蜂桶寨邓池沟，30°32′13″N，102°56′54″E，1934 m，2011-09-28，李志强、刘小波等40021111018。生于海拔2000～4100 m山坡灌丛中或山坡草地、草甸、河滩地或水边。产于四川、云南、西藏。

含油率及化学组分数据：

采集单位	测试单位	测试部位	产地	含油率(%)	碘值	酸值	皂化值	C12:0	C14:0	C16:0	C16:1	C18:0	C18:1	C18:2	C18:3	C20:0	C20:1
SCU	SCU	种仁	四川雅安	15.68		27.62		1.97		8.20	0.41	2.24	14.48	65.56	7.12		

秋英属**Cosmos** Cav.

硫磺菊**Cosmos sulphureus** Cav.

一年生草本植物。花期6～9月；果期9～10月。河北、石家庄，38°05′32″N，114°34′41″E，48.70 m，2012-10-15，徐兴友、詹立军400313188。原产于墨西哥。我国广东、云南、北京有栽培。

含油率及化学组分数据：

采集单位	测试单位	测试部位	产地	含油率(%)	碘值	酸值	皂化值	C12:0	C14:0	C16:0	C16:1	C18:0	C18:1	C18:2	C18:3	C20:0	C20:1
HNUST	ICS	种子	河北石家庄	9.08	71.48	16.80	255.23	0.04	0.78	46.74	0.24	7.85	10.19	15.64	0.07	1.18	0.08

鳢肠属**Eclipta** L.

鳢肠（*唐本草、旱莲草、墨菜*）**Eclipta prostrata** (L.) L.

一年生草本。花期6～9月。河北：邯郸，36°57′45″N，113°47′15″E，475 m，2012-09-05，徐兴友、韩宝强400313159。生于海拔1600 m的河边，田边或路旁。产于广西、湖南、江西、福建、台湾、浙江、江苏、安徽、山东、河南、湖北、四川、贵州、云南、甘肃、陕西、山西、河北、辽宁、吉林。原产于中美洲和南美洲北部。非洲、亚洲、澳大利亚、欧洲、太平洋群岛有分布。全草入药，有凉血、止血、消肿、强壮之功效。

含油率及化学组分数据：

采集单位	测试单位	测试部位	产地	含油率(%)	碘值	酸值	皂化值	C12:0	C14:0	C16:0	C16:1	C18:0	C18:1	C18:2	C18:3	C20:0	C20:1
HNUST	ICS	种子	河北邯郸	1.29	437.11	32.21	20.69										

大吴风草属**Farfugium** Lindl.

大吴风草**Farfugium japonicum** (L.) Kitam.

多年生草本。花、果期8月至翌年3月。湖北：神农架，31°28′4″N，110°22′55″E，1530 m，2012-10-05，李晓东、昝艳燕等400121293。生于低海拔地区的林下，山谷及草丛。产于广东、广西、湖南、福建、台湾、湖北。叶含挥发油约1%，主要成分为乙烯醛，用于杀虫。

含油率及化学组分数据：

采集单位	测试单位	测试部位	产地	含油率(%)	碘值	酸值	皂化值	C12:0	C14:0	C16:0	C16:1	C18:0	C18:1	C18:2	C18:3	C20:0	C20:1
WHBG	WHBG	种仁	湖北神农架	9.16	99.97	1.61	374.11		0.27	15.15	0.14	2.68	18.52	41.10	9.06	0.31	0.78

苦荬菜属**Ixeris** (Cass.) Cass.

苦荬菜**Ixeris polycephala** Cass. ex DC.

一年生草本。花、果期3～6月。广西：龙胜县平等乡，27°36′01″N，108°41′22″E，450 m，2012-07-12，蒋日红4001101324。生于海拔100～2000 m山坡林缘、灌丛、草地、田野路旁。产于广东、广西、湖南、江西、福建、台湾、浙江、江苏、安徽、山东、河南、湖北、重庆、四川、贵州、云南、陕西。阿富汗、不丹、柬埔寨、印度、日本、老挝、缅甸、尼泊尔、越南也有分布。全草入药，具清热解毒、去腐化脓、止血生机功效；可治疗疮、无名肿毒、子宫出血等症。

含油率及化学组分数据：

采集单位	测试单位	测试部位	产地	含油率(%)	碘值	酸值	皂化值	C12:0	C14:0	C16:0	C16:1	C18:0	C18:1	C18:2	C18:3	C20:0	C20:1
GXIB	SCBG	种仁	广西龙胜	18.23	150.02	2.65	177.87		0.63	14.38		6.25	16.25	36.56	10.94	11.56	

橐吾属Ligularia Cass.

齿叶橐吾Ligularia dentata (A.Gray) H. Hara

多年生草本。花、果期7～10月。湖南：永顺县羊峰山，28°56′20″N，110°07′52″E，829 m，2010-12-05，徐亮、张代贵400191186。湖北：湖北神农架高脚岩，31°26′54″N，110°11′33″E，2606 m，2010-10-22，丁时东，危文亮等400151064。生于海拔700～3200 m的山坡、水边、林缘和林中。产于广西、湖南、江西、安徽、河南、湖北、四川、贵州、云南、甘肃、陕西、山西。日本也有分布。

含油率及化学组分数据：

采集单位	测试单位	测试部位	产地	含油率(%)	碘值	酸值	皂化值	C12:0	C14:0	C16:0	C16:1	C18:0	C18:1	C18:2	C18:3	C20:0	C20:1
JSU	SCBG	种仁	湖南永顺	0.27	119.71	7.04	191.17		0.05	9.21	0.11	6.08	83.88	0.49	0.16		
OCRI	SCBG	种仁	湖北神农架	18.40	73.68	2.74	79.94	0.19	0.33	29.12	0.08	4.87	29.46	59.56	0.42	0.57	0.09

狭苞橐吾(橐吾)Ligularia intermedia Nakai

多年生草本。花、果期7～10月。河南：内乡，33°31′3″N，111°55′50″E，1383 m，2012-10-25，王亚平400314292。生于海拔120～3400 m的水边、山坡、林缘、林下及高山草原。产于云南西北和东北部、四川、贵州、湖北、湖南、河南、甘肃、陕西及华北、东北地区。在朝鲜、日本也有分布。

含油率及化学组分数据：

采集单位	测试单位	测试部位	产地	含油率(%)	碘值	酸值	皂化值	C12:0	C14:0	C16:0	C16:1	C18:0	C18:1	C18:2	C18:3	C20:0	C20:1
HNAU	ICS	种子	河南内乡	10.37	102.23	8.41	267.89		0.31	12.64	0.10	2.70	23.76	44.91	1.45	0.90	0.20

蚂蚱腿子属Myripnois Bunge

心叶帚菊Myripnois dioica Bunge

亚灌木。花期9～10月。河南：内乡，33°30′1″N，111°55′57″E，1384 m，2012-10-26，王亚平400314320。生于山地林缘或灌丛中，海拔800～1500 m。产于湖南、江西、安徽。

含油率及化学组分数据：

采集单位	测试单位	测试部位	产地	含油率(%)	碘值	酸值	皂化值	C12:0	C14:0	C16:0	C16:1	C18:0	C18:1	C18:2	C18:3	C20:0	C20:1
HNAU	ICS	种子	河南内乡	17.58	103.94	4.15	137.61			6.95		4.72	26.57	27.71		0.08	

大翅蓟属Onopordum L.

大翅蓟Onopordum acanthium L.

二年生草本。花、果期6～9月。新疆：奇台县北山煤矿附近，43°53′51″N，90°14′32″E，1134 m，2009-08-20，王喜勇、侯翼国、徐基平4003309004；乌鲁木齐市水磨沟区，43°47′56″N，87°43′32″E，962 m，2012-10-27，姜凤琴、孔凡奎4003312027。生于海拔400～1200 m山坡、荒地或水沟边。产新疆天山、准噶尔盆地及准噶尔阿拉套地区。阿富汗、哈萨克斯坦、吉尔吉斯斯坦、巴基斯坦、俄罗斯、伊朗、塔吉克斯坦、土库曼斯坦，乌兹别克斯坦、欧洲广有分布。

含油率及化学组分数据：

采集单位	测试单位	测试部位	产地	含油率(%)	碘值	酸值	皂化值	C12:0	C14:0	C16:0	C16:1	C18:0	C18:1	C18:2	C18:3	C20:0	C20:1
XIEG	SCBG	种仁	新疆奇台	2.51	81.66	2.99	193.55		0.19	13.26		3.47	16.29	46.29	17.01	0.10	
XIEG	SCBG	种子	新疆乌鲁木齐	16.43	75.16	3.88	164.15	0.14	12.80	15.22	0.34	4.84	9.50	41.68	3.71	3.06	0.18

瓜叶菊属Pericallis D. Don

瓜叶菊Pericallis hybrida B. Nord.

多年生草本。花、果期3～7月。四川：龙池县，29°21′32″N，104°23′27″E，2009-10-14，樊云川、王凯40021109079。原产大西洋加那利群岛。我国各地公园或庭院广泛栽培。花色美丽鲜艳，色彩多样，是一种常见的盆景花卉和装点庭院居室的观赏植物。

含油率及化学组分数据：

采集单位	测试单位	测试部位	产地	含油率(%)	碘值	酸值	皂化值	C12:0	C14:0	C16:0	C16:1	C18:0	C18:1	C18:2	C18:3	C20:0	C20:1
SCU	SCU	种仁	四川龙池	14.54													

毛连菜属Picris L.

毛连菜Picris hieracioides L.

二年生草本。花、果期6～9月。甘肃：庆阳市什社乡，35°24′14″N，107°29′25″E，1250 m，2011-10-10，秦烁、胡亮400326002。生于海拔200～3600 m山坡草地、林下、沟边、田间、撂荒地或沙滩地。产于湖南、山东、河南、湖北、四川、贵州、云南、西藏、青海、甘肃、陕西、山西、河北、吉林。欧洲、地中海地区、伊朗、俄罗斯及哈萨克斯坦也有分布。

含油率及化学组分数据：

采集单位	测试单位	测试部位	产地	含油率(%)	碘值	酸值	皂化值	C12:0	C14:0	C16:0	C16:1	C18:0	C18:1	C18:2	C18:3	C20:0	C20:1
CAU	ICS	种子	甘肃庆阳	4.44	61.01	22.46	225.61	0.19	0.75	12.99	0.67	1.87	21.59	51.97	1.52	0.37	0.17

风毛菊属Saussurea DC.

风毛菊(日本风毛菊)**Saussurea japonica** (Thunb.) DC.

二年生草本。花、果期6～11月。甘肃：徽县严坪镇，33°23′50″N，106°10′20″E，1176 m，2011-10-07，薛帅、潘昊400325002。生于海拔200～2900 m山坡、山谷、林下、山坡路旁、山坡灌丛、荒坡、水旁、田中。产于广东、湖南、江西、福建、浙江、安徽、山东、河南、湖北、四川、贵州、云南、西藏、青海、甘肃、陕西、山西、河北、北京、内蒙古、辽宁。朝鲜、日本也有分布。

含油率及化学组分数据：

采集单位	测试单位	测试部位	产地	含油率(%)	碘值	酸值	皂化值	C12:0	C14:0	C16:0	C16:1	C18:0	C18:1	C18:2	C18:3	C20:0	C20:1
CAU	ICS	种子	甘肃徽县	13.69	107.05	32.53	189.79	0.09	0.26	13.43	0.90	4.24	19.90	42.24	2.60	3.92	0.22

三角叶风毛菊(东北风毛菊)**Saussurea manshurica** Kom.

多年生草本。花、果期8～9月。湖北：神农架谢家湾，31°29′36″N，110°05′07″E，1557 m，2010-10-23，丁时东，危文亮等400151071。生于海拔1950～3300 m林中，山崖下或草坡。产于四川、甘肃、陕西。

含油率及化学组分数据：

采集单位	测试单位	测试部位	产地	含油率(%)	碘值	酸值	皂化值	C12:0	C14:0	C16:0	C16:1	C18:0	C18:1	C18:2	C18:3	C20:0	C20:1
OCRI	SCBG	种仁	湖北神农架	12.06	12.66	8.12	222.15	0.02	0.10	0.04	3.55	1.87	11.89	39.66	35.89	3.36	

银背风毛菊(绒背风毛菊)**Saussurea vestita** Franch.

多年生草本。花、果期8～10月。河北：兴隆，40°36′26″N，117°26′50″E，1409 m，2012-09-27，徐兴友、詹立军400313203。生于海拔3000～3900 m路边沙石地、山坡草地。产于云南、河北。

含油率及化学组分数据：

采集单位	测试单位	测试部位	产地	含油率(%)	碘值	酸值	皂化值	C12:0	C14:0	C16:0	C16:1	C18:0	C18:1	C18:2	C18:3	C20:0	C20:1
HNUST	ICS	种子	河北兴隆	9.33	83.40	20.99	477.15		0.05	7.87	0.25	3.94	25.59	30.72	3.01	1.04	0.15

千里光属Senecio L.

千里光(九里明、蔓黄菀)**Senecio scandens** Buch.-Ham. ex D. Don

多年生攀缘草本。花期8月至翌年4月。西藏：波密县扎木乡，29°49′55″N，95°43′07″E，3146 m，2011-09-05，于友民400241150。常生于海拔50～3200 m森林、灌丛中，攀缘于灌木、岩石上或溪边。产于广东、广西、湖南、江西、福建、台湾、浙江、安徽、湖北、四川、贵州、云南、西藏、陕西等地。印度、尼泊尔、不丹、缅甸、泰国、中南半岛、菲律宾、日本也有分布。

含油率及化学组分数据：

采集单位	测试单位	测试部位	产地	含油率(%)	碘值	酸值	皂化值	C12:0	C14:0	C16:0	C16:1	C18:0	C18:1	C18:2	C18:3	C20:0	C20:1
SICAU	SCBG	种仁	西藏波密	19.11	95.10	11.70	197.99										

麻花头属Serratula L.

华麻花头(鸭麻菜)**Serratula chinensis** S. Moore

多年生草本。花、果期7～10月。湖南：永顺县小溪茶园溪，28°46′14″N，110°14′48″E，335 m，2010-10-04，肖艳、徐亮400191144。湖北：神农架深沟，31°30′10″N，110°04′45″E，1340 m，2010-10-22，丁时东、危文亮等400151062。生于海拔3500～1150 m山坡草地或林缘、林下、灌丛中或丛缘等。产于广东、湖南、江西、浙江、安徽、河南、陕西。

含油率及化学组分数据：

采集单位	测试单位	测试部位	产地	含油率(%)	碘值	酸值	皂化值	C12:0	C14:0	C16:0	C16:1	C18:0	C18:1	C18:2	C18:3	C20:0	C20:1
JSU	SCBG	种仁	湖南永顺	0.49	119.01	15.54	263.19	0.07	0.27	20.32	4.58	25.31	37.39	11.64	0.41		
OCRI	SCBG	种仁	湖北神农架	16.70	7.99	8.80	168.10	0.01	0.09	5.80		4.46	29.22	24.52	0.94	0.26	0.16

山牛蒡属Synurus Iljin

山牛蒡**Synurus deltoides** (Aiton) Nakai

多年生草本。花、果期6～10月。重庆：南川区鱼泉乡山王坪白果林场，29°28′52″N，107°12′31″E，1347 m，2009-11-04，刘正宇等400231109。吉林：长白山，42°3′8″N，127°47′15″E，2012-10-18，郑宝江等400341228。黑龙江：帽儿山，45°16′25″N，127°30′15″E，2012-10-18，郑宝江等400341218。生于海拔500～2200 m山坡林缘、林下或草甸。分布于江西、浙江、安徽、河南、湖北、四川、河北、内蒙古、辽宁、吉林、黑龙江。朝鲜、日本、蒙古、俄罗斯东西伯利亚及远东地区也有分布。

含油率及化学组分数据：

采集单位	测试单位	测试部位	产地	含油率(%)	碘值	酸值	皂化值	C12:0	C14:0	C16:0	C16:1	C18:0	C18:1	C18:2	C18:3	C20:0	C20:1
SWUN	SCBG	种仁	重庆南川	17.83	107.83	3.80	177.73	37.56	10.11	2.43	0.45	1.68	33.93	7.83	0.34	5.13	0.54
ECNU	SCBG	种仁	吉林长白山	19.43	28.21	10.03	230.31	0.0032	0.05	5.16	0.06	1.96	6.65	22.84	62.55	0.15	0.58
ECNU	SCBG	种仁	黑龙江帽儿山	13.48	23.18	8.80	233.63	0.29	0.55	10.75	0.15	4.70	14.82	55.16	9.52	2.78	1.28

苍耳属Xanthium L.

意大利苍耳Xanthium italicum Moretti

一年生草本植物。河北：青龙，39°43′55″N，119°09′24″E，88.30 m，2012-08-30，徐兴友、詹立军400313204；丰宁，40°08′46″N，118°23′46″E，84 m，2011-09-16，徐兴友、韩宝强400313058。辽宁：长海，39°17′53″N，122°35′12″E，2012-10-16，郑宝江等400341201。原产于北美洲。

含油率及化学组分数据：

采集单位	测试单位	测试部位	产地	含油率(%)	碘值	酸值	皂化值	C12:0	C14:0	C16:0	C16:1	C18:0	C18:1	C18:2	C18:3	C20:0	C20:1
HNUST	ICS	种子	河北青龙	2.63	469.19	452.39	288.63		1.54	20.05	0.11	10.61	20.85	3.00	0.13	0.79	0.81
HNUST	ICS	种子	河北丰宁	12.47	129.24	5.20	155.36			5.79	0.09	3.17	12.42	75.47		0.16	0.13
ECNU	SCBG	种仁	辽宁长海	6.10	78.79	8.64	168.10										

刺苍耳Xanthium spinosum L.

草本植物。花期7～10月。新疆：218国道伊宁至新源途中，43°41′39″N，82°00′19″E，818 m，2010-10-04，王喜勇、王蕾、孔凡逵4003310030。潮湿或季节性湿碱性土壤，荒地，利润率的农业用地。产河南、北京。原产于北美洲和南美洲。

含油率及化学组分数据：

采集单位	测试单位	测试部位	产地	含油率(%)	碘值	酸值	皂化值	C12:0	C14:0	C16:0	C16:1	C18:0	C18:1	C18:2	C18:3	C20:0	C20:1
XIEG	SCBG	种仁	新疆	11.71	46.09	2.19	461.58		0.06	11.36	0.14	3.38	32.36	10.04	0.10	0.44	0.18

单子叶植物

302. 百合科 Liliaceae

葱属Allium L.

葱 Allium fistulosum L.

草本；鳞茎单生，圆柱状。花期4～7月。全国各地广泛栽培，国外也有栽培，世界各地亦普遍栽培。作蔬菜食用，鳞茎“葱白”和种子入药。

含油率及化学组分数据：

采集单位	测试单位	测试部位	产地	含油率(%)	碘值	酸值	皂化值	C12:0	C14:0	C16:0	C16:1	C18:0	C18:1	C18:2	C18:3	C20:0	C20:1
OFPC		种子	辽宁沈阳	11.70	142.10		192.50			2.40			15.70	81.90			

新疆韭Allium flavidum Ledeb.

草本。鳞茎单生或2枚聚生；鳞茎破裂成纤维状，呈网状。花、果期7～8月。新疆：阿勒泰喀纳斯自然保护区，48°45′00″N，86°56′01″E，1715 m，2011-09-18，侯翼国、王茜4003311032。生于向阳山坡和林下岩石缝。产于新疆北部。俄罗斯中亚地区、西伯利亚西部以及蒙古西部也有分布。

含油率及化学组分数据：

采集单位	测试单位	测试部位	产地	含油率(%)	碘值	酸值	皂化值	C12:0	C14:0	C16:0	C16:1	C18:0	C18:1	C18:2	C18:3	C20:0	C20:1
XIEG	SCBG	种子	新疆阿勒泰	17.94	77.89	2.17	157.2		7.20	9.39	0.32	6.90	46.99	18.40	0.11	1.39	0.15

野韭Allium ramosum L.[*Allium lancipetalum* Y. P. Hsu]

草本。花、果期6月底到9月。内蒙古：锡林郭勒盟正蓝旗桑根达来镇，42°12′49″N，116°02′25″E，1343 m，2012-08-16，扈顺400312182。生于海拔460～2100 m的向阳山坡、草坡或草地上。产于山东、新疆、青海、甘肃、宁夏、陕西、山西、河北、内蒙古、辽宁、吉林、黑龙江。俄罗斯中亚、西伯利亚地区以及蒙古也有分布。叶可食用。

含油率及化学组分数据：

采集单位	测试单位	测试部位	产地	含油率(%)	碘值	酸值	皂化值	C12:0	C14:0	C16:0	C16:1	C18:0	C18:1	C18:2	C18:3	C20:0	C20:1
IMAU	ICS	种子	内蒙古锡林郭勒	5.49	87.92	9.99	94.78	0.10	0.07	4.34	0.46	1.37	16.38	51.42	0.60	0.60	0.43

细叶韭Allium tenuissimum L.[*Allium tenuissimum* var. *nalinicum* Shan Chen]

草本。花、果期7～9月。内蒙古：锡林郭勒盟正蓝旗桑根达来镇，42°13′2″N，116°02′34″E，1339 m，2012-08-16，田海晨400312184。生于海拔2000 m以下的山坡、草地或沙丘上。产于黑龙江、吉林、辽宁、山东、河北、山西、内蒙古、甘肃、四川、陕西、宁夏、河南、江苏和浙江。俄罗斯西伯利亚地区以及蒙古也有分布。

含油率及化学组分数据：

采集单位	测试单位	测试部位	产地	含油率(%)	碘值	酸值	皂化值	C12:0	C14:0	C16:0	C16:1	C18:0	C18:1	C18:2	C18:3	C20:0	C20:1
IMAU	ICS	种仁	内蒙古锡林郭勒	3.45		16.41		0.13	0.15	3.10	0.29	1.27	5.90	16.87	0.89	1.26	5.50

知母属**Anemarrhena** Bunge

知母（兔子油草、穿地龙）**Anemarrhena asphodeloides** Bunge

草本。花、果期6～9月。河北：抚宁，39°57′58″N，119°14′21″E，105 m，2011-11-05，徐兴友、詹立军400313119。生于海拔1500 m以下的山坡、草地或路旁较干燥或向阳的地方。产于山东（山东半岛）、四川、甘肃（东部）、陕西（北部）、山西、河北、内蒙古（南部）、辽宁（西南部）、吉林（西部）和黑龙江（南部），台湾也有栽培。也分布于朝鲜。本种干燥根状茎为著名中药，性苦寒，有滋阴降火、润燥滑肠、利大小便之效。有“毛知母”与“知母肉”之分。最主要产区在河北。

含油率及化学组分数据：

采集单位	测试单位	测试部位	产地	含油率(%)	碘值	酸值	皂化值	C12:0	C14:0	C16:0	C16:1	C18:0	C18:1	C18:2	C18:3	C20:0	C20:1
HNUST	ICS	种子	河北抚宁	17.45	112.77	3.00				4.94		1.82	21.60	69.13	0.51	0.57	0.31
OFPC		种子	北京	24.70	146.00		190.20			4.80		2.30	11.90	78.90	0.40		

天门冬属**Asparagus** L.

天门冬（三百棒、丝冬、老虎尾巴根）**Asparagus cochinchinensis** (Lour.) Merr.[*Melanthium cochinchinense* Lour.]

攀缘植物。花期5～6月；果期8～10月。福建：厦门市厦门园林植物园，24°27′23″N，118°06′21″E，2009-12-03，王发国、翟俊文400113042。生于海拔1750 m以下的山坡、路旁、疏林下、山谷或荒地上。产于海南、广东、广西、湖南、江西、福建、台湾、浙江、江苏、安徽、山东、河南、湖北、四川、贵州、云南、西藏、甘肃、陕西、山西、河北。也见于朝鲜、日本、老挝和越南。喜温暖、湿润的环境，耐寒，耐旱。喜土层深厚、富含腐殖质、肥沃和排水良好的砂质壤土。播种或分株繁殖。可植于花坛；也可用盆栽以装饰。块根是常用中药，有滋阴润燥、清火止咳之效。

含油率及化学组分数据：

采集单位	测试单位	测试部位	产地	含油率(%)	碘值	酸值	皂化值	C12:0	C14:0	C16:0	C16:1	C18:0	C18:1	C18:2	C18:3	C20:0	C20:1
SCBG	SCBG	种仁	福建厦门	16.80	13.33			0.047	0.058	10.16		2.65	21.21		0.92	0.11	0.24

直立草本。花期5月；果期6～7月。生于海拔较低的草原、林下或潮湿地上。产于黑龙江、吉林、辽宁、内蒙古（锡林浩特）、河北（东部）、山东（北部至东部）和河南（西部）。也分布于朝鲜、日本和俄罗斯远东地区。

龙须菜（雉隐天冬）**Asparagus schoberioides** Kunth

直立草本。高可达1 m。花期5～6月；果期8～9月。黑龙江：帽儿山，45°18′50″N，127°34′43″E，2012-10-18，郑宝江等400341220。河北：青龙，40°30′15″N，118°48′49″E，375 m，2012-09-21，徐兴友韩保强400313166。生于海拔400～2300 m的草坡或林下。产于山东、河南（西部）、甘肃（东南部）、陕西（中南部）、山西、河北、辽宁、吉林和黑龙江。也分布于日本、朝鲜和俄罗斯西伯利亚。

含油率及化学组分数据：

采集单位	测试单位	测试部位	产地	含油率(%)	碘值	酸值	皂化值	C12:0	C14:0	C16:0	C16:1	C18:0	C18:1	C18:2	C18:3	C20:0	C20:1
NEFU	SCBG	种仁	黑龙江帽儿山	19.59	22.24	13.98	66.49		0.05	6.56	0.056	1.93	15.97	13.31	56.90	0.32	0.16
HNUST	ICS	种子	河北青龙	5.72	155.18	43.06	387.64	0.33	0.11	3.09	0.10	1.95	19.54	62.04	0.50	0.32	1.18

大百合属**Cardiocrinum** (Endl.) Lindl.

荞麦叶大百合**Cardiocrinum cathayanum** (Wils.) Stearn

草本。花期7～8月；果期8～9月。江西：吉安县井冈山，26°33′26″N，114°09′17″E，160.2 m，2009-09-04，廖文波等400142009。重庆：南川区三泉镇金佛山黄草坪，29°19′18″N，107°07′16″E，1240 m，2009-10-25，刘正宇等400231137。生山坡林下阴湿处，海拔600～1050 m。产于湖南、江西、江苏、安徽和湖北。蒴果供药用。

含油率及化学组分数据：

采集单位	测试单位	测试部位	产地	含油率(%)	碘值	酸值	皂化值	C12:0	C14:0	C16:0	C16:1	C18:0	C18:1	C18:2	C18:3	C20:0	C20:1
SYSU	SCBG	种仁	江西吉安	7.58			127.63		0.07	15.15	0.70	1.49	40.53	37.66	1.26	0.16	0.27
CIPP	SCBG	种仁	重庆南川	10.32	63.86	10.82	153.77	0.01	0.06	13.70	0.17	3.34	36.47	26.55	0.04	0.15	0.49

万寿竹属**Disporum** Salisb.

万寿竹**Disporum cantoniense** (Lour.) Merr.[*Fritillaria cantoniensis* Lour.]

草本。花期5～7月；果期8～10月。四川：成都彭州白鹭，31°12′16″N，103°54′24″E，960 m，2011-10-23，邓星光、吴阳晨等40021111096。生于灌丛中或林下，海拔700～3000 m。产于广东、广西、湖南、福建、台湾、安徽、湖北、贵州、云南、西藏、陕西、山西。老挝、不丹、尼泊尔、越南、印度和泰国也有分布。根状茎供药用，有益气补肾、润肺止咳之效。

含油率及化学组分数据：

采集单位	测试单位	测试部位	产地	含油率(%)	碘值	酸值	皂化值	C12:0	C14:0	C16:0	C16:1	C18:0	C18:1	C18:2	C18:3	C20:0	C20:1
SCU	SCU	种仁	四川成都	1.00													

长蕊万寿竹 **Disporum longistylum** (H. Lév. et Vaniot) H. Hara[*Tovaria longistyla* H. Lév. et Vaniot]

草本。花期3～5月；果期6～11月。四川：峨眉山市高桥镇，29°29′14″N，103°21′00″E，2009-10-25，王凯、樊云川40021109123。生于灌丛、竹林中或林下岩石上，海拔400～1800 m。产于湖北、四川、贵州、云南、甘肃（南部）和西藏、陕西（秦岭以南）。根可供药用。作油料。

含油率及化学组分数据：

采集单位	测试单位	测试部位	产地	含油率(%)	碘值	酸值	皂化值	C12:0	C14:0	C16:0	C16:1	C18:0	C18:1	C18:2	C18:3	C20:0	C20:1
SCU	SCU	种仁	四川峨眉山	10.78													

萱草属 **Hemerocallis** L.

黄花菜 **Hemerocallis citrina** Baroni[*Hemerocallis altissima* Stout]

植株一般较高大；花、果期5～9月。福建：武夷山大安源，27°52′37″N，117°52′09″E，2010-10-04，刘东明，饶显龙400112143。生于海拔2000 m以下的山坡、山谷、荒地或林缘。产于秦岭以南各省区（包括甘肃和陕西的南部，不包括云南）以及河北、山西和山东。黄花菜是重要的经济作物。它的花经过蒸、晒，加工成干菜，即金针菜或黄花菜，远销国内外，是很受欢迎的食品，还有健胃、利尿、消肿等功效；根可以酿酒；叶可以造纸和编织草垫；花葶干后可以做纸煤和燃料。

含油率及化学组分数据：

采集单位	测试单位	测试部位	产地	含油率(%)	碘值	酸值	皂化值	C12:0	C14:0	C16:0	C16:1	C18:0	C18:1	C18:2	C18:3	C20:0	C20:1
NEFU	SCBG	种仁	黑龙江帽儿山	18.94	28.75	10.03			0.046	3.84	0.028	3.15	43.15		1.31	0.51	

肖菝葜属 **Heterosmilax** Kunth

华肖菝葜 **Heterosmilax chinensis** F. T. Wang

攀缘灌木。花期5～6月；果期9～12月。四川：峨眉山高桥，29°28′891″N，103°21′942″E，2009-10-15，樊云川，王凯40021109085；宜宾老君山，28°41′52″N，104°0′26″E，1687 m，2011-10-15，邓星光，吴阳晨等40021111088。生于山谷密林中或灌丛下；海拔300～2100 m。产于四川（中部至东南部）、云南（东南部）、广西（西南部）和广东（北部）。

含油率及化学组分数据：

采集单位	测试单位	测试部位	产地	含油率(%)	碘值	酸值	皂化值	C12:0	C14:0	C16:0	C16:1	C18:0	C18:1	C18:2	C18:3	C20:0	C20:1
SCU	SCU	种仁	四川峨眉山	8.00													
SCU	SCU	种仁	四川宜宾	7.93													

肖菝葜 **Heterosmilax japonica** Kunth[*Heterosmilax arisanensis* Hayata]

攀缘灌木。花期6～8月；果期7～11月。湖南：保靖县白云山，28°46′56″N，109°29′53″E，333 m，2012-08-10，张代贵、张洁40019101253。湖北：兴山县南阳镇龙门河，31°19′19″N，110°27′53″E，1442 m，2012-08-30，危文亮，赵永国等400151185。生于山坡密林中、路边杂木林或灌丛下，海拔500～1800 m混交林等。产广东、湖南、江西、福建、台湾、浙江、安徽、四川、云南、甘肃（南部）和陕西（秦岭北坡）。也分布于日本、不丹、印度东北部。根状茎药用。

含油率及化学组分数据：

采集单位	测试单位	测试部位	产地	含油率(%)	碘值	酸值	皂化值	C12:0	C14:0	C16:0	C16:1	C18:0	C18:1	C18:2	C18:3	C20:0	C20:1
JSU	SCBG	种子	湖南保靖	8.15	7.36	53.19	189.06		0.02	3.87	0.23	1.14	81.24	12.98	0.07	0.08	0.07
OCRI	SCBG	种仁	湖北兴山	6.14	25.09	2.94	187.99		0.03	18.17	0.06	3.05	33.00	43.18	0.76	0.67	0.79

玉簪属 **Hosta** Tratt.

玉簪 **Hosta plantaginea** (Lam.) Asch.[*Hemerocallis plantaginea* Lam.]

根状茎粗厚，叶卵状心形、卵形或卵圆形。花、果期8～10月。河北：石家庄，38°08′38″N，114°38′16″E，99.4 m，2011-10-14，徐兴友、韩宝强400313148。生于海拔2200 m以下的林下、草坡或岩石边。产于广东、湖南、福建、浙江、江苏、安徽、湖北、四川（峨眉山至川东）。各地常见栽培，公园尤多，供观赏。全草供药用。花微毒，可入药。花清咽、利尿、通经，亦可供蔬食或作甜菜，但须去掉雄蕊。根、叶有小毒，药用。为林下地被植物，岩石园、建筑物北面荫蔽处重要的绿化材料，也可盆栽观赏；也可以切取初开的花茎配以碧玉般的新叶，作切花配置，装饰。

含油率及化学组分数据：

采集单位	测试单位	测试部位	产地	含油率(%)	碘值	酸值	皂化值	C12:0	C14:0	C16:0	C16:1	C18:0	C18:1	C18:2	C18:3	C20:0	C20:1
HNUST	ICS	种子	河北石家庄	15.12	67.10	9.23	224.04			7.90	0.63	1.67	10.82	75.87	0.42	0.36	0.10

百合属 **Lilium** L.

野百合 **Lilium brownii** F.E. Brown ex Miellez[*Lilium australe* Stapf]

鳞茎球形，花期5～6月；果期9～10月。四川：雅安宝兴蜂桶寨邓池沟，30°32′10″N，102°57′01″E，1993 m，2011-09-27，李志强、刘小波等40021111019。生于山坡、灌木林下、路边、溪旁或石缝中，海拔100～2200 m。产于广东、广西、湖南、江西、福建、浙江、江苏、安徽、湖北、河南、四川、贵州、云南、甘肃、陕西、山西。鳞茎含丰富淀粉，可食，亦作药用。常与灌木配栽成丛或疏林下成片栽植；也可盆栽观赏或作切花。

含油率及化学组分数据：

采集单位	测试单位	测试部位	产地	含油率(%)	碘值	酸值	皂化值	C12:0	C14:0	C16:0	C16:1	C18:0	C18:1	C18:2	C18:3	C20:0	C20:1
SCU	SCU	种仁	四川雅安	3.50					0.39	19.52		3.02	41.77	24.81	2.30	0.62	0.58

毛百合 Lilium dauricum Ker Gawl.[*L. pensylvanicum* Ker Gawl.]

草本。花期6～7月；果期8～9月。黑龙江：帽儿山，45°24′30″N，127°39′42″E，380 m，2010-10-04，郑宝江、周明、谢鑫400341077。生于山坡灌丛间、疏林下、路边及湿润的草甸，海拔450～1500 m。产于河北、内蒙古、辽宁、吉林和黑龙江。朝鲜、日本、蒙古和俄罗斯也有。鳞茎含淀粉，可供食用、酿酒或作药用。

含油率及化学组分数据：

采集单位	测试单位	测试部位	产地	含油率(%)	碘值	酸值	皂化值	C12:0	C14:0	C16:0	C16:1	C18:0	C18:1	C18:2	C18:3	C20:0	C20:1
NEFU	SCBG	种仁	黑龙江帽儿山	11.57													

东北百合 Lilium distichum Nakai

鳞茎卵圆形，鳞片披针形。花期7～8月；果期9月。黑龙江：帽儿山，45°18′50″N，127°34′43″E，2012-10-18，郑宝江等400341214。生于山坡林下、林缘、路边或溪旁，海拔200～1800 m。产于吉林和辽宁。鳞茎含淀粉供食用或酿酒。

含油率及化学组分数据：

采集单位	测试单位	测试部位	产地	含油率(%)	碘值	酸值	皂化值	C12:0	C14:0	C16:0	C16:1	C18:0	C18:1	C18:2	C18:3	C20:0	C20:1
NEFU	SCBG	种仁	黑龙江帽儿山	14.60	70.76	5.14	396.81	0.002	0.14	19.53	0.39	9.09	17.45	45.76	5.95	1.61	0.06

山麦冬属 Liriope Lour.

禾叶山麦冬 Liriope graminifolia (L.) Baker[*Asparagus graminifolius* L.]

草本。花期6～8月；果期9～11月。湖北：武汉，30°32′31″N，114°24′58″E，34 m，2011-11-18，李晓东、昝艳燕400121172。重庆：南川区三泉镇火炬马尾溪，29°50′14″N，107°06′18″E，566 m，2009-11-10，刘正宇等400231121。生于海拔几十米至2300 m的山坡、山谷林下、灌丛中或山沟阴处、石缝间及草丛中。产于广东、江西、福建、台湾、浙江、江苏、安徽、河南、湖北、四川、贵州、甘肃、陕西、山西、河北。小块根有时也作麦冬用。

含油率及化学组分数据：

采集单位	测试单位	测试部位	产地	含油率(%)	碘值	酸值	皂化值	C12:0	C14:0	C16:0	C16:1	C18:0	C18:1	C18:2	C18:3	C20:0	C20:1
WHBG	WHBG	种仁	湖北武汉	0.71						20.70			11.70	67.6			
CIPP	CIPP	种仁	重庆南川	6.00					0.08	0.21	22.25	0.28	3.50	14.02	33.69	2.22	3.42

阔叶山麦冬 Liriope muscari (Decne.) L. H. Bailey[*Liriope platyphylla* F.T. Wang et T. Tang]

草本。花期7～8月；果期9～11月。江苏：南京市老山国家森林公园，32°05′44″N，118°35′32″E，76 m，2012-11-11，程志全、刘巧霞4001171248。湖北：武汉，30°32′53″N，114°24′57″E，32 m，2011-11-15，李晓东、昝艳燕400121170。生于海拔100～1400 m的山地、竹林、沟壑和山坡、山谷的疏、密林下或潮湿处。产于广东、广西、湖南、江西、福建、台湾、浙江、安徽、江苏、山东、河南、湖北、四川、贵州；南方常有栽培。也分布于日本。

含油率及化学组分数据：

采集单位	测试单位	测试部位	产地	含油率(%)	碘值	酸值	皂化值	C12:0	C14:0	C16:0	C16:1	C18:0	C18:1	C18:2	C18:3	C20:0	C20:1
ECNU	SCBG	种仁	江苏南京	7.26				0.21	1.38	23.14		3.03	21.01	33.20	11.16		1.38
WHBG	WHBG	种仁	湖北武汉	2.77	12.34	12.81	165.99		0.09	14.52	0.08	8.03	16.18	58.33	0.42	0.42	

山麦冬(土麦冬) Liriope spicata (Thunb.) Lour.[*Convallaria spicata* Thunb.]

多年生草本。花期5～7月；果期8～10月。湖南：桑植县天平山自然保护区，29°47′01″N，110°05′27″E，1410 m，2012-10-02，张九兵、唐波400181427。江苏：南京中山植物园，32°03′16″N，118°49′50″E，17.9 m，2009-11-13，刘东明、戴建阅400111169。湖北：武汉，30°32′33″N，114°24′58″E，33 m，2011-11-17，李晓东、昝艳燕400121171。重庆：南川区三泉镇三泉大汉堡，29°45′29″N，107°08′02″E，571 m，2009-12-10，刘正宇等400231135。福建：南平市武夷山，27°44′53″N，118°00′42″E，2010-11-21，刘东明、易绮斐、邢福武400112214。河北：石家庄，38°07′45″N，114°23′46″E，100 m，2009-09-29，徐兴友400313049。北京：海淀区，40°01′59″N，116°14′23″E，50 m，2012-09-21，秦烁、郭利磊400327039。生于海拔50～1800 m的山坡、山谷林下、路旁或湿地；为常见栽培的观赏植物。除东北、内蒙古、青海、新疆、西藏各地区外，其他地区广泛分布和栽培。也分布于日本、越南、韩国。

含油率及化学组分数据：

采集单位	测试单位	测试部位	产地	含油率(%)	碘值	酸值	皂化值	C12:0	C14:0	C16:0	C16:1	C18:0	C18:1	C18:2	C18:3	C20:0	C20:1
HUST	HUST	种仁	湖南桑植	1.13	104.36	1.95	176.38		0.12	6.42	0.50	1.57		44.55	2.07	0.42	0.37
SCBG	SCBG	种仁	江苏南京	1.30	66.22	9.70	363.4	0.02	0.05	8.37	0.10	1.69	43.15	40.84	0.28	3.43	2.07
WHBG	WHBG	种仁	湖北武汉	12.14	4.62	8.02	154.55		0.02	4.93	0.04	1.81	21.56	68.99	0.51	0.57	0.31
CIPP	SCBG	种子	重庆南川	6.87					0.097	13.64	0.24	1.56	42.50	37.09	1.22	0.54	0.38

采集单位	测试单位	测试部位	产地	含油率(%)	碘值	酸值	皂化值	C12:0	C14:0	C16:0	C16:1	C18:0	C18:1	C18:2	C18:3	C20:0	C20:1
SCBG	SCBG	种仁	福建南平	14.25	103.72			0.01	0.29			4.95	25.37		0.82	1.08	0.34
HNUST	ICS	种子	河北石家庄	8.18	81.90	3.60	186.10	0.02	0.10	4.45	0.09	1.76	26.10	66.16	0.22	0.60	0.51
CAU	ICS	种子	北京海淀	5.36	13.20	13.96	169.58	0.07	0.16	8.95	0.37	1.48	16.26	40.02	2.93		24.84

舞鹤草属**Maianthemum** F. H. Wiggers

管花鹿药**Maianthemum henryi** (Baker) La Frankie[*Oligobotrya henryi* Baker]

草本。花期5～6(～8)月；果期8～10月。河南：登封县嵩山，34°29′39″N，113°01′58″E，668 m，2011-08-27，王亚平、陈明400314044。生于林下、灌丛下、水旁湿地或林缘，海拔1300～4000 m。产于山西(南部)、河南(西部)、陕西(秦岭南北坡)、甘肃(东南部)、四川、云南(西北部)、湖北、湖南(西部)和西藏(昌都地区)。

含油率及化学组分数据：

采集单位	测试单位	测试部位	产地	含油率(%)	碘值	酸值	皂化值	C12:0	C14:0	C16:0	C16:1	C18:0	C18:1	C18:2	C18:3	C20:0	C20:1
HNAU	ICS	种子	河南登封	13.09	91.46	11.20	127.87			6.45		3.36	4.95	83.31	0.86	0.19	0.16

鹿药**Maianthemum japonicum** (A. Gray) La Frankie[*Smilacina japonica* A. Gray]

草本。花期5～6月；果期8～9月。河北：青龙，41°28′34″N，118°49′18″E，356 m，2012-06-02，徐兴友、韩宝强400313154。生于林下阴湿处、悬崖或岩缝中，海拔900～1950 m。产于湖南、江西(北部至西部)和台湾、江苏、安徽、河南、湖北、山东、四川(东部)、贵州、浙江(北部)、甘肃(东部)、陕西、山西、河北、辽宁、吉林、黑龙江(东南部)。日本、韩国、朝鲜和俄罗斯远东地区也有分布。适宜盆栽摆设于室内；也用于林缘、溪沟、坡地片植或群植。

含油率及化学组分数据：

采集单位	测试单位	测试部位	产地	含油率(%)	碘值	酸值	皂化值	C12:0	C14:0	C16:0	C16:1	C18:0	C18:1	C18:2	C18:3	C20:0	C20:1
HUNST	ICS	种子	河北青龙	2.38	153.10	46.92		0.05	0.04	3.06	0.07	0.89	9.46	28.61	0.18	0.14	0.74

沿阶草属**Ophiopogon** Ker Gawl.

麦冬(麦门冬、沿阶草)**Ophiopogon japonicus** (L. f.) Ker Gawl.[*Convallaria japonica* L. f.]

草本。花期5～8月；果期8～9月。湖南：永顺县小溪，28°41′44″N，110°09′51″E，348 m，2012-12-08，张代贵、张洁40019101272。江苏：常熟市虞山，31°39′16″N，120°43′19″E，183 m，2009-12-02，田怀珍、陈纪云4001171050。安徽：安庆市永顺植物园，30°36′28″N，117°05′02″E，3 m，2012-12-08，程志全、刘巧霞4001171270。生于海拔2000 m以下的山坡阴湿处、林下或溪旁、悬崖；浙江、四川、广西等地均有栽培。产于广东、广西、湖南、江西、福建、台湾、浙江、江苏、安徽、河南、湖北、四川、贵州、云南、陕西(南部)和河北(北京以南)。也分布于日本、越南、印度、韩国。本种小块根是中药麦冬，有生津解渴、润肺止咳之效，栽培很广，历史悠久(象杭麦冬、川麦冬均属本种)，为缓和滋养强健药。

含油率及化学组分数据：

采集单位	测试单位	测试部位	产地	含油率(%)	碘值	酸值	皂化值	C12:0	C14:0	C16:0	C16:1	C18:0	C18:1	C18:2	C18:3	C20:0	C20:1
ECNU	SCBG	种仁	湖南永顺	6.12	110.07	2.07	216.2		0.14	5.30	0.50	1.70	39.73	41.72	0.39	0.16	0.32
JSU	SCBG	种仁	江苏常熟	0.60						4.69	0.19	1.34	51.18	11.21	1.56	5.53	
ECNU	SCBG	种仁	安徽安庆	3.05				0.38	0.70	16.67		0.93	56.16	4.71	0.23	0.18	10.21

西南沿阶草**Ophiopogon mairei** H. Lév. [*Anemarrhena mairei* (H. Lév.) H. Lév.]

草本。根稍粗，近末端常有膨大成纺锤形的小块根。花期5月中旬至7月上旬。湖南：桑植县芭茅溪乡天平山，29°46′52″N，110°03′54″E，1388 m，2009-11-26，严岳鸿400181138。生于海拔800～1800 m的林下阴湿处。产于云南(东北部)、贵州、四川(东南部)、湖北(西南部)。

含油率及化学组分数据：

采集单位	测试单位	测试部位	产地	含油率(%)	碘值	酸值	皂化值	C12:0	C14:0	C16:0	C16:1	C18:0	C18:1	C18:2	C18:3	C20:0	C20:1
HUST	HUST	种仁	湖南桑植	3.00	91.73	1.02	157.91		0.063	13.03	0.065	7.31	24.03	12.85	34.51	0.41	0.45

黄精属**Polygonatum** Mill.

卷叶黄精(滇钩吻)**Polygonatum cirrhifolium** (Wall.) Royle[*Convallaria cirrhifolia* Wall.]

草本。花期5～7月；果期9～10月。河南：灵宝小秦岭，34°25′54″N，110°29′43″E，1735 m，2012-08-16，王亚平4003141555。生于林下、山坡或草地，海拔2000～4000 m。产于广西、四川、西藏(东部和南部)、云南(西北部)、青海(东部与南部)、甘肃(东南部)、宁夏、陕西(南部)。不丹、尼泊尔和印度北部等也有分布。根状茎也作黄精用。

含油率及化学组分数据：

采集单位	测试单位	测试部位	产地	含油率(%)	碘值	酸值	皂化值	C12:0	C14:0	C16:0	C16:1	C18:0	C18:1	C18:2	C18:3	C20:0	C20:1
ICS	HNAU	种子	河南灵宝	4.29	81.20	52.87	144.84			1.49			6.36	3.40			

玉竹（萎、地管子、尾参、铃铛菜）**Polygonatum odoratum** (Mill.) Druce[*Convallaria odorata* Mill.]

草本。花期5～6月；果期7～10月。北京：海淀区，39°59′26″N，116°12′28″E，50 m，2012-11-09，秦烁、郭利磊400328042。生于林下或山野阴坡，海拔500～3000 m。产于广西、湖南、江西、台湾、江苏、安徽、山东、河南、湖北、青海、甘肃、山西、河北、内蒙古、辽宁、吉林、黑龙江。欧亚大陆温带地区广布。根状茎药用，系中药"玉竹"。适宜作林下地被植物。

含油率及化学组分数据：

采集单位	测试单位	测试部位	产地	含油率(%)	碘值	酸值	皂化值	C12:0	C14:0	C16:0	C16:1	C18:0	C18:1	C18:2	C18:3	C20:0	C20:1
CAU	ICS	果实	北京海淀	4.11	13.48	40.46	126.03		0.09	3.89	0.06	1.52	22.74	64.60	0.22	0.52	1.81

黄精（鸡头黄精、黄鸡菜、笔管菜）**Polygonatum sibiricum** Redouté[*Polygonatum chinense* Kunth]

草本。花期5～6月；果期8～9月。河南：信阳鸡公山，31°49′35″N，114°04′42″E，450 m，2012-09-18，王亚平400314260。生于林下、灌丛或山坡阴处，海拔800～2800 m。产于浙江（西北部）、安徽（东部）、山东、河南、甘肃（东部）、宁夏、陕西、山西、河北、内蒙古、辽宁、吉林、黑龙江。朝鲜、蒙古和俄罗斯西伯利亚东部地区也有。根状茎为常用中药"黄精"。

含油率及化学组分数据：

采集单位	测试单位	测试部位	产地	含油率(%)	碘值	酸值	皂化值	C12:0	C14:0	C16:0	C16:1	C18:0	C18:1	C18:2	C18:3	C20:0	C20:1
HNAU	ICS	种子	河南信阳	3.59	88.00	23.18	233.63			6.71		1.43	13.86	52.14	3.90	0.27	

万年青属**Rohdea** Roth

万年青 Rohdea japonica (Thunb.) Roth[*Orontium japonicum* Thunb.]

草本。花期5～6月；果期9～11月。江苏：南京中山植物园，32°03′15″N，118°49′41″E，49 m，2011-12-11，田怀珍、李星霖、古丽米热4001171206。生于林下潮湿处或草地上，海拔750～1700 m。作为观赏植物广泛栽培。产于广西、湖南、江西、浙江、江苏、山东、湖北、四川、贵州。全株有清热解毒、散瘀止痛，根状茎入药有利尿之效。各地常有盆栽供观赏。

含油率及化学组分数据：

采集单位	测试单位	测试部位	产地	含油率(%)	碘值	酸值	皂化值	C12:0	C14:0	C16:0	C16:1	C18:0	C18:1	C18:2	C18:3	C20:0	C20:1
ECNU	SCBG	种仁	江苏南京	16.40				0.057	0.63	39.86	0.12	4.95	23.25	10.88	1.38	0.29	0.12

菝葜属**Smilax** L.

尖叶菝葜 Smilax arisanensis Hayata

攀缘灌木，具粗短的根状茎。花期4～5月；果期10～11月。广东：阳山县秤架乡炉田，24°50′22″N，112°49′30″E，287 m，2012-01-09，王发国、杨国、宋贤利400113111。生于海拔1500 m以下的林中、灌丛下或山谷溪边荫蔽处。产于江西（西南部）、浙江（南部）、福建、台湾、广东（中部至北部）、广西（东北部）、四川、贵州（中南部）和云南（东南部）。也分布于越南。

含油率及化学组分数据：

采集单位	测试单位	测试部位	产地	含油率(%)	碘值	酸值	皂化值	C12:0	C14:0	C16:0	C16:1	C18:0	C18:1	C18:2	C18:3	C20:0	C20:1
SCBG	SCBG	种仁	广东阳山	10.45	38.36	5.94	178.61			5.97	0.15	2.63	12.80	64.62	0.11	0.56	

小果菝葜 Smilax davidiana A. DC.[*Smilax china* var. *brachypoda* Rehd.]

攀缘灌木。花期3～4月；果期10～11月。江苏：无锡市花卉公园，31°34′35″N，120°12′59″E，122 m，2009-12-04，田怀珍、陈纪云、熊申展4001171053。生于海拔800 m以下的林下、灌丛中或山坡、路边阴处。产于广东（北部至东部）、广西（东北部）、江西、福建、浙江、江苏（南部）、安徽（南部）、贵州。越南、日本、老挝、泰国也有分布。

含油率及化学组分数据：

采集单位	测试单位	测试部位	产地	含油率(%)	碘值	酸值	皂化值	C12:0	C14:0	C16:0	C16:1	C18:0	C18:1	C18:2	C18:3	C20:0	C20:1
ECNU	SCBG	种子	江苏无锡	4.62				0.25	0.47	11.48		2.07	11.19	46.49	1.16	0.51	

长托菝葜 Smilax ferox Wall. ex Kunth

攀缘灌木。花期3～4月；果期10～11月。广东：乳源县五指山乡白马坑，24°52′54″N，113°02′14″E，2010-10-19，王发国、陈林等400113057。生于海拔900～3400 m的林下、灌丛中或山坡荫蔽处。产于四川、湖北（西南部）、广东（西部）、广西（东北部）、贵州和云南。也分布于尼泊尔、不丹、印度、缅甸和越南。

含油率及化学组分数据：

采集单位	测试单位	测试部位	产地	含油率(%)	碘值	酸值	皂化值	C12:0	C14:0	C16:0	C16:1	C18:0	C18:1	C18:2	C18:3	C20:0	C20:1
SCBG	SCBG	种仁	广东乳源	14.68	6.75	1.30			0.08	5.53	0.15	2.85	51.60	59.96	3.39	0.73	0.21

黑果菝葜（金刚藤头）**Smilax glaucochina** Warb.[*Smilax bodinieri* H. Lév. et Vaniot]

攀缘灌木。花期3～5月；果期10～11月。湖北：兴山县南阳镇龙门河，31°19′19″N，110°27′53″E，1442 m，2012-08-30，危文亮，赵永国等400151186。生于海拔1600 m以下的林下、灌丛中或山坡上。产于湖北、湖 南、江苏（南部）、浙江、安徽、江西、广东（北部）和广西（东北部）。根状茎富含淀粉，可以制糕点或加工食用。

含油率及化学组分数据：

采集单位	测试单位	测试部位	产地	含油率(%)	碘值	酸值	皂化值	C12:0	C14:0	C16:0	C16:1	C18:0	C18:1	C18:2	C18:3	C20:0	C20:1
ICS	SCBG	种仁	湖北兴山	3.20	62.22	7.69	123.78		2.51	9.20		3.40	7.01	18.76	0.81	2.70	0.74

马甲菝葜Smilax lanceifolia Roxb.

攀缘灌木。花期10月至翌年3月；果期10月。广东：阳山县秤架乡坑尾，24°53′01″N，112°49′54″E，685 m，2010-10-26，王发国400113080。生林下、灌丛中或山坡阴处，海拔600～2000 m，少数在云南西部可沿峡谷上升到2800 m。产于云南（东南部至西部）、贵州、四川（南部至东部）、湖北（西部）和广西。也分布于不丹、印度、缅甸、老挝、越南和泰国。

含油率及化学组分数据：

采集单位	测试单位	测试部位	产地	含油率(%)	碘值	酸值	皂化值	C12:0	C14:0	C16:0	C16:1	C18:0	C18:1	C18:2	C18:3	C20:0	C20:1
SCBG	SCBG	种仁	广东阳山	13.60	9.22	14.22	205.22		0.096		0.13	3.23	8.02	67.27	1.02		0.40

无刺菝葜（金刚藤头）**Smilax mairei** H. Lév.

攀缘灌木。花期5～6月；果期12月。四川：峨眉山龙池杨梅，29°30′25″N，103°24′03″E，2010-09-25，崔龙，李志强40021110039。生于海拔1000～3000 m的林下、灌丛中或山谷沟边。产于四川（西南部）、贵州（西南部）、云南和西藏（波密地区）。地下部分在云南作草药用，称红萆薢，用来祛风除湿，利水消炎。

含油率及化学组分数据：

采集单位	测试单位	测试部位	产地	含油率(%)	碘值	酸值	皂化值	C12:0	C14:0	C16:0	C16:1	C18:0	C18:1	C18:2	C18:3	C20:0	C20:1
SCU	SCU	种仁	四川峨眉山	6.76													

防己叶菝葜Smilax menispermoidea A. DC.

攀缘灌木。花期5～6月；果期10～11月。云南：云龙县志本山，25°44′20″N，99°07′34″E，2548 m，2009-11-19，王智、隋学艺、黄巧琴400221130。生于林下、灌丛中或山坡阴处，海拔通常2600～3700 m，有少数 采自贵州、湖北、四川等地海拔1000～1800 m处。产湖北（西部）、四川、贵州（东部）、云南（西部）、西藏（南部和波密地区）、甘肃（南部）和陕西（太白山）。也分布于印度。

含油率及化学组分数据：

采集单位	测试单位	测试部位	产地	含油率(%)	碘值	酸值	皂化值	C12:0	C14:0	C16:0	C16:1	C18:0	C18:1	C18:2	C18:3	C20:0	C20:1
KMIB	KMIB	种仁	云南云龙	8.7	2.21	0.60											

小叶菝葜Smilax microphylla C.H. Wright[*Smilax castaneiflora* H. Lév.]

攀缘灌木。花期6～8月；果期10～11月。湖南：张家界市永定区三岔乡三望坡，29°05′30″N，110°32′34″E，2011-10-21，张九兵、朱明德400181303。四川：乐山峨边沙坪镇蔬菜村，29°14′6.4″N，103°15′14.5″E，681 mm，2011-10-18，李志强，刘小波等40021111058。生于海拔500～1600 m的林下、灌丛中或山坡阴处。产于湖南、湖北（西部）、四川、贵州和云南（东北部）、甘肃（南部）、陕西（秦岭以南）。

含油率及化学组分数据：

采集单位	测试单位	测试部位	产地	含油率(%)	碘值	酸值	皂化值	C12:0	C14:0	C16:0	C16:1	C18:0	C18:1	C18:2	C18:3	C20:0	C20:1
HUST	HUST	种仁	湖南张家界	15.26	58.03	5.93	15.26		0.10	7.25	0.50	1.69	11.72	62.83	0.70		11.57
SCU	SCU	种仁	四川乐山	2.43			2.43										

缘脉菝葜Smilax nervomarginata Hayata

攀缘灌木。花期4～5月；果期10月。广西：金秀县长垌乡古占，23°13′02″N，110°06′35″E，620 m，2011-01-07，吴磊、黄俞淞、林春蕊4001101174。生于海拔1000 m以下的林中、灌丛下或路旁。产于湖南、安徽（南部）、江西（东部）、浙江（西南部）和贵州（梵净山一带）。也分布于日本琉球群岛。

含油率及化学组分数据：

采集单位	测试单位	测试部位	产地	含油率(%)	碘值	酸值	皂化值	C12:0	C14:0	C16:0	C16:1	C18:0	C18:1	C18:2	C18:3	C20:0	C20:1
GXIB	SCBG	种仁	广西金秀	10.23													

武当菝葜Smilax outanscianensis Pamp.

攀缘灌木。花期5月；果期9～10月。湖南：城步县白毛坪乡金紫山林场，26°17′07″N，110°30′51″E，1276 m，2009-11-24，黄玉滢、张兵400181132。生于林下、灌丛中或河谷阴处，海拔1100～2100 m。产于江西（西部）和湖北（西部）、四川（中部至东部）。

含油率及化学组分数据：

采集单位	测试单位	测试部位	产地	含油率(%)	碘值	酸值	皂化值	C12:0	C14:0	C16:0	C16:1	C18:0	C18:1	C18:2	C18:3	C20:0	C20:1
HUST	HUST	种仁	湖南城步	15.70	168.36	3.98	166.62	0.05	0.06	4.36	0.07	2.61	16.33	67.63	0.77	0.46	0.10

红果菝葜**Smilax polycolea** Warb.[*Smilax polycolea* var. *acuminata* Warb.]

落叶灌木，攀缘。花期4～5月；果期9～10月。重庆：南川区三泉镇观音长土，29°31′34″N，107°11′59″E，1083 m，2010-05-11，刘正宇等400231059。生于海拔900～2200 m的林下、灌丛中或山坡阴处。产于广西（东北部）、湖南、湖北（西南部）、四川和贵州。

含油率及化学组分数据：

采集单位	测试单位	测试部位	产地	含油率(%)	碘值	酸值	皂化值	C12:0	C14:0	C16:0	C16:1	C18:0	C18:1	C18:2	C18:3	C20:0	C20:1
CIPP	SCBG	种仁	重庆南川	8.35				0.01	0.05	4.12	0.05	1.88	7.39	24.45	0.19	60.25	0.16

牛尾菜（草菝葜、白须公、软叶菝葜）**Smilax riparia** A. DC.

多年生草质藤本。花期6～7月；果期10月。湖南：江永县源口镇白俸村白沙源，24°56′28″N，111°00′28″E，870 m，2009-10-25，黄玉滢、周喜乐400181107。吉林：通化，41°43′45″N，125°51′26″E，2011-09-18，郑宝江等400341121。生于海拔1600～2100 m及以下森林，灌丛，草坡，沿着山谷的山坡。除内蒙古、新疆、西藏、青海、宁夏以及四川、云南高山地区外，全国都有分布，也分布于日本、朝鲜、韩国、菲律宾。

含油率及化学组分数据：

采集单位	测试单位	测试部位	产地	含油率(%)	碘值	酸值	皂化值	C12:0	C14:0	C16:0	C16:1	C18:0	C18:1	C18:2	C18:3	C20:0	C20:1
HUST	HUST	种仁	湖南江永	9.95	76.81	9.04	189.29	3.79	0.09	8.68	0.14	1.15	28.57	50.81	1.30	0.27	0.54
NEFU	SCBG	种仁	吉林通化	5.49	9.67	20.31	190.48	0.15	0.16	23.84	0.06	10.96	27.04	13.02	0.70	6.34	0.12

华东菝葜（钻鱼须）**Smilax sieboldii** Miq.

攀缘灌木或半灌木，具粗短的根状茎。花期5～6月；果期10月。辽宁：长海，39°15′36″N，122°44′54″E，2012-10-16，郑宝江等400341197。生于林下、灌丛中或山坡草丛中，海拔1800(～2500)m以下，在台湾可达2500 m以上。产于福建（北部）、台湾（高山）、浙江、江苏（南部）、山东（山东半岛）、安徽（东南部）、辽宁（辽东半岛南端）。也分布于朝鲜和日本、韩国。地下部分供药用。

含油率及化学组分数据：

采集单位	测试单位	测试部位	产地	含油率(%)	碘值	酸值	皂化值	C12:0	C14:0	C16:0	C16:1	C18:0	C18:1	C18:2	C18:3	C20:0	C20:1
NEFU	SCBG	种仁	辽宁长海	10.75	4.94	5.45	241.83	0.02	0.06	3.20	0.057	0.88	12.36	82.25	0.70	0.057	0.41

藜芦属Veratrum L.

尖被藜芦（光脉藜芦、毛脉藜芦）**Veratrum oxysepalum** Turcz.

多年生草本。花期7月。黑龙江：哈尔滨五常市，44°15′12″N，126°32′50″E，2011-09-12，郑宝江等400341101。生于海拔2225 m的山坡林下或湿草甸。产于辽宁、吉林和黑龙江。也分布于朝鲜、日本和俄罗斯西伯利亚东部。

含油率及化学组分数据：

采集单位	测试单位	测试部位	产地	含油率(%)	碘值	酸值	皂化值	C12:0	C14:0	C16:0	C16:1	C18:0	C18:1	C18:2	C18:3	C20:0	C20:1
NEFU	SCBG	种仁	黑龙江哈尔滨	7.59	3.88	11.42	185.90		0.062	8.51	0.24	1.96	18.21	62.58	1.17	5.01	0.14

牯岭藜芦（天目藜芦、闽浙藜芦）**Veratrum schindleri** Loes.[*Veratrum atroviolaceum* Loes.]

多年生草本。花、果期6～10月。江西：吉安县井冈山，26°33′25″N，114°09′14″E，39 m，2009-09-04，廖文波等400142001。生于海拔700～1350 m的山坡林下阴湿处。产于广东、广西、湖南、江西、福建、浙江、江苏、安徽、湖北和河南（上杭、建瓯）。

含油率及化学组分数据：

采集单位	测试单位	测试部位	产地	含油率(%)	碘值	酸值	皂化值	C12:0	C14:0	C16:0	C16:1	C18:0	C18:1	C18:2	C18:3	C20:0	C20:1
SYSU	SCBG	种仁	江西吉安	9.79	136.73	1.36	152.47		0.15	14.76	0.32	3.66	20.00	50.25	0.78	0.48	0.33

308. 石蒜科 Amaryllidaceae

石蒜属Lycoris Herb.

石蒜（蟑螂花、龙爪花）**Lycoris radiata** (L'Hér.) Herb.[*Amaryllis radiata* L'Hér.]

鳞茎近球形，直径1～3 cm。花期8～9月；果期10月。江西：靖安县九岭山，29°00′54″N，115°13′02″E，269 m，2012-10-19，迟盛南、赵万义4001416066。多生于阴湿的山坡及河岸草丛中。分布于我国长江流域至西南。鳞茎入药，能催吐祛痰，消肿止痛，治痈疖疮毒，有毒，慎用。

含油率及化学组分数据：

采集单位	测试单位	测试部位	产地	含油率(%)	碘值	酸值	皂化值	C12:0	C14:0	C16:0	C16:1	C18:0	C18:1	C18:2	C18:3	C20:0	C20:1
SYSU	SCBG	种仁	江西靖安	3.95	97.55	0.94	176.95	0.006	0.04	7.07	0.10	3.75	13.55	74.36	0.53	0.50	0.11

312. 薯蓣科 Dioscoreaceae

薯蓣属Dioscorea L.

穿龙薯蓣（穿山龙、山常山）**Dioscorea nipponica** Makino

缠绕草质藤本。花期6～8月；果期8～10月。河南：焦作修武，35°14′05″N，113°12′43″E，2011-08-27，王亚平、陈明400314040。常生于海拔100～1700 m，集中在300～900 m间。产于东北、华北、江西（庐山）、浙江北部、安徽、山东、河南、四川西北部、青海南部、甘肃、宁夏、陕西（秦岭以北）。也产于日本本州以北及朝鲜和俄罗斯远东地区。根状茎含薯蓣皂苷元是合成甾体激素药物的重要原料；民间用来治腰腿疼痛、筋骨麻木、跌打损伤、咳嗽喘息。

含油率及化学组分数据

采集单位	测试单位	测试部位	产地	含油率(%)	碘值	酸值	皂化值	C12:0	C14:0	C16:0	C16:1	C18:0	C18:1	C18:2	C18:3	C20:0	C20:1
HNUST	ICS	种子	河南焦作	4.85	206.17	16.93			0.05	1.66	0.09	1.20	62.03	31.24	0.52	0.10	0.60

314. 鸢尾科 Iridaceae

番红花属**Crocus** L.

番红花（藏红花、西红花）**Crocus sativus** L.

多年生草本。球茎扁圆球形。陕西：杨凌县西农农场，34°09′13″N，108°02′14″E，500 m，2010-10-10，薛帅、潘昊400325043。原产欧洲南部。我国各地常见栽培。花柱及柱头供药用，即藏红花。味辛、性温，有活血、化瘀、生新、镇痛、健胃、通经之效。

含油率及化学组分数据

采集单位	测试单位	测试部位	产地	含油率(%)	碘值	酸值	皂化值	C12:0	C14:0	C16:0	C16:1	C18:0	C18:1	C18:2	C18:3	C20:0	C20:1
ICS	CAU	种子	陕西杨凌	2.89	60.61	53.45	204.44	0.19	0.79	13.11	0.68	1.92	21.70	52.37	1.54	0.37	0.14

鸢尾属**Iris** L.

白花马蔺**Iris lactea** Pall.

多年生密丛草本。花期5～6月；果期6～9月。甘肃：瓜州县锁阳城堡子村，40°21′16″N，96°12′40″E，1300 m，2011-07-02，薛帅400324009。河北：昌黎，39°40′58″N，119°09′28″E，81 m，2009-09-16，徐兴友400313017。生于荒地、路旁及山坡草丛中。产于新疆、青海、西藏、内蒙古、吉林。用于水土保持和改良盐碱土，作饲料，花和种子可入药。

含油率及化学组分数据

采集单位	测试单位	测试部位	产地	含油率(%)	碘值	酸值	皂化值	C12:0	C14:0	C16:0	C16:1	C18:0	C18:1	C18:2	C18:3	C20:0	C20:1
CAU	OCRI	种子	甘肃瓜州	6.46	103.11	11.44	39.08	1.63	0.61	8.90	0.42	2.88	28.95	50.24	0.62	0.83	0.33
HBTN	OCRI	种子	河北昌黎	7.99	81.51	2.64	393.10	0.24	0.16	5.93	0.16	2.66	25.99	63.33	0.27	0.94	0.31

黄菖蒲（黄鸢尾）**Iris pseudacorus** L.

多年生草本。花期5月；果期6～8月。上海：松江区辰山植物园，31°04′56″N，121°10′38″E，8 m，2010-11-03，胡超、董全英4001171117。喜生于河湖沿岸的湿地或沼泽地上。原产欧洲，模式标本采自欧洲。我国各地常见栽培。园林观赏。

含油率及化学组分数据

采集单位	测试单位	测试部位	产地	含油率(%)	碘值	酸值	皂化值	C12:0	C14:0	C16:0	C16:1	C18:0	C18:1	C18:2	C18:3	C20:0	C20:1
ECNU	SCBG	种仁	上海松江	15.10	29.69	8.67	130.83	0.008	0.085	8.15	0.20	2.56	9.10	21.58	46.14	2.25	9.93

溪荪（西伯利亚鸢尾东方变种、东方鸢尾）**Iris sanguinea** Donn ex Hornem.

多年生草本。花期5～6月；果期7～9月。黑龙江：大兴安岭十八站，52°26′33″N，125°24′47″E，2011-09-12，郑宝江等400341102。生于沼泽地、湿草地或向阳坡地。产于黑龙江、吉林、辽宁、内蒙古。也产于日本、朝鲜及俄罗斯。

含油率及化学组分数据

采集单位	测试单位	测试部位	产地	含油率(%)	碘值	酸值	皂化值	C12:0	C14:0	C16:0	C16:1	C18:0	C18:1	C18:2	C18:3	C20:0	C20:1
NEFU	SCBG	种仁	黑龙江大兴安岭	12.53	0.65	6.38	194.67	0.06	0.44	8.91	3.10	1.60	20.97	39.24	1.39	0.44	0.39

膜苞鸢尾（镰叶马蔺）**Iris scariosa** Willd. ex Link

多年生草本。花期4～5月；果期6～7月。新疆：哈密地区伊吾县，43°22′21″N，93°43′14″E，1300 m，2010-06-10，侯翼国、孔凡奎4003310062。生于石质山坡向阳处或沟旁。产于我国新疆。也产于俄罗斯。园林观赏。

含油率及化学组分数据

采集单位	测试单位	测试部位	产地	含油率(%)	碘值	酸值	皂化值	C12:0	C14:0	C16:0	C16:1	C18:0	C18:1	C18:2	C18:3	C20:0	C20:1
XIEG	SCBG	种仁	新疆哈密	11.22	23.18	8.80	233.63	0.01	0.02	6.09	0.05	2.88	31.67	56.76	0.29	0.47	1.77

鸢尾（屋顶鸢尾，蓝蝴蝶，紫蝴蝶）**Iris tectorum** Maxim.[*Iris chinensis* Bunge]

多年生草本，花期4～5月；果期6～8月。河南：森林公园，34°48′27″N，113°42′24″E，90 m，2012-06-18，王亚平400314127。生于向阳坡地、林缘及水边湿地。产于山西、安徽、江苏、浙江、福建、湖北、湖南、江西、广西、陕西、甘肃、四川、贵州、云南、西藏。模式标本采自日本。根状茎治关节炎、跌打损伤、食积、肝炎等症。对氟化物敏感，可用以监测环境污染。鸢尾叶片青翠碧绿，花形如一只起舞的蝴蝶煞是美丽。鸢尾花主要色彩为蓝紫色，配合其花形素有“蓝色妖姬”之称，是庭院、湿地、公园重要的花卉之一，常常作为花坛绿化成片种植，也可以作为优良的鲜花材料。国外常常将其制作成香水。

含油率及化学组分数据：

采集单位	测试单位	测试部位	产地	含油率(%)	碘值	酸值	皂化值	C12:0	C14:0	C16:0	C16:1	C18:0	C18:1	C18:2	C18:3	C20:0	C20:1
HNAU	ICS	种子	河南	19.15	98.51	6.30	159.94	0.59	2.69	6.09	0.21	2.27	13.79	15.20	1.10	0.26	0.20

黄花鸢尾 Iris wilsonii C.H. Wright

多年生草本。花期5～6月；果期7～8月。湖北：兴山县，31°14′20″N，110°45′14″E，244 m，2012-10-05，李晓东、咎艳燕40012130。生于山坡草丛、林缘草地及河旁沟边的湿地。产于湖北、四川、云南、甘肃、陕西。模式标本采自湖北西部房县。叶片翠绿如剑，花色艳丽而大型，如飞燕群飞起舞，可布置于公园、池畔河边、溪边的湿地处或浅水区，也可点缀在水边的石旁岩边，既可观叶，亦可观花，是观赏价值很高的水生植物。根茎入药主治上腹部气痛、腹胀痛、咽喉肿痛、毒蛇咬伤。

含油率及化学组分数据

采集单位	测试单位	测试部位	产地	含油率(%)	碘值	酸值	皂化值	C12:0	C14:0	C16:0	C16:1	C18:0	C18:1	C18:2	C18:3	C20:0	C20:1
ICS	SCBG	种仁	湖北兴山	16.70	56.22	2.95	376.08		0.39		1.26		11.19		49.42	0.15	1.27

322. 鸭跖草科 Commelinaceae

鸭跖草属 Commelina L.

鸭跖草 Commelina communis L.

一年生披散草本。花、果期6～10月。黑龙江：北安，39°46′08″N，115°52′28″E，2011-09-25，郑宝江等400341170。常见，生于湿地。产于四川、云南、甘肃以东的南北各地区。越南、朝鲜、日本、俄罗斯远东地区以及北美洲也有分布，模式标本采自北美洲。药用，为消肿利尿、清热解毒之良药，此外对麦粒肿、咽炎、扁桃腺炎、宫颈糜烂、腹蛇咬伤有良好疗效。

含油率及化学组分数据：

采集单位	测试单位	测试部位	产地	含油率(%)	碘值	酸值	皂化值	C12:0	C14:0	C16:0	C16:1	C18:0	C18:1	C18:2	C18:3	C20:0	C20:1
NEFU	SCBG	种仁	黑龙江北安	13.78	68.78	6.10	346.96	0.01	0.04	7.85	0.63	1.66	10.75	75.40	0.42	0.36	0.17

329. 须叶藤科 Flagellariaceae

须叶藤属 Flagellaria L.

须叶藤(鞭藤)**Flagellaria indica** L.

多年生攀缘植物。花期4～7月；果期9～11月。海南：文昌红树林，2009-08-08，邢福武、戴建阅、翟俊文、郑希龙40011164。生于潮湿的沿海森林，红树林沼泽，淡水沼泽，沿海地区海拔40～450 m的沟边、河边疏林至海拔1500 m以下的地区。产于海南、广东、广西、台湾。也分布于柬埔寨、印度、印度尼西亚、日本(琉球群岛)、马来西亚、缅甸、巴布亚新几内亚、菲律宾、斯里兰卡、泰国、越南，非洲，澳大利亚、太平洋群岛。茎可编织篮、筐；幼茎和叶可用以洗发；茎及根状茎可供药用，有利尿之效。宜攀附于棚架生长，作垂直绿化。

含油率及化学组分数据：

采集单位	测试单位	测试部位	产地	含油率(%)	碘值	酸值	皂化值	C12:0	C14:0	C16:0	C16:1	C18:0	C18:1	C18:2	C18:3	C20:0	C20:1
SCBG	SCBG	种仁	海南文昌	2.40	93.92	20.87	354.92										

330. 禾本科 Gramineae

燕麦属 Avena L.

燕麦(铃当麦、香麦)**Avena sativa** L.

多年生草本。花、果期5～8月。茎秆单生或丛生，不分枝。陕西：杨凌区西农农场，34°15′21″N，108°03′55″E，486 m，2010-05-29，薛帅、韩东倩，400323076。在内蒙古和华北、东北、西北地区常见的栽培谷类作物。我国广东、广西及华中、西北、华北、东北、西南等地多为栽培。谷粒供磨面食用，或作饲料，营养价值很高。

含油率及化学组分数据：

采集单位	测试单位	测试部位	产地	含油率(%)	碘值	酸值	皂化值	C12:0	C14:0	C16:0	C16:1	C18:0	C18:1	C18:2	C18:3	C20:0	C20:1
CAU	ICS	种子	陕西杨凌	6.16	91.28	9.55	169.97			9.14		0.98	25.15	20.73	0.59		0.59
OFPC		颖果		3.50	105.12	20.90	190.20					9.11	49.59	15.31			

蒺藜草属Cenchrus L.

蒺藜草Cenchrus echinatus L.

一年生草本。须根较粗壮。秆高约50 cm。花、果期夏季。海南：三亚，18°15′30″N，109°32′27″E，2012-03-22，张荣京40017214。多生于干热地区临海的砂质土草地。产于海南、台湾、云南南部。日本、印度、缅甸、巴基斯坦也有分布。蒺藜草为多种作物地和果园中的一种危害严重的杂草，入侵裸露的或新开垦的土地后，能很快扩充占领空隙；还成为热带牧场中的有害杂草，其刺苞可刺伤人和动物的皮肤，混在饲料或牧草里能刺伤动物的眼睛、口和舌头。

含油率及化学组分数据：

采集单位	测试单位	测试部位	产地	含油率(%)	碘值	酸值	皂化值	C12:0	C14:0	C16:0	C16:1	C18:0	C18:1	C18:2	C18:3	C20:0	C20:1
SCAU	SCBG	种仁	海南三亚	7.41	14.67	1.22	173.63	0.09	0.09	22.39	0.21		12.80	66.33	1.15	1.22	0.09

虎尾草属Chloris Sw.

台湾虎尾草Chloris formosana (Honda) Keng

一年生草本。花、果期8～10月。海南：三亚，18°15′24″N，109°32′37″E，2012-03-22，张荣京40017213。生于海边沙地。产于福建、台湾及广东沿海诸岛。喜温暖湿润的环境，播种繁殖。植株平卧，节处生根，具有良好的固沙作用，海岸滩涂固沙草种。

含油率及化学组分数据：

采集单位	测试单位	测试部位	产地	含油率(%)	碘值	酸值	皂化值	C12:0	C14:0	C16:0	C16:1	C18:0	C18:1	C18:2	C18:3	C20:0	C20:1
SCAU	SCBG	种仁	海南三亚	10.05	31.58	10.74	81.96		0.21	28.78		13.89	26.43	65.42	0.73	0.19	

薏苡属Coix L.

薏苡(菩提子)Coix lacryma-jobi L.[*Coix lacryma* L.]

一年生粗壮草本。花、果期6～12月。湖南：永顺县杉木河，29°10′23″N，109°49′30″E，349 m，2009-10-30，徐亮、陈洁400191037。湖北：武汉植物园，30°32′43″N，114°25′06″E，30 m，2010-10-05，李晓东、咎艳燕、罗曼曼，400121135；鹤峰跳鱼坎，31°52′24″N，110°01′36″E，650 m，2009-08-02，丁时东400151025。江西：九江市庐山自然保护区，29°29′37″N，115°52′60″E，150 m，2010-11-04，李朋远、林意漫，400148002。广西：永福县龙江乡，25°15′02″N，109°50′20″E，2009-12-13，许为斌、黄俞淞、蒋日红4001101086。多生于湿润的屋旁、池塘、河沟、山谷、溪涧或易受涝的农田等地方，海拔200～2000 m处常见，野生或栽培。产于海南、广东、广西、湖南、江西、福建、台湾、浙江、江苏、安徽、湖北、四川、贵州、云南、山东、河南、陕西、山西、河北、辽宁等地。分布于亚洲东南部与太平洋岛屿，世界的热带、亚热带，非洲、美洲的热湿地带均有种植或逸生。薏苡种仁含淀粉及油脂，是中国传统的食品资源之一，可做成粥、饭、各种面食供人们食用，也可酿酒。尤其对老弱病者更为适宜。味甘、淡，性微寒，有健脾利湿、清热排脓、利尿强壮、美容养颜功能。茎叶可造纸；坚硬的总苞可制美工用品。种仁含脂肪4.65%。

含油率及化学组分数据：

采集单位	测试单位	测试部位	产地	含油率(%)	碘值	酸值	皂化值	C12:0	C14:0	C16:0	C16:1	C18:0	C18:1	C18:2	C18:3	C20:0	C20:1
JSU	SCBG	种子	湖南永顺	3.73						10.38		3.84	15.74	45.28	23.46	0.25	0.65
WHBG	WHBG	种子	湖北武汉	1.43						12.1		2.20	46.00	39.70			
OCRI	SCBG	种子	湖北鹤峰	2.85	10.55	18.44	230.34										
SYSU	SCBG	种子	江西九江	9.57	76.86	9.73		0.14	0.68	14.86	0.23	5.29	27.11	50.00	1.21	0.34	0.15
GXIB	SCBG	种仁	广西永福	10.25	126.50	0.71	199.78		0.10	13.18	0.19	3.53	34.07	37.16	0.019	0.35	0.31

薏米(苡米、感米、绿谷)Coix lacryma-jobi var. mayuen (Rom. Caill.) Stapf ex Hook. f.

一年生草本。花、果期7～12月。湖南：桑植县两河口，29°24′07″N，110°29′20″E，2011-10-18，张九兵、朱明德400181300。生于温暖潮湿的十边地和山谷溪沟，海拔2000 m以下较普遍。我国东南部常见栽培或逸生，产于广东、广西、江西、福建、台湾、浙江、江苏、安徽、河南、湖北、四川、云南、陕西、河北、辽宁等地。分布于亚洲热带、亚热带，印度、缅甸、泰国、越南、马来西亚、印度尼西亚爪哇、菲律宾。颖果又称苡仁，味甘淡微甜，营养丰富，含碳水化合物52%～80%，蛋白质13%～17%，脂肪4%～7%，油以不饱和脂肪酸为主，其中亚麻油酸占34%，并有特殊的薏仁酯；磨粉面食，为价值很高的保健食品。米仁入药有健脾、利尿、清热、镇咳之效。叶与根均作药用。秆叶为家畜的优良饲料。

含油率及化学组分数据：

采集单位	测试单位	测试部位	产地	含油率(%)	碘值	酸值	皂化值	C12:0	C14:0	C16:0	C16:1	C18:0	C18:1	C18:2	C18:3	C20:0	C20:1
HUST	HUST	种子	湖南桑植	3.26	33.05	29.74	189.36	0.004	0.04	4.91	0.05	2.71	42.88	44.34	0.48	1.01	3.58

稗属Echinochloa P. Beauv.

稗(稗子、扁扁草)Echinochloa crusgalli (L.) P. Beauv.[*Panicum crusgalli* L.]

一年生秆高50～150 cm。花、果期夏秋季。陕西：凤县南星镇瓦房坝乡，33°42′20″N，106°36′47″E，1363 m，2011-08-29，薛帅400324054。多生于沼泽地、沟边及水稻田中。分布几遍全国，全世界温暖地区。模式标本采自欧洲。喜光；喜温暖、潮湿的环境，播种繁殖。作为北方防风固沙草用。

含油率及化学组分数据：

采集单位	测试单位	测试部位	产地	含油率(%)	碘值	酸值	皂化值	C12:0	C14:0	C16:0	C16:1	C18:0	C18:1	C18:2	C18:3	C20:0	C20:1
CAU	ICS	种子	陕西凤县	4.02	99.81	18.23	160.37		0.09	12.06		1.75	23.69	55.24	1.67	0.54	0.28

水稗(水田稗)**Echinochloa oryzoides** (Ard.) Fritsch

秆直立或基部稍倾斜。花、果期7～10月。黑龙江：逊克农场，49°31′22″N，127°44′5″E，82.21 m，2012-08-23，孟腾400351103。常生于水田、塘边湿润处，产于我国台湾。欧亚常有分布。

含油率及化学组分数据：

采集单位	测试单位	测试部位	产地	含油率(%)	碘值	酸值	皂化值	C12:0	C14:0	C16:0	C16:1	C18:0	C18:1	C18:2	C18:3	C20:0	C20:1
SBRI	SCBG	种仁	黑龙江逊克农场	6.13	84.78	7.45	184.82	0.03	0.06	7.26	5.34	4.91	55.20	48.35	0.77	0.39	0.034

披碱草属**Elymus** L.

柯孟披碱草**Elymus kamoji** (Ohwi) S.L. Chen

草本。花、果期5～7月。新疆：乌鲁木齐县。43°07′06″N，87°03′09″E，2289 m，2011-08-08，侯翼国、王茜4003311004。多生长在海拔100～2300 m的山坡和湿润草地。除青海、西藏等地外，分布几遍及全国。本种植物可作牲畜的饲料，叶质柔软而繁盛，产草量大，可食性高。

含油率及化学组分数据：

采集单位	测试单位	测试部位	产地	含油率(%)	碘值	酸值	皂化值	C12:0	C14:0	C16:0	C16:1	C18:0	C18:1	C18:2	C18:3	C20:0	C20:1
XIEG	SCBG	种子	新疆乌鲁木齐	3.00	36.18	0.72	191.03			1.73		0.73	50.94	44.99	0.51		0.16

大麦属**Hordeum** L.

大麦**Hordeum vulgare** L.

一年生草本。花、果期6～8月。陕西：杨凌区西北农林大学农场，34°15′26″N，108°03′55″E，481 m，2010-10-19，薛帅400323079。我国南北各地栽培，全球范围内非热带国家和热带山地地区均有培栽。产于福建、浙江、台湾、安徽、山东、河南、湖北、贵州、云南、西藏、新疆、青海、宁夏、陕西、河北、内蒙古、黑龙江。常耕作为粮食和饲料。喜高温，适宜阳光水分充足的环境。播种繁殖。为粮食作物，花序和果序也可观赏，可用于大片地区播种或丛植于水边。

含油率及化学组分数据：

采集单位	测试单位	测试部位	产地	含油率(%)	碘值	酸值	皂化值	C12:0	C14:0	C16:0	C16:1	C18:0	C18:1	C18:2	C18:3	C20:0	C20:1
CAU	ICS	种子	陕西杨凌	1.90	126.35	27.75	224.01		0.09	17.80		1.11	17.07	51.57	5.63		1.01
OFPC		颖果		2.20	114.00												

黑麦草属**Lolium** L.

黑麦草**Lolium perenne** L.

木质藤本。花期5～6月；果期7～10月。陕西：杨凌县西农农场，34°09′34″N，108°01′53″E，500 m，2011-10-10，薛帅、潘昊400325042。生于草甸草场，路旁湿地常见。各地普遍引种栽培的优良牧草。广泛分布于克什米尔地区、巴基斯坦，欧洲，亚洲暖温带，非洲北部。

含油率及化学组分数据：

采集单位	测试单位	测试部位	产地	含油率(%)	碘值	酸值	皂化值	C12:0	C14:0	C16:0	C16:1	C18:0	C18:1	C18:2	C18:3	C20:0	C20:1
CAU	ICS	种子	陕西杨凌	0.97	94.06	29.58	863.74	0.41	1.68	13.36	0.39	2.47	22.65	45.37	5.32	0.69	0.59

稻属**Oryza** L.

稻(糯、粳)**Oryza sativa** L.

一年生水生草本。花、果期夏秋季。稻是亚洲热带广泛种植的重要谷物，我国南方为主要产稻区，北方各地均有栽种，为主要粮食作物之一，也用于酿酒，制醋，提取淀粉等；米糠是良好饲料；秆叶供造纸和作饲料；秆又可搓绳、编制器物等。米糠油可食用。油可制碘化油用于纺织和制革；自米糠油制取三油酸甘油酯和磷脂。提炼时分离出的植物蜡，制皮鞋油、地板蜡、电气绝缘蜡等。

含油率及化学组分数据：

采集单位	测试单位	测试部位	产地	含油率(%)	碘值	酸值	皂化值	C12:0	C14:0	C16:0	C16:1	C18:0	C18:1	C18:2	C18:3	C20:0	C20:1
OFPC		米糠	辽宁大连	18.80	105.70		181.10			8.80			48.30	41.50	1.40		
OFPC		米糠	云南楚雄	9.20	112.70	2.10	182.10		微量	12.30		2.30	49.70	28.80	6.90		

狼尾草属**Pennisetum** Rich.

狼尾草（*芮草、老鼠狼*）**Pennisetum alopecuroides** (L.) Spreng.

多年生草本。花、果期夏秋季。湖南：张家界西溪坪乡，29°05′44″N，110°32′26″E，2011-10-16，张九兵、朱明德400181294。河南：内乡，33°29′1″N，111°52′36″E，629 m，2012-10-26，王亚平400314317。甘肃：徽县严坪镇，33°22′60″N，106°10′48″E，1200 m，2011-10-18，薛帅、潘昊400325011。多生于海拔50～3200 m的田岸、荒地、道旁及小山坡上。我国自东北、华北经华东、中南及西南各地均有分布。日本、印度、朝鲜、缅甸、巴基斯坦、越南、菲律宾、马来西亚、大洋洲及非洲也有分布。可作饲料；也是编织或造纸的原料；也常作为土法打油的油杷子。原产非洲，我国引种作牧草。花穗银白色，芒刺紫红色，可作干切花；也可作固堤防沙植物。

含油率及化学组分数据：

采集单位	测试单位	测试部位	产地	含油率(%)	碘值	酸值	皂化值	C12:0	C14:0	C16:0	C16:1	C18:0	C18:1	C18:2	C18:3	C20:0	C20:1
HUST	HUST	种子	湖南张家界	6.96	66.86	121.55	503.39	0.07	0.08	14.41	0.07	4.17	4.07	75.54	1.08	0.23	0.28
HAU	ICS	种子	河南内乡	4.44		44.14	193.54	0.08	0.09	8.81	0.21	1.31	29.34	34.02	3.59	0.87	0.37
CAU	ICS	种子	甘肃徽县	6.35	118.61	36.80	261.77			9.61		1.14	36.03	45.87	4.83	0.53	0.46

甘蔗属Saccharum L.

甘蔗（*秀贵甘蔗、紫叶蔗、黑皮果蔗*）**Saccharum officinarum** L.

多年生高大实心草本。花期全年。我国海南、广东、广西、福建、台湾、四川、云南等南方热带地区广泛种植。是全世界热带糖料生产国的主要经济作物。茎秆为重要的制糖原料。

含油率及化学组分数据：

采集单位	测试单位	测试部位	产地	含油率(%)	碘值	酸值	皂化值	C12:0	C14:0	C16:0	C16:1	C18:0	C18:1	C18:2	C18:3	C20:0	C20:1
OFPC					32.60	6.39	83.12	3.30	3.10	21.20	2.00	4.60	10.20	36.10	6.90	7.60	
OFPC					85.50	24.60	156.00										

黑麦属Secale L.

黑麦 Secale cereale L.

一年或越年生草本。栽培于北方山区及较寒冷地区；国外也常栽培。模式标木采自欧洲。分布于福建、台湾、安徽、河南、湖北、贵州、云南、新疆、宁夏、陕西、河北、内蒙古、黑龙江。其他地方广泛种植。果实可制黑面粉，又为良好饲料；秆可造纸；穗上可有麦角寄生，是催生和止血药。

含油率及化学组分数据：

采集单位	测试单位	测试部位	产地	含油率(%)	碘值	酸值	皂化值	C12:0	C14:0	C16:0	C16:1	C18:0	C18:1	C18:2	C18:3	C20:0	C20:1
OFPC		小坚果		2.00	111.00~142.00		172.00~192.00			11.00~16.00			8.00~35.00	48.00~72.00	1.00~6.00		
OFPC		种胚		8.00~11.00													

狗尾草属Setaria P. Beauv.

大狗尾草（*法氏狗尾草*）**Setaria faberi** R. A. W. Herrm.

一年生，通常具支柱根草本。花、果期7～10月。湖南：保靖县白云山，28°24′37″N，109°55′23″E，426 m，2012-11-04，张代贵、张洁40019102220。重庆：南川区南平镇后山村，29°57′39″N，106°35′27″E，685 m，2009-08-21，刘正宇等400231036。生于山坡、路旁、田园或荒野。产于广西、湖南、江西、台湾、浙江、江苏、安徽、湖北、四川、贵州、黑龙江等地；日本西南至南海诸岛也有分布。模式标本采自四川省。秆、叶可做牲畜饲料，适口性良好。鲜干草各种家畜均食用，其果实饲喂牲畜效果好。

含油率及化学组分数据：

采集单位	测试单位	测试部位	产地	含油率(%)	碘值	酸值	皂化值	C12:0	C14:0	C16:0	C16:1	C18:0	C18:1	C18:2	C18:3	C20:0	C20:1
JSU	SCBG	种子	湖南保靖	12.54	93.37	6.57	177.33	0.06	7.66	0.91	1.98	47.55	34.16	3.03	0.12	0.50	
CIPP	SCBG	种子	重庆南川	11.35				0.14	0.57	0.089	9.08	0.32	1.28	15.33	37.45	1.09	0.18

金色狗尾草 Setaria pumila (Poir.) Roem. et Schult.

一年生、单生或丛生草本。花、果期6～10月。陕西：凤县南星镇瓦房坝乡，33°42′50″N，106°37′09″E，1300 m，2011-08-28，薛帅400324044。生于林边、山坡、路边和荒芜的园地及荒野。产于海南、广东、湖南、江西、福建、台湾、浙江、上海、安徽、山东、河南、湖北、四川、贵州、西藏、云南、新疆、宁夏、陕西、北京、黑龙江。分布于欧亚大陆的温暖地带，美洲、澳大利亚等国家也有引入。叶色四季翠绿，花序金黄色，株形秀美，可作为干旱地区防风固沙的地被植物。为田间杂草、秆、叶可作牲畜饲料，可作牧草。

含油率及化学组分数据：

采集单位	测试单位	测试部位	产地	含油率(%)	碘值	酸值	皂化值	C12:0	C14:0	C16:0	C16:1	C18:0	C18:1	C18:2	C18:3	C20:0	C20:1
CAU	ICS	种子	陕西凤县	1.63	123.31	37.63	333.87	0.08	0.16	8.45		2.06	18.63	64.79	3.35	0.74	0.15

小麦属Triticum L.

小麦(普通小麦、冬小麦)**Triticum aestivum** L.

秆直立，丛生。花、果期4～9月。广泛栽培。产于全国各地。我国南北各地广为栽培，品种很多，性状均有所不同。遍布国外。为我国北方主要粮食。因含有乙种维生素，入药作消化剂，可治脚气病；麸素可制味精；麦麸饲养家畜；秆供编织草帽及造纸用。

含油率及化学组分数据：

采集单位	测试单位	测试部位	产地	含油率(%)	碘值	酸值	皂化值	C12:0	C14:0	C16:0	C16:1	C18:0	C18:1	C18:2	C18:3	C20:0	C20:1
OFPC		小坚果		8.00~14.00	115.00~129.00		179.00~190.00			11.00~16.00		1.00~6.00	8.00~30.00	44.00~65.00	4.00~10.00		

玉蜀黍属Zea L.

玉米(玉蜀黍、珍珠米、包谷)**Zea mays** L.

一年生高大草本。花、果期秋季。内蒙古：鄂尔多斯市伊金霍洛旗到鄂托克旗高速，50°35′07″N，123°42′19″E，422 m，2010-08-08，刘慧娟400312113。我国各地均有栽培。果实除食用外，又是油脂，酿造，制葡萄糖的原料；新鲜秆叶为良好青饲料；花柱是治糖尿病及胆病的良药；根及叶药用治小便淋沥等症。

含油率及化学组分数据：

采集单位	测试单位	测试部位	产地	含油率(%)	碘值	酸值	皂化值	C12:0	C14:0	C16:0	C16:1	C18:0	C18:1	C18:2	C18:3	C20:0	C20:1
IMAU	ICS	种子	内蒙古鄂尔多斯	4.05	142.80	10.08	313.37			9.18	0.06	1.95	23.87	53.14	4.05	0.41	2.99
OFPC		玉米脐	辽宁沈阳	19.00	125.80		193.50			11.40		微量	34.80	53.80			

331. 棕榈科 Palmae

假槟榔属Archontophoenix H. Wendl. et Drude

假槟榔(亚力山大椰子)**Archontophoenix alexandrae** (F. Muell.) H. Wendl. et Drude

乔木状，圆柱状，基部略膨大。花期4月；果期4～7月。海南：兴隆热带花园，18°41′53″N，110°14′33″E，100 m，2009-11-07，张荣京40017145。喜光，喜高温多湿气候，不耐寒。原产澳大利亚东部。我国海南、广东、广西、福建、台湾、云南等热带亚热带地区的园林单位有栽培，是一种树形优美的绿化树种。华南地区城市常栽作庭园风景树或行道树。

含油率及化学组分数据：

采集单位	测试单位	测试部位	产地	含油率(%)	碘值	酸值	皂化值	C12:0	C14:0	C16:0	C16:1	C18:0	C18:1	C18:2	C18:3	C20:0	C20:1
SCAU	SCBG	种仁	海南兴隆	10.65				0.01	0.05	6.93		3.72	55.20	29.23	1.96	0.61	0.49

槟榔属Areca L.

槟榔(槟榔子、大腹子、宾门)**Areca catechu** L.

茎直立，乔木状，高10 m有余，最高可达30 m，有明显的环状叶痕。花期3～8月；果期12月至翌年2月。海南：呀诺达热带雨林文化旅游区，18°27′24″N，109°40′25″E，130 m，2010-07-07，张荣京40017160；陵水县本号镇吊罗山，18°44′04″N，109°50′14″E，2009-12-01，秦新生4001161114；三亚甘什岭，18°23′02″N，109°40′58″E，2012-03-20，张荣京40017228。喜高温多雨气候及富含腐殖质的土壤。原产南洋群岛。产于海南及台湾云南等热带地区。亚洲热带地区广泛栽培，东南亚各地多栽培，华南也有栽培。在南方一些少数民族还有将其果实作为一种咀嚼嗜好品。树形美观，在华南可栽作园林绿化树种。本种是重要的中药材，种子及果皮均供药用。

含油率及化学组分数据：

采集单位	测试单位	测试部位	产地	含油率(%)	碘值	酸值	皂化值	C12:0	C14:0	C16:0	C16:1	C18:0	C18:1	C18:2	C18:3	C20:0	C20:1
SCAU	SCBG	种仁	海南呀诺达	14.30					0.025	4.40	0.08	2.35	22.47	38.76	0.32	2.74	8.04
SCAU	SCBG	种仁	海南陵水	6.78					0.05	8.29	0.24	3.62	10.99	70.50	1.69	0.28	0.13
SCAU	SCBG	种仁	海南三亚	16.42	17.18	5.62	150.11		0.04	18.30	0.07	1.93	12.74	10.04	5.47	0.40	0.28
OFPC		种子	海南保亭	12.70	29.30		219.50			17.30		1.30	17.00	15.50			
OFPC		种仁		11.40	31.40	7.70	228.70	19.50	42.60	12.70		1.60	6.20	5.40			

三药槟榔Areca triandra Roxb. ex Buch.-Ham.

茎丛生，高3～4 m或更高，直径2.5～4 cm，具明显的环状叶痕。果期8～9月。海南：尖峰岭树木园，19°10′50″N，109°44′02″E，300 m，2009-11-05，张荣京40017123。产于印度、中南半岛及马来半岛等亚洲热带地区。我国广东（广州）、台湾、云南等地有栽培。其茎形似翠竹，色彩青绿，姿态优雅，且相当耐阴，适宜布置公园、庭园和绿地，可与水或假山搭配；也可盆栽供室内观赏。

含油率及化学组分数据：

采集单位	测试单位	测试部位	产地	含油率(%)	碘值	酸值	皂化值	C12:0	C14:0	C16:0	C16:1	C18:0	C18:1	C18:2	C18:3	C20:0	C20:1
SCAU	SCBG	种仁	海南尖峰岭	16.65				0.04	0.09	14.37	0.17	5.56	31.91	27.04	3.19	1.24	0.74

桄榔属**Arenga** Labill.

双籽棕(大幅棕)**Arenga caudata** (Lour.) H. E. Moore

矮小灌木。花、果期4～5月。海南：兴隆热带花园，18°41′53″N，110°14′33″E，100 m，2009-11-07，张荣京40017142。生于低地雨林或落叶森林，有时在裸露的石灰石上，海拔700 m以下。产于海南、广西。印度、越南、老挝、柬埔寨、缅甸、泰国亦有分布。叶子是用来编织帽子。

含油率及化学组分数据：

采集单位	测试单位	测试部位	产地	含油率(%)	碘值	酸值	皂化值	C12:0	C14:0	C16:0	C16:1	C18:0	C18:1	C18:2	C18:3	C20:0	C20:1
SCAU	SCBG	种仁	海南兴隆	16.45				0.04	0.41	17.85	0.22	4.99	41.7	26.12	2.77	1.31	0.23

山棕(矮桄榔)**Arenga engleri** Becc.

常绿丛生灌木，高2～3 m。花期5～6月；果期11～12月。福建：厦门市厦门园林植物园，24°27′23″N，118°06′20″E，2009-12-02，王发国、翟俊文400113038。生于山地阴湿的阔叶林中。产于福建、台湾等省。广东、云南有栽培。日本(琉球)亦产。叶鞘纤维可作扫帚，叶可作雨笠。开花时雌花具强烈芳香，有较高的观赏价值。

含油率及化学组分数据：

采集单位	测试单位	测试部位	产地	含油率(%)	碘值	酸值	皂化值	C12:0	C14:0	C16:0	C16:1	C18:0	C18:1	C18:2	C18:3	C20:0	C20:1
SCBG	SCBG	种仁	福建厦门	9.32	23.79	125.07	173.00		0.05	5.47		47.55		16.67	0.09	0.73	0.06

省藤属**Calamus** L.

盈江省藤**Calamus nambariensis** var. **yingjiangensis** S.J. Pei et S. Yang Chen

攀缘藤本，丛生，花、果期12～1月。云南：盈江县铜壁关乡三合村，24°37′02″N，97°39′00″E，1443 m，2009-05-01，李忠荣、李恩乾400222007。生于海拔1350～1450 m的常绿阔叶林中。产于云南西部。模式标本采自盈江的铜壁关。藤茎质地中上等，是较好的编织原料。

含油率及化学组分数据：

采集单位	测试单位	测试部位	产地	含油率(%)	碘值	酸值	皂化值	C12:0	C14:0	C16:0	C16:1	C18:0	C18:1	C18:2	C18:3	C20:0	C20:1
KMIN	KMIB	种子	云南盈江	0.82				2.00	1.18		1.21	1.06	12.35		3.58	24.61	

白藤(鸡藤)**Calamus tetradactylus** Hance

攀缘藤本，丛生，茎细长，花、果期5～6月。海南：三亚甘什岭，18°23′02″N，109°40′58″E，186 m，2010-03-20，张荣京40017227。产于福建、广东南部及西南部、香港、海南及广西南部。越南亦产。藤茎质地中上等，可供编织藤器。

含油率及化学组分数据：

采集单位	测试单位	测试部位	产地	含油率(%)	碘值	酸值	皂化值	C12:0	C14:0	C16:0	C16:1	C18:0	C18:1	C18:2	C18:3	C20:0	C20:1
SCAU	SCBG	种仁	海南三亚	11.36	15.17	2.12	191.3		1.89	32.2		2.17	19.77	54.59	1.79	0.25	0.12

袖珍椰属**Chamaedorea** Willd.

玲珑椰子(金光茶马椰子、玲珑椰子、鱼尾椰子)**Chamaedorea metallica** O.F. Cook ex H.E. Moore

乔木。海南：文昌椰子大观园，19°45′04″N，110°46′51″E，2011-11-26，张荣京40017191。海南有栽培。用于园林造景。

含油率及化学组分数据：

采集单位	测试单位	测试部位	产地	含油率(%)	碘值	酸值	皂化值	C12:0	C14:0	C16:0	C16:1	C18:0	C18:1	C18:2	C18:3	C20:0	C20:1
SCAU	SCBG	种仁	海南陵水	19.61	0.65	8.34			0.13		0.06	4.13	28.86	55.05			

琼棕属**Chuniophoenix** Burret

琼棕(鸡藤)**Chuniophoenix hainanensis** Burret

丛生灌木状，高3 m或更高，花期4月；果期9～10月。海南：文昌椰子大观园，19°45′04″N，110°46′51″E，2011-11-26，张荣京40017189。产于海南的陵水、琼中等地。生于山地疏林中。本种树形优美，可供庭园观赏。

含油率及化学组分数据：

采集单位	测试单位	测试部位	产地	含油率(%)	碘值	酸值	皂化值	C12:0	C14:0	C16:0	C16:1	C18:0	C18:1	C18:2	C18:3	C20:0	C20:1
SCAU	SCBG	种仁	海南文昌	16.02	84.0	5.45	157.91			11.48	14.27	3.68	14.41	78.44	0.29	0.49	0.34

矮琼棕**Chuniophoenix nana** Burret

丛生灌木状，花期4～5月；果期8月。海南：文昌椰子大观园，19°45′04″N，110°46′51″E，2011-11-26，张荣京40017190。产于

海南陵水县吊罗山。越南亦有分布。本种树形优美，可作庭园绿化材料。

含油率及化学组分数据：

采集单位	测试单位	测试部位	产地	含油率(%)	碘值	酸值	皂化值	C12:0	C14:0	C16:0	C16:1	C18:0	C18:1	C18:2	C18:3	C20:0	C20:1
SCAU	SCBG	种仁	海南文昌	12.4	140.41	17.47	164.03		0.04	9.9	14.54	23.52	43.09	38.45	19.51	1.24	0.54

黄藤属**Daemonorops** Blume

黄藤(红藤)**Daemonorops margaritae** (Hance) Becc.

茎初时直立，后攀缘。花期5月；果期6～10月。海南：陵水县本号镇吊罗山石晴林场，18°44′04″N，109°50′13″E，2009-12-01，秦新生400116199；三亚甘什岭，18°23′03″N，109°40′58″E，2012-03-20，张荣京40017229。产于海南及广西西南部、广东东南部、香港，云南西双版纳有栽培。藤茎质地中上等，可供编织。

含油率及化学组分数据：

采集单位	测试单位	测试部位	产地	含油率(%)	碘值	酸值	皂化值	C12:0	C14:0	C16:0	C16:1	C18:0	C18:1	C18:2	C18:3	C20:0	C20:1
SCAU	SCBG	种仁	海南陵水	0.20				0.02	0.05	5.47	0.25	1.20	21.14	69.02	0.62	0.05	0.14
SCAU	SCBG	种仁	海南三亚	12.91	122.15		122.28		0.85		0.37	1.89	17.65	51.44	50.51	5.53	0.47

三角椰属**Dypsis** Noronha ex Mart.

三角椰子(三角槟榔、三角椰、三角棕)**Dypsis decaryi** (Jum.) Beentje et J. Dransf.

乔木。花期3～5月；果期7～10月。海南：万宁县兴隆热带花园，18°41′53″N，110°14′33″E，2009-08-03，邢福武、戴建阅、翟俊文、郑希龙40011135。生于热带雨林中。原产于马达加斯加，南亚热带和热带地区也有栽培，我国华南地区也有栽培。喜光照充足也较耐阴，喜高温、耐寒、耐旱，喜富含腐殖质排水良好的壤土或砂质土壤。观赏效果佳，可盆栽装饰宾馆厅堂或大型商场也可孤植或群植于草坪或庭园中。

含油率及化学组分数据：

采集单位	测试单位	测试部位	产地	含油率(%)	碘值	酸值	皂化值	C12:0	C14:0	C16:0	C16:1	C18:0	C18:1	C18:2	C18:3	C20:0	C20:1
SCBG	SCBG	种仁	海南万宁	10.52	46.28	10.89	193.28	0.004	0.07	10.03	0.16	2.77	9.58	76.98	0.21	0.09	0.09

轴榈属**Licuala** Wurmb

穗花轴榈**Licuala fordiana** Becc.

丛生灌木。花期5月；果期10月。海南：东方东河，18°54′04″N，109°02′58″E，2009-08-22，郑希龙、潘雅书40011444；三亚甘什岭，18°23′03″N，109°40′58″E，2012-03-20，张荣京40017235。生于低地雨林、林下，海拔500 m以下。产于海南及广东东南部。适宜栽植于半荫蔽林下或林缘，喜阴湿。叶子可以做雨衣。叶片形态雅致，可盆栽或植于园中。

含油率及化学组分数据：

采集单位	测试单位	测试部位	产地	含油率(%)	碘值	酸值	皂化值	C12:0	C14:0	C16:0	C16:1	C18:0	C18:1	C18:2	C18:3	C20:0	C20:1
SCBG	SCBG	种仁	海南东河	7.00				0.028	0.13	12.84	0.30	2.14	38.69	44.88	0.65	0.18	0.16
SCAU	SCBG	种仁	海南三亚	14.33	29.26	20.82	144.04	1.44	0.09		2.035	4.11	20.12	6.16	0.13	0.18	0.45

蒲葵属**Livistona** R. Br.

大叶蒲葵**Livistona saribus** (Lour.) Merr. ex A.Chev.

乔木状，高达20 m。果期6月。海南：陵水县本号镇吊罗山后山，18°44′05″N，109°50′13″E，500 m，2010-12-18，秦新生，4001161152。生于雨林低地或干燥森林，常在定期被淹的栖息地，海拔600～1100 m。产于海南、广东(封开)。爪哇，苏门答腊、婆罗洲、柬埔寨、印度尼西亚、老挝、马来西亚(半岛)、菲律宾、泰国、越南也有分布。叶子用于建造茅屋顶或钓鱼；果实在当地可食。可作行道树或园景树。

含油率及化学组分数据：

采集单位	测试单位	测试部位	产地	含油率(%)	碘值	酸值	皂化值	C12:0	C14:0	C16:0	C16:1	C18:0	C18:1	C18:2	C18:3	C20:0	C20:1
SCAU	SCBG	种仁	海南陵水	6.41				0.06	0.10	5.88	0.15	2.83	20.58	38.63	0.01	28.01	1.02

刺葵属**Phoenix** L.

海枣(波斯枣、海棕、枣椰子)**Phoenix dactylifera** L.

乔木状。花期3～4月；果期9～10月。原产西亚和北非。广东、广西、福建、云南等地有引种栽培，在云南元谋露地栽培能结实。除果实供食用外，其花序汁液可制糖，叶可造纸，树干作建筑材料与水槽，树形美观，常作观赏植物。

含油率及化学组分数据：

采集单位	测试单位	测试部位	产地	含油率(%)	碘值	酸值	皂化值	C12:0	C14:0	C16:0	C16:1	C18:0	C18:1	C18:2	C18:3	C20:0	C20:1
OFPC		干燥果核		7.40~9.10	50.00~55.00	0.38~0.95	206.00~213.00										

江边刺葵（软叶刺葵、美丽珍葵、罗比亲王椰子）**Phoenix roebelenii** O'Brien

茎丛生，栽培时常为单生，高1～3 m，花期4～5月；果期6～9月。海南：五指山国家级自然保护区，18°54′48″N，109°41′17″E，800 m，2009-11-06，张荣京40017132。广西：宁明县，22°10′36″N，107°26′58″E，159 m，2011-07-16，许为斌4001101202。四川：西昌佑君，27°52′34″N，102°15′53″E，2009-10-06，樊云川，王凯40021109055。常见于江岸边。产云南等地。我国华南和西南各地常见栽培。缅甸、越南、泰国、印度亦产。可作庭园观赏植物，常作行道树、园景树；也可盆栽供室内摆设。

含油率及化学组分数据：

采集单位	测试单位	测试部位	产地	含油率(%)	碘值	酸值	皂化值	C12:0	C14:0	C16:0	C16:1	C18:0	C18:1	C18:2	C18:3	C20:0	C20:1
SCAU	SCBG	种仁	海南五指山	4.62					0.01	3.35	0.52	0.75	68.72	24.52	0.11	0.21	0.07
GXIB	SCBG	种仁	广西宁明	9.14	127.77	1.50	193.59	0.19	0.80	12.89	0.98	1.91	21.46	51.63	1.51	0.39	0.15
SCU	SCU	种仁	四川西昌	2.86													

山槟榔属**Pinanga** Blume

变色山槟榔（山槟榔）**Pinanga baviensis** Becc.

从生灌木。果期约10月。海南：五指山国家级自然保护区，18°54′49″N，109°41′18″E，800 m，2010-08-18，张荣京40017172。生于密林中。产于海南、广东南部、广西南部及云南南部等地。

含油率及化学组分数据：

采集单位	测试单位	测试部位	产地	含油率(%)	碘值	酸值	皂化值	C12:0	C14:0	C16:0	C16:1	C18:0	C18:1	C18:2	C18:3	C20:0	C20:1
SCAU	SCBG	种仁	海南五指山	3.45					0.10	13.18	0.19	3.53	34.07	37.16	0.02	0.35	0.31

棕竹属**Rhapis** L. f. ex Aiton

多裂棕竹（金山棕竹）**Rhapis multifida** Burret

从生灌木。果期11月至翌年4月。广西：桂林市广西植物研究所，25°06′47″N，110°19′59″E，176 m，2010-12-01，吴磊、谢彦军4001101160。生于森林低地和和山地岩石斜坡上。产于广西西部及云南东南部。喜温暖湿润的环境，分株或播种繁殖。可作庭园绿化材料。

含油率及化学组分数据：

采集单位	测试单位	测试部位	产地	含油率(%)	碘值	酸值	皂化值	C12:0	C14:0	C16:0	C16:1	C18:0	C18:1	C18:2	C18:3	C20:0	C20:1
GXIB	SCBG	种仁	广西桂林	16.10	62.18	37.76	226.82			12.07	0.30	2.98	21.04	57.14	0.58	1.89	0.25

狐尾椰属**Wodyetia** A.K. Irvine

狐尾椰（二枝棕、狐尾椰子、狐尾棕）**Wodyetia bifurcata** A.K. Irvine

乔木。花期5～7月；果期8～9月。海南：万宁兴隆热带花园，18°41′53″N，110°14′33″E，2009-08-03，邢福武、戴建阅、翟俊文、郑希龙40011127；万宁兴隆热带花园，18°41′53″N，110°14′33″E，100 m，2009-11-07，张荣京40017139。中国长江以南均可种植。喜温暖湿润光照充足的生长环境，耐寒，耐旱。土壤适应性强，抗风。

含油率及化学组分数据：

采集单位	测试单位	测试部位	产地	含油率(%)	碘值	酸值	皂化值	C12:0	C14:0	C16:0	C16:1	C18:0	C18:1	C18:2	C18:3	C20:0	C20:1
SCBG	SCBG	种仁	海南万宁	15.18	62.72	11.08	177.04	0.005	0.02	5.93	0.07	3.77	17.89	65.91	0.80	0.14	5.47
SCAU	SCBG	种仁	海南万宁	14.56				0.01	0.057	13.70	0.17	3.34	36.47	26.55	0.038	0.15	0.49

333. 天南星科 Araceae

天南星属**Arisaema** Mart.

一把伞南星（天南星、麻芋杆、山蓄芋）**Arisaema erubescens** (Wall.) Schott

多年生草本。花期5～7月；果9月成熟。四川：攀枝花市大黑山，26°40′06″N，101°42′19″E，1878 m，2012-10-17，刘晓波、宫庆彬40021112081。生于松林、混交林、灌丛、草坡、湖边、岩石之间，海拔3200 m以下的林下、荒地均有生长。除内蒙古、黑龙江、吉林、辽宁、山东、江苏、新疆外，我国各地都有分布。从不丹、印度北部和东北部、老挝、尼泊尔、越南、缅甸、泰国北部也有分布。块茎入药。用于阴地栽植或盆栽。

含油率及化学组分数据：

采集单位	测试单位	测试部位	产地	含油率(%)	碘值	酸值	皂化值	C12:0	C14:0	C16:0	C16:1	C18:0	C18:1	C18:2	C18:3	C20:0	C20:1
SCU	SCU	种仁	四川攀枝花	1.98													

细齿南星 **Arisaema serratum** (Thunb.) Schott

细齿南星 **Arisaema serratum** (Thunb.) Schott

块茎扁球形，白色或褐色，具绉。花期5～6月；果期8～9月。吉林：长白山区通化市，41°43′47″N，125°51′26″E，2011-09-17，郑宝江等400341115。据记载，产于陕西太白山、华山等地。分布于日本。

含油率及化学组分数据：

采集单位	测试单位	测试部位	产地	含油率(%)	碘值	酸值	皂化值	C12:0	C14:0	C16:0	C16:1	C18:0	C18:1	C18:2	C18:3	C20:0	C20:1
NEFU	SCBG	种仁	吉林长白山	7.24	64.25	2.85	190.80	0.17	71.27	5.53	0.17	0.91	7.01	11.93	0.74	0.35	0.78

335. 露兜树科 Pandanaceae

露兜树属 **Pandanus** Parkinson

露兜树（露兜簕、林投）**Pandanus tectorius** Parkinson

常绿分枝灌木或小乔木。花期1～5月；果期10月。海南：海口石山镇火山口公园，19°56′29″N，110°12′59″E，2009-08-07，邢福武、戴建阅、翟俊文、郑希龙40011159。生于海边沙地或引种作绿篱。产于海南、广东、广西、福建、台湾、贵州和云南等地。也分布于亚洲热带、澳大利亚南部。叶纤维可编制各种工艺品；鲜花含芳香油；根、叶、花、果药用，治肾炎水肿等炎症。

含油率及化学组分数据：

采集单位	测试单位	测试部位	产地	含油率(%)	碘值	酸值	皂化值	C12:0	C14:0	C16:0	C16:1	C18:0	C18:1	C18:2	C18:3	C20:0	C20:1
SCBG	SCBG	种仁	海南海口	16.37				0.008	0.03	8.29	0.22	3.15	10.21	77.63	0.12	0.18	0.16

337. 香蒲科 Typhaceae

香蒲属 **Typha** L.

小香蒲 **Typha minima** Funck ex Hoppe

多年生沼生或水生草本。花、果期5～8月。新疆：阿勒泰切木尔切克乡，47°47′52″N，88°00′02″E，807 m，2011-09-16，侯翼国、王茜4003311026。生于池塘、水泡子、水沟边浅水处。产于山东、河南、湖北、四川、陕西、新疆、甘肃、山西、河北、内蒙古、辽宁、吉林、黑龙江等地。巴基斯坦、原俄罗斯、亚洲北部、欧洲等均有分布。叶片用于编织、造纸等；幼叶基部和根状茎先端可作蔬食；雌花序可作枕芯和坐垫的填充物，是重要的水生经济植物之一。

含油率及化学组分数据：

采集单位	测试单位	测试部位	产地	含油率(%)	碘值	酸值	皂化值	C12:0	C14:0	C16:0	C16:1	C18:0	C18:1	C18:2	C18:3	C20:0	C20:1
XIEG	SCBG	果实	新疆阿勒泰	16.55	12.95	6.34	176.02	0.05	0.31	11.32	0.39	4.74	14.78	64.96	0.66	1.07	1.72

338. 莎草科 Cyperaceae

薹草属 **Carex** L.

十字薹草（烟火苔）**Carex cruciata** Wahlenb.

根状茎粗壮，木质，具匍匐枝，须根甚密。花、果期5～11月。广东：连平县大埠镇，24°19′31″N，114°33′33″E，2011-11-08，易绮斐、潘雅书、陈华平400119156。生于林边或沟边草地、路旁、火烧迹地，海拔330～2500 m。产于海南、广东、广西、湖南、江西、福建、台湾、浙江、湖北、四川、贵州、云南、西藏；也分布于喜马拉雅山地区（锡金至克什米尔地区）、印度、马达加斯加、印度尼西亚、中南半岛和日本南部。模式标本采自广东。种子含油及淀粉，可食用。

含油率及化学组分数据：

采集单位	测试单位	测试部位	产地	含油率(%)	碘值	酸值	皂化值	C12:0	C14:0	C16:0	C16:1	C18:0	C18:1	C18:2	C18:3	C20:0	C20:1
SCBG	SCBG	种仁	广东连平	6.41	23.42		157.4	0.02	0.06	2.82	0.38	2.73	32.36	51.87	2.80	0.31	0.51

珍珠茅属 **Scleria** P. J. Bergius

华珍珠茅 **Scleria ciliaris** Nees[*Scleria chinensis* Kunth]

多年生草本。根状茎木质，被紫色或紫褐色鳞片。花、果期12月至翌年4月。产于广东、海南。生长在山沟、林中、旷野草地、山顶等，海拔350～850 m。分布于马来西亚、越南，澳洲热带地区。

含油率及化学组分数据：

采集单位	测试单位	测试部位	产地	含油率(%)	碘值	酸值	皂化值	C12:0	C14:0	C16:0	C16:1	C18:0	C18:1	C18:2	C18:3	C20:0	C20:1
OFPC		小坚果	海南陵水	14.00	101.00		186.10	微量	微量	11.10		2.20	39.00	47.60			

高秆珍珠茅（高稈珍珠茅）**Scleria terrestris** (L.) Fassett

匍匐根状茎木质，被深紫色鳞片。花、果期5～10月。四川：峨眉山市高桥镇，29°29′29″N，103°22′34″E，2009-10-16，王凯、樊云川40021109088。生长在田边、路旁、山坡等干燥或潮湿的地方，海拔0～2000 m。产于海南、广东、广西、福建、台湾、四川、云南。也分布于印度、马来亚、印度尼西亚、泰国、越南。

含油率及化学组分数据：

采集单位	测试单位	测试部位	产地	含油率(%)	碘值	酸值	皂化值	C12:0	C14:0	C16:0	C16:1	C18:0	C18:1	C18:2	C18:3	C20:0	C20:1
SCU	SCU	种仁	四川峨眉山	4.01													

340. 姜科 Zingiberaceae

山姜属**Alpinia** Roxb.

华山姜**Alpinia chinensis** (J. Koenig) Roscoe

多年生草本。株高约1 m。花期5～7月；果期6～12月。海南：五指山国家级自然保护区，18°54′49″N，109°41′17″E，700 m，2011-01-12，张荣京40017178。为林荫下常见的一种草本。产于我国东南部至西南部各地区，越南、老挝亦有分布。叶鞘纤维可制人造棉。根茎可供药用，又可提芳香油，作调香原料。

含油率及化学组分数据：

采集单位	测试单位	测试部位	产地	含油率(%)	碘值	酸值	皂化值	C12:0	C14:0	C16:0	C16:1	C18:0	C18:1	C18:2	C18:3	C20:0	C20:1
SCAU	SCBG	种仁	海南五指山	6.14	14.33	12.10	428.36	0.004	0.09	13.76	0.08	3.62	37.23	38.10	6.72	0.22	0.17

山姜(九姜连、九龙盘、鸡爪莲)**Alpinia japonica** (Thunb.) Miq.

多年生草本。花期4～8月；果期7～12月。湖南：张家界市永定区西溪坪乡，29°03′09″N，110°35′29″E，2011-11-28，张九兵、朱明德400181382。浙江：鄞县天童山，29°48′44″N，121°47′27″E，280 m，2009-11-15，田怀珍、王双4001171032。湖北：武汉植物园药园，30°32′55″N，114°25′48″E，2009-11-01，李晓东、昝艳燕40012189。生于林下阴湿处。产于我国东南部、南部至西南部各地，日本亦有分布。种子含黄酮类化合物，并含挥发油约0.8%。油中主要成分为桉油精(Cineole)约50%、樟脑、萜类及棕榈酸(Palmitic acid)等。果实供药用，为芳香性健胃药。根茎性温，味辛，能理气止痛，祛湿，消肿，活血通络。

含油率及化学组分数据

采集单位	测试单位	测试部位	产地	含油率(%)	碘值	酸值	皂化值	C12:0	C14:0	C16:0	C16:1	C18:0	C18:1	C18:2	C18:3	C20:0	C20:1
HUST	HUST	种仁	湖南张家界	16.17	18.40	6.55	146.05	0.01	0.26	31.31	6.82	7.28	34.98	5.23	12.65	0.33	1.15
ECNU	SCBG	种仁	浙江鄞县	2.50	113.19	0.67	201.64	1.63	0.61	8.86	0.41	2.87	28.81	50.01	0.62	0.82	0.33
WHBG	WHBG	种仁	湖北武汉	3.28				0.09	0.19	18.74	0.10	11.33	34.32	20.11	0.19	0.87	0.07

益智**Alpinia oxyphylla** Miq.

多年生草本。株高1～3 m。花期3～5月；果期4～9月。云南：大理，25°36′34"N，100°15′59″E，2007 m，2011-09-06，刘恩乾400222234。生于林下阴湿处或栽培。产于海南、广东、广西，近年来云南、福建亦有少量试种。果实供药用，有益脾胃，理元气，补肾虚滑沥的功用。果实含挥发油约0.7%，油中主要成分为桉油精(Cineole)，占55%；姜烯(Zingiberene)、姜醇(Zingiberol)等倍半萜类。

含油率及化学组分数据

采集单位	测试单位	测试部位	产地	含油率(%)	碘值	酸值	皂化值	C12:0	C14:0	C16:0	C16:1	C18:0	C18:1	C18:2	C18:3	C20:0	C20:1
KMIB	KMIB	种仁	云南大理	2.81													

姜黄属**Curcuma** L.

莪术(蓬莪茂、山姜黄、臭屎姜)**Curcuma phaeocaulis** Valeton

多年生草本。株高约1 m；根茎圆柱形，肉质。花期4～6月。四川：高桥县，29°29′29″N，103°22′34″E，1000 m，2009-10-16，王凯、樊云川40021109086。栽培或野生于林荫下。产于我国广东、广西、江西、福建、台湾、四川、云南等地；印度至马来西亚亦有分布。根茎称“莪术”，供药用。根茎含挥发油1～1.5%。油中主要成分为倍半萜烯醇，α-樟脑烯及桉油精。此外尚含淀粉、黏液及树脂等。

含油率及化学组分数据：

采集单位	测试单位	测试部位	产地	含油率(%)	碘值	酸值	皂化值	C12:0	C14:0	C16:0	C16:1	C18:0	C18:1	C18:2	C18:3	C20:0	C20:1
SCU	SCU	种仁	四川高桥山	12.90													

姜花属Hedychium **J. Koenig**

姜花(蝴蝶花、白草果)**Hedychium coronarium** J. Koenig

多年生草本。花期8～12月。四川：峨边县刘沟乡，29°17′18″N，103°30′42″E，1000 m，2009-10-12，王凯、樊云川40021109073。生于林中或栽培。产于我国四川、云南、广西、广东、湖南、台湾。印度、越南、马来西亚至澳大利亚亦有分布。花美丽、芳香，常栽培供观赏；亦可浸提姜花浸膏，用于调合香精中。

含油率及化学组分数据

采集单位	测试单位	测试部位	产地	含油率(%)	碘值	酸值	皂化值	C12:0	C14:0	C16:0	C16:1	C18:0	C18:1	C18:2	C18:3	C20:0	C20:1
SCU	SCU	种仁	四川峨边	18.00													

圆瓣姜花**Hedychium forrestii** Diels

茎高1～1.5 m。花期8～10月；果期10～12月。广西：靖西县南坡乡底定保护区，23°06′30″N，105°57′47″E，981 m，2010-11-13，吴磊、黄俞淞、朱运喜4001101125。生于山谷密林或疏林、灌丛中，海拔200～900 m。产于广西、四川、贵州、云南、西藏等地。

含油率及化学组分数据：

采集单位	测试单位	测试部位	产地	含油率(%)	碘值	酸值	皂化值	C12:0	C14:0	C16:0	C16:1	C18:0	C18:1	C18:2	C18:3	C20:0	C20:1
GXIB	SCBG	种仁	广西靖西	9.49	92.57	3.95	196.25	15.97		18.17	2.99	4.81	2.59			0.10	0.20

姜属**Zingiber** Boehm.

阳荷**Zingiber striolatum** Diels

株高1～1.5 m；根茎白色，微有芳香味。花期7～9月；果期9～11月。湖南：桑植县自然保护区，29°46′42″N，110°04′52″E，1364 m，2012-10-02，张九兵、唐波400181439。生于林荫下、溪边，海拔300～1900 m。产于广东、广西、湖南、江西、湖北、四川、贵州。根茎可提取芳香油，用于低级皂用香精中。

含油率及化学组分数据

采集单位	测试单位	测试部位	产地	含油率(%)	碘值	酸值	皂化值	C12:0	C14:0	C16:0	C16:1	C18:0	C18:1	C18:2	C18:3	C20:0	C20:1
HUCT	HUST	种子果实	湖南桑植	10.50	20.99	8.34	477.15	0.0075	0.03	8.29	0.22	3.15	10.21	77.63	0.12	0.18	0.16

341. 美人蕉科 Cannaceae

美人蕉属**Canna** L.

美人蕉**Canna indica** L.

植株全部绿色，高可达1.5 m。花、果期3～12月。四川：西昌市长安乡，27°53′08″N，102°15′54″E，1000 m，2009-10-07，王凯、樊云川40021109059。我国南北各地常有栽培。原产印度。根茎清热利湿，舒筋活络。茎叶纤维可制人造棉、织麻袋、搓绳，其叶提取芳香油后的残渣还可作造纸原料。

含油率及化学组分数据

采集单位	测试单位	测试部位	产地	含油率(%)	碘值	酸值	皂化值	C12:0	C14:0	C16:0	C16:1	C18:0	C18:1	C18:2	C18:3	C20:0	C20:1
SCU	SCU	种仁	四川西昌	0.31													

中文名索引

C

D

E

F

K

M

R

S

Z

拉丁名索引

A

F

G

H

I

J

K

L

Q

R

S

T